U0276476

国家科学技术学术著作出版基金资助出版

配位聚合物化学

（上册）

卜显和　主编

科学出版社

北京

内 容 简 介

近年来，我国在配位聚合物化学领域取得了非常重要的研究进展，在国际上也具有很大影响。本书由我国当前活跃在配位聚合物领域科研一线的学者和专家撰写，旨在反映近年来我国配位聚合物化学的研究进展。本书主要结合撰写专家们所取得的代表性研究成果，系统介绍配位聚合物的合成、结构、性能及应用的研究热点和最新动态。在撰写过程中，对所涉及的部分国外同行的工作也进行了概述。全书以配位聚合物概述（第 0 章）起始，主体内容包括合成篇、结构篇、性能与应用篇，共 3 篇 45 章，基本覆盖了目前配位聚合物化学的研究范畴，实用性强，反映了当前该领域的研究前沿与现状。本书不仅阐明了配位聚合物化学的科学内涵和学科发展方向，也反映了我国学者的学术水平和我国在配位聚合物化学研究中近年来取得的显著进步。

本书可供高等院校和科研部门从事配位化学、晶体工程、超分子科学、材料科学及相关专业的教师、研究生与科研工作者阅读参考，也可作为大学生拓宽知识面的参考书。

图书在版编目（CIP）数据

配位聚合物化学 / 卜显和主编. —北京：科学出版社，2019.7

ISBN 978-7-03-060762-1

Ⅰ. ①配… Ⅱ. ①卜… Ⅲ. ①配位聚合-聚合物 Ⅳ. ①O631.5

中国版本图书馆 CIP 数据核字（2019）第 043691 号

责任编辑：朱 丽 李明楠 高 微 / 责任校对：杜子昂
责任印制：吴兆东 / 封面设计：蓝正设计

科学出版社 出版
北京东黄城根北街 16 号
邮政编码：100717
http://www.sciencep.com

北京厚诚则铭印刷科技有限公司印刷
科学出版社发行 各地新华书店经销
*
2019 年 7 月第 一 版 开本：880×1230 1/16
2024 年 3 月第五次印刷 印张：47 1/2
字数：1 372 000

定价：398.00 元（上、下册）
（如有印装质量问题，我社负责调换）

配位聚合物由于结构的多样性和丰富多彩的性能，已成为配位化学、晶体工程、材料科学等领域的研究前沿与热点，在催化、吸附分离、荧光、非线性光学、磁学、传感检测、能源等领域有广阔的应用前景。当前，我国很多学者及其研究团队在配位聚合物研究领域做出了非常重要的工作，也有一些相关的配位化学以及金属有机框架方面的著作出版，但国内迄今尚未有全面、系统介绍配位聚合物合成、结构与性能等各方面进展的著作。

由卜显和教授主编，我国当前活跃在配位聚合物领域科研一线的学者和专家撰写的《配位聚合物化学》，以配位聚合物的设计—合成—性能—潜在应用为主线，系统介绍了配位聚合物从功能导向的设计合成，到配位聚合物材料的性能测试，再到应用的研究进展，较全面地反映了国内外配位聚合物化学的最新研究进展。

我相信该书能够为从事相关研究的教师和研究生提供有益的启发和重要的参考价值，从而有助于推动配位聚合物化学研究的发展。

2019 年 3 月 15 日

配位聚合物（coordination polymer）是一类由金属离子和有机配体之间通过配位键自组装形成的具有一维链状、二维层状或三维网络结构的配合物的统称。由于其多样的结构和独特的性能，配位聚合物的设计与合成、结构、功能特性的研究与应用探索已成为配位化学、晶体工程、材料科学等领域的研究前沿与热点，其研究跨越了无机化学、有机化学、配位化学、材料化学、合成化学等多个学科门类，并在催化、吸附分离、发光、非线性光学、磁学、检测、能源等方面表现出广阔的应用前景。国内以中山大学陈小明院士为代表的多个课题组在这方面做出了非常出色的研究工作，也出版了系列关于配合物、配位化学及金属有机框架方面的著作，包括 1991 年张祥麟编著的《配合物化学》，2000 年由游效曾、孟庆金、韩万书主编的《配位化学进展》，2013 年由刘伟生主编的《配位化学》及 2017 年陈小明、张杰鹏等编著的《金属-有机框架材料》等，主要针对的是配位化学、配合物化学或具有特殊孔道结构的三维配位聚合物的研究进展，但国内迄今还没有一部专门系统介绍配位聚合物化学各方面进展的著作。

为了促进配位化学、配位聚合物化学及金属有机框架材料的深入发展，并全面反映国内外科学工作者在配位聚合物领域的研究进展和所做的贡献，我们感到有必要出版一部比较全面、系统地反映配位聚合物研究进展的书籍，对配位聚合物的设计合成、结构特点、性能与应用的研究现状进行系统、全面地总结，为从事配位聚合物化学研究的人员提供参考。多年来我们也一直从事这方面的研究工作，包括配位聚合物的设计合成、结构与性能等。在国内多个从事配位聚合物研究的课题组的大力支持下，在系统文献调研工作的基础上，我们尝试编写了本书。

本书分为上、下册，共三篇：合成篇、结构篇、性能与应用篇。合成篇共 14 章，主要涉及配位聚合物的通用合成方法与策略、特殊结构配位聚合物的设计合成，特定组成、尺寸与功能配位聚合物的设计合成；结构篇共 11 章，主要包括配位聚合物的晶体工程与拓扑结构、配位聚合物的特殊结构及特定组成配位聚合物的结构；性能与应用篇内容比较多，共 20 章，内容涵盖了配位聚合物的光学性能及应用，配位聚合物的电、磁学性能及应用，配位聚合物的催化性能及应用，多孔配位聚合物的吸附性能及应用，以及配位聚合物在爆炸物安全与检测、电池材料、农药检测和去除中的应用等方面。本书所有内容均通过研究实例和图片直观地加以描述，力求做到既有规律总结，又有具体实例，对全面系统了解和掌握配位聚合物的合成方法、结构特征以及各种性能与应用具有重要的指导意义。

本书由南开大学卜显和教授任主编，渤海大学王秀丽教授任副主编，由从事相关研究的三十几个课题组共同参与编写完成（每章的具体编写人员见章末）。本书在编写过程中得到各位撰写专家和学者的鼎力支持，从选材、撰写、修改到书稿的清样审核，付出了艰辛的劳动。在此，对各位撰写专家和学者表示崇高的敬意和衷心的感谢！特别感谢吴新涛院士、洪茂椿院士、高松院士、陈小明院士及陈邦林教授等的大力支持！感谢科学出版社的朱丽编辑和李明楠编辑在出版过程中所付出的一切努力！感谢南开大学代婧伟老师在本书审稿、统稿过程中所付出的努力与贡献。此外，还要感谢参与本书撰写和统稿工作的主编的团队成员和学生们。尽管我们十分努力，但由于编者和作者水平有限，疏漏和不足之处在所难免，敬请读者批评指正。

本书的出版得到国家科学技术学术著作出版基金资助，也得到了南开大学化学学院和课题组全体研究生们的大力支持和帮助，在此一并表示感谢。

卜显和

2019 年 3 月 15 日

目 录

序
前言
第0章 配位聚合物概述 ·· 001
0.1 配位聚合物的定义 ·· 001
0.2 配位聚合物的历史 ·· 001
0.3 典型的配位聚合物 ·· 003
　0.3.1 IRMOF 系列 ··· 003
　0.3.2 HKUST-1 系列 ·· 006
　0.3.3 MIL 系列 ·· 007
　0.3.4 ZIF 系列 ··· 009
　0.3.5 UiO 系列 ··· 015
　0.3.6 PCP 系列 ·· 016
　0.3.7 PCN 系列 ·· 018
0.4 配位聚合物合成方法 ··· 021
　0.4.1 传统合成方法 ··· 021
　0.4.2 宏量合成方法 ··· 021
0.5 配位聚合物发展展望 ··· 022
参考文献 ·· 023

合 成 篇

第1章 配位聚合物合成概述 ·· 029
1.1 合成配位聚合物的各种原料组分 ·· 029
　1.1.1 金属离子及金属簇次级构筑单元 ·· 029
　1.1.2 配体 ··· 030
　1.1.3 溶剂 ··· 032
　1.1.4 模板剂、矿化剂等 ·· 033
1.2 合成配位聚合物的方法 ·· 033
　1.2.1 固态反应法 ·· 033
　1.2.2 溶液法 ·· 033
　1.2.3 水热（溶剂热）法 ·· 034
　1.2.4 升华法 ·· 034
　1.2.5 微波辅助合成法 ··· 034
　1.2.6 声化学合成法 ··· 035
　1.2.7 电化学合成法 ··· 035
1.3 合成配位聚合物的策略 ·· 035
　1.3.1 天然矿物结构模拟策略 ·· 036
　1.3.2 分步组装策略 ··· 036
　1.3.3 相同框架结构同系物合成策略 ·· 036
　1.3.4 后修饰及结构基元取代策略 ·· 037
1.4 影响配位聚合物合成的因素 ·· 037
　1.4.1 溶剂的影响 ·· 037
　1.4.2 温度的影响 ·· 038

1.4.3　酸碱度的影响 ……………………………………………………………………… 038
1.4.4　抗衡离子的影响 …………………………………………………………………… 038
1.4.5　模板的影响 ………………………………………………………………………… 038
参考文献 ……………………………………………………………………………………… 038

第2章　模板法构筑多孔配位聚合物 ………………………………………………………… 040
2.1　阳离子型模板 ………………………………………………………………………… 041
　2.1.1　金属离子 …………………………………………………………………………… 041
　2.1.2　有机胺阳离子 ……………………………………………………………………… 043
　2.1.3　金属配合物阳离子 ………………………………………………………………… 046
2.2　阴离子型模板 ………………………………………………………………………… 047
　2.2.1　简单无机阴离子 …………………………………………………………………… 047
　2.2.2　多酸阴离子 ………………………………………………………………………… 050
2.3　中性分子模板 ………………………………………………………………………… 051
　2.3.1　有机溶剂 …………………………………………………………………………… 051
　2.3.2　离子液体 …………………………………………………………………………… 052
　2.3.3　N-杂环化合物 ……………………………………………………………………… 052
　2.3.4　羧酸分子 …………………………………………………………………………… 053
　2.3.5　金属卟啉 …………………………………………………………………………… 054
　2.3.6　碘分子 ……………………………………………………………………………… 055
　2.3.7　水分子 ……………………………………………………………………………… 056
2.4　共模板效应 …………………………………………………………………………… 057
2.5　自模板效应 …………………………………………………………………………… 058
2.6　总结 …………………………………………………………………………………… 060
参考文献 ……………………………………………………………………………………… 060

第3章　金属有机框架的后合成修饰功能调控 ……………………………………………… 063
3.1　后合成修饰的定义、特点、分类及研究现状简况 …………………………………… 064
　3.1.1　后合成修饰的定义及特点 ………………………………………………………… 064
　3.1.2　后合成修饰的分类 ………………………………………………………………… 065
　3.1.3　后合成修饰研究现状简况 ………………………………………………………… 066
3.2　共价后合成修饰 ……………………………………………………………………… 067
　3.2.1　含支链/悬挂基团 MOF 的共价后合成修饰 ……………………………………… 067
　3.2.2　有机配体后合成消除 ……………………………………………………………… 073
　3.2.3　无支链/悬挂基团 MOF 的共价后合成修饰 ……………………………………… 075
3.3　配位后合成修饰 ……………………………………………………………………… 076
　3.3.1　发生于次级构筑单元的配位后合成修饰 ………………………………………… 076
　3.3.2　发生于配体的配位后合成修饰 …………………………………………………… 078
3.4　后合成替换 …………………………………………………………………………… 080
　3.4.1　后合成金属离子交换 ……………………………………………………………… 080
　3.4.2　后合成有机配体替换 ……………………………………………………………… 084
3.5　串联后合成修饰 ……………………………………………………………………… 088
3.6　国内后合成修饰研究进展 …………………………………………………………… 091
3.7　后合成修饰的影响因素 ……………………………………………………………… 096
　3.7.1　框架稳定性 ………………………………………………………………………… 096
　3.7.2　孔穴相容性 ………………………………………………………………………… 097
　3.7.3　溶剂 ………………………………………………………………………………… 097
　3.7.4　反应温度 …………………………………………………………………………… 098
　3.7.5　晶体尺寸 …………………………………………………………………………… 098
　3.7.6　后合成替换影响因素 ……………………………………………………………… 098
3.8　后合成修饰的表征方法 ……………………………………………………………… 099
　3.8.1　共价后合成修饰表征方法 ………………………………………………………… 100

　　　3.8.2　配位后合成修饰表征方法 ·· 101
　　　3.8.3　后合成替换表征方法 ··· 101
　　　3.8.4　其他表征方法 ··· 103
　　3.9　总结与展望 ·· 104
　　参考文献 ··· 106
第4章　配位聚合物中心金属的晶态分子反应 ·· 112
　　4.1　引言 ··· 112
　　4.2　单晶到单晶的转变和"溶剂诱导"的重结晶过程 ···························· 113
　　4.3　一价中心金属离子交换 ··· 117
　　4.4　二价中心金属离子交换 ··· 119
　　　4.4.1　配位构型的限制 ··· 121
　　　4.4.2　热力学因素 ··· 122
　　　4.4.3　动力学因素 ··· 123
　　　4.4.4　二价中心金属交换合成配位聚合物的意义 ·························· 124
　　4.5　三价和四价中心金属离子交换 ·· 131
　　4.6　中心金属离子交换机理 ··· 133
　　4.7　中心金属离子自旋态改变 ·· 136
　　4.8　中心金属离子氧化态改变 ·· 139
　　4.9　总结 ··· 145
　　参考文献 ··· 145
第5章　穿插/缠绕配位聚合物的设计合成 ·· 152
　　5.1　引言 ··· 152
　　5.2　新型分子辫化合物的可控设计合成 ·· 152
　　　5.2.1　概述 ·· 152
　　　5.2.2　不同类型的分子辫化合物 ··· 153
　　　5.2.3　小结 ·· 157
　　5.3　影响穿插/缠绕配位聚合物可控合成的主要因素 ···························· 158
　　　5.3.1　概述 ·· 158
　　　5.3.2　主要的影响因素 ··· 159
　　　5.3.3　小结 ·· 171
　　参考文献 ··· 171
第6章　多壁金属有机框架的构筑与研究进展 ·· 176
　　6.1　引言 ··· 176
　　6.2　双壁金属有机框架 ··· 177
　　　6.2.1　三角形配体构筑的双壁金属有机框架 ································· 177
　　　6.2.2　直线形配体构筑的双壁金属有机框架 ································· 184
　　　6.2.3　四边形配体构筑的双壁金属有机框架 ································· 186
　　6.3　三壁金属有机框架 ··· 187
　　　6.3.1　直线形配体构筑的三壁金属有机框架 ································· 187
　　　6.3.2　三角形配体构筑的三壁金属有机框架 ································· 189
　　6.4　多壁多孔配位聚合物的应用及发展前景 ······································ 191
　　参考文献 ··· 196
第7章　具有动态行为的柔性配位聚合物及其应用 ······································ 199
　　7.1　柔性配位聚合物的结构及调控 ·· 199
　　　7.1.1　柔性配位聚合物的结构基础 ·· 200
　　　7.1.2　柔性配位聚合物动态行为的实现条件 ································· 201
　　　7.1.3　柔性配位聚合物动态行为的调控 ······································ 203
　　　7.1.4　柔性配位聚合物的理论计算研究 ······································ 203
　　7.2　柔性配位聚合物的表征 ··· 205
　　7.3　具有不同动态行为和性质的柔性配位聚合物的构筑 ······················ 206

7.3.1 具有吸附分离性能的柔性配位聚合物的构筑 ·················· 207
7.3.2 具有识别检测性能的柔性配位聚合物的构筑 ·················· 210
7.3.3 具有客体捕获与释放性能的柔性配位聚合物的构筑 ·········· 212
参考文献 ·· 214

第 8 章 配位聚合物纳/微米材料 ·· 218
8.1 配位聚合物纳/微米材料的常用合成方法 ······························· 218
8.1.1 水热/溶剂热法 ··· 218
8.1.2 室温直接沉淀法 ··· 220
8.1.3 微波合成法 ··· 224
8.1.4 超声波合成法 ·· 226
8.1.5 微乳液法 ·· 229
8.1.6 其他合成方法 ·· 231
8.2 配位聚合物纳/微米材料的应用 ··· 231
8.2.1 气体吸附与分离 ··· 231
8.2.2 传感 ··· 234
8.2.3 催化 ··· 236
8.2.4 生物应用 ·· 238
8.2.5 材料模板 ·· 238
8.2.6 其他应用领域 ·· 241
8.3 配位聚合物纳/微米材料的发展前景 ····································· 242
参考文献 ·· 242

第 9 章 联吡啶鎓配位聚合物的合成及应用 ··· 245
9.1 引言 ·· 245
9.2 联吡啶鎓盐的性质 ·· 245
9.3 联吡啶鎓盐在配位化学组装中的优势 ··· 246
9.3.1 联吡啶鎓配体的多样性 ·· 246
9.3.2 联吡啶鎓配体的可设计性 ·· 247
9.3.3 联吡啶鎓配体可控定向组装配位聚合物 ····················· 250
9.3.4 联吡啶鎓阳离子模板导向合成配位聚合物 ·················· 252
9.4 联吡啶鎓配位聚合物的应用 ··· 254
9.4.1 光致变色 ·· 254
9.4.2 客体分子吸附响应 ·· 258
9.4.3 光学开关 ·· 263
9.4.4 气体吸附和分离 ··· 268
9.5 结论与展望 ··· 273
参考文献 ·· 273

第 10 章 多孔生物配位聚合物的设计合成 ··· 277
10.1 引言 ··· 277
10.2 生物金属有机框架的设计 ·· 277
10.2.1 基于氨基酸、多肽和蛋白质的 BioMOF 的合成与结构 ··· 278
10.2.2 基于卟啉和金属卟啉 BioMOF 的合成与结构 ·············· 285
10.2.3 基于核碱基合成的 BioMOF ···································· 288
10.3 BioMOF 的主客体化学与应用展望 ·· 297
10.3.1 BioMOF 的主客体化学 ··· 297
10.3.2 BioMOF 在生物领域中的应用 ································· 301
10.3.3 BioMOF 的发展前景与展望 ···································· 305
参考文献 ·· 306

第 11 章 纳米尺度生物配位聚合物的设计与构建 ·· 311
11.1 引言 ··· 311
11.2 设计与构建 ·· 312

　　11.2.1　"金属-氨基酸"生物配位聚合物··312
　　11.2.2　"金属-肽"生物配位聚合物··318
　　11.2.3　"金属-蛋白质"生物配位聚合物··319
　　11.2.4　"金属-核碱基"生物配位聚合物··321
　11.3　手性及螺旋结构调制···323
　　11.3.1　手性···323
　　11.3.2　螺旋结构调制···324
　11.4　前景与挑战···325
　　11.4.1　无机纳米材料的合成···325
　　11.4.2　生物应用···328
　参考文献···329
第12章　柔性配体配位聚合物的合成及性能··335
　12.1　基于柔性配体的配位聚合物的设计合成与结构·····································336
　　12.1.1　基于柔性配体的配位聚合物的结构多样性···336
　　12.1.2　基于柔性配体的配位聚合物的设计和合成···339
　　12.1.3　基于柔性配体的手性配位聚合物···344
　　12.1.4　由柔性配体诱导的动态配位聚合物···347
　12.2　基于柔性配体配位聚合物的应用···350
　　12.2.1　基于柔性配体配位聚合物的气体吸附···350
　　12.2.2　基于柔性配体配位聚合物的异相催化···355
　　12.2.3　基于柔性配体配位聚合物的质子传导···359
　参考文献···362
第13章　镧系-过渡金属-氨基酸簇合物的控制组装、结构及性能·················370
　13.1　引言··370
　13.2　氨基酸的配位化学和配位模式···370
　13.3　第二配体对组装的影响···372
　　13.3.1　含单齿咪唑配体的三棱柱异金属簇合物···373
　　13.3.2　含双齿乙酸配体的三十核八面体簇合物···373
　　13.3.3　双齿配体乙酸对组装的影响···375
　13.4　反应物配比对组装的影响···377
　　13.4.1　由两个 $Cu(Gly)_2$ 桥连$[La_6Cu_{24}]$簇形成的一维化合物·······················377
　　13.4.2　由三个 $Cu(Gly)_2$ 桥连$[Ln_6Cu_{24}]$簇形成的二维化合物（Ln = Eu, Gd, Er）·······379
　　13.4.3　由五个 $Cu(Gly)_2$ 桥连$[Sm_6Cu_{24}]$簇形成的三维化合物······················380
　　13.4.4　由六个 $Cu(Pro)_2$ 桥连$[Nd_6Cu_{24}]$簇形成的三维化合物······················382
　13.5　结晶条件对组装的影响···384
　13.6　镧系金属对组装的影响···386
　　13.6.1　由三个稀土离子桥连四个 $Cu(Gly)_2$ 形成的一维化合物（Ln = La, Pr, Sm）·······386
　　13.6.2　由三个 $Cu(Gly)_2$ 桥连$[Ln_6Cu_{22}]$形成的三维化合物（Ln = Eu, Dy）·······388
　　13.6.3　由六个 $Cu(Gly)_2$ 桥连$[Er_6Cu_{24}]$形成的三维化合物···························390
　13.7　铜-稀土金属-甘氨酸化合物的碎片组装动态化学·····································393
　13.8　过渡金属离子对组装的影响···396
　　13.8.1　与过渡金属钴或镍形成的七核八面体簇化合物···································397
　　13.8.2　与过渡金属钴、镍或锌形成的七核三棱柱簇化合物·····························398
　13.9　其他因素的影响··400
　13.10　总结··400
　参考文献···400
第14章　多酸基多孔金属有机框架材料···406
　14.1　多酸基金属有机框架材料的背景介绍···406
　14.2　多酸基金属有机框架材料的合成···407
　　14.2.1　多酸基金属有机框架晶态材料的合成···407

14.2.2　多酸负载型金属有机框架材料的合成 ……………………………… 408
14.3　三维开放式多酸基多孔金属有机框架及其应用 …………………………… 409
14.3.1　多酸基金属有机框架单晶材料及其应用 ………………………… 409
14.3.2　多酸负载型金属有机框架材料及其应用 ………………………… 424
参考文献 ……………………………………………………………………………… 429

结　构　篇

第15章　配位聚合物的结构概述 ……………………………………………… 437
15.1　配位聚合物的结构特点 ……………………………………………………… 437
15.2　配位聚合物的分类 …………………………………………………………… 438
15.2.1　从空间维度分类 …………………………………………………… 438
15.2.2　从配体种类分类 …………………………………………………… 438
15.3　配位聚合物的结构设计 ……………………………………………………… 441
15.3.1　结构设计的原理 …………………………………………………… 441
15.3.2　金属离子的选择 …………………………………………………… 441
15.3.3　配体的选择 ………………………………………………………… 442
15.4　配位聚合物的结构表征 ……………………………………………………… 442
15.4.1　X射线结构分析 …………………………………………………… 442
15.4.2　红外光谱分析 ……………………………………………………… 443
15.4.3　紫外-可见吸收光谱分析 …………………………………………… 443
15.4.4　热重分析 …………………………………………………………… 443
15.4.5　X射线光电子能谱分析 …………………………………………… 443
15.4.6　质谱分析 …………………………………………………………… 444
15.4.7　核磁共振分析 ……………………………………………………… 444
参考文献 ……………………………………………………………………………… 444

第16章　配位聚合物的晶体工程 ……………………………………………… 447
16.1　晶体工程简介 ………………………………………………………………… 447
16.2　非共价相互作用 ……………………………………………………………… 447
16.2.1　范德瓦耳斯力 ……………………………………………………… 448
16.2.2　氢键 ………………………………………………………………… 448
16.2.3　π-π作用 …………………………………………………………… 449
16.2.4　配位键 ……………………………………………………………… 450
16.2.5　非共价作用力的晶体学分析 ……………………………………… 454
16.3　配位聚合物的结构与构筑 …………………………………………………… 460
16.3.1　概念与术语 ………………………………………………………… 460
16.3.2　网络与结构 ………………………………………………………… 462
16.4　总结与展望 …………………………………………………………………… 478
参考文献 ……………………………………………………………………………… 479

第17章　配位聚合物的拓扑结构 ……………………………………………… 483
17.1　拓扑网络的基本概念及拓扑网络表示方法 ………………………………… 483
17.1.1　拓扑网络的基本概念 ……………………………………………… 484
17.1.2　拓扑网络的表示方法 ……………………………………………… 484
17.2　拓扑网络的分类 ……………………………………………………………… 490
17.2.1　一维拓扑结构 ……………………………………………………… 491
17.2.2　二维拓扑结构 ……………………………………………………… 492
17.2.3　三维拓扑结构 ……………………………………………………… 495
17.3　拓扑网络分析软件简介 ……………………………………………………… 502
17.3.1　Diamond软件简化拓扑结构 ……………………………………… 502
17.3.2　Topos软件简化拓扑结构 ………………………………………… 505
17.3.3　Olex软件简化拓扑结构 …………………………………………… 521

17.4　总结 ···523

　　参考文献 ··524

第 18 章　高连接的配位聚合物 ···527

18.1　引言 ···527

18.2　单节点的高连接拓扑网 ··529

　　18.2.1　奇数连接的拓扑网（7-连接和 9-连接） ···529

　　18.2.2　8-连接的拓扑网 ··529

　　18.2.3　10-连接的拓扑网 ···532

　　18.2.4　12-连接的拓扑网 ···533

　　18.2.5　14-连接的拓扑网 ···535

18.3　双节点的高连接拓扑网 ··535

　　18.3.1　(3, 8)-连接的拓扑网 ··535

　　18.3.2　(3, 9)-连接的拓扑网 ··536

　　18.3.3　(3, 12)-连接的拓扑网 ··537

　　18.3.4　(3, 24)-连接的拓扑网 ··538

　　18.3.5　(3, 36)-连接的拓扑网 ··539

　　18.3.6　(4, 8)-连接的拓扑网 ··539

　　18.3.7　(4, 9)-连接的拓扑网 ··540

　　18.3.8　(4, 12)-连接的拓扑网 ··541

　　18.3.9　其他双节点的高连接拓扑网 ···542

18.4　三节点的高连接拓扑网 ··545

　　18.4.1　(3, 4, 6)-连接的拓扑网 ···545

　　18.4.2　(4, 8, 16)-连接的拓扑网 ···546

　　18.4.3　(3, 4, 8)-连接的拓扑网 ···546

　　18.4.4　(3, 6, 12)-连接的拓扑网 ···547

　　18.4.5　(3, 8, 12)-连接和(3, 12, 12)-连接的拓扑网 ··547

　　参考文献 ··547

第 19 章　具有穿插结构的配位聚合物 ···551

19.1　相同结构基元穿插得到的配位聚合物 ···551

　　19.1.1　1D→2D/3D ···551

　　19.1.2　2D→2D/3D ··553

　　19.1.3　3D→3D ···554

19.2　不同种网络穿插得到的配位聚合物 ···559

　　19.2.1　1D + 2D→3D ··559

　　19.2.2　1D + 3D→3D ··559

　　19.2.3　2D + 2D→3D ··560

　　19.2.4　2D + 3D→3D ··561

　　19.2.5　3D + 3D→3D ··561

19.3　总结与展望 ··562

　　参考文献 ··563

第 20 章　配位聚合物材料结构缺陷 ··567

20.1　引言 ···567

20.2　配位聚合物材料中的自然结构缺陷 ···568

　　20.2.1　晶体位错 ··568

　　20.2.2　配体或金属缺失 ··569

　　20.2.3　局部结构缺失 ···569

　　20.2.4　部分穿插 ··569

20.3　配位聚合物结构缺陷的表征 ···570

　　20.3.1　显微技术 ··570

20.3.2 光谱技术 ··· 573
20.3.3 单晶 X 射线衍射技术 ·· 575
20.3.4 酸碱电位滴定 ··· 576
20.3.5 对晶体缺陷的理论计算研究 ·· 576
20.4 配位聚合物材料中的人为结构缺陷 ·· 577
20.4.1 配位聚合物材料中人为结构缺陷的生成 ·································· 577
20.4.2 MOF 结构内的关联缺陷和有序缺陷 ····································· 585
20.5 对配位聚合物结构缺陷研究的展望 ·· 590
参考文献 ··· 591

第 21 章 金属多氮唑框架 ··· 596
21.1 引言 ·· 596
21.2 金属多氮唑框架的配位与结构化学 ·· 596
21.3 咪唑阴离子配位模式 ·· 598
21.3.1 与线形配位的金属离子组装链状结构 ····································· 598
21.3.2 与四面体配位的金属离子组装沸石型多孔结构 ························ 599
21.4 吡唑阴离子配位模式 ·· 604
21.4.1 基于簇的三维框架 ·· 605
21.4.2 基于链的三维框架 ·· 607
21.5 三氮唑阴离子配位模式 ·· 609
21.5.1 1,2,3-三氮唑配位模式 ··· 609
21.5.2 1,2,4-三氮唑配位模式 ··· 612
21.6 其他配位模式 ··· 614
21.7 总结 ·· 615
参考文献 ··· 615

第 22 章 硼咪唑框架材料的结构 ··· 623
22.1 硼咪唑框架材料的发展 ·· 623
22.2 硼咪唑框架材料的合成策略 ·· 625
22.2.1 BIF 材料的构筑策略 ··· 625
22.2.2 BIF 的电荷平衡 ··· 626
22.2.3 BIF 配体的合成 ··· 627
22.3 硼咪唑框架材料主要分类 ··· 628
22.3.1 基于 4-连接硼咪唑配体构筑的 BIF ·· 628
22.3.2 基于 3-连接硼咪唑配体构筑的 BIF ·· 631
22.4 硼咪唑框架材料的应用及发展前景 ·· 634
22.4.1 BIF 负载贵金属纳米粒子的研究 ··· 634
22.4.2 利用 BIF 合成 BCN 多孔材料 ·· 636
参考文献 ··· 637

第 23 章 稀土-过渡金属簇聚物及配聚物 ··· 641
23.1 稀土配位聚合物概述 ·· 641
23.2 稀土-铜簇聚物 ··· 641
23.3 稀土-镉配聚物 ··· 649
23.4 稀土-银配聚物 ··· 651
23.5 稀土-锌配聚物 ··· 653
23.6 稀土-锰配聚物 ··· 655
23.7 稀土-镍配聚物 ··· 655
参考文献 ··· 656

第 24 章 多孔羧酸配位聚合物的设计组装与结构 ·· 658
24.1 多孔羧酸配位聚合物概述 ··· 658
24.1.1 研究历史 ·· 658

　　24.1.2　设计合成策略 ··660
　　24.1.3　合成方法 ···664
　24.2　多孔羧酸配位聚合物的设计合成与结构 ···667
　　24.2.1　手性与非中心对称结构 ···667
　　24.2.2　分子筛拓扑结构 ··671
　　24.2.3　大孔道的结构 ··675
　　24.2.4　低密度的结构 ··680
　　24.2.5　稳定的多孔结构 ··685
　参考文献 ··689
第 25 章　多酸为无机配体构筑的配位聚合物结构 ···701
　25.1　引言 ···701
　25.2　以 Keggin 型多酸为无机配体构筑的配位聚合物 ···703
　　25.2.1　Keggin 型多酸与中性配体结合构筑的配位聚合物 ···································704
　　25.2.2　Keggin 型多酸与阴离子配体结合构筑的配位聚合物 ·································708
　　25.2.3　Keggin 型多酸与现场生成配体结合构筑的配位聚合物 ·······························711
　25.3　以 Wells-Dawson 型多酸为无机配体构筑的配位聚合物 ··································713
　　25.3.1　Wells-Dawson 型多酸与中性配体结合构筑的配位聚合物 ·····························713
　　25.3.2　Wells-Dawson 型多酸与阴离子配体结合构筑的配位聚合物 ·························716
　　25.3.3　Wells-Dawson 型多酸与现场生成配体结合构筑的配位聚合物 ························717
　25.4　以 Lindqvist 型多酸为无机配体构筑的配位聚合物 ······································717
　25.5　以 Anderson 型多酸为无机配体构筑的配位聚合物 ·······································719
　　25.5.1　Anderson 型多酸与中性配体结合构筑的配位聚合物 ··································720
　　25.5.2　Anderson 型多酸与阴离子配体结合构筑的配位聚合物 ·······························721
　25.6　以多钼酸盐为无机配体构筑的配位聚合物 ··723
　　25.6.1　多钼酸盐与中性配体结合构筑的配位聚合物 ···724
　　25.6.2　多钼酸盐与阴离子配体结合构筑的配位聚合物 ·······································729
　　25.6.3　多钼酸盐与现场生成配体结合构筑的配位聚合物 ·····································730
　25.7　以多钨酸盐为无机配体构筑的配位聚合物 ··731
　　25.7.1　多钨酸盐与中性配体结合构筑的配位聚合物 ···732
　　25.7.2　多钨酸盐与阴离子配体结合构筑的配位聚合物 ·······································734
　25.8　以多钒酸盐为无机配体构筑的配位聚合物 ··735
　　25.8.1　多钒酸盐与中性配体结合构筑的配位聚合物 ···737
　　25.8.2　多钒酸盐与阴离子配体结合构筑的配位聚合物 ·······································738
　25.9　以 P_2Mo_5 和 P_4Mo_6 型多酸为无机配体构筑的配位聚合物 ····················739
　　25.9.1　P_2Mo_5 和 P_4Mo_6 型多酸与中性配体结合构筑的配位聚合物 ··············740
　　25.9.2　P_2Mo_5 和 P_4Mo_6 型多酸与现场生成配体结合构筑的配位聚合物 ··········740
　参考文献 ··742

第0章
配位聚合物概述

0.1　配位聚合物的定义

配位聚合物（coordination polymer，CP）是由桥连配体和金属离子通过配位键形成的具有高度规整的无限网络结构的配合物。因为组成、结构的多样化及历史等原因，除了配位聚合物及其延伸的多孔配位聚合物（porous coordination polymer，PCP）之外，多种术语曾经被用于描述相关化合物，包括金属有机材料（metal-organic material）、微孔金属配位材料（microporous metal coordination material，MMCM）、配位网络（coordination network）和金属有机框架（metal-organic framework，MOF）等。2013 年，关于配位聚合物的术语建议由国际纯粹与应用化学联合会（International Union of Pure and Applied Chemistry，IUPAC）正式发表[1]。根据这一建议，配位聚合物定义为：经配位实体延伸的具有一维、二维或三维结构重复单元的配位化合物，具有高度规整的无限网络结构。配位实体（coordination entity）指的是由中心原子或离子与几个配体分子或离子以配位键相结合而形成的复杂分子或离子结构单元。配位实体经一维延伸且由两个及以上互相连接的链、环、螺旋，或者经配体实体在二维、三维伸展的配位聚合物，称为配位网络。MOF 则是同时含有有机配体并具有潜在孔洞的配位网络，因此，配位聚合物的涵盖范围最广，配位网络是配位聚合物的子集，MOF 则是配位网络的子集[2]。将晶体工程学（crystal engineering）应用于配位聚合物的合成，在设计配位网络时，可将光、电、热、磁和生物等性质引入配位骨架中，结合无机和有机组分各自的优势，制备具有双功能或多功能的复合分子基材料。因此，作为新型功能性材料，配位聚合物的设计与合成、结构及功能特性的研究与开发已经成为配位化学、超分子化学、晶体工程学和材料科学发展的前沿领域之一。

0.2　配位聚合物的历史

最早的人造配位聚合物，可以追溯到 18 世纪初德国人第斯巴赫（Johann Jacob Diesbach）发现的、俗称普鲁士蓝的亚铁氰化铁 $\{Fe_4[Fe(CN)_6]_3\}$（图 0-1）。普鲁士蓝是混合 Fe(II)和 Fe(III)的典型三维配位聚合物，其中每个铁离子采用八面体构型，与六个氰基配体配位[3]。此后，配位聚合物长时期并没有引起大家广泛的关注，只有零星的报道，这类化合物在这一阶段发展很缓慢。

20 世纪 80 年代，人们对这些材料的兴趣越来越大，特别是在分子基磁性材料研究领域。然而，直到 1989 年 Robson 课题组的一份简短的通讯[4]和随后 1990 年一份完整的论文发表[5]，配位聚合物的研究才受到了广泛的重视。Robson 将 Wells 关于无机化合物网络结构的研究成果拓展到配位聚合物领域（图 0-2），方便了人们对拓扑网络的分析和理解[6]。

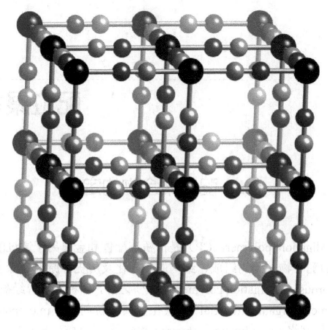

图 0-1 普鲁士蓝三维网络结构

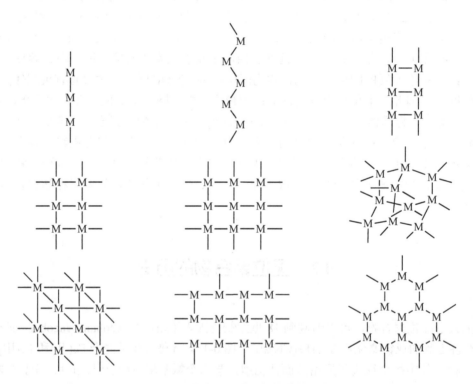

图 0-2 一些配位聚合物的网络结构示意图

　　Robson 合成了多种三维网络的氰基配位聚合物，它们具有大的孔道和孔穴，在离子交换方面展示了潜在的应用前景，他开创性的工作为配位聚合物的发展做出了重要贡献。

　　进入 20 世纪 90 年代，配位聚合物的研究以惊人的速度发展，受到了国内外科学工作者的广泛重视。构筑配位聚合物的配体从最初的含氮原子的配体拓展到以含氧、含硫、含磷的配体及其混合的配体[7, 8]，而金属离子也从常见的低价态过渡金属离子拓展到高价态过渡金属离子、稀土元素、碱金属及碱土金属离子[9-11]。在此后的二十多年里，配位聚合物的研究变得越来越热门，由于其潜在的结构及功能多样性，更多此类配位聚合物被报道，其数量急剧增长，这类化合物在科学研究中具有重大意义，在实际应用中有着巨大的潜力（图 0-3）。

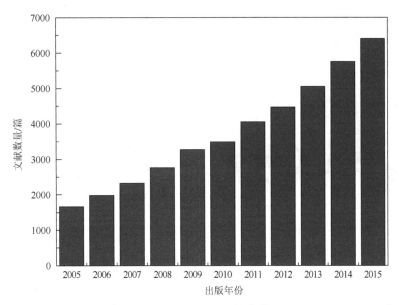

图 0-3　2005～2015 年"coordination polymer"或"metal-organic framework"
在 Web of Science 数据库出现的次数

0.3　典型的配位聚合物

配位聚合物为由多齿配体与金属离子或金属离子簇通过自组装而形成的具有周期性的空间网络结构的骨架材料[12, 13]。包括 IRMOF、HKUST、MIL、ZIF、UiO、PCP、PCN 等系列。到现在为止，已报道的各种配位聚合物结构达数万种，主要是因为金属离子和有机配体组合是多种多样的。

0.3.1　IRMOF 系列

IRMOF（isoreticular metal-organic framework）所指的同（均匀）网状金属有机框架系列材料，指的是一系列拓扑结构相同但孔径大小不同的金属有机框架材料，以 IRMOF-1（即 MOF-5）为代表的由线型有机连接体和 Zn_4O 簇构筑的 IRMOF 系列金属有机框架材料由美国 Yaghi 课题组完成，他们的工作是重要且具有开创性和代表性的。

1999 年，Yaghi 课题组报道了超级稳定的多孔金属有机框架材料$[ZnO_4(BDC)_3 \cdot (DMF)_8 \cdot (C_6H_5Cl)]$（MOF-5），其中 H_2BDC = 1, 4-对苯二甲酸，DMF = N, N'-二甲基甲酰胺，C_6H_5Cl = 氯苯。其金属离子簇$[Zn_4O]^{6+}$是由 4 个 Zn^{2+}键合 1 个 O^{2-}形成的四面体，这个四面体进一步通过连接体$[O_2C\text{-}C_6H_4\text{-}CO_2]^{2-}$扩展为三维的立体网络结构（图 0-4）[14]。由于 MOF-5 具有可以支撑永久孔隙率的坚固开放框架结

构，引起了人们的极大关注，这引发了对 MOF 在储气和多相催化方面应用的积极研究，该材料对多种小分子（如氮气、氩气等）具有吸附能力[15, 16]，但水热稳定性较差，它的合成奠定了近二十年来配位聚合物发展的基础。

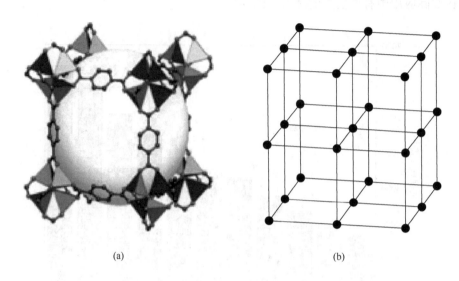

(a)   (b)

图 0-4 （a）MOF-5 由 $ZnO_4(O_{12}C_6)_3$ 组成的簇；（b）MOF-5 的网络框架结构

2001 年，Yaghi 课题组[17]用 Cu^{2+} 和 1, 3, 5-三(4-羧基苯基)苯（H_3BTB）在 DMF 溶液中水热合成了 $Cu_3(BTB)_2(H_2O)_3 \cdot (DMF)_9(H_2O)_2$（MOF-14）。此材料的骨架由一对相互加强的金属有机框架交织而成，包含明显的大孔，孔径 1.64nm，在空洞中大量的气体和有机溶剂可以可逆地吸附，该化合物是当时报道的孔道最大的 MOF 材料。

2002 年，Yaghi 课题组增加了 1, 4-对苯二甲酸连接体长度及采用取代基修饰策略，制备了系列 IRMOF 材料[18]（图 0-5）。这些化合物的孔径跨度由 0.38nm 到 2.88nm。其中部分 IRMOF 孔径尺寸超过了 2nm，为含有介孔孔道的晶体材料，而且它们的密度很低。这些材料稳定性很好，脱除客体分子后，框架依然完整。同年，他们进一步仿照 NbO 网络结构[19]，利用桨轮式次级构筑单元代替了氧化铌的正方形中的顶点，使用溴取代的均苯二甲酸为有机配体，合成了具有类氧化铌结构的 MOF-101。

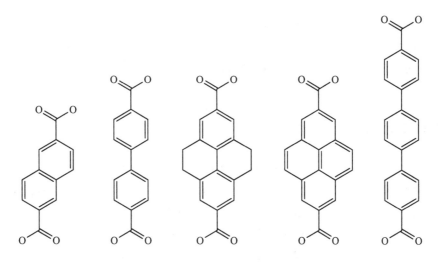

图 0-5 几种二羧酸配体的结构示意图

在多孔材料领域，一个突出的挑战是具有极高表面活性的化学结构的设计和合成。这些材料在催化、分离和气体储存等领域具有重要的意义。2004 年，Yaghi 课题组借鉴构成石墨烯的六元环表面边缘暴露越大，其比表面积越大的新策略合成了当时最大比表面积的金属有机框架材料 $Zn_4O(BTB)_2$（MOF-177），其比表面积约为 4500m²/g。该 MOF 由 Zn_4O 和 BTB 组成三维扩展的网络结构（图 0-6），具有特殊的稳定性、孔隙率和大的孔径，既能吸附 C_{60}、溴代苯，又可以吸附黄沙橙 R、尼罗河红和莱卡得三种染料分子[20]。

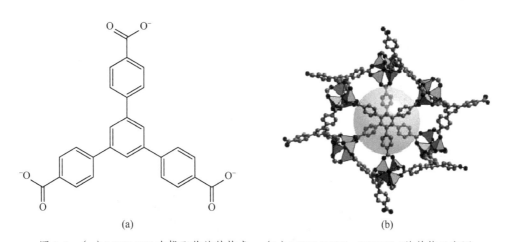

图 0-6 （a）MOF-177 有机配体的结构式；（b）MOF-177[$Zn_4O(BTB)_2$]的结构示意图

一般而言，金属有机框架材料的使用主要依赖于非特异性的结合作用来容纳小分子客体。2009 年，Yaghi 课题组[21]使用含有 34 元和 36 元的大环聚醚作为识别模块的长有机配体制备了 MOF-1001，此材料可以特异性地结合 PQT^{2+}（PQT = 百草枯）客体分子。

2010 年，为增加金属有机框架材料对气体的吸附量，Yaghi 课题组将构筑 MOF-177 的有机配体（H_3BTB）的骨架进行延长制备了具有更高孔隙率的 MOF-188、MOF-200 以及由混合配体溶剂热反应得到的 MOF-205、MOF-210[22]。MOF-210 的 BET 比表面积达 6240m²/g，这个值几乎达到固体材料比表面积的极限，该材料在 77K 对氢气的储存量达到 7.5%，是当时储氢性能最好的材料。同年，他们[23]以 MOF-5 金属有机框架材料为基础，改变有机框架的长度并进行基团修饰，制备了带有不同基团的多功能材料，扩大了 MOF 材料的功能及其应用范围。2012 年，该课题组对 MOF-74 材料的孔径进行了类似的修饰，其中 MOF-74XI 材料的孔径高达 9.8nm[24]。

以上结果说明，对 MOF 材料进行合理设计并调控其功能性质是可行的。

0.3.2　HKUST-1 系列

HKUST-1（MOF-199）[Cu$_3$(BTC)$_2$(H$_2$O)$_3$]$_n$（H$_3$BTC = 1, 3, 5-苯三羧酸），是香港科技大学的 Williams 教授课题组[25]于 1999 年在 *Science* 杂志上报道的配合物（图 0-7），该金属有机框架材料是由 Cu^{2+}和 BTC^{3-}通过配位键形成的具有高度多孔的三维配位聚合物，它抗水性好，具有优秀的热稳定性，容易合成。与多孔结构的沸石相比，这种 MOF 材料易于化学官能化，如其中的配位水可以被吡啶等有机含氮配体取代。轴向结合了的一个水分子容易被真空脱除，得到一个开放型

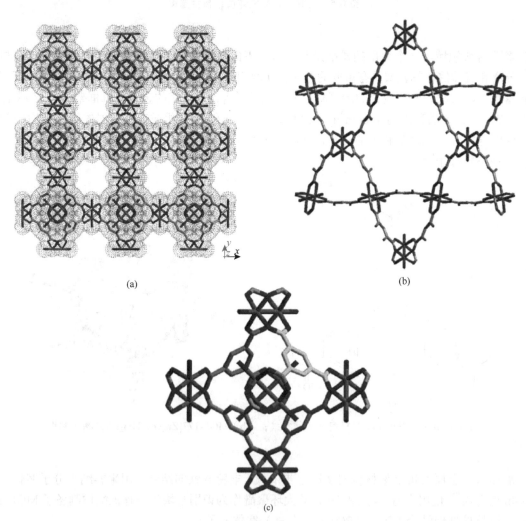

(a)

(b)

(c)

图 0-7　（a）沿着[100]看 HKUST-1 的骨架，显示四重对称的纳米孔道；（b）沿着[111]方向观察，在纳米孔的交叉处显示出六边形结构；（c）沿[100]方向观察，[Cu$_3$(TMA)$_2$(H$_2$O)$_3$]$_n$ 的次级构筑单元①

---

①　查阅本书所有彩图请扫描封底二维码。

的金属活性位点，依此不饱和金属活性位点可以进行多相催化反应。所以，该材料对二氧化碳、氢气、甲烷、乙炔等表现出良好的吸附能力，还可以催化乌尔曼缩合反应、芳烃氧化反应及 Aza-Michael 反应[26-28]。

2015 年，游佳勇课题组等采用超声波辅助法用一水乙酸铜、五水硫酸铜、二水氯化铜、三水硝酸铜四种不同的铜盐分别与 H_3BTC 反应快速制备了 HKUST-1 骨架材料。如图 0-8 所示，以二水氯化铜和三水硝酸铜提供铜离子制备的 HKUST-1 的形貌类似，都为小于 100nm 的块状；而一水乙酸铜 $Cu(CH_3COO)_2 \cdot H_2O$ 合成的 HKUST-1 为棒状结构，其直径约为 100nm；用五水硫酸铜溶液为原料制备的 HKUST-1 颗粒大小不等，因此，利用相同方法合成的 HKUST-1 会因铜源的差异而产生不同的形貌差异[29]。这为实现 HKUST-1 的工业化提供了一些依据。

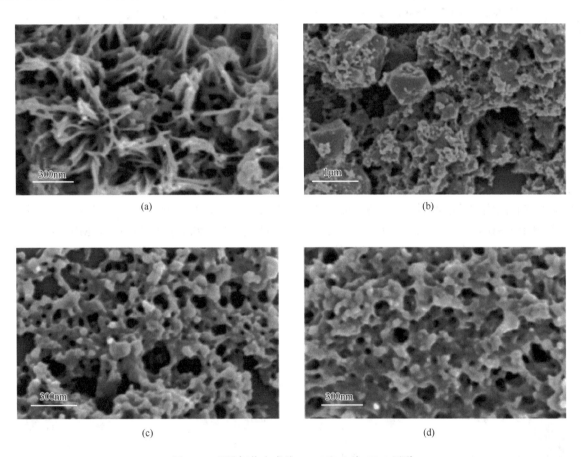

图 0-8　不同铜盐合成的 HKUST-1 的 SEM 图谱
（a）乙酸铜；（b）硫酸铜；（c）硝酸铜；（d）氯化铜

0.3.3　MIL 系列

法国凡尔赛大学 Férey 课题组制备了一百多种金属有机框架材料，命名为 MIL（materials of institute Lavoisier framework）系列。1998 年始[30-32]，他们就选择了一系列镧系金属和过渡金属离子与手性羧酸、柔性的羧酸和有机膦酸等二酸配体用来合成 MIL-n 系列材料。后来他们选择三价的钒离子、铁离子、铝离子、铬离子等金属与芳香羧酸合成了结构性质独特的 MOF。MIL 系列材料有着相当大的比表面积和超高的稳定性的结构特征。

MIL-53、MIL-100 及 MIL-101 是 MIL 系列材料的典型代表。MIL-53 指的 $Cr^{III}(OH) \cdot \{BDC\} \cdot \{H_2BDC\}_x \cdot H_2O_y$。一般来说，在水热条件下，MIL-53(Cr)是由铬盐与氢氟酸和 H_2BDC 及其大量溶剂在 220℃下

反应 72h 制备而成的[32]。MIL-53 能逆吸附水分子，在此过程中，孔的结构会因为水与骨架的强氢键作用发生膨胀和收缩（图 0-9）。MIL-53(Al)由于其特有的"呼吸"效应成为二氧化碳/甲烷分离中著名的金属有机框架材料之一[33-35]。

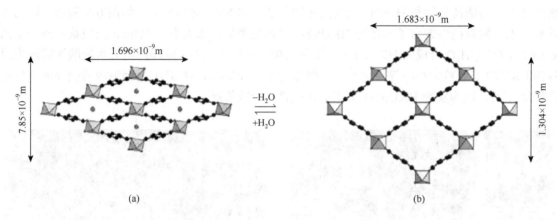

(a)   (b)

图 0-9 MIL-53 吸附、脱附水分子后孔结构的变化

在一系列 MIL-n 材料中，环境友好型的纳米介孔 MIL-100 和 MIL-101[36, 37]的结构最有代表性。MIL-100 和 MIL-101 是金属 Cr^{3+} 分别与 H_3BTC、H_2BDC 用摩尔比 1∶1 的配比高温水热合成的具有 MTN 型沸石网络结构的两种金属有机框架材料。MIL-100 具有较好的热稳定性，有值得注意的分级孔（微孔 0.5～0.9nm，介孔 2.5～3.0nm），比表面积可以达到 3100m^2/g（图 0-10）。MIL-101 也具有较好的热稳定性（图 0-11），具有分等级的超大孔（3.0～3.4nm），其比表面积可达到 5900m^2/g，如此大的比表面积使二者都表现出较好的气体吸附性能。

图 0-10 MIL-100 的结构示意图

图 0-11 MIL-101 的结构示意图

MIL 材料展示了高密度的过渡金属位点和超大的比表面积，在催化领域受到了大家的重视。Horcajada 等[38]将 MIL-100(Fe)用于催化苄基氯和苯的 Friedel-Crafts 反应（图 0-12），其中 MIL-100(Fe)表现出了较好的选择性和较高的催化活性。

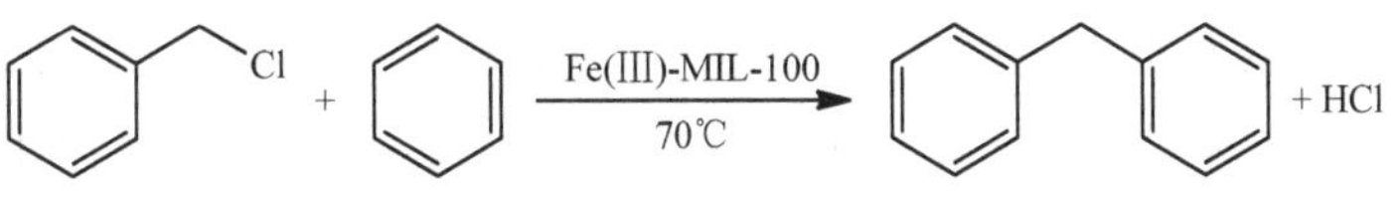

图 0-12　MIL-100(Fe)催化的苯与苄基氯 Friedel-Crafts 反应

0.3.4　ZIF 系列

沸石咪唑酯骨架化合物（zeolitic imidazolate framework，ZIF）是将咪唑环上的 N 原子络合到二价过渡金属离子上而形成的一种具有沸石拓扑结构的多孔骨架材料[39]。

这些沸石咪唑酯骨架材料在 21 世纪初引起了人们的注意。游效曾先生课题组 2002 年提出了四面体金属离子和弯曲咪唑阴离子构筑沸石或类沸石结构的概念或方法，四面体配位的二价金属离子和 145° 桥连的咪唑阴离子，分别类似于沸石中的硅原子和氧原子。该组用哌嗪作为结构导向剂，MB（MB = 3-甲基-1-丁醇）作为溶剂和模板剂[40, 41]，合成了 [nog-Co(im)$_2$]·0.4MB（Him = 咪唑）。它由 4-连接的四面体 [Co(im)$_4$] 构筑而成，具有类似硅酸盐中性骨架的沸石 nog 拓扑结构，其中包含由两种不同的链单元（链 A 和链 B）组成的五元环和六元环，这些链沿 b 轴延伸排列成 AA'BB'（A 和 A'、B 和 B'通过 C$_2$ 对称性关联），并进一步沿 a 轴通过它们的公共边缘形成波浪层 [图 0-13（a）]，再通过反演中心相互关联的层共享同一顶点，形成具有平行正方形环和椭圆形八元环的三维咪唑骨架结构。后者形成一个通过 [110] 方向上偏移的八元环开口和在 [001] 方向上的六元环开口，二者彼此相交为一维通道，其开口大小为 16.89Å×11.65Å。若考虑原子的范德瓦耳斯半径，则开口大小为 9.42Å×3.87Å [图 0-13（b）]。将该化合物在乙醇中回流 4h，然后在室温下抽空 6h 得到不含 MB 的框架 nog-[Co(im)$_2$]·0.1EtOH。其中，乙醇分子的占有率约为 50%，并且在真空 343K 下加热样品可以轻松地除去。后来，他们用醇类作为主要溶剂，通过改变溶剂热反应中的模板或结构导向剂将 [Co(im)$_2$] 扩展到其他异构的类沸石和沸石骨架 ZIF（neb、zni、cag、BCT）。尽管大多数此类化合物在去除客体后是无孔的或塌陷的，只有一小部分有一定的孔结构，但仍然证明了二价金属离子的四面体节点与咪唑基弯曲连接子组合构筑产生的网络拓扑的多样性[40, 41]。

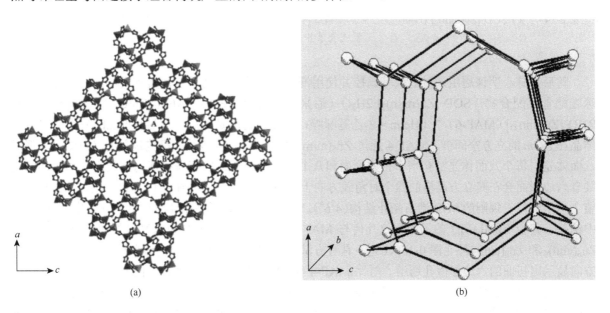

（a）　　　　　　　　　　　　　　　　　（b）

图 0-13　（a）多面体堆积图显示的沸石状拓扑（A、A'、B、B'是向下观察 [010] 的相应链的通道，为了清楚起见，省略了氢原子和客体 MB 分子）；（b）管状构筑单元的球棍图，其中球代表 Co，棍代表咪唑基团

2003 年，陈小明课题组以氨水为配位缓冲剂通过液体扩散法和侧基调控策略合成了与沸石具有相同拓扑结构的第一个具有天然沸石拓扑的多孔金属咪唑酯骨架配合物 SOD-[Zn(bim)$_2$]·(H$_2$O)$_{1.67}$（命名为 MAF-3，其中 MAF 的意思是金属多氮唑框架（metal azolate framework，MAF）[42, 43]，Hbim = 苯并咪唑，这种具有八面体方钠石沸石结构的 MAF-3 就是后来人们所熟知的 ZIF-7[39]）。MAF-3 的制备方法是将苯并咪唑和 2, 2'-联吡啶在乙醇的透明溶液小心地铺在 Zn(OAc)$_2$·2H$_2$O 的浓氨水溶液上经过 5 天扩散后可得到无色晶体。该新颖结构的整体框架在拓扑上等同于方钠石的 $4^2 6^4$ 拓扑网络，中央方钠石型的笼被其他八个小笼包围着。可以通过截断的八面体方钠石笼的共享面来形象地看到它，在顶点中心的 24 个锌(Ⅱ)原子限定的一个方钠石笼，由 6 个矩形面和 8 个六边形面组成。其中六边形面有两种类型：2 个正六边形和 6 个扭曲的六边形（图 0-14）。MAF-3 中庞大的苯基侧基显著减少了孔隙率和孔径大小，但有益于用作气体分离的支撑微孔膜。

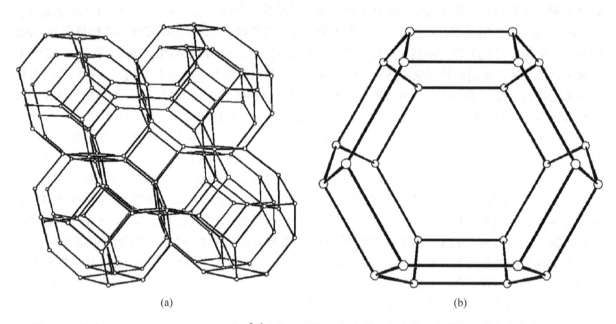

(a)　　　　　　　　　　　　　　　(b)

图 0-14　（a）SOD-[Zn(bim)$_2$]·(H$_2$O)$_{1.67}$ 的 $4^2 6^4$ 方钠石网络；（b）单一的方钠石笼结构，其中球代表 Zn(Ⅱ)，棍代表苯并咪唑酯基团

随后，陈小明课题组通过取代基调控并使用混合配体策略得到了三种具有天然沸石拓扑的金属咪唑酯骨架配合物，SOD-[Zn(mim)$_2$]·2H$_2$O（后来命名为 MAF-4）、ANA-[Zn(eim)$_2$]（MAF-5）和 RHO-[Zn(eim)$_2$]（MAF-6）[44]（Heim = 2-乙基咪唑，MAF-4 也就是之后名声显赫的 ZIF-8[39]）。MAF-4 结晶在 $I\bar{4}3m$ 的立方空间群。MAF-4 通过 Zn$_6$(mim)$_6$ 和 Zn$_4$(mim)$_4$ 两种次级构筑单元（SBU）环形成八面体笼。每个八面体笼都有六个正方形面和八个六边形面，它们都与相邻的笼共享。与相邻的笼共享六边形面会在其立方晶格的四个对角线方向上生成一维通道。如图 0-15（a）所示，MAF-4 的整个网络类似于规则的 SOD 沸石拓扑结构（$4^2 6^4$）。MAF-5 在具有最高晶体对称性的立方空间群 $Ia\bar{3}d$ 中结晶。其中 Zn(Ⅱ)离子的局部配位几何与 MAF-4 相似，但 MAF-5 包含高度扭曲的 Zn$_4$(eim)$_4$、Zn$_6$(eim)$_6$ 和 Zn$_8$(eim)$_8$ 环 [图 0-15（b）]，具有方沸石（ANA）的 $4^2 6^2 8^2$ 拓扑网络，沿立方晶胞[111]方向显示出扭曲的六边形微孔通道。对比 MAF-4 和 MAF-5 可知，咪唑 2 号位上的不同取代基在产生 SOD 和 ANA 网络结构中起着至关重要的作用。这可能是由于 2-甲基和 2-乙基对相邻的金属配位多面体的取向有轻微但明显不同的影响，致使金属离子的互连网络结构不同，从而产生不同的三维网络。而后，通过混合这两种混合配体得到了结晶在立方空间群（$Im\bar{3}m$）的 MAF-6，它是由立方

八面体超级笼和八边形棱柱组成的，其中超级笼由 $Zn_4(eim)_4$、$Zn_6(eim)_6$ 和 $Zn_8(eim)_8$ SBU 构成。每个超级笼在晶格的三个轴向上通过六个八边形棱柱被六个超级笼包围，因此产生八边形的微孔通道［图 0-15（c）］。值得注意的是，MAF-6 具有规则的沸石 RHO 拓扑结构（4^36^3）[5]。这三种化合物都具有较小的窗口尺寸和较大的溶剂可及量。MAF-4～MAF-6 中窗口有效直径依次为 3.3Å、2.2Å 和 7.4Å，溶剂可及量为 47.0%、38.6%和 55.4%。此外，它们都具有较高的热稳定性和良好的气体吸附性能。

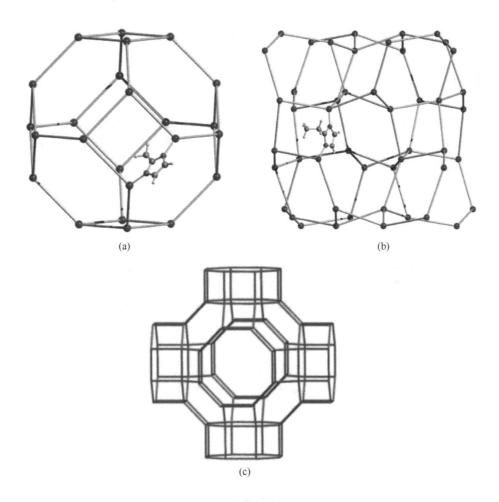

(a)

(b)

(c)

图 0-15 （a）MAF-4 的 SOD 网络；（b）MAF-5 的 ANA 网络；（c）MAF-6 的 RHO 网络

紧接着，Yaghi 课题组报道了多孔 ZIF 合成等重要进展[39, 44]。他们首次提出了沸石咪唑酯骨架化合物（ZIF）的系统名称，并报道了 ZIF-1 到 ZIF-12 的结构。该课题组采用了一个通用合成策略来高通量制备多孔 ZIF 晶体材料[39]。该反应组合包括水合过渡金属盐、咪唑类配体在酰胺如 DMF（N, N-二甲基甲酰胺）溶剂中反应，把混合物加热到 85～150℃之间，此种情况下，咪唑类连接体可以通过酰胺溶剂热分解产生的胺来脱去其质子。一般情况下，冷却降温后，可以得到中到高产量（50%～90%）的 ZIF 晶体。通过以酰胺为溶剂，改变温度和时间的溶剂热反应，从而发现了[Zn(im)₂]的几种新的结构类型，如 *cag*、BCT、DFT、GIS、MER。利用不同取代基的咪唑配体合成了一系列新的沸石骨架，包括 SOD-[Co(bim)₂]、SOD-[Co(mim)₂]、RHO-[Zn(bim)₂]和 RHO-[Co(bim)₂]。通过气体吸附分析，发现 ZIF-8（MAF-4）和 RHO-[Zn(bim)₂]具有较高的孔隙率，MAF-4 的稳定性也非常高。田运齐课题组用不同结构导向剂的液相扩散法构建了具有 *nog*、*cag*、*zec*、BCT、DFT 和 GIS 拓扑结构的[Zn(im)$_2$]异构体。然而，只有 *nog* 结构在脱除客体分子后仍能保持框架的完整性[40]，这与他们早先关于[Co(im)$_2$]异构框架的报告类似，这意味着网络拓扑在框架稳定性的确定中起着重要的作用[44]。Yaghi 等 2007 年又报道了 ZIF-20～ZIF-23 的结构，发现了它们在低温情况下对氢气、常温情况下对二氧化碳有着不同寻常的吸附能力[45]。2008 年，Yaghi 在 *Science* 和 *Nature* 上发表了 ZIF-68、ZIF-69、ZIF-70、ZIF-95 和 ZIF-100 等结构[46, 47]。使用 5-氯苯并咪唑作为有机构筑块，可以得到两个新的 ZIF：ZIF-95 和 ZIF-100，其显著特征是它们不同寻常的结构复杂性和很大的笼，这两个材料对二氧化碳显示了优异的吸附能力。

Yaghi 课题组通过高通量筛选方法来研究金属与配体的摩尔比、溶液的浓度、温度、反应时间、取代基、溶剂，特别是使用不同混合的磺胺咪唑衍生物等对咪唑基骨架的拓扑结构的影响，各种各样具有沸石拓扑 ANA、BCT、DFT、GIS、GME、LTA、MER、RHO 的 ZIF 已经被合成（图 0-16）[44]。

值得关注的是，Yaghi 等通过将 2-硝基咪唑与其他咪唑基衍生物混合配位合成了一系列同网状结构的 GME 骨架材料[48]（图 0-17）。并且利用不同的咪唑基衍生物合成了具有同 RHO 骨架结构的材料[49]。比较这些同网状材料的吸附性能，作者讨论了取代基的极化率和对称性对 CO$_2$ 吸附性能的影响。

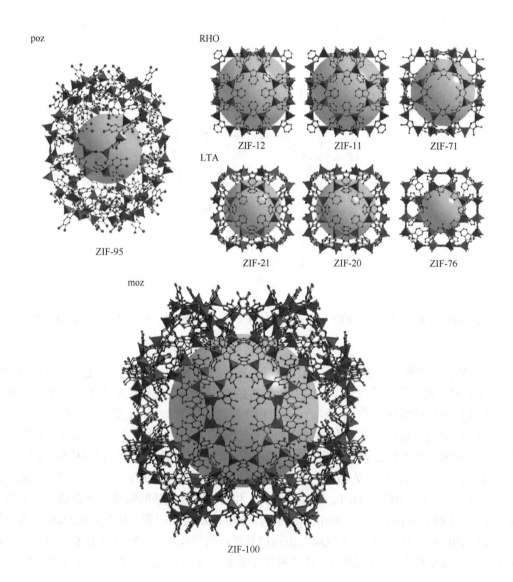

poz

RHO

ZIF-95

ZIF-12   ZIF-11   ZIF-71

LTA

ZIF-21   ZIF-20   ZIF-76

moz

ZIF-100

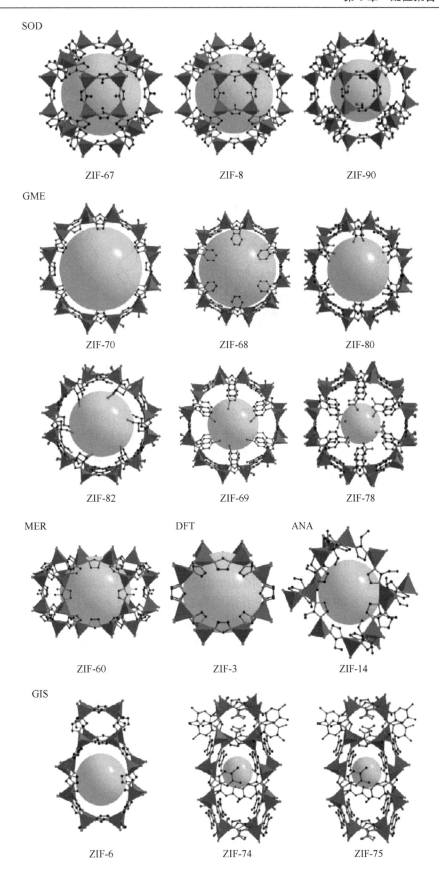

图 0-16　晶体结构和对应的三字符拓扑符号，笼分别代表 ZnN$_4$ 和 CoN$_4$ 多面体，中间的球说明笼的空洞

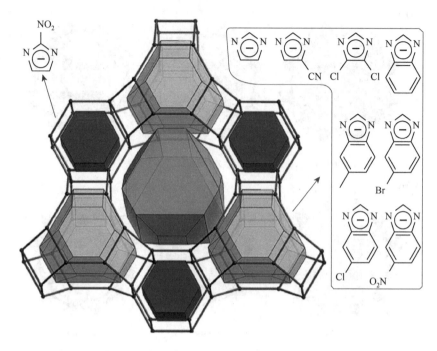

图 0-17 一系列由 2-硝基咪唑盐与其他咪唑基配体混合配位形成 GME 型 Zn(II)咪唑骨架

SOD 拓扑结构是目前报道的最稳定的二元金属咪唑酯骨架的多孔沸石结构[50]。除了 2-甲基咪唑锌(II)和钴(II)外，还有几种 SOD 型金属咪唑酯骨架合成出来。Jing Li 课题组合成了 SOD 型 2-氯咪唑锌和 2-溴咪唑锌(II)，并比较了其与 2-甲基咪唑类似物 MAF-4 对丙烷和丙烯的动力学分离性能的影响。结果表明，在三种测试材料中，带有可控制扩散速率的最小孔径的 MAF-4 的性能最好[51]。SOD 型金属咪唑酯骨架材料的研究表明，在规则的 SOD 拓扑结构中，四面体 ZnN₄ 配位几何和弯曲咪唑桥连体很好地补偿了扭曲的四面体节点几何。例如，在 SOD-[Zn(mim)₂]（N—Zn—N = 109.5°）的晶体结构中，Zn(II)离子表现出了近乎完美的四面体几何构型[43]。

Cd(II)作为一个四面体节点，咪唑环上引入取代基团也在构建咪唑骨架结构中发挥了重要作用。例如，早期报道的双层折叠互穿结构的 *dia*-[Cd(im)₂][52, 53]。田运齐课题组使用烷基、硝基和苯基取代的咪唑合成了一系列镉(II)咪唑 ZIF，其拓扑结构为 SOD、MER、ANA、RHO、*ict* 和 *yqt1*[54]。值得注意的是，RHO 型咪唑镉骨架比 Zn(II)类似物孔更多（比表面积 3000m²/g），这是因为相对较长的 Cd—N 键所导致的节点到节点的距离变长。因为网格的体积与立方体的边长成正比，所以配位键长度的微小变化会导致骨架密度很大的变化。

当咪唑上还有官能团时，其配位结构通常与简单咪唑类化合物完全不同（少数情况除外）。Eddaoudi 课题组以 8-配位 In(III)为四面体节点，部分去质子化的 4,5-咪唑二甲酸为交联剂，构建了几种阴离子型沸石骨架。其中一些具有阳离子交换能力，类似于铝硅酸盐[55-57]。Holdt 课题组报道了在硝酸锌存在的溶剂热条件下，4,5-二氰基-2-甲基亚胺可部分水解脱质子，生成咪唑基-4-酰胺-5-亚胺，构筑了三连接拓扑的微孔结构 ZIF。其中每个锌中心连接着三个配体，每个配体也桥连着三个锌中心[58]。

0.3.5　UiO 系列

多孔晶体是一种在石油化学、催化和选择性分离等领域具有工业应用价值的战略性材料。其独特的性质是基于分子尺度的多孔性。然而，沸石和类似氧化物基材料的主要限制是其相对较小尺寸的孔隙。金属有机框架在这方面的研究提供了突破口；然而 MOF 有一个主要的缺点，即稳定性差。锆基构筑块 $Zr_6O_4(OH)_4(CO_2)_{12}$，允许合成具有前所未有的稳定性的高比表面积 MOF。2008 年，挪威奥斯陆大学的 Cavka 课题组首次报道了合成 UiO（UiO 为 University of Oslo 的缩写）系列的 Zr 基 MOF（图 0-18）[59]。其是以 Zr 离子为金属中心，BDC^{2-} 为连接体的金属有机框架材料，

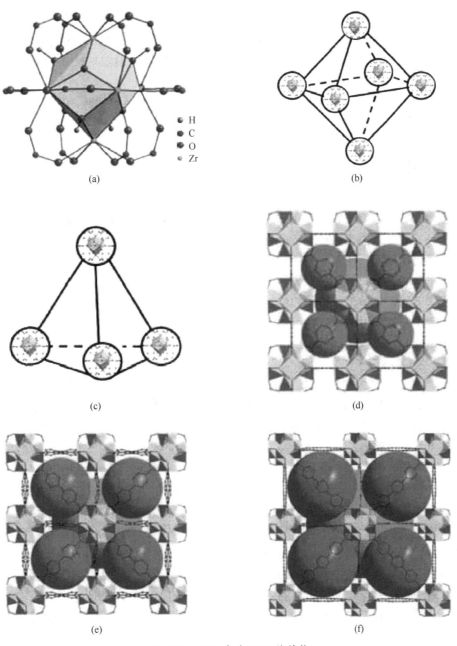

图 0-18　UiO 系列 MOF 的结构

命名为 UiO-66。UiO-66 具有良好的热稳定性和化学稳定性，框架在空气中稳定到 540℃。在去离子水、CH_3OH、CH_3OCH_3、$CHCl_3$ 和 0.1mol/L 的 HCl 溶液中浸泡 24h，XRD 显示框架依然很稳定，没有遭到破坏。UiO-66 的 Langmuir 比表面积为 $1187m^2/g$。将连接体增加到两个到三个苯环的二羧酸，MOF 的比表面积分别增加到 $3000m^2/g$ 和 $4170m^2/g$。而且增加连接体的长度不影响结构的稳定性。由于 Zr 基金属框架材料优异的稳定性，使其在吸附和催化等领域引起了人们的广泛兴趣。

2010 年，Cohen 课题组[60]通过框架化学合成了具有—NH_2、Br、—NO_2 和萘官能团的 UiO-66-X 金属有机框架。与 UiO-66 相比，—NH_2 和—NO_2 修饰的 UiO-66-NH_2 和 UiO-66-NO_2 的热稳定性有一点降低。通过框架化学合成或合成后修饰，UiO-66 系列框架材料具有很高的稳定性，容易被功能化或者增加材料的种类，研究表明，这类多孔材料，在分离、催化和生物技术方面有潜在的应用[61]。

高孔隙率的金属有机框架材料一般表现出较弱的机械稳定性，尤其是抗剪切应力的稳定性较差。2013 年，Wei Zhou 课题组[62]发现，UiO-66 具有非常高的剪切稳定性。其最小剪切模量（G_{min} = 13.7GPa）比其他基准高孔隙金属有机框架材料（MOF-5、ZIF-8、HKUST-1）高一个数量级，接近沸石的剪切模量。

$[Zr_6O_4(OH)_4]$金属簇团中稳定的 Zr—O 键以及最高的单元配体配位数，使这类以 Zr 为金属的 UiO-66 以及其他 UiO 系列金属有机框架材料成为整个 MOF 家族中稳定性的优胜者。

0.3.6 PCP 系列

多孔配位聚合物（PCP）系列材料是由日本 Kitagawa 课题组合成的金属有机框架材料[63]。PCP 是一种微孔材料，由于其具有规律性的孔形状和孔径，并具有一定的功能性，在气体储存、气体分离和催化反应等方面的应用受到了科学和商业方面的广泛关注。此外，近年来，柔性 PCP 由于提供了与沸石不同的独特性质而具有吸引力，其结构上可根据外部刺激进行变化，也就是在吸附不同客体分子的过程中会可逆地改变其骨架的结构和性质，出现 "gate-opening" 现象。

1997 年，Kitagawa 报道了常温可以吸附气体分子的三个有孔道的三维骨架材料（图 0-19），$\{[M_2(4, 4'-bpy)_3(NO_3)_4]\cdot xH_2O\}_n$（M = Co，Ni，Zn），这三个金属有机框架材料都有大的微孔，可以吸附 CH_4、O_2、N_2 等小分子[64]。

在宏观上，柱撑结构常见于古建筑中，如雅典的帕台农神庙。即使在微观尺度上，柱撑结构对于构建多孔骨架也是非常有用的，通过柱撑的简单修饰可以调控孔结构和其性能。2005 年，Kitagawa 等[65]在 *Nature* 杂志上报道了具有一维孔道结构的柱撑-层结构的三维 PCP 材料$[Cu_2(pzdc)_2(pyz)]$（H_2pzdc = 吡嗪-2, 3-二羧酸，pyz = 吡嗪），通过替换柱撑配体 pyz，可以改变孔结构和其吸附性能（图 1-20）。

研究发现，该材料中羧基上的氧原子显示强路易斯碱的性质，乙炔的氢原子与该类 PCP 羧基上的氧原子有静电作用和电子离域效应，这样此 PCP 能够定点吸附乙炔[66]。他们利用这一特点，丙炔酸甲酯在该金属有机框架的孔道中可以被吸附发生聚合反应[67]。聚合 12h，结束反应，热重分析发现 40%的微孔中已经填充了聚合物，而该材料的结构并没有明显改变。

观察到具有三维柱撑结构的 $\{[Cu_2(pzdc)_2(dpyg)]\cdot 8H_2O\}_n$[dpyg = 1, 2-二(4-吡啶基)乙二醇]具有滞后的吸附和脱附曲线，并伴有晶体结构的转变。该 PCP 对 H_2O 或 MeOH 分子的吸附和脱附表现出可逆的晶体-晶体转变。由高分辨率同步加速器粉末 X 射线衍射进行的精确结构测定研究表明，在客

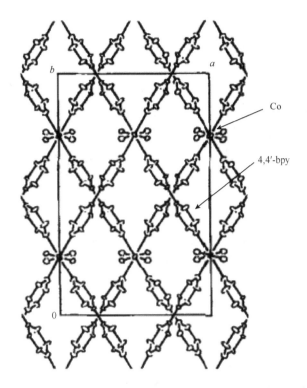

图 0-19　沿 c 轴看 $\{[Co_2(4, 4'\text{-bpy})_3(NO_3)_4]\cdot x H_2O\}_n$ 的晶体结构

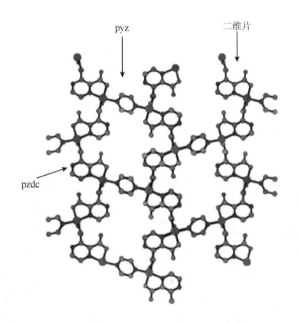

图 0-20　$[Cu_2(pzdc)_2(pyz)]$ 的三维结构

体分子的解吸/吸附过程中观察到孔道的收缩和再膨胀，层-层分离在 0.96～1.32nm 之间变化；单位细胞体积在收缩过程中减少 27.9%（图 0-21）。这种化合物能吸附甲醇和水，但不能吸附 N_2 和 CH_4（图 0-21）。这种结构转变归因于 Cu^{II}-羧酸键的断裂/形成[63]。

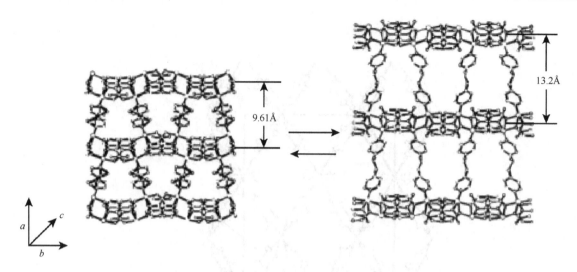

图 0-21 {[Cu$_2$(pzdc)$_2$(dpyg)]·8H$_2$O}$_n$ 中可逆的晶体到晶体的结构转变，包括通过吸附和解吸 H$_2$O 或 MeOH 分子使孔道收缩和膨胀

0.3.7 PCN 系列

Hongcai Zhou 课题组早期做铜(Ⅱ)、锌(Ⅱ)金属有机框架材料，一般应用于气体储存。近期的研究主要集中在锆的 MOF 上。他们的 MOF 都称 PCN（porous coordination network）。Zhou 课题组选用具有强路易斯酸性质的、高价态的金属离子铝离子、三价铁离子、三价铬离子和四价锆离子与桥连配体作用，制备了系列十分稳定的 PCN 材料[68-71]，同时在这些材料的应用方面取得了很大成果。

甲烷的安全储存是世界关注的热点。美国能源部要求甲烷能够在常温常压下储存在惰性介质中用作车辆燃料，并设定了 180 倍的体积比。2007 年，Zhou 课题组制备了 PCN-14 骨架材料[Cu$_2$(adip)] [adip = 5, 5'-(9, 10-蒽二基)二-间苯二甲酸]（图 0-22），研究表明，这种材料每克可提供 0.83cm^3 的空穴空间，比表面积 1453m^2/g。PCN-14 在 35bar[①]/290K 下活化后绝对甲烷吸附量超过 230cm^3（STP）/cm^3，比美国能源部设定的目标高出了 28%[72]。

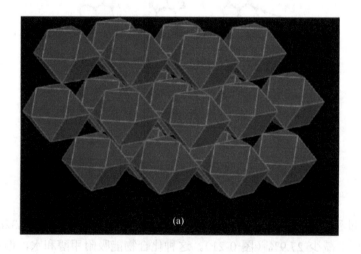

(a)

---

① 1bar = 100kPa。

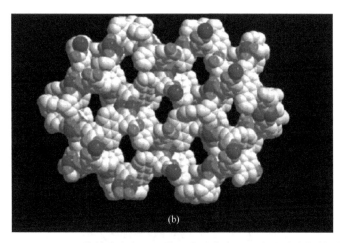

(b)

图 0-22　PCN-14 材料的立方八面体网络图和在[103]方向的球棍模型图

　　储氢是一项正在发展的技术，可以作为能源载体，如燃料电池的运输应用，或在高需求时向电网供电。然而，在氢气被用作实际的能源载体之前，氢的存储问题，如低质量存储密度，需要得到解决。一种可能的解决方案是使用孔洞材料在低温和中等压力下物理吸附氢。Zhou 课题组制备了系列对氢气具有高吸附性能的金属有机框架材料[73-75]。他们研究的钇多孔稀土金属有机框架 $Y(BTC)(H_2O)\cdot 4.3H_2O$ 表现出了高选择性吸附氢的能力，他们使用粉末中子衍射首次证明最优孔径（约 0.6nm）可以加强 H_2 分子与孔壁之间的相互作用，而不是与 MOF 骨架内开放的金属位点之间的相互作用增强了该框架材料对氢气的吸附。

　　卟啉 MOF 框架材料既有其微观结构可调控性，也有金属卟啉仿酶催化剂的催化活性。2012 年，Zhou 课题组报道了系列金属卟啉[M = Fe(III)、Mn(III)、Co(II)、Ni(II)、Cu(II)、Zn(II)]框架材料（PCN-222），这些材料具有介孔、超高的水热稳定性，可以作为生物模拟催化剂。他们利用 Fe-TCPP [TCPP = 四(4-羧基苯基)卟啉]连接高稳定的 Zr6 簇，制备了类似亚铁血红素三维卟啉 PCN-222(Fe) MOF 材料（图 0-23）[76]，研究结果表明只有 PCN-222(Fe)具有模拟过氧化酶的活性，这方面研究引起了大家的兴趣[77]。

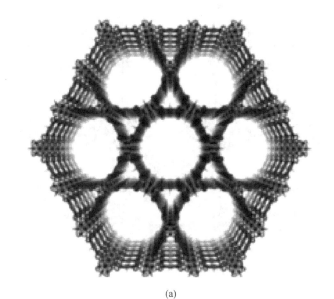

(a)

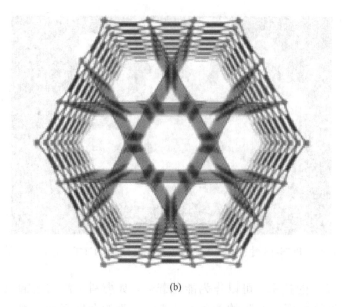

(b)

图 0-23　PCN-222 材料的三维网络图（a）和它的拓扑结构图（b）

对 CO_2 的捕集和封存是一个热点课题。2013 年，Zhou 课题组制备了系列非常稳定的具有三维纳米孔道（孔径 1.9nm）的金属有机框架材料，PCN-224[78]（图 0-24），它们的比表面积达到了 $2600m^2/g$，在广泛的 pH 范围内非常稳定，完好无损。PCN-224(Co)在二氧化碳/环氧丙烷耦合反应作为可反复使用的非均相催化剂。与均相钴卟啉催化剂的结果相比，类似的反应活性意味着该催化反应不在扩散控制之下，这要归功于 PCN-224 的三维纳米孔道。

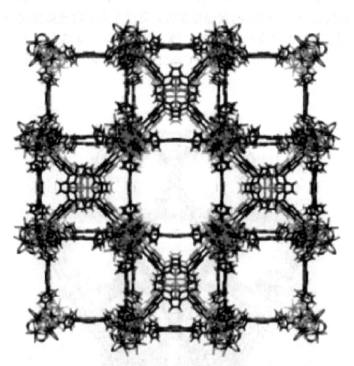

图 0-24　PCN-224(Co)材料的三维结构图

另外，Lin 课题组对手性 MOF 的合成和催化进行了研究[79]，Cohen 教授对 MOF 后修饰功能化进行了研究[80]，还有众多其他中外学者为 MOF 的发展研究做出了重要贡献。

0.4　配位聚合物合成方法

由于配位聚合物在气体吸附与分离、多相催化、荧光传感、药物传递等领域有着很大的潜在应用价值，部分配位聚合物的实用化、商品化已初见端倪，因此配位聚合物材料的合成方法也从最为传统的溶液法向着可满足快速、可控、宏量生产要求的方向发展。在传统方法不断优化的同时，包括微波合成法、超声波合成法、电化学法、机械化学法、喷雾干燥、流动化学合成等新方法也逐步得到应用。

0.4.1　传统合成方法

合成配位聚合物的关键在于其中配位键的形成。通常，简单的加热、研磨、超声等供能方式均能使大多数的配体与中心金属间发生配位作用，因此，微量配位聚合物的合成较为简单。长期以来，配位聚合物的研究均停留于实验室阶段，考虑到样品获得后结构表征等后续问题，经典的传统合成方法主要将重心集中于高质量单晶态配位聚合物产品的获得，而对产量、微观形貌、尺寸均一性等的要求则相对不高。配位聚合物的传统合成方法主要包括溶液法、水热法和固相反应法等。其中溶液法和水热合成法又最为常见。

对于配体溶解度较大的配位聚合物体系来说，溶液法是最早得到应用，也最为简便的合成方法。溶液法具体的合成方式又包括溶剂挥发法、扩散法、冷冻法等。这些方法的核心目的都是要控制产品在溶液中的饱和度梯度，使产品以较慢的速度析出（生成）以形成单晶。值得注意的是，虽然溶液法具有操作简单，无须特定的合成容器，合成过程便于观察、跟踪等优点，但该方法适用范围有限，可控性较差且合成周期较长。

水热反应是指在水存在下，利用高温高压反应合成高质量的晶体的方法。通常不溶或难溶的化合物，在水热条件下溶解度会大幅度增大，加速化学反应的进行和晶体的生长。溶剂热与水热的实质相同，其差别仅在所用溶剂为常见的醇类（甲醇、乙醇、丙醇、丁醇、$C_5 \sim C_7$ 醇、乙二醇、甘油）、胺类［如乙二胺、N,N-二甲基甲酰胺（DMF）、N,N-二甲基乙酰胺（DMA）、二甲基亚砜（DMSO）、N-甲基吡咯烷酮（NMP）］、环丁砜等。水热（溶剂热）法通常选用带有聚四氟乙烯内衬的不锈钢反应釜作为反应容器，依靠加热过程中的自生压力使反应溶剂达到超临界状态，以增加配体的溶解度、加快反应进程。与溶液法相比，该方法通常更易获得高质量的单晶态产品，但产率低、反应周期长、可控性差、反应过程无法中止等问题依然存在。此外，反应釜不透明且反应过程需在烘箱中进行，这也为反应的实时监测带来了困难。

为加快配位聚合物的合成速率，缩短其反应的周期，一些对上述传统合成法行之有效的优化手段也大量出现，如微波辅助合成、超声合成等时见报道。

0.4.2　宏量合成方法

经过长期的发展，特别是金属有机框架的概念提出后，配位聚合物研究已逐渐从实验室中的微量、基础性实验逐渐向商品化、实用化的方向发展。要满足实用中中量或宏量样品的生产，传统的合成方法已捉襟见肘。成本低廉、低污染、广泛有效、可连续进行的配位聚合物的规模化生产方法一直都在研究开发当中。配位聚合物的宏量生产主要面临以下问题：①规模生产中涉及大量有机溶剂使用，存在成本高、毒性大及易燃易爆等隐患；②大量金属盐的使用会引发阴离子积累等相关问题，如氯离子的腐蚀、硝酸根的毒性等；③某些特定配位聚合物的合成所涉及的有机配体等原料成本高昂；④规模生产存在产品批次的差异，样品纯度、颗粒大小、结晶度等的控制较为困难；⑤多孔类配位聚合物中未反应原料及溶剂等的完全去除存在困难。图 0-25 展示了近二十年来金属有机框架材料合成工艺的演变时间轴，陆续出现的新的合成方法使上述问题逐步得到解决[81]。能满足配位聚合物商品化，甚至工业量级生产的新工艺正走向成熟。

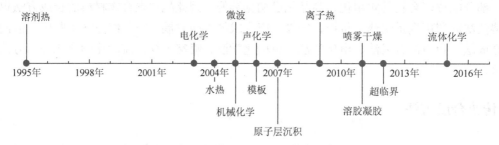

图 0-25　金属有机框架合成工艺演变时间轴

2005 年，德国 BASF 公司在前期研究的基础上，申请了首个电化学方法合成金属有机框架材料的相关专利[82]。合成过程中，金属阳极逐渐溶解与电解液中的配体发生反应，整个过程无须引入阴离子且仅需数分钟即可完成。反应的进程也可通过调节电源开关随时控制。此外，电化学合成还可通过阴极沉积的方式制备配位聚合物膜，为配位聚合物的成型加工提供了极大的便利。据文献报道，以经典金属有机框架材料为代表的一系列配位聚合物均可以通过电化学的方法实现规模化生产[83]。

在有机合成中被广泛使用的微波合成方法，近年来也被引入配位聚合物的合成领域。由于微波加热方式基于电磁相互作用而非热传导，因此反应的周期被大大缩短。大量成功的例子也已证实相比于传统水热方法，微波合成更易获得尺寸较小、形貌规整均一的配位聚合物产品。

喷雾干燥和流体化学法也是近些年来发展起来的配位聚合物合成的新方法。相比于传统合成方法，它们都表现出合成速率快、合成过程可控性高、可连续生产等优点。新方法的发展无疑使配位聚合物的合成更加便捷，但需要注意的是，这些方法的发展都还处于起步阶段，成本高、污染严重等问题还没有得到彻底解决，商业实用性不强的短板一直制约着它们的推广普及。因此，配位聚合物新方法的开发和相关研究还需要更加深入广泛地开展。

0.5　配位聚合物发展展望

近几十年来，设计和制备配位聚合物是一个热门研究领域。配位聚合物具有非常独特的性质，在气体存储分离、光学、电学、磁性、化学检测、异相催化、光催化和生物医学等多个重要领域具有非常好的应用前景。配位聚合物不仅有精彩的拓扑结构，而且具有可剪裁性及丰富的结构和骨架多样性的特点，通过合理设计、组装和结构调控，可以提供一种研究多孔材料的可行方法。例如，对于甲烷存储，目前最好的配位聚合物材料无论在体积存储量还是在质量存储量上都要优于传统的沸石和活性炭材料以及其他新兴的多孔材料，优良的存储性能也表明了这类材料可以应用于汽车上的巨大前景。

值得注意的是，诸多化工公司的加入使配位聚合物材料在大规模工业生产领域取得了突破性进展，可以预见，在不远的将来一些优良的配位聚合物材料将会最终应用到人类的日常生活和工业生产中。

（崔广华　卜显和）

参 考 文 献

[1]　Batten S R，Champness N R，Chen X M，et al. Terminology of metal-organic frameworks and coordination polymers（IUPAC Recommendations 2013）. Pure Appl Chem，2013，85：1715-1724

[2]　陈小明，张杰鹏. 金属-有机框架材料. 北京：化学工业出版社，2017.

[3]　Buser H J，Schwarzenbach D，Petter W，et al. The crystal structure of Prussian blue：Fe$_4$[Fe(CN)$_6$]$_3$·xH$_2$O. Inorg Chem，1977，16：2704-2710.

[4]　Hoskins B F，Robson R. Infinite polymeric frameworks consisting of three dimensionally linked rod-like segments. J Am Chem Soc，1989，111：5962-5964.

[5]　Hoskins B F，Robson R. Design and construction of a new class of scaffolding-like materials comprising infinite polymeric frameworks of 3D-linked molecular rods. A reappraisal of the zinc cyanide and cadmium cyanide structures and the synthesis and structure of the diamond-related frameworks [N(CH$_3$)$_4$][Cu（Ⅰ）Zn（Ⅱ）(CN)$_4$] and Cu（Ⅰ）[4, 4′, 4″, 4‴-tetracyanotetraphenylmethane] BF$_4$·xC$_6$H$_5$NO$_2$. J Am Chem Soc，1990，112：1546-1554.

[6]　Robson R，Abrahams B F，Batten S R，et al. Crystal engineering of novel materials composed of infinite two- and three-dimensional frameworks. ACS Symp Ser，1992，499：256-273.

[7]　Ma J L，Wong-Fo A G，Matzger A J. The role of modulators in controlling layer spacings in a tritopic linker based zirconium 2D microporous coordination polymer. Inorg Chem，2015，54：4591-4593.

[8]　Fujita M，Kwon Y J，Washizu S，et al. Preparation clathration ability，and catalysis of a two-dimensional square network material composed of cadmium（Ⅱ）and 4, 4′-bipyridine. J Am Chem Soc，1994，116：1151-1152.

[9]　Gardner G B，Venkataraman D，Moore J S，et al. Spontaneous assembly of a hinged coordination network. Nature，1995，374：792-795.

[10]　Yaghi O M，Li G，Li H. Selective binding and removal of guests in a microporous metal-organic framework. Nature，1995，378：703-706.

[11]　Serre C，Millange F，Surble S，et al. A route to the synthesis of trivalent transition-metal porous carboxylates with trimeric secondary building units. Angew Chem Int Ed，2004，43：6285-6289.

[12]　Gutiérrez I，Díaz E，Vega A，et al. Consequences of cavity size and chemical environment on the adsorption properties of isoreticular metal-organic frameworks：an inverse gas chromatography study. J Chromatogr A，2013，1274：173-180.

[13]　Yaghi O M，Li H. Hydrothermal synthesis of a metal-organic framework containing large rectangular channels. J Am Chem Soc，1995，117：10401-10402.

[14]　Li H L，Eddaoudi M，O' Keeffe M，et al. Design and synthesis of an exceptionally stable and highly porous metal-organic framework. Nature，1999，402：276-279.

[15]　Eddaoudi M，Li H，Yaghi O M. Highly porous and stable metal-organic frameworks：structure design and sorption properties. J Am Chem Soc，2000，122：1391-1397.

[16]　Rowsell J L C，Spencer E C，Eckert J，et al. Gas adsorption sites in a large-pore metal-organic framework. Science，2005，309：1350-1354.

[17]　Chen B，Eddaoudi M，Hyde S T，et al. Interwoven metal-organic framework on a periodic minimal surface with extra-large pores. Science，2001，291：1021-1023.

[18]　Eddaoudi M，Kim J，Rosi N，et al. Systematic design of pore size and functionality in isoreticular MOFs and their application in methane storage. Science，2002，295：469-472.

[19]　Eddaoudi M，Kim J，O'Keeffe M，et al. Cu$_2$[o-Br-C$_6$H$_3$(CO$_2$)$_2$]$_2$(H$_2$O)$_2$·(DMF)$_8$(H$_2$O)$_2$：a framework deliberately designed to have the NbO structure type. J Am Chem Soc，2002，24：376-377.

[20]　Chae H K，Siberio-Perez D Y，Kim J，et al. A route to high surface area，porosity and inclusion of large molecules in crystals. Nature，2004，427：523-527.

[21]　Li Q W，Zhang W Y，Miljanic O S，et al. Docking in metal-organic frameworks. Science，2009，325：855-859.

[22]　Furukawa H，Ko N，Go Y B，et al. Ultrahigh porosity in metal-organic frameworks. Science，2010，329：424-428.

[23] Deng H X, Doonan C J, Furukawa H, et al. Multiple functional groups of varying ratios in metal-organic frameworks. Science, 2010, 327: 846-850.

[24] Deng H X, Grunder S, Cordova K E, et al. Large-pore apertures in a series of metal-organic frameworks. Science, 2012, 336: 1018-1023.

[25] Chui S S Y, Lo S M F, Charmant J P H, et al. A chemically functionalizable nanoporous material $[Cu_3(TMA)_2(H_2O)_3]_n$. Science, 1999, 283: 1148-1150.

[26] Phan N T S, Nguyen T T, Nguyen C V, et al. Ullmann-type coupling reaction using metal-organic framework MOF-199 as an efficient recyclable solid catalyst. Appl Catal A, 2013, 457: 69-77.

[27] Nguyen L T L, Nguyen T T, Nguyen K D, et al. Metal-organic framework MOF-199 as an efficient heterogeneous catalyst for the Aza-Michael reaction. Appl Catal A, 2012, 425-426: 44-52.

[28] Marx S, Kleist W, Baiker A. Synthesis, structural properties, and catalytic behavior of Cu-BTC and mixed-linker Cu-BTC-PyDC in the oxidation of benzene derivatives. J Catal, 2011, 281: 76-87.

[29] 游佳勇, 张天永, 刘艳凤, 等. 金属有机框架化合物HKUST-1的快速合成. 高校化学工程学报, 2015, 29: 1126-1132.

[30] Riou D, Roubeau O, Férey G. Composite microporous compounds. Part I: Synthesis and structure determination of two new vanadium alkyldiphosphonates (MIL-2 and MIL-3) with three-dimensional open frameworks. Micropor Mesopor Mat, 1998, 23 (1-2): 23-31.

[31] Dybtsev D N, Yutkin M P, Peresypkina E V, et al. Isoreticular homochiral porous metal-organic structures with tunable pore sizes. Inorg Chem, 2007, 46: 6843-6845.

[32] Serre C, Millange F, Thouvenot C, et al. Very large breathing effect in the first nanoporous chromium(III)-based solids: MIL-53 or Cr^{III} (OH)·$\{O_2C-C_6H_4-CO_2\}$·$\{HO_2C-C_6H_4-CO_2H\}_x·H_2O_y$. J Am Chem Soc, 2002, 124: 13519-13526.

[33] Millange F, Serre C, Férey G. Synthesis, structure determination and properties of MIL-53as and MIL-53ht: the first Cr(III) hybrid inorganic-organic microporous solids: Cr(III)(OH)·$\{O_2C-C_6H_4-CO_2\}$·$\{HO_2C-C_6H_4-CO_2H\}_x$.Chem Commun, 2002, 8: 822-823.

[34] Kitagawa S, Kitaura R, Noro S. Functional porous coordination polymers. Angew Chem Int Ed, 2004, 43: 2334-2375.

[35] Finsy V, Ma L, Alaerts L, et al. Separation of CO_2/CH_4 mixtures with the MIL-53(Al) metal-organic framework. Micropor Mesopor Mat, 2009, 120: 221-227.

[36] Férey G, Serre C, Draznieks C M, et al. A hybrid solid with giant pores prepared by a combination of targeted chemistry, simulation, and powder diffraction. Angew Chem Int Ed, 2004, 43: 6296-6301.

[37] Férey G, Mellot-Draznieks C, Serre C, et al. A chromium terephthalate-based solid with unusually large pore volumes and surface area. Science, 2005, 309: 2040-2042.

[38] Horcajada P, Surblé S, Serre C, et al. Synthesis and catalytic properties of MIL-100(Fe), an iron(III)carboxylate with large pores. Chem Commun, 2007, (27): 2820-2822.

[39] Park K S, Zheng N, Côté A P, et al. Exceptional chemical and thermal stability of zeolitic imidazolate frameworks. Proc Natl Acad Sci USA, 2006, 103: 10186-10191.

[40] Tian Y Q, Cai C X, You X Z. $[Co_5(im)_{10}·2MB]_\infty$: a metal-organic open-framework with zeolite-like topology. Angew Chem Int Ed, 2002, 41: 1384-1386.

[41] Zhang J P, Zhang Y B, Lin J B, et al. Metal azolate frameworks: from crystal engineering to functional materials. Chem Rev, 2012, 112: 1001-1033.

[42] Huang X C, Zhang J P, Chen X M. $[Zn(bim)_2]·(H_2O)_{1.67}$: a metal-organic open-framework with sodalite topology. Chin Sci Bull, 2003, 48: 1531-1534.

[43] Huang X C, Lin Y Y, Zhang J P, et al. Ligand-directed strategy for zeolite-type metal-organic frameworks: Zinc(II) imidazolates with unusual zeolitic topologies. Angew Chem Int Ed, 2006, 45: 1557-1559.

[44] Phan A, Doonan C J, Uribe-Romo F J, et al. Synthesis, structure, and carbon dioxide capture properties of zeolitic imidazolate frameworks. Acc Chem Rev, 2010, 43: 58-67.

[45] Hayashi H, Côté A P, Furukawa H, et al. Zeolite A imidazolate frameworks. Nat Mater, 2007, 6: 501-506.

[46] Banerjee R, Phan A, Wang B, et al. High-throughput synthesis of zeolitic imidazolate frameworks and application to CO_2 capture. Science, 2008, 319: 939-943.

[47] Wang B, Côté A P, Furukawa H, et al. Colossal cages in zeolitic imidazolate frameworks as selective carbon dioxide reservoirs. Nature, 2008, 453: 207-212.

[48] Banerjee R, Furfukawa H, Britt D, et al. Control of pore size and functionality in isoreticular zeolitic imidazolate frameworks and their carbon dioxide selective capture properties. J Am Chem Soc, 2009, 131: 3875-3877.

[49] Morris W，Leung B，Furukawa H，et al. A combined experimental-computational investigation of carbon dioxide capture in a series of isoreticular zeolitic imidazolate frameworks. J Am Chem Soc，2010，132：11006-11008.

[50] Baburin I A，Leoni S，Seifert G. Enumeration of not-yet-synthesized zeolitic zinc imidazolate MOF networks：a topological and DFT approach. J Phys Chem B，2008，112（31）：9437-9443.

[51] Li K，Olson D H，Seidel J，et al. Zeolitic imidazolate frameworks for kinetic separation of propane and propene. J Am Chem Soc，2009，131：10368-10369.

[52] Masciocchi N，Ardizzoia G A，Brenna S，et al. Synthesis and *ab-initio* XRPD structure of group 12 imidazolato polymers. Chem Commun，2003，（16）：2018-2019.

[53] Tian Y Q，Xu L，Cai C X，et al. Determination of the solvothermal synthesis mechanism of metal imidazolates by X-ray single-crystal studies of a photoluminescent cadmium(Ⅱ) imidazolate and its intermediate involving piperazine. Eur J Inorg Chem，2004，（5）：1039-1044.

[54] Tian Y Q，Yao S Y，Gu D，et al. Cadmium imidazolate frameworks with polymorphism，high thermal stability，and a large surface area. Chem Eur J，2010，16：1137-1141.

[55] Liu Y，Kravtsov V C，Larsen R，et al. Molecular building blocks approach to the assembly of zeolite-like metal-organic frameworks（ZMOFs）with extra-large cavities. Chem Commun，2006，（14）：1488-1490.

[56] Alkordi M H，Brant J A，Wojtas L，et al. Zeolite-like metal-organic frameworks（ZMOFs）based on the directed assembly of finite metal-organic cubes（MOCs）. J Am Chem Soc，2009，131：17753-17755.

[57] Wang S，Zhao T，Li G，et al. From metal-organic squares to porous zeolite-like supramolecular assemblies. J Am Chem Soc，2010，132：18038-18041.

[58] Debatin F，Thomas A，Kelling A，et al. *In situ* synthesis of an imidazolate-4-amide-5-imidate ligand and formation of a microporous zinc-organic framework with H_2-and CO_2-storage ability. Angew Chem Int Ed，2010，49（7）：1258-1262.

[59] Cavka J H，Olsbye U，Guillou N，et al. A new zirconium inorganic building brick forming metal organic frameworks with exceptional stability. J Am Chem Soc，2008，130：13850-13851.

[60] Garibay S J，Cohen S M. Isoreticular synthesis and modification of frameworks with the UiO-66 topology. Chem Commun，2010，46：7700-7702.

[61] Hwang Y K，Hong D Y，Chang J S，et al. Amine grafting on coordinatively unsaturated metal centers of MOFs：consequences for catalysis and metal encapsulation. Angew Chem Int Ed，2008，47：4144-4148.

[62] Wu H，Yildirim T，Zhou W. Exceptional mechanical stability of highly porous zirconium metal-organic framework UiO-66 and its important implications. J Phys Chem Lett，2013，4：925-930.

[63] Kitagawa S，Kitaura R，Noro S. Functional porous coordination polymers. Angew Chem Int Ed，2004，43：2334-2375.

[64] Kondo M，Yoshitomi T，Seki K，et al. Three-dimensional framework with channeling cavities for small molecules：$\{[M_2(4, 4'\text{-bpy})_3(NO_3)_4]\cdot xH_2O\}_n$（M＝Co，Ni，Zn）. Angew Chem Int Ed，1997，36：1725-1727.

[65] Kitagawa S，Kitaura R. Pillared layer compounds based on metal complexes. Synthesis and properties towards porous materials. Comment Inorg Chem，2002，23（2）：101-126.

[66] Matsuda R，Kitaura R，Kitagawa S，et al. Highly controlled acetylene accommodation in a metal-organic microporous material. Nature，2005，436：238-241.

[67] Uemura T，Kitaura R，Ohta Y，et al. Nanochannel-promoted polymerization of substituted acetylenes in porous coordination polymers. Angew Chem Int Ed，2006，45：4112-4116.

[68] Liu T F，Zou L F，Feng D W，et al. Stepwise synthesis of robust metal-organic frameworks via postsynthetic metathesis and oxidation of metal nodes in a single-crystal to single-crystal transformation. J Am Chem Soc，2014，136：7813-7816.

[69] Feng D W，Wang K C，Su J，et al. A highly stable zeotype mesoporous zirconium metal-organic framework with ultralarge pores. Angew Chem Int Ed，2015，54：149-154.

[70] Yuan S，Chen Y P，Qin J S，et al. Linker installation：engineering pore environment with precisely placed functionalities in zirconium MOFs. J Am Chem Soc，2016，138：8912-8929.

[71] Yuan S，Zou L F，Li H，et al. Flexible zirconium metal-organic frameworks as bioinspired switchable catalysts. Angew Chem Int Ed，2016，55：1-6.

[72] Ma S Q，Sun D F，Simmons J M，et al. Metal-organic framework from an anthracene derivative containing nanoscopic cages exhibiting high methane uptake. J Am Chem Soc，2008，130：1012-1016.

[73] Luo J，Xu H W，Liu Y，et al. Hydrogen adsorption in a highly stable porous rare-earth metal-organic framework：sorption properties and neutron diffraction studies. J Am Chem Soc，2008，130：9626-9627.

[74] Wang X S, Ma S Q, Forster P M, et al. Enhancing H$_2$ uptake by "close-packing" alignment of open copper sites in metal-organic frameworks. Angew Chem Int Ed, 2008, 47: 7263-7266.

[75] Ma S Q, Eckert J, Forster P M, et al. Further investigation of the effect of framework catenation on hydrogen uptake in metal-organic frameworks. J Am Chem Soc, 2008, 130: 15896-15902.

[76] Feng D W, Gu Z Y, Li J R, et al. Zirconium-metalloporphyrin PCN-222: mesoporous metal-organic frameworks with ultrahigh stability as biomimetic catalysts. Angew Chem Int Ed, 2012, 51: 10307-10310.

[77] Feng D W, Liu T F, Su J, et al. Stable metal-organic frameworks containing single-molecule traps for enzyme encapsulation. Nat Commun, 2015, 6: 5979-5987.

[78] Feng D W, Chung W C, Wei Z W, et al. Construction of ultrastable porphyrin Zr metal-organic frameworks through linker elimination. J Am Chem Soc, 2013, 135: 17105-17110.

[79] Wanderley M M, Wang C, Wu C D, et al. A chiral porous metal-organic framework for highly sensitive and enantioselective fluorescence sensing of amino alcohols. J Am Chem Soc, 2012, 134: 9050-9053.

[80] Kim M, Cahill J F, Su Y, et al. Postsynthetic ligand exchange as a route to functionalization of 'inert' metal-organic frameworks. Chem Sci, 2012, 3: 126-130.

[81] Rubio-Martinez M, Avci-Camur C, Thornton A W, et al. New synthetic routes towards MOF production at scale. Chem Soc Rev, 2017, 46: 3453-3480.

[82] Mueller U, Puetter H, Hesse H, et al. WO2005/049892, 2005, BASF Aktiengesellschaft.

[83] Julien P, Mottillo C, Friščić T. Metal-organic frameworks meet scalable and sustainable synthesis. Green Chem, 2017, 19: 2729-2747.

合成篇

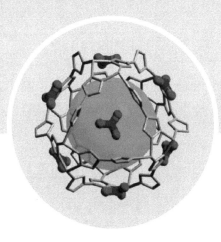

作为配合物大家庭中的一个子集,配位聚合物在组成成分、键合方式及相关性能等方面与简单的离散型、零维配合物存在着极大的交集。在合成的具体操作方面也并无太大的区别[1-3]。通常,无论何种配合物,合成的关键均为配体上的配位原子(多数为氮、氧、卤素、磷等)与中心金属间配位键形成的过程[4, 5]。由于与共价键相比配位键键能通常较小,因此绝大多数配位聚合物的合成简单、条件温和。仅要求外部提供较少的能量,该类反应就可在较短的时间内完成。另外,能量提供的形式也多种多样,可以是热、光、电、机械研磨等[6]。甚至在自然条件下,就存在大量自发形成的配位聚合物。因此,配位聚合物的合成看上去似乎是一项极容易完成的任务。但事情并非看上去那么简单。虽然,合成该类化合物的具体操作相对容易掌握。然而,到目前为止,尚无完全有效的手段控制配位基元间的自组装过程。温度、pH、溶剂种类、抗衡阴离子、模板分子甚至反应器的种类和大小等内部及外界因素均会对反应的最终产物造成影响[7]。相同金属盐与同一有机配体在差别较小的合成条件下组装出不同产物的情况在文献中屡见不鲜。同一反应体系,在不同反应阶段也常能获得各种共生的配位聚合物产品。相对于盲目的"混一混、搅一搅"后进行结构表征,进而确定产品可能存在的性质这一传统粗放型合成方式而言,当前配位聚合物的合成倾向于以性能导向为前提,依赖前期大量实验总结获得的宝贵经验和理论计算等手段进行精准的设计性合成[8]。大量新的配位聚合物合成技术和构筑策略被逐渐发展起来。

1.1 合成配位聚合物的各种原料组分

1.1.1 金属离子及金属簇次级构筑单元

配位聚合物合成中提供配位键形成所需空轨道的为各类金属离子,其可被视为连接有机配体的黏合剂。多数中心金属具有明确的配位数和配位构型,这是决定最终产物结构的关键因素之一。配位聚合物中的中心金属不仅限于简单的单核金属离子,也可以是具有不同尺寸及空间构型的多核金属簇等。随着配位化学相关研究的不断深入和发展,可用于配位聚合物合成的中心金属或金属簇次级构筑单元的种类也不断被拓展和更新。

1. 过渡金属

被使用最多也是最为常见的配位聚合物中心金属离子多来自于元素周期表中的 d 区和 f 区,即所谓的过渡金属。第 4 周期的多数 d 区金属在不同价态时,常能展现出固定的配位数和配位构型,这就为设计性构筑具有特定结构的配位聚合物提供了有利的前提。与之相比,f 区的镧系和镧系金属的配位数则较为多变，由于这些金属本身具有荧光，因此常被选来制备发光型配位聚合物[9]。

2. 碱金属、碱土金属及其他主族元素

碱金属、碱土金属离子半径相对较大，它们的配位数与镧系元素相似，同样存在较多的变化，预先设计相关配位聚合物的结构具有一定的难度。常见的碱金属、碱土金属盐等大多廉价易得，且该类元素大多对人体及环境安全无毒，因此，从降低配位聚合物产品成本、提高安全性等的角度出发，该类金属离子构筑制备出的配位聚合物更便于应用于药物医学、食品等相关领域[10]。除此之外，铝、铟等主族元素也常被用于配位聚合物的合成[11]。

3. 金属氧（硫）簇次级构筑单元

配位聚合物中的中心金属不仅限于简单的单核金属离子，具有独特结构的金属氧（硫）簇等也常被用于相关产物的合成。尤其在多孔配位聚合物、金属有机框架等概念被提出之后，配位聚合物的合成策略逐渐趋于完善，具有特定结构和不同连接数的次级构筑单元（secondary building unit，SBU）越来越多地被使用（图 1-1）。值得注意的是，这些 SBU 可以预先合成后作为原料投入到反应体系中，也可以是在配位聚合物组装过程中原位形成的。目前见于报道的 SBU 有几十种，它们的连接数从几至十几。理论上，轮形{Mn₈₄}作为 SBU 合成配位聚合物时，其连接数可高达 66[12]。美国加州大学伯克利分校的 Yaghi 教授曾对 MOF 化学中涉及的各类 SBU 做过详尽的综述[13]。

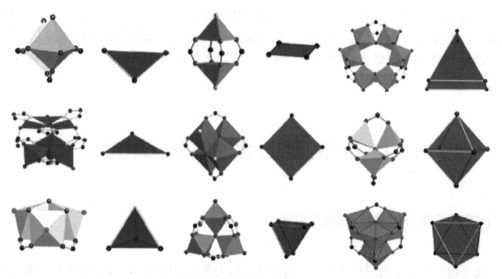

图 1-1　各种不同类型的金属簇次级构筑单元

1.1.2　配体

凡含有配位原子的分子理论上均可作为配位聚合物合成的配体使用。羧酸及含氮杂环类有机分子是其中最为重要的组成部分[14]。除此之外，无机配体（如具有配位能力的阴离子、多金属氧酸盐等）及金属有机配体等也是较为常见的选择。这里需要注意的是，配位聚合物名称中"聚合"一词明确要求该类分子至少在一个维度上无限延展。因此，在配体的选择上应避免选用端基配位分子（如常见的吡啶、邻菲咯啉等）作为体系中的唯一配体，以免限制产物结构的拓展。

1. 有机配体

氮、氧是最为常见的配位原子，因此几乎所有种类的有机羧酸及含氮杂环类分子均可作为配体用于配位聚合物的制备（图 1-2）。配体的整体构型及氮、氧原子在分子中的分布会直接影响配体

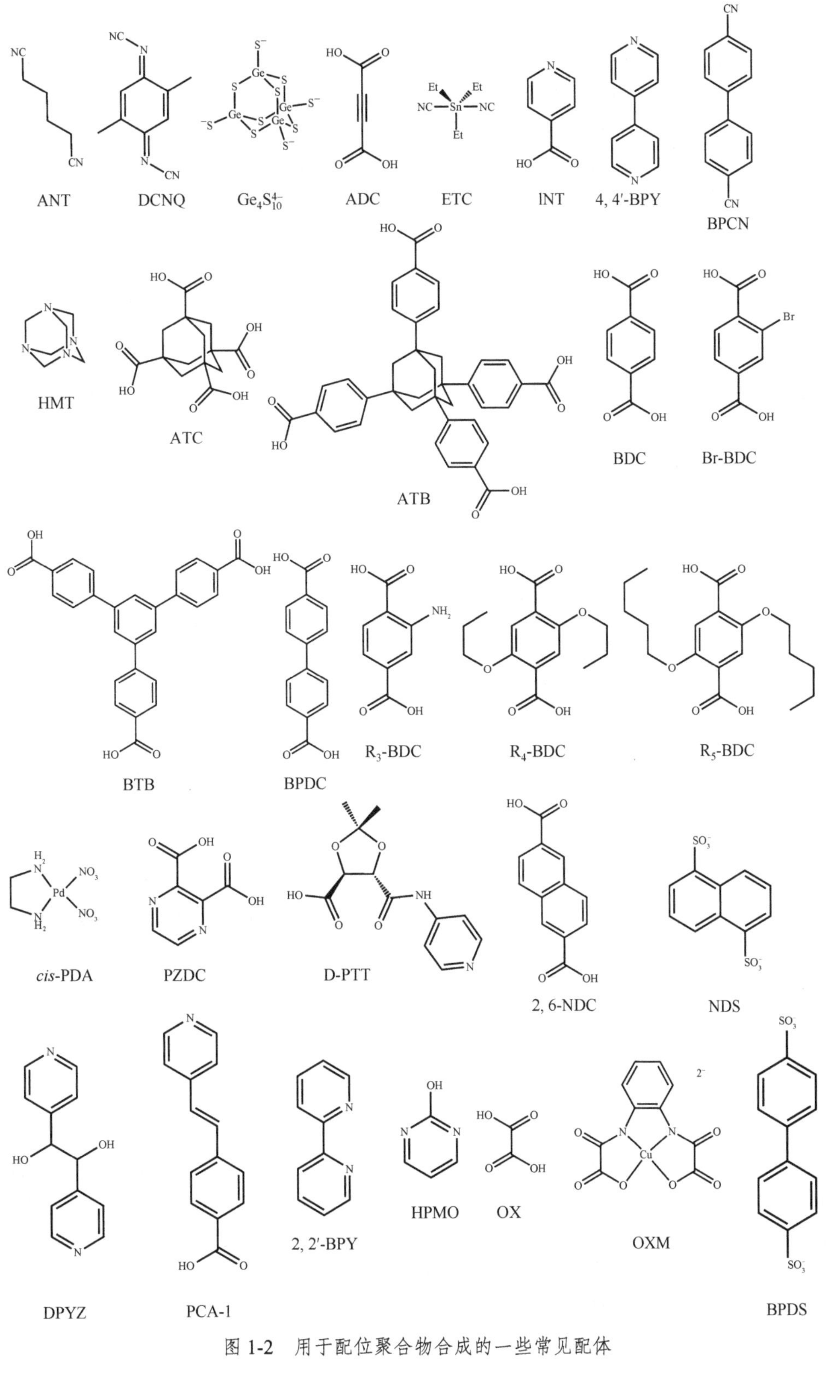

图 1-2 用于配位聚合物合成的一些常见配体

在最终产物中的连接方式，进而影响最终产物的结构。分子中非配位基团同样会因位阻效应等对配体的配位模式产生影响。此外，含磷、硫、卤素等配位原子的有机配体也常被使用。不同配位原子与金属离子的配位能力应参照软硬酸碱理论加以判断。

2. 无机配体

在配位聚合物的制备中作为金属离子的抗衡离子被一同加入到反应体系中的无机酸阴离子也常会参与配位。除平衡体系的电荷以外，它们对于产物维度的拓展及特定结构的形成同样具有不容忽视的重要作用。作为一类尺寸较大的无机阴离子，多金属氧酸盐以其自身强大的配位能力，独特的结构和物理、化学性能也成为构筑相关配位聚合物的重要组成部分[15]。显然，可用于配位聚合物合成的无机配体绝不限于本书中提及的以上两类分子，凡具有配位能力或经修饰、改造后可具备配位能力的无机片段皆可作为配体加以利用。

3. 金属有机配体

金属有机配体即为预先合成制备出的某些配合物片段，如图 1-3 所示[16, 17]。通常，这些片段具有固有的物理化学性质及特定的空间构型，含有可以进一步与其他中心金属形成配位键的杂原子。金属有机配体可被认为是构筑配位聚合物的一类结构和功能基元。合成体系中该类配体的合理引入将大大提高最终产物结构和性质方面的可控性。

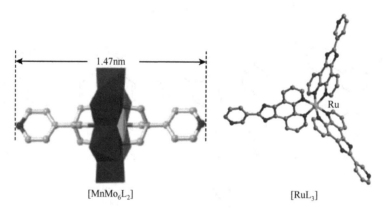

$[MnMo_6L_2]$ $[RuL_3]$

图 1-3　见于文献报道的两种金属有机配体[16, 17]

随着配位化学学科的不断发展和相关研究领域的交叉，传统配体的概念随之发生变化，其范围逐渐扩大，边界不断被模糊化。各种各样具有独特结构及性能的离子、分子、大分子组装体等被引入配位聚合物的组装体系中。

1.1.3　溶剂

溶剂是使各种反应原料充分接触的媒介，是反应发生的场所。因此原料的溶解度是决定配位聚合物合成中选用何种溶剂的关键。常用的溶剂包括水、乙醇、乙腈、DMF 等。溶剂除作为反应原料的分散剂之外，同样承担着客体分子、模板剂等重要角色。它们对产物结构中孔道形状、大小等有巨大的影响。这里需要注意的是，并非所有配位聚合物反应体系都需要额外添加溶剂。当反应的一种或多种原料在常规条件下即以液态形式存在的情况下（如吡啶等作为配体时），可根据其余原料在其中的分散度做出合理判断。此外，固相反应用于配位聚合物制备的例子也时见报道[18]。

1.1.4　模板剂、矿化剂等

除上述提到的各种主要反应组分外，在配位聚合物的合成中还常会加入某些对产物结构、结晶状态等起一定诱导作用的分子，如模板剂、矿化剂等。该类物质并不一定会出现在最终所得的配位聚合物产品中，但大量的实践已充分证实它们对于配位聚合物的组装具有不容忽视的作用（图 1-4）。

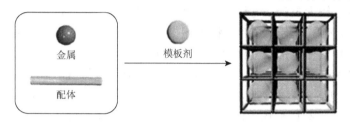

图 1-4　模板用于配位聚合物的合成[19]

1.2　合成配位聚合物的方法

配位聚合物合成过程中所需能量通常较低，因此常规条件下简单的搅拌加热即可实现体系中原料间的反应组装。对于组成及相关结构已较为清楚，且对产品的形貌无特殊要求的情况下，配位聚合物可以是粉末状态甚至溶液状态的产品。而新型配位聚合物在合成制备后，存在着精确结构及相关物理化学性能否确定等后续问题。而相比核磁、质谱、红外等常规手段，X 射线单晶衍射被认为是最为有效、简便和形象的表征方法。因此，实验室中通常将配位聚合物制备成适合进行衍射实验的单晶样品。理论上，晶体学中用于生长单晶的绝大多数方法都可以被用来制备配位聚合物的单晶态产品[20]。目前较为常见的培养配位聚合物单晶的方法主要包括固态反应法、溶液法、水热（溶剂热）和离子热法、升华法、电化学合成法、超声合成法、微波和紫外光照法等[21, 22]。

1.2.1　固态反应法

对于某些配位聚合物的组装来说，仅需将各种反应原料按照比例进行充分混合，在研钵中进行一定时间的研磨即可实现。这一反应方法避免了某些有毒溶剂等的引入，同时反应过程简便、易操作。但通常该类反应完成度不高，体系中可能残留反应的某一种或几种原料。此外，适合衍射实验的单晶一般无法通过该种反应方法直接获得，后续合适溶剂中的重结晶可解决上述问题。

1.2.2　溶液法

搅拌合成是溶剂法合成配位聚合物最为简单的方法之一。具体来说就是将有机配体和无机金属盐以一定比例溶解在合适的溶剂中，放入可控温的反应装置中并不断搅拌，通过加入去质子试剂（如三乙胺等），促使有机配体脱质子和金属离子通过自组装反应生成目标产物。搅拌合成具有反应时间短、产量大等优点。但也存在产物纯度低、结晶性差等问题。

对于溶解度较大的有机分子来说，通常还可以采取溶液挥发法制备以其为配体的配位聚合物。该方法只需将反应物（金属盐与有机配体）溶于一种适当的溶剂中，通过加热等方式使其反应，随后缓慢冷却或挥发。待溶剂逐渐减少，目标产物过饱和逐渐析出生长，以获得较完美的晶体。在该类方法的实际操作中，晶体生长所选用的容器一般要求表面平整、光滑以减少晶体的成核中心，使单晶尽可能长大。但也应避免容器表面过度光滑而影响结晶。除上述最为简单的溶液挥发法以外，溶液法培养单晶的手段还包括常见的界面扩散法、凝胶扩散法等。

与简单的溶液挥发法选用一种溶剂的做法不同，界面挥发法通常会用互溶程度较小的不同溶剂生长晶体。不同溶剂间形成的界面被认为是化学反应开始的地方，质量较好的单晶较易在该处产生。具体的操作方法较为灵活，可将金属盐和有机配体溶于不同的溶剂中后，将密度较小的溶液 A 小心地铺展于溶液 B 之上。或者，将上述提及的溶液挥发法中的溶液置于另一种不良溶剂的蒸气气氛内，缓慢扩散使之形成溶液界面。凝胶扩散法与界面扩散法的本质相同，目的都在于降低不同原料溶液的相互扩散速率，减缓反应进程，获取优质单晶。具体来说，凝胶扩散法通常选用 U 形管作为晶体制备的容器。首先在 U 形管中加入琼脂、明胶等作为凝胶，而后在 U 形管的两侧分别加入金属盐或有机配体的溶液。两侧溶液向凝胶中缓慢扩散，在两者的交汇处发生反应进而生长单晶。

1.2.3　水热（溶剂热）法

对于有机配体在常见溶剂中难以溶解的情况，在制备相关配位聚合物时，可尝试选用水热（溶剂热）法。水热法的研究最早始于地质学家对自然界成矿作用的模拟研究。而后，其被广泛用于功能材料的合成领域。由于在密闭高压容器中，当温度加热到 $120\sim600℃$ 时，溶剂可处于超临界状态，常规条件下较难溶解的各种反应物可溶解于超临界液体中进而发生反应。当反应体系的温度逐渐降低时，晶体逐渐析出。溶剂热合成方法的机理与此大体相同，只是将反应体系中所用的水换为常见的有机溶剂。该类反应方法的主要优点包括：①在水热或溶剂热条件下，反应物的反应性能及活性通常会有所改变。一些固相反应条件下无法生成的产物可通过此类方法获得。②利于生长极少缺陷、取向好、完美的晶体，且合成晶体的粒度较易控制。然而值得注意的是，水热反应釜由不透明的材料制成。这造成反应的中间过程无法实时监测。为解决上述问题，某些硬质玻璃管被作为反应的容器用于水热合成。具体来说，就是在将反应所用的各种原料加入到一端封闭的玻璃管中以后，使用氢氧焰等烧结另外一端将体系封闭，然后加热使体系发生反应的过程。通常在玻璃管烧结前会对体系进行抽真空操作。除此之外，近年来利用普通带盖玻璃瓶进行低温溶剂热反应的报道也不断出现。玻璃材质的反应体系显然更便于观察反应的进程，但需要注意的是该类操作需掌握好反应的温度及反应时间等，以免体系炸裂或烧干引发事故。

1.2.4　升华法

当反应原料在分解温度以下具有较大蒸气压时，可尝试使用升华法制备配位聚合物的单晶态产品。加热原料使之升华，在气态时与其余组分发生气相或气固多相反应，并使产物在反应器较冷的部分结晶。通过该类方法获得的晶体通常纯度较高，但目前符合升华要求的物质还属少数，因此该类方法的使用还未能普及[23]。

1.2.5　微波辅助合成法

近年来微波合成技术在水热反应过程中得到了较为广泛的应用。微波辅助不仅可有效加快反应进行的速率，其在晶体尺寸、形貌等的控制方面也具有突出的优势。通常将反应物质在适当溶剂中混合后封入反应釜，在配备有可调节功率、控温控压装置的微波反应器中进行反应。外加振荡电场与反应物分子固有偶极的相互耦合能实现配位聚合物中配位键的快速组装。

1.2.6　声化学合成法

目前该类方法虽应用较少，但已被证实可通过调节结晶过程中的成核速率实现结晶时间的缩短和晶体颗粒尺寸的调控。如图 1-5 所示，配位化合物合成所用的原料被混合后置于喇叭形的 Pyrex 反应器中，对其进行超声波处理。声波降解过程中体系会出现大量气泡，这些气泡在形成后又随之破碎消失，该现象被称为空化效应。在这一过程中，反应器的局部可在短时间内产生高温（约 5000K）高压（约 1000bar），极快的升降温过程可实现晶态产品的快速制备。

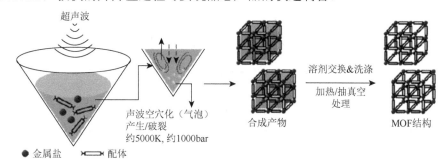

图 1-5　声化学合成流程图[22]

1.2.7　电化学合成法

电化学合成法通过电解池中阳极溶解的过程连续提供金属离子，这些金属离子可与电解液中的有机配体直接反应产生晶态的目标产物。该合成方法中通常选用离子型溶剂阻止金属在电解池阴极上的沉积。电化学合成方法具有其他合成方法无法比拟的优点：①金属离子可以通过阳极溶解的方式产生，而无须加入导电金属盐，避免了阴离子对合成体系的影响；②反应可以自主控制，通过调节电源开关可以随时控制反应的进行；③由于电场直接作用于反应体系，可以有效地缩短合成反应的时间；④可以通过电化学工作站对反应过程进行实时记录，可以更好地了解反应机理。此外，相比于传统的间歇性合成手段，电化学合成的方法可连续不断地实现配位聚合物的制备，这也为未来功能性配位聚合物的产品化、工业化提供了有利的依托。

除上述合成方法以外，配位聚合物的合成手段还包括离子热合成、微流体体系合成、干凝胶合成等。不同的合成方法都各自存在优缺点，因此对于不同类型配位聚合物的合成制备应该具体问题具体分析，合理地选择合成方法。

1.3　合成配位聚合物的策略

相比于新的合成方法在绿色、高效、经济等方面的发展，配位聚合物合成策略的总结和挖掘更加注重其实际的有效性。配位化学学科长期的发展实践为相关产物的可控制备和结构、性能的精准调控提供了宝贵的经验。随着分子计算模拟水平的逐步提升、学科的交叉发展等，越来越多行之有效的配位聚合物合成新策略不断被提出。理性制备配位聚合物的蓝图正逐渐完善。在本书接下来的数章中，将对各种合成策略进行详细的专门论述。这里仅就一些常见的合成策略进行简要介绍。

1.3.1　天然矿物结构模拟策略

天然产物是人工合成最初的模型。自然界中存在着大量具有长程有序晶态结构的矿物质。对于这些矿物晶体的组成、结构及性能，我们已有了较为深入的认识。通过选用具有特定配位构型的中心金属和配体对矿物质的结构基元进行模拟，则极有可能获得与框架类型类似的配位聚合物产品。众所周知，沸石分子筛的结构基元为具有正四面体构型的 TO_4，而 T—O—T 的夹角约为 140°。选用四连接中心金属节点和具有一定配位角度的配体进行组装（图 1-6），在产物的能量较低时则必定有沸石型配位聚合物被制备出来。

图 1-6　沸石结构中 TO_4 及 T—O—T 的模拟

国内的游效曾院士、陈小明院士及美国的 Yaghi 教授先后使用镉、锌、钴等金属与咪唑类配体结合，合成出一系列具有沸石型网络结构的 MOF[24-26]。大量的成功实例恰恰证实了这一合成策略的有效性。

1.3.2　分步组装策略

分步组装即在制备某些稳定性配位片段后，通过此类片段与其余金属或配体的进一步连接实现配位聚合物合成的策略。这些配位片段常被称为构筑模块或分子构筑基元，它们多具有固定的配位模式和自身本征的性质。整体基元被嫁接入配位聚合物最终产品时，一方面大大提高了最终物质结构的可预测和调控性，另一方面局部组件的性能也随之被带入主体。

1.3.3　相同框架结构同系物合成策略

总结实验经验，当在一定反应条件下，固定结构的配位聚合物能较为专一地被制备出来时，可考虑对反应体系中的一种或几种原料进行微调，进而精准地获得与整体框架结构相同但性能上存在差异的相关同系物。具体的实施方法包括改变中心金属为与其配位模式、电荷数相似的其他种类金属离子，将体系中的有机配体换为具有不同官能团或尺寸大小不同的同系物分子等。该类策略应用最为成功的例子应为 IRMOF-5 及 IRMOF-74 系列材料的制备（图 1-7）[27, 28]。值得注意的是，在原

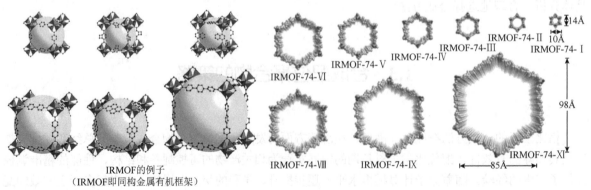

IRMOF的例子
（IRMOF即同构金属有机框架）

图 1-7　IRMOF-5 和 IRMOF-74 系列材料的结构[27, 28]

本体系中同时加入不同种的同系物制备固溶体配位聚合物的手段，同样可被看作是这一合成策略的延伸。

1.3.4　后修饰及结构基元取代策略

在某一配位聚合物合成后，可直接对其进行进一步的修饰和改造，通过有机反应甚至取代更换其中的结构基元等手段以获得新的配位聚合物。常见的做法包括在较为温和的条件下（保证原有结构不被破坏），通过配位聚合物中配体上特定官能团的反应将性能组件引入体系，通过中心金属的氧化还原改变配位聚合物主体框架电荷及相关性质，直接取代中心金属或有机配体等（图 1-8）。由于是在已知结构的配位聚合物基础上进行的改造，因此最终产物的结构成为定数。而其性能的调控则由引入的性能组件或金属、配体的类型决定。

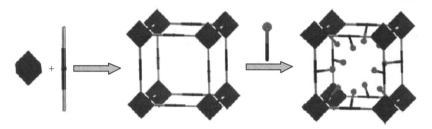

图 1-8　配位聚合物修饰合成示意图

除上述列举出的配位聚合物合成的几种策略外，需要特别提到的是 O'Keeffe、Yaghi 等提出和发展的 MOF 设计制备"筑网化学"（reticular chemistry）或称筑网合成体系[29]。简单来说，该体系以拓扑学分析方法为依托，首先明确固定节点和连接边所能构建出的所有网络，用实际的 SBU 及有机配体取代网络中的节点和连接边，模拟搭建 MOF 框架。此后，通过计算不同 MOF 体系的能量，确定出最有可能被优先制备出的产品结构，并以此为依据设计具体的实验路径。实际上"筑网化学"不仅适用于多孔配位聚合物、MOF 等的合成，对其他具有长程有序性结构的化合物如共价有机框架、氢键有机框架等的设计制备同样具有非常大的指导意义。

1.4　影响配位聚合物合成的因素

在配位聚合物的自组装过程中，除中心金属离子、配体对产物的最终结构起着决定性的影响以外，包括溶剂种类、温度、酸碱度、抗衡离子类型、模板剂在内的大量因素都对合成产生或多或少的影响。认识和了解这些影响因素并对其善加利用，同样是实现配位聚合物设计组装值得考虑的重要方面。

1.4.1　溶剂的影响

如上文所述，溶剂是配位聚合物反应的媒介，不同溶剂对于反应体系中的各类原料具有不同的溶解能力。因此，实际参与反应的各原料的比例首先被其严重影响，进而造成最终产物组成和结构上的差异。即便所有产物均能在不同的溶剂中完全溶解，也会存在溶剂本身在反应温度固定时物性上的差异。除此之外，具有配位能力的溶剂分子有参与配位的可能性，这就相当于第二配体的引入，配位聚合物可能呈现出的最终结构将被进一步多样化。

1.4.2　温度的影响

首先，不同温度条件下，反应体系中的各种原料本身在物理和化学性能上就会存在某些或大或小的差异，这无疑将影响组装的最终结果。此外，自组装过程中各种各样的路径和中间态产物也有可能因温度的变化发生改变。通常动力学上稳定的某些产物在反应温度过高时，可能极难被捕获到。与此相对，热力学上最为稳定的相也有可能因为反应温度过低等原因，无法在反应进行的有限时间内被组装完成。总之，温度是诱发体系中大量变化发生的重要因素，如何选择合适的反应温度不仅需要考虑原料的可能变化，同时需兼顾产物的能量等。

1.4.3　酸碱度的影响

对于羧酸及部分含氮杂环类配体来说，酸碱度的变化将使之部分或全部脱质子，甚至发生水解反应等，这些变化都将引起配体配位模式的变化，进而造成配位聚合物最终结构的差异。除此之外，不同 pH 条件下，最终产物的溶解度、结晶速率等均会存在差别，这也将使反应实际所得的结果发生显著变化。

1.4.4　抗衡离子的影响

大量研究已经表明，抗衡离子不仅仅对整个配位聚合物体系起到平衡电荷的作用，还可以影响其孔道的形状、大小甚至整体网络的类型。当抗衡离子的配位能力较强时，其可以直接与中心金属通过配位键连接占据部分配位点，而中心金属连接方式的改变必将对最终产物的结果造成影响。

1.4.5　模板的影响

模板是指能将形状或性能信息转录给最终产物的一类物质。对于不同的反应体系，它们可以是溶剂、抗衡离子、未配位的配体或额外引进的某些分子。通常模板会通过与反应原料或组装片段间的弱相互作用，对它们进行预组织，使之产生某种特定结构的趋势明显增强，降低反应的能量。目前有大量见于报道的实例，利用模板和模板效应实现了目标产物的定向组装。

（高　强　卜显和）

参 考 文 献

[1] 麦松威，周公度，李伟基. 高等无机结构化学. 2版. 北京：北京大学出版社，2006.

[2] 游效曾. 配位化合物的结构和性质. 2版. 北京：科学出版社，2012.

[3] 刘伟生. 配位化学. 北京：化学工业出版社，2013.

[4] 苏成勇，潘梅. 配位超分子结构化学基础与进展. 北京：科学出版社，2010.

[5] 张琳萍，侯宏伟，范耀亭，等. 配位聚合物. 无机化学学报，2000，1：1-12.

[6] Kitagawa S，Kitaura R，Noro S. Functional porous coordination polymers. Angew Chem Int Ed，2004，18：2334-2375.

[7] 杜淼，卜显和. 阴离子在构筑配位聚合物网络结构中的作用. 无机化学学报，2003，1：1-6.

[8] Lu W，Wei Z，Gu Z Y，et al. Tuning the structure and function of metal-organic frameworks via linker design. Chem Soc Rev，2014，43：5561-5593.

[9] Cui Y，Yue Y，Qian G D，et al. Luminescent functional metal-organic frameworks. Chem Rev，2012，112：1126-1162.

[10] Smaldone R A，Forgan R S，Furukawa H，et al. Metal-organic frameworks from edible nature products. Angew Chem Int Ed，2010，49：8630-8634.

[11] Zheng S T，Zhao X，Lau S，et al. Entrapment of metal clusters in metal-organic framework channels by extended hooks anchored at open metal sites. J Am Chem Soc，2013，135：10270-10273.

[12] Tasiopoulos A J，Vinslava A，Wernsdorfer W，et al. Giant single-molecule magnets：a {Mn$_{84}$} torus and its supramolecular nanotubes. Angew Chem Int Ed，2004，43：2117-2121.

[13] Tranchemontagne D J，Mendoza-Cortés J L，O'Keeffe M，et al. Secondary building units，nets and bonding in the chemistry of metal-organic frameworks. Chem Soc Rev，2009，38：1257-1283.

[14] Robin A Y，Fromm K M. Coordination polymer networks with O-and N-donors：what they are，why and how they are made. Coord Chem Rev，2006，250：2127-2157.

[15] Miras H N，Yan J，Long D L，et al. Engineering polyoxometalats with emergemt properties. Chem Soc Rev，2012，41：7403-7430.

[16] Li X X，Wang Y X，Wang R H，et al. Designed assembly of heterometallic cluster-organic frameworks based on Anderson-type polyoxometalate clusters. Angew Chem Int Ed，2016，55：6462-6466.

[17] Li K，Zhang L Y，Yang C，et al. Stepwise assembly of Pd$_6$(RuL$_3$)$_8$ nanoscale rhombododecahedral metal-organic cages via metalloligand strategy for guest trapping and protection. J Am Chem Soc，2014，136：4456-4459.

[18] 忻新泉. 郑丽敏. 固相配位化学反应. 化学通报，1992，2：23-28.

[19] Tanaka D，Kitagawa S. Template effects in porous coordination polymers. Chem Mater，2008，20：922-931.

[20] 钱逸泰. 结晶化学导论. 3版. 合肥：中国科学技术大学出版社，2005.

[21] 陈小明，蔡继文. 单晶结构分析原理与实践. 2版. 北京：科学出版社，2007.

[22] Lee Y R，Kim J，Ahn W S. Synthesis of metal-organic frameworks：a mini review. Korean J Chem Eng，2013，30：1667-1680.

[23] Lin J B，Lin R B，Cheng X N，et al. Solvent/additive-free synthesis of porous/zeolitic metal azolate frameworks from metal oxide/hydroxide. Chem Commun，2011，47：9185-9187.

[24] Tian Y Q，Cai C X，You X Z. [Co$_5$(im)$_{10}$·2MB]$_\infty$：a metal-organic open framework with zeolite-like topology. Angew Chem Int Ed，2002，41：1384-1386.

[25] Huang X C，Lin Y Y，Zhang J P，et al. Ligand-directed strategy for zeolite-type metal-organic frameworks：zinc(II)imidazolates with unusual zeolitic topologies. Angew Chem Int Ed，2006，45：1557-1559.

[26] Park K S，Ni Z，Côté A P，et al. Exceptional chemical and thermal stability of zeolitic imidazolate frameworks. Proc Natl Acad Sci USA，2006，103：10186-10191.

[27] Deng H X，Grunder S，Cordova K E，et al. Large-pore apertures in a series of metal-organic frameworks. Science，2012，336：1018-1023.

[28] Rowsell J L C，Yaghi O M. Metal-organic frameworks：a new class of por materials. Micropor Mesopor Mat，2004，73：3-14.

[29] Yaghi O M，O'Keeffe M，Ockwig N W，et al. Reticular synthesis and the design of new materials. Nature，2003，423：705-714.

由金属离子中心和有机配体通过自组装形式构筑而成具有周期性网络结构的多孔配位聚合物（porous coordination polymer，PCP）或金属有机框架（metal-organic framework，MOF）[1, 2]，作为一种新兴的晶态多孔材料，它们结合了配位化合物和聚合物两者的特点，既不同于一般的有机聚合物，也不同于 Si—O 类的无机聚合物。作为新兴的研究领域，PCP 或 MOF 真正发展只不过短短几十年的历史，但是由于其具有丰富的空间拓扑结构，以及独特的光、电、磁等性质，PCP 或 MOF 不仅丰富了配位化学的研究内容，同时也促进了无机化学、配位化学、有机化学、物理化学、超分子化学、材料化学、生物化学、晶体工程学和拓扑学等多个学科领域的交叉融合与发展，成为现代化学最活跃的研究热点之一[3, 4]。目前，国内外科学工作者就配位聚合物晶体材料的设计与合成、结构及性能研究展开了深入细致的研究，探索和拓展了其在光、电、磁、催化、吸附与分离、气体存储以及药物缓释等诸多领域的性能及应用前景[5-10]。

近年来，如何开发制备具有新颖拓扑结构和特定功能 PCP 的合成策略已经受到越来越多的研究者的关注[11]。Yaghi 课题组以 Wells 的研究工作作为拓扑理论基础，根据大量实验事实提出一个中心假想：简单高对称性的网络拓扑结构通常是反应预期生成的最稳定的产物；随后在上述中心假想为前提的条件下，Yaghi 等进一步提出了网络构筑法，即通过合理选择和控制次级构筑单元来进行自组装，合成出具有特定拓扑结构的 PCP[12, 13]。目前，众多 PCP 的成功合成证明该合成策略切实可行，并可以在一定程度上实现定向设计并合成出具有更大孔道或孔穴结构的 PCP 材料。最近，受到无机微孔化合物中模板合成概念的影响，科研工作者们开始尝试将此策略引入到 PCP 的合成中，尝试采用引入不同类型模板剂的方式来导向合成具有不同框架结构的 PCP[14, 15]。除了常见种类的模板剂外，PCP 合成中的模板剂种类已经得到进一步的拓展，如简单无机离子（Na^+、K^+、ClO_4^-、NO_3^- 等）、杂多酸阴离子（POM）、金属配合物阳离子以及共模板（协同模板）和自模板效应等也作为模板剂影响框架结构的生成。到目前为止，采用模板导向法已经合成出系列具有特殊网络拓扑结构的 PCP，模板合成法已经成为 PCP 合成中的一个重要合成策略，并取得了引人注目的研究成果[16]。当前，模板法调控合成具有特定孔道尺寸和形状的 PCP 是一个重要的趋势。最近，模板导向法已经被证明也是一种制备具有特殊框架结构 PCP 材料的有效合成策略。

迄今，PCP 研究领域的模板剂种类繁多，与无机微孔化合物对比，模板种类得到了很大程度的扩展。常见的模板剂包括：简单无机阴离子（ClO_4^-、NO_3^- 等）、碱（土）金属离子、溶剂分子、有机胺分子（离子）以及杂多酸阴离子和金属配合物阳离子以及一些有机片段等。模板剂分子填充在主体框架的孔道中，并与主体框架之间存在氢键、分子间作用力以及静电吸引等弱作用，起到填充和稳定结构的作用。

根据模板尺寸大小的差别，模板剂可以分为简单小分子（离子）模板和分子（离子）团簇模板。简单小分子（离子）模板主要包括无机小分子（离子），如简单无机阴离子（ClO_4^-、NO_3^- 等）、碱（土）金属离子、有机胺以及溶剂分子；分子（离子）团簇模板主要包括杂多酸阴离子（POM）、金属配合物阳离子及较大尺度的有机片段，如卟啉等。按照所带电荷的不同，模板剂又可分为离子型模板和中性分子模板。离子型模板在 PCP 结构中起到了平衡电荷的作用，分为阳离子型和阴离子型模板。阳离子型模板包括有机胺阳离子、碱金属离子以及金属配合物阳离子等，阴离子型模板包括简单无机阴离子（ClO_4^-、NO_3^- 等）和杂多酸阴离子。中性分子模板主要包括溶剂分子、有机胺分子以及其他的一些中性的有机片段。此外，还可以根据模板效应的方式分为常规模板效应、共模板效应和自模板效应等。常规模板效应是以常规离子或分子作为模板；共模板效应是指两种或两种以上的模板剂通过协同作用共同起到模板的效应；自模板效应是指配体中非配位基团所表现的模板效应。以下将根据模板所带电荷（阳离子型模板、阴离子型模板、中性分子模板）及模板效应（共模板效应和自模板效应）两种分类模式进行简要的介绍。

2.1　阳离子型模板

2.1.1　金属离子

在最初的分子筛合成中，无机阳离子（Li^+、Na^+、K^+、Ca^{2+}、Ba^{2+}等）最先被用作模板剂，并产生了多种多样的结构。碱金属离子具有较大的原子半径和较低的电荷数，从而导致其不易参与配位，反应环境酸碱度的调节是引入碱（土）金属离子的主要原因。碱金属不易参与配位的特点使其作为模板剂存在于孔道中，起到平衡电荷的抗衡离子作用。2012 年 Pardo 课题组报道了一系列基于肟基官能团的 PCP（图 2-1），化合物结构具有贯通的孔道，其中钠的水合离子处于孔道中。所合成的 PCP 展现出对 CO_2/CH_4、CH_3OH/CH_3CN 和 CH_3OH/CH_3CH_2OH 的选择性吸附性能，并且表现出长程的铁磁有序[17]。

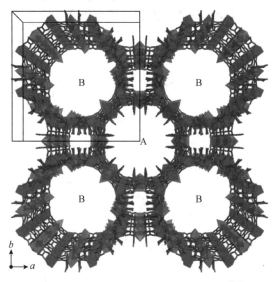

图 2-1　肟基官能团的多孔配位聚合物[17]

Devic 课题组报道了一系列基于卟啉羧酸类配体的 PCP，卟啉羧酸类配体与过渡金属离子配位形成三维结构，分别将有机配体和金属离子进行简化，整体框架则可简化为 *pts* 类型拓扑。卟啉羧酸配体与 Fe(III) 所形成的主体框架是阴离子框架，而碱金属离子存在于高度多孔结构中起平衡电荷的作用。热响应电流（thermally stimulated current，TSC）研究结果表明碱金属离子均匀分布于 PCP 的孔道中，并且与分子筛相比其框架具有更强的作用力。卟啉分子所结合 Ni 离子、配位 Fe(III) 离子及碱金属离子（Cs^+）共同存在于 PCP 结构中（图 2-2），该课题组研究了化合物的气体吸附性能，并且深入研究了不同碱金属对吸附性能的影响。与分子筛所报道的结果不同，该化合物展现出了 O_2/N_2 选择性吸附，结果表明卟啉分子与 O_2 分子具有较强的作用力[18]。

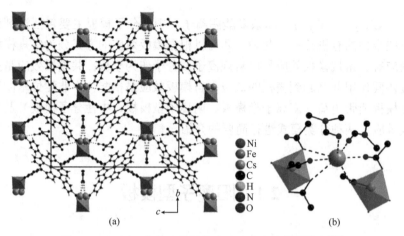

图 2-2 以 Cs⁺配合物为模板的多孔配位聚合物结构图[18]

Lu 课题组报道了四例基于 1, 2, 3, 4-苯四甲酸的配位聚合物（图 2-3），所合成的化合物为阴离子型框架，碱金属离子 K⁺、Cs⁺处于孔道中起平衡电荷的作用。如果分别将金属离子与有机配体进行简化，主体框架则是一例 4, 8-连接 *scu* 拓扑。四例化合物中，化合物 **1** 具有规则的方形孔道，溶剂可进入体积是 21.5%；而化合物 **2**、化合物 **3** 和化合物 **4** 的孔道略微扭曲，孔隙率为 11.4%。值得注意的是当将化合物 **3** 的样品溶解于 KCl 水溶液中时，重新组装则生成了化合物 **1**。在同样的条件下，化合物 **4** 的样品溶解在 KCl 水溶液之后则得到了与化合物 **2** 相似的结构。将化合物 **1**～化合物 **4** 的晶体样品溶解于 CsCl 水溶液，重新结晶则得到了一例主体框架为一维链状结构，分子链与水分子之间通过氢键作用形成三维超分子框架。另外，更有趣的是化合物样品溶解-结晶的过程可逆，则可实现单晶-单晶的可逆转化过程[19]。

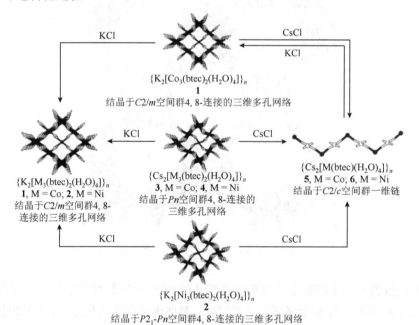

图 2-3 四例配位聚合物单晶-单晶的转换过程[19]

随着研究的不断深入，理论计算发挥着重要作用，Devautour-Vinot 课题组系统研究了 MOF-141 对苯分子的吸附性能，该化合物可以包含不同种类的碱金属阳离子。该课题组通过实验测试研究了 Cs⁺离子对客体分子的作用力，并通过蒙特卡罗模拟验证了 Cs⁺离子对苯分子具有较强的作用力，这一研究说明 PCP 具有吸附挥发性有机化合物的应用前景[20]。

2.1.2　有机胺阳离子

有机胺阳离子是碱（土）金属阳离子之外又一类在无机微孔化合物合成中普遍应用的一种模板剂。一方面有机胺分子种类繁多，这样就使得它们能够导向合成各种各样的具有新颖结构的无机微孔化合物；另一方面它们不但可以以分子形式还能以质子化阳离子的形式来作为模板剂，因此既可能导向中性框架结构，又有可能诱导阴离子框架；此外，小分子有机胺还能以分子聚集的形式导向生成具有大孔/超大孔道无机微孔材料。目前，质子化的有机胺阳离子作为阳离子型模板剂，广泛应用于具有阴离子框架的 PCP 的构筑合成。有机胺阳离子在 PCP 的构筑中起多种作用：①羧酸类配体的脱质子作用；②在特定的胺离子作用下诱导 PCP 的形成；③质子化形成后，有机胺阳离子可以作为抗衡离子以平衡阴离子框架的电荷。

吉林大学裘式纶课题组报道了七种 PCP 的合成与晶体结构，它们分别为 JUC-49～JUC-55。在合成过程中引入了不同的烷基胺，它们分为二亚乙基胺、环己胺、三乙胺、三正丙胺和三正丁胺。烷基胺结构诱导剂的不同，从而导致其结构的差异。JUC-49 和 JUC-53 是二维网络结构，在所述层状结构中存在羧酸氧原子和烷基阳离子 NH 之间的氢键。而 JUC-50、JUC-52 和 JUC-55 是三维网络结构，烷基阳离子位于通道中，不同阳离子的尺寸导致了孔道尺寸的不同。随着有机胺的大小和形状的改变，结构中氢键的方向与位置产生差异。离子交换实验表明，烷基铵阳离子可以由无机阳离子交换出并保证其结构的完整性（图 2-4）[21]。

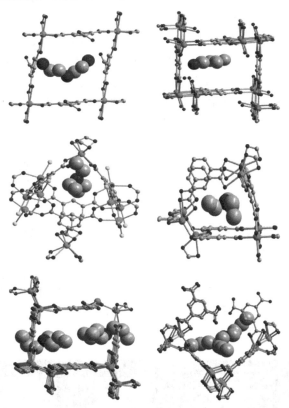

图 2-4　以不同的烷基胺为模板的多孔配位聚合物[21]

当 DMF、DMA 和 N,N-二乙基甲酰胺（DEF）被应用于溶剂热反应时，有机胺阳离子可以通过原位的溶剂水解反应形成。在 2005 年，Burrows 等研究了有机胺阳离子的模板效应。硝酸锌和 1,4-BDC 在新鲜的 DEF 中 95℃下被加热 3h，形成化合物 **1** 的晶体。然而将 Zn(NO$_3$)$_2$·6H$_2$O 和 H$_2$BDC

在相同的条件下加热，并且有 DEF 分解的情况下，生成了化合物 **2**，其中[Et₂NH₂]⁺结晶于晶体中。为进一步研究[Et₂NH₂]⁺阳离子对化合物 **2** 的影响，在新鲜 DEF 中，将硝酸锌和 1,4-BDC 加热，并向其中加入[Et₂NH₂]⁺Cl⁻，该溶液在一段时间后生成化合物 **2**，表明[Et₂NH₂]⁺确实在化合物 **2** 生成过程中起模板作用（图 2-5）[22]。按照类似的思路，东北师范大学苏忠民课题组报道了 Cd(NO₃)₂ 和 Na₂BPDC-Na₂NH₂BDC 在 DMA 水溶液中所形成的两例化合物。为了研究[Me₂NH₂]⁺对晶体结构的影响，在 DMA 中，将 Cd(NO₃)₂ 和 Na₂BPDC-Na₂NH₂BDC 加热，这两种化合物只能通过加入[Me₂NH₂]Cl 而获得，因此判断[Me₂NH₂]⁺离子作为模板剂诱导这两个化合物的形成[23]。

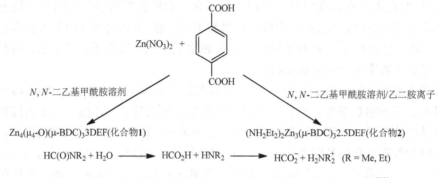

图 2-5　有机胺引入方式的不同导致多孔配位聚合物结构的差异[22]

热分解生成的有机胺不仅在化合物的结构中起模板和抗衡离子的作用，其阳离子特征使得其可以通过离子交换的方式，将其他金属离子引入，从而引起性能的改变。东北师范大学苏忠民课题组合成了一例以二甲胺阳离子为模板的 PCP，该化合物具有贯通的孔道，而二甲胺均匀分布在孔道中。通过离子交换的方法，该课题组将 Eu³⁺、Tb³⁺、Dy³⁺、Sm³⁺引入框架的孔道中。引入不同的稀土离子后，导致框架具有不同的发光性能，通过发射光谱可以说明框架可以传感 Eu³⁺。同时该课题组将阳离子的有机染料与二甲胺阳离子进行了交换，使得框架对阳离子染料分子有一定量的吸附作用（图 2-6）[24]。

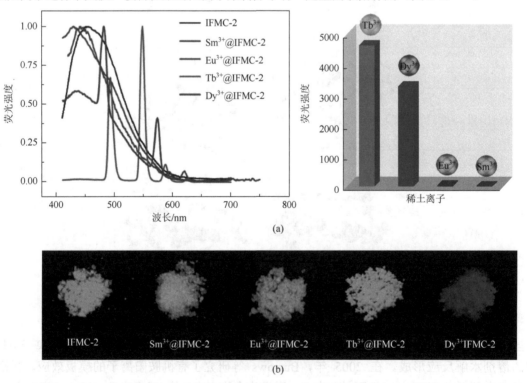

图 2-6　不同稀土离子引入导致多孔配位聚合物荧光性能的变化[24]

配位聚合物高度多孔的结构为有机胺阳离子提供了合适的场所，而有机胺的阳离子特征为实现离子交换提供了可行性。2013 年 Suh 课题组报道了一例以二甲基胺阳离子为模板的 PCP，该课题组通过离子交换的方式将 Li^+、Mg^{2+}、Ca^{2+}、Co^{2+} 和 Ni^{2+} 与二甲胺进行交换，交换后的样品展现出了对 CO_2 气体较高的吸附热和选择性。二甲胺阳离子未交换之前，框架对 CO_2 的吸附热值为 25.5kJ/mol，而交换后框架对 CO_2 的吸附热值为 37.4～37.5kJ/mol（图 2-7）[25]。

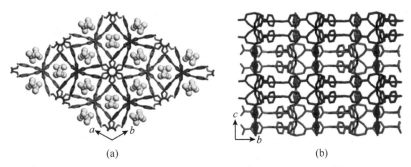

(a)　　　　　　　　　　　　(b)

图 2-7　以二甲基胺阳离子为模板的多孔配位聚合物[25]

有机胺离子不仅在多孔配位聚合物的构筑中起模板剂作用，而且其在结构中的稳定存在可诱导一些有趣的物理或化学变化。质子化的有机胺离子不仅可以作为电荷抗衡离子存在于 PCP 中，而且由于氨基官能团的氢原子的热振动，在低温和高温情况下的不同状态，从而诱导 PCP 相态的转变（图 2-8）。北京大学高松课题组以无机胺和有机胺为模板，合成了系列基于甲酸盐的 PCP。2016 年，该课题组合成了一例以乙胺阳离子为模板的 PCP，该框架在 357K 的条件下存在钙钛矿到金刚石的相态转变。而引起相态转变的因素包括铜-甲酸键长的增加、甲酸分子螯合模式的变化以及 N—H···O 氢键的改变。在两个相态情况下，都是电-磁有序的共存，为多铁材料的进一步研究提供了实验基础[26]。

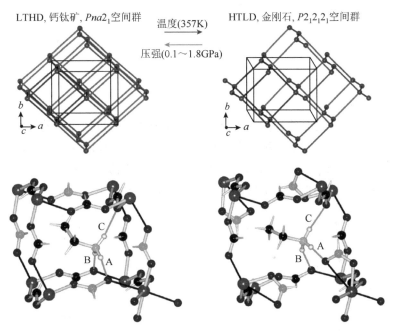

图 2-8　乙胺阳离子所引起的多孔配位聚合物相态的转化[26]

2.1.3 金属配合物阳离子

金属配合物阳离子是由金属阳离子和有机配体两部分构成的，因此具有许多独特的性质，能导致一些特殊框架结构的生成。对于金属配合物阳离子来说，通过变换配体的种类和尺寸大小，可以实现金属配合物的形状、尺寸和电荷的调节。金属配合物阳离子展现出的结构多样性、分子尺寸可控、电荷数较大，特别是手性金属有机胺配合物所具有的手性特征而使其作为模板剂受到了广泛的关注。由于稳定性的限制，只有少数几种金属有机配合物，如 $Cp^*_2Co^+$、Cp_2Co^+ 用于合成微孔分子筛的结构导向剂。随后又有 $Co(en)_3^{3+}$、$Co(dien)_2^{3+}$（en = 乙二胺；dien = 二乙胺）等金属有机胺配合物作为模板剂用于具有开放框架结构的磷酸盐和锗酸盐的合成中，起到模板导向的作用。尽管 CMC 在磷酸盐体系中获得了重大的突破，然而以 CMC 作为模板剂在 MOF 中的合成研究才刚刚起步。

最近，海南大学潘勤鹤教授和南开大学卜显和教授以系列钴胺配合物[$Co(NH_3)_6^{3+}$、$Co(en)_3^{3+}$、$Co(dien)_2^{3+}$]为模板，成功构筑出了系列新型的金属草酸盐化合物（图 2-9）。$[Co(en)_3][Zn_4(ox)_7]_{0.5} \cdot 5H_2O$、$[Co(dien)_2][Mn_4(ox)_7]_{0.5} \cdot 6H_2O$、$[Co(dien)_2][Cd_4(H_2O)_2(ox)_7]_{0.5} \cdot 4.5H_2O$（ox = 草酸）均具有椭圆形大孔道，且相反手性的钴(Ⅲ)胺配合物成对出现填充在椭圆形孔道中支撑着孔道的稳定存在。$[Co(en)_3]_{1/3}[In(ox)_2] \cdot 3.5H_2O$（NKB-1）具有沸石分子筛 *GIS* 拓扑结构，是迄今首例具有分子筛拓扑结构的金属草酸盐结构。由于模板剂与框架对称性不匹配，单晶 X 射线衍射不能确定 NKB-1 中 $Co(en)_3^{3+}$ 阳离子存在的位置；$Co(en)_3^{3+}$ 阳离子在十六元环孔道中存在的可能位置通过计算机模拟进行确定。此外，系列不同的钴(Ⅲ)胺配合物模板导向合成的稀土金属草酸均展示出十二元环交叉孔道体系，具有高连接的稀土金属离子易于构筑出新型的拓扑结构。研究结果显示，配合物模板尺寸影响着孔道大小[27]。

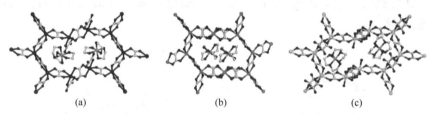

(a) (b) (c)

图 2-9　系列钴胺配合物为模板的金属草酸盐化合物[27]

除了以预先合成的钴胺配合物作为模板外，金属配合物还可以在合成的过程中原位生成，从而扮演着模板剂的角色。南开大学卜显和课题组报道了首例三层配体的 PCP，$Co(H_2O)_6^{2+}$ 在该化合物结构中起模板作用，一方面平衡了框架的整体电荷，另一方面该配合物的水分子的氢原子与金属单元上的氧原子形成氢键，进一步稳定了该化合物（图 2-10）[28]。

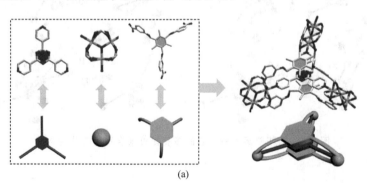

(a)

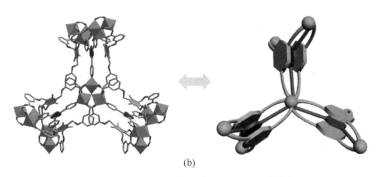

(b)

图 2-10　三层配体的多孔配位聚合物[28]

2.2　阴离子型模板

2.2.1　简单无机阴离子

阳离子在阴离子型多孔配位聚合物的构筑中起重要作用，而阴离子则可作为模板剂诱导阳离子型 PCP 的合成。2013 年卜显和课题组合成了一例四重互穿的多孔配位聚合物，其中甲醇分子和 NO_3^- 作为模板剂结晶于该化合物中。甲醇分子采用单晶至单晶的转换形式实现了与水分子的交换。而 NO_3^- 离子可通过离子交换的方式，与卤素离子、N_3^-、SCN^- 及 CO_3^{2-} 进行交换，该工作通过裸眼识别的方式实现了阴离子的传感（图 2-11）[29]。另外，Oliver 课题组报道了基于 Ag(Ⅰ)/Cu(Ⅰ) 的 PCP，两例化合物均具有金属离子与 4,4'-联吡啶形成的阳离子层，而烷基硫酸根阴离子则作为模板剂填充在阳离子层之间。由于阴离子与框架之间的弱相互作用，从而可以通过离子交换的方式实现其与众多无机阴离子的转换，实现了对 MnO_4^- 的捕获[30]。

图 2-11　不同阴离子交换后的裸眼识别[29]

2016 年卜显和课题组报道了一例嵌套型 PCP，在该化合物中 NO_3^- 以模板剂的形式处于笼形孔穴的窗口处。该化合物表现出较高的孔隙率，而值得注意的是其在低温的情况下没有展现出气体吸附行为，而当温度达到 273K 时，化合物展现出对 CO_2 较好的吸附行为。这一反常的行为可理解为在温度较高时，在窗口处的 NO_3^- 热振动增大，使得气体分子得以通过。该课题组尝试了在低温下将 CO_2 气体吸附到 PCP 中，而在高温情况下将气体放出，实现了在一定温度下 CO_2 气体的储存与释放（图 2-12）[31]。

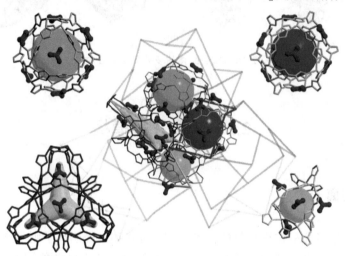

图 2-12　以 NO_3^- 为模板的嵌套型多孔配位聚合物[31]

2016 年 Biradha 课题组报道了一系列阴离子为模板剂的多孔配位聚合物（图 2-13）。在合成过程中该课题组分别引入了 NO_3^-、ClO_4^-、SO_4^{2-} 和 SiF_6^{2-} 阴离子，将吡啶类配体与 Cd^{2+}、Cu^{2+} 合理组装，生成了八例新型化合物。其中当 SiF_6^{2-} 为模板剂时，所制备的化合物为一维链状结构，而当 NO_3^- 为

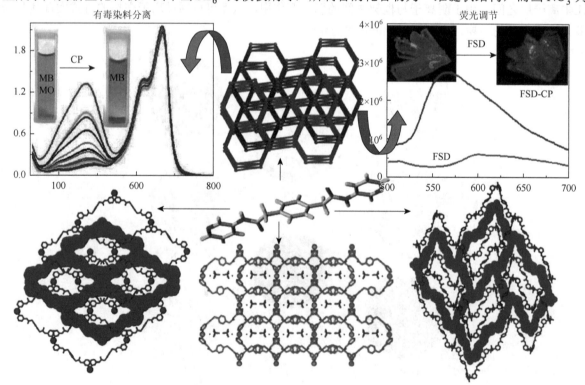

图 2-13　不同阴离子引入后导致化合物结构的变化[32]

模板剂时，则生成 4,4′-连接的化合物。但当引入的阴离子模板剂为四面体时（如 ClO_4^-/SO_4^{2-}），所制备的化合物为二重互穿型结构。阴离子在化合物的形成中起平衡电荷作用，由于框架的阳离子特征，化合物中的阴离子可通过离子交换的方式吸附染料分子[32]。

阴离子在阳离子型多孔配位聚合物中不仅起到平衡电荷的作用，并且可通过单晶-单晶转化的途径，实现阴离子与其他阴离子间的交换。重金属离子由于对自然环境和生物具有较大的危害，对其进行有效的分离和捕获尤为重要。2015 年中国科学院福建物质结构研究所张健课题组报道了两例基于三唑类配体的阳离子型 PCP，其中 NO_3^- 作为模板剂起到平衡电荷的作用。FIR-53 和 FIR-54 都具有一维孔道，孔道尺寸分别为 $18×13Å^2$ 和 $10.5×10.5Å^2$。这两例 PCP 都展现出了对 $Cr_2O_7^{2-}$ 的捕获能力，吸附量分别为 74.2mg/g 和 103mg/g。FIR-53 展现出较好的再生性，可通过单晶 X 射线衍射的方法确定吸附 $Cr_2O_7^{2-}$ 后的晶体结构，进一步验证了单晶-单晶转化的过程（图 2-14）[33]。

图 2-14　阳离子型多孔配位聚合物用于 $Cr_2O_7^{2-}$ 的吸附[33]

阴离子污染一直是一个重要的环境问题，尤其是对地下水资源的污染，更是人们必须面对的问题，有效地将毒性阴离子进行吸附和捕获尤为重要。2016 年 Oliver 课题组报道了一例基于 Ag^+ 的多孔配位聚合物，其中 Ag^+ 与 4,4′-联吡啶配位形成二维层状结构，而 NO_3^- 处于层与层之间，平衡框架的电荷。将所得的晶体样品置于 ClO_4^- 的溶液中，NO_3^- 与 ClO_4^- 的离子交换进程在 90min 内完成，ClO_4^- 吸附量为 354mg/g，可达到 99% 的除去率，可实现对 ClO_4^- 的有效吸附。另外将 ClO_4^- 交换后的样品置于 NO_3^- 溶液中，可以达到 95% 的恢复率，重复实验表明所制备的样品可循环使用 7 次而结构保持稳定（图 2-15）[34]。

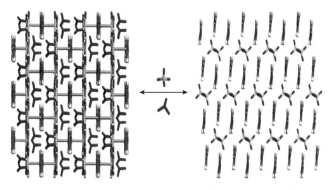

图 2-15　ClO_4^- 与 NO_3^- 在配位聚合物中的离子交换[34]

2.2.2　多酸阴离子

无机阴离子在 PCP 构筑中起重要的模板作用，另外在 PCP 合成中起重要作用的还包括阴离子团簇分子，最典型的例子为多酸分子。2010 年中国科学院福建物质结构研究所卢灿忠课题组报道了一例以多酸为模板的 PCP，其中 Ag^+ 与 1, 2, 4-三氮唑合理组装，形成多重互锁结构。而在化合物的构筑中，$[PW_{12}O_{40}]^{3-}$ 阴离子起模板作用，而 $[PW_{12}O_{40}]^{3-}$ 由 $[A\text{-}PW_9O_{34}]^{9-}$ 阴离子通过原位反应而形成。该化合物的成功构筑为通过简单分子单元形成 PCP 的合成提供了重要思路，而多酸阴离子的模板效应在化合物的形成中起至关重要的作用（图 2-16）[35]。

图 2-16　基于多酸的多孔配位聚合物[35]

配位聚合物具有高度多孔的结构，而多酸分子是一种典型的催化剂，将两者合理组装，即可实现多孔材料中的催化性能。东北师范大学刘术侠课题组报道了一系列以 HKUST-1 作为载体，Keggin 型多酸为模板的多孔配位聚合物，包括 $[SiW_{12}O_{40}]^{2-}$、$[GeW_{12}O_{40}]^{2-}$、$[PW_{12}O_{40}]^{2-}$、$[SiMo_{12}O_{40}]^{2-}$、$[PMo_{12}O_{40}]^{2-}$ 和 $[AsMo_{12}O_{40}]^{2-}$。四甲基氢氧化胺为共模板剂在化合物合成的过程中被引入，在框架中起平衡电荷的作用。在系列化合物中，多酸离子规整地排布在 HKUST-1 笼形孔穴中，这样就解决了多酸分子在非均相催化时需要面对的表面催化问题。负载多酸之后的 HKUST-1 保持较好的稳定性，并且仍然保持较高的孔隙率。该课题组以负载 $[PW_{12}O_{40}]^{2-}$ 的 PCP 为例子，研究了其对五类酯的水解反应，其中对于可以进入 HKUST-1 孔道的分子，催化剂表现出较高的转化率。另外负载多酸的 HKUST-1 晶态催化剂可重复使用，解决了固载催化剂易流失、易钝化等问题（图 2-17）[36]。

除了 Keggin 型多酸，Dawson 型多酸也可作为 PCP 构筑的模板剂。该课题组分别采用 $[P_2W_{18}O_{62}]^{6-}$ 和 $[As_2W_{18}O_{62}]^{6-}$ 阴离子，在溶剂热条件下，合成了两例基于 Dawson 模板剂的 PCP。其中草酸、4, 4'-联吡啶和金属离子配位形成具有贯通孔道的框架，而 Dawson 型多酸交替均一地分布在孔道中。由于质子化的 4, 4'-联吡啶填充在孔道中，降低了化合物的孔隙率，而基于 Co^{2+} 的 PCP 仍表现出对 NO_3^- 较好的还原作用（图 2-18）[37]。

离子型模板剂在多孔配位聚合物的构筑中起重要作用，与离子型模板剂相对应的为中性分子模板剂。其中溶剂、无机分子、有机化合物、气体分子、表面活性剂等在 PCP 的合成中都可作为有效的模板剂。

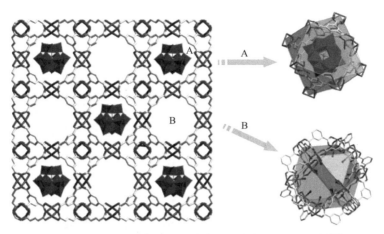

图 2-17　以系列 Keggin 型多酸为模板的多孔配位聚合物[36]

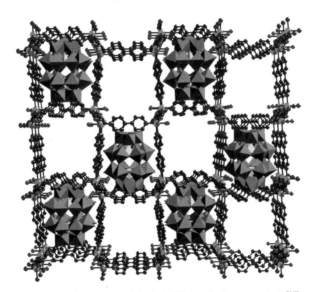

图 2-18　以 Dawson 型多酸为模板的多孔配位聚合物[37]

2.3　中性分子模板

2.3.1　有机溶剂

2005 年 Zaworotko 课题组报道了两例锌基多孔配位聚合物。Zn^{2+}、H_3BTC 和异喹啉在苯中形成 USF-3，而 USF-4 则是由氯苯引入而形成的。USF-3 和 USF-4 结构中具有通过顶点连接为三角形、正方形和四面体的 MBB，展现出三种 MBB 共同组装的结构[38]。苏忠民课题组进一步研究了在硝酸锌和 H_3BTC 反应体系中溶剂的模板效应，分别采用 DMF（N, N'-二甲基甲酰胺）、DMA（N, N'-二甲基乙酰胺）、DEE（N, N'-二乙基乙酰胺）、DEF（N, N'-二乙基甲酰胺）、DEP（N, N'-二乙基丙炔胺）、DPE（N, N'-二丙基乙酰胺）和 DPP（N, N'-二丙基丙酰胺）在溶剂热条件下合成了七例多孔配位聚合物。在系列化合物中分别发现了 *srs*、*tfe* 和 *rtl* 等拓扑并且探索了新型的拓扑结构。该研究揭示了溶剂分子对化合物的结构和孔道尺寸的影响[39]。

南京林业大学姚建峰课题组研究了在乙醇反应体系中甲苯所展现出的模板效应（图 2-19）。当在合成过程中引入甲苯时，则得到了具有 *rho* 类沸石型的 ZIF-11 和 ZIF-12。而在其他条件相同的情况下，不加入甲苯时则得到了具有 *sod* 拓扑结构的 ZIF-7 和 ZIF-9。结果表明甲苯分子与咪唑配体存在π-π 作用而使其在孔洞中作为模板剂[40]。

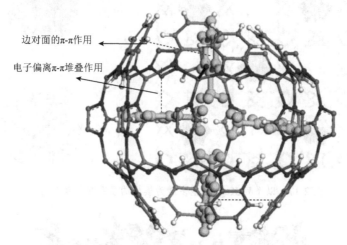

图 2-19　ZIF-11 中的甲苯分子[40]

2.3.2　离子液体

离子液体是低融盐，广泛应用为溶剂和导电流体，另外离子液体可作为模板剂。2004 年 Cooper 课题组倡导使用离子液体并且将其称为"离子热合成"[41]。2008 年 Bu 课题组采用离子液体，制备了一系列的基于 In^{3+}的多孔配位聚合物，它们分别具有 *dia*、*cds* 和 *ths* 拓扑。离子液体在 ALF-1 和 ALF-2 构筑中起溶剂或模板的作用，四丙基氨阳离子为结构引导剂。而对于 ALF-3，离子液体的两种离子分别处于化合物的孔道中（图 2-20）[42]。

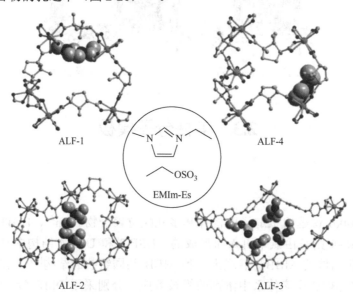

图 2-20　以离子液体为模板的多孔配位聚合物[42]

2.3.3　*N*-杂环化合物

当吡啶和咪唑类 *N*-杂环化合物质子化形成阳离子时可作为多孔配位聚合物的模板，平衡阴离子框架所带的电荷。Eddaoudi 课题组报道了以 *N*-杂环化合物为模板制备类沸石型框架（ZMOF）。在咪

唑羧酸类配体与 $In(NO_3)_3$ 进行反应时杂环胺分子作为模板剂，得到一例具有 *rho* 拓扑结构的类沸石型 ZMOF。而当引入咪唑分子时，则会形成具有 *sod* 拓扑的类沸石型结构。通过实验证实，杂环胺阳离子可与有机和无机阳离子如 Na^+ 进行交换（图 2-21）[43]。

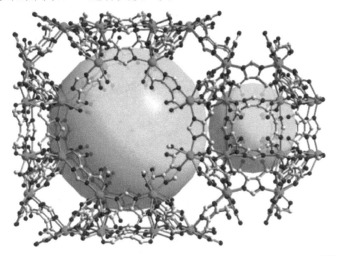

图 2-21　以 *N*-杂环化合物为模板制备类沸石型多孔配位聚合物[43]

　　中国科学院福建物质结构研究所姚元根课题组以氨基三氮唑阳离子为模板合成一系列的同构镧系多孔配位聚合物。所合成的化合物是基于棒状$[Ln(COO)_4(H_2O)]_n$的基本单元，并表现出罕见的 3,6-连接 *scu* 拓扑结构。如图 2-22 所示，氨基三氮唑阳离子位于一维通道中，在阳离子的 NH 和羧酸的氧原子或配位水分子的 OH 之间存在众多的氢键作用，从而使得该分子稳定处于主体架构中（图 2-22）[44]。2011 年 Banerjee 课题组报道了溶剂热条件下合成三例锰基 PCP。其中一个化合物是无模板参与的三维无孔结构。当引入吡嗪或 4,4′-联吡啶作为模板时，第二个和第三个化合物展现出正方形网格结构，它们都为 3,6-连接的 *rtl* 拓扑结构，孔径尺寸约为 2.56Å 和 7.22Å[45]。

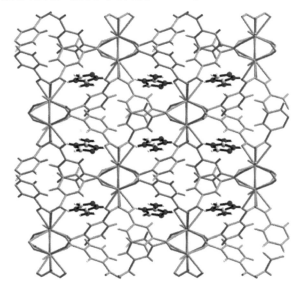

图 2-22　以氨基三氮唑阳离子为模板引导多孔配位聚合物的合成[44]

2.3.4　羧酸分子

　　具有羧酸官能团的有机化合物可广泛应用到多孔配位聚合物的合成中。2007 年 Feng 课题组通过使用对映体阴离子模板[D-(+)-樟脑酸]制备手性的 Cu 基 PCP。每个铜离子与四个 4,4-联吡啶配体连接，形成二重互穿的阳离子主体框架。D-(+)-樟脑酸阴离子和 4,4-联吡啶与处于空腔的水分子形成氢键，使得其稳定地存在于孔道中。此外，D-(+)-樟脑酸阴离子能平衡主体框架的正电荷（图 2-23）[46]。采用同样的策略，Wiebcke 课题组报道了以 1,4-BDC 为模板的 PCP。该化合物为非互穿的 pcu 拓扑结构，在主体框架的一维通道中，1,4-BDC 的羧基官能团和主体框架通过氢键连接，使得其可以稳定地处于框架中[47]。

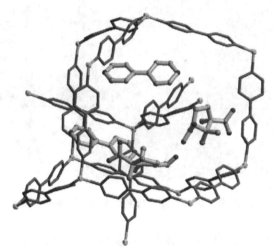

图 2-23　以 D-(+)-樟脑酸为模板的多孔配位聚合物[46]

　　周宏才课题组通过引入草酸作为模板剂从而控制多孔配位聚合物的互穿度。在溶剂热条件下，采用三羧酸配体和 $Cu(NO_3)_2 \cdot 2.5H_2O$ 反应得到了具有二重互穿结构的 PCN-6。PCN-6 是由 3-连接的 TATB 配体和桨轮形的金属构筑单元而形成的 3,4-连接的 tbo 拓扑结构。与此相对，PCN-6′则是在合成过程中引入草酸阴离子，从而使得结构为非互穿。另外，该课题组探索了 PCN-6 和 PCN-6′是否可以通过改变温度和溶剂来控制得到（图 2-24）[47]。

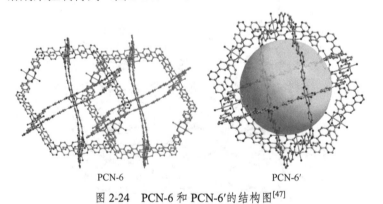

PCN-6　　　　　　　　　　PCN-6′

图 2-24　PCN-6 和 PCN-6′的结构图[47]

2.3.5　金属卟啉

　　基于金属卟啉的多孔配位聚合物由于可以结合均相和非均相催化剂的共同优势而在过去的十几年里引起了人们的广泛关注。一般将金属卟啉与 PCP 合理结合的常用方法包括两种：第一种为将金属卟啉作为有机基团参与 PCP 的配位，从而成为 PCP 结构中的一部分；第二种将两者合理组装的策略则是将金属卟啉封装在 PCP 的笼形孔道中（卟啉@PCP）。然而这种包覆结构可能由于目前所报道的 PCP 的笼形孔道不适合金属卟啉的尺寸而导致相关研究并不深入[48, 49]。

2012 年 Zaworotko 报道了另一种合成卟啉@PCP 的方法，使用卟啉衍生物作为结构引导剂合成一系列卟啉@PCP，卟啉衍生物分子处于由 PCP 所构成的限域空间内。在未引入卟啉衍生物时过渡金属阳离子与 BTC 组装形成二维层状结构。相比之下，当卟啉衍生物分子存在时，成功地形成了立方八面体笼状结构，这些笼形孔穴适合封装卟啉衍生物分子（图 2-25）[50]。

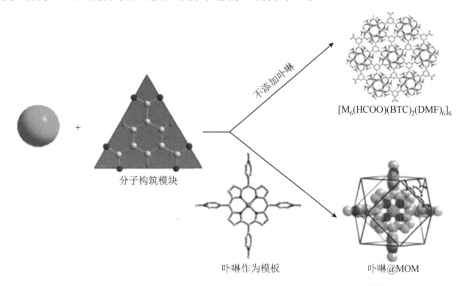

图 2-25　以卟啉分子为模板引导多孔配位聚合物的合成[50]

2.3.6　碘分子

碘分子可作为模板剂构筑多孔配位聚合物，其中常用的方法为原位组装。2012 年广西师范大学曾明华课题组报道了通过碘作为模板分子合成 PCP，使得碘封装在 PCP 中。这个 PCP 为柱撑结构，并且整体结构为二重互穿。多碘化物处于孔道之中并由孔壁的芳环紧紧包围。当碘分子未引入时，则形成一例已知化合物，该化合物是基于一个单独的铜节点双螺旋互锁框架。所合成的化合物可以释放孔道中的碘分子，并重新吸附碘分子，这种单晶-单晶的转化可实现对电导率和非线性光学性能的调控（图 2-26）[51]。

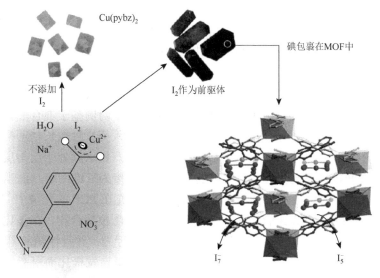

图 2-26　以碘为模板的多孔配位聚合物[51]

2.3.7　水分子

Bharadwaj 课题组报道了两例基于 Cd^{2+} 与三齿配体的多孔配位聚合物，所合成的化合物都具有贯通的孔道，而在两个化合物的孔道中分别存在 5 个和 12 个水分子通过氢键作用形成的水簇。孔道中的水簇分子形成无限的水链，起稳定框架的作用（图 2-27）[52]。华中师范大学孟详高课题组报道了一例 PCP。值得注意的是在该化合物中存在$(H_2O)_{12}$的笼形分子簇，水分子与水分子之间通过氢键连接在一起。笼形分子簇通过氢键与周围 6 个相同的分子簇连接，形成三维 bcs 网络结构。在其他报道水分子簇的结果中，通常为主体框架与水分子簇之间存在氢键作用，而该化合物却有所不同，笼形分子簇与主体框架并不存在氢键作用，而是水簇之间的氢键作用使其可以稳定存在于框架中[53]。湖北师范大学金传明课题组报道了一系列以水簇为模板的 PCP。在化合物 1 中存在八聚水簇通过氢键相连的水链；而化合物 2 结构中具有一条线状的水链；化合物 3 结构中包含网格形状的水层；而化合物 4 结构则是由无限个水分子通过氢键连接形成的水网[54]。

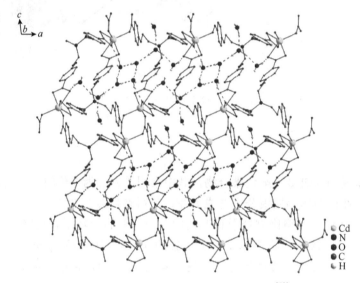

图 2-27　以水分子为模板的配位聚合物[52]

厦门大学黄荣彬课题组报道了两例基于 Ag^+ 的多孔配位聚合物。化合物 1 为三维结构，有趣的是在化合物 1 的孔道中存在两种水分子模板：其中一种为四个水分子簇和七个水分子簇所形成的一维水链；而另一种水分子模板则是七个水分子通过顶点氢键作用形成的水链。与化合物 1 不同，在化合物 2 中存在六个水分子单元形成的一维水链，羧酸单元与水簇分子之间的氢键在化合物的形成过程中起重要作用（图 2-28）[55]。山东大学孙頔课题组报道了两例基于混合配体的 PCP，其中一例化合物展现出了具有 4,4′-连接格子状的二维层状结构。当引入第二种较长辅助配体时则合成了另一种具有 dia 拓扑的五重互穿结构。在层状化合物的结构中，八核水簇处于层与层之间，水分子的氢原子与羧酸氧原子之间通过氢键作用使得相邻的层状结构连接为三维网络。而当引入尺寸较长的羧酸配体时，五元水簇通过氢键连接形成的水带作为模板剂填充在 PCP 的孔隙中[56]。

2013 年郑州大学臧双全课题组合成了一例单手性的多孔配位聚合物，在该化合物的孔道中存在一条排布规则的水链。值得注意的是该化合物存在两步失水行为，并且伴随着单晶-单晶的转化。当晶体样品的框架中包含结晶水分子时，化合物具有由手性水链自发极化而引起的铁电效应；而当样品加热到 323K 时，孔道中的水链消失，从而导致自发极化现象消失，铁电效应关闭；而当样品置于一定湿度的条件下几分钟，铁电效应重新恢复。通过客体水链是否存在于化合物孔道中，实现了

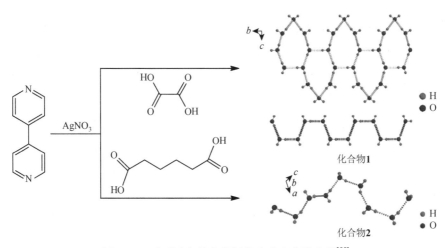

图 2-28　以不同水链为模板的多孔配位聚合物[55]

铁电效应的 ON-OFF-ON 开关。新合成的样品为红色，而当在空气中放置一段时间后，晶体逐渐失去水分子，当失去配位水分子时，晶体由原来的红色变为蓝紫色；而当样品重新置于一定湿度的条件下时，水分子重新与钴离子配位，晶体样品重新变为红色，又一次实现了单晶-单晶的转化。因此在该化合物中存在两步失水行为，从而引起两步单晶-单晶的转化（图 2-29）[57]。

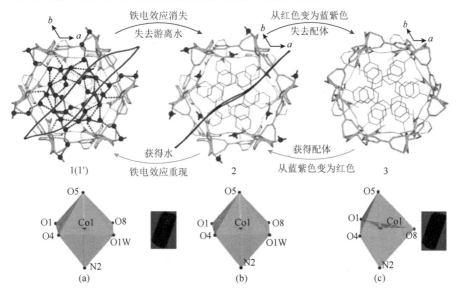

图 2-29　晶格/配位水分子诱导单晶-单晶的转化[57]

2.4　共模板效应

水分子易与自身和主体框架形成氢键的特点，使得其广泛存在于多孔配位聚合物的孔道中。水分子不仅可以单独作为模板，而且往往与其他分子共同结晶于化合物的结构中，共结晶的分子包括多酸、配合物等。2006 年大连理工大学段春迎课题组报道了一例多酸和水簇共同作为模板的 PCP，钴离子与 4,4'-联吡啶-N,N'-二氧配位形成三维 PCP。[$PW_{12}O_{40}$]$^{2-}$ 和质子化水簇交替处于孔道中，水簇与乙腈分子的氢键作用在一定程度上稳定了水簇的结构[58]。2010 年该课题组报道了一例新型的 PCP，在该化合物结构中多酸分子 ([$PMo_{12}O_{40}$]$^{3-}$) 和质子化的水簇 ([$H(H_2O)_{28}$]$^+$) 共同存在于化合物的结构中。其中[H(H₂O)₂₈]⁺由[H(H₂O)₂]⁺核和(H₂O)₂₆壳构成，值得注意的是在脱溶剂的作用下[H(H₂O)₂₈]⁺可转化为[H(H₂O)₂₁]⁺，并且当[H(H₂O)₂₁]⁺暴露在空气中吸收水分子后又可恢复为[H(H₂O)₂₈]⁺。两种水簇分子的可逆转化证实了[H(H₂O)₂₁]⁺和[H(H₂O)₂₈]⁺不寻常的稳定性。X射线荧光测试及X射线衍射证明了[H(H₂O)₂₈]⁺中的质子水可与K⁺进行交换，从而形成[K(H₂O)₂₇]⁺。通过Grotthuss机理证实在[K(H₂O)₂₈]⁺中大量氢键的存在使得质子传递得以顺利进行（图2-30）[59]。

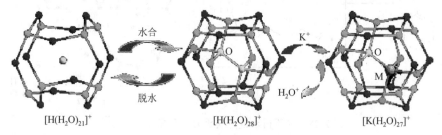

图2-30 以水簇为模板引导单晶-单晶的转化[59]

海南大学潘勤鹤课题组报道了一例基于草酸镉的多孔配位聚合物，在该化合物结构中存在四核水簇与[Co(NH₃)₆]³⁺两种模板分子。化合物的主体结构中具有二核镉簇与草酸分子形成的十二元大环，四核水簇与[Co(NH₃)₆]³⁺交替分布于环形孔道中。当将二核镉簇作为节点时，整体框架可以简化为一例5-连接具有 *sqp* 拓扑的网络结构。四核水簇分子内及与框架间存在的氢键作用可在一定程度上稳定框架（图2-31）[60]。

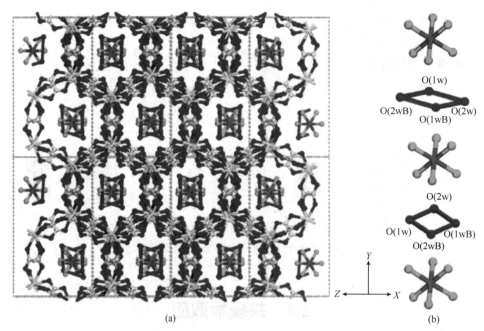

图2-31 以六胺合钴及四核水簇为共模板引导多孔配位聚合物的合成[60]

2.5 自模板效应

多孔配位聚合物的构筑过程中，配体的修饰或改变将在一定程度上影响化合物的结构，这种影响为自模板效应。2010 年卜显和课题组采用三种咪唑基配体合成了三例具有 pcu 拓扑的多孔配位聚合物,实现了自模板效应的调控。如图 2-32 所示,化合物 **1** 是一种二重互穿的结构,在化合物 **1** 的基础上将苯并咪唑单元引入时合成了非互穿的化合物 **2**。与化合物 **1** 不同的是化合物 **2** 的 pcu 拓扑稍有扭曲。在化合物 **2** 的基础上增加配体的长度合成了化合物 **3**,由于配体的增长,化合物 **3** 为二重互穿结构。化合物 **3** 与化合物 **1** 具有相似的结构,但孔隙率更大,因而该课题组对化合物 **3** 进行了 CO_2 吸附性能的研究[61]。

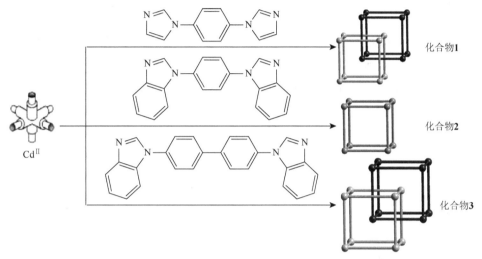

图 2-32 自模板效应诱导多孔配位聚合物的构筑[61]

2013 年中国科学院福建物质结构研究所杜少武课题组通过将 Co(II) 离子与具有不同官能团(—OCH_3、Bu' 和—CH_3)间苯二甲酸配体进行合理组装,合成了三例新颖的多孔配位聚合物。如图 2-33 所示,官能团为—OCH_3 时所合成的化合物 **1** 是基于七核钴簇的三维化合物。当官能团为 Bu' 时,化合物 **2** 的基本单元则是六核钴簇,化合物 **1** 和化合物 **2** 都具有 pcu 拓扑结构。当引入—CH_3 官能团时,所合成的则是具有五核钴簇的三维多孔的化合物 **3**。由此可见,所合成化合物钴簇的大小取决于引入的官能团,配体上的官能团在化合物合成中起自模板作用[62]。

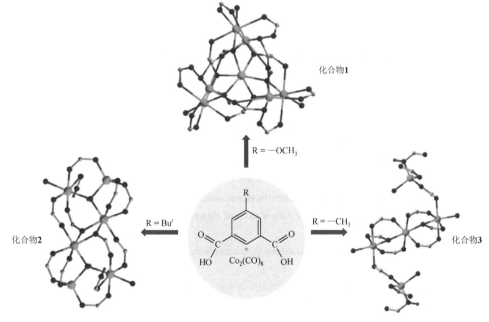

图 2-33 不同官能团间苯二甲酸配体的调控作用[62]

2.6 总　结

通过对模板法合成多孔配位聚合物的简要介绍，可得出不同类型的模板在化合物的构筑中起重要作用。模板剂不仅诱导了多孔配位聚合物的形成，而且其在结构中的广泛存在使其具有广阔的应用前景。例如，部分有机胺阳离子的存在不仅可通过单晶-单晶的转化实现对重金属离子的捕获，而且其在框架中与框架的弱作用实现了化合物相态的转变。阴离子型模板剂可通过离子交换的形式完成对 ClO_4^-、$Cr_2O_7^{2-}$ 等污染离子的捕获，对环境污染具有较好的清洁作用。多酸和金属卟啉等分子的模板效应实现了在多孔配位聚合物中催化剂的均匀固载，解决了催化剂表面催化和易流失等问题。由此可见模板法不仅诱导多孔配位聚合物的合成，而且在化合物的性能方面起重要作用。随着研究的不断深入，以功能为导向的定向合成已成为发展的趋势，因此模板的合理设计及应用是定向合成的一个重要分支。

（潘勤鹤　任国建　卜显和）

参 考 文 献

[1] Kitagawa S，Kitaura R，Noro S. Functional porous coordination polymers. Angew Chem Int Ed，2004，43：2334-2375.

[2] Ockwig N W，Delgado-Friedrichs O，O'Keeffe M，et al. Reticular chemistry：occurrence and taxonomy of nets and grammar for the design of frameworks. Acc Chem Res，2005，38：176-182.

[3] 游效曾，孟庆金，韩万书. 配位化学进展. 北京：高等教育出版社，2000.

[4] 刘伟生. 配位化学. 北京：高等教育出版社，2013.

[5] Guo Y，Feng X，Han T，et al. Tuning the luminescence of metal-organic frameworks for detection of energetic heterocyclic compounds. J Am Chem Soc，2014，136：15485-15488.

[6] Dhakshinamoorthy A，Garcia H. Metal-organic frameworks as solid catalysts for the synthesis of nitrogen-containing heterocycles. Chem Soc Rev，2014，43：5750-5765.

[7] Zeng Y F，Hu X，Liu F C，et al. Azido-mediated systems showing different magnetic behaviors. Chem Soc Rev，2009，38：469-480.

[8] Woodruff D N，Winpenny R E P，Layfield R A. Lanthanide single-molecule magnets. Chem Rev，2013，113：5110-5148.

[9] Makal T A，Li J R，Lu W，et al. Methane storage in advanced porous materials. Chem Soc Rev，2012，41：7761-7779.

[10] Lin Z J，Lü J，Hong M，et al. Metal-organic frameworks based on flexible ligands（FL-MOFs）：structures and applications. Chem Soc Rev，2014，43：5867-5895.

[11] O'Keeffe M，Yaghi O M. Deconstructing the crystal structures of metal-organic frameworks and related materials into their underlying nets. Chem Rev，2012，112：675-702.

[12] Tranchemontagne D J，Mendoza-Cortes J，O'Keeffe M，et al. Secondary building units，nets and bonding in the chemistry of metal-organic frameworks. Chem Soc Rev，2009，38：1257-1283.

[13] Li M，Li D，O'Keeffe M，et al. Topological analysis of metal-organic frameworks with polytopic linkers and/or multiple building units and the minimal transitivity principle. Chem Rev，2014，114：1343-1370.

[14] Zhang Z，Zaworotko M J. Template-directed synthesis of metal-organic materials. Chem Soc Rev，2014，43：5444-5455.

[15] Cunha D，Yahia M B，Hall S，et al. Rationale of drug encapsulation and release from biocompatible porous metal-organic frameworks. Chem Mater，2013，25：2767-2776.

[16] Wang H，Zhu W，Li J，et al. Helically structured metal-organic frameworks fabricated by using supramolecular assemblies as templates. Chem Sci，2015，6：1910-1916.

[17] Ferrando-Soria J，Serra-Crespo P，Lange M，et al. Selective gas and vapor sorption and magnetic sensing by an isoreticular mixed-metal-organic framework. J Am Chem Soc，2012，134：15301-15304.

[18] Fateeva A，Devautour-Vinot S，Heymans N，et al. Series of porous 3-D coordination polymers based on Iron(III) and porphyrin derivatives.

Chem Mater，2011，23：4641-4651.

[19]　Wu J Y，Ding M T，Wen Y S，et al. Alkali metal cation（K$^+$, Cs$^+$）induced dissolution/reorganization of porous metal carboxylate coordination networks in water. Chem Eur J，2009，15：3604-3614.

[20]　Planchais A，Devautour-Vinot S，Giret S，et al. Adsorption of benzene in the cation-containing MOFs MIL-141. J Phys Chem C，2013，117：19393-19401.

[21]　Fang Q，Zhu G，Xue M，et al. Amine-templated assembly of metal-organic frameworks with attractive topologies. Cryst Growth Des，2008，8：319-329.

[22]　Burrows A D，Cassar K，Friend R M W，et al. Solvent hydrolysis and templating effects in the synthesis of metal-organic frameworks. CrystEngComm，2005，7：548-550.

[23]　Hao X R，Wang X L，Su Z M，et al. Two unprecedented porous anionic frameworks：organoammoniumtemplating effects and structural diversification. Dalton Trans，2009：8562-8566.

[24]　Qin J S，Zhang S R，Du D Y，et al. A microporous anionic metal-organic framework for sensing luminescence of lanthanide(III) ions and selective absorption of dyes by ionic exchange. Chem Eur J，2014，20：5625-5630.

[25]　Park H J，Suh M P. Enhanced isosteric heat，selectivity，and uptake capacity of CO_2 adsorption in a metal-organic framework by impregnated metal ions. Chem Sci，2013，4：685-690.

[26]　Shang R，Chen S，Wang B W，et al. Temperature-induced irreversible phase transition from perovskite to diamond but pressure-driven back-transition in an ammonium copper formate. Angew Chem Int Ed，2016，55：2097-2100.

[27]　Pan Q，Chen Q，Song W，et al. Template-directed synthesis of three new open-framework metal(II) oxalates using Co(III) complex as template. CrystEngComm，2010，12：4198-4204.

[28]　Tian D，Xu J，Xie Z J，et al. The first example of hetero-triple-walled metal-organic frameworks with high chemical stability constructed via flexible integration of mixed molecular building blocks. Adv Sci，2016，3：1500283.

[29]　Chen Y Q，Li G R，Chang Z，et al. A Cu(I) metal-organic framework with 4-fold helical channels for sensing anions. Chem Sci，2013，4：3678-3682.

[30]　Fei H，Rogow D L，Oliver S R J. Reversible anion exchange and catalytic properties of two cationic metal-organic frameworks based on Cu(I) and Ag(I). J Am Chem Soc，2010，132：7202-7209.

[31]　Gao Q，Xu J，Cao D P，et al. A rigid nested metal-organic framework featuring a thermoresponsive gating effect dominated by counterions. Angew Chem Int Ed，2016，55：15027-15030.

[32]　Maity K，Biradha K. Role of anions in the formation of multidimensional coordination polymers：selective separation of anionic toxic dyes by 3D-cationic framework and luminescent properties. Cryst Growth Des，2016，16：3002-3013.

[33]　Fu H R，Xu Z X，Zhang J. Water-stable metal-organic frameworks for fast and high dichromate trapping via single-crystal-to-single-crystal ion exchange. Chem Mater，2015，27：205-210.

[34]　Colinas I R，Silva R C，Oliver S R J. Reversible，selective trapping of perchlorate from water in record capacity by a cationic metal-organic framework. Environ Sci Technol，2016，50：1949-1954.

[35]　Kuang X，Wu X，Yu R，et al. Assembly of a metal-organic framework by sextuple intercatenation of discrete adamantane-like cages. Nat Chem，2010，2：461-465.

[36]　Sun C Y，Liu S X，Liang D D，et al. Highly stable crystalline catalysts based on a microporous metal-organic framework and polyoxometalates. J Am Chem Soc，2009，131：1883-1888.

[37]　Zhao X Y，Liang D D，Liu S X，et al. Two dawson-templated three-dimensional metal-organic frameworks based on oxalate-bridged binuclear Cobalt(II)/Nickel(II) SBUs and bpy linkers. Inorg Chem，2008，47：7133-7138.

[38]　Wang Z，Kravtsov V C，Zaworotko M J. Ternary nets formed by self-assembly of triangles，squares，and tetrahedral. Angew Chem Int Ed，2005，44：2877-2880.

[39]　Hao X R，Wang X L，Shao K Z，Remarkable solvent-size effects in constructing novel porous 1，3，5-benzenetricarboxylate metal-organic frameworks. CrystEngComm，2012，14：5596-5603.

[40]　He M，Yao J，Liu Q，et al. Toluene-assisted synthesis of RHO-type zeoliticimidazolate frameworks：synthesis and formation mechanism of ZIF-11 and ZIF-12. Dalton Trans，2013，42：16608-16613.

[41]　Cooper E R，Andrews C D，Wheatley P S，et al. Ionic liquids and eutectic mixtures as solvent and template in synthesis of zeolite analogues. Nature，2004，430：1012-1015.

[42]　Zhang J，Chen S，Bu X. Multiple functions of ionic liquids in the synthesis of three-dimensional low-connectivity homochiral and achiral frameworks. Angew Chem Int Ed，2008，47：5434-5437.

[43] Liu Y, Kravtsov V C, Larsen R, et al. Molecular building blocks approach to the assembly of zeolite-like metal-organic frameworks（ZMOFs）with extra-large cavities. Chem Commun, 2006: 1488-1490.

[44] Yin P X, Li Z J, Zhang J, et al. Protonated 3-amino-1, 2, 4-triazole templated luminescent lanthanide isophthalates with a rare（3, 6）-connected topology. CrystEngComm, 2009, 11: 2734-2738.

[45] Panda T, Pachfule P, Banerjee R. Template induced structural isomerism and enhancement of porosity in manganese(Ⅱ) based metal-organic frameworks（Mn-MOFs）. Chem Commun, 2011, 47: 7674-7676.

[46] Zhang J, Liu R, Feng P, et al. Organic cation and chiral anion templated 3D homochiral open-framework materials with unusual square-planar $\{M_4(OH)\}$ units. Angew Chem Int Ed, 2007, 46: 8388-8391.

[47] Schaate A, Klingelhöfer S K, Behrens P, et al. Two zinc(Ⅱ) coordination polymers constructed with rigid 1, 4-benzenedicarboxylate and flexible 1, 4-bis(imidazol-1-ylmethyl)-2, 3, 5, 6-tetramethylbenzene linkers: from interpenetrating layers to templated 3D frameworks. Cryst Growth Des, 2008, 8: 3200-3205.

[48] Ma S, Sun D, Ambrogio M, et al. Framework-catenation isomerism in metal-organic frameworks and its impact on hydrogen uptake. J Am Chem Soc, 2007, 129: 1858-1859.

[49] Suslick K S, Bhyrappa P, Chou J H, et al. Microporous porphyrin solids. Acc Chem Res, 2005, 38: 283-291.

[50] Zhang Z, Zhang L, Wojtas L, et al. Templated synthesis, postsynthetic metal exchange, and properties of a porphyrin-encapsulating metal-organic material. J Am Chem Soc, 2012, 134: 924-927.

[51] Yin Z, Wang Q X, Zeng M H, et al. Iodine release and recovery, influence of polyiodide anions on electrical conductivity and nonlinear optical activity in an interdigitated and interpenetrated bipillared-bilayer metal-organic framework. J Am Chem Soc, 2012, 134: 4857-4863.

[52] Neogi S, Bharadwaj P K. Metal-organic framework structures of Cd(Ⅱ) built with two closely related podands that are further stabilized by water clusters. Cryst Growth Des, 2006, 6: 433-438.

[53] Jin C M, Zhu Z, Chen Z F, et al. An unusual three-dimensional water cluster in metal-organic frameworks based on ZnX_2（$X = ClO_4$, BF_4）and an azo-functional ligand. Cryst Growth Des, 2010, 10: 2054-2056.

[54] Shi R B, Pi M, Jiang S S, et al. Encapsulated discrete octameric water cluster, 1D water tape, and 3D water aggregate network in diverse MOFs based on bisimidazolium ligands. J Mol Struct, 2014, 1071: 23-33.

[55] Sun D, Xu H R, Yang C F, et al. Encapsulated diverse water aggregates in two Ag(Ⅰ)/4, 4′-bipyridine/dicarboxylate hosts: 1D water tape and chain. Cryst Growth Des, 2010, 10: 4642-4649.

[56] Hao H J, Sun D, Liu F J, et al. Discrete octamer water cluster and 1D T5（2）water tape trapped in two luminescent Zn(Ⅱ)/1, 2-bis（imidazol-10-yl）ethane/dicarboxylate hosts: from 2D（4, 4）net to 3D 5-fold interpenetrated diamond network. Cryst Growth Des, 2011, 11: 5475-5482.

[57] Dong X Y, Li B, Ma B B, et al. Ferroelectric switchable behavior through fast reversible de/adsorption of water spirals in a chiral 3D metal-organic framework. J Am Chem Soc, 2013, 135: 10214-10217.

[58] Wei M, He C, Hua W, et al. A large protonated water cluster $H^+(H_2O)_{27}$ in a 3D metal-organic framework. J Am Chem Soc, 2006, 128: 13318-13319.

[59] Duan C Y, Wei M, Guo D, et al. Crystal structures and properties of large protonated water clusters encapsulated by metal-organic frameworks. J Am Chem Soc, 2010, 132: 3321-3330.

[60] Pan Q H, Tian R J, Liu S J, et al. $[Co(NH_3)_6]_2[Cd_8(C_2O_4)_{11}(H_2O)_4]$ $8H_2O$: a 5-connected sqp topological metal-organic framework co-templated by $Co(NH_3)_6^{3+}$ cation and $(H_2O)_4$ cluster. Chinese Chem Lett, 2013, 24: 861-865.

[61] Li Z X, Hu T L, Ma H, et al. Adjusting the porosity and interpenetration of cadmium(Ⅱ) coordination polymers by ligand modification: syntheses, structures, and adsorption properties. Cryst Growth Des, 2010, 10: 1138-1144.

[62] Tian C, Lin Z, Du S. Three new three-dimensional frameworks based on hepta-, hexa-, and pentanuclear cobalt clusters derived from substituted isophthalic acids: synthesis, structures, and magnetic properties. Cryst Growth Des, 2013, 13: 3746-3753.

第3章
金属有机框架的后合成修饰功能调控

近年来，金属有机框架类多孔材料受到化学、材料、物理等多领域学者的广泛关注。区别于沸石、活性炭、有机高分子等传统无机或有机多孔材料，MOF 中金属离子或簇核通过有机配体以配位键连接形成三维有序结构，具有孔穴率高、比表面积大、高度晶态、结构易于修饰调控等突出特点和优点（图 3-1）[1-5]。自 1999 年 Yaghi 等报道了 MOF-5 有媲美沸石的高比表面积及气体吸附能力以来，MOF 在合成化学、晶体工程、功能研究等多个方面都得到极大的发展[6-24]。MOF 不仅在能源气体（H_2、CH_4）储存[11]，选择性分离[12]，催化[14]，小分子识别[16]及特殊光、电、磁效应[17-20]等诸多方面展现出丰富的功能应用，并且其智能响应[22]、复合功能[23]等新颖性质还不断被报道。

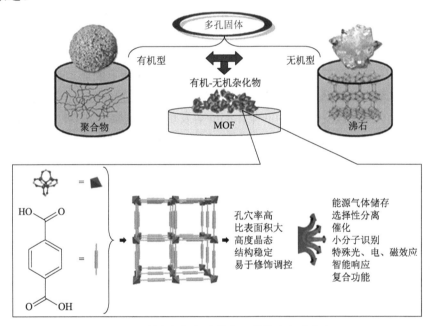

图 3-1　金属有机框架的构筑及其特点与功能应用

总结 MOF 的发展历程及最新进展，结构的修饰与改良、性质功能的调控和提升一直是该领域的研究重点[1-24]。早期，这主要通过大量合成探索及系列化 MOF 的构筑来实现。根据 MOF 有机-无机杂化的结构特点，从原理上来讲，通过有机配体的改变就可以直接实现结构调控并引入目标官能团[25]。IRMOF 的发展就很好地体现了这一思路。$M_4(\mu_4\text{-}O)(COO)_6$ 簇核与不同长度线形苯双羧酸连接可以形成一系列与 MOF-5 拓扑一致的 IRMOF，孔穴率随配体增长由 MOF-5 的 55.8%增加至 IRMOF-16 的 91.1%[26]。尽管如此，总结系列 IRMOF 的结构特点可以发现，能够通过直接合成引入的官能团种类非常有限，典型的主要是烷基、卤素、—NH_2 等基团。受制于 MOF 的溶剂热合成条件，热稳定性不高，影响配体溶解度，能够潜在配位的基团往往难以通过直接合成引入 MOF 骨架[7, 25, 26]。因此，一些非常有用的功能性基团，如—OH、—CHO、—COOH、—CN、—SH、—SO_3H 等，在各类 MOF 中都不常见，即使有零星例证，合成条件也大多经过反复实验摸索。然而，这些目标官能团又确实能够有效调控 MOF 的孔穴率、孔尺寸、孔壁环境等核心特征，进而极大地影响 MOF 的性质[25]。

正是针对上述挑战，MOF 的后合成修饰应运而生[27-34]。这一策略的核心思想是利用 MOF 的多孔特性，以 MOF 母体作为反应物，针对其有机配体或金属簇核结构单元进行再度化学反应，在保持母体框架结构不变或轻微改变的前提下，实现 MOF 的结构修饰与调整。早期的后合成修饰主要针对含有支链的有机配体进行[27-29]。通过简单的有机反应，悬挂于 MOF 孔道内的配体支链即可发生变化，MOF 的吸附、分离、亲/疏水等性质随之得以调控。随后，这一研究策略得到极大拓展，迅速出现了后合成消除、配位后合成修饰、后合成替换等多种反应类型，不仅使 MOF 结构改良的难度空前降低，实现对吸附、催化、光、电、磁等各种性质的有效调控，并且还逐步应用到了分子识别、生物医学、膜制备等领域[30-34]。经过短短几年，后合成修饰就已成为 MOF 合成化学及功能化研究的一种重要方法，并发展为当前 MOF 领域的一个前沿热点。

3.1 后合成修饰的定义、特点、分类及研究现状简况

后合成修饰（post-synthetic modification，PSM）通常是指在特定化合物合成之后，以其为母体进行进一步的化学反应，在保持原化合物基本结构不变的基础上通过结构的微调实现对其性质和功能的调控[27]。早在 MOF 发展初期，后合成修饰的思想就已得到应用。1999 年，Lee 等利用三角形多吡啶配体与 Ag^+ 构筑了具有不规则六边形孔道的多孔结构，配体上的羟乙基官能团悬挂于孔道内。将原合成晶体置于三氟乙酸酐蒸气中熏蒸一段时间后，孔道内悬挂的羟基全部被酯化，而化合物的多孔框架结构几乎没有明显改变[35]。2000 年，Kim 等发现手性框架 POST-1 中，孔道内未配位的吡啶基团可以与卤代烃反应而连接不同长度的烷基链。这些工作可以说是后合成修饰概念在 MOF 领域最早期的实例[36]。

到了 2007 年，MOF 的后合成修饰概念被首次正式提出。Cohen 和 Wang 等将基于 2-氨基-1,4-对苯二酸构筑的 IRMOF-3 晶体于室温下在乙酸酐中浸泡 5 天，发现 MOF 的晶态及框架结构没有变化，但配体上 80% 以上的氨基却在这一过程中转变为乙酰基（图 3-2）[37]。在该报道中，后合成修饰被用来描述和界定 IRMOF-3 配体酰基化这种 MOF 的新类型反应。这一概念简明直接，很好地体现了 MOF 结构及功能调控的核心目标，一经提出即得到 MOF 领域研究者的广泛认可，其内涵也随着研究实例的丰富而得到极大拓展。

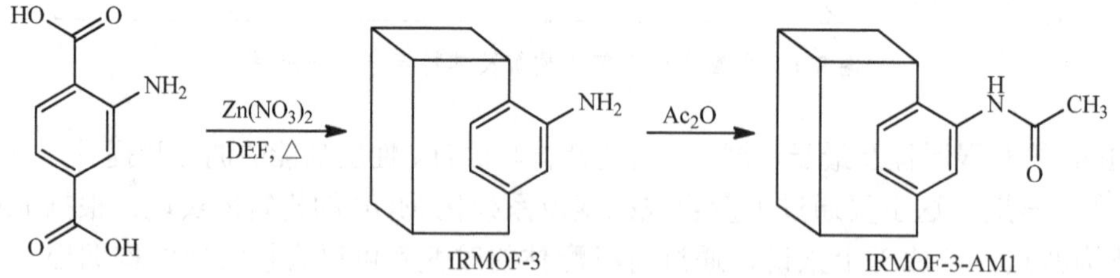

图 3-2 IRMOF-3 的酰胺化后合成修饰示意图

3.1.1 后合成修饰的定义及特点

根据各类研究实例的特点，MOF 的后合成修饰主要是指以直接合成的各种 MOF 作为反应物，针对其有机配体或金属簇核进行局部化学反应，在保持反应母体框架结构基本不变的基础上，实现对 MOF 化学组成、结构、性质及特定功能的修饰、改良及调控[27-34]。

从定义上界定，MOF 的后合成修饰一般具有以下几个特点。

（1）MOF 母体骨架不变。后合成修饰本质上是一种结构微调，MOF 的框架结构在反应过程中通常不会发生变化。外界反应物通过 MOF 的孔道进行传输并与内部的有机配体或金属簇核发生反应。在这种反应模式下，MOF 母体多孔特征得到很好的保持，而孔道窗口、尺寸、孔壁环境等却发生了极大改变，从而在保持 MOF 反应物原有基本物理化学性质的基础上实现对其功能的调控。

（2）固-气/液异相反应。从反应条件上讲，MOF 作为固态样品往往被浸泡在含有特定反应物的有机溶剂或有机蒸气中，在一定温度下发生固-液或固-气异相反应。显著区别于 MOF 的离解-重组，后反应过程中 MOF 的形貌一般没有明显变化。特别是如果 MOF 框架稳定、晶态良好、反应条件温和，后反应往往以晶态-晶态结构转换的方式发生。这也就为后合成修饰前后通过晶体学手段表征结构变化提供了便利。

（3）有机配体或金属簇核明显变化。后合成修饰后原母体 MOF 非配位官能团、金属离子配位模式、价态等会发生巨大变化。近期报道的一些实例中，有机配体或者金属离子甚至能够被完全替换。作为对比，由于溶剂热合成条件下官能团稳定性和金属离子配位竞争等复杂因素的影响，这些由后合成修饰方式得到的 MOF 往往无法通过直接合成法获得。因此，后合成修饰提供了直接合成之外，获得系列化 MOF 进而进行比较研究的有效方法。

（4）功能调控效应。后合成修饰之后，MOF 的组成及结构上的微调会产生十分有益的功能调控效应。一些稳定性不高、孔穴易坍塌的 MOF 在后合成修饰后框架稳定性能被明显提高。孔道内官能团改变后，MOF 的吸附和分离行为改变。金属离子配位环境和价态等改变后，MOF 的磁性及催化等性质也会发生极大的变化。此外，MOF 的表面或内部还可以实现局部或多层次修饰，为功能上带来更丰富的变化，极大地拓展了后合成修饰的应用范畴。

事实上，从广义角度来讲，后合成修饰是一个比较宽泛的概念。MOF 在发生客体分子去除、引入、交换，或者一些离子型框架中抗衡离子交换等过程时，也部分符合上述特点，与后合成修饰具有一定的类似性[38, 39]。但是，MOF 的这类变化一般在晶态或固态结构转换中有专门综述或总结，本章将重点关注框架结构组成发生明显化学反应及变化的体系。

3.1.2 后合成修饰的分类

早期的后合成修饰主要针对有机配体进行，称为"covalent postsynthetic modification"（共价后合成修饰）。随着后合成修饰新类别的不断涌现及范畴的不断扩大，陆续出现了"dative postsynthetic modification""postsynthetic deprotection""postsynthetic oxidation""postsynthetic ligand exchange/incorporation""postsynthetic metal exchange""building block replacement""transmetalation"等各种词汇描述后合成修饰[27-34]。尽管如此，根据 MOF 发生化学反应的位置以及反应涉及的断键/成键类型，可以将 MOF 的后合成修饰大致分为共价后合成修饰、配位后合成修饰及后合成替换三类（图 3-3）。

（1）共价后合成修饰（covalent postsynthetic modification）：MOF 与反应物发生固-液、固-气反应，反应过程中涉及共价键的断裂和生成[27, 28]。这类后合成修饰大部分发生在框架的有机配体部分，MOF 有机配体上一般具有未参与配位而悬挂于孔道中的基团（称为 tag group 或悬挂基团），经有机反应生成新的官能团。当然，即使配体不含悬挂基团，配体骨架上的苯环及双键等也可以作为反应位点进行共价后合成修饰。

（2）配位后合成修饰（dative postsynthetic modification）：MOF 与反应物发生异相反应，金属簇核或有机配体部分有配位键的断裂及新的配位键生成[29]。例如，引入吡啶类配体可以与 MOF 的金属簇核配位，而引入金属离子可与配体上配位不饱和官能团发生配位。

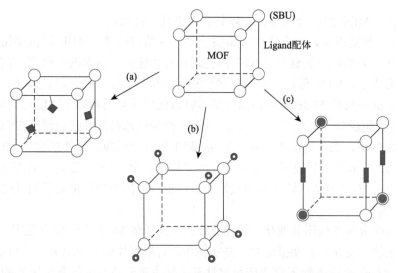

图 3-3 金属有机框架后合成修饰的三种类型
（a）共价后合成修饰；（b）配位后合成修饰；（c）后合成替换

（3）后合成替换（postsynthetic exchange）：MOF 浸泡于含有特定有机配体或金属离子的溶液后，框架上的有机配体及金属离子被溶液中的配体或金属离子部分或全部替换，得到框架结构基本不变但金属离子或有机配体完全不同的新 MOF，并极大地改变了 MOF 的孔、磁、催化和稳定性等性质[30-34]。

3.1.3　后合成修饰研究现状简况

作为一种行之有效的 MOF 结构改良和功能调控方法，自 2007 年被正式提出以来，MOF 的后合成修饰研究快速发展并获得了极大的进步。通过 Web of Science 数据库以 "postsynthetic modification & MOF" 为主题关键词进行检索，目前累计已有 302 篇关于 MOF 后合成修饰的报道（截至 2016 年 9 月 30 日），且文献数呈逐年递增趋势（图 3-4）[40]。特别地，这些文献大部分来自于《国际化学》《材料科学》等领域权威期刊，其中仅 *J. Am. Chem. Soc.* 和 *Angew. Chem. Int. Ed.* 上就有 52 篇论文发表，很好地体现了 MOF 后合成修饰相关研究的前沿性及活跃度。从研究者方面讲，加州大学圣地亚哥分校 S. M. Cohen 组是这一领域研究工作最为全面和系统的代表性课题组[27, 29]。此外，D. Farrusseng、N. Stock、A. D. Burrows、O. M. Yaghi、J. T. Hupp、H. C. Zhou、M. J. Zawazotko、K. Kim、S. Kitagawa，以及国内陈小明、崔勇、侯红卫、曾明华等多个课题组也在这一领域开展了各具特色的工作。后合成修饰在 MOF 结构及功能调控上的优越性正不断地吸引更多学者进入这一领域[27-34]。

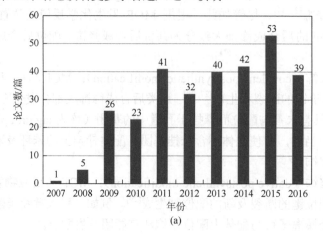

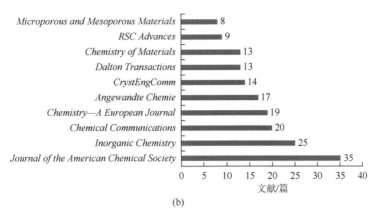

图 3-4　金属有机框架后合成修饰文献统计

（a）2007～2016 年后合成修饰论文发表情况；（b）论文发表数前十大期刊分布

3.2　共价后合成修饰

　　共价后合成修饰是研究得最为广泛、实例也最为丰富的后合成修饰类别[27-29]。在 MOF 的结构衍化及功能拓展中，往往会在配体上引入氨基和烷基链等各种辅助官能团[25, 26]。这些官能团不影响 MOF 的合成，也不参与同金属离子的配位，MOF 形成之后其作为悬挂基团处于孔道中，并可能影响 MOF 的吸附、分离等性质。例如，T. K. Woo、M. J. Zaworotko 等发现配体上引入氨基或酰胺基团时可有效增加 MOF 对 CO_2 的吸附能力[41, 42]。

　　从后合成修饰角度来看，孔道内的悬挂基团提供了很好的反应位点，借鉴有机化学反应规律，一些常见的反应如氨基偶联、亚胺缩合、氮烷基化、叠氮点击反应等都可以在孔道内进行，进而形成新的基团并影响 MOF 的性质。目前，含悬挂基团的 IRMOF、MIL-53、UiO-66、DMOF-1 等各种 MOF 的共价后合成修饰已有许多报道（图 3-5）。此外，在光、热等条件诱导下，预先引入的亚稳定的支链官能团也可能发生断裂，留下—OH、—NH_2 等功能基团，即后合成消除。即使配体上不含支链官能团，在特殊条件下配体骨架也有可能发生一定反应。

3.2.1　含支链/悬挂基团 MOF 的共价后合成修饰

1. 含—NH_2 基团

　　最为常见和典型的共价后合成修饰是各类含—NH_2 悬挂基团 MOF 的反应[43-48]。这主要是由于 MOF 在溶剂热合成过程中，配体上—NH_2 通常不会干扰羧基和吡啶基等官能团与金属离子配位形成特定拓扑结构 MOF。同时—NH_2 修饰的羧酸和吡啶类配体大部分也可以被直接购买，减少了配体合成的难度。一方面，IRMOF、MIL-53 和 UiO-66 等明星 MOF 系列都已被报道了各种—NH_2 修饰 MOF。另一方面，从有机反应角度而言，—NH_2 能在比较温和（非高温、非强酸、碱环境）的反应条件下与羧酸、酸酐、醛和酰氯等发生缩合、烷基化及卤化等各类有机反应，是良好的反应位点。目前，针对 MOF 的—NH_2 官能团的共价后合成修饰已被广泛报道。

　　最常见的—NH_2 共价后合成修饰策略是与各种酸酐反应通过酰胺键引入官能团。例如，—NH_2 修饰的单一配体 IRMOF-3、MIL-53（Al）、UiO-66 及混合配体 DMOF-1 等都可以与乙酸酐、丙酸酐和丁酸酐等直链酸酐反应，进而引入不同长度的烷基链（图 3-6）[29, 43-48]。酸酐尺寸增大时，反应转

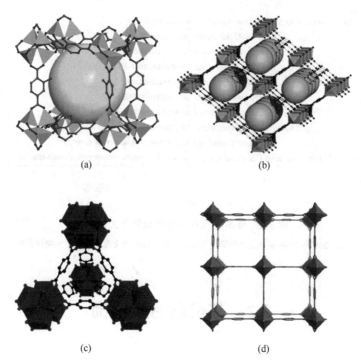

图 3-5　几种典型的用于共价后合成修饰的 MOF

（a）IRMOF-3；（b）MIL-53；（c）UiO-66；（d）DMOF-1

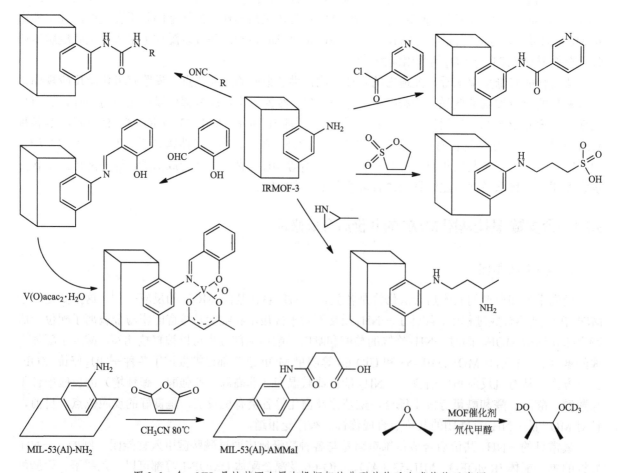

图 3-6　含—NH₂悬挂基团金属有机框架的典型共价后合成修饰示意图

化率相应减小，但所形成的具有较长支链的后修饰 MOF 却展现出更高的疏水性。众所周知 IRMOF-3 对水高度敏感。在与丙酸酐反应引入丙基支链后，IRMOF-3 与水的接触角由未修饰时的约 0° 剧增至 125°，变得高度疏水，很好地体现了后合成修饰的功能调控性[43]。

MOF 的悬挂—NH_2 也可以与环状酸酐反应。以乙腈为溶剂，MIL-53(Al)-NH_2 可与顺丁烯二酸酐在 80℃反应，43%的氨基转化为羧基[44]。这一具有羧基修饰的 MOF 可作为 Brønsted 酸催化各种环氧键的醇解反应。以 2, 3-环氧丁烷为底物，室温下反应 2 天后，MIL-53(Al)-NH_2 催化醇解反应转化率高达 95%以上，且 MOF 催化剂可循环使用。需要指出的是，由于易与金属离子配位，羧基通常难以通过直接合成的方法作为未反应官能团引入 MOF，而上述—NH_2 与环状酸酐的共价后合成修饰提供了可行的替代方法。

除酸酐以外，MOF 内的—NH_2 还可以与醛反应实现酰胺化。M. J. Rosseinsky 等将水杨醛加入 IRMOF-3 的甲苯悬浮液中，室温反应 7 天后晶体形状无明显变化，但颜色从乳酪色变为黄色，同时产物固体紫外光谱在 450nm 处出现亚水杨基的特征吸收峰，表明配体上的氨基与水杨醛反应生成亚胺（图 3-6）[45]。尽管 2-氨基-1, 4-对苯二酸与水杨醛在回流条件下可以完全反应，在 MOF 限域孔道内这一反应的转化率却明显降低至 13%左右。修饰后 MOF 孔道内亚水杨基的严重晶体学无序和随机分布也从另一侧面证明了反应的低转化率。尽管如此，使用预先合成的亚水杨基修饰对苯二酸与 Zn^{2+} 反应却难以获得与目标同构的 MOF。此外，以亚水杨基修饰后的 MOF 与 V(O)acac$_2$·H_2O（acac = 乙酰丙酮）反应还可以进一步在配体上引入 V^{2+} 离子，并获得原 MOF 不具备的氧化环己烯的能力。

此外，通过—NH_2 与酰氯的反应，D. Farrusseng 等还在 IRMOF-3 和沸石型[ZnF(Taz-NH_2)]的孔道内引入了直接合成法难以获得的吡啶基团[46]。典型实验中，将 IRMOF-3 或[ZnF(Taz-NH_2)]原合成 MOF 置于含吡啶-3-羧酸酰氯的 DMF 溶液中并在 100℃下反应 5 天后，吡啶转化率分别达到约 50%和 60%。相较于—NH_2，新引入的氨基碱性基本不变却具有了更强的疏水性（图 3-6）。作为碱性催化剂，修饰后的 MOF 可以有效催化环状或非环状脂肪胺底物发生 Aza-Michael 反应，其催化效率远远高于非配位氨、吡啶类参照物以及 MCM-41 沸石类参比催化剂。

在另一报道中，MOF 的—NH_2 官能团还能通过开环反应引入磺酸基和支链氨基等有趣基团[47]。以 IRMOF-3 为母体，将 MOF 晶体浸泡在含有 1, 3-丙烷-磺内酯的三氯甲烷溶液中，45℃下反应 24h 后，57%的氨基被磺酸基修饰（图 3-6）。而当丙烯亚胺作为原料引入时，元素分析结果表明平均每个配体可与 1.1 个丙烯亚胺分子反应，说明配体上部分新生成的氨基还进一步与原料发生了聚合反应。修饰后，MOF 的晶态和多孔性都得到了很好的保持，但是由于孔道内官能团尺寸变大，MOF 的孔穴率有一定下降。引入磺酸基和丙氨基的 MOF 的 BET 比表面积由 2040m²/g 分别降至 1380m²/g 和 530m²/g。

W. B. Lin 等还利用含氨基 MOF 的共价后合成修饰拓展了其生物医学方面的应用[48]。他们利用混合配体法合成了氨基修饰对苯二酸含量约 17.4mol%（摩尔分数），平均粒度约 200nm 的 Fe(Ⅲ)基 MIL-101 型纳米颗粒。随后，将 MOF 纳米颗粒浸泡于含有光学成像对比剂 Br-BODIPY 的 THF 溶液中，2 天后，通过氨基的烷基化反应实现 Br-BODIPY 的键连（图 3-7）。类似地，可以通过酰基化反应引入顺铂药物前驱体乙氧基琥珀酸顺铂（[PtCl$_2$(NH$_3$)$_2$(OEt)(O$_2$CCH$_2$CH$_2$CO$_2$H)]，ESCP）。转变过程中，MOF 纳米颗粒的形貌基本不变，而对 Br-BODIPY 和 ESCP 的氨基转化率可达到 20.9%～40.3%。进一步通过 SiO_2 包覆，可以将这些纳米颗粒引入细胞内。由于这些纳米颗粒在细胞内能够发生生物降解，通过释放出的配体携带的 Br-BODIPY 和 ESCP 即可实现成像和抗癌。这一实例很好地利用后合成修饰策略拓展了 MOF 的生物医学应用。

2. 含—N_3 基团

除了氨基之外，另一种常用于共价后合成修饰的官能团是—N_3 基团，在 Cu(Ⅰ)催化下其可以与炔基发生成环反应，生成三唑，即点击反应（click reaction）[49]。首例利用点击反应进行 MOF 后合成修饰的报道出现在 2008 年。Y. Goto 等首先构筑了配体上含有—N₃ 官能团的 N₃-MOF-5（图 3-8）[50]。将原合成 N₃-MOF-5 晶体浸泡在含有过量端基炔烃衍生物以及 CuBr 催化剂的 DEF 溶液中，80℃下反应后，大部分 MOF 保持良好晶态。产物 MOF 的红外光谱观测不到 2100cm⁻¹ 处归属于—N₃ 的特征峰，但消解后 MOF 的 ¹H NMR 谱可以发现三唑上氢的明显信号，证明孔道内点击反应的发生。由于这一反应的条件相对温和，特别是转化率较高，在其他 MOF 体系也得到了较好应用。

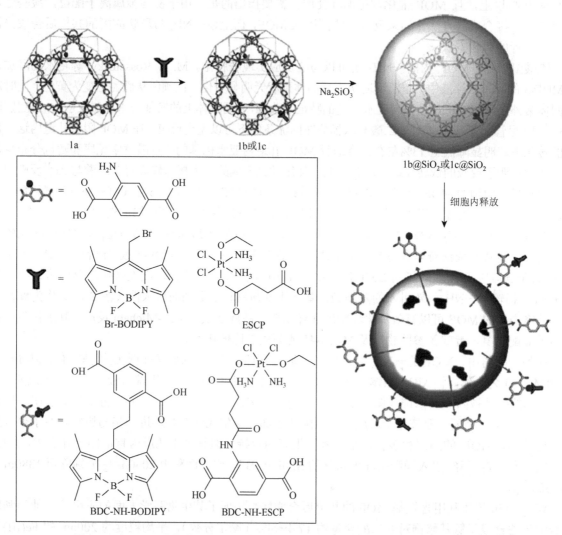

图 3-7　含—NH₂ 悬挂基团氨基金属-有机框架的共价后合成修饰及药物负载应用[48]

DMOF-1 和 MIL-68(In) 型 MOF 也可实现类似的点击反应[51, 52]。将氨基修饰的 DMOF-NH₂ 和 MIL-68(In)-NH₂ 浸泡在含有亚硝酸叔丁酯（tBuONO）和叠氮基三甲基硅烷（TMSN₃）的 THF 溶液中，12h 后 90% 以上的氨基直接转变为叠氮基团[51]。得到的叠氮化 DMOF-N₃ 和 MIL-68(In)-N₃，在 CuI(CH₃CN)₄PF₆ 催化下进一步与苯乙炔发生点击反应，24h 后的产率同样高达 90% 以上。由于点击反应生成的五元环尺寸较大，这类反应实际上更适合在一些大孔 MOF 体系中进行。这样在引入各种不同目标官能团的同时还可以有效保证高孔穴率。H. C. Zhou 等利用含三个苯环的线形双羧酸构筑的 UiO-66 型 Zr 基 MOF，通过点击反应对孔表面、孔穴率等进行了系列调控（图 3-9）[52]。他们以烷基和叠氮分别修饰的四种不同双羧酸配体为原料合成母体 MOF。将烷基和叠氮基配体混配，通过调整两者的比例，

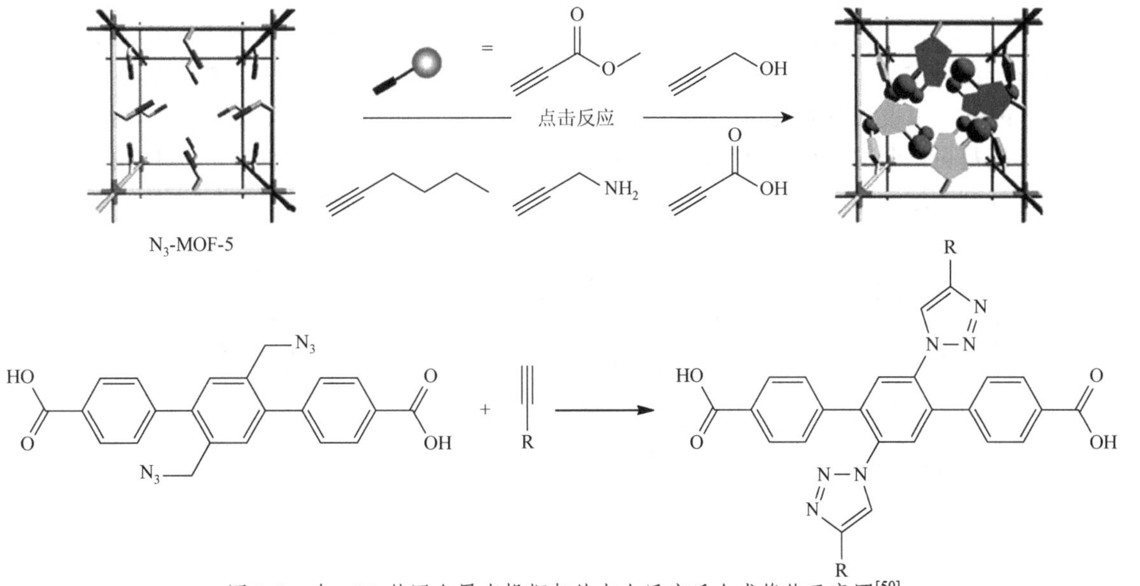

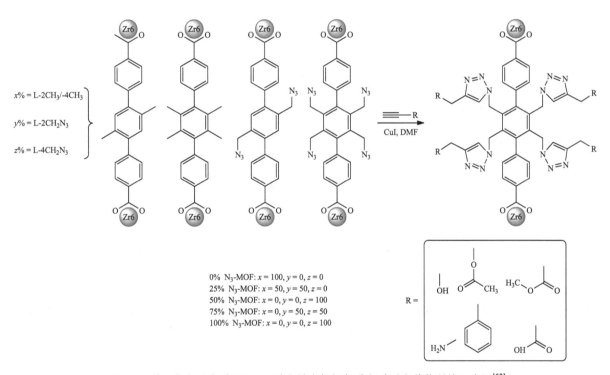

点击反应
N3-MOF-5

图 3-8　含—N_3 基团金属有机框架的点击反应后合成修饰示意图[50]

x% = L-2CH3/-4CH3
y% = L-2CH2N3
z% = L-4CH2N3
CuI, DMF
0% N3-MOF: x = 100, y = 0, z = 0
25% N3-MOF: x = 50, y = 50, z = 0
50% N3-MOF: x = 0, y = 0, z = 100
75% N3-MOF: x = 0, y = 50, z = 50
100% N3-MOF: x = 0, y = 0, z = 100
R =

图 3-9　利用点击反应对 UiO-66 型金属有机框架进行系列化结构调控示意图[52]

就可以得到叠氮基团含量不同（25%～100%）的系列同构 MOF。随后通过点击反应可以引入—OH、—OCOMe、—COOMe、—NH_2、—C_6H_5、—COOH 等不同官能团。利用这种策略，修饰后 MOF 孔道内不仅能引入特定官能团，官能团的含量也能被很好地控制。气体吸附结果表明，利用这一方法，MOF 的 BET 比表面积能被调控在 220～1400m^2/g，对 CO_2 和 N_2 的吸附选择性也得到类似调控。

3. 含—CHO 基团

醛基是常见的有机反应前驱官能团，当 MOF 内含有未配位醛基时，可以发生共价后合成修饰。此类反应的一个代表性实例是以沸石咪唑型框架（ZIF）为母体进行的。ZIF 的稳定性在各类 MOF

中非常突出，分解温度可高达 500℃，对水及各种有机溶剂都很稳定，是后合成修饰的良好候选物[9]。ZIF-90 的咪唑配体的 2 位有醛基，可以作为共价后合成修饰的反应位点。在甲醇溶液中，以 NaBH₄ 为还原剂，醛基可以被还原为羟基，得到 ZIF-91，反应转化率约 80%（图 3-10）[53]。ZIF-90 与乙醇胺反应时，醛基可以全部转化为亚胺，生成 ZIF-92。由于 ZIF 型结构"笼状"孔穴的窗口主要由咪唑 2 位基团控制，这种醛基的后合成修饰也就实现了对窗口尺寸的调控。

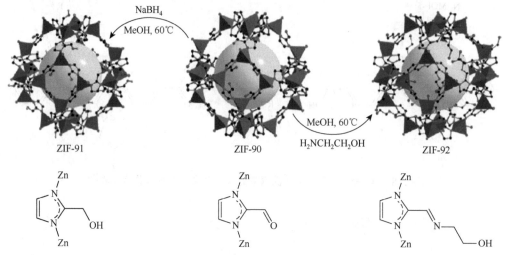

图 3-10　含—CHO 悬挂基团的 ZIF-90 的共价后合成修饰示意图[53]

4. 含—SH/—SR₂ 基团

A. D. Burrows 等首先报道了 MOF 中硫醚基的氧化反应[54]。以硫醚基取代的 4,4′-联苯二酸可以制备 IRMOF-9 的同构穿插 MOF。将原合成 MOF 晶体于 4℃下浸泡在含有二甲基过氧化铜的丙酮稀溶液中，2～3h 后，粉末衍射图谱显示 MOF 的晶态结构没有明显变化。与此同时，有机配体上的硫基几乎完全被氧化转化为磺酸基（图 3-11）。最近，C. S. Hong 等报道了巯基的氧化反应[55]。巯基取代对苯二酸与锆盐在溶剂热条件下可以合成 UiO-66(SH)₂。与其他 Zr 基 MOF 类似，UiO-66(SH)₂ 具有高的热稳定性及化学稳定性。即使在 30% H₂O₂ 强氧化剂环境下，UiO-66(SH)₂ 的框架稳定性都至少可以维持 48h。这种高稳定性使得 UiO-66(SH)₂ 可以在比较苛刻的反应条件下进行后合成修饰。将 UiO-66(SH)₂ 浸泡于 30% H₂O₂ 中 1h 后，再于 0.02mol/L H₂SO₄ 溶液中浸泡 30min。反应后 MOF 骨架没有明显变化，X 射线光电子能谱分析（XPS）、红外光谱（IR）及 ^{1}H NMR 证明巯基完全被氧化为磺酸基团。这一后修饰处理极大地提高了 MOF 的质子导电性能。UiO-66(SH)₂ 在 25℃ 和 80℃

(a)

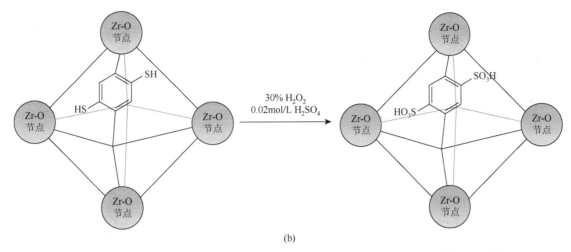

(b)

图 3-11　含—SH/—SR$_2$ 基团金属有机框架 IRMOF-9（a）及 UiO-66(SH)$_2$（b）的共价后合成修饰示意图

时电导率 σ 分别为 6.3×10^{-6}S/cm 和 2.5×10^{-5}S/cm。修饰后，UiO-66(SO$_3$H)$_2$ 在 25℃和 80℃时电导率 σ 分别达到 1.4×10^{-2}S/cm 和 8.4×10^{-2}S/cm，相比后修饰前剧增近四个数量级。

5. 含卤素基团

卤素如—Cl 或—Br 经常被作为官能团引入 MOF 中，取代配体上的卤素可以发生共价后合成修饰。S. M. Cohen 等将溴代对苯二甲酸构筑的 UiO-66-Br 晶体浸泡在 CuCN 的 DMF 溶液中并在 140℃下反应 24h 后，发现骨架中约 43%的溴基转变为氰基[56]。此外，作者还发现，微波辅助溶剂热手段可以进一步提高氰基的转化率，170℃条件下反应 10min 后转化率即可达到 90%。修饰后氰基 MOF 的 BET 比表面积约 660m^2/g，与原母体 MOF 比表面积值相近（850m^2/g）。

3.2.2　有机配体后合成消除

上述具有—NH$_2$、—N$_3$、—CHO、卤素等官能团的 MOF 的后合成修饰通常可以通过引入更加复杂的基团以实现功能调控。与上述从简单到复杂、添加官能团方法对应的另一种策略是后合成消除。预先设计酯基、酰胺、醚键等连接复杂官能团的配体并合成 MOF，在加热、光照等外因诱导下，这些基团通常易于分解，从而能够形成具有—OH、—NH$_2$ 等官能团的 MOF[29]。特别是，—OH、—NH$_2$尺寸较小，MOF 合成过程中很容易形成穿插结构。后合成消除可以有效解决这一问题，即先通过大的辅助官能团避免穿插，再利用官能团的分解反应制备目标 MOF。此外，这一策略也适于制备一些因目标官能团比较活泼或易配位，难以直接合成的 MOF。

这类后合成修饰最早的实例是通过酯基的原位消除反应在 MOF 中引入羟基[57]。利用酯基修饰对苯二酸与 4,4′-联吡啶和 Zn^{2+}进行溶剂热反应，可以合成基于双核锌基元的非穿插柱-层型 MOF。在溶剂热反应过程中，酯基发生消除反应并进一步参与 MOF 组装，因此所得 MOF 产物直接含有未配位羟基［图 3-12（a）］。对上述原位配体消除的反应条件研究表明，MOF 构筑过程中，配体的消除反应速率很慢，而且在配体与 Zn^{2+}配位之前，至少有一个羟基被酯基保护。作为对比，直接以羟基取代对苯二酸为原料，在类似合成条件下无法制备出目标 MOF，也间接证明了后合成消除在这一MOF 体系中的重要性。

利用醚键的分解反应同样可以实现羟基的引入[58]。以苯三酸和带硝基苯醚键支链的对苯二酸为配体，与 Zn^{2+}在溶剂热条件下反应可以制备出 UMCM-1 型同构 MOF，即 UMCM-1-OBnNO$_2$ 及

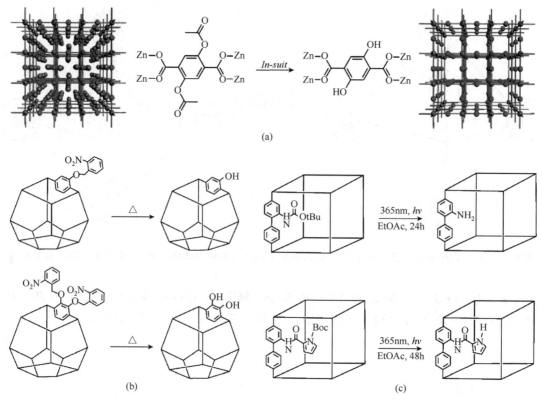

图 3-12　金属有机框架后合成消除反应示意图[57, 58, 60]

（a）原位后合成酯消除实现 MOF-5 中羟基引入；（b）MOF 热诱导醚消除引入羟基；（c）MOF 光诱导酰胺消除引入氨基及吡咯基团

UMCM-1-(OBnNO$_2$)$_2$。将无色 UMCM-1-OBnNO$_2$ 以及 UMCM-1-(OBnNO$_2$)$_2$ 在 365nm 紫外灯下照射 24～48h。伴随光化学反应的发生，晶体由无色变为橙色。产物 MOF 的 ^{1}H NMR 和单晶衍射结构数据分析表明，光照下醚键可发生断裂生成羟基 ［图 3-12（b）］，UMCM-1-OBnNO$_2$ 以及 UMCM-1-(OBnNO$_2$)$_2$ 的转化率分别接近 100% 和 75%。同样地，以羟基修饰配体无法直接合成目标 MOF。此外，由于孔道内官能团尺寸在消除反应后明显变小，修饰后 MOF 的比表面积分别增大至 500m^2/g 和 900m^2/g。

4, 4'-联苯二酸较长，即使在苯环骨架上引入—CH$_3$、—Br 等各种官能团，其与 Zn^{2+} 反应时得到的仍主要是穿插型 IRMOF。非穿插型的 IRMOF-10 和 IRMOF-12 都是通过反应母液的高度稀释得到的。S. G. Telfer 等在 4, 4'-联苯二酸的 2 位上引入大尺寸的氨基甲酸丁酯，再与 Zn^{2+} 反应时就可以避免穿插，得到立方烷非穿插型 IRMOF，孔穴率达 77%[59]。而以氨基修饰 4, 4'-联苯二酸为配体无法直接得到目标 MOF，且这一反应以单晶-单晶结构转换方式进行。热消除后产物 MOF 的孔穴率进一步提高至 83%，而直接以—NH$_2$ 修饰配体无法得到目标 MOF。在随后的拓展工作中，他们还在 4, 4'-联苯二酸的 2 位引入叔丁基羰基修饰的吡咯基团对氨基进行保护[60]。由于支链基团大的位阻效应，修饰后配体与 Zn^{2+} 反应生成的是类似的非穿插型 IRMOF-Pro-Boc。热重分析表明，原合成 MOF 的热分解温度超过 380℃，120℃前客体溶剂分子可被完全去除，随后在 120～240℃有 22% 的明显失重，对应支链的分解反应。将 IRMOF-Pro-Boc 浸泡在 DMF 中，利用微波加热至 165℃反应 4h 后，支链上的酰胺键保持稳定，而叔丁基羰基发生热消除反应留下吡咯基团与氨基相连的 IRMOF-Pro［图 3-12（c）］。这一反应过程中 MOF 的晶态同样没有发生明显变化。IRMOF-Pro 可以催化丙酮或环戊酮与对硝基苯甲醛的羟醛缩合反应，而 IRMOF-Pro-Boc 对这一反应没有催化效果。

S. Kitagawa 等还报道了一个更有趣的利用光诱导后合成消除获得活泼三线态氮自由基，并进一步反应修饰 MOF 孔壁环境的实例（图 3-13）[61]。5-叠氮基-1, 3-苯二酸和 4, 4'-联吡啶混配后与 Zn^{2+}

反应可以得到指插型框架 CID—N₃。由于芳基叠氮在紫外光照射下会转变为单线态氮卡宾，并在低温下通过系间窜跃进一步转变为三线态，CID—N₃ 在紫外光照射下，未配位的叠氮基团也会发生类似反应。在 77K 真空条件下，CID—N₃ 去客体晶体在 300nm 紫外光照射下，电子自旋共振谱（ESR）观察到三线态氮卡宾的生成，原位红外及单晶衍射也证明 40% 的叠氮转变为氮卡宾。由于自由基或者卡宾等非常活泼，将 CID—N₃ 去客体样品在 O₂ 气氛下进行光化学反应，50% 的叠氮转变为氮卡宾，氮卡宾又进一步与 O₂ 反应，生成硝基修饰的 CID—NO₂ 及亚硝基修饰的 CID—NO。CID—N₃在 77K 对 O₂ 没有明显吸附，而由于孔壁环境改变，CID—NO₂/CID—NO 对 O₂ 的吸附较未修饰CID—N₃ 剧增 29 倍。众所周知，自由基或者卡宾等非常活泼，通过常规合成方法难以获得，更别说将其引入 MOF 孔道中。这一报道利用后合成消除反应在 MOF 内部引入了活泼反应位点，并能进一步反应调控孔壁环境，很好地体现了后合成修饰方法的独到之处。

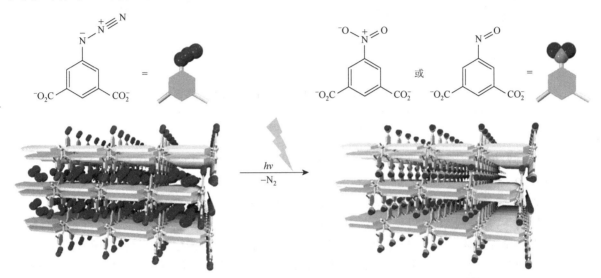

图 3-13　金属有机框架光诱导后合成消除产生活泼三线态氮自由基[61]

3.2.3　无支链/悬挂基团 MOF 的共价后合成修饰

除了常见的含支链或悬挂基团 MOF 的共价后合成修饰，若配体不含支链但具有 C ＝ C 等反应位点时，MOF 也可以发生共价后合成修饰。2009 年，C. A. Bauer 和 Jones 利用线形二苯乙烯羧酸构筑了二重穿插型 IRMOF，配体上的 C ＝ C 双键可以与 Br₂ 发生加成反应实现后合成修饰[图 3-14（a）][62]。双键在溶液体系的卤素加成反应主要受卤镓离子的稳定性和溶剂极性的影响，一般没有明显立体选择性而主要得到外消旋体。对 MOF 后合成修饰而言，由于配体处于三维骨架之中，键的自由旋转受到抑制，双键的卤素加成只能形成一种特定构型产物。以三氯甲烷为溶剂，原合成 MOF 与溴可以在室温暗室条件下发生双键溴加成反应。反应 48h 后，MOF 的框架结构基本保持不变，溴化加成产率约 60%，且加成产物均为反式的单一内消旋体。溶剂和温度也对反应有较大影响。若以 CHCl₂CH₂Cl 为溶剂，100℃下反应 24h 后，反应转化率可接近 100%，但MOF 晶态发生巨大变化，加成产物也是一对外消旋体，没有明显立体选择性。产生这种差异的原因可能在于溴沿着不同方向立体靠近 MOF 骨架上的双键并发生反应。由于穿插型 MOF 骨架在活化时易受孔道坍塌的影响，原合成 MOF 的 Langmuir 比表面积仅 700m²/g。而常温溴加成后 MOF的比表面积明显增大至约 1190m²/g，说明 MOF 配体骨架上双键的部分溴化有效增强了 MOF 的骨架稳定性。

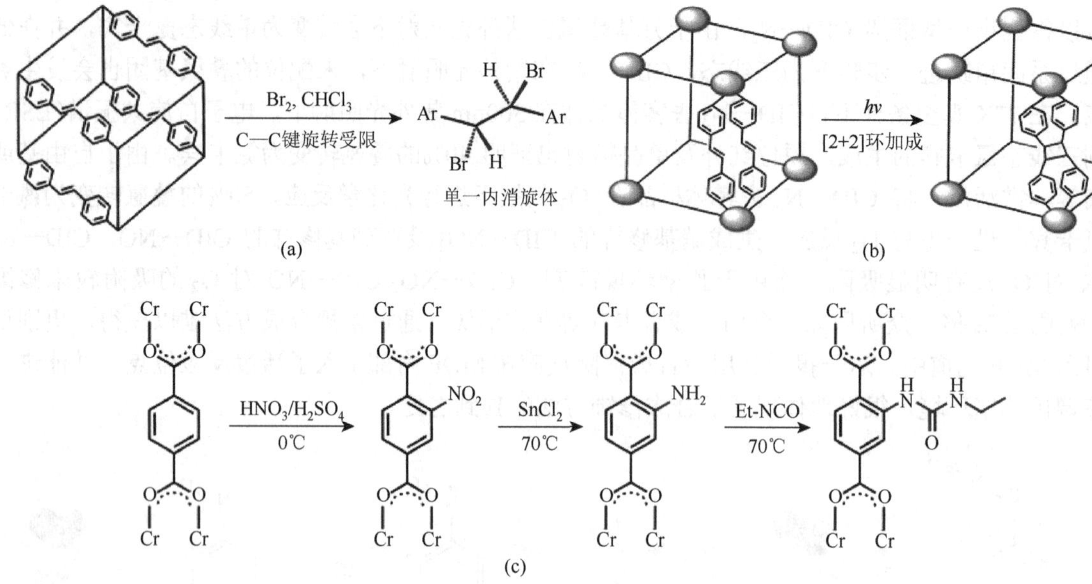

图 3-14　无悬挂基团金属有机框架的共价后合成修饰示意图

（a）IRMOF 中配体上 C＝C 双键溴加成；（b）柱-层 MOF 中光诱导 C＝C 双键[2＋2]环加成；
（c）Cr-MIL-101 中苯环的硝化

另外一种发生在双键上的典型共价后合成修饰是光诱导环加成反应。2010 年，J. J. Vittal 课题组基于反式 1, 2-二（4-吡啶基）乙烯配体与二酸混配构筑了柱-层式穿插 MOF[63]。含有双键的二氮配体作为双柱配体，彼此平行且双键距离（＜4.2Å）适合进行[2＋2]光化学环加成反应 [图 3-14（b）]。在紫外光照射下，原合成 MOF 以单晶-单晶转换的方式完全实现双键环加成。在一些高度稳定的 MOF 体系中，即使是在配体苯环上也可以发生直接的共价后合成修饰。MIL 系列化合物通常具有很高的热稳定性及化学稳定性。2011 年，N. Stock 课题组利用芳环内亲电取代反应实现 MIL-101 的后合成修饰[64]。以 Cr-MIL-101 为母体，MOF 在 HNO_3/H_2SO_4 混合酸中反应 5h 后，苯环直接发生硝化反应，生成硝基修饰的 Cr-MIL-101-NO_2 [图 3-14（c）]。以 $SnCl_2$ 为还原剂，—NO_2 还能被还原为—NH_2，得到氨基修饰的 Cr-MIL-101-NH_2。进一步，氨基还可以与异氰酸乙酯在乙腈中反应获得对应的尿素衍生物 Cr-MIL-101-UR_2。

3.3　配位后合成修饰

配位后合成修饰所涉及的配位键的断裂或重组，既可以发生在金属簇核上，又可以发生在有机配体上[29]。发生在金属簇核上时，往往有一些溶剂分子（如 H_2O、CH_3OH、C_2H_5OH 等），或中性端基配体（如吡啶）参与次级构筑单元（secondary building unit，SBU）的配位。当框架的配体上的支链官能团如果有 N、O、S 等配位原子时，其可能与通过孔道引入的金属离子配位，进而影响 MOF 的吸附，尤其是催化性质。

3.3.1　发生于次级构筑单元的配位后合成修饰

发生于次级构筑单元的配位后合成修饰大多与端基配体取代反应有关。一方面，这些端基配位分子可以通过加热和抽真空等方式移除，从而产生活性金属位点，随后再与新引入的配体配位[38, 39]。另一方面，端基配位分子也可以直接被替换而引入新的分子。这两种处理方式都有可能对 MOF 的性质产生影响。例如，对于非手性 MOF 框架，可以通过次级构筑单元上的配位后合成修饰引入丰富多样的手性基元，从而形成适于手性催化的活性位点。

2009 年，K. Kim 等就利用 MIL-101-Cr(Ⅲ)实现了配位后合成修饰手性引入及催化性质加载[65]。MIL-101-Cr(Ⅲ)具有高度稳定的刚性框架，孔穴（2.9～3.4nm）及窗口（1.2～1.4nm）尺寸都很大，其中三核 Cr(Ⅲ)SBU 上具有潜在的活性金属位点，非常适合进行配位后合成修饰。将 MIL-101-Cr(Ⅲ)在 423K 下加热处理，其三核 SBU 上的两个端基配位水分子被去除而形成裸露金属位点。处理后的 MOF 浸泡在含有吡啶修饰脯氨酸手性配体的三氯甲烷溶液中回流 1 天后，目标手性配体通过吡啶基团配位于三核 SBU，其另一端的脯氨酸基团悬挂于孔壁上，进而催化羟醛缩合反应。系列验证实验表明，修饰后的 MOF 对芳醛和酮的缩合反应，不仅催化效率高（产率 60%～90%），还对 R 型异构体有很好的对应选择性。

MIL-88 型 MOF 的活性金属位点也被广泛用于后合成修饰研究。MIL-88 的分子通式为 $[M_3O(H_2O)_2X(L)_3]$。与 MIL-101 类似，MIL-88 的三核 SBU 上也有三个端基配位的水分子，去除后可以形成活性金属位点[66, 67]。其不同之处在于，MIL-88 具有的是一维六边形纳米孔道，孔道内的活性金属位点采用 C_3 对称性，指向同一中心，为后合成修饰提供了更丰富的可能。X. H. Bu 等在 MIL-88-In(Ⅲ)体系内通过引入异烟酸实现孔道内金属离子捕获 [图 3-15（a）]。异烟酸通过吡啶端与三核基元配位，而在另一端，三个配体的羧酸即可螯合金属离子（Zn^{2+} 或 Co^{2+}）[68]。他们还利用 MIL-88-Ni(Ⅲ)通过一锅法直接在孔道内引入了三脚架型吡啶配体，实现了框架稳定的同时修饰后的 MOF 展现出媲美具有活性金属位点的 MOF-74 的高二氧化碳吸附焓 [图 3-15（b）][69]。中山大学张杰鹏课题组利用 MIL-88-Fe(Ⅲ)作为模板进行了有趣的孔内[2＋2＋2]环三聚反应 [图 3-15（c）][70]。将 MIL-88-Fe(Ⅲ)样品浸泡于含有 4-氰基吡啶或其衍生物的溶液中进行加热处理，晶体由橙红色

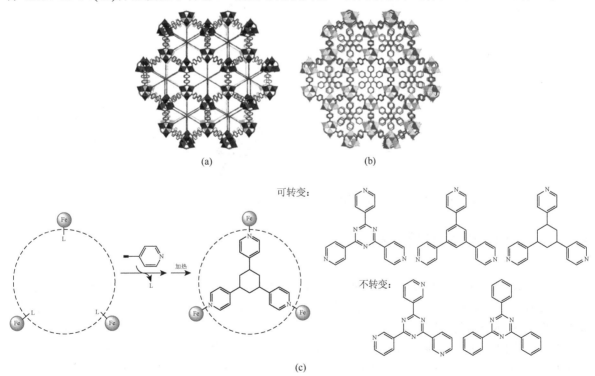

图 3-15　MIL-88 型金属有机框架的配位后合成修饰[68-70]

（a）引入异烟酸配体实现金属离子捕获；（b）一锅法引入三脚架型配体；（c）孔内[2＋2＋2]环三聚反应

变为黑褐色。特别有趣的是，晶体结构解析、核磁及质谱分析发现孔道内三个配位 4-氰基吡啶的氰基发生了环三聚反应，生成的新六元环将三个配位吡啶分子连接在一起。这一成环反应对氰基吡啶衍生物有立体化学要求，4-氰基吡啶、4-炔基吡啶和 3-乙烯基吡啶都可以发生类似成环反应，且产率都超过 90%，而 3-氰基吡啶或苯甲腈无法发生成环反应。原位晶体学研究表明，4-氰基吡啶通过吡啶氮配位于三核 SBU，孔道限域环境及活性金属位点 C_3 对称性的限制使得三个配体的氰基处于适合发生成环反应的位置，MIL-88-Fe(III)骨架起到了成环模板的作用。MIL-88-Fe(III)是高度柔性的框架，成环反应新形成的配体起到了稳定框架结构的作用。MIL-88-Fe(III)加热时框架剧烈畸变发生孔道坍塌，而修饰后 MOF 的热稳定性可达到 400℃，77K 下氮气吸附量超过 300cm^3/g，对应的 Langmuir 比表面积达 1330m^2/g。

在另一报道中，J. T. Hupp 等通过端基配体直接替换实现了对介孔 NU-1000 六核 Zr SBU 的配位后合成修饰[71]。NU-1000 为平面四羧酸连接六核 Zr 基 SBU 形成的框架结构，含有六边形介孔孔道。对其簇核基元来说，8 个 μ_3-OH 连接六核 Zr 形成八面体 SBU，SBU 的 12 条边中的 8 条由配体上的羧基桥连，剩下的 Zr 配位点被 8 个端基—OH 占据。将 NU-1000 浸泡在含氟代烷羧酸的 DMF 溶液中于 60～80℃反应数小时后，氟代烷羧酸几乎完全取代端基配位的羟基，形成孔道内含有氟代烷基链的 MOF（图 3-16）。以这种方式可以向孔道内引入 C 原子数为 1、3、7、9 的不同长度氟代烷基链。由于氟代烷高度疏水，可以赋予 MOF 更好的耐水性。特别是，通过 C-F 偶极作用，氟代烷的存在可以显著增强 MOF 的 CO_2 吸附能力。尽管随着氟代烷基链的增长，修饰后 NU-1000 的孔穴率及比表面积减小，但其 CO_2 吸附焓最大可达到 34kJ/mol，远远超过 CO_2 的液化焓（17kJ/mol），与典型的具有活性金属位点的 Co-MOF-74 和 HKUST-1 的 CO_2 吸附焓相当，证明了这种配位后合成修饰的有效性。

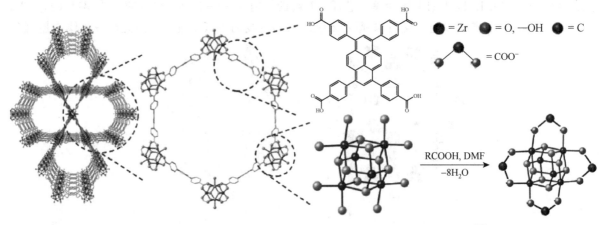

图 3-16　NU-1000 中六核 Zr 基次级构筑单元的配位后合成修饰示意图[71]

3.3.2　发生于配体的配位后合成修饰

除了 SBU 上的配位后合成修饰，当配体上含有潜在的金属配位点时，发生于配体的配位后合成修饰也比较常见。这些配位点能够与通过孔道引入的金属离子配位从而改变孔壁环境，进而影响 MOF 的吸附和催化等性质[29]。

Hupp 等利用平面四羧酸配体与含一对羟基的线形双吡啶配体构筑出了基于双核 Zn 基 SBU 的柱层型 DO-MOF[72]。由于双吡啶是柱配体，配体上的未配位羟基自然会暴露于 MOF 孔道中。将原合成 MOF 用 THF 进行客体替换后浸泡在含有过量 Li$^+$[O(CH$_3$)$_3$]$^-$ 的 CH$_3$CN/THF 混合溶液中，或含 Mg(OMe)$_2$ 的甲醇溶液中进行搅拌，羟基将转变为醇盐而实现 Li$^+$/Mg^{2+} 金属离子的引入[图 3-17（a）]。

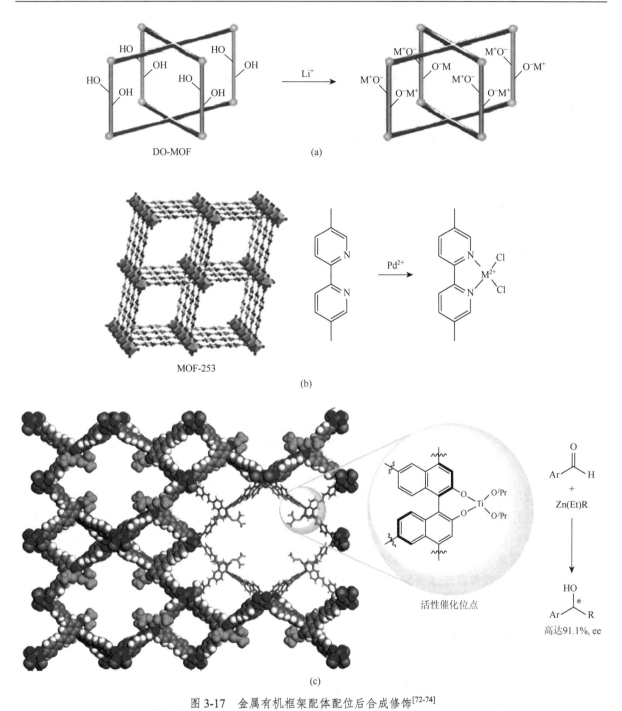

图 3-17　金属有机框架配体配位后合成修饰[72-74]

(a) DO-MOF 中 Li⁺配位调控氢气吸附；(b) MOF-253 中 Pd²⁺离子配位；(c) 介孔 MOF 中引入 Ti(Ⅳ)催化位点

通过调整搅拌速度和时间还可以调控金属离子的负载量。在低含量的金属离子引入（0.2Li/Zn₂ SBU，0.9Mg/Zn₂ SBU）时，DO-MOF 的晶态可以很好保持，比表面积也没有明显变化，然而高含量金属离子引入时离子替换会破坏原 MOF 框架。由于引入的 Li⁺离子含量不高，Li⁺修饰后 MOF 的氢气吸附量（1.32wt%①）仅比未修饰 MOF（1.23wt%）略高。但是这一增加的氢气吸附量已相当于每个 Li⁺增加了两分子氢气吸附，说明了这种通过配体配位后修饰负载金属离子增强了 MOF 的储氢能力。

———————————

① wt%表示质量分数。

采用类似的方法也可以向 MOF 孔壁上引入其他金属离子。MOF-253 是 2, 2′-二吡啶-5, 5′-二羧酸连接 Al^{3+} 形成的类似于 MIL-53 的柱-链型 MOF，具有一维菱形纳米孔道，其配体上的 2, 2′-二吡啶基团可以键连金属离子[73]。将原合成 MOF-253 晶体浸泡在含有 $Cu(BF_4)_2$ 或 $PdCl_2$ 的丙酮溶液中后，可以分别得到负载金属离子的 MOF-253·0.97$Cu(BF_4)_2$ 和 MOF-253·0.83$PdCl_2$［图 3-17（b）］。MOF-253 的 Langmuir 比表面积为 $2490m^2/g$，Cu^{2+} 修饰后降低至 $705m^2/g$。然而，金属离子的引入在孔壁上形成电偶极子可以增强 MOF 的气体分离能力。Cu^{2+} 离子修饰后，MOF-253 对 CO_2 的吸附焓由 23kJ/mol 增加至 30kJ/mol，与此同时其对 CO_2/N_2 的分离比也由 2.8 明显增加至 12，实现了很好的吸附调控效果。

相比于对吸附的影响，配体上的配位后合成修饰对 MOF 催化效果的影响更加引人关注。2010 年，W. B. Lin 等报道了通过配位后合成修饰增强 MOF 异相催化效率的典型实例[74]。他们设计合成了骨架含二羟基的具有垂直结构的四羧酸手性配体，进一步连接 Paddle-wheels 型 Cu_2 基元构筑出了系列（4, 4）-连接微孔-介孔骨架，随配体延长孔穴率可由 73.3% 增大至 91.9%。将原合成 MOF 经过 $Ti(OiPr)_4$ 处理后，MOF 配体上的手性二羟基通过与 Ti(IV)配合物配位而引入 Lewis 酸活性催化位点［图 3-17（c）］。由于这类介孔 MOF 孔穴大，芳醛、二乙基锌和炔基锌等各种反应物都能进入孔道并靠近孔壁上的催化中心。修饰后的 MOF 能够作为异相催化剂催化芳醛与二乙基锌或炔基锌的加成反应。验证实验表明，修饰后 MOF 催化效率极高（反应转化率＞99%），且对仲醇有很好的选择性（接近 99%），产物中单一异构体含量最高可达 91%，实现了很好的选择性催化效果。

3.4 后合成替换

在共价或配位后合成修饰中，MOF 的整体框架基本不变，只是其无机或有机结构基元发生局部结构微调。在上述两类后合成修饰发展的同期，一些报道中出现将 MOF 浸泡在含有金属离子或有机配体的溶液中时，MOF 的晶态及框架结构保持稳定，但金属簇核上的金属离子或骨架上的配体却能与溶液中的金属离子或配体发生替换的现象[30-33]。由于在合成拓展、结构改良及功能调控方面的巨大潜力，这种后合成替换迅速引起学界的关注。目前已出现了多例各具特点的报道，后合成替换也成为后合成修饰中一个重要的类别。

3.4.1 后合成金属离子交换

在 MOF 后合成金属离子替换方面，郑州大学侯红卫课题组较早地开展了此类工作[75-77]。2007 年，侯红卫课题组发现 4, 4′-联吡啶（bpy）和二茂铁修饰苯磺酸（O_3SFcSO_3）混配构筑的 Zn 基 MOF—[Cd(bpy)$_2$(O_3SFcSO_3)]·4CH_3OH 浸泡在含 Pb^{2+}、Cu^{2+}、Zn^{2+}、Mn^{2+}、Co^{2+} 和 Ni^{2+} 等金属离子的甲醇溶液中时，化合物具有明显的金属离子吸附行为（图 3-18）[75]。特别是，Cu^{2+} 可以诱导其以单晶结构转变的方式得到[Cd$_{0.5}$Cu$_{0.5}$(bpy)$_2$(O_3SFcSO_3)]·4CH_3OH。产物的晶体结构分析表明它们的框架完全一致，主要差异仅仅是键长和键角的微小变化。原子吸收光谱定量分析表明，离子替换化合物中，Cd^{2+} 和 Cu^{2+} 比例分别为 57% 和 43%，也就意味着 MOF 框架节点上部分 Cd^{2+} 被 Cu^{2+} 取代。这种"单晶-单晶"金属离子替换过程中，框架保持不变，但金属离子配位键却发生复杂的断裂和重组，显然打破了长久以来对 MOF 刚性骨架的认识。随后，在[Zn(4, 4′-bpy)$_2$(FcphSO$_3$)$_2$]和 [Zn(OOCClH$_3$C$_6$Fc)$_2$(H$_2$O)$_3$]·CH_3OH 体系中，他们还进一步发现框架上 Zn^{2+} 与溶液中 Cu^{2+}、Cd^{2+}、Pb^{2+} 等存在替换行为，而且离子半径、金属离子浓度等对替换过程也有影响[76, 77]。

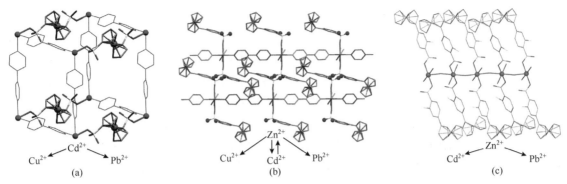

图 3-18　单核金属有机框架体系后合成金属离子替换示意图[75-77]

（a）[Cd(bpy)$_2$(O$_3$SFcSO$_3$)]·4CH$_3$OH；（b）[Zn(4, 4'-bpy)$_2$(FcphSO$_3$)$_2$]；（c）[Zn(OOCClH$_3$C$_6$Fc)(H$_2$O)$_3$]·CH$_3$OH

在同一时期，J. R. Long 等在多核 MOF 体系中也发现了类似的金属离子替换现象[78]。Mn$_3$[(Mn$_4$Cl)$_3$(BTT)$_8$(CH$_3$OH)$_{10}$]$_2$[BTT = 1, 3, 5-三（1H-四氮唑-5-基）苯]是具有强氢气吸附能力的阴离子型 MOF 框架［图 3-19（a）］。由于骨架上不饱和 Mn^{2+} 活性位点的存在，其氢气吸附焓高达 10.1kJ/mol，77K、90bar 时氢气吸附量为 6.9wt%，即使在室温条件下，氢气吸附量也可达到 1.5wt%。将原合成 MOF 浸泡在含有 Li$^+$、Cu$^+$、Fe^{2+}、Co^{2+}、Ni^{2+}、Cu^{2+}、Zn^{2+} 离子的甲醇或乙腈溶液中一段时间后，Fe^{2+}、Co^{2+}、Ni^{2+} 可以替换 MOF 孔道内的抗衡 Mn^{2+} 离子。更有趣的是，除孔道中的 Mn^{2+} 之外，Cu^2 和 Zn^{2+} 还可以替换 MOF 簇核上的部分 Mn^{2+}，而且这一替换过程中 MOF 的晶态并无明显变化。

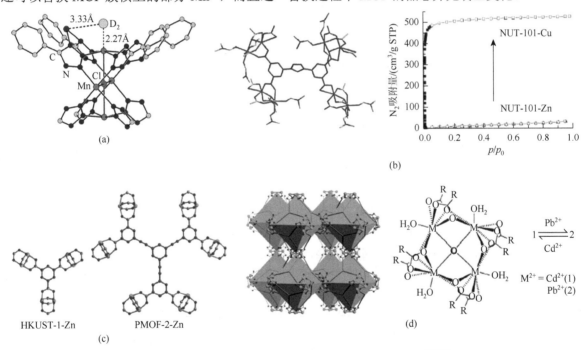

图 3-19　簇基金属有机框架后合成金属离子替换示意图[78-81]

（a）Mn$_3$[(Mn$_4$Cl)$_3$(BTT)$_8$(CH$_3$OH)$_{10}$]$_2$ 结构示意图；（b）NUT-101-Zn 结构图及 NUT-101-Cu 吸附增强效果；
（c）HKUST-1 和 PMOF-2 结构示意图；（d）四核 Cd 簇基 MOF 的结构及其后合成可逆 Pb^{2+} 离子替换示意图

MOF 大多基于各类簇核通过有机配体桥连构筑而成，因此上述发现预示着其他簇基 MOF 体系内也可能出现类似行为，事实也正是如此。目前出现的 MOF 后合成金属离子替换的报道已达几十例，并且不断有新的实例被发现[30-33]。在 MOF 早期研究中，金属离子主要被当作结构构筑单元，关注点主要集中于其配位特点及对 MOF 合成的影响。随着后合成金属离子替换实例的增多，研究逐渐发现金属离子事实上对 MOF 的性质同样有巨大影响，其功能调控作用同样值得关注。

最为常见的一种 MOF 后合成金属离子替换是 Cu^{2+} 对 Zn^{2+} 的替换[79]。基于三唑羧酸配体构筑的 NTU-101-Zn 可以发生后合成 Cu^{2+} 替换反应。原合成 NTU-101-Zn 框架结构不稳定，孔道活化过程中容易坍塌而无明显气体吸附。由于其框架含有独特的开放配位节点，因此可以实现后合成金属离子交换。将 NTU-101-Zn 浸泡在含 $Cu(NO_3)_2$ 的 DMF 溶液中两周后，Cu^{2+} 完全替换 NTU-101-Zn 中的 Zn^{2+}。X 射线粉末衍射（PXRD）测试表明 MOF 的晶态及框架结构在交换过程中没有变化。而且 Zn^{2+} 到 Cu^{2+} 的交换过程不可逆，表明替换后 Cu(II) 基框架更加稳定。去除溶剂分子进行样品活化后，吸附测试表明修饰后 MOF 的微孔结构得以保留并具有较高的比表面积 [图 3-19（b）]。NTU-101-Cu 还展现出对 CO_2 的选择性吸附。273K、$1atm$[①] 条件下，对 CO_2 的吸附量为 $101cm^3/g$，而对 N_2 和 CH_4 的最大吸附量仅为 $7cm^3/g$ 和 $20cm^3/g$。

Zn 基 HKUST-1 和 PMOF-2 也可以发生类似的后合成 Cu^{2+} 替换反应[图 3-19(c)][80]。将 HKUST-1 和 PMOF-2 原合成 MOF 浸泡在 $Cu(NO_3)_2·2.5H_2O$ 的甲醇溶液中时，常温下 MOF 框架上的 Zn^{2+} 就可以直接被 Cu^{2+} 替换。实验发现，Zn-HKUST-1 中 Cu^{2+} 置换 Zn^{2+} 的效率与溶液浓度成正比，但无法完全转化，最大离子替换率约为 56%，而且反应具有不可逆性。溶剂对金属离子的替换也有明显影响，使用 DMF 为溶剂时，Cu^{2+} 替换速率就远远低于甲醇溶液中的替换。与 Zn-HKUST-1 不同，Zn-PMOF-2 中可以实现 Cu^{2+} 离子的完全替换。在性质影响方面，Zn 基 HKUST-1 和 PMOF-2 在 70℃ 抽真空活化过程中均不稳定，孔道发生坍塌，而 Cu^{2+} 替换后的 MOF 结构更加稳定，且修饰后 MOF 的 BET 比表面积与 Cu^{2+} 含量成正比。此外，Zn 基 HKUST-1 和 Zn-PMOF-2 的对比表明，金属离子的替换不仅受其 MOF 内金属节点配位环境的影响，还体现出位点选择性和表面效应，Zn-PMOF-2 上不同位点的选择性取代能够导致核-壳异质结构的形成。

K. Kim 等还报道了 MOF 在保持框架结构的完整性与单晶性的基础上，金属离子完整而可逆的后合成替换[81]。甲基取代三聚茚三甲酸与 $Cd(NO_3)_2·4H_2O$ 可形成一种类方钠石型立方网络结构 [图 3-19（d）]。该 MOF 中金属离子有着异常高的稳定性与可替换性，时间依赖电感耦合等离子体原子发射光谱（ICP-AES）证实 Pb(II) 可以快速置换 Cd(II)，短短 2h 内 98% 的 Cd(II) 就可被 Pb(II) 替换。原位单晶和粉末衍射证实上述替换以单晶到单晶结构转换方式进行，框架结构未发生改变。上述金属离子替换的可逆反应同样可以进行，但可逆反应速率较慢、时间较长，24h 内仅有 50% 的 Cd(II) 离子可以被 Pb(II) 离子置换，完全可逆交换至少需要 3 周时间。此外，Cd(II) 离子还可以被 Dy(III) 和 Nd(III) 替换。

在经典的 MOF-5 中，$[Zn_4O(COO)_6]$ 簇核单元内 Zn^{2+} 可被 Ni^{2+}、Ti^{3+}、V^{2+}、V^{3+}、Cr^{2+}、Cr^{3+}、Mn^{2+} 和 Mn^{3+} 等金属离子部分取代，并获得系列杂化 MOF[82, 83]。C. K. Brozek 等将 MOF-5 浸泡在饱和 $Ni(NO_3)_2·6H_2O$ 的溶液中，无色的 MOF-5 晶体在几天的时间里即变为黄色[82]。为了达到最好的离子替换效果，他们甚至将晶体浸泡时间持续到一年。单晶衍射分析显示，替换后的 MOF 与 MOF-5 原结构基本一致，Ni^{2+} 与 Zn^{2+} 比例是 1∶3 [图 3-20（a）]。浸泡时间越短，Ni^{2+} 离子的取代率越低。将一定配比的 $Zn(NO_3)_2·6H_2O$、$Ni(NO_3)_2·6H_2O$ 和 H_2BDC 加入到 DMF 溶液中同样能得到类似的混金属 MOF-5 晶体，但是 Ni∶Zn 比例无法达到 1∶3。当原料中 Ni∶Zn 比例超过 6∶1 时，得到的是一种非 MOF-5 绿色晶体。这是由于 DMF 与 Ni^{2+} 配位形成 $(DMF)_2Ni-MOF-5$ 阻止了 Ni^{2+} 继续进入，$NiZn_3O(RCOO)_6SBU$ 只能在 MOF 晶格中被稳定。该工作展示了 MOF-5 中无机金属节点作为螯合剂在配位化学中潜在且丰富的应用前景。

在另外一例报道中，将 MOF-5 浸泡在高浓度氯化盐的 DMF 溶液中一段时间后，即可得到金属离子部分替换的 M-MOF-5（M = Ti^{3+}、V^{2+}、V^{3+}、Cr^{2+}、Cr^{3+}、Mn^{2+} 和 Mn^{3+}）[图 3-20（b）][83]。这些后合成修饰 MOF 通过常规合成路线难以制备。PXRD 证明这些材料都保留了 MOF-5 的拓扑形

---

① $1atm = 101325Pa$。

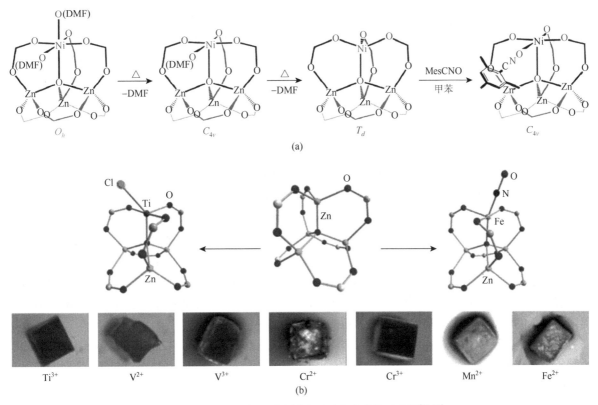

(a)

(b)

图 3-20　MOF-5 中不同金属离子后合成替换示意图[82, 83]

态。ICP-AES 和元素分析确定阳离子的取代程度和每个新的 MOF-5 类似物的分子式。进一步的探究表明 SBU 中确实发生了离子替换，而不是金属的增加。漫反射 UV-vis-NIR 光谱也证明替换发生在金属节点处。电子顺磁共振（EPR）对插入的金属离子的氧化态、配位环境以及电子结构进行了进一步的说明。金属离子替换后 MOF 的 BET 比表面积为 2393～2700m^2/g。由于替换后金属节点独一无二的配位环境和配位场特征，Cr-MOF-5 和 Fe-MOF-5 可以活化 NO 中外界电子转移。

2014 年，H. C. Zhou 等还报道了三核 Mg 基 MOF 中 Mg^{2+} 可被 Cr^{2+} 或 Fe^{2+} 取代的例子。取代后的 MOF 在空气中可自发氧化并大幅提高了比表面积（图 3-21）[84]。将原合成 PCN-426-Mg 浸泡于含有无水 FeCl$_2$ 或 CrCl$_2$ 的 DMF 溶液中时，Mg^{2+} 会被 Fe^{2+} 或 Cr^{2+} 替换，且原合成 MOF 的单晶性能

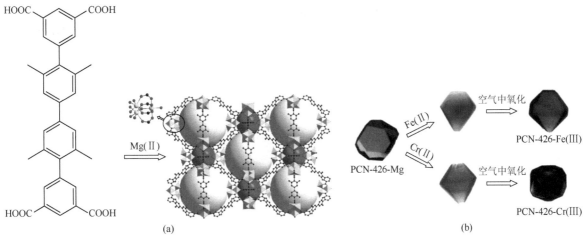

(a)　　　　　　　　　　　　　　　　　　　　　　　(b)

图 3-21　PCN-426-Mg 的后合成离子替换示意图[84]

（a）PCN-426-Mg 结构示意图；（b）后合成 Fe^{2+} 离子替换及氧化

得到很好的保持。Fe^{2+} 或 Cr^{2+} 替换后的 MOF 暴露于空气中时会与空气中的氧气发生气-固反应，二价金属离子被氧化至三价，得到框架结构不变的 PCN-426-Fe（III）。相比原合成 Mg（II）基 MOF，引入高价态 Fe(III) 后，化合物的框架稳定性大幅提高，甚至在水中都保持稳定，比表面积及气体吸附量也随之显著增大。

3.4.2　后合成有机配体替换

在后合成有机配体替换方面，2011 年，美国 W. Choe 课题组首次报道了多维 MOF 体系内的配体替换反应[85]。他们利用四（4-羧基苯基）卟啉（TCPP）和 N, N'-双（4-吡啶基）萘四羧基二酰亚胺（DPNI）混配，分别合成了具有二维柱-层结构的 PPF-18 和三维网络框架的 PPF-20。若将 PPF-18 或 PPF-20 浸泡在 4, 4'-联吡啶的乙醇或 DMF 中反应，bpy 将直接替换原 MOF 中的 DPNI 配体，得到三维柱-层结构 PPF-4 [图 3-22（a）]。有趣的是，在上述 2D 向 3D 体系的转变过程中，由于模板效应的存在，层与层之间没有发生横向位移，进而能够得到三维柱-层结构。上述后合成配体替换过程以晶态-晶态结构转换方式进行，这种固体中配体直接被替换的反应打破了 MOF 不溶于溶液的局限，为 MOF 逐步合成及功能化提供了新的途径。

在其他柱-层 MOF 体系中，也发现了类似的后合成配体替换行为。[Zn₂(tcpb)(dped)]（DO-MOF）是基于双核 Zn 基元的非穿插型柱层 MOF[72]。当引入更长的柱配体 bipy 和 abp 时，直接合成法可得到 DO-MOF 的同构化合物，但却存在二重穿插，随着柱配体增长 MOF 的孔隙率并没有明显增大。以 DO-MOF 为母体的 MOF、bipy 和 abp 都可以替换原框架中的 dped 配体，分别得到非穿插型 SALEM-3 和 SALEM-4 [图 3-22（b）][86]。这样，通过简单的后合成配体替换就实现了穿插调控。类似地，Karagiaridi 等合成了柱层 MOF-[Zn₂(Br-tcpb)(dped)]（SALEM-5），其柱配体 dped 同样可以被更长的线形双吡啶配体替换，得到系列同构化合物——SALEM-6、SALEM-7 和 SALEM-8，孔穴率及孔径随着配体延长而逐渐增大[87]。

除了上述双吡啶类配体外，双羧酸类配体也可以实现后合成替换。Cohen 等以刚性 MIL-53(Al) 和 MIL-68(In) 为母体，设计了一个十分精巧的实验验证了后合成配体替换的发生（图 3-23）[88]。实验中，他们将 MIL-53(Al)-NH₂ 和 MIL-53(Al)-Br 原合成 MOF 在 H₂O 中混合在一起，并在 85℃ 下保温 5 天。随后，对 500 颗晶体进行气溶胶飞行时间质谱（ATOFMS）分析表明，56% 的晶体同时观察到了 Br 和 NH₂ 修饰配体的信号，剩余晶体中包括 36% 的未反应的 MIL-53(Al)-NH₂ 和 7% 的 MIL-53(Al)-Br。在另一 MIL-68(In) 体系中，也观察到类似的现象，只是混合配体晶体的比例略低（42%）。上述结果说明实验过程中确实发生了后合成配体替换。作为对比实验，将 MIL-101(Cr)

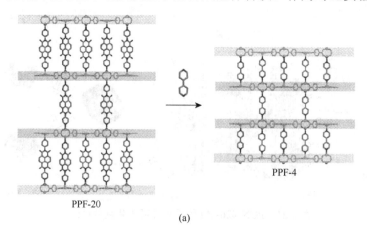

PPF-20　　　　　　　PPF-4

(a)

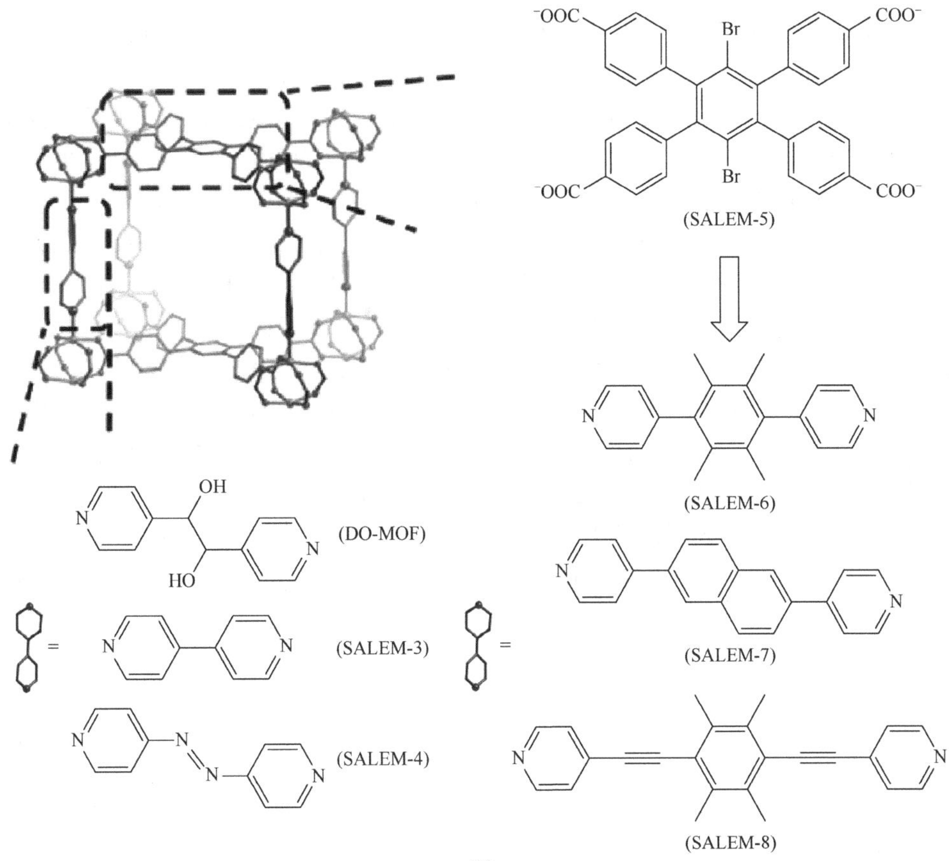

(b)

图 3-22 柱-层金属有机框架的后合成配体替换示意图[85-87]

（a）PPF-20 向 PPF-4 结构转变示意图；（b）DO-MOF 及 SALEM 系列结构后合成替换示意图

浸泡在含有 2-溴-对苯二酸的水溶液中，并类似地在 85℃下保温 5 天。结果表明，MIL-101(Cr)的晶态保持良好，但其消解液的 ^{1}H NMR 谱却无法检测到 2-溴-对苯二酸的信号，说明无法发生后合成配体替换。因此，对后合成配体替换而言，MIL-101(Cr)比 MIL-53(Al)和 MIL-68 (In)展现出更高的框架稳定性而难以发生替换。

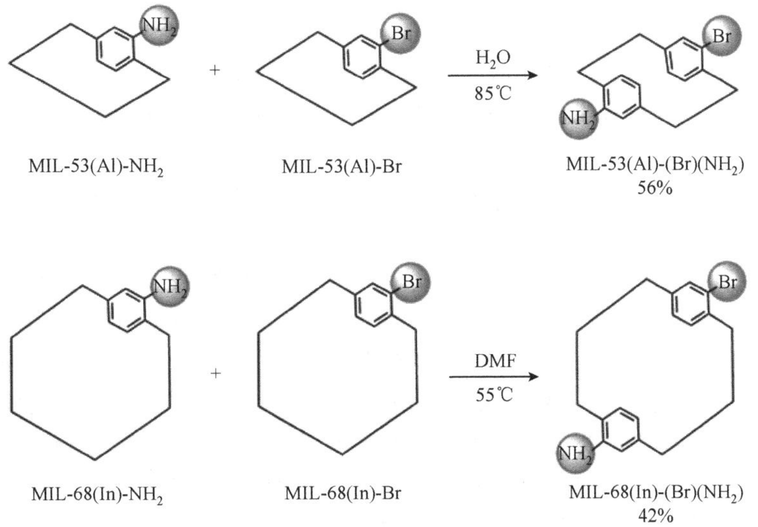

图 3-23 MIL-53（Al）及 MIL-68（In）在水/溶剂热条件下配体替换示意图[88]

框架稳定性非常高的 UiO-66 也能发生配体替换。Pullen 等将一种结构与[Fe-Fe]产氢酶类似的质子还原催化剂[Fe-Fe](dcbdt)(CO)$_6$（dcbdt = 2, 3-二巯基-1, 4-苯二甲酸）引入对苯二酸配体上[89]。随后，通过后合成配体替换，这一修饰后配体可以替换 UiO-66 骨架上的原羧酸配体。尽管替换反应主要发生在晶体表层，在乙酸缓冲溶液中，以[Ru(bpy)$_3$]$^{2+}$和抗坏血酸分别作为光敏剂和牺牲剂，含有[Fe-Fe](dcbdt)(CO)$_6$基团修饰的 UiO-66 能大幅提高光催化产氢速率以及产氢量。

上面两个例子中，主要是同等长度不同官能团的 1, 4-对苯二酸之间的替换。实际上双羧酸配体进一步增长时，后合成替换也能够定量发生。N. L. Rosi 等报道了 Bio-MOF 中联苯二酸配体可被更长的线形双羧酸取代得到同构 MOF 并提高孔穴率和比表面积的例子（图 3-24）[90, 91]。[Zn$_8$(ad)$_4$(ndc)$_6$(OH)$_2$]（Bio-MOF-100）是基于八核 Zn 簇的混合配体型介孔 MOF，其具有直径达 2.8nm 的三维贯穿介孔孔道，比表面积和孔隙率分别达 4300m^2/g 和 4.3cm^3/g[90]。显然，如果将配体进一步变长的话，将得到孔穴尺寸更大的同构 MOF。然而，类似合成条件下将配体延长并不能得到目标 MOF。后合成替换解决了这一难题，从配体最短的 Bio-MOF-101 出发，可以通过逐步替换配体的策略得到 Bio-MOF-100、Bio-MOF-102 和 Bio-MOF-103 系列 MOF[91]。替换后 MOF 的体积还随着配体增长而相应变大。随后，这一 MOF 体系孔径可以调节为 2.1～2.9nm，比表面积也由 2704m^2/g 增加至最大 4410m^2/g。

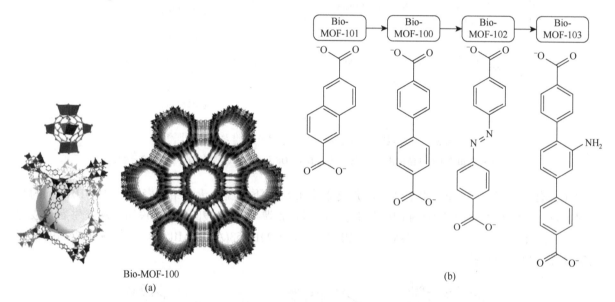

图 3-24　Bio-MOF-100 的后合成配体替换[90]

（a）Bio-MOF-100 结构示意图；（b）逐步后合成配体替换结构调控

近期，H. C. Zhou 课题组选用 PCN-700 为母体 MOF，利用逐步后合成配体替换实现多组分混合配体 MOF 的构筑（图 3-25）[92]。PCN-700 是一个基于 Zr$_6$O$_4$(OH)$_8$(H$_2$O)$_4$ 簇的八连接 MOF，其六核 Zr 基簇中含有端基配位 OH$^-$/H$_2$O，可以被羧酸替换。PCN-700 结构中存在两种不同尺寸的孔穴，孔穴 A 和 B 中相邻 Zr$_6$ 簇间最近氧原子距离分别约 16.4Å 和 7.0Å，因此为两种不同羧酸配体的引入提供了机会。与此同时，原合成 MOF 中配体两个苯环有一定旋转空间，使得母体框架具有一定柔性和自调整适应引入配体的可能。双羧酸 BDC（6.9Å）和 Me$_2$-TPDC（15.2Å）的尺寸与母体 MOF 中孔穴匹配，能够被引入 PCN-700 骨架。将 PCN-700 依次浸泡在 H$_2$BDC 和 H$_2$Me$_2$-TPDC 的 DMF 溶液中，并在 75℃下保温 24h。两步反应后 MOF 的单晶性仍旧保持。对产物 PCN-703 的晶体结构分析表明，每一个 Zr$_6$ 簇采用 11 连接模式与 8 个原 Me$_2$-BPDC 配体、2 个新引入 H$_2$BDC 和 1 个新引入 Me$_2$-TPDC 配体配位。进一步研究还发现，配体引入顺序对产物 MOF 的结构有很大影响。如果改变

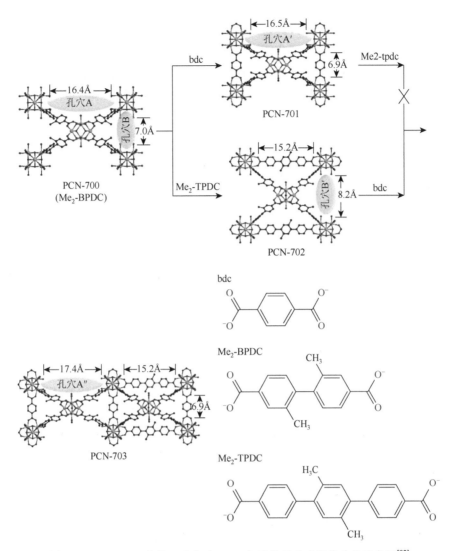

图 3-25 PCN-700 结构、孔穴（pocket）及其后合成配体替换示意图[92]

H$_2$BDC 和 H$_2$Me$_2$-TPDC 引入次序，第一步 BDC 可以引入 PCN-700 中得到 PCN-701。然而，PCN-701 中孔穴 A 尺寸变小至 16.5Å，导致 Me$_2$-TPDC 难以进入，也就无法得到 PCN-703。值得注意的是 PCN-703 中含有三种不同配体，是一例典型的多组分 MOF。这样，通过分步后合成替换，就实现了多组分 MOF 的构筑。

Farha 等还报道了 ZIF 的后合成配体替换[93]。[Cd(eim)$_2$]（CdIF-4）是以 Cd^{2+} 离子为节点，具有 rho 拓扑的沸石咪唑框架，其具有孔径约 6.7Å 和 9.6Å 的孔穴，BET 比表面积达到 1658m^2/g[图 3-26（a）]。尽管如此，2-乙基咪唑（eim）配体上乙基的巨大空间位阻，使得孔穴窗口急剧减小，限制了其应用。如果将 2-位乙基替换成更小的官能团将增大孔穴窗口尺寸。将 CdIF-4 浸泡于含有过量 2-硝基咪唑（nim）或 2-甲基咪唑（mim）的 DMF 溶液中，并在 100℃下保温 48h 后，^{1}H NMR 分析结果表明 eim 完全被 nim 或 mim 替换，得到同构化合物 CdIF-9 和 SALEM-1。进一步研究发现，通过后合成配体替换，CdIF-4 与 SALEM-1 间可以发生可逆转变，CdIF-4 和 SALEM-1 各自也都能转变至 CdIF-9，但 CdIF-9 却无法转变至 CdIF-4 和 SALEM-1。具有 sod 拓扑的[Zn(mim)$_2$]（ZIF-8）分别浸泡在含有咪唑（im）的正丙醇溶液及含 eim 的甲醇溶液中时，也可以发生类似的后合成配体替换，相应得到 SALEM-2 和 ZIF-eim [图 3-26（b）][94]。咪唑和 eim 各自的最大替换率分别为 85% 和 20%。在原 ZIF-8 中，由于甲基的位阻，其动态孔穴窗口几乎可以忽略。而在后合成替换得到的

SALEM-2 中，孔穴窗口增大至 2.9Å。这一窗口尺寸的变化对相应吸附性质有巨大影响。将
SALEM-2 和 ZIF-8 浸泡在动力学直径分别为 4.3Å、6.0Å、6.1Å 的正己烷、环己烷、甲苯中时，
SALEM-2 可以直接吸附这三种有机分子，而 ZIF-8 仅仅对尺寸最小的正己烷有吸附作用。类似地，
具有 *rho* 拓扑的[Zn(dcim)$_2$]（ZIF-71）也能发生后合成替换，原框架中 35%的 4,5-二氯咪唑能够被
4-溴咪唑替换。

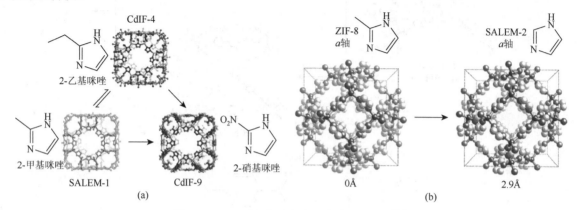

图 3-26　ZIF 型框架后合成配体替换示意图[34]

（a）CdIF-4、SALEM-1 与 CdIF-9 间结构转变示意图；（b）ZIF-8 向 SALEM-2 结构转变示意图

　　S. M. Cohen 等报道了一种简单的通过溶剂热生长法在氟掺杂氧化锡玻璃基板上制备 UiO-66 膜
的方法[95]。该膜有着较高的结晶度和强健性，厚度可通过改变溶液中 ZrCl$_4$ 和 H$_2$BDC 间的比例来调
整。采用后合成配体交换法，在室温下将 UiO-66 膜放于 20mmol/L 的[FeFe](dcbdt)(CO)$_6$ 水溶液中24～
72h，用大量的甲醇冲洗，随后在空气中自然干燥，处理后的膜均匀无缝。通过扫描电子显微镜（SEM）
表征，发现了 UiO-66-[Fe-Fe](dcbdt)(CO)$_6$ 膜的表面呈现大小相同的微粒（0.5～2μm）且微粒形状明
显。PXRD 进一步证实了膜有着较高的结晶度和纯度。FTIR 和 UV 光谱的表征结果证实了
[Fe-Fe](dcbdt)(CO)$_6$ 与膜之间存在化学键。循环伏安法测试表明20μm 厚度的 UiO-66-[Fe-Fe](dcbdt)(CO)$_6$
膜不显示电化学性能，但是当膜的厚度在 2～5μm 时，Fe-MOF 在溶液中显示出了很好的电化学响应。
UiO-66 膜的强黏附性和强度为合成各种功能化固体薄膜提供了良好的机会。

3.5　串联后合成修饰

　　对于部分框架稳定性高的体系，通过合理的反应路线设计，可以将共价后合成修饰、配体后合
成修饰以及后合成替换等综合使用，也就是串联后合成修饰。这种多步连续修饰，可以实现结构逐
步改良，在 MOF 多层次功能调控方面非常有意义。

　　在曾明华等的研究工作中就采用这一策略分别实现了多层次吸附调控和逐级磁调控。他们以三官能
团配体构筑了孔道内壁含未配位羟乙基官能团的特殊 MOF-[Zn$_3$(L)$_2$(OH)$_2$]·6H$_2$O ［图 3-27（a）][96]。其
在三个空间方向均有彼此贯穿的一维纳米孔道，羟乙基支链基团悬挂于（110）和（110）两个方向
孔道的内壁上。低温（120℃）热处理时，MOF 的客体水分子被完全去除。进一步在高温（250℃）
下处理样品时，孔道内的羟乙基发生晶相-晶相热消除脱水反应，生成 C＝C 双键。这一后合成热
消除反应以定量转换方式进行，羟乙基完全转变为 C＝C 双键，也就是实现了 MOF 整体的结构修
饰。进一步研究还发现，新生成的 C＝C 可以与溴反应，但由于双键溴加成后 MOF 孔道窗口被阻
塞，导致第二步溴化后合成修饰主要在表面进行。随后，利用气体、溶剂及碘分子等多种探针跟踪

监测了孔道与窗口、活性官能团等变化后的吸附-解附、负载-去载行为的后续效应，进一步验证了双键的整体调控以及溴化对 MOF 的表明修饰效果。与此同时，在这一工作中，作者还发现后合成消除生成的双键配体为首次报道。由于液相体系内羧基更易热分解，该化合物难以通过有机化学方法直接合成。因此，利用配位网络对配体部分官能团的保护和稳定作用，后合成消除将是选择性控制配体的多官能团竞争有机反应的潜在方法。

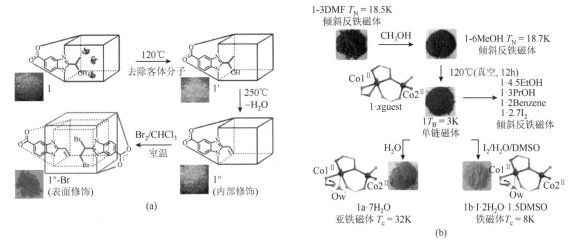

图 3-27　串联后合成修饰实例[96, 97]

（a）热诱导后合成消除及后合成溴化串联后合成修饰；（b）柱-链金属有机框架通过串联后合成修饰实现逐级磁调控

此外，曾明华等还以 $[Co_3^{II}(pybz)_2(lac)_2]\cdot3DMF$（pybz = 4-pyridyl benzoate，lac = lactate）为母体，研究了其串联后合成修饰磁调控［图 3-27（b）］[97]。原合成化合物为双 π 墙柱-链型 MOF，孔穴率为 43.9%，具有孔径为 10.8Å 的一维孔道，Langmuir 比表面积达 1050m²/g。由于 $[Co_3^{II}(lac)_2]^{2+}$ 柱基元内存在强磁交换，原合成化合物是典型磁性 MOF。原合成 MOF 以晶态-晶态结构转换方式经溶剂替换后，能得到含不同客体的溶剂化 MOF-$[Co_3^{II}(lac)_2(pybz)_2]\cdot x$ guest（xguest = 6MeOH；4.5EtOH；3PrOH；$2C_6H_6$；$2.7I_2$）。这些 MOF 呈倾斜反铁磁性，但不同溶剂对磁倾斜角有一定影响。通过热处理完全去除客体分子后得到 $[Co_3^{II}(lac)_2(pybz)_2]$，磁行为转变为单链磁体。将去客体的 MOF 浸泡在 H_2O 中化合物发生配位取代得到 $[Co_3^{II}(pybz)_2(lac)_2(H_2O)_2]\cdot7H_2O$，化合物呈现亚铁磁性。而将去客体的 MOF 浸泡在含有氧化剂 I_2 的 DMSO/H_2O 混合溶剂中时发生 Co^{2+} 选择性氧化生成 $[Co^{III}Co_2^{II}(pybz)_2(lac)_2(H_2O)_2]I\cdot2H_2O\cdot1.5DMSO$，呈现铁磁性。晶体学、拉曼光谱、吸附等系列表征表明客体替换及去除对结构无明显影响，而水交换和碘部分氧化则伴随柱基元内金属中心配位环境的改变。柱基元作为同金属拓扑亚铁磁链，链间磁交换 J' 对不同状态 MOF 的磁性起决定作用。含客体 MOF 中 $J'<0$ 呈反铁磁性，去客体 MOF 中 $J'=0$ 呈单链磁性，水配位取代 MOF 中 $J'>0$ 呈铁磁性，而碘氧化则导致链内四配位钴位点磁矩翻转进一步稳定铁磁态。这样，通过上述串联后合成修饰就在同一 MOF 体系内实现了倾斜反铁磁体、单链磁体、亚铁磁体及铁磁体四种磁基态的逐级调控。

　　S. R. Wilson 等利用点击反应串联后合成修饰实现对 MOF 晶体表面选择性结构调控也很好地体现了串联后合成修饰的优越性（图 3-28）。他们利用含炔烃官能团的双吡啶和双羧酸配体混配合成了一例基于 Paddle-Wheel 双核锌基元的穿插型 MOF[98]。有机配体上的炔基连接着三甲基硅烷（TMS），对炔基起到保护作用。将 MOF 晶体浸泡在含有氟化四丁基铵的四氢呋喃溶剂中时，起炔基保护作用的 TMS 基团在碱作用下除去，使炔基暴露。由于四丁基铵阳离子尺寸大，难以进入孔道内部，仅仅在晶体表面的 TMS 会被去除，得到内外官能团不同的"核-壳"结构。晶体表面的炔基与叠氮溴化乙锭再次反应后，表面得到进一步修饰。由于是表面修饰，MOF 内部的微孔结构几乎不受影响，经过两次表面后修饰后 MOF 的实测 BET 比表面积（480m²/g）和孔径尺寸（5.0Å）与母体 MOF（510m²/g 和 5.1Å）非常接近。此外，原合成 MOF 由于含有 TMS 基团而疏水，通过点击反应在表面引入亲水性的聚乙二醇，化合物则由疏水型转变为亲水型。

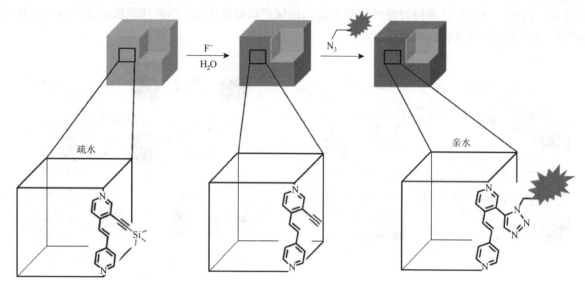

图 3-28　利用点击反应实现金属有机框架连续表面修饰及亲水/疏水性调控[98]

　　S. M. Cohen 课题组将后合成替换与配位后合成修饰结合，在 UiO-66 体系内实现了串联后合成修饰[99, 100]。在 UiO-66 配体上引入双巯基后再进行 Pd²⁺ 配位，能够实现催化性质加载。具有双巯基修饰的 UiO-66 通过直接合成法难以获得，但是将 UiO-66 置于含巯基取代的对苯二酸的水溶液中并进行加热处理后，原来的对苯二酸会被巯基取代配体直接替换，形成 UiO-66-(SH₂)₂（图 3-29）。其结构中带有双配位基的硫醇邻苯二酚结构提供了平台来获得孤立位点并且易获得不饱和的金属配位点，是很好的第二、第三过渡态金属的螯合配体。利用 UiO-66-(SH₂)₂ 与 Pd(OAc)₂ 在 CH₂CCl₂ 中进行配位反应，晶体结构不变，但大约 42% 的巯基发生金属螯合配位，生成了 UiO-66-PdTCAT。修饰后的 UiO-66-PdTCAT 在芳香性氢的烷氧基化与卤化催化反应上有着极强的选择性。

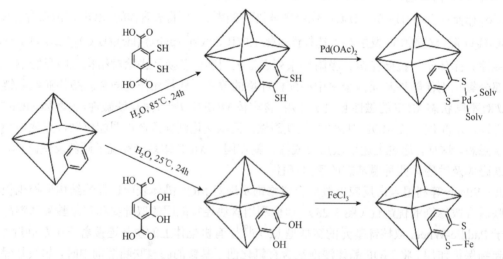

图 3-29　UiO-66 基于后合成替换和配位后合成修饰不同路径串联反应示意图

Solv 为配位溶剂分子

　　后合成替换自身也是实现串联后合成修饰的良好选择。无论是金属离子替换还是有机配体替换，目前都已有基于 MOF 母体逐步替换的实例。近期的报道还发现，对同一 MOF 体系，金属离子替换和有机配体替换都可能逐步发生[101]。ZIF-71 和 ZIF-8 各自都可以发生溶剂辅助后合成金属离子替换。将原合成 ZIF-71 和 ZIF-8 分别浸泡在 Mn(acac)$_2$ 的甲醇溶液中，并在 55℃下保温 24h 后，ZIF 框架上分别有 12% 和 10% 的 Zn^{2+} 被溶液中的 Mn^{2+} 替换。将 Mn^{2+} 替换后的 ZIF-71 和 ZIF-8 再分别浸泡在含 4-溴咪唑和 2-乙基咪唑的甲醇溶液中后，ZIF-71 中 30%、ZIF-8 中 10% 左右的配体又进一步被替换。而且，即使先进行后合成配体替换，再进行后合成金属离子替换，也能观察到类似的串联后合成修饰现象。这些发现不仅对于研究高度晶态和刚性的 ZIF 结构的化学动态十分重要，也能同时改变 MOF 的无机及有机基元组成，得到潜在的多组分或多功能材料。

3.6　国内后合成修饰研究进展

国内包括中山大学、吉林大学、厦门大学、北京大学、上海交通大学和中国科学院福建物质结构研究所等众多高校和科研院所的多个课题组也在大力开展 MOF 相关研究[102-117]。近年来，部分课题组在 MOF 的后合成修饰方面开展探索并取得了一些成果。

上海交通大学崔勇课题组对 MOF 后合成修饰实现手性催化开展了系统研究[118, 119]。他们利用分步组装法构筑了基于 Zn$_7$ 螺旋基元的微孔-介孔 MOF[118]。该化合物为 (4, 6)-连接，在 a 轴方向具有一维介孔手性孔道的三维框架（图 3-30）。六个羧基环绕形成尺度约 1.6nm×1.4nm 的六边形孔道窗口，孔道中悬挂有未配位的羧基。这些未配位的羧基可以促进吡咯烷的引入，从而实现催化性质加载。将原合成 MOF 赶空客体并浸泡在含有 (S)-2-二甲胺甲基吡咯烷（Ap）的无水 THF 两天后，晶体仍旧透明却出现明显裂纹。PXRD 比较显示，MOF 的框架结构没有明显变化。气相色谱（GC）、热重分析（TGA）和元素分析表明 MOF 与引入的吡咯烷衍生物形成了 1∶1 加合物 Ap@MOF。作者以直接羟醛缩合作为模型反应研究了 Ap@MOF 复合物的催化性质。优化条件可以发现 Ap@MOF 可以催化丙酮或环己酮与不同硝基取代苯甲醛的缩合反应。对丙酮与 4-硝基取代苯甲醛的缩合反应而言，在 Ap@MOF 催化下，室温反应 48h 后，转化率和对映体过量值 ee 分别高达 80% 和 77%；而以原合成 MOF 为催化剂时，同等条件下，转化率仅仅约 10%，而 ee 值不足 5%。在另一报道中，他们利用骨架上含有配位 V^{4+} 离子的席夫碱双羧酸配体 VOL^{COO} 及双吡啶配体 VOL^N，分别构筑出了基于 (4, 4)-格的二维薄层结构 [Zn$_2$(VOL^{COO})$_2$] 及三维柱层结构 [Cd$_2$(VOL^N)$_2$(bpdc)$_2$][119]。将 [Zn$_2$(VOL^{COO})$_2$] 浸泡在含有 (NH$_4$)$_2$Ce(NO$_3$)$_6$ 的乙腈溶液 4h 后，配体上的 V^{4+} 被氧化为 V^{5+}。修饰后的 MOF 对 4-溴苯甲醛和三甲基腈硅烷（TMSCN）的硅腈化反应显示出很强的手性诱导作用，0℃反应 48h 后，转化率和对映体过量值 ee 分别高达 94% 和 92%。特别是，在反应的整个时间段内（1~36h），ee 均稳定在 91%~92% 的高水平。而对比实验显示原合成 MOF 催化下的转化率和对映体过量值均低得多，仅仅约为 48% 和 65%。对于 [Cd$_2$(VOL^N)$_2$(bpdc)$_2$]，他们还发现其可以发生溶剂辅助配体替换反应。将 MOF 浸泡在含有铬基配位 CrL^N 的 DMF/MeOH 溶液 60℃保温 8h 后，约 40% 的钒基 VOL^{COO} 配体会被 CrL^N 替换，进而实现对环氧化物开环反应的催化。

广西师范大学曾明华课题组对 MOF 串联后合成修饰展开了系统研究[96, 97]。他们构筑了孔道内壁含未配位羟乙基官能团的特殊 MOF。利用热消除可控实现晶相-晶相的脱水生成 C═C 双键的反应，进一步溴化进行选择性表面修饰。结合荧光、核磁、质谱、吸附等检测手段综合跟踪后合成反应修饰的逐级过程。利用气体、溶剂及碘分子等多种探针跟踪监测了孔道与窗口、活性官能团等变化后的吸附-解附、负载-去载行为的后续效应。还提出适当地利用配位网络对配体部分官能团的保护

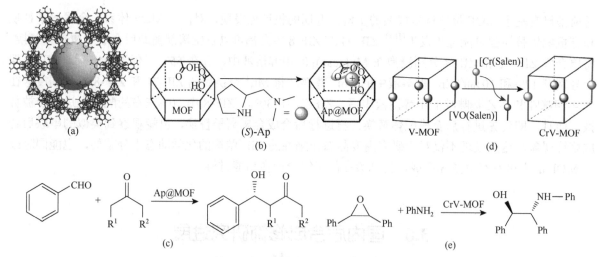

图 3-30　金属有机框架后合成修饰实现手性催化[118, 119]

（a）基于 Zn$_7$ 螺旋基元的微孔-介孔 MOF 结构示意图；（b）MOF 后合成修饰引入吡咯烷基团；（c）Ap@MOF 催化
羟醛缩合反应；（d）三维柱层 V-MOF 后合成配体替换示意图，Salen 为席夫碱配体；
（e）CrV-MOF 催化环氧化物开环反应

和稳定作用，后合成修饰是选择性控制配体的多官能团竞争有机反应的新方法。此外，针对定向构筑的高稳定、高孔洞率 Rod-Space 型纳米孔磁体，以晶态-晶态转换方式系统研究了多种溶剂对倾斜反铁磁体自旋行为的影响；通过多步串联后合成修饰（配位取代、选择性氧化）观察到四种磁行为（倾斜反铁磁体、单链磁体、亚铁磁体及铁磁体）的逐级转变。上述研究，将后合成修饰策略的性能调控延伸至微孔磁体领域，提出了利用磁学表征逆向跟踪后合成修饰完全性的新策略。

苏州大学郎建平课题组研究了光诱导下 MOF 配体上不饱和双键的后合成成环反应[120, 121]。他们利用双羧酸配体与含有两个双键的二吡啶配体混配，合成了基于四核锌基元的柱层 MOF。有趣的是，作为柱配体的一对二吡啶配体中 C＝C 双键的空间距离不到 4.0Å，能够在紫外光照射下发生[2＋2]环加成反应［图 3-31（a）］。柱配体在空间上有"异相"和"同相"两种不同排列模式，两个成对配体上双键相对位置的不同，导致双键的加成具有区域选择性[120]。当配体采用"异相"模式时一对双键发生环加成，而采用"同相"模式时，两对双键都会发生环加成反应。在近期的另一报道中，他们还发现，这种[2＋2]环加成反应在紫外光照射和微波处理两种不同条件下可以实现可逆转变［图 3-31（b）］[121]。他们构筑了基于双核 Cd 基元的手性柱-层 MOF。

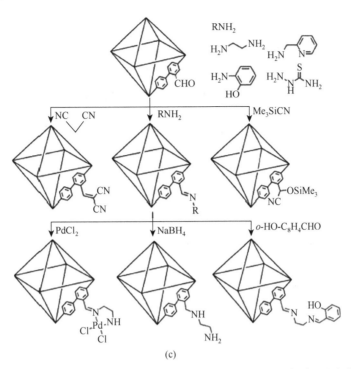

图 3-31　光诱导[2＋2]环加成反应后合成修饰示意图（a，b）及 UiO-67-CHO 串联后合成修饰示意图（c）[120-124]

类似地，两个线形双吡啶配体彼此平行排列作为柱配体，并可以发生成环反应。在紫外光照射下，双吡啶柱配体上的一对 C ＝ C 双键发生[2＋2]环加成反应形成新的四吡啶配体，同时导致原合成手性 MOF 由手性结构转变为非手性结构。将修饰后 MOF 用微波处理，新生成的六元环又会断裂，转变为原来的孤立配体。这样，就可通过紫外光及微波辐射实现了旋光开关行为的调控。

　　华东师范大学高恩庆课题组利用串联后合成修饰实现了 MOF 的催化性质调控[122,123]。他们将 —NO$_2$ 修饰的 MIL-101 首先用 SnCl$_2$ 还原，使得—NO$_2$ 转变为—NH$_2$。得到的—NH$_2$ 修饰的 MOF 再与 1,3-丙烷磺酸内酯发生开环反应，从而在配体上引入—SO$_3$H 基团。第二步开环反应中氨基反应并不完全，在不同反应时间和物料比下，得到的都是混合配体 MOF，其中磺酸基与氨基的比例为 0.26～0.52。结果，所得到的修饰后 MOF 实际上就是一个既具有碱性—NH$_2$ 基团，又有酸性—SO$_3$H 基团的两性催化剂。其中—SO$_3$H 和—NH$_2$ 可以分别催化串联的 Deacetalization-Knoevenagel 反应。在另一工作中，他们对醛基修饰的 UiO-67-CHO 进行了后修饰研究［图 3-31（c）］。将原合成 MOF 与丙二腈、伯胺及 Me$_3$SiCN 反应，可分别实现双氰、亚胺及单氰基的引入。这些基团还可以再次发生反应。例如，丙二腈基 MOF 还可以与 PdCl$_2$ 反应，进而在配体上引入配位 Pd^{2+} 离子。伯胺还能被硼氢化钠还原，在 MOF 孔道内引入更长的氨基链。这些例子很好地证明了高稳定性 MIL 或 UiO 系列作为 MOF 后合成修饰前驱体的丰富变化。

　　北京理工大学王博课题组通过 MOF 后合成聚合反应实现了便捷的膜制备。他们将氨基修饰的 UiO-66-NH$_2$ 纳米颗粒与甲基丙烯酸酐反应，在配体上引入甲基丙烯酰胺基团［图 3-32（a）］[124]。进一步，将修饰所得的 UiO-66-NH-Met 纳米颗粒与甲基丙烯酸丁酯（BMA）单体，以及光引发剂苯基双（2,4,6-三甲基苯甲酰基）氧化膦混合，悬浊液转移至聚四氟乙烯模具中并用紫外光照射数分钟。随后弹性的 MOF 复合薄膜可以轻易地从模具上剥离，从而得到弹性的独立膜。这种后合成修饰聚合策略，将 MOF 晶体与柔性高分子链直接键连形成 MOF/高分子杂化膜，赋予了 MOF 很好的加工性及柔性。同时，这种方法也很好地避免了 MOF 晶体的聚合，并克服了 MOF 与高分子聚合物相容性低的问题。由于增强了 MOF 颗粒与高分子链之间的作用力，制备所得的独立弹性膜没有裂纹，结构也非常均匀，展现出对水中重金属 Cr^{VI} 离子的超级分离能力。另一工作中，他们通过后合成修饰在 MOF 中实现了丙二腈基团的引入，进而实现了 H_2S 检测及氨基酸识别［图 3-32（b）］[125]。ZIF-90 的咪唑配体上含有未配位的醛基，可以进行进一步的共价后修饰。将用机械研磨法制备的 ZIF-90 浸泡在含有丙二腈的甲苯溶液中搅拌 48h 后，醛基与丙二腈发生 Knoevenagel 缩合反应，从而实现 MOF 孔道中双氰基官能团的引入。这一过程中，MOF 的晶态保持不变，大约 1/3 的醛基发生了反应，修饰后 MN-ZIF-90 的颗粒直径约 150nm。由于分子内光诱导电子跃迁，孔道内通过双键与框架键连的双氰基官能团，能够通过分子内光诱导电子跃迁猝灭 ZIF-90 主体框架的荧光。由于 $α,β$-不饱和丙二腈对硫醇类化合物敏感，硫醇可能导致双键断裂，从而使得 ZIF-90 的荧光得以恢复。基于这一原理，MN-ZIF-90 可以在检测及分析领域中加以应用。将 MN-ZIF-90 浸泡在 H_2S 的溶液中后，其紫外光谱蓝移 7nm，表明分子中共轭双键断裂。与此同时，加入一倍当量的 H_2S 时，荧光强度大概可以提高 3.3 倍。由于荧光强度与 H_2S 浓度呈线性关系，从而可以实现 H_2S 的实时在线监测。此外，MN-ZIF-90 还能对含有巯基的半胱氨酸实现检测。

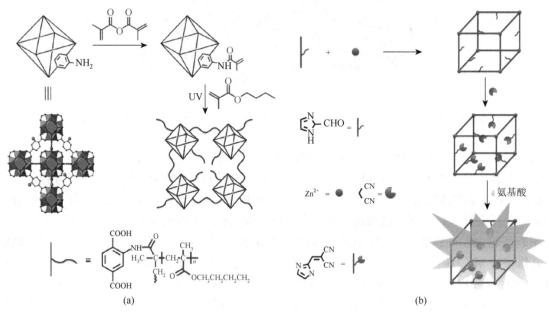

图 3-32　利用后合成修饰制备金属有机框架与高分子复合膜[124, 125]

（a）氨基修饰 UiO-66-NH₂ 纳米颗粒与甲基丙烯酸酐反应制备 MOF 薄膜；（b）ZIF-90 后合成修饰丙二腈基团及光检测示意图

复旦大学李巧伟课题组通过后合成修饰方法在 MOF 中实现了规则缺陷的引入以及多组分 MOF 的制备[126]。他们首先利用 4-吡唑甲酸（PyC）与 Zn^{2+} 在溶剂热下合成了类 MOF-5 化合物[$Zn_4O(PyC)_3$]。将[$Zn_4O(PyC)_3$]于室温下浸泡在水中一段时间后，MOF 的框架结构保持不变，但 1/4 的金属离子及 1/2 的配体却从框架上离去，形成了含缺陷 MOF-[$Zn_3\square_1(OH)(PyC)_{1.5}\square_{1.5}(OH)(H_2O)_{3.5}$]·$(PyC)_{0.5}$（□＝缺陷）（图 3-33）。这一结构修饰后，MOF 的单晶性仍很好保持。结构分析表明，修饰后 MOF 的 SBU 从原来的 $Zn_4O(COO)_6$ 和 Zn_4ON_{12} 分别变为 $Zn_3(OH)N_6$ 和 $Zn_3(OH)(COO)_3$，每一个三核 SBU 通过三个互相垂直的配体连接而形成 srs 拓扑网。在这一结构转变过程中，在水的影响下，四核 SBU 上的一个 Zn^{2+} 离子，同时伴随框架上一半配体的离去，而水分子随之与金属离子配位达到配位饱和。需要指出的是，金属及配体离去后缺陷的规则性与反应时间有很大关系。当反应时间较短时，消除反应进行不完全，结构中的缺陷随机分布。而反应时间过长，三维框架将不复存在而形成二维结[$Zn(PyC)(H_2O)$]。要形成规则金属及配体缺陷，必须在合适的时间窗口内实现最大量的金属及配体消除，同时又保证框架的稳定存在。修饰后具有缺陷的 MOF 的孔穴率明显增大，其可以吸附原合成 MOF 无法吸附的尺寸过大的吖啶红。此外，修饰后 MOF 的金属及配体缺陷还可以引入金属离子（Zn^{2+}、Co^{2+}）或配体（CH_3-PyC、NH_2-PyC）实现完成三维框架的恢复，形成系列多组分 MOF。

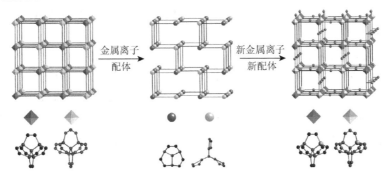

图 3-33　利用后合成修饰实现规则缺陷引入及后合成金属离子/配体加成[126]

　　山东师范大学董育斌课题组使用 MOF 后合成修饰实现了三相转移催化剂的制备[127]。他们利用含有咪唑、吡啶及羧酸混合官能团的弯曲型配体合成了具有一维正方形孔道的三维 MOF。其中咪唑上的一个氮原子未配位，暴露于孔道中，它可以进行进一步的后合成修饰连接线形烷基链 [图 3-34（a）]。将原合成 MOF 浸泡在含有溴代十二烷或溴代丙烷的乙腈溶液中，在 80℃下反应一段时间后，MOF 晶态结构基本不变，而烷基链被直接键连到孔道中的裸露 N 原子上。定量分析表明，十二烷及丙烷链修饰 MOF 各自的产率分别为 64.4% 和 70.1%，实现了较高的转化。修饰后 MOF 中既含有亲水的咪唑鎓盐，同时又含有高度疏水的烷基链，因此具有两亲性，倾向于停留在溶液/溶液交界面，进而稳定水-有机乳胶。实验证明，修饰后 MOF 能够进行亲核取代反应。例如，在十二烷基修饰 MOF 催化下，溴代丁烷的叠氮化反应的转化率和选择性分别可以达到 95% 和 100%，实现了很好的反应催化和立体控制。

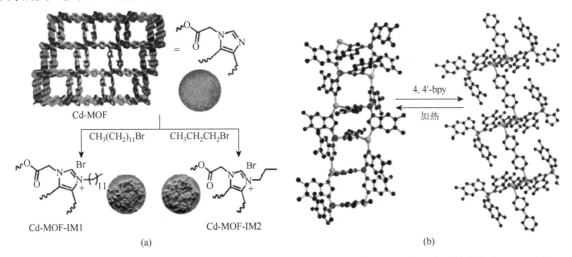

图 3-34　（a）金属有机框架后合成修饰三相转移催化剂的制备示意图；（b）配体及热诱导的 BIF-36 与 BIF-37 可逆结构转变示意图[127, 128]

　　中国科学院福建物质结构研究所张健课题组近期报道了配体诱导的可逆结构转变[128]。他们将硼原子连接的三角形苯并咪唑配体，4, 4′-联吡啶和 CuI 溶解在 DMF/CH_3CN/2-氨基丁醇混合溶液中进行溶剂热合成，100℃下反应 2 天后，得到一例不含 4, 4′-联吡啶配体的梯状结构化合物 BIF-36 [图 3-34（b）]。将 BIF-36 在母液中室温保存 2 个月后，原来无色的 BIF-36 晶体自发变为一种蓝色晶体 BIF-37。尽管 BIF-37 仍是链状化合物，其结构较 BIF-36 已发生巨大变化。BIF-37 中 4, 4′-联吡啶参与配位，金属离子的价态由 BIF-36 中的 + 1 价变为 + 2 价，同时配位模式也由平面三角形转变为三角双锥。这一结构转变过程能够可逆进行。将 BIF-37 连同母液在 100℃条件下加热 8h 后，BIF-37 又能转变为 BIF-36。此外，作者还发现 BIF-36 向 BIF-37 的结构转变与 O_2 和 2-氨基丁醇有很大关联。没有 O_2 存在或使用甲醇、乙醇、正丙醇等其他溶剂时，结构转换无法发生。

　　同济大学闫冰课题组通过 MOF 后合成修饰实现了发光性质的加载与调控[129-131]。他们选用 MOF-253 为母体化合物，由于其配体为 2, 2′-联吡啶衍生双羧酸且两个吡啶氮原子均未配位，可以利用配位后合成修饰的方式引入稀土金属离子。将原合成的 MOF-253 纳米颗粒浸泡在含有 Eu^{3+}、Tb^{3+}、Sm^{3+} 的乙腈溶液中并在 65℃下加热 24h 后，稀土金属离子与联吡啶基团配位实现稀土引入。这种后合成配位之后，配体既可以固定引入的稀土金属，又可以起到光敏化作用。修饰后的稀土 MOF 可以发出各种稀土的特征荧光信号。由于配体对这些金属离子没有明显选择性，通过调控溶液中稀土离子浓度及比例，就能在 MOF 中获得各种需要的稀土组成，通过不同稀土特征光谱的混合，从而实现光调控。同样以 MOF-253 为母体，通过稀土离子配位后合成修饰及分布组装，他们还实现了发光单层膜的制备。在另一报道中，他们对孔道中含有未配位羧基的 MIL-121 展开了类似的后合成修饰。引入 Eu^{3+} 离子与羧基配位，修饰后 MOF 通过荧光增强效应能对 Ag^+ 实现高敏感、高选择性识别。

3.7　后合成修饰的影响因素

　　MOF 后合成修饰发展至今，累计已有 300 余篇相关文献报道。簇基、柱-层、柱-链等各种结构拓扑都已有成功后合成修饰的实例。共价后修饰、配位后修饰、后合成替换三种典型类别各自都已有了一些特点鲜明的工作。尽管如此，相比数以千计的各种结构类型的 MOF，已进行的后合成修饰探索仍是其中极少数，并且大多集中在 IRMOF、UiO-66、MIL-53、MIL-101 等少数体系[27-34]。要拓展后合成修饰的应用范围，关键是要判断一种 MOF 是否有可能进行后合成修饰以及可能进行哪种后合成修饰，这就需要对后合成修饰的影响因素及规律进行总结，从而为后合成修饰母体 MOF 筛选、反应路线设计、反应条件确定及优化等提供良好的指引。

3.7.1　框架稳定性

　　后合成修饰要求 MOF 的框架结构在后反应过程中基本保持不变。在众多后合成修饰影响因素中，MOF 的框架稳定性显得尤其重要。高稳定性框架能够适应比较宽范围的反应条件，从而为后合成修饰探索提供更多可能。目前成功的实例较多，研究相对广泛深入的主要是一些框架稳定性较高的 MOF。最为典型的母体 MOF 包括 UiO-66、MIL-53/101、ZIF 以及 IRMOF 系列化合物。以 UiO-66 为例，线形双羧酸配体连接 Zr_6 簇金属节点拓展为三维框架，具有极大的稳定性，热稳定性高达 550℃，结构中最弱的键也就是配体苯环上的 C—C 键[132]。而且，区别于大多数 MOF 对水敏感，UiO-66 对水乃至强酸、碱都具有很高的耐受性，UiO-66 及其衍生 MOF 几乎能进行各类后合成修饰[29, 34]。ZIF 和 MIL-53/101 类结构稳定性非常突出，可以进行反应条件非常苛刻的后合成修饰。Yaghi 等对 ZIF-90 直接以 $NaBH_4$ 进行还原，醛基可以高产率地转变为羟基[53]。氨基修饰 ZIF 型框架 ZnF(Amtaz)（Am = 氨基，taz = 三氮唑）可以与酰氯在 100℃下反应，即使副产物为强酸性 HCl，也不会破坏母体 MOF 的结构[46]。MIL-101(Cr)甚至可以在 HNO_3/H_2SO_4 混合酸中直接硝化，在配体上引入硝基并进一步转变为氨基[64]。

相比上述实例，大部分后合成修饰反应条件都相对温和，但稳定性较高的 MOF 无疑更加适合进行后合成修饰。对于共价后合成修饰、配位后合成修饰及后合成替换，由于不同反应特点，它们对 MOF 的框架稳定性的要求又有所不同。对于共价后合成修饰，主要涉及的是配体上未配位悬挂官能团，以及配体骨架双键等活性位点的有机反应，后合成修饰的反应条件主要取决于有机反应的条件[29]。因此，对母体 MOF 的基本要求是其对目标有机反应相关溶剂、原料、催化剂、反应温度等稳定，当然也需要能够耐受反应生成的酸、碱、水等副产物。配位后合成修饰主要受配位键的断裂及生成控制。对于发生于配体上的配位反应，由于配位反应条件大多比较温和，MOF 在框架稳定的前提下主要需要关注待修饰配体的旋转、倾斜等柔性特征以满足与金属离子空间的配位要求。而 SBU 上的后合成修饰，则更需要考虑 MOF 热或真空处理去端基配体过程中框架是否畸变，以及产生的活性金属位点的稳定性[39]。后合成替换过程中金属离子及有机配体部分或全部发生替换，对 MOF 的框架稳定性提出更高的要求[34]。一方面，MOF 的框架连接应足够稳定，以保证替换过程以晶态或固态结构转换的方式进行，而非 MOF 的"分解-重组"。另一方面，配位框架中配位键强度上应存在一定差异，部分强度相对较弱的配位键就可以在框架保持稳定的情况下被引入的配体替换。

3.7.2　孔穴相容性

MOF 的后合成修饰过程中各种反应物需经孔道被运输至 MOF 内部进而发生共价、配位或替换反应，因此孔穴对各种反应原料的相容性非常重要。将 DMOF-1-NH$_2$、UMCM-1-NH$_2$ 和 IRMOF-3 与不同尺寸烷基酸酐的酰基化反应对比可以很好地说明孔穴相容性对后合成修饰转化率的影响。将三种 MOF 活化后分别与线形酸酐[CH$_3$(CH$_2$)$_n$CO]$_2$O（n = 0, 2, 4, 8, 12, 18）及含支链酸酐（三甲基乙酸酐和异丁酸酐）反应，三种 MOF 均可以与各种酸酐发生后合成修饰，但不同反应转化率差异很大，这既与 MOF 框架有关，又受酸酐种类影响[133]。整体而言，UMCM-1-NH$_2$ 具有最高的反应转化率，IRMOF-3 次之，DMOF-1-NH$_2$ 最小，这恰好与它们的孔径和比表面积大小规律一致，孔径越大，反应转化率相应越高。从酸酐角度比较，随着酸酐增长尺寸变大，三个 MOF 的反应转化率都相应减小。此外，酸酐的形状对反应转化率也有很大影响。对三甲基乙酸酐，其支链最大，三个 MOF 的转化率都非常低（10%）。而对异丁酸酐，三个 MOF 间的转化率差异巨大，IRMOF-3 的转化率最高，可达 84%，DMOF-1-NH$_2$ 低至 10%，而孔穴相对最大的 UMCM-1-NH$_2$ 的转化率仅 48%。从上面的结果可以看出，母体 MOF 框架孔穴与反应原料的相容性对后合成修饰反应速率及转化率有很大影响，更高的匹配性将利于后合成修饰。

3.7.3　溶剂

MOF 的后合成修饰大多数以固-液异相反应形式进行，在反应速率、转化率等方面，固-液反应较固-气反应或者固-固反应明显具有优势。同时，MOF 在溶液中反应，晶态也能得到较好的保持，不仅便于反应过程的观察跟踪，也利于后修饰之后的 MOF 结构表征。溶剂的极性及溶解性等极大影响着后合成修饰过程中孔道内反应原料及副产物的迁移速率，进而影响反应速率及转化率。Kim 等发现，溶剂极性及配位能力对后合成配体有很大影响。对于 UiO-66 的后合成配体替换而言，不同溶剂 BDC 衍生配体的引入量为 CHCl$_3$＜MeOH＜DMF＜H$_2$O[134]。此外，配体的溶解度在不同溶剂中差异也非常大。例如，Br-BDC 在水中的溶解度小于 NH$_2$-BDC，因此，同样条件下 Br-BDC 的引入量（48%）低于 NH$_2$-BDC 的引入量（67%）。在 Zn-HKUST-1 的后合成 Cu^{2+} 替换过程中也发现了溶剂的巨大影响[80]。室温下，Zn-HKUST-1 浸泡在含 Cu^{2+} 的甲醇溶液中时，MOF 框架上约

56%的Zn^{2+}可被Cu^{2+}替换。然而，在类似条件下，将甲醇替换为DMF后，几乎观察不到明显的离子交换。如果将DMF溶液温度升高至70℃的话，原MOF的晶态又会被破坏，生成蓝色粉末状副产物。

3.7.4 反应温度

温度对各种化学反应而言都是重要的影响因素，MOF的后合成修饰显然也不例外。对共价后合成修饰而言，其反应条件主要基于溶液内的均相反应。例如，IRMOF-3与乙酸酐、水杨醛、酰氯等的反应在常温下即可高产率进行，与其常规反应条件类似。然而，由于后合成修饰发生在MOF的限域孔道内，原料迁移及分子碰撞反应较溶液均相反应还是有很大的差异，部分情况下需要适当提高温度促进反应进行[29]。例如，以$CHCl_3$为溶剂，DMOF-1-NH_2与丁酸酐在室温下反应3天的转化率仍不到35%，而当反应温度提高到55℃，仅仅反应12h后产率就可以接近99%，证明了温度对后合成修饰反应的巨大影响[133]。

3.7.5 晶体尺寸

考虑到反应原料、拟引入的配体或金属离子由溶液向MOF内部的迁移以及各种反应产物自MOF内部向外部的迁移，晶体尺寸同样也将是一个值得考虑的因素。显然，晶体尺寸越小，MOF后合成修饰的速率越快，转化率越高。例如，S. Takaishi等报道了在卟啉基MOF——M1M2-RPM中，双吡啶-卟啉柱配体Zn-dipy可以被异金属M_2-dipy[M_2 = Al(Ⅲ)、Sn(Ⅳ)]配体替换[135]。在该体系中，晶体尺寸对反应转化率有很大影响。分别将原合成MOF（尺寸约0.1mm）及机械研磨后MOF（尺寸约0.01mm）浸泡在M_2-dipy的DMF溶液中。80℃下反应24h后，研磨后MOF的反应转化率达到65%。而原合成MOF的反应速率与其相比却小了很多，即使是96h后，转化率仍未达到65%的平衡态。此外，扫描电子显微镜和能谱分析（SEM-EDX）还证明晶体表面的Sn浓度远远大于晶体内部的浓度。因此，上述晶体尺寸的依赖性实验表明配体分子在孔内的迁移速率是配体替换反应的决速步骤。金属离子的替换，也可以观察到类似的现象。Zn-PMOF-2的Cu^{2+}替换在短时间内主要发生在晶体表面，12h后得到的仍是一个"壳-核"结构。反应时间延长，才可能逐步实现Cu^{2+}的完全替换[80]。

3.7.6 后合成替换影响因素

对后合成替换而言，反应涉及整个框架中金属簇核节点与配体间特定配位键的断裂和定向重组。除了上述共同影响因素之外，这些替换反应对配体的尺寸、酸碱性、热力学/动力学特征，以及金属离子的半径、价态、配位模式等还会有更高的要求。

1. 有机配体后合成替换影响因素

有机配体后合成替换是否可行在很大程度上取决于MOF中配体的热力学和动力学特征。以MOF-5为例，其BDC配体可被Br-BDC替换。Gross等计算出MOF-5配体替换过程中的吉布斯自由能变化ΔG近似于零，这一配体替换过程因此也可以被看作是溶液中配体与晶态MOF中配体的一种平衡态转变[136]。以MOF-5为母体而Br-BDC为拟引入配体，85℃反应6h和24h后，Br-BDC的引入量分别为15.2%和52.6%。以MOF-5的Br-BDC同构MOF为母体而BDC为引入配体时，类似反应条件下反应6h后的BDC的引入量达到40.7%，明显高于其可逆过程。这种替换速率上的差异与反应动力学有很大关系。对BDC

和 Br-BDC 而言，主要差异体现在配体尺寸上，这会进一步影响配体的迁移速率。Br-BDC 的尺寸略大，较 BDC 的迁移速率小。此外，Br-BDC 取代 MOF-5 框架上的 BDC 后，MOF 窗口尺寸变小，会进一步降低 Br-BDC 的迁移速率。因此，BDC 替换 MOF-5 中 Br-BDC 会具有更快的替换速率。

　　另一个对有机配体后合成替换有重要影响的因素是配体的酸度系数（pK_a）。根据酸碱质子理论，pK_a 可以衡量酸质子化能力的大小。对羧酸、咪唑、吡啶类配体而言，配体的 pK_a 值在一定程度上反映了它们与金属离子形成配位键的强弱，更高的 pK_a 值或更强的碱性一般意味着更强的配体-金属键。例如，前面提到的 CdIF-4-eim 咪唑框架体系，eim（2-乙基咪唑）和 mim（2-甲基咪唑）可以相互替换，各自也都可以被 nim（2-硝基咪唑）替换[93]。而用 eim 或 mim 替换 nim 时，CdIF-9-nim 却发生分解而无法实现可逆配体替换。这是由于 nim 相比 eim 和 mim 的 pK_a 小，碱性更弱，CdIF-9-nim 中的 Cd-N 配位键强度小于 CdIF-4-eim 和 SALEM-1-mim。因此，将 CdIF-9-nim 置于含有大量 eim 或 mim 的溶液中时，Cd-N（nim）键断裂的速度大于 Cd-N（eim/mim）键形成的速度，框架发生分解。类似地，在具有不同长度线形双吡啶柱配体的柱层 SALEM-(5-8)体系的后合成配体替换中，也观察到了碱性更强的配体优先替换[87]。

2. 金属离子后合成替换影响因素

　　金属离子后合成替换是否能发生以及替换的完整性主要取决于金属离子替换前后配位键的强弱及 MOF 框架的稳定性。由于大多数 MOF 由 3D 金属离子构筑而成，可以利用 Irving-Williams 序列对金属-配体键的强弱进行初步预测。对于 3D(Ⅱ)金属离子与含 O、N 配位原子的配体的高自旋八面体配合物而言，化合物稳定性顺序一般满足 $Mn^{2+}<Fe^{2+}<Co^{2+}<Ni^{2+}<Cu^{2+}$[30, 32, 34]。因此，最常见和典型的金属离子后合成替换类型是 Cu^{2+} 替换 MOF 中其他金属离子。

　　影响金属离子替换的因素还包括金属离子的配位模式。例如，除了受配体立体构型限制形成平面四配位模式外，Ni^{2+} 主要倾向以八面体构型配位。因此，正如实验证明，要用 Ni^{2+} 替换 MOF-5 中的四配位 Zn^{2+} 将比较困难[82]。Brozek 等证明即使将 MOF-5 长时间浸泡在含 Ni^{2+} 的溶液中，Ni^{2+} 的替换程度也不会超过 25%，也就是平均每个簇核中有一个 Zn^{2+} 能被 Ni^{2+} 替换。此外，在簇核内部，替换的 Ni^{2+} 也不是采用四配位模式，而是进一步同两个 DMF 溶剂分子配位，形成八面体构型。相对而言，Co^{2+} 更倾向于四面体配位模式。在 MFU-4l 中，其五核簇中包括两种不同配位模式的 Zn^{2+}，其中四个外围 Zn^{2+} 为四面体构型，而内部的一个 Zn^{2+} 为八面体构型[137]。因此，MFU-4l 仅仅是外围的四配位 Zn^{2+} 被 Co^{2+} 替换，替换后 MOF 中 Co：Ni 摩尔比为 4：1。

　　另一个影响金属离子后合成替换的因素是金属离子进入 MOF 内部的难易程度，金属离子在 MOF 中的迁移速率往往会极大程度地影响其后合成替换速率。因此，MOF 必须具有能够容纳溶液中金属离子进入且自由迁移的孔道。例如，MFU-4l 具有约 9.2Å 的孔，能够发生 Co^{2+} 替换；而其类似结构 MFU-4 的孔穴非常狭小，仅仅 2.5Å，Co^{2+} 无法进入也无法发生替换反应[137]。此外，孔道柔性也利于金属离子的进入。对上述提及的 Zn-HKUST-1 和 Zn-PMOF-2 而言，他们都基于 Paddle-wheel 双核 Zn 结构基元且 Zn^{2+} 能被 Cu^{2+} 替换。尽管如此，Zn-HKUST-1 中配体均苯三酸相对较小且刚性，即使替换时间长达 3 个月，也仅有 56% 的 Zn^{2+} 被 Cu^{2+} 替换，而对基于更长且柔性更大的 tdpeb 配体的 Zn-PMOF-2 而言，三天内 Zn^{2+} 即可被 Cu^{2+} 完全替换[80]。

3.8　后合成修饰的表征方法

　　MOF 经过后合成修饰之后，尽管框架基本不变，但其化学组成、孔穴大小、孔壁环境等一般会发生巨大变化。特别是，以异相反应形式发生在 MOF 内部限域空间内的后合成修饰，大部分反应进行得都不够彻底，而且不同反应条件下反应速率及转化率也有极大差异，导致形成的产物往往是化学组成及结构上都非常复杂的混合体系[27-34]。为了精细阐明后合成修饰对结构及功能的影响，往往需要综合使用各种表征技术手段。

3.8.1 共价后合成修饰表征方法

共价后合成修饰的主要表征方法包括 X 射线粉末/单晶衍射、质谱、核磁共振谱、红外光谱、元素分析等。X 射线单晶/粉末衍射是晶态材料结构分析中最直接有效的手段，能够有效揭示化合物结构的细节信息。在共价后合成修饰中，结合形貌观察并通过不同反应时间段产物的粉末衍射跟踪一般能够验证 MOF 的晶态保持情况，并排除 MOF "分解-重组" 的可能性。目前报道的共价后合成修饰几乎都提供了反应前后的粉末衍射对比数据作为前提性表征之一。对于部分母体 MOF 稳定性高，反应条件比较温和的体系，后合成修饰之后，MOF 单晶态也可以得到很好保持。但相对粉末衍射而言，单晶衍射表征很少进行，这主要是因为：①母体 MOF 结构已知，反应仅仅发生在配体局部，粉末衍射信息已足够人们了解框架变化情况；②共价后合成修饰使用的母体 MOF 大多数是 MIL-53/101、UiO-66 等类别结构，原合成化合物多为微晶，难以进行单晶衍射测试；③由于大多数共价后合成修饰并非完全转换，导致修饰后孔道内官能团 "无序" 现象严重，不利于进行单晶衍射分析。因此，在已报道的实例中，我们发现单晶衍射分析多用于少数光诱导的环加成反应，以及热、光诱导后合成消除反应中，这主要是由于此类体系中 MOF 晶态好，反应可定量转变等[63, 120]。

除结构表征之外，共价后合成修饰更需要重点表征的是配体局部官能团发生的变化。因此，红外光谱、质谱及核磁共振谱等常规有机表征方法对此十分有效。红外光谱适合进行有机官能团的鉴定，而且后修饰固态产物无需特殊处理就可直接压片测试，因此被广泛应用。例如，在 "点击反应" 中，叠氮与炔基反应生成三氮唑，叠氮基团在 $2100cm^{-1}$ 处有特征红外吸收峰，随着反应进行，其强度明显降低，可反映后修饰进行的程度［图 3-35（a）][52]。此外，由于有 $C=O$、$C=N$、$C-N$、$-NH$、$-OH$、$-SH$、$-SO_3H$ 等各类官能团的引入，精细红外光谱也可以提供丰富的反应信息。

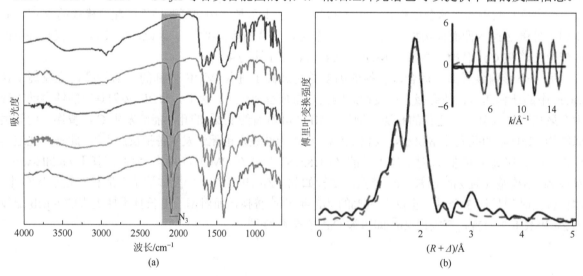

图 3-35 （a）利用红外光谱进行点击反应后合成修饰中—N_3 基团鉴定；
（b）利用 EXAFS 确定 MOF-253 中 Pd^{2+} 配位环境[52, 73]

除红外光谱之外，由于灵敏度高，质谱也适于对修饰后配体的定性分析。将修饰后 MOF 消解后的母液进行质谱分析，通过目标产物配体的特征质谱峰基本就可以判断后合成修饰是否成功。根据

MOF 金属离子配位特点及配位键强弱，常用的消解试剂包括酸、碱及螯合试剂等。其中稀盐酸最为常用，可以消解 IRMOF-3、IRMOF-9、MOF-16、MIL-68(In)、DMOF 等在内的大多数 MOF。在更苛刻的条件下，即使框架稳定性更高的一些 MOF 也可以被消解。例如，用热浓盐酸可以分解 PCN-58/59，使用 HF 可以分解 UiO-66，用 40wt% NaOH 或 5wt% HF 可以分解 MIL-53/101[29]。

除上述定性鉴定之外，还需借助核磁共振谱确定各种后修饰反应的转化率。由于适合定量分析，液态 ^{1}H NMR 谱在此类表征中应用尤为广泛。通常方法为利用氘代 HCl、HF、NaOH 等消解 MOF，随后对修饰前后的 MOF 消解液进行配体定量比较。例如，在—NH$_2$ 修饰 MOF 的酰基化、烷基化和缩合等过程中，新生成的官能团通常含有特征氢信号，适于定量分析。此外，还可以利用时间依赖 ^{1}H NMR 谱对不同反应时间段的 MOF 进行分析，揭示后反应速率、转化率等进展情况。同理，由于配体组成发生巨大变化，固态 ^{13}C NMR 谱也能对后修饰产物进行分析。此外，对于一些不含特征氢或碳原子而难以进行核磁表征的化合物而言，也可以使用元素分析、X 射线光电子能谱分析（XPS）等方法提供辅助定量信息。例如，ZnF(Am$_2$taz) 的配体骨架上缺少氢，其与酰氯的氨基化反应转化率主要基于后修饰前后元素分析中 C、N 含量对比计算而得[46]。在 UiO-66(SH)$_2$ 及 MIL-101 的磺酸化过程中，可以利用 XPS 对磺酸基的生成进行定性和半定量分析[55]。

3.8.2 配位后合成修饰表征方法

配位后合成修饰根据发生的位置在 SBU 还是配体上，侧重的表征方法略有不同。对于发生在 SBU 上的后合成修饰，一般是在活性金属位点上引入配体，或直接发生端基配体取代反应。这类反应通常能够定量转变，且后修饰对 MOF 晶态影响较小，因此适于用单晶衍射进行分析。例如，利用 MIL-88 型 MOF 的活性金属位点进行的[2 + 2 + 2]环三聚反应，三脚架型吡啶配体引入和异烟酸引入都利用单晶衍射对修饰后 MOF 进行了表征，揭示了结构的细节变化[68]。此外，端基配体的配位常常引入配体特征官能团，为红外光谱表征建立了可能。MIL-101-Cr(Ⅲ)通过三核 SBU 配位引入脯氨酸催化位点时，1558cm^{-1}/1695cm^{-1}（—C＝O）、3189cm^{-1}/3220cm^{-1}（—N—H）处新出现的明显红外吸收峰证明了后修饰反应的进行[65]。在 NU-1000 的配位端基羟基被羧基配位取代的过程中，3674cm^{-1} 处端基配位羟基红外吸收峰的完全消失即反映了羟基被羧基完全取代[71]。

对于发生在配体上的配位后合成修饰而言主要是引入金属离子与配体上特定官能团配位。与共价后合成修饰类似，这类反应受金属离子、配体配位点、溶剂和温度等多种因素影响，转化率一般不高。如果使用单晶衍射进行研究的话，即使框架结构能确定，配体上的细节信息往往仍无法获得。这种情况下，近边 X 射线吸收光谱（EXAFS）能够提供引入的金属离子周围的配位信息。在 MOF-253 通过配位后合成修饰引入 Pd^{2+} 的报道中，修饰后 MOF 的 EXAFS 拟合数据表明 Pd^{2+} 采用平面四配位构型 [图 3-35（b）]，与配体上的两个氮原子和孔道内两个游离氯离子配位，Pd—N 和 Pd—Cl 键长分别约为 2.038（3）Å 和 2.296（1）Å[73]。在另一 UiO-66 引入[Fe-Fe](dcbdt)(CO)$_6$ 催化位点的报道中，EXAFS 也用于研究 Fe 配位环境的变化[89]。

3.8.3 后合成替换表征方法

对于金属离子或配体后合成替换而言，由于大多数能以"单晶-单晶"结构转换方式进行，单晶/粉末衍射成为最常用的表征方法之一[38, 39]。例如，在[Zn$_4$O(PyC)$_3$]的水诱导配体消除形成规则缺陷及随后的金属离子、配体引入过程中，单晶衍射不仅为修饰后 MOF 提供了非常准确的结构信息，还帮助确定了配体消除/取代机理[126]。在后合成替换条件温和、反应速率适中及 MOF 单晶态保持较好的情况下，甚至可以进行原位替换过程跟踪。W. Choe 等在研究 PPF 系列 MOF 的后合成配体替换过程就应用了原位跟踪方法[85]。他们将 PPF-18 和 PPF-20 的单晶封装在毛细管中，并在管内封存一定含 bpy 的溶液 [图 3-36（a）]。随后的时间依赖原位晶体学跟踪表明，PPF-18 的晶胞 a、b 轴不变，c 轴长却由 31.36（5）Å 逐渐缩小至 20.86（4）Å，与 PPF-27 的晶胞一致。PPF-20 也发生类似的 c 轴缩短，转变为 PPF-4 的晶胞。对于结构已知的 MOF，粉末衍射也能提供足够的信息。对于大多数后合成金属离子替换而言，由于能够替换的金属离子间价态、半径相似，替换前后粉末衍射图谱基本一致。而对于后合成配体替换而言，由于配体尺寸变化较大，粉末衍射峰可能整体向低角度或高角度移动。例如，Bio-MOF-100 向 Bio-MOF-102 和 Bio-MOF-103 的逐步替换转变过程中，配体逐渐变长，粉末衍射峰整体向低角度移动，表明孔穴率增大 [图 3-36（b）][91]。

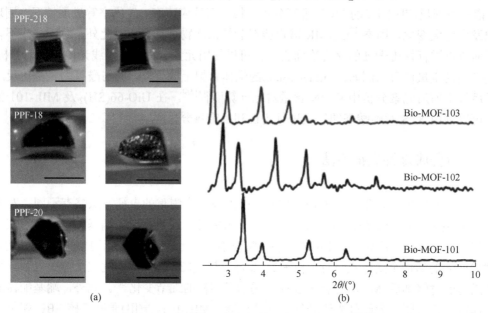

图 3-36　X 射线单晶/粉末衍射跟踪后合成修饰[85, 91]

（a）单晶衍射原位跟踪 PPF-18 和 PPF-20 后合成修饰；（b）粉末衍射跟踪 Bio-MOF-101 后合成配体替换过程

　　除结构分析之外，核磁、ICP-AES、能谱（EDS），以及原位漫反射光谱可以对配体及金属离子替换程度进行定量及定性分析。后合成配体替换的表征与共价后合成类似，主要利用 ^{1}H NMR 谱进行替换程度的定量分析。而对于后合成金属离子替换，ICP-AES 则非常有效，一种常用的表征方法是对不同替换时间的 MOF 进行 ICP 测试和比较。例如，K. Kim 等在 $Cd_{1.5}(H_3O)_3[(Cd_4O)_3(hett)_8] \cdot 6H_2O$ 的后合成金属离子替换过程中，就利用这一方法对 Pb^{2+} 替换 Cd^{2+} 及其可逆过程进行了分析 [图 3-37（a）][81]。结果表明，原合成 MOF 中的 Cd^{2+} 可以被 Pb^{2+} 完全替换，其可逆过程也可以实现完全替换，但 Pb^{2+} 替换 Cd^{2+} 的速率显著高于其可逆过程。利用这一方法，实际上可以对不同金属离子、不同溶剂及不同温度条件下的替换过程进行比较，从替换程度和替换速率两方面阐述后合成替换的内在规律。EDS 也可以对后合成金属离子替换进行半定量分析。在 PCN-246-Mg 的后合成替换过程中，EDS 表明 12h 内 PCN-426-Mg 中 87% 的 Mg^{2+} 可以被 Fe^{3+} 替换；而同等条件下 Cr^{2+} 离子的后合成替换却几乎可以忽略[84]。对于 Co^{2+}、Ni^{2+}、Cu^{2+} 等有颜色的金属离子，当其替换一些无色 MOF 时，晶体颜色同时发生明显变化，这也可以利用原位漫反射光谱进行表征。例如，在 $(DMF)_2$-Ni-MOF-5 向 Ni-MOF-5 转变过程中，晶体由淡黄色变为蓝紫色，原位漫反射光谱证实上述转变过程中 Ni^{2+} 由六配位八面体构型经过一个中间过渡态，最终转变为四配位构型 [图 3-37（b）][82]。

　　除上述方法之外，S. Cohen 等还报道了一种利用 ATOFMS 分析单颗 MOF 后合成金属离子或配体替换的方法[88]。将 MIL-53(Al)-NH_2 和 MIL-53(Al)-Br 原合成 MOF 在 H_2O 中混合在一起，并在 85℃下保温 5 天。随后，任选一颗晶体进行 ATOFMS 分析，其负离子峰既出现了溴离子的信号（$m/z = -79$ 和 -81），

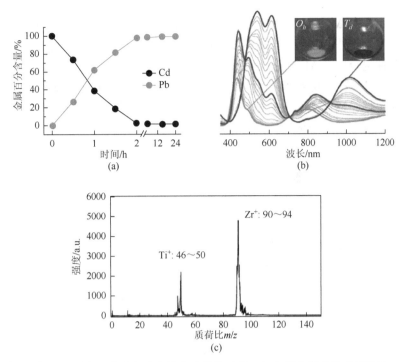

图 3-37　（a）利用时间依赖 ICP 测试跟踪后合成金属离子替换过程；（b）原位漫反射光谱跟踪 MOF-5 的后合成 Ni^{2+} 替换；（c）ATOFMS 鉴定单颗晶体后合成金属离子替换[81, 82, 84]

又有含氮原子的信号（$m/z = -26$）。特别是在 500 颗测试晶体中，大约 56% 都同时观察到了 Br 修饰配体和 NH$_2$ 修饰配体的信号，进一步证明上述实验过程中确实发生了后合成配体替换。将 UiO-66 置于 TiCl$_4$(THF)$_4$ 的 DMF 溶液中，并在 85℃下保温 5 天后，单颗晶体的 ATOFMS 谱同样出现类似的结果，可以同时观察到 Ti$^+$ 和 Zr$^+$ 的信号 [图 3-37（c）]。

3.8.4　其他表征方法

　　除了上面介绍的单晶衍射、粉末衍射、核磁共振、红外、质谱、ICP、EDS、EXAFS、XPS、元素分析等方法之外，常作为后合成修饰结果的吸附、光、磁等性质实际上也可以用于反映 MOF 的后合成修饰程度。例如，在我们报道的[Zn$_3$L$_2$(OH)$_2$]·6H$_2$O 的热诱导后合成修饰过程中，孔道内羟基热消除脱水生成 C ══ C 双键的过程可用荧光直接进行跟踪[96]。原合成 MOF 最大发射峰位于 352nm [图 3-38（a）]。120℃加热去客体后，由于框架与客体水分子间的氢键作用消失，MOF 荧光红移至 407nm。去客体 MOF 在 250℃保温处理时，最大发射峰进一步红移，1h 和 12h 后分别达到 459nm 和 490nm，12h 后最大发射峰再无位移。这种荧光发射峰的逐步红移源于孔道内羟甲基官能团脱水生成 C ══ C 双键与配体苯并咪唑环共轭后跃迁能级降低。因此，荧光出峰位置反映了双键生成率，也就是反映了后合成修饰进行的完整程度。相比将 MOF 消解后进行定量核磁分析，这种通过荧光变化直接跟踪后反应的方法不仅非常简单，而且还不用破坏修饰后 MOF，对类似体系有一定借鉴意义。后合成金属离子替换中，一种常见的功能优化是提升部分柔性不稳定 MOF 框架的稳定性和吸附性能。由于 MOF 框架稳定性与替换的稳定金属离子的含量有关，MOF 气体吸附性质的跟踪也能反映 MOF 后合成金属离子替换进行的程度。例如，Zn-PMOF-2 热稳定性差，样品活化后无明显氮气吸附能力，但 Cu^{2+}完全替换 Zn^{2+}后框架稳定性极大提高，77K 下氮气吸附量达 942cm^3/g，对应的 BET 比表面积达 3550m^2/g，接近其理论预测值 [图 3-38（b）][80]。研究同时发现，N$_2$ 气体吸附量与 MOF 中 Cu^{2+}含量成正比。Cu^{2+}部分替换样品 Cu$_{0.62}$Zn$_{0.38}$-PMOF-2 和 Cu$_{0.22}$Zn$_{0.78}$-PMOF-2 在同等条件下的

N_2 吸附量分别为 Cu_1Zn_0-PMOF-2 吸附量的 56% 和 27%。因此，根据 N_2 吸附量的大小可以判断后合成金属离子替换程度。此外，磁性与样品纯度有很大关系，对于一些磁性 MOF 来说，后合成修饰过程中样品的整体磁性也反映了 MOF 后合成修饰进行的程度。在 $[Co_3(pybz)_2](lac)_2]\cdot3DMF$ 的串联后合成修饰磁调控中，我们就发现其去客体、后合成 H_2O 配位及后合成 Co(II) 氧化过程中，充分反应后，每一单独相都体现出单一磁基态、没有磁基态的混合现象，这也就说明各个单一后合成修饰步骤都转变完全，从结果上反证了后合成修饰进行的程度[97]。

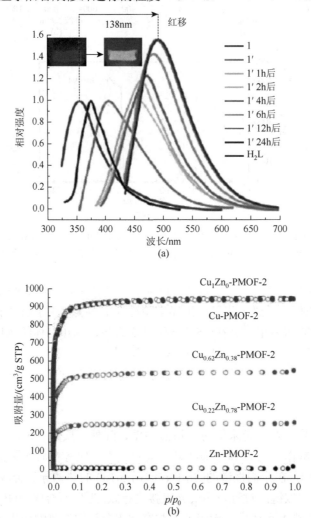

图 3-38 （a）利用荧光光谱跟踪 MOF 后合成热消除反应程度；（b）利用吸附测试跟踪后合成金属离子替换程度[80, 96]

3.9 总结与展望

后合成修饰已发展成为一种方法多样、优势突出、未来发展潜力巨大的 MOF 结构与功能调控策略。利用后合成修饰已制备出了一系列常规溶剂热直接合成难以获得的 MOF，丰富了 MOF 的结构化学和晶体工程。在结构改良上，配体及其局部官能团，金属簇核及其局部位点，乃至孔穴内客体分子或离子都可以通过后合成修饰的方法进行修饰或替换。通过后合成修饰改变配体已有官能团，引入—OH、—COOH 和—SO_3H 等特定功能性基团，乃至活性金属离子，MOF 孔穴的窗口、尺寸和孔壁环境等核心特征将随之发生极大变化。热和光等外因下后合成消除反应不仅抑制了穿插发生，还能诱导稳定自由基生成、特定位点脱水等特殊有机反应的发生。簇核内活性金属离子的配位取代利于手性催化位点的加载，还能与孔道的尺寸及立体效应协同实现孔内环加聚、配体或金属离子捕获。后合成替换则为同构 MOF 的系列化构筑提供了便捷易行的新方法。这些结构上的改良赋予 MOF 的性能极大提升及新性质的加载。吸附、催化、光、电、磁性质和离子捕获，乃至生物医学方面的应用实例已突出体现了后修饰在功能调控方面的独特优势。

尽管已有上述鼓舞人心的进展，作为仍处于研究初步阶段的后合成修饰仍有巨大的潜力有待发掘。后合成修饰在部分领域的大力拓展很有希望为应对当前 MOF 在合成化学、功能调控及构效关系研究面临的关键挑战提供一些新思路。

（1）预设官能团的定向后合成修饰。由于在配体及 MOF 合成上都易于实现，目前最常见的后合成修饰仍主要针对—NH$_2$ 开展，也有少量以—N$_3$、—OH、—SH 和—NO$_2$ 等为起始官能团的后修饰工作。这些基团能够开展的后合成修饰显然非常有限。因此，探索适于 MOF 制备且化学反应又相对丰富的预设官能团，并进行定向后合成修饰研究变得十分重要。结合有机化学反应规律，克服 MOF 制备上的困难，—C＝C、—OH、—CHO、—COOH、酮、酯和酰胺等官能团的后合成修饰将非常值得探索[25]。

（2）活性金属位点后合成引入。MOF 限域孔道内活性金属位点对吸附和催化等性质的巨大调控效应已有诸多报道。金属簇核上络氨酸等手性催化位点的引入及高效立体选择性催化也进一步证明了相关推断。相比金属簇核，配体在孔壁组成上实际占有绝对优势。但目前关于配体配位后合成修饰引入金属离子的报道十分有限。在配体上引入—OH 等单配位点，1, 4-N, N 或 1, 4-N, O 等双配位点，乃至—SO$_3^{2-}$ 和—PO$_4^{3-}$ 等多氧酸性基团，随后配体上的活性金属位点的引入将极大地改变孔壁的表面电势及化学环境，进而影响 MOF 吸附及催化等性质。

（3）后合成替换制备异拓扑 MOF。目前金属离子或有机配体后合成替换已有多例报道，并且实现了对框架稳定性和孔穴尺寸等的调控。这些通过后合成替换制备的 MOF 基本都是原母体 MOF 的同构物，这也符合 MOF 后合成修饰的基本特点。然而，近期的研究进展表明，在同一 MOF 体系内，也可以同时发生后合成配体替换和金属离子替换。特别是，MOF 还能够通过非等价配体后合成替换实现缺陷引入，SBU 随之也发生变化。因此，除同构 MOF 之外，金属离子及有机配体的混合后合成替换将有可能产生金属簇核、配体乃至拓扑结构都发生完全变化的新 MOF。尽管目前仍无实例报道，这类工作如果取得突破，将为 MOF 的合成化学提供新的机遇。

（4）串联后合成修饰及多层次调控。目前已报道的串联后合成修饰，尽管实例不多，类型也相对单一，但其优势却非常突出。首先，串联后修饰产物一般都经过两步或多步反应才能得到，直接合成法往往难以制备。更为重要的是，其能够实现 MOF 稳定性、孔穴特点和亲疏水性等的逐步和分层级调控。就此而言，两步甚至多步的串联后反应研究，为 MOF 结构从内部到表面、从表面到内部、局部或整体的连续、多样化的多层次修饰提供了可能。相比于简单的单步后修饰反应，多步串联后反应更加依赖于良好的设计思想，这也是后合成修饰未来值得大力拓展的领域。

（5）多组分杂化 MOF 制备。近年来，在 MOF 合成过程中通过多金属、多配体的竞争反应人为引入不均匀性，制备框架内含混金属或混配体的杂化 MOF（multivariate MOF）或固溶体（solid solution）受到研究者的广泛关注[138]。这类杂化物质不仅在合成、结构上有趣，还展现出性能提升或异于单一相体系的新颖性质。通过改变反应条件，后合成修饰的转化率可以得到控制，这就为多组分杂化 MOF 制备提供了可能。特别是金属离子及有机配体的后合成替换证明 MOF 结构是高度模块化的，可以通过后合成替换进行结构衍化。在单一晶态 MOF 中同时引入各种不同构筑单元，结构和功能的梯度化变化将可能打开 MOF 功能进一步拓展的新窗口。

（6）膜制备及功能化。MOF 薄膜被认为是未来 MOF 真正走向功能应用的重要材料形式[24]。但是高质量晶态 MOF 薄膜的制备在合成上面临诸多困难，在膜上引入功能性官能团也非常具有挑战性。近年来，共价后合成单体聚合，ZIF 体系多样化后合成替换等都预示着后合成修饰在 MOF 膜制备方面的巨大潜力。逐层生长（layer-by-layer grown，LBL）技术作为制备 MOF 薄膜的代表性方法，可以在众多基质上实现膜厚度、朝向、多孔性的精确控制。将后合成修饰与 LBL 技术结合将极大地促进 MOF 的膜制备研究，为推动 MOF 走向功能应用奠定基础。

对后合成修饰而言，尽管发展至今还不到十年，但巨大的进展已使之成为 MOF 合成化学及功能化中不可或缺的一个重要部分。然而，目前仍有许多工作需要拓展以完全理解和更好地应用这一方法。作为研究热点，国内外有数以百计的课题组针对 MOF 开展研究，已报道的 MOF 数以千计，且每年还不断有众多新的结构被报道。相对 MOF 大家族而言，后合成修饰实例还非常少，体系内在规律性不够明显，导致目前对后合成替换母体 MOF 的合理筛选，反应路线设计还缺乏充分依据。作为潜力巨大的新研究方向，我们期望包括中国学者在内的更多的课题组能够开展相关工作，推动这一领域的发展。此外，目前对后合成修饰多侧重于新体系、新反应路线的开发以及功能调控效应的评价。然而，后合成修饰影响因素以及内在机理方面的认识仍处于零散的实验总结及经验性判断阶段。这极大程度地制约着 MOF 后合成修饰在更广范围的推广。在丰富的研究实例基础上，深入的机理研究将至关重要。基于反应机理的更好理解及对后合成影响因素的认识，对 MOF 后合成修饰的精确控制（如后修饰位点、反应转化率、官能团空间分布与取向和金属离子分布等）也将成为可能，并促进 MOF 在功能化方面的进步。

在过去二十余年间，MOF 从无到有，其合成化学、晶体工程及相关性能研究发展十分迅速，为配位化学的进步提供了全新的观念和方法。以 MOF 的多孔特性为核心，其丰富的功能应用日益吸引了化学、物理、材料科学等诸多领域的学者展开相关探索。不同学科背景的学者针对不同分支领域的研究又极大地推动了学科交叉，并使得 MOF 逐渐覆盖了超越传统化学之外更广的学科领域。我们相信，发展潜力巨大的后合成修饰未来将在推动 MOF 发展乃至功能应用方面发挥更大的作用。

（曾明华　殷　政）

参 考 文 献

[1] Yaghi O M, Li H L, Davis C, et al. Synthetic strategies, structure patterns, and emerging properties in the chemistry of modular porous solids. Acc Chem Res, 1998, 31: 474-484.

[2] Eddaoudi M, Moler D B, Li H L, et al. Modular chemistry: secondary building units as a basis for the design of highly porous and robust metal-organic carboxylate frameworks. Acc Chem Res, 2011, 34: 319-330.

[3] Batten S R, Champness N R, Chen X M, et al. Terminology of metal-organic frameworks and coordination polymers. Pure Appl Chem, 2013, 85: 1715-1724.

[4] Kitagawa S, Kitaura R, Noro S. Functional porous coordination polymers. Angew Chem Int Ed, 2004, 43: 2334-2375.

[5] Ferey G. Hybrid porous solids: past, present, future. Chem Soc Rev, 2008, 37: 191-214.

[6] Li H, Eddaoudi M, O'Keeffe M, et al. Design and synthesis of an exceptionally stable and highly porous metal-organic framework. Nature, 1999, 402: 276-279.

[7] Stock N, Biswas S. Synthesis of metal-organic frameworks (MOFs): routes to various MOF topologies, morphologies, and composites. Chem Rev, 2012, 112: 933-969.

[8] Tranchemontagne D J, Mendoza-Cortes J L, O'Keeffe M, et al. Secondary building units, nets and bonding in the chemistry of metal-organic frameworks. Chem Soc Rev, 2009, 38: 1257-1283.

[9] Zhang J P, Zhang Y B, Lin J B, et al. Metal azolate frameworks: from crystal engineering to functional materials. Chem Rev, 2012, 112: 1001-1033.

[10] Rosi N L, Eckert J, Eddaoudi M, et al. Hydrogen storage in microporous metal-organic frameworks. Science, 2003, 300: 1127-1129.

[11] Ma S Q, Zhou H C. Gas storage in porous metal-organic frameworks for clean energy applications. Chem Commun, 2010, 46: 44-53.

[12]　Li J R，Sculley J，Zhou H C. Metal-organic frameworks for separations. Chem Rev，2012，112：869-932.

[13]　Qiu S L，Xue M，Zhu G S. Metal-organic framework membranes：from synthesis to separation application. Chem Soc Rev，2014，43：6116-6140.

[14]　Ma L Q，Abney C，Lin W B. Enantioselective catalysis with homochiral metal-organic frameworks. Chem Soc Rev，2009，38：1248-1256.

[15]　Farrusseng D，Aguado S，Pinel C. Metal-organic frameworks：opportunities for catalysis. Angew Chem Int Ed，2009，48：7502-7513.

[16]　Chen B L，Xiang S C，Qian G D. Metal-organic frameworks with functional pores for recognition of small molecules. Acc Chem Res，2010，43：1115-1124.

[17]　Cui Y J，Yue Y F，Qian G D，et al. Luminescent functional metal-organic frameworks. Chem Rev，2012，112：1126-1162.

[18]　Zhang W，Xiong R G. Ferroelectric metal-organic frameworks. Chem Rev，2012，112：1163-1195.

[19]　Kurmoo M. Magnetic metal-organic frameworks. Chem Soc Rev，2009，38：1353-1379.

[20]　Weng D F，Wang Z M，Gao S. Framework-structured weak ferromagnets. Chem Soc Rev，2011，40：3157-3181.

[21]　Horcajada P，Gref R，Baati T，et al. Metal-organic frameworks in biomedicine. Chem Rev，2012，112：1232-1268.

[22]　Kreno L E，Leong K，Farha O K，et al. Metal-organic framework materials as chemical sensors. Chem Rev，2012，112：1105-1125.

[23]　Coronado E，Espallargas G M. Dynamic magnetic MOFs. Chem Soc Rev，2013，42：1525-1539.

[24]　Czaja A U，Trukhan N，Muller U. Industrial applications of metal-organic frameworks. Chem Soc Rev，2009，38：1284-1293.

[25]　Paz F A A，Klinowski J，Vilela S M F，et al. Ligand design for functional metal-organic frameworks. Chem Soc Rev，2012，41：1088-1110.

[26]　Eddaoudi M，Kim J，Rosi N，et al. Systematic design of pore size and functionality in isoreticular MOFs and their application in methane storage. Science，2002，295：469-472.

[27]　Wang Z，Cohen S M. Postsynthetic modification of metal-organic frameworks. Chem Soc Rev，2009，38：1315-1329.

[28]　Burrows A D. Mixed-component metal-organic frameworks（MC-MOFs）：enhancing functionality through solid solution formation and surface modifications. Cryst Eng Comm，2011，13：3623-3642.

[29]　Cohen S M. Postsynthetic methods for the functionalization of metal-organic frameworks. Chem Rev，2012，112：970-1000.

[30]　Lalonde M，Bury W，Karagiaridi O，et al. Transmetalation：routes to metal exchange within metal-organic frameworks. J Mater Chem A，2013，1：5453-5468.

[31]　Brozek C K，Dinca M. Cation exchange at the secondary building units of metal-organic frameworks. Chem Soc Rev，2014，43：5456-5467.

[32]　Evans J D，Sumby C J，Doonan C J. Post-synthetic metalation of metal-organic frameworks. Chem Soc Rev，2014，43：5933-5951.

[33]　Karagiaridi O，Bury W，Mondloch J E，et al. Solvent-assisted linker exchange：an alternative to the de novo synthesis of unattainable metal-organic frameworks. Angew Chem，2014，53：4530-4540.

[34]　Deria P，Mondloch J E，Karagiaridi O，et al. Beyond post-synthesis modification：evolution of metal-organic frameworks via building block replacement. Chem Soc Rev，2014，43：5896-5912.

[35]　Kiang Y H，Gardner G B，Lee S，et al. Variable pore size，variable chemical functionality，and an example of reactivity within porous phenylacetylene silver salts. J Am Chem Soc，1999，121：8204-8215.

[36]　Seo J S，Whang D，Lee H，et al. A homochiral metal-organic porous material for enantioselective separation and catalysis. Nature，2000，404：982-986.

[37]　Wang Z Q，Cohen S M. Postsynthetic covalent modification of a neutral metal-organic framework. J Am Chem Soc，2007，129：12368-12369.

[38]　Kitagawa S，Matsuda R. Chemistry of coordination space of porous coordination polymers. Coord Chem Rev，2007，251：2490-2509.

[39]　Yin Z，Zeng M H. Recent advance in porous coordination polymers from the viewpoint of crystalline-state transformation. Sci China Chem，2011，54：1371-1394.

[40]　Yin Z，Wan S，Yang J，et al. Recent advances in post-synthetic modification of metal-organic frameworks：new types and tandem reactions. Coord Chem Rev，2019，378：500-512.

[41]　Iremonger S S，Shimizu K H，Boyd P G，et al. Direct observation and quantification of CO_2 binding within an amine-functionalized nanoporous solid ramanathan vaidhyanathan. Science，2010，330：650-653.

[42]　Zheng B S，Bai J F，Duan J G，et al. Enhanced CO_2 binding affinity of a high-uptake rht-type metal-organic framework decorated with acylamide groups. J Am Chem Soc，2011，133：748-751.

[43]　Nguyen J G，Cohen S M. Moisture-resistant and superhydrophobic metal-organic frameworks obtained via postsynthetic modification. J Am Chem Soc，2010，132：4560-4561.

[44]　Garibay S J，Wang Z Q，Cohen S M. Evaluation of heterogeneous metal-organic framework organocatalysts prepared by postsynthetic modification. Inorg Chem，2010，49：8086-8091.

[45]　Ingleson M J，Barrio J P，Guilbaud J B，et al. Framework functionalisation triggers metal complex binding. Chem Commun，2008，

2680-2682.

[46] Savonnet M, Aguado S, Ravon U, et al. Solvent free base catalysis and transesterification over basic functionalized metal-organic frameworks. Green Chem, 2009, 11: 1729-1732.

[47] Britt D, Lee C, Uribe-Romo F J, et al. Ring-opening reactions within porous metal-organic frameworks. Inorg Chem, 2010, 49: 6387-6389.

[48] Taylor-Pashow K M L, Rocca J D, Xie Z, et al. Postsynthetic modifications of iron-carboxylate nanoscale metal-organic frameworks for imaging and drug delivery. J Am Chem Soc, 2009, 131: 14261-14263.

[49] Moses J E, Moorhouse A D. The growing applications of click chemistry. Chem Soc Rev, 2007, 36: 1249-1262.

[50] Goto Y, Sato H, Shinkai S, et al. "Clickable" metal-organic framework. J Am Chem Soc, 2008, 130: 14354-14355.

[51] Delphine S M B, Bats N, Perez-Pellitero J, et al. Generic postfunctionalization route from amino-derived metal-organic frameworks. J Am Chem Soc, 2010, 132: 4518-4519.

[52] Jiang H L, Feng D, Liu T F, et al. Pore surface engineering with controlled loadings of functional groups via click chemistry in highly stable metal-organic frameworks. J Am Chem Soc, 2012, 134: 14690-14693.

[53] Phan A, Doonan C J, Uribe-Romo F J, et al. Synthesis, structure, and carbon dioxide capture properties of zeolitic imidazolate frameworks. Account Chem Rev, 2010, 43: 58-67.

[54] Burrows A D, Frost C G, Mahon M F, et al. Sulfur-tagged metal-organic frameworks and their post-synthetic oxidation. Chem Commun, 2009, 28: 4218-4220.

[55] Phang W J, Jo H, Lee W R, et al. Superprotonic conductivity of a UiO-66 framework functionalized with sulfonic acid groups by facile postsynthetic oxidation. Angew Chem Int Ed, 2015, 54: 5142-5146.

[56] Kim M, Garibay S J, Cohen S M. Microwave-assisted cyanation of an aryl bromide directly on a metal-organic framework. Inorg Chem, 2011, 50: 729-731.

[57] Yamada T, Kitagawa H. Protection and deprotection approach for the introduction of functional groups into metal-organic frameworks. J Am Chem Soc, 2009, 131: 6312-6313.

[58] Tanabe K K, Allen C A, Cohen S M. Photochemical activation of a metal-organic framework to reveal functionality. Angew Chem Int Ed, 2010, 49: 9730-9733.

[59] Deshpande R K, Minnaar J L, Telfer S G. Thermolabile groups in metal-organic frameworks: suppression of network interpenetration, post-synthetic cavity expansion, and protection of reactive functional groups. Angew Chem Int Ed, 2010, 49: 4598-4602.

[60] Lun D L, Waterhouse G I, Telfer S G, et al. A general thermolabile protecting group strategy for organocatalytic metal-organic frameworks. J Am Chem Soc, 2011, 133: 5806-5809.

[61] Sato H, Matsuda R, Sugimoto K, et al. Photoactivation of a nanoporous crystal for on-demand guest trapping and conversion. Nat Mater, 2010, 9: 661-666.

[62] Jones S C, Bauer C A. Diastereoselective heterogeneous bromination of stilbene in a porous metal-organic framework. J Am Chem Soc, 2009, 131: 12516-12517.

[63] Mir M H, Koh L L, Tan G K, et al. Single-crystal to single-crystal photochemical structural transformations of interpenetrated 3D coordination polymers by[2 + 2] cycloaddition reactions. Angew Chem Int Ed, 2010, 49: 390-393.

[64] Bernt S, Guillerm V, Serre C, et al. Direct covalent post-synthetic chemical modification of Cr-MIL-101 using nitrating acid. Chem Commun, 2011, 47: 2838-2840.

[65] Banerjee M, Das S, Yoon M, et al. Postsynthetic modification switches an achiral framework to catalytically active homochiral metal-organic porous materials. J Am Chem Soc, 2009, 131: 7524-7525.

[66] Surble S, Serre C, Mellot-Draznieks C, et al. A new isoreticular class of metal-organic-frameworks with the MIL-88 topology. Chem Commun, 2006, 284-286.

[67] Horcajada P, Salles F, Wuttke S, et al. How linker's modification controls swelling properties of highly flexible iron(III) dicarboxylates MIL-88. J Am Chem Soc, 2011, 133: 17839-17847.

[68] Zheng S T, Zhao X, Lau S, et al. Entrapment of metal clusters in metal-organic framework channels by extended hooks anchored at open metal sites. J Am Chem Soc, 2013, 135: 10270-10273.

[69] Zhao X, Bu X, Zhai Q G, et al. Pore space partition by symmetry-matching regulated ligand insertion and dramatic tuning on carbon dioxide uptake. J Am Chem Soc, 2015, 137: 1396-1399.

[70] Wei Y S, Zhang M, Liao P Q, et al. Coordination templated[2 + 2 + 2] cyclotrimerization in a porous coordination framework. Nat Commun, 2015, 6: 8348.

[71] Deria P, Mondloch J E, Tylianakis E, et al. Perfluoroalkane functionalization of NU-1000 via solvent-assisted ligand incorporation: synthesis

and CO_2 adsorption studies. J Am Chem Soc，2013，135：16801-16804.

[72]　Mulfort K L，Farha O K，Stern C L，et al. Post-synthesis alkoxide formation within metal-organic framework materials: a strategy for incorporating highly coordinatively unsaturated metal ions. J Am Chem Soc，2009，131：3866-3868.

[73]　Bloch E D，Britt D，Lee C，et al. Metal insertion in a microporous metal-organic framework lined with 2, 2'-bipyridine. J Am Chem Soc，2010，132：14382-14384.

[74]　Ma L，Falkowski J M，Abney C，et al. A series of isoreticular chiral metal-organic frameworks as a tunable platform for asymmetric catalysis. Nature Chem，2010，2：838-846.

[75]　Mi L，Hou H W，Song Z Y，et al. Rational construction of porous polymeric cadmium ferrocene-1, 1'-disulfonates for transition metal ion exchange and sorption. Cryst Growth Des，2007，7：2553-2561.

[76]　Mi L W，Hou H W，Song Z Y，et al. Polymeric zinc ferrocenyl sulfonate as a molecular aspirator for the removal of toxic metal ions. Chem Eur J，2008，14：1814-1821.

[77]　Li J P，Li L K，Hou H W，et al. Study on the reaction of polymeric zinc ferrocenyl carboxylate with Pb(Ⅱ) or Cd(Ⅱ). Cryst Growth Des，2009，9：4504-4513.

[78]　Dincă M，Long J R. High-enthalpy hydrogen adsorption in cation-exchanged variants of the microporous metal-organic framework $Mn_3[(Mn_4Cl)_3(BTT)_8(CH_3OH)_{10}]_2$. J Am Chem Soc，2007，129：11172-11176.

[79]　Wang X J，Li P Z，Liu L，et al. Significant gas uptake enhancement by post-exchange of zinc(Ⅱ) with copper(Ⅱ) within a metal-organic framework. Chem Commun，2012，48：10286-10288.

[80]　Song X K，Jeong S，Kim D，et al. Transmetalations in two metal-organic frameworks with different framework flexibilities: kinetics and core-shell heterostructure. CrystEngComm，2012，14：5753-5756.

[81]　Das S，Kim H，Kim K. Metathesis in single crystal: complete and reversible exchange of metal ions constituting the frameworks of metal-organic frameworks. J Am Chem Soc，2009，131：3814-3815.

[82]　Brozek C K，Dincă M. Lattice-imposed geometry in metal-organic frameworks: lacunary Zn_4O clusters in MOF-5 serve as tripodal chelating ligands for Ni^{2+}. Chem Sci，2012，3：2110-2113.

[83]　Brozek C K，Dincă M. Ti^{3+}-，$V^{2+/3+}$-，$Cr^{2+/3+}$-，Mn^{2+}-，and Fe^{2+}-substituted MOF-5 and redox reactivity in Cr-and Fe-MOF-5. J Am Chem Soc，2013，135：12886-12891.

[84]　Liu T F，Zou L F，Feng D W，et al. Stepwise synthesis of robust metal-organic frameworks via postsynthetic metathesis and oxidation of metal nodes in a single-crystal to single-crystal transformation. J Am Chem Soc，2014，136：7813-7816.

[85]　Burnett B J，Barron P M，Hu C H，et al. Stepwise synthesis of metal-organic frameworks: replacement of structural organic linkers. J Am Chem Soc，2011，133：9984-9987.

[86]　Bury W，Fairen-Jimenez D，Lalonde M B，et al. Control over catenation in pillared paddle wheel metal-organic framework materials via solvent-assisted linker exchange. Chem Mater，2013，25：739-744.

[87]　Karagiaridi O，Bury W，Tylianakis E，et al. Opening metal-organic frameworks: inserting longer pillars into pillared-paddle wheel structures through solvent-assisted linker exchange. Chem Mater，2013，25：3499-3503.

[88]　Kim M，Cahill J F，Fei H H，et al. Postsynthetic ligand and cation exchange in robust metal-organic frameworks. J Am Chem Soc，2012，134：18082-18088.

[89]　Pullen S，Fei H H，Orthaber A，et al. Enhanced photochemical hydrogen production by a molecular diiron catalyst incorporated into a metal-organic framework. J Am Chem Soc，2013，135：16997-17003.

[90]　An J，Farha O K，Hupp J T，et al. Metal-adeninate vertices for the construction of an exceptionally porous metal-organic framework. Nature Commun，2012，3：604.

[91]　Li T，Kozlowski M T，Doud E A，et al. Stepwise ligand exchange for the preparation of a family of mesoporous MOFs. J Am Chem Soc，2013，135：11688-11691.

[92]　Yuan S，Lu W G，Chen Y P，et al. Sequential linker installation: precise placement of functional groups in multivariate metal-organic frameworks. J Am Chem Soc，2015，137：3177-3180.

[93]　Karagiaridi O，Bury W，Sarjeant A A，et al. Synthesis and characterization of isostructural cadmium zeolitic imidazolate frameworks via solvent-assisted linker exchange. Chem Sci，2012，3：3256-3260.

[94]　Karagiaridi O，Lalonde M B，Bury W，et al. Opening ZIF-8: a catalytically active zeolitic imidazolate framework of sodalite topology with unsubstituted linkers. J Am Chem Soc，2012，134：18790-18796.

[95]　Fei H H，Pullen S，Wagner A，et al. Functionalization of robust Zr(Ⅳ)-based metal-organic framework films via a postsynthetic ligand exchange. Chem Commun，2015，51：66-69.

[96] Sun F，Yin Z，Wang Q Q，et al. Tandem postsynthetic modification of a metal-organic framework by thermal elimination and subsequent bromination: effects on absorption properties and photoluminescence. Angew Chem Int Ed，2013，52: 4538-4543.

[97] Zeng M H，Yin Z，Tan Y X，et al. Nanoporous cobalt(II) MOF exhibiting four magnetic ground states and changes in gas sorption upon post-synthetic modification. J Am Chem Soc，2014，136: 4680-4688.

[98] Gadzikwa T，Lu G，Stern C L，et al. Covalent surface modification of a metal-organic framework: selective surface engineering via CuI-catalyzed Huisgen cycloaddition. Chem Commun，2008，43: 5493-5495.

[99] Fei H H，Cohen S M. Metalation of a thiocatechol-functionalized Zr(IV)-based metal-organic framework for selective C—H functionalization. J Am Chem Soc，2015，137: 2191-2194.

[100] Fei H H，Pullen S，Wagner A，et al. Functionalization of robust Zr(IV)-based metal-organic framework films via a postsynthetic ligand exchange. Chem Commun，2015，51: 66-69.

[101] Fei H H，Cahill J F，Prather K A，et al. Tandem postsynthetic metal ion and ligand exchange in zeolitic imidazolate frameworks. Inorg Chem，2013，52: 4011-4016.

[102] Chen L，Chen Q H，Wu M Y，et al. Controllable coordination-driven self-assembly: from discrete metallocages to infinite cage-based frameworks. Acc Chem Res，2015，48: 201-210.

[103] Zhang W X，Liao P Q，Lin R B，et al. Metal cluster-based functional porous coordination polymers. Coord Chem Reviews，2015，293: 263-278.

[104] Lin Z J，Lu J，Hong M C，et al. Metal-organic frameworks based on flexible ligands (FL-MOFs): structures and applications. Chem Soc Rev，2014，43: 5867-5895.

[105] Liu Y，Xuan W M，Cui Y. Engineering homochiral metal-organic frameworks for heterogeneous asymmetric catalysis and enantioselective separation. Adv Mater，2010，22: 4112-4135.

[106] Liu J W，Chen L F，Cui H，et al. Applications of metal-organic frameworks in heterogeneous supramolecular catalysis. Chem Soc Rev，2014，43: 6011-6061.

[107] Zeng Y F，Hu X，Liu F C，et al. Azido-mediated systems showing different magnetic behaviors. Chem Soc Rev，2009，38: 469-480.

[108] Du D Y，Qin J S，Li S L，et al. Recent advances in porous polyoxometalate-based metal-organic framework materials. Chem Soc Rev，2014，43: 4615-4632.

[109] Zhang H X，Liu M，Wen T，et al. Synthetic design of functional boron imidazolate frameworks. Coord Chem Rev，2016，307: 255-266.

[110] Wang H R，Meng W，Wu J，et al. Crystalline central-metal transformation in metal-organic frameworks. Coord Chem Rev，2016，307: 130-146.

[111] Xu L J，Xu G T，Chen Z N. Recent advances in lanthanide luminescence with metal-organic chromophores as sensitizers. Coord Chem Rev，2014，273: 47-62.

[112] Wang L，Han Y Z，Feng X，et al. Metal-organic frameworks for energy storage: batteries and supercapacitors. Coord Chem Rev，2016，307: 361-381.

[113] Han Y，Li J R，Xie Y B，et al. Substitution reactions in metal-organic frameworks and metal-organic polyhedra. Chem Soc Rev，2014，43: 5952-5981.

[114] Du M，Li C P，Liu C S，et al. Design and construction of coordination polymers with mixed-ligand synthetic strategy. Coord Chem Rev，2013，257: 1282-1305.

[115] Yang G P，Hou L，Luan X J，et al. Molecular braids in metal-organic frameworks. Chem Soc Rev，2012，41: 6992-7000.

[116] Zhu H B，Gou S H. In situ construction of metal-organic sulfur-containing heterocycle frameworks. Coord Chem Rev，2011，255: 318-338.

[117] Li D S，Wu Y P，Zhao J，et al. Metal-organic frameworks based upon non-zeotype 4-connected topology. Coord Chem Rev，2014，261: 1-27.

[118] Liu Y，Xi X B，Ye C C，et al. Chiral metal-organic frameworks bearing free carboxylic acids for organocata. Angew Chem Int Ed，2014，53: 13821-13825.

[119] Xi W Q，Liu Y，Xia Q C，et al. Direct and post-synthesis incorporation of chiral metallosalen catalysts into metal-organic frameworks for asymmetric organic transformations. Chem Eur J，2015，21: 12581-12585.

[120] Liu D，Ren Z G，Li H X，et al. Single-crystal-to-single-crystal transformations of two three-dimensional coordination polymers through regioselective[2 + 2] photodimerization reactions. Angew Chem Int Ed，2010，49: 4767-4770.

[121] Hu F L，Wang H F，Guo D，et al. Controlled formation of chiral networks and their reversible chiroptical switching behaviour by UV/microwave irradiation. Chem Commun，2016，52: 7990-7993.

[122] Liu H，Xi F G，Sun W，et al. Amino-and sulfo-bifunctionalized metal-organic frameworks: one-pot tandem catalysis and the catalytic sites. Inorg Chem，2016，55: 5753-5755.

[123] Xi F G，Liu H，Yang N N，et al. Aldehyde-tagged zirconium metal-organic frameworks：a versatile platform for postsynthetic modification. Inorg Chem，2016，55：4701-4703.

[124] Zhang Y Y，Feng X，Li H W，et al. Photoinduced postsynthetic polymerization of a metal-organic framework toward a flexible stand-alone membrane. Angew Chem Int Ed，2015，54：4259-4263.

[125] Li H W，Feng X，Guo Y X，et al. A malonitrile-functionalized metal-organic framework for hydrogen sulfide detection and selective amino acid molecular recognition. Sci Rep，2014，4：4366.

[126] Tu B B，Pang Q Q，Wu D F，et al. Ordered vacancies and their chemistry in metal-organic frameworks. J Am Chem Soc，2014，136：14465-14471.

[127] Wang J C，Ma J P，Liu Q K，et al. Cd(II)-MOF-IM：post-synthesis functionalization of a Cd(II)-MOF as a triphase transfer catalyst. Chem Commun，2016，52：6989-6992.

[128] Wen T，Chen E X，Zhang D X，et al. Synthesis of borocarbonitride from a multifunctional Cu(I) boron imidazolate framework. Dalton Trans，2016，45：5223-5228.

[129] Hao J N，Yan B. Highly sensitive and selective fluorescent probe for Ag^+ based on a Eu^{3+} post-functionalized metal-organic framework in aqueous media. J Mater Chem A，2014，2：18018-18025.

[130] Lu Y，Yan B. Luminescent lanthanide barcodes based on postsynthetic modified nanoscale metal-organic frameworks. J Mater Chem C，2014，2：7411-7416.

[131] Lu Y，Yan B. A novel luminescent monolayer thin film based on postsynthetic method and functional linker. J Mater Chem C，2014，2：5526-5532.

[132] Hafizovic C J，Jakobsen S，Olsbye U，et al. A new zirconium inorganic building brick forming metal-organic frameworks with exceptional stability. J Am Chem Soc，2008，130：13850-13851.

[133] Wang Z Q，Tanabe K K，Cohen S M. Accessing postsynthetic modification in a series of metal-organic frameworks and the influence of framework topology on reactivity. Inorg Chem，2009，48：296-306.

[134] Kim M，Cahill J F，Su Y，et al. Postsynthetic ligand exchange as a route to functionalization of 'inert' metal-organic frameworks. Chem Sci，2012，3：126-130.

[135] Takaishi S，DeMarco E J，Pellin M J，et al. Solvent-assisted linker exchange (SALE) and post-assembly metallation in porphyrinic metal-organic framework materials. Chem Sci，2013，4：1509-1513.

[136] Gross A F，Sherman E，Mahoney S L，et al. Reversible ligand exchange in a metal-organic framework (MOF)：toward MOF-based dynamic combinatorial chemical systems. J Phys Chem A，2013，117：3771-3776.

[137] Denysenko D，Werner T，Grzywa M，et al. Reversible gas-phase redox processes catalyzed by Co-exchanged MFU-4l(arge). Chem Commun，2012，48：1236-1238.

[138] Deng H X，Doonan C J，Furukawa H，et al. Multiple functional groups of varying ratios in metal-organic frameworks. Science，2010，327：846-850.

4.1　引　言

　　配位聚合物是由中心金属离子（或金属簇）与有机配体通过配位键自组装形成的具有周期性重复单元的骨架化合物。由于其表现出长程有序、相对稳定的纳米尺度孔道、空间结构的多样性及可调控性、高比表面积等诸多特点，配位聚合物在催化、气体吸附和分离、金属离子检测、光电磁性能、生物药学影像等许多方面具有潜在的用途[1-18]。一般来说，配位聚合物的特定用途与其配体和中心金属拥有的功能紧密相关，因此，针对特定性质和应用的配位聚合物的功能化已经成为配位化学研究的热点，而将功能基团直接引入配位聚合物中从而使配位聚合物拥有特定性能也已成为一种趋势[19]。

　　一方面，作为配位聚合物的桥连体，功能化的有机配体常被用来构筑多功能的配位聚合物。例如，通过氟硼二吡咯［4, 4-difluoro-4-bora-3a, 4a-diaza-s-indacene（BODIPY）］-卟啉（porphyrin）合成的配位聚合物可作为天线形发光材料，因为配体中的 BODIPY 就是功能化的天线形发色团，该发色团可用来激发卟啉基团[20]。然而，利用水热或溶剂热直接合成带功能性配体的配位聚合物的例子还很少，主要原因是将特定功能基团引入到某个有机配体以后，新的反应条件（如温度、时间、溶剂、合适的金属离子等因素）的研究不仅十分耗时，而且难以获得理想的结构，这在一定程度上限制了"预先功能化"配体的应用。除使用功能化的有机配体外，功能化的配位聚合物也可以通过前驱配位聚合物的配体后合成修饰或配体交换得到[21-23]。

　　另一方面，作为构筑配位聚合物的重要组成部分，中心金属离子无疑在决定配位聚合物性能方面起到了非常重要的作用，研究表明不同中心金属离子可决定相应配位聚合物的磁交换耦合作用[24, 25]。同构配位聚合物，即拥有相同配体和结构但具有不同中心金属离子的配位聚合物，往往可展现出截然不同的性质[26, 27]，这意味着利用中心金属转换得到同构配位聚合物也是一种把功能引入配位聚合物的有效手段，特别是在排除配体和结构对性能的影响以后，将更有助于发现中心金属种类和相应配位聚合物性质的关系。配位聚合物的中心金属离子的转换通常采用两种方法：一种是在配位聚合物中插入新的金属离子节点，此方法有一定的局限性，不可预测配位聚合物的结构；二是直接合成法，这种方法更倾向于生成金属自身固定配位模式的配位聚合物，这可能也不是我们所预期的配位聚合物。在上述背景下，发展中心金属离子转换的晶态分子反应合成方法就变得更加重要了。通过配位聚合物骨架的中心金属离子转换，传统方法难以合成的功能配位聚合物材料可以被合成出来，而且这些材料在气体吸附、荧光、催化等方面的性能也得到了极大的改进和提高[28, 29]。

　　晶态下配位聚合物中心金属的转换相对来说更易预测和控制，同时转换后的单晶结构往往得以保持。由于单晶 X 射线衍射法在监测配位聚合物中心金属转化方面具有独特优势，因此，转换引入到配位聚合物特定位置的金属离子可被单晶 X 射线衍射法直接测得[30, 31]。为便于单晶 X 射线衍射法的检测，单晶到单晶是中心金属转换的最好途径。我们把配位聚合物中心金属的晶态分子反应分为三种（图 4-1）：中心金属的交换、中心金属自旋态的改变以及中心金属价态的改变[28]。

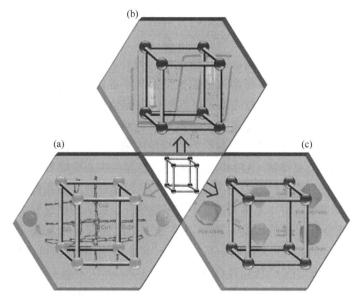

图 4-1　中心金属的交换（a）、中心金属自旋态的改变（b）及中心金属价态的改变（c）

4.2　单晶到单晶的转变和"溶剂诱导"的重结晶过程

尽管中心金属离子交换用于制备功能配位聚合物的研究在 2007 年以后才进入人们的视野，但已经成为许多化学家和材料学家的研究热点[23, 32-34]，侯红卫课题组和 Jeffey R. Long 课题组最早开展了这方面的研究工作[35, 36]。中心金属离子交换反应必然带来金属和配体配位键的旧键断裂和新键形成，在配位键的重组过程中，配位聚合物始终保持单晶状态以及完整的骨架结构。单晶状态下的中心金属离子交换可以定义为：配位聚合物的中心金属离子能够被其他外来的金属离子所取代，在取代反应过程中配位聚合物的骨架不会发生改变，并始终保持单晶状态。

当取代反应发生时，配位聚合物如何保持单晶状态和骨架不变呢？对于某些配位聚合物而言，它们在金属盐溶液中的溶解度极低，极小的溶解度不能使溶液中的配位聚合物与溶液中的金属离子发生反应。在这种情况下，溶液中的金属离子可以慢慢地吸附在配位聚合物的表面，进一步通过配位聚合物孔腔扩散到中心金属周围，并与配位原子结合，外来金属离子更强的配位能力使得中心金属离子与配体之间的配位键断开，原来的中心金属离子从骨架上解离，这就发生了称为"固态扩散机理"的转换过程，我们也称之为"单晶到单晶"的转换过程，该过程是"固体-溶液"的非均相反应过程。在这种转换中配位聚合物始终保持单晶状态，并且单晶结构在金属离子交换过程中保持不变，原来的配位聚合物骨架不坍塌。单晶到单晶转换的机理是吸附、扩散、配位、交换、解离和脱附，这种反应通常是强配位能力的金属离子取代弱配位能力的金属离子。"固态扩散机理"就是在非均相条件下，单晶态的配位聚合物中心金属与溶液中的金属离子发生交换，交换后的产物能够保持原来的骨架结构及单晶形貌，从而得到我们想要的异质同构配合物。

事实上，许多配位聚合物的单晶在溶液中都有一定的溶解度，少量溶解的配位聚合物就能与溶液中的化合物发生反应，反应的发生又促使配位聚合物的单晶进一步溶解，进一步溶解的配位聚合物又与溶液中的化合物反应，这样无限循环的反应、溶解、再反应、再溶解使得原来的配位聚合物逐渐减少，反应生成的新化合物逐渐增多，当新的化合物在溶液中达到一定浓度时，就慢慢地结晶出来，有时新生成的化合物就结晶在原来晶体的表面上，新化合物的晶体结构与原配位聚合物的结构有可能相同，也有可能不相同。由于原配聚物分解的同时伴随着新化合物的形成，新旧化合物的晶体同时存在于这个体系中，因此新化合物的单晶难以获得。这种交换过程是均相（在溶液中）反应过程，我们称其为"溶剂诱导"重结晶的转换过程。另外，考虑到在这种交换过程中，溶液中交换离子的浓度远远大于原来晶体溶解在溶液中的被交换离子的浓度，高的浓度就可以改变化合物的浓度商 Q，结果就使得具有弱配位能力的离子可以取代强配位能力的离子。

综上所述，配位聚合物发生骨架金属离子交换通常有两种情况，一种就是非均相"固态扩散机理"的单晶到单晶的转换过程[37]，另一种被称为均相反应的"溶剂诱导"重结晶交换过程[38, 39]。

侯红卫课题组利用原子力显微镜（AFM）来观察晶体在发生中心金属离子交换过程中晶体表面的纹理和深浅细微的变化，进而判断交换过程的内在机理[40,41]，这是在光学显微镜下无法观测到的。如果是单晶到单晶的转换，在转换的过程中晶体表面就不会发生变化。如果转换过程中有溶解现象发生，晶体表面凸凹和粗糙程度就会有明显的改变。例如，室温下把配位聚合物 {[Zn(OOCClH₃C₆Fc)₂(H₂O)₃]ₙ(CH₃OH)}ₙ（**1**；Fc = ferrocene）的大颗粒单晶放入 Pb^{II}/Cd^{II} 的水溶液中可分别得到部分交换产物的配位聚合物 {[Zn₀.₇₄Pb₀.₂₆(OOCClH₃C₆Fc)₂(H₂O)₃](H₂O)}ₙ（**1-Pb**）和 {[Zn₀.₈₂Cd₀.₁₈(OOCClH₃C₆Fc)₂(H₂O)₃](H₂O)}ₙ（**1-Cd**）[40]。如图 4-2 所示，从 **1-Cd** 和 **1-Pb** 晶体的原子力显微镜照片可以看到晶体表面的凸凹梯度分布都在 ±5nm 之间，交换前后晶体表面没有发生变化，都是完好的单晶表面，说明交换以单晶到单晶的方式进行。粉末衍射图也证实交换前后配位聚合物的骨架没有变化。配位聚合物 {[Cu₆(tttmb)₈(OH)₄(H₂O)₆]·8(NO₃)}ₙ[**2**；tttmb = 1, 3, 5-tris(triazol-1-ylmethyl)-2, 4, 6-trimethylbenzene]和 {[Cu₆(tttmb)₈I₃]·9I·26H₂O}ₙ（**2-R**）可发生 Cu^{2+} 与 Cu^{+} 可逆的单晶到单晶的相互转变[42]，从原子力显微镜的照片上也可以清晰地观察到在发生中心金属氧化还原过程中晶体表面的凸凹梯度分布（图 4-3），反应前后和中间态的晶体表面的凸凹梯度分布均处于 ±10nm 之间，说明在反应的过程中，单晶状态一直保持。

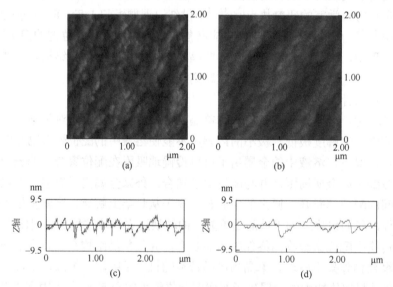

图 4-2　配位聚合物 **1-Pb**（a）和 **1-Cd**（b）的晶体表面 AFM 图及晶体表面的梯度分布 **1-Pb**（c）和 **1-Cd**（d）

另外，侯红卫课题组利用该方法对配位聚合物 {[Cu₃(μ₃-OH)(η¹:η¹:η¹:μ₃-SO₄)(tza)₃]·3CH₃OH·H₂O}ₙ（**3**；Htza = tetrazole-1-acetic acid）发生阴离子交换的过程也进行了研究[41]，发现 **3** 中配位的硫酸根离子可被氯离子完全替代。在光学显微镜下观察阴离子交换产品 **3-CuCl₂** 仍然保持单晶，大小和形状都没有发生变化，只是晶体的颜色由天蓝色变为绿色［图 4-4（a）］，这让我们从直观上推测这个阴离子交换过程可能是单晶到单晶的交换。但是，从 X 射线粉末衍射图［图 4-4（b）］上可以看到，离子交换产品 **3-CuCl₂** 的 X 射线粉末衍射图和交换前（配位聚合物 **3**）的 X 射线粉末衍射图明显不

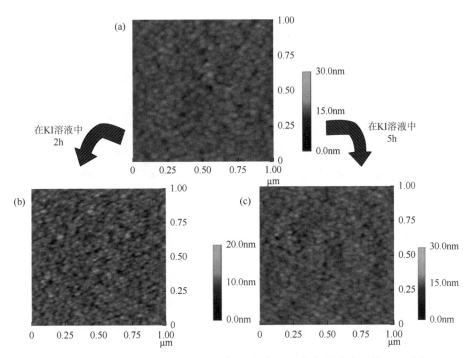

图 4-3　配位聚合物 **2**（a）、中间态（b）和 **2-R**（c）晶体表面的 AFM 图

同，这说明在发生阴离子交换后配位聚合物的结构发生了变化，预示着这个阴离子交换不是以单晶到单晶的方式进行的。为了研究这个交换机理，侯红卫课题组利用原子力显微镜监控配位聚合物 **3** 的单晶在交换过程中晶体表面的形貌特征。从原子力显微镜照片可以清楚地看出，在阴离子交换的过程中，晶体表面发生了明显的变化：交换前配位聚合物 **3** 的晶体表面非常规整，随着交换的进行，晶体表面的凸凹程度越来越明显，与交换前的单晶表面形貌明显不同。未浸泡的 **3** 的表面呈现均匀的梯度分布，而 **3** 浸泡 5min、1h、3 天的表面都出现了不均匀的、梯度分布较大的现象，说明 **3** 溶解了（图 4-5）。这就是典型的"溶剂诱导机理"的重结晶的交换过程。

图 4-4　离子交换前后配位聚合物 **3** 和 **3-CuCl₂** 的晶体照片（a）及 X 射线粉末衍射图（b）
①浸泡 5min；②浸泡 1h；③浸泡 3 天

　　另外，从 **3** 浸泡在包含 Cl⁻的甲醇-水混合溶液中 3 天后的 SEM 照片中可以看出，在大颗粒的晶体（配位聚合物 **3**）上有重新结晶的小晶体出现（图 4-6）。这也说明骨架阴离子的交换是溶解、交换、再结晶的反应机理，也就是"溶剂诱导机理"。

　　为了详细考察中心金属交换的"溶剂诱导机理"，并成功获得交换产物的晶体结构，侯红卫课题组选择 Ni 配位聚合物[Ni₄(bppdca)₂(H₂bppdca)₄(SO₄)₂(H₂O)₆]（**4**；H₂bppdca = *N, N′*-bis（pyridin-3-yl）-2, 6-pyridinedicarbox-amide）（图 4-7）的几颗较大晶体，置于 CuSO₄ 的甲醇溶液中，密封在室温下静置。一周后用肉眼可以看到绿色的晶体变成了蓝色，通过显微镜观察，原来是在绿色的晶体 **4** 表

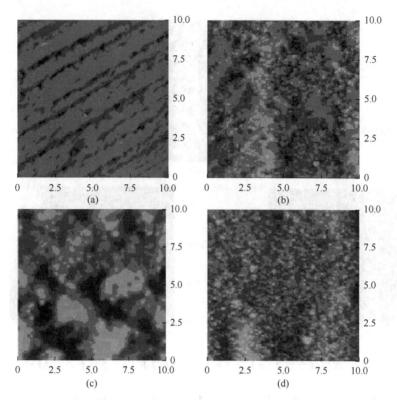

图 4-5 配位聚合物 **3** 浸泡在包含 Cl⁻的甲醇-水混合溶液中不同时间的 AFM 图谱

（a）未浸泡；（b）浸泡 5min；（c）浸泡 1h；（d）浸泡 3 天

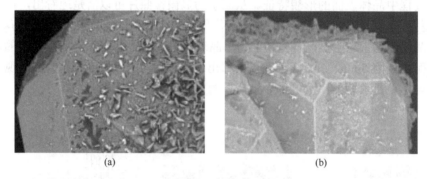

图 4-6 配位聚合物 **3** 的单晶浸泡在包含 CuCl₂ 的甲醇-水混合溶液中 3 天后的 SEM 照片

（a）（b）为不同角度拍摄

面附着了很多细小的蓝色晶体，随着时间的推移，**4** 表面的蓝色晶体逐渐变大，而 **4** 逐渐失去晶态，变得越来越小。这个过程分别用相差显微镜、扫描电镜（SEM）、能量色散 X 射线光谱仪（EDS）和原子吸收光谱仪（AAS）进行了表征，通过相差显微镜和 SEM 可以清楚地看到交换的中间状态，EDS 的结果也表明了在新长出的晶体中没有 Ni(Ⅱ)存在，金属离子全部是 Cu(Ⅱ)，同时 AAS 的结果再次印证了新晶体是 Cu(Ⅱ)配位聚合物，不含有 Ni(Ⅱ)离子。令人兴奋的是，大约两个月后新晶体长到了适合 X 射线单晶衍射的要求［新晶体 Cu 配位聚合物[Cu₁₀(H₂bppdca)₄(SO₄)₈(μ₃-OH)₄(CH₃OH)(H₂O)₄]（**4-Cu**）的结构如图 4-8 所示］。

通过 X 射线单晶衍射、扫描电子显微镜、偏光显微镜等技术，证明了"溶剂诱导机理"的交换机理，这种机理实际上就是无限的溶解、交换、结晶的过程。虽然"溶剂诱导机理"以前也有过报道，但是该工作第一次完整地描绘了整个过程，给出了更加可靠的数据（图 4-8），而且提供了最终交换产物的晶体结构[39]。

图 4-7　配位聚合物 **4** 中心金属的交换、交换后颜色变化、偏光显微镜和 SEM 照片

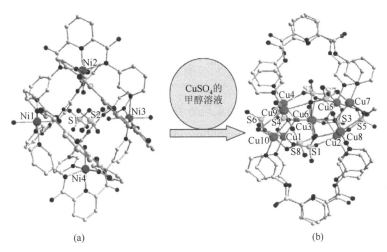

图 4-8　配位聚合物 **4** 中心金属交换前（a）、后（b）的晶体结构

4.3　一价中心金属离子交换

由于配位聚合物可以看成是羧酸的共轭碱，也就是通俗意义上的金属盐，因此外界的金属阳离子与金属盐中的金属离子进行同晶置换是可能的。虽然这个推理看似很简单，在理论上也可行，但实际发生在配位聚合物领域的中心金属离子交换现象却很少见，一价中心金属离子交换的例子则更少。2007 年，Long 课题组在观察配位聚合物 $Mn_3[(Mn_4Cl)_3(btt)_8(CH_3OH)_{10}]_2$（**5**；btt = 1, 3, 5-benzenetristetrazolate）与一价 Li^+、Cu^+ 离子反应时发现，Li^+ 离子可部分交换中心金属 Mn^{2+} 离子得到配位聚合物 $Li_{3.2}Mn_{1.4}[(Mn_4Cl)_3(btt)_8]_2 \cdot 0.4LiCl$（**5-Li**），而 Cu^+ 离子的交换可忽略不计，这可能与 Cu^+ 离子易与中心金属产生强烈排斥作用有关[36]。

侯红卫课题组在一价中心金属交换方面也做了一些尝试，基于十二核银簇大环的三维配位聚合物 $\{[Ag_2(btpd)_2](CH_3OH)(H_2O)_{0.17}\}_n$（**6**；Hbtpd = 2-butyl-3-[p-(0-1H-tetrazol-5-ylphenyl)benzyl]-1,

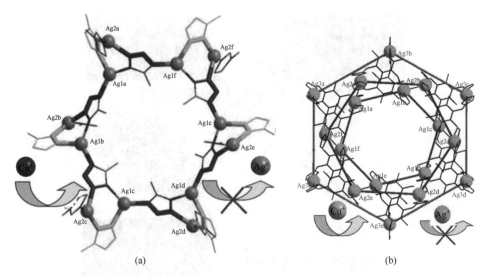

(a)   (b)

图 4-9 Cu⁺离子交换配位聚合物 **6**（a）和 **7**（b）中的 Ag⁺离子的尝试

3-diazospiro[4.4]non-1-en-4-ketone）在 10K 下表现出强烈的荧光[43]，为确定其发光机理，作者试图用一价 Cu⁺的盐溶液与 **6** 的晶体反应置换出 Ag⁺离子，但经过很长时间，依然没有观察到交换的发生［图 4-9（a）］。另一个银簇大环配位聚合物[Ag$_{18}$(tttmb)$_{12}$](NO$_3$)$_{18}$·30H$_2$O（**7**）与一价铜离子的交换依然没有成功［图 4-9（b）］[44]。这可能与溶液中缺乏自由存在的 Cu⁺离子有关，因为常见的一价铜盐 CuX（X = Cl⁻，Br⁻，I⁻，SCN⁻）溶解于四氢呋喃或乙腈溶剂时通常易形成配合物分子。

在经历两次失败后，侯红卫课题组成功实现外界 Ag⁺离子对配位聚合物[Cu$_5^{II}$Cu$_4^{I}$L$_6$]·I$_2^-$·13H$_2$O（**8**；H$_2$L = 2, 6-bis[3-(pyrazin-2-yl)-1, 2, 4-triazoly]pyridine）中的 Cu⁺离子的置换（图 4-10）[45]，为了避免形成稳定的碘化银，他们首先用 NO$_3^-$ 交换游离的 I⁻。X 射线能谱和红外光谱确认 NO$_3^-$ 完全交换了 I⁻，将得到的 {[Cu$_5^{II}$Cu$_4^{I}$L$_6$]·(NO$_3$)$_2$}·[solvent]（**8**- NO$_3^-$）晶体浸泡在 AgNO$_3$ 的乙醇/水溶液中，在暗处放置一个月得到了 Ag⁺交换的产物{[Cu$_5^{II}$Ag$_4^{I}$L$_6$]·(NO$_3$)$_2$·15H$_2$O（**8**-Ag），同时晶体的颜色由最初的棕色变为了黑色。单晶 X 射线衍射和粉末衍射证明，配聚物 **8** 的一价中心金属离子交换是一个单晶到单晶的过程，并伴随着主体框架的保持。本实例中，银离子交换一价铜离子是一个非常缓慢的过程，原因可能是相比于常见的用于中心金属离子交换的二价金属离子，银离子具有较大的离子半径，而一价铜离子在乙醇/水的溶剂中的溶解性较差，这阻碍了交换的"扩散"和"脱附"过程的进行，从而降低了交换的整体速率。

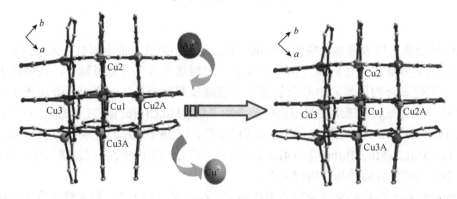

图 4-10 配位聚合物 **8** 的[3×3]栅格内中心金属 Cu⁺离子与外界 Ag⁺离子交换反应的示意图

4.4　二价中心金属离子交换

通常中心金属离子交换都是指将前驱配位聚合物的单晶置于某种金属盐的溶液中，通过溶液中金属离子与前驱配位聚合物中心金属离子在单晶状态下发生交换，实现前驱配位聚合物的后合成修饰。该合成手段出现了十余年，有 40 多篇文献报道，大部分交换反应发生在二价过渡金属如 Mn^{II}、Co^{II}、Ni^{II}、Cu^{II}、Zn^{II}、Cd^{II} 之间，中心金属离子完全交换的例子非常少[46-57]。

侯红卫课题组最早在配位聚合物领域开展中心金属离子交换的研究[35]。2008 年，他们在 *J. Am. Chem. Soc.* 上报道了[58]一个具有双链螺旋的八核铜金属大环结构的配位聚合物 $[Cu_8L_{16}]$（**9**；HL = 4'-[4-methyl-6-(1-methyl-1*H*-benzimidazolyl-2-group)-2-*n*-propyl-1*H*-benzimi-dazolyl methyl]）。当将该配位聚合物的晶体浸泡到 $Zn(NO_3)_2$ 或 $Co(NO_3)_2$ 溶液中时，原子吸收证明该金属大环的部分中心金属 Cu^{2+} 离子能够被二价的 Zn^{2+} 离子和 Co^{2+} 离子取代。虽然他们没能拿到锌取代和钴取代产物的完整单晶结构，但交换后的配位聚合物仍然是单晶状态，并且通过单晶结构测试，发现交换后配位聚合物的晶胞参数和骨架没有变化，粉末 XRD 分析也进一步证实了交换后配位聚合物仍然保持原来的骨架结构（图 4-11）。此外，他们对交换前后配位聚合物的性能也进行了比较，发现钴交换产物对氢气的吸附量是原配位聚合物对氢气吸附量的 7 倍；在抗肿瘤活性测试中，原配位聚合物的抗肿瘤活性明显好于交换产物。显然，该配位聚合物的性能在中心金属离子交换前后发生了显著的改变。

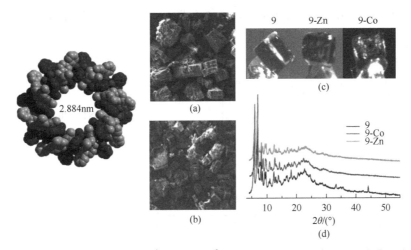

图 4-11　八核铜金属大环 **9** 及其与 Zn^{2+} 离子和 Co^{2+} 离子的交换：左图为配位聚合物 **9** 的单晶结构
（a）**9** 的 SEM 照片；（b）**9-Zn** 的 SEM 照片；（c）**9**、**9-Zn** 和 **9-Co** 单晶照片；（d）**9**、**9-Zn** 和 **9-Co** 的 PXRD

2009 年，韩国的 Kim 课题组[46]采用新颖的 C_3 对称性的乙基取代三聚茚三羧酸配体 H_3hett 与 $Cd(NO_3)_2$ 合成了一个具有立方框架的配位聚合物 $Cd_{1.5}(H_3O)_3[(Cd_4O)_3(hett)_8]·6H_2O$（**10**）。他们发现，当将 **10** 的晶体浸泡到 $Pb(NO_3)_2$ 溶液中时，晶体的颜色会发生显著的变化，由最初的无色转变为黄色（图 4-12）。ICP-AES 表明 **10** 的中心金属 Cd^{2+} 离子能够被 Pb^{2+} 离子在大概一周的时间内完全交换。非常幸运和难得的是，他们拿到了 Pb^{2+} 离子交换后的单晶结构 **10-Pb**。单晶 X 射线和粉末 X 射线衍射分析表明 **10-Pb** 具有与 **10** 相同的框架，两者存在显著区别的只是键长，Pb—O 键长要远远大于 Cd—O 键长。上述的 Pb/Cd 交换过程是可逆的，但是耗费的时间很长，大约需要 3 周 Pb^{2+} 离子才能被 Cd^{2+} 离子完全交换，交换后的结构与原始 **10** 结构也是一致的。此外，该课题组还初步探索了 Cd^{2+} 离子与稀土离子的交换，实验结果表明 Cd^{2+} 离子确实能够被稀土 Dy^{3+} 离子和 Nd^{3+} 取代。Kim 等在结论部分指出中心金属离子和外界金属离子的尺寸以及它们偏爱的配位数和配位构型似乎在交换过程中发挥了重要作用。

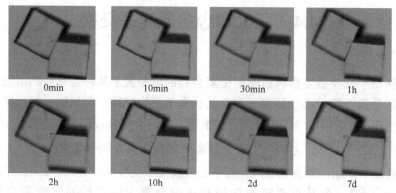

图 4-12　配位聚合物 **10** 浸泡于 Pb(NO$_3$)$_2$ 溶液中不同时间段的晶体照片

新加坡南洋理工大学的 Zhao 课题组[59]利用新颖的三氮唑羧酸配体和 Zn^{2+}离子进行自组装，合成了一个以不对称双核锌为次级构筑单元的孔洞金属有机框架配位聚合物 Zn$_2$(L)(DMF)$_3$·3DMF·3H$_2$O [**11**，**NTU-101**；H$_4$L = 5, 5′-(1*H*-1, 2, 3-triazole-1, 4-diyl)-diisophthalic acid]，该配位聚合物在活化过程中结构坍塌，因此对气体基本没有吸附作用。当配位聚合物 **11** 的晶体浸泡到 Cu(NO$_3$)$_2$ 溶液时，晶体的颜色由无色变成了鲜艳的绿色（图 4-13），原子吸收结果表明 **11** 中 80%的 Zn^{2+}离子能够被置换掉，得到 **11-Cu** 的晶体。粉末 XRD 证实 **11-Cu** 和 **11** 属于异质同构配位聚合物。较 **11** 不同的是，**11-Cu** 在 CO$_2$、N$_2$ 和 CH$_4$ 三种气体中，对 CO$_2$ 有很好的选择性吸收。上述交换过程是不可逆的，即使将 **11-Cu** 浸泡到高浓度的 Zn(NO$_3$)$_2$ 溶液中一个月，Zn^{2+}也不会将 Cu^{2+}取代。这说明 **11-Cu** 比 **11** 要稳定得多。

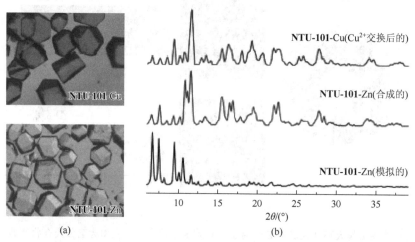

图 4-13　中心金属 Zn^{2+}离子被 Cu^{2+}离子交换前后 **11** 和 **11-Cu** 的晶体照片（a）和粉末 XRD 图（b）

上面三个例子有一个共同的特点，那就是交换前后配位聚合物的结构没有发生变化。那么是不是所有的中心金属离子交换都不会改变配位聚合物的骨架呢？美国的 Zaworotko 课题组[60]报道了这样一个实验事实。把一个包裹卟啉的微孔配位聚合物材料[Cd$_4$(bpt)$_4$]·[Cd(tmpyp)(S)]·[S]{**12**；S = MeOH 或 H$_2$O；bpt = biphenyl-3, 40, 5-tricarboxylate；H$_2$tmpyp = meso-tetra （*N*-methyl-4-pyridyl） porphine tetratosylate]浸泡到含 Cu^{2+}离子的溶液中，**12** 自身的[Cd$_2$(COO)$_6$]$^{2-}$分子构筑单元转变为新颖的四核 [Cu$_4$X$_2$(COO)$_6$(S)$_2$]单元，从而得到新的微孔骨架结构配位聚合物{[Cu$_8$(X)$_4$(bpt)$_4$(S)$_8$] (NO$_3$)$_4$·[Cu(tmpyp) (S)]·[S]}$_n$（**12-Cu**；X = CH$_3$O$^-$，OH$^-$）。该结构的晶胞体积较交换前增大了 20%，导致它的比表面积和空腔尺寸都有很大程度的增加（图 4-14）。虽然分子构筑单元在交换过程中发生了变化，但上述过程仍然是属于单晶到单晶的转变。

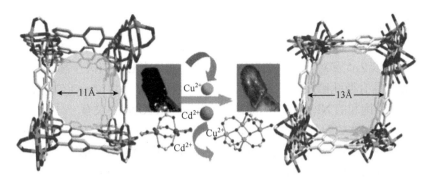

图 4-14　$[Cd_2(COO)_6]^{2-}$ 通过中心金属交换转变为一个新颖的四核 $[Cu_4X_2(COO)_6(S)_2]$ 以及交换前后晶体照片和空腔尺寸比较

中心金属离子交换不仅导致配位聚合物的结构发生变化,也可以引起外界金属离子的价态改变。2012 年,Kim 课题组[47]研究了配位聚合物 $Mn(H_2O)[(Mn_4Cl)_3(hmtt)_8]$ [**13**, POST-65(Mn); H_3hmtt = 5, 5′, 10, 10′, 15, 15′-hexamethyltruxene-2, 7, 12-tricarboxylic acid] 的中心金属离子交换行为。他们将 **13** 的晶体分别浸泡到含 $CuCl_2$、$NiCl_2$、$CoCl_2$ 和 $FeCl_2$ 的 DMF 溶液共计 12 天,ICP-AES 分析表明,**13** 中的 Mn^{2+} 离子能够被 Ni^{2+}、Co^{2+} 和 Fe^{2+} 离子完全交换,而只能被 Cu^{2+} 离子部分交换(图 4-15)。单晶结构分析指出 **13**-Ni、**13**-Cu 和 **13**-Co 与 **13** 异质同构,均以平面正方形的 $[M_4Cl]^{7+}$ 为次级构筑单元。与上述情况不同的是,Fe^{2+} 离子完全取代 Mn^{2+} 离子后,**13**-Fe 中的铁离子转变为三价,因此为了平衡电荷,在它的 SBU 中一个氢氧根离子代替了一个氯原子,形成了平面正方形的 $[Fe_4OH]^{11+}$SBU。交换前后配位聚合物的性能也发生了变化,**13**-Mn/Co/Ni/Cu 显示了反铁磁作用,而 **13**-Fe 结构中由于 μ_2-O 的存在显示了铁磁作用。此外,除 **13**-Fe 外,其他交换产物对氢气的吸附性能较原配位聚合物也都有所提高。

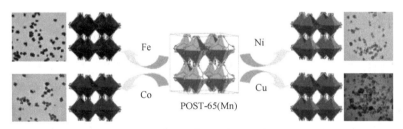

图 4-15　配位聚合物 **13** 中心金属 Mn^{2+} 与 Co^{2+}、Ni^{2+}、Fe^{2+} 和 Cu^{2+} 离子交换产物的单晶结构及其晶体照片

当交换发生时原晶体的金属配体配位键发生断裂得到中间态,中间态与扩散进入晶格内部并与配体已经配位的外界阳离子相互作用生成子晶体,同时释放出被交换的母体金属离子。显然,从反应热力学上说,外界阳离子与配体的配位作用是交换进行的主要推动力。如果外界阳离子与配体的配位作用弱于母晶体中心金属与配体的作用,那么交换反应无法进行。另外,中心金属离子交换也是一个动力学过程,外界的阳离子扩散进入母晶体内部而母晶体的中心金属离子扩散到溶液中。因此,交换过程受到外界阳离子的浓度和种类、金属离子配位构型的限制、配位聚合物孔穴尺寸、交换溶剂的选择等因素的影响[23, 32, 34]。这就使得中心金属离子交换反应往往需要较长的时间才能完成,从几天到数周不等。基于已有的文献报道,我们将影响因素总结并分为三种类型:配位构型的限制;热力学因素;动力学因素。

4.4.1　配位构型的限制

以 Ni^{2+} 为例,在含氧配体场中 Ni^{2+} 离子一般更倾向于呈现八面体的配位构型,而四面体的配位

构型往往只存在于 Ni^{2+} 离子被束缚在异常紧密的晶格或是 Ni^{2+} 离子与巨大的配体相结合的情况。Dincǎ 课题组认为将 Ni^{2+} 离子通过交换引入 MOF-5（**14**）的 Zn_4O 簇（四面体的配位构型）是非常困难的[61]。MOF-5 是指以 Zn^{2+} 和对苯二甲酸（H_2BDC）分别为中心金属离子和有机配体，它们通过八面体形式连接而成的具有微孔结构的三维骨架，其次级构筑单元为 $Zn_4O(CO_2)_6$。即使是把无色的 MOF-5（**14**）晶体置于饱和的 $Ni(NO_3)_2$ 溶液中一年之久，Zn_4O 簇中仅有一分子 Zn 被取代。并且取代后 Ni^{2+} 离子并非以四面体的配位构型存在，而是通过与两个外界的 DMF 配位实现八面体的配位构型。原晶体中的 Zn_4O 簇在 Ni^{2+} 离子取代后发生畸变，阻止了其他 Ni^{2+} 的进一步取代。类似的现象在配位聚合物 $[Zn_5Cl_4(btdd)_3]_n$（**15**；H_2btdd = bis(1H-1, 2, 3-triazolo-[4, 5-b].[4', 5'-i])-dibenzo-[1, 4]-dioxin] 中也被观察到[62]，其晶体内部五核锌簇单元存在两种相互独立的 Zn^{2+} 离子：1 个朝外采取四面体的配位构型，其余 4 个朝内采取八面体配位构型。把 **15** 晶体置于高浓度的 Co^{2+} 离子溶液并加热，发现仅有朝内并采取八面体配位构型的 Zn^{2+} 离子被交换。

2014 年，侯红卫课题组发现配位聚合物 $[Zn_4(dcpp)_2(DMF)_3(H_2O)_2]_n$｛**16**；$H_4dcpp$ = 4, 5-bis(4'-carboxylphenyl]-phthalic acid｝中的 Zn^{2+} 离子可被 Cu^{2+} 离子完全交换，但仅采取八面体配位构型的 Zn^{2+} 离子可被 Co^{2+}、Ni^{2+} 离子交换[63]。针对中心金属不止一种晶体学空间位置的情况，2013 年 Dincǎ 课题组利用同步辐射多波长异常散射（multi-wavelength anomalous dispersion，MAD）技术来确定交换后金属的位置和空间占有率[64]，利用 Mn、Fe、Cu 和 Zn 在散射效应上的差异，并借助 Mn^{2+} 离子和外界金属离子在 K 边缘收集的单晶数据确定两个金属离子的相对占据位点和交换的程度，第一次实现对金属交换位点的识别。配位聚合物 ｛$Mn_3[(Mn_4Cl)_3(btt)_8(CH_3OH)_{10}]_2$｝$_n$（**5**）中内界的 C_{4v} 金属位点在赤道面上与四氮唑的四个氮原子及轴向的氯离子配位，而外界的 C_s 金属位点与两个氮原子配位。MAD 实验分析表明仅有外界的 Mn^{2+} 离子可被完全交换。因此，交换时选择与母体中心金属配位构型类似的外界阳离子将有助于提高交换的成功率和转化率。

4.4.2　热力学因素

研究者们都希望在二价中心金属离子交换后还能保持单晶以及原配位聚合物的骨架（包括次级构筑单元和网络拓扑结构）。交换前后配位聚合物最大的区别就是晶体内部配位键强度发生了改变，新生成的配位键一定是热力学更稳定的键。但是如何把理论上热力学稳定趋势转化为交换反应的实际发生是非常重要的。外界与内界的离子浓度差是交换反应的重要推动力，也可称为熵力[65]。侯红卫课题组在早期的工作中就注意到外界阳离子浓度大小对交换的影响[35, 40]。例如，在配位聚合物 **1** 中，改变外界 $Pb(NO_3)_2$ 溶液浓度（从 0.2mg/mL 增至 1mg/mL）可使交换比例少量提高。尽管控制外界阳离子浓度及交换反应时间可调控交换程度，但若无限延长反应时间，则最终交换程度与外界阳离子浓度无关，而是取决于阳离子的种类和前驱配位聚合物的特征。2010 年 Suh 课题组发现配位聚合物 ｛$[Zn_2(bdcppi)(DMF)_3]\cdot 7DMF\cdot 5H_2O$｝$_n$［**17**；bdcppi = N, N'-bis(3, 5-dicarboxyphenyl)pyromellitic diimide］中的 Zn^{2+} 离子可被 Cu^{2+} 离子不可逆地完全交换[66]。即使在含 Co^{2+}、Ni^{2+}、Cu^{2+}、Cd^{2+} 离子的混合溶液中，**17** 中的 Zn^{2+} 离子也仅可被 Cu^{2+} 离子所取代，这说明 Cu^{2+} 离子与配体具有最强的作用力。遗憾的是，他们未描述配位聚合物分别与 Co^{2+}、Ni^{2+}、Cd^{2+} 离子交换时的取代程度。

Zou 课题组和 Lah 课题组都选择配位聚合物 $[M_6(btb)_4(bipy)_3]_n$［**18-M**；M =Zn(Ⅱ)、Co(Ⅱ)、Cu(Ⅱ) 或 Ni(Ⅱ)；H_3btb = 4, 4', 4''-benzene-1, 3, 5-triylbenzoic acid］来研究其在不同种类外界阳离子作用下的交换情况[51, 67]。其中，Zou 课题组考察配位聚合物 **18-Zn** 与外界 Co^{2+}、Ni^{2+}、Cu^{2+} 离子交换的情况，发现 Cu^{2+} 离子可完全置换 **18-Zn** 中的 Zn^{2+} 离子，而 Co^{2+}、Ni^{2+} 离子只能部分置换。即使在反应 3 个月后，依然只有 35% Zn^{2+} 离子被 Co^{2+} 离子置换，38% Zn^{2+} 离子被 Ni^{2+} 离子置换，但将交换后的晶体置于外界阳离子为 Zn^{2+} 的溶液中仅 7 天，就又返回至 **18-Zn**。对 Cu^{2+} 离子交换

后产物进行同样的处理，即使是反应 3 个月，也仅有 38% Cu^{2+} 离子被 Zn^{2+} 离子置换回去。很显然，配位聚合物稳定性按照 $Cu^{II} > Zn^{II} > Co^{II} \approx Ni^{II}$ 的顺序逐渐减弱，这与 Irving-Williams 序列相一致[68]。

Mukherjee 课题组利用在二维配位聚合物 $\{[ZnL_2(H_2O)_2] \cdot 2PF_6 \cdot pyrene \cdot 2(H_2O)\}_n$（**19**；HL = benzene-1, 3, 5-triyltriisonicotinate）中采取八面体配位构型的 Zn^{2+} 离子与 Cd^{2+} 和 Cu^{2+} 离子交换[69]，得到的镉交换产物可进一步与 Cu^{2+} 离子交换，而 Cu^{2+} 交换产物与 Cd^{2+} 离子的交换则很难发生。从竞争性结晶实验（即把金属离子 Cd^{2+} 和 Cu^{2+} 等量混合加入含配体 L 的溶液中）来观察结晶顺序，结果发现铜配位聚合物总是优先生成，说明 Cu^{2+} 离子与配体的配位作用是最强的，这也确定了交换次序的差别与金属离子配位能力直接相关。

在多数情况下，Cu^{2+} 离子交换产物是最稳定的，并难以被继续交换，这可能与姜-泰勒效应（Jahn-Teller effect）有关[32, 70]。但也有例外，在侯红卫课题组早期的工作中发现，含双链螺旋的八核铜金属大环结构 $[Cu_8L_{16}]$（**9**）中心金属 Cu^{2+} 离子能够被二价的 Zn^{2+} 离子和 Co^{2+} 离子部分取代[58]。2015 年，Sava Gallis 课题组报道配位聚合物 $[Cu_3(btc)_2(H_2O)_3]_n$（**20**，**HKUST-1**；H_3btc = 1, 3, 5-benzenetricarboxylate）中的 Cu^{2+} 离子能够被 Mn^{2+}、Fe^{2+}、Co^{2+} 离子部分取代[71]。Zaworotko 课题组[60] 报道配位聚合物 $\{[Cd_6(bpt)_4Cl_4(H_2O)_4] \cdot [Cd(tmpyp)Cl] \cdot [H_3O] \cdot [solvent]\}_n$（**21**）中的 Cd^{2+} 离子能够被外界 Mn^{2+} 离子完全取代，而外界 Cu^{2+} 离子只能部分取代中心 Cd^{2+} 离子。

4.4.3　动力学因素

我们通常认为中心金属离子交换必然伴随有外部金属离子在原配位聚合物表面的吸附，在外部金属离子吸附于晶体表面后，再扩散进入晶格内部发生进一步的交换反应。但金属离子吸附的存在既影响人们对交换本身（如交换程度）的判断，又影响对交换前后配位聚合物性质（如气体吸附、催化等）与中心金属关系的理解。常规洗涤或在溶剂中浸泡都无法完全去除配位聚合物尤其是多孔 MOF 吸附的金属离子，因此，探究如何在交换过程中去除晶体吸附的金属离子就显得尤为重要。侯红卫课题组首先利用二维配位聚合物 $\{[Cd(bpp)_2(O_3SFcSO_3)](CH_3OH)_2\}_n$[**22**；bpp = 1, 3-bis(4-pyridyl)propane] 和一个三维配位聚合物 $\{[Cd(bipy)_2(O_3SFcSO_3)](CH_3OH)_4\}_n$（**23**；bipy = 4, 4′-bipyridine）探究了中心金属离子交换和金属离子吸附的相互关系[35]。当把这两种配位聚合物的晶体分别置于硝酸铜水溶液中时，它们均表现出对铜离子的强吸附作用。随着硝酸铜溶液浓度的升高，交换的比例升高而吸附的比例降低。例如，硝酸铜溶液的浓度由 0.05mg/mL 升高至 5mg/mL，交换的铜离子比例由 **22** 中的 12% 增大至 68%、**23** 中的 24% 增大至 66%。这说明在稀的外界金属离子溶液中，金属离子吸附占主导；而在高浓度的溶液中，金属离子交换和吸附同时存在。紧接着，侯等又探究了配位聚合物 $[Zn(bipy)_2(FcphSO_3)_2]_n$（**24**；$FcphSO_3Na$ = m-ferrocenyl benzenesulfonate）在发生中心金属交换的过程中晶体颗粒的大小对金属离子交换和吸附的影响[72]。发现在 $M(NO_3)_2$（M = Cd^{II}、Pb^{II} 或 Cu^{II}）的高浓度溶液中，大颗粒的晶体仅发生金属离子交换作用，63%、24% 及 50% 的 Zn^{II} 离子分别被 Cd^{II}、Pb^{II} 或 Cu^{II} 离子所取代，而研碎的晶体则同时发生金属离子交换和金属离子吸附，这与晶体研碎后比表面积增大有关。与 **22**、**23** 类似，增加溶液中金属离子的浓度可减小 **24** 中金属离子吸附的比例，特别是对 Pb^{II} 或 Cu^{II} 离子的吸附。由此可见，如果把大颗粒晶体置于相对高浓度的外界金属离子溶液中，在发生中心金属离子交换反应时就可以最大限度地减小金属离子吸附对交换产物的影响。

中心金属离子交换需要经过吸附—扩散—配位—交换—脱附等过程[45, 73]，在交换过程中，原配位聚合物晶体内部不存在游离的外界金属离子。外界金属离子一旦进入晶体内部，"配位"和"交换"这两个过程是快速发生的，控制中心金属离子交换速率的是"扩散"过程。外界金属离子进入原配位聚合物晶体内部的能力直接影响交换的成败，因此这里所讨论的动力学因素主要关注"扩散"过程，分为以下两个影响因素。

1. 骨架影响

18-Zn 中心金属 Zn^{2+} 离子被 Co^{2+} 离子置换是从晶体外壳边缘开始，并逐步交换到晶体核心，大约需要一天的时间才能完成。通过控制反应时间可得到独特的核-壳结构，Lah 课题组利用这种核-壳交换现象制备了一系列的配位聚合物[67]。作者将该现象归因于晶体外壳区域的骨架更柔性，但是另一种可能是外界金属离子扩散至晶体内部需要相当长的时间。

配位聚合物$[Zn_3(btc)_2(H_2O)_2]_n$（**25**；$H_3btc = 1, 3, 5$-benzenetricarboxylate）中 Zn^{2+} 离子被 Cu^{2+} 离子置换，经过 **3** 个月时间也仅能反应 56%。但与 **25** 相比，拥有相同 Zn SBU 的配位聚合物$[Zn_{24}L_8(H_2O)_{12}]_n$[**26**；$H_6L = 1, 2, 3$-tris(3, 5-dicarboxylphenylethynyl)benzene]，只需 3 天 Zn^{2+} 离子就能全部被 Cu^{2+} 离子交换[74]。两者骨架灵活性的差异被认为是造成该区别的主要原因，配位聚合物 **26** 的配体相比于 **25** 中的均苯三酸配体更具灵活性。另一个例子中，配位聚合物 **15** 在 Co^{2+} 离子的 DMF 溶液中可以成功地发生交换，而在拥有类似结构的配位聚合物 $\{[Zn_5Cl_4(bbta)_3]·3DMF\}_n$[**27**；$H_2bbta = 1H, 5H$-benzo(1, 2-d：4, 5-d')bistriazole]中却无法发生[75]。这可能与 **27** 晶体内部的外界离子扩散受限有关，**27** 的孔大小仅有 2.5Å，而 **15** 的孔大小为 9.2Å。

2. 溶剂影响

根据相关文献报道，我们推断溶剂对金属离子在晶体表面和内部间的移动起到了重要的传输作用。Mukherjee 课题组考察了配位聚合物 **19** 发生交换时溶剂的影响[69]，如交换反应速率在甲醇中明显快于在丙酮溶剂中，同样的交换反应在 DMF 或戊醇溶剂中不能发生。作者将其归因于不同溶剂能够引起不同的溶剂化金属离子 $M(solvent)_x^{2+}$ 的形成，进而影响金属离子在晶体内部的扩散。与此类似，配位聚合物 **25** 中的中心金属 Zn^{2+} 离子在甲醇溶液中被 Cu^{2+} 离子交换的反应速率要远远快于在 DMF 溶剂中[74]。

2015 年 Dincă 课题组详细讨论了配位聚合物 **15** 与外界 Cu^{2+} 离子交换以及 MOF-5（**14**）与外界 Ni^{2+} 离子交换过程中溶剂种类对交换速率的影响[76]。利用不同溶剂对反应速率作图，通过比较各类参数及实验数据，作者得出溶剂化脱附 Cu^{2+} 离子的能力影响 **15** 与外界 Cu^{2+} 离子交换的反应速率；而溶剂对扩散进入晶格的 Ni^{2+} 离子的脱溶剂化能力影响 MOF-5（**14**）与外界 Ni^{2+} 离子交换反应速率的结论。该方法为研究配位聚合物中心金属交换反应的影响因素提供了很好的思路。

4.4.4 二价中心金属交换合成配位聚合物的意义

1. 中心金属交换诱导配位聚合物抗肿瘤活性的改变

多数 Cu^{2+} 配位聚合物都能呈现出较好的药物活性[77]，因此以 Cu^{2+} 配位聚合物为研究对象有利于考察金属对配位聚合物药物活性的影响。利用药物配体可设计合成双螺旋大环配位聚合物 **9**，选取颗粒较大的配位聚合物 **9** 的晶体，将其分别浸泡在 $Zn(NO_3)_2$ 和 $Co(NO_3)_2$ 水溶液中，最终可得到在单晶状态下中心金属发生部分交换的产物$[Zn_{1.6}Cu_{6.4}L_{16}]$（**9-Zn**）和$[Co_{1.2}Cu_{6.8}L_{16}]$（**9-Co**）。对配位聚合物 **9-Zn** 和 **9-Co** 的抗肿瘤活性进行研究，测试结果显示配位聚合物 **9** 对细胞系 EC109 的 IC_{50} 值为 57.07μg/mL，而配位聚合物 **9-Zn** 为 107.7μg/mL，表明 **9** 的抗肿瘤活性比 **9-Zn** 高很多，配位聚合物 **9-Co** 的抗肿瘤活性较差，即配位聚合物中少量的中心金属 Cu^{2+} 被 Zn^{2+} 或 Co^{2+} 取代后其抗肿瘤活性降低（图 4-16），这个实验研究表明配位聚合物的中心金属对其抗肿瘤活性具有很大的影响[58]。

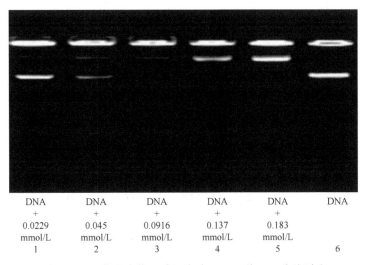

| DNA + 0.0229 mmol/L 1 | DNA + 0.045 mmol/L 2 | DNA + 0.0916 mmol/L 3 | DNA + 0.137 mmol/L 4 | DNA + 0.183 mmol/L 5 | DNA 6 |

图 4-16　配位聚合物 **9** 对细胞系 EC109 的 IC$_{50}$ 值的测试

2. 中心金属交换诱导配位聚合物气体吸附性质的改变

Jeffrey R. Long 课题组在研究配位聚合物 $Mn_3[(Mn_4Cl)_3(btt)_8(CH_3OH)_{10}]_2$（**5**）的氢气吸附性能时发现，金属-氢气之间的作用可以增强配位聚合物的氢气吸附性能[78]。他们将配位聚合物 **5** 分别浸泡在饱和的无水 MCl_2（M = Fe^{2+}、Co^{2+}、Ni^{2+}、Cu^{2+}、Zn^{2+}）甲醇溶液中，几天之后发现晶体的颜色发生了变化。由于配位聚合物的晶型坍塌，晶体结构无法通过单晶衍射测得，只能通过 ICP、原子吸收实验及粉末 XRD 来推测。测试的结果显示，配位聚合物的结构框架没有发生变化，其中部分金属离子被取代。随后他们测试配位聚合物 **5** 及金属离子交换后产物的气体吸附性质，测得的数据如表 4-1 所示。从表 4-1 的数据可以看出，当配位聚合物中的 Mn^{2+} 被 Fe^{2+}、Co^{2+}、Ni^{2+}、Cu^{2+}、Zn^{2+} 等离子交换之后，配位聚合物对氮气、氢气的吸附性能有明显的改变，这证实金属离子对气体吸附有较大的影响[36]。

表 4-1　配位聚合物 5 及金属离子交换的配位聚合物的组成及 N$_2$ 吸附数据

配位聚合物	组成	N$_2$ 吸附量 /(cm^3/g)	比表面积/(m^2/g)	Langmuir 比表面积/(m^2/g)	H$_2$ 吸附量/wt%	ΔH_{ads}/(kJ/mol)
5	$Mn_3[(Mn_4Cl)_3(btt)_8(CH_3OH)_{10}]_2$	547	2057（5）	2230（10）	2.23	5.5～10.1
5-Fe	$Fe_3[(Mn_4Cl)_3(btt)_8]\cdot FeCl_2$	542	2033（5）	2201（10）	2.21	5.5～10.2
5-Co	$Co_3[(Mn_4Cl)_3(btt)_8]\cdot 1.7CoCl_2$	563	2096（5）	2268（11）	2.12	5.6～10.5
5-Ni	$Ni_{2.75}Mn_{0.25}[(Mn_4Cl)_3(btt)_8]_2$	554	2110（5）	2282（8）	2.29	5.2～9.1
5-Cu	$Cu_3[(Cu_{2.9}Mn_{1.1}Cl)_3(btt)_8]\cdot 2CuCl_2$	500	1695（5）	1778（10）	2.02	6.0～8.5
5-Zn	$Zn_3[(Zn_{0.7}Mn_{3.3}Cl)_3(btt)_8]\cdot 2ZnCl_2$	508	1927（5）	2079（9）	2.1	5.5～9.6

侯红卫课题组也对配位聚合物 $[Cu_8L_{16}]$（**9**）以及中心金属离子交换后的配位聚合物 **9-Zn** 和 **9-Co** 的氢气吸附性质进行研究[58]，测试结果显示 **9** 的吸附量为 6.38cm^{3}STP/g，**9-Zn** 的吸附量极少，**9-Co** 的吸附量为 40.78cm^{3}STP/g，大约为配位聚合物 **9** 的吸附量的 6.4 倍，这说明少量的中心金属离子 Cu^{2+} 被 Co^{2+} 交换后对氢气的吸附产生极大的促进作用（图 4-17）。

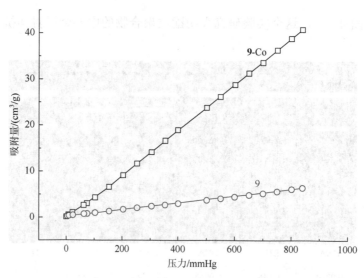

图 4-17　配位聚合物 **9** 和 **9-Co** 在 77K 下的氮气吸附等温线

Zaworotk 课题组设计合成了配位聚合物 $\{[Cd_6(bpt)_4Cl_4(H_2O)_4]\cdot[Cd(tmpyp)Cl]\cdot[H_3O]\cdot[solvent]\}_n$ （**21**），在保持配位聚合物骨架不变的情况下其中心金属 Cd^{2+} 可以被金属离子 Mn^{2+}、Cu^{2+} 取代而形成新的配位聚合物 $[Mn(II)_6(bpt)_4Cl_4(CH_3OH)_4]\cdot[Mn(III)(tmpyp)]Cl$ （**21-Mn**）和 $[Cu_4Cd_2(bpt)_4Cl_4(CH_3OH)_4]\cdot[Cu(tmpyp)]$ （**21-Cu**）。他们随后研究了配位聚合物 **21**、**21-Mn** 和 **21-Cu** 的氮气和氢气吸附性质（表 4-2），从表 4-2 中的数据可以看出当配位聚合物的中心离子发生交换之后，配位聚合物的气体吸附性质发生了很大的变化[60]。随后，他们又合成了配位聚合物 $[Cd_4(bpt)_4]\cdot[Cd(tmpyp)(S)]\cdot[S]$ （**12**；S = MeOH 或 H_2O），通过中心金属 Cd^{2+} 与外来 Cu^{2+} 的交换得到骨架结构改变了的配位聚合物 $\{[Cu_8(X)_4(bpt)_4(S)_8](NO_3)_4\cdot[Cu(tmpyp)(S)]\cdot[S]\}_n$ （**12-Cu**；X = CH_3O^-, OH^-）及结构保持的配位聚合物 $[Cd_4(bpt)_4]\cdot[Cu(tmpyp)(S)]\cdot[S]$ （**12-Cu-Cd**；S = MeOH 或者 H_2O），**12-Cu** 的 N_2 吸附能力明显好于 **12-Cu-Cd**[50]。

表 4-2　配位聚合物 **21**、**21-Mn** 和 **21-Cu** 对氮气和氢气的吸附数据

样品	N_2 吸附量（77K）/(cm³/g)	H_2 吸附量（77K）/(cm³/g)	H_2 吸附量（87K）/(cm³/g)
21	311	144（1.30wt%）	114（1.02wt%）
21-Mn	298	175（1.58wt%）	127（1.14wt%）
21-Cu	102	47（0.42wt%）	32（0.29wt%）

2012 年 Zhao 课题组在研究配位聚合物的气体吸附性质时，设计了一个包含三氮唑的四羧酸配体 H_4L，并猜测此配体在形成配位聚合物的过程中，三氮唑上的氮位点由于难以配位，能够成为自由的活性位点，这样形成的配位聚合物能够有效地吸附气体。为此他们使用这个配体合成了配位聚合物 $Zn_2(L)(DMF)_3\cdot DMF\cdot 3H_2O$ （**11**），但是测试配位聚合物的气体吸附活性时发现配位聚合物 **11** 对 N_2、H_2 和 CO_2 的吸附能力比较差。他们利用中心金属离子交换的后合成理念，将配位聚合物 **11** 浸泡在 $Cu(NO_3)_2$ 的甲醇溶液中，一个月后得到中心金属 Zn^{2+} 被 Cu^{2+} 取代的新的配位聚合物 $Cu_{1.6}Zn_{0.4}(L)(DMF)_3\cdot 3DMF\cdot 7H_2O$ （**11-Cu**），并通过粉末 XRD 分析确定两个配位聚合物含有相同的配位框架。除去溶剂分子后，他们对配位聚合物 **11-Cu** 进行气体吸附实验，测试结果如图 4-18 所示。从图 4-18 中可以看出配位聚合物 **11-Cu** 的气体吸附活性与配位聚合物 **11** 相比，有了很大的提高[59]。

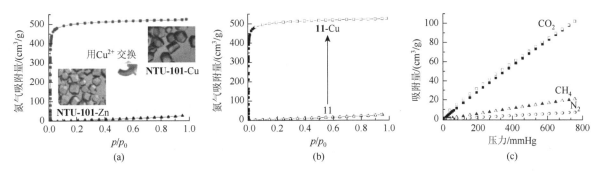

图 4-18 （a）配位聚合物 11 的中心金属 Zn^{2+} 离子被 Cu^{2+} 离子交换导致气体吸附性能显著变化；（b）配位聚合物 11 和 11-Cu 在 77K 下氮气吸附等温线；（c）配位聚合物 11-Cu 在 273K 下 CO_2、CH_4 和 N_2 气体吸附等温线

实心符号表示吸附等温线，空心符号表示解吸等温线

Lah 课题组合成了两个三维金属有机框架配位聚合物 $[Zn_3(btc)_2(H_2O)_2]_n$（**25**）和 $[Zn_{24}L_8(H_2O)_{12}]_n$ [**26**；H_3L = 1, 3, 5-tris(3, 5-dicarboxylphenylethynyl)benzene]，他们分别将配位聚合物浸泡在 $Cu(NO_3)_2$ 的甲醇溶液中，在不同时间下得到中心金属离子 Zn^{2+} 被 Cu^{2+} 部分交换的配合物 $[(Cu_3)_{0.46}(btc)_2(Zn_3)_{0.54}(H_2O)_3]_n$（**25-Cu-a**）、$[(Cu_3)_{0.56}(btc)_2(Zn_3)_{0.44}(H_2O)_3]_n$（**25-Cu-b**）、$[(Cu_{24})_{0.22}L_8(Zn_{24})_{0.78}(H_2O)_{12}]_n$（**26-Cu-a**）、$[(Cu_{24})_{0.62}L_8(Zn_{24})_{0.38}(H_2O)_{12}]_n$（**26-Cu-a**）及完全交换配合物 $[Cu_3(btc)_2(H_2O)_3]_n$（**25-Cu**）、$Cu_{24}L_8(H_2O)_{12}]_n$（**26-Cu**），气体吸附测试结果如图 4-19 所示。从图中可以看出，当配位聚合物的中心金属离子交换之后，配位聚合物的气体吸附量有很大的增加[74]。

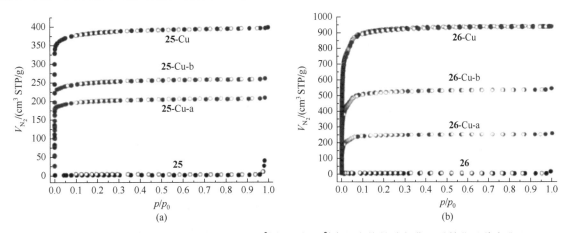

图 4-19 （a）配位聚合物 25 的中心金属 Zn^{2+} 离子被 Cu^{2+} 离子交换导致气体吸附性能显著变化；
（b）配位聚合物 26 的中心金属 Zn^{2+} 离子被 Cu^{2+} 离子交换导致气体吸附性能显著变化

Zhou 课题组利用配体 4′, 4″′, 4″″, 4″″″-ethene-1, 1, 2, 2-tetrayltetrakis{[(1, 1′-biphenyl)-3, 5-dicarboxylate]}（H_8ettb）合成配位聚合物 $Zn_4(ettb)\cdot 4DEF \cdot xS$（**28**），通过中心金属离子交换合成配位聚合物 $Cu_4(ettb)\cdot 4DEF \cdot xS$（**28-Cu**），而这个配位聚合物不能通过直接自组装合成。他们通过 PLATON 软件计算得出配位聚合物 **28** 和 **28-Cu** 的空穴占有率分别为 66.0% 和 66.2%，然后测量两个配位聚合物对 N_2 的吸附能力得出，配位聚合物 **28** 对 N_2 没有吸附，而配位聚合物 **28-Cu** 在 77K、标准大气压下对 N_2 有很高的吸附量[49]。

3. 中心金属交换诱导配位聚合物催化活性的改变

我们在研究配位聚合物 **9**、**9-Zn** 和 **9-Co** 抗肿瘤活性和气体吸附的同时，对其氧化偶联反应的催化活性也进行了研究，结果显示催化产率分别为 74.3%、71.8% 和 72.1%。这三个数据差别不大，表明这三个配位聚合物的催化活性接近，说明少量的中心金属离子被交换后对催化氧化偶联反应影响不大[58]。

Michael J. Zaworotk 课题组利用气相-质谱监控反应过程的方法，研究了配位聚合物 **21**、**21**-Mn 和 **21**-Cu 催化顺式二苯乙烯的环氧化活性，这些配位聚合物对反应的催化活性以产率的形式在图 4-20 中表示出来。从图 4-20 中可以看出配位聚合物 **21** 的催化产率仅为 10%，这与不加催化剂的产率相差不大。而在相同条件下配位聚合物 **21**-Mn 催化产率达到了 75%，配位聚合物 **21**-Cu 达到了 79%。随后他们将配位聚合物 **21**-Mn 和 **21**-Cu 回收并加以重复利用，在下一次实验中测得配位聚合物 **21**-Mn、**21**-Cu 的催化产率分别为 61%、69%，这个实验说明配位聚合物中心金属交换可以用于合成具有高效催化活性的催化剂[60]。

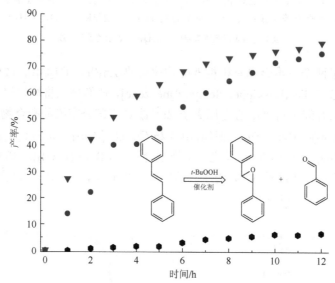

图 4-20　配位聚合物 **21**、**21**-Mn 和 **21**-Cu 对顺式二苯乙烯环氧化反应催化活性

黑色圆点、红色圆点和蓝色三角分别代表着 **21**、**21**-Mn 和 **21**-Cu 的催化反应产率

Volkmer 课题组研究报道，Co^{2+}-配位聚合物的催化氧化活性比同晶型 Zn^{2+}-配位聚合物的催化氧化活性高[79]。根据这个原理，他们使用配体 H_2btdd 合成了一个以 Co^{2+} 为中心的具有高催化氧化活性的配位聚合物，最终发现在自组装的条件下无法合成此类配位聚合物。依据中心金属交换的后合成理念，他们将能够通过自组装合成的配位聚合物$[Zn_5Cl_4(btdd)_3]_n$（**15**）浸泡在含 $CoCl_2$ 的 DMF 溶液中，在 140℃下得到部分中心金属交换的配位聚合物$[ZnCo_4Cl_4(btdd)_3]_n$（**15**-Co）[80]。

他们使用循环程序升温氧化（TPO）和还原（TPSR）系统以及在线质谱仪系统监控研究配位聚合物 **15**-Co 的气相氧化还原活性（图 4-21），TPO 曲线显示配位聚合物 **15**-Co 在 80℃时有可逆的氧化活性；CO-TPSR 曲线显示催化过程中有 CO_2 的生成，即吸附的氧用于氧化反应[62]。

侯红卫课题组利用中心金属交换得到混合金属同构配位聚合物 ${[Cd_2(L)(py)_6]·H_2O}_n$（**29**）、${[Cd_{0.78}Cu_{1.22}(L)(py)_6]·H_2O}_n$（**29**-Cu）、${[Cd_{0.9}Co_{1.1}(L)(py)_6]·H_2O}_n$（**29**-Co）和 ${[Cd_{1.84}Ni_{0.16}(L)(py)_6]·H_2O}_n$（**29**-Ni），它们由相同的 SBU 但不同比例的中心金属离子 Cd^{2+} 和 Cu^{2+}、Co^{2+}、Ni^{2+} 组成，这就为研究金属离子种类与催化性能的关系提供了物质基础，为此他们选择配位聚合物 **29** 和 **29**-Cu、**29**-Co 及 **29**-Ni 分别对芳族腈与 1,3-二氨基丙烷的反应进行催化实验（催化机理如图 4-22 所示）。**29**-Cu 和 **29**-Co 对于该反应是有效的催化剂，**29**-Cu 比 **29**-Co 拥有更高的活性，转化率分别为 57% 和 43%。相比之下，**29** 的催化效率很差，这可能是因为不活跃的 Cd(Ⅱ) 中心金属离子无法对反应底物有效活化。**29**-Ni 比 **29**-Cu 和 **29**-Co 的催化性能低，可归因于其交换程度较低〔仅有 8% 的中心 Cd(Ⅱ)离子被置换〕。在合成 2-苯基-1,4,5,6-四氢嘧啶的过程中，**29**-Cu 和 **29**-Co 催化性能是相对较高的，**29**-Ni 的催化性能较差[81]。

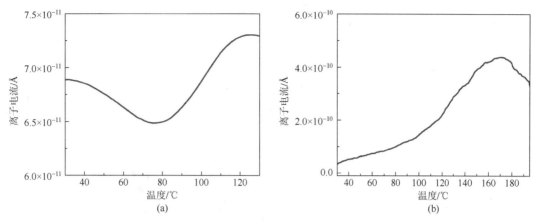

图 4-21 （a）配位聚合物 **15-Co** 的 TPO 曲线；（b）配位聚合物 **15-Co** 的 CO-TPSR 曲线

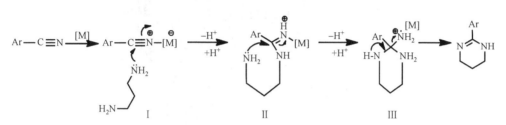

图 4-22 配位聚合物 **29** 和 **29-Cu**、**29-Co** 及 **29-Ni** 催化反应中金属作用机理

Ma 课题组合成了含有卟啉结构的金属有机框架配位聚合物$[Cd_{11}(tdcpp)_3][(H_3O)_8](DMSO)_{36}(H_2O)_{11}$ [**30**；tdcpp = tetrakis(3, 5-dicarboxyphenyl)porphine]，在一定条件下得到部分 Cd^{2+} 被 Co^{2+} 交换的配位聚合物$[Cd_8Co_3(tdcpp)_3]$（**30-Co**），研究这两个配位聚合物催化环氧化反式二苯乙烯的活性，结果测得，配位聚合物 **30-Co** 的催化产率达到 87.0%，而配位聚合物 **30** 的催化产率仅为 9.2%，这与不加催化剂的产率相近[82]。

4. 中心金属交换诱导配合物在去除重金属中毒方面的用途

重金属离子能够导致贫血、白血病、肾病、循环系统及神经系统病症等多方面的疾病[83, 84]。为了治疗重金属中毒疾病，多齿螯合剂常常被用作临床医药[85]，但是，多齿螯合剂在去除重金属的过程中也会除掉很多有益健康的元素。利用配位聚合物中心金属离子交换，不仅可以除去有害重金属离子，还可以维持有益于人体的金属离子在人体内的平衡，并且由于配位聚合物中孔穴的存在，在交换的同时还可以吸附有害的金属离子，从而增强去除效果。因此利用配位聚合物去除有毒重金属，将是一个新颖的研究课题。

利用二茂铁苯磺酸钠可设计合成出具有二维结构的配位聚合物$[Zn(bipy)_2(FcphSO_3)_2]_n$（**24**）。选取多颗晶型较大的配位聚合物 **24**，将其分别浸泡在 $Cd(NO_3)_2$、$Pb(NO_3)_2$、$Cu(NO_3)_2$ 的水溶液中，最终可在单晶状态下获得部分中心金属离子交换配位聚合物，通过原子吸收光谱与元素分析确定其分子式分别为$[Cd_{0.6}Zn_{0.4}(bipy)_2(FcphSO_3)_2]_n$（**24-Cd**）、$[Zn_{0.75}Pb_{0.25}(bipy)_2(FcphSO_3)_2]_n$（**24-Pb**）和$[Cu_{0.5}Zn_{0.5}(bipy)_2(FcphSO_3)_2]_n$（**24-Cu**），由此确定形状较大的单晶主要通过中心金属离子交换的方式去除有毒的重金属。进一步研究发现将配位聚合物 **24** 的单晶浸入到 $Zn(NO_3)_2$ 的溶液中可以得到 Zn^{2+} 部分恢复的产物$[Cd_{0.4}Zn_{0.6}(bipy)_2(FcphSO_3)_2]_n$（**24-Cd-Zn**）。由于存在这种性质，配位聚合物在重金属解毒中能够重复利用。

由于药品通常是均匀的粉末，而配位聚合物 **24** 的晶体与粉末对去除有害重金属离子的作用又有很大的不同，因此进一步研究配位聚合物 **24** 粉末去除重金属离子具有一定意义。图 4-23 显示配位

聚合物 **24** 粉末在含 Mn^{2+}、Co^{2+}、Ni^{2+}、Cu^{2+}、Zn^{2+}、Cd^{2+} 和 Pb^{2+} 的硝酸盐溶液中去除金属离子的情况。从图 4-23 中可以看到，粉末状的配位聚合物不仅与金属离子发生中心金属的交换，还从水溶液中吸附大量的金属离子，这与单晶状态下的配位聚合物仅发生中心金属离子交换有很大的不同。这些研究表明大颗粒晶体主要发生交换反应，而粉末主要发生吸附作用，并伴随着部分中心金属交换反应。

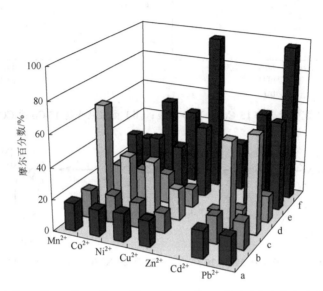

图 4-23 粉末 **24** 在不同浓度的 Mn^{2+}、Co^{2+}、Ni^{2+}、Cu^{2+}、Zn^{2+}、Cd^{2+}、Pb^{2+} 硝酸盐溶液中吸附和交换的 Zn^{2+} 的摩尔百分数
红色（a）、橙色（b）和黄色（c）柱形图分别代表在 10μg/mL、100μg/mL 和 1000μg/mL 溶液中离子交换 Zn^{2+} 的摩尔百分数，褐色（d）、蓝色（e）和蓝绿色（f）柱形图分别代表在 10μg/mL、100μg/mL 和 1000μg/mL 溶液中吸附了的 Zn^{2+} 的摩尔百分数

进一步的研究发现当溶液中有 Pb^{2+}、Cu^{2+}、Mn^{2+}、Co^{2+}、Ni^{2+} 等多种金属离子存在时，粉末状配位聚合物 **24** 选择性吸附大量 Pb^{2+} 及少量的 Cu^{2+}，而形状较大的单晶主要选择性地与溶液中的 Cd^{2+} 以及少量 Pb^{2+} 和 Cu^{2+} 发生中心金属离子的交换。这部分的研究工作证实了配位聚合物中心离子交换可以作为一种新型去除有毒重金属离子的方法[72]。

5. 中心金属交换诱导配合物荧光性能的改变

众所周知，配位聚合物的荧光性质受到有机配体[86]、中心金属离子[87]、客体分子[88]及骨架结构的影响。为了系统地研究配体和金属离子对荧光的影响，侯红卫课题组设计合成了两个配位聚合物$[Cd_2(btx)_2Cl_2]$（**31**）和$[Cd_2(btx)_2(TP)_2]·H_2O$（**32**）[btx = 1, 4-bis(triazol-1-ylmethyl)benzene，TP = terephthalic ion]，荧光数据显示配位聚合物 **31** 在 284nm 和 292nm 处有很小的荧光发射（激发光波长为 333nm），而配位聚合物 **32** 在 437nm 处有很强的荧光发射（激发光波长为 333nm），如图 4-24 所示，这表明配位聚合物配体中含有的共轭基团可以增强其荧光性能。实验研究发现配位聚合物 **31** 和 **32** 中的 Cd^{2+} 可以与 Cu^{2+} 发生交换从而形成新的配位聚合物 **31-Cu** 和 **32-Cu**，取代后配位聚合物的荧光发生猝灭，如图 4-24 所示[73]。

侯红卫等合成了 Co 配位聚合物$[Co_3(btx)_4(tp)_3(H_2O)_4]$（**33**），由于 Co^{2+} 具有单电子，因此配位聚合物 **33** 没有荧光性能，而配位聚合物 **33** 的中心金属 Co^{2+} 被 Cd^{2+} 取代后形成的含有 Cd^{2+} 中心的配位聚合物在 421nm 处出现了明显的荧光发射峰（激发光波长为 335nm），如图 4-24 所示[73]。这些实验进一步证实了金属离子在配位聚合物的荧光发射中起到很大的作用，同时也证明了 d^{10} 金属化合物有较好的荧光光学性能，而含有单电子的中心金属则对配位聚合物的荧光产生猝灭作用[89]。

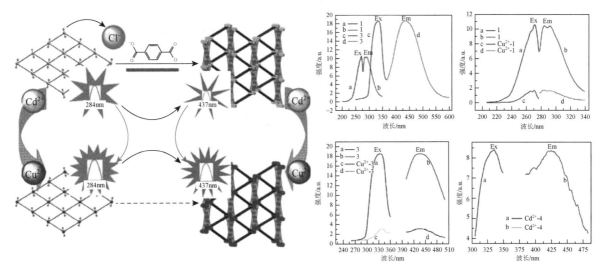

图 4-24　配位聚合物 **31**、**32**、**31-Cu**、**32-Cu**、**33** 和 **33-Cd** 的结构转变和在室温下的固体荧光激发和发射光谱

最近，Mandal 课题组报道了一例具有阴离子骨架的三维配位聚合物$[H_2N(CH_3)_2][Ba(H_2O)(btb)]$（**34**；btb = 1, 3, 5-benzenetribenzoic acid），其中心金属二价 Ba^{2+} 可以被三价的稀土金属 Tb^{3+} 以单晶到单晶的方式发生交换形成中性骨架配位聚合物$[Tb(H_2O)(btb)]$（**34-Tb**），并且这两个配位聚合物是异质同构体。Ba^{2+}和 Tb^{3+} 都可以呈现较高的配位数以及相似的离子半径使得这个非等价的中心金属交换得以发生。Tb^{3+}可以被用作荧光探针，因此 Tb^{3+} 取代 Ba^{2+} 可以诱导荧光的增强，并且在溶液中选择性识别磷酸盐[90]。

4.5　三价和四价中心金属离子交换

2012 年，Sun 课题组报道了具有层状结构的配位聚合物 EuL {**35**；H_4L = tetrakis[4-(carboxyphenyl)oxamethyl]methane acid}。**35** 中的 Eu^{3+} 可被 Fe^{3+} 交换[91]，同时伴随着稀土荧光特征峰急剧猝灭。根据热重分析和粉末衍射图谱，作者认为是配位聚合物的骨架坍塌导致荧光猝灭，但还有一种可能即中心金属离子发生了交换。对比交换前后的晶体粉末衍射图谱发现，尽管有轻微的骨架坍塌现象，但 Fe^{3+} 离子交换后的晶体粉末衍射图在整体上与交换前的粉末衍射图是一致的。

金属有机配位聚合物 MIL-53 是一类以 $MO_4(OH)_2$ 八面体（$M = Cr^{3+}$, Al^{3+}, Fe^{3+}）与苯二羧酸在空间相互桥连形成的具有一维孔道结构的材料。继 Cohen 课题组揭示配位聚合物 MIL-53(Al)-Br（**36-Al**）的中心金属离子 Al^{3+} 可被 Fe^{3+} 离子交换得到 MIL-53(Al)(Fe)-Br（**36-Fe**）[92]后，Yan 课题组发现 MIL-53(Al)中的 Al^{3+} 离子被 Fe^{3+} 离子取代后也出现了明显的荧光猝灭现象（图 4-25）[93]，并且利用该猝灭现象可实现对水中 Fe^{3+} 离子的有效检测（检测范围 $3\sim200\mu m$，最低检测限 $0.9\mu m$）。Zhou 课题组进一步利用稀土功能化后的配位聚合物 Eu^{III}@MIL-53(Al)实现对水中 Fe^{3+} 离子的有效检测[94]。尽管它们的荧光猝灭都源自 Fe^{3+} 交换配位聚合物 MIL-53(Al)的中心金属 Al^{3+}，但 Zhou 课题组报道的结果具有更低的检测限（$0.5\mu m$）和更宽的检测范围（$0.5\sim500\mu m$）。

Cohen 课题组也报道了配位聚合物$[Zr_6O_4(OH)_4(BDC)_6]_n$[**37**，**UiO-66**（Zr）；H_2BDC = 1, 4-benzenedicarboxylic acid]中的四价中心金属离子 Zr^{4+} 被交换的现象[92]。晶体浸泡在钛盐的 DMF 溶液中，中心金属 Zr^{4+} 离子可被 Ti^{4+} 离子部分交换（图 4-26）。交换程度主要取决于钛盐的种类，$TiCl_4(THF)_4$是最好的 Ti^{4+} 离子源，可达到超过 90%的交换率。同一族的 Hf^{4+} 离子也可以交换 **UiO-66(Zr)**中的 Zr^{4+}离子，但 Hf^{4+} 离子仅可交换 20%的中心金属。此外，Lau 课题组发现 Ti^{4+} 离子交换 **UiO-66(Zr)**可提高其

对 CO_2 气体的吸附能力[95]，Sun 课题组利用 Ti^{4+} 离子交换 NH_2-UiO-66（Zr）的中心 Zr^{4+} 离子来提高其对 CO_2 还原和光催化产氢的性能[96]。

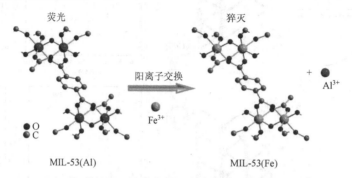

图 4-25 MIL-53（Al）利用中心金属交换反应作为荧光探针检测 Fe^{3+} 离子的示意图

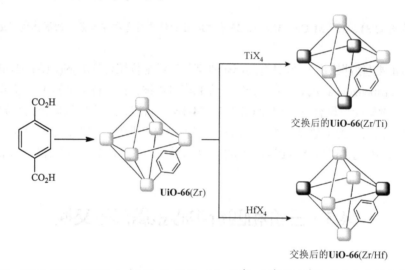

图 4-26 $[M_6O_4(OH)_4(BDC)_6]_n$（UiO-66 系列；$M = Zr^{4+}$、Ti^{4+} 或 Hf^{4+}）的中心金属交换反应

一般来讲，中心金属离子交换只能在同价金属离子之间进行，$Mn(H_2O)[(Mn_4Cl)_3(hmtt)_8]$ [13，POST-65（Mn）] 的中心金属离子 Mn^{2+} 能够被 Fe^{2+} 离子完全交换，然而 POST-65（Fe）中的铁离子被转变为三价，但交换实验进行时采用的阳离子源是二价的铁离子。2013 年，美国麻省理工学院的 Dincǎ 课题组[97]在 J. Am. Chem. Soc.上发表的一篇关于 Ti^{3+}、$V^{2+/3+}$、$Cr^{2+/3+}$、Mn^{2+} 和 Fe^{2+} 离子取代 MOF-5 的中心金属 Zn^{2+} 以及 MOF-5-Cr/MOF-5-Fe 的氧化还原活性的报道打破了中心金属离子交换只能在同价金属离子之间进行的传统观念。他在这篇文章中指出，来自 MOF-5 基本构筑单元的 $MZn_3O(O_2C\text{-})_6$ 金属簇可以作为 Ti^{3+} 和 V^{3+} 离子的寄主，从而得到了包含这些被还原金属离子的配位聚合物。含有 Cr^{2+}、Cr^{3+}、Mn^{2+} 和 Fe^{2+} 的 MOF-5 平行物也可以通过简单的中心金属交换得到（图 4-27），

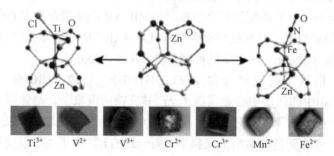

图 4-27 Ti^{3+}、$V^{2+/3+}$、$Cr^{2+/3+}$、Mn^{2+} 和 Fe^{2+} 离子取代 MOF-5 中心金属 Zn^{2+} 的核簇单元及其单晶照片

这些交换引入的金属离子配位在不常见的三角构型的氧配体场中。另外，我国的张献明课题组也实现了从 Fe^{3+}-MOF 到 Cr^{3+}-MOF 的转换[98]。

在中心金属交换领域还有一个更加微妙的现象，即金属离子交换是从晶体的外壳边缘开始，并逐步交换到晶体的核心，这就是我们所说的核-壳交换。韩国的 Lah 课题组[67]就利用这种核-壳交换现象制备了一系列的配位聚合物（图 4-28）。

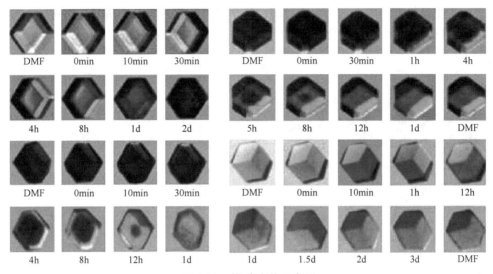

图 4-28　核-壳交换示意图

4.6　中心金属离子交换机理

中心金属离子交换的实质就是旧配位键的断裂与新配位键的生成。中心金属离子交换还要受到许多其他因素的影响，如框架金属和外来金属的移动性和溶解性、晶体的晶格能、外界的溶剂及环境的温度等。由此可见，中心金属离子交换是一个极其复杂的过程，其交换的研究机理还不完善。Rivest 和 Jain 在一篇综述[99]中提到，纳米尺度的阳离子交换要受到许多因素的影响。例如：①中心金属离子和外界金属离子的离子半径或迁移能力，离子半径越小，它们在晶体中越容易发生迁移；②金属离子在溶剂中的溶解性，当外界金属离子的溶解性大于或等于中心金属离子的溶解性时，则有助于交换的发生；③交换后晶体的晶格能小于或等于原始晶体的晶格能；④在晶格能或溶剂化能较小的情况下，质量作用定律决定反应的发生。由以上几点可以看出，中心金属离子交换其实是一个非常复杂的过程，其影响因素也是多种多样的。

Zaworotko 课题组把一个包裹卟啉的微孔金属有机配位聚合物 $\{[Cd_4(bpt)_4]\cdot[Cd(tmpyp)(S)]\cdot[S]\}_n$（**12**；S = MeOH 或 H_2O）浸泡到含 Cu^{2+} 的溶液中，**12** 的 $[Cd_2(COO)_6]^{2-}$ 分子构筑单元转变为新颖的四核 $[Cu_4X_2(COO)_6(S)_2]$ 单元，从而得到新的微孔骨架结构 $\{[Cu_8(X)_4(bpt)_4(S)_8](NO_3)_4\cdot[Cu(tmpyp)(S)]\cdot[S]\}_n$（**12**-Cu；X = CH_3O^-，OH^-）。通过控制外界 Cu^{2+} 离子的浓度，得到一系列交换中间体，并且获得仅有卟啉环 Cd（tmpyp）中的 Cd^{2+} 离子被 Cu^{2+} 离子交换的晶体结构，结合原子吸收和紫外-可见光谱分析，作者认为卟啉环 Cd（tmpyp）中的 Cd^{2+} 离子优先被 Cu^{2+} 离子交换，然后才是骨架上的 Cd^{2+} 离子[60]。

侯红卫课题组发现配位聚合物 $[Zn_4(dcpp)_2(DMF)_3(H_2O)_2]_n$（**16**）中的不对称四核锌簇中的四个 Zn^{2+} 可分步被 Cu^{2+} 交换（图 4-29）[63]，作者认为中心金属与有机配体之间的配位稳定性存在差异，导致与配体结合能力不同的各个中心金属 Zn^{2+} 与外界 Cu^{2+} 之间展现出不同的交换速率，依赖于配位稳定性的交换过程就由此发生。为验证该想法，作者通过控制交换时间，得到了一系列交换中间体，鉴于四核锌簇单元逐渐转变为四核铜簇单元，配位聚合物在磁性上就必然会发生显著的变化（因簇单元中的 Zn^{2+} 离子间没有磁交换耦合作用），反过来，这些变化有可能揭示出交换过程的细节。作者从磁性入手去探索该交换过程，通过对中间体及完全交换产物的变温磁化率进行分析，揭示出基于"逐步实现的"交换机理的中心金属交换过程，四个晶体学独立的 Zn^{2+} 离子能够按照与配体结合能力由弱至强的顺序被逐步取代。量化计算的结果也与推测的机理相吻合。

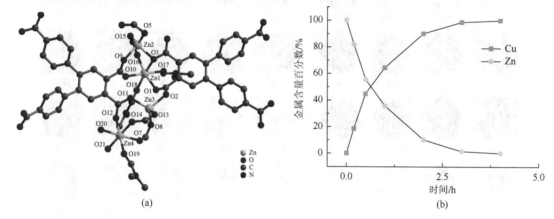

图 4-29 （a）配位聚合物 **16** 的四核锌簇；（b）Cu/Zn 交换过程的原子吸收分析

在配位聚合物 **16** 中，四个晶体学独立的 Zn^{2+} 离子处于不同的化学环境，因此每个 Zn^{2+} 离子与 $dcpp^{4-}$ 配体之间的配位稳定性就存在着差异。这种差异性就为这四个 Zn^{2+} 离子的逐步取代提供了可能性。通过 DFT/B3LYP 计算，作者得到 Zn^{2+} 离子与 $dcpp^{4-}$ 配体之间的稳定化能大小顺序是 ΔE（Zn2）$>\Delta E$（Zn1）$>\Delta E$（Zn3）$>\Delta E$（Zn4）。由于 Cu^{2+} 离子和 Zn^{2+} 离子往往具有相似的配位构型，因此 Cu^{2+} 离子和 Zn^{2+} 离子发生交换时不需要额外的能量去克服构型上的改变。于是作者推测 Zn^{2+} 离子与 $dcpp^{4-}$ 配体之间的配位稳定性在 Cu/Zn 交换过程中应该是起主导作用的。由此理论推出的 Cu/Zn 交换过程应该为：Zn4 首先被完全取代，接着是 Zn3 被完全取代，然后是 Zn1，最后是 Zn2。在这里需要指出的是，尽管这四个 Zn^{2+} 离子有可能是按照一定的顺序被先后取代的，但并不是说 Zn3、Zn1 和 Zn2 与 Cu^{2+} 的置换反应就发生在 Zn4 与 Cu^{2+} 置换反应之后。事实上是，这四个 Zn^{2+} 离子与 Cu^{2+} 的置换反应应该是同时发生的，只是 Zn4 被交换得最快，其次是 Zn3，然后是 Zn1，最后是 Zn2。

作为结构和功能的载体，次级构筑单元对配位聚合物的催化、气体吸附和磁性等性能有很大的影响。经历了上述的交换过程，四核锌簇单元已经完全转变为四核铜簇单元。作者从磁性入手去探索该交换过程。为了研究磁性的变化，首先要获取不同时间段的交换产物。除完全交换产物 $[Cu_4(dcpp)_2(DMF)_3(H_2O)_2]_n$（**16-Cu-a**）外，作者通过交换，又分别得到了 30min 和 1h 的交换中间产物 $[Zn_{2.2}Cu_{1.8}(dcpp)_2(DMF)_3(H_2O)_2]_n$（**16-Cu-b**）和 $[Zn_{1.4}Cu_{2.6}(dcpp)_2(DMF)_3(H_2O)_2]_n$（**16-Cu-c**）。

由于四个 Zn^{2+} 离子被 Cu^{2+} 交换的反应同时发生，只是交换的速率不同，因此作者提出了一个新的磁性模型，在这个模型中，四个独立的 Zn^{2+} 离子的位置被不同含量的 Cu^{2+} 所占据。事实上，配位聚合物 **16** 中 Zn^{2+} 离子与 Zn^{2+} 离子之间是没有磁交换耦合作用的。但当 Cu^{2+} 与 Zn^{2+} 离子发生交换时，Cu^{2+} 离子之间的磁交换作用就显现出来了，而且随着配位聚合物中 Cu^{2+} 离子含量的增加，磁交换作用将逐渐增强。由于磁耦合常数（J）是评判金属之间磁耦合作用强弱的重要参数，作者认为如果将配位聚合物 **16-Cu-b** 和 **16-Cu-c** 的磁耦合常数与配位聚合物 **16-Cu-a** 的磁耦合常数按照一定的方式进行比较（图 4-30），就能推断出四个 Zn^{2+} 离子的取代顺序。首先将 **16-Cu-b** 和 **16-Cu-a** 的磁耦合常数进行比较，正如作者所知道的，如果 Cu^{2+} 离子已经完全取代了配位聚合物 **16** 中的 Zn^{2+} 离子，那么 $J_1(b)/J_1(a)$ 和 $J_2(b)/J_2(a)$ 的值就都应该等于 1，而此时 $J_1(b)/J_1(a)$ 和 $J_2(b)/J_2(a)$ 的值却分别为 0.41 和 0.50。这就说明在 **16-Cu-b** 中，四个 Zn^{2+} 离子只是被部分取代。由于 $J_2(b)/J_2(a)$ 大于 $J_1(b)/J_1(a)$，作者推断在前 30min，Zn3 和 Zn4 较 Zn1 和 Zn2 更易于被 Cu^{2+} 离子交换。Zn3 和 Zn4 位置上 Cu^{2+} 离子的含量要高于 Zn1 和 Zn2 位置上 Cu^{2+} 离子的含量。$J_1(b)/J_2(b)$ 的值也能够证明上述的推断。在完全取代的情况下，$J_1(a)/J_2(a)$ 的值为 2，如果 Zn3/Zn4 和 Zn1/Zn2 这两对同时被交换完的话，$J_1(b)/J_2(b)$ 的比值也应是 2。而在 **16-Cu-b** 中，$J_1(b)/J_2(b)$ 的值却为 1.67，这就说明 Cu3 和 Cu4 之间的磁交换作用要比 Cu1 与 Cu2 之间的磁交换作用强，也就是说 Zn3 和 Zn4 较 Zn1 和 Zn2 交换得快。接着作者对 **16-Cu-c** 和 **16-Cu-a** 的磁耦合常数进行了比较。$J_1(c)/J_1(a)$ 和 $J_2(c)/J_2(a)$ 的值均增加到 0.62 和 0.77。可以看出，这些比值更接近于 1，这说明配位聚合物 **16** 中的 Zn^{2+} 离子基本被完全取代。$J_2(c)/J_2(a)$ 的值仍然大于 $J_1(c)/J_1(a)$，说明 Zn3 和 Zn4 的交换较 Zn1 和 Zn2 的快，此时，大部分的 Zn3 和 Zn4 已经被 Cu^{2+} 离子交换掉，大约 4h 之后，所有的 Zn^{2+} 离子就都被 Cu^{2+} 离子交换了（图 4-31）。由上述的分析可以看出，磁性的分析结果与作者的理论预测高度吻合[63]。

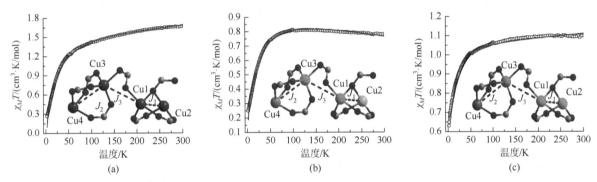

图 4-30　配位聚合物 **16-Cu-a**、**16-Cu-b** 和 **16-Cu-c** 的磁传递模型及变温磁化率曲线

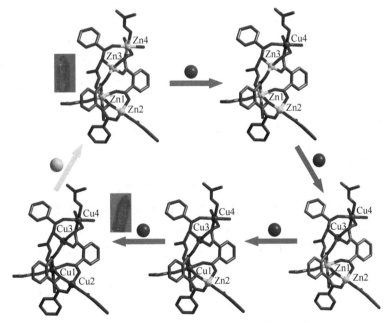

图 4-31　配位聚合物 **16** 中的中心金属离子 Zn^{2+} 被 Cu^{2+} 逐步交换

由上述交换过程可以看到，Zn^{2+} 离子与 $dcpp^{4-}$ 配体之间的配位稳定性在 Cu/Zn 交换过程中发挥了决定性的作用，那么这条规律是不是对 Zn^{2+} 与其他 3D 金属之间的交换过程同样适用呢？其实不

然，金属离子配位构型的限制也是一个很重要的因素。以 Ni^{2+}为例，在含氧配体场中 Ni^{2+}一般更倾向于八面体的配位构型，而四面体的配位构型往往只存在于 Ni^{2+}被束缚在异常紧密的晶格或是 Ni^{2+}与巨大的配体相结合的情况。考虑配位聚合物 **16** 的结构特点，如果 Zn^{2+}能够与 Ni^{2+}发生交换，那么八面体配位构型的 Zn^{2+}则能够被交换掉，而处于四面体配位构型的 Zn^{2+}则不容易被取代掉，或是根本就不会被取代，在框架中 Ni^{2+}和 Zn^{2+}比例不会超过 1∶1。

作者研究了 Zn^{2+}与外界金属 Ni^{2+}之间的交换行为。令人高兴的是，Zn^{2+}能够被 Ni^{2+}部分取代。Ni^{2+}和 Zn^{2+}比例一直保持在 1∶1 不变，这说明四个晶体学独立的 Zn^{2+}只有其中的两个被 Ni^{2+}交换。由此我们可以得出这样的结论：在 Ni/Zn 交换过程中，Ni^{2+}对 Zn^{2+}的取代过程是选择性的，它只能取代八面体构型的 Zn1 和 Zn4，而不能取代四面体构型的 Zn2 和 Zn3。为了进一步证明配位聚合物八面体构型的金属确实为 Ni^{2+}所占据，我们研究了配位聚合物 **16-Ni** 的磁性行为，也就是说两个 Ni^{2+}中心之间由于没有直接的氧桥连接而导致它们之间的磁交换作用很弱。根据配位稳定性的原则，Zn4 应该最先被 Ni^{2+}取代，然后才是 Zn1 被取代。

在羧酸和溶剂分子等弱场配体存在下，Co^{2+}更倾向于采用六配位的八面体配位构型。因此作者推断 Co^{2+}和 Zn^{2+}的交换行为应该与 Ni^{2+}和 Zn^{2+}的交换行为相似。在该想法的推动下，作者又探索了 Co^{2+}和 Zn^{2+}的交换过程，实验证明，Co^{2+}最先取代 Zn4，然后再取代 Zn1[63]。

4.7 中心金属离子自旋态改变

通过调控过渡金属离子的自旋态［即自旋交叉（spin crossover，SCO）］来改变配位聚合物性能的报道已非常多。自旋交叉配位聚合物是指在外界条件改变时，中心金属离子（一般为 Fe、Mn 和 Co 等元素的二价金属离子，尤其以 Fe^{2+}最为普遍）的自旋态发生反转的配位聚合物。能够引起中心金属离子自旋态发生反转的因素一般有温度诱导、光诱导和客体分子诱导等 3 种[100, 101]。例如，热致自旋交叉是指低温下处于低自旋态的电子在温度升高时定量转化为高自旋态[102]；将 SCO 中心引入配位聚合物可得到 SCO 配位聚合物，研究 SCO 配位聚合物中 SCO 行为与主客体的相互作用间的关系意义重大[103]。实际上，配位聚合物中客体分子因为非共价键如 π-π 堆积、氢键作用或范德瓦耳斯力往往并非自由存在[104, 105]，其与主体的相互作用可在常温下诱导改变中心金属的自旋状态，这一过程不会破坏骨架结构[106]。特别地，客体分子交换将显著改变其与主体的相互作用，从而在调节配位聚合物的 SCO 行为上扮演重要的角色[107-111]。

八面体构型的二价铁配位聚合物，低自旋态呈现抗磁性而高自旋态呈现顺磁性。其 SCO 行为通常导致分子体积和颜色的明显变化。由于高低自旋态下配位键键长差值 $\Delta r_{HL} = r_{HS} - r_{LS} \approx 0.2$Å，相应的分子体积变化大约为 25Å^3/六配位单元[112]；颜色由 293K 时的基本无色到 10K 时的深紫色{如著名的配位聚合物[Fe(ptz)$_6$](BF$_4$)$_2$(**38**；ptz = 1-propyltetrazole)}。同时，293K 时近红外区的相对弱的吸收峰源于高自旋态自旋允许的跃迁（$^5T_2 \rightarrow ^5E$）；10K 时可见光范围的两个吸收峰来自低自旋态自旋允许的跃迁（$^1A_1 \rightarrow ^1T_1$ 和 $^1A_1 \rightarrow ^1T_2$），近红外区的两个非常弱的吸收峰源于低自旋态自旋禁阻的跃迁（$^1A_1 \rightarrow ^3T_1$ 和 $^1A_1 \rightarrow ^3T_2$）[102]。因此，八面体构型的二价铁配位聚合物的 SCO 行为已经得到广泛的研究[113-116]。

在 SCO 配位聚合物中引入或去除溶剂分子和气体分子就可容易地调节配位聚合物的 SCO 行为，这是因为溶剂分子可贯穿至晶体内部诱导晶体结构发生变化[117-122]，而气体分子可被化学或物理吸附从而影响配位聚合物的 SCO 行为[123-125]。自从 Kepert 课题组[126]于 2002 年首次报道纳米孔穴金属有机配位聚合物的客体诱导 SCO 行为后，一批具有典型客体诱导 SCO 行为的例子出现了，如多孔层状 Hofmann 型骨架[Fe(L)M(CN)₄]·(guest)（**39**；L = pyrazine；M = Ni^{II}，Pb^{II}，Pt^{II}），它展示出客体交换诱导的 Fe^{II} 的 SCO 变化和 SCO 诱导的主客体性质变化[127-132]。

Kitagawa 课题组利用脱溶剂的骨架 Fe(pz)[Pt(CN)₄]（**40**；pz = 吡嗪）浸泡于不同溶剂得到包覆物来研究不同种类客体分子对其 SCO 行为的影响[121]。结果发现室温下当溶剂为水、醇、丙酮、五元或六元环芳香分子时，可得到黄色高自旋 Fe^{II} 稳定产物；当溶剂为二硫化碳分子时，得到红色低自旋 Fe^{II} 稳定产物（图 4-32）；更小的气体分子如氮气、氧气和二氧化碳并未表现出任何稳定产物，这可归因于气体分子与主体骨架没有明显的相互作用。在该配位聚合物骨架中，层状吡嗪配体（定义为 A）和中心二价金属 Fe^{II}（定义为 B）均为可与客体分子发生相互作用的活性位点。客体二硫化碳分子同时与 A 和 B 相互作用从而稳定为低自旋状态，而客体苯分子仅可与 A 作用导致其无法诱导骨架稳定为低自旋状态。

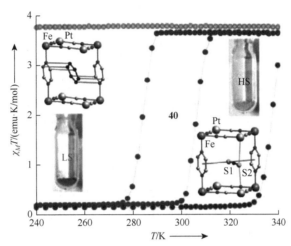

图 4-32　无溶剂分子的 **40**（蓝色）、包覆苯分子的 **40**（黄色）、包覆 CS₂ 分子的 **40**（紫色）的变温磁化率曲线

最近，童明良课题组也对不同种类客体分子影响中心金属离子的 SCO 行为进行了详细的研究[133]。通过与各种质子溶剂（如乙醇）和非质子溶剂（如环己烷）的客体交换，他们考察了配位聚合物[Fe(2, 5-bpp){Au(CN)₂}₂]·xSolv[**41**；2, 5-bpp = 2, 5-bis(pyrid-4-yl)pyridine；Solv = solvent]的客体分子诱导 Fe^{II} 的 SCO 性质。利用 SCO 变化参数对主客体相互作用参数作图，发现 **41** 的磁性行为调控可分为质子和非质子溶剂分子两种类型。由于缺乏氢键作用，在非质子溶剂环己烷中可观察到渐变的半自旋转变，同时具有最低的转变温度，作者将其归因于晶格内极弱的相互作用无法促进自旋翻转的进行[134]。在质子溶剂中，主要是位于醇分子和未配位吡啶基团间的氢键影响主体的 SCO 行为，表现为完全和陡峭的 SCO 转变图及更高的转变温度。另外，鉴于不同质子溶剂中，转变温度有明显变化，作者提出存在空间阻碍和定域电子效应两种作用的竞争机制，具体表现为以下三点：①当主体拥有足够大孔穴时，定域电子效应起主导作用；②当主体拥有中等大孔穴时，空间阻碍和定域电子效应两种作用势力均衡；③当主体拥有小孔穴时，空间阻碍效应作用更大。

客体分子修饰也可调节配合物的 SCO 性质。如图 4-33 所示，童明良课题组成功地观察到由活泼的客体马来醛分子发生反应引起的配位聚合物的 SCO 性质变化[106]。将无溶剂的金属有机配位聚合物 **40** 置于马来醛蒸气中可得到复合物 **40**·0.9C₄H₂O₃·H₂O（C₄H₂O₃ = 马来醛），常温下将样品置于潮湿环境中可得到 **40**·0.9C₄H₄O₄·H₂O（C₄H₄O₄ = 马来酸）。加热或置于潮湿环境可实现复合物 **40**·0.9C₄H₂O₃·H₂O 和 **40**·0.9C₄H₄O₄·H₂O 的相互转化。变温磁化率研究表明转变温度 T_c 按照 **40**、**40**·0.9C₄H₂O₃·H₂O 和 **40**·0.9C₄H₄O₄·H₂O 的顺序逐渐降低，这可归因于马来酸分子体积较大引起的空

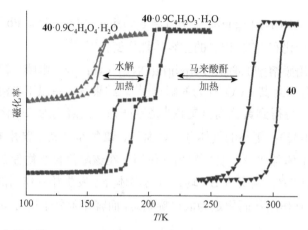

图 4-33　配位聚合物 **40**、**40**·0.9C$_4$H$_2$O$_3$·H$_2$O 和 **40**·0.9C$_4$H$_4$O$_4$·H$_2$O 的变温磁化率曲线

间阻碍效应。一般来说，体积较大的客体分子不适宜与骨架相互作用进而稳定低自旋状态，从而导致更低的转变温度和不完整的自旋转变行为。

中心金属离子配位环境的改变也可用来调节配位聚合物的 SCO 行为。例如，配位聚合物 [Fe$_3$(dpyatriz)$_2$(CH$_3$CH$_2$CN)$_4$(BF$_4$)$_2$](BF$_4$)$_4$·4CH$_3$CH$_2$CN{**42**；dpyatriz = 2, 4, 6-tris-[di(pyridin-2-yl) amino]-1, 3, 5-triazine}，配位的丙腈被乙腈取代后，SCO 的转变温度从原来的 300K 下降至 273K[135]。但是，当丙腈被丙醇或水分子取代时，SCO 行为被抑制，这可能与磁活性 Fe^{II} 中心周围的弱配体场有关。

此外，SCO 配位聚合物吸附的气体分子也可改变 SCO 金属的配位环境从而影响其磁顺序或自旋转变温度。例如，Real 课题组考察配位聚合物 **40** 在室温下可逆化学吸附二氧化硫的情况[124]，单晶 X 射线衍射法测试表明二氧化硫分子轴向与 Pt^{II} 中心配位，形成正方棱锥[PtN$_4$S]，其中 Pt—S 键键长为 2.585(4)Å。如图 4-34 所示，**40** 和 **40**·1SO$_2$ 的摩尔磁化率与温度乘积 $\chi_M T$ 分别对温度 T 作图，从图 4-34 中可清楚地观察到 Fe^{II} 的 SCO 行为的转变温度上升 8～12K，这表明二氧化硫分子的配位对低自旋态起到稳定的作用。弱的稳定作用可能源于二氧化硫分子和配位不饱和 Pt^{II} 中心的不稳定化学吸附，这一点与密度泛函理论计算结果一致。令人惊奇的是，物理吸附的气体分子也可改变配位聚合物的 SCO 行为，在一维配位聚合物[Fe(btzx)$_3$(ClO$_4$)$_2$][**43**；btzx = 1, 4-bis(tetrazol-1-ylmethyl)benzene]

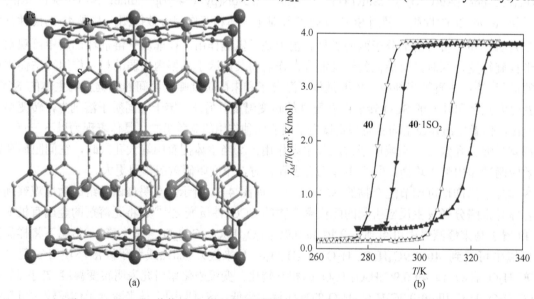

图 4-34　**40**·1SO$_2$ 结构（a）和配位聚合物 **40** 与 **40**·1SO$_2$ 的变温磁化率曲线（b）

中，二氧化碳的物理吸附可导致 SCO 转变温度升高 9K[123]。二氧化碳分子的存在及 O＝C＝O（δ^-）$\cdots\pi$ 相互作用的形成被认为有助于稳定低自旋态。另外，吸附二氧化碳分子对金属中心的配体场的轻微改变也可导致转变温度的升高。

侯红卫课题组观察到配位聚合物 $\{[Fe_2(pbt)_2(H_2O)_2]\cdot 2H_2O\}_n$（**44·1H₂O**；H₂pbt = 5′-(pyridin-2-yl)-2H, 4′H-3, 3′-bi(1, 2, 4-triazole)]在不可逆地失去其客体水分子后得到 $\{[Fe_2(pbt)_2(H_2O)_2]\cdot H_2O\}_n$（**44**），同时伴随着明显的颜色变化，晶体由黄色变为深红色[136]。脱去一个游离的溶剂分子后引起配位聚合物的磁性行为发生明显变化。这是由部分的中心 Fe^{II} 离子（约 7.1%）发生高自旋到低自旋的转变引起的，这一点也被配位聚合物失去水分子前后的 ^{57}Fe 穆斯堡尔谱（Mössbauer spectra）测试所证实（图 4-35）。需要指出的是，未成对电子数目的减少使得配位聚合物 **44** 的 $\chi_M T$ 值变小及 Fe—Fe 距离变短，从而使其 Fe—Fe 间的反铁磁耦合作用增强。

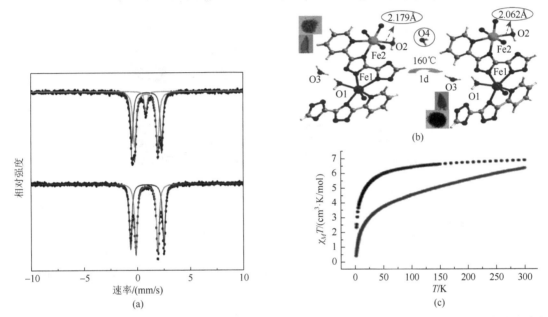

图 4-35 （a）配位聚合物 **44**（上）和 **44·1H₂O**（下）的穆斯堡尔谱；（b）**44·1H₂O**（左）和 **44**（右）的不对称单元的不同及晶体颜色的变化；（c）**44·1H₂O**（黑色）和 **44**（红色）的变温磁化率曲线

4.8　中心金属离子氧化态改变

晶态条件下改变配位聚合物中心金属离子的价态也是用来得到功能型配位聚合物的手段，具体来说是指通过对配位聚合物的氧化或还原，使得配位聚合物的中心金属价态发生改变，同时在发生氧化还原反应的过程中样品始终保持单晶状态。

2004 年 Suh 课题组首先报道了如图 4-36 所示的配位聚合物 $[Ni_2^{II}(C_{26}H_{52}N_{10})]_3[btc]_4\cdot 6py\cdot 36H_2O$（**45**；py = pyridine）[137]，**45** 可以被碘单质氧化得到 $[Ni_2^{II/III}(C_{26}H_{52}N_{10})]_3[btc]_4(I_3)_4\cdot 5I_2\cdot 17H_2O$（**45-O**，其中 2/3 的 Ni^{II} 被氧化）。单晶 X 射线衍射证实此氧化过程为单晶到单晶的变化，氧化产物 **45-O** 中 Ni—N 键和 N—O 键键长均比 **45** 中的短。尽管两者的晶胞参数变化不大，但氧化产物的密度（1.359g/cm³）明显大于原晶体（1.061g/cm³）。与此同时，作为抗衡离子，碘单质的还原产物 I_3^- 阴离子存在于晶体内部的开放通道内，这就使得配位聚合物可用作阴离子交换材料。

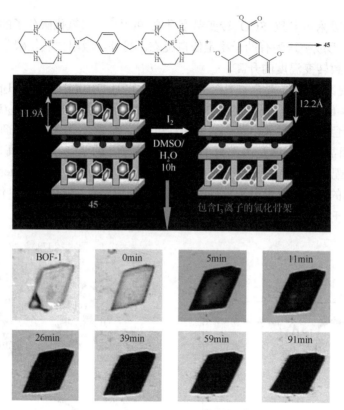

图 4-36　配位聚合物 **45** 客体交换的简化示意图及一颗晶体发生氧化还原反应的过程照片

　　紧接着 Suh 课题组又得到一系列多孔且含氧化还原活性的镍金属大环配位聚合物，进一步利用 Ag$^+$离子作为氧化剂实现温和条件下单分散银纳米颗粒的制备[138, 139]。他们将 [{Ni^{II} (C$_{10}$H$_{26}$N$_6$)}$_3$ (bpdc)$_3$]·2C$_5$H$_5$N·6H$_2$O（**46**；bpdc = 4, 4'-biphenyldicarboxylate）的晶体放入 AgNO$_3$ 的甲醇溶液中，室温下可得到银纳米颗粒（图 4-37）[138]。主体骨架变为负电性，NO$_3^-$ 作为平衡电荷离子，其存在可被红外光谱所证实。与此同时，Ni^{III} 离子的存在也被电子顺磁共振谱、X 射线光电子能谱和能量色散 X 射线光谱等所证实。作者认为 Ni^{III} 离子能异常稳定地存在与含氮大环的强配位作用有关。

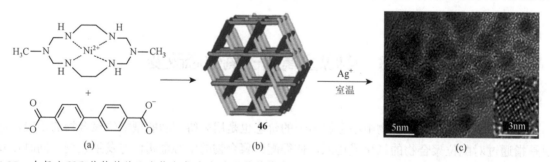

图 4-37　含氮大环配体构筑的配合物合成（a）和晶体结构内一维通道（b），室温下晶体放入 AgNO$_3$ 甲醇溶液后分离出银纳米颗粒的高分辨透射电镜图（c）

　　Walton 研究组合成出含单股螺旋状纳米管通道的氧化还原活性多孔手性配位聚合物 [{Cu$^I_{12}$ (trz)$_8$}·4Cl·8H$_2$O]$_n$（**47**；Htrz = 3-amino-5-carboxylic-1, 2, 4-triazole），他们发现其在湿润空气中暴露数周后颜色由黄变绿[140]。单晶 X 射线衍射法证实产生的新晶态物质为 [{Cu$^{II}_{12}$ (trz)$_8$}·4Cl·12(OH)·2(H$_2$O)]$_n$（**47-O**），考虑到电荷平衡，最简式中添加十二个 OH 离子作为氧化剂氧气的还原产物。相比于 **47**，**47-O** 的骨架连接方式和空间群都保持不变，但晶胞参数有些不同。Cu^I 到 Cu^{II} 的氧化也被 X 射线光电子能谱测试所证实。单晶到单晶的转变形成一个拓扑等价的新相，伴随晶胞体积增大 12.51%（图 4-38），体积的增大很可能源于中心 Cu^{II} 离子与三氮唑配体的配位键键长和键角的变化。2014 年，董育斌课题组观察到把橙色三维一价铜配位聚合物 $Cu_2^I L(NO_3)_2(DMF)_{0.4}${**48**；L = 1, 2-bis[4-(pyrimidin-4-yl) phenoxy]ethane}分散于甲醇中，空气中的氧气可将其氧化为蓝绿色二价一维铜配位聚合物 Cu^{II} (l-OCH$_3$)(L)(NO$_3$)（**48-O**）[141]。氧化时 **48** 的配位 DMF 分子逐渐离去，甲氧基桥连两个 Cu^{II} 中心形成 $\{Cu_2(m\text{-OCH}_3)_2\}$ 簇核单元。数个平行对比实验表明是氧气和甲醇共同引发结构转变，氧气被还原为过氧化氢且伴随超氧自由基的生成。生成的 O_2^- 阴离子可被 DMPO（5, 5-dimethyl-1-pyrroline N-oxide）和 SOD（superoxide dismutase）所捕获，这证明了一价铜配位聚合物的确在空气中发生自发的氧化反应。

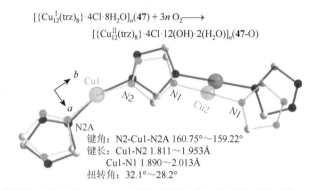

$$[\{Cu_{12}^I(trz)_8\}\cdot4Cl\cdot8H_2O]_n(47) + 3n\,O_2 \longrightarrow$$
$$[\{Cu_{12}^{II}(trz)_8\}\cdot4Cl\cdot12(OH)\cdot2(H_2O)]_n(47\text{-O})$$

键角：N2-Cu1-N2A 160.75°～159.22°
键长：Cu1-N2 1.811～1.953Å
　　　Cu1-N1 1.890～2.013Å
扭转角：32.1°～28.2°

图 4-38　配位聚合物 **47**（黄线和浅色球）和 **47-O**（蓝线和深色球）的结构对比及发生的氧化还原反应方程式

　　路易斯硬酸如 Fe^{III}、Cr^{III}、Zr^{IV}、Ti^{IV} 等通常被认为容易与路易斯碱如羧基相互作用形成金属有机骨架配位聚合物[65]，事实上，这样的配位聚合物很难直接合成，因为相应的金属配体键是动力学惰性的[142, 143]。鉴于直接法合成含高价金属的配位聚合物比较困难，研究者们尝试利用中心金属交换的策略来合成含高价金属的配位聚合物[92, 97]，其方法有两种：一种是直接通过配位聚合物中低价态中心金属离子和外界高价金属离子交换，另一种是低价态中心金属离子交换后再被氧化[65]。例如，在直接溶剂热反应制备高价金属配位聚合物失败后，Dincǎ 课题组转而使用中心金属交换法制备 MOF-5 的同系物，直接交换法得到 ClM-MOF-5 系列[**49**，M = Ti^{III}、V^{III} 或 Cr^{III}]和 M-MOF-5 系列[**50**，M = V^{II}、Cr^{II}、Mn^{II} 或 Fe^{II}]配位聚合物[97]。由于起始物的金属配体键稳定不活泼，即使是反应一周，交换反应程度依然相当低，特别是 Ti^{III}（仅有 2.5% Zn^{II} 被 Ti^{III} 取代）。针对 **50** 含低价中心金属离子的配位聚合物，分别使用内外界氧化剂来监测其氧化还原反应响应。如把绿色 Cr^{II}-MOF-5（**50-Cr^{II}**）晶体放入四氟硼酸亚硝离子的乙腈溶液中可很快得到蓝色（BF_4）Cr^{III}-MOF-5（**49-Cr^{III}**）晶体，这一点被固体吸收光谱所证实。BF_4^- 离子起到电荷平衡的作用。除此之外，Fe^{II}-MOF-5 [**50-Fe^{II}**] 中的二价铁可被内界氧化剂——配位的一氧化氮分子氧化为三价，得到罕见的三价铁亚硝酰基配合物 Fe^{III}-MOF-5（**50-Fe^{III}**），其电荷平衡通过电子转移至金属中心得以实现。

　　与上述 Dincǎ 课题组取得部分交换的产物不同，Zhou 课题组利用配位聚合物 PCN-426-Mg（**51-Mg^{II}**）作为起始物得到中心金属 Mg 被 Fe（Ⅱ）和 Cr（Ⅱ）完全交换的两个产物 PCN-426-Fe（Ⅱ）（**51-Fe^{II}**）和 PCN-426-Cr（Ⅱ）（**51-Cr^{II}**）[65]。将 PCN-426-Fe（Ⅱ）和 PCN-426-Cr（Ⅱ）分散于 DMF 溶剂中并鼓入空气可在数分钟内将交换产物氧化为高价态的配位聚合物即 PCN-426-Fe（Ⅲ）（**51-Fe^{III}**）和 PCN-426-Cr（Ⅲ）（**51-Cr^{III}**）（图 4-39）。单晶 X 射线衍射法研究表明这些新制得的配位聚合物均与母体即 **51-Mg^{II}** 同构，**51-Fe^{II}** 和 **51-Cr^{II}** 的分子式中分别引入羟基离子进行电荷平衡。

若使 **51**-Mg^{II} 直接与无水三价铁或铬盐发生中心金属离子交换反应，则无法得到中心金属 Mg 被交换的产物。因此，分步反应的策略可实现快速和完全的高价态金属离子交换，并且最终的晶体保持完整晶形。更重要的是晶体经过中心金属交换及氧化后，其稳定性和孔穴气体吸附性能均得到明显提升，这也被 X 射线粉末衍射法及氮气吸附测试所证实。

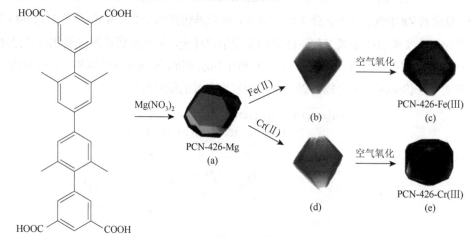

图 4-39　配位聚合物 PCN-426-Fe（Ⅲ）和 PCN-426-Cr（Ⅲ）的后合成中心金属交换和氧化合成路线

晶态下中心金属氧化态的转变也可调控中心金属的自旋态（即自旋交叉 SCO），进而改变配位聚合物的性能。2009 年 Real 课题组报道卤素单质不可逆地化学吸附于配位聚合物 **40** 中的 Pt^{II} 上，从而明显改变其 SCO 特征转变温度[129]。XPS 实验表明 50% Pt^{II} 被氧化为 Pt^{IV}，考虑电荷平衡，卤素的还原产物卤素阴离子加入到氧化产物中。进一步研究还发现，溴单质或碘单质可通过氧化作用稳定中心金属 Fe^{II} 的低自旋态，而氯单质则通过氧化作用稳定中心金属 Fe^{II} 的高自旋态，这种现象可归因于 Fe^{II} 中心对 Fe—NC—Pt—X 中氮原子"有效"孤电子对电子云的敏感性。此外，由于氮原子的 σ 供电子能力被电负性更高的卤素负离子所削弱，无论是配体场场强还是 SCO 特征转变温度 T_c 值都有所降低。作为上述工作的延续，2011 年 Real 课题组发现 $\{Fe(pz)[Pt(CN)_4(I)_n]\}$（**40**-$I_n$；$n = 0.0 \sim 1.0$）中随着碘含量的改变，$T_c$ 值表现出正向线性关系[130]。

晶态下中心金属氧化态转变也可用来活化配位聚合物的催化活性位点，通过 X 射线衍射研究提供精确的有关催化活性位点的结构信息，有助于更好地理解催化剂结构-功能的关系。2011 年，林文斌课题组报道的 Ru^{III}/Ru^{II} 手性配位聚合物发生可逆的单晶到单晶的还原/氧化行为即是一个非常典型的例子[144]。利用含有氧化还原活性的 ruthenium/salen 二羧酸桥连配体合成了二重穿插配位聚合物 $\{Zn_4(\mu_4-O)[(Ru^{III}(L-H_2)(py)_2Cl]_3\} \cdot (DBF)_7 \cdot (DEF)_7$[**52**；L = (R, R)-(−)-N, N'-(3-carboxyl-5-*tert*-butylsalicylidene)-1, 2-cyclohexanediamine；DBF = dibutylformamide；DEF = N, N-diethylformamide] 和非穿插配位聚合物 $\{Zn_4(\mu_4-O)[Ru^{III}(L-H_2)(py)_2Cl]_3\} \cdot (DEF)_{19} \cdot (DMF)_5 \cdot (H_2O)_{17}$（**53**）。**52** 和 **53** 可分别被三乙基硼氢化锂（LiBEt_3H）还原为 $\{Zn_4(\mu_4-O)[Ru^{II}(L-H_2)(py)_2]_3\} \cdot (DBF)_7 \cdot (DEF)_7$（**52**-R）和 $\{Zn_4(\mu_4-O)[Ru^{II}(L-H_2)(py)_2]_3\} \cdot (DEF)_{19} \cdot (DMF)_5 \cdot (H_2O)_{17}$（**53**-R）。相比于 **52** 和 **53**，**52**-R 和 **53**-R 依然保持单晶状态并拥有相同的空间群和相似的晶胞参数。还原后分子中的氯离子被去除以保持电荷平衡。令人惊奇的是 **52**-R 和 **53**-R 可以被氧化为 **52** 和 **53**，即该氧化还原过程是完全可逆的。更重要的是如图 4-40 所示，相比于还原前的 Ru^{III} 配位聚合物 **53** 的催化惰性，得到的还原产物 Ru^{II} 配位聚合物 **53**-R 对取代基烯烃的不对称环丙烷化反应具有很高的对映选择性。与此同时，二重穿插的 **52** 和 **52**-R 对该反应却几乎不表现出任何催化活性，这归因于穿插造成其内部通道狭窄，不利于反应底物的传输。

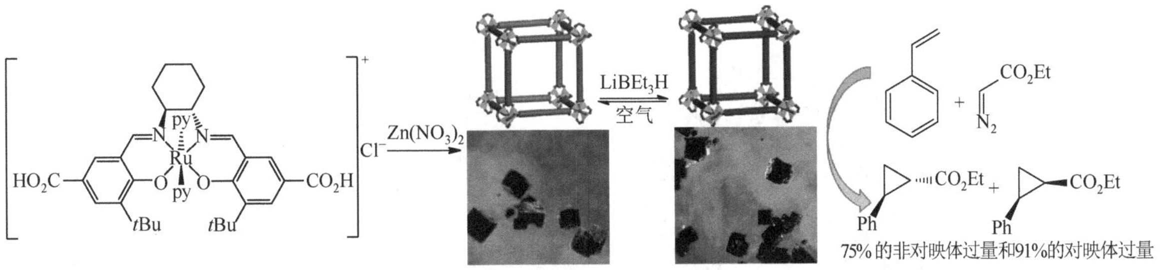

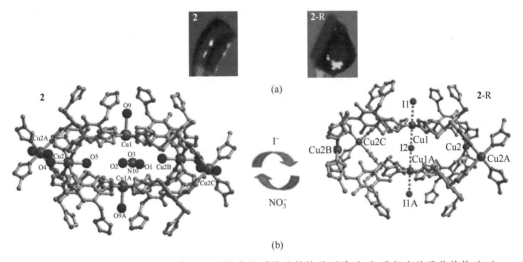

图 4-40　配位聚合物 **53**（绿色）与 **53-R**（红色）发生单晶到单晶的氧化/还原反应及使用 **53** 作为催化剂的对取代基烯烃的不对称环丙烷化反应

　　2011 年侯红卫课题组报道配位聚合物 $\{[Cu_6(tttmb)_8(OH)_4(H_2O)_6]\cdot 8(NO_3)\}_n$（**2**）和 $\{[Cu_6(tttmb)_8I_3]\cdot 9I\cdot 26H_2O\}_n$（**2-R**）可发生阴离子诱导的可逆的单晶到单晶的氧化还原转变[42]。**2-R** 和 **2** 相比较，除晶体颜色明显改变外（由蓝色变为蓝黑色），中心金属离子铜的配位模式也发生改变，同时伴随着 $Cu^{2+}\cdots I^-$ 弱键的形成（图 4-41）。在 **2** 的一维通道中含有大量游离的 NO_3^- 离子，有利于其与 I^- 离子在保持单晶状态的情况下发生阴离子交换，$Cu^{2+}\cdots I^-$ 弱键的形成诱发二价铜与 I^- 离子的氧化还原反应。尽管只是小部分的二价铜被还原为一价，但却可能导致其在室温下催化 2,6-二甲基苯酚（DMP）氧化偶联反应活性的降低，当然通道中的 I^- 离子也会在一定程度上阻碍底物有效接近铜离子中心。2012 年侯红卫课题组又报道了一例以[12 + 8]二十核铜金属大环为结构单元的三维配位聚合物 $\{[Cu_4(pbt)_2(SO_4)_2(DMF)_2(CH_3OH)]\cdot 7H_2O\cdot DMF\}_n$（**54**），部分二价中心金属铜离子也可被 I^- 还原为一价，同时整个过程保持单晶状态（图 4-42）[145]，还原产物在苯乙炔（1-ethynylbenzene）和 2-噁唑烷酮（oxazolidin-2-one）氧化偶联反应中的催化性能也明显下降。

图 4-41　配位聚合物 **2** 和 **2-R** 发生可逆的单晶到单晶转换的照片（a）及相应的晶体结构（b）

　　阴离子骨架的 Cu^I 配位聚合物 $\{(H_3O)[Cu_2^I(CN)(ttb)_{0.5}]\cdot 1.5H_2O\}_n$[55；$H_4ttb$ = 1, 2, 4, 5-tetra-(2H-tetrazole-5-yl)-benzene]，在晶态下可以展示出可逆的氧化/还原行为，骨架不发生变化[146]。当把淡黄色的单晶样品 **55** 放置在空气中时，样品 **55** 可以逐渐地转换成其氧化态并且保持晶型。这个变化过程可以很容易地从晶体颜色的变化过程（淡黄色转变到黑色）观察并确认，结合 XPS 测试分析的结果可以证明 Cu^I 配位聚合物 **55** 转变到混价的 Cu^ICu^{II} 配位聚合物。此外，氧化后变黑的晶体的变温磁化率测试分析，显示了一个反铁磁的耦合现象，进一步证明了二价铜离子的存在。随后的实验发现，当把淡黄色的晶体 **55** 分别放在 60℃、80℃、100℃上加热时，晶体的颜色可以在 25min、

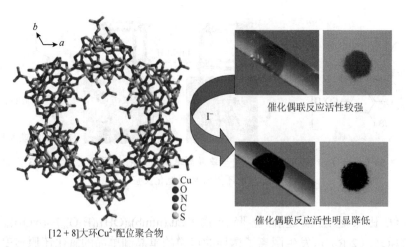

图 4-42　配位聚合物 **54** 的[12 + 8]金属大环结构以及 **54** 和 **54-R** 的晶体照片

12min、5min 迅速变黑。这些实验现象表明这个氧化过程可以随着温度的升高而加快。为了确保淡黄色晶体 **55** 能够被完全氧化，**55** 的单晶在 100℃下加热氧化反应 12h。最终氧化后的 **55** 仍然保持完整的晶型，完全氧化的 **55** 通过单晶衍射仪测定了结构，其分子式为 $\{[\,Cu^I Cu^{II}\,(CN)(ttb)_{0.5}]\cdot 1.5H_2O\}_n$（**55-O**）。显而易见，$Cu^I$ 配位聚合物和 Cu^I、Cu^{II} 共同存在的中性的混价铜配位聚合物之间的转变，在晶态下是可以发生可逆变化的。通过大量的实验发现，配位聚合物 **55-O** 的样品放置在含有还原性的抗坏血酸水溶液中可以使黑色的晶体变成淡黄色的晶体，整个过程中晶型不会发生任何改变，表明整个配位聚合物骨架的 $Cu^I Cu^{II}$ 中心被抗坏血酸还原成 Cu^I 中心。

　　这种在晶态下，Cu^I 配位聚合物 **55** 和混价铜 $Cu^I Cu^{II}$ 配位聚合物 **55-O** 展示了完全可逆的 SCSC 氧化/还原过程，为设计合成具有催化开关行为的催化剂提供了可行的理论研究。并且变化前后的晶体结构，通过技术表征手段可以完全确定，为研究催化反应的机理和反应过程提供了完善的指导，实现了对催化剂的逐步调控。此外，在环境友好的无机碱 K_2CO_3 存在下，Cu^I 配位聚合物 **55** 是一个有效的非均相催化剂，实现杂环化合物与一系列芳香或杂环的卤代物的直接芳基化 C—H 活化反应。该催化反应主要发生在晶体的孔穴内部，并显示了形状和尺寸的选择性。然而，在相同的条件下，氧化产物 **55-O** 作为催化剂主要导致 Ullmann 偶联产物的形成。因此，**55** 和 **55-O** 之间可逆的 SCSC 的结构转换，可以直接调控杂环化合物 C—H 键活化反应的打开/关闭，赋予了 **55** 氧化还原催化开关的性能，实现了杂环化合物的直接芳基化 C—H 活化反应（图 4-43）。

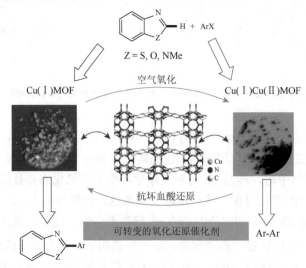

图 4-43　配位聚合物 **55** 催化芳基化 C—H 活化反应以及 **55-O** 催化 Ullmann 偶联反应

Fe^{2+}-MOF 在单晶状态下被氧化为 Fe^{3+}-MOF 也可以实现催化性能的极大变化[147]。一个三维的 Fe^{II}-MOF材料$\{[Fe_3L_2(H_2O)_6]\cdot3H_2O)\}_n$(**56**)浸泡在 Cu^{2+} 溶液中，经过单晶到单晶的异相氧化后，Fe^{II}-MOF 发生转变形成 Fe^{III}-MOF 材料$\{[Fe_3L_2(H_2O)_6]\cdot3(OH)\}_n$（**56-O**），这一结果得到了穆斯堡尔谱、X 射线光电子能谱和变温磁化率曲线等测试结果的证实。重要的是，将这两个化合物用于催化纳扎洛夫环化反应时，Fe^{II}-MOF 仅仅能催化得到酰化产品，而在同样的条件下 Fe^{III}-MOF 可以有效催化环化产物的合成。虽然两个化合物具有相同的骨架结构，但显示出了完全不同的催化性能（图 4-44）。

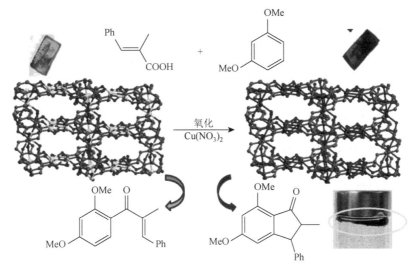

图 4-44　配位聚合物 **56** 到 **56-O** 的在单晶状态下的氧化以及催化纳扎洛夫环化反应

4.9　总　　结

配位聚合物中心金属转化之所以能够实现，本质上源于配位聚合物配位键的活泼性和可逆性，借助预先合成的配位聚合物模板，在单晶的状态下人们利用中心金属转化策略赋予配位聚合物特殊的结构和性能[148, 149]。例如，在 SCO 配位聚合物中引入或去除溶剂分子和气体分子可以改变 SCO 金属中心与客体的相互作用，进而调节配位聚合物的 SCO 行为；提高多孔金属有机配位聚合物中心金属价态可提升其稳定性和气体吸附能力；将特定金属离子通过中心金属交换方式引入配位聚合物骨架可以实现对配位聚合物物理和化学性质的有效调控。利用中心金属转化来调控配位聚合物性能还有巨大发展空间，需要人们继续深入研究和开拓。作为有效的配位聚合物晶态分子反应的后合成修饰方法，中心金属转化的晶态分子反应策略可以交叉使用以满足特殊需求，得到具备特定功能的配位聚合物。如前所述，Zhou 课题组的工作就是把中心金属离子交换和氧化态改变结合使用，得到高价态稳定的配位聚合物。近年来的报道也显示出中心金属转化在提高配位聚合物催化和气体吸附及分离性能上的明显优势，可以预见，未来中心金属转化将在制备具有特定功能的新颖配位聚合物方面展现出更多的优势。

（侯红卫　王华瑞）

参 考 文 献

[1]　　Li H，Eddaoudi M，O'Keeffe M，et al. Design and synthesis of an exceptionally stable and highly porous metal-organic framework. Nature，

1999，402：276-279.

[2] Eddaoudi M，Kim J，Rosi N. Systematic design of pore size and functionality in isoreticular MOFs and their application in methane storage. Science，2002，295：469-472.

[3] Kitagawa S，Kitaura R，Noro S. Functional porous coordination polymers. Angew Chem Int Ed，2004，43：2334-2375.

[4] Ma L，Abney C，Lin W. Enantioselective catalysis with homochiral metal-organic frameworks. Chem Soc Rev，2009，38：1248-1256.

[5] Lee J，Farha O K，Roberts J，et al. Metal-organic framework materials as catalysts. Chem Soc Rev，2009，38：1450-1459.

[6] Yoon M，Srirambalaji R，Kim K，et al. Homochiral metal-organic frameworks for asymmetric heterogeneous catalysis. Chem Rev，2012，112：1196-1231.

[7] D'Alessandro D M，Smit B，Long J R，et al. Carbon dioxide capture: prospects for new materials. Angew Chem Int Ed，2010，49：6058-6082.

[8] Makal T A，Li J R，Lu W，et al. Methane storage in advanced porous materials. Chem Soc Rev，2012，41：7761-7779.

[9] Suh M P，Park H J，Prasad T K，et al. Hydrogen storage in metal-organic frameworks. Chem Rev，2012，112：782-835.

[10] Kreno L E，Leong K，Farha O K，et al. Metal-organic framework materials as chemical sensors. Chem Rev，2012，112：1105-1125.

[11] Cui Y，Yue Y，Qian G，et al. Luminescent functional metal-organic frameworks. Chem Rev，2012，112：1126-1162.

[12] Wang M S，Guo S P，Li Y，et al. A direct white-light-emitting metal-organic framework with tunable yellow-to-white photoluminescence by variation of excitation light. J Am Chem Soc，2009，131：13572-13573.

[13] Kent C A，Mehl B P，Ma L Q，et al. Energy transfer dynamics in metal-organic frameworks. J Am Chem Soc，2010，132：12767-12769.

[14] Wang G E，Jiang X M，Zhang M J，et al. Crystal structures and optical properties of iodoplumbates hybrids templated by in situ synthesized 1, 4-diazabicyclo[2.2.2]octane derivatives. CrysEngComm，2013，15（47）：10399-10404.

[15] Sun L B，Xing H Z，Liang Z Q，et al. A 4 + 4 strategy for synthesis of zeolitic metal-organic frameworks: an indium-MOF with SOD topology as a light-harvesting antenna. Chem Commun，2013，49：11155-11157.

[16] Wei Z H，Ni C Y，Li H X，et al. [PyH][{TpMo(μ_3-S)$_4$Cu$_3$}$_4$(μ_{12}-I)]: a unique tetracubane cluster derived from the S—S bond cleavage and the iodide template effects and its enhanced NLO performances. Chem Commun，2013，49：4836-4838.

[17] Horcajada P，Gref R，Baati T，et al. Metal-organic frameworks in biomedicine. Chem Rev，2012，112：1232-1268.

[18] Lu K D，He C B，Lin W B. Nanoscale metal-organic framework for highly effective photodynamic therapy of resistant head and neck cancer. J Am Chem Soc，2014，136：16712-16715.

[19] Cohen S M. Postsynthetic methods for the functionalization of metal-organic frameworks. Chem Rev，2012，112：970-1000.

[20] Lee C Y，Farha O K，Hong B J，et al. Light-harvesting metal-organic frameworks（MOFs）：efficient strut-to-strut energy transfer in bodipy and porphyrin-based MOFs. J Am Chem Soc，2011，133：15858-15861.

[21] Tanbe K K，Cohen S M. Postsynthetic modification of metal-organic frameworks—A progress report. Chem Soc Rev，2011，40：498-519.

[22] Fei H H，Cahill J F，Prather K A，et al. Tandem postsynthetic metal ion and ligand exchange in zeolitic imidazolate frameworks. Inorg Chem，2013，52：4011-4016.

[23] Han Y，Li J R，Xie Y B，et al. Substitution reactions in metal-organic frameworks and metal-organic polyhedra. Chem Soc Rev，2014，43：5952-5981.

[24] Qin L，Hu J S，Huang L F，et al. Syntheses，characterizations，and properties of six metal-organic complexes based on flexible ligand 5-(4-pyridyl)-methoxyl isophthalic acid. Cryst Growth Des，2010，10：4176-4183.

[25] Sun M L，Zhang J，Lin Q P，et al. Multifunctional homochiral lanthanide camphorates with mixed achiral terephthalate ligands. Inorg Chem，2010，49：9257-9264.

[26] Jia Q X，Wang Y Q，Yue Q，et al. Isomorphous Co^{II} and Mn^{II} materials of tetrazolate-5-carboxylate with an unprecedented self-penetrating net and distinct magnetic behaviours. Chem Commun，2008，40：4894-4896.

[27] Jia L H，Li R Y，Duan Z M，et al. Hydrothermal synthesis，structures and magnetic studies of transition metal sulfates containing hydrazine. Inorg Chem，2011，50：144-154.

[28] Wang H R，Meng W，Wu J，et al. Crystalline central-metal transformation in metal-organic frameworks. Coord Chem Rev，2016，307：130-146.

[29] 吕晓锋，程龙，侯红卫. 配合物在单晶状态下二价中心金属离子交换研究进展. 中国科学：化学，2013，43：1219-1228.

[30] Evans J D，Sumby C J，Doonan C J，et al. Post-synthetic metalation of metal-organic frameworks. Chem Soc Rev，2014，43：5933-5951.

[31] Zhang J P，Liao P Q，Zhou H L，et al. Single-crystal X-ray diffraction studies on structural transformations of porous coordination polymers. Chem Soc Rev，2014，43：5789-5814.

[32] Lalonde M，Bury W，Karagiaridi O，et al. Transmetalation: routes to metal exchange within metal-organic frameworks. J Mater Chem A，2013，1：5453-5468.

[33]　Deria P，Mondloch J E，Karaqiaridi O，et al. Beyond post-synthesis modification：evolution of metal-organic frameworks via building block replacement. Chem Soc Rev，2014，43：5896-5912.

[34]　Brozek C K，Dincă M. Cation exchange at the secondary building units of metal-organic frameworks. Chem Soc Rev，2014，43：5456-5467.

[35]　Mi L W，Hou H W，Song Z Y，et al. Rational construction of porous polymeric cadmium ferrocene-1, 1′-disulfonates for transition metal ion exchange and sorption. Cryst Growth Des，2007，7：2553-2561.

[36]　Dinca M，Long J R. High-enthalpy hydrogen adsorption in cation-exchanged variants of the microporous metal-organic framework $Mn_3[(Mn_4Cl)_3(BTT)_8(CH_3OH)_{10}]_2$. J Am Chem Soc，2007，129：11172-11176.

[37]　李金鹏，侯红卫，樊耀亭. 二茂铁间苯甲酸锌配合物中心金属离子交换的研究. 科学通报，2009，54：2449-2453.

[38]　Cui X J，Khlobystov A N，Chen X Y，et al. Dynamic equilibria in solvent-mediated anion，cation and ligand exchange in transition-metal coordination polymers：solid-state transfer or recrystallisation. Chem Eur J，2009，15：8861-8873.

[39]　Pan F F，Wu J，Hou H W，et al. Solvent-mediated central metals transformation from a tetranuclear Ni^{II} cage to a decanuclear Cu^{II} "pocket". Cryst Growth Des，2010，10：3835-3837.

[40]　Li J P，Li L K，Hou H W，et al. Study on the reaction of polymeric zinc ferrocenyl carboxylate with Pb(II) or Cd(II). Cryst Growth Des，2009，9：4504-4513.

[41]　Yang H Y，Li L K，Wu J，et al. 3D coordination framework with uncommon two-fold interpenetrated $\{3^3 \cdot 5^9 \cdot 6^3\}$-lcy net and coordinated anion exchange. Chem Eur J，2009，15：4049-4056.

[42]　Fu J H，Li H J，Mu Y J，et al. Reversible single crystal to single crystal transformation with anion exchange-induced weak $Cu^{2+} \cdots I^-$ interactions and modification of the structures and properties of MOFs. Chem Commun，2011，47：5271-5273.

[43]　Hu J Y，Zhao J A，Guo Q Q，et al. Construction of a Ag_{12} high-nuclearity metallamacrocyclic 3D framework. Inorg Chem，2010，49：3679-3681.

[44]　Jin J，Wang W Y，Liu Y H，et al. A precise hexagonal octadecanuclear Ag macrocycle with significant luminescent properties. Chem Commun，2011，47：7461-7463.

[45]　Han Y，Chilton N F，Li M，et al. Post-synthetic monovalent central-metal exchange，specific I_2 sensing，and polymerization of a catalytic [3×3] grid of $[Cu_5^{II}Cu_4^{I}L_6]$(I)$_2 \cdot$13H$_2$O. Chem Eur J，2013，19：6321-6328.

[46]　Das S，Kim H，Kim K. Metathesis in single crystal：complete and reversible exchange of metal ions constituting the frameworks of metal-organic frameworks. J Am Chem Soc，2009，131：3814-3815.

[47]　Kim Y，Das S，Bhattacharya S，et al. Metal-ion metathesis in metal-organic frameworks：a synthetic route to new metal-organic frameworks. Chem Eur J，2012，18：16642-16648.

[48]　Liao J H，Chen W T，Tsai C S，et al. Characterization，adsorption properties，metal ion-exchange and crystal-to-crystal transformation of $Cd_3[(Cd_4Cl)_3(BTT)_8(H_2O)_{12}]_2$ framework，where BTT^{3-} = 1, 3, 5-benzenetristetrazolate. Cryst Eng Comm，2013，15：3377-3384.

[49]　Wei Z，Lu W，Jiang H L，et al. A route to metal-organic frameworks through framework templating. Inorg Chem，2013，52：1164-1166.

[50]　Zhang Z J，Wojtas L，Eddaoudi M，et al. Stepwise transformation of the molecular building blocks in a porphyrin-encapsulating metal-organic material. J Am Chem Soc，2013，13：5982-5985.

[51]　Yao Q X，Sun J L，Li K，et al. A series of isostructural mesoporous metal-organic frameworks obtained by ion-exchange induced single-crystal to single-crystal transformation. Dalton Trans，2012，41：3953-3955.

[52]　Pernille S B，Harry L A. Shadow mask templates for site-selective metal exchange in magnesium porphyrin nanorings. Angew Chem Int Ed，2018，57：7874-7877.

[53]　Metzger E D，Brozek C K，Comito R J，et al. Selective dimerization of ethylene to 1-butene with a porous catalyst. ACS Cent Sci，2016，2：148-153.

[54]　Zhang F L，Chen J Q，Qin L F，et al. Metal-center exchange of tetrahedral cages：single crystal to single crystal and spin-crossover properties. Chem Commun，2016，52：4796-4799.

[55]　Chen Y，Wojtas L，Ma S Q，et al. Post-synthetic transformation of a Zn(II)polyhedral coordination network into a new supramolecular isomer of HKUST-1. Chem Commun，2017，53：8866-8869.

[56]　Dubey R J C，Comito R J，Wu Z W，et al. Highly stereoselective heterogeneous diene polymerization by Co-MFU-4l：a single-site catalyst prepared by cation exchange. J Am Chem Soc，2017，139：12664-12669.

[57]　Liu L J，Li L，DeGayner J A，et al. Harnessing structural dynamics in a 2D manganese-benzoquinoid framework to dramatically accelerate metal transport in diffusion-limited metal exchange reactions. J Am Chem Soc，2018，140：11444-11453.

[58]　Zhao J A，Mi L W，Hu J Y，et al. Cation exchange induced tunable properties of a nanoporous octanuclear Cu(II) wheel with double-helical structure. J Am Chem Soc，2008，130：15222-15223.

[59] Wang X J，Li P Z，Liu L，et al. Significant gas uptake enhancement by post-exchange of zinc(Ⅱ) with copper(Ⅱ) within a metal-organic framework. Chem Commun，2012，48：10286-10288.

[60] Zhang Z J，Zhang L P，Wojtas L，et al. Templated synthesis，postsynthetic metal exchange，and properties of a porphyrin-encapsulating metal-organic material. J Am Chem Soc，2012，134：924-927.

[61] Brozek C K，Dincă M. Lattice-imposed geometry in metal-organic frameworks：lacunary Zn₄O clusters in MOF-5 serve as tripodal chelating ligands for Ni^{2+}. Chem Sci，2012，3：2110-2113.

[62] Denysenko D，Werner T，Grzywa M，et al. Reversible gas-phase redox processes catalyzed by Co-exchanged MFU-4l(arge). Chem Commun，2012，48：1236-1238.

[63] Meng W，Li H J，Xu Z Q，et al. New mechanistic insight into stepwise metal-center exchange in a metal-organic framework based on asymmetric Zn₄ clusters. Chem Eur J，2014，20：2945-2952.

[64] Brozek C K，Cozzolino A F，Teat S J，et al. Quantification of site-specific cation exchange in metal-organic frameworks using multi-wavelength anomalous X-ray dispersion. Chem Mater，2013，25：2998-3002.

[65] Liu T F，Zou L，Feng D，et al. Stepwise synthesis of robust metal-organic frameworks via postsynthetic metathesis and oxidation of metal nodes in a single-crystal to single-crystal transformation. J Am Chem Soc，2014，136：7813-7816.

[66] Prasad T K，Hong D H，Suh M P. High gas sorption and metal-ion exchange of microporous metal-organic frameworks with incorporated imide groups. Chem Eur J，2010，16：14043-14050.

[67] Song X，Kim T K，Kim H，et al. Post-synthetic modifications of framework metal ions in isostructural metal-organic frameworks：core-shell heterostructures via selective transmetalations. Chem Mater，2012，24：3065-3073.

[68] Irving H，Williams R J P. The stability of transition-metal complexes. J Am Chem Soc，1953：3192-3210.

[69] Mukherjee G，Biradha K. Post-synthetic modification of isomorphic coordination layers：exchange dynamics of metal ions in a single crystal to single crystal fashion. Chem Commun，2012，48：4293-4295.

[70] Jahn H A，Teller E. Stability of polyatomic molecules in degenerate electronic states I—Orbital degeneracy. Proc Roy Soc，A，1937，161：220-235.

[71] Sava Gallis D F，Parkes M V，Greathouse J A，et al. Enhanced O_2 selectivity versus N_2 by partial metal substitution in Cu-BTC. Chem Mater，2015，27：2018-2025.

[72] Mi L W，Hou H W，Song Z Y，et al. Polymeric zinc ferrocenyl sulfonate as a molecular aspirator for the removal of toxic metal ions. Chem Eur J，2008，14：1814-182.

[73] Huang S L，Li X X，Shi X J，et al. Structure extending and cation exchange of Cd(Ⅱ) and Co(Ⅱ) materials compounds inducing fluorescence signal mutation. J Mater Chem，2010，20：5695-5699.

[74] Song X，Jeong S，Kim D，et al. Transmetalations in two metal-organic frameworks with different framework flexibilities：kinetics and core-shell heterostructure. Cryst Eng Comm，2012，14：5753-5756.

[75] Biswas S，Grzywa M，Nayek H P，et al. A cubic coordination framework constructed from benzobistriazolate ligands and zinc ions having selective gas sorption properties. Dalton Trans，2009，33：6487-6495.

[76] Brozek C K，Bellarosa L，Soejima T，et al. Solvent-dependent cation exchange in metal-organic frameworks. Chem Eur J，2014，20：6871-6874.

[77] Tovar-Tovar A，Ruiz-Ram L，Campero A，et al. Structural and reactivity studies on 4, 4′-dimethyl-2, 2′-bipyridine acetylacetonate copper(Ⅱ) nitrate（CASIOPEINA Ⅲ-ia）with methionine，by UV-visible and EPR techniques. J Inorg Biochem，2004，98：1045-1053.

[78] Dincă M，Dailly A，Liu Y，et al. Hydrogen storage in a microporous metal-organic framework with exposed Mn^{2+} coordination sites. J Am Chem Soc，2006，128：16876-16883.

[79] Tonigold M，Lu Y，Bredenkötter B，et al. Heterogeneous catalytic oxidation by MFU-1：a cobalt(Ⅱ)-containing metal-organic framework. Angew Chem Int Ed，2009，48（41）：7546-7550.

[80] Denysenko D，Grzywa M，Tonigold M，et al. Elucidating gating effects for hydrogen sorption in MFU-4-type triazolate-based metal-organic frameworks featuring different pore sizes. Chem Eur J，2011，17（6）：1837-1848.

[81] Wang H R，Huang C，Han Y B，et al. Central-metal exchange，improved catalytic activity，photoluminescence properties of a new family of d^{10} coordination polymers based on the 5, 5′-(1H-2, 3, 5-triazole-1, 4-diyl)diisophthalic acid ligand. Dalton Trans，2016，45：7776-7785.

[82] Wang X S，Chrzanowski M，Wojtas L，et al. Formation of a metalloporphyrin-based nanoreactor by postsynthetic metal-ion exchange of a polyhedral-cage containing a metal-metalloporphyrin framework. Chem Eur J，2013，19：3297-3301.

[83] Aposhian H V. DMSA and DMPS-water soluble antidotes for heavy metal poisoning. Annu Rev Pharmacol，1983，23：193-215.

[84] Ercal N，Gurer-Orhan H，Aykin-Burns N. Current topics in medicinal chemistry. Curr Top Med Chem，2001，1：529-539.

[85]　Shen J，Hirschtick R. Getting the lead out. N Engl J Med，2004，351：1996.

[86]　Pham B T N，Lund L M，Song D. Novel luminescent metal-organic frameworks [Eu$_2$L$_3$(DMSO)$_2$(MeOH)$_2$]·2DMSO·3H$_2$O and [Zn$_2$L$_2$(DMSO)$_2$]·1.6H$_2$O（L = 4, 4'-ethyne-1, 2-diyldibenzoate）. Inorg Chem，2008，47：6329-6335.

[87]　Allendorf M D，Bauer C A，Bhakta R K，et al. Luminescent metal-organic frameworks. Chem Soc Rev，2009，38：1330-1352.

[88]　Lee E Y，Jang S Y，Suh M P. Multifunctionality and crystal dynamics of a highly stable，porous metal-organic framework [Zn$_4$O(NTB)$_2$]. J Am Chem Soc，2005，127：6374-6381.

[89]　Tong M L，Chen X M，Ye B H，et al. Self-assembled three-dimensional coordination polymers with unusual ligand-unsupported Ag-Ag bonds：syntheses，structures，and luminescent properties. Angew Chem Int Ed，1999，38：2237-2240.

[90]　Asha K S，Bhattacharjee R，Mandal S. Complete transmetalation in a metal-organic framework by metal ion metathesis in a single crystal for selective sensing of phosphate Ions in aqueous media. Angew Chem Int Ed，2016，55：11528-11532.

[91]　Dang S，Ma E，Sun Z M，et al. A layer-structured Eu-MOF as a highly selective fluorescent probe for Fe^{3+} detection through a cation-exchange approach. J Mater Chem，2012，22：16920-16926.

[92]　Kim M，Cahill J F，Fei H，et al. Postsynthetic ligand and cation exchange in robust metal-organic frameworks. J Am Chem Soc，2012，134：18082-18088.

[93]　Yang C X，Ren H B，Yan X P. Fluorescent metal-organic framework MIL-53（Al）for highly selective and sensitive detection of Fe^{3+} in aqueous solution. Anal Chem，2013，85：7441-7446.

[94]　Zhou Y，Chen H H，Yan B. An Eu^{3+} post-functionalized nanosized metal-organic framework for cation exchange-based Fe^{3+}-sensing in an aqueous environment. J Mater Chem A，2014，2：13691-13697.

[95]　Lau C H，Babarao R，Hill M R. A route to drastic increase of CO$_2$ uptake in Zr metal organic framework UiO-66. Chem Commun，2013，49：3634-3636.

[96]　Sun D R，Liu W J，Qiu M，et al. Introduction of a mediator for enhancing photocatalytic performance via post-synthetic metal exchange in metal-organic frameworks（MOFs）. Chem Commun，2015，51：2056-205.

[97]　Brozek C K，Dincǎ M. Ti^{3+}，V$^{2+/3+}$-，Cr$^{2+/3+}$-，Mn^{2+}-，and Fe^{2+}-substituted MOF-5 and redox reactivity in Cr-and Fe-MOF-5. J Am Chem Soc，2013，135：12886-12891.

[98]　Wang J H，Zhang Y，Li M，et al. Solvent-assisted metal metathesis：a highly efficient and versatile route towards synthetically demanding chromium metal-organic frameworks. Angew Chem Int Ed，2017，56：6478-6482.

[99]　Rivest J B，Jain P K. Cation exchange on the nanoscale：an emerging technique for new material synthesis，device fabrication，and chemical sensing. Chem Soc Rev，2013，42：89-96.

[100]　Bousseksou A，Molnar G，Nicolazzi W，et al. Molecular spin crossover phenomenon：recent achievements and prospects. Chem Soc Rev，2011，40：3313-3335.

[101]　Gütlich P，Gaspar A B，Garcia Y. Spin state switching in iron coordination compounds. Beilstein J Org Chem，2013，9：342-391.

[102]　Hauser A. Light-induced spin crossover and the high-spin→low-spin relaxation. Curr Top Chem，2004，234：155-198.

[103]　Clements J E，Price J R，Neville S M，et al. Perturbation of spin crossover behavior by covalent post-synthetic modification of a porous metal-organic framework. Angew Chem Int Ed，2014，53：10164-10168.

[104]　Dalgarno S J，Power N P，Atwood J L. Metallo-supramolecular capsules. Coord Chem Rev，2008，252：825-841.

[105]　Inokuma Y，Kawano M，Fujita M. Crystalline molecular flasks. Nat Chem，2011，3：349-358.

[106]　Bao X，Shepherd H J，Salmon L，et al. The effect of an active guest on the spin crossover phenomenon. Angew Chem Int Ed，2013，52：1198-1202.

[107]　Kawano M，Fujita M. Direct observation of crystalline-state guest exchange in coordination networks. Coord Chem Rev，2007，251：2592-2605.

[108]　Kawamichi T，Haneda T，Kawano M，et al. X-ray observation of a transient hemiaminal trapped in a porous network. Nature，2009，46：633-635.

[109]　Ronson T K，Zarra S，Black S P. Metal-organic container molecules through subcomponent self-assembly. Chem Commun，2013，49：2476-2490.

[110]　Ferrando-Soria J，Serra-Crespo P，Gascon J，et al. Selective gas and vapor sorption and magnetic sensing by an isoreticular mixed-metal-organic framework. J Am Chem Soc，2012，134：15301-15304.

[111]　Wriedt M，Yakovenko A A，Halder G J，et al. Reversible switching from antiferro-to ferromagnetic behavior by solvent-mediated，thermally-induced phase transitions in a trimorphic MOF-based magnetic sponge system. J Am Chem Soc，2013，135：4040-4050.

[112]　Hauser A，Enachescu C，Daku M L，et al. Low-temperature lifetimes of metastable high-spin states in spin-crossover and in low-spin iron（Ⅱ）

compounds: the rule and exceptions to the rule. Coord Chem Rev, 2006, 250: 1642-1652.

[113] Li B, Wei R J, Tao J, et al. Solvent-induced transformation of single crystals of a spin-crossover (SCO) compound to single crystals with two distinct SCO centers. J Am Chem Soc, 2010, 132: 1558-1566.

[114] Coronado E, Espallargas G M. Dynamic magnetic MOFs. Chem Soc Rev, 2013, 42: 1525-1539.

[115] Bilbeisi R A, Zarra S, Feltham H L, et al. Guest binding subtly influences spin crossover in an $Fe_4^{II}L_4$ capsule. Chem Eur J, 2013, 19: 8058-8062.

[116] Costa J S, Jimenez S R, Craig G A, et al. Three-way crystal-to-crystal reversible transformation and controlled spin switching by a nonporous molecular material. J Am Chem Soc, 2014, 136: 3869-3874.

[117] Neville S M, Moubaraki B, Murray K S, et al. Elucidating the mechanism of a two-step spin transition in a nanoporous metal-organic framework. J Am Chem Soc, 2008, 130: 17552-17562.

[118] Neville S M, Halder G J, Chapman K W, et al. Guest tunable structure and spin crossover properties in a nanoporous coordination framework material. J Am Chem Soc, 2009, 131: 12106-12108.

[119] Muñoz-Lara F J, Gaspar A B, Muñoz M C, et al. Sequestering aromatic molecules with a spin-crossover Fe^{II} microporous coordination polymer. Chem Eur J, 2012, 18: 8013-8018.

[120] Lin J B, Xue W, Wang B Y. Chemical/physical pressure tunable spin-transition temperature and hysteresis in a two-step spin crossover porous coordination framework. Inorg Chem, 2012, 51: 9423-9430.

[121] Yoshida K, Akahoshi D, Kawasaki T, et al. Guest-dependent spin crossover in a Hofmann-type coordination polymer Fe (4, 4'-bipyridyl) $[Au(CN)_2]_2 \cdot n$ guest. Polyhedron, 2013, 66: 252-256.

[122] Li J Y, Yan Z, Ni Z P, et al. Guest-effected spin-crossover in a novel three-dimensional self-penetrating coordination polymer with permanent porosity. Inorg Chem, 2014, 53: 4039-4046.

[123] Coronado E, Gimenez-Marques M, Espallargas G M, et al. Spin-crossover modification through selective CO_2 sorption. J Am Chem Soc, 2013, 135: 15986-15989.

[124] Arcís-Castillo Z, Muñoz-Lara F J, Muñoz M C, et al. Reversible chemisorption of sulfur dioxide in a spin crossover porous coordination polymer. Inorg Chem, 2013, 52: 12777-12783.

[125] Shao F, Li J, Tong J P, et al. A boracite metal-organic framework displaying selective gas sorption and guest-dependent spin-crossover behaviour. Chem Commun, 2013, 49: 10730-10732.

[126] Haflder G J, Kepert C J, Moubaraki B, et al. Guest-dependent spin crossover in a nanoporous molecular framework material. Science, 2002, 298: 1762-1765.

[127] Southon P D, Liu L, Fellows E A, et al. Dynamic interplay between spin-crossover and host-guest function in a nanoporous metal-organic framework material. J Am Chem Soc, 2009, 131: 10998-11009.

[128] Ohba M, Yoneda K, Agustí G, et al. Bidirectional chemo-switching of spin state in a microporous framework. Angew Chem Int Ed, 2009, 48: 4767-4771.

[129] Agustí G, Ohtani R, Yoneda K, et al. Oxidative addition of halogens on open metal sites in a microporous spin-crossover coordination polymer. Angew Chem Int Ed, 2009, 48: 8944-8947.

[130] Ohtani R, Yoneda K, Furukawa S, et al. Precise control and consecutive modulation of spin transition temperature using chemical migration in porous coordination polymers. J Am Chem Soc, 2011, 133: 8600-8605.

[131] Bartual-Murgui C, Ortega-Villar N A, Shepherd H J, et al. Enhanced porosity in a new 3D Hofmann-like network exhibiting humidity sensitive cooperative spin transitions at room temperature. J Mater Chem, 2011, 21: 7217-7222.

[132] Muñoz Lara F J, Gaspar A B, Aravena D, et al. Enhanced bistability by guest inclusion in Fe(II) spin crossover porous coordination polymers. Chem Commun, 2012, 48: 4686-4688.

[133] Li J Y, Chen Y C, Zhang Z M, et al. Tuning the spin-crossover behaviour of a hydrogen-accepting porous coordination polymer by hydrogen-donating guests. Chem Eur J, 2015, 19: 1645-1651.

[134] Wannarit N, Roubeau O, Youngme S, et al. Influence of supramolecular bonding contacts on the spin crossover behaviour of iron(II) complexes from 2, 2'-dipyridylamino/s-triazine ligands. Dalton Trans, 2013, 42: 7120-7130.

[135] Quesada M, Aromí G, Geremia S, et al. A molecule-based nanoporous material showing tuneable spin-crossover behavior near room temperature. Adv Mater, 2007, 19: 1397-1402.

[136] Xu Z Q, Meng W, Li H J, et al. Guest molecule release triggers changes in the catalytic and magnetic properties of a Fe^{II}-based 3D metal-organic framework. Inorg Chem, 2014, 53: 3260-3262.

[137] Choi H J, Suh M P, Am J. Dynamic and redox active pillared bilayer open framework: single-crystal-to-single-crystal transformations upon

guest removal，guest exchange，and framework oxidation. J Am Chem Soc，2004，126：15844-15851.

[138] Moon H R，Kim J H，Suh M P. Redox active porous metal-organic framework producing silver nanoparticles from Ag[I] ions at room temperature. Angew Chem Int Ed，2005，117：1287-1291.

[139] Suh M P，Moon H R，Lee E Y，et al. A redox-active two-dimensional coordination polymer：preparation of silver and gold nanoparticles and crystal dynamics on guest removal. J Am Chem Soc，2006，128：4710-4718.

[140] Huang Y G，Mu B，Schoenecker P M，et al. A porous flexible homochiral $SrSi_2$ array of single stranded helical nanotubes exhibiting single-crystal-to-single-crystal oxidation transformation. Angew Chem Int Ed，2011，50：436-440.

[141] Ge J Y，Wang J C，Cheng J Y，et al. Oxygen and methanol mediated irreversible coordination polymer structural transformation from a 3D Cu(Ⅰ)-framework to a 1D Cu(Ⅱ)-chain. Chem Commun，2014，50：4434-4437.

[142] Feng D，Gu Z Y，Li J R，et al. Zirconium-metalloporphyrin PCN-222：mesoporous metal-organic frameworks with ultrahigh stability as biomimetic catalysts. Angew Chem Int Ed，2012，51：10307-10310.

[143] Jiang H L，Feng D，Liu T F，et al. Pore surface engineering with controlled loadings of functional groups via click chemistry in highly stable metal-organic frameworks. J Am Chem Soc，2012，134：14690-14693.

[144] Falkowski J M，Wang C，Liu S，et al. Actuation of asymmetric cyclopropanation catalysts：reversible single-crystal to single-crystal reduction of metal-organic frameworks. Angew Chem Int Ed，2011，50：8674-8678.

[145] Xu Z Q，Wang Q，Li H J，et al. Self-assembly of unprecedented [8 + 12] Cu-metallamacrocycle-based 3D metal-organic frameworks. Chem Commun，2012，48：5736-5738.

[146] Huang C，Wu J，Song C J，et al. Reversible conversion of valence-tautomeric copper metal-organic frameworks dependent single-crystal-to-single-crystal oxidation/reduction：a redox-switchable catalyst for C—H bonds activation reaction. Chem Commun，2015，51：10353-10356.

[147] Shao Z C，Liu M J，Dang J，et al. Efficient catalytic performance for acylation-nazarov cyclization based on an unusual postsynthetic oxidization strategy in a Fe(Ⅱ)-MOF. Inorg Chem，2018，57：10224-10231.

[148] 孟伟. 多羧酸功能配合物的构筑、性能及中心金属交换机理研究. 郑州：郑州大学，2014.

[149] 王华瑞. 晶态中心金属转换在配合物合成及性质中的研究. 郑州：郑州大学，2016.

第5章

穿插/缠绕配位聚合物的设计合成

5.1 引　言

随着科技的快速发展和社会的不断进步，近几十年来，人们对于研究和开发新型功能材料并探索其最终应用表现出越来越浓厚的兴趣。作为一种新型晶态杂化功能材料——配位聚合物（coordination polymer，CP），简称配合物，也称为金属有机框架化合物（metal-organic framework，MOF），是一类由金属离子/簇（作为次级构筑单元）与具有特定功能的有机配体借助配位键相互作用形成的一维（1D）、二维（2D）或三维（3D）有机-无机晶态杂化材料[1-5]。由于配位聚合物结构的可设计性、高的孔隙率和比表面积、孔表面官能团可修饰、孔尺寸可调控等[6-11]，近年来引起了国内外科学家的广泛关注和研究兴趣，目前已经取得了众多优异的科研成果，并被成功地应用于气体吸附分离、分子识别、有机催化、分子磁体、医药载体等方面[12-20]，已经成为当前化学、物理、医学、材料科学和生命科学等领域的热点研究课题之一。

制备配位聚合物常用的合成方法包括水热/溶剂热合成法、微波合成法、扩散合成法和溶剂挥发法等[21, 22]。配位聚合物在形成过程中通常会受到多种因素的影响。例如，具有不同配位数和配位构型的金属离子、多核金属簇/链、配体尺寸和形状、反应温度、体系 pH、溶剂体积比和抗衡离子等。因此，针对性地设计合成具有预期结构和功能的配位聚合物仍然具有一定的困难，要真正清楚地认识其组装本质还有待进一步深入系统的科学研究工作。但经过长期不断的努力并结合大量已有的科学研究，目前科学家们对于如何制备具有特定功能的配位聚合物已经掌握了一些合成方法和规律，甚至可以定向地合成与组装。

在合成配位聚合物的过程中，其空间结构有时会发生不同程度的穿插或缠绕，而这可能会极大地改变目标产物所具有的性能，此类化合物常被称为穿插/缠绕配位聚合物。根据不同的结构特点，可对其进行进一步分类：第一类是由彼此独立的组分所形成的配位聚合物，其结构中部分组分被破坏后，配位聚合物固有的结构特点依然能够保持，其中最具代表性的是具有多重螺旋和多重穿插结构的配位聚合物[23, 24]；第二类则是由彼此相互影响的结构单元所形成的配位聚合物，其结构中的某一组分被破坏，就会导致其原有的结构特点消失，如索烃[25-27]、轮烷[28-30]和鲍米环[31-34]等。目前，文献中每年都会报道大量具有独特空间结构和性能的穿插/缠绕配位聚合物。因此，本章主要针对影响穿插/缠绕配位聚合物可控设计合成的因素做详细的分析，希望对促进该领域的研究提供一些有益的借鉴和指导信息。

5.2　新型分子辫化合物的可控设计合成

5.2.1　概述

分子辫化合物概念的首次提出是在 1999 年[35]，但当时文献中报道的其实只是一例具有四重右手螺旋结构的共晶化合物，它并不具备真正分子辫的特点。顾名思义，分子辫化合物应该是具有类似于人的发辫结构特点的化合物，它是通过三条或三条以上彼此独立的一维链构成的，彼此两条链间并不相互缠绕，但化合物中所有的链单元却最终通过相互作用形成一个整体，这与鲍米环所具有的结构特点是一致的。将三股分子辫和鲍米环的结构进行比较就会发现，如果鲍米环的三个独立圆环同时被打开，并且以鲍米环原有的节点作为重复单元来进行编织就可以得到三股分子辫的结构，而相反，把只具有一个节点的三股分子辫的三条链各自首尾相接就会重新得到鲍米环结构（图 5-1）。此外，分子辫与一维多重螺旋链间存在着明显差异。首先，分子辫结构的每一条链单元都是内消旋的，而多重螺旋结构的每一条链则是具有明确手性特征的；其次，多重螺旋链结构整体上是一个手性结构，而分子辫则是中心对称的；最后，如前所述，分子辫结构中任一条链的移除将导致其他链彼此完全分离，而多重螺旋链则不会因为其结构中任一条链的移除而使其他链彼此分离。

鲍米环　　　　　　　　　　　　　　　　　　分子辫

图 5-1　鲍米环和分子辫结构的联系和区别

在制备分子辫配位聚合物的具体过程中，应同时考虑几个因素。首先是配体的选择，这一点尤为重要，配体必须具有一定的扭转角，尤其是刚性配体；其次，反应体系中引入封端配体有助于形成分子辫化合物；再次，形成的配位聚合物链必须是左、右手螺旋单元同时存在，即内消旋结构特点；最后，体系中存在一定的超分子作用力有助于稳定彼此独立的链结构。所以，合成具有分子辫结构的配位聚合物是一个相对复杂的过程，到目前为止，只有几例化合物被成功地制备出来。

5.2.2　不同类型的分子辫化合物

1. 一维分子辫配位聚合物

首例具有三股分子辫结构特点的配位聚合物是在 2005 年报道的[36]。Wang 课题组利用柔性的桥连配体 1, 3-bis(4-pyridyl)propane（bpp）和[$Cu_2(maa)_4 \cdot 2H_2O$]（Hmaa = 2-methylacrylic acid）以 2∶1 的摩尔比在甲醇和乙腈的混合溶剂中成功制备了一维三股分子辫配位聚合物[$Cu_4(bpp)_4(maa)_8(H_2O)_2$]$_n \cdot 2nH_2O$（**1**）。在配合物 **1** 中，铜离子中心呈现了三种不同的配位空间构型，即畸变的四角锥、平面正方形和畸变的八面体构型 [图 5-2（a）]。虽然铜离子通常有四配位、五配位和六配位的空间构型，但这三种配位方式同时出现在同一化合物中的情况此前却从未见于报道。此外，桥连的 bpp 配体由于其亚甲基在空间中的不同旋转角度，同时以 TT 和 TG（T 为反式构型、G 为扭曲构型）空间构型与铜离子配位。而封端 maa 配体的存在则避免了配合物 **1** 进一步扩展为更高维度的结构，使得配合物 **1** 最终形成了包含四个铜离子、重复单元为(-bpp^{TT}-Cu^5-bpp^{TG}-Cu^6-bpp^{TG}-Cu^5-bpp^{TT}-Cu^4-)$_n$（Cu^x，x 为配位数）、长度为 44.280（2）Å 的一维内消旋螺旋链结构，三条螺旋链进而通过配位水的 O—H⋯O 氢键作用形成稳定的三股缠绕分子辫结构 [图 5-2（b）]。此外，研究还发现，在该反应体系中不同起始反应物的摩尔比对获得具有预期结构的配位聚合物有显著的调控作用。即当反应体系中的桥连配体 bpp 的用量降低，在反应物摩尔比为 1.5∶1 和 1∶1 时，会分别得到另外两例一维链配合物[$Cu_3(maa)_6(bpp)_2$]$_n$（**2**）和[$Cu_2(maa)_4(bpp)$]$_n$（**3**）。但配位聚合物 **2** 和配位聚合物 **3** 并不具备分子辫的结构特点，只是通过一维链间的 O—H⋯O 氢键作用力形成三维超分子网络结构。

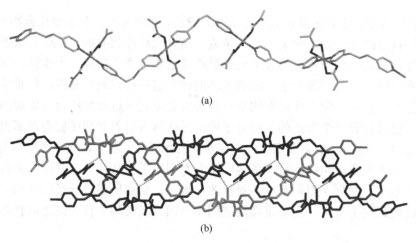

(a)

(b)

图 5-2 （a）基于 $Cu_2(maa)_4 \cdot 2H_2O$ 与 bpp 配体键合形成的一维内消旋螺旋链；
（b）通过氢键识别作用形成的三股分子辫结构

2006 年，Wang 课题组利用难度更大的刚性配体成功制备了第二例具有三股分子辫特点的配位聚合物[37]，即通过刚性桥连配体 biphenyl-4, 4'-dicarboxylate（H_2bpdc）、封端配体 2, 2'：6', 2''-terpyridine（tpy）和硝酸镉反应合成了配位聚合物[Cd(bpdc)(tpy)]$_n \cdot nH_2O$（**4**）。这里，配体 bpdc 阴离子在配位聚合物 **4** 中采取了两种不同的配位构型与镉离子配位，并且两个苯环发生了不同程度的扭曲，这为形成一维内消旋链奠定了基础 ［图 5-3（a）］。与配位聚合物 **1** 的结构特点相似，配位聚合物 **4** 中也包含了由三股一维链相互作用形成的三股分子辫结构 ［图 5-3（b）］；其不同在于，前者通过柔性配体作为拐点形成内消旋链，而后者则是由于 bpdc 阴离子的刚性较强，由中心镉离子充当拐点形成一维链结构；与此同时，配位聚合物 **4** 中存在的晶格水为分子辫的形成提供了氢键驱动力。

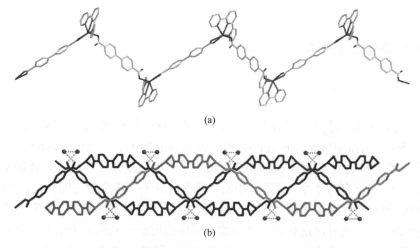

(a)

(b)

图 5-3 （a）在配位聚合物 **2** 中，基于镉离子与 bpdc 配体形成的一维内消旋螺旋链；
（b）通过二聚水单元提供的氢键作用形成的三股分子辫结构

另一例具有三股分子辫特点的配位聚合物[Co$_3$(sd)$_6$(4, 4'-bipy)$_3$]$_n$（**5**）是 Luo 课题组利用 salicylaldehyde（sd）和 4, 4'-bipyridine（4, 4'-bipy）与钴（II）盐反应制备的[38]。其通过设计平行实验发现，反应温度是影响配位聚合物 **5** 形成的关键因素。在配位聚合物 **5** 中，一维内消旋链是通过中性 Co(sd)$_2$ 单元和 4, 4'-联吡啶配体彼此交替连接形成的（图 5-4），进而三条相同的一维链通过吡啶环间的 $\pi \cdots \pi$ 共轭作用构成三股分子辫结构（图 5-5）。但配位聚合物 **5** 的结构特点和配位聚合物 **1** 和 **4** 有明显的区别：首先在配位聚合物 **5** 中，钴离子既充当一维链的拐点，又作为桥连单元，并且两个赝钴离子六元环相互缠绕以形成分子辫结构，而在配位聚合物 **1** 和 **4** 中则是通过两个赝四元环的缠绕来获得三股分子辫的。以上这些不同主要可以归因于 4, 4′-联吡啶的配体长度小于 1, 3-二（4-吡啶）丙烷和 4, 4′-联苯二甲酸阴离子配体。

图 5-4　配位聚合物 **5** 中的一维内消旋螺旋链结构图

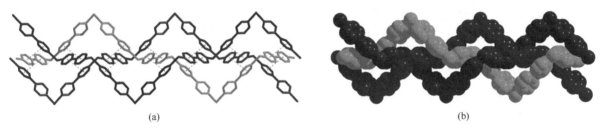

(a)　　　　　　　　　　　　　　　　(b)

图 5-5　（a）通过 4, 4′-bipy 的吡啶环间的 π···π 共轭作用形成的三股分子辫结构图；
（b）配位聚合物 **5** 的三股分子辫填充示意图

2009 年，基于之前的研究工作，Wang 课题组利用"混合配体"策略，通过选用两种不同的柔性桥连配体与过渡金属盐同时在水热条件下以 1∶1∶1 的摩尔比反应，成功制备了两例具有六股分子辫结构的配位聚合物[M$_2$(pcp)$_2$(bpp)$_2$(H$_2$O)$_2$]$_n$[M = Cu，**6**；Co，**7**；H$_2$pcp = 1, 3-双(4-羧基-苯氧基)丙烷][39]。在配位聚合物 **6** 和 **7** 中，两种配体通过共用金属离子形成具有大环特征的一维双链结构［图 5-6（a）］，不同于配位聚合物 **1** 的是，这里的 1, 3-二(4-吡啶)丙烷配体采用了 TT 与 G′G 两种不同的空间构型，从而使另外两个相同的一维链可以从大环结构中穿过，最终形成具有 1D→1D 的三重穿插结构［图 5-6（b）］。目前，在穿插/缠绕配位聚合物中，此类 1D→1D 的穿插类型还较为罕见，除配位聚合物 **6** 和 **7** 外，其他研究组也曾报道了两例化合物[40, 41]，但它们均为二重穿插构型，除此之外，更多的是一些 1D→1D 平行穿插（多聚轮烷）结构的配位聚合物[42, 43]。而更加

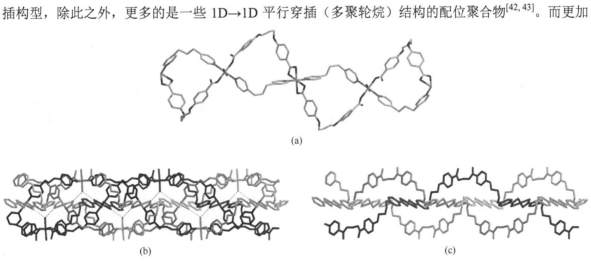

(a)

(b)　　　　　　　　　　　　　　(c)

图 5-6　（a）基于两种不同配体与金属离子形成的一维双链；（b）三重 1D→1D 平行穿插链结构；
（c）由金属离子与 pcp 配体作用形成的三股分子辫

有趣的是，在配位聚合物 **6** 和 **7** 这两个穿插结构中还包含两种不同组成的三股分子辫结构：即一种是通过金属离子与 1, 3-二(4-吡啶)丙烷配体作用形成的三股分子辫，这与配位聚合物 **1** 的结构类似；另一种则是通过金属离子与 1, 3-双(4-羧基-苯氧基)丙烷阴离子作用构成的三股分子辫［图 5-6（c）］；进一步地，这两种分子辫通过共用金属离子相互缠绕形成最终的六股分子辫框架结构。此外，研究者发现，在实验中，将 1, 3-二(4-吡啶)丙烷配体的用量降至合成配位聚合物 **7** 用量的一半时，在同样的合成条件下制备会得到一例包含二元环的 2D→3D 三重平行穿插特点的二维配位聚合物[Co$_2$(pcp)$_2$(bpp)]$_n$·2nCH$_3$OH（**8**）。

2. 高维配位聚合物中的分子辫结构

随着研究的不断深入，人们发现分子辫结构不但可以存在于低维的配位聚合物中，而且在高维的配位聚合物中同样也可以包含分子辫的子结构。2007 年，Wang 课题组报道了一例由 V 形柔性 3, 3′, 4, 4′-二苯甲酮四甲酸（H$_4$bptc）、4, 4′-联吡啶配体和锌盐组装的自穿插三维配位聚合物 [Zn$_4$(bptc)$_2$(4, 4′-bipy)$_4$]$_n$·n(C$_5$H$_3$N)·4nH$_2$O（**9**）[44]。研究发现，在配位聚合物 **9** 的三维骨架中分别包含一个五股和两个三股分子辫的子结构，而导致这一结果的原因正是合成中所选用的 3, 3′, 4, 4′-二苯甲酮四甲酸配体具有良好的柔性特点，它可以使配位聚合物优先形成具有内消旋特点的螺旋链结构。首先，4, 4′-二苯甲酮二甲酸根离子和 4, 4′-联吡啶桥联锌离子沿 c 轴形成一个五股分子辫［图 5-7（a）］；而第一类三股分子辫则是通过 3, 3′-二苯甲酮二甲酸根离子和 4, 4′-联吡啶键合锌离子组成的［图 5-7（b）］，每个三股辫则进一步与相邻的两个分子辫交织形成具有九重缠绕结构的内消旋链；第二类三股分子辫则是由 3, 4′-二苯甲酮二甲酸根离子、4, 4′-二苯甲酮二甲酸根离子和 4, 4′-联吡啶桥连锌离子组成的［图 5-7（c）］，但该三股分子辫的结构特点是有一个区别于配位聚合物 **1**、**4**、**5**、**6** 和 **7** 的分子辫，这主要是因为该分子辫中的两条链相互作用时形成了两种尺寸不一的四边形，即 8.5Å×6.0Å 和 3.6Å×11.6Å，这使得第三条链在发生作用时可以有选择性地穿过尺寸较大的四边形从而形成三股辫。而在配位聚合物 **9** 中，这三种不同的分子辫的形成均依赖于强的 π···π 堆积作用，这与配位聚合物 **5** 中的情况类似。

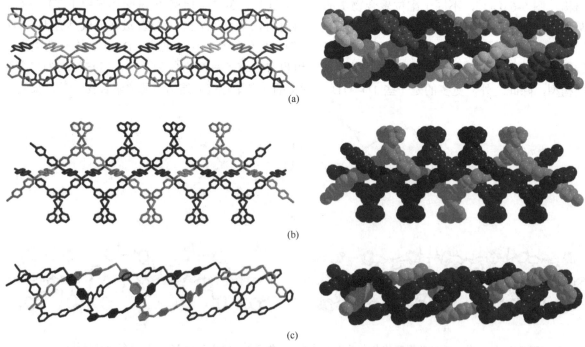

(a)

(b)

(c)

图 5-7 （a）配位聚合物 **9** 中的五股分子辫的结构图；（b）配位聚合物 **9** 中存在的第一种三股分子辫结构图；（c）配位聚合物 **9** 中存在的第二种三股分子辫结构图

3. 共晶分子辫化合物

共晶化合物是利用不同有机小分子借助超分子作用力而形成的一种新型固态材料。Cao 课题组报道了一例通过四溴双酚-S(tbbps)和 1,3-二(4-吡啶)丙烷自组装的共晶化合物(tbbps)·(bpp)·CH₃OH（**10**）[45]。虽然该化合物并不是配位聚合物，但由于它具有分子辫化合物的结构特点，因此也作一介绍。通过分析四溴双酚-S 配体发现，其氢键给体-给体之间的距离（$O_{hydroxyl}$···$O_{hydroxyl}$）约为 8.8Å，这与 1,3-二(4-吡啶)丙烷所提供的氢键受体-受体（N···N）之间的距离（8.5～9.5Å）非常接近，同时，吸电子基团溴原子的存在对于酚羟基形成氢键也具有一定的导向作用，所以，四溴双酚-S 和 1,3-二(4-吡啶)丙烷配体在自组装过程中可以在几何学上完美地匹配，通过 $O_{hydroxyl}$—H···N 氢键采取头尾相接的方式产生一维超分子内消旋螺旋链（图 5-8），而一维链间存在的 Br···Br 相互作用力可以确保三股分子辫结构的最终形成（图 5-9）。在此，需要指出的是，共晶分子辫化合物 **10** 完全是通过超分子作用力驱动形成的，这是与前述分子辫配位聚合物的最大不同。

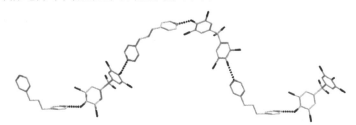

图 5-8　共晶化合物 **10** 中由氢键形成的一维内消旋螺旋链结构

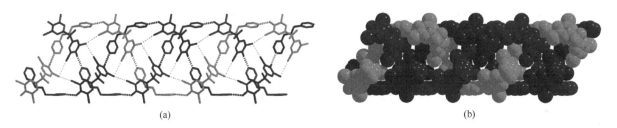

(a)　　　　　　　　　　　　　　　　　　　　　　　　(b)

图 5-9　共晶化合物 **10** 中通过氢键作用形成的三股分子辫结构

5.2.3　小结

虽然首例具有分子辫结构的配位聚合物早在 2005 年就被报道，并且之后具有不同类型分子辫结构的配位聚合物也被成功制备，但不可否认，有关该领域的研究还处在早期的发展阶段。虽然在研究中必然会遇到一些问题，但这一具有挑战性的工作近些年来还是受到了研究者非常多的关注。我们有理由相信，随着晶体工程和超分子化学的不断发展，将来会有更多更好的研究工作涌现出来，从而推动该领域研究得到进一步的发展。

目前，随着合成中所采用的功能配体和反应体系变得越来越复杂，可以将不同的功能配体与金属离子/簇在各种实验条件下反应，这有助于制备出不同类型分子辫以及多股分子辫结构的配位聚合物。虽然之前的研究只有少数几例分子辫配位聚合物的报道，在此给出其制备策略也并不恰当，但是，基于现有分子辫配位聚合物的结构和组成情况，还是可以总结出以下几点影响因素，以便为后续研究提供借鉴。首先，相较于刚性配体，柔性配体是构建此类化合物的优良构筑分子模块；其次，所选择的桥连配体必须要有适当的扭转角以确保可以形成一维的内消旋螺旋链结构；最后，相互缠绕的链间的非键作用力对于导向分子辫的形成是必需的。在具体的合成实验中，只有同时满足以上几点才有可能最终成功制备出具有分子辫结构的配位聚合物。此外，从上述分析分子辫配位聚合物的结构特点来看，缠绕现象的发生使得金属离子间的距离大大缩短，这使其有望被作为非常有应用前景的磁性或者导电材料。当然，在这之前还需要开展很多工作，才能填补某些理论和技术上的空白。

5.3 影响穿插/缠绕配位聚合物可控合成的主要因素

5.3.1 概述

众所周知，缠绕现象广泛存在于自然界以及生物体内，它对生命信息等的传递发挥着非常重要的作用。例如，人们熟知的生物体内的 DNA 螺旋双链结构。在配位化学和超分子化学领域中，目前有关穿插/缠绕配位聚合物越来越多地被报道，因而穿插/缠绕的类型也就相应地越来越丰富，这其中就包括了 0D→1D、1D→1D、1D→2D、1D→3D、2D→2D、2D→3D 和 1D + 2D→3D 等不同的穿插/缠绕结构，而典型的例子包括多股螺旋、分子结、分子套索、轮烷、锁烃、鲍米环和分子辫结构等。

作为配位聚合物的一个重要分支，穿插/缠绕配位聚合物有着其独有的优点。例如，Zhou 等曾报道了一例具有二重穿插结构的配位聚合物相较于其未发生穿插的配位聚合物在 77K 时的氢气吸附量要大得多[46]，而 Yaghi 等研究发现缠绕的配位聚合物 IRMOF-11 在 77K 时的氢气吸附量大于其他含有 $Zn_4O(CO_2)_6$ 单元的材料[47]。此外，Kitagawa 等研究发现穿插配位聚合物的刚性程度以及动态的行为可以导致整个配位聚合物框架表现出不同的孔性质[48]。Kepert 等则报道了具有多孔结构的缠绕配位聚合物通过客体分子的失去和获得可以导致不同的磁自旋行为[49]。除此之外，穿插/缠绕配位聚合物还可用于分子的拆分、非线性光学材料和电导材料等方面。

穿插/缠绕配位聚合物的可控制备是一个相对复杂的过程。其中，有机配体的尺寸和取代基、金属离子/簇、反应温度、体系 pH 以及反应物的比例等对不同类型的穿插/缠绕配位聚合物的形成均发挥着十分重要的导向作用。因此，此类化合物的构效关系不仅与制备其起始原料直接相关，同时也与其晶化环境等紧密相关（图 5-10）。当前，虽然可控制备穿插/缠绕配位聚合物与我们的预期仍有不小差距，但分析总结其研究现状对促进该领域的进一步发展必将起到积极的推进作用。因此，我们通过比较分析总结探索出了上述因素对于调控穿插/缠绕配位聚合物维数、穿插/缠绕度和性质的一些有重要实用价值的规律，希望可以为其可控合成提供必要的理论支持和实验指导。

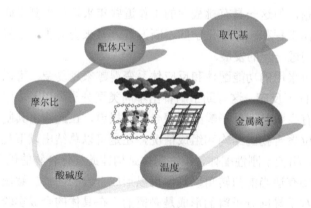

图 5-10　影响穿插/缠绕配位聚合物形成的不同因素

5.3.2　主要的影响因素

1. 配体尺寸和取代基

已有的研究结果表明，氮杂环有机配体具有很好的与不同金属中心键合的能力，因而常被作为桥连配体制备配位聚合物。通常情况下，尺寸长的有机配体有助于配位聚合物中大孔腔或大尺寸窗口的形成，从而导致其结构中穿插/缠绕现象的发生[50]。因此，在具体合成配位聚合物的过程中，要获得具有高度穿插/缠绕结构的配位聚合物，选择较长尺寸的配体无疑是一个非常好的策略。

Champness 等将[Cu(MeCN)$_4$]BF$_4$ 与 1, 2-*trans*-(4-pyridyl) ethane (bpe)配体反应，成功合成了一例含一维孔道的三维配位聚合物[Cu(bpe)$_2$]$_n$·nBF$_4$·0.5nCH$_2$Cl$_2$（**11**）。结构分析表明，配位聚合物 **11** 为五重穿插的金刚石 *dia* 框架结构（图 5-11）[51]。而与其结构非常类似的两个配位聚合物[Cu(4, 4′-bipy)$_2$]$_n$·nPF$_6$（**12**）[52]和[Ag(4, 4′-bipy)$_2$]$_n$·nCF$_3$SO$_3$（**13**）[53]则均为四重穿插的 *dia* 结构。这主要是碳碳双键在 4, 4′-bipy 配体的两个吡啶环中的插入，使得金刚石结构的边长从配位聚合物 **12** 中的 11.16Å 增大为配位聚合物 **11** 中的 13.55Å。这就导致配位聚合物 **11** 中含有较大的孔开放尺寸，从而可以使更多的{[Cu(bpe)$_2$]$^+$}$_n$ 单元相互发生穿套。

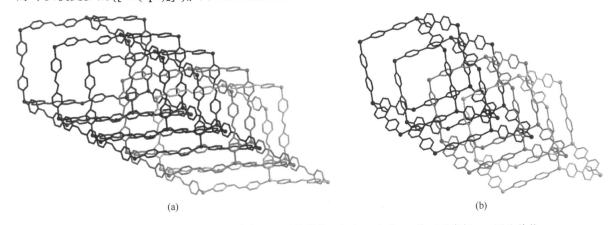

(a)　　　　　　　　　　　　　　　　　　(b)

图 5-11　（a）配合物 **11** 的五重穿插 *dia* 网络结构；（b）配合物 **12** 的四重穿插 *dia* 网络结构

Kasai 等通过将柔性含氮桥连配体 1, 4-bis (4-pyridylmethyl)-2, 3, 5, 6-tetrafluorobenzene（bpf）或 4, 4′-bis (4-pyridylmethyl)-2, 2′, 3, 3′, 5, 5′, 6, 6′-octafluorobiphenyl（bpfb）与[Cu(CH$_3$CN)$_4$]NO$_3$ 或 AgNO$_3$ 反应，制备得到了两个同构的穿插/缠绕配位聚合物[M$_2$(bpf)$_3$(NO$_3$)$_2$]$_n$〔M = Cu(Ⅰ)，**14**；Ag(Ⅰ)，**15**〕[54]，在这两例配位聚合物中，金属离子与配体形成大环结构[M$_2$(*cis*-bpf)$_2$]和 *trans*-bpf 配体相互连接形成一维链。这些平行排列的一维链中的 *trans*-bpf 配体恰好穿过了垂直排列的一维链中的大环结构，从而导致一个独特的 1D→2D 多聚轮烷的二维网的形成（图 5-12），这与配位聚合物[Ag$_2$(1, 4-bix)$_3$(NO$_3$)$_2$]$_n$（**16**）[1, 4-bix = 1, 4-bis(imidazol-1-ylmethyl)benzene]的结构特点非常类似[55]。但在配位聚合物[Cu(bpfb)$_2$]$_n$·nNO$_3$（**17**）中，由于在 bpfb 配体中多引入了一个四氟苯基团，其包含 *trans*-bpfb 配体的二维 *sql* 层形成了具有二重穿插的 2D→2D 平行穿插网络。并且，这些缠绕的二重穿插网络中单独的 2D 层具有相同的手性，与之相邻的则具有完全相反的手性，最终它们交替排列并通过超分子作用力堆积形成三维超分子框架结构。

在相同的反应条件下，将 Zn(Ⅱ)离子分别与 N, N′-bis (3-pyridyl)-*p*-phenylenebisurea（bppb）、N, N′-bis(3-pyridyl)terephthalamide（btpa）反应，得到了配位聚合物[Zn(bppb)$_{1.5}$(SO$_4$)]$_n$·xH$_2$O（**18**）和[Zn(btpa)(SO$_4$)]$_n$·xH$_2$O（**19**）[56]。在 **18** 中，三个相邻的二维 *hcb* 层通过氢键相互作用形成了具有鲍米环结构

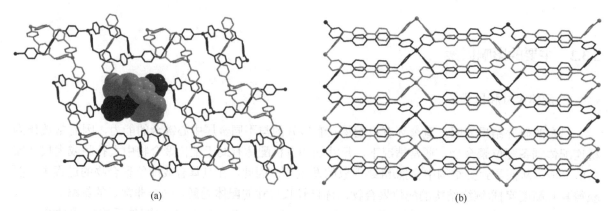

（a）　　　　　　　　　　　　　　　（b）

图 5-12　（a）配位聚合物 **14** 中形成的具有 1D→2D 多聚轮烷的二维网结构；（b）配位聚合物 **17** 中形成
具有二重穿插的 2D→2D 平行穿插网络

的三重 2D→2D 的穿插（图 5-13），配位聚合物 **19** 则由于结构中含有尺寸较短、构象灵活的 btpa 配体而呈现简单的二维波浪状 *sql* 层。这两个配位聚合物的优势在于，它们可以通过原位结晶过程从不同的含氧阴离子中成功分离出硫酸根阴离子。类似的，在水热条件下，将 CuCN 与两个柔性配体 bis(4-pyridylthio)methane(bptm) 和 1, 2-bis(4-pyridylthio)ethane（bpte）反应，分别制备了两例三维的配位聚合物[(CuCN)$_5$(bptm)$_2$]$_n$（**20**）和[(CuCN)$_3$(bpte)]$_n$（**21**）[57]。第一例配位聚合物是一个由四种不同螺旋构成的自穿插结构；而第二例配位聚合物则呈现出三重穿插的框架结构，并且其中形成了基于异手性螺旋链的一维纳米管孔腔。

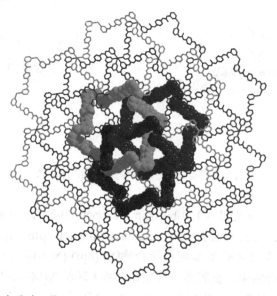

图 5-13　配位聚合物 **18** 中通过二维 *hcb* 层相互作用形成的具有鲍米环结构的三重 2D→2D 的穿插网络

与氮杂环配体类似，多羧酸配体由于其灵活多变的配位模式也常被用于制备具有不同结构和功能的配位聚合物，并且它和含氮配体在同一体系中与金属离子作用时，能为合成穿插/缠绕配位聚合物提供更多的可能。Wang 课题组利用柔性异构的 phenylenediacetic acids（H$_2$pda）配体，在含氮配体存在的情况下，与 Zn(II)离子作用成功构筑了系列配位聚合物[58]。其中，配位聚合物[Zn(*o*-pda)(4, 4'-bipy)(H$_2$O)$_2$]$_n$（**22**）是一个典型的 *sql* 层结构（图 5-14），它们通过层间的氢键作用形成了具有 3D 二重穿插的 *pcu* 超分子框架。但是，与合成配位聚合物 **11** 类似，当在体系中引入更长的 bpe 配体以替代 4, 4'-bipy 时，另一个具有 3D 三重穿插的 *dia* 拓扑结构的配合物[Zn(*o*-pda)(bpe)]$_n$·3nH$_2$O（**23**）就被成功制备得到。

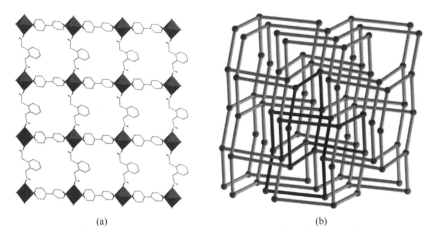

(a)　　　　　　　　　　　　　(b)

图 5-14　（a）配位聚合物 **22** 中形成的二维 *sql* 层结构；（b）配位聚合物 **23** 中形成的具有三重穿插的 *dia* 拓扑结构

将 2, 5-bis (4-pyridyl)-1, 3, 4-thiadiazole（bpt）配体和 Cu(Ⅱ)/Cd(Ⅱ)离子与不同链长度的脂肪二酸反应来制备配位聚合物[59]，研究结果表明，脂肪酸的柔性和其链长度可以很好地用于调控配位聚合物的结构。例如，利用短链配体得到的配位聚合物[Cu_2(bpt)(ox)$_2$]$_n$·2.92$n$$H_2O$（**24**）、[Cu(bpt)(mal)($H_2O$)]$_n$·2$n$$H_2O$（**25**）和[Cu(bpt)(glu)]$_n$（**26**）（$H_2$ox = oxalic acid，$H_2$mal = malonic acid，$H_2$glu = glutaric acid）均为非穿插的结构；而利用长链配体得到的配位聚合物[Cu(bpt)(adi)]$_n$（**27**）和[Cu_2(bpt)$_2$(fum)$_2$]$_n$·3$n$$H_2O$（**28**）（$H_2$adi = adipic acid，$H_2$fum = fumaric acid）则表现出了二重穿插的 *pcu* 网络拓扑结构（图 5-15）。类似的，将 1, 2-bis(imidazol-1'-yl)ethane(bime)配体和 Zn(Ⅱ)离子与脂肪酸反应[60]，同样制备了两例配位聚合物[Zn(bime)(glu)]$_n$·4$n$$H_2O$（**29**）和[Zn(bime)(sub)]$_n$·3$n$$H_2O_n$（**30**）（$H_2$sub = suberic acid）。配位聚合物 **29** 是一例二维的 *sql* 波浪网结构，并且在其孔格中包含一个十核水簇单元；而配位聚合物 **30** 则是一例基于 sub 配体的三维五重穿插的 *dia* 网络结构，在其孔道内存在由五核水簇单元形成的一维水分子链。

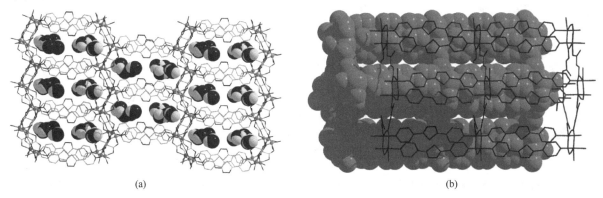

(a)　　　　　　　　　　　　　(b)

图 5-15　（a）配位聚合物 **24** 中形成的具有微孔结构的三维非穿插网络结构；
（b）配位聚合物 **28** 中形成的二重穿插 *pcu* 网络结构

Wang 等将 Zn(Ⅱ)离子与二硫衍生物 nicotinate、6, 6'-dithiodinicotinic acid（H_2cpds）配体反应，生成具有一维手性链的配合物[Zn(cpds)(H_2O)$_2$]$_n$（**31**）[61]。当含氮杂环吡啶配体 4, 4'-bipy 和 bpe 作为共配体被引入上述反应体系中时，则导致了生成的目标配合物的结构相对更加复杂。如前所述，尺寸较长的 bpe 配体促使配合物[Zn(cpds)(bpe)]$_{2n}$·0.5n(bpe)·4$n$$H_2O$（**32**）具有三维五重穿插的 *neb* 框架结构（图 5-16），而基于尺寸较短的 4, 4'-bipy 配体的配合物[Zn(cpds)(bipy)]$_n$·6$n$$H_2O$（**33**）则为二维二重穿插 *sql* 层结构。

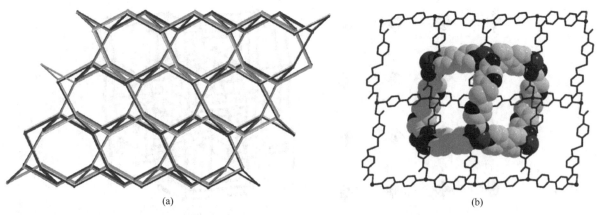

(a)　　　　　　　　　　　　　　(b)

图 5-16 （a）配位聚合物 **32** 中形成具有五重穿插结构的 *neb* 网络；（b）配位聚合物 **33** 中形成具有二重穿插的 *sql* 网络结构

此外，在同一配体上引入不同的取代基也会对穿插/缠绕配位聚合物的最终结构产生重要影响，即取代基效应。例如，利用三种不同的间苯二甲酸的衍生物，即 5-methylisophthalate（H_2mip）、5-methoxyisophthalate（H_2moip）和 5-tertbutylisophthalate（H_2tbip），在含氮配体 bpp 存在的情况下，分别与 Zn(Ⅱ)离子反应会得到三种不同的四连接的配位聚合物[62]。其中，基于 5-甲基取代的间苯二甲酸的配位聚合物[Zn(mip)(bpp)]$_n$·0.2nH$_2$O（**34**）具有三维四重平行穿插的 *dia* 框架结构（图 5-17）；而包含 5-甲氧基间苯二甲酸的三维配位聚合物[Zn(moip)(bpp)]$_{2n}$·2nH$_2$O（**35**）是一个包含了聚轮烷和聚索烃特点的[2＋2]平行穿插结构的配位聚合物；而包含较大取代基的 5-叔丁基的间苯二甲酸的配位聚合物[Zn(tbip)(bpp)]$_n$·nH$_2$O（**36**）是一个包含简单的二维 *sql* 层结构的配位聚合物。虽然 Zn(Ⅱ)离子在这三个配位聚合物中均呈现四面体配位构型，但它们的空间构型却受到间苯二甲酸上未配位取代基的影响，即甲基导致的四面体、甲氧基导致的四面体和平面四边形的共存以及叔丁基导致的平面四边形构型。

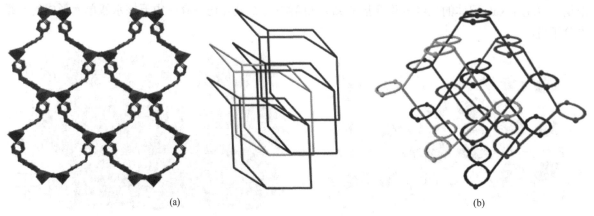

(a)　　　　　　　　　　　　　　(b)

图 5-17 （a）配位聚合物 **34** 中形成的三维四重平行穿插的 *dia* 框架结构；（b）配位聚合物 **35** 中形成的聚轮烷和聚索烃特点的[2＋2]平行穿插结构

Chen 等分别利用 Zn(Ⅱ)离子和间苯二甲酸（isophthalic acid，H_2ip）及其衍生物 5-fluoro-isophthalate（H_2fip）、5-nitroisophthalate（H_2nip），在水热条件下与含氮桥连配体 *N*, *N'*-[(2, 3, 5, 6-tetrafluoro-1, 4-phenylene)bis(methylene)]bis(pyridine-4-carboxamide)（$H_2tfpbbp$）反应制备了四例穿插/缠绕配位聚合物[63]。其中，利用 ip 和 mip 配体所制备的同构配位聚合物[Zn$_2$(H$_2$tfpbbp)(ip)$_2$(H$_2$O)$_2$]$_n$（**37**）和[Zn$_2$(H$_2$tfpbbp)(mip)$_2$(H$_2$O)$_2$]$_n$（**38**）具有自穿插结构特点的二重 *mab* 穿插网络结构；但是，当在 ip 配体上引入吸电子基团（—F 或者—NO$_2$）时，配体的配位能力发生改变，从而导致了具有不同缠绕结构的配位聚合物[Zn(H$_2$tfpbbp)(fip)]$_n$·nH$_2$O（**39**）和[Zn$_2$(H$_2$tfpbbp)$_2$(nip)$_2$]$_n$·nH$_2$O（**40**）的生成，它们呈现出的是三重穿插的聚轮烷结构特点。

在水热反应条件下，以含不同取代基的配体 H_2mip、H_2moip 或者 H_2tbip 与不同吡啶配体反应，制备了一系列 Zn(Ⅱ)/Cd(Ⅱ)配位聚合物[64]。通过结构的比较分析发现，含小体积取代基的配体容易形成具有高缠绕度的配位聚合物。例如，在含有不同取代基的对苯二甲酸的配位聚合物 $[Zn(mip)(bpa)]_n$（**41**）、$[Zn_2(tbip)_2(bpa)(H_2O)]_n$（**42**）和 $[Zn(moip)(bpa)]_n$（**43**）[bpa = 1, 2-bis(4-pyridyl) ethane] 中，含羟基的配位聚合物 **43** 所形成的结构具有五重穿插的 *dia* 网络，而较大的取代基，如甲氧基或者叔丁基的存在，则导致配位聚合物 **41** 和配位聚合物 **42** 分别具有三重穿插的 *dmp* 和二重穿插的 *mog* 网络结构。此外，在其他两个配位聚合物中也可以发现非常类似的结果，即含有叔丁基的苯甲酸配体得到的配位聚合物 $[Zn_2(tbip)_2(bpe)(H_2O)]_n$（**44**）为二重的 *pcu* 结构，而含有甲氧基的苯甲酸配体合成的配位聚合物 $[Zn(moip)(bpe)]_n·0.5n(bpe)$（**45**）则为四重穿插的 *dia* 网络结构[65]。

Wang 等将 H_2mip 和 H_2tbip 分别与 Co(Ⅱ) 和 bpp 反应，获得了两例具有不同缠绕特点的配位聚合物 $[Co_2(mip)_2(bpp)_2(H_2O)]_n$（**46**）和 $[Co_2(tbip)_2(H_2tbip)(bpp)(H_2O)]_n$（**47**）[66]。配位聚合物 **46** 中包含一个类轮烷的结构单元，它是基于单齿配位的 bpp 配体穿过由双齿配位的 bpp 配体以及配位水和 mip 配体未配位的羧基氧原子之间的氢键所构成的圆环而形成的（图 5-18）；而在配位聚合物 **47** 中，由于较大体积的叔丁基的存在，其结构中形成了一个由钴离子和 tbip 配体所组成的相互连接的四重螺旋链结构。

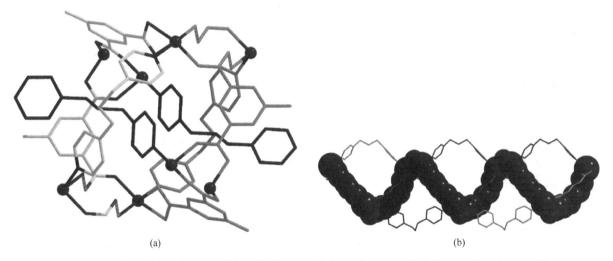

（a） （b）

图 5-18　（a）配位聚合物 **46** 中所包含的类轮烷结构单元；（b）配位聚合物 **47** 中通过公用 Co(Ⅱ) 离子中心形成的四重螺旋链结构

2. 中心金属离子

金属离子作为配位聚合物的另一个主要组成部分，其离子半径、配位构型和配位数均会对配位聚合物的最终结构产生重要影响，同时也会影响配位聚合物的性质。Du 等报道了在相同的反应条件下，基于 p-H_2bdc 和 3, 5-bis(4-pyridyl)-4-amino-1, 2, 4-triazole（bpta）配体与 Cu(Ⅱ)/Cd(Ⅱ)制备了两例配位聚合物 $[Cu(p\text{-}bdc)(bpta)(H_2O)]_{2n}[Cu(bpta)_2(p\text{-}bdc)]_n·2nH_2O$（**48**）和 $[Cd(p\text{-}bdc)(bpta)(H_2O)]_{2n}·1.5nDMF·nH_2O$（**49**）[67]。它们空间结构的巨大差异正是由金属离子不同的配位构型引起的。在这里，基于平面四边形配位构型 Cu(Ⅱ)离子的配位聚合物 **48** 包含了两个截然不同的独立单元，即一维链和二维层结构，并且一维链上单齿配位 bpta 配体以相反交替的方向与二维层相互穿插，形成了特殊的 1D + 2D→3D 穿套结构（图 5-19）。但是，基于 Cd(Ⅱ)离子的配位聚合物 **49** 则为二维 *sql* 层结构，其最终呈现出了二重平行穿插的特点。

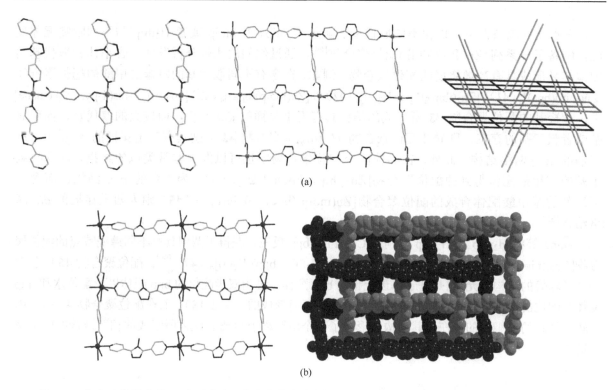

图 5-19 （a）配位聚合物 **48** 中形成的一维聚合物链（左）、二维层结构（中）及其穿套结构示意图（右）；
（b）配位聚合物 **49** 中形成的二维层（左）及其二重穿插结构（右）

LaDuca 等以 adipate（adi）和 4, 4′-dipyridylamine（dpa）配体分别与 Co(Ⅱ)、Ni(Ⅱ)和 Zn(Ⅱ) 金属离子反应[68]，制备了三例配位聚合物[Co(adi)(dpa)]$_n$（**50**）、[Ni(adi)(dpa)(H$_2$O)]$_n$（**51**）和 [Zn(adi)(dpa)]$_n$·nH$_2$O（**52**）。在前两个配位聚合物中，中心金属离子 Co(Ⅱ)和 Ni(Ⅱ)均呈现八面体配位构型，配位聚合物 **50** 呈现二重穿插的 *pcu* 网络结构，而配位聚合物 **51** 中配位水的存在使其具有三重穿插的 *pts* 框架结构，而在配位聚合物 **52** 中，具有四面体配位构型的 Zn(Ⅱ)离子促使配位聚合物展现出了 2D→3D 的聚索烃的穿套结构。

Cao 等利用 Co(Ⅱ)和 Zn(Ⅱ)离子分别与 *N*, *N*′-bis(4-pyridyl-methyl)piperazine（bpmp）和 H$_2$mip 配体在相同的条件下反应[69]，制备了配位聚合物[Co(bpmp)(mip)(H$_2$O)]$_n$·3nH$_2$O（**53**）和[Zn(bpmp) (mip)]·4H$_2$O（**54**）。在配位聚合物 **53** 中，两种二维 *sql* 层相互以平行的方式进行穿插进而形成 2D + 2D→3D 的倾斜聚索烃结构。而在配位聚合物 **54** 中，这些 *sql* 层之间以…ABAB…的方式在[001]方向上平行堆积，且每一层与相邻的两层之间进行穿插，使得配位聚合物 **54** 最终具有 2D→3D 平行聚索烃结构。类似的，在另外两例配位聚合物[Co$_2$(1, 3-bix)$_2$(bpea)$_2$]$_n$（**55**）和[Cd$_4$(1, 4-bix)$_4$(bpea)$_4$]$_n$·4nH$_2$O （**56**）[1, 3-bix = 1, 3-bis(imidazol-1-ylmethyl)benzene，H$_2$bpea = biphenylethene-4, 4′-dicarboxylic acid] 中[70]，其三维框架中也分别呈现出了罕见的平行和倾斜的聚轮烷结构特点。

Wang 等将 V 形羧酸配体 4, 4′-oxybis(benzoic acid)(H$_2$oba)和中性含氮配体与不同的金属离子反应[71]，制备了系列不同结构的配位聚合物。其中，在配位聚合物[Mn(oba)(bpe)]$_n$·nH$_2$O（**57**）和[Co(oba) (bpe)]$_n$·nH$_2$O（**58**）中，虽然配体 oba 和 bpe 与不同的金属离子以相同的配位模式键合配位，但它们却呈现出不同的缠绕结构。即配位聚合物 **57** 基于二核锰单元形成了具有 *pcu* 框架的三重穿插结构 （图 5-20），这与配位聚合物[Co(oba)(bpa)]$_n$ 具有的结构特点类似[72]；而配位聚合物 **58** 则是通过相邻的二维波浪层的相互穿插形成了 2D→3D 的平行聚索烃结构。

Ma 等将 Zn(Ⅱ)和 Cd(Ⅱ)离子与柔性的 1, 1′-(1, 4-butanediyl) bis(imidazole-2-phenyl)(bbip)配体及不同的二羧酸反应[73]，制备了一系列配位聚合物。其中，配位聚合物[Zn(ip)(bbip)]$_n$·nH$_2$O（**59**）

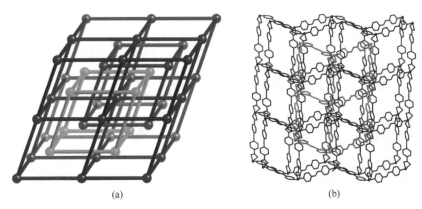

图 5-20 （a）配位聚合物 **57** 中形成的三重穿插 *pcu* 网络；（b）配位聚合物 **58** 中形成的 2D→3D 平行聚索烃结构

中的锌离子采取了扭曲的四面体构型连接 ip 和反式的 bbip 配体形成了二维的 *sql* 波浪网结构（图 5-21）；而在配位聚合物[Cd(ip)(bbip)]$_n$（**60**）中，镉离子为扭曲的八面体构型，通过连接 ip 和顺式的 bbip 配体形成三维的 *dia* 网络结构，并且由于其具有较大的孔腔最终形成了具有三重穿插的空间结构。且在配位聚合物[Zn(adi)(bbeb)$_{0.5}$]$_n$（**61**）和[Cd(adi)(bbeb)]$_n$（**62**）[bbeb = 1, 1′-(1, 4-butanediyl) bis(2-ethylbenzimidazole)]中也存在类似的结果[74]，即前者是二维的 *sql* 层结构，后者则为四重穿插的 *dia* 缠绕结构。

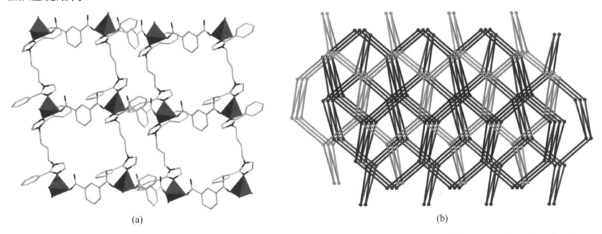

图 5-21 （a）配位聚合物 **59** 中形成的 *sql* 二维层结构；（b）配位聚合物 **60** 的三重穿插 *dia* 三维网络示意图

3. 反应温度

配位聚合物的制备通常会用到水热/溶剂热的合成方法，该合成方法的特点是反应物处于封闭的体系中，并且需要外界加热，因而反应温度会对最终配位聚合物的形成产生影响。通常情况下，较高的反应温度会导致更为复杂的配位聚合物的形成及更少的客体溶剂分子的存在[75, 76]。例如，在 150℃下，将 H$_2$oba 和 bpp 配体分别与 Co(Ⅱ)、Ni(Ⅱ)和 Cu(Ⅱ)离子通过水热反应制备了三例同构的配位聚合物[M(oba)(bpp)]$_n$·nH$_2$O（M = Co，**63**；Ni，**64**；Cu，**65**）[77]。这三例配位聚合物的结构为平行二重穿插二维层结构（图 5-22），并且其中包含区别于 2-回路[2]索烃的单元，即 4-回路[2]-索烃单元。而在 180℃时，利用上述相同的反应物在水热条件下，合成了不含结晶水的配位聚合物[Co(oba)(bpp)]$_n$（**66**），其结构特点是含有交替存在的共用双核桨轮单元 Co$_2$(CO)$_4$ 的左/右手螺旋链结构[78]。

在不同的反应温度下，Sun 等利用 *p*-H$_2$bdc 和 1, 3, 5-tris(1-imidazolyl)benzene（tib）配体与 Zn(Ⅱ)盐在水热反应条件下制备了一系列配位聚合物[79]。在反应温度为 140℃时，所得到的配位聚合物

图 5-22 （a）由 *sql* 二维层形成的二重穿插结构；（b）首例 4-回路[2]-索烃结构单元示意图

[Zn₂(tib)(*p*-bdc)Cl₂]$_n$·2*n*H₂O（**67**）为二维的 *sql* 层结构，并且这些二维层以···ABAB···的方式堆积形成三维的超分子结构（图 5-23）。但是，当反应温度升高到 180℃时，新生成的配位聚合物[Zn₄(tib)₂(*p*-bdc)₃Cl₂]$_n$（**68**）则呈现出具有二重穿插(3, 6)-连接的框架结构，并且其晶格中不再含有客体溶剂分子。有趣的是，在另外两个相关的配位聚合物中也有类似的现象存在：二维 *sql* 层状配位聚合物[Zn(tib)₂(H₂O)]$_n$·2*n*(ClO₄)（**69**）和二重穿插配位聚合物[Zn₄(tib)₂(*p*-bdc)₃(OH)₂]$_n$·4*n*H₂O（**70**），只不过前者的结构中包含高氯酸根离子以平衡其二维层所具有的正电荷。

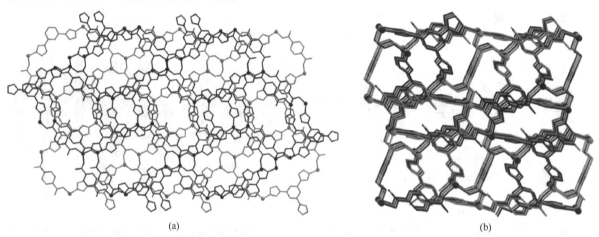

图 5-23 （a）配位聚合物 **67** 中相邻的二维层以···ABAB···方式堆积形成三维超分子结构；
（b）配位聚合物 **68** 中形成的三维二重穿插结构

Liu 等将 1, 2-bis(1-imidazolyl-methyl)benzene（bimb）和 4, 4′-dicarboxybiphenyl sulfone（H₂sdba）配体与 Zn(Ⅱ)离子反应[80]，在不同的反应温度下合成了两例配位聚合物[Zn(sdba)(bimb)]$_n$（**71**）和 [Zn(sdba)(bimb)]$_n$·0.255*n*H₂O（**72**）。其中，配位聚合物 **71** 是在较高的反应温度（180℃）下制备得到的，其结构表现为二维的 *sql* 波浪层。并且通过与两个相同的邻近二维网络进一步穿插形成具有 2D→3D 的聚索烃结构（图 5-24）；配位聚合物 **72** 则是在 140℃条件下合成的，其结构同样是二维的 *sql* 层网络，但最终呈现出的却是通过两种平行二维层的相互穿插形成 2D + 2D→3D 的倾斜聚索烃框架。

Zaworotko 等报道了如何系统地改变反应温度和起始反应物的浓度来调控非穿插配位聚合物[Cd(bipy)(*p*-bdc)]$_n$·3*n*DMF·*n*H₂O（**73**）[81]和与其相关的穿插配位聚合物[Cd(bipy)(*p*-bdc)]$_n$（**74**）[82]。首先，在相同的反应体系下，分别在反应温度为 85℃和 115℃条件下可成功制备上述的两例配位聚合物。然后，通过改变反应温度和溶液浓度设计一系列的平行实验，相应的结果证明了非穿插的柱层状配位聚合物 **73** 趋于在较低的温度下生成（图 5-25）；而当反应温度确定时，二重穿插的配位聚

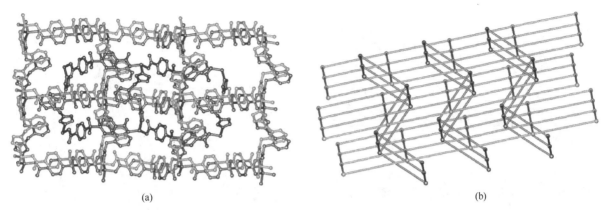

图 5-24　（a）配位聚合物 **71** 中形成的 2D→3D 的聚索烃结构；（b）配位聚合物 **72** 中形成的 2D + 2D→3D 的倾斜聚索烃结构示意图

合物 **74** 则易于在较高的反应物浓度下生成。因此，反应温度对于穿插/缠绕的调控可以被解释为较高的反应温度易于导致热稳定性更高和穿插/缠绕度更高的配位聚合物的形成。

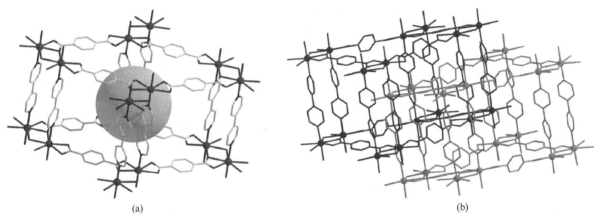

图 5-25　（a）柱层状非穿插配位聚合物 **73** 的结构图；（b）配位聚合物 **74** 中形成的二重穿插 *pcu* 三维结构图

Wang 和 Batten 等将 H_2tbip 和 bpe 配体与 Co(Ⅱ)离子反应[83]，制备了两例依赖于反应温度的配位聚合物[Co$_3$(tbip)$_3$(bpe)$_3$]$_n$·0.5n(bpe)·3nH$_2$O（**75**）和[Co$_2$(tbip)$_2$(bpe)(H$_2$O)]$_n$（**76**）。配位聚合物 **75** 是在反应温度为 120℃时制备的，其结构中包含左右手交替的螺旋链构成的二维[Co$_2$(tbip)$_2$]$_n$ 层，最终通过 bpe 配体扩展为具有自穿插结构的三维网络结构（图 5-26），并且其开放的孔腔中含有客体 bpe和水分子；而当反应物在 160℃条件下反应时，制备的配位聚合物 **76** 则是一个具有双核 Co(Ⅱ)单元的三维二重穿插 *pcu* 结构，其中不包含客体溶剂分子。

4. 溶液酸碱度

一般来讲，配位聚合物的制备都是在溶液中进行的，因此反应溶液的酸碱度对配位聚合物的结晶而言是一个非常重要的因素，尤其是基于羧酸配体的反应体系。例如，在不同 pH 条件下，通过水热合成方法将 H_2oba 和 bipy 与 Ni(Ⅱ)离子反应，可成功制备三例配位聚合物[84]。首先，在反应溶液 pH 为 6.5 时，配位聚合物[Ni$_2$(oba)$_2$(bipy)$_2$(H$_2$O)$_2$]$_n$·n(bipy)（**77**）通过平行穿插的方式形成了二维的聚索烃框架，其中含有一维的纳米管状链结构；而当反应溶液的 pH 降低至 5.5 时，部分质子化 Hoba配体生成，进而形成配位聚合物[Ni$_3$(oba)$_2$(bipy)$_2$(Hoba)$_2$(H$_2$O)$_2$]$_n$·n(bipy)·2nH$_2$O（**78**），其具有 2D→3D的缠绕结构。当反应溶液的 pH 被调节至 7.8 时则会生成配位聚合物[Ni(oba)(bipy)]$_n$·2nH$_2$O（**79**），该配位聚合物是基于二重平行穿插网络而形成的具有自穿插结构特点三维框架。

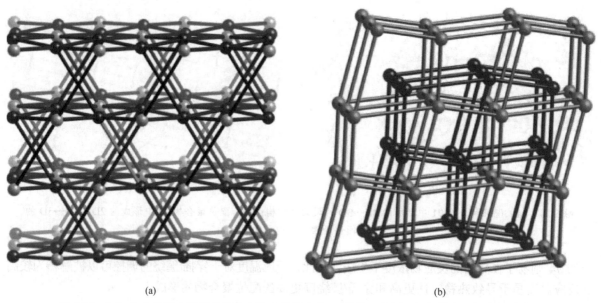

(a)　　　　　　　　　　　(b)

图 5-26　（a）含 6-连接自穿插结构特点的配位聚合物 **75** 结构示意图；（b）具有二重穿插结构的
配位聚合物 **76** 的结构示意图

　　类似的，Wang 等将 1, 3-adamantanedicarboxylic acid（H₂adc）和 bpp 配体与 Zn(Ⅱ)离子反应，研究发现不同产物的生成会受到反应溶液 pH 的影响[85]。即在反应溶液 pH 为 6.5 时，合成的配位聚合物[Zn(adc)(bpp)]₂ₙ·nCH₃OH（**80**）为 2D→2D 的平行穿插的 *sql* 层结构（图 5-27），其由两个相同手性的螺旋层构成；而在反应溶液 pH 为 7.5 时，制备的配位聚合物[Zn(adc)(bpp)]ₙ（**81**）则为三重穿插的 *dia* 框架结构。进一步研究发现，当 Co(Ⅱ)离子取代 Zn(Ⅱ)离子用于上述反应体系时，会得到同样的实验结果[86]。

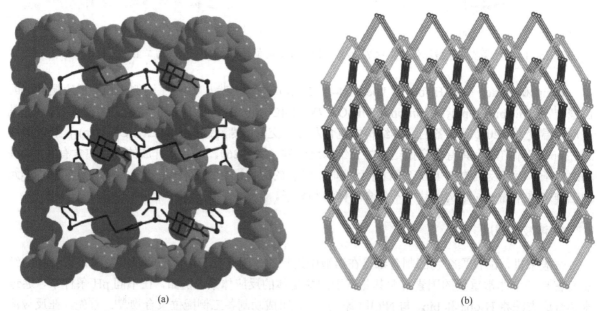

(a)　　　　　　　　　　　(b)

图 5-27　（a）配位聚合物 **80** 中形成的具有 2D→2D 平行二重穿插结构；（b）配位聚合物 **81** 中形成的
三重穿插 *dia* 结构示意图

　　在乙腈溶液中，Li 等将氰化亚铜和席夫碱配体 4-pyridinecarbaldehyde isonicotinoyl hydrazone（4-Hpcih）分别在酸性和中性的条件下反应[87]，制备了两例配位聚合物[Cu₂(CN)₂(4-Hpcih)]ₙ（**82**）和[Cu₂(CN)₁.₅(4-pcih)]ₙ·1.25nH₂O（**83**）。其中，配位聚合物 **82** 是由[CuCN]ₙ 链和 4-Hpcih 形成的二重

穿插的 *hcb* 二维网络结构（图 5-28）。在配位聚合物 **83** 中，pH 诱导使金属离子与配体的成键相对更为复杂，因而导致其形成了具有二重穿插的三维框架，其中还存在二维的自穿插网络单元。

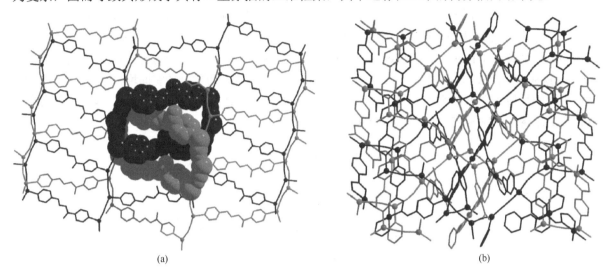

(a)

(b)

图 5-28　（a）配位聚合物 **82** 中形成的二重穿插 *hcb* 结构图；（b）配位聚合物 **83** 中形成了包含有
自穿插结构的三维二重穿插结构图

　　Wang 课题组选择用多羧酸配体 H_4bptc 为研究对象，探索不同 pH 对最终配位聚合物结构的调控作用[88]。其中，配位聚合物$[Cu(H_2bptc)(bpa)(\mu_2-H_2O)]_n$（**84**）和$[Cu_3(Hbptc)_2(bpa)_3(H_2O)_8]_n\cdot 4nH_2O$（**85**）在相对较低的溶液 pH（3 和 4）条件下制得，因而其中含有部分质子化的羧酸配体，也正是由此，它们的结构都相对简单，分别为基于金属-水簇的三维开放骨架和基于一维阳离子骨架和二维阴离子层的三维超分子框架结构。但当上述体系在 pH 为 7 的溶液中反应时，配体 H_4bptc 的四个羧酸均去质子化，导致形成了具有四连接的自穿插结构的三维多孔配位聚合物$[Cu_2(bptc)(bpa)_2(H_2O)]_n\cdot 6.5nH_2O$（**86**）。

　　Shao 等在含氮配体存在的条件下，系统地研究了不同 pH 调控的基于 5-(4-carboxybenzyloxy) isophthalic acid（H_3botc）配体的配位聚合物的自组装过程[89]。pH 为 4 时，通过水热反应，合成的配位聚合物$[Cd(Hbotc)(bipy)(H_2O)]_n\cdot nH_2O$（**87**）是通过晶格水分子与含有质子化羧酸配体 Hbotc 的二维层之间的氢键作用形成的三维超分子结构。当反应溶液的 pH 调节到 7 时，另一例含完全去质子化 H_3botc 配体的有三维四重穿插结构的配位聚合物$[Cd_3(botc)_2(bipy)_3(H_2O)]_n\cdot 2.5nH_2O$（**88**）被合成得到。在同样的 pH 条件下，具有类似结构的四例配位聚合物$[Co_2(Hbotc)(bipy)_{0.5}(\mu_3-OH)(H_2O)_2]_n\cdot nH_2O$（**89**）、$[Co(Hbotc)(bipy)]_n\cdot nH_2O$（**90**）、$[Zn(Hbotc)(dimb)]_n\cdot 2nH_2O$（**91**）和$[Zn_3(botc)_2(dimb)_2]_n\cdot 3nH_2O$（**92**）[dimb = 1, 4-di (1*H*-imidazol-1-yl) benzene]也被制备得到。

5. 反应物摩尔比

　　除以上的影响因素外，配位聚合物的形成和拓扑类型还取决于合成反应中作为节点的金属离子和有机配体的比例。因此，反应物的摩尔比也是制备穿插/缠绕配位聚合物的一个重要影响因素。Li 等为了研究含氮配体不同用量时对最终形成配位聚合物的影响，在溶剂热反应条件下[90]，利用 4, 4'-(hexafluoroisopropylidene)bis(benzoic acid)（H_2hfipbb）和 4, 4'-dipyridylsulfide（dps）配体与 Zn(Ⅱ)离子反应，通过改变反应物的摩尔比制备了不同结构的配位聚合物。在摩尔比为 1∶1∶0.25（Zn/ H_2hfipbb/dps）时，所制备的配位聚合物$[Zn(hfipbb)(H_2hfipbb)_{0.5}]_n$（**93**）为一例由六个 μ_2-桥连的羧酸配体构成的二重穿插的 *pcu* 三维框架结构；而当改变前述反应物的摩尔比为 1∶1∶0.5 和 1∶1∶1 时，则会得到两个同构的配位聚合物$[Zn_2(hfipbb)_2(dps)(H_2O)]_n$（**94a** 和 **94b**）。其中，配位聚合物 **94a**

是一例具有非穿插结构的三维框架结构的化合物，而 **94b** 则是具有三维二重穿插双连接的（8^3）（$8^5 \cdot 10$）拓扑的化合物。

　　此外，Gao 等在硫氰酸铵存在的条件下，通过 Co(Ⅱ)离子和 1, 2-bis(tetrazol-1-yl)ethane（btze）反应[91]，研究了金属离子与配体的摩尔比的改变对合成配位聚合物的影响。他们发现，当起始反应物的摩尔比为 1∶1 或 1∶1.5[Co(Ⅱ)/btze]时，会制备得到一例二维四方格子结构的配位聚合物[Co(btze)$_2$(SCN)$_2$]$_n$（**95**），其相邻的二维层相互穿插最终形成二重平行穿插的空间堆积结构（图 5-29）；而在相同的反应条件下，将反应物的比例调整为 1∶2 或者体系中存在过量的 btze 配体时，则会生成带有侧链结构的一维配位聚合物[Co(btze)$_3$(SCN)$_2$]$_n$（**96**）。

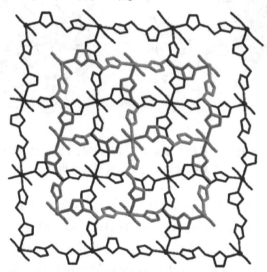

图 5-29　配位聚合物 **95** 形成的二维二重平行穿插结构图

　　Proserpio 等通过扩散法利用硝酸锰的乙醇溶液和柔性配体 1, 4-bix 的三氯甲烷溶液反应，在反应物的摩尔比为 1∶3 时，合成得到配位聚合物[Mn$_2$(1, 4-bix)$_3$(NO$_3$)$_4$]$_n \cdot 2n$CHCl$_3$（**97**）[92]。配位聚合物 **97** 包含两个独立的不同聚合物单元，即一维梯状链和二维砖墙层结构，它们彼此通过倾斜穿插形成 1D + 2D→3D 的聚索烃结构（图 5-30）。但是，当反应物的摩尔比调至 1∶1.5 时，会得到另一例配位聚合物[Mn(1, 4-bix)$_{1.5}$(NO$_3$)$_2$]$_n$（**98**），其中只包含平行堆积的一维梯状链结构。

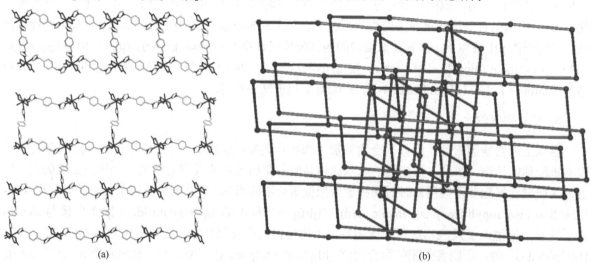

(a)　　　　　　　　　　　　　(b)

图 5-30　（a）配位聚合物 **97** 中形成的不同独立一维梯状链和二维格子层结构单元；
（b）配位聚合物 **97** 中形成 1D + 2D→3D 的聚索烃结构

5.3.3 小结

如前所述,有关穿插/缠绕配位聚合物的研究已经成为材料科学和合成化学中一个极具吸引力的热点研究课题。作为配位聚合物的一个重要分支,可控合成具有穿插/缠绕结构特点的配位聚合物对获得此类新型晶态功能材料具有十分重要的意义,但就目前的研究而言,要真正做到这一点,还存在一定的困难。

本章中,我们详细地分析和讨论了配位聚合物形成的主要影响因素(如配体、金属离子、反应温度、pH 和反应物的摩尔比等),获得了一些指导性的信息。我们发现,上述的每一个因素在配位聚合物合成过程中都会影响配位聚合物最终的结构,即使是在同样的反应条件下,一旦某一个实验条件稍有改变,那么最终配位聚合物的结构都可能发生根本的变化。因此,精确调控反应条件对于穿插/缠绕配位聚合物的合成意义重大。这里,我们只是在大量已经报道的配位聚合物中选取了部分具有代表性的配位聚合物,分析讨论了不同因素对它们结构的影响。除上述的因素外,包括溶剂效应和阴离子效应等也会对穿插/缠绕配位聚合物的生成产生影响[93-97]。

同时,在本章中,尽管我们是将这些影响因素单独进行分析和讨论的,但实际上它们在配位聚合物组装过程中,总是同时发挥作用调控不同配位聚合物结构的生成,这在具体的工作中已经有所报道[98, 99]。我们希望通过本章内容为进一步实现可控设计合成具有特定结构和功能的穿插/缠绕配位聚合物功能材料提供一些指导性的信息,使该领域的研究与实际生产生活更快地产生联系。

(杨国平 王尧宇)

参 考 文 献

[1] Batten S R, Neville S M, Turner D R. Coordination Polymers: Design, Analysis and Application. Cambridge: RSC Publishing, 2009.

[2] MacGillivray L R. Metal-Organic Frameworks: Design and Application. Weinheim: Wiley-VCH, 2010.

[3] 苏成勇, 潘梅. 配位超分子结构化学基础与进展. 北京: 科学出版社, 2010.

[4] Batten S R, Robson R. Interpenetrating nets: ordered, periodic entanglement. Angew Chem Int Ed, 1998, 37: 1460-1494.

[5] Li M, Li D, O'Keeffe M, et al. Topological analysis of metal-organic frameworks with polytopic linkers and/or multiple building units and the minimal transitivity principle. Chem Rev, 2014, 114: 1343-1370.

[6] Lehn J M. Supramolecular Chemistry: Concepts and Perspectives. Weinheim: Wiley-VCH, 1995.

[7] Carlucci L, Ciani G, Proserpio D M. Polycatenation, polythreading and polyknotting in coordination network chemistry. Coord Chem Rev, 2003, 246: 247-289.

[8] Stoddart J F. The chemistry of the mechanical bond. Chem Soc Rev, 2009, 38: 1802-1820.

[9] Janiak C, Vietha J K. MOFs, MILs and more: concepts, properties and applications for porous coordination networks (PCNs). New J Chem, 2010, 34: 2366-2388.

[10] O'Keeffe M, Yaghi O M. Deconstructing the crystal structures of metal-organic frameworks and related materials into their underlying nets. Chem Rev, 2012, 112: 675-702.

[11] Yang Q, Xu Q, Jiang H L. Metal-organic frameworks meet metal nanoparticles: synergistic effect for enhanced catalysis. Chem Soc Rev, 2017, 46: 4774-4808.

[12] Liao P Q, Huang N Y, Zhang W X, et al. Controlling guest conformation for efficient purification of butadiene. Science, 2017, 356: 1193-1196.

[13] Chen C X, Wei Z, Jiang J J, et al. Precise modulation of the breathing behavior and pore surface in Zr-MOFs by reversible post-synthetic variable-spacer installation to fine-tune the expansion magnitude and sorption properties. Angew Chem Int Ed, 2016, 55: 9932-9936.

[14] Johnson J A, Petersen B M, Kormos A, et al. A new approach to non-coordinating anions: Lewis acid enhancement of porphyrin metal centers in a zwitterionic metal-organic framework. J Am Chem Soc, 2016, 138: 10293-10298.

[15] Zeng M H, Yin Z, Tan Y X, et al. Nanoporous cobalt(II) MOF exhibiting four magnetic ground states and changes in gas sorption upon

post-synthetic modification. J Am Chem Soc，2014，136：4680-4688.

[16] Pramanik S，Zheng C，Zhang X，et al. New microporous metal-organic framework demonstrating unique selectivity for detection of high explosives and aromatic compounds. J Am Chem Soc，2011，133：4153-4155.

[17] Rojas S，Carmona F J，Maldonado C R，et al. Nanoscaled zinc pyrazolate metal-organic frameworks as drug-delivery systems. Inorg Chem，2016，55：2650-2663.

[18] Allendorf M D，Bauer C A，Bhakta R K，et al. Luminescent metal-organic frameworks. Chem Soc Rev，2009，38：1330-1352.

[19] Zhai Q G，Mao C，Zhao X，et al. Cooperative crystallization of heterometallic indium-chromium metal-organic polyhedra and their fast proton conductivity. Angew Chem Int Ed，2015，54：7886-7890.

[20] Chen Y，Huang X，Zhang S，et al. Shaping of metal-organic frameworks：from fluid to shaped bodies and robust foams. J Am Chem Soc，2016，138：10810-10813.

[21] 陈小明，蔡继文. 单晶结构分析原理与实践. 北京：科学出版社，2011.

[22] Stock N，Biswas S. Synthesis of metal-organic frameworks（MOFs）：routes to various MOF topologies，morphologies，and composites. Chem Rev，2012，112：933-969.

[23] Albrecht M. "Let's twist again" -double-stranded，triple-stranded，and circular helicates. Chem Rev，2001，101：3457-3497.

[24] Robin A Y，Fromm K M. Coordination polymer networks with O-and N-donors：what they are，why and how they are made. Coord Chem Rev，2006，250：2127-2157.

[25] Wang C Y，Wilseck Z M，LaDuca R L. 1D + 1D→1D polyrotaxane，2D + 2D→3D interpenetrated，and 3D self-penetrated divalent metal terephthalate bis（pyridylformyl）piperazine coordination polymers. Inorg Chem，2011，50：8997-9003.

[26] Amabilino D B，Pérez-García L. Topology in molecules inspired，seen and represented. Chem Soc Rev，2009，38：1562-1571.

[27] Proserpio D M. Topological crystal chemistry：polycatenation weaves a 3D web. Nat Chem，2010，2：435-436.

[28] Sauvage J P，Dietrich-Buchecker C. Molecular Catenanes，Rotaxanes，Knots，a Journey Through the World of Molecular Topology. Weinheim：Wiley-VCH，1999：77-105.

[29] Liu G F，Ye B H，Ling Y H，et al. Interlocking of molecular rhombi into a 2D polyrotaxane network via π-π interactions. Crystal structure of $[Cu_2(bpa)_2(phen)_2(H_2O)]_2·2H_2O$（$bpa^{2-}$ = biphenyl-4, 4'-dicarboxylate，phen = 1, 10-phenanthroline）. Chem Commun，2002，14：1442-1443.

[30] Liu Y，Zhao Y L，Zhang H Y，et al. Polymeric rotaxane constructed from the inclusion complex of β-cyclodextrin and 4, 4'-dipyridine by coordination with nickel（Ⅱ）ions. Angew Chem Int Ed，2003，42：3260-3263.

[31] Stoddart J F. The chemistry of the mechanical bond. Chem Soc Rev，2009，38：1802-1820.

[32] Forgan R S，Sauvage J P，Stoddart J F. Chemical topology：complex molecular knots，links，and entanglements. Chem Rev，2011，111：5434-5464.

[33] Carlucci L，Ciani G，Proserpio D M. Borromean links and other non-conventional links in 'polycatenated' coordination polymers：re-examination of some puzzling networks. CrystEngComm，2003，5：269-279.

[34] Ling Y，Zhang L，Li J，et al. Three-fold-interpenetrated diamondoid coordination frameworks with torus links constructed by tetranuclear building blocks. Cryst Growth Des，2009，9：2043-2046.

[35] Jaunky W，Hosseini M W，Planeix J M，et al. Molecular braids：quintuple helical hydrogen bonded molecular network. Chem Commun，1999，22：2313-2314.

[36] Luan X J，Wang Y Y，Li D S，et al. Self-assembly of an interlaced triple-stranded molecular braid with an unprecedented topology through hydrogen-bonding interactions. Angew Chem Int Ed，2005，44：3864-3867.

[37] Luan X J，Cai X H，Wang Y Y，et al. An investigation of the self-assembly of neutral，interlaced，triple-stranded molecular braids. Chem Eur J，2006，12：6281-6289.

[38] Luo F，Zou J，Ning Y，et al. New topology observed in highly rare interlaced triple-stranded molecular braid. CystEngComm，2011，13：421-425.

[39] Liu J Q，Wang Y Y，Liu P，et al. Two coordination polymers displaying unusual threefold 1D→1D and threefold 2D→3D interpenetration topologies. CrystEngComm，2009，11：1207-1209.

[40] Li S G，Wu B，Hao Y J，et al. 1D→1D two-fold parallel interpenetrated coordination polymers with a bis（pyridylurea）ligand. CrystEngComm，2010，12：2001-2004.

[41] Niu C Y，Wu B L，Zheng X F，et al. The first 1D twofold interpenetrating metal-organic network generated by 1D triple helical chains with nanosized cages. Dalton Trans，2007，48：5710-5713.

[42] Wu H，Yang J，Liu Y Y，et al. pH-controlled assembly of two unusual entangled motifs based on a tridentate ligand and octamolybdate clusters：1D + 1D→3D poly-pseudorotaxane and 2D→2D→3D polycatenation. Cryst Growth Des，2012，12：2272-2276.

[43] Yang J, Ma J F, Batten S R. Polyrotaxane metal-organic frameworks（PMOFs）. Chem Commun, 2012, 48: 7899-7912.

[44] Xiao D R, Li Y G, Wang E B, et al. Exceptional self-penetrating networks containing unprecedented quintuple-stranded molecular braid, 9-fold meso helices, and 17-fold interwoven helices. Inorg Chem, 2007, 46: 4158-4166.

[45] Lü J, Han L W, Lin J X, et al. Rare case of a triple-stranded molecular braid in an organic cocrystal. Cryst Growth Des, 2010, 10: 4217-4220.

[46] Ma S, Sun D, Ambrogio M, et al. Framework-catenation isomerism in metal-organic frameworks and its impact on hydrogen uptake. J Am Soc Chem, 2007, 129: 1858-1859.

[47] Rowsell J L C, Millward A R, Park K S, et al. Hydrogen sorption in functionalized metal-organic framework. J Am Soc Chem, 2004, 126: 5666-5667.

[48] Kitaura R, Seki K, Akiyama G, et al. Porous coordination-polymer crystals with gated channels specific for supercritical gases. Angew Chem Int Ed, 2003, 42: 428-431.

[49] Halder G J, Kepert C J, Moubaraki B, et al. Guest-dependent spin crossover in a nanoporous molecular framework material. Science, 2002, 298: 1762-1765.

[50] Hosseini M W. Molecular tectonics: from simple tectons to complex molecular networks. Acc Chem Res, 2005, 38: 313-323.

[51] Blake A J, Champness N R, Chung S S M, et al. Control of interpenetrating copper（ⅰ）adamantoid networks: synthesis and structure of {[Cu(bpe)$_2$]BF$_4$}$_n$. Chem Commun, 1997, 11: 1005-1006.

[52] MacGillivary L R, Subramanian S, Zaworotko M J. Interwoven two-and three-dimensional coordination polymers through self-assembly of Cu^I cations with linear bidentate ligands. J Chem Soc, Chem Commun, 1994, 11: 1325-1326.

[53] Carlucci L, Ciani G, Proserpio D M, et al. Interpenetrating diamondoid frameworks of silver(Ⅰ) cations linked by N, N'-bidentate molecular rods. J Chem Soc, Chem Commun, 1994, 24: 2755-2756.

[54] Kasai K, Sato M. Interpenetrating coordination polymers from Cu^I or Ag^I and flexible ligands: 2D polyrotaxanes and interpenetrating grids. Chem Asian J, 2006, 1: 344-348.

[55] Hoskins B F, Robson R, Slizys D A. An infinite 2D polyrotaxane network in Ag$_2$(bix)$_3$(NO$_3$)$_2$[bix = 1, 4-bis（imidazol-1-ylmethyl）benzene]. J Am Chem Soc, 1997, 119: 2952-2953.

[56] Adarsh N N, Dastidar P. A borromean weave coordination polymer sustained by urea-sulfate hydrogen bonding and its selective anion separation properties. Cryst Growth Des, 2010, 10: 483-487.

[57] Hou L, Shi W J, Wang Y Y, et al. Two new coordination polymers with multiform helical features based on flexible dithioether ligands and CuCN: from self-penetrating to 3-fold interpenetrating structures. CrystEngComm, 2010, 12: 4365-4371.

[58] Yang G P, Wang Y Y, Zhang W H, et al. A series of Zn(Ⅱ) coordination complexes derived from isomeric phenylenediacetic acid and dipyridyl ligands: syntheses, crystal structures, and characterizations. CrystEngComm, 2010, 12: 1509-1517.

[59] Wen G L, Wang Y Y, Zhang W H, et al. Self-assembled coordination polymers of V-shaped bis（pyridyl）thiadiazole dependent upon the spacer length and flexibility of aliphatic dicarboxylate ligands. CrystEngComm, 2010, 12: 1238-1251.

[60] Hao H J, Sun D, Liu F J, et al. Discrete octamer water cluster and 1D T5（2）water tape trapped in two luminescent Zn(Ⅱ)/1, 2-bis（imidazol-1'-yl）ethane/dicarboxylate hosts: from 2D（4, 4）net to 3D 5-fold interpenetrated diamond network. Cryst Growth Des, 2011, 11: 5475-5482.

[61] Zhang Y N, Wang Y Y, Hou L, et al. A series of metal-organic coordination polymers assembled with disulfide ligand involving in situ cleavage of S—S under co-ligand intervention. CrystEngComm, 2010, 12: 3840-3851.

[62] Ma L F, Wang Y Y, Liu J Q, et al. Delicate substituent effect of isophthalate tectons on the structural assembly of diverse 4-connected metal-organic frameworks（MOFs）. CrystEngComm, 2009, 11: 1800-1802.

[63] Zhang Z H, Chen S C, Mi J L, et al. Unique Zn^{II} coordination entanglement networks with a flexible fluorinated bis-pyridinecarboxamide tecton and benzenedicarboxylates. Chem Commun, 2010, 46: 8427-8429.

[64] Ma L F, Wang L Y, Hu J L, et al. Syntheses, structures, and photoluminescence of a series of d^{10} coordination polymers with R-isophthalate [R =—OH, —CH$_3$, and —C(CH$_3$)$_3$]. Cryst Growth Des, 2009, 9: 5334-5342.

[65] Li X J, Cao R, Sun D D, et al. Syntheses and characterizations of zinc(Ⅱ) compounds containing three-dimensional interpenetrating diamondoid networks constructed by mixed ligands. Cryst Growth Des, 2004, 4: 775-780.

[66] Ma L F, Wang L Y, Du M, et al. Unprecedented 4-and 6-connected 2D coordination networks based on 4^4-subnet tectons, showing unusual supramolecular motifs of rotaxane and helix. Inorg Chem, 2010, 49: 365-367.

[67] Du M, Jiang X J, Zhao X J. Direction of unusual mixed-ligand metal-organic frameworks: a new type of 3-D polythreading involving 1-D and 2-D structural motifs and a 2-fold interpenetrating porous network. Chem Commun, 2005, 44: 5521-5523.

[68] Montney M R, Krishnan S M, Supkowski R M, et al. Diverse entangled metal-organic framework materials incorporating kinked

organodiimine and flexible aliphatic dicarboxylate ligands: synthesis, structure, physical properties, and reversible structural reorganization. Inorg Chem, 2007, 46: 7362-7370.

[69] Xu B, Lin Z, Han L, et al. From 2D→3D inclined polycatenation to 2D→3D parallel polycatenation: a central metal cationic induce strategy. CrystEngComm, 2011, 13: 440-443.

[70] Yang J, Ma J F, Batten S R, et al. Unusual parallel and inclined interlocking modes in polyrotaxane-like metal-organic frameworks. Chem Commun, 2008, 19: 2233-2235.

[71] Liu J Q, Wang Y Y, Zhang Y N, et al. Topological diversification in metal-organic frameworks: secondary ligand and metal effects. Eur J Inorg Chem, 2009, 1: 147-154.

[72] Sun C Y, Zheng X J, Gao S, et al. Multiple regulated assembly, crystal structures and magnetic properties of porous coordination polymers with flexible ligands. Eur J Inorg Chem, 2005, 20: 4150-4159.

[73] Liu Y Y, Ma J F, Yang J, et al. Structures of metal-organic networks based on flexible 1, 1'-(1, 4-butanediyl) bis (imidazole-2-phenyl) ligand. CrystEngComm, 2008, 10: 565-572.

[74] Jiang H, Ma J F, Zhang W L, et al. Metal-organic frameworks containing flexible bis (benzimidazole) ligands. Eur J Inorg Chem, 2008, 5: 745-755.

[75] Zheng B, Dong H, Bai J, et al. Temperature controlled reversible change of the coordination modes of the highly symmetrical multitopic ligand to construct coordination Assemblies: experimental and theoretical studies. J Am Chem Soc, 2008, 130: 7778-7779.

[76] Fang R Q, Zhang X M. Diversity of coordination architecture of metal 4, 5-dicarboxyimidazole. Inorg Chem, 2006, 45: 4801-4810.

[77] Liu J Q, Wang Y Y, Ma L F, et al. Generation of a 4-crossing [2]-catenane motif by the 2D→2D parallel interpenetration of pairs of (4, 4) sheets. CrystEngComm, 2008, 10: 1123-1125.

[78] Hu Y, Li G, Liu X, et al. Hydrothermal synthesis and characterization of metal-organic networks with helical units in a mixed ligand system. CrystEngComm, 2008, 10: 888-893.

[79] Su Z, Fan J, Okamura T, et al. Interpenetrating and self-penetrating zinc(II) complexes with rigid tripodal imidazole-containing ligand and benzenedicarboxylate. Cryst Growth Des, 2010, 10: 1911-1922.

[80] Liu G X, Zhu K, Chen H, et al. Two zinc(II) supramolecular isomers of square grid networks formed by two flexible ligands: syntheses, structures and nonlinear optical properties. CrystEngComm, 2008, 10: 1527-1530.

[81] Zhang J, Wojtas L, Larsen R W, et al. Temperature and concentration control over interpenetration in a metal-organic material. J Am Chem Soc, 2009, 131: 17040-17041.

[82] Tao J, Tong M L, Chen X M. Hydrothermal synthesis and crystal structures of three-dimensional co-ordination frameworks constructed with mixed terephthalate (tp) and 4, 4'-bipyridine (4, 4'-bipy) ligands: [M(tp)(4, 4'-bipy)] (M = Co^{II}, Cd^{II} or Zn^{II}). J Chem Soc Dalton Trans, 2000, 20: 3669-3674.

[83] Ma L F, Wang L Y, Wang Y Y, et al. Self-assembly of a series of cobalt(II) coordination polymers constructed from H$_2$tbip and dipyridyl-based ligands. Inorg Chem, 2009, 48: 915-924.

[84] Wang X L, Qin C, Wang E B, et al. Entangled coordination networks with inherent features of polycatenation, polythreading, and polyknotting. Angew Chem Int Ed, 2005, 44: 5824-5827.

[85] Jin J C, Zhang Y N, Wang Y Y, et al. Syntheses and crystal structures of a series of coordination polymers constructed from C$_2$-symmetric ligand 1, 3-adamantanedicarboxylic acid. Chem Asian J, 2010, 5: 1611-1619.

[86] Jin J C, Wang Y Y, Liu P, et al. An unusual independent 1D metal-organic nanotube with mesohelical structure and 1D→2D interdigitation. Cryst Growth Des, 2010, 10: 2029-2032.

[87] Ni W X, Li M, Zhou X P, et al. pH-induced formation of metalloligand: increasing structure dimensionality by tuning number of ligand functional sites. Chem Commun, 2007, 33: 3479-3481.

[88] Wang H, Wang Y Y, Yang G P, et al. A series of intriguing metal-organic frameworks with 3, 3', 4, 4'-benzophenonetetracarboxylic acid: structural adjustment and pH-dependence. CrystEngComm, 2008, 10: 1583-1594.

[89] Chen L, Xu G J, Shao K Z, et al. pH-dependent self-assembly of divalent metals with a new ligand containing polycarboxylate: syntheses, crystal structures, luminescent and magnetic properties. CrystEngComm, 2010, 12: 2157-2165.

[90] Wu Y P, Li D S, Fu F, et al. Stoichiometry of N-donor ligand mediated assembly in the Zn^{II}-Hfipbb system: from a 2-fold interpenetrating pillared-network to unique (3, 4)-connected isomeric nets. Cryst Growth Des, 2011, 11: 3850-3857.

[91] Liu P P, Cheng A L, Yue Q, et al. Cobalt(II) coordination networks dependent upon the spacer length of flexible bis (tetrazole) ligands. Cryst Growth Des, 2008, 8: 1668-1674.

[92] Carlucci L, Ciani G, Maggini S, et al. A new polycatenated 3D array of interlaced 2D brickwall layers and 1D molecular ladders in

[Mn$_2$(bix)$_3$(NO$_3$)$_4$]·2CHCl$_3$ [bix = 1, 4-bis(imidazol-1-ylmethyl)benzene] that undergoes supramolecular isomerization upon guest removal. Cryst Growth Des，2008，8：162-165.

[93] Lee J Y，Chen C Y，Lee H M，et al. Zinc coordination polymers with 2, 6-bis（imidazole-1-yl）pyridine and benzenecarboxylate：pseudo-supramolecular isomers with and without interpenetration and unprecedented trinodal topology. Cryst Growth Des，2011，11：1230-1237.

[94] Kishan M R，Tian J，Thallapally P K，et al. Flexible metal-organic supramolecular isomers for gas separation. Chem Commun，2010，46：538-540.

[95] Fu A Y，Jiang Y L，Wang Y Y，et al. DMF/H$_2$O volume ratio controls the syntheses and transformations of a series of cobalt complexes constructed using a rigid angular multitopic ligand. Inorg Chem，2010，49：5495-5502.

[96] Carlucci L，Ciani G，Proserpio D M，et al. Coordination networks from the self-assembly of silver salts and the linear chain dinitriles NC(CH$_2$)$_n$CN（n = 2 to 7）：a systematic investigation of the role of counterions and of the increasing length of the spacers. CrystEngComm，2002，4：413-425.

[97] Carlucci L，Ciani G，Macchi P，et al. Complex interwoven polymeric frames from the self-assembly of silver（ⅰ）cations and sebaconitrile. Chem Eur J，1999，5：237-242.

[98] Ma L F，Wang L Y，Huo X K，et al. Chain, pillar, layer, and different pores：a N-[(3-carboxyphenyl)-sulfonyl]glycine ligand as a versatile building block for the construction of coordination polymers. Cryst Growth Des，2008，8：620-628.

[99] Liu G X，Xu H，Zhou H，et al. Temperature-induced assembly of MOF polymorphs：syntheses，structures and physical properties. CrystEngComm，2012，14：1856-1864.

第6章
多壁金属有机框架的构筑与研究进展

6.1 引　言

金属有机框架（MOF）是一类结构、功能可调节的多孔（介孔、微孔、超微孔）材料[1-9]。MOF因其新颖、独特的结构及多样化的功能被科学家们广泛关注，此类材料的设计与合成已经成为配位化学乃至材料科学研究的前沿与热点之一。伴随MOF结构的深入研究[10-13]，科学家们的研究热点从构筑具有复杂结构的MOF到定向地增加框架结构多样性，基于这些研究，大量具有新颖结构的MOF被报道，如嵌套笼形MOF[14-16]、多面体基MOF[17-22]、高核MOF[23-25]等。到目前为止，具有多壁结构的MOF却很少被报道，且多壁的概念在MOF的结构设计上也很少被提及，而类似的概念已经在碳纳米管领域被广泛研究[26-28]。相比于目前已知的由分子构筑块（MBB）与单个金属中心或者金属簇连接形成的三维结构（这里可定义为单壁MOF）[29-31]，多壁MOF不仅结构独特，并且多壁的结构特点使MOF材料具有更好的稳定性[32-35]。因此，对多壁MOF材料的结构及性质进行研究具有重要的意义。

选择多层有机模块与金属簇进而组装是获得多壁MOF的一个直接的策略。然而，多层建筑块的形成通常需要单层组分之间形状及尺寸匹配，并且多层建筑块与金属簇的自组装过程具有偶然性，使得多壁MOF的设计和合成受到极大的限制。该策略是使用完全相同的分子构筑模块（MBB）作为单层，并通过每层平行堆积来形成多层建筑块。基于此构筑策略，只有少数几例双壁MOF被报道，研究发现其双层建筑模块是由两个线形[32, 33, 36-40]、三角形[41, 42]或者四边形[43]的刚性MBB平行堆积形成的（图6-1）。基于该策略也可构筑结构更为复杂的多壁MOF。例如，Rosi课题组报道了两例三壁MOF[34, 35]，在这两个结构中，具有较大尺寸的三齿线形刚性配体与金属簇桥连构筑形成了具有三壁结构的MOF。然而，目前报道的多壁MOF的设计合成存在两个基本局限。第一，随着框架壁数

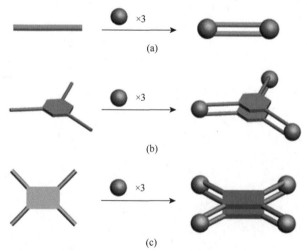

图6-1　线形、三角形和四边形配体构筑的双层建筑块

的增加，更大的位阻效应要求相应的金属簇尺寸增加；第二，框架壁的尺寸、形状和刚性完全一样，影响了 MOF 的结构多样性，进而影响多壁 MOF 的功能多样化。

　　本章中，我们将对已报道的具有多壁结构的 MOF 进行分类总结和结构介绍，并在此基础上介绍化合物的相应性质，总结具有该类特殊结构的 MOF 材料在结构及性质上的特点，为相关研究提供一定的参考。

6.2　双壁金属有机框架

　　本节以目前报道的一些双壁 MOF 为例来阐述构筑双壁 MOF 的基本策略。一般来说，双壁 MOF 的双层建筑块是由两个线形、三角形或者四边形的刚性 MBB 平行堆积形成的（图 6-1），从组装角度来讲，这类分子构筑块因其刚性和对称性的特点，最终组装的结构更具有可预测性，更易于形成双层建筑块；而利用柔性配体和对称性低的配体构筑金属有机框架时，配体的构型和配位方式更多变，增加了结构的不可预测性，使得最终得到的结构较为复杂，对称性降低；因此，构筑多壁 MOF 多选用刚性且对称性高的线形或者三角形配体（图 6-2）。

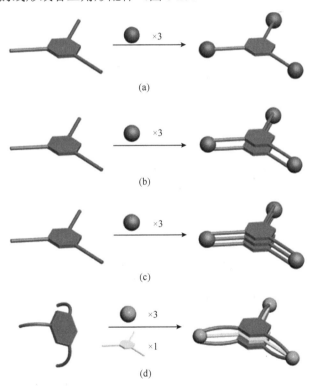

图 6-2　多壁 MOF 的设计思路

6.2.1　三角形配体构筑的双壁金属有机框架

　　2006 年，美国得克萨斯 A&M 大学周宏才教授课题组用 C_3 对称的三角形配体 L1[H₃TB = 2, 5, 8-tris(p-benzoate)-1, 3, 4, 6, 7, 9, 9-b-heptaazaphenalenic acid] 和三核 Zn 簇组装获得一个非互穿、多孔、双壁的金属有机框架 **1** [Zn₃(HTB)₂(H₂O)₂·3DMA·5H₂O][44]。该化合物结晶在手性空间群 $P4_332$。双层建筑块由三个三核金属簇桥连两个平行排列的三角形配体构成，两个三角形配体中心三嗪环间的距离约为 3.32Å，具有强的 π···π 作用（图 6-3）。此外，每一个三核 Zn 簇连接三个双层建筑块并以此方式无限连接形成多孔三维刚性网络结构 [图 6-4（a）]。从拓扑角度考虑，每对平行排列的配体连接三个金属簇，可看作三连接点，而每个金属簇连接三个双层建筑块 [图 6-4（b）]，也可看作三连接点，整个结构可简化为(10, 3)-a 拓扑的 *SrSi₂* 网络 [图 6-4（c）]。

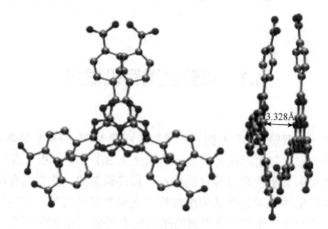

图 6-3 平行排列的 L1 配体

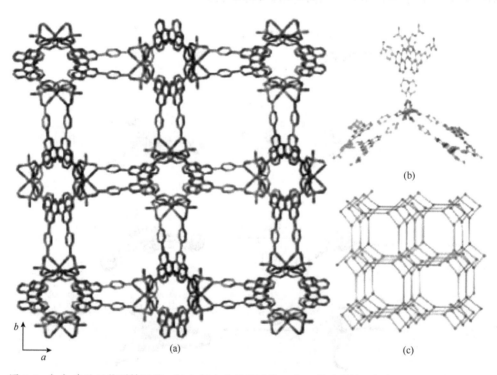

图 6-4 （a）多孔三维刚性网络；（b）每个金属簇连接三个双层建筑块；（c）(10, 3)-a 拓扑结构

2007 年，该课题组选用配体 L2（TATB = 4, 4′, 4″-s-triazine-2, 4, 6-triyltribenzoate）与相同的三核金属簇构筑出四例具有(10, 3)-a 拓扑的双壁金属有机框架（图 6-5）[42]，其中化合物 **2**[Zn₃(TATB)₂(H₂O)₂·4DMF·6H₂O] 和化合物 **3**[Cd₃(TATB)₂(H₂O)₂·7DMA·10H₂O] 具有同构的结构，不同之处是金属离子分别为锌离子和镉离子。化合物 **2** 和化合物 **3** 金属簇中的配位水分子被甲酸和乙酸取代后得到化合物 **4**{[H₂N(CH₃)₂][Zn₃(TATB)₂(HCOO)]HN(CH₃)₂·3DMF·3H₂O} 和化合物 **5**{[H₂N(CH₃)₂][Cd₃(TATB)₂(CH₃COO)]·HN(CH₃)₂·3DMA·4H₂O}。

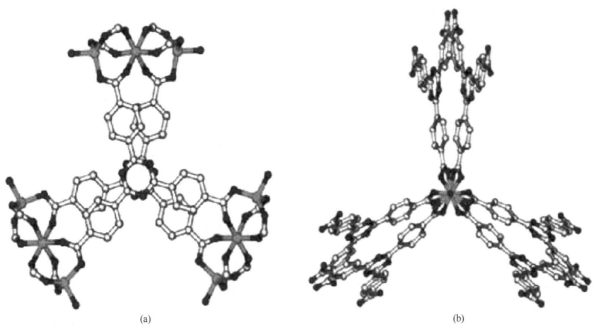

图 6-5　化合物 2～化合物 5 中（a）平行排列的 L2 配体连接三个三核金属簇；（b）每个金属簇连接三个双层建筑块

2009 年，南京大学郑和根教授课题组选用 L3［timtz = 2, 4, 6-tris(1H-imidazol-1-yl)-1, 3, 5--triazine］配体与[WS_4Cu_6]簇组装得到具有 α-C_3N_4（ctn）拓扑结构的双壁多孔金属有机框架 6{[$WS_4Cu_6I_4$(timtz)$_{8/3}$(H_2O)$_{12}$]$_n$}[41]，与上述双壁结构类似，平行排列的三角形配体通过三个[WS_4Cu_6]簇连接形成一个双层分子建筑块［图 6-6（a）］。八面体形的[WS_4Cu_6]簇相比于直线形三核簇具有更高的对称性，使得其周围可以连接四个双层分子建筑块，通过这种连接方式无限延伸形成了 3, 4-连接的三维金属有机框架［图 6-6（b）］。

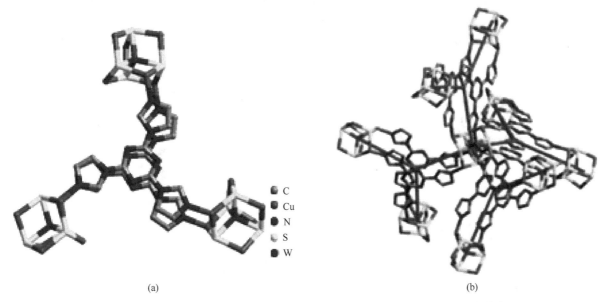

○ C
● Cu
◐ N
◑ S
■ W

图 6-6　（a）平行排列的三角形配体连接三个[WS_4Cu_6]簇形成一个双层分子建筑块；
（b）3, 4-连接的双壁三维金属有机框架

此外，该课题组用具有三嗪环的 L4［TPT = 2, 4, 6-tris(4-pyridyl)-1, 3, 5-triazine］配体与[WS_4Cu_4]簇组装出双壁多孔金属有机框架 7{[(WS_4Cu_4)I(TPT)$_2$]$^+$·I$^-$·solvent}[40]。化合物 7 与化合物 1～化合物 5 的类似，均具有双层的分子建筑块和手性的(10, 3)-a 拓扑结构（图 6-7）。

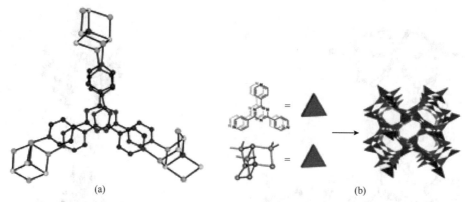

（a）
（b）

图 6-7 （a）平行排列的三角形配体连接三个[WS₄Cu₄]簇形成一个双层分子建筑块；
（b）3, 4-连接的双壁三维金属有机框架

2015 年，爱尔兰利默里克大学 Michael J. Zaworotko 教授课题组用 L5 ［Tripp = 2, 4, 6-tris(4-pyridyl)pyridine］配体与 $M_7F_{12}^{2+}$ 金属簇组装出两例独特的 3, 6-连接的双壁金属有机框架 **8**{[Co₇F₁₂(Tripp)₄](NO₃)₂·guest} 和金属有机框架 **9**{[Ni₇F₁₂(Tripp)₄](NO₃)₂·guest}[45]，目前报道的多数 MOF 是通过金属氧簇与有机配体配位得到的，$M_7F_{12}^{2+}$ 金属氟簇是非常少见的 ［图 6-8（a）］，该金属簇具有高对称性、体积大等特点，有利于更多的有机配体参与配位。这两个双壁化合物结构同构，金属离子不同，以化合物 **8**（Tripp-1-Co）为代表介绍其结构：Tripp-1-Co 结晶在 $Pa\overline{3}$ 空间群，通过分析结构可以看出每一个 Tripp 配体连接三个 $M_7F_{12}^{2+}$ 簇，每一个金属簇周围连接十二个 Tripp 配体 ［图 6-8（b）］，按照这样的连接方式最终形成三维的双壁金属有机框架 ［图 6-9（c）］。然而，这十二个配体成对的模式使得金属簇变成六连接节点，每对配体中心环之间的距离约为 3.74Å，配体之间存在强的 π···π 作用。整个网络可以看作双节点的 3, 6-连接的 *pyr* 拓扑结构，与 3, 6-连接常有的 *rtl*、*ant*、*sit* 和 *qom* 拓扑相比，*pyr* 拓扑结构非常少见。Tripp-1-Co 结构中包含两种双层笼子，分别是四面体笼和八面体笼 ［图 6-9（a）和（b）］，$M_7F_{12}^{2+}$ 簇固定在笼子的顶点，而双层笼的壁由平行排列的 Tripp 配体构筑。四面体笼和八面体笼的直径分别为 7.7Å 和 7.6Å。通过 Platon 计算得出 Tripp-1-Co 的孔隙率约为 53.5%。

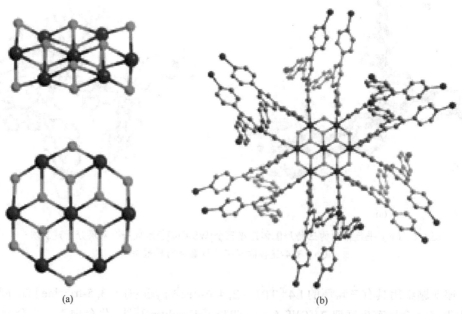

（a）
（b）

图 6-8 （a）$M_7F_{12}^{2+}$ 金属氟簇；（b）每一个金属簇连接十二个 Tripp 配体

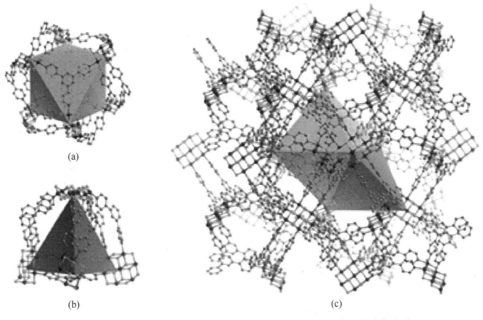

(a)

(b)　　　　　　　　　　　　　　　(c)

图 6-9　（a）四面体笼；（b）八面体笼；（c）三维双壁金属有机框架

此外，Robson 课题组和 Kitagawa 课题组用类似的三角形配体 TPT 和 1, 3, 5-benzenetricarboxylic acid-tris[N-(4-pyridyl)amide]（TPBTC）分别与金属 Hg^{2+} 和 Cd^{2+} 组装得到了高孔隙率的 MOF[46, 47]。

这几例化合物使用的配体均具有刚性和高对称性等特点，然而，这些双层分子构筑块均由同一配体平行排列形成，分子模块单一，使得化合物的结构较为单一。2014 年，卜显和教授课题组提出使用混合分子构筑块（图 6-10）来构筑双层分子建筑块的策略，选用大小不同的三角形配体 L6{H_3L6 = 2, 4, 6-tris[1-(3-carboxylphenoxy)ylmethyl]mesitylene} 和 L4 构筑得到非互穿的三维金属有机框架 **10**{$Ni_3(L6)_2(TPT)_2$·solvent}$_n$ 和金属有机框架 **11**{$Co_3(L6)_2(TPT)_2$·solvent}$_n$[48]。这两个化合物结构同构，均结晶于 $P\overline{4}3m$ 空间群。以下以化合物 **10** 为代表介绍其多壁结构，化合物 **10** 中每一对邻近的 Ni^{2+} 与四个 $L6^{3-}$ 配体的四个羧基桥连形成一个桨轮型（paddle-wheel）的次级构筑单元。在这个桨轮型单元中，每个 Ni^{2+} 与四个 $L6^{3-}$ 配体上的四个羧基氧原子和两个 TPT 配体的两个氮原子配位，形成了扭曲的八面体构型。整个双核结构显示为四羧基桨轮 $Ni_2(COO_2)_4$ 单元［图 6-11（a）］。每一个 $L6^{3-}$ 配体参与三个桨轮型单元的构筑［图 6-11（b）］，并且 $L6^{3-}$ 配体外围的苯基单元垂直于中心苯环，使得三个 Ni_2 双核单元形成一个等边三角形。此时，外部 Ni^{2+} 间的距离是 17.957Å，而内部 Ni^{2+} 间的距离则为 13.211Å。基于这种连接方式，四个 $L6^{3-}$ 配体桥连着六个 Ni_2 双核单元，形成一个外层的 $Ni_{12}(L6)_4$

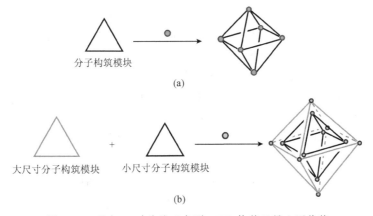

分子构筑模块

(a)

大尺寸分子构筑模块　　＋　　小尺寸分子构筑模块

(b)

图 6-10　两个 C_3 对称的三角形 MBB 构筑双层八面体笼

八面体笼［图 6-11（c）］，在这个八面体笼中，四个面被 $L6^{3-}$ 配体占据，另外四个面是空旷的。根据金属有机多面体（MOP）规则[10]，这种八面体可被称为四合四面体。八面体笼中对角的外层 Ni^{2+} 间的距离是 25.395Å，相应的对角内层 Ni^{2+} 间的距离为 18.683Å。此外，四个 TPT 配体和八面体笼的内层六个 Ni^{2+} 配位，并且平行于外层的 $L6^{3-}$ 配体，从而形成了双层的八面体笼［图 6-11（d）］。

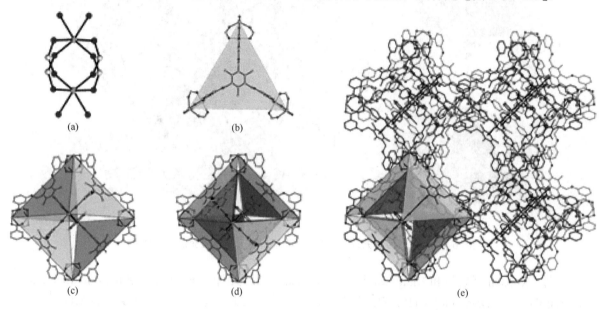

图 6-11　化合物 **10** 的结构

（a）独特的桨轮型单元；（b）$L6^{3-}$ 配体连接三个 $Ni_2(CO_2)_4$ 单元形成三角形平面；（c）外层的 $Ni_{12}(L6)_4$ 八面体笼子；
（d）双层的八面体笼子；（e）双层八面体笼共享 $Ni_2(CO_2)_4$ 单元形成的三维结构

　　值得注意的是，桨轮型双核金属单元中六配位的 Ni^{2+} 是非常少见的。在文献中，羧基构筑的桨轮型单元是非常常见的次级构筑单元，它的几何构型直接决定着建筑块的自组装模式，进而决定着有序结构的拓扑[49]。一般来说，典型的桨轮型单元中的金属离子是五配位的四方锥配位构型，轴向位置具有单一的配位点[50-52]。然而，在化合物 **10** 中金属中心为六配位八面体配位构型。这对双层八面体笼的形成起着重要的作用。最终，通过共享 $Ni_2(CO_2)_4$ 桨轮型节点，双层八面体笼被堆积成三维框架［图 6-11（e）］。

　　从拓扑角度看，每一个双层 TPT-$L6^{3-}$ 单元可以被看作平面三连接点，每一个桨轮型单元可以被看作四面体形的四连接点。因此，整个框架是一个无限的具有 *bor* 拓扑的(3, 4)-连接网络。这个拓扑不同于 HKUST-1[53]和 porph@MOM-4[54]的 *tbo* 拓扑［图 6-12（a）、（b）和图 6-13］。在化合物 **10** 中，除了 $Ni_6(TPT)_4@Ni_{12}(L6)_4$ 八面体笼外，整个孔结构还包含了 $Ni_{24}(TPT)_{28}(L6)_{28}$ 立方笼，它是由 8 个八面体笼堆积而成的。因此，化合物 **10** 的框架包含两种分子笼，一种是小的双层八面体笼，另一种是大的切角立方笼［图 6-12（c）和（d）］。

　　在化合物 **10** 中，$L6^{3-}$ 和 TPT 配体都是 C_3 对称性配体，C_3 对称的配体已经被证明是构筑八面体和四面体基 MOF 的首选配体[55-57]。柔性 $L6^{3-}$ 配体的中心苯环和外部的苯羧基基团通过柔性 —CH_2—O— 连接子连接，借助于 —CH_2—O— 的扭曲，$L6^{3-}$ 配体可以看作一个非平面三角架结构，这非常有利于形成闭合的多面体结构。与 $L6^{3-}$ 相比，尺寸略小的刚性 TPT 配体能被包覆在八面体笼的内部，从而形成内部的多面体。两个配体的形状及尺寸匹配确保了嵌套型双层笼的形成。这种混合配体策略可以看作是面导向的自组装方法的改进版本。目前报道的金属有机八面体多是单层的，而化合物 **10** 的框架中包含了首例双层金属有机八面体。

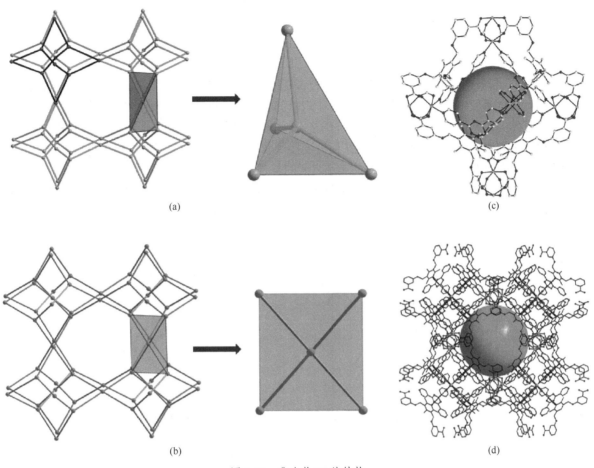

(a)   (c)

(b)   (d)

图 6-12　化合物 **10** 的结构

（a）*bor* 拓扑网络，黑色环表示一个八面体笼子，四连接点为四面体构型；（b）HKUST-1 的 *tbo* 拓扑，四连接点为正方形几何构型；
（c）、（d）化合物中的两种孔

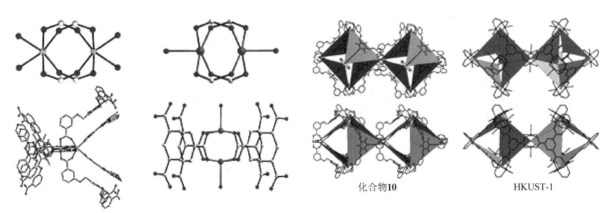

化合物10   HKUST-1

图 6-13　化合物 **10** 和 HKUST-1 的结构比较

　　化合物 **10** 和化合物 **11** 利用 MOP 作为前驱体合成多孔 MOF 已经被证明是一种非常有效的构筑策略[17-22]。MOP 的孔结构保障了所得的 MOF 也具有相似的孔结构，并且通过选择不同种类的 MOP 可以调节 MOF 的孔结构，用以满足不同性质的需求，因此该策略被广泛应用于合成 MOF 材料。目前，对于 MOP 基 MOF 材料的应用，特别是在气体吸附和分离方面的应用，面临的重要问题是大孔 MOF 脱溶剂后的热稳定性普遍较低[58]，这极大地限制了此类 MOF 的实际应用。而通过混合分子建筑块策略合成多壁 MOF 有望提高化合物的稳定性，从而为这一领域的研究提供新的思路。

6.2.2 直线形配体构筑的双壁金属有机框架

2009 年，韩国汉阳大学 Hyungphil Chun 教授课题组选用直线形的 L7（2, 7-ndc = 2, 7-naphthalenedi-carboxylic acid）配体与 $Zn(NO_3)_2$ 反应得到一个双壁的金属有机框架 **12** [Zn(2, 7-ndc)] [33]，在这个化合物中，配体的羧基桥连金属锌离子形成一个 Z 形一维金属链 [图 6-14（a）]，每个金属链与邻近的四个金属链之间通过成对的直线形刚性 L7 配体连接形成一个双壁的金属有机框架结构[图 6-14（b）]，每对平行配体面对面排列，且两个相对的苯环之间的垂直距离为 3.55Å，存在强的 π···π 作用，进一步稳定整个框架。通过结构分析可以看出化合物 **12** 中存在相互垂直的三种孔道 [图 6-14（c）和（d）]，沿着 c 轴的开放窗口孔道直径为 4～5.5Å，另外两个孔道的直径为 5～6.5Å，化合物的孔隙率约为 40%。

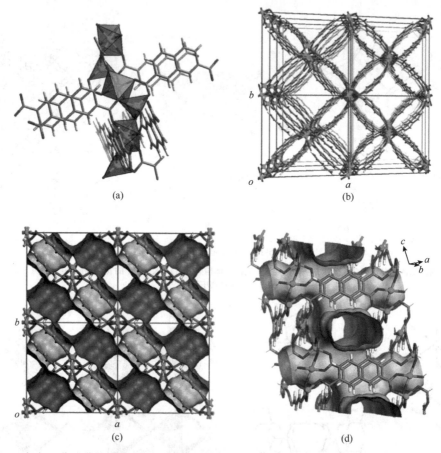

（a）

（b）

（c）

（d）

图 6-14 （a）配体的羧基桥连金属锌离子形成的 Z 形一维金属链；（b）双壁三维金属有机框架；
（c）MOF 孔道切面图；（d）相互垂直的孔道

2010 年，广西师范大学曾明华教授课题组选用配体 L8（pybz = 4-pyridylbenzoate）、L9（DL-lac = lactate anion）与硝酸锌反应得到双壁金属有机框架 **13**{[Zn_3(DL-lac)$_2$(pybz)$_2$]·2.5DMF} [36]。在化合物 **13** 中包含三种晶格独立的 Zn^{2+} 离子，分别是八配位的 Zn1、四配位的 Zn2 和五配位的 Zn3。Zn1 与两个 L9 配体的四个羧基氧原子、两个 L8 配体的一个氧原子和一个氮原子配位；Zn2 与两个不同的 L9 配体的两个羟基氧原子和两个不同 L8 配体的两个羧基氧原子配位；Zn3 与四个氧原子和一个氮原子配位 [图 6-15（a）]。三个锌离子以这种配位模式与两种配体的氧原子和氮原子连接成一维金属链，金属链与金属链之间通过成对的 L8 配体彼此相连并延伸成具有一维孔道的双壁金属有机框架 [图 6-15（b）]。此外，该化合物展示出好的热稳定性，在 400℃ 能够稳定存在，结构保持不变。将该化合物进行去溶剂处理后结构仍然保持不变［图 6-15（c）］，活化后的化合物可以吸附一定量的碘分子［图 6-15（d）］，晶体的颜色也随着吸附量的增加逐渐变深。

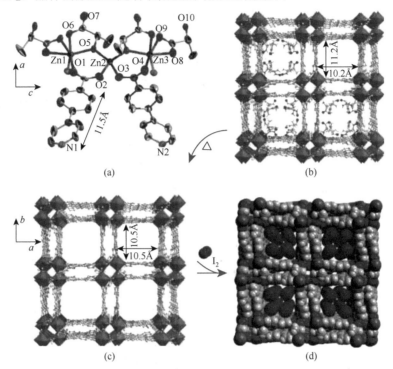

图 6-15　（a）三种锌离子的配位环境；（b）包含溶剂分子的双壁框架结构；（c）活化去溶剂后的三维框架结构；（d）化合物 **13** 吸附碘后的结构

2012 年，美国南佛罗里达大学马胜前教授选用 L10［tab = 4-(1, 2, 3-triazol-4-yl)-benzoate］配体与硝酸锌反应得到多孔双壁金属有机框架 **14**［Zn₅(μ₃-O)₂(tab)₅(H⁺)₄(H₂O)₁₇(DMF)₁₀］$^{[32]}$。与前面文献中直线形刚性配体构筑的双壁 MOF 类似，配体 L10 的三唑氮原子和羧基氧原子桥连 Zn^{2+} 离子形成一维的金属链［图 6-16（a）］，金属链进一步通过平行排列的 L10 配体连接形成三维多孔金属有机框架［图 6-16（b）］。此外，该化合物展示出好的热稳定性，在 420℃能够稳定存在，结构保持不变，高的热稳定性可能源于刚性的双壁框架结构。77K 的氮气吸附表明化合物 **14** 具有 2020m²/g 的高比表面积，此外，该化合物在 273K、1atm 下能吸附 11.1wt%的 CO_2，而在 298K、1 个大气压下吸附 5.6wt%的 CO_2，与其他文献中报道的带有胺基功能团的多孔 MOF 的吸附相比，化合物 **14** 拥有优秀的 CO_2 捕获性能。

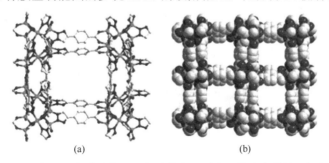

图 6-16　（a）配体 L12 的三唑氮原子和羧基氧原子桥连锌离子形成一维的金属链；（b）三维多孔金属有机框架

2012 年，中山大学苏成勇教授课题组选用直线形配体 L11［*N*-(4-carboxyphenyl)isonicotinamide 1-oxide］与 Pb(NO₃)₂ 反应得到两例双壁金属有机化合物 **15**{[Pb(L11)₂]·2DMF·6H₂O}和化合物 **16**{[Pb(L11)₂]·DMF·2H₂O}$^{[59]}$。平行排列的配体利用氧原子与铅离子配位形成一维金属链，金属链之间通过平行排列的配体 L11 相连，无限延伸形成多孔的三维金属有机框架［图 6-17（b）和（c）］。化合物 **15** 中平行配体之间的垂直距离约为 3.357Å［图 6-17（a）］，而化合物 **16** 中平行配体略有扭曲。此外，这两个化合物展示出好的稳定性，在 300℃能够稳定存在，结构保持不变。

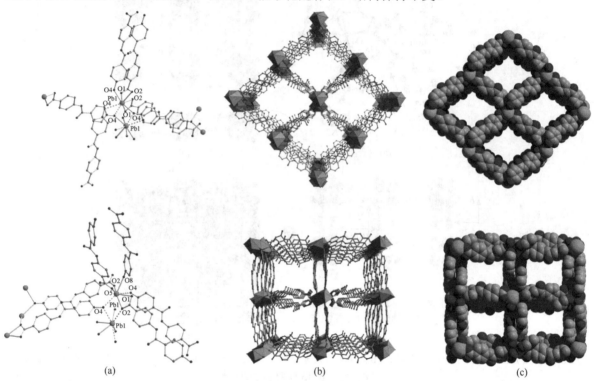

（a）　　　　　　　　　　（b）　　　　　　　　　　（c）

图 6-17　（a）化合物 **15** 和化合物 **16** 的配位环境图；（b）化合物 **15** 和化合物 **16** 的三维框架结构；（c）一维孔道图

2012 年南京大学郑和根教授课题组选用 L12 配体［dptz = 3, 6-di-(pyridin-4-yl)-1, 2, 4, 5-tetrazine］与[WS$_4$Cu$_4$]簇组装出具有 *dia* 拓扑结构的双壁多孔金属有机框架 **17**{[WS$_4$Cu$_4$]I$_2$(dptz)$_3$·DMF}[40]，每个[WS$_4$Cu$_4$]簇连接四对平行排列的 L12 配体［图 6-18（a）］，平行排列的直线形配体之间存在强的 π···π 作用，相对的吡啶环之间的距离为 3.697Å，通过这种连接方式形成 *dia* 网络结构［图 6-18（b）］，进一步无限延伸形成了 4-连接的三维金属有机框架［图 6-18（c）］。

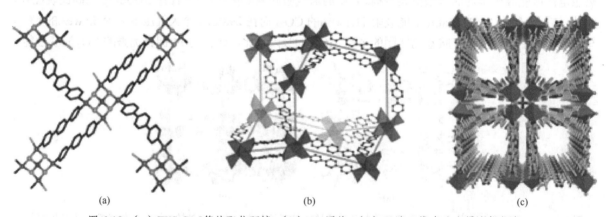

（a）　　　　　　　　　　（b）　　　　　　　　　　（c）

图 6-18　（a）[WS$_4$Cu$_4$]簇的配位环境；（b）*dia* 网络；（c）双壁三维多孔金属有机框架

6.2.3　四边形配体构筑的双壁金属有机框架

2014 年，南京大学郑和根教授课题组选用平面四齿配体 L13{TPPBDA = *N, N, N′, N′*-tetrakis(4-(4-

pyridine)-phenyl)biphenyl-4, 4′-diamine}和 L14［$H_2OBA = 4, 4′$-oxybis(benzoate)］与双核金属 Cd^{2+} 簇自组装合成双壁金属有机框架 **18**（{[Cd_2(TPPBDA)(OBA)$_2$]·4DMA·8H$_2$O}$_n$）[43]。在这个化合物中，每一个 Cd^{2+} 离子与两个氮原子和五个羧基氧原子配位，形成 CdN_2O_5 五角双锥构型。成对的 OBA^{2-} 离子连接双核镉簇形成一维双层链［图 6-19（a）］，然后这些链通过平行排列的中性四齿配体连接形成三维金属有机框架［图 6-19（b）］。由于框架内部大孔的存在，整个结构形成二重互穿的网络。

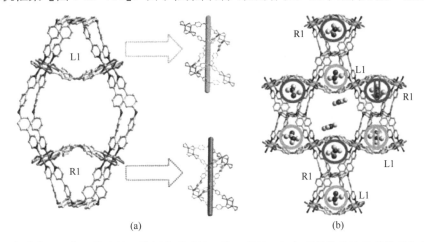

图 6-19　（a）成对的 OBA^{2-} 配体连接双核镉簇形成的一维双层链；（b）双层链通过平行排列的中性四齿配体连接形成的三维金属有机框架

6.3　三壁金属有机框架

6.3.1　直线形配体构筑的三壁金属有机框架

2006 年，吉林大学裘式纶教授课题组选用联苯二酸配体 L15（$H_2BPTC = 4, 4′$-biphenyldicarboxylic acid）与十一核镉簇组装合成非互穿多孔金属有机框架 **19**{[Cd_{11}(μ_4-HCOO)$_6$(BPTC)$_9$]·9DMF·6H$_2$O}[60]。这个化合物结晶在三方晶系 *R*3*c* 空间群，化合物中的 Cd^{2+} 离子都是八面体配位，十一个 Cd^{2+} 离子被十八个羧基和六个甲酸阴离子连接构建成一个具有纳米尺寸的十一核簇[Cd_{11}(μ_4-HCOO)$_6$(COO)$_{18}$]［图 6-20（a）］，该金属簇具有高的 C_3 对称性，且尺寸大约为 10.5Å×11.5Å×12.8Å。此外，十一核的金属簇进一步通过十八个 bpdc^{2-} 配体与周围的金属簇连接形成三维多孔结构［图 6-20（b）］。这十八个配体中有十二个配体是以双重平行方式成对出现的，而另外六个配体则以三重平行的模式出现，最终形成双壁和三壁同时存在的多孔金属有机框架［图 6-20（c）］。

2009 年，匹兹堡大学的 Nathaniel L. Rosi 教授课题组选择相同的 L15 配体与 Zn-腺嘌呤（ad）八面体笼构筑出三壁的金属有机框架 Zn_8(ad)$_4$(BPDC)$_6O_2$·2Me$_2$NH$_2$·8DMF·11H$_2$O（**20**）[34]，该化合物被称为 bio-MOF-1。四个腺嘌呤配体与六个 Zn^{2+} 离子组装成八面体的笼子，八面体笼通过共享 Zn_4O 簇形成一维柱状结构［图 6-21（a）］，一维结构作为次级结构单元被三重平行排列的联苯二酸配体连接形成三维三壁金属有机框架［图 6-21（b）］。

2012 年，Nathaniel L. Rosi 教授课题组用 L15 配体与腺嘌呤和锌离子组装合成新的三壁金属有机框架 Zn_8(ad)$_4$(BPDC)$_6O_2$·4Me$_2$NH$_2$·49DMF·31H$_2$O（**21**）[35]，该化合物被称为 bio-MOF-100。在这个化合物中同样存在腺嘌呤与锌离子构筑的八面体笼子［图 6-22（a）］，每一个锌腺嘌呤笼子通过四

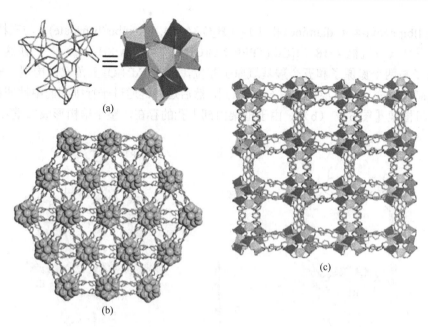

(a)

(b)

(c)

图 6-20　（a）十一核簇；（b）十一核金属簇通过十八个 bpdc 配体与周围的金属簇连接形成的三维多孔结构；
（c）沿着[001]方向的三维结构

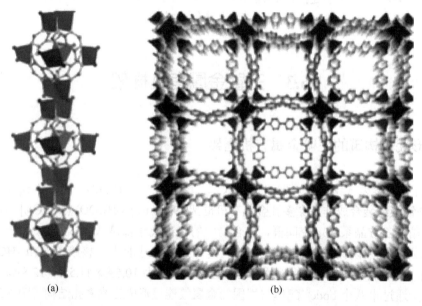

(a)　　　　　　　　　　　　　　(b)

图 6-21　（a）一维柱状结构；（b）三维三壁金属有机框架

个三重配体与周围的笼子相连［图 6-22（b）］，进而形成一个更大的笼子［图 6-22（c）］，锌腺嘌呤八面体笼子作为次级构筑单元通过三重平行排列的联苯二酸配体连接形成三维的三壁金属有机框架［图 6-22（d）］。大的 Zn-Ad 簇以及非互穿的结构使得该结构具有高达 85%的孔隙率。

(a)　　　　　　　　　　　　　　(b)

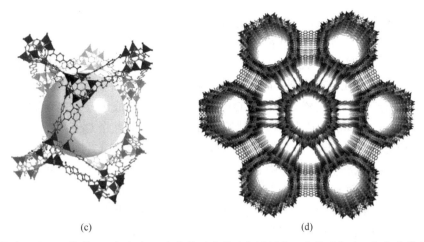

(c)　　　　　　　　　　　　　(d)

图 6-22 （a）锌腺嘌呤八面体笼子；（b）每一个锌腺嘌呤笼子与周围的四个笼子相连；（c）锌腺嘌呤笼子与三重配体 L15 形成的更大笼子；（d）三维三壁金属有机框架

6.3.2 三角形配体构筑的三壁金属有机框架

2016 年，卜显和教授课题组报道了一例三壁 MOF 化合物 **22**（{[$Co_6(L6)_4(tpt)_2(\mu_3\text{-}OH)_2$]·$Co(H_2O)_6$·solvent}$_n$）[61]。单晶 X 射线衍射分析表明化合物 **22** 结晶于立方晶系 $Pa\bar{3}$ 空间群并且展示出一个包含异质三层建筑块的三维金属有机框架。化合物 **22** 中含有两种晶体学独立的 Co^{2+} 离子 [图 6-23（a）]，分别定义为 $Co1^{2+}$ 和 $Co2^{2+}$ 离子。$Co1^{2+}$ 离子分别与四个羧酸配体上的四个氧原子、一个 TPT 配体上的一个氮原子和一个 μ_3-O13 原子配位，形成了八面体构型，$Co2^{2+}$ 离子与六个水分子配位，也显示了八面体构型 [图 6-23（a）]。同时，三个等价的钴离子被六个羧基基团和一个羟基桥连构成了一个三核的氧心簇。$Co2^{2+}$ 离子位于三核簇的正上方，$Co2$ 离子与 O13 之间的距离是 5.2Å。所有的 Co—O/N 键长都在合理的范围内。

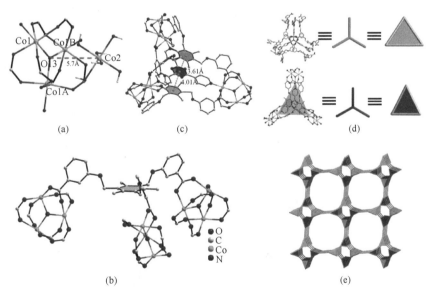

图 6-23 （a）化合物 **21** 中 Co^{2+} 离子的配位环境；（b）羧酸配体的 *syn-syn-syn* 构型；（c）三层复合单元中的 π···π 相互作用；（d）三连接点；（e）三连接的(10, 3)-*a* 拓扑

混合组分三层建筑块可用 $L6^{3-}$-TPT-$L6^{3-}$ 来表示 [图 6-24（a）]，每一个 $L6^{3-}$ 配体参与了三个不同的三核簇的构筑，使得三个三核簇构成了一个等边三角形。值得注意的是，$L6^{3-}$ 配体的中心苯环

和外围苯羟基之间通过—CH₂—O—相连，通过单键旋转，可以通过调节羧酸配体的间羧基末端之间的距离来调整 L6³⁻配体的几何构型，使得羧酸配体与 TPT 配体尺寸匹配，最终 L6³⁻配体外部的苯环倾向于与中心苯环垂直［图 6-23（b）］，并且外部苯环上的三个羧基与三核簇的六个钴离子配位，这种构型类似于化合物 **11** 中 L6³⁻配体的构型。在 L6³⁻-TPT-L6³⁻单元中，两个 L6³⁻配体采用 *syn-syn-syn* 构型，并以镜像的模式被 3 个三核 Co₃O(COO)₆ 簇锁住，从而构成了一个高对称性的压缩笼子。在这个笼子中，两个 L6³⁻配体的中心苯环平行排列，使得三核簇的九个 Co²⁺离子分为三层，在中间层中，钴离子间的距离为 13.282Å，外层的钴离子间的距离为 18.638Å。同时，层与层之间存在着弱 π···π 相互作用［图 6-23（c）］，吡啶环中心与羧酸配体苯环中心的距离分别为 3.61Å 和 4.01Å。

从另一个角度考虑，每一个三核钴簇连接三个独立的 L6³⁻-TPT-L6³⁻单元，形成一个左手或右手手性的螺旋桨型单元［图 6-24（b）］。基于这种连接方式，形成的螺旋桨单元能将手性传递到整个三壁框架，生成直径约为 11Å 的手性孔道［图 6-24（c）］。手性螺旋桨单元通过共享相同的三核钴簇来进一步堆积形成三维多孔框架［图 6-24（d）］。从拓扑角度考虑，三核钴簇和三角形配体都可以抽象为三连接点［图 6-23（d）］，整个框架可以简化为三连接的(10, 3)-*a* 拓扑网络［图 6-23（e）］。此外，三维框架中包含着两种类型的螺旋链［图 6-25（a）］，螺距均为 27Å。最终，两种不同手性的三维框架互穿形成了内消旋的化合物 **22**［图 6-25（b）］。

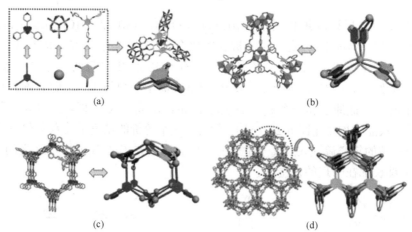

图 6-24 （a）三层复合构筑块；（b）螺旋桨型螺旋单元；（c）简化的一维孔道及柔性三酸配体与整体框架的连接方式；（d）化合物 **22** 的三维结构

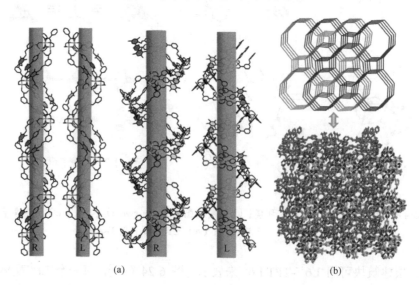

图 6-25 （a）化合物 **22** 中的两种螺旋链；（b）二重互穿的三维结构

化合物 **11** 中，每一个桨轮型双核钴簇连接两个 L6^{3-}-TPT 双层建筑块。与此不同的是，化合物 **22** 中每一个三核钴簇单元连接三个 L6^{3-}-TPT-L6^{3-}三层建筑块。可以看出，被双核或三核钴簇连接的 TPT 配体是非平面的。如图 6-26 所示，TPT 配体间的二面角分别为 70.54°和 110.55°。这种不同最终导致了两种不同三维结构的产生：被双核钴簇 Co$_2$(COO$_2$)$_4$ 连接的双层组分倾向于形成闭合的多面体结构，而通过三核钴簇 Co$_3$O(COO$_2$)$_6$ 相连的螺旋桨单元倾向于形成开放的框架结构（图 6-27）。这些结构表明 SBU 的几何构型直接决定分子建筑块的自组装并决定最终的有序网络结构。从方法论角度考虑，基于相同 MBB 和类似钴簇得到的双壁和三壁金属有机框架可以表明混合分子建筑块策略具有一定的普适性。

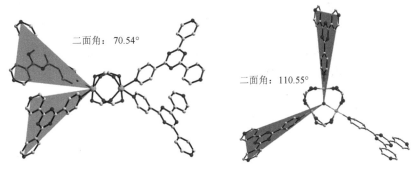

图 6-26　化合物 **11** 和化合物 **22** 中金属簇相连的两个 TPT 配体平面间的二面角

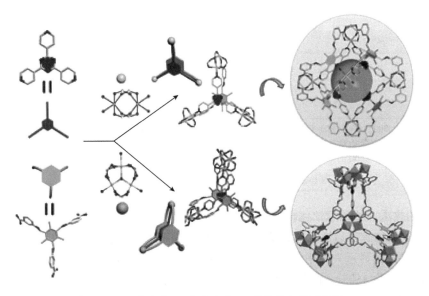

图 6-27　化合物 **11** 和化合物 **22** 的结构细节对比图

6.4　多壁多孔配位聚合物的应用及发展前景

在本章中，我们系统地总结和介绍了多壁 MOF 的构筑策略及已报道的例子。高对称性的直线形、三角形和四边形配体被证明是构筑多壁 MOF 的首选配体。此外，基于混合分子构筑块策略，即选用较大的柔性三角形配体配合较小的刚性三角形配体的方法，也可以自组装出独特的多壁 MOF，在这类混合分子构筑的 MOF 中，两个三角形配体的尺寸匹配性起着至关重要的作用。多壁 MOF 可系统地增加结构复杂性进而提升框架结构多样性，组成的多样化又可为 MOF 多功能提供必要的保障。相对于单壁 MOF，一些多壁 MOF 拥有更高的稳定性，这种多壁配位聚合物的构筑策略为提高大孔 MOF 材料的稳定性提供了新的途径，并提供了一种合成多层 MOF 材料的方法。

我们以化合物 **10**、化合物 **11** 和化合物 **22** 为例，表征其化学稳定性，化合物 **10** 和化合物 **11** 都是独特的双层 MOF，其他文献报道中的微孔双层 MOF 脱溶剂后都显示了较高的热稳定性[32, 33, 36, 37]。化合物 **10** 和化合物 **11** 的热重（TG）测试表明当温度升高到 150℃时，化合物孔道中的溶剂分子被脱去，150～300℃没有观察到质量损失（图 6-28）。两个化合物的变温 PXRD 更进一步确认了它们的热稳定性，从变温 PXRD 曲线可以看出，化合物 **10** 在 220℃仍然保持晶形［图 6-29（a）］，化合物 **11** 在 100℃之后晶体变为无定形态［图 6-29（b）］。这些结果表明化合物 **10** 在脱去溶剂分子后仍然非常稳定。更进一步，由于化合物 **10** 和化合物 **11** 结构完全一样，仅仅是金属离子不同，但是热稳定性有很大的不同，作者采用 Gaussian 09 系统[62]用 DFT 计算来比较两个化合物的稳定性［图 6-30（a）］，结果表明化合物 **10** 比化合物 **11** 稳定，这与实验的结果是一致的。

$$E(1) = |E(1) - E(总配体) - 2E(Ni^{2+})|$$

$$E(2) = |E(2) - E(总配体) - 2E(Co^{2+})|$$

$$E = E(1) - E(2) = |E(1) - 2E(Ni^{2+})| - |E(2) - 2E(Co^{2+})| = 0.29eV > 0$$

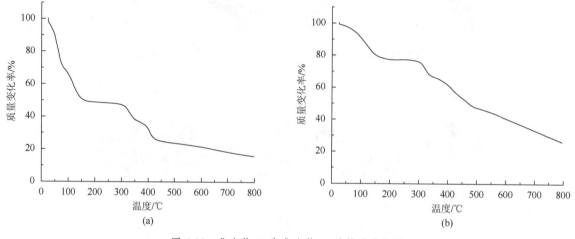

图 6-28　化合物 **10** 和化合物 **11** 的热重曲线图

化合物 **22** 的热重曲线显示该化合物能稳定到 350℃。而该化合物被浸泡在不同的溶剂中保持三天后，过滤出来的晶体晾干后进行热重测试，从热重曲线可以看出［图 6-30（b）］，在不同溶剂中浸泡后，样品的热重曲线显示失重平台发生了改变，说明溶剂被交换到了晶体的孔道中，同时交换后晶体仍然能稳定到大约 350℃。此外，进一步通过变温 PXRD 来表征化合物 **22** 的稳定性，测试结果表明化合物 **22** 能稳定到 280℃［图 6-31（a）］。该化合物在水溶液里浸泡 7 天，甚至是在沸水里浸泡 48h 之后，晶体的粉末衍射峰仍然存在且峰位置几乎没有改变［图 6-31（b）］，这些都表明化合物 **22** 具有好的水稳定性。同时，化合物 **22** 能在 pH 范围为 2～9 的水溶液以及不同有机溶剂里保持稳定［图 6-31（c）和（d）］，包括甲醇、乙醇、丙酮、四氢呋喃和三氯甲烷等。实验结果表明化合物 **22** 具有高的水稳定性和有机溶剂稳定性。

以良好的框架稳定性为基础，化合物 **10** 和化合物 **11** 展现出了良好的吸附性质。化合物 **10** 和化合物 **11** 浸泡在高纯乙醇中三天，每天更换一次乙醇溶剂，然后通过超临界 CO_2 处理样品，测试活化后的样品对于 N_2（77K）的等温吸附后，得出化合物 **10** 和化合物 **11** 的 BET 比表面积（图 6-32）分别是 $1206m^2/g$ 和 $264m^2/g$，而它们的 Langmuir 比表面积分别是 $1600m^2/g$ 和 $352m^2/g$，此外，使用 Horvath-Kawazoe（HK）模型分析表明两个化合物的孔分布都在 0.6～1.5nm 之间。

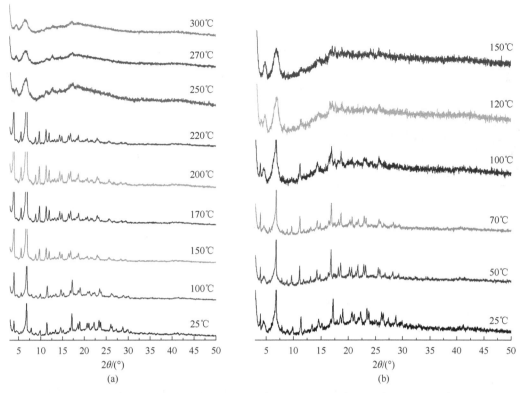

图 6-29　（a）化合物 **10** 的变温 PXRD 谱图；（b）化合物 **11** 的变温 PXRD 谱图

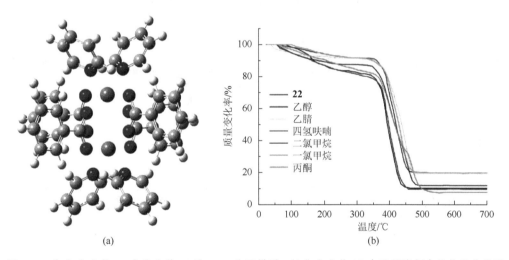

图 6-30　（a）化合物 **10** 和化合物 **11** 的 DFT 分子模型；（b）化合物 **22** 在不同溶剂中的热重曲线图

如图 6-33 所示，化合物 **10** 在 273K（1atm）对 CO_2 的吸附量约为 9.7%（49.40cm^3/g），在 298K（1atm）对 CO_2 的吸附量约为 5.43%（27.69cm^3/g），化合物 **10** 在 77K 和 88K（1atm）条件下也能吸附一定量的 H_2，吸附量分别为 107.8cm^3/g 和 86.13cm^3/g（0.96% 和 0.77%）。此外，高压下 CH_4 的吸附和常压 195K 的 CO_2 吸附测试结果表明，在 298K 下，当压力达到 52bar 时吸附大约 9.8% CH_4；常压 195K 的 CO_2 吸附表明当压强达到 600mmHg[①]时其吸附量为 320.8cm^3/g。在吸附测试的基础上，化合物 **10** 的气体吸附选择性也被详细计算和研究。在 273K 下，CO_2/CH_4 和 CO_2/N_2 的分离选择性分别是 3.7∶1 和 10.1∶1，在 298K 下，它们的选择性分别是 4∶1 和 24.5∶1。

① 760mmHg = 101325Pa。

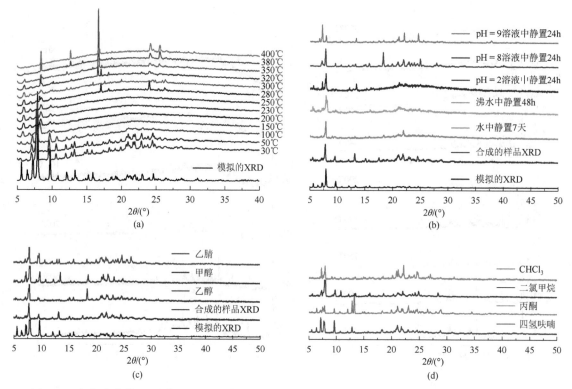

图 6-31 （a）化合物 **22** 的变温 PXRD 谱图；（b）化合物 **22** 在不同 pH 的水中浸泡后的 PXRD 谱图；
（c）、（d）化合物 **22** 在不同溶剂中浸泡后的 PXRD 谱图

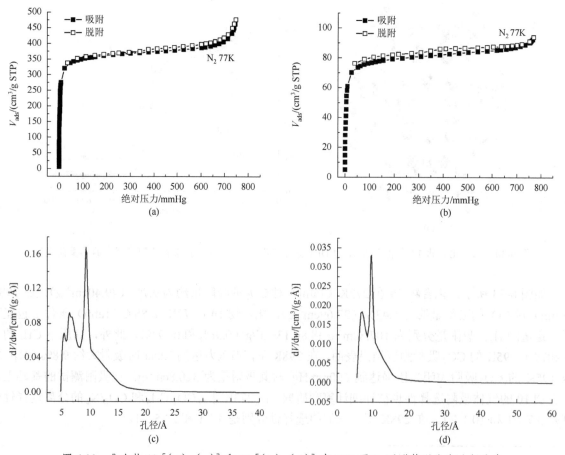

图 6-32 化合物 **10**[（a）、（c）] 和 **11**[（b）、（d）] 在 77K 下 N$_2$ 吸附等温线和孔径分布

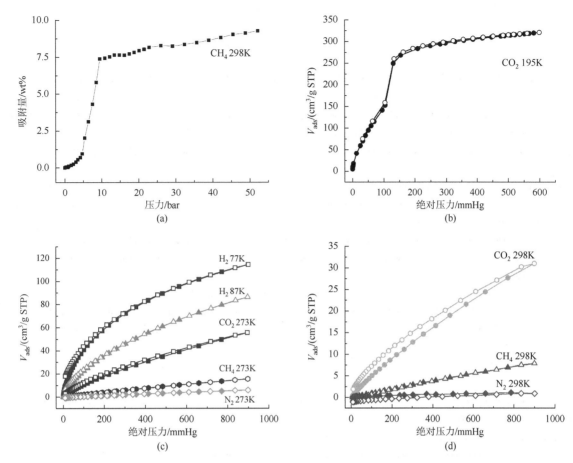

图 6-33 （a）化合物 **10** 在 298K 下的 CH_4 吸附曲线；（b）化合物 **10** 在 195K 下的 CO_2 吸附等温线；（c）化合物 **10** 在 273K、298K 和 77K 下 $CO_2/CH_4/N_2$ 的吸附等温线；（d）298K 温度下 H_2 吸附等温线

　　此外，为了更进一步表征化合物 **10** 的热稳定性，作者对测试完气体吸附的样品进行 PXRD 测试［图 6-34（a）］，测试结果表明化合物 **10** 的粉末衍射峰与模拟的峰完全一致，进一步证明了化合物 **10** 的稳定性。而相对不稳定的化合物 **11** 也能吸附一定量的 H_2 和 CO_2［图 6-34（b）］。

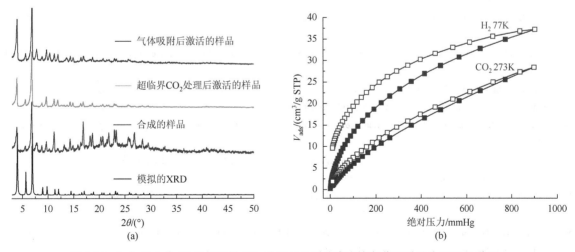

图 6-34 （a）化合物 **10** 用超临界 CO_2 处理后及测试完所有气体吸附后的 PXRD 谱图；
（b）化合物 **11** 在 273K CO_2 和 77K 下 H_2 的吸附等温线

（田 丹　李 娜）

参 考 文 献

[1]   Yan Y, Telepene I, Yang S, et al. Metal-organic polyhedral frameworks: high H_2 adsorption capacities and neutron powder diffraction studies. J Am Chem Soc, 2010, 132（12）: 4092-4094.

[2]   Kaye S S, Dailly A, Yaghi O M, et al. Impact of preparation and handling on the hydrogen storage properties of $Zn_4O(1,4\text{-}benzenedicarboxylate)_3$(MOF-5). J Am Chem Soc, 2007, 129（46）: 14176-14177.

[3]   Zhang D S, Chang Z, Li Y F, et al. Fluorous metal-organic frameworks with enhanced stability and high H_2/CO_2 storage capacities. Sci Rep, 2013, 3: 3312.

[4]   Ma L, Abney C, Lin W, et al. Enantioselective catalysis with homochiral metal-organic frameworks. Chem Soc Rev, 2009, 38（5）: 1248-1256.

[5]   Liu Y, Xi X B, Ye C C, et al. Chiral metal-organic frameworks bearing free carboxylic acids for organocatalyst encapsulation. Angew Chem Int Ed, 2014, 53（50）: 13821-13825.

[6]   Zhao M, Ou S, Wu C D. Porous metal-organic frameworks for heterogeneous biomimetic catalysis. Acc Chem Res, 2014, 47（4）: 1199-1207.

[7]   Hu Z C, Deibert B J, Li J. Luminescent metal-organic frameworks for chemical sensing and explosive detection. Chem Soc Rev, 2014, 43: 5815-5840.

[8]   Kreno L E, Leong K, Farha O K, et al. Metal-organic framework materials as chemical sensors. Chem Rev, 2012, 112（2）: 1105-1125.

[9]   Allendorf M D, Bauer C A, Bhakta R K, et al. Luminescent metal-organic frameworks. Chem Soc Rev, 2009, 38: 1330-1352.

[10]   Perry J J, Perman J A, Zaworotko M J. Design and synthesis of metal-organic frameworks using metal-organic polyhedra as supermolecular building blocks. Chem Soc Rev, 2009, 38（5）: 1400-1417.

[11]   Tranchemontagne D J, Ni Z, O'Keeffe M, et al. Reticular chemistry of metal-organic polyhedra. Angew Chem Int Ed, 2008, 47（28）: 5136-5147.

[12]   Lu W G, Wei Z W, Gu Z Y, et al. Tuning the structure and function of metal-organic frameworks via linker design. Chem Soc Rev, 2014, 43（16）: 5561-5593.

[13]   Seidel S R, Stang P J. High-symmetry coordination cages via self-assembly. Acc Chem Res, 2002, 35（11）: 972-983.

[14]   Bu F, Lin Q P, Zhai Q G, et al. Two zeolite-type frameworks in one metal-organic framework with Zn24@ Zn104 cube-in-sodalite architecture. Angew Chem Int Ed, 2012, 51（34）: 8538-8541.

[15]   Zheng S T, Bu J T, Li Y F, et al. Pore space partition and charge separation in cage-within-cage indium-organic frameworks with high CO_2 uptake. J Am Chem Soc, 2010, 132（48）: 17062-17064.

[16]   Lian T T, Chen S M, Wang F, et al. Metal-organic framework architecture with polyhedron-in-polyhedron and further polyhedral assembly. CrystEngComm, 2013, 15（6）: 1036-1038.

[17]   Farha O K, Yazaydın A O, Eryazici I, et al. De novo synthesis of a metal-organic framework material featuring ultrahigh surface area and gas storage capacities. Nat Chem, 2010, 2: 944-948.

[18]   Olenyuk B, Whiteford J A, Fechtenkotter A, et al. Self-assembly of nanoscale cuboctahedra by coordination chemistry. Nature, 1999, 398: 796-799.

[19]   Han Y, Li J R, Xie Y B, et al. Substitution reactions in metal-organic frameworks and metal-organic polyhedra. Chem Soc Rev, 2014, 43: 5952-5981.

[20]   Yang J, Wang X Q, Dai F N, et al. Improving the porosity and catalytic capacity of a zinc paddlewheel metal-organic framework（MOF）through metal-ion metathesis in a single-crystal-to-single-crystal fashion. Inorg Chem, 2014, 53（19）: 10649-10653.

[21]   Chun H. Low-level self-assembly of open framework based on three different polyhedra: metal-organic analogue of face-centered cubic dodecaboride. J Am Chem Soc, 2008, 130（3）: 800-801.

[22]   Liu B, Wu W P, Hou L, et al. Four uncommon nanocage-based Ln-MOFs: highly selective luminescent sensing for Cu^{2+} ions and selective CO_2 capture. Chem Commun, 2014, 50（63）: 8731-8734.

[23]   Schmitt W, Baissa E, Mandel A, et al. $[Al_{15}(\mu_3\text{-}O)_4(\mu_3\text{-}OH)_6(\mu\text{-}OH)_{14}(hpdta)_4]^{3-}$-A new Al_{15} aggregate which forms a supramolecular zeotype. Angew Chem Int Ed, 2001, 40（19）: 3577-3581.

[24]   Li Y W, He K H, Bu X H. Bottom-up assembly of a porous MOF based on nanosized nonanuclear zinc precursors for highly selective gas adsorption. J Mater Chem A, 2013, 1（13）: 4186-4189.

[25]   Mondal S S, Bhunia A, Kelling A, et al. Giant Zn_{14} molecular building block in hydrogen-bonded network with permanent porosity for gas uptake. J Am Chem Soc, 2014, 136（1）: 44-47.

[26]   Flahaut E, Laurent C, Peigney A. Catalytic CVD synthesis of double and triple-walled carbon nanotubes by the control of the catalyst

preparation. Carbon, 43（2）: 375-383.

[27] Zou J, Ji B H, Feng X Q, et al. Self-assembly of single-walled carbon nanotubes into multiwalled carbon nanotubes in water: molecular dynamics simulations. Nano Lett, 2006, 6（3）: 430-434.

[28] Su W S, Leung T C, Chan C T. Work function of single-walled and multiwalled carbon nanotubes: first-principles study. Phys Rev B, 2007, 76（23）: 235413.

[29] Timokhin I, White A J P, Lickiss P D, et al. Microporous metal-organic frameworks built from rigid tetrahedral tetrakis（4-tetrazolylphenyl）silane connectors. CrystEngComm, 2014, 16（35）: 8094-8097.

[30] Nugent P, Belmabkhout Y, Burd S D, et al. Porous materials with optimal adsorption thermodynamics and kinetics for CO_2 separation. Nature, 2013, 495（7439）: 80-84.

[31] Rosi N L, Kim J, Eddaoudi M, et al. Rod packings and metal-organic frameworks constructed from rod-shaped secondary building units. J Am Chem Soc, 2005, 127（5）: 1504-1518.

[32] Gao W Y, Yan W M, Cai R, et al. Porous double-walled metal triazolate framework based upon a bifunctional ligand and a pentanuclear zinc cluster exhibiting selective CO_2 uptake. Inorg Chem, 2012, 51（8）: 4423-4425.

[33] Seo J, Chun H. Hysteretic gas sorption in a microporous metal-organic framework with nonintersecting 3D channels. Eur J Inorg Chem, 2009, 33: 4946-4949.

[34] An J, Geib S J, Rosi N L. Cation-triggered drug release from a porous zinc-adeninate metal-organic framework. J Am Chem Soc, 2009, 131（24）: 8376-8377.

[35] An J, Farha O K, Hupp J T, et al. Metal-adeninate vertices for the construction of an exceptionally porous metal-organic framework. Nat Commun, 2012, 3: 604.

[36] Zeng M H, Wang Q X, Tan Y X, et al. Rigid pillars and double walls in a porous metal-organic framework: single-crystal to single-crystal, controlled uptake and release of iodine and electrical conductivity. J Am Chem Soc, 2010, 132（8）: 2561-2563.

[37] Han Z B, Lu R Y, Liang Y F, et al. Mn（Ⅱ）-based porous metal-organic framework showing metamagnetic properties and high hydrogen adsorption at low pressur. Inorg Chem, 2012, 51（1）: 674-679.

[38] Song X K, Liu X F, Oh M, et al. A double-walled triangular metal-organic macrocycle based on a[$Cu_2(COO)_4$] square paddle-wheel secondary building unit. Dalton Trans, 2010, 39（27）: 6178-6180.

[39] Vodak D T, Braun M E, Kim J, et al. Metal-organic frameworks constructed from pentagonal antiprismatic and cuboctahedral secondary building units. Chem Commun, 2001, 242: 2534-2535.

[40] Lu Z Z, Zhang R, Pan Z R, et al. Metal-organic frameworks constructed from versatile[WS_4Cu_x]$^{x-2}$ units: micropores in highly interpenetrated systems. Chem Eur J, 2012, 18（10）: 2812-2824.

[41] Pan Z R, Xu J, Zheng H G, et al. Three new heterothiometallic cluster polymers with fascinating topologies. Inorg Chem, 2009, 48（13）: 5772-5778.

[42] Sun D F, Ke Y X, Collins D J, et al. Construction of robust open metal-organic frameworks with chiral channels and permanent porosity. Inorg Chem, 2007, 46（7）: 2725-2734.

[43] Qin L, Ju Z M, Wang Z. J, et al. Interpenetrated metal-organic framework with selective gas adsorption and luminescent properties cryst. Growth Des, 2014, 14（6）: 2742-2746.

[44] Ke Y, Zhou H C, Sun D F, et al. (10, 3)-a Noninterpenetrated network built from a piedfort ligand pair. Inorg Chem, 2006, 45: 1897-1899.

[45] Chen K J, Zaworotko M J, Scott H S, et al. Double-walled *pyr* topology networks from a novel fluoride-bridged heptanuclear metal cluster. Chem Sci, 2015, 6: 4784-4789.

[46] Hasegawa S, Horike S, Kitagawa S, et al. Three-dimensional porous coordination polymer functionalized with amide groups based on tridentate ligand: selective sorption and catalysis. J Am Chem Soc, 2007, 129: 2607-2614.

[47] Batten S R, Hoskins B F, Robson R, et al. 2, 4, 6-Tri(4-pyridyl)-1, 3, 5-triazine as a 3-connectiong building block for infinite nets. Angew Chem Int Ed, 1995, 34: 820-822.

[48] Tian D, Bu X H, Chen Q, et al. A mixed molecular building blocks strategy for the design of nested polyhedron metal-organic frameworks. Angew Chem Int Ed, 2014, 53: 837-841.

[49] Köberl M, Cokoja M, Herrmann W A, et al. From molecules to materials: molecular paddle-wheel synthons of macromolecules, cage compounds and metal-organic frameworks. Dalton Trans, 2011, 40（26）: 6834-6859.

[50] Zheng Y Z, Tong M L, Zhang W X, et al. Assembling magnetic nanowires into networks: a layered coII carboxylate coordination polymer exhibiting single-chain-magnet behavior. Angew Chem Int Ed, 2006, 45（38）: 6310-6314.

[51] Pan L, Olson D H, Ciemnolonski L R, et al. The importance of inter-and intramolecular van der waals interactions in organic reactions: the

dimerization of anthracene revisited. Angew Chem Int Ed，2006，45（4）：616-619.

[52] Tranchemontagne D J, Mendoza-Cortés J L, O'Keeffe M, et al. Secondary building units，nets and bonding in the chemistry of metal-organic frameworks. Chem Sov Rev，2009，38（5）：1257-1283.

[53] Chui S S Y，Lo S M F，Charmant J P H，et al. A chemically functionalizable nanoporous material[$Cu_3(TMA)_2(H_2O)_3$]$_n$. Science，1999，283（5405）：1148-1150.

[54] Zhang Z J, Zhang L P, Wojtas L, et al. Template-directed synthesis of nets based upon octahemioctahedral cages that encapsulate catalytically active metalloporphyrins. J Am Chem Soc，2012，134（2）：928-933.

[55] Ma S Q, Sun D F, Ambrogio M, et al. Framework-catenation isomerism in metal-organic frameworks and its impact on hydrogen uptake. J Am Chem Soc，2007，129（7）：1858-1859.

[56] Dincă M，Han W S，Liu Y，et al. Observation of Cu^{2+}-H_2 interactions in a fully desolvated sodalite-type metal-organic framework. Angew Chem Int Ed，2007，46（9）：1419-1422.

[57] Umemoto K, Yamaguchi K, Fujita M. Molecular paneling *via* coordination: guest-controlled assembly of open cone and tetrahedron structures from eight metals and four ligands. J Am Chem Soc，2000，122（29）：7150-7151.

[58] Czaja A U，Trukhan N，Müller U. Industrial applications of metal-organic frameworks. Chem Soc Rev，2009，38（5）：1284-1293.

[59] Lin X M, Su C Y, Li T T, et al. Two ligand-functionalized Pb（Ⅱ）metal-organic frameworks: structures and catalytic performances. Dalton Trans，2012，41：10422.

[60] Fang Q R, Qiu S L, Jin Z, et al. A multifunctional metal-organic open framework with a *bcu* topology constructed from undecanuclear clusters. Angew Chem Int Ed，2006，45：6126-6130.

[61] Tian D，Bu X H，Xu J，et al. The first example of hetero-triple-walled metal-organic frameworks with high chemical stability constructed via flexible integration of mixed molecular building blocks. Adv Sci，2016，3：1500283.

[62] Frisch M J，Trucks G W，Schlegel H B，et al. Gaussian 09，Revision B.01，Gaussian Inc. Wallingford，CT，2009.

第7章

具有动态行为的柔性配位聚合物及其应用

多孔配位聚合物（porous coordination polymer，PCP）及金属有机框架（metal-organic framework，MOF）在近 20 年来已成为化学及材料领域的研究热点之一[1-4]。该类材料的蓬勃发展主要归因于其有机-无机杂化组成带来的独特结构和性质可以在众多方面实现应用[5,6]。自 20 世纪 90 年代 PCP 和 MOF 的概念提出以来，该类材料作为一类新兴的多孔材料在众多方面展现出了相比于传统无机多孔材料的优势。在该类材料的众多特性中，基于框架柔性的动态行为受到了广泛关注。相比于分子筛等无机多孔材料的刚性框架，配位聚合物中有机配体骨架的柔性、金属-配体间适当强度的配位作用、金属离子/金属簇等多样的配位构型、互穿框架中独立网络的相对运动等因素使得配位聚合物可以展现出结构柔性[7]。

一般来说，配位聚合物的"柔性"是指其框架具备在外界刺激条件下发生较大幅度结构变化的能力[8]，而其"动态行为"是用来描述其在不同稳态间的转化过程。柔性配位聚合物相比于具有刚性框架的材料可以展现出多样的动态行为，如框架的扩张/收缩[9-11]、孔道的开闭[12,13]、物理化学性质的可逆变化等[14,15]。更为重要的是，具有动态行为的柔性配位聚合物相比于刚性框架配位聚合物在存储、分离、识别检测等方面可展现出更好的性质，使其在配位聚合物类材料中受到更多的关注。

需要注意的是，相比于已被报道的数量巨大的配位聚合物，具有柔性框架及动态行为的配位聚合物相对较少。尽管已有多种结构及功能导向的配位聚合物的构筑策略和方法随着研究的不断深入而被提出，但柔性配位聚合物的构筑依然具有挑战性。这主要是由于通过向配位聚合物框架中引入柔性因素的方法构筑具有动态行为的配位聚合物具有不确定性。近年来，得益于研究人员的不断探索和表征测试手段的不断发展，我们已对配位聚合物的柔性结构及动态行为有了更为深入的理解，并掌握了在一定程度上调控配位聚合物柔性的方法[16-19]。在此基础上，该类材料的应用研究也不断深入[20]。

本章中，我们将对柔性配位聚合物研究的现状进行总结，随后介绍该领域研究的最新进展。最后，将展望该领域未来的发展。

7.1 柔性配位聚合物的结构及调控

由于配位聚合物自组装过程的不确定性及柔性因素的难以控制，柔性配位聚合物的定向构筑难度远远大于非柔性配位聚合物。此外，配位聚合物的柔性结构及动态行为需要适合的表征方法进行确认。尽管大量的配位聚合物都具有潜在的柔性结构，但其中只有小部分的柔性得到了实验的确认。而适于进行系统研究的体系则更为少有，如 MIL（materiaux institute lavoisier）系列[21]。尽管如此，研究人员还是依据柔性配位聚合物动态行为的表现对其进行了分类，以便于阐明柔性的产生机理。以此为目标，研究人员还发展了适用于柔性配位聚合物体系研究的新方法和新理论。在本节中，我们将首先简要介绍配位聚合物柔性产生的原因及定向构筑设计原则，随后介绍柔性配位聚合物表征方面的最新进展。

7.1.1 柔性配位聚合物的结构基础

尽管柔性配位聚合物依据金属中心和配体的不同展现出多样的结构，但其结构柔性和动态行为可被归纳为有限的几类。这主要是由于不同的配位聚合物展现出的多样结构柔性及动态行为往往具有相同的机理。

Férey 等就柔性配位聚合物中最为常见的动态行为类型——"呼吸效应"（breathing effect）进行了系统的总结和归纳[16]。从结构的观点上看，具有非互穿网络结构的柔性配位聚合物的呼吸效应可依据结构中无机网络部分的空间维度进行分类。这主要是因为配位聚合物框架中的无机组分大部分不具有柔性特性，因此材料的整体柔性主要来源于有机配体部分。对于具有互穿网络结构的配位聚合物，Kitagawa 等系统研究后发现其框架柔性可来源于独立框架间及主-客体间的相互作用改变导致的独立框架相对移动（图 7-1）[17]。

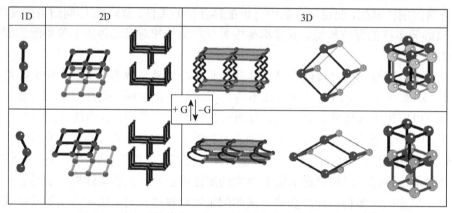

图 7-1　具有柔性结构的动态配位聚合物的动态行为类型[16]

G 代表客体分子

除此之外，具有呼吸效应的柔性配位聚合物的框架中还必须存在允许柔性部分结构及空间位阻改变的自由空间。基于对柔性配位聚合物结构的详细分析，研究人员已归纳出可识别基于羧酸配体的柔性配位聚合物的结构特性：带有羧酸的无机构筑块具有对称面、C/M 值大于 2（C 为无机构筑单元周围的羧基碳数量，M 为无机构筑块中的金属原子数）、框架中只含有双羧酸配体、无机构筑块及拓扑结构中不存在奇数元环等。柔性配位聚合物必须同时具备以上条件才能展现出呼吸效应（图 7-2）。

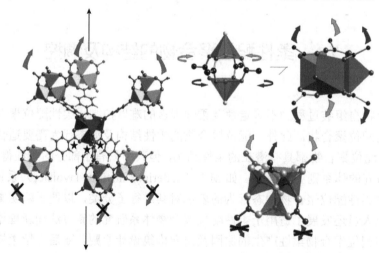

图 7-2　基于羧酸配体的配位聚合物中的特征结构及其可能的动态行为[16]

Jenkins 等基于框架结构中刚性部分空间维度的不同提出了更为通用的柔性配位聚合物的分类方法[22]。基于对大量柔性配位聚合物的结构分析,配位聚合物的结构柔性被主要归因于有机配体的构型变化。更为重要的是,尽管非柔性配体的构型变化幅度有限,但其扭转、弯曲及倾斜等形变结合无机部分的改变同样可导致柔性结构的产生。

此外,基于金属离子配位构型的改变(图 7-3)[23, 24]及次级构筑单元(secondary building unit,SBU)的构型(图 7-4)[25]或连接的改变而导致的配位聚合物柔性也在最近被报道出来,这说明无机组分在柔性配位聚合物的构筑中也具有重要的作用。

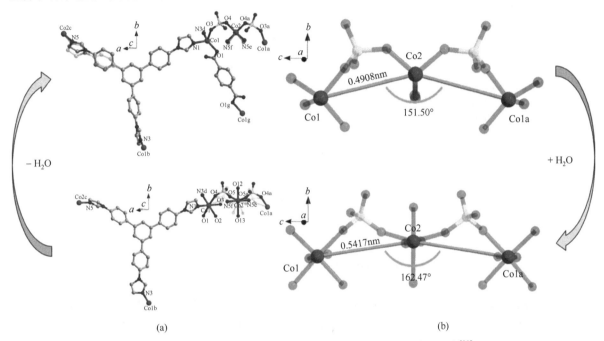

图 7-3 配位聚合物中金属中心的配位构型变化带来的动态行为[23]

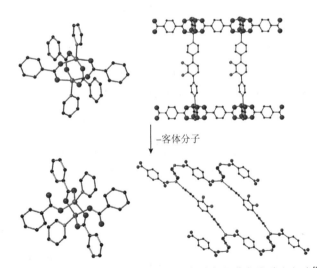

图 7-4 配位聚合物中次级构筑单元的构型变化带来的动态行为[22, 25]

7.1.2 柔性配位聚合物动态行为的实现条件

除了适合的结构外,柔性配位聚合物动态行为的实现还需要适当的化学/物理刺激的引发。在柔性配位聚合物研究的早期阶段所观察到的动态行为多与客体分子的引入/脱除相关[26, 27]。该类动态行为，即前面所说的"呼吸效应"，被表述为框架对微观环境改变的响应。一般来说，客体分子的引入会导致框架的可逆膨胀（孔隙体积的增加）。而在某些情况下，客体的引入反而导致框架的收缩。不同的动态行为反映出客体和主体框架间相互作用的不同：当主体框架和客体之间相互作用较弱时，框架扩展以减少由客体引入造成的空间位阻；当客体与主体框架之间有很强的交互作用时，客体与主体间的亲和力和框架的扩张趋势之间平衡的结果可能导致框架的收缩。基于对 MIL-53、MIL-88 和基于桨轮形 SBU 构筑的 MOF 的系统研究（图 7-5），研究人员对客体与主体框架间的相互作用模式及其对"呼吸效应"的影响已经有了深入的了解，并将相关规律应用于该类材料的分离及客体可控释放应用调控中[16]。

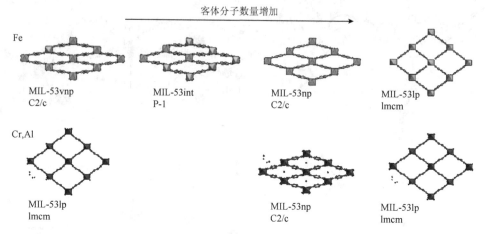

图 7-5　MIL-53 和 MIL-88 的框架结构随客体分子数量的变化[27]

此外，新的框架柔性行为的不断发现进一步扩展了柔性配位聚合物和相应的刺激的概念，同时也进一步拓展了该类材料的潜在应用领域。最近，具有光响应和热响应性质的柔性配位聚合物已有报道。通过将具有光响应异构化性质的基团（如偶氮苯和二芳基乙烯）引入配位聚合物框架中，可以实现其在特定光照条件下的构型转化，从而引发配位聚合物的结构转化（图 7-6）[28-30]。这一性质可以被应用于传感及特定客体的选择性封装。具有热响应性质的柔性配位聚合物相对较少，因为在这种条件下框架的固有柔性容易与客体引发的结构变化相混淆。基于为数不多的已确认的实例，研究人员发现热响应的来源是芳香环的旋转或悬垂侧链的热运动。这些因素的存在可能会影响到有机配体的构象和相应的框架结构，从而导致热响应性质的出现[21, 31-34]。

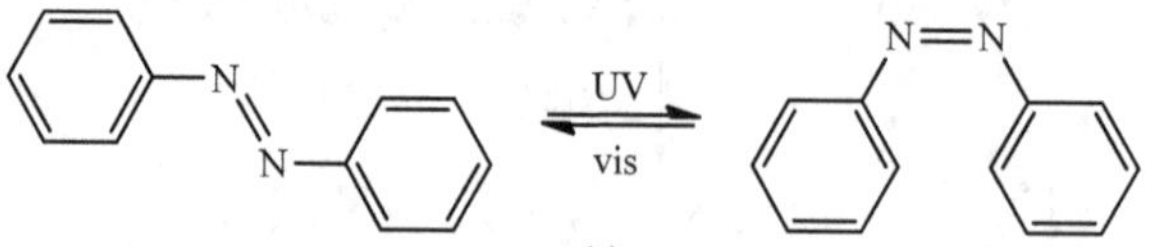

(a)

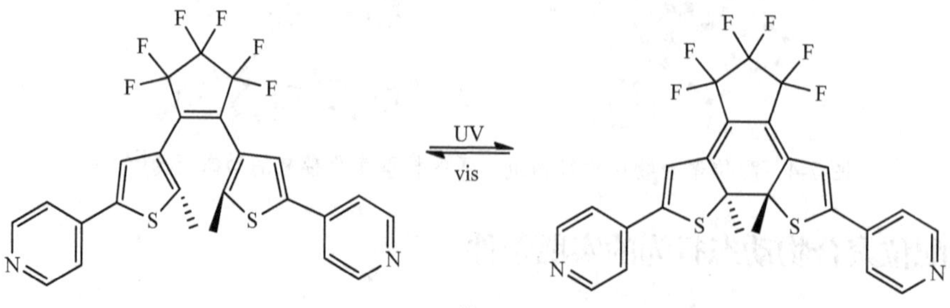

(b)

图 7-6　偶氮苯[29]（a）和二芳基乙烯[30]（b）分子的光响应异构化

最近，金属离子/簇的结构变化也被发现是实现配位聚合物结构柔性的途径之一。该类结构变化通常由客体分子的配位/离去导致的金属配位构型重排引发。该类柔性结构及相应动态行为可应用于识别检测和分离应用。

7.1.3　柔性配位聚合物动态行为的调控

柔性配位聚合物直接构筑过程难以预测。相比之下，在系统研究的基础上，基于各组分明确的作用，对柔性配位聚合物动态行为的调控相对较为简单。从上面提到的例子中可以发现，有机配体往往是决定框架柔性结构及其动态行为的关键因素。应该指出的是，虽然具有完全柔性骨架（如烷基链）的配体似乎因其构型的多样性有利于实现柔性配位聚合物的构筑[35]，但所报道的例子非常罕见。这可能是由配位聚合物构筑过程的热力学调控自组装特性导致的：柔性配体在组装过程中已展现出低能量的构型，很难再转化为另一个稳定的低能量状态以实现结构的柔性和动态行为。然而，在刚性配体骨架上连接柔性侧链的方法已被证明是柔性配位聚合物构筑及性能调控的有效方法之一（图 7-7）[31]。除了将柔性基团引入刚性框架之外，通过对固有柔性配位聚合物的配体功能化来调节主体框架和客体之间的交互也是一种有效的动态行为调控方法（图 7-8）[21]。作为配位聚合物的另一个重要组成部分，金属中心的性质也是至关重要的。据报道，具有相同框架结构不同金属中心的同构配位聚合物可展现不同的柔性动态行为（图 7-9）[36, 37]。因此，通过在同一框架中引入不同金属离子的方法可以实现对配位聚合物柔性的调控。最近，Kitagawa 等报道了一例独特的柔性配位聚合物，该材料的动态行为受到晶体大小的影响，被称为"形状记忆效应"（shape-memory effect）（图 7-10）[38]。通过缩小配位聚合物的晶体尺寸，可以保持框架的"开放"状态，而在"关闭"和"开放"状态之间的相变化所引起的"开门"动态行为减弱。这一发现进一步扩展了配位聚合物柔性调控的方法。

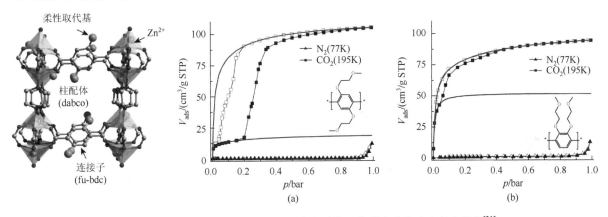

图 7-7　基于配体中柔性侧链的引入实现柔性配位聚合物的动态行为调控[31]

7.1.4　柔性配位聚合物的理论计算研究

除了实验研究之外，理论计算和分子模拟方法也已经发展成为理解配位聚合物柔性乃至预测其动态行为的有效方法。甚至可以作为预测柔性配位聚合物动态行为的强大工具[39, 40]。

一方面，以配位聚合物结构柔性的识别和预测为目标，Coudert 等通过理论计算阐明了配位聚合物框架柔性与各向异性弹性特性之间的关系[41, 42]。通过对比实验测定和理论计算的单晶弹性常数（杨氏模量、线性压缩性、剪切模量、泊松比），他们发现通过杨氏模量和剪切模量的高各向异性可以识别和判断配位聚合物框架是否具有柔性。通过理论计算预测的力学刺激下的柔性配位聚合物

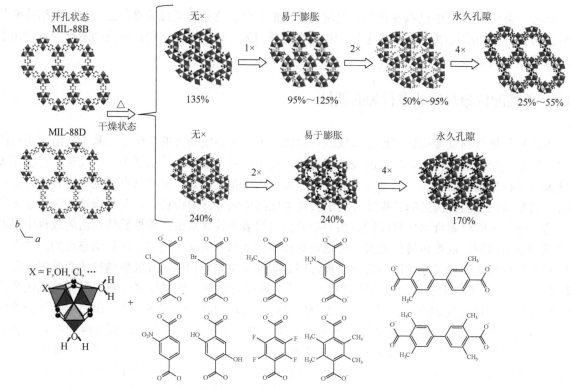

图 7-8　基于配体的功能化实现柔性配位聚合物的动态行为调控[21]

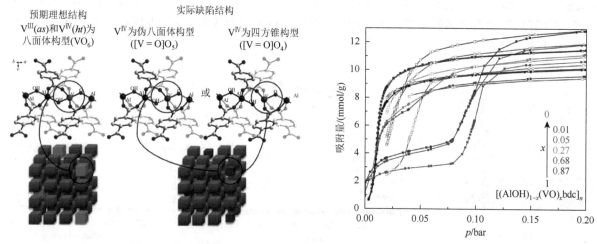

图 7-9　基于金属中心的改变实现柔性配位聚合物的动态行为调控[36]

动态行为与实验结果相符。这一方法为柔性配位聚合物的识别和动态行为研究提供了进一步的理论依据。

　　另一方面，Neimark 等提出了一种基于压力的理论计算模型，在这种模型中，吸附引起的应力被认为是引发结构转化的关键因素[43]。结合前面所述的柔性配位聚合物的弹性常数分析，可以利用该模型阐明 MIL-53 在晶格乃至晶体层面上的结构转化机理和动力学[44, 45]。在此基础上，他们提出了晶体结构转换过程中相共存的可能性，这有助于对柔性配位聚合物晶体形状变化的理解和利用。

　　为更好地理解 MIL-53 系列化合物在二氧化碳分离和捕获中的表现，Coudert 等结合理想吸附溶液理论（ideal adsorbed solution theory，IAST）和渗透整体框架提出的渗透框架吸附溶液理论（osmotic framework adsorbed solution theory，OFAST）被用于研究混合气体吸附过程中的结构转化行为[46-48]。利用该方法可以预测出在全压力、温度和组分空间中 MIL-53 的柔性行为，可用于分离条件的优化。

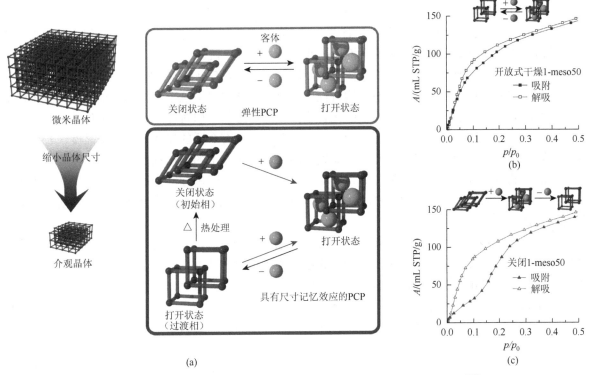

图 7-10　基于晶体尺寸大小调节实现柔性配位聚合物的动态行为调控[38]

柔性配位聚合物与客体相关的应用，如药物输运和客体的捕获/释放等，都依赖于对客体分子在柔性配位聚合物框架中行为的理解。因此，除了框架结构的柔性行为外，柔性配位聚合物孔道中客体分子的扩散和排列也成了理论研究的热点之一。针对这一问题，Maurin 等开展了系列研究工作，研究了 H_2S[49]、H_2O[50]、二甲苯异构体[51]、CO_2/CH_4 混合物[52]和轻烃[53]等在 MIL 系列化合物中的行为。结合实验结果和分子动力学模拟，可以揭示化合物孔道内的客体分子的状态，这有助于确定关键的主-客体相互作用因素和相关应用所需条件[54]。

除了方法的建立，相应计算分析工具的发展也是相关研究发展的重要条件之一。近期，Dubbelda 等开发了一套名为 RASPA 的软件包，专门用以解决柔性纳米孔材料中的吸附和扩散问题的理论计算研究[55]。该软件包代码实现了分子动力学和蒙特卡罗（MC）等最新和最先进的算法集成，可以实现共存条件下的性质、单组分/多组分吸附等温线的预测、自扩散系数和集体扩散系数的计算等。除了系统而准确的计算结果外，该软件还可实现计算结果的可视化输出，方便对材料结构与性能关系的研究。类似软件的不断开发和使用也为相关理论计算问题的解决提供了有力的支持。

应该注意的是，上面提到的大多数理论研究都是用 MIL 系列化合物作为模型进行的。这主要是基于该系列化合物已被广泛研究，所获得的大量实验结果可以用以验证理论计算方法/模型的准确性。虽然这些方法/模型可以用来解释或预测一些 MIL 系列化合物的结构柔性和动态行为，但仍有许多无法应用的案例，如配位键的断裂/恢复和 SBU 的结构转换。可以用以预测和充分理解配位聚合物柔性的普适性理论仍然有待提出。

7.2　柔性配位聚合物的表征

对于大多数柔性配位聚合物来说，其结构柔性的发现源于对其与非柔性配位聚合物不同的独特的物理化学性质的发现。例如，气体吸附等温线的开门效应、多步吸附行为或在某些条件下样品的颜色/形状/发光性质的变化等。然而，尽管在刺激下的材料性质发生了显著的变化，但由于其独特的动态行为，研究和识别配位聚合物的柔性还需要适当的技术手段。

在各种用于测定配位聚合物结构的技术中，单晶X射线衍射（SCXRD）是最重要、最直接的技术。基于配位聚合物的长程有序晶态结构特性，可以在原子水平上确定化合物的结构。针对柔性配位聚合物，采用该方法确定特定状态下的化合物结构是可行的，但对样品和测试条件都有额外的要求。针对样品，要捕获其在特定状态下的结构，需要样品具有合适的尺寸，且其结晶度、长程有序程度在测试过程中保持相对稳定。此外，如果样品在特定状态下的结构难以保持，则需要在测试过程中以适当的方式引入能够引发配位聚合物动态行为的因素，即进行原位测试。中山大学张杰鹏教授等在此方面开展了系统深入的研究，并对近年来SCXRD在多孔配位聚合物结构转换研究中的应用进行了总结[56]。

与单晶X射线衍射类似，中子衍射也可提供直接的结构信息，因此同样是一种研究配位聚合物结构性能关系的有效方法[57]。相比于X射线衍射，中子衍射的特性在于中子直接与不同元素的原子核作用，对原子的分辨能力更高。部分因电子数较少而对X射线散射作用较弱的原子一般难以通过X射线衍射精确确定其在空间中的位置，但同样的原子可能具有较大的中子散射截面积而可通过中子衍射进行确认。这一特性使得该方法在研究配位聚合物的动态结构细节和客体分子在框架中的分布问题时可提供更加准确的结构信息[58-60]。

微晶样品的研究主要以粉末X射线衍射（PXRD）进行。基于该方法，通过在特定条件下衍射峰位置和强度变化，可以判断配位聚合物的结构变化，从而识别出具有柔性结构的配位聚合物。虽然与SCXRD方法相比，用PXRD对样品进行精确的结构测定要困难得多，但PXRD结果可以用于直观地比较和判断配位聚合物的结构柔性。同时，PXRD更适合用于实现时间分辨的表征。近年来，为了突破X射线衍射的极限，也发展出了利用原位中子衍射进行吸附位点研究的方法，进一步拓展了结构表征的方法手段[27, 61]。

除了上面提到的适用于晶体样品的方法外，如固态核磁共振（SSNMR）[62]、X射线吸收光谱（XANES和EXAFS）[63, 64]、拉曼光谱[63]、IR光谱[64]、介电弛豫谱[65]等通用谱学方法也被广泛用于柔性配位聚合物的结构测定和动态行为研究。最近，Mazaj等报道了综合应用谱学方法研究一种Ca-MOF的动态行为的典型实例[64]。基于PXRD分析，他们发现具有类似MIL-53结构的Ca(BDC)(DMF)(H$_2$O)（Ca-BDC，BDC = 1, 4-对苯二甲酸离子，DMF = N, N-二甲基甲酰胺）在脱除溶剂分子后可能发生了结构的变化。为了确定该化合物的结构柔性，他们首先对不同状态下的样品进行了元素分析和电感耦合等离子体质谱（ICP）测试，以确定样品在不同状态下的组成。随后，他们采用IR光谱、^{1}H-^{13}C CPMAS、^{1}H CRAMPS和2D ^{1}H-^{1}H核磁共振光谱等方法研究了BDC配体和溶剂分子的配位状态。两种样品中Ca^{2+}的配位环境由X射线吸收光谱方法进行了确认。全面的谱学表征解释说明了热处理导致了化合物结构变化，并成功地阐明了该化合物动态行为的机理。这些结果表明了谱学方法在柔性配位聚合物研究中的重要作用。

7.3 具有不同动态行为和性质的柔性配位聚合物的构筑

正如在前言中提到的，具有独特动态行为的柔性配位聚合物在许多领域显示出潜在的应用前景。具有不同结构基础的柔性配位聚合物可展现出不同的动态行为。因此，详细研究柔性配位聚合物的动态行为及相关性质、总结组成/结构与性能的关系、发展功能导向的材料构筑策略和方法具有重要意义。以下我们将会介绍具有不同动态行为和性质的柔性配位聚合物的实例，简要分析不同动态行为和性质的构筑机制和设计原则。

7.3.1　具有吸附分离性能的柔性配位聚合物的构筑

具有多孔结构的柔性配位聚合物的孔道可以容纳客体分子。这一特性结合柔性配位聚合物的动态行为使其在存储与分离领域具有良好的应用前景[3, 4, 66]。与非柔性配位聚合物相比，由主-客体相互作用引起的柔性配位聚合物的响应性动态行为使该类材料在存储和分离方面具有独特的优势。在这个领域，应区分两种情况：①柔性配位聚合物的动态行为和存储/分离性能直接受目标分子影响；②配位聚合物的动态行为受到其他因素的调控，并影响到相应的存储分离性能。在第一种情况下，增强目标分子和主体框架之间的相互作用有利于相关的应用。而在第二种情况下，材料的性能可以更加容易地通过对外部条件的控制进行调控。

作为第一种情况的例子，Matsuda 等报道了一种柔性配位聚合物$[Cu(aip)(H_2O)](solvent)_n$（aip = 5-叠氮基间苯二甲酸）对 CO 的自加速吸附行为（图 7-11）[67]。直接合成的化合物（PCP 1）中，双核 Cu 桨轮单元通过配体连接形成具有 kagomé 结构的二维层。通过除去桨轮形单元轴向配位的水分子可以引发 PCP 1 的结构变化，获得干态化合物 PCP 2。相比于 PCP 1，PCP 2 的孔隙率降低，且孔尺寸缩小。PCP 2 可在湿气存在的条件下转变为 PCP 1，表明化合物间的结构转化过程是可逆的。此外，系统的气体吸附研究表明，PCP 2 在 120K 条件下展现出良好的 CO/N_2 吸附选择性。由于 CO 和 N_2 具有相似的分子结构和物理化学性质，因此难以利用一般的多孔材料通过物理吸附的方法实现两种气体的分离。因此，PCP 2 的选择性吸附性质具有重要的学术价值和应用前景。为阐明 PCP 2 选择性吸附 CO 的机理，研究人员进行了 CO 条件下的 PCP 2 的同步辐射 XRPD 测试，并采用 Rietveld 方法分析了化合物的结构。结果表明，当 PCP 2 的孔道完全吸附 CO 时，桨轮形双核单元中的 Cu^{2+} 离子与被吸附的 CO 间形成配位键，PCP 2 原本收缩的框架随之扩张，提供了吸附 CO 的额外空间，从而导致了 CO 的选择性吸附。除了对 CO 的高吸附量外，PCP 2 在 $CO-N_2$ 混合物体系中也展现出了极高的 CO 吸附选择性。PCP 2 的高 CO 吸附选择性使其在 CO 存储和 $CO-N_2$ 体系中 CO 的分离方面具有潜在的应用前景。该实例表明了柔性配位聚合物独特的可变孔隙结构/表面特征有利于存储和分离应用。

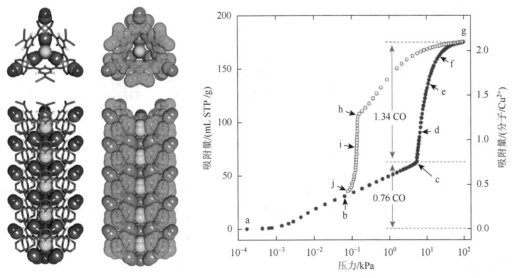

图 7-11　$[Cu(aip)(H_2O)]$对 CO 的选择性吸附[67]

基于相似的客体选择机制，Ghosh 等报道了利用柔性 MOF 实现 C_8 芳香烷烃中对二甲苯高选择性分离的工作（图 7-12）。他们利用带有柔性醚基骨架的双羧酸配体构筑了具有多孔结构的 $[Zn_4O(L)_3(DMF)_2]\cdot xG_n$（$1 \supset G$）（G 代表客体溶剂分子）。将化合物孔道中及配位的溶剂分子去除后，该化合物可转变为具有收缩框架结构的 $[Zn_4O(L)_3]_n$（**1**）。他们通过对化合物 **1** 的结构进行仔细分析发现其框架内孔径的尺寸（约 0.6nm）接近于二甲苯的分子尺寸。随后，他们以分子尺寸相近的二甲苯同分异构体的分离为目标进行了系统研究。研究结果表明，与具有相似尺寸的邻二甲苯、间二甲苯和乙苯相比，化合物 **1** 展现出对对二甲苯的选择性吸附。在吸附对二甲苯的同时，化合物 **1** 的框架可恢复到扩张状态。化合物 **1** 可高选择性吸附对二甲苯主要归因于异构体的尺寸与柔性框架孔道尺寸的差异不允许更大尺寸的客体进入孔道。这些结果表明了柔性配位聚合物在类似有机分子分离体系中的应用前景。

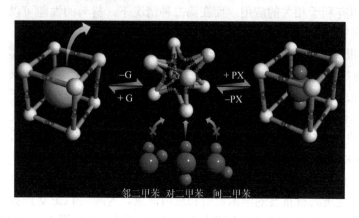
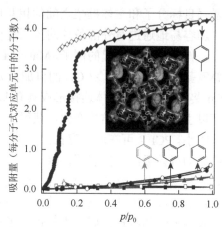

图 7-12　$[Zn_4O(L)_3]_n$ 对对二甲苯的选择性吸附[68]

近期，Kitagawa 等报道了另一例客体引发的柔性配位聚合物的动态结构转化和相应的吸附分离性能[69]。该工作中，他们构筑了 $[Mn(bdc)(dpe)]$（**1**）[$H_2bdc =$ 对苯二甲酸，dpe = 1, 2-二(4-吡啶基)乙烯]，并对其结构和性质进行了研究（图 7-13）。结构研究表明，该化合物具有二重互穿的框架结构（$1 \supset DMF$），同时其在脱除客体 DMF 溶剂分子后（**1′**）框架结构发生变化，证明其互穿框架结构可展现出柔性动态行为。在随后的气体吸附测试中，他们发现化合物 **1′** 展现出了独特的客体响应吸附行为：对 CO_2 展现出典型的微孔框架吸附行为，而对 C_2H_2 展现出典型的压力响应"开门"吸附行

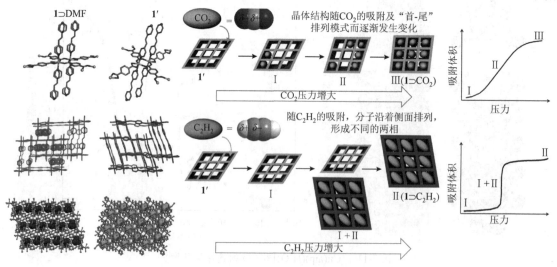

图 7-13　$[Mn(bdc)(dpe)]$ 的客体响应动态行为[69]

为。考虑到 CO_2 和 C_2H_2 相似的分子尺寸，**1′**对不同分子的吸附行为明显不是基于框架孔道尺寸导致的客体尺寸选择。详细的原位吸附 X 射线衍射实验和 DFT 理论计算结果表明，该独特的客体响应性动态行为来源于气体分子被吸附在框架中后不同的取向，使得框架随压力及客体分子在框架中数量的不同展现出不同的动态结构转化行为。这一结果表明，框架中客体分子的状态也是引发柔性配位聚合物不同动态行为的关键因素之一。

具有光响应动态行为的柔性配位聚合物是第二种情况的典型实例。Zhou 等报道了具有光响应动态行为的柔性 MOF 及其 CO_2 吸附性能的调控（图 7-14）[28]。他们利用带有光响应异构化活性的偶氮苯功能基团的对苯二甲酸作为配体，构筑了与 MOF-5 具有相似结构的 PCN-123。PCN-123 具有刚性的主体框架结构和光响应异构化性质的侧链。在光照和热处理的条件下，偶氮苯可以发生顺式-反式构型转化。通过对偶氮苯构型的控制可以调控 PCN-123 的孔道结构，从而调控其 CO_2 吸附性能。Uemura 等报道了另一个具有光响应动态行为的柔性配位聚合物[29]。不同于 Zhou 等报道的基于刚性框架的光响应结构，Uemura 等选择了具有客体响应性质的柔性配位聚合物作为主体。为调控孔道结构，他们将偶氮苯作为客体引入配位聚合物孔道，通过光照和加热条件控制客体分子的构型，从而实现对孔道结构的调控。基于客体不同构型状态下框架孔道结构的差异，该化合物可展现出不同的气体吸附分离性质。Guo 等也报道了基于具有光响应构型转化性质的二芳基乙烯骨架配体的配位聚合物。利用二芳基乙烯骨架在光照条件下的构型变化，可以实现配位聚合物框架的局部形变，从而调控 CO_2 的动态释放行为[30]。这些例子表明，与非柔性配位聚合物相比，柔性配位聚合物的结构和吸附性质调控方法更为多样。

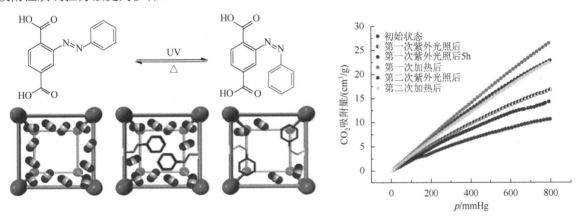

图 7-14　通过配体的光响应性效应调节 PCN-123 对 CO_2 吸附行为[28]

从上面提到的前两个例子中可以看出，柔性配位聚合物的客体选择性响应动态行为是该类材料应用于存储和分离的主要优势所在。然而，尽管基于对柔性配位聚合物的系统研究可以阐明其卓越性能的产生机制，而且人们已经可以基于对结构与功能间关系的认识进行功能导向的结构基元设计，但真正的"设计-构筑"过程还难以精确实现。这主要归因于柔性配位聚合物自组装过程的不确定性。特别是在引入预先设计的功能基元后，其存在可能干扰组装过程的进行。然而，将柔性配位聚合物作为混合基质膜（mixed matrix membrane，MMM）的填充剂，利用其孔隙结构可变的特点增强膜的 CO_2 捕获和 CO_2/CH_4 分离性能已被证明是这些材料有针对性应用的成功范例。虽然配位聚合物已经被广泛地用作 MMM 的填充剂[70, 71]，但 Gascon 等首次将柔性配位聚合物应用于 MMM 中[72]。他们首次报道了将具有微米尺度的 NH_2-MIL-53(Al)颗粒与 PSF Udel® P-3500 混合用于制造纳米复合材料膜。应用该方法制备的膜展现出随压力升高的 CO_2/CH_4 吸附选择性。这一特性不同于无机膜材料，非常适合高压条件下的应用。该膜的独特性质可归因于 NH_2-MIL-53(Al)颗粒在 5bar 的 CO_2 压力下发生了由窄孔（narrow pore，np）结构向大孔（large pore， lp）结构的转化，填补了大量吸附 CO_2 后聚合物链间的间隙，从而极大地促进了总通量和选择性的提升。最近，Rodenas 等对 NH_2-MIL-53(Al)@polyimide MMM 应用于 CO_2/CH_4 分离过程中的结构-性能关系进行了详细研究[73]。结果表明，在 MMM 中柔性配位聚合物的框架构型和 MMM 的性能可以通过控制膜的制备条件进行调控：可以通过更快的溶剂去除过程获得更高比例的 np 结构，从而提高 CO_2 的渗透性和分离系数。此外，框架孔隙中聚合物链的渗透或嵌入可能会导致 lp 结构的"冻结"[73]，从而降低 MMM 的性能。基于这些发现，可以实现 MMM 材料 CO_2/CH_4 分离性能的合理优化。

7.3.2 具有识别检测性能的柔性配位聚合物的构筑

与柔性配位聚合物在存储和分离中的广泛研究相比，其在识别检测应用方面的研究相对有限。虽然大多数柔性配位聚合物的刺激响应特性满足识别检测应用的基本要求，但其动态过程中物理化学性质应具有显著变化，以作为检测信号。

可应用于识别检测的理想信号之一是材料的荧光发射。基于有机配体随动态结构转化而带来的构型变化或框架与客体间相互作用变化导致的电荷/能量转移作用变化，柔性配位聚合物荧光发射波长及强度随外界刺激的变化均可作为响应信号用于识别检测应用[74]。在此方面，Kitagawa 等率先开展了工作[75, 76]。他们构筑了一种具有柔性框架结构的 $MOF[Zn_2(bdc)_2(dpNDI)]_n$［bdc = 1, 4-对苯二甲酸离子，dpNDI = N, N'-二(4-吡啶基)-1, 4, 5, 8-萘二酰亚胺］。该化合物具有两重互穿的三维框架结构，单独的框架可在引入客体的条件下发生位移，且配体发生相应的弯曲构型变化。客体与主体 MOF 框架间的主-客体相互作用可引发电荷转移过程并改变化合物的荧光发射，可作为识别检测的信号。利用荧光发射变化与所引入客体间的对应关系，可以实现对挥发性有机物（VOC）的识别检测[75]。在另一项工作中，他们将均二苯乙烯（DSB）分子作为荧光客体分子引入柔性 $MOF[Zn_2(terephthalate)_2$(triethylenediamine)]_n$（terephthalate = 对苯二甲酸离子，triethylenediamine = 三乙烯二胺）的框架，成功构筑了可实现 CO_2 和 C_2H_2 识别响应性质的材料（图 7-15）[76]。该化合物中，主体 MOF 框架可实现对特定客体分子的选择性吸附。主体 MOF 框架的结构柔性和与被吸附气体分子间的相互作用可引发框架的结构变化，进而调控 DSB 分子的构型及相应的发光性质，从而实现对气体分子的荧光识别检测。最近，Li 等报道了另一例基于柔性 MOF 的挥发性有机溶剂识别检测（图 7-16）[77]。他们构筑的具有双重互穿的三维框架结构的 $[(CuCN)_3L]_n$［L = 2, 6-双-(3, 5-二甲基吡唑基亚甲基)吡啶］展现出有机溶剂分子依赖的动态结构响应性质，相应的客体响应荧光变化可用于对特定有机物分子的定性和定量识别检测。

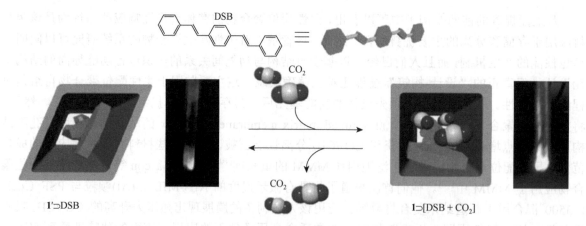

图 7-15 调控柔性 MOF 中 DSB 构型导致的相关荧光发射变化来检测 CO_2[76]

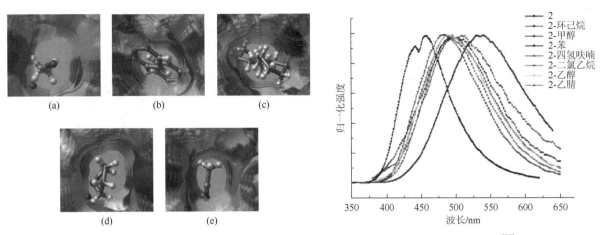

图 7-16　[(CuCN)₃L]ₙ 中客体响应的结构变化及其对挥发性有机溶剂荧光传感性质[77]

除荧光信号外，化合物颜色的变化是另一种可用于传感应用的性质变化，其优势在于可通过裸眼识别判断检测结果而无须使用复杂的设备。Bu 等报道了一例对配位活性小分子具有识别检测性能的 Co-MOF（图 7-17）[23]。在无水条件下制备的 $[Co_{1.5}(tipb)(SO_4)(pta)_{0.5}]\cdot(DMF)_{1.75}$（BP⊃DMF）[tibp = 1, 3, 5-三(3-咪唑苯基)苯，pta = 对苯二甲酸阴离子] 可在水分子存在的条件下发生可逆的单晶到单晶转化，生成 $[Co_{1.5}(tipb)(SO_4)(H_2O)_{3.6}]\cdot(pta)_{0.5}(solvent)_n$（RP-H₂O）。在此过程中，框架中的 pta 配体被 H_2O 取代，导致了 Co^{2+} 金属中心的配位构型由正四面体变为八面体，使得化合物颜色由蓝色变为红色。在 273K 条件下，能够引发该结构转化的水蒸气压力为 0.65～0.76mmHg。较小的转化压力窗口有利于该化合物实现对水蒸气的定量检测。

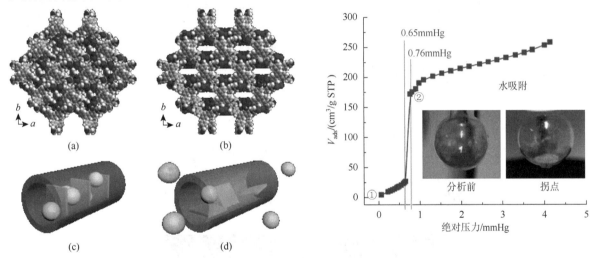

图 7-17　在 H_2O 存在条件下 $[Co_{1.5}(tipb)(SO_4(pta)_{0.5}]$ 的结构和颜色的变化[23]

柔性配位聚合物晶体在刺激下的膨胀或收缩也可以作为输出信号用于传感。尽管晶体微观结构变化带来的晶体宏观尺度变化微小，但具有该性质的化合物晶体可用于制备具有传感性质的器件[78]。最近，Zhang 等报道了一例基于客体引发的柔性超微孔框架晶体结构变化[79]。基于限域孔结构和配体的旋转构型变化，他们构筑的[Mn(pba)₂]［MCF-34，pba = 3-(吡啶基)苯羧酸盐］在框架中无客体存在的情况下在很宽的温度范围内（约 550K）可展现出稳定的正热膨胀（PTE）和负热膨胀（NTE）系数（图 7-18）。此外，即使在低温下也没有观察到 N_2 或 O_2 的吸附。一方面，基于该化合物晶体的热膨胀特性，可以通过对材料形状变化的检测实现对温度的传感。另一方面，含有客体的 MCF-34 展现出客体依赖的热膨胀行为，因此可通过对客体的引入实现对材料热膨胀性质的调控。

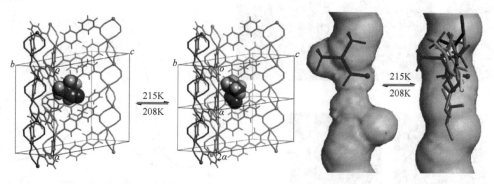

图 7-18　MCF-34 中客体引发的温度响应框架动态行为[79]

7.3.3　具有客体捕获与释放性能的柔性配位聚合物的构筑

利用柔性配位聚合物在外界刺激条件下的动态行为实现客体的可控捕获与释放是另一个值得研究的重要应用。该性质可以直接应用于药物输运和有害物质的清除，或用于识别检测、催化等过程的引发。这一性质可以通过适当刺激条件下主-客体的相互作用或框架孔结构的状态（打开/关闭）的调节实现。除了已广泛研究的柔性配位聚合物的药物输运特性外[80, 81]，近年来又有多种类型客体分子的相关研究被报道。

Cramb 等报道了利用柔性钡-1, 3, 5-苯三磺酸盐实现气体分子机械性可控捕获和释放的工作（图 7-19）[82]。该化合物在加热条件下可以失去框架中的水分子发生单晶到单晶的结构转化。在脱除溶剂后，化合物框架收缩使得孔道开口尺寸明显缩小，从而使得气体分子可以被封闭在孔道中。在水存在的条件下，化合物框架可以恢复原始状态，并释放出封装的气体分子。尽管该化合物有限的孔隙率限制了可封装的客体分子数量，但这一研究成果依然具有重要意义，证明了利用配位聚合物的柔性框架结构可以实现客体分子的机械捕获与释放。

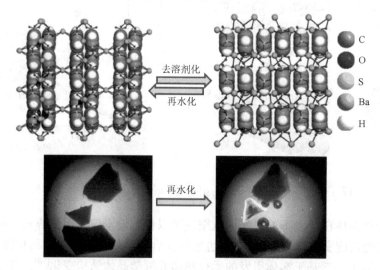

图 7-19　通过钡-1, 3, 5-苯三磺酸盐的去溶剂化和再水化来实现气体分子的捕获和释放[82]

前面提到的 Bu 等报道的 BP-RP 化合物体系也具有类似的客体捕获与释放功能（图 7-19）[23]。基于 BP-RP 可逆转化过程中化合物通道内 pta 配体的离去/恢复，孔道结构可对应展现出开/闭状态，可实现客体分子的可控封装/释放。利用该化合物结构转化和客体的封装可在多种条件下引发的特性

（在溶剂和空气中，通过加热、抽真空或溶剂浸泡去除配位溶剂分子），可拓展框架内能装载的客体的种类，使其在多方面具有潜在的应用前景。

　　Dalgarno 等报道了一例具有金属离子俘获特性的柔性 MOF（图 7-20）[24]。基于柔性骨架配体和三核 Mn_3 簇构筑的 $[Mn_3(L)_2]^{2-}\cdot 2[NH_2(CH_3)_2]^+\cdot 9DMF$ 和 $[Mn_3(L)_2]^{2-}\cdot 2[H_3O]^+\cdot 12DMF$（$H_4L$ = 四对甲氧苯甲酸甲烷）具有柔性的框架结构。在 Cu^{2+}、Co^{2+} 和 Ni^{2+} 等过渡金属离子存在的条件下，三核簇可发生结构转化并与金属离子配位，从而导致化合物的动态行为。这一性质可用于有毒有害金属离子的消除。与基于离子交换机制的离子非柔性配位聚合物相比，该柔性 MOF 在性质上的特点在于其较高的选择性和相对较低的残留。这主要归因于目标离子与框架较强的配位作用。

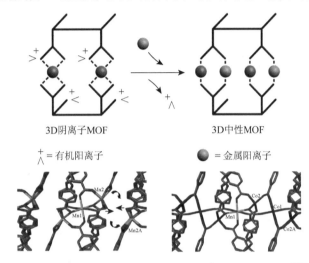

图 7-20　在 $[Mn_3(L)_2]^{2-}$ 框架中选择性捕获过渡金属离子[24]

　　Brown 等报道了一例独特的利用 MOF 的动态行为调控客体分子释放的工作（图 7-21）[83]。他们将具有光响应性质的偶氮苯基团（azo）引入具有类似于 MOF-74 结构的 azo-IRMOF-74-Ⅲ的一维孔道中，利用偶氮苯基团的顺-反异构实现了对孔道尺寸的调控。与之前所报道的基于偶氮苯构筑的光响应配位聚合物不同的是，由于该化合物具有较大的孔道尺寸，偶氮苯可以在 408nm 的激光照射下发生顺-反异构的连续转变，从而导致偶氮苯基团的摆动。偶氮苯基团的动态摆动可以促进孔道内客体分子的运输和释放。因此，在光照条件下客体的释放速率明显升高。尽管客体实际释放速率提升有限，但这一工作提供了利用柔性配位聚合物动态行为实现功能导向材料设计和构筑的成功范例。

　　近年来，随着柔性配位聚合物的不断发展，具有柔性结构和动态行为的配位聚合物数量不断增多的同时，相关的表征和性质研究也在向更深层次进行。以此为基础，该类材料的应用前景不断拓展，并已在一定程度上可以实现功能导向的材料构筑。这主要归因于表征和研究技术的快速发展促进了柔性配位聚合物的机理研究，而对机理的深入理解促进了构筑理论和方法的提出与完善。

　　尽管柔性配位聚合物的相关研究已经取得了令人瞩目的成果，但在该领域依然有很多挑战有待解决：一方面，对柔性配位聚合物的识别和性质研究依赖于各种详细的结构表征和对表征数据的全面分析，导致深入研究难度大、周期长。因此，要进一步提高研究效率，就需要发展新的表征手段，特别是原位测试技术。另一方面，相关理论也需要不断发展，以指导柔性配位聚合物的识别和定向构筑。在应用方面，尽管柔性配位聚合物的独特动态行为来源于微观的结构变化，但其应用大部分利用了材料的宏观性质。尽管在微观层面上实现动态行为的精确调控难度极大，但柔性配位聚合物的动态行为已经可以实现对框架中客体分子的排列与运输。柔性配位聚合物的这一特性与某些

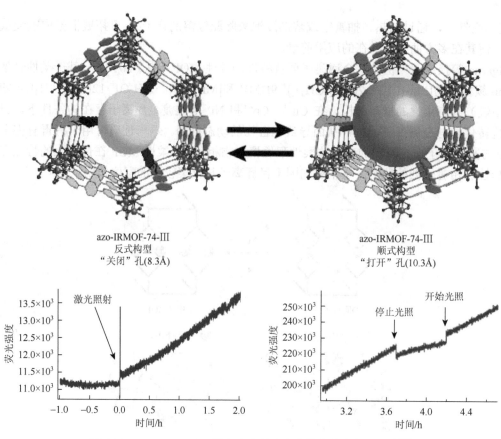

图 7-21　azo-IRMOF-74-Ⅲ中孔道尺寸和客体释放速率的调节[83]

生物大分子的特性，特别是酶对底物的作用是十分相似的。柔性配位聚合物的这一特性有望应用于生物大分子的模拟：利用柔性配位聚合物可变的孔隙结构，可以动态调节反应物/产物的构型，而实现动态行为所需的刺激可以提供所需的能量。此外，尽管柔性配位聚合物孔相关性质的研究已经很多，但其对其他刺激响应性质（温度、磁、电等）的研究仍然是有限的。此外，基于配位聚合物的有机-无机杂化组成特性，可以将具有柔性结构和动态行为的配位聚合物与有机高分子、碳纳米材料等具有柔性结构的材料进行复合，有望将不同组分的性质功能特性进行结合，从而获得功能更为独特的材料。

（常泽　李娜　卜显和）

参 考 文 献

[1]　Maji T K，Kitagawa S. Chemistry of porous coordination polymers. Pure Appl Chem，2007，79（12）：2155-2177.

[2]　Férey G. Hybrid porous solids：past，present，future. Chem Soc Rev，2008，37（1）：191-214.

[3]　Li J R，Kuppler R J，Zhou H C. Selective gas adsorption and separation in metal-organic frameworks. Chem Soc Rev，2009，38（5）：1477-1504.

[4]　Sumida K，Rogow D L，Mason J A，et al. Carbon dioxide capture in metal-organic frameworks. Chem Rev，2012，112（2）：724-781.

[5]　Gliemann H，Woll C. Epitaxially grown metalorganic frameworks. Materials Today，2012，15（3）：110-116.

[6]　Allendorf M D，Stavila V. Crystal engineering，structure-function relationships，and the future of metal-organic frameworks. CrystEngComm，2015，17（2）：229-246.

[7]　Uemura K，Matsuda R，Kitagawa S. Flexible microporous coordination polymers. J Solid State Chem，2005，178（8）：2420-2429.

[8]　Horike S，Shimomura S，Kitagawa S. Soft porous crystals. Nat Chem，2009，1（9）：695-704.

[9]　Salles F，Maurin G，Serre C，et al. Multistep N-2 breathing in the metal-organic framework Co（1，4-benzenedipyrazolate）. J Am Chem Soc，

2010，132（39）：13782-13788.

[10] Tan Y X, Wang F, Kang Y, et al. Dynamic microporous indium (III)-4, 4′-oxybis（benzoate）framework with high selectivity for the adsorption of CO_2 over N_2. Chem Commun, 2011, 47（2）：770-772.

[11] Colombo V, Montoro C, Maspero A, et al. Tuning the adsorption properties of isoreticular pyrazolate-based metal-organic frameworks through ligand modification. J Am Chem Soc, 2012, 134（30）：12830-12843.

[12] Zhang J P, Chen X M. Exceptional framework flexibility and sorption behavior of a multifunctional porous cuprous triazolate framework. J Am Chem Soc, 2008, 130（18）：6010-6017.

[13] Handke M, Weber H, Lange M, et al. Network flexibility: control of gate opening in an isostructural series of Ag-MOFs by linker substitution. Inorg Chem, 2014, 53（14）：7599-7607.

[14] Cheng X N, Zhang W X, Lin Y Y, et al. A dynamic porous magnet exhibiting reversible guest-induced magnetic behavior modulation. Adv Mater, 2007, 19（11）：1494-1495.

[15] Qi X L, Lin R B, Chen Q, et al. A flexible metal azolate framework with drastic luminescence response toward solvent vapors and carbon dioxide. Chem Sci, 2011, 2（11）：2214-2218.

[16] Férey G, Serre C. Large breathing effects in three-dimensional porous hybrid matter: facts, analyses, rules and consequences. Chem Soc Rev, 2009, 38（5）：1380-1399.

[17] Furukawa S, Sakata Y, Kitagawa S. Control over flexibility of entangled porous coordination frameworks by molecular and mesoscopic chemistries. Chem Lett, 2013, 42（6）：570-576.

[18] Medina M E, Platero-Prats A E, Snejko N, et al. Towards inorganic porous materials by design: looking for new architectures. Adv Mater, 2011, 23（44）：5283-5292.

[19] Schneemann A, Bon V, Schwedler I, et al. Flexible metal-organic frameworks. Chem Soc Rev, 2014, 43（16）：6062-6096.

[20] Elsaidi S K, Mohamed M H, Banerjee D, et al. Flexibility in metal-organic frameworks: a fundamental understanding. Coord Chem Rev, 2018, 358: 125-152.

[21] Horcajada P, Salles F, Wuttke S, et al. How linker's modification controls swelling properties of highly flexible iron（III）dicarboxylates MIL-88. J Am Chem Soc, 2011, 133（44）：17839-17847.

[22] Murdock C R, Hughes B C, Lu Z, et al. Approaches for synthesizing breathing MOFs by exploiting dimensional rigidity. Coord Chem Rev, 2014, 258: 119-136.

[23] Chen Q, Chang Z, Song W C, et al. A controllable gate effect in cobalt（II）organic frameworks by reversible structure transformations. Angew Chem Int Ed, 2013, 52（44）：11550-11553.

[24] Tian J, Saraf L V, Schwenzer B, et al. Selective metal cation capture by soft anionic metal-organic frameworks via drastic single-crystal-to-single-crystal transformations. J Am Chem Soc, 2012, 134（23）：9581-9584.

[25] Seo J, Bonneau C, Matsuda R, et al. Soft secondary building unit: dynamic bond rearrangement on multinuclear core of porous coordination polymers in gas media. J Am Chem Soc, 2011, 133（23）：9005-9013.

[26] Kitagawa S, Kitaura R, Noro S. Functional porous coordination polymers. Angew Chem Int Ed, 2004, 43（18）：2334-2375.

[27] Carrington E J, Vitorica-Yrezabal I J, Brammer L. Crystallographic studies of gas sorption in metal-organic frameworks. Acta Crystallogr Sect B: Struct Sci, 2014, 70: 404-422.

[28] Park J, Yuan D Q, Pham K T, et al. Reversible alteration of CO_2 adsorption upon photochemical or thermal treatment in a metal-organic framework. J Am Chem Soc, 2012, 134（1）：99-102.

[29] Yanai N, Uemura T, Inoue M, et al. Guest-to-host transmission of structural changes for stimuli-responsive adsorption property. J Am Chem Soc, 2012, 134（10）：4501-4504.

[30] Luo F, Fan C B, Luo M B, et al. Photoswitching CO_2 capture and release in a photochromic diarylethene metal-organic framework. Angew Chem Int Ed, 2014, 53（35）：9298-9301.

[31] Henke S, Schneemann A, Wutscher A, et al. Directing the breathing behavior of pillared-layered metal organic frameworks via a systematic library of functionalized linkers bearing flexible substituents. J Am Chem Soc, 2012, 134（22）：9464-9474.

[32] Zhang J P, Chen X M. Optimized acetylene/carbon dioxide sorption in a dynamic porous crystal. J Am Chem Soc, 2009, 131（15）：5516-5521.

[33] Henke S, Fischer R A. Gated channels in a honeycomb-like zinc-dicarboxylate-bipyridine framework with flexible alkyl ether side chains. J Am Chem Soc, 2011, 133（7）：2064-2067.

[34] Fernandez C A, Thallapally P K, McGrail B P. Insights into the temperature-dependent "breathing" of a flexible fluorinated metal-organic framework. ChemPhysChem, 2012, 13（14）：3275-3281.

[35] Lin Z J, Lu J, Hong M C, et al. Metal-organic frameworks based on flexible ligands（FL-MOFs）：structures and applications. Chem Soc Rev,

2014，43（16）：5867-5895.

[36] Breeze M I，Clet G，Campo B C，et al. Isomorphous substitution in a flexible metal-organic framework：mixed-metal，mixed-valent MIL-53 type materials. Inorg Chem，2013，52（14）：8171-8182.

[37] Kozachuk O，Meilikhov M，Yusenko K，et al. A solid-solution approach to mixed-metal metal-organic frameworks-detailed characterization of local structures，defects and breathing behaviour of Al/V frameworks. Eur J Inorg Chem，2013，2013（26）：4546-4557.

[38] Sakata Y，Furukawa S，Kondo M，et al. Shape-memory nanopores induced in coordination frameworks by crystal downsizing. Science，2013，339（6116）：193-196.

[39] Coudert F X，Boutin A，Jeffroy M，et al. Thermodynamic methods and models to study flexible metal-organic frameworks. ChemPhysChem，2011，12（2）：247-258.

[40] Odoh S O，Cramer C J，Truhlar D G，et al. Quantum-chemical characterization of the properties and reactivities of metal-organic frameworks. Chem Rev，2015，115（12）：6051-6111.

[41] Ortiz A U，Boutin A，Fuchs A H，et al. Anisotropic elastic properties of flexible metal-organic frameworks：how soft are soft porous crystals？Phys Rev Lett，2012，109（19）．

[42] Ortiz A U，Boutin A，Fuchs A H，et al. Metal-organic frameworks with wine-rack motif：what determines their flexibility and elastic properties？J Chem Phys，2013，138（17）．

[43] Neimark A V，Coudert F X，Boutin A，et al. Stress-based model for the breathing of metal-organic frameworks. J Phys Chem Lett，2010，1（1）：445-449.

[44] Triguero C，Coudert F X，Boutin A，et al. Understanding adsorption-induced structural transitions in metal-organic frameworks：from the unit cell to the crystal. J Chem Phys，2012，137（18）．

[45] Triguero C，Coudert F X，Boutin A，et al. Mechanism of breathing transitions in metal-organic frameworks. J Phys Chem Lett，2011，2（16）：2033-2037.

[46] Coudert F X，Mellot-Draznieks C，Fuchs A H，et al. Prediction of breathing and gate-opening transitions upon binary mixture adsorption in metal-organic frameworks. J Am Chem Soc，2009，131（32）：11329-11329.

[47] Ortiz A U，Springuel-Huet M A，Coudert F X，et al. Predicting mixture coadsorption in soft porous crystals：experimental and theoretical study of CO_2/CH_4 in MIL-53(Al). Langmuir，2012，28（1）：494-498.

[48] Coudert F X. The osmotic framework adsorbed solution theory：predicting mixture coadsorption in flexible nanoporous materials. Phys Chem Chem Phys，2010，12（36）：10904-10913.

[49] Hamon L，Leclerc H，Ghoufi A，et al. Molecular insight into the adsorption of H_2S in the flexible MIL-53(Cr) and rigid MIL-47(V) MOFs：infrared spectroscopy combined to molecular simulations. J Phys Chem C，2011，115（5）：2047-2056.

[50] Salles F，Bourrelly S，Jobic H，et al. Molecular insight into the adsorption and diffusion of water in the versatile hydrophilic/hydrophobic flexible MIL-53(Cr) MOF. J Phys Chem C，2011，115（21）：10764-10776.

[51] Rives S，Jobic H，Kolokolov D I，et al. Diffusion of xylene isomers in the MIL-47(V) MOF material：a synergic combination of computational and experimental tools. J Phys Chem C，2013，117（12）：6293-6302.

[52] Salles F，Jobic H，Devic T，et al. Diffusion of binary CO_2/CH_4 mixtures in the MIL-47(V) and MIL-53(Cr) metal-organic framework type solids：a combination of neutron scattering measurements and molecular dynamics simulations. J Phys Chem C，2013，117（21）：11275-11284.

[53] Rosenbach N，Jobic H，Ghoufi A，et al. Diffusion of light hydrocarbons in the flexible MIL-53(Cr) metal-organic framework：a combination of quasi-elastic neutron scattering experiments and molecular dynamics simulations. J Phys Chem C，2014，118（26）：14471-14477.

[54] Adil K，Belmabkhout Y，Pillai R S，et al. Gas/vapour separation using ultra-microporous metal-organic frameworks：insights into the structure/separation relationship. Chem Soc Rev，2017，46（11）：3402-3430.

[55] Dubbeldam D，Calero S，Ellis D E，et al. RASPA：molecular simulation software for adsorption and diffusion in flexible nanoporous materials. Mol Simul，2016，42（2）：81-101.

[56] Zhang J P，Liao P Q，Zhou H L，et al. Single-crystal X-ray diffraction studies on structural transformations of porous coordination polymers. Chem Soc Rev，2014，43（16）：5789-5814.

[57] Easun T L，Moreau F，Yan Y，et al. Structural and dynamic studies of substrate binding in porous metal-organic frameworks. Chem Soc Rev，2017，46（1）：239-274.

[58] Peng Y，Krungleviciute V，Eryazici I，et al. Methane storage in metal-organic frameworks：current records，surprise findings，and challenges. J Am Chem Soc，2013，135（32）：11887-11894.

[59] Wu H，Simmons J M，Liu Y，et al. Metal-organic frameworks with exceptionally high methane uptake：where and how is methane stored？Chemistry—A European Journal，2010，16（17）：5205-5214.

[60] Yan Y, Telepeni I, Yang S, et al. Metal-organic polyhedral frameworks: high H_2 adsorption capacities and neutron powder diffraction studies. J Am Chem Soc, 2010, 132（12）: 4092-4094.

[61] Bon V, Senkovska I, Wallacher D, et al. In situ monitoring of structural changes during the adsorption on flexible porous coordination polymers by X-ray powder diffraction: instrumentation and experimental results. Micropor Mesopor Mat, 2014, 188: 190-195.

[62] Sutrisno A, Huang Y N. Solid-state NMR: a powerful tool for characterization of metal-organic frameworks. Solid State Nucl Magn Reson, 2013, 49-50: 1-11.

[63] Chen Y, Zhang J M, Li J, et al. Monitoring the activation of a flexible metal-organic framework using structurally sensitive spectroscopy techniques. J Phys Chem C, 2013, 117（39）: 20068-20077.

[64] Mazaj M, Mali G, Rangus M, et al. Spectroscopic studies of structural dynamics induced by heating and hydration: a case of calcium-terephthalate metal-organic framework. J Phys Chem C, 2013, 117（15）: 7552-7564.

[65] Devautour-Vinot S, Maurin G, Serre C, et al. Structure and dynamics of the functionalized MOF type UiO-66(Zr): NMR and dielectric relaxation spectroscopies coupled with DFT calculations. Chem Mater, 2012, 24（11）: 2168-2177.

[66] Janiak C. Demonstration of permanent porosity in flexible and guest-responsive organic zeolite analogs（now called MOFs）. Chem Commun, 2013, 49（62）: 6933-6937.

[67] Sato H, Kosaka W, Matsuda R, et al. Self-accelerating CO sorption in a soft nanoporous crystal. Science, 2014, 343（6167）: 167-170.

[68] Mukherjee S, Joarder B, Manna B, et al. Framework-flexibility driven selective sorption of p-xylene over other isomers by a dynamic metal-organic framework. Sci Rep, 2014, 4: 5761.

[69] Foo M L, Matsuda R, Hijikata Y, et al. An adsorbate discriminatory gate effect in a flexible porous coordination polymer for selective adsorption of CO_2 over C_2H_2. J Am Chem Soc, 2016, 138（9）: 3022-3030.

[70] Seoane B, Coronas J, Gascon I, et al. Metal-organic framework based mixed matrix membranes: a solution for highly efficient CO_2 capture? Chem Soc Rev, 2015, 44（8）: 2421-2454.

[71] Jeazet H B T, Staudt C, Janiak C. Metal-organic frameworks in mixed-matrix membranes for gas separation. Dalton Trans, 2012, 41（46）: 14003-14027.

[72] Zornoza B, Martinez-Joaristi A, Serra-Crespo P, et al. Functionalized flexible MOFs as fillers in mixed matrix membranes for highly selective separation of CO_2 from CH_4 at elevated pressures. Chem Commun, 2011, 47（33）: 9522-9524.

[73] Rodenas T, van Dalen M, Garcia-Perez E, et al. Visualizing MOF mixed matrix membranes at the nanoscale: towards structure-performance relationships in CO_2/CH_4 separation over NH_2-MIL-53(Al)@PI. Adv Funct Mater, 2014, 24（2）: 249-256.

[74] Lin R B, Liu S Y, Ye J W, et al. Photoluminescent metal-organic frameworks for gas sensing. Adv Sci, 2016, 3（7）: 1500434.

[75] Takashima Y, Martinez V M, Furukawa S, et al. Molecular decoding using luminescence from an entangled porous framework. Nat Commun, 2011, 2: 168.

[76] Yanai N, Kitayama K, Hijikata Y, et al. Gas detection by structural variations of fluorescent guest molecules in a flexible porous coordination polymer. Nat Mater, 2011, 10（10）: 787-793.

[77] Wang J H, Li M, Li D. A dynamic, luminescent and entangled MOF as a qualitative sensor for volatile organic solvents and a quantitative monitor for acetonitrile vapour. Chem Sci, 2013, 4（4）: 1793-1801.

[78] Falcaro P, Ricco R, Doherty C M, et al. MOF positioning technology and device fabrication. Chem Soc Rev, 2014, 43（16）: 5513-5560.

[79] Zhou H L, Lin R B, He C T, et al. Direct visualization of a guest-triggered crystal deformation based on a flexible ultramicroporous framework. Nat Commun, 2013, 4: 2534.

[80] McKinlay A C, Eubank J F, Wuttke S, et al. Nitric oxide adsorption and delivery in flexible MIL-88(Fe) metal-organic frameworks. Chem Mater, 2013, 25（9）: 1592-1599.

[81] Cunha D, Ben Yahia M, Hall S, et al. Rationale of drug encapsulation and release from biocompatible porous metal-organic frameworks. Chem Mater, 2013, 25（14）: 2767-2776.

[82] Chandler B D, Enright G D, Udachin K A, et al. Mechanical gas capture and release in a network solid via multiple single-crystalline transformations. Nat Mater, 2008, 7（3）: 229-235.

[83] Brown J W, Henderson B L, Kiesz M D, et al. Photophysical pore control in an azobenzene-containing metal-organic framework. Chem Sci, 2013, 4（7）: 2858-2864.

纳米材料由于其特殊的结构和尺寸，与传统材料相比表现出一些奇异的特性，包括小尺寸效应、表面效应、量子尺寸效应和量子隧道效应。由于纳米材料具有特殊的力学、热学、光学、电学、磁学等性质，这种新型材料在医药、航天、军事、能源、化工等领域有着广泛的应用前景，是今后高新材料研究领域的核心方向[1]。

随着科学技术的发展，学科间的交叉与融合越来越明显。最近十多年来，利用纳米技术制备、研究配位聚合物越来越受到科学家们的重视。研究发现，配位聚合物的性质不仅受到其自身组成和结构的影响，同时也受到其形貌和尺寸的影响[2-11]。相比于传统的体相配位聚合物材料，配位聚合物纳/微米材料具有特定的形貌和尺寸，往往表现出一些独特的物理化学性质，同时在气体吸附与分离、传感、磁性、药物缓释和催化等方面显示出更加出色的性能。此外，在某些特定应用领域，配位聚合物材料的尺寸必须缩小到纳/微米尺度才能发挥作用。例如，配位聚合物作为药物载体，其尺寸要缩小到纳米尺度才能进入细胞发挥作用。因此，可控合成特定形貌和尺寸的配位聚合物纳/微米材料是目前的研究热点，具有重要的意义。由于配位聚合物的组成多样、结构复杂多变，且配位聚合物纳/微米材料的生长机理尚未明确，因此，可控合成具有特定形貌和尺寸的配位聚合物纳/微米材料依旧是个挑战。目前，人们对配位聚合物纳/微米材料的可控合成做了诸多摸索，下面简要介绍目前最常用的制备配位聚合物纳/微米材料的方法。

8.1　配位聚合物纳/微米材料的常用合成方法

目前，制备传统的体相块状配位聚合物的方法已经很成熟了，包括溶剂挥发法、扩散法、水热/溶剂热法等。相对于合成体相材料，配位聚合物纳/微米材料合成的关键就是要将配位聚合物的尺寸控制到纳/微米尺度，因此，通过调节适当的反应条件往往可以有效地减小聚合物的尺寸，如反应物和溶剂的种类、反应物的浓度、反应的时间和温度以及添加剂的使用等。此外，随着纳米制备技术的不断完善和进步，各种制备纳米材料的方法和技术也已经成功地应用于制备配位聚合物纳/微米材料，如室温直接沉淀法、微波合成法、超声波法、微乳液法等。

8.1.1　水热/溶剂热法

水热/溶剂热法是制备高品质晶体及纳米材料最简单有效的方法之一。水热/溶剂热法是指在特制的密闭反应器（如反应釜）中，采用水/有机溶剂作为反应介质，通过对反应体系加热，在反应体系中产生一定温度和压力的环境而进行材料制备的一种方法。反应体系中的溶剂在较高温度和压力下可以提高物质溶解度、促进介质传递和物质反应重排，另外，相对于高温高压反应，水热/溶剂热法的反应温度较低，对设备的要求不高，同时还具有原料易得、产物纯度高、分散性好、结晶性好等优点。

水热/溶剂热法同时也是制备配位聚合物纳/微米材料的常用方法。Horcajada 等利用水热/溶剂热法制备出一系列 Fe(III)基配位聚合物[12]。例如，以 $FeCl_3 \cdot 6H_2O$ 和反丁烯二酸为原料，水为介质，加热到 65℃制备出配位聚合物 MIL-88A 纳米棒。研究发现室温下反应物的水溶液不发生反应，没有 MIL-88A 生成，但加热至 65℃后产生沉淀，生成配位聚合物 MIL-88A，反应 10h 后 MIL-88A 产物为长约 410nm、宽约 90nm 的纳米棒，产率约为 40%。反应时间延长到 72h，MIL-88A 产率增至约 65%，MIL-88A 纳米棒的长度增至约 630nm、宽度增至约 125nm。再如，Wang 课题组利用溶剂热的方法制备出规整且具有空心结构的配位聚合物 MOF-5 及其衍生物[13]。该课题组以 $Zn(NO_3)_2 \cdot 6H_2O$ 和对苯二甲酸（1,4-H_2BDC）为原料，聚乙烯吡咯烷酮（PVP，$M_W = 30000$）为稳定剂，体积比为 5∶3 的 N,N-二甲基甲酰胺（DMF）-乙醇混合液为溶剂，在 150℃下反应 12h 制备出 MOF-5 空心球（图 8-1）。从图 8-1（a）中可以看出，MOF-5 产物为表面粗糙的空心球，平均直径约为 135nm，放大后发现空心球由大量的尺寸约为 10nm 的纳米颗粒构成。而当保持原有反应物和反应条件不变时，额外将 $(NH_4)_2SO_4 \cdot FeSO_4 \cdot 6H_2O$ 加入到反应体系中，在 150℃下反应 12h，所得到的产物 Fe^{II}-MOF-5 依旧是空心球结构［图 8-1（b）］，通过 XRD、EDS 等手段分析发现产物 Fe^{II}-MOF-5 与 MOF-5 具有相同的晶体结构，与 MOF-5 相比其部分 Zn^{2+} 被 Fe^{2+} 取代。但当用乙酰丙酮铁[Fe(acac)$_3$]代替 $(NH_4)_2SO_4 \cdot FeSO_4 \cdot 6H_2O$ 加入到反应体系中时，相同溶剂热条件下反应后得到的产物 Fe^{III}-MOF-5 虽然依旧保持与 MOF-5 相同的晶体结构，但是形貌却发生了巨大的变化，转变为空心的八面体结构［图 8-1（c）］。通过研究反应时间对这三种产物形貌的影响，发现在反应初期（2h）MOF-5 与 Fe^{II}-MOF-5 都是实心球，Fe^{III}-MOF-5 是实心八面体，随着反应时间的延长这三者才逐渐转变为空心球或空心八面体结构（图 8-2）。一般来说，这种团聚结构的内部颗粒具有较高的表面能，这种不稳定的结构使得内部颗粒能够重新溶解再扩散到外部来降低表面能，从而生成空心结构。类似的，Zhong 等在 DMF/H_2O 混合溶剂中，使用硝酸铽和 1,3,5-三(4-羧基苯基)苯（H_3BTB）在 150℃下反应 12h，制备得到了 Tb-BTB 配位聚合物空心微球[14]。反应初期 Tb(III)离子和配体反应成核，随后 Tb-BTB 配位聚合物团聚成球状产物，随着反应的进行微球内部重新溶解转移到外部，并最终形成空心球结构（图 8-3）。

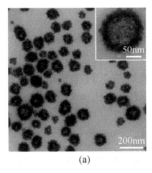 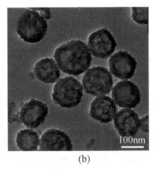 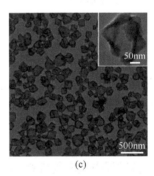

(a)　　　　　　　　　　　　(b)　　　　　　　　　　　　(c)

图 8-1　（a）MOF-5 的 TEM 图；（b）Fe^{II}-MOF-5 的 TEM 图；（c）Fe^{III}-MOF-5 的 TEM 图

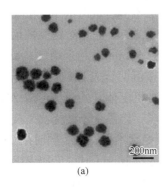 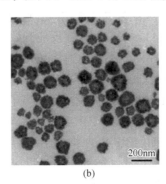 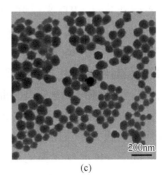

(a)　　　　　　　　　　　　(b)　　　　　　　　　　　　(c)

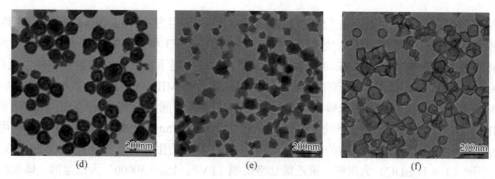

图 8-2 （a）、（b）MOF-5 的 TEM 图；（c）、（d）Fe^{II}-MOF-5 的 TEM 图；（e）、（f）Fe^{III}-MOF-5 的 TEM 图。其中（a）、（c）、（e）反应时间为 2h；（b）反应时间为 9h；（d）反应时间为 4h；（f）反应时间为 3h

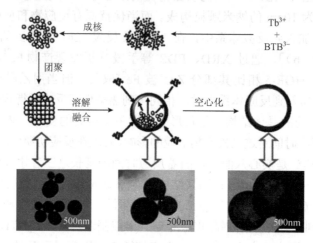

图 8-3　Tb-BTB 配位聚合物空心微球形成过程示意图

8.1.2　室温直接沉淀法

　　室温直接沉淀法是制备配位聚合物纳/微米材料最简单的方法之一。通过在溶液体系中直接混合金属盐和有机配体即可得到纳/微米尺度的配位聚合物。一般来说，反应物金属盐和有机配体要能够溶解于反应溶剂中，为了控制反应速率，适当的添加剂或去质子剂对室温直接沉淀法也是很重要的。室温直接沉淀法具有反应设备简单、反应温度低、反应时间短、反应条件容易控制、生产成本低等优点。

　　Carreon 课题组在室温下甲醇溶液中通过混合 Zn(NO$_3$)$_2$·6H$_2$O 和 2-甲基咪唑直接制备出 ZIF-8 纳米晶[15]。制备过程中反应物锌盐和有机配体 2-甲基咪唑先分别溶解在甲醇溶液中，随后将这两种甲醇溶液混合，伴随着剧烈的搅拌，产物 ZIF-8 纳米晶逐渐析出。该课题组通过观测不同合成时间下产物 ZIF-8 纳米晶的 XRD 来研究 ZIF-8 纳米晶的结构，并通过计算不同合成时间下 ZIF-8 纳米晶的相对结晶性来研究其生长过程（图 8-4）。研究发现在反应开始阶段 ZIF-8 的相对结晶性增长缓慢，但当反应时间达到 30～40min 时，其相对结晶性迅速增长并在反应 50min 后趋于稳定。反应 60min 后，ZIF-8 的相对结晶性稳定并达到最大值。由此可以推断室温直接沉淀合成 ZIF-8 纳米晶的过程分为 3 个阶段。当反应时间小于 10min 时是成核阶段，金属离子与有机配体开始成核形成 ZIF-8 的框架结构。随后反应进入生长阶段（10～60min），ZIF-8 晶体逐渐生长，结晶性不断提高。反应时间超过 60min 后反应进入第三阶段即稳定期，ZIF-8 纳米晶的结构趋于稳定不再变化。同时用 TEM 表征不同反应时间下 ZIF-8 纳米晶的形貌和尺寸（图 8-5）。当反应时间为 10min 时，产物 ZIF-8 纳米晶是尺寸约为 50nm 的球状颗粒。反应 30min 后，ZIF-8 纳米晶的尺寸增长至约 230nm。反应 40min 后

ZIF-8 纳米晶开始出现平整的晶面，反应 60min 后 ZIF-8 纳米晶转变为规则的六边形形貌，尺寸约为 230nm。随着反应时间的进一步延长，ZIF-8 纳米晶的形貌逐渐变得不再规整，同时其尺寸也进一步增至约 500nm。

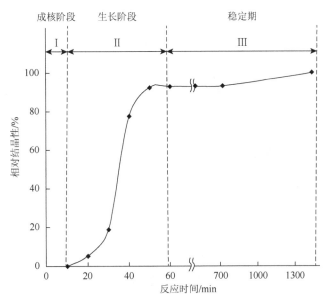

图 8-4　ZIF-8 纳米晶相对结晶性随时间的变化

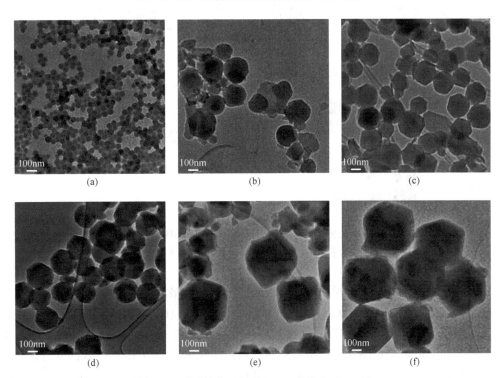

图 8-5　不同反应时间下 ZIF-8 晶体的 TEM 图
（a）10min；（b）30min；（c）40min；（d）60min；（e）12h；（f）24h

　　Oh 和 Mirkin 在室温下通过加入引发溶剂制备出平滑的配位聚合物微米球[16]。乙酸锌和含羧基的希夫碱配体 BMSB 一起被溶解在吡啶中，随后加入引发剂乙醚或戊烷，产物 Zn-BMSB-Zn 自发形成并沉淀下来（图 8-6）。当用戊烷为引发剂时，产物 Zn-BMSB-Zn 为尺寸达到 5μm 的微米球。通过研究 Zn-BMSB-Zn 微米球的生长过程，发现 Zn-BMSB-Zn 微米球产生前经历过 2 个阶段：一是由小颗粒聚合形成的簇状，二是表面趋于融合的不规则球状。在反应初期 Zn-BMSB-Zn 开始成核，形成 Zn-BMSB-Zn 小颗粒，随后这些 Zn-BMSB-Zn 小颗粒相互团聚构成一个微米尺度的球簇，然后小颗粒逐步互相融合成一个表面粗糙的大颗粒，并最终融合为规整的微米球（图 8-7）。

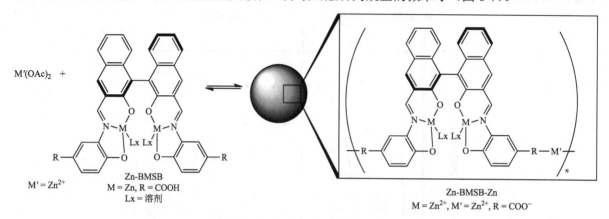

图 8-6　Zn-BMSB-Zn 制备示意图

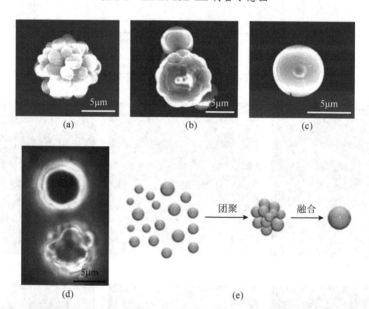

图 8-7　（a）～（c）Zn-BMSB-Zn 不同反应阶段的 SEM 图；（d）Zn-BMSB-Zn 小颗粒团聚的簇状（下）和融合后的微米球（上）的光学图像；（e）Zn-BMSB-Zn 微米球的生长过程示意图

　　Sun 课题组在室温下通过在体积比为 1∶1 的乙醇-水混合溶液中直接添加 Cu^{2+} 盐和 1, 3, 5-苯三甲酸盐（BTC^{3-}）成功制备出具有立方体形貌的配位聚合物 $[Cu_3(BTC)_2]$（HKUST-1），并通过添加表面活性剂十六烷基三甲基溴化铵（CTAB）实现了对配位聚合物 HKUST-1 形貌和尺寸的调控[17]。如图 8-8（a）所示，当不添加 CTAB 时，所得到的产物结构是由 6 个 {100} 面构成的立方体，其平均粒径大约为 300nm。当反应体系中 CTAB 的浓度为 0.005mol/L 时，产物的形貌是由 6 个 {100} 面和 8 个 {111} 面构成的截角立方体，其平均粒径保持在 300nm 左右 [图 8-8（b）]。当 CTAB 的浓度增加到 0.01mol/L 时，如图 8-8（c）所示，{111} 面的面积增大，从而得到立方八面体，其平均粒径约为 400nm。当 CTAB 的浓度增大到 0.05mol/L 时，所得到的产物形貌转变为截角八面体，其平均粒径增大到 500nm [图 8-8（d）]。当反应体系中 CTAB 的浓度达到 0.1mol/L 时，{100} 面彻底消失，从而得到八面体形貌的产物，而且其尺寸达到 1μm [图 8-8（e）]。再进一步增大 CTAB 的浓度到 0.5mol/L 时，产物依旧保持八面体的形貌，但产物尺寸也进一步增大，同时尺寸不再均一 [图 8-8（f）]。上述结果表明，通过增加表面活性剂 CTAB 的浓度，可以得到产物形貌的系列演变：立方体—截角立方体—立方八面体—截角八面体—八面体。与此同时，产物的尺寸也随之不断增大。CTAB 在制备过程中起到重要的调控作用，从而实现对特定形貌和尺寸的化合物的可控合成（图 8-9）。一方面，CTAB 吸附在晶体表面，使得 HKUST-1 晶体 2 个晶面 {100} 和 {111} 的生长速率减缓，但 CTAB 对 {111} 晶面的作用更强，使得晶体生长速率最低的晶面由 {100} 逐渐变为 {111}，从而使得 HKUST-1 微晶的形貌由立方体逐渐转变为截角立方体、立方八面体、截角八面体，并最终成为八面体。另一方面，CTA$^+$ 与配体 BTC^{3-} 的静电作用阻碍了晶体成核的过程，使得晶体成核速率降低，而成核速率越低，形成的产物尺寸越大，因此，CTAB 的添加造成了 HKUST-1 晶体尺寸的增大。

图 8-8 不同 CTAB 浓度下制备得到的 HKUST-1 的 SEM 图

（a）0mol/L；（b）0.005mol/L；（c）0.01mol/L；（d）0.05mol/L；（e）0.1mol/L；（f）0.5mol/L

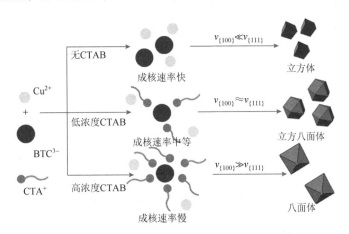

图 8-9 HKUST-1 晶体生长机理示意图

除了 CTAB 外，反应物的初始浓度对 HKUST-1 的形貌和尺寸也有影响。在保持金属离子和配体摩尔比 3：2 的前提下，通过调节反应物的浓度，发现反应物浓度越高，产物的尺寸越小。图 8-10 是不加入 CTAB 时不同反应物浓度下产物 HKUST-1 的 SEM 图。当 Cu^{2+} 浓度为 0.1mmol/L 和 0.2mmol/L 时，产物为不规则的多面体，尺寸分别是 2μm 和 1μm［图 8-10（a）和（b）］。当 Cu^{2+} 浓度增加到 0.3mmol/L 时，产物形貌为立方体，平均粒径约为 300nm［图 8-10（c）］。当 Cu^{2+} 浓度增加到 0.6mmol/L 时，产物形貌保持为立方体，但尺寸减小到 200nm［图 8-10（d）］。当 Cu^{2+} 浓度进一步增加到 1.2mmol/L 和 3mmol/L 时，产物的形貌依旧是立方体，但尺寸进一步减小到 100nm［图 8-10（e）和（f）］。在反应过程中，配体与金属离子能够直接反应，快速成核。当提高反应物的浓度时，金属离子和配体直接接触反应的概率增加，其成核速率得到加快，更有利于小尺寸产物的生成。

图 8-10　不同铜离子浓度下制备得到的 HKUST-1 的 SEM 图

（a）0.1mmol/L；（b）0.2mmol/L；（c）0.3mmol/L；（d）0.6mmol/L；（e）1.2mmol/L；（f）3mmol/L

8.1.3　微波合成法

微波是指频率在 0.3～300GHz 之间即波长在 1m～1mm 之间的电磁波，在电磁波谱中介于红外线和无线电波之间。微波加热可以认为是一种介电加热，是通过偶极旋转或离子传导这两种方式将能量从微波传导到被加热的物质，从而使其温度升高。使用微波法制备材料不仅速度快、条件温和、效率高，而且所制备的微粒比表面积大、粒径小、尺寸分布较均匀，还能提高反应速率和反应选择性，因此，能缩短反应时间并提高反应产率。到目前为止，微波合成法已经被广泛应用于配位聚合物纳/微米材料的制备。

Masel 课题组利用微波合成法制备出具有均一尺寸和立方体形貌的 IRMOF-1[18]。将 $Zn(NO_3)_2 \cdot 6H_2O$ 和对苯二甲酸溶解在 N, N-二乙基甲酰胺（DEF）中，使用微波合成仪在 150W 条件下反应 25s 即可得到产物 IRMOF-1。SEM 表征发现 IRMOF-1 是微米尺度的立方体，其尺寸约为 4μm（图 8-11）。该课题组还用同样的方法制备出与 IRMOF-1 同构的配位聚合物 IRMOF-2 和 IRMOF-3，发现 IRMOF-2 和 IRMOF-3 同样为立方体形貌。IRMOF-1 立方体的尺寸与反应物的浓度有关，反应物浓度越低，IRMOF-1 立方体的尺寸越小。当对苯二甲酸的浓度降低到 0.0002mol/L 时，反应得到的 IRMOF-1 立方体尺寸缩小到 100nm 左右。此外，反应时间也会影响 IRMOF-1 立方体的形成，当功率 150W 反应时间少于 20s 时，几乎没有 IRMOF-1 晶体产生。当反应时间延长至 25s 时，立方体 IRMOF-1 生成。当反应时间延长到 1min，产物的形貌和尺寸与反应 25s 得到的产物无明显变化。以上研究表明微波合成法能够显著加速晶体的生长。一般来说，溶剂热合成 IRMOF-1 反应时间长是由于晶种很难产生，晶体成核往往出现在容器壁和杂质颗粒上。而对于微波合成法，溶剂 DEF 容易在局部出现过热现象，从而出现易于成核的局部热点，这样反应过程中晶种更容易产生，使得 IRMOF-1 晶体具有更快的生长速率和更高的产率。Horcajada 等以 $FeCl_3 \cdot 6H_2O$ 和反式丁烯二酸为原料，水为介质，使用微波合成仪在 600W 条件下制备出配位聚合物 MIL-88A 纳米材料，并研究了反应温度、时间对产物形貌和尺寸的影响（图 8-12）[19]。首先，调整不同反应温度（50～100℃）反应 2min 来制备配位聚合物 MIL-88A，当反应温度为 50℃时配位聚合物 MIL-88A 由尺寸约为 20nm 的纳米球构成，当反应温度提高到 80℃，其形貌转变为纳米棒，尺寸约为 100nm×30nm，当反应温度提高到 100℃，MIL-88A 纳米棒的尺寸进一步增大，说明反应温度的提高有利于大尺寸产物的生成。随后，研究了不同反应时间对配位聚合物 MIL-88A 形貌和尺寸的影响。当反应时间仅为 1min 时，产物为尺寸约为 40nm、结晶性较低的纳米颗粒，随着反应时间的延长，MIL-88A 形貌转变为纳米棒，同时尺寸增加，结晶性也越来越高。

图 8-11　（a）、（b）IRMOF-1 的 SEM 图；（c）IRMOF-2 的 SEM 图；（d）IRMOF-3 的 SEM 图

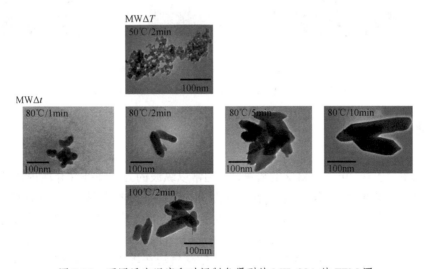

图 8-12　不同反应温度和时间制备得到的 MIL-88A 的 TEM 图

MW 表示微波合成

Kitagawa课题组利用微波合成法合成了配位聚合物HKUST-1，并通过配体调节的手段实现了对产物HKUST-1形貌和尺寸的控制[20, 21]。该课题组将硝酸铜、配体H₃BTC和辅助配体月桂酸溶解在丁醇中，在140℃下微波反应60min制备得到配位聚合物HKUST-1，其中月桂酸和配体H₃BTC的摩尔比定义为r。当$r=0$、25或50时，HKUST-1晶体的形貌为八面体，且随着r的变大，八面体晶体的尺寸也在增大 [图8-13 (a) ～ (c)]。当$r=75$时，产物的形貌发生变化，转变为立方八面体 [图8-13 (d)]。当$r=100$时，产物的形貌转变为截角立方体 [图8-13 (e)]。当r增大到125时，产物的形貌转变为立方体 [图8-13 (f)]。也就是说，随着r的变大，配位聚合物HKUST-1的形貌从八面体转变为立方八面体、截角八面体，并最终转变为立方体。这种形貌的演变主要是由辅助配体月桂酸与配体H₃BTC的配位竞争造成的。一方面，随着辅助配体月桂酸的加入，月桂酸的羧基会与HKUST-1晶体表面的铜离子发生作用，阻碍HKUST-1晶体的生长，造成HKUST-1晶体{100}和{111}两个晶面的生长速率减慢，而月桂酸更倾向于作用在{100}晶面，使得{100}晶面的生长速率减慢的程度更大，从而使得决定晶体形貌的晶面由{111}转变为{100}，因此，出现随着月桂酸用量增加，晶体形貌由八面体向立方体转变的现象。另一方面，月桂酸的加入会阻碍晶体的成核过程，减慢晶体的成核速率，从而易于形成大尺寸的产物。而当月桂酸用量少时，晶体的成核速率较快，易于形成小尺寸的产物（图8-14）。因此，随着r的增大，产物HKUST-1晶体的尺寸也在增大。

图8-13 不同r条件下制备得到的HKUST-1晶体的SEM图

r值：(a) 0；(b) 25；(c) 50；(d) 75；(e) 100；(f) 125

8.1.4 超声波合成法

超声波是频率范围在20～106kHz的机械波，通常以纵波的方式在弹性介质内传播，是一种能量和动量的传播形式，其频率高、波长短，在一定距离内沿直线传播，具有良好的束射性和方向性。超声化学法的原理主要源于超声空化现象，指的是聚集声场能量并瞬间释放的一个复杂的物理过程。当超声波作用于液体时，强大的拉应力会在液体中形成一个空洞，称为空化。当因空化作用形成的小气泡长到临界尺寸时开始不稳定并会突然破灭，空化气泡在爆炸的瞬间产生约5000K和100MPa的局部高温高压环境和极高的升温冷却速度（10^{10}K/s）。这一极限环境足以使有机物、无机物在空化

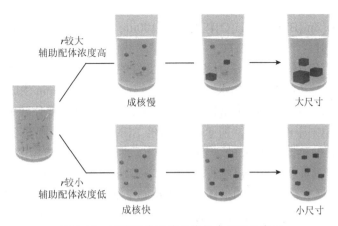

图 8-14　辅助配体调控晶体尺寸原理示意图

气泡内发生化学键断裂、水相燃烧和热分解反应，促进非均相界面之间的搅动和相界面的更新，加速了界面间的传质和传热过程，使很多采用传统方法难以实现的反应得以顺利进行。目前，超声化学法已被证明是一种制备纳米粒子十分有效的方法，在制备纳米材料方面具有分散均匀、粒径可控、反应效率高、无污染、安全等特点。

Qiu 课题组利用超声波法制备出了[Zn$_3$(BTC)$_2$·12H$_2$O]的纳米颗粒和纳米线（图 8-15）[22]。通过将 H$_3$BTC 的乙醇溶液和乙酸锌的水溶液混合，在 40kHz 超声波，超声功率为 60W 条件下分别反应 5min、10min、30min 和 90min 来研究[Zn$_3$(BTC)$_2$·12H$_2$O]的生长过程。配体 H$_3$BTC 的乙醇溶液和乙酸锌的水溶液在室温下并不反应，但在超声波作用下生成配位聚合物[Zn$_3$(BTC)$_2$·12H$_2$O]。当反应时间为 5min 或 10min 时，产物[Zn$_3$(BTC)$_2$·12H$_2$O]是尺寸在 50～100nm 范围内的小颗粒。当反应时间

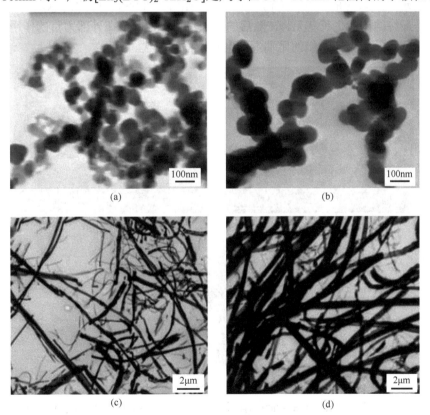

图 8-15　不同反应时间超声波法制备得到的[Zn$_3$(BTC)$_2$·12H$_2$O]

（a）5min；（b）10min；（c）30min；（d）90min

延长到 30min 时，产物[Zn₃(BTC)₂·12H₂O]转变为长 100μm、直径 100～200nm 的纳米线。当反应时间进一步增加到 90min 时，产物[Zn₃(BTC)₂·12H₂O]纳米线的直径增加到 700～900nm。

Sun 课题组通过超声波辅助液相法制备了分散良好的 1,4-苯二甲酸合钆分级结构[23]。PVP、Gd(NO₃)₃·6H₂O 和 1,4-苯二甲酸的钠盐的水溶液在超声波作用下反应 15min 生成[Gd(1,4-BDC)₁.₅(H₂O)₂] 白色沉淀。SEM 图显示最终的产物[Gd(1,4-BDC)₁.₅(H₂O)₂]是由大量分散的稻草束状分级结构组成的 [图 8-16（a）]。如图 8-16（b）所示，在高倍 SEM 图中可以观察到这些分级结构是由大量平均直径约为 30nm 的纳米棒组成的。图 8-16（c）为稻草束状产物的局部 TEM 图，从图中可以很容易地看到大量的棒状结构。超声波功率能够影响最终产物的形貌。在没有超声波的辅助下，[Gd(1,4-BDC)₁.₅(H₂O)₂]形貌是由大量纳米棒组成的花椰菜状 [图 8-17（a）]。当使用的超声波功率为50%时，[Gd(1,4-BDC)₁.₅(H₂O)₂]产物由大量的纳米棒束和少量的花椰菜状结构组成 [图 8-17（b）]。进一步提高超声波功率至 100%，可获得单分散的稻草束状[Gd(1,4-BDC)₁.₅(H₂O)₂]产物[图 8-16(a)]。根据以上实验结果可以发现超声波在防止纳米棒的聚集方面发挥了重要的作用。当没有超声波时，生成的纳米棒容易聚集，易生成花椰菜状的产物。当超声波功率为 50%时，由于超声波的分散，所生成的纳米棒的聚集得到了有效的抑制。然而，新生成的纳米棒仍具有较高的表面能，所以导致许多纳米棒束的形成。当超声功率为 100%时，超声波的分散能大于纳米棒的表面能，因而获得分散性较好的稻草束状结构产物。图 8-18 显示的是在超声波条件下反应 5min、10min 和 30min 后[Gd(1,4-BDC)₁.₅(H₂O)₂]的 SEM 图。反应 5min 后，只能获得平均尺寸为 3μm 的纳米棒束[图 8-18(a)]。随着反应时间的延长，这些短棒不断增长并且出现了一些较长的棒组成的超结构 [图 8-18（b）]。反应时间延长到 15min 后，获得了稻草束状的[Gd(1,4-BDC)₁.₅(H₂O)₂]（图 8-16）。30min 后，产物形貌仍然是稻草束状纳米结构[图 8-18(c)]。根据上述实验结果可以推测产物可能是根据 Tang 和 Alivisatos 提出的晶体分裂理论生长为稻草束状结构。反应刚开始时，在溶液中产生了[Gd(1,4-BDC)₁.₅(H₂O)₂] 晶核，该晶核是最终结构的生长基元。在随后的生长过程中，晶核在外部力量的作用下生长为棒束。随着反应时间的增加，棒束在它们的尾端继续生长为稻草束状。

图 8-16 （a）、（b）稻草束状[Gd(1,4-BDC)₁.₅(H₂O)₂]的 SEM 图；（c）稻草束状[Gd(1,4-BDC)₁.₅(H₂O)₂]的
TEM 图和高分辨 TEM 图

图 8-17　不同超声功率下[Gd(1, 4-BDC)$_{1.5}$(H$_2$O)$_2$]的 SEM 图

（a）0.0%；（b）50%

图 8-18　不同反应时间下[Gd(1, 4-BDC)$_{1.5}$(H$_2$O)$_2$]的 SEM 图

（a）5min；（b）10min；（c）30min

8.1.5　微乳液法

微乳液是指两种互不相溶的溶剂在表面活性剂的作用下形成的一个热力学稳定的、各向同性、外观透明或半透明、粒径 1～100nm 的分散体系。利用微乳液的分散体系，从微乳液中析出固相，使成核、生长、团聚等过程局限在一个微小的球形液滴内的制备纳米材料的方法就称为微乳液法。这一方法的关键之处是使每个含有反应物的水溶液液滴被连续的油相包围，同时反应物不溶于该油相，形成油包水型乳液。水溶液液滴被表面活性剂和助表面活性剂（通常是醇类）所组成的单分子层界面所包围形成微乳颗粒，其大小可以控制在几纳米到几十纳米之间，形成尺度小且彼此分离的"微反应器"。这种"微反应器"是配位聚合物反应生成的理想介质。

Lin 课题组利用反相微乳液法制备出多种纳米配位聚合物[24, 25]。该课题组选用 CTAB、异辛烷、正己醇和水配制得到微乳液，再分别添加 GdCl$_3$·6H$_2$O 和 1, 4-BDC 的二甲胺盐在室温搅拌下制备出配位聚合物[Gd(1, 4-BDC)$_{1.5}$(H$_2$O)$_2$]。研究发现微乳液中水和表面活性剂 CTAB 的摩尔比（w）对产物的形貌和尺寸产生重要影响。当 $w = 5$ 时，产物为长 100～125nm、宽 40nm 的纳米棒。当 $w = 10$

时，产物[Gd(1, 4-BDC)$_{1.5}$(H$_2$O)$_2$]依旧为棒状，但其长度增加到 1～2μm，宽度增加到约 100nm（图 8-19）。再如，该课题组使用微乳液法在室温下制备出[Gd(1, 2, 4-BTC)(H$_2$O)$_3$]·H$_2$O 纳米片、[Mn(1, 4-BDC)(H$_2$O)$_2$] 纳米棒。此外，反应温度对产物的形貌和尺寸也有影响。Lin 课题组使用相同的微乳液制备聚合物 [Mn$_3$(BTC)$_2$(H$_2$O)$_6$]。当反应温度为室温时，得到的产物是长 1～2μm、宽 50～100nm 的纳米棒，而当反应温度为 120℃时，产物的形貌转变为块状颗粒，其尺寸为 50～300nm（图 8-20）。

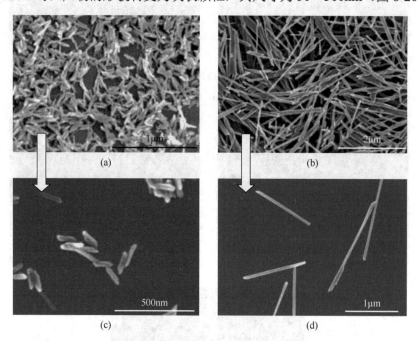

图 8-19　不同 w 值条件下制备得到的配位聚合物[Gd(1, 4-BDC)$_{1.5}$(H$_2$O)$_2$]的 SEM 图
（a）、（b）$w = 5$；（c）、（d）$w = 10$

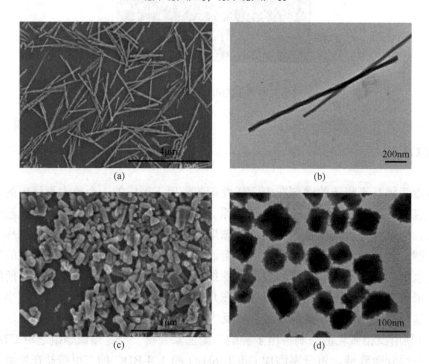

图 8-20　不同温度条件下制备得到的[Mn$_3$(BTC)$_2$(H$_2$O)$_6$]
（a）、（b）室温；（c）、（d）120℃

8.1.6　其他合成方法

　　除了上述常见的配位聚合物纳/微米材料合成方法外，研究人员还尝试了其他合成手段来可控制备配位聚合物纳/微米材料。例如，Emmerling 课题组利用液体辅助研磨法制备出同时具有微孔和介孔的 HKUST-1 和 MOF-14 纳米颗粒[26, 27]。Wee 等将溶解了 $Cu(NO_3)_2·3H_2O$ 和 H_3BTC 的无水乙醇放在液氮中冷冻，然后采用冻干法处理移除溶剂，制备了 HKUST-1 晶体，尺寸范围在 $100nm\sim5\mu m$[28]。Xiao 等用低温化学气相沉积法合成有机纳米线，利用 Cu 薄片在四氰基对醌二甲烷（TCNQ）蒸气中反应得到 Cu-TCNQ 纳米线[29]。此外，Oh 等利用聚苯乙烯球作为模板制备了空心的 ZIF-8[30]，Qiu 等还利用表面活性剂 CTAB 胶束作为软模板，制备了介孔的 HKUST-1[31]。随着合成手段的日益进步以及对配位聚合物生长机理研究的不断深入，合成配位聚合物纳/微米材料的方法将会越来越多、越来越简便，从而终将实现对配位聚合物纳/微米材料的可控合成。

8.2　配位聚合物纳/微米材料的应用

　　配位聚合物是一类新的功能材料，由于其具有丰富的组成和结构、较大的比表面积和孔体积、可调节的框架结构以及易于修饰的孔道表面，配位聚合物在诸多领域有着广泛的应用前景。而配位聚合物纳/微米材料不仅继承了配位聚合物的各种特性，同时由于其独特的微观形貌和尺寸，相比于传统的体相材料，配位聚合物纳/微米材料往往表现出更优异的性能，在气体吸附与分离、传感、催化、生物应用等领域有着良好的发展潜力。下面将简要介绍配位聚合物纳/微米材料的常见应用。

8.2.1　气体吸附与分离

　　能源问题是当今世界面临的几大难题之一，关系到社会稳定和国家的可持续发展。开发利用氢能和甲烷等新型能源虽然是一种解决能源问题的有效途径，但其存储和运输却面临诸多挑战，因此，研发具有较高比表面积和较强气体吸附能力的多孔材料越来越受到人们的关注。多孔配位聚合物作为一种新型的多孔材料，它结合了有机配体和金属离子的特点，与传统的多孔材料相比具有独特的优势，如高比表面积、孔道的可设计性和可调节性。而最近的研究发现多孔配位聚合物纳/微米材料相比于其体相材料具有更大的比表面积和更好的气体吸附能力，是一种潜在的能源存储材料。

　　Kitagawa 课题组使用溶剂热法制备出体相块状的多孔配位聚合物$[\{Cu_2(ndc)_2(dabco)\}_n]$晶体（$H_2ndc = 1, 4$-二萘酸，$dabco = 1, 4$-二氮杂双环[2.2.2]辛烷），随后通过在反应体系中添加乙酸，制备得到$[\{Cu_2(ndc)_2(dabco)\}_n]$纳米棒[32]。同时测试研究二者的比表面积和气体吸附能力，发现与体相晶体相比，$[\{Cu_2(ndc)_2(dabco)\}_n]$纳米棒在 77K 的氮气吸附能力和 195K 的二氧化碳吸附能力显著增加，同时$[\{Cu_2(ndc)_2(dabco)\}_n]$纳米棒也具有更大的比表面积（图 8-21），这表明配位聚合物纳/微米材料比其体相材料具有更好的气体吸附能力。Bai 课题组通过降低反应物浓度在溶剂热条件下制备出 MOF-5 纳米立方体，虽然其比表面积与体相 MOF-5 接近，但其颗粒与颗粒之间形成大量的介孔，使得 MOF-5 纳米立方体在 77K、压力低于 6.5bar 下氢气吸附量要高于体相晶体，其氢气吸附焓相比于体相 MOF-5 提高了近 20%，同时其室温下的氢气、二氧化碳和甲烷吸附能力也有明显的提升（图 8-22）[33]。此外，除了气体吸附能力，多孔配位聚合物纳/微米材料也能提高其有机蒸气的吸附能力。Kitagawa 等采用超声和反相微乳液法制备出$\{[Zn(ip)(bpy)]\}_n$（$H_2ip = $ 间苯二甲酸，$bpy = 4, 4'$-

联吡啶；CID-1）纳米棒，并在 293K 分别测试了体相晶体 bulk-CID-1 和纳米棒 nano-CID-1 晶体对甲醇的吸附能力［图 8-23（a）］[34]。对于体相晶体 bulk-CID-1 而言，甲醇吸附量在低压阶段迅速增加，在压力 $p/p_0 = 0.07$ 时基本达到饱和，其吸附量为 1 个结构单元吸附 2 个甲醇分子。而对于 nano-CID-1 纳米晶而言，其甲醇吸附曲线为 H4 型吸附曲线，其甲醇吸附量在压力为 $p/p_0 = 0.2$ 时达到 bulk-CID-1 的饱和吸附量，并随着压力的增加持续增加。nano-CID-1 纳米棒具有更高的吸附量可能是由颗粒间形成的介孔造成的。另外，通过分析 M_t/M_c 随时间的变化来研究甲醇的吸附动力学，其中 M_t 指 t 时刻晶体的甲醇吸附量，M_c 指平衡时晶体的甲醇吸附量。由图 8-23（b）可以看出 nano-CID-1 纳米棒具有更快的吸附速率。此外，多孔配位聚合物纳/微米膜可以有效实现气体的分离。例如，Qiu 课题组在铜网的表面成功制备出[Cu₃(BTC)₂]（HKUST-1）膜[35]。该膜是由大量结构规整的、尺寸为 5～10μm 的[Cu₃(BTC)₂]晶体构成的，其在铜网上的厚度约为 60μm（图 8-24）。将 H_2、CO_2、N_2 和 CH_4 的混合气体通过[Cu₃(BTC)₂]膜，发现分子较小的 H_2 具有较高的渗透率，而较大的分子 CO_2、N_2 和 CH_4 则不容易透过[Cu₃(BTC)₂]膜，从而实现了对气体的有效分离，提高了 H_2 的纯度。

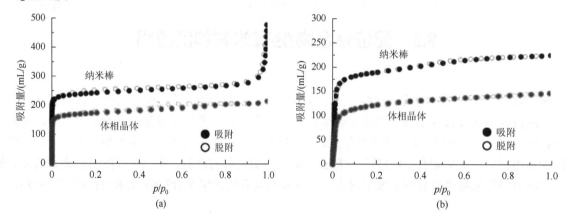

图 8-21　[{Cu₂(ndc)₂(dabco)}ₙ]体相晶体和纳米棒的气体吸附-脱附曲线

（a）77K 氮气吸附-脱附曲线；（b）195K 二氧化碳吸附-脱附曲线

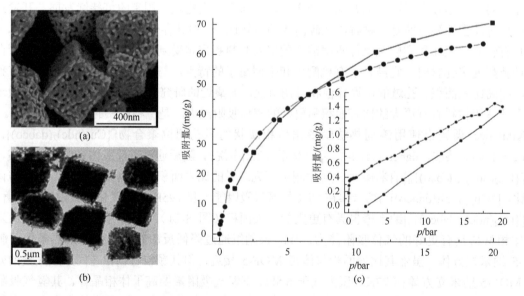

图 8-22　（a）MOF-5 纳米立方体的 SEM 图；（b）MOF-5 纳米立方体的 TEM 图；（c）77K MOF-5 纳米立方体（圆圈）和体相 MOF-5（方块）的氢气吸附曲线

插入的小图是 298K 下 MOF-5 纳米立方体（圆圈）和体相 MOF-5（方块）的氢气吸附曲线

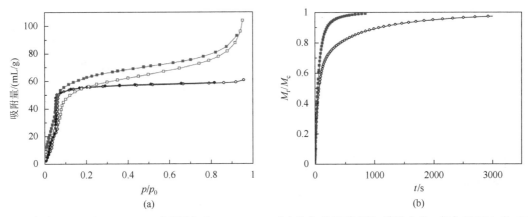

图 8-23　（a）293K 下 bulk-CID-1（圆圈）和 nano-CID-1（方块）的甲醇吸附-脱附曲线；（b）293K bulk-CID-1（圆圈）和 nano-CID-1（方块）的甲醇吸附动力学曲线

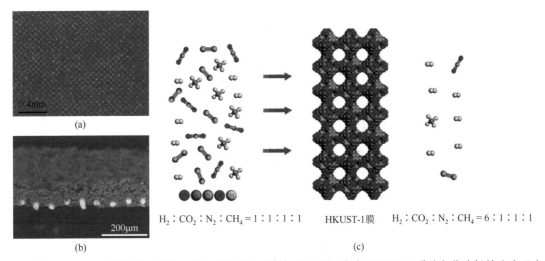

图 8-24　（a）HKUST-1 膜的光学图像；（b）HKUST-1 膜的 SEM 图；（c）HKUST-1 膜的气体选择性分离示意图

　　多孔配位聚合物纳/微米材料的形貌对其吸附能力有着重要的影响，通过调控形貌能够实现对吸附性能的调控。Oh 等利用配体 2, 6-bis[(4-carboxy-anilino)carbonyl]pyridine 和硝酸铟在溶剂热条件下制备出不同形貌的配位聚合物颗粒：延展的六边形 CPP-6、椭球状 CPP-7 和棒状 CPP-8（图 8-25）[36]。虽然三者具有相同的组成和结构，但通过氮气、二氧化碳和氢气的吸附研究发现三者表现出不同的孔性和气体吸附能力，其中棒状 CPP-8 由于其细长的结构和较多的表面缺陷，表现出最好的吸附性能（图 8-26）。Do 课题组通过配位调节法制备出 $[Cu_2(ndc)_2(dabco)]_n$ 纳米立方体、纳米片和纳米棒[37]。从图 8-27 中可以看出，纳/微米尺度的 $[Cu_2(ndc)_2(dabco)]_n$ 比体相晶体表现出更好的吸附性能，同时纳米立方体、纳米片和纳米棒裸露晶面的不同对气体吸附能力也产生了影响。

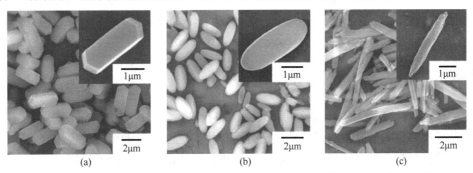

图 8-25　（a）CPP-6 的 SEM 图；（b）CPP-7 的 SEM 图；（c）CPP-8 的 SEM 图

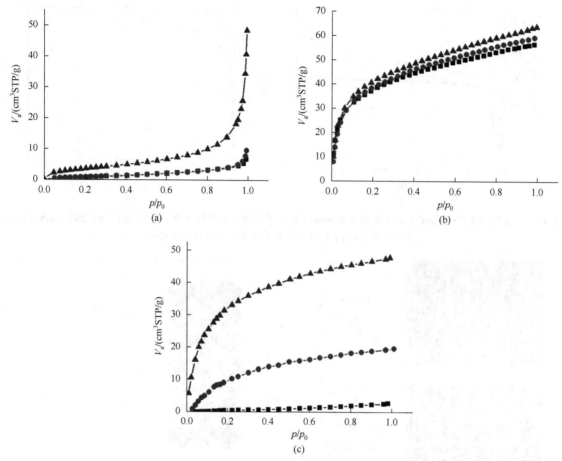

图 8-26　CPP-6（方块）、CPP-7（圆圈）和 CPP-8（三角）对不同气体的吸附曲线

（a）77K 氮气；（b）195K 二氧化碳；（c）77K 氢气

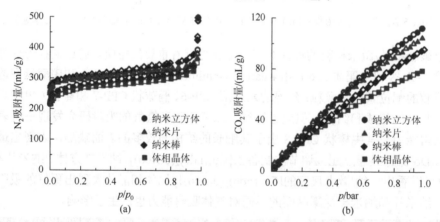

图 8-27　$[Cu_2(ndc)_2(dabco)]_n$ 纳米立方体、纳米片、纳米棒和体相晶体对不同气体的吸附曲线

（a）77K 氮气；（b）273K 二氧化碳

8.2.2　传感

多孔配位聚合物纳/微米材料拥有大的比表面积和孔道，以及在有机溶剂或水中良好的分散性，外来的客体分子能够进入其孔道与结构发生超分子作用，这就有可能造成配位聚合物物理性质的改变，使之成为传感材料。同时配位聚合物孔道的可调控性为其能够选择性识别分子、官能团创造了条件，从而成为一类新的传感材料。

Dong 课题组以在苯环上修饰了马来酰亚胺的对苯二甲酸和联苯二甲酸为配体,与 Zr(Ⅳ)反应得到了纳米级的配位聚合物 Mi-UiO-66 和 Mi-UiO-67[38]。研究发现 Mi-UiO-66 和 Mi-UiO-67 对氨基酸半胱氨酸(Cys)和谷胱甘肽(GSH)表现出高灵敏度的荧光响应,同时这两种配位聚合物纳米材料对其他多种氨基酸和多肽几乎没有荧光响应,表现出传感的选择性(图 8-28)。此外,该课题组将纳米级的配位聚合物 Mi-UiO-66 和 Mi-UiO-67 应用于 Hela 细胞的荧光共聚焦成像,成功地检测了细胞内 Cys 和 GSH 组分的存在。

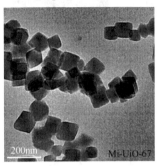

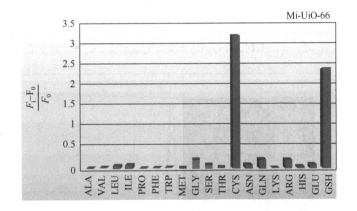

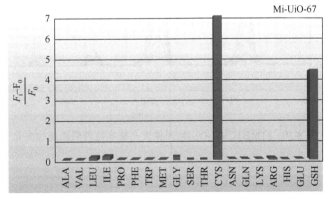

图 8-28　Mi-UiO-66 和 Mi-UiO-67 的 SEM 图像以及对不同氨基酸和多肽的荧光响应

Zhang 课题组设计合成了一系列稀土与 1, 3, 5-苯三甲酸构建的配位聚合物纳/微米材料,这些材料在识别金属离子和有机溶剂分子方面可作为传感材料使用。例如,以 $Tb(NO_3)_3 \cdot 6H_2O$ 和 H_3BTC 为原料在室温下直接反应制备得到$[Tb(BTC)(H_2O)_6]$纳米棒[39]。研究发现,在水溶液中 Cu^{2+} 的存在使$[Tb(BTC)(H_2O)_6]$纳米棒的荧光完全猝灭,而其他金属离子如 Na^+、Zn^{2+}、Fe^{2+}、Co^{2+}等对$[Tb(BTC)(H_2O)_6]$纳米棒的荧光强度影响很小,同时在水溶液中 Cu^{2+} 的浓度增加使$[Tb(BTC)(H_2O)_6]$纳米棒的荧光强度逐渐降低直至猝灭,说明$[Tb(BTC)(H_2O)_6]$纳米棒对检测 Cu^{2+} 有着较高的灵敏度和选择性(图 8-29)。

此外，[Tb(BTC)(H₂O)₆]纳米棒对丙酮分子也表现出荧光响应，其荧光强度随丙酮浓度的增加而逐渐降低直至猝灭，同时其他常见的溶剂如 DMF、乙醇和水等对[Tb(BTC)(H₂O)₆]纳米棒荧光强度影响很小，使得[Tb(BTC)(H₂O)₆]纳米棒表现出良好的选择性（图 8-30）。

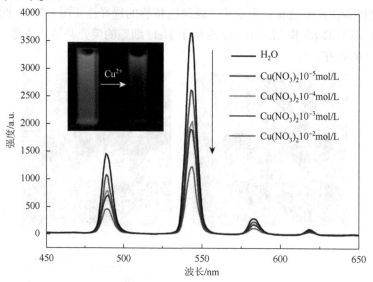

图 8-29　[Tb(BTC)(H₂O)₆]纳米棒荧光强度随 Cu^{2+} 浓度的变化

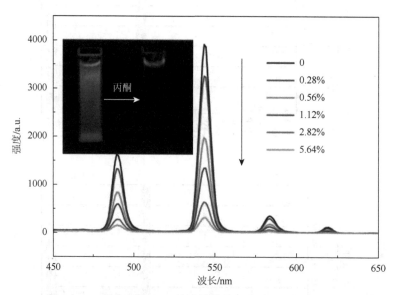

图 8-30　[Tb(BTC)(H₂O)₆]纳米棒荧光强度随丙酮浓度的变化

8.2.3　催化

　　多孔配位聚合物材料具有较大的比表面积、孔隙率和热稳定性等优点，在异相催化中是很有潜力的材料。一方面，不仅金属中心可以作为催化位点，有机配体上的某些官能团也可以作为催化中心。另一方面，当贵金属纳米颗粒沉积在它们的孔道中时，这种多孔配位聚合物负载型贵金属纳米粒子或双金属纳米粒子催化剂比常规的贵金属纳米粒子表现出更优异的催化活性。

　　Sweigart 等制备出铑基配位聚合物纳米球，发现该纳米结构增加了催化活性位点的数量，提高了苯乙烯聚合反应的催化效果。研究发现尺寸更小的纳米球更有利于顺式聚苯乙烯的生成，更有利于聚合物长度的增加[40]。Wang 课题组用溶剂热法制备出 Fe^{III}-MOF-5 纳米空心八面体，随后通过在反应体系中加入金属纳米粒子，成功制备出蛋黄-蛋壳结构的金属纳米粒子@Fe^{III}-MOF-5 复合材料，其中 Fe^{III}-MOF-5 空心八面体是壳，金属纳米粒子位于 Fe^{III}-MOF-5 空心八面体中。该课题组选用 PdCu 纳米粒子为原料，制备得到 PdCu@Fe^{III}-MOF-5 纳米材料，并研究其还原 1-氯-2-硝基苯的催化能力[13]。实验结果表明，PdCu@Fe^{III}-MOF-5 纳米材料相比于单独的 PdCu 纳米颗粒具有更好的催化活性，相同反应时间下以 PdCu@Fe^{III}-MOF-5 纳米材料为催化剂产物的产率更高，只要 4h 就实现了反应物 1-氯-2-硝基苯的完全还原。此外，PdCu@Fe^{III}-MOF-5 纳米材料具有更好的催化选择性，反应产物 100% 为 2-氯苯胺，没有副产物苯胺生成（图 8-31）。Tang 课题组制备出核-壳结构的 Pd@IRMOF-3 纳米材料，直径约 35nm 的 Pd 纳米颗粒被包裹在厚度约为 145nm 的配位聚合物 IRMOF-3 中（图 8-32）[41]。Pd@IRMOF-3 纳米材料可以作为级联反应的催化剂使用。例如，原料 4-nitrobenzaldehyde（**1A**）和丙二腈在碱性的壳 IRMOF-3 催化下通过 Knoevenagel 反应生成 2-(4-nitrobenzylidene) malononitrile（**1B**），随后中间体 **1B** 在 Pd 纳米颗粒催化下还原为 2-(4-aminobenzylidene) malononitrile（**1C**）［图 8-32（c）］。通过与其他催化剂如 Pd/IRMOF-3 复合材料、Pd 纳米颗粒、IRMOF-3 晶体对比发现，Pd@IRMOF-3 纳米材料不但能实现原料的完全转化，同时对产物 **1C** 具有最好的催化选择性，其他副产物 2-(4-nitrobenzyl) malononitrile（**1D**）和 2-(4-aminobenzyl)-malononitrile（**1E**）的产率较低（表 8-1）。

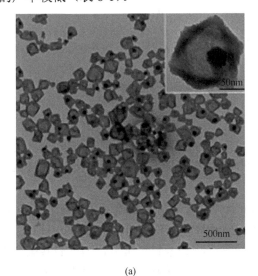

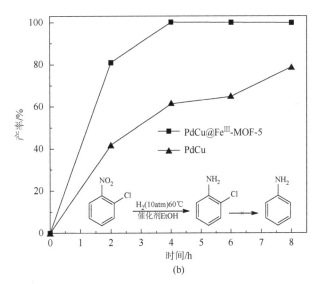

(a)　　　　　　　　　　　　　　(b)

图 8-31　（a）PdCu@Fe^{III}-MOF-5 的 TEM 图；（b）1-氯-2-硝基苯分别用 PdCu@Fe^{III}-MOF-5 纳米材料和 PdCu 纳米材料为催化剂随时间的还原产率

表 8-1　不同催化剂下级联反应的催化效果

催化剂	1A 转化率/%	1B 产率/%	1B 转化率/%	1C 产率/%	1D 产率/%	1E 产率/%
Pd@IRMOF-3 纳米材料	100	100	100	86	8	6
Pd/IRMOF-3 复合材料	100	100	100	71	24	5
IRMOF-3 晶体	100	100	0	0	0	0
Pd 纳米颗粒	26	26	—	—	—	—
空白	26	26	—	—	—	—

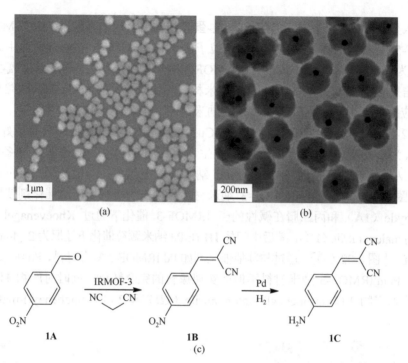

图 8-32 （a）核-壳结构的 Pd@IRMOF-3 纳米材料 SEM 图；（b）核-壳结构的 Pd@IRMOF-3 纳米材料的 TEM 图；
（c）级联反应过程示意图

8.2.4 生物应用

配位聚合物纳/微米材料具有统一的形貌和尺寸、较大的比表面积和孔体积，在水溶液或其他有机溶剂中具有良好的分散性，在生物应用领域也有着更好的生物相容性和适用性。因此，配位聚合物纳/微米材料被广泛应用于生物医学领域。

Lin 课题组通过选用高的顺磁性金属[Gd(III)和 Mn(II)]作为金属中心构筑多孔配位聚合物网络结构，制备出一系列不同形貌的[Mn(BDC)(H$_2$O)$_2$]、[Mn$_3$(BTC)$_2$(H$_2$O)$_6$]、[Gd$_2$(bhc)(H$_2$O)$_6$]和[Gd$_2$(BDC)$_3$(H$_2$O)]等纳米尺寸的配位聚合物，发现这些配位聚合物纳米材料可以作为核磁共振造影剂用于核磁共振成像[24, 25]。该课题组还将具有磷光性能的 Ru(bpy)$_3^{3+}$作为桥连配体与 Zr^{4+}或 Zn^{2+}构筑出纳米尺度的配位聚合物，并通过在其表面修饰二氧化硅和聚乙二醇用于生物光学成像[42]。

此外，纳/微米尺度的配位聚合物还可应用于药物缓释领域。Horcajada 及其合作者制备出一系列纳/微米尺度的 Fe(III)基多孔配位聚合物，并用于负载药物[12]。其中 MIL-88A 纳米棒能够装载的抗癌药物白消安的量是其他报道过的载体的 5 倍，且配位聚合物内装载的白消安的活性依旧保持较高的水平。同时 MIL-88A 纳米棒也能作为抗艾滋病药物 triphos-phorylated azidothymidine 的载体，并保持出色的抗艾滋病活性。Maspoch 课题组利用 Zn^{2+}与 1, 4-bis(imidazol-1-ylmethyl)benzene 构筑出纳/微米尺度的配位聚合物，并用其装载抗癌药物，显示出良好的药物缓释功效[43]。

8.2.5 材料模板

配位聚合物纳/微米材料可以作为前驱体制备其他类型的无机纳米材料，包括金属纳米材料、金属氧化物纳米材料、碳材料等。由于配位聚合物纳/微米材料具有十分丰富的组成，设计合成特定组成、形貌和尺寸的配位聚合物纳/微米材料是可以实现的。再通过选择合适的反应条件，就有可能制备出我们所期待的具有特定形貌和尺寸的目标纳米材料。

Oh 课题组以 Fe(NO₃)₃ 和 1,4-H₂BDC 为原料在溶剂热条件下制备出配位聚合物 Fe-MIL-88B（CPP-15）[44]，产物 Fe-MIL-88B 为长约 900nm、宽约 100nm 的纳米棒。将 Fe-MIL-88B 纳米棒在空气气氛中 380℃下煅烧，得到的产物为 α-Fe₂O₃ 纳米棒，其形貌与前驱体基本一致，尺寸略有缩小。随后该课题组通过改变煅烧流程，制备出了与 α-Fe₂O₃ 纳米棒形貌和尺寸一致但结构不同的另一产物 Fe₃O₄ 纳米棒。Fe₃O₄ 纳米棒的制备流程如下：先将前驱体在空气气氛中 300℃下煅烧以除去配位聚合物中的有机成分，随后在氮气气氛中 700℃下煅烧得到 Fe₃O₄ 纳米棒（图 8-33）。由此可见以同一配位聚合物纳/微米材料为前驱体，通过改变反应条件可以制备出形貌和尺寸一致但组成不同的纳米材料。以配位聚合物纳/微米材料为前驱体，通过合适的反应还可以制备空心纳米材料。例如，Sun 课题组以 In(NO₃)₃·6H₂O 和 1,4-H₂BDC 为原料在溶剂热条件下制备出配位聚合物 MIL-68（In）[45]，通过调节反应物的浓度可以分别得到 MIL-68（In）六棱棒、六棱块和六棱片（图 8-34）。随后将这三种 MIL-68（In）前驱体在空气气氛中 500℃煅烧 1h 后，所合成的 MIL-68（In）配合物完全转变为纯的立方相 In₂O₃。SEM 表征显示 In₂O₃ 产物均保留了原先各自 MIL-68（In）配合物的形貌，但同时发现产物的表面存在大量的裂缝和空隙，三种 In₂O₃ 产物均呈现出空心结构（图 8-35）。

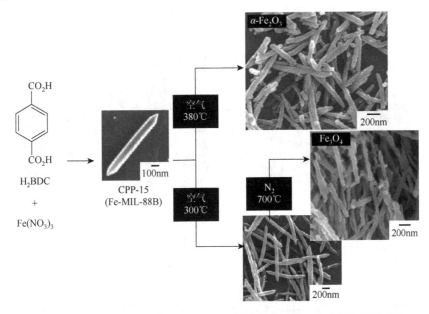

图 8-33　从 CPP-15 纳米棒制备 α-Fe₂O₃ 纳米棒和 Fe₃O₄ 纳米棒路径示意图

此外，以多孔配位聚合物纳/微米材料作为前驱体制备多孔碳也是目前研究的一个热点。例如，Xu 课题组以多孔配位聚合物 MOF-5 为前驱体，在氩气气氛中 1000℃煅烧 8h 后直接得到纳米多孔碳材料[46]。值得注意的是，MOF-5 中的 Zn(Ⅱ)在高温下被碳还原为金属单质，其沸点（908℃）低于煅烧温度，因此得到的产物直接就是多孔碳材料。1000℃煅烧下得到的多孔碳材料比表面积达到 2872m²/g，孔体积达到 2.06cm³/g，同时表现出良好的电化学性能。再如，Yamauchi 课题组制备出纳米棒状的 Al(Ⅲ)基配位聚合物，通过不同温度（500～800℃）的煅烧均得到多孔碳材料，并与前驱体保持近似的形貌和尺寸（图 8-36）[47]。直接煅烧后的多孔碳材料有 Al 残余，需要通过 HF 溶液洗涤完全除去杂质 Al，不然其比表面积会降低。研究发现煅烧的温度也会影响多孔碳材料的孔性，煅烧温度越高得到的多孔碳材料在 77K 下具有更高的氮气吸附量，其比表面积越大，当煅烧温度为 800℃时，多孔碳材料具有最大的比表面积 5500m²/g，其孔体积达到 4.3cm³/g（图 8-37）。

图 8-34　制备得到不同形貌 MIL-68（In）的 SEM 图

（a）、（b）六棱棒；（c）、（d）六棱块；（e）、（f）六棱片

图 8-35　制备得到的不同形貌的空心 In$_2$O$_3$ 的 SEM 图

（a）、（b）六棱棒；（c）、（d）六棱块；（e）、（f）六棱片

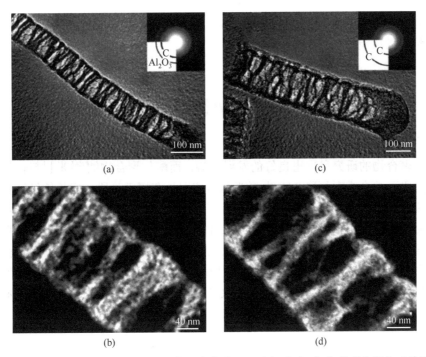

图 8-36 （a）、（b）前驱体 Al(Ⅲ)基配位聚合物的 TEM 图；（c）、（d）前驱体煅烧后并用 HF
洗涤后的碳材料的 TEM 图

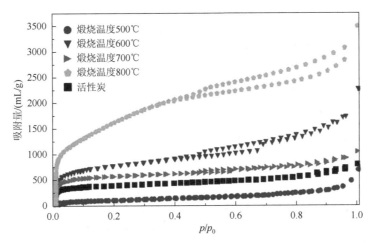

图 8-37 活性炭和不同温度下煅烧得到的多孔碳材料在 77K 下的氮气吸附-脱附曲线

8.2.6 其他应用领域

纳/微米尺度的配位聚合物的应用研究除了以上介绍的几个方面以外，在磁学、光学、电学等领域，都具有很好的发展潜力和诱人的应用前景。例如，Coronado 等首次得到 10nm 尺寸的[Fe(Htrz)$_2$(trz)(BF$_4$)]（trz = triazole derivative）纳米颗粒，并发现其能够保持自旋交叉性质[48]。Zheng 课题组报道了一种新颖的层状金属有机框架结构[Co$_3$(μ$_3$-OH)$_2$(BTP)$_2$][BTP^{2-} = 4-(3-bromothienyl) phosphonate]，该配合物具有尺寸独立的磁矫顽力，随着颗粒尺寸从微米到纳米级，它的磁矫顽力增加[49]。Mallah 课题组使用 PVP 可控合成了 Eu(Ⅲ)-BDC 和 Tb(Ⅲ)-BDC 纳米配位聚合物，其中 Eu(Ⅲ)-BDC 纳米颗粒能够发出强烈的红光，并至少能够保持 20h[50]。Kitagawa 课题组发现了一种具有形状记忆功能的配位聚合物[Cu$_2$(BDC)$_2$(bpy)]$_n$ 纳米材料[51]。对于体相[Cu$_2$(BDC)$_2$(bpy)]$_n$ 晶体，当填充客体分子时其结构发生改变，移除客体分子后结构复还。但当[Cu$_2$(BDC)$_2$(bpy)]$_n$ 晶体尺寸减小到纳米尺度后，填充客体分子时其结构依旧发生改变，但移除客体后其结构不会复原，而是保持填充客体分子时的结构，表现出形状记忆功能。

8.3 配位聚合物纳/微米材料的发展前景

当前，配位聚合物的研究呈现出良好的发展趋势，而配位聚合物纳/微米材料也具备广阔的发展前景。虽然现阶段可控合成配位聚合物纳/微米材料依旧处在探索阶段，但相信经过科学家们不懈的努力和不断的摸索，配位聚合物纳/微米材料尺寸形貌的可控合成与定向生长控制终将实现。此外，配位聚合物纳微米材料的生长机理、配位聚合物纳/微米材料的纳米尺寸效应对其自身物理化学性质的影响、配位聚合物纳/微米材料不同晶面与其性能的内在关系、配位聚合物纳/微米材料与其他纳米材料组成的复合材料的合成应用等都是今后该领域的研究重点，值得我们不断去探索、研究和解决。研究配位聚合物纳/微米材料具有重要的理论意义和应用价值，对配位化学、纳米技术及其相关领域的发展都有着巨大的影响。

（刘 庆 孙为银）

参 考 文 献

[1]   朱红. 纳米材料化学及其应用. 北京：清华大学出版社，北京交通大学出版社，2009.

[2]   Guo C Y，Zhang Y H，Guo Y，et al. A general and efficient approach for tuning the crystal morphology of classical MOFs. Chem Commun，2018，54：252-255.

[3]   Qi Z P，Kang Y S，Guo F，et al. Controlled synthesis of NbO-type metal-organic framework nano/microcrystals with superior capacity and selectivity for dye adsorption from aqueous solution. Micropor Mesopor Mat，2019，273：60-66.

[4]   Qi Z P，Yang J M，Kang Y S，et al. Facile water-stability evaluation of metal-organic frameworks and the property of selective removal of dyes from aqueous solution. Dalton Trans，2016，45：8753-8759.

[5]   Yang J M，Qi Z P，Kang Y S，et al. Effect of additives on morphology and size and gas adsorption of SUMOF-3 microcrystals. Micropor Mesopor Mat，2016，222：27-32.

[6]   Yang J M，Liu Q，Kang Y S，et al. A facile approach to fabricate porous UMCM-150 nanostructures and their adsorption behavior for methylene blue from aqueous solution. CrystEngComm，2015，17：4825-4831.

[7]   Qi Z P，Yang J M，Kang Y S，et al. Morphology evolution and gas adsorption of porous metal-organic framework microcrystals. Dalton Trans，2015，44：16888-16893.

[8]   Zhang H，Liu X M，Wu Y，et al. MOF-derived nanohybrids for electrocatalysis and energy storage：current status and perspectives. Chem Commun，2018，54：5268-5288.

[9]   Pang J D，Yuan S，Du D Y，et al. Flexible zirconium MOFs as bromine-nanocontainers for bromination reactions under ambient conditions. Angew Chem Int Ed，2017，56：14622-14626.

[10] Sikdar N，Bhogra M，Waghmare U V，et al. Oriented attachment growth of anisotropic meso/nanoscale MOFs：tunable surface area and CO_2 separation. J Mater Chem A，2017，5：20959-20968.

[11] Guo H X，Zheng Z S，Zhang Y H，et al. Highly selective detection of Pb^{2+} by a nanoscale Ni-based metal-organic framework fabricated through one-pot hydrothermal reaction. Sens Actuators B：Chem，2017，248：430-436.

[12] Horcajada P，Chalati T，Serre C，et al. Porous metal-organic-framework nanoscale carriers as a potential platform for drug delivery and imaging. Nat Mater，2010，9：172-178.

[13] Zhang Z，Chen Y，Xu X，et al. Well-defined metal-organic framework hollow nanocages. Angew Chem Int Ed，2014，53：429-433.

[14] Zhong S L，Xu R，Zhang L F，et al. Terbium-based infinite coordination polymer hollow microspheres：preparation and white-light emission. J Mater Chem，2011，21：16574-16580.

[15] Venna S R，Jasinski J B，Carreon M A. Structural evolution of zeolitic imidazolate framework-8. J Am Chem Soc，2010，132：18030-18033.

[16]　Oh M，Mirkin C A. Chemically tailorable colloidal particles from infinite coordination polymers. Nature，2005，438：651-654.

[17]　Liu Q，Jin L N，Sun W Y. Facile fabrication and adsorption property of a nano/microporous coordination polymer with controllable size and morphology. Chem Commun，2012，48：8814-8816.

[18]　Ni Z，Masel R I. Rapid production of metal-organic frameworks via microwave-assisted solvothermal synthesis. J Am Chem Soc，2006，128：12394-12395.

[19]　Chalati T，Horcajada P，Gref R，et al. Optimisation of the synthesis of MOF nanoparticles made of flexible porous iron fumarate MIL-88A. J Mater Chem，2011，21：2220-2227.

[20]　Diring S，Furukawa S，Takashima Y，et al. Controlled multiscale synthesis of porous coordination polymer in nano/micro regimes. Chem Mater，2010，22：4531-4538.

[21]　Umemura A，Diring S，Furukawa S，et al. Morphology design of porous coordination polymer crystals by coordination modulation. J Am Chem Soc，2011，133：15506-15513.

[22]　Qiu L G，Li Z Q，Wu Y，et al. Facile synthesis of nanocrystals of a microporous metal-organic framework by an ultrasonic method and selective sensing of organoamines. Chem Commun，2008：3642-3644.

[23]　Jin L N，Liu Q，Lu Y，et al. Ultrasonic-assisted solution-phase synthesis of gadolinium benzene-1, 4-dicarboxylate hierarchical architectures and its solid-state thermal transformation. CrystEngComm，2012，14：3515-3520.

[24]　Rieter W J，Taylor K M L，An H，et al. Nanoscale metal-organic frameworks as potential multimodal contrast enhancing agents. J Am Chem Soc，2006，128：9024-9025.

[25]　Taylor K M L，Rieter W J，Lin W. Manganese-based nanoscale metal-organic frameworks for magnetic resonance imaging. J Am Chem Soc，2008，130：14358-14359.

[26]　Klimakow M，Klobes P，Thünemann A F，et al. Mechanochemical synthesis of metal-organic frameworks：a fast and facile approach toward quantitative yields and high specific surface areas. Chem Mater，2010，22：5216-5221.

[27]　Klimakow M，Klobes P，Rademann K，et al. Characterization of mechanochemically synthesized MOFs. Micropor Mesopor Mat，2012，154：113-118.

[28]　Wee L H，Lohe M R，Janssens N，et al. Fine tuning of the metal-organic framework $Cu_3(BTC)_2$ HKUST-1 crystal size in the 100 nm to 5 micron range. J Mater Chem，2012，22：13742-13746.

[29]　Xiao K，Ivanov I N，Puretzky A A，et al. Directed integration of tetracyanoquinodimethane-Cu organic nanowires into prefabricated device architectures. Adv Mater，2006，18：2184-2188.

[30]　Lee H J，Cho W，Oh M. Advanced fabrication of metal-organic frameworks：template-directed formation of polystyrene@ZIF-8 core-shell and hollow ZIF-8 microspheres. Chem Commun，2012，48：221-223.

[31]　Qiu L G，Xu T，Li Z Q，et al. Hierarchically micro-and mesoporous metal-organic frameworks with tunable porosity. Angew Chem Int Ed，2008，47：9487-9491.

[32]　Tsuruoka T，Furukawa S，Takashima Y，et al. Nanoporous nanorods fabricated by coordination modulation and oriented attachment growth. Angew Chem Int Ed，2009，48：4739-4743.

[33]　Xin Z，Bai J，Pan Y，et al. Synthesis and enhanced H_2 adsorption properties of a mesoporous nanocrystal of MOF-5：controlling nano-/meso-structures of MOFs to improve their H_2 heat of adsorption. Chem Eur J，2010，16：13049-13052.

[34]　Tanaka D，Henke A，Albrecht K，et al. Rapid preparation of flexible porous coordination polymer nanocrystals with accelerated guest adsorption kinetics. Nat Chem，2010，2：410-416.

[35]　Guo H，Zhu G，Hewitt I J，et al. "Twin copper source" growth of metal organic framework membrane：$Cu_3(BTC)_2$ with high permeability and selectivity for recycling H_2. J Am Chem Soc，2009，131：1646-1647.

[36]　Lee H J，Cho W，Jung S，et al. Morphology-selective formation and morphology-dependent gas-adsorption properties of coordination polymer particles. Adv Mater，2009，21：674-677.

[37]　Pham M H，Vuong G T，Fontaine F G，et al. Rational synthesis of metal-organic framework nanocubes and nanosheets using selective modulators and their morphology-dependent gas-sorption properties. Cryst Growth Des，2012，12：3091-3095.

[38]　Li Y A，Zhao C W，Zhu N X，et al. Nanoscale UiO-MOFs-based luminescent sensors for highly selective detection of cysteine and glutathione and their application in bioimaging. Chem Commun，2015，51：17672-17675.

[39]　Wang W，Feng J，Zhang H. Facile and rapid fabrication of nanostructured lanthanide coordination polymers as selective luminescent probes in aqueous solution. J Mater Chem，2012，22：6819-6823.

[40]　Park K H，Jang K，Son S U，et al. Self-supported organometallic rhodium quinonoid nanocatalysts for stereoselective polymerization of phenylacetylene. J Am Chem Soc，2006，128：8740-8741.

[41] Zhao M，Deng K，He L，et al. Core-shell palladium nanoparticle@metal-organic frameworks as multifunctional catalysts for cascade reaction. J Am Chem Soc，2014，136：1738-1741.

[42] Liu D，Huxford R C，Lin W. Phosphorescent nanoscale coordination polymers as contrast agents for optical imaging. Angew Chem Int Ed，2011，50：3696-3700.

[43] Imaz I，Rubio-Martınez M，Garcıa-Fernandez L，et al. Coordination polymer particles as potential drug delivery system. Chem Commun，2010，46：4737-4739.

[44] Cho W，Park S，Oh M. Coordination polymer nanorods of Fe-MIL-88B and their utilization for selective preparation of hematite and magnetite nanorods. Chem Commun，2011，47：4138-4140.

[45] Jin L，Liu Q，Sun W. Size-controlled indium(III)-benzenedicarboxylate hexagonal rods and their transformation to In_2O_3 hollow structures. CrystEngComm，2013，15：4779-4784.

[46] Liu B，Shioyama H，Akita T，et al. Metal-organic framework as a template for porous carbon synthesis. J Am Chem Soc，2008，130：5390-5391.

[47] Hu M，Reboul J，Furukawa S，et al. Direct carbonization of Al-based porous coordination polymer for synthesis of nanoporous carbon. J Am Chem Soc，2012，134：2864-2867.

[48] Coronado E，Galán-Mascarós J R，Monrabal-Capilla M，et al. Bistable spin-crossover nanoparticles showing magnetic thermal hysteresis near room temperature. Adv Mater，2007，19：1359-1361.

[49] Guo L，Bao S，Liu B，et al. Enhanced magnetic hardness in a nanoscale metal-organic hybrid ferrimagnet. Chem Eur J，2012，18：9534-9542.

[50] Kerbellec N，Catala L，Daiguebonne C，et al. Luminescent coordination nanoparticles. New J Chem，2008，32：584-587.

[51] Sakata Y，Furukawa S，Kondo M，et al. Shape-memory nanopores induced in coordination frameworks by crystal downsizing. Science，2013，339：193-196.

第9章
联吡啶鎓配位聚合物的合成及应用

9.1 引 言

自从 Lehn 研究并提出超分子化学（supramolecular chemistry）的概念，尤其是 Robson 提出配位聚合物（coordination polymer）的概念以来，配位聚合物的研究和开发得到了迅速发展[1-3]。它不仅是无机化学与有机化学的完美结合，同时与晶体工程、超分子化学、材料科学及固态化学等诸多领域交叉渗透，已逐渐发展成为当前无机化学中最为活跃的研究领域之一。配位聚合物是将含羧酸或氮杂环的有机小分子作为桥连配体，与金属离子（或金属离子簇）进行配位组装而成，其在结构和性质方面均呈现出多样化的特点。经过 20 多年的研究，科学家们已经合成出大量结构新颖、功能多样的配位聚合物。目前配位聚合物的研究已从最初的单一合成、结构表征发展到性质研究与功能开发，并努力向应用方面拓展。配位聚合物具有广泛的应用价值，如气体分子与有机小分子蒸气的吸附/分离[4,5]、多相催化[6-8]、多相分离[9]、手性识别与分离[10]、分子磁学性质[11]、发光与非线性光学性质[12]，以及作为模板与前驱体合成纳米材料[13]等。

9.2 联吡啶鎓盐的性质

联吡啶鎓盐及其衍生物（bipyridinium derivative）泛指末端 N 原子被取代的双吡啶鎓分子（图 9-1）。双取代的 4,4'-联吡啶鎓盐通常被称为紫精，是这一家族的典型化合物。一般来说，这类分子具有优良的氧化还原活性，可通过化学、电化学和光化学等方法诱导其发生氧化还原反应产生单电子自由基[14]。同时由于其骨架存在缺电子的位点，它们容易与富电子基团形成电荷转移复合物而展现出丰

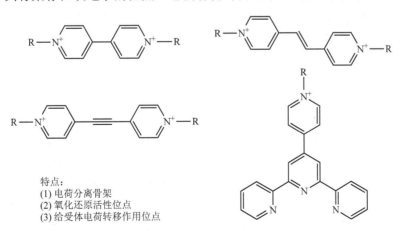

特点：
(1) 电荷分离骨架
(2) 氧化还原活性位点
(3) 给受体电荷转移作用位点

图 9-1 一些常见的联吡啶鎓衍生物的骨架以及结构特色

富的颜色变化[15]。除此之外，该类分子内部呈现电荷分离状态，在分子表面形成具有梯度的电场分布[16]。这些独特的性能使该类分子在电子中继体、电致变色和光致变色材料及电极改性材料等方面具有广泛的应用。

联吡啶鎓盐及其衍生物的设计合成是分子材料科学的研究热点之一。长期以来，化学家们一直根据联吡啶鎓盐的结构特点来进行材料的设计和改造。早期的研究侧重于通过共价键向大分子拓展，如电化学聚合制备化学修饰电极；以紫精为电子中继体设计合成多元光敏偶极分子；引入到高分子聚合物中制备光致变色材料；或用于有机轮烷及类轮烷的超分子组装等。尤其是 4, 4′-联吡啶鎓基团在分子马达方面的应用，于 2016 年被授予诺贝尔化学奖。但从配位化学的角度进行分子设计，并采用桥连的方式将其引入到功能配合物中，则是在近些年才逐渐发展起来的。将此类分子通过配位组装的方法引入到配合物中，在金属离子、辅助配体的影响下，并借助结晶学定向生长及结构调控，可使其展现出一些独特的性质，而这些性质在联吡啶鎓化合物的溶液状态或者无序的结构（无定形粉末或者薄膜状态等）中往往观察不到。结合联吡啶鎓分子固有的性质，可以得到具有独特光电化学活性的配位聚合物材料。同时，利用功能化的金属离子或金属离子簇与联吡啶鎓分子的协同作用，有望开发出具有复合功能的晶体材料。近几年来，一些有趣的研究发现也使得对该类材料合成与应用的探索方兴未艾。

9.3　联吡啶鎓盐在配位化学组装中的优势

对于配位聚合物来说，配体的设计合成至关重要。有机配体的多样性也是发展该类材料的一个重要优势。配体的精确设计合成是构筑具有特定功能配位聚合物的关键。在过去的 20 年，化学家们合成了大量含有各类配位基团（如羧酸基团、吡啶基团、氨基基团、磺酸基团及磷酸基团等）的配体与金属离子组装构筑的配位聚合物材料。其中，多吡啶及多羧酸基团由于其优良的配位能力、可调节的长度和几何构型而被研究人员广泛地应用于配位组装过程中。由于联吡啶分子易于修饰的特点，在过去的几年里，将含有氮氧配位基团的取代基嫁接到联吡啶骨架中继而得到功能化的联吡啶鎓配体也陆续被报道，并尝试与金属离子进行配位组装。需要指出的是，联吡啶鎓的取代基对整个配体的配位行为有很大的影响，特别是在生成鎓后整个分子骨架的电荷分布发生了显著的改变，电子离域现象在这类骨架中非常明显，这一点与普通的含有羧基或者吡啶氮基团的有机配体相比有很大的区别。由于有机分子骨架的电子离域现象在很大程度上会影响其配位组装过程及最后的结构，体系的电荷平衡是合成这类配位聚合物时应优先考虑的问题。尽管如此，我们发现这类配体在配位组装过程中仍具有独特的优势。

9.3.1　联吡啶鎓配体的多样性

联吡啶鎓化合物作为一类带有阳离子电荷的有机小分子，因骨架结构简单且易于修饰的特点而受到了化学家们的青睐。通过亲核取代反应可以将含有不同配位位点的基团嫁接到联吡啶鎓核上，从而合成出具有不同配位位点的联吡啶鎓类配体。这些配位位点可以是羧酸基团、吡啶氮基团或是二者的混合异功能配位基团。一些非常见的基团，如磷酸基团、磺酸基团等也被人们合成并用于探索其与金属离子的配位组装。从这点来说，这类配体的种类是丰富多样的。除了骨架上可嫁接各种基团之外，联吡啶分子自身的骨架也是多样可调的。除了常见的 4, 4′-联吡啶核之外，以 4, 4′-乙烯基吡啶、4, 4′-乙炔基吡啶、四联吡啶等为骨架的相关分子近几年来也逐渐被人们开发并用于鎓配体的合成。图 9-2 列出了一些常见的配位基团修饰的联吡啶鎓配体。对于 4, 4′-联吡啶类分子来说，它是一类中性的配体。当分子的两端分别被官能团取代生成吡啶鎓之后，体系的电荷分布发生了明显的变化。这些变化会影响其配位基团的配位能力，使其对金属离子展示出不一样的亲和能力。例如，2015 年，Kitagawa 等在联吡啶氮的骨架上嫁接了羟基氧原子，并证明了体系的电子结构也因此发生了明显的改变[17]。研究发现该分子的负电荷主要集中分布在氧原子上，bpdo 配体（4, 4′-bipyridine-$N, N′$-dioxide）中氧原子的 NBO（自然键轨道）电荷为 $-0.543e$，小于联苯二甲酸中氧原子的（$-0.805e$），但却大于 4, 4′-联吡啶配体中氮原子的负电荷（$-0.446e$）[图 9-3（a）]。这种电荷分布的差异会对配体的配位能力产生重要影响。我们知道硬酸与硬碱之间的键合主要是靠正负离子间的相互作用。bpdo 配体中的氧负离子比吡啶氮原子更易与一些硬酸性金属离子进行配位组装。基于此，Kitagawa 等以 bpdo 配体为主配体，以对苯二酸（1, 4-bdc）为辅助配体与主族金属离子 Mg^{2+}、Ca^{2+} 进行配位组装得到了两例具有开放骨架结构的配合物 $[Mg_2(1, 4-bdc)_2(bpdo)]\cdot 2DMF(Mg-MBPF)$ 和 $[Ca(1, 4-bdc)(bpdo)]\cdot 0.5DMF(Ca-MBPF)$。这两例化合物的孔径分别为 4.5Å×4.1Å [图 9-3（b）] 和 3.4Å×3.2Å [图 9-3（c）]。

9.3.2 联吡啶鎓配体的可设计性

联吡啶鎓分子除了种类丰富多样外，其构型本身还具有很强的可设计性。一般来说，联吡啶鎓分

bpyp

bpypr

bpyph

bpyen

bpby

m-bbpe

m-bcbpe

dbcbpe

bpebc

bdcbpe

bcpyterpy

L

图 9-2　常见的联吡啶鎓配体

子本体呈现刚性的共轭结构，因此，嫁接在其上的取代基团对整个配体的刚性或者柔性起决定作用。例如，联吡啶核一端或者两端被柔性的基团取代后，配体可呈现出可调控的半刚性结构。如果联吡

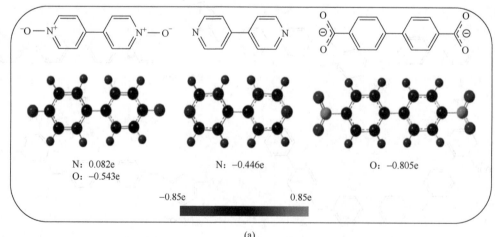

N: 0.082e
O: −0.543e

N: −0.446e

O: −0.805e

−0.85e　　　　　　　0.85e

(a)

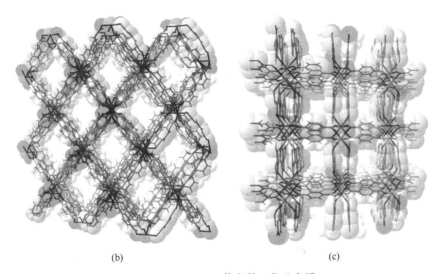

图 9-3　Kitagawa 等所做工作示意图

（a）bpdo、4, 4'-联吡啶和 4, 4'-联苯二羧酸配体中氮原子和氧原子的 NBO 电荷值；（b）化合物 Mg-MBPF 的孔道结构图；
（c）化合物 Ca-MBPF 的孔道结构图[17]

啶核的一端是刚性基团而另一端是柔性基团，那么该分子呈现出增强的刚性。如果联吡啶核的两端完全被刚性取代基取代，那么该分子呈现全共轭的刚性结构。配体的刚、柔性对配合物骨架连接与排列具有十分重要的影响。例如，2014 年，Shimizu 研究组在水热条件下利用刚性配体 ipq［(H$_2$ipq)(PF$_6$) = 1-(3, 5-dicarboxyphenyl)-4-(pyridin-4-yl) pyridinium hexafluoro phosphate］和 Cu^{2+} 进行配位组装得到了一系列三维结构的配位聚合物 CALF-32[18]。在系列配合物中，双核铜离子形成桨轮式结构，该结构作为次级构筑单元分别被 ipq$^-$ 配体中的羧酸氧原子和吡啶氮原子从赤道平面和轴向连接形成三维网状结构。在该系列的化合物中存在一维的开放孔道 ［图 9-4（a）］，而一些游离的平衡阴离子作为客体分子填充在该一维孔道中 ［图 9-4（b）］。

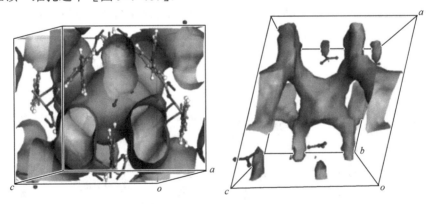

图 9-4　化合物 CALF-32 的示意图

（a）化合物 CALF-32 中的一维孔道结构；（b）化合物 CALF-32 中的客体分子可及表面[18]

相比于全刚性的配体，半刚性的配体往往在结构多样性以及晶体的生长方面有着独特的优势。在吡啶鎓核与取代基之间引入亚甲基，利用其自身可以旋转的特点，一方面能够增强配体构象的多样性，另一方面则可使配体适应配位连接与堆积的结构要求。例如，2011 年，张杰研究组设计合成了一种柔性的紫精衍生物(H$_2$Bcbpb)Br$_2$［1, 1'-bis(2-carboxybiphenyl)-4, 4'-bipyridinium dibromide］，在不同的 pH 下构筑了两例超分子组装体：H$_2$Bcbpb·2ClO$_4$·H$_2$O（S1）和 HBcbpb·ClO$_4$·3H$_2$O（T2）[19]。X 射线单晶衍射分析结果显示，控制配体 Bcbpb 中两个羧酸基团的质子化程度，可使羧酸基团之间形成不同类型的氢键作用，并诱导双侧取代基的空间取向发生改变。在 S1 中，联吡啶鎓盐的羧基基团完全质子化并采取 *trans* 构型，邻近的羧酸基团通过双重 O—H…O 氢键作用连接 H_2Bcbpb^{2+} 阳离子，构成单股螺旋结构 [图9-5（a）]。而在 **T2** 中，每个单质子化的 $HBcbpb^+$ 阳离子发生结构扭转，形成 *gauche* 构型，通过较强的单一氢键连接形成单链螺旋后，与其他两条相同的单链互相缠结，进一步形成三股螺旋结构 [图9-5（b）]。

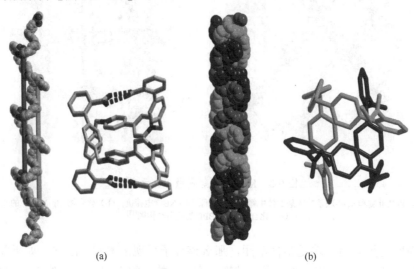

（a）　　　　　　　　　　　　　　　　（b）

图 9-5　配合物 **S1** 和 **T2** 的示意图

（a）配合物 **S1** 中的单股螺旋结构；（b）配合物 **T2** 中的三股螺旋结构[19]

在 ipq 配体中引入亚甲基后可以得到 bpy-ipt 配体。相比于 ipq，bpy-ipt 配体具有更加丰富的分子构象。2013年，Kitagawa 研究组利用 bpy-ipt 配体和 Cu^{2+} 进行配位组装合成了一例具有三维框架的配位聚合物 $\{[Cu_2(bpy\text{-}ipt)_2(bpy)_{0.5}(H_2O)_3]\cdot(2NO_3)\cdot guest\}_n$[20]。在该配位聚合物中 Cu^{2+} 分别与 bpy-ipt 和 4,4′-bpy 相连形成二维层状结构 [图9-6（a）]，层和层间通过 π-π 作用形成三维框架。在 *a* 轴方向上，该配位聚合物存在一个较大的纳米级孔道，尺寸为 11.5Å×11.5Å [图9-6（b）]。通过 PLATON 软件计算可知，该配位聚合物的孔隙率为 62%。

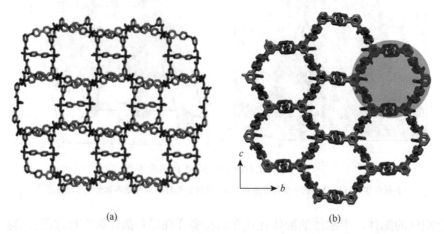

（a）　　　　　　　　　　　　　　　　（b）

图 9-6　化合物 $\{[Cu_2(bpy\text{-}ipt)_2(bpy)_{0.5}(H_2O)_3]\cdot(2NO_3)\cdot guest\}_n$ 的示意图

（a）化合物 $\{[Cu_2(bpy\text{-}ipt)_2(bpy)_{0.5}(H_2O)_3]\cdot(2NO_3)\cdot guest\}_n$ 的二维层状结构；（b）化合物 $\{[Cu_2(bpy\text{-}ipt)_2(bpy)_{0.5}(H_2O)_3]\cdot(2NO_3)\cdot guest\}_n$
在 *a* 轴方向上的孔道结构图[20]

9.3.3　联吡啶鎓配体可控定向组装配位聚合物

在联吡啶鎓配合物的组装过程中，由于配体本身存在丰富的正电荷，这给配位聚合物的合成带来了更多的机会。基于以往的研究，我们发现这类带有正电荷的配体在配位聚合物的合成过程中具有一定的可控定向组装的特点：它们在富电子基团的存在下通过异电荷的相互吸引能够诱导形成某些特定的堆积结构。例如，在联吡啶鎓配位聚合物体系中，阴离子作为客体分子游离于组装体的框架中，而阴离子往往起着结构导向的作用，在体系自组装过程中可以作为模板剂引导某些特定结构的构筑。例如，2014 年，张杰研究组报道了一系列基于不同阴离子导向构筑的 BCbpe-Cd-X（X = SO_4^{2-}，NO_3^-，ClO_4^-）多孔配位聚合物[21]。不同于传统的孔道构筑方式，在这类配位聚合物中有机配体和金属交替连接、互锁形成周期排布的三维结构。如图 9-7（a）所示，阴离子的存在可以调节相互穿插的两条链的角度，使得最终孔道的大小及形状可调。这种调控方式也避免了通过烦琐的有机合成去获得具有特定构型和尺寸的配体以调控材料的孔结构。更为重要的是，这些孔材料之间可以通过离子交换的方法相互转换，它们的三维网络结构也发生相应的转化，充分说明了阴离子在该体系构筑中的结构导向作用。

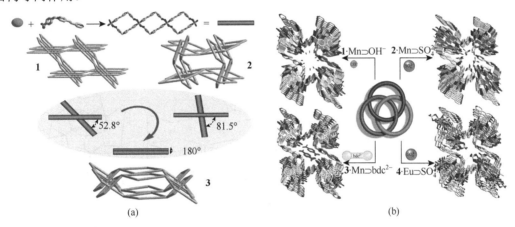

图 9-7　基于 BCbpe-Cd-X 的配合物的示意图

（a）配合物 BCbpe-Cd-X [X = SO_4^{2-}（**1**），NO_3^-（**2**），ClO_4^-（**3**）] 间结构转化所形成的孔道结构；（b）配合物 **1**·Mn⊃OH^-、**2**·Mn⊃SO_4^{2-}、**3**·Mn⊃bdc^{2-} 和 **4**·Eu⊃SO_4^{2-} 的 Borromean 构型[21, 22]

该类配体另一特点是容易形成有特定结构的构筑基元，它们可以作为次级构筑单元进一步在三维空间排列组装形成一些有趣的结构。例如，2012 年，张杰课题组利用双取代配体 H_2BpybcCl [H_2BpybcCl$_2$ = 1, 1'-bis(4-carboxybenzyl)-4, 4'-bipyridinium dichloride] 与金属离子组装，得到了四例同构的化合物 **1**·Mn⊃OH^-、**2**·Mn⊃SO_4^{2-}、**3**·Mn⊃bdc^{2-} 和 **4**·Eu⊃SO_4^{2-} [22]。这四例化合物是非规整的二维层状配位聚合物，具有蜂窝状结构。配体在二维层中呈现 *cis* 构象，使得其中的六元环在平面发生褶皱并具有船式构象。最终褶皱的蜂窝层与相邻的两个层通过 π-π 作用形成 Borromean 纠缠的具有一维开放孔道的拓扑结构 [图 9-7（b）]。这种结构中任何相邻的两层都没有互锁在一起，但是相邻的三层却不可拆分，除非破坏层内的配位键和共价键。该类 Borromean 拓扑骨架具有超强的容忍度，无论是改变金属节点种类（二价或者三价），还是客体分子的种类及体积大小的改变（从小的无机阴离子到大的有机芳香羧酸阴离子）都不会影响其母体结构。

V 形对称的配体 BCbpy [HBCbpyCl = 1-(4-carboxybenzyl)-4, 4'-bipyridinium chloride] 极易与金属离子通过配位键，或氢键与配位键的共同作用首尾连接形成环状亚单元。这种环状结构可相互连接形成一维的带状结构，若在组装过程中向体系中加入尺寸不同的辅助配体，则可以定向调控配合物的堆积结构。如图 9-8 所示，在配位组装合成过程中加入较小的辅助配体或阴离子，配合物倾向于形成一维紧密堆积的环链结构；若加入较大的辅助配体，如对苯二酸，则配合物倾向于形成包含环链的较高维度结构；如果继续增加辅助配体的长度，如将对苯二酸换成 4, 4'-联苯二羧酸，可针对性拓展一维环链间的距离，并利用环链之间较大的孔洞使两套结构发生相互穿插[23-26]。总的来说，这类环链结构具有形成各种特定框架的倾向。而这一切源于能够自由转动的亚甲基基团：基团的旋转可改变末端羧酸基团的配位模式（单齿或者双齿）来迎合各种配位构型的需求。

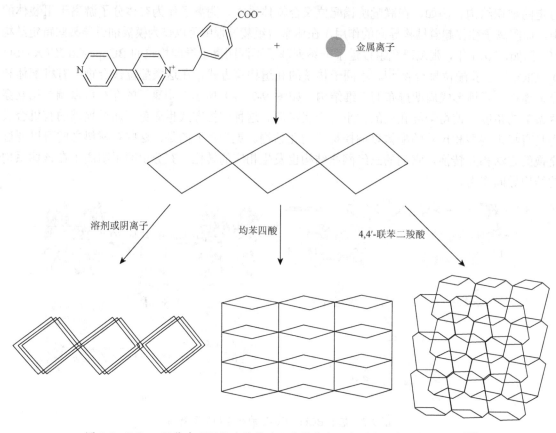

图 9-8　BCbpy 配体在不同尺寸的辅助配体的参与下所形成的各类堆积结构[23]

一些富电子的大环结构与缺电子的吡啶鎓分子由于正负电荷的相互吸引能够形成轮烷结构。基于这种稳定的超分子结构，研究人员将其引入金属有机框架中合成了一系列被称为金属有机轮烷的开放骨架结构。这类研究近几年快速兴起，已有综述论文发表[27]。将大环分子引入配位聚合物中可以产生位阻效应，并影响它们与吡啶环的相互作用，从而有效地促进化合物的结构多样性。例如，bpyen（1, 2-bis(pyridinium)ethane）、Co^{2+} 与 DB24C8（dibenzo[24]crown-8）自组装可形成一维链状结构[28]。当把大环分子换成 TPDB24C8（DB24C8 的苄氧基甲基衍生物）则形成二维层状结构（图 9-9）[29]。有趣的是，$Sm(OTf)_3$、bpyen 和 DB24C8 通过分子自组装形成了三维周期有序结构[30]。在这个结构中 Sm^{3+} 离子采用了八配位的平面反三角双锥构型，其中的六个位点被吡啶氮占据，而剩下的位点被水分子和三氟甲磺酸根阴离子占据，最终在三维空间拓展形成 α-polonium-like 网格结构。另一套相同的网格穿插其中形成具有二重穿插的网状结构。

9.3.4　联吡啶鎓阳离子模板导向合成配位聚合物

联吡啶鎓配体由于具有缺电子骨架，它们能与给电子基团通过主客体间的电荷转移相互作用（charge transfer，CT）来调控配位聚合物的堆积结构。其中一类典型的化合物是利用甲基紫精作为模板导向合成的氰化镉聚合物。S. Nishikiori 研究组在这个领域进行了探索性研究。氰化镉聚合物的分子通式为 $[Cd_x(CN)_y]_{2x-y}$，这类聚合物存在两种典型的骨架结构，一种是类分子筛型三维空旷骨架；另一种是层状黏土型结构。氰化镉聚合物的另外一个重要特征是它带有负电荷，因此氰化镉笼状物

图 9-9　含有二苯并-24-冠 8-醚（DB24C8）及其衍生物的金属有机轮烷框架材料[29]

中有阳离子和中性的有机分子，阳离子起着平衡电荷的作用。根据不同的阳离子和中性有机分子客体的组合，可形成结构各异的氰化镉笼状物。例如，2001 年，S. Nishikiori 研究组以 1, 3, 5-三甲苯和甲基紫精为客体分子，得到了具有笼状结构的氰化镉晶体[31]。如图 9-10 所示，该化合物的主体骨架是 $[Cd_3(CN)_6Cl_2]^{2-}$，每个氰基桥连两个 Cd^{2+} 形成三维骨架，每个 Cl^- 离子只与一个 Cd^{2+} 配位，主体骨架归为分子筛型，沿着 b 轴方向具有一维孔道，每个 Cl^- 离子从孔壁上突显出来并指向孔洞。一个甲基紫精和一个 1, 3, 5-三甲苯分子堆积形成电荷转移复合物。甲基紫精中相邻吡啶环间的夹角是 0°，且其分子平面几乎与 1, 3, 5-三甲苯分子平行，同时，1, 3, 5-三甲苯分子的苯环中心直接指向甲基紫精的 N 原子，这种排列方式在 CT 化合物中很典型，两分子间的距离为 3.30Å，明显小于芳环堆积的范德瓦耳斯力。除此之外，近些年来 4, 4′-联吡啶鎓作为模板诱导硫氰化镉[32]、磷酸盐[33]等配位聚合物也陆续被报道。

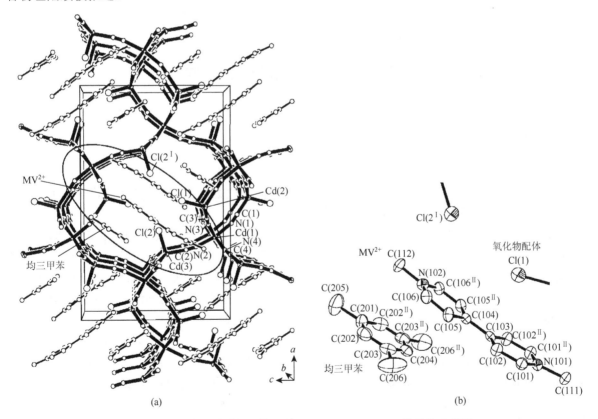

图 9-10　配位聚合物 $[MV^{2+}][Cd_3(CN)_6Cl_2]·C_6H_3(CH_3)_3$ 的结构示意图

（a）配合物 $[MV^{2+}][Cd_3(CN)_6Cl_2]·C_6H_3(CH_3)_3$ 中形成的 CT 复合物的晶体堆积结构[31]；（b）配合物 $[MV^{2+}][Cd_3(CN)_6Cl_2]·C_6H_3(CH_3)_3$ 在 b 轴方向的结构示意图

联吡啶鎓作为模板也可以用于合成具有大的开放孔道的金属有机框架材料。重要的是，纳米孔洞具有限域效应，这使得研究联吡啶鎓在特定三维开放孔洞中发生氧化还原活性成为可能。例如，2012 年，傅志勇研究组合成了一例以三核 Zn^{2+} 簇参与配位的金属有机骨架材料 $[Zn_3(m\text{-BDC})_4\text{-MV}]$ [34]。如图 9-11 所示，在该结构中，间苯二甲酸的羧基与 Zn^{2+} 相连形成 2D 的层状结构，层间被间苯二甲酸的羧基进一步连接形成 3D 网状结构。该化合物中存在一个较大的孔道，其大小约是 9.5Å×10.1Å，而甲基紫精阳离子作为客体分子游离在孔道内部。结构分析表明，甲基紫精的吡啶环与间苯二甲酸呈现较强的 π-π 堆积，层间距离为 3.530Å。与此同时，间苯二甲酸的羧基基团的氧原子与甲基紫精的吡啶环的 N 原子间的距离是 3.256Å。这些结构特征有助于客体分子与主体框架发生电子转移反应，使得化合物具有光及热致变色响应。

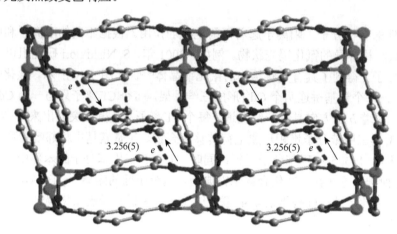

图 9-11　配位聚合物 $[Zn_3(m\text{-BDC})_4(\text{MV})]$ 的堆积结构[34]

9.4　联吡啶鎓配位聚合物的应用

9.4.1　光致变色

联吡啶鎓分子具有多重氧化还原态，在不同状态下会表现出电子吸收光谱的改变，因此这类分子随状态的改变可呈现颜色变化。将联吡啶鎓分子引入到配位聚合物中，利用其光诱导电子转移过程可制备具有光致变色性能的配位聚合物材料。

2012 年，张杰研究组利用挥发法合成了一例含镉的联吡啶鎓配位聚合物 $\{[\text{Cd}(\text{Bpybc})_2]\cdot2\text{ClO}_4\cdot7\text{H}_2\text{O}\}_n$ [35]。将该配位聚合物浸泡在含 0.2mol/L 的 Cl^-、SCN^-、N_3^- 和 I^- 的水溶液中后，可发生单晶到单晶的转化，分别转化为化合物 $\{[\text{Cd}(\text{Cl})_2(\text{Bpybc})]\cdot4.5\text{H}_2\text{O}\}_n$、$[\text{Cd}(\text{SCN})_2(\text{Bpybc})]_n$、$\{[\text{Cd}(\text{N}_3)_2(\text{Bpybc})]\cdot3\text{H}_2\text{O}\}_n$ 和 $[\text{Cd}(\text{I})_2(\text{Bpybc})]_n$［图 9-12（a）］，这些化合物随阴离子不同呈现多样的颜色并有逐渐加深的趋势（Cl^-<SCN$^-$< N_3^- <I^-）。这一颜色变化源于具有较强给电子能力的阴离子的引入，使得它们与吡啶鎓单元之间发生了不同程度的电荷转移作用，从而展示出不同的颜色。有趣的是，四个化合物在氙灯照射下展示了不同的光致变色性能。如图 9-12（b）所示，$\{[\text{Cd}(\text{Cl})_2(\text{Bpybc})]\cdot4.5\text{H}_2\text{O}\}_n$、$[\text{Cd}(\text{SCN})_2(\text{Bpybc})]_n$ 和 $\{[\text{Cd}(\text{N}_3)_2(\text{Bpybc})]\cdot3\text{H}_2\text{O}\}_n$ 分别展示了深蓝色、黄绿色和深绿色，而 $[\text{Cd}(\text{I})_2(\text{Bpybc})]_n$ 的颜色却并未发生变化。这种颜色变化丰富多样的光致变色行为源于不同程度的电荷转移吸收与光生紫精自由基吸收的复合作用。通过单晶结构分析可以看出在这四例化合物中随阴离子变换，相邻吡啶环的二面角并不相同，分别为 15.85°、15.03°、12.21°和 6.25°。相邻吡啶环间的夹角越小，给受体电荷转移作用越强，这使得基态化合物的颜色逐渐加深并红移。由于电荷转移作用会导致吡啶环的基态电子密

度增大，不利于光诱导下电子转移反应的发生，光诱导电子转移效率将降低。在碘离子存在下，电荷转移作用最强，导致配位聚合物是光惰性的。这一工作对于探究结构如何影响配位聚合物的光致变色性能具有很好的指导作用。

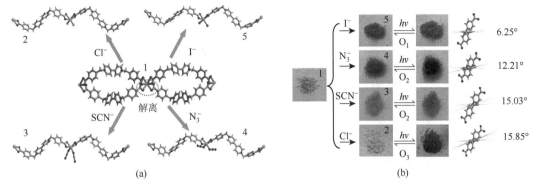

图 9-12　配位聚合物 {[Cd(Bpybc)$_2$]·2ClO$_4$·7H$_2$O}$_n$ 离子交换结构转化示意图

（a）配位聚合物 {[Cd(Bpybc)$_2$]·2ClO$_4$·7H$_2$O}$_n$ 通过离子交换分别转化为 {[Cd(Cl)$_2$(Bpybc)]·4.5H$_2$O}$_n$、{[Cd(SCN)$_2$(Bpybc)]$_n$、{[Cd(N$_3$)$_2$(Bpybc)]·3H$_2$O}$_n$ 和 [Cd(I)$_2$(Bpybc)]$_n$；（b）配位聚合物 {[Cd(Cl)$_2$(Bpybc)]·4.5H$_2$O}$_n$、[Cd(SCN)$_2$(Bpybc)]$_n$、{[Cd(N$_3$)$_2$(Bpybc)]·3H$_2$O}$_n$ 和 [Cd(I)$_2$(Bpybc)]$_n$ 光照前后晶体颜色以及 Bpybc 配体中相邻吡啶环间的夹角[35]

　　2012 年，傅志勇研究组报道了一例具有较高热稳定性的联吡啶鎓配位聚合物 [Cd(CPBPY)(m-BDC)]·H$_2$O[CPBPY = N-(3-carboxyphenyl)-4, 4′-bipyridinium；m-BDC^{2-} = m-benzenedicarboxylate][36]。X 射线单晶衍射分析表明，该配合物晶体属于三斜晶系，空间群为 $P\bar{1}$。如图 9-13（a）所示，中心 Cd^{2+} 分别与 CPBPY 和 m-BDC^{2-} 相连形成一个波浪状的二维层状结构，层与层间相互交错紧密连接形成三维框架。通过变温粉末衍射可知，该化合物可以在 320℃ 保持晶形稳定［图 9-13（b）］。在氙灯照射下，该化合物由黄色逐渐变为绿色。持续的光照会在晶体表面产生较高能量的光子，这些光子可以通过光热效应对晶体造成一定的损害，所以较高的热稳定性对于提升联吡啶鎓配位聚合物光致变色性质的实用性具有重要意义。该化合物较高的热稳定性得益于其结构的紧密堆积。值得注意的是，这也是目前报道的联吡啶鎓配位聚合物中热稳定性最高的化合物。

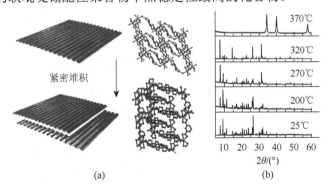

图 9-13　配位聚合物 [Cd(CPBPY)(m-BDC)]·H$_2$O 的示意图

（a）配位聚合物 [Cd(CPBPY)(m-BDC)]·H$_2$O 的紧密堆积结构示意图；（b）配位聚合物 [Cd(CPBPY)(m-BDC)]·H$_2$O 的变温 XRD 衍射图[36]

　　2016 年，张杰研究组采用 1, 1′-bis(4-carboxybenzyl)-4, 4′-bipyridinium dichloride（H$_2$BpybcCl$_2$）和 oxalic acid（H$_2$ox）作为反应前驱体，成功合成出一种具有光活性的联吡啶鎓配位聚合物 {[Cd(ox)(Bpybc)]·H$_2$O}$_n$[37]。X 射线单晶衍射分析表明，此配位聚合物属于单斜晶系，空间群为 Cc。其中，每个 ox^{2-} 采用双单齿配位模式连接两个 Cd 原子，构成一条一维 Z 字链；邻近的链与链之间通过 Bpybc^{2-} 连接形成一个三维多孔结构。如图 9-14（a）所示，该配位聚合物在紫外光、可见光及 X 射线照射下，均可显示出较高的敏感性。研究发现，当此晶体在阳光、普通荧光灯（30W）和 365nm 的紫外光照射下，均可由黄色逐渐变为深蓝色；当在波长为 0.71073Å 的钼靶 K$_\alpha$ 射线照射下，晶体由黄色逐渐变为蓝色；当在波长为 1.54056Å 的铜靶 K_α 射线照射下，晶体则由黄色逐渐变为深绿色。如图 9-14（b）和（c）所示，样品在紫外光下变色后，其紫外-可见漫反射光谱显示在 418nm、650nm 和 745nm 处各出现吸收峰，同时电子自旋共振光谱显示样品在 $g = 2.0064$ 处出现较强的顺磁信号，这些现象充分证明了晶体的变色是光照下产生自由基所致。

图 9-14　配位聚合物 $\{[Cd(ox)(Bpybc)]\cdot H_2O\}_n$ 的示意图

（a）配位聚合物 $\{[Cd(ox)(Bpybc)]\cdot H_2O\}_n$ 在不同光照条件下的光致变色现象；（b）配位聚合物 $\{[Cd(ox)(Bpybc)]\cdot H_2O\}_n$ 在紫外光照前后的紫外-可见漫反射光谱变化；（c）配位聚合物 $\{[Cd(ox)(Bpybc)]\cdot H_2O\}_n$ 在紫外光照前后的电子自旋共振光谱的变化[37]

　　通过改变反应溶剂和抗衡离子的种类，李激扬研究组于 2017 年成功合成出两例基于联吡啶鎓盐 1-(3, 5-dicarboxyphenyl)-4, 4'-bipyridinium bromide（$H_2ipbpBr$）构筑的配位聚合物 $[Cd_2(ipbp)_2(NO_3)_2]\cdot 2DMF$（**1**）和 $[Cd(ipbp)Br]\cdot 1.75H_2O$（**2**）[38]。X 射线单晶衍射分析结果表明，配位聚合物 **1** 和配位聚合物 **2** 均是二维层状结构［图 9-15（a）和（d）］，且在光照条件下，都能够发生光致变色现象。在 365nm 波长的紫外光照射 10min 后，配位聚合物 **1** 由浅黄色变成棕色；同时，在室温条件下，将此样品静置于黑暗环境中一周左右，或者在 100℃ 条件下，加热 30min 后，棕色样品褪色至浅黄，且此过程具有较高的可逆性和可重复性。如图 9-15（b）所示，相比于样品光照前的紫外-可见漫反射光谱，光照后的样品在 476nm 处出现了很强的吸收峰，同时其电子自旋共振光谱显示样品在 $g = 2.0004$ 处存在较强顺磁信号［图 9-15（c）］，这说明样品的光致变色现象是由光生自由基导致的。不同于配位聚合物 **1**，配位聚合物 **2** 在 365nm 波长的紫外光照射下，经历了一个由浅黄色变为绿色的快速变色过程。同时，配位聚合物 **2** 在可见光下照射 10min 后，会发生相同的颜色变化过程。如图 9-15（e）所示，光照后的配位聚合物 **2** 在 582nm、666nm 和 713nm 处存在吸收峰，并且在 $g = 2.0005$ 处存在较强顺磁信号［图 9-15（f）］，这表明配位聚合物 **2** 的光致变色原理同样也是光生自由基所致。

　　X 射线是由原子中的电子在能量相差悬殊的两个能级之间的跃迁而产生的粒子流，具有很强的穿透能力。目前，X 射线在工业、医疗科研以及核电厂中都具有非常大的应用价值。X 射线会对人体

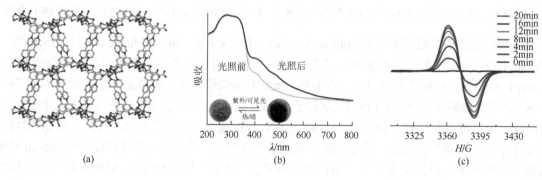

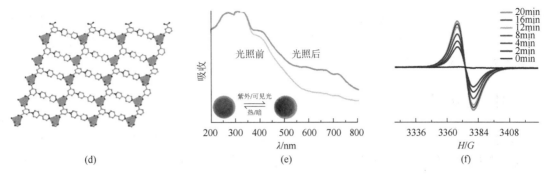

(d)　　　　　　　　　　(e)　　　　　　　　　　(f)

图 9-15　配位聚合物 **1** 和配位聚合物 **2** 的示意图

（a）配位聚合物 **1** 的二维层结构；（b）配位聚合物 **1** 在紫外光照前后的紫外-可见漫反射光谱变化；（c）配位聚合物 **1** 在紫外光照前后的电子自旋共振光谱的变化；（d）配位聚合物 **2** 的二维层结构；（e）配位聚合物 **2** 在紫外光照前后的紫外-可见漫反射光谱变化；（f）配位聚合物 **2** 在紫外光照前后的电子自旋共振光谱的变化[38]

产生较强辐射，损害健康，因此 X 射线的检测已成为一个重要的研究课题。将联吡啶鎓分子引入配位聚合物中，利用其光致变色性质，构筑对 X 射线变色响应的配位聚合物已经成为该领域的一个热点研究方向。2012 年，郭国聪研究组报道了一例在室温下对 X 射线具有变色响应性质的联吡啶鎓配位聚合物[Zn(pbpy)Br$_2$]（pbpy = 4, 4'-bipyridinium-*N*-propionate）[39]。该配位聚合物在硬 X 射线（Mo-K$_\alpha$，λ = 0.71073Å）照射下变为蓝色，而在软 X 射线（Cu-K$_\alpha$，λ = 1.54056Å）照射下变为淡蓝色，同时，该配位聚合物还具有较高的热稳定性，在水中重结晶后可以循环使用。这些独特的性质使得该配位聚合物能够用于检测 X 射线。2014 年，于吉红研究组以甲基紫精为模板构筑了一例层状磷酸盐配位聚合物，观察到了 X 射线诱导的光致变色现象[40]。2017 年张杰研究组在对具有 Borromean 缠绕构型的配位聚合物 **blm-Co** 的研究中发现[41]，**blm-Co** 对波长为 0.71073Å 的钼靶 K$_\alpha$ 射线（40W）以及波长为 1.54178Å 的铜靶 K$_\alpha$ 射线（40W）均有光响应，但对紫外光和可见光却无响应。如图 9-16（a）所示，在 X 射线照射下，**blm-Co** 由红色转变为深蓝色，且转变过程迅速，并能够维持 1min 左右。值得注意的是，此变色过程伴随着一个可逆的单晶到单晶的结构转化过程。如图 9-16（b）所示，X 射线照射导致了晶体结构上的收缩，将富电子的羧酸基团和缺电子的联吡啶鎓阳离子之间的最短距

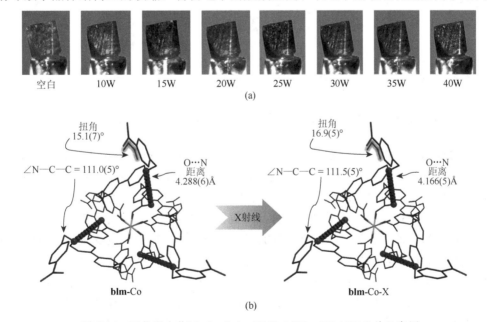

图 9-16　配位聚合物[Co(bpybc)$_{1.5}$(H$_2$O)$_3$]·NO$_3$·OH·11H$_2$O 的示意图

（a）配位聚合物[Co(bpybc)$_{1.5}$(H$_2$O)$_3$]·NO$_3$·OH·11H$_2$O 在不同功率的铜靶 K$_\alpha$ 射线照射下的变色现象；（b）配位聚合物
[Co(bpybc)$_{1.5}$(H$_2$O)$_3$]·NO$_3$·OH·11H$_2$O 在 X 射线照射前后的结构变化[41]

离从 4.288(6)Å 缩短为 4.166(5)Å。该复合物可以进一步加工成便携式薄膜，用于检测 X 射线暴露的剂量。此外，光致变色可以在 100~333K 的宽温度范围内发生，无论是单晶还是薄膜形式，使其成为室内和室外实际应用的潜在候选者。

9.4.2　客体分子吸附响应

联吡啶鎓分子的骨架通常是缺电子的，具有强的电子接受能力。利用这一特点可以来检测具有不同给电子能力的客体分子。这种检测作用一是通过给受体之间的 CT 作用来实现，二是利用给受体间的电子转移反应生成具有显色效应的自由基来实现。无论是形成 CT 复合物，还是产生自由基，都会伴随显著的颜色变化，这就使得肉眼可察的分子检测成为可能。

2009 年，张杰研究组报道了一例对芳香族客体分子具有变色响应的联吡啶鎓配位聚合物[Mn$_2$(bpybc)(ox)$_2$]·8H$_2$O（ox = oxalate）[42]。在该化合物中，每个草酸分子桥连两个 Mn^{2+}离子，在 a 轴方向上形成了一维链。相邻的两条链通过 bpybc 配体连接，并在三维方向伸展，最终形成了一个开放骨架。该配合物中存在较大孔道，沿着[110]和[-110]方向的孔道尺寸为 6.1Å×6.6Å，而沿着[100]方向的孔道尺寸为 4.2Å×7.6Å，孔隙率大约为 41.4%。将该配合物分别在含有对苯二酚、邻苯二酚、间苯二酚或苯胺的溶液中浸泡一段时间后，晶体的颜色发生明显改变（图 9-17）。更为重要的是，颜色的变化对不同的客体分子具有依赖性。通过元素分析以及热重数据可证实客体分子确实进入到孔道中。浸泡后固体的紫外-可见光谱出现 CT 复合物的特征吸收峰，这表明客体分子与主体框架间存在较强 CT 相互作用。然而，当把该化合物浸泡在具有吸电子基团的硝基苯溶液中后，其颜色并没有发生任何变化，这主要是由于吸电子基团的硝基苯并不能与其发生 CT 相互作用。需要指出的是，这个检测过程是可逆的，其操作过程也非常的简单，只需要把样品浸泡在甲醇溶液中一定时间，客体分子即可脱附。

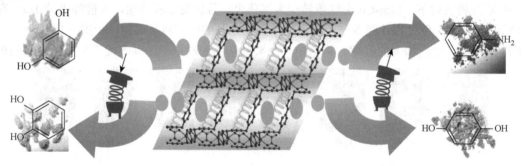

图 9-17　配位聚合物[Mn$_2$(bpybc)(ox)$_2$]·8H$_2$O 分别在含有对苯二酚、邻苯二酚、间苯二酚或苯胺的溶液中浸泡后的颜色变化[42]

高恩庆研究组报道了一例由镉原子和联吡啶鎓盐 4, 4'-bipyridinium-1, 1'-bis(phenylene-3-carboxylate)（m-bpybdc）构成的配位聚合物[Cd$_2$Cl(m-bpybdc)$_2$(H$_2$O)$_4$](NO$_3$)$_3$·7H$_2$O[43]。如图 9-18（a）所示，样品对不同类型的胺类化合物有不同的变色响应。在不同的伯胺类化合物蒸气［乙胺、正丙胺、正丁胺和尸胺（1，5-戊二胺）］熏蒸下，样品由黄色变成了黑色，但对于叔丁胺却没有明显的颜色变化；在二甲胺和二乙胺这类仲胺化合物及氮气熏蒸下，样品则由黄色变成了不同程度的绿色，但对于二丙胺和二异丙胺，样品却无明显颜色变化；然而，样品对叔胺类化合物（三乙胺和三乙二醇二胺）以及其他常见的挥发性有机物，如甲醇、乙醇、乙腈、N, N'-二甲基甲酰胺、二氯甲烷、三氯甲烷、丙酮、乙酸乙酯和硝基苯等，均无明显变色现象。为了探究选择性气致变色的机理，研究人员在不同类型的胺类化合物熏蒸下，对样品进行了紫外-可见漫反射和电子自旋共振实验［图 9-18（b）和（c）］。紫外-可见漫反射光谱显示，变色为黑色和深绿色后的样品在整个可见光区域存在吸收峰，而胺类化合物熏蒸下无变色响应的样品，其吸收光谱没有明显变化。电子自旋共振光谱显示，所有变为黑色和绿色的样品，在 $g = 2.0023$ 处出现较强的顺磁信号，这些实验现象证明了样品的选择性的气致变色现象是从胺类化合物到紫精部分的电子转移生成自由基所致。

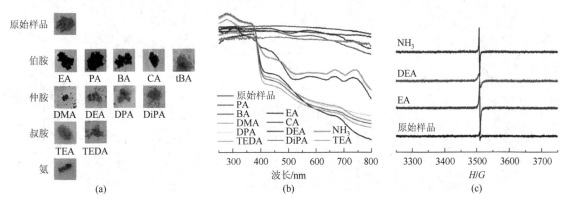

图 9-18 （a）配位聚合物 $[Cd_2Cl(\textit{m}\text{-bpybdc})_2(H_2O)_4](NO_3)_3·7H_2O$ 对不同的胺类化合物的变色响应；（b）不同的胺类化合物熏蒸下，配位聚合物 $[Cd_2Cl(\textit{m}\text{-bpybdc})_2(H_2O)_4](NO_3)_3·7H_2O$ 的紫外-可见漫反射光谱变化；（c）不同的胺类化合物熏蒸下，配位聚合物 $[Cd_2Cl(\textit{m}\text{-bpybdc})_2(H_2O)_4](NO_3)_3·7H_2O$ 的电子自旋共振光谱的变化[43]

　　2018 年，张杰研究组采用 V 字形的半刚性配体 BCbpe{HBCbpeCl = 1-(4-carboxybenzyl)-4-[2-(4-pyridyl)-vinyl]-pyridinium chloride}合成了两例配位聚合物：$[Cd(BCbpe)Cl_2]·DMF·H_2O$（简称 **1**）和 $[Cd(BCbpe) Cl_2]·5H_2O$（简称 **2**）[44]。在配位聚合物 **1** 中，邻近的一维链之间相互平行 [图 9-19（a）]，并通过存在于吡啶鎓和吡啶环之间的阳离子-π 相互作用力进一步扩展为二维层结构 [图 9-19（b）]，其中 DMF 分子占据在层的孔中。对于配位聚合物 **2** 而言，相同的一维链之间采用互锁模式，每个环单元中都有两个其他环单元穿过，从而形成一个类似于索烃的结构 [图 9-19（c）]。值得注意的是，在水和 DMF 蒸气的轮流熏蒸下，配位聚合物 **1** 和配位聚合物 **2** 会发生对不同客体分子的吸附响应现象，同时出现一个可逆的单晶到单晶转化的过程（图 9-20）。将配位聚合物 **1** 置于潮湿的环境中 260min 后，水分子将配位聚合物 **1** 中的 DMF 分子置换出来，使配位聚合物 **1** 可完全转化为配位聚合物 **2**；同时，配位聚合物 **2** 在 DMF 蒸气环境中，DMF 分子置换出配位聚合物 **2** 中的水分子，在耗时 170min 后，也可完成从配位聚合物 **2** 到配位聚合物 **1** 的全部转化过程。

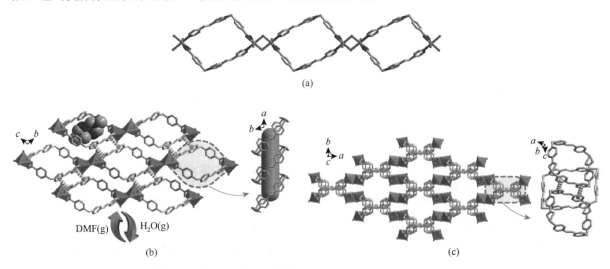

图 9-19　配位聚合物 **1** 和配位聚合物 **2** 的示意图

（a）配位聚合物 **1** 中的一维链结构；（b）配位聚合物 **1** 中的二维层结构；（c）配位聚合物 **2** 中的互锁结构[44]

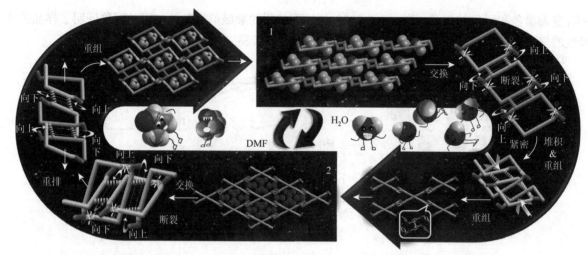

图 9-20　配位聚合物 **1** 和配位聚合物 **2** 之间可逆的单晶到单晶转化的过程[44]

　　氨气是一种常见的气体，在工业生产中具有广泛的用途。因为其具有较强的腐蚀性，所以对氨气分子进行吸附与检测就显得尤为重要[45]，但是目前一些用于氨气吸附的材料往往具有不可逆吸附以及低的检测阈等缺点[46, 47]，合成具有可逆吸附以及高检测阈的探针分子具有重要的意义。2015 年，张杰研究组利用 Zn^{2+} 与联吡啶氮鎓分子进行配位组装合成了一例对氨气分子具有变色响应性质的多孔材料[Zn$_2$(pbpy)(PMC)$_{1.5}$]·12H$_2$O{pbpy = 1, 1′-[1, 4-phenylene-bis(methylene)]bis(4, 4′-bipyridinium) dichloride；H$_4$PMC = pyromellitic acid}[48]。如图 9-21 所示，经过氨气熏蒸后，该化合物由黄色变为深蓝色，其紫外-可见漫反射光谱在 620nm 处出现尖锐的吸收峰，同时，电子自旋共振光谱表明变色后的样品在 g = 2.0029 处出现较强的顺磁信号，这说明该化合物发生变色的原因是联吡啶鎓与氨气分子发生了原位的氧化还原作用生成了单电子自由基。值得注意的是，除了颜色响应，每分子的该化合物在常压下还能吸附 5.75 个氨气分子。并且吸附与脱附是完全可逆的。

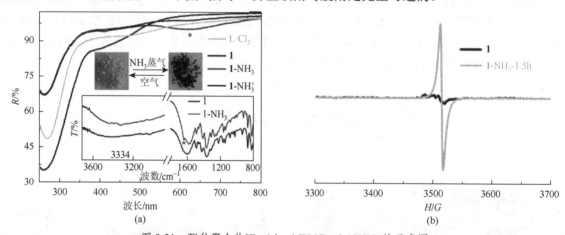

图 9-21　配位聚合物[Zn$_2$(pbpy)(PMC)$_{1.5}$]·12H$_2$O 的示意图

（a）配位聚合物[Zn$_2$(pbpy)(PMC)$_{1.5}$]·12H$_2$O 吸附氨气前后的晶体颜色、紫外-可见漫反色光谱以及红外光谱的变化；（b）配位聚合物[Zn$_2$(pbpy)(PMC)$_{1.5}$]·12H$_2$O 吸附氨气前后的电子自旋共振光谱的变化[48]

　　在上述氨气分子吸附变色响应研究的基础上，2018 年，张杰研究组又采用溶剂热合成法合成了一例含镉的柔性多孔联吡啶鎓配位聚合物[Cd$_2$(pbpy)(bdc)$_2$I$_2$]·4H$_2$O（**PB-I**）[49]，其中，H$_2$bdc = 1, 4-benzenedicarboxylic acid，pbpy·2ClO$_4^-$ = 1, 1′-[1, 4-phenylenebis-(methylene)]-bis(4, 4′-bipyridinium) perchlorate。如图 9-22（a）所示，在氨气熏蒸下，**PB-I** 能够在 5s 内作出快速的光响应，由白色转变为黄色，这使得 **PB-I** 材料可作为一种有效的氨气探针。值得注意的是，**PB-I** 在发生氨气吸附变色响应后，其紫外-可见漫反射光谱在 270nm 处以及 335～500nm 范围内出现吸收峰，而在 600nm 左右处未发现强吸收峰；同时，吸附氨气后 **PB-I** 的电子自旋共振光谱也未出现明显的变化[图 9-22（a）和（b）]，这些结果均证明了 **PB-I** 的吸附变色现象机理不同于上述配位聚合物[$Zn_2(pbpy)(PMC)_{1.5}$]·$12H_2O$[48]。对 **PB-I** 的吸附变色机理适宜的解释是，具有强配位能力的氨气分子通过竞争络合作用（competitive complexation）取代碘离子的位置，而解离后的碘离子与 pbpy$^+$ 离子形成增强的 CT 作用。

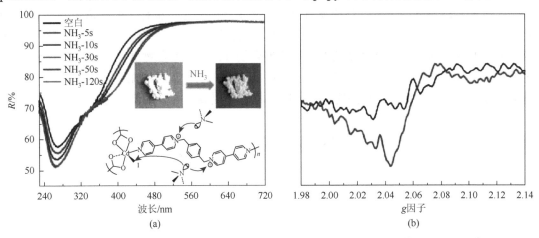

图 9-22 配位聚合物[$Cd_2(pbpy)(bdc)_2I_2$]·$4H_2O$ 的示意图

（a）配位聚合物[$Cd_2(pbpy)(bdc)_2I_2$]·$4H_2O$ 吸附氨气后的变色现象以及氨气吸附前后的紫外-可见漫反射光谱变化；（b）配位聚合物 [$Cd_2(pbpy)(bdc)_2I_2$]·$4H_2O$ 在氨气吸附前（黑色线）后（红色线）的电子自旋共振光谱的变化[49]

除了通过直接的颜色变化来检测客体分子，利用荧光变化探测客体分子是另一种有效的办法。2011 年，张杰研究组报道了两例由[$Cd_2(\mu_2\text{-}X)_2$]单元构筑的同构化合物，[$Cd(bcbpy)(bpdc)_{0.5}X$]·$7H_2O$ [H_2bpdc = 4, 4'-biphenyldicarboxylic acid；X = Cl(**1**)Br(**2**)][26]。有趣的是，这两例配位聚合物在脱水前后荧光发射波长会出现明显移动。如图 9-23（a）、（b）所示，配位聚合物 **1** 在脱掉客体水分子后其荧光从蓝绿色变为蓝色，而配位聚合物 **2** 在脱掉水分子后其荧光强度则显著降低。这种变化主要是由于[$Cd_2(\mu_2\text{-}X)_2$]单元在脱水后局部的扭曲形变进而导致最后骨架的动态变化，这种变化是可逆的。同时，化合物 **1** 还具有了对乙腈分子的选择性荧光响应：在乙腈溶液中浸泡后的配位聚合物 **1** 的荧光颜色从蓝绿色变为黄色［图 9-23（c）～（e）］。类似的，2015 年张杰研究组利用 Cd^{2+} 和联吡啶鎓盐

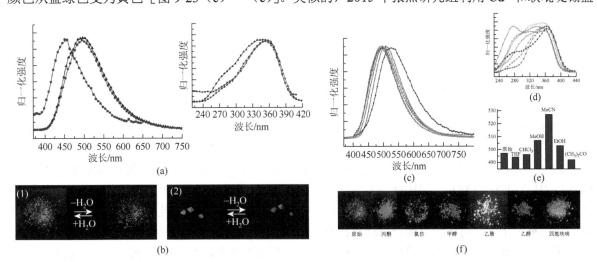

图 9-23 配位聚合物 **1** 和配位聚合物 **2** 的示意图

（a）配位聚合物 **1** 和配位聚合物 **2** 脱水前后荧光发射（左）和激发（右）谱的变化；（b）配位聚合物 **1** 和配位聚合物 **2** 脱水前后的荧光照片；（c）配位聚合物 **1** 在丙酮、氯仿、乙醚、四氢呋喃、甲醇、乙腈等有机溶剂浸泡后的发射光谱变化；（d）配位聚合物 **1** 在丙酮、氯仿、乙醚、四氢呋喃、甲醇、乙腈等有机溶剂浸泡后的激发光谱变化；（e）配位聚合物 **1** 在丙酮、氯仿、乙醇、四氢呋喃、甲醇、乙腈等有机溶剂浸泡后的荧光强度变化；（f）配位聚合物 **1** 在不同有机溶剂浸泡后的荧光照片[50]

进行配位组装得到了两例同构的配位聚合物[Cd$_2$(pbpy)(bdc)$_2$X$_2$]·nH$_2$O [X = Cl，n = 5(1)；X = Br，n = 8(2)]［H$_2$bdc = 1, 4-benzenedicarboxylic acid］[50]。配位聚合物 **1**、配位聚合物 **2** 均能发射荧光，其发射波长分别是 515nm 和 545nm，荧光的不同主要与这两例配位聚合物结构的微小差异有关。如图 9-24（a）和（b）所示，在氨气熏蒸前后配位聚合物 **1** 和配位聚合物 **2** 的荧光出现了明显变化，其发射波长分别红移到 538nm 和 570nm。这说明氨气分子进入了这两例配位聚合物的孔道中并与 pbpy^{2+} 配体中的吡啶氮正离子相互作用，从而导致了其荧光性质的改变。从拉曼光谱也可以证实这一猜想，如图 9-24（c）和（d）所示，在氨气熏蒸前后配位聚合物 **1**、配位聚合物 **2** 的拉曼光谱出现较大的变化，这说明氨气分子通过与吡啶氮正离子相互作用从而改变了吡啶环的振动模式。这两例配位聚合物可用于对氨分子的荧光识别，对探究主客体间的相互作用具有十分重要的意义。

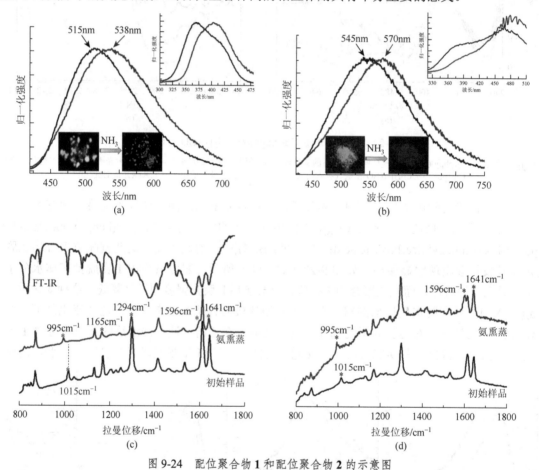

图 9-24　配位聚合物 **1** 和配位聚合物 **2** 的示意图

（a）配位聚合物 **1** 在氨气熏蒸前后的荧光变化；（b）配位聚合物 **2** 在氨气熏蒸前后的荧光变化；（c）配位聚合物 **1** 的红外光谱及氨气熏蒸前后的拉曼光谱的变化；（d）配位聚合物 **2** 在氨气熏蒸前后的拉曼光谱的变化[50]

2015 年臧双全研究组在水热环境下合成了一例具有 pH-荧光响应的配位聚合物 {[Tb$_4$(μ_3-OH)$_4$L$_3$·(H$_2$O)$_7$]Cl$_{0.63}$·(NO$_3$)$_{4.37}$·3H$_2$O}$_n$［H$_2$L·Cl = 1-(3, 5-dicarboxybenzyl)-4, 4'-bipyridinium chloride］[51]。在该配位聚合物的骨架结构中存在未配位的吡啶氮原子，而该未配位的吡啶氮原子在一定的酸性环境中能够被质子化。将该配位聚合物浸泡在不同 pH 的酸性溶液中一段时间后，其粉末图与模拟的粉末图几乎一致，表明该配位聚合物的结构框架并没有发生改变，其可以在 pH = 2~7 的酸性溶液中稳定存在［图 9-25（a）］。将不同 pH 溶液浸泡过的样品进行荧光测试后发现，随着 pH 的减小，该配位聚合物的荧光强度逐渐降低，并且其荧光强度和 pH 呈线性关系［图 9-25（b）］。分析该配位聚合物的晶体结构后可以发现，在该配位聚合物中存在裸露的吡啶氮原子，随着 pH 的减小，越来越多的氢原子和裸露的吡啶氮原子相结合，最终导致其荧光强度的下降。

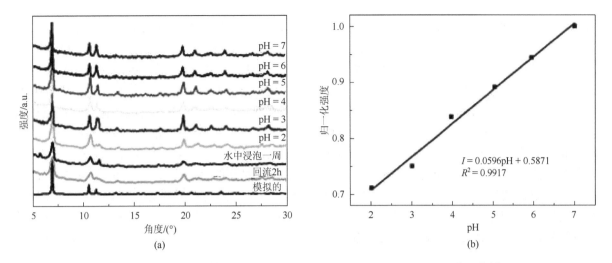

图 9-25　配位聚合物 $\{[Tb_4(\mu_3\text{-OH})_4L_3\cdot(H_2O)_7]Cl_{0.63}\cdot(NO_3)_{4.37}\cdot3H_2O\}_n$ 的示意图

（a）配位聚合物 $\{[Tb_4(\mu_3\text{-OH})_4L_3\cdot(H_2O)_7]Cl_{0.63}\cdot(NO_3)_{4.37}\cdot3H_2O\}_n$ 在不同 pH 溶液浸泡后的粉末衍射图；（b）配位聚合物 $\{[Tb_4(\mu_3\text{-OH})_4L_3\cdot(H_2O)_7]Cl_{0.63}\cdot(NO_3)_{4.37}\cdot3H_2O\}_n$ 的荧光强度和 pH 间的线性关系[51]

　　2016 年，郑寿添研究组报道了一例含有金属铕的联吡啶鎓配位聚合物 $Eu(bcbpy)_3(H_2O)_3\cdot3NO_3$[52]，其中的配体 $H_2bcbpy\cdot2Cl$ 是 1, 1′-bis[(3-carboxylatobenzyl)-4, 4′-bipyridi nium]dichloride。研究人员在实验中发现，此配位聚合物具有可调控的热致变色性质。如图 9-26（a）所示，随着实验温度从 20℃加热到 90℃，样品会逐渐由黄色变为绿色；同时，当温度从 90℃下降到 20℃时，变色后的样品又恢复至黄色，这充分证明了样品的热致变色行为是可逆的。如图 9-26（b）所示，将样品浸入分别含有 Cl^-、Br^-、I^-、SCN^-、NO_2^-、N_3^- 和 SO_4^{2-} 的乙醇溶液 12h 后，此样品会发生阴离子调控的变色响应，颜色从黄色分别变为淡棕色（Cl^-、Br^-、NO_2^- 和 SO_4^{2-}），猩红色（I^-），酒红色（SCN^-）或者橙色（N_3^-）。上述阴离子交换变色现象说明向样品中引入不同的阴离子能够改变样品结构的内部化学环境。

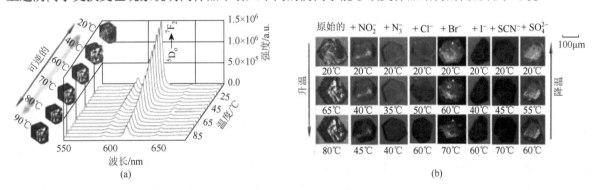

图 9-26　配位聚合物 $Eu(bcbpy)_3(H_2O)_3\cdot3NO_3$ 的示意图

（a）配位聚合物 $Eu(bcbpy)_3(H_2O)_3\cdot3NO_3$ 的热致变色现象；（b）配位聚合物 $Eu(bcbpy)_3(H_2O)_3\cdot3NO_3$ 在不同离子溶液中的离子交换变色及相关热致变色现象[52]

9.4.3　光学开关

　　联吡啶鎓化合物作为一类具有大共轭分子结构的有机物，具有优良的氧化还原活性。将联吡啶鎓化合物作为结构基元引入配位聚合物中，可以实现利用其光致变色性能及光生自由基特性调控配位聚合物的荧光、非线性、压电和磁性等性质。

　　荧光非损伤读出材料是一类新型智能材料，可广泛应用于信息存储、分子开关等领域。2011 年，张杰研究组合成了一例具有荧光非损伤读出性能的联吡啶鎓配位聚合物 $\{[Eu(BA)(Bpybc)_{1.5}$

$(H_2O)] \cdot 2NO_3 \cdot 5H_2O\}_n$[53]。如图 9-27（a）所示，该配位聚合物在 365nm 的紫外光的照射下能够发射荧光，其荧光发射波长为 395nm、416nm、465nm 和 536nm，分别归属于 Eu^{3+} 的 $^7F_0 \rightarrow ^5L_6$、$^7F_0 \rightarrow ^5D_3$、$^7F_0 \rightarrow ^5D_2$ 和 $^7F_{0,1} \rightarrow ^5D_1$ 跃迁。随着光照时间的增加，该配合物的颜色由黄色逐渐变为深蓝色，同时其荧光发射逐渐变弱，在光照 10min 后荧光完全淬灭。该配合物光照后的样品的紫外-可见漫反射光谱在 410nm 和 630nm 处出现较强的吸收峰，这可归因于联吡啶鎓化合物被还原成自由基。这表明该配合物发生变色是生成自由基所致，而产生的自由基能够吸收其自身发射的荧光，最终导致其荧光淬灭。然而当用 465nm 的激发光去照射时，发现该配合物的颜色并不改变，荧光发射强度也没有发生变化 [图 9-27（b）]。该化合物对光的吸收主要在紫外区，465nm 的激发光难以使该化合物产生自由基，这是导致其荧光非损伤读出的主要原因。2016 年，张杰研究组又利用 Cd^{2+} 离子作为中心离子与联吡啶鎓盐进行配位组装合成了一例具有荧光非损伤读出的晶态材料，相对于稀土金属离子而言，过渡金属离子储存量丰富，价格低廉。所以后者比前者更具有实用价值[55]。

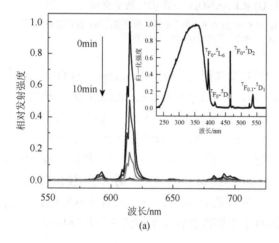
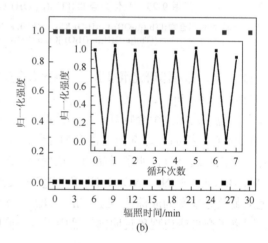

图 9-27　配位聚合物 $\{[Eu(BA)(Bpybc)_{1.5}(H_2O)] \cdot 2NO_3 \cdot 5H_2O\}_n$ 的示意图

（a）配位聚合物 $\{[Eu(BA)(Bpybc)_{1.5}(H_2O)] \cdot 2NO_3 \cdot 5H_2O\}_n$ 在 365nm 紫外光照射下的荧光光谱变化；（b）配位聚合物 $\{[Eu(BA)(Bpybc)_{1.5}(H_2O)] \cdot 2NO_3 \cdot 5H_2O\}$ 在 465nm 的激发光照射下的初始态（□）和着色态（■）的发射强度随时间的变化。插图是 UV 光和氧淬灭交替刺激下荧光开光的可逆循环[53]

X 射线单晶衍射分析表明含有桥连卤素离子的联吡啶鎓配位聚合物 $[Cd_2(Bpyen)_{0.5}(mip)_2(H_2O)_2 \cdot DMF \cdot X] \cdot 3H_2O[X = Br(\mathbf{1})$；$X = I(\mathbf{2})$；$BpyenBr_2 = 1, 2\text{-bis}(4, 4'\text{-bipyridinium})$ ethane dibromine；$H_2mip = 5\text{-methylisophthalic acid}]$ [54]是同构体，属于斜方晶系，空间群为 $P2_12_12$。其中，mip^{2-} 离子采用两种不同的配位构型连接邻近的镉原子以及溴原子，形成一个二维波浪状层状结构 [图 9-28（a）]。此二维层结构又通过 $Bpyen^{2+}$ 离子连接，进一步扩展为一个三维二重互穿结构 [图 9-28（b）]。与其他联吡啶鎓配位聚合物一样，配位聚合物 **1** 和配位聚合物 **2** 在普通氙灯照射下，均可发生光致变色现象，其中配位聚合物 **1** 在 5min 内从橙色变为绿色，而配位聚合物 **2** 在 20min 内从橙色变为黄绿色 [图 9-29（a）]。在室温条件下，研究人员探究了配位聚合物 **1** 和配位聚合物 **2** 的固体荧光性质。实验结果表明，在 467nm 的激发波长下，配位聚合物 **1** 的最大荧光发射波长出现在 590nm 处；而配位聚合物 **2** 则不存在荧光性。如图 9-29（b）所示，在氙灯的持续照射下，配位聚合物 **1** 的荧光发射强度急剧下降，并在 30min 后荧光完全淬灭。为了进一步探究配位聚合物 **1** 的荧光非损伤读出性质，研究人员使用波长 467nm 的光持续照射配位聚合物 **1**，结果显示配位聚合物 **1** 的荧光性并未发生改变，这充分证明了在荧光淬灭过程中配位聚合物 **1** 的非损伤读出性。

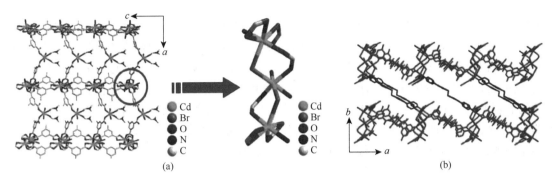

图 9-28　配位聚合物 **1** 的示意图

（a）配位聚合物 **1** 中的二维层结构；（b）配位聚合物 **1** 中通过 Bpyen²⁺ 离子连接的三维骨架[54]

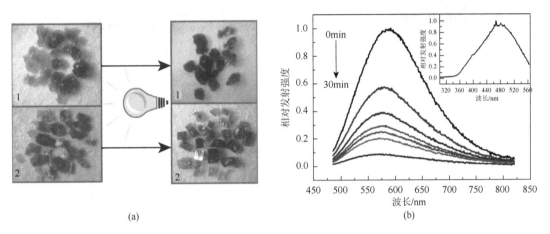

图 9-29　配位聚合物 **1** 的示意图

（a）在氙灯照射下，配位聚合物 **1** 和配位聚合物 **2** 的光致变色现象；（b）在氙灯照射下，配位聚合物 **1** 的荧光光谱变化[54]

2016 年，张杰研究组成功将光环加成活性和光致变色性质融合到一个有机小分子中，得到一个非常有趣的光活性化合物：溴化 1-(3, 5-苯二甲酸二甲酯基)-4-[2-(吡啶)-乙烯基]-吡啶鎓盐（DBCAbpeBr，**1**）[55]。更有意思的是，这两个光化学过程（光生自由基和光环加成反应）能够被不同波长的光控制发生，展现出双刺激多态响应的性质（伴随着光致变色和荧光开启的现象）。配位聚合物 **1** 结晶于单斜晶系，*P2(1)/n* 空间群。在其不对称单元中含有一个 DBCAbpe⁺阳离子、一个溴阴离子和一个晶格水分子 [图 9-30（a）]。DBCAbpe⁺部分通过相邻吡啶和吡啶鎓之间的阳离子-π 和相邻苯环间的 π-π

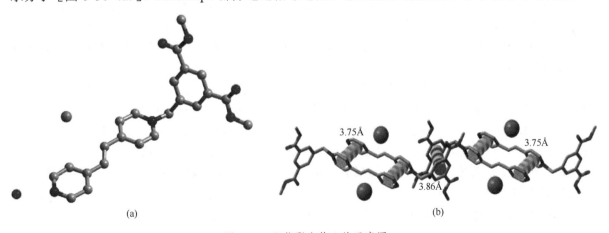

图 9-30　配位聚合物 **1** 的示意图

（a）配位聚合物 **1** 的不对称单元；（b）配位聚合物 **1** 中的 Z 字形一维链[55]

相互作用形成一个无限延长的 Z 字形一维链，其中相邻吡啶和吡啶鎓间质心距离为 3.75Å，相邻苯环间的质心距离为 3.86Å，溴离子分布在一维链的两侧［图 9-30（b）］。刚合成的配位聚合物 **1** 是没有荧光的，在室温空气环境下，连续不断地用波长为 365nm（2mW/cm²）紫外灯对其进行照射，配位聚合物 **1** 便逐渐发出黄色荧光；将激发光波长红移到可见光区（>480nm），配位聚合物表现出从黄色到紫色的转变（5min 内）（图 9-31）。这说明通过改变激发光源，化合物内部可以产生两种不同的光化学反应。值得注意的是，当变成紫色的样品暴露在 365nm 的紫外灯下后，[2+2]环加成反应被触发，样品的紫色会逐渐褪去，取而代之的是发出黄色的荧光。

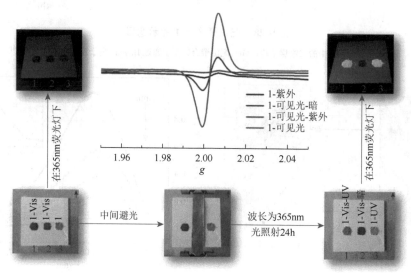

图 9-31　配位聚合物 **1** 在不同波长的光激发下的荧光现象[55]

2014 年，郭国聪课题组利用 CEbpy（*N*-carboxyethyl-4, 4′-bipyridinium）为配体和 Zn²⁺离子进行配位组装合成了一例具有非线性开关性质的配位聚合物[ZnBr₂(μ-CEbpy)]·3H₂O[56]。该配位聚合物结晶于单斜晶系，空间群为 *Cc*。Zn²⁺与 Br⁻和 CEbpy 配体相连形成结构基元[(4, 4′-bipyridinium)ZnBr₂(OOCCH₂)]⁻，该结构基元首尾连接形成一维链，相邻的链间交叉堆积形成三维结构。由于正负电荷的分离，该配位聚合物内部存在较强的极性。在氙灯照射下，该配位聚合物由无色逐渐变为深蓝色。其紫外-可见漫反射光谱在 615nm 处出现较强的吸收峰，同时电子自旋共振光谱表明光照后的样品在 $g = 2.0020$ 处出现较强的顺磁信号，这说明该配位聚合物发生变色的原因是光照下产生自由基。该配位聚合物存在二阶非线性效应，强度为 KDP 的 0.8 倍。有趣的是，随着光照时间的增加，其非线性强度逐渐降低。这主要是由于随着延长光照，该配位聚合物的分子极性逐渐降低，最终导致其非线性强度减弱。值得注意的是，这是首例运用紫精类配体构筑的具有非线性开关性能的晶体材料。

2016 年，臧双全研究组[57]成功合成出了一例含金属铕的联吡啶鎓配位聚合物 {[Eu(μ₂-OH)(L)(H₂O)]·NO₃·H₂O}ₙ(Eu-MOF)，合成过程中所用到的联吡啶鎓盐是 1-(3, 5-dicarboxybenzyl)-4, 4′-bipyridinium nitrate（$H_2L^+NO_3^-$）。此聚合物具有多种光学开关的性质。如图 9-32 所示，在太阳光或者 300W 的氙灯照射下，样品由浅黄色变为浅蓝色；黑暗环境中放置两天或者 120℃下加热 30min，均能够使样品褪色至浅黄色；紫外-可见漫反射光谱以及电子自旋共振光谱证明了样品光致变色的原因是光照产生了自由基。当变色后的样品恢复到浅黄色后，随着光照射时间的增加，样品的荧光发射峰强度逐渐降低，表明此样品可作为一种荧光开关材料。此荧光开关过程可重复进行多次，并且没有明显的发射强度损失。值得注意的是，此配位聚合物还具备非线性光学开关和压电开关性能。如图 9-33（a）和（b）所示，随着光照时间的增加，样品的二次谐波（SHG）效率逐渐下降，并最终达到最初值的 39%。同时，光致变色后的样品在褪色过程中，其二次谐波强度可恢复到最初值。

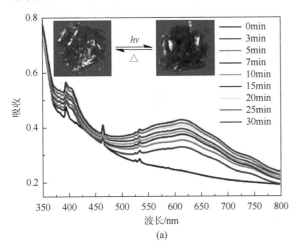

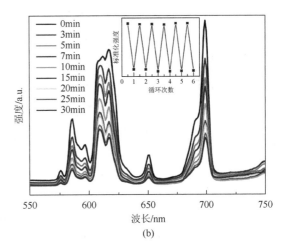

图 9-32　（a）在氙灯照射下配位聚合物 Eu-MOF 的紫外-可见吸收光谱及晶体颜色的变化；（b）在氙灯照射下配位聚合物 Eu-MOF 的荧光光谱的变化

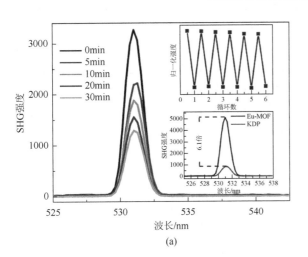

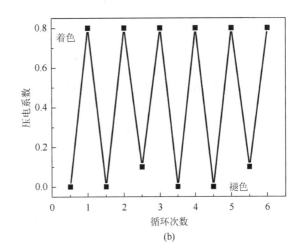

图 9-33　（a）在氙灯照射下配位聚合物 Eu-MOF 的非线性强度的变化；（b）Eu-MOF 配位聚合物着色和褪色过程中压电系数的可逆变化[57]

联吡啶鎓盐类分子在外界刺激下能够发生氧化还原反应生成单电子自由基，它们如果与磁性中心金属离子耦合则整个体系的磁性行为有可能会发生变化，这也就是说，体系的磁性能通过外界环境的刺激来有效的调节。2001 年，Iyoda 研究组报道了一例可通过光调控体系磁性的联吡啶鎓配合物 CuCl$_4$-BpyP[bpyp = 3, 6-bis(4′-pyridyl-1′-pyridinio)pyridazine][58]。在该配位聚合物中，每个 bpyp 配体与两个 Cu^{2+} 相连接并在 ab 平面形成一维链，这些一维链沿 c 轴方向相互垂直交替叠加，形成正方形和长方形孔道，最大的孔孔径约为 12Å×12Å。该配位聚合物在光照下变为淡蓝色，固态紫外-可见光谱表明这种颜色的变化是由于 bpyp 配体还原生成吡啶鎓自由基。通过 X 射线光电子能谱分析可知，电子给体是 Cl 原子，电子受体是 bpyp 配体。如图 9-34（a）所示，在 100K 温度下光照样品 170min 后，该化合物在高温区的磁化率增加 15%；当光照 290min 时，该化合物在高温区的 $\chi_M T$ 值降低。这主要是由于在光照 170min 时，只有单个吡啶环产生自由基，随着光照时间的增加，两个吡啶环都产生自由基，增加的反铁磁耦合作用导致该化合物的磁化率发生变化 [图 9-34（b）]。

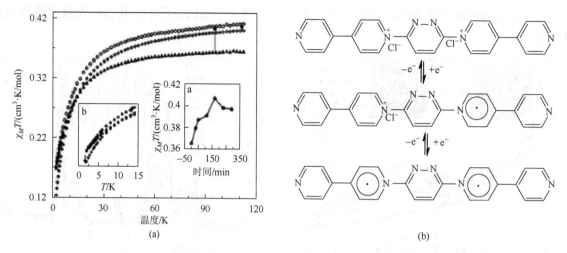

图 9-34 配位聚合物[CuCl$_2$(BpyP)]（2Cl）（11.275H$_2$O）的示意图

（a）配位聚合物 CuCl$_4$-BpyP 光照前（▲）、光照 170min（○）和光照 290min（◇）时 $\chi_M T$ 值随温度的变化关系；
（b）配位聚合物 CuCl$_4$-BpyP 在光照下接受电子产生自由基示意图[58]

2015 年，高恩庆研究组合成了一例具有3D 网状结构联吡啶鎓配位聚合物[Mn$_4$(L)(N$_3$)$_6$(H$_2$O)$_2$]$_n$，（L = 1, 1'-bis(3, 5-dicarboxyphenyl)-4, 4'-bipyridinium chloride）[59]。该化合物具有光致变色的性质，在 300W 氙灯照射下，化合物的颜色由棕色变为深褐色。其紫外-可见漫反射光谱在 460nm、665nm 和 730nm 处出现较强的吡啶鎓自由基的特征吸收峰，并且 ESR 谱检测出尖锐的强信号（$g = 2.0011$），表明该化合物发生变色的原因是生成自由基。同时，随着光照时间的增加，该化合物的 $\chi_M T$ 值在整个温度测量区间均有所降低（图 9-35）。这主要是由于体系中 Mn^{2+}离子与自由基存在强的反铁磁耦合作用，在室温条件下，这种耦合作用可以减弱磁偶极矩。

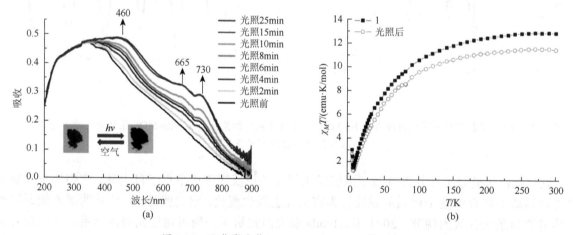

图 9-35 配位聚合物[Mn$_4$(L)(N$_3$)6(H$_2$O)$_2$]的示意图

（a）配位聚合物[Mn$_4$(L)(N$_3$)$_6$(H$_2$O)$_2$]$_n$的紫外-可见漫反射光谱随光照时间的变化；（b）配位聚合物[Mn$_4$(L)(N$_3$)$_6$(H$_2$O)$_2$]在 1kOe 的光照前和光照后的 $\chi_M T$ 值随温度的变化[59]

9.4.4 气体吸附和分离

联吡啶鎓配体构筑的配位聚合物不同于其他孔材料，该类配位聚合物孔道内部呈正负电荷分离态，其构筑的孔道具有较大的极性，可实现对某些气体的选择性吸附[60]。

2009 年 Kitagawa 课题组利用 1-(4-carboxyphenyl)-4, 4'-bipyridinium hexafluorophosphate（Hcpb·PF$_6$）

和对苯二甲酸（H_2tpa）与 Zn^{2+} 配位组装合成了一例具有三维结构的配位聚合物[$Zn_2(tpa)_2(cpb)$]·$2DMF$·H_2O。如图 9-36（a）所示，在该配位聚合物中 Zn^{2+} 分别与 cpb 和 tpa^{2-} 配体相连形成具有两种孔道的三维结构，且在该配位聚合物的结构中存在二重穿插。经过 PLATON 软件计算可知，该配位聚合物的孔隙率为 36.3%。如图 9-36（b）所示，在 1atm 时，该配位聚合物对甲醇的吸附量为 150mL/g，相当于每分子的[$Zn_2(tpa)_2(cpb)$]可吸附五分子的甲醇。在 $p/p_0 = 0.03\sim0.6$，该配位聚合物的吸附和脱附曲线出现分离，这说明其结构出现微小变化。经过 virial-type 方程计算，该配位聚合物对于甲醇的等量吸附热可达 $50\sim95$kJ/mol，高于其他文献报道的相关值。

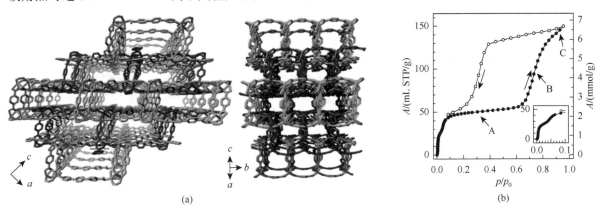

图 9-36　（a）配位聚合物[$Zn_2(tpa)_2(cpb)$]·$2DMF$·H_2O 的三维结构示意图；（b）甲醇在 297.39K 的吸附等温线[61]

2014 年，张杰研究组以 HBCbpyCl 为主配体，分别以甘氨酸（Gly）、丝氨酸（Ser）和丙氨酸（Ala）为辅助配体和 Cu^{2+} 配位组装得到了三例同构的配位聚合物[$CuCl(BCbpy)(Gly)$]·$6H_2O$(1-Gly)、[$CuCl(BCbpy)$ (Ser)]·$5H_2O$(2-Ser)和[$CuCl(BCbpy)(Ala)$]·$4H_2O$(3-Ala)[61]。如图 9-37（a）所示，在这三例配位聚合物中，Cu^{2+} 与 $BCbpy^{2+}$ 连接形成一维链[$Cu_2(BCbpy)_2Cl_2$]$_n$，链与链间通过氢键相互作用形成一个具有菱形孔道结构的二维层，相邻的二维层间通过 π-π 作用力以-ABAB-的堆积方式形成三维结构。如图 9-37（b）所示，配位聚合物 1-Gly 的水、甲醇和乙醇的吸附曲线相对密集，吸附量比较接近，配位聚合物 2-Ser 的三条曲线开始出现分离，而配位聚合物 3-Ala 的三条吸附曲线已经完全分离。通过对配位聚合物 1-Gly 和 3-Ala 的气相色谱测试数据可知，配位聚合物 1-Gly 只能将乙醇从水、甲醇和乙醇的混合蒸气中分离，而配位聚合物 3-Ala 可将三种蒸气完全分离。

除了有机蒸气分子，张杰研究组还对联吡啶鎓配位聚合物吸附无机气体进行了研究，并于 2017 年成功合成了三例同构的功能性多孔配位聚合物[$Cd_2(pbpy)(bdc)_2X_2$]·nH_2O [H_2bdc = 1, 4-benzenedicarboxylic acid；pbpy·2Cl = 1, 1′-[1, 4-phenylenebis(methylene)]bis（4, 4′-bipyridinium）dichloride；X = Cl，n = 5（1）；X = Br，n = 8（2）；X = Cl/Br，n = 9（3）][62]。在这三种同构结构中，每个镉原子分别与一个氮原子、一个卤素原子和四个氧原子配位，从而构成一个轻微扭曲的八面体构型。$pbpy^{2+}$ 离子连接邻近的镉原子，构成一个二维的网络结构 ［图 9-38（a）］，同时，邻近的两个二维层结构通过 bdc^{2-} 离子连接，从而形成三维多孔框架 ［图 9-38（b）］，在此三维结构中存在一种独特的一维三角形孔道，其尺寸大约在 11.2Å×11.4Å×12.6Å ［图 9-38（c）］。如图 9-39（a）所示，配位聚合物 1、2 和 3 在 77K 条件下，显示出了不同的氢气吸附效果，其中配位聚合物 3 吸附氢气的能力（32.6cm^3/g，0.29wt%）要远大于 1（6.3cm^3/g，0.06wt%）和 2（20.6cm^3/g，0.18wt%）。

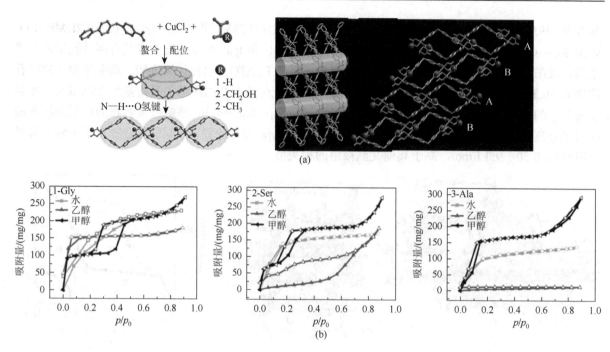

图 9-37　配位聚合物 1-Gly、2-Ser 和 3-Ala 的示意图

（a）配位聚合物 1-Gly、2-Ser 和 3-Ala 的分子堆积结构；（b）配位聚合物 1-Gly、2-Ser 和 3-Ala 的甲醇、乙醇和水的吸附等温线[61]

此外，在二氧化碳吸附实验中，配位聚合物 3 吸附二氧化碳的能力（26.0cm³/g，0.51wt%）同样优于 1（19.2cm³/g，0.38wt%）和 2（22.1cm³/g，0.43wt%）[图 9-39（b）]。

2017 年，张杰研究组通过应用[2 + 2]环加成反应修饰多孔材料并改善了其作为气相色谱柱的填料对醇水化合物的分离效果，并成功合成出了[Zn(BCbpe)₂(NO₃)₂]·9H₂O（**1**），其中 HBCbpeCl 是 1-(4-carboxybenzyl)-4-[2-(4-pyridyl)-vinyl]-pyridinium chloride[63]。这是第一次将[2 + 2]环加成反应修饰后的多孔金属有机框架材料应用到醇水化合物的气相色谱分离中，这也是[2 + 2]环加成反应在光诱导机械运动、绿色合成、增加导电性和双刺激响应等应用之后的一个新探索。配位聚合物 **1** 结晶于单斜晶系，空间群为 C2/c。通过单晶衍射数据的解析、元素分析、红外光谱、热重和 X 射线能谱等测试手段证实，配位聚合物 **1** 的不对称单元中含有一个 Zn^{2+} 离子、两个 BCbpe 配体、两个硝酸根作为平衡阴离子，以及 9 个结晶水。如图 9-40 所示，每一个 Zn^{2+} 离子与来自四个 BCbpe 配体的两个酯基氧原子和端基吡啶氮原子配位形成一个变形的四面体，形成一个窗格大小为 17.52Å×17.52Å（距离为相邻两个金属离子中心距离）的二维网状结构。较大的窗格和波浪形结构使得两个独立的二

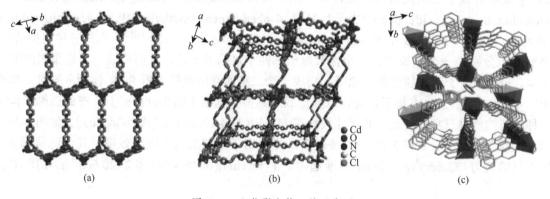

图 9-38　配位聚合物 **1** 的示意图

（a）配位聚合物 **1** 中的二维层结构；（b）配位聚合物 **1** 中的三维多孔框架；（c）配位聚合物 **1** 的三维结构中存在的一维三角形孔道[62]

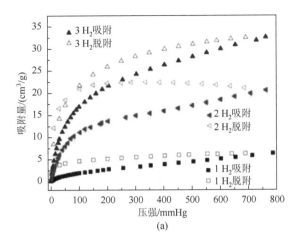
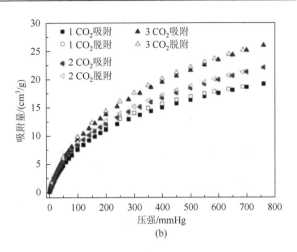

图 9-39 配位聚合物 **1**、配位聚合物 **2** 和配位聚合物 **3** 的示意图

（a）配位聚合物 **1**、配位聚合物 **2** 和配位聚合物 **3** 在 77K 下的氢气吸附等温线；（b）配位聚合物 **1**、配位聚合物 **2** 和配位聚合物 **3** 在 273K 下的二氧化碳吸附等温线[63]

维层以 2D + 2D→2D 的方式相互纠缠形成一个二重纠缠互锁的双层结构，之后双层结构再通过 π-π 作用以-AB-形式堆积形成三维结构。配位聚合物 **1** 的孔道内壁大部分被吡啶鎓正电荷修饰，这样的结构使得孔道表面具有较高极性及缺电子特性，易吸附极性分子或是路易斯碱分子。在 298K，相对压力为 $p/p_0 = 0.9$ 时（图 9-41），配位聚合物 **1** 对甲醇蒸气分子（动力学半径为 3.6Å）具有最大的吸附量 124.29mg/g（3.88mmol/g），其对水分子（动力学半径为 2.7Å）和乙醇分子（动力学半径为 4.5Å）的吸附量分别为 42.56mg/g（2.37mmol/g）和 10.15mg/g（0.22mmol/g）。甲醇蒸气之所以有最大的吸附量，主要是由于甲醇分子比水分子更容易给出电子，而对于分子的尺寸而言又较乙醇分子更小。对配位聚合物 **1** 经过环合加成修饰后，乙醇的吸附量从原来的 10.15mg/g 增加到 52.56mg/g，接近原来吸附量的 4 倍，而水蒸气和甲醇蒸气从原来的吸附量分别降低到 26.78mg/g 和 97.26mg/g。

2016 年，郭国聪研究组为了进一步探究配位聚合物对气体的吸附和分离作用，合成出一例柔性联吡啶鎓配位聚合物$[Zn_2(btec)(btzmb)]_n \cdot 8nH_2O$[64]［$H_4$btec = benzenetetracarboxylic acid，btzmb = 1, 1′-bis(tetrazolmethyl)-4, 4′-bipyridinium］。如图 9-42（a）所示，在 273K 和 298K 条件下，此配位聚合物对二氧化碳有较高的吸附能力，吸附值分别达到了 122cm³/g（23.9wt%）和 98cm³/g（19.3wt%）。此外，如图 9-42（b）所示，该配位聚合物在 298K 和一个标准大气压下，表现出了对二氧化碳的选择性吸附作用，CO_2/CH_4（体积比 50/50）混合物的 IAST 吸附选择性达到 28.6，而 CO_2/N_2（体积比 15/85）混合物的选择性达到 210.4。

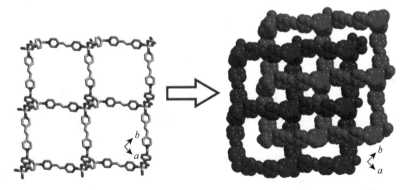

图 9-40 配位聚合物$[Zn(BCbpe)_2(NO_3)_2] \cdot 9H_2O$ 中的二维网状结构[63]

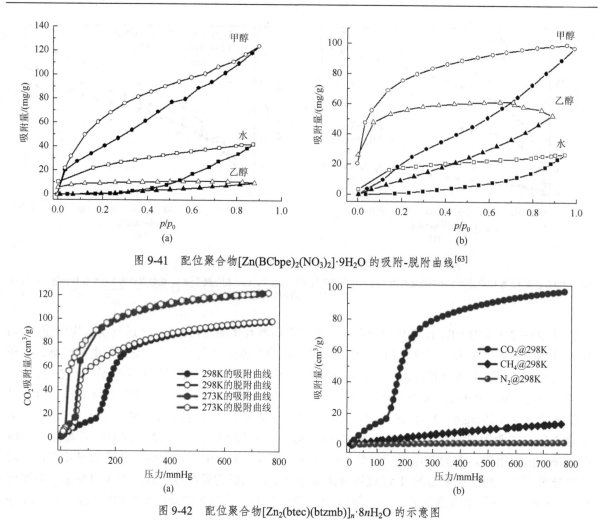

图 9-41　配位聚合物[Zn(BCbpe)₂(NO₃)₂]·9H₂O 的吸附-脱附曲线[63]

图 9-42　配位聚合物[Zn₂(btec)(btzmb)]ₙ·8nH₂O 的示意图

（a）在 273K 和 298K 条件下，配位聚合物[Zn₂(btec)(btzmb)]ₙ·8nH₂O 的二氧化碳吸附等温线；（b）在 298K 条件下，配位聚合物
[Zn₂(btec)(btzmb)]ₙ·8nH₂O 对二氧化碳、甲烷和氮气的吸附等温线[64]

2017 年，Leroux 等对含有亲水性孔道的联吡啶鎓配位聚合物[Cd₃(m-bcbp)(btc)₂(H₂O)₂]·6H₂O
[H₃btc³⁻ = 1, 3, 5-carboxybenzene，m-bcbp = 4, 4'-bipyridinium-1, 1'-bis(3-carboxyphenyl)] 在吸附水蒸气
方面的机理进行了探究[65]。如图 9-43 所示，水蒸气吸附曲线表明脱水后的样品分三步完成对水蒸气的
吸附过程：第一步和第二步发生在 p/p_s 小于 0.01 时，而第三步发生在 p/p_s 近似于 0.1 时，最终样品对

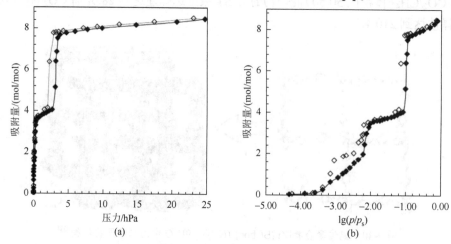

图 9-43　配位聚合物[Cd₃(m-bcbp)(btc)₂(H₂O)₂]·6H₂O 对水蒸气的吸附恒温线[65]

水蒸气的吸附量达到了 0.13g/g。对机理的研究结果表明，一方面，脱水后的样品（**1**）首先吸附两个水分子，形成 **1**·2H$_2$O。另一方面，部分脱水的样品在吸水后形成中间相的[**1**(H$_2$O)]·3H$_2$O，其中一个水分子与镉原子配位，其他三个水分子游离在三维结构的孔洞中。对吸水完全的样品[**1**(H$_2$O)$_2$]·6H$_2$O 进行结构分析，结果表明联吡啶鎓中的 N$^+$离子与水分子之间存在很强的作用。

9.5　结论与展望

近年来，设计功能化的有机配体，并与金属离子进行组装合成功能新颖的配位聚合物是无机化学中的一个热点研究领域。联吡啶鎓以其优异的光电活性以及多变的分子骨架成为配位化学领域的明星配体，到目前为止，许多结构新颖、功能优异的联吡啶鎓配位聚合物已被合成出来。化学家们利用晶体工程策略实现了对联吡啶鎓的空间位置排列的控制，以及对结构和性能的调控。这些材料应用范围涉及光诱导电子转移、客体分子检测、气体的存储分离，分子磁体等等。

当前对于这类化合物的研究还处于起步阶段，只有少部分的配体被设计合成出来。考虑到联吡啶分子骨架的易修饰性，未来仍然有很大的空间来探索合成新的结构并提升其物理化学性质。到目前为止，绝大多数的联吡啶鎓配位聚合物应用集中于光活性的研究。诚然，当它们通过晶体工程被嵌入到配位聚合物框架中之后其精准有序结构以及可调控的给受体堆积在一定程度上确实能实现高效的光诱导电子转移。但是，需要注意的是，当前的联吡啶鎓配位聚合物材料在这一领域的表现依然无法达到实际应用的标准，进一步提升光电转换效率、抗疲劳性以及光响应速率、敏感性是未来研究工作的重点。此外，鉴于这类配合物具有光活性以及多孔结构特性，未来的研究可以将其他功能基团，如金属纳米颗粒或者金属配合物等，放入孔道中来诱导光化学反应，用于光解水或者光开关材料的开发等等。最后，鉴于这类材料的优良性能，如果能将其加工成为薄膜等器件必定也能拓展它们的应用领域，如光伏材料和膜分离等。我们也期待未来在这些领域能有更多更具突破性的研究工作的出现。

（张　杰　孙建科）

参 考 文 献

[1]　Lehn J M. Supramolecular chemistry. Science，1993，260：1762-1763.

[2]　Hoskins B F，Robson R. Infinite polymeric frameworks consisting of three dimensionally linked rod-like segments. J Am Chem Soc，1989，111：5962-5964.

[3]　Lehn J M. From supramolecular chemistry towards constitutional dynamic chemistry and adaptive chemistry. Chem Soc Rev，2007，36：151-160.

[4]　Li J R，Kuppler R J，Zhou H C. Selective gas adsorption and separation in metal-organic frameworks. Chem Soc Rev，2009，38：1477-1504.

[5]　Bae Y S，Snurr R Q. Development and evaluation of porous materials for carbon dioxide separation and capture. Angew Chem Int Ed，2011，50：11586-11596.

[6]　Yoon M，Srirambalaji R，Kim K. Homochiral metal-organic frameworks for asymmetric heterogeneous catalysis. Chem Rev，2012，112：1196-1231.

[7]　Ma L，Abney C，Lin W. Enantioselective catalysis with homochiral metal-organic frameworks. Chem Soc Rev，2009，38：1248-1256.

[8]　Lee J Y，Farha O K，Roberts J，et al. Metal-organic framework materials as catalysts. Chem Soc Rev，2009，38：1450-1459.

[9]　Zacher D，Shekhah O，Wöll C，et al. Zeolitic imidazolate framework membrane with molecular sieving properties by microwave-assisted solvothermal synthesis. Chem Soc Rev，2009，38：1418-1429.

[10]　Liu Y，Xuan W，Cui Y. Engineering homochiral metal-organic frameworks for heterogeneous asymmetric catalysis and enantioselective

separation. Adv Mater，2010，22：4112-4135.

[11]　Kurmoo M. Magnetic metal-organic frameworks. Chem Soc Rev，2009，38：1359-1379.

[12]　Evans R，Lin W. Crystal engineering of NLO materials based on metal-organic coordination networks. Acc Chem Res，2002，35：511-522.

[13]　Sun J K，Xu Q. Functional materials derived from open framework templates/precursors：synthesis and applications. Energy Environ Sci，2014，7：2071-2100.

[14]　Okada T，Ogawa M. 1, 1'-Dimethyl-4, 4'-bipyridinium-smectites as a novel adsorbent of phenols from water through charge-transfer interactions. Chem Commun，2003，12：1378-1379.

[15]　Sen S，Saraidaridis J，Kim S Y，et al. Viologens as charge carriers in a polymer-based battery anode. ACS Appl Mater Interfaces，2013，5：7825-7830.

[16]　Sun J K，Ji M，Chen C，et al. A charge-polarized porous metal-organic framework for gas chromatographic separation of alcohols from water. Chem Commun，2013，49：1624-1626.

[17]　Noro S，Mizutani J，Hijikata Y，et al. Porous coordination polymers with ubiquitous and biocompatible metals and a neutral bridging ligand. Nat Commun，2015，6：5851-5859.

[18]　Lin J B，Shimizu G K H. Pyridinium linkers and mixed anions in cationic metal-organic frameworks. Inorg Chem Front，2014，1：302-305.

[19]　Jin X H，Wang J，Sun J K，et al. Protonation-triggered conversion between single-and triple-stranded helices with a visible fluorescence change. Angew Chem Int Ed，2011，50：1149-1153.

[20]　Kanoo P，Matsuda R，Sato H，et al. *In situ* generation of functionality in a reactive haloalkane-based ligand for the design of new porous coordination polymers. Inorg Chem，2013，52：10735-10737.

[21]　Sun J K，Tan B，Cai L X，et al. Polycatenation-driven self-assembly of nanoporous frameworks based on a 1D ribbon of rings：regular structural evolution，interpenetration transformation，and photochemical modification. Chem Eur J，2014，20：2488-2495.

[22]　Sun J K，Yao Q X，Tian Y Y，et al. Borromean-entanglement-driven assembly of porous molecular architectures with anion-modified pore space. Chem Eur J，2012，18：1924-1931.

[23]　Sun J K，Zhang J，Functional metal-bipyridinium frameworks：self-assembly and applications. Dalton Trans，2015，44：19041-19055.

[24]　Jin X H，Sun J K，Xu X M，et al. Conformational and photosensitive adjustment of the 4, 4'-bipyridinium in Mn(Ⅱ) coordination complexes. Chem Commun，2010，46：4695-4697.

[25]　Ren C X，Cai L X，Chen C，et al. π-Conjugation-directed highly selective adsorption of benzene over cyclohexane. J Mater Chem A，2014，2：9015-9019.

[26]　Jin X H，Sun J K，Cai L X，et al. 2D flexible metal-organic frameworks with [Cd$_2$(μ$_2$-X)$_2$]（X = Cl or Br）units exhibiting selective fluorescence sensing for small molecules. Chem Commun，2011，47：2667-2669.

[27]　Vukotic V N，Loeb S J. Coordination polymers containing rotaxane linkers. Chem Soc Rev，2012，41：5896-5906.

[28]　Davidson G J E，Loeb S J. Channels and cavities lined with interlocked components：metal-based polyrotaxanes that utilize pyridinium axles and crown ether wheels as ligands. Angew Chem Int Ed，2003，42：74-77.

[29]　Mercer D J，Yacoub J，Zhu K，et al. [2]Pseudorotaxanes，[2]rotaxanes and metal-organic rotaxane frameworks containing tetra-substituted dibenzo[24]crown-8 wheels. Org Biomol Chem，2012，10：6094-6104.

[30]　Hoffart D J，Loeb S. Metal-organic rotaxane frameworks：three-dimensional polyrotaxanes from lanthanide-ion nodes，pyridinium *N*-oxide axles，and crown-ether wheels. Angew Chem Int Ed，2005，44：901-904.

[31]　Yoshikawa H，Nishikiori S，Suwinska K，et al. Crystal structure of a polycyano-polycadmate host clathrate including a charge-transfer complex of methylviologen dication and mesitylene as a guest. Chem Commun，2001：1398-1399.

[32]　Yu Z，Yu Kui，Lai L，et al. Novel hybrid hetero-sandwich architectures via stoichiometric control of host-guest self-organization. Chem Commun，2004：648-649.

[33]　Wu J，Yan Y，Liu B. Multifunctional open-framework zinc phosphate |C$_{12}$H$_{14}$N$_2$|[Zn$_6$(PO$_4$)$_4$(HPO$_4$)(H$_2$O)$_2$]：photochromic，photoelectric and fluorescent properties. Chem Commun，2013，49：4995-4997.

[34]　Zeng Y，Fu Z，Chen H，et al. Photo- and thermally induced coloration of a crystalline MOF accompanying electron transfer and long-lived charge separation in a stable host-guest system. Chem Commun，2012，48：8114-8116.

[35]　Sun J K，Wang P，Yao Q X，et al. Solvent- and anion-controlled photochromism of viologen-based metal-organic hybrid materials. J Mater Chem，2012，22：12212-12219.

[36]　Tan Y，Fu Z，Zeng Y，et al. Highly stable photochromic crystalline material based on a close-packed layered metal-viologen coordination polymer. J Mater Chem，2012，22：17452-17455.

[37]　Li W B，Yao Q X，Sun L，et al. A viologen-based coordination polymer exhibiting high sensitivity towards various light sources.

CrystEngComm，2017，19：722-726.

[38]　Zhang C H，Sun L B，Yan Y，et al. Metal-organic frameworks based on bipyridinium carboxylate：photochromism and selective vapochromism. J Mater Chem C，2017，5：2084-2089.

[39]　Wang M S，Yang C，Wang G E，et al. A room-temperature X-ray-induced photochromic material for X-ray detection. Angew Chem Int Ed，2012，51：3432-3435.

[40]　Wu J，Tao C，Li Y，et al. Methylviologen-templated layered bimetal phosphate：a multifunctional X-ray-induced photochromic material. Chem Sci，2014，5：4237-4241.

[41]　Chen C，Sun J K，Zhang Y J，et al. Flexible viologen-based porous framework showing X-ray induced photochromism with single-crystal-to-single-crystal transformation. Angew Chem Int Ed，2017，56：14458-14462.

[42]　Yao Q X，Pan L，Jin X H，et al. Bipyridinium array-type porous polymer displaying hydrogen storage，charge-transfer-type guest inclusion，and tunable magnetic properties. Chem Eur J，2009，15：11890-11897.

[43]　Sui Q，Li P，Yang N N，et al. Differentiable detection of volatile amines with a viologen-derived metal-organic material. ACS Appl Mater Interfaces，2018，10：11056-11062.

[44]　Sun L，Guo R Y，Yang X D，et al. Vapour-driven crystal-to-crystal transformation showing an interlocking switch of the coordination polymer chains between 1D and 3D. CrystEngComm，2018，20：3297-3301.

[45]　Bashkova S，Bandose T J. Effect of surface chemical and structural heterogeneity of copper-based MOF/graphite oxide composites on the adsorption of ammonia. J Colloid Interface Sci，2014，417：109-114.

[46]　Peterson G W，Wagner G W，Balboa A. Ammonia vapor removal by $Cu_3(BTC)_2$ and its characterization by MAS NMR. J Phys Chem C，2009，113：13906-13917.

[47]　Spanopoulos I，Xydias P，Malliakas C D. A straight forward route for the development of metal-organic frameworks functionalized with aromatic-OH groups：synthesis，characterization，and gas（N_2，Ar，H_2，CO_2，CH_4，NH_3）sorption properties. Inorg Chem，2013，52：855-862.

[48]　Tan B，Chen C，Cai L X，et al. Introduction of lewis acidic and redox-active sites into a porous framework for ammonia capture with visual color response. Inorg Chem，2015，54：3456-3461.

[49]　Chen C，Rao H Z，Lin S，et al. A vapochromic strategy for ammonia sensing based on a bipyridinium constructed porous framework. Dalton Trans，2018，47：8204-8208.

[50]　Chen C，Cai L X，Tan B. Ammonia detection by using flexible Lewis acidic sites in luminescent porous frameworks constructed from a bipyridinium derivative. Chem Commun，2015，51：8189-8192.

[51]　Li H Y，Wei Y L，Dong X Y. Novel Tb-MOF embedded with viologen species for multi-photofunctionality：photochromism，photomodulated fluorescence，and luminescent pH sensing. Chem Mater，2015，27：1327-1331.

[52]　Sun Y Q，Wan F，Li X X，et al. A lanthanide complex for metal encapsulations and anion exchanges. Chem Commun，2016，52：10125-10128.

[53]　Sun J K，Cai L X，Chen Y J，et al. Reversible luminescence switch in a photochromic metal-organic framework. Chem Commun，2011，47：6870-6872.

[54]　Yang X D，Chen C，Zhang Y J，et al. Halogen-bridged metal-organic frameworks constructed from bipyridinium-based ligand：structures，photochromism and non-destructive readout luminescence switching. Dalton Trans，2016，45：4522-4527.

[55]　Zhang Y J，Chen C，Tan B，et al. A dual-stimuli responsive small molecule organic material with tunable multi-state response showing turn-on luminescence and photocoloration. Chem Commun，2016，52：2835-2838.

[56]　Li P X，Wang M S，Zhang M J，et al. Electron-transfer photochromism to switch bulk second-order nonlinear optical properties with high contrast. Angew Chem Int Ed，2014，53：11529-11531.

[57]　Li H Y，Xu H，Zang S Q，et al. A viologen-functionalized chiral Eu-MOF as a platform for multifunctional switchable material. Chem Commun，2016，52：525-528.

[58]　Zhang J，Matsushita M M，Kong X X，et al. Photoresponsive coordination assembly with a versatile logs-stacking channel structure based on redox-active ligand and cupric ion. J Am Chem Soc，2001，123：12105-12106.

[59]　Gong T，Yang X，Sui Q，et al. Magnetic and photochromic properties of a manganese（Ⅱ）metal-zwitterionic coordination polymer. Inorg Chem，2016，55：96-103.

[60]　Higuchi M，Tanaka D，Horike S，et al. Porous coordination polymer with pyridinium cationic surface，$[Zn_2(tpa)_2(cpb)]$. J Am Chem Soc，2009，131：10336-10337.

[61]　Ren C X，Ji M，Yao Q X，et al. Targeted functionalization of porous materials for separation of alcohol/water mixtures by modular assembly. Chem Eur J，2014，20：14846-14852.

[62] Chen C，Cai L X，Tan B，et al. Flexible bipyridinium constructed porous frameworks with superior broad-spectrum adsorption toward organic pollutants. Cryst Growth Des，2017，17：1843-1848.

[63] Zhang Y J，Chen C，Ji M，et al. Post-cycloaddition modification of a porous MOF for improved GC separation of ethanol and water. Dalton Trans，2017，46：7092-7097.

[64] Zhao Y P，Li Y，Cui C Y. Tetrazole-viologen-based flexible microporous metal-organic framework with high CO_2 selective uptake. Inorg Chem，2016，55：7335-7340.

[65] Leroux M，Mercier N，Bellat J P，et al. Insight into the mechanism of water adsorption/desorption in hydrophilic viologen-carboxylate based PCP. Cryst Growth Des，2017，17：2828-2835.

第10章
多孔生物配位聚合物的设计合成

10.1 引 言

金属有机框架（metal-organic framework，MOF），也称多孔配位聚合物（porous coordination polymer，PCP），是继沸石和多孔碳材料之外的又一类重要的新型多孔材料，它是由金属离子或金属簇与有机桥连配体，通过配位作用构筑的二维或三维的具有周期性网络结构的晶态材料[1-4]。与传统的多孔材料相比，MOF 最突出的特征之一就是其孔洞尺寸可调。通过改变金属离子或配体，改变孔道大小和表面性质，借此调控主客体之间的相互作用，来优化材料的功能。随着科学技术的不断发展，MOF 的研究从合成和结构的探索开始渐趋成熟，并积累了大量的结构、性质各异的配位聚合物。MOF 的研究与化学学科密切相关，而且与生命科学、材料科学等其他学科交叉融合、相互渗透。MOF 与生命科学之间的相互交叉，使人们不仅仅限于关注 MOF 的结构，追求大的比表面积和孔容量，而且更关注 MOF 与生物分子的相互作用，从活性位点、主客体作用等多个方面研究 MOF 与生物体相互作用的分子机制、热力学和动力学平衡等，从而产生新的研究方向，发展出新的学科分支，生物金属有机框架（biological metal-organic framework，BioMOF）应运而生。

BioMOF 属于 MOF 材料的一个分支，目前其相关术语还没有明确的定义[5-7]，文献中有两种说法，一种认为 BioMOF 的组分中至少有一种配体是生物分子，与金属离子通过自组装形成 MOF；另一种认为 BioMOF 的组成不一定含生物分子，只要是应用于生物、医药等领域的 MOF 都可以称为 BioMOF。前者强调组成为生物分子，后者强调在生物领域中的应用。无论是哪一种定义，BioMOF 都是结合了晶态多孔材料和生物超分子化学等多个领域的研究背景，它不仅具有传统的 MOF 材料的多孔性和多样性，可应用于气体吸附、分离、纯化、存储、传感、催化等领域[8-16]，而且由于很多生物分子本身具有手性和特殊的分子识别或催化功能，形成的 BioMOF 可能会保留生物分子本身的特性，可作为仿生模型来研究其潜在的生物功能[6]。再加上原料分子的低毒性和良好的生物相容性，BioMOF 在生命科学、生物医药等方面具有巨大的潜在应用。尽管 BioMOF 研究的历史不过短短十几年，但凭借着其自身丰富多样的结构、独特的物理化学性质和丰富的主客体化学，已经引起了国内外研究工作者的广泛关注[5-7]。

10.2 生物金属有机框架的设计

随着科学技术的发展和人类对美好生活的追求，对材料性能及应用的要求越来越高。环境友好型的材料近年来引起了人们的广泛关注，因为该类材料从原材料的组成到材料的合成过程都尽量避免造成环境的污染，因此该类材料的应用可降低对环境的影响。以此为目标，新一代的 MOF 应该是根据特殊的组成标准设计，达到环境友好和生物相容性的标准，而且易于回收。从某种意义上来讲，生物分子是构筑该类 MOF 最合适的结构单元[17-19]。

实际上，生物分子可以应用到 BioMOF 中，也有其自身的原因。其一，多数生物分子具有对金属离子配位、桥连的能力，且分子骨架上的多种配位原子提供了与金属离子结合的位点，而且配位的模式多种多样，这一特点增加了 BioMOF 的结构多样性；其二，很多生物分子都具有内在的自组装本性，可以用来诱导 BioMOF 的组装构筑，不论是柔性还是刚性的生物分子结构，都可影响 BioMOF 的功能；其三，生物分子很多是手性的，它们可以用来构建手性 MOF，在手性识别、分离和催化等方面具有很强的优势。上述这一系列的特征使生物分子可以作为 BioMOF 的重要功能建筑模块，而不是作为简单的有机分子连接体形成框架结构，本节根据生物分子的结构特点，分别介绍以氨基酸、多肽、蛋白质、卟啉、金属卟啉、核碱基等生物分子为配体的 BioMOF 的发展和设计合成。

10.2.1 基于氨基酸、多肽和蛋白质的 BioMOF 的合成与结构

氨基酸是分子结构中同时含有氨基（—NH₂）和羧基（—COOH），并且氨基和羧基都直接连接在同一个 CH 结构上的有机化合物（氨基一般连在 α-碳上）。一个氨基酸的氨基与另一个氨基酸的羧基可以缩合成肽，形成的酰胺基在蛋白质化学中称为肽键。两个或两个以上的氨基酸脱水缩合形成若干个肽键而组成一个肽。多个肽进行多级折叠就组成一个蛋白质分子。长度较短的蛋白质分子有时也被称为"多肽"。

无论是氨基酸、多肽还是蛋白质，它们从化学结构上来看，都具有氨基和羧基，因此，我们以简单的氨基酸为例来介绍这些生物分子与金属离子配位时的配位模式。金属离子可以与氨基部分的 N 原子以及羧基部分的 O 原子分别或同时配位（图 10-1）。由于羧基部分负电荷密度较大，与金属离子的配位能力较强，能够提供多样的配位模式。此外，羧基部分还可以与金属离子形成金属羧酸盐簇或桥连结构，增加了主体结构的稳定性和刚性。有特殊角度的相邻羧基或氨基可以在一定方向上连接金属离子，获得独特的扩展网络。尤为值得注意的是，氨基和羧基还可以被当作氢键受体或氢键给体，为主客体化学的研究提供可能。因此，氨基酸、多肽以及蛋白质都是合成 BioMOF 非常优秀的有机配体。下面从三个方面分别举例说明。

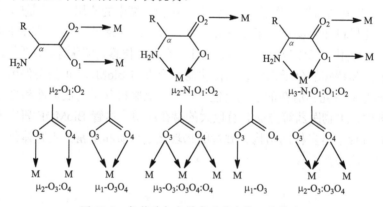

图 10-1　氨基酸与金属离子潜在的配位模式

1. 由氨基酸合成的 BioMOF

氨基酸本身具有重要的生物功能，它们不仅提供了合成蛋白质的重要原料，而且对于促进生长、进行正常代谢、维持生命提供了物质基础。化学家们通过各种方法将氨基酸与金属离子相连，合成了一些有趣的 BioMOF。一般情况下，以氨基酸作为配体制备的 BioMOF 主要有三个类型。第一种是由金属离子只与单一的氨基酸配位形成的 BioMOF；第二种是金属离子除了与氨基酸配位以外还与其他的桥连离子或多种有机配体共同构筑的 BioMOF；第三种是金属离子和化学修饰

的氨基酸配位合成的 BioMOF。从配位模式上来看，氨基酸上的 N、O 原子可以单独与金属离子配位，也可以同时与金属离子配位形成螯合物或离散的多核簇，在某些情况下也可形成一维、二维和三维的结构。在第一种类型中，单一的氨基酸配体的配合物以一维的结构比较常见，而二维、三维的 BioMOF 相对来说较少一些。后两种类型的 BioMOF 由于存在其他的配体、离子以及额外的金属绑定基团，因此可以用来增加金属-氨基酸框架的维度，有利于实现二维或三维 BioMOF 的构筑。

Ching 等利用 Ni(Ⅱ)、Mn(Ⅱ)、Co(Ⅱ)、与甘氨酸（Gly）以 2∶1 的比例合成了一系列二维的结构，每个八面体金属离子与另外四个金属离子通过 4 个 Gly 配体相连，每个 Gly 上的羧基都采用 μ-O_1∶O_2 的配位模式，因此可以拓展成一个二维结构网络。此外，要合成二维的金属有机框架，另一个典型的连接模式是，当两个氨基酸配体以典型的 N、O 螯合模式配位到一个八面体金属离子上时，每个氨基酸的羧基上的另外一个氧原子桥连相邻的金属离子以形成二维结构。例如，天冬氨酸与 Pb(Ⅱ)和 Cd(Ⅱ)，色氨酸与 Mn(Ⅱ)和 Ni(Ⅱ)，L-谷氨酰胺与 Cu(Ⅱ)都可以形成二维结构[20-23]。

三维的金属-氨基酸配位聚合物相对更少。然而如果氨基酸所带的侧链 R 基团可以与金属离子配位，如天冬氨酸（Asp）、谷氨酸（Glu）含有两个羧基，蛋氨酸（Met）有甲硫基，组氨酸（His）有咪唑基，脯氨酸（Pro）有吡咯环，这些基团可作为连接点桥连金属离子，可进一步提高金属与氨基酸的维度，构筑三维的 BioMOF。例如，Anokhina 等利用天冬氨酸（Asp）与 Ni(Ⅱ)合成了一个手性[$Ni_2O(L\text{-}Asp)(H_2O)_2$]·$4H_2O$ 一维链，每个 Asp 通过羧基和氨基，采用 μ_2-N_1O_1∶O_2 和 μ_3-O_3∶O_3∶O_4 模式配位到 Ni(Ⅱ)上，通过提高反应的 pH 值，这些螺旋链与另一个[$Ni(Asp)_2$]$^{2-}$ 单元连接形成三维的手性框架[$Ni_{2.5}(OH)(L\text{-}Asp)_2$]·$6.55H_2O$。此外，Pb(Ⅱ)[24]、Cd(Ⅱ)[25-27]、Ni(Ⅱ)[28]、Zn(Ⅱ)[29]、Cu(Ⅱ)[30]和 Co(Ⅱ)[31]等过渡金属离子也可以与 Asp 和 Glu 等形成非常有趣的三维框架结构。

还有一例非常有趣的三维 BioMOF，是 Pellacani 等[32]报道的[$Cu(L\text{-}Asp)(Im)_2$]·$2H_2O$（Im = 咪唑），它是由 Cu^{2+} 与 Asp 配位桥连，每个 Asp 部分都是通过 μ_2-N_1O_1∶O_2 和 μ_1-O_3 模式与三个 Cu^{2+} 连接。在一系列同构的三维 BioMOF 中，[$M(L\text{-}or\ D\text{-}Glu)(H_2O)$]·$H_2O$[M = Cd(Ⅱ)，Zn(Ⅱ)，Cu(Ⅱ)，Co(Ⅱ)]，Glu 作为多支配体通过 μ_2-N_1O_1∶O_2、μ_1-O_3 O_4 和 μ_2-O_3∶O_4 模式配位到三个不同的金属离子上，每个金属离子都与三个 Glu 配体配位形成八面体构型，形成一个具有 7Å×9Å 大小的手性通道。

对于镧系金属子来说，它们倾向于与羧基配位，所以镧系金属离子也可以用来设计合成基于氨基酸的 BioMOF。例如，Dy(Ⅲ)、Ho(Ⅲ)和 Pr(Ⅲ)离子与 Glu 以及 Sm(Ⅲ)与 Asp 形成二维结构[33]。此外，Gao 等利用类立方烷型的[$Dy_4(\mu_3\text{-}OH)_4$]与 Asp 形成三维框架结构[$Dy_4(\mu_3\text{-}OH)_4(Asp)_3$ $(H_2O)_8$]·$2(ClO_4)$·$10H_2O$[34]。这一结构具有尺寸为 4Å×9Å 的一维平行四边形孔道。之后，Qu 等报道了类似的 Tb(Ⅲ)和 Eu(Ⅲ)的 BioMOF，如[$Tb(DL\text{-}Cys)_4(H_2O)$]$Cl_2$、$Tb(DL\text{-}HVal)_4(H_2O)_8$]$Cl_6$·$2H_2O$、[$Eu(\mu_3\text{-}OH)_4(L\text{-}Asp)_2(L\text{-}HAsp)_3(H_2O)_7$]$Cl_6$·$11.5H_2O$、[$Eu(L\text{-}Asp)_2(L\text{-}HVal)_{16}(H_2O)_{32}$]$Cl_{24}$·$12.5H_2O$，这些 BioMOF 在检测 DNA 方面具有潜在的应用。

蛋氨酸学名为 2-氨基-4-甲巯基丁酸，是一种含硫的非极性 α-氨基酸。根据软硬酸碱理论，S 原子及其衍生物与 Au 之间有很强的亲和性。2016 年，Mon 等[35]根据这一特点，采用蛋氨酸作为配体，与 Ca(Ⅱ)和 Cu(Ⅱ)通过合理设计得到了一个多孔的 BioMOF，分子式为{$Ca^{II}Cu^{II}_6[(S,S)\text{-}methox]_3(OH)_2$ (H_2O)}·$16H_2O$（为了方便起见简称为 **1**）。该 BioMOF 在水中有很高的稳定性，为后续的应用研究提供了良好的前提条件。从结构上看，该 BioMOF 具有一个直径约为 0.3nm 的六方孔道，柔性的乙烯硫甲基侧臂朝向孔道内部，可与吸附到孔道中的金属离子相互作用。实验发现，每克 BioMOF 可吸附 598mg $AuCl_3$，可吸附 300mg AuCl，表明该 BioMOF 对 Au(Ⅲ)和 Au(Ⅰ)具有很高的亲和性，甚至有其他离子如 Pd(Ⅱ)、Ni(Ⅱ)、Cu(Ⅱ)、Zn(Ⅱ)、Al(Ⅲ)等离子存在下仍然对 Au(Ⅲ)和 Au(Ⅰ)也表现出专一的吸附性能。通过晶体 X 射线衍射发现，吸附了 Au(Ⅲ)和 Au(Ⅰ)后，BioMOF 的孔道发生了形变（图 10-2）。Au(Ⅰ)@**1** 中，Au(Ⅰ)分别与孔道中两个乙烯硫甲基侧臂的 S 原子配位，Cl 原子桥连两个 Au(Ⅰ)，形成直线形 S-Au-Cl。由于空间立体效应的限制，结构高度无序，而且构型更加弯曲。Au···Au 距离为 3.04(2)Å，所以在 Au(Ⅰ)@**1** 体系中存在典型的亲金作用。相比之下，在 Au(Ⅲ)@**1** 中，Au(Ⅲ)以扭曲四边形的配位模式与一个乙烯硫甲基中的 S 原子以及三个 Cl 原子配位，另一个乙烯硫甲基侧臂的 S 原子与 Cl 原子之间有弱的作用力[S···Cl 距离为 2.50(1)Å]。这样迫使甲基基团呈现高度弯曲构型，柔性的乙烯硫甲基侧链折叠，使整体排列沿着 c 轴方向而非朝向孔道。实际上，当 BioMOF 吸附 Au(Ⅰ)之后孔道直径略有减小，而吸附 Au(Ⅲ)后由于孔道内的侧链折叠，直径反而会轻微增加（**1** 的直径约为 0.3nm，Au(Ⅰ)@**1** 的直径约为 0.2nm，Au(Ⅲ)@**1** 的直径约为 0.6nm），当除去溶剂分子估算其孔体积时呈下降趋势[**1** 的孔体积为 1101.4Å^3，Au(Ⅰ)@**1** 的孔体积为 776.2Å^3，Au(Ⅲ)@**1** 的孔体积为 609.8Å^3]。因此，可以根据 MOF 的空间立体化学特点以及功能取代基团的活性，将其作为 Au 的分离器。

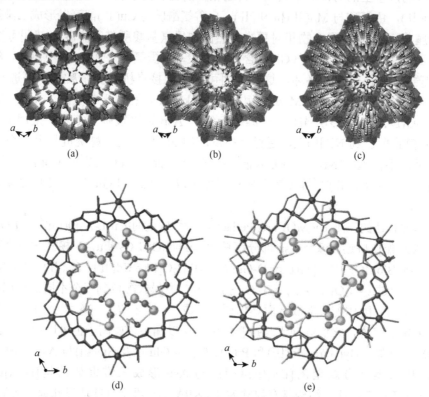

图 10-2　**1**（a）、Au(Ⅲ)@**1**（b）、Au(Ⅰ)@**1**（c）多孔结构沿着 c 轴方向透视图。绿色和紫色八面体分别代表铜和钙原子，黄色和蓝色的球代表金原子和硫原子。为了清晰起见，省略游离的溶剂分子和 Cl⁻ 抗衡离子。（d）Au(Ⅰ)@**1** 和（e）Au(Ⅲ)@**1** 的晶体结构，以便比较主体孔道中 Au(Ⅰ)和 Au(Ⅲ)与蛋氨酸衍生物的侧臂中的 S 原子以及 Cl 原子配位模式以及负载金属后孔道直径的变化。黄色虚线部分表示 Au(Ⅰ)@**1** 存在的亲金作用力

2. 由多肽合成的 BioMOF

肽是涉及生物体内多种细胞功能的生物活性物质。自然界中所有细胞都能合成多肽物质，其器官和细胞功能活动也受多肽的调节控制。肽与氨基酸相比，一是吸收快速，而且以完整的形式被机体主动吸收；二是肽吸收具有低耗或不需消耗能量的特点，尤其值得一提的是氨基酸只有 20 种，而肽是以氨基酸为底物，可以合成成百上千种，因此形成的配合物种类和数量更多样。

肽的氨基端也可以像氨基酸一样采用类似的 O, N-螯合配位模式，与金属配位形成五元环，而肽的羧基端可以采用各种已熟知的配位模式。一般来说，肽中含有的氨基酸的数目为 2～9，最短的是

二肽。每个多肽都具有独特的序列，其多样性使柔性的多肽分子作为配体就会有数量众多的配位点，因此通过合理设计就可以得到功能化的二维、三维的金属-多肽基生物金属有机框架[36-40]。

以最简单的多肽 GlyGly 为例，Kojima 等通过调节 pH 值，首次合成了三种金属-多肽 BioMOF[36]。当 pH = 6 时，形成二维的[M(GlyGly)$_2$]·2H$_2$O[M = Zn(Ⅱ)，Cd(Ⅱ)]，图 10-3（a）所示。每个金属离子都是八面体构型，四个 GlyGly 连接四个金属离子，每个 GlyGly 的羧基端都是以单齿配位模式与氨基端形成五元螯合环桥连两个金属离子。当 pH 值为 9 时，形成另一种二维的 BioMOF，分子式为[Cd(GlyGly)$_2$]·H$_2$O。多肽的羧基端绑定到两个 Cd(Ⅱ)上，氨基端以单齿配体的模式配位到另一个 Cd(Ⅱ)上，每个 Cd(Ⅱ)通过四个 GlyGly 连接其他六个 Cd(Ⅱ)。自第一例金属-多肽（衍生物）的 BioMOF 发表后，很多的金属-多肽配位聚合物，尤其是基于二肽的金属有机框架相继报道，如[Zn(GlyThr)$_2$]·2H$_2$O、[Cd(AlaThr)$_2$]·4H$_2$O、[Cd(AlaAla)$_2$]和[Zn(GlyAla)$_2$]·solvent[38]等。例如，Rosseinsky 课题组报道的 BioMOF：[Zn(GlyAla)$_2$]·solvent，如图 10-3（b）所示。每个多肽通过 Ala 羧基端和 Glu 的氨基端以单齿配位的模式配位到四面体型的 Zn(Ⅱ)上，层与层之间通过氢键作用，沿着 A-A 的形式形成多孔结构，孔隙率为 28%，而且这个多孔 BioMOF 有一个自适应性的孔道，当除去客体分子后，其晶体结构发生改变，重新吸入溶剂分子后结构又能够恢复。通过观测吸附气体等温线发现，这一 BioMOF 的吸附脱附行为类似于蛋白质发生构象选择的响应，表面能级图与蛋白质折叠所需的能级图类似。结构分析表明，配合物中肽链的柔性部分在结构转化中发挥了重要的作用，在有无客体分子的情况下，柔性链在孔道中的构型可以发生明显的变化，导致孔道形状发生可逆的改变。

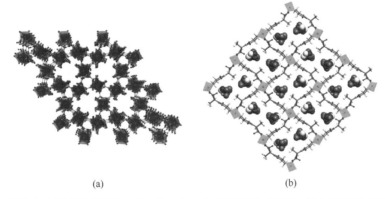

(a)　　　　　　　　　　　　　(b)

图 10-3　多肽与金属离子形成的二维 BioMOF。（a）[Cd(GlyGly)$_2$]；（b）[Zn(GlyAla)$_2$]·solvent

之后，该课题组将 Zn(Ⅱ)与天然的肌肽（学名：β-丙氨酰-L-组氨酸）自组装成三维多孔 BioMOF，即 ZnCar[41]。这个肌肽的多肽链与传统的二肽相比，多出了一个 CH$_2$ 基团。由于组氨酸残基包含咪唑部分，也可以作为额外的金属配位点。这样与 Gly-Ala 和 Gly-Thr 相比，肌肽就具有两个以上的潜在的连接点。每个肌肽分子与四个四面体型的 Zn(Ⅱ)相连，其中两个 Zn(Ⅱ)桥连质子化的咪唑环，形成锌-咪唑链，这一配位模式类似于 ZIF 多孔材料，如图 10-4 所示。

这一 BioMOF 具有良好的化学稳定性和水稳定性，为后续的主客体化学的开展提供了有力保证。当除去孔道中的客体分子 DMF 后，结构依然稳定，并呈现出一个直径约为 5Å 的一维手性孔道，比表面积为 448m^2/g。由于 ZnCar 结构中保留了锌-咪唑链部分赋予的刚性，同时具有组氨酸-β-丙氨酸主链的扭转产生的柔性，因此在客体分子为甲醇和水的情况下，多肽与客体分子之间形成氢键作用，驱动结构发生自适应性的改变，如图 10-5 所示。

由于配位模式不同，采用相同氨基酸组成的二肽也可以形成三维的 BioMOF。Gasque 等[42]合成的[Cd(GlyGlu)$_2$]·3H$_2$O 是一个三维的框架结构，具有一维的通道，每个八面体 Cd(Ⅱ)通过 GlyGlu 配体在三个方向上与其他四个 Cd(Ⅱ)相连，只有 Glu 的羧酸端以二齿配体模式与 Cd(Ⅱ)配位，Glu 的氨基基团并未参与配位。Marsh 等报道过一例由三肽形成的二维金属-多肽框架[37]，分子式为

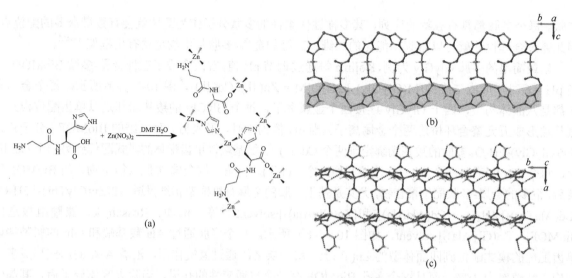

图 10-4 （a）Zn(NO₃)₂ 与肌肽反应生成 ZnCar·DMF 示意图；（b）Zn(Ⅱ)与咪唑环之间形成之字链，链之间通过组氨酸的羧基部分相互连接；（c）咪唑环的波浪层与反平行方向的 β-丙氨酸残基相连。氨基的氢原子与羧酸的氧原子之间形成分子间氢键

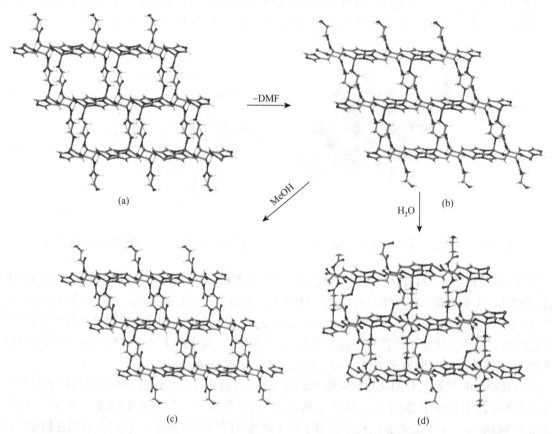

图 10-5 （a）ZnCar·DMF；（b）除去客体分子后 ZnCar；（c）ZnCar·MeOH 和（d）ZnCar·H₂O 的结构。其中 ZnCar·DMF、ZnCar 和 ZnCar·MeOH 这三种只有平面四边形一种类型的孔洞，而 ZnCar·H₂O 具有两种不同类型的孔洞

[Cd(GlyGlyGly)₂]·2H₂O，此结构与前面提到的 pH = 9 时的[Cd(GlyGly)₂]·2H₂O 的结构相似。到目前为止，大多数的研究都集中在二肽与过渡金属离子形成的 BioMOF，这可能是由于氨基酸链太长，其柔性增加，在合成中配体之间相互穿插很难得到晶体。

3. 由蛋白质合成的 BioMOF

生物所有重要的组成部分都需要蛋白质的参与。人体内蛋白质的种类很多，性质、功能各异，但都是由 20 多种氨基酸按不同比例组合而成的，它们在体内不断进行代谢与更新。从结构上看，蛋白质由氨基酸组成，是柔性的三维结构，在构筑软物质材料以及功能仿生材料方面具有潜在的优势。实际上，很多蛋白质需要金属离子配位到特定的位置，以使蛋白质呈现适当折叠，但文献中很少报道由金属离子与蛋白质构筑的配合物。这是因为蛋白质并不同于生物小分子，其结构复杂并具有一定的柔性，再加上大范围多样化的表面，易形成蛋白质与蛋白质之间的相互作用，因此与金属离子配位不容易受控制。Tezcan 课题组[43-47]选择 cyt cb$_{562}$ 作为蛋白质构件模型来研究构筑基于蛋白质的 BioMOF 的可能性。之所以选择 cyt cb$_{562}$ 是基于以下考虑：一是 cyt cb$_{562}$ 是四螺旋血红蛋白束 cyt cb$_{562}$ 的变种（结构如图 10-6 所示），而且它是一种重要的氧化还原

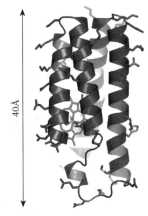

图 10-6　cyt cb$_{562}$ 以及其结构中用于构筑超分子配合物和 MOF 的典型有机建筑模块，棍状显示出表面的残基和次级作用

蛋白质，负责与细胞色素酶之间生物氧化还原反应的电子传递，是联系亚铁血红素和蛋白质骨架之间的基因工程；二是 cyt cb$_{562}$ 中的共价键使其在折叠过程中能够保持稳定，因此当蛋白质表面与金属配位时能抵抗对结构的干扰；三是 cyt cb$_{562}$ 易于大量合成，可以单独存在，与有机组分性质相似；四是 cyt cb$_{562}$ 具有刚性的圆柱形状，不仅是构筑大型自组装体的理想建筑模块，还可以使自组装体易于结晶，从而可以通过单晶衍射进行表征。而且 cyt cb$_{562}$ 具有统一的 α-螺旋拓扑，金属配位位点在其表面的任何方向都可以进行配位，cyt cb$_{562}$ 属于生理学方面的单体，即使在毫克分子浓度也不会形成低聚物，仍能保持结构不变。

Tezcan 等根据金属配位键的强度以及可逆性的特点，推测金属与蛋白质之间可以形成热力学稳定的自组装体，同时能够将无机功能部分引入蛋白质框架中。最近该课题组开发了一种自底向上的策略来实现蛋白质的定向自组装，报道了一例基于蛋白质衍生物的多孔框架，通过金属离子控制蛋白质与蛋白质的相互作用，形成蛋白质的超分子结构，即金属定向与蛋白质自组装。该 BioMOF 是由 2 个基于四螺旋血红蛋白束细胞色素人工合成蛋白，通过 Ni(Ⅱ)、Zn(Ⅱ)连接而形成的。蛋白质 cyt cb$_{562}$ 表面排列着组氨酸（His），这可以和金属离子配位形成离散的寡聚物。为了拓展金属-蛋白质自组装的范围，将邻菲咯啉衍生物接到 cys（C59）表面上，因此可以形成 Ni(Ⅱ)诱导的三聚体。Ni(Ⅱ)中心离子采用四配位模式，分别与一个蛋白质表面的邻菲咯啉以及另一个蛋白质的组氨酸（H77）配位，另外两个配位点分别被溶剂分子占据。这种不饱和的 Ni(Ⅱ)配位模式的结果是部分邻菲咯啉埋在突出部分的表面裂缝中，形成了五十元环，避免形成饱和的 Ni3：MBP-Phen1$_3$ 配合物（图 10-7）。最重要的是，这一开放的三聚体堆积在晶格中形成了一个多孔的三维框架结构。Zn(Ⅱ)的配位模式与 Ni(Ⅱ)一样，框架中有一个六边形的一维通道，尺寸为 6nm×2nm（图 10-8），这种制备方法为研究生物大分子框架提供了很好的思路。

2016 年，Tezcan 课题组报道了一个非常有趣的方法，通过 MOF 的自主装制备新颖的三维蛋白质晶体材料[48]。通过合理的化学设计，合成了带有球形蛋白质节点的三维蛋白质 MOF 晶体。在 C3 孔表面暴露的结合位点通过 T122H 突变设计与锌离子结合，形成 Zn-T122H 铁蛋白大尺寸节点（直径约 12nm）。Zn-T122H 铁蛋白，在二支有机配体存在下自组装形成体心立方堆积，而如果没有有机配体则形成的是面心立方密堆积晶体，如图 10-9 所示。随着蛋白质-MOF 的发展，可能会克服一些传统的蛋白质材料的主要缺点，因此这项工作很有潜力成为下一个十年的里程碑[49]。

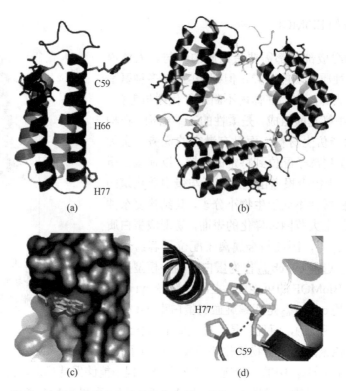

图 10-7 （a）MBP-Phen1 模型，在螺旋链上突出了潜在的金属配位点；（b）Ni3：MBP-Phen1₃的晶体结构；（c）Ni3：MBP-Phen1₃的表面结构，显示出 Phen 基团埋在五十元环下；（d）Ni3：MBP-Phen1₃中 Ni(Ⅱ)的配位环境，在 P53 羧基和 PhenC59 氨基氮部分形成氢键，用红色虚线标注

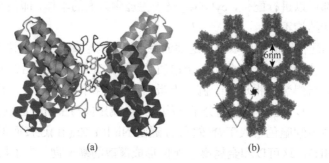

图 10-8 基于四螺旋血红蛋白束细胞色素人工合成蛋白的 Zn：MBP-Phen1₃二聚体（a）及形成的一维通道（b）

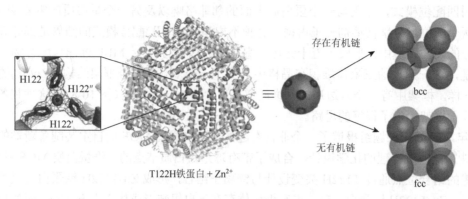

图 10-9 铁蛋白-金属-配体定向自组装成三维晶体的示意图。Zn^{2+}固定 T122H 铁蛋白自组装成面心立方密堆积（fcc）和体心立方堆积（bcc）

10.2.2　基于卟啉和金属卟啉 BioMOF 的合成与结构

卟啉（porphyrin）是一类由四个吡咯类亚基的 α-碳原子通过次甲基桥（＝CH—）互连而形成的大分子杂环化合物。其母体化合物为卟吩（porphin），有取代基的卟吩即称为卟啉。由于侧链的差异不同，种类很多，如尿卟啉、粪卟啉和原卟啉等。卟啉环有 26 个 π 电子，是一个高度共轭的体系。其中心的四个氮原子都含有孤电子对，可与金属离子结合生成 18 个 p 电子的大环共轭体系结构的金属卟啉，如图 10-10 所示。

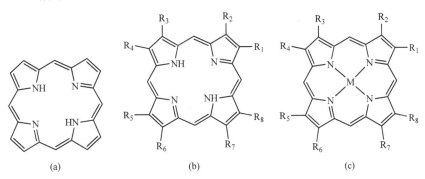

图 10-10　卟吩（a）、卟啉（b）、金属卟啉（c）的结构式

1. 由卟啉合成的 BioMOF

卟啉可以通过环上的取代基，与很多金属离子形成框架结构，如 Al(III)、Zn(II)、Co(II)、Cd(II)、Hf(IV)、Zr(IV)等[50-61]。Rosseinsky 等[50]报道了一系列基于卟啉的 MOF，如将 AlCl$_3$·6H$_2$O 与间-四（4-羧苯基）卟啉（H$_2$TCPP）通过水热法合成 Al-PMOF，即 H$_2$TCPP[AlOH]$_2$(DMF$_3$-(H$_2$O)$_2$)。Al-PMOF 中没有 Al(III)配位到卟啉环中，这是因为卟啉金属化需要用活性的三烷基铝试剂，而且反应温度需要达到一定温度，使卟啉配体溶解才可以实现。结构分析表明，Al-PMOF 中每个卟啉环都是通过四个羧基与八个 Al(III)配位，并桥连两个 Al(III)单元。这是一个没有穿插的网络，在水平面上 Al(III)与四个羧酸氧原子配位，两个 OH$^-$桥连相邻的 Al(III)中心形成无限的 Al(OH)O$_4$链，这是一个很常见的金属(III)-羧酸(M^{3+}-RCOO)配位框架模式，其连通性与 MIL-60 一样都是基于四支配体。与 MIL-60 不同的是，这个平面的卟啉单元链排列几乎完全是方格序列。卟啉双链（相邻等距的两个 Al(OH)O$_4$链通过 Al(III)桥连沿着[010]面交错排列，致使八面体倾斜）的排列产生错综复杂、交错的孔隙结构。沿[010]方向存在两个拓扑不同的椭圆通道，一个是卟啉平面排列产生的沙漏状孔隙；另一个是卟啉交错排列产生的 S 形的孔隙。这两个椭圆孔隙为 6Å×11Å（基于范德瓦耳斯半径），通过较小的矩形孔隙沿着[001]方向和[110]方向相连产生一个三维的孔道，如图 10-11 所示。

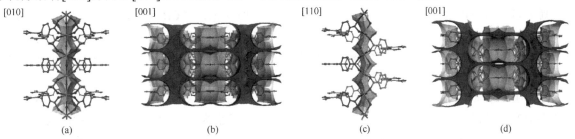

图 10-11　（a）卟啉面内排列产生沙漏状孔隙，探针直径为 1.8Å；（b）通过沙漏状孔道网络截面，探针直径为 1.4Å，在[001]方向沙漏状的孔与较小的矩形孔道相连；（c）卟啉交错排列产生 S 形的孔隙，探针直径为 1.8Å；（d）通过 S 形孔道网络截面，探针直径为 1.4Å，在[110]方向 S 形孔道与较小的矩形孔道相连，这样依次在[001]方向与矩形孔道相连形成一个完全相互连通的孔道网络

马胜前课题组[56-58]采用特定的卟啉与高对称性超分子构筑模块定向自组装成两个 BioMOF，即 MMPF-4（分子式为$[Zn_{19}(tdcpp)_3][(NO_3)_8]\cdot(DMSO)_{61}\cdot(H_2O)_{25}$）和 MMPF-5（分子式为$[Cd_{11}(tdcpp)_3]$ $[(H_3O)_8]\cdot(DMSO)_{36}\cdot(H_2O)_{11}$）。通过四（3, 5-羧苯基）卟啉（tdcpp）与金属离子[M = Zn(Ⅱ)、Cd(Ⅱ)]设计产生第一个基于卟啉分子构筑块均一的多面体。tdcpp 部分的一个面与三角形 $M_2(CO_2)_3$ 或 $M(CO_2)_3$ 连接形成小型四方八面体的超分子构筑模块，四方八面体的超分子构筑模块的另一面与每个 tdcpp 部分背面连接，形成一个高对称扩展的 *pcu* 拓扑网络，MMPF-4 和 MMPF-5 展现出两个不同的多面体笼子，如图 10-12 所示。MMPF-4 笼子内部直径为 11.189Å，窗口尺寸为 8.048Å×8.048Å。MMPF-5 笼子内部直径为 11.589Å，窗口直径为 8.195Å×8.195Å。它们都具有永久性微孔可用于选择性吸附 CO_2。MMPF-4/5 可以作为设计一系列高孔性 MOF 的模板。

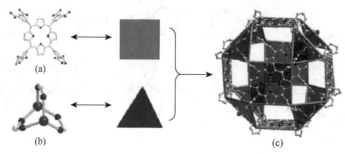

图 10-12 （a）tdcpp 配体作为四方分子构筑模块；（b）$Zn_2(CO_2)_3$ 桨轮状部分作为三角形的分子构筑模块；（c）通过 6 个方形的 Zn-tdcpp 和 8 个三角形 $Zn_2(CO_2)_3$ 分子构筑模块形成小的四方八面体的 MMPF-4 笼子

2. 由金属卟啉合成的 BioMOF

卟啉与金属离子的配位现象广泛存在于自然界，且配位产物在生物体内扮演重要的生理角色，例如，铁卟啉作为机体的载氧体，直接参与生命过程的活动；叶绿素（镁卟啉化合物）从光中吸收能量，将二氧化碳转变为碳水化合物；维生素 B_{12}（钴卟啉化合物）的主要生理功能是参与制造骨髓红细胞，防止恶性贫血。

一些金属卟啉是烯烃环氧化或烃氧化催化剂、醛类脱羰催化剂，因此将卟啉或金属卟啉融合到 MOF 中可能具有催化活性。当轴向配体除去之后，就会在金属卟啉上产生金属不饱和中心，用于催化反应。这与大量的金属卟啉酶如细胞色素 P450 很相似。以 ZnPO-MOF[62]为例，它是由金属卟啉吡啶基配体与 Zn(Ⅱ)以及 1,2,4,5-四（4-羧苯基）苯（TCPB）配体共同构筑而成的，具有永久性孔洞，比表面积约为 $500m^2/g$。催化 *N*-乙酰咪唑（NAI）和 3-吡啶甲醇（3-PC）之间发生的酰基转移反应，使反应速率提高了 2400 倍。催化过程的反应机理见图 10-13。

为了更准确地模拟生物系统中的催化反应，化学工作者总是希望设计对水稳定的金属卟啉 BioMOF。很多 MOF 都是由二价金属离子与羧酸配体配位构成，这些键通常是易于水解的，因此大大限制了该类材料在水介质中的应用。而一些高价金属如 Al(Ⅲ)、Cr(Ⅲ)、Fe(Ⅲ)、Zr(Ⅳ)、Hf(Ⅳ) 等形成的羧酸类 MOF 通常具有良好的水稳定性和热稳定性，并具有良好的力学性能。这可能是与金属离子具有较高的电荷密度，致使金属与配体之间的键能较强有关。选择合适的金属与卟啉或金属卟啉衍生物配位将有助于克服 MOF 对水不稳定的问题。

在金属卟啉-MOF 的合成以及仿酶催化方面的研究，周宏才课题组做了大量的工作。他们报道的 PCN-22x 系列[52-55]（包括 PCN-221、222、224、225）是最为突出的工作之一。其中 PCN-222、PCN-224 和 PCN-225 都是基于非常稳定的 Zr_6 金属簇构筑的。下面以 PCN-222[55]为例进行介绍。

PCN-222 是由 Zr_6 金属簇与四支配体 5, 10, 15, 20-四（4-羟基苯基）卟啉（TCCP）构筑的 BioMOF（图 10-14）。通过优化，$FeCl_2$ 和 $ZrCl_4$ 与 H_4TCPP 在苯甲酸的 DMF 溶液中，通过溶剂热法得到 PCN-222 (Fe)。它具有一个直径为 3.7nm 的开放性孔道。活化后在 77K 时对 N_2 的吸附等温线呈现典型的Ⅳ类

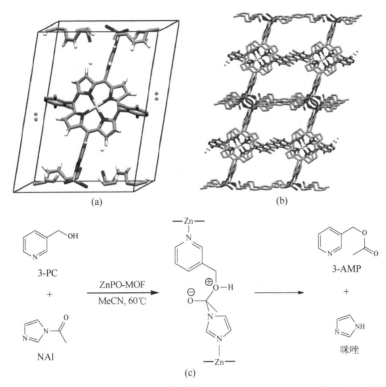

图 10-13　（a,b）ZnPO-MOF 的晶胞（a）以及三维结构（b）；（c）ZnPO-MOF 催化酰基转移反应可能的机理

型吸附，在 $P/P_0 = 0.3$ 时，吸附量急剧增加，表明该 MOF 为介孔材料。PCN-222 的 BET 比表面积为 2200m^2/g，孔体积为 1.56cm^3/g，这是目前基于卟啉的 MOF 中比表面积和孔体积值最大的。最重要的一点是，PCN-222 具有非常稳定的结构，具有极强的耐水性和耐酸性，无论是浸泡在沸水中还是浸泡在 8mol/L 盐酸中，24h 后 PCN-222 仍可保持其晶形。通过测试 N_2 吸附，吸附量并未减少，证明其孔性得以保持。PCN-222 之所以具有这么稳定的结构是因为结构中的 Zr(Ⅳ)金属簇起了很大的作用，Zr(Ⅳ)具有很高的电荷密度，极化羟基氧形成极强的 Zr—O 键，该键具有明显的共价键特征，而且 Zr(Ⅳ)金属簇与卟啉、Fe(Ⅲ)的螯合效应进一步提高了整个框架的稳定性。

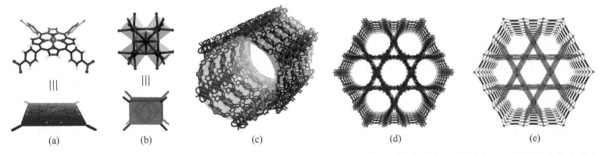

图 10-14　PCN-222(Fe)的晶体结构和拓扑结构。4-连接的 M-TCPP（蓝色方形）（a）与 8-连接的 Zr_6 簇（橙色长方体）（b）通过扭转角相连，产生一个 1D 的大孔道（绿色支柱）（c）。（d）PCN-222(Fe)的三维透视图及（e）拓扑图

将金属卟啉封装到 MOF 孔道中可形成另外一种类型的 BioMOF。例如，Eddaoudi 课题组[51]为了推进 MOF 材料应用，报道了一种新的方法和策略来构筑特定的 MOF 平台以适用于所需的应用。将刚性的配体和定向的单一金属离子分子建筑模块来构筑类沸石金属有机框架（ZMOF）。这一框架将八配位的 In(Ⅲ)与四个咪唑二羧酸配体（HImDC）通过 N-、O-混合配位，螯合形成 $InN_4(CO_2)_4$ 分子建筑模块，产生 InN_4 四支建筑单元（TBU）。4-连接的 TBU 自组装形成截角的立方八面体（α-笼子是由 48 个 InN_4TBU 组成），再通过两个八元环连接形成 rho-ZMOF。这一结构框架具有很大的孔

穴，因此可以封装金属卟啉，如图 10-15 所示。ZMOF 的拓扑类似于无机沸石，与典型的 MOF 不同的是它是阴离子型的，在水介质中稳定性很高，并具有超大的孔穴，这表明该化合物在开发与大分子相关的应用方面具有巨大的潜能。这种方法可以促进新的子类 MOF 的构筑。

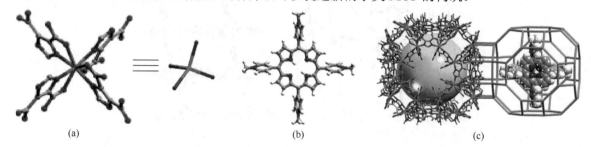

（a）   （b）   （c）

图 10-15　（a）八配位的分子建筑模块作为四面体建筑单元；（b）5,10,15,20-四-（1-甲基-4-吡啶）卟啉离子[H₂TMPyP]⁴⁺；（c）*rho*-ZMOF 的晶体结构以及 α-笼封装[H₂TMPyP]⁴⁺的示意图（右图是放大图）

10.2.3　基于核碱基合成的 BioMOF

核碱基（nucleobase）是指一类含氮碱基（nitrogenous base），在生物学上通常简单地称为核酸的重要组成部分，包括腺嘌呤（A）、胸腺嘧啶（T）、鸟嘌呤（G）、胞嘧啶（C）和尿嘧啶（U）。

从结构上来看，核碱基是杂环化合物，其氮原子位于环上或取代氨基上，这些配位原子都可用于配位聚合物的结构组装和功能设计。利用核碱基作为有机连接体具有显著特点：核碱基是刚性分子，多个 N、O 等配位原子使其方便作为多支有机配体与金属离子配位；另外，通过碱基配对形成氢键，或通过核碱基芳香环之间的 π-π 堆积等超分子作用力，可构筑出种类繁多的金属有机框架结构。

1. 核碱基配合物的发展

关于金属与核碱基的研究始于 20 世纪 50 年代[63, 64]。从化学角度上来分析，核酸是一种强酸，在生理条件下以聚阴离子形式存在，它需要阳离子来中和，很容易让人想到与金属离子（碱性）配位，因此化学家们逐渐认识到金属离子可以与 DNA 之间有相互作用。最早的研究应该是从甲基汞离子与 DNA 的结合开始的。受当时理论知识和分析测试仪器的影响，其研究主要集中于它的结合模式，结果发现金属汞离子主要与 DNA 上的碱基结合而非磷酸酯部分。20 世纪 50 年代末，银离子与 RNA 的络合研究也逐渐发展起来了。到了 60 年代，有很多金属离子，如钾离子、铜离子、锌离子、镁离子等与碱基作用的研究陆续被报道。因为金属离子可以和核酸的碱基部分（包括腺嘌呤、鸟嘌呤、胞嘧啶、胸腺嘧啶、尿嘧啶）作用，也可以和核酸的糖基磷酸酯部分作用，而且在不同的反应条件下，不同的金属离子与其作用时其模式也有很大不同，这必将影响 DNA 双螺旋结构及其稳定性，而且对 DNA、RNA 的非双螺旋结构也有很大的影响。因此，金属离子与 DNA 和 RNA 的研究引起科学工作者的广泛关注。

通过调节反应条件，金属离子结合到核碱基的杂环化合物部分，这样可能有助于 DNA 和 RNA 单链分子的测序。早期的研究主要在于对腺嘌呤的电化学以及荧光检测，这是因为腺嘌呤可用于对病毒、癌症等的研究，其电化学反应过程与生物体系中的氧化还原过程的机理和检测的途径都极为相似。而且，腺嘌呤参与遗传物质的合成以及能量信息的传递，也是很多辅酶的重要组成部分，参与生物体系的氧化还原反应过程。如 dAMP、AMP、ATP 等这些都包含腺嘌呤部分，在这些体系中发生氧化还原反应时都是在腺嘌呤部位，因此研究金属离子与腺嘌呤的氧化还原性质，有助于理解复杂生物分子的电化学行为。金属离子和 DNA 碱基的相互作用，也可以扰乱 DNA 的复制过程，碱金属和碱土金属离子能引发碱基上电子的重新分配，使部分高能异构体趋于稳定，而这些高能异构体的存在很容易导致 DNA 碱基对的错配。这方面研究最为显著的成果莫过于 20 世纪 70 年代的抗癌药物顺铂，它的出现真正掀起了金属离子对 DNA 作用研究的热潮。而后随着单晶 X 射线衍射仪器等的发展，对金属离子与嘌呤碱基的配位模式研究得更加详尽，全面了解金属离子与生物分子的配位模式对于了解生物分子在生物体系中的作用或作用机理至关重要。金属离子与核碱基形成框架结构，使金属-核碱基配位化学研究领域更为广阔，美国匹兹堡大学的 Rosi 课题组[65-73]和国内的一些研究组[74-76]将腺嘌呤作为咪唑类的衍生物配体，通过金属配位构筑了一系列三维生物金属有机框架，其中包括著名的 bio-MOF-1[65]和 bio-MOF-100[68]。

2. 核碱基 BioMOF 的设计

近几年以核碱基作为配体的金属配合物的晶体结构迅猛增加，这也反映出这方面研究已经引起研究者极大的兴趣。嘌呤因其比嘧啶有更多的 N、O 杂原子，而且其氢键给体或受体的数量和模式也比嘧啶多，因此相对于嘧啶来说，嘌呤类碱基分子更适合作为 BioMOF 的桥连配体。由于鸟嘌呤在普通溶剂中的溶解性比较差，采用它作为有机配体来合成配合物受到限制。目前，以核碱基为主要配体合成配合物已有很多的报道。西班牙和印度的研究者在这方面做了大量的工作，很多课题组对核碱基配合物配位模式方面的研究都做了总结[77-81]。本小节以腺嘌呤为例，主要介绍以腺嘌呤作为主要配体，通过配位键和非共价超分子作用力来构筑的 BioMOF 的结构特点。

腺嘌呤有五个潜在的配位点［结构式如图 10-16（a）所示］，除了杂环上的 N1、N3、N7、N9 四个氮位点以外还有环外的 N6 氨基，再加上 Watson-Crick 面或 Hoogsteen 面有形成氢键的能力，它们可以展示多种可能的配位模式［图 10-16（b）］，便于形成多样化的配位聚合物结构[78]。要构筑适当的 BioMOF，除了选择合适的金属离子之外，还要考虑反应环境所处的酸碱性和空间位阻等。另外，配体去质子化，可增加其配位能力，更利于金属中心通过几个位置同时与腺嘌呤配位，有机会得到更稳定的晶态多孔材料。而通过引入羧酸等有机物作为第二配体，也是获得较高孔洞率的 BioMOF 的有效策略。如图 10-16（c）～（e）所示，在金属有机框架化学中经常作为次级构筑单元的金属羧酸桨轮状（paddle-wheel）结构，也可以通过腺嘌呤配位来实现，这也为腺嘌呤和羧酸第二配体同时配位提供了可能[79]。

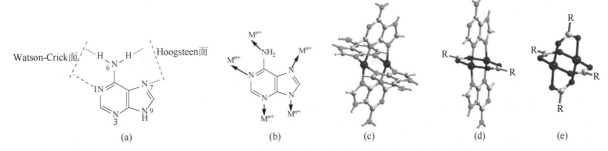

Watson-Crick面　　　　　Hoogsteen面

(a)　　　　　(b)　　　　　(c)　　　　　(d)　　　　　(e)

图 10-16　（a）腺嘌呤分子式及编号；（b）与金属配位的潜在的配位点；（c）二金属四腺嘌呤桨轮状基元；（d）二金属二腺嘌呤二羧酸桨轮状基元；（e）二金属四羧酸桨轮状基元。图中红色为金属、绿色为 N、蓝色为 O

3. 基于腺嘌呤合成的 BioMOF

为了得到三维孔洞的 BioMOF，常规的思路是通过金属中心同时与腺嘌呤的多个配位点配位，但因为腺嘌呤作为连接体长度有限，再加上位阻效应和低对称性的特点，很难由单一的腺嘌呤与金属形成三维孔状配位聚合物。一种有效的策略是通过引入第二辅助配体，尤其是含羧酸的高对称性配体来共同构筑框架结构。自 2004 年 Castillo 课题组[79, 82]报道了第一例基于腺嘌呤的三维的 BioMOF（分子式{[Cu$_2$(μ-ade)$_4$(H$_2$O)$_2$][Cu(ox)(H$_2$O)]$_2$·14H$_2$O}$_n$，ade 为腺嘌呤，ox 为草酸根离子）以来，很多的课题组相继合成出各种各样配位模式的 BioMOF，因此有很多性质稳定的 BioMOF 脱颖而出，其中包括 Rosi 课题组报道的 bio-MOF-1[65]和 bio-MOF-100[68]。

早期设计合成的 BioMOF 一般都是采用柔性的乙二酸、己二酸等脂肪类二支羧酸作为第二辅助配体，采用溶液法或水热法合成，主要关注点在于聚合物的结构，缺乏系统性。从 2009 年开始，美国匹兹堡大学的 Rosi 课题组[65-73]通过溶剂热法，由金属离子、腺嘌呤和一系列的二元羧酸以及刚性的芳香二羧酸第二辅助配体制备了一系列高孔洞率的三维 BioMOF，开始系统地研究 BioMOF 的结构与性质，并在气体的吸附分离、荧光传感、后合成修饰、药物缓释等方面做了大量的应用探索。

Rosi 课题组报道的第一例基于腺嘌呤的三维金属有机框架就是 bio-MOF-1[65]，即 Zn(ad)₄(BPDC)₆O·2Me₂NH₂·8DMF·11H₂O。他们采用长链的 4,4′-联苯二甲酸（H₂BPDC）作为第二辅助配体将腺嘌呤与 Zn(Ⅱ)配位通过溶剂热法制得。bio-MOF-1 是利用低对称性的分子模块自组装形成高对称型的次级构筑单元，通过这种特殊的配位模式，框架的对称性得到大幅度提高，明显促进重复单元的堆积而形成晶态材料。bio-MOF-1 是由 Zn-ade 共顶点的八面体笼组成的柱状 Zn-ade 次级构筑单元组成。每个笼子通过四个腺嘌呤连接八个锌离子四面体，Zn-ade 柱层沿着 100 和 010 方向通过多支配体 BPDC 连接，形成一个很大的一维通道，当框架除去客体分子后，仍然能保持其孔性，如图 10-17 所示。

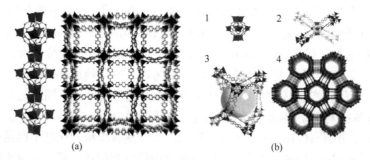

图 10-17 （a）柱状 Zn-ade 次级构筑单元以及带有一维孔道的 bio-MOF-1 三维透视图。（b）bio-MOF-100 的晶体结构。
1. Zn-ade 中的次级构筑单元（SBU）；2. 一个 SBU 与四个相邻的 ZABU 通过 BPDC 配体连接起来形成三维结构，与 bio-MOF-1 中的 Zn-ade 柱不同；3. 三维结构中超大的空穴（黄色球）；4. 沿着 100 方向具有的一维孔道的三维透视图
（Zn²⁺：深蓝色四面体；C：灰色球；O：红色球；N：蓝色球；H：省略）

通常研究人员通过增长有机连接体长度来增大 MOF 的孔洞。2012 年，Rosi 课题组提出一个非常有趣的策略，采用大型金属生物分子团簇作为节点，再通过第二羧酸配体作为连接体来设计合成介孔的 BioMOF。通过这种方法合成了以锌(Ⅱ)-腺嘌呤作为节点，4,4′-联苯二羧酸为连接体的 bio-MOF-100[68]，这是一种独特的介孔 BioMOF，它的次级构筑单元具有很高的对称性，但它并不像 bio-MOF-1 一样拥有笼状的柱子，它的次级构筑单元是具有独立的八面体笼子，在拓扑上可以用削去顶点的四面体代表，次级构筑单元之间通过 12 个 BPDC 配体与其他相邻的 4 个次级构筑单元相连，形成具有一个超大空腔的三维结构，沿着 110 面、101 面和 011 面方向形成一维通道（图 10-17）。bio-MOF-100 是第一个真正意义上的介孔 MOF 材料，用超临界二氧化碳活化除去溶剂分子，BET 比表面积高达 4300m²/g。

随后，该课题组采用分步配体交换法，通过单晶到单晶的转换策略得到一列 bio-MOF-100 的同构物，即 bio-MOF-102 和 bio-MOF-103[86]。当将 BPDC 换成链更长一些的 4,4′-偶氮苯二甲酸（ABDC）和 2′-氨基 1,1′∶4,1″-三联苯-4,4′-二羧酸（NH₂-TPDC）辅助配体时，框架体积明显增大，所有的 MOF 吸附等温线都呈现出典型的Ⅳ类型，说明材料中有介孔存在，计算其孔体积分别为 4.36cm³/g 和 4.13cm³/g，属于大孔体积行列。由于配体长度的增加，框架孔洞更大、洞隙率更高。这种在原来

MOF 的基础上通过逐步配体取代后修饰得到一系列同构框架的方法，为制备一些常规方法得不到的结构提供了一个新思路。

此外，钱国栋课题组采用了与 NH₂-TPDC 同长度的 1,1′：4,1″-三联苯-4,4′-二羧酸（H₂-TPDC）和 2′,5′-二甲基-1,1′：4,1″-三联苯-4,4′-二羧酸（H₂-CH₃-TPDC），通过溶剂热法与锌盐和腺嘌呤原位反应，得到两个与 bio-MOF-1 具有相同 Zn-A 柱层 SBU 的三维金属有机框架，ZJU-64 和 ZJU-64-CH₃[111]。ZJU-64 和 ZJU-64-CH₃ 两者同构，都与 bio-MOF-1 具有类似的网络结构，进一步证明了相同的反应物或类似结构的反应物，采用不同的制备方法，可以得到结构相同的产物。

由于 bio-MOF-1 和 bio-MOF-100 具有比较稳定的物理化学性质，因此也受到了广泛关注，相继发现了一系列有趣的现象，并拓展了该类材料的应用。一般来说，科学家通过增大 MOF 孔体积来改善材料对 CO_2 的吸附能力，或者通过 MOF 的后合成修饰改善孔道表面使其与 CO_2 有很强的亲和力，而基于 bio-MOF-1 可通过离子交换的方法调控材料的气体吸附性能。

由于 bio-MOF-1 本身是一个阴离子框架，孔道中留有二甲基胺（DMA）离子，因此可以通过离子交换的方法，选择结构上和化学上与 DMA 相似但尺寸不同的一系列有机阳离子，如四甲基胺（TMA）、四乙基胺（TEA）、四丁基胺（TBA）（尺寸依次增大，如图 10-18 所示），与 DMA 进行离子交换来降低孔体积和表面积（孔体积从原来的 0.75cm³/g 降低到 0.37cm³/g，BET 比表面积从 1680cm²/g 降低到 830cm²/g）。按照常理来说，孔中依次换为较大的阳离子后吸附 CO_2 的能力应该会依次降低，但实际上并非如此，CO_2 的吸附能力并未随着孔体积和表面积的减小而成比例下降，如表 10-1 中数据所示，客体分子为 DMA 的 DMA@bio-MOF-1，其孔体积和 BET 比表面积最大，常温下吸附 CO_2 的量却是最少的，TBA@bio-MOF-1 的吸附量虽然和 DMA@bio-MOF-1 相差不多，但孔体积和比表面积只有它的一半。从吸收 CO_2 分子数来看，随着温度升高，TBA@bio-MOF-1 吸收 CO_2 的能力比 DMA@bio-MOF-1、TMA@bio-MOF-1、TEA@bio-MOF-1 增加得都要快。从 DMA@bio-MOF-1 到 TBA@bio-MOF-1 吸附焓 Q_{st} 值逐渐增大进一步证明 BioMOF 的孔虽然小，在常温下却有效地吸收 CO_2，这对实际中常温下的应用会有较大的价值。通过离子交换的方法优化吸附 CO_2 的能力，使人们改变了"孔越大，吸附能力越强"的看法[67]。

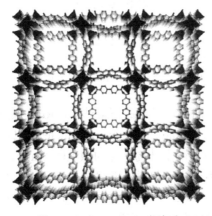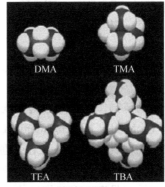

阳离子交换

图 10-18　bio-MOF-1 框架和 DMA、TMA、TEA、TBA 结构式

表 10-1　bio-MOF-1 中客体分子分别为 DMA、TMA、TEA、TBA 时的 N₂ 和 CO₂ 吸附实验数据

客体分子	BET 比表面积/(m²/g)	孔体积/(cm³/g)	273K CO₂ 吸附量/(mmol/g)	313K CO₂ 吸附量/(mmol/g)	Q_{st}/(kJ/mol)
DMA	1680	0.75	3.41	1.25	21.9
TMA	1460	0.65	4.46	1.63	23.9
TEA	1220	0.55	4.16	1.66	26.5
TBA	830	0.37	3.44	1.36	31.2

由于 bio-MOF-1 本身是离子性的结构框架，它可以通过离子交换存储普鲁卡因胺药物分子，第一次采用内源性的 BioMOF 探索在药物缓释的方面的应用[65]。同样，BioMOF 还可以将具有光学活性的有机染料[87]和稀土离子[70]，尤其是那些在近红外区域有发光性质的镧系元素，通过客体交换封装到孔道中，从而获得客体分子或离子的发光，可以作为发光传感器，在生物分析方面得到应用。镧系离子在水溶液中不太稳定而影响其发光性质，而生物体系中很多都是在水溶液中进行的，因此导致这些镧系离子的应用受到很大限制。Rosi 课题组将 bio-MOF-1 与稀土离子（Tb^{3+}、Sm^{3+}、Eu^{3+} 和 Yb^{3+}）进行离子交换后，分别形成了 Tb^{3+}@bio-MOF-1、Sm^{3+}@bio-MOF-1、Eu^{3+}@bio-MOF-1，交换后的框架材料在紫外光激发下分别产生稀土离子的特征发射（图 10-19）。通过离子交换，镧系离子进入 MOF 孔洞中，MOF 像一个"灯笼"似的保护其荧光不被溶剂所猝灭（因为水对稀土离子的发光有猝灭效应），而且 MOF 的空间限域效应使得镧系离子的浓度限制在一定的范围内，镧系离子可以产生大量的质子反射，增强发光强度，从而有效地提高检测灵敏度。bio-MOF-1 的结构框架不仅可以有效敏化稀土离子的发光，同时还能保护稀土离子不受水分子对荧光的猝灭，这一结果为开展 BioMOF 在生物和环境领域的荧光探测和荧光显影等应用提供了思路。

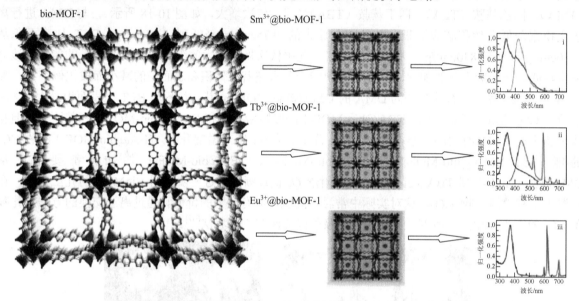

图 10-19 镧系离子封装在 bio-MOF-1 中敏化发光的激发和发射光谱

腺嘌呤之间丰富的氢键作用与配位键共同作用也可以形成框架结构，Rosi 课题利用这种策略方法组合制备了一例 BioMOF，即 $Zn_6(adeninate)_6(pridine)_6(dimethylcarbamate)_6$。Zn(II)与腺嘌呤上的 N7 和 N9 配位，其中腺嘌呤的 Watson-Crick 面与另一个结构单元的腺嘌呤 Watson-Crick 面之间形成氢键大环，自组装成三维结构[69]。每个环上都有十二个氢键，并且周围有六个环相邻，这种堆积形成圆柱空腔，整齐的排列贯穿形成三维结构（图 10-20）。由于腺嘌呤之间有较强的氢键作用与大环相邻，当移除客体分子时，结构框架依然能够保持不变。他们通过调节活化温度（125℃）除去客体分子，并且把部分配体移除，以此拓宽孔道直径，使材料能够吸附更多的 CO_2 和 H_2。因此通过调节孔道大小的方法可以选择性识别气体以及分离气体。

由于 MOF 材料具有多孔性，表面积和孔隙率高，孔道结构可剪裁、易功能化，因此在 CO_2 捕获和存储方面备受关注。尽管 MOF 材料在 CO_2 的吸附储存方面应用前景广阔，然而对于 CO_2 的捕获，仅仅具有较高的吸附量是不够的，最重要的是能够在混合气体中高选择性地吸附 CO_2。因此，采用 BioMOF 这种具有特殊的分子识别功能的多孔材料逐渐引起学者的关注。利用 BioMOF 的功能位点以及生物分子专一的属性，来选择性地吸附和分离某些混合气体[71, 73, 88]。

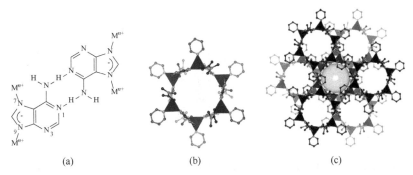

图 10-20　(a) 腺嘌呤之间在 Watson-Crick 面形成的氢键作用力;(b) 独立的 Zn$_6$(adeninate)$_6$(pyridine)$_6$(dimethylcarbamate) 六方大环;(c) 大环之间通过超分子自组装形成一维通道 (黄色球状)(其中 Zn(II), 深蓝色; C, 深灰色; N, 淡蓝色; O, 红色; 为了清晰起见将 H 省略)

　　Rosi 课题组采用长短不同的脂肪链酸与腺嘌呤合成的四种同构体 BioMOF, 即 bio-MOF-11, 12, 13, 14, 如图 10-21 所示, 它们具有相似配位模式。以 bio-MOF-11 为例, 其分子式为 [Co$_2$(ade)$_2$(OOCCH$_3$)$_2$]·2DMF·0.5H$_2$O, Co(II) 通过两个腺嘌呤的 N3 和 N9 位置以及两个乙酸桥连形成二金属二腺嘌呤二羧桨轮状基元, 这些单元再通过腺嘌呤的 N7 原子与 Co^{2+} 配位, 进一步形成具有规则空腔的三维结构 (图 10-22), 乙酸悬挂在框架中并朝向孔道。这一孔道直径约 5.8Å。当除去客体分子后, 框架结构仍保持不变。

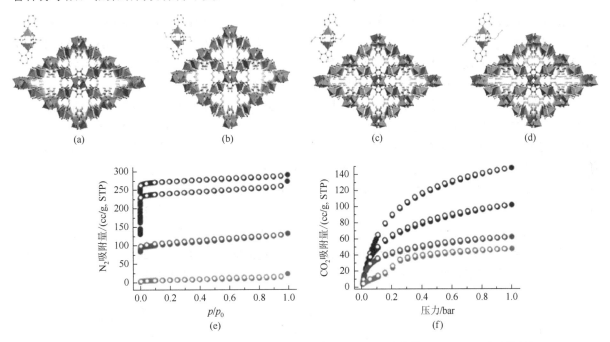

图 10-21　(a~d) 依次为 bio-MOF-11, 12, 13, 14 的次级构筑单元及三维孔道结构。bio-MOF-11 (深蓝色)、bio-MOF-12 (深红色)、bio-MOF-13 (绿色)、bio-MOF-14 (橙色) 在 77K 下 N$_2$ 的吸附等温线 (e) 以及在 273K 下 CO$_2$ 的吸附等温线 (f)

　　这一金属有机框架要比 Zn$_6$(adeninate)$_6$(pridine)$_6$(dimethylcarbamate)$_6$ 在吸附 CO$_2$ 性能方面有了重要的进步, 它能够高度选择性吸附 CO$_2$, 并且在低压下能够快速吸附, 这是因为 Co-ade 所形成的孔道比较窄, 孔径狭小 (与 CO$_2$ 的动力学分子直径相当, 即分子之间的匹配性好), 使尺寸较大的气体不能进入, 因此不能被吸附到孔洞中。而在低压下能够快速吸附是因为 CO$_2$ 和孔壁之间有一种很强的相互作用, 在 Zn-ade 大环中由于氢键作用才形成大环, 而氢键也可能限制了路易斯碱性位点的接触,

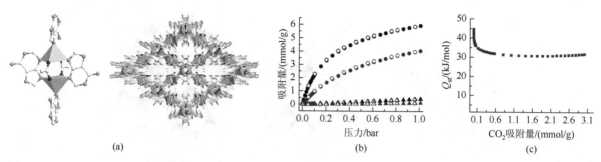

(a)　　　　　　　(b)　　　　　　　(c)

图 10-22　Co₂(ad)₂(CO₂CH₃)₂·2DMF·0.5H₂O 的（a）不对称单元及三维结构图；（b）273K 和 298K 的 N₂ 和 CO₂ 吸附等温线（圆圈为 CO₂ 吸附和脱附曲线，三角形为 N₂ 的吸附脱附曲线）；（c）bio-MOF-11 对 CO₂ 吸附的吸附焓

导致材料与 CO₂ 的亲和力降低，Co-ade 大环有更多、更有效的路易斯碱性位点暴露，能与 CO₂ 有效结合。这种材料通过物理选择性吸附 CO₂，比依靠溶剂或依靠化学吸附需要的能量更少。

　　利用 MOF 特有的优势，可以采用调节孔道的尺寸的策略来改善材料对气体吸附的性能。Rosi课题组通过设计合成的其他三种 BioMOF 与 bio-MOF-11[88]不同的是，朝向孔道内部的脂肪酸分别为丙酸、丁酸、戊酸，通过调脂肪酸链的长度来控制结构中的孔径窗口。由于脂肪链的增加，孔道的BET 比表面积明显减小，由 1148m²/g 减少到 17m²/g，孔道较小的 bio-MOF-14 表现出独特的分子筛效应，允许动力学尺寸较小的 CO₂ 进入而不能吸附动力学尺寸较大的 N₂（如图 10-21 中的吸附曲线图）。这一系列 BioMOF 中碱性位点对 CO₂ 的吸附和选择性具有很明显的影响，再通过脂肪酸链的长度精确调节孔道的大小，充分利用 BioMOF 自身的特点，以达到选择性吸附不同气体分子的目的。目前 MOF 对 CO₂ 的选择性吸附主要有热力学机理和动力学机理。热力学机理主要体现在材料对 CO₂的亲和性，而分子筛效应则归因于动力学机理。研究人员可以根据这两种机理，结合生物分子本身的特点，设计合成出对 CO₂ 具有专一性选择吸附的 BioMOF 材料。

　　王飞等[74-76]通过溶剂热法合成了金属有机框架[Cd₂(ade)₂(int)₂(DMF)(H₂O)]·DMF（int 为异烟酸）[74]，其配位模式非常典型，其不对称单元包括 2 个 Cd(Ⅱ)、2 个去质子化的腺嘌呤、2 个异烟酸离子，还包括 1 个配位的水分子和 1 个 DMF 分子。这 2 个 Cd 原子的配位模式并不相同，Cd1 原子采用四方锥型的五配位模式，分别与 4 个不同腺嘌呤上的 N 原子以及 1 个异烟酸上的 O 原子配位，Cd2 原子采用八面体几何配位模式，分别与 3 个氧原子（分别来自 1 个水分子、1 个 DMF 分子和 1 个异烟酸中的羧酸氧原子）和 3 个氮原子（分别来自 2 个不同的腺嘌呤以及异烟酸中的 N 原子）成键，每个腺嘌呤都是作为三齿配体（N3，N7，N9）与 Cd 原子桥连，形成一个 Cd₂(ade)₄ 桨轮状 SBU（图 10-23），轴向位置被两个垂直的异烟酸配体占据，Cd₂(ade)₄ 单元进一步通过 Cd2 原子桥连形成一维链。在这一结构中，两个异烟酸起不同的作用，一个连接两个相邻的 Cd2 形成链，另一个作为

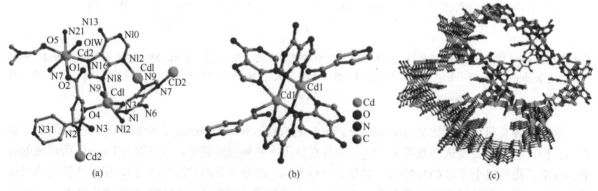

(a)　　　　　　　(b)　　　　　　　(c)

图 10-23　（a）[Cd₂(ade)₂(int)₂(DMF)(H₂O)]·DMF 中 Cd(Ⅱ)的配位环境；（b）Cd₂(ade)₄ 桨轮状结构单元；（c）一维通道图

垂直配体配位到 Cd1 上，两个不同的链通过共享的 Cd2 原子配位形成一个三维有机框架，其一维通道被垂直的异烟酸配体以及配位的溶剂分子占据。该课题组又通过改变金属离子合成了多孔框架材料[Zn(ade)(int)]，即 TIF-1[76]，研究了 TIF-1 在自组装过程中溶剂客体分子的模板作用，同时也探讨了该主体框架的发光性能和气体吸附能力，TIF-1 封装不同的客体分子后发光波长发生变化。而且经过活化后，主体框架对 H_2 具有很高的吸附能力，对 CO_2 有很高的选择性。

此外，李丹课题组在腺嘌呤基金属有机框架的设计合成以及主客体化学方面也作出了很大的贡献。2018 年，通过溶剂热法以腺嘌呤及其衍生物 2,6-二氨基嘌呤生物分子为配体，以 2,5-呋喃二甲酸为辅助配体合成了两例 BioMOF：分子式分别为 {Zn(Ade)(FDC)·0.5DMF}$_n$ 和 {Zn(A-NH$_2$)(FDC)·0.5H$_2$O}$_n$，即 ZnFDCA 和 ZnFDCA-NH$_2$[113]，它们是具有一维孔道的二维层状配位聚合物。从 ZnFDCA 和 ZnFDCA-NH$_2$ 的单晶结构上分析，ZnFDCA 中 Zn(Ⅱ)原子采取稍扭曲的四面体型配位模式，与两个 ade 上的咪唑 N 原子（ade 对称性无序，N7 和 N9 的概率各占一半）配位，FDC^{2-} 两端羧酸 O 与 Zn(Ⅱ)采用单齿配位方式，导致结构在 c 轴方向可形成二维（4,4）网格层，具有两种正方形空腔和一种长方形空腔，相邻两层间空腔和另外一种空腔规整地相互嵌套［图 10-24（a）和（b）］。ZnFDCA-NH$_2$ 的不对称单元含有 2 个独立的 Zn(Ⅱ)中心、2 个 2,5-呋喃二甲酸根（FDC^{2-}）、2 个 2,6-二氨基嘌呤分子（A-NH$_2$）和 1 个 H$_2$O 客体分子。Zn(Ⅱ)的配位环境如图 10-24（c）所示，同样采取扭曲的四面体型配位模式，与两个 A-NH$_2$ 上的咪唑 N 原子配位和两个 FDC^{2-} 的两个羧酸 O 配位，FDC^{2-} 两端羧酸 O 与 Zn(Ⅱ)采用单齿配位方式，该结构在 c 轴方向也可以形成与 ZnFDCA 类似的二维（4,4）网格层嵌套，如图 10-24（d）所示。

ZnFDCA 和 ZnFDCA-NH$_2$ 同属于 sql 拓扑网络，ZnFDCA 结晶于 $\overline{4}2m$ 非心点群，但具有明显的光学活性，在 BioMOF 中可观察到正负两种光学信号，同时其具有 5 倍 KDP 的二次谐波（SHG）信号。而 ZnFDCA-NH$_2$ 结晶于中心对称的 mmm 点群，晶体对称性与 ZnFDCA 不同，并没有明显的光学活性或 SHG 效应。ZnFDCA 是首例非手性 MOF 具有成对的、明显的光学活性的例子。该研究为前人的理论预测提供了一个具体而有力的证据，有助于人们进一步认识光学活性并不是手性物质特有的性质。

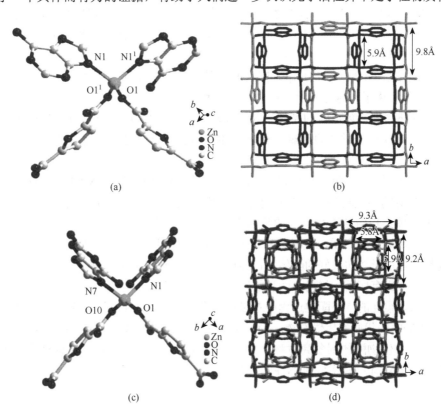

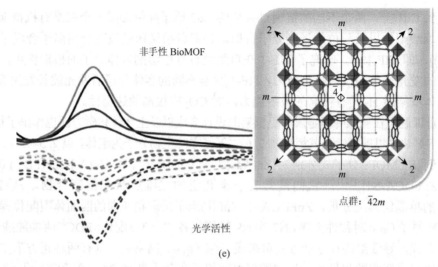

图 10-24　ZnFDCA 的单晶结构：（a）ade 和 FDC^{2-}与 Zn^{2+}的配位模式；（b）沿 c 轴方向形成的二维（4,4）网格层嵌套堆积图。ZnFDCA-NH$_2$ 的单晶结构：（c）A-NH$_2$ 和 FDC^{2-}与 Zn^{2+}的配位模式；（d）沿 c 轴方向形成的二维（4,4）网格层嵌套堆积图；（e）ZnFDCA 的固态 CD 光谱及标记了 $\bar{4}2m$ 点群对称性元素的框架图

在这一系列含腺嘌呤的 BioMOF 的合成中，反应体系的溶剂选择和酸碱度控制非常重要。合成 Ni(Ⅱ)、Mn(Ⅱ)、Co(Ⅱ)的 BioMOF 时大多采用 DMF 作为溶剂，因为 DMF 在溶剂热条件下很容易部分分解产生烷基胺，从而使腺嘌呤去质子化。

要得到稳定的晶态多孔结构，另外一种合理的策略是采用离散的单核或者多核配合物作为刚性的建筑模块，通过超分子合成子沿着特殊的方向形成氢键网络。早期报道的腺嘌呤配位聚合物中这样的例子比较多。例如，Castillo 等将腺嘌呤作为端基配体[89-93]，采用 Co(Ⅱ)和 Zn(Ⅱ)分别与腺嘌呤上碱性较弱的 N3 配位，再通过双齿配体乙二酸连成一维"之字链"{[M(μ-ox)(H$_2$O)(Hade-κN3)]·2(Hade)·(H$_2$O)}$_n$[M = Co(Ⅱ)，Zn(Ⅱ)]。"之字链"上的腺嘌呤与游离的腺嘌呤之间通过 Watson-Crick 面形成的氢键作用，再加上芳香环之间的 π-π 堆积等超分子作用力形成三维 BioMOF。Thomas-Gipson 等[94]制备了 Cu-BioMOF，分子式为[Cu$_2$(μ-Hade)$_4$Cl$_2$]Cl$_2$·2CH$_3$OH，其单分子具有二金属四腺嘌呤桨轮状结构。两个桨轮状的[Cu$_2$(μ-Hade)$_4$Cl$_2$]$^{2+}$之间也是通过两个相邻的腺嘌呤在 Watson-Crick 面上形成扭曲的氢键，另外氯离子和腺嘌呤上的咪唑 N—H 和氨基也存在相互作用力，形成三维的 BioMOF。Zaworotko 等[95]将桨轮状单元中的两个 Cl 换成 TiF$_6$，合成了另一个 Cu-BioMOF，分子式为[Cu$_2$(Hade)$_4$(TiF$_6$)$_2$]，使这一材料的耐热性和耐湿性得到进一步的提高，而且在常温下对 CO$_2$ 表现出很高的选择性吸收。

但通过超分子作用力，如氢键作用以及 π-π 堆积等非共价键构筑 BioMOF 时，在合成中要通过合理的策略实现可裁剪的多孔材料，仍然具有很大的挑战性。结构可控性受到微妙的配位键和非共价键的平衡的影响，体系自组装不受单一的热力学或动力学因素严格控制。

除了上述的氨基酸、蛋白质、核碱基和卟啉以外，还有很多生物分子如蚁酸、草酸、延胡索酸、琥珀酸、环糊精等都是天然的很好的配体，已经成功地融合到配位聚合物中，然而，很多生物分子的对称性缺陷使其在合成有序晶体材料方面更加困难。此外，除了一些芳香分子和一些环状非芳香分子以外，很多分子都是柔性的，在配位过程中难以产生潜在的永久性孔洞。这些不利因素阻碍了生物分子成为构筑 BioMOF 的优质配体候选物。为了克服这一缺点，可以采用多种策略进行尝试[5, 6, 18]，例如，利用非对称性的生物配体制备高对称性的次级构筑单元；通过引入高对称性第二辅助配体来补偿生物分子本身的低对称；利用低对称性的小分子组成环状低聚物等。

10.3　BioMOF 的主客体化学与应用展望

10.3.1　BioMOF 的主客体化学

近年来，各种各样的生物分子作为建筑模块被引入 MOF 中，这为在晶态多孔 MOF 材料中研究生物体系的动态和适应功能提供可能[97]。MOF 结构的动态柔性可能由不同的因素引起，如主客体之间的相互作用引起主体框架的改变，此外，有机配体、金属离子或金属簇构型的多样性，以及次级网络相互穿插也可以引起框架的改变，包括主体框架的膨胀和收缩、孔道的开关效应、物理化学性质的可逆变化等都可以被认为是一种动态行为。而这种 MOF 在气体的吸附分离、传感等方面都表现出独特之处，在 MOF 的应用中具有特殊的一面。一般来说通过引入柔性的配体可以使结构更容易产生柔性。成功的例子包括利用多肽（缩氨酸）[98]甚至蛋白质[99]作为连接体来构筑 BioMOF，从而将生物体系特有的结构适应性（如蛋白质折叠）引入晶态体系中。但应该指出，在成千上万的 MOF 中，具有动态响应的 MOF 还是很有限的。虽然科研工作者采用了各种合成策略和方法，但是如何合理地构筑柔性的 BioMOF 仍具有很大的挑战，这可能是由于成功引入柔性因素到 MOF 体系中，并实现预期的动态性能也会同时带来一些偶然因素。对于刚性的核碱基构筑的 BioMOF 的方法，我们前面已经进行了探讨，从结构上分析，腺嘌呤基的 BioMOF 材料由于存在活性位点，在限域空间中也有可能产生分子之间的识别，为研究主客体化学、探讨客体分子与主体框架之间相互作用而衍生出新的功能等提供了可能。

2015 年，李丹课题组[100]通过细微调节反应溶剂的酸碱性，采用溶剂热法得到了一例具有动态结构并含开放 Watson-Crick 活性位点的 BioMOF，分子式为 $Zn_3(ade)(btc)_2(H_2O) \cdot (CH_3)_2NH_2 \cdot xDMF \cdot yH_2O$，简写为 ZnBTCA。其中 BTC 为 1, 3, 5-均苯三羧酸。如图 10-25 所示，其不对称单元中，均苯三羧酸的两个羧酸基团是以单齿配位模式与 Zn(Ⅱ)配位，另一个羧酸基团以 $\mu\text{-}O_1 : O_2$ 双齿配位模式与 Zn(Ⅱ)配位。每个腺嘌呤分子都是以 N3、N7、N9 与 Zn(Ⅱ)配位，保留了 Watson-Crick 面不被金属占据。该主体框架沿着 101 方向具有一维的通道，孔洞率为 68.5%。值得注意的是，其中开放

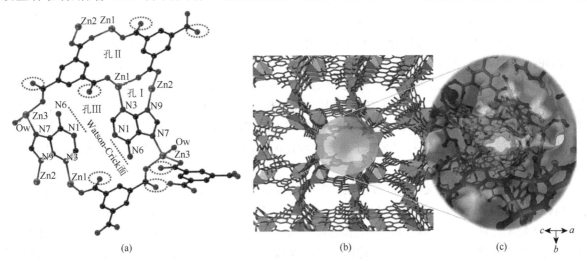

图 10-25　（a）ZnBTCA 的配位环境；（b）孔与孔相连形成的一维通道（黄球标识），（c）放大部分为开放 Watson-Crick 位点位于内部孔道表面（蓝色部分标识）

Watson-Crick 位点平行于孔的接触表面，成为控制孔道间连接的大门。利用 ZnBTCA 的开放 Watson-Crick 位点，进行液相中的主客体化学研究。

ZnBTCA 的主体框架具有独特的一维正弦形通道（图 10-26），窗口尺寸约为 11Å×8Å，该一维通道进一步通过窗口尺寸约为 10Å×10Å 的孔连接，形成孔与孔相连的三维框架结构。由于开放 Watson-Crick 位点暴露在 MOF 孔道中，因此在吸附带有氨基的碱性 DNA 染色剂时，呈现出空间吸附滞后现象，通过改变客体分子以及改变不同的主体框架等多方面的对比实验，结合经典的热力学和动力学研究，确定 ZnBTCA 主体框架与染料大分子之间存在弱的化学键作用。

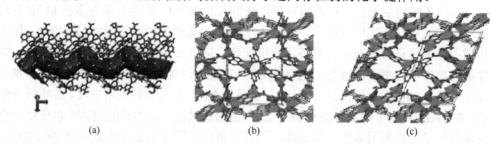

图 10-26 （a）ZnBTCA 框架中正弦形的通道；（b）ZnBTCA 的结构框架；（c）Watson-Crick 位点识别胸腺嘧啶发生自适应性改变后的结构框架

更有意思的是，在实验中发现，将 ZnBTCA 浸泡在非质子性有机溶剂中，ZnBTCA 的 Watson-Crick 位点可以对胸腺嘧啶（T）进行有效识别，并且在 A-T 识别过程中伴随着主体框架自适应性的改变。ZnBTCA 框架中只有一半的腺嘌呤与孔道方向平行，另一半的腺嘌呤根据 T 的位置自适应性地进行了调整，Watson-Crick 面由孔道平行调整为朝向孔道内部，从而与胸腺嘧啶形成有效氢键，致使原来主体框架的部分孔道被扩展，晶格发生了明显的扭曲［图 10-26（b）］。采用巨正则系综蒙特卡罗方法（GCMC）以及周期性的密度泛函理论（DFT）方法进行分子模拟[31]，发现 ZnBTCA 主体框架与 T 之间以反向的 Watson-Crick 碱基配对模式形成氢键。通过密度泛函方法优化的局部几何构型中，Watson-Crick 双氢键比生物中的 B-DNA 中相应的氢键键长略长，A-T 配位平面发生了扭曲，T 在孔道中通过与主体框架上的其他作用位点得以进一步稳定，形成了一种四氢键配对模式。主体框架的多重作用力很有可能是 ZnBTCA 框架产生动态结构适应的驱动力。这是首例在晶态多孔材料中实现了主客体之间的 A-T 碱基配对，这种结构适应性将仿生和晶态材料巧妙地结合起来，令人联想起 DNA 三级结构和四级结构中的折叠和扭曲。

此后，2017 年李丹课题组报道了一例腺嘌呤与 1,3-间苯二甲酸为连接体构筑的高发光效率 BioMOF：ZnBDCA，其分子式为[(Zn₄O)(ade)₄(BDC)₄Zn₂]·6DMF·4H₂O[112]。由于[Zn₄O(AID)₆]（AID 为 7-氮杂吲哚，如图 10-27 所示）发光效率很高，他们以其为分子模型，巧妙地采用腺嘌呤代替 7-氮杂吲哚，以 Zn₄O(ade)₄(COO)₄Zn₂ 核-壳结构为次级构筑单元［图 10-27（b）］，构筑成三维网络结构。ZnBDCA 具有纳米级的一维孔道，腺嘌呤的 Watson-Crick 活性位点和未配位的羧酸氧朝向孔道内，从而可以与 DNA 染色剂吖啶黄分子进行主客体识别，通过改变激发波长或调节客体分子含量可以实现白光发射。

张健课题组将 4-吡唑羧酸离子作为第二配体通过溶剂热方法合成了一例 BioMOF[76]，分子式为[NH₂(CH₃)₂][Zn₃(4-Pca)₃(ade)]·10DMF·8H₂O（4-Pca 为 4-吡唑羧酸离子）。Zn(Ⅱ)通过腺嘌呤的 N3、N7 和 N9 配位，进一步和 4-吡唑羧酸配体形成三维阴离子框架。其不对称单元包含三个 Zn(Ⅱ)、三个质子化的 4-吡唑羧酸以及质子化的腺嘌呤。吡唑羧酸只有一种配位模式，两个吡唑氮原子桥连两个 Zn(Ⅱ)，一个羧酸氧原子连接一个 Zn(Ⅱ)，形成双核的[Zn₂(4-Pca)₂]ₙ 层，层与层之间通过质子化的腺嘌呤连接进一步形成三维结构（图 10-28）。

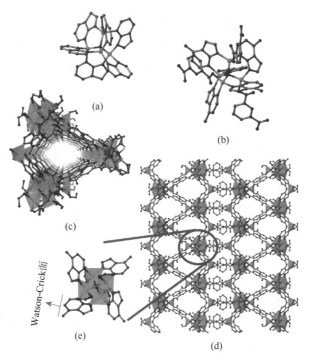

图 10-27　（a）[Zn₄O(AID)₆]核-壳结构；（b）[(Zn₄O)(ade)₄(BDC)₄Zn₂]核-壳结构；（c,d）ZnBDCA 沿 b 轴方向的一维孔道（c）和整体框架（d）；（e）孔道中裸露的 Watson-Crick 活性位点

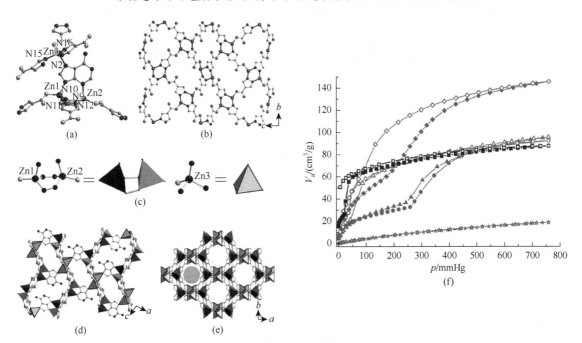

图 10-28　[NH₂(CH₃)₂][Zn₃(4-Pca)₃(ade)]的晶体结构。（a）不对称结构单元；（b）[Zn₂(4-Pca)₂]ₙ 层；（c）Zn(II)配位单元作为 4-连接节点；（d,e）三维结构框架沿着 b 轴和 c 轴方向的俯视图；（f）主体框架在 273K 时小分子烃类的吸附曲线，空心形状曲线代表脱附，实心形状曲线代表吸附。C₃H₈，方块状；C₂H₆，圆形；C₂H₄，三角形；C₂H₂，钻石形；CH₄，星形

　　该框架沿着 c 轴方向形成一维的纳米通道，其窗口尺寸为 6.3Å×7.2Å。通过气体吸附实验，这一 MOF 表现出可逆的柔性和呼吸行为，对气态烃有动态响应能力，通过单晶衍射在分子尺度上研究了不同温度下（303K 和 353K）的结构柔性。吡唑环上桥连的氮原子围绕在 M···M 轴周围，外界的刺激诱发配体绕着金属轴旋转，致使框架结构变形。

这两种结构有明显的不同之处，C2—X1—C6 的角度在 303K 时为 138.813°，而在 353K 时转变为 144.386°。同时 C2—X1—C14 角也从 110.523°转变为 106.401°。相应的[Zn$_2$(4-Pca)$_2$]$_n$ 层也变得更加平坦，导致三维空间的收缩。当温度升高到 353K 时，沿着 c 轴方向的孔道明显压缩，尺寸从原来的 6.3Å 缩小到 5.6Å（图 10-29）。

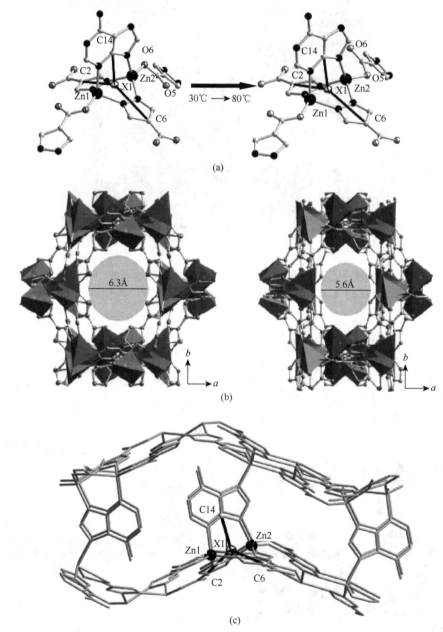

图 10-29 （a）[NH$_2$(CH$_3$)$_2$][Zn$_3$(4-Pca)$_3$(ade)]在 303K 和 353K 时的结构单元；（b）三维结构框架图；（c）层状结构中的局部配位单元

Rosseinsky 课题组[96]通过镍离子与腺嘌呤合成了 {Ni$_3$(pzdc)$_2$(Hade)$_2$(H$_2$O)$_4$](H$_2$O)$_{1.5}$}$_n$（pzdc 为 3,5-吡唑二羧酸离子），其中腺嘌呤作为双齿桥连配体通过 N3、N9 连接镍离子，形成双金属次级单元，再通过 3,5-吡唑二羧酸作为第二配体连接成一维结构，其中腺嘌呤上未配位的 N7(H) 以及环外的 NH$_2$ 与羧酸氧之间形成氢键，将链组装成多孔三维网络的通道（图 10-30）。该配合物呈蓝色，在空气中非常稳定，尤其是在水中浸泡 4 周仍能保持良好的晶相，真空脱水后转变成紫色，此时晶胞发生了变化，主体框架在 b 轴方向扩展而在 c 轴方向收缩。有意思的是将其暴露在空气中几分钟后又转变成蓝色。他们认为该配合物中水分子的配位具有良好的可逆性，镍离子失去水分子后，其配位环境改变致使颜色发生变化。虽然配合物的腺嘌呤中 N1 与客体水分子之间形成氢键，但除去客体分子及配位水后，材料仍表现出很好的孔性，对 CO_2 吸附有很高的选择性。

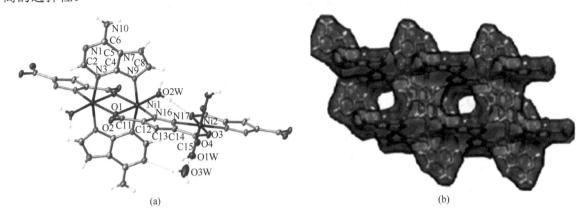

图 10-30　（a）{Ni₃(pzdc)₂(Hade)₂(H₂O)₄](H₂O)₁.₅}ₙ 结构图；（b）去除水分子后溶剂接触表面的孔道（探针半径 1.2Å）

在其他课题组报道的一些含有开放活性位点或不饱和金属位点的 MOF 研究工作中，由于存在主客体化学作用，其物理化学性质也有可逆变化的现象。这意味着，在新兴的自适应化学的背景下[101, 102]，带有开放活性位点的 BioMOF 可能是一类有趣的主客体研究对象。

10.3.2　BioMOF 在生物领域中的应用

晶态金属有机框架的结构可通过单晶衍射技术进行确定，而通过后修饰合成的手段开展 MOF 功能化，使该领域的研究得到了深入而广泛的发展。第一种方法是通过对孔洞（道）的修饰有效改善框架结构的性质（如亲水性、疏水性等），赋予其催化、传感、分离等功能；第二种方法是通过引入特定功能的有机配体（如引入氨基、羧基、咪唑基等官能团），赋予其特定的分子识别、仿生催化、不对称催化等方面的功能。

Rosi 课题组在 4, 4′-联苯二羧酸配体上引入叠氮基团，通过后合成修饰改善 bio-MOF-100 的性质[72]，可以与环辛炔衍生物利用压力促进点击反应。因 Diels-Alder 双烯合成反应需要大量的试剂，反应时间较长（一般是 2～7 天），或需要加热，而且该反应需要亚铜离子催化才能进行。这种在介孔 MOF 中直接将多种分子和功能基团引入 MOF 的孔洞中，通过挤压促进点击化学反应可以在温和条件下有效地进行，而且不需要亚铜离子的催化，也没有副产物。随后又通过浸泡双-L-苯基丙氨酸溶液生成 Phe₂-bio-MOF-100，如图 10-31 所示。这种后合成修饰的方法可以用于生物共聚，栓住其他的肽、蛋白质、氨基核苷酸等生物分子，也可以拴住高分子、染料或纳米粒子，与常规的方法相比，这种后合成修饰具有更大的优势，更方便 BioMOF 在生物领域中的应用。由于 BioMOF 属于 MOF 的一个分支，因此也在气体的吸附分离、存储、催化、发光、传感方面都具有一定应用，有关 MOF 的应用已有很多总结综述，在此毋庸赘述。下面主要列举一些 BioMOF 在药物缓释、生物成像和仿酶催化方面的应用。

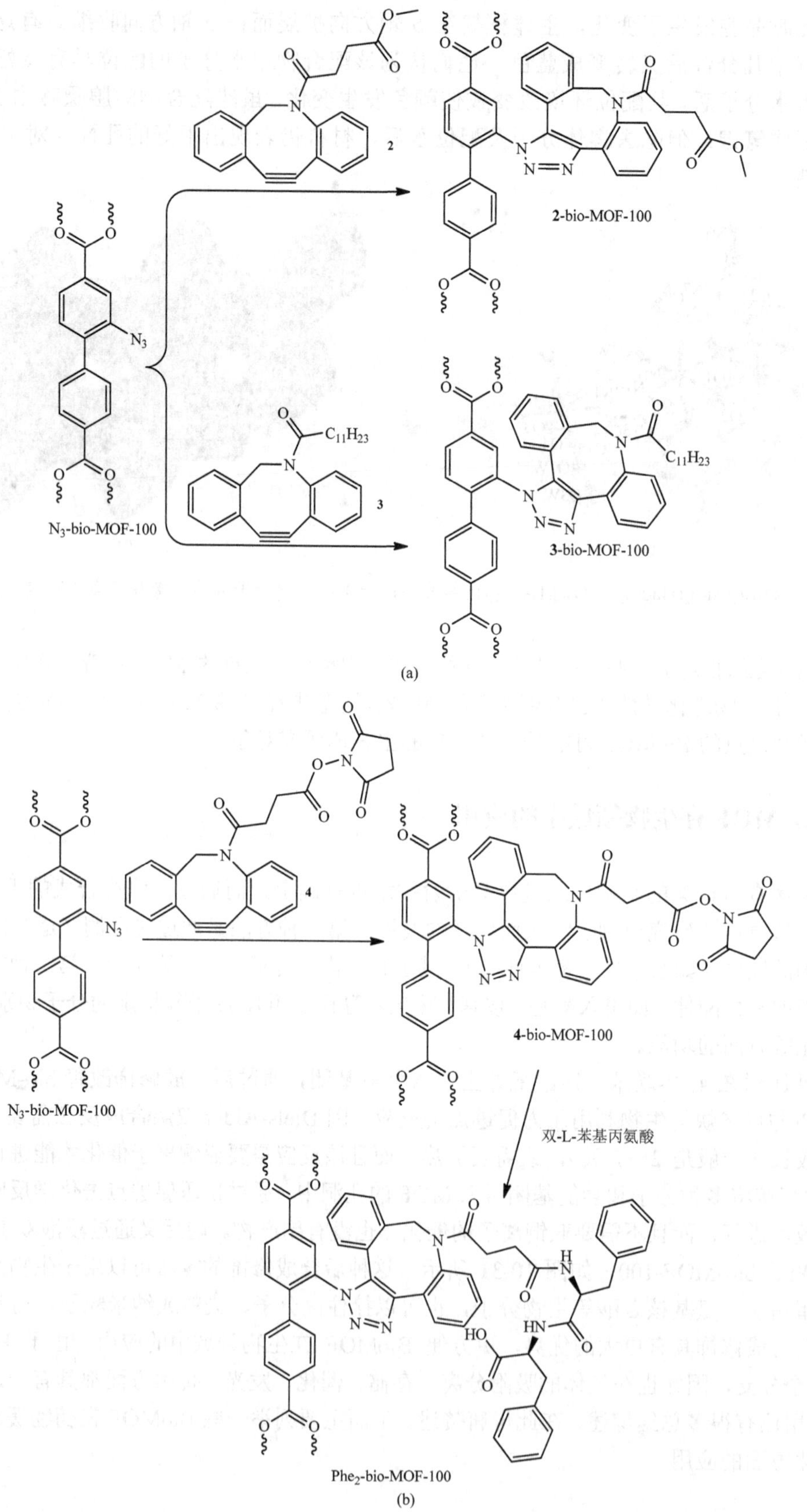

(a)

(b)

图 10-31 （a）压力促进点击反应修饰 N₃-bio-MOF-100 合成方案；（b）在 bio-MOF-100 引入琥珀酰亚胺酯基团后与双-L-苯丙氨酸多肽生物偶联

1. 药物缓释

金属有机框架材料具有极大的比表面积和孔体积，使它们能够在孔道中容纳更多的药物，其表面结构易于修饰的特点使它们可以通过后合成修饰的方法提高材料的生物相容性。BioMOF 直接引入生物活性分子作为配体，其成分本身就是内源性的，即便材料发生降解，降解成分又可以被生物系统消化处理，因此可望作为医药中的载体而获得广泛应用。

第一个采用 BioMOF 探索药物缓释的例子是 Rosi 课题组利用 bio-MOF-1 自身的孔性探索抗心律失常药物普鲁卡因酰胺（procainamide HCl）的药物缓释应用[65]。因为普鲁卡因酰胺药效时间很短，这样患者控制病情就需要一天吃 4～5 次药。如果能够控制药物的负载量和释放速度，一天只吃一次药，或几天吃一次药，将会给患者带来方便，为实现这一目标，该课题组通过将 bio-MOF-1 中的客体分子与药物分子进行离子交换，再通过外部刺激控制实现药物的缓慢释放。实验表明，单位分子式对应的框架可容纳 2.5 个药物分子，其余的药物分子可能吸附在材料的外表面。在磷酸盐缓冲溶液（PBS）中可诱发普鲁卡因酰胺的释放，如图 10-32（a）所示。为了确定普鲁卡因酰胺的释放，研究者通过 HPLC 检测了普鲁卡因酰胺的释放情况。如图 10-32（b）所示，在 20h 前，普鲁卡因酰胺稳定地释放，当 72h 后药物全部释放出来（图中黑色线部分）。这也是第一次证明了 BioMOF 在生物医药领域潜在的应用价值。

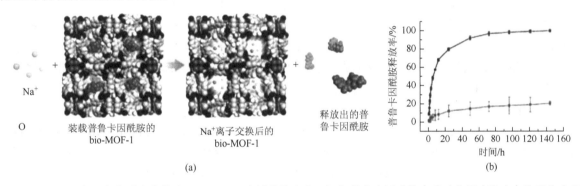

图 10-32 （a）离子交换引发药物从 bio-MOF-1 中缓释的方案；（b）普鲁卡因酰胺在磷酸盐缓冲溶液中的释放曲线

要实现 BioMOF 在生物领域中的应用，除了良好的生物相容性之外，还要求材料具有良好的稳定性。作为可重复利用的材料，具有可逆吸附-脱附客体能力的 BioMOF 是最佳的候选物。它要求客体和 BioMOF 之间的结合力适中，不能太强，也不能太弱，而且在除去客体分子后，BioMOF 的框架结构能够保持。若是作为自牺牲型载体，则要求有适中的稳定性。例如充当药物传输载体的 BioMOF，药物不要太快释放出来，以确保药物在一定时间内到达靶点，并在活性位点处释放合适的剂量。这就要求材料在生理条件下具有适当的稳定性，既要在药效释放前是稳定的，又要在此后便于分解，避免在体内造成积聚。在文献中关于 BioMOF 的载药研究[5, 6, 7, 65, 103, 104]，大多数主要采用化学手段来设计 MOF 载体和初步的缓释效果研究，较少关注载体的生物毒性问题以及所包裹药物的特性。最近李丹课题组报道了将 ZnBTCA 作为自牺牲载体进行药物缓释的研究[104]。把新型的抗癌药物金（Ⅰ）吡咯烷二硫代氨基甲酸卡宾配合物包裹到 ZnBTCA 中，采用对顺铂有耐药性的人卵巢癌细胞 A2780cis 研究该抗癌药物以及包裹到 ZnBTCA 载体中的样品的细胞毒性和抗迁移性能，证明了 ZnBTCA 本身并没有细胞毒性，且在 72h 内具有较好的缓释效果，如图 10-33 所示。

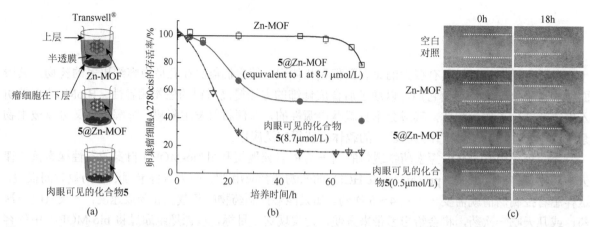

图 10-33 （a）在插入式细胞培养皿中进行细胞毒性（A2780cis）和抗迁移率研究示意图；（b）72h 监测药物释放情况；（c）Zn-MOF（即 ZnBTCA），负载后 5@Zn-MOF 和负载前 5［即金（Ⅰ）吡咯烷二硫代氨基甲酸卡宾］在初始和 18h 后细胞迁移率对比

2. 生物成像

BioMOF 作为成像剂载体的研究仍处于初级阶段。主要集中在生物环境下 MOF 的稳定性及成像效果，但对于材料本身的生物相容性以及毒理学等还需要很多探索和积累。Jung 等将一种绿色荧光蛋白（EGFP）通过化学键连的方法分别连接到(Et$_2$NH$_2$)[In(pda)$_2$]（pda = 1, 4-苯二乙酸根）、Zn（bpydc）(H$_2$O)$_2$（bpydc = 2,2'-联吡啶-5,5'-二羧酸）和 IRMOF-3 上，在激光共聚焦显微镜下，修饰后的框架材料表面都能够发出绿色的荧光，表明荧光蛋白 EGFP 并没有受到破坏[105]。此外，该课题组还将 CAL-B 酶键连到 IRMOF-3 上，显示出良好的生物活性[106]。

2008 年，林文斌课题组制备的[Mn(BDC)(H$_2$O)$_2$]和[Mn$_3$(BTC)$_2$(H$_2$O)$_6$]纳米 MOF 晶体材料[107, 114]，在每个 Mn 原子单元上，其纵向弛豫效能 r_1 分别达到 5.5L/(mmol·s)和 7.8L/(mmol·s)，而横向弛豫效能 r_2 分别达到 80L/(mmol·s)和 78.8L/(mmol·s)，展现出优异的 MRI 成像性能。为了减少其生物毒性和增强其稳定性，他们用 TEOS 改良的有机硅胶 PVP 包裹[Mn$_3$(BTC)$_2$(H$_2$O)$_6$]表面，然后进一步用荧光染料罗丹明 B 和靶向蛋白分子 cyclic-(RGDfK)进行表面修饰以实现良好的生物相容性和分子靶向性。共聚焦实验表明具有荧光物质和靶向分子的纳米[Mn$_3$(BTC)$_2$(H$_2$O)$_6$]大幅度增加了其在人结肠癌细胞（HT-29）的摄入量。通过大鼠尾静脉注射这种承载 Mn^{2+} 及荧光染料的 MOF，1h 后可以被肝脏、肾和大动脉迅速吸收并成像（图 10-34）。

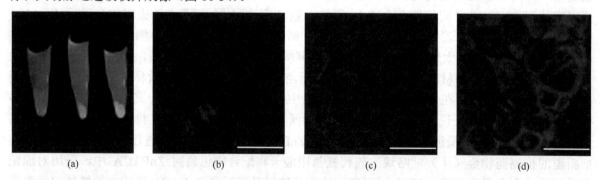

图 10-34 （a）HT-29 细胞与[Mn$_3$(BTC)$_2$(H$_2$O)$_6$]@silica（左）、非靶向[Mn$_3$(BTC)$_2$(H$_2$O)$_6$]@silica（中）、靶向 c(RGDfK)-[Mn$_3$(BTC)$_2$(H$_2$O)$_6$]@silica（右）孵化的体外 MR 成像。HT-29 细胞孵化的共聚焦显微镜图片：（b）无粒子情况，（c）非靶向[Mn$_3$(BTC)$_2$(H$_2$O)$_6$]@silica，（d）靶向 c(RGDfK)-[Mn$_3$(BTC)$_2$(H$_2$O)$_6$]@silica。细胞核用 DRAQ5 染色（蓝色），粒子用罗丹明 B 检测（绿色），比例尺为 20μm

Kimizuka 课题组合成了一系列基于镧系元素金属离子和核苷酸构筑的金属有机框架。将核苷酸和镧系金属离子在水中自组装成金属有机框架，然后修饰或包裹一些其他的功能化分子如荧光染料、金属纳米粒子、量子点、靶向酶和蛋白质等[108-110]。他们将阴离子荧光染料如二萘嵌苯-3, 4, 9, 10-四羧酸与 5′-磷酸腺苷结合到 Gd(III)-纳米金属有机框架上。共聚焦实验表明这种 Gd(III)-纳米金属有机框架纳米粒子被人宫颈癌细胞 HeLa 的溶酶体摄取后显影成像。由于这种纳米 MOF 粒子经过靶向分子 PEG 链修饰后，从荧光反射成像显示，大鼠通过静脉注射运载荧光染料的 Gd(III)-纳米金属有机框架后可通过 RES 进行识别，Gd(III)-纳米金属有机框架可以被肝脏迅速吸收，而在肺和肾等其他器官中则没有检测到。其对血液中天冬氨酸转氨酶和丙氨酸转氨酶的影响微不足道，足以证明此纳米粒子 Gd(III)-纳米金属有机框架毒性小，有潜力成为新型肝造影剂。

3. 仿酶催化

金属卟啉能在温和条件下模拟生物氧化酶实现分子氧活化，在催化氧化中表现出较高的催化活性和选择性，成为仿生化学领域的研究热点。在金属卟啉-MOF 仿酶催化方面，周宏才课题组做了大量的工作[52-55]。他们报道的 PCN-22x 系列（包括 PCN-221、PCN-222、PCN-224、PCN-225）都具有一定的催化能力。以 PCN-222 为例，通过不同的金属卟啉氧化多种基质来估算 PCN-222 的类过氧化酶催化活性。在自然体系中，过氧化酶在体液中调节过氧化氢的浓度，PCN-222 中的铁中心表现出优异的类过氧化氢酶的活性，而在相同条件下与其他金属中心却没有表现出明显的活性。通过酶动力学研究得到了 K_{cat} 和 K_m 两个动力学参数。K_{cat} 为催化常数，即每摩尔酶活性部位每秒钟转化为产物的底物的摩尔数，是在底物浓度处于饱和状态下，一个酶催化一个反应有多快的测量；K_m 为米氏常数，等于酶促反应速度为最大反应速度一半时的底物浓度，K_m 表示酶和底物之间的亲和能力，K_m 值越大表示其亲和能力越弱。K_m 可以确定一条代谢途径中的限速步骤。在焦棓酚的氧化反应中，PCN-222(Fe)催化的 K_{cat} 为 $16.1min^{-1}$，比氯高铁血红素高出 7 倍，K_m 值为 0.33mmol/L，低于 HRP 天然酶（0.81mmol/L），表明 PCN-222(Fe)对底物有很高的亲和力，这可能与 MOF 的多孔性有关。同时他们也测试了其他底物（如 3,3′,5,5′-四甲基联苯胺和邻苯二胺等）下 PCN-222(Fe)的催化活性，说明 PCN-222(Fe)在仿酶催化方面具有广泛的应用。Zr-PCN-221(Fe)作为非均相催化剂，可用于叔丁基氢过氧化物（TBHP）作为氧化剂氧化环己烷。11h 后 TBHP 的利用率接近 100%。PCN-221 选择性催化的主要产物为环己酮（86.9%），还有少量的环己醇（5.4%）。其高反应活性和选择性主要归因于在多孔框架中卟啉 Fe(III)催化中心的高密度。PCN-224(Co)对 CO_2/氧化丙烯偶联反应表现出很高的催化活性，由于其较高的稳定性（在 pH = 1～11 的范围内都可以保持结构框架不变）可作为可回收的多相催化剂。应该指出的是，还有一些类似的 MOF 如 MMPF-6，也具有相似的仿生催化能力。

金属卟啉在氧化催化领域具有广泛应用，然而许多基于金属卟啉的均相催化剂，由于形成桥连氧化物二聚体（阻碍进入催化位点）和氧化自降解而使其活性寿命受到很大限制。因此，Eddaoudi 课题组提出了将 ZMOF 作为一个应用平台[51]，用于封装有催化活性的金属卟啉，而且每个大孔只能封装一个金属卟啉，因此使催化剂之间隔离，阻止金属卟啉的自聚和氧化降解，从而使大环以及催化位点受到保护，可以提高催化剂的催化活性。Mn-RTMPyP 作为催化剂氧化环己烷的反应，在 65℃，叔丁基过氧化氢作为氧化剂，氯苯作为内标的条件下，产率高达 91.5%，相应的转化数为 23.5，与沸石和介孔硅为基质的金属卟啉催化剂相比产率显著升高。

10.3.3　BioMOF 的发展前景与展望

自然界中很多生物分子自身常带有显见的功能，如变色、发光、识别、自适应和自修复等。在向大自然学习的过程中，借鉴生物分子的特殊结构和功能特性，不断创造出新的智能材料。直接利用生物分子来构筑生物相容性的多功能材料，逐渐成为制备环境友好型和节能型材料的新方法。BioMOF 在短短一二十年的时间内发展迅猛，具有很大的吸引力，其原因主要包括以下几方面：

（1）从合成的角度来看，生物分子多种多样，并且与金属之间具有丰富的配位模式，因此可构筑的 BioMOF 数量庞大，种类繁多，结构多样。其中很多具有很好的孔性，且孔洞尺寸方便调控，为负载大量的生物分子提供可能，如抗癌药物或生物气体等。与已经广受关注的纳米载体相比，该方法更具独特优势。我们还能通过合成后修饰手段对有机配体和金属离子进行修饰，改变孔洞（道）和表面的性质，进一步调控主客体之间的相互作用，更具精准性；而且，由于 BioMOF 通常具有较高的结晶度，结构可以通过 X 射线衍射手段获得，这有助于探究结构和性质之间的关系，并为我们设计具有特定功能的材料分子提供方向和依据。更重要的是，BioMOF 直接引入生物活性分子作为连接体，其成分本身就是生物内源性的，在生物方面的应用优势大大超过了传统的非生物材料，这种先天的生物相容性使其成为理想的生物功能材料。

（2）从生物应用方面考虑，BioMOF 走向应用，还需要从生物层面的技术着眼切入，并且需要考虑 BioMOF 载体的形貌、溶解性、可加工性等实际问题。其中，亟待研究的一个问题是相关 BioMOF 的均一粒度纳米晶体的制备。相信通过化学与生物化学、生物医药等学科的交叉合作，将 BioMOF 的多孔性、发光性能与生物科学相结合，可作为仿生结构模型探索各类小分子的生物效应和识别功能，有助于深入理解生物体系中自适应现象的局部和全局效应，并可从化学角度找到分子药理学和医药学研究方向的新生长点，有望使 BioMOF 在生物医学领域中得到更广阔的应用。

（才　红　李　丹）

参 考 文 献

[1] Batten S R，Robson R. Interpenetrating nets：ordered，periodic entanglement. Angew Chem Int Ed，1998，37（11）：1460-1494.

[2] Fujita M. Metal-directed self-assembly of two-and three-dimensional synthetic receptors. Chem Soc Rev，1998，27：417-425.

[3] Eddaoudi M，Moler D B，Li H，et al. Modular chemistry：secondary building units as a basis for the design of highly porous and robust metal-organic carboxylate frameworks. Acc Chem Res，2001，34（4）：319-330.

[4] Rowsell J L C，Yaghi O M. Metal-organic frameworks：a new class of porous materials. Micropor Mesopor Mat，2004，73（1/2）：3-14.

[5] Horcajada P，Morris R E，Serre C. Metal organic frameworks in biomedicine. Chem Rev，2012，112（2）：1232-1268.

[6] Imaz I，Rosi N L，Maspoch D，et al. Metal-biomolecule frameworks（MBioFs）. Chem Commun，2011，47（26）：7287-7302.

[7] McKinlay A C，Morris R E，Serre C. BioMOFs：metal-organic frameworks for biological and medical applications. Angew Chem Int Ed，2010，49（36）：6260-6266.

[8] Allendorf M D，Bauer C A，Bhaktaa R K，et al. Luminescent metal-organic frameworks. Chem Soc Rev，2009，38（5）：1330-1352.

[9] Cui Y，Yue Y，Qian G，et al. Luminescent functional metal-organic frameworks. Chem Rev，2012，112（2）：1126-1162.

[10] Kurmoo M. Magnetic metal-organic frameworks. Chem Soc Rev，2009，38（5）：1353-1379.

[11] Zhang W，Xiong R G. Ferroelectric metal-organic frameworks. Chem Rev，2012，112（2）：1163-1195.

[12] Khan N A，Hasan Z，Jhung S H. Adsorptive removal of hazardous materials using metal-organic frameworks（MOFs）：a review. J Hazard Mater，2013，244-245：444-456.

[13] Furukawa H，Cordova K E，O'Keeffe M，et al. The chemistry and applications of metal-organic framework. Science，2013，341：1230444.

[14] Li M，Li D，O'Keeffe M，et al. Topological analysis of metal-organic Framework with polytopic linkers and/or multiple building units and the minimal transitivity principle. Chem Rev，2014，114：1343-1370.

[15] Zhang J P，Zhang Y B，Lin J B，et al. Metal azolate framework：from crystal engineering to functional materials. Chem Rev，2012，112：1001-1033.

[16] Wang J H，Li M，Li D. A dynamic，luminescent and entangled MOF as a qualitative sensor for volatile organic solvents and a quantitative monitor for acetonitrile vapour. Chem Sci，2013，4：1793-1801.

[17] 才红，李丹.生物有机框架的研究进展. 汕头大学学报，2015，30（1），1-4.

[18] 才红，许丽丽，李冕，等. 腺嘌呤生物金属有机框架的配位化学及超分子识别. 科学通报，2016，61（16）：1762-1773.

[19] 李冕，倪文秀，詹顺泽，等. 超分子配位化合物及其晶态聚集体的合成、结构与功能. 科学通报，2014，59：1382-1397.

[20] Roy S，George C B，Ratner M A. Catalysis by a zinc-porphyrin-based metal-organic framework：from theory to computational design. J Phys Chem C，2012，116（44）：23494-23502.

[21] Gasque L，Bernes S，Ferrari R，et al. Cadmium complexation by aspartate. NMR studies and crystal structure of polymeric Cd（AspH）NO$_3$. Polyhedron，2002，21：935-941；Meißner A，Haehnel W，Vahrenkamp H. On the role of structural zinc in bis（cysteinyl）protein sequences. Chem Eur J，1997，3：261-267.

[22] Najafpour M M，Lis T，Holynska M. Complexation of lead(II)by nicotinamide(nia)：crystal structure of polymeric Pb(nia)(NO$_3$)$_2$. Inorg Chim Acta，2007，360（10）：3452-3455.

[23] Schveigkardt J M，Rizzi A C，Piro O E，et al. Structural and single crystal EPR studies of the complex copper L-glutamine：a weakly exchange-coupled system with *syn-anti* carboxylate bridges. Eur J Inorg Chem，2002，（11）：2913-2919.

[24] Rombach M，Gelinsky M，Vahrenkamp H. Coordination modes of aminoacids to zinc. Inorg Chim Acta，2002，334：25.

[25] Sóvágó I，Várnagy K. Cadmium(II)complexes of amino acids and peptides. Cadmium：from toxicity to essentiality. Metal Ions in Life Sciences，2012，11：275-302.

[26] Schmidbaur H，Müller G，Riede J，et al. Elucidation of the structure of pharmacologically active magnesium L-aspartate complexes. Angew Chem Int Ed，1986，25（11）：1013-1014.

[27] Li M X，Zhao H J，Shao M，et al. Synthesis，characterization and crystal structures of two binary acid complexes based on L-glutamate and L-aspartate. J Coord Chem，2007，60：2549-2557.

[28] Anokhina E V，Go Y B，Jacobson A J，et al. Chiral three-dimensional microporous nickel aspartate with extended Ni-O-Ni bonding. J Am Chem Soc，2006，128：9957-9962.

[29] Gould J A，Jones J T A，Rosseinsky M J，et al. A homochiral three-dimensional zinc aspartate framework that displays multiple coordination modes and geometries. Chem Commun，2010，46：2793-2795.

[30] Antolini L，Marcotrigiano G，Saladini M，et al. Thermal，spectroscopic，magnetic，and structural properties of mixed-ligand complexes of copper(II)with L-aspartic acid and amines. Crystal and molecular structure of（L-aspartato）（imidazole）copper(II)dihydrate. Inorg Chem，1982，21：2263-2267.

[31] Zhang Y G，Saha M K，Bernal I. [Cobalt(II)L-glutamate（H$_2$O）·H$_2$O]$_\infty$：a new 3D chiral metal-organic interlocking network with channels. CrystEngComm，2003，5：34-37.

[32] Antolini L，Marcotrigiano G，Menabue L，et al. Coordination behavior of L-glutamic acid：spectroscopic and structural properties of （L-glutamato）（imidazole）copper(II)，（L-glutamato）（2,2'-bipyridine）copper(II)，and aqua（L-glutamato）（1,10-phenanthroline）copper(II)trihydrate complexes. Inorg Chem，1985，24：3621-3626.

[33] Torres J，Kremer C，Kremer E，et al. Sm(III) Complexation with amino acids. Crystal structures of [Sm$_2$(Pro)$_6$(H$_2$O)$_6$](ClO$_4$)$_6$ and [Sm(Asp)(H$_2$O)$_4$]Cl$_2$. J Chem Soc，Dalton Trans，2002，（21）：4035-4041.

[34] Ma B Q，Zhang D S，Gao S，et al. From cubane to supercubane：the design，synthesis，and structure of a three-dimensional open framework based on a Ln$_4$O$_4$cluster. Angew Chem Int Ed，2000，39：3644-3646.

[35] Mon M，Ferrando-Soria J，Grancha T，et al. Selective gold recovery and catalysis in a highly flexible methionine-decorated metal-organic framework. J Am Chem Soc，2016，138：7864-7867.

[36] Ueda E，Yoshikawa Y，Kojima Y，et al. New bioactive zinc(II) complexes with peptides and their derivatives：synthesis，structure，and in vitro insulinomimetic activity. Bull Chem Soc Jpn，2004，77（5）：981-986.

[37] Lee H Y，Kampf J W，Marsh N G. Covalent metal-peptide framework compounds that extend in one and two dimensions. Cryst Growth Des，2008，8（1）：296-303.

[38] Rabone J，Yue Y F，Rosseinsky M J，et al. An adaptable peptide-based porous material. Science，2010，329：1053-1057.

[39] Katsoulidis A P，Park K S，Rosseinsky M J，et al. Guest-adaptable and water-stable peptide-based porous materials by imidazolate side chain control. Angew Chem Int Ed，2014，53：193-198.

[40] Chen C L，Rosi N L. Peptide-based methods for the preparation of nanostructured inorganic materials. Angew Chem Int Ed，2010，49：1924-1942.

[41] Katsoulidis A P，Park K S，Antypov D，et al. Guest-adaptable and water-stable peptide-based porous materials by imidazolate side chain control. Angew Chem Int Ed，2014，53：193-198.

[42] Ferrari R，Bernés S，Barbarín C R，et al. Interaction between Glyglu and Ca^{2+}，Pb^{2+}，Cd^{2+} and Zn^{2+}in solid state and aqueous solution. Inorg Chim Acta，2002，339：193-201.

[43]　Ni T W, Tezcan F A. Structural characterization of a microperoxidase inside a metal-directed protein cage. Angew Chem Int Ed, 2010, 49(39): 7014-7018.

[44]　Brodin J D, Ambroggio X, Baker T, et al. Metal-directed chemically tunable assembly of one- two- and three-dimensional crystalline protein arrays. Nat Chem, 2012, 4（5）: 375-382.

[45]　Radford R J, Lawrenz M, Tezcan F A, et al. Porous protein frameworks with unsaturated metal centers in sterically encumbered coordination sites. Chem Commun, 2011, 47: 313-315.

[46]　Song W J, Sontz P A, Ambroggio X I, et al. Metals in protein-protein interfaces. Annu Rev Biophys, 2014, 43: 409-431.

[47]　Salgado E N, Radford R J, Tezcan F A. Metal-directed protein self-assembly. Acc Chem Res, 2010, 43（5）: 661-672.

[48]　Sontz P A, Bailey J B, Ahn S, et al. A metal organic framework with spherical protein nodes: rational chemical design of 3D protein crystals. J Am Chem Soc, 2015, 137: 11598.

[49]　Fujita D, Fujita M. Fitting proteins into metal organic frameworks. ACS Cent Sci, 2015, 1（7）: 352-353.

[50]　Fateeva A, Chater P A, Ireland C P, et al. A water-stable porphyrin-based metal-organic framework active for visible-light photocatalysis. Angew Chem Int Ed, 2012, 51: 7440-7444.

[51]　Alkordi M H, Liu Y, Larsen R W, et al. Zeolite-like metal-organic frameworks as platforms for applications: on metalloporphyrin-based catalysts. J Am Chem Soc, 2008, 130: 12639-12641.

[52]　Jiang H L, Feng D, Wang K, et al. An Exceptionally stable, porphyrinic Zr metal-organic framework exhibiting pH-dependent fluorescence. J Am Chem Soc, 2013, 135: 13934-13938.

[53]　Feng D, Jiang H L, Chen Y P, et al. Metal-organic frameworks based on previously unknown Zr8/Hf8 cubic clusters. Inorg Chem, 2013, 52: 12661-12667.

[54]　Feng D, Chung W C, Wei Z, et al. Construction of ultrastable porphyrin Zr metal-organic frameworks through linker elimination. J Am Chem Soc, 2013, 135: 17105-17110.

[55]　Feng D, Gu Z Y, Li J R, et al. Zirconium-metalloporphyrin PCN-222: mesoporous metal-organic frameworks with ultrahigh stability as biomimetic catalysts. Angew Chem Int Ed, 2012, 51: 10307-10310.

[56]　Wang X S, Chrzanowski M, Gao W Y, et al. Vertex-directed self-assembly of a high symmetry supermolecular building block using a custom-designed porphyrin. Chem Sci, 2012, 3: 2823-2827.

[57]　Wang X S, Chrzanowski M, Kim C, et al. Quest for highly porous metal-metalloporphyrin framework based upon a custom-designed octatopic porphyrin ligand. Chem Commun, 2012, 48: 7173-7175.

[58]　Chen Y, Hoang T, Ma S. Biomimetic catalysis of a porous iron-based metal-metalloporphyrin framework. Inorg Chem, 2012, 51: 12600-12602.

[59]　Morris W, Volosskiy B, Demir S, et al. Synthesis, structure, and metalation of two new highly porous zirconium metal-organic frameworks. Inorg Chem, 2012, 51: 6443-6445.

[60]　Fateeva A, Devautour-Vinot S, Heymans N, et al. Series of porous 3-D coordination polymers based on iron(III) and porphyrin derivatives. Chem Mater, 2011, 23: 4641-4651.

[61]　Yang X L, Xie M H, Zou C, et al. Porous metalloporphyrinic frameworks constructed from metal 5,10,15,20-tetrakis（3, 5-biscarboxylphenyl）porphyrin for highly efficient and selective catalytic oxidation of alkylbenzenes. J Am Chem Soc, 2012, 134: 10638-10645.

[62]　Shultz A M, Farha O K, Hupp J T, et al. A catalytically active, permanently microporous MOF with metalloporphyrin struts. J Am Chem Soc, 2009, 131: 4204-4205.

[63]　Amo-Ochoa P, Zamora F. Coordination polymers with nucleobases: from structural aspects to potential applications. Coord Chem Rev, 2014, 276: 34-58.

[64]　Sharma B, Mahata A, Mandani S, et al. Coordination polymer hydrogels through Ag（I）-mediated spontaneous self-assembly of unsubstituted nucleobases and their antimicrobial activity. RSC Advances, 2016, 6: 62968-62973.

[65]　An J, Geib S J, Rosi N L. Cation-triggered drug release from a porous zinc-adeninate metal-organic framework. J Am Chem Soc, 2009, 131: 8376-8377.

[66]　Li T, Sullivan J E, Rosi N L. Design and preparation of a core-shell metal-organic framework for selective CO_2 capture. J Am Chem Soc, 2013, 135: 9984-9987.

[67]　An J, Rosi N L. Tuning MOF CO_2 adsorption properties via cation exchange. J Am Chem Soc, 2010, 132: 5578-5579.

[68]　An J, Farha O K, Hupp J T, et al. Metal-adeninate vertices for the construction of an exceptionally porous metal-organic framework. Nat Commun, 2012, 3: 604-609.

[69]　An J, Fiorella R P, Geib S J, et al. Synthesis, structure, assembly, and modulation of the CO_2 adsorption properties of a zinc-adeninate

macrocycle. J Am Chem Soc，2009，131：8401-8403.

[70] An J，Shade C M，Chengelis-Czegan D A，et al. Zinc-adeninate metal-organic framework for aqueous encapsulation and sensitization of near-infrared and visible emitting lanthanide cations. J Am Chem Soc，2011，133：1220-1223.

[71] Xie Z，Li T，Rosi N L，et al. Alumina-supported cobalt-adeninate MOF membranes for CO$_2$/CH$_4$ separation. J Mater Chem A，2014，2：1239-1241.

[72] Liu C，Li T，Rosi N L. Strain-promoted "Click" modification of a mesoporous metal-organic framework. J Am Chem Soc，2012，134：18886-18888.

[73] An J，Geib S J，Rosi N L. High and selective CO$_2$ uptake in a cobalt adeninate metal-organic framework exhibiting pyrimidine- and amino-decorated pores. J Am Chem Soc，2010，132：38-39.

[74] Wang F，Kang Y. Unusual cadmium（Ⅱ）-adenine paddle-wheel units for the construction of a metal-organic framework with mog topology. Inorg Chem Commun，2012，20：266-268.

[75] Wang F，Yang H，Kang Y，et al. Guest selectivity of a porous tetrahedral imidazolate framework material during self-assembly. J Mater Chem，2012，22：19732-19737.

[76] Fu H R，Zhang J. Structural transformation and hysteretic sorption of light hydrocarbons in a flexible Zn-pyrazole-adenine framework. Chem Eur J，2015，21：5700-5703.

[77] Terrón A，Fiol J J，García-Raso A，et al. Biological recognition patterns implicated by the formation and stability of ternary metal ion complexes of low-molecular-weight formed with amino acid/peptides and nucleobases/nucleosides. Coord Chem Rev，2007，251：1973-1986.

[78] Amo-Ochoa P，Zamora F. Coordination polymers with nucleobases：from structural aspects to potential applications. Coord Chem Rev，2014，276：34-58.

[79] Beobide G，Castillo O，Cepeda J，et al. Metal-carboxylato-nucleobase systems：from supramolecular assemblies to 3D porous materials. Coord Chem Rev，2013，257：2716-2736.

[80] Patel D K，Domínguez-Martín A，Brandi-Blanco M D P，et al. Metal ion binding modes of hypoxanthine and xanthine versus the versatile behaviour of adenine. Coord Chem Rev，2012，256：193-211.

[81] Verma S，Mishra A K，Kumar J. The many facets of adenine：coordination，crystal patterns，and catalysis. Acc Chem Res，2010，43：79-91.

[82] García-Terán J P，Castillo O，Luque A，et al. An unusual 3D coordination polymer based on bridging interactions of the nucleobase adenine. Inorg Chem，2004，43：4549-4551.

[83] Pérez-Yáñez S，Beobide G，Castillo O，et al. Open-framework copper adeninate compounds with three-dimensional microchannels tailored by aliphatic monocarboxylic acids. Inorg Chem，2011，50：5330-5332.

[84] Pérez-Yáñez S，Beobide G，Castillo O，et al. Directing the formation of adenine coordination polymers from tunable copper（Ⅱ）/dicarboxylato/adenine paddle-wheel building units. Cryst Growth Des，2012，12：3324-3334.

[85] Li T，Kozlowski M T，Doud E A，et al. Stepwise ligand exchange for the preparation of a family of mesoporous MOFs. J Am Chem Soc，2013，135：11688-11691.

[86] Li T，Rosi N L. Screening and evaluating aminated cationic functional moieties for potential CO$_2$ capture applications using an anionic MOF scaffold. Chem Commun，2013，97：11385-11387.

[87] Yu J，Cui Y，Xu H，et al. Confinement of pyridinium hemicyanine dye within an anionic metalorganic framework for two-photon-pumped lasing. Nat Commun，2013，4：2719.

[88] Li T，Chen D L，Sullivan J E，et al. Systematic modulation and enhancement of CO$_2$：N$_2$ selectivity and water stability in an isoreticular series of bio-MOF-11 analogues. Chem Sci，2013，4：1746-1755.

[89] García-Terán J P，Castillo O，Luque A，et al. One-dimensional oxalato-bridged Cu（Ⅱ），Co（Ⅱ），and Zn（Ⅱ）complexes with purine and adenine as terminal ligands. Inorg Chem，2004，43：5761-5770.

[90] González-Pérez J M，Alarcón-Payer C，Castiñeiras A，et al. A windmill-shaped hexacopper（Ⅱ）molecule built up by template core-controlled expansion of diaquatetrakis（μ$_2$-adeninato-N3，N9）dicopper（Ⅱ）with aqua（oxydiacetato）copper（Ⅱ）. Inorg Chem，2006，45：877-882.

[91] Chifotides H T，Dunbar K R. Interactions of metal-metal-bonded antitumor active complexes with DNA fragments and DNA. Acc Chem Res，2005，38：146-156.

[92] Rojas-González P X，Castiñeiras A，González-Pérez J M，et al. Interligand interactions controlling the μ-N7，N9-metal bonding of adenine（AdeH）to the N-benzyliminodiacetato（2-）copper（Ⅱ）chelate and promoting the N9 versus N3 tautomeric proton transfer：molecular and crystal structure of [Cu$_2$(NBzIDA)$_2$(H$_2$O)$_2$(μ-N7，N9-Ade(N$_3$)H)]·3H$_2$O. Inorg Chem，2002，41：6190-6192.

[93] Salam M A，Aoki K. Metal ion interactions with nucleobases in the tripodal tris(2-aminoethyl)amine(tren)ligand-system. Crystal structures of [Cu(tren)(adeninato)]·ClO$_4$，[Ni(tren)(9-ethylguanine-0.5H)(H$_2$O)]$_2$·(ClO$_4$)$_{2.5}$·(ClO$_3$)$_{0.5}$ and [{Cu(tren)}$_2$(hypoxanthinato)]·(ClO$_4$)$_3$. Inorg

Chim Acta, 2001, 314: 71-82.

[94] Thomas-Gipson J, Beobide G, Castillo O, et al. Porous supramolecular compound based on paddle-wheel shaped copper(Ⅱ)-adenine dinuclear entities. CrystEngComm, 2011, 13: 3301-3305.

[95] Nugent P S, Rhodus V L, Pham T, et al. A robust molecular porous material with high CO_2 uptake and selectivity. J Am Chem Soc, 2013, 135: 10950-10953.

[96] Stylianou K C, Warren J E, Chong S Y, et al. CO_2 selectivity of a 1D microporous adenine-based metal-organic framework synthesised in water. Chem Commun, 2011, 47: 3389-3391.

[97] Zhang M, Gu Z Y, Bosch M, et al. Biomimicry in metal-organic materials. Coord Chem Rev, 2015, 293-294: 327-356.

[98] Rabone J, Yue Y F, Chong S Y, et al. An adaptable peptide-based porous material. Science, 2010, 329: 1053-1057.

[99] Sontz P A, Bailey J B, Ahn S, et al. A metal organic framework with spherical protein nodes: rational chemical design of 3D protein crystals. J Am Chem Soc, 2015, 137: 11598-11601.

[100] Cai H, Li M, Lin X R, et al. Spatial, hysteretic, and adaptive host-guest chemistry in a metal-organic framework with open Watson-crick sites. Angew Chem Int Ed, 2015, 54: 10454-10459.

[101] Lehn J-M. Perspectives in chemistry—steps towards complex matter. Angew Chem Int Ed, 2013, 52: 2836-2850.

[102] Lehn J M. Perspectives in chemistry—aspects of adaptive chemistry and materials. Angew Chem Int Ed, 2015, 54: 3276-3289.

[103] Oh H, Li T, An J. Drug release properties of a series of adenine-based metal-organic framework. Chem Eur J, 2015, 21: 17010-17015.

[104] Sun R W Y, Zhang M, Li D, et al. Dinuclear gold (I) pyrrolidinedithiocarbamato complex: cytotoxic and antimigratory activities on cancer cells and the use of metal-organic framework. Chem Eur J, 2015, 21: 18534-18538.

[105] Jung S, Kim Y, Kim S J, et al. Bio-functionalization of metal-organic frameworks by covalent proteinconjugation. Chem Commun, 2011, 47: 2904.

[106] Taylor K M L, Kim J S, Rieter W J, et al. Mesoporous silica nanospheres as highly efficient MRI contrast agents. J Am Chem Soc, 2008, 130: 2154-2155.

[107] Taylor-Pashow K M L, Rieter W J, Lin W, Manganese-based nanoscale metal-organic frameworks for magnetic resonance imaging. J Am Chem Soc, 2008, 130: 14358-14359.

[108] Nishiyabu R, Hashimoto N, Cho T, et al. Nanoparticles of adaptive supramolecular networks self-assembled from nucleotides and lanthanide ions. J Am Chem Soc, 2009, 131: 2151-2158.

[109] Nishiyabu R, Aimé C, Gondo R, et al. Selective inclusion of anionic quantum dots in coordination network shells of nucleotides and lanthanide ions. Chem Commun, 2010, 46: 4333-4335.

[110] Nishiyabu R, Aim C, Gondo R, et al. Confining molecules within aqueous coordination nanoparticles by adaptive molecular self-assembly. Angew Chem Int Ed, 2009, 48: 9465-9468.

[111] Lin W, Hu Q, Yu J, et al. Low cytotoxic metal-organic frameworks as temperature-responsive drug carrie. Chem Plus Chem, 2016, 81: 804-810.

[112] Cai H, Xu L L, Lai H Y, et al. A highly emissive and stable zinc (ii) metal-organic framework as a host-guest chemopalette for approaching white-light-emission. Chem Commun, 2017, 53: 7917-7920.

[113] Xu L L, Zhang H F, Li M, et al. Chiroptical activity from an achiral biological metal-organic framework. J Am Chem Soc, 2018, 140: 11569-11572.

[114] Rieter W J, Kim J S, Taylor-Pashow, K M L, et al. Nanoscale coordination polymers for platinum-based anticancer drug delivery. J Am Chem Soc, 2008, 130: 11584-11585.

第11章
纳米尺度生物配位聚合物的设计与构建

11.1 引　言

随着人类对物质材料等要求的不断提高,传统配位聚合物晶体大的尺寸使其应用受到很大的限制,无法满足这种日益增长的需求,如其大的尺寸很难和微纳尺度的蛋白质、细胞、组织等的尺寸相匹配从而无法实现在生物医学、生物电子学等领域的应用。因此,将配位聚合物多功能、小型化到微纳米尺度是发展的必然趋势,也是实现该类材料更广泛应用的挑战性问题之一。这为构建既具备传统配位聚合物特性且兼具胶体粒子独特优势的新型功能杂化纳米材料提供了机遇,受到科学家的广泛关注。

纵观配位聚合物的研究可以发现,基于纳米尺度的配位聚合物设计与构建相关研究工作的开展始于 2005 年[1, 2]。目前,虽然已经实现了多种具有特定结构及物理、化学性质纳米尺度配位聚合物的成功合成[3, 4],且材料的维度涵盖了零维纳米粒子、一维纳米链、二维层状结构及三维框架结构,但因桥接配体配位键的数目、金属离子的配位数、金属和配体分子间的各种强弱相互作用(如配位键、氢键、π-π 堆叠、静电及范德瓦耳斯相互作用等)等多种因素均对纳米尺度配位聚合物的自组装可控制备有重要的影响[5-34],使得纳米尺度配位聚合物尤其是适用于生物应用的纳米尺度配位聚合物的构建具有很大的挑战性。统计发现,目前报道的绝大多数纳米尺度配位聚合物是由过渡金属和包含苯环或者碳碳双键、三键的有机配体构成,多数配体具有一定毒性,存在潜在危害,且即使与非毒性的金属离子如锌离子、钙离子、银离子等配位也不适于生物应用。因此,寻找具有生物相容性的配体,设计构建可满足生物体系严格要求的多功能纳米尺度配位聚合物,是进一步实现配位聚合物在生物系统中应用的关键[9-14, 35]。

生物分子是大自然赋予我们的礼物之一。相比于目前常用的合成化合物分子配体,生物分子具有结构多样、多金属结合位点、手性、好的生物兼容性、多重自组装特性等优点,是构建多功能生物相容、环境友好配位聚合物的理想配体。而且,众所周知,无论是钠、钾、钙、铜、锌、镁、锰、铁、钴等生命金属,还是铅、汞、铬、镉等具有很强生物毒性的金属,均是通过与生物分子如氨基酸、多肽、蛋白质、核碱基、糖等进行配位形成复合物而作用于生物体。例如,铅和汞可与酶上的巯基作用形成金属-酶复合物从而使酶失去活性并最终导致生物体中毒,而由微量元素如锌等构成的金属-酶复合物则可极大增强酶的活性,是生物体维持正常生命活动所必需的。因此,与目前常用的传统合成分子配体相比,采用自然界中一直存在的具有独特性能和功能的生物分子作为配体有望实现具有好的生物相容性且环境友好的纳米尺度配位聚合物的构建,且利于其新性能的开发,对理解许多生物相关的自组装过程具有非常重要的意义[8-16]。

我们将这类采用生物分子作为配体构建的纳米尺度配位聚合物统称纳米尺度生物配位聚合物[36]。然而,由于生物分子配体自身结构、手性等生物功能可直接影响相应纳米尺度生物配位聚合物构建的难度和复杂性,目前有关纳米尺度生物配位聚合物的研究还处于初级阶段,面临诸多挑战。本章将着重针对纳米尺度生物配位聚合物的设计与构建、手性及螺旋结构调制、功能化及应用三方面取得的进展进行讨论,并对该类材料未来的发展前景进行展望。

11.2 设计与构建

与传统的配位聚合物相同，纳米尺度生物配位聚合物的设计与构建一直是超分子化学和晶体工程学关注的焦点，且生物配位聚合物的可控构建及物理化学性质同样取决于桥接配体和金属离子的本质特性。唯一不同的是，为了维持生物分子配体的结构并保持其活性，纳米尺度生物配位聚合物的制备一般在室温、空气条件下进行。系统研究统计发现，无论是柔性的氨基酸、肽、蛋白质等生物分子，还是刚性的核碱基等生物分子，均是纳米尺度生物配位聚合物设计与构建的理想配体，它们多样的结构与功能不仅可以增加所构建生物配位聚合物结构的多样性，而且可以赋予生物配位聚合物独特的功能。

11.2.1 "金属-氨基酸"生物配位聚合物

氨基酸是生物体内大量存在的一类典型生物配体，是含有碱性氨基（—NH$_2$）和酸性羧基（—COOH）的一类有机化合物的通称，可通过官能团以多种配位模式与金属离子配位形成螯合物或离散的多核簇而在生物体中呈现重要的生物功能。以半胱氨酸（Cys）为例，它含有巯基（—SH）、氨基（—NH$_2$）、羧基（—COOH）三种官能团，可通过键合有毒的重金属离子、含砷化合物以及氰化物而对含硫化合物在生物体中的新陈代谢起关键作用[37]，也可形成可溶的复合物而被用于解毒剂等[38]，以实现对生物体的保护。因此，以氨基酸作为配体来设计和构建生物配位聚合物，尤其是纳米尺度生物配位聚合物，对于理解许多生物相关的过程及实现相关材料在生物体中的应用具有非常重要的意义，其可作为模型系统来用于参考研究生物体中重要配位化合物（如金属蛋白等）的形成、结构、功能等[4, 36, 39]。

氨基酸的配位特性由其官能团决定。众所周知，组成蛋白质的氨基酸均为 α-氨基酸（氨基连在 α-碳上），故在此以几种典型的 α-氨基酸为例来对其配位特性进行分析。如图 11-1 所示，α-氨基酸的结构通式可用 NH$_2$CHRCO$_2$H（其中，R 是有机侧链，体现各个氨基酸自身的特异性，羧基氧分别用 O$_1$ 和 O$_2$ 来区分）来表达，其骨架和侧链均对金属离子呈现潜在的配位活性。就氨基酸的骨架而言，氨基和羧基可以通过氮氧螯合的方式与金属离子配位，也可以单独与金属离子配位，主要表现为以下三种方式：①μ_2-O$_1$：O$_2$，即两个羧基氧分别与不同金属离子配位；②μ_2-N$_1$O$_1$：O$_2$，即氨基和一羧基氧共同与一金属离子配位（O,N-螯合模式）、羧基上的羰基氧与另一金属离子单独配位，两种配位模式共存；③μ_3-N$_1$O$_1$：O$_1$：O$_2$，即 O,N-螯合模式以及两羧基氧分别与不同金属离子单独配位共存。除此之外，氨基酸的侧链 R 与金属离子之间也存在多种配位形式，以天冬氨酸（Asp）及谷氨酸（Glu）为例，它们的侧链为—COOH（图 11-1 中羧基氧分别用 O$_3$ 和 O$_4$ 来区分），可以以 μ_2-O$_3$：O$_4$、μ_1-O$_3$O$_4$、μ_3-O$_3$：O$_3$O$_4$：O$_4$、μ_1-O$_3$、μ_2-O$_3$O$_4$：O$_4$ 五种配位形式与金属离子配位，而组氨酸（His）及甲硫氨酸（Met）的侧链则可分别通过 μ_1-N、μ_1-S 与金属离子配位。

基于氨基酸的生物配位聚合物的构建主要通过以下三种策略来实现：①金属和氨基酸直接络合；②金属、氨基酸和额外的有机配体共同反应；③天然氨基酸通过化学修饰后再与金属离子反应。其中，氨基酸自身尤其是其侧链 R 的配位模式对所构建生物配位聚合物的结构、形貌尤其是维度有至关重要的影响。基于此，初期有关"金属-氨基酸"生物配位聚合物的研究主要针对简单的天然氨基酸分子展开。系统统计发现，就 20 种基本天然氨基酸而言，目前发现可与金属离子通过配位相互作用形成生物配位聚合物的有天冬氨酸（Asp）、半胱氨酸（Cys）、天冬酰胺（Asn）、组氨酸（His）、

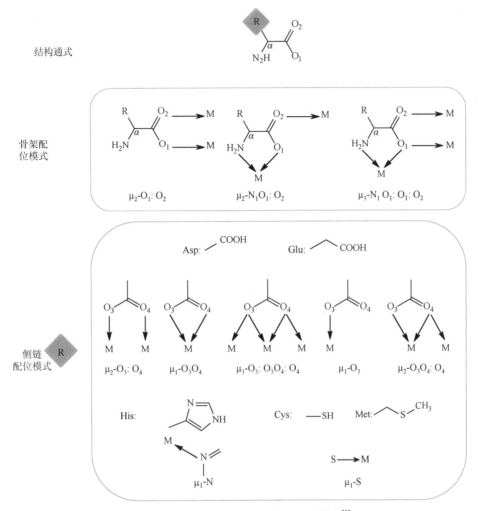

图 11-1　α-氨基酸的接通通式及配位模式[8]

苯丙氨酸（Phe）、谷氨酸（Glu）等[4, 6-32, 40]。而且，所构建的生物配位聚合物的维度可通过添加另外的桥连阴离子和多齿有机配体或者对天然氨基酸分子进行修饰或改性来实现拓展。然而，遗憾的是，目前只有"金属-Asp"[6]以及"金属-Cys"[15]两种体系明确实现了纳米尺度生物配位聚合物的可控构筑。

1.　"金属–Asp"生物配位聚合物

目前已成功构建的"金属-Asp"生物配位聚合物有多种，根据金属离子的不同可分为 Pb(Ⅱ)、Cd(Ⅱ)、Ni(Ⅱ)、Zn(Ⅱ)、Cu(Ⅱ)、Co(Ⅱ)体系等[11, 41-46]。以"Ni-Asp"体系为例，2004 年 Anokhina 和 Jacobson 成功采用水热的方法实现了具有同手性一维螺旋链结构的天冬氨酸镍氧化物([Ni$_2$O (L-Asp)(H$_2$O)]·4H$_2$O)的可控制备[45]，且结构分析发现，在这些螺旋链中，每个 Asp 配体可通过羧基及氨基与五个 Ni(Ⅱ)离子配位，配体分别采用 μ$_2$-N$_1$O$_1$：O$_2$ 及 μ$_3$-O$_3$：O$_3$O$_4$：O$_4$ 的配位模式。随着反应体系 pH 值的提高，这些螺旋链可与另外的[NiAsp$_2$]$^{2-}$ 单元连接形成手性三维多孔的框架结构([Ni$_{2.5}$(OH)(L-Asp)$_2$]·6.55H$_2$O)[11]。当然，三维结构的构建也可通过添加其他连接配体来实现，如 2006 年 Rosseinsky 等[9]以已构建的 Ni(L-Asp)(H$_2$O)$_2$·H$_2$O[八面体配位的 Ni(Ⅱ)中心与 Asp 配体以 μ$_2$-N$_1$O$_1$：O$_2$ 及 μ$_2$-O$_3$：O$_4$ 模式进行配位]为前体，将其与配体 4,4'-联吡啶（4,4'-bipy）在甲醇与水的混合溶剂中混合，通过精确控制反应条件（加热 150℃，反应 48h）成功实现了结晶性的多孔三维柱状结构[Ni$_2$(L-Asp)$_2$(4, 4'-bipy)]·guest 的可控制备。结构分析表明，该材料框架结构中的一维柱状通道是通过 Ni(L-Asp)层与 4,4′-bipy 的连接来实现的，且通道的大小取决于 4,4′-bipy 配体的长度及 Ni(L-Asp)层中 Ni(Ⅱ)中心相互间的距离。更有趣的是，在去除客体溶剂（guest）后，可以用其他延长的双连接配体取代 4,4′-bipy 来实现对该材料框架结构中如形状、横截面、化学功能及体积等孔特性的精确控制[46]。

从"Ni-Asp"体系可以看出，目前已成功构建的生物配位聚合物几乎没有仅由金属 Ni(Ⅱ)离子及天然氨基酸分子直接形成的化合物。经长时间尝试，2009 年，Maspoch 等[6]采用一种简便、无模板的策略即快速沉淀法成功实现了平均直径 100~200nm、长度可达 1cm 的深蓝色 Cu/Asp（L-或 D-）一维纳米纤维的可控构筑，具体过程为：将同时溶解 L-或 D-Asp 和氢氧化钠（NaOH）的乙醇和水混合液（醇水比为 5∶1）及溶解六水硝酸铜［Cu(NO₃)₂·6H₂O］的水溶液小心先后转移到同一试管中［图 11-2（b）］，静置多天后即可在水/有机界面配位聚合形成深蓝色 Cu/Asp（L-或 D-）纳米纤维，且纤维的取向可随着乙醇层缓慢向水扩散的方向逐渐增长，最终将整个水相均匀填充［图 11-2（d）］。精确控制实验条件发现，纤维的长度可通过调节天冬氨酸溶液的加入速率来控制，加入速率越快，所

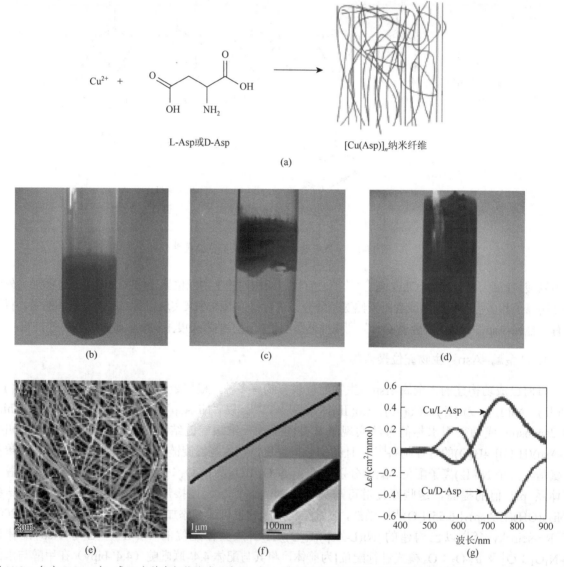

图 11-2 （a）Cu/Asp（L-或 D-）纳米纤维合成示意图；（b~d）反应时间分别为 0（即混合瞬间）(b)、24h（c）、120h（d）拍摄的照片，说明长度为厘米级的 Cu/Asp 纳米纤维的制备采用水/有机界面配位聚合法来实现；（e）Cu/Asp 纳米纤维的扫描电镜照片；（f）Cu/Asp 纳米纤维的透射电镜照片；（g）Cu/Asp（L-或 D-）纳米纤维对应的圆二色光谱图[6,36]

获得的纤维越短，如非常缓慢地加入天冬氨酸溶液可以制备长达 1cm 的纤维，而快速混合溶液则只能制备得到长度为几十微米的纤维。结构表征发现，聚合物中铜离子和 Asp 配体以一维链进行排列，其通式为[Cu(Asp)(H$_2$O)$_x$]$_n$。2010 年，Rosseinsky 等[43]采用回流和溶剂热相结合的方法成功实现了腔体体积为 33Å 的三维框架结构[Zn(Asp)]·H$_2$O 的合成，其中锌离子和 Asp 配体以 μ_2-N$_1$O$_1$：O$_2$ 及 μ_2-O$_3$：O$_4$ 模式相结合，且封装在空腔中的水分子可以通过加热（350℃）去除。

2．"金属-Cys"生物配位聚合物

虽然有关"金属-Cys"生物配位聚合物的研究始于 20 世纪初，且涉及 Pb(Ⅱ)、Cd(Ⅱ)、Ni(Ⅱ)、Zn(Ⅱ)、Hg(Ⅱ)等多种体系[15,23,40,47-49]，但直到最近几年研究者才开始着重关注相关化合物形貌及结构的精细调控。其中，基于二价金属离子与半胱氨酸来构建生物配位聚合物的体系以"Cd-Cys"最为典型。2008 年，Rosseinsky 等[40]采用溶剂热的方法，通过精确控制反应条件，成功制备得到 Cd(L-cysteinate)及 Zn(L-cysteinate)单晶。结构解析兼理论计算均表明，Cd(L-cysteinate)及 Zn(L-cysteinate)均呈现空间群为 $P2_12_12_1$ 的相似正交结构。例如，在 Cd(L-cysteinate)结构中（图 11-3），金属中心 Cd 与 L-Cys 的巯基桥接形成一维梯状亚结构，这些一维单元再借助半胱氨酸的羧基（两个羧基氧分别

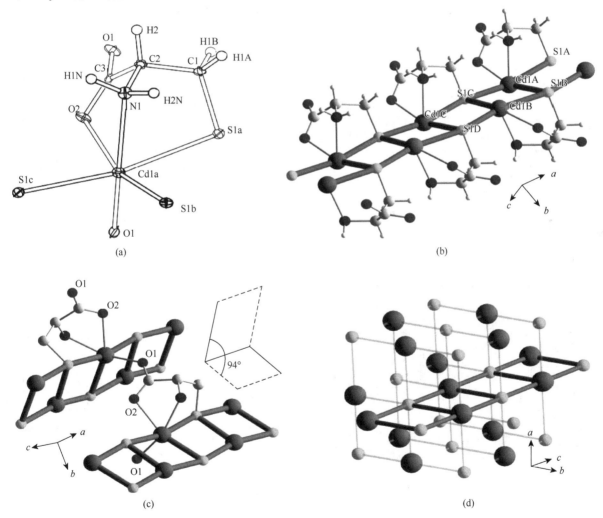

图 11-3　（a）Cd(L-cysteinate)结构中金属 Cd 的配位模式；（b）Cd(L-cysteinate)结构的基本构成单元——Cd-S 梯形结构；（c）由半胱氨酸的羧基官能团连接的相邻两个梯子结构示意图；（d）硫化镉高压（40kbar）岩盐结构示意图。其中，绿色代表镉原子；黄色代表硫原子；灰色代表碳原子；红色代表氧原子；深蓝色代表氮原子；白色代表氢原子[40]

与两个相邻梯子的金属中心 Cd 相结合）以一定的规则、周期性的方式在晶体内部排列，并最终形成三维空间网络结构。随后，为了将"Cd-Cys"生物配位聚合物小型化到纳米尺度，唐智勇等[49]通过不断优化反应条件如改变溶液中反应物的浓度、反应温度、反应物比率、反应体系 pH 值等，成功采用一种简单混合、静置的方法实现了系列纳米尺度 Cd(Ⅱ)/Cys 生物配位聚合物纳米线在 Cd(Ⅱ)盐前体与半胱氨酸混合水溶液中、室温下的自组装可控制备（图 11-4）。研究发现，虽然三种 Cd(Ⅱ)/Cys 生物配位聚合物纳米线具有相同的生长机制，但配体半胱氨酸分子的手性对其形貌、结构及生长速度具有显著的调控作用。在同样的生长条件下，采用手性半胱氨酸分子（L-Cys 或 D-Cys）作为配体来构建 Cd(Ⅱ)/Cys 生物配位聚合物纳米线的反应及生长速度远高于以外消旋半胱氨酸分子（DL-Cys）作为配体来构建 Cd(Ⅱ)/DL-Cys 生物配位聚合物纳米线的反应及生长速度。如图 11-4 所示，长度大于 10μm、宽度约为 50nm 的 Cd(Ⅱ)/L-Cys 及 Cd(Ⅱ)/D-Cys 生物配位聚合物纳米线可在 180h 内完成可控自组装制备［图 11-4（a）和（b）］，而 Cd(Ⅱ)/DL-Cys 生物配位聚合物纳米线的制备速度则至少比 Cd(Ⅱ)/L-Cys 及 Cd(Ⅱ)/D-Cys 纳米线的制备速度慢 20 倍，反应 60 天才可制备得到由约 4μm 长、40nm 宽的纳米带状花瓣构成的束状结构［图 11-4（c），手性半胱氨酸分子体系只需 2～3 天即可完成这种花瓣束状结构的构建］。结构分析发现，三种 Cd(Ⅱ)/Cys 纳米线具有相似的晶体结构，同属正交晶系，只是晶格参数略有不同，且纳米线均沿[100]方向即由粉末 X 射线衍射数据推导出的晶格 a 方向生长［图 11-4（d）］。

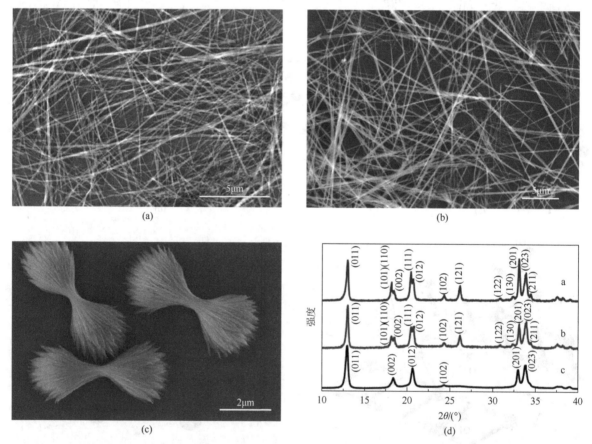

图 11-4 （a～c）反应 180h 后制备得到的 Cd(Ⅱ)/L-Cys（a）、Cd(Ⅱ)/D-Cys（b）及 Cd(Ⅱ)/DL-Cys（c）生物配位聚合物的扫描电镜照片；（d）三种 Cd(Ⅱ)/Cys 生物配位聚合物对应的粉末 X 射线衍射图[49]

除二价金属离子外，一价金属离子也是生命体所不可或缺的，基于此来构建生物配位聚合物对于研究生物体内的各种相互作用等具有重要意义。在所有一价金属离子中，Ag(Ⅰ)离子因其抗菌性能而受到密切关注，成为构建生物配位聚合物最常用的离子之一。就"Ag-Cys"体系而言，直到 2010 年，唐智勇等[15]才在类生理环境下（水溶液、人体温度即 37℃）、以一水合高氯酸银（AgClO$_4$·H$_2$O）及不同手性的半胱氨酸分子（L-Cys、D-Cys 及 DL-Cys）为反应前体，通过不断优化反应条件（如改变溶液中反应物的浓度、反应温度、反应物比率、反应体系 pH 值等），采用自下而上的方法成功实现了系列纳米尺度 Ag(Ⅰ)/Cys 生物配位聚合物的可控构筑。形貌表征发现，当选用手性半胱氨酸分子（L-Cys 或 D-Cys）作为配体分子进行反应时，最终构建形成的是呈现"镜像"对映关系的 Ag(Ⅰ)/L-Cys 纯右手螺旋纳米带和 Ag(Ⅰ)/D-Cys 纯左手螺旋纳米带［图 11-5（a）和（b）］，且纳米带的宽度可实现在 100～200nm 可调，螺距均约 2μm、厚度为 20～30nm；当采用外消旋半胱氨酸分子（DL-Cys）作为配体分子进行反应时，在相同的实验条件下，最终构建形成的是厚度约 800nm 的二维 Ag(Ⅰ)/DL-Cys 纳米片［图 11-5（c）］。需要特别指出的是，通过组装中间态分析发现，手性 Ag(Ⅰ)/Cys 螺旋纳米带的形成具有以下三个特点：①形成过程具有分级性，即随着反应时间的延长，组装自 Ag(Ⅰ)/Cys 复合物的形成起始，随后经历了由纳米小纤维到无螺旋纳米带，再到部分螺旋纳米带，并最终随着纳米带长度和宽度的增加逐渐组装合并成具有特定手性的螺旋纳米带的过程；②沿长度方向的组装速率明显高于沿宽度方向的组装速率，且宽度的增

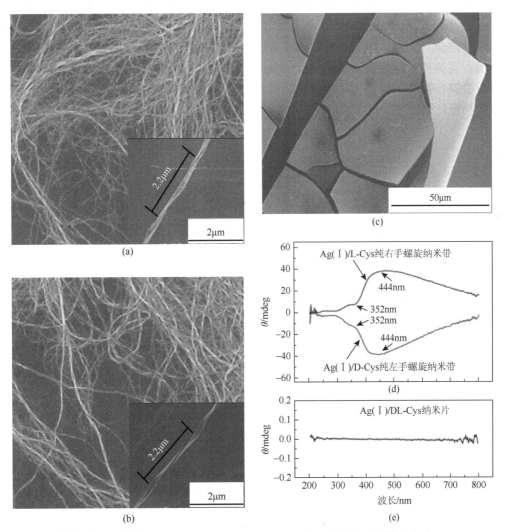

图 11-5　（a）Ag(Ⅰ)/L-Cys 纯右手螺旋纳米带、（b）Ag(Ⅰ)/D-Cys 纯左手螺旋纳米带及（c）Ag(Ⅰ)/DL-Cys 纳米片的扫描电镜照片；（d～e）三种 Ag(Ⅰ)/Cys 生物配位聚合物对应的圆二色光谱图[15, 36]

加是以"侧向合并"的模式来进行的[50]；③螺旋纳米带的特定扭曲具有宽度相关性，螺旋形成的临界宽度约为 200nm，但当纳米带演变为螺旋后，部分闭合的扭曲会导致螺旋纳米带宽度由 200nm 到 100～200nm 的周期变化。

11.2.2 "金属-肽"生物配位聚合物

肽是由两个或两个以上氨基酸通过脱水缩合以肽键（一个氨基酸的氨基与另一个氨基酸的羧基脱水缩合形成的酰胺键在蛋白质化学中称为肽键）连接在一起形成的短聚合物生物分子。肽的序列结构主要取决于其构成组分氨基酸的构象和立体化学构型，所以每种肽均具有特定的识别性质和内在手性，可被广泛用于不对称催化和选择性分离等[51]，是构建生物配位聚合物的一种潜在桥接配体。首先，肽同时兼具氨基末端和羧基末端（如图 11-6 所示，最简单的二肽甘氨酰甘氨酸即 GlyGly 兼具两种末端），这两种末端均可通过不同的配位模式配位金属离子。其中，氨基末端可以以单齿或螯合方式与金属离子配位，其相邻的酰胺基上的氧原子也可与同一金属离子以五元螯合环的形式进行配位，也可采用在氨基酸与金属离子配位过程中观察到的 O,N-螯合模式与金属离子进行配位。肽另一端的羧基末端则可以以目前已知的有关羧酸的任何配位模式与金属离子进行配位（图 11-1）。其次，肽的设计存在无限可能，可向其序列中添加合适的氨基酸来引入更多可与金属离子相结合的位点。例如，更多羧基基团的引入可以通过简单合成包含氨基酸 Asp 或 Glu 的肽来实现。这种多样性为设计及构建柔性多齿生物配体提供了无限可能性，也为功能化"金属-肽"生物配位聚合物的构建提供了机会，相信经过不断尝试和努力，可构建多种维度、结构、性能可调的生物配位聚合物。

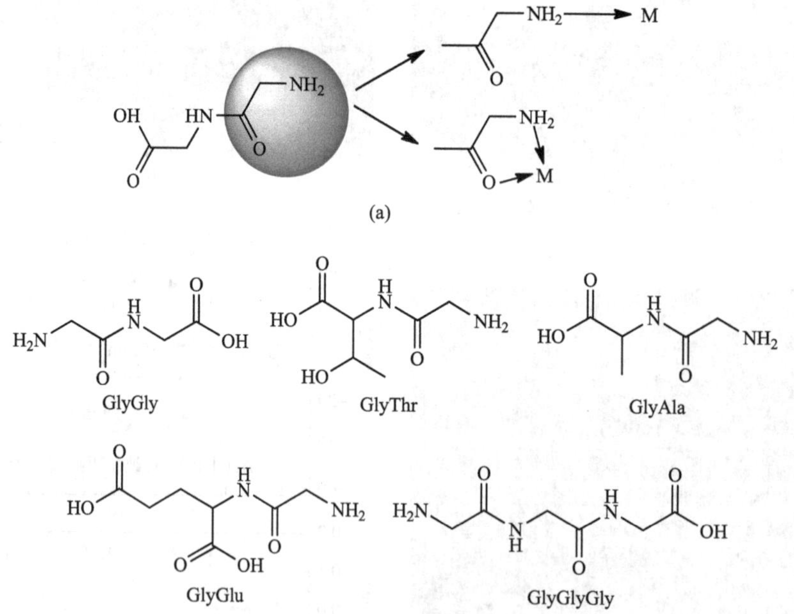

图 11-6 （a）肽末端氨基的配位模式：单齿及五元螯合，肽羧基末端可表现出与图 11-1 所示相同的配位模式；（b）已发现用于合成"金属-肽"生物配位聚合物的部分二肽及三肽配体[8]

初期有关"金属-肽"生物配位聚合物的研究针对最简单、最短的二肽 GlyGly 展开。1996年，Takayama 等[52]通过调节含有 Zn(II)或 Cd(II)金属盐和二肽 GlyGly 水溶液的 pH 值首次实现了三种"金属-肽"生物配位聚合物的合成。系统研究发现，当 pH 值为 6 时，可制备得到结构式为[M(GlyGly)$_2$]·2H$_2$O 的二维"Zn(Ⅱ)/Cd(Ⅱ)-GlyGly"生物配位聚合物,其中每个八面体的金属 Zn(Ⅱ)或金属 Cd(Ⅱ)离子均通过桥接四个 GlyGly 配体来与其他四个金属离子相连接,而每个 GlyGly 配体则通过其羧基末端以单齿模式、氨基末端以前面提到的五元螯合环的模式与两个金属离子相连;当 pH 值增加到 9 时,对 Cd(Ⅱ)金属盐和二肽 GlyGly 水溶液体系而言还可形成一种结构式为[Cd(GlyGly)$_2$]·H$_2$O 的新型二维"Cd(Ⅱ)-GlyGly"生物配位聚合物,在每一层中,GlyGly 配体的羧基末端与两个 Cd(Ⅱ)金属离子相接,同时其氨基末端与另一 Cd(Ⅱ)金属离子以单齿模式配位,并最终形成每个 Cd(Ⅱ)金属离子通过四个 GlyGly 配体连接到其他四个 Cd(Ⅱ)金属离子的二维网络结构。

此后,以二肽、三肽等为配体来构建的系列生物配位聚合物逐渐被合成并报道。例如,2004 年 报 道 的 生 物 配 位 聚 合 物 [Zn(GlyThr)$_2$]·2H$_2$O[53] 及 2008 年报道的生物配位聚合物 [Cd(AlaThr)$_2$]·4H$_2$O[13]和[Cd(AlaAla)$_2$][13]等均具有与前述[M(GlyGly)$_2$]·2H$_2$O[52]相似的金属-肽连接,然而由于金属离子配位特性(如配位数、构型等)及金属-肽配位模式的不同导致这些生物配位聚合物具有不同的结构。其中,[Zn(GlyThr)$_2$]·2H$_2$O[53]和[Cd(AlaThr)$_2$]·4H$_2$O[13]具有由通过氢键组装形成的类方形二维层构成的一维通道多孔结构,而[Cd(AlaAla)$_2$][13]则形成的是由氢键扭曲方形网格构成的无孔结构。同样地,当 Cd(Ⅱ)离子与三肽 GlyGlyGly 配位时,也可构建形成具有与上述几种生物配位聚合物相似结构的二维"金属-肽"生物配位聚合物[Cd(GlyGlyGly)$_2$]·2H$_2$O[13]。

在对"金属-肽"生物配位聚合物结构进行精细调控的基础上,2008 年 Mantion 等[32]通过精确控制反应条件,成功制备得到了第一例纳米尺度"金属-肽"生物配位化合物 [图 11-7(a)]。在 pH = 8、乙醇与水的混合溶液中,硝酸镉或者硝酸钙可与三肽 Z-(L-Val)$_2$-L-Glu(OH)-OH 配位生成长度可达几微米、宽度约为 200nm 的一维纳米纤维。系统研究发现,"金属-肽"生物配位聚合物纳米纤维的形成与肽自身的自组装特性及金属-肽和金属-氨的特异性相互作用密切相关,其多孔网络结构由金属-氧、金属-氮、各种类型的氢键及 π-π 堆积交织形成,可在 250℃保持稳定。随后,通过简单向胶原肽中添加过渡金属 [如 Zn(Ⅱ)、Cu(Ⅱ)、Ni(Ⅱ)、Co(Ⅱ)等] 可实现"金属-胶原肽"纤维的自组装构建,其三维骨架主要源于金属离子双向配位所致的胶原三螺旋产生的高度交联 [图 11-7(b)][54]。而且,"金属-肽"纤维的特性可通过加入其他金属离子等进行调控。例如,通过向 Ag(Ⅰ)-谷胱甘肽水溶液中引入不良溶剂二甲基亚砜制备得到由多股小纤维多级组装形成的"Ag(Ⅰ)-谷胱甘肽"螺旋纳米纤维,经 Ca(Ⅱ)交联后可实现在水中的均匀分散[55]。更为重要的是,利用配体肽的柔性,可实现具有可调孔隙率"金属-肽"生物配位聚合物多孔材料的可控构建,如生物配位聚合物[Zn(GlyAla)$_2$]·solvent 的晶体结构可通过溶剂的不断解吸/再吸收过程来实现可逆转变,且分子动力学模拟证实肽的低能量扭曲和位移使孔的体积随客体溶剂分子负荷的增加实现从零平稳演化[20]。这种孔隙可调的"金属-肽"生物配位聚合物的成功构建使结构介于有序生物配位聚合物和无定形系统间材料的构建成为可能,并为该类材料进一步实现在储存、分离、催化等的广泛应用奠定了基础。

11.2.3 "金属-蛋白质"生物配位聚合物

蛋白质(包括抗体、酶、结构蛋白等)是由氨基酸以"脱水缩合"的方式组成的一条或多条多肽链经过盘曲折叠形成的具有一定空间立体结构的生物大分子,是机体细胞的重要组成部分,在细胞中执行如细胞动力学、通信等特殊功能。由于氨基酸是蛋白质的基本组成单位,因此蛋白质具有与氨基酸同样显著的与金属离子配位的能力。也就是说,当蛋白质与金属配位形成生物配位聚合物时,其组成单位氨基酸的各种侧链基团可为蛋白质与金属配位提供许多位点,且其配位模式及机制可以"金属-氨基酸"生物配位聚合物为模型系统来进行研究。然而,除了许多已知的天然"金属-

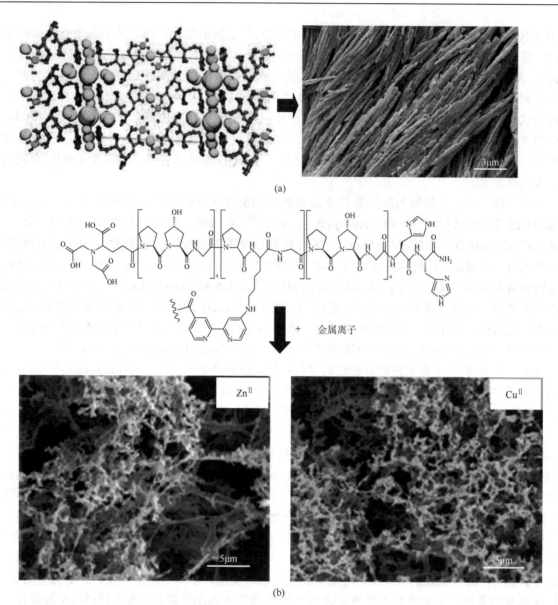

图 11-7 （a）"金属-肽"生物配位聚合物 Cu/Z-(L-Val)₂-L-Glu(OH)-OH 部分结构堆积示意图及扫描电镜照片，其中黄色球表示孔隙；（b）多肽 NHbipy 的分子结构及其与金属 Zn(Ⅱ)、Cu(Ⅱ)构建的生物配位聚合物三维纤维纳米结构的扫描电镜照片[32, 36, 54]

蛋白质"复合物外[56-58]，由于蛋白质结构自身的复杂性、柔性，在蛋白质界面如何实现对金属离子配位的可控调控依旧是一个巨大挑战，因此目前在文献中还没有由金属离子和蛋白质通过缔合构建形成的"金属-蛋白质"生物配位聚合物相关实例的报道。

　　值得一提的是，Tezcan 课题组[59]发现通过金属配位来诱导蛋白质间的相互作用可实现对蛋白质超结构的可控制备，例如，使用这种金属定向蛋白质自组装的策略，他们成功实现了由蛋白质衍生的第一个框架结构的可控构建，结构由两种工程蛋白［通过 Ni(Ⅱ)和 Zn(Ⅱ)离子连接的四螺旋束血红素蛋白］组成[60]。而且，文献调研发现，其中有关蛋白质与含有金属离子的化合物如金属有机框架化合物等形成复合材料的研究也越来越受到研究者的关注[61]。这些研究工作尤其是其中有关金属离子和蛋白质官能团间相互作用等工作的开展对将来"金属-蛋白质"生物配位聚合物的构建具有指导意义，且相信经过努力将来定能实现相关生物配位聚合物的可控构建。

11.2.4 "金属-核碱基"生物配位聚合物

核碱基是在生物体中参与碱基配对的核酸的关键组成部分，如腺嘌呤可借助两个氢键与胸腺嘧啶或尿嘧啶结合，而鸟嘌呤则可通过三个氢键实现对胞嘧啶的特异性识别。最重要的是，核碱基含有氧和氮的孤电子对，具有丰富的与金属键合及形成氢键网络的能力，分子结构呈现刚性，是构建生物配位聚合物的理想多齿有机配体[62, 63]。

截至目前，随着分子配位化学的发展，已经构建了许多基于核碱基和金属离子的化合物[12, 14, 64-69]。其中，研究最多的是以腺嘌呤（Ade）为配体构建的生物配位聚合物。从分子结构可以看出［图 11-8（a）］，腺嘌呤可提供五个潜在与金属离子结合的位点，分别是 N6 氨基和标注为 N1、N3、N7 及 N9 的亚氨基氮，配位模式丰富，可与金属离子实现多种形式配位[70]。1994 年，Gillen 等[71]首次提出腺嘌呤可用于获得维度高于零维及一维的"金属-核碱基"框架结构化合物，并通过调控成功实现了基于 Ag（Ⅰ）离子和 9-甲基腺嘌呤的二维框架结构生物配位聚合物的可控构建，结构中 Ag(Ⅰ)离子与配体分子 9-甲基腺嘌呤的 N1、N3 及 N6 实现配位。然而，直到 2009 年，An 等[14]才利用具有多个联苯二羧酸酯的连接体为互连体成功构建了结构式为 [Zn8(Ade)4(bpdc)6O·2Me2NH2]·8DMF·11H2O（即 bio-MOF-1，其中 bpdc 为联苯二羧酸盐）的第一个三维框架多孔"Zn（Ⅱ)-腺苷"生物配位聚合物。如图 11-8（c）所示，在该"Zn（Ⅱ)-腺苷"生物配位聚合物中，每四个腺嘌呤配体通过 N1、N3、N7 及 N9 与八个 Zn(Ⅱ)离子配位形成八面体笼，然后各笼间通过共享顶点来形成无限的 Zn(Ⅱ)-Ade 柱，并最终延伸成三维空间结构。2010 年，An 等[72]又利用腺嘌呤衍生物成功制备了结构式为 Co2(Ade)2(CO2CH3)2·2DMF·0.5H2O（即 bio-MOF-11）的第二个多孔生物配位聚合物，结构中每两个 Co(Ⅱ)离子与两个腺嘌呤配体（通过 N3 和 N9 配位）及两个乙酸配体配位成簇，簇间再通过腺嘌呤配体（通过 N7 配位）连接在一起，进而形成空腔周期性分布的三维结构［图 11-8（b）］。

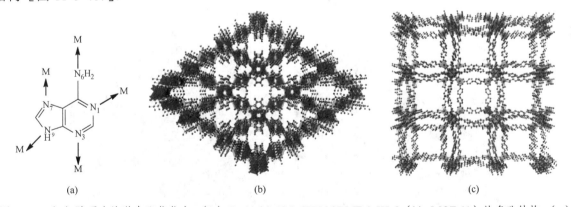

图 11-8 （a）腺嘌呤的潜在配位位点；（b）Co2(Ade)2(CO2CH3)2·2DMF·0.5H2O（bio-MOF-11）的多孔结构；（c）[Zn8(Ade)4(bpdc)6O·2Me2NH2]·8DMF·11H2O（bio-MOF-1）的多孔结构[8]

当然，有关以腺嘌呤衍生物为配体构建的生物配位聚合物的报道还有很多，但统计发现，到目前为止在纳米甚至亚微米尺度上只制备得到了零维球形颗粒的"金属-核碱基"生物配位聚合物［图 11-9（a）］[73, 74]。虽然该"金属-核碱基"球形微纳米颗粒是核碱基配体通过与水溶液中的金属离子自组装制备得到，但具有明确一维、二维及三维结构的纳米尺度"金属-核碱基"生物配位聚合物的制备仍然存在很大难度，目前其构建依旧停留在表面拓扑研究阶段，如在基底表面上通过可控组装实现一维结构"金属-核碱基"生物配位聚合物的制备[65, 66, 75-79]。例如，通过金属离子定向生长和腺嘌呤的自组装,可在高取向性热解石墨（HOPG）表面制备得到一维螺旋状的"Ag(Ⅰ)-腺嘌呤"生物配位聚合物［图 11-9（b）］[78]；单 Cd(Ⅱ)-巯嘌呤链（$[Cd(6-MP)_2 \cdot 2H_2O]_n$，其中 MP 为巯嘌呤）也可通过 Cd(Ⅱ)盐和巯嘌呤在 HOPG 表面的原位反应制备得到［图 11-9（c）］[79]。因此，为拓宽生物配位聚合物的应用并了解金属离子与刚性生物分子间的各种相互作用，进一步开发具有部分甚至全部为刚性结构的生物配位聚合物必要而且重要，而以腺嘌呤及其衍生物等刚性生物分子为配体来构建纳米尺度生物配位聚合物最为典型，有望在前期研究的基础上尽快实现具有不同维度尤其是二维及三维纳米结构生物配位聚合物的可控制备。

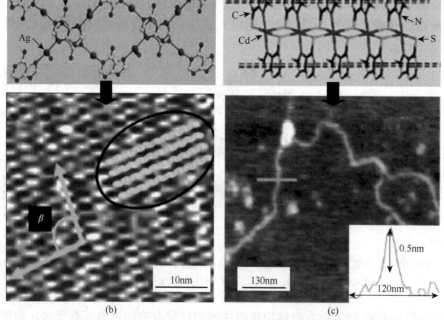

图 11-9　（a）通过简单混合腺嘌呤和氯金酸水溶液制备得到的"Au(Ⅲ)-腺嘌呤"生物配位聚合物胶状粒子；（b）在 HOPG 表面制备得到的一维螺旋状"Ag(Ⅰ)-腺嘌呤"生物配位聚合物的结构示意图及原子力显微镜照片；（c）通过 Cd(Ⅱ)盐和巯嘌呤在 HOPG 表面原位反应制备得到的单 Cd(Ⅱ)-巯嘌呤链的结构示意图及原子力显微镜照片[36, 73, 78, 79]

11.3 手性及螺旋结构调制

作为纳米尺度配位聚合物的一支分支,纳米尺度生物配位聚合物同时兼具传统配位聚合物及纳米材料的特性,且如同传统配位聚合物一样,其性质除了取决于聚合物的聚合度、链的单分散性、分子间的相互作用等,还同样依赖于配体分子的化学本质。与传统配体分子相比,生物配体分子具有其特异性,因此,这里主要针对纳米尺度生物配位聚合物的两种特性——手性及螺旋结构调制进行简单介绍。

11.3.1 手性

手性现象广泛存在于自然界中,是生命过程的基本特征,起重要作用。构成生命体的有机分子绝大多数都是手性分子,且通过检验,人们发现一个令人震惊的事实,那就是虽然作为生命基本结构单元的氨基酸有手性之分,然而除了少数动物或昆虫的特定器官内含有少量的右旋氨基酸之外,组成地球生命体的几乎都是左旋氨基酸。这些天然氨基酸分子通过自然选择具备了优异而独特的性能[16],且其手性决定了由其在核糖体中被识别、排列、进一步组装而成的蛋白质高级结构的自然存在状态,如右手性的 α 螺旋(二级结构)及其折叠(三级结构)等[80]。因此,鉴于手性在生物过程中的重要性及手性化合物在对映选择性合成、不对称催化、多孔材料、非线性光学材料、磁性材料等中的潜在应用价值[13, 14, 16, 81-92],具有手性结构的固体材料的发展一直是研究者关注的焦点[6-8, 14, 16, 33, 84-92],而以生物分子为配体的生物配位聚合物的构建为手性的理解提供了一个非常好的平台,对其手性的研究不仅有利于发掘亿万年自然选择的配体分子库、理解及揭示许多生物反应过程,而且利于扩展复杂纳米结构制备的"工具箱"[6, 32, 93-98]。

生物配位聚合物的手性多数是由作为配体的生物分子所赋予的。目前,绝大多数构建的手性生物配位聚合物基于单核金属中心,由金属多面体在杂化框架中缩合成寡聚单元或延伸阵列,从而呈现显著的结构及手性物理特性[11, 45, 99-102]。2004 年,Anokhina 等[45]采用水热的方法成功制备得到第一个具有延伸的螺旋 Ni-O-Ni 亚网络结构的手性一维化合物,即结构式为[Ni₂O(L-Asp)(H₂O)₂]·4H₂O 的镍天冬氨酸氧化物及其对应的结构式为[Ni₂O(D, L-Asp)(H₂O)₂]·4H₂O 的外消旋类似物(图 11-10)。随后,手性生物配位聚合物的研究逐渐受到关注并得到拓展[11]。然而,有关纳米尺度手性生物配位聚合物的研究还一直处于起步阶段。截至目前,只有几种纳米尺度手性生物配位聚合物被成功构建[6, 15, 55]。其中,Li 等[15]成功构建的 Ag(Ⅰ)/Cys(L-或 D-)螺旋纳米带就是手性从配体分子到生物配位聚合物转录的一个最佳实例。如图 11-5 所示,当选用手性半胱氨酸分子(L-Cys 或 D-Cys)作为配体分子进行反应时,扫描电镜照片及圆二色光谱均表明制备得到的是呈现镜像对映关系的 Ag(Ⅰ)/L-Cys 纯右手螺旋纳米带和 Ag(Ⅰ)/D-Cys 纯左手螺旋纳米带 [图 11-5(a)、图 11-5(b)、图 11-5(d)],且生物配位聚合物螺旋纳米带的手性与配体分子相对应;当采用外消旋的半胱氨酸分子(DL-Cys)作为配体分子进行反应时,制备得到的是非手性的 Ag(Ⅰ)/DL-Cys 纳米片 [图 11-5(c)、图 11-5(e)]。同样,Imaz 等[6]合成的 Cu(Ⅱ)/Asp 纳米纤维、Zheng 等[49]合成的 Cd(Ⅱ)/Cys 纳米线呈现同样的手性传输特性。更为重要的是,配体分子的手性对相应制备的纳米尺度生物配位聚合物的导电性等具有显著的调制作用,如以手性半胱氨酸分子为配体构建的 Cd(Ⅱ)/L-Cys 及 Cd(Ⅱ)/D-Cys 纳米线的电阻率是以外消旋半胱氨酸分子为配体构建的 Cd(Ⅱ)/DL-Cys 纳米线电阻率的四倍。研究发现,无论是纳米带还是纳米纤维均是通过分层自组装来实现可控构建的[103],说明纳米尺度手性生物配位聚合物的构建主要依赖于分层自组装实现。

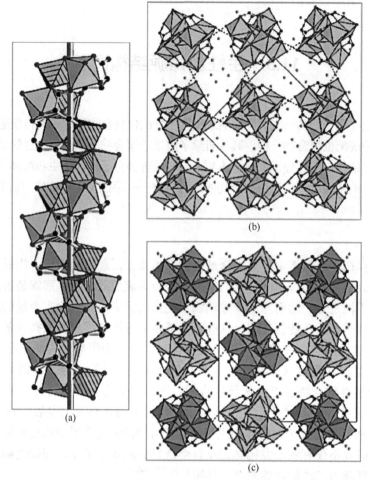

图 11-10 （a）[Ni₂O(L-Asp)(H₂O)₂]∞螺旋链，其中阴影八面体表示 Ni(1)O₅(H₂O)，非阴影八面体表示 Ni(2)O₄N (H₂O)；（b）[Ni₂O(L-Asp)(H₂O)₂]·4H₂O 结构中的螺旋堆积示意图；（c）[Ni₂O(D, L-Asp)(H₂O)₂]·4H₂O 结构中的螺旋堆积示意图，其中相反手性的螺旋采用不同颜色来区分[45]

11.3.2 螺旋结构调制

螺旋（从螺旋中心沿轴线望去，如果螺旋由近至远为逆时针方向，便是左旋，相反则是右旋）是自然界中的一种常见的结构，手性是其最重要的特征。从根源上讲，因作为配体的生物分子自身特定的手性、生物识别特性、自组装能力等特异性能[8, 13, 14, 22, 32]，生物配位聚合物的构建为螺旋结构材料的制备提供了最有潜力的一个平台。然而，由于影响生物配位聚合物最终结构及形貌的因素有很多（如生物分子和金属离子自身的特性、金属离子与作为配体的生物分子间的各种强弱相互作用、生物配位聚合物确切的形成机制等），目前螺旋结构生物配位聚合物的制备尚且停留在如图 11-10 所示的内部拓扑结构调控阶段，真正获得的具有明确螺旋结构的纳米尺度生物配位聚合物还很少[15, 55]，而且并不是所有手性的纳米尺度生物配位聚合物均呈现螺旋结构[6]。例如，比较 Cu/Asp（L-或 D-）纳米纤维［图 11-2（e）和（f）］及 Ag(Ⅰ)/Cys（L-或 D-）螺旋纳米带［图 11-5（a）和（b）］的圆二色光谱可以发现，它们均呈现手性特性［图 11-2（g）及图 11-5（d）中强的圆二色光谱信号］，然而却呈现完全不同的宏观形态，即 Ag(Ⅰ)/Cys（L-或 D-）纳米带是螺旋形的，但 Cu/Asp（L-或 D-）纳米纤维却不是。由此可见，如何可控构建兼具手性及螺旋两种特性的生物配位聚合物并实现对其螺距等的精确调控仍然是这一领域需要克服的主要挑战。

11.4　前景与挑战

纳米尺度生物配位聚合物是通过选取天然生物分子代替传统合成的有机分子作为配体来构建的一类新型功能材料。作为构建基元的金属离子及配体生物分子选择的多样性、多功能性、生物兼容性等使尺寸可调、结构及性能可控的纳米尺度生物配位聚合物的理想设计及构建成为可能。更为重要的是，因其配体生物分子的特异性，除预测其可具有类传统配位聚合物在光、电、磁等领域的潜在应用价值外[104-107]，纳米尺度生物配位聚合物在生物学中的应用更具潜力与优势，且相关研究结果可为了解生命相关过程提供指导，也可为满足生物体系严格要求的多功能新材料的开发及构建提供新思路。

截至目前，虽然已成功构建的纳米尺度生物配位聚合物数量有限，但这种新型材料的多功能性及应用价值已经获得广泛认可。例如，通过控制金属离子和配体生物分子上的官能团如巯基、羧基、氨基等的相互作用，生物配位聚合物可用于无机氧化物、硫化物等的合成[40, 108-118]；通过选择性还原生物配位聚合物，可实现金属纳米粒子超结构的可控制备[119]；通过引入手性生物分子如氨基酸等可制备得到能用于对映选择性催化、分离、非线性光学的非中心对称固体材料[120, 121]；与有机分子或者生物分子自身相比，在生物配位聚合物结构中因金属中心被结合到分子骨架中可使得材料展现出良好的导电性，乃至用作有序膜中的分子线[40, 49, 122, 123]；生物配位聚合物好的生物相容性等可用于研究许多生物反应过程、药物传输；等等[11, 14, 27, 29, 124]。在此，我们将着重从纳米尺度生物配位聚合物在无机纳米材料的合成及生物应用这两方面来说明构建该类化合物的价值及意义。

11.4.1　无机纳米材料的合成

在纳米尺度生物配位聚合物的构建中，作为组装基元的金属离子和作为配体的生物分子上各官能团（如巯基、羧基、氨基等）间的相互作用调控对最终产物的组成、结构、形貌、特性等起决定作用。例如，对 Zn(II)、Cd(II)、Hg(II)、Pb(II)四种金属离子来说，它们与羧基或氨基的配位强度顺序为 Zn(II)＞Cd(II)＞Hg(II)＞Pb(II)[125]，然而与巯基的配位能力则正好相反，而且制备溶液体系中配体分子等的还原特性也对产物的形成有至关重要的影响[117]。鉴于半胱氨酸分子同时含有巯基、氨基、羧基三种官能团，在构建纳米尺度生物配位聚合物及其衍生自组装产物的过程中，金属离子与各官能团间相互作用的竞争尤为显著，因此我们选取"金属-半胱氨酸"体系的几个实例来简单说明反应条件等对产物的调控效果。

（1）"Hg(II)-半胱氨酸"体系[117]：通过优化反应条件，改变溶液中反应物的浓度、反应温度、反应物比率、反应体系 pH 值等条件，采用简单混合、静置的方法，可在 $Hg(ClO_4)_2\cdot 3H_2O$、L-半胱氨酸混合水溶液（0.01mol/L，1:1，45℃，pH = 11.70）中实现半胱氨酸稳定、尺寸可调、具有明确界面的液态 Hg 珠/单晶 β-HgS 异质结的可控自组装制备 [图 11-11（a）]。研究发现，该自组装产物的形成与半胱氨酸自身的还原特性及"Hg(II)-半胱氨酸"生物配位聚合物在溶液中的介稳定性 [Hg(II)与半胱氨酸中的巯基具有强的相互作用] 密切相关，而且，正是由于半胱氨酸分子作为稳定剂在 Hg 及 β-HgS 表面强的吸附作用，该异质结构可稳定存在于水溶液中至少一年。进一步器件制备及电学性能表征发现，异质纳米结构中 Hg 和 β-HgS 间的接触为欧姆接触 [图 11-11（b）]。该尺寸可调、稳定性好、具有独特电学特性的 Hg/β-HgS 液固异质结的制备对研究纳米材料的电子输运特性及新型电子器件的开发具有重要的意义。

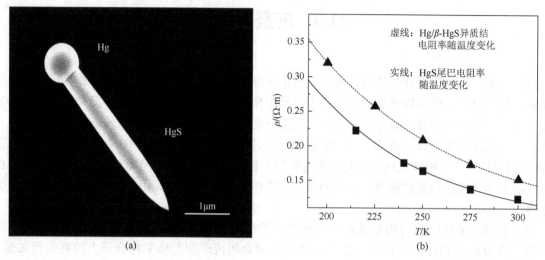

(a)

(b)

图 11-11　（a）液态 Hg 珠/单晶 β-HgS 异质结的扫描电镜照片；（b）液态、Hg 珠/单晶 β-HgS 异质结电阻率随温度的变化曲线[117]

（2）"Zn(Ⅱ)-半胱氨酸"体系[118]：同样采用简单混合、静置的方法，在类生理条件下，当 $Zn(ClO_4)_2 \cdot 6H_2O$ 与 L-半胱氨酸的浓度比为 1:2.5（0.01mol/L:0.25mol/L）、反应体系维持恒温 37℃、反应液 pH 大于 11 时，在 Zn(Ⅱ)盐与半胱氨酸的混合水溶液中可实现尺寸可调硫化锌（ZnS）超球的可控自组装制备（图 11-12）。需要特别强调的是，当反应条件发生轻微改变时，得到的是"Zn(Ⅱ)-半胱氨酸"纳米尺度生物配位聚合物。系统表征发现，该 ZnS 超球呈现闪锌矿结构，具有大的比表面积，对罗丹明及多氯联苯（如 PCB153）均呈现出非常好的降解效果（加入后光照 1h 可使罗丹明 100%完全降解；加入后光照 12h 对 PCB153 的降解效率可达 70%），有望用于污水处理及环境治理。

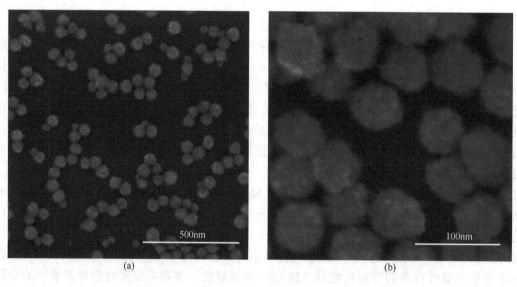

(a)

(b)

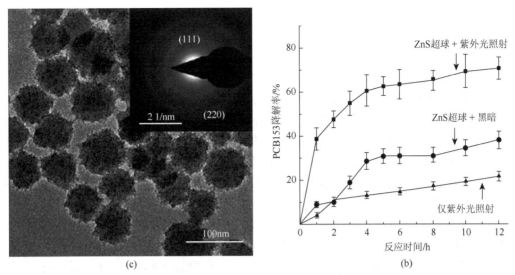

图 11-12　（a，b）不同放大倍数下硫化锌超球的扫描电镜照片；（c）硫化锌超球的透射电镜照片及选区电子衍射图片；（d）不同条件下 PCB153 降解率随时间的变化曲线[118]

（3）"Ag(Ⅰ)-半胱氨酸"体系[119]：结合自上而下微加工技术（电子束曝光与反应离子束刻蚀）和自下而上自组装技术（络合辅助结晶），可将"Ag(Ⅰ)-半胱氨酸"体系从溶液转移到界面，利用硅表面对 Ag(Ⅰ)的还原作用，在硅片表面成功实现具有可控尺寸、形貌的银纳米粒子超结构的定位制备，且重复性非常高。如图 11-13 所示，所制备的银纳米粒子超结构可实现从纳米尺度到宏观尺度分级有序的排列。这一可实现纳米粒子超结构高精确性、低成本制备的方法成功将自组装技术在小尺度上的有序性控制优势与微加工技术在大尺度上的图案化制备优势结合在一起，且操作简便、低耗［类生理条件：弱碱性水溶液（pH = 10.40～10.50），37℃］。系统研究发现，所制备的二维图案化硅基银纳米粒子超结构呈现显著的高灵敏、可重复的表面增强拉曼特性，其对对氨基苯硫酚（PATP）探针分子的浓度检测限可达 10^{-10}mol/L，在多功能检测芯片的集成化设计方面具有重要价值（如与纳米电子学性能、纳米光学性能和微流体通道技术相结合）[126]。

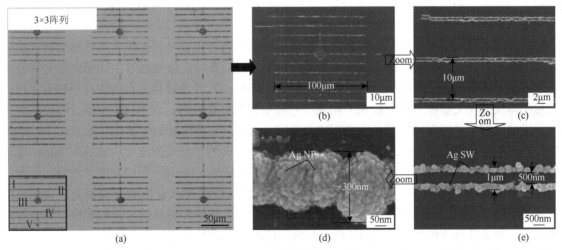

图 11-13　在具有刻蚀线阵列硅片表面形成的二维图案化硅基银纳米粒子超结构。（a）具有 3×3 阵列图案化硅片的光学图像。插图黑色方框显示了与（b~e）中扫描电镜照片相对应的被选亚阵列。Ⅰ~Ⅴ为标注的五个随机点；（b）由 1×10 线条组构成的被选亚阵列的扫描电镜照片，其中线条长 100μm，宽 1μm，线间距 10μm；（c）在刻蚀线上生成的银超线条（Ag SW）的放大图片，其中每条刻蚀线对应两根银超线条；（d）一条刻蚀线中的两根银超线条的进一步放大图，两根超线条的间距约 500nm，表明银超线条优先沿刻蚀线的两个边缘生长；（e）单根超线条中银纳米粒子（Ag NP）的特写扫描电镜照片[119]

11.4.2 生物应用

生物配位聚合物具备的分子存储及释放能力、潜在的生物相容性以及多功能、小型化到微纳米尺度的发展趋势均说明该类化合物在医药、制药、化妆品等领域作为诸如药物、疫苗、基因等活性物种的新型传输系统的潜质。然而，鉴于目前已成功建构的纳米尺度生物配位聚合物数量有限，其中能在水及缓冲溶液中稳定存在的数量则更少，因此，针对生物配位聚合物在生物医学方面的应用研究还处于起步阶段，截至目前仅报道了可用于吸附和释放药物的生物配位聚合物的一些实例。例如，2009 年，An 等[14]成功构建的多孔生物配位聚合物 bio-MOF-1 可在水和缓冲溶液中稳定数周，虽然毒性未知，但这是阳离子用于触发药物释放的第一个例子。如图 10-30 所示，装载到 bio-MOF-1 中的药物普鲁卡因酰胺从"锌-腺苷酸"骨架的释放是由外源阳离子如来自生物缓冲液中的 Na^+ 离子所触发的，且监测显示当每克生物配位聚合物中装载 0.22g 普鲁卡因酰胺时，该药物的释放可在约 3 天后完成。更为重要的是，作为药物载体的生物配位聚合物 bio-MOF-1 框架结构的结晶完整性可在整个释放过程中保持[14]。

同样地，2010 年，Horcajada 等[127]通过研究证明生物配位聚合物亚微米晶是用于药物传输和成像的一个非常好的平台。通过精确控制反应条件，他们成功实现了结构式分别为 $[Fe_3O(MeOH)_3(fumarate)_3(CO_2CH_3)]\cdot 4.5MeOH$（简称为 MIL-88A，结构式中 MeOH 为甲醇、fumarate 为富马酸酯）和 $[Fe_3O(MeOH)(C_6H_4O_8)_3Cl]\cdot 6MeOH$（其中，$C_6H_4O_8$ 为乳酸盐）两种多孔铁(III)基生物配位聚合物亚微米晶可控合成。进一步的药物浸泡实验证明这两种配位聚合物可通过吸附实现对药物如白消安、叠氮胸苷三磷酸和西多福韦的高负荷装载，且包封药物的可控释放及它们的体外抗癌功效均证实这两种铁(III)基生物配位聚合物是非常好的药物传输系统。更为重要的是，这些生物配位聚合物可在降解过程中产生内源性物质，从而使其毒性最小化，如含有富马酸衍生物的生物配位聚合物在 37℃下孵化 7 天后降解可释放出大量的配体（约含 72%的富马酸）和三价 Fe(III)离子，它们均具有非常低、可忽略的毒性，该结果随后被连续 4 天注射 150mg 生物配位聚合物亚微米晶的体内亚急性毒性测定实验进一步证实。除此之外，因铁(III)基生物配位聚合物中有机配体良好的生物相容性和 Fe(III)金属离子高的顺磁特性，生物配位聚合物 MIL-88A 表现出 50L/(mmol·s)的 R1 弛豫，可被用于体内 [图 11-14（d）]。

另一种在治疗中实现生物配位聚合物有效使用的策略是将需要释放的作为活性物质的天然分子以有机配体的形式构建到生物配位聚合物框架结构中，然后在特定位置通过生物配位聚合物自身的降解来达到定位释放活性物质和治疗的目的。例如，Miller 等[128]通过将无毒的铁离子和有治疗活性的烟酸配体反应（又被称为维生素 B₃）构建了一种生物配位聚合物。该生物配位聚合物可在类生理条件下迅速降解，并可在几小时内完成烟酸的释放。当然，在可降解的生物配位聚合物中，活性组分也可为其中的无机组分。Rieter 等[129]通过将顺铂抗肿瘤药物与琥珀酸连接构建的亚 50nm 球形颗粒用无定形二氧化硅包覆，有效实现了抗肿瘤药物的可控释放；Liu 等[130]通过简单混合、静置的方法成功制备得到的"Ag(I)-谷胱甘肽"生物配位聚合物水凝胶，经 Ca(II)离子交联后，表现出比已商业化的治疗烧伤的抗菌药物磺胺嘧啶银软膏更有效的抗菌活性和更好的生物相容性，对生物医药领域抗菌药物尤其是烧伤药物的研制和进一步实际应用具有指导意义。

综上所述，纳米尺度生物配位聚合物的成功设计与构建为材料科学与纳米技术的结合注入了新的活力，并且金属离子和配体生物分子选择的多样性及多功能性为该类材料结构及性能的调控提供了无限可能。然而，要想进一步实现该类材料在更广阔领域如器件、能源、环境、医药等领域的广泛应用还面临许多挑战。首先，目前构建的纳米尺度生物配位聚合物基本是以简单的天然生物分子（如氨基酸和短肽）为配体。因此，以更复杂、更先进的生物分子（如多肽、糖、DNA、蛋白质、酶

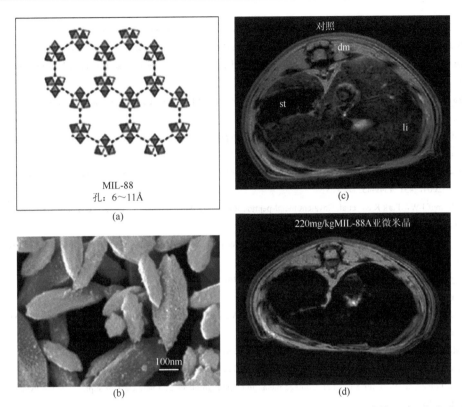

图 11-14 （a）多孔 MIL-88 内部结构示意图；（b）MIL-88A 纳米粒子的扫描电子显微镜照片；（c）作为对比的大鼠肝脏部位的磁共振图像（图中 dm 指背肌、st 指胃、li 指肝）；（d）肝脏中注射 220mg/kg 生物配位聚合物 MIL-88A 亚微米晶后大鼠肝脏部位的磁共振图像[127]

等）为配体直接构建纳米尺度生物配位聚合物将是未来研究的重点之一。可以预期的是，若能实现成功构建，这些功能生物分子将赋予相应的纳米尺度生物配位聚合物前所未有的生物特性，如螺旋及多级次结构、动态响应功能等。其次，目前还缺少可用于纳米尺度生物配位聚合物结构等精细表征的相关技术，所以无法实现对其形成机制及特性的充分理解。需要说明的是，常用的单晶衍射方法的分辨率只能确定构建框架的晶体结构，然而由于纳米尺度生物配位聚合物尺寸的限制，无法实现对其结构的精准解析。因此，发展新的表征技术及理论计算和模拟方法对于纳米尺度生物配位聚合物结构和性能关系的揭示至关重要。最后，虽然纳米尺度生物配位聚合物的多功能性及应用价值已经获得认可，但是真正应用实例还很少，需要不断探索。未来发展的一个重要方向便是设计与构建可呈现独特光、电、磁等性质的纳米尺度生物配位聚合物，拓宽其在不同领域尤其是生物学（如从药物传输到生物传感、生物标记甚至组织工程支架等）中的应用价值。

（刘雅玲 唐智勇）

参 考 文 献

[1] Oh M，Mirkin C A. Chemically tailorable colloidal particles from infinite coordination polymers. Nature，2005，438：651-654.

[2] Spokoyny A M，Kim D，Sumrein A，et al. Infinite coordination polymer nano-and microparticle structures. Chem Soc Rev，2009，38：1218-1227.

[3] Kurth D G，Higuchi M. Transition metal ions：weak links for strong polymers. Soft Matter，2006，2：915-927.

[4] Férey G. Hybrid porous solids：past，present，future. Chem Soc Rev，2008，37：191-214.

[5] Kitagawa S，Kitaura R，Noro S. Functional porous coordination polymers. Angew Chem Int Ed，2004，43：2334-2375.

[6] Imaz I，Rubio-Martínez M，Saletra W J，et al. Amino acid based metal-organic nanofibers. J Am Chem Soc，2009，131：18222-18223.

[7] Carné A, Carbonell C, Imaz I, et al. Nanoscale metal-organic materials. Chem Soc Rev, 2011, 40: 291-305.

[8] Imaz I, Rubio-Martínez M, An J, et al. Metal-biomolecule frameworks（MbioFs）. Chem Commun, 2011, 47: 7287-7302.

[9] Vaidhyanathan R, Bradshaw D, Rebilly J N, et al. A family of nanoporous materials based on an amino acid backbone. Angew Chem Int Ed, 2006, 45: 6495-6499.

[10] Xie Y, Yu Z P, Huang X Y, et al. Rational design of MOFs constructed from modified aromatic amino acids. Chem Eur J, 2007, 13: 9399-9405.

[11] Anokhina E V, Go Y B, Lee Y, et al. Chiral three-dimensional microporous nickel aspartate with extended Ni-O-Ni bonding. J Am Chem Soc, 2006, 128: 9957-9962.

[12] Garcia-Teráan J P, Castillo O, Luque A, et al. An unusual 3D coordination polymer based on bridging interactions of the nucleobase adenine. Inorg Chem, 2004, 43: 4549-4551.

[13] Lee H Y, Kampf J W, Park K S, et al. Covalent metal-peptide framework compounds that extend in one and two dimensions. Cryst Growth Des, 2008, 8: 296-303.

[14] An J, Geib S J, Rosi N L. Cation-triggered drug release from a porous zinc-adeninate metal-organic framework. J Am Chem Soc, 2009, 131: 8376-8377.

[15] Li C, Deng K, Tang Z Y, et al. Twisted metal-amino acid nanobelts: chirality transcription from molecules to frameworks. J Am Chem Soc, 2010, 132: 8202-8209.

[16] Yamauchi O, Odani A, Takani M. Metal-amino acid chemistry. Weak interactions and related functions of side chain groups. J Chem Soc, Dalton Trans, 2002, 34（18）: 3411-3421.

[17] Palumbo M, Cosani A, Terbojevich M, et al. Metal complexes of poly（α-amino acids）. A potentiometric and circular dichroism investigation of Cu(II)complexes of poly（L-lysine）, poly（L-ornithine）, and poly（L-diaminobutyric acid）. Macromolecules, 1977, 10: 813-820.

[18] Odriozola I, Ormategui N, Loinaz I, et al. Coinage metal-glutathione thiolates as a new class of supramolecular hydrogelators. Macromol Symp, 2008, 266: 96-100.

[19] Odriozola I, Loinaz I, Pomposo J A, et al. Gold-glutathione supramolecular hydrogels. J Mater Chem, 2007, 17: 4843-4845.

[20] Robone J, Yue Y F, Chong S Y, et al, An adaptable peptide-based porous material. Science, 2010, 329: 1053-1057.

[21] Saunders C D L, Longobardi L E, Burford N, et al. Comprehensive chemical characterization of complexes involving lead-amino acid interactions. Inorg Chem, 2011, 50: 2799-2710.

[22] Dong L J, Chu W, Zhu Q L, et al. Three novel homochiral helical metal-organic frameworks based on amino acid ligand: syntheses, crystal structures, and properties. Cryst Growth Des, 2011, 11: 93-99.

[23] Shen J S, Li D H, Zhang M B, et al. Metal-metal-interaction-facilitated coordination polymer as a sensing ensemble: a case study for cysteine sensing. Langmuir, 2011, 27: 481-486.

[24] Freeman H C, Stevens G N, Taylor I F. Metal binding in chelation therapy: the crystal structure of D-penicillaminatolead(II). JCS Chem Comm, 1974: 366-367.

[25] Yang N, Sun H Z. Biocoordination chemistry of bismuth: recent advances. Coord Chem Rev, 2007, 251: 2354-2366.

[26] van Horn J D, Huang H. Uranium（VI）bio-coordination chemistry from biochemical, solution and protein structural data. Coord Chem Rev, 2006, 250: 765-775.

[27] Nomiya K, Takahashi S, Noguchi R, et al. Synthesis and characterization of water-soluble silver(I)complexes with L-histidine（H$_2$his）and (S)-(−)-2-pyrrolidone-5-carboxylic acid（H$_2$pyrrld）showing a wide spectrum of effective antibacterial and antifungal activities. Crystal structures of chiral helical polymers [Ag(Hhis)]$_n$ and{[Ag(Hpyrrld)]$_2$}$_n$ in the solid state. Inorg Chem, 2000, 39: 3301-3311.

[28] Gordon L E, Harrison W T A. Amino acid templating of inorganic networks: Synthesis and structure of L-asparagine zinc phosphite, C$_4$N$_2$O$_3$H$_8$·ZnHPO$_3$. Inorg Chem, 2004, 43: 1808-1809.

[29] Zhang Y, Saha M K, Bernal I. [Cobalt(II)L-glutamate(H$_2$O)·H$_2$O]$_\infty$: a new 3D chiral metal-organic interlocking network with channels. CrystEngComm, 2003, 5: 34-37.

[30] Marandi F, Shahbakhsh N. Synthesis and crystal structure of [Pb(phe)$_2$]$_n$: a 2D coordination polymer of lead(II) containing phenylalanine. Z Anorg Allg Chem, 2007, 633: 1137-1139.

[31] Gasque L, Verhoeven M A, Bernès S, et al. The added value of solid-state Pb NMR spectroscopy to understand the 3D structures of Pb amino acid complexes. Eur J Inorg Chem, 2008,（28）: 4395-4403.

[32] Mantion A, Massüger L, Rabu P, et al. Metal-peptide frameworks（MPFs）: "bioinspired" metal organic frameworks. J Am Chem Soc, 2008, 130: 2517-2526.

[33] Bradshaw D, Claridge J B, Cussen E J, et al. Design, chirality, and flexibility in nanoporous molecule-based materials. Acc Chem Res,

2005，38：273-282.

[34] Berthon G. Critical evaluation of the stability constants of metal complexes of amino acids with polar side chains (technical report). Pure Appl Chem, 1995, 67: 1117-1240.

[35] Rocca J D, Liu D M, Lin W B. Nanoscale metal-organic frameworks for biomedical imaging and drug delivery. Acc Chem Res, 2011, 44: 957-968.

[36] Liu Y L, Tang Z Y. Nanoscale biocoordination polymers: novel materials from an old topic. Chem Eur J, 2012, 18: 1030-1037.

[37] Pakhomov P M, Ovchinnikov M M, Khizhnyak S D, et al. Study of gelation in aqueous solutions of cysteine and silver nitrate. Colloid J, 2004, 66: 65-70.

[38] Jalilehvand F, Leung B O, Izadifard M, et al. Mercury(II) cysteine complexes in alkaline aqueous solution. Inorg Chem, 2006, 45: 66-73.

[39] Chen L, Bu X H. Histidine-controlled two-dimensional assembly of zinc phosphite four-ring units. Chem Mater, 2006, 18: 1857-1860.

[40] Rebilly J N, Gardner P W, Darling G R, et al. Chiral II-VI semiconductor nanostructure superlattices based on an amino acid ligand. Inorg Chem, 2008, 47: 9390-9399.

[41] Gasque L, Bernes S, Ferrari R, et al. Complexation of lead(II) by l-aspartate: crystal structure of polymeric Pb (aspH) (NO₃). Polyhedron, 2000, 19: 649-653.

[42] Gasque L, Bernes S, Ferrari R, et al. Cadmium complexation by aspartate. NMR studies and crystal structure of polymeric Cd (AspH) NO₃. Polyhedron, 2002, 21: 935-941.

[43] Gould J A, Jones J T A, Bacsa J, et al. A homochiral three-dimensional zinc aspartate framework that displays multiple coordination modes and geometries. Chem Commun, 2010, 46: 2793-2795.

[44] Antolini L, Marcotrigiano G, Menabue L, et al. Coordination behavior of L-aspartic acid: ternary nickel(II)complexes with imidazoles. Crystal and molecular structure of (L-aspartate) tris (imidazole) nickel(II). Inorg Chem, 1982, 21: 2263-2267.

[45] Anokhina E V, Jacobson A J. [Ni₂O(L-Asp)(H₂O)₂]·4H₂O: a homochiral 1D helical chain hybrid compound with extended Ni-O-Ni bonding. J Am Chem Soc, 2004, 126: 3044-3045.

[46] Barrio J P, Rebilly J N, Carter B, et al. Control of porosity geometry in amino acid derived nanoporous materials. Chem Eur J, 2008, 14: 4521-4532.

[47] Shindo H, Brown T L. Infrared spectra of complexes of L-cysteine and related compounds with zinc(II), cadmium(II), mercury(II), and lead(II). J Am Chem Soc, 1965, 87: 1904-1909.

[48] Pakhomov P M, Abramchuk S S, Khizhnyak S D, et al. Formation of nanostructured hydrogels in L-cysteine and silver nitrate solutions. Nanotechnologies in Russia, 2010, 5: 209-213.

[49] Zheng J Z, Wu Y J, Deng K, et al. Chirality-discriminated conductivity of metal-amino acid biocoordination polymer nanowires. ACS Nano, 2016, 10: 8564-8570.

[50] Banfield J F, Welch S A, Zhang H Z, et al. Aggregation-based crystal growth and microstructure development in natural iron oxyhydroxide biomineralization products. Science, 2000, 289: 751-754.

[51] Liu Y, Xuan W, Cui Y. Engineering homochiral metal-organic frameworks for heterogeneous asymmetric catalysis and enantioselective separation. Adv Mater, 2010, 22: 4112-4135.

[52] Takayama T, Ohuchida S, Koike Y, et al. Structural analysis of cadmium-glycylglycine complexes studied by X-ray diffraction and high resolution ¹¹³Cd and ¹³C solid state NMR. Bull Chem Soc Jpn, 1996, 69: 1579-1586.

[53] Ueda E, Yoshikawa Y, Kisshimoto N, et al. New bioactive zinc(II)complexes with peptides and their derivatives: synthesis, structure, and in vitro insulinomimetic activity. Bull Chem Soc Jpn, 2004, 77: 981-986.

[54] Pires M M, Przybyla D E, Chmielewski J. A metal-collagen peptide framework for three-dimensional cell culture. Angew Chem Int Ed, 2009, 48: 7813-7817.

[55] Liu Y, Li C, Liu Y L, et al. Helical silver(I)-glutathione biocoordination polymer nanofibres. Phil Trans R Soc A, 2013, 371: 20120307.

[56] Zhou T Q, Hamer D H, Hendrickson W A, et al. Interfacial metal and antibody recognition. Proc Natl Acad Sci USA, 2005, 102: 14575-14580.

[57] Bertini I, Gray H B, Stiefel E I, et al. Biological Inorganic Chemistry: Structure and Reactivity. Sausalito: University Science Books, 2007.

[58] Emsley J, Knight C G, Farndale R W, et al. Structure basis of collagen recognition by integrin α2β1. Cell, 2000, 101: 47-56.

[59] Salgado E N, Radford R J, Tezcan F A. Metal-directed protein self-assembly. Acc Chem Res, 2010, 43: 661-672.

[60] Radford R J, Lawrenz M, Nguyen P C, et al. Porous protein frameworks with unsaturated metal centers in sterically encumbered coordination sites. Chem Commun, 2011, 47: 313-315.

[61] Yin Y Q, Gao C L, Xiao Q, et al. Protein-metal organic framework hybrid composites with intrinsic peroxidase-like activity as a colorimetric biosensing platform. ACS Appl Mater Interfaces, 2016, 8: 29052-29061.

[62] Hadjiliadis N，Sletten E. Metal-complexes-DNA interactions. Blackwell Publishing Ltd，John Wiley & Sons Ltd.，2009.

[63] Sivakova S，Rowan S J. Nucleobases as supramolecular motifs. Chem Soc Rev，2005，34：9-21.

[64] Verma S，Mishra A K，Kumar J. The many facets of adenine：coordination，crystal patterns and catalysis. Acc Chem Res，2010，43：79-91.

[65] Purohit C S，Verma S. A luminescent silver-adenine metallamacrocyclic quartet. J Am Chem Soc，2006，128：400-401.

[66] Mishra A K，Purohit C S，Kumar J，et al. Structural and surface patterning studies of N3-metalated adenine copper complexes involving metal-olefin interaction. Inorg Chim Acta，2009，362：855-860.

[67] Navarro J A R，Lippert B. Molecular architecture with metal ions，nucleobases and other heterocycles. Coord Chem Rev，1999，185-186：653-667.

[68] Zhang X J，Chen Z K，Loh K P. Coordination-assisted assembly of 1-D nanostructured light-harvesting antenna. J Am Chem Soc，2009，131：7210-7211.

[69] Tiliakos M，Katsoulakou E，Terzis A，et al. The dipeptide H-Aib-L-Ala-OH ligand in copper(II) chemistry：variation of product identity as a function of pH. Inorg Chem Commun，2005，8：1085-1089.

[70] Salam M A，Aoki K. Interligand interactions affecting specific metal bonding to nucleic acid bases：the tripodal nitrilotriacetato (nta) ligand-system. Crystal structures of [(nta)(adeninium)(aqua) nickel(II)] hydrate，[(nta)(diaqua) nickel(II)]·(cytosinium) hydrate，and [(nta)(diaqua) nickel(II)]·(cytosinium)·(cytosine) hydrate. Inorg Chim Acta，2000，311：15-24.

[71] Gillen K，Jensen R，Davidson N. Binding of silver ion by adenine and substituted adenines. J Am Chem Soc，1964，86：2792-2796.

[72] An J，Geib S J，Rosi N L. High and selective CO_2 uptake in a cobalt adeninate metal-organic framework exhibiting pyrimidine-and amino-decorated pores. J Am Chem Soc，2010，132：38-39.

[73] Wei H，Li B L，Du Y，et al. Nucleobase-metal hybrid materials：preparation of submicrometer-scale，spherical colloidal particles of adenine-gold(III) via a supramolecular hierarchical self-assembly approach. Chem Mater，2007，19：2987-2993.

[74] Nishiyabu R，Hashimoto N，Cho T，et al. Nanoparticles of adaptive supramolecular networks self-assembled from nucleotides and lanthanide ions. J Am Chem Soc，2009，131：2151-2158.

[75] Aimé C，Nishiyabu R，Gondo R，et al. Controlled self-assembly of nucleotide-lanthanide complexes：specific formation of nanofibers from dimeric guanine nucleotides. Chem Commun，2008，(48)：6534-6536.

[76] Mas-Ballesté R，Gómez-Herrero J，Zamora F. One-dimensional coordination polymers on surfaces：towards single molecule devices. Chem Soc Rev，2010，39：4220-4233.

[77] Zamora F，Amo-Ochoa M P，Miguel P J S，et al. From metal-nucleobase chemistry towards molecular wire. Inorg Chim Acta，2009，362：691-706.

[78] Purohit C S，Verma S. Patterned deposition of a mixed-coordination adenine-silver helicate containing a π-stacked metallacycle，on a graphite surface. J Am Chem Soc，2007，129：3488-3489.

[79] Amo-Ochoa P，Rodríguez-Tapiador M I，Castillo O，et al. Assembling of dimeric entities of Cd(II) with 6-mercaptopurine to afford one-dimensional coordination polymers：synthesis and scanning probe microscopy characterization. Inorg Chem，2006，45：7642-7650.

[80] Elemans J A A W，Rowan A E，Nolte R J M. Mastering molecular matter. Supramolecular architectures by hierarchical self-assembly. J Mater Chem，2003，13：2661-2670.

[81] Gao E Q，Yue Y F，Bai S Q，et al. From achiral ligands to chiral coordination polymers：spontaneous resolution，weak ferromagnetism，and topological ferrimagnetism. J Am Chem Soc，2004，126：1419-1429.

[82] Seo J S，Whang D，Lee H，et al. A homochiral metal-organic porous material for enantioselective separation and catalysis. Nature，2000，404：982-986.

[83] Verbiest T，Elshocht S V，Kauranen M，et al. Strong enhancement of nonlinear optical properties through supramolecular chirality. Science，1998，282：913-915.

[84] Zang S Q，Su Y，Li Y Z，et al. One dense and two openchiral metal-organic frameworks：crystal structures and physical properties. Inorg Chem，2006，45：2972-2978.

[85] Piguet C，Bernardinelli G，Hopfgartner G. Helicates as versatile supramolecular complexes. Chem Rev，1997，97：2005-2062.

[86] Kesanli B，Lin W B. Chiral porous coordination networks：rational design and applications in enantioselective processes. Coord Chem Rev，2003，246：305-326.

[87] Bradshaw D，Prior T J，Cussen E J，et al. Permanent microporosity and enantioselective sorption in a chiral open framework. J Am Chem Soc，2004，126：6106-6114.

[88] Lin Z Z，Jiang F L，Chen L，et al. New 3-D chiral framework of indium with 1，3，5-benzenetricarboxylate. Inorg Chem，2005，44：73-76.

[89] Ellis W W，Schmitz M，Arif A A，et al. Preparation，characterization，and X-ray crystal structures of helical and syndiotactic zinc-based

coordination polmers. Inorg Chem，2000，39：2547-2557.

[90]　Prins L J，Huskens J，Jong F D，et al. Complete asymmetric induction of supramolecular chirality in a hydrogen-bonded assembly. Nature，1999，398：498-502.

[91]　Chin J，Lee S S，Lee K J，et al. A metal complex that binds α-amino acids with high and predictable stereospecificity. Nature，1999，401：254-257.

[92]　Soghomonian V，Chen Q，Haushalter R C，et al. An inorganic double helix：hydrothermal synthesis，structure，and magnetism of chiral $[(CH_3)_2NH_2]K_4[V_{10}O_{10}(H_2O)_2(OH)_4(PO_4)_7]\{middle\ dot\}\cdot 4H_2O$. Science，1993，259：1596-1599.

[93]　Lee C C，Grenier C，Meijer E W，et al. Preparation and characterization of helical self-assembled nanofibers. Chem Soc Rev，2009，38：671-683.

[94]　Smith D K. Lost in translation？Chirality effects in the self-assembly of nanostructured gel-phase materials. Chem Soc Rev，2009，38：684-694.

[95]　Tanaka K，Clever G H，Takezawa Y，et al. Programmable self-assembly of metal ions inside artificial DNA duplexes. Nat Nanotechnol，2006，1：190-194.

[96]　Yoon S M，Hwang I C，Shin N，et al. Vaporization-condensation-recrystallization process-mediated synthesis of helical m-aminobenzoic acid nanobelts. Langmuir，2007，23：11875-11882.

[97]　Chen H B，Zhou Y，Yin J，et al. Single organic microtwist with tunable pitch. Langmuir，2009，25：5459-5462.

[98]　Mann S. Life as a nanoscale phenomenon. Angew Chem Int Ed，2008，47：5306-5320.

[99]　Férey G. Microporous solids：from organically template inorganic skeletons to hybrid frameworks … ecumenism in chemistry. Chem Mater，2001，13：3084-3098.

[100]　Guillou N，Livage C，Drillon M，et al. The chirality，porosity，and ferromagnetism of a 3D nickel glutarate with intersecting 20-membered ring channels. Angew Chem Int Ed，2003，42：5314-5317.

[101]　Yaghi O M，O'Keeffe M，Ockwig N W，et al. Reticular synthesis and the design of new materials. Nature，2003，423：705-714.

[102]　Huang Z L，Drillon M，Masciocchi N，et al. *Ab-initio* XRPD crystal structure and giant hysteretic effect（$H_c = 5.9$ T）of a new hybrid terephthalate-based cobalt（Ⅱ）magnet. Chem Mater，2000，12：2805-2812.

[103]　Aggeli A，Nyrkova I A，Bell M，et al. Hierarchical self-assembly of chiral rod-like molecules as a model for peptide β-sheet tapes，ribbons，fibrils，and fibers. Proc Natl Acad Sci USA，2001，98：11857-11862.

[104]　Maspoch D，Ruiz-Molina D，Veciana J. Old materials with new tricks：multifunctional open-framework materials. Chem Soc Rev，2007，36：770-818.

[105]　Kurmoo M. Magnetic metal-organic frameworks. Chem Soc Rev，2009，38：1353-1379.

[106]　Maspoch D，Ruiz-Molina D，Veciana J. Magnetic nanoporous coordination polymers. J Mater Chem，2004，14：2713-2723.

[107]　Allendorf M D，Bauer C A，Bhakta R K，et al. Luminescent metal-organic frameworks. Chem Soc Rev，2009，38：1330-1352.

[108]　Nagarathinam M，Saravanan K，Leong W L，et al. Hollow nanospheres and flowers of CuS from self-assembled Cu（Ⅱ）coordination polymer and hydrogen-bonded complexes of N-(2-hydroxybenzyl)-L-serine. Cryst Growth Des，2009，9：4461-4470.

[109]　Ratanatawanate C，Chyao A，Balkus Jr. K J. S-nitrosocysteine-decorated PbS QDs/TiO$_2$ nanotubes for enhanced production of singlet oxygen. J Am Chem Soc，2011，133：3492-3497.

[110]　Mantion A，Taubert A. TiO$_2$ sphere-tube-fiber transition induced by oligovaline concentration variation. Macromol Biosci，2007，7：208-217.

[111]　Cai Z X，Yang H，Zhang Y，et al. Preparation，characterization and evaluation of water-soluble L-cysteine-capped-CdS nanoparticles as fluorescence probe for detection of Hg（Ⅱ）in aqueous solution. Anal Chim Acta，2006，559：234-239.

[112]　Xiong S，Xi B J，Wang C M，et al. Shape-controlled synthesis of 3D and 1D structures of CdS in a binary solution with L-cysteine's assistance. Chem Eur J，2007，13：3076-3081.

[113]　Kho R，Torres-Martinez C L，Mehra R K. A simple colloidal synthesis for gram-quantity production of water-soluble ZnS nanocrystal powders. J Colloid Interface Sci，2000，227：561-566.

[114]　Chen J L，Zhu C Q. Functionalized cadmium sulfide quantum dots as fluorescence probe for silver ion determination. Anal Chim Acta，2005，546：147-153.

[115]　Chatterjee A，Priyam A，Bhattacharya S C，et al. pH dependent interaction of biofunctionalized CdS nanoparticles with nucleobases and nucleotides：a fluorimetric study. J Lumin，2007，126：764-770.

[116]　Xu R，Wang Y，Jia G，et al. Zinc blende and wurtzite cadmium sulfide nanocrystals with strong photoluminescence and ultrastability. J Cryst Growth，2007，299：28-33.

[117]　Wu L，Quan B G，Liu Y L，et al. One-pot synthesis of liquid Hg/solid β-HgS metal-semiconductor heteronanostructures with unique electrical

properties. ACS Nano，2011，5：2224-2230.

[118] He L C，Xiong Y S，Zhao M T，et al. Bioinspired synthesis of ZnS supraparticles toward photoinduced dechlorination of 2, 2′, 4, 4′, 5, 5′-hexachlorobiphenyl. Chem Asian J，2013，8：1765-1767.

[119] Li C，Tang Z Y，Jiang L. Easy patterning of silver nanoparticle superstructures on silicon surfaces. J Mater Chem，2010，20：9608-9612.

[120] Davis M E. Reflections on routes to enantioselective solid catalysts. Top Catal，2003，25：3-7.

[121] Ratajczak H，Barycki J，Pietraszko A，et al. Preparation and structural study of a novel nonlinear molecular material: the L-histidinum dihydrogenarsenate orthoarsenic acid crystal. J Mol Struct，2000，526：269-278.

[122] Welte L，Calzolari A，Felice R D，et al. Highly conductive self-assembled nanoribbons of coordination polymers. Nat Nanotechnol，2010，5：110-115.

[123] Tuccitto N, Ferri V, Cavazzini M, et al. Highly conductive~40-nm-long molecular wires assembled by stepwise incorporation of metal centres. Nat Mater，2009，8：41-46.

[124] Ahmad S，Isab A A，Ali S，et al. Perspectives in bioinorganic chemistry of some metal based therapeutic agents. Polyhedron，2006，25：1633-1645.

[125] Shindo H，Brown T L. Infrared spectra of complexes of L-cysteine and related compounds with zinc(II), cadmium(II), mercury(II), and lead(II). J Am Chem Soc，1965，87，1904-1909.

[126] Banholzer M J，Millstone J E，Qin L D，et al. Rationally designed nanostructures for surface-enhanced raman spectroscopy. Chem Soc Rev，2008，37：885-897.

[127] Horcajada P，Chalati T，Serre C，et al. Porous metal-organic-framework nanoscale carriers as a potential platform for drug delivery and imaging. Nat Mater，2010，9：172-178.

[128] Miller S R，Heurtaux D，Baati T，et al. Biodegradable therapeutic MOFs for the delivery of bioactive molecules. Chem Commun，2010，46：4526-4528.

[129] Rieter W J，Pott K M，Taylor K M L，et al. Nanoscale coordination polymers for platinum-based anticancer drug delivery. J Am Chem Soc，2008，130：11584-11585.

[130] Liu Y，Ma W，Liu W，et al. Silver(I)-glutathione biocoordination polymer hydrogel: effective antibacterial activity and improved cytocompatibility. J Mater Chem，2011，21：19214-19218.

第12章
柔性配体配位聚合物的合成及性能

配位聚合物（coordination polymer，CP）是由有机配体键连金属离子或簇形成的具有一维、二维或三维拓展结构的晶态材料[1, 2]。伴随金属有机框架（metal-organic framework，MOF）概念的提出，配位聚合物已成为化学和材料科学中发展最为迅速的领域之一，同时也成为多孔材料的一个重要分支[3-5]。配位聚合物不仅具有迷人的结构，而且在气体吸附和分离、催化、识别、质子传导等方面具有潜在应用[3-5]。配位聚合物的高结晶度、高孔隙率、均一孔径、高比表面积、精细可调的孔表面性质等特点，使得这类材料成为研究的热点[3-5]。

配位聚合物的设计和合成始于金属节点和有机连接子的选择，其结构和功能主要取决于这两种构筑单元的结构和性质。在拓扑学的指导下，使用具有刚性构型的有机配体和具有确定几何构型的次级构筑单元或超分子构筑块，可以极大地促进配位聚合物的结构与功能导向设计合成[6-8]。理论上，使用几何构型确定的刚性有机配体利于获得具有特定拓扑结构的框架。该类框架结构通常表现出相对较高的热稳定性和机械稳定性，并能在客体溶剂去除后保持其多孔性。基于这些原因，刚性的苯二酸、苯三酸、苯四酸、唑类配体以及它们的衍生物常被用于配位聚合物的构筑[9-12]。

与基于刚性配体配位聚合物（CP based on rigid ligands，RL-CP）的丰硕研究成果相比，基于柔性配体配位聚合物（CP based on flexible ligands，FL-CP）的设计、合成和性质研究也引起了较大的关注[13]。事实上，柔性配体自身的构型多样性使其在组装过程中可以采用不同对称性的构象，这使得定向构筑 FL-CP 更加困难。FL-CP 的结构依赖于各种微妙的反应参数，如温度、时间、酸碱度等，这些因素严重阻碍了合理设计和预测 FL-CP 的规律的发展[13, 14]。此外，配体的多样的构型可能导致相应配位聚合物框架的稳定性降低，因此大多数 FL-CP 在移除客体分子后变得脆弱并失去自身的多孔性。然而，使用柔性配体来构筑配位聚合物也有一些独特的优势。例如，构象可变性结合金属离子（或团簇）的配位选择性为制备具有多样结构的 FL-CP 提供了一种方法，因此，由刚性构筑单元难以获得的结构有望由柔性构筑单元得到[13]。由于其多样的配位模式和构象，多齿柔性配体已被广泛用于构筑多核配位聚合物和传递磁交换[15-18]。除此之外，许多具有结构柔性的手性有机分子，如氨基酸、多肽及其衍生物等，可以作为手性有机连接子来构筑手性 FL-CP。所得手性 FL-CP 有望应用于手性拆分、不对称催化等领域。相比之下，刚性连接子不容易实现上述目标。此外，将柔性组分引入配位聚合物中有望赋予最终结构一种对外界刺激做出响应的动态性质[19, 20]。需要说明的是，柔性配位聚合物 [flexible coordination polymer；也称动态配位聚合物（dynamic coordination polymer）] 和基于柔性配体配位聚合物（FL-CP）之间有明显的差异。前者能够对外部刺激做出响应，这意味着整个框架是动态的，而后者表示的是框架包含柔性组分这一事实。有机配体的刚柔性与由此获得的框架的刚柔性之间没有必然的联系。柔性配位聚合物可以通过刚性或柔性配体来获得，柔性配体可以用于构筑柔性配位聚合物和刚性配位聚合物。关于柔性配位聚合物（或动态配位聚合物）这一主题，有关评论文章中已有报道[21-25]。本章主要介绍 FL-CP 的设计、合成、结构及应用。需要说明的是，在晶体工程领域，刚性/柔性配体没有确切或严格的定义。本章对部分已报道的其中包含至少一个 sp^3 杂化原子的配体（通常是 C、N 或 O）进行讨论，其中一些在早期的文献中被称为半刚性（semi-rigid）配体。含有不参与配位的柔性部分的配体不在本章讨论范围内，如 2-正丁基对苯二甲酸（2-butylterephthalic acid）中的正丁基具有柔性但不是配位基团。一些由混合的柔性和刚性配体制备的配位聚合物也包含在本章中，并统称 FL-CP。考虑到大量的相关文献，本章没有详尽描述所有关于 FL-CP 结构特征或性质的报道。相反，我们将重点放在 FL-CP 的设计和结构多样性上。手性 FL-CP 和由柔性配体诱导的动态框架也简要概述。FL-CP 在气体吸附、异相催化、质子传导等方面的应用也将做介绍。

12.1　基于柔性配体的配位聚合物的设计合成与结构

12.1.1　基于柔性配体的配位聚合物的结构多样性

任何对 FL-CP 结构特征的讨论，均涉及其结构多样性。理论上，柔性配体中的配位官能团可以绕单键旋转从而导致其构象多样性。柔性配体的构象多样性结合金属离子（或团簇）的配位选择性为获得新颖结构提供了一种有效方法，因为由刚性构筑单元难以获得的结构有望以具有柔性的构筑基元组装获得。简单的柔性配体 5-(3,5-dicarboxybenzyloxy) isophthalic acid（H$_4$dbip）就是一个例证。H$_4$dbip 的两个苯环既可以共面也可以相互垂直（图 12-1），因此，H$_4$dbip 可以作为平面节点或四面体节点，从而使相应的 FL-CP 具有 *dia*、*flu*、*pts*、*lon*、*msw*、*nbo* 等拓扑结构[26-28]。与之相反，在 3,3′,5,5′-biphenyltetracarboxylic acid（H$_4$bptc）和 1,1′-azobenene-3,3′,5,5′-tetracarboxylic acid（H$_4$aobtc）等配体中，两个苯环总是共面（图 12-1）。因此，该类配体通常作为 4-连接的平面节点构筑具有 *nbo* 拓扑结构的 CP[29-32]。

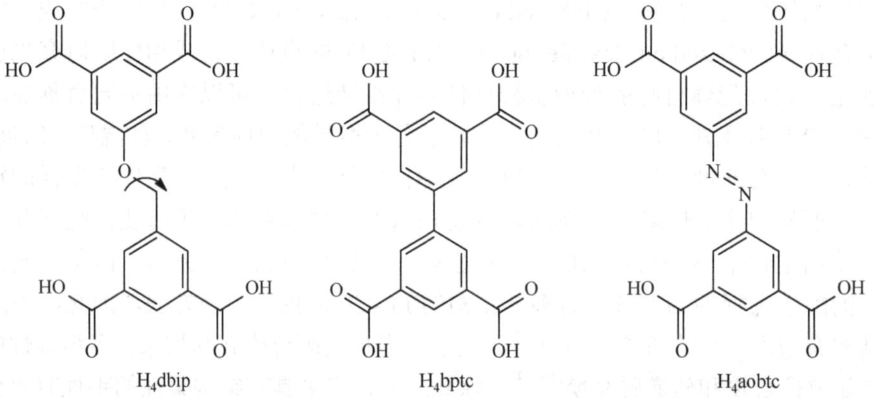

图 12-1　柔性的四羧酸配体（H$_4$dbip）和刚性的四羧酸配体（H$_4$bptc，H$_4$aobtc）

到目前为止，许多 FL-CP 已经被合成，一些涉及 FL-CP 结构多样性的文章也已有报道[33-35]。例如，*cis*-H$_2$CDC（1,4-cyclohexanedicarboxylate acid）和 Al(Ⅲ)组装可获得层状结构，而 *trans*-H$_2$CDC 和 Al(Ⅲ)反应可获得一种与 MIL-53 具有类似结构的多孔框架[36]。H$_2$oba [4,4′-oxybis（benzoic acid）] 和 Co(Ⅱ)反应可得到具有自锁（self-catenated）和交叉（interdigitated）结构的层状框架等[37, 38]。考虑到应用于建构 FL-CP 的各种柔性配体，本章难以涵盖所有报道过的 FL-CP。在这里，用经典的 tetrakis[4-(carboxyphenyl) oxamethyl]methane acid（H$_4$tcm）作为一个代表，以此来阐明如何使用柔性配体来获得具有多样结构的 FL-CP。

如图 12-2 所示，H$_4$tcm 是一个典型的柔性配体，其中四个对甲氧基苯甲酸基团连接到一个季碳（记为 C$_{core}$）上。随着—O—CH$_2$—单元的旋转，四个对甲氧基苯甲酸基团相对取向改变，可使得配体展现出多种构象。将羧基碳原子称为 C$_{carboxyl}$，H$_4$tcm 的构象可以看作一个动态的四面体（记作 C$_{carboxyl}$ 四面体）：四个 C$_{carboxyl}$ 原子作为顶点，而六个 C$_{carboxyl}$—C$_{carboxyl}$ 作为边。到目前为止，已有超过四十种基于 H$_4$tcm 的 FL-CP 被合成和表征。除去其中的同构化合物，在这些 FL-CP 中 H$_4$tcm 的构象彼此不同：C$_{carboxyl}$—C$_{core}$—C$_{carboxyl}$ 的角度范围为 41°～174°，C$_{carboxyl}$—C$_{carboxyl}$ 距离为 5.176～15.341Å。其中，C$_{carboxyl}$ 四面体的几何形状可以是近似规则的、不规则的，甚至几乎扁平的。总的来说，H$_4$tcm 的各种构象能够满足不同金属离子（或团簇）的配位环境，导致了 FL-CP 的结构多样性。

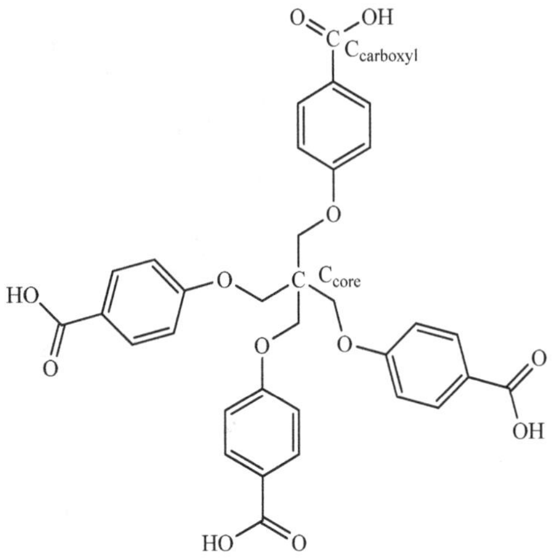

虽然 H$_4$tcm 有许多构象，其中大多数属于低对称点群（如 C_1 和 C_2），这可归因于—CH$_2$—O—单元的多变构型。另外，有机配体和无机次级构筑单元的对称信息可以传递到整个框架，低对称的分子构象可能利于非中心对称结构的建构，这是铁电和二阶非线性光学（NLO）性质的基本要求。基于上述方法，Cao 等成功地分离出非中心对称的具有 *dia* 拓扑的 FL-CP{[Zn$_2$(tcm)(CH$_3$CH$_2$OH)]·3H$_2$O}$_n$[39]。在该化合物中，晶体学独立的 tcm^{4-} 配体（C_1 点群）连接四个不同配位模式的双核锌单元形成手性四面体构筑单元，组装成非中心对称框架。该 FL-CP 结晶为 C_s 点群，属于十个极性点群之一。铁电和 NLO 测量表明该框架具有铁电和非线性光学性质 [磷酸二氢钾（KDP）的 2.5 倍]。研究者进一步分离得到另一个非

图 12-2　柔性的四羧酸配体 H$_4$tcm

中心对称框架{[Zn$_2$(tcm)(H$_2$O)]$_2$·H$_2$O}$_n$[40]，该结构展现出复杂的互穿和自锁的结构特征，以及 NLO 性质（KDP 的 1.5 倍）。Du 等通过组装 H$_4$tcm 和 ZnCl$_2$·2H$_2$O 制备一例具有极性点群 C_s 的 FL-CP{[Zn$_4$(tcm)$_2$(H$_2$O)$_3$(DMA)]·2H$_2$O}$_n$（DMA = *N,N*-dimethylacetamide）。值得注意的是，该 FL-CP 表现出二次谐波（SHG）响应（尿素的 0.6 倍）和铁电性[41]。

虽然有几例非中心对称的 FL-CP 报道，但使用 H$_4$tcm 制备非中心对称的 FL-CP 具有一定的偶然性。需要指出的是，无论 H$_4$tcm 采用何种构象，大多数基于 H$_4$tcm 的 FL-CP 都具有中心对称结构。例如，在溶剂热条件下合成的{[Zn$_4$O(tcm)$_{1.5}$]·4DMA·10DEF·10H$_2$O}$_n$（DEF = *N,N*-diethylformamide）[42]，以 Zn$_4$O(CO$_2$)$_6$ 为构筑单元，具有中心对称结构。在该 FL-CP 中，tcm^{4-} 配体位于 C_2 轴，属于 C_2 点群。如图 12-3 所示，源于 Zn$_4$O(CO$_2$)$_6$ 的三个羧基作为一个三脚架亚单元，角度为 86°，C$_{carboxyl}$—C$_{core}$—C$_{carboxyl}$ 角接近于 90°。因此，两个 Zn$_4$O(CO$_2$)$_6$ 顶点和三条源于三个配体的 C$_{carboxyl}$—C$_{core}$—C$_{carboxyl}$ 边构成一个纳米状的三角双锥笼，其直径大约为 2.0nm。—O—CH$_2$—基团的旋转保证顶点的弯曲。每个配体剩余的两个羧基单元与邻近的笼子连接，每个纳米笼通过羧基单元交错连接周围六个邻近的

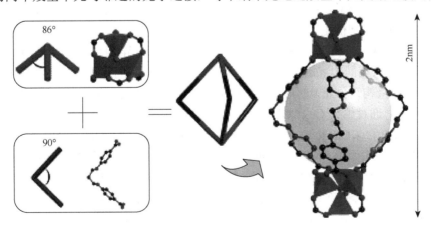

图 12-3　边导向的三角双锥笼

纳米笼（图 12-4）。将笼视为节点，上述笼基结构具有 *pcu* 拓扑。分子腔壁的富氧环境使得该 FL-CP 对极性分子具有独特的亲和力。对乙醇、水和甲醇的吸附量从 5.12wt% 递增至 12.3wt%。与之相反，即使在高压下，该化合物对环己烷的吸附量也几乎为零（0.007wt%）。

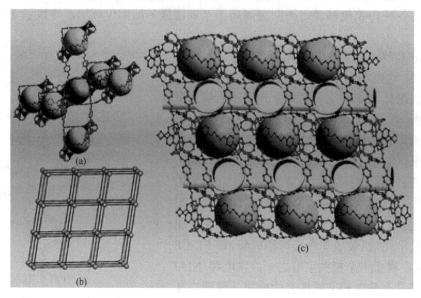

图 12-4　基于纳米笼的框架结构（a）具有贯穿孔道（c）的 *pcu* 拓扑（b）

此外，研究者已合成一系列基于 H_4tcm 的阴离子型、阳离子型和中性的框架[43]。二价过渡金属离子和 H_4tcm 反应可生成阴离子型金属-羧酸盐框架 $\{[M_3(tcm)_2]\cdot[NH_2(CH_3)_2]_2\cdot8DMA\}_n$［M = Co(Ⅱ)，Mn(Ⅱ)，Cd(Ⅱ)］，其中 $NH_2(CH_3)_2^+$ 填充在通道中。三价金属离子 Y(Ⅲ)、Dy(Ⅲ)、In(Ⅲ) 和 H_4tcm 反应可生成阳离子型金属-羧酸框架 $\{[M_3(tcm)_2\cdot(NO_3)\cdot(DMA)_2\cdot(H_2O)]\cdot5DMA\cdot2H_2O\}_n$［M = Y(Ⅲ)，Dy(Ⅲ)］和 $\{[In_2(tcm)_3\cdot(OH)_2]\cdot3DMA\cdot6H_2O\}_n$。这两个 FL-CP 的抗衡离子分别是 NO_3^- 和 OH^-。Pb(Ⅱ) 和 H_4tcm 反应可生成中性的金属-羧酸框架 $\{[Pb_2(tcm)\cdot(DMA)_2]\cdot2DMA\}_n$。以上的带电金属-羧酸框架可表现出对反应体系中特定抗衡离子的选择性和离子交换行为。

有机配体的柔性可导致其固有构象的多样性和相应的 CP 的结构多样性。与之相比，超分子异构是 FL-CP 的另一个特点。通过对合成条件的微调，Thallapally 和 Atwood 等成功分离了三个中心对称的 FL-CP 超分子异构体，分别具有三重互穿 *pts* 拓扑、二重互穿 *dia* 拓扑和二重互穿 *lon* 拓扑[44]。200℃真空条件活化后，三个化合物在室温和 25bar 下对 CO_2 的吸附量分别是 6wt%、24wt% 和 14wt%。*dia* 和 *lon* 框架在室温下对 CO_2 的吸附优于 N_2、H_2 和 CH_4。此外，*pts* 和 *dia* 框架能够将甲苯、联苯催化转化为相应的对叔丁基衍生物[45]。

溶剂热条件下组装 Cd(Ⅱ) 和 H_4tcm 获得三种新型 CP 异构体[46]，化学通式为 $\{Cd_6(tcm)_3(H_2O)_6\cdot xsolvent\}_n$，具有相同的 *dia* 拓扑，但次级构筑单元明显不同。在这三个结构中，溶剂的性质对无机簇（或棒状次级构筑单元）的形成及有机连接子的配位构型产生影响，最终导致超分子异构。

如图 12-5 所示，通过组装 $Cu_2(COOCR)_4$ 桨轮状次级构筑单元和 H_4tcm，Suh 和 Du 分别报道了两种同构的 FL-CP，$\{[Cu_2(tcm)((H_2O)_2]\cdot7DMF\cdot3(1,4-dioxane)\cdot MeOH\}_n$(SNU-21)[47] 和 $\{[Cu_2(tcm)(H_2O)_2]\cdot4DMA\cdot(H_2O)_2\}_n$[48]。尽管具有相同的组成和框架拓扑（*pts*），这两种 FL-CP 彼此不同，这主要归因于柔性四羧酸配体 tcm 构象的差异。tcm^4 配体中—CH_2—O—空间扭转角的差异对所得 FL-CP 的结构和性质均有显著影响。在该例中，SNU-21 在相同条件下比其另一个异构体对 N_2、CH_4 和 CO_2 具有更高的吸附。此外，当吸附饱和烃时，SNU-21 表现出呼吸现象[49]。

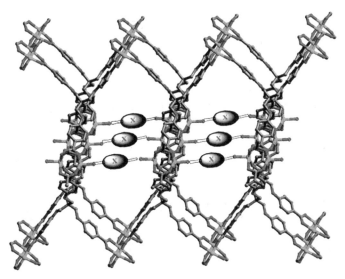

图 12-5　基于 tcm⁴⁻的 *pts* 网格中的轴向水分子被 X 取代（X = 中性二吡啶、二咪唑单元）

SNU-21 结构中，桨轮状次级构筑单元作为平面节点，而柔性 tcm⁴⁻配体作为四面体节点。平面节点按照面对面（face-to-face）的方式排列，导致轴向配位水分子按照同一方向指向孔道。桨轮状次级构筑单元上的轴向水分子很容易被吡啶或咪唑配体取代。按照上述取代策略，研究者设计和合成了一系列源自母体 *pts* 网络（SNU-21）的三维框架（图 12-5）。在这些 FL-CP 中，{[Zn(tcm)(bipy)]·xsolvent}$_n$（bipy = 4,4′-bipyridine）具有二重穿插框架，对 CO_2 吸附优于 N_2 和 H_2 并有呼吸效应[50]。{[Co_2(tcm)(etbipy)]·2DMF·5H$_2$O}$_n$ 和{[Zn_2(tcm)(etbipy)]·2.5DMF·2H$_2$O}$_n$[etbipy = 1,2-bis-(4-pyridyl) ethane]是具有中等比表面积的二重穿插框架[51]。{[Co_2(tcm)(dib)]·3DMF}$_n$(dib = 1,4-di(1H-imidazol-1-yl)benzene)和{[Co_2(tcm)(dibp)]·5DMF}$_n$(dibp = 4,4′-di(1H-imidazol-1-yl)-1, 1′-biphenyl)框架表现出反铁磁行为[52]。

最近，Thallapally 等报道了两例阴离子型 FL-CP，{[Mn_3(tcm)$_2$]$^{2-}$·2[NH$_2$(CH$_3$)$_2$]$^+$·9DMF}$_n$ 和{[Mn_3(tcm)$_2$]$^{2-}$·2(H$_3$O)$^+$·12DMF}$_n$，其能够通过单晶到单晶转变过程来螯合金属离子[53]。柔性有机羧酸连接子（tcm⁴⁻）为满足插入或交换的金属离子的配位环境，改变其自身的配位模式和构象，进而导致单晶到单晶的转变。该过程包括固态下金属-羧酸配位键的断开和形成，导致三维框架膨胀或收缩高达 33%。在竞争性碱金属阳离子（如 Li$^+$和 Na$^+$）存在的情况下，这两个阴离子型 FL-CP 对二价过渡金属离子（如 Co^{2+}和 Ni^{2+}）表现出很好的吸收/交换选择性。

12.1.2　基于柔性配体的配位聚合物的设计和合成

如上所述，在自组装过程中，柔性配体可以围绕单键旋转，使其自身可以采取不同对称性的构象，这极大地限制了研究者对框架结构设计和预测的准确性。虽然到目前为止还没有普适性的有效策略用以定向合成 FL-CP，但一些共性规律已在长期研究的基础上被总结出来，可用于指导 FL-CP 的理性设计和合成。

Eddaoudi 等利用模块化的"柱支撑"（pillaring）策略来设计和合成同构的 *tbo*-CP，实现了其框架的功能化和分子孔道的拓展[54]。基于边迁移（edge-transitive）4⁴ 方点阵（*sql*）的金属-有机层和 4-连接（四边形）柱［图 12-6（a）］可以构筑(3, 4)-连接的 *tbo*-CP。一般来说，使用对苯二酸（1,4-bdc）或间苯二酸（1,3-bdc）类双羧酸有机配体桥连四边形桨轮状次级构筑单元易于形成 *sql* 层。因此，利用"柱支撑"策略，用 4-连接的有机构筑块连接表面修饰的 *sql*-CP（如[M(R-bdc)]$_n$）可以作为超分子构筑层（SBL），定向构筑 *tbo*-CP。基于该策略，研究者设计并合成了醚键连接的间苯二酸基配体，在该配体中，醚键可以使位于类平面几何环境中悬挂的间苯二酸基团有柔性，同时又保留其能够形成目标超分子构筑层（*sql*）的能力。依据这一设计思路，在 DMF-水体系中，5,5′,5″,5‴-[1,2,4,5-phenyltetramethoxy] tetraisophthalate［H$_8$ptmtip，图 12-6（b）］和 Cu(NO$_3$)$_2$·2.5H$_2$O 反应生成了 {Cu$_4$(ptmtip)(H$_2$O)$_4$·(solvent)}$_n$。如预期的，该 FL-CP 的结构为柱支撑的 *sql*-CP，该框架基于 ptmtip^{8-}取代层间四边形单元并撑起 2D Cu-(5-*R*-isophthalate) *sql* 超分子构筑层。另外，这个框架的结构可以看作三种类型的多面体笼在 3D 空间的交替堆积［图 12-6（c）和（d）］。

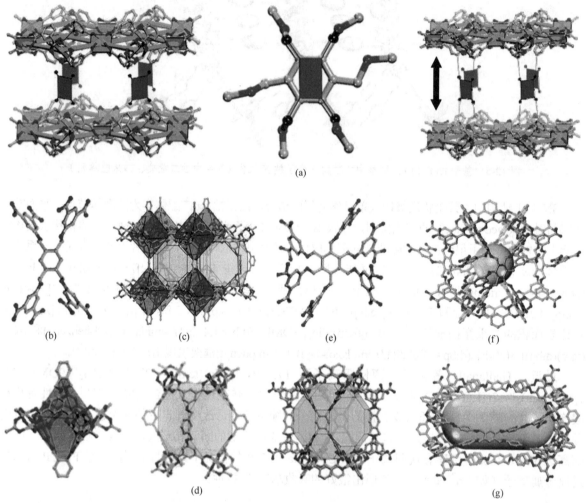

（a）

（b）　　　　　　　（c）　　　　　　　（e）　　　　　　　（f）

（d）　　　　　　　　　　　　　　　　　　　　　　　（g）

图 12-6　（a）功能化的 4-连接柱连接 *sql* 超分子构筑层靶向合成 *tbo*-MOF，通过延长柱子中心和苯二酸基团间的距离以增加限域空间的距离；（b）H$_8$ptmtip 中四个间苯二酸基团通过烷氧基连接到 4-连接的苯核心单元；（c）{Cu$_4$(ptmtip)(H$_2$O)$_4$·(solvent)}$_n$ 的多面体示意图及（d）三种多面体；（e）H$_{12}$phmhip；（f）{Cu$_4$(H$_4$phmhip)(H$_2$O)$_x$(DMF)$_{4-x}$·(solvent)}$_n$ 中最大的笼，由于悬挂基团的存在，其开放空腔减少；（g）{Cu$_4$(bmatip)(H$_2$O)$_3$(DMF)$_3$·(solvent)}$_n$ 中的纳米胶囊状笼

　　为进一步证明该策略的有效性，研究者功能化 H$_8$ptmtip，使其具有两个额外悬挂的间苯二酸基团，理论上，它们也可能与金属离子配位，并形成一个不同的网络。如预期的那样，Cu^{2+}和 5,5′,5″,5‴,5″″,5‴‴-[1,2,3,4,5,6-phenylhexamethoxy]hexaisophthalic acid［H$_{12}$phmhip，图 12-6（e）］的反应生成了另一种 *tbo*-CP，化学式为 {Cu$_4$(H$_4$phmhip)(H$_2$O)$_x$(DMF)$_{4-x}$·(solvent)}$_n$，其结构类似于 {Cu$_4$(ptmtip)(H$_2$O)$_4$·(solvent)}$_n$。该化合物中，两个增加的羧基没有参与配位，指向生成的孔道内部［图 12-6（f）］。"柱支撑"方法构筑 *tbo*-CP 的独特性使其可以通过拓展柔性有机柱,构筑具有相同 *tbo* 拓扑的同构 FL-CP。在 DMF-水溶液中，Cu^{2+}和 5,5′,5″,5‴-[1,2,4,5-benzenetetrakis(4-methyleneoxyphenylazo)] tetraisophthalic acid［H$_8$bmatip，图 12-6（g）］，反应生成了第三种同构的 *tbo*-CP，{Cu$_4$(bmatip)(H$_2$O)$_3$(DMF)$_3$·(solvent)}$_n$。

该化合物中，基于拓展的四边形柱配体实现了纳米胶囊状的超大截角十四面体笼的构筑，所得框架具有介孔孔径（包括范德瓦耳斯半径，其孔径达到 29.445Å×18.864Å）[图 12-6（c）]。这些 *tbo*-CP 材料的热稳定性将近 300℃，并且表现出比报道的类似 HKUST-1 材料更高的孔隙率[55]。增加的悬挂羧基增强了对客体分子的亲和力。这种"柱支撑"超分子构筑层作为主周期构筑单元的方法可以生成具有更高表面积的 FL-CP。

除了轴到轴（axial-to-axial）和配体到配体（ligand-to-ligand）的"柱支撑"，Eddaoudi 等还提出了一种新的"柱支撑"策略——配体到轴（ligand-to-axial），该方法通过刚性和柔性配体来对更高维度的配位聚合物进行设计和构筑[56]。研究者设计和利用 5 位具有 N 配位点（如吡啶基）的功能化间苯二酸配体（三角状双官能团配体）来支撑预定的 2D 层（图 12-7）。两个边传递的 2D 网格——方格子点阵（*sql*）和 Kagome 点阵（*kgm*）超分子构筑层，通过交叉连接形成具有可调控孔道的(3, 6)-连接的配位聚合物。例如，组装硝酸铜和柔性 5-(4-pyridinylmethoxy)-isophthalic acid（H$_2$pmip）形成一个如期的配体到轴"柱支撑"的 FL-CP，包含 *kgm* 超分子构筑层{Cu(pmip)·xsolvent}$_n$，其中 pmip 作为一个 3-连接点，桨轮状簇合物作为一个 6-连接的八面体点[图 12-7（b）]。由此产生的框架与预期的 ScD$_{0.33}$（拓扑结构 46 032）一致，是一种新型网格。向上述反应体系中引入结构导向剂 1-碘-4-硝基苯（1-iodo-4-nitrobenzene），生成另一种"柱支撑"的 FL-CP，{Cu(pmip)·xsolvent}$_n$，其包含 *sql* 超分子构筑层并具有 *apo* 拓扑。相比于前一个框架，柔性 H$_2$pmip 在后一个结构中采用相对较低的对称性，导致两个 FL-CP 超分子异构。同样地，组装硝酸铜和 5-(3-pyridinylmethoxy)-isophthalic acid（H$_2$mpip）（H$_2$pmip 的一个异构体），获得一个类似的配体到轴"柱支撑"的 FL-CP，其包含 *kgm* 超分子构筑层{Cu(pmip)·xsolvent}$_n$。这些网格的独特属性以及由此产生的孔道，使它们适合于研究同构化学，研究者可以利用各种三角状配体设计和合成拓展的(3, 6)-连接的配位聚合物。为证实这一策略，研究者进一步设计和合成了一个偶氮单元官能团化的长配体（约 18Å），5-[(1*E*)-2-[4-(4-pyridinyloxy) phenyl]diazenyl]isophthalic acid（H$_2$ppdip）。组装 H$_2$ppdip 和硝酸铜，制备了配体到轴"柱支撑"的拓展的 FL-CP，{Cu(ppdip)·xsolvent}$_n$，其包含 *sql* 超分子层。

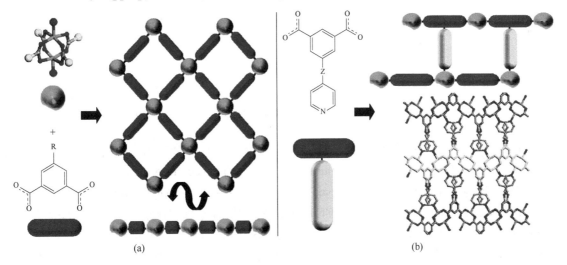

(a)　　　　　　　　　　　　　　　　(b)

图 12-7　（a）*sql* 和 *kgm* 的构筑示意图；（b）T 型配体构筑"柱支撑"的配位聚合物

除 *sql* 和 *kgm* 网格，组装 5*R*-间苯二甲酸（如 5*R*-1,3-H$_2$bdc）和桨轮状次级构筑单元易于构筑十四面体笼。将 5*R*-间苯二甲酸中苯环的中心视为顶点，该十四面体笼也可看作一个小斜方六面体（small rhombihexahedron），Zaworotko 等将其称为"纳米球"，该十四面体笼也可以作为构筑单元应用于 PCP 的构建[57]。例如，利用连接的有机单元使 1,3-bdc 的 5 位功能化，该纳米球可以作为纳米级超分子构筑块（SBB）来建构多面体基框架，这些多面体基框架具有高孔隙率、优异的气体储存和分离性能。

Eddaoudi 和 Zaworotko 报道了第一个基于纳米球超分子构筑块的 *rht* 网格[58]。他们指出如果 24 个顶点均可通过三角状 3-连接单元相连，纳米球超分子构筑块就可以作为 24-连接点，从而产生一个独特的 *rht* 网格。此后，诸多研究者致力于各种刚性和柔性三角状有机连接子的设计，以构筑 *rht*-CP[59-64]。Lah 等首次采用柔性三角状配体 5,5′,5″-[1,3,5-benzenetriyltris(carbonylimino)]tris-1,3-benzene dicarboxylic acid（H₆bcbd），构筑一例(3, 24)-连接的具有 *rht* 拓扑的 FL-CP（图 12-8）[65]。在该结构中，柔性 bcbd⁴⁻ 的四个苯环几乎位于一个平面上，具有 C_3 对称构象。纳米球作为 24-连接点，由 3-连接节点相连，形成一个 3D 网格。以这样的方式，每个纳米球通过 24 个 3-连接配体连接周围的 12 个纳米球，构成立方密堆积（CCP）排列。纳米球的立方密堆积形成巨大的超八面体和超四面体，其中纳米球作为顶点，C_3 对称连接子作为面。纳米球和超多面体的相互连接产生约 71% 的孔隙率。脱去客体分子后，该 FL-CP 框架坍塌，这阻碍其作为吸收材料的进一步应用。

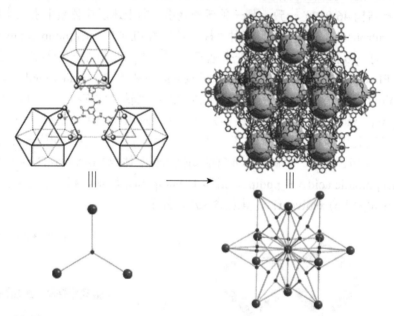

图 12-8　纳米尺寸的金属有机笼通过 C_3 对称有机单元连接形成（3, 24）-连接的网格

Eddaoudi 等进一步拓展/功能化这种三角状柔性配体来设计和合成相应的 *rht*-CP。他们通过分别采用柔性 5,5′,5″-(1,3,5-triazine-2,4,6-triyltriimino) tris-isophthalate hexasodium(Na₆tttip)、5,5′,5″-[1,3,5-phenyl-tris(methoxy)]tris-isophthalic acid (H₆pttip)、5,5′,5″-{4,4′,4″-[1,3,5-phenyltris (methoxy)] tris-phenylazo}tris-isophthalic acid(H₆ptptip)，制备了三种同构的 *rht*-CP，分别是{Cu₃(tttip)(H₂O)₃·xsolvent}ₙ（*rht*-MOF-7）[64]、{Cu₃(pttip)(H₂O)₃·xsolvent}ₙ（*rht*-MOF-4a）、{Zn₃(ptptip)(H₂O)₃·xsolvent}ₙ（*rht*-MOF-5）[66]。其中，纳米球的立方密堆积导致 *rht* 网格中大的超八面体和超四面体。随着三角状有机连接子尺寸的扩展，超八面体空洞的尺寸由 17.8Å（*rht*-MOF-7）、19.1Å（*rht*-MOF-4a）增长到 25.7Å（*rht*-MOF-5）；相应框架的孔隙率由 70%（*rht*-MOF-7）、75.2%（*rht*-MOF-4a）增加到 85.7%（*rht*-MOF-5）。在 273K 和 1bar 时，*rht*-MOF-7 对 CO_2 具有高吸附能力（6.52mmol/g），在低 CO_2 负载时具有相对较高的 Q_{st}，这很可能归因于尺寸和表面效应，其表面具有裸露的胺基和三嗪氮原子，这促进了 CO_2 与氮给体基团修饰的孔道之间的强相互作用。

如上所述，在某种程度上可以设计合成 FL-CP。此外，柔性连接单元利于高对称结构的形成，这些结构往往不能由刚性配体得到。在 DMSO/邻二氯苯溶液中铜离子与 1, 3-bis（5-methoxy-1, 3-benzene dicarboxylic acid）benzene［H_4bmbb，图 12-9（a）］反应，得到第一个基于纳米球超分子构筑块的 FL-CP，$\{Cu_{24}(bmbb)_{12}(H_2O)_{16}(DMSO)_8\}_n$，具有 *pcu* 类型的拓扑［图 12-9（b）］[67]。在该结构中，柔性四羧酸配体 bmbb^{4-} 分别采用顺式（*syn-*）和反式（*anti-*）两种构象。如图 12-9 所示，在顺式构象配体中，来自间苯二甲酸单元的两个苯环与中心苯环几乎在同一个平面上；而在反式构象配体中，它们几乎是垂直的。顺式构象配体和纳米球沿晶轴 *a*、*b* 方向交叉连接，形成一个大小约为 7.24Å×10.54Å 的柱体［图 12-9（c）］；反式构象配体和纳米球沿晶轴 *c* 方向交叉连接，形成另一个大小约为 5.86Å×17.88Å 的柱体［图 12-9（d）］。前一个柱体填充来自桨轮状构筑单元的轴向配位溶剂分子，而后一个柱体具有空隙。尽管二重穿插，该框架也具有约为 18Å×18Å×14Å 的空穴。

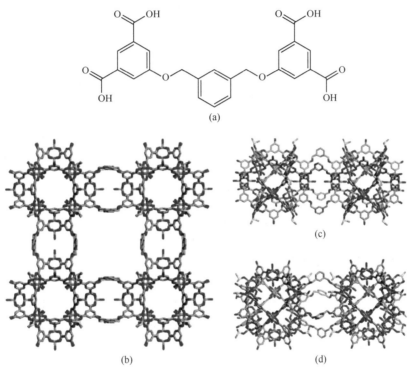

图 12-9　（a）H_4bmbb 配体；（b）$\{Cu_{24}(bmbb)_{12}(H_2O)_{16}(DMSO)_8\}_n$ 沿 *ab* 面的结构；（c）顺式构象 bmbb^{4-} 配体沿晶轴 *a*、*b* 方向交叉连接纳米球；（d）反式构象 bmbb^{4-} 配体沿晶轴 *c* 方向交叉连接纳米球

Zhou 等组装柔性 5, 5′-methylenediisophthalicacid（H_4mdip）和 Cu（Ⅱ）合成另一种基于纳米球连接的 3D 框架[$Cu_6(mdip)_3(H_2O)_6$]·3DMA·6H_2O（PCN-12）[68]。在该结构中，柔性的 mdip^{4-} 配体呈现出两种构象：第一种是 C_s 点群，其中 mdip^{4-} 的两个苯环相互垂直；第二种是 C_{2v} 点群。第一类 mdip^{4-} 配体和纳米球在晶轴 *a*、*b* 方向交叉连接，而第二类 mdip^{4-} 配体和纳米球在晶轴 *c* 方向交叉连接。因此，每个纳米球通过 4 个桥连配体沿三个正交方向交叉连接 6 个邻近的纳米球。将纳米球看作 6-连接点，框架具有 *pcu* 拓扑。由于 mdip^{4-} 中两个间苯二甲酸桥单元间的短距离，PCN-12 并没有发生框架穿插，具有 70.2%的孔隙率，活化后样品的 BET 比表面积为 1943m^2/g。由于其高的比表面积和高密度的开放金属位点，PCN-12 在 77K 和 1bar 时对 H_2 的吸附达到 3.0wt%。

Qiu 等在混合 DMF-水溶液中，通过溶剂热反应柔性配体 1,1-bis-[3, 5-bis(carboxy)phenoxy]methane［H_4bbpm，图 12-10（a）］和 $CuCl_2$·2H_2O 生成了另一种基于纳米球超分子构筑块的 FL-CP，$\{[Cu_6(bbpm)_3(DMF)·(H_2O)_5]·(DMF)_x\}_n$[69]，其框架具有 *pcu* 拓扑。该结构中，每个纳米球通过 6 个四边形开放窗口沿三个正交方向连接 6 个邻近的纳米球，因此纳米球可视为 6-连接点［图 12-10（b）］。

上述连接模式在整个框架中产生三种不同类型的开放笼。不同于之前提及的两种 *pcu*-FL-CP，该框架中，bbpm^{4-}配体均呈现 C_2 对称性的构象，这利于纳米球超分子构筑块间的高对称连接。bbpm^{4-}配体中，两个苯环中心间的距离约为 5.7570Å，两者之间的二面角约为 66.46°。或许由于两个间苯二甲酸桥单元间的短距离，该框架并没有表现出穿插。该框架具有 70.7%的孔隙率，其 BET 比表面积和 Langmuir 比表面积分别为 2010m^2/g 和 2665m^2/g。气体吸附实验表明，其在 295K 和 8.0bar 时对甲烷的吸收为 90cm^3/g，在 273K 和 8.0bar 时对 CO$_2$ 的吸收为 91cm^3/g。

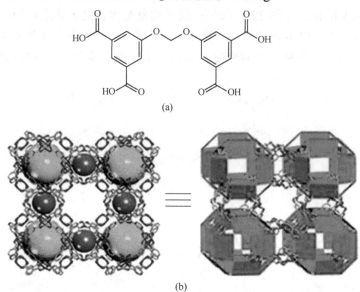

图 12-10 （a）H$_4$bbpm 配体；（b）基于纳米球节点的 *pcu* 拓扑

12.1.3　基于柔性配体的手性配位聚合物

作为 CP 一个重要分支，手性 CP 有望应用于手性拆分和不对称催化。然而，到现在为止，仅有少数多孔手性 CP 具有对映选择性吸附性质和对映选择性催化活性见诸报道，这与缺乏具有功能孔表面和合适尺寸的多孔手性 CP 相关。尽管非手性组分通过晶体生长中的自发拆分（self-resolution）或手性诱导可以得到手性 CP，但基于手性配体的手性传递是构筑手性 CP 的主要途径[70]。庆幸的是，诸多柔性有机分子，如氨基酸、糖、多肽及其衍生物是手性的，并能够同金属离子配位，这使得它们能够作为合适的有机结点来构筑手性 CP 材料[71]。一些关于手性 CP 的设计、合成及应用的综述已发表[72, 73]。本节没有聚焦于所有由手性配体获得的手性 CP，而是在该部分总结少数最近报道的相关结果，以此阐明柔性配体在构筑手性 CP 方面的独特优势。

α-氨基酸具有手性中心，是典型的柔性配体，它们可以通过羧基和氨基与金属配位。多数情况下，组装单一氨基酸配体和金属离子得到 1D 或 2D 手性 FL-CP[74]。例如，组装 L-苯丙氨酸和 Mn（Ⅱ）形成一个 2D 手性 FL-CP，具有反铁磁行为[75]；组装 L-脯氨酸和 Cd（Ⅱ）/Zn（Ⅱ）生成两个 2D 手性层状框架[76]。

相比之下，鲜有基于纯氨基酸的 3D FL-CP。已报道的多数只限于天冬氨酸[77]、谷氨酸[78]、蛋氨酸和组氨酸[79]，除去 α-氨基和 α-羧基，这些氨基酸至少具有第三个与金属配位的基团。化学家通常利用氨基酸衍生物或引入辅助配体来构筑基于氨基酸的 3D 手性 FL-CP[80]。Rosseinsky 等报道一个 3D 氨基酸基微孔 FL-CP，其能够对二醇外消旋拆分[81]。在水-甲醇混合溶剂中，溶剂热反应 Ni(L-Asp)·3H$_2$O（Asp = aspartic acid）和 4,4′-联吡啶，获得一例手性多孔 FL-CP{[Ni$_2$(L-Asp)$_2$(bipy)]·guest}$_n$，手性[Ni(L-Asp)]$_n$ 层通过 4,4′-联吡啶拓展成一个柱支撑的具有 1D 孔道的 3D 结构

（图 12-11）。其中，孔道窗口的尺寸为 3.8Å×4.7Å。手性气相色谱证实 D/L 构型作为底物，起始氨基酸的手性都传递到最终产物中。

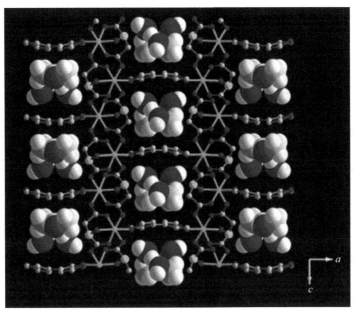

图 12-11 4,4′-联吡啶沿 b 轴方向连接手性 Ni(L-Asp)层形成框架结构

考虑到内表面的手性本质，$\{[Ni_2(L\text{-}Asp)_2(bipy)]\cdot guest\}_n$ 的对映选择性吸附性质通过外消旋手性二醇谱图得到证实。$\{[Ni_2(L\text{-}Asp)_2(bipy)]\cdot guest\}_n$ 表现出些许对映选择性，但其对具有相似链长度的二醇具有差异化。例如，相比于 1,3-butanediol（ee 值 17.93%），1,2-butanediol（ee 值 5.07%）和 2,3-butanediol（ee 值 1.5%）表现出明显较少的对映选择性。相比于 1,2-pentanediol（ee 值 13.9%）和 2,5-hexanediol（ee 值 3.4%），2,4-pentanediol 的高 ee 值（24.5%）进一步证明二醇的 1,3-两个位置的有利属性。二醇吸附实验研究获得的最高 ee 值为 2-methyl-2,4-pentanediol 的 53.7%，其可以看作具有单一手性中心 2,4-pentanediol 的单取代衍生物。进一步研究证实，主体和目标客体间尺寸和形状的良好匹配性以及孔道表面化学，对手性识别和分离非常重要。

此外，手性 FL-CP 的孔尺寸和可利用的空体积可以通过使用 etbipy 取代 4,4′-联吡啶形成两个类似的 FL-CP$\{[Cu\{L/D\text{-}Asp\}(etbipy)_{0.5}]\cdot(guest)\}_n$ 来加以修饰[82]。由于层间距离的增加，取代后的 FL-CP 的孔窗口为 4.1Å×4.3Å，纵长孔为 8.6Å×3.2Å。在乙醚中，用无水盐酸（1 当量）处理，获得具有布朗斯特酸催化活性的质子化框架$\{[Cu\{L/D\text{-}Asp\}(etbipy)_{0.5}]\cdot(HCl)\cdot(H_2O)\}_n$。PXRD 测试表明，质子化的框架没有发生明显的结构变化，IR 谱图表明 COOH 基团存在于质子化的框架中，最终的质子化框架可以催化 cis-2,3-epoxybutane 的甲醇分解。如预期的，质子化的框架表现出些许对映选择性，但是，仅获得适量的产量（32%～65%）及非常低的 ee 值（6%～17%）。过滤后，滤液的非活性证实其异相催化属性。此外，更大环氧物(2,3-epoxypropyl)-benzene 的甲醇分解转化没有观测到，表明催化主要发生在其孔道内部，而不是外表面。

由于（多）肽具有特定的识别性质以及复杂的手性，这些性质使其在诸多方面具有应用。（多）肽至少具有一个氨基和一个羧基并能和金属配位，可以作为有机连接子。至今，一些多肽基 FL-CP 已被报道[83, 84]。最近，Rosseinsky 等报道了多肽基 FL-CP$\{[Zn(Gly\text{-}Ala)_2]\cdot(solvent)\}_n$[85]，含有柔性二肽连接子 glycylalanine（Gly-Ala）。在该结构中，具有四面体构型的 Zn(Ⅱ)和四个二肽配体配位，其中两个二肽配体通过端基碳的 Ala 羧基配位，其余两个二肽配体通过端基氮的 Gly 氨基配位。每个二肽配体连接两个 Zn(Ⅱ)，形成具有格子状结构的$[Zn(Gly\text{-}Ala)_2]_n$层，每个层在第三个方向通过氢键按照 AA 方式排列，在 c 轴方向形成 1D 方形孔道（图 12-12）。脱除溶剂后框架的吸附实验和模拟脱附表明，当溶剂分子不在时，孔道是封住的；当吸附含有极性键的小分子时，孔道慢慢地逐步打开。这主要归因于肽连接子的低能扭转角和位移。柔性（多）肽连接子在框架的动态孔道中扮演重要角色。由于柔性连接子，该 CP 具有动态孔道。

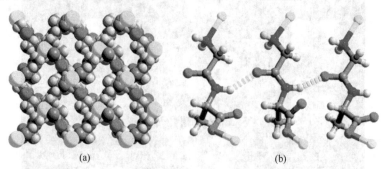

图 12-12　（a）$\{[Zn(Gly\text{-}Ala)_2] \cdot (solvent)\}_n$ 沿 c 轴的 1D 方形孔道；（b）$[Zn(Gly\text{-}Ala)_2]_n$ 层间的氢键

相比于 $\{[Zn(Gly\text{-}Ala)_2] \cdot (solvent)\}_n$ 中可调控的孔道，刚性多孔 FL-CP $\{[Zn(Gly\text{-}Thr)_2] \cdot CH_3OH\}_n$ 含有柔性二肽 glycylthreonine（Gly-Thr）[86]。在该结构中，六配位的 Zn(II) 和四个二肽配体配位，其中两个二肽配体通过端基碳的 Thr 羧基单齿配位，其余两个二肽配体通过端基氮的 Gly 氨基和含氧基团配位以形成五元环。按照这种方式，每个二肽配体桥连两个金属沿 b 轴形成格子状的 2D$[Zn(Gly\text{-}Thr)_2]_n$ 层，该层在 a 轴方向按照 AA 方式排列形成 1D 通道。邻近层的 N—H 和 C＝O 基团间的平行氢键导致上述排列。氨基的端基氮和 Thr 支链的羟基形成氢键网格（图 12-13）。$\{[Zn(Gly\text{-}Thr)_2] \cdot CH_3OH\}_n$ 在脱除溶剂后具有一定孔隙率，比表面积为 $200m^2/g$，对 CO_2 的选择性吸附优于 CH_4。多肽配体螯合 Zn(II) 形成五元环，Thr 支链的—OH 基团和—NH_2 端基形成层内氢键，这使得框架具有刚性。相比之下，具有—CH_3 的 Ala 不具有这样的性质。

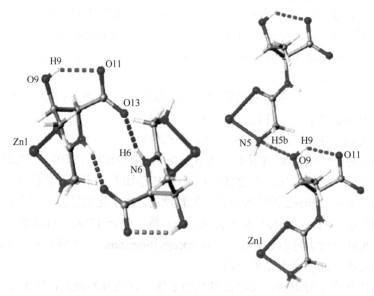

图 12-13　层间氢键（N6—H6···O13，N5—H5b···O9）和层内氢键（O9—H9···O11）

使用 glycylserine（Gly-Ser）作为连接子时，研究者合成另一个多肽基 FL-CP $\{Zn(Gly\text{-}Ser)_2\}_n$[87]。在客体移除时，该 FL-CP 具有有序的扭转变化和位移，以对孔道的可逆关闭起作用。研究者可以通过支链氢键以及多肽连接子的有序位移控制扭转变化，以可逆抑制 87% 的初始孔隙率。Ser

支链保留 Thr 的—OH 功能，但仲醇到伯醇的变化足以产生这种对客体响应的动态变化。研究者构筑系列 Gly-X（X = Ala，Thr，Ser）二肽基框架，每个 X 支链具有不同的官能团，这可以证明通过多肽扭转和支链化学能够调控 CP 的整体综合响应，获得的响应不是端元单肽材料的线性叠加。

通过组装 Zn(Ⅱ)和肌肽（carnosine，一种具有 β-丙氨酸-L-组氨酸分子结构的天然二肽），Rosseinsky 等合成另一个具有 3D 框架的多肽基 FL-CP{ZnCar·DMF}$_n$[88]，每个肌肽连接四个四面体的 Zn(Ⅱ)，每个 Zn(Ⅱ)连接四个肌肽配体。组氨酸单元的咪唑支链是去质子化的，形成 Zn-咪唑链，该链的键连模式与多孔材料沸石咪唑框架（ZIF）相似。脱溶剂后的样品属于微孔材料，其比表面积为 448m²/g，具有 5Å 大小的 1D 开放通道，其孔道具有手性。该 FL-CP 在有机溶剂和水中具有化学稳定性。单晶数据表明，由于 His-β-Ala 主链的扭转柔性，该框架对 MeOH 和 H_2O 客体有响应，同时 Zn-咪唑链又使得该框架具有刚性。肌肽和其他二肽及客体之间的氢键决定其最终构型以及观测到的结构转变。上述研究证明支链在控制利用扭转自由度以响应周围变化方面的重要作用。

除氨基酸、多肽及其衍生物外，一些其他的手性有机小分子，如酒石酸、乳酸、苹果酸等，也被用来构筑手性 FL-CP[89-91]。例如，Cheetham 等利用 *trans-R,R*-环己烷二酸和 *trans-S,S*-环己烷二酸构筑手性框架[92]。利用热力学和动力学合成外消旋和手性 CP 也有报道[93]。一些亚砜类化合物的硫原子是手性中心，可作为构筑手性 CP 的良好配体。Bu 等设计了多种结构相关的柔性双亚砜和三亚砜桥连配体，并以其构筑了多个系列结构新颖的 CP，如罕见的具有完美平面四方形构型的 Ag-CP，结构多样、配位模式丰富的 Cu/Zn-CP，以及具有独特拓扑结构及良好发光性能的系列 Ln-CP 等；双亚砜配体在与不同金属离子配位时，其硫和氧两种配位点具有选择性；通过控制配体链长调节 CP 的维数和孔穴大小，发现配体的亚砜手性中心在特定条件下的构型转换现象等[94-97]。

12.1.4　由柔性配体诱导的动态配位聚合物

在报道的诸多 CP 中，动态 CP（也称柔性 CP 或呼吸性 CP）非常有趣[98-100]。动态 CP 能够响应外界刺激（如温度、压力、光、电场等），动态 CP 也是晶态的，能够很大程度上可逆改变自身孔道，同时保持相同或相似的拓扑。该类 CP 通常与两个或多个态之间的可逆结构转换相关，转化过程中往往伴随着孔道的扩张或收缩。这种现象也被称为"呼吸"（breathing）[101]、"海绵状"（sponge like）[102]、手风琴效应（accordion effects）[103]。1998 年，CP 首次被分为三类，动态 CP 属于第三代 CP[104]，Kitagawa 等根据材料的维度和呼吸机理将已知的柔性行为分为六类[105]。3D CP 的呼吸行为可以分为三类（图 12-14）。对柱层型 CP 来说，由于层间距离的拉长和收缩，使用合适的柔性柱子可以实现可逆相变。对拓展型和收缩型 CP 来说，它们能够表现出海绵状动态行为。当框架出现穿插的格子时，格子在没有客体时密堆积；当引入客体分子时，一个网格出现滑移。至今，许多由刚性配体构筑的动态 CP 被报道。典型的是，Férey 和 Serre 制备系列动态 3D CP[106-108]，其典型结构特征是一个刚性二羧酸连接一个具有镜面对称的无机次级构筑单元。羧基 O—O 轴的旋转导致其呼吸行为，该旋转通过扭转或弯曲模式作为体系的"膝盖骨"（kneecap）。该机理需要对面次级构筑单元的相互旋转[101]。除向金属-配体表面引入"膝盖骨"，另一种引入柔性的方法是引入柔性连接子，同时保持框架稳定。这里，我们选取一些已报道的例子来讨论柔性配体在构筑动态 CP 方面的特殊功能。

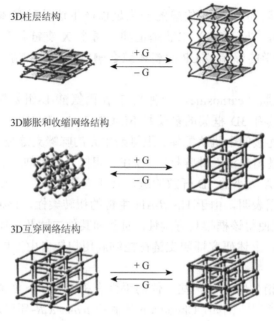

图 12-14　三类 3D 呼吸型 CP

构筑 3D 动态 FL-CP 的一个合理模型就是利用柔性配体连接邻近层。在该模型中，层间柱子的可逆拉长和收缩导致两个（或更多）稳定相，进而将配体的柔性传递到整个 CP 框架。Alberti 等报道了一个基于该模型的动态 CP[101, 103]。已知层状晶体结构 γ-ZrPO$_4$[O$_2$P(OH)$_2$]·2H$_2$O 中的[O$_2$P(OH)$_2$]基团可以被各种长度的烷基二膦酸（alkanediphosphonate）所取代。基于此，研究者合成系列柱层衍生物，其化学式为 ZrPO$_4$[O$_2$P(OH)$_2$]$_{1-x}$(O$_2$POH-(CH$_2$)$_n$-HOPO$_2$)$_{x/2}$·mH$_2$O（$n=4, 6, 8, 10, 12, 16$；$0 \leqslant x \leqslant 1$）（图 12-15）。调控反应时间可以精确控制柱支撑的比例。当柱支撑的比例较低时，观测到呼吸行为，这表示两个不同的烷基二膦酸链被[O$_2$P(OH)$_2$]基团按平行于层的方向分隔开。在这种情形时，衍生物呈现出动态结构转化，这在 1,10-癸烷二膦酸衍生物中得到详细研究。当充分水化时，烷基链具有拓展构型［图 12-15（a）和（b）］。反之，当脱除水分子时，层间距离减小［图 12-15（c）］。这种结构的拓展和收缩是可逆的，通过浸泡溶剂，最初的拓展结构很容易得到恢复。

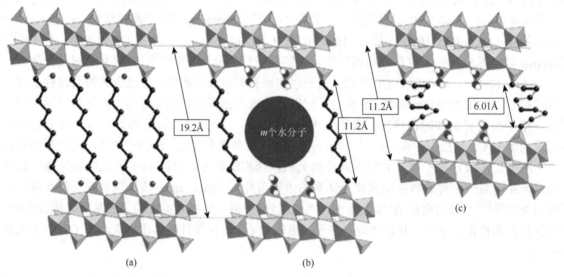

图 12-15　（a）柱层结构的二膦酸盐沿[010]方向；含水的（b）和脱水的（c）磷酸/二膦酸盐样品中烷基链的伸缩

基于 5-ethyl-pyridine-2,3-dicarboxylic acid（H₂epda）和 etbipy，Wang 和 Liu 报道了一个柱层结构的动态 FL-CP[109]。其结构可以理解为刚性的二羧酸连接子 H₂epda 和 Co(Ⅱ)形成 2D Co-羧酸层，柔性 etbipy 作为柱子支撑邻近 2D 层。该框架呈现出呼吸效应，脱水时具有窄孔，单胞体积为 1899Å³，水化时具有大孔，单胞体积为 1728Å³，前后单胞体积减少 9.9%，但相变前后的晶系和空间群相同（图 12-16）。此外，大孔相和窄孔相的结构非常相似，区别仅在于 2D Co-羧酸层之间的距离（15.77Å vs. 14.35Å）。层间距离的降低归因于柔性 etbipy 配体 C—C 键的旋转，使得层间柱长度的变化减小，这导致邻近层相对滑移。在大孔相中，etbipy 配体的两个吡啶环近乎垂直；在窄孔相中，etbipy 配体的两个吡啶环近乎共面。

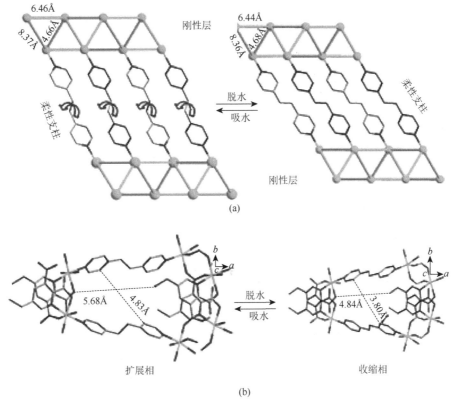

图 12-16　（a）柱层结构的动态 FL-CP{[Co₂(epda)₂(etbipy)(H₂O)₂]·3H₂O}ₙ；（b）大孔相和窄孔相的可逆转变

扩展和收缩型 CP 是另一个用于构筑动态 FL-CP 的模型。在该模型中，当 FL-CP 的两个转化态稳定，柔性连接子的可逆构象变化可能导致 FL-CP 的扩展和收缩。一个典例就是{KCe(pbmp)·4H₂O}ₙ [H₄pbmp = N,N′-piperazinebis(methylenephosphonic acid)]和其脱水相之间的可逆转变[110]，该相变通过同步 X 射线衍射数据证明。含水的 FL-CP 包含由 CeO₈ 多面体构成的 Ce-膦酸链。每个 Ce-膦酸链通过柔性 pbmp⁴⁻ 配体连接四个其他的平行链，其中的哌嗪环采取椅式构型。160℃时对上述 FL-CP 脱水，哌嗪变成船式构型。脱水相是不含孔的，但暴露于潮湿空气中，它能够可逆地吸收水分子，变成含水相结构。

Costantino 等制备三个同构的 FL-CP，它们具有依赖于配体柔性的呼吸行为，这种呼吸行为基于柔性的四膦酸和 N-给体异杂环共配体[111]。三个 FL-CP 包含 1D 无机链，无机链通过有机单元进一步相互连接形成菱形 1D 通道。基于 N,N,N′,N′-tetrakis(phosphonomethyl)hexamethylenediamine(H₈tph)和 etbipy，所得 FL-CP{Cu₃(H₂tph)(etbipy)₂·24H₂O}在大孔相和窄孔相之间转化时，具有明显的呼吸效应。大孔相和窄孔相之间的体积差异非常明显，窄孔相的体积约为大孔相的 26%。相比之下，当柔性 H₈tph 或者 etbipy 被刚性配体取代时，没有观测到呼吸行为。例如，用 bipy 取代 etbipy 可以获得同构的

FL-CP{Cu$_3$(H$_2$tph)(bipy)$_2$·11H$_2$O}$_n$，其中大孔相和窄孔相均被观测到。但是，两者之间的转换是不可逆的。利用更刚性的 N,N,N′,N′-tetrakis(phosphonomethyl)-α,α′-p-xylylenediamine（H$_8$tpx）和 bipy，获得的另一个同构的 FL-CP 在相同的条件下没有表现出窄孔相。

基于柔性配体 4,4′-(1,4-(trans-2-butene)diyl) bis(1,2,4-triazole)（tbdbt），Jenkins 等制备一例动态 FL-CP{[Cu$_2$(tbdbt)$_2$(SO$_4$)(Br)$_2$]·xH$_2$O}$_n$[112]。三唑单元和溴离子桥连邻近的铜离子，沿 a 轴形成链状构筑单元，1D 链通过配体三唑单元在另外两个方向进一步连接形成最终的 3D 框架，该框架具有 1D 菱形孔道（图 12-17）。柔性双 1,2,4-三唑可以作为螺母（screw），其扭曲导致菱形位移的形状对金属-配体位点没有显著影响。脱除部分溶剂，桥连配体中，两个 2-丁烯单元中的一个旋转成为另一个的镜像，它们不再是晶体学不同的单元（图 12-17）。相反 1D 链间距从含水相的 18.99Å×15.14Å 变为部分脱水相的 18.56Å×12.81Å（图 12-17）。由于配体中 2-丁烯单元的柔性，完全脱水时，该 FL-CP 能够进一步收缩。

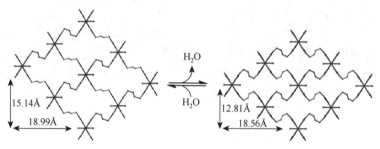

图 12-17　{[Cu$_2$(tbdbt)$_2$(SO$_4$)(Br)$_2$]·xH$_2$O}$_n$ 沿 a 轴（左）及其部分脱水相沿 c 轴（右）的结构

12.2　基于柔性配体配位聚合物的应用

相比于配位导向型较强的刚性多齿配体，柔性多齿配体在组装过程中可以根据不同金属离子对（N/O）给体的结合力及配位需求采取灵活的配位模式，这为具有新颖结构和性质 CP 的合成提供机会。本章中，我们将主要介绍 FL-CP 在气体吸附、异相催化、质子传导等方面的应用。

12.2.1　基于柔性配体配位聚合物的气体吸附

由于其低密度、高表面积、大的孔隙率以及可调控的孔尺寸和孔功能，CP 在气体吸附及分离方面受到研究者的广泛探究[113-116]。在此过程中，研究者致力于在 CP 材料中提高气体吸附能力和选择性，诸多重要的结果被报道[117-120]。在 FL-CP 中，研究者聚焦于孔隙率的提高、脱除客体后孔隙率的保持以及高气体键合能的提高，这有望使气体吸附和分离更好地付诸于实践。

理论计算和实验结果表明，提高 CP 的高压气体吸附能力需要更高的比表面积和更高的孔隙率[121-123]。许多研究者致力于构筑具有潜在较大孔体积的 FL-CP。提高孔隙率的一个常用策略就是引入加长的配体来构筑同构的 FL-CP[124-126]。例如，基于柱支撑策略，研究者合成一系列非互穿的 FL-CP{[Cd$_4$(tdm)(L$_{pillar}$)$_4$]·xsolvent}$_n${H$_8$tdm = tetrakis[(3,5-dicarboxyphenoxy)methyl]methane；L$_{pillar}$ = bipy，4,4′-azopyridine（azpy），etbipy}[127]。如图 12-18 所示，tdm^{8-} 连接双核 {Cd$_2$(μ-O)$_2$O$_6$N$_4$} 单元形成中性 2D 层，其中的四边形窗口大小为 10Å×10Å，2D 层通过各种各样的吡啶基柱子按照 AA 堆积模式形成 nbo 网格。随着柱长度的增加，如从 bipy 到 etbipy，框架孔道沿 c 轴的开放程度从 11.7Å 增加到 14Å，对应框架的孔隙率也从 59% 增加到 62.6%。

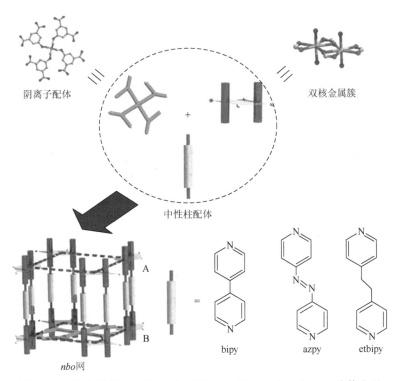

图 12-18　柱支撑策略合成 FL-CP{[Cd$_4$(tdm)(L$_{pillar}$)$_4$]·$x$solvent}$_n$ 的简化图

考虑到(4, 6)-连接的 CP 鲜有互穿，Xu 等构筑一系列同构的 FL-CP{Zn$_4$O(X)$_{1.5}$·$x$solvent}$_n$ {H$_4$X = 4, 4'-(2,2-bisa((4-carboxy-2-methoxyphenoxy)methyl)　propane-1, 3-diyl)bis(oxy)bis(3-methoxybenzoic　acid)（H$_4$X1），3,3'-(4,4'-(2,2-bis ((4-(2-carboxyvinyl)-2-methoxyphenoxy) methyl) propane-1,3-diyl) bis(oxy) bis(3-methoxy-4,1-phenylene))diacrylic acid（H$_4$X2），6,6'-(2,2-bis ((6-carboxynaphthalen-2-yloxy) methyl) propane-1, 3-diyl) bis(oxy)di-2-naphthoic acid（H$_4$X3）}[128]。在这些结构中，Zn$_4$O 簇连接 6 个 X^{4-}四羧酸配体，每个 X^{4-}四羧酸配体连接 4 个 Zn$_4$O 簇，形成一系列多孔 3D 框架，具有预期的(4, 6)-连接的 cor 拓扑。所得 FL-CP 具有四边形通道、微孔和介孔笼，它们在固定框架中的尺寸随着配体的加长而逐渐增加。三个同构 FL-CP 中的每个微孔笼周围有 8 个介孔笼，这导致非常高的孔隙率，分别是 75.7%、83.7% 和 84.6%。相比于计算的孔隙率，这些 FL-CP 在 77K 下的氮气吸附非常低，这或许归因于脱除溶剂分子后框架的扭曲。进一步研究证明这些 FL-CP 对 CO$_2$/N$_2$ 具有高选择性吸附。

此外，研究者采用进一步拓展的柔性配体制备了一系列非互穿的 FL-CP。例如，Wu 等利用 4,4', 4''-(2,4,6-trimethylbenzene-1,3,5-triyl)tris(methylene)tris(oxy)tribenzoic acid（H$_3$ttt）制备了一系列 FL-CP[129]，其孔隙率为 21.1%～50.8%。Zaworotko 等采用 4,4',4''-[1,3,5-benzenetriyltris(carbonylimino)]trisbenzoic acid（H$_3$btctb）构筑第一个具有 asc 拓扑的 CP{[Zn$_3$(btctb)$_2${Cr$_3$O(isonic)$_6$ (H$_2$O)$_2$(OH)}]·xDMF}$_n$ (tp-PMBB-asc-3, isonic = pyridine-4-carboxylate)[130]，其孔隙率超过 80%。Sun 等使用 hexa[4-(carboxyphenyl) oxamethyl]-3-oxapentane（H$_6$hco）构筑一例孔隙率为 56.5%的 FL-CP{Mn$_6$(hco)$_2$ (dibp)$_{1.5}$(H$_2$O)$_5$}$_n$[131]。Hong 等使用 5,5',5''-(2, 4, 6-trimethylbenzene-1,3,5-triyl) tris(methylene)tris(oxy) triisophthalic acid（H$_6$tmbtttip）合成一例多面体基 FL-CP{[Zn$_7$(H$_6$tmbtttip)$_2$(OH)$_2$ (H$_2$O)$_9$]·12.25H$_2$O}$_n$[132]，其孔隙率高达 71.7%。

理论上，使用长配体容易形成互穿，降低孔隙率，甚至形成非孔结构，这不利于框架孔隙率的增加。然而，一些研究表明尽管框架互穿，高的孔隙率仍然能够实现。例如，尽管二重互穿，NJU-Bai-9 的孔隙率为 78.1%，BET 比表面积为 4258m^2/g[133]。此外，基于功能化的长四羧酸配体，一些具有二重或三重互穿的 dia-FL-CP（DMOF-n, n = 1～15）表现出适中孔隙率（49.2%～64.4%）[134]。

如上所述，FL-CP 的孔隙率与 RL-CP 的孔隙率相当。然而，相比于计算研究的结果，大多数 FL-CP 的 BET 比表面积和气体吸附能力相对较低。这种现象归因于客体溶剂脱除时孔道（部分）坍塌或溶剂部分保留时孔道的堵塞。一方面，由于桥连有机连接子的柔性难以支撑整个框架，FL-CP 对不完全活化非常敏感；另一方面，考虑到其在气体吸附和分离方面的应用，在脱除客体溶剂分子时，很有必要保持 FL-CP 的孔隙。因此，这是一个巨大的挑战同时，也是制约 FL-CP 应用的瓶颈。

使 FL-CP 具有孔隙的一个有效策略是采用温和的活化方法，以减少对框架的损坏。Liang 等基于柔性 H_4dbip 配体合成一个 FL-CP[135]，其化学式为 ${[Cu_2(dbip)\cdot(H_2O)_2]\cdot xsolvent}_n$。如预期的，桨轮状 $Cu_2(COO)_4$ 构筑单元作为平面 4-连接点，通过 4-连接四羧酸配体 $dbip^{4-}$ 连接，形成具有 nbo 拓扑的 3D 框架，其理论孔隙率为 67.2%。原始样品用 CH_2Cl_2 溶剂交换后在 65℃下抽真空，得到活化样品，其 BET 比表面积为 1773m^2/g，在 273K 和 0.95bar 时，对 CO_2 的吸附达到 170cm^3/g，273K 时，CO_2/N_2 的分离比高达 20.6。然而，100℃直接加热样品活化，所得 BET 比表面积仅为 232m^2/g[28]。

基于柔性四足八羧酸配体 H_8tdm，诸多研究组独立设计合成(4, 8)-连接的具有 scu 拓扑的 CP ${[Cu_4(tdm)(H_2O)_4]\cdot xsolvent}_n$[136-139]。其结构可以看作交替堆积的八面体和立方八面体，孔隙率约为 64.0%。温和溶剂交换后所得的活化样品，具有 1854m^2/g 的 BET 比表面积，总孔体积为 0.84cm^3/g，77K 和 1bar 时，对氢气的吸附能力为 2.57wt%，273K，CO_2/N_2 的亨利选择比（Henry selectivity）为 49，CO_2/CH_4 为 8.4。相比之下，真空下 120℃直接加热新样品，所得样品的 BET 比表面积仅为 1115m^2/g，总孔体积为 0.612cm^3/g。

Hupp 等利用超临界二氧化碳干燥的方法来活化 CP，以获得永久的内表面和微孔特性。该方法能够消除表面张力和毛细作用力，因此能够减少对主体框架的破坏[140, 141]。该方法已被成功应用于活化 FL-CP。

另一个获得永久孔隙率的可行性策略是提高 FL-CP 的机械稳定性和热稳定性，以阻止活化过程中对框架的损坏。例如，Cao 等报道一种客体填充的方法以获得永久的空隙[142]。该方法中，合适尺寸的四烷基胺阳离子作为客体被引入孔道中，以维持整体框架，进而提高框架的机械稳定性和热稳定性。如图 12-19 所示，以具有 1D 通道的 FL-CP 为例，含溶剂的 FL-CP 通常稳定。然而，由于配体的柔性难以维持框架形态，框架在脱除溶剂时可能坍塌或者收缩。为维持框架，但有不完全堵塞孔道，合适的四足客体如四烷基胺阳离子，被认为是最佳选择。这种客体填充策略被两个预设计的阴离子型 FL-CP 成功证实。其化学式分别为 ${[In(dibp)\cdot(Me_2NH_2)]\cdot xsolvent}_n$ 和 ${(In_2(tdm)\cdot(Me_2NH_2)_2\cdot xsolvent)}_n$。气体吸附测试和变温 PXRD 表明两个新制备的样品在脱除客体后完全坍塌。然而，如预期的，在引入合适尺寸的四烷基胺阳离子客体后，即使在 100℃活化，空隙也能够被很好地保留，热稳定性也得到极大提高，能够稳定在大约 300℃。

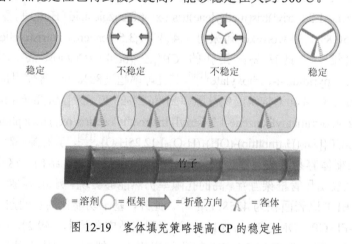

图 12-19　客体填充策略提高 CP 的稳定性

拓展该策略,Zhang 等通过向孔道中添加刚性的柱子来增加 FL-CP 的稳定性和空隙[143]。如图 12-23 所示,使用 4,4'-oxybis(benzoic acid)(H$_2$obb)和桨轮状 Cu$_2$(COO)$_4$ 构筑单元,研究者制备一个 FL-CP,{[Cu$_2$(obb)$_2$(DMF)$_2$]·2DMF}$_n$。尽管三重互穿,该框架仍然具有适中孔隙率(不考虑配位的 DMF 时为 53.8%)。单重框架具有菱形孔道,包含一个由八个 Cu$_2$(COO)$_4$ 单元和八个 obb^{2-} 配体构成的窗口,其尺寸为 47.8Å×27.3Å(图 12-20)。当菱形孔道中的配位 DMF 分子被 4,4'-bpy 配体取代时,得到另一个框架{[Cu$_2$(obb)$_2$(bpy)$_{0.5}$(DMF)]·2DMF}$_n$(图 12-20)。气体吸附实验表明,取代前的框架没有明显的气体吸附,而取代后的框架表现出适中的比表面积(829m^2/g),在 273K 时,对 CO$_2$/N$_2$ 和 CO$_2$/CH$_4$ 具有选择性吸附。取代后的结构中,4,4'-bpy 有效地柱撑主体框架,获得永久空隙。

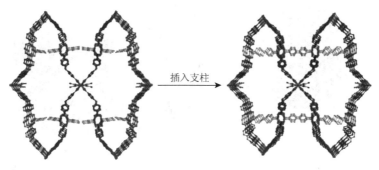

插入支柱

图 12-20　{[Cu$_2$(obb)$_2$(DMF)$_2$]·2DMF}$_n$(左)和[Cu$_2$(obb)$_2$(bpy)$_{0.5}$(DMF)]·2DMF(右)的结构

研究者目前致力于提高 CP 中的气体键合能,以提高特定气体的吸附性和选择性。已报道的策略包括控制孔尺寸[144, 145]、引入开放金属位点[146]、向框架中引入胺基[117, 147]、使用富氮有机配体[148-150]、引入金属阳离子[151]等。在这些策略中,最后两种经常在 FL-CP 中使用。

一般来说,胺基功能化的长有机配体是典型的柔性配体,具有路易斯碱 N 原子,这通常被用来提高气体(尤其是 CO$_2$)的吸附能力和选择性。例如,Bai 等制备一个胺基插入的 FL-CP{[Cu$_3$(cip)$_2$(H$_2$O)$_5$]·$x$guest}$_n$(NJU-Bai3,H$_3$cip = 5-(4-carboxybenzoylamino)-isophthalic acid)[152]。在 NJU-Bai3 的主体框架中,三种笼子(碗状笼、三角双锥笼、六角双锥笼)很好地彼此堆积,密集修饰的胺基单元直接暴露于每个独立的孔穴中。这些笼子的内界直径分别为 1.1nm、1.4nm 和 1.6nm。完全脱溶剂的 NJU-Bai3 的总体积为 76.9%。NJU-Bai3 的 BET 比表面积为 2690m^2/g,其对 CO$_2$ 的吸附为 6.21mmol/g(273K,1bar),在 273K 和 20bar 时,活化的 NJU-Bai3 对 CO$_2$ 的吸附为 22.12mmol/g,而相同条件下,其对 N$_2$ 和 CH$_4$ 吸附分别为 3.96mmol/g 和 6.9mmol/g。NJU-Bai3 表现出强的 CO$_2$ 键合能(零负载时为 36.5kJ/mol)和高的 CO$_2$ 吸附(22.12mmol/g,273K,20bar)。在 0~20bar,按照 IAST 对等摩尔混合气体的预算可知,NJU-Bai3 的 CO$_2$/N$_2$ 选择性吸附比为 25.1~60.8,CO$_2$/CH$_4$ 选择性吸附比为 13.7~46.6。

组装酰胺功能化的配体 bis(3, 5-dicarboxyphenyl)terephthalamide[H$_4$bdpt,图 12-21(a)]和桨轮状 Cu$_2$(COO)$_4$ 构筑单元[图 12-21(b)],研究者设计合成一个具有拓展结构的微孔 FL-CP{Cu$_2$(bdpt)}$_n$(HNUST-1),其具有 nbo 类型拓扑[图 12-21(e)],结构中含有球状笼[图 12-21(c)]和椭球状笼[图 12-21(d)][153]。273K 时,HNUST-1 具有高的 CO$_2$ 吸附能(156.4cm^3/g,1bar)、高的 CO$_2$/N$_2$ 选择性吸附比(39.8)和 CO$_2$/CH$_4$ 选择性吸附比(7.2)。通过组装桨轮状 Cu$_2$(COO)$_4$ 构筑单元和含有草酰胺基团的四羧酸配体 H$_4$bdpo(N,N'-bis (3,5-dicarboxyphenyl) oxalamide),研究者得到另一个酰胺功能化的具有 nbo 类型拓扑的 FL-CP{[Cu$_2$bdpo]·$x$solvent}$_n$(HNUST-3)[154]。HNUST-3 的结构可以看作椭球状笼[图 12-22(a)]和球状笼[图 12-22(b)]在 3D 空间的交替堆积[图 12-22(c)],理论孔隙率高达 73.2%。HNUST-3 是第一例草酰胺功能化的多孔 CP,具有高的 BET 表面积(2412m^2/g)。在 77K 和 20bar 时,其对 H$_2$ 的吸附为 6.1wt%;在 298K 和 20bar 时,对 CO$_2$ 的吸附为 20.2mmol/g。在 298K 时,其对 CO$_2$/CH$_4$ 选择性吸附比为 7.9;对 CO$_2$/N$_2$ 的选择性吸附比为 26.1。

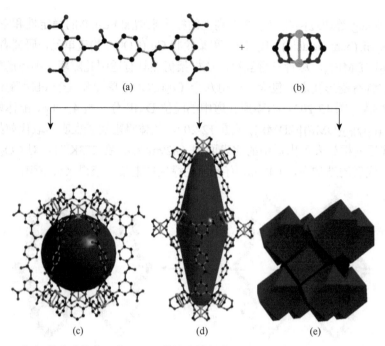

图 12-21　HNUST-1。（a）酰胺功能化配体；（b）桨轮状构筑单元；（c）球状笼；（d）椭球状笼；（e）拓扑结构

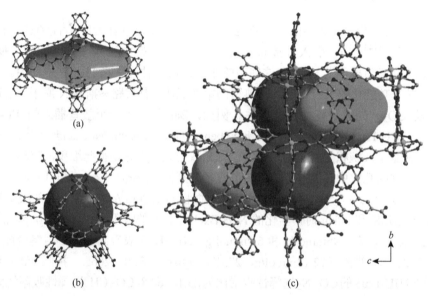

图 12-22　HNUST-3 中的椭球状笼（a）和球状笼（b）及空间堆积（c）

　　Bai 等成功将胺基功能团引入具有 *rht* 拓扑的 FL-CP $\{[Cu_{24}(bcbd)_8(H_2O)_{24}]\cdot xsolvent\}_n$[155]，其结构与 Lah 等报道的 $\{Zn_{24}(bcbd)_8(H_2O)_{24}\}_n$ 同构[65]。该 FL-CP 的 BET 比表面积为 $3160m^2/g$；在 298K 和 20bar 时，对 CO_2 的过量吸附量为 23.53mmol/g，零负载时，CO_2 的吸附焓为 26.3kJ/mol；按照 IAST 对等摩尔混合气体的预算可知，1bar（或 20bar）时，该 FL-CP 对 CO_2/N_2 的选择性吸附比为 22（或 33）。为进一步提高其对 CO_2 的吸附量，Bai 等进一步设计两个具有纳米尺寸的三角状酰胺基六羧酸配体 H_6btb 和 H_6tatb，基于该类配体，研究者合成两个同构 *rht*-FL-CP，$\{Cu_3(btbip)\}_n$ 和 $\{Cu_3(tatbip)\}_n$[156]。尽管后者的框架表面饰有含氮的三嗪环，但两者表现出近乎一样的气体吸附行为。活化后的框架具有大的比表面积 [$\{Cu_3(btbip)\}_n$ 为 $3288m^2/g$，$\{Cu_3(tatbip)\}_n$ 为 $3360m^2/g$]、非常高的 CO_2 吸附（20bar、273K 时为 157wt%），对 CO_2/CH_4 选择性吸附比为 8.6，对 CO_2/N_2 的选择性吸附

比为 34.3。酰胺基团利于 CO_2 吸附已被巨正则蒙特卡罗法（grand canonical Monte Carlo）和第一性原理计算（first-principles calculation）证实。

Shi 和 Li 等采用具有高密度路易斯碱位点的六羧酸配体 2,4,6-tris(3,5-dicarboxylphenylamino)-1,3,5-triazine（H_6tdpat），构筑一个具有 *rht* 拓扑的 FL-CP{[Cu_3(tdpat)(H_2O)$_3$]·$10H_2O$·5DMA}$_n$(Cu-tdpat)[157]，Eddaoudi 等也独立得到该结构，并将其称为 *rht*-MOF-7[64]。Cu-tdpat 可能被认为是 *rht* 网格的最小成员，也是第一例具有高密度开放金属位点（$1.76nm^3$）和路易斯碱位点（$3.52nm^3$）的 CP。Cu-tdpat 在零负载时，CO_2 吸附焓高达 42.2kJ/mol，低压 CO_2 吸附量高（如 1bar、273K 时为 44.5%），高压气体吸附量非常高：CO_2（excess）：310（*v/v*），298K、48bar；H_2（total）：6.77wt%，77K，67bar；CH_4（total）：181（*v/v*），298K，35bar。这些数值使得该 FL-CP 至今在 CO_2、H_2 和 CH_4 的存储中很有竞争力。在 298K、绝对压力 1atm 和 10% CO_2 浓度（分压为 0.1atm）时，按照 IAST 预测，其对 CO_2/N_2 选择性吸附比高达 79。

基于 1,5-bis(5-tetrazolo)-3-oxapentane（H_2btz），一个具有 *sod* 拓扑的富氮微孔 FL-CP{[Zn(btz)]·DMF·$0.5H_2O$}$_n$ 被合成[158]。该结构中，24 个 Zn(Ⅱ) 和 36 个 Tz（tetrazolate）环组成一个方钠石（sodalite）状 Zn$_{24}$ 笼，其洞穴直径约为 7.2Å，该笼具有截角八面体构型，笼表面具有八个六边形窗口 [图 12-23（a）]。该笼作为重复单元进一步连接成微孔沸石状 3D 框架 [图 12-23（b）和（c）]，其理论孔隙率为 45.6%。该框架对 CO_2 的吸附量高达 35.6wt%（8.09mmol/g），对 CO_2/CH_4 的选择性吸附比达到 21.1（273K，1bar）。基于模拟退火技术（simulated annealing technique）和周期密度泛函理论 [periodic DFT（density functional theory）] 的计算揭示 CO_2 与框架之间存在多点相互作用（multipoint interaction），该多点相互作用主要位于笼的内表面，尤其是芳香四唑环周围。这是首次观测到由 CO_2 分子和框架间的多点相互作用导致的高 CO_2 吸附。

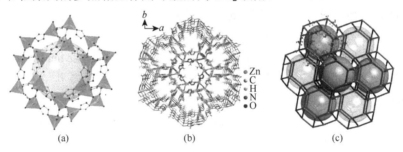

图 12-23　（a）Zn$_{24}$(Tz)$_{36}$ 笼；{[Zn(btz)]·DMF·$0.5H_2O$}$_n$ 的框架结构（b）及 *sod* 拓扑（c）

Suh 等向 {[Zn_3(tcpt)$_2$(HCOO)][NH_2(CH_3)$_2$]·5DMF}$_n$[SNU-100，H_3tcpt = 2,4,6-tris-(4-carboxyphenoxy)-1,3,5-triazine] 中引入金属阳离子以提高 CO_2 吸附能力和选择性[159]。该结构中，两个 tcpt^{3-} 配体连接三个沙漏状 Zn_3(COO)$_6$ 构筑单元，如此重复连接，形成平行于 *ab* 面的 2D 层。该 2D 层进一步被甲酸沿 *c* 轴柱连接成 3D 阴离子型框架。抗衡离子 NH_2(CH_3)$_2^+$ 易被 Li$^+$、Mg^{2+}、Ca^{2+}、Co^{2+}、Ni^{2+} 交换，形成各种金属阳离子掺杂的框架，被命名为 SNU-100-M（M = Li$^+$、Mg^{2+}、Ca^{2+}、Co^{2+}、Ni^{2+}），活化的 SNU-100-M 的 BET 比表面积和氢气吸附量（1atm，77K）略高于活化的 SNU-100。由于 CO_2 和框架外浸入的金属离子间的静电相互作用，室温时，SNU-100-M 对 CO_2 的等量吸附热（isosteric heat，Q_{st}）、选择性和吸附能力明显高于 SNU-100。

12.2.2　基于柔性配体配位聚合物的异相催化

CP 的孔道中能够包裹特定的功能客体，使其在异相催化方面具有潜在应用。理论上，特定的孔尺寸及功能框架有望使 CP 适应于诸多催化反应，但是，研究者难以获得热稳定性好，同时具有适宜催化活性位点的孔道的 CP。Fujita 等首次使用晶态多孔配位聚合物（PCP，porous coordination polymer）作为异相路易斯酸催化剂[160]，尽管到目前为止已有诸多关于 CP 基异相催化的报道，关于 CP 基异相催化的综述最近也有见刊[161-167]，但该领域尚处于起步阶段。相比于一些 RL-CP 具有类沸石的高稳定性和永久多孔性，FL-CP 具有相对低的热稳定性和化学刚性，这使得框架在苛刻条件下和后修饰过程中容易坍塌。因此，设计合成 FL-CP 催化剂主要聚焦于利用一锅合成法向框架孔道表面引入预设计功能配体。

构筑 FL-CP 的一个有效策略就是将路易斯碱引入预设计配体中，以使最终 FL-CP 作为路易斯碱催化剂。Kitagawa 等设计一个新型柔性配体 1,3,5-benzene tricarboxylic acid tris[N-(4-pyridyl) amide]（4-btapa），该配体含有三个具有催化活性的胺基，三个吡啶基团同 Cd(II)配位，形成 3D 多孔框架 {Cd(4-btapa)$_2$(NO$_3$)$_2$·6H$_2$O·2DMF}$_n$[168]。该结构中，胺基镶嵌在孔道表面上，能够碱催化苯甲醛和丙二腈间的 Knoevenagel 缩合反应，转化率为 98%。用更大的腈，如氰乙酸乙酯（ethyl cyanoacetate）和氰乙酸叔丁酯（cyano-acetic acid *tert*-butyl ester）参与反应，则表现出可忽略的转化率，这表明催化主要发生在材料的孔道内部而不是表面。随后，一些基于胺基配体的 FL-CP 被报道[169,170]，它们对 Knoevenagel 缩合反应具有相似的尺寸选择性异相催化。

组装 Zn$_4$O(CO$_2$)$_6$ 构筑单元和两个柔性胺基功能配体，4,4′,4″-(benzene-1,3,5-triyltris (azanediyl)) tribenzoic acid（H$_3$tatab）和 4,4′,4″-(1,3,5-triazine-2,4,6-triyl) tris(azanediyl)tribenzoic acid（H$_3$btatb），得到两个同构的介孔 FL-CP（PCN-100 和 PCN-101）[171]。由于孔道表面胺基（路易斯碱）的均一分布，两个 FL-CP 均对 Knoevenagel 缩合反应具有尺寸选择性催化活性。

另一个吸引人并被广泛使用的策略就是向 FL-CP 中原位（*in situ*）引入手性配体，如氨基酸及其衍生物，以获得潜在有用的用于不对称催化的框架材料。为实现强的不对称诱导和产物中的高对映选择性，催化中心和手性诱导位点应当距离很近，并具有合适的相对取向。基于上述策略，Kim 等报道第一例手性 CP 催化的具有对映选择性的化学反应[172]。研究者设计一个柔性纯手性配体(4*R*, 5*R*)-2,2-dimethyl-5-[(pyridin-4-ylamino)carbonyl]-1,3-dioxolane-4-carboxylic acid（Hdpdc），该配体属于 D-酒石酸的衍生物。组装 Zn(II)和 D-Hdpdc 得到一个手性多孔 FL-CP，其化学式为 {[Zn$_3$(μ$_3$-O)(Hdpdc)$_6$]·2H$_3$O·12H$_2$O}$_n$(D-POST-1)。相同的条件下，组装 Zn(II)和 L-Hdpdc，得到对映异构体 L-POST-1。在 POST-1 结构中，三个 Zn(II)通过六个羧基和一个桥氧连接，形成典型的平面三核簇[Zn$_3$(μ$_3$-O)(COO)$_6$]［图 12-24（a）］。该三核簇作为构筑单元通过 Zn(II)和 Hdpdc 的吡啶基团之间的配位键进一步连接成 2D 层。所得 2D 层沿 *c* 轴堆积形成较大三角状的手性 1D 孔道［图 12-24（b）］，其边长为 13.4Å。该结构中，每个构筑单元具有六个吡啶基团，其中一半与三个邻近构筑单元的 Zn(II)配位，剩余三个是未配位的，指向孔道内部。这些裸露的吡啶基团对酯交换反应具有催化活性。在 POST-1 存在时，2,4-二硝基苯乙酯和乙醇反应得到乙酸乙酯，产率为 77%。对比试验表明，POST-1 不存在或者未配位吡啶氮甲基化的 POST-1 存在时，转化率非常低，上述实验结果表明 POST-1 的催化活性位点为吡啶单元。相同条件下，用更大的醇，如 2-丁醇、新戊醇、3,3,3-

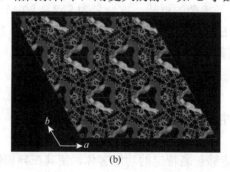

(a)　　　　　　　　　　　　(b)

图 12-24　POST-1 沿 *c* 轴的六边形框架（a）及三角状手性孔道（b）

三苯基-1-丙醇，对 2,4-二硝基苯乙酯进行酯交换反应，反应速率非常慢甚至可忽略，这表明催化主要发生在孔道内而不是材料的表面。

　　由于存在未配位的吡啶基团以及手性孔道，该 FL-CP 也能够实现不对称催化。在 D-POST-1 或 L-POST-1 存在时，2,4-二硝基苯乙酯和外消旋 1-苯基-2-丙醇反应，对应的酯产物分别具有大约 8% 的 S 或 R 对映体（图 12-25）。低的对映选择性可能归因于催化活性单元（未配位吡啶）与孔手性位点之间的距离较远。尽管对映选择性一般，但这是首例由具有确定结构的多孔材料调控的不对称催化。

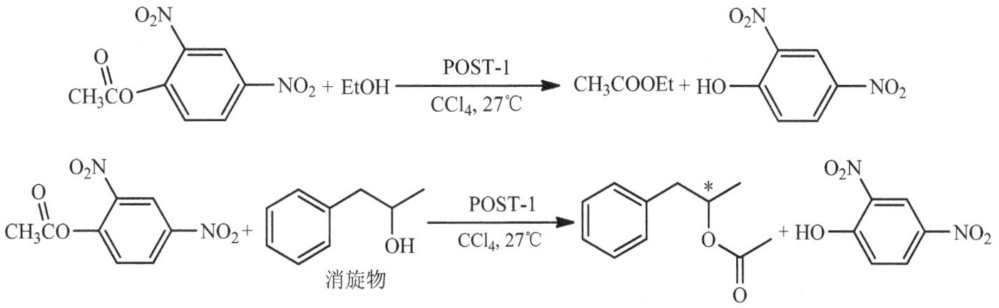

图 12-25　POST-1 催化的酯交换反应

　　拓展这一策略，Wu 等合成一例丝氨酸基手性 FL-CP，能够手性催化 α,β-不饱和酮的 1,2-加成[173]。组装氯化铜和(S)-3-hydroxy-2-(pyridine-4-ylmethylamino) propanoic acid（Hhpp）合成一个 2D 手性 FL-CP。每个配体通过羟基、羧基和氨基螯合一个铜原子，并通过吡啶基团连接邻近的铜原子，沿两个不同的取向拓展形成 1D 链。1D 链通过氯离子进一步连接，形成一个双层框架结构。所有的层状框架通过超分子作用堆积成具有 1D 手性孔道（5.1Å×2.9Å）的 3D 多孔框架，手性孔道中含有水分子。该结构能够催化苯甲醛、尿素和乙酰乙酸乙酯的 Biginelli 反应，所得产物二氢嘧啶酮没有对映选择性，产率为 90%。该框架能够催化格氏试剂（Grignard reagent）和 α,β-不饱和酮的 1,2-加成，产率为 88%～98%，所得产物具有适中的对映选择性（51%～99%）。对比试验表明，配体对该反应具有促进反应，而氯化铜不具有催化活性，这表明框架中的配体促使该反应进行。相同其他条件下，过滤后的滤液不能够促使该反应进行，证实该催化反应为异相催化。由于催化剂的小孔尺寸，催化过程发生在材料表面。

　　一个更合理的合成 FL-CP 催化剂的方法就是利用特定的不对称配体,如有机催化剂及其类似物、手性席夫碱配体等，这些配体作为有机连接子能够构筑具有催化活性的手性 CP，进而有望催化一系列具有高对映选择性的化学反应。Duan 等通过"一锅法"将手性有机催化剂单元直接引入非手性框架的金属位点[174]。溶剂热反应 Cd(ClO$_4$)$_2$·6H$_2$O、H$_3$tcb[1,3,5-tris(4-carboxyphenyl)benzene]和 L-bcip（N-tert-butoxy-carbonyl-2-(imidazole)-1-pyrrolidine）得到一例具有催化活性的 FL-CP{Cd$_3$(tcb)$_2$(L-pyi)}$_n$（pyi = pyrrolidine-2-yl-imidazole），该结构对醇醛缩合反应（Aldol reaction）具有立体化学催化性。通过向框架中引入手性有机催化剂 L-PYI（或 D-PYI）和光氧化还原基团三苯胺，他们进一步合成两个对映异构 FL-CP，Zn-PYI1 和 Zn-PYI2，以促进异相体系中脂肪醛的不对称 α-烷基化（图 12-26）[175]。这些 FL-CP 中，三苯胺单元强的还原激发态引发光诱导电子转移，产生 α-烷基化的活性中间体。手性 PYI 单元作为共有机催化活性位点，促使不对称催化具有更高的立体选择性。进一步研究证明，在 FL-CP 中整合光催化和不对称有机催化使得最终产物的对映体选择性优于相应的 FL-CP 和手性的简单叠加。

　　吡啶或羧酸功能化的手性席夫碱配体也常被用来构筑手性 FL-CP。通常，柔性席夫碱配体在一锅法合成中通过 N$_2$O$_2$ 配位点螯合金属离子，形成刚性的金属-席夫碱结构。Cui 等利用二羧酸功能化的手性席夫碱钴配合物合成一例手性 FL-CP{[Cd$_4$(Co(cbcs))$_4$(DMF)$_4$(OAc)$_4$]·4H$_2$O}$_n$[H$_4$cbcs = 1,

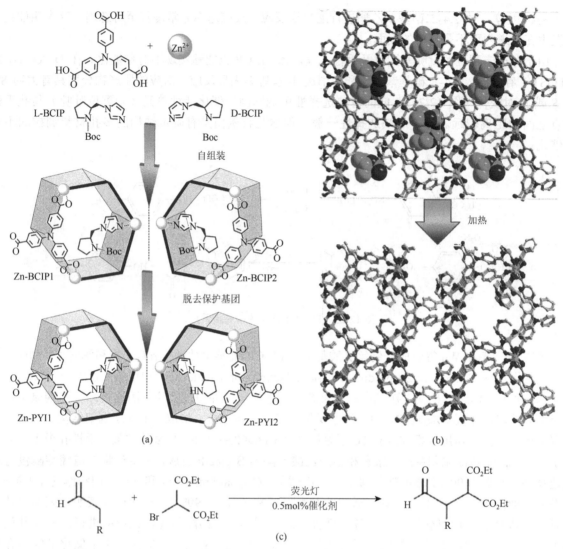

图 12-26　（a）Zn-BCIP1 和 Zn-BCIP2 及其脱去保护基团后所得的 Zn-PYI1 和 Zn-PYI2 的镜像结构示意图（红色粗线条表示光敏剂 4,4′,4″-Nitrilotribenzoic Acid；蓝色表示手性有机催化单元 L-/D-Proline 衍生物）；（b）Zn-BCIP1 的晶体结构和脱去保护基团后所得的 Zn-PYI1 的模拟结构；（c）Zn-PYI 催化的脂肪醛不对称 α-烷基化

2-cyclohexanediamine-N,N'-bis-(3-$tert$-butyl-5-(carboxyl) salicylide)]，对环氧化合物的水解动力学拆分（hydrolytic kinetic resolution，HKR）具有高效的异相催化[176]。该结构中，八个 Co(cbcs)单元的六个双齿和两个三齿羧酸连接 Cd(Ⅱ)，形成平面四边形的四核构筑单元[Cd$_4$(COO)$_8$]［图 12-27（a）］。所有的 Co(cbcs)单元表现出外五齿配位模式，包括一个桥连双齿和一个螯合-桥连三齿羧酸基团。每个 Cd$_4$ 单元连接八个 Co(cbcs)单元，每个 Co(cbcs)单元连接三个 Cd(Ⅱ)，形成一个手性多孔 3D 框架，孔道沿 a 轴的横截面为 12Å×8Å［图 12-27（b）］。因此，手性 Co(cbcs)单元均匀排列在孔道表面，未饱和配位的 Co^{3+} 可以和客体分子配位。

　　{[Cd$_4$(Co(cbcs))$_4$(DMF)$_4$(OAc)$_4$]·4H$_2$O}$_n$ 的催化活性通过环氧化合物的水解动力学拆分得到验证。负载 0.5mol%制备好的框架和外消旋底物，48h 内，相应产物的 ee 值为 87%～98%，产率为 54%～57%，一系列具有给电子和吸电子取代基的苯甲氧基环氧化物衍生物均适用于该反应。拆分 1-萘基缩水甘油醚（naphthyl glycidyl ether）和 2-萘基缩水甘油醚需要相对高的催化剂负载（0.7mol%），48h 内，相应产物的 ee 值分别为 95%和 94%，产率分别为 53%和 56%。延长反应时间到 60h，相应产物的 ee 值分别为 99.5%和 99%，产率分别为 57%和 62%。需要说明的是，所研究的环氧化合物表现出

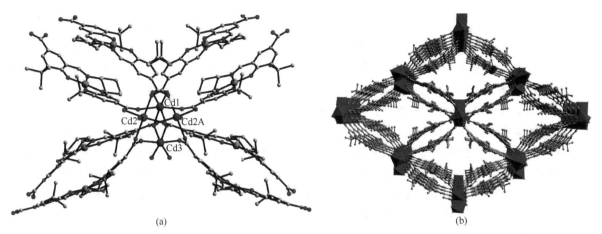

图 12-27 {[Cd$_4$(Co(cbcs))$_4$(DMF)$_4$(OAc)$_4$]·4H$_2$O}$_n$ 的构筑单元（a）和沿 a 轴的 3D 多孔结构（b）

优秀的动力学拆分选择性（K_{rel} = 13～43，两种对映异构体底物的相对速率比例）。由于大体积的底物不能够接近多孔结构中的催化位点，相比于 Co(cbcs)的均相催化，外消旋三苯基缩水甘油醚的水解动力学拆分催化表现出低的转化率（5%），这证明环氧化合物主要发生在孔道内部而不是固体催化剂的表面。研究者进一步指出，由于 CP 结构，Co(cbcs)单元高密度排列，而且双金属间的近距离提高其协同作用，因此相比于类似的均相催化体系，水解动力学拆分的催化活性和对映体选择性均得到提高。

最近，Cui 等基于二吡啶功能化的手性 Ti(salen)和 biphenyl-4,4′-dicarboxylate 的混合配体，构筑了一例手性多孔沸石类 FL-CP[177]。该框架包含席夫碱键连的 Ti$_4$O$_6$ 簇，具有疏水和两亲性的介孔笼。在 H$_2$O$_2$ 溶液中，该框架对硫醚氧化成亚砜的反应是一个有效可循环的异相催化剂，ee 值达到 82%。上述实验结果表明相比于均相催化，孔洞的限域效应有助于提高对映体选择性。

12.2.3　基于柔性配体配位聚合物的质子传导

由于其在传输动力学、电化学器件及燃料电池等方面的潜在应用，固态材料的质子传导非常重要，同时其对理解复杂的生物离子通道也非常重要。从结构的观点看，理论上，质子传导需要质子载体，如酸供给的 H$_3$O$^+$或 H$^+$或—OH 基团，而导电途径通常基于氢键框架。CP 的高结晶性和可调控性使其成为固态质子导体的很好候选者，同时也是研究结构性质关系的优秀平台。相比于 CP 在气体吸附和分离等方面受到的广泛关注，CP 的质子传导最近才引起关注。

Kitagawa 等首次使用基于二硫代草酰氨衍生物的 2D CP 和草酸桥连的阴离子型层状结构作为质子导体[178, 179]。后来，一些研究组采用柔性配体构筑具有质子传导性质的 2D 或 3D FL-CP。例如，Zhu 等基于柔性配体 D-1-(phosphonomethyl)piperidine-3-carboxylic acid（D-H$_3$pmpc）合成一例手性 2D FL-CP，化学式为{[Ca(D-Hpmpc)(H$_2$O)$_2$]·H$_2$O}$_n$[180]。该 FL-CP 呈现出质子传导性质。结构中，质子化的叔胺作为质子载体，氢键链作为质子传导途径。组装聚合物聚乙烯吡咯烷酮（poly vingl pyrrolidone，PVP）和不同含量的框架样品，可以制备 CP-聚合物复合膜。有趣的是，室温下，含有 50wt%框架复合膜的电导率从 2.8×10^{-5}S/cm（约 53%相对湿度）快速增加到 5.7×10^{-5}S/cm（约 65%相对湿度）。

Sahoo 和 Banerjee 等研究卤素（尤其是同金属配位的卤素）对 CP 中质子传导的影响。研究者组装柔性 D/L-Hmpba·HX（Hmpba = 3-methyl-2-(pyridin-4-ylmethylamino)-butanoic acid；X = Cl 或 Br）和 Zn(CH$_3$COO)$_2$·2H$_2$O，合成四例新的手性 FL-CP 异构体：{[Zn(L-mpba)(Cl)](H$_2$O)$_2$}$_n$、{[Zn(L-mpba)(Br)](H$_2$O)$_2$}$_n$、{[Zn(D-mpba)(Cl)](H$_2$O)$_2$}$_n$ 和{[Zn(D-mpba)(Br)](H$_2$O)$_2$}$_n$[181]。每个结构中，两个晶格

水分子（一个和卤素原子形成氢键）在螺旋分子内形成次级螺旋水链。由于氯原子和晶格水之间的氢键强度高于溴原子和晶格水之间的氢键强度，$\{[Zn(L\text{-}mpba)(Cl)](H_2O)_2\}_n$ 和 $\{[Zn(D\text{-}mpba)(Cl)](H_2O)_2\}_n$ 比另外两个 FL-CP 框架具有更高的持水能力。因此，Zn-mpba-Cl 框架具有更高的电导率，在 304K 和 98% 相对湿度时，Zn-L-mpba-Cl 和 Zn-D-mpba-Cl 的电导率分别为 4.45×10^{-5}S/cm 和 4.42×10^{-5}S/cm，而另外两个框架近乎无质子传导能力。

除了羧酸配体，有机膦酸配体很适合于构筑质子传导材料。每个膦酸基团具有三个氧原子，部分氧原子参与配位，剩余的暴露在 CP 的孔道外。作为酸位点和亲水位点，剩余的氧原子和未配位的—PO_3H_2 基团有可能增加 CP 的质子传导能力。基于上述考虑，研究者致力于利用有机膦酸配体制备质子传导 CP 材料。Cabeza 等基于柔性四膦酸配体 H_8tph 构筑一例 FL-CP$\{La(H_5tph)\cdot7H_2O\}_n$，结构中含有配位的氢膦酸根[182]。在 297K 和 98% 相对湿度时，该 FL-CP 的电导率为 8×10^{-3}S/cm。延长配体的碳链，研究者使用另一个柔性四膦酸配体 octamethylenediamine-N, N, N', N'-tetrakis（methylenephosphonic acid）（H_8odtmp）合成一例 3D 多孔 FL-CP$\{Mg(H_6odtmp)\cdot6H_2O\}_n$，在 292K 和约 100% 相对湿度时，该 FL-CP 的电导率为 1.6×10^{-3}S/cm[183]。

最近，Shimizu 等报道一例基于柔性有机膦酸连接子 1,2,4,5-tetrakisphosphonomethylbenzene（H_8tpmb）的水稳定的 3D FL-CP$\{La(H_5tpmb)(H_2O)_4\}_n$（PCMOF-5）[184]。如图 12-28（a）所示，PCMOF-5 具有柱层结构，其中，疏水的 tpmb 沿 a 轴柱支撑亲水的 1D La(Ⅲ)-膦酸柱。交替的 La(Ⅲ)-膦酸柱是酸性孔道，单列水分子位于其中。1D La(Ⅲ)-膦酸链通过四膦酸配体的三个膦酸单元进一步连接成 3D 框架，剩余的一个双质子膦酸单元没有参与配位，指向含水孔道（图 12-28）。膦酸基团沿含水孔道排列 [图 12-28（b）]。三个配位水分子没有沿孔道排列，与 1D La(Ⅲ)-膦酸柱形成氢键。游离的水分子填充在孔道中，与膦酸基团形成氢键。

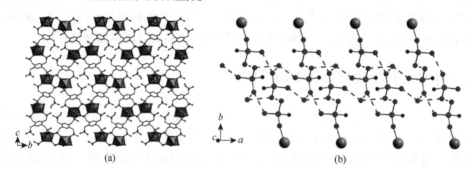

图 12-28 （a）PCMOF-5 沿 a 轴的结构；（b）膦酸基团和游离水分子间的 1D 氢键

PCMOF-5 在高相对湿度和稀释的酸溶液中具有稳定性。在 98% 相对湿度、21.5℃时，PCMOF-5 的电导率为 1.3×10^{-3}S/cm；60.1℃时，PCMOF-5 的电导率为 2.5×10^{-3}S/cm，其活化能非常低（0.16eV）。在 90% 相对湿度、20～85℃时，PCMOF-5 的电导率在 2×10^{-5}～2×10^{-4}S/cm 之间，活化能为 0.32eV。高的电导率以及在 98% 相对湿度时的低活化能可能归因于孔道的酸性和含水属性以及高湿度条件下 PCMOF-5 中氢键途径的存在。

在近二十年里，使用各种各样的柔性配体，诸多 FL-CP 被合成。柔性配体的多样构型结合金属离子（或金属簇）的配位选择性导致 FL-CP 的结构多样性。作为一个经典的柔性配体（H_4tcm），超过 40 种基于该配体的 CP 被报道，这表明精细调控合成参数可以获得大约 40 种 H_4tcm 的构型。基于该配体的 CP 的结构而言，使用相同的前驱体，如 Zn(Ⅱ)和 H_4tcm，由于有机配体构型的灵活多变，很容易获得各种拓扑（如 *pts*、*dia*、*lon*、*pcu*、*sxa*）。所得的中心对称结构具有高的孔隙率，可用于气体吸附和分离；非中心对称结构具有铁电和二阶非线性光学性质。更有趣的是，即使在具有相同组成和拓扑（如锌基 *dia* 框架，铜基 *pts* 框架）的 FL-CP 中，H_4tcm 配体的轻微构型差异不仅对所得

FL-CP 的结构（不同的孔尺寸和形状等）而且对其性质（不同气体的吸附量和选择性等）也影响深远，这为在分子层面研究构效关系提供一个很好的平台。

　　柔性配体中的金属配位功能团并不是一成不变的，这严重影响拓展网格结构的合理设计和可预测形成。然而，多数情况下，在设计和合成目标 FL-CP 时，柔性配体可以被理想化为相应的刚性配体（如择优构型）。对刚性和柔性配体的同构合成来说，基于 *sql* 或 *kgm* 超分子构筑层的配体到轴柱支撑策略，是构筑(3,6)-连接网格的一个经典模型。基于纳米球超分子构筑块和三足状六羧酸配体的(3,24)-连接的 *rht* 网格是同构合成的另一个代表性模型。通过延长/功能化柔性（或刚性的）三足状六羧酸配体，获得一系列同构的 *rht*-FL-CP，所得 FL-CP 具有可调控的孔尺寸和性质。此外，配体的柔性提供了一种设计和合成新颖晶态结构的方法，这些结构难以从刚性有机构筑块获得，有时甚至得不到。Eddaoudi 等证明组装 *sql* 超分子构筑层和 4-连接的（四边形）柱子可以构筑(3, 4)-连接的 *tbo*-FL-CP。在该结构模型中，具有一定柔性的 1,3-bdc 基柱支撑配体是不可或缺的。柱子的柔性使得悬挂的 bdc 单元形成四边形几何构型，使其容易形成预期的 *sql* 超分子构筑层。同样地，间苯二甲酸基四羧酸配体的柔性对构筑同构纳米球基 *pcu*-FL-CP 是必要的。

　　许多手性有机分子如氨基酸和多肽，是柔性的。使用手性配体是构筑手性 CP 最可行的方法，使用柔性配体在某种程度上利于手性 CP 的获得。一些具有对映体选择性分离和不对称催化性质的氨基酸基 FL-CP 也被成功制备。控制二肽的支链可以调控 FL-CP 的结构和性质。框架的刚性程度取决于二肽和客体间的氢键，这为具有生物功能的蛋白质状仿生材料的发展提供机会。

　　基于 Kneecap 机理，许多由刚性配体构筑的非互穿动态 CP 被报道。在某些情况下，如配体的柔性可以传递到 CP 框架，形成有趣的动态 FL-CP。因此，柔性配体非常适于构筑 3D 柱层型和拓展-收缩型的动态框架。在这些动态 FL-CP 中，有机配体的构型变化导致大孔相和窄孔相间的可逆转化。

　　另外，FL-CP 因在气体吸附方面的潜在应用受到广泛探索。诸多研究致力于提高 FL-CP 材料气体吸附量。使用拓展的柔性配体，可以获得一系列具有较大孔隙率的 FL-CP，这对于 CP 作为性能更好的吸附剂来说是必要的。然而，相比于理论计算的结果，多数 FL-CP 的 BET 比表面积和气体吸附能力相对较低。这主要归因于 FL-CP 在多数情况下表现出相对较低的机械稳定性，因此，框架在脱除溶剂时（部分）坍塌。为保持 FL-CP 的多孔性，可行性策略包括降低活化过程对 CP 框架的损坏；活化样品之前，增加机械稳定性。前者可以通过使用温和的活化方法实现，如溶剂交换或超临界二氧化碳干燥。而后者可以通过"客体填充"策略实现，其中合适客体分子能够有效支撑框架。此外，各种胺基或酰胺功能化的有机配体被用来构筑 FL-CP，以提高气体（尤其是 CO_2）的键合能。所得的胺基或酰胺功能化的 FL-CP 对 CO_2 具有很高的吸附能力、吸附焓（Q_{st}）以及优异的 CO_2/CH_4 和 CO_2/N_2 分离比。

　　考虑到 FL-CP 相对较低的稳定性，研究者在设计合成 FL-CP 催化剂时，主要聚焦于向 FL-CP 的孔道引入预设计的功能配体。成功的例子包括引入胺基作为路易斯碱位点，用于尺寸选择异相催化 Knoevenagel 缩合反应；引入邻近活性位点的手性配体，如氨基酸及其衍生物，用于潜在的不对称催化；引入特定的不对称配体如有机催化剂、手性席夫碱等，用于对映选择性催化。

　　FL-CP 的晶态属性和结构可调控性使其成为固态质子传导的理想对象及研究构效关系的很好平台。尽管质子传导在 CP 化学仍属一个新兴研究领域，一些 FL-CP 已表现出很好的质子传导性质。研究证明有机膦酸配体非常适合构筑质子导电材料。此外，FL-CP 有望应用于荧光、热致变色、光致变色等领域。

　　尽管已取得显著进步，但是基于 FL-CP 的研究仍处于早期阶段。因为合成条件如反应温度、pH 等能够影响柔性配体的构型，进而影响 FL-CP 的最终结构。为了靶向合成 FL-CP，进一步的研究工作对充分理解框架材料的结构特点和构效关系是不可或缺的。此外，考虑到 FL-CP 相对较低的机械稳定性，FL-CP 在溶剂相中的应用，如液相催化、质子传导、荧光、识别等，无疑将在日后的研究中扮演愈发重要的角色。

（韩松德　卜显和）

参 考 文 献

[1] Hoskins B F，Robson R. Infinite polymeric frameworks consisting of three dimensionally linked rod-like segments. J Am Chem Soc，1989，111：5962-5964.

[2] Hoskins B F，Robson R. Design and construction of a new class of scaffolding-like materials comprising infinite polymeric frameworks of 3D-linked molecular rods. A reappraisal of the zinc cyanide and cadmium cyanide structures and the synthesis and structure of the diamond-related frameworks$[N(CH_3)_4][Cu^IZn^{II}(CN)_4]$ and $Cu^I[4, 4', 4'', 4'''$-tetracyanotetraphenylmethane$]BF_4 \cdot xC_6H_5NO_2$. J Am Chem Soc，1990，112：1546-1554.

[3] Long J R，Yaghi O M. The pervasive chemistry of metal-organic frameworks. Chem Soc Rev，2009，38：1213-1214.

[4] Zhou H C，Long J R，Yaghi O M. Introduction to metal-organic frameworks Chem Rev，2012，112：673-674.

[5] Zhou H C，Kitagawa S. Metal-organic frameworks（MOFs）. Chem Soc Rev，2014，43，5415-5418.

[6] O'Keeffe M，Peskov M A，Ramsden S J，et al. The reticular chemistry structure resource（RCSR）database of，and symbols for，crystal nets. Acc Chem Res，2008，41：1782-1789.

[7] Perry Iv J J，Perman J A，Zaworotko M J. Design and synthesis of metal-organic frameworks using metal-organic polyhedra as supermolecular building blocks. Chem Soc Rev，2009，38：1400-1417.

[8] Tranchemontagne D J，Mendoza-Cortes J L，O'Keeffe M，et al. Secondary building units，nets and bonding in the chemistry of metal-organic frameworks. Chem Soc Rev，2009，38：1257-1283.

[9] Zhang J P，Zhang Y B，Lin J B，et al. Metal azolate frameworks：from crystal engineering to functional materials. Chem Rev，2012，112：1001-1033.

[10] Almeida Paz F A，Klinowski J，Vilela S M F，et al. Ligand design for functional metal-organic frameworks. Chem Soc Rev，2012，41：1088-1110.

[11] Lin R B，Li F，Liu S Y，et al. A noble-metal-free porous coordination framework with exceptional sensing efficiency for oxygen. Angew Chem Int Ed，2013，52：13429-13433.

[12] Lu W，Wei Z，Gu Z Y，et al. Tuning the structure and function of metal-organic frameworks via linker design. Chem Soc Rev，2014，43：5561-5593.

[13] Lin Z J，Lu J，Hong M，et al. Metal-organic frameworks based on flexible ligands（FL-MOFs）：structures and applications. Chem Soc Rev，2014，43：5867-5895.

[14] Pigge F C. Losing control？"Design" of crystalline organic and metal-organic networks using conformationally flexible building blocks. CrystEngComm，2011，13：1733-1748.

[15] Dechambenoit P，Long J R. Microporous magnets. Chem Soc Rev，2011，40：3249-3265.

[16] Zhu Q，Xiang S，Sheng T，et al. A series of goblet-like heterometallic pentanuclear $[Ln^{III}Cu_4^{II}]$ clusters featuring ferromagnetic coupling and single-molecule magnet behavior. Chem Commun，2012，48：10736-10738.

[17] Han S D，Song W C，Zhao J P，et al. Synthesis and ferrimagnetic properties of an unprecedented polynuclear cobalt complex composed of $[Co_{24}]$ macrocycles. Chem Commun，2013，49：871-873.

[18] Zheng Y Z，Zheng Z，Chen X M. A symbol approach for classification of molecule-based magnetic materials exemplified by coordination polymers of metal carboxylates. Coord Chem Rev，2014，258-259：1-15.

[19] Zhang J P，Liao P Q，Zhou H L，et al. Single-crystal X-ray diffraction studies on structural transformations of porous coordination polymers. Chem Soc Rev，2014，43：5789-5814.

[20] Chang Z，Yang D H，Xu J，et al. Flexible metal-organic frameworks：recent advances and potential applications. Adv Mater，2015，27：5432-5441.

[21] Kitagawa S，Matsuda R. Chemistry of coordination space of porous coordination polymers. Coord Chem Rev，2007，251：2490-2509.

[22] Ferey G. Hybrid porous solids：past，present，future. Chem Soc Rev，2008，37：191-214.

[23] Ferey G. Some suggested perspectives for multifunctional hybrid porous solids. Dalton Trans，2009，（23）：4400-4415.

[24] Horike S，Shimomura S，Kitagawa S. Soft porous crystals. Nat Chem，2009，1：695-704.

[25]　Murdock C R，Hughes B C，Lu Z，et al. Approaches for synthesizing breathing MOFs by exploiting dimensional rigidity. Coord Chem Rev，2014，258-259：119-136.

[26]　Lin Z J，Han L W，Wu D S，et al. Structure versatility of coordination polymers constructed from a semirigid tetracarboxylate ligand：syntheses，structures，and photoluminescent properties. Cryst Growth Des，2013，13：255-263.

[27]　Ma M L，Ji C，Zang S Q. Syntheses，structures，tunable emission and white light emitting Eu[3+]and Tb[3+]doped lanthanide metal-organic framework materials. Dalton Trans，2013，42：10579-10586.

[28]　Patra R，Titi H M，Goldberg I. Coordination polymers of flexible poly-carboxylic acids with metal ions. Ⅳ. Syntheses，structures，and magnetic properties of polymeric networks of 5-(3, 5)-(dicarboxybenzyloxy) isophthalic acid with Cd（ii），Cu（ii），Co（ii）and Mn（ii）ions. CrystEngComm，2013，15：2853-2862.

[29]　Liu Y，Eubank J F，Cairns A J，et al. Assembly of metal-organic frameworks（MOFs）based on indium-trimer building blocks：a porous MOF with soc topology and high hydrogen storage. Angew Chem Int Ed，2007，46：3278-3283.

[30]　Cairns A J，Perman J A，Wojtas L，et al. Supermolecular building blocks（SBBs）and crystal design：12-connected open frameworks based on a molecular cubohemioctahedron. J Am Chem Soc，2008，130：1560-1561.

[31]　Lee Y G，Moon H R，Cheon Y E，et al. A comparison of the H_2 sorption capacities of isostructural metal-organic frameworks with and without accessible metal sites：[{Zn₂(abtc)(dmf)₂}₃] and [{Cu₂(abtc)(dmf)₂}₃] versus [{Cu₂(abtc)}₃]. Angew Chem Int Ed，2008，47：7741-7745.

[32]　Wang X S，Ma S，Rauch K，et al. Metal-organic frameworks based on double-bond-coupled di-isophthalate linkers with high hydrogen and methane uptakes. Chem Mater，2008，20：3145-3152.

[33]　Lin Z，Tong M L. The coordination chemistry of cyclohexanepolycarboxylate ligands. Structures，conformation and functions. Coord Chem Rev，2011，255：421-450.

[34]　Adarsh N N，Dastidar P. Coordination polymers：What has been achieved in going from innocent 4, 4[prime or minute]-bipyridine to bis-pyridyl ligands having a non-innocent backbone? Chem Soc Rev，2012，41：3039-3060.

[35]　Du M，Li C P，Liu C S，et al. Design and construction of coordination polymers with mixed-ligand synthetic strategy. Coord Chem Rev，2013，257：1282-1305.

[36]　Niekiel F，Ackermann M，Guerrier P，et al. Aluminum-1,4-cyclohexanedicarboxylates：high-throughput and temperature-dependent *in situ* EDXRD studies. Inorg Chem，2013，52：8699-8705.

[37]　Martin D P，Supkowski R M，LaDuca R L. Self-catenated and interdigitated layered coordination polymers constructed from kinked dicarboxylate and organodiimine ligands. Inorg Chem，2007，46：7917-7922.

[38]　Mahata P，Draznieks C M，Roy P，et al. Solid state and solution mediated multistep sequential transformations in metal-organic coordination networks. Cryst Growth Des，2013，13：155-168.

[39]　Guo Z，Cao R，Wang X，et al. A multifunctional 3D ferroelectric and NLO-active porous metal-organic framework. J Am Chem Soc，2009，131：6894-6895.

[40]　Liu T F，Lü J，Guo Z，et al. New metal-organic framework with uninodal 4-connected topology displaying interpenetration，self-catenation，and second-order nonlinear optical response. Cryst Growth Des，2010，10：1489-1491.

[41]　Liang L L，Ren S B，Zhang J，et al. Two unprecedented NLO-active coordination polymers constructed by a semi-rigid tetrahedral linker. Dalton Trans，2010，39：7723-7726.

[42]　Liu T F，Lu J，Lin X，et al. Construction of a trigonal bipyramidal cage-based metal-organic framework with hydrophilic pore surface via flexible tetrapodal ligands. Chem Commun，2010，46：8439-8441.

[43]　Liu T F，Lü J，Tian C，et al. Porous anionic，cationic，and neutral metal-carboxylate frameworks constructed from flexible tetrapodal ligands：syntheses，structures，ion-exchanges，and magnetic properties. Inorg Chem，2011，50：2264-2271.

[44]　Radha Kishan M，Tian J，Thallapally P K，et al. Flexible metal-organic supramolecular isomers for gas separation. Chem Commun，2010，46：538-540.

[45]　Thallapally P K，Fernandez C A，Motkuri R K，et al. Micro and mesoporous metal-organic frameworks for catalysis applications. Dalton Trans，2010，39：1692-1694.

[46]　Tian J，Motkuri R K，Thallapally P K，et al. Metal-organic framework isomers with diamondoid networks constructed of a semirigid tetrahedral linker. Cryst Growth Des，2010，10：5327-5333.

[47]　Kim T K，Suh M P. Selective CO_2 adsorption in a flexible non-interpenetrated metal-organic framework. Chem Commun，2011，47：4258-4260.

[48]　Liang L L，Zhang J，Ren S B，et al. Rational synthesis of a microporous metal-organic framework with PtS topology using a semi-rigid tetrahedral linker. CrystEngComm，2010，12：2008-2010.

[49]　Motkuri R K，Thallapally P K，Nune S K，et al. Role of hydrocarbons in pore expansion and contraction of a flexible metal-organic framework.

Chem Commun，2011，47：7077-7079.

[50]　Thallapally P K, Tian J, Radha Kishan M, et al. Flexible（breathing）interpenetrated metal-organic frameworks for CO_2 separation applications. J Am Chem Soc, 2008, 130：16842-16843.

[51]　Zhou L, Xue Y S, Zhang J, et al. Construction of three-dimensional metal-organic frameworks in the presence of a tetrahedral ligand and a secondary bidentate linker. CrystEngComm, 2013, 15：6199-6206.

[52]　Yang W, Guo M, Yi F Y, et al. Construction of three-dimensional cobalt（II）-based metal-organic frameworks by synergy between rigid and semirigid ligands. Cryst Growth Des, 2012, 12：5529-5534.

[53]　Tian J, Saraf L V, Schwenzer B, et al. Selective metal cation capture by soft anionic metal-organic frameworks via drastic single-crystal-to-single-crystal transformations. J Am Chem Soc, 2012, 134：9581-9584.

[54]　Eubank J F, Mouttaki H, Cairns A J, et al. The quest for modular nanocages: *tbo*-MOF as an archetype for mutual substitution, functionalization, and expansion of quadrangular pillar building blocks. J Am Chem Soc, 2011, 133：14204-14207.

[55]　Chui S S Y, Lo S M F, Charmant J P H, et al. A chemically functionalizable nanoporous material $[Cu_3(TMA)_2(H_2O)_3]_n$. Science, 1999, 283：1148-1150.

[56]　Eubank J F, Wojtas L, Hight M R, et al. The next chapter in MOF pillaring strategies: trigonal heterofunctional ligands to access targeted high-connected three dimensional nets, isoreticular platforms. J Am Chem Soc, 2011, 133：17532-17535.

[57]　Moulton B, Lu J, Mondal A, et al. Nanoballs: nanoscale faceted polyhedra with large windows and cavities. Chem Commun, 2001, 113（9）：863-864.

[58]　Nouar F, Eubank J F, Bousquet T, et al. Supermolecular building blocks（SBBs）for the design and synthesis of highly porous metal-organic frameworks. J Am Chem Soc, 2008, 130：1833-1835.

[59]　Zhao D, Yuan D, Sun D, et al. Stabilization of metal-organic frameworks with high surface areas by the incorporation of mesocavities with microwindows. J Am Chem Soc, 2009, 131：9186-9188.

[60]　Farha O K, Özgür Yazaydın A, Eryazici I, et al. De novo synthesis of a metal-organic framework material featuring ultrahigh surface area and gas storage capacities. Nat Chem, 2010, 2：944-948.

[61]　Yan Y, Telepeni I, Yang S, et al. Metal-organic polyhedral frameworks: High H_2 adsorption capacities and neutron powder diffraction studies. J Am Chem Soc, 2010, 132：4092-4094.

[62]　Yuan D, Zhao D, Sun D, et al. An isoreticular series of metal-organic frameworks with dendritic hexacarboxylate ligands and exceptionally high gas-uptake capacity. Angew Chem Int Ed, 2010, 49：5357-5361.

[63]　Luebke R, Eubank J F, Cairns A J, et al. The unique *rht*-MOF platform, ideal for pinpointing the functionalization and CO_2 adsorption relationship. Chem Commun, 2012, 48：1455-1457.

[64]　Yan Y, Suyetin M, Bichoutskaia E, et al. Modulating the packing of $[Cu_{24}(isophthalate)_{24}]$ cuboctahedra in a triazole-containing metal-organic polyhedral framework. Chem Sci, 2013, 4：1731-1736.

[65]　Zou Y, Park M, Hong S, et al. A designed metal-organic framework based on a metal-organic polyhedron. Chem Commun, 2008,（20）：2340-2342.

[66]　Eubank J F, Nouar F, Luebke R, et al. On demand: the singular *rht* net, an ideal blueprint for the construction of a metal-organic framework（MOF）platform. Angew Chem Int Ed, 2012, 51：10099-10103.

[67]　Perry J J, Kravtsov V C, McManus G J, et al. Bottom up synthesis that does not start at the bottom: quadruple covalent cross-linking of nanoscale faceted polyhedra. J Am Chem Soc, 2007, 129：10076-10077.

[68]　Wang X S, Ma S, Forster P M, et al. Enhancing H_2 uptake by "close-packing" alignment of open copper sites in metal-organic frameworks. Angew Chem Int Ed, 2008, 47：7263-7266.

[69]　Li C, Qiu W, Shi W, et al. A *pcu*-type metal-organic framework based on covalently quadruple cross-linked supramolecular building blocks（SBBs）: structure and adsorption properties. CrystEngComm, 2012, 14：1929-1932.

[70]　Ma L, Abney C, Lin W. Enantioselective catalysis with homochiral metal-organic frameworks. Chem Soc Rev, 2009, 38：1248-1256.

[71]　Smaldone R A, Forgan R S, Furukawa H, et al. Metal-organic frameworks from edible natural products. Angew Chem Int Ed, 2010, 49：8630-8634.

[72]　Liu Y, Xuan W, Cui Y. Engineering homochiral metal-organic frameworks for heterogeneous asymmetric catalysis and enantioselective separation. Adv Mater, 2010, 22：4112-4135.

[73]　Yoon M, Srirambalaji R, Kim K. Homochiral metal-organic frameworks for asymmetric heterogeneous catalysis. Chem Rev, 2012, 112：1196-1231.

[74]　Imaz I, Rubio-Martinez M, An J, et al. Metal-biomolecule frameworks（MBioFs）. Chem Commun, 2011, 47：7287-7302.

[75]　Weng J B，Hong，M C，Cao，R et al. The paramagnetic 2D chiral-porous polymer of L-phenylalanine and manganese. Chin J Struct Chem，2003，22：195-199.

[76]　Ingleson M J，Bacsa J，Rosseinsky M J. Homochiral H-bonded proline based metal organic frameworks. Chem Commun，2007，(29)：3036-3038.

[77]　Anokhina E V，Go Y B，Lee Y，et al. Chiral three-dimensional microporous nickel aspartate with extended Ni-O-Ni bonding. J Am Chem Soc，2006，128：9957-9962.

[78]　Gramaccioli C. The crystal structure of zinc glutamate dihydrate. Acta Crystallographica，1966，21：600-605.

[79]　Luo T T，Hsu L Y，Su C C，et al. Deliberate design of a 3D homochiral Cu^{II}/l-met/Ag^{I} coordination network based on the distinct soft-hard recognition principle. Inorg Chem，2007，46：1532-1534.

[80]　Kundu T，Sahoo S C，Banerjee R. Relating pore hydrophilicity with vapour adsorption capacity in a series of amino acid based metal organic frameworks. CrystEngComm，2013，15：9634-9640.

[81]　Vaidhyanathan R，Bradshaw D，Rebilly J N，et al. A family of nanoporous materials based on an amino acid backbone. Angew Chem Int Ed，2006，45：6495-6499.

[82]　Ingleson M J，Barrio J P，Bacsa J，et al. Generation of a solid Bronsted acid site in a chiral framework. Chem Commun，2008，(11)：1287-1289.

[83]　Lin L，Yu R，Yang W，et al. A series of chiral metal-organic frameworks based on oxalyl retro-peptides：synthesis，characterization，dichroism spectra，and gas adsorption. Cryst Growth Des，2012，12：3304-3311.

[84]　Lou B，Wei Y，Lin Q. The dipeptide-based chiral binuclear complex capturing 4，4′-bipyridine to form a 3D supramolecular framework with a 1D channel. CrystEngComm，2012，14：2040-2045.

[85]　Rabone J，Yue Y F，Chong S Y，et al. An adaptable peptide-based porous material. Science，2010，329：1053-1057.

[86]　Martí-Gastaldo C，Warren J E，Stylianou K C，et al. Enhanced stability in rigid peptide-based porous materials. Angew Chem Int Ed，2012，51：11044-11048.

[87]　Martí-Gastaldo C，Antypov D，Warren J E，et al. Side-chain control of porosity closure in single-and multiple-peptide-based porous materials by cooperative folding. Nat Chem，2014，6：343-351.

[88]　Katsoulidis A P，Park K S，Antypov D，et al. Guest-adaptable and water-stable peptide-based porous materials by imidazolate side chain control. Angew Chem Int Ed，2014，53：193-198.

[89]　Dybtsev D N，Yutkin M P，Peresypkina E V，et al. Isoreticular homochiral porous metal-organic structures with tunable pore sizes. Inorg Chem，2007，46：6843-6845.

[90]　Yeung H M，Kosa M，Parrinello M，et al. Chiral，racemic，and meso-lithium tartrate framework polymorphs：a detailed structural analysis. Cryst Growth Des，2013，13：3705-3715.

[91]　Yeung H M，Cheetham A K. Phase selection during the crystallization of metal-organic frameworks：thermodynamic and kinetic factors in the lithium tartrate system. Dalton Trans，2014，43：95-102.

[92]　Bailey A J，Lee C，Feller R K，et al. Comparison of chiral and racemic forms of zinc cyclohexane *trans*-1，2-dicarboxylate frameworks：a structural，computational，and calorimetric study. Angew Chem Int Ed，2008，47：8634-8637.

[93]　Lee C，Mellot-Draznieks C，Slater B，et al. Thermodynamic and kinetic factors in the hydrothermal synthesis of hybrid frameworks：zinc 4-cyclohexene-1，2-dicarboxylates. Chem Commun，2006，(29)：2687-2689.

[94]　Bu X H，Chen W，Lu S L，et al. Flexible meso-bis (sulfinyl) ligands as building blocks for copper(II)coordination polymers：Cavity control by varying the chain length of ligands. Angew Chem Int Ed，2001，40：3201-3203.

[95]　Bu X H，Weng W，Du M，et al. Novel lanthanide(III)coordination polymers with 1，4-bis (phenyl-sulfinyl) butane forming unique lamellar square array：syntheses，crystal structures，and properties. Inorg Chem，2002，41：1007-1010.

[96]　Bu X H，Weng W，Li J R，et al. Novel five-connected lanthanide(III)-bis (sulfinyl) coordination polymers forming a unique two-dimensional (3/4，5) network. Inorg Chem，2002，41：413-415.

[97]　Li J R，Bu X H，Zhang R H. Novel lanthanide coordination polymers with a flexible disulfoxide ligand，1，2-bis (ethylsulfinyl) ethane：Structures，stereochemistry，and the influences of counteranions on the framework formations. Inorg Chem，2004，43：237-244.

[98]　Chen Q，Chang Z，Song W C，et al. A controllable gate effect in cobalt(II) organic frameworks by reversible structure transformations. Angew Chem Int Ed，2013，52：11550-11553.

[99]　Wei Y S，Chen K J，Liao P Q，et al. Turning on the flexibility of isoreticular porous coordination frameworks for drastically tunable framework breathing and thermal expansion. Chem Sci，2013，4：1539-1546.

[100]　Yang S，Liu L，Sun J，et al. Irreversible network transformation in a dynamic porous host catalyzed by sulfur dioxide. J Am Chem Soc，2013，

135: 4954-4957.

[101] Ferey G, Serre C. Large breathing effects in three-dimensional porous hybrid matter: facts, analyses, rules and consequences. Chem Soc Rev, 2009, 38: 1380-1399.

[102] Ferey G. Nanoporous materials: a selective magnetic sponge. Nat Mater, 2003, 2: 136-137.

[103] Alberti G, Murcia-Mascarós S, Vivani R. Pillared derivatives of γ-zirconium phosphate containing nonrigid alkyl chain pillars. J Am Chem Soc, 1998, 120: 9291-9295.

[104] Susumu K, Mitsuru K. Functional micropore chemistry of crystalline metal complex-assembled compounds. Bull Chem Soc Jpn, 1998, 71: 1739-1753.

[105] Kitagawa S, Uemura K. Dynamic porous properties of coordination polymers inspired by hydrogen bonds. Chem Soc Rev, 2005, 34: 109-119.

[106] Barthelet K, Marrot J, Riou D, et al. A breathing hybrid organic-inorganic solid with very large pores and high magnetic characteristics. Angew Chem Int Ed, 2002, 41: 281-284.

[107] Serre C, Millange F, Thouvenot C, et al. Very large breathing effect in the first nanoporous chromium(III)-based solids: MIL-53 or Cr^{III} (OH)·$\{O_2C$-C_6H_4-$CO_2\}$·$\{HO_2C$-C_6H_4-$CO_2H\}_x$·H_2O_y. J Am Chem Soc, 2002, 124: 13519-13526.

[108] Serre C, Mellot-Draznieks C, Surblé S, et al. Role of solvent-host interactions that lead to very large swelling of hybrid frameworks. Science, 2007, 315: 1828-1831.

[109] Li X L, Liu G Z, Xin L Y, et al. A novel metal-organic framework displaying reversibly shrinking and expanding pore modulation. CrystEngComm, 2012, 14: 5757-5760.

[110] Mowat J P S, Groves J A, Wharmby M T, et al. Lanthanide N, N′-piperazine-bis（methylenephosphonates）（Ln = La, Ce, Nd）that display flexible frameworks, reversible hydration and cation exchange. J Solid State Chem, 2009, 182: 2769-2778.

[111] Taddei M, Costantino F, Ienco A, et al. Synthesis, breathing, and gas sorption study of the first isoreticular mixed-linker phosphonate based metal-organic frameworks. Chem Commun, 2013, 49: 1315-1317.

[112] Murdock C R, Lu Z, Jenkins D M. Effects of solvation on the framework of a breathing copper MOF employing a semirigid linker. Inorg Chem, 2013, 52: 2182-2187.

[113] Wu H, Gong Q, Olson D H, et al. Commensurate adsorption of hydrocarbons and alcohols in microporous metal organic frameworks. Chem Rev, 2012, 112: 836-868.

[114] Qian J, Jiang F, Su K, et al. Sorption behaviour in a unique 3, 12-connected zinc-organic framework with 2.4 nm cages. J Mater Chem A, 2013, 1: 10631-10634.

[115] Vaughn J, Wu H, Efremovska B, et al. Encapsulated recyclable porous materials: an effective moisture-triggered fragrance release system. Chem Commun, 2013, 49: 5724-5726.

[116] Qian J, Jiang F, Zhang L, et al. Unusual pore structure and sorption behaviour in a hexanodal zinc-organic framework material. Chem Commun, 2014, 50: 1678-1681.

[117] Demessence A, D'Alessandro D M, Foo M L, et al. Strong CO_2 binding in a water-stable, triazolate-bridged metal-organic framework functionalized with ethylenediamine. J Am Chem Soc, 2009, 131: 8784-8786.

[118] Xiang S, He Y, Zhang Z, et al. Microporous metal-organic framework with potential for carbon dioxide capture at ambient conditions. Nat Commun, 2012, 3: 954.

[119] Yang S, Sun J, Ramirez-Cuesta A J, et al. Selectivity and direct visualization of carbon dioxide and sulfur dioxide in a decorated porous host. Nat Chem, 2012, 4: 887-894.

[120] Plonka A M, Banerjee D, Woerner W R, et al. Mechanism of carbon dioxide adsorption in a highly selective coordination network supported by direct structural evidence. Angew Chem Int Ed, 2013, 52: 1692-1695.

[121] Liu D, Zhong C. Understanding gas separation in metal-organic frameworks using computer modeling. J Mater Chem, 2010, 20: 10308-10318.

[122] Suh M P, Park H J, Prasad T K, et al. Hydrogen storage in metal-organic frameworks. Chem Rev, 2012, 112: 782-835.

[123] Yang Q, Liu D, Zhong C, et al. Development of computational methodologies for metal-organic frameworks and their application in gas separations. Chem Rev, 2013, 113: 8261-8323.

[124] Furukawa H, Ko N, Go Y B, et al. Ultrahigh porosity in metal-organic frameworks. Science, 2010, 329: 424-428.

[125] Yan Y, Blake A J, Lewis W, et al. Modifying cage structures in metal-organic polyhedral frameworks for H_2 storage. Chem Eur J, 2011, 17: 11162-11170.

[126] Deng H, Grunder S, Cordova K E, et al. Large-pore apertures in a series of metal-organic frameworks. Science, 2012, 336: 1018-1023.

[127] Lin Z J, Liu T F, Xu B, et al. Pore-size tuning in double-pillared metal-organic frameworks containing cadmium clusters. CrystEngComm, 2011, 13: 3321-3324.

[128] Lan Y Q，Jiang H L，Li S L，et al. Mesoporous metal-organic frameworks with size-tunable cages：selective CO_2 uptake，encapsulation of In^{3+} cations for luminescence，and column-chromatographic dye separation. Adv Mater，2011，23：5015-5020.

[129] Zhan C，Zou C，Kong G Q，et al. Four honeycomb metal-organic frameworks with a flexible tripodal polyaromatic acid. Cryst Growth Des，2013，13：1429-1437.

[130] Schoedel A，Cairns A J，Belmabkhout Y，et al. The asc trinodal platform：two-step assembly of triangular，tetrahedral，and trigonal-prismatic molecular building blocks. Angew Chem Int Ed，2013，52：2902-2905.

[131] Yi F Y，Dang S，Yang W，et al. Construction of porous Mn(ii)-based metal-organic frameworks by flexible hexacarboxylic acid and rigid coligands. CrystEngComm，2013，15：8320-8329.

[132] Wu M，Jiang F，Wei W，et al. A porous polyhedral metal-organic framework based on $Zn_2(COO)_3$ and $Zn_2(COO)_4$ SBUs. Cryst Growth Des，2009，9：2559-2561.

[133] Yun R，Lu Z，Pan Y，et al. Formation of a metal-organic framework with high surface area and gas uptake by breaking edges off truncated cuboctahedral cages. Angew Chem Int Ed，2013，52：11282-11285.

[134] Lan Y Q，Li S L，Jiang H L，et al. Tailor-made metal-organic frameworks from functionalized molecular building blocks and length-adjustable organic linkers by stepwise synthesis. Chem Eur J，2012，18：8076-8083.

[135] Liang Z，Du J，Sun L，et al. Design and synthesis of two porous metal-organic frameworks with nbo and agw topologies showing high CO_2 adsorption capacity. Inorg Chem，2013，52：10720-10722.

[136] Lin Z J，Liu T F，Zhao X L，et al. Designed 4, 8-connected metal-organic frameworks based on tetrapodal octacarboxylate ligands. Cryst Growth Des，2011，11：4284-4287.

[137] Lan Y Q，Jiang H L，Li S L，et al. Solvent-induced controllable synthesis，single-crystal to single-crystal transformation and encapsulation of Alq3 for modulated luminescence in (4, 8)-connected metal-organic frameworks. Inorg Chem，2012，51：7484-7491.

[138] Xue Y S，He Y，Ren S B，et al. A robust microporous metal-organic framework constructed from a flexible organic linker for acetylene storage at ambient temperature. J Mater Chem，2012，22：10195-10199.

[139] Zhuang W，Yuan D，Liu D，et al. Robust metal-organic framework with an octatopic ligand for gas adsorption and separation：Combined characterization by experiments and molecular simulation. Chem Mater，2012，24：18-25.

[140] Nelson A P，Farha O K，Mulfort K L，et al. Supercritical processing as a route to high internal surface areas and permanent microporosity in metal-organic framework materials. J Am Chem Soc，2009，131：458-460.

[141] Farha O K，Hupp J T. Rational design，synthesis，purification，and activation of metal-organic framework materials. Acc Chem Res，2010，43：1166-1175.

[142] Lin Z J，Liu T F，Huang Y B，et al. A guest-dependent approach to retain permanent pores in flexible metal-organic frameworks by cation exchange. Chem Eur J，2012，18：7896-7902.

[143] Tan Y X，He Y P，Zhang J. Tuning MOF stability and porosity via adding rigid pillars. Inorg Chem，2012，51：9649-9654.

[144] Li T，Chen D L，Sullivan J E，et al. Systematic modulation and enhancement of CO_2：N_2 selectivity and water stability in an isoreticular series of bio-MOF-11 analogues. Chem Sci，2013，4：1746-1755.

[145] Nugent P，Belmabkhout Y，Burd S D，et al. Porous materials with optimal adsorption thermodynamics and kinetics for CO_2 separation. Nature，2013，495：80-84.

[146] Qian J，Jiang F，Yuan D，et al. Increase in pore size and gas uptake capacity in indium-organic framework materials. J Mater Chem A，2013，1：9075-9082.

[147] McDonald T M，D'Alessandro D M，Krishna R，et al. Enhanced carbon dioxide capture upon incorporation of N, N[prime or minute]-dimethylethylenediamine in the metal-organic framework CuBTTri. Chem Sci，2011，2：2022-2028.

[148] Li J R，Tao Y，Yu Q，et al. Selective gas adsorption and unique structural topology of a highly stable guest-free zeolite-type MOF material with N-rich chiral open channels. Chem Eur J，2008，14：2771-2776.

[149] Si X，Jiao C，Li F，et al. High and selective CO_2 uptake，H_2 storage and methanol sensing on the amine-decorated 12-connected MOF CAU-1. Energy Environ Sci，2011，4：4522-4527.

[150] Qin J S，Du D Y，Li W L，et al. N-rich zeolite-like metal-organic framework with sodalite topology：high CO_2 uptake，selective gas adsorption and efficient drug delivery. Chem Sci，2012，3：2114-2118.

[151] Dincă M，Long J R. High-enthalpy hydrogen adsorption in cation-exchanged variants of the microporous metal-organic framework $Mn_3[(Mn_4Cl)_3(BTT)_8(CH_3OH)_{10}]_2$. J Am Chem Soc，2007，129：11172-11176.

[152] Duan J，Yang Z，Bai J，et al. Highly selective CO_2 capture of an agw-type metal-organic framework with inserted amides：experimental and theoretical studies. Chem Commun，2012，48：3058-3060.

[153] Zheng B，Liu H，Wang Z，et al. Porous NbO-type metal-organic framework with inserted acylamide groups exhibiting highly selective CO_2 capture. CrystEngComm，2013，15：3517-3520.

[154] Wang Z，Zheng B，Liu H，et al. High-capacity gas storage by a microporous oxalamide-functionalized NbO-type metal-organic framework. Cryst Growth Des，2013，13：5001-5006.

[155] Zheng B，Bai J，Duan J，et al. Enhanced CO_2 binding affinity of a high-uptake rht-type metal-organic framework decorated with acylamide groups. J Am Chem Soc，2011，133：748-751.

[156] Zheng B，Yang Z，Bai J，et al. High and selective CO_2 capture by two mesoporous acylamide-functionalized rht-type metal-organic frameworks. Chem Commun，2012，48：7025-7027.

[157] Li B，Zhang Z，Li Y，et al. Enhanced binding affinity，remarkable selectivity，and high capacity of CO_2 by dual functionalization of a rht-type metal-organic framework. Angew Chem Int Ed，2012，51：1412-1415.

[158] Cui P，Ma Y G，Li H H，et al. Multipoint interactions enhanced CO_2 uptake: a zeolite-like zinc-tetrazole framework with 24-nuclear zinc cages. J Am Chem Soc，2012，134：18892-18895.

[159] Park H J，Suh M P. Enhanced isosteric heat，selectivity，and uptake capacity of CO_2 adsorption in a metal-organic framework by impregnated metal ions. Chem Sci，2013，4：685-690.

[160] Fujita M，Kwon Y J，Washizu S，et al. Preparation，clathration ability，and catalysis of a two-dimensional square network material composed of cadmium(II)and 4, 4'-bipyridine. J Am Chem Soc，1994，116：1151-1152.

[161] Farrusseng D，Aguado S，Pinel C. Metal-organic frameworks：opportunities for catalysis. Angew Chem Int Ed，2009，48：7502-7513.

[162] Corma A，García H，Llabrési xamena F X. Engineering metal organic frameworks for heterogeneous catalysis. Chem Rev，2010，110：4606-4655.

[163] Dhakshinamoorthy A，Alvaro M，Garcia H. Metal-organic frameworks as heterogeneous catalysts for oxidation reactions. Catal Sci Technol，2011，1：856-867.

[164] Ranocchiari M，Bokhoven J A V. Catalysis by metal-organic frameworks：fundamentals and opportunities. Phys. Chem Chem Phys，2011，13：6388-6396.

[165] Dhakshinamoorthy A，Opanasenko M，Čejka J，et al. Metal organic frameworks as solid catalysts in condensation reactions of carbonyl groups. Adv Synth Catal，2013，355：247-268.

[166] Chen Y，Ma S. Biomimetic catalysis of metal-organic frameworks. Dalton Trans，2016，45：9744-9753.

[167] Li Y，Xu H，Ouyang S，et al. Metal-organic frameworks for photocatalysis. Phys Chem Chem Phys，2016，18：7563-7572.

[168] Hasegawa S，Horike S，Matsuda R，et al. Three-dimensional porous coordination polymer functionalized with amide groups based on tridentate ligand：selective sorption and catalysis. J Am Chem Soc，2007，129：2607-2614.

[169] Liu Y，Zhang R，He C，et al. A palladium（ii）triangle as building blocks of microporous molecular materials：structures and catalytic performance. Chem Commun，2010，46：746-748.

[170] Lin X M，Li T T，Chen L F，et al. Two ligand-functionalized Pb（ii）metal-organic frameworks：structures and catalytic performances. Dalton Trans，2012，41：10422-10429.

[171] Fang Q R，Yuan D Q，Sculley J，et al. Functional mesoporous metal-organic frameworks for the capture of heavy metal ions and size-selective catalysis. Inorg Chem，2010，49：11637-11642.

[172] Seo J S，Whang D，Lee H，et al. A homochiral metal-organic porous material for enantioselective separation and catalysis. Nature，2000，404：982-986.

[173] Wang M，Xie M H，Wu C D，et al. From one to three：a serine derivate manipulated homochiral metal-organic framework. Chem Commun，2009，2396-2398.

[174] Dang D，Wu P，He C，et al. Homochiral metal-organic frameworks for heterogeneous asymmetric catalysis. J Am Chem Soc，2010，132：14321-14323.

[175] Wu P，He C，Wang J，et al. Photoactive chiral metal-organic frameworks for light-driven asymmetric α-alkylation of aldehydes. J Am Chem Soc，2012，134：14991-14999.

[176] Zhu C，Yuan G，Chen X，et al. Chiral nanoporous metal-metallosalen frameworks for hydrolytic kinetic resolution of epoxides. J Am Chem Soc，2012，134：8058-8061.

[177] Xuan W，Ye C，Zhang M，et al. A chiral porous metallosalan-organic framework containing titanium-oxo clusters for enantioselective catalytic sulfoxidation. Chem Sci，2013，4：3154-3159.

[178] Nagao Y，Fujishima M，Ikeda R，et al. Highly proton-conductive copper coordination polymers. Synth Met，2003，133-134：431-432.

[179] Sadakiyo M，Yamada T，Kitagawa H. Rational designs for highly proton-conductive metal-organic frameworks. J Am Chem Soc，2009，131：

9906-9907.

[180] Liang X, Zhang F, Feng W, et al. From metal-organic framework(MOF) to MOF-polymer composite membrane: enhancement of low-humidity proton conductivity. Chem Sci, 2013, 4: 983-992.

[181] Sahoo S C, Kundu T, Banerjee R. Helical water chain mediated proton conductivity in homochiral metal-organic frameworks with unprecedented zeolitic unh-topology. J Am Chem Soc, 2011, 133: 17950-17958.

[182] Colodrero R M P, Olivera-Pastor P, Losilla E R, et al. Multifunctional lanthanum tetraphosphonates: flexible, ultramicroporous and proton-conducting hybrid frameworks. Dalton Trans, 2012, 41: 4045-4051.

[183] Colodrero R M P, Olivera-Pastor P, Losilla E R, et al. High proton conductivity in a flexible, cross-linked, ultramicroporous magnesium tetraphosphonate hybrid framework. Inorg Chem, 2012, 51: 7689-7698.

[184] Taylor J M, Dawson K W, Shimizu G K H. A water-stable metal-organic framework with highly acidic pores for proton-conducting applications. J Am Chem Soc, 2013, 135: 1193-1196.

第13章
镧系-过渡金属-氨基酸簇合物的控制组装、结构及性能

13.1　引　言

　　结构化学的自组装方法最早可以追溯到"配位化学"的先驱 A. Werner 之后，Cram、Lehn 和 Perdersen 因为超分子化学于 1987 年荣获了诺贝尔化学奖。从此，自组装的方法得到了广泛的关注，并获得了深层次的发展。通过这种方法，许多同金属[1]或异金属[2,3]的无机簇合物，诸如大环化合物[4]、分子笼[5]、多面体[6]和金属有机框架（MOF）[7]等有机配体-金属配位化合物被合成出来。我们课题组最近利用自组装的方法开发了一系列以氨基酸为配体的异金属簇合物。

　　经过几十年的发展，"簇合物"概念得到了扩展。"簇合物"是有限的原子或分子通过金属键、共价键或离子键的作用连接起来的集合，数量少则几个，多也可达数百个，甚至上千个原子。近年来，3d-4f 簇因其独特的结构多样性和有趣的性质而受到了广泛的关注[8]。首先，由于 4f 元素拥有大量的未成对电子，导致巨大的磁各向异性，因此 3d-4f 异金属配合物在分子磁体特别是单分子磁体方面具有很大的潜力[9]。其次，将过渡金属引入稀土配合物中，可猝灭或增强稀土离子的发光，使得该类材料可能用作荧光装置和离子传感器[10]。再次，3d-4f 化合物可作为 3d-4f 混合金属氧化物和许多新的超导材料制备的前驱体[11]。为了合成 3d-4f 异金属化合物，找到一个能同时与稀土（Ln）和过渡金属离子配位的合适配体是很有必要的。文献中报道的吡啶酮[12]、席夫碱[13]、草酸[14]、肟[15]或草酰胺[16]、氰基[17]和羧酸类[18]等都属于这一类配体。

　　虽然自组装方法既简单又实用，并且在簇合物合成中获得了巨大成功，但是对化学家来说，如何获得一个预期的结果仍然是一个挑战。因此，本章的目的是总结氨基酸的配位化学，把我们近期以氨基酸为配体的 3d-4f 异金属簇合物的工作做一个综述，并对几种影响自组装反应的因素进行说明，如第二配体、镧系和过渡金属离子、结晶条件、铜离子与氨基酸比例等。我们希望 3d-4f 氨基酸簇合物的系统合成可以为其他体系簇合物的自组装提供有用的参考。

13.2　氨基酸的配位化学和配位模式

　　氨基酸是一类重要的生物配体。金属氨基酸络合物的配位研究有助于我们更好地了解金属酶活性部位的复杂行为。到目前为止，很多具有单核或链状结构的稀土-氨基酸配合物[19]和 1∶1 或 1∶2 的过渡金属-氨基酸配合物[20]已经合成出来。近年来，一系列以氨基酸为配体的多核稀土簇（主要以 Ln_4O_4 立方烷为结构模式）也被报道[21]。一些多核铜簇结构的研究结果[22]显示，氨基酸仍是一种有用的配体，如文献报道的有关多核过渡金属-氨基酸簇合物[Co_3][23]、[Co_2Pt_2][24]、[Zn_6][25]和 [Fe_{12}][26]等。

　　Jacobson 在水热条件下得到两个手性的 Ni^{2+} 与天冬氨酸（Asp）的配位化合物。一个是具有

Ni—O—Ni 无限链的一维螺旋聚合物[27]。每个天冬氨酸配体是五齿配位，根据 Harris 标记为 $[5.2_{12}2_{23}2_{34}2_{45}1_3]$[28]。另一个是在高 pH 值下形成的具有 Ni—O—Ni 连接的三维结构化合物[29]，这个化合物以链式螺旋结构为基础，通过增加[Ni(Asp)$_2$]桥连而形成具有一维离子通道的手性开放框，离子通道的最小范德瓦耳斯尺寸为 8Å×5Å。对于这两个一维和三维聚合物，在低温时由于无限 Ni—O—Ni 的连接可以观察到两者的转变。三维聚合物会经历一个铁磁有序转变（T_c = 5.5K）。Rosseinsky 等[30]也报道了 Ni-Asp 基元通过与某些双齿配体连接形成类似的手性多孔材料，这些材料可用作手性二醇类小分子的对映选择性吸附探针，在纳米多孔材料和小分子的客体之间可以观察到几何结构依赖的主客体相互作用。

在稀土-过渡金属混合簇方面，Yukawa 等在非水溶剂中通过 Sm^{3+}和[Ni(Pro)$_2$]反应合成了八面体结构[SmNi$_6$]簇[31]。六个[Ni(Pro)$_2$]配体通过的十二个羧基氧原子与中心的 Sm^{3+}离子配位；整体结构也可以被描述为 Sm^{3+}离子处于由六个镍离子组成一个八面体笼的中心。中心 Sm^{3+}离子配位多面体可以描述为一个二十面体。[SmNi$_6$]核在溶液中是稳定的，但其晶体在空气中是不稳定的。循环伏安图显示了一个从 Sm^{3+}到 Sm^{2+}还原步骤和 Ni^{2+}离子的六个氧化步骤。后来，类似的[LaNi$_6$]和[GdNi$_6$]簇也被制备出来。

在较低的 pH 值条件下，通过 Y^{3+}、Cu^{2+}和 L-丙氨酸在水溶液中的离子反应可合成一个双核 Y-Cu 化合物[32]。四个丙氨酸配体均以二齿配位的模式用羧基桥连两个金属离子。这里氨基酸的作用与其说是氨基酸配位，倒不如说是羧酸配位，因为配体中的氨基由于质子化而没有参与配位。两个一维异金属配位聚合物{[CuEr(Gly)$_5$(H$_2$O)$_2$](ClO$_4$)$_5$·H$_2$O}$_n$ 和{[Cu$_2$Gd$_2$(Gly)$_{10}$(H$_2$O)$_4$]·(ClO$_4$)$_{10}$·4H$_2$O}$_n$ 也可用类似的方法合成[33]。与那些异金属羧酸盐类似[34]，这两个化合物中的金属离子均以 Ln···Cu···Cu···Ln 子单元的线性模式排列。甘氨酸配体分子的羧基有两种配位模式。一种只是以二齿桥连模式配位；另一种以三齿桥连模式与三个不同的金属离子配位。配体中的氨基同样由于质子化而不参与配位。

氨基酸是一种含氮原子、氧原子的双功能配体，具有丰富的配位模式。如图 13-1 所示，氨基酸拥有六种主要的配位模式。（a）类似于一个"羧酸配体"，氨基质子化而不参与配位，仅仅通过其羧基上两个氧原子桥连两个金属（过渡金属或稀土）离子。通常在低 pH 条件下容易形成这种配位模式[32]。（b）当氨基酸与过渡金属离子反应，特别是铜、镍、锌和钴等二价离子并且金属配位比例为 1∶2 时，他们通常利用氨基和一个羧基氧原子来螯合金属离子[20]。（c）如果溶液中仍有残余的金属离子，他们将在配位模式（b）的基础上利用另一个羧基氧原子进一步与另一个金属离子配位而形成链式[20]或环状结构［模式（c0）］[25]。只有残余金属为镧系离子而没有自由的过渡金属离子（M∶AA≤1∶2），羧基上未配位的氧原子可以与稀土离子配位［模式（c1）］。模式（c2）仅在一种情况下观察到：cis-Cu(AA)$_2$ 组元用铜原子两边的两个羧基氧原子螯合配位一个镧系离子。（d）如果在溶液中仍有大量的金属离子，也就是在金属与配位的比率很高情况下，原子簇化合物将优先形成，参与螯合作用的氧原子在模式（c0）的基础上将进一步结合钠或稀土离子，形成一个原子簇化合物［模式（d0）和（d1）］。模式（d3）[27, 28]和（d4）[21a]仅在高温和高 pH 条件下形成的化合物中观察到。换句话说，氧原子参与螯合后进一步结合其他过渡金属离子，氨基参与螯合稀土离子是很困难的。（e）在 M∶AA≤1∶2 的情况下，氨基酸将在模式（c1）的基础上通过螯合的氧原子以单齿模式［模式（d2）］或螯合模式［模式（e）］进一步与另一个稀土离子连接而形成簇合物或链式化合物。（f）氨基酸在模式（d0）的基础上利用一个弱配位的 Cu—O 键（键长在 2.41～2.44Å 之间），将非螯合氧原子配位给另一个铜离子，形成二聚体或多聚体簇合物[35]，这种模式比较少见。对于模式（f），具有三个配位点的氨基酸与四个金属中心配位是最多的。从上面的讨论中，可以得出这样的结论：氨基酸倾向于螯合过渡金属离子，然后通过不参与螯合的氧原子连接到另一个金属离子，而已经参与螯合的氧原子倾向于连接 Na^+或 Ln^{3+}离子。

在接下来的部分，我们将根据不同反应条件对自组装的影响对氨基酸簇合物方面的工作进行综述。

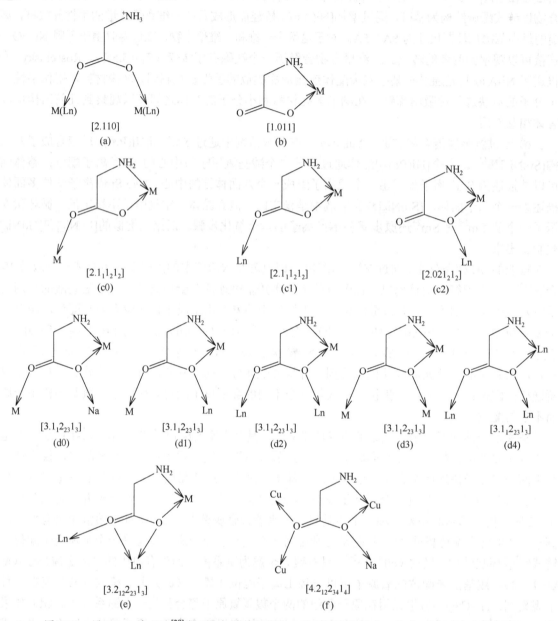

图 13-1　用 Harris 表示法[28]表示的氨基酸配体的六种主要配位模式，其中 M 为过渡金属离子

13.3　第二配体对组装的影响

在许多情况下，第二配体通常用于构建新的化合物。例如，4,4'-联吡啶及其衍生物常用于将两个单元连接形成高维结构[36]；也可以利用第二配体的桥连和/或模板的效应，如叠氮、卤素离子等，形成高核的簇合物[37]。在这里，用两种第二配体咪唑（im）和乙酸来构建新的 3d-4f 簇合物。它们在这些新的簇合物结构中起到了稳定或阻止聚合的作用。

13.3.1　含单齿咪唑配体的三棱柱异金属簇合物

在水溶液中 Ln(ClO$_4$)$_3$、Cu(ClO$_4$)$_2$、甘氨酸和咪唑以 1∶6∶6∶6 摩尔比自组装可合成三个新型七核三棱柱多面体化合物[LnCu$_6$(μ$_3$-OH)$_3$(Gly)$_6$im$_6$](ClO$_4$)$_6$（**1**）（Ln = La，Pr，Sm，Er）[38]。四个化合物结构属于异质同晶，空间群为 R3。如图 13-2 所示，六个 Cu^{2+}离子形成一个大三棱柱而 La^{3+}离子位于棱柱的中心。棱柱含两个平行层，分别由三个 Cu^{2+}离子组成；在每一层中，三个 Cu^{2+}离子构成等边三角形，每两个 Cu^{2+}离子都由螯合的甘氨酸配体连接。每个 Cu^{2+}离子由 N$_2$O$_3$配位原子构成一个畸变金字塔形配位多面体，配位原子包含一个甘氨酸的氮原子和一个咪唑上的氮原子，以及两个分别来自不同甘氨酸上的羧基氧原子和一个来自 μ$_3$-OH$^-$的氧原子。Ln^{3+}离子配位了九个氧原子而形成一个三帽三棱柱配位多面体。每个甘氨酸配体采用[3.1$_1$2$_2$3$_1$3]配位模式［图 13-1（d1）］，分别与两个 Cu^{2+}离子和一个 Ln^{3+}离子配位。每个咪唑都是单齿配位，分别配位一个 Cu^{2+}离子。更有趣的是，该中心稀土离子的离子半径可能影响两平行层之间的距离和 Cu—(μ$_3$-OH$^-$)—Cu 键角。在 **1**·La、**1**·Pr、**1**·Sm 和 **1**·Er 中平行层之间距离分别是 3.497Å、3.463Å、3.432Å 和 3.385Å，Cu—(μ$_3$-OH$^-$)—Cu 键角分别为 122.3°、121.2°、119.4°和 117.1°。这种三棱柱簇合物随着中心稀土离子半径的减小而收缩。

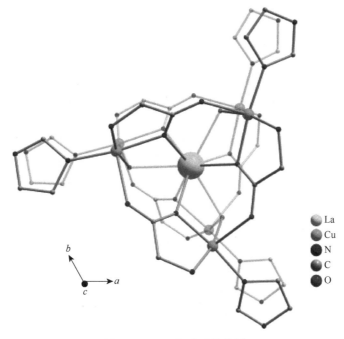

图 13-2　**1**·La 阳离子结构图

13.3.2　含双齿乙酸配体的三十核八面体簇合物

以甘氨酸或丙氨酸作为第一配体，以乙酸根离子（Ac$^-$）为第二配位，可合成一系列新颖的 3d-4f 异金属[Ln$_6$Cu$_{24}$]簇，[Sm$_6$Cu$_{24}$(μ$_3$-OH)$_{30}$(Gly)$_{12}$(Ac)$_{12}$(ClO$_4$)(H$_2$O)$_{16}$]·(ClO$_4$)$_9$·(OH)$_2$·(H$_2$O)$_{31}$（**2**）和[Ln$_6$Cu$_{24}$(μ$_3$-OH)$_{30}$(ala)$_{12}$(Ac)$_6$(ClO$_4$)(H$_2$O)$_{12}$]·(ClO$_4$)$_{10}$·(OH)$_7$·(H$_2$O)$_{34}$（**3**）（Ln = Tb，Gd，Sm，La）[39]。化合物 **2** 的阳离子结构如图 13-3 所示。这一系列簇合物的金属骨架是相同的，可以被描述为一个巨大的[Ln$_6$Cu$_{12}$]八面体结构（这个结构和陈小明等报道的结构几乎是完全相同的[40]），这个八面体再与其他十二个 Cu^{2+}离子连接（每个 Ln^{3+}离子顶点再连接两个 Cu^{2+}离子）。每个 Ln^{3+}离子通过一个八面体外的 μ$_3$-OH$^-$和两个以[3.1$_1$2$_2$3$_1$3]模式配位的甘氨酸配体连接两个八面体外的 Cu^{2+}离子。

Ln···Cu(outer)平均距离约为 3.5Å，Cu(outer)···Cu(outer)平均距离约为 3.0Å，低于 Cu(inner)···Cu(inner) 的平均距离。配位数为 9 的稀土离子，配位多面体可以看作一个单帽四方反棱柱。一个高氯酸根离子起到模板的作用，封装在八面体笼的中心。已经有报道表明模板 ClO_4^- 在合成[Ln_6Cu_{12}]簇合物中是必不可少的[40]。对比[Ln_6Cu_{12}]簇的羧酸盐，具有[$3.1_12_23_13_3$]配位模式的氨基酸利用它的氨基和一个羧基氧原子螯合另一个外部的 Cu^{2+} 离子，从而使簇合物的核数从 18 增加到 30。这个簇合物的另一个结构的特点是尺寸大（大小约为 2.38nm×2.38nm×2.38nm）。这个尺寸大于著名的[Mn_{12}]簇[41]，可以和[Mn_{30}]簇[42]相媲美。

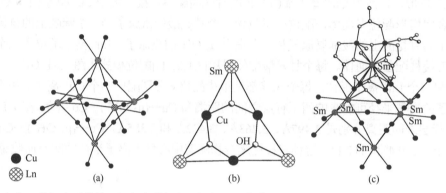

图 13-3　化合物 **2** 的阳离子结构。（a）金属框架；（b）八面体中一个面的结构；（c）八面体中一个顶点的结构

在 5kOe 磁场下化合物 **3**·La、**3**·Nd、**3**·Sm、**3**·Gd、**3**·Tb 和 **3**·Dy 变温磁化率如图 13-4（a）所示。在室温下，六个 Ln^{III} 自由离子态和二十四个铜离子的自旋（$S = 1/2$，$G = 2$）的预算 $\chi_M T$ 值分别为 9.00cm³·K/mol（**3**·La）、79.88cm³·K/mol（**3**·Tb）和 56.25cm³·K/mol（**3**·Gd），而每个 Ln_6Cu_{24} 单元的 $\chi_M T$ 值分别为 9.3cm³·K/mol（**3**·La）、72.8cm³·K/mol（**3**·Tb）和 56.2（**3**·Gd）cm³·K/mol。冷却后，**3**·La 的 $\chi_M T$ 值连续降低，负的 Weiss 常数（−10.3K）表明存在整体的反铁磁耦合。对照文献[40a]可知，Cu(inner)···Cu(inner)之间存在反铁磁的相互作用。对于由一个 μ_3-OH⁻ 和一个羧基所连接的两个相邻的外部 Cu^{2+} 离子，因为 Cu(outer)-OH-Cu(outer)角度和 Cu(outer)···Cu(outer)的距离分别约为是 100° 和 3Å，同样可以认为它们之间存在着反铁磁性相互作用[43]。化合物 **3**·Sm 同样整体表现出反铁磁相互作用。由于热力学布居激发态存在，Sm^{3+}的自由离子近似值是无法确定的。在室温下，化合物 **3**·Sm 的 $\chi_M T$ 值约为 11.2cm³·K/mol。对照结构一致的化合物 **3**·La，24 个 Cu^{2+}离子总的 $\chi_M T$ 值可以看作 9.3cm³/mol，因此，从总的 $\chi_M T$ 值中扣除这部分就可以推导出，每个 Sm^{3+}离子的值约为 0.32cm³·K/mol。这个值与一个孤立的非交互 Sm^{3+}离子的预计值很接近[44]。化合物 **3**·Gd 的磁行为不同于化合物 **3**·La 和 **3**·Sm。随着温度的降低，开始时 $\chi_M T$ 几乎保持不变；下降到约 75K，开始稳定地增加；在 5K 时达到最大值 68cm³·K/mol。这一现象从整体上说是一个铁磁相互作用，并且在 50～300K 范围内计算 Weiss 常数为 + 1.9K。同样表明，Gd-Cu 磁相互作用是铁磁性的。化合物 **3**·Tb 也整体显示了一个铁磁的相互作用（$\theta = + 0.59K$）。

更有趣的是，这些巨大的簇合物同时表现出磁性和半导体特性。室温（22℃）下，化合物 **3**·La、**3**·Sm、**3**·Gd 和 **3**·Tb 的阻抗图（Z''-Z）如图 13-4（b）所示。以 **3**·Tb 为例，测量数据展现出离子导体的典型特征：高频率（150～300kHz）为半圆形，低频率（20～150Hz）为线性穗（linear spike）。从图 13-4（b）中可以看出，化合物 **3**·La、**3**·Sm、**3**·Gd 和 **3**·Tb 的电导率分别为 9.25×10⁻⁵S/cm、3.94×10⁻⁵S/cm、1.74×10⁻⁵S/cm、7.72×10⁻⁶S/cm。值得注意的是，在我们的工作之前只有在有机的电荷转移盐类[45]和 TTF 或 dmit 单元存在磁性分子导体的性能。最近，Guo 等[46]采用以过渡金属化合物为模板合成的无机半导体为另一个新的磁性半导体的类型。

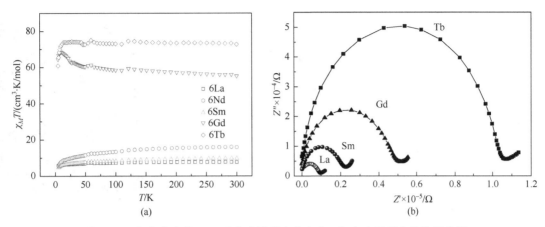

图 13-4 （a）化合物 **3**·Ln 磁化率随温度的变化；（b）室温下电阻的阻抗图

13.3.3 双齿配体乙酸对组装的影响

以脯氨酸（Pro）为配体的情况下，脯氨酸与乙酸的比率对相应的 3d-4f 簇结构的影响很大。1 : 4 的比率会生成类似于前面所提到的甘氨酸或丙氨酸为配体的三十核八面体的簇合物；而 3 : 3 的比率生成六十一核的簇合物，该簇合物可表述为两个三十核簇由一个连结单元 Cu(Pro)$_2$ 连接而成。当脯氨酸与乙酸的比率为 1 : 4 时，大量的乙酸根离子则会阻止 Cu(Pro)$_2$ 和三十核簇的进一步连接，从而有利于形成孤立的三十核簇。

在一些乙酸根离子的存在下，按 Tb^{3+} : Cu^{2+} : Pro : Ac^- = 1 : 6 : 1 : 4 的配比自组装可合成一个三十核异金属脯氨酸簇[Tb$_6$Cu$_{24}$(OH)$_{30}$(Pro)$_{12}$(ClO$_4$)(Ac)$_9$]·8ClO$_4$·6(OH)·15.5H$_2$O（**4**）。通过单晶 X 射线衍射分析，相对于化合物 **2** 和 **3** 的 $P\bar{1}$ 对称群，化合物 **4** 属于高度对称的 $R\bar{3}m$ 对称群。如图 13-5 所示，这个簇合物的金属骨架类似于化合物 **2** 和 **3**，可以描述为一个连接 12 个额外的 Cu^{2+} 离子的巨大[Tb$_6$Cu$_{12}$]八面体（每两个铜离子连接一个 Tb^{3+} 顶点），一个 μ_{12}-ClO$_4^-$ 阴离子封装在八面体笼的中心。通过一个 μ_3-OH$^-$ 和两个脯氨酸配体的连接，每个 Tb^{3+} 离子连接两个外部 Cu^{2+} 离子。Tb···Cu(outer)的距离在 3.54~3.59Å 之间，Cu(outer)···Cu(outer)分别为 3.03Å 和 3.23Å。值得指出的是，在已知的三十核异金属氨基酸簇合物（化合物 **2** 和 **3**）中的大八面体的所有顶点都由一个 η_2 连接模式的乙酸阴离子所稳定［图 13-5（e）］，而在化合物 **4** 中只有一半的顶点是一个由 η_2 的乙酸阴离子所稳定，另一半的顶点由两个乙酸根阴离子稳定［图 13-5（f）］。三个乙酸配体采用了不同的配位模式。一个是通过两个 O 原子分别双齿配位两个 Cu^{2+} 离子；一个是通过它的一个 O 原子单齿配位一个 Cu^{2+} 离子；另一个是通过两个 O 原子双齿螯合一个 Cu^{2+} 离子。对比[Ln$_6$Cu$_{12}$]羧酸簇，脯氨酸配体均以[3.1$_1$2$_{23}$1$_3$]模式配位，利用氨基和羧基氧原子螯合额外的外部 Cu^{2+} 离子，从而将簇合物的核数从 18[40]增加到 30。如果不考虑弱配位键，所有外面的铜离子都由配位原子 NO$_3$ 形成四配位，配位原子分别来自脯氨酸配体的一个氨基和一个羧基氧原子，一个 μ_3-OH$^-$ 和一个乙酸的羧基氧原子。两个 Cu(outer)—(μ_3-OH)—Cu(outer)键角分别为 100.9° 和 108.2°。所有的内部 Cu^{2+} 离子是六配位的，分别是四个 μ_3-OH、一个内部 ClO$_4^-$ 阴离子的氧原子和一个脯氨酸配体的羧基氧原子。Cu(inner)···Cu(inner)距离在 3.30 和 3.41Å 之间，相应的 Cu(inner)—(μ_3-OH)—Cu(inner)键角为 112.0°~120.6°。九配位的 Tb^{3+} 离子的配位原子 O$_9$，它的配位多面体近似为一个单帽四方反棱柱。这个阳离子簇的大小约为 2.34nm×2.34nm×2.34nm（图 13-5）。

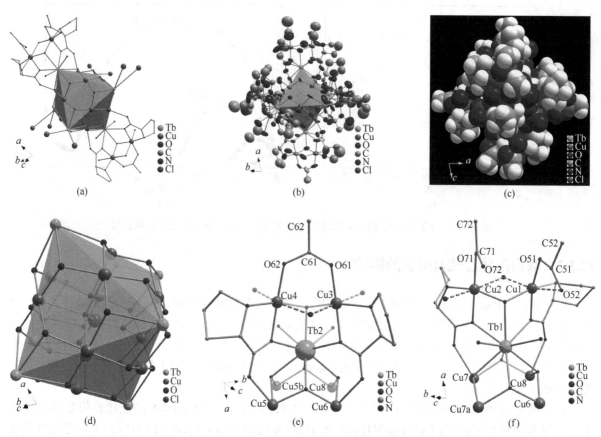

图 13-5　化合物 **4** 的阳离子结构。（a）两个顶点环境的八面体的立体结构；（b）椭球模型和（c）空间填充模型；（d）[Ln₆Cu₁₂]八面体核心内封一个 ClO₄⁻ 阴离子；（e，f）两个顶点的 Tb³⁺和外部 Cu²⁺离子的配位环境。a 和 b 的对称码分别是 z，x–1，y+1 和 y+1，z–1，x。虚线代表弱的配位键

按 Ln³⁺：Cu²⁺：Pro：Ac⁻ = 1：6：3：3 的配比自组装可合成六十一核的 Cu(Pro)₂·[Ln₆Cu₂₄(μ₃-OH)₃₀(Pro)₁₂(Ac)₆ClO₄(H₂O)₁₃]₂·(ClO₄)₁₈·(OH)₁₆·(H₂O)₅₁（**5**）（Ln = Sm，Gd，Tb，Dy）[47]，而不是生成三十核[Ln₆Cu₂₄]簇（图 13-6）。化合物 **5** 中有 6 个晶体学独立的 Ln³⁺离子和 25 个 Cu²⁺离子。位于 2a 的位置的 Cu13 原子由两个脯氨酸配体螯合配位，形成 *trans*-Cu(Pro)₂ 组元（L-Pro 配体采用[2.1₁1₂1₂]的配位模式）；另外，6 个稀土 Ln³⁺离子与 24 个 Cu²⁺构成一个[Ln₆Cu₂₄]簇。和化合物 **4** 相比，这里每个大[Ln₆Cu₂₄]簇的顶点均为一个 η₂ 连接模式的乙酸阴离子所稳定［图 13-6（a）和（b）］。[Ln₁₂Cu₄₉]簇可以被看作一个[Ln₆Cu₂₄]单元的二聚体，其结构可以描述为两个[Ln₆Cu₂₄]的八面体单元由 *trans*-Cu(13)(Pro)₂ 组元连接而来［图 13-6（c）］。*trans*-Cu(13)(Pro)₂ 组元利用其羧基氧原子配位到六配位的 Cu1 离子，两个[Ln₆Cu₂₄]单元位就这样被连接起来。这个簇合物也代表了当时已知最大的 3d-4f 异核簇合物。这个簇合物的令人印象深刻的结构特征是它的大尺寸。化合物 **5** 的大小约是 4.33nm×2.38nm×2.38nm，均显著高于其他高核 3d-4f 异核簇。Cu(Pro)₂ 连接者和三十核[Ln₆Cu₂₄]簇之间的连接很弱（键长 Cu1—O132 约 2.3Å），它可以被大量的乙酸根离子所中断。因此，为了提高 3d-4f-氨基酸簇合物的配体的维度，乙酸和氨基酸等配体的量应慎重考虑，因为类似乙酸，氨基酸的 η₂-配位也很常见［图 13-1（a）］。

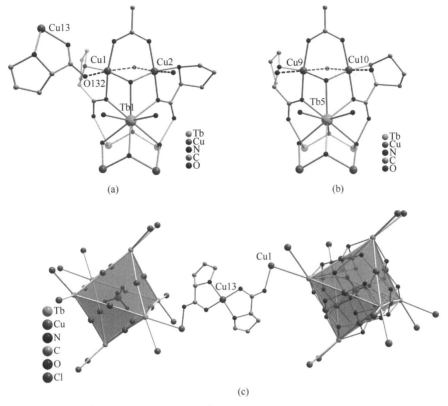

图 13-6　（a，b）Tb^{3+}和两个顶点上外部 Cu^{2+}离子的配位环境；（c）化合物 **5·Tb** 的结构示意图

13.4　反应物配比对组装的影响

一般情况下，反应物配比对产物的形成有重要影响。在 3d-4f-氨基酸簇合物体系中，我们同样观察到在反应物配比对组装的影响。在反应物 Ln^{3+}：Cu^{2+}：Gly = 4：3：2 的配比下，得到了一维簇合物（Ln = La）[48]；在 Ln^{3+}：Cu^{2+}：Gly = 1：2：2（Ln = Eu、Gd 和 Er）的配比下，得到几个二维结构的化合物[49]；在 Ln^{3+}：Cu^{2+}：Gly = 1：6：4（Ln = Sm）的情况下，得到一个三维化合物[50]。这些化合物最显著的特征是以大[Ln$_6$Cu$_{24}$]簇作为节点，通过 *trans*-Cu(Gly)$_2$ 组元连接而成。对于脯氨酸配体，在 Ln^{3+}：Cu^{2+}：Gly = 1：6：4 的配比下，我们也得到了三维化合物，同样以大[Ln$_6$Cu$_{24}$]簇作为节点，通过 *trans*-Cu(Pro)$_2$ 组元连接而成[50]。

13.4.1　由两个 Cu(Gly)$_2$ 桥连[La$_6$Cu$_{24}$]簇形成的一维化合物

该化合物[La$_6$Cu$_{24}$(Gly)$_{14}$(OH)$_{30}$(H$_2$O)$_{24}$(ClO$_4$)][Cu(Gly)$_2$]$_2$·21ClO$_4$·26H$_2$O（**6**）中存在 3 个晶体学上独立的 La^{3+}离子、13 个 Cu^{2+}离子和 9 个甘氨酸[48]。这 9 个甘氨酸配体存在三种配位方式：①在链的垂直方向，其中一个配体通过其羧基氧原子分别桥连两个 Cu^{2+}离子 [图 13-1（a）]；②其中两个配体通过氨基氮原子和羧基氧原子分别配位两个 Cu^{2+}离子 [图 13-1（c0）]；③剩下的其他配体通过氨基和羧基分别螯合两个 Cu^{2+}和一个 La^{3+}离子 [图 13-1（d1）]。

如图 13-7 所示，每个 La^{3+}离子是由 9 个氧原子配位，分别来自 5 个 μ$_3$-OH 基团及 2 个水分子和 2 个甘氨酸配体。13 个 Cu^{2+}离子可以分为以下三类：6 个处在八面体内部的 Cu^{2+}离子，每个均由 6

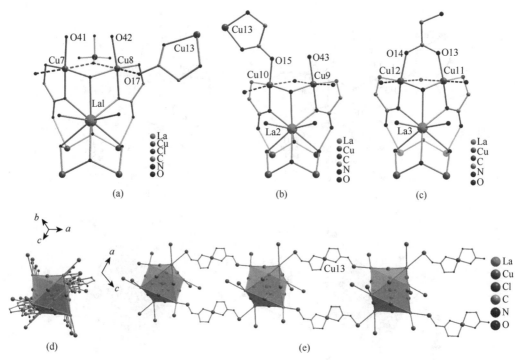

图 13-7 （a～c）在大八面体簇的三个顶点处的外部 Cu^{2+}离子和 La^{3+}离子配位模式；（d，e）沿[111]和[010]方向的大 [La$_6$Cu$_{24}$]簇节点的聚合链的结构示意图

个氧原子配位，4 个氧原子来自 4 个 μ$_3$-OH$^-$，形成 4 个强配位键，1 个来自 ClO$_4^-$阴离子，1 个来自甘氨酸的羧基氧原子；6 个外部的 Cu^{2+}离子，同样也是六配位；还有 1 个起连接作用的 Cu^{2+}离子，配位构型为平面正方形，这个 Cu^{2+}离子由 2 个甘氨酸配体的氨基氮原子和羧基氧原子螯合配位，形成 trans-Cu(Gly)$_2$ 组元。由于 Jahn-Teller 畸变效应，外部 Cu^{2+}离子配位构型属于拉长的八面体。处在八面体赤道平面的 4 个氧原子分别来自一个 μ$_3$-OH$^-$，一个甘氨酸上的羧基和氨基，以及另一个氧原子。最后一个氧原子，为了与前三个配位点区别，我们称它为第四个配位点；它可以是水分子（Cu7—O41、Cu8—O42 和 Cu9—O43 的键长分别为 2.015Å、2.009Å 和 1.990Å），或者是以[2.110]模式配位的 η$_2$-Gly 配体羧基（Cu11—O13 和 Cu12—O14 分别为 1.959Å 和 1.966Å），甚至来自桥连 trans-Cu(Gly)$_2$ 组元的羧基（Cu10—O15 为 1.942Å）。通过 μ$_3$-OH$^-$连接的相邻两个 Cu(Gly)准平面间的二面角，如果 η$_2$-Gly 配体桥连时约为 108.9° [图 13-7（c）]，如果没有 η$_2$-Gly 配体桥连时约为 116° [图 13-7（a）和（b）]。外部 Cu^{2+}离子的第五个配位点同时连接相邻两准平面 Cu(Gly)，这个原子来自水分子或 ClO$_4^-$阴离子，其键长范围为 2.427～2.612Å。外部 Cu^{2+}离子的最后"第六配位点"氧原子来自水分子（键长范围 2.35～2.59Å），或来自 trans-Cu(Gly)$_2$ 基团（Cu8—O17 键长为 2.257Å）。3 个 La^{3+}离子、12 个内部和外部的 Cu^{2+}离子、7 个甘氨酸配体通过反演中心的对称操作，形成一个三十核簇，在反演中心位置封装一个键长阴离子。这个簇合物的内核是 6 个 La^{3+}离子为顶点组成的一个正八面体，12 个 Cu^{2+}离子位于八面体每条边的中点。每个 La^{3+}离子通过 4 个 μ$_3$-OH$^-$分别连接八面体内部的 4 个 Cu^{2+}离子，通过一个 μ$_3$-OH 基团连接八面体外部的两个 Cu^{2+}离子；每个 μ$_3$-OH 均连接一个 La^{3+}和两个 Cu^{2+}离子。La—Cu 和 Cu—Cu 的平均距离分别为 3.58Å 和 3.40Å，La—Cu—La 平均角度为 174.0°。每个 La^{3+}同时也通过以[3.1$_1$2$_2$3$_1$3$_1$]模式配位的两个甘氨酸与两个八面体外部 Cu^{2+}离子连接，Cu—La—Cu 的角度是 97.5°。trans-Cu(13)(Gly)$_2$ 连接元用 O17 和 O15 这两个氧原子分别占据 Cu10 的第四个配位点和周围的另一个簇中 Cu8 的第六个配位点，从而形成一个沿着[111]方向的一维链式结构，如图 13-7（d）和（e）所示。当时已知的高核 3d-4f 簇主要有 Chen 等[40]报道的

$[Ln_6Cu_{12}(\mu_3\text{-}OH)_{24}(ClO_4)]^{17+}$ 和 Winpenny 等[51]报道的 $[Ln_8Cu_{12}(\mu_3\text{-}OH)_{24}(NO_3)]^{23+}$。另一个已知的例子为 Zheng[21]报道的含氨基酸的高核簇 $[Ln_{15}Tyr_{10}(OH)_{32}Cl]^{2+}$。

化合物 **6** 多晶样品在温度 5～300K、外部磁场 10kOe 条件下的磁化率测试表明，当温度为 300K 时，$\chi_M T$ 值为 9.24cm³·K/mol；温度从 300K 降低到 100K 的过程中，$\chi_M T$ 值缓慢地增加。当温度进一步降低，$\chi_M T$ 值也进一步增加，在 5K 达到 14.77cm³·K/mol。在室温（$T = 300K$）下的 $\chi_M T$ 测量值与利用式（13-1）计算值很接近。式（13-1）是基于对铜的自由离子（Ⅱ）的拟合值，其中 N_A、β 和 k 分别为阿伏伽德罗常量、玻尔磁子和玻尔兹曼常量：

$$\chi_M T = [N_A\beta^2\{\Sigma g^2_{Cu(Ⅱ)}(S_{Cu(Ⅱ)}(S_{Cu(Ⅱ)}+1))\}]/3k \tag{13-1}$$

聚合物在较低温度的磁性数据（$T<20K$）比式（13-1）的计算值大很多，表现出较强的铁磁作用。这个化合物的磁行为与那些通常表现反铁磁性作用的孤立铜-稀土化合物是不同的[40]。

13.4.2　由三个 Cu(Gly)₂ 桥连[Ln₆Cu₂₄]簇形成的二维化合物（Ln = Eu, Gd, Er）

由三个 Cu(Gly)₂ 桥连[Ln₆Cu₂₄]簇形成的二维化合物（Ln = Eu, Gd, Er）是同构的，因此只用 **7·Er** 的结构来描述。**7·Er** 最大的结构特点是用 *trans*-Cu(Gly)₂ 连接组元连接[Eu₆Cu₂₄]簇节点而形成二维网络结构，如图 13-8（e）所示。

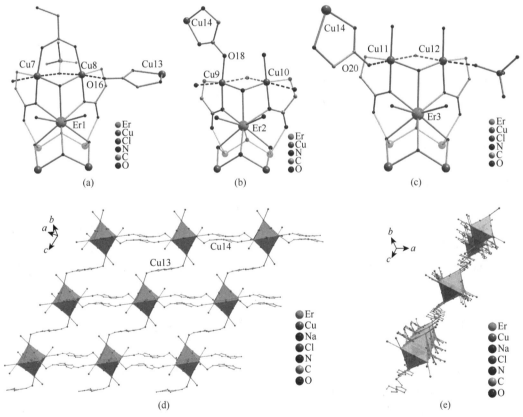

图 13-8　（a～c）化合物 **7·Er** 的大八面体簇顶点的 3 个 Er³⁺离子和外部 Cu²⁺离子的配位模式；（d, e）化合物 **7·Er** 的二维层状的结构示意图（分别沿[110]和[111]方向）：以[Er₆Cu₂₄]簇为节点，*trans*-Cu(Gly)₂ 连接组元为连接线

化合物 $Na_2[Er_6Cu_{24}(Gly)_{14}(OH)_{30}(H_2O)_{22}(ClO_4)][Cu(Gly)_2]_3 \cdot 23ClO_4 \cdot 28H_2O$（**7·Er**）中有 3 个晶体学独立的 Er³⁺离子、14 个 Cu²⁺离子和 10 个甘氨酸配体分子。与化合物 **6** 类似，每个 Er³⁺由 9 个氧原子配位，分别来自 5 个 μ_3-OH 基团、2 个水分子和 2 个甘氨酸配体。14 个 Cu²⁺离子可以分为三种：6 个八面体内部的 Cu²⁺离子；6 个外部的 Cu²⁺离子；2 个形成 *trans*-Cu(Gly)₂ 连接组元的 Cu²⁺离子。

这个化合物的类八面体型节点[Er_6Cu_{24}]簇仍可以被描述为 1 个具有立方 O_h 对称性的大八面体[Er_6Cu_{12}]内核和 12 个外部 Cu^{2+}离子。6 个 Er^{3+}离子位于这个八面体的 6 个顶点，12 个内部的 Cu^{2+}离子位于边长 6.92Å 的棱的中点位置。Er⋯Cu(inner)和 Cu(inner)⋯Cu(inner)的平均距离分别为 3.46Å 和 3.36Å。每个 Er^{3+}同时以[$3.1_12_{23}1_3$]模式配位的两个甘氨酸和一个 μ_3-OH^-与两个八面体外部 Cu^{2+}离子连接，Er⋯Cu(outer)的平均距离约为 3.53Å，而相邻两个外部 Cu^{2+}距离约为 3.14Å，低于Cu(inner)⋯Cu (inner)的距离。每一个 μ_3-OH^-均连接一个 Er^{3+}和两个 Cu^{2+}离子；30 个 μ_3-OH^-共同构建了大[Er_6Cu_{24}]簇。一个 μ_{12}-ClO_4^-阴离子作为模板被封装在节点[Er_6Cu_{24}]簇的中心。

图 13-8 显示了化合物 **7·Er** 的二维网状结构。这里有两种类型 *trans*-$Cu(Gly)_2$ 连接组元：*trans*-Cu(14)$(Gly)_2$组元，采用 O18 和 O20 两个氧原子分别占据 Cu9 离子的第四个配位点和邻近簇中的 Cu11 离子的第六个配位点；*trans*-Cu(13)$(Gly)_2$组元，其中 Cu13 位于组元的 1f 位置，采用两个晶体学独立的 O18 原子分别占据两个相邻簇中 Cu11 离子的第六配位点。在晶体结构中，每个[Er_6Cu_{24}]单元在[111]方向先通过 *trans*-Cu(14)$(Gly)_2$ 桥连产生一维的平行双链。然后，这些链再通过*trans*-Cu(13)$(Gly)_2$进一步连接成网状结构。每个[Er_6Cu_{24}]单元通过六个 *trans*-$Cu(Gly)_2$组元桥连周围四个[Er_6Cu_{24}]单元，从而形成了一个沿[111]和[001]方向延伸的二维网状结构。

事实上这些化合物中的[Ln_6Cu_{12}]内核的结构与文献中的以 μ_2 配位的甜菜碱的[Ln_6Cu_{12}]簇结构是很相似的。但是与甜菜碱相比，氨基酸具有更多的配位模式：①[2.110]配位的甘氨酸，每个甘氨酸均可桥连外部的两个相邻 Cu^{2+}离子；②[$3.1_12_{23}1_3$]配位的甘氨酸，每个配体均配位一个内部 Cu^{2+}离子、一个外部 Cu^{2+}离子和一个顶点的 Er^{3+}离子，因而 12 个额外的 Cu^{2+}离子被引入这种体系中，形成了更多核数的簇；③[$2.1_11_21_2$]配位的甘氨酸，两个甘氨酸连接一个桥连 Cu^{2+}离子，从而形成*trans*-$Cu(Gly)_2$ 连接组元，用于连接高核簇节点得到这种二维聚合物。

连接组元 *trans*-$Cu(Gly)_2$ 的长度（两个备用的羧基氧原子的距离）约为 7.83Å，与对苯二甲酸的7.34Å 和 4,4′-联吡啶的 7.08Å 相近。这种连接组元使用两个备用的羧基氧原子与[Er_6Cu_{24}]单元的外部 Cu^{2+}离子配位，从而两个节点被桥连起来。

我们还测量了化合物 **7·Er** 粉末样品的电导率。在 238.15K 的温度下，化合物 **7·Er** 电导率约为$1.25×10^{-7}$S/cm，并随着温度的升高而增加，这表明它是一种半导体。同时也测量了化合物 **7·Er** 的磁化率随温度变化情况。在室温下，该化合物的 $\chi_M T$ 预期值为 78.98cm^3·K/mol，实际测量值为80.97cm^3·K/mol。随着温度的降低，$\chi_M T$ 值也连续减少；负的 Weiss 常数（−6.9K）表明该化合物从整体上显示反铁磁耦合。根据文献资料，Cu(inner)⋯Cu(inner)和 Cu(outer)⋯Cu(outer)的相互作用都是反铁磁性的，但 Cu(bridge)⋯Cu(outer)之间应该是弱的铁磁作用。从根本上看化合物属于反铁磁作用，这也意味着 Er^{3+}—Cu^{2+}之间的作用也可能是反铁磁作用。

13.4.3　由五个 $Cu(Gly)_2$ 桥连[Sm_6Cu_{24}]簇形成的三维化合物

化合物 [$Sm_6Cu_{24}(OH)_{30}(Gly)_{14}(ClO_4)(H_2O)_{22}$][$Cu(Gly)_2$]$_5$·$14ClO_4$·$7OH$·$24H_2O$ （**8**）是一个基于[Sm_6Cu_{24}]节点和 *trans*-$Cu(Gly)_2$ 连接组元的三维网状结构（图 13-9），含有三个晶体学独立的 Sm^{3+}离子、15 个 Cu^{2+}离子和 12 个甘氨酸配体。每个 Sm^{3+}由 9 个氧原子配位，分别来自 5 个 μ_3-OH 基团、2 个水分子和 2 个甘氨酸配体。15 个 Cu^{2+}离子可以分为三种：6 个八面体内部的 Cu^{2+}离子；6 个外部的 Cu^{2+}离子；3 个形成 *trans*-$Cu(Gly)_2$ 连接组元的 Cu^{2+}离子。这个化合物的类八面体型节点[Er_6Cu_{24}]簇仍可以被描述为一个具有立方 O_h 对称性的大八面体[Er_6Cu_{12}]内核和 12 个外部 Cu^{2+}离子。6 个 Sm^{3+}离子位于这个八面体的 6 个顶点，12 个内部的 Cu^{2+}离子位于边长 7.00Å 的棱的中点位置。Sm⋯Cu(inner)和 Cu(inner)⋯Cu(inner)的平均距离分别为 3.46Å 和 3.37Å。每个 Er^{3+}同时通过以[$3.1_12_{23}1_3$]模式配位的两个甘氨酸和一个 μ_3-OH 与两个八面体外部 Cu^{2+}离子连接，Sm⋯Cu(outer)的平均距离约为

3.57Å，而相邻两个外部 Cu^{2+} 距离约为 3.19Å，低于 Cu(inner)···Cu(inner) 的距离。每一个 μ_3-OH$^-$ 均连接一个 Er^{3+} 和两个 Cu^{2+} 离子；30 个 μ_3-OH$^-$ 共同构建了大 [Er$_6$Cu$_{24}$] 簇。一个 μ_{12}-ClO$_4^-$ 阴离子作为模板被封装在节点 [Er$_6$Cu$_{24}$] 簇的中心。

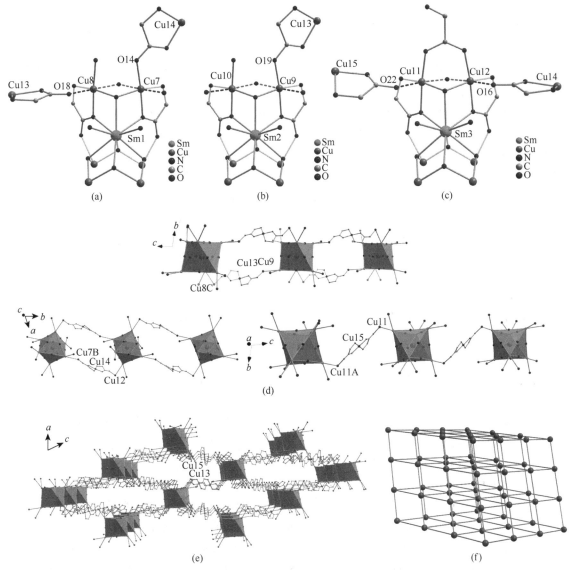

图 13-9 （a～c）化合物 **8**·Sm 的大八面体簇顶点的三个 Sm^{3+} 离子和外部 Cu^{2+} 离子的配位模式。（d）簇节点 [Sm$_6$Cu$_{24}$] 通过 *trans*-Cu(Gly)$_2$ 组元的连接，分别沿 [001]、[010] 和 [10-1] 方向延伸。对称码：A，2-x，2-y，z；B，x，y-1，z；C，x，y，1+z。（e）化合物 **8** 的 b 轴视图的三维开放骨架的示意图。（f）原始立方网络

图 13-9（a）～（c）显示八面体的三个顶点的结构。6 个外部 Cu^{2+} 离子中，只有 Cu11 和 Cu12 离子通过 η_2 配位的甘氨酸配体桥连，而 Cu8 和 Cu10 离子的第四配位点被水分子占据，而 Cu7 和 Cu9 离子的第四配位点被 *trans*-Cu(Gly)$_2$ 连接组元的氧原子占据（Cu7—O14 和 Cu9—O19 的键长分别为 1.984Å 和 1.958Å）。Cu8、Cu11 和 Cu12 离子的第六配位点都被 *trans*-Cu(Gly)$_2$ 连接组元的氧原子占据，相应的 Cu—O 键长分别为 2.357Å、2.326Å 和 2.368Å。这 6 个外部的 Cu^{2+} 离子的其他配位点与化合物 **6** 类似。对于形成 *trans*-Cu(Gly)$_2$ 连接组元的三个 Cu^{2+} 离子，Cu15 位于 1a 位置，其 *trans*-Cu(Gly)$_2$ 连接组元连接相邻的 [Sm$_6$Cu$_{24}$] 簇沿 [10-1] 方向形成链。另两个 Cu^{2+} 离子（Cu13 和 Cu14）连接相邻 [Sm$_6$Cu$_{24}$] 簇节点分别沿 [001] 和 [010] 方向形成双链 [图 13-9（d）]。双链进一步交叉，沿 bc 平面延伸

形成一个面。*trans*-Cu(15)(Gly)$_2$ 组元连接这个面形成三维开放骨架的结构[图 13-9（e）]。每个[Sm$_6$Cu$_{24}$]簇单元通过 10 个 *trans*-Cu(Gly)$_2$ 组元桥连周围 6 个[Sm$_6$Cu$_{24}$]簇单元，其网络拓扑结构可以描述为一个扭曲的具有沿 *b* 轴方向的矩形通道的"砖墙"状结构的原始立方网络 [图 13-9（f）]。矩形通道中一个晶体尺寸约 7Å×31Å。根据 PLATON 程序计算，化合物 **8** 有效的自由体积约 3976Å^3，占晶体体积的 56.8%。对比已知的微孔网格结构，这个体积接近于[Cd$_8$]为节点的三维超分子的自由体积[52]。游离水分子、ClO$_4^-$ 阴离子和氢氧化物都封装在这个大孔道中。

由于一定数量的自由水分子、ClO$_4^-$ 阴离子和 OH$^-$ 离子填充在化合物 **8** 的孔道中，化合物 **8** 表现出一个离子导体的行为。我们测量了它的晶体粉末样品的电导率。在 263.15K 时电导率为 1.72×10^{-4}S/cm，在 318.15K 时增加到 2.57×10^{-3}S/cm，这说明化合物 **8** 是一种半导体。此外，分别在 2000G 和 5000G 下测量了化合物 **8** 在 2～300K 温度范围内的磁化率随温度的变化。由 Weiss 常数为–43.7K 判断，化合物 **8** 存在反铁磁相互作用。根据文献[40]，Cu(inner)…Cu(inner)之间为反铁磁交换作用。通过 μ$_3$-OH 和羧基连接的两个相邻外部 Cu^{2+}离子，其 Cu(outer)—OH—Cu(outer)键角和 Cu(outer)…Cu(outer)距离大约是 100°和 3Å，从而认为它们之间也是反铁磁性的相互作用[43]。用 η$_2$ 配位模式（顺反）的甘氨酸配体连接两个 Cu^{2+}离子，Cu(bridge)…Cu(outer)距离约为 5.3Å。当两个 Cu^{2+}离子被羧基以顺反配位模式连接时，这两个 Cu^{2+}离子之间存在弱铁磁耦合作用[53]。因此，同样可认为在化合物 **8** 中桥 Cu^{2+}离子与外部 Cu^{2+}离子之间也存在一个类似的弱铁磁性相互作用。

13.4.4 由六个 Cu(Pro)$_2$ 桥连[Nd$_6$Cu$_{24}$]簇形成的三维化合物

把手性氨基酸脯氨酸代替甘氨酸作为配体，在与化合物 **8** 相同反应条件下，可合成三维化合物 [Nd$_6$Cu$_{24}$(OH)$_{30}$(Pro)$_{12}$(ClO$_4$)(H$_2$O)$_{21}$][Cu(Pro)$_2$]$_6$·12ClO$_4$·11OH·6H$_2$O（**9**），其晶体结晶为手性 *P*2（1）3 空间群。

化合物 **9** 是一个基于[Nd$_6$Cu$_{24}$]节点和 *trans*-Cu(Pro)$_2$ 连接组元的三维网格结构，可以作为一个从简单组分和反应构建手性框架结构的稀有例子。化合物 **9** 的结构中有两个晶体学独立的 Nd^{3+}离子、10 个 Cu^{2+}离子、8 个脯氨酸配体。每个 Nd^{3+}由 9 个氧原子配位，分别来自 5 个 μ$_3$-OH 基团、2 个水分子和 2 个甘氨酸配体。10 个 Cu^{2+}离子可以分为三种：4 个八面体内部的 Cu^{2+}离子；4 个外部的 Cu^{2+}离子；2 个形成 *trans*-Cu(Pro)$_2$ 连接组元的 Cu^{2+}离子。这个化合物的类八面体型节点[Nd$_6$Cu$_{24}$]簇仍可以被描述为一个具有立方 O_h 对称性的大八面体[Nd$_6$Cu$_{12}$]内核和 12 个外部 Cu^{2+}离子。6 个 Nd^{3+}离子位于这个八面体的 6 个顶点，12 个内部的 Cu^{2+}离子位于边长 7.08Å 的棱的中点位置。Nd…Cu(inner)和 Cu(inner)…Cu(inner)的平均距离分别为 3.54Å 和 3.44Å。每个 Nd^{3+}同时通过以[3.1$_1$2$_{23}$1$_3$]模式配位的两个甘氨酸和一个 μ$_3$-OH 与两个八面体外部 Cu^{2+}离子连接，Nd…Cu(outer)的平均距离约为 3.61Å，而相邻两个外部 Cu^{2+}距离约 3.25Å，低于 Cu(inner)…Cu(inner)的距离。每一个 μ$_3$-OH 均连接一个 Nd^{3+}和两个 Cu^{2+}离子；30 个 μ$_3$-OH 共同组成了大[Nd$_6$Cu$_{24}$]簇。一个 μ$_{12}$-ClO$_4^-$ 阴离子作为模板被封装在节点[Er$_6$Cu$_{24}$]簇的中心。

图 13-10（a）和（b）显示化合物 **9** 的大八面体的两个顶点的结构。四个晶体学独立的外部 Cu^{2+}离子中，Cu5 离子为四角单锥的五配位构型，它的 NO$_4$ 供体分别来自脯氨酸的一个氨基氮原子以及一个羧基氧原子、一个外部 μ$_3$-OH$^-$、*trans*-Cu(Pro)$_2$ 连接组元的一个羧基氧原子和一个水分子。其他三个外部 Cu^{2+}离子（Cu6、Cu7 和 Cu8）为四角双锥的六配位构型，它的 NO$_5$ 供体分别来自脯氨酸的一个氨基氮原子以及一个羧基氧原子、外部 μ$_3$-OH$^-$、*trans*-Cu(Pro)$_2$ 组元的一个羧基氧原子和两个水分子。它们之间的差异在于：Cu7 离子的第四配位点的氧原子来自 *trans*-Cu(Pro)$_2$ 组元（Cu7—O13 1.989Å），与 Cu5 离子（Cu5—O9 1.951Å）类似；而来自 *trans*-Cu(Pro)$_2$

的氧原子却占据 Cu6 和 Cu8 离子的第六配位点（Cu6—O12a 2.375Å；Cu8—O16b 2.400Å）。与化合物 6~8 中的甘氨酸配体相比，脯氨酸的 η_2 配位模式在 [Fe$_{12}$] 簇[26]中被观察到，而在化合物 9 中却没有出现。在化合物 9 中脯氨酸配体只有两种配位模式：①[3.1$_1$2$_{23}$1$_3$]配位的脯氨酸，每个脯氨酸都螯合一个内部 Cu^{2+} 离子，同时配位一个外部 Cu^{2+} 和一个 Nd^{3+} 离子，从而得到更高核的簇节点；②[2.1$_1$1$_2$1$_2$]配位的脯氨酸，两个该类型脯氨酸同时螯合一个 Cu^{2+} 离子，形成一个 *trans*-Cu(Pro)$_2$ 连接组元，用于连接高核簇内节点，从而得到三维聚合物。

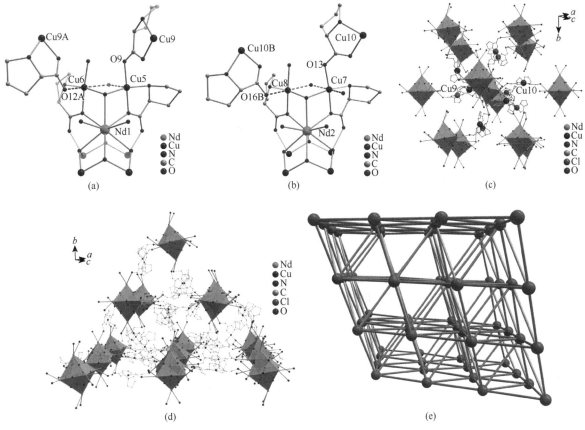

图 13-10　（a，b）化合物 9 中的大八面体 [Nd$_6$Cu$_{24}$] 簇顶点的两个 Nd^{3+} 离子和外部 Cu^{2+} 离子的配位模式。对称码：A，*y*，*z*，*x*；B，0.5-*z*，1-*x*，-0.5+*y*。（c）每个簇节点通过 *trans*-Cu(Pro)$_2$ 组元连接周围 12 个其他簇。（d）化合物 9 的三维开放骨架的示意图。（e）面心立方网络

与甘氨酸配体相比，L-脯氨酸的侧链的空间位阻效应可能是导致化合物 8 和 9 之间的结构差异很大的原因。在化合物 9 中，每个 [Nd$_6$Cu$_{24}$] 节点通过 12 个 *trans*-Cu(Pro)$_2$ 组元连接相邻的十二 [Nd$_6$Cu$_{24}$] 单元 [图 13-10（c）]；其结构可以描述为一个立方紧密堆积的网格（也被称为面心立方），一种在晶体学的最重要的堆积 [图 13-10（e）]。从另一个角度来看，化合物 9 也可以被看作边长约为 23Å（以簇中心的 ClO$_4^-$ 之间的距离）的 [Nd$_6$Cu$_{24}$]$_4$ 超四面体结构模块，如图 13-10（d）所示。这一模块不仅本身具有大孔，也可以形成类似于紧密堆积晶格的胶体纳米颗粒那样的具有大孔径和高孔隙的超晶格。除硫属超四面体框架化合物之外，化合物 9 是一个非常罕见的高核超四面体结构的过渡金属配位聚合物[54]。

按 PLATON 计算，化合物 9 有效的自由体积约 16283Å^3，约占晶体体积的 47.7%。封装在大孔隙中的游离水分子、OH$^-$ 离子和 ClO$_4^-$ 离子，使得化合物 9 展现出半导体特性。通过粉末样品的测定，化合物 9 在 273.15K 时的电导率为 4.27×10^{-7}S/cm，在 310K 时增加到约 6.84×10^{-6}S/cm。化合物 8 和 9 之间的电导率差异主要是由于该 Ln$_6$Cu$_{24}$ 模块的堆积模式。与化合物 8 测试条件相似，分别在

2000G 和 5000G 的磁场强度下测定了在 2～300K 温度范围内化合物 **9** 的磁化率随温度的变化关系，化合物 **9** 也表现为反铁磁相互作用，Weiss 常数为-38.2K。

13.5 结晶条件对组装的影响

上述报道的所有晶体化合物均从放置在一个充满五氧化二磷的干燥器中的母液中分离得到。最近，我们将含有反应物（Gd^{3+}/Cu^{2+}/甘氨酸）比例为 2：1：2、pH 值约为 6.6 的母液的锥形瓶放入充满五氧化二磷的干燥器中，观察到一种新现象：首先析出的不是蓝色的晶体，而是无色的固体物质。无色的固体是易吸潮和非晶态的，这可能是一个钆氧的高氯酸盐。然后将含有混合物的瓶子移出干燥器并轻轻地放置在空气中，两周后分离得到蓝色晶体 $[Gd(H_2O)_8]\cdot[Gd_6Cu_{12}(OH)_{14}(Gly)_{15}(Hgly)_3(H_2O)_6]\cdot(ClO_4)_{16}\cdot14H_2O$（**10**）[55]。基于元素分析和能量色散 X 射线光谱的实验证据证实了该化合物的分子式。粉末 X 射线衍射测量表明样品的纯相位。如果缺少预先沉淀的无色固体的步骤，将不能分离得到化合物 **10**。目前的反应表明，在这个逐步增长的过程中，最初的无色固体作为一个母体来聚集其他的构建单元，形成化合物 **10**。

化合物 **10** 的单晶 X 射线衍射分析揭示了它是一个具有三重反轴的具有高度对称的分子。化合物 **10** 是由离散的十八核阳离子 $[Gd_6Cu_{12}(OH)_{14}(Gly)_{15}(Hgly)_3(H_2O)_6]^{13+}\equiv[Gd_6Cu_{12}]$、八水合 Gd^{3+} 离子、几个高氯酸盐和晶格水组成（图 13-11）。在十八核阳离子中，有 1 个晶体学独立的 Gd^{3+} 和 2 个 Cu^{2+} 离子以及 3 个甘氨酸配体［图 13-11（a）］。Cu1 和 Cu2 离子分别采用平面四边形的四配位和四方锥的五配位构型，而 Gd1 离子采用单帽四方反棱柱配位构型。两个 Cu^{2+} 离子通过一个 μ_3-O(3)H 配体和一个 *syn-syn* 配位的甘氨酸配体连接形成 $[Cu_2(Gly)_3(OH)(H_2O)]\equiv[Cu_2]$ 双核铜-甘氨酸片段。六重对称的 Gd1 原子是由两个 μ_3-O(1)H 和六个 μ_3-O(2)H 基元连接形成一个同金属八面体簇 $[Gd_6(OH)_8]\equiv[Gd_6]$［图 13-10（b）］。$[Gd_6]$ 的核心被 6 个对称 $[Cu_2]$ 片段通过 μ_3-O(3)H 和 2 个甘氨酸封装在中心，形成独特的轴流风扇形阳离子 $[Gd_6Cu_{12}]$［图 13-11（c）］。每个 $[Cu_2]$ 片段作为风机叶片用 3 个钆钉到八面体核心的风扇轴上。叶片的 2 个甘氨酸使用图 13-1 中的模式（d2）来螯合 Cu^{2+} 离子，并进一步通过 2 个氧原子配位 2 个 Ln^{3+} 离子。在外围的八水合 Gd^{3+} 离子是无序的，类似于在磺化杯芳烃[4]体系中所观察到的[56]。

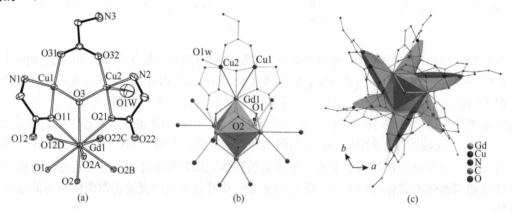

图 13-11 （a）化合物 **10** 的 30%的 ORTEP 图，显示 Gd^{3+}、Cu^{2+} 离子的配位构型。氢原子、高氯酸盐、八水合钆离子和晶格水分子被省略。A、B、C 和 D 的对称码：$1-y$，$1+x-y$，z；$2/3+x-y$，$1/3+x$，$1/3-z$；$1/3+y$，$1/3-x+y$，$1/3-z$ 和 $y-x$，$1-x$，z。（b）六个 $[Cu_2]$ 叶片封装一个八面体 $[Gd_6]$ 核形成一个沿 *c* 轴方向视图。（c）轴流风扇形的 $[Gd_6Cu_{12}]$ 簇阳离子。唯一的一个 $[Gd_6Cu_{12}]$ 簇的顶点如（b）所示。对 Cu1—O3—Cu2 桥接角度为 105.91°

有趣的是，化合物 **10** 的结构是一个没有中心 μ_6-O 配体支撑和"收缩"效应最大的"空心"[Gd$_6$]簇。除了报道的在[Tb$_{14}$]簇中的[Tb$_6$]单元[57]，所有已知的八面体 Ln$_6$ 簇化合物均有一个中心的 μ_6-O 配体，被认为它在稳定 Ln$_6$ 单元中发挥关键作用[58]。化合物 **10** 的[Gd$_6$]核心中的 μ_6-O 配体的缺失导致了 Gd—(μ_3-OH)和 Gd—Gd 的距离（2.389~2.416Å 和 3.955~3.959Å）和 Gd—(μ_3-O)—Gd 角度（110.2°~111.6°）的增加；作为对比，已报道的 Gd$_6$ 簇高氯酸盐[58c]相应的距离分别为 2.345~2.408Å 和 3.561~3.620Å，角度为 97.8°~99.6°。实际上，据我们所知，在化合物 **10** 中，平均 Gd—(μ_3-O)—Gd 角度为 110.9°，是多核[Gd$_n$]氧簇中最大角度。

在不同的磁场下测量化合物 **10** 在 2~300K 时磁化率随温度的变化，结果如图 13-12 所示。在室温（300K）和 500Oe 的磁场中，其 $\chi_M T$ 值为 48.8cm^3·K/mol，而自由无相互作用的 12 个 Cu^{2+} 离子和 7 个 Gd^{3+} 离子预期值为 59.6cm^3·K/mol。这种差异可能来自化合物的 6 个[Cu$_2$]叶片的强反铁磁的贡献。冷却后，化合物 **10** 的 $\chi_M T$ 值连续缓慢地增加；随后约在 40K 时大幅度增加，10K 时达到最大值，为 52.5cm^3·K/mol，其 Weiss 常数为 + 0.8K，这表明化合物 **10** 整体表现铁磁性。然后 $\chi_M T$ 值迅速下降到 2K 时的 42.8cm^3·K/mol，这主要是由于分子间的弱反铁磁耦合和零场分裂[59]。类似的情况也可以在场强 1kOe 和 5kOe 时观察到。在 10K 温度下 $\chi_M T$ 的最大值也随场强的增加而缓缓增加，5kOe 时 $\chi_M T$ 值为 53.8cm^3·K/mol，仍小于其自旋值，这表明该化合物存在反铁磁相互作用或自旋阻挫。然而，通过进一步提高场强（10kOe 和 25kOe），数据显示明显的场依存性，在较高的温度下达到最大值。这种行为表示一个高自旋基态的存在[60]。在高场和低温下，最大值的下降可以归因于最高能量的塞曼能级的下降[60]，以及 Gd 离子之间的磁耦合作用[61, 62]。

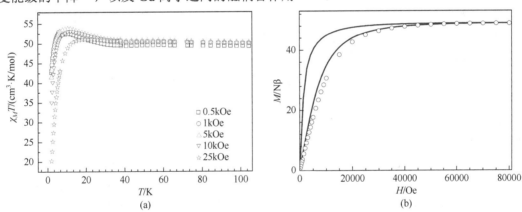

图 13-12 （a）磁场强度分别在 0.5kOe、1kOe、5kOe、10kOe 和 25kOe 下 $\chi_M T$ 与温度的关系；（b）化合物 **10** 在 2K 温度下的磁化强度的场依赖关系（虚心圆），蓝线为 7 个未发生磁耦合 Gd^{3+} 离子的 Brillouin 函数，红线为 $S=42/2$ 态加 $S=7/2$ 态的 Brillouin 函数

以两个经验公式为前提进行计算，Cu—Cu 离子［Cu—O—Cu 角度（ϕ）为 105.91°］之间的耦合作用（J'）可能是大小约 623.5cm^{-1} 的反铁磁性作用[43]，而具有二面角（c）6.8°的 Cu—Gd 离子之间的耦合作用（J）可能是一个约 8.0cm^{-1} 大小的铁磁作用[63]。所以，GdCu$_2$ 三角内可能发生阻挫效应［图 13-12（a）］。实际上，磁化曲线明显地给出最大极限值 48.9Nβ，接近于七个没有相互作用的 Gd^{3+} 离子的预期值（49Nβ）（图 13-12）。在高场区（≥25kOe），观察到 Gd^{3+} 离子单离子行为。这表明，在高场，在每个[Cu$_2$]叶片的两个未成对电子将被迫配对，在 GdCu$_2$ 三角的自旋阻挫的影响将降到最低。值得一提的是，在 25kOe 时，化合物 **10** 的 Weiss 常数为 + 0.5K，仍然保持弱铁磁性。在低场下，磁化强度值低于孤立 Gd^{3+} 系统的计算曲线，表明该化合物为一种具有强自旋阻挫的铁磁体。

通过已报道的具有 GdO$_2$Gd 单元的化合物的交换和结构参数，首次得到经验公式：

$$J'' = 0.0123\varphi - 1.364 \text{cm}^{-1} \tag{13-2}$$

其中，φ 和 J'' 分别为 Gd—O—Gd 桥连角度和 Gd 离子键的交换参数。可以得出以下结论，$\varphi > 110.9°$ 是 GdO$_2$Gd 化合物表现出分子铁磁体的一个前提条件。因此，化合物 **10** 的"空心"[Gd$_6$]核心具有最大的平均 Gd—(μ_3-O)—Gd 桥连角度（φ），虽然只是稍微大于临界值，但表明它有一个非常弱的约 0.00035cm^{-1} 的铁磁性相互作用。

化合物 **10** 主要包括 Cu—Cu、Cu—Gd 和 Gd—Gd 三种耦合相互作用的磁学性能。众所周知，相互作用的顺序（4f-4f<4f-3d<3d-3d）与相互作用现象的机理密切相关。在低场（500Oe）时，化合物 **10** 的磁性结构可以被描述为六个自旋阻挫的 GdCu$_2$ 三角再加一个孤立 Gd^{3+} 的离子；而在高场（2.5kOe）时，其磁性结构可以被看作一个 Gd$_6$ 八面体。从上述两个场强的拟合后的磁性数据可以得到，Cu—Cu、Cu—Gd 和 Gd—Gd 的耦合数据分别为–857.3cm^{-1}、9.6cm^{-1} 和 0.0016cm^{-1}。从经验估计和数据拟合来看，化合物 **10** 的 Gd—Gd 耦合交换常数为正值，这意味其[Gd$_6$]核心是高核稀土簇合物表现出分子铁磁体的第一个例子。该化合物磁性主要由 Cu—Cu 耦合的反铁磁相互作用、Gd—Gd 和 Gd—Cu 耦合铁的磁相互作用组成。在低场时，化合物 **10** 是一个阻挫的铁磁体；而在高场时，它显示出 Gd^{3+}离子的单一的离子行为。没改完

13.6　镧系金属对组装的影响

通常 Ln^{3+}离子的配位数随着离子半径的增加而增加（有时高达 12）。在一般情况下，它也被称为镧系收缩效应。在许多情况下，一系列前面描述的含镧系元素（从 La^{3+}到 Lu^{3+}的离子）的同构化合物已经合成出来。然而，在溶液中 Ln(ClO$_4$)$_3$、Cu(ClO$_4$)$_2$ 和甘氨酸比例为 2∶1∶2 的条件下在空气中反应，而不是把瓶子放入装有五氧化二磷的干燥器中，经过缓慢蒸发，可得到了 3 种含不同镧系元素的异构的 3d-4f 化合物。首先，基于 La^{3+}、Pr^{3+}和 Sm^{3+}的一维链状化合物{Ln(H$_2$O)$_3$[Cu(Gly)$_2$][Cu(Gly)$_2$(H$_2$O)]}$_2$·6ClO$_4$·4H$_2$O（**11**），其结构中的稀土离子二聚体节点被 4 个 *cis*-Cu(Gly)$_2$ 组元桥连，其重复单元结构可以被描述为一个四叶螺旋桨。其次，基于 Eu^{3+}（**12**）和 Dy^{3+}（**13**）二维化合物，节点[Ln$_6$Cu$_{22}$]簇被 *trans*-Cu(Gly)$_2$ 组元桥接形成多孔结构。最后，三维的 Er^{3+}的化合物（**14**）中，*trans*-Cu(Gly)$_2$ 组元桥连节点[Er$_6$Cu$_{24}$]簇。每个[Er$_6$Cu$_{24}$]簇通过 12 个 *trans*-Cu(Gly)$_2$ 组元连接 8 个邻近的[Er$_6$Cu$_{24}$]簇形成三维多孔材料，孔隙中含有一定数量的 ClO$_4^-$、Na$^+$和晶格水。

13.6.1　由三个稀土离子桥连四个 Cu(Gly)$_2$ 形成的一维化合物（Ln = La, Pr, Sm）

这三个化合物结构相同，这里只描述 **11**·Sm 的结构。化合物 **11**·Sm 的 ORTEP 图如图 13-13（a）所示。该化合物中存在 1 个晶体学独立的 Sm^{3+}离子、2 个 Cu^{2+}离子、4 个甘氨酸配体、3 个高氯酸根离子、4 个配位和 2 个不配位的水分子。Sm1 由来自 5 个甘氨酸配体和 3 个配位水分子的 9 个氧原子配位。Cu1 配位构型为一个[4+2]模式的扭曲的八面体。八面体的底平面由 2 个甘氨酸螯合剂占据，Cu1—O 和 Cu1—N 的平均键长分别为 1.938Å 和 1.991Å，而轴向位置被 ClO$_4^-$离子中的氧原子占据，Cu1—O 平均距离为 2.592Å。底平面[Cu(Gly)$_2$]是误差为 ±0.110Å 的平面。Cu2 离子同样是由 2 个甘氨酸螯合配体形成平均偏差 0.232Å 扭曲的平面，此四方锥构型的顶端位置是水分子（Cu2—O1w 距离 2.357Å）。2 个铜离子底平面之间的二面角为 54.3°。化合物 **11** 的 Cu—N 和 Cu—O 的键长分别为 1.988～2.006Å 和 1.934～2.611Å，这与相关的氨基酸铜化合物中的键长很接近[22]。**11**·Sm 中的 4 个甘氨酸配体采取两种配位模式：图 13-1（c0）和图 13-1（e）。所有甘氨酸配体都去质子化，红外光谱数据中在 1700cm^{-1} 处没有观察到—COOH 强吸收峰。

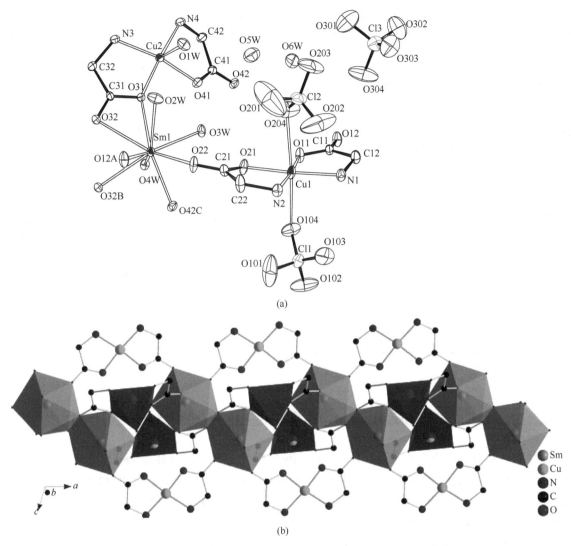

图 13-13　（a）化合物 **11·Sm** 的 ORTEP 椭球图（50%），所有的氢原子已经被省略。对称码：A，$-1+x$，y，z；B，$-2-x$，$-y$，$1-z$；C，$-1-x$，$-y$，$1-z$。（b）化合物 **11·Sm** 的链式多聚物的立体图

　　如图 13-13（b）所示，Sm1、Cu1 和 Cu2 离子通过 4 个甘氨酸配体连接成沿 a 轴的一维链式结构。2 个对称的 Sm 离子相互间通过 2 个羧基氧原子连接在一起，形成共边的二聚体。4 个叶片样的双甘氨酸-铜组元桥连相邻的稀土二聚体，生成了重复单元为螺旋桨叶片的链式结构。3 个具有大的热力学参数的 ClO_4^- 离子和 2 个不配位水分子点缀在螺旋桨之间。2 个邻近链之间的 O5w 和 O1w 分子中心对称，形成矩形的氢键，从而将链式结构扩展为 ab 平面的二维层状结构。然而，相邻层之间除了范德瓦耳斯力外，没有强的相互作用。

　　化合物 **11·La**、**11·Pr** 和 **11·Sm** 是同构的。然而，这三个化合物也存在小小的差异。由于镧系元素的离子半径由 1.17Å、1.13Å 减小到 1.10Å，双聚体 Ln_2 节点的尺寸 x 轴从 6.002Å、5.8782Å 更明显地减少到 5.7746Å，y 轴从 4.9890Å、4.8909Å 减少到 4.8045Å，而 a 轴与 Ln_2 双聚体连接线的角度（θ）也从 144.1°、144.0° 降低到 143.9°（表 13-1）。Ln_2 二聚体的大小甚至比单胞参数的缩小更显著，这使得两个金属配合物高度变形，特别是对连接 Ln1 和 Ln1a 形成二聚体的 $Cu(2)(Gly)_2(H_2O)$ 组元，两部分之间的扭角（TA）从 26.5°、27.5° 增加到 28.1°。这是第一次观察到 $Cu(Gly)_2$ 基元的大扭角，而 $\{Na \subset Cu_2[Cu(Gly)_2]_4\}$ 簇中相应的扭角为 5.4°～9.3°[22a]，$Cu(Gly)_2(H_2O)$ 的扭角只有 4°[64]。

表 13-1 化合物的部分单胞参数

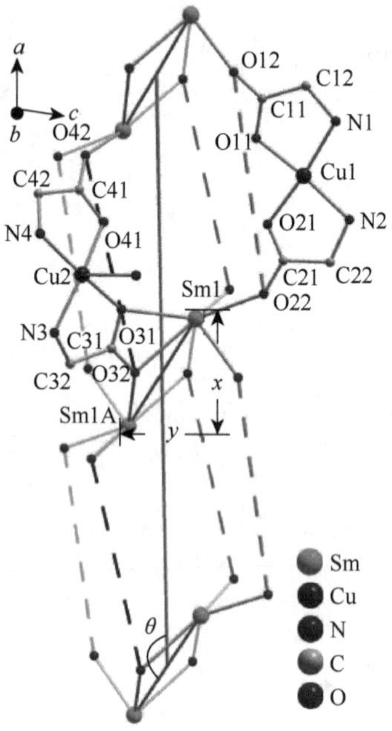

化合物		**11·La**	**11·Pr**	**11·Sm**
单胞参数	a	9.7475（11）	9.6817（50）	9.6132（19）
	b	11.9945（18）	11.9617（67）	11.9083（24）
	c	13.6087（23）	13.6023（76）	13.5959（27）
Ln$_2$	x	6.0002	5.8782	5.7746
	y	4.9890	4.8909	4.8045
	θ	144.1°	144.0°	143.9°
Cu2	Cu2—N3#	1.985 ±0.0657	1.991 ±0.0750	2.006 ±0.0773
	Cu2—N4#	1.979 ±0.0826	1.992 ±0.0821	1.999 ±0.0906
	TA*	26.5°	27.5°	28.1°
Cu1	Cu1—N2#	1.997 ±0.0364	1.984 ±0.0429	1.988 ±0.0491
	Cu1—N1#	1.990 ±0.0524	1.987 ±0.0564	1.994 ±0.0521
	TA*	9.3°	10.6°	12.0°

\# Cu—N 表示键长及由相应的铜和甘氨酸组成平面的平均偏差

* TA 表示两个 Cu(Gly)平面的扭角

13.6.2 由三个 Cu(Gly)$_2$ 桥连[Ln$_6$Cu$_{22}$]簇形成的三维化合物（Ln = Eu, Dy）

当稀土元素为 Eu^{3+} 或 Dy^{3+} 离子，Ln∶Cu∶Gly 比例为 2∶1∶2，pH 值为 6.6 时，可以分离得到蓝色晶体 Na$_2$[Eu$_6$Cu$_{22}$(OH)$_{28}$(Hgly)$_4$(Gly)$_{12}$(ClO$_4$)(H$_2$O)$_{18}$][Cu(Gly)$_2$]$_3$·23ClO$_4$·28H$_2$O（**12**）和[Dy$_6$Cu$_{22}$(OH)$_{28}$(Hgly)$_4$(Gly)$_{12}$(ClO$_4$)(H$_2$O)$_{18}$][Cu(Gly)$_2$]$_3$·21ClO$_4$·20H$_2$O（**13**）。化合物 **12** 和 **13** 表现出以簇[Ln$_6$Cu$_{22}$]为节点、*trans*-Cu(Gly)$_2$ 为连接元的二维网状结构，如图 13-14 和图 13-15 所示。

化合物 **12**·Eu 有 3 个晶体学独立的 Eu^{3+} 离子、13 个 Cu^{2+} 离子和 11 个甘氨酸配体。对于 11 个甘氨酸配体，其中 5 个以（d2）模式，3 个以（c1）模式，2 个以（a）模式，1 个以（c2）模式配位。氨基酸配体的（c2）模式为首次在 3d-4f 化合物中观察到。每个 Eu^{3+} 由 9 个氧原子配位，形成一个单帽四方反棱柱的配位构型。如图 13-14（a）～（c）所示，Eu1 和 Eu3 两个离子由 4 个内部 μ_3-OH$^-$ 配位组成下平面，2 个羧基氧原子和 2 个水分子配位组成上平面，1 个外 μ_3-OH$^-$ 配位组帽。Eu2 离子配位环境相似，只是帽子由另一个甘氨酸配体的 O71 原子组成。13 个 Cu^{2+} 离子可以分为三种：6 个六配位八面体构型的内部铜（Ⅱ）；5 个具有明显的 Jahn-Teller 畸变作用中心的外部铜（Ⅱ）；2 个形成平面正方形配位构型的桥连铜（Ⅱ），它由 2 个甘氨酸通过氨基氮原子和羧酸氧形成 *trans*-Cu(Gly)$_2$ 组元。

12 个内部 Cu^{2+} 离子和 6 个 Eu^{3+} 离子通过 24 个内部 μ_3-OH$^-$ 配位连接和 μ_{12}- ClO$_4^-$ 模板作用，形成一个[Eu$_6$Cu$_{12}$]核心，类似于三十核 3d-4f-氨基酸簇合物的核心和羧酸配位的[Ln$_6$Cu$_{12}$]簇[40]。5 个晶体学独立的外部 Cu^{2+} 离子为[4 + 2]模式六配位。其中，Cu7 和 Cu8 离子的 NO$_5$ 配位多面体由一个螯合配位甘氨酸的氨基氮原子和羧基氧原子，一个以 η_2 配位甘氨酸的羧基氧原子，一个外部的 μ_3-OH$^-$，一个 ClO$_4^-$ 离子的氧原子，以及一个 *trans*-Cu(Gly)$_2$ 连接桥上的羧基氧原子（Cu7—O20 和 Cu8—O11 的距离分别是 2.306Å 和 2.304Å）组成。*Trans*-Cu(Gly)$_2$ 组元上的 O20 和 O11 原子分别占据 Cu7 和 Cu8 离子的第六配位点。对 Cu2 和 Cu11 离子具有类似于 Cu7 离子的 NO$_5$ 配位构型；不同之处为第四配位点分别由 *trans*-Cu(12)(Gly)$_2$ 连接元的羧基氧原子和水分子占据，第六配位点都由

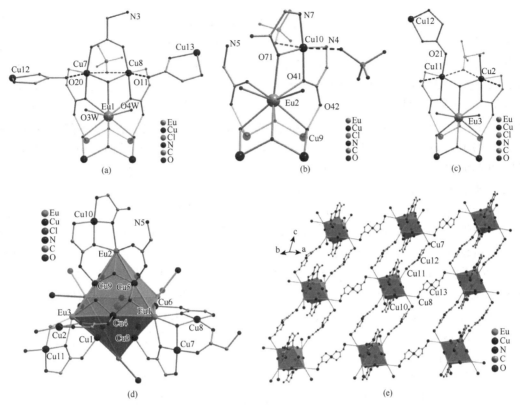

图 13-14　（a～c）化合物 **12** 的大八面体簇三个顶点处 Eu^{3+} 和及外部 Cu^{2+} 离子的配位环境；（d）节点[Er$_6$Cu$_{22}$]簇的示意图；（e）化合物 **12** 沿[–1–1 0]方向的三维示意图

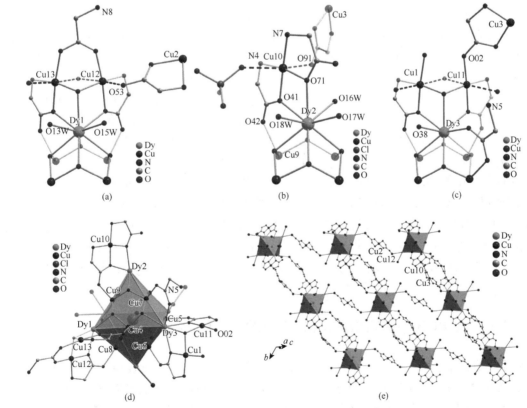

图 13-15　（a～c）化合物 **13** 的大八面体簇的三个顶点处的 Dy^{3+} 离子及其外部 Cu^{2+} 离子的配位环境。（d）[Dy$_6$Cu$_{22}$]簇节点示意图。（e）化合物 **13** 沿[10–1]方向的三维开放框架的示意图

水分子占据。Cu10 离子被 2 个甘氨酸配体螯合，形成 cis-Cu(Gly)$_2$ 组元，并通过 O41 和 O71 原子与 Eu2 离子相连，Eu—O 距离分别为 2.5255Å 和 2.5133Å；而且，一侧的一个甘氨酸配体通过未配位的羧基氧原子与一个内部铜离子相连（Cu9—O42 距离为 2.2780Å）。Eu2 离子通过两个采用（c2）、（d1）不同配位模式的甘氨酸只连接了一个外部 Cu^{2+} 离子，而 Eu1 和 Eu3 离子均通过一个外部的 μ_3-OH$^-$ 和两个模式（d1）配位的甘氨酸配体连接两个外部 Cu^{2+} 离子。从而形成了一个二十八核[Eu$_6$Cu$_{22}$]簇。与前述的三十核簇相比，化合物 **12** 的[Eu$_6$Cu$_{22}$]簇节点可以被视为有缺陷的簇。缺陷是由螯合 Eu2 离子的 cis-Cu(10)(Gly)$_2$ 组元引起的。cis-Cu(10)(Gly)$_2$ 螯合 Eu2 离子阻碍了双核铜甘氨酸片段 [Cu$_2$(Gly)$_3$(OH)(H$_2$O)]≡[Cu$_2$]的形成。换句话说，Cu^{2+}离子与甘氨酸比例为 1∶2，有利于形成 Cu(Gly)$_2$ 组元，进而导致缺陷的集群节点——[Eu$_6$Cu$_{22}$]的形成。

除了[Eu$_6$Cu$_{22}$]簇节点中的 cis-Cu(Gly)$_2$ 组元，还有两个 Cu(Gly)$_2$ 组元以 $trans$-模式连接[Eu$_6$Cu$_{22}$] 节点形成二维化合物。$trans$-Cu(12)(Gly)$_2$ 组元，采用两个氧原子 O20、O21 分别占据 Cu7 离子的第六配位点和相邻[Eu$_6$Cu$_{22}$]簇中的 Cu11 离子的第四配位点（Cu11—O21 1.976Å）。Cu13 离子位点在 1e 的位置，它所在的 $trans$-Cu(13)(Gly)$_2$ 组元上的对称的两个 O11 分别占据具有相同对称性的两个相邻簇中 Cu8 离子的第六配位点。在晶体中，每个[Er$_6$Cu$_{22}$]单元先通过两个 $trans$-Cu(12)(Gly)$_2$ 桥聚合产生一个[001]方向的双链；这些双链再通过一个 $trans$-Cu(13)(Gly)$_2$ 桥进一步连接。即每个[Eu$_6$Cu$_{22}$] 单元通过 6 个 $trans$-Cu(Gly)$_2$ 桥连接 4 个相邻的[Eu$_6$Cu$_{22}$]单元，形成一个沿[001]和[1-10]方向的二维的网状结构 [图 13-14（d）]。

类似于化合物 **12**，如图 13-15 所示，化合物 **13** 节点为有缺陷的[Dy$_6$Cu$_{22}$]簇单元。每个节点通过 6 个 $trans$-Cu(Gly)$_2$ 连接相邻 4 个[Dy$_6$Cu$_{22}$]单元，形成一个沿[111]和[101]方向的二维的 4^4-网格结构。但由于收缩效应，在节点[Dy$_6$Cu$_{22}$]簇和 $trans$-Cu(Gly)$_2$ 连接体及其之间有一些小小的差异。在这两种化合物，cis-Cu(Gly)$_2$ 组元必须螯合一个稀土离子同时配位[Ln$_6$Cu$_{12}$]核心的另一个 Cu^{2+} 离子。此外，它的两个螯合氧原子还必须满足稀土离子的单帽四方反棱柱的配位构型。因此，当稀土从 Eu 到 Dy 变化，相应的离子半径从 1.12Å 降低到 1.083Å，cis-Cu(Gly)$_2$ 组元的重心将转移到[Ln$_6$Cu$_{12}$]八面体的顶点（Ln 离子）方向，同时伴随着 Dy2—O71 距离（2.469Å）缩短和 Cu9—O42 距离（2.294Å）加长。首先，这种转移使得 cis-Cu(Gly)$_2$ 组元占据八面体顶点（Ln 离子）的更外层空间，进而阻碍甘氨酸配体（N5）配位同一个 Dy2 离子，而在化合物 **12** 中 cis-Cu(Gly)$_2$ 的甘氨酸配体（N5）一起配位相同的 Eu2 离子。为了完成对镧系元素的 O$_9$ 配位环境，化合物 **12** 的每个 Eu^{3+}离子均有 2 个水分子配位，而化合物 **13** 中 3 个独立的 Dy^{3+}离子、Dy1 离子与 2 个水分子配位，Dy3 只有 1 个水分子配位、Dy2 却有 3 个水分子配位。其次，这种转移使得 Cu10 离子拥有更多的空间使得 Cu10 离子可以被更大的连接元连接——化合物 **13** 中的 $trans$-Cu(Gly)$_2$ 组元，而在化合物 **12** 中 Cu10 离子两顶端的位置被 ClO$_4^-$ 离子氧原子占据。最后，这一转移也加长了 Cu10 —N7 和 Cu10—N4 的距离（分别从 1.980Å、1.980Å 到 2.035Å、2.007Å）。到目前为止，在剑桥结构数据库所有含 Cu(Gly)$_2$ 片段的化合物中，最大的 Cu—N 键长度为 2.021Å[64]。在化合物 **13** 的 Cu10—N7 键长可能是 Cu(Gly)$_2$ 化合物的极限值。因此，cis-Cu(Gly)$_2$ 组元难以连接上具有更小半径的 Dy^{3+}离子的[Ln$_6$Cu$_{12}$]八面体。

13.6.3　由六个 Cu(Gly)$_2$ 桥连[Er$_6$Cu$_{24}$]簇形成的三维化合物

当镧系元素为 Er^{3+}离子时，类似的 Er∶Cu∶Gly 比例为 2∶1∶2，pH 值为 6.6，从母液中分离得到蓝色晶体 Na$_4$[Er$_6$Cu$_{24}$(Hgly)$_2$(Gly)$_{12}$(OH)$_{30}$(ClO$_4$)(H$_2$O)$_{22}$]·[Cu(Gly)$_2$]$_6$·27ClO$_4$·36H$_2$O（**14**）。化合物 **14**·Er 最大的特点是[Eu$_6$Cu$_{24}$]簇节点和 $trans$-Cu(Gly)$_2$ 连接元组成一个三维网络，如图 13-16 所示。

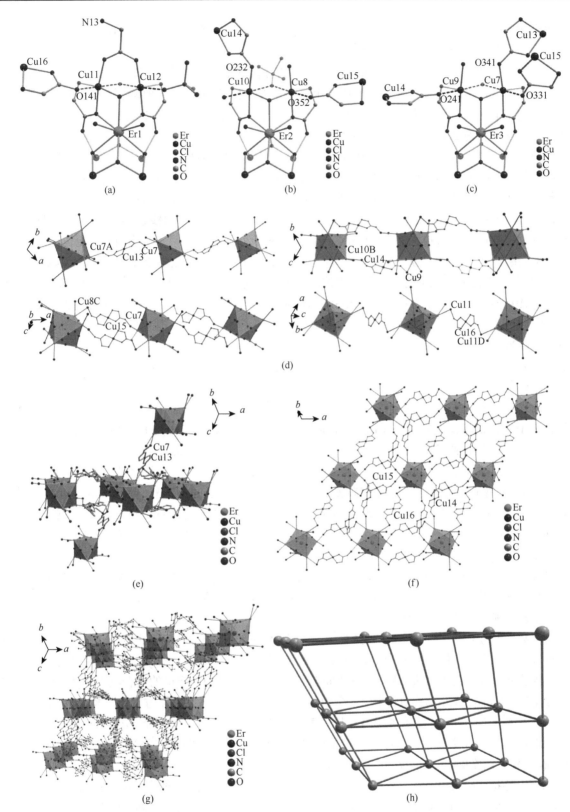

图 13-16　（a）～（c）化合物 **14** 的[Er_6Cu_{24}]簇的三个顶点处 Er^{3+}离子和外部 Cu^{2+}离子的配位模式。（d）[Er_6Cu_{24}]集群节点由四个 *trans*-Cu(Gly)$_2$ 组元连接，分别沿[110]、[011]、[100]和[111]方向衍生。对称码：A，$-1-x$，$-1-y$，$-z$；B，x，$1+y$，$1+z$；C，$-1+x$，y，z；D，$1-x$，$1-y$，$1-z$。（e）每个节点簇通过 12 个 *trans*-Cu(Gly)$_2$ 连接元连接到周围 8 个簇单元。（f）沿[111]平面的二维层。（g）沿[111]方向三维开放框架。（h）$3^6 \cdot 4^{18} \cdot 5^3 \cdot 6$ 拓扑网格

化合物 **14**·Er 中有 3 个晶体学独立的 Er^{3+} 离子、16 个 Cu^{2+} 离子和 13 个甘氨酸配体。对于 13 个甘氨酸配体，其中 6 个以模式（d2）配位，6 个模式（c1），1 个模式（a）。模式（d2）和模式（a）的甘氨酸用于构建 $[Er_6Cu_{24}]$ 簇节点，而模式（c1）的甘氨酸则螯合 Cu^{2+} 离子，形成 *trans*-$Cu(Gly)_2$ 连接元。每个 Er^{3+} 由 9 个氧原子配位，形成一个单帽四方反棱柱的配位多面体构型。这 9 个氧原子分别由 4 个内部 μ_3-OH^-（下平面）、2 个羧基氧原子和 2 个水分子（上平面）以及 1 个外部 μ_3-OH^-（帽）组成。Er—O 键长为 2.370～2.504Å。

16 个 Cu^{2+} 离子可以分为三种：6 个氧配位成八面体构型的内部 Cu^{2+} 离子；6 个类似的外部 Cu^{2+} 离子；4 个起连接作用的桥连 Cu^{2+} 离子，配位构型为平面正方形，这种 Cu^{2+} 离子由 2 个甘氨酸配体的氨基氮原子和羧基氧原子螯合配位，形成 *trans*-$Cu(Gly)_2$ 连接组元。12 个内部 Cu^{2+} 离子和 6 个 Er^{3+} 离子是以 24 个内部 μ_3-OH^- 连接、μ_{12}-ClO_4^- 为模板而形成一个 $[Er_6Cu_{12}]$ 的核心，类似于在三十核 3d-4f-氨基酸簇化合物的核心或羧酸配体的 $[Ln_6Cu_{12}]$ 簇[40]。6 个外部的 Cu^{2+} 离子拥有 [4＋2] 配位模式。这些外部 Cu^{2+} 离子前三个配位原子均由一个配位 $[3.2_{12}2_{23}1_3]$ 模式的甘氨酸上的氨基和羧基氧及一个 μ_3-OH^- 占据。一个 [2.110] 配位的甘氨酸提供的两个氧原子分别占据 Cu11 和 Cu12 离子的第四配位点；Cu7 和 Cu10 的第四配位点则由 *trans*-$Cu(Gly)_2$ 连接元的氧原子占据（Cu7—O341 键长 1.988Å；Cu10—O232 键长 1.963Å）；Cu8 和 Cu9 离子则被水分子占据。Cu7、Cu8、Cu9 和 Cu11 离子的第六配位点被 *trans*-$Cu(Gly)_2$ 组元的氧原子占据，其 Cu—O 距离分别为 2.366Å、2.322Å、2.411Å 和 2.269Å。在 $[Er_6Cu_{24}]$ 簇节点的 6 个外部 Cu^{2+} 离子中，Cu7 离子被两个 *trans*-$Cu(Gly)_2$ 组元连接，这在过去 Cu-Ln-氨基酸簇合物中没有观察到。

在这 4 个 *trans*-$Cu(Gly)_2$ 连接组元中，Cu13 位于 1e 位置，其 *trans*-$Cu(13)(Gly)_2$ 组元用它的两个羧基氧原子占据相邻簇中的两个 Cu7 离子的第四配位点，形成沿 [110] 方向的链，这也是第一次在 Cu-Ln-氨基酸体系中观察到。Cu16 位于 1h 位置，通过 *trans*-$Cu(16)(Gly)_2$ 组元占据相邻簇中的两个 Cu11 离子的第六配位点，形成沿 [111] 方向的链。*trans*-$Cu(14)(Gly)_2$ 组元用两个氧原子 O241 和 O232 分别占据 Cu9 离子第六配位点和相邻 $[Er_6Cu_{24}]$ 簇中的 Cu10 离子的第四配位点，形成沿 [011] 方向的双链。同样，*trans*-$Cu(15)(Gly)_2$ 组元连接相邻的簇节点形成沿 [100] 方向的双链。$[Er_6Cu_{24}]$ 簇节点由 3 个 *trans*-$Cu(Gly)_2$ 组元（Cu14、Cu15 和 Cu16）形成一个沿 [011] 和 [100] 方向的二维层。*trans*-$Cu(13)(Gly)_2$ 组元连接的相邻层，进而形成一个三维开放骨架结构，其中包含尺寸约 10.1Å×20.0Å（基于 Cu7···Cu7 和 Cu13···Cu13 分离）的一维沿 [111] 方向的矩形通道。根据 PLATON 程序计算，化合物 **14** 有效的自由体积约为 3583Å^3，占总晶体体积的 53.9%。游离水分子、高氯酸离子和钠离子被封装在大孔隙中。

配位数≥8 的金属有机框架是罕见的[65]。在以前我们采用高核 3d-4f 簇作为节点构建金属有机框架的报告中，8-连接的化合物 **8** 中 $[Sm_6Cu_{24}]$ 簇节点通过 10 个 *trans*-$Cu(Gly)_2$ 组元连接 6 个相邻的簇节点，显示出基本的立体网状结构，其 Schläfli 符号为 $4^{12}·6^{3[50]}$；12-连接的化合物 **9** 中 $[Nd_6Cu_{24}]$ 簇节点通过 12 个 *trans*-$Cu(Pro)_2$ 组元连接 12 个相邻的簇节点，显示出面心立方网络结构，其 Schläfli 符号为 $3^{24}·4^{18}·5^3·6^{[50]}$。相反，在化合物 **14** 中，每个 $[Er_6Cu_{24}]$ 簇节点通过 12 个 *trans*-$Cu(Gly)_2$ 组元连接 8 个相邻的簇节点形成一个三维的 8-连接框架结构，拓扑符号为 $3^6·4^{36}·5^3·6^3$。由于 $Cu(14)(Gly)_2$ 和 $Cu(15)(Gly)_2$ 组元连接 $[Er_6Cu_{24}]$ 簇节点形成双链，12 个 *trans*-$Cu(Gly)_2$ 组元（4 个 Cu14，4 个 Cu15，4 个 Cu16）连接 $[Er_6Cu_{24}]$ 节点，形成一个独立的系列平行的 3^6-网格。同时，通过 *trans*-$Cu(13)(Gly)_2$ 组元和其他三个 *trans*-$Cu(Gly)_2$ 组元中的一个组元，得到平行的 4^4-网格系列。因此，这个晶格可以被看作是最简单的，因为包括交叉 4^4-和 3^6-网格。化合物 **9** 中 3^6-网格层沿 [011] 和 [100] 的方向扩展，每个方向都通过 *trans*-$Cu(Pro)_2$ 组元连接 3 对节点而形成 *fcc* 网络。在化合物 **8** 中，平行于 [111] 面的层是 4^4-网格，它与另外 4^4-网格相交，产生基本的立方网结构。总之，含氨基酸配体的高核簇的组装，是构建具有大配位数和有趣拓扑网络的金属有机框架材料的好方法。

13.7　铜-稀土金属-甘氨酸化合物的碎片组装动态化学

甘氨酸的等电点为 5.9；反应条件下，pH 值 6.6，甘氨酸的两性离子（Hgly）或阴离子（Gly）并存达到平衡。如图 13-17 所示，如果 Cu^{2+} 离子加入溶液中，阴离子甘氨酸配体螯合 Cu^{2+} 离子形成 $[Cu(Gly)(H_2O)_2]^+$ 金属配体（a），两个金属配体可以通过一个 OH^- 连接成一组新的金属配体 $[Cu_2(Gly)_2(OH)(H_2O)_2]^+$（b）。就像 a 中的水分子，b 中的两个水分子也可以通过两性离子 Hgly 取代，形成另一种金属配体 $[Cu_2(Gly)_2(OH)(Hgly)]^+$（c）。另一个甘氨酸进一步螯合配体 a 生成 $Cu(Gly)_2$，可以是顺式（d）或反式（e）模式。异构体 $Cu(Gly)_2$ 可以在水溶液甚至固体状态中，迅速地实现顺式和反式之间的转换[66]。在化合物 **6～14** 均能观察到金属配体 b～e 观察，在三十二核化合物 $Na_4[Tb_6Cu_{26}(\mu_3\text{-}OH)_{30}(Gly)_{18}(ClO_4)(H_2O)_{22}]\cdot(ClO_4)_{25}\cdot(H_2O)_{42}$ 簇（**15**）中也观察到金属配体 a[47]。

类似于甘氨酸配体，OH^- 可以桥连 Cu^{2+} 离子和稀土离子，与中心模板的高氯酸根离子共同作用形成一个八面体 $[Ln_6Cu_{12}(OH)_{24}(ClO_4)]^{17+}$ 簇（f）。这种 f 簇也能在一些羧酸化合物中观察到[40]。因为在金属配体 b 和 c 中两个 Cu（Gly）片段的扭角接近 90°，配体 b 和 c 优先选择八面体的单稀土组分 f。以化合物 **6～8** 为例，化合物 **6** 中金属配体 b [图 13-7（a）] 和 c [图 13-7（c）] 的扭角分别为 87.1° 和 98.3°；而化合物 **7·Er** 和 **8** 中依靠 trans-Cu(Gly)$_2$ 提供它们的氧原子占据金属配体 c 上的 Cu^{2+} 离子的第五配位点，该配体 c [图 13-8（a）和图 13-9（c）] 的扭角分别为 91.6° 和 82.2°。金属配体 b 中的两个水分子可以被 trans-Cu(Gly)$_2$ 连接元中的氧原子代替。这时，扭角有一个很大的变化范围，从 73.4° [图 13-8（b）] 到 99.3° [图 13-9（b）]。除了 b 和 c，d 和 Hgly 也能螯合八面体 f，形成一些中间体。这些中间体可以进一步被这些配体螯合，如八面体的所有 6 个顶点均被金属配体 b 和（或）c 螯合而生成 $[Ln_6Cu_{24}]$ 簇节点，或 6 个顶点中有 2 个被配体 d 螯合，就生成带缺陷的 $[Ln_6Cu_{22}]$ 节点。$[Ln_6Cu_{24}]$ 节点相互间被 trans-Cu(Gly)$_2$ 组元连接，形成一维的化合物 **6**、二维的化合物 **7** 以及三维的化合物 **8** 和 **14**；相似地，$[Ln_6Cu_{22}]$ 节点形成二维的化合物 **12** 和 **13**。

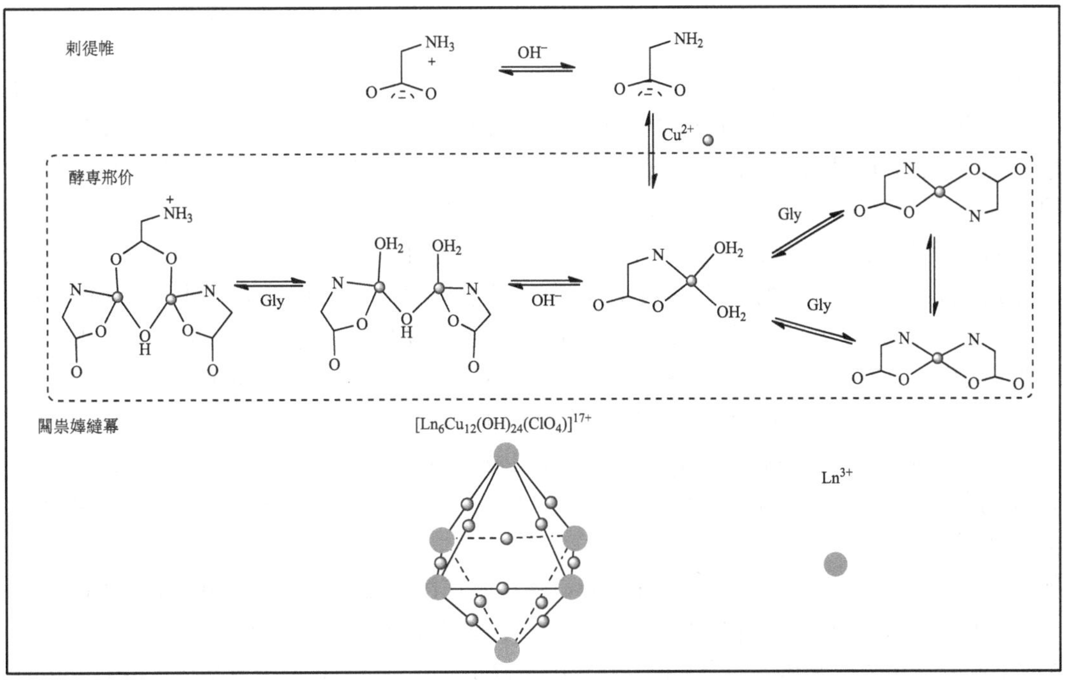

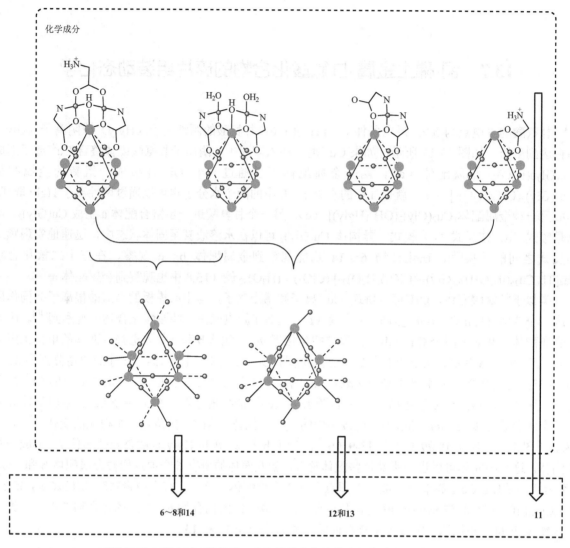

图 13-17 稀土-铜-甘氨酸三元配位聚合物的碎片组装动态化学示意图

值得指出的是，五齿金属配体 b 和 c 可以比三齿配体 cis-Cu(Gly)$_2$ 和二齿配体 Hgly 更紧密地螯合八面体 f。因此，只有当母液中含有大量 Cu(Gly)$_2$ 片段时，三齿 cis-Cu(Gly)$_2$ 配体（d）才可能螯合八面体 f。根据金属配体 a～e 的分子式，可以看到 Cu^{2+} 离子与甘氨酸比例为 1∶1 时有利于 a 和 b 的形成，1∶1.5 有利于 c 的形成，1∶2 有利于 d 和 e 的形成。1∶2 的情况下，如果稀土离子足够大（Ln = La～Sm），cis-Cu(Gly)$_2$ 组元可以直接与 Ln^{3+} 离子连接，形成化合物 **11**。对比反应物配比与化合物 **7**[49]和 **11**～**14** 的分子结构关系，我们可以得出这样的结论：1∶2 的 Cu^{2+} 离子与甘氨酸的比例易形成 Cu(Gly)$_2$ 组元。首先，在化合物 **11** 中只观察到只有 cis-Cu(Gly)$_2$ 组元。其次，在化合物 **12** 和 **13** 中，由于 cis-Cu(Gly)$_2$ 组元的螯合而形成缺陷簇[Ln$_6$Cu$_{22}$]节点。最后，化合物 **14** 可以看作是从 **7**·Er 构建过来的，其中 3 个 trans-Cu(Gly)$_2$ 组元插入化合物 **7**·Er 的 4^4 网格，从而连接[Er$_6$Cu$_{24}$]节点形成三维开放骨架结构。相反，在化合物 **6**～**8** 的合成中，铜与甘氨酸比例分别为 3∶2、2∶2、6∶4，有利于生成金属配体 a 或 b，没有观察到镧系收缩的影响。

如图 13-18（a）所示，类似于[Ln$_6$Cu$_{24}$]簇，通过金属配体 c 螯合八面体[Gd$_6$(μ$_3$-OH)$_8$]$^{10+}$核心得到化合物 **10**，这可以看作一个逐步生长的过程[55]。乙酸根离子可以类似于 Hgly 代替配体 b 中的两个水分子，形成一种类似配体 c 的金属配体[Cu$_2$(Gly)(OH)(Ac)]（g），6 个金属配体[Cu$_2$(Gly)(OH)(Ac)]

一起封装八面体 f 形成离散[Ln$_6$Cu$_{24}$]簇（**2**）[39]。有趣的是，如果配体 b 中的两个水被两个咪唑分子取代，就产生新的金属配体[Cu$_2$(Gly)(OH)(im)$_2$]$^{2+}$（h）。由于咪唑环之间面面之间的 π-π 作用，这两个 Cu^{2+}离子的距离将从化合物 **6** 中的 3.284Å 增加到化合物 **1**·La 中的 3.497Å，两个 Cu（Gly）片段间的扭角相应从 87.1°减小至 70.4°。因此，该配合物配体 h 不能螯合八面体 f，只能利用 3 个氧原子螯合稀土离子形成七核的三角棱柱簇合物（**1**）[38]。

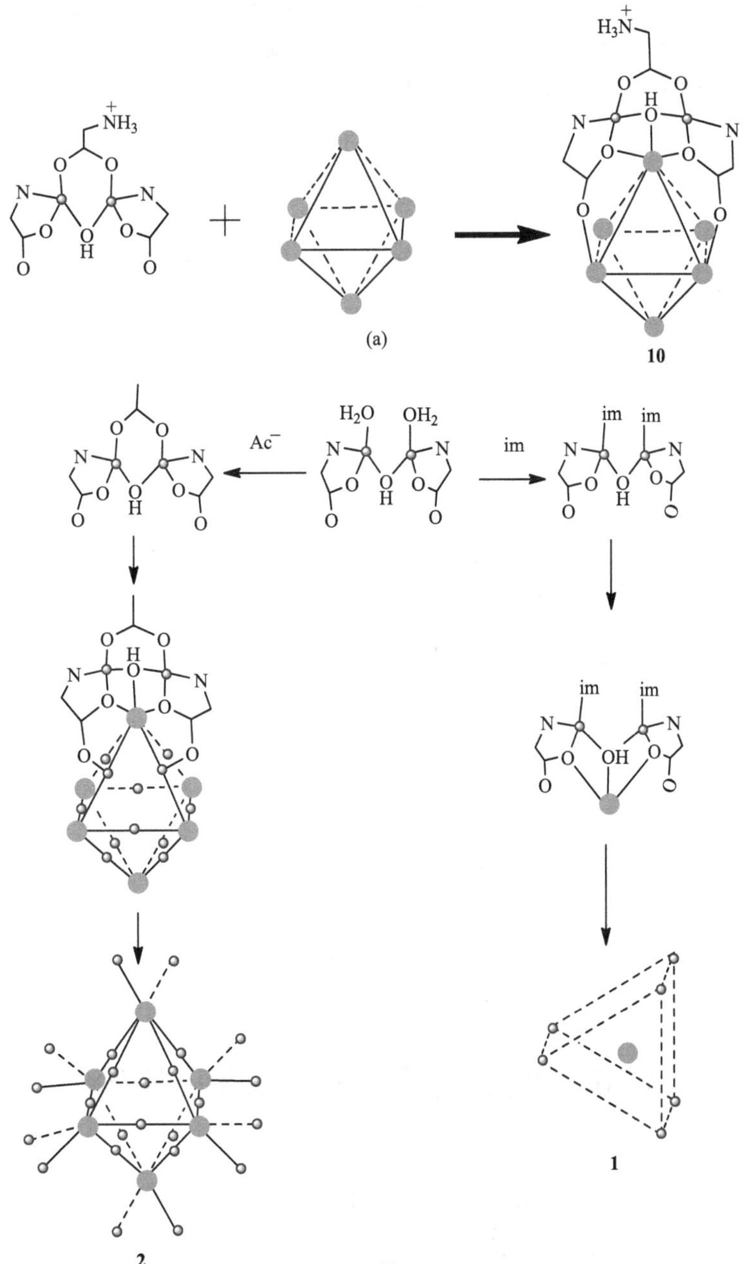

图 13-18　化合物 **10**（a）、**2** 和 **1**（b）的生成示意图

通过多个分子相互识别，在溶液中小构件单元自发的聚合已被证明是一种组装多变的结构框架的有效方式。在这些体系中，节点[Ln$_6$Cu$_{24}$]簇的外部 Cu^{2+}的第四配位点和第五配位点，可以想象为"识别点"。Cu^{2+}离子因 Jahn-Teller 畸变而拥有灵活的配位模式，有利于 Cu-Ln-Gly 化合物的碎片组装动态化学。

[Tb₆Cu₂₄]簇上外挂了两个铜-甘氨酸碎片的化合物：Tb(ClO₄)、Cu(ClO₄)₂ 和 Gly 以 1∶2∶1 的比例溶入水中，通过溶液的自组装反应可得到化合物 **15**。其阳离子的结构如图 13-19 所示。化合物 **15** 的结构可以被描述为[Tb₆Cu₂₄]的主体结构连接两个[Cu(Gly)(H₂O)₂]⁺组分。[Tb₆Cu₂₄]主体结构与化合物 **2**[39]很接近，只有 12 个外部 Cu²⁺离子及配体的配位上有细微差别。对于 12 个外部 Cu²⁺离子，其中 8 个是平面正方形的四配位构型，其他 4 个采用 NO₅ 的四方锥的五配位构型。[Cu(Gly)(H₂O)₂]⁺组分通过两个甘氨酸配体采用模式（c0）配位的方式连接到[Tb₆Cu₂₄]主体结构。端基 Cu²⁺离子配位两个水分子、甘氨酸配体上的一个氮原子和一个氧原子。这个甘氨酸配体未配位的羧基氧原子占据外部 Cu²⁺离子的第五配位点（Cu12），从而将[Cu(Gly)(H₂O)₂]⁺组分与[Tb₆Cu₂₄]主体相连。

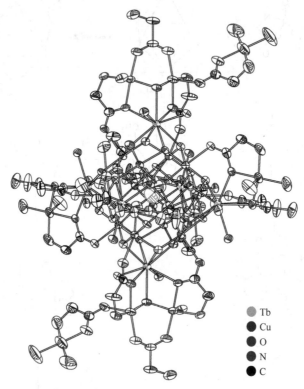

Tb
Cu
O
N
C

图 13-19　化合物 **15** 阳离子结构（所有氢原子省略）

13.8　过渡金属离子对组装的影响

如上所述，由于 Jahn-Teller 效应，Cu²⁺离子配位数为 4～6，因而具有多种结合模式，这是导致铜-稀土-氨基酸化合物具有多样结构的重要原因之一。在对比实验中，其他过渡金属离子更趋向八面体构型的六配位模式。当 M 为 Co²⁺、Ni²⁺、Zn²⁺离子时，只观察到两种不同的结构：一是八面体型的七核[LnM₆]簇合物；另一种也是七核簇合物，却是三棱柱结构。对八面体型的簇合物，稀土离子的选择是非常重要的，只发现基于 La³⁺和 Pr³⁺的两种化合物[67]。在使用相同的镧系元素离子的情况下，原料的配比对最终产物的形成起着至关重要的作用。Pr³⁺∶Ni²⁺∶Gly 比例为 1∶6∶12 时得到八面体型的簇合物 Na[PrNi₆(Gly)₁₂](ClO₄)₄·11H₂O（**16**）[67]；而 1∶6∶9 的比例得到三棱柱晶体 Na₄[PrNi₆(Gly)₉(μ₃-OH)₃(H₂O)₆]·(ClO₄)₇（**17**）[68]。值得注意的是，三棱柱结构仅见于甘氨酸配体的体系中，而八面体结构在甘氨酸、丙氨酸、苏氨酸或脯氨酸配体的体系中均可观察到。

13.8.1 与过渡金属钴或镍形成的七核八面体簇化合物

$M(ClO_4)_2$（$M = Ni^{2+}$，Co^{2+}）、$Ln(ClO_4)_3$（$Ln = La^{3+}$，Pr^{3+}）和氨基酸（甘氨酸、L-丙氨酸、L-苏氨酸）在水溶液中自组装反应可合成一系列七核的八面体簇（$[LnM_6(AA)_{12}]^{3+}$）（$AA = Gly$、Ala 或 Thr）[69, 67]。化合物 **16** Na[LaNi_6(Gly)_{12}](ClO_4)_4(H_2O)_{11} 的[LaNi_6]簇结构如图 13-20 所示。其阳离子结构类似 Yukawa 报告的脯氨酸簇[31]，但晶体在空气中非常稳定。La^{3+}离子位于由六个 Ni^{2+} 离子组成的大八面体笼的中心，$La \cdots Ni$ 和 $Ni \cdots Ni$ 距离分别为 3.695～3.702Å 和 5.231～5.242Å。作为对比，在[SmNi_6(Pro)_{12}]簇中，相应的距离分别为 3.70Å 和 5.23Å[31]；在亚氨基羧酸为配体的[LaNi_6]簇中，相应的距离分别为 3.63Å 和 5.12～5.15Å[70]。

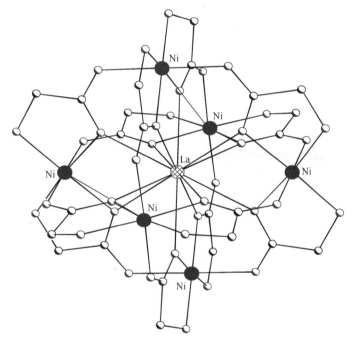

图 13-20 化合物 **16** 的阳离子结构

镧离子具有 O_{12} 的配位中心，其配位构型为一个二十面体。12 个甘氨酸上的 12 个羧基氧原子一起配位中心镧离子，其键长为 2.692～2.761Å。每个 Ni^{2+}离子由 2 个氨基氮原子和 4 个甘氨酸配体中的 4 个羧基氧原子配位。$Ni—O$ 和 $Ni—N$ 键长为 2.04～2.07Å。所有 Ni^{2+} 离子的配位构型均是稍微扭曲的八面体结构。在这个化合物中，每个甘氨酸配体采用 μ_4 配位模式，配位两个 Ni^{2+} 和 La^{3+}离子。

我们还观察到一个主要由镧系离子的离子半径控制的有趣的现象。我们尝试使用 La^{3+}、Pr^{3+}、Nd^{3+}、Sm^{3+}、Eu^{3+}、Gd^{3+}和 Er^{3+}，却只得到了[LaNi_6]和[PrNi_6]八面体簇。我们认为镧系离子的离子半径在合成中起着重要的作用。只有半径较大的 Ln^{3+}离子可以采用这样的十二配位二十面体结构。对于那些 Pr^{3+}后面的稀土离子，只得到[LnNi_6]三棱柱簇[68]。对比在乙腈中合成的八面体[SmNi_6]簇[31]，我们可以看到，溶剂也会影响八面体簇的合成，因为水对稀土离子的配位能力高于非水溶剂分子。溶剂的影响与离子半径的影响之间的竞争或许可以解释在水溶液中合成不了[LnNi_6]

（Ln＝Nd～Lu）八面体簇。[LnNi$_6$]八面体簇是非常稳定，不占用任何额外的配体，如咪唑或 SCN^{-}[67]。

在冷却时，化合物 **16** 的 $\chi_M T$ 值开始缓慢增大；当温度从约 60K 进一步冷却时，$\chi_M T$ 值开始较为迅速地增大；直到约 7K 时，达到最大值 9.79cm^3·K/mol，这种现象符合铁磁相互作用。从 7K 进一步降低，$\chi_M T$ 值也开始降低；这可能是各向异性的影响，如零场分裂或自旋-轨道耦合。在 10～300K 温度范围拟合的正的 Weiss 常数（$\theta = 2.35$K）也能确认，在[LaNi$_6$]簇中 Ni—Ni 间的存在铁磁相互作用。

13.8.2　与过渡金属钴、镍或锌形成的七核三棱柱簇化合物

以甘氨酸为配体，我们合成了含不同棱柱和端基配体的七核三棱柱型的[LnM$_6$]系列簇合物（M＝Co^{2+}，Ni^{2+}，Zn^{2+}）[68, 71]，如图 13-21 所示。这些簇的结构可以描述为 6 个 3d 过渡金属离子为顶点、中心包容一个 4f 稀土金属离子的三棱柱结构。以基于 Ni^{2+} 的簇合物为例，该化合物都有一个[LnNi$_6$(Gly)$_6$(μ_3-OH)$_3$(H$_2$O)$_6$]$^{6+}$核心，可以看作是从母体[LnNi$_6$(Gly)$_6$(μ_3-OH)$_3$(H$_2$O)$_6$(μ_2-OH$_2$)$_3$]$^{6+}$（不幸的是，这个簇尚未被合成得到）交换棱柱和/或端基配体而来。其实，μ_2-H$_2$O 棱柱配体的 Ni—O 键长约为 2.23Å，端基水分子的 Ni—O 键长为 2.17Å，与普通的 Ni—O 键长约 2.0Å 相比，说明这个 Ni—O 配位键很弱。该 μ_2-H$_2$O 棱柱配体可以被 Cl$^-$ 或 Ac$^-$ 逐一取代，而端基也可被吡啶取代。图 13-22 和图 13-23 显示了簇的形成和它们的结构（或可能的结构）。

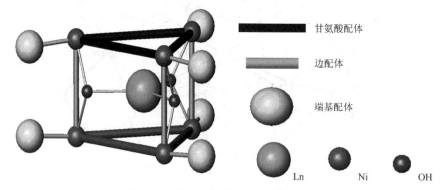

图 13-21　氨基酸配体的异金属 7 核三棱柱簇的结构示意图

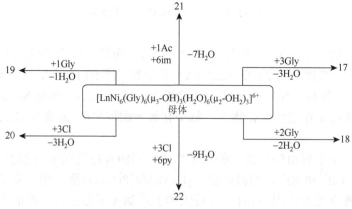

图 13-22　七核三棱柱簇 **17～22** 的形成

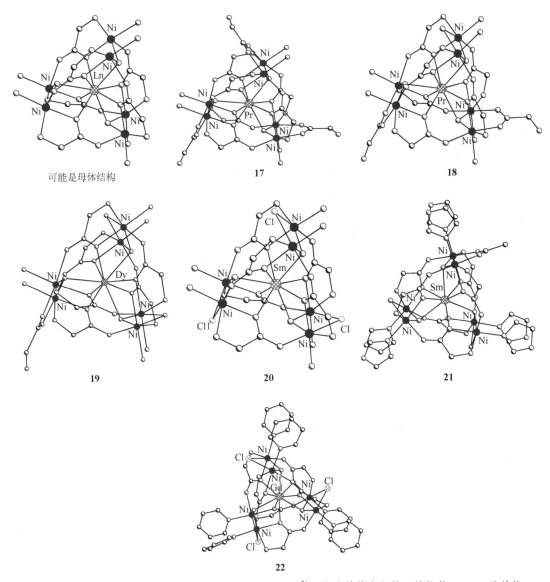

图 13-23 母体[LnNi₆(Gly)₆(μ₃-OH)₃(H₂O)₆(μ₂-OH₂)₃]⁶⁺可能的结构和七核三棱柱簇 17~22 的结构

例如，如果三个 μ_2-OH₂ 棱柱配体分别被 3 个、2 个、1 个甘氨酸配体以模式[2.110]配位取代，可得到化合物 Na₄[PrNi₆(Gly)₉(μ₃-OH)₃(H₂O)₆]·(ClO₄)₇（**17**）、Na₂[PrNi₆(Gly)₈(μ₃-OH)₃(μ₂-OH₂)(H₂O)₆]·(ClO₄)₆·2H₂O（**18**）和 Na[DyNi₆(Gly)₇(μ₃-OH)₃(μ₂-OH₂)₂(H₂O)₆]·(ClO₄)₆·H₂O（**19**）（图 13-23）。化合物 **17** 的簇合物包含两个平行的层，每层由 3 个 Ni²⁺离子和 3 个甘氨酸配体组成。层间 Ni···Ni 距离约为 3.6Å，层内 Ni···Ni 距离为 5.3Å。而 PR···Ni 距离大约是 3.57Å。3 个甘氨酸配体采用[3.1₁2₂3₁3]配位模式，螯合一个 Ni²⁺并连接另一个 Ni²⁺和一个 Ln³⁺离子。Pr³⁺为九配位的三帽三棱柱配位构型。除了棱柱甘氨酸配体数目的不同，化合物 **18** 和 **19** 的结构几乎与化合物 **17** 相同。这点不同也会导致金属骨架轻微的变形。换句话说，在化合物 **18** 和 **19** 中，上下两层间存在一个 4.5°的扭角。3 个 μ_2-OH₂ 棱柱配体也可以被部分或全部由 Cl⁻取代，形成新的化合物如[SmNi₆(Gly)₆(μ₃-OH)₃Cl₃(H₂O)₆]·Cl₃·(H₂O)₉（**20**）。

母体[LnNi₆(Gly)₆(μ₃-OH)₃(H₂O)₆(H₂O)₆]⁶⁺6 个端基水分子被咪唑（IM）和吡啶（Py）配体取代，分别得到化合物 [SmNi₆(Gly)₆(Ac)(μ₃-OH)₃(μ₂-H₂O)₂(im)₆]·(ClO₄)₅·(H₂O)₅（**21**）和 [GdNi₆(Gly)₆Cl₃(OH)₃(py)₆]·Cl·(ClO₄)₂·(H₂O)₅（**22**）[71]。这就让人想起另一类著名的多核簇合物，它的端基位点被溶

剂分子占据，并可被吡啶、羧酸或其他配体取代，如三核簇$[M_3(\mu_3\text{-}O)(\mu\text{-}RCO_2)_6L_3]^{n+}$（L = 中性单齿配体），广泛存在于各种第一、第二或第三排过渡金属离子[72]和多核锰簇[73]。然而，在 3d-4f 异金属簇合物中类似反应还是很少见的。类似的 $[LnCu_6]$ 簇合物 $[LnCu_6(\mu_3\text{-}OH)_3(Gly)_6(im)_6](ClO_4)_6$（Ln = La^{3+}，Pr^{3+}，Sm^{3+}，Er^{3+}）（**1**）也被已合成[38]，该簇以咪唑作为端基配体。

利用弱配位作用的基团取代，包括棱柱和端基配体的取代，再加上镧系元素的改变，可以帮助人们设计并合成大量多变的 3d-4f 簇合物。这种设计和合成的方法很有吸引力，它可以打开组装其他多核化合物的新途径。类似的情况也在 Zn^{2+} 和 Co^{2+} 簇中观察到。

值得注意的是，存在于化合物 **17～19** 的$[Ni_2(Gly)_2(OH)(Hgly)]^+$片段，与金属配体 c 非常相似。那就出现一个有趣的问题：为什么片段 $[Ni_2(Gly)_2(OH)(Hgly)]^+$ 螯合稀土离子而没有出现八面体结构？首先，八面体$[Ln_6Ni_{12}(OH)_{24}(ClO_4)]^{17+}$簇还没有观察到。其次，由于 Ni^{2+} 离子的八面体配位环境，Hgly 只能替代弱配位 $\mu_2\text{-}H_2O$ 棱柱配体，导致 Ni—Ni 距离（约 3.5Å）的拉长和两个 Ni(Gly)间扭角（约 64.2°）的变小。所以，类似于金属配体$[Cu_2(Gly)_2(OH)(im)_2]^{2+}$（h）的$[Ni_2(Gly)_2(OH)(Hgly)]^+$碎片螯合镧系离子形成三棱柱形的镧系簇合物。

13.9 其他因素的影响

除了上面提到的影响因素，如反应物的比例、镧系元素、过渡金属、结晶条件和第二配体等，还有其他一些因素会影响稀土过渡金属氨基酸簇合物的可控组装。

首先，这一策略的难度在于寻找一个合适的 pH 范围使氨基酸配体利用其氨基和羧基同时参与配位 3d-4f 金属离子。我们发现 6.6 是一个合适的 pH 值。pH 值太高会导致大量的沉淀。

另一个关键因素是反应物比例。我们发现有必要保持一个高的金属与配体比例，如果反应中含有相对较多的配体，往往易于生成一些比较简单、低核数的化合物。

最后，氨基酸的溶解度也很重要。只有在水溶液中溶解度大的氨基酸，如甘氨酸、丙氨酸、缬氨酸和脯氨酸等，可以构建 3d-4f-氨基酸化合物。

13.10 总 结

在这里，我们总结了稀土过渡金属氨基酸簇合物的研究工作。对影响组装的几种因素，如第二配体、镧系元素、结晶的条件、金属离子与氨基酸的比例及过渡金属离子进行了阐述。弱配位键的取代是这些系列化合物结构多样的重要原因。Cu-Ln-Gly 簇合物的结构比其他过渡金属化合物更加多样化的原因可能是几种金属配体间的动态平衡和铜离子灵活的配位形式。

（胡胜民 盛天录 项生昌 张建军 吴新涛）

参 考 文 献

[1] Fenske D，Anson C E，Eichhöfer A，et al. Syntheses and crystal structures of $[Ag_{123}S_{35}(StBu)_{50}]$ and $[Ag_{344}S_{124}(StBu)_{96}]$. Angew Chem Int Ed，2005，44：5242-5246；（b）Tasiopoulos A J，Vinslava A，Wernsdorfer W，et al. Giant single-molecule magnets: a {Mn_{84}} torus and its supramolecular nanotubes. Angew Chem Int Ed，2004，43：2117-2121；（c）Müller A，Beckmann E，Bögge H，et al. Inorganic chemistry

goes protein size: a Mo$_{368}$ nano-hedgehog initiating nanochemistry by symmetry breaking. Angew Chem Int Ed, 2002, 41: 1162-1167; (d) Tran N T, Powell D R, Dahl L, Nanosized Pd$_{145}$(CO)$_x$(PEt$_3$)$_{30}$ containing a capped three-shell 145-atom metal-core geometry of pseudo icosahedral symmetry. Angew Chem Int Ed, 2000, 39: 4121-4125; (e) Krautscheid H, Fenske D, Baum G, et al. A new copper selenide cluster with PPh$_3$ ligands: [Cu$_{146}$Se$_{73}$(PPh$_3$)$_{30}$]. Angew Chem Int Ed Engl, 1993, 32: 1303-1306.

[2]　Wu X T. Inorganic Assembly Chemistry. Beijing: Science Press, 2005.

[3]　(a) Zhu N Y, Du S W, Wu X T, et al. [Et$_4$N]$_2$[{MO(S$_2$)$_2$}$_2$(μ_2-S$_7$)(μ_2-H$_2$NNH$_2$)] (M = Mo, W)-doubly bridged complexes with S$_7^{2-}$ and doubly end-on-bound H$_2$NNH$_2$ bridging ligands. Angew Chem Int Ed Engl, 1992, 31: 87-88; (b) Du S M, Zhu N Y, Chen P C, et al. Synthesis of cubane-like and double cubane-like tungsten-copper-sulfur clusters from the "butterfly" cluster Cu$_2$S$_3$W(O)(PPh$_3$)$_3$. Angew Chem Int Ed Engl, 1992, 31: 1085-1087; (c) Huang Q, Wu X T, Wang Q M, et al. Heterometallic polymeric cluster compounds derived from tetrathiotungstate and silver(I): syntheses and crystal structures of {[AgWS$_4$]}$_n$[NH$_4$]$_n$ and {[W$_4$Ag$_5$S$_{16}$]}$_n$[M(DMF)$_8$]$_n$ (M = Nd and La). Angew Chem Int Ed, 1996, 35: 868-870; (d) Guo J, Wu X T, Zhang W J, et al. Tetradecanuclear molybdenum (tungsten)/copper/sulfur heterobimetallic clusters [(nBu)$_4$N]$_4$[M$_4$Cu$_{10}$S$_{16}$O$_2$E]·H$_2$O, (M = Mo, E = O; M = W, E = 1/2O + 1/2S). Angew Chem Int Ed, 1997, 36: 2464-2466. (e) Yu H, Zhang W J, Wu X T et al. Three new structural types of Mo/Ag/S polymeric complexes. Angew Chem Int Ed, 1998, 37: 2520-2522.

[4]　Heo J, Jeon Y M, Mirkin C A. Reversible interconversion of homochiral triangular macrocycles and helical coordination polymers. J Am Chem Soc, 2007, 129: 7712-7713.

[5]　(a) Zhao S B, Wang R Y, Wang S, Intramolecular C-H activation directed self-assembly of an organoplatinum(II) molecular square. J Am Chem Soc, 2007, 129: 3092-3093; (b) Yoshizawa M, Tamura M, Fujita M, Diels-Alder in aqueous molecular hosts: unusual regioselectivity and efficient catalysis. Science, 2006, 312: 251-254; (c) Fiedler D, Leung D H, Bergman R G, et al. Enantioselective guest binding and dynamic resolution of cationic ruthenium complexes by a chiral metal-ligand assembly. J Am Chem Soc, 2004, 126: 3674-3675.

[6]　(a) Perry J J, Kravtsov V C, McManus G J, et al. Bottom up synthesis that does not start at the bottom: quadruple covalent cross-linking of nanoscale faceted polyhedra. J Am Chem Soc, 2007, 129: 10076-10077; (b) Sudik A C, Millward A R, Ockwig N W, et al. Design, synthesis, structure, and gas (N$_2$, Ar, CO$_2$, CH$_4$, and H$_2$) sorption properties of porous metal-organic tetrahedral and heterocuboidal polyhedra. J Am Chem Soc, 2005, 127: 7110-7118; (c) Eddaoudi M, Kim J, Wachter J B, et al. Porous metal-organic polyhedra: 25 Å cuboctahedron constructed from 12 Cu$_2$(CO$_2$)$_4$ paddle-wheel building blocks. J Am Chem Soc, 2001, 123: 4368-4369.

[7]　(a) Xiang S C, Wu X T, Zhang J J, et al. A 3D canted antiferromagnetic porous metal-organic framework with anatase topology through assembly of an analogue of polyoxometalate. J Am Chem Soc, 2005, 127: 16352-16353; (b) Serre C, Mellot-Draznieks C, Surblé S, et al. Role of solvent-host interactions that lead to very large swelling of hybrid frameworks. Science, 2007, 315: 1828-1831; (c) Maji T K, Matsuda R, Kitagawa S. A flexible interpenetrating coordination framework with a bimodal porous functionality. Nature Mater, 2007, 6: 142-148; (d) Férey G, Mellot-Draznieks C, Serre C, et al. A chromium terephthalate-based solid with unusually large pore volumes and surface area. Science, 2005, 309: 2040-2042; (e) Matsuda R, Kitaura R, Kitagawa S, et al. Highly controlled acetylene accommodation in a metal-organic microporous material, Nature, 2005, 436: 238-241; (f) Chae H K, Siberio-Pérez D Y, Kim J, et al. A route to high surface area, porosity and inclusion of large molecules in crystals, Nature, 2004, 427: 523-527.

[8]　(a) Aronica C, Pilet G, Chastanet G, et al. A nonanuclear dysprosium(III)-copper(II) complex exhibiting single-molecule magnet behavior with very slow zero-field relaxation. Angew Chem Int Ed, 2006, 45: 4659-4662; (b) Zaleski C M, Depperman E C, Kampf J W, et al. Synthesis, structure, and magnetic properties of a large lanthanide-transition-metal single-molecule magnet. Angew Chem Int Ed, 2004, 43: 3912-3914; (c) Tasiopoulos A J, O'Brien T A, Abboud K A, et al. Mixed transition-metal-lanthanide complexes at higher oxidation states: heteronuclear Ce^{IV}-Mn^{IV} clusters. Angew Chem Int Ed, 2004, 43: 345-349; (d) Blake A J, Milne P E Y, Winpenny R E P, et al. Heterometallic compounds involving d-and f-block elements: synthesis, structure, and magnetic properties of two new Ln$_x$Cu$_4$ Complexes. Angew Chem Int Ed Engl, 1991, 30: 1139-1141.

[9]　(a) Mereacre V M, Ako A M, Clerac R, et al. A bell-shaped Mn$_{11}$Gd$_2$ single-molecule magnet. J Am Chem Soc, 2007, 129: 9248-9249; (b) Ferbinteanu M, Kajiwara T, Choi K Y, et al. A binuclear Fe(III)Dy(III) single molecule magnet. Quantum effects and models. J Am Chem Soc, 2006, 128: 9008-9009; (c) Mishra A, Wernsdorfer W, Abboud K A, et al. Initial observation of magnetization hysteresis and quantum tunneling in mixed manganese-lanthanide single-molecule magnets. J Am Chem Soc, 2004, 126: 15648-15649; (d) Costes J P, Dahan F, Wernsdorfer W, Heterodinuclear Cu-Tb single-molecule magnet. Inorg Chem, 2006, 45: 5-7; (e) Mori F, Nyui T, Ishida T, et al. Oximate-bridged trinuclear Dy-Cu-Dy complex behaving as a single-molecule magnet and its mechanistic investigation. J Am Chem Soc, 2006, 128: 1440-1441; (f) Murugesu M, Mishra A, Wernsdorfer W, et al. Mixed 3d/4d and 3d/4f metal clusters: tetranuclear Fe$_2^{III}$M$_2^{III}$(M^{III} = Ln, Y) and Mn$_2^{IV}$M$_2^{III}$(M = Yb, Y) complexes, and the first Fe/4f single-molecule magnets. Polyhedron, 2006, 25: 613-625.

[10]　(a) Chen Q Y, Luo Q H, Hu X L, et al. Heterodinuclear cryptates [EuML(dmf)](ClO$_4$)$_2$ (M = Ca, Cd, Ni, Zn): tuning the luminescence

of europium(III) through the selection of the second metal ion. Chem Eur J, 2002, 8: 3984-3990; (b) Gunnlaugsson T, Leonard J P, Senechal K, et al. Communication Eu(III)-cyclen-phen conjugate as a luminescent copper sensor: the formation of mixed polymetallic macrocyclic complexes in water. Chem Commun, 2004: 782-783; (c) Zhao B, Chen X Y, Chen P, et al. Coordination polymers containing 1D channels as selective luminescent probes. J Am Chem Soc, 2004, 126: 15394-15395; (d) Zhao B, Gao H L, Chen X Y, et al. A promising Mg^{II}-ion-selective luminescent probe: structures and properties of Dy-Mn polymers with high symmetry. Chem Eur J, 2006, 12: 149-158.

[11]　（a）Skaribas S P, Pomonis P J, Sdoukos A T, Low-temperature synthesis of perovskite solids LaNiO$_3$, LaCoO$_3$, LaMnO$_3$, via binuclear complexes of compartmental ligand N, N'-bis(3-carboxysalicylidene)ethylenediamine. J Mater Chem, 1991, 1: 781-784; (b) Hasegawa E, Aono H, Igoshi T, et al. Preparation of YBa$_2$Cu$_3$O$_{7-\delta}$ powders by the thermal decomposition of a heteronuclear complex, CuY$_{1/3}$Ba$_{2/3}$(dhbaen)(NO$_3$)$_{1/3}$(H$_2$O)$_3$. J Alloys Compd, 1999, 287: 150-158.

[12]　Winpenny R E P. The structures and magnetic properties of complexes containing 3d-and 4f-metals. Chem Soc Rev, 1998, 27: 447-452.

[13]　Sakamoto M, Manseki K, Okawa H. d-f Heteronuclear complexes: synthesis, structures and physicochemical aspects. Coord Chem Rev, 2001, 219-221: 379-414.

[14]　（a）Sakagami N, Okamoto K. Novel discrete structure of oxalate-bridged heteronuclear Cr(III)-Nd(III) complex. Chem Lett, 1998, 27: 201-202; (b) Decurtins S, Gross M, Schmalle H W, et al. Molecular chromium(III)-lanthanide(III) compounds (Ln = La, Ce, Pr, Nd) with a polymeric, ladder-type architecture: a structural and magnetic study. Inorg Chem, 1998, 37: 2443-2449.

[15]　（a）Cutland A D, Malkani R G, Kampf J W, et al. Lanthanide[15] metallacrown-5 complexes form nitrate-selective chiral cavities. Angew Chem Int Ed, 2000, 39: 2689-2691; (b) Kahn M L, Verelst M, Lecantes M, et al. Synthesis and structural study by wide-angle X-ray scattering (WAXS) of polymeric {Ln$_2$[M(opba)]$_3$}·S compounds containing 4f Ln^{III} and 3d M^{II} {Ln$_2$[M(opba)]$_3$}·S ions [opba = $ortho$-phenylenebis (oxamato), S = solvent molecules]. Eur J Inorg Chem, 1999: 527-531.

[16]　Sanada T, Suzuki T, Kaizaki S. Heterotrinuclear complexes containing d-and f-block elements: synthesis and structural characterisation of novel lanthanide(III)-nickel(II)-lanthanide(III) compounds bridged by oxamidate. J Chem Soc Dalton Trans, 1998: 959-965.

[17]　Plecnik C E, Liu S M, Shore S G. Lanthanide-transition-metal complexes: from ion pairs to extended arrays. Acc Chem Res, 2003, 36: 499-508.

[18]　Chen X M, Yang Y Y. Synthesis, structures and magnetic properties of a series of polynuclear copper(II)-lanthanide(III) complexes assembled with carboxylate and hydroxide ligands. Chin J Chem, 2000, 18: 664-672.

[19]　王瑞瑶, 高峰, 金天柱. 稀土-氨基酸配合物的结构化学. 化学通报, 1996, 10: 14-20.

[20]　Ohata N, Masuda H, Yamauchi O. Programmed self-assembly of copper(II)-L-and-D-arginine complexes with aromatic dicarboxylates to form chiral double-helical structures. Angew Chem Int Ed, 1996, 35: 531-532.

[21]　Zheng Z P. Ligand-controlled self-assembly of polynuclear lanthanide-oxo/hydroxo complexes: from synthetic serendipity to rational supramolecular design. Chem Commun, 2001: 2521-2529.

[22]　（a）Hu S M, Du W X, Dai J C, et al. The syntheses and structures of two hexanuclear copper(II) complexes with amino acids. J Chem Soc Dalton Trans, 2001: 2963-2964; (b) Wang L Y, Igarashi S, Yukawa Y, et al. Synthesis, structure, and preliminary magnetic studies of unprecedented hexacopper(II) barrel clusters with spin ground state S = 3.Dalton Trans, 2003: 2318-2324; (c) Du M, Bu X H, Guo Y M, et al. Ligand design for alkali-metal-templated self-assembly of unique high-nuclearity Cu-II aggregates with diverse coordination cage units: crystal structures and properties. Chem Eur J, 2004, 10: 1345-1354; (d) Xiang S C, Hu S M, Zhang J J, et al. A new spherical metallacryptate compound [Na⊂{Cu$_6$(Thr)$_8$(H$_2$O)$_2$(ClO$_4$)$_4$}]·ClO$_4$·5H$_2$O: magnetic properties and DFT calculations. Eur J Inorg Chem, 2005, 2706-2714.

[23]　（a）Ama T, Rashid M M, Saker A K, et al. The incomplete cubane complexes having Co$_3$O$_4$ or Mo$_3$S$_4$ core with the N-N-O type tridentates: L-histidinato and ethylenediamine-N-acetato, Bull Chem Soc Jpn, 2001, 74: 2327-2333; (b) Okamoto K I, Aizawa S I, Konno T, et al. S-bridged polynuclear complexes .I. Selective formation and crystal-structure of (+)$_{600}^{CD}$-bis[tris(L-cysteinato-N, S)cobaltate(III)-μ-S, μ-S', μ-S"] cobalt(III) nitrate pentahydrate. Bull Chem Soc Jpn, 1986, 59: 3859-3864.

[24]　Igashira-Kamiyama A, Fujioka J, Kodama T, et al. Anion-controlled preparation of chiral S-bridged (Co^{III}Pt^{II}$_2$) and (Co^{III}$_2$Pt^{II}$_2$) complexes consisting of [Co(D-penicillaminato-N, O, S)$_2$]$^-$and [Pt(CH$_3$NH$_2$)$_2$]$^{2+}$units. Chem Lett, 2006, 35: 522-523.

[25]　Strasdeit H, Busching I, Behrends S, et al. Syntheses and properties of zinc and calcium complexes of valinate and isovalinate: metal alpha-amino acidates as possible constituents of the early earth's chemical inventory. Chem Eur J, 2001, 7: 1133-1142.

[26]　Abu-Nawwas A A H, Cano J, Christian P, et al. An Fe(III) wheel with a zwitterionic ligand: the structure and magnetic properties of [Fe(OMe)$_2$(proline)]$_{12}$[ClO$_4$]$_{12}$. Chem Commun, 2004: 314-315.

[27]　Anokhina E V, Jacobson A J. [Ni$_2$O(L-Asp)(H$_2$O)$_2$]·4H$_2$O: a homochiral 1D helical chain hybrid compound with extended Ni-O-Ni bonding. J Am Chem Soc, 2004, 126: 3044-3045.

[28]　Coxall R A, Harris S G, Henderson D K, et al. Inter-ligand reactions: in situ formation of new polydentate ligands. J Chem Soc Dalton Trans,

2000，2349-2356.

[29] Anokhina E V, Go Y B, Lee Y, et al. Chiral three-dimensional microporous nickel aspartate with extended Ni-O-Ni bonding. J Am Chem Soc，2006，128：9957-9962.

[30] Vaidhyanathan R, Bradshaw D, Rebilly J N, et al. A family of nanoporous materials based on an amino acid backbone. Angew Chem Inter Ed，2006，45：6495-6499.

[31] (a) Yukawa Y, Igarashi S, Yamano A, et al. Structure of the centred icosahedral samarium cluster formed by bis(L-prolinato)nickel(II) ligands. Chem Commun, 1997：711-712；(b)Igarashi S, Hoshino Y, Masuda Y, et al. Synthesis of stable crystals of a self-assembled centered icosahedral samarium cluster formed by bis(L-prolinato)nickel(II) ligands. Inorg Chem，2000，39：2509-2515；(c) Yukawa Y，Aromí G，Igarashi S, et al. [GdNi$_6$] and [LaNi$_6$]：high-field EPR spectroscopy and magnetic studies of exchange-coupled octahedral clusters. Angew Chem Int Ed，2005，44：1997-2001.

[32] Gao F, Wang R Y, Jin T Z, et al. Synthesis and crystal structure of a heteronuclear copper and yttrium complex with alanine：[CuY(Ala)$_4$(H$_2$O)$_5$](ClO$_4$)$_5$·3H$_2$O. Polyhedron，1997，16：1357-1360.

[33] Li Z S, Sun H L, Kou H Z, et al. Syntheses and structures of two heteronuclear complexes with glycine {[CuEr(Gly)$_5$(H$_2$O)$_2$](ClO$_4$)$_5$·H$_2$O}$_n$ and {[Cu$_2$Gd$_2$(Gly)$_{10}$(H$_2$O)$_4$] (ClO$_4$)$_{10}$·4H$_2$O}$_n$. J Rare Earth，2002，20：343-347.

[34] (a) Yamaguchi T, Sunatsuki Y, Kojima M, et al. Ferromagnetic Ni^{III}Gd^{III} interactions in complexes with NiGd, NiGdNi, and NiGdGdNi cores supported by tripodal ligands. Chem Commun，2004：1048-1049；(b) Casellato U, Guerriero P, Tamburini S, et al. From compounds to materials：heterodinuclear complexes as precursors in the synthesis of mixed oxides；crystal structures of [Cu(H$_2$L$_A$)] and [{CuY(L$_A$)(NO$_3$)(dmso)}$_2$]·2dmso [H$_4$L$_A$ = N, N′-ethylenebis(3-hydroxysalicylideneimine), dmso = dimethyl sulphoxide]. J Chem Soc Dalton Trans，1991：2145-2152；(c) Costes J P, Dahan F, Dumestre F, et al. Coordination of gadolinium(III) ions with a preformed µ-oxo diiron(III) complex：structural and magnetic data. Dalton Trans，2003：464-468.

[35] Hu S M, Xiang S C, Zhang J J, et al. Synthesis, structure, and magnetic properties of three chiral sodium-centered polynuclear copper(II) clusters with L-alanine. Eur J Inorg Chem，2008：1141-1146.

[36] Fu Z Y, Wu X T, Dai J C, et al. Interpenetration in [Cd(isonicotinate)$_2$(1, 2-bis(4-pyridyl)ethane)$_{0.5}$(H$_2$O)]$_n$, a novel octahedral polymer containing an unusual two-dimensional bilayer motif generated by self-assembly of rectangle building blocks. Chem Commun，2001：1856-1857.

[37] (a) Ako A M, Hewitt I J, Mereacre V, et al. A ferromagnetically coupled Mn$_{19}$ aggregate with a record S = 83/2 ground spin state. Angew Chem Int Ed，2006，45：4926-4929；(b) Murugesu M, Clérac R, Anson C E, et al. A new type of oxygen bridged Cu$^{II}_{36}$ aggregate formed around a central {KCl$_6$}$^{5-}$unit. Chem Commun，2004：1598-1599；(c) Murugesu M, Clérac R, Anson C E, et al. Structure and magnetic properties of a giant Cu$_{44}^{II}$ aggregate which packs with a zeotypic superstructure. Inorg Chem，2004，43：7269-7271.

[38] Du W X, Zhang J J, Hu S M, et al. Syntheses and crystal structures of a series of heptanuclear trigonal prismatic clusters {LnCu$_6$} (Ln = La, Sm, Er) with glycine and imidazole as ligands. J Mol Struct，2004，701：25-30.

[39] Zhang J J, Sheng T L, Xia S Q, et al. Syntheses and characterizations of a series of novel Ln$_6$Cu$_{24}$ clusters with amino acids as ligands. Inorg Chem，2004，43：5472-5478.

[40] (a) Chen X M, Aubin S M J, Wu Y L, et al. Polynuclear Cu$^{II}_{12}$M$^{III}_6$ (M = Y, Nd, or Gd) complexes encapsulating a ClO$_4^-$anion：[Cu$_{12}$M$_6$(OH)$_{24}$(H$_2$O)$_{18}$(pyb)$_{12}$(ClO$_4$)] (ClO$_4$)$_{17}$·nH$_2$O (Pyb = pyridine betaine). J Am Chem Soc，1995，117：9600-9601；(b) Chen X M, Wu Y L, Tong Y X, et al. Novel octadecanuclear copper(II)-lanthanoid(III) clusters. Synthesis and structures of [Cu$_{12}$Ln$_6$(µ$_3$-OH)$_{24}$(O$_2$CCH$_2$CH$_2$NC$_5$H$_5$)$_{12}$(H$_2$O)$_{16}$(µ$_{12}$-ClO$_4$)][ClO$_4$]$_{17}$·16H$_2$O (Ln^{III} = Gd^{III} or Sm^{III}). J Chem Soc Dalton Trans，1996：2443-2448；(c) Yang Y Y, Chen X M, Ng S W, Two new octadecanuclear copper(II)-lanthanide(III) clusters encapsulating µ$_9$-NO$_3^-$ anions. Synthesis, structures, and magnetic properties of [Cu$_{12}$Ln$_6$(µ$_3$-OH)$_{24}$(C$_5$H$_5$NCH$_2$CO$_2$)$_{12}$(H$_2$O)$_{18}$(µ$_9$-NO$_3$)](PF$_6$)$_{10}$(NO$_3$)$_7$·12H$_2$O (Ln^{III} = Sm^{III} or Gd^{III}). J Solid State Chem，2001，161：214-224；(d) Yang Y Y, Huang Z Q, He F, et al. A new octadecanuclear copper(II)-lanthanide(III) cluster complex：synthesis and structural characterization of [Cu$_{12}$Nd$_6$(OH)$_{24}$(betaine)$_{16}$(NO$_3$)$_3$(H$_2$O)$_{10}$](NO$_3$) [PF$_6$]$_{14}$·5H$_2$O. Z Anorg Allg Chem，2004，630：286-290；(e) Cui Y, Chen J T, Huang J S. Syntheses, crystal structures and magnetic properties of heterometallic copper-lanthanide clusters [Cu$_{12}$Ln$_6$(µ$_3$-OH)$_{24}$(µ-O$_2$CR)$_{12}$(H$_2$O)$_{18}$(µ$_{12}$-ClO$_4$)]$^{5+}$(Ln = La, Nd；R = CH$_2$Cl, CCl$_3$). Inorg Chim Acta，1999，293：129-139.

[41] Boyd P D W, Li Q, Vincent J B, et al. Potential building blocks for molecular ferromagnets：[Mn$_{12}$O$_{12}$(O$_2$CPh)$_{16}$(H$_2$O)$_4$] with a S = 14 ground state. J Am Chem Soc，1988，110：8537-8539.

[42] Soler M, Wernsdorfer W, Folting K, et al. Single-molecule magnets：a large Mn$_{30}$ molecular nanomagnet exhibiting quantum tunneling of magnetization. J Am Chem Soc，2004，126：2156-2165.

[43] Crawford V H, Richardson H W, Wasson J R, et al. Relation between the singlet-triplet splitting and the copper-oxygen-copper bridge angle in

hydroxo-bridged copper dimers. Inorg Chem, 1976, 15: 2107-2110.

[44] Figgis B N, Hitchman M A. Ligand Field Theory and Its Applications. Toronto: Wiley-VCH, 2000.

[45] Coronado E, Day P. Magnetic molecular conductors. Chem Rev, 2004, 104: 5419-5448.

[46] Zhang Z J, Xiang S C, Zhang Y F, et al. A new type of hybrid magnetic semiconductor based upon polymeric iodoplumbate and metal-organic complexes as templates. Inorg Chem, 2006, 45: 1972-1977.

[47] Zhang J J, Hu S M, Xiang S C, et al. Syntheses, structures and properties of high-nuclear 3d-4f clusters with amino acid as ligand: {Gd$_6$Cu$_{24}$}, {Tb$_6$Cu$_{26}$} and {(Ln$_6$Cu$_{24}$)$_2$Cu} (Ln = Sm, Gd). Inorg Chem, 2006, 45: 7173-7181.

[48] Hu S M, Dai J C, Wu X T, et al. A Copper(II)-lanthanoid(III)-glycine complex with high-nuclearity, [{La$_6$Cu$_{26}$gly$_{18}$(μ_3-OH)$_{30}$(H$_2$O)$_{24}$(ClO$_4$)}(ClO$_4$)$_{21}$·26H$_2$O]$_n$. J Cluster Sci, 2002, 13: 33-41.

[49] Zhang J J, Xia S Q, Sheng T L, et al. A novel 2D net-like supramolecular polymer constructed from Ln$_6$Cu$_{24}$ node and trans-Cu(Gly)$_2$ bridge. Chem Commun, 2004, 1186-1187.

[50] Zhang J J, Sheng T L, Hu S M, et al. Two 3D supramolecular polymers constructed from an amino acid and a high-nuclear Ln$_6$Cu$_{24}$ cluster node. Chem Eur J, 2004, 10: 3963-3969.

[51] Blake A J, Gould R O, Grant C M, et al. Reactions of copper pyridonate complexes with hydrated lanthanoid nitrates. J Chem Soc Dalton Trans, 1997: 485-496.

[52] Zheng N F, Bu X H, Feng P Y. Self-assembly of novel dye molecules and [Cd$_8$(SPh)$_{12}$]$^{4+}$cubic clusters into three-dimensional photoluminescent souperlattice. J Am Chem Soc, 2002, 124: 9688-9689.

[53] Rodriguez-Fortea A, Alemany P, Alvarez S, et al. Exchange coupling in carboxylato-bridged dinuclear copper(II) compounds: a density functional study. Chem Eur J, 2001, 7: 627-637.

[54] Férey G, Supertetrahedra in sulfides: matter against mathematical series? Angew Chem Int Ed, 2003, 42: 2576-2579.

[55] Xiang S C, Hu S M, Sheng T L, et al. A fan-shaped polynuclear Gd$_6$Cu$_{12}$ amino acid cluster: a "hollow" and ferromagnetic [Gd$_6$(μ_3-OH)$_8$] octahedral core encapsulated by six [Cu$_2$] glycinato blade fragments. J Am Chem Soc, 2007, 129: 15144-15146.

[56] (a) Dalgarno S J, Raston C L. Rapid capture of 4, 13-diaza-18-crown-6 molecules by p-sulfonatocalix[4]arene in the presence of trivalent lanthanide ions. Dalton Trans, 2003: 287-290; (b) Atwood J L, Barbour L J, Dalgarno S, et al. Supramolecular assemblies of p-sulfonatocalix[4]arene with aquated trivalent lanthanide ions. J Chem Soc Dalton Trans, 2002: 4351-4356.

[57] (a) Brügstein M R, Gamer M T, Roesky P W, Nitrophenolate as a building block for lanthanide chains, layers, and clusters. J Am Chem Soc, 2004, 126: 5213-5218; (b) Wang R, Song D, Wang S. Toward constructing nanoscale hydroxo-lanthanide clusters: syntheses and characterizations of novel tetradecanuclear hydroxo-lanthanide clusters. Chem Commun, 2002: 368-369; (c) Brügstein M R, Roesky P W. Nitrophenolate as a building block for lanthanide chains and clusters. Angew Chem Int Ed, 2000, 39: 549-551; (d) Xu J, Raymond K N. Lord of the rings: An octameric lanthanum pyrazolonate cluster. Angew Chem Int Ed, 2000, 39: 2745-2747.

[58] (a) Mudring A V, Timofte T, Babai A. Cluster-type basic lanthanide iodides [M$_6$(μ_6-O)(μ_3-OH)$_8$(H$_2$O)$_{24}$]I$_8$(H$_2$O)$_8$ (M = Nd, Eu, Tb, Dy). Inorg Chem, 2006, 45: 5162-5166; (b) Fang X K, Anderson T M, Benelli C, et al. Polyoxometalate-supported Y-and Yb^{III}-hydroxo/oxo clusters from carbonate-assisted hydrolysis. Chem Eur J, 2005, 11: 712-718; (c) Zhang D S, Ma B Q, Jin T Z, et al. Oxo-centered regular octahedral lanthanide clusters. New J Chem, 2000, 24: 61-62; (d) Wang R Y, Carducci M D, Zheng Z P, Direct hydrolytic route to molecular oxo-hydroxo lanthanide clusters. Inorg Chem, 2000, 39: 1836-1837; (e) Žák Z, Unfried P, Giester G. The structures of some rare earth basic nitrates [Ln$_6$(μ_6-O)(μ_3-OH)$_8$(H$_2$O)$_{12}$(NO$_3$)$_6$](NO$_3$)$_2$·xH$_2$O, Ln = Y, Gd, Yb, x(Y, Yb) = 4; x(Gd) = 5. A novel rare earth metal cluster of the M$_6$X$_8$ type with interstitial O atom. J Alloys Compd, 1994, 205: 235-242.

[59] Panagiotopoulos A, Zafiropoulos T F, Perlepes S P, et al. Molecular structure and magnetic properties of acetato-bridged lanthanide(III) dimers. Inorg Chem, 1995, 34: 4918-4920.

[60] (a) Freedman D E, Bennett M V, Long J R. Symmetry-breaking substitutions of [Re(CN)$_8$]$^{3-}$into the centered, face-capped octahedral clusters (CH$_3$OH)$_{24}$M$_9$M'$_6$(CN)$_{48}$ (M = Mn, Co; M' = Mo, W). Dalton Trans, 2006: 2829-2834; (b) Zhong Z J, Seino H, Mizobe Y, et al. A high-spin cyanide-bridged Mn$_9$W$_6$ cluster (S = 39/2) with a full-capped cubane structure. J Am Chem Soc, 2000, 122: 2952-2953.

[61] Hatscher S T, Urland W. Unexpected appearance of molecular ferromagnetism in the ordinary acetate [{Gd(OAc)$_3$(H$_2$O)$_2$}$_2$]·4H$_2$O. Angew Chem Int Ed, 2003, 42: 2862-2864.

[62] Costes J P, Clemente-Juan J M, Dahan F, et al. Unprecedented ferromagnetic interaction in homobinuclear erbium and gadolinium complexes: Structural and magnetic studies. Angew Chem Int Ed, 2002, 41: 323-325.

[63] Costes J P, Dahan F, Dupuis A. Influence of anionic ligands (X) on the nature and magnetic properties of dinuclear LCuGdX$_3$·nH$_2$O complexes (LH$_2$ standing for tetradentate Schiff base ligands deriving from 2-hydroxy-3-methoxybenzaldehyde and X being Cl, N$_3$C$_2$, and CF$_3$COO). Inorg Chem, 2000, 39: 165-168.

[64] Freeman H C, Snow M R, Nitta I, et al. Refinement of structure of bisglycino-copper(II) monohydrate Cu(NH$_2$CH$_2$COO)$_2$·H$_2$O. Acta Crystallogr, 1964, 17: 1463-1470.

[65] Friedrichs O D, O'Keeffe M, Yaghi O M. Three-periodic nets and tilings: semiregular nets. Acta Crystallogr Sect A, 2003, A59: 515-525.

[66] Delf B W, Gillard R D, O'Brien P. The isomers of α-amino-acids with copper(II). Part 5. The *cis* and *trans* isomers of bis(glycinato)copper(II), and their novel thermal isomerization. J Chem Soc Dalton Trans, 1979, 1301-1305.

[67] Zhang J J, Xiang S C, Hu S M, et al. Syntheses and characterizations of a series of heptanuclear octahedral polyhedra {LnNi$_6$} with different amino acids as ligands in aqueous media. Polyhedron, 2004, 23: 2265-2272.

[68] Zhang J J, Hu S M, Zheng L M, et al. Synthesis and characterization of a series of novel heptanuclear trigonal prismatic polyhedra with different edge ligand. Chem Eur J, 2002, 8: 5742-5749.

[69] Zhang J J, Hu S M, Xiang S C, et al. Syntheses and characterization of four heterometallic Ln-Co or Ln-Ni heptanuclear clusters with glycine as ligand. J Mol Struct, 2005, 748: 129-136.

[70] Doble D M J, Benison C H, Blake A J, et al. Template assembly of metal aggregates by imino-carboxylate ligands. Angew Chem Int Ed, 1999, 38: 1915-1918.

[71] Zhang J J, Hu S M, Xiang S C, et al. Syntheses and characterization of two novel heptanuclear trigonal prismatic LnNi$_6$ clusters with different terminal ligands. Polyhedron, 2006, 25: 1-8.

[72] Abe M, Sasaki Y, Yamada Y, et al. Reversible multi-step and multielectron redox behavior of the oxo-centered trinuclear ruthenium complex with redox-active ligand, [Ru$_3$(μ$_3$-O)(μ-CH$_3$CO$_2$)$_6$(mbpy$^+$)$_3$]$^{4+}$(mbpy$^+$ = N-methyl-4, 4′-bipyridinium ion) and its trirhodium and diruthenium-rhodium derivatives. Inorg Chem, 1995, 34: 4490-4998.

[73] (a) Baikie A R E, Howes A J, Hursthouse M B, et al. Preparation, crystal structure, magnetic properties, and chemical reactions of a hexanuclear mixed valence manganese carboxylate. J Chem Soc Chem Commun, 1986: 1587-1588; (b) Low D W, Eichhorn D M, Draganescu A, et al. Structure and properties of tridecakis(benzoato)heptaoxobis(pyridine)nonamanganese: a novel manganese(III) nonanuclear oxo-carboxylate species synthesized by employing an oxygen atom transfer agent. Inorg Chem, 1991, 30: 877-878.

第14章
多酸基多孔金属有机框架材料

14.1 多酸基金属有机框架材料的背景介绍

多金属氧酸盐，简称多酸（polyoxometalates，POM），是金属氧化物的一个分支，又称金属氧簇化合物，广义上包括所有的无机团簇。多金属氧酸盐一般具有纳米级的分子尺寸，具有结构的多样性及丰富的物理和化学性质[1,2]。多金属氧酸盐的一个突出特点是在结构不发生变化时可进行可逆的多电子氧化还原反应，这使得该类化合物在众多领域具有重要应用。多金属氧酸盐作为无机路易斯酸和布朗斯特酸，具有不同的酸性梯度，可作为高效的固体酸催化剂，在酸催化和氧化催化领域具有重要的应用前景。此外，多酸的其他属性，如溶解度、氧化还原电势和酸度等可以通过不同的组成元素进行调控。早在20世纪90年代初期，Pope和Müller发表的综述性评论[3]就着重强调它们的这些特点并引发了这一领域的快速发展。Hill发表在《化学评论》的文章[4]以及Cronin和Müller发表在《化学学会评论》的文章[5]同样阐述了这一蓬勃发展的领域。

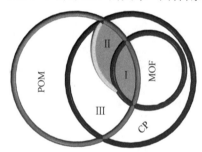

图14-1 多酸和金属有机框架材料之间的研究领域示意图

Ⅰ = POM∩MOF；Ⅱ = 多酸柱撑型多孔配位聚合物材料；
Ⅲ = 其他多酸基配位聚合物；
Ⅰ + Ⅱ = 多酸基金属有机框架材料；Ⅰ + Ⅱ + Ⅲ = 多酸基配位聚合物

配位聚合物（Coordination polymer，CP）是由金属离子（或金属团簇）和有机配体通过配位键自组装而成的聚合物材料[6]。当把多金属氧酸盐引入配位聚合物的体系中时，就产生了一个全新的、有活力的研究领域，即多酸基无机有机杂化材料（图 14-1）。金属有机框架（metal-organic framework，MOF）材料是一类新型的具有开放骨架的多孔晶态配位聚合物材料，由于其具有高的比表面积和永久孔道特性，是一类独特的、优秀的载体材料[7,8]。多酸基金属有机框架材料（polyoxometalate-based metal-organic frameworks material，POMOF）结合多金属氧酸盐和金属有机框架材料各自的优势，引起了研究者们的广泛关注，近年来出现了蓬勃发展的研究趋势。一般来说，多酸基金属有机框架材料通常包含多酸构筑单元，而最终构筑的金属有机框架材料需具有开放性的网络结构，因此多酸可直接作为金属有机框架的一部分，也可被封装在金属有机框架的孔道中，我们称这类材料为多酸基金属有机框架材料。这种材料可结合多酸和金属有机框架的优点，所以研究多酸基金属有机框架材料的设计、合成和应用意义重大[9-12]。

本章主要围绕多酸基多孔金属有机框架材料的最新研究进展进行介绍。14.2 节主要介绍多酸基金属有机框架材料的合成策略与合成方法。多酸基金属有机框架材料可分为两类：多酸基金属有机框架晶态材料和多酸负载型金属有机框架材料（图 14-2）。14.3节将介绍一些具体典型的例子。目前报道的多酸基金属有机框架晶态材料有四种：①d/f 区金属离子修饰的多酸直接与有机配体键连；②以多酸为模板剂的金属有机框架材料；③多酸柱撑型多孔有机-无机杂化材料；④纳米级多酸基金属有机框架晶态材料。合成多酸负载型金属有机框架材料有以下三种方法：①在多酸存在的反应环境下合成金属有机框架材料；②在金属有机框架材料的多孔框架中原位合成多酸；③利用离子交换原理，将已经合成的金属有机框架材料浸泡在多酸溶液中。最后，我们将总结多酸基金属有机框架材料领域目前存在的一些亟需解决的问题以及挑战，同时展望该领域可能出现的新的应用方向。

图 14-2　多酸基金属有机框架材料的示意图

14.2　多酸基金属有机框架材料的合成

得益于表征技术的快速发展，多酸基金属有机框架材料的研究迅速兴起。实践证明，自组装方法是合成该类材料最有效的方法。但是，由于自组装反应通常采用一锅法合成，其机理尚未清楚。此外，这种自组装的产物高度依赖于反应条件（如金属氧簇阴离子和杂原子的浓度、类型，反应体系 pH 值、离子强度、氧化还原物种、有机配体、反应温度等），这也带来了产物结构的高度不可控性。因此，多酸基金属有机框架材料的合成，在化学合成上是一个非常具有挑战性的研究课题。一般来说，已报道的多酸基金属有机框架材料的合成方法可分为两大类：一类是直接合成多酸基金属有机框架晶态材料；另一类是利用后合成修饰得到多酸负载型金属有机框架复合材料。

14.2.1　多酸基金属有机框架晶态材料的合成

多酸基金属有机框架晶态材料通常是利用多酸阴离子、金属离子和有机配体通过常规水溶液法或水热、溶剂热、离子热等方法合成。常规合成的方法操作相对容易，反应具有较好的重现性[13-16]。例如，Wang 等利用手性脯氨酸配体、铜离子和 Keggin 型 $[BW_{12}O_{40}]^{5-}$ 阴离子合成了两种三维手性多酸基框架化合物[13]。然而在使用水或者有机溶剂（如乙腈、甲醇和吡啶）的体系中，反应的温度会受到极大的限制。虽然多酸阴离子在水相的介质中容易溶解和再结晶，但是由于多数有机配体在水中的溶解性差，有机-无机杂化材料在常规的条件下不容易结晶。因此，广泛应用于分子筛合成的水热或者溶剂热法被用来合成各种亚稳态或多酸中间体。这种方法通常是在一个密封的容器内进行，可自发产生一定的内压，从而使反应的前驱体溶解进而自组装。在这些条件下，可降低溶剂黏度、增加离子电离度，以提高反应物的扩散速率和溶解度。许多多酸化合物已通过水热法合成[17-21]。然而，大多数材料需要在较高温度下合成（通常是 140℃以上），这种高温易形成紧密堆积结构或者相互穿插的结构，不利于多孔材料的构筑。同时，产生的多孔材料的孔道总是被水分子占据并难以除去，主要是由于水分子和框架之间形成了较强的氢键。此外，一些课题组还研究了溶剂热法合成多酸材料[22]。在有机反应体系中，合成这类材料相对较难，可能是由于多酸阴离子优先在水相中结晶。因此，在有机相或者混合相中合成多酸基金属有机框架材料将成为一个具有挑战性的研究方向。利用大的有机阳离子作为模板则相对比较容易合成多酸基多孔材料，该方法可能成为今后合成多孔多酸材料工作中的一个重要课题。然而这种方法也有一些内在的缺点，如反应的可重复性需要严格控制好反应的参数，反应温度的可选择范围出于安全角度的考虑受到了极大的限制。

由于该类材料在应用上展现出来的广阔前景和传统的合成方法暴露出诸多缺陷，研究人员开始致力于开发新的合成方法。Morris 等率先引进了离子热合成法。该方法利用离子液体替代水或者有机溶剂作为模板剂，是合成固态晶体材料更新颖、高效的方法[23, 24]。离子液体由简单的离子构成，其蒸气焓比水或溶剂要高许多。Wang 和 Pakhomova 等先后将此方法拓展到了多酸合成[25-30]。这种合成方法的研究价值在于提供了高效的、环境友好的方式以合成多孔多酸基金属有机框架材料，使用尺寸较大的阳离子型离子液体可能是获得大孔晶态材料的关键。此外，离子液体具有的其他特性，如高的化学和热稳定性、宽的液态温度范围以及低毒性，使离子液体成为有机和无机合成的理想溶剂，这也是它们被公认为挥发性试剂和有机溶剂绿色替代品的关键因素[31]。因此，离子热合成法被认为是一种有前途的研究方法，其应用能够帮助我们更好地理解多酸的合成及组装机制。

14.2.2 多酸负载型金属有机框架材料的合成

将多酸负载到金属有机框架材料的主体框架中合成多酸负载型金属有机框架材料的方法具有多方面的优点，且在最近引起了学术界的极大关注。多酸负载型金属有机框架材料可以通过不同的方法合成：①在多酸存在的反应环境下合成金属有机框架材料；②在金属有机框架材料的多孔框架中原位合成多酸；③利用离子交换原理，将已经合成的金属有机框架材料浸泡在多酸溶液中。在这几种方法中，最有可能得到目标产物的方法是利用一锅法，在室温下的水或者有机溶液中将多酸包覆到金属有机框架孔道中[32, 33]。此外，Martens 等报道了在室温下的多种溶剂中将多酸封装到生长在金属底物上金属有机框架薄膜的方法[34]。最近，微波合成法也被用来合成多酸负载型金属有机框架材料[35, 36]。

综上所述，关于多酸基多孔金属有机框架材料的研究在合成化学领域还非常有限。首先，多酸基金属有机框架材料的可控合成是一个相当困难的问题，主要由于其形成的过程尚不清楚，通常认为是经自组装形成。其次，可以选择的多酸、金属离子和配体非常少。例如，关于修饰的多酸单元直接与有机配体相连，可选择的多酸单元仅限于 Keggin 型；对于制备多酸负载型金属有机框架材料，成功报道的例子也只有负载多酸的个别经典金属有机框架材料。到目前为止，制备不同结构和多功能的多酸基金属有机框架材料仍是一个很大难题。因此，亟需开发一种方法来弥补多酸和金属有机框架之间的差距，从而可以更系统地研究其自组装机理。

14.3　三维开放式多酸基多孔金属有机框架及其应用

14.3.1　多酸基金属有机框架单晶材料及其应用

本节对具有多维开放骨架的多酸基金属有机框架晶态材料进行介绍。它们是由多酸和金属-有机配合物片段构成。该类化合物结构中主要包含三个部分：多酸阴离子（图 14-3）、有机配体和金属离子。本节主要介绍以下四个类型的多酸基有机框架晶态材料：①d/f 区金属离子修饰的多酸直接与有机配体键连；②以多酸为模板剂的金属有机框架材料；③多酸柱撑型多孔有机-无机杂化材料；④纳米级多酸基金属有机框架晶态材料。

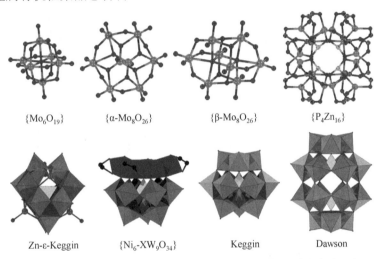

$\{Mo_6O_{19}\}$　　$\{\alpha\text{-}Mo_8O_{26}\}$　　$\{\beta\text{-}Mo_8O_{26}\}$　　$\{P_4Zn_{16}\}$

Zn-ε-Keggin　　$\{Ni_6\text{-}XW_9O_{34}\}$　　Keggin　　Dawson

图 14-3　文献中报道的用于构筑多酸基金属有机框架材料的多酸阴离子

1. d/f 区金属离子修饰的多酸直接与有机配体键连

多酸阴离子是由前过渡金属离子和含氧配体构成。有机基团可以通过金属有机片段直接嫁接到缺位多酸簇上[37, 38]。Keggin 型和 Dawson 型缺位多酸可以与有机锡、锗或者硅化合物反应，在多酸和有机基团之间形成稳定的共价键[39, 40]。具有 Anderson 型和 Dawson 型多酸$[P_2W_{15}V_3O_{62}]^{9-}$可以通过将烷氧基的羰基配体替换成三烷氧基配体进行修饰[41-43]。此外，在 DCC（DCC = N, N′-二环己基碳二亚胺）反应模型被报道后，Lindqvist 型金属簇的亚胺衍生物的合成受到广泛关注[44-46]。然而，这些方法合成的多酸有机-无机杂化材料通常都是零维或链状结构。如何通过共价键的方式将有机配体和多酸连接形成多酸基金属有机框架材料是多酸化学家一直以来关注的研究课题，近年来取得了一系列创新性的科研成果。

2002 年，Sécheresse 等首次实现了室温下分离以 P 为杂原子四帽型$\{La(H_2O)_4\}^{3+}$稳定的 ε-Keggin 型阴离子[47]。该 ε-Keggin 型阴离子在浓氯化物溶液中能够结晶，表明水分子结合的 La^{3+}离子是不稳定的，可用氯离子取代。这一结果说明通过与各种有机配体反应，四帽型 La^{3+}离子构筑的 ε-Keggin 型阴离子的功能化是可行的。戊二酸和方酸的引入证实了这一推论：经分离获得了两例通过 La—O 相连的 La-ε-Keggin 和有机配体交替排列的链[48]。后来，他们用 1,3,5-均苯三酸（1,3,5-benzene tricarboxylat，1,3,5-H_3btc）作为有机连接单元，同样采用 ε-Keggin 建筑块，由常规法和水热法分别得到了两例 3D La-ε-Keggin 金属有机框架和 2D Zn-ε-Keggin 金属有机框架（表 14-1）[49]。除了以上实验结果，为了证明该 Zn-ε-Keggin 在构筑大孔有机-无机杂化材料方面的潜力，他们还模拟了假想的两相中由五配位的 Zn^{2+} 和刚性 1,4-对苯二酸（1,4-benzene dicarboxylate，1,4-H$_2$bdc）构筑的帽型 ε-Keggin（图 14-4）。此外，许多由 Zn^{2+} 和 Ni^{2+} 构筑的帽型 ε-Keggin 通过水热合成方法制备 [50, 51]。这类 ε-Keggin 型材料有标准的表达式：$\{\varepsilon\text{-}PMo_8^V Mo_4^V O_{40-x}(OH)_x M_4\}$（$M = Zn^{II}$，$Ni^{II}$，$La^{III}$；$x = 0 \sim 5$）。该 ε-Keggin 建筑块的电负性主要取决于质子化桥氧的数目，波动范围可能为 $0 \sim 5$。Rodriguez-Albelo 等有针对性地进行了以 Zn-ε-Keggin 和对苯二甲酸为节点的沸石金属有机框架材料的设计和模拟[52]。在这些结构中，类方石英结构被预测为最稳定的结构。这一理论预测通过合理的定向设计合成实验得到验证，通过分析晶体数据发现了具有三重互穿的方石英型拓扑结构的化合物。

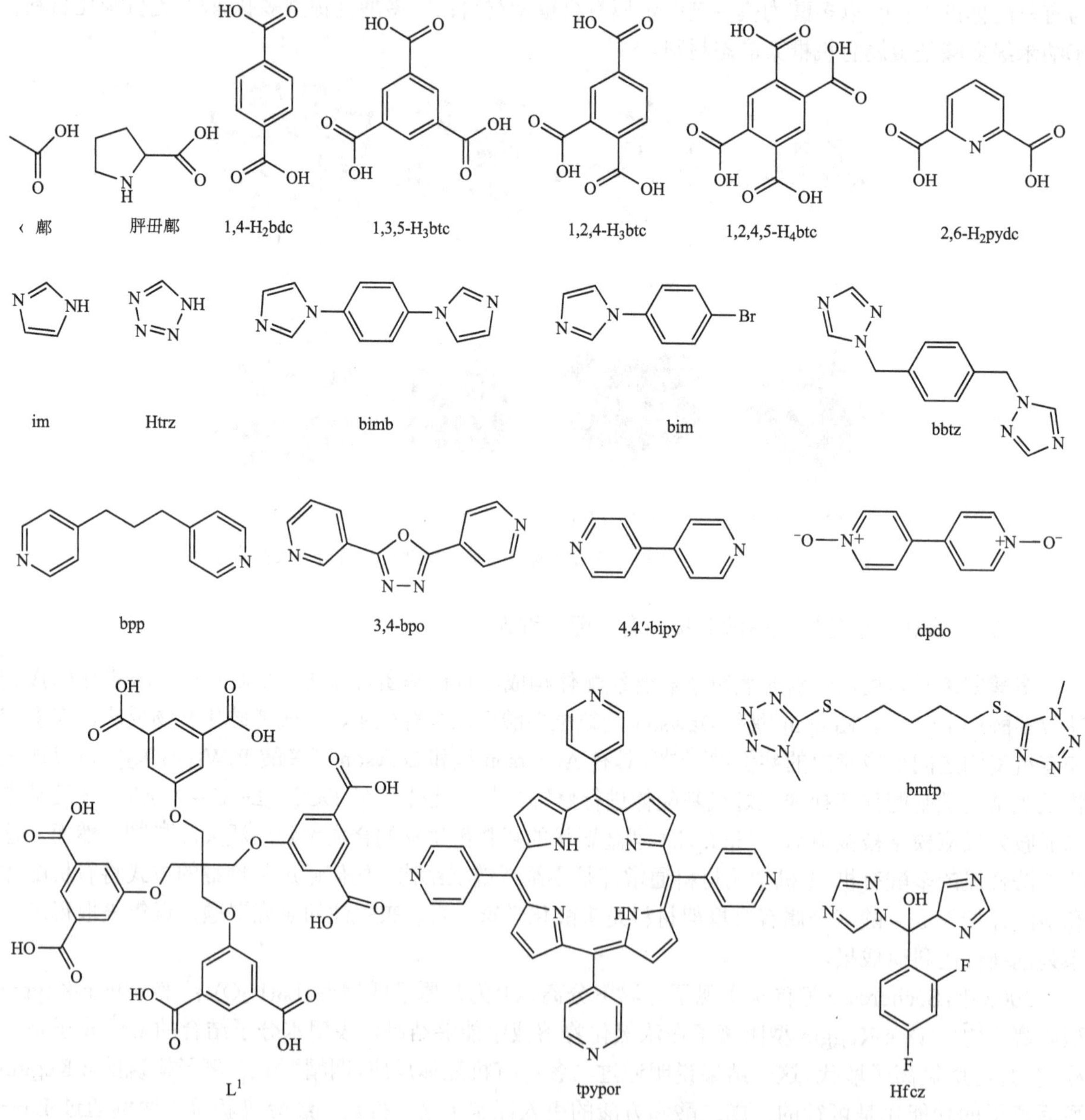

图 14-4　文献中报道的构筑多酸基金属有机框架材料所用到的有机配体

表 14-1 多酸直接与有机配体连接的金属有机框架化合物汇总

序号	化合物	空间群	拓扑	POM 单元	有机配体	维度	文献
1	$(TMA)_2[Mo_{22}O_{52}(OH)_{18}\{La(H_2O)_4\}_2\{La(CH_3CO_2)_2\}_4]\cdot 8H_2O$	$Cmca$	sql	$\{Mo_{22}O_{70}\}$	acetic acid	2D	[48]
2	Na（4,4'-bipy）$[\varepsilon\text{-}PMo_{12}O_{40}Zn_4(H_2O)_2(4,4'\text{-bipy})_3]\cdot 10H_2O$	$P2_1/m$	6-连接	$\{PMo_{12}O_{40}Zn_4\}$	4,4'-bipy	2D	[49]
3	$[\varepsilon\text{-}PMo_{12}O_{35}(OH)_5\{La(H_2O)_3\}_4(1,3,5\text{-btc})_2]\cdot 44H_2O$	$P2_12_12$	rtl	$\{PMo_{12}O_{40}La_4\}$	1,3,5-H_3btc	3D	[49]
4	$[\varepsilon\text{-}PMo_{12}O_{37}(OH)_3\{La(H_2O)_4\}_4（1,2,4,5\text{-btc}）]\cdot 24H_2O$	$P\bar{1}$	PtS	$\{PMo_{12}O_{40}La_4\}$	1,2,4,5-H_4btc	3D	[49]
5	$[CH_3NH_3][4,4'\text{-}H_2bipy][Zn_4(4,4'\text{-}H_2bipy)_3(H_2O)_2 Mo_8^V Mo_4^{VI}\text{-}O_{36}(PO_4)]\cdot 4H_2O$	$P2_1/c$	6-连接	$\{PMo_{12}O_{40}Zn_4\}$	4,4'-bipy	2D	[50]
6	$[GeMo_8^V Mo_4^{VI}O_{36}(\mu_2\text{-}OH)_4\{Ni(pda)\}_2\{Ni(pda)(4,4'\text{-}bipy)_{0.5}\}\{Ni(pda)(4,4'\text{-}bipy)\}]_n\cdot 7nH_2O$	$P\bar{1}$	sql	$\{GeMo_{12}O_{40}Ni_4\}$	4,4'-bipy	2D	[51]
7	$(TBA)_3[PMo_8^V Mo_4^{VI}O_{36}(OH)_4Zn_4(1,4\text{-bdc})_2]\cdot 2H_2O$	$C2/c$	crs	$\{PMo_{12}O_{40}Zn_4\}$	1,4-H_2bdc	3D	[52]
8	（TBA）$[PMo_8^V Mo_4^{VI}O_{37}(OH)_3Zn_4(im)(Him)]$	$Pbca$	sql	$\{PMo_{12}O_{40}Zn_4\}$	imidazole	2D	[53]
9	$(TBA)_3[PMo_8^V Mo_4^{VI}O_{36}(OH)_4Zn_4][1,3,5\text{-btc}]_{4/3}\cdot 6H_2O$	$I222$	ofp	$\{PMo_{12}O_{40}Zn_4\}$	1,3,5-H_3btc	3D	[54]
10	$(TBA)_3[PMo_8^V Mo_4^{VI}O_{37}(OH)_3Zn_4][1,3,5\text{-btc}]$	$Pnnm$	ins	$\{PMo_{12}O_{40}Zn_4\}$	1,3,5-H_3btc	3D	[54]
11	$(TBA)_3[PMo_8^V Mo_4^{VI}O_{37}(OH)_3Zn_4][1,3,5\text{-btc}]\cdot 8H_2O$	$Pmma$	sql	$\{PMo_{12}O_{40}Zn_4\}$	1,3,5-H_3btc	2D	[54]
12	$(TBA)_3\{PMo_8^V Mo_4^{VI}O_{36}(OH)_4Zn_4\}[1,4\text{-bdc}]_2$	$Pna2_1$	sql	$\{PMo_{12}O_{40}Zn_4\}$	1,4-H_2bdc	2D	[55]
13	$(TPA)_3\{PMo_8^V Mo_4^{VI}O_{37}(OH)_3Zn_4\}[1,3,5\text{-btc}]$	$Pcab$	sql	$\{PMo_{12}O_{40}Zn_4\}$	1,3,5-H_3btc	2D	[55]
14	$\{[Ni_6(OH)_3(H_2O)(en)_3(PW_9O_{34})][Ni_6(OH)_3(H_2O)_4(en)_3(PW_9O_{34})](1,4\text{-bdc})_{1.5}\}[Ni(en)(H_2O)_4]\cdot H_2O$	$P\bar{1}$	hcb	$\{Ni_6PW_9\}$	1,4-H_2bdc	2D	[57]
15	$\{[Ni_6(OH)_3(en)_3(PW_9O_{34})](1,3,5\text{-}H_3btc)\}[Ni(en)(H_2O)_3]\cdot 2H_2O$	$Pbcm$	sql	$\{Ni_6PW_9\}$	1,3,5-H_3btc	2D	[57]
16	$\{[\{Ni_6(OH)_3(H_2O)_5(PW_9O_{34})\}(1,2,4\text{-}Hbtc)]\}\cdot H_2enMe\cdot 5H_2O$	$P4_1$	(3,5)-连接	$\{Ni_6PW_9\}$	1,2,4-H_3btc	3D	[57]
17	$[TBA]_3[\varepsilon\text{-}PMo_8^V Mo_4^{VI}O_{36}(OH)_4Zn_4][BTB]_{4/3}\cdot x guest$	$Ia\text{-}3d$	ctn	$\{PMo_{12}O_{40}Zn_4\}$	BTB	3D	[59]
18	$[TBA]_3[\varepsilon\text{-}PMo_8^V Mo_4^{VI}O_{37}(OH)_3Zn_4][BPT]$	$C2/c$	flu	$\{PMo_{12}O_{40}Zn_4\}$	BPT	3D	[59]
19	$[Zn_{16}(HPO_3)_4]L^1_3$	$F\text{-}43c$	ddy/ftw	$\{P_4Zn_{16}\}$	L^1	3D	[63]

注：TMA^+ = NMe_4^+；TBA^+ = $N(n\text{-}Bu)_4^+$；TPA^+ = $N(n\text{-}Pr)_4^+$；pda = 1, 2-propanediamine；1, 2, 4, 5-H_4btc = 1, 2, 4, 5-benzenetetracarboxylic acid；1, 2, 4-H_3btc = 1, 2, 4-benzene tricarboxylate；BTB = benzene tribenzoate；BPT：[1, 1'-biphenyl]-3, 4', 5-tricarboxylate

此外，他们选取了四十种由 Zn-ε-Keggin 与咪唑（imidazole，im）构筑的无机和沸石类多晶型化合物来计算其相对稳定性[53]。以三角形有机羧酸配体作为连接单元用于修饰四面体 Zn-ε-Keggin 离子得到了三个新颖的基于单体、二聚体或者链状 Zn-ε-Keggin 单元的多酸基金属有机框架化合物，这系列化合物都具有电化学活性，可用于电催化分解水制氢反应（图 14-5）[54]。石墨烯自身独特的物理化学性质引起材料学家和化学家的广泛关注。多金属氧酸盐表面的富氧结构和碳材料之间可以形成较强的化学相互作用，Rodriguez-Albelo 等在石墨烯的还原过程中利用基于 Zn-ε-Keggin 金属有机框架作为还原剂制备了多酸@石墨烯（多酸@GC）的杂化材料[55]，这种杂化材料具有石墨烯成分的优异特性，电化学性质增强，比表面积大，在多种条件下可保持优越的稳定性，为未来制备在光/电催化和电分析领域具有广泛应用的新型纳米材料奠定了基础。

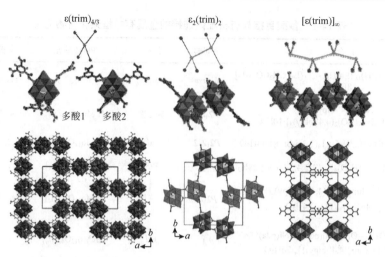

图 14-5　多酸建筑块 ε(trim)$_{4/3}$、ε$_2$(trim)$_2$ 和 [ε(trim)]$_\infty$ 晶胞示意图[54]

2015 年，Lan 和 Su 等将 1,3,5-三（4-羧基苯基）苯（benzene tribenzoate，BTB）与 1,1′-联苯-3,4′,5-三羧酸（[1,1′-biphenyl]-3,4′,5-tricarboxylate，BPT）配体引入基于 Zn-ε-Keggin 单元的多酸基有机-无机杂化体系中得到了两例化合物（图 14-6），[TBA]$_3$[ε-PMo$_8^V$Mo$_4^{VI}$O$_{36}$(OH)$_4$Zn$_4$][BTB]$_{4/3}$·$x$guest（NENU-500，TBA$^+$ = 四丁基胺阳离子）和 [TBA]$_3$[ε-PMo$_8^V$Mo$_4^{VI}$O$_{37}$(OH)$_3$Zn$_4$][BPT]（NENU-501）。多酸片段作为节点直接与有机配体相连，存在于三维开放孔道中的 TBA$^+$ 平衡了阴离子骨架的负电荷。NENU-500 和 NENU-501 具有很好的空气稳定性以及酸碱耐受性。结合多酸的氧化还原特性和金属有机框架材料的多孔性，NENU-500 在酸性溶液中展现出优异的电催化分解水制氢活性，当电流密度达到 10mA/cm^2 时，需要的过电位仅为 237mV，该性能优于当时报道的所有金属有机框架材料[59]。

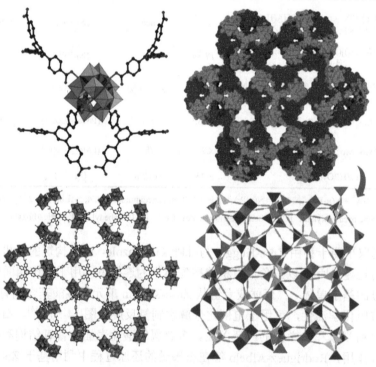

图 14-6　NENU-500 结构示意图[59]

2007 年，Yang 等拓展了从常规水溶液方法到水热技术的过渡金属取代多钨酸盐（polyoxotungstate，POT）的制备。一系列新颖的 Ni$_6$ 取代多钨酸盐[Ni$_6$(μ$_3$-OH)$_3$(H$_2$O)$_6$L$_3$(B-α-XW$_9$O$_{34}$)]（{Ni$_6$XW$_9$(H$_2$O)$_6$}，

其中 $Ni_6 = [Ni_6(\mu_3\text{-}OH)_3Ln]^{9+}$；$XW_9 = \{B\text{-}\alpha\text{-}[XW_9O_{34}]\}$，$B$ 代表 $\alpha\text{-}XW_9O_{34}$ 同分异构体的类型，$X = Si$ 或 P，$L = en$ 或 enMe（en = 乙二胺，enMe = 1, 2-丙二胺），通过缺位多酸前驱体、金属离子和有机胺的新反应体系被分离出来[56]。Ni_6 取代的多钨酸盐含有大量的配位水分子和不同的配位构象，提供了用其他无机或者有机组分取代水配体制备新衍生物的可能性。他们将多种刚性羧基配体引入已知的水热体系中，原位形成了 Ni_6 取代多钨酸盐并且成功分离出 3 个多酸基金属有机框架化合物（图 14-7）[57]。在后续工作中，他们把三（羟甲基）氨基甲烷［tris(hydroxymethyl)aminomethane，Tris］成功嫁接到 Ni_6 取代多钨酸盐表面，进一步原位形成了一个 3-连接的建筑块。Tris 修饰的 3-连接建筑块和 1, 3, 5-H_3btc 协同组装产生了一个有高热力学和水热稳定的立方体构型的多酸-有机分子笼[58]。合成过程中的关键点被很好地体现，表明该策略为设计和制备新的多酸基金属有机框架材料提供有效和可行的路径。

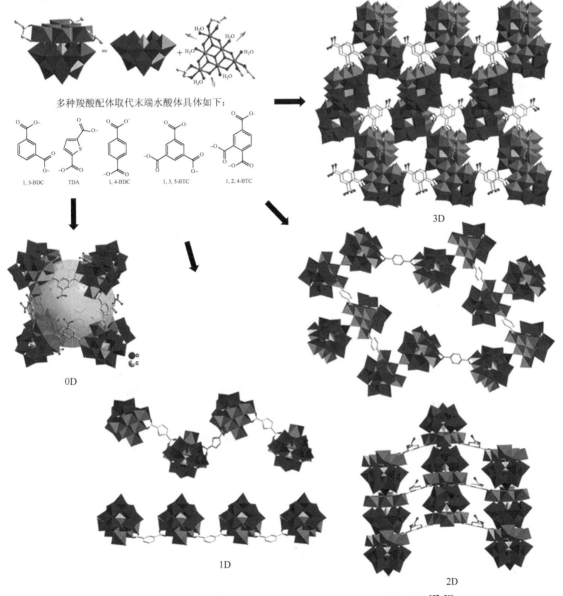

图 14-7　设计合成的过渡金属取代多钨酸盐基簇合物有机骨架[57, 58]

众所周知，通过不同数量的[MoO$_4$]、[MoO$_5$]和[MoO$_6$]构筑单元进行分类八钼酸盐的八个同分异构体构型已经被证实，分别是 α-、β-、γ-、δ-、ε-、ζ-、η-和 θ-同分异构体。这些同分异构体可以在温和的环境变化下相互转变，也可以在控制 pH 值的水热条件下方便获得。值得一提的是，由六个 [MoO₆] 和两个[MoO₅]构成的 γ-Mo₈ 阴离子，在构筑包含 Mo—N 键的有机修饰三维多酸基骨架方面有着独特的优势[60-62]。

通常来说，多金属氧酸盐由具有 d^0 或者 d^1 电子构型的前过渡金属组成。由于高负电荷的不稳定性，完全由具有 d^{10} 电子构型的后过渡金属离子组成的金属氧簇很少被合成。相比于传统的多酸簇合物，由于后过渡金属的惰性特征，d^{10} 金属氧簇也许会有一些特殊的性质。如何降低整体的负电荷来制备 d^{10} 金属氧簇是一个在合成化学和材料科学领域有意义且具有挑战性的研究工作。Lan 和 Su 等用带有八个羧基的半刚性配体 5,50-(2, 2-双((3, 5-二羟基-苯氧基)甲基)丙烷-1, 3-二羧基)双（氧）双异酞酸（5, 50-(2, 2-bis ((3, 5-dicarboxyphenoxy) methyl) propane-1, 3-diyl) bis(oxy)diisophthalic acid，L^1）来研究包含 d^{10} 金属氧簇的晶态催化剂系统。很幸运，一个前所未有的具有(3, 4, 24)-连接 *ddy* 拓扑的三维聚锌氧酸盐化合物被合成：$[Zn_{16}(HPO_3)_4] L_3^1$（IFMC-200），这是首例由一个单独的 d^{10} 金属氧簇构筑具有 24-连接节点的化合物（图 14-8）[63]。这种新的"羧基稳定的聚锌氧簇"策略帮助降低了整体的负电荷，同时成功地证明了这是一个有效的方法来分离后过渡金属氧簇。IFMC-200 有着优越的热稳定性、好的水稳定性、酸和碱耐受性，还有路易斯酸性，使它在自由脂肪酸和醇类的酯化反应中有催化活性。令人惊讶的是，同那些之前在相同条件下报道的催化剂相比，IFMC-200 展现出利用长链脂肪酸转换的优异催化活性。

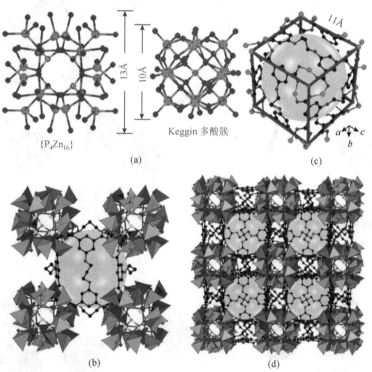

图 14-8　（a）{P₄Zn₁₆}结构图（左）和 Keggin 型阴离子簇（右）；（b，c）IFMC-200 结构中的笼；（d）IFMC-200 的三维骨架[63]

上述提到的大多数例子中，多酸簇合物与 M-ε-Keggin 或者{Ni₆XW₉(H₂O)₆}（M = Zn 或 La；X = P 或 Si）的形成有关，而有机配体的可选择范围被限制为含氮或羧基的刚性有机配体。在这种类型的多酸基金属有机框架材料中，已知的多酸单元直接与有机配体相连。没有修饰过的多酸单元直接连接有机组分形成高维结构比较困难。由于多酸单元和去质子化的有机配体总是以阴离子的形式存在，通过这两种阴离子组分很难形成中性化合物。在这点上，很有必要第一步通过 d/f 区金属阳离子来修饰多酸阴离子。这种修饰的多酸单元与有机配体直接相连的嫁接方法使得多酸基金属有机框架单晶材料更容易合成。不难看出，通过过渡金属修饰多酸簇合物降低多酸组分的负电荷是一种合成多酸基金属有机框架材料的有效方法。然而，这种多酸基金属有机框架材料还不是多样性的体系，主要原因可能是含羧基或者含氮配体在酸性溶液中容易质子化而很难连接阴离子多酸单元。从实验设计的角度来看，通过水热法用金属阳离子来修饰多酸阴离子的反应总是可以原位发生。如果有机配体也能够原位产生，为了避免被质子化，它会立即同修饰的多酸单元配位。因此，在未来的研究中原位产生配体将是一种有前景的方法。此外，多酸单元的修饰限制在饱和型或者缺位 Keggin 构筑单元。更重要的是，对于 M-ε-Keggin 体系来说，其展现出优异的电化学活性，而对于 $\{Ni_6XW_9(H_2O)_6\}$ 系统，详细研究了其磁性。为了延续该类材料的生命力，其新的性质（如催化活性等）将会被继续深入研究。

2. 以多酸为模板剂的金属有机框架材料

具有规则且可利用的笼型和管状孔道的新型孔材料，如沸石类和类沸石类孔材料，由于它们在气体储存、非均相催化、化学传感和质子传导等领域具有潜在的应用前景而引起研究者的广泛兴趣[64-68]。目前，以有机胺阳离子作为模板的方法是重要的合成方法之一。大的无机阴离子同样可以作为模板来构筑新颖的多孔框架化合物[69]。在这方面，多酸的结构多样性和丰富的化学组成为其可控的形状、尺寸和负电荷提供了一定的保障，因此多酸成为适合的无机模板之一（表 14-2）[70-72]。例如，Zubieta 等以 $\{Mo_6O_{19}\}$ 为模板合成了三维 $[\{Fe(tpypor)\}_3Fe]_n^{4n+}$ 骨架（tpypor = 四苯基卟啉）[70]，Keller 等运用 $PW_{12}O_{40}^{3-}$ 作为阴离子模板构筑了一个三维 Cu^I-4,4'-bipy（4,4'-bipy = 4,4'-联吡啶）金属有机框架[71]。2009 年，Lu 等总结了含有配位聚合物的多酸化合物，指出多酸和金属有机聚合物的结合是通过主客体超分子相互作用，如弱的配位相互作用、静电相互作用以及氢键作用[73]。本节侧重于该类以多酸阴离子作为模板合成三维金属有机框架材料。

表 14-2　以多酸为模板剂的金属有机框架化合物汇总

序号	化合物	空间群	拓扑 [a]	POM 单元	有机链	维度	文献
1	$[\{Fe(tpypor)\}_3Fe(Mo_6O_{19})_2]\cdot xH_2O$	$Pn\bar{3}$	pcu	$\{Mo_6O_{19}\}$	tpypor	3D	[70]
2	$[Cu_3(4,4'\text{-bipy})_5(MeCN)_2]PW_{12}O_{40}\cdot 2C_6H_5CN$	$C2/c$	(3,3,4)-连接	$\{PW_{12}O_{40}\}$	4,4'-bipy	3D	[71]
3	$[Cu_3(1,3,5\text{-btc})_2(H_2O)_3]_2Na_3PW_{12}O_{40}\cdot nH_2O$	$Fm\bar{3}m$	tbo	$\{PW_{12}O_{40}\}$	1,3,5-H_3btc	3D	[75]
4	$[Cu_2(1,3,5\text{-btc})_{4/3}(H_2O)_2]_6[H_2SiW_{12}O_{40}]\cdot(TMA)_2\cdot xH_2O(NENU\text{-}1)$	$Fm\bar{3}m$	tbo	$\{SiW_{12}O_{40}\}$	1,3,5-H_3btc	3D	[76]
5	$[Cu_2(1,3,5\text{-btc})_{4/3}(H_2O)_2]_6[H_2GeW_{12}O_{40}]\cdot(TMA)_2\cdot xH_2O(NENU\text{-}2)$	$Fm\bar{3}m$	tbo	$\{GeW_{12}O_{40}\}$	1,3,5-H_3btc	3D	[76]
6	$[Cu_2(1,3,5\text{-btc})_{4/3}(H_2O)_2]_6[HPW_{12}O_{40}]\cdot(TMA)_2\cdot xH_2O(NENU\text{-}3)$	$Fm\bar{3}m$	tbo	$\{PW_{12}O_{40}\}$	1,3,5-H_3btc	3D	[76]
7	$[Cu_2(1,3,5\text{-btc})_{4/3}(H_2O)_2]_6[H_2SiMo_{12}O_{40}]\cdot(TMA)_2\cdot xH_2O(NENU\text{-}4)$	$Fm\bar{3}m$	tbo	$\{SiMo_{12}O_{40}\}$	1,3,5-H_3btc	3D	[76]
8	$[Cu_2(1,3,5\text{-btc})_{4/3}(H_2O)_2]_6[HPMo_{12}O_{40}]\cdot(TMA)_2\cdot xH_2O(NENU\text{-}5)$	$Fm\bar{3}m$	tbo	$\{PMo_{12}O_{40}\}$	1,3,5-H_3btc	3D	[76]
9	$[Cu_2(1,3,5\text{-btc})_{4/3}(H_2O)_2]_6[HAsMo_{12}O_{40}]\cdot(TMA)_2\cdot xH_2O(NENU\text{-}6)$	$Fm\bar{3}m$	tbo	$\{AsMo_{12}O_{40}\}$	1,3,5-H_3btc	3D	[76]
10	$Li_2[Cu_{12}(1,3,5\text{-btc})_8\cdot 12H_2O][HPW_{12}O_{40}]\cdot 27H_2O(NENU\text{-}29)$	$Fm\bar{3}m$	tbo	$\{PW_{12}O_{40}\}$	1,3,5-H_3btc	3D	[77]
11	$Li_2[Cu_{12}(1,3,5\text{-btc})_8\cdot 12H_2O][H_2SiMo_{12}O_{40}]\cdot 25H_2O(NENU\text{-}30)$	$Fm\bar{3}m$	tbo	$\{SiMo_{12}O_{40}\}$	1,3,5-H_3btc	3D	[77]
12	$K_2[Cu_{12}(1,3,5\text{-btc})_8H_2O_n][HPW_{12}O_{40}](NENU\text{-}28)$	$Fm\bar{3}m$	tbo	$\{PW_{12}O_{40}\}$	1,3,5-H_3btc	3D	[78]
13	$H_3[(Cu_4Cl)_3(1,3,5\text{-btc})_8]_2[PW_{12}O_{40}]\cdot(TMA)_6\cdot 3H_2O(NENU\text{-}11)$	$Fm\bar{3}m$	sod	$\{PW_{12}O_{40}\}$	1,3,5-H_3btc	3D	[79]
14	$H_4[(Cu_4Cl)_3(1,3,5\text{-btc})_8]_2[SiW_{12}O_{40}]\cdot(TMA)_6\cdot 3H_2O(NENU\text{-}15)$	$Fm\bar{3}m$	tbo	$\{SiW_{12}O_{40}\}$	1,3,5-H_3btc	3D	[80]
15	$[Cu_3(1,3,5\text{-btc})_2]_4[(TMA)_4CuPW_{11}O_{39}H]$	$Fm\bar{3}m$	tbo	$\{CuPW_{11}O_{39}\}$	1,3,5-H_3btc	3D	[81]
16	$[Co_4(dpdo)_{12}][H(H_2O)_{27}(CH_3CN)_{12}][PW_{12}O_{40}]_3$	$Im\bar{3}$	pcu	$\{PW_{12}O_{40}\}$	dpdo [b]	3D	[82]
17	$\{[Ni(dpdo)_3]_4(PW_{12}O_{40})_3[H(H_2O)_{27}(CH_3CN)_{12}]\}_n$	$Im\bar{3}$	pcu	$\{PW_{12}O_{40}\}$	dpdo	3D	[83]
18	$[Cu_2(H_2O)_2(bpp)_2Cl][PM_{12}O_{40}]\cdot\sim 20H_2O$（M = W 或 Mo）	$P4_2/n$	bcu	$\{PM_{12}O_{40}\}$	bpp	3D	[85]

续表

序号	化合物	空间群	拓扑	POM 单元	有机链	维度	文献
19	$[Cu_4(bmtp)_4][SiW_{12}O_{40}]$	$P2_1/c$	pcu	$\{SiW_{12}O_{40}\}$	$bmtp^c$	3D	[86]
20	$[Cu(3, 4\text{-}bpo)_2(H_2O)(SiW_{12}O_{40})]\cdot(3, 4\text{-}H_2bpo)\cdot7H_2O$	$Pna2_1$	sql	$\{SiW_{12}O_{40}\}$	$3,4\text{-}bpo^d$	2D	[87]
21	$\{[Ln(H_2O)_4(pydc)]_4\}[XMo_{12}O_{40}]\cdot2H_2O$ (Ln = La, Ce, Nd; X = Si 或 Ge)	$C2/c$	gis	$\{XMo_{12}O_{40}\}$	H_2pydc	3D	[88]
22	$[Ln(H_2O)_4(pydc)]_4[SiW_{12}O_{40}]\cdot2H_2O$ (Ln = La, Ce, Nd)	$I4_1/a$	gis	$\{SiW_{12}O_{40}\}$	H_2pydc	3D	[89]
23	$Ln_4(pydc)_4[SiW_{12}O_{40}]\cdot19H_2O$ (Ln = Eu, Gd, Tb, Dy)	$C2/c$	gis	$\{SiW_{12}O_{40}\}$	H_2pydc	3D	[90]
24	$[Ln(pydc)(H_2O)_n]_4[SiW_{12}O_{40}]\cdot4H_2O$ (Ln = Tm, Y, Pr, La, Sm 或 Eu)	$I4_1/a$	gis	$\{SiW_{12}O_{40}\}$	H_2pydc	3D	[91]
25	$Cu_3(bimb)_5(bim)_2(PMo_{12}O_{40})_2$	$P2_1/n$	dmp	$\{PMo_{12}O_{40}\}$	$bimb^e$ 和 bim^f	3D	[92]
26	$\{[Ag_2(trz)_2][Ag_{24}(trz)_{18}]\}[PW_{12}O_{40}]_2$	$Pn\bar{3}m$	pcu	$\{PW_{12}O_{40}\}$	Htrz	3D	[93]
27	$\{[Cd\text{-}(DMF)_2 Mn^{III}(DMF)_2tpypor](PW_{12}O_{40})\}\cdot2DMF\cdot5H_2O$	$C2/c$	sql	$\{PW_{12}O_{40}\}$	tpypor	2D	[94]
28	$[M_2(4, 4'\text{-}bipy)_3(H_2O)_2(ox)][P_2W_{18}O_{62}]\cdot2(4, 4'\text{-}H_2bipy)\cdot3H_2O$ (M = Co 或 Ni)	$P2_1/m$	pcu	$\{P_2W_{18}O_{62}\}$	$4,4'\text{-}bipy$	3D	[95]
29	$[Zn_{12}(trz)_{20}][SiW_{12}O_{40}]\cdot11H_2O$	$Fddd$	zeo	$\{SiW_{12}O_{40}\}$	trz^g	3D	[96]

a. MOF 结构的拓扑；b. dpdo = 4,4'-bipyridine-N, N'-dioxide；c. bmtp = 1, 5-bis(1-methyl-5-mercapto-1,2,3,4-tetrazole)pentane；d. 3,4-bpo = 2-(3-pyridyl)-5-(4-pyridyl)-1,3,4-oxadiazole；e. bimb = 1,4-bis(1-imidazolyl)benzene；f. bim = 1-(4-bromophenyl)-1H-imidazole；g. trz = 1,2,4-triazole

　　Naruke 等制备了三个由$[Cu_3(1,3,5\text{-}btc)_2(H_2O)_3]_n$骨架（同样可认为是 HKUST-1）组成的纳米多孔晶态化合物，IR、^{29}Si 和 ^{31}P MAS NMR 证明了该骨架是通过 α-Keggin 型阴离子调节的[74]。类似的体系被 Hundal 等进一步证实[75]。2009 年，Liu 等通过简单的一步水热法获得了 NENU-n 系列晶态化合物。具有催化活性的 Keggin 型阴离子作为客体交替排列在 HKUST-1 立方八面体笼型结构中（图 14-9）[76]。在 NENU-n 系列中，骨架的主要性质被保持，可以发现，该材料较高的多酸负载量（35%～45%）超过了在传统基质上的负载量，并且由于金属有机框架孔穴的限制作用，可避免多酸结块。他们随后通过脂类在过量水中的水解反应研究了 NENU-3 的酸催化性能。结果表明，该材料具有高催化活性和良好的循环稳定性。此外，NENU-29 和 NENU-30 是通过将合成的 NENU-3 和 NENU-4 晶体分别浸入 LiNO$_3$ 的饱和水溶液中制备的[77]。在这两个化合物中，多酸阴离子和 Li$^+$作为客体存在于 HKUST-1 的主体中。氢气吸附实验证明，客体分子对于提高骨架的氢气吸附能力具有重要作用。而后，NENU-28 通过类似的方法合成并且当作吸附剂用于吸附易挥发的有机化合物[78]。

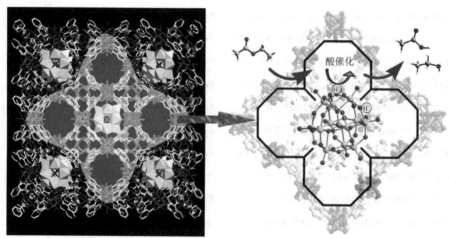

图 14-9　NENU-n 沿[001]方向的两种孔道以及 NENU-3 作为催化剂用于脂类的水解[76]

作为该工作的延续，2011 年，Liu 等通过水热法分离出一个方钠石型多孔多酸基骨架 NENU-11，其中 Keggin 型阴离子作为模板（图 14-10）。包裹的 $\{PW_{12}O_{40}\}$ 作为活性催化中心，NENU-11 呈现出去除神经毒气的潜在应用前景[79]。NENU-11 可快速吸附甲基膦酸二甲酯（dimethyl methylphosphonate，DMMP），100min 内可达到 1.92mmol/g（每个单元中 15.5 个 DMMP 分子），远远高于之前报道的其他高表面积的金属有机框架材料。室温下 DMMP 到甲醇的转化率达到了 34%，随着温度升高，转化率逐渐增加，在 50℃时达到了最优值 93%。最后，他们还利用 NENU-15 评估了主体骨架和客体多酸在去除 NO 过程中的协同作用。NENU-15 不仅展现出很好的吸附 NO 的行为，而且呈现出优越的 NO 降解活性[80]。

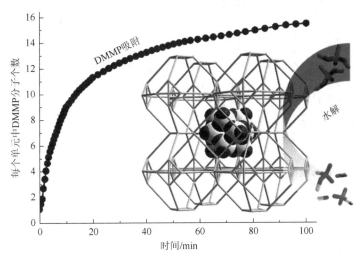

图 14-10　NENU-11 在氦气气氛下（1atm，298K）的 DMMP 吸附曲线随时间变化图[79]

2011 年，Hill 等将 $[CuPW_{11}O_{39}]^{5-}$ 引入 HKUST-1 的孔道中得到了一个新的晶态催化剂，$[Cu_3(C_9H_3O_6)_2]_4[\{(CH_3)_4N\}_4CuPW_{11}O_{39}H]$（图 14-11）。该化合物仅在空气中就可以有效地催化包含 H_2S 到 S_8 的多种含硫化合物的脱毒[81]。结果表明分离和回收较容易，对于一些氧化过程仅需温和气氛的异相催化剂，由此证明其作为多功能高效催化剂的潜在价值。

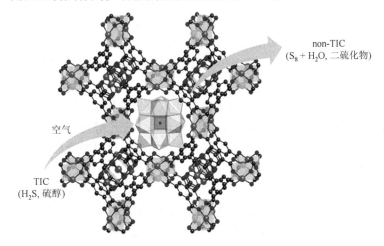

TIC：有毒工业化学品

图 14-11　$[Cu_3(C_9H_3O_6)_2]_4[\{(CH_3)_4N\}_4CuPW_{11}O_{39}H]$ 催化氧化 H_2S 到 S_8[81]

除了以上以多酸为模板剂的铜-均苯三甲酸材料，还有一些其他以多酸阴离子为模板的金属有机框架网络结构被报道。2006 年，Duan 等报道了一个三维非交织的多酸基金属有机框架化合物，其立方型孔穴被 Keggin 型 $[PW_{12}O_{40}]^{3-}$ 阴离子和 $[H(H_2O)_{27}]^+$ 水簇所占据（图 14-12）[82]。单晶 X 射线衍射研究和计算结果共同说明多余的质子位于质子化的水簇中心，由此开始对该类材料进行广泛的研究[83, 84]。他们首次应用该化合物作为异相酸催化剂进行了磷酸二酯的键裂水解实验[84]。

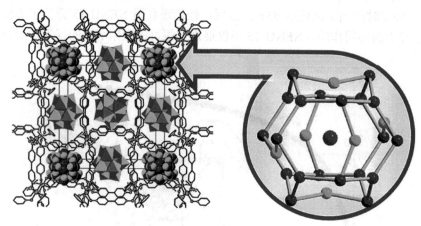

图 14-12　立方型空穴被 Keggin 型 $[PW_{12}O_{40}]^{3-}$ 阴离子和 $[H(H_2O)_{27}]^+$ 水簇所占据的三维非交织的多酸基金属有机框架化合物[82]

2008 年，Wang 等报道了两个以 Keggin 型多酸作为模板剂的多孔骨架，它是由三维 8-连接配位聚合物主体 $[Cu_2(H_2O)_2(bpp)_2Cl]_n^{3n+}$ 和球状的 Keggin 型 $[PM_{12}O_{40}]^{3-}$ 客体作为模板而组成的［bpp = 1,3-双(4-吡啶基)丙烷］[85]。他们详细研究了这个多孔骨架在室温下的荧光性质和电化学行为，其呈现出好的电催化还原亚硝酸盐的特性。同时，基于柔性和刚性含氮配体的 Keggin 型多酸作为模板的多孔骨架也被该课题组报道[86, 87]。近年来，Hu 等合成了一系列三维 4-连接具有斜方钙沸石型拓扑的阳离子骨架 $\{[Ln(H_2O)_4(pydc)]_4\}^{4+}$（Ln = La，Ce，Nd；$H_2$pydc = 吡啶-2,6-二羧酸），同时球状的 Keggin 型 $[XM_{12}O_{40}]^{4-}$（X = Si 或 Ge，M = Mo 或 W）作为模板[88, 89]。不久之后，Huang 和 Niu 等研究了 Ln-pydc/Keggin 系统并且分离了一系列 $[SiW_{12}O_{40}]^{4-}$ 阴离子作为模板的三维金属有机框架[90, 91]。尽管三维主体骨架的非线形孔道被 Keggin 型多酸离子填满，它们当中的一些还是会呈现乙醇吸附特性。一个花生型、具有(4, 5)-连接拓扑的多酸基金属有机框架化合物成功地被 Su 等报道，其中 Keggin 型多酸阴离子作为核被包裹进花生壳的孔隙中[92]。2015 年，Su 等又采用低成本以及环境友好的蒸气热转化法制备了包裹多酸的金属多氮唑框架 $[Zn_{12}(trz)_{20}][SiW_{12}O_{40}]\cdot11H_2O$（trz = 1,2,4-三氮唑）（图 14-13）。纳米尺寸的十二硅钨酸作为模板包裹在由二十八核锌连接 32 个 trz 配体所形成的沸石型 6^44^8 笼中。该多孔晶体材料具有优异的热稳定性和化学稳定性，在乙醇纯化以及质子传导领域展现出应用前景。这是首次将蒸气热转换方法用于多酸基金属有机框架材料的合成，其固有的相分离机理对于该晶态材料的形成至关重要[96]。

Lu 等研究了 Ag^+/Htrz/Keggin 体系，从而报道了一个以 Keggin 型多酸为模板剂的通过三氮唑配体形成的金刚石型纳米笼状三维聚连锁骨架 $[Ag_2(trz)_2][Ag_{24}(trz)_{18}][PW_{12}O_{40}]_2$（图 14-14）[93]。Keggin 型阴离子作为模板直接形成了三维聚连锁骨架，然而二维 $[Ag(trz)]_\infty$ 网络是在缺少 Keggin 型阴离子的条件下，通过 Ag^+ 阳离子和咪唑自组装得到的。该研究结果表明，理解包裹机理对于设计新型多酸基金属有机框架结构起到重要的指导性作用。

最近，Wu 等优化了一个有效制备新颖的分层多酸-Mn^{III}-金属卟啉杂化骨架的两步合成方法（图 14-15）[94]。这种固态杂化材料有优越的净化染料能力并且可以作为异相催化剂选择性氧化烷基苯，有着极好的产率和 100% 的选择性。这项工作为未来合成多功能多酸-卟啉杂化材料提供了新的

图 14-13　$[Zn_{12}(trz)_{20}][SiW_{12}O_{40}]\cdot 11H_2O$ 及其笼状结构示意图[96]

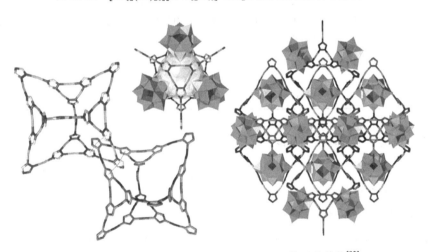

图 14-14　$[Ag_2(trz)_2][Ag_{24}(trz)_{18}][PW_{12}O_{40}]_2$ 的三维结构[93]

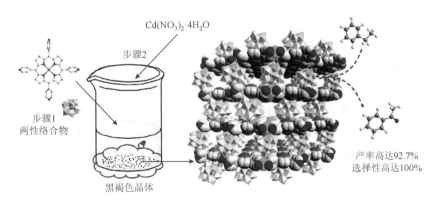

图 14-15　多酸-Mn^{III}-金属卟啉杂化骨架作为高效异相催化剂[94]

路径。此外，Liu 等报道了三个以 Wells-Dawson 为模板的金属有机框架，同时电催化实验证明它们具有很好的电催化还原亚硝酸盐离子的活性[95]。

总之，这些多酸基金属有机框架材料通常是通过水热法合成的。在已经合成的材料中，金属离子大部分采用二价过渡金属离子，也有较少一部分采用镧系金属离子。对于以多酸为模板剂的材料来说，主要采用 Keggin 型阴离子作为模板，而 Dawson 型和同多酸阴离子很少被使用。主要原因在于多酸单元和金属有机框架之间的尺寸需匹配。因此，设计和制备结构稳定且孔道和多酸构筑块的尺寸匹配良好的金属有机框架材料是一项重要挑战。以多酸为模板剂的金属有机框架材料结合了良好的晶态结构、高的表面积、规则可调的孔道、高的催化活性位点等特点。近些年，它们的催化行为引起了研究者的广泛关注。我们相信对于多酸模板化的金属有机骨架材料制备和在催化领域应用的进一步研究将是金属有机框架材料的一个亮点，在将来会被广泛关注，同时在其他领域的应用也值得探索。

3. 多酸柱撑型多孔有机–无机杂化材料

如表 14-3 所示，另一个值得注意的构建多功能多酸材料的方法是利用多阴离子的配位能力去结合不同的过渡金属配合物片段。最近，大量多酸基有机-无机杂化材料已经被报道。2010 年，Dolbecq 等发表了一篇关于这些多酸基有机-无机杂化材料的综述。在大部分的例子中，这类多酸材料通过有机配体、过渡金属（或镧系金属）和多酸单元水热法合成。只有少数是通过常规水溶液法和离子热法合成的。此外，这类多酸材料呈现出多样的光学、电学和磁学性质。但是由于有机配体选择的局限、多酸阴离子的性质、合成方法的影响等，很难合成具有开放性网络的多酸基有机-无机杂化骨架。尽管许多研究者采用文献中的多酸基有机框架的概念，但是在这部分只有三例具有三维开放网络的多酸基配位聚合物被提及。这些例子中，多酸单元在多酸基金属有机框架的单晶材料的形成中起到了柱撑剂的作用。

表 14-3　多酸柱撑型金属有机框架化合物总结

序号	化合物	空间群	拓扑	POM 单元	有机链	文献
1	$KH_2[(D-/L-C_5H_8NO_2)_4(H_2O)Cu_3][BW_{12}O_{40}]\cdot 5H_2O$	$P4_32_12/P4_12_12$	(3,3,4,4)-连接	$\{BW_{12}O_{40}\}$	D-/L-proline	[13]
2	$(TBA)_2[Cu^{II}(bbtz)_2(\beta-Mo_8O_{26})]$	$P2_1/c$	pcu	$\{\beta-Mo_8O_{26}\}$	bbtz	[30]
3	$(TBA)_2[Cu^{II}(bbtz)_2(\alpha-Mo_8O_{26})]$	$C2/c$	sxd	$\{\alpha-Mo_8O_{26}\}$	bbtz	[30]
4	$(TBA)_2[Cu^{II}(bbtz)_2(\alpha-Mo_8O_{26})]$	$P2_1/c$	pcu	$\{\alpha-Mo_8O_{26}\}$	bbtz	[30]
5	$[Cu^ICu^{II}(Cu^{II}fcz)_2(H_2O)_5(PMo^{VI}_{10}Mo^V_2O_{40})]\cdot 6H_2O$	$P2_1/n$	(3,4,5,6)-连接	$\{PMo^{VI}_{10}Mo^V_2O_{40}\}$	Hfcz	[100]
6	$[Cu^I_2(Cu^{II}fcz)_2(H_2O)_2(PMo^{VI}_8V^V_3V^{IV}_3O_{42})]\cdot 6H_2O$	$C2/c$	(3,4,6)-连接	$\{PMo^{VI}_8V^V_3VI^V_3O_{42}\}$	Hfcz	[100]

我们试着分析和解释了为什么这些多酸基杂化物不能形成多孔的网络。首先，从合成策略方面，这些材料大部分是在高温（通常 140℃以上）且以水为溶剂的条件下合成的。这与经典的金属有机框架的合成条件是相对立的。多孔金属有机框架通常是采用有机溶剂在低温条件合成的。其中，有机溶剂起到模板的作用，利于形成多孔的骨架。另外，低温溶剂热反应可以有效避免结构的互穿，产生多孔结构。当然，这也与多酸阴离子易在水相结晶的本性有关，使得在有机相或混溶剂体系合成多酸基金属有机框架成为难点与挑战；其次，有机配体的选择：在报道的多酸基杂化物中，大部分使用的有机配体是柔性或半刚性的（如咪唑、吡啶和它们的衍生物）。在高温下利用柔性或半刚性配体会产生互穿的结构，而不是多孔的结构；最后，在产生的少量多孔材料中，孔道往往被水分子所占据。而且，由于水分子和骨架存在强的氢键作用，存在于孔道中的水分子很难被移除。因此，

很难获得具有高比表面积的多酸基材料。到目前为止，这些材料中只有少数的比表面积被成功测量。也就是说，很难获得真正的多孔多酸基金属有机框架材料。因此，根据合成方法，我们选择下面的例子作为多酸柱撑型多孔有机-无机材料的代表进行介绍。

2006 年，Wang 和 Su 等通过常规水溶液法制备了如图 14-16 所示的两种手性多酸杂化物[13] $KH_2[(D-/L-C_5H_8NO_2)_4(H_2O)Cu_3][BW_{12}O_{40}]·5H_2O$。在这两个化合物中，二价铜中心通过脯氨酸配体相连形成一个配位聚合物链，链结构进一步共价连接到 Keggin 型多酸的端氧形成独特的三维开放骨架。多酸簇上的脯氨酸配体在 CD 谱中清晰可见，这是由于铜桥降低了对称性，进而导致从手性脯氨酸配体到多酸簇的手性转移。随着时间变化，CD 谱基本没有改变，这揭示出两种对映异构体在水溶液中是对映性地稳定的。

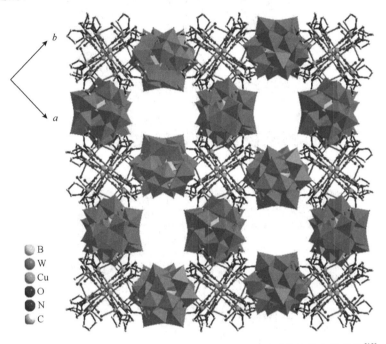

图 14-16　$KH_2[(D-/L-C_5H_8NO_2)_4(H_2O)Cu_3][BW_{12}O_{40}]·5H_2O$ 的三维结构[13]

2007 年，Su 等对金属-氟康唑和多酸体系进行了大量研究[97-99]。受到 Mizuno 等构建沸石型离子晶体的启发，基于对金属-氟康唑大阳离子和 Keggin 型多酸阴离子的细心设计，他们在水热条件下合成了两种多酸柱撑的三维开放型金属有机框架（图 14-17）[100]。铜-氟康唑的大阳离子被铜离子连接产生了一个波浪形阳离子片状结构，然后多酸阴离子作为柱子桥连此阳离子层进而形成了多酸柱撑型三维开放骨架[101, 102]，同时研究了其电化学行为。此外，他们还合成出基于 Mo_8 多酸簇柱撑的三维骨架，通过逐步提高有机胺的用量，可实现二价铜到一价铜在不同程度上的转变[103, 104]。

如图 14-18 所示，2012 年 Wang 和 Su 等使用 1-乙基-3-甲基咪唑溴盐作为溶剂，获得了一系列三维 Mo_8 基多孔结构[30]，其可以在 300℃ 之前保持稳定。更重要的是通过阳离子交换过程，大量在纳米孔道中的有机阳离子被过渡金属离子所取代。随后，气体吸附测试也证明了它们永久的孔道特征。

总之，可以采用多种方法制备这类多酸材料，如常规水溶液法、水热法和离子热法。目前虽然有许多关于多酸柱撑型有机-无机杂化配位聚合物的报道，但是大部分都不含多孔骨架。导致此结果的原因可能与一个事实有关：在先前的研究中，大部分有机配体是直线形连接体，倾向于形成一种互穿的结构，而不是带有孔的结构。而且，与多酸模板的金属有机框架的合成相比，合成多酸柱撑型有机-无机杂化材料更加困难。通过调节多酸单元、有机配体和金属离子将有望获得更多具有特殊拓扑的晶体材料。对于研究者来说，研究材料的结构和特性之间的关系将是一个重要的课题。

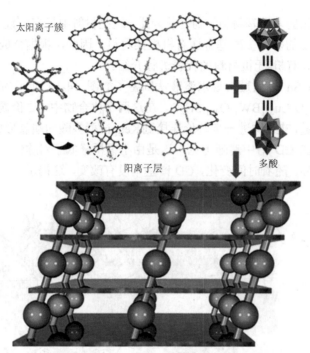

图 14-17　阳离子片段球棍模型图（上）以及多酸柱撑型金属有机框架示意图（下）[100]

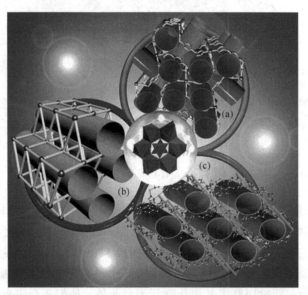

图 14-18　离子热法合成的三种 Mo$_8$ 基多孔金属有机框架材料[30]

4. 纳米级多酸基金属有机框架晶态材料

已报道的经典多酸基金属有机框架材料的合成方法会导致大的晶体尺寸（毫米级），并不完全适用于在催化应用方面的应用，特别是液相的催化过程。在这种情况下，一些研究人员致力于选择最佳尺寸的多酸基金属有机框架纳米材料用于不同催化反应。

通过控制水热合成条件和一些简单实验，Liu 等合成了平均粒子尺寸为 23μm、105μm、450μm 的样品 NENU-1 以研究其催化性能[105]。通过甲醇和二甲醚的脱水反应来评估其催化性能。为了避免异相气相催化的扩散限制而选择合适的粒子尺寸，探究了 NENU-1 粒子尺寸对催化性能的影响，它相比于铜基金属有机框架、r-氧化铝、r-氧化铝固载 12-硅钨酸催化剂等展现出更高的催化活性。此外，纳米级 NENU-1 的催化活性也可通过从乙酸和乙烯形成乙酸乙酯的反应来初步评估，该材料与硅固载 12-硅钨酸催化剂相比同样呈现出更高的催化活性。

　　Martens 等报道了多酸基 HKUST-1 复合材料在室温的简便合成方法[106, 107]。通过乙酸和 1-丙醇在无溶剂时的酯化反应来评估所制备的纳米材料的酸催化性能。此外，Bajpe 等首次研究了多酸封装在金属有机框架中的模板效应。他们证明了完整的 Keggin 型 PW_{12} 分子是瞬间嵌入 HKUST-1 孔道中并且按比例形成的[108]，最后 Breynaert 等全面地探究了该纳米材料的稳定性[109]。^{31}PNMR 谱中的一个重要的位移证明铜离子和多酸阴离子间存在强的静电作用。通过非原位核磁共振、小角度 X 射线散射、动态光散射、近红外光谱、X 射线近边吸收、电子顺磁共振共同探究了多酸基 HKUST-1 复合材料的自组装行为[110]。

　　目前，功能性纳米级多酸基金属有机框架材料的工作鲜有报道。这个领域的研究仍处于初级阶段。很难合成具有同样结构的纳米晶作为已知的多酸基金属有机框架化合物。相应地，金属有机框架材料纳米技术的探究提供给我们很多经验。或许，向纳米科学家学习是合成更多纳米级多酸基金属有机框架材料的一种具有前景的方法。设计和制备可用于一系列催化反应且具有合适粒子尺寸和形状的多酸基金属有机框架纳米材料将会成为一个重要的研究课题，将纳米级多酸基金属有机框架用于催化和其他领域将是多酸化学发展的重要方向。

　　众所周知，催化反应依赖于催化底物的浓度。多酸基金属有机框架材料的多孔性能有利于反应底物和催化活性位点的接触，提高该类材料的催化活性。同时考虑到多酸基金属有机框架晶态材料拥有多酸和金属有机框架的共同特点，由此，气体吸附研究和 BET 比表面积是表征多酸基金属有机框架材料必不可少的研究手段。然而，目前多酸基金属有机框架材料的 BET 比表面积数据少有报道（表 14-4）。或许是一些研究者没有对他们的新材料尝试进行吸附测试。根据这类材料的特点，进一步的处理有望获得预期的高比表面积。

表 14-4　文献中报道的多酸基金属有机框架材料的 BET 比表面积汇总

序号	化合物	BET 比表面积/$(m^2/g)^a$	文献
1	$(TBA)_2[Cu^{II}(bbtz)_2(a-Mo_8O_{26})]$	772	[30]
2	$[Cu_3(1,3,5\text{-btc})_2(H_2O)_3]_2Na_3PW_{12}O_{40}\cdot nH_2O$	519	[75]
3	NENU-3	460[b]	[76]
4	NENU-29	466	[77]
5	NENU-30	487	[77]
6	NENU-28	470	[78]
7	NENU-11	572	[79]
8	NENU-15	547	[80]
9	$[Cu_3(1,3,5\text{-btc})_2]_4[(TMA)_4CuPW_{11}O_{39}H]$	462	[81]

a. 77K 时 N_2 吸附与脱附得到 BET 比表面积

b. Langmuir 比表面积

　　通常来说，有三类物质能够占据多酸基金属有机框架材料的孔道：多酸阴离子、水分子或者有机阳离子（如四甲基铵离子或四丁基铵离子）。为了成功地获得吸附数据，样品的孔道必须是空的。而根据孔道中被占据的不同物质，要将孔道排空会遇到以下几种情况。①多酸阴离子：多酸阴离子不能被移除，因为多酸单元被移除后就不是多酸材料了。②水分子：合成的样品在真空烘箱中高温条件下加热可以去除框架中的客体水分子。例如，Liu 和 Su 等在 200℃真空下成功地去除了 NENU-3 框架中的水分子，并成功地测试了其 BET 比表面积[76]。③有机阳离子：具有较大体积的阳离子（如四甲基铵离子或四丁基铵离子）在多酸阴离子作为模板被分离时在孔道或隧道中作为抗衡阳离子。一些研究者进行了大体积的有机阳离子和合适的小体积的金属阳离子的交换实验，随后的氮气吸附实验可以证实多酸基金属有机框架多孔材料的框架完整性被保留。最成功的例子是在考虑尺寸和稳定性情况下，Wang 等用 d 区过渡金属钴离子和大体积的四丁基铵离子进行交换。把晶体浸泡在含有钴离子的丙酮溶液中 16h，然后在 150℃真空下加热 8h，他们得到了被活化的材料[30]，BET 比表面积为 772m²/g。此外，该材料还具有高的二氧化碳饱和吸附量：195K 条件下可达 165cm³/g（7.4mmol/g，231.6L/L），273K 下可达 87.7cm³/g（3.9mmol/g，122.5L/L）。这一结果与典型的沸石类金属有机框架的结果相近。此外，Liu 等利用碱金属锂离子与四甲基铵离子进行交换，增强了材料的氢气吸附性质[77]。当然，还有其他类型和方法，进一步的研究目前仍在进行中。

14.3.2　多酸负载型金属有机框架材料及其应用

多酸化合物在酸催化和氧化催化方面具有优异的催化活性，在相对温和的条件下，多酸化合物可展现出强的布朗斯特酸性和多步可逆氧化还原转化过程，可以作为固体酸和电子转移催化剂应用于许多有机转化。值得指出的是，多酸化合物是一类具有不同化学组成、结构、酸性和氧化还原性质均可调控的高核金属氧簇。同时，多酸在固态下有很好的热稳定性，比其他强固态酸离子交换树脂更稳定。然而其相对小的比表面积（小于 10m²/g）和在催化条件下的低稳定性和溶液中的高可溶性使得其应用受制。克服这些缺点的一个方法是把多酸分散在多孔载体中，如不同的酸性或中性多孔载体、介孔二氧化硅、活性炭、离子交换树脂、介孔分子筛等[111-113]。然而，这类材料具有一些共性的不足之处，包括多酸装载量低、多酸滤出、多酸粒子团聚、活性位点不均匀、酸性位点被水钝化等。选用合适的固态载体用于多酸催化剂的固定可以克服这些缺点。金属有机框架材料可以在大范围内调控孔道尺寸，通过配体修饰等手段可以赋予框架更多的功能性，因此在催化应用上极具前景，这一事实使"多酸负载型金属有机框架材料"在异相催化上被广泛研究（表 14-5）[114]。

表 14-5　多酸负载型金属有机框架材料催化研究汇总

序号	MOF	BET[a]	POM 单元	BET[b]	合成方法[c]	催化研究	文献
1	MIL-101(Cr)	5900[d]	{PW₁₁O₃₉}	3750[d]	方法 C	—[e]	[32]
2	MIL-101(Cr)	2200[f]	{PW₁₁TiO₃₉}	1930[f]	方法 C[g]	O₂ 或 H₂O₂ 驱动烯烃氧化	[33]
3	MIL-101(Cr)	2200[f]	{PW₁₁CoO₃₉}	2050[f]	方法 C[g]	O₂ 或 H₂O₂ 驱动烯烃氧化	[33]
4	MIL-101(Cr)	2200[f]	{PW₄O₂₄}	1800[f]	方法 C	H₂O₂ 驱动烯烃氧化	[115]
5	MIL-101(Cr)	2200[f]	{PW₁₂O₄₀}	1700[f]	方法 C	H₂O₂ 驱动烯烃氧化	[115]
6	MIL-101(Cr)	2800	{PW₁₂O₄₀}	2340[h]	方法 A 和 C	Knoevenagel 反应；乙酸与正丁醇酯化反应以及甲醇脱水反应	[118]
7	MIL-101(Cr)	4004[i]/3460[j]	{PW₁₂O₄₀}	1020	方法 A 和 C	Baeyer 缩合与环氧化反应	[119]
8	MIL-101(Cr)	—[e]	{PW₁₁O₃₉}	—[e]	方法 C	—[e]	[120]
9	MIL-101(Cr)	—[e]	{SiW₁₁O₃₉}	—[e]	方法 C	—[e]	[120]
10	NH₂-MIL-101(Al)	—[e]	{PW₁₂O₄₀}	—[e]	方法 A	—[e]	[121]
11	NH₂-MIL-101(Al)	—[e]	{PW₁₂O₄₀}	1260	方法 A[k]	CO 氧化与甲苯加氢	[36]
12	MIL-101(Cr)	2772	{PW₁₂O₄₀}	2508[l]	方法 A	碳水化合物脱水为 HMF	[122]
13	MIL-100(Cr)	1295	{PW₁₂O₄₀}	1080[m]	方法 C[n]	—[e]	[35]
14	MIL-100(Fe)	2800[d]	{PMo₁₂O₄₀}	1000[d]	方法 A、B 和 C	—[e]	[124]
15	MOF-1，MOF-2	—[e]	[Ni₄(H₂O)₂(PW₉O₃₄)₂]¹⁰⁻	—[e]	方法 C	可见光驱动析氧	[126]
16	MOF-545	2080	[(PW₉O₃₄)₂Co₄(H₂O)₂]¹⁰⁻	1180	方法 C	可见光驱动水氧化	[127]

a. MOF 的 BET 比表面积(m²/g)；b. POM@MOF 的 BET 比表面积(m²/g)；c. 方法 A：在 POM 存在的条件下合成 MOF，方法 B：在 MOF 笼型孔道中合成 POM，方法 C：MOF 浸泡在有 POMs 的水溶液中；d. Langmuir 比表面积；e. 无相关研究报道；f. 比表面积；g. 方法 C 中乙腈为溶剂；h. 10wt%负载；i. 在 pH = 2.6 的水溶液中微波辅助合成 MIL-101；j. 在 pH = 2.6 的水溶液中高压合成 MIL-101；k. 参考方法 A，采用微波辅助合成；l. 11.9wt%负载；m. 16.6wt/%负载；n. 参考方法 C，在水溶液或有机相以及二者混合中采用水热和微波辅助合成

多酸负载型金属有机框架材料首次被 Férey 等报道。MIL-101 的分子式是 $Cr_3F(H_2O)_2O(1, 4\text{-}bdc)_3 \cdot nH_2O$，因其纳米级的孔尺寸、大表面积和优异的稳定性而成为一个理想的载体[32]。Férey 等首次成功地将缺位杂多钨酸盐 PW_{11} 嵌入 MIL-101 的笼中（图 14-19）。后来，钛/钴单取代 Keggin 型 PW_4 和 PW_{12} 阴离子被静电作用绑定到 MIL-101(Cr)上，并作为异相催化剂催化氧化反应（图 14-20）[33, 115]。Kholdeeva 等全面总结并评价了相关工作[116, 117]。类似地，Gascon 等将磷钨酸直接装载到 MIL-101(Cr)中[118]。

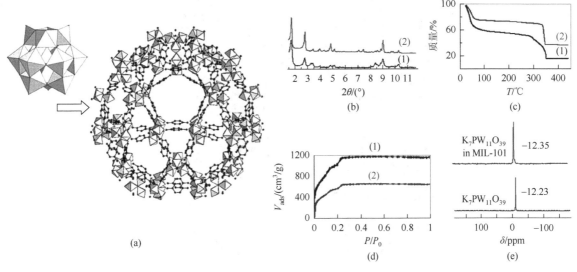

图 14-19　（a）Keggin 型阴离子嵌入 MIL-101 最大孔道的示意图；（b）MIL-101（1）和 MIL-101（Keggin）（2）的粉末衍射；（c）MIL-101（1）和 MIL-101（Keggin）（2）的热重；（d）78K 下 MIL-101（1）和 MIL-101（Keggin）（2）氮气吸附-解吸等温线；（e）Keggin 单体和 MIL-101（Keggin）的 ^{31}PNMR 谱[32]

此外，通过简单浸泡先前制备好的 MIL-101(Cr)或者把磷钨酸加到 MIL-101（Cr）的溶液中，之后用烘箱或者微波加热，Hatton 等得到了多酸基 MIL-101（Cr）复合物。该复合物可用作 Baeyer 凝结和环氧化反应的催化剂，展现出高的转化率（图 14-21）[119]。最近，将单缺位 Keggin 型多酸封装进 MIL-101（Cr）所获得的材料在电化学方面展现了优异的性能[120]。

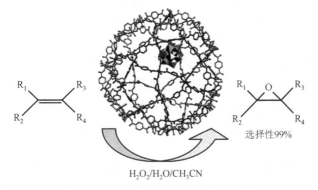

图 14-20　{PW_4O_{24}}/MIL-101（Cr）和 {$PW_{12}O_{40}$}/MIL-101（Cr）的烯烃环氧化反应[115]

通过使用 SAXS/WAXS，Gascon 等原位制备了基于磷钨酸的 NH_2-MIL-101(Al)复合物[121]。在以多酸为模板剂进行合成的情况下，所得样品的 Bragg 峰强度有显著的改变，这是由于成功地把 Keggin 单元封装进中等尺寸和大尺寸的孔道中，证明实现了高效的负载。其次，高度分散在 NH_2-MIL-101(Al) 中的磷钨酸为 Pt 前驱体提供了附着的位点。他们以此为基础合成了催化剂并测试了其 CO 氧化反应活性，实验表明在 H_2 存在下该材料优先催化 CO 氧化反应和甲苯加氢反应[36]。

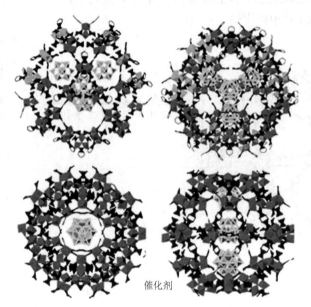

R = OH, OCH$_3$, N(CH$_3$)$_2$；R′ = H, 烃链苯

图 14-21　磷钨酸封装进 MIL-101(Cr)的笼中及其 Baeyer 缩合催化反应研究[119]

　　5-羟甲基糠醛（5-hydroxymethylfurfural，HMF）被认为是生产液态燃料和精细化工品的化学平台。Li 和 Hensen 等对负载 H$_3$PW$_{12}$O$_{40}$ 的 MIL-101 进行了研究，并将合成的材料作为在离子液体中对 HMF 碳氢化合物选择性脱水的固体酸催化剂（图 14-22）[122]。结果表明，在 DMSO 中，H$_3$PW$_{12}$O$_{40}$/MIL-101 可以有效地催化果糖生成 HMF。催化活性中心为负载的 H$_3$PW$_{12}$O$_{40}$，并且此催化剂可以在相同的条件下循环使用。另一个具有这样特殊性质的金属有机框架材料是 Férey 等报道的 MIL-100(Cr)，分子式是 Cr$_3$F(H$_2$O)$_3$O(1, 3, 5-btc)$_2$·nH$_2$O。MIL-100(Cr)是一种晶态金属有机框架材料，有多级孔体系（微孔：5～9Å；介孔：25～30Å）和高的表面积（3100m^2/g）[123]。将多酸负载进 MIL-100(Fe)有以下几种方法[124]：①在多酸存在的条件下合成 MIL-100(Fe)；②在 MIL-100(Fe)的笼型孔道中原位合成多酸；③把 MIL-100(Fe)浸泡在有多酸的溶液中。可通过不同固体样品的浸出实验来研究样品的稳定性。结果表明，这些样品在两个月之后依然可以在水溶液中稳定存在并且没有多酸浸出。Juan-Alcañiz 等研究了在三种不同溶剂体系下，通过常规或者微波加热方法，一步把磷钨酸负载进 MIL-100(Cr)中的方法[35]。这种相互作用降低了金属有机框架的路易斯酸性，而只稍微增加了布朗斯特酸性。

　　此外，有序多孔固体材料在拓宽从传统催化和吸附/脱附到药物传输和生物成像方面具有广泛的应用与重要的研究价值。然而，制备有单一微孔和介孔网络的多孔晶态材料仍然具有非常大的挑战性。Kirschhock 等在控制合成条件的情况下，通过双模板剂方法合成了一种新材料，称为 COK-15（centrum voor oppervlaktechemie en katalyse，COK，简称中心表面化学和催化）[125]。COK-15 有稳定的介孔孔道，且在温和的反应条件下能够对苯乙烯的甲醇氧化分解有良好的催化活性和选择性。

　　2016 年，Lin 等整合镍取代多酸（[Ni$_4$(H$_2$O)$_2$(PW$_9$O$_{34}$)$_2$]$^{10-}$，Ni$_4$P$_2$）与光敏型金属有机框架材料制备了两例稳定的磷光有机框架材料（图 14-23），Ni$_4$P$_2$@MOF-1 和 Ni$_4$P$_2$@MOF-2 （MOF-1：[Zr$_6$(μ$_3$-O)$_4$(μ$_3$-OH)$_4$(L$_1$)$_6$]·(CF$_3$CO$_2$)$_6$, MOF-2：[Zr$_6$(μ$_3$-O)$_4$(μ$_3$-OH)$_4$(L$_2$)$_6$]·(CF$_3$CO$_2$)$_{12}$, H$_2$L$_1$：由[Ir(ppy)$_2$

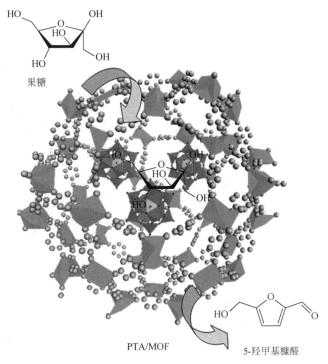

果糖

PTA/MOF

5-羟甲基糠醛

图 14-22 $H_3PW_{12}O_{40}$/MIL-101 在离子液体中催化 5-羟甲基糠醛中的碳氢化合物脱水[122]

(bpy)]+衍生的双齿羧酸配体，H_2L_2：由[Ru(bpy)$_3$]$^{2+}$衍生的双齿羧酸配体）。MOF-1 或者 MOF-2 对 Ni_4P_2 限域效应的存在使得多电子转移过程易于发生。Ni_4P_2@MOF-1 和 Ni_4P_2@MOF-2 展现出高效可见光驱动分解水制氢活性（hydrogen evolution reaction，HER），最优的转化数高达 1476。光物理与电化学研究表明，HER 始于光敏剂激发态通过 Ni_4P_2 实现了氧化猝灭过程。该多酸负载型金属有机框架复合材料的成功制备为高效光催化剂的设计合成与 HER 过程的机理分析提供了平台[126]。

类似地，2018 年，Dolbecq 等将夹心型多酸[(PW$_9$O$_{34}$)$_2$Co$_4$(H$_2$O)$_2$]$^{10-}$（$P_2W_{18}Co_4$）负载于 Zr-卟啉金属有机框架材料（MOF-545，Zr_6O_8(H$_2$O)$_8$(TCPPH$_2$)$_2$，H_4-TCPP-H_2 = $C_{48}H_{24}O_8N_4$）的六边形孔道中，得到了复合材料 $P_2W_{18}Co_4$@MOF-545（图 14-24）。量化计算指出钴多酸位于构成 MOF-545 的 Zr_6 簇和卟啉连接单元附近。该材料作为可见光驱动水氧化催化剂展现出高催化活性和高稳定性。$P_2W_{18}Co_4$@MOF-545 整合了催化剂与光敏剂，构建了首例多酸基非贵金属的超分子异相光催化水氧化体系，它的合成为未来多酸基异相水分解催化剂的制备提供很好的典范[127]。

最近多酸负载型金属有机框架材料在不同反应体系中的催化价值被越来越多的人认可。但是，载体材料还是以 MIL-100 和 MIL-101 为主。主要原因在于多酸稳定存在的条件较为严格，以及一般金属有机框架的孔尺寸与多酸（1～2nm）匹配难度较大。到目前为止，制备稳定且具有合适孔尺寸的金属有机框架载体材料仍是一项巨大的挑战，除此之外还需考虑金属有机框架载体的选择性。我们也期望更多的金属有机框架可以作为载体材料，更多不同功能的多酸可以用来制备多酸负载型金属有机框架材料。该类材料在未来不仅可以作为不同有机反应的异相催化剂，而且可以用于如质子传导和电容器的更多领域。

综上所述，本章主要介绍了多酸基多孔金属有机框架材料的分类、合成方法和相关应用。多酸基金属有机框架单晶材料和多酸负载型金属有机框架材料为这一领域的发展提供了重要信息。相比于修饰的多酸直接与有机配体相连或者多酸柱撑型有机-无机材料，以多酸为模板剂或者负载多酸的方法获得的材料可以更好地同时体现多酸和金属有机框架的性质。因此以多酸为模板或者多酸负载型金属有机框架材料用于合成多酸基多孔金属有机框架材料是一种更好的选择。

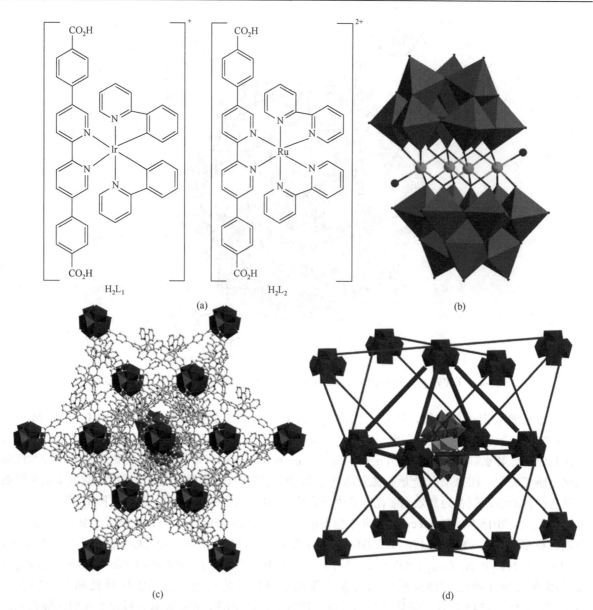

图 14-23 （a）H$_2$L$_1$ 和 H$_2$L$_2$ 的结构示意图；（b）Ni$_4$P$_2$ 的多面体球棍模型图；（c）Ni$_4$P$_2$@MOF 沿[1 1 1]方向的示意图；（d）未占据的四面体孔道和负载 Ni$_4$P$_2$ 的八面体孔道[126]

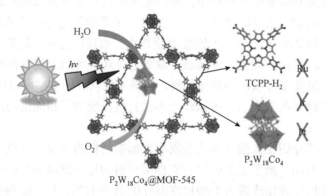

图 14-24 P$_2$W$_{18}$Co$_4$@MOF-545 的结构示意图及其光催化水氧化性能[127]

到目前为止，多酸基金属有机框架材料最可能的应用领域是催化。这主要是基于该类材料在以下几方面的优点：①多酸基金属有机框架材料通常有高的热稳定性，而且作为异相催化剂可以循环多次使用；②晶态的多酸基金属有机框架材料有确定的化学组成和结构，有利于探究催化机理；③对于多酸负载型金属有机框架材料，高比表面积的金属有机框架作为载体不仅可以增加多酸的分散度，而且可以促进多酸和基底有效的相互作用；④多酸基金属有机框架催化剂的有机部分可以通过有机合成进行修饰，从而满足催化反应的特殊需要，如催化剂的亲水性和疏水性可以更好地提高这类材料的催化效率。此外，催化剂的尺寸也是影响催化活性的一个重要因素。因此，多酸基金属有机框架纳米材料在未来会成为研究热点。除了在催化领域的应用之外，多酸基多孔金属有机框架材料的磁性、电催化活性、质子传导以及电容性能，在未来也会被广泛研究。

　　总的来说，多酸基金属有机框架材料结合了水溶性的多酸单元和不溶性的晶态金属有机框架材料的特点，拓展了多酸和金属有机框架材料的应用领域。此外，把不同功能的多酸引入金属有机框架体系中以增加金属有机框架材料新的活性位点，在未来会成为多酸和金属有机框架科学领域新的研究热点。

（苏忠民　王新龙）

参 考 文 献

[1]　Wang S S，Yang G Y. Recent advances in polyoxometalate-catalyzed reactions. Chem Rev，2015，115：4893-4962.

[2]　Boskovic C. Rare earth polyoxometalates. Acc Chem Res，2017，50：2205-2214.

[3]　Pope M T，Müller A. Polyoxometalate chemistry：an old field with new dimensions in several disciplines. Angew Chem Int Ed Engl，1991，30：34-48.

[4]　Hill C L. Introduction：polyoxometalates multi component molecular vehicles to probe fundamental issues and practical problems. Chem Rev，1998，98：1-2.

[5]　Cronin L，Müller A. From serendipity to design of polyoxometalates at the nanoscale，aesthetic beauty and applications. Chem Soc Rev，2012，41：7333-7334.

[6]　Zhang J P，Huang X C，Chen X M. Supramolecular isomerism in coordination polymers. Chem Soc Rev，2009，38：2385-2396.

[7]　Furukawa H，Cordova K E，O'Keeffe M，et al. The chemistry and applications of metal-organic frameworks. Science，2013，341：1230444.

[8]　Li M，Li D，O'Keeffe M，et al. Topological analysis of metal-organic frameworks with polytopic linkers and/or multiple building units and the minimal transitivity principle. Chem Rev，2014，114：1343-1370.

[9]　Cui Y，Zhang J，He H，et al. Photonic functional metal-organic frameworks. Chem Soc Rev，2018，47：5740-5785.

[10]　Du D Y，Qin，J S，Li S L，et al. Recent advances in porous polyoxometalate-based metal-organic framework materials. Chem Soc Rev，2014，43：4615-4632.

[11]　Vilà-Nadal L，Cronin L. Design and synthesis of polyoxometalate-framework materials from cluster precursors. Nat Rev Mater，2017，2：17054.

[12]　Zhao J W，Li Y Z，Chen L J，et al. Research progress on polyoxometalate-based transition-metal-rare-earth heterometallic derived materials：synthetic strategies，structural overview and functional applications. Chem Commun，2016，52：4418-4445.

[13]　An H Y，Wang E B，Xiao D R，et al. Chiral 3D architectures with helical channels constructed from polyoxometalate clusters and copper-amino acid complexes. Angew Chem Int Ed，2006，45：904-908.

[14]　An H，Wang E，Li Y，et al. A functionalized polyoxometalate by hexanuclear copper-amino acid coordination complexes. Inorg Chem Commun，2007，10：299-302.

[15]　Cao R，Liu S，Liu Y，et al. Organic-inorganic hybrids constructed by Anderson-type polyoxoanions and copper coordination complexes. J Solid State Chem，2009，182：49-54.

[16]　Zhang C H，Zhang C J，Chen Y G，et al. A new 3D hybrid architecture containing Keggin-type tungstosilicate and $Cu_4(EGTA)_2$ metallamacrocyclic cation Inorg Chem Commun，2011，14：1465-1468.

[17]　Black F A，Jacquart A，Toupalas G，et al. Rapid photoinduced charge injection into covalent polyoxometalate-bodipy conjugates. Chem Sci，2018，9：5578-5584.

[18]　Falaise C，Moussawi M A，Floquet S，et al. Probing dynamic library of metal-oxo building blocks with γ-cyclodextrin. J Am Chem Soc，2018，

140：11198-11201.

[19] Boyd T, Mitchell S G, Gabb D, et al. POMzites: a family of zeolitic polyoxometalate frameworks from a minimal building block library. J Am Chem Soc, 2017, 139: 5930-5938.

[20] Liu J C, Han Q, Chen L J, et al. Aggregation of giant cerium-bismuth tungstate clusters into a 3D porous framework with high proton conductivity. Angew Chem Int Ed, 2018, 57: 8416-8420.

[21] Li D, Liu Z, Song J, et al. Cation translocation around single polyoxometalate-organic hybrid cluster regulated by electrostatic and cation-π interactions. Angew Chem Int Ed, 2017, 56: 3294-3298.

[22] Liu H Y, Wu H, Yang J, et al. Solvothermal assembly of a series of organic-inorganic hybrid materials constructed from Keggin polyoxometalate clusters and copper(I)-organic frameworks. Cryst Growth Des, 2011, 11: 1786-1797.

[23] Cooper E R, Andrews C D, Wheatley P S, et al. Ionic liquids and eutectic mixtures as solvent and template in synthesis of zeolite analogues. Nature, 2004, 430: 1012-1016.

[24] Aidoudi F H, Aldous D W, Goff R J, et al. An ionothermally prepared $S = 1/2$ vanadium oxyfluoridekagome lattice. Nat Chem, 2011, 3: 801-806.

[25] Zou N, Chen W, Li Y, et al. Two new polyoxometalates-based hybrids firstly synthesized in the ionic liquids. Chem Commun, 2008, 11: 1367-1370.

[26] Lin S, Liu W, Li Y, et al. Preparation of polyoxometalates in ionic liquids by ionothermal synthesis. Dalton Trans, 2010, 39: 1740-1744.

[27] Pakhomova A S, Krivovichev S V. Ionothermal synthesis and characterization of alkali metal polyoxometallates: structural trends in the $(emim)_m[A_n(Mo_8O_{26})]$ (emim = 1-ethyl-3-methylimidazolium; $m = 2, 3; n = 1, 2$; A = K, Rb, Cs) group of compounds. Inorg Chem Commun, 2010, 13: 1463-1465.

[28] Fu H, Li Y, Lu Y, et al. Polyoxometalate-based metal-organic frameworks assembled under the ionothermal conditions. Cryst Growth Des, 2011, 11: 458-465.

[29] Fu H, Lu Y, Wang Z, et al. Three hybrid networks based on octamolybdate: ionothermal synthesis, structure and photocatalytic properties. Dalton Trans, 2012, 41: 4084-4090.

[30] Fu H, Qin C, Lu Y, et al. An ionothermal synthetic approach to porous polyoxometalate-based metal-organic frameworks. Angew Chem Int Ed, 2012, 51: 7985-7989.

[31] Ahmed E, Ruck M. Ionothermal synthesis of polyoxometalates. Angew Chem Int Ed, 2012, 51: 308-309.

[32] Férey G, Mellot-Draznieks C, Serre C, et al. A chromium terephthalate-based solid with unusually large pore volumes and surface area. Science, 2005, 309: 2040-2042.

[33] Maksimchuk N V, Timofeeva M N, Melgunov M S, et al. Heterogeneous selective oxidation catalysts based on coordination polymer MIL-101 and transition metal-substituted polyoxometalates. J Catal, 2008, 257: 315-323.

[34] Kayaert S, Bajpe S, Masschaele K, et al. Direct growth of Keggin polyoxometalates incorporated copper 1, 3, 5-benzenetricarboxylate metal organic framework films on a copper metal substrate. Thin Solid Films, 2011, 519: 5437-5440.

[35] Juan-Alcañiz J, Goesten M G, Ramos-Fernandez E V, et al. Towards efficient polyoxometalate encapsulation in MIL-100（Cr）: influence of synthesis conditions. New J Chem, 2012, 36: 977-987.

[36] Ramos-Fernandez E V, Pieters C, van der Linden B, et al. Highly dispersed platinum in metal organic framework NH_2-MIL-101（Al）containing phosphotungstic acid-characterization and catalytic performance. J Catal, 2012, 289: 42-52.

[37] Proust A, Thouvenot R, Gouzerh P. Functionalization of polyoxometalates: towards advanced applications in catalysis and materials science. Chem Commun, 2008, （16）: 1837-1852.

[38] Bareyt S, Piligkos S, Hasenknopf B, et al. Highly efficient peptide bond formation to functionalized wells-dawson-type polyoxotungstates. Angew Chem Int Ed, 2003, 42: 3404-3406.

[39] Sazani G, Pope M T. Organotin and organogermanium linkers for simple, direct functionalization of polyoxotungstates. Dalton Trans, 2004, 4 （13）: 1989-1994.

[40] Bareyt S, Piligkos S, Hasenknopf B, et al. Efficient preparation of functionalized hybrid organic/inorganic Wells-Dawson-type polyoxotungstates. J Am Chem Soc, 2005, 127: 6788-6794.

[41] Song Y F, Long D L, Cronin L. Noncovalently connected frameworks with nanoscale channels assembled from a tethered polyoxometalate-pyrene hybrid. Angew Chem Int Ed, 2007, 46: 3900-3904.

[42] Rosnes M H, Musumeci C, Pradeep C P, et al. Assembly of modular asymmetric organic-inorganic polyoxometalate hybrids into anisotropic nanostructures. J Am Chem Soc, 2010, 132: 15490-15492.

[43] Pradeep C P, Long D L, Newton G N, et al. Supramolecular metal oxides: programmed hierarchical assembly of a protein-sized 21kDa

$[(C_{16}H_{36}N)_{19}\{H_2NC(CH_2O)_3P_2V_3W_{15}O_{59}\}_4]^{5-}$ polyoxometalate assembly. Angew Chem Int Ed，2008，47：4388-4391.

[44]　Xu L，Lu M，Xu B，et al. Towards main-chain-polyoxometalate-containing hybrid polymers：a highly efficient approach to bifunctionalized organoimido derivatives of hexamolybdates. Angew Chem Int Ed，2002，41：4129-4132.

[45]　Peng Z. Rational synthesis of covalently bonded organic-inorganic hybrids. Angew Chem Int Ed，2004，43：930-935.

[46]　Zhang J，Hao J，Wei Y，et al. Nanoscale chiral rod-like molecular triads assembled from achiral polyoxometalates. J Am Chem Soc，2010，132：14-15.

[47]　Mialane P，Dolbecq A，Lisnard L，et al. $[\varepsilon\text{-}PMo_{12}O_{36}(OH)_4\{La(H_2O)_4\}_4]^{5+}$：the first $\varepsilon\text{-}PMo_{12}O_{40}$ Keggin ion and its association with the two-electron-reduced $\alpha\text{-}PMo_{12}O_{40}$ isomer. Angew Chem Int Ed，2002，41：2398-2401.

[48]　Dolbecq A，Mialane P，Lisnard L，et al. Hybrid organic-inorganic 1D and 2D frameworks with ε-Keggin polyoxomolybdates as building blocks. Chem Eur J，2003，9：2914-2920.

[49]　Dolbecq A，Mellot-Draznieks C，Mialane P，et al. Hybrid 2D and 3D frameworks based on ε-Keggin polyoxometallates：experiment and simulation. Eur J Inorg Chem，2005，（15）：3009-3018.

[50]　Lei C，Mao J G，Sun Y Q，et al. A novel organic-inorganic hybrid based on an 8-electron-reduced Keggin polymolybdate capped by tetrahedral, trigonal bipyramidal, and octahedral zinc：synthesis and crystal structure of $(CH_3NH_3)(H_2bipy)[Zn_4(bipy)_3(H_2O)_2Mo_8^{V}Mo_4^{VI}O_{36}(PO_4)]\cdot 4H_2O$. Inorg Chem，2004，43：1964-1968.

[51]　Wang W，Xu L，Gao G，et al. The first ε-Keggin core of molybdogermanate in extended architectures of nickel（Ⅱ）with N-donor ligands：syntheses，crystal structures and magnetic properties. CrystEngComm，2009，11：2488-2493.

[52]　Rodriguez-Albelo L M，Ruiz-Salvador A R，Sampieri A，et al. Zeolitic polyoxometalate-based metal-organic frameworks（Z-POMOFs）：computational evaluation of hypothetical polymorphs and the successful targeted synthesis of the redox-active Z-POMOF. J Am Chem Soc，2009，131：16078-16087.

[53]　Rodriguez-Albelo L M，Ruiz-Salvador A R，Lewis D W，et al. Mellot-Draznieks C. Zeolitic polyoxometalates metal organic frameworks（Z-POMOF）with imidazole ligands and ε-Keggin ions as building blocks：computational evaluation of hypothetical polymorphs and a synthesis approach. Phys Chem Chem Phys，2010，12：8632-8639.

[54]　Nohra B，Moll H E，Albelo L M R，et al. Polyoxometalate-based metal organic frameworks（POMOFs）：structural trends，energetics，and high electrocatalytic efficiency for hydrogen evolution reaction. J Am Chem Soc，2011，133：13363-13374.

[55]　Rodriguez-Albelo L M，Rousseau G，Mialane P，et al. ε-Keggin-based coordination networks：synthesis，structure and application toward green synthesis of polyoxometalate@graphene hybrids. Dalton Trans，2012，41：9989-9999.

[56]　Zheng S T，Yuan D Q，Jia H P，et al. Combination between lacunary polyoxometalates and high-nuclear transition metal clusters under hydrothermal conditions：I. from isolated cluster to 1-D chain. Chem Commun，2007，38（18）：1858-1860.

[57]　Zheng S T，Zhang J，Yang G Y. Designed synthesis of POM-organic frameworks from $\{Ni_6PW_9\}$ building blocks under hydrothermal conditions. Angew Chem Int Ed，2008，47：3909-3913.

[58]　Zheng S T，Zhang J，Li X X，et al. Cubic polyoxometalate-organic molecular cage. J Am Chem Soc，2010，132：15102-15103.

[59]　Qin J S，Du D Y，Guan W，et al. Ultrastable polymolybdate-based metal-organic frameworks as highly active electrocatalysts for hydrogen generation from water. J Am Chem Soc，2015，137：7169-7177.

[60]　Wang X，Li J，Tian A，et al. A 3D organopolymolybdate polymer with unusual topology functionalized by 1, 4-bis（1, 2, 4-triazol-1-yl）butane through Mo—N bond. CrystEngComm，2011，13：2194-2196.

[61]　Tian A，Liu X，Ying J，et al. A series of organopolymolybdate polymers linked by dual fuses：metal-organic moiety and organic ligand through Mo-N bonds. CrystEngComm，2011，13：6680-6687.

[62]　Zang H Y，Lan Y Q，Li S L，et al. Step-wise synthesis of inorganic-organic hybrid based on c-octamolybdate-based tectons. Dalton Trans，2011，40：3176-3182.

[63]　Du D，Qin J，Sun Z，et al. An unprecedented (3, 4, 24)-connected heteropolyoxozincate organic framework as heterogeneous crystalline Lewis acid catalyst for biodiesel production. Sci Rep，2013，3：2616.

[64]　Qin J，Du D，Li W，et al. Polyoxometalate-based crystalline tubular microreactor：redox-active inorganic-organic hybrid materials producing gold nanoparticles and catalytic properties. Chem Sci，2012，3：2114-2118.

[65]　Shultz A M，Farha O K，Hupp J T，et al. A catalytically active，permanently microporous MOF with metalloporphyrin struts. J Am Chem Soc，2009，131：4204-4205.

[66]　Jiang H L，Tatsu Y，Lu Z H，et al. Non-，micro-，and mesoporous metal-organic framework isomers：reversible transformation，fluorescence sensing，and large molecule separation. J Am Chem Soc，2010，132：5586-5587.

[67]　Yoon M，Suh K，Natarajan S，et al. Proton conduction in metal-organic frameworks and related modularly built porous solids. Angew Chem Int

Ed，2013，52：2688-2700.

[68] Li S L，Xu Q. A new 3D coordination polymer based on pentanuclear Cd（Ⅱ）rod-shaped secondary building unit：synthesis，crystal structure and luminescent property. Energy Environ Sci，2013，6：1656-1683.

[69] Hagrman P J，Hagrman D，Zubieta J. Organic-inorganic hybrid materials：from "simple" coordination polymers to organodiamine-templated molybdenum oxides. Angew Chem Int Ed，1999，38：2638-2684.

[70] Hagrman D，Hagrman P J，Zubieta J. Discovery of novel catalysts for allylic alkylation with a visual colorimetric assay. Angew Chem Int Ed，1999，38：3165-3168.

[71] Inman C，Knaust J M，Keller S W. A polyoxometallate-templated coordination polymer：synthesis and crystal structure of [Cu$_3$(4, 4'-bipy)$_5$(MeCN)$_2$]PW$_{12}$O$_{40}$·2C$_6$H$_5$CN. Chem Commun，2002，（2）：156-157.

[72] Li Y，Dai L M，Wang Y H，et al. A new molybdenum-oxide-based organic-inorganic hybrid framework templated by double-Keggin anions. Chem Commun，2007，38（25）：2593-2595.

[73] Yu R，Kuang X F，Wu X Y，et al. Stabilization and immobilization of polyoxometalates in porous coordination polymers through host-guest interactions. Coord Chem Rev，2009，253：2872-2890.

[74] Yang L，Naruke H，Yamase T. A novel organic/inorganic hybrid nanoporous material incorporating Keggin-type polyoxometalates. Inorg Chem Commun，2003，6：1020-1024.

[75] Hundal G，Hwang Y K，Chang J S. Formation of nanoporous and non-porous organic-inorganic hybrid materials incorporating α-Kegginphosphotungstate anion：X-ray crystal structure of a 3D polymeric complex [{Na$_6$(C$_9$H$_5$O$_6$)$_3$(H$_2$O)$_{15}$}{PW$_{12}$O$_{40}$}]$_\infty$with a 'Ball-in-Bowl' type molecular structure. Polyhedron，2009，28：2450-2458.

[76] Sun C Y，Liu S X，Liang D D，et al. Highly stable crystalline catalysts based on a microporous metal-organic framework and polyoxometalates. J Am Chem Soc，2009，131：1883-1888.

[77] Ma F，Liu S，Liang D，et al. Hydrogen adsorption in polyoxometalate hybrid compounds based on porous metal-organic frameworks. Eur J Inorg Chem，2010，（24）：3756-3761.

[78] Ma F J，Liu S X，Liang D D，et al. Adsorption of volatile organic compounds in porous metal-organic frameworks functionalized by polyoxometalates. J Solid State Chem，2011，184：3034-3039.

[79] Ma F J，Liu S X，Sun C Y，et al. A sodalite-type porous metal-organic framework with polyoxometalate templates：adsorption and decomposition of dimethyl methylphosphonate. J Am Chem Soc，2011，133：4178-4181.

[80] Ma F J，Liu S X，Ren G J，et al. A hybrid compound based on porous metal-organic frameworks and polyoxometalates：NO adsorption and decomposition. Inorg Chem Commun，2012，22：174-177.

[81] Song J，Luo Z，Britt K D，et al. A multiunit catalyst with synergistic stability and reactivity：a polyoxometalate-metal organic framework for aerobic decontamination. J Am Chem Soc，2011，133：16839-16846.

[82] Wei M，He C，Hua W，et al. A large protonated water cluster H$^+$(H$_2$O)$_{27}$ in a 3D metal-organic framework. J Am Chem Soc，2006，128：13318-13319.

[83] Wei M，He C，Sun Q，et al. Zeolite ionic crystals assembled through direct incorporation of polyoxometalate clusters within 3D metal-organic frameworks. Inorg Chem，2007，46：5957-5966.

[84] Han Q，Zhang L，He C，et al. Metal-organic frameworks with phosphotungstate incorporated for hydrolytic cleavage of a DNA-model phosphodiester. Inorg Chem，2012，51：5118-5127.

[85] Wang X，Bi Y，Chen B，et al. Self-assembly of organic-inorganic hybrid materials constructed from eight-connected coordination polymer hosts with nanotube channels and polyoxometalate guests as templates. Inorg Chem，2008，47：2442-2448.

[86] Wang X，Hu H，Tian A，et al. Application of tetrazole-functionalized thioethers with different spacer lengths in the self-assembly of polyoxometalate-based hybrid compounds. Inorg Chem，2010，49：10299-10306.

[87] Wang X，Hu H，Chen B，et al. Two new inorganic-organic hybrid compounds templated by SiWO anion with nonlinear ligands. Solid State Sci，2011，13：344-349.

[88] Li C H，Huang K L，Chi Y N，et al. Lanthanide-organic cation frameworks with zeolite gismondinetopology and large cavities from intersected channels templated by polyoxometalate counterions. Inorg Chem，2009，48：2010-2017.

[89] Gao Y，Xu Y，Han Z，et al. Syntheses，structures and properties of 3D inorganic-organic hybrid frameworks constructed from lanthanide polymer and Keggin-type tungstosilicate. J Solid State Chem，2010，183：1000-1006.

[90] Liu X，Jia Y，Zhang Y，et al. Construction of a hybrid family based on lanthanide-organic framework hosts and polyoxometalate guests. Eur J Inorg Chem，2010，（25）：4027-4033.

[91] Li S，Zhang D，Guo Y，et al. A series of 3D rare-earth-metal-organic frameworks with isolated guest Keggin silicotungstate fragments as anion

templates. Eur J Inorg Chem，2011：5397-5404.

[92] Zang H，Tan K，Lan Y，et al. A peanut-like Keggin-type POM-incorporated metal-organic framework. Inorg Chem Commun，2010，13：1473-1475.

[93] Kuang X，Wu X，Yu R，et al. Assembly of a metal-organic framework by sextuple intercatenation of discrete adamantane-like cages. Nat Chem，2010，2：461-465.

[94] Zou C，Zhang Z，Xu X，et al. A multifunctional organic-inorganic hybrid structure based on Mn^{III}-porphyrin and polyoxometalate as a highly effective dye scavenger and heterogenous catalyst. J Am Chem Soc，2012，134：87-90.

[95] Zhao X，Liang D，Liu S，et al. Two Dawson-templated three-dimensional metal-organic frameworks based on oxalate-bridged binuclear cobalt（Ⅱ）/nickel（Ⅱ）SBUs and bpy linkers. Inorg Chem，2008，47：7133-7138.

[96] Zhou E L，Qin C，Wang X L，et al. Steam-assisted synthesis of an extra-stable polyoxometalate-encapsulating metal azolate framework：applications in reagent purification and proton conduction. Chem Eur J，2015，21：13058-13064.

[97] Li S L，Lan Y Q，Ma J F，et al. Syntheses and structures of organic-inorganic hybrid compounds based on metal-fluconazole coordination polymers and the beta-Mo_8O_{26} anion. Inorg Chem，2007，46：8283-8290.

[98] Lan Y Q，Li S L，Shao K Z，et al. Construction of different dimensional inorganic-organic hybrid materials based on polyoxometalates and metal-organic units via changing metal ions：from non-covalent interactions to covalent connections. Dalton Trans，2008，29：3824-3835.

[99] Li S L，Lan Y Q，Ma J F，et al. Inorganic-organic hybrid materials with different dimensions constructed from copper-fluconazole metal-organic units and Keggin polyanion clusters. Dalton Trans，2008，27：2015-2025.

[100] Lan Y Q，Li S L，Shao K Z，et al. Combination of POMs and deliberately designed macrocations：a rational approach for synthesis of POM-pillared metal-organic framework. Dalton Trans，2009，6：940-947.

[101] Uchida S，Hashimoto M，Mizuno N. A breathing ionic crystal displaying selective binding of small alcohols and nitriles：$K_3[Cr_3O(OOCH)_6(H_2O)_3][alpha-SiW_{12}O_{40}]\cdot16H_2O$. Angew Chem Int Ed，2002，41：2814-2817.

[102] Jiang C，Lesbani A，Kawamoto R，et al. Channel-selective independent sorption and collection of hydrophilic and hydrophobic molecules by $Cs_2[Cr_3O(OOCC_2H_5)_6(H_2O)_3]_2[\alpha-SiW_{12}O_{40}]$ ionic crystal. J Am Chem Soc，2006，128：14240-14241.

[103] Lan Y Q，Li S L，Wang X L，et al. Supramolecular isomerism with polythreaded topology based on $[Mo_8O_{26}]^{4-}$isomers. Inorg Chem，2008，47：529-534.

[104] Lan Y Q，Li S L，Wang X L，et al. Self-assembly of polyoxometalate-based metal organic frameworks based on octamolybdates and copper-organic units：from Cu(Ⅱ)，Cu(I,Ⅱ)to Cu(Ⅰ)via changing organic amine. Inorg Chem，2008，47：8179-8187.

[105] Liang D D，Liu S X，Ma F J，et al. A crystalline catalyst based on a porous metal-organic framework and 12-tungstosilicicacid：particle size control by hydrothermal synthesis for the formation of dimethyl ether. Adv Synth Catal，2011，353：733-742.

[106] Wee L H，Bajpe S R，Janssens N，et al. Convenient synthesis of $Cu_3(BTC)_2$ encapsulated Keggin heteropolyacid nanomaterial for application in catalysis. Chem Commun，2010，46：8186-8188.

[107] Wee L H，Janssens N，Bajpe S R，et al. Heteropolyacid encapsulated in $Cu_3(BTC)_2$ nanocrystals：an effective esterification catalyst. Catal Today，2011，171：275-280.

[108] Bajpe S R，Kirschhock C E A，Aerts A，et al. Direct observation of molecular-level template action leading to self-assembly of a porous framework. Chem Eur J，2010，16：3926-3932.

[109] Mustafa D，Breynaert E，Bajpe S R，et al. Stability improvement of $Cu_3(BTC)_2$ metal-organic frameworks under steaming conditions by encapsulation of a Keggin polyoxometalate. Chem Commun，2011，47：8037-8039.

[110] Bajpe S R，Breynaert E，Mustafa D，et al. Effect of Keggin polyoxometalate on Cu（Ⅱ）speciation and its role in the assembly of $Cu_3(BTC)_2$ metal-organic framework. J Mater Chem，2011，21：9768-9771.

[111] Qi W，Wang Y，Li W，et al. Surfactant-encapsulated polyoxometalates as immobilized supramolecular catalysts for highly efficient and selective oxidation reactions. Chem Eur J，2010，16：1068-1078.

[112] Rana S，Mallick S，Mohapatra L，et al. A facile method for synthesis of Keggin-type cesium salt of iron substituted lacunary phosphotungstate supported on MCM-41 and study of its extraordinary catalytic activity. Catal Today，2012，198：52-58.

[113] Kawasaki N，Wang H，Nakanishi R，et al. ChemInform abstract：nanohybridization of polyoxometalate clusters and single-wall carbon nanotubes：applications in molecular cluster batteries. Angew Chem Int Ed，2011，50：3471-3474.

[114] Juan-Alcañiz J，Gascon J，Kapteijn F. Metal-organic frameworks as scaffolds for the encapsulation of active species：state of the art and future perspectives. J Mater Chem，2012，22：10102-10118.

[115] Maksimchuk N V，Kovalenko K A，Arzumanov S S，et al. Hybrid polyoxotungstate/MIL-101 materials：synthesis，characterization，and catalysis of H_2O_2-based alkene epoxidation. Inorg Chem，2010，49：2920-2930.

[116] Kholdeeva O A，Maksimchuk N V，Maksimov G M. ChemInform abstract：polyoxometalate-based heterogeneous catalysts for liquid phase selective oxidations：comparison of different strategies. Catal Today，2010，157：107-113.

[117] Maksimchuk N V，Kholdeeva O A，Kovalenko K A，et al. MIL-101 supported polyoxometalates：synthesis，characterization，and catalytic applications in selective liquid-phase oxidation. ISR J Chem，2011，51：281-289.

[118] Juan-Alcañiz J，Ramos-FernandezE V，Lafont U，et al. Building MOF bottles around phosphotungstic acid ships：one-pot synthesis of bi-functional polyoxometalate-MIL-101 catalysts. J Catal，2010，269：229-241.

[119] Bromberg L，Diao Y，Wu H，et al. Chromium（Ⅲ）terephthalate metal organic framework（MIL-101）：HF-free synthesis，structure，polyoxometalate composites，and catalytic properties. Chem Mater，2012，24：1664-1675.

[120] de Sousa P M P，Grazin R，Barbosa A D S，et al. Insights into the electrochemical behaviour of composite materials：monovacant polyoxometalates@porous metal-organic framework. Electrochim Acta，2013，87：853-859.

[121] Juan-Alcañiz J，Goesten M，Martinez-Joaristi A，et al. Live encapsulation of a Keggin polyanion in NH$_2$-MIL-101（Al）observed by in situ time resolved X-ray scattering. Chem Commun，2011，47：8578-8580.

[122] Zhang Y，Degirmenci V，Li C，et al. Phosphotungstic acid encapsulated in metal&ndash；organicframework as catalysts for carbohydrate dehydration to 5-hydroxymethylfurfural. ChemSusChem，2011，4：59-64.

[123] Férey G，Serre C，Mellot-Draznieks C，et al. A hybrid solid with giant pores prepared by a combination of targeted chemistry，simulation，and powder diffraction. Angew Chem Int Ed，2004，43：6296-6301.

[124] Canioni R，Roch-Marchal C，Sécheresse F，et al. Stable polyoxometalate insertion within the mesoporous metal organic framework MIL-100（Fe）. J Mater Chem，2011，21：1226-1233.

[125] Wee L H，Wiktor C，Turner S，et al. Copper benzene tricarboxylate metal-organic framework with wide permanent mesopores stabilized by Keggin polyoxometallate ions. J Am Chem Soc，2012，134：10911-10919.

[126] Kong X J，Lin Z，Zhang Z M，et al. Hierarchical integration of photosensitizing metal-organic frameworks and nickel-containing polyoxometalates for efficient visible-light-driven hydrogen evolution. Angew Chem Int Ed，2016，55：6411-6416.

[127] Paille G，Gomez-Mingot M，Roch-Marchal C，et al. A fully noble metal-free photosystem based on cobalt-polyoxometalates immobilized in a porphyrinic metal-organic framework for water oxidation. J Am Chem Soc，2018，140：3613-3618.

结构篇

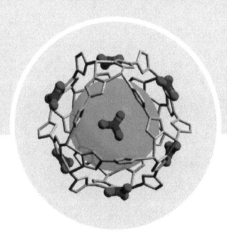

第15章
配位聚合物的结构概述

15.1　配位聚合物的结构特点

配位聚合物（coordination polymer），是由有机桥连配体与金属离子（或金属簇）通过配位键（甚至超分子作用）形成的具有周期性网络结构的金属有机晶体材料，它们在空间上可以形成一维、二维或三维的无限扩展结构。近期文献广泛报道的金属有机框架（metal-organic framework，MOF）、金属有机配位网络化合物（metal-organic coordination network）和微孔金属配位材料（microporous metal coordination material）等均属于配位聚合物。

"配位聚合物"这一术语最早出现于20世纪60年代[1]，但是，引发配位聚合物系统研究的先驱者则是澳大利亚化学家R. Robson。Robson研究组在1990年前后报道了一系列多孔配位聚合物的晶体结构和阴离子的交换性能[2,3]。随后，配位聚合物的研究得到迅速发展，成为配位超分子化学的重要研究领域；已从最初的合成、结构表征发展到性质研究与功能研发，并努力向应用方面拓展。配位聚合物未来研究的发展在结构预测与调控方面由自组装发展到结构精确预测和定向组装。

虽然配位聚合物已有几十年的发展历史，但直到20世纪90年代末，美国的Yaghi研究组[4]和日本的Kitagawa研究组[5]才合成了具有稳定孔结构的配位聚合物材料。第一代配位聚合物材料合成于20世纪90年代中期，此时的配位聚合物孔材料结构还需要客体分子的支撑，移除客体分子，骨架则会塌陷[6]。随后，科学家开始将阴、阳离子和中性的配体组装成配位聚合物，合成了新一代的配位聚合物材料。这类配位聚合物材料的有机配体以含羧基的有机阴离子配体为主，有时还混合了含氮的杂环有机中性配体。这一代的配位聚合物材料弥补了第一代的缺点，当引入、移走客体分子，或施加一定的外界压力时，材料的骨架结构虽会发生一定的改变，但不会塌陷。在克服了孔结构稳定性的问题以后，配位聚合物材料的独特优势开始逐渐被科学界所认识。

配位聚合物材料由有机组分与无机组分组成，兼备有机材料和无机材料的特点，因此与传统材料相比，具有多种优点：

（1）种类多。可作为构筑配位聚合物结构的有机配体种类繁多，如羧酸类、吡啶类、胺类等。

（2）功能性强。可通过选择不同的金属离子与有机配体组合，制备具有不同功能的配位聚合物。同时，通过合成后修饰方法，可引入不同性能的功能基团进行性能调控，实现"多功能化"和"智能化"。

（3）孔隙率和比表面积大、晶体密度小、孔尺寸可调控性强。由于含有有机配体，具有高度可设计性和骨架柔性，通过合理的设计，多孔配位聚合物可以具备超越传统无机多孔材料的结构参数（孔隙率、孔径、比表面积、密度等）。配位聚合物材料是目前发现的具有超高孔隙率和超大比表面积的低密度晶体材料。

配位聚合物的这些特点使其在非均相催化、分子识别、气体吸附、离子交换、分子磁体、铁电材料、荧光材料、非线性光学材料等多个领域显示了诱人的应用前景。因此，该方面的研究已成为20世纪90年代后期以来化学和材料科学中的热点。

15.2 配位聚合物的分类

人们根据有机合成方法学的理论指导，可以设计合成出各式各样的桥连配体；与之相对应的金属中心也具有各自元素的本征属性，而且通过小分子桥连模块的连接，还会形成各种多核金属簇单元，这使得配位聚合物的结构丰富多样化。早在 1706 年，第一个具有三维网状结构的配位聚合物普鲁士蓝就已经被发现，然而它的结构直到 1972 年才被 Lude 等确定下来[7]。历经几十年，许多结构新颖的配位聚合物被成功合成出来，可以根据它们的结构和组成进行不同的分类。

15.2.1 从空间维度分类

1998 年，Robson 教授根据配位聚合物框架结构的不同将其分为三大类：一维链状聚合物、二维层状聚合物和三维网状聚合物。一维链状聚合物的结构包括线形链、梯形链、"之"字链、螺旋链等。二维层状结构包括交织型、双层结构型、砖墙型和蜂窝型等。三维结构包括穿插缠绕结构、金刚石结构和螺旋结构等。其中的部分结构见图 15-1。

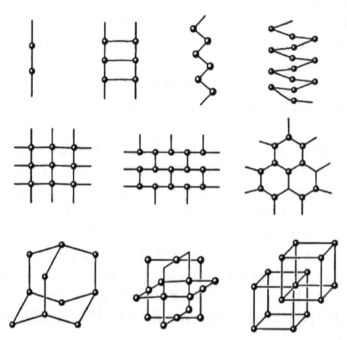

图 15-1 常见不同维度的配位聚合物几何骨架示意图

配位聚合物的结构及维度的扩展是由参与配位的金属中心的几何形状来决定的。一个结构被界定为一维、二维或三维结构，取决于在空间中其延伸方向的排列。一维结构以直线延伸（沿着 X 轴）；二维结构在平面中延伸（两个方向为 X 和 Y 轴）；而三维结构向三个方向延伸（X、Y 和 Z 轴）。

15.2.2 从配体种类分类

在配位聚合物的合成过程中，有机配体起着关键作用，配体种类的不同直接影响了配位聚合物的合成和空间结构。因此，将含有不同有机配体的聚合物加以分类研究，对配位聚合物的合成及空间结构的研究将有重要的指导意义。

1. 含氮杂环类有机配体的配位聚合物

该类聚合物是通过吡啶及其衍生物与金属离子反应得到的，按照它们在配位聚合物中的连接模式，可以分为桥连和螯合两类。例如，4,4′-联吡啶类端基氮原子就起到了桥连的作用，可以用来设计合成含有孔洞的配位聚合物。而 2,2′-联吡啶、1,10-邻菲啰啉等多吡啶类配体，易与金属离子生成稳定的螯合类配位聚合物。图 15-2 展示了常见的氮杂环类有机配体。

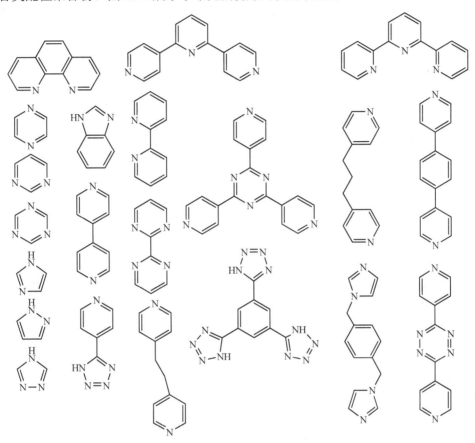

图 15-2　常见的氮杂环类有机配体

2. 含 CN 和 SCN 类有机配体的配位聚合物

含 CN 类配体的配位聚合物研究较早，Robson 报道的 $Cu[C(C_6H_4 \cdot CN)_4]BF_4 \cdot xC_6H_5NO_2$ 就是此类配位聚合物[3]。CN^- 的键长一般较短（0.115nm），具有优良的电子传输能力，是传递离子间磁相互作用的理想配位，大量以此类配体桥连的配位聚合物的磁性已被报道。

SCN^- 也是一种非常常用的桥连配体，它具有两种配位特性，既可以提供一个 N 原子或 S 原子参与配位，又可以同时提供 N 原子和 S 原子参与配位。硫氰酸根离子有三个共振结构：

$$^-S-C≡N \rightleftharpoons S=C=N^- \rightleftharpoons {}^+S≡C-N^{2-}$$
$$\quad A \qquad\qquad B \qquad\qquad C$$

三个共振结构的相对强弱是 A＞B≥C。从其共振结构可以看出，硫氰酸根离子的配位模式可以分为端基配位模式和桥连配位模式。其中端基配位模式包括两种：一种是其中的硫原子和金属离子配位形成 M-SCN；另一种是其中的 N 原子和金属离子配位形成 M-NCS。由于硫氰酸根离子中参与配位的原子不同而形成的立体异构体称为连接异构体。比较有意思的例子是配合物 $Cu(SCN)_2(tripyam)$，它存在三种形式：第一种是绿色的 $Cu(SCN)_2(tripyam)$，在这种形式中两个硫氰酸根都是 S 原子参与配位；

第二种是褐色的 Cu(NCS)$_2$(tripyam)，在这种形式中两个硫氰酸根都是 N 原子参与配位；第三种是黄绿色的 Cu(SCN)(NCS)(tripyam)，在这种形式中，一个硫氰酸根中的 S 原子参与配位，一个硫氰酸根中的 N 原子参与配位[8]。

此外，此类有机配体还有[C(CN)$_3$]$^-$和[N(NC)$_2$]$^-$等，它们可与金属离子连接形成多维结构。

3. 含羧酸类有机配体的配位聚合物

含羧酸类有机配体，是指羧基中的氧原子参与配位，起到桥连金属与配体的作用。羧基有多种配位模式，包括单齿配位模式、螯合配位模式和桥连配位模式（图 15-3）。此外，多个羧基间的间隔基团对其配位模式也有很大影响。例如，芳香族配体的位阻效应会阻碍或促进配位聚合物的合成；脂肪族配体由于其长链的易变性，对配位聚合物的结构具有一定的调控作用。

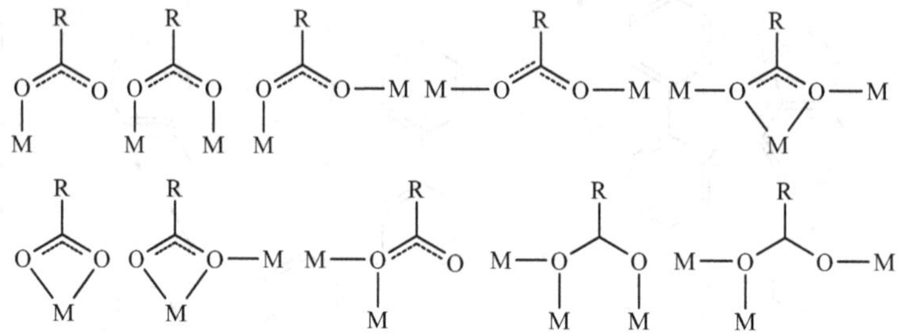

图 15-3　含羧酸类有机配体的配位模式

以多羧酸为配体的金属-有机配位聚合物具有性质独特和结构多样性等特点。在羧酸类配位聚合物的合成过程中，配体是影响聚合物结构特征的决定性因素之一。配体间的连接基团、配体间的间距、配体的齿数、配体的给体基团性质以及配体异构等诸多因素都可能对配位聚合物的最终结构产生影响。目前，在含羧酸类有机配体中应用较多的主要有苯多羧酸类、吡啶羧酸类、草酸类、脂肪族羧酸类。

（1）苯多羧酸类配体：该类配体种类繁多，被广泛用于配位聚合物的构筑。其中，邻苯二甲酸、间苯二甲酸和对苯二甲酸是几种最简单的二齿双羧酸配体，这类多羧酸配体具有灵活多样的配位模式，而且可以通过结构设计控制孔洞的大小和形状，合成性能优良的类分子筛型微孔结构的有机多酸配合物材料，尤其在气体存储方面存在着诱人的前景。此外，还有其他一些苯多羧酸如 1,3,5-苯三羧酸、1,2,4-苯三羧酸、1,2,4,5-苯四羧酸等也被广泛用于构筑结构新颖的配位聚合物。

（2）吡啶羧酸类配体：吡啶羧酸类配体是典型的含吡啶基和羧基的多功能刚性配体，结合了含 N 杂环配体和含 O 羧酸配体的优点。这类配体由于具有不同功能的给体原子 N 和 O，所以具有较丰富的配位形式和较强的配位能力，从而引起人们的广泛研究兴趣。吡啶羧酸类配体中最简单的是 3-吡啶甲酸（烟酸）和 4-吡啶甲酸（异烟酸）。吡啶类羧酸配体是一种双官能化的有机配体，同时含有羧基和吡啶基两种酸碱度不同的配位基团，羧基和吡啶基均能与金属离子配位形成具有特殊物理、化学性质的配位聚合物。

（3）草酸类配体：草酸是比较复杂的羧酸类配体，作为刚性的二齿有机配体，参与配位的是草酸离子中的氧，它把金属中心和有机配体桥连起来形成扩展结构。以草酸为配体的配位聚合物在文献中有大量报道，主要是由于草酸离子有着独特的性质，能够作为较短的连接体在顺磁性金属离子之间作为电子效应的中介，使草酸根类[9]金属聚合物具有类分子磁体性质，从而在合成分子磁体聚合物领域引起广泛关注。同时，草酸部分还能作为金属离子之间的桥连体形成零维、一维、二维和三维结构，其中二维蜂巢形结构[10]是草酸类化合物最常见的结构，这种结构通常具有较大的孔道，在吸附、催化等领域存在着潜在的应用。

（4）脂肪族羧酸类配体：脂肪族羧酸配体的构型具有自由性和多变性，它能够通过各种不同的连接方式产生新颖的骨架结构，尤其是一些含有金属-氧二聚物、一维链状或二维层状结构的二羧酸聚合物，可以通过二羧酸离子连接或以柱状方式连接成更高维的框架结构。图 15-4 为常见的羧酸类有机配体。

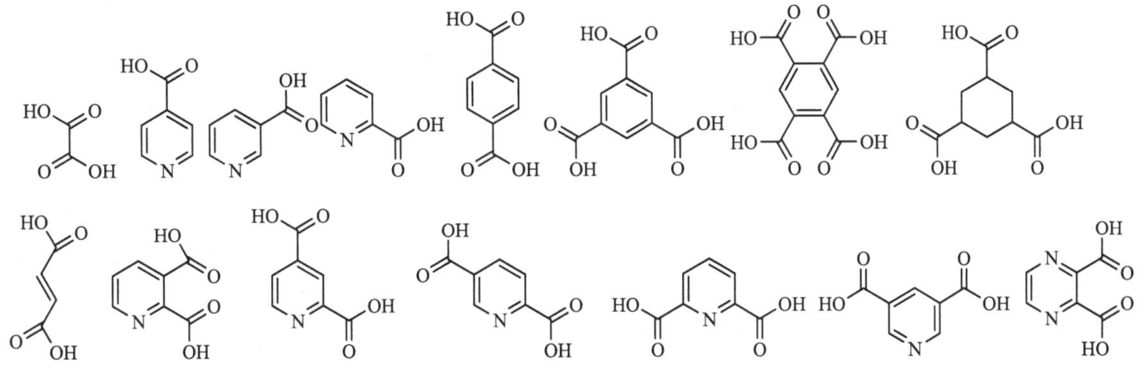

图 15-4　常见的羧酸类有机配体

15.3　配位聚合物的结构设计

15.3.1　结构设计的原理

材料的性能与其结构密切相关，因此，要获得特定功能的配位聚合物，首先应从结构设计出发。自 20 世纪 90 年代至今，Robson 研究组[2, 3, 11-17]及其他一些研究组[18-53]利用金属离子或金属簇和有机配体通过自组装方法，设计合成了具有丰富拓扑结构的配位聚合物，从而为配位聚合物的设计合成奠定了基础。

金属离子和配体既是功能单元，又决定配位聚合物的拓扑结构。因此，功能配位聚合物的分子设计不仅需要正确选择功能单元，而且需要控制这些单元之间的相互作用，以实现分子的定向排列和组装。

由金属离子和有机配体形成任何聚合物原则上都是一个自组装过程，配位聚合物结构的设计重点在于配体的设计和金属离子的选择，二者相互作用产生重复单元，按被控方式形成确定的结构。在自发过程中，充分利用了两类组分的结构和配位性质：金属离子一方面像结合剂一样把具有特定功能和结构的配体结合在一起；另一方面又作为中心把配体定位在特定的方位上。虽然配位聚合物的结构也有可能展现出不同于组成成分的性质，但是设计最终目的仍是通过预先设计结构单元来控制最终产物的结构和功能。因此，配位聚合物结构的可设计性及调控性是使其在多领域具有广泛应用前景的根本基础。

配位聚合物的性质不仅受桥连配体和金属离子的影响，还受化合物中配体和金属离子的空间排列的影响。因此，构筑具有预期结构和性能的配位聚合物的关键是，在选择特定的有机配体和金属离子的同时，还要使其按某种方式进行空间排列。通过对具有各种配位趋向的桥连配体和金属离子有目的的选择，利用配位作用实现对桥连配体与金属中心排列的有效控制，从而可以有效地合成出具有特定网络结构和物理、化学性能的功能材料。

15.3.2　金属离子的选择

就配位聚合物而言，涉及的金属离子主要有过渡金属元素和镧系元素。不同金属元素所表现的配位数及配位构型有很大差异，这就是配位聚合物拓扑结构极其丰富的原因之一。加之结构类型繁多的有机配体，使配位聚合物的结构变得极为多样。配位聚合物特定的拓扑结构、桥连配体结构及金属离子的固有特性，赋予了配位聚合物特定的性能。

在配位聚合物的构筑中，金属离子或金属簇作为多功能节点，就必须预先清楚金属离子的配位习性。常见过渡金属离子中，不同金属离子由于核外电子数目不同、离子半径不同，可以形成不同的配位结构。配位数一般为2~6。不同的配位数，决定了金属离子的配位构型，比较常见的配位构型有：线形、T形、平面三角形、四面体、平面正方形、三角双锥形、四方锥、八面体等（图15-5）。例如，Ag^I、Cd^{II}具有d^{10}电子构型，前者配位数通常为2，易形成线形或稍微弯曲的二配位结构；后者配位数通常为6，与适当的桥连配体组装，可以形成一维、二维或三维结构的配位聚合物。Zn^{II}离子可以形成比较规则的四配位四面体或者六配位八面体结构。Cu^{II}离子容易形成五配位四方锥或六

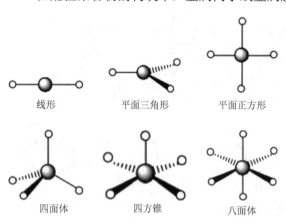

图15-5　金属离子常见的配位构型

配位八面体结构，等等。不过，随着配位环境的变化，金属离子的配位几何结构可能发生一定程度的畸变，偏离理想的几何结构。除了2~6配位的金属离子外，还有更高配位数的金属离子，如稀土离子配位数可达到10。显然，构筑特定连接方式的网络，必须选择具有合适配位结构的金属离子，才能形成特定类型的网络节点。然后再选择合适的桥连配体，组装出目标结构。

15.3.3　配体的选择

与金属离子相比，桥连配体对构筑配位聚合物的结构具有同等重要的意义。桥连配体的种类及结构多样，目前涉及的主要配体类型有：①无机阴离子配体（如Cl^-、N_3^-、CN^-、SCN^-、OH^-、$[M(CN)_x]_n^-$等）；②有机阴离子配位（如草酸、对苯二甲酸、均苯三甲酸、吡啶二羧酸、吡嗪二羧酸、双氰胺等）；③有机阳离子配体；④有机中性配体（如2,2'-联吡啶、4,4'-联吡啶、1,10-邻菲咯啉、吡嗪、三氮唑、4,4'-二氰基联苯、二氧六环等）。其中，不少配体具有2-连接甚至更高连接的功能。利用这些配体与特定金属离子进行组装，就可以形成各种各样的网络结构。

15.4　配位聚合物的结构表征

众所周知，物质的结构决定性质，性质是物质结构的反映。只有充分了解物质的结构，才能深入认识和理解物质的性能，以更好地改进物质的性质与功能，设计出性能优良的新化合物和新材料。

金属离子和有机配体在不同的实验条件下组装，可以得到不同结构的配位聚合物。探测配位聚合物结构的方法很多，常见的分析测试方法包括单晶X射线衍射分析、红外光谱分析、紫外-可见吸收光谱分析、热重分析、X射线光电子能谱分析、质谱分析和核磁共振分析等。这些分析测试方法大部分均是基于物质对某些波长的电磁波吸收或发射，属于波谱方法。

15.4.1　X射线结构分析

X射线结构分析是一门以物理学为理论基础，以数学计算为手段研究晶体结构与分子几何构型

的交叉学科。该分析方法包括单晶结构分析和粉末结构分析两大分支，目前已广泛应用于化学、物理学、材料科学、分子生物学和药学等学科，成为当前认识固体物质微观结构最有效的工具[54]。

单晶 X 射线衍射分析是利用单晶体对 X 射线的衍射效应来测定晶体结构的实验方法。将具有一定波长的 X 射线照射到配位聚合物单晶体上时，X 射线因在晶体内遇到规则排列的原子或离子而发生散射，散射的 X 射线在某些方向上的相位得到加强，从而显示与配位聚合物晶体结构相对应的特有的衍射现象。通过分析便可获得配位聚合物的成分、内部原子或分子的结构等信息。

15.4.2　红外光谱分析

红外光谱分析（infrared spectra analysis，IR）是一种根据分子内部原子间的相对振动和分子转动等信息来确定物质分子结构和鉴别化合物的分析方法。当一束具有连续波长的红外射线照射到物质分子上时，分子就吸收能量由原来的基态振（转）动能级跃迁到能量较高的振（转）动能级，该处波长的光被物质吸收，从而形成分子的红外光谱。红外光谱具有高度特征性，每种分子都有由其组成和结构决定的独有的红外光谱，据此可以对分子进行结构分析和鉴定。目前，该方法已广泛用于研究配位聚合物分子的结构和化学键等。

15.4.3　紫外-可见吸收光谱分析

紫外-可见吸收光谱（ultraviolet-visible absorption spectrometry，UV-Vis）属于分子光谱，它是由分子内价电子的跃迁而产生的。根据物质的分子或离子对紫外-可见光的吸收所产生的 UV-Vis 可以对配位聚合物的组成、含量和结构进行分析、测定和推断。UV-Vis 应用广泛，不仅可进行定量分析，还可利用吸收峰的特性进行定性分析和简单的结构分析，测定一些平衡常数、配合物配位比等。

需要注意的是，物质的紫外吸收光谱基本上是分子中生色团及助色团的特征，而不是整个分子的特征。如果物质组成的变化不影响生色团和助色团，就不会显著地影响其吸收光谱，如甲苯和乙苯具有相同的紫外吸收光谱。另外，外界因素如溶剂的改变也会影响吸收光谱，在极性溶剂中某些化合物吸收光谱的精细结构会消失，成为一个宽带。所以，只根据紫外吸收光谱不能完全确定物质的分子结构，还必须与红外光谱、核磁共振波谱、质谱以及其他化学、物理方法共同配合才能得出可靠的结论。

15.4.4　热重分析

热重分析（thermogravimetric analysis，TG 或 TGA）是一种在程序控制温度下，测量物质质量与温度变化关系的热分析技术，可以用来研究配位聚合物的热稳定性和组分。热重分析所用的仪器是热天平，它的基本原理为：样品质量变化所引起的天平位移量转化成电磁量，这个微小的电量经放大器放大送入记录仪记录；而电量的大小与样品的质量变化量成正比，当被测物质在加热过程中升华、汽化、失去结晶水或分解出气体时，样品质量就会发生变化，这时热重曲线就有所下降。通过分析热重曲线，就可以计算失去了多少物质。

15.4.5　X 射线光电子能谱分析

X 射线光电子能谱技术（X-ray photoelectron spectroscopy，XPS）是利用 X 射线辐射样品，使原子或分子的内层电子或价电子受激发射出来。通过测量光电子的能量，并以光电子的动能为横坐标、相对强度为纵坐标即得到光电子能谱图。

XPS 是电子材料与元器件显微分析中的一种先进分析技术，它能准确地测量原子的内层电子束缚能及其化学位移，所以它不但为化学研究提供分子结构和原子价态方面的信息，还能为电子材料研究提供各种化合物的元素组成和含量、化学状态、分子结构、化学键方面的信息。该法广泛用于对配位聚合物样品的元素成分进行定性、定量或半定量及价态分析。

15.4.6　质谱分析

质谱分析（mass spectrometry，MS）是一种利用电场和磁场将运动的离子（带电荷的原子、分子或分子碎片，包括分子离子、碎片离子、同位素离子、多电荷离子、重排离子、亚稳离子、负离子和离子-分子相互作用产生的离子）按它们的质荷比分离后进行检测的分析方法。测出离子的准确质量，就可以确定离子的组成。

使配位聚合物样品组分电离成不同质荷比的离子，经加速电场形成离子束进入质量分析器，利用电场和磁场使其发生相反的速度色散，离子束中速度较慢的离子通过电场后偏转大，速度快的离子偏转小；在磁场中离子发生角速度矢量相反的偏转，即速度慢的离子依然偏转大，速度快的离子依然偏转小。当两个场的偏转作用彼此补偿时，它们的轨道便相交于一点。同时，在磁场中还能发生质量的分离，这样就使具有同一质荷比而速度不同的离子聚集在同一点上，将它们分别聚集就得到了质谱图。综合分析聚合物质谱图中出现的各种离子，可以获得聚合物的分子量、化学结构、裂解规律和由单分子分解形成的某些离子间存在的相互关系等信息。

15.4.7　核磁共振分析

核磁共振（NMR）是指具有磁矩的原子核在高强度磁场作用下，吸收适宜频率的电磁辐射，由低能态跃迁到高能态，同时产生核磁共振信号。例如，^1H、^3H、^{13}C、^{15}N、^{19}F 和 ^{31}P 等原子核具有非零自旋而有磁矩，因此能显示核磁共振信号。分析核磁共振图谱上吸收峰的位置、强度和精细结构可以研究分子的结构。

（李素芝　卜显和）

参 考 文 献

[1]　Kirschner S. Coordination Chemistry. Boston：Springer，1969.

[2]　Hoskins B F，Robson R. Infinite polymeric frameworks consisting of three dimensionally linked rod-like segments. J Am Chem Soc，1989，111（15）：5962-5964.

[3]　Hoskins B F，Robson R. Design and construction of a new class of scaffolding-like materials comprising infinite polymeric frameworks of 3D-linked molecular rods. A reappraisal of the zinc cyanide and cadmium cyanide structures and the synthesis and structure of the diamond-related frameworks [N(CH₃)₄][Cu^{I}Zn^{II} (CN)₄] and Cu^I[4, 4′, 4″, 4‴-tetracyanotetraphenylmethane]BF₄·xC₆H₅NO₂. J Am Chem Soc，1990，112（4）：1546-1554.

[4]　Yaghi O M，Li G M，Li H L. Selective binding and removal of guests in a microporous metal-organic framework. Nature，1995，378（6558）：703-706.

[5]　Kondo M，Yoshitomi T，Matsuzaka H，et al. Three-dimensional framework with channeling cavities for small molecules：{[M₂(4, 4′-bpy)₃ (NO₃)₄]·xH₂O}$_n$（M = Co，Ni，Zn）. Angew Chem Int Ed，1997，36（16）：1725-1727.

[6]　Kitagawa S，Kitaura R，Noro S I. Functional porous coordination polymers. Angew Chem Int Ed，2004，43（18）：2334-2375.

[7]　Bruser H J，Schwarzenbach D，Petter W，et al. The crystal structure of prussian blue：Fe₄[Fe(CN)₆]₃·xH₂O. Inorg Chem，1977，16（11）：2704-2710.

[8]　Kulasingam G C，McWhinnie W R. Complexes of tri-2-pyridylamine. Part Ⅲ. Complexes with the thiocyanates and nitrates of cobalt(Ⅱ),

nickel(Ⅱ), and copper(Ⅱ): the three linkage isomers of (tri-2-pyridylamine) Cu(CNS)₂. J Chem Soc A, 1968: 254-258.

[9]　Carling S G, Mathonière C, Day P, et al. Crystal structure and magnetic properties of the layer ferrimagnet N(n-C₅H₁₁)₄ Mn^{II}Fe^{III} (C₂O₄)₃. J Chem Soc, Dalton Trans, 1996, 9: 1839-1843.

[10]　Coronado E, Clemente-León M, Galán-Mascarós J R, et al. Design of molecular materials combining magnetic, electrical and optical properties. J Chem Soc Dalton Trans, 2000, 21: 3955-3961.

[11]　Abrahams B F, Hoskins B F, Robson R. A honeycomb form of cadmium cyanide. A new type of 3D arrangement of interconnected rods generating infinite linear channels of large hexagonal cross-section. J Chem Soc Chem Commun, 1990, 1: 60-61.

[12]　Gable R W, Hoskins B F, Robson R. Synthesis and structure of [NMe₄][CuPt(CN)₄]: an infinite three-dimensional framework related to PtS which generates intersecting hexagonal channels of large cross section. J Chem Soc Chem Commun, 1990, 10: 762-763.

[13]　Gable R W, Hoskins B F, Robson R. A new type of interpenetration involving enmeshed independent square grid sheets. The structure of diaquabis-(4, 4′-bipyridine) zinc hexafluorosilicate. J Chem Soc Chem Commun, 1990, 23: 1677-1678.

[14]　Batten S R, Hoskins B F, Robson R. Two interpenetrating 3D networks which generate spacious sealed-off compartments enclosing of the order of 20 solvent molecules in the structures of Zn(CN)(NO₃)(tpt)₂/₃.cntdot.solv (tpt = 2,4,6-tri(4-pyridyl)-1,3,5-triazine, solv = . apprx.3/4C₂H₂Cl₄.cntdot. 3/4CH₃OH or.apprx.3/2CHCl₃.cntdot.1/3CH₃OH). J Am Chem Soc, 1995, 117 (19): 5385-5386.

[15]　Batten S R, Hoskins B F, Robson R. 3D Knitting patterns. Two independent, interpenetrating rutile-related infinite frameworks in the structure of Zn[C(CN)₃]₂. J Chem Soc Chem Commun, 1991, 6: 445-447.

[16]　Abrahams B F, Hoskins B F, Robson R. A new type of infinite 3D polymeric network containing 4-connected, peripherally-linked metalloporphyrin building blocks. J Am Chem Soc, 1991, 113 (9): 3606-3607.

[17]　Elliott R W, Usov P M, Abrahams B F, et al. Interligand charge-transfer interactions in electroactive coordination frameworks based on N, N′-dicyanoquinonediimine(DCNQI). Inorg Chem, 2018, 57 (16): 9766-9774.

[18]　Dybtsev D N, Chun H, Kim K. Rigid and flexible: a highly porous metal-organic framework with unusual guest-dependent dynamic behavior. Angew Chem Int Ed, 2004, 43 (38): 5033-5036.

[19]　Fujita M, Kwon Y J, Miyazawa M, et al. One-dimensional coordinate polymer involving heptacoordinate cadmium(Ⅱ) ions. J Chem Soc Chem Commun, 1994, 17: 1977-1978.

[20]　Zhao J W, Shi D Y, Chen L J, et al. Two organic-inorganic hybrid 1-D and 3-D polyoxotungstates constructed from hexa-Cu^{II} substituted sandwich-type arsenotungstate units. CrystEngComm, 2012, 14 (8): 2797-2806.

[21]　Chen L J, Cao J, Li X H, et al. The first purely inorganic polyoxotungstates constructed from dimeric tungstoantimonate-based iron-rare-earth heterometallic fragments. CrystEngComm, 2015, 17 (27): 5002-5013.

[22]　Lu X Y, Ye J W, Sun Y, et al. Ligand effects on the structural dimensionality and antibacterial activities of silver-based coordination polymers. Dalton Trans, 2014, 43 (26): 10104-10113.

[23]　Wang X, Tian A X, Wang X L. Architectural chemistry of polyoxometalate-based coordination frameworks constructed from flexible N-donor ligands. RSC Adv, 2015, 5 (51): 41155-41168.

[24]　Qin C, Wang X L, Carlucci L, et al. From arm-shaped layers to a new type of polythreaded array: a two fold interpenetrated three-dimensional network with a rutile topology. Chem Commun, 2004, 16: 1876-1877.

[25]　Fu H, Lu Y, Wang Z L, et al. Three hybrid networks based on octamolybdate: Ionothermal synthesis, structure and photocatalytic properties. Dalton Trans, 2012, 41 (14): 4084-4090.

[26]　Fujita M, Sasaki O, Watanabe K Y, et al. Self-assembled molecular ladders. New J Chem, 1998, 22 (2): 189-191.

[27]　Fujita M, Kwon Y J, Washizu S, et al. Preparation, clathration ability, and catalysis of a two-dimensional square network material composed of cadmium(Ⅱ) and 4, 4′-bipyridine. J Am Chem Soc, 1994, 116: 1151-1152.

[28]　Kitagawa S, Kawata S, Nozaka Y, et al. Synthesis and crystal structures of novel copper(Ⅰ) co-ordination polymers and a hexacopper(Ⅰ) cluster of quinoline-2-thione. J Chem Soc Dalton Trans, 1993, 9: 1399-1404.

[29]　Kitagawa S, Matsuyama S, Munakata M, et al. Synthesis and crystal structures of novel one-dimensional polymers, [{M(bpen)X}∞][M = Cu^I, X = PF₆⁻; M = Ag^I, X = ClO₄⁻; bpen = trans-1,2-bis(2-pyridyl)ethylene] and [{Cu(bpen)(CO)(CH₃CN)(PF₆)}∞]. J Chem Soc Dalton Trans, 1991, 11: 2869-2874.

[30]　Kawata S, Kitagawa S, Kondo M, et al. Two-dimensional sheets of tetragonal copper(Ⅱ) lattices: X-ray crystal structure and magnetic properties of [Cu(C₆O₄Cl₂)(C₄H₄N₂)]ₙ. Angew Chem Int Ed, 1994, 33 (17): 1759-1761.

[31]　Chen C T, Suslick K S. One-dimensional coordination polymers: applications to material science. Coord Chem Rev, 1993, 128(1-2): 293-322.

[32]　Carlucci L, Ciani G, Proserpio D M, et al. A novel 3D three-connected cubic network containing [Ag₆(hmt)₆]$^{6+}$ hexagonal units (hmt = hexamethylenetetramine). Inorg Chem, 1997, 36 (9): 1736-1737.

[33] Carlucci L，Ciani G，Gudenberg D W V，et al. Self-assembly of a three-dimensional network from two-dimensionallayers via metallic spacers：the (3, 4)-connected frame of [Ag₃(hmt)₂][ClO₄]₃·2H₂O (hmt = hexamethylenetetramine). Chem Commun，1997，6：631-632.

[34] Blake A J，Champness N R，Chung S S M，et al. Control of interpenetrating copper(i) adamantoid networks：synthesis and structure of{[Cu(bpe)₂]BF₄}$_n$. Chem Commun，1997，11：1005-1006.

[35] Bertelli M，Carlucci L，Ciani G，et al. Structural studies of molecular-based nanoporous materials. Novelnetworks of silver（Ⅰ）cations assembled with the polydentate N-donor bases hexamethylenetetramine and 1, 3, 5-triazine. J Mater Chem，1997，7：1271-1276.

[36] Biradha K，Hongo Y，Fujita M. Open square-grid coordination polymers of the dimensions 20×20 Å：remarkably stable and crystalline solids even after guest removal. Angew Chem Int Ed，2000，39（21）：3843-3845.

[37] Biradha K，Fujita M. Co-ordination polymers containing square grids of dimension 15×15 Å. J Chem Soc Dalton Trans，2000，21：3805-3810.

[38] Biradha K，Fujita M. Selective formation of rectangular grid coordination polymers with grid dimensions 10×15，10×20 and 15×20 Å. Chem Commun，2001，1：15-16.

[39] Chen B，Ockwig N W，Millward A R，et al. High H₂ adsorption in a microporous metal-organic framework with open metal sites. Angew Chem Int Ed，2005，44（30）：4745-4749.

[40] Liang S L，Liu Z L，Liu C M，et al. Synthesis，crystal structure，and magnetic properties of a new coordination polymer framework [Cu^{II}(4, 4′-bpy)(N₃)₂]$_n$. Z Anorg Allg Chem，2009，635（3）：549-553.

[41] Liu Z L，Han W H，Liu C M，et al. *In situ* self-assembly of 1D copper(Ⅱ) coordination polymer containing EO azide and phenolate bridges：crystal structure and magnetic properties. Bull Chem Soc Jpn，2009，82（5）：582-584.

[42] Li S Z，Ma P T，Wang J P，et al. A 3D organic-inorganic network constructed from an Anderson-type polyoxometalate anion，a copper complex and a tetrameric [Na₄(H₂O)₁₄]$^{4+}$cluster. CrystEngComm，2010，12（6）：1718-1721.

[43] Han Q X，He C，Zhao M，et al. Engineering chiral polyoxometalate hybrid metal-organic frameworks for asymmetric dihydroxylation of olefins. J Am Chem Soc，2013，135（28）：10186-10189.

[44] Niu J Y，Zhang S W，Chen H N，et al. 1-D, 2-D, and 3-D organic-inorganic hybrid assembled from Keggin-type polyoxometalates and 3d-4f heterometals. Cryst Growth Des，2011，11（9）：3769-3777.

[45] Zhang H，Lu Y，Zhang Z M，et al. A 12-connected metal-organic framework constructed from an unprecedented cyclic dodecanuclear copper cluster. Chem Commun，2012，48（58）：7295-7297.

[46] Li N，Liu Y W，Lu Y，et al. An arsenicniobate-based 3D framework with selective adsorption and anion-exchange properties. New J Chem，2016，40（3）：2220-2224.

[47] Yang X J，Feng X J，Tan H Q，et al. N-doped graphene-coated molybdenum carbide nanoparticles as highly efficient electrocatalysts for the hydrogen evolution reaction. J Mater Chem A，2016，4（10）：3947-3954.

[48] Han Q X，Sun X P，Li J，et al. Novel isopolyoxotungstate [H₂W₁₁O₃₈]$^{8-}$ based metal organic framework：as lewis acid catalyst for cyanosilylation of aromatic aldehydes. Inorg Chem，2014，53（12）：6107-6112.

[49] Tao Y，Li J R，Chang Z，et al. Zn^{II} and Hg^{II} complexes with 2, 3-Substituted-5, 6-di(1*H*-tetrazol-5-yl) pyrazine ligands：roles of substituting groups and synthetic conditions on the formation of complexes. Cryst Growth Des，2010，10（2）：564-574.

[50] Zhong M，He W W，Shuang W，et al. Metal-organic framework derived cor-shell Co/Co₃O₄@N-C nanocomposites as high performance anode materials for lithium ion batteries. Inorg Chem，2018，57（8）：4620-4628.

[51] Choi S，Kim T，Ji H，et al. Isotropic and anisotropic growth of metal-organic framework (MOF) on MOF：logical inference on MOF structure based on growth behavior and morphological feature. J Am Chem Soc，2016，138（43）：14434-14440.

[52] He Y P，Tan Y X，Zhang J. Stable Mg-metal-organic framework (MOF) and unstable Zn-MOF based on nanosized tris ((4-carboxyl) phenylduryl) amine ligand. Cryst Growth Des，2013，13（1）：6-9.

[53] Li H L，Yang W，Wang X H，et al. Self-assembly of a family of isopolytungstates induced by the synergistic effect of the nature of lanthanoids and the pH variation in the reaction process：syntheses，structures，and properties. Cryst Growth Des，2016，16（1）：108-120.

[54] 陈小明，蔡继文. 单晶结构分析原理与实践. 2版. 北京：科学出版社，2004：2.

第16章
配位聚合物的晶体工程

16.1　晶体工程简介

　　晶体工程涉及学术领域较广。研究工作者来自包括固态化学、结构化学、晶体学、有机化学、无机化学、物理化学和生物化学等众多学科。G. R. Desiraju 将晶体工程定义为在晶体结构分析基础上对分子间作用力的理解以及这种理解在构筑目标功能固体材料上的运用[1]。换言之，材料的性质很大程度上取决于其结构，对材料结构的设计和可控构筑并实现其功能性是晶体工程研究的目标。晶体工程研究起源于 20 世纪中叶 G. M. J. Schmidt 和 A. I. Kitaigorodskii 分别在有机固态光化学和物理化学领域分子晶体堆积上的研究[2, 3]。20 世纪 80～90 年代，G. R. Desiraju 和 M. C. Etter 等开始了有机化合物的晶体工程研究[1, 4]。配位聚合物的晶体工程研究工作出现相对稍晚一些，最早开始于 R. Robson 等在 20 世纪 80 年代末 90 年代初的研究工作[5-9]。之后的几十年里，随着 X 射线衍射晶体学和电子计算机技术等的飞速发展，配位聚合物晶体工程的研究也不断扩展和深入。

16.2　非共价相互作用

　　晶体工程的核心内容是对晶体结构中分子间、离子间或分子离子间非共价相互作用力的理解，并通过这种理解设计构筑特定性能的固态材料。分子间作用力是研究最多的非共价相互作用。物质凝聚态的存在是分子间存在相互作用最简单有力的证据。分子间作用力十分复杂，对分子间作用力的完全认识还相差很远，多数现有理论是定性或半定量的。整体上，分子间作用力分为斥力和引力。在平衡位置时，体系能量最低（图 16-1）。分子间距离小于平衡位置时表现为斥力，分子间距离大于平衡位置时表现为引力，而且引力与斥力总是同时存在的。分子间作用力主要包括范德瓦耳斯力、氢键作用、π-π作用等，是晶体工程尤其是有机分子晶体工程中最重要的研究内容。对于配位聚合物的晶体工程，配位键的结构和功能导向作用甚至比分子间作用力更为显著。本节将简要介绍这些非共价相互作用力的定义、性质及作用力大小影响因素等。一些其他类型的非共价相互作用，如卤-卤作用（halogen···halogen interaction）、卤-异原子（N、O、S 等）作用（halogen···heteroatom interaction）、卤-π 作用（halogen···π interaction）、阳离子-π 作用（cation-π interaction）、阴离子-π 作用（anion-π interaction）、全氟芳烃-芳烃作用（perfluoroarene-arene interaction）、N—H···π 作用、O—H···π 作用、硫-芳烃作用（sulfur-arene interaction）、银-碳作用

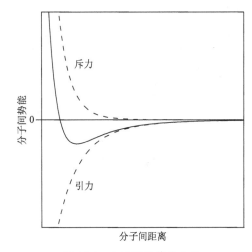

图 16-1　分子间的势能曲线

（silver⋯carbon interaction）等，也受到人们越来越多的重视。由于篇幅所限，这里将不逐一介绍，相关内容可参阅一些综述和专著[10-14]。

非共价作用力是相对于分子内原子间共价键作用而言的。一般认为，共价键作用力强，非共价作用力弱。不过，共价键和非共价作用力的相对强弱是主观的，在能量上没有明显划分。例如，$[HF_2]^-$ 阴离子间的强氢键作用力大小约 50kcal/mol，而一些弱共价键，如 C—I 键，键能只有约 30kcal/mol。当然，多数共价键键能在 75～125kcal/mol 之间，而范德瓦耳斯力、氢键、π-π 作用、静电作用等非共价作用力则明显较弱，配位键强度适中（表 16-1）。为了在实验上可以观测到，非共价作用力的大小需要高于温度对能量的贡献，即 kT（k 代表玻尔兹曼常量，T 代表热力学温度）。在室温下，kT 值约为 0.6kcal/mol。除强度外，方向性也是非共价作用力的一个重要性质。非共价作用力的这一特征在晶体工程中尤其重要，常用于设计和实现晶体中各组分在空间上的定向排布。非共价作用力分为各向同性和各向异性两种。各向同性的作用力没有指向性，如分子间的范德瓦耳斯作用力和离子间的静电作用力。而配位键、氢键和 π-π 作用等类型作用力具有明显的方向性，属于各向异性类作用力。

表 16-1　常见共价键与非共价相互作用强度

	共价键或非共价相互作用类型	作用力常见强度和范围/(kcal/mol)
共价键	C—O 键	81
	C—C 键	86
	C—H 键	103
	C=C 键	143
	C=O 键	165
非共价相互作用	范德瓦耳斯力	0.5～2
	氢键	1～40
	π-π 作用	0～10
	配位键	30～120

16.2.1　范德瓦耳斯力

范德瓦耳斯力是指分子间非定向的、无饱和性的、较弱的相互作用力，包括：①非极性分子在电子的概率运动中瞬间极化产生的瞬间偶极与瞬间偶极之间的相互作用，即 London 色散力（London dispersion force）；②极性分子的永久偶极之间的静电相互作用，即取向力；③极性分子永久偶极与其诱导出的偶极间的相互作用，即诱导力。取向力只存在于极性分子之间。诱导力不仅存在于极性分子之间，还存在于极性分子与非极性分子之间。色散力则存在于所有极性分子或/和非极性分子之间。两个原子或分子间范德瓦耳斯力大小可以近似地用 Lennard-Jones 势能公式 $U(r) = -ar^{-6} + br^{-12} + q_1q_2r^{-1}$ 来表达[15]，其中 a 和 b 分别代表引力和排斥力常数，r 代表原子或分子间距离，q_1 和 q_2 是两原子或分子的静电力参数，U 代表体系的势能。可见，范德瓦耳斯力是原子或分子间引力和斥力的综合体现。分子间范德瓦耳斯力个体上虽然强度较弱，但整体上数目众多，对物质的沸点、熔点、气化热、熔化热、溶解度、表面张力、黏度等物理化学性质参数有决定性的影响。通常分子的分子量越大，分子间范德瓦耳斯力越强。范德瓦耳斯力在分子堆积中也起着重要作用。晶体中的原子或分子由于彼此之间的范德瓦耳斯力会尽可能地靠近，以形成空间密堆积排列的稳定结构。

16.2.2　氢键

氢键作用力强，具有方向性，是自然界中最重要的分子识别方式，也是有机化合物晶体工程中最重要的研究内容和设计手段。国际纯粹与应用化学联合会（International Union of Pure and Applied Chemistry，IUPAC）将氢键定义为：在有成键证据的情况下，分子或分子片段中 X—H 上的一个氢原子与另一分子或分子片段中的一个原子或原子团之间的吸引作用，其中 X 原子电负性比氢原子强[16]。一个典型的氢键可表示为 X—H⋯Y—Z，其中⋯代表氢键。X—H 是氢键给体，Y 是氢键受体，它可以是一个原子或一个阴离子 Y，也可以是来自用 Y—Z 表示的一个分子或分子片段。在一些情况下，X 和 Y 是相同的原子，甚至 X—H 和 Y—H 键长也相同（对称性氢键）。无论何种情况，受体 Y 必须是富电子的，可以是含孤对电子的 Y 原子，也可以是含 π 键的 Y—Z 分子或分子片段。氢键存在的证据可以是实验上的，也可以理论上的，或二者都有。氢键的特征和存在依据如下：①导致氢键形成的作用力包括静电作用力，是由给体和受体之间电荷转移产生的 H 原子和 Y 原子间的类共价键作用以及范德瓦耳斯力；②X 与 H 原子间形成被极化的共价键，H⋯Y 的氢键强度随 X 电负性增加而增加；③X—H⋯Y 之间的夹角通常是 180°，并且这一角度越接近 180°，氢键越强，H⋯Y 距离越短；④氢键的形成导致 X—H 距离增长，这也导致 X—H 红外伸缩频率红移和这一伸缩振动峰面积增大；X—H⋯Y 中 X—H 键长越长，H⋯Y 氢键越强，同时，一些对应于 H⋯Y 键的红外伸缩振动峰会出现；⑤X—H⋯Y—Z 氢键的形成导致其核磁共振（NMR）谱出现一些特征，如通过氢键 X 和 Y 原子发生自旋-自旋耦合，核间 Overhauser 效应得到增强，从而 X—H 上 H 原子表现出明显的去屏蔽特征；⑥氢键的吉布斯自由能理论上大于实验观测到的氢键体系的热能。氢键键能大多在 2～30kcal/mol 之间。一般认为键能小于 4kcal/mol 的氢键属于较弱氢键，键能在 4～15kcal/mol 范围内的属于中等强度氢键，而键能大于 15kcal/mol 的氢键则是较强氢键。常见氢键参数见表 16-2。

表 16-2　常见氢键参数[15]

氢键 X—H⋯Y—Z				
氢键作用力强度	范例	X⋯Y 距离/Å	H⋯Y 键长/Å	X—H⋯Y 角度/(°)
很强 X—H 键长≈H⋯Y 键长	[F—H—F]⁻	2.2～2.5	1.2～1.5	175～180
强 X—H 键长＜H⋯Y 键长	O—H⋯O—H	2.6～3.0	1.6～2.2	145～180
	O—H⋯N—H	2.6～3.0	1.7～2.3	140～180
	N—H⋯O=C	2.8～3.0	1.8～2.3	150～180
	N—H⋯O—H	2.7～3.1	1.9～2.3	150～180
	N—H⋯N—H	2.8～3.1	2.0～2.5	135～180
弱 X—H 键长≪H⋯Y 键长	C—H⋯O	3.0～4.0	2.0～3.0	110～180

16.2.3　π-π 作用

　　π-π 作用通常是指具有共轭结构分子间的一种弱相互作用，这种作用力是分子电子云之间静电作用为主，范德瓦耳斯力等其他弱相互作用为辅的共同结果。芳香环间的 π-π 作用在芳烃、多环芳烃、共轭杂环类化合物，以及生物大分子体系中都很常见。π-π 作用的研究在分子识别与组装、催化与传质、有机半导体材料、晶体工程等众多应用领域都具有重要意义。存在 π-π 作用的分子在空间上通常具有三种几何排布形式，即偏移堆积（parallel offset/slipped/displaced stacking）、T 型边面堆积（T-shaped edge-to-face stacking）和面面堆积（face-to-face stacking）。T 型边面堆积形式下的 π-π 作用有时也称 C—H⋯π 作用。以苯的二聚体为例，三种堆积形式如图 16-2 所示。对于苯分子而言，不论是气态、液态还是固态下，其实际存在形式都是偏移堆积和/或 T 型边面堆积，而不以面面堆积形式存在。这是因为苯分子的负电势集中在六元环内，正电势分布在环外围的 6 个 H 原子周围，2 个苯分子面面堆积时，环内负电势和负电势、环外围正电势和正电势之间静电排斥力最大，从而导致这种堆积方式在能量上不优越[17] ［图 16-3（a）和（b）］。偏移堆积和 T 型边面堆积两种构型不仅减小了两个环面间的互斥作用，还增加了分子间正负电势的静电吸引力 ［图 16-3（c）和（d）］。当苯分子上所有 H 原子被 F 原子取代变成全氟苯时，由于 F 原子电负性强，分子的电子云结构发生显著变化。正电势集中在全氟苯的六元环内，而负电势集中在环外围的 F 原子周围。全氟苯分子和苯分子可以面面堆积的形式相互作用，因为在这种堆积方式下，两种分子间静电吸引力最大，能量最低 ［图 16-3（e）和（f）］。类似地，一些共轭杂环类化合物也常常采用面面堆积的形式存在。

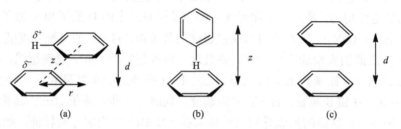

图 16-2　苯的二聚体的三种堆积形式：（a）偏移堆积、（b）T 型边面堆积和（c）面面堆积

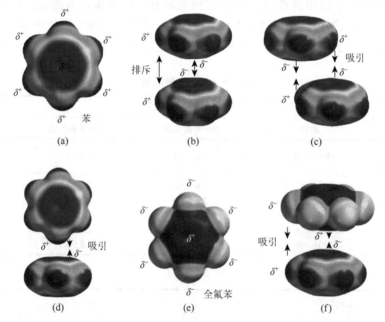

图 16-3　苯和全氟苯的静电势图（a，e）、苯分子间三种堆积方式（b~d）及全氟苯与苯分子的堆积方式（e，f）

芳香环间 π-π 作用的相对大小一般通过两个相互作用的芳香环环平面间距 d，环中心的偏移距离 r，环中心间距 z，一个环上的氢原子到另一个环中心的最短距离 l，环面的夹角 θ 等参数来表征[18]（图 16-2）。对于偏移堆积和面面堆积，z 值通常在 3~4Å 范围内，对于 T 型边面堆积，z 值通常在 4~6Å 范围内。芳香环上的取代基、共轭杂环化合物杂原子的种类和分布、存在体系中的溶剂、芳香环面积、分子间氢键的竞争效应都是影响 π-π 作用强度的因素。

16.2.4　配位键

配位键是指原子之间、分子之间、离子之间或分子与离子之间的一种相互作用力，其中一方提供电子对，另一方提供空轨道，如硼烷氨 H_3NBH_3 分子中的 N—B 键。尽管在配位键和共价键中两相邻原子都通过共用电子对发生相互作用，这两种键存在明显的区别。配位键具有明显的极性，强度相对更弱，键更长，其在气相或其他一些条件下键断裂的机理与共价键也不一样[19]。过渡金属离子与有机配位之间的配位作用是配位聚合物晶体工程的主要研究内容。配位键强度通常在 5～150kcal/mol 范围内，其大小的决定因素是多方面的，常用软硬酸碱理论来解释。在软硬酸碱理论中，硬酸硬碱指的是具有较高电荷密度和较小半径的离子或原子，软酸软碱则具有较低电荷密度和较大半径的离子或原子。硬酸硬碱极性较大，但极化率较低。软酸软碱极化率较高，但极性较小。硬酸与硬碱，或软酸与软碱，反应快，形成的化合物稳定。这也就是常说的"硬亲硬，软亲软"。常见的软硬酸碱分类可参见表 16-3。

表 16-3　软硬酸碱分类

名称	示例
硬酸	H^+, Li^+, Na^+, K^+, Rb^+, Cs^+, RCO^+, NC^+, RPO_2^+, RSO_2^+, $ROSO_2^+$（R 代表烷基） Be^{2+}, $Be(CH_3)_2$, Mg^{2+}, Ca^{2+}, Sr^{2+}, Ba^{2+}, Mn^{2+}, VO_2^+, UO_2^{2+}, $(CH_3)_2Sn^{2+}$ Al^{3+}, Cr^{3+}, Fe^{3+}, Co^{3+}, Sc^{3+}, La^{3+}, Gd^{3+}, Lu^{3+}, As^{3+}, Ga^{3+}, MoO^{3+}, In^{3+}, CH_3Sn^{3+}, N^{3+}, Cl^{3+} Th^{4+}, Si^{4+}, Ti^{4+}, Zr^{4+}, Hf^{4+}, U^{4+}, Pu^{4+}, Sn^{4+}, Ce^{4+}, WO^{4+} I^{5+} Cr^{6+} Mn^{7+}, Cl^{7+}, I^{7+} BF_3, BCl_3, $B(OR)_3$, $Al(CH_3)_3$, $AlCl_3$, AlH_3, SO_3, CO_2
硬碱	OH^-, F^-, Cl^-, RO^-, CH_3COO^-, ClO_4^-, NO_3^- CO_3^{2-}, O^{2-}, SO_4^{2-} PO_4^{3-} NH_3, RNH_2, N_2H_4, H_2O, ROH, R_2O
软酸	Cu^+, Ag^+, Au^+, Hg^+, CH_3Hg^+, Tl^+, HO^+, RO^+, RS^+, RSe^+, RTe^+, Br^+, I^+ Pd^{2+}, Pt^{2+}, Hg^{2+} Pt^{4+}, Te^{4+} $[Co(CN)_5]^{3-}$ BH_3, $Ga(CH_3)_3$, $GaCl_3$, $GaBr_3$, GaI_3, $Tl(CH_3)_3$, CH_2（卡宾），π 电子受体（如三硝基苯、四氯对苯醌、苯醌、四氰乙烯等） Br_2, I_2, ICN, O, Cl, Br, I, N, RO, RO_2, 以及各种金属原子
软碱	H^-, R^-, CN^-, SCN^-, RS^-, I^- $S_2O_3^{2-}$ C_2H_4, C_6H_6, RNC, CO, R_3P, $(RO)_3P$, R_3As, R_2S, RSH
交界酸	R_3C^+, $C_6H_5^+$, NO^+ Fe^{2+}, Co^{2+}, Ni^{2+}, Cu^{2+}, Zn^{2+}, Pb^{2+}, Sn^{2+}, Cr^{2+}, Os^{2+} Rh^{3+}, Ir^{3+}, Ru^{3+}, Sb^{3+}, Bi^{3+} $B(CH_3)_3$, GaH_3, SO_2
交界碱	Br^-, NO_2^-, SO_3^-, N_3^- $C_6H_5NH_2$, C_5H_5N, N_2

配位键具有方向性和饱和性。过渡金属离子与配体间配位键的导向作用已用于构筑大量结构多样、功能丰富的配位聚合物。配位键的方向性和饱和性可以用中心原子的配位数和配位几何构型来描述。配位数和配位几何构型与中心原子和配体的大小、种类、价态等都有关系。与第三、四过渡系的镧系、锕系及其他金属离子相比，第一、二过渡系金属离子半径较小，配位数少，配位构型相对简单一些，这些金属离子更常用于配位聚合物的晶体工程研究。过渡金属离子的配位数最低是 2，有时超过 10，其中 4 和 6 较为常见。常见的配位几何构型包括四面体、八面体、平面四方形等。常见金属离子的配位数和配位构型可参见表 16-4。

表 16-4 配位聚合物中过渡金属离子常见的配位数和配位构型

配位数	配位构型	构型示意图	理想对称性	金属离子或配合物范例
2	直线形 （linear）		$D_{\infty h}$	Ag^+，Cu^+，Au^+，Pb^{2+}
3	三角形 （trigonal planar）		D_{3h}	Cu^+，Hg^{2+}
3	三角锥形 （trigonal pyramidal）		C_{3v}	Pb^{2+}[20]
3	T 字形 （T-shaped）		C_{2v}	Ag^+，Cu^+
4	四面体形 （tetrahedral）		T_d	Co^{2+}，Zn^{2+}
4	平面正方形 （square planar）		D_{4h}	Cu^{2+}，Pt^{2+}，Pb^{2+}
5	三角双锥形 （trigonal bipyramidal）		D_{3h}	Co^{2+}，Zn^{2+}
5	四方锥形 （square pyramidal）		C_{4v}	Cu^{2+}，Ni^{2+}
6	八面体形 （octahedral）		O_h	Cr^{3+}，Fe^{2+}，Ni^{2+}，Mn^{2+}，Cu^{2+}，Co^{2+}，Zn^{2+}

续表

配位数	配位构型	构型示意图	理想对称性	金属离子或配合物范例
6	三棱柱形 （trigonal prismatic）		D_{3h}	V^{5+}，Cd^{2+}，Pb^{2+}，Co^{2+}
7	五角双锥形 （pentagonal bipyramidal）		D_{5h}	Mn^{3+}，Fe^{2+}，Co^{2+}，Cu^{2+}，Zn^{2+}
7	单戴帽八面体形 （monocapped octahedral）		C_{3v}	Cd^{2+}，Y^{3+}，Ln^{3+}
7	单帽三棱柱形 （trigonal prismatic，square face monocapped）		C_{2v}	Cd^{2+}，Y^{3+}，Ln^{3+}
8	立方体形 （cubic）		O_{h}	$Ca^{2+}(CaF_2)$
8	四方反棱柱形 （square antiprismatic）		D_{4d}	$[Zr(H_2O)_8]^{4+}$

 鲍林（L. C. Pauling）将分子的价键理论应用到配位键，认为配合物中心原子与配体之间的结合是通过配体原子孤对电子轨道与中心原子的空轨道重叠导致的，两者共享该电子对从而形成配位键。在配位键形成过程中，中心原子需提供空的价电子轨道以接受配体的孤对电子而形成 σ 键。为了增加成键能力，中心原子用能量相近的轨道[如$(n-1)$d，ns，np，nd]进行杂化，形成一定数目能量相同的杂化轨道来接受配体的孤对电子形成配合物。中心原子的轨道杂化后在空间上具有一定的取向，配体中孤对电子占有的轨道只能以一定的取向与之重叠成键，从而导致一些特殊的配位几何构型。例

如，Ni^{2+} 离子与 NH_3 形成 $[Ni(NH_3)_4]^{2+}$ 配离子时，Ni^{2+} 离子需要提供四个空轨道。Ni^{2+} 离子外层能级相近的一个 4s 和三个 4p 轨道经杂化形成四个等价的 sp^3 杂化轨道，容纳四个 NH_3 中 N 原子提供的四对孤对电子。从而，$[Ni(NH_3)_4]^{2+}$ 配离子呈现正四面体配位构型。Ni^{2+} 离子位于正四面体的中心，四个 N 原子位于正四面体的四个顶角位置。而当 Ni^{2+} 离子与四个 CN^- 离子配位（以 C 配位）形成 $[Ni(CN)]^{2-}$ 配离子时，Ni^{2+} 离子的 3d 轨道受到 CN^- 的影响较大，使 3d 轨道中的八个电子发生重排，全部挤入四个轨道，空出的一个 3d 轨道与能量相近的一个 4s 和两个 4p 轨道杂化，形成四个等价的 dsp^2 杂化轨道来接受四个 CN^- 离子 C 原子提供的四对孤对电子。根据群论分析可以得到，不同于 sp^3 杂化轨道，dsp^2 杂化轨道构型属于平面正方形。$[Ni(CN)_4]^{2-}$ 配离子中 Ni^{2+} 离子位于平面正方形的中心，四个配位的 C 原子位于平面正方形四个顶角位置。$[Ni(NH_3)_4]^{2+}$ 配离子这种配合物被称为外轨型配合物，或称高自旋型配合物，$[Ni(CN)_4]^{2-}$ 配离子则属于内轨型配合物，或称低自旋型配合物。其他常见的杂化轨道有 sp^3d^2（八面体形）、d^2sp^3（八面体形）、sp（直线形）、sp^2（三角形）、sp^3d（三角双锥形）、dsp^3（三角双锥形）和 d^2sp^2（四方锥形）。价键理论虽然可以很好地解释配合物中配位键的方向性和饱和性，也解释了高、低自旋配合物的磁性和稳定性差别，但也具有局限性，例如，不能说明高低自旋产生的原因，也不能解释过渡金属配合物的紫外-可见吸收光谱和为什么过渡金属配合物多数具有颜色。进一步了解配合物中配位键的本质还需要参考配合物的晶体场理论、分子轨道理论和配位场理论模型，相关内容可参阅配位化学的教科书和相关专著。

16.2.5　非共价作用力的晶体学分析

1. 晶体结构分析

晶体是晶体工程研究的主要对象，其结构中所有原子在空间上按照一定的规律排列，表现出长程有序的周期性特征。晶体可以对 X 射线、中子和电子发生衍射，衍射图样是其内部晶体结构的体现。通过衍射图样的分析，得到晶体结构中所有原子精确空间位置的过程，即为晶体结构分析[21]。X 射线衍射是目前最常用的结构分析方法，尤其是对尺寸较大（通常直径 0.1mm 以上）单晶的结构分析方法目前已经非常成熟。X 射线衍射是原子核外电子对 X 射线的散射引起的，原子对 X 射线散射的能力大致正比于其原子序数。由于 H 原子的核外电子数很少，对 X 射线衍射数据的贡献很小，因此 X 射线晶体结构分析很难精确地确定晶体结构中 H 原子的位置。目前，X 射线衍射晶体结构中的 H 原子大多数是通过理论固定的方式得到。与 X 射线衍射不同，中子衍射不是由电子引起的。中子衍射主要是中子与原子核相互作用的结果。不同原子核对中子的散射强度并不正比于其原子序数，如 H 原子对中子的散射因子为中等大小。因此，中子衍射特别适合于确定点阵中轻元素、邻近元素和同一元素不同同位素的位置。在晶体工程研究中，中子衍射是确定氢键作用中 H 原子准确位置的有力手段。

自从德国科学家伦琴（W. C. Röntgen）于 1895 年发现 X 射线以来，晶体结构分析的科学研究取得了长足的进展，见证了一个又一个的里程碑时刻。1901 年，伦琴因为发现 X 射线获得了诺贝尔物理学奖。1914 年，提出著名劳厄方程（用于计算衍射条件）的德国科学家劳厄（M. von Laue）因他在晶体 X 射线衍射研究上的重要贡献获得了诺贝尔物理学奖。同一时代的英国物理学家布拉格父子（W. H. Bragg 和 W. L. Bragg）在 1913 年提出了著名的布拉格方程，并测定了 NaCl、KCl 等无机物的晶体结构。由于他们在 X 射线衍射研究方面所作出的开创性贡献，布拉格父子于 1915 年共同获得诺贝尔物理学奖。1962 年，J. C. Kendrew 和 M. F. Perutz 因测定肌红蛋白和血红蛋白的晶体结构而获得诺贝尔化学奖，测定 DNA 双螺旋结构的 F. H. C. Crick 和 J. D. Watson 则在同年获得了诺贝尔生理学或医学奖。1964 年，D. C. Hodgkin 因为测定了青霉素和维生素 B_{12} 等重要生物活性物质的晶体结构而被授予了诺贝尔化学奖。1976 年，W. N. Lipscomb 因为在硼氢化合物结构分析方面的重要科学贡献获得诺贝尔化学奖。1985 年，重要的晶体结构解析理论方法之一，直接法（direct method）的主要研究奠基者 H. Hauptman 和 J. Karle 被授予了诺贝尔化学奖。在超分子化学方面作出了重大贡献的 D. J. Cram，J. M. Lehn 和 C. J. Pederson 三位科学家于 1987 年共同获得诺贝尔化学奖。

晶体结构分析从最早对简单无机物和有机物的研究，已经拓展到更复杂的大分子、晶态聚合物和生物体系。对于非对称单元少于 100 个非 H 原子的体系，单晶结构分析已经相对比较容易实现。晶体学硬件和软件的发展更替迅猛。在 20 世纪 70～90 年代，衍射仪一般是配备点探测器的传统四圆衍射仪。其测角器与探测器的方位由四个圆的四个角度确定，故称为四圆衍射仪（four-circle diffractometer），例如，图 16-4 所示的是欧拉（Eulerian）几何衍射仪的测角器系统（goniometer），包含 χ、ω、2θ、φ 四个角。其中，χ 角可以在 0°～360°范围内调节测角器的旋转轴方向，而 φ 角是测角器上载晶台的旋转角，可进一步在 0°～360°范围内调节晶体及其衍射点的方位。2θ 角可调节探测器测量的衍射线与入射 X 射线之间的夹角，即布拉格角。ω 角可调节测角器绕垂直于水平面的旋转轴的旋转。在测量某一衍射点强度时对 ω 角进行扫描，一般范围很小，为 0.5°～5°。四圆衍射仪有一个固定的光学中心，四个欧拉角旋转轴都相交于该光学中心。所以，当晶体被精确调节在光学中心时，测量衍射强度的实验过程中的任何欧拉角旋转都不会移动晶体的空间位置。这样就保证入射 X 射线总是穿过晶体。四圆衍射仪需要一个一个地收集衍射点，对于不同晶胞体积的晶体，收集一套数据通常持续 1～5 天。在 2000 年左右，市场上逐渐出现面探衍射仪（area-detector diffractometer）。顾名思义，面探衍射仪的探测器可以同时收集很多个衍射点。因此，衍射数据的收集速度可以明显提高，一般的晶体可以在 6～12h 内收集完毕。面探衍射仪的探测器主要分为两类，分别是电荷耦合器件探测器（charge couple device detector，简称 CCD 探测器）和成像板探测器（image plate detector，简称 IP 探测器）。随着技术的成熟，面探衍射仪的功能越来越强大，机身却越来越小，程序自动化控制程度越来越高。图 16-5 为一台台式单晶衍射仪（benchtop diffractometers）的主要部件构造图。这类单晶衍射仪新产品机身紧凑，却能在 1～3h 内收集一套普通的单晶数据。

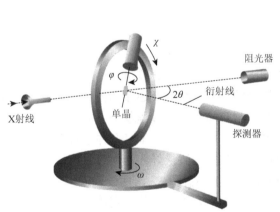

图 16-4 欧拉几何衍射仪的测角器系统

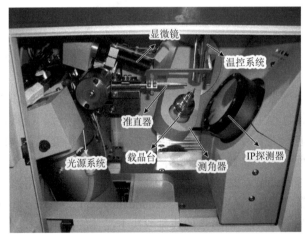

图 16-5 台式单晶衍射仪的主要组成

单晶 X 射线衍射结构分析一般包含六个步骤：单晶培养、晶体的选择与安置、使用衍射仪收集衍射数据、用衍射数据解析和精修晶体结构、晶体结构数据分析以及晶体结构的图形表达。一套良好的单晶衍射数据很大程度上依赖于高质量单晶的培养。用于衍射实验的理想单晶样品通常外形规则、表面光滑、透明均一、尺寸合适（直径 0.1～0.3mm）。晶体的质量主要取决于晶核形成速率和生长速率。晶核形成速率大于生长速率，就会形成大量的微晶，并容易出现晶体团聚。反之，过快的生长速率会引起晶体出现缺陷。单晶体生长的方法有很多，如重结晶法、气相扩散法、液相扩散法、温度渐变法、真空升华法、对流法、原位构筑结晶法等。对于配位聚合物，最常用的方法是水热和溶剂热条件下的原位构筑结晶法。原位构筑结晶法是指合成过程中，在合适的条件下产物以晶体形式生成并结晶出来。在获得初步的晶体生长条件后，往往需要对晶体生长条件进行多次优化。

　　培养好要进行 X 射线衍射实验的单晶样品后，需要将其安置到单晶衍射仪的载晶台上。将一颗直径远不到 1mm 的晶体固定好并转移到载晶台上需要一定的实验技能，尤其是在晶体离开母液不稳定的情况下。一般使用不对 X 射线产生衍射且对 X 射线吸收能力较弱的黏合剂将挑好的晶体固定在玻璃丝顶端。尼龙套（loop）和玻璃毛细管也常用于晶体的安装（图 16-6）。当晶体样品离开母液出现风化或结构发生变化时，通常采用惰性油包裹晶体，迅速将晶体转移到单晶衍射仪的载晶台上并使晶体处在低温气体的保护氛围中。对于一些极不稳定的晶体，即使短暂地离开母液，再迅速转移到低温环境中也难以得到高质量的衍射数据。这种情况最好的方法是将晶体小心地密封在玻璃毛细管中进行数据收集。在转移过程中，不要让晶体离开母液，在将单晶装入毛细管内的同时，将少量母液装入毛细管内。然后，用火将毛细管密封。在母液的饱和蒸气下，单晶体可以很好地保持其单晶性。目前市面售用于单晶衍射实验的毛细管主要有三种材质，分别是常见的钠钙玻璃（soda-lime glass）、石英玻璃（quartz glass）和硼玻璃（borosilicate glass），一般外径为 0.1～3.5mm，管壁厚度薄至 10μm 左右。不管用哪种方法安装晶体，最重要的原则是确保 X 射线透过晶体时尽量不被黏合剂和载体挡住和吸收。晶体固定好后，将载体安装在仪器的载晶台上。通过调节载晶台上的旋钮和计算机显示的显微镜视野画面观察将晶体对心到仪器的光学中心，并且确保晶体在测量数据过程中一直处于该中心。

| 玻璃丝 | 尼龙套 | 毛细管 |

图 16-6　单晶样品的安置

　　晶体安置好后，后期的数据收集、结构解析和作图工作主要是通过计算机软件来完成。数据收集过程主要包括测定晶胞数据和基本对称性、收集足够多的衍射点数据及还原和校正衍射数据。目前，大多数单晶衍射仪自带的数据收集和处理软件已经非常智能，测试过程基本不需要过多人工干预。在一套数据收集完毕后，软件一般会生成一个记录文件，可以用记事本打开并察看数据处理过程的细节。文件末尾显示的一个统计表格可以用来判断整体数据的质量好坏，内容包括衍射点的数量、平均冗余度（average redundancy）、平均信噪比[mean $F_2/\sigma(F_2)$]、R_{int} 和 R_{sigma} 两个残差因子（residual factor）等。衍射点的数量取决于晶体的晶胞体积、对称性等因素，不同晶体差别较大。平均冗余度代表等效衍射点收集的次数，理论上次数越多，数据精确度越高，但收集时间也越长，一般年均冗余度为 3 左右较适中。平均信噪比反映了衍射点的强度，值越大，数据质量越高。R_{int} 反映的是收集得到的数据中不同等效点之间的差别大小，值越小，表明等效点的强度越相近，数据质量越高。一套高质量衍射数据的 R_{int} 值通常在 0.05 以下。如果 R_{int} 值大于 0.1，说明理论上强度应该相等的等效点事实上相差很大，晶体数据质量不佳，可能需要考虑原因并重新收集数据。R_{sigma} 是衍射数据的背景强度值之和与峰强度值之和的比值，反映了数据的平均信噪比。一套良好的衍射数据 R_{sigma} 值一般在 0.1 以下。

数据收集完成后，可以直接得到的主要信息包括晶体的晶胞参数、对应的布喇菲晶格种类（p4p 文件）、每个衍射点在倒易空间上的 miller 指标和对应的强度（hkl 文件）。然而，晶体解析和精修的目的是得到晶胞中各原子的种类和坐标。每个（h, k, l）衍射点实际上是晶胞中所有原子外围电子在 X 射线照射下发出散射波叠加的结果。晶胞中所有原子对衍射的整体贡献称为结构因子（structure factor，用 F 表示）。结构因子具有向量性质，表达式为式（16-1）。其中 x_n, y_n, z_n 代表晶胞中第 n 个原子的分数坐标（x, y, z），f_n 代表第 n 个原子的散射因子。散射因子 f_n 与原子核外电子数，即原子序数或种类相关。因此，对于每个衍射点，结构因子 F 的大小和方向与晶胞中所有原子各自的种类和坐标位置相关。通过数学上的傅里叶转换（Fourier transform），通过结构因子 F 也可以得到晶胞中任意坐标位置的电子密度。换句话说，如果知道结构因子 F 就可以得到晶胞中各原子的种类和坐标位置。

$$F = \sum f_n[\cos 2\pi(hx_n + ky_n + lz_n) + i\sin 2\pi(hx_n + ky_n + lz_n)] \tag{16-1}$$

结构因子的绝对值（$|F_o|$）可以粗略地认为是收集到的衍射点的强度（I_o），其中下标的 o 代表观测到的（observed）。然而，收集数据后相当于得到了各衍射点的结构因子 F 的绝对值。也就是说，从实验上得到了各衍射点结构因子 F 的绝对值，但不知道它的相角。要得到晶体结构的详细信息，就需要得到无法从衍射数据中直接获得的结构因子 F 的相角，这也就是晶体结构解析中所谓的相角问题。常见解决相角问题的方法包括直接法和帕特森（Patterson）法。直接法通过对大量衍射数据进行数学上的分析，直接找出各个衍射点的相角来解析晶体结构。

通过直接法、帕特森法等方法确定相角后，程序将可能成功地给出晶体结构的初始模型。所谓结构模型是指晶胞中所有原子的坐标（x, y, z）以及原子类型。初始结构模型能否成功确定很大程度上取决于晶体衍射数据的质量。如果晶体数据质量高却始终解不出结构，则需要检查晶胞是否正确，空间群是否指认错误，化合物分子式是否严重给错等。当得到一个结构模型后，可以通过被测试物质结构的组成、可能的结构片段等来对原子进行指认。初始结构的正确与否可以通过进一步的结构精修（structure refinement）来判断。如果结构模型正确，精修将给出较合理的结果。结构精修是对所有结构相关参数值的进一步优化，其目的是根据已有实验数据优化结构模型。结构精修中最常使用的方法是数学上的最小二乘法（least-squares technique）。参与精修的参数主要包括原子坐标和原子位移参数。精修过程中，两个最重要的参数 R_1 和 wR_2，经常用于判断精修是否朝正确的方向进行以及精修是否收敛。R_1 和 wR_2 都代表根据结构模型计算得到所有（h, k, l）衍射点的理论结构因子（F_c，下标 c 代表 calculated）与衍射实验得到所有（h, k, l）衍射点的结构因子（F_o）之间的平均偏差，表达式分别为式（16-2）和式（16-3）。显然，它们的区别是 R_1 的计算过程是基于 F_o 的，并且计算过程没有权重因子 w（weighting factor）参与，而 wR_2 的计算是基于 F_o^2 的，并考虑了权重方案。对于一套良好的衍射数据和正确的结构模型，精修收敛后，通常 R_1 小于 0.05，wR_2 小于 0.15。

$$R_1 = \frac{\sum_{hkl} \| F_o | - | F_c \|}{\sum_{hkl} | F_o |} \tag{16-2}$$

$$wR_2 = \sqrt{\frac{\sum_{hkl} w(F_o^2 - F_c^2)^2}{\sum_{hkl} w(F_o^2)^2}} \tag{16-3}$$

晶体结构解析和精修的最终重要结果将保存在一个 CIF（crystallographic information file）文件中。CIF 文件中包含了晶体结构的晶胞参数、空间群、晶体大小、晶体形状、分子式、分子量、理论密度、晶胞中所有原子的坐标、占有率、位移因子、键长、键角、所有衍射点数据、解析和精修参数等。通过晶体学软件打开 CIF 文件可以分析各类结构信息，如结构中的分子间作用力、结

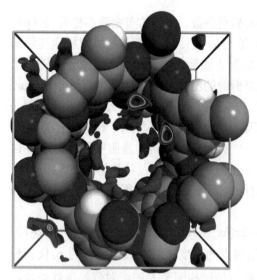

图 16-7　结构图中的原子空间填充模式
及电子云密度分布显示[22]

构中的孔洞等。CIF 文件可以用很多画图软件打开，并制作出各种形式的晶体结构图。晶体结构图直观明了，是物质内部结构表达的强有力方式。按图形表达方式分类，结构图主要包括：线形、球棍、椭球、空间填充、多面体、立体构型、电子云密度分布（图 16-7）等图形。其中椭球图除了描述配合物分子中原子之间的连接方式即结构外，还给出各原子的热振动信息，在某些情况下为研究晶体结构动力学等提供了有用的信息。

晶体的解析、精修和结构画图过程基本上都是通过一些软件或程序来实现的。SHELX 系列程序应该是结构的解析和精修中最常用的软件[23]，学术研究人员可以免费下载。其中，最常用的包括 SHELXS，SHELXT 和 SHELXS，SHELXT。SHELXS 和 SHELXT 程序用于晶体的初解，SHELXL 用于结构精修。对于画结构图，常见包括 Diamond、Mercury、Crystalmaker、Materials Studio 等。这些软件各具特色，在画图过程中，对于不同的表达目的，可以采用不同的软件。

2. 晶体学数据库

晶体学数据库收集和存放大量来自世界各地研究者的晶体结构数据，提供对相关信息进行检索的平台。对于配位聚合物领域的研究，最常用的是剑桥晶体学数据中心（Cambridge Crystallographic Data Centre，CCDC）的剑桥结构数据库（Cambridge Structural Database，CSD）。剑桥结构数据库专门存放实验测定的有机化合物和金属有机化合物晶体结构数据，在药物研发、材料科学、化学研究与教育等领域享有盛誉。剑桥结构数据库是晶体工程研究的最好工具之一。从剑桥结构数据库中，研究者们可以检索已有结构，索取目标结构并分析，获得结构对应文章的发表出处，统计批量结构特征信息等。

1965 年，剑桥大学 O. K. OBE FRS 研究组开始收集已发表的小分子 X 衍射或中子衍射结构数据。随着电子计算机技术的飞速发展，这些收集的结构数据逐渐转换成电子形式，形成了今天的剑桥结构数据库。剑桥晶体学数据中心起源于剑桥大学，现在是一个完全独立的机构，由一个非盈利性的公司和一个已注册的慈善组织组成。不过，剑桥晶体学数据中心与剑桥大学依然保持许多紧密联系，剑桥晶体学数据中心还是剑桥大学合作伙伴单位，具有为剑桥大学培养大学生获得更高学位的资质。剑桥晶体学数据中心总部位于英国的剑桥市，2013 年在美国新泽西州罗格斯大学（Rutgers University）设立了分部。剑桥晶体学数据中心也从事晶体工程、药物设计、分子结构分析等方面的基础研究，50 多年来在同行评审期刊上发表论文 750 多篇。近十多年来，剑桥结构数据库数据量增长迅速（图 16-8），目前，剑桥结构数据库已包括超过 85 万条记录。截止到 2016 年 1 月，数据库包含 74 万多个不同化合物的晶体结构数据（部分化合物有多条数据），其中有机化合物 34 万多条，还包含过渡金属的化合物约 40 万条。数据库中，单晶 X 射线衍射结构数据占大多数，粉末 X 射线衍射结构数据 3689 条，中子衍射结构数据 1809 条。

剑桥晶体学数据中心提供的主要服务包括：①晶体结构数据的存储；②通过 CCDC 存储号（CCDC number）、CSD 索引号（CSD refcode）或对应论文 DOI 号对晶体结构数据的索取；③通过元素、分子式、化合物名称、化合物类别、空间群、晶系、晶胞参数、晶体密度、CSD 索引号、CCDC 存储号、文本信息、作者姓名、期刊名称、结构片段等条件对数据库中晶体结构数据的高级检索、分析和存储。其中，前两项内容是免费的，可以直接在剑桥晶体学数据中心官方网站（http://webcsd.ccdc.

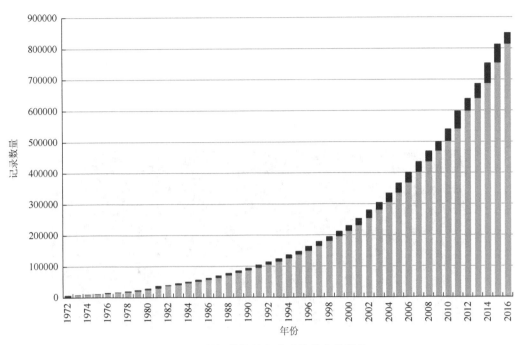

图 16-8　剑桥结构数据库晶体结构数据量

cam.ac.uk/）在线完成，或通过电子邮件（deposit@ccdc.cam.ac.uk）联系完成。第三项内容是收费的，需要用户购买软件包（CSD System Software）和授权才能使用。不久前，剑桥晶体学数据中心还推出了这项收费服务的网页版（WebCSD，http://webcsd.ccdc.cam.ac.uk/），已授权用户可以在未安装 CSD 软件系统的计算机上直接通过网页进行数据库的各项检索任务。例如，根据剑桥结构数据库中的晶体数据分析分子间羧酸基团之间的 O—H⋯O 的氢键作用，两个参数将作为分析内容，分别为 O⋯O 距离和 O—H⋯O 角度。首先在 CSD 软件包子程序 ConQuest 的 Draw 窗口中画出两个羧酸基团的结构，并分别定义两个基团上 O⋯O 原子之间距离为一个 contact 参数，O—H⋯O 三个原子间夹角为一个 Angle 参数 [图 16-9（a）和（b）]。定义完成后，这两个参数将在窗口右上角的 3D Parameters 小窗口中显示，并且自动命名为 DIST1 和 ANG2。为了使检索结果中这些参数在合理的氢键作用范围，需要将 O⋯O 距离 DIST1 限制为分子间的，长度在 2～3Å 范围内，O—H⋯O 夹角在 90°～180° 范围内。点击窗口右下角的 Search 按钮后，程序弹出 Search Setup 窗口，询问是否选择更多的检索选项。勾选 Not disordered、No errors 和 No powder structures 后，开始检索。检索完成后，在检索结构的 View Results 窗口中，可以看到满足条件的所有记录。在 3D Visualiser 子窗口中，可以察看任意一条记录的三维结构图，图中同时显示了 DIST1 和 ANG2 两个参数的数值 [图 16-9（c）]。最后，将检索结果通过 File 菜单中的 Export Parameters And Data 子菜单导出 Spreadsheet 格式文件，用于作图分析。图 16-10（a）显示了约 1000 条检索结果中 O—H⋯O 氢键的 O⋯O 距离和 O—H⋯O 角度。可以看到，检索结果的晶体结构数据中 O⋯O 距离均在 2.4Å 以上，主要集中在 2.65Å 附近，O—H⋯O 角度则集中在 165°～180° 范围内。这些数据整体上表明分子间羧酸基团之间的氢键作用较强，并具有明显的方向性。类似地，我们还可以统计分析不同分子上两个苯环之间的 π-π 作用。检索的结构片段是两个苯环，检索参数是两个苯环中心的距离，并限制距离在 3～4Å 范围内。对 2381 条检索结果的分析显示，分子间两个苯环中心之间的距离都大于 3.3Å，最常出现在 3.7～3.8Å 范围内 [图 16-10（b）]。

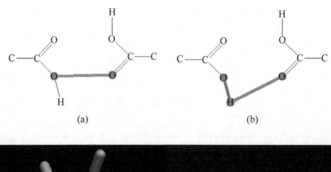

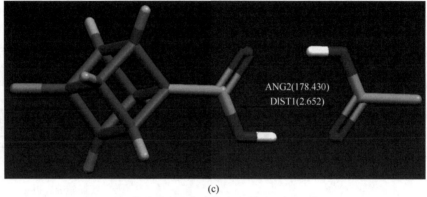

图 16-9　O—H···O 的氢键作用的数据库检索条件设置（a，b）和检索结果示例（c）

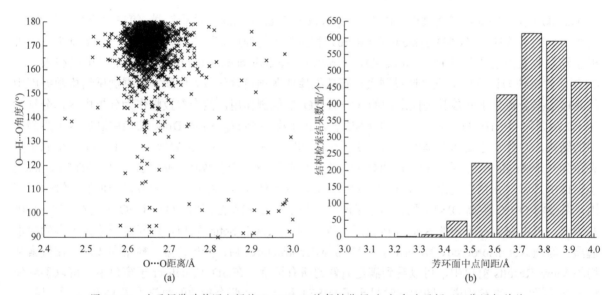

图 16-10　分子间羧酸基团之间的 O—H···O 的氢键作用（a）和分子间 π-π 作用相关的
两个苯环中心间距（b）的数据库检索结果分析

16.3　配位聚合物的结构与构筑

16.3.1　概念与术语

　　随着配位化学研究的不断扩展，大量结构上存在差异的配位化合物被合成出来。这些化合物的定义、归类、命名或术语的使用长期以来没有明确的规范。一些研究者和 IUPAC 已经在这方面提出了见解和建议，这里将对此作简要介绍。

　　配位化合物是配位化学相关一大类化合物的总称，也常简称配合物或络合物，英文名为 coordination

complex 或 coordination compound。简单地说，凡是含有配位单元的化合物都可以称为配位化合物。按照我国的标准命名，配合物是由可以给出孤对电子或多个不定域电子的一定数目的离子或分子（称为配体）和具有接受孤对电子或多个不定域电子的空位的原子或离子（统称中心原子）按一定的组成和空间构型所形成的化合物[24]。

配位聚合物（coordination polymer）属于配位化合物，具有在一维、二维或三维方向上由金属离子和有机配体通过交替配位键连接形成的无限拓展结构[25]。配位聚合物可以是晶态的，也可以是非晶态的[26]。Janiak 认为配位聚合物中有机配体配位原子之间最少有一个 C 原子［图 16-11（a）］[25]。因此，有机醇氧根（RO^-）、有机磷酸根（RPO_3^{2-}）或有机磺酸根（RSO_3^-）只用一端的无机基团与金属离子配位形成的一维或更高维结构物质不是配位聚合物。金属有机配体聚集体进一步通过—(R, H)O—、—Cl—、—CN—、—N₃—，—(R, O)PO₃—，—(R, O)SO₃—等无机单元桥连形成的一维或更高维结构物质，或具有端基有机配体修饰的金属无机配体无限网络型结构也不是配位聚合物，这类结构被称为有机-无机杂化材料（organic-inorganic hybrid-material）［图 16-11（b）］。金属配合物（metal complexes）、金属大环化合物（metallo-macrocycles）、配位簇合物（coordination clusters）、有限金属有机分子聚集体（finite metal-ligand assemblies）等零维结构单元通过氢键、π-π 作用等分子间弱作用力形成的网络结构物质属于超分子化合物［图 16-11（c）］，也有别于配位聚合物。

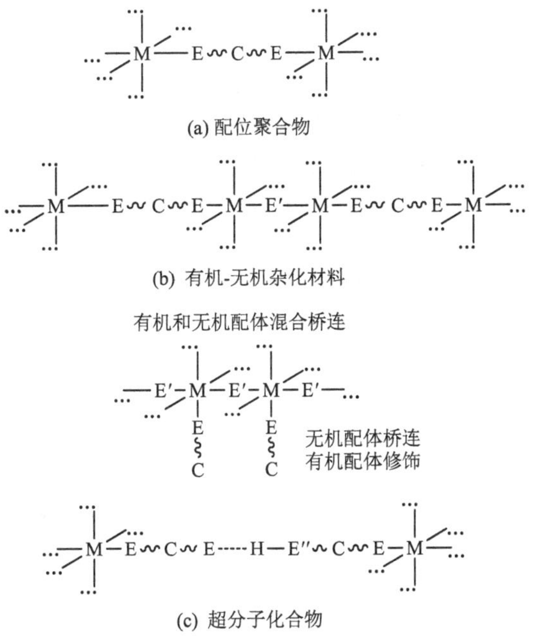

(a) 配位聚合物

(b) 有机-无机杂化材料

有机和无机配体混合桥连

无机配体桥连
有机配体修饰

(c) 超分子化合物

图 16-11　配位聚合物、有机-无机杂化材料和超分子化合物示意图[25]

在一些文献中，配位聚合物和金属有机框架（metal-organic framework，MOF）被认为是同一个概念，这是不严谨的。IUPAC 对此二者的区别发表过报告[26]。他们额外定义配位网络（coordination network）化合物为二维或三维的配位聚合物，而金属有机框架则定义为具有潜在孔洞的配位网络化合物。用潜在形容孔洞是因为许多结构是柔性的，结构中的孔洞可能在不同温度、压力或其他外界因素干扰下发生改变。换句话说，配位网络化合物在某些条件下没有孔洞，不代表其他条件下没有孔洞，存在潜在的孔洞则称为金属有机框架。因此，金属有机框架是配位网络化合物中的一部分，而配位网络化合物又是配位聚合物的一部分。显然，金属有机框架和配位聚合物两者不能通用。此外，由于配位聚合物可以是晶态的，也可以是非晶态的，金属有机框架也不要求一定是晶态的。也没有规定或限制金属有机框架是金属离子与羧酸根类配体形成的金属盐式中性框架型配位聚合物，或是金属离子与中性配体形成的阳离子性框架型配位聚合物。对配位聚合物和金属有机框架加上前缀来描述一些特殊性质或结构类型的化合物是推荐的，例如，多孔配位聚合物（porous coordination polymer）、羧酸根类金属有机框架（carboxylate-MOF）和金刚石拓扑型金属有机框架（dia-MOF）。而有机-无机杂化材料则不建议用于命名金属有机框架化合物，因为杂化材料这一名称通常用于溶胶-凝胶和陶瓷，强调材料的组成是由无机和有机两种组分通过较彻底的混合（小于微米级）形成的。

16.3.2 网络与结构

1. 拓扑

配位聚合物的网络结构特征通常采用拓扑符号来定义。在这方面，A. F. Well、J. V. Smith、M. O'Keeffe 和 W. E. Klee 等自 20 世纪中叶开始进行了大量研究工作[27-31]，随之发展起来的一些拓扑分析和命名方法目前已广为接受和传播。目前，对于二维结构，通过采用 Schläfli 符号（Schläfli symbol）（Schläfli 命名是为了纪念 19 世纪数学家 L. Schläfli）、顶点符号（vertex symbol）或 RCSR 符号（RCSR symbol，RCSR 代表 Reticular Chemistry Structure Resource）表示[32-33]。例如，常见的二维四方格子网络的 Schläfli 符号为{4, 4}，代表 4 个正四边形在每个节点相遇（图 16-12）；顶点符号为 4^4（4^4 是 4.4.4.4 或 4.4.4.4.*.*的简化，参见下面详述），RCSR symbol 为 sql，为 square lattice 的缩写。sql 网是一个规则（regular）的二维网络，规则代表网络中所有的节点、边和边的夹角都是对称性等价的。规则的二维网络还有 hxl（hexagonal lattice）和 hcb（honeycomb）网（图 16-12）。一些网络中的所有节点和边都是对称性等价的，但角不都等价，这类网络称为准规则（quasiregular）网络。二维结构中只有 Kagomé 网是准规则网络，RCSR 符号为 kgm，顶点符号为 3.6.3.6，表示两个正三角形和两个正六边形在每个节点处相遇（图 16-12），没有 Schläfli 符号。

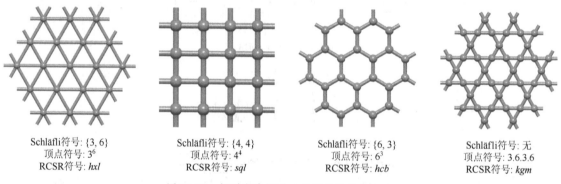

Schläfli符号: {3, 6}　　　Schläfli符号: {4, 4}　　　Schläfli符号: {6, 3}　　　Schläfli符号: 无
顶点符号: 3^6　　　　　　顶点符号: 4^4　　　　　　顶点符号: 6^3　　　　　　顶点符号: 3.6.3.6
RCSR符号: hxl　　　　　RCSR符号: sql　　　　　RCSR符号: hcb　　　　　RCSR符号: kgm

图 16-12　规则和准规则二维网络结构与命名

另外，一些二维网络虽然几何构型不同，但在拓扑上是相同的。例如，图 16-13 中的三个二维网络，第一个节点的几何构型是 Y 字型，而后两个都是 T 字型。在拓扑学上，这三个二维网的顶点符号都用 6^3 表示。后两个二维网络可以认为是第一个畸变后得到的。如果在畸变过程中，网络只发生了拉伸、压缩或弯曲，而未发生断裂或黏合，网络的拓扑就保持不变。同样的原则也适应于三维网络。

对于三维网络结构，命名稍复杂一些，通常采用 RCSR 符号、顶点符号和点符号（point symbol）表示。以简单立方晶格网络为例，其 RCSR 符号为 pcu，代表 primitive cubic lattice；顶点符号为 4.4.4.4.4.4.4.4.4.4.4.4.*.*.*，其中数字和*符号共 15 个，对应于在同一节点相遇的 6 条边中任意两条之间的夹角的数量（$N = 6 \times 5 \div 2$），每个数字分别代表经过各夹角的最短 ring（也称 circuit）的边数，如果经过某夹角没有 ring，则用*符号表示（有时也用∞符号表示）；pcu 网的点符号为 $4^{12}.6^3$，长点符号（extended point symbol）为 4.4.4.4.4.4.4.4.4.4.4.4.6_4.6_4.6_4，同样包含 15 个数字（不计下标），但每个数字分别代表着经过各夹角的最短 cycle 的边数，有别于顶点符号中最短 ring 的边数。

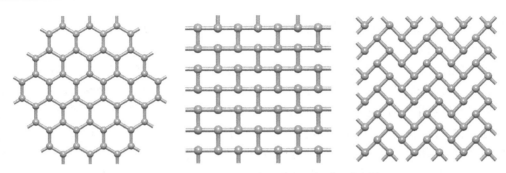

图 16-13　几何不同但拓扑一样的三个 6^3 二维网络

在定义上,最短 cycle 是指从节点沿某夹角的一条边出发,经过若干个节点,最后沿该夹角的另一边回到节点处,这一过程所经过的最短路径。最短 ring 与最短 cycle 有所区别,ring 不允许是两个更小 cycle 的组合。可以认为,最短 ring 一定是最短 cycle,但最短 cycle 不一定是最短 ring。以 *pcu* 网络中节点上的三个 180°夹角为例,经过这种夹角的最短 cycle 包含 6 条边,这一最短 cycle 是由两个更小的 cycle(4 条边)组合形成的[图 16-14(a)],因此,这种 cycle 不能称为 ring。而且,可以想象,经过这种 180°夹角的所有 cycle 都不是 ring。这种情况,顶点符号中用*符号表示,如 *pcu* 网络的顶点符号最后三个位置为*符号,表示经过三个 180°夹角没有 ring。然而,点符号中最后三位代表的是最短 cycle 的边数,因此最后三个位置都是 6,即 4.4.4.4.4.4.4.4.4.4.4.4.6.6.6。此外,由于经过每个 180°夹角的最短 6 边 cycle 有四个[图 16-14(a)中黄色六边形],并且它们都是等价的,这一多重性数目以下标形式放在 6 的后面作为进一步区分,最终得到 *pcu* 网的长点符号:4.4.4.4.4.4.4.4.4.4.4.4.6_4.6_4.6_4。表 16-5 列举了所有规则和准规则三维网络的 RCSR 符号、顶点符号和点符号。

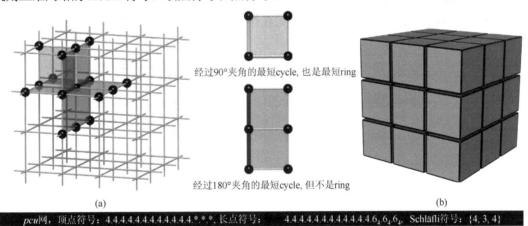

经过90°夹角的最短cycle, 也是最短ring

经过180°夹角的最短cycle, 但不是ring

(a)　　　　　　　　　　　　　　　　　　(b)

*pcu*网, 顶点符号: 4.4.4.4.4.4.4.4.4.4.4.4.*.*.*, 长点符号:　4.4.4.4.4.4.4.4.4.4.4.4.6_4.6_4.6_4, Schläfli 符号: {4, 3, 4}

图 16-14　三维 *pcu* 网络中的最短 ring 和最短 cycle(a),以及其 Schläfli 符号{4, 3, 4}表达的每四个立方体(即{4, 3}正多面体)在每条边相遇的堆积形式(b)

表 16-5　规则和准规则三维网络的 RCSR 符号、顶点符号和点符号

三维网络类型	RCSR符号	连接数	顶点符号	点符号	长点符号
规则三维网络	*srs*	3	10_5.10_5.10_5	10^3	10_5.10_5.10_5
	dia	4	6_2.6_2.6_2.6_2.6_2.6_2	6^6	6_2.6_2.6_2.6_2.6_2.6_2
	nbo	4	6_2.6_2.6_2.6_2.8_2.8_2	6^4.8^2	6_2.6_2.6_2.6_2.8_6.8_6
	pcu	6	4.4.4.4.4.4.4.4.4.4.4.4.*.*.*	4^{12}.6^3	4.4.4.4.4.4.4.4.4.4.4.4.6_4.6_4.6_4
	bcu	8	4.4.4.4.4.4.4.4.4.4.4.4.4_3.4_3.4_3.4_3.4_3.4_3.4_3.4_3.4_3.4_3.4_3.4_3.*.*.*.*	4^{24}.6^4	4.4.4.4.4.4.4.4.4.4.4.4.4_3.4_3.4_3.4_3.4_3.4_3.4_3.4_3.4_3.4_3.4_3.4_3.6_{18}.6_{18}.6_{18}.6_{18}
准规则三维网络	*fcu*	12	3.3.3.3.3.3.3.3.3.3.3.3.3.3.3.3.3.3.3.3.3.3.3.3.4.4.4.4.4.4.4.4.4.4.4.4.*	3^{24}.4^{36}.5^6	3.3.3.3.3.3.3.3.3.3.3.3.3.3.3.3.3.3.3.3.3.3.3.3.4.4.4.4.4.4.4.4.4.4.4.4.4.4.4.4.4.4.4.4.4.4.4.4.4_3.4_3.4_3.4_3.4_3.4_3.4_3.4_3.4_3.4_3.4_3.4_3.5_4.5_4.5_4.5_4.5_4.5_4

值得提及的是，在文献中点符号经常被称为 Schläfli 符号或长 Schläfli 符号（extended Schläfli symbol 或 long Schläfli symbol），而这种说法是不推荐的[32]。事实上，Schläfli 符号常用于描述多边形、多面体、多胞体等，而不常用于描述三维网络结构。一个具有 n 条边正多边形的 Schläfli 符号为 $\{n\}$。例如，$\{4\}$ 代表正方形，$\{5\}$ 代表正五边形。五种正多面体和三种二维网络（或正多边形的二维镶嵌）可以用两位数字的 Schläfli 符号表示，如 $\{4, 3\}$ 代表立方体，代表三个正四边形在每个顶点相遇。相似地，$\{3, 3\}$ 代表正四面体，$\{3, 4\}$ 代表正八面体，$\{5, 3\}$ 代表正十二面体，$\{3, 5\}$ 代表正二十面体，$\{3, 6\}$ 代表二维 hxl 网，$\{4, 4\}$ 代表二维 sql 网，$\{6, 3\}$ 代表二维 hcb 网。三位数字的 Schläfli 符号 $\{3, 3, 3\}$ 代表四维空间的正五胞体，$\{4, 3, 3\}$ 代表正八胞体，$\{3, 3, 4\}$ 代表正十六胞体，$\{3, 4, 3\}$ 代表正二十四胞体，$\{5, 3, 3\}$ 代表正一百二十胞体，$\{3, 3, 5\}$ 代表正六百胞体。不过，$\{4, 3, 4\}$ 代表三维空间上的立方体堆积，即三维的 pcu 网，其中最后一个数字 4 代表有四个立方体（前两个数字，即 $\{4, 3\}$ 表示）在每条边相遇 [图 16-14（b）]。另外，一些二维网络的顶点符号通常在经过合理简化后运用。例如，前面提到二维的 sql 网，其顶点符号为 4.4.4.4.*.*，分别代表经过六个夹角（四个 90° 夹角和两个 180° 夹角）的最短 ring 的边数。经过 90° 夹角的最短 ring 为四边形，但没有经过 180° 夹角的 ring。不难理解，在二维网中，经过 180° 夹角的 cycle 都不是 ring。因此，描述二维网的顶点符号时，都省略经过 180° 夹角最短 ring 的边数，如 sql 网顶点符号为 4.4.4.4.*.* 简化为 4.4.4.4，或进一步简化为 4^4。相似地，kgm 网的顶点符号为 3.3.6.6.*.*，常简化为 3.6.3.6。

2. 一维配位聚合物

一维配位聚合物结构相对简单，容易形成，在自然界和文献中众多，易用于设计和构筑具有光、电、磁、多孔、催化等性质的功能材料。如图 16-15 所示，常见一维配位聚合物结构类型包括线形（linear）、锯齿形（zigzag）、梯形（ladder）、聚轮烷形（polyrotaxane）、螺旋形（helical）以及缎带形（ribbon）等。

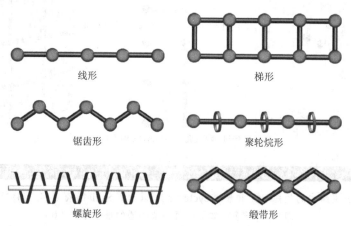

线形　　　　　　　　　　梯形

锯齿形　　　　　　　　　聚轮烷形

螺旋形　　　　　　　　　缎带形

图 16-15　一维配位聚合物的各种类型[34]

Suh 课题组通过镍大环配合物 [Ni(cyclam)](ClO$_4$)$_2$(cyclam = 1,4,8,11-tetraazacyclotetradecane) 与配体 bpydc^{2-}(2,2'-bipyridyl-5,5'-dicarboxylate) 的钠盐 Na$_2$bpydc 在常温下水中的反应合成了化合物 [Ni(cyclam)(bpydc)]·5H$_2$O[35]。如图 16-16 所示，该化合物由 bpydc^{2-} 桥连 [Ni(cyclam)]$^{2+}$ 大环配合物形成的一维线形链组成。未配位的羧酸根氧原子与大环上仲胺—NH—基团形成氢键（O2···N1 3.010(6)Å，O2···H1—N1 137.7°），使线形链状结构稳定性得到加强。链内 Ni···Ni 间距为 15.56Å。bpydc^{2-} 配体两个六元环是共面的，并且与镍大环几乎垂直 [二面角 85.1(1)°]。化合物 [Ni(cyclam)(bpydc)]·5H$_2$O 的结构中，一维线形链分别在 [2, 1, 1]、[1, 2, –1] 和 [–1, 1, 1] 三个晶体学方向上排布。相邻的一维链通过镍大环上 C 原子与 bpydc^{2-} 配体上吡啶环的 C—H···π 作用稳定，C 原子与吡啶环

中心距离为 3.687Å。链间最短 Ni···Ni 间距为 8.438Å。一维链通过这种堆积方式形成了一个三维的超分子框架结构，框架中包含一维的蜂窝形孔道，有效直径约 5.8Å，由水分子填充。该化合物表现出较高的稳定性及多孔性。热重分析显示该结构在 300℃ 以下未发生分解。77K 下 N_2 吸附等温线显示其 Langmuir 比表面积达 817m^2/g，孔体积为 0.37cm^3/cm^3。他们还发现在去除[Ni(cyclam)(bpydc)]·5H_2O 孔道中的水分子后，其单晶性依然保持，并伴随着从黄色到粉色的单晶颜色变化。单晶到单晶转换前后的结构分析表明，Ni—O 键在脱水后结构变短了 0.025Å，这可能是晶体颜色变化的原因。脱水后的单晶暴露在空气或水蒸气环境中，颜色可以从粉色变回黄色，单晶性仍然保持。通过在异辛烷中的液相吸附实验，他们还发现[Ni(cyclam)(bpydc)]可以吸附乙醇、苯甲醇、吡啶和苯，但不吸附甲苯，吸附作用力大小顺序为乙醇≈苯甲醇＞吡啶＞苯。对此，他们认为孔道表面含有羧酸根氧原子，因此主体框架与能和其形成氢键作用的分子作用力更强。

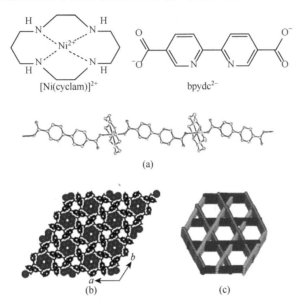

图 16-16　[Ni(cyclam)(bpydc)]·5H_2O 的构筑单元、一维链（a）与三维超分子框架结构（b，c）[35]

陈小明课题组通过一价 Cu^I 或 Ag^I 离子与 2-甲基咪唑配位合成了系列同分异构一维配位聚合物或配位多边形[36-38]。在氨水和甲醇中，二价 Cu^{II} 离子与 2-甲基咪唑通过溶剂热反应（160℃）生成了一维锯齿形链状结构[Cu(mim)]［图 16-17（a）］，Cu^{II} 离子在反应过程中还原成一价 Cu^I 离子。Cu^I-L-Cu^I（L 代表配体 2-甲基咪唑）角度在 145°～152° 范围内，同时配位着的一个 Cu^I 离子与两个 2-甲基咪唑五元环间的二面角在 52°～86° 范围内。当反应体系中的甲醇替换为苯、甲苯或环己烷时，由八个 Cu^I 离子和八个 2-甲基咪唑配体形成的配位八边形[Cu_8(mim)$_8$]·(guest)被合成出来［图 16-17（b）］，其内径和外径分别为 0.99nm 和 1.86nm。每个配位八边形上七个 2-甲基咪唑基本上是共平面的（4.3°～10.4° 偏差），另一个相对于其他的偏转了 61.6°。不同配位八边形之间通过 Cu···Cu 作用[2.786(1)～2.879(1)Å]堆叠成二维的层状结构，厚度约为 5.5Å，层与层之间再通过范德瓦耳斯力形成化合物的三维结构。苯、甲苯或环己烷作为客体位于八边形的内部，其中甲苯在晶体结构中是有序的，苯或环己烷无序。当反应体系中的甲醇替换为对二甲苯或萘时，反应生成了更大的配位十边形[Cu_{10}(mim)$_{10}$]·(p-xylene)$_2$ 或 [Cu_{10}(mim)$_{10}$]·(naphthalene)$_2$［图 16-17（c）］。这些配位十边形内径和外径分别为 1.36nm 和 2.34nm。十边形之间通过 Cu···Cu 作用[2.828(1)～2.89(1)Å]形成了一个三维的超分子网络结构，并包含直径约 0.5nm 的一维孔道。二甲苯或萘作为客体分子填充在孔道中。从一维链结构到配位多边形的形成显示反应过程中溶剂分子的极性和大小对最终产物的结构产生重要影响。Ag^I 离子与 2-甲基咪唑的反应结果有所不同。Ag^I 离子与 2-甲基咪唑在室温下氨水和甲醇中的扩散反应生成了一维锯齿形链状结构[Ag(mim)]［图 16-17（d）］，链间最短的 Ag···Ag 为 3.945(1)Å，大于两个 Ag^I 离子的范德瓦耳斯半径之和（3.40Å），表明这些一维链主要是通过弱的范德瓦耳斯力堆积成三维结构。当反应体系中部分甲醇被苯替代后，赝 8_1 螺旋链结构$[Ag_4(mim)_4·(C_6H_6)]$被合成出来［图 16-17（e）］。螺旋链螺距为 10.4307(4)Å，同时配位着的一个 Ag^I 离子与两个 2-甲基咪唑五元环间的二面角在 13.9°～34.7°范围内，链上 2-甲基咪唑配体甲基均指向螺旋链的内部孔道中。这样相同螺旋性的螺旋链通过 Ag···Ag 作用[2.9848(4)Å]形成了一个单一手性的二维（6，3）网。这种二维网进一步与相邻相反螺旋性螺旋链形成的二维网通过 Ag···Ag 作用[3.2451(2)Å]堆积形成该外消旋化合物的三维结构。苯分子作为客体填充在二维层间的孔道中，占晶体体积的 22%。当反应体系中部分甲醇被对二甲苯和乙苯替代后，锯齿形或 S 形链状结构$[Ag_4(mim)_4·(C_8H_{10})]$被合成出来［图 16-17（f）］。该化合物结构中存在两种链间 Ag···Ag 作用，一种[Ag···Ag 3.0224(6)Å]将这些 S 形链连接成二维（6，3）网，另一种[Ag···Ag 3.0744(6)Å]将这些二维层进一步拓展成三维结构。二甲苯和乙苯占据在二维层间的孔道中，占晶体体积的 26%。在以上研究基础上，同一课题组通过改变反应体系中的溶剂也合成了 Cu^I 与 2-乙基咪唑构筑的锯齿形链状结构和三股螺旋链结构[39]。

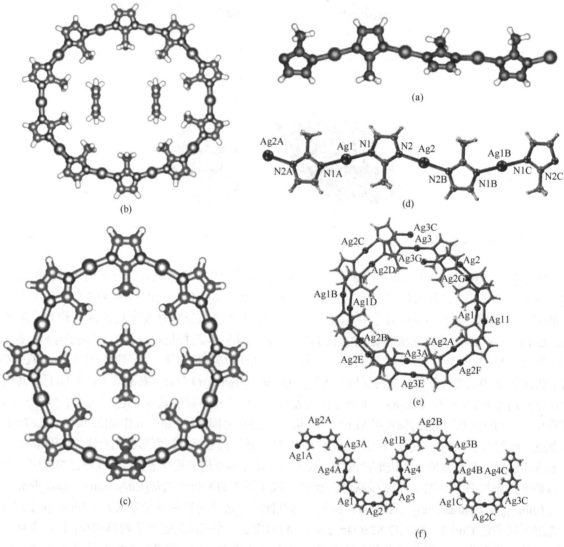

图 16-17　Cu^I 或 Ag^I 离子与 2-甲基咪唑反应形成的一维配位聚合物或配位多边形结构[36-37]

O'Keeffe 等描述了一维链或圆柱体在一些高对称性立方空间群中的堆积方式（图 16-18）[40]。类似这种空间堆积方式的一维配位聚合物确有报道。Jouaiti 等通过 AgX（X = BF$_4^-$，CF$_3$SO$_3^-$，PF$_6^-$）与一个具有(R)-6,6'-dibromo-1,1'-binaphthyl 基团的类 4,4'-联吡啶型手性配体构筑了一例单一手性的一维配位聚合物，结晶为 $I2_13$ 手性立方空间群[41]。该结构中，配体与金属 Ag^I 离子相互连接形成 P 手性的卵形单股螺旋，螺距为 24.14Å。相邻的一维单股螺旋在三维空间上以相互正交排布的形式堆积，结晶为立方空间群，这较为少见。他们认为这种特殊的链间堆积方式可能相关于这种链间堆积方式可以产生晶体内部孔穴（孔穴由阴离子和 CHCl$_3$ 溶剂分子占据）以及链间的相互作用力。虽然链间没有特殊的氢键作用被观察到，链上萘环和吡啶间环存在着明显的 π-π 作用，C—C 原子间距在 3.31～3.48Å 范围内。

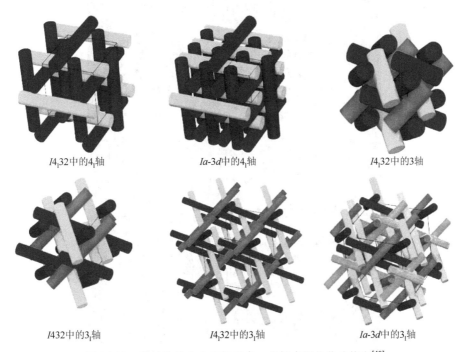

$I4_132$中的4_1轴　　　Ia-$3d$中的4_1轴　　　$I4_132$中的3轴

$I432$中的3_1轴　　　$I4_132$中的3_1轴　　　Ia-$3d$中的3_1轴

图 16-18　高对称性立方空间群中一维链或圆柱体的堆积[40]

梯形一维配位聚合物易通过互穿或互锁（interpenetration/catenation）构筑二维或三维的结构。如图 16-19 所示，互穿形式不同，最终结构也有差别[42]。当两梯形配位聚合物平行二重互穿时，最终得到一维的结构。而其他形式的互穿则可能得到更高维度的结构。例如，吴传德等通过 Cu(ClO$_4$)$_2$·6H$_2$O 与类 4,4'-联吡啶型手性配体(R)-6,6'-dichloro-2,2'-diethoxyl-1,1'-binaphthyl-4,4'-bis (p-ethynylpyridine)在 EtOH/CHCl$_3$/DMF 和乙酸乙酯混合溶剂中的扩散反应得到了化合物 [Cu$_3$L$_4$(DMF)$_6$(H$_2$O)$_3$(ClO$_4$)][ClO$_4$]$_5$·10DMF·10EtOH·7H$_2$O（L 代表配体）[43]。单晶结构分析显示该化合物结构中包含三种配位环境的 Cu^{II} 离子和四种 L 配体。两种 Cu^{II} 离子具有畸变的八面体配位构型，分别与来自三个 L 配体的三个 N 原子、一个 DMF 和两个水分子（或一个水分子和一个 ClO$_4^-$ 阴离子）配位。另一种 Cu^{II} 离子也是畸变的八面体配位构型，但赤道位配位四个 DMF 分子，轴向配位

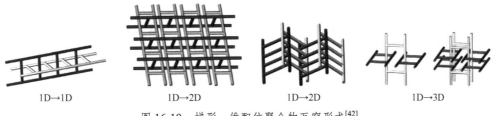

1D→1D　　　　1D→2D　　　　1D→2D　　　　1D→3D

图 16-19　梯形一维配位聚合物互穿形式[42]

来自两个 L 配体的两个 N 原子。通过这样的方式，Cu^{II} 离子与配体的交替连接形成了一个一维的梯形聚合物结构，梯子中长方形格子大小为 24.8Å×48.6Å^2［图 16-20（a）］。相邻的梯子通过萘环间（最近 C…C 间距 3.51Å）和 C≡C 键间（最近 C…C 间距 3.53Å）的强 π-π 作用互锁，形成一个二维的层状结构［图 16-20（b）和（c）］。这样二维层中进一步以 46.6°度的倾斜角互穿，形成该化合物的三维结构［图 16-20（d）］。结构中包含 51.7%体积的孔洞，由 ClO$_4^-$ 阴离子和溶剂分子填充。

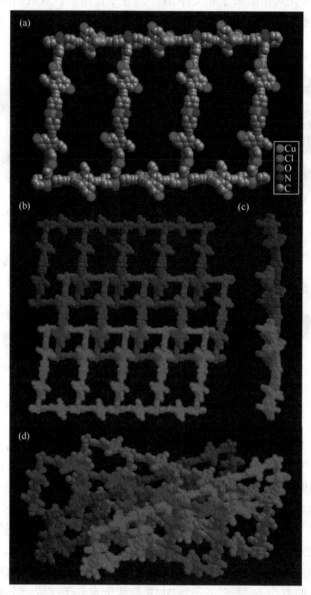

图 16-20　化合物[Cu$_3$L$_4$(DMF)$_6$(H$_2$O)$_3$(ClO$_4$)][ClO$_4$]$_5$·10DMF·10EtOH·7H$_2$O 中的一维梯形结构（a），以及一维梯子互穿后形成的二维（b，c）和三维（d）结构[43]

　　类似地，聚轮烷形的一维配位聚合物也可以通过多种形式互穿成高维的结构。一些一维配位链状结构还出现在二维或三维结构的孔道中，形成更复杂的互穿结构。这些结构类型为功能材料的设计与合成提供了很多思路。此外，一些金属羧酸根簇、金属卤化物簇、金属硫化物簇、多金属氧酸盐簇、单分子磁体簇等也用于构筑一维配位聚合物结构，用于调节材料的光学、磁学等性质。由于篇幅所限，这里不能逐一详述，相关内容可以参阅相关综述论文[9, 34, 42]。

3. 二维配位聚合物

文献中报道了大量过渡金属离子与中性 4,4′-联吡啶或 4,4′-联吡啶衍生配体形成的二维四方格子结构（*sql* 网）（图 16-21）[9,44]。例如，1994 年，Fujita 等通过 Cd(NO₃)₂ 与 4,4′-联吡啶在常温下水、乙醇和 1,2-二溴苯混合溶剂中的反应制备了化合物[Cd(bpy)](NO₃)₂·(C₆H₄Br₂)₂，并通过单晶 X 射线衍射实验测定了其结构[45]。结构分析结果显示[Cd(bpy)](NO₃)₂·(C₆H₄Br₂)₂ 由图 16-21（b）所示的二维四方格子状 *sql* 网组成，二维网间距 6.30Å。Cd^{II} 离子以畸变的八面体配位构型在赤道面上与来自四个 4,4′-联吡啶配体的 N 原子和轴向上两个来自 NO₃⁻ 离子的 O 原子配位。1,2-二溴苯填充在二维网络的四方格内，相邻 1,2-二溴苯客体分子间面面间距在 3.56～3.98Å 范围内。值得注意的是，对位或间位的二溴苯不能像 1,2-二溴苯一样作为模板成功合成该化合物，表明 1,2-二溴苯客体分子的形状匹配着 [Cd(bpy)](NO₃)₂ 的二维网络框架孔穴。不过，单取代的氯苯和溴苯都可以进入 [Cd(bpy)](NO₃)₂ 的二维框架孔穴。他们还证实[Cd(bpy)](NO₃)₂ 可以有效地催化苯甲醛的硅氰化反应。0.5mmol 苯甲醛和 1mmol 三甲基氰硅烷（cyanotrimethylsilane）在[Cd(bpy)](NO₃)₂（0.1mmol）粉末催化下，CH₂Cl₂ 作为溶剂，40℃下反应 24h，反应产物 2-(trimethylsiloxy) phenylacetonitrile 的产率达 77%。而在相同条件下，配位聚合物[Cd(bpy)](NO₃)₂ 替换为 Cd(NO₃)₂ 或 4,4′-联吡啶粉末时，或在浸泡过 [Cd(bpy)](NO₃)₂ 固体粉末的 CH₂Cl₂ 清液中，上述反应不发生，说明该催化反应是通过异相催化机理完成的。此外，该化合物对这一催化反应还表现出对反应底物形状或尺寸的选择性。对于 2-甲基苯甲醛，反应物产率适中，为 40%。而对于 3-甲基苯甲醛，反应物产率只有 19%。对于 α-萘甲醛和 β-萘甲醛，反应物产率都较高，分别为 62%和 84%。而对于尺寸更大的 9-蒽甲醛，反应基本不进行。

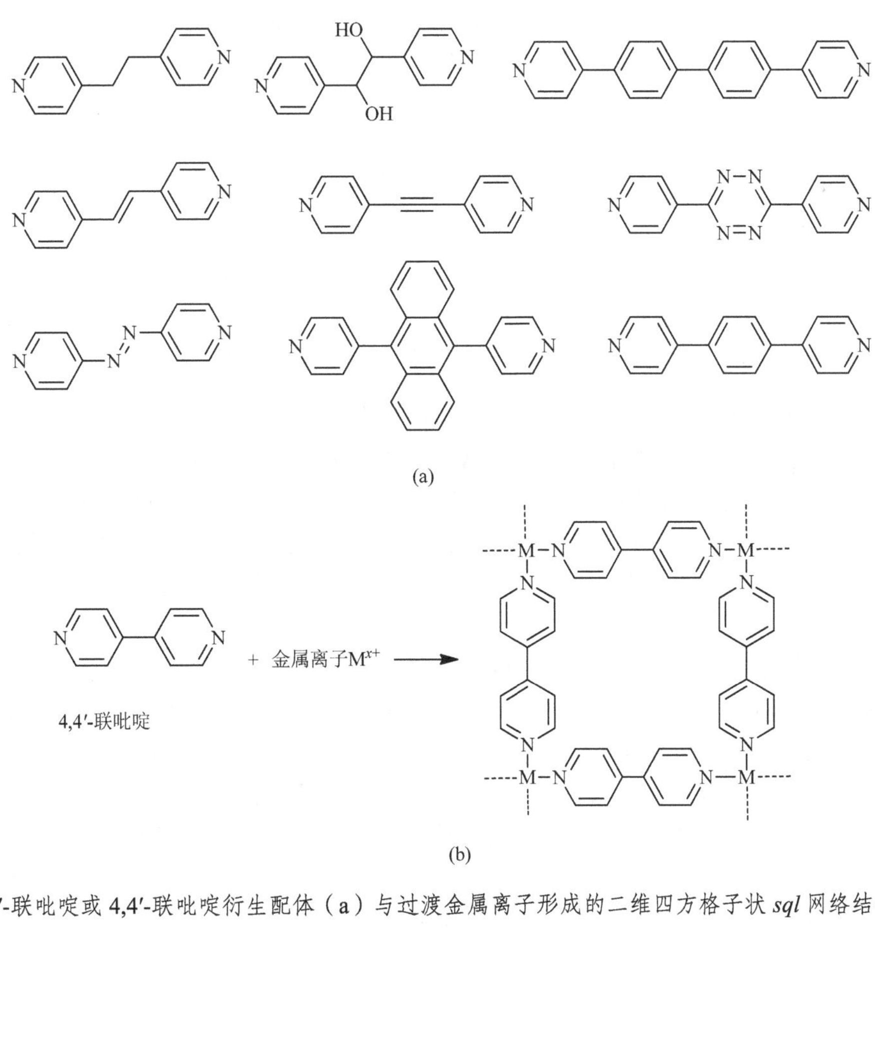

(a)

4,4′-联吡啶　　+ 金属离子M^{x+} ⟶

(b)

图 16-21　4,4′-联吡啶或 4,4′-联吡啶衍生配体（a）与过渡金属离子形成的二维四方格子状 *sql* 网络结构示意图（b）

2001 年，Li 和 Kaneko 发现一维的化合物[Cu(BF₄)₂(bpy)(H₂O)₂]·(bpy)(bpy = 4,4′-bipyridine)脱水之后的 CO_2 气体吸附等温线出现跳跃现象[46]，如图 16-22（c）所示。即达到某个压力时一定量 CO_2 气体突然被吸附，而在此压力以下气体完全不被吸附。他们称这个压力为开关压力。此外，气体吸附等温线和脱附等温线之间存在着很明显的矩形回滞环，并且重复性好。这种新奇的吸附曲线不属于 IUPAC 规定的六种吸附等温线类型中的任何一种[47]。然而，这一发现在当时没有得到很好的解释，他们甚至在不久后给出了错误的解释[48]。直到 2006 年，更仔细的研究表明化合物[Cu(BF₄)₂(bpy)(H₂O)₂]·(bpy)在加热除去水后会转变成一个具有二维层状结构的化合物[Cu(BF₄)₂(bpy)₂][49]，如图 16-22（a）和（b）所示。其层间以位移半个周期的方式堆积并将二维四方格子内的空腔堵住，形成无孔的三维结构，层间距离为 4.6Å。同步辐射粉末 X 射线衍射结构分析显示[Cu(BF₄)₂(bpy)₂]在吸附 CO_2 后二维层内结构基本保持不变，但相邻层之间距离由原来的 4.6Å 变化到 6.8Å。尽管被吸附的 CO_2 分子在结构上不能确定，这一结果清楚地表明在吸附和脱附 CO_2 过程中该化合物结构会发生了一个动态的转变。吸附过程中，当 CO_2 的压力达到开关压力时，层状结构发生膨胀，结构内部出现空腔，CO_2 迅速被吸附。而在脱附时，结构发生转变的压力却比吸附时的小。他们发现实际样品的体积在 CO_2 吸附过程中确实会突然增大。这些结果也纠正了他们在先前认为这种新奇的吸附现象源自氢键重排的结论[48]。

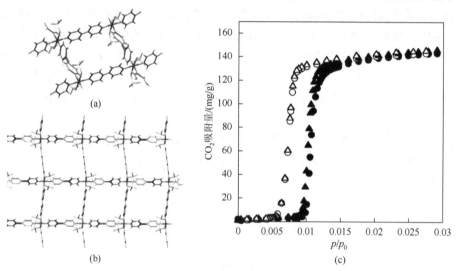

图 16-22　化合物[Cu(BF₄)₂(bpy)₂]的二维层状结构（a，b）和其在 273K 下的连续两次 CO_2 吸附等温线（c）[49]。实心符号代表吸附点，空心符号代表脱附点

Kepert 课题组通过 $Fe^{II}(NCS)_2$ 与配体反式 4,4′-偶氮吡啶（*trans*-4, 4′-azopyridine，简称 azpy）在乙醇中的扩散反应得到了深红色化合物 Fe₂(azpy)₄(NCS)₄·(EtOH)[50]。单晶结构分析显示该化合物是由二维四方格子状 *sql* 网互穿而成的三维框架结构。结构中存在两种独立的 Fe^{II} 离子，都以畸变的八面体配位构型在赤道面上与来自四个 4,4′-偶氮吡啶的 N 原子和轴向上两个来自 NCS^- 离子的 N 原子配位。每个 azpy 配体同时桥连两个 Fe^{II} 离子。Fe^{II} 离子与 azpy 配体的交替连接形成二维四方格子状 *sql* 网络结构［图 16-23（a）］。二维 *sql* 网之间以二面角为 60.3°的方式互穿［图 16-23（b）］，形成 Fe₂(azpy)₄(NCS)₄·(EtOH)的三维框架结构。三维框架在[001]方向上存在两种一维孔道，大小分别为 10.6Å×4.8Å 和 7.0Å×2.1Å，占晶体体积的 9%和 3%。乙醇客体分子占据在较大的孔道中，并通过自身的—OH 基团与配位在 Fe2 上的 NCS^- 离子的 S 原子形成氢键作用。而另一种 Fe^{II} 离子（Fe1）配位着的 NCS^- 离子并没有和客体乙醇分子形成氢键作用。Fe1 与乙醇中 O 原子的距离在 8.2～8.5Å 范围内，而 Fe2 与乙醇中 O 原子的距离在 5.7～6.1Å 范围内。在 100℃温度下移除客体分子过程中，Fe₂(azpy)₄(NCS)₄·(EtOH)以单晶到单晶的形式转换成无客体相 Fe₂(azpy)₄(NCS)₄。单晶结构分析显示晶体空间群从原来的单斜 *C2/c* 变为正交 *Ibam*，结构中金属和配体的连接性没有发生变化，晶体晶胞体积增加了 6%，二维 *sql*

网之间的二面角从 60.3°降低到 53.6°，原来的两种一维孔道变成了一种等价的一维孔道，大小为 11.7Å×2.0Å，占晶体体积的 2%。原来配位环境稍有不同的两种 Fe^{II} 离子也变成了一种 Fe^{II} 离子 [图 16-23（a）]。粉末 X 射线衍射（powder X-ray diffraction，PXRD）和热重分析（thermogravimetry analysis，TGA）表明这一客体分子吸附脱附诱导的结构变化是可逆的。而且，$Fe_2(azpy)_4(NCS)_4$ 也能够吸附丙醇分子（PrOH），得到与 $Fe_2(azpy)_4(NCS)_4·(EtOH)$ 同构的化合物。对 $Fe_2(azpy)_4(NCS)_4·(EtOH)$ 的变温磁化率测试显示在 300~150K 温度范围内，化合物的有效磁矩保持在 $5.3\mu_B$ 左右，即结构中所有 Fe^{II} 离子处于高自旋态。当温度从 150K 降低到 130K，有效磁矩急剧下降 [图 16-23（c）]。温度进一步降低时，有效磁矩缓慢下降，在 50K 以下，稳定在 $3.65\mu_B$，即结构中一半 Fe^{II} 离子处于高自旋态和一半 Fe^{II} 离子处于低自旋态，即 50%的 Fe^{II} 离子经历了自旋交叉（spin crossover）。Fe^{II} 离子的电子自旋态变化得到了高低温度下 Mössbauer 谱的进一步确认。在 25K 下测定的 $Fe_2(azpy)_4(NCS)_4·(EtOH)$ 单晶结构表明参与氢键作用的 Fe2 发生了自旋交叉，Fe—N 键长在这一过程中缩短了 0.06Å（Fe-NCS^-）和 0.07Å（Fe-azpy）。对于 Fe1，对应的键长只缩短了 0.02Å 和 0.03Å。客体分子与配位在 Fe2 上的 NCS^- 离子间的氢键作用显示出对 Fe^{II} 离子自旋交叉行为的重要影响作用。$Fe_2(azpy)_4(NCS)_4$ 吸附 PrOH 客体后也表现出类似的自旋交叉行为，而无客体相 $Fe_2(azpy)_4(NCS)_4$ 结构中两种 Fe^{II} 离子都没有参与氢键作用，都不表现出自旋交叉行为。这类客体分子依赖型自旋交叉功能材料可能在分子传感等方面具有应用潜力。

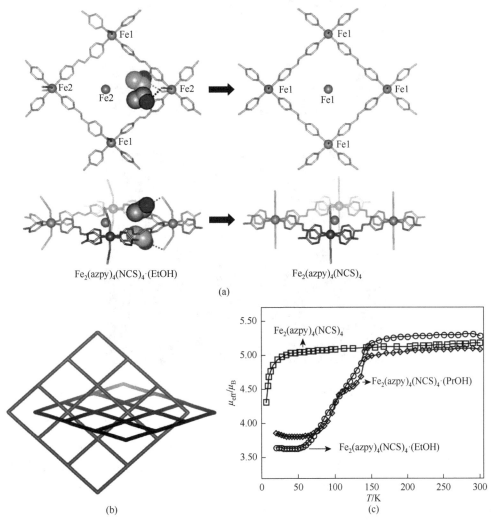

图 16-23　（a）化合物 $Fe_2(azpy)_4(NCS)_4·(EtOH)$ 的二维层状结构及客体分子移除前后的结构对比；（b）二维四方格子互穿示意图；（c）相关化合物的变温有效磁矩曲线[50]

与上述例子有别，一些二维配位聚合物是通过金属离子（或金属簇）与阴离子性羧酸根、咪唑等类型配体构筑形成的。例如，1995 年，Yaghi 课题组通过将吡啶（pyridine）扩散到 $Co(NO_3)_2$ 与均苯三甲酸（H_3BTC）的乙醇溶液中，制备了化合物 $Co(HBTC)(pyridine)_2 \cdot (pyridine)_{2/3}$[51]。其中，$Co^{II}$ 离子以畸变的八面体配位构型在赤道面上与来自三个 $HBTC^{2-}$ 配体的四个氧原子和轴向上两个来自吡啶的 N 原子配位。均苯三甲酸配体 H_3BTC 在反应过程中部分去质子转变为 $HBTC^{2-}$，其中一个羧酸根基团以二齿螯合形式与 Co^{II} 离子配位，另两个以单齿配位形式键连 Co^{II} 离子，两个未配位的羧酸 O 原子一个保持质子化，另一个形成氢键相互作用（图 16-24）。$HBTC^{2-}$ 与 Co^{II} 离子的交替连接形成了一个二维的 6^3 网（hcb 网），二维层沿（001）方向堆积，层层间距为 7Å。相邻层上配位 Co^{II} 离子的吡啶分子相互之间通过 π-π 作用进一步稳定结构。层间存在的长方形孔道，大小约 7Å×10Å，由未配位的吡啶分子占据。热重分析显示未配位的吡啶分子可以在 190℃ 以下移除，化合物在 350℃ 开始进一步分解。PXRD 显示 $Co(HBTC)(pyridine)_2 \cdot (pyridine)_{2/3}$ 在 200℃ 下经 6h 处理移除客体吡啶分子后，晶态仍然保持。350℃ 下移除所有吡啶分子后，结构发生了明显变化，但在重新浸泡在吡啶中后，结构可以恢复。这些结果显示出结构中 Co(HBTC) 二维层的稳定性。他们还通过红外光谱判断去除客体吡啶分子后的化合物 $Co(HBTC)(pyridine)_2$ 可以吸附多种芳香性有机化合物，如苯、硝基苯、腈基苯和氯苯，但不吸附乙腈、硝基甲烷和二氯甲烷。

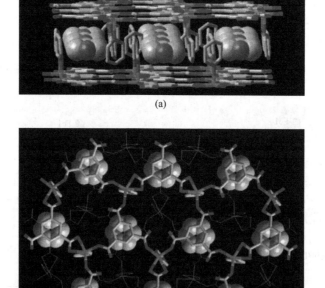

(a)

(b)

图 16-24　二维化合物 $Co(HBTC)(pyridine)_2 \cdot (pyridine)_{2/3}$ 结构的侧视图（a）与俯视图（b）[51]

杨维慎和李砚硕课题组将 $ZnCl_2$ 与配体苯并咪唑（benzimidazole，简称 bim）通过 N,N-二甲基甲酰胺（DMF）和二乙胺的溶剂热反应制备了二维配位聚合物 $Zn_2(bim)_4$[52]。该化合物也可以通过三维化合物 ZIF-7[53] 的纳米粒子在 100℃ 沸水中处理 24h 得到。徐吉庆课题组通过 $ZnCl_2$、邻苯二胺和草酸的 170℃ 水热反应也合成了该化合物，并报道了其结构，其中邻苯二胺和草酸原位反应生成了配体苯并咪唑[54]。在该化合物中，每个 Zn^{2+} 离子与四个苯并咪唑的 N 原子配位，形成畸变的四面体配位构型。每个苯并咪唑桥连两个 Zn^{2+} 离子。Zn—N 键长在 1.980(4)～2.003(3)Å 范围内，N—Zn—N 键角在 103.4(2)°～119.68(16)° 范围内。配体苯并咪唑与 Zn^{2+} 离子交替连接形成了一个二维四方格子状 sql 网络，二维格子内孔洞直径约 2.1Å ［图 16-25（a）和（b）］。该化合物表现出极好的水热稳定性，他们采用软物理方法成功地将该化合物剥层成纳米厚度的纳米片（nanosheet）。Zn$_2$(bim)$_4$ 晶体在溶剂存在下，经过低速（60r/min）球磨，然后用甲醇和丙醇混合溶剂的超声处理实现剥层。得到的 Zn$_2$(bim)$_4$ 纳米片长宽约 600nm，厚度只有 1.12nm，对应于 Zn$_2$(bim)$_4$ 结构中的一个单层 ［图 16-25（c）］。他们将 Zn$_2$(bim)$_4$ 纳米片的胶体溶液逐滴滴到 120℃ 的 α-Al$_2$O$_3$ 多孔基底上，制备了超薄分子筛膜 ［图 16-25（d）～（f）］。该纳米片分子筛膜的 H$_2$/CO$_2$ 分离系数达到 200 以上，H$_2$ 通量达到 2000GPU 以上（1GPU = 1×10^{-6}cm^3/cm^2·s·cmHg，STP），远高于已有报道的有机和无机膜的 H$_2$/CO$_2$ 分离性能。该纳米片分子筛膜在不同升降温条件（室温至 200℃）和水热条件（150℃）下进行了长达 400h 的稳定性测试，膜性能保持不变。

图 16-25　（a，b）二维配位聚合物 Zn$_2$(bim)$_4$ 的晶体结构；（c）Zn$_2$(bim)$_4$ 纳米片透射电镜图（插图：Zn$_2$(bim)$_4$ 纳米片的胶体溶液）；（d～f）α-Al$_2$O$_3$ 多孔基底（d）和 Zn$_2$(bim)$_4$ 纳米片分子筛膜表面（e）和侧面（f）扫描电镜图[52]

4. 三维配位聚合物

近二十年来，金属有机框架受到人们的极大关注。金属有机框架多数是具有潜在孔洞和多孔性质的三维配位聚合物。不论是合成方法还是功能性质探索方面，这类新型多孔材料的研究已经取得了很大的进展，极大地推动了三维配位聚合物的结构定向设计与可控合成。三维配位聚合物的新奇结构不胜枚举，大体上包括三种类型：①零维的金属离子或簇单元与配体组成的各类三维拓扑网络结构；②一维无限链单元通过有机配体桥连形成的三维网络结构；③二维层单元通过有机配体柱撑形成的三维网络结构，也常称为柱层式结构。由一维或二维配位聚合物经过互穿形成的三维配位聚合物在前面小节中已做介绍，这里不再赘述。

三维配位聚合物多数是通过零维的金属离子或簇单元与配体构筑形成的。早在 1959 年，Kinoshita 等就通过硝酸银、铜粉和己二腈的反应制备了金刚石拓扑类型（*dia* 网）的三维配位聚合物

[Cu(NC(CH$_2$)$_4$CN)$_2$]NO$_3$[55]。单晶结构分析表明结构中 Cu(Ⅰ)离子以四面体构型与来自四个己二腈的四个 N 原子配位，Cu—N 键长 1.98Å，而每个己二腈以锯齿状线形构型通过两个端基 N 原子配位桥连两个 Cu(Ⅰ)离子，最终形成一个三维的 4-连接 *dia* 网络 [图 16-26（a）]。这样的 *dia* 网经过六重互穿后得到了[Cu(NC(CH$_2$)$_4$CN)$_2$]NO$_3$ 的三维结构，NO$_3^-$ 阴离子位于网络间的孔隙中。Robson 课题组设计并合成了四面体构型的配体 4,4′,4″,4‴-tetracyanotetraphenylmethan，再通过配体与 CuBF$_4$ 在硝基苯和乙腈中的反应制备了 Cu[C(C$_6$H$_4$CN)$_4$]BF$_4$·xC$_6$H$_5$NO$_2$[5]。结构中，每个 Cu(Ⅰ)离子配位来自四个配体的 N 原子，形成四面体配位构型，每个四面体构型配体 4,4′,4″,4‴-tetracyanotetraphenylmethan 通过四个 N 原子同时配位四个 Cu(Ⅰ)离子，进而形成一个三维的 *dia* 网络 [图 16-26（b）]，包含约占晶体体积 2/3 的孔洞，由无序的 BF$_4^-$ 阴离子和硝基苯分子（每分子式含约 7.7 个硝基苯分子）占据。

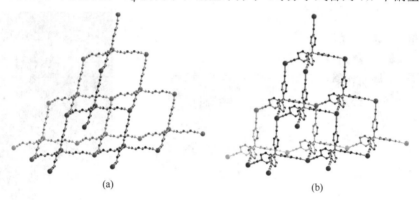

（a）　　　　　　　　　　　　　（b）

图 16-26　三维配位聚合物[Cu(NC(CH$_2$)$_4$CN)$_2$]NO$_3$（a）和 Cu[C(C$_6$H$_4$CN)$_4$]BF$_4$·xC$_6$H$_5$NO$_2$（b）的 *dia* 网络结构[5, 55]

可见，在定向构筑特定拓扑的三维配位聚合物时，单个金属离子和配体的配位几何构型至关重要。此外，合理地选择金属簇和配体也可以制备出特定拓扑的三维配位聚合物结构。例如，谢林华等设计合成了具有金刚烷核的四面体构型多咪唑配体 teia(teia = 1,3,5,7-tetrakis(4-(2-ethyl-1*H*-imidazol-1-yl)phenyl)adamantine)，然后通过该配体与桨轮（paddle wheel）状构筑单元叔戊酸铜[Cu$_2$(Me$_3$CCOO)$_4$]在室温下丙醇溶剂中的自组装反应得到了三维配位聚合物[Cu$_4$(Me$_3$CCOO)$_8$(teia)]·7.5PrOH[56]。结构中，桨轮状[Cu$_2$(Me$_3$CCOO)$_4$]单元中的两个 Cu(Ⅱ)离子在轴向位置与来自两个 teia 的两个咪唑 N 原子配位，每个 teia 配体同时配位四个[Cu$_2$(Me$_3$CCOO)$_4$]单元，[Cu$_2$(Me$_3$CCOO)$_4$]单元和配体 teia 的交替连接形成了一个三维的 *dia* 网络 [图 16-27（a）]。[Cu$_4$(Me$_3$CCOO)$_8$(teia)]·7.5PrOH 的三维结构由这样的 *dia* 网六重互穿形成，其框架在（001）方向存在着一维的孔道，孔道占晶体体积的 44%，由无序的丙醇溶剂分子填充。值得注意的是，孔道表面完全由来自叔戊酸根的叔丁基这一典型疏水性基团覆盖 [图 16-27（b）]。经超临界二氧化碳活化后，PXRD 谱图显示无客

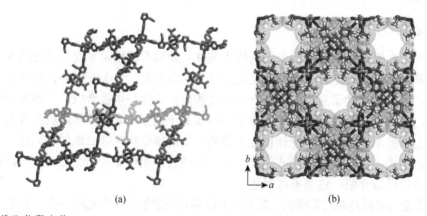

（a）　　　　　　　　　　　　　（b）

图 16-27　三维配位聚合物[Cu$_4$(Me$_3$CCOO)$_8$(teia)]·7.5PrOH 的 *dia* 网络结构片段（a）和一维孔道透视图（b）[56]

体相[Cu₄(Me₃CCOO)₈(teia)]对比于原合成相结构发生了明显的收缩。气体和水蒸气吸附实验显示[Cu₄(Me₃CCOO)₈(teia)]具有气体依赖分步吸附行为和水吸附量极低，表明该 MOF 材料不仅具有极大的结构柔性和多孔性，还呈现出极高的疏水性。他们还根据水吸附的巨正则蒙特卡罗（grand canonical Monte Carlo，GCMC）模拟结果推测，该材料的高疏水性与其结构在移除客体过程中表现出的动态收缩行为具有紧密联系。

由一维无限链单元通过有机羧酸根类配体桥连形成的代表性三维配位聚合物包括 MIL-47、MIL-53、M₂(dobdc)(M = Zn, Ni, Co, Mg)等[57-61]。例如，MIL-53 为 Ferey 等报道的一系列同构三维金属对苯二甲酸盐 M(OH)(O₂C-C₆H₄-CO₂)(M = Al³⁺, Cr³⁺ 或 Fe³⁺)[58,59]。其结构的基本构筑单元是共顶角的 MO₄(OH)₂ 八面体一维无限链，这样的一维无限链单元通过对苯二甲酸根配体同时连接四条相邻且对称性等价的一维无限链单元，从而形成其三维框架。框架结构中包含一维的菱形孔道，有效直径大约 8.5Å。他们发现，当 MIL-53(Cr³⁺, Al³⁺)在室温下吸水后，其框架发生剧烈的收缩，形成 MIL-53LT（LT 代表 low temperature）相。而在 100℃脱水后，框架又膨胀回来，并称为 MIL-53HT（HT 代表 high temperature）相（图 16-28）。这一收缩膨胀过程涉及高达约 5Å 的原子位移，被称为呼吸现象。此外，MIL-53(Cr³⁺, Al³⁺)的高压 CO₂ 吸附实验结果显示出新奇的分步吸附等温线[62,63]。原位粉末 X 射线衍射结构分析表明分步的吸附现象是由结构的呼吸效应引起的[64]。在吸附尚未开始时，结构处于无客体的大孔状态，即 MIL-53HT 相。吸附处于低压区（1～5bar）时，MIL-53HT 由于吸附了 CO₂ 而发生收缩，形成 MIL-53LP（LP 代表 low pressure）相。而当压力继续增大（5～10bar）时，MIL-53LP 的框架重新膨胀回来，形成 MIL-53HP（HP 代表 high pressure）相。MIL-53 对一些正构烷烃的吸附过程也会出现这种呼吸现象。不过对于 Ar、He、N₂、O₂ 和 CH₄ 这些分子，相似的吸附现象不会出现[65]。

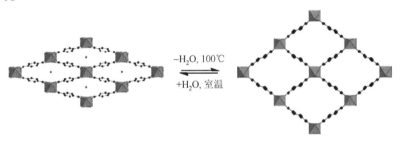

图 16-28　MIL-53LT（左）与 MIL-53HT（右）两相之间的结构转变[63]

张杰鹏课题组报道了由一维无限链单元通过三氮唑类配体桥连形成的三维配位聚合物[Mn₂^II Cl₂(bbta)]（H₂bbta = 1H,5H-benzo(1,2-d：4,5-d')bistriazole，简称 MAF-X25）、[Co^II Cl₂(bbta)]（MAF-X27）、[Mn^II Mn^III (OH)Cl₂(bbta)]（MAF-X25ox）和[Co^II Co^III (OH)Cl₂(bbta)]（MAF-X27ox）[66,67]。MAF-X25 和 MAF-X27 的三维结构是由共边 MN₃Cl₂ 四方椎形成的一维 3₁ 螺旋链通过配体 bbta²⁻桥连相邻且对称的三条一维链单元构筑而成的（图 16-29）。MAF-X25ox 和 MAF-X27ox 是 MAF-X25 和 MAF-X27 氧化后生成的相。氧化过程中，原结构中的 Mn^II 或 Co^II 离子一半氧化成 Mn^III 和 Co^III 离子，同时 OH⁻被引入孔道表面，以单齿形式与金属离子配位，离子的配位构型从原来的 MN₃Cl₂ 四方椎变成了 MN₃Cl₂O 八面体（图 16-29）。由于三价金属离子的半径比二价金属离子稍小，氧化后 MOF 的晶胞有所收缩，比表面积也稍有下降。MAF-X25、MAF-X27、MAF-X25ox 和 MAF-X27ox 的 Langmuir 比表面积分别为 1566m²/g、1407m²/g、1286m²/g 和 1167m²/g，孔体积分别为 0.56cm³/g、0.52cm³/g、0.46cm³/g 和 0.41cm³/g。由于结构中金属离子配位不饱和，在 298K 和 1bar 下，MAF-X25 和 MAF-X27 显示出很高的 CO₂ 吸附量，分别为 5.36mmol/g 和 4.24mmol/g。有意思的是，这两个 MOF 被氧化后，孔道表面的配位不饱和金属离子被路易斯碱基团（OH⁻）取代，MOF 的 CO₂ 吸附能力显著提升，298K 和 1bar 下 CO₂ 吸附量分别达 7.1mmol/g 和 6.7mmol/g，比原材料分别高出 30%和 50%。

相同条件下，MAF-X25ox 和 MAF-X27ox 基于体积的 CO_2 吸附量达 8.7mmol/cm^3 和 9.1mmol/cm^3，是目前 MOF 中的最高记录。

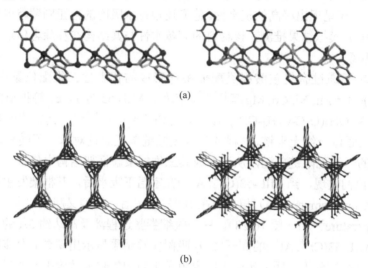

(a)

(b)

图 16-29　MAF-X25（或 MAF-X27）（左）和 MAF-X25ox（或 MAF-X27ox）的一维链单元（a）和三维框架结构图（b）[66]

柱层式三维配位聚合物也有不少报道，如 Kitagawa 课题组报道的系列化合物[Cu$_2$(pzdc)$_2$(L)]，pzdc^{2-}代表配体吡嗪-2,3-二羧酸根（pyrazine-2,3-dicarboxylate），L 代表柱状配体，分别是吡嗪、4,4′-联吡啶等直线形中性配体[68,69]。其结构中，pzdc^{2-}配体连接三个 Cu^{II} 原子，一个 N 原子和一个羧酸根 O 原子螯合一个 Cu^{II} 原子，配体上另一个羧酸根的两个 O 原子分别以单齿形式配位两个 Cu^{II} 原子，剩余的另一个 N 原子和羧酸根 O 原子不参与配位。通过这样的连接方式，Cu^{II} 原子和 pzdc^{2-} 配体相互连接形成一个中性的二维层结构，层厚度约 7.5Å，而且层内基本没有开口。他们认为这种致密的二维层利于构筑不互穿的三维结构。通过类似于柱子的吡嗪、4,4′-联吡啶等配体与 Cu^{II} 原子配位，二维[Cu$_2$(pzdc)$_2$]层被柱撑成柱层式三维结构[Cu$_2$(pzdc)$_2$(L)]，根据柱状配体 L 的不同，[Cu$_2$(pzdc)$_2$(L)] 层间的孔道结构也有差别。Kitagawa 课题组对这一系列 MOF 材料做了大量气体吸附和结构分析工作[70]。尤其是[Cu$_2$(pzdc)$_2$(pyz)]（pyz 代表吡嗪），也称 CPL-1（图 16-30），具有截面大小约 4Å×6Å 的一维通道，对氧气、乙炔等小分子表现出良好的吸附性能[71,72]。

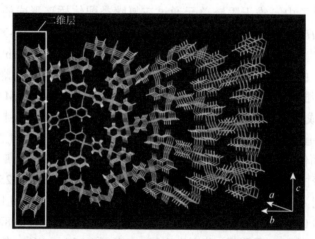

图 16-30　柱层式三维配位聚合物 CPL-1 的晶体结构[71]

Kim 课题组通过锌盐、直线形芳香二羧酸根和 4,4′-联吡啶类配体合成了系列柱层式三维配位聚合物[Zn₂(L)(P)]，L 代表芳香二羧酸根配体，P 代表柱状 4,4′-联吡啶类配体$^{[73,74]}$。其结构中，桨轮状 Zn₂ 单元通过芳香二羧酸根连接成 4⁴ 格子型二维层，柱状 4,4′-联吡啶类配体通过与相邻层上 Zn₂ 单元金属离子的轴向位置配位将二维层连接成三维柱层式结构（图 16-31）。用于构筑这一结构的芳香二羧酸根配体可以是对苯二甲酸根（1,4-bdc²⁻）、四甲基化的 1,4-bdc²⁻（1,4-tmbdc²⁻）、四氟化的 1,4-bdc²⁻（1,4-tfbdc²⁻）、1,4-萘二酸根（1,4-ndc²⁻）、2,6-萘二酸根（2,6-ndc²⁻），或一半 1,4-bdc²⁻、一半 1,4-tmbdc²⁻。柱状配体可以是 4,4′-联吡啶或三乙烯二胺（dabco）。这一系列 MOF 具有三维贯穿的孔道结构，比表面积高达 1450～2090m²/g。由于桨轮状 Zn₂ 单元与芳香二羧酸根形成的二维层上具有较大的开口，当柱状配体是较长的 4,4′-联吡啶时，结构都出现多重（二重或三重）单一网络的互穿现象。他们还研究了这一系列 MOF 的储氢性质，结果显示具有更大孔道和孔道表面平整的结构储氢性能并不比具有更小孔道和孔道表面粗糙的结构好。他们还指出 2000m²/g 左右比表面积、60%孔隙率和 6Å 左右孔道大小可能是良好储氢性能 MOF 材料的最优条件。Seki 和 Kitagawa 课题组也先后报道了基于桨轮状 Cu₂ 单元的类似结构$^{[75-77]}$。陈邦林等通过富马酸根（fumarate，简称 fma²⁻）和反式 1,2-双(4-吡啶)乙烯 [trans-bis (4-pyridyl) ethylene，4,4′-bpe] 与桨轮状 Cu₂ 单元合成了化合物 Cu(fma)(4,4′-bpe)₀.₅，也具有类似柱层式结构$^{[78]}$。由于 4,4′-bpe 较长，其结构中出现二重网络互穿。该 MOF 具有很小的孔道，孔穴直径约 3.6Å，孔穴间孔窗只有 2.0Å×3.2Å，在不同温度下表现出对 H₂、N₂、Ar、CO、CO₂、CH₄、N₂ 等多种气体的区分效应。

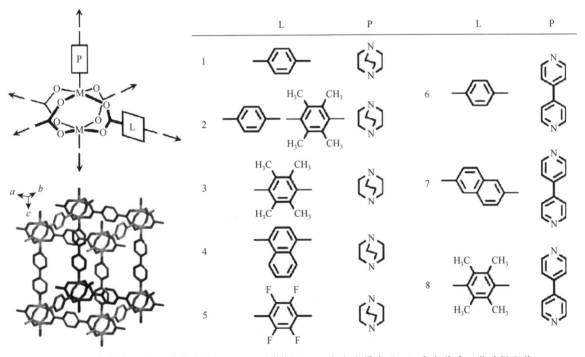

图 16-31　柱层式三维配位聚合物[Zn₂(L)(P)]结构图。M 代表金属离子，L 代表芳香二羧酸根配体，P 代表柱状 4,4′-联吡啶类配体$^{[74]}$

刘术侠课题组报道了柱层式三维配位聚合物[Ni(HBTC)(4,4′-bipy)]和[Ni(HBTC)(pyz)]，4,4′-bipy 和 pyz 分别代表 4,4′-联吡啶和吡嗪，HBTC²⁻为部分去质子化的均苯三甲酸根配体$^{[79,80]}$。其结构中的 Ni(HBTC)二维层与 Yaghi 课题组报道的 Co(HBTC)(pyridine)₂·(pyridine)₂/₃ 稍有不同$^{[51]}$。[Ni(HBTC)(4,4′-bipy)]中配体部分完全去质子化，即 BTC³⁻，所有羧酸根基团都以二齿螯合形式与金属离子配位，其他部分去质子化，即 H₁.₅BTC¹.₅⁻，两种配体整体比例为 1∶2。H₁.₅BTC¹.₅⁻配体所有羧基或羧酸根基团都以单齿形式与金属离子配位。相邻未配位的羧基上—OH 基团和羧酸根 O 原子形成氢键作用，进一步稳定结构，形成了一个二维的 6³ 网（hcb 网）（图 16-32）。这样的二维网络再通过柱状配体与相邻层间金属离子的轴向位置配位，连接成其三维柱层式框架。这两例 MOF 都具有三维贯穿的孔道结构，孔隙率分别为 55% 和 46%，Langmuir 比表面积分别达 $1282m^2/g$ 和 $464m^2/g$。李星国课题组稍后合成报道了基于金属 Co(II) 离子的同构化合物 [Co(HBTC)(4,4′-bipy)]，并发现 [Co(HBTC)(4,4′-bipy)]（$887m^2/g$）比 [Ni(HBTC)(4,4′-bipy)]（$1590m^2/g$）的比表面积低很多[81]。他们还发现 [Ni(HBTC)(4,4′-bipy)] 和 [Co(HBTC)(4,4′-bipy)] 在 77K 下都表现出较高的氢气吸附能力，室温和约 70bar 下分别为 1.20wt% 和 0.96wt%，77K 和 70bar 下分别为 3.42wt% 和 2.05wt%。Lah 课题组后来也详细研究了 [Ni(HBTC)(4,4′-bipy)]、[Ni(HBTC)(pyz)] 和一些衍生 MOF 的 CO_2 选择性吸附性能[82]。

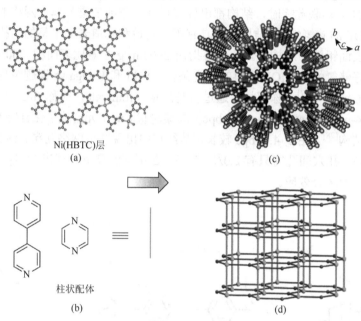

Ni(HBTC)层
(a)

柱状配体
(b)

(c)

(d)

图 16-32　柱层式三维配位聚合物 [Ni(HBTC)(4,4′-bipy)] 和 [Ni(HBTC)(pyz)] 的一维层结构（a）、柱状配体（b）和三维结构（c, d）[79, 80]

16.4　总结与展望

本章简要介绍了配位聚合物晶体工程的研究背景、基本内容和近年来的一些相关研究进展。晶体工程是一个学科跨度很大的研究主题。配位聚合物的晶体工程研究相对有机分子晶体工程来说起步稍晚，但近二十多年来发展迅速，尤其是多孔配位聚合物，即金属有机框架材料的研究受到化学、材料科学、生命科学、环境科学、物理等众多领域研究者的关注。晶体工程定义为在晶体结构分析基础上对分子间作用力的理解以及这种理解在构筑目标功能固体材料上的运用。分析和了解晶体结构中分子间非共价相互作用是晶体工程研究的核心基础。在配位聚合物的晶体结构中，主要的非共价相互作用包括范德瓦耳斯力、氢键作用、π-π 作用和配位键作用，一些配位聚合物还存在卤-卤作用、卤-异原子（N，O，S 等）作用、卤-π 作用、阳离子-π 作用、阴离子-π 作用、全氟芳烃-芳烃作用、N—H···π 作用、O—H···π 作用、硫-芳烃作用、金属金属作用、银-碳作用等。配位键作用在配位聚合物结构中占主导，强于范德瓦耳斯力、氢键作用、π-π 作用，具有更显著的方向性和饱和性，但和共价键又有所区别。常用软硬酸碱理论来定性解释一些配位键的强弱。过渡金属离子的配位数和配位几何是配位聚合物最终结构的重要决定因素。配位键理论模型包括价键理论、晶体场理论、分子轨道理论和配位场理论，这些理论模型各具特色，相互补充，分别可用于定性或定量地解释配合物的一些性质和现象。配位聚合物结构中的非共价相互作用的分析依赖于实验上获得的晶体结构数据。单晶 X 射线衍射结构分析是配位聚合物结构分析时最常用的方法。过去的几十年里，随着晶体结构解析方法论、计算机技术、商业化单晶衍射仪的发展成熟，单晶 X 射线衍射实验变得越来越容易。对晶体结构分析相关操作和基本原理的简要介绍可以帮助初进入这一研究领域的相关人员整体认识和了解这门科学。剑桥结构数据库是配位聚合物晶体工程相关研究工作者可以加以利用的一个重要工具，它提供的不只是简单的结构查重功能，通过对以往数据科学地分析，它也可以提供新功能材料的设计方法和更多新的研究思路。配位聚合物的研究起源于配位化学，经过几代研究人员的探索发展至今。配位聚合物属于配位化合物，简称配合物或络合物。配位聚合物多种多样，为了区分某些类型配位聚合物，使用了一些更具体、形象的名称来命名一些配位聚合物，如目前国内外研究最热的金属有机框架。值得注意的是，金属有机框架不等同于配位聚合物，它是一类具有潜在多孔性质的配位聚合物。二维和三维配位聚合物的结构常用网络拓扑符号来描述，如 RCSR 符号、顶点符号和点符号，以便更好地区分和理解。一些典型一维、二维和三维配位聚合物的结构介绍预期为相关晶体工程研究提供参考思路。

　　配位聚合物晶体工程通常通过金属离子（或金属簇单元）和配体的合理选择以及反应条件的控制优化设计构筑目标结构。近年来，在调控配位聚合物结构上出现了晶体到晶体转换[83, 84]、后合成[85, 86]、晶体缺陷引入[87, 88]、晶体外表面生长[89-91]、配位调节（coordination modulation）[91, 92]、固溶体（solid solution）[93, 94]等一些合成制备新思路，为配位聚合物结构设计和功能调控开拓了更大的发展空间。配位聚合物的晶体工程还有许多内容值得探索，这些方面的进一步深入研究将为今后具有光、电、磁、吸附、分离、催化、传感等性质的先进材料开发奠定基础。

（刘晓敏　谢林华　李建荣）

参 考 文 献

[1] Desiraju G R. Crystal Engineering. The Design of Organic Solids. Amsterdam：Elsevier，1989.

[2] Ginsburg D，Schmidt G M J. Solid State Photochemistry. A Collection of Papers by G. M. J. Schmidt and his Collaborators Describing a Symbiotic Relationship between X-Ray Crystallography and Synthetic Organic Photochemistry. New York：Weinheim：Chemie，1976.

[3] Kitaigorodskii A I. Molecular Crystals and Molecules. New York：Academic Press，1973.

[4] Etter M C. Encoding and decoding hydrogen-bond patterns of organic compounds. Acc Chem Res，1990，23：120-126.

[5] Hoskins B F，Robson R. Infinite polymeric frameworks consisting of three dimensionally linked rod-like segments. J Am Chem Soc，1989，111：5962-5964.

[6] Hoskins B F，Robson R. Design and construction of a new class of scaffolding-like materials comprising infinite polymeric frameworks of 3D-linked molecular rods. A reappraisal of the zinc cyanide and cadmium cyanide structures and the synthesis and structure of the diamond-related frameworks [N(CH₃)₄][Cu^{I}Zn^{II} (CN)₄] and CuI[4,4′,4″,4‴-tetracyanotetraphenylmethane]BF₄·xC₆H₅NO₂. J Am Chem Soc，1990，112：1546-1554.

[7] Gable R W，Hoskins B F，Robson R. Synthesis and structure of [NMe₄][CuPt(CN)₄]：an infinite three-dimensional framework related to PtS which generates intersecting hexagonal channels of large cross section. J Chem Soc Chem Commun，1990，（10）：762-763.

[8] Abrahams B F，Hoskins B F，Liu J，et al. The archetype for a new class of simple extended 3D honeycomb frameworks. The synthesis and x-ray crystal structures of Cd(CN)₅/₃(OH)₁/₃·1/3（C₆H₁₂N₄），Cd(CN)₂·1/3(C₆H₁₂N₄)，and Cd(CN)₂·2/3H₂O·tBuOH（C₆H₁₂N₄ = hexamethylenetetramine）revealing two topologically equivalent but geometrically different frameworks. J Am Chem Soc，1991，113：3045-3051.

[9] Batten S R，Robson R. Interpenetrating nets：Ordered，periodic entanglement. Angew Chem Int Ed，1998，37：1460-1494.

[10] Mukherjee A，Tothadi S，Desiraju G R. Halogen bonds in crystal engineering：like hydrogen bonds yet different. Acc Chem Res，2014，47：2514-2524.

[11] Li B，Zang S Q，Wang L Y，Mak T C W. Halogen bonding：a powerful，emerging tool for constructing high-dimensional metal-containing supramolecular networks. Coord Chem Rev，2016，308：1-21.

[12] Salonen L M，Ellermann M，Diederich F. Aromatic rings in chemical and biological recognition：energetics and structures. Angew Chem Int

Ed，2011，50：4808-4842.

[13] Bauza A，Mooibroek T J，Frontera A. Towards design strategies for anion-[small pi] interactions in crystal engineering. CrystEngComm，2016，18：10-23.

[14] Tiekink E R T，Zukerman-Schpector J. The Importance of Pi-Interactions in Crystal Engineering: Frontiers in Crystal Engineering. New York: John Wiley & Sons，2012.

[15] Desiraju G R，Vittal J J，Ramanan A. Crystal Engineering-A Textbook. World Scientific Publishing，2011.

[16] Arunan E，Desiraju G R，Klein R A，et al. Definition of the hydrogen bond (IUPAC Recommendations 2011). Pure Appl Chem，2011，83：1637-1641.

[17] Hunter C A，Sanders J K M. The nature of pi-pi interactions. J Am Chem Soc，1990，112：5525-5534.

[18] 王宇宙，吴安心. 芳环超分子体系中的π-π作用. 有机化学，2008，28：997-1011.

[19] Muller P. Glossary of terms used in physical organic chemistry (IUPAC Recommendations 1994). Pure Appl Chem，1994，66：1077-1184.

[20] Dean P A W，Vittal J J，Payne N C. Discrete trigonal-pyramidal lead(II)complexes: syntheses and x-ray structure analyses of [(C$_6$H$_5$)$_4$As][Pb(EC$_6$H$_5$)$_3$](E = S, Se). Inorg Chem，1984，23：4232-4236.

[21] 陈小明，蔡继文. 单晶结构分析原理与实践. 2版. 北京：科学出版社，2007.

[22] Xie L H，Lin J B，Liu X M，et al. Porous coordination polymer with flexibility imparted by coordinatively changeable lithium ions on the pore surface. Inorg Chem，2010，49：1158-1165.

[23] Sheldrick G M. A short history of SHELX. Acta Cryst A，2008，64：112-122.

[24] 游效曾，孟庆金，韩万书. 配位化学进展. 北京：高等教育出版社，2000.

[25] Janiak C. Engineering coordination polymers towards applications. Dalton Trans，2003，（14）：2781-2804.

[26] Batten S R，Champness N R，Chen X M，et al. Terminology of metal-organic frameworks and coordination polymers (IUPAC Recommendations 2013). Pure Appl Chem，2013，85：1715-1724.

[27] Wells A F. Three-dimensional Nets and Polyhedra. New York：Wiley-Interscience，1977.

[28] Wells A F. Further Studies of Three-dimensional Nets，ACA Monograph No. 8. American Crystallographic Association，1979.

[29] Smith J V. Topochemistry of zeolites and related materials. 1. Topology and geometry. Chem Rev，1988，88：149-182.

[30] Okeeffe M，Andersson S. Rod packings and crystal chemistry. Acta Cryst A，1977，33：914-923.

[31] Chung S J，Hahn T，Klee W E. Nomenclature and generation of three-periodic nets: the vector method. Acta Cryst A，1984，40：42-50.

[32] Blatov V A，O'Keeffe M，Proserpio D M. Vertex-, face-, point-, Schlafli-, and Delaney-symbols in nets, polyhedra and tilings: recommended terminology. CrystEngComm，2010，12：44-48.

[33] O'Keeffe M，Peskov M A，Ramsden S J，et al. The reticular chemistry structure resource (RCSR) database of, and symbols for, crystal nets. Acc Chem Res，2008，41：1782-1789.

[34] Leong W L，Vittal J J. One-dimensional coordination polymers: complexity and diversity in structures, properties, and applications. Chem Rev，2011，111：688-764.

[35] Lee E Y，Suh M P. A robust porous material constructed of linear coordination polymer chains: Reversible single-crystal to single-crystal transformations upon dehydration and rehydration. Angew Chem Int Ed，2004，43：2798-2801.

[36] Huang X C，Zhang J P，Chen X M. A new route to supramolecular isomers via molecular templating: Nanosized molecular polygons of copper(I) 2-methylimidazolates. J Am Chem Soc，2004，126：13218-13219.

[37] Huang X C，Li D，Chen X M. Solvent-induced supramolecular isomerism in silver(I)2-methylimidazolate. CrystEngComm，2006，8：351-355.

[38] Zhang J P，Huang X C，Chen X M. Supramolecular isomerism in coordination polymers. Chem Soc Rev，2009，38：2385-2396.

[39] Huang X C，Zhang J P，Lin Y Y，et al. Triple-stranded helices and zigzag chains of copper(I) 2-ethylimidazolate: solvent polarity-induced supramolecular isomerism. Chem Commun，2005，（17）：2232-2234.

[40] O'Keeffe M，Plevert J，Teshima Y，et al. The invariant cubic rod (cylinder) packings: symmetries and coordinates. Acta Cryst A，2001，57：110-111.

[41] Jouaiti A，Hosseini M W，Kyritsakas N，et al. Orthogonal packing of enantiomerically pure helical silver coordination networks. Chem Commun，2006，（29）：3078-3080.

[42] Carlucci L，Ciani G，Proserpio D M. Polycatenation, polythreading and polyknotting in coordination network chemistry. Coord Chem Rev，2003，246：247-289.

[43] Wu C D，Ma L Q，Lin W B. Hierarchically ordered homochiral metal-organic frameworks built from exceptionally large rectangles and squares. Inorg Chem，2008，47：11446-11448.

[44] Moulton B，Zaworotko M J. From molecules to crystal engineering: supramolecular isomerism and polymorphism in network solids. Chem

Rev，2001，101：1629-1658.

[45] Fujita M，Kwon Y J，Washizu S，et al. Preparation，clathration ability，and catalysis of a two-dimensional square network material composed of cadmium (Ⅱ) and 4,4′-bipyridine. J Am Chem Soc，1994，116：1151-1152.

[46] Li D，Kaneko K. Hydrogen bond-regulated microporous nature of copper complex-assembled microcrystals. Chem Phys Lett，2001，335：50-56.

[47] Sing K S W，Everett D H，Haul R A W，et al. Reporting physisorption data for gas/solid systems with special reference to the determination of surface area and porosity (Recommendations 1984). Pure Appl Chem，1985，57：603-619.

[48] Onishi S，Ohmori T，Ohkubo T，et al. Hydrogen-bond change-associated gas adsorption in inorganic-organic hybrid microporous crystals. Appl Surf Sci，2002，196：81-88.

[49] Kondo A，Noguchi H，Ohnishi S，et al. Novel expansion/shrinkage modulation of 2D layered MOF triggered by clathrate formation with CO_2 molecules. Nano Lett，2006，6：2581-2584.

[50] Halder G J，Kepert C J，Moubaraki B，et al. Guest-dependent spin crossover in a nanoporous molecular framework material. Science，2002，298：1762-1765.

[51] Yaghi O M，Li G，Li H. Selective binding and removal of guests in a microporous metal-organic framework. Nature，1995，378：703-706.

[52] Peng Y，Li Y，Ban Y，et al. Metal-organic framework nanosheets as building blocks for molecular sieving membranes. Science，2014，346：1356-1359.

[53] Park K S，Ni Z，Cote A P，et al. Exceptional chemical and thermal stability of zeolitic imidazolate frameworks. Proc Natl Acad Sci USA，2006，103：10186-10191.

[54] Yang Q F，Cui X B，Yu J H，et al. A series of metal-organic complexes constructed from in situ generated organic amines. CrystEngComm，2008，10：1531-1538.

[55] Kinoshita Y，Matsubara I，Higuchi T，et al. The crystal structure of bis（adiponitrilo）copper(Ⅰ). Nitrate Bull Chem Soc Jpn，1959，32：1221-1226.

[56] Xie L H，Suh M P. Flexible metal-organic framework with hydrophobic pores. Chem Eur J，2011，17：13653-13656.

[57] Barthelet K，Marrot J，Riou D，et al. A breathing hybrid organic-inorganic solid with very large pores and high magnetic characteristics. Angew Chem Int Ed，2002，41：281-284.

[58] Serre C，Millange F，Thouvenot C，et al. Very large breathing effect in the first nanoporous chromium(Ⅲ)-based solids：MIL-53 or $Cr^{Ⅲ}$ (OH)·{O_2C-C_6H_4-CO_2}·{HO_2C-C_6H_4-CO_2H}$_x$·H_2O_y. J Am Chem Soc，2002，124：13519-13526.

[59] Loiseau T，Serre C，Huguenard C，et al. A rationale for the large breathing of the porous aluminum terephthalate (MIL-53) upon hydration. Chem Eur J，2004，10：1373-1382.

[60] Caskey S R，Wong-Foy A G，Matzger A J. Dramatic tuning of carbon dioxide uptake via metal substitution in a coordination polymer with cylindrical pores. J Am Chem Soc，2008，130：10870-10871.

[61] Rosi N L，Kim J，Eddaoudi M，et al. Rod packings and metal-organic frameworks constructed from rod-shaped secondary building units. J Am Chem Soc，2005，127：1504-1518.

[62] Bourrelly S，Llewellyn P L，Serre C，et al. Different adsorption behaviors of methane and carbon dioxide in the isotypic nanoporous metal terephthalates MIL-53 and MIL-47. J Am Chem Soc，2005，127：13519-13521.

[63] Llewellyn P L，Bourrelly S，Serre C，et al. How hydration drastically improves adsorption selectivity for CO_2 over CH_4 in the flexible chromium terephthalate MIL-53. Angew Chem Int Ed，2006，45：7751-7754.

[64] Serre C，Bourrelly S，Vimont A，et al. An explanation for the very large breathing effect of a metal-organic framework during CO_2 adsorption. Adv Mater，2007，19：2246-2251.

[65] Llewellyn P L，Maurin G，Devic T，et al. Prediction of the conditions for breathing of metal organic framework materials using a combination of X-ray powder diffraction，microcalorimetry，and molecular simulation. J Am Chem Soc，2008，130：12808-12814.

[66] Liao P Q，Chen H，Zhou D D，et al. Monodentate hydroxide as a super strong yet reversible active site for CO_2 capture from high-humidity flue gas. Energy Environ Sci，2015，8：1011-1016.

[67] Liao P Q，Li X Y，Bai J，et al. Drastic enhancement of catalytic activity via post-oxidation of a porous $Mn^{Ⅱ}$ triazolate framework. Chem Eur J，2014，20：11303-11307.

[68] Kondo M，Okubo T，Asami A，et al. Rational synthesis of stable channel-like cavities with methane gas adsorption properties：[{$Cu_2(pzdc)_2(L)$}$_n$] (pzdc = pyrazine-2, 3-dicarboxylate；L = a pillar ligand). Angew Chem Int Ed，1999，38：140-143.

[69] Kitaura R，Fujimoto K，Noro S，et al. A pillared-layer coordination polymer network displaying hysteretic sorption：[$Cu_2(pzdc)_2(dpyg)$]$_n$ (pzdc = pyrazine-2, 3-dicarboxylate；dpyg = 1, 2-di(4-pyridyl)glycol). Angew Chem Int Ed，2002，41：133-135.

[70] Matsuda R，Kitaura R，Kitagawa S，et al. Guest shape-responsive fitting of porous coordination polymer with shrinkable framework. J Am Chem Soc，2004，126：14063-14070.

[71] Kitaura R，Kitagawa S，Kubota Y，et al. Formation of a one-dimensional array of oxygen in a microporous metal-organic solid. Science，2002，298：2358-2361.

[72] Matsuda R，Kitaura R，Kitagawa S，et al. Highly controlled acetylene accommodation in a metal-organic microporous material. Nature，2005，436：238-241.

[73] Dybtsev D N，Chun H，Kim K. Rigid and flexible：a highly porous metal-organic framework with unusual guest-dependent dynamic behavior. Angew Chem Int Ed，2004，43：5033-5036.

[74] Chun H，Dybtsev D N，Kim H，et al. Synthesis，X-ray crystal structures，and gas sorption properties of pillared square grid nets based on paddle-wheel motifs：Implications for hydrogen storage in porous materials. Chem Eur J，2005，11：3521-3529.

[75] Seki K，Mori W. Syntheses and characterization of microporous coordination polymers with open frameworks. J Phys Chem B，2002，106：1380-1385.

[76] Kitaura R，Iwahori F，Matsuda R，et al. Rational design and crystal structure determination of a 3-D metal-organic jungle-gym-like open framework. Inorg Chem，2004，43：6522-6524.

[77] Tsuruoka T，Furukawa S，Takashima Y，et al. Nanoporous nanorods fabricated by coordination modulation and oriented attachment growth. Angew Chem Int Ed，2009，48：4739-4743.

[78] Chen B L，Ma S Q，Zapata F，et al. Rationally designed micropores within a metal-organic framework for selective sorption of gas molecules. Inorg Chem，2007，46：1233-1236.

[79] Gao C，Liu S，Xie L，et al. Design and construction of a microporous metal-organic framework based on the pillared-layer motif. CrystEngComm，2007，9：545-547.

[80] Gao C，Liu S，Xie L，et al. Rational design microporous pillared-layer frameworks：syntheses，structures and gas sorption properties. CrystEngComm，2009，11：177-182.

[81] Li Y Q，Xie L，Liu Y，et al. Favorable Hydrogen Storage Properties of M(HBTC)(4, 4'-bipy)·3DMF(M = Ni and Co). Inorg Chem，2008，47：10372-10377.

[82] Jeong S，Kim D，Shin S，et al. Combinational synthetic approaches for isoreticular and polymorphic metal-organic frameworks with tuned pore geometries and surface properties. Chem Mater，2014，26：1711-1719.

[83] Zhang J P，Liao P Q，Zhou H L，et al. Single-crystal X-ray diffraction studies on structural transformations of porous coordination polymers. Chem Soc Rev，2014，43：5789-5814.

[84] Zhang Z X，Ding N N，Zhang W H，et al. Stitching 2D polymeric layers into flexible interpenetrated metal organic frameworks within single crystals. Angew Chem Int Ed，2014，53：4628-4632.

[85] Cohen S M. Postsynthetic methods for the functionalization of metal-organic frameworks. Chem Rev，2012，112：970-1000.

[86] Han Y，Li J R，Xie Y，Guo G. Substitution reactions in metal-organic frameworks and metal-organic polyhedra. Chem Soc Rev，2014，43：5952-5981.

[87] Furukawa H，Müller U，Yaghi O M. "Heterogeneity within order" in metal-organic frameworks. Angew Chem Int Ed，2015，54：3417-3430.

[88] Fang Z L，Bueken B，de Vos D E，et al. Defect-engineered metal-organic frameworks. Angew Chem Int Ed，2015，54：7234-7254.

[89] Kondo M，Furukawa S，Hirai K，et al. Coordinatively immobilized monolayers on porous coordination polymer crystals. Angew Chem Int Ed，2010，49：5327-5330.

[90] Liu X，Li Y，Ban Y，et al. Improvement of hydrothermal stability of zeolitic imidazolate frameworks. Chem Commun，2013，49：9140-9142.

[91] Diring S，Furukawa S，Takashima Y，et al. Controlled multiscale synthesis of porous coordination polymer in nano/micro regimes. Chem Mater，2010，22：4531-4538.

[92] Umemura A，Diring S，Furukawa S，et al. Morphology design of porous coordination polymer crystals by coordination modulation. J Am Chem Soc，2011，133：15506-15513.

[93] Deng H，Doonan C J，Furukawa H，et al. Multiple functional groups of varying ratios in metal-organic frameworks. Science，2010，327：846-850.

[94] Zhang J P，Zhu A X，Lin R B，et al. Pore surface tailored SOD-type metal-organic zeolites. Adv Mater，2011，23：1268-1271.

20 世纪 90 年代以来，随着合成手段的成熟和结构测定技术的飞速发展，大量结构复杂的配位聚合物被合成出来，配位聚合物家族变得日趋丰富。如何正确合理地表达其结构成为一个重要的问题[1-3]。网络拓扑研究方法是近年来在晶体工程中发展起来的一种直观有效的策略[4-14]，已经逐渐成为研究配位聚合物结构的重要手段之一。通过对配位聚合物结构的分析，将复杂的晶体结构简化为简单的拓扑网络构型，用点和线等拓扑要素表示出直观、形象、清晰的拓扑图形，不但方便了人们对配位聚合物复杂结构的理解和描述，而且可将复杂的晶体结构设计简化为对简单的分子拓扑结构的组建，对新型配位聚合物的设计组装及功能材料的开发提供指导意义[6-14]。

拓扑学是近代发展起来的一个研究连续性现象的数学分支，其名称起源于希腊语 Τοπολογία 的音译，主要研究的是根据数学分析的需要而产生的网络拓扑问题。拓扑分析的方法最早应用于化学研究是在 20 世纪 70 年代中期，A. F. Wells 使用简单的拓扑符号把无机矿物质的复杂结构还原成一定的拓扑网络模型，并对尚处于理论研究阶段的可能结构提出了设想，其主要思想总结于 1977 年出版的著作《三维网络与多面体》中，为后期配位聚合物的拓扑分析研究奠定了理论基础[15-17]。随后，R. Robson 将拓扑分析的方法从无机物结构扩展到配位聚合物领域。根据分子构件的化学和结构信息，他将金属离子、多核金属簇或者次级构筑单元（SBU）抽象为具有特定对称性的节点（node），而与节点相连的配体或化学键简化为连接线（linker），从而把一个复杂的配位聚合物结构描述为由点和线组成的拓扑网络[14]。R. Robson 的杰出贡献为配位聚合物的发展提供了动力，也为配位聚合物的研究指明了发展方向。此后，新术语不断涌现，O. M. Yaghi 和 M. O'keeffe 等提出"网络化学"（reticular chemistry）、"网络合成"（reticular synthesis）和"模块化学"（module chemistry）的概念，利用原位 SBU 和刚性基元来定向构筑和组装 MOF 结构，并在对类沸石（zeolite-like）拓扑命名研究的基础上，提出了对 MOF 结构简化的拓扑分析和命名方法，同时建立了相应的网络化学结构数据库[7-11]。到目前为止，有关配位聚合物拓扑结构的著作和综述性文献层出不穷，对配位聚合物的归类起到了重要作用，也为配位聚合物的定向设计开辟了新的道路。

本章首先简单介绍一些拓扑简化和分析过程中的主要基本概念及常用拓扑网络表示方法；其次根据不同维度介绍拓扑网络的分类；最后以配位聚合物实例介绍常用拓扑分析软件的使用方法（包括 Diamond、Topos、Olex 等）。

17.1 拓扑网络的基本概念及拓扑网络表示方法

网络化学是借鉴数学中拓扑的表达方法，结合实际存在的化学结构信息，将复杂的化学结构简化为几何拓扑模型。因此，拓扑学中的相关概念在拓扑化学中依然适用并被赋予了相应的化学色彩。下面主要介绍几种配位聚合物拓扑分析中常用的概念和拓扑网络表示方法[18]。

17.1.1 拓扑网络的基本概念

节点（node 或 vertex）：在配位聚合物的简化过程中，节点也称顶点，是指网络结构中的交点。节点可以是金属离子、金属簇或者配体，根据简化需要，也可以是实际结构中并不存在的假想点，如通过插入合适的假原子（dummy atom）来构筑节点。对于同一个结构，节点的选取和简化方式不同，有可能得到不同的拓扑结构，但只要简化方式合理，符合实际结构中的化学结构信息，简化方式都是正确的，并且要在拓扑结构描述时明确地说明其简化过程和方式。因此，节点的选择将影响拓扑的表达，合理地选择节点是拓扑学表达结构的关键。

连接（link）：是指连接两个节点之间的部分。在配位聚合物中，连接以有机配体及其部分主要基团为主，常见的有羧酸、唑类等。还包括作为节点的结构基元之间存在的相互作用，如配位键、共价键、离子键及氢键等。在拓扑分析过程中，一个节点和其他几个节点相连，那么这个节点就是几连接的。例如，在文献拓扑描述过程中有 4-连接拓扑、8-连接拓扑等。

回路（circuit）和环（ring）：从节点的一边出发，依次经过若干个节点，最后沿另一边回到原节点处所经过的封闭路径称为回路。如果在这一过程中所经过的节点是最少的，则称为最小回路（shortest circuit），有时最小回路也被称为环。但是如果这个最小回路含有捷径，则此回路不能称为环。因此，在拓扑网络分析中，最小的环一定是最小回路，但最小回路却不一定是最小的环，主要区别要看这个回路中有没有捷径。回路与环的区分，是理解拓扑表达及拓扑命名的基础[10, 18, 19]。下面以一个典型的例子进行简单说明。

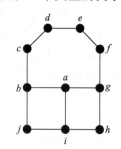

图 17-1　回路与环的区别

以图 17-1 为例，从 a 节点沿 ab 方向出发，最后经 g 点回到原始 a 点，总共有两个回路：abcdefg 和 abjihg。其中，最小的回路是六元（节点）的 abjihg，但其过程中包含捷径 ai，所以图中的 abjihg 回路不能称为环。而没有捷径的 abcdefg 虽然节点较多，仍然是通过 ab 和 ag 的最小环七元环。

拓扑网络（network）：是指由一定对称性的节点通过连接构成的周期性网络。在拓扑网络中，每个节点必须连接三个及三个以上的其他节点，如果少于三个节点，则这个节点只能算是一个连接。同理，每个连接则只能连接两个节点，如果多于两个节点，则这个连接就应该是一个节点。由于节点可以是各种 SBU 的简化结果，在简化的拓扑网络中，节点的数目可能比实际结构中节点的数目少很多。这样的拓扑网络结果更能清楚直观地表达配位聚合物的复杂结构，简化了人们对复杂结构的理解。

17.1.2 拓扑网络的表示方法

拓扑学在化学中的应用为人们分析、理解配位聚合物的结构带来了极大的方便，文献中也出现了几种不同的拓扑网络表示方法，同一网络可以有多种不同的表示方法。到目前为止，出现在文献中的拓扑网络表示方法主要有 Wells 符号（Wells symbol）、施莱夫利符号（Schläfli symbol）、顶点符号（vertex symbol）或长符号（long symbol）、面符号（face symbol）、费歇尔符号（Fischer symbol）、三字符（three letter symbol）或者扩展三字符（extension three letter symbol）等，其中三字符与国际纯粹与应用化学联合会（International Union of Pure and Applied Chemistry，IUPAC）推荐使用的符号相一致[20]。本节选择几种配位聚合物网络中常用的拓扑符号进行介绍。

1. Wells 符号

Wells 符号表示法又称（n, p）表示法，是 Wells 根据节点的类型及环的数目提出的拓扑网络表示方法[15-17]。其中 n 表示通过某个节点的最小环（回路）中边的数目，p 表示每个节点的连接数目，并且 n、p 均为正整数。

下面以简单的例子加以说明，如图 17-2（a）所示，两个二维网络是等价网络，网络中最小回路为六元环，该回路中每个顶点都是 3 节点，所以用（n，p）表示法可表示为（6，3）符号；而对于如图 17-2（b）（3，6）网络来说，它的最小回路为三元环，回路中顶点为 6-连接。其他常见的（4，4）网络、（6，4）网络、（8，3）网络及（10，3）网络等拓扑表示方法可以此类推。对于三维网络同样可以用 Wells 符号来表示，如图 17-3 中所示（4，6）网络、（6，4）网络等。

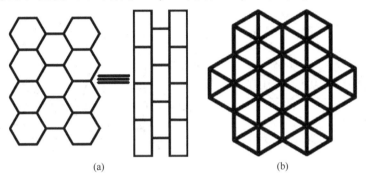

图 17-2　二维网络。（a）（6，3）网络；（b）（3，6）网络

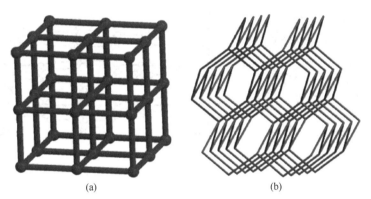

图 17-3　三维网络。（a）（4，6）网络；（b）（6，4）网络

对于复杂的二维网络，如当拓扑网络中只有一个节点，而同时存在两种或两种以上的不同回路时，则用（$\frac{n_1}{n_2}$，p）来表示，其中 n_1 和 n_2 均表示回路中边的数目，且有 $n_1 < n_2$，p 表示每个节点的连接数。如图 17-4（a）所示的拓扑网络中，有四元环和八元环两种不同的回路，每个顶点均为 3 节点，其拓扑符号则可表示为（$\frac{4}{8}$，3）。同理，如果拓扑网络中只有一种回路，而同时存在两种或两种以上的节点时，则一般用（n，$\frac{p_1}{p_2}$）表示，其中 $p_1 < p_2$。如图 17-4（b）中所示的两种拓扑网络，最小回路均为五元环，同时含有 3 节点和 4 节点两种顶点，所以都可以用（5，$\frac{3}{4}$）符号来表示。

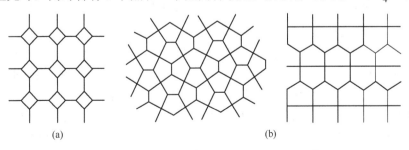

图 17-4　二维网络。（a）（$\frac{4}{8}$，3）网络；（b）（5，$\frac{3}{4}$）网络

Wells 符号有时加入后缀来区分具有相同符号但实际结构不同的网络，如(10, 3)-a、(10, 3)-b、(10, 3)-c、(10, 3)-d 等[21,22]。如图 17-5 所示，四个结构都只有一个 3-连接的节点，经过该节点的最小环都是十元环，Wells 符号都可以表示为同一种（10, 3）网络。图 17-5（a）所示(10, 3)-a 网络是一个手性网络，在 a、b、c 三个方向都存在单一手性的四重螺旋轴，可用于手性识别和催化。而图 17-5（b）所示的(10, 3)-b 网络是没有手性的，形状像酒柜一样。图 17-5（c）和（d）中(10, 3)-c 和(10, 3)-d 网络比较少见，其中(10, 3)-d 和(10, 3)-a 比较容易混淆，只是二者四重螺旋轴的方向是相反的。虽然加上后缀能说明二者是不同的网络，但具体有什么不同，从符号上不能判断出来。

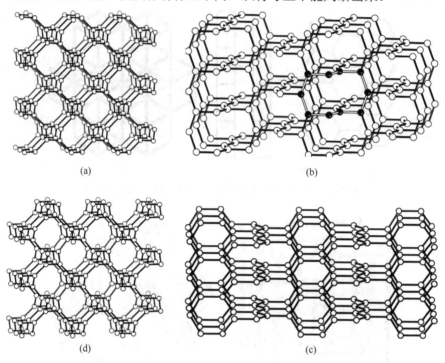

（a）
（b）
（d）
（c）

图 17-5 （a）(10, 3)-a 网络；（b）(10, 3)-b 网络；（c）(10, 3)-c 网络；（d）(10, 3)-d 网络

总体来说，对于简单的结构，Wells 符号表示法可以简便、快速地表达出其拓扑结构，如具有单一顶点或只存在一种回路的拓扑网络；但是不能完全表达清楚复杂的结构，如具有多种回路或者多种连接的拓扑网络等。

2. 施莱夫利符号（Schläfli symbol）表示法

有的参考文献上也称点符号（point symbol）表示法或者短符号（short symbol）表示法，一般用符号 $\{N_1^{P_1} \cdot N_2^{P_2} \cdot N_3^{P_3} \cdots\}$ 表示[10,23]。其中 N_1、N_2、N_3、… 表示经过同一节点的最小回路的大小，且有 $N_1 < N_2 < N_3 < \cdots$；P_1、P_2、P_3、… 表示最小回路对应的角的数目，也就是某个顶点与任意两边构成一定角度并能形成相同最小回路的个数。通过一个 n-连接节点的角的总数可用公式 $\sum P_i = n(n-1)/2$ 计算得到，表 17-1 给出几种常见节点的连接角度的个数。例如图 17-6（a）所示的金刚石结构，4-连接的 O 点与四条边 OA、OB、OC 及 OD 任意两条边组合可产生 $4 \times (4-1)/2 = 6$ 个角度，而从 O 点出发通过任意两条边回到 O 点形成的最小回路为六元环，因此该金刚石网络的 Schläfli 符号为 $\{6^6\}$，用 Wells 符号则可表示为（6, 4）网络，与图 17-3（b）相一致。再如图 17-6（b）所示的平面四方形网络中，O 为 4-连接点，周围共有四条边 OA、OB、OC 及 OD，节点 O 与四条边中的任意两条边形成 6 个角度：$\angle AOB$、$\angle AOD$、$\angle BOC$、$\angle COD$、$\angle AOC$ 和 $\angle BOD$，其中前四个角度 $\angle AOB$、$\angle AOD$、$\angle BOC$、$\angle COD$ 形成四个四元环，后面两个角度 $\angle AOC$、$\angle BOD$ 形成两个六元环，即从 O 点出发

回到 O 点存在两种回路:四个共顶点的四元环回路和两个共顶点的六元环回路,所以该平面四方形网络的 Schläfli 符号可表示为 $\{4^4 \cdot 6^2\}$,用 Wells 符号则可表示为 (4, 4) 网络。又如图 17-2(a)所示的 Schläfli 符号为 $\{6^3\}$,图 17-2(b)所示的 Schläfli 符号为 $\{3^6 \cdot 4^6 \cdot 5^3\}$,图 17-3(a)所示的 Schläfli 符号为 $\{4^{12} \cdot 6^3\}$,图 17-3(b)所示的 Schläfli 符号为 $\{6^6\}$ 等。

表 17-1 n-连接对应角度个数表

连接数 n	3	4	5	6	8	10	11
角度个数	3	6	10	15	28	45	66

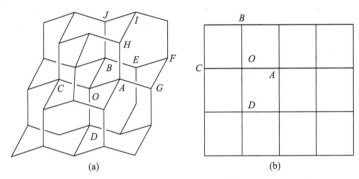

图 17-6 (a)$\{6^6\}$ 金刚石网络;(b)平面四方形 $\{4^4 \cdot 6^2\}$ 网络

相对于 Wells 符号表示法来说,Schläfli 符号表示法在一定程度上能表达出更多的结构信息,但也不能完全区分某些不同的结构,文献中常见 Schläfli 符号相同但结构不同的例子。例如,二维 (3, 6)-连接的 $CdCl_2$ 拓扑和 kgd 拓扑,它们的结构不同而 Schläfli 符号却相同,都是 $\{(4^3)_2(4^6 \cdot 6^6 \cdot 8^3)\}$;又如 Schläfli 符号为 $\{10^3\}$,可以表示诸如三维 3-连接的 $SrSi_2$ 拓扑、$ThSi_2$ 拓扑等多种不同的拓扑结构。

3. 顶点符号(vertex symbol)表示法

该法又称长符号(long symbol)表示法,是由 M. O'Keeffe 和 B. G. Hyde 提出的[24, 25]。其符号可表示为 $\{A_a \cdot B_b \cdot C_c \cdots\}$,其中 A、B、$C \cdots$ 表示从某个顶点出发通过共角度最小环的大小,a、b、$c \cdots$ 表示从顶点出发的共角度最小环的个数。顶点符号表示法与点符号表示法的区别在于,前者是用通过节点的最小环来描述点的拓扑,而后者是用通过节点的最小回路来描述拓扑的,二者选取的路径不同。通过一个 n-连接节点的角的总数仍然可用公式 $\sum P_i = n(n-1)/2$ 计算得到。

用顶点符号法表示的二维结构比较简单。如图 17-7(a)所示,以 B 为顶点通过边 AB、BC 回到 B 点形成的共角度为 $\angle ABC$,通过此角度有两个最小四元环:$BADC$ 和 $BAEC$,因此,B 节点的顶点符号可写为 $\{4_2\}$。再如图 17-7(b)的 3-连接的 $\{6^3\}$ 拓扑中,顶点 O 与周围的三个角度 $\angle AOC$、$\angle AOB$ 和 $\angle BOC$ 各自对应形成一个最小六元环,所以 O 节点的顶点符号可写为 $\{6_1 \cdot 6_1 \cdot 6_1\}$,通常情况下标 1 可以省略不写,则顶点符号可简写为 $\{6 \cdot 6 \cdot 6\}$ 或 $\{6^3\}$。对于某些角度来说,当它们所包含的最小环不存在,或者所包含的回路有捷径时,该角度用"*"(有时用"∞")来表示。如图 17-7(c)二维结构的拓扑中,4-连接的 O 点与四条边 OA、OB、OC 及 OD 任意两条边组合可产生 $4 \times (4-1)/2 = 6$ 个角度,分别为 $\angle AOB$、$\angle AOD$、$\angle BOC$、$\angle COD$、$\angle AOC$ 和 $\angle BOD$,其中 $\angle AOB$、$\angle AOD$、$\angle BOC$ 和 $\angle COD$ 四个角度各自对应形成一个最小四元环,其顶点符号可写为 $\{4_1 \cdot 4_1 \cdot 4_1 \cdot 4_1\}$;而 $\angle AOC$ 和 $\angle BOD$ 两个角度各自对应形成一个六元环 $OAEBFC$ 和 $OBFCGD$,但这两个六元环都存在捷径 OB 和 OC,那么这两个角的顶点符号则表示为 $\{* \cdot *\}$;将各个角度的顶点符号组合起来就得到总的拓扑结构的顶点符号 $\{4_1 \cdot 4_1 \cdot 4_1 \cdot 4_1 \cdot * \cdot *\}$,可简写为 $\{4 \cdot 4 \cdot 4 \cdot 4 \cdot * \cdot *\}$ 或 $\{4^4 \cdot * \cdot *\}$。

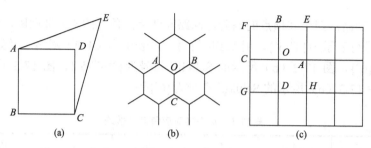

图 17-7　（a）{4₂}网络；（b）{6³}网络；（c）{4⁴·*·*}网络

　　三维配位聚合物的结构呈现出多样性及复杂性，使得相应的拓扑网络也相对比较复杂，用上述 Wells 符号和 Schläfli 符号表示法有时无法给出清晰及详细的拓扑信息，这时顶点符号表示法则相对较好。例如图 17-6（a）所示的金刚石网络，所有节点都是 4-连接的，每个节点可以形成 $4×(4-1)/2 = 6$ 个角度，每个角度都能形成两个最小六元环，如 $\angle AOB$ 所形成的两个最小六元环分别为 $OAGFEB$ 和 $OAHIJB$，则金刚石拓扑网络的顶点符号可以表示为 $\{6_2·6_2·6_2·6_2·6_2·6_2\}$。又如图 17-8 所示，为常见的 6-连接的 pcu 拓扑，每个节点可以形成 $6×(6-1)/2 = 15$ 个角度。如图 17-8（a）所示[26]，通过顶点 O（体心）与纸面平行的方向形成一个平面，包含四个最小四元环，分别是 $OCDE$、$OABC$、$OGHA$、$OEFG$，图中分别用 1、2、3、4 来表示，其顶点符号可表示为 $\{4·4·4·4\}$；同理，如图 17-8（b）和（c）所示，与 17-8（a）平面垂直的还有两个平面，这两个平面均包含独立的四个最小四元环，也分别用 1、2、3、4 来表示，每个顶点符号也都可以表示为 $\{4·4·4·4\}$。这三个平面所对应的最小四元环共 12 个，对应 12 个角度。另外，每一个平面还包含一个 180° 的角，以图 17-8（d）平行于纸面的平面为例，这个角度对应形成一个六元环 $OABCDE$，但这个六元环有捷径 OC，所以不是最小环，拓扑中仍然用"*"来表示，这样共有三个相互垂直的平面，所以顶点符号表示为 $\{*·*·*\}$。综上所述，6-连接 pcu 拓扑的顶点符号可表示为 $\{4·4·4·4·4·4·4·4·4·4·4·4·*·*·*\}$，或者简写为 $\{4^{12}·*·*·*\}$。

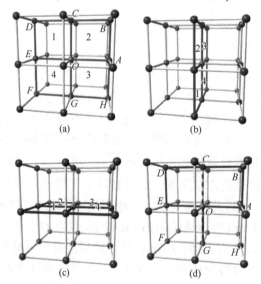

图 17-8　（a~c）pcu 拓扑中包含 12 个最小四元环的三个平面；（d）六元环及捷径[26]

　　相对于 Wells 符号与 Schläfli 符号表示法，顶点符号表示法详细地给出每个角度所在的最小环及数目，描述的拓扑信息比较详细，对于低连接的网络比较适用。但对于高连接或含有多个连接点的网络，如沸石结构、稀土元素高配位结构及多核簇为节点的高连接网络等，由于角度太多，书写很不方便。如文献中出现的双节点(3, 24)-高连接网络，仅一个节点 24-连接就有 $24×(24-1)/2 = 276$ 个角度，表达清楚其顶点符号将非常复杂，一般用其点符号来表示则比较容易，$\{(4^3)_8(4^{72}·6^{132}·8^{72})\}$。

4. 三字符（three letter symbol）表示法

三字符表示法包括扩展三字符（extension three letter symbol）表示法。随着 MOF 概念的提出及人们对其合成规律的认识，大量具有周期性网络（periodic net）结构的配位聚合物被合成出来，在上述拓扑表达方法的基础上，M. O'Keeffe 和 O. M. Yaghi 应时提出了更为简明的三字符拓扑网络表达方法。所谓三字符，是参考沸石命名规则（用大写的三个字母来表示拓扑结构），用三个粗体的小写字母来命名拓扑，并且每一个三字符都表示唯一的拓扑结构[8-10,27]①。例如沸石命名中，SOD 表示方钠石（sodalite）拓扑结构，FAU 表示八面沸石（faujasite）拓扑结构，MOR 表示丝光沸石（mordenite）拓扑结构等；而三字符中，**dia** 表示金刚石（diamond）拓扑结构，**pcu** 表示简单立方（primitive cubic）拓扑结构，**sql** 表示正方形格子（square lattice）拓扑结构等。大部分的三字符都是随机命名的，不专门基于任何特殊的字符和结构类型，只有某些拓扑命名遵循一定的规则，如有些拓扑命名是一些常见的结构类型和矿石英文名称的缩写，像 **kgm** 表示三角形格子（kagomé）拓扑结构，**hcb** 表示蜂窝状（honeycomb）拓扑结构，**qtz** 表示石英矿石（quartz）拓扑结构等；有些拓扑命名是一些化合物化学分子式中某一两个原子英文名称的简写，像 **ubt** 表示 UB-twelve＝UB_{12} 英文的简写，**pts** 表示 PtS 中铂（platinum）和硫（sulfur）元素英文名字的简写等。

在借鉴国际沸石结构数据库（the Structure Commission of the International Zeolite Association，IZA-SC）的基础上，M. O'Keeffe、O. M. Yaghi 联合 O. Delgado-Friedrichs、S. Batten、S. Hyde、D. Proserpio 等建立了网络化学结构数据库（Reticular Chemistry Structure Resource，RCSR），网址为 http://rcsr.anu.edu.au/，可以免费提供查找和使用。在 RCSR 数据库中，每个拓扑结构都用三字符来表示，方便了数据库的使用，提高了搜索率和使用率，同时在每种拓扑的当前页面处可得到该拓扑类型的详细信息。截止到 2018 年 10 月 15 日，RCSR 数据库共收录和阐明了 3202 种网络结构，其中三维网络 2882 种，二维网络 200 种，多面体网络 120 种[8-10,27]。

当拓扑结构为基本结构的衍生结构时，通常在三字符后面再加一个小写粗体字母，与原来的三字符用"-"隔开，这种表示方法就是扩展三字符表示法，实际上是四个字母。常加的字母有"**a**""**b**""**c**""**d**""**e**""**f**""**g**"等，所加后缀字母表达的意义在 RSCR 数据库里有详细说明。这里仅举几个例子进行简单解释。

字母"**-a**"表示增强网络（augmented net），是对原来基本拓扑的一种特殊修饰，是通过具有相同连接数的多面体或者多边形取代原来的节点来实现的。如图 17-9（a）所示，8-连接的 **bcu-a** 拓扑是指 **bcu** 拓扑所有的节点被具有 8-连接的立方体所取代而得到的；如图 17-9（b）所示，(4, 4)-连接的 **pts-a** 拓扑是指 **pts** 拓扑所有的节点被四边形和四面体两种 4-连接的节点所取代而得到的[26]。

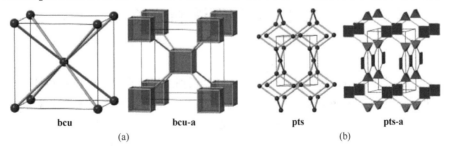

bcu   bcu-a   pts   pts-a

(a)   (b)

图 17-9 （a）**bcu** 和 **bcu-a** 拓扑；（b）**pts** 和 **pts-a** 拓扑[26]

字母"**-b**"表示双节点网络（binary net），是用两种不同的颜色来表示相同连接数的节点，二者不同的是，两种节点是由两种不同的化学成分所简化得到的，如一种颜色的节点是金属或者金属簇

---

① 三字符表示法有黑体和斜体两种，本章为黑体，其他章为斜体。

简化得到，另一种颜色的节点是有机配体简化得到，两种颜色可以区分各组分不同的化学属性。如图 17-10（a）和（b）所示，4-连接的 **dia** 拓扑和 **dia-b** 拓扑，6-连接的 **pcu** 拓扑和 **pcu-b** 拓扑等。

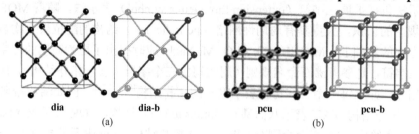

图 17-10 （a）**dia** 和 **dia-b** 拓扑；（b）**pcu** 和 **pcu-b** 拓扑

字母"**-c**"表示穿插网络（catenated net），是由相同的单个网络穿插得到。如图 17-11（a）和（b）所示，**dia-c** 拓扑是由两个相同的 **dia** 拓扑穿插得到。有时在四字符后面再加一个数字 n，表示由 n 个相同的网络穿插而成。如图 17-11（c）所示，**dia-c3** 拓扑是指由三个相同的 **dia** 拓扑穿插得到。

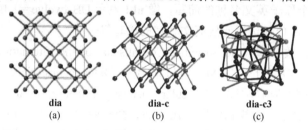

图 17-11 （a）**dia** 拓扑；（b）**dia-c** 拓扑；（c）**dia-c3** 拓扑

本节主要介绍了配位聚合物拓扑分析中常用的几个概念和几种拓扑符号表示方法。通过配位聚合物相关文献的调研，使用较多的拓扑表示方法是 Schläfli 符号和三字符，有的文献中是两种表示方法同时使用，其中三字符与 IUPAC 推荐使用的符号相一致。无论使用哪种符号表示方法，都必须根据实际结构中的化学信息进行简化，不能偏离原始的化学结构信息，并把简化的方式在描述拓扑结构时进行明确的说明。实际简化过程中，通常使用相关的拓扑分析软件进行运算和分析，如 Diamond、Topos、Olex 等[28-32]，获得简化的详细信息和拓扑表示符号，并通过软件所带的已知数据库检索所得拓扑网格的结构类型，从而确认拓扑结构的新颖性，详细简化过程及实例见 17.3 节内容。

17.2 拓扑网络的分类

对于已简化好的拓扑网络，接下来对其拓扑结构进行描述和分类。可以通过 17.1 节提到的计算机相关软件进行符号描述及拓扑类型的确认，也可以查找相关的专著及综述性文献进行比较和理解，还可以借助 RCSR 数据库获得相关拓扑的详细信息，这些软件和资料对配位聚合物拓扑的归类起到了重要作用。一般来说，根据不同的标准，拓扑网络具有不同的分类方法，最常见的是根据配位聚合物的空间维度和节点个数两种分类方法。本节主要通过配位聚合物的空间维度进行简单归类描述。

根据拓扑学原理分析，配位聚合物及其拓扑网络的空间结构主要分为零维（0D）、一维链状（1D）、二维网状（2D）以及三维框架（3D）结构[32-37]。其中，零维结构属于不连续结构，常见的有簇状（cluster）、笼状（cage）、轮状（wheel）等结构，相对比较简单，很多没有简化为拓扑分析，在这里不再赘述。本节只对一维结构、二维结构及三维结构进行简单说明。

17.2.1　一维拓扑结构

　　一维拓扑结构比较简单，文献中未见专门的拓扑符号来命名，通常是根据其空间结构特征和形状进行形象的概括。如图 17-12 所示常见的一维结构，包括直线形（linear）、Z 字形（zigzag）、双链形（double chain）、螺旋链（helix-chain）、鱼骨形（fish-bone）、梯形（ladder）、铁轨形（railroad）、圆柱形（cylinder）等。有些一维结构出现缠结（entangled）和穿插（interpenetrated）[38, 39]，表现出迷人的图案，具体见下面相关章节。

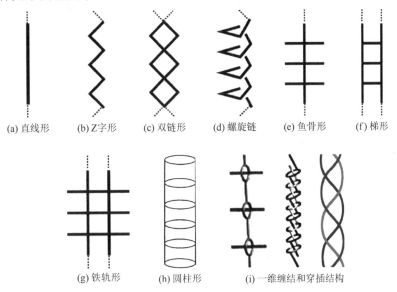

(a) 直线形　　(b) Z 字形　　(c) 双链形　　(d) 螺旋链　　(e) 鱼骨形　　(f) 梯形

(g) 铁轨形　　(h) 圆柱形　　(i) 一维缠结和穿插结构

图 17-12　一维拓扑结构模型

　　如图 17-13 所示，2005 年西北大学王尧宇教授课题组报道了第一例由一维链缠绕而成的三股螺旋链 $[Cu_4(bpp)_4(maa)_8(H_2O)_2]_n·2nH_2O$ （bpp = 1, 3-bis(4-pyridyl)propane，Hmaa = 2-methylacrylic acid）[40]。在这种化合物中，bpp 配体桥连 Cu^{2+} 离子形成一个内消旋的一维螺旋链，由于 maa 只有一端有配位基团，只起到端基配体的作用，阻断一维链向高维方向扩展，如图 17-13（a）所示。三个相同的一维螺旋链通过链间氢键作用相互缠绕，得到一个中性的三股螺旋链结构，拓扑可简化为三股螺旋辫，如图 17-13（b）和（c）所示。

　　一般来说，一维结构的形状主要是由有机配体的形状和连接方式决定的，一维结构之间或者与溶剂之间可以通过氢键、π-π 堆积或范德瓦耳斯力等作用连接成具有更高维数的结构。如图 17-14 所示，三峡大学李东升教授课题组于 2015 年报道了一例 1D→3D 多聚连锁超分子网络{[Zn(FDC)(phen)

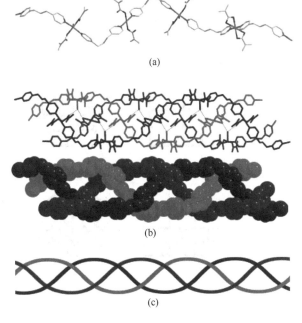

图 17-13　（a）一维单股螺旋链；（b）三股螺旋链球棍图和填充图；（c）三股螺旋辫拓扑[40]

(H₂O)]·0.5H₂O}$_n$$^{[41]}$。该化合物是由含氮端基配体 phen（phen = 1,10-phenanthroline）和桥连配体 H₂FDC（H₂FDC = 9-fluorenone-2,7-dicarboxylic acid）与 Zn^{2+}离子共同构筑的一维单臂链。如图 17-14（a）和（b）所示，链与链之间通过 π-π 相互作用形成一维分子梯，通过梯内部的四方空腔，一个梯与邻近的两个梯之间互锁［图 17-14（c）和（d）］，构成 1D→3D 的多聚连锁超分子网络［图 17-14（e）和（f）］。

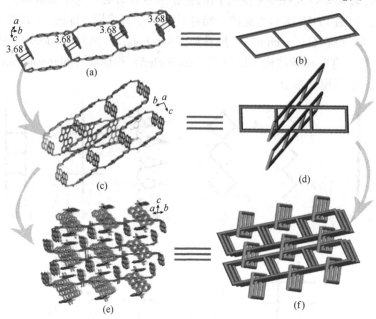

图 17-14　（a，b）一维单臂链构成一维梯；（c，d）梯与梯之间互锁；（e，f）1D→3D 的多聚连锁超分子网络[41]

17.2.2　二维拓扑结构

二维配位聚合物的结构也相对比较简单，文献中几种拓扑命名方法都在使用。常见的二维网络，有时也根据拓扑构形取其象形命名，如图 17-15 所示，二维正方形（square）、菱形格子（rhombic）、矩形（rectangular）、蜂巢形（honeycomb）、砖墙形（brick wall）、人字形（herringbone）、双层结构（bilayer）、Kagomé 格子等。二维配位聚合物的拓扑结构多呈现出单一的 3-连接、4-连接和 6-连接，以及一些混合的多连接或多节点的拓扑网络。

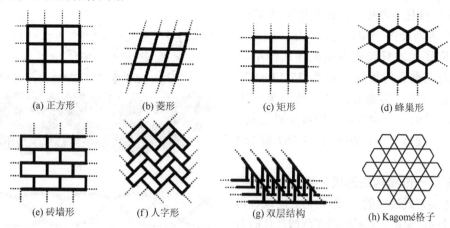

(a) 正方形　　　(b) 菱形　　　(c) 矩形　　　(d) 蜂巢形

(e) 砖墙形　　　(f) 人字形　　　(g) 双层结构　　　(h) Kagomé格子

图 17-15　各种常见的二维网络构型

1. 3-连接二维网络

如图 17-16 所示，2015 年乌克兰 S. V. Kolotilov 等报道了一例具有 3-连接 **hcb** 拓扑结构的二维配

位聚合物$[Fe_2NiO(Piv)_6(L^1)]_n·1.25nH_2O[Piv^- = pivalate，L^1 = tris(4-pyridyl)triazine]$[42]。在这种配位聚合物中，$Piv^-$配体桥连两个 Fe^{3+} 离子和一个 Ni^{2+} 离子形成一个杂三核簇$[Fe_2NiO(Piv)_6]$，在拓扑简化中，杂三核簇和 L^1 可分别简化为 3-连接的节点，则此配位聚合物可以简化为一个二维的蜂窝形 **hcb** 拓扑结构，其 Wells 符号为（6, 3），Schläfli 符号为$\{6^3\}$。改变配体，使用相同的合成方法，得到了另一种具有 3-连接 **fes** 拓扑结构的二维配位聚合物$[Fe_2NiO(Piv)_6(L^2)]_n·1.5nDMSO·3nH_2O[L^2 = 2, 6-bis(3-pyridyl)-4-(4-pyridyl)pyridine]$。在这种配位聚合物拓扑结构中，杂三核簇$[Fe_2NiO(Piv)_6]$和 L^2 仍可分别简化为 3-连接的节点，则此配位聚合物可以简化为一个二维的蜂窝形 **fes** 拓扑结构，其 Schläfli 符号为$\{4·8^2\}$。该拓扑是当时第一例由杂三核簇为次级构筑单元的 **fes** 拓扑。

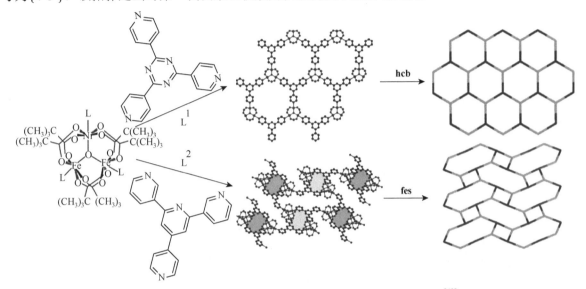

图 17-16　由杂三核簇构筑的二维 3-连接 **hcb** 和 **fes** 拓扑网络[42]

2. 4-连接二维网络

二维拓扑中报道最多的是 4-连接的 **sql** 拓扑，这里仅举一个例子简单说明。如图 17-17（a）所示，2015 年郑州大学侯红卫教授课题组报道了一例具有 4-连接 **sql** 拓扑结构的二维配位聚合物$\{[Co(L)_{0.5}(H_2O)_2]·CH_3OH·H_2O\}_n[H_4L = 5,5'-(hexane-1,6-diyl)-bis(oxy)diisophthalic acid]$[43]。在拓扑结构中，双核簇$[Co_2(CO_2)_2]$和配体 L 可分别简化为 4-连接的节点，则此配位聚合物可以简化为一个二维的矩形格子 **sql** 拓扑结构，其 Schläfli 符号为$\{4^4·6^2\}_2$。另外一个比较常见的 4-连接网络是 **kgm** 拓扑结构。如图 17-17（b）所示，2009 年南开大学程鹏教授课题组报道了一例具有 4-连接 **kgm** 拓扑结构的二维配位聚合物$\{[Cu(pytrz)_2](BF_4)_2·2H_2O\}_n$（pytrz = 4-pyridyl-1,2,4-triazole）[44]。在拓扑结构中，Cu^{2+} 离子通过配体 pytrz 与另外四个 Cu^{2+} 离子相连，形成 4-连接的节点，因此此配位聚合物可以简化为一个二维的 **kgm** 拓扑结构，其 Schläfli 符号为$\{3·6·3·6\}$。

3. 6-连接二维网络

6-连接的网络在二维结构中属于较高的连接。在拓扑简化过程中，节点的选择一般是具有高配位点的金属或者金属簇。如图 17-18 所示，2016 年新疆大学王多志等报道了一种具有 6-连接 **hxl** 拓扑结构的簇基二维配位聚合物$[Cd_2(H_2L)(NO_3)(OH)(H_2O)_2]_n[H_3L = bis-(1H-tetrazol-5-ylethyl)-amine]$[45]。在此化合物结构中，两个 μ_3-OH 桥连四个 Cd^{2+} 离子形成四核簇$[Cd_4(OH)_2(H_2O)_2(NO_3)_2]$，可简化为 6-连接的节点与另外相邻的 6 个四核簇相连，所以此配位聚合物可以简化为一个二维的 **hxl** 拓扑结构，其 Schläfli 符号为$\{3^6·4^6·5^3\}$。

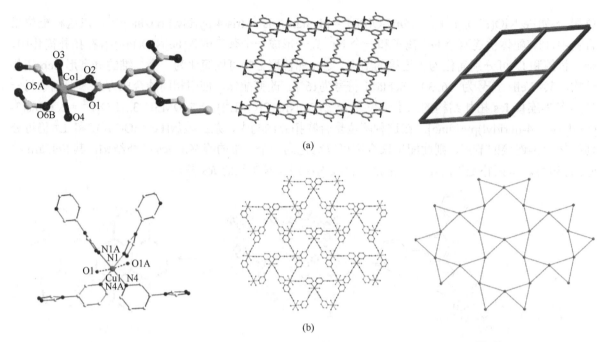

(a)

(b)

图 17-17 （a）二维 4-连接 **sql** 拓扑网络；（b）二维 4-连接 **kgm** 拓扑网络[43, 44]

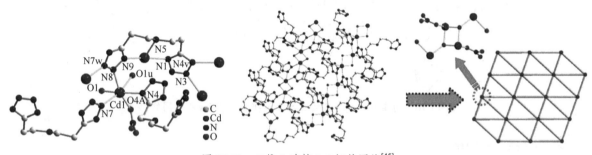

图 17-18 二维 6-连接 **hxl** 拓扑网络[45]

4. 双节点二维网络

双节点的二维网络最常见的是(3, 6)-连接的 **kgd** 网络。2016 年，华南师范大学蔡跃鹏教授课题组报道了三例具有二维(3, 6)-连接 **kgd** 网络的配位聚合物：[M₃(TCPB)₂(sovent)ₓ]·ysovent(M = Co，Cd，Mn，H₃TCPB = 1,3,5-tri(4-carboxyphenoxy)benzene)，如图 17-19 所示[46]。在化合物结构中，金属离子 M^{2+} 通过羧酸根聚合成三核金属簇[M₃(COO)₆] [图 17-19（a）]，它与相邻的 6 个配体 $TCPB^{3-}$ 配位相连，拓扑简化中可以看作 6-连接的节点，而配体 $TCPB^{3-}$ 作为三齿配体连接三个三核金属簇，因此可以简化为 3-连接的节点 [图 17-19（c）]，整个化合物则可以简化为(3, 6)-连接的 **kgd** 网络，其拓扑 Schläfli 符号为$\{4^3\}_2\{4^6 \cdot 6^6 \cdot 8^3\}$ [图 17-19（b）和（d）]。

5. 二维互穿网络

除了上述单一网络之外，二维网络各种格子之间经常具有空隙，为了稳定结构，两个或者更多个二维网络之间容易形成互穿。具体内容详见下面章节，这里仅举一个例子简单说明。如图 17-20 所示，2013 年南开大学卜显和教授课题组通过"自下而上"（bottom-up）的合成方法，使用羧酸根取代九核锌簇上的硝酸根离子，合成得到一例具有二重互穿的 4-连接网络配位聚合物 {[Zn₉Cl₂(bcpt)₂(Me₂bta)₁₂]·0.5DMF}ₙ（H₂bcpt = 3,5-bis(3-carboxyphenyl)-1,2,4-triazole，Me₂btaH = 5,6-dimethyl-1H-benzotriazole）[47]。在这种配位聚合物中，Zn^{2+} 通过 Me₂bta⁻ 配体聚合成九核锌簇，它通过

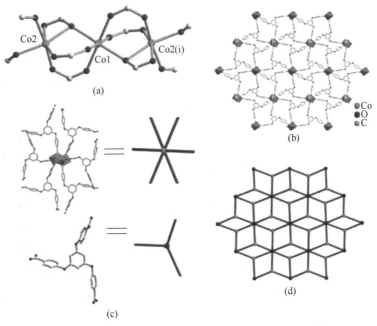

图 17-19　三核金属簇和二维(3, 6)-连接的 **kgd** 网络[46]

四个配体 bcpt 与相邻的四个九核锌簇相连,所以可以简化为 4-连接的节点 [图 17-20(a)]。由于九核锌簇和配体都比较大,连接后形成的二维矩形格子具有较大的空腔 [图 17-20(b)],它足以容纳九核锌簇的大小,所以另一个相同的网络与其相互穿插,形成一个二重互穿的 4-连接网络 [图 17-20(c)]。在拓扑图 17-20(c)中,为了较容易地看出互穿的结构,九核锌簇被简化为短的棒状连接体作为 4-连接的节点。

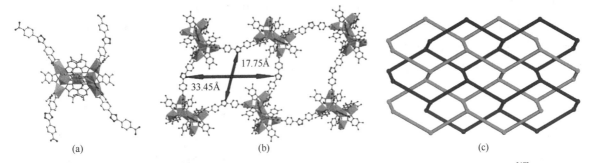

图 17-20　(a)九核锌簇和配体;(b)具有空腔的二维网络;(c)二重互穿的 4-连接网络[47]

总之,二维配位聚合物比较容易理解和简化。在 RCSR 数据库中,截止到 2018 年 10 月 15 日,共收录和阐明了 3202 种网状结构,其中二维网络 200 种,详细情况请见数据库。

17.2.3　三维拓扑结构

三维配位聚合物具有更加复杂的空间结构以及迷人的拓扑图形,也是所有网络中最多的结构。在 RCSR 数据库的 3202 种网状结构中,三维网络有 2882 种,占整个网络的 90.00%。由于三维网络的连接方式是比较复杂的,除了各种单节点网络之外,还有不少混节点的网络,近年来也出现不少高连接的网络。下面根据不同的连接进行举例说明。

1. 3-连接三维网络

在 3-连接的网络中最为常见的拓扑类型为 **srs** 和 **ths**,其他的 3-连接网络如 **nof**、**bto**、**utp**、**eta**、

twt 等相对较少。**srs** 网络是一种手性网络，Wells 符号为(10, 3)-a，Schläfli 符号则为$\{10^3\}$，如 Ag$^+$ 和含 N、S 配体形成的网络。如图 17-21 所示，2002 年南开大学卜显和教授课题组报道了一例由金属 Ag$^+$ 和含 S 配体形成的 **srs** 配位聚合物[Ag$_2$(L)$_3$(ClO$_4$)$_2$]$_n$[L = bis(phenylthio)methane][48]。该配位聚合物中 Ag$^+$ 作为 3-连接的节点，配体 L 只作为连接线，形成一个具有四重螺旋轴的 **srs** 网络，Schläfli 符号为$\{10^3\}$。

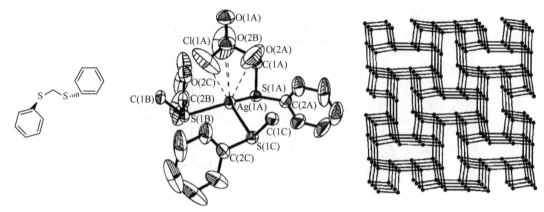

图 17-21　含 S 配体及与 Ag$^+$ 形成的 **srs** 手性网络[48]

srs 网络除了是手性网络之外，还容易形成较大的空腔，因此也比较易于形成互穿的网络来稳定其结构。如图 17-22 所示，2011 年东北师范大学马建方教授课题组报道了一例当时具有最高互穿的 **srs** 配位聚合物[Ag$_3$(OH)(H$_2$O)$_2$(Tipa)$_{2.5}$][Mo$_2$O$_7$]·4.5H$_2$O[Tipa = tri(4-imidazolylphenyl)amine][49]。该配位聚合物中 Ag$^+$ 与两个配体配位，因此在拓扑分析中，Ag$^+$ 只作为连接体不作为节点，两个配体中，一个是 2-连接的，另一个是 3-连接的，因此只以 3-连接的配体作为整个拓扑简化过程中 3-连接的节点，两个 3-连接的节点之间经过一个包含 N3-R-Ag-R-N8-R-Ag-R-N3（R = 4-imidazolylphenyl）的直线连接，其长度为 36.85Å，这么长的连接使得形成的配位聚合物具有较大的空腔，能够形成 54 个相同的 **srs** 拓扑发生互穿。这是当时互穿度最高的 **srs** 拓扑网络。

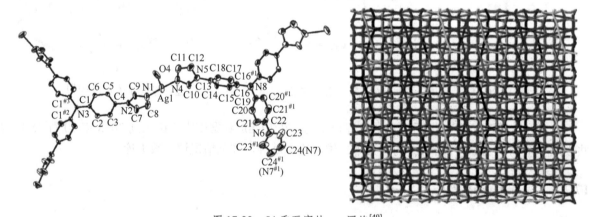

图 17-22　54 重互穿的 **srs** 网络[49]

2. 4-连接三维网络

4-连接的网络较为丰富，是整个三维拓扑中最多的网络。根据节点构型可以将 4-连接的网络分为三种类型：①只含有四面体节点的网络，常见的拓扑类型有 **dia**、**sra**、**qtz** 及 **sod** 等；②只含有平面四方形节点的网络，常见的拓扑类型有 **nbo**、**cds** 和 **lvt**；③同时含有四面体和平面四方形两种节点的网络，常见的拓扑类型为 **pts** 和 **mog** 等。

在 4-连接的网络中最为常见的拓扑类型为 **dia**，它以四面体作为节点，是一种非心对称的网络。其 Wells 符号为（6，4），Schläfli 符号则为 $\{6^6\}$。如图 17-23 所示，2015 年，肇庆学院刘建强等报道了一例由金属簇和混合配体形成的 **dia** 配位聚合物：$[Zn(NO_2\text{-}BDC)(dmbpy)_{0.5}]\cdot(EtOH)\cdot(H_2O)$（$NO_2\text{-}BDC$ = 5-nitroisophthalate，dmbpy = 2,2′-dimethyl-4,4′-bipyridine）[50]。该配位聚合物具有高的热稳定性，表现出较好的对白消安药物的缓释及选择性吸附 CO_2 的能力。当然，**dia** 拓扑也经常以互穿的结构出现，从二重互穿到十二重互穿均有报道，详见下面章节。

图 17-23 **dia** 网络[50]

如图 17-24 所示，2009 年，东北师范大学王恩波教授课题组报道了两例手性的铁基配位聚合物：$Na_{96}[Na_{24}Fe_{168}(L\text{-}Tart)_{96}(\mu_3\text{-}O)_{48}(HCOO)_{144}]\cdot310H_2O(L\text{-}Fe_{168})$ 和 $Na_{96}[Na_{24}Fe_{168}(D\text{-}Tart)_{96}(\mu_3\text{-}O)_{48}(HCOO)_{144}]\cdot310H_2O(D\text{-}Fe_{168})$（Tart = tartrate）[51]。该配位聚合物使用手性酒石酸配体聚合 Fe^{3+} 形成 $\{Fe_{28}\}$ 轮，通过 $\{Na_4\}$ 簇连接邻近的另外四个 $\{Fe_{28}\}$ 轮形成 Fe_{168} 配位聚合物，则 $\{Fe_{28}\}$ 轮可以简化为 4-连接的节点，形成 **nbo** 网络拓扑，Schläfli 符号为 $\{6^4\cdot8^2\}$。节点的几何构型为平面正方形，每个节点连接 4 个六元回路和 2 个八元回路，如图 17-24 所示。

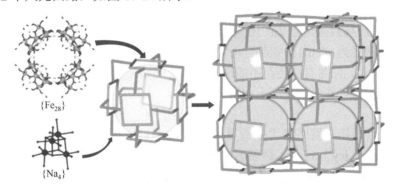

图 17-24 $\{Fe_{28}\}$ 作为节点及 **nbo** 网络[51]

如图 17-25 所示，2013 年中国科学院福建物质结构研究所曹荣研究员课题组报道了一例由四面体和平面四方形两种节点共同构成的 **pts** 配位聚合物：$[Cd_2DBIP(H_2O)_2DMA]\cdot5DMA\cdot5H_2O[H_4DBIP = $ 5-(3, 5-dicarboxybenzyloxy)-isophthalic acid]$[52]$。该配位聚合物中金属离子 Cd^{2+} 通过羧酸根形成双核金属簇 $[Cd_2(COO)_4(H_2O)_2DMA]$ 作为四面体 4-连接的节点，配体 $DBIP^{4-}$ 作为平面四方形 4-连接的节点，两种节点共同构成一个具有较大空腔的 **pts** 网络，Schläfli 符号为 $\{4^2\cdot8^4\}\{4^2\cdot8^4\}$。

3. 5-连接三维网络

具有 5-连接节点的拓扑网络相对于 3-连接和 4-连接的拓扑网络较为少见，主要包括 **bnn**、**sqp**、**nok**、**noo**、**nov**、**noy** 和 **noz** 等。文献报道的绝大多数都是前两种拓扑类型，后几种拓扑类型只有零星的报道。如图 17-26 所示，2005 年 O. M. Yaghi 等报道了一例由螺旋带状基元构筑的具有 **bnn** 网络的配位聚合物

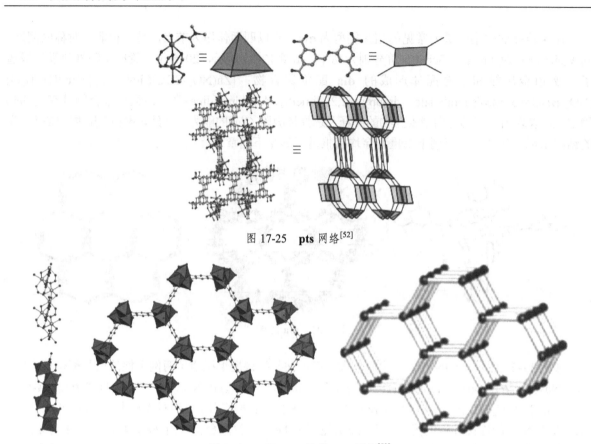

图 17-25 **pts** 网络[52]

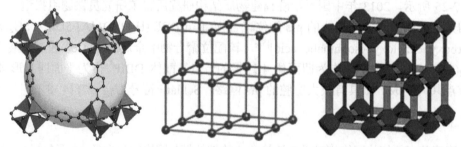

图 17-26 MOF-74 及其 **bnn** 网络[53]

MOF-74：[Zn$_2$(DHBDC)(DMF)$_2$·(H$_2$O)$_2$](DHBDC = 2,5-dihydroxy-1,4-benzenedicarboxylic acid)[53]。该配位聚合物由羧酸和羟基共同聚合 Zn^{2+}形成螺旋[O$_2$Zn$_2$(CO$_2$)$_2$]带状基元，并通过配体连接成 **bnn** 网络拓扑，其 Schläfli 符号为{4^6·6^4}。节点的几何构型为三角双锥，每个节点连接 6 个四元回路和 4 个六元回路，其中一个六元回路有捷径，不能形成环，所以其顶点符号应为{4·4·4·4·4·4·6·6·6·*}。

4. 6-连接三维网络

具有 6-连接节点的拓扑网络绝大多数属于 **pcu** 类型，它占整个 6-连接网络的 90%以上，其他 6-连接的网络有 **acs**、**lcy**、**crs** 等。最著名的 **pcu** 拓扑网络是 O. M. Yaghi 等报道的 MOF-5：[Zn$_4$O(BDC)$_3$]·(DMF)$_8$·(C$_6$H$_5$Cl)(H$_2$BDC = 1,4-benzenedicarboxylate)[54]。在此配位聚合物中，Zn^{2+}通过氧桥和羧酸根桥形成四核锌簇[Zn$_4$O(COO)$_4$]，它与周围邻近的 6 个四核锌簇相连，可以简化为 6-连接的八面体节点，拓扑符号为 **pcu** 网络，Schläfli 符号为{4^{12}·6^3}，如图 17-27 所示。

图 17-27 MOF-5 及 **pcu** 网络[54]

如图 17-28 所示，2013 年，南开大学卜显和教授课题组使用羧酸和唑类混合配体，合成得到一例具有 6-连接 **pcu** 拓扑网络的配位聚合物[NH$_2$(CH$_3$)$_2$]$_2$[Cd$_3$(BTA)(BTC)$_2$(H$_2$O)]$_2$·7DMAC·8H$_2$O（HBTA = 1-*H*-benzotriazolate，H$_3$BTC = 1,3,5-benzenetricarboxy）[55]。在这种配位聚合物中，Cd^{2+}通过 BTA$^-$ 配体聚合成三核镉簇{Cd$_3$}，三个{Cd$_3$}簇通过 6 个 BTC^{3-}形成一个笼状的{Cd$_3$}$_3$ ［图 17-28（a）］，它可以与相邻的 6 个笼相连，所以可以简化为 6-连接的节点 ［图 17-28（c）］，最终得到 *pcu* 拓扑网络 ［图 17-28（d）］。

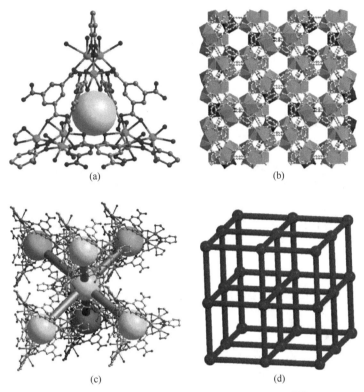

(a)　　　　　　　　　　　(b)

(c)　　　　　　　　　　　(d)

图 17-28　{Cd$_3$}$_3$ 笼及其三维结构和 **pcu** 网络[55]

5. 高连接三维网络

当连接数大于 6 时，一般被认为是高连接网络[55-59]，由于金属离子配位数的限制以及有机配体本身的位阻效应，高连接网络报道得比较少。为了解决这一难题，一个有效的策略就是利用高配位的稀土离子或者金属簇作为节点。高连接的网络中单节点 8-连接的 **bcu** 和 12-连接的 **fcu** 网络较为常见。

如图 17-29 所示，2013 年，南开大学卜显和教授课题组通过改变金属，合成得到一例具有 8-连接 **bcu** 拓扑网络的配位聚合物[NH$_2$(CH$_3$)$_2$]$_2$[Zn$_3$(BTA)(BTC)$_2$(H$_2$O)]·4DMAC·3H$_2$O（HBTA = 1-*H*-benzotriazolate，H$_3$BTC = 1,3,5-benzenetricarboxy）[55]。在这种配位聚合物中，Zn^{2+}通过 BTA$^-$配体聚合成三核锌簇{Zn$_3$}，四个{Zn$_3$}簇通过 8 个 BTC^{3-}形成一个盒子状的{Zn$_3$}$_4$ ［图 17-29（a）］，它可以与相邻的 8 个盒子相连，所以可以简化为 8-连接的节点 ［图 17-29（c）］，最终得到 **bcu** 拓扑网络 ［图 17-29（d）］，Schläfli 符号为{4^{24}·6^4}。其节点构型是立方体，每个节点连接 24 个四元回路和 4 个六元回路。

fcu 网络为面心立方晶格，其点符号为{3^{24}·4^{36}·5^6}。这种网络只有一个节点，每个节点连接 24 个三元回路、36 个四元回路和 6 个五元回路。如图 17-30 所示，2005 年，山西师范大学张献明教授课题组报道一例具有 12-连接 **fcu** 拓扑网络的配位聚合物[Cu$_3$(pdt)$_2$(CN)]（pdt = 4-pyridinethiolate）[57]。在这种配位聚合物中，Cu^{2+}通过 dtp 配体上的硫聚合成六核铜簇{Cu$_6$S$_4$}，它通过 8 个 dtp 配体和 4 个 CN$^-$连接相邻的 12 个{Cu$_6$S$_4$}簇，所以可以简化为 12-连接的节点，最终得到 **fcu** 拓扑网络。

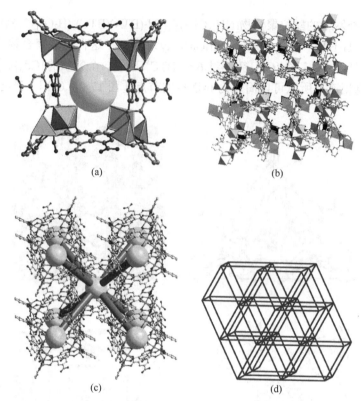

(a)

(b)

(c)

(d)

图 17-29　{Zn₃}₄盒子及其三维结构和 **bcu** 网络[55]

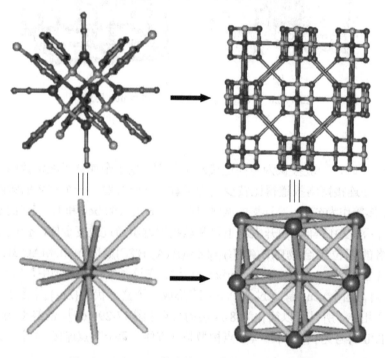

图 17-30　{Cu₆S₄}簇及其三维结构和 **fcu** 网络[57]

6. 混合连接三维网络

　　除了单连接单节点网络之外，近年来混合连接多节点配位聚合物也不断被报道，如（3，4）、（3，5）、（3，6）、（3，10）、（3，12）、（3，13）、（3，14）、（3，24）、（3，36）、（4，6）、（4，8）、（4，10）、（4，12）、（4，24）-连接等，更有为数不多的 3-连接节点甚至 4-连接节点的配位网络也见文献报道。

如图 17-31 所示，2011 年，厦门大学黄荣彬教授课题组报道一例具有(4, 24)-连接拓扑网络的配位聚合物$[Ag_{12}(MA)_8(mal)_6·18H_2O]_n$(MA = melamine，$H_2$mal = malonic acid)[58]。在这种配位聚合物中，Ag^+通过 MA 配体聚合成十二核银立方八面体笼$\{Ag_{12}(MA)_8\}$，它连接 24 个 mal 配体，可以简化为 24-连接节点，每个 mal 配体连接 4 个立方八面体笼，简化为 4-连接节点，最终得到(4, 24)-连接的 **twf** 拓扑网络。

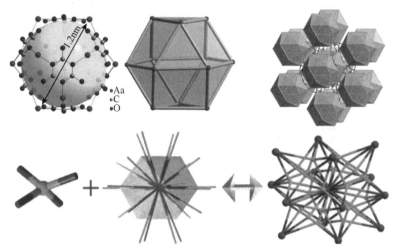

图 17-31　十二核银立方八面体笼$\{Ag_{12}(MA)_8\}$及其 **twf** 网络[58]

如图 17-32 所示，2010 年，中山大学鲁统部教授课题组报道了一例三节点（4, 8, 16）-连接拓扑网络的配位聚合物$[Cd_7(OH)_6(Tzc)_4]_n$(Tzc = tetrazolate-5-carboxylate)[59]。在这种配位聚合物中，四个μ_4-OH 连接 6 个Cd^{2+}聚合成无心的八面体簇$\{Cd_6(OH)_4\}$，它连接 4 个$\{Cd(OH)_2\}$单元和 12 个 Tzc 配体组成 16-连接的节点，每个$\{Cd(OH)_2\}$单元连接 4 个八面体簇$\{Cd_6(OH)_4\}$和 4 个 Tzc 配体组成 8-连接的节点，每个 Tzc 配体连接 3 个八面体簇$\{Cd_6(OH)_4\}$和 1 个$\{Cd(OH)_2\}$单元组成 4-连接的节点，整个三维结构则可以简化为三节点(4, 8, 16)-连接的拓扑网络，Schläfli 符号为$(3^2·4^3·5)(3^8·4^{10}·5^8·6^2)(3^8·4^{32}·5^{36}·6^{30}·7^{14})$。

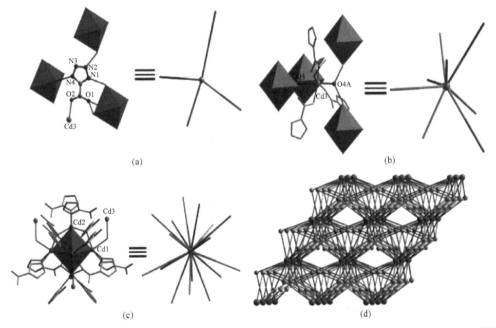

图 17-32　（a）3-连接节点；（b）8-连接节点；（c）16-连接节点；（d）（4, 8, 16）-连接拓扑网络[59]

对于高连接配位聚合物网络结构的详细内容，请参见第 18 章的内容。

本节主要介绍了通过配位聚合物的维度对拓扑结构进行分类，并列举了一些常见拓扑的实例。

17.3 拓扑网络分析软件简介

对于配位聚合物来说，我们如何确定其结构？如何判断它的结构属于哪种拓扑网络？这就需要借助软件进行分析。目前，配位聚合物拓扑分析软件主要有 Diamond、Topos 和 Olex 等。下面以实例分别简单介绍这三种软件的使用方法。

17.3.1 Diamond 软件简化拓扑结构

Diamond 是一款晶体与分子结构可视化软件，软件网址为 http://www.crystalimpact.com/diamond/Default.htm。Diamond 整合了丰富的功能，可以简化处理晶体结构数据冗长的工作，不仅可以绘制出丰富多彩的分子和晶体结构，而且可以简化复杂的网络结构。Diamond 的主要工具栏为标准工具栏、图像工具栏、移动工具栏、测量工具栏、转换工具栏和视频工具栏（图 17-33）。多样而简单的操作程序为配位聚合物结构分析提供了便捷。

图 17-33 Diamond 软件的主要工具栏

下面以我们的研究结果为例来简单介绍该软件分析结构的操作流程。

例 17-1 配位聚合物 $\{[Cu(pytpy)] \cdot NO_3 \cdot CH_3OH\}_{\infty}$ 的简化[60]

1. 打开 Diamond 软件，导入目标 cif 文件

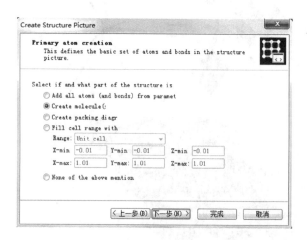

图 17-34 Create Structure Picture 界面的选择

在 File 菜单中点击 Open，可以看到 Diamond 软件能打开的所有文件类型，前三项是 Diamond 软件的默认格式，其中 cif 文件格式最为通用。ICSD/Crystin 及 CSD-FDat 是两个晶体学数据库输出的文件格式。Protein Data Bank 格式表示支持蛋白质晶体数据库文件。选择目标 cif 文件后，点击下一步，根据实际所需勾选每一步的选项框或者默认程序选择直至完成。例如 "Primary atom creation" 这一步，可以根据所需结构分析和绘图要求选择不同的分子模式。本例中我们勾选 "Create molecule" 项（图 17-34），继续点击下一步至打开本例的分子结构图（图 17-35）。

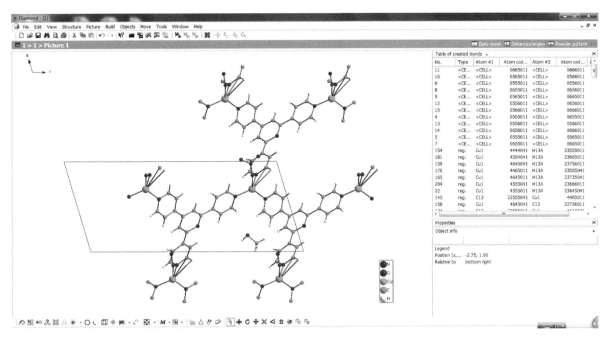

图 17-35　导入 cif 文件

2. 结合 cif 文件分析配位聚合物的结构

通过分析晶体结构，我们发现每个配体连接三个铜离子，可以简化为一个节点。同时，每一个铜离子可看作另一个节点。基于结构特点的考虑，我们首先简化配体的连接方式，点击 shift 选中配体中间的吡啶环，进一步点击转换工具栏中的 ❀ 图标插入"假原子"。点击测量工具栏中的 ⅲ 图标测出"假原子"与金属原子之间的距离，分别为 7.6451Å、7.6477Å 和 7.6835Å（图 17-36）。

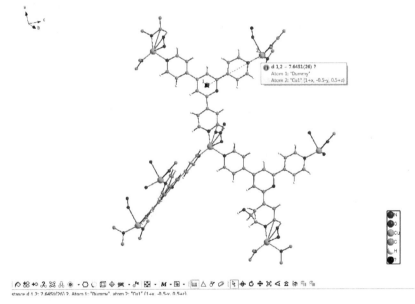

图 17-36　插入"假原子"（黑色圆点）并测量其与金属原子的间距

3. 构筑拓扑网络

点击图像工具栏中的 ❀ 图标并设置 Cu 原子和假原子"？"的键距在 7.6451～7.6835Å 范围（图 17-37）。然后点击 ❀ 图标若干次，使整体结构生长完全（图 17-38）。

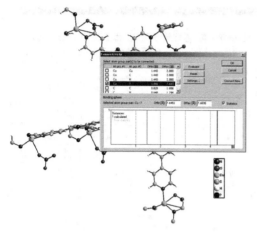

图 17-37　设置 Cu 原子和假原子"？"的键距

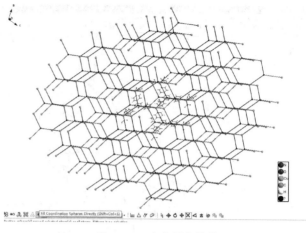

图 17-38　生长网络结构

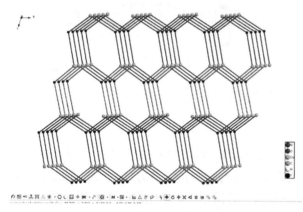

图 17-39　修饰后的拓扑网络

4. 修饰拓扑网络

通过"Table of atom groups"菜单删除所有非节点原子，同时通过"Table of bond groups"删除所有非 7.6451～7.6835Å 范围的键。点击移动工具栏中的 ✛ 图标并删除不规则的原子和键，修饰整体结构（图 17-39）。

5. 调整、美化和分析拓扑网络

继续删减不规则的原子和键。点击"Picture"选择"Atom Design"将不同节点原子设置成不同的颜色。将拓扑网络调整到合适的角度，得到最终的结构图（图 17-40）。我们采用简单标记法对该拓扑结构进行分析，可以看出网络中最小回路为 10，每个节点的连接数为 3，因此该拓扑结构可标记为（10, 3）拓扑网络（图 17-41）。

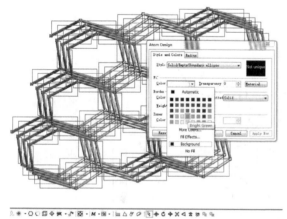

图 17-40　设置节点原子的颜色

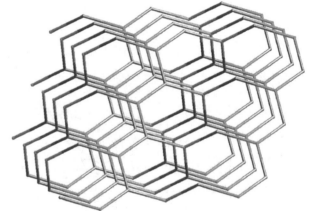

图 17-41　最终的（10, 3）拓扑网络

我们将在以下拓扑分析软件的介绍中进一步深入分析该例的拓扑结构及不同的符号表示方法。Diamond 软件对于配位聚合物的拓扑结构只能进行简单的分析，并且也只适用于较为简单的拓扑网络。也就是说 Diamond 软件主要用于绘制配位聚合物的各种网络结构，但不能对其各种拓扑表示符号进行分析，只能人为地查找相关要素。

17.3.2　Topos 软件简化拓扑结构

Topos 软件网址为 http://topospro.com/，作者是 V. A. Blatov 和 A. P. Shevchenko。该软件不仅可用于绘制分子结构图，而且可以计算分子表面和分子间相互作用的性质，同时也可分析空穴尺寸。然而，Topos 最擅长的"工作"是分析分子网络的拓扑结构[61]，结合其自带的拓扑数据库，并给出相应的拓扑符号和新颖度。下面将以实例来介绍该软件的用法。

1. 单金属节点网络拓扑结构及互穿结构分析

我们继续以例 17-1 为例，通过 Topos 软件简化并分析其拓扑结构。
1）删除 cif 文件中的游离溶剂分子和抗衡离子

为了简化方便，可以对 cif 文件进行预处理，也就是删除对拓扑结构没有影响的游离溶剂分子和抗衡离子。
2）打开 Topos 软件，导入 cif 文件，把 cif 文件转化为 Topos 软件识别的 cmp 文件

Topos 软件并不是仅仅可以导入 cif 文件，还可以导入 res、cgd 等文件。在本例中我们将导入 cif 文件进行拓扑分析。

点击主面板上的"Database"菜单选择"Import"，导入删除游离溶剂分子和抗衡离子的目标 cif 文件，本例中为 1.cif。新建一个*.cmp 文件，此处为 1.cmp（可以随意命名）。当出现"Converted 1 compounds"对话框时证明转换成功（图 17-42）。

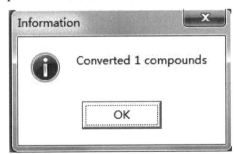

图 17-42　cif 文件转换成 cmp 文件

3）查看导入后的结构图
点击主面板上的 ✎ 图标，在新窗口"IsoCryst"中观察转换成 cmp 文件的结构（图 17-43）。

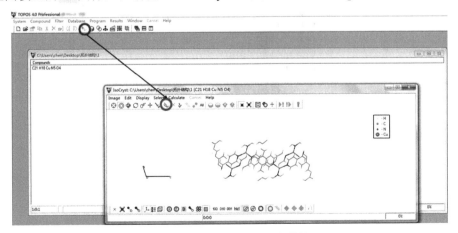

图 17-43　用 IsoCryst 观察结构

4）点击主面板上的⊗图标，用"AutoCN"计算所有原子的连接情况

Topos 软件不能识别导入文件的成键信息，因此我们要通过"AutoCN"进行转换来识别每个原子的连接情况（配位数），这也是用 Topos 软件分析拓扑结构必须进行的重要步骤。

点击⊗图标，出现一个新的对话框，点击"Options"，在弹出的对话框中点击"Matrix"标签，同时勾选"Sectors"、"Solid Ang."和"Dist. + Rsds"，然后点"Ok"退出并点"Run"运算，出现分析结果（图 17-44）。

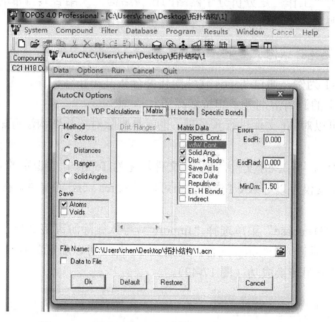

图 17-44 用"AutoCN"计算所有原子的连接情况

此时，我们可以双击配位聚合物的名称会出现另一个对话框，点击"Adjacency Matrix"可以检查各原子的连接情况（图 17-45），同时可以更改键的类型，也可以删除不需要的原子或键，也就是说在需要的情况下可以简化"Matrix"。从计算结果可以看出 Cu 原子为 3-连接（配位），与 cif 文件匹配。这一步操作极为重要，不容许出错。

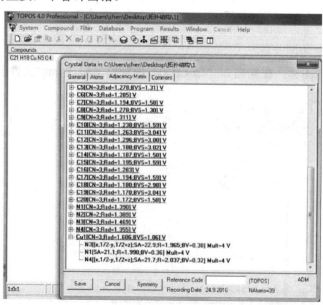

图 17-45 检查各原子的连接情况

5）点击主面板上的 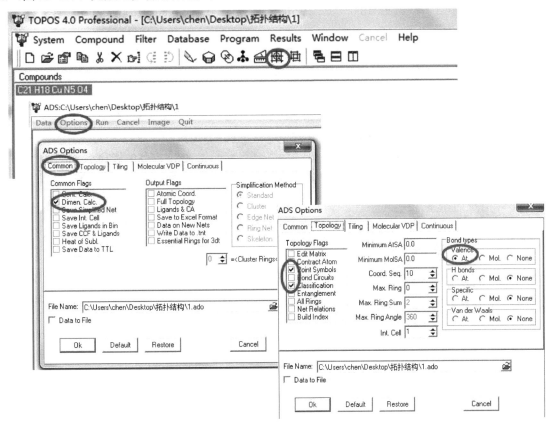 图标，用"ADS"分析拓扑

点击运行 图标，弹出一个对话框。点"Options"选项，在"Common"下勾选"Dimen. Calc."，在"Topology"下勾选"Point Symbols"和"Classification"两个选项，同时在"Bond types"栏中对"Valence"选择 At.。如果配位聚合物结构中存在氢键，在"H bonds"下同时勾选 Mol.（图 17-46）。完成这步操作后点击"Ok"退出。

图 17-46　设置"ADS"运行参数

完成上述操作之后点击"Run"计算进行分析，此时会弹出一个"Choose Central Atoms"对话框，需要我们选择中心原子。中心原子的选择至关重要，只有选对了中心原子，"简化节点"才能得到正确的拓扑分析结果。从 cif 文件的分析，我们选择 Cu 原子和三齿配体 pytpy 为中心（节点）。

分析结果如下：

```
##################
6:C21 H18 Cu N5 O4
##################
Topology for N1
--------------------

Atom N1 links by bridge ligands and has
Common vertex with                        R(A-A)
Cu 1    0.6937      0.8756      0.8468    (0 0 0)    1.990A        1
N  3   -0.1480      0.7532      0.3861    (-1 0 0)   9.606A        1
N  4    0.5843      1.5108      0.3950    (0 1 0)    9.828A        1
Topology for N3
```

```
--------------------
Atom N3 links by bridge ligands and has
Common vertex with                              R(A-A)
Cu 1   0.6937    0.6244    0.3468    (0 1-1)    1.965A           1
N  1   1.6119    0.9116    0.7567    (1 0 0)    9.606A           1
N  4   1.5843    1.5108    0.3950    (1 1 0)    10.054A          1
Topology for N4
--------------------

Atom N4 links by bridge ligands and has
Common vertex with                              R(A-A)
Cu 1   0.6937    0.6244    0.3468    (0 1-1)    2.037A           1
N  1   0.6119   -0.0884    0.7567    (0-1 0)    9.828A           1
N  3  -0.1480   -0.2468    0.3861    (-1-1 0)   10.054A          1
Topology for Cu1
--------------------

Atom Cu1 links by bridge ligands and has
Common vertex with                              R(A-A)
N  3   0.8520    0.7468    0.8861    (0 1 0)    1.965A           1
N  1   0.6119    0.9116    0.7567    (0 0 0)    1.990A           1
N  4   0.5843    0.9892    0.8950    (0 1 0)    2.037A           1
-------------------------

Structural group analysis
-------------------------

-------------------------

Structural group No 1
-------------------------

Structure consists of 3D framework with CuN4C20H14
There are 4 interpenetrating nets
TIV:Translating interpenetration vectors
-------------------------------------------

[0,1,0](9.30A)
-------------------------------------------

NISE:Non-translating interpenetration symmetry elements
----------------------------------------------------------

1:-1
----------------------------------------------------------

PIC:[0,2,0][1,1,0][0,0,1](PICVR=2)
Zt=2; Zn=2
Class IIIa  Z=4[2*2]
Coordination sequences
----------------------

N1:  1  2  3   4   5   6   7    8    9   10
```

```
Num    3   4   8    12   16   32   48    46    80    98
Cum    4   8   16   28   44   76   124   170   250   348
----------------------
N3:    1   2   3    4    5    6    7     8     9     10
Num    3   4   8    12   16   32   48    48    80    96
Cum    4   8   16   28   44   76   124   172   252   348
----------------------
N4:    1   2   3    4    5    6    7     8     9     10
Num    3   4   8    12   16   32   48    48    80    96
Cum    4   8   16   28   44   76   124   172   252   348
----------------------
Cu1:   1   2   3    4    5    6    7     8     9     10
Num    3   6   6    12   24   24   48    66    56    102
Cum    4   10  16   28   52   76   124   190   246   348
----------------------
TD10=348
Vertex symbols for selected sublattice
---------------------------------------
N1 Point symbol:{3.15^2}
Extended point symbol:[3.15(4).15(4)]
---------------------------------------
N3 Point symbol:{3.15^2}
Extended point symbol:[3.15(2).15(4)]
---------------------------------------
N4 Point symbol:{3.15^2}
Extended point symbol:[3.15(2).15(4)]
---------------------------------------
Cu1 Point symbol:{15^3}
Extended point symbol:[15(2).15(4).15(4)]
---------------------------------------
Point symbol for net:{15^3}{3.15^2}3
3,3,3-c net with stoichiometry(3-c)(3-c)2(3-c); 3-nodal net
Topological  type:3,3,3T10(MOF.ttd){15^3}{3.15^2}3-VS[3.15(2).15(4)][3.15(4).
15(4)][15(2).15(4).15(4)](78929 types in 11 databases)
Elapsed time:21.51 sec.
```

从以上的分析结果可以看出，每个 Cu 原子是 3-连接点，每个配位 N 原子也是 3-连接点。然而，在 cif 文件初始分析中，我们把每个三齿配体 pytpy 看作一个 3-连接点。因此，我们将继续简化拓扑网络。

6）继续简化并分析拓扑结构

双击配位聚合物名称，点击 "Adjacency Matrix"，展开 Cu1 原子，右击与 Cu1 连接的原子，选择 "Change Type" 下选项 "H bond" 将键都设置成氢键。可以看到，设置之后的 N 原子信息都变成了蓝色（图 17-47）。

图 17-47　Cu1 原子与配位原子 N 的键设置

　　继续运行"ADS"，弹出一个对话框。点"Options"选项，在"Common"下勾选"Dimen.
Calc."和"Save Simplified Net"，对弹出的对话框选"Yes"；在"Topology"下将不能勾选"Point
Symbols"和"Classification"两个选项（如果勾选"Point Symbols"和"Classification"将得到拓扑
分析结果信息），并将"Coord. Seq."设置为 10，同时在"Bond types"栏中对"Valence"选择 At.，
在"H bonds"下同时勾选 Mol.（图 17-48）。完成这步操作后点击"Ok"退出。

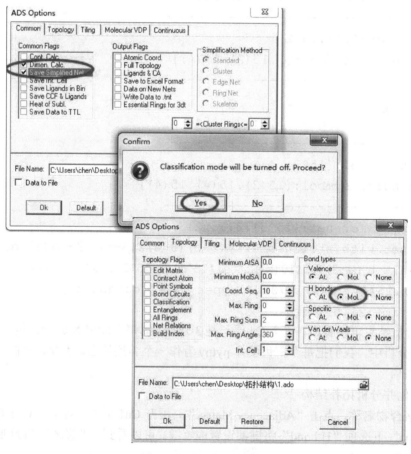

图 17-48　设置 ADS 选项

点击"Run"运行，弹出对话框"Create database"，点击"Yes"后再次弹出对话框"Enter your user code"，输入一个数字，在此例中我们输入数字 1，得到一个子配位聚合物名称（图 17-49）。

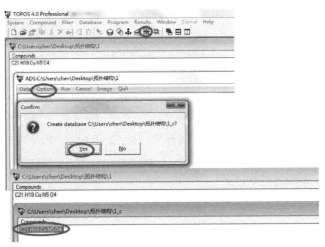

图 17-49　建立拓扑分析的子数据集

再次运行"ADS"，弹出的对话框点"Run"会弹出一个对话框"Enter your user code"，输入 1，再次弹出"Choose Central Atoms"对话框。按"Insert"选中中心原子 Cu 和配体中心原子 Sc（图 17-50）。点击"Ok"退出，点击"Run"得到如下分析结果。

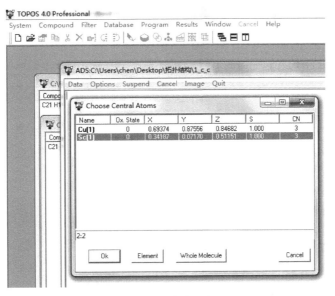

图 17-50　选择中心原子

```
##################
2:C21H18CuN5O4
##################
Topology for Sc1
------------------
Atom Sc1 links by bridge ligands and has
Common vertex with                          R(A-A)
Cu 1    0.6937    -0.1244    0.8468    (0-1 0)    7.588A        1
```

```
Cu 1    -0.3063    -0.3756    0.3468    (-1 0-1)    7.638A         1
Cu 1     0.6937     0.6244    0.3468    (0 1-1)     7.733A         1
Topology for Cu1
-----------------------
Atom Cu1 links by bridge ligands and has
Common vertex with                                R(A-A)
Sc 1     0.3419     1.0717    0.5115    (0 1 0)    7.588A         1
Sc 1     1.3419     0.4283    1.0115    (1 0 0)    7.638A         1
Sc 1     0.3419     1.4283    1.0115    (0 1 0)    7.733A         1
--------------------------
Structural group analysis
--------------------------

--------------------------
Structural group No 1
--------------------------
Structure consists of 3D framework with CuSc
There are 4 interpenetrating nets
TIV:Translating interpenetration vectors
-------------------------------------------
[0,1,0](9.30A)
-------------------------------------------
NISE:Non-translating interpenetration symmetry elements
-----------------------------------------------------------
1:-1
-----------------------------------------------------------
PIC:[0,2,0][1,1,0][0,0,1](PICVR=2)
Zt=2; Zn=2
Class IIIa  Z=4[2*2]
Coordination sequences
-----------------------
Sc1: 1  2    3    4    5    6     7     8     9     10
Num  3  6    12   24   38   56    77    102   129   160
Cum  4  10   22   46   84   140   217   319   448   608
-----------------------
Cu1: 1  2    3    4    5    6     7     8     9     10
Num  3  6    12   24   38   56    77    102   129   160
Cum  4  10   22   46   84   140   217   319   448   608
-----------------------
TD10=608
Vertex symbols for selected sublattice
----------------------------------------
Sc1 Point symbol:{10^3}
```

```
Extended point symbol:[10(2).10(4).10(4)]
------------------------------------
Cu1 Point symbol:{10^3}
Extended point symbol:[10(2).10(4).10(4)]
------------------------------------
Point symbol for net:{10^3}
3-c net; uninodal net
Topological type:ths ThSi2;3/10/t4(topos&RCSR.ttd){10^3}-VS [10(2).
10(4).10(4)](78929 types in 11 databases)
Elapsed time:5.64 sec.
```

从以上分析结果能够看出，此配位聚合物为（10, 3）网络，拓扑类型为 $ThSi_2$，Schläfli 符号为 $\{10^3\}$，三字符为 **ths**。此外，Topos 分析结果显示该例配位聚合物为四重互穿结构，我们将继续分析其结构特征。

7）分析简化互穿结构

选中子结构名，点击主面板上的 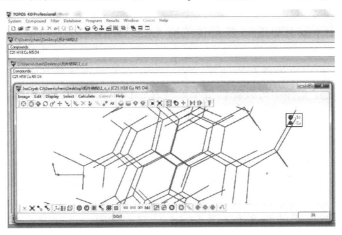 图标，用"IsoCryst"观察配位聚合物拓扑的互穿结构（图 17-51）。

图 17-51　简化后的拓扑网络

在"IsoCryst"界面下点击 图标，分别选中每一个单一网络，通过 来调节颜色（此界面的各图标功能，读者自行参照 http://topospro.com/）。点击 图标单击结构网络上的某一原子会弹出一对话框，可任意选择网络颜色，同时勾选"Selected"，点"Ok"退出（图 17-52）。按照这种操作方式把所有单一网络标出，我们发现共有 4 个单一网络，验证了拓扑分析结果（图 17-53）。

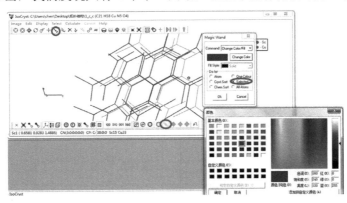

图 17-52　设置单一网络颜色

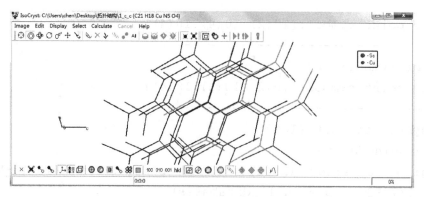

图 17-53　互穿检查结果

2. 金属簇（双金属）节点网络拓扑结构分析

下面我们简要介绍金属簇节点（以双金属节点为例）网络拓扑结构分析方法，具体操作流程与上述例子相同，可以自行比较单金属和金属簇节点配位聚合物拓扑分析的不同之处。

例 17-2　桨轮双核铜构筑的经典配位聚合物$[Cu_3(BTC)_2(H_2O)_3]_n$的简化分析[62]

1）cif 或 res 结构预分析

从 CCDC 数据库中下载 HKUST-1 的晶体结构（http://www.ccdc.cam.ac.uk/）。我们可以看到，在 HKUST-1 晶体结构中，均苯三甲酸（BTC）连接桨轮状双核$\{Cu_2\}$构成了三维网络结构。按照上述经验，对于它的拓扑，可以先做简单的估算，BTC 配体含有三个羧酸基团，可以看成 3-连接节点。同时，从 HKUST-1 的 cif 文件中可以看到每个双核$\{Cu_2\}$连接四个 BTC 配体。因此，我们可以把双核$\{Cu_2\}$看成 4-连接的节点。有了这些初步的简化，我们就可以利用 Topos4.0 来检查其具体的拓扑类型。

2）导入 cif 文件至 Topos 软件，同时把 res 或 cif 文件转化为 cmp 文件

打开 Topos 软件，点击主面板上的"Database—Import"，选择 cif 文件导入，按例 17-1 转化为 cmp 文件。Topos4.0 的窗口中会出现导入的 cif 文件头的代码，此处为 1.cmp。当出现"Converted 1 compounds"对话框时证明转换成功（图 17-54）。双击代码，可以查看 HKUST-1 的晶体学数据信息。另外，我们也可以点击主面板上的🔍图标，在"IsoCryst"中观察转换成 cmp 文件的结构。

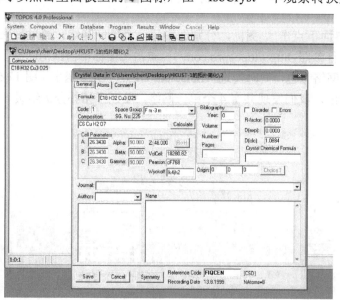

图 17-54　导入 HKUST-1 cif 文件后的 Topos 界面及晶体学数据信息

3）运行"AutoCN"计算节点原子的连接情况

点击主面板上的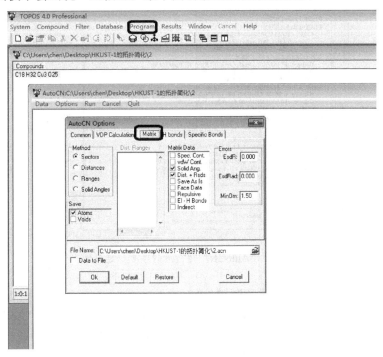图标确定节点原子的配位数。点击面板上的"Program—AutoCN"，然后点击"Options"，可以进行一些具体的参数设置。再点击"Run"（图 17-55）。具体操作过程可以参考例 17-1。此时面板中会出现一些信息，最下面的就是配位数的信息。

图 17-55 用"AutoCN"计算所有原子的连接情况

计算结果如下：

Coordination numbers for C18H32Cu3O25

Atom	CN	Sp	vdW	Hb	Composition
H1	1	0	0	0	C1
C1	3	0	0	0	C3
C2	3	0	0	0	C1O2
C3	3	0	0	0	H1C2
O1	1	0	0	0	Cu1
O2	2	0	0	0	C1Cu1
O3	0	0	0	0	
Cu1	6	0	0	0	O5Cu1

从计算结果看，与我们预先的设想简化不一致。因此，在关闭"AutoCN"窗口后有必要进行进一步的简化处理。

注意：在某些情况下可能会有多出来的配位数，此时必须检查，并除去多余的配位键。

双击 C18H32Cu3O25，在弹出的窗口中可以进行配位数的检查和调整。在"Adjacency Matrix"面板中会显示配位数情况（注意：在未运行"AutoCN"之前，不会显示配位数情况）（图 17-56）。点击"+"可以展开选项，查看具体的配位键信息。

图 17-56 "AutoCN"运行后的各原子连接情况

4）对"AutoCN"运行后的结果进行断键处理

对于"AutoCN"运行后的结果，我们通过点击主面板上的 ✎ 图标，用"IsoCryst"观察分析后的结构（图 17-57）。按照我们预先的分析应当将 C1—C2 做断键处理。双击代码 C18H32Cu3O25，在"Adjacency Matrix"中点开 C1 原子前的"+"符号，右击 C2 原子。在弹出的对话框中选择"Change Type"并选择"H bond"。可以看到，设置之后的 C2 原子变成了蓝色（图 17-58）。此时，我们再次通过"IsoCryst"观察会发现每个双核{Cu$_2$}和 BTC 配体中苯环都变成了独立个体，不能向外衍生。

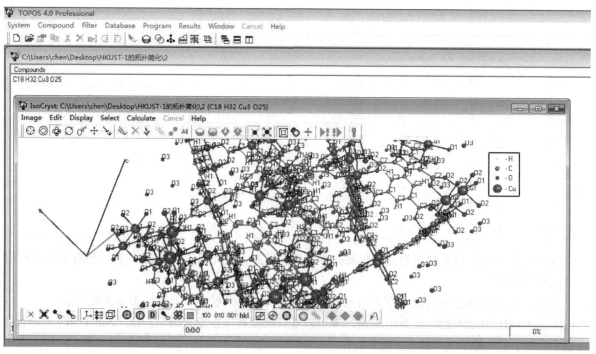

图 17-57 "AutoCN"运行后的结构图示

图 17-58　C1 原子与 C2 原子键的设置

5）运行"ADS"分析拓扑

点击面板上的"Program—ADS"，点"Options"选项，在"Common"下勾选"Dimen. Calc."，在"Topology"下勾选"Point Symbols"和"Classification"两个选项，同时在"Bond types"栏中对"Valence"选择 At.，在"H bonds"下同时勾选 Mol.。完成这步操作后点击"Ok"退出。此后 ADS 面板中出现大量的信息，最下方会给出拓扑信息。

分析结果如下：

```
################################
1;Ref Code:FIQCEN:C18H32Cu3O25
################################


Structure consists of molecules(ZD1). The composition of molecule is C6H3
Structure consists of molecules(ZE1). The composition of molecule is
C4O10Cu2
Structure consists of molecules(ZF1). The composition of molecule is O
Topology for ZD1
-------------------
Atom ZD1 links by bridge ligands and has
Common vertex with                                R(A-A)        f Total SA
ZE 1    0.2500    0.5000    0.7500    (0 0 0)    5.398A      1  33.33
ZE 1    0.0000    0.2500    0.7500    (0 0 1)    5.398A      1  33.33
ZE 1    0.2500    0.2500    1.0000    (0 0 1)    5.398A      1  33.33
Topology for ZE1
-------------------
Atom ZE1 links by bridge ligands and has
Common vertex with                                R(A-A)        f Total SA
ZD 1    0.3438    0.1562    -0.1562    (0 1 0)    5.398A      1  25.00
```

```
ZD 1    0.3438    0.1562    0.1562    (0 0 1)    5.398A    1  25.00
ZD 1    0.1562    0.3438    0.1562    (1 0 0)    5.398A    1  25.00
ZD 1    0.1562    0.3438   -0.1562    (0 0-1)    5.398A    1  25.00
```

Topology for ZF1

\-

Atom ZF1 doesn't link with bridge molecular ligands

\-

Structural group analysis

\-

\-

Structural group No 1

\-

Structure consists of 3D framework with ZE3ZD4
Coordination sequences

\-

```
ZD1:  1    2    3    4    5    6    7    8    9    10
Num   3    9    15   33   45   82   90   153  150  241
Cum   4    13   28   61   106  188  278  431  581  822
```

\-

```
ZE1:  1    2    3    4    5    6    7    8    9    10
Num   4    8    20   30   60   68   120  126  200  180
Cum   5    13   33   63   123  191  311  437  637  817
```

\-

TD10=819

Vertex symbols for selected sublattice

\-

ZD1 Point symbol:{6^3}

Extended point symbol:[6.6.6]

Rings coincide with circuits

Rings with types:[6a.6a.6a]

\-

ZE1 Point symbol:{6^2.8^2.10^2}

Extended point symbol:[6(2).6(2).8(2).8(2).10(4).10(4)]

Vertex symbol:[6(2).6(2).8(2).8(2).*.*]

Rings with types:[6a(2).6a(2).8a(2).8a(2).*.*]

ATTENTION!Some rings*are bigger than 10, so likely no rings are contained in that angle

\-

Point symbol for net:{6^2.8^2.10^2}3{6^3}4

如果希望得到简化后的拓扑图，需在"Option"中"Common"面板中把"Save Centroisd"选中，再次运行"Run"。点击"Yes"，任意输入一个代码，点击"Ok"，同前操作，结束后弹出一个新窗口（图17-59）。

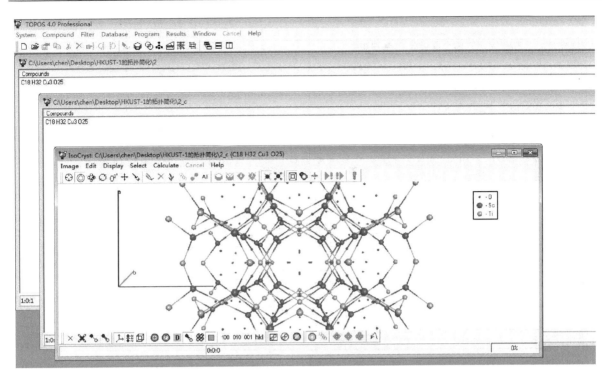

图 17-59　简化的拓扑连接

6）继续简化拓扑结构

从以上分析我们发现一些离散的原子存在于简化的拓扑网络中。点击主界面上的"Compound"选择"Auto determine"，然后单击"Simplify Adjacency Matrix"，同时在弹出的窗口中点击"Ok"（图 17-60）。通过这次操作，我们会发现拓扑网络中的离散原子全部除去了。

图 17-60　简化非键连原子

再次重复步骤 5）的操作，会得到 HKUST-1 的最终拓扑简化图示和信息（图 17-61）。但是，我们会发现 3-连接点中心变为了 Sc1 原子，4-连接点中心变为了 Ti1 原子。这些变化不会影响拓扑分析结果。

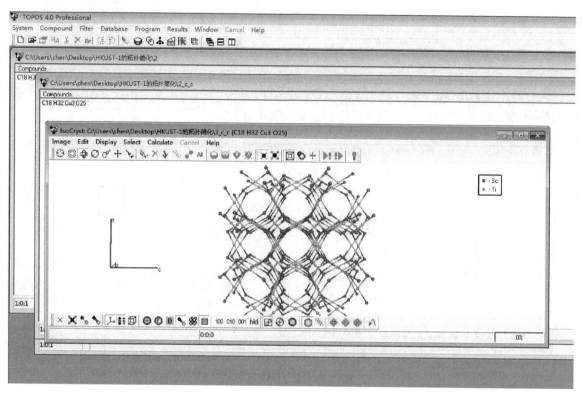

图 17-61　HKUST-1 的最终拓扑网络

计算结果如下：

```
Topology for Sc1
--------------------
Atom Sc1 links by bridge ligands and has
Common vertex with                            R(A-A)
Ti 1     0.2500     0.5000     0.7500     (0 0 0)     5.398A        1
Ti 1     0.0000     0.2500     0.7500     (0 0 1)     5.398A        1
Ti 1     0.2500     0.2500     1.0000     (0 0 1)     5.398A        1
Topology for Ti1
--------------------
Atom Ti1 links by bridge ligands and has
Common vertex with                            R(A-A)
Sc 1     0.1562     0.3438     0.1562     (1 0 0)     5.398A        1
Sc 1     0.3438     0.1562    -0.1562     (0 1 0)     5.398A        1
Sc 1     0.1562     0.3438    -0.1562     (0 0-1)     5.398A        1
Sc 1     0.3438     0.1562     0.1562     (0 0 1)     5.398A        1
-------------------------
Structural group analysis
-------------------------

-------------------------
Structural group No 1
-------------------------
```

```
Structure consists of 3D framework with Ti3Sc4
Coordination sequences
-------------------------------
Sc1:  1    2    3    4    5     6     7     8     9    10
Num   3    9    15   33   45    82    90    153   150  241
Cum   4    13   28   61   106   188   278   431   581  822
-------------------------------
Ti1:  1    2    3    4    5     6     7     8     9    10
Num   4    8    20   30   60    68    120   126   200  180
Cum   5    13   33   63   123   191   311   437   637  817
-------------------------------
TD10=819

Vertex symbols for selected sublattice
---------------------------------------
Sc1 Point symbol:{6^3}
Extended point symbol:[6.6.6]
---------------------------------------
Ti1 Point symbol:{6^2.8^2.10^2}
Extended point symbol:[6(2).6(2).8(2).8(2).10(4).10(4)]
---------------------------------------
Point symbol for net:{6^2.8^2.10^2}3{6^3}4
3,4-c net with stoichiometry(3-c)4(4-c)3;2-nodal net
```

Topological type:tbo/twisted boracite(topos&RCSR.ttd){6^2.8^2.10^2}3 {6^3}4-VS [6.6.6] [6(2).6(2).8(2).8(2).12(2).12(2)] (78929 types in 11 databases)

Elapsed time: 5.91 sec.

17.3.3 Olex 软件简化拓扑结构

Olex 是一款操作简单且免费的拓扑分析软件，网址为 http://www.ccp14.ac.uk/ccp/web-mirrors/lcells/index.htm。Olex 整个操作过程只用鼠标点击即可完成，弹出的窗口可以叠加在主面板上。正因为 Olex 具有较强的拓扑分析功能，已经在配位聚合物结构分析中被广泛使用。Olex 软件用来分析互穿的拓扑网络较为简单。详细介绍可参考 *J. Appl. Cryst.*，2003，36：1283-1284.

我们继续以例 17-1 为例，通过 Olex 软件简化并分析其拓扑结构。

1. 导入 cif 文件

打开 Olex 软件，点主面板上的"File"，点"Open"导入目标 cif 文件（图 17-62）。在 Olex 软件中可以对拓扑简化中无影响的溶剂分子或抗衡离子进行删除。在"Fragments"对话框中单击左键选中这些片段，然后单击鼠标右键选择"delete"即可删除。本例中，我们已经预先对 cif 进行了处理，因此不需要进行这一步操作。

2. 生长骨架，观察结构

点"GENERATE"按钮，设置生长范围，同时勾选"Link change"选项，然后点击"OK"，我们就可以观察到骨架堆积图（图 17-63）。如果要在 Olex 界面上显示全部堆积图，可以点"show view window"图标，然后点击▣图标即可。

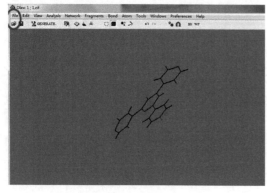

图 17-62　导入目标 cif 文件

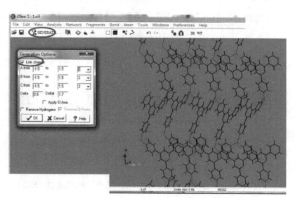

图 17-63　生长骨架

3. 观察穿插度

选择"show structure navigator"，点击◈按钮。观察弹出框"Fragments"中原子之后的数字，如果数字相近且都很大的都选上，数字小的不要选，选上几个就说明有几重穿插。为了进一步观察互穿结果，从主面板显示的结构里任意选一个键，再点"Fragments—Properties"，在弹出框中点击"Monochromatic"选一种自己喜欢的颜色。重复上述步骤，结果显示为四重互穿结构（图 17-64）。

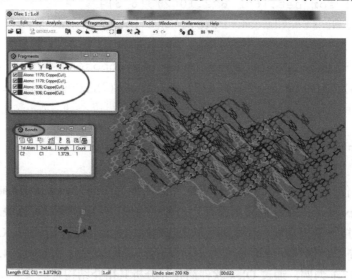

图 17-64　观察互穿程度

4. 拓扑分析

在主面板上点击"Network"菜单选择"Construct Net"，出现如图 17-65 中的红色网络。点击主面板上的"Fragments"选项，然后点击"Hide Bonds"将化学键网络隐藏起来，只剩红色网络部分，仔细观察红色网络。我们在 cif 结构分析时将 pytpy 配体简化为 3-连接点，因此，我们把三角形都简化为一个节点。选中红色网络中所有三角形，点击主面板上的🔧按钮，在弹出的对话框中选中

C—C 键，右击鼠标点"Collide to one node"将所有三角形设置为一个节点。然后点击主面板上的"Network"选项，选择"Evaluate Topology"，新建一个记事本，将分析结果粘贴在里面。

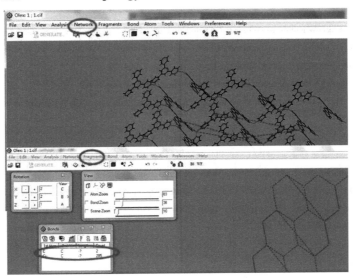

图 17-65　分析网络拓扑

计算结果如下：

```
Topological analysis for:1
Topological Terms for:     short     long
LC16(Carbon,count:121)     10(3)     10(2).10(4).10(4)
Cu1(Copper,count:123)      10(3)     10(2).10(4).10(4)
```

从 Olex 分析结果看，该例的拓扑为 $\{10^3\}$ 网络，与前面的分析结果相一致。

本节主要结合实例介绍了三种常用软件的使用方法。从以上三种软件对配位聚合物拓扑分析结果可以看出，Diamond 软件主要用于简单拓扑网络的分析，分析结果软件不会给出，只能按照网络结构人为找出最小回路和连接数，适用于 Wells 符号表示法来分析拓扑结构。Topos 与 Olex 软件相比，各有优势。Topos 软件操作较为复杂，但是能够获得更多的拓扑分析信息，不仅会得到网络的互穿类型，而且可以获得拓扑类型，这是 Olex 软件所不具有的功能。相比之下，Olex 的操作较为简便，对于具有互穿的结构分析较为简便。对于这三种拓扑分析软件的优劣，读者可以自行比较，在实际分析过程中进行选择性使用。有时也可以几种软件结合使用，发挥各自的优点，获得赏心悦目的拓扑美图。

17.4　总　　结

总之，近年来，网络拓扑分析方法是配位聚合物化学和晶体工程中常使用的一种直观有效的方法和策略，它可以把复杂的晶体结构简单化，用形象的分子拓扑结构的组建来表示，可以说，拓扑学是开启配位聚合物结构表达和研究的一把有效钥匙。本章从最基本的拓扑学概念开始，介绍了常用拓扑网络结构的表达方法，从不同的维度对常见拓扑结构进行了分类，用实例列举了一些一维、二维、三维拓扑结构的常见基本类型，同时对拓扑网络研究中常用的软件进行了简单介绍，并用不同的实例详细说明了简化拓扑的过程。

（李允伍　陈勇强　卜显和）

参 考 文 献

[1] Braga D. Crystal engineering, Where from? Where to? Chem Commun, 2003, 2003 (22): 2751-2754.

[2] Blatov V A, Carlucci L, Ciani G, et al. Interpenetrating metal-organic and inorganic 3D network: a computer-aided systematic investigation. Part I. Analysis of the the Cambridge structural database. CrystEngComm, 2004, 6 (65): 378-395.

[3] Robson R. A net-based approach to coordination polymers. J Chem Soc Dalton Trans, 2000, 2000 (21): 3735-3744.

[4] Lather V, Madan A K. Application of graph theory: topological madels for prediction of CDK-1 inhibitory activity of aloisines. Croat Chem Acta, 2005, 78 (1): 55-61.

[5] Alexandrov E V, Blatov V A, Kochetkov A V, et al. Underlying nets in three-periodic coordination polymers: topology, taxonomy and prediction from a computer-aided analysis of the Cambridge Structural Database. CrystEngComm, 2011, 13: 3947-3958.

[6] Férey G. Hybrid porous solids: past, present, future. Chem Soc Rev, 2008, 37 (1): 191-214.

[7] Eddaoudi M, Moler D B, Li H L, et al. Modular chemistry: Secondary building units as a basis for the design of highly porous and robust metal-organic carboxylate frameworks. Acc Chem Res, 2001, 34: 319-330.

[8] Yaghi O M, O'Keeffe M, Ockwig N W, et al. Reticular systhesis and the design of new materials. Nature, 2003, 423: 705-714.

[9] Ockwig N W, Friedrichs O D, O'Keeffe M, et al. Reticular chemistry: Occurrence and taxonomy of nets and grammar for design of frameworks. Acc Chem Res, 2005, 38 (3): 176-182.

[10] O'Keeffe M, Peskov M A, Ramsden S J, et al. The reticular chemistry structure resource (RCSR) database of, and symbols for, crystal nets. Acc Chem Res, 2008, 41 (12): 1782-1789.

[11] Tranchemontagne D J, Mendoza-Cortes J L, O'Keeffe M, et al. Secondary building units, nets and bonding in the chemistry of metal-organic frameworks. Chem Soc Rev, 2009, 38: 1257-1283.

[12] Friedrichs O D, O'Keeffe M, Yaghi O M. Three periodic nets and tilings: semiregular nets. Acta Cryst Sec A, 2003, 59 (6): 515-525.

[13] Alexandrov E V, Shevchenko A P, Asiribc A A, et al. New knowledge and tools for crystal design: local coordination versus overall network topology and much more. CrystEngComm, 2015, 17: 2913-2924.

[14] Robson R. Design and its limitations in the construction of di-and poly-nuclear coordination complexes and coordination polymers (aka MOFss): a personal view. Dalton Trans, 2008, 2008 (38): 5113-5131.

[15] Wells A F. Three-dimensional Nets and Polyhedra. New York: John Wiley & Sons, 1977.

[16] Wells A F. Further studies of three-dimensional nets. American Crystallographic Association New York (distributed by Polycrystal Book Service, Pittsburgh, PA), 1979.

[17] Wells A F. Structural Inorganic Chemistry. 5th ed. Oxford: Clarendon, 1984.

[18] Blatov V A, O'Keeffe M, Proserpio D M. Vertex-, face-, point-, Schläfli-, and Delaney-symbols in nets, polyhedra and tilings: recommended terminology. CrystEngComm, 2010, 12 (1): 44-48.

[19] Öhrström L, Larsson K. Molecule-based Materials: The Structure Network Approach. Elsevier Science Ltd, 2005.

[20] Batten S R, Champness N R, Chen X M, et al. Terminology of metal-organic frameworks and coordination polymers (IUPAC Recommendations 2013). Pure Appl Chem, 2013, 85 (8): 1715-1724.

[21] Li M N, Du D Y, Yang G S, et al. 3D chiral microporous (10, 3)-a topology metal-organic framework containing large helical channels. Cryst Growth Des, 2011, 11: 2510-2514.

[22] Liu C, Gao C Y, Yang W T, et al. Entangled uranyl organic frameworks with (10, 3)-b topology and polythreading network: structure, luminescence, and computational investigation. Inorg Chem, 2016, 55: 5540-5548.

[23] Natarajan S, Mahata P. Metal-organic framework structures-how closely are they related to classical inorganic structures? Chem Soc Rev, 2009, 38 (8): 2304-2318.

[24] O'Keeffe M, Eddaoudi M, Li H L, et al. Frameworks for extended solids: geometrical design principles. J Solid State Chem, 2000, 152 (1): 3-20.

[25] O'Keeffe M, Hyde B G. Crystal Structures I. Patterns and Symmertry. Mineralogical Society of America Washington, DC, 1996.

[26] Stefan K, The Chemistry of Metal-Organic Frameworks-Synthesis, Characterization, and Applications. Germany, Wiley-VCH, 2016, 1 (2): Frank H, Michael F, Network Topology, 16.

[27] http://rcsr.anu.edu.au/. 2016-10-05.

[28] Perkusich A, Figueiredo J C A D. G-nets: a petri net based approach for logical and timing analysis of complex softwae syetems. J Syst Software, 1997, 39 (1): 39-59.

[29]　http://gavrog.org. 2016-10-05.

[30]　Dolomanov O V，Blake A J，Champness N R，et al. OLEX: new software for visualization and analysis of extended crystal structures. J Appl Cryst，2003，36（5）：1283-1284.

[31]　Blatov V A，Shevchenko A P，Serezhkin V N. TOPOS3.2: a new version of the program package for multipurpose crystal-chemical analysis. J Appl Cryst，2000，33（4）：1193-1284.

[32]　http://www.topos.ssu.samara.ru. 2016-10-05.

[33]　Robin A Y，Fromm K M. Coordination polymer networks with O-and N-donors: What they are，why and how they are made. Chem Soc Rev，2006，250（15-16）：2127-2157.

[34]　Kim D，Liu X F，Lah M S. Topology analysis of metal-organic frameworks based on metal-organic polyhedra as secondary or tertiary building units. Inorg Chem Front，2015，2：336-360.

[35]　Öhrström L，Larsson K. What kinds of three-dimensional nets are possible with tris-chelated metal complexes as building blocks? Dalton Trans，2004，2004（3）：347-353.

[36]　Delgado-Friedrichs O，O'Keeffe M. Identification of and symmetry computation for crystal nets. Acta Cryst Sect A，2003，59（4）：351-360.

[37]　Blatov V A. Voronoi-dirichlet polyhedra in crystal chemistry: theory and applications. Cryst Rev，2004，10（4）：249-318.

[38]　Baburin I A，Blatov V A，Carlucci L，et al. Interpenetrated three-dimensional hydrogen-bonded networks from metal-organic molecular and one-or two-dimensional polymeric motifs. CrystEngComm，2008，10（12）：1822-1838.

[39]　Batten S R，Robson R. Interpenetrating nets: ordered，periodic entanglement. Angew Chem Int Ed，1998，37（11）：1460-1494.

[40]　Luan X J，Wang Y Y，Li D S，et al. Self-assembly of an interlaced triple-stranded molecular braid with an unprecedented topology through hydrogen-bonding interactions. Angew Chem Int Ed，2005，44：3864-3867.

[41]　Xia W，Tang P，Wu X Q，et al. Unique 1D→3D polycatenated architecture constructing from 1D single-armed chains incorporating with two rigid aromatic coligands. Inorg Chem Commun，2015，51：17-20.

[42]　Sotnik S A，Polunin R A，Kiskin M A，et al. Heterometallic coordination polymers assembled from trigonal trinuclear Fe_2Ni-pivalate blocks and polypyridine spacers: topological diversity，sorption，and catalytic properties. Inorg Chem，2015，54：5169-5181.

[43]　Liu L，Huang C，Zhang L，et al. Co(Ⅱ)/Mn(Ⅱ)/Cu(Ⅱ) coordination polymers based on flexible 5, 5′-(hexane-1, 6-diyl)-bis(oxy) diisophthalic acid: crystal structures，magnetic properties，and catalytic activity. Cryst Growth Des，2015，15：2712-2722.

[44]　Wang Y，Zhao X Q，Shi W，et al. Self-assembly of a series of metal-organic frameworks based on 4-pyridyl-1, 2, 4-triazole and copper(Ⅱ) ion. Cryst Growth Des，2009，9：2137-2145.

[45]　Wang D Z，Fan J Z，Jia D Z，et al. Zinc and cadmium complexes based on bis-(1H-tetrazol-5-ylmethyl/ylethyl)-amine ligands: structures and photoluminescence properties. CrystEngComm，2016，18：6708-6723.

[46]　Lin X M，Niu J L，Chen D N，et al. Four metal-organic frameworks based on a semirigid tripodal ligand and different secondary building units: structures and electrochemical performance. CrystEngComm，2016，18：6841-6848.

[47]　Li Y W，He K H，Bu X H. Bottom-up assembly of a porous MOF based on nanosized nonanuclear zinc precursors for highly selective gas adsorption. J Mater Chem A，2013，1：4186-4189.

[48]　Bu X H，Chen W，Du M，et al. Chiral noninterpenetrated (10, 3)-a net in the crystal structure of Ag(I) and bisthioether. Inorg Chem，2002，41（2）：437-439.

[49]　Wu H，Yang J，Su Z M，et al. An exceptional 54-fold interpenetrated coordination polymer with 10^3-srs network topology. J Am Chem Soc，2011，133：11406-11409.

[50]　Ma D Y，Li Z，Xiao J X，et al. Hydrostable and nitryl/methyl-functionalized metal-organic framework for drug delivery and highly selective CO_2 adsorption. Inorg Chem，2015，54（14）：6719-6726.

[51]　Zhang Z M，Yao S，Li Y G，et al. Protein-sized chiral Fe_{168} cages with NbO-type topology. J Am Chem Soc，2009，131：14600-14601.

[52]　Lin Z J，Han L W，Wu D S，et al. Structure versatility of coordination polymers constructed from a semirigid tetracarboxylate ligand: syntheses，structures，and photoluminescent properties. Cryst Growth Des，2013，13：255-263.

[53]　Rosi N L，Kim J，Eddaoudi M，et al. Rod packings and metal-organic frameworks constructed from rod-shaped secondary building units. J Am Chem Soc，2005，127：1504-1518.

[54]　Li H L，Eddaoudi M，O'Keeffe M，et al. Design and synthesis of an exceptionally stable and highly porous metal-organic framework. Nature，1999，402：276-279.

[55]　Li Y W，Li J R，Wang L F，et al. Microporous metal-organic frameworks with open metal sites as sorbents for selective gas adsorption and fluorescence sensors for metal ions. J Mater Chem A，2013，1：495-499.

[56]　Hill R J，Long D L，Champness N R，et al. New approaches to the analysis of high connectivity materials: design frameworks based upon

4^4-and 6^3-subnet tectons. Acc Chem Res，2005，38（4）：335-348.

[57]   Zhang X M，Fang R Q，Wu H S. A twelve-connected Cu_6S_4 cluster-based coordination polymer. J Am Chem Soc，2005，127：7670-7671.

[58]   Sun D，Li Y H，Wu S T，et al. An unprecedented (4, 24)-connected metal-organic framework sustained by nanosized Ag_{12} cuboctahedral node. CrystEngComm，2011，13：7311-7315.

[59]   Zhong D C，Meng M，Zhu J，et al. A highly-connected acentric organic-inorganic hybrid material with unique 3D inorganic and 3D organic connectivity. Chem Commun，2010，46：4354-4356.

[60]   Chen Y Q，Li G R，Chang Z，et al. A Cu(I) metal-organic framework with 4-fold helical channels for sensing anions. Chem Sci，2013，4：3678-3682.

[61]   苏成勇. 配位超分子结构化学基础与进展. 北京：科学出版社，2010：250.

[62]   Chui S S Y，Lo S M F，Charmant J P H，et al. A chemically functionalizable nanoporous material $[Cu_3(TMA)_2(H_2O)_3]_n$. Science，1999，283：1148-1150.

金属有机框架（MOF）材料，是指金属离子中心与有机配体通过自组装方式形成的各种维度的周期性网络结构的晶态材料。它将不同的基元在分子水平上进行组合而兼具无机材料和有机材料的优点，并可通过基元的设计与选择成为性质可预测的可控体系。由于 MOF 具有孔道结构可调控性、孔道表面可修饰性，同时拥有精确控制的孔道大小、形状，因此在主-客体化学、光电磁材料、选择性催化、药物输送和环境能源气体的分离、纯化、捕集、储存等领域具有十分诱人的应用前景，被认为是最有希望的新一代多孔功能材料。A. F. Wells 在固体特别是无机化合物结构领域的研究工作为配位聚合物的研究奠定了拓扑理论基础，将晶体结构简化为一系列具有几何构型（平面三角形、四方形、四面体和八面体等）的节点通过有机配体连接形成具有一定拓扑结构的化合物。而 R. Robson 创造性地将 Wells 的拓扑理论应用到配位聚合物的研究中，为其指明了发展方向，并为配位聚合物的历史翻开了崭新的一页。从拓扑学来说，迄今为止，文献报道的配位聚合物中以 d 区的过渡金属离子为节点的绝大多数是 3-连接、4-连接和 6-连接的拓扑结构。如何组装出连接数高于 6 的配位聚合物是合成化学家们不断思考的问题。目前，主要有两种合成策略：一种是利用 f 区稀土金属离子的高配位数特点与有机配体组装高于 6-连接的骨架；另一种则是基于 Yaghi 等的次级构筑单元理论，以金属簇为次级构筑单元与多齿有机配体组装各类高连接数的骨架结构。在单个金属离子作为建筑单元时，骨架的连接数很大程度上依赖于其配位数。从合成角度看，这种策略仅限于 f 区稀土金属离子。与单个金属离子相比，金属簇半径大，配位点多，配位后产生的空间位阻小，更有利于生成高连接数的配位聚合物。近来，人们将目光逐渐转向了簇基高连接配位聚合物的合成，其中簇主要集中在金属羧酸簇和金属硫簇，骨架结构的连接数已经被扩大到 14，同时相同连接数的拓扑种类也不断被发现。利用金属簇作次级构筑单元的策略，人们先后报道了许多单（多）节点的高连接骨架，但它仍是合成化学界的一大挑战，因为更高连接数的骨架更依赖于高核数的金属簇单元。系统地使用拓扑工具和 RCSR 网状化学结构资源数据库，可以成功建立一些强有力的设计策略，如分子建筑块（MBB）、超分子建筑块（SBB）和近来提出的超分子建筑层（SBL）的方法。高连接网络被看作合理设计和构筑 MOF 的理想蓝图。本章简要讨论具有单节点、双节点和三节点的高连接拓扑网配位聚合物的结构及其合成。

18.1 引　言

O. M. Yaghi 等提出了"次级构筑单元"（secondary building unit，SBU）概念以及"网络合成"（reticular synthesis）的方法，用来指导分子设计及孔结构的合成。随后，M. J. Zaworotko 小组提出了超分子建筑块理论（多边形或多面体共顶点），极大地丰富了配位聚合物中的节点，原先单核的金属离子已经演变为分子建筑块（MBB，如金属簇、金属链）和超分子建筑块（SBB）。第一代 MOF 由单一的金属离子节点连接吡啶连接子，如 4,4′-联吡啶，生成的拓扑网络受金属离子的配位几何限制。第二代 MOF 由高对称的金属羧酸簇构成，通常更加稳定，可以从骨架的孔中去除客体分子。与第一代 MOF 相比，第二代 MOF 具有永久的孔和较大尺寸的 MBB，产生非常大的表面积和孔尺寸材料。从晶体工程的观点看，高对称的 MBB（图 18-1）能够精妙地控制配位环境，使之能够合理设计新的拓扑网。然而，只有少量高对称 MBB 作为扩展点，如三方棱柱[$M_3(\mu_3\text{-}O)(CO_2)_6$]簇、正方形桨轮状[$Cu_2(CO_2)_4$]、八面体 MBB 乙酸锌[$Zn_4O(CO_2)_6$]等可构成大部分目前报道的高对称 MOF 拓扑网。

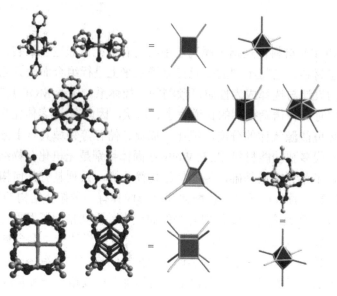

图 18-1　高对称性分子建筑单元

拓扑网络的分析和分类在晶体工程中起重要作用。具有单节点网络最大的一类是一个 MBB 和一个连接子，包括 3-连接的（*srs*，*ths*）、4-(*dia*，*nbo*)、6-(*pcu*，*acs*)、8-(*bcu*)和 12-(*fcu*)连接的节点。双节点网络如 3,4-连接的 *tbo* 和 *pto*，4,4-连接的 *pts*，3,6-连接的 *qom* 和 3,24-连接的 *rht*。考虑不同的分子 MBB（或超分子 SBB），如六方碳拓扑（*lon*），四面体顶点被多边形或多面体代替，变成放大的 *lon-a* 网。为了产生共边网，*lon* 以多面体直接连接成 *lon-e* 网。当 *lon-e* 网的顶点依次放大，被不同的多边形或多面体代替，由三方棱柱和八面体节点构成，成为放大的 *lon-e* 网（即 *lon-e-a*）（图 18-2）[1]。

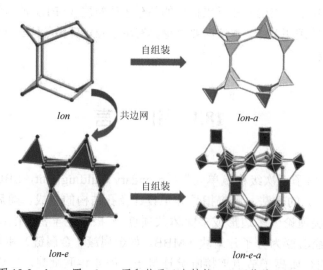

图 18-2　*lon-a* 网、*lon-e* 网和基于三方棱柱、八面体的 *lon-e-a* 网

18.2 单节点的高连接拓扑网

18.2.1 奇数连接的拓扑网（7-连接和9-连接）

分子和材料科学已经提供了一个宽范围的拓扑和连接性，最常见的是基于 3,4,6-连接的一维、二维和三维材料。近年来有机-无机杂化材料，尤其是金属有机配位聚合物丰富了这个领域。然而，MOF 的构筑受到金属中心配位数和有机配体空间位阻的严重阻碍，高连接材料仍然很少，多数采取高对称的 8-连接体心立方网或 12-连接面心立方网，而奇数连接的网更少。2007 年，Henderson 课题组报道在环和笼的聚合物中包含大量碱金属钾、铷是产生高连接拓扑网的一种有效策略，合成了两例新型的 7-连接网和 9-连接网[2]。以前，大部分高连接拓扑网使用镧系离子或多核过渡金属簇作为节点，而这个工作以环和笼的聚集物结合碱金属来构筑，为高连接拓扑网的合成提供新思路。

2009 年，陈小明课题组采用配位不饱和金属位点增加连接数的方法，选用二元羧酸和吡啶羧酸合成了第一个单节点的 9-连接 *ncb* 拓扑网（图 18-3）[3]，其中 $[Ni_3(\mu_3\text{-}O)(CO_2)_6]py_3$ 簇作为 9-连接节点。这个原型拓扑网对多孔材料的结构设计有很大帮助。后来，他们课题组又采用简单几何分析的方法估计了配体长度对构筑单节点 9-连接 *ncb* 拓扑网的影响，指导同构骨架的合成，系统合成了 13 个同网络的 MOF[4]。2011 年，冯平云课题组在溶剂热条件下用廉价的 1,4-对苯二羧酸和异烟酸也合成了一个 9-连接 *ncb* 拓扑网的材料 $[Ni_2^{II}Ni^{III}\text{-}(\mu_3\text{-}OH)(IN)_3(BDC)_{1.5}]_3$。尽管这种化合物有中等的 Langmuir 和 BET 比表面积（分别是 888.3m²/g 和 571.0m²/g），但其对 CO_2 的吸附量较高（73.1m²/g，273K，1atm）。同时相比于其他具有高表面积的材料，它的 H_2 吸收量（1.47wt%，77K，1atm）也相当高[5]。

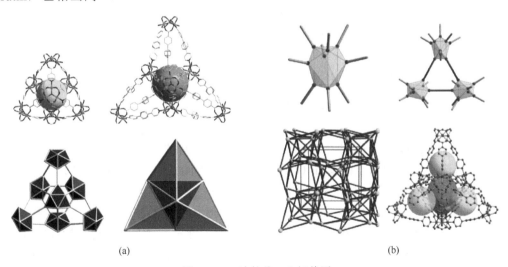

(a) (b)

图 18-3 9-连接的 *ncb* 拓扑网

18.2.2 8-连接的拓扑网

8-连接的拓扑网主要有 CsCl、CaF_2（萤石）和体心立方（*bcu*）（图 18-4）。在矿物 CsCl 型结构中，两种原子的配位都是由 8 个原子组成的立方体。矿物 CaF_2（萤石，fluorite）的晶体结构可看作

Ca^{2+}离子作立方最密堆积，F$^-$离子填入堆积中的四面体空隙。由于四面体空隙数目正好是堆积球数目的 2 倍，正适合化学组成中正负离子数目的比例。体心立方晶格结构中，8 个原子处于立方体的角上，1 个原子处于立方体的中心，角上 8 个原子与中心原子紧靠。

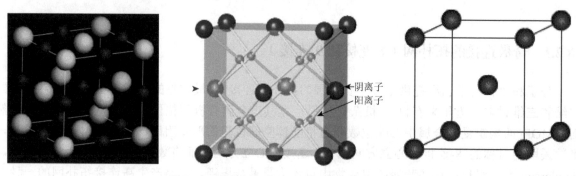

图 18-4　矿物 CsCl、CaF$_2$（*flu*）和 *bcu* 的结构

2004 年，A. J. Blake 课题组报道了空前的、未预测的非 CsCl 拓扑的 8-连接的材料（图 18-5）[6]。CsCl 结构是由四边形组成的 $4^{26}6^4$ 拓扑，而配合物[La(L)$_4$](ClO$_4$)$_3$ 含一些三角形和五边形次级单元，呈现 $3^34^{15}5^86^2$ 拓扑。2005 年，苏忠民教授小组以 1,4-苯二羧酸为连接子，五核锌簇为 8-连接节点，构筑了第一例 8-连接自穿插的化合物[Zn$_5$(μ$_3$-OH)$_2$(bdc)$_4$(phen)$_2$]（H$_2$bdc = 1,4-benzendicarboxylic acid，phen = 1,10-phenanthroline）[7]。

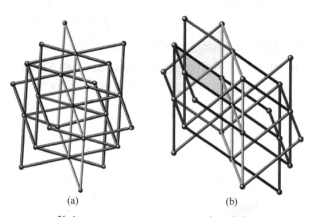

(a)　　　　　　　　　　(b)

图 18-5　（a）$4^{26}6^4$ CsCl 型的拓扑网和（b）$3^34^{15}5^86^2$ 非 CsCl 型拓扑网

2004 年，Kim 课题组和裘式纶课题组分别报道了以四核 Cd$_4$(O$_2$CR)$_8$ 簇和十一核[Cd$_{11}$(μ$_4$-HCOO$^-$)$_6$(CO$_2$)$_{18}$]簇为 8-连接节点的萤石（CaF$_2$）拓扑结构的化合物（图 18-6）[8]。K. L. Lu 课题组报道了一个 Cu$_3$ 簇基 8-连接 *bcu* 拓扑的三维[Cu$_3$Cl$_2$(4-ptz)$_4$(H$_2$O)$_2$]·3DMF·5H$_2$O[9]。

μ$_3$-氧心的三核金属簇[M$_3$(OH)]作为次级构筑单元有利于构筑高连接结构，由于这样的三聚体顶点可以桥连配体。新颖的三核风车型簇基的 8-连接柱层状三维简单立方网结构的 MOF[10]和氧心铟三聚体[In$_3$O(O$_2$CR)$_6$X$_3$]簇[11]或[Co$_3$(OH)]簇[12]构筑的 8-连接拓扑的 MOF（图 18-7）分别被报道。

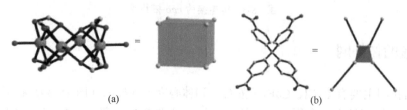

(a)　　　　　　　　　　　　　　(b)

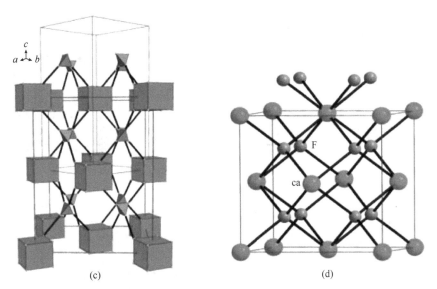

图 18-6 具有面心立方单元的萤石拓扑

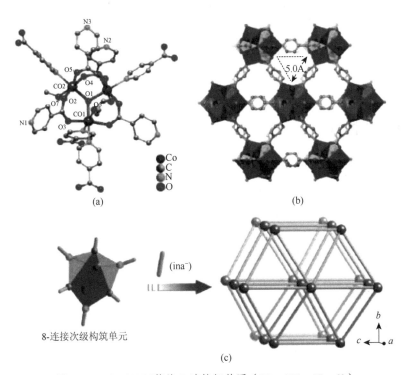

图 18-7 [Co₃(OH)]簇的 8-连接拓扑网（3²·4¹⁷·5⁷·6²）

2011 年，张献明课题组报道了含平面四配位氧的四核铜（Cu₄O）簇基的 8-连接体心立方配位聚合物[13]，并通过理论计算揭示了这个看起来似乎不可能的反 van't Hoff 和 LeBel 构型的平面四配位氧稳定的原因。同时他们还报道了以正方形 Co₄O₄ 簇基和双层嵌套式金属立方体 Mn₈@Na₈ 作为超分子建筑块的 8-连接 bcu 拓扑的三维结构（图 18-8）[14]。2013 年，杜淼课题组报道了八核[Co₈(μ₃-OH)₄(COO)₁₂]簇基 8-连接自穿插的（4²⁰·6⁸）网和五核[Co₅(μ₃-OH)₂(COO)₈]簇基自穿插 10-连接 ile 结构[15]。

2012 年，冯屏云课题组报道了第一例两种类型沸石骨架嵌套的材料被[16]。它是由三种不同无机建筑单元形成的嵌套式笼内笼结构，24 个 Zn₄O 四聚体和 8 个 Zn 单体形成方钠石笼，与 8 个 Zn₃(OH) 三聚体形成立方体笼嵌套，8 个 Zn 连接这两种笼（图 18-9）。最近，O. Farha 课题组通过调控合成条件得到 7 个具有不同缺陷的高连接 Zr/Hf-MOF[17]。

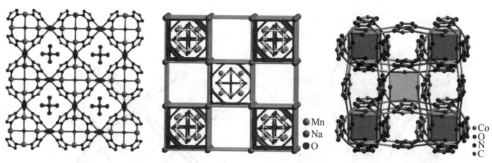

图 18-8 8-连接的 *bcu* 拓扑网

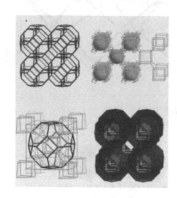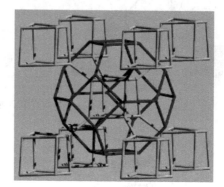

图 18-9 嵌套的 $Zn_{24}@Zn_{104}$ 笼

18.2.3 10-连接的拓扑网

目前 10-连接的拓扑网主要有 *bct* 和 *gpu* 两种，其 Schläfli 符号分别为 $3^{12}·4^{28}·5^5$、$3^{12}·4^{26}·5^7$，表明在每个节点只有两个环的尺寸不同。拓扑 *bct*、*gpu* 和熟知的 12-连接的 *fcu* 网具有相关性。在 *fcu* 网中断开绿色点的边形成 *bct* 网，在 *fcu* 网中断开蓝色点的边形成 *gpu* 网。它们都可描述成 3^6 层桥连成三维网，在 3^6 网中每个顶点与上下两个顶点连接。整体上都可看成十二面体的建筑单元，*bct* 结构中 4-连接产生正方形几何，*gpu* 结构中中心以四面体排列，这些对称产生 3^6 层的不同堆积模式。在 *bct* 结构中平行的 3^6 层被 4^4 网分割，产生三角形窗口，而在 *gpu* 结构中，平行的 3^6 层被 *dia* 网分割，这可能为通过简单次级网构筑高连接网提供一种方法（图 18-10）。

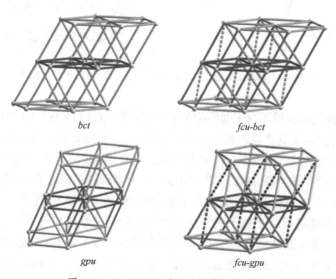

图 18-10 *bct*、*gpu* 和 *fcu* 拓扑网的关系

2009 年，王恩波课题组报道了第一个基于五核镉簇[18]的单节点 10-连接的 *gpu* 拓扑网 $3^{12} \cdot 4^{26} \cdot 5^7$（γ-Pu）的配合物[(CH₃)₂NH₂]₂[Cd₅(bdc)₄(trz)₂(btrz)₂]，其中每个五核金属簇被 14 个有机配体连接（8 个桥连的 1,4-苯二羧酸，4 个桥连的三唑，2 个端基配位的苯并三唑）（图 18-11）。尽管每个金属簇通过十二桥连配体连接，实际上连接到 10 个最邻近的配体 9.010(4)～18.349(4)Å，因为 2 对三唑配体形成 2 个双桥。因此，从拓扑的观点看，它为具有天然材料拓扑结构的一系列金属有机类似物增加了"新成员"。

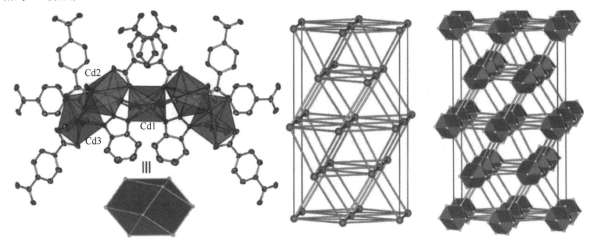

图 18-11 五核镉簇基的单节点 10-连接的 *gpu* 拓扑网

2010 年，卜显和课题组通过简单修饰配体的长度，合成两个由线形四核和三核镉簇构成的 MOF，并呈现出前所未有的单节点 10-连接 *bct* 网[19]。第一个配合物中，每个四核金属簇与 10 个相邻的簇通过 2 对双桥间苯二甲酸配体和 8 个桥连四唑配体形成一个三维的 10-连接 *bct* 结构。而第二个配合物中，三核结构单元可以看作是由 4 个间苯二甲酸配体和 6 个桥连的吡啶四唑配体形成的 10-连接节点。

18.2.4　12-连接的拓扑网

2008 年，张献明课题组以 Cu₆S₄ 簇作为节点，以空间位阻小的氰根和吡啶环作为连接子，合成了首例 12-连接面心立方拓扑结构[20]的配合物[Cu₃(pdt)₂(CN)]（pdt = 4-pyridinethiolate）（图 18-12），2005 年李丹课题组报道了具有 12-连接相同拓扑结构的配合物[Cu₁₂(μ₄-SCH₃)₆(CN)₆]ₙ·2H₂O，但氰根作为连接子，节点为十二核的[Cu₁₂(μ₄-SCH₃)₆]⁶⁺簇[21]。2012 年，王恩波课题组基于环状的 Cu₁₂ 簇构筑了一个 12-连接的 MOF，并研究了其阳离子交换性质[22]。

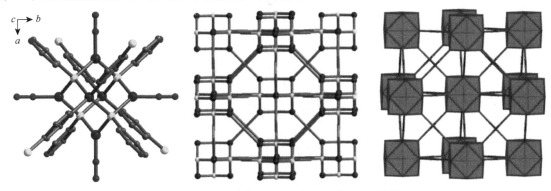

图 18-12　12-连接的 Cu₆S₄ 簇和三维 *fcu* 拓扑网

网状化学的方法已经被成功地用来构建新的、具有特定孔径大小的稀土 *fcu*-MOF（RE = Eu^{3+}，Tb^{3+}，Y^{3+}）。控制和选择性地合成特定尺寸的 MOF 是实现必要吸附物的捷径。UiO-66 是锆的 MOF 化合物，具有很高的稳定性（图 18-13）。在其完美的晶体结构中，每个 Zr 原子与 12 个有机配体配位形成一个高连接的骨架。2013 年，Zhou 课题组利用高分辨率的中子衍射技术，发现真正的 UiO-66 结构中含有许多明显的未连接的缺陷[23]，这在 MOF 领域是罕见的。当未连接缺陷的比例高达 10% 时，就能将骨架从 12-连接减到 11-连接。样品的孔隙率从 0.44cm^3/g 减到 1.0cm^3/g，BET 比表面积从 1000m^2/g 增加到 1600m^2/g，分别比没有缺陷时的 UiO-66 理论值高出 150% 和 160%。连接的缺陷对于 UiO-66 的气体吸附性质也有影响，尤其对 CO$_2$ 的吸附特别有意义。

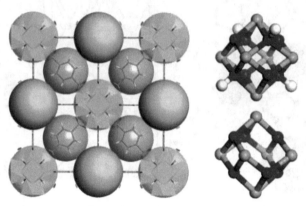

图 18-13　Zr$_6$ 簇基的 12-连接的 UiO-66 的晶体结构

2014 年，周宏才课题组报道了 12-连接六边形棱柱的 Zr$_6$ 簇通过无序排列形成第一个 *shp-a* 网状结构的 Zr-MOF（PCN-223）[24]，其在各种 pH 的水溶液中表现出很好的稳定性。通过后合成处理形成的阳离子 PCN-223(Fe) 是一种很好的可回收利用的多相催化剂。

2015 年，M. Eddaoudi 课题组用 1,4-萘二羧酸配体合成了 RE-*fcu*-MOF[25]，其结构特点是孔道能够收缩，高浓度的开放金属位点及超常的水热和化学稳定性，导致明显的气体分离，详细研究丁烷/甲烷、丁醇/甲醇和丁醇/水等体系的吸附动力学行为（图 18-14）。

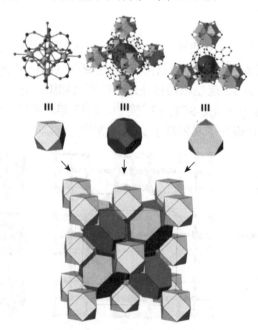

图 18-14　Eu 簇构筑的 12-连接的 *fcu* 拓扑网

18.2.5　14-连接的拓扑网

在碱金属结构中，当考虑 6 个邻近的配位原子时，它呈现出 14-连接体心立方拓扑结构（*bcu-X*）。据文献调研，具有这种拓扑结构的配位聚合物还未见报道，其原因可能在于合成更大体积的金属簇单元及选择合适的连接子较困难。2008 年，张献明课题组以 $Cu_{19}I_4S_2$ 簇为建筑块构筑了 14-连接（*bcu-X*）拓扑[20]的配合物 $[Cu_{19}I_4(pyt)_{12}(SH)_3]$（pytH = 4-pyridine-thione）。配体上的吡啶环和巯基基团—SH 充当连接子，其中—SH 基团主要通过 pyt 中 S—C（sp^2）键的断裂原位形成.配合物中的次级构筑单元为纳米尺寸的手性 $Cu_{19}I_4S_{12}$ 簇，可看作由 $Cu_{18}S_{12}$ 壳和内部的 CuI_4 单元组成；它完全不同于已知的铜硫簇，是目前唯一一包含 CuI_4 单元的手性纳米铜硫簇。每个 $Cu_{19}I_4S_{12}$ 簇与周围 14 个 $Cu_{19}I_4S_{12}$ 簇相连，24 个吡啶环和 6 个—SH 作为连接子，从而形成 14-连接 *bcu-X* 拓扑网（图 18-15）。

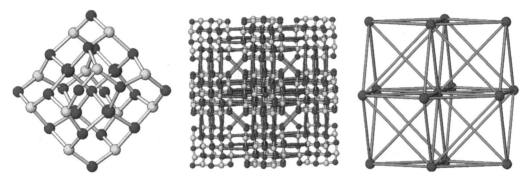

图 18-15　$Cu_{19}I_4S_{12}$ 簇和配合物的 *bcu-X* 拓扑骨架

18.3　双节点的高连接拓扑网

构筑双节点高连接的自穿插骨架一种可行方法是选择具有适当配位方式的两个金属簇，同时合理设计配体。经文献调研，多羧酸和长的柔性配体是构筑新颖的高连接骨架的最佳选择，原因如下：①金属簇的合成通常是在羧基配体的帮助下，控制金属盐的水解，通过羧基桥连把离散的金属簇扩展成网是可行的；②不对称配体通过不同配位原子（N 或 O）与不同金属或金属簇配位可诱导不对称单元，有利于形成混合连接的网络；③选用长的柔性配体可形成自穿插网络结构。采用具有 C_3 对称性、含三个共面的间苯二酸组成的配体作为 3-连接节点，金属簇作为高连接节点，易于得到双节点(3, *x*)-连接的拓扑结构。

18.3.1　(3, 8)-连接的拓扑网

2012 年，卜显和课题组[26]在溶剂热条件下合成两个金属有机框架 $[Zn_2(OH)(cpia)(bipy)_{0.5}]_n$（**1**）和 $[Zn_7(OH)_2(HOMe)_2(cpia)_4(bib)]\cdot 5H_2O$（**2**）。其中配合物 **1** 是一个有趣的基于四核锌簇 $[Zn_4(OH)_2]^{6+}$ 的三维二重穿插的(3, 8)-连接网 $(4^3)_2(4^6\cdot 6^{18}\cdot 8^4)$，而配合物 **2** 是基于七核锌簇 $[Zn_7(OH)_2(HOMe)_2]^{12+}$ 的 (3, 14)-连接网 $[(4^{20}\cdot 6^{52}\cdot 7^6\cdot 8^{13})(4^3)_4]$。

S. Q. Ma 课题组用一个特定的卟啉、磷酸酯和 M^{II}（M = Zn, Cd）阳离子自组装形成第一例基于卟

啉分子建筑模块的超分子结构[27]。MMPF-4 和 MMPF-5 可描述为通过 8 个三角形的 MBB 连接 8 个小的立方八面体，配体看作 8-连接节点，三角形 MBB 看作 3-连接节点，整体结构可看作(3, 8)-连接的拓扑网（图 18-16）。

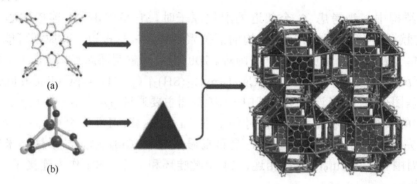

图 18-16　(3, 8)-连接拓扑的 MMPF-4/5

张健课题组用纳米级的三(4-羧基)-苯基胺配体与金属盐自组装形成两个链状建筑单元的非穿插微孔材料[28]。[(CH₃)₄N](Zn₄L₃)·28DMF 是一种纳米孔的阴离子骨架，而 Mg₃L₂(H₂O)₂(DMA)₂·2.5DMA 是(3, 8)-连接的 *tfz* 拓扑的中性骨架，具有高的永久性孔（Langmuir 比表面积为 1457m²/g）。2016 年，Q. C. Zhang 课题组通过 Tb³⁺ 和吡啶四羧酸组装成一个新的荧光 Tb-MOF[Tb₃(L)₂(HCOO) (H₂O)₅]·DMF·4H₂O [H₄L = 4,4′-(吡啶-3,5-二取代)二间苯二甲酸]。它呈现三维孔状(3, 8)-连接的(4·5²)₂(4²·5¹²·6⁶·7⁵·8³)拓扑骨架[29]，具有迷人的一维开放亲水通道，未配位的路易斯碱吡啶 N 原子修饰通道。这个 Tb-MOF 能够高选择性、灵敏地检测 Cu²⁺ 离子，在 DMF 溶液和生物体系中荧光几乎完全被猝灭，还可以检测微量的 70ppm 硝基甲烷，是一种有应用前景的传感铜离子和硝基甲烷的双功能材料。

18.3.2　(3, 9)-连接的拓扑网

2007 年，张献明课题组报道了首例(3, 9)-连接的 *xmz* 拓扑网[30]的[Co₃(OH)(pdc)₃]·H₂O，其中吡啶-3,5-二羧酸为 3-连接节点，三帽三棱柱构型的混合价 Co₃(OH)(CO₂)₃ 为 9-连接节点，Schläfli 符号为(4²·6)₃(4⁶·6²¹·8⁹)。2013 年，陈小明课题组采用扩展的吡啶二羧酸配体合成一系列同构的金属羧酸骨架[M₃(μ₃-OH)(L)₃](M = Fe, Co, Ni)，进一步系统研究了(3, 9)-连接的 *xmz* 骨架（图 18-17）[31]，它们具有可调节的呼吸和热膨胀性质。

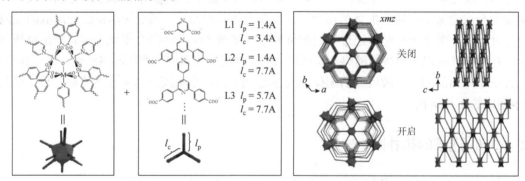

图 18-17　系列三核簇基的(3, 9)-连接的 *xmz* 拓扑网

2014 年，A. Ozarowski 课题组将手性配体 2-(1,2,4-三唑-4-)-丙酸（d-trala-H）引入(3, 9)-连接的拓扑网 {4¹⁸·6¹⁸}{4²·6}₃，合成基于三核铜簇 [Cu₃(μ₃-OH)] 的配合物 [Cu₃(μ₃-OH)(trala)₃(ClO₄)₀.₅](ClO₄)₁.₅·1.5H₂O，双层中每个等边等三角形簇作为 9-连接节点，有机配体作为 3-连接节点（图 18-18）[32]。

自旋受挫和反对称交换的影响导致在磁性质和 EPR 光谱中观察到自旋态 $S = 1/2$ 时，反常低的 g 值。

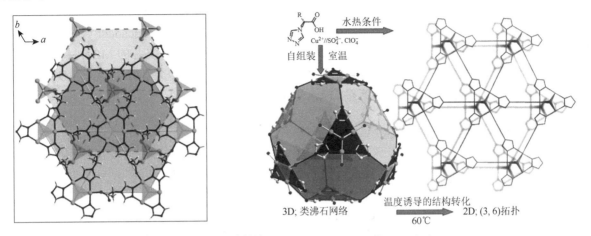

图 18-18 (3, 9)-连接的[Cu₃(μ₃-OH)(trala)₃(ClO₄)₀.₅](ClO₄)₁.₅

图 18-18 $(3, 9)$-连接的$[Cu_3(\mu_3\text{-}OH)(trala)_3(ClO_4)_{0.5}](ClO_4)_{1.5}$

18.3.3 (3, 12)-连接的拓扑网

陈小明课题组等采用三角形配体苯基-1,3,5-三苯甲酸、5-氨基间苯二酸、2,6-二羧基苯-4,4′-联吡啶和高核金属羧酸锌簇、钴簇、镧系金属簇构筑了新颖的(3, 12)-连接的三维孔状配合物（图 18-19）[33-35]。

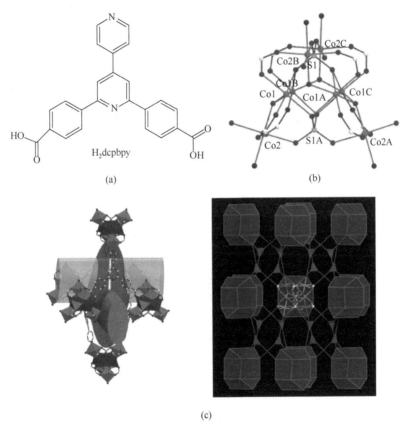

图 18-19 Co₈簇、拉长的八面体笼和(3, 12)-连接的拓扑网

2012 年，J. W. Cheng 课题组报道了两个新颖的同构手性镧系-硫酸盐骨架 Ln₄(OH)₄(SO₄)₄(H₂O)₃ [Ln = Y(3)，Er(4)]，含螺旋管和左手、右手螺旋链构筑的通道[36]。进一步研究显示配合物 **3** 是通过 SO₄²⁻

阴离子作为3-连接节点，Y_4簇作为12-连接的节点形成(3, 12)-连接的拓扑网$(4^3)_4(4^{20}\cdot6^{28}\cdot8^{18})$。赵斌课题组[37]也合成了两个独特的基于八面体$[Ln_6]$（$Ln = Gd$，$Dy$）簇(3, 12)-连接的三维配合物$[Ln_6(\mu_6\text{-}O)(\mu_3\text{-}OH)_8(\mu_4\text{-}ClO_4)_4(H_2O)_6](OH)_4$，拓扑网符号为$(4^{20}\cdot6^{26}\cdot8^{20})(4^3)_4$。2018年，Eddaoudi课题组设计和使用稀土六核分子建筑块和网络化学的方法成功制备高稳定的、超微孔的 *ftw* 拓扑的 MOF 材料[38]，可以有效地动力学分离丙烷/丙烯。L^4配体可看作两个 3-连接三角形节点，六核簇$[RE_6(\mu_3\text{-}OH)_8(O_2C—)_{12}]$分子建筑块，整个结构也可看作(3, 12)-连接的 *kxe* 网络。

18.3.4　(3, 24)-连接的拓扑网

2009 年和 2010 年，周宏才课题组设计了一系列树枝状的六羧酸配体[39, 40]，与铜盐溶剂热反应成功合成了一系列同构的(3, 24)-连接的 MOF 材料，其结构可描述成由三种类型的多面体形成：立方八面体（cubOh）、去顶四面体（T-Td）和去顶八面体（T-Oh）。使用树枝状配体，骨架的稳定性随配体的扩展而增强；间苯二酸酯形成的去顶八面体可阻止骨架穿插，且使 MOF 具有高的表面积。

2012 年，孙道峰课题组[41]成功地用 C_3 对称性的 Si 基六中心羧酸连接子和桨轮状的$[Cu_2(COO)_4]$簇构筑了三个孔状(3, 24)-连接的 *rht* 网的$[Cu_3L(H_2O)_3]$（图 18-20）。这些 MOF 是由纳米级的立方八

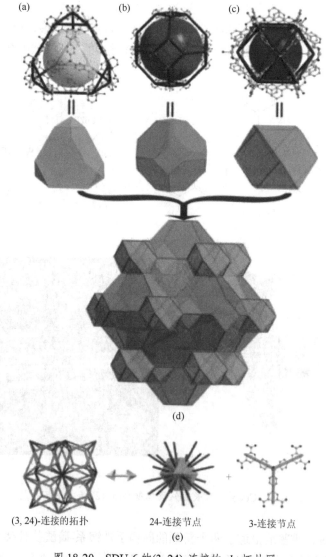

图 18-20　SDU-6 的(3, 24)-连接的 *rht* 拓扑网

面体、截面四面体和截面八面体笼构成的三维结构，其不同之处是六元羧酸配体的中心 Si 原子分别与羟基、甲基、异丁基连接，导致其功能不同。

2013 年，M. Schröder 课题组使用一个 C_3 对称性有角度的间苯二甲酸连接子和 1,2,3-三氮唑合成了高孔的(3, 24)-连接的 NOTT-122 骨架，呈现体心四方堆积的$[Cu_{24}(isophthalate)_{24}]$立方八面体[42]。这种独特的堆积和高密度自由的 N-供体位点，使去溶剂化的 NOTT-122a 同时对 H_2、CH_4 和 CO_2 具有高的吸附能力。

2014 年，K. F. Omar 课题组成功地用一种高效的铜催化剂"点击法"合成一系列由不同尺寸的六元羧酸构筑的(3, 24)-连接拓扑的 MOF 材料[43]，即 NU-138、NU-139 和 NU-140。其中 NU-140 在 65bar 和 298K 下对甲烷的吸收量为 0.34g/g，约为美国能源部目标（0.5g/g）的 70%，并且其有效的传送容量为 0.29g/g（在 5～65bar 之间）。这些值表明 NU-140 在质量和体积方面对甲烷的储存都有很好的表现。

18.3.5 (3, 36)-连接的拓扑网

2011 年，张天乐课题组利用一个含吡啶和羧酸基团的配体与铜离子自组装得到一个新颖的(3, 36)-连接自穿插拓扑结构的 MOF 材料（图 18-21）[44]，它具有较高的热稳定性和气体吸附能力。

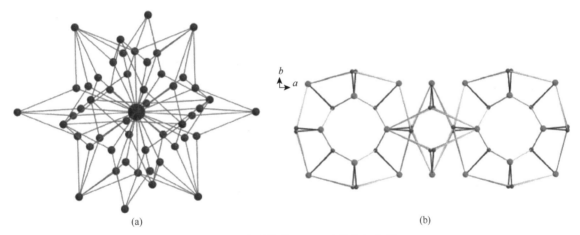

(a)   (b)

图 18-21 高连接的(3, 36)-连接的拓扑网

18.3.6 (4, 8)-连接的拓扑网

2007 年，卢灿忠课题组使用 1,2,4-苯三唑和第二桥连配体作为共同配体，形成了基于不同次级构筑单元的一系列三维 MOF[45]。配合物 $Cd_3(trz)_2(suc)Cl_2$ 是由两种交叉的(4, 4)网格形成的自穿插(4, 8)-连接拓扑网$(4^56)(4^{12}6^{16})$，分别把三核镉和琥珀酸配体看成 8-连接和 4-连接的节点。配合物 $[Zn_7(trz)_6(1,2,4,5-BTC)_2(H_2O)_6]·8H_2O$ 是由 10-连接的七核锌簇$[Zn_7(trz)_6]^{8+}$和 4-连接的 1,2,4,5-BTC 配体构成的(4, 10)-连接网。这些配合物的结构研究表明，增加第二桥接配体的长度会引起金属核数和最终拓扑网的连接数的增加。

2012 年，林文斌课题组[46]报道了基于新的芳香八羧酸配体和 Cu_2 桨轮状次级构筑单元构筑的(4, 8)-连接 *scu* 拓扑的三个配合物$[Cu_4(L_1)(H_2O)_4]·12DEF·2H_2O$、$[Cu_4(L_2)(H_2O)_4]·14DMF·2H_2O$ 和 $[Cu_4(L_3)(H_2O)_4]·8DMF·12H_2O$。每个 L_1 配体通过羧基以矩形棱柱的模式连接八个 Cu 桨轮型簇，每个 Cu_2 簇作为 4-连接节点，L_1 配体作为 8-连接的节点，形成非常罕见的(4, 8)-连接的 *scu* 拓扑，Schläfli 符号是$(4^4·6^2)_2(4^{16}·6^{12})$。由于桥连配体的高连接，这个 MOF 呈现非凡的骨架稳定性和显著的氢气吸

附性能。M. Schröder 课题组[47]也报道了一个由八面体和立方八面体笼组成的(4, 8)-连接的 *scu* 拓扑结构[Cu₄L(H₂O)₄]（NOTT-140）（图 18-22）。

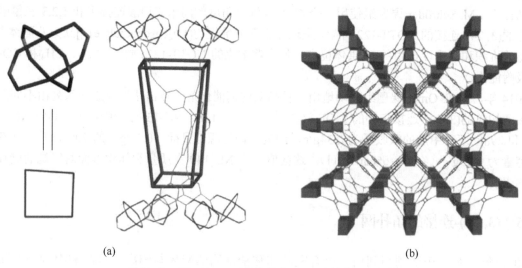

(a)　　　　　　　　　　　　　　(b)

图 18-22　[Cu₂(O₂CR)₄]桨轮簇和(4, 8)-连接的 *scu* 拓扑

2012 年，张献明课题组[48]以 3,3′,4,4′-联苯四羧酸为配体，四核的蝴蝶形簇[M₄(OH)₂(RCO₂)₈]为建筑单元，合成了一系列同构的微孔(4, 8)-连接的金属羧酸阴离子骨架，原位形成的二甲胺阳离子填充在孔道中，可选择性交换碱金属阳离子。蝴蝶形四核钴簇是由共边的金属二聚体和共顶点的两个金属组成，金属簇内呈现竞争的反铁磁和铁磁相互作用，是一种很好的磁性模型。在这个同构体系中选用离子半径相近、配位相似、但磁各向异性不同的钴和镍离子，通过不同比例的异金属钴和镍掺杂实现了磁性从反铁磁、亚铁磁到铁磁的调控（图 18-23）。一系列同构的(4, 8)-连接拓扑网络由无限双核棒状镧系羧酸次级构筑单元[49]构筑的材料 Ln(TATB)(H₂O)[Ln = Y1，Eu2，Gd3，Tb4，Dy5，Ho6，Er7，TATB = 4,4′,4″-(三嗪)-2,4,6-三取代三苯甲酸]，呈现开放的非穿插的三维微孔骨架。八面体羧酸配体四（3,5-二羧基苯）乙二酸甲基甲烷（H₈X）和四个分枝的 5-磺酸基间苯二甲酸配体也分别被报道构筑了具有(4, 8)-连接 *scu* 拓扑的材料[50, 51]。

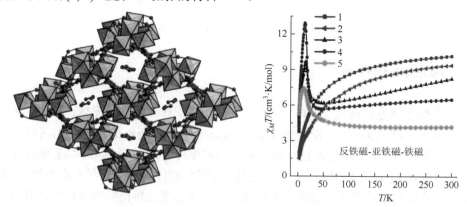

图 18-23　蝴蝶形四核钴簇基的(4, 8)-连接的 *scu* 拓扑

18.3.7　(4, 9)-连接的拓扑网

2016 年，卜显和课题组成功构建了一个具有独特的(4, 9)-连接拓扑网的金属有机多面体材料（MOP）[52]。由于在次级构筑单元中存在开放的金属位点，它对 H₂ 和 CO₂ 有相对强的相互作用（图 18-24）。

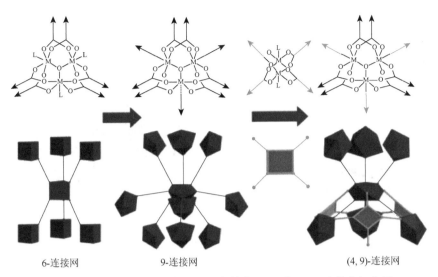

图 18-24　桨轮状簇和三带帽的三方棱柱 SBU 的 (4, 9)-连接的拓扑网

6-连接网　　　　9-连接网　　　　(4, 9)-连接网

18.3.8　(4, 12)-连接的拓扑网

2012 年，林文斌课题组使用细长且富含芳香的四（羧酸联苯）甲烷作为桥接配体，合成两个有趣的互相穿插和交叉连接模式的高连接 MOF[53]。$[Zn_4(L)(H_2L)_2]\cdot12DEF\cdot40H_2O$ 是一个含穿插的 (4, 8)-连接 α-Po 拓扑和 (4, 4)-连接 lon 拓扑的三维网。而配合物 $[Co_5(L)(HL)_2]\cdot15DMF\cdot37H_2O$ 是第一个 (4, 12)-连接的拓扑网，Schläfli 符号为 $\{4^{22}\cdot6^{39}\cdot8^5\}\{4^5\cdot6\}_2\{4^6\}$，为了更直观化，它可看作是由三个 (4, 4)-连接的三维 lon 拓扑网互相交叉形成。

2014 年，苏忠民、兰亚乾课题组[54]报道了一个 (4, 7)-连接和 (4, 12)-连接拓扑网的骨架 $[(Zn_4O)_2(L)_3H_2O]\cdot H_2O\cdot4DMA$。每个 Zn_4O 连接 6 个配体和 1 个水分子，可看作 7-连接节点；每个 L^{4-} 配体与 4 个 Zn_4O 簇结合，可看作 4-连接节点。因此，整个三维结构可看作 (4, 7)-连接的网。在 (4, 7)-连接的拓扑结构中，两个不同的环相互穿插，连接子连接这两个环形成一个自穿插的 IFMC-69（图 18-25）。如果把 $[Zn_4O(CO_2)_6]_2H_2O$ 看作次级构筑单元，与 12 个配体连接，作为 12-连接的节点；每个 L^{4-} 配体看作 4-连接节点，这个结构又是一个 (4, 12)-连接拓扑网（图 18-26）。

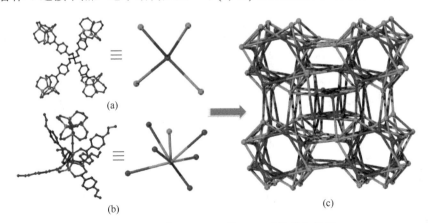

图 18-25　三维 IFMC-69 的 (4, 7)-连接的拓扑网

2014 年，S. Ma 课题组[55]利用八中心的卟啉配体四（3,5-二羧酸联苯）卟啉配体与桨轮型双核簇 $Cu_2(CO_2)_4$ 自组装成一个多孔金属-金属卟啉骨架配合物 MMPF-9。如果将双核铜簇作为 4-连接节点，3 个 tdcbpp(Cu) 建筑单元通过 12 个羧酸基团连接 6 个双核铜簇形成的六方通道作为 12-连接的节点，

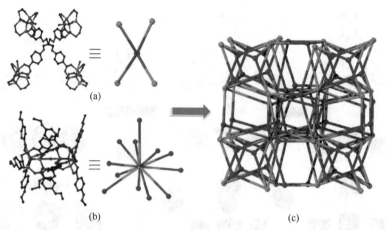

图 18-26　三维 IFMC-69 的(4, 12)-连接的拓扑网

MMPF-9 配合物具有罕见的双节点(4, 12)-连接的 *smy* 拓扑网（$3^{16}\cdot4^{24}\cdot5^{20}\cdot6^6$）。有趣的是在纳米级孔道中有高密度的 Cu(Ⅱ)位点，作为一个异相路易斯酸催化剂，在室温、1atm 下化学固定 CO_2 形成碳酸盐表现出优越的催化性能。2015 年，M. Eddaoudi 课题组[56]首次使用氟化配体（2-氟苯甲酸）有利于形成高连接的稀土六核分子建筑块，促进合成高连接 MOF。他们利用 4-连接的四边形羧酸刚性配体（含苯、萘、蒽核）和 12-连接稀土六核簇构筑了一系列(4, 12)-连接的 *ftw* 网络的高孔 MOF（图 18-27）。进一步研究揭示 Y-*ftw*-MOF-2 在高压下有望储存甲烷，而且可以从天然气中选择性去除丁烷和丙烷，选择性分离丙烷、丁烷或异丁烷。

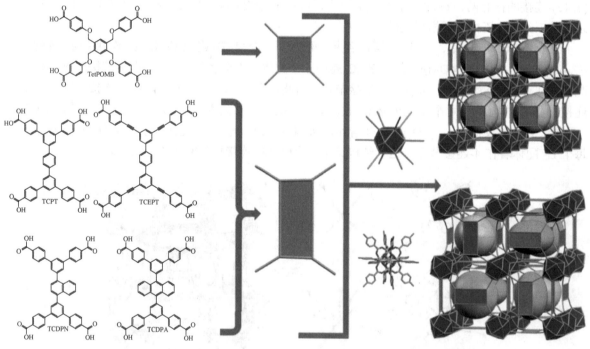

图 18-27　4-连接的配体和 12-连接的稀土六核簇 MBB 自组装成 *ftw* 拓扑网

18.3.9　其他双节点的高连接拓扑网

1. (6, 8)-连接的拓扑网

2007 年，王恩波课题组[57]使用不对称中心配体，以双核锌簇为 6-连接节点，三核锌簇为 8-连接

节点，构筑了第一个(6, 8)-连接的自穿插 MOF($4^{12}\cdot5\cdot6^2$)($4^{20}\cdot5^2\cdot6^6$)（图 18-28）。2012 年，林文斌课题组[58]用一个新的富芳香性四苯甲烷衍生物八面体羧酸桥连配体和 Zn 簇次级构筑单元合成了一例具有(6, 8)-连接的 *tph* 拓扑的三维 MOF。它表现出非常高的氢气和甲烷吸收性能，可能与高分枝、桥连配体富芳香性的特性有关。最近，侯磊课题组[59]利用吡唑和羧酸混合配体的策略合成一个基于两个罕见的三核与四核金属-羧酸-吡唑簇的(6, 8)-连接的拓扑网骨架材料。这种材料不仅有高的 CO_2 负载能力，而且在 308K 和 313K 有非常高的 CO_2/N_2 选择性，因为极性孔表面有吡唑基簇修饰，甲基悬挂限制了孔的大小；并且用 GCMC 模拟了两个有利 CO_2 吸附位点在 $Co_3(pz)_3$ 和 $Co_3(CO_2)_2$（pz）三核簇上。

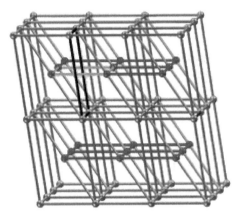

图 18-28　(6, 8)-连接的自穿插网

2011 年，高恩庆课题组[60]用 2,2′-二硝基苯-4,4′-二甲酸和不同的联吡啶配体合成两个钴（Ⅱ）的穿插或自穿插结构的材料。配合物[Co_3(dnpdc)$_3$(bipy)$_3$(H_2O)$_2$]·$2H_2O$ 是用 4,4′-二甲酸和 4,4′-二吡啶作共桥连配体，呈现单核和双核为节点的(4, 6)-连接的三重穿插网（图 18-29）。配合物[Co_3(dnpdc)$_3$(bpea)$_{2.5}$(H_2O)$_3$]·$0.5H_2O$ 是用 4, 4′-二甲酸和二（4-吡啶基）乙烷作共桥连配体，形成一个新颖的基于两个不同双核节点的(6, 8)-连接网，相互连接的二维次级网引起高度自穿插。

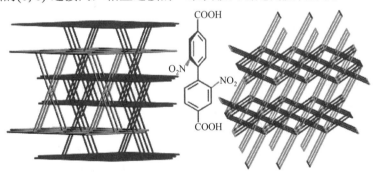

图 18-29　(4, 6)-连接和(6, 8)-连接的自穿插网

2. (6, 9)-连接的拓扑网

2013 年，S. Q. Ma 课题组[61]用含特定双功能基团的配体 4-(1,2,3-三唑-4-取代基)-苯甲酸与两种高连接的锌簇构筑了一例具有(6, 9)-连接的 MTAF-4（图 18-30）。它具有稳定的、永久的微孔，并且能够在高压下吸附 CO_2、H_2 和 CH_4 等气体。

3. (6, 12)-连接的 AlB$_2$ 拓扑网

2009 年，张献明课题组[62]通过溶剂热条件下的原位[2 + 3]环加成和亲核加成反应，合成了(6, 12)-

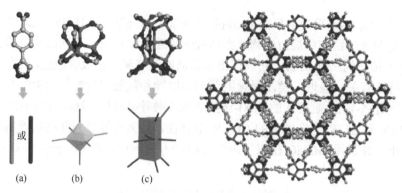

图 18-30　四核锌簇、七核锌簇构筑的(6, 9)-连接的 MTAF-4

连接的 AlB$_2$-型配位聚合物[{(Co$_3$F)$_3$(trta)$_2$(H$_2$O)$_9$}{Co(Hbta)$_3$}$_2$]·11H$_2$O，其中超三角形的[(Co$_3$F)$_3$(trta)$_2$] 超分子建筑块作为六方棱柱的 12-连接的节点（图 18-31）。

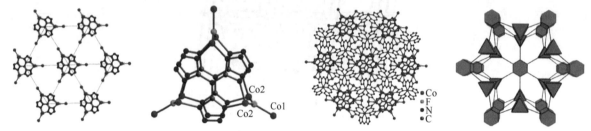

图 18-31　超分子簇和(6, 12)-连接的三维 AlB$_2$ 网

4. (8, 14)-连接的拓扑网

2014 年，杨国昱课题组[63]用镧系氧化物和卤化铜在水热条件下合成了两个同构的柱层状材料 [Ln$_5$(μ$_3$-OH)$_4$(μ-H$_2$O)Cu$_8$I$_8$L$_{11}$]·H$_2$O[L = 4-吡啶-4-yl-苯甲酸，Ln = Dy，Eu]。与由异构金属层和有机柱 形成的柱层结构相比，它们有两个不同类型的无机金属簇：一个是含氢氧根的[Ln$_{10}$(μ$_3$-OH)$_8$]$^{22+}$（Ln$_{10}$） 簇，另一个是卤化亚铜[Cu$_{16}$I$_{16}$]（Cu$_{16}$）簇。从拓扑的角度看，这些配合物代表一个有趣的以 Ln$_{10}$ 和 Cu$_{16}$ 为节点、双节点的(8, 14)-连接拓扑结构。

5. (10, 3)-α 手性的拓扑网

2006 年，周宏才课题组[64]利用氰白尿酰氯和甲苯的傅氏酰基化反应合成了苯甲酸功能化的 3- 三嗪衍生物和七嗪-3-苯甲酸（HTB）配体。溶液中荧光和质谱数据表明 HTB 分子面对面 π-π 堆积作 用形成二聚体。基于三个 HTB 二聚体作为 3-连接节点与三核锌簇形成一个中性的、非穿插的(10, 3)-α 手性拓扑网的 MOF。2010 年，R. P. Catalina 课题组[65]设计了三维(10, 3)-α 连接的手性分子基磁 体(PPh$_4$)$_2$[CoCu$_3$(μ$_3$-Cl)(Hmesox)$_3$]（图 18-32）。Co^{II} 离子作为 3-连接节点，[Cu$_3$(Hmesox)$_3$(μ$_3$-Cl)]$^{4-}$

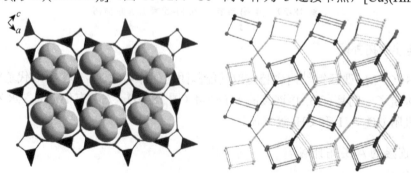

图 18-32　(10, 3)-α 阴离子网，四苯基膦阳离子填充在孔中

基团作为 3-连接的连接子，每个 Co^{II} 周围连接三个 [Cu$_3$(Hmesox)$_3$(μ_3-Cl)]$^{4-}$ 基团。这是第一个含四苯基膦阳离子的手性拓扑网结构。

18.4　三节点的高连接拓扑网

18.4.1　(3, 4, 6)-连接的拓扑网

与单节点和双节点的网相比，由三种不同金属簇、金属多边形或多面体组成的三节点网极为罕见，这可能与自组装过程难以控制有关。Zaworotko 课题组[1]把两步合成的策略应用于三节点网的构筑上，将 tp-PMBB-1 连接四面体 Zn^{2+} 阳离子，反过来配位两个三角形 btc^{3-} 阴离子，得到第一个三节点(3, 4, 6)-连接的 asc 拓扑网 tp-PMBB-1-asc-1（图 18-33）。这为进一步研究提供了很好的平台，因为网络的成分系统变化而保持拓扑不变。特别是四面体 Zn^{2+} 被四面体 Cd^{2+} 阳离子取代，三角形 btc^{3-} 阴离子被扩展的配体如 1,3,5-三（4-羧基苯基）苯 btb^{3-} 或 4,4′,4″-[1,3,5-苯基三(羰基亚氨基)三苯甲酸 btctb^{3-}取代。母体结构 tp-PMBB-1-asc-1 具有永久的孔（BET 比表面积 1671m^2/g），对二氧化碳和氢气有一定的吸附。更重要的是，从实际应用的角度看，tp-PMBB-1-asc-1 在热的有机碱和水中呈现化学稳定性，但是对于孔状材料的大部分工业应用的相关要求仍是一项挑战。溶剂分子可以精细调节孔径大小和吸附性质，当晶体 tp-PMBB-1-asc-1 浸泡在热吡啶中，发生单晶到单晶的转变，端基水分子配体能被吡啶交换。将晶体浸泡在水中几天，活化后表明表面积没有减少。这个 asc 网络的多样性为精细调节结构和性质提供了一些方法。

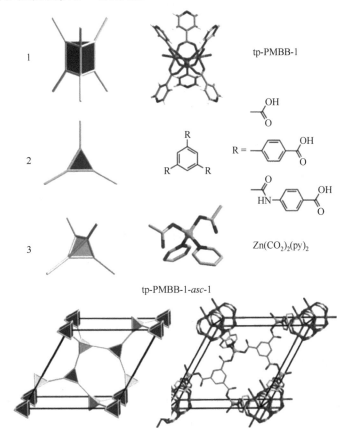

图 18-33　三方棱柱的(3, 4, 6)-连接的拓扑网

18.4.2　(4, 8, 16)-连接的拓扑网

2010 年，鲁统部课题组[66]报道了一个由 Cd(Ⅱ)和四唑-5-羧酸配体构筑的前所未有的三维无机-有机杂化材料，具有高连接的三节点(4, 8, 16)-连接拓扑结构（图 18-34），同时具有 SHG 性质。

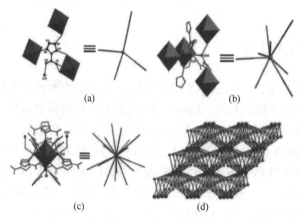

(a)　　　　(b)

(c)　　　　(d)

图 18-34　三节点(4, 8, 16)-连接的拓扑网

2018 年两个新颖的三维银-四唑骨架，具有$[Ag_{20}(tta)_{16}]^{4+}$纳米笼包结的 24-连接多金属氧酸盐（POM）$Ag_{10}(\mu_4\text{-}tta)_4(H_2O)_4(PW_9^{VI}W_3VO_{40})$和 $Ag_{10}(\mu_4\text{-}tta)_4(H_2O)_4(SiW_9^{VI}W_3^VO_{40})$被成功合成，是目前报道的具有最高连接数的多金属氧酸盐材料。从拓扑角度看，tta 配体和$[Ag_3\text{-}Ag_3]$聚集体看作 4-连接的节点，Keggin 型的 POM 簇看作 24-连接的节点，HUST-100 的结构可看作三维的(4, 4, 24)-连接的骨架（图 18-35）[67]。

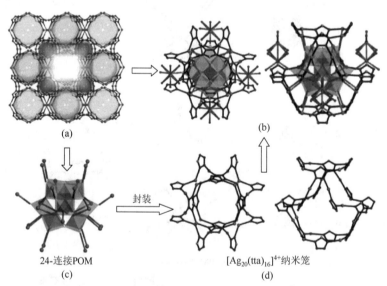

(a)　　　　　　　　(b)

24-连接POM　　　　　封装　　　　$[Ag_{20}(tta)_{16}]^{4+}$纳米笼

(c)　　　　　　　　(d)

图 18-35　三节点(4, 4, 24)-连接的拓扑网

18.4.3　(3, 4, 8)-连接的拓扑网

2011 年，R. L. LaDuca 课题组[68]用对苯二甲酸酯（tere）和二（4-吡啶甲酰）哌嗪（bpfp）配体构筑了一个新颖的具有(3, 4, 8)-连接的自穿插拓扑网$(4\cdot6^2)_2(4^2\cdot6^{16}\cdot8^7\cdot10^3)(4^2\cdot6^4)_2$ 的配合物$[Cd_4(tere)_4(bpfp)_3(H_2O)_2]\cdot8H_2O$。

18.4.4　(3, 6, 12)-连接的拓扑网

2015 年，一个罕见的手性三维骨架[$Zn_{17}O_5(NTB)_6(NDB)_3$]·41H_2O（H_3NTB = 4,4',4''-nitrilotrisbenzoic acid，H_2NDB = 4,4'-nitrilodibenzoic acid）被报道[69]。化合物包括两种类型的次级构筑单元[$Zn_4(\mu_4\text{-}O)(COO)_6$]和未报道过的[$Zn_9(\mu_3\text{-}O)_3(COO)_{12}$]，整个结构是由二羧酸和三羧酸连接，并且扩展成一个前所未有的(3, 6, 12)-连接的骨架。

18.4.5　(3, 8, 12)-连接和(3, 12, 12)-连接的拓扑网

对于高连接稀土 MOF 的调控仍是一项挑战。2015 年，M. Eddaoudi 课题组[70]减小对称性的三角形三羧酸配体和高对称的 1,3,5-苯（三）苯甲酸配体，形成的九核[$RE_9(\mu_3\text{-}OH)_{12}(\mu_3\text{-}O)_2(O_2C\text{—})_{12}$]和六核[$RE_6(OH)_8(O_2C\text{—})_8$]羧酸簇分别作为 12-连接和 8-连接分子建筑块，构筑了新颖的三维(3, 8, 12)-连接三节点 *pek* 拓扑网（图 18-36）。采用三羧酸配体形成含九核簇的 MOF，呈现新颖的高连接(3, 12, 12)-三节点 *aea* 拓扑网。这些 MOF 材料在气体分离/储存方面有潜在应用，高压下 *pek*-MOF-1 对 CO_2 和 CH_4 吸附较高。

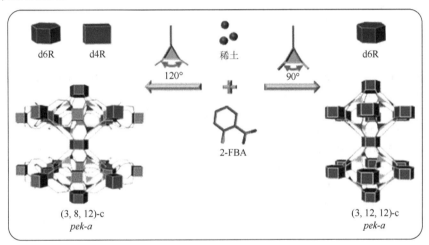

图 18-36　(3, 8, 12)-连接的 *pek* 网和(3, 12, 12)-连接的 *aea* 网

（张献明）

参 考 文 献

[1]　Schoedel A，Zaworotko M J. [$M_3(\mu_3\text{-}O)(O_2CR)_6$] and related trigonal prisms：versatile molecular building blocks for crystal engineering of metal-organic material platforms. Chem Sci，2014，5：1269-1282.

[2]　Morris J J，Noll B C，Henderson K W. High-connectivity networks：characterization of the first uninodal 9-connected net and two topologically novel 7-connected nets. Chem Commun，2007，48：5191-5193.

[3]　Zhang Y B，Zhang W X，Feng F Y，et al. A Highly connected porous coordination polymer with unusual channel structure and sorption properties. Angew Chem Int Ed，2009，48：5287-5290.

[4]　Zhang Y B，Zhou H L，Lin R B，et al. Geometry analysis and systematic synthesis of highly porous isoreticular frameworks with a unique topology. Nat Commun，2012，3：642.

[5]　Jiang G，Wu T，Zheng S T，et al. A nine-connected mixed-ligand nickel-organic framework and its gas sorption properties. Cryst Growth Des，2011，11：3713-3716.

[6]　Long D L，Hill R J，Blake A J，et al. Non-natural eight-connected solid-state materials：a new coordination chemistry. Angew Chem Int Ed，

2004，43：1851-1854.

[7]   Wang X L，Qin C，Wang E B，et al. An unprecedented eight-connected self-penetrating network based on pentanuclear zinc cluster building blocks. Chem Commun，2005，38：4789-4791.

[8]   Chun H，Kim D，Dybtsev D N，et al. Metal-organic replica of fluorite built with an eight-connecting tetranuclear cadmium cluster and a tetrahedral four-connecting ligand. Angew Chem Int Ed，2004，43：971-974.

[9]   Luo T T，Tsai H L，Yang S L，et al. Crystal engineering：toward intersecting channels from a neutral network with a *bcu*-type topology. Angew Chem Int Ed，2005，44：6063-6067.

[10]   Chun H，Jung H，Koo G，et al. Efficient hydrogen sorption in 8-connected MOFs based on trinuclear pinwheel motifs. Inorg Chem，2008，47：5355-5359.

[11]   Gu X，Lu Z H，Xu Q. High-connected mesoporous metal-organic framework. Chem Commun，2010，46：7400-7402.

[12]   Chen Q，Lin J B，Xue W，et al. A porous coordination polymer assembled from 8-connected $\{Co_3^{II}(OH)\}$ clusters and isonicotinate：Multiple active metal sites，apical ligand substitution，H_2 adsorption，and magnetism. Inorg Chem，2011，50：2321-2328.

[13]   Zhang X M，Lv J，Ji F，et al. A perfectly square-planar tetracoordinated oxygen in a tetracopper cluster-based coordination polymer. J Am Chem Soc，2011，133：4788-4790.

[14]   Liu M M，Han C Y，Qin Y L，et al. $Mn_8@Na_8$ cube-in-cube sbbs-based heterometallic coordination network with unprecedented$(3^9.4^6)_8$ topological $mn_8(\mu_4\text{-OMe})_6$ cubes. Cryst Growth Des，2013，13：1386-1389.

[15]   Li D S，Zhao J，Wu Y P，et al. Co_5/Co_8-cluster-based coordination polymers showing high-connected self-penetrating networks：syntheses，crystal structures，and magnetic properties. Inorg Chem，2013，52：8091-8098.

[16]   Bu F，Lin Q P，Zhai Q G，et al. Two zeolite-type frameworks in one metal-organic framework with $Zn_{24}@Zn_{104}$ cube-in-sodalite architecture. Angew Chem Int Ed，2012，51：8538-8541.

[17]   Liu Y Y，Klet R C，Hupp J T，et al. Probing the correlations between the defects in metal-organic frameworks and their catalytic activity by an epoxide ring-opening reaction. Chem Commun，2016，52：7806-7809.

[18]   Wang X L，Qin C，Lan Y Q，et al. Metal-organic replica of g-Pu：the first uninodal 10-connected coordination network based on pentanuclear cadmium clusters. Chem Commun，2009，5：410-412.

[19]   Song W C，Pan Q，Song P C，et al. Two unprecedented 10-connected bct topological metal-organic frameworks constructed from cadmium clusters. Chem Commun，2010，46：4890-4892.

[20]   Hao Z M，Fang R Q，Wu H S，et al. Cu_6S_4 cluster based twelve-connected face-centered cubic and $Cu_{19}I_4S_{12}$ cluster based fourteen-connected body-centered cubic topological coordination polymers. Inorg Chem，2008，47：8197-8203.

[21]   Li D，Wu T，Zhou X P，et al. Twelve-connected net with face-centered cubic topology：a coordination polymer based on $[Cu_{12}(\mu_4\text{-SCH}_3)_6]^{6+}$clusters and CN-linkers. Angew Chem Int Ed，2005，44：4175-4178.

[22]   Zhang H，Lu Y，Zhang Z，et al. A 12-connected metal-organic framework constructed from an unprecedented cyclic dodecanuclear copper cluster. Chem Commun，2012，48：7295-7297.

[23]   Wu H，Chua Y S，Krungleviciute V，et al. Unusual and highly tunable missing-linker defects in zirconium metal-organic framework UiO-66 and their important effects on gas adsorption. J Am Chem Soc，2013，135：10525-10532.

[24]   Feng D，Gu Z Y，Chen Y P，et al. A highly stable porphyrinic zirconium metal-organic framework with shp-a topology. J Am Chem Soc，2014，136：17714-17717.

[25]   Xue D X，Belmabkhout Y，Shekhah O，et al. Tunable rare earth *fcu*-MOF platform：access to adsorption kinetics driven gas/vapor separations via pore size contraction. J Am Chem Soc，2015，137：5034-5040.

[26]   He K H，Li Y W，Chen Y Q，et al. Employing zinc clusters as SBUs to construct(3，8)and (3，14)-connected coordination networks：structures，topologies，and luminescence. Cryst Growth Des，2012，12：2730-2735.

[27]   Wang X S，Chrzanowski M，Gao W Y，et al. Vertex-directed self-assembly of a high symmetry supermolecular building block using a custom-designed porphyrin. Chem Sci，2012，3：2823-2827.

[28]   He Y P，Tan Y X，Zhang J. Stable Mg-metal-organic framework（MOF）and unstable Zn-MOF based on nanosized tris（（4-carboxyl）phenylduryl）amine ligand. Cryst Growth Des，2013，13：6-9.

[29]   Zhao J，Wang Y N，Dong W W，et al. A robust luminescent Tb(III)-MOF with Lewis basic pyridyl sites for the highly sensitive detection of metal ions and small molecules. Inorg Chem，2016，55：3265-3271.

[30]   Zhang X M，Zheng Y Z，Li C R，et al. Unprecedented (3，9)-connected$(4^2.6)_3$（$4^6.6^{21}.8^9$）net constructed by trinuclear mixed-valence cobalt clusters. Cryst Growth Des，2007，7：980-983.

[31]   Wei Y S，Chen K J，Liao P Q，et al. Turning on the flexibility of isoreticular porous coordination frameworks for drastically tunable framework

breathing and thermal expansion. Chem Sci，2013，4：1539-1546.

[32] Vasylevs'kyy S I，Senchyk G A，Lysenko A B，et al. 1, 2, 4-triazolyl-carboxylate-based MOFs incorporating triangular Cu(Ⅱ)-hydroxo clusters：topological metamorphosis and magnetism. Inorg Chem，2014，53：3642-3654.

[33] Hou L，Zhang J P，Chen X M，et al. Two highly-connected，chiral，porous coordination polymers featuring novel heptanuclear metal carboxylate clusters. Chem Commun，2008，34：4019-4021.

[34] Hou L，Zhang W X，Zhang J P, et al. An octacobalt cluster based，(3, 12)-connected，magnetic，porous coordination polymer. Chem Commun，2010，46：6311-6313.

[35] Yang Q Y，Li K，Luo J，et al. A simple topological identification method for highly (3, 12)-connected 3D MOFs showing anion exchange and luminescent properties. Chem Commun，2011，47：4234-4236.

[36] Wang W H，Tian H R，Zhou Z C，et al. Two unusual chiral lanthanide-sulfate frameworks with helical tubes and channels constructed from interweaving two double-helical chains. Cryst Growth Des，2012，12：2567-2571.

[37] Hou Y L，Xiong G，Shi P F，et al. Unique (3, 12)-connected coordination polymers displaying high stability，large magnetocaloric effect and slow magnetic relaxation. Chem Commun，2013，49：6066-6068.

[38] Xue D X，Cadiau A，Weselinński Ł J，et al. Topology meets MOF chemistry for pore-aperture fine tuning：ftw-MOF platform for energy-efficient separations via adsorption kinetics or molecular sieving. Chem Commun，2018，54：6404-6407.

[39] Zhao D，Yuan D，Sun D，et al. Stabilization of metal-organic frameworks with high surface areas by the incorporation of mesocavities with microwindows. J Am Chem Soc，2009，131：9186-9188.

[40] Yuan D，Zhao D，Sun D，et al. An isoreticular series of metal-organic frameworks with dendritic hexacarboxylate ligands and exceptionally high gas-uptake capacity. Angew Chem Int Ed，2010，49：5357-5361.

[41] Zhao X L，Sun D，Yuan S，et al. Comparison of the effect of functional groups on gas-uptake capacities by fixing the volumes of cages A and B and modifying the inner wall of cage c in *rht*-type MOFs. Inorg Chem，2012，51：10350-10355.

[42] Yan Y，Suyetin M，Bichoutskaia E，et al. Modulating the packing of [Cu$_{24}$(isophthalate)$_{24}$] cuboctahedra in a triazole-containing metal-organic polyhedral framework. Chem Sci，2013，4：1731-1736.

[43] Gokhan B，Vaiva K，Diego A G G，et al. Isoreticular series of (3, 24)-connected metal-organic frameworks：facile synthesis and high methane uptake properties. Chem Mater，2014，26：1912-1917.

[44] Zhang P，Li B，Zhao Y，et al. A novel (3, 36)-connected and self-interpenetrated metal-organic framework with high thermal stability and gas-sorption capabilities. Chem Commun，2011，47：7722-7724.

[45] Zhai Q G，Lu C Z，Wu X Y，et al. Coligand modulated six-，eight-，and ten-connected Zn/Cd-1, 2, 4-triazolate frameworks based on mono-，bi-，tri-，penta-，and heptanuclear cluster units. Cryst Growth Des，2007，7：2332-2342.

[46] Mihalcik D J，Zhang T，Ma L，et al. Highly porous 4, 8-connected metal-organic frameworks：synthesis，characterization，and hydrogen uptake. Inorg Chem，2012，51：2503-2508.

[47] Tan C R，Yang S H，Champness N R，et al. High capacity gas storage by a 4, 8-connected metal-organic polyhedral framework. Chem Commun，2011，47：4487-4489.

[48] Yao R X，Xu X，Zhang X M. Magnetic modulation and cation-exchange in a series of isostructural (4, 8)-connected metal-organic frameworks with butterfly-like [M$_4$(OH)$_2$(RCO$_2$)$_8$] building units. Chem Mater，2012，24：303-310.

[49] Zhang H B，Li N，Tian C B，et al. Unusual high thermal stability within a series of novel lanthanide TATB frameworks：synthesis，structure，and properties（TATB = 4, 4′, 4″-s-triazine-2, 4, 6-triyl-tribenzoate）. Cryst Growth Des，2012，12：670-678.

[50] Lin Z J，Huang Y B，Liu T F，et al. Construction of a polyhedral metal-organic framework via a flexible octacarboxylate ligand for gas adsorption and separation. Inorg Chem，2013，52：3127-3132.

[51] Yang E C，Zhang Y Y，Liu Z Y，et al. Diverse self-assembly from predesigned conformationally flexible pentanuclear clusters observed in a ternary copper(Ⅱ)-triazolate-sulfoisophthalate system：synthesis，structure，and magnetism. Inorg Chem，2014，53：327-335.

[52] Ren G J，Chang Z，Xu J，et al. Construction of a polyhedron decorated MOF with a unique network through the combination of two classic secondary building units. Chem Commun，2016，52：2079-2082.

[53] Wen L，Cheng P，Lin W B. Mixed-motif interpenetration and cross-linking of high-connectivity networks led to robust and porous metal-organic frameworks with high gas uptake capacities. Chem Sci，2012，3：2288-2292.

[54] Shen P，He W W，Du D Y，et al. Solid-state structural transformation doubly triggered by reaction temperature and time in 3D metal-organic frameworks：great enhancement of stability and gas adsorption. Chem Sci，2014，5：1368-1374.

[55] Gao W Y，Wojtas L，Ma S. A porous metal-metalloporphyrin framework featuring high-density active sites for chemical fixation of CO$_2$ under ambient conditions. Chem Commun，2014，50：5316-5318.

[56] Luebke R, Belmabkhout Y, Weseliński Ł J, et al. Versatile rare earth hexanuclear clusters for the design and synthesis of highly-connected ftw-MOFs. Chem Sci, 2015, 6: 4095-4102.

[57] Lan Y Q, Wang X L, Li S L, et al. An unprecedented (6, 8)-connected self-penetrating network based on two distinct zinc clusters. Chem Commun, 2007, 46: 4863-4865.

[58] Liu D M, Wu H H, Wang S Z, et al. A high connectivity metal-organic framework with exceptional hydrogen and methane uptake capacities. Chem Sci, 2012, 3: 3032-3037.

[59] Wang H H, Jia L N, Hou L, et al. A new porous MOF with two uncommon metal-carboxylate-pyrazolate clusters and high CO_2/N_2 selectivity. Inorg Chem, 2015, 54: 1841-1846.

[60] Zhang J Y, Jing X H, Ma Y, et al. Interpenetration, self-catenation, and new topology in metal organic frameworks of cobalt with mixed organic linkers. Cryst Growth Des, 2011, 11: 3681-3685.

[61] Gao W Y, Cai R, Meng L, et al. Quest for a highly connected robust porous metal-organic framework on the basis of a bifunctional linear linker and a rare heptanuclear zinc cluster. Chem Commun, 2013, 49: 10516-10518.

[62] Zhang X M, Jiang T, Wu H S, et al. Spin frustration and long-range ordering in an AlB_2-like metal-organic framework with unprecedented N, N, N-tris-tetrazol-5-yl-amine ligand. Inorg Chem, 2009, 48: 4536-4541.

[63] Fang W H, Yang G Y. Pillared-layer cluster organic frameworks constructed from nanoscale Ln_{10} and Cu_{16} clusters. Inorg Chem, 2014, 53: 5631-5636.

[64] Ke Y X, Collins D J, Sun D F, et al. (10, 3)-a noninterpenetrated network built from a piedfort ligand pair. Inorg Chem, 2006, 45: 1897-1899.

[65] Joaquín S, Jorge P, Oscar F, et al. $[Cu_3(Hmesox)_3]^{3-}$: a precursor for the rational design of chiral molecule-based magnets (H_4mesox = 2-dihydroxymalonic acid). Inorg Chem, 2010, 49: 7880-7889.

[66] Zhong D C, Meng M, Zhu J, et al. A highly-connected acentric organic-inorganic hybrid material with unique 3D inorganic and 3D organic connectivity. Chem Commun, 2010, 46: 4354-4356.

[67] Li S B, Zhang L, Lan Y Q, et al, Polyoxometalate-encapsulated twenty-nuclear silver-tetrazole nanocage frameworks as highly active electrocatalysts for the hydrogen evolution reaction. Chem Commun, 2018, 54: 1964-1967.

[68] Wang C Y, Wilseck Z M, LaDuca R L. 1D + 1D--1D polyrotaxane, 2D + 2D--3D interpenetrated, and 3D self-penetrated divalent metal terephthalate bis(pyridylformyl)piperazine coordination polymers. Inorg Chem, 2011, 50: 8997-9003.

[69] Hu J S, Zhang L, Qin L, et al. A rare three-coordinated zinc cluster-organic framework with two types of second building units. Chem Commun, 2015, 51: 2899-2902.

[70] Alezi D, Peedikakkal A M P, Weseliński Ł J, et al. Quest for highly connected metal-organic framework platforms: rare-earth polynuclear clusters versatility meets net topology needs. J Am Chem Soc, 2015, 137: 5421-5430.

配位聚合物（coordination polymer），通常是指以金属离子或金属簇为中心，以有机配体为连接体，通过金属离子与有机配体之间的配位作用而形成的具有周期性网络结构的一类化合物。自从澳大利亚化学家 Robson 小组报道了一系列配位聚合物的晶体结构和阴离子交换等性质后[1]，这一新兴研究领域越来越受到各国研究者的重视，并得到了蓬勃的发展，成为当前配位超分子化学的重要研究领域。近二十年来，大量具有多样网络结构的新型配位聚合物被合成和报道，其中，人们发现一些配位聚合物的结构基元之间会发生穿插，从而形成穿插配位聚合物（interpenetrated coordination polymer）。穿插结构不仅丰富了配位聚合物的结构多样性，还提供了研究配位聚合物结构基元间相互作用和性能关系的途径。

Wells 最早将穿插概念用于描述二重或多重穿插的无机晶体结构[2]，随后，由于晶体工程研究的迅速发展，配位聚合物中穿插现象也越来越普遍，为了区分多样的网络穿插形式，Robson 和 Batten 在综述配位聚合物穿插网络结构的基础上，提出了穿插结构的网络分析方法，指出穿插网络的特征是存在一些相互缠绕的独立网络[3]。在穿插结构中，结构基元之间相互穿插，没有直接的连接，但是不可分割，若要分开它们，必须打断其中一个或多个结构基元自身的连接。对配位聚合物而言，穿插结构可以认为是若干个结构基元相互缠绕而成，结构基元至少在一维（1D）方向上无限延伸，可以是一维、二维（2D）或三维（3D）的独立结构。配位聚合物穿插结构的形成主要是由于单一结构基元有很大的空腔，这促使结构基元之间互相缠绕形成密堆积或空腔更小的配位聚合物，很显然，穿插能提高配位聚合物的稳定性，同时，由于结构基元之间依赖的是超分子作用，如氢键、卤键、π-π 堆积、范德瓦耳斯力等，这些弱的作用力赋予了配位聚合物骨架的柔性，从而表现出对光、热等的外界刺激响应性，进一步扩大了配位聚合物材料的应用范围。因此，研究配位聚合物的穿插现象，可为人们合理设计功能材料提供一些有价值的参考。

本章主要从形成穿插配位聚合物的结构基元出发，介绍近年来具有穿插结构的配位聚合物的研究进展。为了能系统地介绍穿插配位聚合物的研究工作，我们把它们分成两大类，一类是由相同结构基元互相穿插形成的配位聚合物，另一类是由不同种结构基元互相穿插形成的配位聚合物[4]。

19.1 相同结构基元穿插得到的配位聚合物

依据结构基元在 3D 空间的维数以及穿插后得到的配位聚合物的维数，可以将相同结构基元穿插得到的配位聚合物分为以下几种结构类型：1D→2D/3D[5-13]，2D→2D/3D[14-32]和 3D→3D[33-69]。

19.1.1 1D→2D/3D

1D 结构基元一般为链状，在大多数情况下，链与链之间互相缠绕，形成缠绕型链状聚合物，如人们熟知的生物体内的 DNA 螺旋双链结构。在配位聚合物中，1D 结构基元同样容易发生缠绕从而形成多股螺旋、分子辫等[70-72]，需要说明的是，形成的螺旋和分子辫结构并不是穿插结构。结构基元要发生穿插，它们需要有相应的特征结构：如环-棒相间的 1D 链、环状或梯状的 1D 缎带、闭合的 1D 管等。具有如上结构特征的 1D 结构基元之间可以平行或倾斜的穿插方式得到 1D→2D/3D 的配位聚合物。Ciani 等以金属硫酸盐、柔性配体 1,4-bis(imidazol-1-ylmethyl)benzene(bix)为反应物，合成了两个通过 1D 结构基元互相穿插形成的 2D 配位聚合物。如图 19-1 所示，这两个化合物中的 1D 结构基元均包含环-棒相间结构，当它们以平行方向穿插时得到配位聚合物[Zn$_2$(bix)$_3$(SO$_4$)$_2$]（**1**）；而以垂直方向穿插时得到配位聚合物[Cd$_2$(bix)$_3$(SO$_4$)$_2$]（**2**）[5]。1D 梯状结构基元也可以平行穿插得到穿插配位聚合物，Schröder 课题组报道了一种由 Cu(Ⅱ)和 1,4-bis(4-pyridyl)butadiyne（bpb）构筑得到的穿插配位聚合物[Cu$_2$(MeCN)$_2$(bpb)$_3$](PF$_6$)$_2$（**3**），在这种化合物中，Cu(Ⅱ)和 bpb 形成 1D 梯状链，每条链与相邻的两条链发生平行穿插，从而形成一个 2D 配位聚合物（图 19-2）[6]。

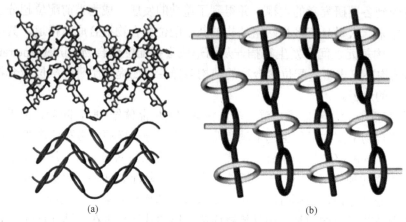

(a)   (b)

图 19-1　包含环-棒相间结构的 1D 结构基元以平行方向穿插得到的配位聚合物 **1**（a）和以垂直方向穿插得到的
配位聚合物 **2**（b）

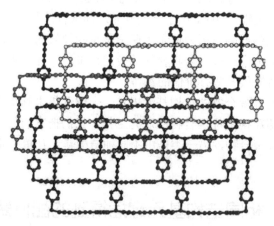

图 19-2　1D 梯状链与相邻的两条链发生平行穿插形成的 2D 配位聚合物 **3**

　　1D 梯状结构基元除了可以以平行穿插方式形成 2D 配位聚合物外，它们还可以以倾斜穿插方式形成 3D 配位聚合物，苏成勇课题组利用 Cd(NO$_3$)$_2$·4H$_2$O 和柔性配体 *N*,*N*'-bis-(4-pyridinylmethylene)-1,5-naphthal enediamine（nbpy4）组装得到了一个含分子梯的配位聚合物[Cd$_2$(nbpy4)$_3$(NO$_3$)$_4$]（**4**）。在化合物 **4** 中，每个 1D 的梯状结构基元与上下相邻的 1D 梯状结构基元以倾斜方式互锁形成一种 3D 穿插的配位聚合物［图 19-3（a）］[7]。1D 管状结构基元平行穿插后也可形成 3D 配位聚合物，我们利用[Ni(ptb)]$^{2+}$[ptb = 2-(1,3,5,8,12-pentaazacyclotetradecan-3-yl)butan-1-ol]和三酸配体 H$_3$TCBA［H$_3$TCBA = tri(4-carboxybenzyl)amine］组装得到了一种由 1D 纳米管互相穿插形成的 3D 配位聚合物[(Niptb)$_3$

(TCBA)$_2$]·12H$_2$O（**5**），结构中由于每个 1D 纳米管有较大的一维通道，使它能与四个相邻的 1D 纳米管发生平行穿插［图 19-3（b）］，从而形成 3D 的多孔结构[8]。由于管与管之间的作用力很弱，因而整个 3D 骨架有一定的柔性。在气体吸附方面，它能选择性地吸附 CO$_2$，不吸附 N$_2$ 和 H$_2$，同时由于骨架的柔性，它在吸附 CO$_2$ 的过程中表现出分步吸附行为，在脱附过程中表现出明显的回滞现象。

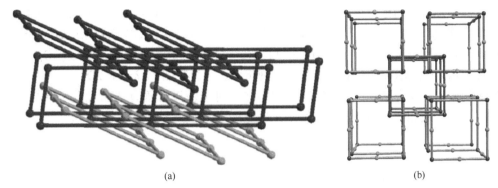

(a)　　　　　　　　　　　　　　　(b)

图 19-3　（a）1D 的梯状结构基元之间以倾斜的方式发生穿插形成的 3D 配位聚合物 **4**；（b）1D 纳米管结构基元之间以平行穿插的方式形成的 3D 多孔配位聚合物 **5**

19.1.2　2D→2D/3D

相对于 1D 链状结构基元，2D 层状结构基元比较容易发生穿插形成配位聚合物，2D 层状结构基元之间发生穿插的方式也有两种，即平行穿插和倾斜穿插。以平行方式进行穿插，如果 2D 层状结构基元的层厚度有限，得到的配位聚合物的维数往往不会增加，如我们利用[NiL]$^{2+}$［L = 3,10-bis-(2-fluorobenzyl)-1,3,5,8,10,12-hexaazacyclotetradecane］和三酸配体 H$_3$TCBA 组装得到的[(NiL)$_3$(TCBA)$_2$]（**6**），在结构中，TCBA^{3-}将大环[NiL]$^{2+}$连接起来，形成一个(6,3)蜂窝状的 2D 网络，三个 2D 网络进一步交织，形成一个 2D→2D 密堆积 Borromean 网络结构［图 19-4（a）］[14]。杜淼等以 Cd(Ac)$_2$ 与 terephthalic（tp）、bis(4-pyridyl)-4-amino-1,2,4-triazole（bpt）等为合成原料在溶剂热条件下合成了一种 2D→2D 的层状化合物{[Cd(tp)(bpt)(H$_2$O)]·2DMF·1.5(H$_2$O)}$_n$（**7**），在化合物 **7** 中，首先，金属离子 Cd(II)通过 tp 和 bpt 配体桥连起来，形成波浪形的 2D 层状结构，它与另一相同的 2D 层状结构互相穿插，从而形成 2D→2D 的二重穿插配位聚合物［图 19-4（b）］[15]。如果 2D 结构基元的层厚度比较大，则也可能得到 2D→3D 维数增加的配位聚合物，如在溶剂热条件下，我们利用

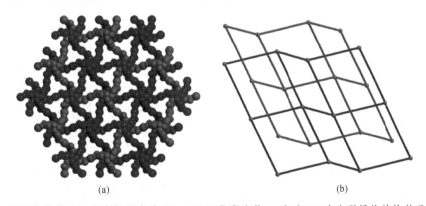

(a)　　　　　　　　　　　　　　　(b)

图 19-4　（a）2D 层状结构基元平行穿插形成的 2D→2D 配位聚合物 **6**；（b）2D 波浪形层状结构基元平行穿插形成的 2D→2D 配位聚合物 **7**

Cd(NO₃)₂·4H₂O 和 azobenzene-3,5,4′-tricarboxylic acid（H₃ABTC）构筑得到了一种通过 2D 结构基元平行穿插形成的 3D 配位聚合物{[Cd₃(ABTC)₂(H₂O)₉]·CH₃OH·DMF·2H₂O}ₙ（**8**），在这种化合物中，由于 Cd(Ⅱ)和 ABTC³⁻形成的 2D 层的厚度达到了 3.32nm，每一层能与相邻两层发生平行穿插，从而形成 3D 的配位聚合物（图 19-5）[16]。如果 2D 层状结构基元以倾斜方式穿插，则得到的是 3D 配位聚合物，与层的厚度没有关系，因为倾斜式的穿插使 2D 层状结构基元能够向第三个方向生长，从而形成 3D 的配位聚合物。苏忠民课题组报道了一种少见的 2D→2D→3D 两级穿插多孔配位聚合物 [Zn₂(ttmca)(H₂O)](NO₃)·DMF ［**9**，H₃ttmca = 4′,4″,4‴-(2,4,6-trimethylbenzene-1,3,5-triyl)tris(methylene)tribiphenyl-4-carboxylic acid]，在这种化合物中，ttmca³⁻将[Zn₂(CO₂)₃]结构单元连接起来形成 2D 波浪状的(6, 3)网络，两个(6, 3)网络通过平行穿插形成一个 2D→2D 穿插网络，由于 2D 穿插网络还具有较大的孔洞，2D 穿插网络之间进一步以近垂直的角度发生穿插，从而形成 2D→2D→3D 两级穿插的多孔配位聚合物（图 19-6）[17]。

图 19-5　2D 层状结构基元平行穿插形成的 2D→3D 配位聚合物 **8**

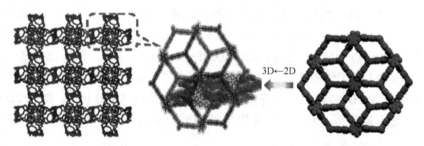

图 19-6　2D 层状结构基元在平行穿插的基础上进一步发生倾斜穿插，形成的 2D→2D→3D 两级穿插配位聚合物 **9**

19.1.3　3D→3D

当 3D 结构基元具有很大的孔径时，仅仅依靠孔内填充的客体分子往往难以稳定骨架，此时，结构基元之间也可以通过结构穿插来缩小孔径，以达到稳定骨架的目的。南开大学卜显和课题组利用 HADC（9-acridinecarboxylic acid）和 Cu(NO₃)₂·3H₂O 组装得到了一种二重穿插具有 NbO 拓扑类型的配位聚合物[Cu₂(μ₂-OMe)₂(ADC)₂·(H₂O)₀.₆₉]ₙ（**10**）[33]，结构中，两个甲醇分子将两个 Cu(Ⅱ)连接起来，形成一个[Cu₂(μ₂-OMe)₂]²⁺二聚体［图 19-7（a）]。配体 ADC⁻利用吡啶环上的 N 原子和羧基上的 O 原子与金属 Cu(Ⅱ)配位，充当了桥连配体的作用，通过 ADC⁻的桥连作用，每个二聚体与另外四个二聚体连接起来，从而形成一个 3D 4-连接的具有 NbO 拓扑结构的单一网络，这个单一网络能够与另一相同的单一网络发生结构穿插，从而形成 3D→3D 二重穿插的配位聚合物［图 19-7（b）]。

陈邦林课题组报道了一例 3D→3D 二重穿插的配位聚合物[Zn(NDC)(4, 4'-Bpe)$_{0.5}$]$_n$·2.25nDMF·0.5nH$_2$O（**11**），它由 Zn(II)、2,6-naphthalenedicarboxylate（NDC）和 4,4'-*trans*-bis(4-pyridyl)-ethylene (4,4'-Bpe) 构筑而成[34]。首先，NDC 配体将具有车轮状结构的 Zn$_2$ 次级构筑单元连接起来，形成 2D 的层状结构，层与层之间进一步通过 4,4'-Bpe 连接，形成 3D 具有 *pcu* 拓扑的层柱式网络结构［图 19-8（a）］。由于 3D 层柱式结构具有较大的孔隙率，因此两个 3D 层柱式网络进一步发生结构穿插，形成 3D→3D 二重穿插的多孔配位聚合物［图 19-8（b）和（c）］，N$_2$ 吸附结构表明它具有典型的动态结构特征。

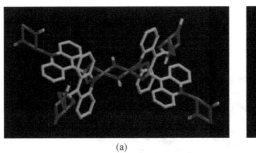
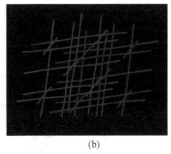

(a)　　　　　　　　　　　　　　　　(b)

图 19-7　（a）[Cu$_2$(μ_2-OMe)$_2$]$^{2+}$ 二聚体结构；（b）配位聚合物 **9** 具有的二重穿插 NbO 拓扑网络结构

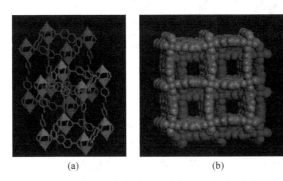

(a)　　　　　　　　　(b)　　　　　　　　　(c)

图 19-8　（a）配位聚合物 **10** 具有的二重穿插 *pcu* 拓扑网络结构；（b，c）3D 穿插结构的空间填充图

我们组利用 Mg(II) 和刚性配体 pyrene-1,3,6,8-tetracarboxylic acid（H$_4$PTCA）合成了一例 3D→3D 的穿插多孔配位聚合物[Mg$_{16}$(PTCA)$_8$(μ_2-H$_2$O)$_8$(H$_2$O)$_{16}$(dioxane)$_8$](H$_2$O)$_{13}$(DMF)$_{26}$（**12**），在结构中，12 个 PTCA^{4-} 把 24 个 Mg$_2$ 次级构筑单元连接起来，形成一个纳米笼，另外 4 个 PTCA^{4-} 把 4 个 24Mg$_2$ 次级构筑单元连接起来，形成一个纳米管，管进一步将纳米笼连接起来，形成一个具有八边形 1D 孔道的 3D 结构基元，孔道尺寸为 2.4nm×2.4nm，这个尺寸正好与纳米笼的尺寸相匹配（2.3nm），因而两个相同的 3D 结构基元互相穿插形成 3D→3D 多孔配位聚合物［图 19-9（a）］，它对气体分子表现出选择性的吸附行为，能吸附 CO$_2$，而不吸附 O$_2$ 和 N$_2$[35]。此外，在溶剂热条件下，我们还得到了另一例 3D→3D 多孔配位聚合物(Me$_2$NH$_2$)[Cd(TTCA)(H$_2$O)]·3DMF·H$_2$O（**13**，H$_3$TTCA = triphenylene-2,6,10-tricarboxylic acid）。在化合物 **13** 中，首先，TTCA^{3-} 将 Cd(II)桥连起来形成一个具有两种孔道的 3D 结构基元，两个 3D 结构基元进一步缠绕形成二重穿插的多孔配位聚合物［图 19-9（b）］，它表现出有趣的客体分子响应的发光性能[36]。

除刚性配体外，利用柔性配体和金属离子也能组装得到 3D→3D 穿插配位聚合物。例如，东北师范大学苏忠民课题组利用 Cu(II) 和柔性配体 4,4'-oxybis(benzoate)（oba）构筑了一个具有五重穿插的 *lvt* 网络结构[Cu(oba)(H$_2$O)]$_2$·0.5H$_2$O（**14**）[37]。在这种化合物中，首先，oba 利用两个羧基将 Cu(II)连接起来，形成 3D 4-连接的 *lvt* 单一网络，五个 *lvt* 单一网络互相缠绕穿插，形成 3D→3D 五重穿插的配位聚合物（图 19-10）。我们利用四元羧酸配体 H$_4$CDTA[H$_4$CDTA = 4,4',4'',4'''-(cyclohexane-

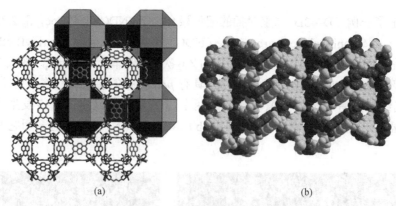

(a)   (b)

图 19-9   二重穿插的 3D→3D 多孔配位聚合物的结构 **12**（a）和 **13**（b）

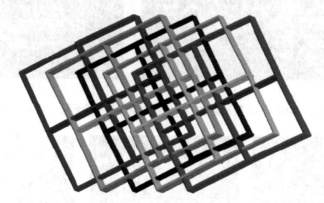

图 19-10   配位聚合物 **14** 中所具有的 3D→3D 五重穿插结构

1,2-diylbis(azanetriyl)tetrakis(methylene)tetrabenzoic acid)]与[Ni(hdd)]$^{2+}$[hdd = 2,2′-(1,3,5,8,10,12-hexa-azacyclotetradecane-3,10-diyl)diethanol]组装得到一例具有动态孔特征的 3D→3D 四重穿插的多孔配位聚合物{[Ni(hdd)]$_4$(CDTA)$_2$}·2.5CH$_3$CN·22H$_2$O（**15**）[38]。单晶结构分析表明，在 **15** 结构中，首先，10 个 CDTA^{4-}将 12 个[Ni(hdd)]$^{2+}$连接起来，形成含金刚烷笼子结构的 3D 多孔结构基元，金刚烷笼子的尺寸为 27Å×42Å×40Å，如此大的空腔使得每个含金刚烷笼子的 3D 多孔结构基元能进一步与另外三个相同的结构基元发生穿插，形成一个 3D→3D 四重穿插的多孔配位聚合物［图 19-11（a）］。**15** 能选择性吸附 CO$_2$，而不吸附 N$_2$ 和 H$_2$，且 CO$_2$ 的吸附等温线呈现出分步和回滞的特征［图 19-11（b）］。此外，它还能选择性吸附甲醇、乙醇和正丙醇，而不吸附异丙醇［图 19-11（c）］。柔性羧酸 H$_3$BTB（H$_3$BTB = 1,3,5-benzenetribenzoic acid）也能与金属离子组装得到 3D→3D 多重穿插配位聚合物，在溶剂热条件下，Cd（Ⅱ）与 H$_3$BTB 和 4,4′-联吡啶组装形成了一例 3D→3D 穿插配位聚合物{Cd[Cd$_2$(BTB)$_2$(4,4′-bipy)]·(4,4′-bipy)$_2$·DMF·19H$_2$O}$_n$（**16**）[39]，在结构中，BTB^{3-}先将 Cd（Ⅱ）连接起来，形成一个蜂窝状的 2D 层状结构，相邻的 2D 层被 4,4′-联吡啶连接起来，形成一个 3D 的层柱式结构基元，每个 3D 的层柱式结构基元进一步与相邻两个相同的结构基元发生穿插，从而形成 3D→3D 三重穿插的网络结构［图 19-11（d）］。

爱尔兰利默瑞克大学 M. J. Zaworotko 课题组利用长链配体 4-(4-吡啶基)-联苯-4-羧酸（HL）与 Ni^{2+}反应得到了一个具有金刚石网络拓扑的三维结构[40]。由于金刚石网内笼子孔洞很大，6 个独立的金刚石网形成六重穿插，形成了一种含一维通道的 3D 柔性多孔配位聚合物［配物 **17**；图 19-12（a）］。有意思的是，配合物孔洞结构对客体分子有明显的响应效应，在一定的温度和压力条件下，可以得到 4 种具有不同孔洞的晶体：X-*dia*-1-Ni-a1、X-*dia*-1-Ni-a2、X-*dia*-1-Ni-a3、X-*dia*-1-Ni-c1［图 19-12（b）］。a1、a2、a3 孔洞大小依次降低，c1 无孔洞。单晶结构分析表明，影响孔洞大小的主要因素是配体链的曲直程度，配体越直，晶体孔洞越大［图 19-12（c）］。由于骨架柔性的存在，客体分

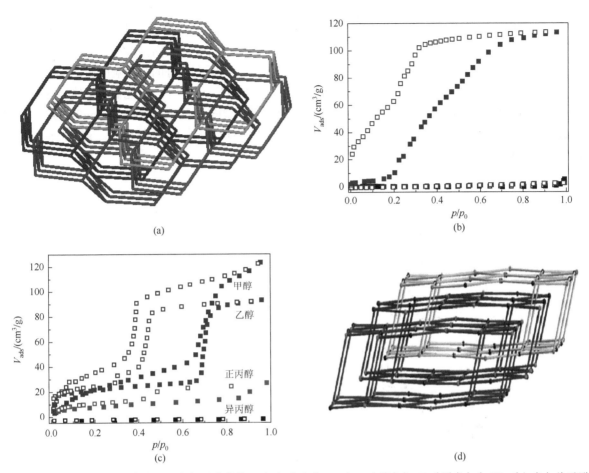

(a)

(b)

(c)

(d)

图 19-11　（a）化合物 **15** 中的四重穿插网络结构；（b）化合物 **15** 对 N_2（蓝色）、H_2（黑色）和 CO_2（红色）的吸附等温线；（c）在 298K 下，化合物 **15** 对甲醇（蓝色）、乙醇（红色）、正丙醇（粉色）和异丙醇（黑色）的吸附等温线；（d）化合物 **16** 中的三重穿插结构

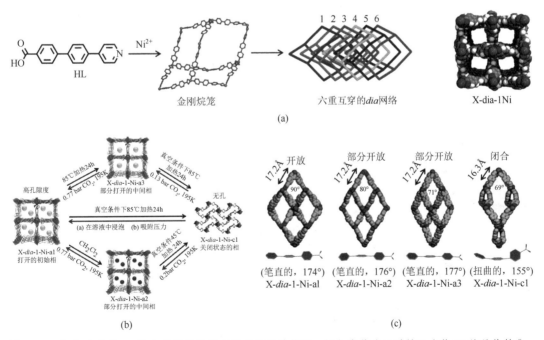

(a)

(b)

(c)

图 19-12　（a）配合物 **17** 的六层穿插的构筑及其拓扑结构图；（b）客体分子诱导配合物 **17** 的晶体转化；（c）转化后得到的四种配合物中包含的不同孔洞形状

子 CO_2、CH_2Cl_2 和 CH_4 在一定的温度和压力条件下可以实现 a1 多孔相与无孔相之间的可逆转化。他们进一步以 4,4'-联苯二甲酸、4,4-双(4-吡啶基)联苯为配体，与 Zn^{2+} 在溶剂热条件下组装得到了一例三重穿插的多孔配位聚合物 [配合物 **18**；图 19-13（a）]。该材料具有良好的刺激响应性，在真空处理、加热处理、溶剂交换等条件下能表现出多种动态行为 [图 19-13（b）][41]。当他们用配体(1, 4-二(4-吡啶基)苯代替 4,4-双(4-吡啶基)联苯，还可以得到另一个三重穿插多孔配位聚合物 X-*pcu*-3-Zn-3i（配合物 **19**；图 19-14），客体分子的离去/交换可以使配合物 **19** 展现出 α、β、γ 三种相，它们之间在外界条件刺激下可以互相转化。[42]

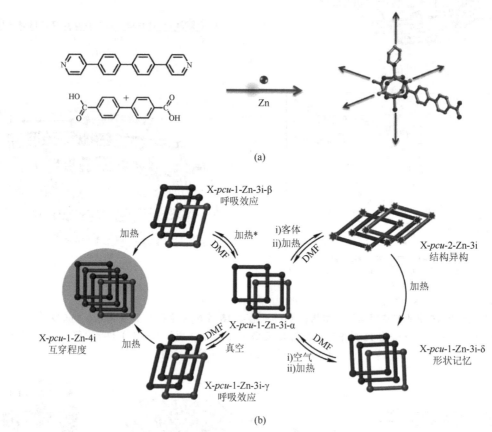

图 19-13　配合物 **18** 的组装过程（a）及刺激影响性结构变化（b）

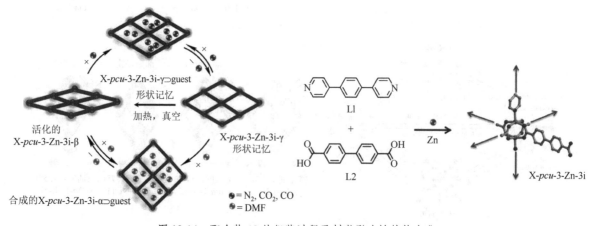

图 19-14　配合物 **19** 的组装过程及刺激影响性结构变化

19.2　不同种网络穿插得到的配位聚合物

由不同种网络穿插得到的配位聚合物指的是在穿插配位聚合物中，含有两种或两种以上的网络结构基元。这里包括两种情况，一种是网络结构基元组成不同；另一种是网络结构基元的空间维度不同。与由同种网络结构基元穿插得到的配位聚合物相比，由不同种网络结构基元穿插得到的配位聚合物的数量明显要少很多，在文献中只有零星的报道。我们把它们分为五类：1D + 2D→3D[73, 74]，1D + 3D→3D[75]，2D + 2D→3D[76-78]，2D + 3D→3D[79, 80]，3D + 3D→3D[81, 83]。

19.2.1　1D + 2D→3D

1D + 2D→3D 的穿插结构有点类似于层柱式结构，1D 结构基元通过穿插把 2D 层状结构基元连接起来，从而形成 3D 网络结构。杜淼等利用混合配体构筑得到了一种 1D + 2D→3D 的穿插配位聚合物 {[Cu(bpt)(tp)(H$_2$O)]$_2$[Cu(bpt)$_2$(tp)]·(H$_2$O)$_2$}$_n$（**20**）[bpt = 4-amino-3,5-bis(4-pyridyl)-1,2,4-triazole，tp = terephthalate][73]。这种化合物包含两种结构基元，一种是由 tp 连接 Cu(II)形成的 1D 链状结构；另一种是由 tp 和 bpt 共同连接 Cu(II)形成的 2D (4, 4)层状结构，1D 链状结构基元穿插到 2D 层状结构基元的网络中，从而形成了 1D + 2D→3D 穿插配位聚合物［图 19-15（a）］。Carlucci 等也报道了一种 1D + 2D→3D 穿插配位聚合物[Mn$_2$(bix)$_3$(NO$_3$)$_4$]·2CHCl$_3$（**21**）[74]，与 **20** 不同的是，在 **21** 中，1D 结构基元为 1D 分子梯，2D 结构基元为砖墙结构。2D 层结构基元中的每个孔与 3 个 1D 分子梯互锁，1D 分子梯中的每个孔与两个 2D 层结构基元互锁，从而形成 1D + 2D→3D 穿插配位聚合物［图 19-15（b）］。

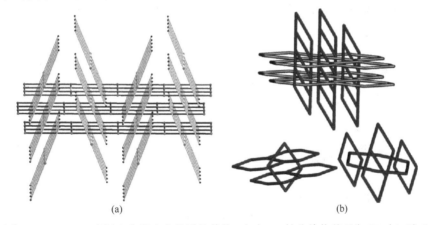

图 19-15　两种 1D + 2D→3D 穿插配位聚合物的网络结构。（a）1D 链状结构基元和 2D（4, 4）网络结构基元发生穿插得到的配位聚合物 **20**；（b）1D 分子梯和 2D 砖墙结构基元穿插得到的配位聚合物 **21**

19.2.2　1D + 3D→3D

1D 和 3D 的网络结构基元之间也能发生穿插，与 1D 和 2D 结构基元穿插不同的是，1D 和 3D 之间的穿插并不能使得到的穿插结构的维数增加，而且要求 1D 结构基元有较大的环。Ciani 课题组发现，同样是 bix 配体，当它与 Mn(II)组装时得到的是 1D + 2D→3D 穿插配位聚合物 **21**，而与 Co(II)组装时得到的却是 1D + 3D→3D 穿插配位聚合物[Co(bix)$_2$(H$_2$O)$_2$](SO$_4$)·7H$_2$O（**22**）[75]。结构中含有的 1D 结构基元是含有二十六元环的缎带，3D 结构基元是一个具有(4, 4)-连接的 CdSO$_4$ 网络，每条 1D 缎带均与 3D 结构中的局部结构缠绕在一起（图 19-16）。

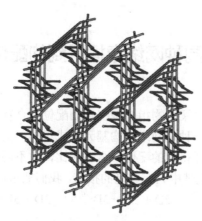

图 19-16　1D 缎带缠绕 3D 结构基元形成的 1D + 3D→3D 穿插配位聚合物 **22**

19.2.3　2D + 2D→3D

　　除不同维数的结构基元能发生穿插形成配位聚合物外，具有相同维数不同化学组成或不同网络拓扑的结构基元间有时也会发生穿插，形成维数更高的配位聚合物。Carlucci 等利用 Ni(Ⅱ)和配体 bis(4-pyridyl)(bpe)构筑得到了一种 2D + 2D→3D 的穿插配位聚合物 [Ni₆(bpe)₁₀(H₂O)₁₆](SO₄)₆·xH₂O（**23**），它包含两种不同的 4-连接的 2D 网络，一种是波型矩形网络［图 19-17（a）］，另一种是正方形网络［图 19-17（b）］，两种 2D 网络以倾斜方式发生穿插，形成 2D + 2D→3D 的穿插配位聚合物［图 19-17（c）］[76]。此外，他们利用 Ni(Ⅱ)和 *trans*-4,4′-azobis(pyridine)（azpy）还构筑了另一种 2D + 2D→3D 的穿插配位聚合物 [Ni(azpy)₂(NO₃)₂]₂[Ni₂(azpy)₃(NO₃)₄]·4CH₂Cl₂（**24**），它包含的两种 2D 层分别为（4,4）网和（6,3）网［图 19-18（a）和（b）］，它们也是以倾斜方式发生穿插形成 3D 的配位聚合物［图 19-18（c）］[77]。

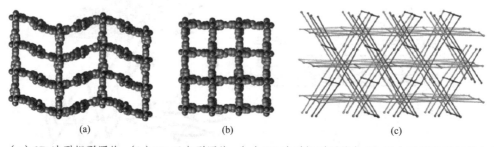

(a)　　　　　　　　　(b)　　　　　　　　　(c)

图 19-17　（a）2D 波型矩形网络；（b）2D 正方形网络；（c）2D 波型矩形网络与 2D 正方形网络以倾斜方式发生穿插形成的 2D + 2D→3D 配位聚合物 **23**

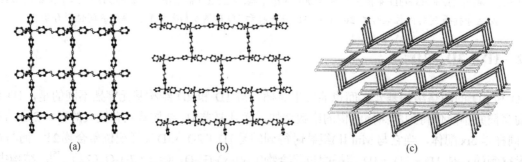

(a)　　　　　　　　　(b)　　　　　　　　　(c)

图 19-18　（a）2D（4,4）网；（b）2D（6,3）网；（c）（4,4）网和（6,3）网以倾斜方式发生穿插形成的 2D + 2D→3D 配位聚合物 **24**

19.2.4　2D + 3D→3D

3D 的结构基元除了能被 1D 具有较大环的结构基元缠绕外，还能被 2D 的层状结构基元缠绕，形成 2D + 3D→3D 穿插配位聚合物。Lee 等报道了一种 2D + 3D→3D 的穿插配位聚合物[Co(bdc)(dia)(H$_2$O)Co(bdc)(dia)$_2$·H$_2$O]$_n$（**25**）（dia = 9,10-di(1*H*-imidazol-1-yl)-anthracene），它由一个 2D（4, 4）Co(bdc)(dia)网和 3D 具有 *pcu* 拓扑的 Co(bdc)(dia)$_2$ 网组成，其中 3D *pcu* 网被（4, 4）网缠绕，形成 2D + 3D→3D 的穿插结构［图 19-19（a）］[79]。陈小明课题组也报道了一种 2D + 3D→3D 的穿插配位聚合物[(CH$_3$)$_2$NH$_2$][Zn$_2$(bdc)(BTB)]·3DMF·2H$_2$O（**26**），这种化合物含有两种 Zn(II)簇，一种是双核 Zn$_2$(O$_2$CR)$_5$，另一种是三核 Zn$_3$(O$_2$CR)$_6$。BTB^{3-}配体将双核 Zn$_2$(O$_2$CR)$_5$ 连接起来，形成 2D 的（6, 3）网，相邻的（6, 3）网进一步被 BDC^{2-}桥连，形成 3D 层柱式骨架结构；此外，BTB^{3-}配体将三核 Zn$_3$(O$_2$CR)$_6$ 连接起来，形成 2D 双层结构，2D 双层结构缠绕着 3D 层柱式骨架中的柱子，最终形成 2D + 3D→3D 的穿插配位聚合物［图 19-19（b）］[80]。

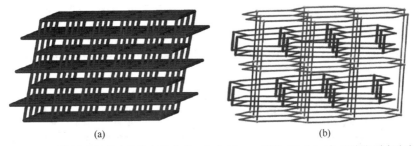

(a)　　　　　　　　　　(b)

图 19-19　两种 2D + 3D→3D 穿插配位聚合物的拓扑结构。（a）3D *pcu* 网被 2D（4, 4）网缠绕形成的穿插配位聚合物 **25**；（b）3D 层柱式骨架被 2D 双层结构缠绕形成的穿插配位聚合物 **26**

19.2.5　3D + 3D→3D

具有不同组成或结构的 3D 骨架，如果具有足够大的空腔，也可以互相穿插形成 3D + 3D→3D 的穿插配位聚合物。最近，马建方课题组报道了一例具有 54 重穿插的配位聚合物[Ag$_3$(OH)(H$_2$O)$_2$(Tipa)$_{2.5}$][Mo$_2$O$_7$]$_3$·4.5H$_2$O（**27**）[Tipa = tri(4-imidazolylphenyl)-amine][81]。在这种化合物中，首先，Ag(I)被配体 Tipa 连接起来形成 3D 10^3-*srs* 手性网络，27 个这样的 *srs* 手性网络互相连锁，形成 27 重穿插网络，它进一步与另一个具有 27 重穿插手性相反的网络互锁，从而形成了一种具有 54 重穿插的 3D + 3D→3D 配位聚合物［图 19-20（a）］。朱敦如等也报道了一例 3D + 3D→3D 的穿插配位聚合物(Me$_2$NH$_2$)$_6$[Cd$_3$(d-BPDC)$_4$]$_2$[Cd(d-BPDC)$_2$]·18H$_2$O·7Me$_2$NH·5DMF（**28**）（H$_2$d-BPDC =

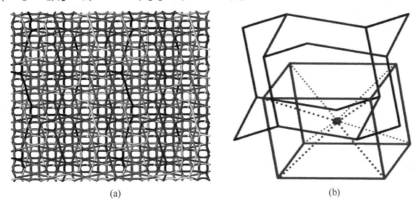

(a)　　　　　　　　　　(b)

图 19-20　（a）具有 54 重穿插的配位聚合物 **27**；（b）3D 金刚石网和 3D 类 CsCl 网穿插形成的配位聚合物 **28**

2,2′-dimethoxy-BPDC），它包含两种 3D 网络，一种是 4-连接的金刚石网，另一种是 8-连接的类 CsCl 网，这两种 3D 网络发生穿插，形成 3D + 3D→3D 的穿插配位聚合物 ［图 19-20（b）］[82]。热重分析结果表明：它具有很好的热稳定性，在 420℃时仍然能保持稳定；二阶非线性光学测试研究表明：它表现出二阶非线性光学活性。南京大学郑和根课题组也得到了一种 3D + 3D→3D 四重穿插配位聚合物{[WS₄Cu₄(4,4′-bipy)₄][WS₄Cu₄I₄(4,4′-bipy)₂]·4H₂O}ₙ（**29**）[83]，该化合物的结构中包含阳离子骨架[WS₄Cu₄(4,4′-bipy)₄]²⁺和阴离子骨架[WS₄Cu₄I₄(4,4′-bipy)₂]²⁻。两种骨架均是通过 4,4′-bipy 连接[WS₄Cu₄]²⁺或[WS₄Cu₄I₄]²⁻簇而形成的具有 3D 金刚石网的单一网络。首先，电性相同的同种单一网络互相穿插，形成两种 3D→3D 二重穿插的阳、阴离子骨架 ［图 19-21（a）和（b）］，这两种组成不同、电性相反的骨架进一步穿插得到一种 3D + 3D→3D 四重穿插的配位聚合物 ［图 19-21（c）］。

除以上介绍的同种或不同种网络结构基元之间可以发生穿插形成配位聚合物外，还有一种特殊的穿插类型，在这类配位聚合物中，骨架之间发生的是部分穿插，这类穿插结构的例子非常少。Schröder 课题组利用 In(NO₃)₃ 和 biphenyl-3,30,5,50-tetra-(phenyl-4-carboxylic acid)（L）在溶剂热条件下得到了一种结构中发生部分穿插的多孔配位聚合物{(Me₂NH₂)₁.₇₅[In(L)]₁.₇₅·12DMF·10H₂O}ₙ ［**30**；图 19-22（a）］，在去除客体活化的过程中，化合物 **30** 发生了明显的骨架相变，活化后的化合物 **30** 对 CO₂ 表现出选择性吸附，在 195K 时，吸附过程表现出明显的三步吸附行为，吸附等温线也呈现出很大的回滞现象 ［图 19-22（b）］，进一步通过巨正则蒙特卡罗（grand canonical Monte Carlo）模拟说明 CO₂ 分子分步填充在部分穿插骨架的孔洞中[84]。

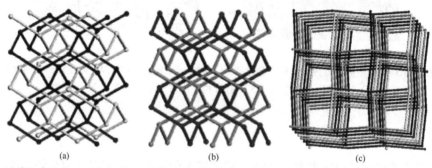

（a）　　　　　　　　　　（b）　　　　　　　　　　（c）

图 19-21 （a）同种阳离子单一网络互相穿插得到 3D→3D 二重穿插的金刚石网络结构；（b）同种阴离子单一网络互相穿插得到 3D→3D 二重穿插的金刚石网络结构；（c）两种组成不同、电性相反的二重穿插阳、阴离子骨架进一步发生穿插，得到的 3D + 3D→3D 四重穿插配位聚合物 **29**

图 19-22 （a）在配位聚合物 **30** 中发生部分结构穿插的示意图；（b）化合物 **30** 活化后的 CO₂ 吸附等温线

19.3　总结与展望

总的来说，具有穿插结构配位聚合物的构筑和功能研究是晶体工程中的一个有趣的研究方向。

从以上的研究总结可以看出，配位聚合物的结构穿插不仅能使配合物展现出优美的结构，而且赋予了配位聚合物材料特殊的功能，因为结构互穿会使得孔表面更加丰富多样，也能带给框架更大的柔性，这些结构特征将极大地拓展多孔配位聚合物材料的功能。另外，总结近年来的研究，我们也发现两个问题值得考虑：一是大部分报道的具有穿插结构的配位聚合物是意外获得的，关于穿插结构配位聚合物的合理设计研究非常有限；二是穿插结构的配位聚合物的相关研究主要集中在结构、功能方面的研究，尤其是穿插后引起的功能提升，以及功能提升与穿插结构之间的构效关系，这些方面的研究很少，也不够深入。因此，今后该方向的研究重点应放在以功能作为导向，定向构筑新的具有穿插结构配位聚合物，同时，在总结合成规律的基础上，进一步研究结构互穿带给配位聚合物材料新的或更强的功能，揭示功能提升与穿插结构的关系。

（钟地长　鲁统部）

参 考 文 献

[1] Hoskins B F，Robson R. Design and construction of a new class of scaffolding-like materials comprising infinite polymeric frameworks of 3D-linked molecular rods. A reappraisal of the zinc cyanide and cadmium cyanide structures and the synthesis and structure of the diamond-related frameworks [N(CH$_3$)$_4$][Cu^{I}Zn^{II}(CN)$_4$] and Cu^I [4, 4′, 4″, 4‴-tetracyanotetraphenyl-methane]BF$_4$·xC$_6$H$_5$NO$_2$. J Am Chem Soc，1990，112：1546-1554.

[2] Wells A F. Three-dimensional Nets and Polyhedra. New York：Wiley，1977.

[3] （a）Batten S R. Topology of interpenetration. CrystEngComm，2001，3：67-72；（b）Batten S R，Robson R. Interpenetrating nets：ordered，periodic entanglement. Angew Chem Int Ed，1998，37：1460-1494.

[4] Gong Y N，Zhong D C，Lu T B. Interpenetrating metal-organic frameworks. CrystEngComm，2016，18：2596-2606.

[5] Carlucci L，Ciani G，Proserpio D M. Parallel and inclined（1D→2D）interlacing modes in new polyrotaxane frameworks [M$_2$(bix)$_3$(SO$_4$)$_2$] [M = Zn(II)，Cd(II)，bix = 1, 4-bis(imidazol-1-ylmethyl)benzene]. Cryst Growth Des，2005，5：37-39.

[6] Blake A J，Champness N R，Khlobystov A，et al. Polycatenated copper(I) molecular ladders：a new structural motif in inorganic coordination polymers. Chem Commun，1997，（21）：2027-2028.

[7] Su C Y，Goforth A M，Smith M D，et al. Assembly of large simple 1D and rare polycatenated 3D molecular ladders from T-shaped building blocks containing a new，long $N, N′$-bidentate ligand. Chem Commun，2004，（19）：2158-2159.

[8] Ju P，Jiang L，Lu T B. An unprecedented dynamic porous metal-organic framework assembled from fivefold interlocked closed nanotubes with selective gas adsorption behaviors. Chem Commun，2013，49：1820-1822.

[9] Höskins B F，Robson R，Slizys D A. An infinite 2D polyrotaxane network in Ag$_2$(bix)$_3$(NO$_3$)$_2$（bix = 1, 4-bis (imidazol-1-ylmethyl) benzene）. J Am Chem Soc，1997，119：2952-2953.

[10] Fujita M，Sasaki O，Watanabe K，et al. Self-assembled molecular ladders. New J Chem，1998，22：189-191.

[11] Dong Y B，Layland R C，Pschirer N G，et al. New crystalline frameworks formed from 1, 2-bis（4-pyridyl）ethyne and Co(NO$_3$)$_2$：interpenetrating molecular ladders and an unexpected molecular parquet pattern from T-shaped building blocks. Chem Mater，1999，11：1413-1415.

[12] Tao J，Yin X，Huang R B，et al. Hydrothermal synthesis of a novel microporous framework sustained by polycatenated [Cu$_2^I$ (ip)(4, 4′-bipyridine)]$_n$（ip = isophthalate）ladders. Inorg Chem Commun，2002，5：1000-1002.

[13] Zhu H F，Fan J，Okamura T，et al. Syntheses and structures of zinc(II)，silver(I)，copper(II)，and cobalt(II)complexes with imidazole-containing ligand：1-(1-imidazolyl)-4-(imidazol-1-ylmethyl) benzene. Cryst Growth Des，2005，5：289-294.

[14] Jiang L，Meng X R，Xiang H，et al. Variations of structures and gas sorption properties of three coordination polymers induced by fluorine atom positions in azamacrocyclic ligands. Inorg Chem，2012，51：1874-1880.

[15] Du M，Jiang X J，Zhao X J. Direction of unusual mixed-ligand metal-organic frameworks：a new type of 3-D polythreading involving 1-D and 2-D structural motifs and a 2-fold interpenetrating porous network. Chem Commun，2005，（44）：5521-5523.

[16] Meng M，Zhong D C，Lu T B. Three porous metal-organic frameworks based on an azobenzenetricarboxylate ligand：synthesis，structures，and magnetic properties. CrystEngComm，2011，13：6794-6800.

[17] Chen L，Tan K，Lan Y Q，et al. Unusual microporous polycatenane-like metal-organic frameworks for the luminescent sensing of Ln^{3+}cations and rapid adsorption of iodine. Chem Commun，2012，48：5919-5921.

[18] Gómez-Lor B，Gutiérrez-Puebla E，Iglesias M，et al. Novel 2D and 3D indium metal-organic frameworks：topology and catalytic properties.

Chem Mater，2005，17：2568-2573.

[19] Yang J，Ma J F，Batten S R，et al. Unusual parallel and inclined interlocking modes in polyrotaxane-like metal-organic frameworks. Chem Commun，2008，（19）：2233-2235.

[20] Cao X Y，Yao Y G，Batten S R，et al. Unusual parallel entanglement of metal-organic 2D frameworks with coexistence of polyrotaxane，polycatenane and interdigitation. CrystEngComm，2009，11：1030-1036.

[21] Zhang J J，Day C S，Harvey M D，et al. Supramolecular heteropentamers as building blocks for metal organic materials：synthesis and characterization of 1D and 2D 2-fold interpenetrated frameworks. Cryst Growth Des，2009，9：1020-1027.

[22] Zhao X L，He H Y，Dai F N，et al. Supramolecular isomerism in honeycomb metal-organic frameworks driven by CH···π interactions：homochiral crystallization from an achiral ligand through chiral inducement. Inorg Chem，2010，49：8650-8652.

[23] Wu B，Liang J J，Zhao Y X，et al. Sulfate encapsulation in three-fold interpenetrated metal-organic frameworks with bis（pyridylurea）ligands. CrystEngComm，2010，12：2129-2134.

[24] Jin X H，Sun J K，Cai L X，et al. 2D flexible metal-organic frameworks with $[Cd_2(\mu_2-X)_2]$（X = Cl or Br）units exhibiting selective fluorescence sensing for small molecules. Chem Commun，2011，47：2667-2669.

[25] Sun Q，Wang Y Q，Cheng A L，et al. Entangled metal-organic frameworks of m-phenylenediacrylate modulated by bis（pyridyl）ligands. Cryst Growth Des，2012，12：2234-2241.

[26] Han Z B，Liang Y F，Zhou M，et al. Two chiral Zn（Ⅱ）metal-organic frameworks with dinuclear $Zn_2(COO)_3$ secondary building units：a 2-D（6，3）net and a 3-D 3-fold interpenetrating(3, 5)-connected network. CrystEngComm，2012，14：6952-6956.

[27] Song X Z，Qin C，Guan W，et al. An unusual three-dimensional self-penetrating network derived from cross-linking of two-fold interpenetrating nets via ligand-unsupported Ag—Ag bonds：synthesis，structure，luminescence，and theoretical study. New J Chem，2012，36：877-882.

[28] Chen Y，Liu C B，Gong Y N，et al. Syntheses，crystal structures and antibacterial activities of six cobalt（Ⅱ）pyrazole carboxylate complexes with helical character. Polyhedron，2012，36：6-14.

[29] Liu T，Wang S，Lu J，et al. Positional isomeric and substituent effect on the assemblies of a series of d^{10} coordination polymers based upon unsymmetric tricarboxylate acids and nitrogen-containing ligands. CrystEngComm，2013，15：5476-5489.

[30] Hu F L，Mi Y，Gu Y Q，et al. Structure diversities of ten entangled coordination polymers assembled from reactions of Co（Ⅱ）or Ni（Ⅱ）salts with 5-(pyridin-4-yl) isophthalic acid in the absence or presence of auxiliary N-donor ligands. CrystEngComm，2013，15：9553-9561.

[31] Song B Q，Wang X L，Yang G S，et al. A polyrotaxane-like metal-organic framework exhibiting luminescent sensing of Eu^{3+} cations and proton conductivity. CrystEngComm，2014，16：6882-6888.

[32] Song B Q，Qin C，Zhang Y T，et al. Coordination assemblies of seven metal-organic frameworks based on a bent connector：structural diversity and properties. CrystEngComm，2015，17：3129-3138.

[33] Bu X H，Tong M L，Chang H C，et al. A neutral 3D copper coordination polymer showing 1D open channels and the first interpenetrating NbO-type network. Angew Chem Int Ed，2004，43：192-195.

[34] Chen B L，Ma S，Zapata F，et al. Hydrogen adsorption in an interpenetrated dynamic metal-organic framework. Inorg Chem，2006，45：5718-5720.

[35] Huang Y L，Gong Y N，Jiang L，et al. A unique magnesium-based 3D MOF with nanoscale cages and temperature dependent selective gas sorption properties. Chem Commun，2013，49：1753-1755.

[36] Gong Y N，Xie Y R，Zhong D C，et al. A two-fold interpenetrating porous metal-organic framework with a large solvent-accessible volume：gas sorption and luminescent properties. Cryst Growth Des，2015，15：3119-3122.

[37] Wang X L，Qin C，Wang E B，et al. An unprecedented fivefold interpenetrated lvt network containing the exceptional racemic motifs originated from nine interwoven helices. Chem Commun，2005，（43）：5450-5452.

[38] Ju P，Jiang L，Lu T B. A three-dimensional dynamic metal-organic framework with fourfold interpenetrating diamondoid networks and selective adsorption properties. Inong Chem，2015，54：6291-6295.

[39] Xiang H，Gao W Y，Zhong D C，et al. The diverse structures of Cd（Ⅱ）coordination polymers with 1, 3, 5-benzenetribenzoate tuned by organic bases. CrystEngComm，2011，13：5825-5832.

[40] Yang Q Y，Lama P，Sen S，et al. Reversible switching between highly porous and non-porous phases of an interpenetrated diamondoid coordination network that exhibits gate-opening at methane storage pressures. Angew Chem Int Ed，2018，57：5684-5689.

[41] Shivanna M，Yang Q Y，Bajpai A，et al. A dynamic and multi-responsive porous flexible metal-organic material. Nat Comm，2018，9：3080.

[42] Shivanna M，Yang Q Y，Bajpai A，et al. Readily accessible shape-memory effect in a porous interpenetrated coordination network. Sci Adv，2018，4：eaaq1636.

[43] Qin Y Y, Zhang J, Li Z J, et al. Organically templated metal-organic framework with 2-fold interpenetrated $\{3^3 \cdot 5^9 \cdot 6^3\}$-*lcy* net. Chem Commun, 2008, (22): 2532-2534.

[44] Fang M, Zhao B, Zuo Y, et al. Unique two-fold interpenetration of 3D microporous 3d-4f heterometal-organic frameworks (HMOF) based on a rigid ligand. Dalton Trans, 2009, (37): 7765-7770.

[45] Ma L Q, Lin W B. Unusual interlocking and interpenetration lead to highly porous and robust metal-organic frameworks. Angew Chem Int Ed, 2009, 48: 3637-3640.

[46] Feng R, Jiang F L, Chen L, et al. A luminescent homochiral 3D Cd (II) framework with a threefold interpenetrating uniform net 86. Chem Commun, 2009, (35): 5296-5298.

[47] He H Y, Yuan D Q, Ma H Q, et al. Control over interpenetration in lanthanide-organic frameworks: synthetic strategy and gas-adsorption properties. Inorg Chem, 2010, 49: 7605-7607.

[48] Wang X L, Lin H Y, Mu B, et al. Encapsulation of discrete $(H_2O)_{12}$ clusters in a 3D three-fold interpenetrating metal-organic framework host with(3, 4)-connected topology. Dalton Trans, 2010, 39: 6187-6189.

[49] Ma L Q, Wu C D, Wanderley M M, et al. Single-crystal to single-crystal cross-linking of an interpenetrating chiral metal-organic framework and implications in asymmetric catalysis. Angew Chem Int Ed, 2010, 49: 8244-8248.

[50] Duan J G, Bai J F, Zheng B S, et al. Controlling the shifting degree of interpenetrated metal-organic frameworks by modulator and temperature and their hydrogen adsorption properties. Chem Commun, 2011, 47: 2556-2558.

[51] Li Z X, Ma H, Chen S L, et al. An unprecedented double-bridging interpenetrating α-Po network based on a new heterometallic cluster $\{Cu_4Mo_6\}$. Dalton Trans, 2011, 40: 31-34.

[52] Gong Y, Zhou Y C, Liu T F, et al. Interpenetrated metal-organic frameworks of self-catenated four-connected mok nets. Chem Commun, 2011, 47: 5982-5984.

[53] Gong Y N, Liu C B, Wen H L, et al. Structural diversity and properties of M (II) phenyl substituted pyrazole carboxylate complexes with 0D-, 1D-, 2D-and 3D frameworks. New J Chem, 2011, 35: 865-875.

[54] Falkowski J M, Wang C, Liu S, et al. Actuation of asymmetric cyclopropanation catalysts: reversible single-crystal to single-crystal reduction of metal-organic frameworks. Angew Chem Int Ed, 2011, 50: 8674-8678.

[55] Lu Z Z, Zhang R, Li Y Z, et al. $[WS_4Cu_3I_2]^-$ and $[WS_4Cu_4]^{2+}$ secondary building units formed a metal-organic framework: large tubes in a highly interpenetrated system. Chem Commun, 2011, 47: 2919-2921.

[56] Zhang Z J, Shi W, Niu Z, et al. A new type of polyhedron-based metal-organic frameworks with interpenetrating cationic and anionic nets demonstrating ion exchange, adsorption and luminescent properties. Chem Commun, 2011, 47: 6425-6427.

[57] Yang Q X, Chen X Q, Chen Z J, et al. Metal-organic frameworks constructed from flexible V-shaped ligands: adjustment of the topology, interpenetration and porosity via a solvent system. Chem Commun, 2012, 48: 10016-10018.

[58] Wen L, Cheng P, Lin W B. Mixed-motif interpenetration and cross-linking of high-connectivity networks led to robust and porous metal-organic frameworks with high gas uptake capacities. Chem Sci, 2012, 3: 2288-2292.

[59] He Y B, Zhang Z J, Xiang S C, et al. A robust doubly interpenetrated metal-organic framework constructed from a novel aromatic tricarboxylate for highly selective separation of small hydrocarbons. Chem Commun, 2012, 48: 6493-6495.

[60] Chen Y Q, Li G R, Chang Z, et al. A Cu (I) metal-organic framework with 4-fold helical channels for sensing anions. Chem Sci, 2013, 4: 3678-3682.

[61] Yang G S, Lang Z L, Zang H Y, et al. Control of interpenetration in S-containing metal-organic frameworks for selective separation of transition metal ions. Chem Commun, 2013, 49: 1088-1090.

[62] Chen Q, Chang Z, Song W C, et al. A controllable gate effect in cobalt (II) organic frameworks by reversible structure transformations. Angew Chem Int Ed, 2013, 52: 11550-11553.

[63] Chen Q, Jia Y Y, Chang Z, et al. Pillared metal-organic frameworks based on 6^3 layers: structure modulation and sorption properties. Cryst Growth Des, 2014, 14: 5189-5195.

[64] Song B Q, Qin C, Zhang Y T, et al. A novel [4 + 3] interpenetrated net containing 7-fold interlocking pseudo-helical chains and exceptional catenane-like motifs. Dalton Trans, 2015, 44: 2844-2851.

[65] Aggarwal H, Das R K, Bhatt P M, et al. Isolation of a structural intermediate during switching of degree of interpenetration in a metal-organic framework. Chem Sci, 2015, 6: 4986-4992.

[66] Duan J, Higuchi M, Zheng J, et al. Density gradation of open metal sites in the mesospace of porous coordination polymers. J Am Chem Soc, 2017, 139: 11576-11583.

[67] Mao Y, Li G, Guo Y, et al. Foldable interpenetrated metal-organic frameworks/carbon nanotubes thin film for lithium-sulfur batteries. Nat

Commun，2017，8：14628.

[68] Lin Z，Zhang Z M，Chen Y S，et al. Highly efficient cooperative catalysis by Co^{III}（porphyrin）pairs in interpenetrating metal-organic frameworks. Angew Chem Int Ed，2016，55：13739-13743.

[69] Li B，Chen B. A flexible metal-organic framework with double interpenetration for highly selective CO_2 capture at room temperature. Sci China Chem，2016，59：965-969.

[70] Luan X J，Wang Y Y，Li D S，et al. Self-assembly of an interlaced triple-stranded molecular braid with an unprecedented topology through hydrogen-bonding interactions. Angew Chem Int Ed，2005，44：3864-3867.

[71] Xiao D R，Li Y G，Wang E B，et al. Exceptional self-penetrating networks containing unprecedented quintuple-stranded molecular braid，9-fold meso helics，and 17-fold interwoven helics. Inorg Chem，2007，46：4158-4166.

[72] Lv J，Han L W，Lin J X，et al. Rare case of a triple-stranded molecular braid in an organic cocrystal. Cryst Growth Des，2010，10：4217-4220.

[73] Du M，Jiang X J，Zhao X J. Molecular tectonics of mixed-ligand metal-organic frameworks：positional isomeric effect，metal-directed assembly，and structural diversification. Inong Chem，2007，46：3984-3995.

[74] Carlucci L，Ciani G，Maggini S，et al. A new polycatenated 3D array of interlaced 2D brickwall layers and 1D molecular ladders in [Mn_2(bix)$_3$(NO_3)$_4$]·2CHCl$_3$ [bix = 1，4-bis(imidazol-1-ylmethyl)benzene] that undergoes supramolecular isomerization upon guest removal. Cryst Growth Des，2008，8：162-165.

[75] Carlucci L，Ciani G，Proserpio D M. A new type of entanglement involving one-dimensional ribbons of rings catenated to a three-dimensional network in the nanoporous structure of [Co(bix)$_2$(H_2O)$_2$]（SO_4）·7H_2O [bix = 1，4-bis（imidazol-1-ylmethyl）benzene]. Chem Commun，2004，（4）：380-381.

[76] Carlucci L，Ciani G，Proserpio D M，et al. New architectures from the self-assembly of M^{II}SO$_4$ salts with bis（4-pyridyl）ligands：the first case of polycatenation involving three distinct sets of 2D polymeric(4, 4)-layers parallel to a common axis. CrystEngComm，2003，5：190-199.

[77] Carlucci L，Ciani G，Proserpio D M. Three-dimensional architectures of intertwined planar coordination polymers：the first case of interpenetration involving two different bidimensional polymeric motifs. New J Chem，1998，22：1319-1321.

[78] Fan J，Sun W Y，Okamura T，Tang W X，et al. An unusual 2D→3D parallel interpenetration：synthesis and X-ray structure of compound [Ag_2(titmb)$_2$][Hsal]$_2$·3H_2O（titmb = 1，3，5-tris(imidazol-1-ylmethyl)-2，4，6-trimethylbenzene and H$_2$sal = salicylic acid）. Inorg Chim Acta，2004，357：2385-2389.

[79] Lee H J，Cheng P Y，Chen C Y，et al. Controlled assembly of an unprecedented 2D + 3D interpenetrated array of(4, 4)-connected and pcu topologies. CrystEngComm，2011，13：4814-4816.

[80] Hou L，Zhang J P，Chen X M. Two metal-carboxylate frameworks featuring uncommon 2D + 3D and 3-fold-interpenetration：(3, 5)-connected isomeric hms and gra nets. Cryst Growth Des，2009，9：2415-2419.

[81] Wu H，Yang J，Su Z M，et al. An exceptional 54-fold interpenetrated coordination polymer with 10^3-srs network topology. J Am Chem Soc，2011，133：11406-11409.

[82] Xu H，Bao W W，Xu Y，et al. An unprecedented 3D/3D hetero-interpenetrated MOF built from two different nodes，chemical composition，and topology of networks. CrystEngComm，2012，14：5720-5722.

[83] Liang K，Zheng H，Song Y，et al. Self-assembly of interpenetrating coordination nets formed from interpenetrating cationic and anionic three-dimensional diamondoid cluster coordination polymers. Angew Chem Int Ed，2004，43：5776-5779.

[84] Yang S，Lin X，Lewis W，et al. A partially interpenetrated metal-organic framework for selective hysteretic sorption of carbon dioxide. Nat Mater，2012，11：710-716.

第20章
配位聚合物材料结构缺陷

20.1 引　言

金属有机框架（MOF）材料一般以单晶的形式呈现。这一特点使得科学工作者可以通过单晶 X 射线衍射来研究 MOF 结构，从而知晓其在三维空间内原子的精确排布信息。通过晶体结构解析，我们可以准确地理解无机基元和有机基元直接的连接方式、孔道的具体尺寸及连通方式、具有潜在催化活性的金属位点的化学环境等信息，使得我们可以针对气体吸附与分离、高效异相催化等应用进一步设计并合成更好的材料。除此之外，各种 MOF 单晶呈现出来的高度对称且纯净的美，也激发广大工作者对未知世界的好奇心，促使着这个领域快速向前推进。

然而，自然界并不存在所谓"完美"的晶体，即晶体内的原子无法做到在三维空间内绝对有序地排列。在真实的晶体中，或多或少存在着一定的不规则区域或者位点。在材料学领域，可以用缺陷这一词统称晶体内结构不完美的部分。并且人们发现，缺陷的存在对材料的物理和化学性质产生一定的影响。例如，在半导体材料中，可以在晶体中有意地掺杂其他原子或设计一些缺位，从而实现对其带宽的调控[1, 2]；在沸石分子筛催化领域，缺陷的存在可以产生更多的催化位点，或者生成更大的孔道，从而提升材料的催化效率[3]。当然，在很多时候，此类影响也不一定是正面的。缺陷的存在可能会降低材料的机械强度，并且影响材料的化学稳定性。

剑桥大学材料学教授 Colin Humphreys 曾经说过[4]："晶体跟人一样，正是内部所具有的缺陷才让他（它）们更有趣！"对于 MOF 材料，其内部缺陷的研究也越来越受到研究者的关注。我们认为，相对于其他晶体材料中的结构缺陷，MOF 晶体中的结构缺陷表现出一定的独特之处：

（1）由于 MOF 结构中同时含有无机基元和有机基元，材料具有的缺陷更加多样化。例如，一个有机配体的缺失可能带来多个金属位点的配位不饱和，同时产生金属缺陷。

（2）相对于金属氧化物、沸石分子筛等材料，由于金属与配体间配位的高连接数和模式多样性，MOF 材料对晶体内缺陷具有更高的容错性，使得生成更高浓度的缺陷成为可能。

（3）由于其独特的多孔结构，MOF 内结构缺陷显著地改变其孔道性质，使得缺陷可以作为调控材料孔道性质的手段；而且孔道的贯通性保证了材料内部的缺陷也可与其他分子发生相互作用，提高了缺陷周边活性位点的可达性。

（4）有望利用金属与有机配体间配位键的可逆性，在特定条件下精确控制晶体缺陷的浓度、位置，甚至有可能使不同缺陷之间互相"沟通"，从而生成有序的晶体缺陷。

目前对 MOF 缺陷的研究整体处于快速上升的阶段，已出现几篇重要的综述和展望文章对该领域进行了详尽的总结以及展望。其中，Fischer 等[5, 6]提出了 MOF 内的缺陷工程（defect engineering）这一概念，对 MOF 内缺陷的分类、表征、潜在应用进行了详细的梳理和展望，并将其与沸石、共价有机框架（COF）等材料内的缺陷进行互相对比和借鉴。Lively 等则在 *J. Phys. Chem. Lett.* 中发表展望文章[7]，通过将 MOF 材料内的缺陷及其研究方法与分子筛材料内的缺陷研究进行对比，为 MOF 材料缺陷研究提供了许多新的思路和见解。此外，Goodwin 等[8]和 Yaghi 等[9]分别在更广的"MOF

的无序及缺陷"和"MOF 的异质性（heterogeneity）"范围内对 MOF 缺陷的工作进行了总结。

本章将围绕着"配位聚合物材料结构缺陷"，总结目前 MOF 缺陷领域研究的重要进展。首先介绍 MOF 材料中的自然晶体缺陷（naturally occurring defect），并在此基础上介绍表征 MOF 内晶体缺陷的方法。随后总结利用原位合成及合成后处理的方法人为生成缺陷的研究进展，并着重介绍在关联缺陷（correlated defect）和有序缺陷（ordered defect）生成方面的典型例子。

20.2　配位聚合物材料中的自然结构缺陷

与其他人工合成的晶体一样，MOF 单晶内不可避免地存在各种各样的结构缺陷。在晶体化学中，人们把晶体结构内的缺陷按照其错乱排列的展布范围分为点缺陷（只涉及极少数个原子范围的晶格缺陷）、线缺陷［即局部晶格沿某一面发生滑移，包括刃位错（edge dislocation）和螺旋位错（screw dislocation）等］、面缺陷［主要包括堆垛层错（stacking fault）以及晶体内各种界面（grain boundary）］以及体缺陷（包括第二相夹杂、晶体内部的介孔或者大孔等）。在 MOF 材料领域，我们认为，单晶中自然晶体缺陷主要包括晶体位错、配体缺失、金属缺失、局部结构缺失（介孔或大孔）及部分穿插（partial interpenetration）等五种形式（图 20-1）。在这里，晶体位错是线缺陷在 MOF 晶体中的反映；而配体缺失、金属缺失、局部结构缺失根据缺陷存在的范围，可以表现为点缺陷、面缺陷和体缺陷等；而部分穿插则是一种传统固体材料里面比较少见的体缺陷形式。

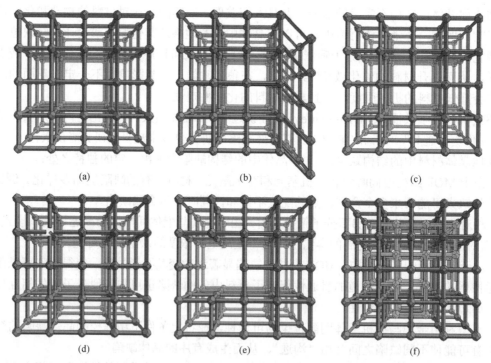

图 20-1　MOF 单晶中的自然晶体缺陷种类。（a）完美晶体；（b）晶体位错缺陷；（c）配体缺失缺陷；（d）金属缺失缺陷；（e）局部结构缺失缺陷；（f）部分穿插缺陷

20.2.1　晶体位错

一般而言，晶体在生长过程中倾向于各向同性生长，从而形成平整的表面。但是，Attfield 等[10, 11]

通过原位原子力显微镜观察到 HKUST-1 晶体表面有螺旋生长的小山丘存在，证明了 HKUST-1 晶体内位错缺陷的存在。此类位错缺陷在其他 MOF 晶体表面也被观测到，我们将在 20.3 节晶体缺陷的表征部分着重阐述。这些例子说明，对于完美的晶体，缺陷在某种程度上也是无法避免的。

20.2.2 配体或金属缺失

近年来，关于 MOF 材料内基于配体缺失的点缺陷的研究渐渐被研究者关注。鉴于很难直接观测到这些配体缺失位点的存在，人们通过其他一些实验现象推断得出缺陷的存在。配体缺失很好地解释了某些 MOF 材料通过元素分析所得的金属含量高于理论计算值这一现象，同时也解释了为什么一些理论上金属配位饱和的 MOF 材料具有某些优异的催化性能。例如，Serre 等[12]通过测定 MIL-140 系列材料的路易斯酸性位点，发现其含有<10%的金属锆是配位不饱和的，而产生这些不饱和位点的一部分原因是晶体内的配体缺失。van der Voort 等[13]研究金属配位饱和的 MIL-47 的催化性能时发现其具有较好的环己烯环氧化催化性能，推断出 MIL-47 中可能具有配体缺失的点缺陷，从而生成了金属催化活性位点。

在 MOF 材料中不仅存在配体缺失形成的点缺陷，同样也存在金属缺失形成的点缺陷。Chance 等[14]通过水蒸气吸附测试表明部分 ZIF-8 对水的吸附热随水负载量的增加而降低，推测是因为 ZIF-8 中存在金属缺失的点缺陷，从而咪唑配体上保留了具有亲水性的—NH—基团，类似于沸石材料中的硅羟基窝或空穴（silanol nest）[15]。

20.2.3 局部结构缺失

随着对 MOF 内晶体缺陷研究的深入，人们发现 MOF 内金属和配体的缺失不仅仅发生在单一位点；在某种程度上，它们可以在更大的范围内存在，导致部分结构的整体缺失。早期人们发现 UiO-66 中存在配体缺失，但是无法知道缺陷的位置及含量。随着研究的深入，Goodwin 等[16]通过结构模拟，结合电子显微镜、X 射线散射等对 UiO-66(Hf)进行了精细表征，清楚地揭示了其不仅含有配体缺失，还伴随着$[Hf_6O_4(OH)_4]$金属簇的缺失，从而形成在纳米级或者更大尺度上的局部结构缺失。

20.2.4 部分穿插

还有一类在其他晶体材料里较少见的局部缺陷，即局部穿插导致结构内大面积的局部缺陷。MOF 材料的多孔性以及结构有序性允许其在一网络结构的孔道内共同生长出第二套或者更多套的具有一样拓扑的网络结构。2012 年，Schröder 等[17]利用铟和 3,3′,5,5′-四(苯-4-羧酸)-联苯合成了 NOTT-202，并首次研究了该 MOF 材料的局部穿插现象。在完美二重互相穿插的结构中，所有的次晶格位置都被占据；而在局部互相穿插结构中，只有部分次晶格被占据，意味着在剩余的位置形成结构空缺。通过单晶 X 射线衍射测试，他们发现次晶格的占有率只有 75%，因此可以认为在相邻的穿插区域间存在不穿插区域，生成了狭缝缺陷（slit defect）。随着对局部穿插研究的深入，2016 年，Telfer 等[18]通过改变合成条件，调控局部穿插的程度，从而调控局部缺陷的程度和范围（图 20-2）。通过使用不同尺寸的溶剂分子或改变反应时间，可以在 0%～100%范围内调控局部穿插程度。同时，通过加热、去溶剂或研磨等操作，可以使得不互穿的结构转化成二重互穿的结构，并且通过改变上述操作的时间长短，可以调控材料互穿的程度，从而实现对局部缺陷的调控。

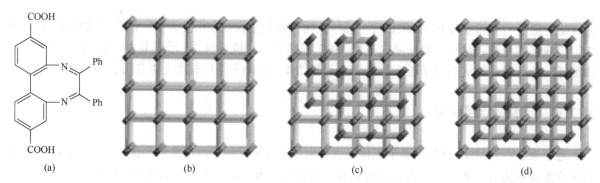

图 20-2　MOF 晶体中部分穿插缺陷示意图。（a）所使用的二羧酸配体；（b）无穿插的结构；（c）部分穿插的结构；（d）二重穿插的结构[18]

20.3　配位聚合物结构缺陷的表征

对 MOF 中晶体缺陷的表征借鉴了许多研究其他固相材料（如金属氧化物[19, 20]、沸石分子筛[21, 22]）中的缺陷的方法。本节对目前已报道的物理及化学表征手段进行梳理，如显微技术（原子力显微镜、电子显微镜、荧光共聚焦显微镜），光谱技术（红外光谱、电子顺磁共振谱、X 射线光电子能谱、X 射线吸收精细结构谱、正电子湮没寿命谱、固体核磁共振谱），X 射线衍射技术，酸碱电位滴定等。同时，我们也总结了在理论计算领域对 MOF 晶体缺陷研究的最新进展。

20.3.1　显微技术

1. 原子力显微镜

原子力显微镜（atomic force microscopy，AFM）是直接探测晶体表面非常有效的表征手段，因此常被用于研究存在于晶体表面的各种缺陷。2008 年，Attfield 等[11]利用 AFM 发现在 HKUST-1 对应于{111}晶面的表面存在着许多由单重或多重位错螺旋生长而形成的突起，表明晶体在生长后期以这种螺旋方式进行［图 20-3（a）和（b）］。这些位错螺旋基于垂直于{111}晶面的三次对称轴进行生

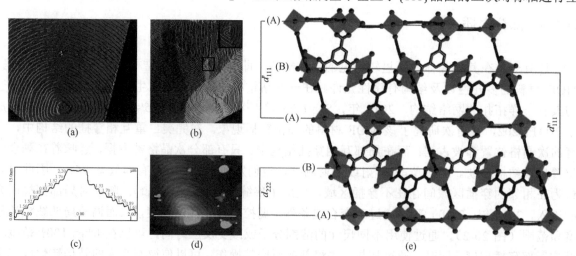

图 20-3　HKUST-1{111}晶面的 AFM 图像及结构分析。（a，b）显示 HKUST-1 存在位错螺旋缺陷；（c～e）横断面高度差分析显示生长台阶高度对应于 MOF d_{111} 或 d_{222} 晶面间距。其中，（c）中台阶高度差对应于（d）中白线区域[11]

长。并且随着晶体逐渐长大，生长进程逐渐远离螺旋中心，其生长速度趋向于各向同性，最终形成近似于圆形的螺旋晶体表面。通过 AFM 的横截面高度差分析显示存在 0.8nm、1.5nm、2.2nm 和 3.0nm 的生长台阶，这些高度差对应于晶体中 d_{222} 晶面间距 0.76nm 的整数倍 [图 20-3（c）～（e）]。同时，他们也报道了 MOF 晶体的这类位错螺旋生长伴随晶体线缺陷的产生[10]。

在类似的研究中，Cyganik 等利用高分辨原子力显微镜研究硅基底上的 HKUST-1 生长机理。他们发现 MOF 晶体在结晶基本完成并经历缓慢降温后，会形成微米级尺寸的梯田状表面，晶体表面覆盖着大量直径为 20～200nm 的岛屿或洼地[23]。这些岛屿或洼地高度差约为 1.5nm，对应于 HKUST-1{111} 晶面的间距。这样的岛屿或洼地只有在梯田状表面的最后 2～4 层台阶上存在，说明它们是在晶体生长的最后时期才形成的。与前面 Attfield 等的研究不同的是，生长在硅基底上的 HKUST-1 并没有发现位错螺旋生长情况，说明基底对 MOF 晶体内缺陷的形式具有一定的影响。

2012 年，Attfield 等进一步利用原子力显微镜研究 MOF-5 生长机理时同样发现类似的表面缺陷（图 20-4）[24]。梯田状晶体表面台阶落差高度为 1.3nm±0.1nm，对应于 MOF-5 中 d_{200} 的晶面间距（1.28nm）。从 AFM 偏转力成像图中可以看出，晶体表面一些局部区域的进一步生长是从特定的成核位点开始的，在成核后进一步生长并逐渐扩大，最终可以观测到许多更小的立方体生长于 MOF-5 的正方形表面 [图 20-4（a）和（b）]。进一步将这些晶体置入含有前驱体的溶液中可以观察到晶体表面原本存在的突起逐渐消失，从而形成陷坑，并且在陷坑的底部发现了杂质 [图 20-4（c）]。本研究得出的结论为，这些杂质的存在会促进更小晶体在晶体表面的成核与生长。通过 AFM 也观察到 MOF-5 的晶体表面的螺旋位错。有趣的是，当两个螺旋中心交错在一起生长时，两个位错螺旋可能按照同方向与反方向两种方式生长 [图 20-4（d）]。

除了 HKUST-1 与 MOF-5 这两种典型 MOF 材料之外，2009 年，Moret 等利用 AFM 研究一维材料[Cu(1,3-bis(4-pyridyl)propane)₃Cl₂]·2H₂O 的生长机理时也发现此类螺旋位错缺陷[25]。在晶体表面存在着许多生长中心，这些分立或者共生的螺旋位错中心可以在 AFM 图中清晰地看到。通过刻蚀晶体

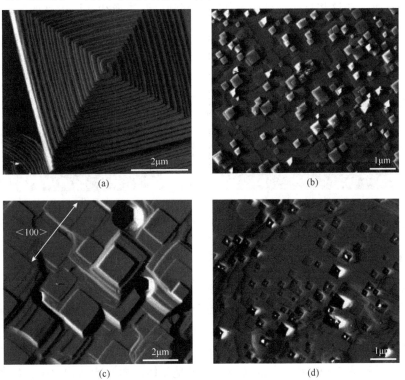

图 20-4　MOF-5 晶体表面的缺陷表征。AFM 显示 MOF-5 晶体表面更小立方晶体的生长方式（a，b）以及小立方体溶解后陷坑中的杂质（c），同时观察到螺旋位错缺陷（d）[24]

表面，可以将许多原本位于晶体内部的螺旋位错中心暴露出来，表明晶体是通过这些中心逐步生长形成的。进一步的实验显示，在使用纯度较低的配体进行合成时，晶体表面的生长会受到杂质的干扰，从而会在晶体表面形成高度落差为 20～150nm 的台阶。实际上，这样的螺旋位错缺陷在沸石分子筛中也是较为普遍存在的。例如，2007 年，Anderson 等观察到硅分子筛的晶体表面存在螺旋位错[21]；2009 年，Cubillas 等也观察到磷酸硅铝沸石分子筛 STA-7 的位错螺旋生长现象[22]。

2. 扫描电子显微镜

除了 AFM，扫描电子显微镜（scanning electron microscopy，SEM）也可以提供位于晶体表面的缺陷信息。2010 年，Garcia 等合成出晶体[Cu$_3$(μ$_3$-O)(L)·(H$_2$O)$_3$]BF$_4$·H$_2$O（L = 4H-1,2,4-triazol-4-yl acetic acid），在利用 SEM 观察晶体形貌时发现其表面存在许多约为 500nm×500nm 大小的方形孔洞[26]。由于 SEM 是在真空状态下进行拍摄的，他们认为这些缺陷的形成是由晶格中的溶剂分子的逸出导致的。相信这样的溶剂逸出导致了局部区域的结构塌陷，但是在此过程中晶体整体框架的有序性并没有被破坏，仍然保持规整的外形。

3. 透射电子显微镜

透射电子显微镜（transmission electron microscopy，TEM）是研究沸石、二氧化硅等材料的精细结构的有效方法。目前，研究者也开始将 TEM 用于对 MOF 精细结构的研究。2013 年，Terasaki 等在一篇综述中对利用电子显微镜研究沸石、二氧化硅、MOF 材料等的精细结构进行了深入的总结[27]。需要指出的是，MOF 材料由于对电子束比较敏感，在 TEM 观察中需要谨慎选择实验条件，电子束密度需要控制在 50～150 电子/(nm^2·s)范围内。Yaghi 等在利用高分辨 TEM 观察 Ni-CAT-1 的微观结构时，发现在晶体的晶格中存在缺陷［图 20-5（a）］[28]。同时，他们在观察 IRMOF-74 系列材料时，也发现了缺陷的存在[29]。在以电子束平行于材料孔道方向的角度拍摄时可以清晰地看到有序排列的正六边形孔道。然而，在这些有序排列中，偶有观察到以四边形和八边形呈现的孔道，意味着在这些位置存在拓扑结构缺陷［图 20-5（b）］。

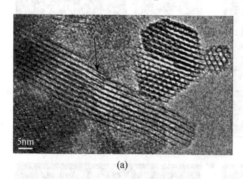
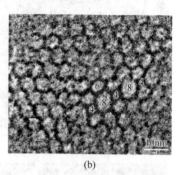

图 20-5　透射电子显微镜下的缺陷。（a）Ni-CAT-1 中的晶格缺陷；（b）IRMOF-74 孔道中四边形和八边形缺陷[28, 29]

4. 荧光共聚焦显微镜

2013 年，Roeffaers 等利用荧光共聚焦显微镜（confocal fluorescence microscopy）研究了 MOF-5 和 HKUST-1 晶体内部的缺陷[30]。这个精妙的实验基于探针分子糠醇可在 MOF 内酸性位点的催化下，发生聚合反应从而产生荧光信号。这些酸性位点是由金属-羧酸键断裂形成缺陷产生的，因此可以建立晶体内部缺陷与荧光信号间的关联。糠醇分子本身尺寸较小，作为探针时检测下限能够达到单分子水平，可以精确地研究 MOF 晶体内部（而不仅仅是晶体表面）的结构缺陷。如图 20-6 所示，探针分子与经过较短结晶时间得到的 HKUST-1 作用后，在荧光共聚焦显微镜下显示出弱且均一的荧光强度，表明晶体中催化糠醇聚合的不饱和铜金属位点不存在或数目非常有限。然而，使用经过较长结晶时间得到的 HKUST-1 时，可以在晶体内观察到明显的荧光分界，并且这些荧光区域的边界与特定的晶体学方向一致（一般在{111}或{100}晶面方向出现荧光区域的边界）。这些荧光区域准确地定位了单晶 HKUST-1 内金属-羧酸键断裂形成缺陷的区域。利用同样的方法，他们进一步发现 MOF-5 晶体的外表面存在正方形的面缺陷［图 20-6（e）］以及穿插其中的线缺陷［图 20-6（f）］。与 HKUST-1 不同的是，对 MOF-5 晶体的荧光共聚焦显微观察表明这些缺陷仅存在于离表面约 10μm 内的壳层中。此外，他们也发现，在对晶体进行脱溶剂操作时，这些晶体表面会产生无规则的裂缝。

荧光共聚焦显微镜也被用于其他多孔晶体材料的缺陷研究中。2016 年，Lively 等利用荧光共聚焦显微技术发现分别基于 CC3-R 和 CC3-S 的两种多孔有机晶体笼晶体内部均存在晶界[31]。与 Roeffaers 等的研究方法不同，他们首先使用荧光染料分子浸渍晶体，所用染料分子不能进入尺寸更小的晶体笼纳米孔内，只能存在于晶界之间的空隙中。不同亮度的荧光图像显示，单颗晶体中存在明显的晶界［图 20-6（g）］。

图 20-6　荧光共聚焦显微镜用于晶体缺陷分析。（a）较短结晶时间得到的 HKUST-1 晶体显示弱且均一的荧光；（b）较长结晶时间下得到晶体内出现明显的荧光分界；（c）、（d）分别对应于（b）中区域 1 和区域 2 得到的荧光成像图；（e）MOF-5 表面存在缺陷；（f）放大后显示在表面缺陷中同时存在线缺陷（图中红色箭头）；（g）在基于 CC3-S 与 CC3-R 的晶体中存在晶界[30, 31]

20.3.2　光谱技术

1. 红外光谱

红外光谱（infrared spectroscopy，IR）是研究探针分子与材料间吸附作用的非常经典的分析手段。通过红外光谱可以得到材料表面的酸性或碱性位点的性质和强度等信息。使用 CO、CO_2、SO_2 等酸性分子作为探针，可利用红外光谱分析材料表面缺陷位点的性质[19]。近年来，研究者也将红外光谱用于研究 MOF 材料内部的缺陷位点信息。

2007 年，Bordiga 等[32]利用红外光谱研究 HKUST-1 中的不饱和金属位点对小分子（N_2、CO 和

CO_2）的吸附作用，结果发现红外光谱可以区分 HKUST-1 中的两种不同的 Cu^{2+} 吸附位点：除了常规的车辐式不饱和 Cu^{2+} 金属位点外，还存在一种极性更强但数目更少的 Cu^{2+} 位点。他们认为这些位点可能处于晶体外表面，或与某些晶体缺陷有关。当探针分子吸附在这两类不同的位点上时，会显示出两种不同的伸缩振动频率。2015 年，Lueking 等[33]利用 CO 作为探针分子研究 HKUST-1 晶体中的 Cu 吸附位点，被吸附的 CO 的振动峰在 $2120cm^{-1}$ 和 $2172cm^{-1}$ 位置出现，分别对应于 CO 与 Cu^+ 和 Cu^{2+} 的相互作用。他们认为，在 HKUST-1 中，配体缺失的缺陷导致部分金属位点 Cu 为 + 1 价。2015 年，Farha 等[34]进一步利用漫反射傅里叶变换红外光谱（diffuse reflectance infrared Fourier-transformed spectroscopy，DRIFTS）研究 NU-125 中未配位的—COOH 基团位点。结果显示，参与配位的与未参与配位的羧酸基团具有不同的特征振动峰，由此确定晶体内部存在未配位的羧酸缺陷位点。同样地，2016 年 Nair 等利用红外光谱研究 HKUST-1 晶体中未配位羧基含量情况[35]。在红外光谱中，$1708cm^{-1}$ 和 $1234cm^{-1}$ 两个位置的峰对应于自由羧基的振动峰，这两个位置峰强度增加表明晶体中缺陷位点增加。

2. 电子顺磁共振谱

对于含有具有顺磁性金属的 MOF 材料而言，电子顺磁共振（electron paramagnetic resonance，EPR）提供了探索金属电子结构及环境的有效方法。2013 年，Fischer 等[36]利用电子顺磁共振研究 MIL-53(Al)中 V 掺杂对晶体结构的影响。电子顺磁共振谱可以给出磁性金属中心的配位环境信息，特别是通过掺杂引入的含量较低的金属配位信息。他们发现，掺杂进入晶体的 V 存在两种具有缺陷的配位模式，一种是扭曲的八面体（pesudo-octahedral）配位模式，另一种是四方锥配位模式（square-pyramidal）。2015 年，Pöppl 等[37]利用电子顺磁共振研究$[Cu_2^I Cu_2^{II}(H_2O)_2 L_2 Cl_2][L = 3,3'-(5,5'-$ (thiophene-2,5-diyl) bis(3-methyl-4H-1,2,4-triazole-5,4-diyl))dibenzoate)]晶体，发现 13%的车辐式次级构筑单元中仅含有一个铜离子，即 13%的车辐式基元存在金属缺失的缺陷。

3. X 射线光电子能谱

通过 X 射线光电子能谱（X-ray photoelectron spectroscopy，XPS）可以研究金属的价态信息，从而可以进一步得到晶体内与金属有关的缺陷信息。2012 年，Wöll 和 Heine 等[38]利用 X 射线光电子能谱研究 HKUST-1 时发现晶体中存在 Cu^+ 的峰（对应 Cu^+ 的峰位置为 931.4eV，而对应 Cu^{2+} 的峰位置为 934.0eV），对应的含量为 6%，这表明在晶体中存在相应的金属缺陷位点。同时，他们进一步发现经过加热，Cu^+ 的峰强度增加，表明加热会诱导晶格中生成更多缺陷。

4. X 射线吸收精细结构谱

X 射线吸收精细结构谱（X-ray absorption fine structure，XAFS）可用于研究近邻原子的作用，是进行结构分析的有效方法。由于原子的缺失或者键的断裂，MOF 的结构缺陷位置表现出与体相结构不同的成键方式，可以通过 XAFS 分析结构的差异。2018 年，李巧伟等[39]利用 XAFS 研究基于含 Zn 车辐式次级构筑单元的层柱结构 FDM-22 中的金属锌离子的配位数。他们发现在真空条件下活化的新结构中锌的平均配位数由 5 降为 4.7±0.3，表明在活化过程中部分 Zn—N 键发生断裂，生成局部结构缺陷。在对比实验中，具有类似结构的 MOF-508b 配位数并没有变化，说明该结构在活化过程中的稳定性（图 20-7）。

5. 正电子湮没寿命谱

正电子湮没寿命谱（positronium annihilation lifetime spectroscopy，PALS）是一种原位孔体积表征技术，电子偶素（positronium）是由电子与其对应正电荷粒子通过类氢键作用结合而成的类原子系统。当正电荷粒子注入绝缘体后会捕捉电子形成电子偶素，而且由于能量效应，电子偶素更趋向

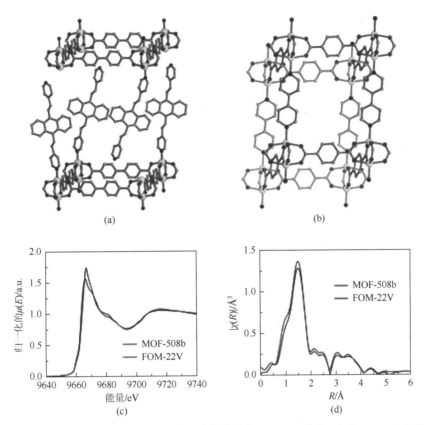

图 20-7 XAFS 用于晶体缺陷分析。（a）含有结构缺陷的 FDM-22 结构；（b）MOF-508b 的结构；
（c）近边 X 射线吸收谱；（d）扩展边 X 射线吸收谱[39]

存在于材料的孔道内部。电子偶素与材料孔壁碰撞引起湮没寿命的缩短和孔尺寸相关，而正电子湮没寿命谱的相对强度则与材料的多孔性相关。2010 年，Gidley 和 Matzger 等[40]利用正电子湮没寿命谱发现在 MOF-5 中电子偶素具有 86ns 的湮没寿命，对应于存在尺寸约为 6nm 的孔道缺陷。2016 年，Holdt 等[41]利用正电子湮没寿命谱研究了 IFP-6 晶体表面的缺陷，解释了脱除溶剂的 IFP-6 在常压下没有吸附性质是由于活化过程中外表面产生的晶体缺陷导致部分结构被破坏，从而阻塞孔道。相反，在高压下，气体可以扩散至孔道内部，从而显示出一定的吸附性质。

6. 固体核磁共振谱

研究人员利用固体核磁共振技术（solid-state nuclear magnetic resonance，SSNMR）得到的化学位移的信息，可以直观地定性甚至定量表征某些原子所处化学环境的变化，由此推断 MOF 中是否由于化学键的断裂生成晶体缺陷。2013 年，Yaghi 和 Reimer 等运用多维固体核磁共振技术研究了 MTV-MOF-5 中有机配体的官能团分布情况[42]，这种技术被认为同样适用于今后研究 MOF 中缺陷的分布情况。2016 年，Mellot-Draznieks 等采用类似表征技术研究了一系列 MOF 经过机械球磨后生成的结构缺陷[43]。MOF 样品经过机械球磨后，所有特征峰均明显变宽，并且在 182.5ppm 处出现了新的特征峰，这是由于与 Zr 配位的部分羧基缺失，Zr—O 键断裂而产生的化学环境变化引起的。

20.3.3 单晶 X 射线衍射技术

通过单晶 X 射线衍射技术，研究人员可以得到精确的电子密度分布图，从而最终确定晶体的原子排布。2014 年，Lillerud 等[44]首先通过改进的合成方法，制备了 UiO-66 的单晶，再利用单晶 X 射线衍射技术对其进行结构解析。研究人员观察到隶属于羧基氧原子处的电子密度与正常情况有明显出入，认为这是由 UiO-66 中存在两种不同氧原子导致的：一种为配体上的羧基氧，另一种则为来自有机溶剂或水等的氧原子。这两类氧原子的比例约为 73% 和 27%。2015 年，Yaghi 等[45]通过改变调节剂的用量，得到了尺寸约为 300μm 的 UiO-66 单晶，再利用单晶 X 射线衍射对其进行结构解析，确定了缺陷位点处的 O 与 Zr 形成的 Zr—O 键长为 2.24(3)Å（图 20-8）。同时，研究人员进一步探究了不同活化条件对该缺陷的影响，结果显示在真空条件下，该缺陷位点的氧原子加热至 500K 后可完全脱去，在保持真空环境条件下冷却晶体至 200K 后该氧原子无法恢复，直至样品暴露于空气中才重新观察到该氧原子，此时 Zr—O 键长为 2.21(3)Å，与刚合成的 UiO-66 中的数据保持一致。考虑到大气环境中存在水分子，由此认为结构中由配体缺失导致的缺陷位点由水分子占据。

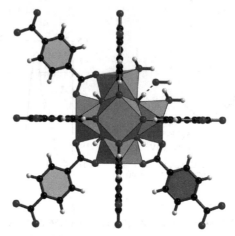

图 20-8　在 UiO-66 中，对苯二甲酸配体缺失而导致的缺陷位点被水分子占据[45]

20.3.4　酸碱电位滴定

除了前述的表征手段，MOF 材料的酸性位点也可以通过简单的酸碱电位滴定（potentiometric acid-base titration）来定量表征，并且滴定法可以初步区分布朗斯特酸性和路易斯酸性位点。2016 年，Hupp 和 Farha 等利用酸碱电位滴定法研究 UiO-系列、NU-1000、MOF-808 等水相稳定的 Zr$_6$-和 Hf$_6$-基 MOF 材料的布朗斯特酸性，发现这些材料中大多存在三种酸性位点，分别为 μ$_3$-OH、M-OH$_2$ 和 M-OH（M = Zr、Hf）[46]。其中后两种酸性位点位于配体缺失导致的缺陷位点上。例如，在 Zr-UiO-66 中，三种酸性位点的 pK_a 值分别为 3.52±0.02、6.79±0.01 和 8.30±0.02，表明晶体中存在由于配体缺失产生的 Zr-OH$_2$ 和 Zr-OH 缺陷。

20.3.5　对晶体缺陷的理论计算研究

在原子层面上确定晶体内缺陷的位置及结构对进一步拓展材料的性质及应用有着极为重要的意义；但是在实际研究中，研究人员通常难以直接观察到非理想 MOF 的缺陷结构，理论计算技术在这种情况下将起到关键作用。近年来，针对晶体缺陷的理论计算研究方兴未艾。2008 年，Schmid 等以密度泛函理论（DFT）为依据[47]，利用分子力学计算（molecular mechanics calculation）初步研究了 IRMOF 系列结构中由配体扭曲导致的异构现象。同时，Walker 和 Slater 等模拟了 HKUST-1 在 {111} 晶面上螺旋错位生长的现象[48]。2014 年，Schmid 等通过量子力学计算（quantum mechanics calculation）与分子力学计算联用的方法[49]，分析了 HKUST-1 在 {111}、{011} 及 {001} 晶面上的表面基团的种类及分布情况，这种固/液交界面的化学环境对深入理解晶体生长机理，从而进一步实现缺陷的可控引入有着非常重要的意义。2016 年，Siperstein 等利用巨正则蒙特卡罗（grand canonical Monte Carlo，GCMC）模拟技术定量分析了 HKUST-1 中缺陷的比例[50]，并由此评价利用不同制备及活化方法得到的具有不同缺陷的 HKUST-1 吸附 CO_2 的性能。2016 年，Gale 和 Walsh 等通过原子力场（atomistic force field）与 DFT 联用的方法模拟了 UiO-66 中形成各种结构缺陷所需的自由能[51]。研究认为生成缺陷极低的自由能使得 UiO-66 中缺陷比例通常较高，这一结论与基于实验的相关文献一致。这种类似的研究方法也适用于其他 MOF，如 2016 年，Schmidt 等进一步利用 DFT 研究了 ZIF-8 中缺陷生成过程的能量变化[52]，发现具有缺陷的 ZIF-8 比没有缺陷的 ZIF-8 在构象上能量更低，同时生成缺陷所需克服的能垒在一定实验条件下（如更高的温度）即可达到，研究人员认为这一结果表明缺陷的存在对 ZIF-8 的结构稳定性及催化性能有很大影响。

20.4　配位聚合物材料中的人为结构缺陷

如其他材料一样，在 MOF 材料中引入结构缺陷可给材料带来新的性质或者更优越的性能。因此，在研究自然生成的缺陷的基础上，人们开始通过缺陷工程人为地在 MOF 结构中设计并生成缺陷。近年来，围绕着如何在 MOF 中引入各种缺陷，以及如何控制各种缺陷，人们开展了详细的研究。在本节中，我们将简单介绍在合成晶体过程中原位生成缺陷的例子，以及在合成无缺陷晶体的基础上通过后处理方法引入缺陷的工作。同时，我们将对目前领域内的研究热点之一，即关联缺陷和有序缺陷生成方面的典型进展进行综述。

20.4.1　配位聚合物材料中人为结构缺陷的生成

1. 利用调节剂或配体片段同步生成晶体缺陷

1）单羧酸配体作为调节剂调控晶体形貌

在 MOF 合成中，最初人们使用不同的调节剂去控制所得到的 MOF 的形貌。例如，2009 年 Kitagawa 课题组采用乙酸调节剂来调控层柱状结构 $[Cu_2(NDC)_2(DABCO)]_n$（NDC = 1,4-萘二甲酸；DABCO = 1,4-二氮杂二环[2.2.2]辛烷）的晶形[53]。在研究中他们发现，由于加入的乙酸与铜离子的配位抑制了铜离子和 NDC 之间的相互作用。而铜离子和 NDC 配体的作用是晶体在{100}晶面生长的关键，因此乙酸调节剂的使用使得晶体在{100}晶面方向的生长速率降低，从而使得晶体更利于向{001}晶面方向生长，成功地将晶体的形貌由纳米立方体调控成纳米棒状。2011 年，Kitagawa 课题组进一步利用肉桂酸（十二烷酸）作为调节剂调控 HKUST-1 在{100}和{111}晶面的相对生长速率[54]。实验发现随着加入肉桂酸含量的逐渐增加，晶体形貌实现正八面体—立方正八面体—立方体的转变。上述的研究中并未提及这些单羧酸配体对生成晶体缺陷的影响，虽然从某种程度上，这些晶体内部具有配体缺失等缺陷是显而易见的。

2）利用调节剂控制 UiO-系列材料内部缺陷

2011 年，Behrens 等在合成锆基 UiO-66 时，使用苯甲酸作为调节剂[55]。他们认为，苯甲酸易与锆形成 $[Zr_6O_4(OH)_4(一OOC)_{12}]$ 分子簇，然后对苯二甲酸与苯甲酸进行配体交换合成 UiO-66。随着加入苯甲酸含量的增加，晶体的成核速率逐渐降低，生长速率提高，不仅极大地降低材料的团聚现象，同时材料的尺寸和结晶度得到明显提高。同时这一调节剂策略还可以实现 Zr-BPDC（BPDC = 4,4′-联苯对苯二甲酸）高产量的合成和第一个报道的锆基 MOF 单晶 Zr-TPDC-NH$_2$（TPDC-NH$_2$ = 2′-氨基-1,1′:4′,1″-三联苯-4,4″-二甲酸）的合成。该工作研究虽然并未提及材料内部的缺陷，但是对后续 UiO 系列 MOF 内部缺陷的研究具有很好的指导意义。需要注意的是，单羧酸调节剂除了可以对晶体的形貌、尺寸进行调控以外，也有可能单纯作为配体参与 MOF 的合成。例如，2015 年 D'Alessandro 等用甲酸作为配体合成了一例基于锆和甲酸的 MOF[56]。

自 Behrens 等的工作之后，2013 年 de Vos 等在合成 UiO-66 时采用三氟乙酸和盐酸共同作为调节剂，在提高材料结晶度的同时，配位的三氟乙酸可以进一步通过热活化的方法除掉，产生更多不饱和锆金属位点[57]。2015 年，郭新闻等进一步利用 HF 作为调节剂和锆氧簇快速配位，调控晶体的缺陷的生成 [图 20-9（a）]。相对于氧和锆或者氯和锆，氟和锆间更强的配位作用使得材料的稳定性得到进一步的提升，这在 MOF 的热重分析里得到了体现[58] [图 20-9（b）]。

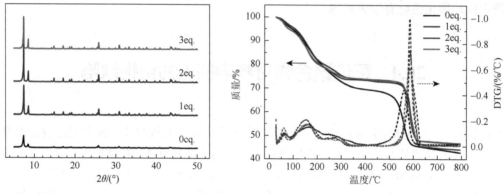

图 20-9　使用氢氟酸作为调节剂调控 UiO-66 中的晶体缺陷。（a）加入不同当量 HF 所得的 UiO-66 粉末衍射图；（b）不同当量 HF 所得的 UiO-66 在氮气气氛中的热重曲线[58]

2015 年，Gutov 和 Shafir 等研究了四种不同类型的单羧酸，如甲酸、苯甲酸、三氟乙酸、乙酸作为配位调节剂来调控 UiO-67 材料内部配体缺失缺陷的生成[59]。这些占据缺陷位点的单羧酸配体可以进一步被取代，如可以用乙酸交换甲酸或者苯甲酸；同时也可以用二羧酸配体交换缺陷位点的单羧酸，实现缺陷的填补，从而合成无缺陷的单晶 UiO-67。2016 年，赵丹课题组也系统研究了三种具有不同酸度的单羧酸：乙酸、甲酸、三氟乙酸对 Zr/Hf-UiO-66 类型 MOF 的晶体形貌、孔尺寸、缺陷程度、孔隙率和稳定性的影响[60]，发现 MOF 的缺陷程度、孔隙率、稳定性等性能与相同浓度调节剂的酸度之间存在线性关系。随着酸度的增加，晶体的缺陷程度逐渐增加，热稳定性、BET 比表面积也逐渐增加，然而对晶体的孔径大小几乎没有影响。

在相同时期，Lillerud 课题组第一次系统完整地研究了单羧酸调节剂对 UiO-66 材料内部金属氧簇缺失缺陷的影响[61]（图 20-10）。除了与赵丹课题组类似的结论外，他们还发现：随着调节剂量的增加或者调节剂酸度的增大，材料内部金属氧簇缺失缺陷产生的额外衍射峰的强度增强。有趣的是，额外衍射峰的强度与配体缺陷、配位调节剂占配体的比例之间存在较好的线性关系，说明这些缺陷均是由金属氧簇缺失引起的。这一工作也证明了在 UiO 材料内部，缺陷之间具有一定位置关联性，我们将在 20.4.2 节对这一类关联缺陷进行进一步专门论述。

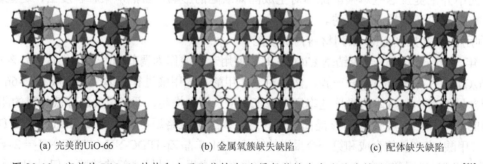

(a) 完美的 UiO-66　　　　(b) 金属氧簇缺失缺陷　　　　(c) 配体缺失缺陷

图 20-10　完美的 UiO-66 结构和由于配体缺失/金属氧簇缺失产生的含缺陷的 UiO-66 结构[61]

基于金属锆的 MOF 材料是目前对缺陷生成研究最多的 MOF 材料，最近，Taddei 等对锆基 MOF 的缺陷研究发展进行了详细的阐述[62]。使用单羧酸作为调节剂调控缺陷生成同样也适用于其他金属基 MOF。例如，2014 年 de Vos 等利用 3,4-二羟基-3-环丁烯-1,2-二酮作为配体，乙酸或甲酸作为调节剂，合成含有缺陷的 MOF 材料[63]。江海龙等利用三氟乙酸作为配位调节剂取代部分 4,4′-联苯二甲酸-2,2′-砜配体调控 USTC-253 材料内部的配体缺陷[64]。

除了利用有机单羧酸、无机酸等酸性调节剂来调控 MOF 内缺陷的生成以外，利用碱性调节剂合成含有缺陷的 ZIF 材料也有报道。例如，2014 年 Brunelli 和 Lively 等[65]发现在合成 ZIF 系列材料时，为调控晶体的成核和生长速率加入的碱性调节剂也能参与金属中心的配位。虽然此类 ZIF-8 中的缺陷并未被直观观测到，显然这种配位作用产生的缺陷是存在的。

3）利用配体片段控制 HKUST-1 材料内部缺陷

除了上面提及的利用调节剂生成 MOF 内缺陷的工作以外，近年来出现了称为配体片段（linker fragmentation）的策略来生成晶体内的缺陷。这里的配体片段可以理解为在原有合成体系中加入部分配位官能团缺失的另一种有机配体（如在一个基于三羧酸配体的体系内加入部分二羧酸配体）。通过两种配体的共同组装，得到内部具有缺陷的 MOF 结构。目前，对利用配体片段生成 MOF 内晶体缺陷以基于 HKUST-1 的工作最具代表性。对于目前利用配体片段合成缺陷 MOF 的代表性工作总结于在表 20-1 中。

2011 年，Baiker 课题组利用配体片段 PYDC（吡啶-3,5-二羧酸）与 BTC（1,3,5-均苯三甲酸）混合来合成具有不同程度缺陷的 HKUST-1[66]。由于配体上一个羧基基团被吡啶基元取代，从而导致部分无机次级构筑单元（secondary building unit，SBU）中铜周边羧酸基元的缺失以及金属周围电子结构的改变。2014 年，Farha 等[67]利用间苯二甲酸与均苯三甲酸共组装的方法，实现了 HKUST-1 材料内部缺陷的生成和缺陷位点的引入。2014 年，Fischer 等进一步在合成微孔 HKUST-1 时选用与 BTC 结构相似、含有不同官能团的四种片段化配体来构建缺陷结构[68]（图 20-11）。实验发现使用四种不同的配体片段可以实现不同的掺杂含量，从而给材料带来不同程度和不同环境的缺陷。2014 年，Wang 和 Fischer 等利用片段配体 PYDC 和母体配体 BTC 合成了具有不同缺陷程度的钌基 MOF[Ru$_3$(BTC)$_{2-x}$(PYDC)$_x$X$_y$]（X = Cl、OH、OAc）[69]。缺陷的存在使得结构内不饱和金属位点的数量增多，同时片段配体的引入使得 Ru 被部分还原。

表 20-1　配体片段化策略构建含缺陷 MOF 总结

无缺陷 MOF	母体配体	片段配体		参考文献
HKUST-1				[66]
				[67]
				[68]

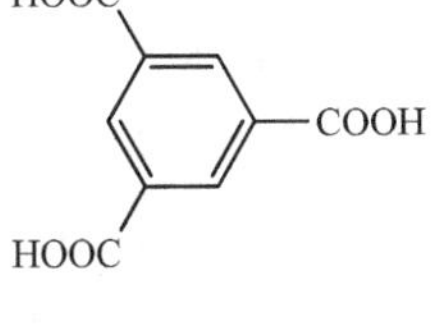

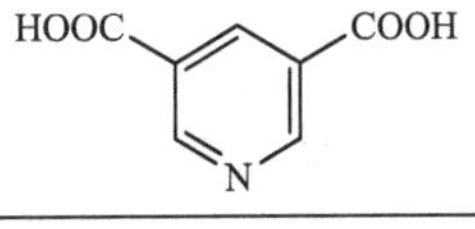

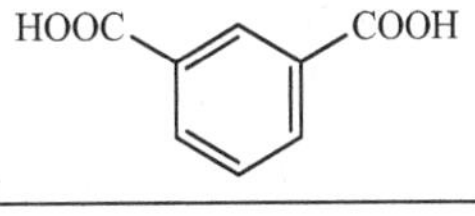

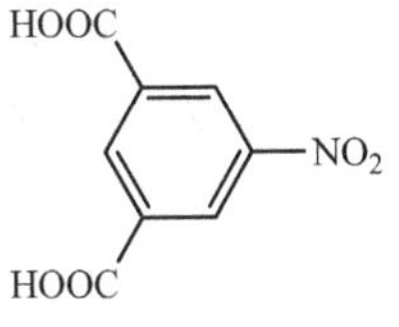

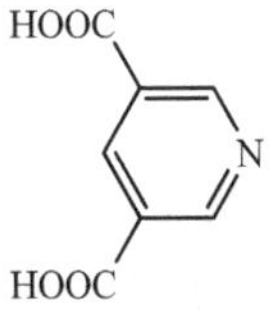

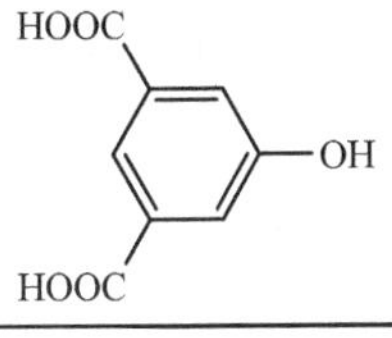

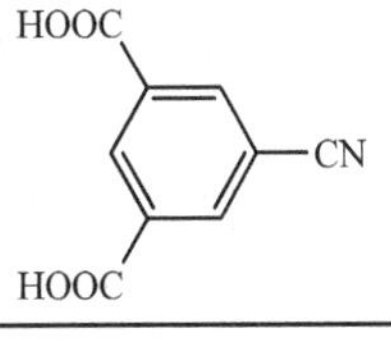

续表

无缺陷 MOF	母体配体	片段配体	参考文献
Ru-HKUST-1	HOOC ── COOH / HOOC	HOOC ── N ── HOOC	[69]
MOF-74	HOOC ── OH ── COOH / HO	HOOC ── OH ── COOH	[70]
		HOOC ── OH ── COOH HOOC ── COOH	[71]

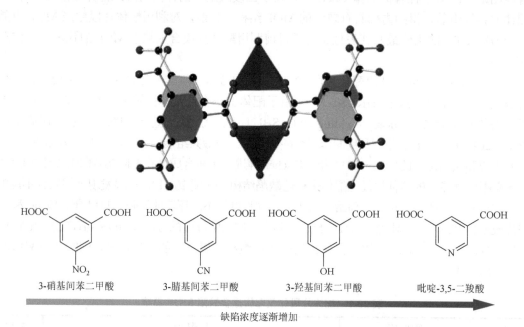

3-硝基间苯二甲酸　　　3-腈基间苯二甲酸　　　3-羟基间苯二甲酸　　　吡啶-3,5-二羧酸

缺陷浓度逐渐增加

图 20-11　HKUST-1 中引入不同配体，缺陷浓度逐渐增加[68]

4）利用配体片段控制 MOF-74 材料内部缺陷

除了 HKUST-1 外，MOF-74 系列材料也可以利用配体片段策略生成含缺陷结构。MOF-74 所用的配体 2,5-二羟基对苯二甲酸（H_4DOBDC）含有 4 个与金属发生配位的基团（2 个羧基，2 个羟基），因此也可以设计出多种配体片段。2015 年，El-Gamel 等研究发现利用配体片段（2-羟基对苯二甲酸）和 H_4DOBDC 共组装可以实现含有缺陷结构的 M-MOF-74（M = Mg、Co、Ni）的合成[70]。由于配体片段中羟基的缺失，在金属位点上产生许多的缺陷。2016 年，李巧伟等进一步选用了更多种的配体片段（2-羟基对苯二甲酸、对苯二甲酸、羟基水杨酸、苯甲酸等）分别与 H_4DOBDC 共组装合成了多种含有不同缺陷程度的 Mn-MOF-74[71]。他们同时研究了利用配体 2-羟基对苯二甲酸与配体片段共组装来实现在基于 Mn 的具有无限次级构造单元的 FDM-21 结构内部不同程度和类型的缺陷的引入（图 20-12）。

5）配体片段化策略在其他 MOF 中的拓展

2012 年，周宏才等利用金属-配体-配体片段共组装的方法实现了不同程度缺陷 PCN-125 的合成，

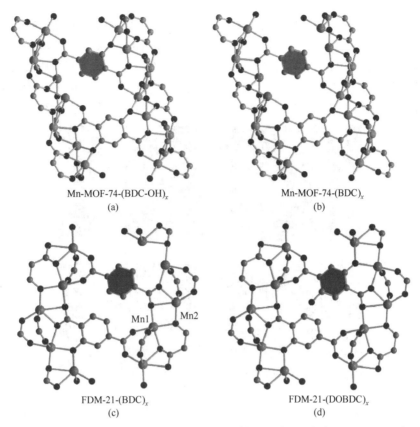

Mn-MOF-74-(BDC-OH)$_x$
(a)

Mn-MOF-74-(BDC)$_x$
(b)

FDM-21-(BDC)$_x$
(c)

FDM-21-(DOBDC)$_x$
(d)

图 20-12　利用配体片段控制 Mn-MOF-74 和 FDM-21 材料内部缺陷。（a，b）在 Mn-MOF-74 中分别加入配体片段 2-羟基对苯二甲酸与对苯二甲酸产生缺陷的局部结构；（c，d）在 FDM-21 中分别加入配体片段对苯二甲酸或 2,5-二羟基对苯二甲酸产生缺陷的局部结构[71]

并在材料内部引入功能化的介孔。即利用功能化间苯二甲酸作为配体片段与配体 TPTC（1,1′: 4′,1″-三联苯-3,3″,5,5″-四甲酸），合成了一系列含缺陷的介孔 PCN-125 材料[72]。此研究还展示了可在 PCN-125 内部掺杂两种不同功能化的配体片段，来更大范围地调控缺陷的程度以及引入更多、更复杂的介孔。2011 年，Kang 和 Yaghi 等通过精确地控制表面活性剂（同时为单羧酸配体片段）4-十二烷氧基苯甲酸（DBA）的含量，在保证材料骨架结构不变的情况下，将介孔引入 MOF-5 中[73]。这些表面活性剂也给 MOF 带来了内部缺陷，使得其表现出独特的二氧化碳吸附性能。

2. 同步生成晶体缺陷的新合成方法

前述利用调节剂或配体片段同步生成晶体缺陷的方法一般采用与无缺陷 MOF 类似的合成方法，主要通过溶剂热或水热反应来实现。与此同时，国内外同行们也探索了一些新的合成方法用于 MOF 内缺陷的生成。

1）晶体快速生长获得晶体缺陷

晶体的结晶性与生长速率相关，一般来说，晶体生长越慢，结晶性越好。为了得到无缺陷或少缺陷的 MOF 单晶样品，整个合成过程通常需要长达数小时甚至数天。反之，晶体生长越快，结晶性越差，更容易引入缺陷。Farrusseng 等[74]通过添加三乙胺和搅拌的方法使 MOF-5 和 IRMOF-3 在反应中快速沉积，从而得到含有配体缺失的 MOF 结构。

此外，微波辅助溶剂热法已被证明是一种能快速合成多孔材料的有效方法。由于微波辐射能量能直接被体系均匀吸收，通过大量均相成核作用，加速晶体生长过程，最终得到尺寸均一的纯相产物。2008 年，Ahn 等采用微波辅助溶剂热法制备了具有表面缺陷的 MOF-5[75]。该缺陷可由 SEM 观察到，且表面缺陷的比例随着微波辐照时间的延长而增加。研究人员认为这可能是由于晶体表面的有机配体再溶解导致的（图20-13）。2010年，Furukawa 和 Kitagawa 等加入单羧酸配体代替部分三羧酸配体[76]，采用微波方法合成了具有缺陷的 HKUST-1。在这里，除了配体片段的作用外，我们推测微波辐射也对 HKUST-1 中缺陷的产生起到了积极作用。2015年，Mondel 和 Holdt 等采用类似微波合成方法合成了含有内在缺陷的 IFP 系列材料[77]，晶体的快速生长过程导致 MOF 中介孔的产生。

图 20-13　微波辅助溶剂法合成的 MOF-5 表面缺陷比例与微波辐照时间成正比。（a～d）微波辐照
时间分别为 15min、30min、45min、60min[75]

2）利用基底缺陷诱导获得晶体缺陷

以贵金属、硅片等材料作为基底，可通过不同途径将 MOF 沉积或原位生长在基底表面，即可制备出薄膜化的 MOF。2011年，Wöll 等[78]认为先将有机物修饰在 Au 基底表面上，可形成一层自组装单分子膜（self-assembled monolayer，SAM），再将 MOF 沉积在 SAM 上时，具有缺失位点、污染或结构缺陷的低质量 SAM 将导致 MOF 薄膜中出现缺陷（图20-14）。2011年，Bandosz 等将功能化的片状石墨与 HKUST-1 的前驱体溶液通过原位法制备出 MOF/石墨复合材料[79]，石墨与 MOF 之间存在成键作用，并且石墨颗粒干扰了 MOF 的生长过程，所以石墨表面的功能化程度决定了复合材料中 MOF 缺陷的比例。

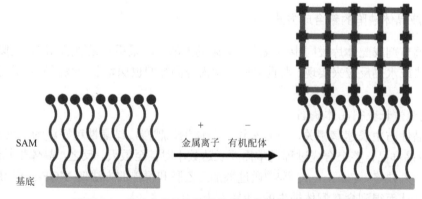

图 20-14　利用基底缺陷诱导获得晶体缺陷过程示意图[78]

除了化学合成方法，目前研究人员也正探索将物理方法运用到缺陷生成中。在含有缺陷的沸石材料合成领域，Valtchev 和 Goupil 等利用高能 ^{238}U 离子束辐照沸石材料[80]，再通过氢氟酸后处理，

在沸石内部得到了尺寸均一、平行排列的缺陷网络，此类物理合成方法有望在有缺陷的 MOF 合成方面得到进一步扩展。

3. 基于无缺陷晶体的后处理获得晶体缺陷

1）加热后处理获得晶体缺陷

2014 年，Gadipelli 和郭正晓等采用热处理法在 MOF-5 结构中引入了缺陷[81]。MOF-5 的分解温度为 500℃，一般使用的脱溶剂温度最高可达 300℃。他们发现，将 MOF-5 在低于其分解温度但高于其传统脱溶剂温度的条件下，如 350～450℃进行热处理，骨架中部分桥连羧酸配体会发生脱羧分解，释放出 CO_2，从而在产生配体空缺的同时也生成了不饱和金属 Zn 位点（图 20-15）。同样地，Wöll 等制备了高度定向且均一的基于铜车辐式无机次级构造单元的 UHM-3 薄膜[82]。将薄膜进行加热可诱导结构中部分 Cu(Ⅱ)被还原成 Cu(Ⅰ)，生成 Cu(Ⅰ)的同时会失去部分羧酸基团，由此可控地产生了缺陷位点。

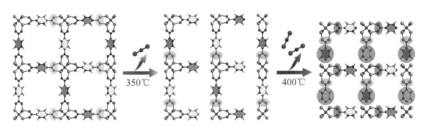

图 20-15　加热诱导 MOF-5 结构中产生空缺的示意图[81]

利用 2-羟基对苯二甲酸、1,4-二氮杂二环[2.2.2]辛烷配体以及 Zn^{2+}，Chun 等制备了具有三核和单核两种无机次级单元节点的双节点 MOF[83]。他们发现，在加热活化处理该晶体的过程中，MOF 会失去部分中性二胺配体生成空缺，但不破坏整体骨架结构。这种缺陷使结构中产生了介孔和大孔。研究者对于在基底上的 MOF 薄膜材料的热处理诱导的缺陷生成也有相关研究。Jeong 等发现将高温合成的 MOF 薄膜骤然降温，由于基底和 MOF 材料的热膨胀系数的不同，MOF 材料容易生成裂缝，形成局部缺陷[84]。

这样的热处理不仅可以通过有机配体分解或缺失生成晶体缺陷，也可以使骨架中的其他无机离子发生反应而形成缺陷。例如，de Vos 等报道的两种碱土金属 MOF 结构 $Ba_2(BTC)(NO_3)$ 和 $Sr_2(BTC)$ (NO_3) 中存在与金属配位的 NO_3^-。当对这两例 MOF 进行高温加热活化时，骨架中多达 85%的 NO_3^- 发生分解，形成了 O^{2-}，从而引入了（—Ba—[*]—Ba—O—）缺陷位点（[*]代表缺陷）[85]。

热处理不仅会在预先形成的无缺陷 MOF 结构中引入缺陷，还会进一步诱导原结构发生相变而形成新的结构。例如，2012 年 Kim 等利用 2-硝基对苯二甲酸（H_2NBDC）和 Zn^{2+} 合成了 MOF-123，该结构中有指向孔道的端基配位的溶剂分子[86]。通过加热除去溶剂分子后，Zn 的配位构型发生变化，同时促使一半配体和无机基元[Zn_7O_2]发生解离，这一缺陷可能使 ab 平面滑移到相邻层的孔道中，从而形成二重互穿的新结构 MOF-246（图 20-16）。Ciani 等同样通过加热法除去结构孔道中的溶剂分子，配体构型的改变引起了结构空腔的收缩，结构完全变为无定形相，在 AFM 图上观察到了由这种结构改变导致的裂缝[87]。苏忠民和兰亚乾等则通过升高反应温度和延长反应时间诱导了单晶到单晶的转换[88]：原结构孔道中的溶剂分子在加热作用下运动加快，导致部分配位键断裂，使得相邻的 SBU 间相互靠近，进一步通过一个水分子相连形成了新的二聚体 SBU，最终由一个不互穿的中心对称结构转变成自穿插的手性结构。

2）化学法后处理获得晶体缺陷

酸处理是一种在 MOF 中引入缺陷的非常有效的策略。例如，2008 年 Rosseinsky 等制备的骨架

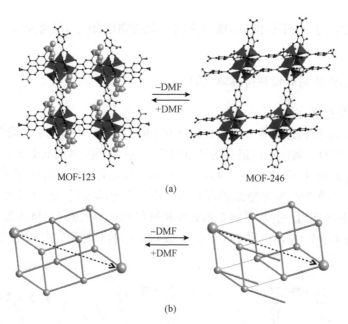

MOF-123   MOF-246

(a)

(b)

图 20-16 （a）MOF-123 和 MOF-246 的晶体结构；（b）热处理诱导 MOF-123 转变成二重穿插
结构 MOF-246 的转变机理[86]

结构 Cu(Asp)(bipy)$_{0.5}$（Asp = 天冬氨酸，bipy = 4,4′-联吡啶）经 HCl 处理后，天冬氨酸发生质子化，形成了具有布朗斯特酸性的 COOH 基团，同时该 COOH 仍与金属相连[89]。同样地，de Vos 等利用质子酸 CF$_3$COOH 或 HClO$_4$ 处理 MIL-100(Fe)后，使得与[Fe$_3$O]无机簇相连的一个 BTC 配体发生质子化（图 20-17），在形成具有布朗斯特酸性的 COOH 基团的同时还形成了具有路易斯酸性的配位不饱和金属 Fe 位点[90]。

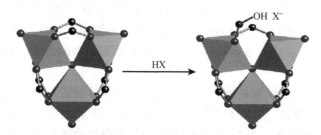

图 20-17   在 MIL-100(Fe)上利用质子酸活化 Fe$_3$O 无机簇生成晶体缺陷机理[90]

除了酸之外，水或水汽也能在 MOF 中引入缺陷。例如，在研究 Co-MOF-74 对空气湿度的敏感性的实验中，Chmelik 等发现将 Co-MOF-74 暴露在潮湿空气中时，结构中不饱和金属配位中心吸附来自空气中的水分子，晶体的表面结构即发生破坏，堵塞孔道，完全阻碍了客体分子进入孔道，但晶体内部结构依然保持完整[91]。反之，将暴露于空气中的晶体置于甲醇气氛中一段时间，这种缺陷又可以被修补，从而恢复对客体分子的吸附。

Buscarino 等研究了 HKUST-1 在潮湿空气中的分解过程，发现其分解过程分为三个不同的阶段[92]（图 20-18）。当 HKUST-1 在空气中暴露 0～20 天时，结构的空腔会被大量的水分子填充，积累的水分子施加压力促使车辐式 SBU 中的两个 Cu^{2+}离子互相成键。当暴露于潮湿空气中 20～50 天时，车辐式 SBU 中的一个 Cu—O 键水解断裂，同时与一个桥连的均苯三酸配体发生配位解离，导致部分 Cu^{2+}被还原成 Cu$^+$，OH 进一步取代解离的羧基与 Cu^{2+}成键，而 Cu$^+$则由最初的五配位变为四配位。当暴露时间超过 50 天时，金属与第二个桥连的配体的配位发生解离，水分子取代第二个解离的配体与 Cu^{2+}配位。

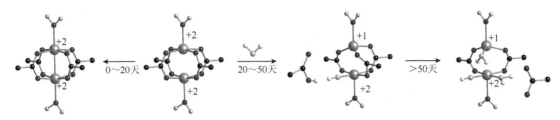

图 20-18　HKUST-1 在潮湿空气中生成晶体缺陷过程[92]

在 Inoue 和 Kurmoo 等制备的柔性骨架结构[Mn(enH)(H₂O)][Cr(CN)₆]·H₂O（en = 1, 2-二氨基乙烷）中，晶体脱水后会形成配位未饱和的 Mn 金属位点，而 CN⁻则可能占据该空位点与金属配位，导致层和层之间无序堆积，使得晶体失去结晶性转变为无定形相态，而无定形相吸水后又会恢复其结晶性[93]。

晶体缺陷的生成还与去除水分子或溶剂分子即活化的方式有关。例如，Katz 等通过固态核磁共振谱研究了 UiO-67 的稳定性[94]。当 UiO-67 的孔道中存在溶剂分子时，由于毛细管张力的作用，几天后其结构就会快速塌陷。而当加热除去溶剂分子后，UiO-67 的无机节点会随着时间延长缓慢发生水解，使得结构中的缺陷增加，直至一个月后才完全塌陷。李巧伟等通过三种不同的方法活化 FDM-22，得到一系列含有不同浓度 Zn—N 键断裂缺陷的晶体结构（图 20-19）[39]。在使用较为温和的超临界二氧化碳干燥和空气中自然干燥条件下活化时，FDM-22 会转变为一种新的相。进一步检测上述 MOF 基于配体的荧光光谱发现不同条件下活化的样品具有不同程度的荧光红移现象，说明结构内部配体所处的环境有所不同，也间接验证了其结构内部的缺陷浓度的不同。当在真空条件下加热 FDM-22 活化时，晶体结构转变为第三种相，表明晶体内部缺陷浓度的继续增加，导致晶体结构进一步发生转变。研究显示，在真空条件下加热活化时，FDM-22 结构中一半 Zn—N 键断裂生成缺陷。

3）机械法后处理获得晶体缺陷

通过物理的方法，如在机械外力的作用下，MOF 的结构也会发生破坏从而引入缺陷。例如，通过球磨法可以使 UiO-66、MIL-140B 和 MIL-140C 结构坍塌，部分配位键断裂，生成无定形产物[43]。研磨后，无定形的 UiO-66 中[Zr₆O₄(OH)₄]簇仍保持完整性，但无定形的 MIL-140 中 Zr—O 无机链已被严重破坏。同样利用球磨法，胡云行等使 MIL-53 中部分 C—O 和 Al—O 键断裂，产生了不饱和 C 位点、O 位点和空金属位点等缺陷位点[95]。

在理论计算方面，Thornton 和 Babarao 等研究了产生的缺陷类型对 UiO-66 的 CO₂ 吸附能力和机械稳定性的影响[96]。此外，通过配体交换等后合成修饰过程[97, 98]，可以广义地理解为一种晶体内的掺杂，且在单独章节有详细论述，在此不再赘述。

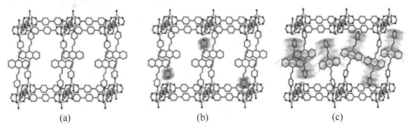

(a)　　　　　　　　　(b)　　　　　　　　　(c)

图 20-19　FDM-22 结构内缺陷浓度逐步增加示意图。（a）无缺陷的 FDM-22 结构；（b）部分 Zn—N 键断裂；（c）一半 Zn—N 键断裂[39]

20.4.2　MOF 结构内的关联缺陷和有序缺陷

前面所涉及的结构缺陷在晶体内多为无序分布的状态。目前，MOF 材料内的彼此相关的缺陷（包括关联缺陷和有序缺陷）的研究已经引起了研究者们广泛的关注。建立彼此相关的缺陷体系有助于我们更加精准地控制材料的性质，也为研究材料结构与效能之间的关系建立了基础。然而，截至目前，在 MOF 中形成关联缺陷和有序缺陷仍具有很大难度[3]。

1. UiO-66 结构中的关联缺陷

在关联缺陷方面，被深度研究的对象是 UiO-66[99]。UiO-66 是利用金属锆和对苯二甲酸（H$_2$BDC）构建而成的一种微孔材料，其框架节点为金属锆与羧酸形成的[Zr$_6$O$_4$(OH)$_4$(CO$_2$)$_{12}$]金属簇。此金属簇具有 12 个连接点，连接 12 个 BDC。UiO-66 作为被深度研究的对象主要有以下三个原因[8]：①金属氧簇具有较高的连接数，即使金属簇部分连接点未与配体连接，仍能保持框架的稳定性，也就是说在一定程度上引入大量缺陷不会使其骨架坍塌；②研究表明，其无缺陷的结构与有缺陷的结构的单胞参数变化不大，仅有 0.05%，意味着结构的刚性保证了引入缺陷不会引起结构晶格产生较大的变化；③其[Zr$_6$O$_4$(OH)$_4$(CO$_2$)$_{12}$]金属簇易于生成对称性更低的、一定扭曲的簇，使得其在缺陷引入时材料对缺陷具有更好的容错性。

起初，如前面所述，研究者通过实验测试和模拟计算来表征 UiO-66 内部缺陷。人们发现甲酸等调节剂会替代部分配体从而在材料内部形成缺陷（图 20-20）。Lamberti 和 Lillerud 等通过热重分析发现：假设 UiO-66 在高温下（如 550℃）生成纯相的 ZrO$_2$，则 UiO-66 中只有 11 个 BDC 与[Zr$_6$O$_4$(OH)$_4$]金属簇连接，即在材料内有 1/12 的配体位置存在配体空缺[100]。周伟等[101]进一步通过高分辨中子粉末衍射来精修 UiO-66 的结构，首次直观地从结构上证明了 UiO-66 内确实存在配体缺失造成的缺陷，并且可通过改变调节剂的量和反应时间，来调控 UiO-66 内部缺陷的数目，从而很大程度地影响材料的孔隙率。但是，这些方法只是证明了 UiO-66 中缺陷的存在，无法确定缺陷的具体位置及分布情况。这其中一个原因就是局限于 UiO-66 的微晶性，其最大的单晶直径仅为 10μm[44]，无法进行进一

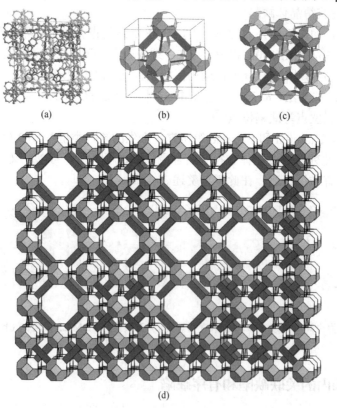

(a)　　　　　　　　(b)　　　　　　　　(c)

(d)

图 20-20　UiO-66 结构内缺陷示意图。（a）UiO-66 球棍模型图；（b）UiO-66 多面体示意图；（c）具有缺陷的 UiO-66 多面体示意图；（d）UiO-66 内的关联缺陷[16]

步的单晶表征。后来，Yaghi 等[45]合成了尺寸更大的 UiO-66 单晶，可以获得较好的单晶 X 射线衍射数据，从而获得更详细的结构信息。他们发现[Zr₆O₄(OH)₄]金属簇中的配体缺陷位点由水分子占据，骨架带的正电荷与和骨架有氢键作用的 OH⁻平衡。但是由于缺陷之间的相关性还不足够强，以至于单晶衍射也只能确定整体缺陷的比例及独立缺陷的几何构型[8]。

随后，Lamberti 等[102]通过粉末 X 射线衍射表征 UiO-66 的同构物 UiO-66(Hf)。相对于 UiO-66（空间群为 $Fm\overline{3}m$），UiO-66(Hf)在 2θ 低于{111}晶面衍射峰的位置出现两个较宽且较弱的衍射峰［图 20-21（a）］。而这两个峰位在空间群为 $Fm\overline{3}m$ 时本应是系统消光的。这两个衍射峰的出现，意味着有缺陷的 UiO-66(Hf)相对无缺陷 UiO-66(Hf)具有更低的对称性，且依旧保持有序性。进一步通过利用 TOPAS Academic[103]结合 Rietveld[104]和 Pawley[105]模式，他们对 UiO-66(Hf)进一步进行结构精修，确定其空间群为 $Pm\overline{3}m$。但是，UiO-66(Hf)对称性降低的原因尚不清晰。

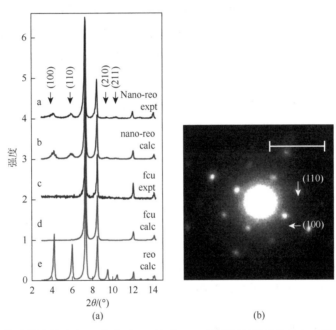

图 20-21　UiO-66(Hf)中关联缺陷的表征。（a）在 2θ 低于{111}晶面衍射峰的位置出现两个较宽、较弱的衍射峰；（b）透射电子显微镜表征显示 UiO-66(Hf)在{100}和{110}晶面具有衍射[16]

2014 年，Goodwin 等[16]通过结合实验和理论模拟的方法，揭示了 UiO-66(Hf)对称性降低的原因是 UiO-66(Hf)内部生成了彼此关联的纳米尺度局部缺陷。他们通过粉末衍射表征，同样发现对应于 UiO-66(Hf)的{100}和{110}晶面衍射峰。进一步进行高分辨透射电子显微镜表征显示 UiO-66(Hf)在{100}和{110}晶面具有衍射花样［图 20-21（b）］，与粉末衍射结果一致。基于此，他们进一步对 UiO-66(Hf)进行结构模拟，建立了配体缺失以及金属与配体共同缺失两种模型，发现基于只有配体缺失的结构模型，模拟的粉末衍射谱图无法与实验所得谱图匹配，表明在 UiO-66(Hf)内的缺陷不仅仅是配体缺失引起的。进而，他们进行了[Hf₆O₄(OH)₄]金属簇缺失协同配体缺失的结构模拟［图 20-20（c）和（d）］，发现其模拟谱图与实验所得粉末衍射谱图相吻合，证明了在 UiO-66(Hf)内有[Hf₆O₄(OH)₄]金属簇和配体同时缺失形成的纳米尺度局域缺陷。该结论进一步由 X 射线散射（anomalous X-ray scattering）和 X 射线对分布函数（X-ray pair distribution function）表征来证明。UiO-66 例子的神奇之处在于，目前尚无法完整解释为什么产生这样的关联缺陷。可以想象，每个缺陷位并不是以独立的个体存在。周边生成的缺陷会通过相互作用的传递，来诱导在某处生成缺陷（或者是倾向于在此处不生成缺陷）。进一步通过关注 MOF 结晶过程的动态性，并辅以理论计算，有助于我们理解这样的一个有趣现象，从而指导我们对材料中关联缺陷或有序缺陷的合成及控制。

2. FDM-2 结构中的有序缺陷

随着对缺陷研究的深入，研究者们还研究了除 UiO-66 以外其他 MOF 材料内有序缺陷的生成及其应用。生成缺陷的方法多种多样，其中较为特殊的有李巧伟等的研究工作[106]。他们对 MOF 内的有序空缺进行了较为系统的研究。首先，他们利用金属锌与 4-吡唑羧酸（H_2PyC）合成了类似 MOF-5 的结构 FDM-1（图 20-22），其中金属锌和羧酸、吡唑环分别构成六连接的[$Zn_4O(COO)_6$]和[Zn_4ON_{12}]两种次级构造单元。之后，他们把 FDM-1 晶体浸泡于水中，使水取代部分 PyC 且与金属锌配位，从而发生多骨诺牌似的骨架内配体的取代反应，有序地使得二分之一的配体及四分之一的金属从骨架中解离。这个称为 FDM-2 的新结构具有两种新的金属簇[$Zn_3(OH)(COO)_3$]和[$Zn_3(OH)N_6$]。相对于 FDM-1 而言，这个新的结构可以理解为一个含有序配体空缺和有序金属空缺的新材料（图 20-22）。该过程是一个单晶-单晶转化过程，因此他们可以利用单晶 X 射线衍射来精确表征 FDM-2 的结构。FDM-2 继承了 FDM-1 的单胞尺寸大小，并且骨架内空缺的位置及分布可以得到精确确定。这个工作是首个在 MOF 材料内生成长程有序空缺，且可以直接表征空缺位置及分布的例子。

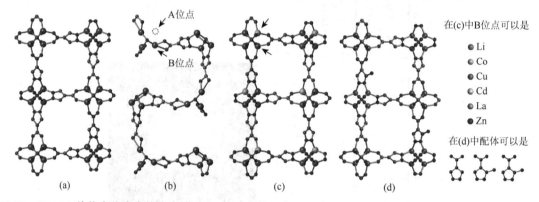

图 20-22　FDM-2 结构中的有序缺陷。（a）FDM-1 结构示意图；（b）具有有序金属空缺和配体空缺的 FDM-2；（c）引入新金属的 FDM-1-M；（d）引入新配体的 FDM-1-L[106]

在 FDM-1 转变为 FDM-2 的单晶-单晶转换过程中，他们不仅调控了结构，同时调控了孔道的大小及形状。利用两者孔道的大小及形状的不同，可以将其用来进行特定分子的选择性富集（图 20-23）。当选择染料分子吖啶红为客体分子时，发现吖啶红不能进入 FDM-1 晶体内部，因此可以认为由于染料尺寸大于 FDM-1 中的孔道开口，吖啶红未能在 FDM-1 中富集。相反，在 FDM-2 中，生成的有序金属空缺和配体空缺导致孔道开口的尺寸变大，可以使得吖啶红通过，因此吖啶红可以进入孔道从而起到富集的作用。

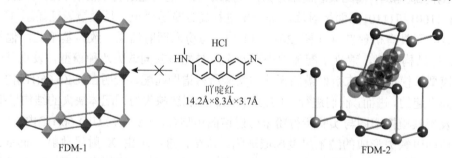

图 20-23　吖啶红在 FDM-2 内富集而不能在 FDM-1 中富集的示意图[106]

在 FDM-2 的基础上，李巧伟等进一步分别引入不同尺寸不同价态的金属对金属空缺进行填补，获得含有两种金属在骨架内有序分布的结构 FDM-1-M（M = Li、Co、Cd、La）。该金属填补过程也是一个单晶-单晶转化过程，由单晶 X 射线衍射分析得知，FDM-1-M 具有与 FDM-1 相似的结构（图 20-22）。

不同的是，在 FDM-1-M 中有两种金属有序分布。当选用金属为 Co 时，由于其与 Zn 的相似性，可以使金属钴 100% 占据金属空缺。同时，它们分别引入含不同官能团的配体 L（L 为 3-甲基-4-吡唑羧酸和 3-氨基-4-吡唑羧酸）对 FDM-2 中的配体空缺进行填补，获得含有两种配体且有序分布的 FDM-1 同构物 FDM-1-L。两种配体的含量通过核磁共振氢谱确认，其中 3-甲基-4-吡唑羧酸的含量为 42%，意味着它们占据了 84% 的配体空缺。

此外，他们通过一步同时引入新金属和新配体对 FDM-2 的金属空缺和配体空缺进行填补，从而获得了含有四种组分的 FDM-1 同构物 FDM-1-M-L。该过程仍是一个单晶-单晶转化过程。金属钴和 3-甲基-4-吡唑羧酸均分别占据 FDM-2 中的金属空缺和配体空缺，意味着这四种基元可以有序地分布在 FDM-1-M-L 内。此复杂材料无法通过其他后修饰的方法合成，体现了利用有序空缺生成和填补策略合成新材料具有一定的优异性。该工作在分子尺度上探究了有序空缺的生成及其应用，为未来缺陷的研究打下了一定的基础。

3. 利用 MUF-32 的"非承重墙"生成有序空缺

Telfer 等对在 MOF 材料生成有序空缺也做了系统性研究[107]。他们利用 4,4′,4″-三甲酸三苯胺（NTB）、4,4′-联吡啶（BiPy）、1,4-二氮杂二环[2.2.2]辛烷（DABCO）和金属锌合成了一个含四种基元的复杂材料 MUF-32。通过拓扑分析得知，NTB 是结构的"承重墙"，而含氮配体 BiPy 和 DABCO 为"修饰墙"，可以被拆除且不破坏结构的完整性，从而形成配体空缺。他们利用三种方法系统地研究了如何在 MUF-32 中生成空缺：①调节三种配体的投料比，使得 BiPy 在晶体生成时即部分缺失，得到配体空缺，且可控制配体空缺的量；②用溶剂对 MUF-32 进行洗涤，使溶剂取代部分 BiPy，从而生成配体空缺；③对 MUF-32 进行加热，去除框架中部分 DABCO 来生成配体空缺。同时，他们发现在含有 BiPy 配体空缺的被命名为 MUF-32E³ 和 MUF-32K¹⁴⁴⁰ 的两个结构中，通过重新引入 BiPy 进行填补，可以获得原来的 MUF-32 结构，即配体空缺完全被填补。

4. 利用 PCN-700 和 FDM-3 的有序缺陷位进行配体填补

在利用无机结构基元上的有序空缺位进行配体填补方面，周宏才教授等做了大量的研究。金属与羧酸配位是一个放热反应，因此金属在与配体反应时更倾向于构成连接数高的金属簇，因为其比连接数更低的金属簇具有更好的热力学稳定性。例如，利用金属锆与 4,4′-联苯二甲酸（BPDC）反应，通常会生成由十二连接的 $[Zr_6O_4(OH)_4]$ 金属簇组成的 UiO-67。然而，在 MOF 材料内围绕无机结构基元生成缺陷，通常需要形成连接数低的金属簇。因此，为了合成具有缺陷的 MOF 材料，周宏才等[108, 109] 在 BPDC 上引入甲基官能团，利用位阻效应来调控 BPDC 的构象，使其在与金属锆反应时，构成八连接的 $[Zr_6O_4(OH)_8(H_2O)_4]$ 金属簇，得到的 PCN-700 结构由于无机基元上的低配位数，可以作为配体填补（linker installation）的母体结构（图 20-24）。

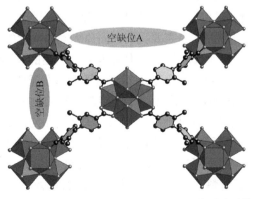

图 20-24　PCN-700 结构中具有两个可以进行配体填补的缺位[108, 109]

有趣的是，PCN-700 上有两个不同的位置可以进行配体填补，同时因其结构的柔韧性，其内部的缺陷具有特殊性，即在引入的新配体与某种空缺尺寸不同但相近时，也能填补空缺。基于此，他们引入不同尺寸的配体对其中一种空缺进行填补，同时可以引入其他不同尺寸的配体对另一种空缺进行填补，且可以对两种空缺同时进行填补，从而形成含三种或更多种基元且有序分布的 MOF 材料。近期，周宏才、苏成勇、张剑课题组利用此类策略，在不同基于锆的 MOF 中对这一策略进行了进一步的探索，对多种有序的缺位进行分步填补[110-112]。此外，还可以引入含不同官能团的配体进行填补，如通过引入可与金属 Cu 配位的 2,2′-联吡啶-5,5′-二甲酸配体，使材料具备催化醇氧化成醛的活性位点。

在通过降低金属簇的连接数来引入缺陷于 MOF 材料内部的方面，李巧伟等也做了一些研究[113]。他们采用的方法则是利用拓扑诱导，在材料 FDM-3 中原位引入了五连接的[Zn₄O]金属簇，这一无机次级构造基元上的缺陷导致新结构的生成（图 20-25）。在此基础上，他们引入不同类型的单齿配体进行填补，但是由于在单晶质量上的局限，只能通过 ^1H NMR 间接证明新引入的配体占据了原来空缺的位置。

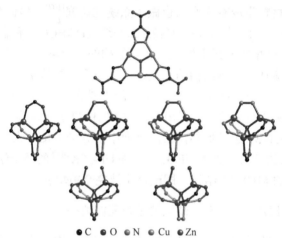

● C ○ O ● N ● Cu ● Zn

图 20-25　FDM-3 中含有的无机次级构造单元示意图。其中具有四方锥构型的 $Zn_4O(COO)_4R$ 具有外来单羧酸或吡唑类配体的能力[113]

20.5　对配位聚合物结构缺陷研究的展望

MOF 化学起步于配位化学，然而近年来 MOF 材料的研究越来越体现出与固体化学、表面化学融合的趋势。对 MOF 的催化研究可以借鉴许多在表面催化领域积累的基础，同时对 MOF 材料物理性质（包括电学、光学、磁学等）等的调控，也需要我们在固体物理与化学的角度审视我们的新结构。2016年，有研究者发现两种在 20 世纪 40 年代以及 60 年代被发现并命名的天然矿物绿草酸钠矿（stepanovite）以及草酸铝钠石（zhemchuzhnikovite）实际上是多孔的基于草酸配体的类 MOF 结构[114]。这是一个把被认为是人工合成创造的 MOF 材料与天然矿石连接在一起的例子。这个例子给我们的启示就是通过配位化学与其他相关领域的交叉，向其他材料学习，有望对 MOF 研究产生新的认识和收获。

结构缺陷对于 MOF 材料是个新鲜事物，因此更需要向固体物理和化学、材料物理和化学、谱学、显微技术、计算化学甚至地质学学习。只有这样，才能将 MOF 内缺陷产生的机理及缺陷位的环境（包括物理分布和化学环境等）理解清楚，才能进一步利用缺陷去调控材料的性能。在此，我们认为围绕着 MOF 材料晶体缺陷及其性质研究这一主题，需要相关学者共同努力，在以下方面取得突破：

（1）MOF 晶体内缺陷的表征和理论计算。相对于金属氧化物和沸石结构，MOF 材料由于对电子束比较敏感，需要在电子显微观察时谨慎选择实验条件，部分限制了对 MOF 晶体内缺陷位置的直接表征。在这方面，需要在发展针对电子束敏感材料的显微技术的同时，发展其他物理和化学表征技术来确定缺陷位的性质。相关研究人员已经将原位红外光谱以及荧光共聚焦显微技术等用于 MOF 内缺陷的研究，但是需进一步从表面催化等领域借鉴新的表征方法。此外，开展对缺陷的理论计算，建立材料的构效关系，有助于我们更有针对性地设计 MOF 材料缺陷。

（2）对 MOF 材料内关联缺陷和有序缺陷的研究。在材料内建立关联缺陷和有序缺陷有助于我们用 X 射线衍射技术对材料缺陷进行精细表征。目前对 UiO-66 等材料的研究发现三维空间内的无机和有机基元并不是相互独立的个体，它们可以建立互相联系并影响的机制，从而生成关联缺陷。同时，前期研究表明利用同一组反应物，通过反应条件优化可以合成多种同构的 MOF 结构。这些具有不同的拓扑结构的 MOF 间的相互转变只需克服较小的能量壁垒，有望通过控制这个过程来实现有序缺陷的生成。前期已报道的 FDM-1 即是这样的例子[106]，相信会有更多的利用单晶-单晶转换、加热、定点取代或消除等方法来实现有序缺陷的可控生成的例子出现。

（3）MOF 缺陷与化学稳定性的关联研究。MOF 材料因其具有的独特的多孔性、可修饰性，在催化、气体吸附分离等领域表现出很好的应用前景。虽然一些最近报道的 MOF 材料表现出更好的酸碱稳定性[99]，同时相关科学家也在通过材料表面改性提高稳定性方面做出了努力[115]。我们也清楚认识到，MOF 材料迈向实际应用仍需进一步提高化学稳定性。除了材料本身的化学键模式以外，晶体表面和内部的缺陷也是影响其化学稳定性的重要因素。尤其是在长期服役性能方面，理解晶体内缺陷与化学稳定性之间的关联尤为必要。

复旦大学化学系李巧伟课题组成员庞青青、涂斌斌、宁二龙、漆义、严文清、李晓敏、徐活书、王凯雯参与了本章的部分文献调研、写作工作；漆义同时参与了检查与核对工作，在此一并表示感谢。

（李巧伟）

参 考 文 献

[1]　Bernard J E，Zunger A. Ordered-vacancy-compound semiconductors：pseudocubic CdIn$_2$Se$_4$. Phys Rev B，1988，37（12）：6835-6856.

[2]　Liang Z Q，Reese M O，Gregg B A. Chemically treating poly（3-hexylthiophene）defects to improve bulk heterojunction photovoltaics. ACS Appl Mater Interfaces，2011，3（6）：2042-2050.

[3]　Baerlocher C，Xie D，McCusker L B，et al. Ordered silicon vacancies in the framework structure of the zeolite catalyst SSZ-74. Nat Mater，2008，7（8）：631-635.

[4]　Hren J J，Goldstein J I，Joy D C. Introduction to Analytical Electron Microscopy. New York：Springer，1979.

[5]　Fang Z L，Bueken B，De Vos D E，et al. Defect-engineered metal-organic frameworks. Angew Chem Int Ed，2015，54（25）：7234-7254.

[6]　Dissegna S，Epp K，Heinz W R，et al. Defective metal-organic frameworks. Adv Mater，2018，30（37）：1704501.

[7]　Sholl D S，Lively R P. Defects in metal-organic frameworks：challenge or opportunity？J Phys Chem Lett，2015，6（17）：3437-3444.

[8]　Cheetham A K，Bennett T D，Coudert F X，et al. Defects and disorder in metal organic frameworks. Dalton Trans，2016，45（10）：4113-4126.

[9]　Furukawa H，Muller U，Yaghi O M. "Heterogeneity within order" in metal-organic frameworks. Angew Chem Int Ed，2015，54（11）：3417-3430.

[10]　Shoaee M，Anderson M W，Attfield M P. Crystal growth of the nanoporous metal-organic framework HKUST-1 revealed by in situ atomic force microscopy. Angew Chem Int Ed，2008，47（44）：8525-8528.

[11]　Shöâeè M，Agger J R，Anderson M W，et al. Crystal form，defects and growth of the metal organic framework HKUST-1 revealed by atomic force microscopy. CrystEngComm，2008，10（6）：646-648.

[12]　Guillerm V，Ragon F，Dan-Hardi M，et al. A series of isoreticular，highly stable，porous zirconium oxide based metal-organic frameworks. Angew Chem Int Ed，2012，51（37）：9267-9271.

[13]　Leus K，Vandichel M，Liu Y Y，et al. The coordinatively saturated vanadium MIL-47 as a low leaching heterogeneous catalyst in the oxidation

of cyclohexene. J Catal，2012，185（1）：196-207.

[14] Zhang K，Lively R P，Zhang C，et al. Investigating the intrinsic ethanol/water separation capability of ZIF-8: an adsorption and diffusion study. J Phys Chem C，2013，117（14）：7214-7225.

[15] Ortiz A U，Freitas A P，Boutin A，et al. What makes zeolitic imidazolate frameworks hydrophobic or hydrophilic？ The impact of geometry and functionalization on water adsorption. Phys Chem Chem Phys，2014，16（21）：9940-9949.

[16] Cliffe M J，Wan W，Zou X D，et al. Correlated defect nanoregions in a metal-organic framework. Nat Commun，2014，5：4176.

[17] Yang S H，Lin X，Lewis W，et al. A partially interpenetrated metal-organic framework for selective hysteretic sorption of carbon dioxide. Nat Mater，2012，11（8）：710-716.

[18] Ferguson A，Liu L J，Tapperwijn S J，et al. Controlled partial interpenetration in metal-organic frameworks. Nat Chem，2016，8（3）：250-257.

[19] Lavalley J C. Infrared spectrometric studies of the surface basicity of metal oxides and zeolites using adsorbed probe molecules. Catal Today，1996，27（3-4）：377-401.

[20] Kung M C，Kung H H. IR studies of NH_3，pyridine，CO，and NO adsorbed on transition metal oxides. Catal Rev，1985，27（3）：425-460.

[21] Meza L I，Anderson M W，Agger J R，et al. Controlling relative fundamental crystal growth rates in silicalite: AFM observation. J Am Chem Soc，2007，129（49）：15192-15201.

[22] Cubillas P，Castro M，Jelfs K E，et al. Spiral growth on nanoporous silicoaluminophosphate STA-7 as observed by atomic force microscopy. Cryst Growth Des，2009，9（9）：4041-4050.

[23] Szelagowska-Kunstman K，Cyganik P，Goryl M，et al. Surface structure of metal-organic framework grown on self-assembled monolayers revealed by high-resolution atomic force microscopy. J Am Chem Soc，2008，130（44）：14446-14447.

[24] Cubillas P，Anderson M W，Attfield M P. Crystal growth mechanisms and morphological control of the prototypical metal-organic framework MOF-5 revealed by atomic force microscopy. Chem Eur J，2012，18（48）：15406-15415.

[25] Moret M，Rizzato S. Crystallization behavior of coordination polymers. 2. Surface micro-morphology and growth mechanisms of $[Cu(bpp)_3Cl_2]\cdot 2H_2O$ by in situ atomic force microscopy. Cryst Growth Des，2009，9（12）：5035-5042.

[26] Naik A D，Dîrtu M M，Léonard A，et al. Engineering three-dimensional chains of porous nanoballs from a 1, 2, 4-triazole-carboxylate supramolecular synthon. Cryst Growth Des，2010，10（4）：1798-1807.

[27] Liu Z，Fujita N，Miyasaka K，et al. A review of fine structures of nanoporous materials as evidenced by microscopic methods. Microscopy，2013，62（1）：109-146.

[28] Hmadeh M，Lu Z，Liu Z，et al. New porous crystals of extended metal-catecholates. Chem Mater，2012，24（18）：3511-3513.

[29] Deng H X，Grunder S，Cordova，K E，et al. Large-pore apertures in a series of metal-organic frameworks. Science，2012，336（6084）：1018-1023.

[30] Ameloot R，Vermoortele F，Hofkens J，et al. Three-dimensional visualization of defects formed during the synthesis of metal-organic frameworks: a fluorescence microscopy study. Angew Chem Int Ed，2013，52（1）：401-405.

[31] Zhu G，Hoffman C D，Liu Y，et al. Engineering porous organic cage crystals with increased acid gas resistance. Chem Eur J，2016，22：1-6.

[32] Bordiga S，Regli L，Bonino F，et al. Adsorption properties of HKUST-1 toward hydrogen and other small molecules monitored by IR. Phys Chem Chem Phys，2007，9，（21）：2676-2685.

[33] Wang C Y，Ray P，Gong Q H，et al. Influence of gas packing and orientation on FTIR activity for CO chemisorption to the Cu paddlewheel. Phys Chem Chem Phys，2015，17（40）：26766-26776.

[34] Karagiaridi O，Vermeulen N A，Klet R C，et al. Functionalized defects through solvent-assisted linker exchange: synthesis，characterization，and partial postsynthesis elaboration of a metal-organic framework containing free carboxylic acid moieties. Inorg Chem，2015，54（4）：1785-1790.

[35] Bentley J，Foo G S，Rungta M，et al. Effects of open metal site availability on adsorption capacity and olefin/paraffin selectivity in the metal-organic framework $Cu_3(BTC)_2$. Ind Eng Chem Res，2016，55（17）：5043-5053.

[36] Kozachuk O，Meilikhov M，Yusenko K，et al. A solid-solution approach to mixed-metal metal-organic frameworks-detailed characterization of local structures，defects and breathing behaviour of Al/V frameworks. Eur J Inorg Chem，2013，2013（26）：4546-4557.

[37] Friedländer S，Šimėnas M，Kobalz M，et al. Single crystal electron paramagnetic resonance with dielectric resonators of mononuclear Cu^{2+} ions in a metal-organic framework containing Cu2 paddle wheel units. J Phys Chem C，2015，119（33）：19171-19179.

[38] St Petkov P，Vayssilov G N，Liu J X，et al. Defects in MOFs: a thorough characterization. ChemPhysChem，2012，13（8）：2025-2029.

[39] Qi Y，Xu H S，Li X M，et al. Structure transformation of a luminescent pillared-layer metal-organic framework caused by point defects accumulation. Chem Mater，2018，30（15）：5478-5484.

[40] Liu M，Wong-Foy A G，Vallery R S，et al. Evolution of nanoscale pore structure in coordination polymers during thermal and chemical

exposure revealed by positron annihilation. Adv Mater，2010，22（14）：1598-1599.

[41] Mondal S S，Bhunia A，Attallah A G，et al. Study of the discrepancies between crystallographic porosity and guest access into cadmium-imidazolate frameworks and tunable luminescence properties by incorporation of lanthanides. Chem Eur J，2016，22（20）：6905-6913.

[42] Kong X Q，Deng H X，Yan F Y，et al. Mapping of functional groups in metal-organic frameworks. Science，2013，341（6148）：882-885.

[43] Bennett T D，Todorova T K，Baxter E F，et al. Connecting defects and amorphization in UiO-66 and MIL-140 metal-organic frameworks：a combined experimental and computational study. Phys Chem Chem Phys，2016，18（3）：2192-2201.

[44] Øien S，Wragg D，Reinsch H，et al. Detailed structure analysis of atomic positions and defects in zirconium metal-organic frameworks. Cryst Growth Des，2014，14（11）：5370-5372.

[45] Trickett C A，Gagnon K J，Lee S，et al. Definitive molecular level characterization of defects in UiO-66 crystals. Angew Chem Int Ed，2015，54（38）：11162-11167.

[46] Klet R C，Liu Y Y，Wang T C，et al. Evaluation of bronsted acidity and proton topology in Zr-and Hf-based metal-organic frameworks using potentiometric acid-base titration. J Mater Chem A，2016，4（4）：1479-1485.

[47] Amirjalayer S，Schmid R. Conformational isomerism in the isoreticular metal organic framework family：a force field investigation. J Phys Chem C，2008，112（38）：14980-14987.

[48] Walker A M，Slater B. Comment upon the screw dislocation structure on HKUST-1 {111} surfaces. CrystEngComm，2008，10（6）：790-791.

[49] Amirjalayer S，Tafipolsky M，Schmid R. Surface termination of the metal-organic framework HKUST-1：a theoretical investigation. J Phys Chem Lett，2014，5（18）：3206-3210.

[50] Al-Janabi N，Fan X L，Siperstein F R. Assessment of MOF's quality：quantifying defect content in crystalline porous materials. J Phys Chem Lett，2016，7（8）：1490-1494.

[51] Bristow J K，Svane K L，Tiana D，et al. Free energy of ligand removal in the metal-organic framework UiO-66. J Phys Chem C，2016，120（17）：9276-9281.

[52] Zhang C Y，Han C，Sholl D S，et al. Computational characterization of defects in metal-organic frameworks：spontaneous and water-induced point defects in ZIF-8. J Phys Chem Lett，2016，7（3）：459-464.

[53] Tsuruoka T，Furukawa S，Takashima Y，et al. Nanoporous nanorods fabricated by coordination modulation and oriented attachment growth. Angew Chem Int Ed，2009，48（26）：4739-4743.

[54] Umemura A，Diring S，Furukawa S，et al. Morphology design of porous coordination polymer crystals by coordination modulation. J Am Chem Soc，2011，133（39）：15506-15513.

[55] Schaate A，Roy P，Godt A，et al. Modulated synthesis of Zr-based metal-organic frameworks：from nano to single crystals. Chem Eur J，2011，17（24）：6643-6651.

[56] Liang W B，Babarao R，Murphy M J，et al The first example of a zirconium-oxide based metal-organic framework constructed from monocarboxylate ligands. Dalton Trans，2015，44（4）：1516-1519.

[57] Vermoortele F，Bueken B，Le Bars G，et al. Synthesis modulation as a tool to increase the catalytic activity of metal-organic frameworks：the unique case of UiO-66（Zr）. J Am Chem Soc，2013，135（31）：11465-11468.

[58] Han Y T，Liu M，Li K Y，et al. Facile synthesis of morphology and size-controlled zirconium metal-organic framework UiO-66：the role of hydrofluoric acid in crystallization. CrystEngComm，2015，17（33）：6434-6440.

[59] Gutov O V，Hevia M G，Escudero-Adán E C，et al. Metal-organic framework（MOF）defects under control：insights into the missing linker sites and their implication in the reactivity of zirconium-based frameworks. Inorg Chem，2015，54（17）：8396-8400.

[60] Hu Z G，Castano I，Wang S N，et al. Modulator effects on the water-based synthesis of Zr/Hf metal-organic frameworks：quantitative relationship studies between modulator，synthetic condition，and performance. Cryst Growth Des，2016，16（4）：2295-2301.

[61] Shearer G C，Chavan S，Bordiga S，et al. Defect engineering：tuning the porosity and composition of the metal-organic framework UiO-66 via modulated synthesis. Chem Mater，2016，28（11）：3749-3761.

[62] Taddei M. When defects turn into virtues：the curious case of zirconium-based metal-organic frameworks. Coord Chem Rev，2017，343：1-24.

[63] Bueken B，Reinsch H，Reimer N，et al. A zirconium squarate metal-organic framework with modulator-dependent molecular sieving properties. Chem Commun，2014，50（70）：10055-10058.

[64] Jiang Z R，Wang H W，Hu Y L，et al. Polar group and defect engineering in a metal-organic framework：synergistic promotion of carbon dioxide sorption and conversion. ChemSusChem，2015，8（5）：878-885.

[65] Pimentel B R，Parulkar A，Zhou E K，et al. Zeolitic imidazolate frameworks：next-generation materials for energy-efficient gas separations. ChemSusChem，2014，7（12）：3202-3240.

[66] Marx S，Kleist W，Baiker A. Synthesis，structural properties，and catalytic behavior of Cu-BTC and mixed-linker Cu-BTC-PyDC in the oxidation of benzene derivatives. J Catal，2011，281（1）：76-87.

[67] Barin G，Krungleviciute V，Gutov O，et al. Defect creation by linker fragmentation in metal-organic frameworks and its effects on gas uptake properties. Inorg Chem，2014，53（13）：6914-6919.

[68] Fang Z L，Durholt J P，Kauer M，et al. Structural complexity in metal-organic frameworks：simultaneous modification of open metal sites and hierarchical porosity by systematic doping with defective linkers. J Am Chem Soc，2014，136（27）：9627-9636.

[69] Kozachuk O，Luz I，Xamena F X L I，et al. Multifunctional，defect-engineered metal-organic frameworks with ruthenium centers：sorption and catalytic properties. Angew Chem Int Ed，2014，53（27）：7058-7062.

[70] El-Gamel N E A. Generation of defect-modulated metal-organic frameworks by fragmented-linker Co-assembly of CPO-27（M）frameworks. Eur J Inorg Chem，2015，8：1351-1358.

[71] Wu D F，Yan W Q，Xua H S，et al. Defect engineering of Mn-based MOFs with rod-shaped building units by organic linker fragmentation. Inorg Chim Acta，2016，460：93-98.

[72] Park J，Wang Z Y U，Sun L B，et al. Introduction of functionalized mesopores to metal-organic frameworks via metal-ligand-fragment coassembly. J Am Chem Soc，2012，134（49）：20110-20116.

[73] Choi K M，Jeon H J，Kang J K，et al. Heterogeneity within order in crystals of a porous metal-organic framework. J Am Chem Soc，2011，133（31）：11920-11923.

[74] Ravon U，Savonnet M，Aguado S，et al. Engineering of coordination polymers for shape selective alkylation of large aromatics and the role of defects. Micropor Mesopor Mat，2010，129（3）：319-329.

[75] Choi J S，Son W J，Kim J，et al. Metal-organic framework MOF-5 prepared by microwave heating：factors to be considered. Micropor Mesopor Mat，2008，116（1-3）：727-731.

[76] Diring S，Furukawa S，Takashima Y，et al Controlled multiscale synthesis of porous coordination polymer in nano/micro regimes. Chem Mater，2010，22（16）：4531-4538.

[77] Behrens K，Mondal S S，Nöske R，et al. Microwave-assisted synthesis of defects metal-imidazolate-amide-imidate frameworks and improved CO_2 capture. Inorg Chem，2015，54（20）：10073-10080.

[78] Shekhah O，Liu J，Fischer R A，et al. MOF thin films：existing and future applications. Chem Soc Rev，2011，40（2）：1081-1106.

[79] Petit C，Mendoza B，O'Donnell D，et al. Effect of graphite features on the properties of metal-organic framework/graphite hybrid materials prepared using an in situ process. Langmuir，2011，27（16）：10234-10242.

[80] Valtchev V，Balanzat E，Mavrodinova V，et al. High energy ion irradiation-induced ordered macropores in zeolite crystals. J Am Chem Soc，2011，133（46）：18950-18956.

[81] Gadipelli S，Guo Z X. Postsynthesis annealing of MOF-5 remarkably enhances the framework structural stability and CO_2 uptake. Chem Mater，2014，26（22）：6333-6338.

[82] Wang Z B，Sezen H，Liu J X，et al. Tunable coordinative defects in UHM-3 surface-mounted MOFs for gas adsorption and separation：A combined experimental and theoretical study. Micropor Mesopor Mat，2015，207：53-60.

[83] Chun H，Bak W，Hong K，et al. A simple and rational approach for binodal metal-organic frameworks with tetrahedral nodes and unexpected multimodal porosities from nonstoichiometric defects. Cryst Growth Des，2014，14（4）：1998-2002.

[84] Shah M，McCarthy M C，Sachdeva S，et al. Current status of metal-organic framework membranes for gas separations：promises and challenges. Ind Eng Chem Res，2012，51（5）：2179-2199.

[85] Valvekens P，Jonckheere D，de Baerdemaeker T，et al. Base catalytic activity of alkaline earth MOFs：a（micro）spectroscopic study of active site formation by the controlled transformation of structural anions. Chem Sci，2014，5（11）：4517-4524.

[86] Choi S B，Furukawa H，Nam H J，et al. Reversible interpenetration in a metal-organic framework triggered by ligand removal and addition. Angew Chem Int Ed，2012，51（35）：8791-8795.

[87] Carlucci L，Ciani G，Moret M，et al. Polymeric layers catenated by ribbons of rings in a three-dimensional self-assembled architecture：A nanoporous network with spongelike behavior. Angew Chem Int Ed，2000，39（8）：1506-1510.

[88] Shen P，He W W，Du D Y，et al. Solid-state structural transformation doubly triggered by reaction temperature and time in 3D metal-organic frameworks：great enhancement of stability and gas adsorption. Chem Sci，2014，5（4）：1368-1374.

[89] Ingleson M J，Barrio J P，Bacsa J，et al. Generation of a solid Brønsted acid site in a chiral framework. Chem Commun，2008，11：1287-1289.

[90] Vermoortele F，Ameloot R，Alaerts L，et al. Tuning the catalytic performance of metal-organic frameworks in fine chemistry by active site engineering. J Mater Chem，2012，22（20）：10313-10321.

[91] Chmelik C，Mundstock A，Dietzel P D C，et al. Idiosyncrasies of Co_2（dhtp）：in situ-annealing by methanol. Micropor Mesopor Mat，2014，

183：117-123.

[92]　Todaro M，Buscarino G，Sciortino L，et al. Decomposition process of carboxylate MOF HKUST-1 unveiled at the atomic scale level. J Phys Chem C，2016，120（23）：12879-12889.

[93]　Yoshida Y，Inoue K，Kurmoo M. On the nature of the reversibility of hydrations-dehydration on the crystal structure and magnetism of the ferrimagnet [Mn^{II}(enH)(H$_2$O)][Cr^{III}(CN)$_6$]·H$_2$O. Inorg Chem，2009，48：267-276.

[94]　Lawrence M C，Schneider C，Katz M J. Determining the structural stability of UiO-67 with respect to time：a solid-state NMR investigation. Chem Commun，2016，52（28）：4971-4974.

[95]　Cheng P F，Hu Y H. Acetylene adsorption on defected MIL-53. Int J Energy Res，2016，40（6）：846-852.

[96]　Thornton A W，Babarao R，Jain A，et al. Defects in metal-organic frameworks：a compromise between adsorption and stability？Dalton Trans，2016，45（10）：4352-4359.

[97]　Kim M，Cahill J F，Fei H H，et al. Postsynthetic ligand and cation exchange in robust metal-organic frameworks. J Am Chem Soc，2012，134（43）：18082-18088.

[98]　Li T，Kozlowski M T，Doud E A，et al. Stepwise ligand exchange for the preparation of a family of mesoporous MOFs. J Am Chem Soc，2013，135（32）：11688-11691.

[99]　Cavka J H，Jakobsen S，Olsbye U，et al. A new zirconium inorganic building brick forming metal organic frameworks with exceptional stability. J Am Chem Soc，2008，130（42）：13850-13851.

[100]　Valenzano L，Civalleri B，Chavan S，et al. Disclosing the complex structure of UiO-66 metal organic framework：a synergic combination of experiment and theory. Chem Mater，2011，23（7）：1700-1718.

[101]　Wu H，Chua Y S，Krungleviciute V，et al. Unusual and highly tunable missing-linker defects in zirconium metal-organic framework UiO-66 and their important effects on gas adsorption. J Am Chem Soc，2013，135（28）：10525-10532.

[102]　Jakobsen S，Gianolio D，Wragg D S，et al. Structural determination of a highly stable metal-organic framework with possible application to interim radioactive waste scavenging：Hf-UiO-66. Phys Rev B，2012，86：125429.

[103]　Coelho A A. A bound constrained conjugate gradient solution method as applied to crystallographic refinement problems. J Appl Cryst，2005，38：455-461.

[104]　Rietveld H M. Line profiles of neutron powder-diffraction peaks for structure refinement. Acta Cryst，1967，22：151-152.

[105]　Pawley G S. Unit-cell refinement from powder diffraction scans. J Appl Cryst，1981，14：357-361.

[106]　Tu B B，Pang Q Q，Wu D F，et al. Ordered vacancies and their chemistry in metal-organic frameworks. J Am Chem Soc，2014，136（41）：14465-14471.

[107]　Lee S J，Doussot C，Baux A，et al，Multicomponent metal organic frameworks as defect-tolerant materials. Chem Mater，2016，28（1）：368-375.

[108]　Yuan S，Lu W G，Chen Y P，et al. Sequential linker installation：precise placement of functional groups in multivariate metal-organic frameworks. J Am Chem Soc，2015，137（9）：3177-3180.

[109]　Yuan S，Chen Y P，Qin J S，et al. Linker installation：engineering pore environment with precisely placed functionalities in zirconium MOFs. J Am Chem Soc，2016，138（28）：8912-8919.

[110]　Pang J D，Yuan S，Qin J S，et al. Enhancing pore-environment complexity using a trapezoidal linker：toward stepwise assembly of multivariate quinary metal-organic frameworks. J Am Chem Soc，2018，140（39）：12328-12332.

[111]　Chen C X，Wei Z W，Jiang J J，et al. Dynamic spacer installation for multirole metal-organic frameworks：a new direction toward multifunctional MOFs achieving ultrahigh methane storage working capacity. J Am Chem Soc，2017，139（17）：6034-6037.

[112]　Zhang X，Frey B L，Chen Y S，et al. Topology-guided stepwise insertion of three secondary linkers in zirconium metal-organic frameworks. J Am Chem Soc，2018，140（24）：7710-7715.

[113]　Tu B B，Pang Q Q，Ning E L，et al. Heterogeneity within a mesoporous metal-organic framework with three distinct metal-containing building units. J Am Chem Soc，2015，137（42）：12456-13459.

[114]　Huskić I，Pekov I V，Krivovichev S V，et al. Minerals with metal-organic framework structures. Sci Adv，2016，2：e1600621.

[115]　Zhang W，Hu Y L，Ge J，et al. A facile and general coating approach to moisture/water-resistant metal-organic frameworks with intact porosity. J Am Chem Soc，2014，136（49）：16978-16981.

21.1 引　言

　　配位聚合物的多样性和可设计性很大程度来自结构丰富多彩的有机配体。化学组成不同的配位聚合物在合成、表征和性质上都有显著的差异。理论上，凡是可以形成小分子配合物的有机配体，都可以扩展成适于构筑配位聚合物的有机桥连配体。不过，目前用于构筑配位聚合物的有机配体大多含有氧原子或氮原子给体，因为它们的配位习性有利于配位聚合物的组装和晶体生长[1]。

　　作为配位键给体的氧原子一般带有两或三对孤对电子，因此这类官能团［如羧酸根（carboxylate）］的配位模式比较多样，不易预测。不过，作为最常用的配位官能团之一，羧酸根和一些过渡金属离子（如二价铜和二价锌）容易形成一些对称性高、配位简单的电中性多核簇或链状结构单元，很适合（多孔）配位聚合物的设计合成[2]。与常用的二价过渡金属离子相比，三价或四价金属离子可以和带负电的羧酸根形成更强的配位键，从而大大增强所得配位聚合物的稳定性，但较难生长足够大的单晶用于结构分析。

　　作为配位键给体的氮原子一般只带一对孤对电子，只和一个过渡金属离子配位，非常有利于结构的预测和设计。因此，基于胺、腈、吡啶和多氮唑的有机配体在早期配位聚合物研究中被广泛使用。这类电中性的配位官能团配位能力较弱，有利于配位聚合物晶体的生长，但导致配位聚合物的稳定性较低。此外，这类配位聚合物还需要抗衡阴离子平衡金属阳离子的电荷。这一方面增加了这类配位聚合物的结构多样性，另一方面降低了可利用的孔洞空间。在多孔配位聚合物领域，最常用的含氮配体是氮原子指向发散的联吡啶，主要是因为这类配体刚性较强，容易获得各种理想的桥连长度和角度。为了结合羧酸根和吡啶基两种配位官能团易于预测的配位行为、强配位能力和负电荷等优势，可以将羧酸类配体和吡啶类配体混合使用，或将羧酸根与吡啶基结合在同一个有机配体上[3]。还有一种策略，是使用多氮唑阴离子作为桥连配体[4, 5]。

21.2　金属多氮唑框架的配位与结构化学

　　多氮唑（azole）是含多个氮原子的氮杂五元芳香环，包括咪唑（imidazole）、吡唑（pyrazole）、1,2,3-三氮唑（v-triazole）、1,2,4-三氮唑（triazole）和四氮唑（tetrazole）。通常，多氮唑的酸碱性和配位习性都被认为类似于吡啶。但是，多氮唑环上的一个氮原子连有一个活泼氢原子，容易以氢离子的形式离去。换句话说，多氮唑除了可以作为碱接受质子形成正离子（azolium），还可以作为酸脱去质子形成阴离子（azolate）。脱质子后，多氮唑上所有氮原子都可以和金属离子配位（图21-1），也就是说单个咪唑阴离子（imidazolate）和吡唑阴离子（pyrazolate）就可以作为二齿桥连配体。金属离子和多氮唑阴离子组成的配位聚合物，根据其化学组成的特点可以称为金属多氮唑框架（Metal Azolate Framework，MAF）[5]。在金属多氮唑框架中，有机配体的化学角色类似于无机盐中或金属羧酸框架中的负离子或酸根。不过，可能因为 late 在英文中是酸根和酯的共同词尾，很多中文资料中将相关化合物错误地称为酯。

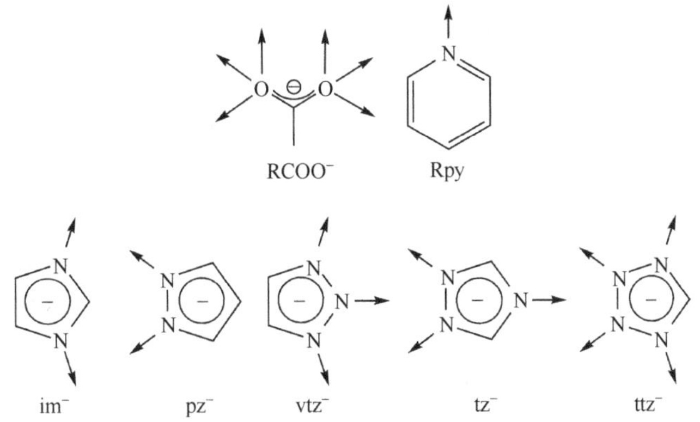

图 21-1　羧酸根、吡啶基和五种多氮唑阴离子配位模式

随着具有吸电子效应的氮原子的增加，多氮唑的酸性增强，同时碱性和配位能力减弱。四氮唑的酸性和羧酸类似。因为多氮唑和苯环具有同样的芳香共轭电子数，而较小的五元环可以提高电子密度，中性咪唑和吡唑的碱性都比吡啶更强。而且，脱质子可以大大增加这些五元芳香环的碱性。因此，相比于羧酸根和吡啶基，多氮唑阴离子（软碱）通常可以和过渡金属离子（软酸）形成更强的配位键。用咪唑和三氮唑处理铜或其他金属的表面，可以提高金属的抗腐蚀性，其原因很可能是生成了难溶而且稳定的金属多氮唑框架覆盖层。这种特性一方面增加了结构的可预测性和稳定性，另一方面也造成了这类配位聚合物的低溶解度和难以生长较大单晶的特性。因此，在配位聚合物领域，多氮唑阴离子的研究比羧酸和吡啶类配体要晚很多。不过，随着配位缓冲扩散、溶剂热反应、粉末衍射解析结构等很多方法的发展，金属多氮唑框架的合成与表征难题已经在很大程度上被解决了。

作为五元芳香环，多氮唑阴离子的桥连角度和基于六元芳香环作为骨架和配位官能团的常规配体（包括羧酸和吡啶类）有显著不同。这个特点是金属多氮唑框架具有独特结构的重要原因。因为氮原子稍小于碳原子，多氮唑阴离子的桥连角度大约是 70° 和 140° 而非正五边形的 72° 的整数倍。在自组装过程中，配体倾向于用完所有潜在配位点以降低体系的能量，而多氮唑阴离子的强配位能力进一步增强了这种倾向。另外，因为中性配位聚合物片段容易从溶液中沉淀，金属多氮唑框架中金属离子和配体的比例比较确定。相比而言，在吡啶类阳离子型配位聚合物中，金属离子和吡啶类配体的比例是比较多变的。总的来说，金属多氮唑框架的化学组成和局部结构特征很容易预测和控制，对配位数少的二氮唑（咪唑和吡唑）来说尤其如此。不过，多氮唑阴离子的桥连距离很短，意味着只包含金属离子和多氮唑阴离子配体的二元配位聚合物结构比较拥挤，不适合价态较高的金属离子，也不利于完全利用高配位数组分（如六配位金属离子和四氮唑）的所有潜在配位点。这种情况下，自组装所得的配位聚合物容易包含溶液中的其他组分，导致其组成和结构更复杂。

与常规配位官能团不同，单个多氮唑阴离子就是桥连配体，而且具有桥连距离短、桥连角度固定的特点。不过，从网络拓扑学的角度，这些特点并不会对结构的多孔性和多样性带来很大的制约。首先，金属多氮唑框架一般是 3-连接或 4-连接的拓扑网络，具有较低的拓扑密度（即单位空间内的节点数少），有利于多孔结构的形成。其次，即使是最简单的 3-连接节点，也可以变换节点间的取向，相互连接成几十种拓扑网络。由于桥连长度较短，金属多氮唑框架中配体的非配位侧基比较容易相互作用，影响节点之间的连接取向，进而控制整个网络的拓扑。金属多氮唑框架还具有易于控制孔表面亲疏水性和获得疏水多孔材料的优势，因为多氮唑配体中一个氮原子只有一对孤对电子，与金属离子配位后就难以再和客体形成强的静电相互作用。当然，也可以引入冗余的氮原子，按需提高多孔金属多氮唑框架的孔表面活性或亲水性。如果使用羧酸和吡啶类配体，配体氧原子和抗衡离子对极性分子的偶极相互作用是很难避免的。总的来说，无论是局部配位构型还是总体拓扑网络，金属多氮唑框架都具有更强的可预测性和可控制性。合成条件如溶剂、抗衡离子、模板剂、反应温度等对其他类型配位聚合物的化学组成和结构的影响都很大，对金属多氮唑框架的影响会小很多。但是，为了获得较大的单晶样品，在合成金属多氮唑框架的过程中往往要降低金属离子和多氮唑阴离子的接触浓度。目前主要策略是加入配位缓冲剂与多氮唑阴离子竞争金属离子或在溶剂热条件下原位缓慢生成多氮唑阴离子[6]。例如，溶剂热条件下酰胺类溶剂可以缓慢水解生成胺，导致多氮唑缓慢脱质子；腈和氨可以反应生成三氮唑，腈和叠氮则可以生成四氮唑。

最近十几年，金属多氮唑框架得到了广泛研究，不但展示了上述各种有别于其他配位聚合物体系的配位与结构化学特性，还成为了一类重要的分子基材料。本章接下来将按多氮唑阴离子的配位模式进行分类（21.1.2 节～21.1.4 节分别为咪唑、吡唑和三氮唑阴离子配位模式，21.1.5 节为其他配位模式），介绍金属多氮唑框架的设计、结构与性质。

21.3 咪唑阴离子配位模式

21.3.1 与线形配位的金属离子组装链状结构

将二配位的咪唑阴离子与线形配位的金属离子组合，可以得到最简单的配位聚合物。ⅠB 族金属的一价离子可以表现出线形、三角形和四面体配位模式。受电荷平衡与溶解度控制，这些金属离子和咪唑阴离子基本以 1∶1 比例进行组合，从而限制其配位模式为线形。咪唑阴离子 140° 桥连方向赋予了这些简单配位聚合物丰富独特的结构。理论上，完全直线形的连接只能产生直线链一种结构，而弯曲二连接则可以提供环、折叠链、螺旋甚至更复杂的结构。一般的金属离子和配体，只能组装成三元环（60° 内角，通常由配体提供）、四元环（90° 内角，通常由金属离子提供）或六元环（120° 内角，通常由配体提供）。显然，线形配位的金属离子和 140° 桥连的咪唑阴离子组合，适合生成更大的环状结构。此外，较大的桥连角度也可以提供更多的空间以形成较大、较复杂的螺旋结构。不过，如果使用普通不带取代基的咪唑阴离子作为配体，[Cu(im)] 和 [Ag(im)] 只能结晶成各种堆积模式的简单折叠链，无法得到环状和螺旋结构[5, 7, 8]。这主要是因为折叠链结构是热力学和动力学相对较优的产物，而且非取代的咪唑阴离子很难和模板分子相互作用。

在咪唑的 2-位引入较小的取代基后，可以显著增加相应配位聚合物的结构多样性。例如，[Cu(mim)]（Hmim = 2-methylimidazole）在无模板剂时依然生成折叠链结构，但在合适大小的模板剂存在时可以结晶成八元环或十元环[9]，甚至是折叠链串十元环的锁烃结构（图 21-2）[10]。[Ag(mim)] 在不同的模板剂存在下则可以生成折叠链、螺旋链、波浪链和八元环结构[10, 11]。这些结构在加热后能除去模板剂，但大多无法保持其孔道，而且会转变成热力学稳定的折叠链结构[10]。

引入比甲基更大的取代基后，由于位阻效应增大，相应的配位聚合物无法容纳模板分子也无法成环，但可以形成螺旋链或更复杂的结构。例如，[Cu(eim)]（Heim = 2-ethylimidazole）可以形成简单折叠链结构和三重螺旋结构[12]，而 [Ag(ipim)]（Hipim = 2-isopropylimidazole）可以形成五重螺旋、波浪链和鸡笼网二维编织结构[13]。一个例外是 [Cu(ipim)]，它可以在苯存在下形成三维正交堆积的单螺旋链，其中堆积的空隙填有苯分子，在无模板分子的情况下则形成波浪链或三重螺旋链[14]。这些成分相似的配位聚合物形成多种不同的超分子结构，可以归因于取代基的体积和金属离子半径的区别，其中咪唑阴离子较短的桥连距离是这些微弱差异能起作用的关键。有意思的是，[Ag(ipim)] 和 [Cu(ipim)] 对热处理显示出明显不同的行为。[Ag(ipim)] 的波浪链在分解温度以下结构稳定保持不变，但其鸡笼网二维编织结构会以晶体到晶体的方式，在高温不可逆地转变成五重螺旋结构。结构分析表明，鸡笼网二维编织和五重螺旋两种结构在局部具有很大的相似性，其转变理论上只需要少量配位键的断裂重组[13]。对 [Cu(ipim)] 来说，无模板分子的两个异构体在加热后会液化（液化点不同），

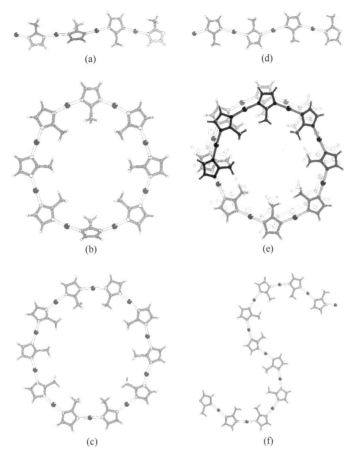

图 21-2　[Cu(mim)]的折叠链（a）、八元环（b）和十元环（c）超分子异构体，以及[Ag(mim)]的折叠链（d）、
螺旋链（e）和波浪链（f）超分子异构体

冷却后都结晶成热力学稳定的波浪链（凝固点相同）；含有苯的异构体则在低于波浪链凝固点的温度下就可以失去模板分子，以晶体到晶体的方式转变成波浪链[14]。这些区别说明[Cu(ipim)]的配位聚合物链之间相互作用更弱，但链内配位键强度较大，可能是由一价铜离子较小的半径导致的。进一步增大咪唑环上的取代基很难增加结构的多样性或新颖性，因为大取代基之间的空间位阻很大而互相避让，使得折叠链成为比较合适的结构。

21.3.2　与四面体配位的金属离子组装沸石型多孔结构

　　二价过渡金属离子的配位数通常是四、五或六，但六配位居多。和咪唑阴离子组合时，根据电荷平衡与配位数匹配的原理，二价金属离子必须采用四面体或平面四边形配位模式。四面体配位的金属离子和 140°桥连的咪唑阴离子，分别类似于沸石中的硅原子和氧原子。而且，咪唑的桥连距离大约是氧原子桥连距离的两倍。这意味着利用四面体配位的金属离子和咪唑阴离子组合，不但可以模拟沸石的结构，而且可以获得比沸石大得多的孔。咪唑的体积虽然比氧原子大很多，但其消耗的空间远小于其较大桥连长度增大的体积，因为晶体体积和桥连长度的立方成正比。不过，咪唑环可以有效阻挡孔窗，因为孔窗面积只和桥连长度的平方成正比。虽然理论上非取代的咪唑可以最大限度增大孔体积和孔径，但实践上使用非取代咪唑和四面体配位的金属离子组合往往只能得到无孔的 4-连接网络结构。实际上，[Co(im)$_2$]和[Zn(im)$_2$]配位聚合物的晶体结构早在四十年前就已经被报道[15, 16]，其无孔 4-连接网络的拓扑分别根据其英文名称被命名为 *coi* 和 *zni*。

　　2002 年，You 等利用醇溶剂热反应制备了首例具有类沸石拓扑和多孔结构的金属多氮唑框架

nog-[Co(im)₂]·MB（MB = 3-methyl-1-butanol）。经过乙醇交换和真空处理后，这个化合物接近无客体的状态还可以保持单晶性[17]。利用其他模板剂或结构导向试剂，他们还将[Co(im)₂]超分子异构体系拓展到其他类沸石甚至是标准沸石拓扑[18, 19]。虽然这些结构基本上都会在脱除模板剂后坍塌变成无孔结构，但仍然证明了四面体节点与弯曲连接子组合的网络拓扑具有丰富的结构多样性。2006 年以后，Yaghi 等用酰胺溶剂热反应合成了多种[Zn(im)₂]配位聚合物超分子异构体，其拓扑包括 *cag*、BCT、DFT、GIS 和 MER[20]；Tian 等则用液相扩散和结构导向试剂合成了 *nog*、*cag*、*zec*、BCT、DFT 和 GIS 等异构体[21]。不过，这些结构中只有 *nog* 异构体可以在脱去客体后能保持框架稳定，进一步说明无取代基的咪唑阴离子配体很难构造具有多孔结构和沸石拓扑的配位聚合物。

2003 年，Chen 等利用氨水配位缓冲扩散法以及侧基调控策略合成了首例具有沸石拓扑和多孔结构的金属多氮唑框架 SOD-[Zn(bim)₂]［MAF-3 或 ZIF-7，Hbim = benzimidazole，图 21-3（a）］[22]。2004 年，他们又利用甲基和乙基的结构调控作用，合成了一系列具有规整沸石拓扑结构的金属多氮唑框架，包括 SOD-[Zn(mim)₂]［MAF-4 或 ZIF-8，图 21-3（b）］、ANA-[Zn(eim)₂]［MAF-5，图 21-4（a）］和 RHO-[Zn(eim)₂]［MAF-6，图 21-4（b）］[23]。

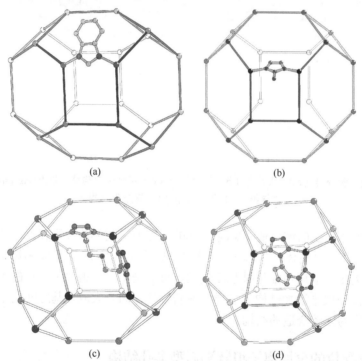

图 21-3　几种典型的 SOD 型金属多氮唑框架。（a）MAF-3；（b）MAF-4；（c）[Zn(bttz)]；（d）IFMC-1
（除一个配体外，其他配体被简化为连接两个锌离子的棍子）

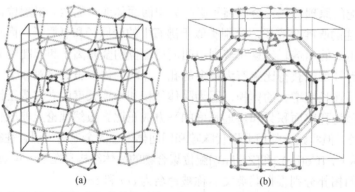

图 21-4　MAF-5（a）和 MAF-6（b）的拓扑结构（除一个配体外，其他配体被简化为连接两个锌离子的棍子）

MAF-3 和 MAF-4 分别呈现压扁的三方构型和理想的立方构型（即 SOD 拓扑的最高对称性），主要是因为较大的苯环侧基在立方构型会相互排斥。因为具有压扁的构型和较大的取代基，MAF-3 的孔洞率（27%）大大低于 MAF-4 的（47%）。SOD 拓扑含有四元环和六元环，但在 MAF-3 和 MAF-4 中都被配体阻挡而使得有效孔径非常小。即使是较大的六元环，其孔径也分别只有 0.29nm 和 0.32nm。由于这种结构特性非常有利于小分子的选择性筛分，MAF-3 和 MAF-4 被广泛用作薄膜分离的材料[24-28]。由于具有较大的孔容，MAF-4 还在需要吸附容量的分离应用中展现了较好的效果。例如，MAF-4 纳米晶涂布的毛细管可以在气相色谱分析中有效分离直链和支链 C6-C8 烷烃[29]。MAF-4 中有效直径达 1.1nm 的笼状孔穴还可以作为分子牢笼，选择性地允许或禁止特定分子的吸附和扩散。例如，芘可以被分离并固定在 MAF-4 的笼状孔穴内作为高效稳定的荧光氧气传感材料。直径极小的孔窗只允许待检测的氧气分子通过，但不允许高毒性的探针分子芘泄漏[30]。

MAF-3 和 MAF-4 都有一定的柔性，可以吸附一些大于其孔径的分子。MAF-3 脱客体后变成三斜对称性，可以对多种气体产生开门型吸附等温线[31, 32]。在水中，MAF-3 可以转变成只包含四元环、无孔的层状结构 sql-[Zn(bim)$_2$][31]。尽管其四元环孔径极小（0.21nm），作为纳米片时，它可以允许氢气通过并用于氢气和二氧化碳的分离[33]。虽然 MAF-4 在吸附各种客体后，其晶胞参数都变化甚微，但单晶结构分析表明，其四元环可以张开以容纳较小的线形分子如氮气[34-36]。尽管这只是热力学平衡态的观察结果，但可以看出在包括 MAF-3、MAF-4 和 sql-[Zn(bim)$_2$]在内的金属咪唑配位聚合物中，咪唑环可能在特定条件下（尤其是客体扩散这种动力学过程中）摆动并改变四元环和六元环窗口大小。

与其他含锌离子的多孔配位聚合物相比，MAF-4 的稳定性特别高。在空气和氮气气氛下，MAF-4 可以分别稳定到 420℃ 和 550℃[20, 23]，其纳米晶也能稳定到 200℃ 以上。在水或水蒸气中，MAF-4 也相当稳定，不过不同文献报道的稳定性各有不同，可能是晶体尺寸和缺陷不同造成的[5]。除了金属多氮唑框架在配位键强度和疏水性方面的固有特性，MAF-4 的高稳定性还可以归结于其完美的配位结构。在诸多可能的 4-连接网络中，SOD 拓扑可以恰好利用咪唑阴离子的弯曲桥连角度，使二价锌离子的配位几何处于完美的四面体。而且，配体的甲基正好覆盖在配位四面体的四个面上，可以阻挡水分子对锌离子的进攻。尽管在特殊反应条件下[Zn(mim)$_2$]也可以形成典型的 dia 型无孔结构[37]，MAF-4 的高稳定性使其可以在各种不同的条件下合成以满足不同的要求。例如，可以用氨水配位缓冲液相扩散或酰胺溶剂热合成单晶[38]；可以在甲醇中用过量 2-甲基咪唑作为碱快速合成纳米晶[39-41]；可以用氨水作为配位溶剂促进氧化锌（或氢氧化锌）溶解，在快速合成的同时不产生酸或盐类废弃物[42]；可以加入少量溶剂和铵盐，在研磨的条件下使氧化锌和 2-甲基咪唑反应[43]；甚至可以直接加热氧化锌和 2-甲基咪唑的混合物得到产品，无需溶剂或添加剂[44]。

除了[Zn(mim)$_2$]，还有很多金属离子和配体的组合可以构成 MAF-4 的同构材料。用含有醛基、硝基、氯、溴等取代基的咪唑配体，或二价钴离子，可以直接合成与 MAF-4 同构的多孔框架[20, 38, 45-51]。3-甲基-1,2,4-三氮唑阴离子（3-methyl-1,2,4-triazolate）也可以采用咪唑配位模式与二价锌离子组装得到 SOD-[Zn(mtz)$_2$]（MAF-7）。因为孔道表面有很多未配位的三氮唑氮原子，MAF-7 具有比同构材料 MAF-4 强得多的吸附活性，但同时稳定性也降低了[38]。在吸附氮气时，MAF-7 也同样可以在较高压力或较低温度打开其四元环，使吸附量产生突跃[36]。用更复杂的双四氮唑配体也可以获得 SOD 型多孔结构（图 21-3），如[Zn(bttz)]［H$_2$bttz = 1,5-bis(5-tetrazolo)-3-oxapentane］和[Zn(Hdttz)]［IFMC-1；H$_3$dttz = 4,5-di(1H-tetrazol-5-yl)-2H-1,2,3-triazole］。利用这些结构的孔道表面的大量未配位氮原子，可以获得较高的二氧化碳吸附量和吸附焓[52, 53]。此外，在合适的反应条件下，甚至可以用无取代基的咪唑对 MAF-4 晶体进行处理，经过合成后配体交换获得孔洞率大大增加的同构晶体[54]。

分别具有 ANA 和 RHO 沸石拓扑的 MAF-5 和 MAF-6 是[Zn(eim)$_2$]的两个超分子异构体。MAF-5 和 MAF-6 均可在氮气气氛中稳定到 400℃，略低于 MAF-4[42, 55]。它们对水也有一定的抵抗能力，但长时间浸泡、酸碱盐杂质存在下或加热条件下容易转变成具有 qtz（石英）拓扑的无孔异构体 MAF-32。一方面，两个多孔 [Zn(eim)$_2$] 超分子异构体相对较差的稳定性再次说明了 SOD 拓扑对 MAF-4 的高稳定性的重要性。另一方面，MAF-5 和 MAF-6 的热和化学稳定性已经高于多数多孔配位聚合物，并可以满足很多应用的需要。MAF-5 和 MAF-6 的孔道大小、形状和 MAF-4 有显著差异。MAF-5 虽然孔洞率只有 33%，但具有直径 0.7~1.0nm 的较小笼状孔穴和边长约 0.40nm 和 0.58nm 的矩形孔窗。MAF-6 则具有较大的孔洞率（55%），直径高达 1.8nm 的笼状孔穴以及直径达 0.76nm 的孔窗。再加上孔壁上布满的乙基，MAF-5 和 MAF-6 对疏水性分子具有较好的吸附分离能力和较大的适用范围。例如，MAF-5 对苯的吸附亲和力比 MAF-4 的大得多[42]，可以用作中空毛细管柱中的固定相，在气相色谱中高效分离苯系物和有机氯农药[56]。MAF-6 不但具有差异巨大的水、甲醇、乙醇和苯吸附等温线，还可以吸附较大的分子如环己烷、三甲苯和金刚烷。用于气相色谱涂布材料时，MAF-6 对 C6-C10 链状烷烃的分离系数比 MAF-4 更高，说明其更大更疏水的孔表面比小尺寸的孔窗效果更好。MAF-6 还可以分离 MAF-4 无法分离的 C6 支链烷烃异构体、二甲苯异构体、乙苯/苯乙烯、环己烷/环己烯/苯等分子较大的混合物，而且保留时间的顺序与分子的沸点和极化率顺序相反[55]。有不少多孔金属多氮唑框架和 MAF-6 是同构的[20, 57-59]，但它们往往难以同时具备疏水孔表面和大的孔窗。

2006 年以来，Yaghi 等在沸石型金属咪唑框架（zeolitic imidazolate framework，ZIF）领域取得了很多重要进展[20, 60]。例如，他们用脱质子的嘌呤（purine）或 5-氮杂苯并咪唑（5-azabenzimidazole）合成了具有大小、形状不同的三种笼状孔穴和有效孔径极小的八元环孔窗的 LTA 型多孔配位聚合物[61]。配体上的六元环及其 5-位的氮原子对构成 LTA 拓扑非常重要，因为四个这样的单元通过四个较强的 C—H···N 氢键，引导了八元环孔窗的形成。他们利用高通量合成方法发现了大量新结构[47]，还合成了两个具有类沸石 poz 和 moz 拓扑，笼状孔穴直径高达 2.5nm 和 3.6nm 的结构[62]，以及具有十二元环通道和有效孔窗直径达 1.3nm 的 GME 型沸石结构[46]，进一步说明咪唑阴离子较短的桥连距离并不是构造多孔结构的障碍。

除了二价锌离子，沸石型多孔金属咪唑框架还可以使用其他金属离子作为四面体节点。二价钴离子半径和二价锌差不多，可以形成同构化合物。不过，含有钴离子的多孔金属多氮唑框架无论是热稳定性还是化学稳定性都相对较低。例如，SOD-[Co(mim)$_2$] 在二价钴盐的甲醇溶液中会分解成致密的片状结构。将 MAF-4 长在 SOD-[Co(mim)$_2$] 晶体的外面形成核-壳结构，再经过二价钴盐的甲醇溶液处理之后，可以得到里面填充含二价钴离子纳米片的中空 MAF-4 结构[63]。

二价镉离子与咪唑阴离子组合时也倾向于采用四面体配位构型。类似于二价锌和二价钴离子，二价镉离子和无取代基的简单咪唑阴离子组装会得到无孔的二重穿插 dia 网络[64, 65]。在咪唑环上引入烷基、硝基等取代基团后，则可以获得 SOD、ANA、RHO、MER、ict、$yqt1$ 等沸石和类沸石结构[66]。值得指出的是，虽然镉的原子量比锌大许多，但由于二价镉离子半径比二价锌离子大约 0.02nm，由二价镉离子构成的沸石型金属多氮唑框架材料的孔容和比表面积都明显大于相应的含锌结构。

除了二价过渡金属离子，还可以使用三价硼、一价锂和一价铜等作为沸石型金属咪唑框架中的四面体节点。将上述三价和一价离子按 1:1 组合，可以获得与两个二价锌离子相同的电荷和相似的配位效果。虽然这些配位聚合物实际上使用了含有硼原子和四个咪唑环组成的有机配体而不是含有咪唑阴离子和三价硼离子，但相关化合物的结构化学和普通金属多氮唑框架是类似的。另外，当咪唑环上没有取代基时，这些组合只能得到无孔的 zni 拓扑结构；而引入甲基后，则能得到 SOD 和 RHO 等多孔沸石结构[67-69]。值得指出的是，锂和硼的原子量非常小，有利于降低多孔配位聚合物密度并提高其孔容和比表面积。不过，和同构的基于锌或镉离子的多孔金属多氮唑框架相比，含锂和硼的结构具有较低的孔容和比表面积，主要是因为锂和硼的半径很小。上述离子半径和多孔性的密切相关性，反映了咪唑阴离子桥连距离小的特点。

立方八配位的三价铟离子也可以用作沸石型金属咪唑框架中的四面体节点。4,5-咪唑二羧酸

（4,5-imidazoledicarboxylic acid）和三价铟离子组装时，可以脱去三个质子中的两个，剩下一个在两个羧酸根氧之间形成强的分子内氢键。每个咪唑氮原子都和一个相邻的羧酸根氧原子一起，对铟离子形成五元环螯合。因此，每个铟离子和四个配体形成八配位，其中四个氮原子处于立方体中呈四面体对称性的四个顶点，和二价锌离子的四面体配位相似，可以用于构造 SOD 和 RHO 沸石结构。不过，和普通沸石型金属多氮唑框架不同的是，由铟离子和咪唑二羧酸组装的沸石结构具有阴离子框架，而且孔表面有大量亲水的羧酸根[58, 59, 70]。

　　柔性的双咪唑和双三氮唑也可以和过渡金属离子组装成类沸石多孔框架。例如，用肼与 4-醛基咪唑反应，可以得到一个柔性的双咪唑配体，容易对过渡金属离子产生三齿螯合效应。这个配体可以脱去两个咪唑环上的质子，和锌离子以 1∶1 组装成一个具有复杂三维孔道的高对称性金属多氮唑框架。在这个结构中，因为配体肼桥的其中一个氮原子参与了配位，锌离子是五配位的。如果将锌离子看作节点，咪唑环看作连接子，该结构仍然可以简化成 4-连接的 *gie* 拓扑[71, 72]。

　　亚甲基桥连的双甲基三氮唑或双胺基三氮唑都可以脱去质子，以咪唑配位模式，与四面体配位的锌离子以 1∶1 组合，构筑富含未配位氮原子的类沸石超微孔框架。由于孔道特别小，未配位的氮原子可以成对以螯合模式与客体分子相互作用［图 21-5（a）］。这种多重弱作用不但可以大大提高二氧化碳吸附亲和力，还可以在较温和的条件下将吸附的二氧化碳释放[73]。这种非常亲水的超微孔结构甚至可以利用 6～7 个未配位氮原子作为氢键受体，对极性非常低的乙烷产生强的吸附作用［图 21-5（b）］。相比而言，极性更高的乙烯由于形状不匹配而只能产生更弱、更少的氢键。利用这种反常的吸附选择性，这种材料可以选择性除去乙烯/乙烷混合物中的乙烷，从而高效纯化乙烯[74]。疏水性多孔材料也优先吸附乙烷，但乙烷/乙烯选择性太低。一般多孔材料，尤其是含有配位不饱和金属离子的，都具有乙烯选择性。它们在吸附分离乙烯/乙烷混合物时，需要经过多次吸附/脱附循环，才能获得高纯度乙烯。

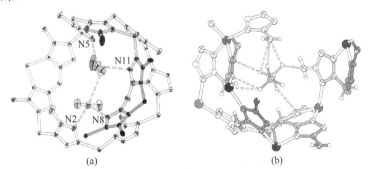

图 21-5　MAF-23 吸附二氧化碳（a）和 MAF-49 吸附乙烷（b）后的晶体结构

　　除了各种沸石和类沸石拓扑结构，咪唑阴离子桥连模式的配体和四面体金属离子还可以组装成经典的非沸石 *dia* 拓扑（钻石网），如 MAF-4 的异构体，无孔的 *dia*-[Zn(mim)$_2$]。有意思的是，[Zn(mttz)$_2$]（UTSA-49；Hmttz = 5-methyltetrazole）、[Zn(attz)$_2$]（ZTF-1；Hattz = 5-aminotetrazole）和 [Zn(atz)$_2$]（MAF-66；Hatz = 3-amino-1,2,4-triazole）都可以形成多孔的 *dia* 结构（图 21-6），而且比表面积都超过 1000m^2/g。由于都含有很多未配位氮原子，UTSA-49、ZTF-1 和 MAF-66 都可以在常温常压下吸附大量二氧化碳[75-77]。有意思的是，未配位氮原子浓度最低的 MAF-66 具有最高的二氧化碳吸附能力，而且吸附焓低，达 20kJ/mol，有利于减少脱附过程中的能耗。由于咪唑阴离子的弯曲配位模式和 *dia* 网络的构型并不匹配，相应的金属多氮唑框架一般都结晶在单斜等较低对称性的晶系。不过，MAF-66 可以结晶在立方或四方晶系，其空间群甚至和理想的 *dia* 网相同。结构分析表明，MAF-66 在四方对称性时结构高度有序，氨基和未配位氮原子形成氢键；在立方对称性时必须产生很多局部结构扭曲并将部分甚至全部氢键破坏[75]。在吸附过程中，主客体相互作用释放的能量部分被用于框架的扭曲，导致了表观吸附焓较低。

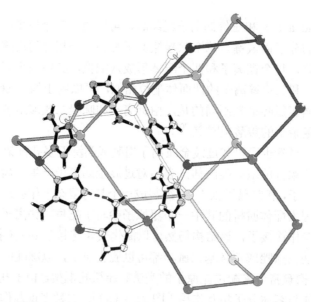

图 21-6 MAF-66 的拓扑和氢键结构（除一个六元环内的六个配体外，其他配体被简化成连接两个锌离子的棍子）

除了和线形配位金属离子组装链状和环状结构，或与四面体金属离子组装沸石或类沸石 4-连接网络之外，咪唑阴离子型配体还可以和其他类型的金属离子组装配位聚合物，但相关报道还比较少。平面四边形配位的金属离子，如二价镍和二价铜，可以和咪唑阴离子组装成几种 4-连接网络，但大多数是无孔结构[78-80]。值得指出的是，咪唑铜(Ⅱ)可以结晶成四种 4-连接拓扑异构体，其中二价铜离子可以采取介于平面四边形和四面体之间的配位构型[79, 80]。溶剂热条件下，二价铜离子与咪唑组装时可以发生原位金属离子还原反应。控制反应温度可以控制配位聚合物中线形配位一价铜离子和平面四边形配位二价铜离子的比例，从而得到三种具有 4-连接网络的配位聚合物[12]。由于体积和桥连长度的比例较小，咪唑阴离子很难和更高价态的金属离子组合构成二元配位聚合物[20]。

21.4 吡唑阴离子配位模式

因为桥连角度只有 70°，吡唑阴离子基本上只能将金属离子连接成多核簇或链状结构。和咪唑相比，吡唑较小的桥连角度使其特别容易形成环状结构，而不容易形成链状结构。线形配位的金属离子和吡唑阴离子连接，可以构成平面三角形和折叠四边形。由一价 IB 族金属离子和吡唑阴离子类配体构成的平面三角形配合物，因具有丰富的主客体化学和光物理性质引起了广泛的关注。四配位的金属离子可以提供 90° 或 109.5° 的连接，容易形成基于两个金属离子和两个吡唑阴离子的双核环状结构单元。这些结构单元通过共用金属离子扩展成一维链，其中吡唑环指向四个方向。对四面体配位的金属离子来说，吡唑环指向的四个方向呈四次对称性。对平面四边形金属来说，相邻吡唑环由于空间位阻无法共面，其指向的四个方向具有二次对称性。类似地，八面体配位的金属离子可以形成六次对称性的链。在二价金属离子和吡唑阴离子组装的过程中，氢氧根或氧离子容易参与配位，形成三核、四核、八核的平面三角形、八面体、四棱柱等高对称性的簇。

吡唑的配位模式和顺式二齿桥连的羧酸根基本是相同的。一方面，吡唑可以构筑与氧心四核簇 $Zn_4O(RCOO)_6$ 非常相似的配合物和簇。另一方面，许多基于吡唑的簇和链结构，在羧酸根桥连配位聚合物中尚未见报道。因此，可以利用多吡唑类配体，将这些经典或独特的簇和链连接成高维配位聚合物框架。

21.4.1 基于簇的三维框架

最早报道的基于多吡唑阴离子配体的配位聚合物是[Cu$_2$(mbpz)]和[Ag$_2$(mbpz)]（H$_2$mbpz = 3,3′,5,5′-tetramethyl-4,4′-bipyrazole）[81, 82]。在这些配位聚合物中，吡唑阴离子将线形配位一价铜或银离子连接成经典的平面三角形单元。由于四个甲基的存在，mbpz^{2-}中两个吡唑环无法共平面而具有大约70°的二面角。上述节点和连接子的特性完全吻合经典的高对称性3-连接(10,3)-a(srs)拓扑的几何要求（图 21-7）。除了具有立方对称性的 srs 网，这些配位聚合物还可以组装成三维3-连接的低对称性 nof 网络，原因是 mbpz^{2-}可以呈现多种构象。经过八重和四重穿插后，nof 和 srs 两种异构体留下了很小或中等的孔洞率，但仍然能表现出气体吸附和客体诱导的结构变化。单晶结构分析表明，srs 异构体中的 mbpz^{2-}可以在吸附不同客体时产生构象分化，导致结构复杂性大大增加[83]。

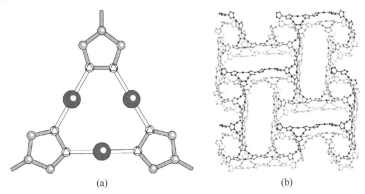

(a)   (b)

图 21-7　srs-[Cu$_2$(mbpz)]的三核簇（a）和单个配位（b）网络结构（清晰起见，省略了甲基和氢原子）

一价铜或银离子和脱质子的 3,3′,5,5′-四苯基-4,4′-联吡唑（H$_2$pbpz = 3,3′,5,5′-tetraphenyl-4,4′-bipyrazol）组装可以分别获得具有二重穿插 srs 拓扑的多孔框架[Cu$_2$(pbpz)]（CFA-2）或无孔的二维 hcb 结构[Ag$_2$(pbpz)]（CFA-3）。CFA-2 穿插数较低是由于苯环占据了较大的空间，其结构也可以随吸附溶剂分子的变化而产生变化。除了一价金属吡唑化合物典型的荧光性质之外，CFA-2 还能被叔丁基过氧化氢的乙腈溶液或纯 O$_2$ 氧化成二价铜化合物，并且可以通过在二甲基甲酰胺中加热重新被还原回 CFA-2 且保持结晶性[84]。

一价铜离子和 3,3′,5,5′-四乙基-4,4′-联吡唑阴离子（H$_2$ebpz = 3,3′,5,5′-tetraethyl-4,4′-bipyrazole）构成的配位聚合物[Cu$_2$(ebpz)]不但含有平面三角形三核基元 Cu$_3$(pz)$_3$，还含有折叠四边形基元 Cu$_4$(pz)$_4$。因此，该结构具有一个较复杂的二重穿插(3, 4)-连接三维拓扑结构。[Cu$_2$(ebpz)]具有两步 N$_2$ 吸附等温线，被归因于柔性乙基导致的开门效应。虽然这个结构含有一价铜离子，却具有非常好的热稳定性（420℃）、水甚至弱酸碱（pH = 3～11）稳定性。由于乙基的高度疏水性，该化合物可以选择性地从水中吸附痕量有机分子，如苯、甲苯、二甲苯和它们的混合物[85]。

经典的八面体形金属羧酸簇 Zn$_4$O(RCOO)$_6$ 中的羧酸根可以被吡唑部分取代。例如，立方对称性的[Zn$_4$O(bdc)$_3$]（MOF-5；H$_2$bdc = 1,4-benzenedicarboxylic acid）中 2/3 的对苯二甲酸根可以被 mbpz^{2-}替换，构成具有四方对称性的[Zn$_4$O(mbpz)$_2$(bdc)]（MAF-X10），其中联吡唑配体将氧心四核簇连接成二维 sql 层，再被 bdc^{2-}相互连接成三维结构（图 21-8）。由于多氮唑配位能力更强，加上配体上甲基的疏水屏蔽作用，MAF-X10 比 MOF-5 更疏水而且在潮湿环境中更稳定[86]。使用其他类似 bdc^{2-}的线形二酸配体，还可以合成[Zn$_4$O(mbpz)$_2$(abdc)]（MAF-X11，H$_2$abdc = 2-amino-1,4-benzenedicarboxylic acid）、[Zn$_4$O(mbpz)$_2$(ndc)]（MAF-X12，H$_2$ndc = naphthalene-1,4-dicarboxylic acid）和[Zn$_4$O(mbpz)$_2$(bpdc)]（MAF-X13，H$_2$bpdc = biphenyl-4,4′-dicarboxylic acid）。和其他同构或同网络多孔配位聚合物相比，MAF-X11 因为羧酸配体具有较大的芳香共轭性而且被 mbpz^{2-}相互阻隔而可以产生较强的可

见荧光，可被 O_2 有效地猝灭[87]。将可以发射可见光的 8-羟基喹啉铝（Ⅲ）配合物作为客体，可以将 MAF-X10 的近紫外荧光发射转变成 8-羟基喹啉铝（Ⅲ）的绿色荧光输出，用于对 O_2 的可视传感[88]。MAF-X13 则因为具有较大的孔径，可以对氟利昂 R22（$CHClF_2$）表现出Ⅳ型的吸附等温线和较大的吸附脱附工作容量[89]。

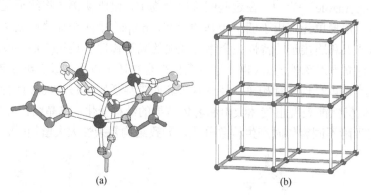

图 21-8 （a）$Zn_4O(Rpz)_4(RCOO)_2$ 簇（Rpz 为吡唑阴离子）的结构（清晰起见，省略了甲基和氢原子）；（b）MAF-X10 的拓扑（联吡唑和对苯二甲酸分别简化为实心和空心棍子）

除了用二酸配体和联吡啶配体混配，还可以采用同时含有羧酸根和吡唑环的桥连配体构筑类似 MOF-5 的多孔材料。一个典型的例子是[$Zn_4O(mpzc)_3$]（H_2mpzc = 3,5-dimethyl-pyrazole-4-carboxylic acid）。虽然该化合物具有较小的孔尺寸和比表面积（$840m^2/g$），其热、化学和机械稳定性都非常高，而且能够在潮湿的环境中捕获有毒的有机蒸气[90]。由于配体上没有甲基，同构的[$Zn_4O(pzc)_3$]（H_2pzc = 4-pyrazolecarboxylic acid）在水中会被部分破坏。由于一些配体被水分子取代，结构中的四核簇转变为三核簇[91]。

虽然二价锌离子和二价钴离子都可以采取四面体配位，吡唑阴离子和羧酸的配位模式可以非常相似，而且在相关结构中这些构筑基元经常可以互换[92]，但完全基于二价钴离子和二羧酸配体或完全基于二价锌离子和联吡唑配体的类 MOF-5 材料至今未被报道。不过，基于二价钴离子和联吡啶配体的类 MOF-5 结构已经有两例，其中的桥连配体分别是由苯和丁二炔连接的直线形双吡唑。二者由于双吡唑配体的长度和体积差别，分别表现为非穿插和二重穿插[93, 94]。这些结果表明，二价锌离子和二价钴离子在配位聚合物组装和结构方面有值得关注的差异性。

平面四边形配位的金属离子和多吡唑配体组合，可以得到 8-连接的四棱柱形四核簇（图 21-9）。例如，二价铜离子和线形配体 $mbpz^{2-}$ 组装可以得到具有 8-连接 *bcu* 拓扑的[Cu(mbpz)]。由于孔径较小而且具有配位不饱和的金属离子，该结构对气体分子的吸附亲和力比较大[95]。用三角形的苯联三吡唑阴离子配体（H_3btp = 1,3,5-tris(1*H*-pyrazol-4-yl)benzene），则可以和二价镍或二价铜离子组装成具有(3, 8)-连接 *the* 拓扑的[Ni(btp)]或[Cu(btp)]。这些结构都具有很高的热和化学稳定性[96]。二价镍离子也可以采取八面体配位，构成 12-连接的立方形八核簇 $Ni_8(\mu_4\text{-}OH)_4(\mu_4\text{-}H_2O)_2(pz)_{12}$。用线形联吡唑或吡唑羧酸连接这些簇，可以构筑出一系列孔径和比表面积不同的立方 *fcu* 框架结构[97, 98]。

1,2,3-三氮唑和四氮唑阴离子也可以呈现吡唑配位模式，但它们能构筑的结构往往和基于吡唑配体的结构有一定差别。例如，上述中性 8-连接的四棱柱形四核簇都含有吡唑，而 1,2,3-三氮唑和四氮唑倾向于与八面体配位的过渡金属离子构成同样是 8-连接四棱柱形，但中心含有氯离子的四核簇 $M_4(\mu_4\text{-}Cl)(L^T)_4(pz)_8$（$L^T$ = 终端配体）。很多八面体配位的二价金属离子都可以和平面三角形的三联四氮唑或三联 1,2,3-三氮唑配体构筑成阴离子型多孔 *the* 框架[99]。在这些结构中，抗衡阳离子可以被其他金属离子交换以调控吸附性质。用平面四边形的四联四氮唑配体，则可以构筑出(4, 8)-连接的三维 *scu* 网络[100]。

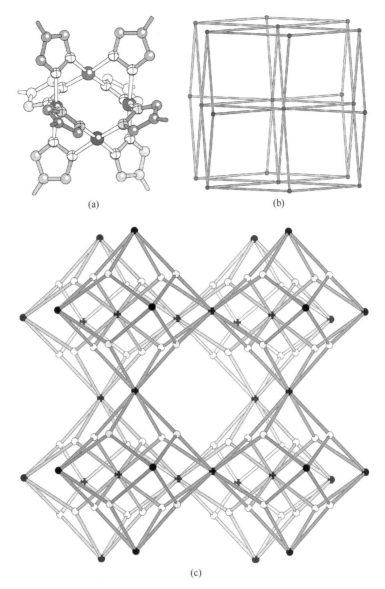

图 21-9　（a）Cu$_4$(Rpz)$_8$ 簇的结构；（b）[Cu(mbpz)]的 8-连接 *bcu* 拓扑；（c）[Cu(btp)]的(3, 8)-连接 *the* 拓扑

21.4.2　基于链的三维框架

第一例基于金属吡唑链结构单元的配位聚合物是[Co(bdp)]和同构的[Zn(bdp)]（H$_2$bdp = 1,4-benzenedipyrazole）。因为二价钴和锌离子是四面体配位，一维 M(pz)$_2$ 链具有四次对称性，[Co(bdp)]/[Zn(bdp)]具有四方对称性的三维框架和有效边长约 1.0nm 的正方形一维孔道（图 21-10）[101, 102]。有意思的是，[Co(bdp)]在无客体状态显著收缩使孔道变成菱形，并且在吸附氮气时表现出多步等温线。不过，可能由于 ZnN$_4$ 四面体的立体化学刚性，[Zn(bdp)]是刚性框架。用弯曲的 1,3-苯联二吡唑作为桥连配体，也可以获得相同网络连接的多孔框架，但因为配体的扭曲而具有较小的孔洞率[102]。

和[Co(bdp)]同构的多孔框架很多。在苯联二吡唑配体上引入不同的官能团，可以调控孔道的尺寸、框架的刚柔性以及气体吸附分离性能[95, 103, 104]。[Zn(bpz)]和[Co(bpz)]（H$_2$bpz = 4,4′-bipyrazole）由于具有最短而且较为刚性的配体，其正方形一维孔道的有效边长只有 0.6nm，而且均为刚性结构[105]。由于金属吡唑链中相邻吡唑环靠得很近，难以容纳一个吡唑环或苯环，这种结构基元在构筑三维多

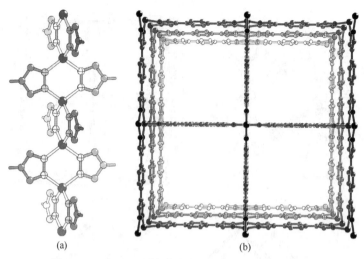

图 21-10 Co(Rpz)₂ 链（a）和[Co(bdp)]（b）的结构

孔框架时可以避免网络穿插。不过，如果线形二联吡唑配体是由炔基连接的而且足够长，也可以构筑出与[Zn(bdp)]同网络但二重穿插的多孔框架[106]。

用含有吡唑基和羧酸根的双功能配体也可以构筑出类似于[Co(bdp)]的多孔框架。例如，用直线形的 3,5-二甲基吡唑苯甲酸［H₂mpba = 4-(3,5-dimethylpyrazol-4-yl)benzoic acid］和硝酸锌反应，可以得到与[Co(bdp)]同网络的[Zn(mpba)]（MAF-X8，图 21-11）。需要指出的是，虽然在这些四方对称性的三维框架中，吡唑和羧酸根的配位模式十分相似，但使用线形二羧酸难以构筑同构的配位聚合物。由于配体 mpba²⁻ 的桥连长度小于 bdp²⁻ 的，而前者具有额外的两个甲基，MAF-X8 具有更小和更褶皱的一维通道。高度有序的 MAF-X8 微晶可以生长在不锈钢针的表面上用作固相微萃取的吸附材料，对非极性苯系物表现出很高的富集因子和选择性。热重动力学实验和理论模拟表明，极性分子与 MAF-X8 孔壁和晶体表面的未配位羧酸氧具有较强的氢键作用，导致其吸附速率远小于非极性的分子。对具有平直和惰性孔壁的[Zn(bdp)]，类似的作用几乎可以忽略[107]。另外，理论模拟研究还表明，由于其独特的孔道形状，MAF-X8 的孔道能使对二甲苯堆叠较好，从而有利于二甲苯异构体的分离提纯[108]。

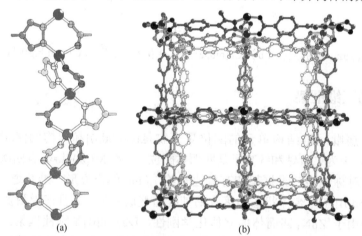

图 21-11 Zn(Rpz)(RCOO)链（a）和 MAF-X8（b）的结构

四次对称的 M(pz)₂ 链还可以被 V 形或者三角形联吡唑连接成三维框架[96, 102]。例如，用正三角形的苯联三吡唑和二价锌或二价钴组装，可以得到具有非常狭窄一维孔道和相对较大比表面积的三维框架[96]。在线形联吡唑构筑的框架中，金属吡唑链是平行排列的。在三角形联吡唑构筑的框架中，金属吡唑链具有相互正交的两个走向。

　　[Ni(bdp)]虽然与[Co(bdp)]/[Zn(bdp)]具有相同的配位连接和网络拓扑，但前者具有正交对称性和菱形孔洞（图 21-12），原因是平面四边形配位的二价镍使得 M(pz)$_2$ 链具有二次对称性[109]。和四次对称 M(pz)$_2$ 链类似的是，二次对称的链也可以避免穿插，从而被不同长度的线形双吡唑配体连接起来而形成同网络但孔径不同的多孔框架结构[103, 105-106]。有意思的是，虽然使用同一个含炔基桥的细长配体，含二价锌的[Zn(bpeb)]〔H$_2$bpeb = 1,4-bis((1H-pyrazol-4-yl)ethynyl)benzene〕是二重穿插的[106]，但含二价镍的[Ni(bpeb)]是不穿插的[109]。从晶体结构上可以看出，[Ni(bpeb)]中相邻炔基桥间距的确是比较短，无法像[Zn(bpeb)]那样容纳另一个网络的炔基桥。另外，这些最高对称性为正交的多孔框架不但化学稳定性很高，还都具有明显柔性。

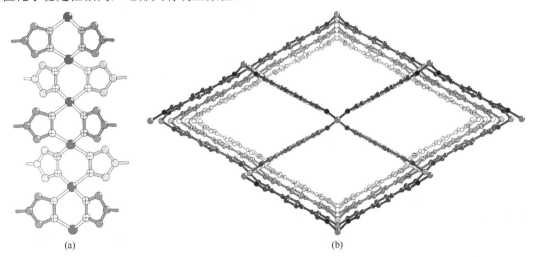

(a)　　　　　　　　　　　　　　　　　(b)

图 21-12　Ni(Rpz)$_2$ 链（a）和[Ni(bdp)]（b）的结构

　　用线形的联 1,2,3-三氮唑或四氮唑配体，结合八面体配位金属离子，也可以构筑类似的具有正交对称性和菱形一维孔道的三维多孔框架[110-112]。在这些结构中，金属离子除了采用平面四边形几何与吡唑配位模式的多氮唑环配位，还在其轴向顶点与两个溶剂分子配位构成完整的八面体配位构型。通常，这些配位溶剂分子能被部分或全部脱去，导致框架变形或产生强吸附位点。

　　三价八面体构型的金属离子和吡唑构筑的六次对称性 M(pz)$_3$ 链可以被线形联吡唑配体连接成具有三角形一维孔道的三维多孔框架，如[Fe$_2$(bdp)$_3$]和[Fe$_2$(bpeb)$_3$]（图 21-13）。这些基于三价铁离子和吡唑阴离子的多孔材料具有非常高的热和化学稳定性，而且可以通过改变桥连配体的长度调控孔道尺寸、比表面积、框架刚柔性以及吸附分离性质[106, 113]。吡唑环和三价金属离子并不是构筑具有六次对称性 M(pz)$_3$ 链所必需的。例如，二价铁离子可以和线形苯联双四氮唑以 2∶3 的比例（三个配体脱去四个质子）组装成两种异构的框架。一种异构体结构与[Fe$_2$(bdp)$_3$]类似，其中每条金属链与邻近的六条相互连接。另一种异构体则是每条链与毗邻的四条相连，其中两个连接是由两个笔直的单配体提供的，另外两个连接是由两对弯曲的配体提供的[114, 115]。

21.5　三氮唑阴离子配位模式

21.5.1　1,2,3-三氮唑配位模式

　　1,2,3-三氮唑的三个氮原子处于相邻的位置，适合用于组装寡聚多核配合物，或在配位聚合物组装中构建多核簇状结构单元。许多二价过渡金属离子都可以和 1,2,3-三氮唑阴离子构成一种含五个金

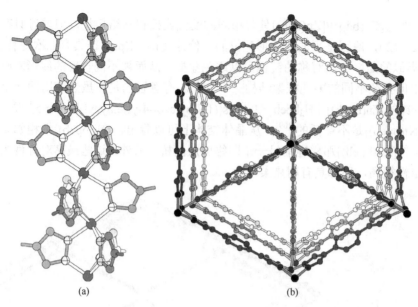

图 21-13　Fe(Rpz)$_3$ 链（a）和[Fe$_2$(bdp)$_3$]（b）的结构

属离子和六个配体的四面体形五核簇[M$_5$(vtz)$_6$]$^{4+}$（Hvtz = 1,2,3-triazole）。这个簇中，六个配体处于四面体的六条边上；一个金属离子处于四面体的中心，和六个配体的 2-位氮原子构成八面体配位；另外四个金属离子处于四面体的四个顶点，分别和三个配体的 1,3-位氮原子构成三角锥配位（金属离子处于锥顶）。暴露在四面体顶点的金属离子通常还与其他配体结合以达到较稳定的四面体配位或五配位。使用双端桥连配体可以连接这些五核簇的顶点形成三维网络[116-118]。

　　将这种五核簇相互连接的另一种典型方法是针对指向具有八面体对称性的六个配体进行扩展。例如，用完全脱质子的苯并双三氮唑［H$_2$bbta = 1H,5H-benzo（1,2d：4,5-d′）bistriazole］作为桥连配体，可以将上述五核簇连接成简单立方 6-连接 *pcu* 网络[Zn$_5$Cl$_4$(bbta)]（MFU-4，图 21-14）[119]，与经典的基于氧心四核锌和对苯二甲酸根的 MOF-5 拓扑相同。五核簇的外围锌离子被氯离子封端达到稳定的四面体配位和电荷平衡。由于五核簇比较大，而苯并双三氮唑桥连距离较短，MFU-4 的孔窗直径非常小，可以用于选择性筛分气体分子[120]。类似于 MOF-5，用加长版的苯并双三氮唑配体可以获得孔径更大的同构材料 MFU-4l[121]。在该材料中，五核簇外围的二价锌离子可以被二价钴

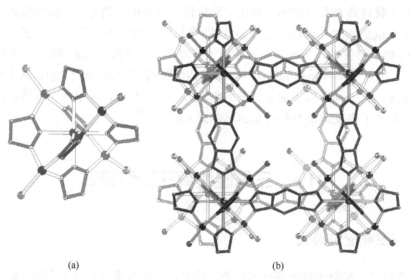

图 21-14　Zn(vtz)$_6$Cl$_4$ 簇（a）和 MFU-4（b）的结构

离子交换以获得较好的催化活性[122]，或被二价铜离子交换并进一步还原成一价铜离子以获得极强的气体吸附能力[123]。此外，用非平面的双三氮唑配体，还可以将上述的五核簇连接成 6-连接 *acs* 拓扑网络[124]。

用其他金属的氯化物和苯并双三氮唑反应，则可以组装成成分与 MFU-4 相似但结构完全不同的 [M₂Cl₂(bbta)(H₂O)₂]（M = Mn，Fe，Co，Ni，Cu；MAF-X25 等）。在 MAF-X25 中，金属离子和氯离子形成三次对称性的螺旋链，再被苯并双三氮唑阴离子在三个方向上相互连接形成具有蜂巢状一维孔的三维框架（图 21-15）。和 MFU-4 不同的是，MAF-X25 中的全部金属离子都呈八面体配位，含一个易于脱去的端基配位水并暴露在孔表面。MAF-X25 中的大量配位不饱和金属位点不但可用于增强吸附，还可以在框架不被破坏的前提下被氧化成三价以获得更好的催化和吸附效果[125, 126]。此外，在碱性水溶液中，暴露在孔表面的氯离子会被氢氧根替换，使得材料的电催化氧化水产氧活性大大增强[127]。

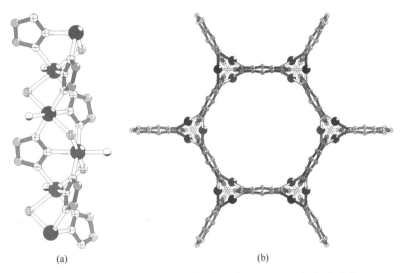

(a)　　　　　　　　　　(b)

图 21-15　Mn₂Cl₂(vtz)₂(H₂O)链（a）和 MAF-X25（b）的结构

咪唑、吡唑及 1,2,4-三氮唑阴离子都由于体积和桥连长度之比太大而难与八面体金属离子组装成二元配位聚合物。不过，四面体形五核簇[M₅(vtz)₆]⁴⁺可以共四面体顶点的方式相互连接成具有 *dia* 拓扑和超窄三维孔道的中性二元配位聚合物[M₃(vtz)₆]。2009 年，Zuo 等报道了[Cd₃(vtz)₆]，其单晶结构具有和理想 *dia* 网络完全相同的对称性[128]。由于二价铜离子具有 Jahn-Teller 效应和变形八面体配位，[Cu₃(vtz)₆]具有相同的配位连接却在常温结晶于四方晶系（在高温和 Cd 化合物同构）[129]。Yaghi 等用镁、铁、钴、铜、锌离子合成了该结构的粉晶样品，用粉末衍射说明它们与[Cd₃(vtz)₆]同构，并观察到由于离子半径的差别导致的孔径和吸附量差异[130]。Zhang 等则通过单晶 X 射线衍射和 H₂、N₂、CO₂ 和 C₂H₂ 吸附实验证实，二价锌、锰和镉离子相差 0.01nm 的半径可以有效调控这个多孔结构的孔径，对尺寸差别极小或四极矩方向相反的气体分子产生差别很大的吸附行为[131]。这个基于多核簇的高对称性多孔钻石网结构比较特殊，很难用其他有机配体替换其中的 vtz⁻。例如，苯并三氮唑虽然很容易形成四面体形五核簇[M₅(vtz)₆]⁴⁺，但其较大的苯环无法被上述钻石网结构容纳。不过，四氮唑阴离子配体也可以采取 1,2,3-三氮唑阴离子的配位模式，组装出相同的配位聚合物结构[132, 133]。最早的一个例子是 2005 年 Xiong 等报道的 5-甲基四氮唑锌(Ⅱ)，其中甲基和未配位的氮原子无序分布[132]。

根据电荷平衡的要求和金属离子的配位特性，一价ⅠB 族金属离子可以采取三配位与 1,2,3-三氮唑阴离子 1∶1 组合，构成二元配位聚合物。1,2,3-三氮唑铜(Ⅰ)是一个简单的铁轨状一维链，其中金属离子和配体都是三配位。苯并三氮唑银(Ⅰ)是一个 3-连接二维 *sql-a* 网络，其中的金属离子和配体也都是三配位。苯并三氮唑铜（Ⅰ）则形成一条复杂的立体链状结构，其中一价铜有线形配位、三角形配位和四面体配位，但平均配位数是 3。

21.5.2　1,2,4-三氮唑配位模式

同样是具有三个氮原子配位点，1,2,4-三氮唑较为发散的配位方向使其适合直接用于构筑高维配位聚合物。一价 IB 族金属离子可以采用三角形配位模式与 1,2,4-三氮唑阴离子及衍生物组合，构成具有 3-连接拓扑结构的二维或三维配位聚合物。1,2,4-三氮唑衍生物和一价铜离子构成的 3-连接网络中，节点间距离只有大约 0.3nm，但由于 3-连接拓扑的低密度特性，仍然足以构成一些多孔结构。

最简单的 [Cu(tz)]（Htz = 1,2,4-triazole）可以简化成含有四元环和八元环的 3-连接二维 *sql-a* 拓扑，也可以基于平面双核单元作为节点简化成含有四元环的 4-连接 *sql* 拓扑。由于节点间距离很小，这些八元环或四元环不存在开口[134]。在三氮唑上引入一个氨基后，仍然可以形成相同的拓扑结构。但是，由于八元环内的空间不足以容纳氨基，二维层变形成波浪状。在不同的结晶条件下，波浪状二维层可以采取不同的堆积模式[135]。引入两个氨基，则无法再保持二维 *sql-a* 拓扑，而是生成二重穿插的三维 3-连接 *lvt-a* 拓扑[136]。值得指出的是，*lvt-a* 和 *sql-a* 拓扑都是由平面四元环（对 3-连接拓扑来说是平面四元环节点；对 4-连接拓扑来说则是平面四边形节点）相互连接而成的，区别在于相邻四元环的二面角有明显不同。作为三维网络，*lvt-a* 拓扑具有很低的节点密度，因此单个配位聚合物网络比较空旷。但是，经过二重穿插后，双氨基和双甲基三氮唑铜（Ⅰ）都成为无孔致密结构[136, 137]。双甲基-1,2,4-三氮唑铜（Ⅰ）可以结晶成三种 3-连接异构体（*lvt-a*，*lig*，*etf*）[138]，其中一种是和双氨基-1,2,4-三氮唑铜（Ⅰ）同构的。在这些结构中，相邻平面双核结构单元（即 3-连接网络中的平面四元环）之间氨基/甲基之间的位阻效应应该是影响其连接模式的主要原因。

取代基改成更大的乙基或丙基时可以获得同样基于平面四元环，但相邻二面角为 90°，具有立方对称性的 3-连接三维 *nbo-a* 拓扑结构 [Cu(detz)]（MAF-2；Hdetz = 3, 5-diethyl-1,2,4-triazole）（图 21-16）和 [Cu(dptz)]（MAF-2P；Hdptz = 3,5-dipropyl-1,2,4-triazole）[134, 137, 139]。3-连接 *nbo-a* 拓扑的主体框架构造了一个具有 8-连接体心立方 *bcu* 拓扑的孔道结构，其中较大的笼状孔道通过较小的六元环相互连接。虽然较大的取代基占据了许多空间，但 MAF-2 和 MAF-2P 仍然存在大约 40% 和 15% 的孔洞率。在立方状态下，MAF-2 和 MAF-2P 中乙基和丙基都是无序的，无法判断相邻笼状孔穴是否可以相互连通。不过，除了吸附苯饱和的状态，MAF-2 在无客体状态或吸附甲醇或乙醇的状态下会收缩成三方对称性使结构变得有序，并且可以看出相邻笼状孔穴是被乙基完全隔断的。由于乙基的热运动随温度升高而剧烈，MAF-2 可以在 77K 和 195K 表现出反常温度依赖的氮气吸附行为。由于乙基的疏水性，MAF-2 也可以选择性吸附小分子有机溶剂而不吸附更小的水分子。此外，MAF-2 还可以

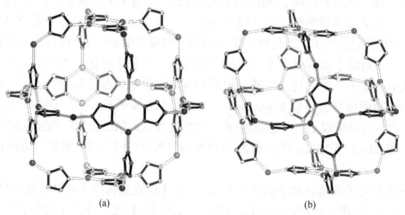

(a)　　　　　　　　　　　　(b)

图 21-16　MAF-2 的立方（a）和三方（b）结构

表现出分子筛分效应，只吸附苯而不吸附更大的环己烷[139]。由于 MAF-2 具有柔性，其吸附等温线通常呈 S 型。利用这个特点，可以用于高效储存高纯乙炔[140]。

继续加大取代基或增加配体的复杂性，会导致局部配位构型变得难以预测。亚甲基连接的双三氮唑配体 btm²⁻[H₂btm = bis(5-methyl-1*H*-1,2,4-triazol-3-yl)methane] 可以与一价铜离子组装成三维多孔框架[Cu₄(btm)₂]（MAF-42），其中配体的所有氮原子都参与配位，而铜离子虽然平均配位数是 3，但呈现线形、T 形和四面体形配位模式（图 21-17）。MAF-42 中低配位数的一价铜离子与铜蛋白中的活性中心相似，可以活化空气中的氧气，并将配体中柔性疏水的亚甲基氧化成刚性亲水的羰基。因为 MAF-42 的氧化是一种无溶剂条件下固体和气体的反应，其结构修饰程度可以通过样品质量进行监控，或通过反应时间进行精确控制。通过不同程度的氧化修饰，可以按需调控 MAF-42 晶体的刚柔性和孔道表面的亲疏水性。混合气体吸附表明，经过适当的氧化修饰后，二氧化碳/甲烷选择性可以从 28 提高到 700；而对甲烷/乙烷混合物则可以将吸附选择性改变四个数量级，甚至从选择性吸附甲烷变成选择性吸附乙烷[74]。

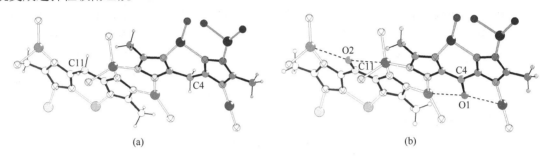

图 21-17　MAF-42（a）及其被氧气氧化后（b）的晶体结构

一价银和一价铜离子可以表现相同的配位模式，而且和 1,2,4-三氮唑阴离子类配体组装时也可以获得一些同构配位聚合物[141, 142]。但是，更多情况下，两种离子和 1,2,4-三氮唑阴离子组装会得到不同的配位聚合物结构。双异丙基-1,2,4-三氮唑银(Ⅰ)在六个苯分子构成的孔明锁形模板的作用下，可以形成和 MAF-2/MAF-2P 同构的立方 *nbo-a* 结构，但无法在不破坏框架的情况下脱除模板分子[143]。银离子较大的半径使其配位具有更强的离子性，导致双苯基、双三氟甲基、双丙基和双异丙基-1,2,4-三氮唑等阴离子配体配位数超过 3。[Ag(bftz)][FMOF-1；Hbftz = 3,5-bis (trifluoromethyl)-1,2,4-triazole] 是一个具有四方对称性的三维多孔结构，其中部分金属离子和配体是正常的三配位，但其他三氮唑配体采取五配位，金属离子则采取四配位[144]。FMOF-1 具有显著的柔性，可以对客体和温度变化产生很大的结构响应[145]。而且，可能因为上述非常规配位构型稳定性较低，加热 FMOF-1 再将其加入甲苯/乙腈混合溶剂中重结晶可以得到具有六方对称性和更大孔道，并含有甲苯客体的异构体 FMOF-2。该异构体中，所有三氮唑阴离子都是正常的三配位，银离子则表现出二配位、三配位和四配位（平均为三配位）[146]。

一价银离子还可以和 1,2,4-三氮唑阴离子非等比组合构成阳离子型框架。例如，在氯离子的存在下，一价银离子和 3-氨基-1,2,4-三氮唑阴离子可组装成配位聚合物[Ag₆Cl(atz)₄]OH。金属离子和配体构成 3-连接 *dia-f* 拓扑的阳离子框架，其中金属离子和配体分别采取线形配位和正常的三配位。经过五重穿插后，形成一大一小两种一维孔道。较小的孔道恰好适合填充氯离子，使其与相邻两个网络的八个银离子形成立方形配位。较大的孔道则填充客体和抗衡阴离子。有意思的是，该配位聚合物脱客体后其阳离子框架变成六重穿插，重新吸附客体后又能恢复五重穿插[134]。用溴离子或 3-甲基-1,2,4-三氮唑也可以合成同构的配位聚合物。但是，由 3-甲基-1,2,4-三氮唑阴离子构成的两个同构化合物在脱客体后只发生框架收缩变形，而不发生穿插重组，说明亲水的氨基可能协助客体或抗衡阴离子进攻阳离子框架上二配位的一价银离子，从而降低其配位键断裂的能垒[147]。

二价金属离子和1,2,4-三氮唑阴离子组合时，很难使金属离子和配体都配位饱和。不过，一些二价过渡金属离子可以和1,2,4-三氮唑阴离子以1:1组合构成阳离子型3-连接网络，如三维的 *etb*、*eta*、*lig*、*nbo-a* 以及二维的 *sql-a*，再由其他配位阴离子补足金属离子的配位数和晶体的电荷平衡[148-151]。值得指出的是，二维 *sql-a* 阳离子层不但可以用单齿配位的阴离子封端成中性二维层状结构，还可以被各种刚性或柔性的二羧酸相互连接成多孔柱层式结构[152-156]。例如，由草酸根连接氨基三氮唑锌阳离子层形成的超微孔结构，对二氧化碳具有很强的吸附能力[153]。值得指出的是，当吡唑或四氮唑等在合适的位置增加一个吡啶基时，它们也可以作为加长版的三氮唑构筑配位聚合物。

21.6 其他配位模式

四氮唑阴离子可以采取咪唑、吡唑、三氮唑或四氮唑的配位模式，在配位聚合物设计与合成中比较难预测和控制。对二元配位聚合物来说，能使四氮唑阴离子达到配位饱和的只有少数具有四面体配位的一价离子，如锂、铜和银。这些配位聚合物大多可以简化为基于四面体节点（金属离子）和平面四边形节点（配体）的三维4-连接拓扑，如 *ptr* 和 *pts*[157-160]。如果将配位聚合物的组成扩展为三元或三元以上，配体中的四氮唑环会比较容易达到饱和四配位。例如，由三角形联四氮唑配体和氯心四核四棱柱簇构成的(3, 8)-连接 *the* 网络中，四氮唑配体虽然采取的是吡唑配位模式，但可以进一步结合金属离子达到饱和配位。由于金属离子或配体的配位角度和长度等限制，在很多配位聚合物中，多氮唑阴离子的配位数会低于其氮原子数。此外，多氮唑阴离子还可以表现出单齿配位或混合配位模式，从而给相应的配位聚合物带来独特的结构和性质。

咪唑阴离子的配位能力很强，在绝大多数情况下其两个氮原子都参与配位。在咪唑环上连上具有配位能力的官能团，再加上合理的分子设计，有可能获得单齿配位的咪唑阴离子。例如，邻菲咯啉并咪唑（Hip = 1*H*-imidazo[4,5-f][1,10]phenanthroline）通常以邻菲咯啉端螯合金属离子，而咪唑端不参与配位。溶剂热条件下与氢氧化锌或金属锌反应，Hip 可以脱去质子并与二价锌离子组装成高对称性的多孔配位聚合物$[Zn_7(ip)_{12}](OH)_2$（MAF-34）。在 MAF-34 中含有两种锌离子，一种被三个 ip^- 配体的邻菲咯啉端螯合形成典型八面体构型，另一种和四个 ip^- 配体的咪唑端配位形成沸石型金属咪唑框架中的典型四面体构型（图 21-18）。将八面体配位和四面体配位的锌离子分别看作 3-连接和 4-连接节点，ip^- 配体看作连接子，MAF-34 可以被简化成(3, 4)-连接的氮化碳（C_3N_4，*ctn*）拓扑。由于网络拓扑的限制和配体的空间位阻效应，ip^- 配体上的咪唑阴离子的一个氮原子没有参与配位。虽然这个氮原子的碱性由于邻菲咯啉端的加入而低于普通的咪唑阴离子，但仍然可以对二氧化碳表现出较强的吸附亲和力[161]。

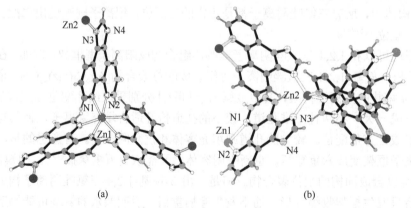

(a)　　　　　　　　(b)

图 21-18 MAF-34 中的六配位（a）和四配位（b）锌离子

　　当金属离子和配体具有合适的排列方式时，四氮唑阴离子也可以单齿配位。例如，二价锌盐和三角形的苯联三四氮唑（H_3ttb = 1,3,5-tris(tetrazol-5yl)benzene）反应可以合成[Zn_2(Httb)$_2$]（CPF-6）、[Zn(DMA)$_6$][Zn_6(Httb)$_4$(ttb)$_2$]和[Zn_2Cl_2(Httb)]等高对称性配位聚合物。在这些结构中，由于相邻配体的四氮唑环之间距离合适，配体容易出现部分脱质子的情况。而且，四氮唑或四氮唑阴离子呈现出咪唑、吡唑甚至是单齿配位模式[162, 163]。值得一提的是 CPF-6，其三个四氮唑环中的一个是吡唑配位模式，另外两个是单齿配位，将四面体配位的锌离子连接成一个三维多孔框架。CPF-6 的结构特点是孔径适中，孔壁很薄（厚度相当于一个碳原子的直径），而且具有大量未配位氮原子，因此可以对氢气和二氧化碳具有较高的吸附能力[162]。

　　带有吡啶基的多氮唑阴离子衍生物可以看作是扩展型的多氮唑阴离子配体。作为 3-连接节点，1,2,4-三氮唑阴离子能提供的节点间距离是非常短的。当三氮唑环带有较大取代基时，三氮唑阴离子容易只使用部分氮原子参与配位。当三氮唑环带有 2-吡啶基时，配体容易形成两个双齿螯合位点，使其配位模式比较容易预测。例如，[Cu(dpt22)]〔Hdpt22 = 3,5-bis(2-pyridyl)-1,2,4-triazole〕中，一价铜离子采取四面体配位被两个配体双齿螯合，而配体采取四配位与两个铜离子连接构成链状或环状分子。因为三氮唑环可以有咪唑和吡唑两种配位模式，加上链状配位聚合物的取向多样性，该体系可以结晶成四元环、折叠链、螺旋链和拉链状超分子异构体[164]。当吡啶基的氮原子改到 3-位或 4-位后，双吡啶基-1,2,4-三氮唑的五个氮原子呈分散排布，其配位模式就变得很难预测了。

　　双吡啶基-1,2,4-三氮唑的两个吡啶基上氮原子可以放在不同的位置，其中 3-(2-吡啶基)-5-(4-吡啶基)-1,2,4-三氮唑阴离子〔Hdpt24 = 3-(2-pyridyl)-5-(4-pyridyl)-1,2,4-triazole〕与二价过渡金属离子的配位模式很容易预测。通常，一个二价过渡金属离子可以被两个 dpt24$^-$ 配体用 2-吡啶基和其中一个三氮唑氮原子双齿螯合，构成中性配合物。二价过渡金属离子还倾向于和来自另外两个配体的 4-吡啶基配位以满足八面体配位，进而连接成基于平面四边形节点的 4-连接网络。有意思的是，两个二齿螯合配体在八面体配位金属离子上有顺式和反式两种排列方式，可以产生独特的超分子异构和超分子异构化现象[165]。因为这些 4-连接网络中金属离子之间的间隔比较大，无论是二维 *sql* 还是三维 *nbo* 网络都具有一定的多孔性。三氮唑环上两个未配位氮原子通常是这些多孔结构中吸附活性最大的位点[166]。

21.7　总　　结

　　得益于结构设计和性质上的许多优势，含多氮唑阴离子型配体的配位聚合物近年来获得了广泛关注。本章基于几种典型的多氮唑阴离子配位模式，分类介绍了相关配位聚合物的主要结构类型、设计思路和部分性质特点。金属多氮唑框架可以呈现许多其他类型配位聚合物难以获得的结构和功能。例如，目前绝大多数的沸石型多孔配位聚合物都是由咪唑配位模式的多氮唑配体构筑的。对吡唑和 1,2,3-三氮唑而言，它们不但可以构筑不常见的簇基和链基配位聚合物，还可以借鉴常规羧酸和吡啶类配体的分子设计方式。目前，金属多氮唑框架主要被用于设计合成新颖的多孔材料，在高稳定性和孔表面调控方面已经体现出许多优势。随着相关研究的持续积累，相信金属多氮唑框架类配位聚合物还有很大的发展空间。

（张杰鹏）

参 考 文 献

[1]　　Robson R. Design and its limitations in the construction of bi-and poly-nuclear coordination complexes and coordination polymers（aka

MOFs）：a personal view. Dalton Trans，2008，38：5113-5131.

[2] Tranchemontagne D J，Mendoza-Cortes J L，O'Keeffe M，et al. Secondary building units，nets and bonding in the chemistry of metal-organic frameworks. Chem Soc Rev，2009，38：1257-1283.

[3] Zhang Y B，Zhang J P. Porous coordination polymers constructed from anisotropic metal-carboxylate-pyridyl clusters. Pure Appl Chem，2012，85：405-416.

[4] Zhang J P，Chen X M. Crystal engineering of binary metal imidazolate and triazolate frameworks. Chem Commun，2006，16：1689-1699.

[5] Zhang J P，Zhang Y B，Lin J B，et al. Metal azolate frameworks：from crystal engineering to functional materials. Chem Rev，2012，112：1001-1033.

[6] Chen X M，Tong M L. Solvothermal *in situ* metal/ligand reactions：a new bridge between coordination chemistry and organic synthetic chemistry. Accounts Chem Res，2007，40：162-170.

[7] Tian Y Q，Xu H J，Weng L H，et al. Cu^I(im)：Is this air-stable copper(I) imidazolate ($8_2$10)-net polymer the species responsible for the corrosion-inhibiting properties of imidazole with copper metal? Eur J Inorg Chem，2004，2004：1813-1816.

[8] Huang X C，Zhang J P，Chen X M. One-dimensional supramolecular isomerism of copper(I) and silver(I) imidazolates based on the ligand orientations. Cryst Growth Des，2006，6：1194-1198.

[9] Huang X C，Zhang J P，Chen X M. A new route to supramolecular isomers via molecular templating：Nanosized molecular polygons of copper（ I ）2-methylimidazolates. J Am Chem Soc，2004，126：13218-13219.

[10] Wang Y，He C T，Liu Y J，et al. Copper（ I ）and silver（ I ）2-methylimidazolates：extended isomerism，isomerization，and host-guest properties. Inorg Chem，2012，51：4772-4778.

[11] Huang X C，Li D，Chen X M. Solvent-induced supramolecular isomerism in silver(I) 2-methylimidazolate. CrystEngComm，2006，8：351-355.

[12] Huang X C，Zhang J P，Lin Y Y，et al. Triple-stranded helices and zigzag chains of copper(I) 2-ethylimidazolate：solvent polarity-induced supramolecular isomerism. Chem Commun，2005，17：2232-2234.

[13] Zhang J P，Qi X L，He C T，et al. Interweaving isomerism and isomerization of molecular chains. Chem Commun，2011，47：4156-4158.

[14] Su Y J，Cui Y L，Wang Y，et al. Copper(I) 2-isopropylimidazolate：Supramolecular isomerism，isomerization，and luminescent properties. Cryst Growth Des，2015，15：1735-1739.

[15] Sturm M，Brandl F，Engel D，et al. Die Kristallstruktur von Diimidazolylkobalt. Acta Crystallogr Section B，1975，31：2369-2378.

[16] Lehnert R，Seel F. Darstellung und Kristallstruktur des mangan(Ⅱ)-und zink(Ⅱ)-derivates des imidazols. Anorg Allg Chem，1980，464：187-194.

[17] Tian Y Q，Cai C X，Ji Y，et al. Co_5(im)$_{10}$·2MB：a metal-organic open-framework with zeolite-like topology. Angew Chem Int Ed，2002，41：1386.

[18] Tian Y Q，Cai C X，Ren X M，et al. The silica-like extended polymorphism of cobalt(Ⅱ) imidazolate three-dimensional frameworks：X-ray single-crystal structures and magnetic properties. Chem Eur J，2003，9：5673-5685.

[19] Tian Y Q，Chen Z X，Weng L H，et al. Two polymorphs of cobalt(Ⅱ) imidazolate polymers synthesized solvothermally by using one organic template *N*, *N*-dimethylacetamide. Inorg Chem，2004，43：4631-4635.

[20] Park K S，Ni Z，Cote A P，et al. Exceptional chemical and thermal stability of zeolitic imidazolate frameworks. Proc Natl Acad Sci USA，2006，103：10186-10191.

[21] Tian Y Q，Zhao Y M，Chen Z X，et al. Design and generation of extended zeolitic metal-organic frameworks（ZMOFs）：synthesis and crystal structures of zinc（Ⅱ）imidazolate polymers with zeolitic topologies. Chem Eur J，2007，13：4146-4154.

[22] Huang X C，Zhang J P，Chen X M. [Zn(bim)$_2$]·(H$_2$O)$_{1.67}$：a metal-organic open-framework with sodalite topology. Chin Sci Bull，2003，48：1531-1534.

[23] Huang X C，Lin Y Y，Zhang J P，et al. Ligand-directed strategy for zeolite-type metal-organic frameworks：zinc(Ⅱ) imidazolates with unusual zeolitic topologies. Angew Chem Int Ed，2006，45：1557-1559；黄晓春. 含氮杂环d$_{10}$金属配位聚合物合成、结构及荧光性质研究. 广州：中山大学，2004.

[24] Krishna R，van Baten J M. In silico screening of zeolite membranes for CO$_2$ capture. J Membrane Sci，2010，360：323-333.

[25] Bux H，Liang F，Li Y，et al. Zeolitic imidazolate framework membrane with molecular sieving properties by microwave-assisted solvothermal synthesis. J Am Chem Soc，2009，131：16000-16001.

[26] Venna S R，Carreon M A. Highly permeable zeolite imidazolate framework-8 membranes for CO$_2$/CH$_4$ separation. J Am Chem Soc，2010，132：76-78.

[27] Ordoñez M J C，Balkus Jr K J，Ferraris J P，et al. Molecular sieving realized with ZIF-8/Matrimid® mixed-matrix membranes. J Membrane

Sci，2010，361：28-37.

[28] Ostermann R，Cravillon J，Weidmann C，et al. Metal-organic framework nanofibers viaelectrospinning. Chem Commun，2011，47：442-444.

[29] Chang N，Gu Z Y，Yan X P. Zeolitic imidazolate framework-8 nanocrystal coated capillary for molecular sieving of branched alkanes from linear alkanes along with high-resolution chromatographic separation of linear alkanes. J Am Chem Soc，2010，132：13645-13647.

[30] Ye J W，Zhou H L，Liu S Y，et al. Encapsulating pyrene in a metal-organic zeolite for optical sensing of molecular oxygen. Chem Mater，2015，27：8255-8260.

[31] Zhao P，Lampronti G I，Lloyd G O，et al. Phase transitions in zeolitic imidazolate framework 7：the importance of framework flexibility and guest-induced instability. Chem Mater，2014，26：1767-1769.

[32] Aguado S，Bergeret G，Titus M P，et al. Guest-induced gate-opening of a zeolite imidazolate framework. New J Chem，2011，35：546-550.

[33] Peng Y，Li Y，Ban Y，et al. Metal-organic framework nanosheets as building blocks for molecular sieving membranes. Science，2014，346：1356-1359.

[34] Moggach S A，Bennett T D，Cheetham A K. The effect of pressure on ZIF-8：increasing pore size with pressure and the formation of a high-pressure phase at 1.47 GPa. Angew Chem Int Ed，2009，48：7087-7089.

[35] Fairen-Jimenez D，Moggach S A，Wharmby M T，et al. Opening the gate：framework flexibility in ZIF-8 explored by experiments and simulations. J Am Chem Soc，2011，133：8900-8902.

[36] Zhang J P，Zhu A X，Chen X M. Single-crystal X-ray diffraction and Raman spectroscopy studies of isobaric N_2 adsorption in SOD-type metal-organic zeolites. Chem Commun，2012，48：11395-11397.

[37] Mottillo C，Friščić T. Carbon dioxide sensitivity of zeolitic imidazolate frameworks. Angew Chem Int Ed，2014，53：7471-7474.

[38] Zhang J P，Zhu A X，Lin R B，et al. Pore surface tailored SOD-type metal-organic zeolites. Adv Mater，2011，23：1268-1271.

[39] Cravillon J，Münzer S，Lohmeier S J，et al. Rapid room-temperature synthesis and characterization of nanocrystals of a prototypical zeolitic imidazolate framework. Chem Mater，2009，21：1410-1412.

[40] Nune S K，Thallapally P K，Dohnalkova A，et al. Synthesis and properties of nano zeolitic imidazolate frameworks. Chem Commun，2010，46：4878-4880.

[41] Pan Y，Liu Y，Zeng G，et al. Rapid synthesis of zeolitic imidazolate framework-8（ZIF-8）nanocrystals in an aqueous system. Chem Commun，2011，47：2071-2073.

[42] Zhu A X，Lin R B，Qi X L，et al. Zeolitic metal azolate frameworks（MAFs）from ZnO/Zn(OH)$_2$ and monoalkyl-substituted imidazoles and 1, 2, 4-triazoles：efficient syntheses and properties. Micropor Mesopor Mat，2012，157：42-49.

[43] Beldon P J，Fabian L，Stein R S，et al. Rapid room-temperature synthesis of zeolitic imidazolate frameworks by using mechanochemistry. Angew Chem Int Ed，2010，49：9640-9643.

[44] Lin J B，Lin R B，Cheng X N，et al. Solvent/additive-free synthesis of porous/zeolitic metal azolate frameworks from metal oxide/hydroxide. Chem Commun，2011，47：9185-9187.

[45] Li K，Olson D H，Seidel J，et al. Zeolitic imidazolate frameworks for kinetic separation of propane and propene. J Am Chem Soc，2009，131：10368-10369.

[46] Morris W，Doonan C J，Furukawa H，et al. Crystals as molecules：Postsynthesis covalent functionalization of zeolitic imidazolate frameworks. J Am Chem Soc，2008，130：12626-12627.

[47] Banerjee R，Phan A，Wang B，et al. High-throughput synthesis of zeolitic imidazolate frameworks and application to CO_2 capture. Science，2008，319：939-943.

[48] Banerjee R，Furukawa H，Britt D，et al. Control of pore size and functionality in isoreticular zeolitic imidazolate frameworks and their carbon dioxide selective capture properties. J Am Chem Soc，2009，131：3875-3877.

[49] Diring S，Wang D O，Kim C，et al. Localized cell stimulation by nitric oxide using a photoactive porous coordination polymer platform. Nat Commun，2013，4：3684.

[50] Tian Y Q，Cai C X，Ren X M，et al. The silica-like extended polymorphism of cobalt(Ⅱ) imidazolate three-dimensional frameworks：X-ray single-crystal structures and magnetic properties. Chem Eur J，2003，9：5673-5685.

[51] Wang F，Fu H R，Kang Y，et al. A new approach towards zeolitic tetrazolate-imidazolate frameworks（ZTIFs）with uncoordinated N-heteroatom sites for high CO_2 uptake. Chem Commun，2014，50：12065-12068.

[52] Cui P，Ma Y G，Li H H，et al. Multipoint interactions enhanced CO_2 uptake: a zeolite-like zinc-tetrazole framework with 24-nuclear zinc cages. J Am Chem Soc，2012，134：18892-18895.

[53] Qin J S，Du D Y，Li W L，et al. N-rich zeolite-like metal-organic framework with sodalite topology：high CO_2 uptake, selective gas adsorption and efficient drug delivery. Chem Sci，2012，3：2114-2118.

[54] Karagiaridi O, Lalonde M B, Bury W, et al. Opening ZIF-8: a catalytically active zeolitic imidazolate framework of sodalite topology with unsubstituted linkers. J Am Chem Soc, 2012, 134: 18790-18796.

[55] He C T, Jiang L, Ye Z M, et al. Exceptional hydrophobicity of a large-pore metal-organic zeolite. J Am Chem Soc, 2015, 137: 7217-7223.

[56] Tian J, Lu C, He C T, et al. Rapid separation of non-polar and weakly polar analytes with metal-organic framework MAF-5 coated capillary column. Talanta, 2016, 152: 283-287.

[57] Liu Y, Kravtsov V C, Larsen R, et al. Molecular building blocks approach to the assembly of zeolite-like metal-organic frameworks (ZMOFs) with extra-large cavities. Chem Commun, 2006, 14: 1488-1490.

[58] Alkordi M H, Brant J A, Wojtas L, et al. Zeolite-like metal-organic frameworks (ZMOFs) based on the directed assembly of finite metal-organic cubes (MOCs). J Am Chem Soc, 2009, 131: 17753-17755.

[59] Wang S, Zhao T, Li G, et al. From metal-organic squares to porous zeolite-like supramolecular assemblies. J Am Chem Soc, 2010, 132: 18038-18041.

[60] Phan A, Doonan C J, Uribe-Romo F J, et al. Synthesis, structure, and carbon dioxide capture properties of zeolitic imidazolate frameworks. Accounts Chem Res, 2010, 43: 58-67.

[61] Hayashi H, Cote A P, Furukawa H, et al. Zeolite a imidazolate frameworks. Nat Mater, 2007, 6: 501-506.

[62] Wang B, Cote A P, Furukawa H, et al. Colossal cages in zeolitic imidazolate frameworks as selective carbon dioxide reservoirs. Nature, 2008, 453: 207-211.

[63] Yang J, Zhang F, Lu H, et al. Hollow Zn/Co ZIF particles derived from core-shell ZIF-67@ZIF-8 as selective catalyst for the semi-hydrogenation of acetylene. Angew Chem Int Ed, 2015, 54: 10889-10893.

[64] Masciocchi N, Attilio Ardizzoia G, Brenna S, et al. Synthesis and ab-initio XRPD structure of group 12 imidazolato polymers. Chem Commun, 2003, (16): 2018-2019.

[65] Tian Y Q, Xu L, Cai C X, et al. Determination of the solvothermal synthesis mechanism of metal imidazolates by X-ray single-crystal studies of a photoluminescent cadmium (Ⅱ) imidazolate and its intermediate involving piperazine. Eur J Inorg Chem, 2004, 2004: 1039-1044.

[66] Tian Y Q, Yao S Y, Gu D, et al. Cadmium imidazolate frameworks with polymorphism, high thermal stability, and a large surface area. Chem Eur J, 2010, 16: 1137-1141.

[67] Zhang J, Wu T, Zhou C, et al. Zeolitic boron imidazolate frameworks. Angew Chem Int Ed, 2009, 48: 2542-2545.

[68] Wu T, Zhang J, Bu X, et al. Variable lithium coordination modes in two-and three-dimensional lithium boron imidazolate frameworks. Chem Mater, 2009, 21: 3830-3837.

[69] Wu T, Zhang J, Zhou C, et al. Zeolite RHO-type net with the lightest elements. J Am Chem Soc, 2009, 131: 6111-6113.

[70] Liu Y, Kravtsov V C, Larsen R, et al. Molecular building blocks approach to the assembly of zeolite-like metal-organic frameworks (ZMOFs) with extra-large cavities. Chem Commun, 2006, (14): 1488-1490.

[71] Zhou X P, Li M, Liu J, et al. Gyroidal metal-organic frameworks. J Am Chem Soc, 2012, 134: 67-70.

[72] Wu Y, Zhou X P, Yang J R, et al. Gyroidal metal-organic frameworks by solvothermal subcomponent self-assembly. Chem Commun, 2013, 49: 3413-3415.

[73] Liao P Q, Zhou D D, Zhu A X, et al. Strong and dynamic CO_2 sorption in a flexible porous framework possessing guest chelating claws. J Am Chem Soc, 2012, 134: 17380-17383.

[74] Liao P Q, Zhang W X, Zhang J P, et al. Efficient purification of ethene by an ethane-trapping metal-organic framework. Nat Commun, 2015, 6: 8697.

[75] Lin R B, Chen D, Lin Y Y, et al. A zeolite-like zinc triazolate framework with high gas adsorption and separation performance. Inorg Chem, 2012, 51: 9950-9955.

[76] Xiong S, Gong Y, Wang H, et al. A new tetrazolate zeolite-like framework for highly selective CO_2/CH_4 and CO_2/N_2 separation. Chem Commun, 2014, 50: 12101-12104.

[77] Panda T, Pachfule P, Chen Y, et al. Amino functionalized zeolitic tetrazolate framework(ZTF)with high capacity for storage of carbon dioxide. Chem Commun, 2011, 47: 2011-2013.

[78] Masciocchi N, Castelli F, Forster P M, et al. Synthesis and characterization of two polymorphic crystalline phases and an amorphous powder of nickel (Ⅱ) bisimidazolate. Inorg Chem, 2003, 42: 6147-6152.

[79] Masciocchi N, Bruni S, Cariati E, et al. Extended polymorphism in copper(Ⅱ) imidazolate polymers: a spectroscopic and XRPD structural study. Inorg Chem, 2001, 40: 5897-5905.

[80] Jarvis J A J, Wells A F. The structural chemistry of cupric compound. Acta Crystallogr, 1960, 13: 1027.

[81] He J, Yin Y G, Wu T, et al. Design and solvothermal synthesis of luminescent copper(Ⅰ)-pyrazolate coordination oligomer and polymer

frameworks. Chem Commun，2006，（27）：2845-2847.

[82] Zhang J P，Horike S，Kitagawa S. A flexible porous coordination polymer functionalized by unsaturated metal clusters. Angew Chem Int Ed，2007，46：889-892.

[83] Zhang J P，Kitagawa S. Supramolecular isomerism，framework flexibility，unsaturated metal center，and porous property of Ag（Ⅰ）/ Cu(Ⅰ) 3,3′,5,5′-tetrametyl-4,4′-bipyrazolate. J Am Chem Soc，2008，130：907-917.

[84] Grzywa M，Gessner C，Denysenko D，et al. CFA-2 and CFA-3（coordination framework augsburg university-2 and-3）：novel MOFs assembled from trinuclear Cu(Ⅰ)/Ag(Ⅰ) secondary building units and 3, 3′, 5, 5′-tetraphenyl-bipyrazolate ligands. Dalton Trans，2013，42：6909-6921.

[85] Wang J H，Li M，Li D. An exceptionally stable and water-resistant metal-organic framework with hydrophobic nanospaces for extracting aromatic pollutants from water. Chem Eur J，2014，20：12004-12008.

[86] Hou L，Lin Y Y，Chen X M. Porous metal-organic framework based on u$_4$-oxo tetrazinc clusters：sorption and guest-dependent luminescent properties. Inorg Chem，2008，47：1346-1351.

[87] Lin R B，Li F，Liu S Y，et al. A noble-metal-free porous coordination framework with exceptional sensing efficiency for oxygen. Angew Chem Int Ed，2013，52：13429-13433.

[88] Lin R B，Zhou H L，He C T，et al. Tuning oxygen-sensing behaviour of a porous coordination framework by a guest fluorophore. Inorg Chem Front，2015，2：1085-1090.

[89] Lin R B，Li T Y，Zhou H L，et al. Tuning fluorocarbon adsorption in new isoreticular porous coordination frameworks for heat transformation applications. Chem Sci，2015，6：2516-2521.

[90] Montoro C，Linares F，Quartapelle Procopio E，et al. Capture of nerve agents and mustard gas analogues by hydrophobic robust MOF-5 type metal-organic frameworks. J Am Chem Soc，2011，133：11888-11891.

[91] Tu B，Pang Q，Wu D，et al. Ordered vacancies and their chemistry in metal-organic frameworks. J Am Chem Soc，2014，136：14465-14471.

[92] Heering C，Boldog I，Vasylyeva V，et al. Bifunctional pyrazolate-carboxylate ligands for isoreticular cobalt and zinc MOF-5 analogs with magnetic analysis of the {Co$_4$(μ$_4$-O)} node. CrystEngComm，2013，15：9757-9768.

[93] Tonigold M，Lu Y，Bredenkötter B，et al. Heterogeneous catalytic oxidation by MFU-1：a cobalt(Ⅱ)-containing metal-organic framework. Angew Chem Int Ed，2009，48：7546-7550.

[94] Procopio E Q，Padial N M，Masciocchi N，et al. A highly porous interpenetrated MOF-5-type network based on bipyrazolate linkers. CrystEngComm，2013，15：9352-9355.

[95] Tăbăcaru A，Pettinari C，Timokhin I，et al. Enlarging an isoreticular family：3, 3′, 5, 5′-tetramethyl-4, 4′-bipyrazolato-based porous coordination polymers. Cryst Growth Des，2013，13：3087-3097.

[96] Colombo V，Galli S，Choi H J，et al. High thermal and chemical stability in pyrazolate-bridged metal-organic frameworks with exposed metal sites. Chem Sci，2011，2：1311-1319.

[97] Masciocchi N，Galli S，Colombo V，et al. Cubic octanuclear Ni(Ⅱ) clusters in highly porous polypyrazolyl-based materials. J Am Chem Soc，2010，132：7902-7904.

[98] Padial N M，Quartapelle Procopio E，Montoro C，et al. Highly hydrophobic isoreticular porous metal-organic frameworks for the capture of harmful volatile organic compounds. Angew Chem Int Ed，2013，52：8290-8294.

[99] Dincă M，Yu A F，Long J R. Microporous metal-organic frameworks incorporating 1, 4-benzeneditetrazolate：syntheses，structures，and hydrogen storage properties. J Am Chem Soc，2006，128：8904-8913.

[100] Guo Z，Yan D，Wang H，et al. A three-dimensional microporous metal-metalloporphyrin framework. Inorg Chem，2015，54：200-204.

[101] Choi H J，Dincă M，Long J R. Broadly hysteretic H$_2$ adsorption in the microporous metal-organic framework Co（1, 4-benzenedipyrazolate）. J Am Chem Soc，2008，130：7848-7850.

[102] Choi H J，Dincă M，Dailly A，et al. Hydrogen storage in water-stable metal-organic frameworks incorporating 1, 3-and 1, 4-benzenedipyrazolate. Energ Environ Sci，2010，3：117-123.

[103] Colombo V，Montoro C，Maspero A，et al. Tuning the adsorption properties of isoreticular pyrazolate-based metal-organic frameworks through ligand modification. J Am Chem Soc，2012，134：12830-12843.

[104] Tonigold M，Lu Y，Mavrandonakis A，et al. Pyrazolate-based cobalt(Ⅱ)-containing metal-organic frameworks in heterogeneous catalytic oxidation reactions：elucidating the role of entatic states for biomimetic oxidation processes. Chem Eur J，2011，17：8671-8695.

[105] Pettinari C，Tăbăcaru A，Boldog I，et al. Novel coordination frameworks incorporating the 4, 4′-bipyrazolyl ditopic ligand. Inorg Chem，2012，51：5235-5245.

[106] Galli S，Maspero A，Giacobbe C，et al. When long bis (pyrazolates) meet late transition metals：structure，stability and adsorption of metal-organic frameworks featuring large parallel channels. J Mater Chem A，2014，2：12208-12221.

[107] He C T, Tian J Y, Liu S Y, et al. A porous coordination framework for highly sensitive and selective solid-phase microextraction of non-polar volatile organic compounds. Chem Sci, 2013, 4: 351-356.

[108] Torres-Knoop A, Krishna R, Dubbeldam D. Separating xylene isomers by commensurate stacking of *p*-xylene within channels of MAF-X8. Angew Chem Int Ed, 2014, 53: 7774-7778.

[109] Galli S, Masciocchi N, Colombo V, et al. Adsorption of harmful organic vapors by flexible hydrophobic bis-pyrazolate based MOFs. Chem Mater, 2010, 22: 1664-1672.

[110] Dincǎ M, Dailly A, Liu Y, et al. Hydrogen storage in a microporous metal-organic framework with exposed Mn^{2+} coordination sites. J Am Chem Soc, 2006, 128: 16876-16883.

[111] Kongpatpanich K, Horike S, Sugimoto M, et al. Synthesis and porous properties of chromium azolate porous coordination polymers. Inorg Chem, 2014, 53: 9870-9875.

[112] Demessence A, Long J R. Selective gas adsorption in the flexible metal-organic frameworks Cu(BDTri) L (L = DMF, DEF). Chem Eur J, 2010, 16: 5902-5908.

[113] Herm Z R, Wiers B M, Mason J A, et al. Separation of hexane isomers in a metal-organic framework with triangular channels. Science, 2013, 340: 960-964.

[114] Yan Z, Li M, Gao H L, et al. High-spin versus spin-crossover versus low-spin: geometry intervention in cooperativity in a 3D polymorphic iron (Ⅱ) -tetrazole MOFs system. Chem Commun, 2012, 48: 3960-3962.

[115] Ouellette W, Prosvirin A V, Whitenack K, et al. A thermally and hydrolytically stable microporous framework exhibiting single-chain magnetism: structure and properties of $Co_2(H_{0.67}bdt)_3 \cdot 20H_2O$. Angew Chem Int Ed, 2009, 48: 2140-2143.

[116] Yuan Y X, Wei P J, Qin W, et al. Combined studies on the surface coordination chemistry of benzotriazole at the copper electrode by direct electrochemical synthesis and surface-enhanced raman spectroscopy. Eur J Inorg Chem, 2007, 2007: 4980-4987.

[117] Bai Y L, Tao J, Huang R-B, et al. The designed assembly of augmented diamond networks from predetermined pentanuclear tetrahedral units. Angew Chem Int Ed, 2008, 47: 5344-5347.

[118] Wang X L, Qin C, Wu S X, et al. Bottom-up synthesis of porous coordination frameworks: apical substitution of a pentanuclear tetrahedral precursor. Angew Chem Int Ed, 2009, 48: 5291-5295.

[119] Biswas S, Grzywa M, Nayek H P, et al. A cubic coordination framework constructed from benzobistriazolate ligands and zinc ions having selective gas sorption properties. Dalton Trans, 2009, (33): 6487-6495.

[120] Teufel J, Oh H, Hirscher M, et al. MFU-4-a metal-organic framework for highly effective H_2/D_2 separation. Adv Mater, 2013, 25: 635-639.

[121] Denysenko D, Grzywa M, Tonigold M, et al. Elucidating gating effects for hydrogen sorption in MFU-4-type triazolate-based metal-organic frameworks featuring different pore sizes. Chem Eur J, 2011, 17: 1837-1848.

[122] Denysenko D, Werner T, Grzywa M, et al. Reversible gas-phase redox processes catalyzed by Co-exchanged MFU-4l. Chem Commun, 2012, 48: 1236-1238.

[123] Denysenko D, Grzywa M, Jelic J, et al. Scorpionate-type coordination in MFU-4l metal-organic frameworks: Small-molecule binding and activation upon the thermally activated formation of open metal sites. Angew Chem Int Ed, 2014, 53: 5832-5836.

[124] Schmieder P, Denysenko D, Grzywa M, et al. CFA-1: the first chiral metal-organic framework containing Kuratowski-type secondary building units. Dalton Trans, 2013, 42: 10786-10797.

[125] Liao P Q, Li X Y, Bai J, et al. Drastic enhancement of catalytic activity via post-oxidation of a porous $Mn^{Ⅱ}$ triazolate framework. Chem Eur J, 2014, 20: 11303-11307.

[126] Liao P Q, Chen H, Zhou D D, et al. Monodentate hydroxide as a super strong yet reversible active site for CO_2 capture from high-humidity flue gas. Energ Environ Sci, 2015, 8: 1011-1016.

[127] Lu X F, Liao P Q, Wang J W, et al. An alkaline-stable, metal hydroxide mimicking metal-organic framework for efficient electrocatalytic oxygen evolution. J Am Chem Soc, 2016, 138: 8336-8339.

[128] Zhou X H, Peng Y H, Du X D, et al. Hydrothermal syntheses and structures of three novel coordination polymers assembled from 1, 2, 3-triazolate ligands. CrystEngComm, 2009, 11: 1964-1970.

[129] Grzywa M, Denysenko D, Hanss J, et al. CuN_6 Jahn-Teller centers in coordination frameworks comprising fully condensed Kuratowski-type secondary building units: phase transitions and magneto-structural correlations. Dalton Trans, 2012, 41: 4239-4248.

[130] Gandara F, Uribe-Romo F J, Britt D K, et al. Porous, conductive metal-triazolates and their structural elucidation by the charge-flipping method. Chem Eur J, 2012, 18: 10595-10601.

[131] He C T, Ye Z M, Xu Y T, et al. Hyperfine adjustment of flexible pore-surface pockets enables smart recognition of gas size and quadrupole moment. Chem Sci, 2017, 8: 7560-7565.

[132] Wang X S，Tang Y Z，Huang X F，et al. Syntheses，crystal structures，and luminescent properties of three novel zinc coordination polymers with tetrazolyl ligands. Inorg Chem，2005，44：5278-5285.

[133] Qiu Y，Li Y，Peng G，et al. Cadmium metal-directed three-dimensional coordination polymers：in situ tetrazole ligand synthesis，structures，and luminescent properties. Cryst Growth Des，2010，10：1332-1340.

[134] Zhang J P，Lin Y Y，Huang X C，et al. Copper(Ⅰ)1, 2, 4-triazolates and related complexes：studies of the solvothermal ligand reactions，network topologies，and photoluminescence properties. J Am Chem Soc，2005，127：5495-5506.

[135] Chen D，Liu Y J，Lin Y Y，et al. Packing polymorphism of a two-dimensional copper(Ⅰ) 3-amino-1, 2, 4-triazolate coordination polymer. CrystEngComm，2011，13：3827-3831.

[136] Zhang R B，Zhang J，Li Z J，et al. Novel copper(Ⅰ)-and copper (Ⅱ)-guanazolate complexes：Structure，network topologies，photoluminescence，and magnetic properties. Cryst Growth Des，2008，8：3735-3744.

[137] Zhang J P，Zheng S L，Huang X C，et al. Two unprecedented 3-connected three-dimensional networks of copper (Ⅰ) triazolates：in situ formation of ligands by cycloaddition of nitriles and ammonia. Angew Chem Int Ed，2004，43：206-209.

[138] Zhai Q G，Hu M C，Li S N，et al. Synthesis，structure and blue luminescent properties of a new silver (Ⅰ) triazolate coordination polymer with 8210-a topology. Inorg Chim Acta，2009，362：1355-1357.

[139] Zhang J P，Chen X M. Exceptional framework flexibility and sorption behavior of a multifunctional porous cuprous triazolate framework. J Am Chem Soc，2008，130：6010-6017.

[140] Zhang J P，Chen X M. Optimized acetylene/carbon dioxide sorption in a dynamic porous crystal. J Am Chem Soc，2009，131：5516-5521.

[141] Zhang J P，Lin Y Y，Huang X C，et al. Supramolecular isomerism within three-dimensional 3-connected nets：unusual synthesis and characterization of trimorphic copper (Ⅰ) 3, 5-dimethyl-1, 2, 4-triazolate. Dalton Trans，2005，(22)：3681-3685.

[142] Yang G，Zhang P P，Liu L L，et al. 3D binary silver (Ⅰ) 1, 2, 4-triazolates：syntheses，structures and topologies. CrystEngComm，2009，11：663-670.

[143] Yang X，Wang Y，Zhou H L，et al. Guest-containing supramolecular isomers of silver (Ⅰ) 3, 5-dialkyl-1, 2, 4-triazolates：syntheses，structures，and structural transformation behaviours. CrystEngComm，2015，17：8843-8849.

[144] Yang C，Wang X，Omary M A. Fluorous metal-organic frameworks for high-density gas adsorption. J Am Chem Soc，2007，129：15454-15455.

[145] Yang C，Wang X，Omary M A. Crystallographic observation of dynamic gas adsorption sites and thermal expansion in a breathable fluorous metal-organic framework. Angew Chem Int Ed，2009，48：2500-2505.

[146] Yang C，Kaipa U，Mather Q Z，et al. Fluorous metal-organic frameworks with superior adsorption and hydrophobic properties toward oil spill cleanup and hydrocarbon storage. J Am Chem Soc，2011，133：18094-18097.

[147] Zhou D D，Liu Z J，He C T，et al. Controlling the flexibility and single-crystal to single-crystal interpenetration reconstitution of metal-organic frameworks. Chem Commun，2015，51：12665-12668.

[148] Su C Y，Goforth A M，Smith M D，et al. Exceptionally stable，hollow tubular metal-organic architectures：Synthesis，characterization，and solid-state transformation study. J Am Chem Soc，2004，126：3576-3586.

[149] Goforth A M，Su C Y，Hipp R，et al. Connecting small ligands to generate large tubular metal-organic architectures. J Solid State Chem，2005，178：2511-2518.

[150] Zhu A X，Lin J B，Zhang J P，et al. Isomeric zinc (Ⅱ) triazolate frameworks with 3-connected networks：syntheses，structures，and sorption properties. Inorg Chem，2009，48：3882-3889.

[151] Wei G，Shen Y F，Li Y R，et al. Synthesis，crystal structure，and photoluminescent properties of ternary Cd(Ⅱ)/triazolate/chloride system. Inorg Chem，2010，49：9191-9199.

[152] Park H，Britten J F，Mueller U，et al. Synthesis，structure determination，and hydrogen sorption studies of new metal-organic frameworks using triazole and naphthalenedicarboxylic acid. Chem Mater，2007，19：1302-1308.

[153] Vaidhyanathan R，Iremonger S S，Dawson K W，et al. An amine-functionalized metal organic framework for preferential CO_2 adsorption at low pressures. Chem Commun，2009，(35)：5230-5232.

[154] Park H，Moureau D M，Parise J B. Hydrothermal synthesis and structural characterization of novel Zn-triazole-benzenedicarboxylate frameworks. Chem Mater，2006，18：525-531.

[155] Lin Y Y，Zhang Y B，Zhang J P，et al. Pillaring Zn-triazolate layers with flexible aliphatic dicarboxylates into three-dimensional metal-organic frameworks. Cryst Growth Des，2008，8：3673-3679.

[156] Ren H，Song T Y，Xu J N，et al. Four novel three-dimensional pillared-layer metal-organic frameworks in the Zn/triazolate/carboxylate system：Hydrothermal synthesis，crystal structure，and luminescence properties. Cryst Growth Des，2009，9：105-112.

[157] Zhang X M，Zhao Y F，Wu H S，et al. Syntheses and structures of metal tetrazole coordination polymers. Dalton Trans，2006，(26)：3170-3178.

[158] Wu T, Yi B H, Li D. Two novel nanoporous supramolecular architectures based on copper (Ⅰ) coordination polymers with uniform (8, 3) and (8₂10) nets: in situ formation of tetrazolate ligands. Inorg Chem, 2005, 44: 4130-4132.

[159] Wu T, Zhou R, Li D. Effect of substituted groups of ligand on construction of topological networks: *in situ* generated silver (Ⅰ) tetrazolate coordination polymers. Inorg Chem Commun, 2006, 9: 341-345.

[160] Klapötke T M, Stein M, Stierstorfer J. Salts of 1*H*-tetrazole-synthesis, characterization and properties. Z Anorg Allg Chem, 2008, 634: 1711-1723.

[161] Qi X L, Lin R B, Chen Q, et al. A flexible metal azolate framework with drastic luminescence response toward solvent vapors and carbon dioxide. Chem Sci, 2011, 2: 2214-2218.

[162] InorgMaspero A, Galli S, Colombo V, et al. Metalorganic frameworks based on the 1, 4-bis (5-tetrazolyl) benzene ligand: the Ag and Cu derivatives. Inorg Chim Acta, 2009, 362: 4340-4346.

[163] Lin Q, Wu T, Zheng S T, et al. Single-walled polytetrazolate metal-organic channels with high density of open nitrogen-donor sites and gas uptake. J Am Chem Soc, 2012, 134: 784-787.

[164] Zhang J P, Lin Y Y, Huang X C, et al. Molecular chairs, zippers, zigzag and helical chains: chemical enumeration of supramolecular isomerism based on a predesigned metal-organic building-block. Chem Commun, 2005, (10): 1258-1260.

[165] Lin J B, Zhang J P, Zhang W X, et al. Porous manganese (Ⅱ) 3-(2-pyridyl)-5-(4-pyridyl)-1, 2, 4-triazolate frameworks: Rational self-assembly, supramolecular isomerism, solid-state transformation, and sorption properties. Inorg Chem, 2009, 48: 6652-6660.

[166] Lin J B, Zhang J P, Chen X M. Nonclassical active site for enhanced gas sorption in porous coordination polymer. J Am Chem Soc, 2010, 132: 6654-6656.

第22章
硼咪唑框架材料的结构

22.1 硼咪唑框架材料的发展

多孔材料在工业生产及日常生活中发挥着至关重要的作用，探索先进的多孔材料应用于吸附、分离和纯化、催化等领域，是一个非常重要的科学主题[1,2]。多孔材料的范围非常广泛，从自然到合成，从无机到有机，从无定形到晶态。然而，直到 20 世纪 90 年代中期，只有两种类型的多孔材料被广泛应用于工业：无机沸石材料和无定形碳材料[3,4]。金属有机框架（metal-organic framework，MOF）材料作为一类新型的多孔固体材料，大约出现在 20 年前，并且已经迅速发展成为一个富有成效的研究领域[5]。MOF 材料由于其晶体特性，可以通过 X 射线衍射进行结构表征，因此为探索结构和各种性能之间的关系提供可能，反过来可以指导设计和合成新的、改进的多孔材料。

MOF 研究之初在于寻找类似于无机沸石的有机-无机杂化多孔材料。无机沸石材料具有显著的商业意义，它们的晶体结构是硅（铝）四面体（T）通过氧（O）桥连的三维骨架，其中 T-O-T 夹角在 145°左右[6-10]。无机沸石骨架中含有统一尺寸、开放的空穴和通道，结构类型丰富多彩，拓扑网络类型达 200 多种，可以作为离子交换剂、吸附分离剂、吸附剂、催化剂等被广泛应用于化学工业、农业、国防等部门[11-24]。迄今，在 MOF 材料中发展最系统的一种沸石型材料是类沸石型金属咪唑框架材料（ZIF）[25-35]。ZIF 的构筑策略是利用四面体配位的二价金属 M^{2+}（M = Zn/Co/Cd）连接咪唑配体形成 4-连接的类沸石型网络。目前已报道的 ZIF 材料达 100 多种，分属于二十几种不同类型的沸石网络。除了 ZIF 之外，还有其他类沸石型 MOF 材料，如利用 4,5-咪唑二羧酸配体和金属铟构筑的 SOD、RHO、MED 等类型的类沸石 MOF[36-38]，利用金属羧酸簇形成四面体构筑单元进一步通过有机配体连接得到类沸石结构（MIL-100、MIL-101 等）[39-42]。2011 年，张健课题组开创性地运用无机分子筛的 TO_4 单元和 ZIF 的 $M(im)_4$ 相结合得到了一类杂化类分子筛材料，此后又通过四面体 Cu_4I_4 单元的引入，得到了笼内径达 2.6nm 的大孔类沸石材料[43,44]。

由于合成方法的限制，目前为止，大部分无机沸石分子筛、类沸石型 MOF 都是典型的 4-连接网络，四面体中心完全被 μ_2-桥连的 O 或 im 包围。仅有几个含有 3-连接点的断键型类沸石框架材料被报道（-CLO，JDF-20 和 ZIF-100）[45,46]，而多连接数的类沸石框架鲜有人关注。在无机沸石和 ZIF 材料中，控制合成 3-连接节点 [TO_3 或 $Zn(im)_3$] 或 5-连接节点 [TO_5 或 $Zn(im)_5$] 始终是难以突破的挑战。从理论上讲，如果我们能够在沸石型结构基础上控制节点的连接数，不仅可以丰富沸石型网络的多样性，而且可以增加骨架上的活性位点，更重要的是可以实现孔道尺寸的定向调控。

硼咪唑框架（BIF）材料是旨在模拟沸石分子筛拓扑结构而发展起来的一类新型的、轻质型的类分子筛 MOF 材料。2009 年，X. Bu 课题组首先报道了这类材料合成[47,48]。该类材料的构筑策略结合了无机分子筛和 ZIF 材料的结构特点，首先，利用咪唑及其衍生物和硼组装形成硼咪唑类配体，然后，根据传统无机分子筛的特点和电荷平衡原理选用具有四面体配位模式的金属中心与硼咪唑配体组装，定向合成具有分子筛拓扑网络的 MOF 材料。因为可以在溶剂热法组装之前预先合成 4-连接或 3-连接硼咪唑配体，该类材料改进了 ZIF 中难以控制节点的连接数的问题。因为在这类材料中可以用元素周期表中最轻的几种元素，如 B、Li 等，因此是一种轻质型的类分子筛材料。

目前为止，总共有 52 例 BIF 材料被报道（表 22-1）[47-69]。在这 52 例 BIF 材料中，其中直接由硼咪唑配体和金属离子组装得到的 4-连接的网络拓扑有 5 例，分别是两个致密型结构（*zni*-BIF-1 和 *dia*-BIF-2）与三个类分子筛型结构（SOD-BIF-3、SOD-BIF-11 和 RHO-BIF-9）[47, 48]。此外，有 7 例类分子筛型结构通过在金属硼咪唑体系中引进辅助配体合成，分别是断键型-LTA 拓扑的 BIF-20，断键型-ATN 拓扑的 BIF-21，GIS 拓扑的 BIF-41，ACO 拓扑的 BIF-22，以及 ABW 拓扑的 BIF-23、BIF-42、BIF-51[51, 52, 65, 66]。相比而言，合成的 BIF 材料比 ZIF 材料少很多，因为 ZIF 材料目前报道的结构有 100 个，不低于 25 种分子筛拓扑类型。这两种材料合成方面之间的这么大的差距是什么原因引起的，至今尚不明确。值得一提的是，Leoni 等对 30 种拓扑类型 BIF 进行 DFT 计算得出，分子筛型的 RHO、GME 和 FAU 网络最稳定，最有可能应用于储氢研究[70]。

表 22-1　文献报道 BIF 总结

名称	分子式	空间群	连接数	网格类型	维度	文献
BIF-1-Li	[LiB(im)$_4$]	$I4_1cd$	4-连接	*zni*	3D	[47]
BIF-1-Cu	[CuB(im)$_4$]	$I4_1cd$	4-连接	*zni*	3D	[47]
BIF-2-Li	[LiB(2-mim)$_4$]	$I\bar{4}$	4-连接	*dia*	3D	[47]
BIF-2-Cu	[CuB(2-mim)$_4$]	$I\bar{4}$	4-连接	*dia*	3D	[47]
BIF-3-Li	[LiB(2-mim)$_4$]·x solvent	$P\bar{4}3n$	4-连接	SOD	3D	[47]
BIF-3-Cu	[CuB(2-mim)$_4$(solvent)$_x$]	$P\bar{4}3n$	4-连接	SOD	3D	[47]
BIF-4	[Cu$_2${B(bim)$_4$}$_2$(CH$_3$CN)]·CH$_3$CN	$P\bar{1}$	(3, 4)-连接	*sqc* 1436	3D	[47]
BIF-5	[Cu$_3$I{B(bim)$_4$}$_2$]·CH$_3$OH	$C2/c$	(3, 4)-连接	(4·6·8)(4·6^2·8^3)	3D	[47]
BIF-6	[CuBH(im)$_3$]	$P2_1/c$	3-连接	Fes（4·8^2）	2D	[47]
BIF-7	[CuBH(2-mim)$_3$]	Cc	3-连接	*ths*	3D	[47]
BIF-8	[CuBH(2-eim)$_3$]	$Pa\text{-}3$	3-连接	*srs*	3D	[47]
BIF-9-Li	LiB(4-mim)$_4$	$P432$	4-连接	RHO	3D	[48]
BIF-9-Cu	CuB(4-mim)$_4$	$P432$	4-连接	RHO	3D	[48]
BIF-10	Li$_2$[BH(2-mim)$_3$]$_2$·3[DMF]	Cc	3-连接	*ths*		[49]
BIF-11	Li[B(2,4-dmim)$_4$]	$P\bar{3}n$	4-连接	SOD	3D	[49]
BIF-12	Li[B(bim)$_4$]$_3$[(+/−)-2-AB]	$P2_1/c$	3-连接	*fes*	2D	[49]
MC-BIF-1S	[Zn$_2$(im)(bdc)][B(im)$_4$]·p-murea	$P4_32_12$	4-连接		3D	[50]
MC-BIF-2H	[Zn$_3$(bdc)$_2$(H$_2$O)][B(im)$_4$]$_2$·2H$_2$O	$C2/c$	4-连接		3D	[50]
MC-BIF-3H	[Zn$_2$(btc)][B(im)$_4$]·3H$_2$O	$C2_1/c$	4-连接		3D	[50]
MC-BIF-4S	[Cd(Him)(p-murea)][Cd(bdc)$_{1.5}$][B(im)$_4$]·p-murea	$P\bar{1}$	(3, 4)-连接		3D	[50]
MC-BIF-5H	[Cd$_2$(bdc)(Hbdc)][B(im)$_4$]·0.5H$_2$O	$P2_1/c$	(3, 4)-连接		3D	[50]
MC-BIF-6S	[Zn(OAc)][B(im)$_4$]	$Pnma$	3-连接		2D	[50]
BIF-20	Zn$_2$(BH(2-mim)$_3$)$_2$(obb)	$R\bar{3}c$	3-连接	LTA	3D	[51]
BIF-21	Zn$_2$(BH(2-mim)$_3$)$_2$(bpdc)	$I\bar{4}$	3-连接	ATN	3D	[51]
GIF-22	[Co(Ac)B(im)$_4$]·(DMF)	$I222$	4-连接	ACO	3D	[52]
BIF-23	[Co(Ac)B(im)$_4$]·(e-urea)	$P2_1/c$	4-连接	ABW	3D	[52]
BIF-24	[Zn$_3$(BH$_2$-mim)$_4$]·(NO$_3$)$_2$	$I\bar{4}3d$	(3, 4)-连接	*ctn*	3D	[53]
BIF-28	Zn$_4$[BH(dm-bim)$_3$]$_4$(NO$_3$)$_4$	$P2_1/n$			0D	[54]
BIF-29	Cu$_6$[BH(im)$_3$]$_8$(H$_2$O)$_6$(NO$_3$)$_4$	$Fm\bar{3}$			0D	[55]

续表

名称	分子式	空间群	连接数	网格类型	维度	文献
BIF-30	$Cu_6[BH(dm\text{-}bim)_3]_8Br(H_2O)_4(OH)_3$	$P4/n$			0D	[55]
BIF-33	$Cu_6[BH(im)_3]_8I_4$	$R3c$			3D	[55]
HBIF-1	$Li(eg)_2 \cdot [B(2\text{-}mim)_4]$	$I\bar{4}$	4-连接	dia	3D	[56]
HBIF-2	$Li(tea)[B(im)_4]$	$P2_12_12_1$	4-连接		2D	[56]
HBIF-3	$(H_3O) \cdot [BH(2\text{-}eim)_3]$	$P3_1c$	3-连接		2D	[56]
ZBIF-1	$Zn_2(im)Cl_2[B(im)_4]$	$P\bar{4}2_1m$	(3, 4)-连接	mcm	2D	[57]
ABIF-1	$[N(CH_3)_4][Cd(SH)_2B(im)_4]$	$P\bar{1}$	4-连接		2D	[58]
BIF-34	$[CuBH(dm\text{-}bim)_3]_n(solvent)_x$	$I2/a$				[59]
BIF-35	$[CdBrB(im)_4]$	$P4/n$	4-连接	sql	2D	[60]
BIF-36	$[CuBH(dm\text{-}bim)_3]$	$I2/a$			1D	[61]
BIF-37	$Cu_2(AB)_2(BH(dm\text{-}bim)_3)_2(bipy)$	$P\bar{1}$			1D	[61]
BIF-38	$CuBH(im)_3$	$P\bar{1}$	3-连接	ths	3D	[62]
BIF-39-Zn	$ZnB(im)_4 \cdot 0.5C_2O_4$	$P\bar{1}$	(4, 5)-连接	tcs	3D	[63]
BIF-39-Cu	$CuB(im)_4 \cdot 0.5C_2O_4$	$P\bar{1}$	(4, 5)-连接	tcs	3D	[63]
BIF-39-Cd	$CdB(im)_4 \cdot 0.5C_2O_4$	$P\bar{1}$	(4, 5)-连接	tcs	3D	[63]
BIF-39-Mn	$MnB(im)_4 \cdot 0.5C_2O_4$	$P\bar{1}$	(4, 5)-连接	tcs	3D	[63]
BIF-40	$[CuBH(bim)_3]_n$	$P\bar{1}$			1D	[64]
BIF-41	$[CoB(im)_4(ad)_{0.5}] \cdot 3.5H_2O$	$C2/c$	(4, 5)-连接	GIS	3D	[65]
BIF-42	$[CdB(im)_4(ndc)_{0.5}] \cdot DMF$	$P2_1/n$	(4, 5)-连接	ABW	3D	[65]
BIF-51	$[Cd(ac)B(im)_4] \cdot DMF$	$P2_1/c$	4-连接	ABW	3D	[66]
BIF-77	$CdB(im)_4 \cdot 0.5(2\text{-}ATP)$	$Pbca$	(4, 5)-连接	tcj	3D	[67]
BIF-80	$CdB(im)_4(DHT)_{0.5}$	$P\bar{1}$	(4, 5)-连接	tcs	3D	[68]
BIF-81	$Cd_3[B(im)_4]_2(BTC)_3$	$C2/c$	(4, 6, 8)-连接		3D	[68]
MOP-100	$[Pd_6(B(im)_4)_8](NO_3)_4 \cdot 10H_2O$	$P\bar{1}$			0D	[69]
MOP-101	$[Pd_6\{B(4\text{-}mim)_4\}_8](NO_3)_4 \cdot 14H_2O$	$P4/mnc$			0D	[69]

注：im = imidazolate；2-mim = 2-methylane-imidazolate；bim = benzimidazolate；2-eim = 2-ethylane-imidazolate；4-mim = 4-methylane-imidazolate；2, 4-dmim = 2, 4-dimethylimidazolate；dm-bim = 5, 6-dimethylbenzimidazolate；bdc = 1, 4-benzenedicarboxylate；btc = 1, 3, 5-benzenetricarboxylate；Ac = acetate；obb = 4, 4'-oxybis（benzoate）；bpdc = diphenic acid；（+/−）-2-AB =（+/−）-2-amino-butanol；p-murea = 1, 3-dimethypropyleneurea；DMF = N, N-dimethylformamide；e-urea = ethyleneurea；eg = ethylene gly-col；tea = triethanolamine；bipy = 4, 4'-bipyridine；ad = adipic acid；ndc = 2, 6-naphthalene dicarboxylic acid；ATP = 2-aminoterephthalic acid；BTC = 1, 3, 5-benzenetricarboxylate；DHT = 2, 5-dihydroxyterephthalate

22.2　硼咪唑框架材料的合成策略

22.2.1　BIF 材料的构筑策略

通过咪唑与四面体金属中心相组装，模拟无机沸石分子筛的结构特征，构筑不同类型的类沸石型金属有机框架材料（ZMOF），如类沸石型金属咪唑框架材料（ZIF）、类沸石型硼咪唑框架材料（BIF），在当前材料化学研究领域受到广泛关注。咪唑是一种五元氮杂环分子，因为环上两个 N 给体之间的角度为 $135°\sim145°$[71]，接近无机沸石分子筛中 T-O-T 夹角，是一种重要的 ZMOF 的构筑模块。

在 ZIF 材料中，负一价的有机咪唑配体替代了 SiO_2 结构中的桥连 O^{2-}，四面体配位的二价金属 M^{2+}（M = Zn 或 Co 或 Cd）替代了 SiO_2 结构中 Si 中心，从而形成分子式为 $M(im)_2$ 的中性网络结构。

　　BIF 材料的合成策略与 ZIF 模拟沸石分子筛相类似（图 22-1），如同金属 M^{2+} 能够取代 SiO_2 中的 Si^{4+} 一样，用四面体构型的金属离子（如 Li^+、Cu^+）和 B^{3+} 取代 ZIF 材料中的两个 Zn^{2+}，从而发展的一种新型的合成多功能低连接框架材料的方法——BIF。它的合成方法是利用预先合成的硼咪唑化合物与金属阳离子组装，相比而言，BIF 优点众多。首先，可以将超轻元素 B 和 Li 通过 B—N 共价键连接，合成稳定的轻型的低密度多孔材料，如 SOD 网络的 BIF-3、RHO 网络的 BIF-9 等[47, 48]，这些材料在气体存储方面有着潜在的应用。其次，ZIF 很难预先合成 3-连接的 $Zn(im)_3$ 构筑单元，而 BIF 可以在溶剂热合成之前预先合成 4-连接的 $B(im)_4^-$ 和 3-连接的 $BH(im)_3^-$ 构筑单元，从而获得更加丰富多样的拓扑，除了 4-连接的拓扑框架还可以合成 3-连接的和(3, 4)-连接的三维网络拓扑结构。再次，BIF 材料结合了配位键（M—N）和共价键（B—N）两种连接方式，是一种介于 MOF 材料和共价键有机框架材料（COF）之间的一种化合物，既有 MOF 材料的化学组成和拓扑结构的多样性，又有共价键形成的有机框架材料的稳定性。除此之外，BIF 还可以与 MOF、ZIF 相结合，把这些不同的结构模式统一在同一框架中，合成新的金属羧酸硼咪唑框架材料（MC-BIF）。

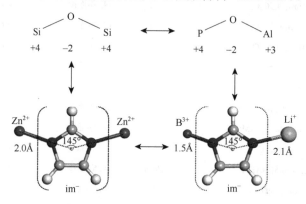

图 22-1　咪唑中 M-im-M 和沸石中 Si-O-Si 的配位构型

22.2.2　BIF 的电荷平衡

　　在构筑金属硼咪唑框架材料过程中，有必要充分理解咪唑分子与不同价态的构筑单元配位连接对整体框架价态的影响，从而有效地选取分子模板，为结构定向组装奠定基础。如图 22-2 所示，不同的四面体价态单元（价态从 +1 到 +3）与 -1 价咪唑环的键连会产生 4 类情形：①与 +2 价金属的键连导致均衡键价，最终形成 $M(im)_2$ 型中性框架；②与混合 +1 和 +3 价金属的键连同样导致均衡键价，最终形成 $M^I M^{III}(im)_4$ 型中性框架；③与混合 +2 和 +3 价金属的键连则将导致键价不均衡，

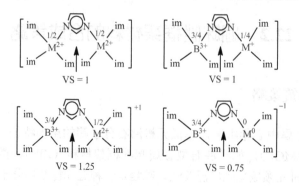

图 22-2　4-连接金属中心到咪唑阴离子的价键总和示意图

形成 $[M^{II}M^{III}(im)_4]^+$ 阳离子型框架；④与混合零价和 +3 价金属的键连同样导致键价不均衡，但是形成 $[M^0M^{III}(im)_4]^-$ 阴离子型框架。

因此不同单元与咪唑的组装存在多样性，也同样极大丰富了这类材料的结构特性。而对于不同类型的框架，分子模板的选择对于材料的成功组装变得尤为重要，如对于 $[M^{II}M^{III}(im)_4]^+$ 阳离子型框架，需要相应的阴离子模板来平衡主体框架的价态，不同尺寸、形貌的阴离子模板却可能导致截然不同的主体结构拓扑。同样的原理也可以应用于 $[M^0M^{III}(im)_4]^-$ 阴离子类框架；但在 $[M^0M^{III}(im)_4]^-$ 类结构中，M^0 的选择不可能是零价的金属，必然是一类含阴离子的金属单元［如 $CdCl_2$、$Cd(SH)_2$ 等］或金属簇单元（如立方 Cu_4I_4 单元），这类单元的引入又将为材料的功能改进（如产生不饱和金属配位点、附加手性基元等）提供了极大的便利。

除了以上的组装模式，双重或多重混合有机硼咪唑类配体与金属或金属簇单元间的组装也可能构筑更多类型的分子筛型结构。辅助型咪唑单体或羧酸配体的加入将更进一步丰富这类金属有机分子筛材料的组装化学，必将能创建一系统的晶体工程，并在吸附/分离、催化应用上发挥重要的作用。

22.2.3 BIF 配体的合成

对于有机硼咪唑类配体的系统合成，主要采用两条技术路线和实验方案。

方法 1：用咪唑类衍生物与 $NaBH_4$ 或 KBH_4 直接加热在熔融状态下反应，这类反应参考 S. Trofimenko 在 1967 年报道的合成方法[72]。如图 22-3 所示通过调整反应的温度，可能获得 2、3 和 4 取代的有机硼咪唑化合物。这种合成途径在我们以及他人的工作中都有报道，因此对大部分咪唑类衍生物而言是切实可行的。该路线简单，反应时间短，反应产量高。但是随着咪唑衍生物分子量增加，熔点升高，反应所需的温度也要求较高，而反应温度太高会导致咪唑衍生物的分解。

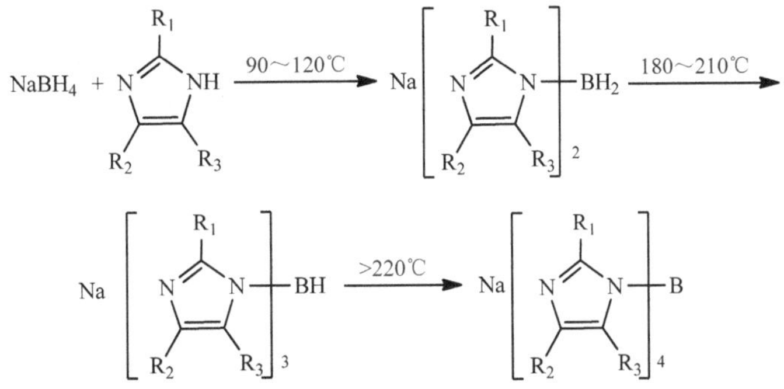

图 22-3 咪唑与硼氢化钾（钠）反应得到硼咪唑配体

方法 2：利用甲苯作溶剂，咪唑类衍生物与三（二甲胺）硼 $[B(NMe_2)_3]$ 反应来制备有机硼咪唑类配体（图 22-4）[73]。由于化合物 $B(NMe_2)_3$ 价格相对比较昂贵，比较难广泛采用。但是对于前一种途径中熔点高的咪唑衍生物，可以采用方法 2，从而实现在较低温度下合成。

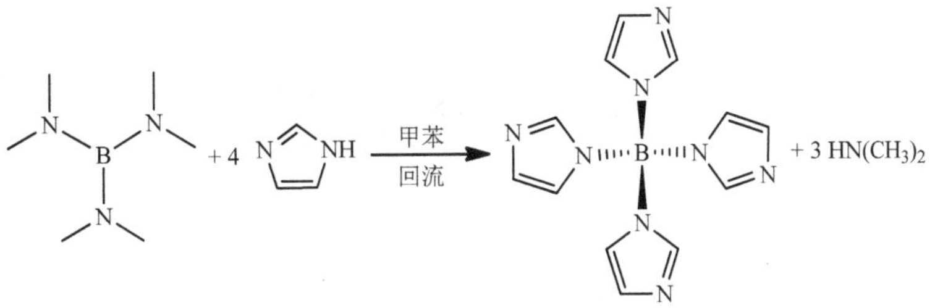

图 22-4 咪唑与三（二甲胺）硼在甲苯回流条件下反应得到硼咪唑配体

硼咪唑配体具有丰富的可修饰性，每一个咪唑环有三个取代点可进行多重的改造，能有效地调控孔穴尺寸，窗口大小、形状等。例如，将手性碳中心转移到取代点，将实现单一手性分子筛材料的构筑，极大地丰富这类材料在不对称催化中的应用。

除此之外，在理论上通过温度梯度控制，方法 1 合成法中混合不同取代基的咪唑与硼氢化钾（钠）反应可以得到混合的硼咪唑配体。而无论是配体的连接数还是混合硼咪唑配体，在通常合成晶体的一锅反应法的溶剂（水）热过程中都是很难控制的。

22.3　硼咪唑框架材料主要分类

22.3.1　基于 4-连接硼咪唑配体构筑的 BIF

4-连接的硼咪唑配体固有的四面体构型为其构筑分子筛拓扑网络提供了有利条件。首先，考虑到价键平衡问题，由于硼咪唑配体是负一价态，选用单价的四面体构型的金属离子，可以组装得到化学计量式为 $MB(im)_4$ 的中性的 4-连接的沸石分子筛网络。利用这种合成策略，J. Zhang 等在 2009 年率先报道了将硼咪唑框架体系用于合成类分子筛网络材料[47]。其中，第一例 BIF 材料 BIF-1-Li 和 BIF-1-Cu 都具有 4-连接的 zni-型三维拓扑网络，通过类似于 SiO_4 的四面体构筑单元 $Li(im)_4$ 和 $B(im)_4$ 交替共角构成，同时也成功合成了典型的 4-连接网络金刚石型拓扑 dia-BIF-2 ［$LiB(mim)_4$ 和 $CuB(mim)_4$, mim = 2-methyimidazolate］。第一例微孔类分子筛型硼咪唑框架材料是 BIF-3-Li 和 BIF-3-Cu（［$LiB(mim)_4$］和［$CuB(mim)_4$］），具有中性的 SOD 拓扑结构（图 22-5）。然而，尽管通过 N_2 吸附测试证明了 BIF-3-Li 的微孔性，但是它的比表面积比较小（$726m^2/g$），是同类型的 ZIF-8 比表面积的 40%。这是因为 B 和咪唑之间的 B—N 键距离比较小（约 1.5Å），与之相比，MOF 材料中金属-配体之间的距离通常在 2.0Å 左右或更大。这种比较短的距离往往趋向于形成狭窄的孔径窗口，严重地限制了内部孔隙的比表面。

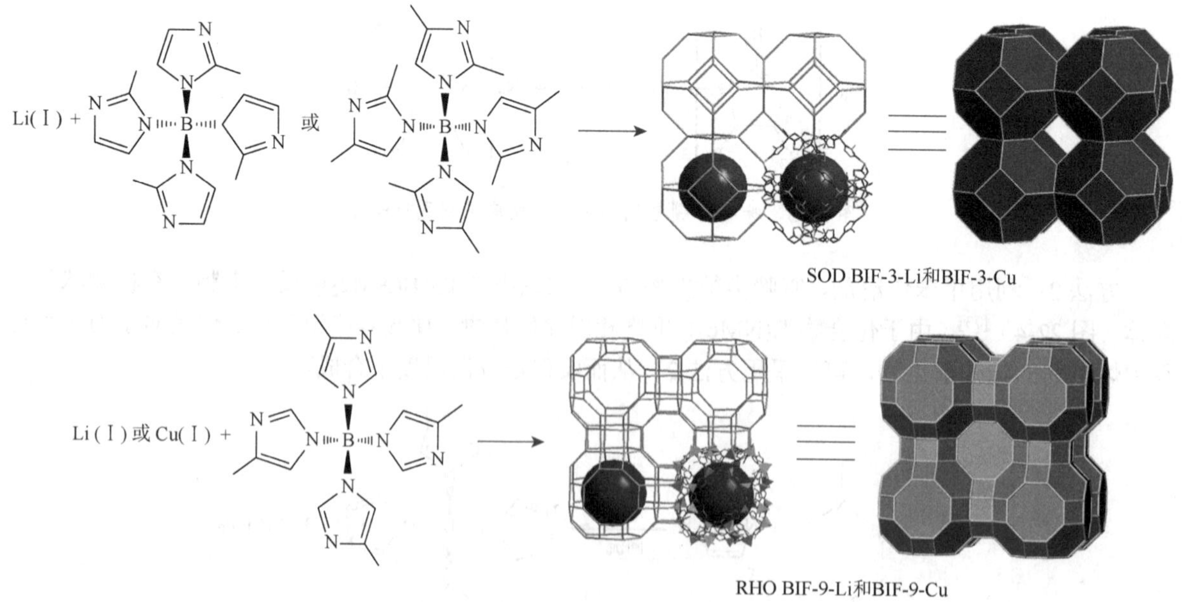

SOD BIF-3-Li和BIF-3-Cu

RHO BIF-9-Li和BIF-9-Cu

图 22-5　SOD-网络（上）和 RHO-网络（下）示意图

随后，通过选用 4-甲基咪唑合成的硼咪唑配体 ［$HB(4-mim)_4$］，他们把这种密集的 SOD 网络拓展到更加开放的 RHO 拓扑结构 BIF-9-Li 和 BIF-9-Cu［LiB(4-mim)$_4$ 和 CuB(4-mim)$_4$，4-mim = 4-methyimidazolate］，迄今为止，它们是最轻的具有 RHO 拓扑的类分子筛型材料（图 22-5）[48]。咪唑环上 4-位取代的甲基使得孔道窗口减小效应与结构导向效应达到平衡，虽然 B—N 键的距离比较小，但是开阔的 RHO 拓扑使得 BIF-9-Li 和 BIF-9-Cu 都具有比大的孔体积，它们的 Langmuir 比表面积分别是 1818m^2/g 和 1524m^2/g。然而，同样具有的 RHO 拓扑的 ZIF 材料 ZIF-11 是一种比较致密的材料。当硼咪唑配体的咪唑环上 2-位和 4-位同时被甲基取代时，存在着明显的结构导向竞争作用[49]，例如，用 2,4-二甲基咪唑合成硼咪唑配体[HB(2,4-dmim)$_4$]与金属 Li 进行组装，即使在不同的合成条件下，都得到具有 SOD 拓扑的网络结构 BIF-11（Li[B(2,4-dmim)$_4$]，2,4-dmim = 2,4-dimethylimidazolate），证明 2-位甲基的结构导向作用在合成过程中起主导作用（图 22-5）。

在 Li-B-咪唑体系中，一个特殊优点就是可以利用超轻元素合成稳定的轻型的低密度多孔材料。因此，除了上述轻型的分子筛型 BIF 材料之外，利用氢键相互作用可以在超分子硼咪唑框架材料（HBIF）方面开拓新方向。目前，在乙二醇（eg）和 3-乙基胺（tea）存在下，已经成功合成了 3 例 HBIF 材料：HBIF-1（Li(eg)$_2$·[B(mim)$_4$]）、HBIF-2（Li(tea)[B(im)$_4$]）和 HBIF-3（(H$_3$O)·[BH(eim)$_3$]），它们分别具有不同的氢给体和受体[56]。此类材料拓展了基于第二周期的元素构筑的轻型材料的类型。特别有意思的是，具有金刚石拓扑网络结构 HBIF-1 是一离子型化合物，阴离子型四面体单元[B(mim)$_4$]$^-$和阳离子型四面体单元[Li(eg)$_2$]$^+$同时存在其中。与共价键型的非穿插的 *dia*-BIF-2［LiB(mim)$_4$］相比，HBIF-1 中 B 和 Li 之间的距离由 5.7Å 延长到 7.8Å，并且形成了二重穿插（图 22-6）。

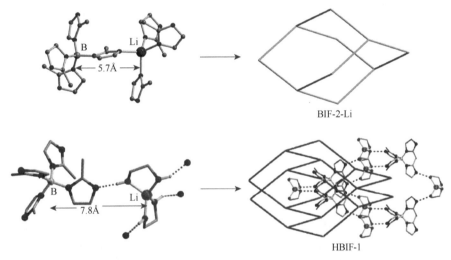

图 22-6 化合物配位结构和 *dia* 型框架示意图。（上）BIF-2-Li 和（下）HBIF-1

除此之外，BIF 材料还可以与 MOF、ZIF 相结合，把这些不同的结构模式统一在同一框架结构中。通过结合共价键类型的硼咪唑化合物（B—N 键）与离子型的锌-咪唑单元（Zn—N 键），在脲热体系中合成了第一例具有五角形孔道结构的锌-硼-咪唑框架材料 ZBIF-1（Zn$_2$(im)Cl$_2$[B(im)$_4$]）[57]。在 ZBIF-1 结构中，Zn 的四面体配位构型中含有一个端基配位的 Cl$^-$，Zn 和 B 分别作为 3-和 4-连接点由咪唑连接形成一个(3,4)-连接 *mcm* 型二维网络（图 22-7）。此外，把羧酸配体引入此 ZBIF 体系中发展了一系列微孔金属羧酸硼咪唑框架材料（MC-BIF）[50]。MC-BIF 材料结合了三种不同组分体系——羧酸、咪唑和硼咪唑，因此拓展了此类材料结构的多样性。因为 M^{2+}和羧酸、咪唑都容易配位，因此可以通过同一框架材料把羧酸与硼咪唑[B(im)$_4$]完美地结合一起。另外，考虑到价态平衡问题，引入负二价或更高负价的羧酸能够为正价的构筑单元 M^{2+}/[B(im)$_4$]$^-$提供平衡电荷，从而形成稳定的中性框架（MC-BIF）。Feng 和 Bu 用水热或溶剂热方法成功合成了此类化合物，其中，在 MC-BIF-1S 的结构中拥有和 ZBIF-1 中类似的二维层，只是 1,4-对苯二甲酸取代了 ZBIF-1 中 Zn

上的端基 Cl⁻，从而形成一个柱层结构（图 22-7）。在此类材料中，MC-BIF-2H（[Zn₃(bdc)₂(H₂O)][B(im)₄]₂·2H₂O）具有比较好的 CO_2 存储性能（81L/L），可以和 ZIF-69 相媲美（83L/L）[32]。

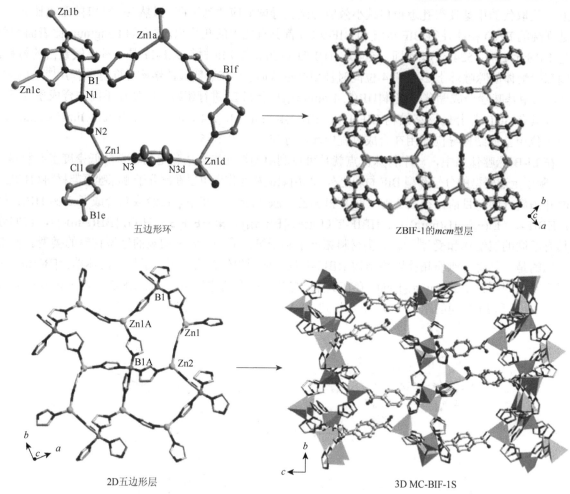

图 22-7　ZBIF-1 中的 2D *mcm* 型层（上）和 MC-BIF-1S 中的 3D 结构（下）

通常，类分子筛型 ZIF 和 BIF 材料都是 4-连接的框架结构，金属中心都采用四面体配位构型。因此，在合成 BIF 的过程中，金属离子一般局限于 Li⁺和 Cu⁺，这样选择范围有限。尽管大部分的二价金属离子 M²⁺通常采用八面体配位构型，如果利用螯合配位的羧基覆盖六配位金属中心的两个配位点，余下的四个配位点就能形成扭曲四面体配位模式。沿着这一思路，我们课题组有效组合六配位 4-连接的乙酸钴中心和四齿硼咪唑配体，分别在 DMF 和乙烯脲（e-urea）溶剂体系成功实现了两例 ACO 和 ABW 类分子筛型 BIF 的构筑 ACO-BIF-22（[Co(ac)B(im)₄·(DMF))]）和 ABW-BIF-23（[Co(ac)B(im)₄]·(e-urea)）（图 22-8）[52]。有意思的是，由于不规则四面体中心[Co(ac)]⁺的存在，BIF-22 结晶于手性空间群 *I*222，这在类分子筛型材料中十分少见。

鉴于上述研究，我们发现类沸石型 BIF 的构筑不仅仅局限于四面体节点，在 4-连接硼咪唑配体和长链羧酸同时组装时，可以得到具有孔道分割作用的类沸石型 BIF 材料，实现孔道的精确调控。此构筑策略，一方面利用四齿硼咪唑配体的结构导向作用形成类沸石型网络框架，另一方面利用 2-连接的双羧酸长链配体取代小分子螯合配体（如乙酸根）与金属配位，这样金属中心在保持扭曲四面体模式与硼咪唑配体配位的同时，金属与金属之间就增加了一个连接，从而得到(4, 5)-连接多键型类沸石硼咪唑框架材料，实现类沸石框架材料的孔道分割（图 22-9）[65]。利用此种策略构筑了两例孔道分区的类沸石型 BIF 材料（GIS-BIF-41 和 ABW-BIF-42）。其中，在 GIS-BIF-41 结构中由于孔道

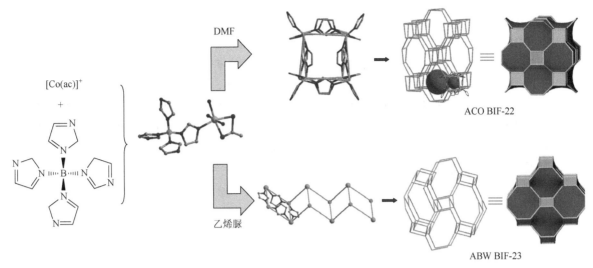

图 22-8　类分子筛 BIF-22 和 BIF-23

分区作用,孔径窗口由 11Å×4.5Å 减小到 3.4Å×4.5Å,而 Poreblazer 计算同样得出孔径尺寸在 3.45～5.04Å 之间,非常适合 CO_2(动力学直径为 3.3Å)分子的进入,同时气体吸附实验证明该材料相对于 N_2 对 CO_2 具有选择性吸附作用。

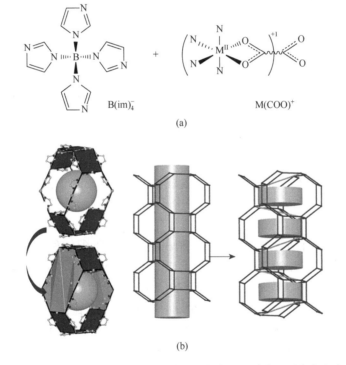

图 22-9　(a)$B(im)_4^-$ 和 $[M(COO)]^+$ 四面体单元;(b)GIS 型沸石网络中孔隙分割作用

22.3.2　基于 3-连接硼咪唑配体构筑的 BIF

由于单价金属离子(Cu, Li)通常采用四面体配位构型,易于形成 4-连接的拓扑结构。相比之下,(3, 4)-连接或 3-连接的拓扑网络比较少见。如果使用 3-连接的硼咪唑作为配体,就可能诱导金属离子采用三角形配位构型或含有端基配位溶剂分子的四面体配位构型,从而形成 3-连接的金属中心。实验证明,确实如此。例如,BIF-6($[CuBH(im)_3]$)是一个 3-连接的 4.8^2 拓扑的二维层结构,BIF-8

（[CuBH(eim)$_3$]）具有 3-连接的 3D(10, 3)-a 拓扑（也可以称为 srs）的二重穿插结构，BIF-7（[CuBH(mim)$_3$]）和 BIF-10（Li$_2$[BH(2-mim)$_3$]$_2$[DMF]）都具有 3-连接的 3D(10, 3)-b 拓扑的二重穿插结构[47, 49]。在所有这些材料中，金属中心或者采用不饱和配位模式或者含有易于除去的溶剂分子从而形成 3-连接中心。值得一提的是，金属中心的不饱和配位模式非常重要，因为它的不饱和配位点可以增加主体框架和客体分子之间的相互作用，从而提高材料的气体吸附以及选择性分离、催化活性等性能。此外，三齿的硼咪唑配体由于取代基的构型可以形成手性中心，如 BIF-8 中的 BH(eim)$_3^-$、BIF-10 中的 BH(mim)$_3^-$。在 BIF-8 中，因为 srs 网络本身具有手性，每个 srs 网络选择一种 BH(eim)$_3^-$ 的对映异构体，可以自发拆分外消旋的 BH(eim)$_3^-$ 配体，二重穿插的子网络具有相反的手性（图 22-10）。

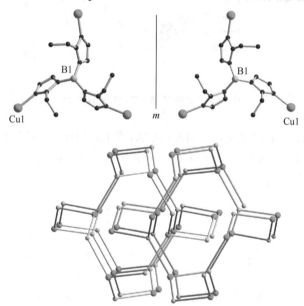

图 22-10　BIF-8 中配体的外消旋配体（上）作为 3-c 构筑单元形成相反手性的 srs 网络（下）

　　配位化合物笼因其漂亮的结构、先进的功能以及在药物传递与识别和催化方面的应用受到研究者的广泛关注。此外，配位化合物笼常常被用作基本的构筑单元进一步构建拓展的框架材料。特别是，在分子筛体系中，著名的 α-笼或 β-笼是很多分子筛结构的次级构筑单元，如 SOD、RHO 和 LTA 等结构。然而，大部分情况下，很难得到预期的具有笼结构的硼咪唑框架材料。因此，零维多面体配位化合物笼的可控组装有助于理解其形成机制。基于硼咪唑配体和金属中心自组装，目前报道了两种类型笼的合成方法（图 22-11），即菱形十二面体笼（M$_6$L$_8$）和立方体笼（M$_4$L$_4$）。典型的立方体笼（M$_4$L$_4$），通过四面体构型的金属中心 [Zn(Ⅱ)] 和三/四齿连接的硼咪唑配体构筑得到，如 BIF-28[54]，它的结构由四个金属 Zn 中心和四个硼咪唑配体的 B 占据立方体的八个顶角得到。对于菱形十二面体笼（M$_6$L$_8$），可以利用四边形的金属中心 [Cu(Ⅱ)\Pd(Ⅱ)] 和三/四齿连接的硼咪唑配体自组装得到，如 BIF-29、BIF-30、MOP-100、MOP-101 等[55, 69]。这种菱形十二面体笼（M$_6$L$_8$）由六个金属中心和八个硼咪唑配体组成，其中它们分别代表了菱形十二面体笼的四方形和三角形中心。有意思的是，此类分子笼可通过不饱和配位金属中心或硼咪唑配体的第四个未配位的咪唑进一步连接其他配阴离子或金属离子，将其拓展成二维或三维的框架结构（BIF-32、BIF-33 等）[55]。这种自下而上的合成方法，有助于理解基于分子笼构筑的网络结构的形成机制，如沸石分子筛、类沸石型 MOF 等。

　　尽管在类沸石型 MOF 的合成中研究者都致力于四齿配体，三齿硼咪唑配体具有扭曲的四面体构型，也可以用来构筑断键型类沸石结构，此类网络结构的特点是在沸石网络的每一个四面体中心移去一个连接形成 3-连接网络。然而，在无机分子筛和 ZIF 材料中，控制合成 TO$_3$ 或 Zn(im)$_3$ 始终是

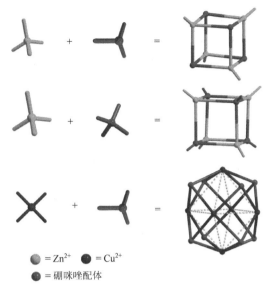

$= Zn^{2+}$　　$= Cu^{2+}$

$=$ 硼咪唑配体

图 22-11　立方体笼（M_4L_4）和十二面体笼（M_6L_8）的自组装原理

难以突破的挑战。几个早期的含有 3-连接中心的例子是基于甲基膦酸盐（$CH_3PO_3^{2-}$）合成的[74, 75]，之后的致力于用甲基膦酸盐合成 3-连接的沸石框架多孔材料的研究鲜有成功。在三齿 $BH(im)_3^-$ 配体中，B 原子通过共价键与三个 N 和一个 H 相连形成 BHN_3 的四面体构型，并且能够提供一个活泼的易于功能修饰的 B—H 键，为合成断键型类沸石硼咪唑材料提供了可能。基于这种结构设计思想，我们利用三齿硼咪唑配体 $BH(mim)_3^-$ 与四面体配位的金属 Zn^{2+} 组装，成功实现了两例断键型类沸石 BIF 的构筑——BIF-20 和 BIF-21[51]。这两种化合物都是含有四面体构型的 Zn 和 B 两种节点的 3-连接框架结构，它们分别由 LTA 和 ATN 沸石拓扑网络的四面体中心移去一个连接得到，因此分别为断键型-LTA（BIF-20）和断键型-ATN（BIF-21）结构。相比于典型的 4-连接 LTA-型 ZIF-20，低连接数的 BIF-20 具有扩大的分子环形成了更加开阔的框架结构，并且拥有不连通的 α 笼和 β 笼（图 22-12）。这两种笼的孔径尺寸分别为 16.0Å 和 12.0Å 左右，稍大于 ZIF-20 的笼尺寸。尽管 BIF-20 的密度（T/V）比 ZIF-20 稍大，BIF-20 的 H 吸附量（1.43wt%，77K，1atm）明显高于 ZIF-20 的吸附量（1.1wt%，77K，1atm）。

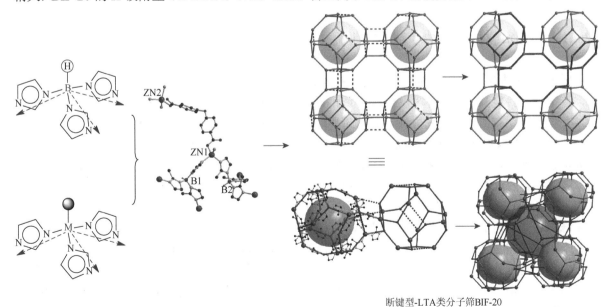

断键型-LTA类分子筛BIF-20

图 22-12　基于 3-连接构筑的断键型-LTA 类分子筛 BIF-20

除了 3-连接网络外，还可以合成(3, 4)-连接的三维网络结构。利用三角形构型的 $BH(mim)_3^-$ 配体和四面体构型的金属中心进行组装成功得到了一例高对称性的具有 *ctn* 拓扑类型的多孔 BIF 材料 BIF-24（图 22-13）。该材料结构稳定，具有较高的有效孔隙率和出色的 H_2 和 CO_2 气体吸附性能。活化后的样品在 77K 和 1atm 下可以吸附 1.88wt% 的 H_2，液态 H_2（$\rho = 0.0708g/cm^3$）所占据的 BIF-24 的孔隙体积分数是 65.4%，结果明显地高于很多著名的多孔材料的对应值（如 MOF-5、IRMOF-2、IRMOF-11、IRMOF-13），能够和 IRMOF-74（64.1%）相媲美。并且在 273K 和 1atm 下能捕获 104.3cm³/g（4.64mmol/g）的 CO_2，在当时是所有的 BIF 材料中吸附量最高的。此外，该材料对 CO_2 具有良好的选择吸附能力，并且可以根据碳原子数量对小分子碳氢化合物气体进行选择性吸附。

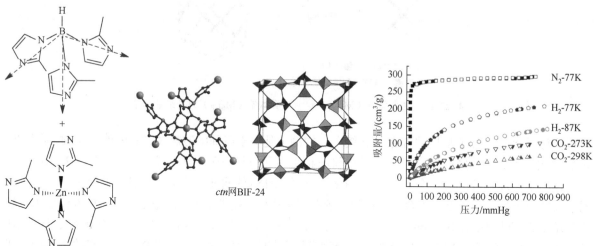

图 22-13　*ctn* 型多孔网络结构 BIF-24 及气体吸附

22.4　硼咪唑框架材料的应用及发展前景

22.4.1　BIF 负载贵金属纳米粒子的研究

MOF 由于内部大的比表面积和均匀的孔穴尺寸，具有很多无机沸石材料的结构特点和催化性能，特别是有关能源利用和环境保护的方面。多孔 MOF 材料负载贵金属纳米粒子（M-NP）在催化领域开拓了一个有前途的研究方向，因为此类材料能够得到其单一成分材料难以实现的一些特殊性质。其中，ZIF-8 框架作为载体负载贵金属纳米粒子在多相催化中具有广泛的应用。典型的 MOF 材料负载贵金属纳米粒子是通过包裹预先合成的纳米粒子或装载离子前驱体由外部还原剂（如 $NaBH_4$ 或 H_2）还原得到的。然而，能够在室温条件下直接将贵金属还原到纳米粒子的多孔 MOF 载体还是很少见的。基于三齿硼咪唑配体构筑的 BIF 材料框架中存在着高度裸露的 B—H 键，这些还原性的 B—H 基团修饰它们的内部孔表面，使整个框架具有温和的还原性能，能够直接还原贵金属离子（Ag/Au/Pd）到纳米颗粒［图 22-14（a）～（c）］[76]。把三齿硼咪唑配体构筑的 BIF 材料浸泡在含有贵金属盐的溶液中，无需额外添加还原剂或光化学反应，可以直接在孔隙空间还原生成纳米颗粒。例如，断键型-LTA 网络 BIF-20，在 $AgNO_3$ 或 $NaAuCl_4$ 的甲醇溶液中能够直接得到 Ag@BIF-20 或 Au@BIF-20 复合材料。特别是 Au NP 的负载过程分为明显的三个阶段，无色晶体先变成黄色再到粉红色最后变成红色。这三种颜色变化分别对应于 Au NP 尺寸从小到大的三个阶段，分别为 2.0nm、4.0nm、

6.6nm。仔细观察粉色的 Au@BIF-20 晶体会发现 Au NP 位于晶体中心位置形成一个明显的粉色"晶核"，外围是一层不含纳米颗粒的无色的"晶壳"。这说明 Au NP 的形成是一个自内而外的缓慢过程（图 22-14）。

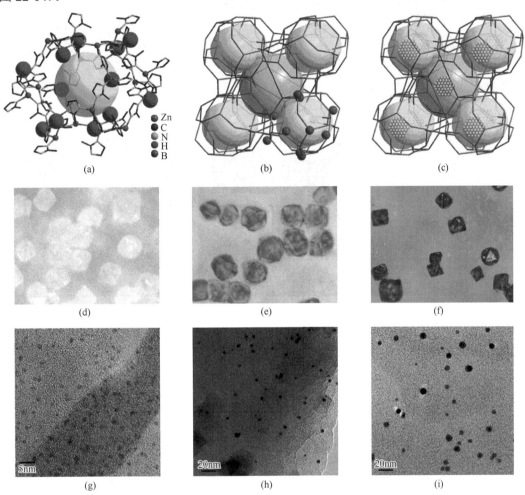

图 22-14 （a）BIF-20 的 SOD 笼中丰富的 B—H 键（连接在 B 原子的 H 原子用紫色球突出显示）；（b）BIF-20 中的不连通的 LTA 型框架，由黄色和天蓝色球代表大的空腔；（c）纳米粒子装载到 BIF-20 中的示意图；（d~i）不同的条件下产生的 Au@ BIF-20 晶体的光学图像（中部）和其相关的（FE）TEM 图像（底部）：（d, g）BIF-20 在 NaAuCl₄（5mmol/L）的甲醇溶液中浸泡 50min 生成的黄色固体，（e, h）BIF-20 浸泡在 NaAuCl₄（5mmol/L）的甲醇溶液中长达 6h，然后将所得的固体暴露在空气中超过 24h 所得的粉色晶体，（f, i）BIF-20 浸泡在 NaAuCl₄（10mmol/L）的甲醇溶液中长达 9h，然后将所得的固体暴露在空气中超过 24h 所得的红色晶体

三齿 BIF 材料利用 B—H 键的还原性直接负载贵金属纳米粒子具有通用性，一系列负载 M-NP 的 BIF 材料被成功制备，如 Au@BIF-28、Ag@BIF-30、Ag@BIF-34 等，并且通过 KBH₄ 还原 4-硝基苯酚（4-NP）反应生成 4-氨基苯酚（4-AP）为催化反应模型证明这类材料具有显著的催化活性。此外，这种负载贵金属纳米粒子的方法可以延伸到双金属或三金属纳米颗粒的制备。例如，用 BIF-38 作为载体，利用二步法先后把晶体浸泡在 HAuCl₄ 和 AgNO₃ 溶液中，得到了 AuAg@BIF-38 样品，TEM 表征证明在晶体中生成了 20nm 左右的 AuAg 双金属纳米颗粒（图 22-15）。除了直接负载法，三齿硼咪唑配体可以作为一种温和的还原剂，在四齿 BIF 材料上负载贵金属纳米粒子。例如，BIF-39-Cu 浸泡在 HAuCl₄ 和 HPdCl₄ 混合溶液中，随后加入 KBH(dm-bim)₃ 水溶液，在室温下搅拌可得到 Au-Pd@BIF-39-Cd 复合材料。由于三齿硼咪唑配体温和的还原性，使用这种方法得到尺寸较小的纳米粒子，Au-Pd 纳米颗粒尺寸平均约 2.12nm。

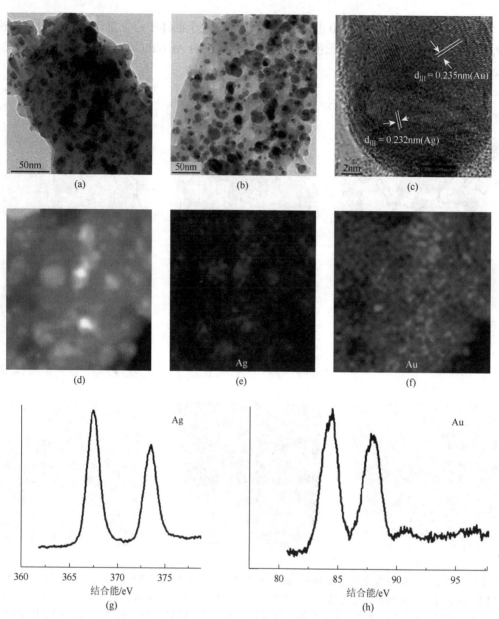

图 22-15 （a）AuAg@BIF-38 的 TEM 谱图；（b）催化反应后 AuAg@BIF-38 的 TEM 谱图；（c）AuAg@BIF-38 的 HRTEM 谱图；（d）BIF-38 上的 Ag-Au 图；（e，f）Ag 和 Au 的分布图；（g，h）Ag 和 Au 的 XPS 谱图

22.4.2 利用 BIF 合成 BCN 多孔材料

多孔碳材料由于其在吸附、分离与纯化、催化等方面的广泛应用备受关注。此外，硼掺杂的碳材料具有一些新的潜在应用，如良好的气敏性能和电性能。硼掺杂碳材料一般通过煅烧碳化过程得到。目前，已有报道用 MOF 作为前驱体合成碳和氮化碳材料，我们用 BIF 材料作为前驱体用碳化法得到了具有介孔结构的 BCN 材料[61]。该材料能够迅速吸附 4-硝基苯酚，并且是一种高温导体。用梯形长链结构的 BIF-36 作为前驱体在 450℃下煅烧 6h 得到，并且通过 PXRD、拉曼、红外光谱和 XPS 综合表征证明其 BCN 结构。在 TEM 图像中清晰地看到了中空孔，直径约 50nm［图 22-16（a）和（b）］，N_2 吸附表明其多孔性，BET 和 Langmuir 比表面积分别为 $33.30m^2/g$ 和 $51.43m^2/g$。此 BCN 材料能够迅速吸附 4-硝基苯酚，将 BCN 加入 4-硝基苯酚的水溶液中，室温下 5min，UV-Vis 谱图显示 4-硝基苯酚 400nm 吸收峰减少 99.99%。另外，通过电导性能测试表明，所得 BCN 在温度小于 300℃

时电阻值非常高（≥2.0×10⁹Ω），为绝缘体，但是，当温度达到 300℃时，电阻值迅速下降，变为导体。并且，对温度的响应恢复非常快，这表明此 BCN 材料可用作电流开关［图 22-16（c）和（d）］。

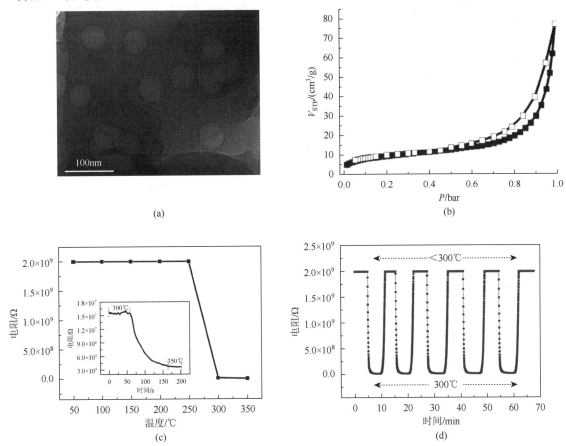

图 22-16 （a）由 BIF-36 煅烧得到的 BCN 的 TEM 谱图；（b）所得 BCD 的 N₂ 吸附-脱附曲线；（c）BCN 的电阻随温度变化曲线（插图为电阻在 300～350℃的变化曲线）；（d）材料随温度变化的响应-恢复曲线

（张海霞　张　健）

参 考 文 献

[1]　Schuth F，Sing K S W，Weitkamp J. Handbook of Porous Solids. New York：Wiley-VCH，2002.

[2]　Valtchev V，Mintova S，Tsapatsis M. Ordered Porous Solids：Recent Advances And Prospects. Oxford：Elsevier B.V.，2009.

[3]　Xu R，Pang W，Yu J，et al. Chemistry of Zeolites and Related Porous Materials：Synthesis and Structure. Singapore：John Wiley and Sons，Inc.，2007.

[4]　Bansal R C，Goyal M. Activated Carbon Adsorption. Boca Raton，FL：Taylor & Francis Group CRC Press，2005.

[5]　Li J R，Sculley J，Zhou H C. Metal-organic frameworks for separations. Chem Rev，2012，112（2）：869-932.

[6]　Davis M E，Ordered porous materials for emerging applications. Nature，2002，417：813-821.

[7]　杨学萍. 沸石催化剂在炼油和石油化工中的应用. 工业催化，2003，11：19-24.

[8]　Maxwell I E，Stork W H J. Hydrocarbon processing with zeolites//Bekkum H V，Flanigen E M，Jacobs P A，et al. Studies in Surface Science and Catalysis. Elsevier，2001，137：747-819.

[9]　Corma A. Zeolite Microporous solids：synthesis，structure，and reactivity//Derouane E，Lemos F，Naccache C，et al. Netherlands：Springer，1992，352：373-436.

[10]　Baerns M. Basic Principles in Applied Catalysis. Berlin，Heidelberg：Springer，2004，75：159-212.

[11]　Hagiwara K，Ebihara T，Urasato N，et al. Effect of vanadium on USY zeolite destruction in the presence of sodium ions and steam-studies by solid-state NMR. Appl Catal A，2003，249：213-228.

[12] Claridge R P, Lancaster N L, Millar R W, et al. Faujasite catalysis of aromatic nitrations with dinitrogen pentoxide. The effect of aluminium content on catalytic activity and regioselectivity. The nitration of pyrazole. J Chem Soc Perkin Trans, 2001, 2 (2): 197-200.

[13] Hourdin G, Germain A, Moreau C, et al. The catalysis of the Ruff oxidative degradation of aldonic acids by titanium-containing zeolites. Catal Lett, 2000, 69: 241-244.

[14] Kuznicki S M, Bell V A, Langner T W, et al. Porous static water softener containing hybrid zeolite-silicate composition. US Pat., US 20020074293, 2002.

[15] Kuznicki S M, Langner T W, Curran J S. Macroscopic aggregates of microcrystalline zeolites for static water softening applications. US Pat., US 20020077245, 2002.

[16] Mao R L V. Zeolite materials with enhanced ion exchange capacity. Can. Pat., CA 2125314, 1995.

[17] Mao R L V, Vu N T, Xiao S, et al. Modified zeolites for the removal of calcium and magnesium from hard water. J Mater Chem, 1994, 4: 1143-1147.

[18] Breck D W, Zeolites Molecular Sieves. New York: Wiley-Interscience, 1974: 725-755.

[19] Molecular sieve zeolite. I. Advances in Chemistry Series No. 101. Gould R F. American Chemical Society, Washington, DC, 1971.

[20] Baerlocher C, McCusker L B. Database of Zeolite Structures, 2008, http://www.iza-structure.org/databases/.

[21] Eddaoudi M, Sava D F, Eubank J F, et al. Zeolite-like metal-organic frameworks (ZMOFs): design, synthesis, and properties. Chem Soc Rev, 2015, 44: 228-249.

[22] Eddaoudi M, Liu Y. US Pat. Zeolite-like metal organic frameworks (ZMOFS): modular approach to the synthesis of organic-inorganic hybrid porous materials having a zeolite like topology. US Pat. US 2006287190, 2006.

[23] Feng P, Bu X, Stucky G D. Hydrothermal syntheses and structural characterization of zeolite analogue compounds based on cobalt phosphate. Nature, 1997, 388: 735-741.

[24] Zheng N, Bu X, Wang B, et al. Microporous and photoluminescent chalcogenide zeolite analogs. Science, 2002, 298: 2366-2369.

[25] Tian Y Q, Cai C X, Ji Y, et al. [$Co_5(im)_{10} \cdot 2MB$]$_\infty$: A metal-organic open-framework with zeolite-like topology. Angew Chem Int Ed, 2002, 41: 1442-1444.

[26] Tian Y Q, Cai C X, Ren X M, et al. The silica-like extended polymorphism of cobalt (II) imidazolate three-dimensional frameworks: X-ray single-crystal structures and magnetic properties. Chem Eur J, 2003, 9: 5673-5685.

[27] Huang X C, Lin Y Y, Zhang J P, et al. Ligand-directed strategy for zeolite-type metal-organic frameworks: zinc(II)imidazolates with unusual zeolitic topologies. Angew Chem Int Ed, 2006, 45: 1557-1559.

[28] Tian Y Q, Zhao Y M, Chen Z X, et al. Design and generation of extended zeolitic metal-organic frameworks (ZMOFs): synthesis and crystal structures of zinc (II) imidazolate polymers with zeolitic topologies. Chem Eur J, 2007, 13: 4146-4154.

[29] Tian Y Q, Yao S Y, Gu D, et al. Cadmium imidazolate frameworks with polymorphism, high thermal stability, and a large surface area. Chem Eur J, 2010, 16: 1137-1141.

[30] Park K S, Ni Z, Côté A P, et al. Exceptional chemical and thermal stability of zeolitic imidazolate frameworks. Proc Natl Acad Sci USA, 2006, 103: 10186-10191.

[31] Hayashi H, Côté A P, Furukawa H, et al. Zeolite A imidazolate frameworks. Nat Mater, 2007, 6: 501-506.

[32] Banerjee R, Phan A, Wang B, et al. High-throughput synthesis of zeolitic imidazolate frameworks and application to CO_2 capture. Science, 2008, 319: 939-943.

[33] Wang B, Côté A P, Furukawa H, et al. Colossal cages in zeolitic imidazolate frameworks as selective carbon dioxide reservoirs. Nature, 2008, 453: 207-211.

[34] Yang J, Zhang F, Lu H, et al. Hollow Zn/Co ZIF particles derived from core-shell ZIF-67@ZIF-8 as selective catalyst for the semi-hydrogenation of acetylene. Angew Chem Int Ed, 2015, 54: 11039-11043.

[35] Phan A, Doonan C J, Uribe-Romo F J, et al. Synthesis, structure, and carbon dioxide capture properties of zeolitic imidazolate frameworks. Acc Chem Res, 2010, 43: 58-67.

[36] Eddaoudi M, Liu Y. Zeolite-like metal organic frameworks (ZMOFS): modular approach to the synthesis of organic-inorganic hybrid porous materials having a zeolite like topology. US Pat., US 2006287190, 2006.

[37] Liu Y, Kravtsov V C, Larsen R, et al. Molecular building blocks approach to the assembly of zeolite-like metal-organic frameworks (ZMOFs) with extra-large cavities. Chem Commun, 2006, (14): 1488-1490.

[38] Liu Y, Kravtsov V C, Eddaoudi M. Template-directed assembly of zeolite-like metal-organic frameworks (ZMOFs): a *usf*-ZMOF with an unprecedented zeolite topology. Angew Chem Int Ed, 2008, 47: 8574-8577.

[39] Férey G, Serre C, Mellot-Draznieks C, et al. A hybrid solid with giant pores prepared by a combination of targeted chemistry, simulation,

and powder diffraction. Angew Chem Int Ed, 2004, 43: 6296-6301.

[40] Férey G, Mellot-Draznieks C, Serre C, et al. A chromium terephthalate-based solid with unusually large pore volumes and surface area. Science, 2005, 309: 2040-2042.

[41] Horcajada P, Chevreau H, Heurtaux D, et al. Extended and functionalized porous iron (iii) tri-or dicarboxylates with MIL-100/101 topologies. Chem Commun, 2014, 50: 6872-6874.

[42] Sonnauer A, Hoffmann F, Fröba M, et al. Giant pores in a chromium 2, 6-naphthalenedicarboxylate open-framework structure with MIL-101 topology. Angew Chem Int Ed, 2009, 48: 3791-3794.

[43] Wang F, Liu Z S, Yang H, et al. Hybrid zeolitic imidazolate frameworks with catalytically active TO$_4$ building blocks. Angew Chem Int Ed, 2011, 50: 450-453.

[44] Kang Y, Wang F, Zhang J, et al. Luminescent MTN-type cluster-organic framework with 2.6nm cages. J Am Chem Soc, 2012, 134: 17881-17884.

[45] Feng P, Bu X, Stucky G D. Designed assemblies in open framework materials synthesis: an interrupted sodalite and an expanded sodalite. Angew Chem Int Ed, 1995, 34: 1745-1747.

[46] Baerlocher C, Meier W M, Olson D H. Atlas of Zeolite Framework Types. Amsterdam: Elsevier, 2001.

[47] Zhang J, Wu T, Zhou C, et al. Zeolitic boron imidazolate frameworks. Angew Chem Int Ed, 2009, 48: 2542-2545.

[48] Wu T, Zhang J, Zhou C, et al. Zeolite RHO-type net with the lightest elements. J Am Chem Soc, 2009, 131: 6111-6113.

[49] Wu T, Zhang J, Bu X, et al. Variable lithium coordination modes in two-and three-dimensional lithium boron imidazolate frameworks. Chem Mater, 2009, 21: 3830-3837.

[50] Zheng S, Wu T, Zhang J, et al. Porous metal carboxylate boron imidazolate frameworks. Angew Chem Int Ed, 2010, 49: 5490-5494.

[51] Zhang H X, Wang F, Yang H, et al. Interrupted zeolite LTA and ATN-type boron imidazolate frameworks. J Am Chem Soc, 2011, 133: 11884-11887.

[52] Wang F, Shu Y, Bu X, et al. Zeolitic boron imidazolate frameworks with 4-connected octahedral metal centers. Chem Eur J, 2012, 18: 11876-11879.

[53] Zhang H X, Fu H R, Li H Y, et al. Porous ctn-type boron imidazolate framework for gas storage and separation. Chem Eur J, 2013, 19: 11527-11530.

[54] Zhang D X, Zhang H X, Wen T, et al. Targeted design of a cubic boron imidazolate cage with sensing and reducing functions. Dalton Trans, 2015, 44: 9367-9369.

[55] Zhang D X, Zhang H X, Li H Y, et al. Self-assembly of metal boron imidazolate cages. Cryst Growth Des, 2015, 15: 2433-2436.

[56] Zhang J, Wu T, Feng P, et al. Hydrogen-bonded boron imidazolate frameworks. Dalton Trans, 2010, 39: 1702-1704.

[57] Chen S, Zhang J, Wu T, et al. Zinc (II) -boron (III) -imidazolate framework (ZBIF) with unusual pentagonal channels prepared from deep eutectic solvent. Dalton Trans, 2010, 39: 697.

[58] Zhang J, Chen S, Bu X. The first anionic four-connected boron imidazolate framework. Dalton Trans, 2010, 39: 2487-2489.

[59] Wen T, Zhang D X, Zhang H X, et al. Redox-active Cu (I) boron imidazolate framework for mechanochromic and catalytic applications. Chem Commun, 2014, 50: 8754-8756.

[60] Yang E, Wang L, Zhang J. A luminescent neutral cadmium (ii) -boron (iii) -imidazolate framework with sql net. CrystEngComm, 2014, 16: 2889-2891.

[61] Wen T, Chen E X, Zhang D X, et al. Synthesis of borocarbonitride from a multifunctional Cu(I)boron imidazolate framework. Dalton Trans, 2016, 45: 5223-5228.

[62] Wen T, Zhang D X, Liu J, et al. Facile synthesis of bimetal Au-Ag nanoparticles in a Cu (I) boron imidazolate framework with mechanochromic properties. Chem Commun, 2015, 51: 1353-1355.

[63] Zhang D X, Liu J, Zhang H X, et al. A rational strategy to construct a neutral boron imidazolate framework with encapsulated small-size Au-Pd nanoparticles for catalysis. Inorg Chem, 2015, 54: 6069-6071.

[64] Zhang D X, Zhang H X, Wen T, et al. Mechanochromic Cu (I) boron imidazolate frameworks with low-dimensional structures and reducing function. Inorg Chem Front, 2016, 3: 263-267.

[65] Zhang H X, Liu M, Xu G, et al. Selectivity of CO$_2$ via pore space partition in zeolitic boron imidazolate frameworks. Chem Commun, 2016, 52: 3552-3555.

[66] Liu L, Wen T, Chen S, et al. A zeolitic Cd (II) boron imidazolate framework with sensing and catalytic properties. J Solid State Chem, 2015, 231: 185-189.

[67] Liu M, Zhang D X, Chen S, et al. Loading Ag nanoparticles on Cd (II) boron imidazolate framework for photocatalysis. J Solid State Chem,

2016, 237: 32-35.

[68] Liu M, Chen S, Wen T, et al. Encapsulation of Ln^{III} ions/Ag nanoparticles within Cd (Ⅱ) boron imidazolate frameworks for tuning luminescence emission. Chem Commun, 2016, 52: 8577-8580.

[69] Zheng L, Knobler C B, Furukawa H, et al. Synthesis and structure of chemically stable metal-organic polyhedral. J Am Chem Soc, 2009, 131: 12532-12533.

[70] Baburin I A, Assfour B, Seifert G, et al. Polymorphs of lithium-boron imidazolates: energy landscape and hydrogen storage properties. Dalton Trans, 2011, 40: 3796-3798.

[71] Zhang J P, Zhang Y B, Lin J B, et al. Metal azolate frameworks: from crystal engineering to functional materials. Chem Rev, 2012, 112: 1001-1033.

[72] Trofimenko S. Boron-pyrazole chemistry. Ⅱ. Poly (1-pyrazolyl)-borates. J Am Chem Soc, 1967, 89: 3170-3177.

[73] Bailey P J, Lorono-Gonzales D, McCormack C, et al. Reaction of azole heterocycles with tris (dimethylamino) borane, a new method for the construction of tripodal borate-centred ligands. Chem Eur J, 2006, 12: 5293-5300.

[74] Maeda K, Akimoto J, Kiyozumi Y, et al. AlMepO-α: a novel open-framework aluminum methylphosphonate with organo-lined unidimensional channels. Angew Chem Int Ed, 1995, 34: 1199-1201.

[75] Jhang P C, Yang Y C, Lai Y C, et al. A fully integrated nanotubular yellow-green phosphor from an environmentally friendly eutectic solvent. Angew Chem Int Ed, 2009, 48: 742-745.

[76] Zhang H X, Liu M, Bu X, et al. Zeolitic BIF crystal directly producing noble-metal nanoparticles in its pores for catalysis. Sci Rep, 2014, 4: 3923.

第23章
稀土-过渡金属簇聚物及配聚物

23.1 稀土配位聚合物概述

稀土元素一般指元素周期表中镧（La）、铈（Ce）、镨（Pr）、钕（Nd）、钷（Pm）、钐（Sm）、铕（Eu）、钆（Gd）、铽（Tb）、镝（Dy）、钬（Ho）、铒（Er）、铥（Tm）、镱（Yb）、镥（Lu）的镧系元素以及与其电子结构和化学性质相近的钪（Sc）和钇（Y），共 17 种元素。从镧到镥（57～71）的基态外围电子构型可以用 $4f^{0\sim14}5d^{0\sim1}6s^2$ 来描述，新增加的电子不是填充到最外层，而是填充到 4f 内层，被外层的 $5s^25p^6$ 屏蔽，导致它们的半径差别极小且呈现一定的规律性，即镧系元素的原子半径和离子半径在总的趋势上随着原子序数的增大而减小，这种现象称为镧系收缩。稀土元素的许多通性是电子层结构直接或间接的反映。稀土元素由于其独特的电子构型而呈现出独特的光、电、磁性质。稀土元素表现出丰富的可跃迁的电子能级和长寿命的激发态能级，能产生可见-红外波长范围的发射光谱。稀土离子的光谱与自由离子的光谱相近，多呈锐线状或窄带状，被广泛应用在发光材料中。此外，稀土元素具有较高的饱和磁化强度和磁晶各向异性常数，与居里温度较高的高磁矩过渡金属结合起来制成金属间化合物，能获得高性能的永磁材料。

稀土配位聚合物是当前研究的热点领域之一，这些稀土配位聚合物在光电、吸附、磁性和催化等方面有着广泛的应用[1-18]。三价稀土离子是一种典型的硬阳离子，不易发生极化和变形，更倾向于与含有氧原子的配体配位。在过去的二十年里，通过设计或选择含羧酸配体与稀土离子组装得到了大量新颖的稀土配位聚合物，这是由于羧酸能够采取多种多样的配位方式，而且羧酸对 pH 值特别敏感，不同的 pH 值下，羧基的去质子程度不同，往往得到不同的配位模式。此外，羧酸配体不仅能以多种灵活的配位方式与稀土离子键合，还可以与稀土离子组合成不同核数的次级构筑单元，极大地丰富了稀土化合物种类。目前文献报道的配位聚合物大部分集中在过渡金属配位聚合物和稀土配位聚合物，稀土-过渡金属配位聚合物的报道相对较少。利用稀土和过渡金属离子与多功能配体组装出具有新颖拓扑结构的配位聚合物，揭示这类配合物的设计合成、聚合机制、结构规律和成键规律，将丰富配合物的晶体工程学及结构化学。本章将主要对近年来水热条件下，直线形吡啶羧酸类配体和咪唑羧酸类配体构建的高维稀土-过渡金属簇聚物及配聚物的工作进行概述。

23.2 稀土-铜簇聚物

铜-卤素化合物具有多变的结构类型和丰富的光电子性质，铜-卤素的配位化学一直受到广泛的关注[19]。三角形构型的 CuX_3 或四面体构型的 CuX_4 单元通过共顶点或共边连接形成结构多样的无机簇单元。目前，各种各样的铜-卤素构筑块，从二聚的 Cu_2X_2、四聚的立方烷 Cu_4X_4 到三十六核 $Cu_{36}X_{56}$

簇单元等已经被合成出来[20, 21]。因此，把铜-卤素簇引入稀土有机框架中是构筑三维稀土-过渡金属配位聚合物的有效途径。如果稀土簇和铜-卤素簇单元被同时引入三维稀土-过渡金属配聚物中，其结构将更加丰富。通常稀土亲含氧配体，过渡金属更容易和含氮配体配位。因此，选择含氮、氧的配体是构建三维稀土-过渡金属配聚物的关键。异烟酸（HIN）和4-吡啶-4-苯甲酸这两种多功能配体具有以下优点：①两种刚性的配体分子同时具有处于吡啶环对位的羧基氧和氮供电子体，这使得它们能充当线形的桥连配体。②两种有机配体分子去质子化的羧基可以促使亲氧的镧系离子聚集成簇，而氮原子则可能与过渡金属配位，构建一些同时包含稀土氧簇和过渡金属簇的拓展结构的簇聚物。基于此，杨国昱课题组提出"诱导聚集"的合成策略，成功实现了稀土簇和过渡金属簇同时聚集成簇。

杨国昱课题组在水热条件下以刚性、线形的多功能异烟酸为桥连配体，稀土氧化物为稀土源，同时引入铜和卤素离子，探索稀土氧簇的聚集条件，成功得到一系列包含高核稀土氧簇的三维簇聚物[22][Ln$_{14}$(μ_6-O)(μ_3-OH)$_{20}$(IN)$_{22}$Cu$_6$C$_{14}$(H$_2$O)$_8$]·6H$_2$O（Ln = Y，Gd，Dy）。在该类化合物结构中，存在着三种构筑中心：Cu$^+$中心、Cu$_2$C$_{12}$二核簇及[Tb$_{14}$(μ_6-O)(μ_3-OH)$_{20}$]$^{20+}$簇。其中[Ln$_{14}$(μ_6-O)(μ_3-OH)$_{20}$]$^{20+}$簇是一类结构新颖的十四核稀土氧簇，它可以描述为一个Ln$_6$八面体通过共顶点在对位连接了两个Ln$_5$三角双锥，二十个μ_3-OH通过冠盖在这些多面体的二十个三角面上将十四个稀土原子紧密连接在一起。值得一提的是，Ln$_{14}$簇核中的Ln$_5$三角双锥是一类未报道的新的稀土氧簇构型。在已报道的Ln$_5$稀土氧簇或者包含了Ln$_5$稀土氧簇单元的簇合物中，Ln$_5$稀土氧簇都无一例外地采取了四方锥的构型。异烟酸配体的羧基端连接十四核稀土簇，另一端的氮原子连接铜簇单元形成了具有复杂拓扑的三维簇聚物（图23-1）。值得注意的是，该化合物中异烟酸采取四种不同的配位模式，导致化合物的框架结构较为致密。在此工作基础上，该课题组进一步提出"协同配位"的合成策略，引入第二配体以减少异烟酸的配位模式。第二配体会部分取代主配体异烟酸的位置，以此改变稀土离子周围的配位环境，两种不同配体的协同配位作用可能会进一步导致稀土簇构型发生变化。

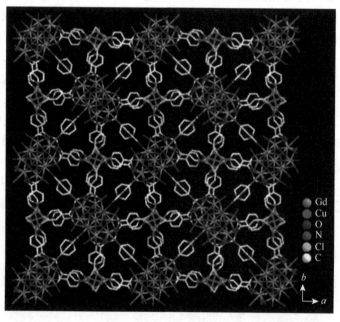

图 23-1　Ln$_{14}$核簇和铜单元构筑的三维框架结构图

基于上述想法，该课题组在合成体系中引入第二配体邻苯二甲酸（H$_2$bdc）。该课题组在水热条件下用稀土氧化物、卤化铜、异烟酸和邻苯二甲酸来探索合成基于两种不同配体协同配位构建稀土氧簇单元进而构建簇聚物的条件，并成功获得两例含有纳米尺寸的三十六核{Er$_{36}$}稀土轮簇聚合物[23] [Er$_7$(μ$_3$-O)(μ$_3$-OH)$_6$(bdc)$_3$](IN)$_9$[Cu$_3$X$_4$]（X = Cl，Br）。Er^{3+}之间相互连接形成两种小簇：[Er$_4$(μ$_3$-O)(μ$_3$-OH)$_3$]$^{7+}$ 和[Er$_2$(μ$_3$-OH)$_2$]$^{4+}$。Er$_4$ 簇和 Er$_2$ 簇交替相连形成具有十八元环的 Er$_{36}$ 纳米轮簇层。Er$_{36}$ 轮簇层被 Cu$_3$C$_{14}$(IN)$_6$ 柱撑形成三明治结构（图 23-2）。该结果表明，第二配体的引入的确减少了主配体的配位 模式数量，异烟酸的配位模式由十四核稀土簇中的四种减少为 FJ-2 系列中的两种。在 FJ-2a 结构中， 两种有机配体各自承担不同的作用：邻苯二甲酸起稳定稀土轮簇及轮簇层的作用，异烟酸配体起桥 连作用，二者高度协同。

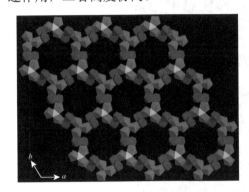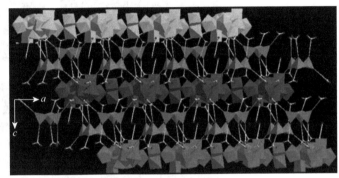

图 23-2 Er$_{36}$ 轮簇和铜单元构筑的三维框架结构图

除了两种不同的有机配体相互协同配位之外，协同配位还有可能发生在有机配体和无机配体之 间。与氯和溴等卤素原子相比较，碘具有更大的离子半径，容易形成更高的配位数和更多样的配位 模式。作为无机配体，具有较大半径的碘离子不仅将影响过渡金属卤素簇的形成，而且将导致生成 更大尺寸的过渡金属簇合物，进而影响稀土簇的形成。在进一步探索基于稀土和过渡金属簇单元构 建的空旷框架过程中，杨国昱课题组引入具有较大离子半径的卤素原子——碘，在水热条件下成 功获得七例基于稀土轮簇层和过渡金属轮簇层构建的三维夹心型混金属簇聚物[24]：[Ln$_6$(μ$_3$-O)$_2$](IN)$_{18}$ [Cu$_8$(μ$_4$-I)$_2$(μ$_2$-I)$_3$]·H$_3$O（FJ-4：Ln = Y，Nd，Dy，Gd，Sm，Eu，Tb）。FJ-4 系列是由两种不同的纳 米轮簇层[Ln$_{18}$(μ$_3$-O)$_6$(CO$_2$)$_{48}$]$^{6-}${Ln$_{18}$}和[Cu$_{24}$(μ$_4$-I)$_6$(μ$_2$-I)$_{12}$]$^{6+}${Cu$_{24}$}通过异烟酸连接成的三明治结构， {Ln$_{18}$}和{Cu$_{24}$}都具有十二元环。它是首例同时包含两种不同金属轮簇层（稀土轮簇层和过渡金属轮 簇层）的簇聚物。两种不同的纳米轮簇层{Ln$_{18}$}和{Cu$_{24}$}被异烟酸配体沿 c 方向柱撑连接，形成独特 的三维三明治构型（图 23-3）。FJ-2a 中的{Er$_{36}$}轮簇层可认为是由两种不同的有机配体间的"协同配 位"作用构建形成，而化合物 FJ-4 中的{Ln$_{18}$}和{Cu$_{24}$}轮簇层可认为是有机配体异烟酸分别和 μ$_3$-O 以及无机配体碘"协同配位"构建。

在该体系中进一步引入不同的第二配体，通过异烟酸和不同有机配体间的协同配位作用可以形成 一系列基于簇单元构建的三维稀土-过渡金属簇聚物：Ln$_2$Cu$_7$I$_6$(IN)$_7$(H$_2$O)$_6$·H$_2$O[Ln = Ce(**1**)，Sm(**2**)]， Er$_4$(OH)$_4$Cu$_5$I$_4$(IN)$_6$(NA)(2, 5-pdc)·0.3H$_2$O(**3**，HNA = 烟酸，2, 5-H$_2$pdc = 2, 5-吡啶二羧酸)，Ce$_2$Cu$_5$Br$_4$ (IN)$_5$(NA)$_2$(H$_2$O)$_2$(**4**)，Er$_4$Cu$_8$I$_7$(IN)$_8$(bdc)$_2$(OH)(H$_2$O)(**5**)，Ce$_3$Cu$_7$Br$_6$(IN)$_8$(bdc)(H$_2$O)$_4$(**6**)。在化合物 **1** 和 **2** 中[25]，铜离子与 μ$_3$-I$^-$和 μ$_4$-I$^-$连接形成两种不同的簇：[Cu$_3$I$_3$]簇和[Cu$_4$I$_3$]$^+$簇。相邻的[Cu$_4$I$_3$]$^+$簇通过 共用 μ$_4$-I$^-$顶点沿 a 轴方向形成一维链，链与链之间被[Cu$_3$I$_3$]簇连接在 ab 面形成一个独特的具有八元 环的二维[Cu$_7$I$_6$]$_n^{n+}$层，二核的[Ce$_2$(IN)$_6$]和层状的[Cu$_7$I$_6$]$_n^{n+}$相连形成三维的层-柱状结构（图 23-4）。 在化合物 **3** 中，Er^{3+}被 μ$_3$-OH 连接形成一维[Er$_4$(OH)$_4$]$_n^{8n+}$链，一维[Er$_4$(OH)$_4$]$_n^{8n+}$链之间被 2, 5-吡啶 二羧酸连接在 ab 方向形成二维层。

值得注意的是，在水热条件下 2, 5-吡啶二羧酸的邻位发生了脱羧反应，形成了烟酸配体。二维 稀土层和十核[Cu$_{10}$I$_8$]$^{2+}$簇与异烟酸和烟酸配体沿 c 轴方向连接形成三维结构（图 23-4）。化合物 **4**～**6**

中[26]，三种不同的一维铜-卤素链$[Cu_5Br_4]_n^{n+}$、$[Cu_8I_7]_n^{n+}$、$[Cu_6Br_6]_n$分别和一维、二维及三维稀土有机框架连接形成具有两种不同构筑单元的非穿插稀土-过渡金属簇聚物（图23-5）。

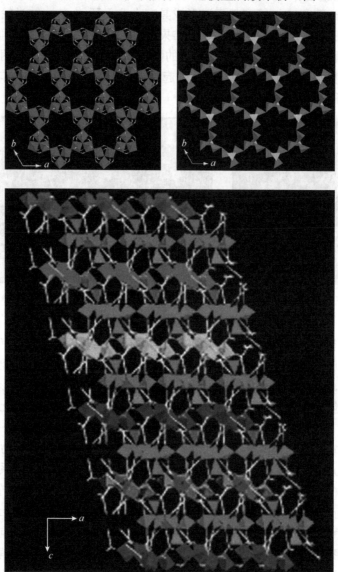

图23-3　Ln_{18}和Cu_{24}轮构筑的三维框架结构图

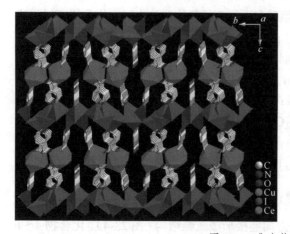
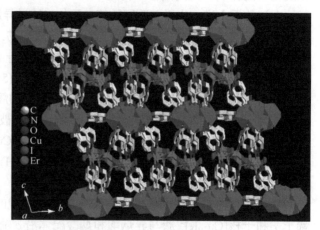

图23-4　化合物 **1~3** 的层-柱状结构图

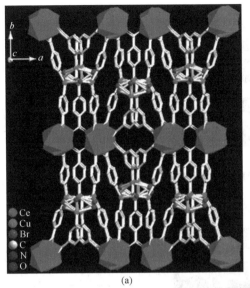

(a)

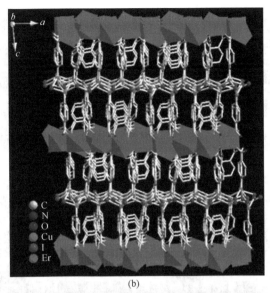

(b)

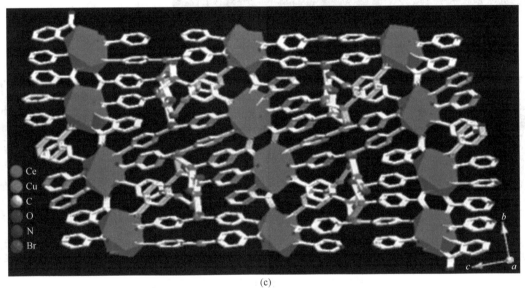

(c)

图 23-5　化合物 **4**～**6** 中不同的一维铜-卤素链分别和一维（a）、二维（b）及三维（c）稀土有机框架连接构筑的三维框架结构图

　　稀土-过渡金属簇聚物展示了新颖的拓扑结构，$Ln_2(bdc)_2(IN)_2(H_2O)_2Cu·X$ [Ln = Eu（**7**），Sm（**8**），Nd（**9**），X = ClO_4^-；Ln = Nd（**10**），X = Cl^-] 中，稀土和邻苯二甲酸形成的二维层和线形 $Cu(IN)_2^-$ 相连接形成层柱状结构。化合物 **7**～**10** 沿 b 和 c 方向存在孔道，孔道大小分别是 6.2Å×15.8Å 和 7.0Å×8.1Å（图 23-6）。从拓扑学的观点来看，每个稀土/邻苯二甲酸可以分别简化成六/五节点，所以该结构可以简化成(5, 6)-节点的网络，它的拓扑符号是 $(4^7·6^3)(4^7·6^8)$。在紫外光照射下，这些化合物均显示稀土的特征发射[27]。

　　在 $[LnCu(IN)_2(C_2O_4)]·H_2O$ [Ln = La（**11**），Pr（**12**），Nd（**13**）] 中，两个晶体学上相同的 La 原子被四个异烟酸配体连接形成一个二核单元，每个二核单元之间被四个草酸配体连接沿 bc 平面形成一个(4, 4)-连接层，这个二维层被 $Cu(IN)_2^-$ 连接形成一个三维框架，沿着 b 轴方向存在一维孔道，它的大小为 6.5Å×15.0Å[28]。每个二核稀土簇单元周围连接了八个桥连配体，该化合物可简化成八节点网络，拓扑符号是 $(3^6·4^{18}·5^3·6)$ 的三维网络（图 23-7）。

　　改用烟酸（HNA）配体，得到两个稀土-铜配位聚合物：$LnCu(NA)_2(C_2O_4)·1.5H_2O$ [Ln = La（**14**），

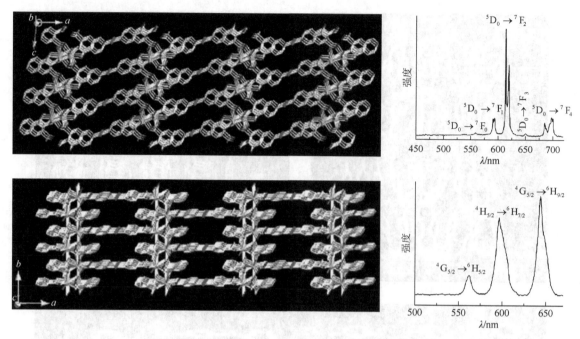

图 23-6　化合物 7～10 沿 b 和 c 方向结构图及荧光光谱

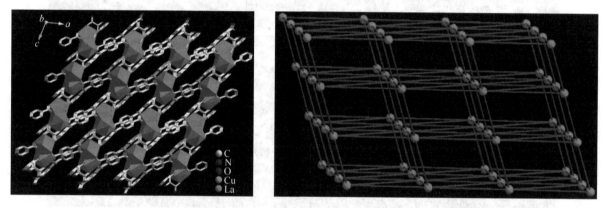

图 23-7　化合物 11～13 结构图及拓扑图

Ce（15）][29]，二维稀土有机层和[Cu(NA)$_2$]柱之间相互连接形成层柱状的三维结构，沿 a 和 c 方向存在一维孔道。每个{Ln$_2$}单元可以认为是一个八连接的节点，这个三维结构可简化为八节点网络，它的拓扑符号是（4^{24}·5·6^3），是一个少见的 *ilc* 拓扑。进一步的拓扑分析表明，化合物 14 和 15 具有八节点自穿插网络（图 23-8）。

杨国昱课题组用长链 4-吡啶-4-苯甲酸配体合成了两个稀土-铜配聚物：[LnCuL$_4$]和[Ln$_{0.25}$Cu$_{0.25}$L][Ln = Dy（16），Er（17）；HL = 4-吡啶-4-苯甲酸][30]。4-吡啶-4-苯甲酸配体连接稀土和铜离子形成两套不同的四节点网络：*dia* 和 *mdf* 网络。进一步的拓扑研究表明，化合物 16、17 具有三重穿插网络（图 23-9）。4-吡啶-4-苯甲酸配体还可以同时诱导稀土离子和过渡金属聚集成簇，2(Ln$_4$Cu$_{10}$I$_8$L$_{18}$)·8H$_3$O·9H$_2$O [Ln = Sm（18），Gd（19）] 中，4-吡啶-4-苯甲酸配体两端分别连接四核[Ln$_4$(COO)$_6$]簇和超四面体 T$_3$-[Cu$_{10}$I$_8$]簇（图 23-10），形成二重穿插的 *pcu* 网络结构。化合物 18 具有较好的质子传导性能[31]。

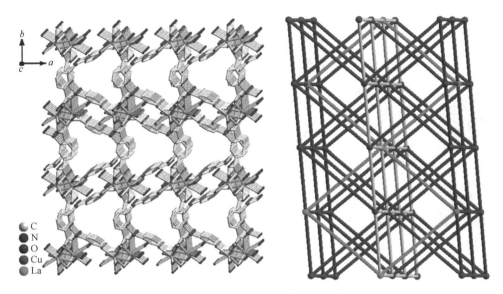

图 23-8 化合物 **14** 和 **15** 结构图及拓扑图

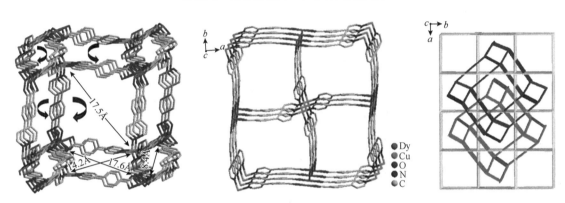

图 23-9 化合物 **16** 和 **17** 结构图及拓扑图

在 4-吡啶-4-苯甲酸配体中分别引入草酸和醋酸，得到两个系列的三明治构型稀土-铜簇聚物[32]：[La$_6$(μ$_3$-OH)$_2$(ox)$_3$L$_{12}$Cu$_{11}$(μ$_3$-X)$_6$(μ$_2$-X)$_3$]·8H$_2$O（X = Br/Cl，FJ-21a/b；H$_2$ox = 草酸）和[Ln$_4$(OAc)$_3$(H$_2$O)$_4$L$_9$][Cu(μ$_3$-I)]@[Cu$_{10}$(μ$_3$-I)(μ$_4$-I)$_6$(μ$_5$-I)$_3$]·7H$_2$O（Ln = Pr/Nd/Sm/Eu，FJ-22a/b/c/d；HOAc = 醋酸）。这些三明治框架包含了两种不同类型的纳米轮状稀土层和轮状铜层，FJ-21 中包含 La$_{18}$ 和 3Cu@Cu$_{24}$ 轮，FJ-22 中包含 Ln$_{24}$ 和 Cu$_2$@Cu$_{24}$ 轮。不同类型的轮簇层通过 4-吡啶-4-苯甲酸配体连接形成三明治结构（图 23-11）。在 FJ-21 和 FJ-22 中存在两种不同的协同配位：4-吡啶-4-苯甲酸和草酸/醋酸两种有机配体，以及 4-吡啶-4-苯甲酸和 Br/I 有机和无机配体的协同配位同时存在导致了最终的三明治结构。

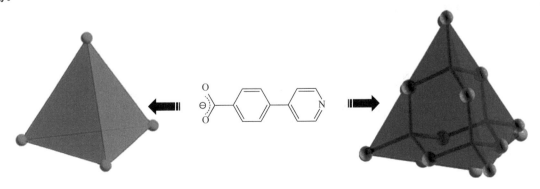

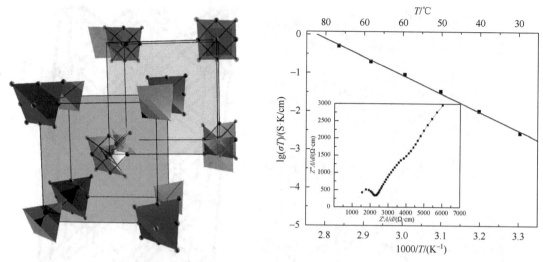

图 23-10　化合物 **18** 和 **19** 结构图及质子传导性能

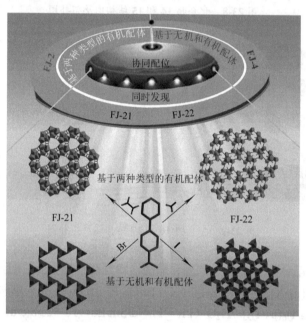

图 23-11　FJ-21 和 FJ-22 结构图

以 4-吡啶-3-苯甲酸为配体（图 23-12），杨国昱课题组合成了两类稀土-铜簇聚物：$La_6Cu_3ClL_{12}(ox)_3$ $(OH)_2 \cdot 8H_2O$（FJ-25；L = 4-吡啶-3-苯甲酸）和 $La_6Cu_4X_3L_{12}(ox)_3(OH)_2 \cdot H_3O$（FJ-26/27；X = Br/I）[33]。在这些化合物中，三核 Ln_3 单元被草酸根连接形成 6^3 网络 Ln_{18} 层，进一步被 Cu_2XL_6 柱撑形成三维结构。圆二色光谱表明 FJ-25 具有手性（图 23-13）。

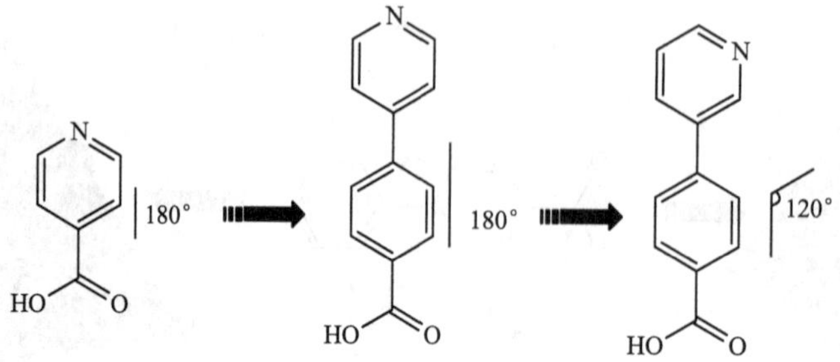

图 23-12　不同吡啶羧酸类配体结构图

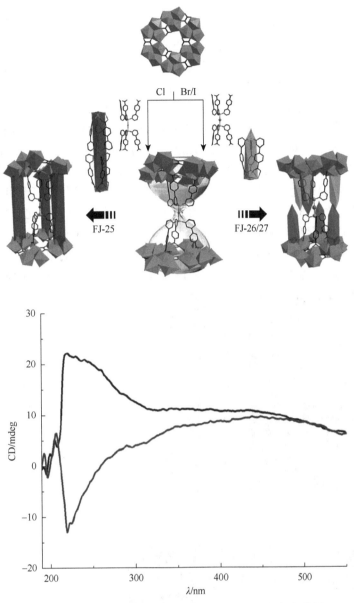

图 23-13　FJ-25 和 FJ-26/27 结构图及 FJ-25 圆二色光谱图

23.3　稀土-镉配聚物

4, 5-咪唑二羧酸（H₃ImDC）是具有五元含氮杂环的二元羧酸，五元环的二羧酸配体显示出独特的构型和配位多样性，它是未完全共轭的五元环，因此可以看作比苯二酸更加柔性的配体。4, 5-咪唑二羧酸的三个独特的结构特征引起研究人员关注：①4, 5-咪唑二羧酸的配位点包括咪唑环上的 N 原子以及羧基的 O 原子，这种柔性的多样配位点为构建高维结构提供了更大可能。②4, 5-咪唑二羧酸能部分或全部去质子化而呈现多样的配位模式，形成 H₂ImDC⁻、HImDC²⁻和 ImDC³⁻。③羧基的自由转动使其偏离咪唑环平面，有利于构筑具有螺旋特征的结构。4, 5-咪唑二羧酸被用于合成高维的稀土配聚物。

杨国昱课题组用 4, 5-咪唑二羧酸为配体合成了一系列的结构新颖的稀土配聚物。在化合物[Ln₂(ImDC)₂(H₂O)₃]·1.625H₂O（Ln = Eu，Dy）中[34]，4, 5-咪唑二羧酸完全去质子化成为三价的 ImDC³⁻，它在化合物中的配位方式有两种：六配位和八配位。八配位的 ImDC^{3-} 同时桥连了四个稀土离子，在空间拓展形成了一套左手和右手螺旋孔道交替存在的极其空旷的三维框架结构，而六配位的 ImDC^{3-} 配体则通过同时桥连三个稀土离子构建了具有左、右手螺旋的一维无限链，这些链填充在与其相应的三维框架的螺旋孔道中，起到了稳定框架的作用。荧光测试表明，在紫外光的照射下这两个化合物分别发红光和黄光，归属于铕离子和镝离子的特征发射峰（图 23-14）。发射光谱中没有 4, 5-咪唑二羧酸的发射峰，表明配体到稀土中心的能量转移非常充分。在体系中进一步引入无机硫酸根配体，得到两个竹筏状结构的二维稀土配聚物 Ln(HImC)(SO$_4$)(H$_2$O)（Ln = Dy, Eu；H$_2$ImC = 4-咪唑羧酸）[35]，该化合物沿 b 轴方向有左右手螺旋链。有趣的是，4, 5-咪唑二羧酸配体在水热条件下脱去一个羧酸根转化为 4-咪唑羧酸。从拓扑角度来说，如果把硫酸根简化为三节点，稀土离子简化为五节点，该化合物可以简化为(3, 5)-节点的网络。在紫外光的照射下，这两个化合物分别发蓝光和红光。含镝配聚物的发射光谱中存在两种类型的发射峰，在482nm、574nm 和 662nm 处的尖锐发射峰属于镝离子的特征发射峰；在 400~450nm 处的宽峰归因于配体至金属的电荷跃迁。而铕配聚物的发射光谱中仅存在稀土铕离子的特征发射峰（图 23-15）。在该体系中引入过渡金属离子，杨国昱等合成

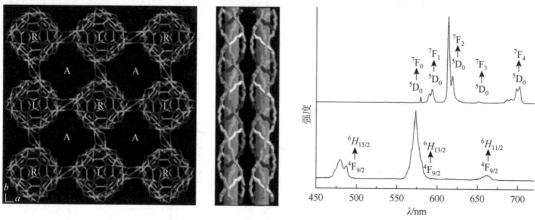

图 23-14 [Ln$_2$(ImDC)$_2$(H$_2$O)$_3$]·1.625H$_2$O 结构图及荧光光谱图

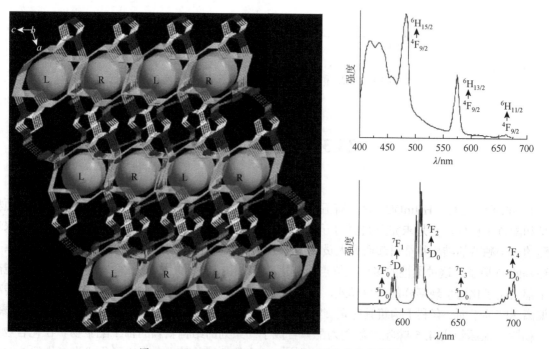

图 23-15 Ln(HImC)(SO$_4$)(H$_2$O)结构图及荧光光谱图

了一系列稀土-镉双金属配聚物：[LnCd(ImDC)(SO$_4$)(H$_2$O)$_3$]·0.5H$_2$O（Ln = Tb，Eu，Dy，Gd，Er，Yb，Y，Nd，Pr）。这些化合物中稀土离子和镉离子被 4,5-咪唑二羧酸配体桥连形成三维结构[36]，沿 b 轴方向存在一维孔道。由于稀土离子的不同，这些化合物显示不同的荧光发射（图 23-16）。

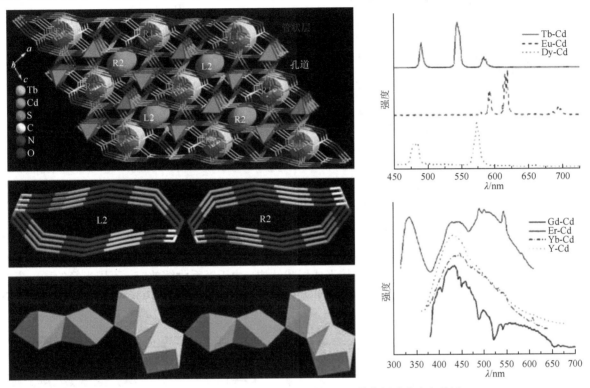

图 23-16 [LnCd(ImDC)(SO$_4$)(H$_2$O)$_3$]·0.5H$_2$O 结构图及荧光光谱图

23.4 稀土-银配聚物

薛冬峰研究组用异烟酸合成了两个稀土-银配聚物：LnAg(OAc)(IN)$_3$（Ln = Nd，Eu；HOAc = 醋酸）[37]。这些化合物中，稀土和银离子通过醋酸根连接形成螺旋链，每条链与周围的六条螺旋链间通过异烟酸配体相连形成手性化合物（图 23-17）。进一步在体系中引入 2-羟基烟酸配体[38]，得到了

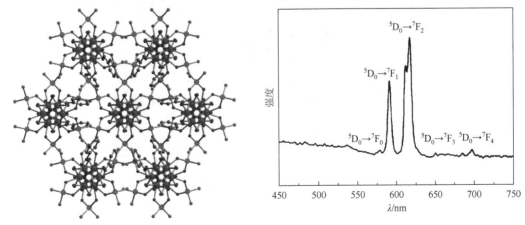

图 23-17 LnAg(OAc)(IN)$_3$ 结构图及荧光光谱图

两个新的三维稀土-银配聚物：LnAg(IN)$_2$(nicO)·0.5H$_2$O（Ln = Nd，Eu；H$_2$nicO = 2-羟基烟酸），稀土离子和银离子通过两种配体连接形成三维结构（图 23-18）。这些化合物显示了良好的发光性能。

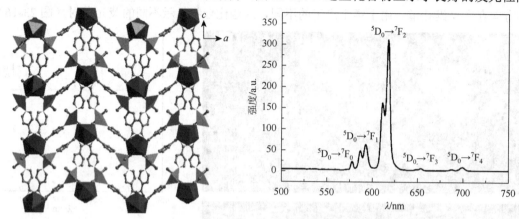

图 23-18　LnAg(IN)$_2$(nicO)·0.5H$_2$O 结构图及荧光光谱图

蔡跃鹏研究组用异烟酸和 2, 2′-联苯二甲酸（H$_2$BPDC）为配体[39]，合成了一系列稀土-银配聚物：[Ln$_2$Ag(IN)$_2$(BPDC)$_2$(H$_2$O)$_4$]·(NO$_3$)·2H$_2$O（Ln = Nd，Eu，Tb，Dy）和[Ln$_2$Ag(IN)$_2$(BPDC)$_2$(H$_2$O)$_2$]·(NO$_3$)·2H$_2$O（Ln = Ho，Yb）。稀土和银离子被配体连接形成层状结构。由于镧系收缩效应，不同半径的稀土离子化合物表现出不同的拓扑结构：(6, 3)-节点拓扑和(4, 4)-节点拓扑（图 23-19）。溶剂分子对这些化合物的荧光强度影响很大（图 23-20）。

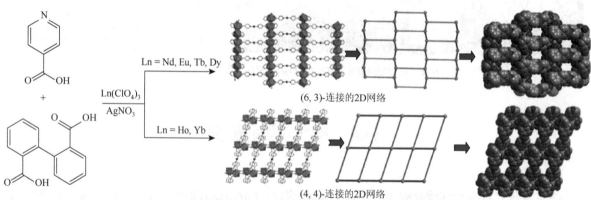

图 23-19　[Ln$_2$Ag(IN)$_2$(BPDC)$_2$(H$_2$O)$_4$]·(NO$_3$)·2H$_2$O 和[Ln$_2$Ag(IN)$_2$(BPDC)$_2$(H$_2$O)$_2$]·(NO$_3$)·2H$_2$O 结构图

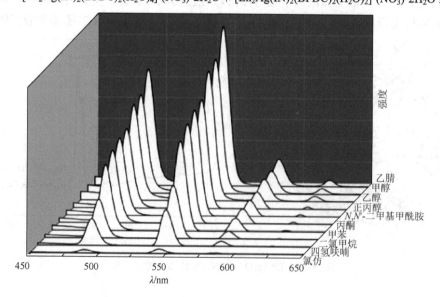

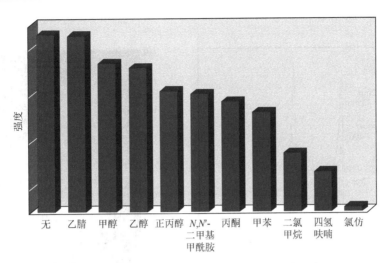

图 23-20　不同有机溶剂分子对化合物荧光强度影响图

23.5　稀土-锌配聚物

2012 年，日本 Furukawa 教授在《德国应用化学》发表的题为 *Doping light emitters into metal-organic frameworks* 的评论文章中指出，在金属有机框架材料中掺入其他金属元素可以有效地调控物质的发光性能，是制备新一代发光材料的有效途径[40]。北京师范大学郑向军研究组在水热条件下合成了五个三维稀土-锌双金属配聚物[41]：$[H(H_2O)_8][LnZn_4(ImDC)_4(HIm)_4]$（$Ln$ = La, Pr, Eu, Gd, Tb；HIm = 咪唑）。在 354nm 波长激发下，含镧配聚物在 430nm 处显示较宽的发射峰，可归因于配体的 π-π^*跃迁。含铕配聚物发红光，在 289nm 波长激发下，发射谱图显示尖锐发射峰（594nm、612nm、650nm 和 700nm），这归因于铕离子的 $^5D_0 \rightarrow {}^7F_J$（$J$ = 1～4）跃迁，在 612nm 处的发射峰最强。含铽配聚物在 292nm 波长激发，在 491nm、545nm、587nm 和 623nm 处有较强的发射峰，归因于铽离子 $^5D_4 \rightarrow {}^7F_J$（$J$ = 3～6）跃迁。改变各稀土离子的比例，可以调节化合物的发射光谱。当镧、铕和铽离子的摩尔比为 50：22：28，在 350nm 处激发时发白光，色度图上的坐标为（0.3285，0.3306）。改变激发波长可以调节发射峰。当用 294nm 波长激发时发黄光，色度图上坐标为（0.3736，0.5096）（图 23-21）。

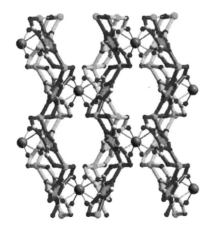
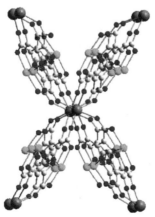
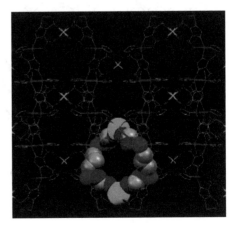

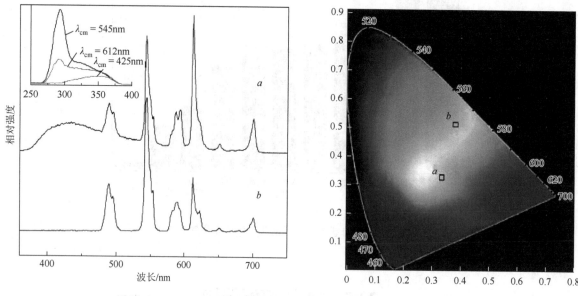

图 23-21 [H(H₂O)₈][LnZn₄(ImDC)₄(HIm)₄]结构图及荧光光谱和色度图

蔡跃鹏研究组在 4,5-咪唑二羧酸体系中引入草酸配体，可以得到两类不同结构的稀土-锌配聚物：[Ln₂(H₂O)₂Zn₄(H₂O)₄(ImDC)₄(ox)]·6H₂O 和[Ln₄(H₂O)₄Zn₄(H₂O)₄(ImDC)₄(ox)]·2CH₃OH·2H₂O。在这两种类型的结构中[Zn₂(ImDC)₂]层分别被一维 Ln₂(μ₂-O)₂(ox)链和 Ln₂(ox)柱连接形成三维孔道[42]。氮气和氢气吸附实验验证了孔道的存在（图 23-22）。三维手性的稀土-锌配聚物 L-LnZn(IN)₃(C₂H₄O₂)和 D-LnZn(IN)₃(C₂H₄O₂)（Ln = Eu，Sm，Gd）是以异烟酸为配体在水热条件下得到的，相邻的 L-Ln-O-Zn 和 D-Ln-O-Zn 链被异烟酸配体连接形成三维手性框架[43]。二阶非线性光学测试表明，EuZn(IN)₃(C₂H₄O₂)、SmZn(IN)₃(C₂H₄O₂)和 GdZn(IN)₃(C₂H₄O₂)的强度分别是尿素的 0.4、0.3 和 0.3（图 23-23）。

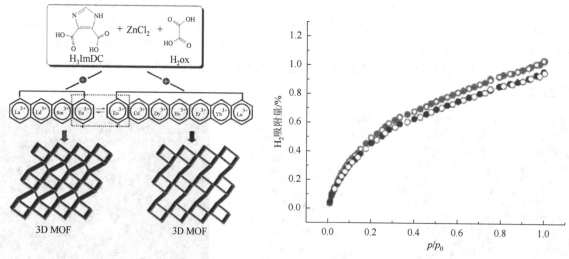

图 23-22 [Ln₂(H₂O)₂Zn₄(H₂O)₄(ImDC)₄(ox)]·6H₂O 和[Ln₄(H₂O)₄Zn₄(H₂O)₄(ImDC)₄(ox)]·2CH₃OH₃·2H₂O 结构图及气体吸附曲线

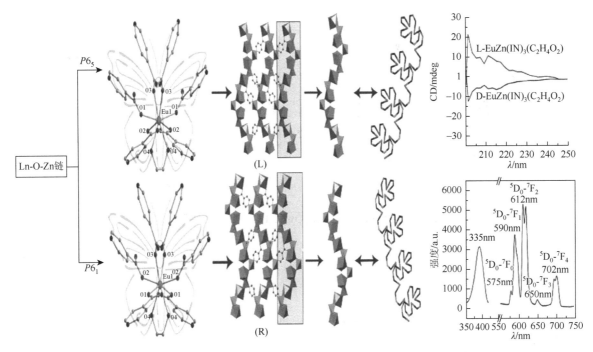

图 23-23 L-LnZn(IN)$_3$(C$_2$H$_4$O$_2$)和 D-LnZn(IN)$_3$(C$_2$H$_4$O$_2$)结构图及光谱图

23.6 稀土-锰配聚物

邓洪研究组用异烟酸和 2, 5-吡啶二羧酸（2, 5-H$_2$pdc）配体合成了一个稀土-锰配聚物：[Gd$_4$Mn(2, 5-pdc)$_4$(SO$_4$)$_2$(IN)$_2$(H$_2$O)$_8$]·5H$_2$O。四核稀土簇通过异烟酸和 2, 5-吡啶二羧酸配体连接形成二维网络[44]。磁性研究表明该化合物具有亚铁磁性（图 23-24）。

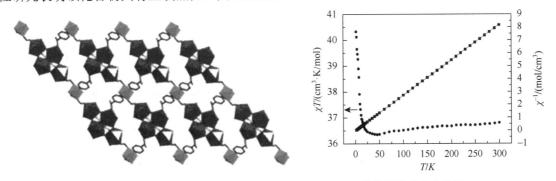

图 23-24 [Gd$_4$Mn(2, 5-pdc)$_4$(SO$_4$)$_2$(IN)$_2$(H$_2$O)$_8$]·5H$_2$O 结构图及磁化率曲线

23.7 稀土-镍配聚物

卜显和研究组用异烟酸配体，在水热条件下合成了一系列稀土-镍叠氮配聚物[LnNi$_2$(IN)$_5$(N$_3$)$_2$(H$_2$O)$_3$]·2H$_2$O（Ln = Nd，Eu，Sm，La）。结构分析表明，化合物中存在交替连接的叠氮-镍链和稀土-异烟酸链[45]。变温磁化率研究表明，配合物的磁性是由过渡金属离子主导的（图 23-25）。

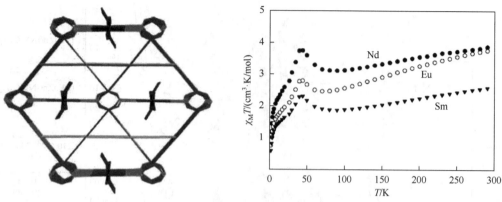

图 23-25　$[LnNi_2(IN)_5(N_3)_2(H_2O)_3]\cdot 2H_2O$ 结构图及磁化率曲线

（程建文　杨国昱）

参 考 文 献

[1]　Benelli C，Gatteschi D. Magnetism of lanthanides in molecular materials with transition-metal ions and organic radicals. Chem Rev，2002，102：2369-2388.

[2]　Bünzli J C G，Piguet C. Taking advantage of luminescent lanthanide ions. Chem Soc Rev，2005，34：1048-1077.

[3]　Shibasaki M，Yoshikawa N. Lanthanide complexes in multifunctional asymmetric catalysis. Chem Rev，2002，102：2187-2209.

[4]　Kido J，Okamoto Y. Organo lanthanide metal complexes for electroluminescent materials. Chem Rev，2002，102：2357-2368.

[5]　Zhou Y，Hong M，Wu X. Lanthanide-transition metal coordination polymers based on multiple N-and O-donor ligands. Chem Commun，2006，135-143.

[6]　Zhao B，Chen X，Cheng P，et al. Coordination polymers containing 1D channels as selective luminescent probes. J Am Chem Soc，2004，126：15394-15395.

[7]　Bogani L，Sangregorio C，Sessoli R，et al. Molecular engineering for single-chain-magnet behavior in a one-dimensional dysprosium-nitronyl nitroxide compound. Angew Chem Int Ed，2005，44：5817-5821.

[8]　Guo X，Zhu G，Li Z，et al. A lanthanide metal-organic framework with high thermal stability and available Lewis-acid metal sites. Chem Commun，2006，3172-3174.

[9]　Ma B，Zhang D，Gao S，et al. From cubane to supercubane: the design，synthesis，and structure of a three-dimensional open framework based on a Ln_4O_4 cluster. Angew Chem Int Ed，2000，39：3644-3646.

[10]　Song J L，Mao J G. New types of blue，red or near IR luminescent phosphonate-decorated lanthanide oxalates. Chem Eur J，2005，11：1417-1424.

[11]　Du Z，Xu H，Mao J. Rational design of 0D，1D，and 3D open frameworks based on tetranuclear lanthanide（Ⅲ）sulfonate-phosphonate clusters. Inorg Chem，2006，45：9780-9788.

[12]　Pan L，Adams K M，Hernandez H E，et al. Porous lanthanide-organic frameworks: synthesis，characterization，and unprecedented gas adsorption properties. J Am Chem Soc，2003，125：3062-3067.

[13]　Huang Y，Jiang F，Hong M. Magnetic lanthanide-transition-metal organic-inorganic hybrid materials: from discrete clusters to extended frameworks. Coord Chem Rev，2009，253：2814-2834.

[14]　Kong X J，Long L S，Zheng Z P，et al. Keeping the ball rolling: fullerene-like molecular clusters. Acc Chem Res，2010，43：201-209.

[15]　Xu H，Cao C S，Kang X M，et al. Lanthanide-based metal-organic frameworks as luminescent probes. Dalton Trans，2016，45：18003-18017.

[16]　Zhang Z，Zheng Z. Nanostructured and/or nanoscale lanthanide metal-organic frameworks. Struct Bond，2015，163：297-368.

[17]　Chen L，Jiang F L，Zhou K，et al. Metal-organic frameworks based on lanthanide clusters. Struct Bond，2015，163：145-184.

[18]　Zhang S W，Cheng P. Recent advances in the construction of lanthanide-copper heterometallic metal-organic frameworks. CrystEngComm，2015，17：4250-4271.

[19]　Vitale M，Ford P C. Luminescent mixed ligand copper（Ⅰ）clusters $(CuI)_n(L)_m$（L＝pyridine，piperidine）: thermodynamic control of molecular and supramolecular species. Coord Chem Rev，2001，219-221：3-16.

[20]　Lu J Y. Crystal engineering of Cu-containing metal-organic coordination polymers under hydrothermal conditions. Coord Chem Rev，2003，246：327-347.

[21] Peng R，Li D，Wu T，et al. Increasing structure dimensionality of copper（Ⅰ）complexes by varying the flexible thioether ligand geometry and counteranions. Inorg Chem，2006，45：4035-4046.

[22] Zhang M B，Zhang J，Zheng S T，et al. A 3D coordination framework based on linkages of nanosized hydroxo lanthanide clusters and copper centers by isonicotinate ligands. Angew Chem Int Ed，2005，44：1385-1388.

[23] Cheng J W，Zhang J，Zheng S T，et al. Lanthanide-transition-metal sandwich framework comprising {Cu$_3$} cluster pillars and layered networks of {Er$_{36}$} wheels. Angew Chem Int Ed，2006，45：73-77.

[24] Cheng J W，Zhang J，Zheng S T，et al. Linking two distinct layered networks of nanosized {Ln$_{18}$} and {Cu$_{24}$} wheels through isonicotinate ligands. Chem Eur J，2008，14：88-97.

[25] Cheng J W，Zheng S T，Yang G Y. Incorporating distinct metal clusters to construct diversity of 3D pillared-layer lanthanide-transition-metal frameworks. Inorg Chem，2008，47：4930-4935.

[26] Cheng J W，Zheng S T，Yang G Y. A series of lanthanide-transition metal frameworks based on 1-，2-，and 3D metal-organic motifs linked by different 1D copper（Ⅰ）halide motifs. Inorg Chem，2007，46：10261-10267.

[27] Cheng J W，Zheng S T，Ma E，et al. {Ln^{III}[μ_5-κ^2，κ^1，κ^1，κ^1，κ^1-1,2-(CO$_2$)$_2$C$_6$H$_4$][isonicotine][H$_2$O]}$_2$Cu^I·X（Ln = Eu，Sm，Nd；X = ClO$_4^-$，Cl$^-$）：a new pillared-layer approach to heterobimetallic 3d-4f 3D-network solids. Inorg Chem，2007，46：10534-10538.

[28] Cheng J W，Zheng S T，Yang G Y. Diversity of crystal structure with different lanthanide ions involving *in situ* oxidation-hydrolysis reaction. Dalton Trans，2007，4059-4066.

[29] Cheng J W，Zheng S T，Liu W，et al. An unusual eight-connected self-penetrating ilc net constructed by dinuclear lanthanide building units. CrystEngComm，2008，10：765-769.

[30] Wang Z L，Fang W H，Yang G Y. The first three-fold interpenetrated framework with two different four-connected uniform nets of 66 dia and new chiral 86 mdf networks. Chem Commun，2010，46：8216-8218.

[31] Fang W H，Zhang L，Zhang J，et al. Water-stable homochiral cluster organic frameworks built by two kinds of large tetrahedral cluster units. Chem Eur J，2016，22：2611-2615.

[32] Fang W H，Cheng J W，Yang G Y. Two series of sandwich frameworks based on two different kinds of nanosized lanthanide（Ⅲ）and copper（Ⅰ）wheel cluster units. Chem Eur J，2014，20：2704-2711.

[33] Fang W H，Zhang L，Zhang J，et al. Halogen dependent symmetry change in two series of wheel cluster organic frameworks built from La$_{18}$ tertiary building units. Chem Commun，2016，52：1455-1457.

[34] Sun Y Q，Zhang J，Chen Y M，et al. Porous lanthanide-organic open frameworks with helical tubes constructed from interweaving triple-helical and double-helical chains. Angew Chem Int Ed，2005，44：5814-5817.

[35] Sun Y Q，Zhang J，Yang G Y. Two novel luminescent lanthanide sulfate-carboxylates with an unusual 2-D bamboo-raft-like structure based on the linkages of left-and right-handed helical tubes involving *in situ* decarboxylation. Chem Commun，2006，1947-1949.

[36] Sun Y Q，Zhang J，Yang G Y. A series of luminescent lanthanide-cadmium-organic frameworks with helical channels and tubes. Chem Commun，2006，4700-4702.

[37] Gu X，Xue D. Spontaneously resolved homochiral 3D lanthanide-silver heterometallic coordination framework with extended helical Ln-O-Ag subunits. Inorg Chem，2006，45：9257-9261.

[38] Gu X，Xue D. Self-assembly of 3-D 4d-4f coordination frameworks based on 1-D inorganic heterometallic chains and linear organic linkers. CrystEngComm，2007，9：471-477.

[39] Lin X M，Ding Y J，Liang S M，et al. Two series of Ln（Ⅲ）-Ag（Ⅰ）heterometallic-organic frameworks constructed from isonicotinate and 2,2′-biphenyldicarboxylate：synthesis，structure and photoluminescence properties. CrystEngComm，2015，17：3800-3808.

[40] Falcaro P，Furukawa S. Doping light emitters into metal-organic frameworks. Angew Chem Int Ed，2012，51：8431-8433.

[41] Li S M，Zheng X J，Yuan D Q，et al. *In situ* formed white-light-emitting lanthanide-zinc-organic frameworks. Inorg Chem，2012，51：1201-1203.

[42] Gu Z G，Fang H C，Yin P Y，et al. A family of three-dimensional lanthanide-zinc heterometal-organic frameworks from 4,5-imidazoledicarboxylate and oxalate. Cryst Growth Des，2011，11：2220-2227.

[43] He X，Liu Y，Lv Y，et al. L-and D-[LnZn(IN)$_3$(C$_2$O$_4$O$_2$)]$_n$（Ln = Eu，Sm，and Gd）：chiral enantiomerically 3D 3d-4f coordination polymers constructed by interesting butterfly-like building units and-[Ln-O-Zn]$_n$-helices. Inorg Chem，2016，55：2048-2054.

[44] Peng G，Ma L，Liang L，et al. 3d-4f heterometallic coordination polymers constructed by tetranuclear lanthanide-based cluster as secondary building unit. CrystEngComm.，2013，15：922-930.

[45] Hu X，Zeng Y，Chen Z，et al. 3d-4f coordination polymers containing alternating EE/EO azido chain synthesized by synergistic coordination of lanthanide and transition metal ions. Cryst Growth Des，2009，9：421-426.

第24章
多孔羧酸配位聚合物的设计组装与结构

24.1 多孔羧酸配位聚合物概述

24.1.1 研究历史

多孔配位聚合物（porous coordination polymers，PCPs）材料即金属有机框架（metal-organic frameworks，MOF）材料，是近二十多年来迅速发展起来的一类新型的晶态多孔材料。这类材料是利用无机有机杂化材料（inorganic-organic hybrid materials）的理念，依托配位聚合物（coordination polymers）的概念而构筑的多孔晶体材料。有时它们还有其他的表述，尤其是早期的文献中，包括：框架结构固体（frameworks solids）、金属有机网络（metal-organic networks）结构以及有机-无机杂化晶体材料（organic-inorganic hybrid materials）。这些表述侧重点不同，但很多时候是可以混用的。

从结构上来说，多孔配位聚合物具有以下的内在特征：①呈现出刚性或半刚性的孔隙结构，尽管有时候多孔框架需要客体分子来稳定；②结构具有一定程度的可设计、可调控、可修饰性；③结构非常丰富多样；④晶态材料，一般情况下可以通过 X 射线衍射分析确定其结构；⑤可以将金属中心看作节点（node），有机配体看作连接体（linker），从而形成具有一定拓扑的网格结构。随着有机配体越来越复杂，其也可以看作节点。从合成和性质上来说，框架结构引入了有机部分，因此可以一定程度上实现框架结构的定向设计合成。而无机簇和有机分子可以引入独特的光、电、磁等多功能性质，大大拓展了这类材料的应用范围。其多孔性还允许它们担载催化剂分子、药物分子、纳米材料等其他功能材料而得到功能性的复合材料。简单容易控制的合成过程也有利于将它们制备成膜、纳米、空壳等多种介观结构。结构的多样性使它们还可以作为牺牲材料制备多孔碳、纳米粒子等其他无机功能材料。

多孔配位聚合物从出现到目前始终保持着惊人的发展速度，相关的文献报道和新型结构的数量都逐年递增。近年来，新型结构的增长速度开始放缓，但是其应用领域却快速扩张。早期，人们多使用中性的吡啶类小分子作为配体。这类多孔配位聚合物具有丰富的结构，也能形成很大的孔隙结构，但同时也具有很大的局限性，例如，配位点少，一般形成单金属中心；中性的配体造成框架的稳定性降低；带电的框架导致框架的稳定对客体分子的依赖性很强。因此，这类配体最终没有成为多孔配位聚合物的主流，但是作为辅助配体依然发挥着重要的作用。有机羧酸配体的使用使多孔配位聚合物的发展产生了一次飞跃。目前，有机羧酸类分子依然是构筑多孔配位聚合物的主要配体，得益于其具有以下几个优点：①配位方式丰富。一个羧基可以和一个、两个，甚至三个金属离子同时配位，称为单齿、双齿和三齿配位。配位方式大致可以归结为三大类，即单齿配位、螯合配位和桥连配位。羧基与金属配位的键角也很灵活，尤其是在与半径较大的金属离子配位的时候。这就导致同样的羧酸配体和同样的金属反应都可以形成丰富多样的结构。②羧基可以与金属形成金属羧酸簇，即 M-O-C-O-M 簇。金属簇在多孔配位聚合物框架中的出现丰富了框架的拓扑结构，增强了框架的稳定性。③羧酸是带负电的配位基团，与金属可以形成中性的框架，降低了框架对客体分子的依赖性，在一定程度上提高了材料的稳定性。

　　下面将围绕含羧酸的有机配体构筑的多孔配位聚合物简单回顾一下人们设计合成多孔羧酸配位聚合物、开发它们的应用领域的研究历史。

　　1999 年，两个经典的多孔羧酸配位聚合物的出现引起了人们对这类材料的关注，即 I. D. Williams 等[1]在 Science 上报道的 HKUST-1（很多文献也使用名称 Cu₃(BTC)₂ 或 Cu-BTC）和 O. M. Yaghi 等[2]在 Nature 上报道的 MOF-5（后也记作 IRMOF-1）。HKUST-1 的结构是通过金属 Cu 的螺旋桨式双核金属中心（Cu₂）作为四节点，与三羧酸配体 H₃BTC（H₃BTC = 1, 3, 5-苯三甲酸）形成的具有 *bor* 拓扑的三维结构。它的结构具有 9Å×9Å 的孔道，BET 比表面积达到 692m²/g。稳定的三维晶体框架、简单易行的合成过程、可观的气体吸附能力等特点，使得 HKUST-1 成为人们非常感兴趣的材料。MOF-5 的结构是以金属 Zn 的锌氧四面体的四核金属中心（Zn₄O）作为六节点，与直线形有机配体 H₂BDC（H₂BDC = 1, 4-苯二甲酸）形成的具有 *pcu* 拓扑的三维结构。该结构具有孔径约为 13Å 的三维正方形孔道，Langmuir 比表面积高达 2900m²/g。MOF-5 的合成也非常容易，空旷的微孔结构使得其在气体吸附等领域具有非常优越的性能，其结构图经常被作为 MOF 材料的代表。

　　在随后的几年里，O. M. Yaghi 等设计合成了多种有机羧酸配体，将其与常见的金属簇进行组装，逐渐开发了多个具有稳定结构的多孔配位聚合物材料，著名的有 MOF-14、MOF-177、IRMOF 系列等。这些化合物的合成和结构将在后面进一步介绍。在这些研究的基础上，O. M. Yaghi 和 M. O'Keefee 等逐渐总结出设计合成 MOF 化合物的一些策略，提出了网格化学（reticular chemistry）的概念[3, 4]。同时，G. Ferey 等利用另一个思路开发了无机羧酸多孔配位聚合物的合成。他们将简单的有机羧酸配体与多样的无机结构单元进行组装，开发了一系列的多孔配位聚合物材料，比较经典的有 MIL-53、MIL-47、MIL-88、MIL-100[5]和 MIL-101[6]等，其设计合成概念称为目标化学（targeted chemistry）[7]。其中 MIL-100 和 MIL-101 具有非常稳定的多孔结构以及超高的比表面积，它们的孔道可以通过透射电镜直接看到，并可以孔内包裹多酸催化剂分子作为纳米反应器（图 24-1）。

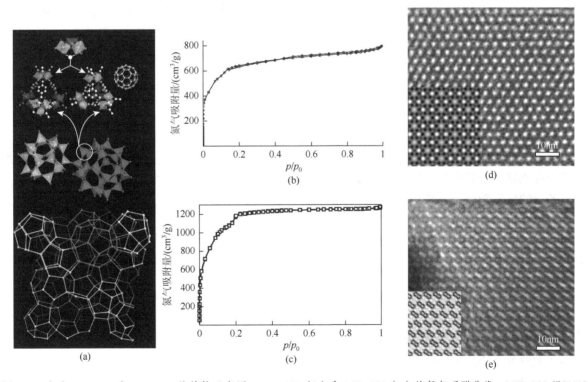

图 24-1　（a）MIL-100 和 MIL-101 的结构示意图；MIL-100（b）和 MIL-101（c）的氮气吸附曲线；MIL-101 沿[111]（d）和[011]（e）方向的高分辨透射电镜照片

基于以上的研究基础和概念，多孔配位聚合物的新结构的报道如雨后春笋般蓬勃发展开来。据估计，每年被报道的三维多孔配位聚合物的结构数量平均每四年可以翻一倍。人们利用多孔配位聚合物的设计合成概念，一方面为了弥补传统分子筛沸石结构在手性和非心方面的不足，开发了很多手性以及非心的 MOF 结构；另一方面人们不断地探索 MOF 材料设计合成在大孔道和低密度框架方面到底可以达到什么样的极限。多孔配位聚合物结构丰富，也造就了它们多种多样的多孔性质，如柔性的孔道结构、可逆的孔道结构变化等[8]。多孔配位聚合物使用的金属也从过渡金属发展到轻金属、稀土金属等，很多具有多功能性质的新材料被报道出来。同时，多孔配位聚合物在一些热门领域的应用也越来越引起了人们的重视，如氢气吸附、甲烷吸附、烷烃分离、催化、传感、药物缓释等。这类材料的一些局限性也逐渐地暴露出来，其中化学稳定性是比较突出的一个。2006 年，J. R. Long 等提出了利用含氮杂环（包括吡唑、三氮唑、四氮唑等）作为配位基团的配体构筑的 MOF 材料可以提高其稳定性[9, 10]。同年，O. M. Yaghi 等在前人研究基础[11, 12]上进一步开发了以咪唑类配体构筑的 MOF 材料，即 ZIFs（ZIFs = 类分子筛咪唑基框架）[13]。随后，人们开始怀疑羧酸配体配位的强度，从而将一些研究的兴趣转向了含氮的有机配体。

同时，人们也注意到 G. Ferey 和 C. Serre 等开发的 MIL 系列化合物普遍具有较强的稳定性。人们认识到利用高价态的金属构筑的多孔羧酸配位聚合物也可以拥有很高的稳定性[14]。2008 年，K. P. Lillerud 等报道了利用金属 Zr 分别与线形有机配体 H_2BDC、H_2BPDC（H_2BPDC = 联苯-4, 4'-二羧酸）、H_2TPDC（H_2TPDC = 三联苯二羧酸）构筑的稳定的同系列化合物 UiO-66、UiO-67 和 UiO-68[15]。在这一系列结构中，金属 Zr 与桥连氧原子形成了四棱柱六核的金属簇（Zr_6），与线形的有机配体形成了 *bcu* 的拓扑。虽然这些化合物的比表面积不是特别高，但是稳定性都非常高，尤其是在酸性条件下还能保持很高的稳定性。在以后的几年内，人们利用金属 Zr 等与其他羧酸配体构筑了很多稳定的多孔结构，应用范围也大大拓展。

另外，一些在 MOF 材料发展过程中的研究成果也非常有趣，而且推动了整个领域的发展。2008 年，S. M. Cohen 等报道了一种对多孔配位聚合物材料的孔道进行修饰的方法，被称为后修饰合成（postsynthetic modification，PSM）方法[16]。随后 PSM 方法被广泛发展，在气体吸附、催化、分离等很多应用领域发挥了重要的作用[17]。2010 年，O. M. Yaghi 等报道了将多种功能基团同时引入一个 MOF 晶体的框架之中，从而得到多种功能掺杂的 MOF 晶体材料，被称为 MTV-MOF（multivariate MOF）[18]。

多孔配位聚合物的研究还在持续发展，涉及的领域也越来越广泛。在很多高校，多孔配位聚合物已经进入大学课堂，成为材料领域非常重要的一部分。羧酸配体虽然有很多不足，但是其本身所具有的优点还是使其成为人们首先会选择的一类配体。很多经典的羧酸类多孔配位聚合物已经进入各行各业的研究领域，展现出新的应用价值。有些已经进入了工业化的生产，如 HKUST-1、MIL-53 等，这都让我们觉得它们离我们的生活已经不远了。

24.1.2　设计合成策略

多孔配位聚合物因为在组成中引入了有机部分，其合成可以得到目前已经发展得比较成熟的有机合成技术的支持，所以与传统的晶体材料沸石分子筛相比，多孔配位聚合物的结构具有更好的可设计性、可调控性以及可修饰性。在大量化合物的合成中，人们积累了大量的设计合成、调控、修饰多孔配位聚合物的孔道结构的经验。

前文提到，O. M. Yaghi 等提出了网格化学的概念，以及 G. Ferey 等使用了目标化学的概念和方法。在网格化学的概念中，金属中心被看作节点（joint 或 node），有机配体为连接体（strut 或 linker）。根据节点的形状和角度，可以在一定程度上预测它们优先形成的拓扑结构（underlying topology）。在随后的发展中，人们设计合成的有机配体越来越大，单个配体的配位基团也越来越多，无机簇也不再局限于零维，还可以是一维、二维甚至三维，简单地按照无机和有机部分划分节点和连接体就显得太简单，M. O'Keefee 等多次与时俱进地提出分析拓扑结构的新方法。O. M. Yaghi 和 M. Eddaoudi 等还借鉴了沸石结构中的次级构筑单元（secondary building units，SBUs）的概念，以及提出了分子构筑基块（molecular building block，MBB）的概念来分析多孔配位聚合物的结构和指导设计合成。网格化学的概念设计合成策略主要包括：扩展（expansion）和修饰（decoration）。扩展是在保持有机配体的对称性和配位基团特点的同时设计具有更长长度的有机配体，将它们与同样的金属中心组装得到同样拓扑的一系列结构。修饰是在簇化学研究的基础上设计选择特定的无机金属簇，或设计合成含多配位基团的具有一定构型的有机配体作为节点，替代已知结构中具有相似拓扑功能的节点。在网格化学应用过程中，贯穿（interpenetration）的现象值得注意[19]。结构的贯穿和空旷度有关，也和拓扑有关，结构贯穿的数量可以是二重、三重，最高可以达到五十四重[20]。

目标化学的概念比网格化学的概念出现更早，目标化学较早应用于无机多孔材料的合成，其概念是分解在一定程度上可以控制合成的结构单元，通过形成规律的总结和预测拓扑，设计合成目标的结构。目标化学较偏重无机结构的解析和定向合成，对有机配体的扩展和修饰不是特别重视，使用的配体多是简单对称的羧酸配体。目标合成的结构很多都是粉晶状的材料，无法通过单晶 X 射线衍射直接测定化合物的结构。对目标化学来说，结构的预测和模拟、合成条件的细微调节、粉末 X 射线衍射数据分析就变得非常重要，通常需要对结构及其变化的熟识、对合成因素的详细了解以及计算机的辅助。

下面将从多孔配位聚合物结构的三个要素（有机配体、金属中心和拓扑结构）出发介绍一些典型的成功案例，并从中体会如何真正地实现多孔配位聚合物的设计合成。

MOF 结构中的有机配体一般是带有配位基团的刚性或半刚性有机小分子。利用成熟的有机手段设计合成有机配体实现结构的扩展、孔道的调控和改性可以说是目前最有效的策略。羧酸配体含有羧酸的个数可以是两个、三个、四个甚至十二个，羧酸可以是线形的，也可以有一定角度。2002 年，O. M. Yaghi 等通过增加有机配体的长度扩展合成了与 MOF-5 同拓扑结构的 IRMOF 系列化合物[21]。这一系列化合物的孔道随着线形配体的增长而增大，最大的达到 29Å，达到了介孔的范围（2~20nm）。带有—Br，—NH$_2$，—OC$_3$H$_7$ 等官能团的 H$_2$BDC 还为 IRMOF 的孔道结构带来不同的功能性。这一系列的化合物的成功合成第一次显示出网格化学概念的强大威力，极大地刺激了以有机羧酸为配体的多孔配位聚合物材料的设计合成研究。另一个扩展的成功例子是 IRMOF-74 系列。MOF-74 是一个利用 H$_2$DHBDC（H$_2$DHBDC = 2, 5-二羟基-1, 4-苯二甲酸）与金属 Zn 的棒状次级构筑单元形成的具有一维六方形孔道的稳定结构[22]。2012 年，O. M. Yaghi 等将线形二羧酸的配体扩展到令人吃惊的 11 个苯环，配体的尺寸就达到了 5nm，与金属 Mg 合成了与 MOF-74 同拓扑的 IRMOF-74 系列（图 24-2）[23]。关于更多通过配体扩展合成多孔配位聚合物的例子将在后续章节中陆续介绍。

MOF 结构中的金属中心也被称为无机次级构筑单元，通常作为结构的节点，起到支撑结构的框架的作用[24, 25]。但是，从合成角度来说，无机次级构筑单元又是实现 MOF 结构定向合成的困难点之一。在多孔羧酸配位聚合物中，无机次级构筑单元可以是单金属中心、多金属氧簇、棒状金属羧酸簇等。随着合成经验的积累，有些无机次级构筑单元可以在一定程度上进行控制合成，可以被用来与各种配体构筑新型结构。比较典型的有 Zn$_4$O［图 24-3（a）］、Cu$_2$［图 24-3（b）］、Cr$_3$O［图 24-3（c）］等。2009 年，D. J. Tranchemontagne 等在 *Chem. Soc. Rev.* 上发表综述，总结了当时 131 种无机次级构筑单元的组成、结构以及连接方式[24]，对 MOF 材料的设计合成提供了很多有价值的信息。2018 年，他们又总结了无机次级构筑单元在结构构筑、框架的组成结构变化以及材料的气体吸附、催化等领域的重要作用，并进行了综述性的介绍，显示了这一结构元素的重要作用[25]。

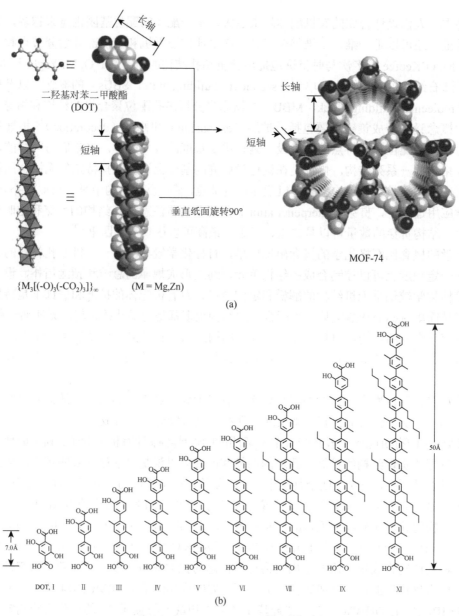

图 24-2　IRMOF-74 的扩展[23]

　　合成一些不常见的金属簇是比较有挑战性的任务，较大的金属簇不仅从结构上可以提高当配体增大后越来越差的框架稳定性，而且可以为多孔配位聚合物带来新的功能性质。2006 年，裘式纶和朱广山等报道了一个金属 Zn 的七核簇 [图 24-3 (d)]，与直线形有机羧酸配体 H₂PDA（H₂PDA = 对苯二丙烯酸）配位构筑了与 MOF-5 具有相同 *pcu* 拓扑的 JUC-37[26]。同年，他们又报道了一个金属 Cd 的十一核簇 [图 24-3 (e)]，与另一个直线形有机羧酸配体 H₂BPDC 构筑了具有 *bcu* 拓扑结构的 JUC-35[27]。该化合物不仅形成了稳定的孔道结构，而且巨大的金属簇结构还为化合物带来了光电性质。

　　除了零维的无机次级构筑单元，一维的金属羧酸簇也比较常见，称为棒状次级构筑单元（rod-shaped secondary building units）。棒状次级构筑单元虽然在一定程度上降低了框架的孔隙率，但是通常可以提供更高的稳定性和一维的孔道结构，以及防止贯穿现象的产生。同时，棒状次级构筑单元也可以用来构筑丰富多样的结构。2005 年，O. M. Yaghi 等报道了 14 个新型的通过棒状次级构筑单元构筑的多孔配位聚合物结构：MOF-69A～C 和 MOF-70～80[22]。这一系列的化合物涉及的金属包括 Zn、Pb、Co、Cd、Mn、Tb 等，形成了 12 种新型的结构，得到菱形、三角形、四方形、六

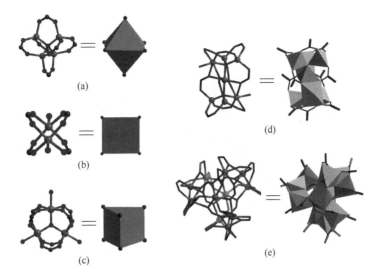

图 24-3　MOF 中的几种金属羧酸簇（金属 M 为绿色，C 为灰色；O 为红色）

(a) M_4O；(b) M_2；(c) M_3O；(d) Zn 的七核簇；(e) Cd 的十一核簇

方形等多种一维孔道。其中，MOF-74、MOF-76 等具有优秀的稳定性和孔道性，它们的气体吸附、荧光等性能后来被人们多次研究。另外，G. Ferey 等报道了具有一维菱形孔道的 MIL-53（Cr、Al、Ga 等）、MIL-47（V 等）系列化合物[28, 29]［图 24-4（a）］，其不但具有很高的稳定性，而且孔道的大小和形状可以随着客体和温度的变化而改变。G. Ferey 等报道的 MIL-68（In、Fe、Al 等）是另一系列由棒状次级构筑单元与二羧酸配体构筑的多孔框架结构[30]，具有三角形和六边形两种一维孔道结构［图 24-4（b）］。

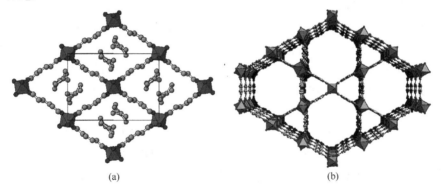

图 24-4　（a）MIL-53 的结构；（b）MIL-68 的结构

二维和三维的无机次级构筑单元，在多孔配位聚合物中也有出现。2006 年，M. Schroder 和 N. R. Champness 等使用配体 4, 4′-联吡啶-2, 6, 2′, 6′-四羧酸与金属 Zn 合成了一种非常稳定的多孔配位聚合物材料[31]。在该化合物的结构中，存在着金属 Zn 与配体的羧酸以及吡啶配位形成的二维无机层，无机层通过有机配体的苯环上下连接形成了三维的微孔结构（图 24-5）。这个微孔材料表现出了典型的微孔吸附行为，对多种小分子都有类似于分子筛的吸附行为。三维的无机次级构筑单元也可以形成多孔的配位聚合物，但不太常见[32, 33]。

有机配体和金属簇最终要靠一定拓扑结构连接成框架结构。要分析一个化合物结构的拓扑，首先要定义拓扑的节点。一般基于两个原则：第一，有利于清晰地认识整个化合物的结构；第二，有利于在合成过程中在一定程度上控制其形成。一般来说，拓扑是通过构筑它的顶点符号表示的。拓扑的顶点符号由该顶点每个角度形成的最小的环的边数来表示，因此，N 节点的顶点将由 $N(N-1)/2$ 个环的边数表示。如果拓扑包含连接数为 N 和 M 两种节点，称为一个 (N,M)-连接的网格结构。拓

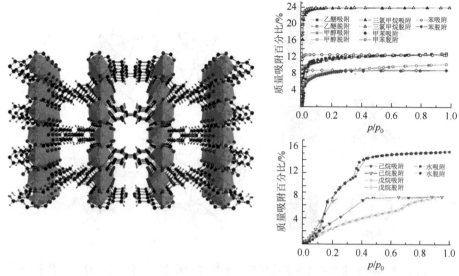

图 24-5　由二维无机层构筑的类分子筛多孔配位聚合物 Zn$_2$（4, 4'-bipyridine-2, 6, 2', 6'-tetracarboxylate）及其小分子吸附曲线[31]

扑的形成在自然环境中有很强的规律性，每种节点或节点的组合会有优先形成的拓扑。2005 年，O. M. Yaghi 等对当时的剑桥结构数据库（Cambridge structure database，CSD）中的配位聚合物的拓扑结构进行了统计[34]，发现 68%的多孔配位聚合物结构具有单一的节点，其中最多的为四节点（52%），其次为六节点（19.6%），再次为三节点（14.6%）。三节点拓扑中，64%为 SrSi$_2$ 拓扑，四节点拓扑中 dia（即金刚石拓扑）占 70%，六节点拓扑中 95%为 pcu 拓扑。下面将举一些利用拓扑设计合成 MOF 结构的例子。

2002 年，O. M. Yaghi 等利用 2-溴代的 H$_2$BDC 与螺旋桨式金属簇 Cu$_2$ 构筑了具有三维的 nbo 拓扑的 MOF-101 材料[34]。平面四节点二连接没有形成默认的（4, 4）-连接的层状网格结构，其原因就是配体的溴原子造成了一个羧酸基团和苯环之间的面夹角的扭曲，从而改变了四节点的连接角度，进而改变了整个框架的拓扑。改变实验条件，如使用模板分子，也可以调控化合物的结构和拓扑。2006 年，M. Eddaoudi 和刘云凌等报道了使用金属 In 与配体 4, 5-H$_3$ImDC（4, 5-H$_3$ImDC = 4, 5-咪唑二甲酸）在相似的合成条件下加入不同的有机胺分子后，构筑了两个分别具有 rho 和 sod 分子筛拓扑的多孔配位聚合物材料[35]。2008 年，裘式纶和朱广山等基于 H$_3$BTC 与过渡金属 Cd 或 Zn 的合成体系，在合成过程中加入了不同的有机胺小分子［包括：DETA（DETA = 二乙烯二胺）、CHA（CHA = 环己胺）、TEA（TEA = 二乙胺）、TPA（TPA = 三正丙胺）、TBA（TBA = 三正丁胺）等］，构筑了七种不同拓扑的多孔配位聚合物[36]。

柱撑的策略可以形成特殊的拓扑结构，经常被用于多孔配位聚合物的设计合成。作为被柱撑的层状结构，在层的两侧要有可被取代的端基分子占据的金属配位点；在已知的层状 MOF 的基础上，利用二连接的有机配体取代端基分子并连接相邻的层，从而得到三维的微孔结构。起柱撑作用的配体一般是直线形的中性配体，例如，J. T. Hupp 和 S. T. Nguyen 等设计了几个类似的（4, 4）-连接的层状结构，再利用不同的吡啶类中性配体柱撑得到了多个 pcu 拓扑的多孔配位聚合物材料，同时还引入了光、催化等多功能的作用点[37-39]。裘式纶和朱广山等也曾利用柱撑的策略合成了多个具有三维开放孔道结构的配位聚合物材料，并发现了其中的一些有趣的现象[40-42]。

24.1.3　合成方法

多孔配位聚合物的合成主要是利用传统的水热/溶剂热方法[43]。在此方法中，反应的溶剂和反应温度是两个比较重要的参数。反应的溶剂主要有 N, N'-二甲基甲酰胺（dimethylformamide，DMF）、

N, *N'*-二乙基甲酰胺（diethylformamide，DEF）、*N*, *N'*-二甲基乙酰胺（dimethylacetamide，DMA）等，其他溶剂还有甲醇、乙醇等醇类，丙酮，乙腈，水等。有时会使用一种以上的混合溶剂。一般情况下，溶剂的影响是非常大的，对混合溶剂的微调都可能形成完全不同的化合物。反应温度一般是 85℃以下，这样也更容易得到尺寸较大的单晶材料。合成时，配制的溶液最好接近饱和，在溶剂挥发后或者温度下降等条件下，晶体材料就会从溶液中析出。扩散法也是经常使用的方法，这时需要一些去质子的有机胺分子通过挥发被溶液吸收，从而改变溶液的酸碱平衡，生成配位聚合物的晶体材料。当反应的温度提高后，尤其是接近或超过溶剂的沸点后，就需要使用反应釜等进行溶剂热合成。反应釜的体系能提供一种高于常压的反应条件，因此溶液的体系也发生了变化。为了得到尺寸较大的单晶，有时候需要控制加热和降温过程，即温度梯度法和温度递减法。这两种方法都是合成物质的亚稳相的常用方法。另外，反应配比、pH 值、反应时间等实验条件也是传统的水热/溶剂热方法中非常重要的参数。

　　有时为了得到目标的结构，还可以采用分步合成的方法，即首先合成目标结构中的金属簇（无机次级构筑单元）[44-46]或者结构基块[47, 48]，再利用它们作为原料加入含有有机配体的溶液中反应得到三维的结构，这种方法被称为次级构筑单元控制方法（controlled SBU approach，CSA，图 24-6）[44]。利用 MOF 含有有机基团的特性，用来改变化合物的孔道性质的后合成（PSM）方法也较多用到[17]。这种方法最常见的是首先利用带有一定官能团的配体，一般是氨基，合成多孔的 MOF 结构，而后利用氨基与其他基团的有机反应将另外的功能基团修饰到 MOF 的结构上，从而为材料带来新的性质。MOF 的结构还可以通过金属置换（transmetalation）的方法进行改变，从而得到不同金属的同系物[49]。金属置换通常是通过将 MOF 的晶体材料在其他金属盐溶液中浸泡而实现的。对于具有某些结构的有机配体也可以进行置换，从而得到同系物，这种方法称为溶剂辅助配体置换（solvent-assisted linker exchange，SALE）[50]。对于带电荷的 MOF 结构，还可以通过平衡离子的交换改变孔道的大小和性质[51]；对于有端基配位的 MOF 结构，也可以通过端基配位的分子的置换改变孔道的性质[52]。以上这些方法都是先合成 MOF 的晶体材料，再通过有机反应、浸泡等方法改变它们的结构和性质，都可以归为后合成方法。

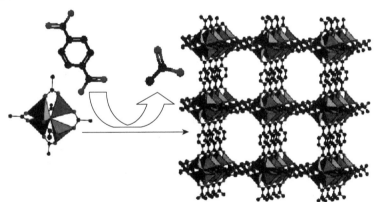

图 24-6　CSA 合成 MOF-5 的异金属同系物[45]

　　为了提高对合成条件摸索的效率，高通量方法（high-throughput methods，HT 方法）被引进多孔配位聚合物的设计合成中[53]。HT 法可以短时间内尝试大量的平行交叉的实验条件，从而合成新的 MOF 材料，摸索多种相的细微形成条件，积累大量的实验数据，反过来影响人们对反应条件的影响和作用的认识，使得合成变得非常简单和高效率。2008 年，O. M. Yaghi 等利用 HT 法对咪唑类的配体构筑的多孔配位聚合物进行了合成[54]。他们在短时间内进行了 9600 个反应条件的尝试。HT 法对于更需要合成数据经验积累的目标化学具有更好的意义。例如，H_2BDC 和金属 M 在水热条件下可以形成 MIL-53、MIL-68、MIL-88、MIL-101 等多种结构，2008 年，N. Stock 等利用 HT 法对金属

Fe 和 NH$_2$-H$_2$BDC 的体系在溶剂热条件下的结晶情况进行了研究[55]，筛选了不同的混合溶剂、反应温度、反应配比、矿化剂等多种反应条件，研究了不同的拓扑结构形成的主要影响因素，探明了几种化合物的形成的相图。

多孔配位聚合物的合成需要加热，因此可以引入微波法、电化学法、机械法、超声法等手段来促进、改变多孔配位聚合物的合成（图24-7）。微波法可以提高加热的速度及合成的效率。另外，微波法可以很大地提高晶体材料的成核速率，有利于得到纳米级的晶体。有时，加热速度太快，还可能得到新的晶体材料。2006年，R. I. Masel 等报道了利用微波法合成 IRMOF-1、IRMOF-2、IRMOF-3，发现微波法可以将需要几小时或几天的合成过程在 2min 内完成，收率大大提高[56]。而且得到的晶体材料粒子尺寸较小，直径分布也很窄，还可以通过反应浓度来控制。2007年，G. Ferey 等报道了利用微波法快速制备 Cr-MIL-101，将反应时间从 3 天缩短到 1h，而且产品的纯度和吸附性能依然非常优秀[57]。电化学法也是提高合成效率并且可以精确控制的一种合成方法。BASF 公司首先将此方法用于多孔配位聚合物的合成，主要是 HKUST-1 等几种材料。2010年，M. Mehring 等考察了制备 HKUST-1 的六种方法，包括：溶剂热法、微波法、电化学法、回流法、超声法、机械法等[58]。虽然电化学法可以制备 HKUST-1，但是吸附性能等说明材料的纯度比较差。超声法也是化学合成中常用的方法。裘灵光等首先将此方法引入多孔配位聚合物的合成中。2008年，他们首先利用超声法合成了一个金属 Zn 和 H$_3$BTC 构筑的三维多孔配位聚合物[59]，发现超声法可以快速地合成材料，而且得到尺寸较均匀的纳米晶体材料。2011年，W. S. Ahn 等在利用超声合成 MOF 的过程中，发现通过使用不同的频率还可以控制合成 MOF 结构的贯穿，这一方法在 PCN-6 和 PCN-6′以及 IRMOF-9 和 IRMOF-10 这两对贯穿和非贯穿的结构的合成上得到了验证[60]。

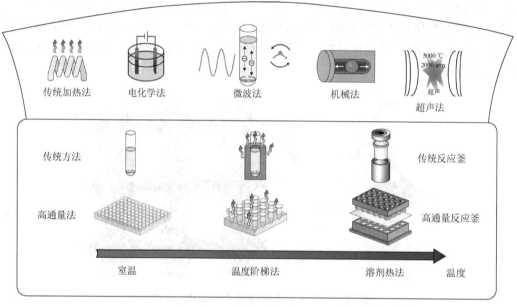

图 24-7　合成 MOF 材料的一些常用方法[43]

离子液体是一种非传统的绿色溶剂，在多孔材料的合成上也比较常见[61]。因为离子液体蒸气压很低，热稳定性好，而且有时还可以在作溶剂的同时作为模板。2006年，R. E. Morris 等利用离子液体 EMIm-Br（EMIm-Br = 1-乙基-3-甲基咪唑溴化物）合成了两个同构的三维多孔配位聚合物[62]。这两个化合物是由 Ni 或 Co 与 BTC 构筑的，有趣的是，离子液体的 EMIm 阳离存在于结构的孔道中，因此得到的两个阴离子框架结构都是带负电的。2012年，孙福兴等利用低共聚物尿素-氯化胆碱成功地合成了纳米级的 ZIF-8 材料，并发现改变反应条件可以调控 ZIF-8 的粒径大小[63]。2013年，朱广山和邹小勤等利用离子热法成功合成了 MIL-53（Al），并发现离子热法制备的 MIL-53（Al）比水热法合成的 MIL-53（Al）具有更大的疏水性[64]。

多孔配位聚合物材料的高产量合成是材料通向实际应用的过程中必须面对的问题。虽然有非常多的多孔配位聚合物的材料被合成，但是克级乃至更大量级的 MOF 材料的合成报道并不是很多。高产量合成多孔配位聚合物多是专利的报道，近年来也开始有相关的论文发表出来[65]。2002 年，M. Bülow 等报道了一种可以成功合成 HKUST-1 的方法，可以一次合成 80g[66]。目前，BASF 公司已经有几种多孔配位聚合物可以售卖，包括 Al-MIL-53、Fe-MIL-100、HKUST-1 等（图 24-8）。2012 年，E. Lester 和 R. I. Walton 等报道了利用快速溶液混合的方法和装置即时合成多孔配位聚合物 HKUST-1 和 CPO-27-Ni（MOF-74 的异金属同系物）[67]。这个方法合成多孔配位聚合物的效率非常高，可以达到 132g/h，材料的晶体大小从纳米级提高到微米级。MIL-101 是一个具有超高比表面积的高稳定性的经典多孔配位聚合物之一，但是合成比较困难，一方面需要高危险性的 HF，另一方面合成的纯度和产率很难保证。2015 年，C. Janiak 等报道了一个可以扩大量合成 MIL-101 的方法，并用醋酸和硝酸替代 HF[68]。这种方法的产率也很高。2015 年，赵丹等也报道了利用回流的方法合成 UiO-66 系列的多孔配位聚合物材料[69]。这个方法不仅有利于材料的扩大量合成，而且适用于更多的有机配体构筑 UiO-66 系列化合物。近来，G. Ferey 基于自己多年对 MOF 材料的合成与性质的研究，分析了从合成到应用过程中的一些因素和问题，发出了"Yes，We Can！"的呼声[70]。

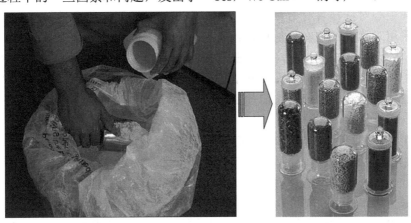

图 24-8　BASF 公司的 MIL-53 的粉末和成型产品[70]

24.2　多孔羧酸配位聚合物的设计合成与结构

羧酸类的多孔配位聚合物的种类非常多，至今被报道的结构已经在万种以上，而且在近年来还表现出了组成、缺陷、复合等多种结构上的变化，在材料领域引起了非常广泛的关注。本节只从几个方面对多孔羧酸配位聚合物的设计合成与结构进行介绍，希望可以从中一窥多孔羧酸配位聚合物的结构设计合成策略，并了解其中的一些明星化合物的特点。这几个方面包括：手性与非中心对称结构、分子筛拓扑结构、大孔道的结构、低密度的结构和稳定的多孔结构。

24.2.1　手性与非中心对称结构

手性是自然界广泛存在的一种现象，尤其是对于生命体系来说具有非常重要的意义。手性分离和不对称催化都急切地需要具有手性的多孔材料的开发[71]。可是，在传统的多孔材料中，虽然人们付出了很大的努力，但是目前只有很少数的沸石和介孔分子筛材料具有手性，远远不能满足实际的需求。而多孔配位聚合物的出现为人们发展这类晶体材料提供了新的契机。另外，非中心对称的结构往往是非线性光学、铁电等物理性质的必要条件。作为一种晶体材料，得到非心的多孔配位聚合物材料也是人们感兴趣的研究领域[72, 73]。

获得手性配位聚合物框架结构通常有以下两种途经，一种称为不对称合成（entantioselective synthesis）[74]，就是使用单一对映体作为配体或者辅助配体，如果在合成中没有消旋化便可以得到单一手性的配位聚合物。2000 年，K. Kim 等第一次报道了一个具有手性分离和手性催化性能的多孔配位聚合物：$[Zn_3(\mu_3\text{-}O)(L\text{-}H)_6]\cdot 2H_3O\cdot 12H_2O$（记为 D-POST-1，其中 L-H 为配体）[75]。另一种称为自发拆分（spontaneous resolution），即在合成过程中并没有任何手性物种，理论上合成的是外消旋的手性晶体混合物，但是单个晶体是手性的。这个有趣的现象的机理还不太清楚。如果合成中引入手性的因素，哪怕微小到无法察觉，都可能导致其中一个对映体过量。2005 年，裴式纶和朱广山等报道了通过自发拆分得到的一个二维的手性配位聚合物材料。有趣的是，通过振动圆二色谱（vibrational circular dichroism，VCD）表征，这个手性混合物材料有一种对映体过量，但是所有的反应原料都是没有旋光特性的[76]。即使排除了能想到的所有可能导致手性的因素以及采样的误差，仍然无法排除这种旋光过量现象，而且该现象具有非常好的重复性。这种特殊的现象只能认为是非常微小的手性因素放大导致了一种对映体的过量。

对于获得非中心对称却含有对称面的结构，有些手段和策略与手性结构的合成策略相似。一般的思路是采用对称性低的有机配体，或者在溶剂、辅助分子等合成因素方面引入低对称的因素。而在具体的设计合成过程中，可以在已知结构上有一些具体的策略。W. B. Lin 等利用非心结构的有机配体异烟酸酯（isonicotinate，INA）及其类似的或扩展的有机配体合成了多个具有非心结构的晶体材料，并研究了它们的二阶非线性性质[77]。对于非心结构的合成，在此不再进行特别描述。

手性合成的方法可以说是比较有效的手段，而且有时结构还可以形成手性的位点，更有利于手性分离和手性催化的实现。人们较早利用的手性有机配体有氨基酸分子，其中具有两个羧酸基团的 L-天冬氨酸（L-aspartic acid，L-Asp）和 L-谷氨酸（L-glutamic acid，L-Glu）是人们最感兴趣的。2004 年，A. J. Jacobson 等报道了一例利用 L-天冬氨酸和金属 Ni 在偏酸性的水热条件下合成的多孔结构 $[Ni_2O(L\text{-}Asp)_2(H_2O)_2]\cdot 4H_2O$[78]。通过增大合成时溶液的 pH 值，可以得到由另外的 $[Ni(L\text{-}Asp)_2]^{2-}$ 基团连接一维链的三维多孔结构 $[Ni_{2.5}(OH)(L\text{-}Asp)_2]\cdot 6.55H_2O$[79]。该结构中具有尺寸大约为 5Å×8Å 的一维孔道，经过活化处理后仍然可以保持孔道结构，BET 比表面积为 $157m^2/g$（图 24-9）。2004 年，裴式纶和朱广山等设计合成了一个脯氨酸的衍生物分子 $S\text{-}HO_3PCH_2NHC_4H_7COOH$，通过该配体与金属 Zn 在水热条件下反应，得到了一个具有单一手性的三维框架结构[80]。2010 年，M. J. Rosseinsky 等报道了二肽构筑的二维配位聚合物 $[Zn(GlyAla)_2]\cdot solvent$（Gly=甘氨酸，Ala=丙氨酸）[81]。该化合物具有自适应的柔性多孔结构，可以一定程度上通过吸附曲线观察到氨基酸的折叠能量。在后续的研究中，他们还发现了具有刚性框架的 $[Zn(GlyThr)_2]\cdot CH_3OH$（Thr=苏氨酸）[82] 和 $ZnCar\cdot DMF$（Car 为肌肽，一种天然的二肽）[83]，它们分别具有 $192m^2/g$ 和 $448m^2/g$ 的 BET 比表面积。2016 年，M. Fröba 等通过对氨基酸进行扩展和修饰合成了系列氨基醇为基础的手性配体，得到了 BET 比表面积最高达到 $1900m^2/g$ 的 UHM-25 系列 MOF 化合物[84]。

另一种策略就是混合使用其他有机配体和手性的小分子，其分别起支撑孔道的作用和形成手性的作用。2006 年，M. J. Rosseinsky 等利用天冬氨酸和金属 Ni，辅以含氮的常见配体 bipy（bipy = 联吡啶）合成了一个具有稳定的微孔结构的 MOF 材料：$[Ni_2(L\text{-}Asp)_2(bipy)]$[85]。该化合物结构中金属 Ni 与天冬氨酸形成的层状结构通过 bipy 柱撑，形成了三维的框架。框架的 BET 比表面积为 $247m^2/g$，对手性醇小分子具有较好的分离效果。K. Kim 等报道了一个由乳酸（lactic acid，Lac）和 H_2BDC 混

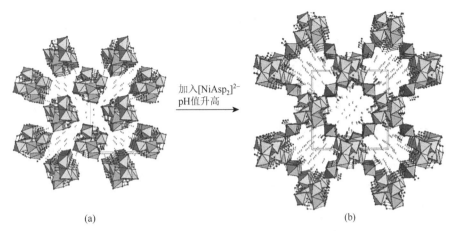

图 24-9　（a）一维链状结构[Ni$_2$O(L-Asp)$_2$(H$_2$O)$_2$]·4H$_2$O；（b）三维手性结构[Ni$_{2.5}$(OH)(L-Asp)$_2$]·6.55H$_2$O[79]

合羧酸配体与金属 Zn 构筑的手性微孔 MOF：[Zn$_2$(BDC)(L-Lac)(DMF)]·(DMF)[86]。在该化合物中，乳酸分子较小，却担负形成手性框架的角色，BDC 则担负构筑多孔框架的角色（图 24-10）。该化合物的 Langmuir 比表面积约为 190m^2/g，同时还具有手性催化的功能。卜贤辉和张健等开发了一系列以樟脑酸为主体的手性 MOF 材料，并研究了手性结构形成过程中的有趣现象[87, 88]。2018 年，卜贤辉和冯平云等报道了基于 Zn$_4$O 的水热稳定的手性 MOF 材料：CPM-300 和 CPM-301[89]。CPM-300 的结构通过 Zn$_4$O 和基于樟脑酸的配体 1R, 3R-樟脑酸构筑而成，而 CPM-301 则另引入了苯并三唑酯，和 1R, 3R-樟脑酸混合使用得到了另一个稳定的手性 MOF 材料。近来，O. M. Yaghi 等报道了一个手性的 Al 基的 MOF 材料 MOF-520，其端基配位的小分子可以进行交换而保持单晶状态，从而可以通过 MOF 材料的单晶性质确定端基配位的手性小分子的绝对构型[90]。

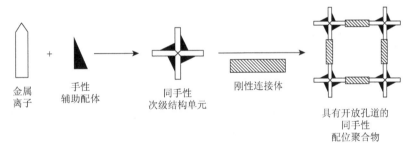

图 24-10　利用混合配体的策略合成多孔手性配位聚合物[86]

当然最理想的还是设计合成刚性的手性配体，同时赋予它们引入手性和撑起多孔结构的功能性。W. B. Lin 等在这方面的研究较早而且比较突出，他们基于联二萘设计合成了二羧酸、四羧酸等多个手性配体，构筑了多个手性的配位聚合物材料[91, 92]，其中与金属 Zn 构筑的两个具有 *unc* 拓扑的多孔结构的 Langmuir 比表面积分别达到 1481m^2/g 和 1847m^2/g[93]，修饰 Ti(OiPr)$_4$ 到框架后，其表现出很强的手性催化能力。2015 年，他们利用基于联二萘的二羧酸配体与金属 Zr 簇合成了 UiO 系列同拓扑的 BINAP-MOF 和 BINAP-dMOF 化合物[94]，其具有很好的稳定性，可以用来后修饰上含有 Rh 的催化中心，在手性环化反应中表现出很高的效率。另外，平面不对称的手性配体还有很多，如 S-2, 2′-螺二茚-5, 5′-二羧酸[95]、S-2, 2′-二羟基-6, 6′-二甲基(1, 1′-联苯基)-4, 4′-二羧酸[96]、S-4, 7-双（4-甲氧基羧基苯基）[2.2]-对环苯烷[97]等，也被用来构筑多孔 MOF 结构。另一类手性配体是基于 Salen 基团的，由此形成的 MOF 材料也可以称为金属-Salen 配位聚合物[98-100]。2014 年，崔勇等报道了多个基于双酚的手性多孔配位聚合物材料，其表现出了具有很高选择性的手性催化和分离功能[101, 102]。

引入手性中心对于实现手性拆分和催化非常重要。2010 年，J. F. Stoddart 和 O. M. Yaghi 等在线形二羧酸配体上引入了多氧环手性识别中心，构筑了稳定的含有有序的手性识别中心的晶体多孔材料[103]。S. Kaskel 等通过对常用的有机配体修饰手性基团来构筑手性结构，典型的有：利用手性修饰过的 H₂BDC，通过类似的反应条件和反应原料成功合成了手性的 UMCM-1 材料（*i*-Pr-Chiral-UMCM-1 和 Bn-Chiral-UMCM-1），并表现出很好的手性分离性质[104]。后合成的方法也可以用来将手性引入多孔 MOF 的框架中。2015 年，J. Canivet 等利用带有氨基的 H₂BDC 配体与金属反应得到了 Al-MIL-101-NH₂、In-MIL-68-NH₂、Zr-UiO-66-NH₂，而后通过酰胺反应将带有羧基的手性多肽小分子引入框架中，从而得到了一系列具有手性催化和分离能力的 MOF 材料[105]。2012 年，段春迎和何成等则通过原位的方法，直接合成了手性配体占据端基配位点的手性多孔 MOF 结构，并研究了该化合物的手性光催化活性[106]。

自发拆分是一种普遍的现象，虽然在传统的微孔晶体材料沸石中的例子不是很多，但是在配位聚合物的报道中屡见不鲜[107]。这是一个有趣的现象，这里只提供一些例子，希望可以从中看出如何设计合成这类材料。

设计合成手性的结构，可以从螺旋入手。而羧酸配位基团一般具有一定的旋转性，因此也很容易形成螺旋的结构。其中，比较有代表性的一类是结构中形成螺旋的棒状次级构筑单元。2005 年，O. M. Yaghi 等报道的一系列由棒状次级构筑单元构筑的多孔配位聚合物材料中，MOF-74 和 MOF-76 都是由螺旋的棒状次级构筑单元和配体构筑的[22]。在具有螺旋结构的多孔配位聚合物中，有一些是内消旋的结构[108]，只有少部分发生自发拆分形成单一手性的晶体材料[109]。这其中到底有什么规律？到底哪些合成因素可以影响单一手性结构的形成？2013 年，朱广山等报道了一个由手性的 Mn 和羧酸形成的棒状次级构筑单元与吡啶类羧酸配体 3, 5-PDC（3, 5-PDC = 3, 5-吡啶二羧酸）形成的单一手性多孔配位聚合物 JUC-58[110]。有趣的是，在合成和化合物性质研究过程中，发现溶剂乙二醇在化合物的形成和稳定过程中起到了关键的作用。另外，还可以从手性拓扑入手，例如，(10, 3)-*a* 就是一个由三节点形成的常见的手性拓扑。M. J. Rosseinsky 等利用 H₃BTC 和金属 Ni 等通过溶剂调节等合成条件的调控成功构筑了多个（10, 3）-*a* 拓扑的手性结构[111]。M. Eddaoudi 等也通过端基配位分子的调控，成功地利用金属 Cu 和三节点配体 3, 5-PDC 合成了一个（10, 3）-*a* 拓扑的多孔配位聚合物[112]。其他的手性或非中心对称拓扑结构并不常见。朱广山等曾报道了金属 Ni 或 Co 和 3, 5-PDC 在含有乙二醇的混合溶剂中形成的具有非心的 *lig* 拓扑的配位聚合物结构 JUC-59[110]。2006 年，裘式纶和朱广山等利用 H₃BTC 和金属 Zn 或 Cd 反应，辅以不同的有机胺，分别得到了两个手性的结构 JUC-38 和 JUC-39（图 24-11），其分别属于顶点符号为 $(6^3)_4(6^28^210^2)(6^48^2)_2$ 和 $(4^2, 5)_2(4^45^{10}6^87^48^2)$ 的拓扑[113]。2007 年，陈小明和张杰鹏等利用 H₃BTB（BTB = 4, 4′, 4″-苯-1, 3, 5-三基苯甲酸酯）作为配体，与金属 Zn 反应，得到了两个非常复杂的单一手性的多孔结构，分别属于（3, 12）-连接的 $(4^3)_{12}(4^{12}6^{36}8^{18})_2(4^{12}6^{24}8^{30})$ 拓扑和属于三连接的 $(9^3)(9^212)_3$ 拓扑[114]。

自发拆分可以通过引入某些手性因素，从而得到某一种对映体过量甚至纯单一手性的结晶材料。2007 年，R. E. Morris 等就利用手性的离子液体合成了手性的金属 Ni 和 H₃BTC 的框架结构[115]。虽然晶体结构中没有发现手性的客体，但是通过连续对 10 个高质量的晶体进行结构测定发现，它们的绝对构型都是相同的。2008 年，卜贤辉等在金属 In 和 H₂thb（H₂thb = 噻吩-2, 5-二羧酸）的合成体系中加入手性碱辛可尼定（或辛可宁），合成了五个同构但是不同手性的化合物 ATF 系列[116]。如果合成时没有手性碱，得到的是内消旋的结构，而加入不同手性的手性碱后则可以得到单一手性的单晶材料。2015 年，M. J. Zaworotko 等在 MOF-5 的合成中加入不同手性脯氨酸，造成了 MOF-5 的框架扭曲，得到了不同手性的单晶材料 CMOF-5（属于 $P2_13$ 空间群，而不是 MOF-5 的 $Fm\bar{3}m$）（图 24-12）[117]。2016 年，郎建平和 J. E. Beves 等也报道了一个手性引导的自发拆分过程[118]。在合成时加入手性的小分子环己烷-1, 2-二胺后，便可以得到纯手性的晶体材料。

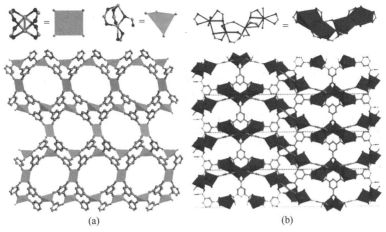

图 24-11　具有手性拓扑结构的 JUC-38（a）和 JUC-39（b）[113]

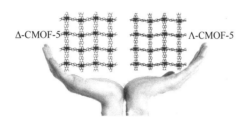

图 24-12　手性诱导得到的手性的 MOF-5 材料[117]

　　综上所述，人们在设计合成手性和非心结构的多孔配位聚合物方面已经积累了一些经验。然而对于多种多样的手性催化、手性分离、二阶非线性、铁电等需求，目前的材料显然还不能满足要求。如要提高实际应用的性能，还需要更精巧地设计合成手性和非心的结构，并不断提高设计合成稳定的手性和非心多孔配位聚合物的策略。

24.2.2　分子筛拓扑结构

　　作为新一代的晶体微孔材料，人们希望得到具有分子筛拓扑的多孔配位聚合物，归纳起来，原因可能有以下几个。首先，分子筛拓扑是四节点的空旷框架，因此具有分子筛拓扑对合成多孔的 MOF 结构有很重要的意义；其次，分子筛具有很强的稳定性，可以平衡空旷和稳定两个因素；最后，人们对分子筛的研究历史悠久，对其孔道的形状与吸附传质等性能的关系了解较深，可以指导特定孔道的设计。需要说明的是，在具有分子筛拓扑的多孔配位聚合物中，含氮配体，尤其是咪唑的衍生物构筑的化合物较多，也更受人关注，其中大部分被称为 ZIFs[13, 54]。羧酸配位基团配位形式多样、角度灵活，与金属或金属簇形成四节点不太容易控制，而且拓扑节点的角度也比较灵活，因此设计合成具有分子筛拓扑的结构比较困难[119]。本小节主要讨论含有羧酸的配体构筑的具有分子筛拓扑的配位聚合物结构。

　　首先要介绍的是前面曾提到的经典的 MOF 材料 MIL-100[5]和 MIL-101[6]。这两个结构有相似之处，都是利用了金属 Cr 与羧酸形成的三核金属簇 Cr_3O，分别与 H_3BTC 和 H_2BDC 形成了超级四面体结构基块，作为四节点通过金属簇 Cr_3O 互相连接，最终形成了分子筛 *mtn* 的拓扑结构［图 24-13（a）］。*mtn* 拓扑具有两种形式的笼状结构，5^{12} 和 $6^4 5^{12}$ 笼子，以及六元环和五元环作为笼子的窗口。值得注意的是，*mtn* 分子筛拓扑是分子筛拓扑中比较少见的 Si—O—Si 角度是 180° 的拓扑，因此在配位聚合物的拓扑中属于相对容易遇到的分子筛拓扑。例如，2005 年，裘式纶和朱广山等就利用正四面体的六次甲基四胺作为配体,利用金属 Cd 二连接配体构筑了一个具有分子筛 *mtn* 拓扑结构的配位聚合物[120]。如前所述，MIL-100 和 MIL-101 具有很大的孔道结构，而且具有非常好的稳定性，可能和这两个化合物都是在水热条件下得到有关系。从结构上看，MIL-100 的 5^{12} 和 6^45^{12} 笼子的尺寸分别达到 25Å 和 29Å，而 MIL-101 的 5^{12} 和 6^45^{12} 笼子则分别达到了惊人的 29Å 和 34Å。可惜的是，只能得到它们粉晶的产品，无法得到能用于 X 射线衍射解析的单晶。G. Ferey 等在计算机模拟的辅助下对可能形成的结构进行模拟和优选，在粉末 X 射线衍射的数据基础上，对结构进行了构筑和精修，最终确认了化合物的结构。MIL-100 和 MIL-101 的氮气吸附曲线都属于 Ⅰ 型和Ⅳ型曲线之间，说明了它们都同时具有微孔和介孔的结构。MIL-100 的 Langmuir 比表面积达到了 $3100m^2/g$，而 MIL-101 更是达到了 $5900m^2/g$。

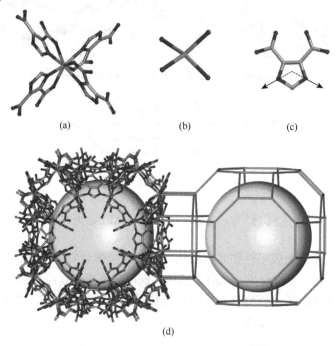

图 24-13　rho-ZMOF 的构筑与结构[35]

（a）四节点结构基块；（b）四节点示意图；（c）配体的配位角度；（d）整体结构图

基于人们对多数分子筛拓扑中 Si—O—Si 角度是 144° 的认识，而咪唑的配位角度正好与这个角度吻合，因此含咪唑的羧酸配体也受到人们的关注，最有代表性的是 4, 5-H$_3$ImDC。2005 年，S. Kitagawa 等就利用该配体与稀土金属 Gd 和 Er 在碱性的水热条件下合成了化合物[Ln$_2$(4, 5-ImDC)$_2$ (H$_2$O)$_3$]·H$_2$O（Ln = Gd 或 Er）[121]。在该化合物中，可以清楚看到作为配体的两个 N 与金属的配位键角是 144°，而相邻的羧酸则占据着金属的其他配位点起到了稳定结构的作用，最终形成了类分子筛拓扑的三维孔道结构。2006 年，M. Eddaoudi 等找到了利用该配体构筑四节点的策略，即利用八配位的单核金属 In 作为金属中心，与 4, 5-H$_3$ImDC 反应合成了两个分别具有 <i>rho</i> 和 <i>sod</i> 分子筛拓扑的多孔配位聚合物，分别被称为 <i>rho</i>-ZMOF（图 24-13）和 <i>sod</i>-ZMOF[35]。虽然每个羧酸上都有一个 O 没有配位，但是这两个结构非常稳定，其中 <i>rho</i>-ZMOF 的 Langmuir 比表面积达到 $1067m^2/g$。在此研究基础上，M. Eddaoudi 等利用不同的结构导向剂进一步开发了具有分子筛拓扑的多孔配位聚合物材料，在 2008 年，他们报道了具有四节点的类分子筛拓扑的化合物 <i>usf</i>-ZMOF[122]。有趣的是，这个四节点的拓扑结构并不是已经报道的分子筛或者配位聚合物中的，在 RCSR 数据库中被命名为 <i>med</i> 拓扑。

在利用 4, 5-H$_3$ImDC 构筑多孔配位聚合物的过程中，M. Eddaoudi 和刘云凌等还发现 4, 5-H$_3$ImDC 可以和金属 Ni、In 等形成类似于分子筛的双四元环的金属有机配位笼子（metal-organic cube，MOC）[123]，而通过控制这些笼子之间的连接可以得到具有分子筛拓扑的微孔晶体结构。2009 年，M. Eddaoudi

等报道了类双四元环的 MOC 格子[In$_8$(4, 5-ImDC)$_{12}$]，它们之间通过氢键连接形成了两个完全不同的稳定的微孔晶体材料，分别记为 MOC-2 和 MOC-3[124]。不同的连接方式，使得它们分别具有 *aco* 和 *ast* 的分子筛拓扑。它们虽然是由氢键连接的，但是依然具有很高的稳定性，Langmuir 比表面积分别为 1420m^2/g 和 456m^2/g。同年，他们合成了另外两个类双四元环的 MOC，分别依靠带有阳离子电荷的胍分子和钠离子连接，得到了另外两个分别具有 *ast* 和 *lta* 分子筛拓扑的三维晶体结构[125]。2010 年，刘云凌和 M. Eddaoudi 等又报道了两个由氢键连接 MOC 笼子形成的三维结构，分别具有 *gis* 和 *rho* 分子筛拓扑的微孔材料，记为 ZSA-1 和 ZSA-2[其中 ZSA-2 使用的配体为与 4, 5-H$_3$ImDC 类似的 H$_3$TzDC（H$_3$TzDC = 1, 2, 3-三唑-4, 5-二羧酸）]，BET 比表面积分别为 1382m^2/g 和 395m^2/g[126]。

与 4, 5-H$_3$ImDC 类似的配体，如 4, 6-PmDC（4, 6-PmDC = 4, 6-嘧啶二羧酸）、2-PmC（2-PmC = 2-嘧啶二羧酸）、4-PmC（4-PmC = 4-嘧啶二羧酸）等也可以使用类似的策略合成具有分子筛拓扑的结构。2008 年，M. Eddaoudi 等报道了两个分别具有 *sod* 和 *rho* 拓扑的多孔配位聚合物[127]。*sod* 拓扑的结构是由 4, 6-PmDC 和金属 In 或 Co 构筑，而 *rho* 拓扑的结构由 2-PmC 和金属 Cd 形成（此结构同年也被高恩庆等报道[128]）。同样地，这两个化合物都具有稳定的微孔结构，Langmuir 比表面积分别为 616m^2/g 和 1168m^2/g。有关 M. Eddaoudi 等设计合成具有分子筛拓扑的多孔配位聚合物的工作可以参考综述文章[129]。

羧酸配位基团配位方式柔性多样的特点满足分子筛的拓扑。2006 年，裴式纶和朱广山等曾报道了两个由金属 Cd 和柔性的三羧酸配体 H$_3$CTC（H$_3$CTC = 顺，顺-1, 3, 5-环己烷三羧酸）形成的分别具有 *abw* 和 *bct* 分子筛拓扑的多孔配位聚合物[130]。在这两个化合物中，单金属中心都是与四个来自于不同配体的羧酸基团连接，而具有三羧酸的配体却总是存在一个羧酸桥连两个金属 Cd，也可以看作四节点，从而形成了完全由四节点构成的三维结构（图 24-14）。他们在随后的研究中还发现，配位方式柔性多变的稀土离子和三羧酸配体 H$_3$BTC 通过类似的方式也可以形成完全由四节点构成的具有分子筛拓扑的三维结构[131, 132]。

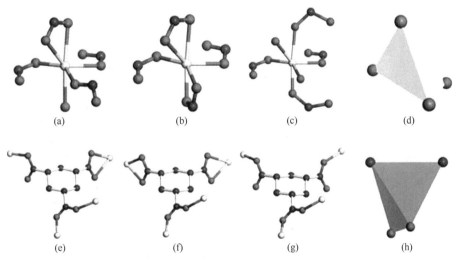

图 24-14 具有分子筛拓扑的 Cd-CTC 结构中的四节点[130]

冯平云和卜贤辉等在此领域同样做出了非常优秀的工作。他们的策略是利用单金属中心，使用具有一定配位角度的羧酸配体。2011 年，他们报道了具有 *npo* 分子筛拓扑的系列化合物 CPM-2 系列和 CPM-3[133]。在这类化合物的构筑中，八配位的金属 In 作为四节点，二连接的有机配体是呈 120° 的 *m*-H$_2$BDC（*m*-H$_2$BDC = 1, 3-苯二甲酸）或其 5-取代的衍生物或 2, 5-H$_2$PDC（2, 5-H$_2$PDC = 吡啶-2, 5-二羧酸），并搭配直线形二羧酸配体的 H$_2$BPDC 或 H$_2$sdc（H$_2$sdc = 4, 4'-二苯乙烯二羧酸）（图 24-15）。

他们合成了六个具有 *npo* 分子筛拓扑的化合物。这类完全由羧酸配体构筑的分子筛拓扑结构，与杂环配体等构筑的相比，对分子筛拓扑的扩展尺寸更大，因此结构的框架密度更低。

2012 年，他们又报道了三种类似分子筛拓扑的系列多孔配位聚合物材料 CPM-16 系列、CPM-17 系列和 CPM-26 系列[134]。在这些化合物的构筑中，有机配体是三节点的 H$_3$BTC，金属源则是 In 和另一种过渡金属 Co、Ni 等。CPM-16 系列的结构类似于 AlPO$_4$-5 的 *afi* 拓扑，首先是金属 In 的六个配位点与 BTC 的羧酸通过双齿螯合形成了三节点层状结构 *fxt* 拓扑，然后由另有层间 BTC 的两个羧基连接相邻层的 In 的剩余配位点，另一个羧基则与金属 Co 等配位形成金属簇，从而形成了三维的拓扑结构。严格地说，该结构不属于 *afi* 拓扑，而是属于（3，4）-连接的拓扑，但是它的形成模仿了 *afi* 拓扑，也具备 *afi* 拓扑的主要特征。类似地，CPM-17 系列的结构则属于四节点的 *lcs* 拓扑，CPM-26 则是模仿了 *bct* 分子筛拓扑。同年，冯平云和卜贤辉等还报道了一个非常罕见的具有双重分子筛拓扑结构的 CPM-7[135]。如图 24-16 所示，这个结构是由金属 Zn 与 2,5-FDA（2,5-FDA = 2,5-呋喃二甲酸）构筑。Zn$_4$O 正四面体的金属簇与含有双齿螯合的羧酸配体形成了 *sod* 分子筛拓扑结构。三核金属 Zn 簇与一个含有双齿桥连的羧酸配体形成了立方的笼子，笼子和笼子之间由单核的金属 Zn 通过另外两个含有双齿桥连的羧酸配体连接形成 *aco* 分子筛拓扑。这两种拓扑的结构互相贯穿，之间又通过连接立方笼子的两个配体连接，形成了三维的框架结构。

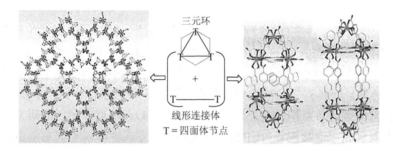

图 24-15 纯羧酸配体构筑的具有分子筛拓扑的 MOF 结构[133]

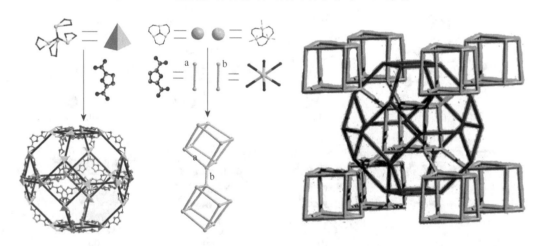

图 24-16 具有双重分子筛拓扑的 CPM-7[135]

单金属核的金属 In 可以与羧酸配体配位形成四节点，那么含有四个羧酸基的有机配体就可以与其形成完全由四节点构筑的结构。2013 年，于吉红和梁志强等就报道了金属 In 和配体 H$_4$BCBAIP（H$_4$BCBAIP = 5-(双(4-羧基苄基)氨基)间苯二甲酸）构筑的具有扭曲的 *sod* 拓扑的三维多孔 MOF 结构[136]。

有些生物小分子，如氨基酸或它们的带有羧基的衍生物也可以形成分子筛拓扑，例如，R. Banerjee

等报道的利用缬氨酸或丝氨酸的衍生物构筑的一系列具有分子筛拓扑的手性 MOF 材料[137,138]。2014年，张健等合成了一个利用丝氨酸与金属 Ni 构筑的具有 *sod* 拓扑的三维多孔配位聚合物结构[139]。2016年，张健等合成了一个手性的乳酸衍生物，并利用该化合物作为配体与金属 Mn 和 K、Na 等一起构筑了手性的三维多孔 MOF 结构[140]。该化合物具有过渡金属和碱金属混合的金属簇，配体作为二连接形成了 *can* 的拓扑结构，并形成了 1.2nm 的一维孔道，比表面积达到 1845m^2/g。

结构转变的策略对于研究分子筛拓扑的形成具有很重要的参考价值，2017年，袁大强等报道了一种新的得到分子筛拓扑 MOF 的方法[141]。他们通过在常见的 *dia* 贯穿拓扑结构中引入另外的四节点的策略，成功地设计合成了具有分子筛 *gis* 拓扑的 FJI-Y3。在此结构中，金属 In^{3+} 与 2,2′-联吡啶-5,5′-二羧酸形成了四重贯穿的 *dia* 拓扑结构，而配体上的氮原子与金属 Cu 配位，形成了另外的四节点，从而导致 FJI-Y3 的结构具有二重贯穿的 *gis* 拓扑。

24.2.3 大孔道的结构

大孔道和高孔隙率的结构是提高材料的气体吸附总量的保证，对于大分子的分离、固定、催化等应用也具有重要的意义，另外，在实际流动分离技术领域可以有效提高物质的流通性。人们对于合成大孔道的晶态材料，从沸石、磷酸铝、锗酸盐，一直到非晶态但有序的介孔分子筛材料，都有着持续不断的高涨热情。作为晶态孔材料，多孔配位聚合物在孔道尺寸和孔表面的调控性方面突破了传统分子筛材料沸石的瓶颈，其尺寸可以从超微孔一直到介孔的范围[142-145]。需要说明的是，本小节讨论的大孔道和高孔隙率都是基于晶态的多孔配位聚合物结构或性能本身，而不包括利用模板法[146,147]、制造缺陷[148,149]等方法制备的介孔甚至大孔材料。

如前所述，MOF 在孔道尺寸的调控上最直接有效的策略就是有机配体尺寸的扩展[3,4]。2002年，O. M. Yaghi 等第一次报道了利用网格化学的概念设计合成的一系列的具有 *pcu* 拓扑的多孔配位聚合物：IRMOF 系列[21]。其中，由三个苯环连接的 IRMOF-16 是第一个孔道尺寸达到介孔范围的 MOF 材料，孔道尺寸达到 29Å。利用长的直线形二羧酸配体，与金属簇 Zn$_4$O 组装合成了大孔道的 MOF 结构；W. B. Lin 等利用含有基于 Salen 基团的二羧酸配体构筑了五个 MOF-5 系列材料：CMOF-1～5[150]。由于使用的配体长度很大，其中 CMOF-1、CMOF-3、CMOF-5 属于贯穿结构，尤其 CMOF-5 是三重贯穿。而 CMOF-2、CMOF-3、CMOF-4 的孔道的尺寸都很大，分别达到了 2.6nm、2.0nm、3.2nm 左右。

2004年，O. M. Yaghi 等报道了由金属簇 Zn$_4$O 与三节点有机羧酸配体 BTB 形成的（6,3）-连接的 MOF：MOF-177。MOF-177 具有二重 *qom* 拓扑结构，孔道大小为 10.8Å，Langmuir 比表面积达到 4500m^2/g，是当时报道的最高的比表面积之一[151]。2010年，他们利用扩展后的配体 H$_3$BTE (H$_3$BTE = 4,4′,4″-(苯-1,3,5-三基-三(乙炔-2,1-二基))三苯甲酸)和 H$_3$BBC(H$_3$BBC = 4,4′,4″-(苯-1,3,5-三基-三(苯-4,1-二基))三苯甲酸)与 Zn$_4$O 组装分别得到了 MOF-180 和 MOF-200[152]。这两个化合物都是非贯穿的结构，因此它们的孔道尺寸又有了很大的提高，晶胞尺寸分别是 MOF-177 的 1.6 倍和 2.9 倍，孔道尺寸分别达到 15Å×23Å 和 18Å×28Å（图 24-17）。其中，MOF-200 的 Langmuir 比表面积达到 10400m^2/g，刷新了当时的多孔材料的比表面积纪录。2010年，周宏才等也利用三节点配体 TATAB 和 BTATB(BTATB = 4,4′,4′-(苯-1,3,5-三基-三(氮烷二基))苯甲酸酯)与 Zn$_4$O 组装分别得到了介孔的 MOF 材料：PCN-100 和 PCN-101[153]。

对经典化合物 HKUST-1 的扩展也取得了很大的成功。2001年，O. M. Yaghi 等利用配体 BTB 与金属 Cu$_2$ 金属中心搭配合成了 MOF-14[154]。但是同样作为（3,4）-连接的框架结构，MOF-14 并没有形成 HKUST-1 的 *tbo* 拓扑结构，而是形成了二重贯穿的 *pto* 拓扑。虽然 MOF-14 具有很大的孔道尺寸，达到 16.4Å，但是 Langmuir 比表面积只有 1502m^2/g。2011年，S. Kaskel 等通过调节反应条件得

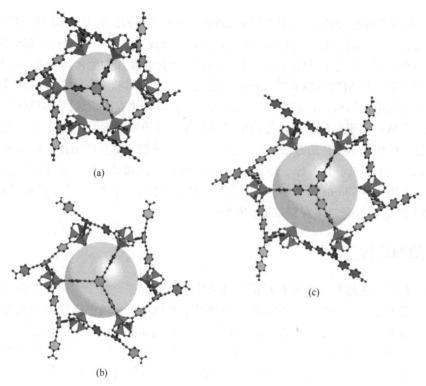

图 24-17　MOF-177（a）、MOF-180（b）和 MOF-200（c）的结构[152]

到了非贯穿的 MOF-14 结构，命名为 DUT-34[155]。可惜的是，DUT-34 结构的稳定性较差。S. Kaskel 等还得到了与 HKUST-1 同拓扑的结构（二重贯穿）DUT-33，可惜其结构除去客体分子后也发生了坍塌。2007 年，周宏才等利用了另一个扩展的三羧酸配体 TATB（TATB = 4, 4′, 4′-(S-三嗪-2, 4, 6-三基)苯甲酸酯），同样与金属簇 Cu$_2$ 搭配，合成了与 HKUST-1 同拓扑的二重贯穿结构 PCN-6 及其非贯穿同构体 PCN-6′[156]。其中，非贯穿的 PCN-6′的孔道尺寸达到 15Å 和 21Å。有趣的是，贯穿结构的 PCN-6 的比表面积（3800m^2/g）大于非贯穿的 PCN-6′（2700m^2/g）。同年，他们利用一个更大的三羧酸有机配体 TATAB 与金属簇 Cu$_2$ 搭配，构筑了另一个与 HKUST-1 同拓扑结构的 mesoMOF-1[157]，其开放的孔道尺寸达到了 22.5Å×26.1Å。mesoMOF-1 的稳定性不是很好，但是通过 HX（X = Cl、Br、F）处理后有一定的增强。2013 年，陈邦林、何亚兵等利用三节点羧酸配体 H$_3$BTN（H$_3$BTN = 6, 6′, 6″-苯-1, 3, 5-三基-2, 2′, 2″-三萘甲酸）与金属簇 Cu$_2$（或 Zn$_2$、Mn$_2$）搭配，构筑了另一系列与 HKUST-1 同拓扑的贯穿结构：UTSA-28-M（M = Cu、Zn、Mn）[158]。

　　MOF-101[34]和 MOF-505[159]是具有典型的 nbo 拓扑的结构，尤其是 MOF-505 通过螺旋桨金属簇 Cu$_2$ 与平面四节点的有机配体 H$_4$bptc（H$_4$bptc = 3, 3′, 5, 5′-联苯四羧酸）构筑而成。M. Schroder 和 N. R. Champness 等对四羧酸的有机配体进行了扩展，将苯环由 2 个扩展到 3 个、4 个和 5 个，得到了一系列与 MOF-505 类似的具有 nbo 拓扑的结构，即 NOTT 系列[160-162]（图 24-18）。虽然该拓扑不大容易形成贯穿，但是当苯环扩展到 5 个时，即 NOTT-104，也产生了二重的贯穿，其稳定性也变得较差。因此，对于气体吸附最有效的反而是 4 个苯环的 NOTT-102，其最大的笼状孔道的尺寸被扩展到了 15.96Å。pts 也是比较常见的四节点拓扑。W. B. Lin 等基于联二萘设计合成的八个四羧酸有机配体与 Cu$_2$ 构筑的手性 MOF 结构 CMOF-1a～4a 以及 CMOF-1b～4b，就是具有 pts 的拓扑结构，其中的 CMOF-2a、CMOF-3a、CMOF-4a、CMOF-2b、CMOF-3b 和 CMOF-4b 的孔道尺寸都超过了 2nm[163]。

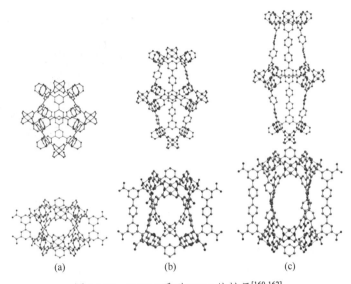

图 24-18　NOTT 系列 MOF 的扩展[160-162]

（a）NOTT-100（即 MOF-505）；（b）NOTT-101；（c）NOTT-102

由上可见，配体延长的办法虽然有效，但是会产生贯穿以及稳定性下降。棒状金属次级构筑单元可以形成一维的孔道，而且可以很好地避免贯穿，如前面曾提到过的 IRMOF-74 系列，孔道最大的 IRMOF-74-XI 的六边形孔道达到 8～9nm（图 24-2）[23]。2013 年，C. H. Lin 等利用扩展的直线形二羧酸配体 H_2sdc 与金属 Al 合成了 MIL-68（Al）的同系列结构 CYCU-3[164]。在该结构中，六边形的孔道的尺寸达到了 3nm 左右，氮气吸附也表现出了典型的Ⅳ曲线，BET 比表面积达到 $2757m^2/g$，孔径分布在 16Å 和 27.4Å。另一个由棒状次级构筑单元得到的超大孔道的 MOF 材料是 2007 年裘式纶和朱广山等报道的 JUC-48 结构[165]。该化合物由金属 Cd 与有机配体 H_2BPDC 构成，该结构也是金属 Cd 通过羧酸的桥连形成了一维的 Cd（CO_2）链，再通过二联苯连接形成了三维结构和六边形的一维孔道，孔道的尺寸达到 24.5Å×27.9Å（图 24-19）。可惜的是，该晶体结构并没有 IRMOF-74 系列那么稳定，在完全脱掉溶剂后框架会发生部分坍塌。但是，巨大的孔道允许 JUC-48 晶体组装较大的染料分子 Rh6G，从而得到复合的多功能晶体材料。

具有笼状结构的拓扑同样不容易产生贯穿，如分子筛拓扑。2009 年，N. Stock 等使用有机配体 NDC（NDC = 2, 6-萘二甲酸酯）对由 BDC 构筑的 MIL-101 结构进行了扩展，得到了 MIL-101-NDC[166]。MIL-101-NDC 的结构理论上比 MIL-101 更大，笼子的尺寸分别达到 39Å 和 46Å，窗口的尺寸达到 13.5Å 和 18.2Å，其结构也得到了粉末 X 射线衍射和透射电镜的证实。2015 年，周宏才等也利用扩展的三羧酸配体 BTTC（BTTC = 苯并三噻吩羧酸酯）和 TATB 合成了多种金属的 MIL-100 的同系列化合物，分别为 PCN-332（M）（M = Al、Fe、Sc、V、In）和 PCN-333（M = Al、Fe、Sc）[167]。同年，

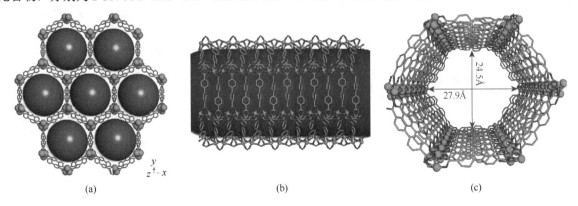

（a）　　　　　　　　　　（b）　　　　　　　　　　（c）

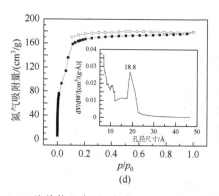
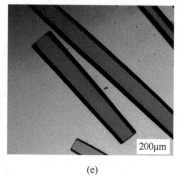

图 24-19 （a,b）JUC-48 的结构示意图；（c）JUC-48 的一维孔道尺寸达到了介孔领域；（d）JUC-48 的氮气吸附曲线以及孔分布曲线；（e）JUC-48 组装染料分子 Rh6G 后的光学照片[165]

他们又利用另一种类似 M_3O 的金属簇 Zr_6 与三节点配体 TATB 构筑了具有介孔的 PCN-777[168]。有趣的是，虽然 PCN-777 中也形成了超级四面体，但是形成了 β-方石英拓扑。PCN-777 也表现出典型的均一的介孔吸附行为，孔径分布在 35Å 左右。

节点修饰的策略是网格化学的另一个重要的概念，因此超分子结构基块（supramolecular building blocks，SBBs）的概念可以帮助扩展 MOF 孔道的尺寸[169-171]，例如，MIL-100 和 MIL-101 的超级四面体就可以看作四节点的超分子结构基块。2007 年，J. Kim 等报道了另一种类似的超级四面体结构基块（Tb4）互相连接形成二重贯穿的 *dia* 拓扑的介孔晶体 MOF 材料（Tb-MOF）[172]。整个结构虽然是二重贯穿，但是孔道的尺寸仍然达到 3.9nm 和 4.7nm。

2001 年，O. M. Yaghi 等利用 *m*-BDC（*m*-BDC = 1,3-苯二甲酸酯）和螺旋桨式的金属 Cu_2 结构单元构筑了一个零维的金属有机多面体（metal-organic polyhedron），记为 MOP-1[173]。2008 年，M. Eddaoudi 等将 MOP-1 作为结构基块，设计了有机配体 H_3TZI（H_3TZI = 5-四唑基间苯二甲酸），将 MOP-1 多面体的棱通过设计的三节点连接了起来，形成了（3,24）-连接的 *rht* 拓扑结构 *rht*-MOF-1（图 24-20）[171]。这一策略很快被重视起来，利用该策略人们设计了很多含有三个间苯二甲酸的超大配体，合成了多个扩展的 *rht* 拓扑的 MOF 结构，比表面积也被不断地刷新。这中间比较典型的有 NOTT-112[174]、NOTT-116[175]/PCN-68、PCN-61[176]、PCN-66[176]、PCN-610[176]/NU-100[177]、NOTT-119[178]/PCN-69[179]、NU-109[180]、NU-110[180]、NU-111[181]、NU-125[182]等。这一系列的化合物的结构有的是三节点和结构基块之间连接的扩展，有的是结构基块本身的扩展，它们的比表面积几乎都在 4000m^2/g 以上。其中，2012 年，J. T. Hupp、A. O. Yazaydın 和 O. K. Farha 等报道的 NU-110 仍然保持着目前多孔材料的 BET 比表面积的最高纪录 7140m^2/g。利用 MOP 作为结构基块构筑更大的孔道、更高的孔隙率的 MOF 的策略还可以进一步发展。利用十八连接和十二连接的 MOP 还可以分别得到 *gea*-MOF

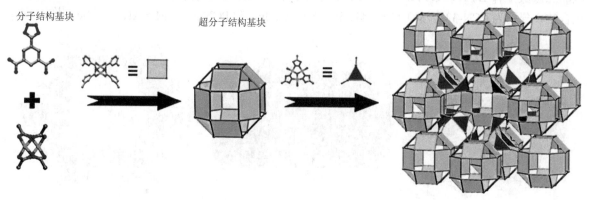

图 24-20 *rht*-MOF-1 的设计形成过程[171]

系列[183]和 *fcu*-MOF 系列[184]。MOP-1 的棱也可以扩展，还可以通过中性的含氮配体连接不饱和金属位点（即通过 MOP 的顶点互相连接）从而形成各种拓扑结构，在此不再赘述，详细内容请参考综述[185]。

对于其他拓扑结构，也都存在着稳定的大孔道结构，如具有（3,6）-连接的 PCN-53[186]、（3,6）-连接的 UTSA-61[187]和 InPF-50[188]、（4,6）-连接的 PCN-600（M）（M = Mn、Fe、Co、Ni、Cu）[189]等。2013 年，O. K. Farha 和 J. T. Hupp 等利用含芘的四羧酸有机配体 H$_4$TBAPy（H$_4$TBAPy = 1,3,6,8-四(对苯甲酸)芘）与八连接的金属 Zr$_6$ 簇合成了具有 *csq* 拓扑的 NU-1000[190]。NU-1000 具有两种一维孔道，分别是约 12Å 的三角形孔道和 30Å 的六边形孔道，超大的孔道和超强的稳定性允许将 NU-1000 的端基配位分子进行置换，从而引入催化等多种功能。2015 年，他们通过设计和扩展得到了四个四羧酸的有机配体，与金属 Zr$_6$ 簇搭配合成了四个稳定的 MOF 结构：NU-1101～1104，其都具有超过 20Å 的笼状孔道，而且比表面积都超过了 4400m^2/g[191]。同一年，周宏才等同样利用三个四羧酸卟啉配体与金属 Zr$_6$ 簇组装得到了同系列的三个（4,12）-连接 *ftw* 拓扑的 MOF 结构：PCN-228～230，其孔径为 2.5～3.8nm，而且表现出超高的比表面积和超强的酸碱稳定性[192]。设计合成还可以引入更多的节点，从而得到复杂的拓扑结构，同样可以达到扩大孔道的目的。2015 年，李巧伟等利用一个小配体 H$_2$PyC（H$_2$PyC = 4-吡唑甲酸）与三种金属簇包括八面体 Zn$_4$O、三角形 Cu$_3$O 和金字塔形 Zn$_4$O 组装了一个具有六种笼子结构的介孔 MOF 材料 FDM-3[193]。FDM-3 可以看作一个（3,5,6）-连接的 *ott* 拓扑结构，每个单胞结构中包含了 28 个微孔的笼子和 11 个介孔的笼子。

利用混合的羧酸配体构筑 MOF 也被证明是一个很成功的策略。2008 年，A. J. Matzger 等利用金属簇 Zn$_4$O 与 H$_2$BDC 和 H$_3$BTB 两种配体构筑了具有大孔道和高孔隙率的 UMCM-1 结构[194]。UMCM-1 的结构属于（3,6）-连接拓扑结构（图 24-21），结构中存在 2.7nm×3.23nm 的一维孔道，BET 比表面积达到 4160m^2/g，吸附曲线是典型的 IV 曲线，孔径分布在 1.4nm 和 3.1nm。随后，A. J. Matzger 等又将 BDC 扩展成 T^{2}DC（T^{2}DC = 噻吩并[3,2-b]噻吩-2,5-二甲酸二乙酯），和 BTB 一起与 Zn$_4$O 构筑了 BET 比表面积达到 5500m^2/g 的 UMCM-2[195]。随后他们又开发了 UMCM-3、UMCM-4 和 UMCM-5，详细地研究了它们的形成规律和气体吸附性质。这些化合物的比表面积都在 3500m^2/g 以上，都存在尺寸在 2.2nm 以上的介孔笼子。2010 年，O. M. Yaghi 等利用 H$_2$NDC 和 H$_3$BTB 的组合以及 H$_2$BPDC 和 H$_3$BTE 的组合与 Zn$_4$O 分别合成了混羧酸配体的 MOF-205（之前曾被报道为 DUT-6[196]）

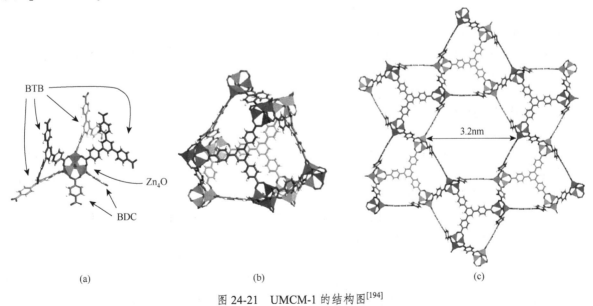

图 24-21　UMCM-1 的结构图[194]

和 MOF-210[152]。这两个化合物都具有介孔的孔道尺寸，其中 MOF-210 的孔道尺寸达到 26.9Å×48.3Å，Langmuir 比表面积达到 10400m²/g。有趣的是，UMCM-2、MOF-205、MOF-210 虽然都是以相似策略构成的，但是它们的拓扑结构并不相同，分别属于 *umt*、*ith-d*、*toz*，都很好地避免了结构的贯穿。2013 年，C. Serre 和 T. Devic 等对 Fe₃O 次级构筑单元与二羧酸 H₂BDC 和三羧酸 H₃BTB 的混合羧酸配体的搭配进行了研究，得到了贯穿的微孔结构 MIL-142 系列和类分子筛的介孔 MIL-143 系列[197]。

混合生物嘌呤分子和直线形二羧酸配体的 bio-MOF 系列，通过配体的扩展也可以得到介孔 MOF 材料。bio-MOF 系列的第一例是 2009 年 N. L. Rosi 等合成的 bio-MOF-1[198]。该化合物是由金属 Zn 与腺嘌呤和线形配体 BPDC 构成的阴离子框架结构，在此结构中，金属 Zn 与腺嘌呤形成了一维的链状结构，通过 BPDC 互相连接形成了三维的框架和一维的孔道。2012 年，他们以金属 Zn 与腺嘌呤和线形配体 H₂BPDC 为反应原料，通过改变条件合成了具有超大孔道和超高孔隙率的三维结构 bio-MOF-100[199]。在此结构中，金属 Zn 与腺嘌呤形成了大小约为 14Å 的无机次级构筑单元，它们之间通过三重的 BPDC 相连，可以被看作四节点，最后形成了 *lcs* 的拓扑结构。此化合物的结构形成了 28Å 的孔道，而且具有很高的稳定性，氮气吸附也表现出了典型介孔材料所具有的 IV 曲线，BET 比表面积达到 4300m²/g。2013 年，他们又对 H₂BPDC 进行修饰和扩展，利用 H₂NDC、H₂ABDC（H₂ABDC = 偶氮苯-4,4′-二羧酸）和 NH₂-H₂TPDC（NH₂-H₂TPDC = 2′-氨基-1,1′:4,1″-联苯-4,4″-二羧酸）合成了与 bio-MOF-100 同系列的 MOF 化合物，分别为 bio-MOF-101～103[200]。这一系列化合物的孔道为 2.1～2.9nm，BET 比表面积为 2704～4410m²/g。

随着 MOF 材料的发展，人们已经可以从下而上地设计合成复杂多层级的晶体结构。2016 年，O. K. Farha 等利用金属铀与四羧酸配体 H₄TBAPy 构筑了一个离子型 MOF 材料 NU-1300[201]。四羧酸的有机配体与单核的四价铀离子形成了（3,4）-连接的 *tbo* 拓扑网络。该化合物在结构上存在 17Å、27Å 和 39Å 的空洞，而且非常稳定，在氮气气氛下可以加热到 400℃。氮气吸附测试显示出典型 IV 吸附曲线，孔径分布也与结构吻合得很好，BET 比表面积达到 2100m²/g。2017 年，他们又报道了一个由金属铀和三羧酸配体 5′-(4-羧基苯基)-2′,4′,6′-三甲基-[1,1′:3′,1″-三苯基]-4,4″-二羧酸构筑的复杂的 MOF 结构 NU-1301[202]。虽然该化合物的合成原料很简单，但是其结构非常复杂，不对称结构单元中包含了 10 个铀离子和 7 个配体分子，晶胞边长更是达到了 173.3Å（立方晶系），包含 816 个铀离子和 816 个配体分子。NU-1301 的结构由五边形多棱柱和六边形多棱柱的次级构筑单元构筑，最终形成了复杂的金刚石拓扑网络。化合物的氩气吸附表现出了五步阶梯形的吸附曲线，对应了其复杂多样的笼状孔道结构，BET 比表面积达到 4750m²/g，最大的两个笼子尺寸达到 5.0nm 和 6.2nm，而且是目前报道的密度最低的 MOF 材料。

24.2.4 低密度的结构

低密度的框架结构往往是和大孔道的框架结构相伴而出现的，都是人们设计合成高孔隙率的多孔材料的目标。而且实际上大孔道是构筑低密度的主要手段。但是，它们之间毕竟仍有概念上的差别。孔道越来越大将会导致框架的稳定性下降，而且对于吸附和分离来说，大孔道也许并不是最理想的选择，这就需要人们考虑如何不追求大孔道结构的同时降低整个框架的密度。本小节将从利用轻金属和树枝状配体两个方面介绍一些相关工作。

由于配位键等限制，可以有效地构筑多孔配位聚合物并明显降低框架密度的轻金属主要包括：Li⁺、Be²⁺、Na⁺、Mg²⁺ 和 Al³⁺。金属 Li 作为密度最小的金属元素，是最理想的选择。早在 2000 年，J. A. Kaduk 就报道了金属 Li 与 H₂BDC 得到的结构，这是一个由 BDC 柱撑 LiO 的层得到的三维结构[203]。2009 年，J. B. Parise 等报道了利用扩展的直线形二羧酸配体 2,6-NDC 和 BPDC 与金属 Li 形成的类似的结构，命名为 ULMOF-1[204]和 ULMOF-2[205]。可惜的是，这些 MOF 虽然有着很好的稳定性，但是并没有形成空旷的结构和表现出气体吸附的性质。2010 年，R. Robson 和 B. F. Abrahams 等报道了一个金属 Li 和异烟酸（HINA）制备的 MOF 材料 Li（INA）[206]。该化合物的结构是由 Li 和羧酸形成的链，通过配体的 N 与空余的金属 Li 配位点连接而形成的三维结构，具有大小约为 4Å×5.5Å 的方形孔道，并具有一定的对 H_2、N_2、CO_2 和 CH_4 的吸附能力。2012 年，F. Millange 报道了另一个 Li 与羧酸配体 H_4abtc（H_4abtc = 3, 3′, 5, 5′-偶氮苯四羧酸）形成的三维 MOF 材料 MIL-145[207]。MIL-145 的结构中存在端基配位的 DMF，除去后得到三配位和四配位同时存在的 Li 的空旷结构 MIL-146，可以选择性地吸附 CO_2。2014 年，卜贤辉等报道了两个金属 Li 与三羧酸配体构筑的 MOF 化合物 CPM-45 和 CPM-46[208]。CPM-45 由金属 Li 与 BTC 构成，结构中 Li 与羧基形成了罕见的 $Li_4(CO_2)_6^{2-}$ 的簇；而 CPM-46 则由两核的 Li 金属簇与 BTB 构成。这两个化合物都形成了有孔的结构，其中 CPM-46 可以吸附 CO_2，BET 比表面积为 $592m^2/g$。

金属 Be 可以与 O 形成很强的配位键，而且容易形成与 Zn_4O 簇相似的 Be_4O 簇结构，但是金属 Be 的多孔 MOF 结构却不多。第一例金属 Be 的 MOF 结构就是 A. J. Matzger 等报道的 MOF-5 的异金属同系物 Be-BDC[209]。Be-BDC 的 BET 比表面积为 $3500m^2/g$，对 CO_2、H_2 也有一定的吸附能力。2009 年，J. R. Long 和 M. R. Hill 等报道了一个 Be 与有机羧酸配体 H_3BTB 合成的多孔 MOF 材料 $Be_{12}(OH)_{12}(BTB)_4$，以及它的氢气吸附性质[210]。在此结构中形成了 $Be_{12}(OH)_{12}$ 金属簇，并与 12 个羧基相连，整个框架结构属于（3, 12）-连接的拓扑网格结构（图 24-22）。该 MOF 结构具有最大尺寸为 27Å 的孔道，而金属簇也形成了 9Å 左右的孔道，其 Langmuir 比表面积为 $4400m^2/g$，而且在室温高压下，其 H_2 吸附量达到 2.3%（质量分数）。

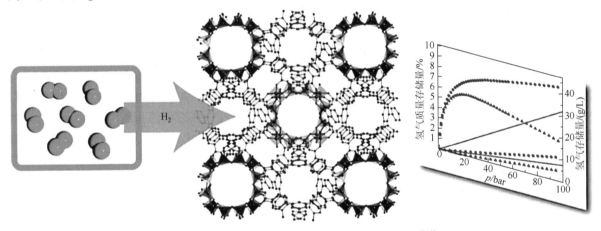

图 24-22　具有氢气吸附能力的 $Be_{12}(OH)_{12}(BTB)_4$[210]

蓝色表示 77K 下测试；红色表示室温下测试；直线表示压缩氢气；三角形表示过量吸附量；圆形表示总吸附量

金属 Na 与有机羧酸配体构筑的多孔 MOF 结构鲜有报道[203, 211, 212]，而且极强的配位能力使得 Na^+ 很容易和水、醇等溶剂配位，也很容易形成高维的无机单元，因此很难得到具有孔道的结构。

Mg^{2+} 是一个很类似于 Zn^{2+} 的金属离子，它们具有相同的电荷数和相似的离子半径，因此利用金属 Mg 与羧酸构筑的 MOF 结构并不罕见。2005 年，J. R. Long 等报道由金属 Mg 和配体 2, 6-H_2NDC 合成了一个微孔 MOF 化合物 $Mg_3(NDC)_3(DEF)_4$[213]。该化合物在经过加热处理后可以得到不饱和的金属 Mg 位点，框架表现出了很强的 H_2、O_2 的吸附能力。2006 年，S. Kaskel 等还研究了金属 Mg 和 2, 6-H_2NDC 的反应，得到了 Langmuir 比表面积为 $610m^2/g$ 的化合物 TUDMOF-3[214]。金属 Mg 与其他有机配体，如 BDC[215, 216]、BTC[217, 218]、BPDC[219]、H_3BTB[220]、PTCA（PTCA = 苝-1, 3, 6, 8-

四羧酸酯）[221]、HDCPP（HDCPP = 5, 15-二（4-羧基苯基）卟啉）[222]等构筑的 MOF 结构也有报道，但是稳定的多孔结构并不多。2008 年，P. D. C. Dietzel 等利用有机配体 H₄dhtp 与金属 Mg 合成了两个多孔 MOF 结构 CPO-26-Mg 和 CPO-27-Mg[223]。CPO-26-Mg 是一个具有 *pts* 拓扑的无孔的结构，而 CPO-27-Mg 是与 CPO-27-Ni[224]、CPO-27-Co[225]以及 MOF-74（Zn）[22]同构的具有一维六边形孔道的结构。CPO-27-Mg 的比表面积为 1030m²/g，并具有超强的稳定性，而高密度的不饱和金属位点使其具有很强的气体吸附能力，成为经典的 MOF 材料之一，IRMOF-74 系列材料也是在其基础上进行扩展的[23]。

金属 Al 是较早就被人们用来合成 MOF 材料的金属元素之一。作为三价的轻金属，Al 的配位能力也很强，用 Al 构筑的 MOF 结构也比较稳定。G. Ferey 和 C. Serre 等利用 Al 在水热溶剂热的条件下开发了多个稳定的多孔框架，其中包括经典的 MIL-53（Al）[226]。有趣的是，MIL-53（Al）是经典的柔性 MOF 材料之一，其结构有 MIL-53*as*（Al）、MIL-53*ht*（Al）和 MIL-53*lt*（Al）三种形态，分别对应合成的、高温处理后的、降温吸水后的状态，它们都具有很高的结晶度[226]。其中 MIL-53*ht*（Al）的孔道达到 8.5Å，Langmuir 比表面积达到 1500m²/g。2009 年，I. Senkovska 等用 H₂NDC 和 H₂BPDC 扩展了 MIL-53（Al）的结构，分别得到 DUT-4 和 DUT-5[227]。另一个三价金属和 H₂BDC 的结构也存在 Al 的同构体，即 MIL-68（Al）[228]，以及 MIL-68（Al）的扩展同系物 CYCU-3[164]。另外，MIL-100 和 MIL-101 的 Al 的同系列化合物也有报道[229, 230]。

金属 Al 也很容易形成三棱柱的金属簇 Al₃O。2006 年，T. Loiseau 报道了金属簇 Al₃O 与 BTC 构筑的多孔 MOF 材料 MIL-96，整个框架是一个具有 4～8Å 微孔的三维结构[231]。金属 Al 也容易形成更大的金属簇。2007 年，T. Loiseau 等报道了一个八核的金属 Al 簇 Al₈(OH)₁₅(CO₂)₉，与 BTC 连接形成了三维的框架结构 MIL-110，其孔道的直径为 16Å，Langmuir 比表面积为 1792m²/g[232]。2009 年，N. Stock 等利用金属 Al 与 NH₂-BDC 构筑了新型的微孔 MOF 材料 CAU-1[233]。在该化合物中，金属簇 Al₈ 通过与带氨基的苯环相连形成了三维的框架结构，具有约 5Å 的孔道和 10Å 左右的笼子，Langmuir 比表面积约为 1700m²/g。2014 年，O. M. Yaghi 等也报道了两个具有高的甲烷吸附性的 Al 的 MOF 材料 MOF-519 和 MOF-520[234]。这两个化合物都是由金属簇 Al₈ 与 BTB 构成的，不同的是，MOF-519 中有一半的 BTB 只有一个羧酸与金属簇相连而"悬挂"在框架的孔道内部，MOF-520 的结构中没有"悬挂"的 BTB，而是由甲酸占据。MOF-520 的孔道尺寸更大，孔隙率更高，但是在室温和高压下，MOF-519 表现出了更高的甲烷吸附量（图 24-23）。金属 Al 与羧酸配体还可以与四节点的配体反应形成 MOF 结构，如 MIL-120[235]、MIL-121[236]，也可以和其他功能化的羧酸配体反应，如 CAU-10-X[237]。

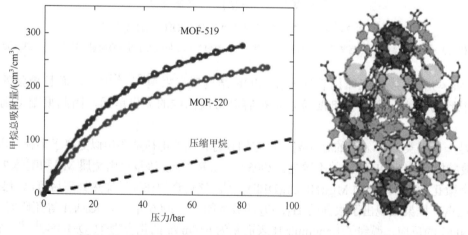

图 24-23　MOF-519 和 MOF-520 的甲烷吸附曲线和结构图[234]

　　树枝状的有机羧酸配体具有较大的体积和多羧酸配位基团，可以增加框架的有机组成的比例从而降低框架的密度，而并不能有效地扩大框架的孔道。实际上，MOF-177 的设计合成也是基于类似的概念[151]。这里将讨论不少于 6 个羧酸基团的有机配体构筑的 MOF 结构和性质，希望可以一窥树枝状配体构筑 MOF 结构的特点。

　　2001 年，O. M. Yaghi 设计了六羧酸的有机配体 H_6TTA（H_6TTA = 4, 4′, 4″-三(N, N′-双(4-羧基苯基)-氨基)三苯基胺），并利用该配体与金属簇 Zn_4O 搭配构筑了 MOF 结构，命名为 MODF-1[238]。如果将配体看作六节点，MODF-1 属于含有两种六节点的 nia 拓扑结构。MODF-1 可以吸附很多种小分子，表现出典型的微孔行为，比表面积为 740m²/g（图 24-24）。

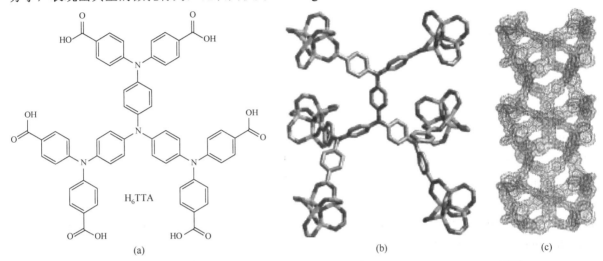

图 24-24 （a）枝状配体 H_6TTA；（b）MODF-1 的连接方式；（c）MODF-1 的孔道[238]

　　2011 年，朱广山等设计合成了另一个六羧酸的有机配体 H_6TDCPB（H_6TDCPB = 1, 3, 5-三(3, 5-二-(4-羧基-苯基-1-基)苯基-1-基)苯），并利用该配体与金属簇 Zn_4O 搭配构筑了一个新型的 MOF 结构 JUC-100[239]。H_6TDCPB 是一个有十个苯环的有机配体，同 H_6TTA 相似，在 MOF 结构中作为六节点，因此也是形成两种六节点的拓扑。有趣的是，JUC-100 形成的是与 IRMOF 系列相同的 pcu 拓扑。JUC-100 的结构可以看作二重贯穿的 MOF-5 结构有一半的 Zn_4O 被 1, 3, 5-三苯基苯所替换，因此比二重贯穿的 MOF-5 具有更低的密度（图 24-25）。JUC-100 的 Langmuir 比表面积为 2389m²/g，高于二重贯穿的 MOF-5（Langmuir 比表面积为 1130m²/g）。在 77K 和 1bar 下，JUC-100 可以吸附 1.95%（质量分数）的氢气。2012 年，R. P. Davies 等也设计合成了一个六羧酸的有机配体 1, 4-亚苯基双(三(4-羧基苯基)硅烷)，同样和金属簇 Zn_4O 一起构筑了微孔的 MOF 结构 IMF-15，同样具有与 MOF-5 相同的 pcu 拓扑[240]。2013 年，朱广山等在 H_6TDCPB 的基础上设计合成了带有甲基官能团的 Me-H_6TDCPB 配体，并利用这个配体与金属 Zn 和 Pb 合成了两个金属有机框架材料 JUC-103 和 JUC-104[241]。JUC-103 具有和 JUC-100 相似的结构，属于同系物，是与金属簇 Zn_4O 构筑的具有 pcu 拓扑的结构，而 JUC-104 是 Me-TDCPB 与十二连接的金属 Pb 簇 $Pb_6(CO_2)_{12}(H_2O)_4$ 连接形成的（6, 12）-连接的 $CaSi_2$ 拓扑结构。其中，JUC-103 具有很强的乙烷吸附和从氮气中分离乙烷的能力。2014 年，他们进一步设计了带有乙基的六羧酸配体 Et-H_6TDCPB，与金属 Zn 合成了与 JUC-100、JUC-103 属于同一系列的 JUC-106[242]。他们对这三种 MOF 材料进行 CH_4、C_2H_4、C_2H_6 等气体的吸附测试，结果表明：高的比表面积和合适的孔道结构是影响气体吸附的重要因素。此外，IAST 计算结果显示，三种框架材料具有很好的小分子烷烃分离性能。

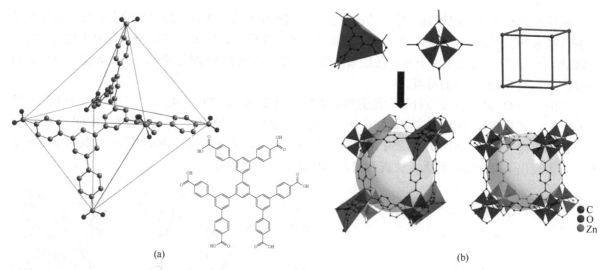

图 24-25 （a）有机配体 H_6TDCPB；（b）JUC-100 的结构组成示意图[239]

2012 年，朱广山等以 H_3TDCPB 与三核六连接的金属簇 M_3O（M = In、Mn）合成了另一系列的 MOF 化合物，分别命名为 JUC-101 和 JUC-102[243]。这一系列化合物同样也含有两种六节点，但是它们的拓扑结构不是和 JUC-100 和 IMF-15 相同的 *pcu* 拓扑，而是和 MODF-1 相同的 *nia* 拓扑。而且 JUC-101 具有阳离子的框架结构，表现出稳定的微孔结构，Langmuir 比表面积达到 $4202 m^2/g$。JUC-101 还具有一定的氢气储存能力，在 77K 和 1bar 条件下可以吸附氢气 1.46%；在 77K 和 30bar 下，JUC-101 的氢气储存量达到 4.18%。2013 年，R. Krishna、B. L. Chen 和 Y. B. He 等通过改变条件，利用 H_3TDCPB 和类似的金属簇 Yb_3O 也得到了具有 *nia* 拓扑结构的 UTSA-62[244]。

前面提到的形成（3, 24）-连接的 *rht* 拓扑结构的配体大部分是六羧酸的配体，这一类配体中的羧酸配体的特点是，整个配体几乎在一个平面上以对称三节点的方式树枝状分散在两个层级后的尾部，并带有一个羧基。它们与螺旋桨式的金属簇 Cu_2 或 Zn_2 会形成 MOP 的笼子，被看作二十四节点，通过配体第一层级的三节点连接从而形成（3, 24）-连接的 *rht* 拓扑。

将四节点的有机配体树枝状分散，可以得到八羧酸的有机配体，与不同的金属中心互相连接可以形成多种拓扑结构的新型微孔结构，例如，以平面四节点扩展的八羧酸配体构筑的 MMPF-2[245]、MMPF-4 和 MMPF-5[246]，ZJU-118、ZJU-19 和 ZJU-20[247]，PCN-921 和 PCN-922[248]，JUC-118[249] 和 JUC-119[250]，以及最近 P. N. Trikalitis 报道的 *tbo*-MOF 系列[251]；以扭曲的四节点扩展的八羧酸配体构筑的 PCN-80[252]；以正四面体四节点扩展的八羧酸配体构筑的 NOTT-140[253]、PCN-26[254]等[255]，在此不再详述。

2014 年，朱广山等再次利用树枝状配体的概念，设计合成了一个含有 10 个苯环、12 个羧酸官能团的配体 H_{12}TDDPB[H_{12}TDDPB = 1, 3, 5-三(3, 5-二(3, 5-二羧基苯基-1-基)苯基-1-基)苯，图 24-26]，并且将其与金属 Zn 组装成功地得到了一个新型框架的微孔 MOF 化合物 JUC-124[256]。该化合物中金属 Zn 以单核形式存在，可以看作四节点，配体看作十二节点，拓扑分析其是一个复杂的新拓扑结构，如果为了方便将连接两个 Zn 的两个配体看作一个节点，则 JUC-124 属于（6, 6）-连接的 *pcu* 拓扑。该化合物还具有较宽的发射波长区域，拥有很强的蓝光，对硝基化合物有很好的检测效果。2015 年，他们再次利用该配体与金属 Cd 构筑了另一个类似的结构 JUC-132[257]。该化合物中，金属 Cd 形成两种簇结构，分别可以看作六节点和四节点，整个化合物形成一种复杂的未见报道的（4, 6, 12）-连接的拓扑，而且 JUC-132 具有更好的稳定性，活化后对 CO_2 有选择性的吸附能力。

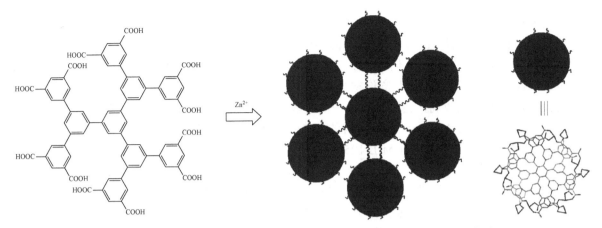

图 24-26　十二羧酸配体 $H_{12}TDDPB$ 与金属 Zn 构筑 MOF 材料 JUC-124[256]

24.2.5　稳定的多孔结构

多孔结构的稳定性是 MOF 材料必须面对的一个重要的问题，是保证其走向实际应用过程中必须克服的一个问题。材料的稳定性涉及的方面较多，针对实际应用，主要包括热稳定性、水蒸气稳定性、水/水热稳定性、酸碱稳定性以及化学稳定性等。虽然很多 MOF 是热稳定的，但它们中的很多对水蒸气和二氧化碳等比较敏感，从而限制了它们在较大湿度或水的环境下的应用。例如，IRMOF 系列化合物热稳定性很好，但是水稳定性和化学稳定性却非常差，甚至在湿度不高的空气中也难以长时间保持结构的完整。这是因为 Zn^{2+} 作为 d^{10} 的金属离子，四面体的金属簇 Zn_4O 面对水、CO_2 等亲核分子的进攻很容易分解[258]。而螺旋桨式的金属簇 Cu_2 的稳定性要好一些，但对于酸碱的稳定性也比较差。MOF 材料稳定性的另一个短板是有机配体的柔性和端基配位分子。配体的柔性有利于结构的变化和亚稳的孔道结构的形成，但也容易导致在客体分子除去以后整个框架的坍塌。端基的配位分子在加热、抽真空、浸泡到其他溶剂后很容易脱离框架，导致框架的断裂，直至坍塌。近年来，人们对 MOF 材料的稳定性的关注度也不断提高，很多稳定的 MOF 材料被报道出来，对材料稳定性的表征评价也越来越规范。G. K. H. Shimizu 等讨论了如何评估材料的水稳定性的方法[259]。他们从材料经过怎样的处理和对处理后的材料进行评估两个方面，对材料进行评级。材料经过 20℃下 20%湿度、25℃下 50%湿度、50℃下 50%湿度、浸渍水中、80℃下 90%湿度以及浸渍在沸水中，分别定为 1~6 等级，而材料能保持晶态和孔道、保留部分孔道并失去晶态、保持部分晶态但失去孔道以及完全失去晶态和孔道分别定为 A、B、C 以及 D。材料的晶态可以通过粉末 X 射线衍射来确定，孔道则可以通过低温气体吸附来确定。根据这种评价标准，MIL-53（Al）具有 6B 的稳定性，HKUST-1 则只有 3D 和 4B 的评级，而根据目前的报道结果 ZIF-8 则具有 6C 和 2A 的稳定性。

2014 年，K. S. Walton 等在 *Chemical Reviews* 发表了关于 MOF 材料的水稳定性和水吸附性质的综述文章[260]。在该文中，他们详细地讨论了影响 MOF 材料水稳定性的结构因素，主要分为热力学稳定性因素和动力学稳定性因素。热力学稳定性因素包括金属-配体配位键强度以及金属中心本身对水的稳定性，动力学稳定性因素包括疏水性和空间位阻作用。2016 年，卜显和、胡同亮等从金属-配体配位键、配体修饰以及框架三个方面总结了可以提高 MOF 材料的稳定性的一些策略，包括金属中心置换、配体置换、表面修饰、辅助配体增强支撑、多壁框架、配体修饰、贯穿结构等[261]。

MOF 材料对水等亲核分子的稳定性较差的一个重要的原因就是 Lewis 酸碱配位键的强弱。J. R. Long 等提出了使用以酸性的含氮杂环，如咪唑、三氮唑、四氮唑等，作为配体基团的有机配体与过渡金属等反应从而增强配位键以及框架的稳定性[262]。2006 年，J. R. Long 等报道了一系列四氮唑配体构筑的多孔 MOF 结构[9, 10]。同年，O. M. Yaghi 等在前人研究基础[11, 12]上进一步开发了 ZIFs 材料[13]。陈小明等同时也合成了更多的酸性含氮杂环的有机配体构筑的多孔配位聚合物材料[263, 264]，掀起了一股合成 MOF 的高潮。另外，人们通过使用三价以及更高价态的金属与羧酸配位同样可以得到增强的配位键以及稳定的框架。原因是高价态金属配位能力较强，会加强与羧酸基团的配位键；同时，高价态金属的配位数也较高，会对水等分子的进攻形成空间位阻，从而起到保护金属簇和配位键的作用。早期利用金属 Al、Sc、Ti 等构筑的 MOF 结构都具有很高的稳定性，除了上节介绍的 Al 的 MOF，其他的并不多，主要有 MIL-125（Ti）[265]、$Sc_2(BDC)_3$[266]等。虽然它们在应用上都具有很高的价值，但是因为它们可以形成多样的金属簇，而且在合成上很难控制，所以在结构的扩展、定向的修饰等方面都受到了很大的限制。另外，稀土元素也可以构筑很多稳定的多孔 MOF 结构，但是，前提是不要有太多的端基配位分子，比较典型的有 MOF-76 和 MIL-103[267]。

2008 年，K. P. Lillerud 等报道利用金属 Zr 与直线形的二羧酸配体 H_2BDC、H_2BPDC 和 H_2TPDC 合成了一系列的多孔 MOF 结构，即 UiO-66、UiO-67 和 UiO-68[15]。在这三个化合物的结构中都形成了金属 Zr 与羧基和桥连氧形成的四棱柱六核的金属簇（Zr_6），然后 Zr_6 作为十二节点通过直线形配体相连形成了 fcu 的拓扑。虽然 UiO-66 的 Langmuir 比表面积只有 $1187m^2/g$，但是它具有非常强的稳定性。而且 UiO-67 和 UiO-68 的成功合成也证明了其结构的扩展性很好。人们也发现同一族的 Hf^{4+} 也可以形成同样的金属簇，从而得到稳定的多孔 MOF 结构[268, 269]。金属簇（Zr_6）良好的稳定性和一定程度的目标合成性，引起了人们设计合成新型稳定的 MOF 结构的兴趣。随后，人们利用二羧酸、三羧酸以及四羧酸的有机配体与金属 Zr 簇合成了多个稳定的多孔 MOF 结构，有些具有大孔的结构，这在前面章节也有所描述。在金属 Zr 簇的 MOF 结构中，金属 Zr_6 通常有三种节点形式（十二节点、八节点和六节点），而且通过处理也可以形成不饱和的金属中心，和羧酸配体可以形成的拓扑不多，主要有 fcu、ftw、csq 等[270, 271]。这些化合物普遍具有较好的酸稳定性，孔道性质还可以进行后修饰，大大拓展了 MOF 材料在催化、水吸附、有毒气体吸附等领域的应用。

金属置换可以有效地改善材料的稳定性。IRMOF 系列，尤其是 MOF-5 是经典的 MOF 材料，如何提高它们的稳定性也一直是人们关注的热点[272]。2012 年，程鹏和施薇等通过金属交换的方法，将 MOF-5 的 Zn_4O 部分换成了 Ni，令人感兴趣的是，掺杂 Ni 的 MOF-5 晶体的稳定性大大地增强了[273]。这是因为 Ni（Ⅱ）在晶体场中的稳定性要好于 Zn（Ⅱ）。2013 年，M. Dinca 等同样利用金属交换的方法，将多种不同价态的金属掺杂到 MOF-5 的框架中去，包括 Ti^{3+}、$V^{2+/3+}$、$Cr^{2+/3+}$、Mn^{2+} 和 Fe^{2+}[274]。这些金属的掺杂不仅增强了框架的稳定性，而且产生了可以与其他的氧化剂分子产生化学键的金属中心（图 24-27）。同年，H. Chun 和 D. Moon 等合成了混合金属的 CTOF-1 和 CTOF-2[275]。这两个化合物是由金属簇 M_3O（$M = Co^{2+}_{0.67}Ti^{4+}_{0.33}$）与 HO-BDC 或 BDC 构成的与 MIL-88 和 MOF-235 同构的化合物，混合金属的使用使得框架的电荷保持了平衡，框架柔性的可逆变化也成了不可逆的变化，而且它们具有稳定有效的孔道结构。

通常情况下，同族的低周期的金属形成的 MOF 要比高周期的稳定。这是因为低周期的金属离子具有更小的离子半径，其配位形式更硬。但是，上面提到的朱广山等报道的 JUC-124 和 JUC-132 却是一个特例，由金属 Cd 形成的 JUC-132[257]具有较高的稳定性以及永久性的孔道，可以进行气体的吸附，而同样的配体与金属 Zn 构筑的类似框架 JUC-124[256]的结构却很容易坍塌。原因可能是使用的含有十二个羧酸的有机配体本身具有一定的柔性，其与更柔一点的金属更匹配，形成的框架也就更不容易坍塌。

另一个稳定 MOF 结构的方法是加入辅助配体，以起到支撑柔性结构的作用。2011 年，洪茂椿等报道由金属 Zn 与 BTB 和 bipy 共同形成了 MOF 化合物 FJH-1[276]。该化合物中，金属 Zn 与 BTB 形成了无贯穿的 MOF-14 结构，bipy 则连接两个螺旋桨式金属中心 Zn_2 的端基，起到了稳定结构的作用。

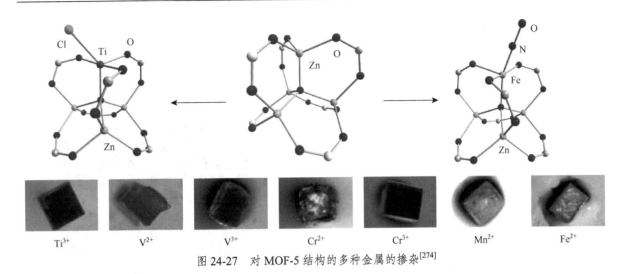

图 24-27 对 MOF-5 结构的多种金属的掺杂[274]

因为高孔隙率和稳定的结构，FJH-1 表现出了很高的气体吸附能力，BET 比表面积远高于 MOF-14[154]。同年，S. Kaskel 对这一类的化合物进行了详细的研究，包括：由 bipy 连接的 DUT-23（M）（M = Zn、Co、Cu、Ni）、由 bisqui（bisqui = 二乙基（R, S）-4, 4′-二喹啉-3, 3′-二羧酸二乙酯）连接的 DUT-24、端基为 py 的 DUT-33（主体框架与 MOF-14 同构）、端基为水的 DUT-34（非贯穿的 MOF-14）[155]。结构和气体吸附等研究表明，DUT-23 和 DUT-24 的稳定性很好，其中 DUT-23 的化合物的 BET 比表面积超过了 4300m^2/g，但是 DUT-33 和 DUT-34 的稳定性较差，没有表现出氮气吸附的能力。2012 年，孙维银等也报道了由 DABCO（DABCO = 1, 4-二氮杂双环[2.2.2]辛烷）连接而形成的（3, 4, 6）-连接的拓扑结构，也具有很高的气体吸附能力[277]。2012 年，张健等也利用同样的策略，通过 bipy 的支撑改善了另一个由螺旋桨式金属中心 M_2（M = Zn、Co）与 H_2oba 构筑的结构的稳定性[278]。

为了增强 MOF 结构对水的稳定性，对孔道结构进行甲基化等疏水表面的修饰是一个有效的手段。2014 年，J. Kim 和 C. R. Park 等利用四甲基化的 H_2BDC 配体 H_2BDC-Me_4，合成了甲基化的 MIL-125（TiBDC）和 m-TiBDC[279]。对 MIL-125（TiBDC）和 m-TiBDC 在水中浸泡不同时间后进行氮气吸附测试发现，甲基化后的 MOF 结构的稳定性要明显好于未甲基化的 MOF 结构。2015 年，S. G. Telfer 等设计了三羧酸有机配体 H_3hett（hett = 5, 5′, 10, 10′, 15, 15′-六乙基二苯并-2, 7, 12-三羧酸），利用它以及 H_2BDC 和 H_2BPDC 三种羧酸配体与金属簇 Zn_4O 组装，合成了新型的 MOF 结构 MUF-77-ethyl[280]。而且 H_3hett 可以进一步地修饰各种烷烃基团，从而得到一系列的 MUF-77 化合物（图 24-28）。这些化合物在湿度为 70%的空气中放置 100 天后，气体吸附的能力没有任何下降，这在金属簇 Zn_4O 形成的 MOF 中是非常少见的。2013 年，周宏才等也通过对四羧酸有机配体进行烷基化后与螺旋桨式的 Cu_2 构筑了一系列 nbo 拓扑的 MOF 结构，这一系列的疏水 MOF 化合物的水稳定性随着烷基链的延长而增强，但是热稳定性却随之下降[281]。

更好的增强水稳定性的方法还有用超疏水的含氟基团进行修饰，常用的含氟羧酸配体有 H_2hfipb（H_2hfipb = 4, 4′-(六氟异亚丙基)双(苯甲酸))[109, 282-285]等。对有机配体进行—CF_3 修饰，也可以增强框架的稳定性，其较强的极性还可以为框架带来更好的气体吸附能力。完全氟化的羧酸配体构筑的 MOF 材料具有多孔结构的并不多，原因可能是氟化的有机配体造成配体构型的扭曲和配位能力的削弱，其中有 MOFF-1 和 MOFF-2[286]以及 MOFF-4[287]等，它们的框架稳定性并不是很好。在结构中引入一些疏水的基团也可以有效地增强结构的稳定性。2007 年，C. A. Mirkin 和 J. T. Hupp 等合成了含有碳硼烷的有机配体 p-CDC（p-CDC = 去质子化的 1, 12-二羟基二羰基-1, 12-二二碳四烯-十二硼烷），并利用它合成了稳定的 MOF 结构。后来他们又设计合成了多个含有碳硼烷的有机配体，并利用它们合成了多个稳定的多孔 MOF 结构[288-292]。尤其是含有碳硼烷的有机配体构筑的 NU-700 和同构的 MOF-143 相比，表现出了很好的稳定性，并表现出了气体吸附能力，BET 比表面积为 1870m²/g[292]。

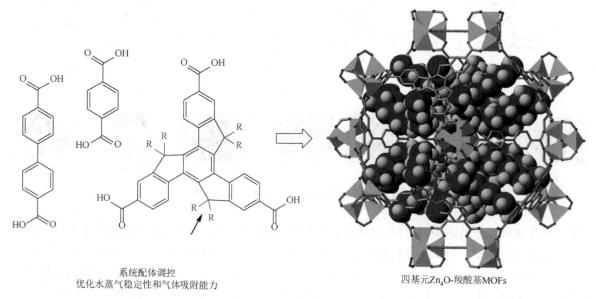

系统配体调控
优化水蒸气稳定性和气体吸附能力

四基元Zn₄O-羧酸基MOFs

图 24-28 混羧酸配体构筑的一系列 MOF 结构 MUF-77 化合物[280]

利用具有酸碱缓冲基团的有机配体还可以构筑具有酸碱稳定性的 MOF 材料。2015 年，朱广山等报道了一个由基于芘的八羧酸配体与金属 Eu 构筑的 MOF 化合物 JUC-119[250]。在该化合物的结构中，只有六个羧酸与金属进行了配位，而有两个裸露的羧酸没有参与配位，而且没有脱去质子。因此该化合物表现出了一定的碱稳定性，而且基于其特殊的荧光性质可以对溶液的 pH 值在碱性范围内有传感响应。2018 年，马胜前和朱广山等在这种策略的基础上，设计合成了一个既含有酸性苯酚基团又含有仲胺基团的羧酸配体 H₄BDPO（2, 4-双(3, 5-二羧基苯基氨基)-6-醇三嗪），将其与金属簇 Cu₂ 连接构筑了一个非常稳定的 MOF 材料 JUC-1000[293]。通过计算可以发现，H₄BDPO 在一个很宽的 pH 值范围内具有结构缓冲效果，从而在一定程度上防止酸碱性分子对其造成的攻击。实验结果也表明，JUC-1000 的酸碱性稳定性与经典的几种稳定的 MOF 材料，包括 HKUST-1、MOF-74（Mg）、ZIF-8、UiO-66 以及 UiO-66-NO₂ 相比，其能稳定的 pH 值范围更大，结构完整性也更好（图 24-29）。

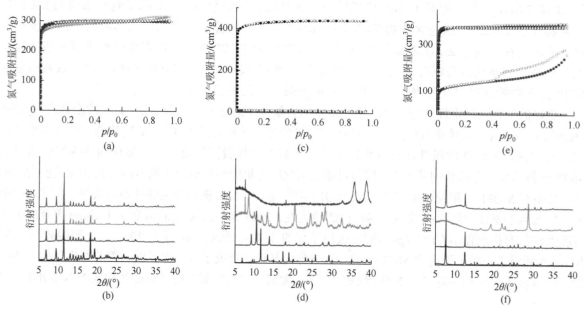

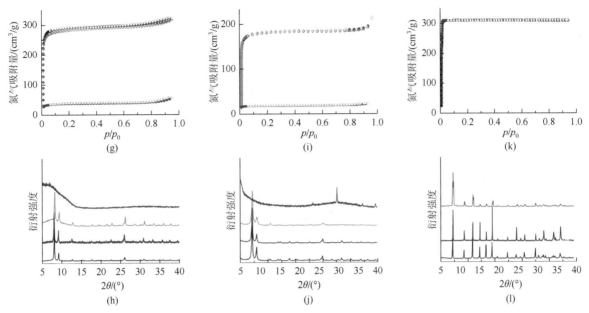

图 24-29　77K 下氮气吸附曲线（a,c,e,g,i,k）和粉末 X 射线衍射谱图（b,d,f,h,j,l）（黑色：合成样品；蓝色：沸水处理七天后样品；绿色：pH 为 1.5 的水中处理两天后的样品；红色：pH 为 12.5 的水中处理两天后样品）[293]

(a)(b) JUC-1000；(c)(d) HKUST-1；(e)(f) MOF-74（Mg）；(g)(h) UiO-66；(i)(j) UiO-66-NO₂；(k)(l) ZIF-8

　　稳定性一直是多孔羧酸配位聚合物材料走向实际应用的一个大问题。近两年来稳定的羧酸配位聚合物材料越来越多地被报道出来，这得力于合成技术的提高以及人们对这个问题越来越全面深入的理解[294]。在稳定性方面，多孔羧酸配位聚合物，乃至整个金属有机框架材料，与其他无机多孔材料和有机多孔材料相比，仍处于比较弱势的地位。但是，随着这类材料的发展以及人们对它们稳定性的认识的不断提高，相信合成既保持其优秀的多孔和多功能性质又满足一定条件下应用的需求的材料一定能够实现。

（朱广山　孙福兴）

参 考 文 献

[1]　Chui S S，Lo S M F，Charmant J P H，et al. A chemically functionalizable nanoporous material [Cu₃(TMA)₂(H₂O)₃]ₙ. Science，1999，283（5405）：1148-1150.

[2]　Li H L，Eddaoudi M，O'Keeffe M，et al. Design and synthesis of an exceptionally stable and highly porous metal-organic framework. Nature，1999，402（6759）：276-279.

[3]　Yaghi O M，O'Keeffe M，Ockwig N W，et al. Reticular synthesis and the design of new materials. Nature，2003，423（6941）：705-714.

[4]　Ockwig N W，Delgado-Friedrichs O，O'Keeffe M，et al. Reticular chemistry：occurrence and taxonomy of nets and grammar for the design of frameworks. Acc Chem Res，2005，38（3）：176-182.

[5]　Férey G，Serre C，Mellot-Draznieks C，et al. A hybrid solid with giant pores prepared by a combination of targeted chemistry，simulation，and powder diffraction. Angew Chem Int Ed，2004，43（46）：6296-6301.

[6]　Férey G，Mellot-Draznieks C，Serre C，et al. A chromium terephthalate-based solid with unusually large pore volumes and surface area. Science，2005，309（5743）：2040-2042.

[7]　Mellot Draznieks C，Newsam J M，Gorman A M，et al. De novo prediction of inorganic structures developed through automated assembly of secondary building units（AASBU method）. Angew Chem Int Ed，2000，39（13）：2270-2275.

[8]　Kitagawa S，Kitaura R，Noro S. Functional porous coordination polymers. Angew Chem Int Ed，2004，43（18）：2334-2375.

[9]　Dinca M，Dailly A，Liu Y，et al. Hydrogen storage in a microporous metal-organic framework with exposed Mn²⁺coordination sites. J Am Chem Soc，2006，128（51）：16876-16883.

[10] Dinca M，Yu A F，Long J R. Microporous metal-organic frameworks incorporating 1, 4-benzeneditetrazolate: syntheses, structures, and hydrogen storage properties. J Am Chem Soc，2006，128（27）：8904-8913.

[11] Tian Y Q，Cai C X，Ji Y，et al. [Co$_5$(im)$_{10}$·2MB]infinity: a metal-organic open-framework with zeolite-like topology. Angew Chem Int Ed，2002，41（8）：1384-1386.

[12] Tian Y Q，Cai C X，Ren X M，et al. The silica-like extended polymorphism of cobalt（Ⅱ）imidazolate three-dimensional frameworks: X-ray single-crystal structures and magnetic properties. Chem Eur J，2003，9（22）：5673-5685.

[13] Park K S，Ni Z，Cote A P，et al. Exceptional chemical and thermal stability of zeolitic imidazolate frameworks. Proc Natl Acad Sci U S A，2006，103（27）：10186-10191.

[14] Devic T，Serre C. High valence 3p and transition metal based MOFs. Chem Soc Rev，2014，43（16）：6097-6115.

[15] Cavka，J H，Jakobsen S，Olsbye U，et al. A new zirconium inorganic building brick forming metal organic frameworks with exceptional stability. J Am Chem Soc，2008，130（42）：13850-13851.

[16] Wang Z，Cohen S M. Postsynthetic covalent modification of a neutral metal-organic framework. J Am Chem Soc，2007，129（41）：12368-12369.

[17] Cohen S M. Postsynthetic methods for the functionalization of metal-organic frameworks. Chem Rev，2012，112（2）：970-1000.

[18] Deng H X，Doonan C J，Furukawa H，et al. Multiple functional groups of varying ratios in metal-organic frameworks. Science，2010，327（5967）：846-850.

[19] Batten S R，Robson R. Interpenetrating nets: ordered, periodic entanglement. Angew Chem Int Ed，1998，37（11）：1460-1494.

[20] Wu H，Yang J，Su Z M，et al. An exceptional 54-fold interpenetrated coordination polymer with 103-srs network topology. J Am Chem Soc，2011，133（30）：11406-11409.

[21] Eddaoudi M，Kim J，Rosi N，et al. Systematic design of pore size and functionality in isoreticular MOFs and their application in methane storage. Science，2002，295（5554）：469-472.

[22] Rosi N L，Kim J，Eddaoudi M，et al. Rod packings and metal-organic frameworks constructed from rod-shaped secondary building units. J Am Chem Soc，2005，127（5）：1504-1518.

[23] Deng H X，Grunder S，Cordova K E，et al. Large-pore apertures in a series of metal-organic frameworks. Science 2012，336（6084）：1018-1023.

[24] Tranchemontagne D J，Mendoza Cortes J L，O'Keeffe M，et al. Secondary building units, nets and bonding in the chemistry of metal-organic frameworks. Chem Soc Rev，2009，38（5）：1257-1283.

[25] Kalmutzki M J，Hanikel N，Yaghi O M. Secondary building units as the turning point in the development of the reticular chemistry of MOFs. Science Advances，2018，4（10）：eaat9180.

[26] Fang Q R，Zhu G S，Xue M，et al. Microporous metal-organic framework constructed from heptanuclear zinc carboxylate secondary building units. Chem Eur J，2006，12（14）：3754-3758.

[27] Fang Q R，Zhu G S，Jin Z，et al. A multifunctional metal-organic open framework with a bcu topology constructed from undecanuclear clusters. Angew Chem Int Ed，2006，45（37）：6126-6130.

[28] Millange F，Serre C，Férey G. Synthesis, structure determination and properties of MIL-53as and MIL-53ht: the first Cr^{iii} hybrid inorganic-organic microporous solids: Cr^{III}(OH)·{O$_2$C-C$_6$H$_4$-CO$_2$}{HO$_2$C-C$_6$H$_4$-CO$_2$H}$_x$. Chem Commun，2002，（8）：822-823.

[29] Serre C，Millange F，Thouvenot C，et al. Very large breathing effect in the first nanoporous chromium（Ⅲ）-based solids: MIL-53 or Cr-III(OH)·{O$_2$C—C$_6$H$_4$—CO$_2$}{HO$_2$C—C$_6$H$_4$—CO$_2$H}$_x$·H$_2$O$_y$. J Am Chem Soc，2002，124（45）：13519-13526.

[30] Barthelet K，Marrot J，Ferey G，et al. Ⅷ(OH)[O$_2$C—C$_6$H$_4$—CO$_2$]·(HO$_2$C—C$_6$H$_4$—CO$_2$H)$_x$(DMF)$_y$(H$_2$O)$_z$(or MIL-68)，a new vanadocarboxylate with a large pore hybrid topology: reticular synthesis with infinite inorganic building blocks? Chem Commum，2004，（5）：520-521.

[31] Lin X，Blake A J，Wilson C，et al. A porous framework polymer based on a zinc（Ⅱ）4, 4'-bipyridine-2, 6, 2', 6'-tetracarboxylate: synthesis, structure, and "zeolite-like" behaviors. J Am Chem Soc，2006，128（33）：10745-10753.

[32] Cheetham A K，Rao C N R，Feller R K. Structural diversity and chemical trends in hybrid inorganic-organic framework materials. Chem Commun，2006，（46）：4780-4795.

[33] Foo M L，Horike S，Inubushi Y，et al. An alkaline earth I$_3$0$_0$ porous coordination polymer: [Ba$_2$TMA（NO$_3$）（DMF）]. Angew Chem Int Ed，2012，51（25）：6107-6111.

[34] Eddaoudi M，Kim J，O'Keeffe M，et al. Cu$_2$[o-Br-C$_6$H$_3$(CO$_2$)$_2$]2(H$_2$O)$_2$·(DMF)8(H$_2$O)$_2$: a framework deliberately designed to have the NbO structure type. J Am Chem Soc，2002，124（3）：376-377.

[35] Liu Y，Kravtsov V，Larsen R，et al. Molecular building blocks approach to the assembly of zeolite-like metal-organic frameworks（ZMOFs）

with extra-large cavities. Chem Commum，2006，（14）：1488-1490.

[36]　Fang Q R，Zhu G S，Xue M，et al. Amine-templated assembly of metal-organic frameworks with attractive topologies. Cryst Growth Des，2008，8（1）：319-329.

[37]　Ma B Q，Mulfort K L，Hupp J T. Microporous pillared paddle-wheel frameworks based on mixed-ligand coordination of zinc ions. Inorg Chem，2005，44（14）：4912-4914.

[38]　Lee C Y，Bae Y S，Jeong N C，et al. Kinetic separation of propene and propane in metal-organic frameworks：controlling diffusion rates in plate-shaped crystals via tuning of pore apertures and crystallite aspect ratios. J Am Chem Soc，2011，133（14）：5228-5231.

[39]　Lee C Y，Farha O K，Hong B J，et al. Light-harvesting metal-organic frameworks（MOFs）：efficient strut-to-strut energy transfer in bodipy and porphyrin-based MOFs. J Am Chem Soc，2011，133（40）：15858-15861.

[40]　Fang Q R，Zhu G S，Xue M，et al. Influence of organic bases on constructing 3D photoluminescent open metal-organic polymeric frameworks. Dalton Trans，2004（14）：2202-2207.

[41]　Xue M，Zhu G S，Zhang Y J，et al. Rational design and control of the dimensions of channels in a series of 3D pillared metal-organic frameworks：synthesis，structures，adsorption，and luminescence properties. Cryst Growth Des，2008，8（2）：427-434.

[42]　Sun J Y，Zhou Y M，Fang Q R，et al. Construction of 3D layer-pillared homoligand coordination polymers from a 2D layered precursor. Inorg Chem，2006，45（21）：8677-8684.

[43]　Stock N，Biswas S，Synthesis of metal-organic frameworks（MOFs）：routes to various mof topologies，morphologies，and composites. Chem Rev，2012，112（2）：933-969.

[44]　Serre C，Millange F，Surble S，et al. A route to the synthesis of trivalent transition-metal porous carboxylates with trimeric secondary building units. Angew Chem Int Ed，2004，43（46）：6286-6289.

[45]　Hausdorf S，Baitalow F，Bohle T，et al. Main-group and transition-element IRMOF homologues. J Am Chem Soc，2010，132（32）：10978-10981.

[46]　Guillerm V，Gross S，Serre C，et al. A zirconium methacrylate oxocluster as precursor for the low-temperature synthesis of porous zirconium（iv）dicarboxylates. Chem Commum，2010，46（5）：767-769.

[47]　Shi X，Zhu G S，Wang X H，et al. From a 1-D chain，2-D layered network to a 3-D supramolecular framework constructed from a metal-organic coordination compound. Cryst Growth Des，2005，5（1）：207-213.

[48]　Shi X，Zhu G S，Wang X H，et al. Polymeric frameworks constructed from a metal-organic coordination compound，in 1-D and 2-D systems：synthesis，crystal structures，and fluorescent properties. Cryst Growth Des，2005，5（1）：341-346.

[49]　Lalonde M，Bury W，Karagiaridi O，et al. Transmetalation：routes to metal exchange within metal-organic frameworks. J Mater Chem A，2013，1（18）：5453-5468.

[50]　Takaishi S，DeMarco E J，Pellin M J，et al. Solvent-assisted linker exchange（SALE）and post-assembly metallation in porphyrinic metal-organic framework materials. Chem Sci，2013，4（4）：1509-1513.

[51]　Nouar F，Eckert J，Eubank J F，et al. Zeolite-like metal-organic frameworks（ZMOFs）as hydrogen storage platform：lithium and magnesium ion-exchange and H_2-(rho-ZMOF)interaction studies. J Am Chem Soc，2009，131（8）：2864-2870.

[52]　Nguyen H G T，Weston M H，Farha O K，et al. A catalytically active vanadyl（catecholate）-decorated metal organic framework via post-synthesis modifications. Cryst Eng Comm，2012，14（12）：4115-4118.

[53]　Colon Y J，Snurr R Q. High-throughput computational screening of metal-organic frameworks. Chem Soc Rev，2014，43（16）：5735-5749.

[54]　Banerjee R，Phan A，Wang B，et al. High-throughput synthesis of zeolitic imidazolate frameworks and application to CO_2 capture. Science，2008，319（5865）：939-943.

[55]　Bauer S，Serre C，Devic T，et al. High-throughput assisted rationalization of the formation of metal organic frameworks in the iron（Ⅲ）aminoterephthalate solvothermal system. Inorg Chem，2008，47（17）：7568-7576.

[56]　Ni Z，Masel R I. Rapid production of metal-organic frameworks via microwave-assisted solvothermal synthesis. J Am Chem Soc，2006，128（38）：12394-12395.

[57]　Jhung S H，Lee J H，Yoon J W，et al. Microwave synthesis of chromium terephthalate MIL-101 and its benzene sorption ability. Adv Mater，2007，19（1）：121-124.

[58]　Schlesinger M，Schulze S，Hietschold M，et al. Evaluation of synthetic methods for microporous metal-organic frameworks exemplified by the competitive formation of $[Cu_2(BTC)_3(H_2O)_3]$ and $[Cu_2(BTC)(OH)(H_2O)]$. Micropor Mesopor Mat，2010，132（1-2）：121-127.

[59]　Qiu L G，Li Z Q，Wu Y，et al. Facile synthesis of nanocrystals of a microporous metal-organic framework by an ultrasonic method and selective sensing of organoamines. Chem Commum，2008，（31）：3642-3644.

[60]　Kim J，Yang S T，Choi S B，et al. Control of catenation in CuTATB-n metal-organic frameworks by sonochemical synthesis and its effect on

CO₂ adsorption. J Mater Chem，2011，21（9）：3070-3076.

[61] Parnham E R，Morris R E. Ionothermal synthesis of zeolites，metal-organic frameworks，and inorganic-organic hybrids. Acc Chem Res，2007，40（10）：1005-1013.

[62] Lin Z，Wragg D S，Morris R E. Microwave-assisted synthesis of anionic metal-organic frameworks under ionothermal conditions. Chem Commum，2006，（19）：2021-2023.

[63] Liu C，Sun F X，Zhou S Y，et al. Facile synthesis of ZIF-8 nanocrystals in eutectic mixture. Cryst Eng Comm，2012，14（24）：8365-8367.

[64] Liu J，Zhang F，Zou X Q，et al. Environmentally friendly synthesis of highly hydrophobic and stable MIL-53 MOF nanomaterials. Chem Commum，2013，49（67）：7430-7432.

[65] Czaja A U，Trukhan N，Muller U. Industrial applications of metal-organic frameworks. Chem Soc Rev，2009，38（5）：1284-1293.

[66] Wang M Q，Shen D M，Bülow M，et al. Metallo-organic molecular sieve for gas separation and purification. Micropor Mesopor Mat，2002，55（2）：217-230.

[67] Gimeno-Fabra M，Munn A S，Stevens L A，et al. Instant MOFs：continuous synthesis of metal-organic frameworks by rapid solvent mixing. Chem Commum，2012，48（86）：10642-10644.

[68] Zhao T，Jeremias F，Boldog I，et al. High-yield，fluoride-free and large-scale synthesis of MIL-101（Cr）. Dalton Trans，2015，44（38）：16791-16801.

[69] Hu Z G，Peng Y W，Kang Z X，et al. A modulated hydrothermal（mht）approach for the facile synthesis of Uio-66-type MOFs. Inorg Chem，2015，54（10）：4862-4868.

[70] Férey G. Yes，We Can! Eur J Inorg Chem，2016，2016（27）：4275-4277.

[71] Kesanli B，Lin W. Chiral porous coordination networks：rational design and applications in enantioselective processes. Coordin Chem Rev，2003，246（1-2）：305-326.

[72] Mingabudinova L R，Vinogradov V V，Milichko V A，et al. Metal-organic frameworks as competitive materials for non-linear optics. Chem Soc Rev，2016，45（19）：5408-5431.

[73] Asadi K，van der Veen M A. Ferroelectricity in metal-organic frameworks：characterization and mechanisms. Eur J Inorg Chem，2016，（27）：4332-4344.

[74] Zawarotko M J. From disymmetric molecules to chiral polymers：a new twist for supramolecular synthesis? Angew Chem Int Ed，1998，37（9）：1211-1213.

[75] Seo J S，Whang D，Lee H，et al. A homochiral metal-organic porous material for enantioselective separation and catalysis. Nature，2000，404（6781）：982-986.

[76] Tian G，Zhu G S，Yang X Y，et al. A chiral layered Co（II）coordination polymer with helical chains from achiral materials. Chem Commum，2005，（11）：1396-1398.

[77] Evans O R，Lin W B. Crystal engineering of NLO materials based on metal-organic coordination networks. Acc Chem Res，2002，35（7）：511-522.

[78] Anokhina E V，Jacobson A J. [Ni₂O(L-Asp)(H₂O)₂)].4H₂O：a homochiral 1D helical chain hybrid compound with extended Ni—O—Ni bonding. J Am Chem Soc，2004，126（10）：3044-3045.

[79] Anokhina E V，Go Y B，Lee Y，et al. Chiral three-dimensional microporous nickel aspartate with extended Ni—O—Ni bonding. J Am Chem Soc，2006，128（30）：9957-9962.

[80] Shi X，Zhu G S，Qiu S L，et al. Zn₂[(S)-O₃PCH₂NHC₄H₇CO₂]₂：a homochiral 3D zinc phosphonate with helical channels. Angew Chem Int Ed，2004，43（47）：6482-6485.

[81] Rabone J，Yue Y F，Chong S Y，et al. An adaptable peptide-based porous material. Science，2010，329（5995）：1053-1057.

[82] Martí-Gastaldo C，Warren J E，Stylianou K C，et al. Enhanced stability in rigid peptide-based porous materials. Angew Chem Int Ed，2012，51（44）：11044-11048.

[83] Katsoulidis A P，Park K S，Antypov D，et al. Guest-adaptable and water-stable peptide-based porous materials by imidazolate side chain control. Angew Chem Int Ed，2014，53（1）：193-198.

[84] Sartor M，Stein T，Hoffmann F，et al. A new set of isoreticular，homochiral metal-organic frameworks with ucp topology. Chem Mater，2016，28（2）：519-528.

[85] Vaidhyanathan R，Bradshaw D，Rebilly J N，et al. A family of nanoporous materials based on an amino acid backbone. Angew Chem Int Ed，2006，45（39）：6495-6499.

[86] Dybtsev D N，Nuzhdin A L，Chun H，et al. A homochiral metal-organic material with permanent porosity，enantioselective sorption properties，and catalytic activity. Angew Chem Int Ed，2006，45（6）：916-920.

[87]　Zhang J，Bu X H. Chiralization of diamond nets：stretchable helices and chiral and achiral nets with nearly identical unit cells. Angew Chem Int Ed，2007，46（32）：6115-6118.

[88]　Zhang J，Chen S M，Bu X H. Multiple functions of ionic liquids in the synthesis of three-dimensional low-connectivity homochiral and achiral frameworks. Angew Chem Int Ed，2008，47（29）：5434-5437.

[89]　Zhao X，Yang H，Nguyen E T，et al. Enabling homochirality and hydrothermal stability in Zn_4O-Based porous crystals. J Am Chem Soc，2018，140（42）：13566-13569.

[90]　Lee S，Kapustin E A，Yaghi O M. Coordinative alignment of molecules in chiral metal-organic frameworks. Science，2016，353（6301）：808-811.

[91]　Cui Y，Evans O R，Ngo H L，et al. Rational design of homochiral solids based on two-dimensional metal carboxylates. Angew Chem Int Ed，2002，41（7）：1159-1162.

[92]　Ma L Q，Lin W B. Chirality-controlled and solvent-templated catenation isomerism in metal-organic frameworks. J Am Chem Soc，2008，130（42）：13834-13835.

[93]　Ma L Q，Wu C D，Wanderley M M，et al. Single-crystal to single-crystal cross-linking of an interpenetrating chiral metal-organic framework and implications in asymmetric catalysis. Angew Chem Int Ed，2010，49（44）：8244-8248.

[94]　Sawano T，Thacker N C，Lin Z K，et al. Robust，chiral，and porous binap-based metal-organic frameworks for highly enantioselective cyclization reactions. J Am Chem Soc，2015，137（38）：12241-12248.

[95]　Gedrich K，Senkovska I，Baburin I A，et al. New chiral and flexible metal-organic framework with a bifunctional spiro linker and Zn_4O-nodes. Inorg Chem，2010，49（10）：4440-4446.

[96]　Jeong K S，Go Y B，Shin S M，et al. Asymmetric catalytic reactions by NbO-type chiral metal-organic frameworks. Chem Sci，2011，2（5）：877-882.

[97]　Cakici M，Gu Z G，Nieger M，et al. Planar-chiral building blocks for metal-organic frameworks. Chem Commum，2015，51（23）：4796-4798.

[98]　Kitaura R，Onoyama G，Sakamoto H，et al. Immobilization of a metallo Schiff base into a microporous coordination polymer. Angew Chem Int Ed，2004，43（20）：2684-2687.

[99]　Chen B L，Zhao X B，Putkham A，et al. Surface interactions and quantum kinetic molecular sieving for H_2 and D_2 adsorption on a mixed metal-organic framework material. J Am Chem Soc，2008，130（20）：6411-6423.

[100]　Das M C，Xiang S C，Zhang Z J，et al. Functional mixed metal-organic frameworks with metalloligands. Angew Chem Int Ed，2011，50（45）：10510-10520.

[101]　Peng Y W，Gong T F，Zhang K，et al. Engineering chiral porous metal-organic frameworks for enantioselective adsorption and separation. Nat Commun，2014，5：4406.

[102]　Mo K，Yang Y，Cui Y. A homochiral metal-organic framework as an effective asymmetric catalyst for cyanohydrin synthesis. J Am Chem Soc，2014，136（5）：1746-1749.

[103]　Valente C，Choi E，Belowich M E，et al. Metal-organic frameworks with designed chiral recognition sites. Chem Commum，2010，46（27）：4911-4913.

[104]　Padmanaban M，Muller P，Lieder C，et al. Application of a chiral metal-organic framework in enantioselective separation. Chem Commum，2011，47（44）：12089-12091.

[105]　Bonnefoy J，Legrand A，Quadrelli E A，et al. Enantiopure peptide-functionalized metal-organic frameworks. J Am Chem Soc，2015，137（29）：9409-9416.

[106]　Wu P，He C，Wang J，et al. Photoactive chiral metal-organic frameworks for light-driven asymmetric α-alkylation of aldehydes. J Am Chem Soc，2012，134（36）：14991-14999.

[107]　Biradha K，Seward C，Zaworotko M J. Helical coordination polymers with large chiral cavities. Angew Chem Int Ed，1999，38（4）：492-495.

[108]　Xue M，Zhu G S，Fang Q，et al. Solvothermal synthesis，structure and magnetism of two novel 3D metal-organic frameworks based on infinite helical Mn-O-C rod-shaped building units. J Mol Struct，2006，796（1-3）：165-171.

[109]　Monge A，Snejko N，Gutierrez-Puebla E，et al. One teflon-like channelled nanoporous polymer with a chiral and new uninodal 4-connected net：sorption and catalytic properties. Chem Commum，2005，（10）：1291-1293.

[110]　Sun F X，Zhu G. Solvent-directed synthesis of chiral and non-centrosymmetric metal-organic frameworks based on pyridine-3，5-dicarboxylate. Inorg Chem Commun，2013，38：115-118.

[111]　Bradshaw D，Claridge J B，Cussen E J，et al. Design，chirality，and flexibility in nanoporous molecule-based materials. Acc Chem Res，2005，38（4）：273-282.

[112]　Eubank J F，Walsh R D，Eddaoudi M. Terminal co-ligand directed synthesis of a neutral，non-interpenetrated（10，3）-a metal-organic

framework. Chem Commum, 2005, (16): 2095-2097.

[113] Fang Q R, Zhu G S, Xue M, et al. Structure, luminescence, and adsorption properties of two chiral microporous metal-organic frameworks. Inorg Chem, 2006, 45 (9): 3582-3587.

[114] Hou L, Zhang J P, Chen X M, et al. Two highly-connected, chiral, porous coordination polymers featuring novel heptanuclear metal carboxylate clusters. Chem Commum, 2008 (34): 4019-4021.

[115] Lin Z, Slawin A M, Morris R E. Chiral induction in the ionothermal synthesis of a 3-D coordination polymer. J Am Chem Soc, 2007, 129 (16): 4880-4881.

[116] Zhang J, Chen S M, Wu T, et al. Homochiral crystallization of microporous framework materials from achiral precursors by chiral catalysis. J Am Chem Soc, 2008, 130 (39): 12882-12883.

[117] Zhang S Y, Li D, Guo D, et al. Synthesis of a chiral crystal form of MOF-5, CMOF-5, by chiral induction. J Am Chem Soc, 2015, 137 (49): 15406-15409.

[118] Hu F L, Wang H F, Guo D, et al. Controlled formation of chiral networks and their reversible chiroptical switching behaviour by UV/microwave irradiation. Chem Commum, 2016, 52 (51): 7990-7993.

[119] Tan Y X, Wang F, Zhang J. Design and synthesis of multifunctional metal-organic zeolites. Chem Soc Rev, 2018, 47 (6): 2130-2144.

[120] Fang Q R, Zhu G S, Xue M, et al. A metal-organic framework with the zeolite MTN topology containing large cages of volume 2.5 nm^3. Angew Chem Int Ed, 2005, 44 (25): 3845-3848.

[121] Maji T K, Mostafa G, Chang H C, et al. Porous lanthanide-organic framework with zeolite-like topology. Chem Commum, 2005, (19): 2436-2438.

[122] Liu Y L, Kravtsov V, Eddaoudi M. Template-directed assembly of zeolite-like metal-organic frameworks (ZMOFs): a usf-ZMOF with an unprecedented zeolite topology. Angew Chem Int Ed, 2008, 47 (44): 8446-8449.

[123] Liu Y, Kravtsov V, Walsh R D, et al. Directed assembly of metal-organic cubes from deliberately predesigned molecular building blocks. Chem Commum, 2004, (24): 2806-2807.

[124] Sava D F, Kravtsov V, Eckert J, et al. Exceptional stability and high hydrogen uptake in hydrogen-bonded metal-organic cubes possessing ACO and AST zeolite-like topologies. J Am Chem Soc, 2009, 131 (30): 10394-10396.

[125] Alkordi M H, Brant J A, Wojtas L, et al. Zeolite-like metal-organic frameworks (ZMOFs) based on the directed assembly of finite metal-organic cubes (MOCs). J Am Chem Soc, 2009, 131 (49): 17753-17755.

[126] Wang S, Zhao T T, Li G H, et al. From metal-organic squares to porous zeolite-like supramolecular assemblies. J Am Chem Soc, 2010, 132 (51): 18038-18041.

[127] Sava D F, Kravtsov V, Nouar F, et al. Quest for zeolite-like metal-organic frameworks: on pyrimidinecarboxylate bis-chelating bridging ligands. J Am Chem Soc, 2008, 130 (12): 3768-3770.

[128] Zhang J Y, Cheng A L, Yue Q, et al. Eight coordination with bis (bidentate) bridging ligands: zeolitic topology versus square grid networks. Chem Commum, 2008, (7): 847-849.

[129] Eddaoudi M, Sava D F, Eubank J F, et al. Zeolite-like metal-organic frameworks (ZMOFs): design, synthesis, and properties. Chem Soc Rev, 2015, 44 (1): 228-249.

[130] Fang Q R, Zhu G S, Xue M, et al. Porous coordination polymers with zeolite topologies constructed from 4-connected building units. Dalton Trans, 2006, (20): 2399-2402.

[131] Guo X D, Zhu G S, Li Z Y, et al. Rare earth coordination polymers with zeolite topology constructed from 4-connected building units. Inorg Chem, 2006, 45 (10): 4065-4070.

[132] Li Z Y, Zhu G S, Guo X D, et al. Synthesis, structure, and luminescent and magnetic properties of novel lanthanide metal-organic frameworks with zeolite-like topology. Inorg Chem, 2007, 46 (13): 5174-5178.

[133] Zheng S T, Zuo F, Wu T, et al. Cooperative assembly of three-ring-based zeolite-type metal-organic frameworks and Johnson-type dodecahedra. Angew Chem Int Ed, 2011, 50 (8): 1849-1852.

[134] Zheng S T, Mao C Y, Wu T, et al. Generalized synthesis of zeolite-type metal-organic frameworks encapsulating immobilized transition-metal clusters. J Am Chem Soc, 2012, 134 (29): 11936-11939.

[135] Bu F, Lin Q, Zhai Q, et al. Two zeolite-type frameworks in one metal-organic framework with Zn24@Zn104 cube-in-sodalite architecture. Angew Chem Int Ed, 2012, 51 (34): 8538-8541.

[136] Sun L B, Xing H Z, Liang Z Q, et al. A 4 + 4 strategy for synthesis of zeolitic metal-organic frameworks: an indium-MOF with SOD topology as a light-harvesting antenna. Chem Commum, 2013, 49 (95): 11155-11157.

[137] Sahoo S C, Kundu T, Banerjee R. Helical water chain mediated proton conductivity in homochiral metal-organic frameworks with

unprecedented zeolitic unh-topology. J Am Chem Soc，2011，133（44）：17950-17958.

[138] Kundu T，Sahoo S C，Saha S，et al. Salt metathesis in three dimensional metal-organic frameworks（MOFs）with unprecedented hydrolytic regenerability. Chem Commun，2013，49（46）：5262-5264.

[139] Yang E，Wang L，Wang F，et al. Zeolitic metal-organic frameworks based on amino acid. Inorg Chem，2014，53（19）：10027-10029.

[140] Xu Z X，Liu L Y，Zhang J. Synthesis of metal-organic zeolites with homochirality and high porosity for enantioselective separation. Inorg Chem，2016，55（13）：6355-6357.

[141] Tan Y X，Si Y A，Wang W J，et al. Tetrahedral crosslinking of dia-type nets into zeolitic GIS-type framework for optimizing stability and gas sorption. J Mater Chem A，2017，5（44）：23276-23282.

[142] Fang Q R，Makal T A，Young M D，et al. Recent advances in the study of mesoporous metal-organic frameworks. Comments Inorg Chem，2010，31（5-6）：165-195.

[143] Xuan W M，Zhu C F，Liu Y，et al. Mesoporous metal-organic framework materials. Chem Soc Rev，2012，41（5）：1677-1695.

[144] Song L F，Zhang J，Sun L，et al. Mesoporous metal organic frameworks：design and applications. Energ Environ Sci，2012，5（6）：7508-7520.

[145] Senkovska I，Kaskel S. Ultrahigh porosity in mesoporous MOFs：promises and limitations. Chem Commun，2014，50（54）：7089-7098.

[146] Qiu L G，Xu T，Li Z Q，et al. Hierarchically micro-and mesoporous metal-organic frameworks with tunable porosity. Angew Chem Int Ed，2008，47（49）：9487-9491.

[147] Sun L B，Li J R，Park J，et al. Cooperative template-directed assembly of mesoporous metal-organic frameworks. J Am Chem Soc，2012，134（1）：126-129.

[148] Pham M H，Vuong G T，Fontaine F G，et al. A route to bimodal micro-mesoporous metal-organic frameworks nanocrystals. Cryst Growth Des，2012，12（2）：1008-1013.

[149] Kim Y，Yang T，Yun G，et al. Hydrolytic transformation of microporous metal-organic frameworks to hierarchical micro-and mesoporous MOFs. Angew Chem Int Ed，2015，54（45）：13273-13278.

[150] Song F，Wang C，Falkowski J M，et al. Isoreticular chiral metal-organic frameworks for asymmetric alkene epoxidation：tuning catalytic activity by controlling framework catenation and varying open channel sizes. J Am Chem Soc，2010，132（43）：15390-15398.

[151] Chae H K，Siberio Perez D Y，Kim J，et al. A route to high surface area，porosity and inclusion of large molecules in crystals. Nature，2004，427（6974）：523-527.

[152] Furukawa H，Ko N，Go Y B，et al. Ultrahigh porosity in metal-organic frameworks. Science，2010，329（5990）：424-428.

[153] Fang Q R，Yuan D Q，Sculley J，et al. Functional mesoporous metal-organic frameworks for the capture of heavy metal ions and size-selective catalysis. Inorg Chem，2010，49（24）：11637-11642.

[154] Chen B L，Eddaoudi M，Hyde S T，et al. Interwoven metal-organic framework on a periodic minimal surface with extra-large pores. Science，2001，291（5506）：1021-1023.

[155] Klein N，Senkovska I，Baburin I A，et al. Route to a family of robust，non-interpenetrated metal-organic frameworks with pto-like topology. Chem Eur J，2011，17（46）：13007-13016.

[156] Ma S Q，Sun D F，Ambrogio M，et al. Framework-catenation isomerism in metal-organic frameworks and its impact on hydrogen uptake. J Am Chem Soc，2007，129（7）：1858-1859.

[157] Wang X S，Ma S，Sun D F. A mesoporous metal-organic framework with permanent porosity. J Am Chem Soc，2006，128（51）：16474-16475.

[158] He Y，Guo Z，Xiang S，et al. Metastable interwoven mesoporous metal-organic frameworks. Inorg Chem，2013，52（19）：11580-11584.

[159] Chen B L，Ockwig N W，Millward A R，et al. High H_2 adsorption in a microporous metal-organic framework with open metal sites. Angew Chem Int Ed，2005，44（30）：4745-4749.

[160] Lin X，Jia J，Zhao X，et al. High H_2 adsorption by coordination-framework materials. Angew Chem Int Ed，2006，45（44）：7358-7364.

[161] Lin X，Telepeni I，Blake A J，et al. High capacity hydrogen adsorption in Cu（Ⅱ）tetracarboxylate framework materials：the role of pore size，ligand functionalization，and exposed metal sites. J Am Chem Soc，2009，131（6）：2159-2171.

[162] Yang S，Lin X，Dailly A，et al. Enhancement of H_2 adsorption in coordination framework materials by use of ligand curvature. Chem Eur J，2009，15（19）：4829-4835.

[163] Ma L Q，Falkowski J M，Abney C，et al. A series of isoreticular chiral metal-organic frameworks as a tunable platform for asymmetric catalysis. Nat Chem，2010，2（10）：838-846.

[164] Lo S H，Chien C H，Lai Y L，et al. A mesoporous aluminium metal-organic framework with 3 nm open pores. J Mater Chem A，2013，1（2）：324-329.

[165] Fang Q R，Zhu G S，Jin Z，et al. Mesoporous metal-organic framework with rare etb topology for hydrogen storage and dye assembly. Angew Chem Int Ed，2007，46（35）：6638-6642.

[166] Sonnauer A，Hoffmann F，Froba M，et al. Giant pores in a chromium 2, 6-naphthalenedicarboxylate open-framework structure with MIL-101 topology. Angew Chem Int Ed，2009，48（21）：3791-3794.

[167] Feng D W，Liu T F，Su J，et al. Stable metal-organic frameworks containing single-molecule traps for enzyme encapsulation. Nat Commun，2015，6：5979.

[168] Feng D，Wang K，Su J，et al. A highly stable zeotype mesoporous zirconium metal-organic framework with ultralarge pores. Angew Chem Int Ed，2015，54（1）：149-154.

[169] Perry Iv J J，Perman J A，Zaworotko M J. Design and synthesis of metal-organic frameworks using metal-organic polyhedra as supermolecular building blocks. Chem Soc Rev，2009，38（5）：1400-1417.

[170] Cairns A J，Perman J A，Wojtas L，et al. Supermolecular building blocks（SBBs）and crystal design：12-connected open frameworks based on a molecular cubohemioctahedron. J Am Chem Soc，2008，130（5）：1560-1561.

[171] Nouar F，Eubank J F，Bousquet T，et al. Supermolecular building blocks（SBBs）for the design and synthesis of highly porous metal-organic frameworks. J Am Chem Soc，2008，130（6）：1833-1835.

[172] Park Y K，Choi S B，Kim H，et al. Crystal structure and guest uptake of a mesoporous metal-organic framework containing cages of 3.9 and 4.7 nm in diameter. Angew Chem Int Ed，2007，46（43）：8230-8233.

[173] Eddaoudi M，Kim J，Wachter J B，et al. Porous metal-organic polyhedra：25 A cuboctahedron constructed from 12 $Cu_2(CO_2)_4$ paddle-wheel building blocks. J Am Chem Soc，2001，123（18）：4368-4369.

[174] Yan Y，Lin X，Yang S，et al. Exceptionally high H_2 storage by a metal-organic polyhedral framework. Chem Commun，2009，（9）：1025-1027.

[175] Yan Y，Telepeni I，Yang S，et al. Metal-organic polyhedral frameworks：high H_2 adsorption capacities and neutron powder diffraction studies. J Am Chem Soc，2010，132（12）：4092-4094.

[176] Yuan D Q，Zhao D，Sun D F，et al. An isoreticular series of metal-organic frameworks with dendritic hexacarboxylate ligands and exceptionally high gas-uptake capacity. Angew Chem Int Ed，2010，49（31）：5357-5361.

[177] Farha O K，Yazaydin A O，Eryazici I，et al. De novo synthesis of a metal-organic framework material featuring ultrahigh surface area and gas storage capacities. Nat Chem，2010，2（11）：944-948.

[178] Yan Y，Yang S，Blake A J，et al. A mesoporous metal-organic framework constructed from a nanosized C_3-symmetric linker and [Cu_{24}(isophthalate)$_{24}$] cuboctahedra. Chem Commun，2011，47（36）：9995-9997.

[179] Yuan D Q，Zhao D，Zhou H C. Pressure-responsive curvature change of a "rigid" geodesic ligand in a（3,24）-connected mesoporous metal-organic framework. Inorg Chem，2011，50（21）：10528-10530.

[180] Farha O K，Eryazici I，Jeong N C，et al. Metal-organic framework materials with ultrahigh surface areas：is the sky the limit？ J Am Chem Soc，2012，134（36）：15016-15021.

[181] Peng Y，Srinivas G，Wilmer C E，et al. Simultaneously high gravimetric and volumetric methane uptake characteristics of the metal-organic framework NU-111. Chem Commun，2013，49（29）：2992-2994.

[182] Wilmer C E，Farha O K，Yildirim T，et al. Gram-scale，high-yield synthesis of a robust metal-organic framework for storing methane and other gases. Energ Environ Sci，2013，6（4）：1158-1163.

[183] Guillerm V，WeselińskiŁukasz J，Belmabkhout Y，et al. Discovery and introduction of a（3,18）-connected net as an ideal blueprint for the design of metal-organic frameworks. Nat Chem，2014，6（8）：673-680.

[184] Stoeck U，Krause S，Bon V，et al. A highly porous metal-organic framework，constructed from a cuboctahedral super-molecular building block，with exceptionally high methane uptake. Chem Commun，2012，48（88）：10841-10843.

[185] Guillerm V，Kim D，Eubank J F，et al. A supermolecular building approach for the design and construction of metal-organic frameworks. Chem Soc Rev，2014，43（16）：6141-6172.

[186] Yuan D Q，Getman R B，Wei Z W，et al. Stepwise adsorption in a mesoporous metal-organic framework：experimental and computational analysis. Chem Commun，2012，48（27）：3297-3299.

[187] He Y，Furukawa H，Wu C，et al. A mesoporous lanthanide-organic framework constructed from a dendritic hexacarboxylate with cages of 2.4 nm. Cryst Eng Comm，2013，15（45）：9328-9331.

[188] Reinares-Fisac D，Aguirre-Diaz L M，Iglesias M，et al. A mesoporous indium metal-organic framework：remarkable advances in catalytic activity for strecker reaction of ketones. J Am Chem Soc，2016，138（29）：9089-9092.

[189] Wang K，Feng D，Liu T F，et al. A series of highly stable mesoporous metalloporphyrin Fe-MOFs. J Am Chem Soc，2014，136（40）：13983-13986.

[190] Mondloch J E，Bury W，Fairen-Jimenez D，et al. Vapor-phase metalation by atomic layer deposition in a metal-organic framework. J Am Chem Soc，2013，135（28）：10294-10297.

[191] Wang T C, Bury W, Gomez-Gualdron D A, et al. Ultrahigh surface area zirconium MOFs and insights into the applicability of the BET theory. J Am Chem Soc, 2015, 137 (10): 3585-3591.

[192] Liu T F, Feng D, Chen Y P, et al. Topology-guided design and syntheses of highly stable mesoporous porphyrinic zirconium metal-organic frameworks with high surface Area. J Am Chem Soc, 2015, 137 (1): 413-419.

[193] Tu B B, Pang Q, Ning E L, et al. Heterogeneity within a mesoporous metal-organic framework with three distinct metal-containing building units. J Am Chem Soc, 2015, 137 (42): 13456-13459.

[194] Koh K, Wong-Foy A G, Matzger A J. A crystalline mesoporous coordination copolymer with high microporosity. Angew Chem Int Ed, 2008, 47 (4): 677-680.

[195] Koh K, Wong-Foy A G, Matzger A J. A porous coordination copolymer with over 5000m^2/g bet surface area. J Am Chem Soc, 2009, 131 (12): 4184-4185.

[196] Klein N, Senkovska I, Gedrich K, et al. A mesoporous metal-organic framework. Angew Chem Int Ed, 2009, 48 (52): 9954-9957.

[197] Chevreau H, Devic T, Salles F, et al. Mixed-linker hybrid superpolyhedra for the production of a series of large-pore iron (III) carboxylate metal-organic frameworks. Angew Chem Int Ed, 2013, 52 (19): 5056-5060.

[198] An J, Geib S J, Rosi N L. Cation-triggered drug release from a porous zinc-adeninate metal-organic framework. J Am Chem Soc, 2009, 131 (24): 8376-8377.

[199] An J, Farha O K, Hupp J T, et al. Metal-adeninate vertices for the construction of an exceptionally porous metal-organic framework. Nat Commun, 2012, 3: 604-609.

[200] Li T, Kozlowski M T, Doud E A, et al. Stepwise ligand exchange for the preparation of a family of mesoporous MOFs. J Am Chem Soc, 2013, 135 (32): 11688-11691.

[201] Li P, Vermeulen N A, Gong X R, et al. Design and synthesis of a water-stable anionic uranium-based metal-organic framework (MOF) with ultra large pores. Angew Chem Int Ed, 2016, 55 (35): 10358-10362.

[202] Li P, Vermeulen N A, Malliakas C D, et al. Bottom-up construction of a superstructure in a porous uranium-organic crystal. Science, 2017, 356 (6338): 624-627.

[203] Kaduk J A. Terephthalate salts: salts of monopositive cations. Acta Crystallogr B, 2000, 56 (3): 474-485.

[204] Banerjee D, Kim S J, Parise J B. Lithium based metal-organic framework with exceptional stability. Cryst Growth Des, 2009, 9 (5): 2500-2503.

[205] Banerjee D, Borkowski L A, Kim S J, et al. Synthesis and structural characterization of lithium-based metal-organic frameworks. Cryst Growth Des, 2009, 9 (11): 4922-4926.

[206] Abrahams B F, Grannas M J, Hudson T A, et al. A simple lithium (I) salt with a microporous structure and its gas sorption properties. Angew Chem Int Ed, 2010, 49 (6): 1087-1089.

[207] El Osta R, Frigoli M, Marrot J, et al. A lithium-organic framework with coordinatively unsaturated metal sites that reversibly binds water. Chem Commum, 2012, 48 (86): 10639-10641.

[208] Clough A, Zheng S T, Zhao X, et al. New lithium ion clusters for construction of porous MOFs. Cryst Growth Des, 2014, 14 (3): 897-900.

[209] Porter W W, Wong-Foy A, Dailly A, et al. Beryllium benzene dicarboxylate: the first beryllium microporous coordination polymer. J Mater Chem, 2009, 19 (36): 6489-6491.

[210] Sumida K, Hill M R, Horike S, et al. Synthesis and hydrogen storage properties of Be$_{12}$(OH)$_{12}$(1, 3, 5-benzenetribenzoate)$_4$. J Am Chem Soc, 2009, 131, (42): 15120-15121.

[211] Dale S H, Elsegood M R J. Poly[sodium(I)-μ$_6$-hydrogen benzene-1, 4-dicarboxylato]. Acta Crystallogr C, 2003, 59 (11): m475-m477.

[212] Huang W, Xie X, Cui K, et al. Sodium ions directed self-assembly with 3, 5-pyridinedicarboxylate (3, 5-pdc) and 4-pyridinecarboxylate (4-pc). Inorg Chim Acta, 2005, 358 (4): 875-884.

[213] Dinca M, Long J R. Strong H$_2$ binding and selective gas adsorption within the microporous coordination solid Mg$_3$(O$_2$CC$_{10}$H$_6$CO$_2$)$_3$. J Am Chem Soc, 2005, 127 (26): 9376-9377.

[214] Senkovska I, Fritsch J, Kaskel S. New polymorphs of magnesium-based metal-organic frameworks Mg$_3$(ndc)$_3$ (ndc = 2, 6-naphthalenedicarboxylate). Eur J Inorg Chem, 2007, (35): 5475-5479.

[215] Kaduk J. Terephthalate salts of dipositive cations. Acta Crystallogr B, 2002, 58 (5): 815-822.

[216] Williams C A, Blake A J, Wilson C, et al. Novel metal-organic frameworks derived from group II metal cations and aryldicarboxylate anionic ligands. Cryst Growth Des, 2008, 8 (3): 911-922.

[217] Ma S, Fillinger J A, Ambrogio M W, et al. Synthesis and characterizations of a magnesium metal-organic framework with a distorted (10, 3)-a-net topology. Inorg Chem Commun, 2007, 10 (2): 220-222.

[218] Mazaj M, Birsa Čelič T, Mali G, et al. Control of the crystallization process and structure dimensionality of Mg-benzene-1, 3, 5-tricarboxylates by tuning solvent composition. Cryst Growth Des, 2013, 13 (8): 3825-3834.

[219] Davies R P, Less R J, Lickiss P D. Framework materials assembled from magnesium carboxylate building units. Dalton Trans, 2007, (24): 2528-2535.

[220] Volkringer C, Loiseau T, Marrot J, et al. A MOF-type magnesium benzene-1, 3, 5-tribenzoate with two-fold interpenetrated ReO₃ nets. Cryst Eng Comm, 2009, 11 (1): 58-60.

[221] Huang Y L, Gong Y N, Jiang L, et al. A unique magnesium-based 3D MOF with nanoscale cages and temperature dependent selective gas sorption properties. Chem Commun, 2013, 49 (17): 1753-1755.

[222] Hou Y X, Sun J S, Zhang D P, et al. Porphyrin-alkaline earth MOFs with the highest adsorption capacity for methylene blue. Chem Eur J 2016, 22 (18): 6345-6352.

[223] Dietzel P D C, Blom R, Fjellvåg H. Base-induced formation of two magnesium metal-organic framework compounds with a bifunctional tetratopic ligand. Eur J Inorg Chem, 2008, 2008 (23): 3624-3632.

[224] Dietzel P D, Morita Y, Blom R, et al. An *in situ* high-temperature single-crystal investigation of a dehydrated metal-organic framework compound and field-induced magnetization of one-dimensional metal-oxygen chains. Angew Chem Int Ed, 2005, 44 (39): 6354-6358.

[225] Dietzel P D, Panella B, Hirscher M, et al. Hydrogen adsorption in a nickel based coordination polymer with open metal sites in the cylindrical cavities of the desolvated framework. Chem Commun, 2006, (9): 959-961.

[226] Loiseau T, Serre C, Huguenard C, et al. A rationale for the large breathing of the porous aluminum terephthalate (MIL-53) upon hydration. Chem Eur J, 2004, 10 (6): 1373-1382.

[227] Senkovska I, Hoffmann F, Fröba M, et al. New highly porous aluminium based metal-organic frameworks: Al(OH)(ndc)(ndc = 2, 6-naphthalene dicarboxylate) and Al (OH) (bpdc)(bpdc = 4, 4'-biphenyl dicarboxylate). Micropor Mesopor Mat, 2009, 122 (1-3): 93-98.

[228] Yang Q Y, Vaesen S, Vishnuvarthan M, et al. Probing the adsorption performance of the hybrid porous MIL-68 (Al): a synergic combination of experimental and modelling tools. J Mater Chem, 2012, 22 (20): 10210-10220.

[229] Volkringer C, Popov D, Loiseau T, et al. Synthesis, single-crystal X-ray microdiffraction, and nmr characterizations of the giant pore metal-organic framework aluminum trimesate MIL-100. Chem Mater, 2009, 21 (24): 5695-5697.

[230] Serra-Crespo P, Ramos-Fernandez E V, Gascon J, et al. Synthesis and characterization of an amino functionalized MIL-101 (Al): separation and catalytic properties. Chem Mater, 2011, 23 (10): 2565-2572.

[231] Loiseau T, Lecroq L, Volkringer C, et al. MIL-96, a porous aluminum trimesate 3D structure constructed from a hexagonal network of 18-membered rings and μ₃-oxo-centered trinuclear units. J Am Chem Soc, 2006, 128 (31): 10223-10230.

[232] Volkringer C, Popov D, Loiseau T, et al. A microdiffraction set-up for nanoporous metal-organic-framework-type solids. Nat Mater, 2007, 6 (10): 760-764.

[233] Ahnfeldt T, Guillou N, Gunzelmann D, et al. [Al₄(OH)₂(OCH₃)₄(H₂N-BDC)₃]·(H₂O): a 12-connected porous metal-organic framework with an unprecedented aluminum-containing brick. Angew Chem Int Ed, 2009, 48 (28): 5163-5166.

[234] Gándara F, Furukawa H, Lee S, et al. High methane storage capacity in aluminum metal-organic frameworks. J Am Chem Soc, 2014, 136 (14): 5271-5274.

[235] Volkringer C, Loiseau T, Haouas M, et al. Occurrence of uncommon infinite chains consisting of edge-sharing octahedra in a porous metal organic framework-type aluminum pyromellitate Al₄(OH)₈[C₁₀O₈H₂] (MIL-120): synthesis, structure, and gas sorption properties. Chem Mater, 2009, 21 (24): 5783-5791.

[236] Volkringer C, Loiseau T, Guillou N, et al. High-throughput aided synthesis of the porous metal-organic framework-type aluminum pyromellitate, MIL-121, with extra carboxylic acid functionalization. Inorg Chem, 2010, 49 (21): 9852-9862.

[237] Reinsch H, van der Veen M A, Gil B, et al. Structures, sorption characteristics, and nonlinear optical properties of a new series of highly stable aluminum MOFs. Chem Mater, 2013, 25 (1): 17-26.

[238] Chae H K, Eddaoudi M, Kim J, et al. Tertiary building units: synthesis, structure, and porosity of a metal-organic dendrimer framework (MODF-1). J Am Chem Soc, 2001, 123 (46): 11482-11483.

[239] Jia J T, Sun F X, Fang Q R, et al. A novel low density metal-organic framework with pcu topology by dendritic ligand. Chem Commum, 2011, 47 (32): 9167-9169.

[240] Davies R P, Lickiss P D, Robertson K, et al. An organosilicon hexacarboxylic acid and its use in the construction of a novel metal organic framework isoreticular to MOF-5. Cryst Eng Comm, 2012, 14 (3): 758-760.

[241] Jia J T, Sun F X, Ma H P, et al. Trigonal prism or octahedron: the conformation changing of a dendritic six-node ligand in MOFs. J Mater Chem A, 2013, 1 (35): 10112-10115.

[242] Jia J T，Wang L，Sun F X，et al. The adsorption and simulated separation of light hydrocarbons in isoreticular metal-organic frameworks based on dendritic ligands with different aliphatic side chains. Chem Eur J，2014，20（29）：9073-9080.

[243] Jia J T，Sun F X，Borjigin T，et al. Highly porous and robust ionic MOFs with nia topology constructed by connecting an octahedral ligand and a trigonal prismatic metal cluster. Chem Commun，2012，48（48）：6010-6012.

[244] He Y B，Furukawa H，Wu C D，et al. Low-energy regeneration and high productivity in a lanthanide-hexacarboxylate framework for high-pressure CO_2-CH_4-H_2 separation. Chem Commun，2013，49（60）：6773-6775.

[245] Wang X S，Chrzanowski M，Kim C，et al. Quest for highly porous metal-metalloporphyrin framework based upon a custom-designed octatopic porphyrin ligand. Chem Commun，2012，48（57）：7173-7175.

[246] Wang X S，Chrzanowski M，Gao W Y，et al. Vertex-directed self-assembly of a high symmetry supermolecular building block using a custom-designed porphyrin. Chem Sci，2012，3（9）：2823-2827.

[247] Yang X L，Xie M H，Zou C，et al. Porous metalloporphyrinic frameworks constructed from metal 5, 10, 15, 20-tetrakis（3, 5-biscarboxylphenyl）porphyrin for highly efficient and selective catalytic oxidation of alkylbenzenes. J Am Chem Soc，2012，134（25）：10638-10645.

[248] Wei Z，Lu W，Jiang H L，et al. A route to metal-organic frameworks through framework templating. Inorg Chem，2013，52（3）：1164-1166.

[249] Zhao N，Sun F X，He H M，et al. Solvent-induced single crystal to single crystal transformation and complete metal exchange of a pyrene-based metal-organic framework. Cryst Growth Des，2014，14（4）：1738-1743.

[250] Zhao N，Sun F X，Zhang S X，et al. Deprotonation-triggered stokes shift fluorescence of an unexpected basic-stable metal-organic framework. Inorg Chem，2015，54（1）：65-68.

[251] Spanopoulos I，Tsangarakis C，Klontzas E，et al. Reticular synthesis of HKUST-like tbo-MOFs with enhanced CH_4 storage. J Am Chem Soc，2016，138（5）：1568-1574.

[252] Lu W G，Yuan D Q，Makal T A，et al. A highly porous and robust（3, 3, 4）-connected metal-organic framework assembled with a 90 degrees bridging-angle embedded octacarboxylate ligand. Angew Chem Int Ed，2012，51（7）：1580-1584.

[253] Tan C R，Yang S H，Champness N R，et al. High capacity gas storage by a 4, 8-connected metal-organic polyhedral framework. Chem Commun，2011，47（15）：4487-4489.

[254] Zhuang W，Yuan D，Liu D，et al. Robust metal-organic framework with an octatopic ligand for gas adsorption and separation：combined characterization by experiments and molecular simulation. Chem Mater，2012，24（1）：18-25.

[255] Xue Y S，Jin F Y，Zhou L，et al. Structural diversity and properties of coordination polymers built from a rigid octadentenate carboxylic acid. Cryst Growth Des，2012，12（12）：6158-6164.

[256] He H M，Sun F X，Jia J T，et al. Fluorescent dodecapus in 3D framework. Cryst Growth Des，2014，14（9）：4258-4261.

[257] He H M，Song Y，Zhang C Q，et al. A highly robust metal-organic framework based on an aromatic 12-carboxyl ligand with highly selective adsorption of CO_2 over CH_4. Chem Commun，2015，51（46）：9463-9466.

[258] Tan K，Nijem N，Gao Y，et al. Water interactions in metal organic frameworks. Cryst Eng Comm，2015，17（2）：247-260.

[259] Gelfand B S，Shimizu G K. Parameterizing and grading hydrolytic stability in metal-organic frameworks. Dalton Trans，2016，45（9）：3668-3678.

[260] Burtch N C，Jasuja H，Walton K S. Water stability and adsorption in metal-organic frameworks. Chem Rev，2014，114（20）：10575-10612.

[261] Li N，Xu J，Feng R，et al. Governing metal-organic frameworks towards high stability. Chem Commun，2016，52（55）：8501-8513.

[262] Colombo V，Galli S，Choi H J，et al. High thermal and chemical stability in pyrazolate-bridged metal-organic frameworks with exposed metal sites. Chem Sci，2011，2（7）：1311-1319.

[263] Huang X C，Lin Y Y，Zhang J P，et al. Ligand-directed strategy for zeolite-type metal-organic frameworks：zinc（Ⅱ）imidazolates with unusual zeolitic topologies. Angew Chem Int Ed，2006，45（10）：1557-1559.

[264] Zhang J P，Zhang Y B，Lin J B，et al. Metal azolate frameworks：from crystal engineering to functional materials. Chem Rev，2012，112（2）：1001-1033.

[265] Dan-Hardi M，Serre C，Frot T，et al. A new photoactive crystalline highly porous titanium（Ⅳ）dicarboxylate. J Am Chem Soc，2009，131（31）：10857-10859.

[266] Miller S R，Wright P A，Serre C，et al. A microporous scandium terephthalate，$Sc_2(O_2CC_6H_4CO_2)_3$，with high thermal stability. Chem Commun，2005，（30）：3850-3852.

[267] Devic T，Serre C，Audebrand N，et al. MIL-103, a 3-D lanthanide-based metal organic framework with large one-dimensional tunnels and a high surface area. J Am Chem Soc，2005，127（37）：12788-12789.

[268] Bon V，Senkovskyy V，Senkovska I，et al. Zr（Ⅳ）and Hf（Ⅳ）based metal-organic frameworks with reo-topology. Chem Commun，2012，48（67）：8407-8409.

[269] Feng D, Jiang H L, Chen Y P, et al. Metal-organic frameworks based on previously unknown Zr8/Hf8 cubic clusters. Inorg Chem, 2013, 52 (21): 12661-12667.

[270] Kim M, Cohen S M. Discovery, development, and functionalization of Zr (iv) -based metal-organic frameworks. Cryst Eng Comm,, 2012, 14 (12): 4096-4104.

[271] Bai Y, Dou Y B, Xie L H, et al. Zr-based metal-organic frameworks: design, synthesis, structure, and applications. Chem Soc Rev, 2016, 45 (8): 2327-2367.

[272] Guo P, Dutta D, Wong-Foy A G, et al. Water sensitivity in Zn4O-based MOFs is structure and history dependent. J Am Chem Soc, 2015, 137 (7): 2651-2657.

[273] Li H, Shi W, Zhao K, et al. Enhanced hydrostability in ni-doped MOF-5. Inorg Chem, 2012, 51 (17): 9200-9207.

[274] Brozek C K, Dincǎ M. Ti^{3+}-, V$^{2+/3+}$-, Cr$^{2+/3+}$-, Mn^{2+}-, and Fe^{2+}-substituted MOF-5 and redox reactivity in Cr-and Fe-MOF-5. J Am Chem Soc, 2013, 135 (34): 12886-12891.

[275] Hong K, Bak W, Moon D, et al. Bistable and porous metal-organic frameworks with charge-neutralacsnet based on heterometallic $M_3O(CO_2)_6$ building blocks. Cryst Growth Des, 2013, 13 (9): 4066-4070.

[276] Han D, Jiang F L, Wu M Y, et al. A non-interpenetrated porous metal-organic framework with high gas-uptake capacity. Chem Commum, 2011, 47 (35): 9861-9863.

[277] Hou C, Liu Q, Fan J, et al. Novel (3, 4, 6) -connected metal-organic framework with high stability and gas-uptake capability. Inorg Chem, 2012, 51 (15): 8402-8408.

[278] Tan Y X, He Y P, Zhang J. Tuning MOF stability and porosity via adding rigid pillars. Inorg Chem, 2012, 51 (18): 9649-9654.

[279] Im J H, Ko N, Yang S J, et al. Enhanced water stability and CO_2 gas sorption properties of a methyl functionalized titanium metal-organic framework. New J Chem, 2014, 38 (7): 2752-2755.

[280] Liu L J, Telfer S G. Systematic ligand modulation enhances the moisture stability and gas sorption characteristics of quaternary metal-organic frameworks. J Am Chem Soc, 2015, 137 (11): 3901-3909.

[281] Makal T A, Wang X, Zhou H C. Tuning the moisture and thermal stability of metal-organic frameworks through incorporation of pendant hydrophobic groups. Cryst Growth Des, 2013, 13 (11): 4760-4768.

[282] Pan L, Olson D H, Ciemnolonski L R, et al. Separation of hydrocarbons with a microporous metal-organic framework. Angew Chem Int Ed, 2006, 45 (4): 616-619.

[283] Gandara F, Gornez-Lor B, Gutierrez-Puebla E, et al. An indium layered MOF as recyclable lewis acid catalyst. Chem Mater, 2008, 20 (1): 72-76.

[284] Gandara F, de la Pena O'Shea V A, Illas F, et al. Three lanthanum MOF polymorphs: insights into kinetically and thermodynamically controlled phases. Inorg Chem, 2009, 48 (11): 4707-4713.

[285] Pachfule P, Das R, Poddar P, et al. Solvothermal synthesis structure, and properties of metal organic framework isomers derived from a partially fluorinated link. Cryst Growth Des, 2011, 11 (4): 1215-1222.

[286] Chen T H, Popov I, Zenasni O, et al. Superhydrophobic perfluorinated metal-organic frameworks. Chem Commum, 2013, 49 (61): 6846-6848.

[287] Chen T H, Popov I, Kaveevivitchai W, et al. Mesoporous fluorinated metal-organic frameworks with exceptional adsorption of fluorocarbons and CFCs. Angew Chem Int Ed, 2015, 54 (47): 13902-13906.

[288] Bae Y S, Farha O K, Spokoyny A M, et al. Carborane-based metal-organic frameworks as highly selective sorbents for CO_2 over methane. Chem Commum, 2008, (35): 4135-4137.

[289] Bae Y S, Spokoyny A M, Farha O K, et al. Separation of gas mixtures using Co (ii) carborane-based porous coordination polymers. Chem Commum, 2010, 46 (20): 3478-3480.

[290] Kennedy R D, Krungleviciute V, Clingerman D J, et al. Carborane-based metal-organic framework with high methane and hydrogen storage capacities. Chem Mater, 2013, 25 (17): 3539-3543.

[291] Kennedy R D, Clingerman D J, Morris W, et al. Metallacarborane-based metal-organic framework with a complex topology. Cryst Growth Des, 2014, 14 (3): 1324-1330.

[292] Clingerman D J, Morris W, Mondloch J E, et al. Stabilization of a highly porous metal-organic framework utilizing a carborane-based linker. Chem Commum, 2015, 51 (30): 6521-6523.

[293] He H, Sun Q, Gao W, et al. A stable metal-organic framework featuring local buffer environment for carbon dioxide fixation. Angew Chem Int Ed, 2018, 57 (17): 4657-4662.

[294] Yuan S, Feng L, Wang K, et al. Stable metal-organic frameworks: design, synthesis, and applications. Adv Mater, 2018, 30 (37): 1704303.

第25章
多酸为无机配体构筑的配位聚合物结构

25.1 引　言

多金属氧酸盐（polyoxometallates，POMs）简称多酸，是由前过渡金属离子（通常具有 d^0 电子构型）与氧原子连接而形成的一类金属-氧簇化合物。典型的前过渡金属离子有 V、Nb、Ta、Mo、W 等，离子通常是最高氧化态。多酸的阴离子结构主要是以{MO_6}八面体和{MO_4}四面体（M 为 V、Nb、Ta、Mo、W 等）这两种多面体为基本单元通过共角、共边、共面等方式相互连接而形成，最常见的主要有六种经典结构（图 25-1）。

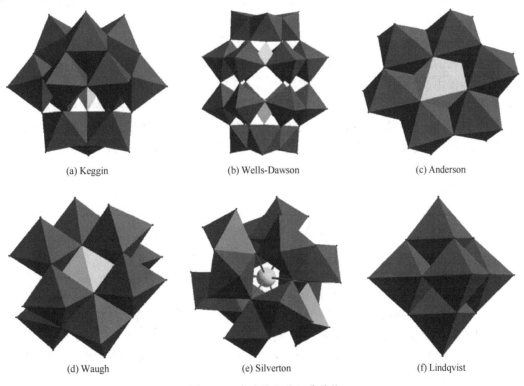

(a) Keggin　　　　　　　(b) Wells-Dawson　　　　　　(c) Anderson

(d) Waugh　　　　　　　(e) Silverton　　　　　　(f) Lindqvist

图 25-1　多酸的六种经典结构

多酸因具有多样的结构类型以及特有的理化性质，使得其在催化、电化学、光学及医药化学等应用领域备受关注。多酸表面具有丰富的氧原子，因此可以作为一类优秀的无机配体，在水热或溶剂热条件下与金属有机单元相结合，形成多酸基配位聚合物。这类配位聚合物在催化有机合成、光催化降解有毒物质、合成导电性功能材料等方面具有广泛的应用前景，因此，以多酸为无机配体的配位聚合物已经引起了多酸化学和配位化学领域研究人员的广泛关注，近年来合成出了大量多酸基配位聚合物。

以多酸为无机配体构筑配位聚合物的合成方法通常有两种，一种是常规合成方法，另一种是水热或者溶剂热合成方法，此外还有扩散法等。常规方法所获得的该类配合物结构通常维度较低，离散结构比较多；而通过水热或溶剂热方法所获得的结构通常维度较高。无论采取哪种合成方法，最终的结构都会受到一些因素的影响，简单总结如下：

（1）多酸阴离子对多酸基配合物的结构具有决定性的作用。多酸阴离子具有不同的体积、电荷以及配位特性，因此，选择不同的多酸阴离子作为无机结构单元，最终配合物的结构会完全不同。

（2）有机配体结构和特点（包括配体的配位能力、柔韧性、长度、角度等）对多酸基配合物的结构具有决定性的作用。对同一类配体而言，改变配体的长度可以产生不同结构的金属有机框架。一般来说刚性度较大且间隔子长度较大的配体有利于形成多孔的三维结构，而且多酸常常作为非配位模板（或抗衡阴离子）位于孔道内。中间间隔子为苯环（一个或两个）的半刚性双唑类配体有助于形成穿插或者假轮烷结构。柔性配体则有利于多酸配位，形成多酸作为无机配体的多样结构的配合物。第二辅助配体对最终配合物的结构也有着很大的影响，可以导致不同维度多孔金属有机框架结构化合物的形成。此外，有机配体上的立体位阻（取代基）是影响多酸基配合物结构的一个重要因素，其影响是通过改变围绕在多酸阴离子周围的金属有机单元数目而实现的，即影响多酸的连接数目。如果金属有机单元中有机配体的立体位阻比较大，金属有机单元的体积也会比较大，多酸阴离子就不得不减少和它结合的金属有机单元的数目，从而成为一个低连接体。当金属有机单元中有机配体的立体位阻较小时，多酸阴离子通常成为一个高连接体。

（3）中心金属的性质（半径及配位能力）对于多酸基配合物的结构也有重要的影响。对于一个特定的体系，当使用性质相近的中心金属来取代原来的中心金属时，除了稀土金属能够得到同构的化合物外，其他过渡金属或主族金属很少能得到同构的化合物，一般都会因为中心金属的不同形成不同的金属有机单元，并影响多酸的配位模式，最终对框架结构和多酸与金属有机单元间的相互作用都产生重要的影响。有时候也会因为中心金属的改变得不到任何晶体，只有少数时候能得到同构的化合物。

（4）反应体系的 pH 值对目标多酸基配合物的结构具有重要影响。当改变体系 pH 值时，多酸基无机阴离子会展现出不同的去质子化程度，从而体现不同的电荷和配位特性，最终影响配合物的结构。此外，对于一些含氮配体，pH 值主要通过影响配体的质子化程度来影响其配位能力，从而影响其最终的结构。通常 pH 值大时利于得到高维度配合物，因为高的 pH 值还有利于羟基和氧的桥连。

（5）反应体系中起始原料的选择对目标多酸基配合物的结构也有重要的影响。当反应体系中选择不同种类的金属盐（硫酸盐、硝酸盐、乙酸盐等）或者多酸原料［特定结构的多酸或合成特定多酸的原料（钼酸钠/钨酸钠＋硅酸钠/磷酸等）］时，最终可能会产生不同结构的多酸基配合物。

（6）反应条件对多酸基配位聚合物的结构也有重要影响。例如，反应的温度、时间、投料比例、溶剂体系等的不同都可能会导致最终配合物结构上的差异。

本章重点介绍以 Keggin 型、Wells-Dawson 型、Lindqvist 型、Anderson 型、多钼酸盐、多钨酸盐、多钒酸盐、P_2Mo_5 和 P_4Mo_6 型经典多酸为无机配体构筑的配位聚合物及其结构。所用到的有机配体主要包括三种类型：中性配体、阴离子配体和现场形成的有机配体。中性配体主要有含 N、O、S、P 中性给体，其中，N 中性配位给体与过渡金属离子的配位能力较强，利于和多酸以及过渡金属离子进行自组装，从而构筑理想的多酸配合物。多酸中含氮配体的引入，从最早的 2, 2′-/4, 4′-联吡啶、乙二胺、邻菲咯啉等简单且配位能力强的配体，发展到后期应用较多的各类吡啶衍生物、多唑（咪唑、三氮唑、四氮唑等）衍生物配体，实现了配位点的增多、配位构型的多样化，成功构筑了一系列结构多样、拓扑迷人的多酸基配位聚合物。

O、S、P 的配位能力相对于 N 来说比较弱，和金属配位的能力较差，但是该系列配体种类也非常多，可开发利用的空间很大。例如，三脚架形的含氧有机配体能和金属构筑大孔道金属有机框架结构，可以容纳具有催化活性位点的多酸分子，使得该类材料在催化方面具有很好的前景。含 S 有机配体和多酸结合后利于构筑在磁性、传感等领域性能优异的功能材料。因此，将大量的含有 O、S、P 配位给体的有机配体引入多酸体系中，是一个吸引人的新方向。由于篇幅限制，本部分只选取一些有代表性的含 N、O、S 的配体与多酸结合构筑的多酸基配位聚合物进行介绍。

25.2　以 Keggin 型多酸为无机配体构筑的配位聚合物

Keggin 型多酸（主要指 1:12A 系列）是多酸的六大基本结构之一，也是多酸结构中最典型的代表[1]。1:12A 系列 Keggin 型多酸的通式是 $Y_n[XM_{12}O_{40}]\cdot mH_2O$（X = P，Si，Ge，As，B，Al，Co，Zn；M = Mo，W，Nb），X 被称为杂原子（又称中心原子），M 被称为配原子（又称多原子），Y 被称为反荷离子或抗衡阳离子。Keggin 型多酸的一个重要特征是包含一级结构、二级结构和三级结构，其中一级结构是指多阴离子的结构。根据一级结构中三金属簇的选择方向及角度的不同，可以将 Keggin 型多酸分为 α 型、β 型、γ 型、δ 型和 ε 型五种异构体（图 25-2）[2]。这几种异构体中的所有杂原子都是四配位的四面体构型，所有配原子都是六配位的八面体构型，四十个氧原子可以分为四类，第一类用 O_a 表示，是与杂原子配位的四面体氧（X-O_a），共有四个；第二类用 O_b 表示，是不同三金属簇角顶共用氧，即桥氧（M-O_b），共有 12 个；第三类用 O_c 表示，是同一个三金属簇共用氧，即桥氧（M-O_c），也共有 12 个；第四类用 O_d 表示，是每个八面体上的非共用氧，即端氧（M = O_d），也共有 12 个（图 25-3）。其中桥氧和端氧原子在合适的条件下都能与过渡金属配位，从而使 Keggin 型多酸可以作为一种优秀的无机配体来构筑具有特定功能的配合物。最新文献调研结果表明，Keggin 型多酸基的功能配合物是目前多酸基配合物领域合成最多、研究最深入的一类配合物。Keggin 型多阴离子作为单齿、双齿乃至十二齿无机配体来构筑高连接、高维、高核、多孔、互穿、互锁等新奇结构的配合物已成为当前配位化学研究的一大热点。

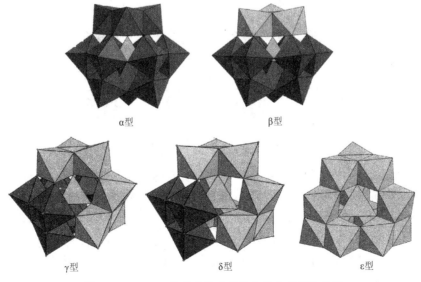

α型　　　β型

γ型　　　δ型　　　ε型

图 25-2　Keggin 型多酸的五种异构体的多面体结构

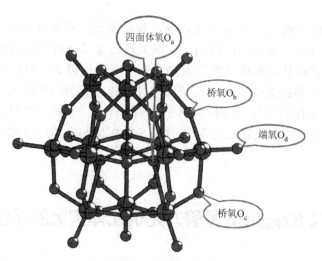

图 25-3　Keggin 型多酸阴离子的球棍图及四类氧原子的示意图

25.2.1　Keggin 型多酸与中性配体结合构筑的配位聚合物

2002 年，朱道本课题组合成了一个新奇的多酸基二维层状钴配合物[3][Co(en)$_2$][Co(bpy)$_2$]$_2$[PMo$_{15}^{V}$ Mo$_3^{V}$ V$_8^{IV}$ O$_{44}$]·4.5H$_2$O，所用配体为乙二胺（en）和 2, 2'-联吡啶（bpy）。该化合物的显著结构特点是，[PMo$_{15}^{V}$ Mo$_3^{V}$ V$_8^{IV}$ O$_{44}$]$^{6-}$混合钼-钒十六金属多氧阴离子簇彼此之间通过 Co(en)$_2$ 和 Co(bpy)$_2$ 两种碎片连接起来。[PMo$_{15}^{V}$ Mo$_3^{V}$ V$_8^{IV}$ O$_{44}$]$^{6-}$阴离子簇显示出新奇的四帽 Keggin 结构特征，它是以 α-Keggin 结构为基础，外加四个五配位的 VO^{2+}单元，形成十六金属的主体外壳。一个无序的 PO$_4^{3-}$ 阴离子作为客体位于主体外壳内，如图 25-4 所示。据作者介绍，这是当时首例多酸阴离子被两种类型的配合物碎片连接所构筑的二维网络结构。

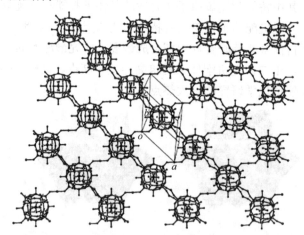

图 25-4　化合物的 2D 网络结构

双三唑衍生物配体是中性含氮配体中与多酸结合研究得最为充分的一类。2006 年，王恩波课题组在 *Angew. Chem. Int. Ed.*上报道了一个 Keggin 型多酸阴离子簇与亚铜碘簇通过柔性的双三氮唑配体连接而组装成的一个新奇的（4, 12）-连接的 3D 框架[4]：(NH$_4$)[Cu$_{24}$I$_{10}$L$_{12}$][PMo$_2^{V}$Mo$_{10}^{VI}$O$_{40}$]$_3$（L=4-[3-(1H-1,2,4-三唑-1-基)丙烷基]-4H-1, 2, 4-三唑）。该 3D 框架中包含两种纳米簇亚单元，一种是经典 Keggin 簇阴离子[PMo$_2^{V}$Mo$_{10}^{VI}$O$_{40}$]$^{5-}$（直径大约 10.5Å），另一种是未见报道的高度对称的[Cu$_{24}$I$_{10}$L$_{12}$]$^{14+}$簇［图 25-5（a）］。该[Cu$_{24}$I$_{10}$L$_{12}$]$^{14+}$簇是由一个四面体的 Cu$_{12}$I$_{10}$N$_{12}$ 核和其上支撑的 12 个 Cu 原子组成［图 25-5（b）］，尺寸为 12.4Å，是当时已知的第二大碘化亚铜簇。

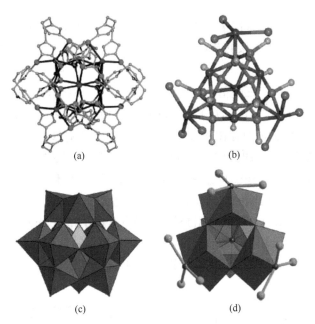

图 25-5　（a）高度对称的[$Cu_{24}I_{10}L_{12}$]$^{14+}$簇的球棍图；（b）$Cu_{24}I_{10}N_{12}$簇的球棍图；（c）Keggin 型[$PMo_2^V Mo_{10}^{VI} O_{40}$]$^{5-}$簇的多面体图；（d）$Cu_{12}I_{10}N_{12}$核上带有 12 个铜原子的多面体图

在配位化学领域，两种不同类型的纳米簇直接组装成晶态固体材料的情况十分少见。该化合物重要的特点在于两种纳米簇之间是通过共价键组装的（图 25-6）。每个[$Cu_{24}I_{10}L_{12}$]$^{14+}$簇通过其十二个外围的铜原子与相邻的十二个[$PMo_2^V Mo_{10}^{VI} O_{40}$]$^{5-}$簇以共价键连接，而每个[$PMo_2^V Mo_{10}^{VI} O_{40}$]$^{5-}$簇则和

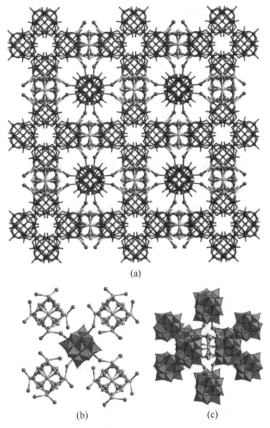

图 25-6　（a）化合物的三维框架的球棍图；（b）（c）两种类型的纳米簇之间的局部连接

四个$[Cu_{24}I_{10}L_{12}]^{14+}$簇通过四个 μ_2-氧原子连接。因此，若将$[Cu_{24}I_{10}L_{12}]^{14+}$簇作为一个 12-连接的节点而$[PMo_2^V Mo_{10}^{VI} O_{40}]^{5-}$簇作为一个 4-连接的节点，则整个 3D 框架可看作一个（4, 12）-连接的$(4^{30}·6^{30}·8^6)(4^6)_3$网络。

2008 年，王恩波课题组以双三唑衍生物为配体，构筑了一例包含环形结构的二维层和双钒盖帽多酸的三维网络互锁的配合物[5]：$[Cu_3^I(L)_3][\{Cu^{II}(L)_2\}\{PMo_{12}O_{40}(VO)_2\}]·H_2O[L = 1, 4-双（1, 2, 4-三唑基-1-亚甲基）苯]$。在该配合物中存在两种特殊类型的独立结构单元：一种是通过 $Cu_2(L^u)_2$ 环形结构和 $Cu-L^z$ 聚合链相互连接所构筑的包含环形结构的二维层 [图 25-7（a）和图 25-7（b）]；另一种是由双钒盖帽的多阴离子$[PMo_6^V Mo_6^{VI} O_{40}(V^{IV}O)_2]^{5-}$所构筑的独立的三维网络，四个铜离子通过四个 L^z 配体连接构筑一个包含$[Cu^{II}(L)_2]$的二维层，二维层通过双钒盖帽的多阴离子上的端氧和铜离子进一步连接，进而构筑一个独立的呈现 *pcu* 拓扑的三维网络 [图 25-7（c）和 25-7（d）]。最终，两种独立的结构单元通过互锁的方式构筑成一个拥有多轮烷和多互锁结构的化合物 [图 25-7（e）]。当时此化合物为第一例由不同维度的结构单元自组装获得的拥有多轮烷和多互锁结构的化合物。

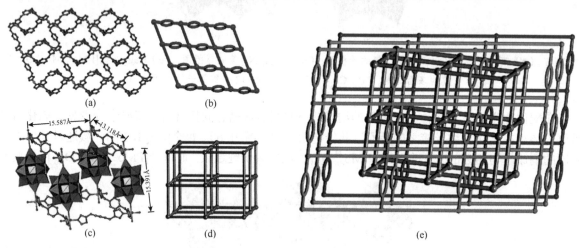

图 25-7　化合物的二维结构示意图（a）和（b）、独立的立方形单元（c）、三维 *pcu* 拓扑（d）、互锁的三维网络（e）

2009 年，彭军课题组采用水热法，通过调节柔性双三唑配体与二价铜离子的比例合成了 4 个$SiW_{12}O_{40}^{4-}$基的配合物[6]：$[Cu_4^I(bte)_4(SiW_{12}O_{40})]$（**1**）、$[Cu_2^{II}(bte)_4(SiW_{12}O_{40})]·4H_2O$（**2**）、$[Cu_4^I(btb)_2(SiW_{12}O_{40})]·2H_2O$（**3**）、$[Cu_2^{II}(btb)_4(SiW_{12}O_{40})]·2H_2O$（**4**）[bte = 1, 2-双（三氮唑-1-基）乙烷，btb = 1, 4-双（三氮唑-1-基）丁烷]。双三唑配体与二价铜离子的配比对此系列化合物的结构有重要影响。其中化合物 **1** 由 4 核环接环的 1D 链和$[Cu(bte)]^+$聚合链构成，$SiW_{12}O_{40}^{4-}$阴离子配位于两种链之间形成了 3D 结构（图 25-8），其余化合物中多酸没有配位。

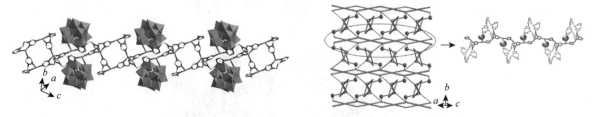

图 25-8　化合物 **1** 中由 4 核环接环的 1D 链和$[Cu(bte)]^+$聚合链通过 $SiW_{12}O_{40}^{4-}$ 阴离子连接形成的 3D 结构

2018 年，济宁大学的沙靖全课题组利用一种三唑配体与 Keggin 型多酸结合构筑了一例 3D 银配合物$[Ag_{15}(trz)_8][AsW_{12}O_{40}]$（trz = 1, 2, 3-三唑）[7]。如图 25-9 所示，多酸阴离子通过银离子拓展成一维无机链。银离子通过 trz 配体拓展成金属有机层，相互平行的链和层通过银离子拓展成三维框架结构。

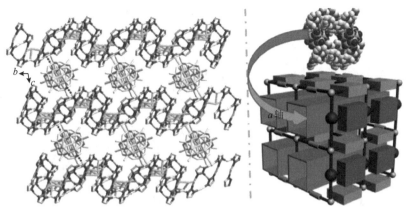

图 25-9　配合物 $[Ag_{15}(trz)_8][AsW_{12}O_{40}]$ 的结构图

吡啶及其衍生物在多酸基配合物的合成中应用非常广泛。2010 年，牛景杨课题组以 4, 4′-联吡啶-N, N′-二氧化物（dpdo）为配体构筑了一个 $[BW_{12}O_{40}]^{5-}$ 基的镧系金属有机框架[8]：$\{[Ho_4(dpdo)_8(H_2O)_{16}BW_{12}O_{40}]\cdot 2H_2O\}(BW_{12}O_{40})_2\cdot(H_{1.5}pz)_2\cdot(H_2O)_{11}$，镧系元素离子的 Lewis 酸度直接被加强，因此配合物对天然磷酸酯的水解有优异的催化潜能。四个 Ho^{III} 离子通过四个 dpdo 配体桥连，形成纳米笼 $\{[Ho_4(dpdo)_8(H_2O)_{16}](H_2O)_2\}^{12+}$ 的主框架。一个 $BW_{12}O_{40}^{5-}$ 离子通过终端氧原子桥连 Ho(1) 和 Ho(1A)，并填充在三维框架中。相邻的纳米笼通过配体的氧原子和两个 Ho (2) 原子之间的配位键连接，形成包含纳米笼的一维带状链结构。相邻的带间通过分子间氢键和 π-π 堆积作用连接在一起，自由的 $BW_{12}O_{40}^{5-}$ 离子和水分子填充在晶体的孔隙中（图 25-10）。

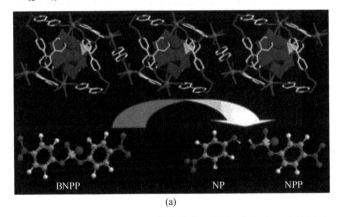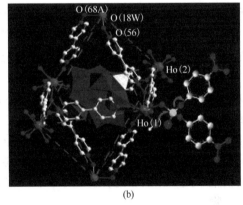

(a)　　　　　　　　　　　　　　　　　(b)

图 25-10　（a）配合物的一维带状结构及其断裂磷酸双酯键图示；（b）$\{[Ho_4(dpdo)_8(H_2O)_{16}BW_{12}O_{40}](H_2O)_2\}^{7+}$ 纳米笼

柔性的双四唑硫醚是一种非常优秀的多齿配体，由于硫原子的存在，非常容易形成多核簇结构。2010～2012 年，王秀丽课题组以柔性的双四唑硫醚为配体，在水热条件下合成了一系列以 Keggin 型 $SiW_{12}/SiMo_{12}$ 为无机配体的金属有机框架[9, 10]，其中 $[Cu_{12}(C_7H_{12}N_8S_2)_9(HSiM_{12}O_{40})_4]\cdot H_2O[M = W,$ Mo；$C_7H_{12}N_8S_2 = L = bmtr = 1, 3-双（1-甲基-5-巯基-1, 2, 3, 4-四唑）丙烷]$ 是一个 (3, 4)-连接的 3D 自穿插的金属有机框架，金属铜与双四唑硫醚构筑成了纳米尺寸的多核金属杯芳烃结构单元。其中四个双四唑硫醚配体桥连四个铜离子形成两种类型的金属杯芳烃四核亚单元：4 连接的 SBU^a 和 2 连接的 SBU^b，这两种四核单元通过共用同一个配体交替排列形成 1D 链。SBU^a 连接相邻的 SiM_{12} 多阴离子形成 12 元环的 2D 六边形网络，其中 12 元环包含 6 个四核单元和 6 个 SiM_{12} 多阴离子，展现为椅式结构（图 25-11）。SBU^b 连接相邻的 2D 网状结构拓展为 3D 框架。该 3D 框架具有自穿插的（3，4）-连接的$(8^3)_2(8^5 \cdot 12)_3$ 拓扑结构。这种由多核金属亚单元及多酸阴离子通过共价键延伸到高维度结构的现象很少见。

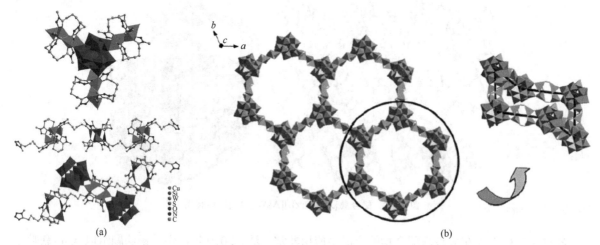

图 25-11　（a）化合物中 3 连接的 SiM$_{12}^a$、4 连接的 SBU^a 和 2 连接的 SBU^b 的多面体球棍图；（b）由 SBU^a 和 SiM$_{12}$ 构筑的 2D 层，其中包含具有椅式构象的 12 元环

25.2.2　Keggin 型多酸与阴离子配体结合构筑的配位聚合物

除了中性配体外，近些年来一些含 O、N 官能团的阴离子配体也相继被引入多酸基配位聚合物中，例如，一些氨基酸、有机羧酸以及吡啶羧酸等阴离子在适当条件下与多酸及金属离子形成多酸基配位聚合物。此外，多氮唑衍生物除了可以作为碱接受质子形成正离子，还可以作为酸脱去质子形成阴离子。脱质子后，多氮唑上所有氮原子都可以和金属离子配位，从而形成多酸基配位聚合物。

2006 年，王恩波课题组以 Cu（Ⅱ）为中心金属，利用 Keggin 型[BW$_{12}$O$_{40}$]$^{5-}$ 多阴离子和手性脯氨酸有机配体（D-脯氨酸和 L-脯氨酸）合成了两个手性多酸基的铜配合物[11]：KH$_2$[(D-C$_5$H$_8$NO$_2$)$_4$(H$_2$O)Cu$_3$][BW$_{12}$O$_{40}$]·5H$_2$O(D-1)和　KH$_2$[(L-C$_5$H$_8$NO$_2$)$_4$(H$_2$O)Cu$_3$][BW$_{12}$O$_{40}$]·5H$_2$O(L-1)。结构分析表明 D-1 和 L-1 是对映体，只是单胞尺寸、体积、相关的键长和键角略微不同。它们都是由[BW$_{12}$O$_{40}$]$^{5-}$ 多阴离子和 Cu-脯氨酸配位聚合物簇组装成的三维手性的开放框架结构，其中[BW$_{12}$O$_{40}$]$^{5-}$ 多阴离子簇是典型的 Keggin 结构。这两个配合物是包含手性孔道的纯三维多酸基的框架结构，首先通过金属铜连接脯氨酸构成一维左手-、右手-交织螺旋链状结构，再通过[BW$_{12}$O$_{40}$]$^{5-}$ 多阴离子连接构成三维配位框架（图 25-12）。配合物 D-1 和 L-1 代表了当时首例纯手性包含螺旋隧道的、开放框架的多酸基配合物。

2008 年，杨国昱课题组以有机羧酸阴离子为配体，构筑了一系列基于{Ni$_6$PW$_9$}结构单元的配合物[12]：{[Ni$_6$(OH)$_3$(H$_2$O)(enMe)$_3$(PW$_9$O$_{34}$)](1, 3-bdc)}[Ni(enMe)$_2$]·4H$_2$O（5）、{[Ni$_6$(OH)$_3$(H$_2$O)(en)$_4$(PW$_9$O$_{34}$)](Htda)}·H$_2$O·4H$_2$O（6）、{[Ni$_6$(OH)$_3$(H$_2$O)(en)$_3$(PW$_9$O$_{34}$)][Ni$_6$(OH)$_3$(H$_2$O)$_4$(en)$_3$(PW$_9$O$_{34}$)](1, 4-bdc)$_{1.5}$}[Ni(en)(H$_2$O)$_4$]·H$_2$O（7）和{[Ni$_6$(OH)$_3$(en)$_3$(PW$_9$O$_{34}$)](1, 3, 5-Hbtc)}[Ni(en)(H$_2$O)$_3$]·H$_2$O（8）、{[Ni$_6$(OH)$_3$(H$_2$O)$_5$(PW$_9$O$_{34}$)](1, 2, 4-Hbtc)}·H$_2$enMe·5H$_2$O（9）。这些化合物有一个共同的结构单元就是 Ni$_6$ 取代 Keggin 的三金属簇形成的{Ni$_6$PW$_9$(H$_2$O)$_6$}，在这个结构中，一个新型三角形结构的六核 Ni 扣在三缺位的 PW$_9$ 上，形成取代/盖帽结构的次级构筑单元，羧酸配体的存在使其结构更稳定［图 25-13（a）］。化合物 5 和 6 是 1D 的结构，前者是直线结构［图 25-13（b）］，后者是"Z"形结构［图 25-13（c）］。化合物 7 和 8 都是 2D 层状结构，前者是由直线形链和"Z"形链交替构成的［图 25-13（d）］，后者

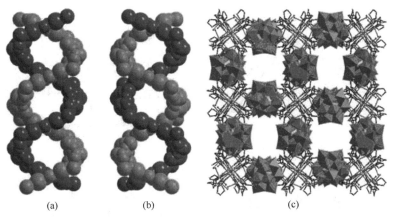

图 25-12　（a）D-1 中两条交织在一起的右手-螺旋链形成的孔道结构；（b）L-1 中两条交织在一起的左手-螺旋链形成的孔道结构；（c）D-1 的三维开放框架结构

是由 "Z" 形链通过 Ni—O=W 键连接而构成 [图 25-13（e）]。化合物 9 是一个 3D 网状结构，在这个化合物中存在由多酸构成的纯手性链，链之间又通过配体相连接成有趣的 3D 结构 [图 25-13（f）]。

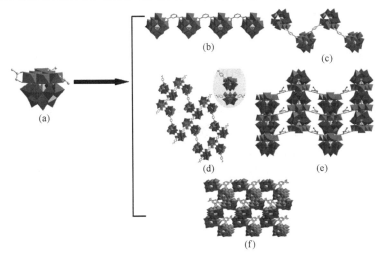

图 25-13　（a）三缺位的多酸与六核 Ni 构成的次级构筑单元；（b）化合物 **5** 的 1D 直线结构；（c）化合物 **6** 的 1D "Z" 形链状结构；（d）化合物 **7** 的 2D 层状结构；（e）化合物 **8** 的 2D 层状结构；（f）化合物 **9** 的 3D 网状结构

2009 年，Ruiz-Salvador 和 Keita 等以对苯二酸（BDC）阴离子为配体、ε-Keggin 型多酸作为构建单元，有目的地设计和模拟了一系列新的沸石型金属有机框架 Z-POMOF[13]，其中[NBu$_4$]$_3$[PMo$_8^{V}$ Mo$_4^{VI}$O$_{36}$(OH)$_4$Zn$_4$(BDC)$_2$]·2H$_2$O（Z-POMOF1）是在水热条件下合成出来的，具有最稳定的方晶石拓扑及三重互穿的网络结构，四丁基胺在该体系中起到了抗衡阳离子和空间填充的作用。

Z-POMOF1 是经典的方晶石结构，每个 ε-PMo$_{12}$ 单元利用其桥氧原子与四个 Zn（Ⅱ）配位，同时有机配体 BDC 作为双齿配体连接上述 Zn-PMo$_{12}$，从而形成了类方晶石的三维框架（图 25-14）。三个独立的三维框架互相穿插形成三重互穿的网络结构，沿着 a 轴方向可以观察到孔道，而这些孔道被四丁基铵根所填充，每个多酸阴离子单元对应着三个四丁基铵根。

2012 年，彭军课题组以一种刚性的吡啶四唑阴离子 5-（2-吡啶）-四唑（脱质子后形成的）为配体，与 Keggin 型[PW$_{12}$O$_{40}$]$^{3-}$在水热条件下组装，得到了三个包含混价多核铜和 Keggin 型[PW$_{12}$O$_{40}$]$^{3-}$ 多阴离子的配位聚合物[14]：[Cu$_{10}^{I}$Cu$_2^{II}$(ptz)$_8$(Cl)$_3$][PW$_{12}$O$_{40}$]（**10**）、[Cu$_2^{I}$Cu$_4^{II}$(ptz)$_6$(OH)(H$_2$O)$_2$] [PW$_{12}$O$_{40}$]·2H$_2$O（**11**）和[Cu$_2^{I}$Cu$_5^{II}$(ptz)$_6$][PMo$_3^{V}$Mo$_9^{VI}$O$_{40}$]·8H$_2$O（**12**）。化合物 **10** 中包含三种组

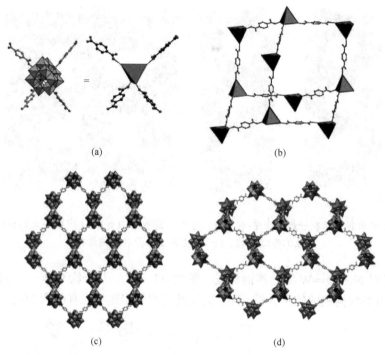

(a) (b)

(c) (d)

图 25-14 （a）ε-Zn POM 在 Z-POMOF1 中的配位模式及其四面体结构示意图；（b）Z-POMOF1 的金刚烷状单元；（c）实验得到的 Z-POMOF1；（d）理论得到的方晶石模型

成部分：Cu5-ptz 碎片、以 Cl 为桥连接形成的四核铜簇、以 Cl 为中心的六核铜簇（图 25-15）。其中 Cu5-ptz 作为连接体，将以 Cl 为中心的六核铜簇连接起来形成二维的格子层。相邻的二维层由两个四核铜簇连接，从而形成三维的 Cu-ptz 框架。$[PW_{12}O_{40}]^{3-}$ 填充到孔道内，同时作为八齿配体与 Cu-ptz 框架相连接。据作者介绍，这种以 Cl 为中心的六核铜簇在多酸基的结构中并不常见。

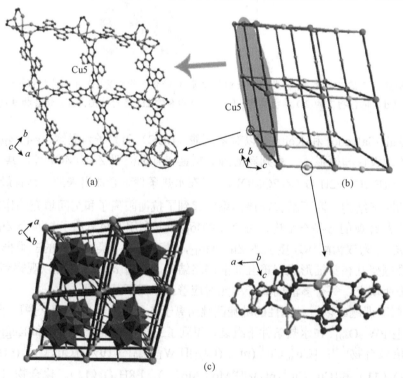

(a) (b)

(c)

图 25-15 （a）化合物 10 中格子状层的球棍图；（b）（c）三维框架及其简化图

25.2.3　Keggin 型多酸与现场生成配体结合构筑的配位聚合物

众所周知，在特殊条件的合成过程中，如在水热、溶剂热条件下，个别有机配体可能会现场转化或分解形成另一种新的配体从而得到意想不到的化合物，更有助于合成出具有新颖结构的高维度配合物。至今已有超过 10 种类型的现场配体转化发生在水热或溶剂热条件下，通常的转化类型为：还原、耦合反应，水解—COOR 基团，还原—COO—等来形成 C—C 键；羟基化；四唑的形成；三唑的形成；置换；烷基化；酰化反应；氨基化；脱羧反应等[15]。其中以 C—C 键、C—N 键断裂的形式居多。在多酸基化合物中，配体现场转化并不很常见，然而在 Keggin 型多酸体系中有机配体相对来说易发生现场转化。由于反应的不可控性，最终产生了各种各样的结构。

2007 年，Lezama 课题组在常规条件下合成了一个以 $SiW_{12}O_{40}^{4-}$ 为无机配体的二维铜配合物[16]：$[\{SiW_{12}O_{40}\}\{Cu_2(bpy)_2(H_2O)(ox)\}_2]\cdot16H_2O$。在该化合物的形成过程中，不仅四羟基-*p*-苯醌被缓慢氧化成草酸，而且 Cu^{II}-单取代的 Keggin 型多酸也发生转化，得到其母体簇 $[SiW_{12}O_{40}]^{4-}$ 多阴离子。这种情况发生在酸性介质（pH≈3）中并不奇怪，其中 $SiW_{12}O_{40}^{4-}$ 作为四齿配体与铜离子配位连接（图 25-16）。尽管该化合物可以由相应的草酸直接合成，但是要得到适合 X 射线衍射研究的单晶，只能用四羟基-*p*-苯醌缓慢氧化作为草酸配体的来源。

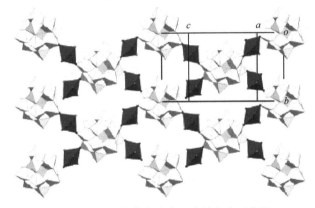

图 25-16　化合物中杂化二维层的多面体图

2008 年，苏忠民课题组通过水热现场配体合成法，得到了一个多酸基（4,8）-连接的、拓扑学符号为 $(3^2\cdot6^2\cdot7^2)(5^4\cdot8^2)(3^2\cdot5^8\cdot6^{14}\cdot7^2\cdot8^2)$ 的 3D 金属有机框架[17]：$[Cu_4L_4PW_{12}O_{40}]\cdot6H_2O$ [L = 1, 3-二（1*H*-1, 2, 4-三唑-1-基）丙烷]，其中铜离子作为平面四连接的节点，而多酸则作为立方八连接的节点，配体 L 是由氟康唑在水热条件下现场反应得到的。该化合物代表了当时多酸体系中最高连接的拓扑框架（图 25-17）。

2016 年，王秀丽课题组通过有目的地设计有机配体的原位转化[18, 19]，在水热的条件下合成了一系列多酸基配合物：$[Cu_2(DIBA)_4](H_3PMo_{12}O_{40})\cdot6H_2O$（**13**）、$[Cu_2(DIBA)_4](H_4SiW_{12}O_{40})\cdot6H_2O$（**14**）、$[Ag(HDIBA)_2](H_2PMo_{12}O_{40})\cdot2H_2O$（**15**）、$[Ag_3(HDIBA)_2(H_2O)][(P_2W_{18}O_{62})_{1/2}]\cdot4H_2O$（**16**）[HDIBA = 3, 5-双（1*H*-咪唑-1-基）苯甲酸]，其中通过合理的设计，在反应过程中使 3, 5-双（1*H*-咪唑-1-基）苯甲氰转化成 HDIBA 配体（图 25-18 和图 25-19），使得金属离子和配体拥有了多样的配位模式。

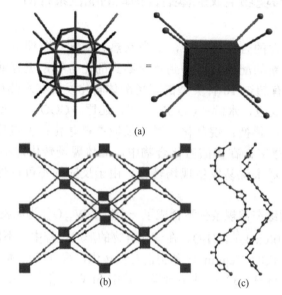

(a)

(b)   (c)

图 25-17　（a）Keggin 阴离子的配位模式示意图；（b）由 Keggin 型多阴离子和 Cu 构成的 *bcu* 网络；（c）由 L 和铜离子形成的两种链

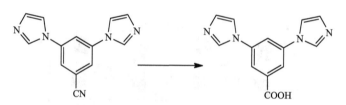

图 25-18　由 DICN 现场产生配体 HDIBA

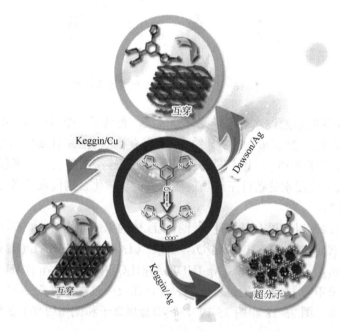

图 25-19　化合物 **13~16** 中 DIBA 配体的连接模式

25.3　以 Wells-Dawson 型多酸为无机配体构筑的配位聚合物

Wells-Dawson 型多酸被称为六大经典多酸之一，是一类与 Keggin 结构一样非常重要的多金属氧酸盐。1945 年 Wells 首先提出了 2:18 系列多酸化合物的结构，后人将 2:18 系列杂多化合物称为 Wells-Dawson 结构杂多化合物[20]。

2:18 系列杂多化合物结构如图 25-20 所示，该结构称为 α-Wells-Dawson 结构，它是由两个 A-型 α-PW_9 单元结合成一个对称性为 D_{3h} 的簇。结构中存在两种钨/钼原子，6 个 "极位" 的和 12 个 "赤道位" 的钨/钼原子。Wells-Dawson 结构中的上下两个三金属簇称为 "极位"，中间的 12 个八面体称为 "赤道位"，结构包含四种氧原子：O_a（XO_4，即四面体氧，共 8 个）、$O_{b/c}$（M-$O_{b/c}$，即桥氧，共 36 个）和 O_d（M = O_d，即端氧，共 18 个），Wells-Dawson 结构可以看作柱状体[1]。

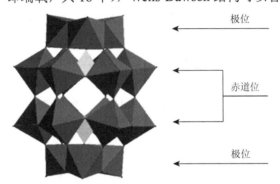

图 25-20　包含 "极位" 和 "赤道位" 两类金属原子的柱状的 α-Wells-Dawson 多面体示意图

Wells-Dawson 结构中两个最重要的化合物是 $[P_2W_{18}O_{62}]^{6-}$ 和 $[As_2W_{18}O_{62}]^{6-}$。目前，对于这两种杂多阴离子的修饰化学发展比较迅速，主要通过过渡金属有机亚单元和稀土有机亚单元对其进行修饰，构筑高维度、具有新奇拓扑结构的化合物。在该类化合物中，Wells-Dawson 多阴离子通常起无机连接体和无机模板剂的作用。$[X_2W_{18}O_{62}]^{6-}$ 在溶液中稳定存在的 pH 值可高达 6。当 pH>6 时，阴离子开始降解生成缺位型化合物。对于缺位型 Wells-Dawson 多阴离子，通常包含单缺位、双缺位、三缺位以及六缺位阴离子，它们可以作为带有反应活性点的无机结构单元，构筑基于新型多酸离子的金属有机单元修饰的化合物。但是与 Keggin 型多酸相比，其在配位时对环境条件的要求比较苛刻，因此不容易配位，所得到的配位聚合物数量不像 Keggin 型多酸那样多。

25.3.1　Wells-Dawson 型多酸与中性配体结合构筑的配位聚合物

较早的 Wells-Dawson 型多酸与中性配体构筑的配位聚合物是由王恩波课题组在 2007 年报道的。他们通过水热法合成了一个基于 P_2W_{18} 多酸和两种中性配体的铜配合物：[Cu^I(2, 2'-bipy) (4, 4'-bipy)$_{0.5}$]$_2$[Cu^I(2, 2'-bipy)(4, 4'-Hbipy)][Cu^I(4, 4'-bipy)]$_2$[$P_2W_{18}O_{62}$]·3H_2O（**17**）（2, 2'-bipy = 2, 2'-联吡啶，4, 4'-bipy = 4, 4'-联吡啶）[21]（图 25-21）。在多酸和配位聚合物结合的报道中，同时包含线形及螯合有机胺配体的实例并不多见，尤其是对 Wells-Dawson 多酸的修饰更是很少报道。这就为金属有机亚单元对 Wells-Dawson 多酸的修饰提供了一个新的思路。并且在当时的报道中，基于 Wells-Dawson 型多酸的一维、二维以及三维的实例很少，这为获得高维 Wells-Dawson 型框架提供了实验依据。

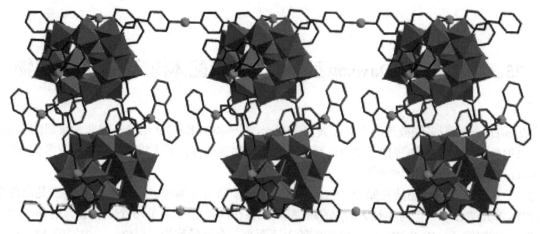

图 25-21　化合物 **17** 的一维链式结构的多面体/球棍模型图

2008 年，彭军课题组报道了一系列以柔性双三氮唑为配体的 P_2W_{18} 型化合物[22]。在这四个化合物中，多酸阴离子展示了丰富的配位模式，如图 25-22 所示。有机配体间隔子长度对于构筑结构不同的化合物起到了至关重要的作用。在化合物 **18** 中，1, 3- （1, 2, 4-三氮唑）丙烷（btp）间隔子较短，可以螯合配位，利于链式结构的形成。而 **19** 中的 1, 4- （1, 2, 4-三氮唑）丁烷（btb）间隔子相对较长，不易弯曲去螯合配位，所以形成了 **19** 中的格子状层结构。化合物 **20** 和 **21** 类似，**20** 中 btb 较 1, 6- （1, 2, 4-三氮唑）己烷（btx）短，可以形成整体的 Cu-btb 三维框架；若 **21** 中形成和 **20** 类似框架，btx 较长，可能导致孔道太大而使结构不稳定，所以两个三维的 Cu-btx 框架穿插到一起，降低空间从而达到稳定结构的目的。

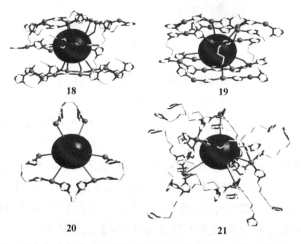

图 25-22　四个化合物中多酸阴离子的配位模式及与金属有机单元的联系

2018 年，哈尔滨师范大学的苏占华课题组利用吡嗪与 Wells-Dawson 型多酸结合构筑了一例三维多孔配合物[{$Cl_4Cu_{10}(pz)_{11}$}{$As_2W_{18}O_{62}$}]·1.5H$_2$O（pz = 吡嗪）[23]。该化合物中，铜离子展现出 8 配位模式，吡嗪与铜离子配位连接成三维金属有机框架，[$As_2W_{18}O_{62}$]$^{6-}$ 通过配位键锁定在上述金属有机框架中，如图 25-23 所示。配合物框架中存在两种尺寸的孔道，大小分别约为 17.905Å×25.602Å 和 9.081Å×10.122Å。

2018 年，哈尔滨科技大学的马慧媛课题组利用吡嗪四氮唑及双吡啶乙烯配体与铜离子结合构筑了一例新的配合物(H$_2$bpe)(Hbpe)$_2$\{[Cu(pzta)(H$_2$O)][P$_2$W$_{18}$O$_{62}$]\}·5H$_2$O[pztaH = 5- （2-吡嗪）四氮唑，bpe = 双（4-吡啶）乙烯][24]。在该结构中，pzta 通过配位键与两个铜离子相连形成双核结构，该双

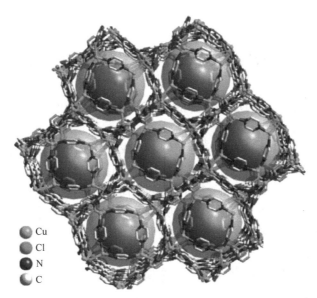

图 25-23　化合物[{Cl₄Cu₁₀(pz)₁₁}{As₂W₁₈O₆₂}]·1.5H₂O 的三维结构图

核结构通过成对的多酸阴离子拓展成一维配位聚合物链（图 25-24）。质子化的 Hbpe 通过氢键作用将上述金属有机链拓展成 3D 超分子结构。

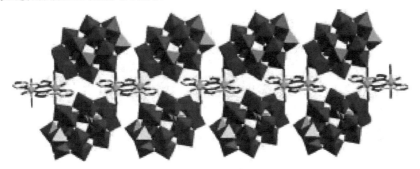

图 25-24　(H₂bpe)(Hbpe)₂{[Cu(pzta)(H₂O)][P₂W₁₈O₆₂]}·5H₂O 的一维结构图

2012 年，牛景杨课题组报道了一例基于[P₂Mo₁₈O₆₂]⁶⁻的银配位聚合物：H₀.₅[{Ag₃L₂(DMF)₃}{Ag₂L(DMF)₁.₅}{Ag₀.₅(DMF)(H₂O)₀.₂₅}(P₂Mo₁₈O₆₂)]·1.25H₂O（L = N, N′-双（呋喃-2-甲基）联氨）[25]，如图 25-25 所示。该化合物是通过常规法合成的。在该化合物中，多酸阴离子作为七齿无机配体将 Ag-L 单元共价连接，形成二维层状结构。

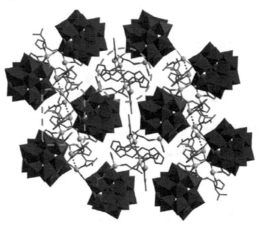

图 25-25　银配位聚合物的二维结构图

25.3.2 Wells-Dawson 型多酸与阴离子配体结合构筑的配位聚合物

与 Keggin 型多酸相比，Wells-Dawson 多酸与阴离子配体结合的能力稍差，因此合成实例有限，这里介绍几个代表性的配位聚合物实例。

2010 年，安海燕课题组以吡啶-3-羧酸为配体，合成了基于[$P_2Mo_{18}O_{62}$]$^{6-}$（P_2Mo_{18}）的镧系金属配合物：$H_3(C_6NO_2H_6)_2[K(H_2O)_3(C_6NO_2H_5)_3][P_2Mo_{18}O_{62}]·5.5H_2O$（**22**），$(C_6NO_2H_6)_6[Ln(H_2O)_7(C_6NO_2H_5)_2]_2$ $[P_2Mo_{18}O_{62}]_2·13.5H_2O$（Ln = Ce（**23**），La（**24**））（$C_6NO_2H_5$ = 吡啶-3-羧酸）[26]。化合物 **22** 由阴离子簇 P_2Mo_{10}、钾-（吡啶-3-羧酸）亚单元、游离的吡啶-3-羧酸分子和游离水组成。Dawson 型的 P_2Mo_{18} 多阴离子通过两个钾-（吡啶-3-羧酸）亚单元连接形成一个特殊的一维链［图 25-26（a）］。化合物 **23** 和 **24** 是由孤立的[$P_2Mo_{18}O_{62}$]$^{6-}$和镧系金属有机配位聚合物组成［图 25-26（b）］。在当时的报道中，化合物 **22** 是第一例由 Wells-Dawson 型多酸和碱金属配合物片段所构建的杂化化合物。

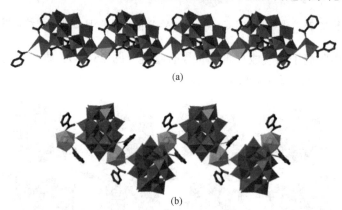

（a）

（b）

图 25-26 （a）化合物 **22** 的结构图；（b）化合物 **23/24** 的球棍模型示意图

2012 年，闫鹏飞课题组报道了一例 P_2W_{18} 基的 Ag-四氮唑配合物：$H[Ag_{11}(pytz)_6(H_2O)_3(P_2W_{18}O_{62})]·H_2O$（pytz = 5-（2-吡啶）四氮唑）[27]。在该化合物中，5-（2-吡啶）四氮唑去质子后是阴离子配体，P_2W_{18} 多酸阴离子周围包含 16 个 Ag/pytz 亚单元，代表了目前多酸的最高连接数。从晶体学角度看，所有的 Ag、POM 和配体都展示了丰富且新奇的配位模式。该化合物是一个三维的框架，由两种亚单元共同构筑：POM/Ag 形成的双多酸层和无限的 Ag/pytz 金属有机链，如图 25-27 所示。

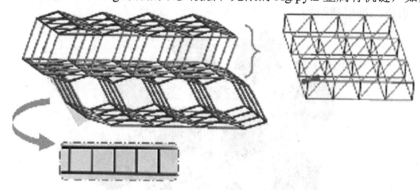

图 25-27 化合物三维框架分解图

2013 年，胡长文课题组以吡啶-2, 6-二羧酸为配体，合成了首例由 Wells-Dawson 型多酸和金属有机大环构筑的配合物：$\{Na(H_2O)_6\}[Cu_6(pdc)_6K_{11}]·78(H_2O)(P_2W_{18}O_{62})_2$（$H_2pdc$ = 吡啶-2, 6-二羧酸）[28]。

该化合物包含一个类似胍环的大环结构 $\{Cu_6(pdc)_6\}$，其是由六个 Cu 中心和六个 pdc^{2-} 相互连接构筑而成，如图 25-28 所示。该六核大环通过 K^+ 和一对 Wells-Dawson 型多酸的首尾相连，多阴离子提供极位的三个端基 O 原子和 K^+ 进行配位。

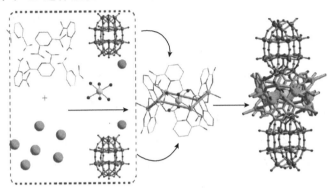

图 25-28　化合物 $\{Na(H_2O)_6\}[Cu_6(pdc)_6K_{11}]78(H_2O)(P_2W_{18}O_{62})_2$ 的自组装过程

25.3.3　Wells-Dawson 型多酸与现场生成配体结合构筑的配位聚合物

前面提到，在多酸基化合物中，配体现场转化并不很常见，而 Wells-Dawson 型多酸体系在反应过程中的有机配体更难发生现场转化，所以相关的例子比较少见。

2016 年，王秀丽课题组报道了一例基于 Wells-Dawson 型多酸与现场生成配体结合构筑的 Ag 配位聚合物 $[Ag_3(HDIBA)_2(H_2O)][(P_2W_{18}O_{62})_{1/2}]\cdot4H_2O$（HDIBA = 3, 5-双（1-咪唑）苯甲酸）[18]。在水热条件合成的过程中，配体发生了原位现场转化，—CN 基团转化为—COOH 基团，所得的多酸基配合物是一个三重互穿的结构（图 25-29）。

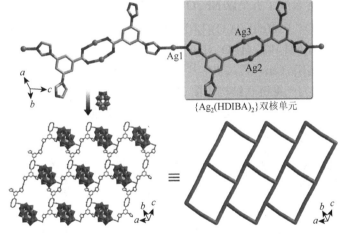

图 25-29　化合物 $[Ag_3(HDIBA)_2(H_2O)][(P_2W_{18}O_{62})_{1/2}]\cdot4H_2O$ 的结构

25.4　以 Lindqvist 型多酸为无机配体构筑的配位聚合物

1953 年，Lindqvist 首次报道了 $Na_7[HNb_6O_{19}]\cdot15H_2O$ 的结构，并以其名字命名 $[Nb_6O_{19}]^{8-}$ 多酸阴离子（图 25-30）。$[Nb_6O_{19}]^{8-}$ 多酸阴离子由 6 个等同的 NbO_6 八面体共边连接形成，其结构具有 O_h

图 25-30 Lindqvist 型多酸阴离子的结构图

对称性。钼、钨和钽也可形成 Lindqvist 型同多酸阴离子，即 $[Mo_6O_{19}]^{2-}$、$[W_6O_{19}]^{2-}$ 和 $[Ta_6O_{19}]^{8-}$。此外，一些 Lindqvist 型杂多酸阴离子也陆续被报道，如 $[MoW_5O_{19}]^{2-}$、$[V_2W_4O_{19}]^{4-}$、$[Te_2Mo_4O_{19}]^{4-}$ 等。近年来，由 Lindqvist 型多酸阴离子作为无机构筑块的功能配合物被广泛报道，该类配合物具有丰富的结构和优良的物理化学性质。利用这种类型多酸构筑的配合物数量并不多，因此没有区分中性配体以及阴离子配体，而是介绍一些代表性的配合物实例。

2007 年，彭军课题组报道了一例以 4, 4′-联吡啶为配体，以 $W_6O_{19}^{3-}$ 为结构单元的二维层状铜配合物：$[Cu(4, 4'-bipy)]\{[Cu(4, 4'-bipy)]_2[W_6O_{19}]\}·4H_2O$（bipy = 联吡啶）[29]。在这个配合物中，4, 4′-联吡啶连接 Cu^I 离子形成两种一维链，一种一维链独立存在于配合物中 [图 25-31（a）]，另一种一维链被 $W_6O_{19}^{3-}$ 阴离子连接形成二维层 [图 25-31（b）]。

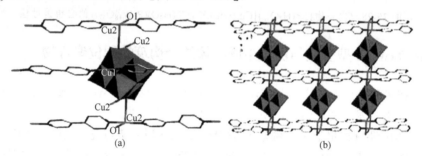

图 25-31 （a）$[Cu(4, 4'-bipy)]\{[Cu(4, 4'-bipy)]_2[W_6O_{19}]\}·4H_2O$ 的构筑单元；（b）$[Cu(4, 4'-bipy)]\{[Cu(4, 4'-bipy)]_2[W_6O_{19}]\}·4H_2O$ 的二维层结构

2007 年，May Nyman 等合成了五个以 $Nb_6O_{19}^{8-}$ 为构筑单元的过渡金属配合物：$Rb_4[Cu(en)_2(H_2O)_2]_3[(Nb_6O_{19}H_2)_2Cu(en)_2]·24H_2O$、$[Cu(en)_2(H_2O)_2]_2[(Nb_6O_{19}H_2)Cu(en)_2]·14H_2O$、$Rb_2[Cu(NH_3)_2(H_2O)_4][Cu(NH_3)_4(H_2O)_2]_2\{[Nb_6O_{19}][Cu(NH_3)]_2\}_2·6H_2O$、$\{[Nb_6O_{19}][Cu(NH_3)_2(H_2O)]_2[Cu(H_2O)_4]_2\}·3H_2O$ 和 $\{[Nb_6O_{19}][Cu(NH_3)_2(H_2O)]_2[Cu(H_2O)_4]_2\}$（en = 乙二胺）[30]。在这五个配合物中，第一个为零维的二聚体结构 [图 25-32（a）]，后四个均为一维链状结构 [图 25-32（b）]。前三个配合物由 $Rb^+/[CuL_x]^{2+}$ 或 $[CuL_x]^{2+}$ 阳离子调节电荷平衡，而后两个配合物是没有抗衡离子的中性链。

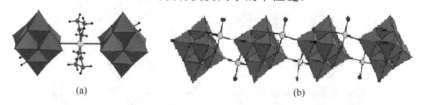

图 25-32 （a）零维的二聚体结构；（b）一维链状结构

2010 年，兰亚乾等以 1, 4-双（1-咪唑）苯为有机配体，构筑了一例以 $Mo_6O_{19}^{4-}$ 为无机配体的过渡金属配合物 $[Ni_2(BIMB)_2(Mo_4^{VI}Mo_2^VO_{19})]$（BIMB = 1, 4-双（1-咪唑）苯）[31]。这个配合物是一个三维的（4, 6）-连接的自穿插网络 [图 25-33（b）]。值得注意的是，在这个三维网络中存在由 12 个 Ni^{2+} 离子、8 个 BIMB 配体和 6 个 $Mo_6O_{19}^{4-}$ 阴离子构筑的纳米笼 [12.95Å×13.59Å，图 25-33（c）]。

2011 年，吴立新等以 1, 4-双（吡唑-1-亚甲基）苯为配体，合成了一例以 $Mo_6O_{19}^{2-}$ 为结构单元的过渡金属配合物 $[Cu_2^IL_2][Mo_6O_{19}]$（L = 1, 4-双（吡唑-1-亚甲基）苯）[32]。在这个配合物中，配体 L 连接 Cu^I 离子形成一维 Z 字形链，$Mo_6O_{19}^{2-}$ 阴离子桥连一维链形成二维层 [图 25-34（b）]。

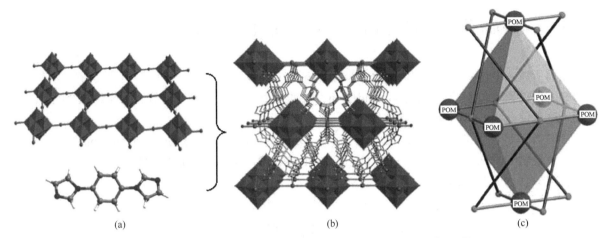

图 25-33　（a）[Ni$_2$(BIMB)$_2$(Mo$_4^{VI}$Mo$_2^V$O$_{19}$)]的二维层结构；（b）[Ni$_2$(BIMB)$_2$(Mo$_4^{VI}$Mo$_2^V$O$_{19}$)]的三维网络结构；
（c）[Ni$_2$(BIMB)$_2$(Mo$_4^{VI}$Mo$_2^V$O$_{19}$)]中的纳米笼结构

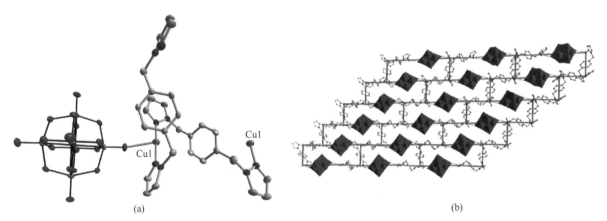

图 25-34　（a）[Cu$_2^I$L$_2$][Mo$_6$O$_{19}$]中 Cu^I 离子的配位环境；（b）[Cu$_2^I$L$_2$][Mo$_6$O$_{19}$]的二维层结构

25.5　以 Anderson 型多酸为无机配体构筑的配位聚合物

1937 年，Anderson 首次报道了一种饼形的杂多阴离子，该多阴离子由六个 MO$_6$ 八面体（M = 金属离子）通过共边连接成共面的环形结构。在环形结构的中心是另一种八面体单元，中心的八面体单元通过六个 μ$_3$-O 与周围的六个金属连接最终形成饼形的杂多阴离子，该类多阴离子因 Anderson 首次报道被命名为 Anderson 型多阴离子[33]。随着无数化学工作者的不懈努力，一系列 Anderson 型多阴离子被陆续报道。中心杂原子被不断更新，其中包括 Li^I、Na^I、Mg^{II}、Al^{III}、Sb^{III}、Bi^{III}、Te^{IV}等主族金属离子，Mn^{II}、Fe^{II}、Co^{II}、Ni^{II}、Cu^{II}、Zn^{II}、Mn^{III}、Fe^{III}、Cr^{III}等过渡金属离子以及 As^{III}、I^{VII}等非金属原子。外围环上的 MO$_6$ 八面体的金属中心多为 Mo^{VI}、V^{IV}。近些年来，中性配体、阴离子配体和现场生成配体被陆续引入 Anderson 型多阴离子的周围，构筑出了一系列结构新奇、性能优异的金属有机功能配合物。被引入的有机组分包括氨基酸、多元醇、有机羧酸、有机胺、Schiff 碱等；外围修饰的金属离子包括主族金属、过渡金属以及稀土金属；化合物的结构包括离散的簇结构、线形结构、二维以及三维网络结构。

25.5.1 Anderson 型多酸与中性配体结合构筑的配位聚合物

如前所述，中性配体种类多种多样，除了常见的吡啶及其衍生物、各种唑类及其衍生物外，还包括 Schiff 碱等，这些配体大多能与 Anderson 型多酸在适当条件下结合构筑新的配位聚合物。限于篇幅，这里仅介绍一些代表性的配位聚合物。

2003 年，印度的 Das 以 2,2′-联吡啶为配体，通过常规法合成了首例基于 Anderson 型多阴离子铜配位聚合物 $[Cu^{II}(2,2'\text{-bipy})(H_2O)_2Cl][Cu^{II}(2,2'\text{-bipy})(H_2O)_2Al(OH)_6Mo_6O_{18}]\cdot 4H_2O$[34]。该结构呈现为 1D Z 字形链，如图 25-35 所示。

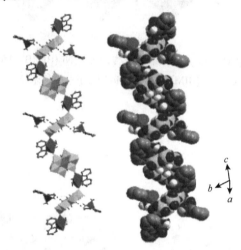

图 25-35 化合物 $[Cu^{II}(2,2'\text{-bipy})(H_2O)_2Cl][Cu^{II}(2,2'\text{-bipy})(H_2O)_2Al(OH)_6Mo_6O_{18}]$ 的 1D 结构图

图 25-36 $[Mn(Salen)(H_2O)]_2Na[MMo_6(OH)_6O_{18}]\cdot 20H_2O$ 的结构图

2009 年，东北师范大学李阳光等合成了两个基于双核 Mn^{III}-Schiff 碱配合物和 $Na[MMo_6(OH)_6O_{18}]$（$M = Al^{3+}$，Cr^{3+}）1D 链的超分子化合物：$[Mn(Salen)(H_2O)]_2Na[MMo_6(OH)_6O_{18}]\cdot 20H_2O$（$M = Al^{3+}$，$Cr^{3+}$）[35]。在该化合物中，两个 Mn^{III} 通过两个 Salen 连接成 $[Mn(Salen)(H_2O)]_2^{2+}$ 双金属有机单元，$[MMo_6(OH)_6O_{18}]^{3-}$ 与 Na^+ 交替配位连接成 1D 纯无机链，这两种结构单元通过氢键作用拓展成 3D 超分子网络（图 25-36）。基于过渡金属-Schiff 碱配合物修饰的 Anderson 型多阴离子化合物在当时还十分少见。

2010 年，Ramanan 课题组合成了一系列基于 Anderson 型多阴离子的配合物：$(Hpyz)[\{Co(pyz)_2(H_2O)_2\}\{CrMo_6(OH)_6O_{18}\}]\cdot 2H_2O$、$(Hpyz)[\{Zn(pyz)_2(H_2O)_2\}\{CrMo_6(OH)_6O_{18}\}]\cdot 2H_2O$ 和 $(Hpyz)[\{Ni(pyz)_2(H_2O)_2\}\{CrMo_6(OH)_6O_{18}\}]\cdot 2H_2O$[36]。这三个化合物都是与中性吡嗪配体结合的，并且具有同样的结构，见图 25-37。

2016 年，王秀丽课题组报道了一系列基于 A 型 Anderson $[TeMo_6O_{24}]^{6-}$ 多阴离子配合物[37]：$H_2[Zn_4(3\text{-Hdpyp})_2(TeMo_6O_{24})_2(H_2O)_{16}]\cdot 6H_2O$（**25**）$[Zn_3(3\text{-dpyb})_2(TeMo_6O_{24})(H_2O)_{12}]\cdot 8H_2O$（**26**）、$[Cu_2(4\text{-Hdpyp})_2(TeMo_6O_{24})(H_2O)_6]\cdot 4H_2O$（**27**）和 $[Cu_3(3\text{-dpyp})_2(TeMo_6O_{24})(H_2O)_8]\cdot 4H_2O$（**28**）（3-dpyp = N,N'-双（3-吡啶酰胺）-1,3-丙烷，3-dpyb = N,N'-双（3-吡啶酰胺）-1,4-丁烷，4-dpyp = N,N'-双（4-吡啶酰胺）-1,3-丙烷），如图 25-38 所示。这四个化合物是在水热条件下合成的，结果表明柔性配体和金属离子对最终结构都有重要的影响。

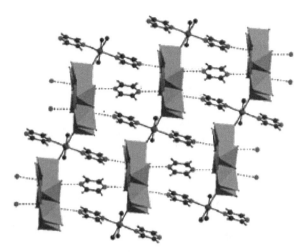

图 25-37 化合物(Hpyz)[{Ni(pyz)₂(H₂O)₂}{CrMo₆(OH)₆O₁₈}]·2H₂O 的超分子网络图

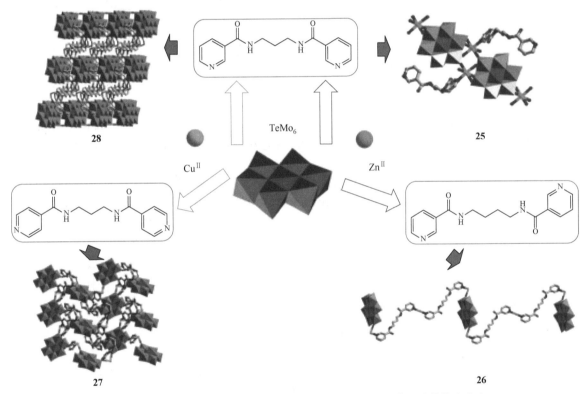

图 25-38 柔性配体和金属离子对基于 TeMo₆ 的 4 个化合物最终结构的影响

25.5.2 Anderson 型多酸与阴离子配体结合构筑的配位聚合物

2005 年, 王恩波课题组以异烟酸为配体合成了 3 个基于 Anderson 型多阴离子的银配合物: (4-H₂pya)₂[(4-Hpya)₂Ag][Cr(OH)₆Mo₆O₁₈]·4H₂O、[(H₂O)₅Na₂(4-pya)(4-Hpya)₃Ag₂][Ag₂IMo₆O₂₄(H₂O)₄]·6.25H₂O 和 [(H₂O)₄Na₂(4-Hpya)₆Ag₃][IMo₆O₂₄]·6H₂O[38]。 化 合 物 [(H₂O)₅Na₂(4-pya)(4-Hpya)₃Ag₂][Ag₂IMo₆O₂₄(H₂O)₄]·6.25H₂O 的 Anderson 型多阴离子中的六个 MoO₆ 八面体分成两种类型: 有四个 MoO₆ 八面体分成两组, 每组是由两个 MoO₆ 八面体共边形成的二聚体, 其余两个 MoO₆ 八面体分别共角连接着两组二聚体形成环状结构, 中间的 IO₆ 八面体与两个单个的 MoO₆ 八面体共边连接, 而与二聚体共角连接, 这种连接模式是当时未见报道的, 如图 25-39 (a) 所示。 在结构的内部, 与三核 Ag⁺簇中间的 Ag⁺配位的 4-Hpya 中的羧基 O 与双核 Na⁺簇之间的配位键进一步巩固了该 2D 结构。在当时，由 Ag-有机羧酸配合物拓展的 Anderson 型多阴离子配合物还是比较少见的。

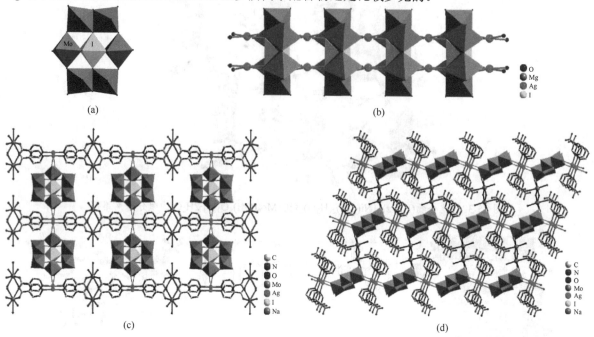

图 25-39　（a）A 型[IMo₆O₂₄(H₂O)₄]⁵⁻结构图；（b）1D [Ag₂IMo₆O₂₄(H₂O)₄]³⁻链；（c）化合物[(H₂O)₅Na₂(4-pya)(4-Hpya)₃Ag₂][Ag₂IMo₆O₂₄(H₂O)₄]·6.25H₂O 的 3D 框架结构；（d）化合物[(H₂O)₄Na₂(3-Hpya)₆Ag₃][IMo₆O₂₄]·6H₂O 的 2D 结构图

2005 年，王恩波课题组继续以异烟酸为配体，合成了一系列稀土离子连接的基于 Anderson 型多阴离子的配位聚合物。(4-Hpya)[(H₂O)₄(4-Hpya)Ln(CrMo₆H₆O₂₄)]·4H₂O(Ln = Ce, Pr, La, Nd)是首例由稀土离子和多酸构筑的二维手性配位聚合物[39]，如图 25-40 所示。该类化合物中，稀土离子将[Cr(OH)₆Mo₆O₁₈]³⁻连接成 1D 的螺旋链，该链沿着 b 方向具有 2₁ 螺旋轴。相邻的螺旋链通过 4-Hpya 的羧基连接成手性 2D 层。相邻的 2D 层分别为左旋手性层和右旋手性层。由于稀土离子具有很好的发光特性，而多酸离子具有很好的催化效果，该手性化合物的成功合成为具有手性特质的催化和发光材料的合成提供了一定的实验基础。

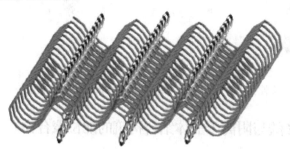

图 25-40　[(H₂O)₄(4-Hpya)Ln 和[Cr(OH)₆Mo₆O₁₈]³⁻构筑的 2D 手性层结构的示意图

2007 年，东北师范大学的刘术侠课题组合成了首例基于草酸桥-双核铜配合物修饰的 Anderson 型多阴离子化合物[Cu₂(2, 2′-bipy)₂(μ-ox)][Al(OH)₇Mo₆O₁₇][40]。此化合物中有两种晶体学独立的 Cu²⁺，每个 Cu²⁺与一个 2, 2′-bipy 形成[Cu(2, 2′-bipy)]²⁺金属有机单元，两个[Cu(2, 2′-bipy)]²⁺金属有机单元通过一个四配位的草酸根连接成双金属结构单元[Cu₂(2, 2′-bipy)₂(μ-ox)]²⁺，该结构单元通过六配位的 Cu²⁺将 Anderson 型多阴离子连接成 1D 结构，如图 25-41 所示。有趣的是，五配位的[Cu(2, 2′-bipy)]²⁺与六配位的[Cu(2, 2′-bipy)]²⁺分别分布在 1D 链的两侧。

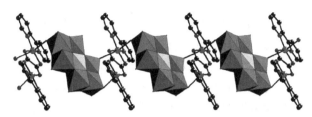

图 25-41 化合物[Cu$_2$(2, 2'-bipy)$_2$(μ-ox)][Al(OH)$_7$Mo$_6$O$_{17}$]的 1D 结构图

25.6 以多钼酸盐为无机配体构筑的配位聚合物

由于钼原子数目和其配位方式不同，同多钼酸盐的结构种类繁多，目前报道的同多钼酸盐结构从简单的[Mo$_2$O$_7$]$^{2-}$簇到巨大的{Mo$_{368}$}笼形结构，展示出同多钼酸盐结构化学的独特魅力。常见的同多钼酸盐包括[HMo$_5$O$_{17}$]$^{3-}$、[Mo$_6$O$_{19}$]$^{2-}$（Lindqvist 型）、[Mo$_7$O$_{24}$]$^{6-}$、[Mo$_8$O$_{26}$]$^{4-}$、[Mo$_{13}$O$_{40}$]$^{4-}$（类 Keggin 型）以及由这些单元构筑的高核同多钼酸盐，如[Mo$_{18}$O$_{56}$(CH$_3$COO)$_2$]$^{10-}$、[Mo$_{40}$O$_{128}$]$^{24-}$、[Mo$_{154}$(NO)$_{14}$(OH)$_{28}$(H$_2$O)$_{70}$]$^{n-}$等。2002 年，Müller 等报道的[H$_x$Mo$_{368}$O$_{1032}$(H$_2$O)$_{240}$(SO$_4$)$_{48}$]$^{48-}$·1000H$_2$O = {Mo$_{368}$}代表着迄今最大的钼簇结构，由于此钼簇的结构非常像刺猬，被称为"纳米刺猬"。

近年来，通过常规合成方法或者水热合成技术，各种有机配体分子或者金属有机配合物被陆续引入同多钼酸盐多阴离子体系中，构筑出了一系列具有新奇结构、优异性能的同多钼酸盐基配位聚合物。通常被引入的有机配体分子可以为有机羧酸类配体、含氮杂环类配体、氨基酸配体、有机胺配体、Schiff 碱类配体等。中心金属离子的选择通常为过渡金属和稀土金属，也有相对研究较少的主族金属。

作为同多钼酸盐中的一种，[Mo$_8$O$_{26}$]$^{4-}$是含有多种异构体的重要的八钼氧酸盐，它包括 α、β、γ、δ、ε、ζ、η 和 θ 多种异构体（图 25-42）。目前已有大量的新奇的包含八钼氧酸盐单元的零维核簇结

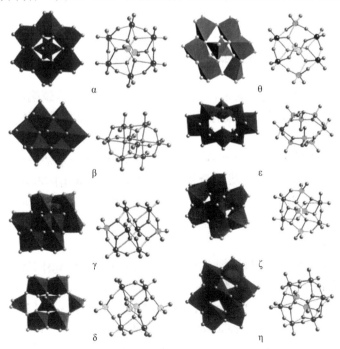

图 25-42 [Mo$_8$O$_{26}$]$^{4-}$阴离子异构体的结构图

构、一维的线形结构、带状链结构、二维层结构和三维框架结构的过渡金属、稀土金属功能配合物被报道。这些功能配合物的合成不仅极大地丰富了钼氧酸盐的结构化学，还使这类化合物具有更优越的性质，从而具有更广阔的应用前景。而其他同多钼酸盐基配合物的报道略少。

同多钼酸盐配合物的合成方法主要是常规和水热合成两种，其反应过程都会受到多种因素的影响，如起始反应物种类、起始反应物浓度、pH 值、反应时间和温度、溶剂等，简单概况如下：

（1）在同多钼酸盐配合物的合成过程中，起始反应物种类的选择非常重要。在此类配合物合成时，通常选择多酸阴离子合成原料作为起始物 { 如 Na_2MoO_4、MoO_3、H_2MoO_4、$(NH_4)_6Mo_7O_{24} \cdot 4H_2O$、$[(n\text{-}Bu)_4N]_2[Mo_6O_{19}]$ 等 } 时能得到目标配合物，而选择直接制备好的 $Mo_8O_{26}^{4-}$ 多钼酸盐作为起始反应物的非常少。

（2）反应体系中 pH 值的调节是能否获得目标配合物的关键的因素。当体系的 pH 值调整到合适的范围时就能得到目标产物，同一个反应体系，调节不同的 pH 值时可能获得不同结构的配合物。当体系的 pH 值调节到偏离生成目标产物的范围时，就可能得不到目标配合物。

（3）反应体系的反应时间和反应温度对目标配合物的形成也是非常关键的。反应时间是影响配合物形成的至关重要的因素，反应时间过长或过短都有可能得不到目标产物。此外，对于水热合成体系，温度选择的影响可能更为显著，虽然水热合成可能会有一个反应温度范围，但是反应体系中温度选择过高或者过低都得不到相应的目标产物。

（4）溶剂体系的选择是常规合成的一个关键问题。在常规条件下，甲醇、乙醇、乙腈是最常见到的有机溶剂，但是当遇到溶解度比较小的配体时，通常会选择溶解性较强的 DMF 或者 DMSO 作为溶剂，有时有机溶剂分子还可能作为配体进行配位，因此这些有机溶剂的选择对配合物的形成影响很大。

（5）有机含氮配体在水热条件下具有一定的还原作用。在合成多酸基的过渡金属铜配合物时，含氮配体起非常重要的作用，一般仅仅起到桥连配体或者螯合配体的配位作用，但当其用量较大（远超过其配位所需用量）时，会对金属 Cu^{2+} 起到还原作用，Cu^{2+} 很容易被还原为 Cu^+。同时其在水热条件下也可以是一种还原剂，或者起到平衡电荷的作用。因此，含氮有机配体的用量选择也是非常重要的。

25.6.1 多钼酸盐与中性配体结合构筑的配位聚合物

如前面几节所述，中性配体种类繁多，大多能与多钼酸盐结合构筑配位聚合物，因此多钼酸盐基配合物种类繁多、结构多样。由于篇幅有限，这里重点介绍一些中性配体与各种 $[Mo_8O_{26}]^{4-}$ 异构体结合构筑的配位聚合物。

多钼酸盐基配位聚合物的研究起步很早。1997 年，Zubieta 等在水热条件下制备了一个基于同多钼酸盐 $[Mo_8O_{26}]^{4-}$ 的过渡金属 Ni^{II} 的二维配合物 $[\{Ni(H_2O)_2(4, 4'\text{-}bpy)_2\}_2Mo_8O_{26}]$[41]，其结构中包含新奇的 $\varepsilon\text{-}[Mo_8O_{26}]^{4-}$ 簇和 $\{Ni(H_2O)_2(4, 4'\text{-}bpy)_2\}_n^{2n+}$ 一维 Z 形链两种亚单元，两种亚单元间通过金属 Ni^{II} 离子与 $\varepsilon\text{-}[Mo_8O_{26}]^{4-}$ 的端氧配位键连接形成二维配位框架，如图 25-43 所示。这是最早利用水热技术合成的多酸基配位聚合物。

2005 年，Cronin 等描述了以有机溶剂为配体、$\beta\text{-}[Mo_8O_{26}]^{4-}$ 和 $\{Ag_2\}$ 二聚物为分子构筑单元的配合物的成长过程，并讨论了"封装"阳离子和配位溶剂的作用[42]。如图 25-44 所示，当使用 $n\text{-}Bu_4N^+$ 离子时，合成了两种一维链结构的配合物：$(n\text{-}Bu_4N)_{2n}[Ag_2Mo_8O_{26}]_n$（**29**）和 $(n\text{-}Bu_4N)_{2n}[Ag_2Mo_8O_{26}(CH_3CN)_2]_n$（**30**）。在 **30** 中随着 CH_3CN 溶剂分子的配位，其链的直径被扩展。DMSO 作为溶剂时，得到配合物 $(n\text{-}Bu_4N)_{2n}[Ag_2Mo_8O_{26}(DMSO)_2]_n$（**31**），其中 DMSO 作为连接基团，并由于一维链间的相互交错形成了网格状结构。然而，在配合物 $(HDMF)_n[Ag_3(Mo_8O_{26})(DMF)_4]_n$（**32**）中，相对较

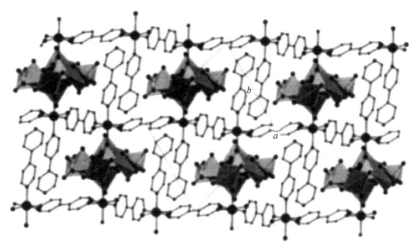

图 25-43　配合物[{Ni(H₂O)₂(4, 4′-bpy)₂}₂Mo₈O₂₆]的二维层结构

大的 Bu₄N⁺离子被替换为质子化的阳离子 HDMF，因此，链状结构转化为二维层结构。通过对一种单分子单元(Ph₄P)₂[Ag₂Mo₈O₂₆(DMSO)₄]（33）的分离，结构单元的观念进一步被证实，Ph₄P⁺阳离子被"封装"以避免{Ag—Mo₈—Ag}结构块的聚集。在配合物 29～32 中，Ag 二聚物的本质通过密度泛函理论（DFT）计算检验，Ag-Ag 相互作用也已经被描述。

图 25-44　（a）(n-Bu₄N)₂ₙ[Ag₂Mo₈O₂₆]ₙ（29）和(n-Bu₄N)₂ₙ[Ag₂Mo₈O₂₆(CH₃CN)₂]ₙ（30）的两种一维链结构；（b）配合物(n-Bu₄N)₂ₙ[Ag₂Mo₈O₂₆(DMSO)₂]ₙ（31）和(HDMF)ₙ[Ag₃(Mo₈O₂₆)(DMF)₄]ₙ（32）的结构；（c）配合物(Ph₄P)₂[Ag₂Mo₈O₂₆(DMSO)₄]（33）的结构

2007 年，卢灿忠课题组利用三氮唑及其衍生物作为有机配体，在水热条件下合成了两个 Ag/1, 2, 4-三唑/Mo₈O₂₆⁴⁻ 体系的配位聚合物[Ag₂(3atrz)₂][Ag₂(3atrz)₂(Mo₈O₂₆)]（34）和[Ag₅(trz)₄]₂[Ag₂(Mo₈O₂₆)]·4H₂O（35）（3atrz = 3-氨基-1, 2, 4-三氮唑，trz = 1, 2, 4-三氮唑）[43]。34 是 Z 形阳离子[Ag₂(3atrz)₂]ₙ²ⁿ⁺ 链与阴离子[Ag₂(3atrz)₂(Mo₈O₂₆)]ₙ²ⁿ⁻ 二维网络相互穿插的结构，如图 25-45（a）所示，其中的二维阴离子层是由一维[Mo₈O₂₆]ₙ⁴ⁿ⁻ 链和[Ag₂(3atrz)₂]²⁺双核单元构成的。35 是一维[Ag₂(Mo₈O₂₆)]ₙ²ⁿ⁻ 阴离子链与一对[Ag₅(trz)₄]ₙⁿ⁻ 链相连接形成的三维网络，其代表了第一个基于棒形[Ag₂Mo₈O₂₆]ₙ²ⁿ⁻ 结构单元的高维度的框架结构，如图 25-45（b）所示。

2008 年，苏忠民课题组以柔性双咪唑为配体，在水热条件下通过改变有机胺配体的用量，合成了 Mo₈O₂₆ 基的铜配位聚合物：[H₂bbi][Cuᴵᴵ(bbi)₂(β-Mo₈O₂₆)]、[Cuᴵᴵ(bbi)₂(H₂O)(β-Mo₈O₂₆)₀.₅]、[Cuᴵᴵ(bbi)₂(α-Mo₈O₂₆)][Cuᴵ(bbi)]₂、[CuᴵᴵCuᴵ(bbi)₃(α-Mo₈O₂₆)][Cuᴵ(bbi)]（36）（bbi = 1, 1′-（1, 4-丁基）双咪唑）、[Cuᴵ(bbi)]₂[Cu²ᴵ(bbi)₂(δ-Mo₈O₂₆)₀.₅][α-Mo₈O₂₆]₀.₅(37)、[Cuᴵ(bbi)][Cuᴵ(bbi)(θ-Mo₈O₂₆)₀.₅](38)[44]。其中部分配合物中铜存在 +1 和 +2 两种价态，过量的有机配体起到还原剂的作用。配合物 37 和 38 是基于不同种类[Mo₈O₂₆]⁴⁻阴离子结构块的多穿插拓扑结构的超分子异构体，如图 25-46 所示。配合物 37 是第一个同时包含[δ-Mo₈O₂₆]和[α-Mo₈O₂₆]的三维超分子结构。

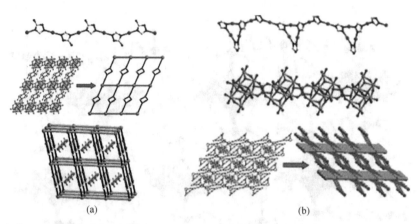

图 25-45　（a）配合物[Ag₂(3atrz)₂][Ag₂(3atrz)₂(Mo₈O₂₆)]（**34**）的结构；（b）配合物[Ag₅(trz)₄]₂[Ag₂(Mo₈O₂₆)]·4H₂O（**35**）的结构

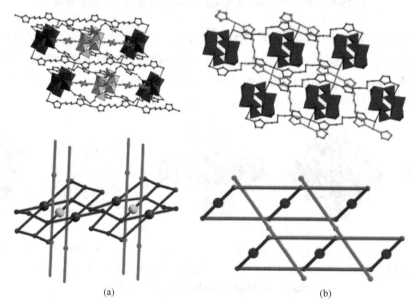

图 25-46　（a）配合物[Cu(bbi)]₂[Cu₂(bbi)₂(δ-Mo₈O₂₆)₀.₅][α-Mo₈O₂₆]₀.₅（**37**）的结构图；（b）配合物[Cu(bbi)][Cu(bbi) (θ-Mo₈O₂₆)₀.₅]（**38**）的结构图

2009 年，徐强等通过引入两种柔性的配体 1，4-双（1，2，4-三唑-1-甲基）苯（L^1）和 1，4-双（咪唑-1-甲基）苯（L^2）到钼酸盐体系中，水热条件下制备了 8 个基于[Mo₈O₂₆]⁴⁻阴离子的配合物：[Cu₂(L¹)₄][θ-Mo₈O₂₆]（**39**）、[Cu₄(L¹)₄][β-Mo₈O₂₆]₀.₅[γ-Mo₈O₂₆]₀.₅·H₂O（**40**）、[Ag₄(L¹)₂][β-Mo₈O₂₆]（**41**）、[M₂(L¹)₃(H₂O)₄][β-Mo₈O₂₆·2H₂O[M = Zn（**42**）、Co（**43**）、Ni（**44**）]、[M₄(L²)₄][δ-Mo₈O₂₆[M = Cu（**45**）、Ag（**46**）]⁴⁵]。配合物 **39** 是一种基于[CuL¹]ₙ左手-螺旋链、右手-螺旋链和 θ-[Mo₈O₂₆]⁴⁻多阴离子的新奇的柱-层框架，如图 25-47（a）所示。配合物 **40** 的结构中同时包含两种构型的[Mo₈O₂₆]⁴⁻多阴离子：β-[Mo₈O₂₆]⁴⁻和 γ-[Mo₈O₂₆]⁴⁻，导致两种梯状结构块和最终多重穿插结构的形成，如图 25-47（b）所示。配合物 **41** 中的阳离子[Ag₂(L¹)₂]²⁺和阴离子 β-[Mo₈O₂₆]⁴⁻结构块都是通过 Ag⁺相连，分别形成两种无限链结构[Ag₃(L¹)₂]ₙ³ⁿ⁺和[Ag-β-Mo₈O₂₆]ₙ³ⁿ⁻，如图 25-47（c）所示。配合物 **42**～**44** 是同构的，都是基于 β-[Mo₈O₂₆]⁴⁻阴离子簇的平行 2 重（2D→2D）互穿网络，如图 25-47（d）所示。同构的配合物 **45** 和 **46** 是基于 δ-[Mo₈O₂₆]⁴⁻多阴离子的 3D 多穿插结构，如图 25-47（e）所示。

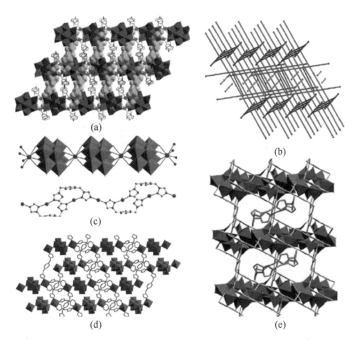

图 25-47 （a）配合物[Cu$_2$(L^1)$_4$][θ-Mo$_8$O$_{26}$]（**39**）的 3D 的柱-层框架；（b）配合物[Cu$_4$(L^1)$_4$][β-Mo$_8$O$_{26}$]$_{0.5}$[γ-Mo$_8$O$_{26}$]$_{0.5}$·H$_2$O （**40**）的多重穿插结构；（c）配合物[Ag$_4$(L^1)$_2$][β-Mo$_8$O$_{26}$]（**41**）的两种[Ag$_3$(L^1)$_2$]$_n^{3n+}$ 和[Ag-β-Mo$_8$O$_{26}$]$_n^{3n-}$ 1D 链结构；（d）配合物[Zn$_2$(L^1)$_3$(H$_2$O)$_4$][β-Mo$_8$O$_{26}$]·2H$_2$O（**42**）的 2 重互穿结构；（e）配合物[Cu$_4$(L^2)$_4$][δ-Mo$_8$O$_{26}$]（**45**）的 3D 多穿插结构

2012 年，王恩波课题组利用半刚性的双三氮唑配体，在离子热条件下合成了三个基于[Mo$_8$O$_{26}$]$^{4-}$ 结构块的配位聚合物[46]：Cu$^{\mathrm{I}}_2$BBTZ$_6$[(α-Mo$_8$O$_{26}$)(β-Mo$_8$O$_{26}$)]（**47**）、(Cu^{I}BBTZ)$_4$[Mo$_7$Cu^{II}O$_{24}$(H$_2$O)$_2$]·6H$_2$O（**48**）和 Cu^{II}Cu$^{\mathrm{I}}_2$BBTZ$_5$[β-Mo$_8$O$_{26}$]（**49**）[BBTZ = 1, 4-双（1, 2, 4-三唑-1-甲基）苯]。在配合物 **47** 中，多阴离子[α-Mo$_8$O$_{26}$]$^{4-}$、[β-Mo$_8$O$_{26}$]$^{4-}$和配体 BBTZ 连接 Cu^{I}离子形成三维网络，其中包含沿着三个方向上相互贯穿的隧道结构，是典型的 α-Po 拓扑。在配合物 **48** 和 **49** 中，多阴离子和配体 BBTZ 连接离子形成包含一种隧道结构的三维网络，配合物 **48** 为 *sxd* 拓扑结构，配合物 **49** 为 α-Po 拓扑网络（图 25-48）。

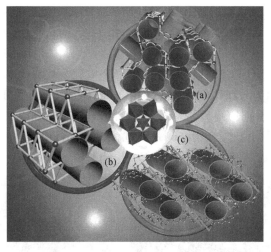

图 25-48 （a）配合物 **47** 的球棍图，三维网络中包含三个方向上的隧道结构；（b）配合物 **48** 的拓扑图，包含一种隧道结构；（c）配合物 **49** 的球棍图，包含一种隧道结构

2016 年，王秀丽课题组以双吡啶-双酰胺为配体，合成了系列同多钼酸盐基的过渡金属配位聚合物[47]：$H_2[Mn(H_2O)_4L_3(\gamma-Mo_8O_{26})]_8 \cdot H_2O$（**50**）、$H[M_2(CH_3O)(H_2O)_6L_3(\gamma-Mo_8O_{26})][M = Zn$（**51**），Co（**52**），L = 1, 4-双（3-吡啶甲酰胺基）-苯]。其中配合物 **50** 是由金属 Mn 与配体通过 M—N 键连接而成的一维链状结构，配合物 **51** 和 **52** 同构，同为 3D 的（2, 3, 4）-连接的框架结构，如图 25-49 所示。

图 25-49　配合物 **50**（a）和 **51**、**52**（b）的结构示意图

相对于$[Mo_8O_{26}]^{4-}$阴离子基的配合物，其他同多钼酸盐基配合物的报道略少。2000 年，LaDuca 等以过渡金属 Ni（Ⅱ）为中心金属，利用 3, 3′-联吡啶配体合成了两个同多钼酸盐基配合物$[\{Ni(3, 3'-bpy)_2\}_2Mo_4O_{14}]$（**53**）和$[Ni(3, 3'-Hbpy)Mo_4O_{13}(OH)]$（**54**）（3, 3′-bpy = 3, 3′-联吡啶）[48]。在配合物 **53** 中，镍离子和 3, 3′-bpy 形成一个$\{Ni(3, 3'-bpy)_2\}_n^{2n-}$格子状二维层结构，$\{Mo_4O_{14}\}^{4-}$簇镶嵌在格子中［图 25-50（a）］。而在配合物 **54** 中，镍离子与同多钼酸盐形成$\{NiMo_4O_{13}(OH)\}_n^{n-}$二维层状结构，而一端质子化的 3, 3′-Hbpy 配体悬挂在二维层上。

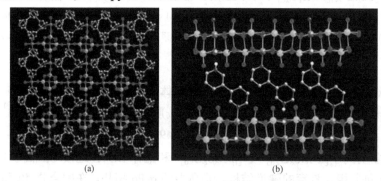

图 25-50　（a）配合物$[\{Ni(3, 3'-bpy)_2\}_2Mo_4O_{14}]$（**53**）的二维层状结构（c 轴方向）；（b）配合物$[Ni(3, 3'-Hbpy)Mo_4O_{13}(OH)]$（**54**）的二维层状结构

2001 年，Zubieta 等利用 $CuSO_4 \cdot 5H_2O$、$Na_2MoO_4 \cdot 2H_2O$、2, 2′-联吡啶和桥连的二膦酸盐配体$H_2O_3P(CH_2)_4PO_3H_2$ 在水热条件下得到了一种一维链结构$[\{Cu(bpy)_2\}\{Cu(bpy)(H_2O)_2\}(Mo_5O_{15})\{O_3P(CH_2)_4PO_3\}] \cdot H_2O$（**55**）；通过引入第二种桥连组分四（2-吡啶）吡嗪（tpypyz）配体，$Cu(MeCO_2)_2 \cdot H_2O$、MoO_3、$H_2O_3PCH_2CH_2PO_3H_2$ 和四（2-吡啶）吡嗪在水热条件下反应产生了一种二维结构的配位聚合物$[\{Cu_2(tpypyz)(H_2O)_2\}(Mo_5O_{15})(O_3PCH_2CH_2PO_3)] \cdot 5.5H_2O$（**56**）[49]。在配合物 **55** 中，被$\{Cu(bpy)_2\}^{2+}$和$\{Cu(bpy)(H_2O)_2\}^{2+}$亚单元修饰的$\{Mo_5O_{21}\}$环簇通过二膦酸盐配体连接形成一维链结构，如图 25-51（a）所示。配合物 **56** 是通过$\{Cu_2(tpypyz)(H_2O)_2\}^{4+}$亚单元连接一维$\{(Mo_5O_{15})(O_3PCH_2CH_2PO_3)\}_n^{4n-}$链形成二维层结构，如图 25-51（b）所示。

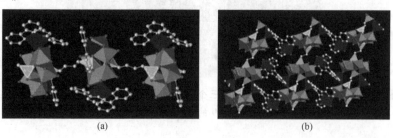

图 25-51　（a）配合物 **55** 的一维链结构；（b）配合物 **56** 的二维层结构

25.6.2　多钼酸盐与阴离子配体结合构筑的配位聚合物

关于多钼酸盐与阴离子配体构筑的配合物研究起步较早。2002 年，卢灿忠课题组利用 $Na_2MoO_4 \cdot 2H_2O$、$CuSO_4 \cdot 5H_2O$、4, 4'-bpy 和烟酸（nic）在酸性水溶液中反应（pH = 2.44，生成 β-$[Mo_8O_{26}]^{4-}$ 阴离子），制备得到了配合物$[Cu(4, 4'-bpy)(nic)(H_2O)]_2Mo_8O_{26}$[50]，该配合物是一种二维砖墙型的结构，其中 β-$[Mo_8O_{26}]^{4-}$ 单元连接相邻的$[Cu(4, 4'-bpy)(nic)(H_2O)]_n^{2n+}$ 链形成一种夹心型的包含矩形空腔的二维层，最有趣的是配合物的拓展结构是通过两种 Z 形链聚合物贯穿缠绕在一起形成的（图 25-52）。

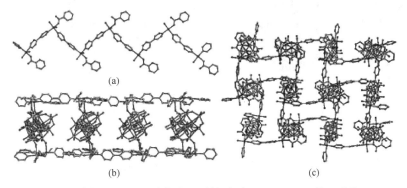

图 25-52　（a）双齿 4, 4'-bpy 配体连接 CuO3N2 形成的 Z 形链；（b）[Mo8O26]4 单元连接[Cu(4, 4'-bipy)(nic)(H₂O)]2+ 链形成的夹心型层；（c）包含矩形孔道的配合物侧面图

2005 年，王恩波课题组合成了一个具有微孔结构的镧系金属与多钼酸盐结合的配合物，即$[\{La(H_2O)_5(dipic)\}\{La(H_2O)(dipic)\}]_2\{Mo_8O_{26}\} \cdot 10H_2O$（$H_2dipic$ = 2, 6-吡啶二羧酸）[51]，该化合物由独立的 β-$\{Mo_8O_{26}\}^{4-}$ 簇支撑 La-有机配体聚合物二维层而构成，这些二维层被 β-$\{Mo_8O_{26}\}^{4-}$ 支撑构筑成为三维结构，如图 25-53 所示。

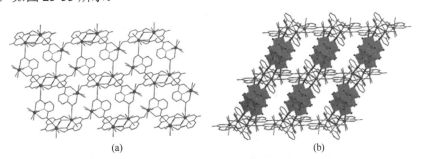

图 25-53　（a）化合物$[\{La(H_2O)_5(dipic)\}\{La(H_2O)(dipic)\}]_2\{Mo_8O_{26}\} \cdot 10H_2O$ 中 La-有机配体的独立二维网络；（b）从 c 轴来看化合物中的三维框架

2012 年，王敬平课题组利用$(TBA)_4[Mo_8O_{26}]$（TBA = $(n\text{-}C_4H_9)_4N$）、1-羟基亚乙基二膦酸盐（$H_2O_3PCCH_3OHPO_3H_2$）、镧系元素盐和 DMF 在乙腈-水溶剂中反应，成功制备了一类新奇的有机膦酸盐功能化的多钼酸盐笼形结构的镧系金属配合物：$(HDMA)_2(TBA)[Ce_5(DMF)_{13}(H_2O)_{11}\{(Mo_3O_8)(O_3PCOCH_3PO_3)\}_6] \cdot 4DMF \cdot 6H_2O$（HDMA = 二甲基铵）、$(TBA)_3[Ln_5(DMF)_{11}(H_2O)_{14}\{(Mo_3O_8)(O_3PCOCH_3PO_3)\}_6] \cdot DMF \cdot 5H_2O[Ln = Pr^{III}$，$Nd^{III}$，$Sm^{III}]$ 和 $(HDMA)_3[Ln_5(DMF)_{12}(H_2O)_{12}\{(Mo_3O_8)(O_3PCOCH_3PO_3)\}_6] \cdot 6DMF \cdot nH_2O[Ln = Eu^{III}$，$n = 0$；$Gd^{III}$，$n = 2$；$Tb^{III}$，$n = 2][52]$。这七种配合物展示了前所未有的两种"风车"形结构，是通过三个 Ln^{III}桥连 $\{Ln(DMF)_m(H_2O)_n\{(Mo_3O_8)(O_3PCOCH_3PO_3)\}_3\}^{6-}$（$m = 1, 2, 3$；$n = 0, 1, 2$）形成的（图 25-54）。

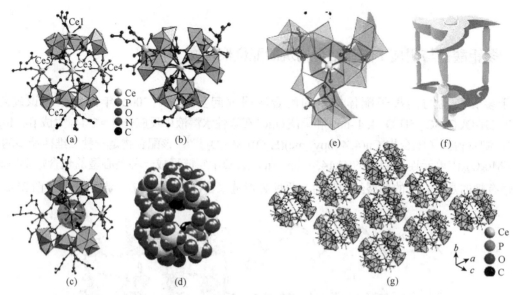

图 25-54 （a）POM 笼的侧面图；（b）POM 笼的俯视图；（c）笼形结构的内部空穴；（d）空间堆积图；（e）风车亚单元结构；（f）风车的卡通图；（g）POM 笼的堆积图

25.6.3 多钼酸盐与现场生成配体结合构筑的配位聚合物

众所周知，在特殊条件的合成过程中，个别有机配体可能会现场转化或分解形成另一种新的配体，从而得到意想不到的化合物，更有助于合成具有新颖结构的化合物。在水热、溶剂热条件下，通常的转化类型为：通过还原、耦合反应，水解—COOR 基团，还原—COO—等来形成 C—C 键、C—C 单键的断裂、C—N 单键的断裂、N—N 单键的断裂。据文献分析，在多酸基化合物中，配体现场转化并不很常见，而同多钼酸盐型多酸体系在反应过程中有机配体发生现场转化的例子更是非常少见。

2011 年，林申课题组在水热条件下通过原位转化的四唑配体，得到了三种基于同多钼酸盐的配位聚合物：[Ag$_4$(3-pttz)$_2$Mo$_3$O$_{10}$] [3-pttz = 5-（3-吡啶）四唑]，[Ag$_4$(2-pttz)$_2$Mo$_4$O$_{13}$] [2-pttz = 5-（2-吡啶）四唑] 及[Ag$_4$(pzttz)$_2$Mo$_4$O$_{13}$] [pzttz = 5-（吡嗪）四唑] [53]，结构如图 25-55 所示。

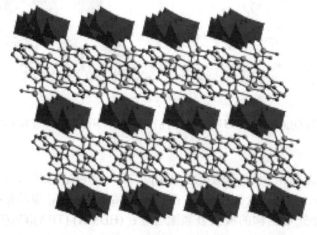

图 25-55 配合物的结构图

2017 年，王秀丽课题组通过原位转化苄腈基反应物，水热条件下成功地合成了三种同多钼酸盐基铜配位聚合物：[Cu$_3^{II}$(DBIBA)$_3$][δ-HMo$_8$O$_{26}$]（**57**）、[Cu$_2^{II}$(H$_2$O)(DIBA)(HDIBA)(γ-HMo$_8$O$_{26}$)]·2H$_2$O（**58**）、[Cu^I(DTBA)(Mo$_2$O$_6$)]（**59**）[HDBIBA = 3,5-二（苯并咪唑-1-基）苯甲酸，HDIBA = 3,5-二（1H-

咪唑-1-基）苯甲酸，HDTBA = 3, 5-二（1, 2, 4-三唑-1-基）苯甲酸][54]。虽然都是以仲钼酸铵为原料，但是在反应过程中由于配体取代基的不同，生成了不同的同多钼酸盐基的配位聚合物，所有的腈基都在反应的过程中转化为羧基，并且与金属配位（图 25-56）。尤其值得关注的是，在化合物 **58** 和 **59** 中，部分羧基氧原子参与了同多钼酸盐阴离子的形成，这在多酸基配合物中是比较少见的。

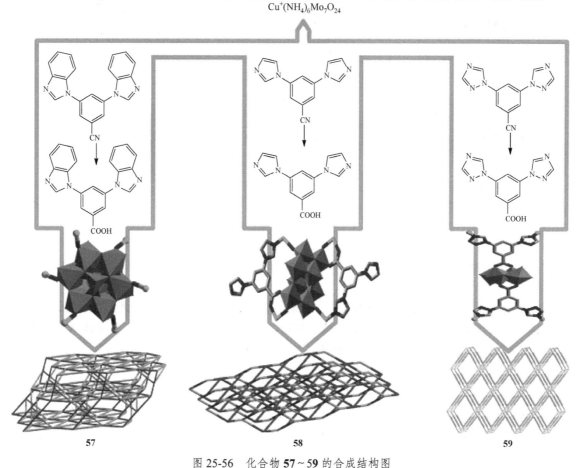

图 25-56　化合物 **57~59** 的合成结构图

25.7　以多钨酸盐为无机配体构筑的配位聚合物

同多钨酸盐是通过酸化简单的钨酸盐水溶液制备得到的，经典的同多钨酸盐阴离子通常指 $[HW_5O_{19}]^{7-}$、$[W_6O_{19}]^{2-}$（Lindqvist 型）、$[W_7O_{24}]^{6-}$、$[W_{10}O_{32}]^{4-}$、$[HW_{11}O_{38}]^{6-}$、$[H_2W_{12}O_{40}]^{6-}$（类 Keggin 型）、$[H_2W_{12}O_{42}]^{10-}$（仲钨酸盐），以及由这些单元构筑的高核同多钨酸盐多阴离子，如 $[HW_{19}O_{62}]^{6-}$、$[HW_{22}O_{74}]^{12-}$、$[W_{24}O_{84}]^{24-}$、$[H_{10}W_{34}O_{116}]^{18-}$、$[H_{12}W_{36}O_{120}]^{12-}$ 等。近年来，由于各种有机配体分子或者金属有机化合物的引入，一系列具有新奇结构、优异性能的同多钨酸盐基的功能配合物被合成出来。其中同多钨酸盐 $[H_2W_{12}O_{40}]^{6-}$（类 Keggin 型）和 $[H_2W_{12}O_{42}]^{10-}$（仲钨酸盐）阴离子表面氧原子具有较高活性，容易被过渡金属离子修饰和连接，因此此类同多钨酸盐基功能配合物的报道略多于其他同多钨酸盐基功能配合物。图 25-57 是常见同多钨酸盐阴离子的结构。本节主要简单介绍 $[H_2W_{12}O_{40}]^{6-}$（类 Keggin 型）、$[H_2W_{12}O_{42}]^{10-}$（仲钨酸盐）和 $[W_{10}O_{32}]^{4-}$ 等更为常见的同多钨酸盐基功能配合物。

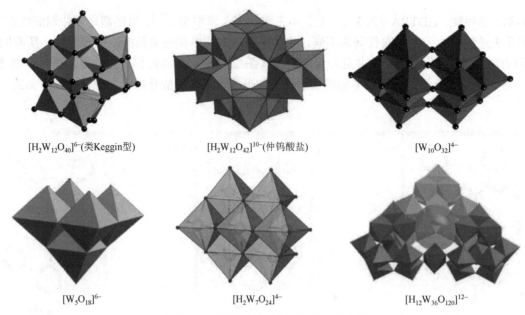

图 25-57　常见同多钨酸盐阴离子结构图

25.7.1　多钨酸盐与中性配体结合构筑的配位聚合物

如前面几节所述，中性配体种类繁多，大多能与多钨酸盐结合构筑配位聚合物，因此多钨酸盐基配合物也是种类繁多、结构多样。由于篇幅有限，这里只介绍一些中性配体与$[H_2W_{12}O_{40}]^{6-}$（类Keggin 型）、$[H_2W_{12}O_{42}]^{10-}$（仲钨酸盐）和$[W_{10}O_{32}]^{4-}$几种更为常见的同多钨酸盐结合构筑的配位聚合物。

2003 年，林碧洲等报道了一个基于十二钨酸盐簇$[H_2W_{12}O_{42}]^{10-}$和$[Cu(en)_2]^{2+}$配合物的一维链状配合物$[Cu(en)_2]_3[\{Cu(en)_2\}_2(H_2W_{12}O_{42})]\cdot 12H_2O$[55]，配体为最简单的乙二胺。该配合物中的$[H_2W_{12}O_{42}]^{10-}$阴离子是经典的中心对称的仲钨酸盐，由两种类型的亚单元构成 [图 25-58（a）]。此配合物中的每个同多钨酸盐$[H_2W_{12}O_{42}]^{10-}$簇作为四齿无机配体与相邻的两个多阴离子簇间通过四个$[Cu(en)_2]^{2+}$配合物连接，形成配合物的一维链状结构，如图 25-58（b）所示。此外，配合物中大量氢键的存在对其结构起到了巩固作用。

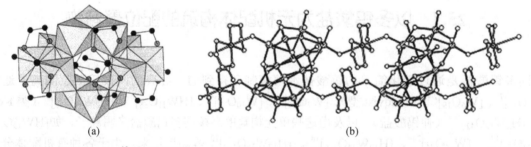

图 25-58　（a）$[H_2W_{12}O_{42}]^{10-}$阴离子结构图；（b）配合物$[Cu(en)_2]_3[\{Cu(en)_2\}_2(H_2W_{12}O_{42})]\cdot 12H_2O$ 一维链状结构

2007 年，Cronin 等以乙腈为配体制备了具有三维多孔框架结构的配合物$[Ag(CH_3CN)_4]\cdot \{[Ag(CH_3CN)_2]_4[H_3W_{12}O_{40}]\}$[56]，其中的多钨酸盐为类 Keggin 结构，分析表明，两个基本结构单元α-$[H_3W_{12}O_{40}]^{5-}$和二聚体$\{[Ag(CH_3CN)_2]_2\}^{2+}$ [图 25-59（a）] 相互连接形成两种孔道结构，其中 T_d-对称的$[Ag(CH_3CN)_4]^+$单元作为模板填充在孔道内，如图 25-59（b）所示。

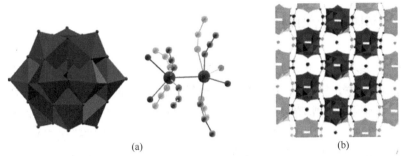

图 25-59 （a）基本结构单元 α-[H₃W₁₂O₄₀]⁵⁻和二聚体{[Ag(CH₃CN)₂]₂}²⁺；（b）配合物
[Ag(CH₃CN)₄]·{[Ag(CH₃CN)₂]₄[H₃W₁₂O₄₀]}的三维网络，[Ag(CH₃CN)₄]⁺作为抗衡离子填充在孔道内

2008 年，王恩波课题组报道了一个新有机-无机配合物[Cu₂ᴵ(2, 2'-bipy)₂(4, 4'-bipy)][Cu₁.₅ᴵ
(2, 2'-bipy)(4, 4'-bipy)]₂[H₃W₁₂O₄₀]（2, 2'-bipy = 2, 2'-联吡啶，4, 4'-bipy = 4, 4'-联吡啶）[57]，此配合物
代表第一例基于同多钨酸盐 α-[H₂W₁₂O₄₀]⁶⁻和包含两种混合配体的过渡金属化合物单元的一维链结
构。{[Cu₁.₅ᴵ(2, 2'-bipy)(4, 4'-bipy)]₂[H₃W₁₂O₄₀]}²⁻和[Cu₂ᴵ(2, 2'-bipy)₂(4, 4'-bipy)]²⁺是配合物的基本结构
单元，如图 25-60（a）所示。相邻链在配体吡啶环间强的 π-π 堆积作用下拓展成二维超分子层结构，
如图 25-60（b）所示。

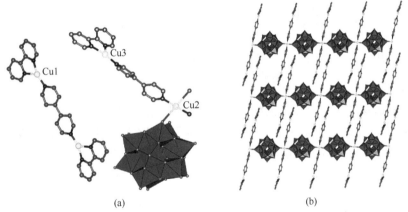

图 25-60 （a）基本结构单元{[Cu₁.₅ᴵ(2, 2'-bipy)(4, 4'-bipy)]₂[H₃W₁₂O₄₀]}²⁻和[Cu₂ᴵ(2, 2'-bipy)₂(4, 4'-bipy)]²⁺；（b）配合物
π-π 堆积作用下形成的二维超分子层

2010 年，曹荣课题组利用大环有机配体十甲基葫芦[5]脲（Me₁₀Q[5]）制备了一种基于同多钨酸盐
的配位聚合物，分子式为[Na₆(H₂O)₁₁(Me₁₀Q[5])₂]·[β-H₂W₁₂O₄₀]·5H₂O[58]。此配合物包含 β-Keggin 型同
多钨酸盐[H₂W₁₂O₄₀]⁶⁻簇和大环 Me₁₀Q[5]配体，展示了一种类似"火车厢"的链状结构（图 25-61），
是由位于中心的 POM/碱金属框架和两侧平行的 Me₁₀Q[5]大环配体构成。

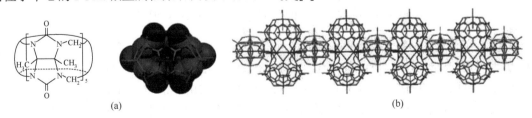

图 25-61 （a）配体十甲基葫芦[5]脲（Me₁₀Q[5]）的结构图；（b）配合物[Na₆(H₂O)₁₁(Me₁₀Q[5])₂]·[β-H₂W₁₂O₄₀]·5H₂O
的类似"火车厢"的链状结构

25.7.2 多钨酸盐与阴离子配体结合构筑的配位聚合物

与多钼酸盐类似，多钨酸盐也可以与多种阴离子配体结合构筑多种过渡金属和稀土金属配位聚合物，所用的阴离子配体包括烟酸、氨基酸、吡啶羧酸、吡嗪羧酸以及草酸等。下面只介绍几个代表性的例子。

2009 年，彭军课题组以 2-吡嗪羧酸为配体，在常规条件下合成了一种基于仲钨酸盐$[H_2W_{12}O_{42}]^{10-}$的铜配合物 $H_4\{[Cu_3(2-Hpzc)_2(H_2O)_4](H_2W_{12}O_{42})\}\cdot 13H_2O$（2-Hpzc = 2-吡嗪羧酸）[59]。在此配合物中每一个仲钨酸盐$[H_2W_{12}O_{42}]^{10-}$阴离子作为四齿配体通过端氧原子与四个 Cu^{2+} 阳离子配位形成二维层状结构[图 25-62（a）]，相邻的层被无限的阳离子链$[Cu(2-Hpzc)]^{2+}$连接导致三维网络结构的形成，如图 25-62（b）所示。此配合物为第一例基于仲钨酸盐$[H_2W_{12}O_{42}]^{10-}$和 Cu-2-吡嗪羧酸的高维配合物。而且在此配合物三维结构中，沿 b 轴和 c 轴方向上存在两种孔道尺寸，分别为 5.737Å×4.628Å 和 9.104Å×8.640Å。

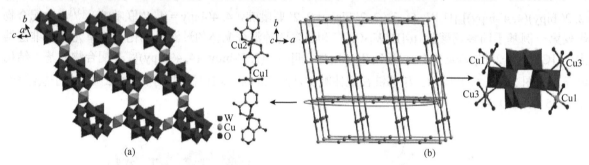

图 25-62 （a）$[H_2W_{12}O_{42}]^{10-}$连接 Cu^{2+}阳离子形成的 2D 层状结构；（b）配合物 $H_4\{[Cu_3(2-Hpzc)_2(H_2O)_4]$
$(H_2W_{12}O_{42})\}\cdot 13H_2O$ 的 3D 拓扑图

2010 年，王恩波课题组以甘氨酸为配体，通过常规方法合成并表征了 2 个由 Cu-甘氨酸和仲钨酸盐$[H_2W_{12}O_{42}]^{10-}$构筑的配位聚合物，即 $Na_6[\{Cu(Gly)(H_2O)\}]_2[\{Cu(H_2O)\}(H_2W_{12}O_{42})]\cdot 21H_2O$ 和 $Na\{Na(H_2O)_6\}\{Na(H_2O)_4\}_3[\{Cu(Gly)_2\}]_2\{H_5(H_2W_{12}O_{42})\}\cdot 8.5H_2O$（Gly = 甘氨酸）[60]。两种配合物分别为二维层和一维链结构（图 25-63）。

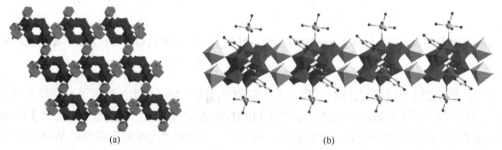

图 25-63 （a）配合物 $Na_6[\{Cu(Gly)(H_2O)\}]_2[\{Cu(H_2O)\}(H_2W_{12}O_{42})]\cdot 21H_2O$ 的二维结构；（b）配合物
$Na\{Na(H_2O)_6\}\{Na(H_2O)_4\}_3[\{Cu(Gly)_2\}]_2\{H_5(H_2W_{12}O_{42})\}\cdot 8.5H_2O$ 的一维链

2013 年，陈亚光以镧系金属为中心金属，利用 Keggin 型的$[H_2W_{12}O_{40}]^{6-}$多钨酸盐和含氮有机羧酸合成了四个配合物$(NH_4)_4[Er_2(pydc)_2(H_2O)_9(H_2W_{12}O_{40})]\cdot 12H_2O$（**60**）、$(NH_4)_3[Ln_3(pydc)_3(H_2O)_{15}$$(H_2W_{12}O_{40})]\cdot nH_2O[Ln = Tm（**61**），n = 17；Ln = Yb（**62**），n = 20；Ln = Lu（**63**），n = 13；pydc = 3, 5-吡啶二羧酸][61]。在配合物 **60** 中，Er^{3+}离子连接 pydc 形成一维链状结构[图 25-64（a）]，并通过$\{W_{12}\}^{6-}$连接形成二维层状结构[图 25-64（e）]，最终通过氢键作用形成三维超分子结构。配合物 **61~63** 具有类似的同构结构。在配合物 **61** 中，每个 Tm^{3+}离子连接 pydc 形成一维 Z 形链状结构[图 25-64（b）]，$\{W_{12}\}^{6-}$作为三齿配体连接三条方向不同的$[Tm-pydc]_n$链形成一个三维框架结构[图 25-64（f）]。

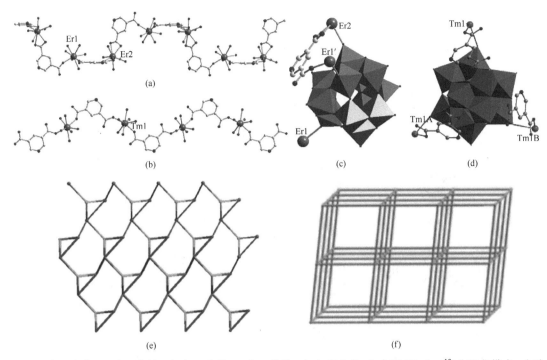

图 25-64 （a）配合物 **60** 的一维链；（b）配合物 **61** 的一维链；（c）配合物 **60** 中[H$_2$W$_{12}$O$_{42}$]$^{10-}$的配位模式；（d）配合物 **61** 中[H$_2$W$_{12}$O$_{42}$]$^{10-}$的配位模式；（e）配合物 **60** 的二维层的拓扑结构；（f）配合物 **61** 的三维拓扑结构

25.8 以多钒酸盐为无机配体构筑的配位聚合物

钒（V）作为一种活泼的过渡金属能与氧（O）、氮（N）等形成共价键。其中，钒很容易与氧聚合成各种同多阴离子。簇状的同多阴离子最多，如[V$_2$O$_7$]$^{4-}$、[V$_3$O$_9$]$^{3-}$、[V$_4$O$_{12}$]$^{4-}$、[V$_5$O$_{14}$]$^{3-}$、[V$_{10}$O$_{26}$]$^{4-}$、[V$_{10}$O$_{28}$]$^{6-}$、[V$_{10}$O$_{30}$]$^{11-}$、[V$_{12}$O$_{32}$]$^{4-}$、[V$_{13}$O$_{34}$]$^{3-}$、[V$_{14}$O$_{36}$]$^{4-}$、[V$_{15}$O$_{36}$]$^{5-}$、[V$_{15}$O$_{42}$]$^{9-}$、[V$_{16}$O$_{38}$]$^{3-}$、[V$_{16}$O$_{38}$]$^{7-}$、[V$_{16}$O$_{38}$]$^{12-}$、[V$_{16}$O$_{42}$]$^{4-}$、[V$_{16}$O$_{42}$]$^{7-}$、[V$_{17}$O$_{42}$]$^{4-}$、[V$_{18}$O$_{42}$]$^{12-}$、[V$_{18}$O$_{46}$]$^{5-}$、[V$_{19}$O$_{49}$]$^{9-}$、[V$_{22}$O$_{54}$]$^{6-}$、[V$_{34}$O$_{82}$]$^{10-}$等，其中多数为笼形结构，只有有限的环形和线形结构。链状的 V-O 结构单元为数较少，有 VO$_4$ 四面体共角连接成的[VO$_3$]$_n^{n-}$、V$_4$ 环与 V$_2$ 簇交替连接形成的[(V$_4$O$_{10}$)(V$_2$O$_7$)]$_n^{4n-}$、V$_4$ 环共角连接形成的[V$_4$O$_{11}$]$_n^{2n-}$、V$_4$ 环和 V$_4$ 棒交替连接形成的[(V$_4$O$_{10}$)(V$_4$O$_{13}$)]$_n^{6n-}$、V$_5$ 环和 VO$_4$ 四面体交替连接形成的[(V$_5$O$_{15}$)(VO$_2$)]$_n^{5n-}$、V$_6$ 环共角连接形成的[V$_6$O$_{17}$]$_n^{4n-}$以及 V$_8$ 环共边连接形成的[V$_8$O$_{23}$]$_n^{6n-}$等。

钒具有 VO$_4$ 四面体、VO$_5$ 四方锥以及 VO$_6$ 八面体多种配位构型，因此能与氧形成多种钒-氧亚单元结构，其中包括零维的簇、一维的链、二维的平面甚至是三维的框架结构。而在众多的钒-氧亚单元结构中，零维的簇、一维的链、二维的平面的外围存在着大量的端氧和桥氧，这些氧原子具有不同程度的配位能力；同时，上述亚单元结构带有不同数量的负电荷，因此，这些亚单元结构很容易与带正电荷的金属离子发生配位；而由于受到电荷平衡以及空间位阻等因素的制约，在与钒-氧亚单元结构配位的金属离子周围还存在不同数量的配位点，这就为有机配体提供了配位修饰的机会。这样一来，具有负电荷的无机钒-氧亚单元、带有正电荷的金属离子以及中性的有机配体三者便有可能成功引入到一个化合物中形成金属有机单元修饰的多钒酸盐基功能配合物。另外，能够引入金属有机单元修饰的多钒酸盐基的功能配合物中的有机配体的种类也十分丰富，其中包括脂肪胺、吡唑、吡嗪等[图 25-65（a）]，多吡啶及其衍生物[图 25-65（b）]，多吡嗪、多咪唑、羧酸等[图 25-65（c）]。如上所述，由钒和氧构成的同多钒氧亚单元结构具有多种结构类型，限于篇幅，本节只介绍一些代表性的功能配合物。

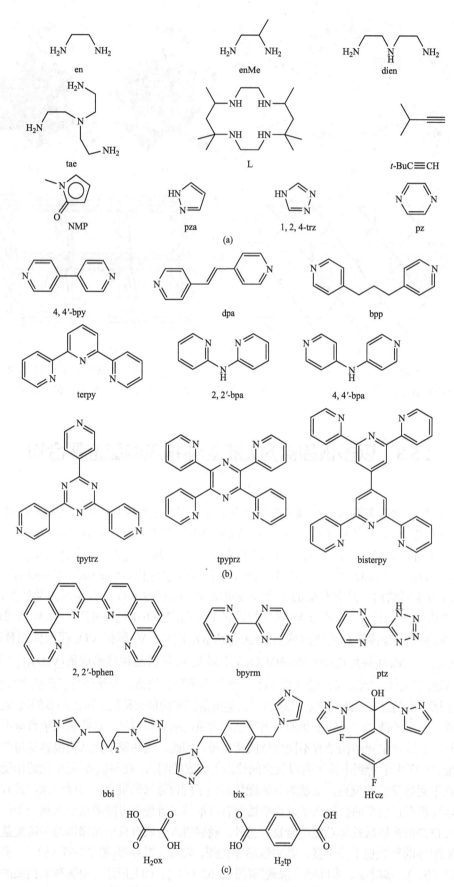

图 25-65　能与钒酸盐构筑晶态材料的有机配体

25.8.1 多钒酸盐与中性配体结合构筑的配位聚合物

多钒酸盐与中性配体结合构筑的配位聚合物种类很多，研究起步也较早。1997 年，美国的 Zubieta 利用菲咯啉和 2, 2′-联吡啶这两种螯合配体合成了两个基于$[V_4O_{12}]^{4-}$的配合物$[\{Zn(bipy)_2\}_2V_4O_{12}]$和$[\{Zn(phen)_2\}_2V_4O_{12}]\cdot H_2O^{[62]}$。如图 25-66 所示，四个 VO_4 四面体共角连接形成环状的$[V_4O_{12}]^{4-}$，又通过端 O 与$[Zn(bipy)_2]^{2+}$或者$[Zn(phen)_2]^{2+}$连接形成 6 核杂金属簇结构。有趣的是，当$[V_4O_{12}]^{4-}$与$[Zn(bipy)_2]^{2+}$配位时，利用的是$[V_4O_{12}]^{4-}$中处于对位的两对 VO_4 的四个端 O[图 25-66（a）]；而当$[V_4O_{12}]^{4-}$与$[Zn(phen)_2]^{2+}$配位时，利用的是$[V_4O_{12}]^{4-}$处于邻位的两对 VO_4 的四个端 O[图 25-66（b）]，这也最终导致了$[V_4O_{12}]^{4-}$呈现出不同的构象。配体是螯合的，因此没有拓展成配位聚合物。

(a)　　　　　　　　　　　　　　(b)

图 25-66　化合物$[\{Zn(bipy)_2\}_2V_4O_{12}]$（a）和$[\{Zn(phen)_2\}_2V_4O_{12}]\cdot H_2O$（b）的结构图

2004 年，美国的 Khan 小组利用 4, 4′-联吡啶桥连配体合成了一个基于$[V_2O_7]^{4-}$的 3D 配位聚合物$[\{Co(4, 4'\text{-}bipy)\}V_2O_6]^{[63]}$，其中，$Co^{2+}$通过共角连接两个$[VO_4]^{3-}$形成的二聚体$[V_2O_7]^{4-}$得到了 2D 无机层，该层进一步通过 4, 4′-联吡啶连接成 3D 框架，如图 25-67 所示。

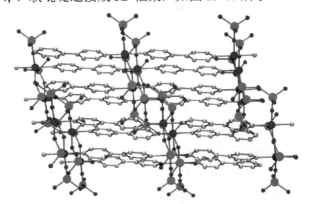

图 25-67　化合物$[\{Co(4, 4'\text{-}bipy)\}V_2O_6]$的 3D 结构图

2009 年，东北师范大学的王恩波课题组合成了一个互锁化合物$[Ag(btx)]_4H_2V_{10}O_{28}\cdot 2H_2O$[btx = 1, 4-双（三氮唑-1-亚甲基）苯][64]。结构中的$[V_{10}O_{28}]^{6-}$属于紧密堆积排列方式，10 个 VO_6 八面体共边或共角相互连接。Ag^+与 btx 配位形成两种不同类型的$[Ag(btx)]^+$金属有机链，两条$[Ag(btx)]^+$-A 金属有机链通过 Ag—O 被$[V_{10}O_{28}]^{6-}$连接形成$[Ag_2(btx)_2H_2V_{10}O_{28}]^{2-}$双链结构。另一种金属有机链$[Ag(btx)]^+$-B 并没有与$[V_{10}O_{28}]^{6-}$配位，两条$[Ag(btx)]^+$-B 通过 Ag—Ag 形成$[Ag_2(btx)_2]^{2+}$双链。上述两种金属有机双链相互交叉排列形成 1D→2D 互锁的结构，如图 25-68 所示。

2010 年，渤海大学的王秀丽等以柔性的双咪唑为配体，合成了一个镍的配位聚合物$[Ni_2(bbi)_3 V_4O_{12}]\cdot 4H_2O^{[65]}$。每个 Ni^{2+}通过$[V_4O_{12}]^{4-}$的两个 O 原子连接成双核结构，每个双核结构单元连接两个

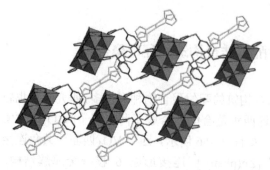

图 25-68　化合物[Ag(btx)]$_4$H$_2$V$_{10}$O$_{28}$·2H$_2$O 的 1D→2D 互锁的结构图

[V$_4$O$_{12}$]$^{4-}$和六个 bbi 配体形成八连接节点[图 25-69（a）]。由于 bbi 配体多变的配位长度和伸展方向，最终该化合物展现出 3D 自互锁框架结构[图 25-69（b）]。

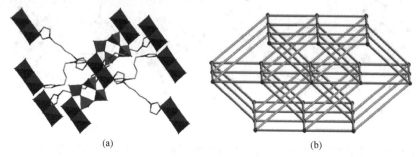

(a)　　　　　　　　　　　　　(b)

图 25-69　化合物[Ni$_2$(bbi)$_3$V$_4$O$_{12}$]·4H$_2$O 中基于双金属的八连接节点（a）和 3D 自互锁框架结构（b）

　　2013 年，重庆师范大学的周建等以简单的乙二胺为配体，合成了一个基于[V$_{15}$O$_{36}$Cl]$^{8-}$的 3D 手性配合物{[Zn(en)$_2$]$_2$V$_{15}$O$_{36}$Cl}[Zn(en)$_2$(H$_2$O)]$_2$·3H$_2$O[66]，该结构中，每个 Zn^{2+}与两个 en 配位形成[Zn(en)$_2$]$^{2+}$金属有机阳离子，每个[V$_{15}$O$_{36}$Cl]$^{8-}$周围连接了四个[Zn(en)$_2$]$^{2+}$结构单元[图 25-70（a）]，并最终拓展成 3D 类似金刚石拓扑结构[图 25-70（b）]。其中，[Zn(en)$_2$(H$_2$O)]$^{2+}$和一个溶剂水分子填充在 3D 框架的孔道内。

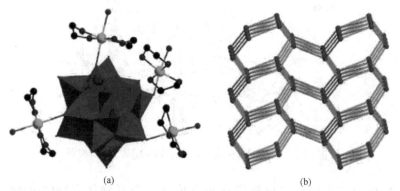

(a)　　　　　　　　　　　　　(b)

图 25-70　化合物{[Zn(en)$_2$]$_2$V$_{15}$O$_{36}$Cl}[Zn(en)$_2$(H$_2$O)]$_2$ 中的多酸的连接方式（a）和 3D 拓扑图（b）

25.8.2　多钒酸盐与阴离子配体结合构筑的配位聚合物

　　多钒酸盐本身为无机阴离子，因此与阴离子配体结合构筑的配合物实例相对少些。2018 年，东北师范大学的王新龙课题组利用三齿羧酸（TATB）与 V$_6$ 簇结合构筑了一例三维多孔框架[NH$_2$Me$_2$]$_4${[V$_6$O$_6$(OCH$_3$)$_9$(VO$_4$)]$_4$(TATB)$_4$}·(MeOH)$_{24}$[67]。该配合物具有纳米级空穴和不同尺寸的一维开放式孔道（图 25-71）。

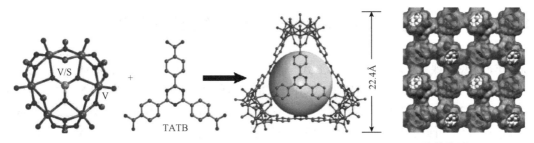

图 25-71　化合物[NH$_2$Me$_2$]$_4${[V$_6$O$_6$(OCH$_3$)$_9$(VO$_4$)]$_4$(TATB)$_4$}·(MeOH)$_{24}$ 的结构图

25.9　以 P$_2$Mo$_5$和 P$_4$Mo$_6$型多酸为无机配体构筑的配位聚合物

Standberg 型多酸属于 2:5 系列多酸，该结构是在 1973 年由 Standberg 提出的，目前已报道的可作为该类阴离子中心原子的有 P、S 和 Se 等。目前，利用金属有机单元修饰的 Standberg 型多酸主要为[P$_2$Mo$_5$O$_{23}$]$^{6-}$簇（P$_2$Mo$_5$），Mo 原子为六配位八面体构型，五个八面体通过共边或共顶点相连成环形结构，两个 P 原子为四配位四面体构型，位于五元环的中央，如图 25-72 所示。

[Mo$_6$O$_{15}$(HPO$_4$)(H$_2$PO$_4$)$_3$]$^{5-}$单元（[P$_4$Mo$_6$]）作为一类有趣的钼磷酸盐目前也被用于构建多酸基配位聚合物，其结构如图 25-73 所示。六个氧桥连接的钼原子位于同一平面，通过共边相连形成了一个六元钼簇，其中 Mo—Mo 键和非键合的 Mo—Mo 作用交替存在。在四个磷酸根基团中，中央的一个从六元钼簇内部将六聚体桥连起来，而周围的其他三个则从六元钼簇外部桥连了三个非键连的 Mo$_2$ 单元。所有的{PO$_4$}四面体与相应的{MoO$_6$}八面体通过共角方式相连。该类钼磷酸盐中，一个重要特点就是第二过渡金属离子的引入导致 M[P$_4$Mo$_6$]$_2$

图 25-72　Standberg 型多酸的球棍示意图

二聚体的形成。过渡金属具有未成对电子和价态多变的特性，而且多采取八面体配位，这就使得加入过渡元素所得的钼磷酸盐有可能成为高活性和高选择性的催化材料，以及好的磁性或导电性材料。同时，Fe、Zn、Co、Cd 等过渡元素的引入，进一步丰富了无机有机杂化钼磷酸盐的结构拓扑学，有望得到结构新颖的化合物。

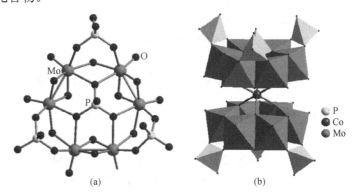

图 25-73　（a）[P$_4$Mo$_6$]单元球棍示意图；（b）二聚体单元 M[P$_4$Mo$_6$]$_2$（M＝Co，Zn 或 Cd）多面体/球棍示意图

25.9.1 P₂Mo₅和P₄Mo₆型多酸与中性配体结合构筑的配位聚合物

2008 年，王恩波课题组以一种刚性的三氮唑衍生物为配体，合成了两个基于[P₂Mo₅]的手性自穿插的螺旋形三维框架：L-[Ni₂(H₂O)(HL₄)][HP₂Mo₅O₂₃]·7H₂O(L-**64**)和D-[Ni₂(H₂O)(HL₄)][HP₂Mo₅O₂₃]·7H₂O(D-**64**)[L = 1, 4-双（1, 2, 4-三氮唑-1-甲基）苯][68]。这两个化合物是手性异构体，在化合物 L-**64** 中，[HP₂Mo₅O₂₃]⁵⁻簇作为四齿无机配体，通过终端氧原子桥连四个金属原子，形成三维的无机框架，如图 25-74（a）所示。L1、L2 和 L3 配体与金属离子连接形成二维手性金属-无机层，该层与述三维无机框架共享金属原子而连接在一起，如图 25-74（b）所示。

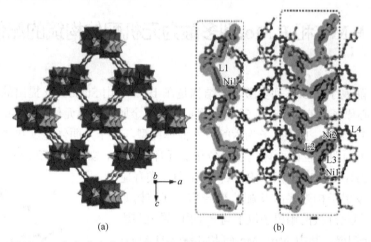

图 25-74 （a）化合物的三维无机网络结构；（b）化合物的二维手性层

2008 年，Ramanan 课题组以简单的吡唑分子为配体，合成了四个基于[P₂Mo₅]簇的铜配合物[{Cu(pz)(H₂O)}{Cu(pz)₃(H₂O)}{Cu(pz)₄}{P₂Mo₅O₂₃}]（**65**）、{Cu(pz)₂(H₂O)₄}[{Cu(pz)₂(H₂O)}₂{Cu(pz)₄}₂{HP₂Mo₅O₂₃}₂]·6H₂O（**66**）、[{Cu(pz)₄}₃{Cu(pz)₃(H₂O)}₂{HP₂Mo₅O₂₃}₂]·9H₂O（**67**）和[{Cu(pz)₄}₂{H₂P₂Mo₅O₂₃}]·H₂O（**68**），以及[{Cu(pz)₂}P₂Mo₂O₁₂(H₂O)₂]（**69**）（pz = 吡唑）[69]。在化合物 **65** 中，扭曲的正八面体{Cuᴵᴵ(pz)₃(H₂O)O₂}和三角双锥型的{Cuᴵᴵ₂(pz)(H₂O)O₃}亚单元连接相邻的{P₂Mo₅}簇，形成一个线形链，如图 25-75（a）所示。在化合物 **66** 中，八面体{Cu(pz)₄O₂}和三角双锥型{Cu(pz)₂(H₂O)O₂}通过连接{P₂Mo₅}簇，形成一个二维层状结构，如图 25-75（b）所示。化合物 **67** 中，八面体{Cuᴵᴵ(pz)₄O₂}单元连接邻近的{P₂Mo₅}簇，形成一维双链结构，如图 25-75（c）所示。在化合物 **68** 中，每个{P₂Mo₅}簇连接八面体的铜配合物单元{Cu(pz)₄O₂}，形成一个三维结构，如图 25-75（d）所示。化合物 **69** 中，Cu-pz 配合物支撑二维的钼磷酸层。

25.9.2 P₂Mo₅和P₄Mo₆型多酸与现场生成配体结合构筑的配位聚合物

与其他多酸类似，P₄Mo₆型多酸也可以与现场生成的配体结合构筑一些配位聚合物。2015 年，王秀丽课题组以 1, 3-双（4-吡啶）丙烷为配体，合成了两例基于 P₄Mo₆型多酸的 Cd（Ⅱ）配合物[Cd(MoO₂)₁₂(PO₄)₂(HPO₄)₂(H₂PO₄)₄(OH)₆][Cd(H₂O)₂]·(H₂bpp)₂·bpp·7H₂O（**70**）、[Cd(MoO₂)₁₂(PO₄)₄(HPO₄)₂(H₂PO₄)₂(OH)₆]{Cd(H₂O)₂[K(H₂O)₂]₂}·(H₄tpc)(H₂bpp)·11H₂O（**71**）[bpp = 1, 3-双（4-吡啶）丙烷，tpc = 1, 4-二羟基-1, 2, 4, 5-四（4-吡啶）环己烷][70]。在合成 **71** 的过程中，通过控制条件，部分 bpp 配体现场转化为 tpc 配体，这与 2013 年发现的转化为 tpb 配体不同，表明合成条件对配体转化具有非常重要的影响，如图 25-76 所示。

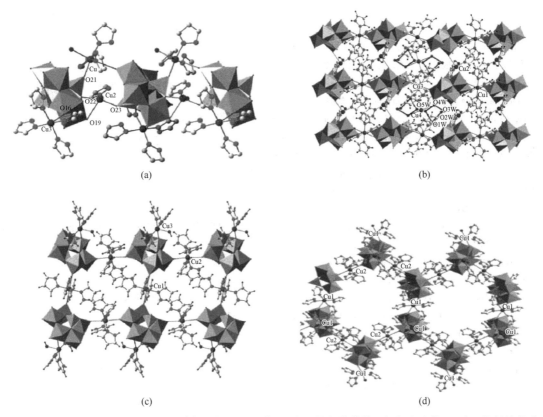

图 25-75 （a）化合物 **65** 的一维链状结构；（b）化合物 **66** 的二维层状结构；（c）化合物 **67** 的一维链状结构；
（d）化合物 **68** 的三维结构

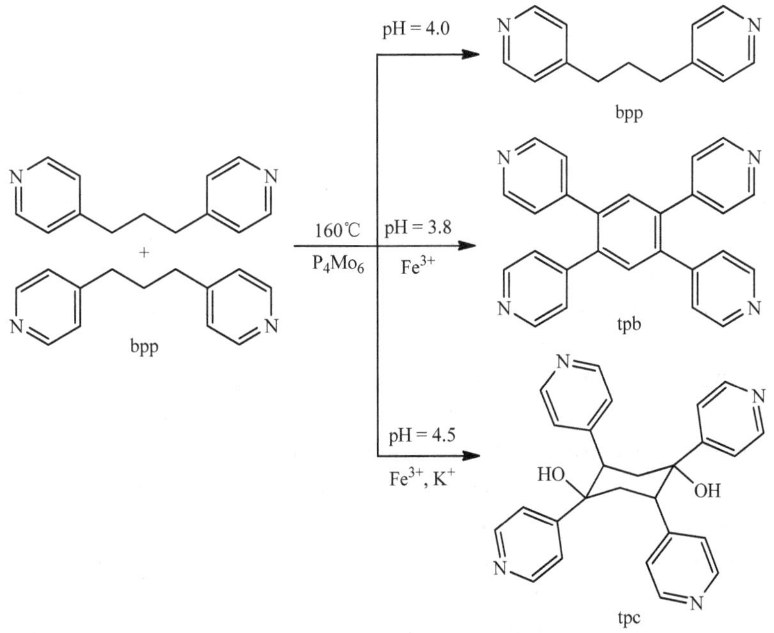

图 25-76　部分 bpp 配体现场转化为 tpc 配体

（刘国成　林宏艳　王秀丽）

参 考 文 献

[1] 王恩波，胡长文，许林. 多酸化学导论. 北京：化学工业出版社，1998.

[2] 陈维林，王恩波. 多酸化学. 北京：科学出版社，2013.

[3] Liu C M，Zhang D Q，Xiong M，et al. A novel two-dimensional mixed molybdenum-vanadium polyoxometalate with two types of cobalt（Ⅱ）complex fragments as bridges. Chem Commun，2002，1416-1417.

[4] Wang X L，Qin C，Wang E B，et al. Self-assembly of nanometer-scale [Cu$_{24}$I$_{10}$L$_{12}$]$^{14+}$ cages and ball-shaped Keggin clusters into a（4，12）-connected 3D framework with photoluminescent and electrochemical properties. Angew Chem Int Ed，2006，45：7411-7414.

[5] Qin C，Wang X L，Wang E B，et al. Catenation of loop-containing 2D layers with a 3D pcu skeleton into a new type of entangled framework having polyrotaxane and polycatenane character. Inorg Chem，2008，47：5555-5557.

[6] Tian A X，Ying J，Peng J，et al. Assemblies of copper bis（triazole）coordination polymers using the same Keggin polyoxometalate template. Inorg Chem，2009，48：100-110.

[7] Sha J Q，Li X，Li J S，et al. Acidity considerations in the self-assembly of POM/Ag/trz based compounds with efficient electrochemical activities in LIBs. Cryst Growth Des，2018，18（4）：2289-2296.

[8] Dang D B，Bai Y，He C，et al. Structural and catalytic performance of a polyoxometalate-based metal-organic framework having a lanthanide nanocage as a secondary building block. Inorg Chem，2010，49：1280-1282.

[9] Wang X L，Hu H L，Liu G C，et al. Self-assembly of nanometre-scale metallacalix[4]arene building blocks and Keggin units to a novel（3，4）-connected 3D self-penetrating framework. Chem Commun，2010，46：6485-6487.

[10] Wang X L，Hu H L，Tian A X，et al. Application of tetrazole-functionalized thioethers with different spacer lengths in the self-assembly of polyoxometalate-based hybrid compounds. Inorg Chem，2010，49：10299-10306.

[11] An H Y，Wang E B，Xiao D R，et al. Chiral 3D architectures with helical channels constructed from polyoxometalate clusters and copper-amino acid complexes. Angew Chem Int Ed，2006，118：918-922.

[12] Zheng S T，Zhang J，Yang G Y. Designed synthesis of POM-organic frameworks from {Ni$_6$PW$_9$} building blocks under hydrothermal conditions. Angew Chem Int Ed，2008，47：3909-3913.

[13] Xiao L N，Wang Y，Pan C L，et al. Three novel supramolecular hybrid compounds based on Keggin polytungstates. J Am Chem Soc，2009，131：16078-16087.

[14] Liu M G，Zhang P P，Peng J，et al. Organic-inorganic hybrids constructed from mixed-valence multinuclear copper complexes and templated by Keggin polyoxometalates. Cryst Growth Des，2012，12：1273-1281.

[15] Zhang X M. Hydro（solvo）thermal *in situ* ligand syntheses. Coord Chem Rev，2005，249（11-12）：1201-1219.

[16] Reinoso S，Vitoria P，Felices L S，et al. Tetrahydroxy-*p*-benzoquinone as a source of polydentate O-donor ligands：synthesis，crystal structure，and magnetic properties of the [Cu(bpy)(dhmal)]$_2$ dimer and the two-dimensional [SiW$_{12}$O$_{40}$Cu$_2$(bpy)$_2$(H$_2$O)(ox)$_2$]·16H$_2$O inorganic metalorganic hybrid. Inorg Chem，2007，46：1237-1249.

[17] Lan Y Q，Li S L，Li Y G，et al. A novel（4，8）-connected 3D polyoxometalate-based metal-organic framework containing an *in situ* ligand. Cryst Eng Comm，2008，10：1129-1131.

[18] Wang X L，Zhang R，Wang X，et al. Effective strategy to construct novel polyoxometalate-based hybrids via deliberately controlling *in situ* organic ligand transformation. Inorg Chem，2016，55（13）：6384-6393.

[19] Wang X L，Zhang R，Wang X，et al. Three novel and various isopolymolybdate-based hybrids built from the carboxyl oxygen atoms of *in situ* ligands：substituent-tuned assembly，architectures and properties. Dalton Trans，2017，46，1965-1974.

[20] Dawson B. The structure of the 9(18)-heteropoly anion in potassium 9(18)-tungstophosphate,K$_6$(P$_2$W$_{18}$O$_{62}$)·14H$_2$O. Acta Crystallogr，1953，6：113.

[21] Jin H，Wang X L，Qi Y F，et al. Hybrid organic-inorganic assemblies built up from saturated heteropolyoxoanions and copper coordination polymers with mixed 4, 4'-bipyridine and 2, 2'-bipyridine ligands. Inorg Chim Acta，2007，360：3347-3353.

[22] Tian A X，Ying J，Peng J，et al. Assembly of the highest connectivity Wells-Dawson polyoxometalate coordination polymer：the use of organic ligand flexibility. Inorg Chem，2008，47：3274-3283.

[23] Cong B W，Su Z H，Zhan Z F，et al. A new 3D POMOF with two channels consisting of Wells-Dawson arsenotungstate and {Cl$_4$Cu$_{10}$(pz)$_{11}$} complexes：synthesis，crystal structure，and properties. New J Chem，2018，42：4596-4602.

[24] Wang G N，Chen T T，Li S B，et al. A coordination polymer based on dinuclear（pyrazinyl tetralolate）copper（Ⅱ）cations and Wells-Dawson anions for high-performance supercapacitor electrodes. Dalton Trans，2017，46：13897-13902.

[25] Dang D B，An B，Niu J Y. Assembly of a phospho-molybdic Wells-Dawson-based silver coordination polymer derived from Keggin

polyoxoanion cluster. Dalton Trans，2012，41：13856-13861.

[26] An H Y，Xu T Q，Liu X，et al. A series of new hybrid compounds constructed from Dawson-type phosphomolybdates and metal-organic coordination complexes. J Coord Chem，2010，63：3028-3041.

[27] Sha J Q，Liang L Y，Sun J W，et al. Significant surface modification of polyoxometalate by smart silver-tetrazolate units. Cryst. Growth Des，2012，12：894-901.

[28] Xu Y Q，Gao Y Z，Wei W，et al. An unprecedented polyoxometalate-based hybrid solid constructed from a neutral metal-organic macrocycle and Dawson polyoxotungstate anions. Dalton Trans，2013，42：5228-5231.

[29] Sha J Q，Peng J，Tian A X，et al. Assembly of multitrack Cu-N coordination polymeric chain-modified polyoxometalates influenced by polyoxoanion cluster and ligand. Cryst Growth Des，2007，7：2535-2541.

[30] Bontchev R P，Venturini E L，Nyman M. Copper-linked hexaniobate Lindqvist clusters-variations on a theme. Inorg Chem，2007，46：4483-4491.

[31] Yang G S，Zang H Y，Lan Y Q，et al. Synthesis and characterization of two {Mo$_6$}-based/templated metal-organic frameworks. Cryst Eng Comm，2011，13：1461-1466.

[32] Hou G F，Bi L H，Li B，et al. Polyoxometalate charge directed coordination assemblies：macrocycles and polymer chains. Cryst Eng Comm，2011，13：3526-3535.

[33] Anderson J S. Constitution of the poly-acids. Nature，1937，140：850-850.

[34] Shivaiah V，Nagaraju M，Das S K. Formation of a spiral-shaped inorganic-organic hybrid chain，[Cu^{II}(2, 2'-bipy)(H$_2$O)$_2$Al(OH)$_6$Mo$_6$O$_{18}$]$_n^{n-}$：influence of intra-and interchain supramolecular interactions. Inorg Chem，2003，42：6604-6606.

[35] Wu Q，Li Y G，Wang Y H，et al. Polyoxometalate-based {Mn$_2^{III}$}-Schiff basecomposite materials exhibiting single-molecule magnet behavior. Chem Commun，2009，45：5743-5745.

[36] Singh M，Lofland S E，Ramanujachary K V，et al. Crystallization of Anderson-Evans type chromium molybdate solids incorporated with a metal pyrazine complex or coordination polymer. Cryst Growth Des，2010，10：5105-5112.

[37] Wang X L，Sun J J，Lin H Y，et al. Novel Anderson-type [TeMo$_6$O$_{24}$]$^{6-}$-based metal-organic complexes tuned by different species and their coordination modes：assembly，various architectures and properties. Dalton Trans，2016，45：2709-2719.

[38] An H Y，Li Y G，Wang E B，et al. Self-assembly of a series of extended architectures based on polyoxometalate clusters and silver coordination complexes. Inorg Chem，2005，44：6062-6070.

[39] An H Y，Xiao D R，Wang E B，et al. A series of new polyoxoanion-based inorganic-organic hybrids：(C$_6$NO$_2$H$_5$)[(H$_2$O)$_4$(C$_6$NO$_2$H$_5$)Ln (CrMo$_6$H$_6$O$_{24}$)]·4H$_2$O（Ln = Ce，Pr，La and Nd）with a chiral layer structure. New J Chem，2005，29：667-672.

[40] Cao R G，Liu S X，Xie L H，et al. Organic-inorganic hybrids constructed of Anderson-type polyoxoanions and oxalato-bridged dinuclear copper complexes. Inorg Chem，2007，46：3541-3547.

[41] Hagrman D，Zubieta C，Rose D J，et al. Composite solids constructed from one-dimensional coordination polymer matrices and molybdenum oxide subunits：polyoxomolybdate clusters within [(Cu(4, 4'-bpy)$_4$Mo$_8$O$_{26}$] and [{Ni(H$_2$O)$_2$(4, 4'-bpy)$_2$}$_2$Mo$_8$O$_{26}$] and one-dimensional oxide chains in [Cu(4, 4'-bpy)]$_4$Mo$_{15}$O$_{47}$·8H$_2$O. Angetw Chem Int Ed Engl，1997，36：873-876.

[42] Abbas H，Pickering A L，Long D L，et al. Controllable growth of chains and grids from polyoxomolybdate building blocks linked by silver（i）dimmers. Chem Eur J，2005，11：1071-1078.

[43] Zhai Q G，Wu X Y，Chen S M，et al. Construction of Ag/1, 2, 4-triazole/polyoxometalates hybrid family varying from diverse supramolecular assemblies to 3-D ood-packing framework. Inorg Chem，2007，46：5046-5058.

[44] Lan Y Q，Li S L，Wang X L，et al. Self-assembly of polyoxometalate-based metal organic frameworks based on octamolybdates and copper-organic units：from Cu^{II}，Cu$^{I, II}$ to Cu^{I} via changing organic amine. Inorg Chem，2008，47：8179-8187.

[45] Dong B X，Xu Q. Investigation of flexible organic ligands in the molybdate system：delicate influence of a peripheral cluster environment on the isopolymolybdate frameworks. Inorg Chem，2009，48：5861-5873.

[46] Fu H，Lu Y，Wang Z L，et al. Three hybrid networks based on octamolybdate：ionothermal synthesis，structure and photocatalytic properties. Dalton Trans，2012，41：4084-4090.

[47] Xu N，Zhang J W，Wang X L，et al. Solvent-induced Mn（II）/Zn（II）/Co（II）organopolymolybdate compounds constructed by bis-pyridyl-bis-amide ligands through the Mo-N bond：synthesis，structures and properties. Dalton Trans，2016，45：760-767.

[48] LaDuca R，Desciak M，Laskoski M，et al. Hydrothermal synthesis of two-dimensional organic-inorganic hybrid materials of the nickel-molybdate family：the structures of [{Ni(3, 3'-bpy)$_2$}$_2$Mo$_4$O$_{14}$] and [Ni(3, 3'-Hbpy)Mo$_4$O$_{13}$(OH)]. J Chem Soc，Dalton Trans，2000，29：2255-2257.

[49] Finn R C，Burkholder E，Zubieta J. The hydrothermal syntheses and characterization of one-and two-dimensional structures constructed from

metal-organic derivatives of polyoxometalates： [{Cu(bpy)$_2$}{Cu(bpy)(H$_2$O)}(Mo$_5$O$_{15}$){O$_3$P(CH$_2$)$_4$PO$_3$}]·H$_2$O and [{Cu$_2$(tpypyz)(H$_2$O)$_2$} (Mo$_5$O$_{15}$)(O$_3$PCH$_2$CH$_2$PO$_3$)]·5.5H$_2$O [bpy = 2, 2'-bipyridine， tpypyz = tetra（2-pyridyl）pyrazine]. Chem Commun, 2001, 37： 1852-1853.

[50]　Lu C Z, Wu C D, Zhuang H H, et al. Three polymeric frameworks constructed from discrete molybdenum oxide anions and 4, 4'-bpy-bridged linear polymeric copper cations. Chem Mater, 2002, 14： 2649-2655.

[51]　Lü J, Shen E H, Li Y G, et al. A novel pillar-layered organic-inorganic hybrid based on lanthanide polymer and polyomolybdate clusters： new opportunity toward the design and synthesis of porous framework. Cryst Growth Des, 2005, 5： 65-67.

[52]　Niu J Y, Zhang X Q, Yang D H, et al. Organodiphosphonate-functionalized lanthanopolyoxomolybdate cages. Chem Eur J, 2012, 18： 6759-6762.

[53]　Yang M X, Chen L J, Lin S, et al. Inorganic-organic hybrid compounds based on molybdenum oxide chains and tetrazolate-bridged polymeric silver cations. Dalton Trans, 2011, 40： 1866-1872.

[54]　Wang X L, Zhang R, Wang X, et al. Three novel and various isopolymolybdate-based hybrids built from the carboxyl oxygen atoms of *in situ* ligands： substituent-tuned assembly, architectures and properties. Dalton Trans, 2017, 46： 1965-1974.

[55]　Lin B Z, Chen Y M, Liu P D. A new polymeric chain formed by paradodecatungstate clusters and [Cu(en)$_2$]$^{2+}$complexes： hydrothermal synthesis and characterization of [Cu(en)$_2$]$_3$[{Cu(en)$_2$}$_2$(H$_2$W$_{12}$O$_{42}$)]·12H$_2$O. Dalton Trans, 2003, 32： 2474-2477.

[56]　Streb C, Ritchie C, Long D L, et al. Modular assembly of a functional polyoxometalate-based open framework constructed from unsupported AgI···AgI interactions. Angew Chem Int Ed, 2007, 46： 7579-7582.

[57]　Yuan L, Qin C, Wang X L, et al. Two extended organic-inorganic assemblies based on polyoxometalates and copper coordination polymers with mixed 4, 4'-bipyridine and 2, 2'-bipyridine ligands. Eur J Inorg Chem, 2008, 2008： 4936-4942.

[58]　Lin J X, Lü J, Yang H X, et al. Construction of train-like supramolecular structures from decamethylcucurbit[5]uril and iso-or hetero-Keggin-type polyoxotungstates. Cryst Growth Des, 2010, 10： 1966-1970.

[59]　Chen Y, Peng J, Pang H J, et al. A new high-dimensional architecture constructed from paradodecatungstate and [Cu(2-Hpzc)]$^{2+}$complexes. Inorg Chem Commun, 2009, 12： 1242-1245.

[60]　Zhong Y, Fu H, Meng J X, et al. Syntheses, crystal structures and photochemistry of two new organic-inorganic hybrid compounds based on copper-glycin complexes and paradodecatungstates. J Coord Chem, 2010, 63： 26-35.

[61]　Liu D D, Chen Y G. Coordination polymers of lanthanide elements and metatungstate： syntheses, structure and magnetic property. Inorg Chim Acta, 2013, 401： 70-75.

[62]　Zhang Y P, Zapf P J, Meyer L M, et al. Polyoxoanion coordination chemistry： synthesis and characterization of the heterometallic, hexanuclear clusters [{Zn(bipy)$_2$}$_2$V$_4$O$_{12}$], [{Zn(phen)$_2$}$_2$V$_4$O$_{12}$]·H$_2$O, and [{Ni(bipy)$_2$}$_2$Mo$_4$O$_{14}$]. Inorg Chem, 1997, 36： 2159-2165.

[63]　Khan M I, Yohannes E, Nome R C, et al. Inorganic-organic hybrid materials containing porous frameworks： synthesis, characterization, and magnetic properties of the open framework solids [{Co(4, 4'-Bipy)}V$_2$O$_6$] and [{Co$_2$(4, 4'-Bipy)$_3$(H$_2$O)$_2$}V$_4$O$_{12}$]·2H$_2$O. Chem Mater, 2004, 16： 5273-5279.

[64]　Qi Y F, Wang E B, Li J, et al. Two organic-inorganic poly（pseudo-rotaxane）-like composite solids constructed from polyoxovanadates and silver organonitrogen polymers. J Solid State Chem, 2009, 182： 2640-2645.

[65]　Wang X L, Chen B K, Liu G C, et al. Three new 3-D inorganic-organic coordination polymers constructed from polyoxovanadate-based heterometallic network and flexible bis（imidazole）ligand： syntheses, structures and properties. J Organomet Chem, 2010, 695： 827-832.

[66]　Zhou J, Liu X, Hu F L, et al. A novel 3-D chiral polyoxovanadate architecture based on breaking high symmetry of spherical [V$_{15}$O$_{36}$Cl]$^{8-}$ cluster. Cryst Eng Comm, 2013, 15： 4593-4596.

[67]　Gong Y R, Chen W C, Zhao L, et al. Functionalized polyoxometalate-based metal-organic cubocatahedra for selective adsorption toward cationic dyes in aqueous solution. Dalton Trans, 2018, 47： 12979-12983.

[68]　Qin C, Wang X L, Yuan L, et al. Chiral self-threading frameworks based on polyoxometalate building blocks comprising unprecedented tri-flexure helix. Cryst Growth Des, 2008, 8： 2093-2095.

[69]　Thomas J, Ramanan A. Growth of copper pyrazole complex templated phosphomolybdates： supramolecular interactions dictate nucleation of a crystal. Cryst Growth Des, 2008, 8： 3390-3400.

[70]　Wang X L, Chen L F, Cao J J, et al. Assembly of various reduced molybdophosphate-based cadmium complexes by controllable *in situ* ligand transformation. Inorg Chim Acta, 2015, 425： 269-274.

国家科学技术学术著作出版基金资助出版

配位聚合物化学

（下册）

卜显和　主编

科学出版社

北京

内 容 简 介

近年来，我国在配位聚合物化学领域取得了非常重要的研究进展，在国际上也具有很大影响。本书由我国当前活跃在配位聚合物领域科研一线的学者和专家撰写，旨在反映近年来我国配位聚合物化学的研究进展。本书主要结合撰写专家们所取得的代表性研究成果，系统介绍配位聚合物的合成、结构、性能及应用的研究热点和最新动态。在撰写过程中，对所涉及的部分国外同行的工作也进行了概述。全书以配位聚合物概述（第 0 章）起始，主体内容包括合成篇、结构篇、性能与应用篇，共 3 篇 45 章，基本覆盖了目前配位聚合物化学的研究范畴，实用性强，反映了当前该领域的研究前沿与现状。本书不仅阐明了配位聚合物化学的科学内涵和学科发展方向，也反映了我国学者的学术水平和我国在配位聚合物化学研究中近年来取得的显著进步。

本书可供高等院校和科研部门从事配位化学、晶体工程、超分子科学、材料科学及相关专业的教师、研究生与科研工作者阅读参考，也可作为大学生拓宽知识面的参考书。

图书在版编目（CIP）数据

配位聚合物化学 / 卜显和主编. —北京：科学出版社，2019.7

ISBN 978-7-03-060762-1

Ⅰ. ①配⋯　Ⅱ. ①卜⋯　Ⅲ. ①配位聚合-聚合物　Ⅳ. ①O631.5

中国版本图书馆 CIP 数据核字（2019）第 043691 号

责任编辑：朱　丽　李明楠　高　微 / 责任校对：杜子昂
责任印制：吴兆东 / 封面设计：蓝正设计

科 学 出 版 社 出版
北京东黄城根北街 16 号
邮政编码：100717
http://www.sciencep.com
北京厚诚则铭印刷科技有限公司印刷
科学出版社发行　各地新华书店经销
*
2019 年 7 月第 一 版　开本：880×1230　1/16
2024 年 3 月第五次印刷　印张：34 1/2
字数：997 000
定价：398.00 元（上、下册）
（如有印装质量问题，我社负责调换）

配位聚合物由于结构的多样性和丰富多彩的性能，已成为配位化学、晶体工程、材料科学等领域的研究前沿与热点，在催化、吸附分离、荧光、非线性光学、磁学、传感检测、能源等领域有广阔的应用前景。当前，我国很多学者及其研究团队在配位聚合物研究领域做出了非常重要的工作，也有一些相关的配位化学以及金属有机框架方面的著作出版，但国内迄今尚未有全面、系统介绍配位聚合物合成、结构与性能等各方面进展的著作。

由卜显和教授主编，我国当前活跃在配位聚合物领域科研一线的学者和专家撰写的《配位聚合物化学》，以配位聚合物的设计—合成—性能—潜在应用为主线，系统介绍了配位聚合物从功能导向的设计合成，到配位聚合物材料的性能测试，再到应用的研究进展，较全面地反映了国内外配位聚合物化学的最新研究进展。

我相信该书能够为从事相关研究的教师和研究生提供有益的启发和重要的参考价值，从而有助于推动配位聚合物化学研究的发展。

陈小明

2019 年 3 月 15 日

配位聚合物（coordination polymer）是一类由金属离子和有机配体之间通过配位键自组装形成的具有一维链状、二维层状或三维网络结构的配合物的统称。由于其多样的结构和独特的性能，配位聚合物的设计与合成、结构、功能特性的研究与应用探索已成为配位化学、晶体工程、材料科学等领域的研究前沿与热点，其研究跨越了无机化学、有机化学、配位化学、材料化学、合成化学等多个学科门类，并在催化、吸附分离、发光、非线性光学、磁学、检测、能源等方面表现出广阔的应用前景。国内以中山大学陈小明院士为代表的多个课题组在这方面做出了非常出色的研究工作，也出版了系列关于配合物、配位化学及金属有机框架方面的著作，包括 1991 年张祥麟编著的《配合物化学》，2000 年由游效曾、孟庆金、韩万书主编的《配位化学进展》，2013 年由刘伟生主编的《配位化学》及 2017 年陈小明、张杰鹏等编著的《金属-有机框架材料》等，主要针对的是配位化学、配合物化学或具有特殊孔道结构的三维配位聚合物的研究进展，但国内迄今还没有一部专门系统介绍配位聚合物化学各方面进展的著作。

为了促进配位化学、配位聚合物化学及金属有机框架材料的深入发展，并全面反映国内外科学工作者在配位聚合物领域的研究进展和所做的贡献，我们感到有必要出版一部比较全面、系统地反映配位聚合物研究进展的书籍，对配位聚合物的设计合成、结构特点、性能与应用的研究现状进行系统、全面地总结，为从事配位聚合物化学研究的人员提供参考。多年来我们也一直从事这方面的研究工作，包括配位聚合物的设计合成、结构与性能等。在国内多个从事配位聚合物研究的课题组的大力支持下，在系统文献调研工作的基础上，我们尝试编写了本书。

本书分为上、下册，共三篇：合成篇、结构篇、性能与应用篇。合成篇共 14 章，主要涉及配位聚合物的通用合成方法与策略、特殊结构配位聚合物的设计合成，特定组成、尺寸与功能配位聚合物的设计合成；结构篇共 11 章，主要包括配位聚合物的晶体工程与拓扑结构、配位聚合物的特殊结构及特定组成配位聚合物的结构；性能与应用篇内容比较多，共 20 章，内容涵盖了配位聚合物的光学性能及应用，配位聚合物的电、磁学性能及应用，配位聚合物的催化性能及应用，多孔配位聚合物的吸附性能及应用，以及配位聚合物在爆炸物安全与检测、电池材料、农药检测和去除中的应用等方面。本书所有内容均通过研究实例和图片直观地加以描述，力求做到既有规律总结，又有具体实例，对全面系统了解和掌握配位聚合物的合成方法、结构特征以及各种性能与应用具有重要的指导意义。

本书由南开大学卜显和教授任主编，渤海大学王秀丽教授任副主编，由从事相关研究的三十几个课题组共同参与编写完成（每章的具体编写人员见章末）。本书在编写过程中得到各位撰写专家和学者的鼎力支持，从选材、撰写、修改到书稿的清样审核，付出了艰辛的劳动。在此，对各位撰写专家和学者表示崇高的敬意和衷心的感谢！特别感谢吴新涛院士、洪茂椿院士、高松院士、陈小明院士及陈邦林教授等的大力支持！感谢科学出版社的朱丽编辑和李明楠编辑在出版过程中所付出的一切努力！感谢南开大学代婧伟老师在本书审稿、统稿过程中所付出的努力与贡献。此外，还要感谢参与本书撰写和统稿工作的主编的团队成员和学生们。尽管我们十分努力，但由于编者和作者水平有限，疏漏和不足之处在所难免，敬请读者批评指正。

本书的出版得到国家科学技术学术著作出版基金资助，也得到了南开大学化学学院和课题组全体研究生们的大力支持和帮助，在此一并表示感谢。

卜显和

2019 年 3 月 15 日

目 录

性能与应用篇

第 26 章　配位聚合物的性能概述 ⋯⋯⋯⋯⋯⋯⋯⋯⋯⋯⋯⋯⋯⋯⋯⋯⋯⋯⋯⋯⋯⋯⋯ 003
　26.1　配位聚合物的光学性能 ⋯⋯⋯⋯⋯⋯⋯⋯⋯⋯⋯⋯⋯⋯⋯⋯⋯⋯⋯⋯⋯⋯⋯⋯⋯ 003
　　26.1.1　光致发光 ⋯⋯⋯⋯⋯⋯⋯⋯⋯⋯⋯⋯⋯⋯⋯⋯⋯⋯⋯⋯⋯⋯⋯⋯⋯⋯⋯⋯⋯ 003
　　26.1.2　电致发光 ⋯⋯⋯⋯⋯⋯⋯⋯⋯⋯⋯⋯⋯⋯⋯⋯⋯⋯⋯⋯⋯⋯⋯⋯⋯⋯⋯⋯⋯ 004
　　26.1.3　非线性光学 ⋯⋯⋯⋯⋯⋯⋯⋯⋯⋯⋯⋯⋯⋯⋯⋯⋯⋯⋯⋯⋯⋯⋯⋯⋯⋯⋯⋯ 004
　　26.1.4　光电转换 ⋯⋯⋯⋯⋯⋯⋯⋯⋯⋯⋯⋯⋯⋯⋯⋯⋯⋯⋯⋯⋯⋯⋯⋯⋯⋯⋯⋯⋯ 004
　26.2　配位聚合物的电性能 ⋯⋯⋯⋯⋯⋯⋯⋯⋯⋯⋯⋯⋯⋯⋯⋯⋯⋯⋯⋯⋯⋯⋯⋯⋯⋯ 004
　　26.2.1　质子/离子传导与燃料电池 ⋯⋯⋯⋯⋯⋯⋯⋯⋯⋯⋯⋯⋯⋯⋯⋯⋯⋯⋯⋯ 005
　　26.2.2　电子传导 ⋯⋯⋯⋯⋯⋯⋯⋯⋯⋯⋯⋯⋯⋯⋯⋯⋯⋯⋯⋯⋯⋯⋯⋯⋯⋯⋯⋯⋯ 005
　　26.2.3　二次电池电极材料 ⋯⋯⋯⋯⋯⋯⋯⋯⋯⋯⋯⋯⋯⋯⋯⋯⋯⋯⋯⋯⋯⋯⋯⋯ 005
　　26.2.4　超级电容器 ⋯⋯⋯⋯⋯⋯⋯⋯⋯⋯⋯⋯⋯⋯⋯⋯⋯⋯⋯⋯⋯⋯⋯⋯⋯⋯⋯⋯ 006
　26.3　配位聚合物的磁性能 ⋯⋯⋯⋯⋯⋯⋯⋯⋯⋯⋯⋯⋯⋯⋯⋯⋯⋯⋯⋯⋯⋯⋯⋯⋯⋯ 006
　26.4　配位聚合物的吸附分离性能 ⋯⋯⋯⋯⋯⋯⋯⋯⋯⋯⋯⋯⋯⋯⋯⋯⋯⋯⋯⋯⋯⋯ 006
　　26.4.1　二氧化碳捕获 ⋯⋯⋯⋯⋯⋯⋯⋯⋯⋯⋯⋯⋯⋯⋯⋯⋯⋯⋯⋯⋯⋯⋯⋯⋯⋯ 007
　　26.4.2　能源气体存储 ⋯⋯⋯⋯⋯⋯⋯⋯⋯⋯⋯⋯⋯⋯⋯⋯⋯⋯⋯⋯⋯⋯⋯⋯⋯⋯ 007
　　26.4.3　吸附脱硫、污染物吸附、石油泄漏清污等 ⋯⋯⋯⋯⋯⋯⋯⋯⋯⋯ 007
　　26.4.4　轻质烃类分离 ⋯⋯⋯⋯⋯⋯⋯⋯⋯⋯⋯⋯⋯⋯⋯⋯⋯⋯⋯⋯⋯⋯⋯⋯⋯⋯ 008
　　26.4.5　手性分离 ⋯⋯⋯⋯⋯⋯⋯⋯⋯⋯⋯⋯⋯⋯⋯⋯⋯⋯⋯⋯⋯⋯⋯⋯⋯⋯⋯⋯⋯ 008
　26.5　配位聚合物的催化性能 ⋯⋯⋯⋯⋯⋯⋯⋯⋯⋯⋯⋯⋯⋯⋯⋯⋯⋯⋯⋯⋯⋯⋯⋯ 009
　　26.5.1　作为催化中心 ⋯⋯⋯⋯⋯⋯⋯⋯⋯⋯⋯⋯⋯⋯⋯⋯⋯⋯⋯⋯⋯⋯⋯⋯⋯⋯ 009
　　26.5.2　作为载体 ⋯⋯⋯⋯⋯⋯⋯⋯⋯⋯⋯⋯⋯⋯⋯⋯⋯⋯⋯⋯⋯⋯⋯⋯⋯⋯⋯⋯⋯ 009
　26.6　配位聚合物的传感性能 ⋯⋯⋯⋯⋯⋯⋯⋯⋯⋯⋯⋯⋯⋯⋯⋯⋯⋯⋯⋯⋯⋯⋯⋯ 010
　26.7　配位聚合物的稳定性 ⋯⋯⋯⋯⋯⋯⋯⋯⋯⋯⋯⋯⋯⋯⋯⋯⋯⋯⋯⋯⋯⋯⋯⋯⋯ 010
　26.8　配位聚合物的其他性能 ⋯⋯⋯⋯⋯⋯⋯⋯⋯⋯⋯⋯⋯⋯⋯⋯⋯⋯⋯⋯⋯⋯⋯⋯ 011
　参考文献 ⋯⋯⋯⋯⋯⋯⋯⋯⋯⋯⋯⋯⋯⋯⋯⋯⋯⋯⋯⋯⋯⋯⋯⋯⋯⋯⋯⋯⋯⋯⋯⋯⋯⋯⋯ 011

第 27 章　金属有机框架材料的光子学性能及其应用 ⋯⋯⋯⋯⋯⋯⋯⋯⋯⋯⋯⋯ 016
　27.1　引言 ⋯⋯⋯⋯⋯⋯⋯⋯⋯⋯⋯⋯⋯⋯⋯⋯⋯⋯⋯⋯⋯⋯⋯⋯⋯⋯⋯⋯⋯⋯⋯⋯⋯ 016
　27.2　光子功能金属有机框架材料的设计思路 ⋯⋯⋯⋯⋯⋯⋯⋯⋯⋯⋯⋯⋯⋯⋯ 016
　　27.2.1　框架材料结构设计思路 ⋯⋯⋯⋯⋯⋯⋯⋯⋯⋯⋯⋯⋯⋯⋯⋯⋯⋯⋯⋯⋯ 016
　　27.2.2　光子学性能的产生机制 ⋯⋯⋯⋯⋯⋯⋯⋯⋯⋯⋯⋯⋯⋯⋯⋯⋯⋯⋯⋯⋯ 018
　27.3　荧光传感应用 ⋯⋯⋯⋯⋯⋯⋯⋯⋯⋯⋯⋯⋯⋯⋯⋯⋯⋯⋯⋯⋯⋯⋯⋯⋯⋯⋯⋯⋯ 020
　27.4　照明与显示器件应用 ⋯⋯⋯⋯⋯⋯⋯⋯⋯⋯⋯⋯⋯⋯⋯⋯⋯⋯⋯⋯⋯⋯⋯⋯⋯ 029
　27.5　生物医学应用 ⋯⋯⋯⋯⋯⋯⋯⋯⋯⋯⋯⋯⋯⋯⋯⋯⋯⋯⋯⋯⋯⋯⋯⋯⋯⋯⋯⋯⋯ 032
　27.6　非线性光学倍频与多光子发光 ⋯⋯⋯⋯⋯⋯⋯⋯⋯⋯⋯⋯⋯⋯⋯⋯⋯⋯⋯⋯ 034
　27.7　存在问题与展望 ⋯⋯⋯⋯⋯⋯⋯⋯⋯⋯⋯⋯⋯⋯⋯⋯⋯⋯⋯⋯⋯⋯⋯⋯⋯⋯⋯ 039
　参考文献 ⋯⋯⋯⋯⋯⋯⋯⋯⋯⋯⋯⋯⋯⋯⋯⋯⋯⋯⋯⋯⋯⋯⋯⋯⋯⋯⋯⋯⋯⋯⋯⋯⋯⋯ 039

第 28 章　稀土配位聚合物荧光探针 ⋯⋯⋯⋯⋯⋯⋯⋯⋯⋯⋯⋯⋯⋯⋯⋯⋯⋯⋯⋯⋯ 046
　28.1　引言 ⋯⋯⋯⋯⋯⋯⋯⋯⋯⋯⋯⋯⋯⋯⋯⋯⋯⋯⋯⋯⋯⋯⋯⋯⋯⋯⋯⋯⋯⋯⋯⋯⋯ 046
　28.2　Ln-MOFs 作为荧光探针 ⋯⋯⋯⋯⋯⋯⋯⋯⋯⋯⋯⋯⋯⋯⋯⋯⋯⋯⋯⋯⋯⋯⋯⋯ 047

28.2.1 阳离子探针 ·· 047
28.2.2 阴离子探针 ·· 051
28.2.3 小分子探针 ·· 055
28.3 总结与展望 ··· 061
参考文献 ··· 061

第29章 镧系金属配位聚合物的发光性能 ···························· 063
29.1 发光镧系金属配位聚合物及其构筑策略 ························· 063
29.2 镧系金属配位聚合物发光机理 ···································· 064
29.3 镧系金属发光配位聚合物的应用 ·································· 066
29.3.1 镧系金属发光配位聚合物传感器概述 ··················· 066
29.3.2 镧系金属发光配位聚合物传感器的研究进展 ··········· 067
29.3.3 可调控光致发光镧系金属配位聚合物 ··················· 074
29.4 总结与展望 ··· 082
参考文献 ··· 082

第30章 非线性光学效应配位聚合物 ································· 085
30.1 引言 ··· 085
30.1.1 非线性光学 ·· 085
30.1.2 非线性光学材料的发展 ·· 085
30.2 二阶非线性光学配位聚合物材料 ·································· 086
30.2.1 3D 金刚烷型网络结构的二阶 NLO 配位聚合物 ········· 087
30.2.2 2D 网络结构的二阶 NLO 配位聚合物 ··················· 089
30.2.3 1D 螺旋结构的二阶 NLO 配位聚合物 ··················· 091
30.3 三阶非线性光学配位聚合物材料 ·································· 093
30.3.1 三阶非线性配位聚合物 ·· 093
30.3.2 双光子配位聚合物 ·· 096
30.3.3 光限幅配位聚合物 ·· 099
30.4 总结与展望 ··· 101
参考文献 ··· 102

第31章 配位聚合物的导电性 ··· 105
31.1 引言 ··· 105
31.2 导电配位聚合物材料设计 ··· 105
31.3 导电配位聚合物的研究现状 ··· 107
31.3.1 一维金属-有机配位聚合物 ·· 107
31.3.2 二维金属-有机配位聚合物 ·· 109
31.3.3 三维金属有机框架材料 ·· 113
31.4 改善 CPs 导电性能的策略 ·· 118
31.4.1 引入客体分子的 MOF ··· 118
31.4.2 掺杂导电材料的 MOF ··· 120
31.4.3 在器件基片负载 MOF 薄膜 ··· 120
参考文献 ··· 121

第32章 配位聚合物的质子传导 ····································· 126
32.1 研究背景 ··· 126
32.2 配位聚合物质子传导的表征方法 ·································· 127
32.2.1 实验表征 ·· 127
32.2.2 理论模拟方法 ·· 130
32.3 配位聚合物质子传导的调控 ··· 134
32.3.1 主体框架和客体分子/离子 ·· 134
32.3.2 布朗斯特酸性和官能团修饰 ·· 142
32.3.3 相变、缺陷和无定形化 ·· 143

32.4　总结与展望 ···147

参考文献 ···147

第33章　磁性配位聚合物 ···153

33.1　一维单链磁体 ··153

33.1.1　概述 ···153

33.1.2　单链磁体的基本理论 ···154

33.1.3　单链磁体的构筑策略 ···156

33.1.4　总结与展望 ··166

33.2　二维自旋阻挫磁体 ···166

33.2.1　概述 ···166

33.2.2　基本理论 ···168

33.2.3　Kagomé 阻挫格子 ···169

33.2.4　其他二维阻挫格子 ··175

33.2.5　总结与展望 ··176

33.3　三维多孔磁体 ···176

33.3.1　概述 ···176

33.3.2　I^3O^n 体系 ···177

33.3.3　I^2O^n 体系 ···179

33.3.4　I^1O^n 体系 ···181

33.3.5　I^0O^n 体系 ···183

33.3.6　总结与展望 ··185

33.4　一种基于磁性-结构维度关系的磁体归类方法 ·································185

33.4.1　概述 ···185

33.4.2　U^0 磁单元结构的磁性配位聚合物 ···186

33.4.3　U^1 磁单元结构的磁性配位聚合物 ···187

33.4.4　U^2 磁单元结构的磁性配位聚合物 ···187

33.4.5　U^3 磁单元结构的磁性配位聚合物 ···187

33.4.6　总结与展望 ··187

参考文献 ···188

第34章　氰根桥连的磁功能配位聚合物 ···192

34.1　分子基铁磁体 ···192

34.2　单链磁体 ···195

34.3　自旋转换配合物 ···199

34.4　变磁体 ···202

34.5　总结与展望 ···204

参考文献 ···204

第35章　功能金属甲酸配位聚合物 ···208

35.1　引言 ···208

35.2　金属甲酸框架的发展概况 ···209

35.3　二元金属甲酸框架 ···211

35.4　金刚石型多孔金属甲酸框架 ···212

35.4.1　结构及客体分子吸附 ···212

35.4.2　磁性及多功能性 ···213

35.5　含碱金属离子的金属甲酸框架 ···215

35.6　含胺类离子的金属甲酸框架 ···216

35.6.1　结构 ···217

35.6.2　磁性及介电性质 ···220

35.7　总结与展望 ···228

参考文献 ···229

第 36 章　多孔手性配位聚合物的不对称催化与手性分离 ······································ 233

　36.1　引言 ·· 233

　36.2　手性金属有机框架材料的设计与合成 ··· 234

　36.3　不对称催化性能 ·· 237

　　36.3.1　金属节点催化 ·· 238

　　36.3.2　优势手性配体催化 ··· 242

　　36.3.3　有机小分子催化剂催化 ·· 255

　36.4　手性分离性能 ·· 260

　　36.4.1　吸附分离 ··· 260

　　36.4.2　共结晶分离 ·· 262

　　36.4.3　色谱分离 ··· 263

　　36.4.4　膜分离 ··· 264

　36.5　总结与展望 ··· 266

　参考文献 ·· 267

第 37 章　掺杂配位聚合物催化有机物的光降解 ··· 270

　37.1　金属离子-配位聚合物的复合材料 ··· 271

　　37.1.1　混价金属配位聚合物 ·· 272

　　37.1.2　混合金属配位聚合物 ·· 273

　　37.1.3　负载金属离子的配位聚合物 ··· 279

　37.2　金属纳米颗粒-配位聚合物的复合材料 ··· 282

　37.3　碳基材料-配位聚合物的复合材料 ·· 286

　37.4　半导体-配位聚合物的复合材料 ·· 290

　37.5　高分子聚合物-配位聚合物的复合材料 ··· 294

　37.6　磁性材料-配位聚合物的复合材料 ·· 296

　37.7　其他纳米材料-配位聚合物的复合材料 ··· 297

　参考文献 ·· 298

第 38 章　光催化活性金属有机框架材料的设计、合成及性能研究 ·············· 304

　38.1　光催化活性 MOF 材料的合成策略 ··· 305

　　38.1.1　利用光活性有机配体组装合成光活性 MOF 材料 ···················· 305

　　38.1.2　后修饰策略构筑光活性 MOF 材料 ··· 305

　　38.1.3　MOF-纳米粒子复合型光催化材料 ·· 308

　38.2　MOF 材料在光催化水分解产氢领域的应用研究 ··························· 308

　　38.2.1　光催化活性 MOF 产氢材料的研究 ··· 309

　　38.2.2　分子簇@MOF 光催化产氢复合分子材料的研究 ······················· 311

　　38.2.3　纳米粒子@MOF 光催化产氢复合材料设计与合成 ···················· 311

　38.3　MOF 材料在光催化水分解产氧领域的应用研究 ··························· 314

　38.4　MOF 材料在光催化 CO_2 还原领域的应用研究 ··························· 316

　38.5　MOF 材料在光催化有机合成领域的应用研究 ······························· 318

　参考文献 ·· 320

第 39 章　多孔配位聚合物的吸附分离性能 ··· 326

　39.1　引言 ·· 326

　39.2　分子的吸附存储 ·· 326

　　39.2.1　氢气存储 ··· 326

　　39.2.2　甲烷存储 ··· 329

　　39.2.3　乙炔存储 ··· 331

　　39.2.4　其他气体的存储 ··· 333

　　39.2.5　水吸附 ··· 335

　39.3　混合物的分离提纯 ··· 338

　　39.3.1　永久气体分离 ·· 338

　　　39.3.2　低碳烃分离 ··341
　　　39.3.3　异构体分离 ··344
　　　39.3.4　选择性离子交换 ··348
　　39.4　环境污染物的吸附去除 ···351
　　　39.4.1　二氧化碳捕获 ··351
　　　39.4.2　有毒气体或蒸气的捕获或催化降解 ·······················356
　　　39.4.3　燃油品质升级 ··359
　　　39.4.4　水中污染物的去除 ··362
　　39.5　总结与展望 ··366
　　参考文献 ··366
第40章　面向清洁能源气体存储的配位聚合物 ·································373
　　40.1　面向氢气存储的配位聚合物 ···373
　　　40.1.1　影响氢气吸附的因素 ··374
　　　40.1.2　总结与展望 ··379
　　40.2　面向甲烷存储的配位聚合物 ···379
　　　40.2.1　影响甲烷吸附的因素 ··380
　　　40.2.2　MOF甲烷吸附机理 ··386
　　　40.2.3　MOF的非常规甲烷吸附 ···388
　　　40.2.4　总结与展望 ··389
　　40.3　面向乙炔吸附的配位聚合物 ···390
　　　40.3.1　HKUST-1 ··390
　　　40.3.2　NbO型MOF ··391
　　　40.3.3　类CPO-27M型MOF ···392
　　　40.3.4　FJI-H8 ···393
　　　40.3.5　总结与展望 ··395
　　40.4　面向其他清洁能源气体分离的配位聚合物 ·························395
　　　40.4.1　MOF对C_2烃类的吸附分离 ·······························395
　　　40.4.2　MOF对C_3烃类的吸附分离 ·······························397
　　　40.4.3　MOF对C_4及以上烃类的吸附分离 ·······················398
　　　40.4.4　MOF对于不同碳原子数间烃类的吸附分离 ···············400
　　　40.4.5　总结与展望 ··401
　　参考文献 ··401
第41章　爆炸物化学与配位聚合物的整体设计 ·································411
　　41.1　爆炸物化学与配位聚合物结构设计 ····································411
　　　41.1.1　爆炸物基础与主要研究体系简介 ·······························411
　　　41.1.2　配位聚合物结构设计的基本思考 ·······························418
　　41.2　用于爆炸物安全处理的配位聚合物薄膜化、纤维化与器件化设计 ··419
　　　41.2.1　爆炸物安全处理的器件化要求 ····································419
　　　41.2.2　配位聚合物的薄膜化与器件化 ····································420
　　41.3　配位聚合物用于降低爆炸物感度 ·······································423
　　　41.3.1　配位聚合物作前驱体材料用于降低爆炸物的感度 ·········423
　　　41.3.2　利用配位聚合物结构可调性控制爆炸物的感度 ···········424
　　　41.3.3　利用配位聚合物主客体作用进行爆炸物感度调整 ·········426
　　　41.3.4　机遇与挑战 ··426
　　41.4　配位聚合物用于爆炸物检测与安防 ····································427
　　　41.4.1　检测芳香硝基类爆炸物 ··427
　　　41.4.2　检测多氮杂环高能爆炸物 ···428
　　　41.4.3　机遇与挑战 ··430
　　参考文献 ··431

第 42 章　多孔配位聚合物为前驱体的电池材料制备与应用 ··········· 436
　42.1　基于多孔配位聚合物前驱体的纳米材料的制备 ··········· 436
　　42.1.1　碳材料 ··········· 436
　　42.1.2　金属氧化物 ··········· 437
　　42.1.3　金属氧化物-碳复合材料 ··········· 439
　42.2　电化学能源储存应用 ··········· 440
　　42.2.1　超级电容器 ··········· 441
　　42.2.2　锂离子电池 ··········· 446
　　42.2.3　锂-硫电池 ··········· 449
　　42.2.4　锂-氧电池 ··········· 450
　　42.2.5　钠离子电池 ··········· 451
　　42.2.6　太阳能电池 ··········· 452
　　42.2.7　燃料电池 ··········· 453
　42.3　总结与展望 ··········· 456
　参考文献 ··········· 457

第 43 章　配位聚合物在农药检测和去除中的应用 ··········· 463
　43.1　MOF 作为电化学和荧光传感界面检测农药分子 ··········· 463
　43.2　MOF 固相萃取农药分子 ··········· 471
　43.3　MOF 作为吸附材料去除农药分子 ··········· 475
　参考文献 ··········· 480

第 44 章　金属-有机凝胶 ··········· 483
　44.1　凝胶简介 ··········· 483
　44.2　金属-有机凝胶的发展历史 ··········· 483
　44.3　金属-有机凝胶的分类 ··········· 484
　44.4　小分子配合物凝胶的特点和性能 ··········· 484
　44.5　配位聚合物凝胶的特点和性能 ··········· 492
　　44.5.1　基于羧酸配体的配位聚合物凝胶 ··········· 494
　　44.5.2　基于氨基酸配体的配位聚合物凝胶 ··········· 497
　　44.5.3　基于吡啶的配位聚合物凝胶 ··········· 498
　　44.5.4　基于其他杂环配体的金属-有机凝胶 ··········· 505
　　44.5.5　基于膦配体的金属-有机凝胶 ··········· 507
　　44.5.6　基于混合给体配体的金属-有机凝胶 ··········· 507
　44.6　总结与展望 ··········· 512
　参考文献 ··········· 513

第 45 章　多孔配位聚合物的稳定性 ··········· 523
　45.1　引言 ··········· 523
　45.2　MOF 的化学稳定性、热稳定性、水热稳定性及机械稳定性 ··········· 523
　　45.2.1　化学稳定性 ··········· 524
　　45.2.2　热稳定性 ··········· 527
　　45.2.3　水热稳定性 ··········· 528
　　45.2.4　机械稳定性 ··········· 528
　45.3　影响多孔配位聚合物在水溶液中稳定性的因素 ··········· 529
　　45.3.1　金属-配体键的强度 ··········· 530
　　45.3.2　配体的碱性 ··········· 530
　　45.3.3　金属中心的配位数和类型 ··········· 531
　　45.3.4　连接体的化学功能化 ··········· 532
　　45.3.5　结构框架 ··········· 532
　45.4　展望 ··········· 533
　参考文献 ··········· 534

性能与应用篇

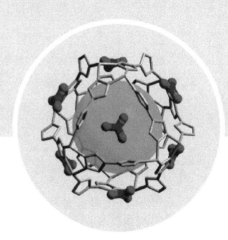

第26章
配位聚合物的性能概述

配位聚合物是由金属中心和有机配体通过配位键自组装而成的一类无机-有机杂化材料。配位聚合物的研究跨越了配位化学、有机化学、物理化学、分析化学、材料化学、晶体工程、超分子化学和拓扑学等多个学科领域。配位聚合物结合了无机材料及有机材料的特点，具有良好的可设计性及可裁剪性，可以通过对有机配体的合理设计及金属中心/金属簇的选择，获得结构可调，孔道可修饰，具有独特光、电、磁、手性等性质的框架结构。在发光、非线性光学、导电、磁性、催化、存储、吸附/分离、储能、传感、生物医学影像及药物传输等诸多领域显示了诱人的应用前景。相关研究已成为化学和材料科学的新兴研究方向与热点领域。本篇详细论述近年来配位聚合物性能方面的部分最新研究成果。

26.1 配位聚合物的光学性能

发光材料在照明、装饰、检测等方面具有重要应用，与人们生产生活息息相关。配位聚合物作为一类无机-有机杂化材料，具有发光位点丰富、发射波长范围广、结构可调及易于功能化修饰等优点，无论是组建杂化材料的结构基元（有机配体、金属中心），还是装载的客体分子都可以作为光性能的来源。此外，杂化材料中多样化的能量转移过程（配体与金属之间的电荷转移、金属与金属之间的电荷转移、配体与配体之间的电荷转移、客体分子与主体框架之间的电荷转移等）均可以提供新的发光平台。配位聚合物在光学性能方面展现出了卓越的应用前景。

26.1.1 光致发光

光致发光是指物体依赖外界光源进行照射，从而获得能量，产生激发导致发光的现象。它大致经过吸收、能量传递及光发射三个主要阶段，光的吸收及发射都发生于能级之间的跃迁，都经过激发态。而能量传递则是由于激发态的运动。紫外辐射、可见光及红外辐射均可引起光致发光。配位聚合物的发光有两种形式：荧光和磷光。这两种辐射跃迁过程主要取决于自旋多重态。荧光是多重度相同的状态间发生辐射跃迁产生的光，其寿命很短，一般不超过10ns。而磷光则是指不同多重激发态如三重激发态和基态之间发生辐射跃迁产生的光，这个过程是自旋禁阻的，一般持续时间能达到微秒到秒级。

配位聚合物的发光机理也有多种类型，例如，配位聚合物中有机配体受激发发光（特别是高度共轭的有机配体）；基于金属中心的发光，尤其是镧系金属发光；主客体相互作用诱导的发光；配体与金属中心的电荷转移发光等[1, 2]。

配位聚合物发光机理的多样性，再加上配位聚合物结构可调、易修饰等特点，使其在发光材料、荧光探测、温度传感、生物成像等领域具有非常重要的应用价值[3-7]。

26.1.2　电致发光

电致发光（EL），又称电场发光，是通过加在两电极的电压产生电场，被电场激发的电子碰击发光中心，而引起电子在能级间的跃迁、变化、复合导致发光的一种物理现象。与光致发光相比，关于配位聚合物的电致发光性能的研究相对较少。这是由于绝大多数的配位聚合物导电性较差。配位聚合物电致发光的研究主要集中在稀土配位聚合物上，近几年来也有学者研究过渡金属配位聚合物的电致发光。例如，Asadi 等将 MOF-5 作为交流电发光二极管的发光活性中心，研究表明电致发光光谱相比于 MOF-5 的光致发光光谱有十分明显的红移[8]。

26.1.3　非线性光学

1960 年 Maiman 发现激光，次年 Franken 发现激光与物质作用产生的倍频现象，由此拉开了非线性光学（nonlinear optics，NLO）及相关材料研究的序幕。非线性光学材料在光电信息、纳米光子、生物医学等领域具有重要应用价值。根据非线性效应可将非线性光学材料分为二阶 NLO 材料、三阶 NLO 材料等。按照化学构成，非线性光学材料可以分为无机 NLO 材料、有机 NLO 材料和无机-有机杂化 NLO 材料。由于无机-有机杂化 NLO 材料兼具无机材料及有机材料的优势，该类非线性光学材料越来越受到人们的重视。

近年来，由于配位聚合物结构的可设计性与可调节性，可以通过对配体的合理设计及对金属中心的选择，自组装获得具有非中心对称结构的配位聚合物。因此，具有非线性光学效应的配位聚合物的研究吸引了化学家和材料学家的广泛关注，在设计合成、结构性能调控、倍频效应、双光子效应、光限幅效应以及信息储存、光电转换、药物传送和生物显影等方面取得一系列研究进展。这使得配位聚合物成为一类广受关注的非线性光学材料[9-16]。例如，Lin 等[14]发表了关于如何设计、合成配位聚合物型二阶 NLO 材料的综述文章，根据几何构型或设计原则，将二阶 NLO 金属有机框架材料分成六大类：金刚石类三维框架、其他三维框架、八极金属有机框架、二维框架、一维链和基于手性配体的金属有机框架。

26.1.4　光电转换

光电转换是通过光伏效应把太阳辐射能直接转换成电能的过程。这一过程的原理是光子将能量传递给电子使其运动从而形成电流。配位聚合物的表面光电压性质是光照射下配位聚合物的电子跃迁及光生电荷分离和转移引起的材料表面电压的变化行为，它与材料自身的外层电子变化行为密切相关。此方面的研究工作相对偏少，但也吸引了部分学者深入探索。例如，牛淑云等用丙二酸构筑了一系列 2D 配位聚合物，表面光电压谱测试显示该系列配位聚合物在紫外和可见光下都有光伏信号产生，表明其具有光电转换性能[17]。

26.2　配位聚合物的电性能

配位聚合物结构多样、易修饰，其金属中心可以作为氧化还原活性位点，在电化学领域具有潜在的应用价值。而且以多孔配位聚合物作为前驱体能够制备多孔碳、金属氧化物、金属氧化物-碳复合材料等多孔纳米材料，该方法可以实现原子级别的均一掺杂，甚至可（部分）保留配位聚合物原有的孔道结构，在电化学研究领域具有独特的优势。

26.2.1　质子/离子传导与燃料电池

燃料电池反应过程中不涉及燃烧，不受卡诺循环限制，能量转换效率高，而且燃料电池化学污染物排放少，运行噪声低，是一种发展前景乐观的新型电源。目前，燃料电池应用的瓶颈在于材料价格、运行效率以及耐久性。而解决途径主要有两个方面，一是电极催化剂，二是电解质膜。

多孔配位聚合物由于其可设计、易修饰的特点，在质子/离子传导方面具有较高发展潜质[18-21]。近年来，许多配位聚合物材料被报道用于质子导体材料，而且其中有一些材料，它们的质子传输性能几乎可以与商用的聚氟磺酸（Nafion）膜相媲美，在较高湿度条件下其质子传导率可以达到 $10^{-2} \sim 10^{-1}$ S/cm。

质子传导膜主要分为两类，一类是低温传导材料，使用条件为温度低于 100℃的潮湿环境。第一例被报道的配位聚合物质子传导材料是 $(NH_4)_2(adp)[Zn_2(ox)_3] \cdot 3H_2O$（adp = 己二酸；ox = 草酸），其是低温传导材料[22]，其质子传递媒介为水、铵离子及羧基，在 25℃、98%相对湿度条件下传导率为 8×10^{-3} S/cm。另一类是高温传导材料，使用条件为温度高于 100℃的干燥环境。其设计思路一般是向多孔配位聚合物的孔道中负载咪唑、三唑、苯并咪唑、胺及不易挥发的硫酸、磷酸等，以其作为质子传递媒介[23-25]。

26.2.2　电子传导

由于多孔配位聚合物大的比表面积、可调的孔结构等特点，其在电催化、电池、电极材料等方面的应用具有巨大潜力。但是，配位聚合物本身导电性差，绝大多数配位聚合物的电导率都低于 10^{-10} S/cm，主要原因是其结构不能提供低能量的电荷传递路径或者不具有自由的电荷载体，使其在电化学方面的应用受到很大限制。

为解决配位聚合物的导电性问题，近些年来国内外的众多课题组做了许多探索工作，提出了改善多孔配位聚合物导电性能的策略，其中非常有效的一种途径是在不破坏配位聚合物结构的情况下，在其孔道中负载导电客体分子，利用客体分子自身的特点或与配位聚合物的相互作用来提高配位聚合物的导电性[26, 27]。例如，Talin 等向 HKUST-1 的孔道中引入无机半导体四氰基对醌二甲烷（TCNQ），孔道中的 TCNQ 分子与 HKUST-1 骨架上的铜桨轮单元相互作用，将 HKUST-1 的导电性提高了数个数量级[28]。

26.2.3　二次电池电极材料

二次电池又称可充电电池、蓄电池，在通信器材、家用电器、电动车、便携设备等领域均有重要应用。按照材料及原理，二次电池可以分为锂离子电池、锂硫电池、锂氧电池、钠离子电池等。配位聚合物由金属中心与有机配体构成，其金属中心（金属离子或金属簇）可以作为氧化还原反应位点，而且配位聚合物的多孔、具有较大比表面积的特性，使其成为潜在的电极材料。但是由于配位聚合物的导电性及稳定性问题，采用初始配位聚合物做电极材料的报道相对较少[29-33]。大部分相关研究均是以配位聚合物作为前驱体材料，获得相关金属氧化物[34-37]、碳材料[38, 39]或碳/氧化物复合材料[40, 41]作为电极材料。

26.2.4　超级电容器

超级电容器具有功率密度高、循环寿命长、充/放电速率快的特点。按照存储原理，超级电容器可以分为两类：一类是通过静电作用力存储电子的双层电容器；另一类是基于表面快速可逆氧化还原反应的准电容器[42]。配位聚合物在电容器中有多种应用形式，多孔配位聚合物可以通过吸附电解液后存储电荷[43]，配位聚合物的金属中心可以起到氧化还原位点的作用[44]，还可以作为前驱体获得氧化物、碳材料等电极材料[45, 46]。

26.3　配位聚合物的磁性能

磁性材料有着悠久的历史，中国在古代就发现了磁石并应用于指南针。配位聚合物的可调控性和可裁剪性使得研究者可以通过组装合适的桥连配体和自旋载体构筑具有特定磁行为的目标产物。类普鲁士蓝配位聚合物、氰根桥连的配位聚合物和金属-甲酸配位聚合物的可设计性已被很好地证明[47-50]。在磁性理论的指导下，研究者可以获得具有铁磁、反铁磁、亚铁磁、自旋倾斜、变磁等磁行为的配位聚合物[51, 52]。磁性配位聚合物最初的研究集中在高磁有序分子基磁性材料的合成，这类化合物主要通过提高自旋密度和磁交换作用来得到。近年来，除了高磁有序分子材料的研究外，通过不同的磁性金属离子和配体组装得到了一系列不同维度、不同性质的磁性配位聚合物，主要包括一维的单链磁体、二维的自旋阻挫磁体、三维多孔磁体和自旋交叉磁体等。因其在高密度信息存储、自旋电子学和量子计算等领域的潜在应用，单分子磁体和单链磁体受到研究者的广泛关注和深入探究[53, 54]。最近研究证明，将单分子磁体和单链磁体作为超分子构筑单元嫁接到配位框架中，对于探究新颖磁行为具有重要意义[55]。与此同时，分子基磁制冷材料近年来也引起研究者的兴趣，发展十分迅猛[56-58]。研究者综合运用相关理论，通过对自旋载体和桥连配体的合理选择，构筑多种性能优异的分子基磁制冷材料[56-59]。总之，将磁工程和晶体工程相结合，对配位聚合物的磁结构和分子结构进行裁剪和调控，对于磁性配位聚合物的功能化研究具有重要指导意义。

26.4　配位聚合物的吸附分离性能

目前，能源与环境问题日益成为全球经济与人类社会发展中亟待解决的关键问题之一。多孔配位聚合物具有开放的框架结构，孔结构、孔径尺寸、孔道化学环境多种多样并易于调节修饰。脱除孔道中的溶剂等客体分子后，部分多孔配位聚合物仍然能够保持框架的稳定性，为多孔配位聚合物在吸附分离方面的应用提供了可能。作为一种新兴的无机-有机杂化多孔材料，多孔配位聚合物的物理吸附性质受到了人们的广泛关注，特别是该材料在能源气体存储、温室气体捕获、重金属污染物富集、永久气体分离、轻质烃分离、手性分离、异构体分离等方面的应用取得了可喜的成绩。

26.4.1　二氧化碳捕获

随着全球范围内人口的增长及经济水平的提高，能源的消耗也急剧增长，同时能源的消耗产生的废气如二氧化碳（CO_2）等也造成了越来越严重的环境问题。特别是温室效应日益加剧，全球变暖已经严重影响到人类的生产生活，CO_2 的捕获已经成为多孔材料的研究热点之一[60-64]。

由于 CO_2 具有较大的极化率及四极矩，而多孔配位聚合物内壁大多具有极性，当 CO_2 进入多孔配位聚合物孔道中时，与孔道壁具有较强的相互作用。因此，多孔配位聚合物材料中涌现出一大批对 CO_2 进行选择性吸附的材料。这些材料在尾气处理、沼气纯化等过程中具有十分诱人的应用前景。

26.4.2　能源气体存储

由于世界面临化石燃料的枯竭以及对其利用所引起的环境污染问题，所以开发新型绿色能源受到了广泛的关注。零污染的氢气和高燃烧值、低排放的甲烷是当前最被看好的新型能源，并得到广泛的研究。然而，高效、安全、经济的储存系统是其发展的最大瓶颈。因此，能源气体氢气、甲烷、乙炔等的存储是多孔配位聚合物的研究热点[65-70]。

在多孔配位聚合物储氢方面，虽然目前已经取得了可喜的成果，但由于氢分子与吸附剂孔表面之间的作用力一般较弱，在接近室温下的储氢能力普遍较低 [一般小于 2%（质量分数）]，常规测试一般在低温（液氮温度）下进行，在高温（常温）物理储氢方面一直没有太大的突破。

甲烷是地球上储量最多的石化气体。甲烷储量丰富，伴随着页岩气的成熟开发，甲烷的廉价开采技术也日臻完善。但是甲烷气体的单位体积能量密度较低，如何对甲烷进行安全有效的高密度存储与运输成为当前面临的一个挑战。通过多孔吸附剂对甲烷进行存储是近年来的一个研究热点。这种存储方式有希望实现在低压和室温下经济性好、使用方便、安全性高的有效天然气（主要成分为甲烷）存储。美国能源部对吸附剂材料提出了一个极具挑战性的天然气存储目标：在室温下，体积上的存储密度不低于 $0.188g/cm^3$，相当于吸附剂的体积储存能力需要达到 $263cm^3/cm^3$，质量上的存储密度不低于 $0.5g/g$，相当于吸附剂的质量储存能力需要达到 $700cm^3/g$。近年来，人们对多孔配位聚合物材料已开展了大量甲烷储存方面的研究，同时其他石油裂解气，如乙炔的存储也已成为多孔配位聚合物材料研究中新的热点。

26.4.3　吸附脱硫、污染物吸附、石油泄漏清污等

近年来世界各国已纷纷立法对燃油中硫/氮含量做出严格规定。石化燃料中硫/氮化合物脱除方法已成为一个重要的研究课题。燃油中的硫主要有两种存在形式：通常能与金属直接发生反应的硫化物称为"活性硫"，包括单质硫、硫化氢和硫醇；而不与金属直接发生反应的硫化物称为"非活性硫"，包括硫醚、二硫化物、噻吩等。对于燃油而言，含硫烃类以硫醇、硫醚和噻吩及其衍生物为主，其主要来源于催化裂化汽油。其中，噻吩类化合物是当前脱硫技术较难脱除的一类硫化物。目前，单一的催化加氢脱硫（HDS）以及加氢脱氮（HDN）技术在实现更高脱硫脱氮的要求（如 <5ppm，ppm 为 10^{-6}）上存在困难。吸附脱硫脱氮方法操作条件温和，处理过程不需要氢气和氧气参与，是一个潜在的解决方法。根据作用机理的不同，吸附脱硫可分为物理吸附脱硫和化学吸附脱硫两种。而多孔配位聚合物吸附脱硫的研究主要集中于物理吸附脱硫，即基于吸附剂表面或表面的活性组分

将含硫化合物吸附在吸附剂上，吸附剂再通过脱附剂清洗或吹扫进行再生。例如，Lian 等基于固定床动态吸附实验，考察了室温下 MOF-14 对模型油中噻吩及苯并噻吩的脱除效果，饱和吸附容量分别为 2.02%、0.53%。经甲苯洗涤再生后，其对模型油中苯并噻吩的吸附饱和容量未降低，仍为 0.53%，再生率达到 100%[71]。

近年来，部分学者也将多孔配位聚合物材料应用于污染物的吸附及清理的研究中。例如，Ghosh 等巧妙利用阳离子金属有机框架中的硫酸根，通过离子交换的方法吸附含氧阴离子污染物，包括 $Cr_2O_7^{2-}$、MnO_4^- 以及放射性污染物 TcO_4^- 等[72]。Omry 等成功合成一例氟化金属有机框架材料，可以大量吸附 $C_6 \sim C_8$ 烃类化合物，而且由于氟原子的作用，即使在相对湿度近 100%的环境下工作时也几乎不吸附水分子，该特性使其在石油清污、烃类存储等方面具有潜在的应用价值[73]。

此外，配位聚合物材料在氨气、硫化氢、富勒烯、碱式碳酸铜、碘的吸附分离等方面均有应用前景[74-79]。

26.4.4　轻质烃类分离

轻质烃是非常重要的能源资源以及众多化学、化工产品的原材料，在当今社会中占有至关重要的地位。甲烷为天然气的主要成分，被认为是一种可替代汽油、柴油的清洁燃料。乙烷和丙烷是重要的化学试剂，可用于制备重要的化工原料乙烯和丙烯。乙炔被广泛应用于制备各种化学试剂，也作为一种燃料使用。乙烯和丙烯主要用于制备聚乙烯和聚丙烯等。而天然存在或者石油工业中生产的轻质烃大多以混合物的形式存在。将这些轻质烃类进行有效的分离，是高效利用这些轻质烃资源的前提条件。轻质烃类分子的分离在石油化工领域是一个非常耗能和困难的过程。因为这些烃类都具有一定的挥发性，物理性质接近，相同碳原子数的烃类的分子尺寸也非常接近。目前一般采用低温精馏的方法，往往需要循环操作多次，整个操作过程必须在低温和高压下进行，能量消耗极大。据统计，与其相关的石油、化工行业的大部分成本来源于原料或产品轻质烃的分离过程。发展高效节能的轻质烃分离技术一直是化学化工领域的一个重要研究热点。

相对于低温精馏的方法，吸附分离是非常有希望的节能分离方法。多孔配位聚合物具有种类丰富、组成结构清晰明确、比表面积高、孔洞性能可设计与可调控等特点，因而相对于其他传统的吸附剂具有非常多的优势。发展多孔配位聚合物用于简单烃类的低耗能分离与纯化是非常有前景和意义的一个研究方向。目前多孔配位聚合物作为吸附剂对轻质烃类的分离研究已经快速展开，相关研究已成为该领域的研究热点。

26.4.5　手性分离

手性广泛地存在于自然界中，在多种学科中表示一种重要的对称特点。手性物体与其镜像被称为对映体（enantiomorph，希腊语意为"相对/相反形式"），在有关分子概念的引用中也被称为对映异构体。手性分子是指与其镜像不相同、不能互相重合的、具有一定构型或构象的分子。手性一词来源于希腊语"手"（cheiro），由 Cahn 等提出用"手性"表达旋光性分子和其镜影不能相叠的立体形象的关系。手性等于左右手的关系，彼此不能互相重合。所有的手性分子都具有光学活性，同时所有具有光学活性的化合物的分子都是手性分子。手性分子一般拥有完全一样的物理、化学性质。例如，它们的沸点一样，溶解度和光谱也一样。

手性分离是一种获取单一对映异构体的有效手段。一对对映异构体的物理性质极为相似，很难通过纯物理的方法对其进行分离。因此需要寻找一个合适的手性介质，与外消旋体选择性地相互作用从而达到分离的目的。手性金属有机框架（MOF）材料由于其规则均匀的功能纳米孔道、较高的孔隙率以及良好的稳定性，逐渐成为手性分离的理想介质。手性 MOF 孔道内的手性环境可以通过分子水平上的设计来进行有效调控。目前，利用手性 MOF 进行手性分离的研究主要包括吸附分离、共结晶分离、色谱分离以及膜分离四种方法。其中吸附分离与色谱分离研究得最为广泛。

26.5　配位聚合物的催化性能

多孔配位聚合物具有开放的框架结构，孔结构、孔径尺寸、孔道化学环境多种多样并易于调节修饰。去除孔道中的溶剂等客体分子后，许多多孔配位聚合物仍然能够保持框架的稳定性，从而使多孔配位聚合物在催化领域的应用成为可能。

配位聚合物具有可调整的金属中心和周围的配位环境以及功能化的晶态框架，为非均相催化提供许多催化活性位点。另外，配位聚合物的构建模块数量众多，便于系统地研究最终产物催化性质，有利于筛选出具有良好催化性能的催化材料，因此该类材料在非均相催化方面具有非常好的应用前景[80-83]。

此外，手性金属有机框架材料作为异相不对称催化剂中的优秀代表之一，近些年来受到越来越多科技工作者的关注。光催化活性金属有机框架材料的设计、合成及其在太阳能光能转化与存储方面的研究工作也备受关注。

26.5.1　作为催化中心

配位聚合物的有机配体、金属节点以及客体分子均可提供催化活性中心。

有机配体：将具有催化活性的官能团或小分子以配体的形式引入配位聚合物体系，使其具备催化性能。例如，通过在有机配体中引入吡啶、氨基、醛基、脲基、磺酸基等[84-86]，可以有效地催化酯交换反应、Knoevenagel 缩合反应、傅-克反应、醇酸酯化等反应。而且还可以在有机配体中引入卟啉、Schiff 碱、联吡啶、手性联二萘酚、邻苯二酚等功能性基团[87-90]，然后通过预修饰或后修饰的方法引入金属催化活性中心，可以实现对苯乙烯氧化、环己烷羟基化、二氧化碳/环氧化合物环加成、烯烃氧化、不对称合成等的有效催化。这为设计组装具有高催化活性的配位聚合物提供了丰富的配体设计资源。

金属节点：配位聚合物中常有溶剂参与配位的情况，在脱除配位溶剂后形成的配位不饱和金属位点具有较强路易斯酸性质，对二氧化碳环加成、硅氰化、烯键还原、迈克尔加成、烯烃环氧化等反应具有较好的催化活性[91-95]。在配位聚合物材料中引入配位不饱和金属中心是使其产生催化性能的有效手段。与此同时，不饱和金属位点的规则排布、所处环境的孔道尺寸和形状，对于催化反应的选择性十分有利。

配位聚合物中特定的客体小分子也能够提供催化中心，协同配位聚合物框架可提供优异的催化性能。

26.5.2　作为载体

多孔配位聚合物由于其多孔性及较强的兼容性，成为众多催化剂的优良载体，其中，对金属纳米粒子与配位聚合物的复合催化剂材料的研究最为广泛。金属纳米粒子具有较高的比表面积，可以与反应底物充分接触，具有很高的催化反应活性。但是在实际催化反应过程中，金属纳米粒子催化剂常常发生团聚及融合而失去催化活性。采用配位聚合物作为载体，将金属纳米粒子催化剂分散于配位聚合物的孔道中或者以金属纳米粒子作为模板的缺陷部位，可以有效阻止催化剂的团聚。而且更重要的是，配位聚合物的多样性、可设计可修饰的孔道结构为催化反应的选择性提供了得天独厚的优势。目前，金属纳米粒子与配位聚合物的复合催化剂材料在催化加氢、Suzuki-Miyaura 偶合、酮类还原、乙醇氧化等反应中均有应用[96-101]。

26.6　配位聚合物的传感性能

传感器（transducer/sensor）是一种检测装置，能感受到被测量的信息，并能将感受到的信息按一定规律变换成为电信号或其他所需形式的信息输出，以满足信息的传输、处理、存储、显示、记录和控制等要求。传感在工农业生产检测、危险化学品检测、食品质量监督、环境监测、生物传感等方面具有重要用途[2, 102, 103]。传感器实现传感功能的基础为高灵敏度的传感材料。传统传感材料主要包括半导体材料、陶瓷材料、金属材料和有机材料四大类。而传统传感器往往存在一些缺陷，例如，贵金属薄膜氢气传感器容易受一氧化碳、硫化氢等化学物质影响而中毒，使其传感特性失活；而基于传统金属氧化物的化学传感器工作温度普遍较高。基于配位聚合物材料的传感器由于配位聚合物结构可调、孔道易修饰等特点，有望解决传统传感器材料中的部分缺陷。

目前，基于配位聚合物的传感器研究已经涉及温度传感、pH 响应、压力传感、爆炸物检测、金属离子检测、室内污染物检测、剧毒污染物检测、DNA/RNA 识别、小分子气体/蒸气传感等方面[104-113]。

在检测机制方面，基于配位聚合物的荧光传感[2, 108, 114-118]占据了研究主流。这主要是由于配位聚合物的配体及金属中心均易于引入具有特定发光性能的发光基团或发光金属源，如烯键、蒽环、卟啉、稀土金属等。这些发光中心在外界条件、客体分子的刺激下造成的荧光猝灭/增强、红移/蓝移，均可以作为传感检测信号。而配位聚合物结构可调的特点也为传感选择性提供了便利条件。除荧光传感外，裸眼识别、局域表面等离子体共振、电阻抗频谱测量、表面声波传感等检测手段在基于配位聚合物的传感器研究中也有应用[119-122]。

26.7　配位聚合物的稳定性

高稳定性和良好的循环性能是配位聚合物相关性能实际应用的关键问题。因为配位聚合物材料中的主要作用力为基于配位键及弱键（氢键、$\pi\cdots\pi$ 等）的相互作用，所以与传统的无机功能材料相比，大部分配位聚合物材料的稳定性较差，尤其是对水的稳定性，这限制了该类材料在众多实际应用中的研究和推广。因此，提高、深入理解配位聚合物材料的稳定性（包括化学稳定性、热稳定性、机械稳定性、水稳定性）以及进一步构筑高稳定配位聚合物材料一直是该领域的一个研究热点。

26.8　配位聚合物的其他性能

配位聚合物其他方面的性能研究也吸引了大批科研人员的关注，如掺杂配位聚合物催化有机污染物的光降解，配位聚合物用于制备新型爆炸物，配位聚合物应用于爆炸物、农药残留等的检测与安防，金属-有机凝胶等。

上述配位聚合物材料的各项性能，将会在接下来的各章中进行详细论述。

功能材料是人类社会生产、生活的物质基础，它与能源、信息并列为现代科学技术的三大支柱。配位聚合物作为一种新型的无机-有机杂化功能分子基材料，具有独特的结构特点和性能优势。可以预期，随着配位化学、有机化学、物理化学、材料化学、超分子化学、晶体工程以及工程技术等不同学科的交叉融合和相关学者的共同努力，配位聚合物材料有望在环境、能源、生物医学等领域获得更为广阔的应用，为人类健康和社会发展提供巨大的功能材料支持。

（胡同亮　陈　强　卜显和）

参 考 文 献

[1] Cui Y，Yue Y，Qian G，et al. Luminescent functional metal-organic frameworks. Chem Rev，2012，112：1126-1162.

[2] Hu Z C，Deibert B J，Li J. Luminescent metal-organic frameworks for chemical sensing and explosive detection. Chem Soc Rev，2014，43：5815-5840.

[3] Buso D，Jasieniak J，Lay M D H，et al. Highly luminescent metal-organic frameworks through quantum dot doping. Small，2012，8：80-88.

[4] Hou X G，Wu Y，Cao H T，et al. A cationic iridium（Ⅲ）complex with aggregation-induced emission（AIE）properties for highly selective detection of explosives. Chem Commun，2014，50：6031-6034.

[5] Rocha J，Carlos L D，Paz F A A，et al. Luminescent multifunctional lanthanides-based metal-organic frameworks. Chem Soc Rev，2011，40：926-940.

[6] Stylianou K C，Heck R，Chong S Y，et al. A guest-responsive fluorescent 3D microporous metal-organic framework derived from a long-lifetime pyrene core. J Am Chem Soc，2010，132：4119-4130.

[7] Zhou J M，Li H H，Zhang H，et al. A bimetallic lanthanide metal-organic material as a self-calibrating color-gradient luminescent sensor. Adv Mater，2015，27：7072-7077.

[8] Huang H H，Beuchel M，Park Y，et al. Solvent-induced galvanoluminescence of metal-organic framework electroluminescent diodes. J Phys Chem C，2016，120：11045-11048.

[9] Duan X Y，Meng Q J，Su Y，et al. Multifunctional polythreading coordination polymers：spontaneous resolution，nonlinear-optic，and ferroelectric properties. Chem Eur J，2011，17：9936-9943.

[10] Han Y H，Liu Y C，Xing X S，et al. Chiral template induced homochiral MOFs built from achiral components：SHG enhancement and enantioselective sensing of chiral alkamines by ion-exchange. Chem Commun，2015，51：14481-14484.

[11] Li J H，Jia D，Meng S C，et al. Tetrazine chromophore-based metal-organic frameworks with unusual configurations：synthetic，structural，theoretical，fluorescent，and nonlinear optical studies. Chem Eur J，2015，21：7914-7926.

[12] Liu Y，Li G，Li X，et al. Cation-dependent non linear optical behavior in an octupolar 3D anionic metal-organic open framework. Angew Chem Int Ed，2007，46：6301-6304.

[13] Liu M，Quah H S，Wen S C，et al. Efficient third harmonic generation in a metal-organic framework. Chem Mater，2016，28：3385-3390.

[14] Wang C，Zhang T，Lin W. Rational synthesis of noncentrosymmetric metal-organic frameworks for second-order nonlinear optics. Chem Rev，2012，112：1084-1104.

[15] Wen L L，Zhou L，Zhang B G，et al. Multifunctional amino-decorated metal-organic frameworks：nonlinear-optic，ferroelectric，fluorescence

sensing and photocatalytic properties. J Mater Chem，2012，22：22603-22609.

[16] Yu J C，Cui Y J，Wu C D，et al. Second-order nonlinear optical activity induced by ordered dipolar chromophores confined in the pores of an anionic metal-organic framework. Angew Chem Int Ed，2012，51：10542-10545.

[17] 孟秦，金晶，刘佳操，等. 系列Co-M（M＝Cd，Zn，Co）配位聚合的合成、结构及光电性能. 高等学校化学学报，2010，31：221-226.

[18] Yamada T，Sadakiyo M，Shigematsu A，et al. Proton-conductive metal-organic frameworks. Bull Chem Soc Japan，2016，89：1-10.

[19] Horike S，Umeyama D，Kitagawa S. Ion conductivity and transport by porous coordination polymers and metal-organic frameworks. Acc Chem Res，2013，46：2376-2384.

[20] Meng X，Wang H N，Song S Y，et al. Proton-conducting crystalline porous materials. Chem Soc Rev，2017，46：464-480.

[21] Sadakiyo M，Yamada T，Kitagawa H. Hydrated proton-conductive metal-organic frameworks. Chem Plus Chem，2016，81：691-701.

[22] Sadakiyo M，Yamada T，Kitagawa H. Rational designs for highly proton-conductive metal-organic frameworks. J Am Chem Soc，2009，131：9906-9907.

[23] Bureekaew S，Horike S，Higuchi M，et al. One-dimensional imidazole aggregate in aluminium porous coordination polymers with high proton conductivity. Nat Mater，2009，8：831-836.

[24] Hurd J A，Vaidhyanathan R，Thangadurai V，et al. Anhydrous proton conduction at 150℃ in a crystalline metal-organic framework. Nat Chem，2009，1：705-710.

[25] Inukai M，Horike S，Itakura T，et al. Encapsulating mobile proton carriers into structural defects in coordination polymer crystals：high anhydrous proton conduction and fuel cell application. J Am Chem Soc，2016，138：8505-8511.

[26] Fotouhi L，Naseri M. Recent electroanalytical studies of metal-organic frameworks：a mini-review. Crit Rev Anal Chem，2016，46：323-331.

[27] Stavila V，Talin A A，Allendorf M D. MOF-based electronic and optoelectronic devices. Chem Soc Rev，2014，43：5994-6010.

[28] Talin A A，Centrone A，Ford A C，et al. Tunable electrical conductivity in metal-organic framework thin-film devices. Science，2014，343：66-69.

[29] Lin Y，Zhang Q，Zhao C，et al. An exceptionally stable functionalized metal-organic framework for lithium storage. Chem Commun，2015，51：697-699.

[30] Liu Q，Yu L，Wang Y，et al. Manganese-based layered coordination polymer：synthesis，structural characterization，magnetic property，and electrochemical performance in lithium-ion batteries. Inorg Chem，2013，52：2817-2822.

[31] Saravanan K，Nagarathinam M，Balaya P，et al. Lithium storage in a metal organic framework with diamondoid topology—a case study on metal formates. J Mater Chem，2010，20：8329-8335.

[32] Nie P，Shen L，Luo H，et al. Prussian blue analogues：a new class of anode materials for lithium ion batteries. J Mater Chem A，2014，2：5852-5857.

[33] Li X，Cheng F，Zhang S，et al. Shape-controlled synthesis and lithium-storage study of metal-organic frameworks $Zn_4O(1,3,5$-benzenetribenzoate$)_2$. J Power Sources，2006，160：542-547.

[34] Li C，Chen T，Xu W，et al. Mesoporous nanostructured Co_3O_4 derived from MOF template：a high-performance anode material for lithium-ion batteries. J Mater Chem A，2015，3：5585-5591.

[35] Shao J，Wan Z，Liu H，et al. Metal organic frameworks-derived Co_3O_4 hollow dodecahedrons with controllable interiors as outstanding anodes for Li storage. J Mater Chem A，2014，2：12194-12200.

[36] Banerjee A，Singh U，Aravindan V，et al. Synthesis of CuO nanostructures from Cu-based metal organic framework（MOF-199）for application as anode for Li-ion batteries. Nano Energy，2013，2：1158-1163.

[37] Hu L，Huang Y，Zhang F，et al. CuO/Cu_2O composite hollow polyhedrons fabricated from metal-organic framework templates for lithium-ion battery anodes with a long cycling life. Nanoscale，2013，5：4186-4190.

[38] Zheng F，Yang Y，Chen Q. High lithium anodic performance of highly nitrogen-doped porous carbon prepared from a metal-organic framework. Nat Commun，2014，5：5261.

[39] Zuo L，Chen S，Wu J，et al. Facile synthesis of three-dimensional porous carbon with high surface area by calcining metal-organic framework for lithium-ion batteries anode materials. RSC Adv，2014，4：61604-61610.

[40] Zou F，Hu X，Li Z，et al. MOF-derived porous $ZnO/ZnFe_2O_4/C$ octahedra with hollow interiors for high-rate lithium-ion batteries. Adv Mater，2014，26：6622-6628.

[41] Yang S J，Nam S，Kim T，et al. Preparation and exceptional lithium anodic performance of porous carbon-coated ZnO quantum dots derived from a metal-organic framework. J Am Chem Soc，2013，135：7394-7397.

[42] Wang L，Han Y Z，Feng X，et al. Metal-organic frameworks for energy storage：batteries and supercapacitors. Coordin Chem Rev，2016，307：361-381.

[43] Lee D H，Han J H，Kim M K，et al. A case of polyarteritis nodosa manifesting as a neuropathy following influenza infection. J Rheum Dis，2012，19：163-167.

[44] Gong Y，Li J，Jiang P G，et al. Novel metal（Ⅱ）coordination polymers based on N, N'-bis-(4-pyridyl)phthalamide as supercapacitor electrode materials in an aqueous electrolyte. Dalton Trans，2013，42：1603-1611.

[45] Maiti S，Pramanik A，Mahanty S. Extraordinarily high pseudocapacitance of metal organic framework derived nanostructured cerium oxide. Chem Commun，2014，50：11717-11720.

[46] Liu B，Shioyama H，Akita T，et al. Metal-organic framework as a template for porous carbon synthesis. J Am Chem Soc，2008，130：5390-5391.

[47] Wang Z，Hu K，Gao S，et al. Formate-based magnetic metal-organic frameworks templated by protonated amines. Adv Mater，2010，22：1526-1533.

[48] Zhao J P，Xu J，Han S D，et al. A niccolite structural multiferroic metal-organic framework possessing four different types of bistability in response to dielectric and magnetic modulation. Adv Mater，2017：1606966.

[49] Ferlay S，Mallah T，Ouahes R，et al. A room-temperature organometallic magnet based on prussian blue. Nature，1995，378：701-703.

[50] Mallah T，Thiébaut S，Verdaguer M，et al. High-T_c molecular-based magnets：ferrimagnetic mixed-valence chromium（Ⅲ）-chromium（Ⅱ）cyanides with T_c at 240 and 190 Kelvin. Science，1993，262：1554-1557.

[51] Zeng Y F，Hu X，Liu F C，et al. Azido-mediated systems showing different magnetic behaviors. Chem Soc Rev，2009，38：469-480.

[52] Yang C I，Zhang Z Z，Lin S B. A review of manganese-based molecular magnets and supramolecular architectures from phenolic oximes. Coordin Chem Rev，2015，289-290：289-314.

[53] Woodruff D N，Winpenny R E P，Layfield R A. Lanthanide single-molecule magnets. Chem Rev，2013，113：5110-5148.

[54] Dhers S，Feltham H L C，Brooker S. A toolbox of building blocks，linkers and crystallisation methods used to generate single-chain magnets. Coordin Chem Rev，2015，296：24-44.

[55] Liu K，Zhang X，Meng X，et al. Constraining the coordination geometries of lanthanide centers and magnetic building blocks in frameworks：a new strategy for molecular nanomagnets. Chem Soc Rev，2016，45：2423-2439.

[56] Zheng Y Z，Zhou G J，Zheng Z，et al. Molecule-based magnetic coolers. Chem Soc Rev，2014，43：1462-1475.

[57] Liu J L，Chen Y C，Guo F S，et al. Recent advances in the design of magnetic molecules for use as cryogenic magnetic coolants. Coordin Chem Rev，2014，281：26-49.

[58] Sharples J W，Collison D. Coordination compounds and the magnetocaloric effect. Polyhedron，2013，54：91-103.

[59] Zhao J P，Han S D，Jiang X，et al. A heterometallic strategy to achieve a large magnetocaloric effect in polymeric 3D complexes. Chem Commun，2015，51：8288-8291.

[60] Liu H，Zhao Y G，Zhang Z J，et al. The effect of methyl functionalization on microporous metal-organic frameworks'capacity and binding energy for carbon dioxide adsorption. Adv Funct Mater，2011，21：4754-4762.

[61] Liu J，Thallapally P K，McGrail B P，et al. Progress in adsorption-based CO_2 capture by metal-organic frameworks. Chem Soc Rev，2012，41：2308-2322.

[62] Park J，Yuan D Q，Pham K T，et al. Reversible alteration of CO_2 adsorption upon photochemical or thermal treatment in a metal-organic framework. J Am Chem Soc，2012，134：99-102.

[63] Park H J，Suh M P. Enhanced isosteric heat，selectivity，and uptake capacity of CO_2 adsorption in a metal-organic framework by impregnated metal ions. Chemical Science，2013，4：685-690.

[64] Si X L，Jiao C L，Li F，et al. High and selective CO_2 uptake，H_2 storage and methanol sensing on the amine-decorated 12-connected MOF CAU-1. Energ Environ Sci，2011，4：4522-4527.

[65] Lassig D，Lincke J，Moellmer J，et al. A microporous copper metal-organic framework with high H_2 and CO_2 adsorption capacity at ambient pressure. Angew Chem Int Ed，2011，50：10344-10348.

[66] Makal T A，Zhuang W J，Zhou H C. Realization of both high hydrogen selectivity and capacity in a guest responsive metal-organic framework. J Mater Chem A，2013，1：13502-13509.

[67] Mollmer J，Lange M，Moller A，et al. Pure and mixed gas adsorption of CH_4 and N_2 on the metal-organic framework Basolite® A100 and a novel copper-based 1, 2, 4-triazolyl isophthalate MOF. J Mater Chem，2012，22：10274-10286.

[68] Panella B，Hirscher M，Putter H，et al. Hydrogen adsorption in metal-organic frameworks：Cu-MOFs and Zn-MOFs compared. Adv Funct Mater，2006，16：520-524.

[69] Yan Y，Telepeni I，Yang S H，et al. Metal-organic polyhedral frameworks：high H_2 adsorption capacities and neutron powder diffraction studies. J Am Chem Soc，2010，132：4092-4094.

[70] Zhao X B，Xiao B，Fletcher A J，et al. Hysteretic adsorption and desorption of hydrogen by nanoporous metal-organic frameworks. Science，2004，306：1012-1015.

[71] Yao Z Q，Li G Y，Xu J，et al. A water-stable luminescent Zn^{II} metal-organic framework as chemosensor for high-efficiency detection of Cr^{VI} -anions（ $Cr_2O_7^{2-}$ and CrO_4^{2-} ）in aqueous solution. Chem Eur J，2018，24：3192-3198.

[72] Desai A V，Manna B，Karmakar A，et al. A water-stable cationic metal-organic framework as a dual adsorbent of oxoanion pollutants. Angew Chem Int Ed，2016，55：7811-7815.

[73] Yang C，Kaipa U，Mather Q Z，et al. Fluorous metal-organic frameworks with superior adsorption and hydrophobic properties toward oil spill cleanup and hydrocarbon storage. J Am Chem Soc，2011，133：18094-18097.

[74] Chen L，Tan K，Lan Y Q，et al. Unusual microporous polycatenane-like metal-organic frameworks for the luminescent sensing of Ln^{3+} cations and rapid adsorption of iodine. Chem Commun，2012，48：5919-5921.

[75] Hamon L，Serre C，Devic T，et al. Comparative study of hydrogen sulfide adsorption in the MIL-53（Al, Cr, Fe），MIL-47（V），MIL-100（Cr），and MIL-101（Cr）metal-organic frameworks at room temperature. J Am Chem Soc，2009，131：8775-8777.

[76] Huo S H，Yan X P. Metal-organic framework MIL-100（Fe）for the adsorption of malachite green from aqueous solution. J Mater Chem，2012，22：7449-7455.

[77] Levasseur B，Petit C，Bandosz T J. Reactive adsorption of NO_2 on copper-based metal-organic framework and graphite oxide/metal-organic framework composites. Acs Appl Mater Int，2010，2：3606-3613.

[78] McKinlay A C，Xiao B，Wragg D S，et al. Exceptional behavior over the whole adsorption-storage-delivery cycle for NO in porous metal organic frameworks. J Am Chem Soc，2008，130：10440-10444.

[79] Yang C X，Yan X P. Selective adsorption and extraction of C_{70} and higher fullerenes on a reusable metal-organic framework MIL-101（Cr）. J Mater Chem，2012，22：17833-17841.

[80] Liu J W，Chen L F，Cui H，et al. Applications of metal-organic frameworks in heterogeneous supramolecular catalysis. Chem Soc Rev，2014，43：6011-6061.

[81] Dhakshinamoorthy A，Garcia H. Catalysis by metal nanoparticles embedded on metal-organic frameworks. Chem Soc Rev，2012，41：5262-5284.

[82] Corma A，Garcia H，Xamena F. Engineering metal organic frameworks for heterogeneous catalysis. Chem Rev，2010，110：4606-4655.

[83] Zhao M，Ou S，Wu C D. Porous metal-organic frameworks for heterogeneous biomimetic catalysis. Acc Chem Res，2014，47：1199-1207.

[84] Seo J S，Whang D，Lee H，et al. A homochiral metal-organic porous material for enantioselective separation and catalysis. Nature，2000，404：982-986.

[85] Roberts J M，Fini B M，Sarjeant A A，et al. Urea metal-organic frameworks as effective and size-selective hydrogen-bond catalysts. J Am Chem Soc，2012，134：3334-3337.

[86] Hasegawa S，Horike S，Matsuda R，et al. Three-dimensional porous coordination polymer functionalized with amide groups based on tridentate ligand：selective sorption and catalysis. J Am Chem Soc，2007，129：2607-2614.

[87] Shultz A M，Farha O K，Adhikari D，et al. Selective surface and near-surface modification of a noncatenated，catalytically active metal-organic framework material based on Mn（salen）struts. Inorg Chem，2011，50：3174-3176.

[88] Feng D，Chung W C，Wei Z，et al. Construction of ultrastable porphyrin Zr metal-organic frameworks through linker elimination. J Am Chem Soc，2013，135：17105-17110.

[89] Farha O K，Shultz A M，Sarjeant A A，et al. Active-site-accessible，porphyrinic metal-organic framework materials. J Am Chem Soc，2011，133：5652-5655.

[90] Cho S H，Ma B，Nguyen S T，et al. A metal-organic framework material that functions as an enantioselective catalyst for olefin epoxidation. Chem Commun，2006：2563-2565.

[91] Shi D，Ren Y，Jiang H，et al. Synthesis，structures，and properties of two three-dimensional metal-organic frameworks，based on concurrent ligand extension. Inorg Chem，2012，51：6498-6506.

[92] Mitchell L，Gonzalez-Santiago B，Mowat J P S，et al. Remarkable Lewis acid catalytic performance of the scandium trimesate metal organic framework MIL-100（Sc）for C—C and C≡N bond-forming reactions. Catal Sci Technol，2013，3：606-617.

[93] Kim J，Bhattacharjee S，Jeong K E，et al. Selective oxidation of tetralin over a chromium terephthalate metal organic framework，MIL-101. Chem Commun，2009：3904-3906.

[94] Férey G，Mellot-Draznieks C，Serre C，et al. A chromium terephthalate-based solid with unusually large pore volumes and surface area. Science，2005，309：2040-2042.

[95] Dhakshinamoorthy A，Alvaro M，Garcia H. Metal-organic frameworks（MOFs）as heterogeneous catalysts for the chemoselective reduction

of carbon-carbon multiple bonds with hydrazine. Adv Synth Catal，2009，351：2271-2276.

[96]　Zhang W N，Lu G，Cui C L，et al. A family of metal-organic frameworks exhibiting size-selective catalysis with encapsulated noble-metal nanoparticles. Adv Mater，2014，26：4056-4060.

[97]　Yuan B，Pan Y，Li Y，et al. A highly active heterogeneous palladium catalyst for the Suzuki-Miyaura and ullmann coupling reactions of aryl chlorides in aqueous media. Angew Chem Int Ed，2010，49：4054-4058.

[98]　Schroeder F，Esken D，Cokoja M，et al. Ruthenium nanoparticles inside porous $Zn_4O(bdC)_3$ by hydrogenolysis of adsorbed Ru（cod）（cot）：a solid-state reference system for surfactant-stabilized ruthenium colloids. J Am Chem Soc，2008，130：6119-6130.

[99]　Jiang H L，Liu B，Akita T，et al. Au@ZIF-8：CO oxidation over gold nanoparticles deposited to metal-organic framework. J Am Chem Soc，2009，131：11302-11303.

[100]　Ishida T，Nagaoka M，Akita T，et al. Deposition of gold clusters on porous coordination polymers by solid grinding and their catalytic activity in aerobic oxidation of alcohols. Chem Eur J，2008，14：8456-8460.

[101]　Hermannsdoerfer J，Kempe R. Selective palladium-loaded MIL-101 catalysts. Chem Eur J，2011，17：8071-8077.

[102]　Kreno L E，Leong K，Farha O K，et al. Metal-organic framework materials as chemical sensors. Chem Rev，2012，112：1105-1125.

[103]　Wales D J，Grand J，Ting V P，et al. Gas sensing using porous materials for automotive applications. Chem Soc Rev，2015，44：4290-4321.

[104]　Bagheri M，Masoomi M Y，Morsali A，et al. Two dimensional host-guest metal-organic framework sensor with high selectivity and sensitivity to picric acid. Acs Appl Mater Int，2016，8：21472-21479.

[105]　Yang J，Ye H L，Zhao F Q，et al. A novel Cu_xO nanoparticles@ZIF-8 composite derived from core-shell metal-organic frameworks for highly selective electrochemical sensing of hydrogen peroxide. Acs Appl Mater Int，2016，8：20407-20414.

[106]　Zheng M，Tan H Q，Xie Z G，et al. Fast response and high sensitivity europium metal organic framework fluorescent probe with chelating terpyridine sites for Fe^{3+}. Acs Appl Mater Int，2013，5：1078-1083.

[107]　Cui Y J，Song R J，Yu J C，et al. Dual-emitting MOF superset of dye composite for ratiometric temperature sensing. Adv Mater，2015，27：1420-1425.

[108]　Lin R B，Liu S Y，Ye J W，et al. Photoluminescent metal-organic frameworks for gas sensing. Adv Sci，2016，3：1500434.

[109]　Zhang H T，Zhang J W，Huang G，et al. An amine-functionalized metal-organic framework as a sensing platform for DNA detection. Chem Commun，2014，50：12069-12072.

[110]　Zhu Y M，Zeng C H，Chu T S，et al. A novel highly luminescent LnMOF film：a convenient sensor for Hg^{2+} detecting. J Mater Chem A，2013，1：11312-11319.

[111]　He C B，Lu K D，Lin W B. Nanoscale metal-organic frameworks for real-time intracellular pH sensing in live cells. J Am Chem Soc，2014，136：12253-12256.

[112]　Wu Y F，Han J Y，Xue P，et al. Nano metal-organic framework(NMOF)-based strategies for multiplexed microRNA detection in solution and living cancer cells. Nanoscale，2015，7：1753-1759.

[113]　Cui C L，Liu Y Y，Xu H B，et al. Self-assembled metal-organic frameworks crystals for chemical vapor sensing. Small，2014，10：3672-3676.

[114]　Wu P Y，Wang J，He C，et al. Luminescent metal-organic frameworks for selectively sensing nitric oxide in an aqueous solution and in living cells. Adv Funct Mater，2012，22：1698-1703.

[115]　Chen B L，Wang L B，Xiao Y Q，et al. A luminescent metal-organic framework with Lewis basic pyridyl sites for the sensing of metal ions. Angew Chem Int Ed，2009，48：500-503.

[116]　Li Y，Zhang S S，Song D T. A luminescent metal-organic framework as a turn-on sensor for DMF vapor. Angew Chem Int Ed，2013，52：710-713.

[117]　Xu H，Gao J K，Qian X F，et al. Metal-organic framework nanosheets for fast-response and highly sensitive luminescent sensing of Fe^{3+}. J Mater Chem A，2016，4：10900-10905.

[118]　Rao X T，Song T，Gao J K，et al. A highly sensitive mixed lanthanide metal-organic framework self-calibrated luminescent thermometer. J Am Chem Soc，2013，135：15559-15564.

[119]　Achmann S，Hagen G，Kita J，et al. Metal-organic frameworks for sensing applications in the gas phase. Sensors，2009，9：1574.

[120]　Beauvais L G，Shores M P，Long J R. Cyano-bridged Re_6Q_8（Q = S，Se）cluster-cobalt（Ⅱ）framework materials：versatile solid chemical sensors. J Am Chem Soc，2000，122：2763-2772.

[121]　Kreno L E，Hupp J T，Van Duyne R P. Metal-organic framework thin film for enhanced localized surface plasmon resonance gas sensing. Anal Chem，2010，82：8042-8046.

[122]　Lu Z Z，Zhang R，Li Y Z，et al. Solvatochromic behavior of a nanotubular metal-organic framework for sensing small molecules. J Am Chem Soc，2011，133：4172-4174.

第27章
金属有机框架材料的光子学性能及其应用

27.1 引 言

金属有机框架材料是一种由金属离子或金属簇与有机桥连配体通过配位作用组装形成的新型多孔晶体材料[1-5]。与沸石分子筛等无机多孔材料相似，金属有机框架材料同样具有特殊的拓扑结构、内部排列的规则性以及特定尺寸和形状的孔道，同时它还能够通过引入不同结构的有机配体或对配体的后功能化修饰，达到设计、剪裁和调控框架材料结构与物理化学性质的目的。

金属离子与配体间的配位键能（60～350kJ/mol）比分子间的范德瓦耳斯力、π-π堆积、氢键等弱相互作用强得多，且具有一定的方向性，基于这种作用构筑的金属有机框架晶体材料通常比由弱相互作用构筑的超分子体系具有更优异的稳定性。框架材料的晶体特征便于材料结构的确定，也为建立构效关系以及设计和优化金属有机框架材料的性能带来极大的便利。金属有机框架材料的另一个最受关注的特征是其高孔隙率，以及由此产生的超高比表面积。目前，框架材料的孔体积超过$4.0cm^3/g$，BET比表面积超过$7000m^2/g$。利用晶体工程和网络化学原理选择构建框架材料的次级构筑单元（包括金属和有机桥连配体）及其连接方式，可以系统地调节框架材料中孔洞的尺寸、形状、维数以及微化学环境等，这一特征不断促成框架材料研究的新突破，同时为开发具有更优异性能的框架材料带来希望。

目前，人们对金属有机框架材料研究兴趣逐年递增，越来越多的化学家和材料科学家相继投入这一新兴领域的研究和开发中。在世界各国科学家的推动下，金属有机框架材料研究已取得了许多重要进展，在晶体结构的设计生长方面正由不可控或难控制的自组装向可控合成与定向组装发展，在性能探索上也从催化、吸附等传统的多孔材料应用领域向光电、磁性等功能材料领域逐步延伸，研究重点也逐步从最初的合成、结构表征向性能研究与功能研发转变，并努力向功能材料的实际应用方面拓展。其中，具有光学性能的金属有机框架材料能够将传统配合物的优良光学性质和框架多孔材料的独特优势有效结合在一起，因此在化学传感、显示照明、非线性光学和生物医学成像等领域显示出极大的应用前景，相关研究已成为化学和材料科学的一个新兴研究方向与热点领域[6-32]。

27.2 光子功能金属有机框架材料的设计思路

27.2.1 框架材料结构设计思路

金属有机框架材料的拓扑结构对于其功能与应用具有极为重要的影响。框架结构特征不仅与金属离子和有机配体的种类相关，反应体系的溶剂、反应物配比、pH值、模板分子和合成方法等众多因素的细微变化也会直接导致框架结构的改变。目前对框架材料的合成机理研究得还不够透彻，还无法像有机合成那样能够完全通过控制反应因素来控制框架材料的组装过程并获得预期框架结构，设计并获得特定结构的金属有机框架材料仍是一个巨大的挑战。

　　金属离子是金属有机框架材料的重要组成部分，一般位于框架结构的节点位置。组成金属有机框架材料的金属离子多种多样，主要以 Zn^{2+}、Cu^{2+} 和 Fe^{3+} 等过渡金属，Ln^{3+} 系稀土，Mg^{2+} 等碱土和 In^{3+} 等ⅢA族元素为主，也有少量 MOF 由碱金属参与构建。金属离子和配体构筑金属有机框架材料一般有两种方式，一种是金属离子直接与配体相连接；另一种由金属离子生成金属簇，再和有机配体连接。基于金属簇合物的结构单元通常称为次级建构单元（second building units，SBUs），它对框架材料的组装起着重要的拓扑导向作用。常见的次级建构单元有双核桨轮形的 $M_2(COO)_4(OH_2)_2$、三核形的 $M_3O(COO)_6(OH_2)_3$、四核正四面体的 $M_4O(COO)_6$ 等。次级建构单元的概念可用来预测和设计框架材料的结构。理论上，在框架材料的制备中通过选择不同配位构型的金属离子就可以获得不同的拓扑结构，从而实现对金属有机框架材料结构的设计和控制。如选择具有桨轮（paddle-wheel）形状的次级建构单元 $M_2(COO)_4$（M = Cu^{2+}，Zn^{2+}，Co^{2+} 和 Ni^{2+}）与二羧酸配体 $[R(COO)_2]$ 以及线

形吡啶衍生物（L）配位可以合成得到立方结构的金属有机框架材料 $M_2(ROO)_2L$[33, 34]。丰富多样的次级建构单元增加了金属有机框架材料合成结构的不确定性，但同时为构建新颖结构的框架材料带来多种可能。

　　在金属有机框架材料构筑中，有机配体的选择和使用对框架材料的网络结构以及孔道形状和尺寸的调控也起着关键性的作用。羧酸类化合物和含氮杂环类化合物是目前金属有机框架材料制备中最常使用的两类配体，配体种类的变化不仅会影响到框架材料的组成，而且还直接影响到框架材料的空间结构。有机配体在金属原子中心起着间隔或桥连的作用，可以用来控制金属离子之间的距离和晶体结构的维数。一般空间位阻大的配体不利于形成高维数的网络结构，而刚性的配体常被用来构筑多孔结构的高维结构。配体的几何对称性在形成网络结构时非常重要，晶体的对称性一般高于配体的对称性。例如，由三重对称轴的配体形成的金属框架晶体的空间群一般包含对称要素 3：由三重对称配体 BTC（均苯三甲酸）构建的 HKUST-1 的空间群为 $Fm\overline{3}m$，由 BTB [1, 3, 5-三（4-苯羧基）苯] 构筑的 MOF-177 的空间群为 $p\overline{3}_1c$。通过有机配体的结构修饰，可以对框架材料的孔道尺寸和表面进行调控和改性，例如，Yaghi 课题组通过选择具有相似结构、尺寸不同的对苯二甲酸衍生物作为配体，制备了一批与框架材料 MOF-5 具有相同拓扑结构的 IRMOF 系列框架材料（图 27-1），通过 IRMOF 系列框架材料的合成，成功地将 MOF-5 的孔道从 3.8Å 拓展到 28.8Å[35]。近期，Yaghi 等利用不同长度的 2, 6-二羟基对苯二甲酸的衍生物作为配体，与 Mg^{2+} 共同构筑了一系列与 MOF-74 具有相同拓扑网络的金属有机框架晶体（图 27-2），孔径分布为 0.6～10nm。此外还可将不同的有机官能团引入框架材料的孔道内部，实现对框架材料孔道尺寸的调节与控制以及对框架材料的孔道修饰[36]。

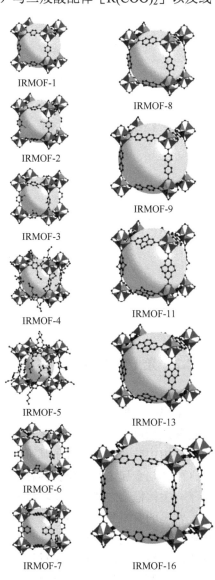

IRMOF-1

IRMOF-8

IRMOF-2

IRMOF-9

IRMOF-3

IRMOF-4

IRMOF-11

IRMOF-5

IRMOF-13

IRMOF-6

IRMOF-16

IRMOF-7

图 27-1　IRMOF 系列金属有机框架材料的晶体结构[35]

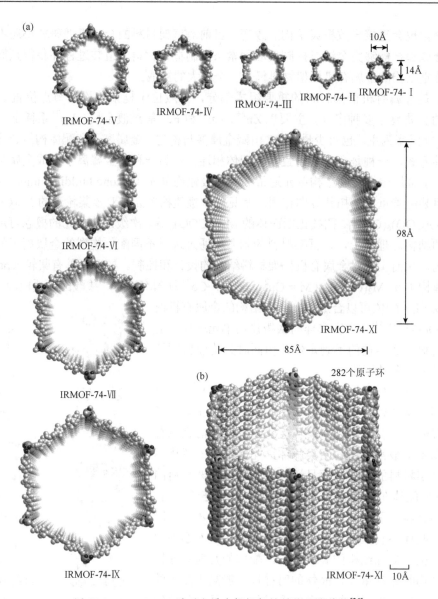

图 27-2　IRMOF-74 系列金属有机框架材料的晶体结构[36]

27.2.2　光子学性能的产生机制

金属有机框架材料作为一种新型的有机-无机杂化材料，具有发光位点丰富、发射波长范围广、孔道和结构可调及易于功能化修饰等优点，无论是构建框架材料的结构单元（有机配体、金属中心），还是孔道中装载的客体分子都可以作为光子学性能的来源。另外，框架材料中多样化的能量转移过程（配体与金属之间的电荷转移、金属与金属之间的电荷转移、配体与配体之间的电荷转移、客体分子与主体框架之间的电荷转移）也可以产生新的发光功能。

常见的有机配体大多含有多羧酸、苯环和氮杂环等基团，因而普遍具有发光性能。这类配体分子在有效吸收光子能量后，通常会发生内转换、振动弛豫、系间窜跃、荧光或者磷光发射等一系列光物理过程。金属有机框架材料中的有机配体的发光机制与自由有机配体分子相同且具有相似的发光性质，但是框架材料中金属离子与配体的配位使配体的稳定性和刚性增加，降低了非辐射跃迁的概率，从而导致配体的发光强度、荧光寿命和量子效率能够获得不同程度的增强。另外，框架材料形成后配体分子的间距缩小，分子间的相互作用增强，进而导致荧光光谱的发射峰移动和谱峰展宽，并损失一些谱线的精细结构。此外，框架材料中金属离子的尺寸和性质、有机连接的取向和排列方式以及配位环境的不同也会对有机配体的发光产生一定的影响。

例如，Li 等合成的金属有机框架材料 $Zn_3(\mu_5\text{-pta})_2(\mu_2\text{-}H_2O)_2$（pta = 2, 4, 6-吡啶三羧酸）在 467nm 处显示出很强的配体发光强度[37]，而自由配体分子的荧光峰位于 415nm，且发光强度较弱，框架结构的形成是导致配体荧光强度增强和峰位红移的主要原因。Fang 等报道的金属有机框架材料 $Zn_3(BTC)_2(DMF)_3(H_2O)\cdot(DMF)(H_2O)$ 和 $Cd_4(BTC)_3(DMF)_2(H_2O)_2\cdot6H_2O$（BTC = 均苯三甲酸）则反映了不同金属离子配位对发光性能的影响[38]。自由配体分子均苯三甲酸（BTC）的荧光发射峰位于 370nm，而含 Zn 和 Cd 的框架材料的发光峰则分别位于 410nm 和 405nm。Bauer 等使用 Zn^{2+} 和苯乙烯二羧酸配位制备了具有二维结构的框架材料 $Zn_3L_3(DMF)_2$ 和三维结构的框架材料 Zn_4OL_3（DMF）（$CHCl_3$）（L = 苯乙烯二羧酸），由于配位环境与结构的不同，二维框架材料显示出蓝色的光，而三维框架材料则显示出蓝紫色的光[39]。

除了有机配体产生发光之外，金属有机框架材料中的稀土离子也能够产生发光，该类发光一般源于稀土离子本身的 f-f 电子跃迁，谱线尖锐，识别分辨率高。除 La^{3+}、Lu^{3+} 和 Y^{3+} 外，每种稀土离子都有特征发射波长，且受有机配体的影响很小。然而，由于稀土离子的 f-f 电子跃迁是自旋禁阻的，其摩尔吸光系数很小，直接吸收光的效率很低，通常需要很高的能量激发才能发光。MOF 中有机配体的"天线效应"可以敏化稀土离子发光，即框架材料中的有机配体吸收外界的激发光能量，通过共振耦合将能量转移给稀土离子，最终使稀土离子产生发光。值得注意的是，有机配体能否有效敏化稀土离子发光取决于相关电子结构，即要求有机配体的最低三重激发态能级必须高于稀土离子的激发态能级，且能级差要适宜。如果能级相差太大，会导致天线效应传能无效，而能级相差太小，会促进金属向配体的能量回传而损耗能量。所以选取合适的有机配体对于敏化稀土离子的发光具有重要意义。除了利用有机配体以外，也可以利用 d 区金属作为敏化剂并借助于 d→f 能量传递来获得稀土离子的近红外发光，所以制备 3d-4f 异金属有机框架材料体系对于获得稀土离子的近红外发光应是一条有效途径。

Chandler 等采用 4, 4′-二环磺酸基-2, 2′-联吡啶-N, N′-氧化物作为配体制备了含 Sm^{3+}、Eu^{3+}、Tb^{3+}、Dy^{3+} 等稀土离子的框架材料[40]，由于配体的最低激发三重态能级为 $24038cm^{-1}$，高于稀土离子的激发态能级，框架材料显示出良好的稀土离子发光。使用客体分子或者第二配体敏化稀土离子的发光也有所报道，例如 de Lill 等制备的框架材料 $[Eu_2(L)_3(H_2O)_2]\cdot4, 4′\text{-}$联吡啶（L = 己二酸）[41]，在使用客体分子联吡啶最大吸收波长 236nm 激发时，框架材料在 595nm 和 615nm 处出现 Eu^{3+} 的 $^5D_0\rightarrow^7F_1$ 和 $^5D_0\rightarrow^7F_2$ 跃迁峰。

在稀土-有机框架材料中，除了配体与稀土离子之间的能量传递，不同的稀土离子之间也能够发生能量传递，如 Tb^{3+} 向 Eu^{3+} 的能量传递。de Lill 等分别制备了含 Eu^{3+} 和 Tb^{3+} 的异金属有机框架材料 $[(Eu, Tb)(C_6H_8O_4)_3(H_2O)_2]\cdot(C_{10}H_8N_2)$（$C_6H_8O_4$ = 己二羧酸，$C_{10}H_8N_2$ = 4, 4′-联吡啶）和单一含 Eu^{3+} 的框架材料 $[Eu(C_6H_8O_4)_3(H_2O)_2]\cdot(C_{10}H_8N_2)$[42]，框架材料 $[(Eu, Tb)(C_6H_8O_4)_3(H_2O)_2]\cdot(C_{10}H_8N_2)$ 中 Eu^{3+} 的特征峰处发光强度显著高于 $[Eu(C_6H_8O_4)_3(H_2O)_2]\cdot(C_{10}H_8N_2)$，而 Tb^{3+} 的发光明显减弱，表明 Tb^{3+} 向 Eu^{3+} 传递能量。

在发光金属有机框架材料的设计合成中，除了通过使用含荧光基团的有机共轭分子作为桥连配体或采用稀土离子作为金属中心来获得发光性能之外，利用框架材料负载荧光物质组装复合发光材料正受到越来越多的关注。金属有机框架材料独特的微孔结构使其很容易接纳客体分子并组装形成主-客体复合体系，人们可以通过选择合适的金属离子和有机配体对框架材料的孔道尺寸和形状进行调节，从而适应各种客体分子的组装需要，同时也可以通过改变客体分子的种类和组装方法在同一框架材料中引入不同的客体分子，这些特性为金属有机框架材料获得新的发光性能并实现发光性质的合理设计与调控剪裁提供了有效途径。

有机荧光染料是目前使用最为广泛的荧光物质，但大多数荧光染料仅在稀溶液中具有很高的荧光量子产率，在固态时会发生团聚现象，从而不可避免地导致其发光性能降低甚至完全消失。理论上，如果将有机染料分散到框架材料的孔道中，染料分子由于受到孔道的阻隔作用而彼此孤立，有望有效避免相互团聚，从而使染料分子表现出优异的发光性能。最近，国内外研究人员已在金属有机框架材料的孔道中成功实现了罗丹明 6G（Rh6G）、罗丹明 B（RhB）以及香豆素等多种有机染料的吸附分散，获得的复合材料具有丰富多样的发光特性，并显示出广阔的应用前景。例如，2007 年，吉林大学的 Qiu 等合成了一种具有较大孔道尺寸的金属有机框架材料 JUC-48，并利用浸渍法在其孔道中扩散有机染料 Rh6G，复合体系 JUC-48⊃Rh6G 表现出染料 Rh6G 的荧光特征（图 27-3），其发光强度对温度具有较好的敏感性，有望在荧光温度传感中获得应用[43]。此后，该课题组还系统开展了香豆素 C151 和罗丹明 B 等染料在框架材料 MOF-5 中的吸附研究。2012 年，Kaskel 等报道了尼罗蓝染料在含 Zn^{2+} 框架材料 DUT-25 中的吸附，并研究了其荧光的溶致变色行为[44]。2013 年，Wu 等制备了一种含 Cd^{2+} 的金属有机框架材料 CZJ-3，并使用浸渍法将染料 RhB 吸附到其孔道中[45]，获得的复合材料 CZJ-3⊃RhB 同时具有源于客体染料 RhB 和有机配体的荧光发射特性，且二者的荧光强度比值对不同的有机小分子表现出不同的响应，因而可用于有机小分子的自参比荧光检测。美国的 Rosi 课题组制备了一种离子型的金属有机框架材料 bio-MOF-1[46]，该框架材料能够与稀土离子（Tb^{3+}、Sm^{3+}、Eu^{3+} 和 Yb^{3+}）发生离子交换，交换后的框架材料在紫外光激发下分别发出稀土离子的特征发射。例如，含 Tb^{3+}、Sm^{3+} 和 Eu^{3+} 的框架材料分别发出绿色、红色和橙色的荧光。值得一提的是，稀土离子在吸附入框架材料之后即使在水溶液中也能观察到较强的发光，荧光量子效率也比溶液状态下要高，表明框架结构不仅可以有效敏化稀土离子的发光，同时还能保护稀土离子不受水分子对荧光的猝灭作用。

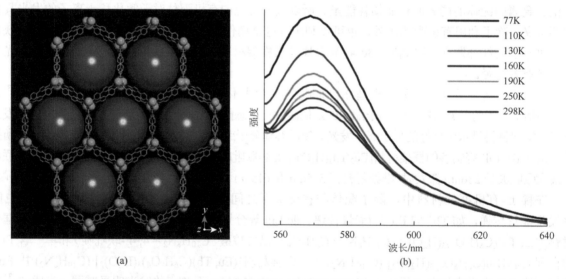

图 27-3　金属有机框架材料 JUC-48 的晶体结构（a）及其组装染料 Rh6G 后的变温荧光光谱（b）[43]

27.3　荧光传感应用

目前，发光金属有机框架材料已在荧光探测、发光显示、光催化和生物医学成像等领域获得了广泛研究。金属有机框架材料尤其是稀土-有机框架材料的发光特性与框架结构、离子配位环境、孔道的表面特性有关，并对框架材料与客体分子之间的弱相互作用如氢键、范德瓦耳斯力、π-π作用等十分敏感，从而为框架材料在荧光探测领域的应用提供了可能。因此，在上述的应用研究中，关于荧光探测的研究和所取得的成果尤其引人瞩目。

2004 年，Liu 等利用 1, 4, 8, 11-四氮杂环十四烷-1, 4, 8, 11-四丙酸作为配体与稀土 Eu 合成了稀土有机框架材料，并用它开展了对 Cu^{2+}、Ag^+、Zn^{2+}、Cd^{2+} 和 Hg^{2+} 等金属离子的荧光探测，结果显示该框架材料对于 Ag^+ 有着显著的荧光探测效应[47]。2009 年，Chen 和 Qian 等利用稀土元素更易于和羧酸配位的特点，使用含有氮原子的 3, 5-吡啶二羧酸（H_2PDC）作为配体与稀土 Eu 制备了框架材料 $Eu(PDC)_{1.5}(DMF)\cdot(DMF)_{0.5}(H_2O)_{0.5}$[48]，并进行了对 Na^+、Cu^{2+}、Co^{2+}、Al^{3+}、Fe^{3+} 等阳离子的荧光探测。在该框架材料中，吡啶环上未配位的氮可与进入孔道的金属离子发生相互作用，研究结果表明，该框架材料对于重金属离子 Cu^{2+} 表现出显著的荧光猝灭效应。其探测机理可解释为进入孔洞中的 Cu^{2+} 与有机配体中的氮发生了化学配位，使得部分有机配体产生的光生电子转移到 Cu^{2+}，进而降低了传递到稀土离子的能量效率，导致荧光强度的减弱，从而使得框架材料表现出对于 Cu^{2+} 独特的探测能力。此外，他们还开展了框架材料在水溶液和生物环境中对 Cu^{2+} 的探测研究，合成了一种可在水中稳定存在的框架材料 $Eu_2(FMA)_2(ox)(H_2O)_4\cdot4H_2O$（FMA = 富马酸，ox = 草酸）[49]，在水溶液和模拟的生理溶液中，框架材料中 Eu^{3+} 的荧光强度随着 Cu^{2+} 浓度的增加显著降低，且其荧光寿命也从 394.60μs 大幅降低到 30.45μs，这一结果为开展框架材料在生物和环境领域的离子探测提供了可能。随后，Luo 等报道了一种 Eu 和 Zn 共掺杂的荧光金属框架材料 $[NH_4]_{0.7}[Eu][ZnL][Cl]_{1.7}(H_2O)_8$（L = 1, 2, 4, 5-苯四甲酸），实现了在水溶液中对 Cu^{2+} 的探测[50]。Zhang 等利用镧系金属与不同的有机桥连配体合成了多个稀土有机框架材料，包括纳米尺度的 $Tb(BTC)(H_2O)_6$（BTC = 均苯三甲酸）[51] 和 $Eu(FBPT)(H_2O)(DMF)$（FBPT = 2′-氟-联苯-3, 4′, 5-三羧酸）[52]、$Eu_4(BPT)_4(DMF)_2(H_2O)_8$（BPT = 联苯-3, 4′, 5-三羧酸）[53]，实现了对 Cu^{2+} 的荧光探测。最近，George 等利用 2, 5-二羟基对苯二甲酸（DHT）与 Mg^{2+} 合成了具有空余路易斯碱性位点（裸露的羟基）的框架材料 $[Mg(DHT)(DMF)_2]_n$[54]，实现了对 Cu^{2+} 的选择性探测（图 27-4）。

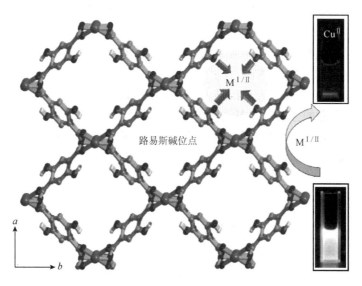

图 27-4　框架材料 $[Mg(DHT)(DMF)_2]_n$ 的晶体结构及 Cu^{2+} 对其荧光的猝灭作用[54]

铁是人体新陈代谢所必需的微量元素之一，对人体细胞生长、增殖、生物氧化及生物转化等方面具有重要作用，所以实现对 Fe^{3+} 的荧光探测具有很重要的意义[55]。2012 年，Zhang 等利用四[4-(羧基苯)氧基]甲烷（L）为配体与稀土 Eu 制备了二维层状框架材料 EuL[56]，其层间通道中的阳

·022·配位聚合物化学（下册）

离子[H₂NMe₂]⁺可以通过离子交换方式被不同的金属阳离子取代。在水溶液中，该框架材料的荧光对于 Na⁺、K⁺、Ag⁺、Zn²⁺、Ni²⁺、Mn²⁺、Co²⁺、Cu²⁺、Hg²⁺、Pb²⁺、Ca²⁺、Mg²⁺、Ba²⁺、Cd²⁺、Sr²⁺、Fe²⁺等金属离子没有明显变化响应，而对于 Fe³⁺却表现出显著的荧光猝灭效应。基于 PXRD 和 ICP 等测试和分析，其探测机理可解释为 Fe³⁺进入材料孔道改变了框架材料的晶体结构且取代了框架中 Eu³⁺，导致荧光猝灭，从而实现了 Fe³⁺的高选择性荧光探测。此外，Liu 等利用 1, 1′, 1″-(苯-1, 3, 5-取代)三哌啶-4-羧酸（btpca）配体与稀土 Eu 制备了框架材料[Eu(btpca)(H₂O)]·2DMF·3H₂O[57]，由于框架中三嗪基（triazinyl）的 N 路易斯碱位点和 Fe³⁺相互作用阻断了配体向 Eu³⁺的能量传递，猝灭了材料的荧光，实现了对 Fe³⁺的探测。Huang 等报道了一种柔性的稀土-有机金属框架材料{[Eu₂(MFDA)₂(HCOO)₂(H₂O)₆]·H₂O}ₙ（H₂MFDA = 9, 9-二甲基芴-2, 7-二羧酸），该材料也表现出对 Fe³⁺有显著的荧光探测效应[58]。

Zhao 和 Cheng 等还发展了一种使用多种金属元素组装异金属有机框架材料进行荧光探测的方法，他们使用 2, 6-吡啶二羧酸（PDA）作为配体合成了[Eu(PDA)₃Mn₁.₅(H₂O)₃]·3.25H₂O 和[Tb(PDA)₃Mn₁.₅(H₂O)₃]·3.25H₂O[59]，该框架材料的荧光对于 Mn²⁺、Ca²⁺、Mg²⁺、Fe²⁺、Co²⁺和 Ni²⁺等金属离子没有显著的响应，而对于 Zn²⁺表现出明显的增强效应，此外，他们还合成了一种含 Fe 和 Eu 的异金属框架材料[Eu(PDA)₃Fe₁.₅(H₂O)₃]·1.5H₂O[60, 61]，令人感兴趣的是，该材料对于 Zn²⁺显示出荧光猝灭，而对 Mg²⁺则表现出荧光增强。

Lu 等制备了一种离子型框架材料 K₅[Tb₅(IDC)₄(ox)₄]（IDC = 咪唑-4, 5-二羧酸，ox = 草酸）[62]，该框架材料中的 K⁺可与其他金属阳离子进行离子交换，从而使框架材料的发光性能发生改变。当它浸泡到 Ca²⁺溶液中后，其 Tb³⁺的特征峰强度随着 Ca²⁺浓度的增加逐渐增强，且荧光寿命也从 158.90μs 提高到 287.48μs，Na⁺、NH₄⁺、Mg²⁺、Sr²⁺、Ba²⁺、Zn²⁺、Cd²⁺、Hg²⁺、Pb²⁺等对 Tb³⁺的荧光强度几乎没有影响，而 Mn²⁺、Fe²⁺、Co²⁺、Ni²⁺和 Cu²⁺等则会导致 Tb³⁺的荧光强度下降。

重金属汞在自然界中分布广泛，其过高的含量会对水体、土壤、大气及人体造成不可估量的污染与危害[63, 64]。近年来，基于金属有机框架材料对 Hg²⁺的荧光探测受到了广泛关注。Chen 等利用腺嘌呤（AD）、吡啶二羧酸（DPA）以及稀土 Tb 制备了一种镧系配合物纳米粒 AD/Tb/DPA[65]，实现了水溶液中 Hg²⁺的荧光探测。在 270nm 激发下，基于光诱导电子转移（PET）过程，AD 可以向 DPA 传递能量，同时阻断分子内 DPA 向 Tb³⁺的能量传递，从而猝灭该材料的荧光（图 27-5）。该材料对于金属离子 Cr³⁺、Co²⁺、Ni²⁺、Fe²⁺、Mn²⁺、Cd²⁺、Fe³⁺、Zn²⁺、Ag⁺、Cu²⁺、Pb²⁺、Mg²⁺没有明显的荧光响应，然而对 Hg²⁺表现出显著的荧光增强效应（增强幅度达到 5 倍）和高度的选择性。结合 FTIR 和荧光寿命的分析，其探测机理可以被解释为 Hg²⁺的引入压制了 AD 到 DPA 的 PET 过程，从而使 DPA 可以向 Tb³⁺传递能量，材料的荧光得到恢复。进一步的研究表明，该材料对浓度从 0.2nmol/L 至 100nmol/L 区间内的 Hg²⁺有线性的荧光响应，并且探测极限低至 0.2nmol/L，这一结

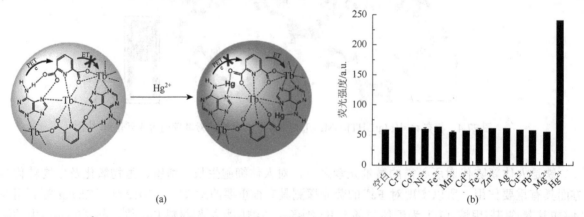

图 27-5 （a）Hg²⁺对 AD/Tb/DPA 纳米材料的荧光增强效应；（b）AD/Tb/DPA 纳米材料对 Hg²⁺的荧光探测作用[65]

果为框架材料在环境领域探测 Hg^{2+} 提供了可能。此外，Zhang 等利用金属有机框架材料 UiO-66-NH$_2$ 为载体，结合 T-rich 荧光素标记的 ssDNA 制备了一种新型杂化材料，实现了 Hg^{2+} 的高选择性的荧光探测[66]。

　　除了对金属阳离子的荧光探测之外，利用框架材料进行阴离子的荧光探测也引起了广泛关注。例如，Lam 等制备了一种三核杂双金属 Ru（Ⅱ）-Cu（Ⅱ）给体-受体配合物用于 CN^- 离子荧光探测[67]。Wong 等利用黏酸作为配体与 Tb 配位获得的稀土有机框架材料对 I^-、Br^-、Cl^-、F^-、CN^- 和 CO_3^{2-} 等阴离子具有显著的荧光增强效应[68]。Chen 和 Qian 等制备了一种含 Tb 的稀土-有机框架材料 TbBTC（BTC = 均苯三甲酸）[69]，并用其进行了阴离子的荧光探测研究。阴离子（F^-、Cl^-、Br^-、NO_3^-、CO_3^{2-}、SO_4^{2-} 等）的荧光探测研究表明，当框架材料与浓度均为 $10^{-5}\sim10^{-2}$ mol/L 的不同价态的阴离子进行作用后，TbBTC 的荧光强度都出现了规律性的增强，但表现出了各自的特异性。其对于 F^- 等离子表现出了较强的敏感性，荧光强度升高了数倍（图 27-6）。框架材料荧光增强的特异性主要是由于：稀土离子具有较高的配位数，通常有部分含荧光猝灭基团的溶剂分子与其进行配位，从而减弱了 Tb^{3+} 的发光强度。而阴离子进入孔洞结构中后，与配位在 Tb^{3+} 上的溶剂分子（甲醇，CH_3OH）的羟基氧可以形成氢键，从而限制了溶剂分子中—OH 振动基团对 Tb^{3+} 发光的猝灭作用，使得稀土 Tb^{3+} 的荧光强度得到增强。另外不同的阴离子与溶剂分子形成氢键的强度不同。F^- 与—OH 间形成了较强的氢键，使 Tb^{3+} 荧光增强，从而使得 TbBTC 框架物对 F^- 具有很好的荧光探测能力。

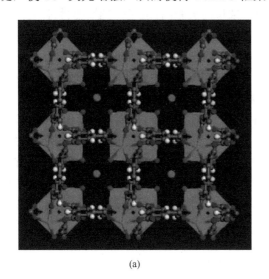

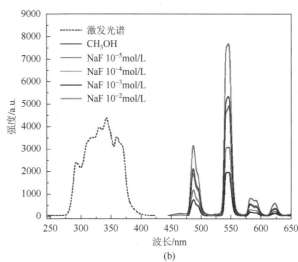

(a)　　　　　　　　　　　　　　　　　(b)

图 27-6　（a）框架材料 TbBTC 的晶体结构；（b）不同 F^- 浓度浸泡的 TbBTC 的荧光光谱[69]

　　另外，Qiu 等还利用框架材料中有机配体的发光开展了阴离子的探测研究，他们用 5-甲基-1H-四唑作配体合成了一种含 Cd 的框架材料，在水的悬浮液中，该框架材料的发光强度随着 NO_2^- 的增加而逐步降低，但对于 ClO_4^-、NO_3^-、Cl^-、I^- 等阴离子却没有明显的变化[70]。利用金属有机框架材料 TbNTA·H$_2$O（NTA = 次氮基三羧酸）开展 PO_4^{3-} 的探测也有报道[71]。最近，Ghosh 等报道了一种柔性的阳离子多孔金属有机框架材料，该材料具有一维通道并对客体阴离子有独特的动力学结构响应，从而可通过材料发光颜色的变化来实现对阴离子的荧光探测[72]。将初始制备的框架材料 [{Zn(L)(MeOH)$_2$}(NO$_3$)$_2$·xG]$_n$（L = 4, 4′-乙烯二苯胺和 2-吡啶-甲醛的缩合席夫碱）从母液中取出并暴露在空气中 1h 后，框架材料中的两个配位的甲醇分子会被水分子取代导致结构发生明显变化，从而形成一种具有不同结构和孔道的框架材料 [{Zn(L)(H$_2$O)$_2$}(NO$_3$)$_2$·2H$_2$O]$_n$。溶剂吸附研究表明，该框架材料对不同类型的小分子如亲水、疏水分子有不同的动力学结构响应。其独特的客体响应性质为该框架材料应用于阴离子选择性探测和识别提供了可能。离子交换实验（SCN^-、N_3^-、$N(CN)_2^-$、ClO_4^-）结果显示该框架材料对这些阴离子有着不同的亲和力（$SCN^- > N_3^- > N(CN)_2^- > ClO_4^-$）和独特的荧光响应。在 394nm 激发下，框架材料吸附阴离子 SCN^-、N_3^-、$N(CN)_2^-$、ClO_4^- 后的荧光发射波长分别位于 512nm、542nm、543nm、536nm。这些结果表明，该框架材料可以作为阴离子识别载体应用于生物和环境领域中的阴离子探测。

金属有机框架材料对小分子和气体的探测也已有较多报道，Chen 和 Qian 等采用溶剂热法合成了稀土铕与有机配体均苯三甲酸（H_3BTC）的金属有机框架材料 EuBTC[73]，研究了 EuBTC 在 DMF、乙腈、氯仿、正丙醇、异丙醇、甲醇、四氢呋喃、乙醇和丙酮等不同溶剂的悬浮液中的荧光性能。结果显示，在不同溶剂的悬浮液中，EuBTC 的荧光发射强度表现出对溶剂种类的依赖性，特别是对 DMF 和丙酮，在以其为溶剂的悬浮液中，EuBTC 的荧光分别得到了最为显著的增强和猝灭，这表明框架材料 EuBTC 有望成为探测 DMF 或丙酮分子的传感器。另外，他们还制备了具有近红外发光特性的框架材料 $Yb(BPT)(H_2O)\cdot(DMF)_{1.5}(H_2O)_{1.25}$（BPT = 联苯-3, 4′, 5-三羧酸）[74]，该框架材料的最大发射波长为 980nm，属于典型的 Yb^{3+} 离子 $^2F_{5/2}\to{}^2F_{7/2}$ 跃迁的发射峰，其发光强度对于 DMF 和丙酮分子同样表现出显著的荧光增强和猝灭效应，这一结果表明该框架材料有望用于生物领域的小分子探测。Li 等使用 2, 5-吡嗪二羧酸和草酸与稀土 Eu 合成的框架材料对丙酮有较好的荧光探测效果[75]，另外 MOF-76 也能实现对丙酮分子的荧光探测[76]。Hsu 等利用 4, 4′-氧化双苯甲酸为配体和不同的阳离子制备了一系列金属有机框架材料，它们对一些有机溶剂小分子有荧光猝灭效应[77]。Sun 等利用柔性的有机配体 1, 3, 5-三(4-羧苯基-1-亚甲基)-2, 4, 6-三甲基苯与稀土 Eu 合成了一种框架材料，实现了对有机小分子的荧光探测[78]。最近，Song 等通过溶剂热方法制备了一种三维多孔的稀土有机框架材料 $[Eu_2L(H_2O)_4]\cdot3DMF$（L = 2′, 5′-双(甲氧基甲基)-[1, 1′: 4′, 1′-三联苯]-4, 4″-二羧酸），实现了对 DMF 蒸气的 "turn-on" 型荧光探测[79]。首先该框架材料需要被浸泡在蒸馏水中三天激活形成水分子交换的框架材料。由于水分子对稀土离子的荧光猝灭效应，激活后的框架材料的荧光强度非常微弱。有趣的是，将激活后的框架材料暴露在一些有机溶剂蒸气中，Eu^{3+} 的荧光能够被恢复，其中 DMF 表现出最优异的 "turn-on" 触发性能（Eu^{3+} 的荧光强度增强 8 倍）。其荧光增强机理被解释为由于水激活后的框架材料暴露于 DMF 蒸气中，框架中的部分水分子能够被 DMF 分子替代，水分子的荧光猝灭效应被抑制，从而导致 Eu^{3+} 的荧光增强。此外，XRD 和 NMR 测试表明，DMF 分子进入框架材料中的孔道后不仅能抑制有机配体上吡啶环的转动，而且能调节配体的能级，促进配体到金属的能量转移，增强 Eu^{3+} 的荧光发射。在 DMF 蒸气和水蒸气中的循环测试表明，该框架材料的荧光对 DMF 分子具有非常快的响应速度（DMF 蒸气中达到 95%的荧光强度仅需要几分钟；水蒸气中 10～20s 内荧光完全猝灭），证明该框架材料是一种很好的 DMF 蒸气荧光探针。

利用框架材料中有机配体的发光开展荧光探测也有报道，例如，Stylianou 等制备了一种较少见的含金属 In 的框架材料 $In_2(OH)_2(TBAPy)$（H_4TBAPy = 1, 3, 6, 8-芘四羧酸），其发光峰位于 471nm，归属于有机配体的荧光发射，可用于对有机溶剂分子的探测。Zhang 和 Hou 等分别制备了用于苯及其衍生物分子荧光探测的含 Zn 的框架材料 $Zn_4(OH)_2(1, 2, 4\text{-}BTC)_2$（1, 2, 4-BTC = 1, 2, 4-苯三酸）和 $[Zn_4O(1, 4\text{-}BDC)(bpz)_2]\cdot4DMF\cdot6H_2O$（1, 4-BDC = 对苯二甲酸，bpz = 3, 3′, 5, 5′-四甲基-4, 4′-二吡唑）[80, 81]。Jiang 等使用 2-氨基-对苯二甲酸和 4, 4′-联吡啶作为配体与 Cd 配位获得的框架材料对于甲醇、乙醇、THF、丙酮和乙腈等溶剂分子具有较好的选择性探测效果[82]。Li 等合成了用于识别常见溶剂的荧光金属有机框架 $[(CuCN)_3L\cdot(guest)_x]_n$（L = 2, 6-双［(3, 5-二甲基-1$H$-吡唑-4-基)甲基］吡啶），并且可以用于乙腈分子的定量和实时监测[83]。Suh 等制备了用于不同有机小分子荧光探测的 Zn 的框架材料 $[Zn_4O(NTB)_2]\cdot3DEF\cdot EtOH$（$H_3$NTB = 三甲酸三苯胺，DEF = N, N'-二乙基乙酰胺）[84]。Duan 等制备了二维的多孔框架材料 $Cu_6L_6\cdot3(H_2O)\cdot(DMSO)$（L = 5, 6-二苯基-1, 2, 4-三嗪-3-硫醇）[85]，对不同的芳香烃分子有着不同的荧光猝灭效果，可以用于芳香烃小分子的荧光探测。利用水分子对框架材料中稀土发光的猝灭效果实现对水分子的荧光探测也有报道，例如，Maji 等制备了一种少见的双核（Dy^{III}-K^I）杂化金属有机框架材料 $[KDy(C_2O_4)_2(H_2O)_4]_n$（$C_2O_4^{2-}$ = 草酸根离子），其对水分子有荧光猝灭效果[86]。与之相反的是，Gao 等发展了二维多孔的金属有机框架材料[Ln$_2$(fumarate)$_2$(oxalate)(H$_2$O)$_4$]·4H$_2$O（Ln = Eu, Tb）[87]，在去掉配位的水分子后该材料初始结构坍塌，发射强度显著降低，而在引入水分子之后材料的结构和荧光又得以恢复，其脱水/水化的过程可以重复，从而表明了该材料可以应用于水分子的荧光探测。

除了常见的溶剂小分子的探测之外，一些气体分子和爆炸物分子的探测也引起了重视。Xie 等利用铱化合物作为配体与锌组装获得了一种异金属有机框架材料 Zn-Ir（2-苯基吡啶）[88]，其发光峰位于 538nm。随着氧气压力逐步由 0.05atm（1atm = 1.01325×10^{5}Pa）增加到 1.0atm，框架材料的发光强度逐渐降低，而且具有很好的可逆性和重复性。An 等将 Yb^{3+} 通过离子交换的方法组装到框架材料 bio-MOF-1 中[46]，使框架材料表现出特征的 Yb^{3+} 近红外发射（980nm），当框架材料处在 1atm 的氧气环境中，5min 后其发光强度下降了 40%，而当使用氮气将氧气去除之后，框架材料的发光强度又恢复到原来的程度，表明该探测同样具有良好的可逆性。此外，Qian 等利用氧气对稀土 Tb^{3+} 发光的猝灭效应，巧妙地设计和制备了两种发光金属有机框架薄膜 CPM-5⊃Tb^{3+} 和 MIL-100（In）⊃Tb^{3+} 用于氧气的荧光探测[89]（图 27-7）。这两种框架薄膜材料在激活后具有 Tb^{3+} 的特征发射，随着氧气压力逐步从 0atm 增加到 1.0atm，它们发射强度分别降低了 47% 和 88%，且具有非常好的荧光可逆性。进一步的研究表明，MIL-100（In）⊃Tb^{3+} 具有更高的氧气探测灵敏度（K_{sv} = 7.59），且在氧气和氮气的转换下荧光恢复时间仅为 6s，高于 CPM-5⊃Tb^{3+} 的 52s。这一研究成果拓展了金属有机框架薄膜材料在气体荧光探测领域的应用。Harbuzaru 等合成了一种能够对乙醇蒸气快速响应且可逆的稀土有机框架材料，其荧光探测主要基于乙醇中的羟基振动对 Eu^{3+} 荧光强度产生猝灭的原理[90]。此外，金属有机框架材料对其他的一些气体小分子（一氧化氮、硫化氢、二氧化碳等）的探测都有报道。Duan 等成功制备了两种发光金属有机框架材料 Cu-TCA 和 Eu-TCA（TCA = 三甲酸三苯胺），用于生物条件下的一氧化氮荧光探测[91]。Chen 等利用 Ag$^+$ 后修饰的 Tb-AMP（AMP = 腺苷酸单磷酸盐）框架材料实现了对硫化氢的荧光探测[92]。Liang 等报道了一种吡啶-双喹啉金属配合物，可以在生理缓冲液和活体细胞中探测 HS$^-$[93]。Yang 等基于 azide 后修饰的发光金属有机框架实现了对硫化氢的"turn-on"型荧光探测[94]。此外金属有机框架材料对二氧化碳的荧光探测也有报道[95]。

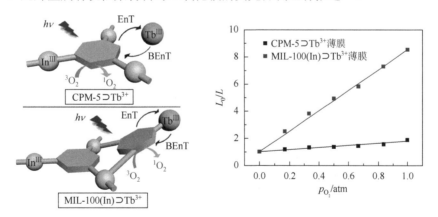

图 27-7　金属有机框架薄膜材料 CPM-5⊃Tb^{3+} 和 MIL-100（In）⊃Tb^{3+} 对 O$_2$ 的探测[89]

随着恐怖主义爆炸犯罪的日益猖獗，对隐藏爆炸物的探测已成为世界各国关注的焦点，也是各国公共安全面临的重大而紧迫的问题。目前，采用金属有机框架材料开展爆炸物的荧光检测也成为一个重要研究方向。Lan 等制备了对爆炸物二硝基甲苯（DNT）具有快速响应和高灵敏度的金属有机框架材料 Zn$_2$(bpdc)$_2$(bpee)（bpdc = 4, 4′-联苯二甲酸，bpee = 1, 2-二吡啶基乙烯）[96]，当框架材料暴露在 DNT 环境中 10s 之后，发光强度迅速降低到初始值的 85%，其探测灵敏度与共轭聚合物相当，显示出较好的应用前景。另外，Zhang 等使用 9, 10-二（4-羧基苯基）蒽（BCPA）作为配体与 Zn^{2+}

制备了一种金属有机框架材料[97]，在硝基甲烷环境下，该框架材料显示出明显的荧光猝灭，即使当硝基甲烷被稀释到饱和蒸气浓度的1%时，仍然可以观测到明显的荧光猝灭，该框架材料对硝基甲烷的最低检测浓度甚至可达到几个ppm（1ppm = 10^{-6}）。上述框架材料对爆炸物的荧光探测均是由于爆炸物分子与框架材料之间发生作用使配体荧光强度猝灭。Chen 和 Qian 等合成了一种具有纳米尺度的稀土有机框架材料 EuBDC[98]，该框架材料的荧光强度对于苯及苯酚、甲苯、氯化苯和溴苯酚等苯的衍生物都没有显著变化，而对于 DNT 和三硝基甲苯（TNT）则表现出明显的猝灭效果，这主要是由爆炸物分子与配体的竞争性吸收以及与配体的作用减弱了配体向稀土 Eu^{3+} 的能量传递而导致的。此外，一些综述文章总结了近几年金属有机框架材料用于爆炸物荧光探测的研究进展[99-102]。

在上述这些对溶剂小分子、阴阳离子以及蒸气分子的荧光探测中，主要是通过荧光强度的变化将某一待分析物从多个待分析物中检测出来，但并不能对不同的待分析物进行逐一区分和识别。2011 年，Kitagawa 课题组使用一种具有互穿结构的金属有机框架材料 $Zn_2(1,4\text{-}BDC)_2(dpNDI)\cdot4DMF$（1,4-BDC = 对苯二甲酸，dpNDI = N, N'-二吡啶基-1,4,5,8-萘二酰亚胺）成功实现了对不同待测分子的识别[103]，当该框架材料浸泡在苯、甲苯、二甲苯、苯甲醚和碘代苯等溶剂中后，其框架结构会发生相应的变化，从而使得发光强度和位置发生改变（图 27-8）。未浸泡的框架材料的荧光强度较弱，

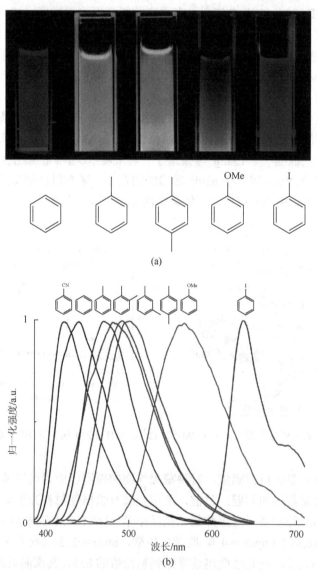

图 27-8　框架材料 $Zn_2(1,4\text{-}BDC)_2(dpNDI)\cdot4DMF$ 结合不同溶剂分子后的发光颜色（a）及其荧光光谱（b）[103]

而浸泡之后的发光强度显著提高，而且随着苯环上取代基团的给电子能力的提高，其发光峰位置逐渐红移，发光峰位和颜色的变化使得框架材料能够对不同分子进行区分和识别。

随着研究的不断深入，金属有机框架材料的荧光探测正由最初的小分子、离子检测逐渐向 pH 值和温度探测等其他领域扩展[104]。例如，Harbuzaru 等使用邻菲咯啉-2, 9-二羧酸（$H_2PhenDCA$）作为配体与 Eu^{3+} 合成了稀土有机框架材料 ITQMOF-3-Eu[105]，由于框架材料中 Eu^{3+} 离子存在不同的配位环境，Eu^{3+} 的 $^5D_0 \to {}^7F_0$ 跃迁发射峰发生分裂，分别位于 579.0nm 和 580.7nm，而且这两个发射峰强度对于 pH 值具有不同的敏感程度，因此，当 pH 值由 5 变化到 7.5 时，Eu^{3+} 离子 $^5D_0 \to {}^7F_0$ 的两个跃迁峰的荧光强度比值与 pH 值呈现良好线性关系，从而实现了对 pH 值的自校准探测。最近，Jiang 等制备了一种含卟啉的 Zr 基框架材料 PCN-225 $[Zr_6(\mu_3-O)_4(\mu_3-OH)_4(OH)_4(H_2O)_4(H_2TCPP)_2$，$H_2TCPP =$ 中-四（4-羧基苯基）卟吩][106]，该材料在 pH 值 1～11 范围内的水溶液中结构保持稳定。荧光光谱测试结果表明，材料基于有机配体的荧光发射强度与 pH 值的变化紧密关联，可以用于 pH 值从 7 至 11 的探测（图 27-9）。此外，利用合成后修饰重氮化方法，Aguilera-Sigalat 和 Bradshaw 制备了框架材料 UiO-66-N ＝ N-ind，实现了 pH 值从 1 到 12 的荧光探测[107]。

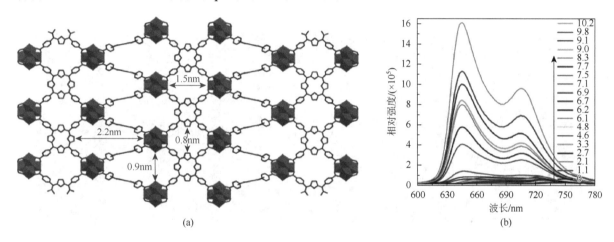

图 27-9　（a）PCN-225 的晶体结构；（b）PCN-225 在不同 pH 值下的荧光强度[106]

金属有机框架材料同样也可以用于生物分子的荧光探测，例如，Duan 等报道了水杨醛分子的荧光探测和识别[108]；Qian 等制备了一种形貌可控的纳米框架材料，实现了对细菌的内生芽孢的选择性荧光探测[109]；Kumar 等利用抗牛血清蛋白的抗体标记金属有机框架实现了水溶液中对牛血清蛋白的荧光检测[110]。此外，Lin 等制备了一种具备荧光发射的金属有机框架 Cu（H_2dtoa）（$H_2dtoa =$ 二硫代草酰胺），该材料可以吸附 DNA 探针分子，在引入探测目标分子后，被吸附的 DNA 探针分子会解离从而导致框架材料的荧光发生变化[111]。研究结果表明，该框架材料可以应用于 HIV DNA 和凝血酶的荧光探测，检测限分别达到 3nmol/L 和 1.3nmol/L[112]。Ruan 等利用一种柔性芳香族分子双-(3, 5-二羧酸-苯基)对苯二甲酰胺（L）作为桥连配体分别与金属 Cd 和 Zn 合成了荧光发射的金属有机框架 Cd(L)·$(HDMA)_2(DMF)(H_2O)_3$ 和 Zn(L)·$(HDMA)_2(DMF)(H_2O)_6$（HDMA ＝ 去质子化的二甲胺），并且利用这两种框架材料作为载体实现了对 DNA 链的探测[113]。这些研究成果说明荧光金属有机框架是一个较好的载体，可以用于生物分子的荧光探测。

2012 年，Qian 课题组设计合成了一种最低激发三重态能级为 23306cm^{-1}，能够同时有效敏化稀土 Eu^{3+} 和 Tb^{3+} 发光的有机配体 2,5-二甲氧基对苯二甲酸（H_2DMBDC），并用其与 Eu^{3+} 和 Tb^{3+} 配位制备了稀土有机框架材料 $Eu_{0.0069}Tb_{0.9931}$-DMBDC[114]。该框架材料的荧光光谱同时具有 Eu^{3+} 和 Tb^{3+} 的特征峰，在 10K 时框架材料中 Eu^{3+} 和 Tb^{3+} 的特征发射峰强度相当，随着温度的升高，Tb^{3+} 向 Eu^{3+} 的传能效率逐渐增强，导致 Tb^{3+} 的发光强度降低而 Eu^{3+} 的发光强度增强，到 300K 时，$Eu_{0.0069}Tb_{0.9931}$-

DMBDC 主要表现为 Eu^{3+} 的特征发射（图 27-10），而且 Tb^{3+} 的 $^5D_4 \to {}^7F_5$ 跃迁（545nm）与 Eu^{3+} 的 $^5D_0 \to {}^7F_2$ 跃迁（613nm）的荧光强度比值在 50～200K 范围内与温度显示出良好的线性关系。另外，由于 Eu^{3+} 和 Tb^{3+} 荧光强度的相对变化，该框架材料的发光颜色随着温度的升高逐渐从 10K 下的绿黄色变为 300K 时的红色，为温度的直接成像和在线检测提供了可能。

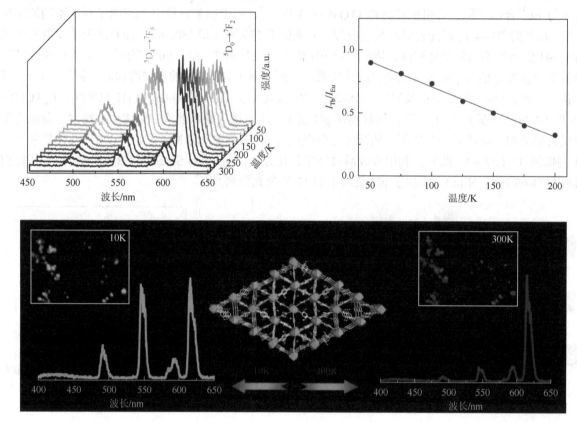

图 27-10 混合稀土有机框架材料 $Eu_{0.0069}Tb_{0.9931}$-DMBDC 在超低温区域（50～200K）的自校准荧光温度传感与成像[114]

为突破上述混合稀土有机框架材料的发射波长受限于稀土离子种类的缺陷，该课题组进一步提出在稀土有机框架材料孔道中原位组装荧光分子构成双发光中心进而实现温度荧光传感的设计思路，在含 Eu^{3+} 的稀土有机框架材料 ZJU-88 的制备过程中原位引入有机二萘嵌苯分子，利用二萘嵌苯向稀土 Eu^{3+} 的温敏传能过程成功实现了在 20～80℃区间的比例型自校准荧光温度传感（图 27-11）。

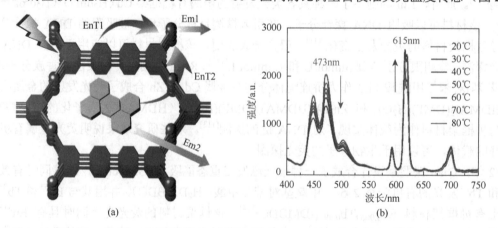

图 27-11 二萘嵌苯分子在稀土有机框架材料 ZJU-88 中的组装（a）及其在生理温度区间（20～80℃）的比例型自校准荧光传感（b）[115]

该框架材料的测量精度高达 0.016℃，且在模拟生理环境下具有优异的稳定性和极低的生物毒性，有望用于生物组织中由病变导致的温度异常变化的检测与监控[115]。

在现有报道的金属有机框架材料的荧光探测中，其工作原理主要基于稀土离子某一特征峰的荧光强度与待分析物的依赖关系。然而，单一荧光强度的测量往往容易受到外界干扰，如激发光源的能量波动、探测器的漂移以及测量条件等因素都将直接影响荧光强度的大小，从而导致测量精度的下降，因此在判断荧光强度变化的同时往往需要结合荧光寿命的测量和计算。值得一提的是，上述两例关于金属有机框架材料对 pH 值以及温度的荧光探测均是利用不同荧光发射峰强度比值的变化而开展的，这一方法与基于单峰荧光强度的检测方法相比，具有自动校准的优势，能够有效消除外部干扰，提高测量精度。因此，开展基于强度比值的自校准荧光探测应是今后金属有机框架材料荧光探测的一个重要发展方向，并有望在其他荧光探测领域中获得广泛应用。

27.4　照明与显示器件应用

金属有机框架材料不仅在荧光探测领域获得大量应用，在照明与显示器件领域也引起了较多关注。白色发光的半导体材料作为一种新型的固体光源，相对传统的白炽灯和荧光灯具有节能、寿命长、亮度高和环保无污染等优点，在照明和显示领域有着巨大的应用前景。在稀土-有机框架材料中，除了稀土离子的特征发射之外，还可观察到有机配体的发光，通过对配体结构、稀土离子的种类和浓度以及稀土离子之间能量传递的调节可以方便地改变框架材料的发光颜色，从而获得白色发光输出。例如，Liu 等利用均苯三甲酸为配体制备了含 Eu 和 Tb 的框架材料 Tb(1, 3, 5-BTC)(H$_2$O)·3H$_2$O：xEu（x = 0.1%～10%，摩尔分数）[116]，随着 Eu^{3+}离子浓度增加，框架材料的发光颜色逐步从绿色、绿黄色、黄色转变为橙色以及橙红色，其色坐标从（0.264, 0.62）变化为（0.596, 0.37）。Wang 等以 3, 5-二(3-苯甲酸)-4-氨基-1, 2, 4-三唑为配体合成了一种包含客体离子[Mn(H$_2$O)$_6$]$^{2+}$的笼状框架材料[(Gd$_2$L)Mn(H$_2$O)$_6$]·0.5H$_2$O，其发光峰位于 428nm，当框架材料中的客体离子通过离子交换被[Tb(H$_2$O)$_8$]$^{3+}$以及[Eu(H$_2$O)$_8$]$^{3+}$替代之后，框架材料的发光颜色将发生相应改变（图 27-12）[117]。

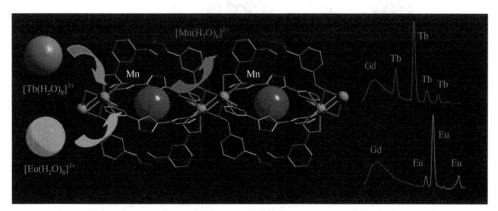

图 27-12　[(Gd$_2$L)Mn(H$_2$O)$_6$]·0.5H$_2$O 的离子交换与发光调节[117]

Qian 和 Chen 等利用稀土 La^{3+}与吡啶二羧酸 PDA 配位合成了一种具有二维结构的框架材料 La$_2$(PDA)$_3$(H$_2$O)$_5$，在该框架结构中，每个 La^{3+}与 2 个水分子和 3 或 4 个 PDA 分子配位形成双核的

La$_2$(COOH)$_6$次级建构单元，并通过 PDA 配体的连接形成二维层状结构。La$_2$(PDA)$_3$(H$_2$O)$_5$ 的荧光发射峰位于 408nm，为配体的荧光发射。当掺杂 Eu^{3+} 和 Tb^{3+} 之后，La$_2$(1-x-y)Eu$_x$Tb$_y$(PDA)$_3$(H$_2$O)$_5$ 则显示出配体的发射以及 Eu^{3+} 和 Tb^{3+} 的特征荧光发射，因此，通过 Eu/Tb 含量的改变可对框架材料 La$_2$(PDA)$_3$(H$_2$O)$_5$ 的发光颜色进行调节，当 x、y 值为 1、2 以及 1.5、2 时，获得了较好的白光发射，其色坐标分别为（0.3269, 0.3123）和（0.3109, 0.3332），与理想白光的色坐标非常接近[118]。

Wang 等制备了一种直接发射白光且发光颜色可由激发波长调控的框架材料 [Ag(4-cyanobenzoate)]$_n$·nH$_2$O[119]，当使用 330nm 波长激发该框架材料时，位于 427nm 的发光峰强度较弱，而位于 513nm、566nm 和 617nm 处的发光峰强度较强，框架材料主要为黄光发射，而当采用 350nm 作为激发波长时，427nm 和 566nm 处的发光强度显著增加，框架材料发出肉眼可见的白光，色坐标为（0.31, 0.33），接近于理想的白光发射。Wibowo 等也制备了一种少见的含 Bi 的白光发射框架材料 Bi$_3$(μ_3-O)$_2$(pydc)$_2$(Hpydc)(H$_2$O)$_2$，该框架材料的发光峰表现为 400～600nm 的一个宽峰[120]。此外，他们制备的含 Pb 的框架材料 Pb(pydc)(H$_2$O)也具有白光发射特性。

白色发光的框架材料要在固态光源和显示领域获得实际应用，除了要考虑其发光的色坐标之外，还必须满足显色指数（CRI）高于 80 和相关色温（CCT）大于 2500K 的指标要求，而目前白色发光框架材料关于显色指数和相关色温的报道还非常少见。2012 年，Nenoff 等合成了一种含 In 的框架材料[In$_3$(btb)$_2$(oa)$_3$]$_n$（btb = 均苯三苯甲酸，oa = 草酸）[121]，该框架材料表现出源于配体-金属电荷转移跃迁（LMCT）的宽带发射峰，发光颜色近似为白色。为了进一步改善框架材料发光的显色指数和相关色温等性能指标，他们通过在反应物中添加稀土 Eu^{3+} 来增加框架材料的红色发光组分，当 Eu^{3+} 含量增加到 10%时，框架材料在 350nm、360nm、380nm 和 394nm 等不同波长的激发下，色坐标分别为（0.369, 0.301）、（0.309, 0.298）、（0.285, 0.309）和（0.304, 0.343），对应点分别为 D、C、B、A（图 27-13），十分接近理想白光坐标（0.33, 0.33），而且显色指数接近 90，相关色温也在 3200K 以上，表明其在固态显示与发光领域中具有实际应用的前景。

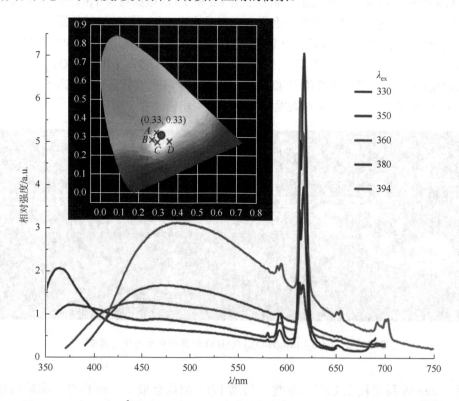

图 27-13 含 10% Eu^{3+}的[In$_3$(btb)$_2$(oa)$_3$]$_n$在不同激发波长下的荧光光谱与色坐标[121]

Li 等合成了一个具有大孔洞的金属有机框架材料(Cd$_2$Cl)$_3$(TATPT)$_4$，当框架材料中装载不同质量的 Ir(ppy)$_2$(bpy)配合物时可以得到不同颜色的荧光，当 Ir(ppy)$_2$(bpy)装载量为 3.5wt%时，可以得到白光发射（图 27-14），CIE 坐标为（0.31，0.33），显色指数为 80，色温为 5900K，同时该复合材料量子效率可达 20.4%[122]。

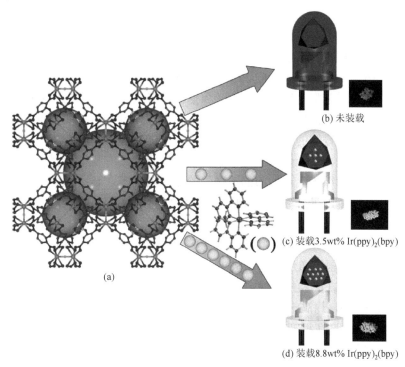

(b) 未装载

(c) 装载3.5wt% Ir(ppy)$_2$(bpy)

(d) 装载8.8wt% Ir(ppy)$_2$(bpy)

图 27-14　在金属有机框架材料(Cd$_2$Cl)$_3$(TATPT)$_4$ 中组装 Ir 配合物 Ir(ppy)$_2$(bpy)获得白光发射[122]

针对现有报道中用于白光 LED 的稀土有机框架材料发光色温高、显色指数低、与自然白光差异较大的问题，Qian 课题组采用后功能化组装方法将发红光的染料 4-(p-二甲氨基苯乙烯)-1-甲基吡啶（DSM）和发绿光的染料吖啶黄（AF）共同组装到发蓝光的框架材料 ZJU-28 的孔道中，由于孔道限域效应，组装后染料 DSM 的量子效率为 60.72%，相比稀溶液状态的 6.93%显著提高。通过对染料分子 DSM 和 AF 相对含量的优化调节，获得了具有优异白光发射性能的金属有机框架材料 ZJU-28⊃DSM/AF（0.02% DSM，0.06% AF，质量分数），其发光颜色的色坐标为（0.34，0.32），显色指数与色温分别为 91 和 5327K（图 27-15）[123]。

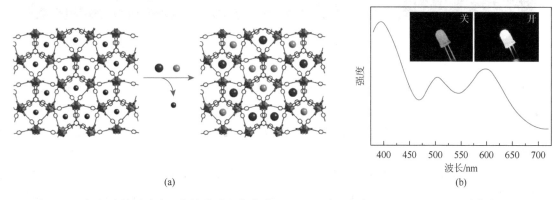

(a)

(b)

图 27-15　（a）染料通过离子交换的过程装载进入 ZJU-28 中；（b）ZJU-28⊃DSM/AF 的发光曲线及
制备获得 LED 后的照片[123]

27.5 生物医学应用

最近十多年来，纳米技术的出现使生物医学和技术获得了迅猛发展，并形成了纳米医学这一新兴的交叉学科。纳米药物能够将分子靶向物质、显影剂和治疗药物结合在一起，从而极大地提高了治疗效果。因此，研制发展新型的纳米药物用于疾病的诊断和治疗已成为纳米医学领域的一个重要目标。金属有机框架材料极大的比表面积使它们能够在孔道中容纳更多的药物，其表面结构易修饰的特点使它们可以通过后期修饰的方法来提高材料的生物相容性，因而有望作为纳米医药中的载体部分而获得广泛应用。目前，纳米金属有机框架材料尤其是稀土有机框架材料已在生物和医学领域取得了一定的研究进展，如用于生物细胞的成像、诊断和给药等。稀土元素除了独特的发光优势之外，还具有顺磁性特性，从而有助于提高生物组织成像时的弛豫率，使它们可用于磁共振成像（MRI）的光谱造影剂。

多模成像是一种结合超声、磁共振和荧光成像等多种成像方式的新技术，能够提高成像的灵敏度和分辨率。最近，Lin 课题组通过反向微乳液方法制备了纳米量级的框架材料 $Gd(BDC)_{1.5}(H_2O)_2$（BDC = 对苯二甲酸）[124]，在磁共振成像研究中，其纵向弛豫率（R_1）为 35.8mL/(mol·s)，横向弛豫率（R_2）为 55.6mL/(mol·s)，均高于目前商业化医用的磁共振成像对比剂 Gd-DTPA，显示出良好的磁共振造影性能。他们还通过在框架材料中加入 5%左右的 Eu^{3+} 或 Tb^{3+}，使框架材料分别显示出 Eu^{3+} 的红色发光和 Tb^{3+} 的绿色发光（图 27-16），从而有望在复合磁共振和荧光的多模成像中获得应用。Lin 等还制备了框架材料 $Gd_2(bhc)(H_2O)_6$（bhc = 苯六甲酸）的纳米粒子[125]，该粒子同样具有较大的纵向和横向弛豫率，分别为 1.5mL/(mol·s)和 122.6mL/(mol·s)。

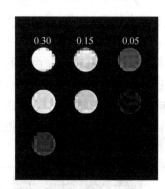

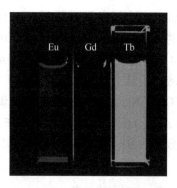

图 27-16　纳米框架材料 $Gd(BDC)_{1.5}(H_2O)_2$ 的形貌以及掺杂 Eu^{3+}、Tb^{3+} 之后的发光照片[124]

框架材料要能够在生物和医学领域获得应用，材料表面的生物相容性十分重要，通过表面修饰和功能改性使框架材料能够与生物分子如酶、蛋白质、抗体和基因等产生相容性是目前常用的一个方法。例如，Jung 等将一种增强绿色荧光蛋白（EGFP）通过化学键连的方法分别键连到一维框架材料$(Et_2NH_2)[In(pda)_2]$（pda = 1, 4-苯二乙酸）、二维框架材料 $Zn(bpydc)(H_2O)(H_2O)$（bpydc = 2, 2'-联吡啶-5, 5'-二羧酸）以及三维框架材料 IRMOF-3 上，在激光共聚焦显微镜下，修饰后的框架材料表面均发出绿色的荧光，表明荧光蛋白 EGFP 并没有受到破坏，三种框架材料表面键连的荧光蛋白含量分别为 0.048mg/g、0.052mg/g、0.064mg/g。此外，Jung 等还将一种酶 CAL-B 键连到框架材料 IRMOF-3 上，并显示出良好的生物活性[126]。

　　Lin 课题组使用正硅酸乙酯在纳米框架材料 Gd(BDC)表面发生溶胶-凝胶反应,使 Gd(BDC)纳米粒子表面覆盖上二氧化硅壳层,壳层厚度可以通过对反应时间的控制来进行调节[127]。他们还制备了二氧化硅包覆的含有 Eu 和 Tb-EDTM 的框架材料,并用其开展了对细胞孢子中的一种重要成分吡啶二羧酸 DPA 的荧光探测。此外,他们在框架材料 Mn(1, 4-BDC)(H$_2$O)$_2$ 和 Mn$_3$(BTC)$_2$(H$_2$O)$_6$(BDC = 对苯二甲酸,BTC = 均苯三甲酸)表面包覆二氧化硅壳层之后,继续在其上面键连对肿瘤细胞 HT-29 具有靶向功能的环肽分子 RGDfK 以及能够进行荧光成像的染料分子罗丹明 B,从而使得该纳米框架材料能够在肿瘤的靶向输送和医疗诊断中获得应用[128]。他们还使用含有活性基团氨基的有机分子 2-氨基对苯二甲酸(NH$_2$-BDC)作为配体合成了一种含铁的框架材料,并通过氨基的后功能修饰反应将具有荧光成像功能的分子 BODIPY、靶向分子 RGDfK 和治疗药物 ESCP 一起键连到框架材料中(图 27-17),结果显示该纳米框架材料对肿瘤分子具有较好的靶向作用和治疗效果[127]。Rowe 等也利用框架材料作为载体制备了一种具有靶向功能和治疗效果的纳米药物[129],他们在含 Gd 的框架材料表面键连包覆上荧光显影剂、靶向分子和抗肿瘤药物 MTX 形成核壳型结构,壳层的厚度约为 9nm。在激光共聚焦显微镜下,改性修饰后的框架材料对肿瘤细胞 FITZ-HAS 显示出很好的靶向行为和成像功能。而且在同样的药物浓度下,修饰后的框架材料对肿瘤细胞 FITZ-HAS 生长的抑制效果可与处于自由状态的药物 MTX 相当。

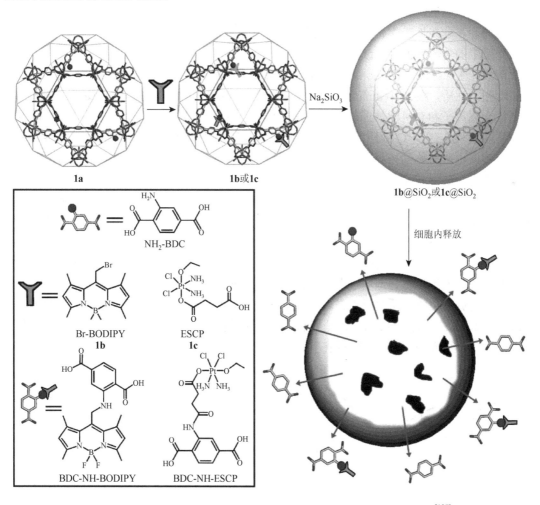

图 27-17　框架材料键连荧光造影剂 BODIPY 与药物 ESCP 的示意图[127]

27.6 非线性光学倍频与多光子发光

非线性光学（nonlinear optics，NLO）是研究强光作用下物质的响应与电场强度呈现的非线性关系的学科。1960 年 Maiman 发明激光，次年 Franken 发现激光与物质作用产生的倍频现象，拉开了非线性光学及其材料研究的序幕。在强光下，介质的极化强度与电场强度不再呈线性关系，可表示为

$$P(t) = \varepsilon_0 \sum_{n=1} \chi^{(n)} E^n(t) \tag{27-1}$$

式中，$E(t)$，$P(t)$分别为光电场强度和极化强度，均为矢量；$\chi^{(n)}$为 n 阶极化率，为 $n+1$ 阶张量。显然，当光强较弱时，级数的高次项（二次及以上）的贡献极小，介质极化与光电场强度的关系退化为线性关系，即光在介质中的行为服从线性光学行为。随着 $E(t)$ 的增大（一般在 10^5V/m 以上），高次项开始影响极化强度，介质表现出非线性效应，由此产生的丰富多彩的光学效应和应用均属于非线性光学范畴。在非线性光学范畴下，材料的基本光电性能表现出光强的依赖关系，并且光自身的性质和在介质中的传输行为也被改变。

二次谐波产生（second-harmonic generation，SHG）效应是一种二阶非线性光学效应，二阶 NLO 性能属三阶张量性质，根据 Neumann 原理，该类材料在结构上不具有对称中心要素。金属有机框架材料由无机金属离子和有机配体通过配位键构筑而成，在特定情况下可以形成不具有对称中心要素的晶体，从而获得具有 SHG 效应的材料。为了得到具有 SHG 效应的金属有机框架材料，主要有两种方法：得到非中心对称的拓扑网络和通过不对称的配体合成非中心对称的金属有机框架材料。宏观二阶非线性光学的磁化系数（χ^2）是一个三阶张量，在中心对称的空间群中会消失。实现非中心对称的拓扑网络有两个要求：①拓扑网络不会排列成中心对称的空间群；②确定可能的节点和连接方式形成这种拓扑结构。

Lin 等在非中心对称的拓扑结构上面做了一系列的工作[130-132]。他们有效地解决了以上两个问题。选择不平衡的吡啶基和羧基来连接金属离子时，得到的钻石（diamond）状网络是非中心对称的网络。同时电荷的不对称性可以更好地实现非线性光学性能。在金属离子的选择上采用的是 d^{10} 的锌离子和镉离子，可以避免不必要的光波段损失，使得光学透明性好。在 NLO 金属有机框架材料中，具有金刚石（diamond，*dia*）拓扑网络的晶体是最典型和可设计的一类。一般选取 4-连接的金属结点 Zn^{2+} 和 Cd^{2+}等，与 2-连接的配体组装成 *dia* 拓扑的网络，如图 27-18 所示。

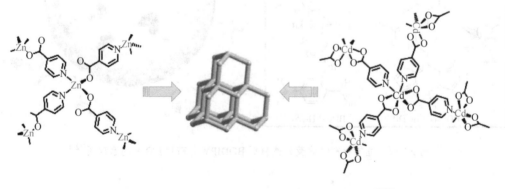

图 27-18 金属通过连接四个配体构成的 *dia* 拓扑结构[130]

Lin 等研究了随着共轭链的延长，金属有机框架材料的二次谐波信号的变化。随着配体长度的增加，网络结构的空隙率变大，会出现交联的现象。当交联出现偶次的时候可能会出现反转中心，导致非线性光学性能消失。所以可以调整配体长度实现钻石网络奇次互穿，从而解决了非中心对称的问题。Lin 在后续工作中发现当吡啶-羧基和咪唑-羧基采取桥连的配位方式时很容易生成中心对称的结构，表明金属和配体的连接方式也是一个重要的影响因素[133]。Zhang 等用异酞酸与锌盐反应得到了硫化铂类的手性拓扑网络，SHG 强度是磷酸二氢钾晶体的 1.5 倍[134]。Liu 等采用碳酸和草酸合成出了三维八极结构的具有非线性光学性能的带负电性的 MOF。研究表明在不同的阳离子的作用下，MOF 的 SHG 强度会出现显著的差异，这种敏感性不同于无机晶体类材料[135]。Guo 采用了锌离子和四羧基的四甲叉[4-(羧苯基)羟甲基]甲酸分子合成具有非线性光学和磁性的八极 MOFs，其非线性光学性能是 KDP 的 2.5 倍，如图 27-19 所示[136]。Fu 等采用常常作为选择性除草剂的一种手性咪唑化合物来得到手性的金属有机框架材料，它既有 SHG 效应，又有介电和铁电效应[137]。

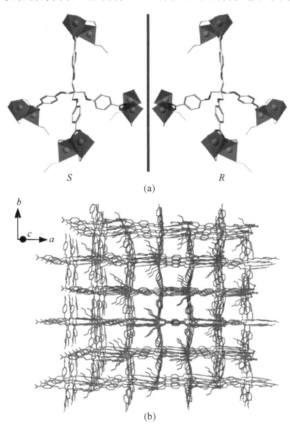

图 27-19　两种手性的四面体二级构建单元（a）及晶体结构图（b）[136]

有机二阶非线性光学材料具有响应快、非线性光学系数大等优点，但通常会引起分子间相互作用产生的分子聚集现象，从而导致极性分子的有序度降低。为了解决这些问题，早在 20 世纪 80 年代末，研究者已经开始利用主-客体化学的方法，将 NLO 生色团彼此相隔地组装于环糊精[138]、层状化合物[139]和分子筛[140]等主体材料，并获得了非中心对称的结构。近年来，Yoon 等在硅沸石的薄膜制备上取得了重大成果[141, 142]，并通过苯乙烯吡啶盐类非线性光学生色团在沸石孔道中的组装获得二阶非线性光学薄膜，最大的二次谐波强度达石英晶体的 7.8 倍。由于生色团与沸石间不存在特殊的作用机制，生色团含量总体较低，目前提高生色团含量仍是 Yoon 等努力的方向之一。而金属有机框架材料中具有丰富的共轭体系，与非线性光学生色团具有相互作用力，使得有机生色团在主体框架材料内可以具有相当高的浓度。

基于上述思路，Qian 等在阴离子框架材料 ZJU-28 中引入高浓度的阳离子染料 DPAS 系列，获得了高非线性效应的晶体材料，并建立了一种灵活和有效控制分子取向的方法，为新型非线性光学材料提供了一个理论范例[143]。当 DPAS 系列染料吡啶环上的烷基链增长时，该烷基链优先进入 ZJU-28 的一维孔道的概率大大增加，使得染料在孔道内定向排布，从而获得优异的非线性光学性能。当引入的染料的烷基链上仅有 1 个碳原子，即 DPASM 时，晶体材料的 SHG 强度仅为石英的 1/4；而当引入具有 12 个碳原子的烷基链的染料 DPASD 时，晶体的 SHG 强度达到了石英晶体的 18.3 倍，相较于引入 DPASM 时，增强了约 73 倍，如图 27-20 所示。可见染料的定向排列是获得 SHG 性能的重要原因。同时，染料与金属有机框架材料之间存在相互作用力，使得 DPASD 的体积含量达到 0.385mmol/cm^3，分子在孔道中的密度值为 281μm^{-1}，为染料在沸石材料中最大密度值的 7 倍，也进一步提高了材料的非线性光学性能。

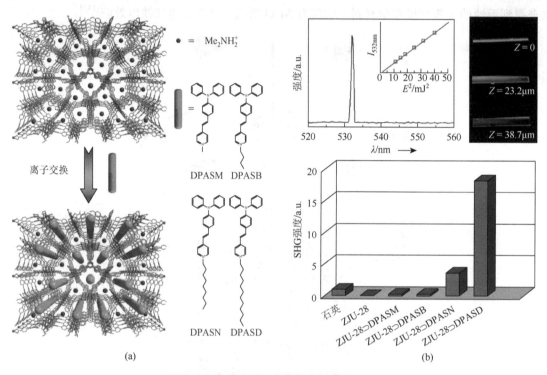

图 27-20　有机染料吡啶半菁分子在金属有机框架材料 ZJU-28 中的后功能化组装（a）及其二阶非线性光学性能（b）[143]

DPASM：(反式)-4-(4-二苯氨基)苯乙烯基-1-甲基吡啶；DPASB：(反式)-4-(4-二苯氨基)苯乙烯基-1-丁基吡啶；DPASN：(反式)-4-(4-二苯氨基)苯乙烯基-1-壬基吡啶；DPASD：(反式)-4-(4-二苯氨基)苯乙烯基-1-十二烷基吡啶

激光在物质研究、光信息技术、机械加工、医学诊断和治疗等领域具有重要而广泛的应用价值。作为频率上转换获得相干光源的方法，双光子泵浦和多光子泵浦的激光具有波长调谐范围宽、相位匹配要求低、材料形式多样等优点，受到研究者关注[144, 145]。随着集成光信息技术和生物光子芯片的发展，微型激光光源的需求也与日俱增。微纳尺度的微腔激光器的开发，不仅要求器件结构设计更加合理、材料制备加工更加精准，同时也对激光材料的性能提出了新的要求。对光泵浦的微腔激光而言，增益长度的缩短将显著降低光活性物质对光子的捕获能力，而双光子泵浦激光双光子吸收的非线性光学特性则进一步降低了材料对光子的捕获能力，因而必须通过提高材料吸收能力来改善激光材料的增益性能。

Qian 等将具有非线性性能的阳离子有机染料(反式)-4-(4-二甲氨基苯乙烯)-1-甲基吡啶（DMASM）通过离子交换的方式装载进入阴离子金属有机框架材料 bio-MOF-1 中，主客体系间的静电相互作用和π-π作用，使得有机染料在框架材料内的含量大大提高，与此同时，bio-MOF-1 内的一维孔道能够有效地分散染料，防止其猝灭，从而使染料在高浓度下保持高的量子效率。当使用 1064nm 波长的 Nd：YAG 激光器对单个 bio-MOF-1⊃DMASM 晶体材料进行照射时，可以在 640nm 波长左右观察到激射的现象，产生该双光子泵浦激射的阈值为 0.148mJ，如图 27-21 所示。在这个材料中，bio-MOF-1 的互相平行的晶面形成了天然的 Fabry-Pérot 腔，通过调控晶体的宽度，可以改变产生激射的模式数。晶体上下两个天然晶体表面作为 Fabry-Pérot 微谐振腔镜，与高效的双光子发光基质共同构成微谐振腔与微型激光器。由高质量晶体表面构成的天然微谐振腔的品质因子 Q 达 1500[146]。

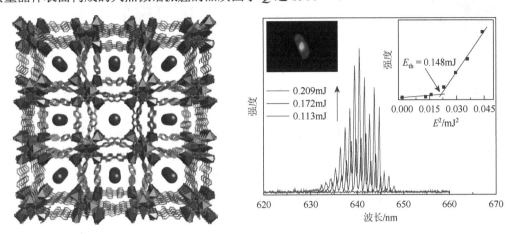

图 27-21　DMASM 在框架材料 bio-MOF-1 孔道中的组装及其双光子泵浦激射[146]

在此基础上，该课题组开发了一个新的阴离子晶体 ZJU-68，该晶体具有六边形的一维孔道，孔道直径仅为 6Å，与 DMASM 的直径非常接近，因此无法通过离子交换的方法装载染料，只能通过晶体合成过程中原位组装的方法将该功能离子引入材料。更为接近的尺寸使得 ZJU-68 的孔道对染料的限制作用更为强烈，使得线形的 DMASM 客体离子在孔道内呈现取向排布，其荧光的二相色比可达 365。该材料不仅可以使用 1064nm 的激光进行双光子泵浦，也可以通过 1380nm 的飞秒激光器进行三光子泵浦，泵浦的阈值可低至 224nJ，同时品质因子可达 1691，如图 27-22 所示。由于 ZJU-68 晶体为六方柱形，该微腔激光器的谐振腔可以是由相对晶面构成的 Fabry-Pérot 腔，也可以是六个晶

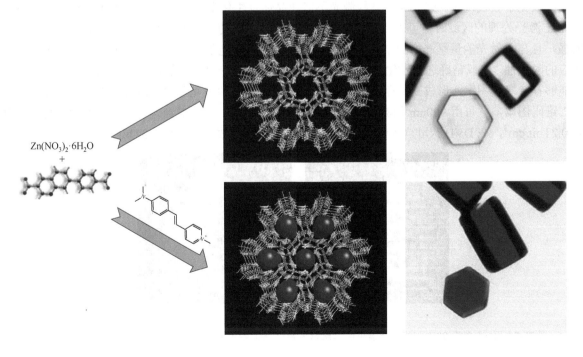

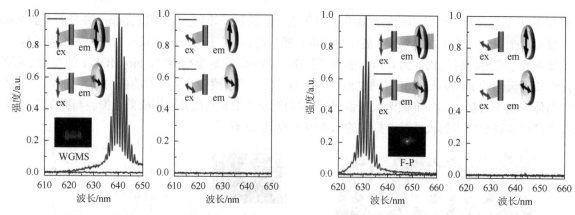

图 27-22　DMASM 在框架材料 ZJU-68 孔道中的组装及其高偏振度的三光子泵浦激射[147]

面共同构成的回廊耳语模式。由于材料内部 DMASM 染料离子的取向排列，该材料发出的激光的偏振度大于 99.9%，因此得到了一个三光子泵浦的具有高偏振发射特性的微腔激光器[147]。

双光子吸收属于非线性光学效应，有效作用区域可超越光学衍射极限[148, 149]，因此基于双光子过程进行读写的三维光数据存储技术可以有效降低存储层间的串扰，从而提高纵向分辨率和存储密度[150, 151]。读取数据时采用双光子荧光代替单光子荧光的方式可消除厚存储介质的吸收，进一步提高信噪比或储存深度。然而，至今很少有可被双光子吸收诱导形成双光子荧光染料的物质被报道，这限制了利用非线性光学效应进行数据读写的存储介质的开发。金属有机框架材料由金属离子、配体和客体组成，其组成单元均可能具有特殊的光学性质，其相互作用使得这个体系在光学性能的调控上变得异常丰富。一些光敏功能分子的引入，使金属有机框架材料性能的调控和后功能化可采用光诱导的方式。

Qian 等采用具有光学活性的有机配体 H₄L1·OH（L1 = 2, 5-二(3, 5-二甲酸苯基)-1-甲基吡啶内盐）与相似结构的 H₄L2（L2 = 5, 5′-(吡啶-2, 5-亚基)二苯-1, 1′, 3, 3′-四甲酸）共同与 Zn^{2+} 生长得到透明晶体 ZJU-56-0.2。该晶体在紫外线照射下，具有光学活性的配体会发生变化，当采用光掩模遮盖在晶体上时，便可以在晶体表面得到特定图案，在可见光和蓝光照射下，图案均清晰可见。更为重要的是，当采用 710nm 的飞秒激光对晶体进行照射后，活性配体同样发生了化学变化，证明该晶体具有很好的双光子吸收效应。900nm 的飞秒激光不能使晶体发生化学变化，但当用 900nm 的激光照射经 710nm 激光处理的区域时，可以收集到较强的发光信号。且随着激发光功率的增加，发光强度显著增强，且与入射光能量呈严格的平方关系，表明该过程为双光子激发的荧光发射。由于双光子吸收效应的限域性，可以精确选择光化学反应的区域，从而可以精确地在晶体表面或内部形成荧光图案，并能够存储多层图案，形成三维存储。实验中利用 710nm 飞秒激光器照射晶体，在晶体内部得到多层二维码图案，并可用 900nm 的激光读取，如图 27-23 所示。计算得到该存储介质的体存储密度达到 $0.2Tbit/cm^3$，在 DVD 尺寸（$\phi 12mm \times 0.06cm^2$）下，存储数据量可达 1.3Tbit[152]。

图 27-23　（a）利用 900nm 的激光读出的二维码图案；（b）共聚焦显微镜 Z 扫描后的重构 3D 图像[152]

27.7　存在问题与展望

经过近 20 年的发展，光子功能金属有机框架材料已经取得了很大进展，但相比框架材料在天然气储存、分离和多相催化等应用领域的研究来说，光子功能金属有机框架材料的研究仍处于早期阶段。以功能应用为导向，开展光子功能金属有机框架材料的设计与可控制备应是今后发展的一个重要趋势。这就必须加强对金属有机框架材料设计理论的研究，并深入研究框架结构与性能之间的关系和规律，揭示框架材料光子学性能产生的物理机制，建立光子功能的设计思想。另外，还需要系统发展框架材料的可控组装方法和制备技术，以便通过框架结构的调控来获得具有特定光子功能及相关应用的金属有机框架材料。

在金属有机框架材料的荧光探测机理方面也仍然需要深入研究和探索，目前框架材料的荧光探测主要是基于荧光强度的变化而开展的，缺乏对荧光寿命和量子效率的系统研究，荧光探测效果容易受到外界环境和测试条件的干扰。因此，发展基于荧光寿命、强度比值或发光峰位等参数的荧光探测是今后值得开展的研究方向之一，使框架材料在提高探测精确度和灵敏度方面取得更大的突破。基于荧光强度比值的比例型荧光传感是利用不同荧光发射峰强度比值的变化而开展的，这一方法与基于单峰荧光强度的检测方法相比，具有自动校准的优势，能够有效消除外部干扰，提高测量精度。目前，已有一些利用双发光中心的金属有机框架材料开展 pH 值、温度以及有机化合物的比例型荧光传感的报道，今后这一方法将有望在其他荧光传感领域中获得广泛应用。

光子功能金属有机框架材料的功能剪裁与复合也将是今后发展的重要方向之一。近年来，对金属有机框架材料进行后合成修饰正成为新兴的研究热点。除了采用化学手段在框架材料的配体上键连有机基团进行修饰之外，通过离子交换的方法将有机功能分子或金属离子组装到框架孔道中形成主客体材料也是一个行之有效的复合方法。后功能化修饰方法为引入缺乏配位成键能力的有机光学活性分子提供了新的途径，而且利用孔道对有机客体分子的限域作用，组装后的框架材料不仅实现了光子功能的优化与增强，甚至能够协同产生新的光子功能，如产生新的二阶非线性光学性能、多光子泵浦激射等，因此有望推动金属有机框架材料在非线性光学、白光照明、微纳光子器件等光子学领域的发展和应用。

可以预期，随着化学、材料科学、光子学以及工程技术等不同学科的交叉合作和相关学者的共同努力，光子功能金属有机框架材料有望在环境、生物医学和光子器件等领域获得更为广阔的应用，为人类健康和社会发展起到巨大的推动作用。

（崔元靖　赵　典　宋　涛　钱国栋　陈邦林）

参 考 文 献

[1]　Férey G. Hybrid porous solids: past, present, future. Chem Soc Rev, 2008, 37: 191-214.

[2]　Chen B, Xiang S, Qian G. Metal-organic frameworks with functional pores for recognition of small molecules. Acc Chem Res, 2010, 43: 1115-1124.

[3]　Long J R, Yaghi O M. The pervasive chemistry of metal-organic frameworks. Chem Soc Rev, 2009, 38: 1213-1214.

[4]　Li H, Eddaoudi M, O'Keeffe M, et al. Design and synthesis of an exceptionally stable and highly porous metal-organic framework. Nature, 1999, 402: 276-279.

[5] Chen B，Eddaoudi M，Hyde S T，et al. Interwoven metal-organic framework on a periodic minimal surface with extra-large pores. Science，2001，291：1021-1023.

[6] Cohen S M. Postsynthetic methods for the functionalization of metal-organic frameworks. Chem Rev，2012，112：970-1000.

[7] Tanabe K K，Cohen S M. Postsynthetic modification of metal-organic frameworks—a progress report. Chem Soc Rev，2011，40：498-519.

[8] Wang Z，Cohen S M. Postsynthetic modification of metal-organic frameworks. Chem Soc Rev，2009，38：1315-1329.

[9] Cohen S M. Modifying MOFs：new chemistry，new materials. Chem Sci，2010，1：32-36.

[10] Zhou H C，Long J R，Yaghi O M. Introduction to metal-organic frameworks. Chem Rev，2012，112：673-674.

[11] Cui Y，Yue Y，Qian G，et al. Luminescent functional metal-organic frameworks. Chem Rev，2012，112：1126-1162.

[12] Li J R，Sculley J，Zhou H C. Metal-organic frameworks for separations. Chem Rev，2012，112：869-932.

[13] Li B，Wen H M，Cui Y，et al. Emerging multifunctional metal-organic framework materials. Adv Mater，2016，28：8819-8860.

[14] Li H，Wang K，Sun Y，et al. Mater. Today，2018，21：108-121.

[15] Suh M P，Park H J，Prasad T K，et al. Hydrogen storage in metal-organic frameworks. Chem Rev，2012，112：782-835.

[16] Li B，Chen B. Fine-tuning porous metal-organic frameworks for gas separations at will. Chem，2016，1：669-671.

[17] Li B，Wen H M，Cui Y，et al. Multifunctional lanthanide coordination polymers. Prog Poly Sci，2015，48：40-84.

[18] Sumida K，Rogow D L，Mason J A，et al. Carbon dioxide capture in metal-organic frameworks. Chem Rev，2012，112：724-781.

[19] Wang C，Zhang T，Lin W. Rational synthesis of noncentrosymmetric metal-organic frameworks for second-order nonlinear optics. Chem Rev，2012，112：1084-1104.

[20] Yoon M，Srirambalaji R，Kim K. Homochiral metal-organic frameworks for asymmetric heterogeneous catalysis. Chem Rev，2012，112：1196-1231.

[21] Zhang J P，Zhang Y B，Lin J B，et al. Metal azolate frameworks：from crystal engineering to functional materials. Chem Rev，2012，112：1001-1033.

[22] Zhang W，Xiong R G. Ferroelectric metal-organic frameworks. Chem Rev，2012，112：1163-1195.

[23] Kreno L E，Leong K，Farha O K，et al. Metal-organic framework materials as chemical sensors. Chem Rev，2012，112：1105-1125.

[24] Rocha J，Carlos L D，Paz F A A，et al. Luminescent multifunctional lanthanides-based metal-organic frameworks. Chem Soc Rev，2011，40：926-940.

[25] Cui Y，Zhang J，He H，et al. Photonic functional metal-organic frameworks. Chem Soc Rev，2018，47：5740-5785.

[26] Lustig W P，Mukherjee S，Rudd N D，et al. Ghosh metal-organic frameworks：functional luminescent and photonic materials for sensing applications. Chem Soc Rev，2017，46：3242-3285.

[27] Meek S T，Greathouse J A，Allendorf M D. Metal-organic frameworks：a rapidly growing class of versatile nanoporous materials. Adv Mater，2011，23：249-267.

[28] Liu Y，Xuan W，Cui Y. Engineering homochiral metal-organic frameworks for heterogeneous asymmetric catalysis and enantioselective separation. Adv Mater，2010，22：4112-4135.

[29] Carné A，Carbonell C，Imaz I，et al. Nanoscale metal-organic materials. Chem Soc Rev，2011，40：291-305.

[30] Zhao D，Timmons D J，Yuan D，et al. Tuning the topology and functionality of metal-organic frameworks by ligand design. Acc Chem Res，2011，44：123-133.

[31] Farha O K，Hupp J T. Rational design，synthesis，purification，and activation of metal-organic framework materials. Acc Chem Res，2010，43：1166-1175.

[32] Allendorf M D，Bauer C A，Bhakta R K，et al. Luminescent metal-organic frameworks. Chem Soc Rev，2009，38：1330-1352.

[33] Chen B，Liang C，Yang J，et al. A microporous metal-organic framework for gas-chromatographic separation of alkanes. Angew Chem Int Ed，2006，45：1390-1393.

[34] Chen B L，Ma S Q，Zapata F，et al. Rationally designed micropores within a metal-organic framework for selective sorption of gas molecules. Inorg Chem，2007，46：1233-1236.

[35] Eddaoudi M，Kim J，Rosi N，et al. Systematic design of pore size and functionality in isoreticular MOFs and their application in methane storage. Science，2002，295：469-472.

[36] Deng H，Grunder S，Cordova K E，et al. Large-pore apertures in a series of metal-organic frameworks. Science，2012，336：1018-1023.

[37] Li X，Wang X W，Zhang Y H. Blue photoluminescent 3D Zn（Ⅱ）metal-organic framework constructing from pyridine-2，4，6-tricarboxylate. Inorg Chem Commun，2008，11：832-834.

[38] Fang Q，Zhu G，Xue M，et al. Structure，luminescence，and adsorption properties of two chiral microporous metal-organic frameworks. Inorg Chem，2006，45：3582-3587.

[39]　Bauer C A，Timofeeva T V，Settersten T B，et al. Influence of connectivity and porosity on ligand-based luminescence in zinc metal-organic frameworks. J Am Chem Soc，2007，129：7136-7144.

[40]　Chandler B D，Cramb D T，Shimizu G K H. Microporous metal-organic frameworks formed in a stepwise manner from luminescent building blocks. J Am Chem Soc，2006，128：10403-10412.

[41]　de Lill D T，Gunning N S，Cahill C L. Toward templated metal-organic frameworks：synthesis，structures，thermal properties，and luminescence of three novel lanthanide-adipate frameworks. Inorg Chem，2005，44：258-266.

[42]　de Lill D T，de Bettencourt-Dias A，Cahill C L. Exploring lanthanide luminescence in metal-organic frameworks：synthesis，structure，and guest-sensitized luminescence of a mixed europium/terbium-adipate framework and a terbium-adipate framework. Inorg Chem，2007，46：3960-3965.

[43]　Fang Q R，Zhu G S，Jin Z，et al. Mesoporous metal-organic framework with rare etb topology for hydrogen storage and dye assembly. Angew Chem Int Ed，2007，46：6638-6642.

[44]　Grünker P，Bon V，Heerwig A，et al. Dye encapsulation inside a new mesoporous metal-organic framework for multifunctional solvatochromic-response function. Chem Eur J，2012，18：13299-13303.

[45]　Dong M J，Zhao M，Ou S，et al. A luminescent dye@MOF platform：emission fingerprint relationships of volatile organic molecules. Angew Chem Int Ed，2014，53：1575-1579.

[46]　An J，Shade C M，Chengelis-Czegan D A，et al. Zinc-adeninate metal-organic framework for aqueous encapsulation and sensitization of near-infrared and visible emitting lanthanide cations. J Am Chem Soc，2011，133：1220-1223.

[47]　Liu W，Jiao T，Li Y，et al. Lanthanide coordination polymers and their Ag^+-modulated fluorescence. J Am Chem Soc，2004，126：2280-2281.

[48]　Chen B，Wang L，Xiao Y，et al. A luminescent metal-organic framework with Lewis basic pyridyl sites for the sensing of metal ions. Angew Chem Int Ed，2009，48：500-503.

[49]　Xiao Y，Cui Y，Zheng Q，et al. A microporous luminescent metal-organic framework for highly selective and sensitive sensing of Cu^{2+}in aqueous solution. Chem Commun，2010，46：5503-5505.

[50]　Luo F，Batten S R. Metal-organic framework（MOF）：lanthanide（Ⅲ）-doped approach for luminescence modulation and luminescent sensing. Dalton Trans，2010，39：4485-4488.

[51]　Yang W，Feng J，Zhang H. Facile and rapid fabrication of nanostructured lanthanide coordination polymers as selective luminescent probes in aqueous solution. J Mater Chem，2012，22：6819-6823.

[52]　Hao Z，Song X，Zhu M，et al. One-dimensional channel-structured Eu-MOF for sensing small organic molecules and Cu^{2+} ion. J Mater Chem A，2013，1：11043-11050.

[53]　Hao Z，Yang G，Song X，et al. A europium（Ⅲ）based metal-organic framework：bifunctional properties related to sensing and electronic conductivity. J Mater Chem A，2014，2：237-244.

[54]　Jayaramulu K，Narayanan R P，George S J，et al. Luminescent microporous metal-organic framework with functional Lewis basic sites on the pore surface：specific sensing and removal of metal ions. Inorg Chem，2012，51：10089-10091.

[55]　Hyman L M，Franz K J. Probing oxidative stress：small molecule fluorescent sensors of metal ions，reactive oxygen species，and thiols. Coordin Chem Rev，2012，256：2333-2356.

[56]　Dang S，Ma E，Sun Z M，et al. A layer-structured Eu-MOF as a highly selective fluorescent probe for Fe^{3+}detection through a cation-exchange approach. J Mater Chem，2012，22：16920-16926.

[57]　Tang Q，Liu S，Liu Y，et al. Cation sensing by a luminescent metal-organic framework with multiple lewis basic sites. Inorg Chem，2013，52：2799-2801.

[58]　Zhou X H，Li L，Li H H，et al. A flexible Eu（Ⅲ）-based metal-organic framework：turn-off luminescent sensor for the detection of Fe（Ⅲ）and picric acid. Dalton Trans，2013，42：12403-12409.

[59]　Zhao B，Chen X Y，Cheng P，et al. Coordination polymers containing 1D channels as selective luminescent probes. J Am Chem Soc，2004，126：15394-15395.

[60]　Zhao X Q，Zhao B，Shi W，et al. Structures and luminescent properties of a series of Ln-Ag heterometallic coordination polymers. Cryst Eng Comm，2009，11：1261-1269.

[61]　Zhao B，Chen X Y，Chen Z，et al. A porous 3D heterometal-organic framework containing both lanthanide and high-spin Fe（Ⅱ）ions. Chem Commun，2009：3113-3115.

[62]　Lu W G，Jiang L，Feng X L，et al. Three-dimensional lanthanide anionic metal-organic frameworks with tunable luminescent properties induced by cation exchange. Inorg Chem，2009，48：6997-6999.

[63]　Wang W，Zhang Y，Yang Q，et al. Fluorescent and colorimetric magnetic microspheres as nanosensors for Hg^{2+} in aqueous solution prepared

by a sol-gel grafting reaction and host-guest interaction. Nanoscale，2013，5：4958-4965.

[64] Bi S，Ji B，Zhang Z，et al. Metal ions triggered ligase activity for rolling circle amplification and its application in molecular logic gate operations. Chem Sci，2013，4：1858-1863.

[65] Tan H，Liu B，Chen Y. Lanthanide coordination polymer nanoparticles for sensing of mercury（Ⅱ）by photoinduced electron transfer. ACS nano，2012，6：10505-10511.

[66] Wu L L，Wang Z，Zhao S N，et al. A metal-organic framework/DNA hybrid system as a novel fluorescent biosensor for mercury（Ⅱ）ion detection. Chem Eur J，2016，22：477-480.

[67] Chow C F，Lam M H W，Wong W Y. A heterobimetallic ruthenium（Ⅱ）-copper（Ⅱ）donor-acceptor complex as a chemodosimetric ensemble for selective cyanide detection. Inorg Chem，2004，43：8387-8393.

[68] Wong K L，Law G L，Yang Y Y，et al. A highly porous luminescent terbium-organic framework for reversible anion sensing. Adv Mater，2006，18：1051-1054.

[69] Chen B，Wang L，Zapata F，et al. A luminescent microporous metal-organic framework for the recognition and sensing of anions. J Am Chem Soc，2008，130：6718-6719.

[70] Qiu Y，Deng H，Mou J，et al. *In situ* tetrazole ligand synthesis leading to a microporous cadmium-organic framework for selective ion sensing. Chem Commun，2009：5415-5417.

[71] Xu H，Xiao Y，Rao X，et al. A metal-organic framework for selectively sensing of PO_4^{3-} anion in aqueous solution. J Alloys Compd，2011，509：2552-2554.

[72] Manna B，Chaudhari A K，Joarder B，et al. Dynamic structural behavior and anion-responsive tunable luminescence of a flexible cationic metal-organic framework. Angew Chem Int Ed，2013，52：998-1002.

[73] Chen B，Yang Y，Zapata F，et al. Luminescent open metal sites within a metal-organic framework for sensing small molecules. Adv Mater，2007，19：1693-1696.

[74] Guo Z，Xu H，Su S，et al. A robust near infrared luminescent ytterbium metal-organic framework for sensing of small molecules. Chem Commun，2011，47：5551-5553.

[75] Ma D，Wang W，Li Y，et al. *In situ* 2, 5-pyrazinedicarboxylate and oxalate ligands synthesis leading to a microporous europium-organic framework capable of selective sensing of small molecules. Cryst Eng Comm，2010，12：4372-4377.

[76] Xiao Y，Wang L，Cui Y，et al. Molecular sensing with lanthanide luminescence in a 3D porous metal-organic framework. J Alloys Compd，2009，484：601-604.

[77] Lin Y W，Jian B R，Huang S C，et al. Synthesis and characterization of three ytterbium coordination polymers featuring various cationic species and a luminescence study of a terbium analogue with open channels. Inorg Chem，2010，49：2316-2324.

[78] Wang X，Zhang L，Yang J，et al. Lanthanide metal-organic frameworks containing a novel flexible ligand for luminescence sensing of small organic molecules and selective adsorption. J Mater Chem A，2015，3：12777-12785.

[79] Li Y，Zhang S，Song D. A luminescent metal-organic framework as a turn-on sensor for DMF vapor. Angew Chem Int Ed，2013，52：710-713.

[80] Zhang Z，Xiang S，Rao X，et al. A rod packing microporous metal-organic framework with open metal sites for selective guest sorption and sensing of nitrobenzene. Chem Commun，2010，46：7205-7207.

[81] Hou L，Lin Y Y，Chen X M. Porous metal-organic framework based on μ_4-oxo tetrazinc clusters：sorption and guest-dependent luminescent properties. Inorg Chem，2008，47：1346-1351.

[82] Jiang H L，Tatsu Y，Lu Z H，et al. Non-，micro-，and mesoporous metal-organic framework isomers：reversible transformation，fluorescence sensing，and large molecule separation. J Am Chem Soc，2010，132：5586-5587.

[83] Wang J H，Li M，Li D. A dynamic，luminescent and entangled MOF as a qualitative sensor for volatile organic solvents and a quantitative monitor for acetonitrile vapour. Chem Sci，2013，4：1793-1801.

[84] Lee E Y，Jang S Y，Suh M P. Multifunctionality and crystal dynamics of a highly stable，porous metal-organic framework [Zn₄O(NTB)₂]. J Am Chem Soc，2005，127：6374-6381.

[85] Bai Y，He G，Zhao Y，et al. Porous material for absorption and luminescent detection of aromatic molecules in water. Chem Commun，2006：1530-1532.

[86] Mohapatra S，Rajeswaran B，Chakraborty A，et al. Bimodal magneto-luminescent dysprosium(Dy^{III})-potassium(K^I)-oxalate framework：magnetic switchability with high anisotropic barrier and solvent sensing. Chem Mater，2013，25：1673-1679.

[87] Zhu W H，Wang Z M，Gao S. Two 3D porous lanthanide-fumarate-oxalate frameworks exhibiting framework dynamics and luminescent change upon reversible de-and rehydration. Inorg Chem，2007，46：1337-1342.

[88] Xie Z，Ma L，de Krafft K E，et al. Porous phosphorescent coordination polymers for oxygen sensing. J Am Chem Soc，2010，132：922-923.

[89] Dou Z，Yu J，Cui Y，et al. Luminescent metal-organic framework films as highly sensitive and fast-response oxygen sensors. J Am Chem Soc，2014，136：5527-5530.

[90] Harbuzaru B V，Corma A，Rey F，et al. Metal-organic nanoporous structures with anisotropic photoluminescence and magnetic properties and their use as sensors. Angew Chem Int Ed，2008，47：1080-1083.

[91] Wu P，Wang J，He C，et al. Luminescent metal-organic frameworks for selectively sensing nitric oxide in an aqueous solution and in living cells. Adv Funct Mater，2012，22：1698-1703.

[92] Liu B，Chen Y. Responsive lanthanide coordination polymer for hydrogen sulfide. Anal Chem，2013，85：11020-11025.

[93] Hai Z，Bao Y，Miao Q，et al. Pyridine-biquinoline-metal complexes for sensing pyrophosphate and hydrogen sulfide in aqueous buffer and in cells. Anal Chem，2015，87：2678-2684.

[94] Zhang X，Zhang J，Hu Q，et al. Postsynthetic modification of metal-organic framework for hydrogen sulfide detection. Appl Surf Sci，2015，355：814-819.

[95] Ferrando-Soria J，Khajavi H，Serra-Crespo P，et al. Highly selective chemical sensing in a luminescent nanoporous magnet. Adv Mater，2012，24：5625-5629.

[96] Lan A，Li K，Wu H，et al. A luminescent microporous metal-organic framework for the fast and reversible detection of high explosives. Angew Chem Int Ed，2009，121：2370-2374.

[97] Zhang C，Che Y，Zhang Z，et al. Fluorescent nanoscale zinc（Ⅱ）-carboxylate coordination polymers for explosive sensing. Chem Commun，2011，47：2336-2338.

[98] Xu H，Liu F，Cui Y，et al. A luminescent nanoscale metal-organic framework for sensing of nitroaromatic explosives. Chem Commun，2011，47：3153-3155.

[99] Hu Z，Deibert B J，Li J. Luminescent metal-organic frameworks for chemical sensing and explosive detection. Chem Soc Rev，2014，43：5815-5840.

[100] Zhang L，Kang Z，Xin X，et al. Metal-organic frameworks based luminescent materials for nitroaromatics sensing. Cryst Eng Comm，2016，18：193-206.

[101] Banerjee D，Hu Z，Li J. Luminescent metal-organic frameworks as explosive sensors. Dalton Trans，2014，43：10668-10685.

[102] Zhao D，Cui Y，Yang Y，et al. Sensing-functional luminescent metal-organic frameworks. Cryst Eng Comm，2016，18：3746-3759.

[103] Takashima Y，Martínez V M，Furukawa S，et al. Molecular decoding using luminescence from an entangled porous framework. Nat Comms，2011，2：168.

[104] Fang Q R，Zhu G S，Jin Z，et al. Mesoporous metal-organic framework with rare etb topology for hydrogen storage and dye assembly. Angew Chem Int Ed，2007，46：6638-6642.

[105] Harbuzaru B V，Corma A，Rey F，et al. A miniaturized linear pH sensor based on a highly photoluminescent self-assembled europium（Ⅲ）metal-organic framework. Angew Chem Int Ed，2009，48：6476-6479.

[106] Jiang H L，Feng D，Wang K，et al. An exceptionally stable，porphyrinic Zr metal-organic framework exhibiting pH-dependent fluorescence. J Am Chem Soc，2013，135：13934-13938.

[107] Aguilera-Sigalat J，Bradshaw D. A colloidal water-stable MOF as a broad-range fluorescent pH sensor via post-synthetic modification. Chem Commun，2014，50：4711-4713.

[108] Wu P，Wang J，Li Y，et al. Luminescent sensing and catalytic performances of a multifunctional lanthanide-organic framework comprising a triphenylamine moiety. Adv Funct Mater，2011，21：2788-2794.

[109] Xu H，Rao X，Gao J，et al. A luminescent nanoscale metal-organic framework with controllable morphologies for spore detection. Chem Commun，2012，48：7377-7379.

[110] Kumar P，Kumar P，Bharadwaj L M，et al. Luminescent nanocrystal metal organic framework based biosensor for molecular recognition. Inorg Chem Commun，2014，43：114-117.

[111] Zhu X，Zheng H，Wei X，et al. Metal-organic framework（MOF）: a novel sensing platform for biomolecules. Chem Commun，2013，49：1276-1278.

[112] Chen L，Zheng H，Zhu X，et al. Metal-organic frameworks-based biosensor for sequence-specific recognition of double-stranded DNA. Analyst，2013，138：3490-3493.

[113] Wang G Y，Song C，Kong D M，et al. Two luminescent metal-organic frameworks for the sensing of nitroaromatic explosives and DNA strands. J Mater Chem A，2014，2：2213-2220.

[114] Cui Y，Xu H，Yue Y，et al. A luminescent mixed-lanthanide metal-organic framework thermometer. J Am Chem Soc，2012，134：3979-3982.

[115] Cui Y，Song R，Yu J，et al. Dual-emitting MOF⊃dye composite for ratiometric temperature sensing. Adv Mater，2015，27：1420-1425.

[116] Liu K，You H，Zheng Y，et al. Facile and rapid fabrication of metal-organic framework nanobelts and color-tunable photoluminescence properties. J Mater Chem，2010，20：3272-3279.

[117] Wang P，Ma J P，Dong Y B，et al. Tunable luminescent lanthanide coordination polymers based on reversible solid-state ion-exchange monitored by ion-dependent photoinduced emission spectra. J Am Chem Soc，2007，129：10620-10621.

[118] Rao X，Huang Q，Yang X，et al. Color tunable and white light emitting Tb^{3+} and Eu^{3+} doped lanthanide metal-organic framework materials. J Mater Chem，2012，22：3210-3214.

[119] Wang M S，Guo S P，Li Y，et al. A direct white-light-emitting metal-organic framework with tunable yellow-to-white photoluminescence by variation of excitation light. J Am Chem Soc，2009，131：13572-13573.

[120] Wibowo A C，Vaughn S A，Smith M D，et al. Novel bismuth and lead coordination polymers synthesized with pyridine-2, 5-dicarboxylates：two single component "white" light emitting phosphors. Inorg Chem，2010，49：11001-11008.

[121] Sava D F，Rohwer L E S，Rodriguez M A，et al. Intrinsic broad-band white-light emission by a tuned，corrugated metal-organic framework. J Am Chem Soc，2012，134：3983-3986.

[122] Sun C，Wang X L，Zhang X，et al. Efficient and tunable white-light emission of metal-organic frameworks by iridium-complex encapsulation. Nat Comms，2013，4：2717.

[123] Cui Y，Song T，Yu J，et al. Dye encapsulated metal-organic framework for warm-white LED with high color-rendering index. Adv Funct Mater，2015，25：4796-4802.

[124] Rieter W J，Taylor K M L，An H，et al. Nanoscale metal-organic frameworks as potential multimodal contrast enhancing agents. J Am Chem Soc，2006，128：9024-9025.

[125] Taylor K M L，Jin A，Lin W. Surfactant-assisted synthesis of nanoscale gadolinium metal-organic frameworks for potential multimodal imaging. Angew Chem Int Ed，2008，47：7722-7725.

[126] Jung S，Kim Y，Kim S J，et al. Bio-functionalization of metal-organic frameworks by covalent protein conjugation. Chem Commun，2011，47：2904-2906.

[127] Taylor-Pashow K M L，Rocca J D，Xie Z，et al. Postsynthetic modifications of iron-carboxylate nanoscale metal-organic frameworks for imaging and drug delivery. J Am Chem Soc，2009，131：14261-14263.

[128] Taylor K M L，Rieter W J，Lin W. Manganese-based nanoscale metal-organic frameworks for magnetic resonance imaging. J Am Chem Soc，2008，130：14358-14359.

[129] Rowe M D，Thamm D H，Kraft S L，et al. Polymer-modified gadolinium metal-organic framework nanoparticles used as multifunctional nanomedicines for the targeted imaging and treatment of cancer. Biomacromolecules，2009，10：983-993.

[130] Evans O R，Lin W B. Crystal engineering of NLO materials based on metal-organic coordination networks. Acc Chem Res，2002，35：511-522.

[131] Evans O R，Xiong R G，Wang Z Y，et al. Crystal engineering of acentric diamondoid metal-organic coordination network. Angew Chem Int Ed，1999，38：536-538.

[132] Evans O R，Lin W B. Crystal engineering of nonlinear optical materials based on interpenetrated diamondoid coordination networks. Chem Mater，2001，13：2705-2712.

[133] Wu C D，Ayyappan P，Evans O R，et al. Synthesis and X-ray structures of cadmium coordination polymers based on new pyridine-carboxylate and imidazole-carboxylate linkers. Cryst Growth Des，2007，7：1690-1694.

[134] Zhang L，Qin Y Y，Li Z J，et al. Topology analysis and nonlinear-optical-active properties of luminescent metal-organic framework materials based on zinc/lead isophthalates. Inorg Chem，2008，47：8286-8293.

[135] Liu Y，Li G，Li X，et al. Cation-dependent nonlinear optical behavior in an octupolar 3D anionic metal-organic open framework. Angew Chem Int Ed，2007，46：6301-6304.

[136] Guo Z G，Cao R，Wang X，et al. A multifunctional 3D ferroelectric and NLO-active porous metal-organic framework. J Am Chem Soc，2009，131：6894-6895.

[137] Fu D W，Zhang W，Xiong R G. The first metal-organic framework(MOF)of imazethapyr and its SHG，piezoelectric and ferroelectric properties. Dalton Trans，2008，30：3946-3948.

[138] Eaton D F，Anderson A G，Tam W，et al. Control of bulk dipolar alignment using guest-host inclusion chemistry：new materials for second harmonic generation. J Am Chem Soc，1987，109：1886-1888.

[139] Lacroix P G，Clement R，Nakatani K，et al. Stilbazolium-MPS3 nanocomposites with large second-order optical nonlinearity and permanent magnetization. Science，1994，263：658-660.

[140] Cox S D，Gier T E，Stucky G D，et al. Inclusion tuning of nonlinear optical materials：switching the SHG of p-nitroaniline and 2-methyl-p-nitroaniline with molecular sieve hosts. J Am Chem Soc，1988，110：2986-2987.

[141] Pham T C T，Kim H S，Yoon K B. Growth of uniformly oriented silica MFI and BEA zeolite films on substrates. Science，2011，334：1533-1538.

[142] Kim H S，Sohn K W，Jeon Y，et al. Aligned inclusion of npropionic acid tethering hemicyanine into silica zeolite film for second harmonic generation. Advanced Materials，2007，19：260-263.

[143] Yu J C，Cui Y J，Wu C D，et al. Second-order nonlinear optical activity induced by ordered dipolar chromophores confined in the pores of an anionic metal-organic framework. Angewandte Chemie-International Edition，2012，51：10542-10545.

[144] He G S，Tan L S，Zheng Q，et al. Multiphoton absorbing materials：molecular designs，characterizations，and applications. Chem Rev，2008，108：1245-1330.

[145] Zhang L，Wang K，Liu Z，et al. Two-photon pumped lasing in a single CdS microwire. Appl Phys Lett，2013，102：211915.

[146] Yu J C，Cui Y J，Xu H，et al. Confinement of pyridinium hemicyanine dye within an anionic metal-organic framework for two-photon-pumped lasing. Nat Commun，2013，4：2719.

[147] He H J，Ma E，Cui Y J，et al. Polarized three-photon-pumped laser in a single MOF microcrystal. Nat Commun，2016，7：11087.

[148] Zhou W，Kuebler S M，Braun K L，et al. An efficient two-photon-generated photoacid applied to positive-tone 3D microfabrication. Science，2002，296：1106-1109.

[149] Gattass R R，Mazur E. Femtosecond laser micromachining in transparent materials. Nat Photonics，2008，2：219-225.

[150] Walker E，Rentzepis P M. Two-photon technology：a new dimension. Nat Photonics，2008，2：406-408.

[151] Olson C E，Previte M J R，Fourkas J T. Efficient and robust multiphoton data storage in molecular glasses and highly crosslinked polymers. Nat Mater，2002，1：225-228.

[152] Yu J C，Cui Y，J，Wu C D，et al. Two-photon responsive metal-organic framework. J Am Chem Soc，2015，137：4026-4029.

28.1 引　言

作为一种新兴的无机有机杂化材料，配位聚合物在光学性能方面展现出卓越的潜在应用价值，如荧光识别、荧光成像、白光调节等。通常来说，配位聚合物的发光主要来源于中心金属发光、配体发光以及配体和金属中心之间的电荷转移跃迁发光，由于其相应的发光特性（如发光强度、荧光寿命等）会随着外界的物质和环境的改变而灵敏地发生变化，配位聚合物可以作为荧光探针灵敏地识别目标分子或离子[1-4]。与传统的检测手段相比较，配位聚合物构筑的荧光探针具有以下几个优势：①可以通过直接法或者后修饰的方法构筑具有特定官能团的配位聚合物，通过该特定官能团可以有效地靶向识别目标分子，具有较好选择性；②多孔配位聚合物具有丰富种类的孔径，可以有效地富集待测物，使得其作为荧光探针具有较低的检测限或很高的灵敏度；③稳定的配位聚合物可以通过除去检测物的方法进行再生，有效地降低了荧光探针的成本；④通过量化检测物和荧光的关系并线性拟合，可以有效地确定待测物的准确含量；⑤配位聚合物可以有效地纳米化、成膜等，因此其可以进行器件化，更方便地应用于多个方面[1-4]。

根据对近年来配位聚合物作为荧光探针的文献总结发现，自 2004 年 Liu 课题组报道了首例稀土基配位聚合物作为 Ag$^+$ 的荧光探针和随后 Cheng 课题组报道了第一例 3d-4f 基配位聚合物作为 Zn^{2+} 的荧光探针后[5, 6]，稀土基荧光探针的报道逐年增加并成为荧光探针的一个研究热点。稀土配位聚合物具有独特的发光特点和机理：有机配体吸收能量后变成激发态，再通过隙间窜跃过程敏化稀土中心而发光，该过程称为天线效应（antenna effect）。此外，稀土中心主要通过 f-f 跃迁进行光发射，具有荧光寿命较长、Stokes 位移较大、发射峰尖锐和不易受外界干扰等特点。特别值得注意的是，存在共轭体系或者多苯环的有机配体可以有效地吸收能量并传递给稀土中心。因此，选取具有强烈光子吸收能力的有机配体，用来构建稀土基配位聚合物荧光探针是较为理想的选择。

通常，有两种方法构建发光稀土配位聚合物。①直接法：稀土离子直接与有机链组装形成稀土配位聚合物，这是构筑稀土配位聚合物最常见也是最传统的方法。②间接法：稀土离子通过离子交换、后合成或其他方法功能化非稀土基金属有机框架，将稀土离子引入非稀土配位聚合物中。该方法扩展了稀土配位聚合物的定义，且许多不发光的配位聚合物通过此方法可以作为荧光探针用于实际应用。在大部分研究中，作为发光中心，单一发光的稀土离子（如 Tb^{3+}、Eu^{3+}、Dy^{3+} 和 Sm^{3+}）被广泛用于构筑稀土配位聚合物。最近，双金属 Eu/Tb 基配位聚合物作为荧光探针逐渐成为一种可行的方法，因为：①在没有外部作用下两个发光中心提供一个自动调节机制；②由于发光改变导致的探针颜色变化能被肉眼明显观察到。因此，双金属荧光探针有着重要研究价值和应用前景。

28.2 Ln–MOFs作为荧光探针

28.2.1 阳离子探针

针对阳离子的检测，Liu 等报道了四例基于路易斯碱位点配体的同构 Ln-MOFs：$\{Na[LnL1(H_2O)_4]\cdot 2H_2O\}_n$（Ln = La，Sm，Eu 和 Gd，L1 = 1, 4, 8, 11-四氮杂环十四烷-1, 4, 8, 11-四丙酸）[5]，这些三维框架在 a 轴或 c 轴方向都表现出一维孔道［图 28-1（a）］，并且 Na^+ 位于孔道内。因为这例配合物框架中包含的路易斯碱位点可以键合阳离子，所以探究了 d 区金属离子（Ag^+、Hg^{2+}、Cu^{2+}、Zn^{2+} 和 Cd^{2+}）对 EuL1 的发光影响，结果表明 Hg^{2+}、Cu^{2+}、Zn^{2+} 和 Cd^{2+} 使发光猝灭，但是 Ag^+ 能够增强 $^5D_0 \rightarrow {}^7F_2$ 能量传递并且调节 $^5D_0 \rightarrow {}^7F_J$（$J = 1, 2, 4$）的能量传递［图 28-1（b）］。因此，可观察到 Eu-MOF 展现出不同的发光现象，表明这例 Eu-MOF 可以作为检测 Ag^+ 的荧光探针。最近，Yan 等也报道了一系列 Ln@MIL-121 材料（Ln = Eu，Sm，Dy，Nd，Yb 和 Er），它是将 Ln^{3+} 封装进一个三维微孔配合物 $Al(OH)(H_2btec)\cdot H_2O$（MIL-121，$H_4btec$ = 苯均四酸）中。2014 年，关于 Eu^{3+}@MIL-121 的研究表明其能够在水溶液中选择性地检测 Ag^+。几个月之后，他们进一步探索了 Sm^{3+}@MIL-121 的荧光性质，结果表明该化合物也可以检测水溶液中的 Ag^+。此外，作为检测 Ag^+ 的传感器，Sm^{3+}@MIL-121 比 Eu^{3+}@MIL-121 有更高的选择性和灵敏性，检测限可以达到 0.09mmol/L。由此可见，后合成方法对于构建异金属掺杂的 MOF 化学传感器是一种新的策略。

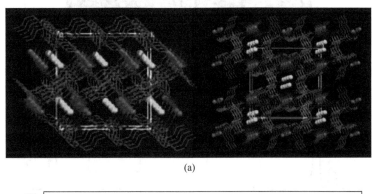

(a)

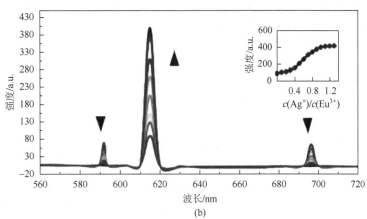

(b)

图 28-1 （a）$\{Na[LnL1(H_2O)_4]\cdot 2H_2O\}_n$ 的三维框架；（b）加入 Ag^+ 后配位聚合物的荧光变化

Zhao 和 Cheng 等在 2004 年报道了两例同构的 3d-4f 基配位聚合物 $\{[Ln(PDA)_3Mn_{1.5}(H_2O)_3] \cdot 3.25H_2O\}_n$（$Ln = Eu^{3+}$ 和 Tb^{3+}，PDA = 2, 6-吡啶二羧酸）[6]，它由两种不同模块 $Ln(PDA)_3$ 和 $MnO_4(H_2O)_2$ 构筑，每一个相邻模块由 PDA 提供的羧基基团桥连形成三维框架，显示出直径大约为 1.8nm 的一维孔道[图 28-2（a）]，最终形成有 C_6 对称轴的 $Ln_6\text{-}Mn_6C_{12}O_{24}$ 十二核杂金属大环化合物。发光材料研究表明，它们都可以选择性地检测 Zn^{2+}[图 28-2（b）、（c）]，使其扩展到 d-f 基异核 MOF 作为荧光探针。更重要的是，这例配位聚合物成为第一例纳米管状的 d-f 基配位聚合物荧光探针。对于检测 Zn^{2+}，Zheng 等报道了一例配位聚合物 $[Eu(BTPCA)(H_2O)] \cdot 2DMF \cdot 3H_2O$（$H_3BTPCA = 1, 1', 1''$-(苯-1, 3, 5-三基)三哌啶-4-羧酸）[7]，结构表征发现 Eu^{3+} 形成一维链，通过 BTPCA 配体连接形成三维框架。值得注意的是，BTPCA 配体包含多个路易斯碱三嗪基氮原子，通过与金属离子形成配位键去络合客体阳离子。因此，对这例 Eu-MOF 作为阳离子探针进行详细研究，将 Eu-MOF 样品分别浸泡在含有不同金属离子（Zn^{2+}、Fe^{3+}、K^+、Al^{3+}、Cr^{3+}、Mn^{2+}、Co^{2+}、Ni^{2+} 和 Cu^{2+}）的 DMF 溶液中，检测其相应的荧光强度，结果发现，Zn^{2+} 的引入可以显著增加荧光强度，而 Fe^{3+} 使荧光完全猝灭，表明这例 Eu-MOF 可以选择性地检测 Zn^{2+} 和 Fe^{3+}。

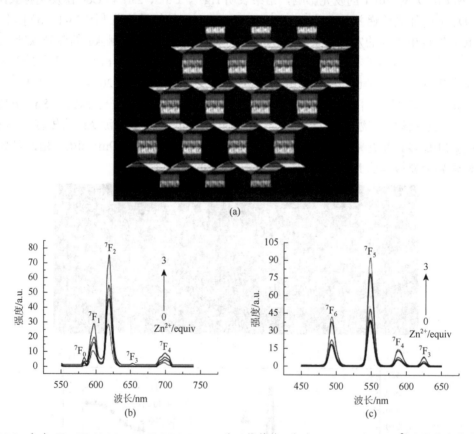

图 28-2 （a）$\{[Ln(PDA)_3Mn_{1.5}(H_2O)_3] \cdot 3.25H_2O\}_n$ 的三维结构；（b）Eu-MOF 加入 Zn^{2+} 后的荧光变化；（c）Tb-MOF 加入 Zn^{2+} 后的荧光变化

众所周知，铁是人和动物体内大量存在的过渡金属元素，在生命系统中起到了重要的作用，同时也是工业生产广泛使用的金属，因此对于 Fe^{3+} 的检测成为一个研究热点，并取得了丰硕的研究成果。Sun 和 Zhang 等报道了一例层状结构的 Eu-MOF[图 28-3（a）][8]，其内层孔道包含 $[H_2NMe_2]^+$，$[H_2NMe_2]^+$ 在阴离子框架中能够被客体阳离子交换，这一过程可以影响 EuL_2 的发光强度。将 Eu-MOF 样品分别浸泡在 0.01mol/L 的阳离子水溶液中（阳离子分别为 Na^+，K^+，Ag^+，Zn^{2+}，Ni^{2+}，Mn^{2+}，Co^{2+}，Cu^{2+}，Hg^{2+}，Pb^{2+}，Fe^{3+}，Ca^{2+}，Mg^{2+}，Ba^{2+}，Cd^{2+}，Sr^{2+} 和 Fe^{2+}），之后检测 $M\text{-}EuL_2$ 的发光强度，结果如图 28-3（b）所示，Fe^{3+} 使 EuL_2 的发光几乎完全猝灭，而其他阳离子几乎对发光没有显著影响，这表明 EuL_2 通过阳离子交换可以选择性并且灵敏地检测出 Fe^{3+}，更重要的是，这是第一例在生物系统内检测 Fe^{3+} 的 Eu-MOF 荧光材料。对此 Zhao 等也合成了一例基于苯-1,3,5-三苯甲酸（H_3BTB）配体的三维 Tb-MOF[9]，H_3BTB 配体具有多个苯环可有效传递能量给 Tb^{3+}，使 Tb-MOF 具有较好的发光性能，因此开展了 Tb-MOF 作为荧光探针的研究，将 Tb-MOF 样品分别浸泡在含有 $M(NO_3)_x$ 的乙醇溶液中（$1×10^{-2}$ mol/L；$M = Fe^{3+}$，Li^+，Na^+，K^+，Cs^+，Mg^{2+}，Ca^{2+}，Sr^{2+}，Ba^{2+}，Pb^{2+}，Zn^{2+}，Mn^{2+}，Cd^{2+}，Co^{2+}，Ni^{2+}，Fe^{2+}，Cr^{3+} 和 Cu^{2+}），检测结果表明 Fe^{3+} 使荧光完全猝灭，而其他离子对发光或减弱荧光强度没有明显影响，因此说明这例 Tb-MOF 能够在 18 种金属离子中选择性并且灵敏地检测出 Fe^{3+}。此外，对 Tb-MOF 检测 Fe^{3+} 的循环性能进行研究，结果表明它的荧光强度可以简单快速地恢复，重要的是，这个工作是用于检测 Fe^{3+} 的首例 MOF 基可再生荧光探针。

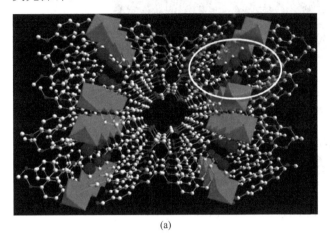

(a)

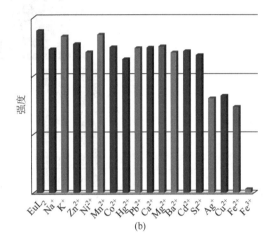

(b)

图 28-3　（a）EuL_2 的三维结构；（b）加入不同阳离子后 EuL_2 的荧光变化

在过去的几十年，铝制品的大量使用和酸雨侵蚀导致许多 Al^{3+} 直接暴露在环境和食品中，这使得人体摄入过量的 Al^{3+}，进一步导致如阿尔茨海默病、帕金森综合征等神经性疾病[10]。因此，针对 Al^{3+} 高效检测的需求，Sun 等报道了一例管状 Eu-MOF[10-12]，$[Eu(H_2O)_2(BTMIPA)]·2H_2O$（$H_4BTMIPA =$ 5,5′-亚甲基-(2,4,6-三甲基间苯二甲酸))，这例配合物通过单独的 Eu^{3+} 和一个去质子化的 $H_4BTMIPA$ 配体组装，而且$[H_2NMe_2]^+$位于管道内去平衡电荷［图 28-4（a）］，对$[H_2NMe_2]^+$和客体金属离子（Na^+，Li^+，K^+，Cu^+，Ca^{2+}，Mg^{2+}，Ba^{2+}，Pb^{2+}，Zn^{2+}，Cd^{2+}，Mn^{2+}，Cu^{2+}，Co^{2+}，Ni^{2+}，Cr^{3+}，Gd^{3+}，Tb^{3+}，Al^{3+} 和 Fe^{3+}）之间发生阳离子交换的过程进行研究，结果［图 28-4（b）］表明 Al^{3+} 的引入使配合物荧光强度增加，而 Fe^{3+} 的浓度增加则使荧光强度锐减，同时其他阳离子对配合物的荧光现象没有明显的影响。不同客体阳离子对该 Eu-MOF 发光行为的影响表明，这例 Eu-MOF 可以通过荧光增强和猝灭现象选择性地检测 Al^{3+} 和 Fe^{3+}。Yan 等也报道了四例同构的发光 Ln-MOF（$Ln^{3+} = Eu^{3+}$，Tb^{3+}，Sm^{3+} 和 Dy^{3+}）[11]，由 2-氨基-1,4-苯二甲酸和 $LnCl_3·6H_2O$ 在水热条件下合成，以 Eu-MOF 为例对其荧光性质进行详细探究，取 Eu-MOF 样品分别浸泡在含有 MCl_x（$1×10^{-2}$ mol/L，$M = Li^+$，Cu^{2+}，Zn^{2+}，Cd^{2+}，Mn^{2+}，Fe^{3+}，Fe^{2+}，Ni^{2+} 和 Al^{3+}）的 DMF 溶液中，其研究结果表明此 Eu-MOF 可以选择性检测 Al^{3+}。

Cu^{2+} 作为人大脑中最重要的阳离子之一，与威尔逊氏症、阿尔茨海默病等疾病息息相关[12,13]。因此，有效地识别 Cu^{2+} 有助于我们认识并治疗这些疾病。在 2008 年，Chen 和 Qian 等报道了一例发光 MOF 材料[13]，$[Eu(pdc)_{1.5}(DMF)]·(DMF)_{0.5}(H_2O)_{0.5}$（pdc = 3,5-二羧酸吡啶），对这例 Eu-MOF 进行单晶 X 射线衍射分析，每一个 Eu^{3+} 被 pdc 配体连接形成三维结构，沿着 a 轴方向显示出大约为 6.3Å×

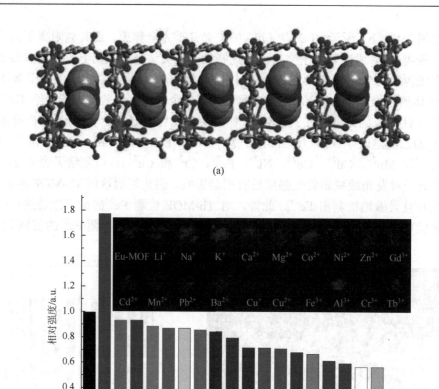

图 28-4 （a）[Eu(H$_2$O)$_2$(BTMIPA)]·2H$_2$O 的三维结构；（b）加入不同阳离子后 Eu-MOF 的发光变化

8.5Å 六边形孔道，DMF 和 H$_2$O 分子填充在孔道中［图 28-5（a）］。在这个框架结构中，配体带有不饱和路易斯碱吡啶位点，这为检测阳离子提供了结构基础。将[Eu(pdc)$_{1.5}$(DMF)]分别浸泡在 M(NO$_3$)$_x$ 的 DMF 溶液中（M = Na$^+$，K$^+$，Mg^{2+}，Ca^{2+}，Mn^{2+}，Co^{2+}，Cu^{2+}，Zn^{2+} 和 Cd^{2+}），所得溶液的发光研究结果［图 28-5（b）］表明，Cu^{2+} 使发光显著猝灭，而其他阳离子对发光几乎没有影响。这个结果清晰地表明这例 Eu-MOF 可以作为检测 Cu^{2+} 的荧光探针。随后，Chen 和 Qian 等进一步报道了一例微孔荧光 MOF[14]，Eu$_2$(FMA)$_2$(ox)(H$_2$O)$_4$（FMA = 富马酸，ox = 草酸），这例 Eu-MOF 通过富马酸和草酸根桥连 Eu^{3+} 形成三维孔道结构，沿着 a 和 b 轴形成两种不同类型的微孔，大小分别为 4.0Å×5.0Å 和 3.8Å×3.8Å。这例稳定的微孔 Eu-MOF 的发光性质经研究表明它在水溶液中能够选择性并且灵敏地检测 Cu^{2+}，并且这是第一例用于检测水溶液中 Cu^{2+} 的 MOF 基荧光探针。Zhang 等也报道了一例 Eu 基 MOF，Eu(FBPT)(H$_2$O)(DMF)（FBPT = 2′-氟-联苯-3, 4′, 5-三羧酸），单晶 X 射线衍射分析表明两个相同的 Eu^{3+} 被 FBPT 配体桥连形成双核 Eu 单元，而且每一个 FBPT 配体连接六个双核 Eu。因此，这个框架简化为一个(3, 6)-连接的网状结构，拓扑表示为(4^2·6)$_2$(4^4·6^2·8^7·10^2)。此外，在框架中的一维孔道提供足够的空间使阳离子与框架发生相互作用，显示出特殊的发光特征。研究此 Eu-MOF 的荧光检测性能发现 Cu^{2+} 使其发光猝灭，但是其他阳离子（Na$^+$，K$^+$，Mg^{2+}，Ca^{2+}，Mn^{2+}，Cd^{2+}，Zn^{2+}，Co^{2+}，Cu^{2+} 和 Gd^{3+}）对荧光强度几乎没有影响，这表明它在 DMF 溶液中具有很好的选择性和灵敏度来检测 Cu^{2+}，并且该检测限达到 10^{-5}mol/L。

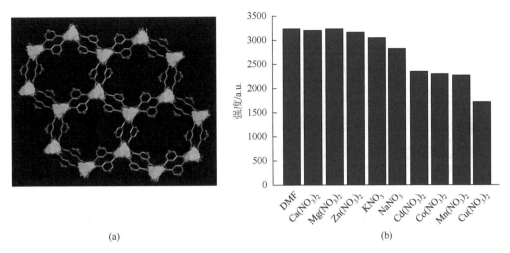

(a)　　　　　　　　　　　　　(b)

图 28-5 （a）[Eu(pdc)$_{1.5}$(DMF)]的三维结构；（b）加入阳离子后 MOF 的荧光变化

28.2.2　阴离子探针

相比于阳离子检测，荧光探针用于阴离子的报道相对较少。在此方面，Zhao 课题组报道了一例三维阳离子框架 {[Dy$_2$Zn(BPDC)$_3$(H$_2$O)$_4$](ClO$_4$)$_2$·10H$_2$O}$_n$ 作为荧光探针用于检测有毒性的 CrO$_4^{2-}$[15]。单晶 X 射线衍射分析表明，这例阳离子框架由两个不同的单元[Dy$_2$]和[Zn(BPDC)$_3$]组成，每一个[Dy$_2$]单元由羧基氧和羧基基团同时构筑，而且每一个[Zn(BPDC)$_3$]单元由一个六配位的 Zn^{2+}和三个 BPDC^{2-}配体形成。两个独立结构单元形成一个三维阳离子框架，在 c 轴方向上展示出直径大约为 6.5Å 的一维孔道，ClO$_4^-$ 位于其中［图 28-6（a）］。通过这例 MOF 与一系列阴离子交换的研究发现，它可以快速检测出 CrO$_4^{2-}$，并且被捕获的 CrO$_4^{2-}$还可以被 CO$_3^{2-}$和 SO$_4^{2-}$交换出来，对于离子交换后的发光现象进行研究，发现随着 CrO$_4^{2-}$浓度增大，MOF 的发光强度迅速减弱，这是因为 CrO$_4^{2-}$的电子转移跃迁减弱了配体到 Dy^{3+}的能量传递。此外，随着 CO$_3^{2-}$交换进入 MOF，该 MOF 的发光强度逐渐恢复［图 28-6（c）］，因而这例 MOF 可以作为检测 CrO$_4^{2-}$的荧光探针。最近，Weng 等也报道了一例稀土配位聚合物 {[Tb(μ$_6$-ddpp)]·H$_2$O}$_n$[16]，通过水热条件合成，形成(4, 8)-连接的 msw 框架结构，Tb-MOF 的发光性质研究表明其也可以作为检测 CrO$_4^{2-}$的荧光探针。

PO$_4^{3-}$ 作为一种污染性阴离子，能够导致严重的水体污染，如水体富营养化、赤潮等[17, 18]，因此，有必要研究一种 PO$_4^{3-}$ 化学传感器，用于废水中 PO$_4^{3-}$ 的检测，防止其释放到水生生态系统中。最近，Zhao

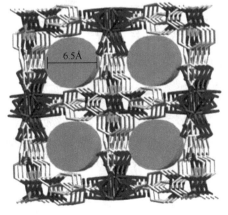
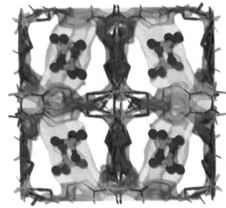

(a)

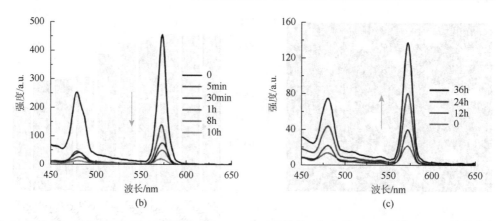

图 28-6 （a）{[Dy$_2$Zn(BPDC)$_3$(H$_2$O)$_4$](ClO$_4$)$_2$·10H$_2$O}$_n$ 的三维结构；（b）此 MOF 吸附 K$_2$CrO$_4$ 的荧光变化；
（c）此 MOF 释放 K$_2$CrO$_4$ 的荧光变化

等报道了一例三维 Eu-BTB 结构{[Eu$_{1.5}$(BTB)$_{1.5}$(H$_2$O)]·3DMF}$_n$（BTB = 1, 3, 5-benzenetribenzoate）[17]。单晶 X 射线衍射分析显示，每一个 Eu^{3+} 与羧基氧原子配位连接成一维链，进一步通过 BTB^{3-} 连接形成三维框架，沿着 a 轴和 c 轴展示出一维孔道 [图 28-7（a）]。对这例 Eu-MOF 进行热稳定性和溶剂、pH 稳定性的研究，发现这例 Eu-BTB 框架有很好的稳定性，并且在 pH 值 2～12 范围内仍然保持框架的完整。将 Eu-MOF 样品分别加入 NaX（X = PO$_4^{3-}$，F$^-$，Cl$^-$，Br$^-$，I$^-$，N$_3^-$，NO$_3^-$，OAc$_3^-$，SCN$^-$，IO$_3^-$，BF$_4^-$，ClO$_4^-$，SO$_3^{2-}$，SO$_4^{2-}$，CO$_3^{2-}$，C$_2$O$_4^{2-}$ 和 P$_2$O$_7^{4-}$）水溶液中，相应测定结果表明最强发射峰在 616nm 处。有趣的是，大多数阴离子对荧光发射强度几乎没有影响，而 PO$_4^{3-}$ 使发射光几乎完全猝灭，如图 28-7（b）所示。这意味着，该化合物在多种无色离子中可以灵敏地、选择性地检测出 PO$_4^{3-}$。对 PO$_4^{3-}$ 的检测限进行研究，发现其检测限可达 10^{-5}mol/L。随后对发光强度与 PO$_4^{3-}$ 浓度的关系进行分析，其很好地符合方程 $I_0/I = 0.647 + K_{sv}[\text{PO}_4^{3-}]$（$I_0$ 和 I 分别代表 MOF 的初始荧光强度和加入待测物后的荧光强度，K_{sv} 代表猝灭常数），K_{sv} 值为 7.97×10^3L/mol，表明 PO$_4^{3-}$ 对发光有很高的猝灭效应。作为荧光探针重要的参数，这例 Eu-MOF 的循环性能也被研究，结果显示该 Eu-MOF 用于 PO$_4^{3-}$ 的荧光传感至少可以重复使用 5 次 [图 28-7（c）]。该 Eu-MOF 是第一例可回收的 MOF 基 PO$_4^{3-}$ 荧光传感器。在 Zhao 课题组的工作之前，Qian 等报道了一例 Tb-MOF（TbNTA，NTA = 次氮基三乙酸）[18]，每一个八配位的 Tb^{3+} 通过羧基桥连成一个立方体，进一步构筑成二维层状结构。探究分别含有一定量 NaX（X = F$^-$，Cl$^-$，Br$^-$，I$^-$，NO$_3^-$，NO$_2^-$，CO$_3^{2-}$，HCO$_3^-$，SO$_4^{2-}$，H$_2$PO$_4^-$，HPO$_4^{2-}$ 和 PO$_4^{3-}$）的不同水溶液对 Tb-MOF 的发光影响，结果表明这例 Tb-MOF 可以在水溶液中选择性检测 PO$_4^{3-}$，为在生物系统内检测 PO$_4^{3-}$ 提供了研究基础。

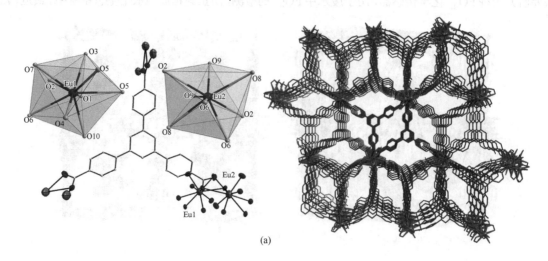

(a)

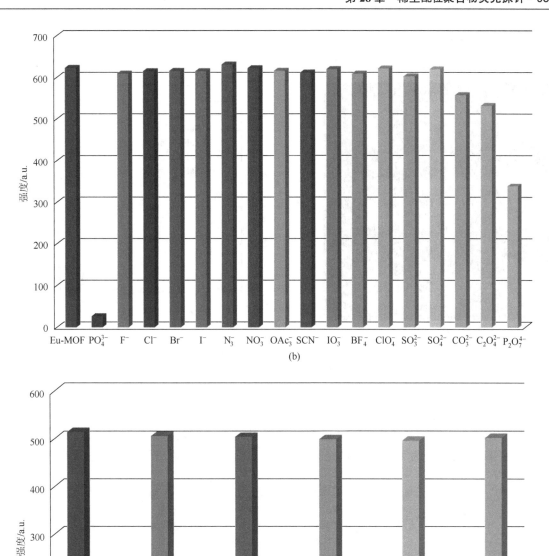

图 28-7 （a）{[Eu$_{1.5}$(BTB)$_{1.5}$(H$_2$O)]·3DMF}$_n$ 的三维结构和中心原子配位模式；（b）加入不同阴离子后此 MOF 的荧光变化；（c）此 MOF 作为 PO$_4^{3-}$ 探针的循环性能实验

　　卤素离子（F$^-$，Cl$^-$，Br$^-$ 和 I$^-$）是废水中常见的污染性离子，会导致多种多样的疾病，如氟斑牙、甲状腺疾病等[19, 20]，因此，对于卤素离子的有效检测是非常重要的。Chen 和 Qian 等报道了一例 Tb 基框架 Tb(BTC)·G（MOF-76，BTC = 均苯三酸，G = 溶剂）用于检测 F$^-$[19]。如图 28-8（a）所示，这例 MOF-76 沿着 c 轴方向有 6.6Å×6.6Å 大小的一维孔道，溶剂分子占据其中，而这些溶剂分子在 150℃ 很容易被移除。对阴离子的识别和传感研究发现，这例 Tb-MOF 可以作为 F$^-$ 的高效检测器 [图 28-8（b）]。可能的机理如下，MOF-76 的 EDS 测试结果清晰表明 F$^-$ 进入 MOF-76 的孔道，而大孔道提供适当的距离形成 2.1～2.2Å 的 Tb—F 键，进一步在孔道内形成氢键而稳定 F⁻，从而能够减弱因 O—H 键振动而引起的发光猝灭效应，导致材料发光增强。

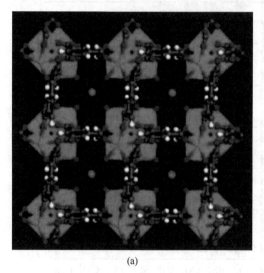
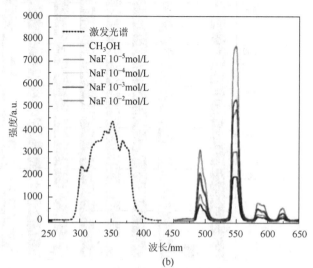

图 28-8　（a）Tb(BTC)的三维结构；（b）Tb(BTC)识别 F⁻的荧光实验

对于 I⁻的荧光检测，Zhao 等报道了一例阳离子异金属有机框架荧光探针[Tb₂Zn(L4)₃(H₂O)₄](NO₃)₂·12H₂O（L4 = 4, 4′-二羧酸-2, 2′-联吡啶）[20]，如图 28-9（a）所示，[Tb₂]和 Zn(L4)₃ 单元组装成有一维孔道的三维阳离子框架，并且 NO₃⁻位于孔道内，可以与其他阴离子进行交换。阴离子交换实验结果表明，I⁻使发射光完全猝灭［图 28-9（b）］，而其他阴离子对发光强度几乎没有影响，

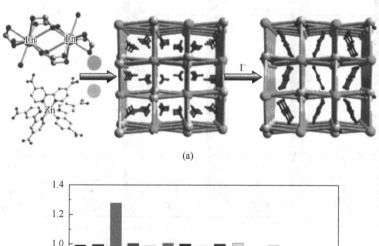

(a)

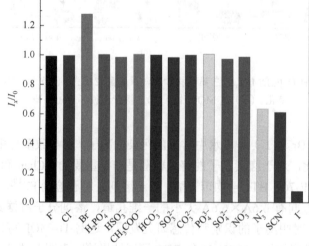

(b)

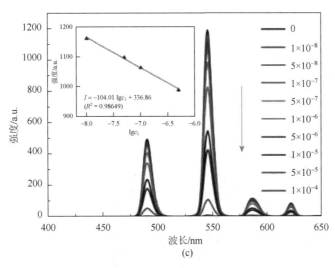

图 28-9　（a）[Tb$_2$Zn(L4)$_3$(H$_2$O)$_4$](NO$_3$)$_2$ 的三维结构；（b）加入不同阴离子后 MOF 的荧光变化；
（c）加入不同浓度的 KI 后此 MOF 的荧光变化（单位：mol/L）

这表明这例 Tb-MOF 在不同阴离子中（阴离子 = F$^-$，Cl$^-$，Br$^-$，CH$_3$COO$^-$，NO$_3^-$，N$_3^-$，SCN$^-$，H$_2$PO$_4^-$，HSO$_3^-$，HCO$_3^-$，CO$_3^{2-}$，SO$_4^{2-}$，SO$_3^{2-}$ 和 PO$_4^{3-}$）能够选择性检测 I$^-$。对于 Tb-MOF 检测的灵敏性，结果表明 [图 28-9（c）] I$^-$ 的检测限可以达到 1×10^{-8} mol/L，并且 K_{sv} 值为 2.3×10^4 L/mol。通常 MOF 荧光探针的成本较高，难以实际应用。这例 Tb-MOF 的循环检测性能也被研究，结果表明，I$^-$ 的释放是通过 NO$_3^-$ 的再生来实现，并且循环次数至少可以达到 10 次。重要的是，这是第一例在水溶液中检测 I$^-$ 的 MOF 基荧光探针。

28.2.3　小分子探针

MOFs 对小分子也有独特的识别效果，其中对爆炸物的识别更是受到了极大的关注，因其关系到国家安全和环境问题成为研究热点。在此，Li 等对基于 MOFs 的荧光探针检测爆炸物进行了综述。就 Ln-MOF 基荧光探针而言，Zhou 和他的团队报道了一例微孔金属有机框架 Eu$_3$(MFDA)$_4$(NO$_3$)(DMF)$_3$（H$_2$MFDA = 9, 9-二甲基芴-2, 7-二羧酸）[21]，展现出一维菱形孔道和 *pcu* 拓扑结构 [图 28-10（a）]，

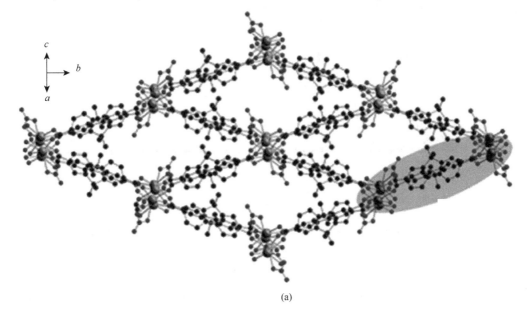

(a)

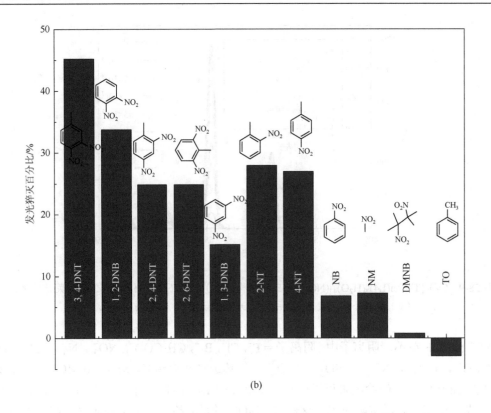

(b)

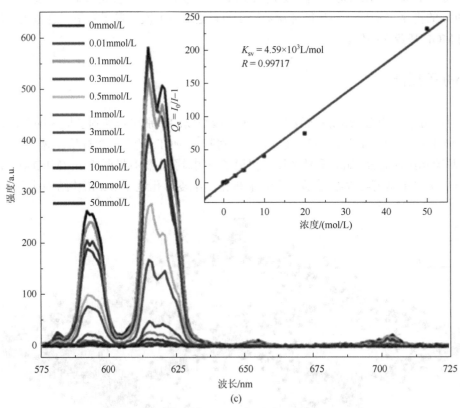

(c)

图 28-10 （a）Eu$_3$(MFDA)$_4$(NO$_3$)(DMF)$_3$ 的三维结构；（b）加入不同硝基化合物后此 MOF 的荧光变化；
（c）加入不同浓度的 3,4-DNT 后此 MOF 的荧光变化

孔道中的溶剂分子可以通过直接加热方式除去。他们对无溶剂样品的发光特性进行了研究，各种硝

基爆炸物均使这例 Eu-MOF 发光猝灭，因此其可以作为检测硝基爆炸物的荧光探针，3, 4-DNT 有最高的荧光猝灭效应 [图 28-10（b）]，其 K_{sv} 达到 4.59×10^3 L/mol [图 28-10（c）]。为了探索荧光猝灭机理，测定了不同浓度 1, 2-DNB 的发光寿命，结果表明 Eu^{3+} 和分析物之间没有相互作用。理论计算结果显示，H_2MFDA 的 LUMO 轨道比选出的硝基芳香化合物有更高的能量，导致加入硝基芳香化合物后的配体有更低的能量吸收。此后，Zhou 和他的课题组成员进一步研究报道了一例相似的 pcu 拓扑结构 $\{[Eu_2(MFDA)_2(HCOO)_2(H_2O)_6]·H_2O\}_n$[22]。发光性能研究发现硝基化合物可以使这例 Eu-MOF 发光猝灭。有趣的是，PA 显示出对荧光发射的最高猝灭效应，并且检测限可以达到 10^{-7} mol/L，这可能是由于氢键相互作用有效提高了检测灵敏度。

N, N-二甲基甲酰胺（DMF）作为最常用的有机溶剂，可能导致肝中毒，并且对胚胎有毒性，甚至有致癌风险。Song 等报道了一例 Ln-MOF：$[Eu_2(L5)_3(H_2O)_4]·3DMF$（L5 = 2′, 5′-二甲氧基-[1, 1′：4′, 1″-三联苯]-4, 4″-二羧酸）[23]。如图 28-11（a）所示，相邻的 Eu^{3+} 被羧酸盐配位，沿着 a 轴方向形成一维链，进一步通过配体桥连形成有一维孔道的三维框架结构，一维孔道被 DMF 分子占据，这些 DMF 分子可以被水分子替换。因此，对水分子交换后框架的发光性质进行探究 [图 28-11（b）]，结果表明一个 DMF 分子可以使发光强度增强 8 倍，而其他分子仅仅增强 1 倍左右，这表明这例 Eu-MOF 可以选择性检测 DMF。进一步对这例传感器的开-关循环实验进行研究，结果显示这例 Eu-MOF 对于 DMF 蒸气具有发光开启响应 [图 28-11（c）]。随后，对相关的 XRD、NMR 和荧光寿命等进行的研究表明，对 DMF 蒸气开启的响应是因为 DMF 和配体分子之间相互作用改变了配体激发态能级，从而提高了配体向发光中心的能量转移效率，增加了发光强度。

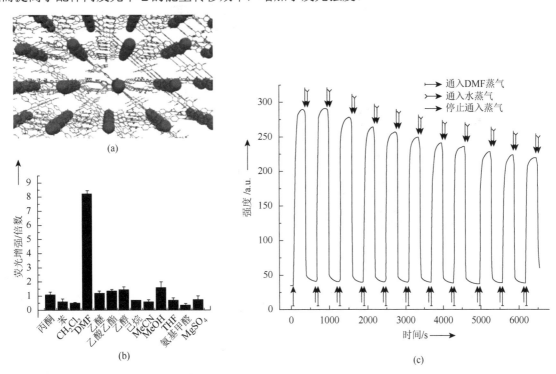

图 28-11　（a）$[Eu_2(L5)_3(H_2O)_4]·3DMF$ 的三维结构；（b）用不同有机蒸气处理后 MOF 的荧光变化；（c）此 MOF 作为 DMF 探针的循环实验

关于挥发性小分子的检测而言，Zhao 等报道了一例三维镧系有机框架：$\{[Tb_2(NO_3)_2(edc)(DMF)_4]·DMF·H_2O\}_n$（$H_4edc$ = 5, 5′-[乙烷-1, 2-二氧]双间苯二甲酸）[24]，结构分析表明，这例 Tb-MOF 属于三斜晶系的 $P\bar{1}$ 空间群。两个 Tb1 和 Tb2 离子分别被两个 $\mu_{1,3}$ 和两个 $\mu_{1,1}$ 羧基基团桥连成 $[Tb1]_2$ 和 $[Tb2]_2$ 单元，它们进一步通过 edc^{4-} 阴离子连接成为一维 Tb 链，相邻 Tb 链通过 edc^{4-} 配体连接成二维层状和三维框架［图 28-12（a）］。有趣的是，可以通过控制反应物浓度得到不同大小纳米尺寸的 Tb-MOF［图 28-12（b）］。对于有机分子［乙腈（ACN）、丙酮（Ac）、乙酰丙酮（AAc）、正己烷（Hex）、环己烷（Cyc）、1,4-二噁烷（DO）、苯（Ben）、甲苯（MB）、对二甲苯（PX）、硝基苯（NB）、苯甲醛（BMA）、甲醛（MA）、乙醛（AA）和丙醛（PA）］的荧光响应研究表明，环己烷和硝基苯分别使 Tb-MOF 的发光强度显著增加和猝灭，而其他则使荧光强度减弱或几乎没有影响，说明该化合物能够选择性检测环己烷和硝基苯。进一步探索识别环己烷的响应时间，结果显示响应时间能够达到 1min［图 28-12（c）］。将纳米化的 Tb-MOF 修饰于多孔滤纸，其不仅可在室温条件下灵敏地检测环己烷，而且展现出良好的重复使用性能［图 28-12（d）］。重要的是，这是第一例用于环己烷检测的 MOF 并且实现了 MOF 的可控性纳米化。

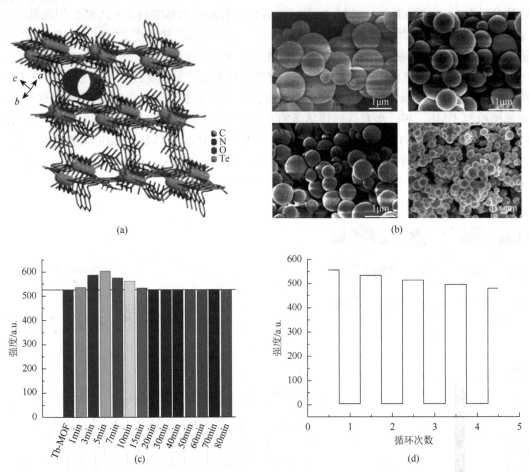

图 28-12 （a）{[Tb₂(NO₃)₂(edc)(DMF)₄]·DMF·H₂O}ₙ 的三维结构；（b）不同条件对此 MOF 进行纳米化后的形貌；（c）加入环己烷后此 MOF 的荧光随着时间的变化；（d）此 MOF 作为环己烷探针的循环实验

　　癌症正逐渐成为人类的致命杀手，其中由于延误诊断，卵巢癌患者在所有妇科恶性肿瘤中生存率最低。在卵巢癌检测方面，Zaworotko、Shi 和 Cheng 等报道了两例镧系类沸石的 *rho* 型拓扑金属有机框架（Tb-ZMOF 和 Eu-ZMOF）［图 28-13（a）］[25]，这两例同构框架是由 4-连接的稀土离子结构单元和联吡啶二羧酸连接而成，大的孔道能够捕获大尺寸的溶血磷脂酸（LPA）客体分子，该分子可以表征卵巢癌。因此，不同比率混合的 Eu/Tb-ZMOF［Eu₀.₂₂₀₆Tb₀.₇₇₉₄-ZMOF（MZMOF-1）、Eu₀.₃₅₂₅Tb₀.₆₄₁₅-ZMOF（MZMOF-2）和 Eu₀.₆₀₅₉Tb₀.₃₉₄₁-ZMOF（MZMOF-3）］用于检测 LPA，如图 28-13（b）所示，在模拟血浆条件下，Tb-ZMOF 和 Eu-ZMOF 对于检测 LPA 没有显示出特异性的信号，而 MZMOF-3 对于 LPA 有特异性响应。当 LPA 的浓度在 1.4～43.1μmol/L 之间（因为 43.1μmol/L 是对卵巢癌的危险警示浓度）时，MZMOF-3 对 LPA 仍能很灵敏地识别。有趣的是，MZMOF-3 发光强度与 LPA 的浓度可以很好地进行线性拟合［图 28-13（c）］，从而提供一种简单的方法来检测卵巢癌。这些结果表明，用一般方法制备的混合 Ln-MOFs 材料，可用来检测疾病或用于其他生化传感。

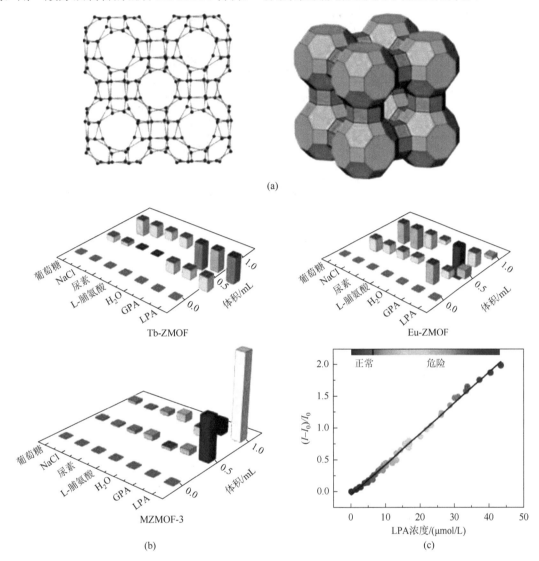

图 28-13　（a）Ln-ZMOF 的三维结构；（b）Tb-ZMOF，Eu-ZMOF 和 MZMOF-3 对 LPA 的荧光响应；（c）MZMOF-3 对不同浓度 LPA 的荧光响应

Cheng 和 Shi 等报道了一例采用双金属 Eu/Tb-MOF 材料作为发光探针用于检测混合有机分子，双金属 Ln-MOFs 展现出如下优势：①混合发光中心提供自调节机制，而无需任何外部参考；②当发光增强或猝灭时，传感器的颜色变化通过肉眼可明显观察到。因此，一系列同构的双金属镧系金属-有机材料$[Eu_{2x}Tb_{2(1-x)}(FDA)_3]$（FDA = 2, 5-呋喃二羧酸；$x = 0.001$，0.002，0.003，0.005，0.01，0.02，0.05，0.10，0.125，0.25 和 0.50）被合成[26]。它们拥有三维框架结构，并且在 a 轴方向有 9.18Å 的孔道［图 28-14（a）］。这些双金属 Ln-MOF 材料被用来检测乙二醇中 1, 4-二氧六环的比例，这对于使用发光光谱测定或定性地通过肉眼监测反应过程具有潜在的应用价值。如图 28-14（b）所示，$[Eu_{0.5}Tb_{1.5}(FDA)_3]$显示出特殊的体积比依赖性发光，并且 1, 4-二氧六环和乙二醇的体积比（φ）可以通过方程 $\ln I_N = 0.58 - 2.95\varphi$［$I_N = I_{TB} - I_{EU}$，图 28-14（c）］线性拟合，这表明$[Eu_{0.5}Tb_{1.5}(FDA)_3]$可以作为定量分析乙二醇和 1, 4-二氧六环比例的极好的发光探针。

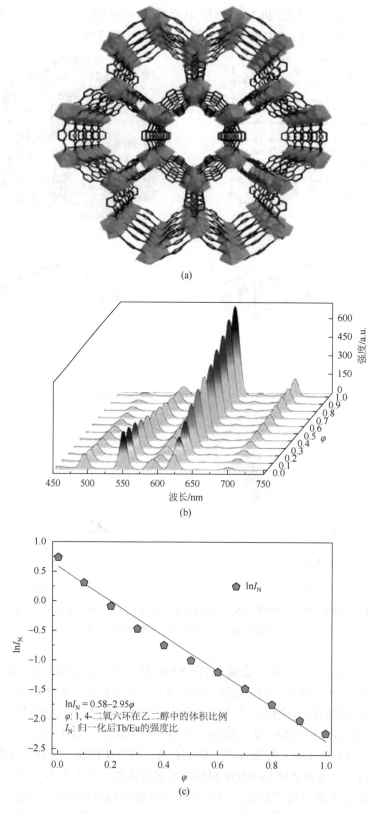

(a)

(b)

(c)

图 28-14 （a）[Ln$_2$(FDA)$_3$]的三维结构；（b）[Eu$_{0.5}$Tb$_{1.5}$(FDA)$_3$]对不同比例乙二醇和 1,4-二氧六环的荧光响应；
（c）[Eu$_{0.5}$Tb$_{1.5}$(FDA)$_3$]对不同比例乙二醇和 1,4-二氧六环的荧光响应的线性拟合

28.3　总结与展望

在过去的几十年中，快速且灵敏的荧光检测研究大大促进了 Ln-MOFs 材料的发展。迄今已经有成千上万的发光 Ln-MOFs 被报道，并且其中部分被发现可以灵敏并且选择性地检测阳离子、阴离子或小分子。本章对 Ln-MOFs 材料的结构、发光源和可能的检测机制进行了介绍和讨论。

就 Ln-MOFs 的结构而言，带有芳香环或大共轭体系的配体被广泛应用，因为有机连接器不仅支持框架，而且充当"天线"，在能量吸收和传递中起重要作用。因此，设计多功能配体是为了有效地实现能量吸收或转化和特异性检测。在之前的报道中，路易斯吡啶碱位点被用来构筑 Ln-MOFs，对于检测阳离子、阴离子和小分子展示出独特的优势。最近，混合稀土 MOFs 材料作为荧光探针正逐渐成为通过自校准发光特异性识别客体的有效途径。

Ln-MOFs 荧光探针对于上述目标物质的检测已经取得重要的研究进展，但发光探针的高成本使其仍难以满足实际应用的要求。因此，实现低成本的发光探针是用于实际应用的关键问题，而且稳定性高和循环性能良好的荧光探针仍需要进一步研究。更重要的是，Ln-MOFs 荧光探针可以用于检测生物大分子，特别是具有代表性的一些疾病，如肿瘤和癌症等。因此，快速并灵敏地检测生物大分子将成为荧光探针研究领域的热点问题而吸引众多课题组的研究注意，这可能为一些致命疾病的早期诊断提供廉价、快捷而有效的方法。

（徐　航　赵　斌）

参 考 文 献

[1]　Cui Y J，Yue Y F，Qian G D，et al. Luminescent functional metalorganic frameworks. Chem Rev，2012，112：1126-1162.

[2]　Johanna H，Klaus M B. Engineering metal-based luminescence in coordination polymers and metal-organic frameworks. Chem Soc Rev，2013，42：9232-9242.

[3]　Li B，Wen H M，Cui Y J，et al. Multifunctional lanthanide coordination polymers. Progress in Polymer Science，2015，48：40-80.

[4]　Xu H，Cao C S，Kang X M，et al. Lanthanide-based metal-organic frameworks as luminescent probes. Dalton Trans，2016，45：18003-18017.

[5]　Liu W S，Jiao T Q，Li Y Z，et al. Lanthanide coordination polymers and their Ag^+-modulated fluorescence. J Am Chem Soc，2004，126：2280-2281.

[6]　Zhao B，Chen X Y，Cheng P，et al. Coordination polymers containing 1D channels as selective luminescent probes. J Am Chem Soc，2004，126：15394-15395.

[7]　Tang Q，Liu S X，Liu Y W，et al. Cation sensing by a luminescent metal-organic framework with multiple lewis basic sites. Inorg Chem，2013，52：2799-2801.

[8]　Dang S，Ma E，Sun Z M，et al. A layer-structured Eu-MOF as a highly selective fluorescent probe for Fe^{3+} detection through a cation-exchange approach. J Mater Chem，2012，22：16920-16926.

[9]　Xu H，Hu H C，Cao C S，et al. Lanthanide organic framework as a regenerable luminescent probe for Fe^{3+}. Inorg Chem，2015，54：4585-4587.

[10]　Chen Z，Sun Y W，Zhang L L，et al. A tubular europium-organic framework exhibiting selective sensing of Fe^{3+} and Al^{3+} over mixed metal ions. Chem Commun，2013，49：11557-11559.

[11]　Hao J N，Yan B. Amino-decorated lanthanide（Ⅲ）organic extended frameworks for multi-color luminescence and fluorescence sensing. J Mater Chem C，2014，2：6758-6764.

[12]　Xu H，Fang M，Cao C S，et al. Unique (3, 4, 10)-connected lanthanide-organic framework as a recyclable chemical sensor for detecting Al^{3+}. Inorg Chem，2016，55：4790-4794.

[13] Chen B L，Wang L B，Xiao Y Q，et al. A luminescent metal-organic framework with Lewis basic pyridyl sites for the sensing of metal ions. Angew Chem Int Ed，2009，48：500-503.

[14] Xiao Y Q，Cui Y J，Zheng Q，et al. A microporous luminescent metal-organic framework for highly selective and sensitive sensing of Cu^{2+} in aqueous solution. Chem Commun，2010，46：5503-5505.

[15] Shi P F，Zhao B，Xiong G，et al. Fast capture and separation of, and luminescent probe for, pollutant chromate using a multi-functional cationic heterometal-organic framework. Chem Commun，2012，48：8231-8233.

[16] Duan T W，Yan B，Weng H. Europium activated yttrium hybrid microporous system for luminescent sensing toxic anion of Cr（Ⅵ）species. Micropor. Mesopor. Mat，2015，217：196-202.

[17] Xu H，Cao C S，Zhao B. A water-stable lanthanide-organic framework as a recyclable luminescent probe for detecting pollutant phosphorus anions. Chem Commun，2015，51：10280-10283.

[18] Xu H，Xiao Y Q，Rao X T，et al. A metal-organic framework for selectively sensing of PO_4^{3-} anion in aqueous solution. J Alloys Compd，2011，509：2552-2554.

[19] Chen B L，Wang L B，Zapata F，et al. A luminescent microporous metal-organic framework for the recognition and sensing of anions. J Am Chem Soc，2008，130：6718-6719.

[20] Shi P F，Hu H C，Zhang Z Y，et al. Heterometal-organic frameworks as highly sensitive and highly selective luminescent probes to detect I^- ions in aqueous solutions. Chem Commun，2015，51：3985-3988.

[21] Zhou X H，Li L，Li H H，et al. A flexible Eu（Ⅲ）-based metal-organic framework：turn-off luminescent sensor for the detection of Fe（Ⅲ）and picric acid. Dalton Trans，2013，42：12403-12409.

[22] Zhou X H，Li H H，Xiao H P，et al. A microporous luminescent europium metal-organic framework for nitro explosive sensing. Dalton Trans，2013，42：5718-5723.

[23] Li Y，Zhang S S，Song D T. A luminescent metal-organic framework as a turn-on sensor for DMF vapor. Angew Chem Int Ed，2013，52：710-713.

[24] Hou Y L，Xu H，Cheng R R，et al. Controlled lanthanide-organic framework nanospheres as reversible and sensitive luminescent sensors for practical applications. Chem Commun，2015，51：6769-6772.

[25] Zhang S Y，Shi W，Cheng P，et al. A mixed-crystal lanthanide zeolite-like metal-organic framework as a fluorescent indicator for lysophosphatidic acid，a cancer biomarker. J Am Chem Soc，2015，137：12203-12206.

[26] Zhou J M，Li H H，Zhang H，et al. A bimetallic lanthanide metal-organic material as a self-calibrating color-gradient luminescent sensor. Adv Mater，2015，27：7072-7077.

镧系金属配位聚合物（lanthanide coordination polymers，Ln-CPs）指含有镧系金属离子的配位聚合物，是配位聚合物的重要分支，由于其特殊的性质和功能，已成为配位聚合物化学的前沿研究领域之一[1-5]。2015 年美国学者 Mark D. Allendorf 和 Vitalie Stavila 就已撰文，预测在未来的二十年内基于金属配位聚合物的晶态材料将在工业中得到大规模应用，其中气体的选择性吸附-分离和发光-传感将会是最先涉及的两个领域[6]。镧系金属元素独特的 4f 电子构型，使其在发光、磁性、催化等领域具备重要的独特性质[7-16]。我国是镧系金属资源大国，因此加大镧系金属配位聚合物材料的精准合成、性能调控、器件研制等方面的研究力度已势在必行。

29.1　发光镧系金属配位聚合物及其构筑策略

镧系金属配位聚合物的特征发光主要来自于结构中的镧系金属离子（Ln^{3+}），如 Sm^{3+}、Eu^{3+}、Tb^{3+} 和 Dy^{3+} 等，其发射光谱位于可见光区并具有特征性的颜色（通常含有 Eu^{3+} 的为红色，含有 Tb^{3+} 的为绿色）。镧系金属配位聚合物的发光具有发射谱尖锐、斯托克斯（Stokes）位移大、发光寿命长和量子产率高等特点。除此以外，镧系金属配位聚合物的发光还受到中心离子的配位环境、客体与主体框架间相互作用、主体框架孔结构等因素的影响。正是这些影响因素的存在使得镧系金属配位聚合物的发光性能相比于其他配位聚合物更具有可调控性。

在设计和构筑发光镧系金属配位聚合物时首先是发光性能的实现，这就要求在金属离子的选择上要优先考虑具有发光性能的 Ln^{3+}。其次要考虑配体中配位原子与金属离子的适配性，从路易斯酸碱理论的角度看，镧系金属离子属于典型的"硬酸"，倾向于与"硬碱"的配位原子形成配位键，如 O 原子[17, 18]，所以有机多羧酸类配体是最为常用的配体。在空间允许的前提下，镧系金属离子总是与尽可能多的 O 原子配位，因而镧系金属配位聚合物中心金属离子通常都有较高的配位数，较为常见的配位数为 8～10。再次还要充分考虑配体的结构，由于 Ln^{3+} 发光的强度依赖于配体的天线效应，要想实现镧系金属配位聚合物良好的发光性能就要求配体能够很好地把能量传递给 Ln^{3+}，而配体传递能量的效率与其结构有着密切的关系，所以配体的结构对于镧系金属配位聚合物的发光性能至关重要。

目前构筑发光镧系金属配位聚合物的策略主要有两种：自组装法和功能砌块法。

自组装法是将选择的金属离子、有机配体以及其他结构指引试剂加入溶剂中，借助扩散、溶剂挥发和溶剂（水）热等合成手段，在一定条件下使其发生自组装反应，最终得到镧系金属配位聚合物。这种方法操作简便，是目前的主流方法，但目标性不强，属于典型的广种薄收，效率不高。

功能砌块法是一种有效构筑发光镧系金属配位聚合物的方法，属于典型的精准合成。它是通过对已有的发光性能良好的镧系金属配位聚合物进行深入结构分析，找出包含 Ln^{3+} 的且具有发光性能的结构单元，即功能砌块。然后利用自组装手段将这种功能砌块引入新的镧系金属配位聚合物中以实现良好的发光性能。这种功能砌块类似于有机合成中的合成子（synthon），可以想象，如果能够建立一个包含足够多功能砌块的数据库，那么通过砌块间的相互组合不仅能够构筑出无数的具有发光功能的镧系金属配位聚合物，而且还能根据需要实现特定功能的订制。

29.2 镧系金属配位聚合物发光机理

镧系金属配位聚合物的发光机理可以划分为以下三种（图 29-1）。

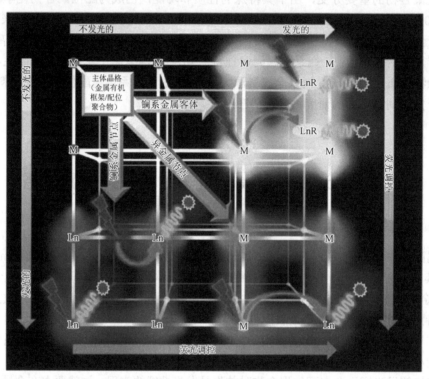

图 29-1 镧系金属配位聚合物的发光机理

（1）镧系金属离子发光：参与构筑配位聚合物的镧系金属离子受有机配体或客体分子敏化发光，这是镧系金属配位聚合物最为常见的发光方式。

如图 29-2 所示，每种镧系金属离子都拥有一系列紧密排布的电子能级，且每个电子能级中又包含着一系列的振动能级和转动能级[19]。镧系金属离子的跃迁通常包含 f-d 跃迁和 f^n 组态内的 f-f 跃迁两种。f-f 跃迁的发射特征为：发射光谱为线状，受外界基质影响不大，浓度猝灭较小，受温度影响较小，Stokes 位移大，发光寿命较长，谱线跨度从紫外到红外。f-d 跃迁发射则表现为发射宽带光谱，易受温度影响，发光寿命较短，发射从紫外到红外等特点[20-34]。对于电偶极作用引起的跃迁，f-f 跃迁是禁阻的，而 f-d 跃迁是允许的，这就导致三价镧系金属离子在紫外区的吸收系数很小，其本身的发光也相对较弱。如图 29-3 所示，当镧系金属离子与有机配体发生配位后，如果有机配体的三重态激发能级正好与镧系金属离子的激发能级相互匹配，则有机配体的光生电子通过无辐射跃迁形式转移到镧系金属离子，促使其发光。这种有机配体吸收能量来敏化镧系金属离子发光的过程就称为天线效应。在镧系金属离子中 Sm^{3+}、Eu^{3+}、Tb^{3+} 和 Dy^{3+} 的发射通常位于可见光区；而 Nd^{3+}、Er^{3+} 和 Yb^{3+} 的发射则通常位于近红外区（图 29-4）。

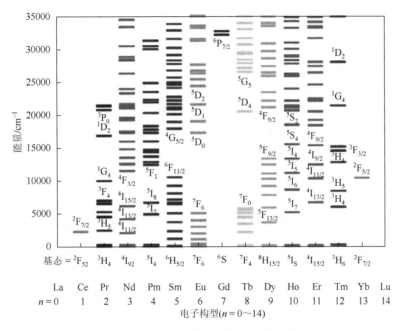

图 29-2　镧系金属离子的能级分布图

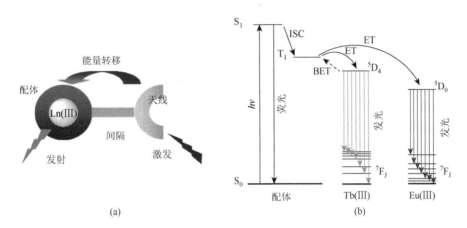

图 29-3　镧系金属离子发光原理

（a）天线效应模型；（b）能量转移过程

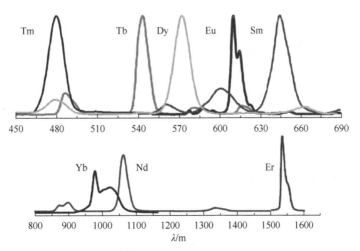

图 29-4　镧系金属离子的特征发射光谱

（2）有机配体发光：一般在镧系金属离子本身没有发光性能（La^{3+}和 Lu^{3+}）或配体对镧系金属离子的敏化效果不是很好的前提下，配位聚合物就会显示出配体本身的荧光，此类有机配体通常具有刚性共轭结构或是含氮杂环[35]。

（3）客体分子发光：这里特指那些自身不发光但具有开放孔洞结构的配位聚合物，通过溶剂交换、吸附、共价修饰等手段将具有发光性能的客体（荧光染料、发光配合物或发光镧系金属离子）封装入孔洞内，使其发射客体本身荧光。具体可分为两种形式：过渡金属配位聚合物封装可发光镧系金属离子；不发光镧系金属配位聚合物封装其他荧光分子或发光配合物[36]。

29.3　镧系金属发光配位聚合物的应用

由于具有优秀的发光性能和灵活的发光途径，镧系金属发光配位聚合物的应用研究领域已经得到极大扩展，它们有望在近红外发光材料、白光材料、上转换发光材料、纳米发光材料（纳米器件）、发光传感材料（离子传感器、分子传感器、温度传感器、气体传感器）等方面得到大规模的应用[37]。

29.3.1　镧系金属发光配位聚合物传感器概述

镧系金属发光配位聚合物传感器与传统的有机荧光传感器类似，它是基于镧系金属配位聚合物的结构来识别、利用镧系金属配位聚合物的发光变化实现信号输出的一类传感器。与有机荧光传感器相比，此类传感器最大的优势就在于可循环使用和功能的多样性，其中可循环性与结构稳定程度有关，而功能多样性则与镧系金属配位聚合物的构筑策略密切相关。

1. 镧系金属发光配位聚合物传感器的构筑

基于镧系金属发光配位聚合物的传感器必须具备两个先决条件：良好的发光性能和可以容纳客体物质的"识别基"。前者决定了传感信号输出的强度，后者则是与被传感物质作用的基础。因此在构筑镧系金属配位聚合物传感材料时就必须同时考虑到发光性能和多孔框架结构这两个关键因素。

一般选择发光性质优越的金属离子来构筑配位聚合物，以便获得良好的发光性能，最常用的是Eu^{3+}和 Tb^{3+}。同时选择三重态能级与镧系金属离子的激发态能级相匹配的有机配体，以获得高敏化效率。此外，还可以通过引入具有 d^{10} 电子构型的过渡金属离子，如 Zn^{2+}、Cd^{2+}、Cu^+等，与镧系金属离子共同形成异多核配合物，利用 d-f 能量传递来提高镧系金属离子的发光性能。

目前构筑多孔框架结构的主要手段是利用 Stille、Suzuki、Heck 和 Negishi 等有机偶联反应设计合成长碳链、大骨架的有机配体，以便于组装出具有高孔隙率的配位聚合物。同时在配体的合成过程中还可以引入特定官能团作为识别位点，以提升配位聚合物对客体的识别能力。总之，要构筑理想的基于镧系金属发光配位聚合物的传感器就需要综合运用上述多种手段[38-42]。

2. 镧系金属发光配位聚合物传感器的识别机理

相比于荧光有机分子传感器，镧系金属发光配位聚合物传感器的识别机理研究从完整性和系统性上还不够深入。目前，镧系金属配位聚合物发光传感器的识别过程都表现为发光强度的改变，其中发光猝灭是主要表现。导致发光猝灭的原因有很多，包括结构坍塌、荧光共振能量转移（FRET）、竞争吸收、光诱导电子转移（PET）、客体交换取代和静电作用等。

结构坍塌：指目标检测物在识别过程中破坏了镧系金属配位聚合物的晶体框架，导致结构坍塌，发光猝灭。这类现象经常出现在发光配位聚合物传感器本身结构不太稳定的情况下。

荧光共振能量转移（FRET）：指被检测物的吸收光谱与镧系金属配位聚合物的发射光谱具有较大重叠，识别过程中镧系金属配位聚合物的能量会通过共振能量转移途径转移到被检测物上，最终导致发光猝灭。

竞争吸收：主要指被检测物的吸收光谱与镧系金属配位聚合物的激发光谱具有较大程度重叠，识别过程中被检测物吸收了激发光大部分或者全部的能量，只有很少能量或没有能量去激发镧系金属配位聚合物，从而导致发光猝灭。

光诱导电子转移（PET）：指具有强吸电子能力的被检测物与镧系金属配位聚合物相结合后，配体激发态的电子会转移到被检测物上，从而阻断了天线效应，导致镧系金属配位聚合物发光猝灭。此机理大都出现在硝基芳香化合物的检测过程中。

客体交换机理：一般适用于封装了荧光分子或发光镧系金属离子的传感器，识别过程中被检测物会与荧光分子或发光镧系金属离子发生交换取代，从而导致发光猝灭。

静电作用：带有电荷的被检测物能够通过静电作用与镧系金属配位聚合物相结合，正负电荷相互作用也会导致发光猝灭。

在分析镧系金属发光配位聚合物传感器的发光猝灭机理时，需要考虑一切可能的因素。

29.3.2　镧系金属发光配位聚合物传感器的研究进展

由于镧系金属发光配位聚合物传感器有很多分类方法，这里按照构筑方式的不同对其进行分类，并逐一举例说明。

1. 镧系单金属发光配位聚合物传感器

镧系单金属发光配位聚合物传感器是指基于一种镧系金属离子构建的发光配位聚合物传感器，是最简单也是研究最多的一类配位聚合物基发光传感器。

2004 年兰州大学刘伟生报道了首个基于镧系金属发光配位聚合物传感器[43]用于金属阳离子的识别。采用大环四胺的四取代羧酸作为配体，得到了四个结构相同、具有一维孔道的镧系金属（La、Sm、Eu、Gd）配位聚合物，X 射线单晶衍射表明在晶体结构中大环四胺上的四个 N 原子未发生配位。同时该工作研究了溶液中不同金属阳离子对 Eu 配位聚合物发光的影响，结果表明，Zn^{2+}、Cu^{2+}、Cd^{2+}、Hg^{2+}能够猝灭 Eu^{3+} 的特征发射，而 Ag^+ 却展示出对 Eu^{3+} 的 $^5D_0 \rightarrow ^7F_2$ 跃迁发射的明显增强，故该聚合物可以有效识别 Ag^+。不仅如此，$^5D_0 \rightarrow ^7F_J$（$J = 1, 4$）发射峰强度的显著降低提高了体系发光的单色性。他认为可能是 Ag^+ 与大环四胺中心的 N 配位，增加了配位聚合物骨架的刚性才导致这种现象（图 29-5）。

2006 年，香港大学 Wing Tak Wong 课题组报道了用于检测 CO_3^{2-} 的 Tb-CPs 发光传感器[44]。该配位聚合物由 Tb^{3+} 和黏酸配体组装而成，通过对比加热前后的发射光谱证明该柔性骨架中的水分子对发光强度有着很大影响，主要源于 O—H 振动会严重猝灭 Tb^{3+} 的发光。后续的阴离子交换实验结果表明，CO_3^{2-} 进入柔性结构孔道后能够有效促进 Tb^{3+} 发光的增强，而其他阴离子则没有作用。他们分析 CO_3^{2-} 相比其他阴离子具有较小的尺寸，因此能够进入孔道内部，减弱了水分子的振动，使得发光增强（图 29-6）。

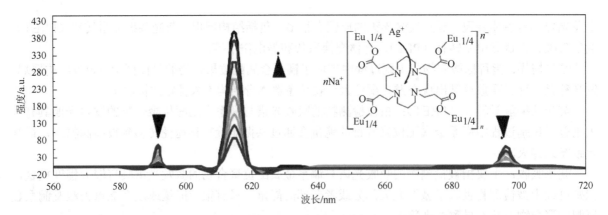

图 29-5　基于大环四胺结构的 Ag$^+$镧系金属发光配位聚合物传感器

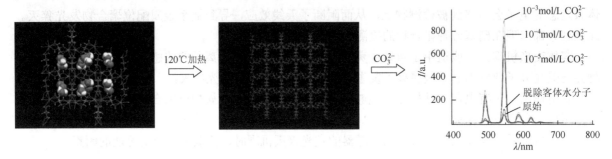

图 29-6　可用于检测 CO$_3^{2-}$ 的镧系金属发光配位聚合物传感器

2007～2009 年，浙江大学钱国栋课题组与美国得克萨斯大学的陈邦林课题组合作报道了一系列镧系金属 Ln-CPs（Ln = Eu^{3+}和 Tb^{3+}）发光传感器，可分别用于有机小分子、F$^-$及 Cu^{2+}的检测[45-47]。图 29-7 所示的 Eu-CPs 结构具有 6.6Å×6.6Å 的孔道，实验证实其发光强度与溶剂分子种类有关，DMF

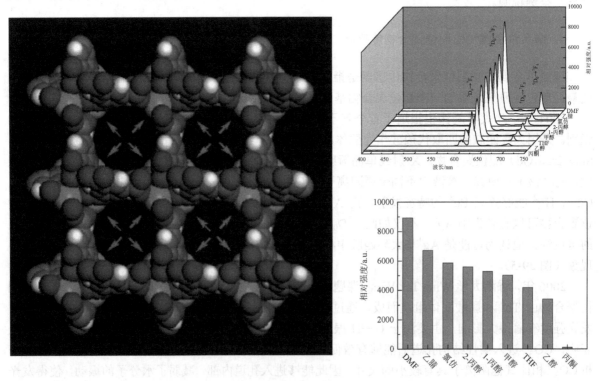

图 29-7　用于检测丙酮的 Eu-CPs 发光传感器

分子能够使传感器发光增强，而丙酮则会猝灭发光。图 29-8 所示的检测 F⁻ 的 Tb-CPs 传感器能够从不同阴离子（F⁻、Cl⁻、Br⁻、NO_3^-、CO_3^{2-}、SO_4^{2-}）的甲醇溶液中选择性识别 F⁻，具体表现为 F⁻ 浓度越大，发光越强。该识别机理可以描述为 F⁻ 进入孔道后能与配位的甲醇分子的羟基形成强 O—H⋯F 氢键，从而阻止了 O—H 振动猝灭，导致荧光增强。图 29-9 所示为检测 Cu^{2+} 的 Eu-CPs 传感器，该传感器的孔道结构内部有未参与配位的吡啶 N 位点，可以选择性识别 Cu^{2+}。当 Cu^{2+} 进入孔道后会与吡啶 N 配位，阻碍天线效应，造成 Eu-CPs 发光猝灭。

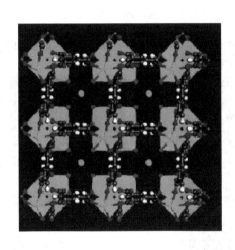
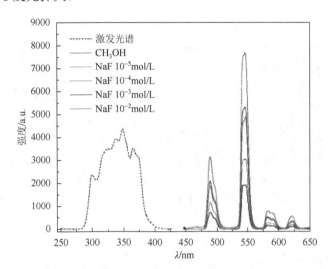

图 29-8　用于检测 F⁻ 的 Tb-CPs 发光传感器

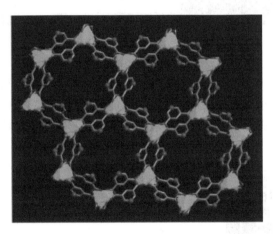
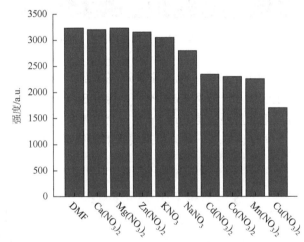

图 29-9　用于检测 Cu^{2+} 的 Eu-CPs 发光传感器

2014 年，中国科学院长春应用化学研究所张洪杰课题组报道了第一例基于 Eu-CPs 的具备多重响应功能的发光传感器，其能够对脂肪醇、丙酮、苦味酸以及阴阳离子进行猝灭识别[48]。需要强调的是，该传感器能够检测水溶液中的苦味酸，为之后多重响应功能的 Ln-CPs 传感器的发展创造了先例（图 29-10）。

2016 年，刘伟生课题组报道了一例能够识别阳离子、阴离子以及硝基爆炸物分子的多重响应 Eu-CPs 发光传感器[49]。基于发光猝灭机理，此传感器分别对 Fe^{3+}、六价铬（$Cr_2O_7^{2-}$ / CrO_4^{2-}）和 PA 表现出较高的灵敏度、较好的选择性和较快的响应速度。在针对 $Cr_2O_7^{2-}$ 和 PA 的检测中，此传感器可简单快速再生和重复使用（图 29-11）。

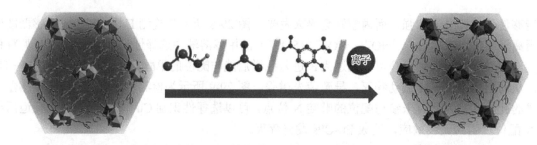

图 29-10　用于检测脂肪醇、丙酮、苦味酸以及阴阳离子的多重响应 Eu-CPs 发光传感器

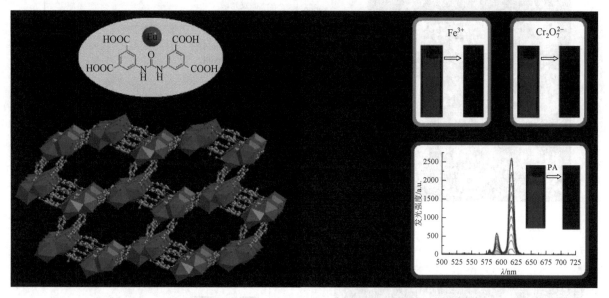

图 29-11　能识别 Fe^{3+}、$Cr_2O_7^{2-}$ 和 PA 的多重响应 Eu-CPs 发光传感器

2018 年，江西师范大学钟声亮课题组以 1, 3-金刚烷二乙酸为配体，1, 10-邻菲咯啉为结构指引试剂组装出了一系列 Ln-CPs[50]，其中 Eu-CPs 和 Tb-CPs 具有较好的发光性能，能显示出相应离子的特征发射。重要的是 Eu-CPs 是一个多重响应的荧光传感器，可以在水溶液中基于发光猝灭机理检测 Ni^{2+}，同时也能基于敏化机理实现对缬氨酸的荧光传感，而且 Ni^{2+} 和缬氨酸互不干扰（图 29-12）。

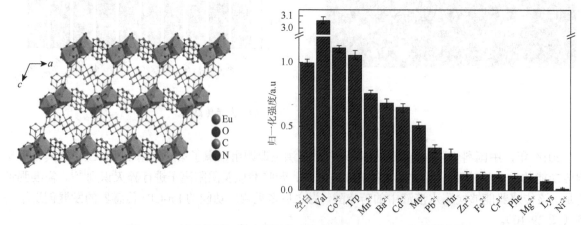

图 29-12　用于检测 Ni^{2+} 以及缬氨酸的多重响应 Eu-CPs 发光传感器

2. 镧系异金属发光配位聚合物传感器

这类发光配位聚合物是指由两种不同镧系金属离子或镧系金属（f）与过渡金属离子（d）混合

构建的发光配位聚合物。不同的金属离子在配位化学上存在较大差异，使得镧系异金属发光配位聚合物传感器的制备较为困难。

2004 年，南开大学程鹏课题组报道了两例基于 d-f 金属的三维 Ln-Mn-CPs（Ln = Eu、Tb）发光传感器[51]。这两个配位聚合物在 DMF 溶液中均能够对 Zn^{2+} 进行发光增强识别，而对其他金属离子则没有增强响应或是导致发光猝灭（图 29-13）。

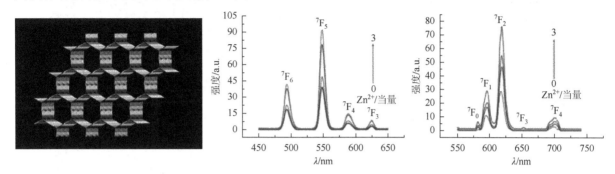

图 29-13　用于检测 Zn^{2+} 的 Ln-Mn-CPs 发光传感器

2012 年，浙江大学钱国栋课题组与美国得克萨斯大学的陈邦林课题组合作报道了基于 Eu/Tb 掺杂的镧系金属发光 Ln-CPs 温度传感器[52]。利用 $Eu_{0.0069}/Tb_{0.9931}$ 掺杂与 2, 5-二甲氧基-1, 4-对苯二甲酸构筑了发光 Eu-Tb-CPs 传感器。利用 Eu-Tb 之间能量传递机理，在较宽的温度范围内对变温响应能力做了研究。结果显示，该温度传感器具有较高的灵敏度，能够在 10～300K 范围内实现对温度的比例发光传感（图 29-14）。

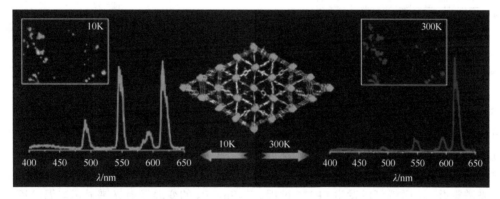

图 29-14　基于 Eu-Tb-CPs 的温度传感器

2013 年和 2014 年，兰州大学刘伟生课题组利用"镧系金属配体"策略，使用相同起始原料，在不同的合成条件下组装了两个系列框架异构的镧系异金属配位聚合物 Ln-Cd-CPs（1）和（2），其中 Ln = Eu、Gd、Tb[53, 54]。X 射线单晶衍射结构研究表明，结构 1 具有直径约为 1.2nm 的 1D 亲水性中性孔道；结构 2 则具有 3D 互穿插的负电性孔道。发光性能研究显示：Ln-Cd-CPs（Ln = Eu 和 Tb）具有极好的发光性能，且 Tb-Cd-CPs（1）对亲水性有机小分子具有选择性识别能力；对 Tb-Cd-CPs（2）进行金属离子交换实验以及发光测试，结果显示该配位聚合物能够对 Mn^{2+} 选择性识别（图 29-15）。

3. 封装发光分子的镧系金属配位聚合物传感器

这类传感器是近些年才发展起来的，所以报道不多。该类传感器通常具有两个发射谱带，因此能够用于比率传感。

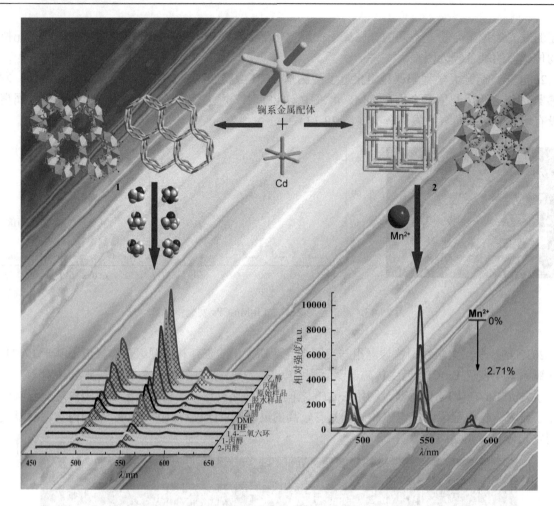

图 29-15　框架异构的 Ln-Cd-CPs（Ln ＝ Eu 和 Tb）发光传感器

2015 年，浙江大学钱国栋课题组与美国得克萨斯大学的陈邦林课题组合作报道了一例 Ln-CPs 封装有机荧光分子的温度传感器[55]。他们首先合成了四联苯四羧酸与 Eu-CPs，再运用分子交换的方法将芘分子封装入 Eu-CPs 孔道内并研究其发光性能。实验结果显示：芘-Eu-CPs 具有芘和 Eu^{3+} 的双波长发射，芘分子的发射光谱位于 450～500nm 之间，而 Eu^{3+} 的一个激发峰位于 465nm 处，刚好与芘的发射光谱重叠，这样就可以发生 FRET 过程。芘-Eu-CPs 的变温发射光谱显示当温度逐渐从 20℃ 升高到 80℃，可以明显地观察到两个发射谱带的比例变化，拟合得到的比例工作曲线具有很好的线性关系，证明了芘-Eu-CPs 能够作为温度传感器使用（图 29-16）。此外，该传感器还被成功应用于不同温度下的细胞成像实验。

4. 封装镧系金属离子的发光配位聚合物传感器

此类传感器研究也是处于起步阶段。将发光的镧系金属离子或者配合物封装入不发光的配位聚合物基质内，赋予这些不具备发光性能的金属配位聚合物以发光性能，进而实现发光传感。这种方法拓展了基于配位聚合物的发光传感器的研究范围。

2011 年，美国匹兹堡大学的 Stéphane Petoud 和 Nathaniel L. Rosi 课题组利用 Zn^{2+}、4, 4-联苯二酸和腺嘌呤构筑了三维配位聚合物，该配位聚合物具有较大的比表面积，且孔道中含有 $MeNH_2^+$，考虑到这一性质，他们巧妙地利用溶液浸泡交换法将镧系金属离子（Tb^{3+}、Sm^{3+}、Eu^{3+}、Yb^{3+}）封装入 Zn-CPs 的孔道中，得到了一类新型发光材料 Ln^{3+}-Zn-CPs[56]，并研究了相关发光性能。他们的实验

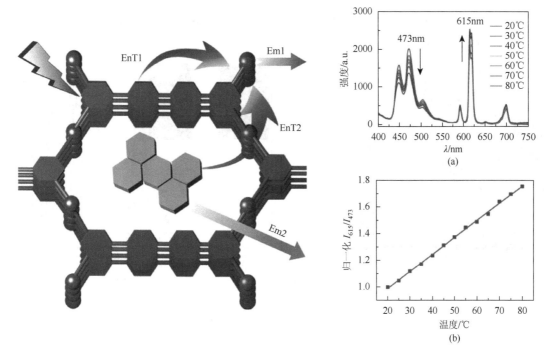

图 29-16　封装有机荧光分子的 Ln-CPs 温度传感器

表明，Ln^{3+}-Zn-CPs 均能显示封装 Ln^{3+} 的特征发射且发射强度较大，同时基质 Zn-CPs 的主体结构保持完好。此外，他们还将 Yb^{3+}-Zn-CPs 成功地应用在了 O_2 的发光传感检测上（图 29-17）。

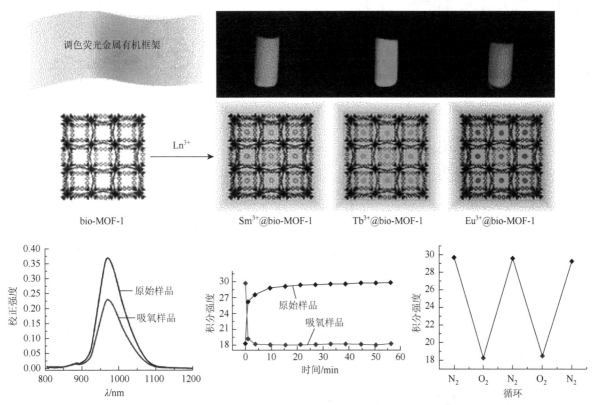

图 29-17　Ln^{3+}-Zn-CPs 的发光性能与 O_2 的检测

　　2018 年安徽师范大学倪永红课题组通过将 Eu^{3+} 封装入 MIL-53（Al）的孔道内实现了材料 MIL-53（Al）/Eu^{3+} 的荧光发射，并制备了该材料的纳米晶[57]。研究表明，该材料能显示出 Eu^{3+} 的特征发射，其发光强度随溶剂中 DMF 比例的增大而增强，同时基于荧光猝灭过程该材料可以检测 Fe^{3+}、$Cr_2O_7^{2-}$ 以及丙酮分子（图 29-18）。

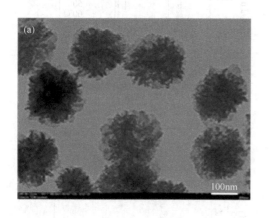
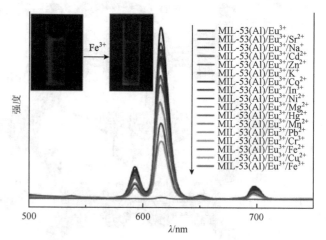

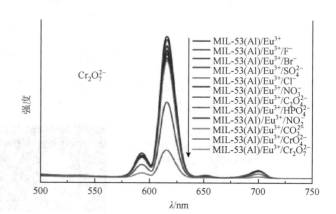

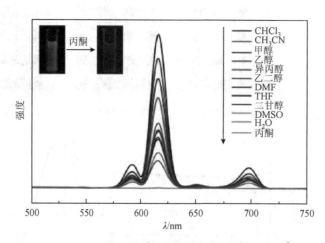

图 29-18　MIL-53（Al）/Eu^{3+}的形貌及其对 Fe^{3+}、$Cr_2O_7^{2-}$ 以及丙酮分子的检测

29.3.3　可调控光致发光镧系金属配位聚合物

可调控光致发光是当前镧系金属配位聚合物研究的另一个热点领域[58]，主要根据色光的 RGB 模型，利用镧系金属离子所发出的红、绿、蓝三原色光，研究如何通过调整三色光的复合比例来实现自

然界中的各种颜色的光线模拟。通常情况下，镧系金属配位聚合物的红光发射是基于 Eu^{3+} 的 $^5D_0 \rightarrow {}^7F_J$（$J = 0 \sim 4$）f-f 电子跃迁；而绿光发射则是基于 Tb^{3+} 的 $^5D_4 \rightarrow {}^7F_J$（$J = 3 \sim 6$）f-f 电子跃迁。相对于红光发射和绿光发射来说，蓝光发射要特殊一些，这是因为蓝光相对于红光和绿光的能量较高，如果具有较大斯托克斯位移的物质能发出蓝光，那么就必须使用能量较高的紫外光作为激发光。尽管在镧系金属离子中 Eu^{2+} 的发射峰处于蓝光区，但是由于 Eu^{2+} 处于一个较低价态，很容易被氧化至 +3 价而改发红光，故使用 Eu^{2+} 作为晶态配合物中的蓝光发射的报道还是较为罕见。对于 Ln-CPs 的发光来说，有机配体在整个光物理过程中，不只起到吸收光子、传递能量的天线效应的作用，还能够起到蓝光发射源的作用。这样结合配体的设计以及镧系金属离子的选择，就可以实现对 Ln-CPs 的发光调控。

1. 镧系金属配位聚合物的发光调控方法

目前 Ln-CPs 的发光调控方法主要可以分为以下几种：①调节激发波长来改变镧系敏化效率，使配体也可产生激发发射，整个配位聚合物发射光谱为配体发射谱和镧系金属发射谱的混合光谱，从而实现对发光颜色的调控；②同时引入两种或两种以上的发光镧系金属离子（原位掺杂），这样在同一激发波长下配位聚合物的发射谱中就有可能同时出现不同离子的特征发射峰，再进一步调节配位聚合物中各种镧系金属离子的比例以实现对发光颜色的调控；③在上述两种方法基础上设计合成能够同时敏化多个镧系金属离子发光的有机配体。实验已证实：单一激发波长很难同时满足多个镧系金属离子发光的能量要求，而改变激发波长会导致配位聚合物发光的整体变弱。为了在固定激发波长的条件下不影响配位聚合物的发光强度，通常采用的方法是：选择三重态激发能级能与多个镧系金属离子的激发能级相匹配的有机配体来构筑镧系金属配合物。

2. 可调控光致发光镧系金属配位聚合物研究进展

通过对镧系金属配位聚合物发光颜色有效调控的研究，可以制备出满足各种应用需要的发光材料。这就为各种显示设备制造、细胞成像、分子传感器等领域奠定了良好的物质基础。

2012 年浙江大学钱国栋课题组[59]合成了基于 2,6-吡啶二羧酸（H_2PDA）配体的镧系金属配位聚合物（ZJU-1）：$Na_3[Ln(PDA)_3](H_2O)_x$（Ln = Eu 和 Tb），通过改变 Eu 和 Tb 的比例，成功实现了从红紫光和绿光调节至白光的过程（图 29-19）。

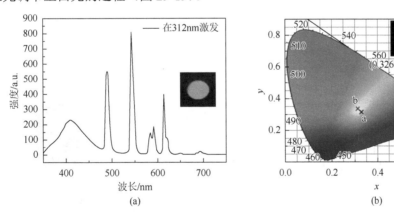

图 29-19 ZJU-1 在 312nm 激发下的白光发射

2013 年首都师范大学李夏课题组[60]报道了一系列基于 2,2'-联苯二羧酸（H_2dpdc）和[4,5]咪唑并 1,10-邻菲咯啉（IP）的一维链状镧系配位聚合物：$[Ln(dpdc)_{1.5}(IP)(H_2O)]_n$（Ln = Sm、Eu 和 Gd）。研究发现，可以通过改变激发波长的方式，将此配位聚合物的发射由红光变为白光。通过向其中掺杂 Gd^{3+} 可以得到配位聚合物 $[Gd_{99.34}Eu_{0.66}(dpdc)_{1.5}(IP)(H_2O)]_n$，其白光发射的色坐标为（0.336，0.337），已非常接近标准白光的色坐标（0.333，0.333）（图 29-20）。

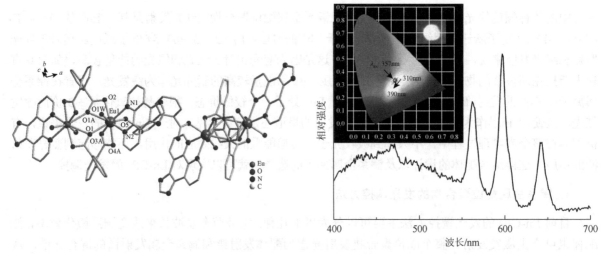

图 29-20　[Eu(dpdc)$_{1.5}$(IP)(H$_2$O)]$_n$ 的结构及改变激发波长导致的白光发射光谱

2013 年法国布列塔尼欧洲大学的 Guillaume Calvez 课题组[61]报道了一个非常有趣的工作。他们根据结构特点设计合成了 3 类基于对苯二甲酸的 Eu-Tb 镧系异金属配位聚合物。这些配位聚合物具有可控的黄光发射且亮度不减的特点（图 29-21）。

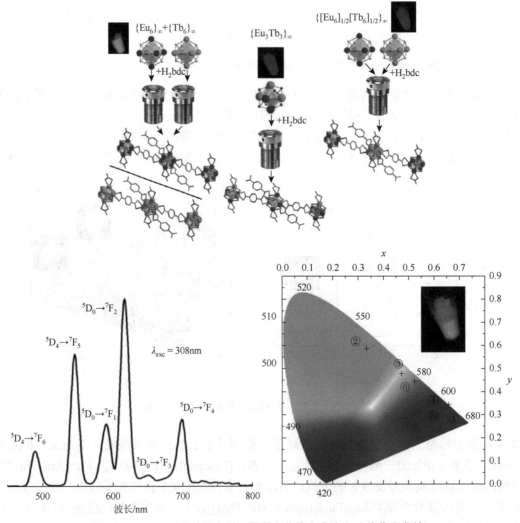

图 29-21　Eu-Tb 镧系异金属配位聚合物的合成路线及其黄光发射

2014 年，中国科学院福建物质结构研究所杜少武课题组[62]报道了一系列基于 1, 3, 5-三（4-羧基苯基）苯（BTB）的镧系金属配位聚合物。发光研究发现：镧系异金属配位聚合物[(Eu$_{0.0040}$Tb$_{0.0460}$Gd$_{0.9500}$)(BTB)(DMSO)$_2$]$_n$ 的发射光颜色可以随激发光波长的变化实现从黄光到白光再到蓝光的转变（图 29-22）。

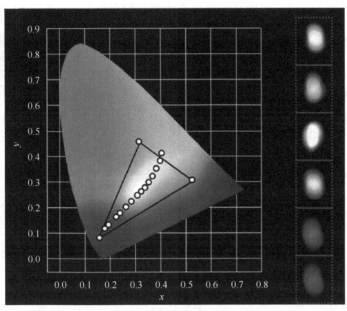

图 29-22　[(Eu$_{0.0040}$Tb$_{0.0460}$Gd$_{0.9500}$)(BTB)(DMSO)$_2$]$_n$ 发射光颜色随激发光波长的转变

2014 年，中国科学院长春应用化学研究所张洪杰课题组[63]合成了一系列基于四羧酸配体的具有双链结构的镧系金属配位聚合物：[LnL(H$_2$O)$_3$]·2H$_2$O（Ln = Y 和 Pr-Yb，L = N-phenyl-N'-phenylbicyclo[2, 2, 2]-oct-7-ene-2, 3, 5, 6-tetracarboxdiimide tetracarbox-ylic acid），并实现了在 75℃、95%湿度条件下较好的质子传导性能（电导率为 1.6×10^{-5}S/cm）。同时，借助多元镧系金属离子发光中心掺杂合成出两类镧系异金属配位聚合物[Dy$_x$Eu$_y$Gd$_{1-x-y}$L(H$_2$O)$_3$]·2H$_2$O 和[Sm$_x$Dy$_y$Gd$_{1-x-y}$L(H$_2$O)$_3$]·2H$_2$O。发光实验显示这两类镧系异金属配位聚合物可以有效地实现白光发射（图 29-23）。

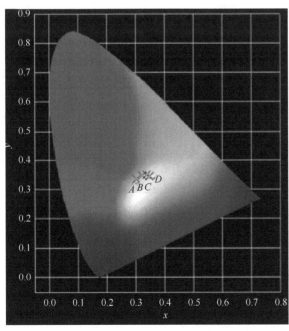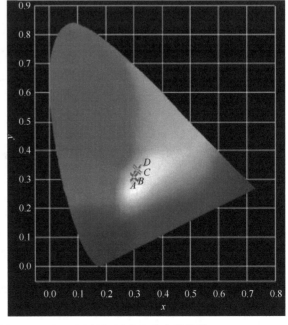

图 29-23　[Dy$_x$Eu$_y$Gd$_{1-x-y}$L(H$_2$O)$_3$]·2H$_2$O 和[Sm$_x$Dy$_y$Gd$_{1-x-y}$L(H$_2$O)$_3$]·2H$_2$O 的白光发射

2015 年黑龙江大学李光明课题组[64]报道了基于 L-二-2-噻吩甲酰酒石酸（HL）的一维镧系金属配位聚合物，通过调节激发光波长，实现了配位聚合物$\{[(Eu_{0.037}Tb_{0.963})_2L_3(CH_3OH)_2(H_2O)_4]\cdot CH_3OH\cdot 2.75H_2O\}_n$发射由黄光至白光的变化。当使用 326nm 的紫外光为激发光时，该配位聚合物的白光色坐标为（0.330，0.340），色温为 5606K，表明此配位聚合物发出的白光具有较高品质（图 29-24）。

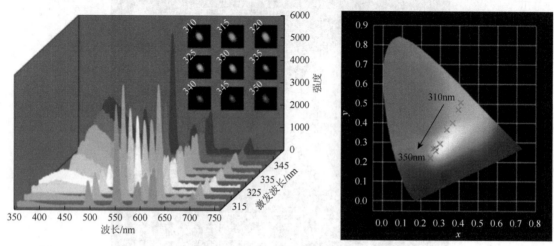

图 29-24　$\{[(Eu_{0.037}Tb_{0.963})_2L_3(CH_3OH)_2(H_2O)_4]\cdot CH_3OH\cdot 2.75H_2O\}_n$的发光颜色随激发波长的变化

2015 年兰州大学刘伟生课题组[65]合成了一系列基于咪唑-苯甲酸类（H₂Bcpi）配体的镧系金属配位聚合物，研究发现封装在结构内的卤素离子可以很好地增强配位聚合物的荧光发射。同时，通过改变配位聚合物中不同发光镧系金属离子（Eu/Tb）的比例，可实现对配位聚合物$\{[Tb_{1-x}Eu_x(Bcpi)_2(H_2O)]Cl\cdot(H_2O)\}_n$黄光发射的有效调控。此外，该配位聚合物具有较好的热稳定性，在一些特殊领域有着潜在的应用价值（图 29-25）。

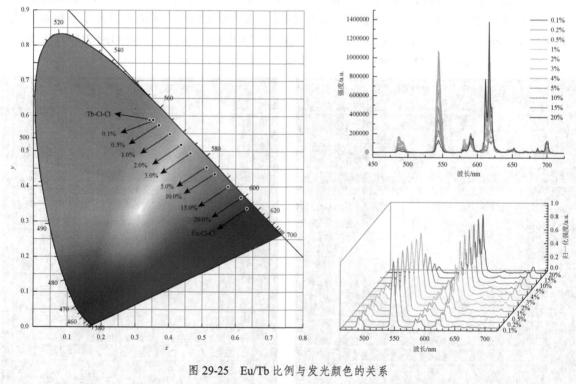

图 29-25　Eu/Tb 比例与发光颜色的关系

同年，中山大学苏成勇和潘梅课题组报道了[66]系列基于吡啶酮类配体的镧系异金属发光配位聚合物$\{[Ln_nLn'_{1-n}(TTP)_2·H_2O]Cl_3\}_n$（Ln = Ln' = Eu、Tb 和 Gd，TTP = 1', 1"-(2, 4, 6-trimethylbenzene-1, 3, 5-triyl) tris（methylene）tris（pyridine-4(1H)-one）。通过调控镧系金属离子的种类和含量，实现了红绿光、红蓝光、蓝绿光精确的线性转化，并建立了准确的二维和三维数学矩阵模型，这为实现新型防伪条形码的制备提供了理论依据（图 29-26）。在此工作的基础上，同年他们还利用 Pr 的离子同时具有可见和近红外发光的特性[67]，合成了镧系金属配位聚合物$\{[Pr(TMPBPO)_2(NO_3)_3]·C_3H_6O·H_2O\}_n$[65]（TMPBPO = 1, 1'-(2, 3, 5, 6-tetramethyl-1, 4-phenylene)bis（methylene）dipyridinium-4-olat），通过变化激发波长实现了对单稀土金属配合物的调光与白光发射。同时，利用 Pr 的离子的近红外发光强度可调的特性，成功地实现了可见光和近红外光双通道的高等级防伪条形码模型的构筑（图 29-27）。

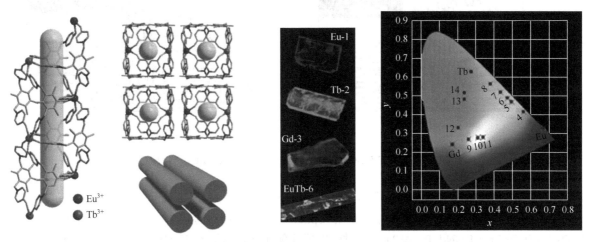

图 29-26　$\{[Ln_nLn'_{1-n}(TTP)_2·H_2O]Cl_3\}_n$ 的结构及改变镧系离子种类和比例带来的荧光变化

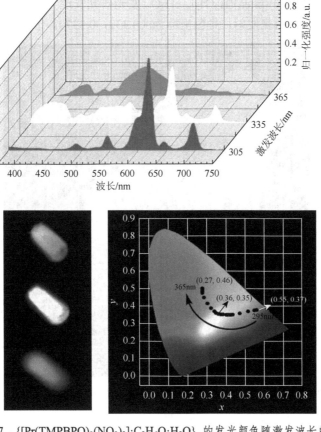

图 29-27　$\{[Pr(TMPBPO)_2(NO_3)_3]·C_3H_6O·H_2O\}_n$ 的发光颜色随激发波长的变化

2016 年中国科学院福建物质结构研究所郭国聪课题组[68]报道了基于 4-四氮唑-苯氧基-间苯二甲酸（H₂TPIA）的系列镧系金属配位聚合物[Ln(TPIA)(H₂O)₃]·5.5H₂O（Ln = Sm、Eu 和 Gd）。通过改变激发光的波长，可以调节[Sm(TPIA)(H₂O)₃]·5.5H₂O 的橙黄光发射和[Eu₀.₁₂Gd₀.₈₈(TPIA)(H₂O)₃]·5.5H₂O 的红光发射向白光发射移动（图 29-28）。

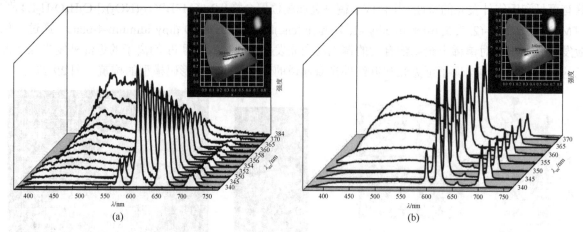

图 29-28　[Sm(TPIA)(H₂O)₃]·5.5H₂O（a）和[Eu₀.₁₂Gd₀.₈₈(TPIA)(H₂O)₃]·5.5H₂O（b）发光调节

2016 年西北大学胡怀明课题组[69]合成了基于有机多羧酸配体 H₄dpstc（3, 3′, 4, 4′-diphenylsulfonetetracarboxylic acid）和辅助配体邻菲咯啉（phen）的系列镧系金属配位聚合物[Ln(Hdpstc)(phen)(H₂O)₂]ₙ·nH₂O（Ln = Pr、Nd、Eu 和 Tb）。通过辅助配体邻菲咯啉的引入，[Ln(Hdpstc)(phen)(H₂O)₂]ₙ·nH₂O（Ln = Eu 和 Tb）的发光效率得到大幅提升。在此基础上又进一步通过原位掺杂的方法合成了镧系异金属配位聚合物[EuTbₓ(Hdpstc)(phen)(H₂O)₂]ₙ·nH₂O。发光研究发现当 x = 0.7、激发波长为 390nm 时，该配位聚合物能显示明显的白光发射，且色坐标为（0.332，0.337），十分接近标准白光（图 29-29）。

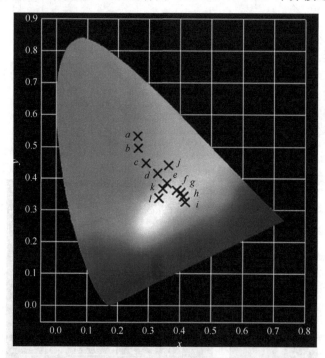

图 29-29　[EuTbₓ(Hdpstc)(phen)(H₂O)₂]ₙ·nH₂O 的发光色坐标，其中 l 为 x = 0.7 时的坐标

2016 年法国雷恩化学科学研究所的 Guillou 课题组[70]基于 1, 2, 4, 5-苯四羧酸（H₄btec）配体构

筑了系列镧系金属配位聚合物[Ln$_4$(btec)$_3$(H$_2$O)$_{12}$·20H$_2$O]$_n$（Ln = Sm、Eu、Tb 和 Dy）。通过改变配位聚合物[Tb$_{4-4x}$Eu$_{4x}$(btec)$_3$(H$_2$O)$_{12}$·20H$_2$O]$_n$ 中 Eu 和 Tb 的比例，成功实现了配位聚合物发光从红光到绿光之间的可控调节。实验证明当摩尔分数 = 0.3 且 λ_{ex} = 312nm 时，此配位聚合物显示明亮的黄光发射（图 29-30）。

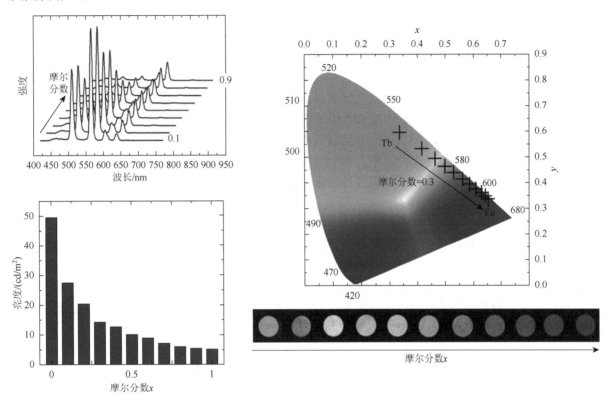

图 29-30　[Tb$_{4-4x}$Eu$_{4x}$(btec)$_3$(H$_2$O)$_{12}$·20H$_2$O]$_n$ 的发光调节

2018 年辽宁师范大学白凤英课题组[71]合成了一个新的三氮唑类二羧酸配体［H$_2$L = 5-Methyl-1-(4-carboxylphenyl)-1H-1, 2, 3-triazole-4-carboxylic Acid］，并在此基础上构筑了一系列镧系金属配位聚合物[LnL$_{1.5}$(H$_2$O)$_2$]·1.75H$_2$O（Ln = La、Pr、Nd、Sm、Eu 和 Gd）。此系列配位聚合物中 Gd-CPs 本身并不发光，但原位掺杂 5%的 Eu^{3+}后所得到的新的配位聚合物在 390nm 光激发下可以得到明亮的白光发射（图 29-31）。

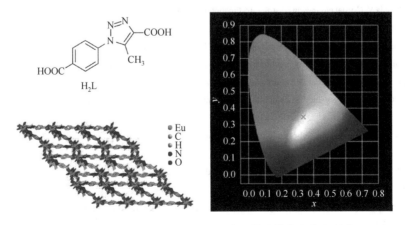

图 29-31　[LnL$_{1.5}$(H$_2$O)$_2$]·1.75H$_2$O 中配体的结构与发光调节

29.4 总结与展望

发光镧系金属配位聚合物由于其优良的和可调控的发光性能在近十余年的时间里得到了较为广泛的研究，一系列研究成果表明此类化合物在有毒有害物质的荧光传感检测和发光显示器件领域有着巨大的应用前景。可以预见，基于发光镧系金属配位聚合物所开发出的检测材料与方法和发光显示器件具有适用性广、易于操作和制造成本相对低廉等优点。

尽管上述工作鼓舞人心，但仍有许多问题亟待解决。首先，镧系金属配位聚合物的发光性能受到如有机配体结构、中心离子配位环境、客体物质种类等多种因素的影响，因此开发构筑发光性能优异且传感作用灵敏的镧系金属配位聚合物的通用方法是研究的当务之急；其次，镧系金属配位聚合物的水稳定性一般不太好，现有的高效荧光传感大多是在纯有机溶剂或水-有机混合溶剂中进行的，这就限制了镧系金属配位聚合物在活体动物中检测特定物质（如肿瘤标志物）的应用，因此构筑水稳定性良好的发光镧系金属配位聚合物是其生物学应用的基础；最后，现阶段镧系金属配位聚合物发光性能的研究主要集中在光致发光领域，而电致发光的研究则相对较少，这在很大程度上限制了发光镧系金属配位聚合物作为显示材料的应用，因此在今后的研究中除了构筑各种结构稳定、发光性能优良的镧系金属配位聚合物外还应着力于此类物质电致发光的研究，这是发光镧系金属配位聚合物最终成为显示材料的关键。

（马景新 刘 伟 徐 聪 刘伟生）

参 考 文 献

[1] 徐如人. 无机合成与制备化学. 北京：高等教育出版社, 2009.

[2] 卜显和. 配位聚合物研究. 科学通报, 2009, 54（17）：2439-2439.

[3] 刘志亮. 功能配位聚合物. 北京：科学出版社, 2013.

[4] 刘伟生. 配位化学. 北京：化学工业出版社, 2013.

[5] Batten S R, Champness N R, Chen X M, et al. Terminology of metal-organic frameworks and coordination polymers. Pure Appl Chem, 2013, 85（8）：1715-1724.

[6] Allendorf M D, Stavila V. Crystal engineering, structure-function relationships, and the future of metal-organic frameworks. CrystEngComm 2015, 17（2）：229-246.

[7] Janiak C. Engineering coordination polymers towards applications. Dalton Trans, 2003, Tel（14）：49-761.

[8] Cui Y, Yue Y, Qian G, et al. Luminescent functional metal-organic frameworks. Chem Rev, 2012, 112（2）：1126-1162.

[9] Kreno L E, Leong K, Farha O K, et al. Metal-organic framework materials as chemical sensors. Chem Rev, 2012, 112（2）：1105-1125.

[10] Chen B, Xiang S, Qian G. Metal-organic frameworks with functional pores for recognition of small molecules. Acc Chem Res, 2010, 43（8）：1115-1124.

[11] Hu Z, Deibert B J, Li J. Luminescent metal-organic frameworks for chemical sensing and explosive detection. Chem Soc Rev, 2014, 43（16）：5815-5840.

[12] Zhang L, Kang Z, Xin X, et al. Metal-organic frameworks based luminescent materials for nitroaromatics sensing. CrystEngComm, 2015, 18（2）：193-206.

[13] Roy S, Chakraborty A, Maji T K. Lanthanide-organic frameworks for gas storage and as magneto-luminescent materials. Coord Chem Rev, 2014, 45（42）：139-164.

[14] Meyer L V, Schoenfeld F, Mueller-Buschbaum K. Lanthanide based tuning of luminescence in CPSs and dense frameworks—from mono-and

multimetal systems to sensors and films. Chem Commun，2014，50（60）：8093-8108.

[15]　Moore E G，Samuel A P S，Raymond K N. From antenna to assay：lessons learned in lanthanide luminescence. Acc Chem Res，2009，42（4）：542-552.

[16]　Huggins M L. Coordination Polymers//Proceedings of the 8th，International Conference on Coordination Chemistry. Vienma:Springer Vienna，1964：103-108.

[17]　Aspinall H C. Chiral lanthanide complexes：coordination chemistry and applications. Chem Rev. 2002，102：1807-1850.

[18]　Zhang X M. Hydro（solvo）thermal *in situ* ligand syntheses. Coord Chem Rev, 2005，249（11-12）：1201-1219.

[19]　Binnemans K. Lanthanide-based luminescent hybrid materials. Chem Rev，2009，109（9）：4283-4374.

[20]　Weissman S I. Intramolecular energy transfer the fluorescence of complexes of europium. J Chem Phys，1942，10（4）：214-217.

[21]　Armelao L，Quici S，Barigelletti F，et al. Design of luminescent lanthanide complexes：from molecules to highly efficient photo-emitting materials. Coord Chem Rev，2010，254（5-6）：487-505.

[22]　Eliseeva S，Buenzli J C G. Lanthanide luminescence for functional materials and bio-sciences. Chem Soc Rev，2010，39（1）：189-227.

[23]　Bünzli J C G，Eliseeva S V. Intriguing aspects of lanthanide luminescence. Chem Sci，2013，4（5）：1939-1949.

[24]　Bünzli J C. Lanthanide luminescence for biomedical analyses and imaging. Chem Rev，2010，110（5）：2729-2755.

[25]　Eliseeva S V，Ryazanov M，Gumy F，et al. Dimeric complexes of lanthanide（Ⅲ）hexafluoroacetylacetonates with 4-cyanopyridine N-oxide：synthesis，crystal structure，magnetic and photoluminescent properties. Eur J Inorg Chem，2006，2006（23）：4809-4820.

[26]　Thibon A，Pierre V C. Principles of responsive lanthanide-based luminescent probes for cellular imaging. Anal Bioanal Chem，2009，394（1）：107-120.

[27]　徐光宪. 镧系金属. 北京：冶金工业出版社，1995.

[28]　张若桦. 镧系金属元素化学. 天津：天津科学技术出版社，1987.

[29]　洪广言. 镧系金属化学导论. 北京：科学出版社，2014：1009-1009.

[30]　苏锵. 镧系金属化学. 郑州：河南科学技术出版社，1993.

[31]　易宪武. 无机化学丛书. 第7卷，钪、镧系金属元素. 北京：科学出版社，2011.

[32]　黄春辉. 镧系金属配位化学. 北京：科学出版社，1997.

[33]　张思远. 镧系金属离子的光谱学. 北京：科学出版社，2008.

[34]　Hänninen P，Härmä H，Ala-Kleme T. Lanthanide Luminescence：Photophysical，Analytical And Biological Aspects. Berlin: Springer，2011.

[35]　Rocha J，Carlos L D，Paz F A A，et al. Luminescent multifunctional lanthanides-based metal-organic frameworks. Chem Soc Rev，2011，40（2）：926-940.

[36]　Li B，Wen H M，Cui Y，et al. Multifunctional lanthanide coordination polymers. Prog Polym Sci，2015，48：40-84.

[37]　Cheng P，Bosch M. Lanthanide metal-organic frameworks. Struct Bond，2015，163.

[38]　Yaghi O M，O'Keeffe M，Ockwig N W，et al. Reticular synthesis and the design of new materials. Nature，2003，423（6941）：705-714.

[39]　Tanabe K K，Cohen S M. Postsynthetic modification of metal-organic frameworks：a progress report. Chem Soc Rev，2011，40（2）：498-519.

[40]　Paz F A，Klinowski J，Vilela S M，et al. Ligand design for functional metal-organic frameworks. Chem Soc Rev，2012，41（3）：1088-1110.

[41]　Hoskins B F，Robson R. Infinite polymeric frameworks consisting of three dimensionally linked rod-like segments. J Am Chem Soc，1989，111（15）：5962-5964.

[42]　Lu W，Wei Z，Gu Z Y，et al. Tuning the structure and function of metal-organic frameworks via linker design. Chem Soc Rev, 2014,43（16）：5561-5593.

[43]　Liu W，Jiao T，Li Y，et al. Lanthanide coordination polymers and their Ag$^+$-modulated fluorescence. J Am Chem Soc，2004，126（8）：2280-2281.

[44]　Wong K L，Law G L，Yang Y Y，et al. A highly porous luminescent terbium-organic framework for reversible anion sensing. Adv Mater，2006，18（8）：1051-1054.

[45]　Chen B，Yang Y，Zapata F，et al. Luminescent open metal sites within a metal-organic framework for sensing small molecules. Adv Mater，2007，19（13）：1693-1696.

[46]　Chen B，Wang L，Zapata F，et al. A luminescent microporous metal-organic framework for the recognition and sensing of anions. J Am Chem Soc，2008，130（21）：6718-6719.

[47]　Banglin Chen，Wang L，Xiao Y，et al. A luminescent metal-organic framework with Lewis Basic pyridyl sites for the sensing of metal ions. Angew Chem Int Ed，2009，48（3）：500-503.

[48]　Song X Z，Song S Y，Zhao S N，et al. Single-crystal-to-single-crystal transformation of a europium（Ⅲ）metal-organic framework producing

a multi-responsive luminescent sensor. Adv Funct Mater, 2014, 24（26）: 4034-4041.

[49] Wei Liu, Xin Huang, Cong Xu, et al. A multiresponsive regenerable europium-organic framework luminescent sensor for Fe^{3+}, Cr^{VI} anions and Picric Acid. Chem Eur J, 2016, 22（52）: 18769-18776.

[50] Zheng K, Liu Z Q, Huang Y, et al. Highly luminescent Ln-MOFs based on 1, 3-adamantanediacetic acid as bifunctional sensor. Sens Actuators B: Chemical, 2018, 257, 705-713.

[51] Zhao B, Chen X Y, Cheng P, et al. Coordination polymers containing 1D channels as selective luminescent probes. J Am Chem Soc, 2004, 126（47）: 15394-15395.

[52] Cui Y, Xu H, Yue Y, et al. A luminescent mixed-lanthanide metal-organic framework thermometer. J Am Chem Soc, 2012, 134（9）: 3979-3982.

[53] Ma J, Huang X, Song X, et al. Assembly of framework isomeric 4d-4f heterometallic metal-organic frameworks with neutral/anionic micropores and guest-tuned luminescence properties. Chem Eur J, 2013, 19（11）: 3590-3595.

[54] Huang X, Ma J, Liu W. Lanthanide metalloligand strategy toward d-f Heterometallic metal-organic frameworks: magnetism and symmetric-dependent luminescent properties. Inorg Chem, 2014, 53（12）: 5922-5930.

[55] Cui Y, Song R, Yu J, et al. Dual-emitting CPS⊃dye composite for ratiometric temperature sensing. Adv Mater, 2015, 27（8）: 1420-1425.

[56] An J, Shade C M, Chengelis-Czegan D A, et al. Zinc-adeninate metal-organic framework for aqueous encapsulation and sensitization of near-infrared and visible emitting lanthanide cations. J Am Chem Soc, 2011, 133（5）: 1220-1223.

[57] Dao X, Ni Y, Pan H. MIL-53（Al）/Eu^{3+}luminescent nanocrystals: solvent-adjusted shape-controllable synthesis and highly selective detections for Fe^{3+}ions, $Cr_2O_7^{2-}$ anions and acetone. Sens Actuators B: Chemical, 2018, 271, 33-43.

[58] Wu J, Zhang H, Du S. Tunable luminescence and white light emission of mixed lanthanide-organic frameworks based on polycarboxylate ligands. J Mater Chem C, 2016, 4（16）: 3364-3374.

[59] Rao X, Huang Q, Yang X, et al. Color tunable and white light emitting $Tb^{3+}$and Eu^{3+}doped lanthanide metal-organic framework materials. J Mater Chem, 2012, 22（7）: 3210-3214.

[60] Zhang Y, Li X, Song S. White light emission based on a single component Sm（III）framework and a two component Eu（III）-doped Gd（III）framework constructed from 2, 2'-diphenyl dicarboxylate and 1H-imidazo[4, 5-f][1, 10]-phenanthroline. Chem Commun, 2013, 49（88）: 10397-10399.

[61] Le Natur F, Calvez G, Daiguebonne C, et al. Coordination polymers based on heterohexanuclear rare earth complexes: toward independent luminescence brightness and color tuning. Inorg Chem, 2013, 52（11）: 6720-6730.

[62] Zhang H, Shan X, Ma Z, et al. A highly luminescent chameleon: fine-tuned emission trajectory and controllable energy transfer. J Mater Chem C, 2014, 2（8）: 1367-1371.

[63] Zhu M, Hao Z, Song X, et al. A new type of double-chain based 3D lanthanide（III）metal-organic framework demonstrating proton conduction and tunable emission. Chem Commun, 2014, 50（15）: 1912-1914.

[64] Feng C, Sun J, Yan P, et al. Color-tunable and white-light emission of one-dimensional L-di-2-thenoyltartaric acid mixed-lanthanide coordination polymers. Dalton Trans, 2015, 44（10）: 4640-4647.

[65] Xu C, Kirillov A M, Shu Y, et al. Photoluminescence enhancement induced by a halide anion encapsulation in a series of novel lanthanide（III）coordination polymers. Cryst Eng Comm, 2016, 18（7）: 1190-1199.

[66] Yang Q, Pan M, Wei S, et al. Linear dependence of photoluminescence in mixed Ln-MOFs for color tunability and barcode application. Inorg Chem, 2015, 54（12）: 5707-5716.

[67] Du B, Zhu Y, Pan M, et al. Direct white-light and a dual-channel barcode module from Pr（III）-MOF crystals. Chem Commun, 2015, 51（63）: 12533-12536.

[68] Xiao Y, Wang S, Zheng F, et al. Excitation wavelength-induced color-tunable and white-light emissions in lanthanide（III）coordination polymers constructed using an environment-dependent luminescent tetrazolate-dicarboxylate ligand. Cryst Eng Comm, 2016, 18（5）: 721-727.

[69] Li C, Zhao Y, Hu H, et al. Lanthanide coordination frameworks constructed from 3, 3', 4, 4'-diphenylsulfonetetracarboxylic and 1, 10-phenanthroline: synthesis, crystal structures and luminescence properties. Dalton Trans, 2016, 45（39）: 15436-15444.

[70] Freslon S, Luo Y, Daiguebonne C, et al. Brightness and color tuning in a series of lanthanide-based coordination polymers with benzene-1, 2, 4, 5-tetracarboxylic acid as a ligand. Inorg Chem, 2016, 55（2）: 794-802.

[71] Wang Y, Xing S.-H, Bai F.-Y, et al. Stable lanthanide-organic framework materials constructed by a triazolyl carboxylate ligand: multifunction detection and white luminescence tuning. Inorg Chem, 2018, 57（20）, 12850-12859.

第30章
非线性光学效应配位聚合物

30.1 引　言

30.1.1 非线性光学

1960 年 Maiman 发现激光，次年 Franken 发现激光与物质作用产生的倍频现象，由此拉开了非线性光学（nonlinear optics，NLO）及相关材料研究的序幕。随着各种 NLO 效应的发现，相关理论研究逐渐深入，各种新型材料不断涌现。基于理论研究与技术应用相结合，目前非线性光学在光电信息、纳米光子、生物医学等领域展现出无穷的魅力。

非线性光学是研究强光（激光）作用下物质的响应与光场强度间非线性关系的学科。具体来说，当高能量密度的激光在特定性质介质中传播时，强光电磁场与介质电子云发生相互作用，使介质电子云分布发生极化，当这种极化作用足够强时，极化介质对入射光线产生反作用，改变入射光的电磁场，使出射光的相位、频率、振幅等传输特性发生改变，物质的这种特性称为非线性光学特性。介质分子的极化度 p 是入射光电场强度 E 的非线性函数，可用 Taylor 级数展开描述为

$$p = m + \alpha E + \beta E^2 + \gamma E^3 + \cdots \tag{30-1}$$

类似地，当一定频率的激光通过由特定分子组成的宏观晶体时，在光源作用下单位体积的主体极化度 P 也可表示为

$$P = P_0 + \chi^{(1)}E + \chi^{(2)}E^2 + \chi^{(3)}E^3 + \cdots \tag{30-2}$$

式中，$m(P_0)$ 为分子（晶体）的永久偶极；$\alpha(\chi^{(1)})$ 为分子（晶体）的线性极化系数；$\beta(\chi^{(2)})$ 为二阶非线性极化系数；$\gamma(\chi^{(3)})$ 为三阶非线性极化系数。简单而言，基于电场 n 次幂所诱导的电极化效应称为 n 阶非线性光学效应。虽然随研究手段的不断改进，三级以上的高阶效应已有所研究，但最重要而且研究得最深入的还是二阶和三阶效应。在二阶非线性光学效应中，较重要的有二次谐波产生（SHG）、混频效应、泡克耳斯效应等，在三阶非线性光学效应中，目前研究的大多是光限幅效应与双光子效应。

30.1.2 非线性光学材料的发展

非线性光学材料是 NLO 器件设计和应用的物质基础。KH_2PO_4 和偏硼酸钡（BBO）等无机非线性光学晶体材料已经广泛应用于激光倍频、光参量振荡（optical parametric oscillation，OPO）、电光调制等诸多光电技术。目前，开发性能优异的新型非线性光学材料，将促进激光技术的广泛应用和信息资源的充分利用，对推动人们生活方式的变革具有重大意义。

根据非线性效应可将非线性光学材料分为二阶 NLO 材料、三阶 NLO 材料等；根据材料组成可分为无机 NLO 材料、有机 NLO 材料、有机无机杂化材料以及近年来发展的配位聚合物材料[1-7]。

自非线性光学现象发现以来，无机 NLO 材料的发展取得了长足的进步，处于 NLO 应用的主导地位，但受工作带宽窄、损伤阈值低等缺点的限制，无机 NLO 晶体很难适合于高速光电子器件的应用要求。基于有机分子的非线性光学材料具有非线性光学活性高和响应快的优势，可满足多种光学器件制作的要求。同时，其易剪裁性和高工艺兼容性使其成为非线性光学材料科学最为活跃的研究领域之一。然而，有机分子间较强的相互作用易导致分子间聚集，从而影响其在基质中的分散和极化取向。某些有机非线性光学生色团结构可以在一定程度上抑制这种聚集作用，但常以牺牲非线性活性为代价。非线性光学生色团的给体和受体单元往往通过芳香环、多烯和炔类等 π 共轭体系连接，因 π-π 堆积效应导致溶解性较差，最终影响材料的制备和性能的发挥[8-16]。与有机 NLO 化合物相比，有机无机纳米复合 NLO 材料一般通过溶液分子组装、水热合成等方法制备，其中金属离子与有机桥连配体之间的配位诱导自组装往往能赋予聚合物材料优良的 NLO 性质。虽然这些材料具有很多优良的物理化学性质，但合成过程中需要着重关注有机衬底和无机物种类的选择，有些有机/无机纳米复合材料中的有机桥连配体因受到结构的约束，无法继续展现某些优良的物理化学性质。

相对于上述无机、有机、有机/无机杂化 NLO 材料，金属配位聚合物材料的 NLO 效应具有更多的可调控因素，此类材料中有机配体的高光学活性、灵活的设计性，以及金属中心丰富的电子结构、不同的发光机制都可用于有效地调节目标产物的非线性光学性能[17-21]。把配位聚合物制备成纳米颗粒可以在很大程度上提高其在溶剂中的分散性，近几年其成功应用于生物显影、药物释放和探针等方面[22-24]。

在配位聚合物中，有机配体的设计、生色团的选择非常重要，生色团通常由三部分构成：电子给体（donor，D）、受体（acceptor，A）和 π 共轭链。三者的不同组合可以形成偶极分子、四极分子、八极矩分子以及更为复杂的分子结构[25]。在配体分子中往往引入含 N、O 和 S 配位原子的不同基团，如吡啶类（单吡啶、双吡啶和三吡啶）、软酸类（HS⁻，—CS₂⁻）、炔类（乙炔基）、含氧类（β-双酮、羧酸）等配位基团，来构筑 D-π-A 和 A-π-A 结构的分子，以调节非线性光学效应；引入多醚类、多胺类、脂肪基、磺酸基、磷酸基、羧基等基团，来增强配体与环境的相溶性（水溶性、脂溶性或生物相容性）。另外，金属离子/金属团簇等金属中心因素同样影响材料的非线性光学性质[26-30]。更为重要的是，有机配体和金属离子配位作用模式、晶胞堆积方式和晶体拓扑结构也会导致宏观非线性光学性能。因此，可通过调节配位聚合物结构上的多方面因素来实现非线性光学材料的定向组装和性能调控。

30.2　二阶非线性光学配位聚合物材料

二阶 NLO 效应是最早发现的非线性光学现象，在激光倍频和电光调制领域具有重要应用价值。目前，量子化学理论计算在预测 NLO 效应方面发挥了重要作用。计算方法主要包括有限场法（finite-field method）和状态求和（sum over state）法，为设计合成具有良好非线性光学性能的化合物提供了一定的理论指导[31, 32]。特别是对二阶非线性化合物，理论预测取得了巨大的成功。研究结果表明：非中心对称、可极化的含有 π 共轭结构的分子一般具有较大的二阶非线性光学系数 β。例如，在共轭体系的适当位置分别引入给电子基和吸电子基，造成分子中电子的不对称分布，从而导致大的非线性光学系数。为使宏观物质具有二阶 NLO 活性，除了分子结构上要符合要求（非中心对称、可极化、含有 π 共轭结构），还要求分子定向排列成非中心对称的晶体（即晶体所属点群为非中心对称点群），否则，分子的非线性 β 贡献互相抵消而使得 $\chi^{(2)}$ 为零。在晶体学的 32 个点群中，凡具有中心对称的晶体都不可能具有二阶 NLO 效应，只有 18 个点群的晶体可能具有二阶 NLO 效应[33]，分别是：1、2、3、*m*、222、*mm*2、4、$\bar{4}$、4*mm*、42*m*、32、3*m*、6、6*mm*、62*m*、$\bar{6}$、23、43*m*。

基于上述分析，分子基二阶 NLO 材料须满足三个基本条件：①其宏观晶体属非中心对称点群；②体系中存在潜在的电荷不对称因素，如 D-π-A 体系；③在激光工作波长范围的吸收尽可能小。从分子设计的角度出发，在设计二阶 NLO 配位聚合物时，桥连配体应选择具有离域 π 电子的不对称有机分子，金属离子主要以 Zn^{2+}、Cd^{2+}、Hg^{2+} 等 d^{10} 过渡金属离子为主。

目前已报道的二阶非线性光学配位聚合物的结构类型可分为：3D 金刚烷网络结构（3-D diamondoid networks）、2D 配位网络结构（2D coordination networks）和 1D 及相关螺旋配位结构（1D and related helical coordination networks）[34]，下面分别予以介绍。

30.2.1　3D 金刚烷型网络结构的二阶 NLO 配位聚合物

对于 3D 金刚烷型网络结构的配位聚合物，其拓扑网络在奇数重互穿（3 重、5 重、7 重互穿等）下具有非中心对称结构，而在偶数重互穿（2 重、4 重、6 重互穿等）下具有中心对称结构。因此，通过配位聚合物的 3D 网络拓扑结构可预测其是否具有二阶非线性光学活性。

2006 年，Tian 小组[35]利用 SeCN 为桥连配体与 $CdCl_2$ 进行组装，获得了 3D 网状结构的配位聚合物$[CdHg(SeCN)_4]_n$（**1**）和 $[ZnCd(SeCN)_4]_n$（**2**）。研究结果表明：两种配位聚合物均属于 $I\bar{4}$ 空间群，均呈现出较强的二阶非线性光学效应，倍频信号强度分别为尿素的 45 倍和 25 倍。图 30-1 为该系列配位聚合物的晶体结构及堆积方式。

Lin 小组[36]利用图 30-2 中的不对称配体与金属离子组装，得到了一系列 3D 配位聚合物（图 30-3），并研究了它们的二阶非线性光学性质。其中，不对称配体 L_1 与 Zn 在 130℃下 EtOH-H₂O 溶剂热体系中组装成配位聚合物 **3**，其中 Zn^{2+} 的配位模式为变形四面体，晶体所属空间群为手性 $P2_12_12_1$ 空间群，配位聚合物具有非中心对称的 3 重互穿 3D 金刚烷型网络拓扑结构，图 30-4 为该配位聚合物的结构及网络拓扑图[37]。

以相同的配体 L_1 与 $Cd(NO_3)_2 \cdot 4H_2O$ 进行组装时[38]，Cd^{2+} 采取 6 配位模式，所获得的配位聚合物具有 2 重和 3 重互穿的 3D 网络拓扑结构（图 30-5），晶体为中心对称的 *Pbca* 空间群，不具有二阶 NLO 效应。

不对称配体 L_2 与 Zn^{2+} 在 95℃下 EtOH-H₂O 溶剂热体系中组装成配位聚合物 **6**[39]，其中 Zn^{2+} 的配

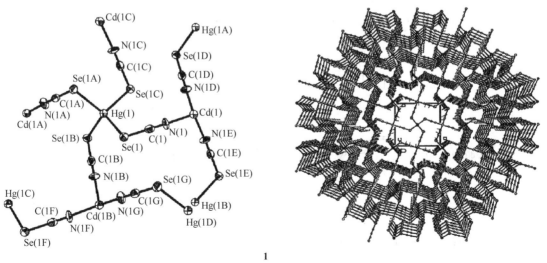

1

(a)

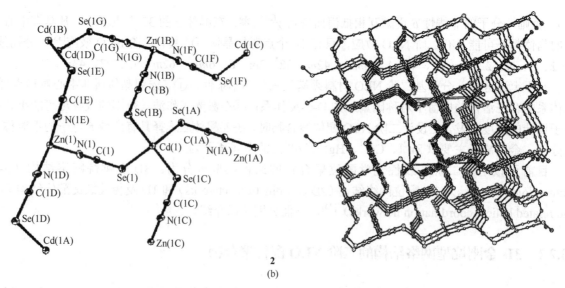

2

(b)

图 30-1　配位聚合物 **1**（a）和 **2**（b）的晶体结构及其在晶体中的堆积方式

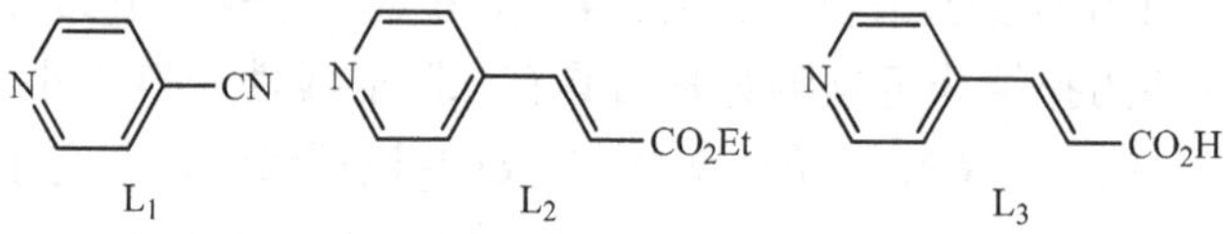

L₁　　　　　　L₂　　　　　　L₃

图 30-2　常见的组装二阶 NLO 配位聚合物的桥连配体

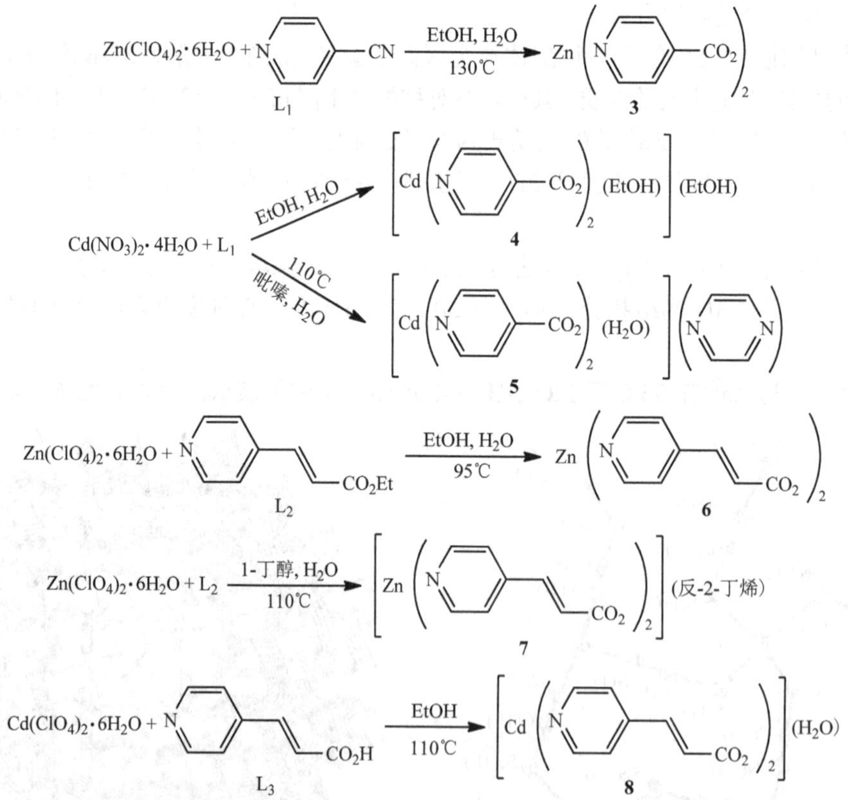

Zn(ClO₄)₂·6H₂O + [pyridine-CN] $\xrightarrow[130℃]{EtOH, H₂O}$ Zn(pyridine-CO₂)₂ **3**

Cd(NO₃)₂·4H₂O + L₁

$\xrightarrow{EtOH, H₂O}$ [Cd(pyridine-CO₂)₂(EtOH)](EtOH) **4**

$\xrightarrow[吡嗪, H₂O]{110℃}$ [Cd(pyridine-CO₂)₂(H₂O)](pyrazine) **5**

Zn(ClO₄)₂·6H₂O + L₂ $\xrightarrow[95℃]{EtOH, H₂O}$ Zn(pyridine-CO₂)₂ **6**

Zn(ClO₄)₂·6H₂O + L₂ $\xrightarrow[110℃]{1-丁醇, H₂O}$ [Zn(pyridine-CO₂)₂](反-2-丁烯) **7**

Cd(ClO₄)₂·6H₂O + [pyridine-CO₂H] $\xrightarrow[110℃]{EtOH}$ [Cd(pyridine-CO₂)₂](H₂O) **8**

图 30-3　3D 金刚烷型网络结构的二阶 NLO 配位聚合物的结构示意图

位构型为变形四面体，晶体所属空间群为 *Cc*，配位聚合物 **6** 具有 5 重互穿的 3D 金刚烷型网络拓扑结构，具有非中心对称性。图 30-6 为 **6** 的结构及网络拓扑图。

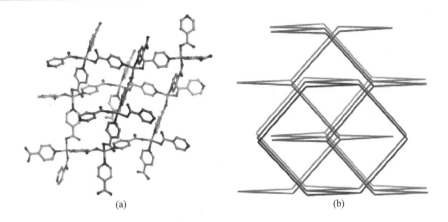

图 30-4　配位聚合物 **3** 的晶体结构（a）及 3 重互穿网络拓扑图（b）

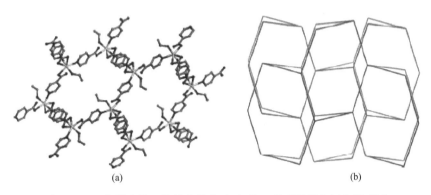

图 30-5　配位聚合物 **4** 的晶体结构（a）及 2 重互穿网络拓扑图（b）

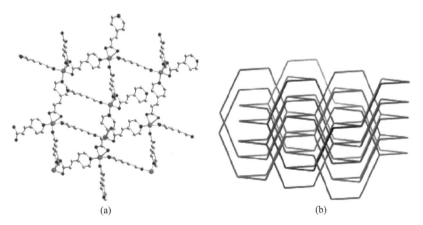

图 30-6　配位聚合物 **6** 的晶体结构（a）及 5 重互穿网络拓扑图（b）

　　Lin 小组的系统研究结果初步表明，图 30-6 中的吡啶类衍生物配体的不对称结构对配位聚合物的结构和性能有重要的影响，并呈现一定的规律性：桥连配体吡啶基的长度越长，配位聚合物的互穿度越高，二次谐波效应越强。通过设计较长的吡啶羧酸桥连配体来提高网络结构的互穿度，有可能获得更强 SHG 效应的二阶非线性光学材料。

30.2.2　2D 网络结构的二阶 NLO 配位聚合物

　　采用顺式八面体（如羧酸基团的螯合配位）或四面体构型配位的金属离子，其配位环境通常具

有 C_{2v} 对称性。由于不存在对称中心，该金属中心与不对称桥连配体形成 2D 网络结构时，往往具有非中心对称性。如果这些 2D 网络在堆积成宏观晶体时，层间相邻网络间也不存在对称中心，那么所形成的宏观晶体即为非中心对称晶体，具有二阶非线性光学活性。

Lin 小组利用水热/溶剂热条件下的原位自组装技术，得到了系列 2D 配位聚合物 **9～11**，研究了它们的二阶非线性光学性能。图 30-7 是配位聚合物 **9～11** 的组装过程。

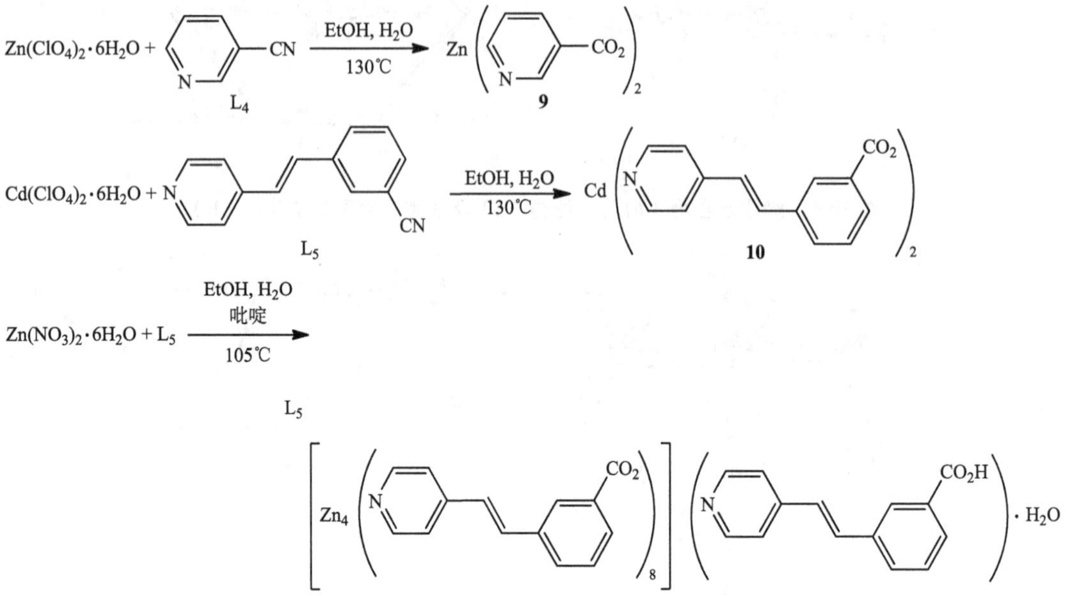

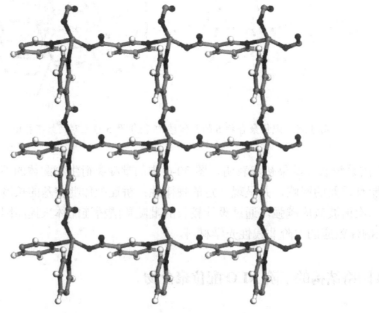

图 30-7　配位聚合物 **9～11** 的组装过程

在配位聚合物 **9** 中，羧酸基团通过双齿螯合方式配位，Zn^{2+} 的配位模式为顺式八面体（*cis-octahedral*），分子具有 C_{2v} 对称性，由于不存在对称中心，不对称桥连配体连接金属离子，形成手性 2D 网络结构。相邻层间网络通过 3-吡啶基团间的 π-π 相互作用将 2D 网络堆积成具有不对称中心的宏观晶体（$P4_32_12$ 群）。图 30-8 是配位聚合物 **9** 的 2D 结构[40]。

图 30-8　配位聚合物 **9** 的 2D 结构

配位聚合物 **10**（图 30-9）属于 *Fdd*2 空间群，由不对称桥连配体连接金属离子形成手性 2D 菱形结构。相邻层通过配体芳环的 π-π 相互作用堆积成非中心对称的宏观晶体。化合物 **10** 在可见光区完全透明且具有大的二阶非线性光学系数，可能成为具有应用前景的新型二阶非线性光学材料[41]。

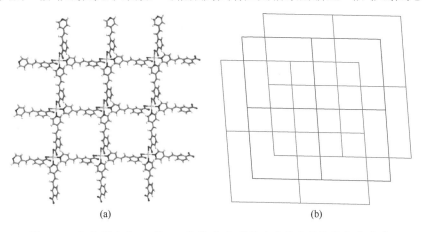

(a)　　　　　　　　　　　　　　(b)

图 30-9　配位聚合物 **10** 的 2D 结构（a）及其在晶体中的堆积方式（b）

在配位聚合物 **11** 中，羧酸基团通过单齿方式配位，Zn^{2+} 的配位构型为变形顺式八面体（*cis*-octahedral）。不对称桥连配体连接金属离子形成手性 2D 菱形结构。相邻层间通过配体芳环的 π-π 相互作用以 ABC 型交替堆积，同时层间存在自由配体及 H_2O 分子。自由配体的存在进一步加强了层间 π-π 作用，最终形成非中心对称的手性宏观晶体，其空间群为 *Cc*。图 30-10 为 **11** 的 2D 结构及其在晶体中的堆积方式[41]。

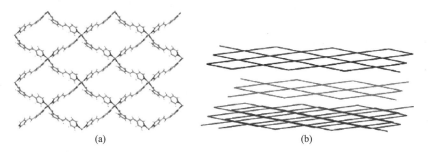

(a)　　　　　　　　　　　　　　(b)

图 30-10　配位聚合物 **11** 的 2D 结构（a）及其在晶体中的堆积方式（b）

Lin 小组利用 Kurtz 粉末技术测定了化合物 **9**～**11** 的非线性光学二次谐波产生（SHG）效应，将这些化合物的 SHG 效应与目前已应用的高性能 $LiNbO_3$ 材料进行了比较。其中，配位聚合物 **10** 的 SHG 效应已远远超过 $LiNbO_3$ 材料[40]。

30.2.3　1D 螺旋结构的二阶 NLO 配位聚合物

通过分子设计方法已经可获得非中心对称的一维链状配位聚合物，但能否将这些一维链按需要的方式堆积成非中心对称的宏观晶体还很难预测和控制。因此，获得一维结构的二阶 NLO 配位聚合物材料具有较大的偶然性，目前主要通过大量的合成筛选获得。

Lin 小组合成了一维配位聚合物 **12**{[Zn(L)$_2$(H$_2$O)]·(CH$_3$CN)$_2$(H$_2$O)$_3$}（图 30-11）[42]，其中，配体 L_6 桥连 Zn^{2+} 形成一维链状结构，再进一步堆积形成非中心对称的宏观晶体，所属空间群为 *Fdd*2。图 30-12 为配位聚合物 **12** 的 1D 结构及其在晶体中的堆积方式。

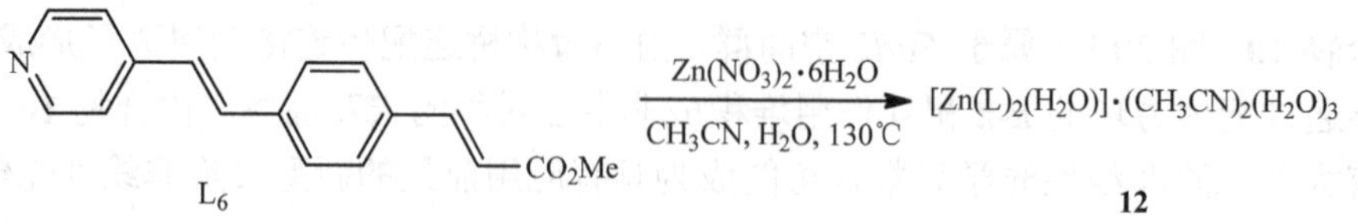

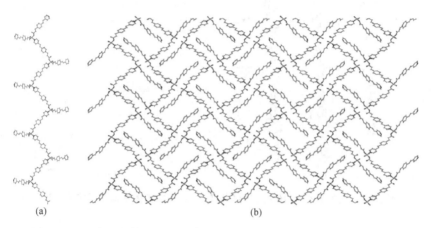

图 30-11　配位聚合物 **12** 的组装过程

图 30-12　配位聚合物 **12** 的 1D 结构（a）及其在晶体中的堆积方式（b）

　　利用 Kurtz 粉末技术测定了化合物 **12** 的 SHG 效应，测试结果表明，化合物 **12** 的 SHG 强度是 LiNbO$_3$ 的 75 倍。在 532nm 处配位聚合物显示出最大 SHG 效应，研究也发现，化合物 **12** 的 SHG 强度与其晶粒尺度大小相关，SHG 强度表现出明显的物相匹配性（phase-matchable）。

　　Tian 小组[43]设计合成了一个 D-A 型的三苯胺三联吡啶（tpatpy）有机分子。该有机分子与三种卤化锌金属盐（ZnCl$_2$、ZnBr$_2$ 和 ZnI$_2$）自组装，获得了三个非中心对称的一维链状配位聚合物单晶［AHU-1（图 30-13）、AHU-2 和 AHU-3］。研究表明：AHU-1、AHU-2 和 AHU-3 的倍频信号强度分别为尿素的 21 倍、23 倍和 10 倍，且三者的倍频信号随着样品粒径的减小而明显增大。在共聚焦显微镜下，AHU-1 微晶样品的倍频信号随着入射波长的增大而减小。在上述实验结果的激励下，研究者成功制备了尺寸在 20nm 左右的 AHU-1 纳米晶，并顺利地将其应用于小鼠肝脏组织切片的三维显影，获得了很好的二次谐波显影效果。

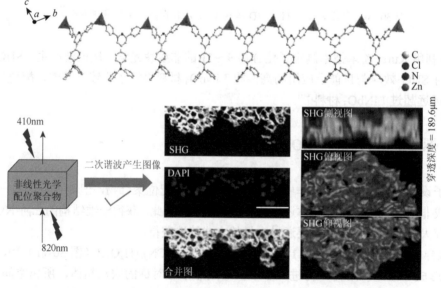

图 30-13　配位聚合物 AHU-1 的 1D 结构及二次谐波显影效果

30.3　三阶非线性光学配位聚合物材料

具有三阶 NLO 效应的材料对分子结构的要求与二阶非线性效应明显不同。由于 $\gamma(\chi^{(3)})$ 是四阶张量，并不要求分子结构为非中心对称。$\gamma(\chi^{(3)})$ 张量的最大分量是共轭方向上的分量，即三阶 NLO 效应并不要求材料有特殊的宏观对称性，所有共轭链以相同方向取向的材料将会有最大的 $\gamma(\chi^{(3)})$ 值。就实用化要求而言，优化三阶 NLO 材料是一个很复杂的问题，没有成熟简单的方法。必须从不同应用目标着手来设计分子，其中最为重要的仍然是非线性系数的优化。

虽然人们已经开展了大量三阶非线性光学性质的研究工作，但是，目前对三阶非线性光学性质与分子结构的关系仍然不是十分清楚。在过去几十年中，大量实验研究结果已经确立了一些重要的发展趋势。总的来说，在三阶 NLO 配位聚合物的有机配体筛选工作中，其分子结构设计应符合以下规律（图 30-14）。

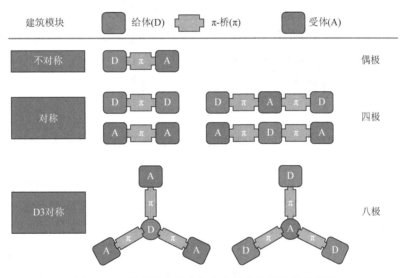

图 30-14　具有非线性光学效应的有机配体结构类型

（1）离域 π 电子共轭体系。π 电子具有高度的离域性，可以在整个 π 体系中像自由电子一样运动。实验和理论研究都证实具有离域 π 电子共轭体系的分子比共价键束缚的分子具有大得多的三阶 NLO 效应。

（2）共轭链的长度。线形共轭链分子的三阶非线性极化率随着共轭链长度的增加而增加，部分化合物的三阶非线性极化率会随着共轭链增长到一定程度后出现饱和值。当线形结构变成环状结构时，维数的增加伴随有三阶极化率的降低。

（3）取代基的影响。在分子中存在给电子和吸电子基团时，两者之间可能存在电荷转移。这一效应增加了分子的跃迁偶极矩，从而提高了分子的三阶非线性光学效应。

30.3.1　三阶非线性配位聚合物

配位聚合物具有很强的三阶非线性光学吸收效应和折射效应[44, 45]。Li 等[46]合成了多配体配位聚合物[Cd(en)(NO$_3$)$_2$(4, 4′-bpy)]$_n$（图 30-15），并研究了其三阶 NLO 性能。结果表明，该配位聚合物有很强的三阶非线性光学效应，超极化率值为 1.7×10^{-29}esu。

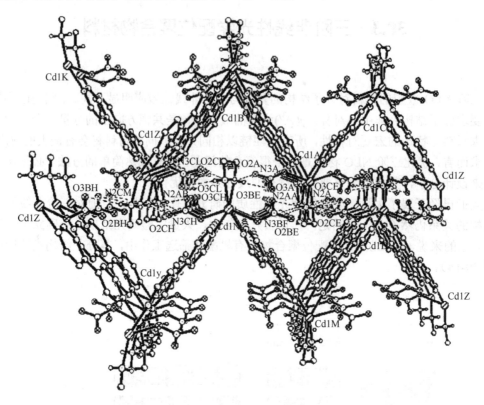

图 30-15   配位聚合物[Cd(en)(NO$_3$)$_2$(4, 4′-bpy)]$_n$ 的 1D 结构及晶体堆积方式

Tian 小组通过三吡啶类配体（L7，L8）与不同卤化锌在溶剂热条件下进行组装，得到五种三吡啶锌配合物（13~17）（图 30-16）[47]。其中 13 和 14 呈双配体双金属核构型，15~17 呈一维螺旋链状构型。固体荧光测试表明 L7 与 L8 的固体荧光强度相差不大，但由于配体与卤化锌组装模式不同，配合物 13 和 14 的荧光增强，配位聚合物 15、16 和 17 的荧光减弱。通过开孔 Z 扫描技术得到系列化合物的三阶非线性光学系数，激发波长在近红外区时，13~17 的二阶非线性光学系数（β）分别为 1.404cm/GW、1.161cm/GW、1.289cm/GW、0.965cm/GW、0.473cm/GW，表明不同卤素原子作为配体时，能够明显影响配合物/配位聚合物的三阶非线性光学效应。

金属中心也是配位聚合物中的可设计因素，Hou 等研究了金属中心对配位聚合物三阶非线性性能的影响[48]，如一维双螺旋配位聚合物[Ag$_{10}$(dcapp)$_4$](OH)$_2$·12H$_2$O（图 30-17）的 DMF 溶液有很强的三阶非线性光学效应，在浓度为 3.4×10^{-4}mol/L 时，溶液的三阶极化率 $\chi^{(3)}$ 达 2.20×10^{-11}esu，接近 C$_{60}$、酞菁衍生物和无机簇的 $\chi^{(3)}$ 值；此外 Hou 小组还报道了由双官能团和线形含氮配体组成的锰配位聚合物[Mn(N$_3$)$_2$(4, 4′-bpy)]$_n$，其 $\chi^{(3)}$ 值为 1.2×10^{-11}esu。

Xiao 等[49]合成了以 Zn^{2+} 为中心离子的一维单螺旋配位聚合物{[Zn(Ac)$_2$(bbbm)](CH$_3$OH)$_2$}$_n$（图 30-18），其显示出强的非线性折射效应，折射率 n_2 值高达 1.38×10^{-17}m^2/W，可与典型的三阶非线性光学材料如有机过氧化物、半导体和原子簇化合物相媲美。

总的来说，配位聚合物的三阶非线性光学材料因分子可设计性强、机械强度大、化学稳定性高等优点备受重视，合成具有优良光学性能、热稳定性和可加工性的新型配位聚合物三阶非线性光学材料是当前十分活跃的研究领域[50]。

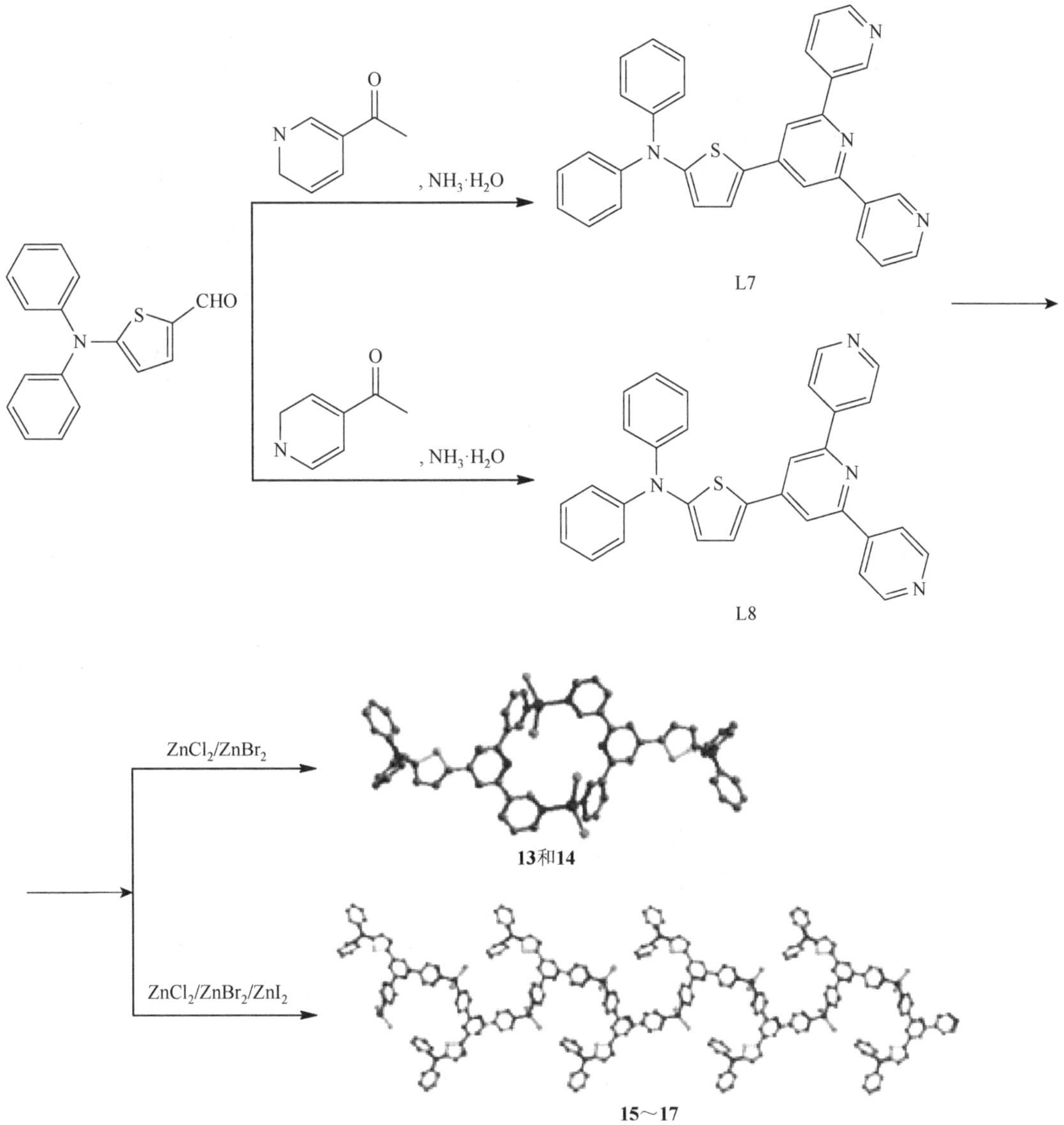

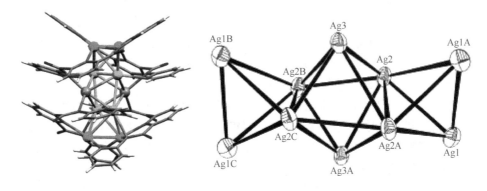

图 30-16　配体 L7、L8 及 **13～17** 的结构示意图

图 30-17　配位聚合物[Ag$_{10}$(dcapp)$_4$](OH)$_2$·12H$_2$O 的 1D 结构及银离子堆积方式

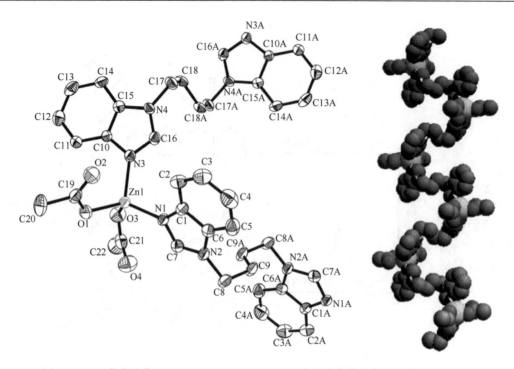

图 30-18　配位聚合物 $\{[Zn(Ac)_2(bbbm)](CH_3OH)_2\}_n$ 的晶体结构及在晶体中的堆积方式

30.3.2　双光子配位聚合物

双光子吸收（two photon absorption，TPA）通常是指材料分子在强脉冲激光激发下发生极化，通过虚中间态同时吸收两个光子达到高能态的过程。双光子吸收及相关的光物理化学过程以其特有的三维处理能力和极高的空间分辨本领，在生物、物理、化学、医学、微电子技术等领域显示出变革性的应用潜力[51-61]。

虽然使用飞秒脉冲激光可以使双光子吸收概率增大，但是，在配位聚合物与强激光相互作用时还存在材料本身自吸收的物理过程，可能导致材料发生损伤。很多材料的抗损伤阈值远小于发生双光子吸收的光强度，因此，改善配位聚合物的性质，降低其发生双光子吸收的阈值，限制其他可能对配位聚合物产生损伤的物理过程，是双光子吸收材料应用时必须解决的问题。

双光子配位聚合物可以分为三类：第一类是使用无修饰的简单配体，如吡啶[62, 63]、4,7-二苯基邻菲咯啉（dpp）[64]、2-苯基吡啶（ppy）[65]等直接配位形成的配位聚合物；第二类是通过分子设计优化有机配体的功能，用光学性质优秀的新型配体组装成配合物，获得具有大双光子吸收截面和高量子产率的材料；第三类是使用卟啉和酞菁等一类特殊配体的衍生物形成配合物，研究其 TPA 性质。显然，第二类研究对象的可设计性强，通过研究结构性质相关性，可优化设计出具有应用价值的材料，这也是配合物 TPA 性质研究蓬勃发展的动力。

2012 年，Tian 课题组[66]将碘化亚铜与二乙胺基苯乙烯吡啶组装得到四核铜簇合物（图 30-19），结合晶体结构数据，利用含时密度泛函理论（TD-DFT）计算了配体及簇合物的 HOMO、LUMO 轨道能级，系统研究了吸收光谱、荧光光谱和双光子效应等光物理性质，研究结果与理论计算自洽。铜簇合物在 DMF 和乙醇溶液中显示最大双光子吸收，且落在近红外区 780～800nm。通过吸收光谱、荧光光谱、圆二色光谱等手段研究配合物与 DNA 的作用机理，运用共聚焦显微成像技术，观察到铜簇合物可以对不同分裂阶段的细胞染色。双光子吸收材料由于是采用近红外光激发，激发能量低、波长长，具有穿透性强、光损伤小等特点，所以在生物荧光显微成像中备受关注。

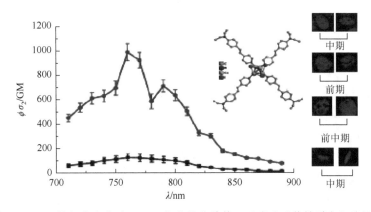

图 30-19　四核铜簇合物（Cu₄I₄L₄）的晶体结构、双光子吸收性质和细胞显影

$\quad$2013 年，Qian 小组[67]利用具有非线性光学性质的阳离子生色团 DMASM，与阴离子型框架 bio-MOF-1 晶体通道中的二甲铵离子交换（图 30-20），获得了高效的染料发光材料体系。通过对离子交换过程中染料浓度的控制，实现了 MOF 晶体中 DMASM 含量的调节。利用 DMASM 与孔道内壁的 π-π 作用和静电作用，bio-MOF-1 中二甲铵离子可完全被 DMASM 染料分子（2×10^{-3}mol/L）交换出来，对 DMASM 的富集因子达 400 倍。激光共聚焦显微分析显示，DMASM 染料离子均匀分布于整颗晶体。bio-MOF-1 对 DMASM 的分散和限域效应使得量子效率从溶液状态的 0.45%提高到 24%～56%。另外，通过对晶体中 DMASM 含量的改变，实现 DMASM@bio-MOF-1 主客体系发光颜色的调节和双光子荧光发射强度的优化。高量子效率和光子捕获能力使得 DMASM@bio-MOF-1 晶体具有强的双光子荧光发射，并在室温下实现了双光子泵浦的激射。通过激射模式间隔与晶体尺寸的关联，确认晶体上下两个天然晶面作为 Fabry-Pérot 微谐振腔镜，与高效的双光子发光基质共同构成微谐振腔与微型激光器。由高质量晶体表面构成的天然微谐振腔的品质因子 Q 达 1500。

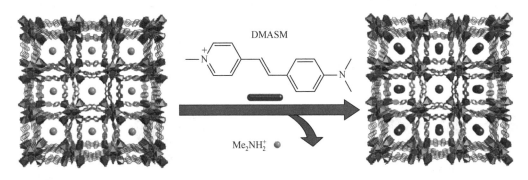

图 30-20　阳离子生色团 DMASM 在阴离子型框架 bio-MOF-1 晶体通道中的组装

$\quad$在此工作基础上，Tian 小组[43]以 bio-MOF-1 为功能载体，成功地用四种吡啶盐阳离子（PS1、PS2、PS3 和 PS4）与其孔道内客体二甲胺阳离子进行了交换（图 30-21）。交换前后晶体颜色变化和傅里叶红外表征结果相互佐证。粉末 X 射线衍射表明，交换前后 bio-MOF-1 的主题框架结构均保持不变。固体紫外-可见吸收光谱、固体荧光光谱和瞬态荧光光谱测试结果均表明客体吡啶盐离子与主体 bio-MOF-1 配位聚合物之间存在较强的正负电荷静电吸引作用，且二者之间发生了能量转移。bio-MOF-1@PS 兼具主体 bio-MOF-1 和客体 PS 的光学性质且彼此各异。研究结果表明：通过吡啶盐 PS4 交换获得的 bio-MOF-1@PS4 的倍频效应最大，其强度为 bio-MOF-1 的 1.3 倍。相对于不具备双光子荧光性质的 bio-MOF-1，bio-MOF-1@PS 均具有明显的双光子激发荧光现象，且 bio-MOF-1@PS4 的双光子荧光强度最大。该方法实现了配位聚合物（bio-MOF-1）的后功能修饰。

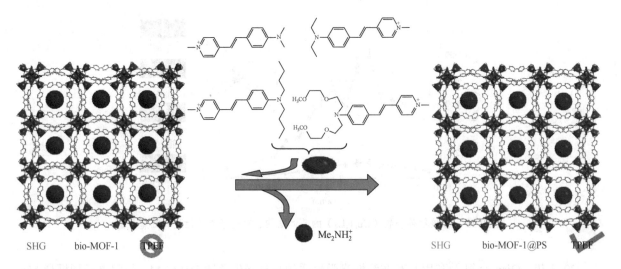

图 30-21　阳离子生色团 PS1～PS4 在阴离子型框架 bio-MOF-1 晶体通道中的组装

　　2015 年，Qian 小组[68]合成了一个吡啶季铵盐类两性离子型多酸配体 H4L10，该配体不易与 Zn^{2+}、Mn^{2+}等离子形成高质量晶体。在溶剂热条件下，将两性离子型配体 L10 部分替代成相似配体 L9，可以生长出基于混合配体的阳离子型金属有机框架晶体 ZJU-56-0.20（图 30-22）。其中活性组分 L10 的体密度达 0.28mmol/cm^3，激光扫描共聚焦显微分析表明 L10 在晶体间和晶体内部分布均匀。与配体相比，晶体 ZJU-56-0.20 在紫外光下荧光变化的响应更快，变化更显著，而不含配体 L10 的晶体不具有类似的响应，说明这一现象是由 L10 引起。在 710nm 的飞秒激光作用下，该晶体表现出类似的响应，两种不同光源作用后的产物发射光谱一致，表明两个光化学过程产生了相同的物质。而采用 900nm 的相近功率的飞秒激光对晶体作用，未发现晶体产生明显的变化，排除了由热效应引起这一变化的可能，并且证实了晶体中发生的反应是由分子激发态参与的光化学过程。利用晶体 ZJU-56-0.20 对紫外光和 710nm 飞秒激光敏感的特性，对 ZJU-56-0.20 单晶表面和内部进行空间选择性辐照，诱导出高分辨率的黄色荧光微图案。用飞秒激光直写，并利用荧光物质的双光子成像所获得的荧光图案体积分辨率可达 1μm×1μm×5μm。

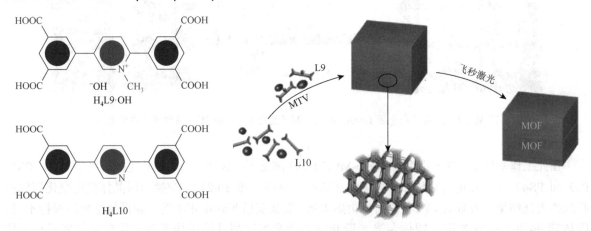

图 30-22　配体 H4L9·OH、H4L10 和金属有机框架晶体 ZJU-56-0.20 在飞秒激光作用下的光化学过程

　　同年，Tian 课题组[69]报道了基于新型配体三苯胺氰基乙酸的锡氧簇合物（图 30-23）。利用时间分辨荧光光谱、可调谐超快速激光光谱等先进技术，结合量子化学计算，研究配合物组分之间的能量传递过程、电子跃迁机制及双光子增强效应等光物理性质，探讨该锡氧簇合物与 DNA 的结合模型，

研究其抗癌活性，为新型具有抗癌活性锡氧簇合物材料的设计制备、机理研究及应用提供新思想和新方法。

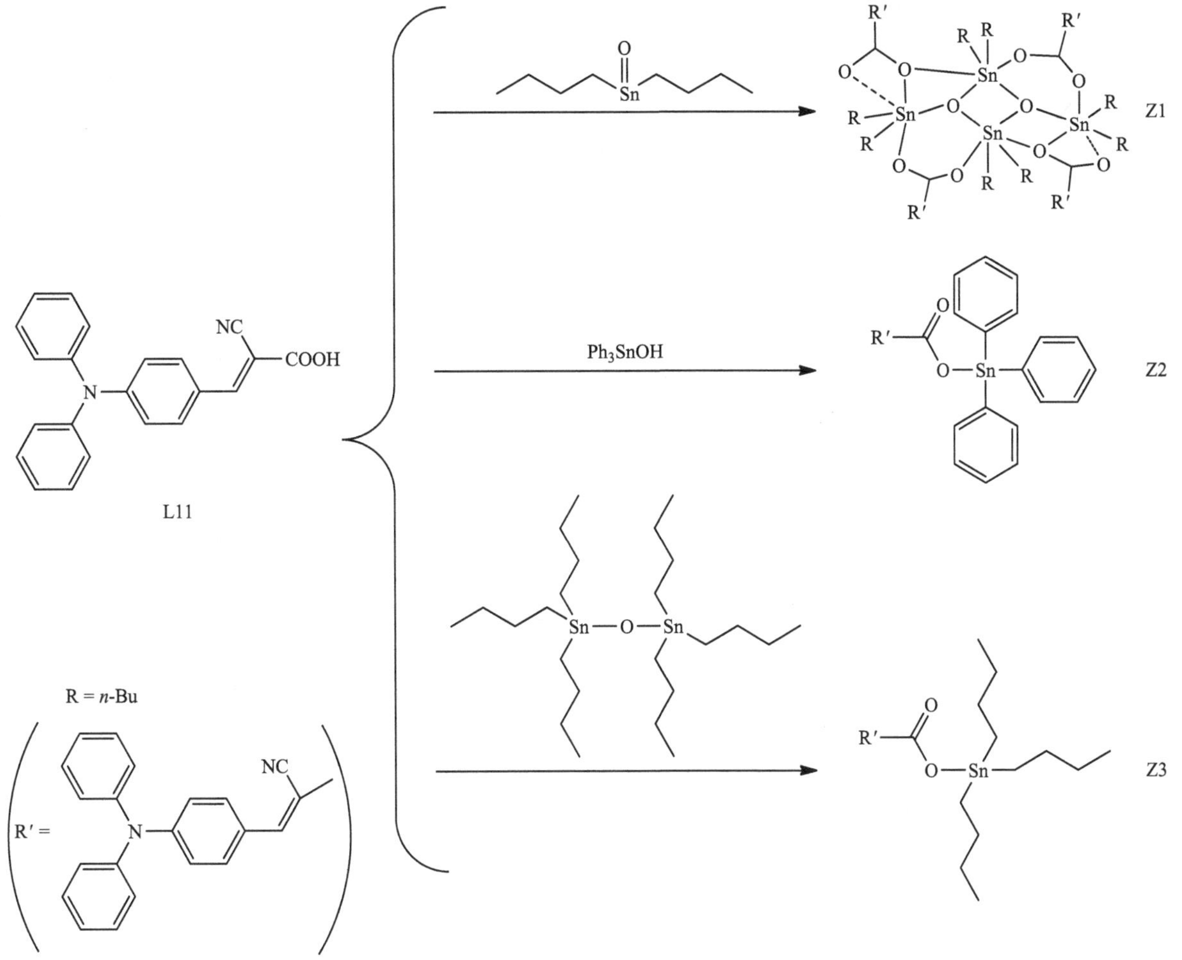

图 30-23　配体 L11 及其锡氧簇合物（Z1～Z3）的结构示意图

30.3.3　光限幅配位聚合物

日本 Hagihara 小组在 20 世纪 70 年代首次合成出了低聚和高聚的 Pd（Ⅱ）乙炔配位聚合物 Pt（Ⅱ）乙炔配位聚合物。这类材料表现出许多有趣的光学现象，例如，含 Pt（Ⅱ）的配位聚合物即使在室温下也有较大的三线态发射。该类分子的吸收峰可移动至 400nm 以下，且其在可见光区吸收截面较小 [$\varepsilon < 2dm^3/(mol \cdot cm)$]。稳定的三线态可提供较大激发态吸收，同时较小的基态吸收截面预示着线性吸收系数较小，这表明该金属乙炔配位聚合物是一类非常好的光限幅材料。近十多年来，有大量的金属乙炔配位聚合物合成及其光限幅效应的研究报道。例如，Parola 合成了一系列金属乙炔配位聚合物并研究了其掺杂在硅凝胶中的光限幅性能[70]，发现随着苯含量增加复合材料的光限幅性能显著增强。香港浸会大学 Wong 小组在金属乙炔配位聚合物的光限幅研究中做出了突出贡献（图 30-24）[71]。他们利用梯形分子及聚噻吩等得到的一系列 Pt（Ⅱ）、Au（Ⅰ）、Hg（Ⅱ）的金属乙炔化合物或聚合物，均表现出较好的光限幅性能[72, 73]，同时发现金属乙炔化合物或聚合物与同类型的无金属的聚合物相比具有更好的光限幅性能。

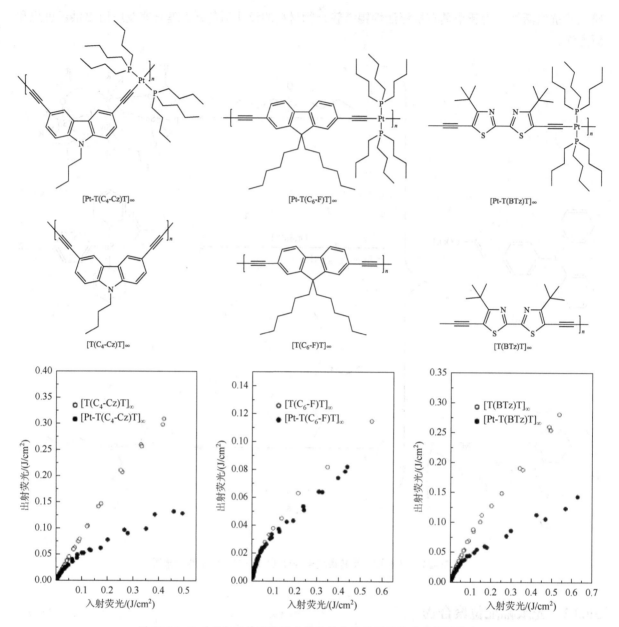

图 30-24 Pt（Ⅱ）乙炔配位聚合物的结构示意图及纳秒光限幅效应

2015 年，K. Z. Schanze 小组以三苯胺苯乙烯基为母体合成了一系列 Pt（Ⅱ）乙炔类配位聚合物[74]，三苯胺苯乙烯基结构稳定，可始终保持共轭状态，因此具有较高的非线性吸收系数，并在 680～720nm 激光下有较好的光限幅性能，采用溶胶-凝胶法制备成的固体光限幅器件均一、透明并且有着较好的机械和热稳定性能（图 30-25），不但适合于光物理和光限幅器件的研究，且得到的固体器件可以打磨抛光使其接近于玻璃的状态，具有潜在的应用价值。

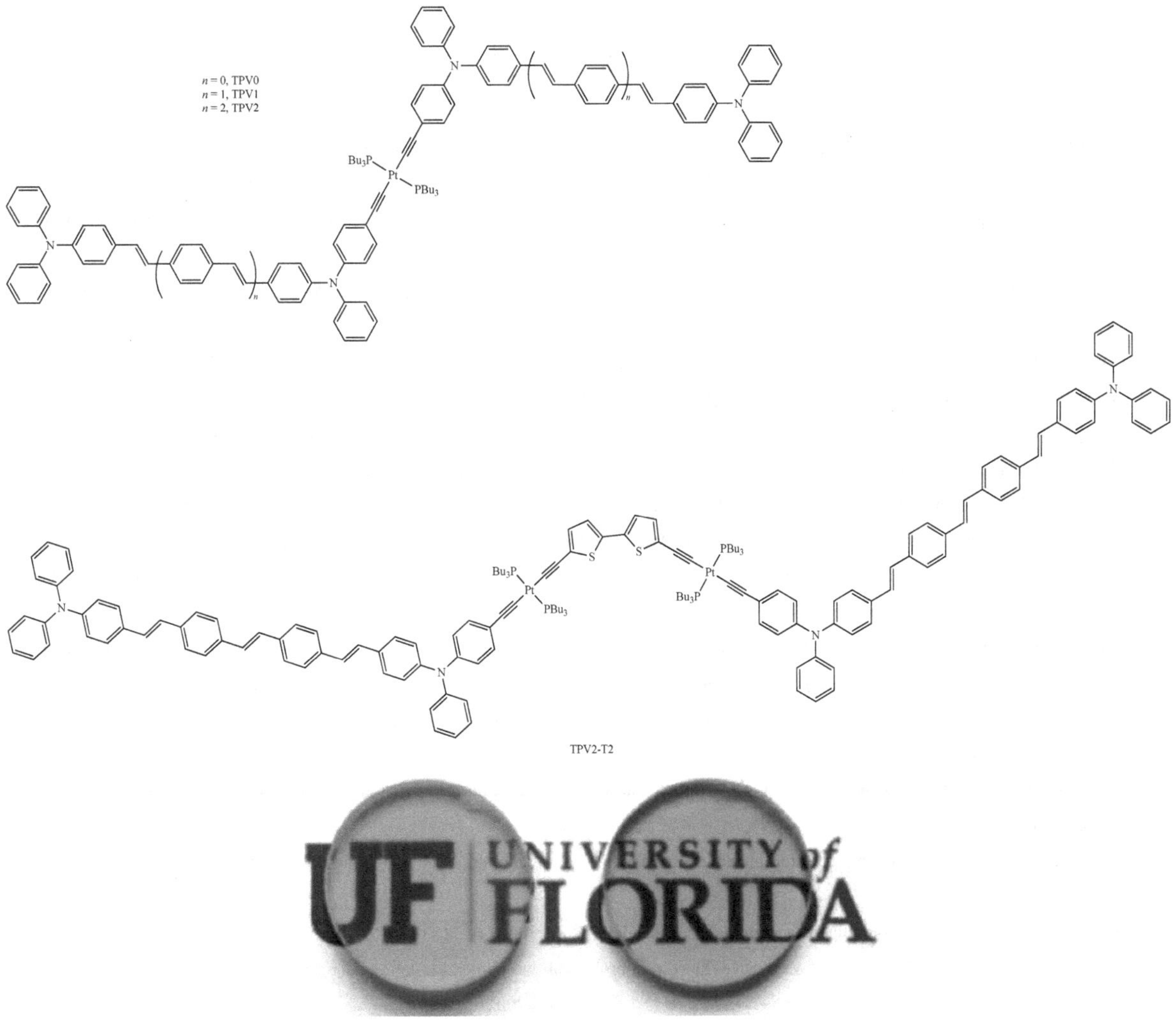

图 30-25 Pt（Ⅱ）乙炔配位聚合物 TPV2-T2 的结构示意图及光限幅材料的器件化

30.4 总结与展望

近年来，具有非线性光学效应配位聚合物的研究吸引了化学家和材料学家的广泛关注，在设计合成、结构性能调控、倍频效应、双光子效应、光限幅效应以及信息储存、光电转换、药物传送和生物显影等方面取得一系列研究进展。然而，由于配位聚合物结构多样，其非线性光学效应机理复杂，相关构效关系研究不够深入系统，难以实现从分子工程到晶体工程的跨越，使非线性光学配位聚合物材料难以获得实际应用。如何利用配位聚合物的结构特点，通过对具有非线性光学效应有机桥连配体的合理设计，或通过非线性光学效应客体小分子的后吸附修饰，来增强和调控配位聚合物的非线性光学效应，以及如何以应用为导向，实现配位聚合物非线性光学材料在信息储存微器件、激光防护、离子识别、生物显影、药物载体和光动力学治疗等方面的应用，是化学家、材料学家在该研究领域面临的主要挑战和机遇。

（张　琼　吴杰颖　田玉鹏）

参 考 文 献

[1] Pilia L，Marinotto D，Pizzotti M，et al. High second-order NLO response exhibited by the first example of polymeric film incorporating a diimine-dithiolate square-planar complex：the [Ni（*o*-phen）（bdt）]. J Phys Chem C. 2016，120（34）：19286-19294.

[2] Wen Y H，Sheng T L，Zhuo C，et al. 1D to 3D and chiral to noncentrosymmetric metal-organic complexes controlled by the amount of DEF solvent：photoluminescent and NLO properties. Inorg Chem，2016，55（9）：4199-4205.

[3] Lin H，Liu Y，Zhou L J，et al. Strong infrared NLO tellurides with multifunction：$CsXII_4In_5Te_{12}$（XII = Mn，Zn，Cd）. Inorg Chem，2016，55（9）：4470-4475.

[4] Dragonetti C，Colombo A，Fontani M，et al. Novel fullerene platinum alkynyl complexes with high second-order nonlinear optical properties as a springboard for NLO-active polymer films. Organometallics，2016，35（7）：1015-1021.

[5] Yang G S，Peng G，Ye N，et al. Structural modulation of anionic group architectures by cations to optimize SHG effects：a facile route to new NLO materials in the $ATCO_3F$（A = K，Rb；T = Zn，Cd）series. Chem Mater，2015，27（21）：7520-7530.

[6] Tian C B，He C，Han Y H，et al. Four new MnII inorganic-organic hybrid frameworks with diverse inorganic magnetic chain's sequences：syntheses，structures，magnetic，NLO，and dielectric properties. Inorg Chem，2015，54（6）：2560-2571.

[7] Boixel J，Cuerchais V，Bozec H L，et al. Second-order NLO switches from molecules to polymer films based on photochromic cyclometalated platinum（Ⅱ）complexes. J Am Chem Soc，2014，136（14）：5367-5375.

[8] Pond S J K，Rumi M，Levin M D，et al. One-and two-photon spectroscopy of donor-acceptor-donor distyrylbenzene derivatives：effect of cyano substitution and distortion from planarity. J Phys Chem，2002，106（47）：11470-11480.

[9] Ford P C. Polychromophoric metal complexes for generating the bioregulatory agent nitric oxide by single-and two-photon excitation. Acc Chem Res，2008，41：190-200.

[10] Pawlicki M，Collins H A，Denning R G，et al. Two-photon absorption and the design of two-photon dyes. Angew Chem Int Ed，2009，48：3244-3266.

[11] Kim H M，Cho B R. Two-photon probes for intracellular free metal ions，acidic vesicles，and lipid rafts in live tissues. Acc Chem Res，2009，42：863-872.

[12] Kim H M，Cho B R. Two-photon fluorescent probes for metal ions. Chem Asian J，2011，6：58-69.

[13] Sumalekshmy S，Fahrini C J. Metal-ion-responsive fluorescent probes for two-photon excitation microscopy. Chem Mater，2011，23：483-500.

[14] 钱士雄，王恭明. 非线性光学：原理与进展. 上海：复旦大学出版社，2002.

[15] 姜月顺，李铁津. 光化学. 北京：化学工业出版社，2005.

[16] 樊美公，姚建年，佟振合. 分子光化学与光功能材料. 北京：科学出版社，2009：661.

[17] Schwich T，Cifuentes M P，Samoc P A M，et al. Silica hybrid sol-gel materials with unusually high concentration of Pt-organic molecular guests：studies of luminescence and nonlinear absorption of light. Adv Mater，2011，23：11433-1435.

[18] Zhou H C，Long J R，Yaghi O M. Introduction to metal-organic frameworks. Chem Rev，2012，112：673-674.

[19] Lin W，Rieter W J，Taylor K M L. Modular synthesis of functional nanoscale coordination polymers. Angew Chem Int Ed，2009，48：650-658.

[20] Lu K D，He C B，Guo N N，et al. Chlorin-based nanoscale metal-organic framework systemically rejects colorectal cancers via synergistic photodynamic therapy and checkpoint blockade immunotherapy. J Am Chem Soc，2016，138：12502-12510.

[21] Lu K D，He C B，Lin W B. A chlorin-based nanoscale metal-organic framework for photodynamic therapy of colon cancers. J Am Chem Soc，2015，137：7600-7603.

[22] Chen B，Xiang S，Qian G. Metal-organic frameworks with functional pores for recognition of small molecules. Acc Chem Res，2010，43：1115-1124.

[23] Horcajada P，Gref R，Baati T，et al. Metal-organic frameworks in biomedicine. Chem Rev，2012，112：1232-1268.

[24] Cui Y J，Yue Y F，Qian G D，et al. Luminescent functional metal-organic frameworks. Chem Rev，2012，112：1126-1162.

[25] He G S，Tan L S，Zheng Q，et al. Multiphoton absorbing materials：molecular design，characterizations and applications，Chem Rev，2008，108（4）：1245-1330.

[26] Gao Y H，Wu J Y，Li Y M，et al. A sulfur-terminal Zn（Ⅱ）complex and its two-photon microscopy biological imaging application. J Am Chem Soc，2009，131：5208-5213.

[27] Li L，Tian Y P，Yang J X，et al. Two-photon absorption enhancement induced by aggregation with accurate photophysical data：spontaneous accumulation of dye in silica nanoparticles. Chem Commun，2010，46：1673-1675.

[28] Kong L，Yang J X，Zhou H P，et al. A self-assembled nanohybrid composed of fluorophore-phenylamine nanorods and Ag nanocrystals：energy

transfer，wavelength shift of fluorescence and TPEF applications for live-cell imaging. Chem Eur J，2013，19：16625-16633.

[29] Li D D，Tian X H，Wang A D，et al. Nucleic acid-selective light-up fluorescent biosensors for ratiometric two-photon imaging of the viscosity of live cells and tissues. Chem Sci，2016，7：2257-2263.

[30] Tian X H，Zhang Q，Zhang M Z，et al. Probe for simultaneous membrane and nucleus labeling in living cells and *in vivo* bioimaging using a two-photon absorption water-soluble Zn（Ⅱ）terpyridine complex with a reduced π-conjugation system. Chem Sci，2017，8：142-149.

[31] Kanis D R，Ratner M A，Marks T J. Design and construction of molecular assemblies with large second-order optical nonlinearities. Quantum chemical aspects Chem Rev，1994，94：195-242.

[32] Bredas J L，Adant C，Tacks P，et al. Third-order nonlinear optical response in organic materials：theoretical and experimental aspects. Chem Rev，1994，94：243-278.

[33] 游效曾，孟庆金，韩万书. 配位化学进展. 北京：高等教育出版社，2000.

[34] Evans O R，Lin W B. Crystal engineering of NLO materials based on metal-organic coordination networks. Acc Chem Res，2002，35：511-522.

[35] Li S L，Wu J Y，Tian Y P，et al. Design，crystal growth，characterization，and second-order nonlinear optical properties of two new three-dimensional coordination polymers containing selenocyanate ligands. Eur J Inorg Chem，2006，2900-2907.

[36] Wang C，Zhang T，Lin W B. Rational synthesis of noncentrosymmetric metal-organic frameworks for second-order nonlinear optics. Chem Rev，2012，112：1084-1104.

[37] Evans O R，Xiong R G，Wang Z Y，et al. Crystal engineering of acentric diamondoid metal-organic coordination networks. Angew Chem Int Ed，1999，38：536-538.

[38] Evans O R，Wang Z，Xiong R G，et al. Nanoporous，interpenetrated metal-organic diamondoid networks. Inorg Chem，1999，38：2969-2973.

[39] Evans O R，Lin W B. Crystal engineering of nonlinear optical materials based on interpenetrated diamondoid coordination networks. Chem Mater，2001，13：2705-2712.

[40] Lin W B，Evans O R，Xiong R G，et al. Supramolecular engineering of chiral and acentric 2D networks. synthesis，structures，and second-order nonlinear optical properties of bis（nicotinato）zinc and bis{3-[2-(4-pyridyl)ethenyl]benzoato}cadmium. J Am Chem Soc，1998，120：13272-13273.

[41] Evans O R，Lin W B. Rational design of nonlinear optical materials based on 2D coordination networks. Chem Mater，2001，13：3009-3017.

[42] Ayyappan P，Sirokman G，Evans O R，et al. Non-linear optically active zinc and cadmium p-pyridinecarboxylate coordination networks.Inorg Chim Acta，2004，357：3999-4004.

[43] 苏剑. 配位聚合物的设计合成、结构调控及其在非线性光学显影领域的应用研究. 合肥：安徽大学，2016.

[44] Xiao B，Han H Y，Meng X R，et al. A helical chain coordination polymer{［Zn(Ac)₂(bbbm)](CH₃OH)₂}ₙ（bbbm = 1, 1'-(1, 4-butanediyl)bis-1H-benzimidazole）：synthesis，crystal structure and the third-order nonlinear optical property. Inorg Chem Comm，2004，7：378-381.

[45] 孟祥茹，赵金安，侯红卫，等. 配位聚合物的三阶非线性光学性质. 无机化学学报，2003，19：15-19.

[46] Li L，Chen B Y，Song Y L，et al. Synthesis，crystal structure and third-order nonlinear optical properties of a noval coordination polymer[Cd(en)(NO₃)₂（4, 4'-bpy）]ₙ containing three kinds of ligands（en = ethylenediamine）. Inorg Chem Acta，2003，344：95-101.

[47] Zhao M，Tan J Y，Su J，et al. Syntheses，crystal structures and third-order nonlinear optical properties of two series of Zn（Ⅱ）complexes using the thiophene based terpyridine ligands. Dyes and Pigments. 2016，130：216-225.

[48] Hou H W，Wei Y L，Song Y L，et al. Metal ions play different roles in the third-order nonlinear optical properties of d（10）metal-organic clusters. Angew Chem Int Ed，2005，44：6067-6074.

[49] Xiao B，Han H Y，Meng X R，et al. A helical chain coordination polymer{Zn(Ac)₂(bbbm)](CH₃OH)₂}ₙ（bbbm = 1, 1'-(1, 4-butanediyl)bis-1H-benzimidazole）：synthesis，crystal structure and the third-order nonlinear optical property. Inorg Chem Comm，2004，7：378-381.

[50] So B K，Lee K S，Lee S M，et al. Synthesis and linear/nonlinear optical properties of new polyamides with DANS chromophore and silphenylene groups. Opt Mater，2003，21：87-92.

[51] Kim H M，Cho B R. Small-molecule two-photon probes for bioimaging applications. Chem Rev，2015，115：5014-5055.

[52] Park Y I，Lee K T，Suh Y D，et al. Upconverting nanoparticles：a versatile platform for wide-field two-photon microscopy and multi-modal *in vivo* imaging. Chem Soc Rev，2015，44：1302-1317.

[53] Chan K L A，Kazarian S G. Attenuated total reflection Fourier-transform infrared（ATR-FTIR）imaging of tissues and live cells. Chem Soc Rev，2016，45：1850-1864.

[54] Li J L，Cheng F F，Huang H P，et al. Nanomaterial-based activatable imaging probes：from design to biological applications. Chem Soc Rev，2015，44：7855-7880.

[55] Tang J，Cai Y B，Jing J，et al. Unravelling the correlation between metal induced aggregation and cellular uptake/subcellular localization of Znsalen：an overlooked rule for design of luminescent metal probes. Chem Sci，2015，6：2389-2397.

[56] Ma D L, He H Z, Leung K H, et al. Bioactive luminescent transition-metal complexes for biomedical applications. Angew Chem Int Ed, 2013, 52: 7666-7682.

[57] Qian L H, Li L, Yao S Q. Two-photon small molecule enzymatic probes. Acc Chem Res, 2016, 49: 626-634.

[58] Yuan L, Wang L, Agrawalla B K, et al. Development of targetable two-photon fluorescent probes to image hypochlorous acid in mitochondria and lysosome in live cell and inflamed mouse model. J Am Chem Soc, 2015, 137: 5930-5938.

[59] Zhang W X, Li B, Ma H P, et al. Combining ruthenium（Ⅱ）complexes with metal-organic frameworks to realize effective two-photon absorption for singlet oxygen generation. ACS Appl Mater Interfaces, 2016, 8（33）: 21465-21471.

[60] Kobayashi Y, Katayama T, Yamane T, et al. Stepwise two-photon-induced fast photoswitching via electron transfer in higher excited sstates of photochromic imidazole dimer. J Am Chem Soc, 2016, 138（18）: 5930-5938.

[61] Xu Y Q, Chen Q, Zhang C F, et al. Two-photon-pumped perovskite semiconductor nanocrystal lasers. J Am Chem Soc, 2016, 138（11）: 3761-3768.

[62] Castellano F N, Malak H, Lakowics J R, et al. Creation of metal-to-ligand charge transfer excited states with two-photon excitation. Inorg Chem, 1997, 36: 5548-5551.

[63] Thompson D W, Wishart J F, Sutin N J, et al. Efficient generation of the ligand field excited state of tris-(2, 2'-bipyridine)-ruthenium（Ⅱ）through sequential two-photon capture by $[Ru(bpy)_3]^{2+}$ or electron capture by $[Ru(bpy)_3]^{3+}$. J Phys Chem A, 2001, 105（35）: 8117-8122.

[64] Kawamataa J, Ogatab Y, Yamagishi A. Two-photon fluorescence property of tris（4, 7-diphenyl-1, 10-phenanthroline）ruthenium（Ⅱ）perchlorate. Mol Cryst Liq Cryst, 2002, 379: 389-394.

[65] Koide Y, Takahashi S, Vacha M. Simultaneous two-photon excited fluorescence and one-photon excited phosphorescence from single molecules of an organometallic complex Ir(ppy)₃. J Am Chem Soc, 2006, 128: 10990-10991.

[66] Wang X C, Tian X H, Zhang Q, et al. Assembly, two-photon absorption and bioimaging of living cells of a cuprous cluster. Chem Mater, 2012, 24: 954-961.

[67] Yu J, Cui Y, Xu H, et al. Confinement of pyridinium hemicyanine dye within an anionic metal-organic framework for two-photon pumped lasing. Nat Comm, 2013, 2019-2025.

[68] Yu J C, Cui Y J, Wu C D, et al, Two-photon responsive metal-organic framework. J Am Chem Soc, 2015, 137: 4026-4029.

[69] Zhao X S, Liu J, Wang H, et al. Synthesis, crystal structures and two-photon absorption properties of triphenylamine cyanoacetic acid derivative and its organooxotin complexes. Dalton Trans, 2015, 44: 701-709.

[70] Chateau D, Chaput F, Lopes C, et al. Silica hybrid sol-gel materials with unusually high concen-tration of Pt-organic molecular guests: studies of luminescence and nonlinear absorption of light. ACS Appl Mater Interfaces, 2012, 4（5）: 2369-2377.

[71] Zhou G J, Wong W Y. Organometallic acetylides of Pt^{Ⅱ}, Au^{Ⅰ} and Hg^{Ⅱ} as new generation optical power limiting materials. Chem Soc Rev, 2011, 40（5）: 2541-2566.

[72] Zhou G J, Wong W Y, Cui D M, et al. Large optical-limiting response in some solution-processable polyplatinaynes. Chem Mater, 2005, 17（20）: 5209-5217.

[73] Zhou G J, Wong W Y, Poon S Y, et al. Symmetric versus unsymmetric platinum（Ⅱ）bis（aryleneethynylene）s with distinct elec-tronic structures for optical power limiting/optical transparency trade-off optimization. Adv Funct Mater, 2009, 19（4）: 531-544.

[74] Price R S, Dubinina G, Wicks G, et al. Polymer monoliths containing two-photon absorbing phenylenevinylene platinum（Ⅱ）acetylide chromophores for optical power limiting. ACS Appl Mater Interfaces, 2015, 7: 10795-10805.

第31章
配位聚合物的导电性

31.1 引　言

配位聚合物（coordination polymer，CP）是指通过有机配体和金属离子或金属簇间的配位键形成的，具有周期性结构的一维、二维、三维的配合物[1]。在过去的二十年里，配位聚合物及相关功能材料研究得到迅速发展。国内外科学家开拓了这类材料在气体存储/分离、催化、导电/半导体、光学、磁学、化学识别、生物成像和药物输运等方面的应用[2,3]。相对而言，对其导电性质的研究在深度和广度上仍处于初级阶段。绝大多数配位聚合物的电导率都低于 10^{-10} S/cm，主要原因是其结构不能提供低能量的电荷传递路径或者不具有自由的电荷载体。近年来，Yaghi、Kitagawa 和 Dincă 等多个研究小组在导电配位聚合物的结构和性能方面取得了一些引人注目的研究成果[4-8]。

31.2 导电配位聚合物材料设计

电导率（σ）是反映配位聚合物材料导电性的重要参数。由式（31-1）可知电导率由电荷（e）和空穴（h）的密度（n）与迁移率（μ）决定，电荷密度和电荷迁移率越大，电导率就越大。

$$\sigma = e(\mu_e n_e + \mu_h n_h) \tag{31-1}$$

高电荷密度需要松散电荷载体的高度集中（$>10^{15}$ cm^{-3}）[9]，这些电荷载体类似于金属导体中的自由载体或者半导体中受热激发的电荷载体。通常，配位聚合物中的金属离子或者有机配体都可以充当电荷载体的角色。金属离子需要具有高能量的电子或空穴，如平面四边形 Cu^{II}（d^9 电子态）中心的未成对电子或者高自旋正八面体 Fe^{II}（d^6 电子态）中心的自旋向下的电子。有机配体则需要稳定的自由基来提供未成对电子或者具有氧化还原活性的分子，从而实现配体和金属或节点之间的电荷转移。

在提高材料电荷密度上，能带理论提出了重要的方法。同时，配位聚合物材料中高度有序的晶体结构也能利用能带理论研究其电子结构。根据能带理论，材料中的能级可以形成连续的能带。在金属导体中，位于导带中间的费米能级以下的能带是被填满的，导带中的电子都是自由电荷载体，因此在金属导体中电荷密度一般都高于 10^{20} cm^{-3}，从而具有很高的电导率（>100 S/cm）。在半导体和绝缘体中，费米能级位于价带和导带之间。在绝对 0K 时，价带是完全填满而导带是完全空的。费米能级与价带最高能量 E_{VBM} 或者与导带最低能量 E_{CBM} 之间的能量差称为激发能 E_a。在特定的温度下，价带的电子被热激发跃迁至导带，在价带上留下空穴。此时，激发的电子和遗留的空穴均可作为自由的电荷载体。电荷密度由激发能决定：

$$n = n_0 \exp\left(-\frac{E_a}{kT}\right) \tag{31-2}$$

式中，n_0 为前因子；k 为玻尔兹曼常量；T 为热力学温度。

很显然，在特定温度下，激发能越小电荷密度越大。在无掺杂半导体中，费米能级位于能隙的中间，能隙越窄激发能越小，电荷密度越大从而导电能力越强。而窄的能隙的形成需要半导体组分的氧化还原性相互匹配。在掺杂半导体中，掺杂物的能级使得费米能级与价带或导带之间的距离变小，形成具有小的激发能的 P 型或 N 型半导体。

电荷迁移率反映电荷传输的效率。相对于其他材料，在配位聚合物材料中有两种电荷传输机制：跃迁传输和能带传输[10]。从材料设计的角度来看，两种模式的电荷传输都需要合适的对称轨道之间具有良好的空间和能量重叠，通过轨道重叠来改善电荷传输路径能很好地提高电荷迁移率。在跃迁传输机制中，电荷载体（如电子或空穴）位于不同的分裂能级，并且在相邻位点之间跃迁。电荷迁移率与跃迁概率 P 有关，而 P 又由空间距离 R 和相邻跃迁位点的能量差 E 决定[11]：

$$P = \exp\left(-\alpha R - \frac{E}{kT}\right) \tag{31-3}$$

式中，α 为由跃迁位点性质决定的常数；k 为玻尔兹曼常量；T 为热力学温度。

在能带传输机制中，电荷载体是离域的，并且能带曲率决定其有效质量（m^*），电荷迁移率 μ 与电荷载体的有效质量和电荷散射平均时间有关：

$$\mu = \frac{e\tau}{m^*} \tag{31-4}$$

式中，e 为单电子电荷；τ 为电荷散射平均时间。

较高的电荷散射位点密度，如无序、缺陷、有杂质或有纹理的边缘，都会减小 τ 从而降低迁移率。想要获得较高电荷迁移率也需要电荷载体具有小的有效质量。而有效质量由一系列复杂的因素决定，包括能带分布、晶体参数的对称性和晶体的单胞参数等。其中最为重要的则是能带的分布情况，良好的能带分布不仅能降低有效质量也能得到较好的轨道重叠。最终，电荷离域更加容易，因此能带传输相对跃迁传输而言更能够提高电荷迁移率进而提高电导率。因此在设计合成具有导电性的配位聚合物材料的时候，能带传输机制应该是最重要的决定因素。

对于掺杂和 π 共轭体系还有其他两种导电机理：极化子/双极化子和孤子。聚合物中的载流子不再是传统的电子和空穴自身，而是电子（或空穴）与包裹着它的畸变晶格所组成的复合粒子（composite particle），如极化子、双极化子和孤子等。极化子是极性晶体和离子晶体中导带的电子和与其结伴而行的晶格畸变的复合体。极化子的大小取决于同电子（或空穴）耦合发生晶格极化区域的尺度。区域尺度比晶格常数大得多的是大极化子，电子周围的偶极作用越小，对电子的屏蔽就越弱，则电子越容易运动，导电性越好。反之，电子周围的偶极作用越大，对电子的屏蔽就越强，则电子越不容易运动，这种情况下电子以及其周围的极化场称为小极化子。在窄能带情况下，能带电子的有效质量 m^* 较大，同时电子与晶格耦合很强，以致电子被自己感生的极化场束缚，形成定域态，也称自陷态。小极化子在低温时电子-晶格耦合不太大，以能带电子类似的方式参与电导。在高温时电子-晶格耦合增强，极化子变成定域带电粒子，以跃迁方式参与导电[12]。极化子是自旋电荷载子而双极化子是局域电子自旋反平行配对。掺杂水平低时，在基态非简并的导电聚合物中，主要载流子是极化子。如果掺杂程度增加，极化子的数量达到最高值时开始配对成双极化子。在磁化率测试上表现为随着掺杂的增加磁化率值达到最大之后开始降低，表明双极化子开始自旋配对。第二种解释聚合物导电机理的是孤子[13]。孤子从化学上看本质是局部的构象缺陷，是一种键的缺陷。中性孤子、正孤子和负孤子分别对应于化学上的自由基、正离子和负离子。与电子的位置不同而能量不同相比，孤子的能量不因位置的改变而不同，因此易于迁移且与晶格振动耦合。考虑到晶格的低维度，在一维共轭体系中，由于孤子受到限制，低温下这种机理导致绝缘性的产生。至于掺杂产生的孤子（如稍微掺杂的导电聚合物），孤子所带的电荷与掺杂抗衡阴离子相互作用，降低了它们的迁移率。孤子数量增加时（如高度掺杂的导电聚合物），孤子形成了一个部分填充的带，导致能带导电。当带电的孤子与中性孤子共存时，如果中性孤子经过带电孤子附近，受束缚的带电孤子可以发生跃迁。这种机理称为内部孤子跃迁，构成一种独特的跃迁导电。

31.3　导电配位聚合物的研究现状

31.3.1　一维金属-有机配位聚合物

常见的一维配位聚合物的拓扑结构如图 31-1 所示。

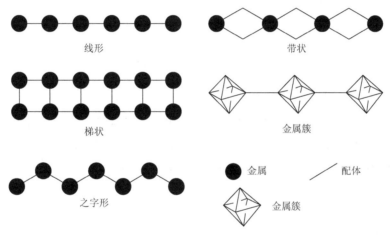

图 31-1　常见的一维配位聚合物拓扑结构

配位聚合物通过配体 π^* 轨道与金属 d_π 轨道的重叠表现出导电性。两个金属中心通过桥连配体发生电子转移。$Cu(BF_4)_2 \cdot H_2O$ 与 2-dpds（2-dpds = 2, 2′-二硫二吡啶）在微波条件下反应得到一维半导体 Cu（Ⅰ）配位聚合物 $\{[Cu_9(C_5H_5NS)_8(SH)_8](BF_4)\}_n$（图 31-2）[14]。Cu 原子与 S 相互连接形成 Cu_9 笼子进而连接成一维链。大量硫桥使该化合物表现出良好的导电性。室温下电导率为 1.6×10^{-3} S/cm，活化能为 110meV，其具有典型的半导体性质。

四硫代富瓦烯（TTF）衍生物具有很好的平面共轭体系，电子高度离域，可以通过 $\pi \cdots \pi$ 相互作用以及 $S \cdots S$ 非键作用在分子间形成有效的轨道重叠，在固体中能形成能带结构。此外 TTF 作为电子给体，与合适的受体结合时，能在给体和受体之间形成部分电荷转移，从而使固体具有部分填充的能带结构形成导带。这些特点决定了该类化合物在合成导电功能材料时具有重要的作用[15]。配体 TTM-TTP［2, 5-二(4′, 5′-二硫甲基-1′, 3′-二巯基-2′-甲叉基)-1, 3, 4, 6-四硫杂戊搭烯］与 $AgCF_3SO_3$ 反应得到一维波浪状聚合物（图 31-3）[16]。该配合物中 Ag（Ⅰ）离子与来自两个配体的四个硫原子配位，每个 TTM-TTP 配体桥连两个 Ag（Ⅰ）中心形成波浪状一维链，配位的 $CF_3SO_3^-$ 位于链的两侧。TTM-TTP 分子以面对面方式堆积，形成部分重叠。链间 $S \cdots S$ 最短距离为 3.55Å。电子顺磁共振光谱测试显示，配合物及其碘掺杂后的化合物含有 TTM-TTP$^{\cdot+}$ 自由基。以 DPPH（1, 1-二苯基-2-苦基肼）为参考标准，测得该聚合物及其掺杂后的化合物中 TTM-TTP$^{\cdot+}$ 自由基的自旋密度分别为 15.8%

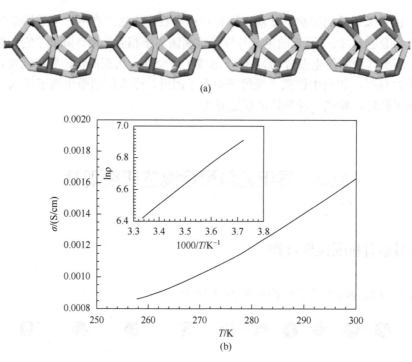

图 31-2 （a）一维 Cu（Ⅰ）配位聚合物 $\{[Cu_9(C_5H_5NS)_8(SH)_8](BF_4)_n$ 结构；（b）配合物的变温电导率曲线，
插图为阿伦尼乌斯曲线

和 87.0%。配体之间的相互作用（TTM-TTP$^{\cdot+}$/TTM-TTP 或 TTM-TTP$^{\cdot+}$/TTM-TTP$^{\cdot+}$）为导电提供了路径。两电极法测得配合物 $[Ag(TTM\text{-}TTP)(CF_3SO_3)]_n$ 及其掺杂后的化合物的电导率 $\sigma_{25\text{℃}}$ 分别为 7.1×10^{-6} S/cm 和 0.85S/cm。高自旋密度是该聚合物及其掺杂后的化合物具有良好导电性的原因。

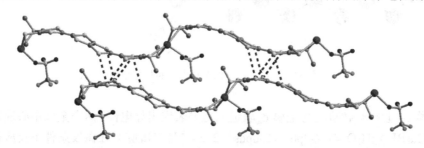

图 31-3 配合物 $[Ag(TTM\text{-}TTP)(CF_3SO_3)]_n$ 的一维链状结构，链间 S…S 距离为 3.55～3.71Å

CuBr$_2$ 和 BEDT-TTF［双（乙烯二硫代）四硫富瓦烯］反应得到一维梯状 Cu（Ⅰ）配合物 $\{(BEDT\text{-}TTF)_2[Cu_4Br_6(BEDT\text{-}TTF)]\}_n$[17]。在该结构中，配体 BEDT-TTF 以两种形式存在：参与配位的 BEDT-TTF 以中性分子存在，游离态的 BEDT-TTF 以二价阳离子状态存在。如图 31-4 所示，该配合物具有一维 $(Cu_2Br_3)_n$ 链和以二价阳离子状态存在的 BEDT-TTF 之间的 π…π 堆积作用两种导电通道。实验表明，在室温下该聚合物在 a、b 和 c 方向上的电导率分别为 2.4S/cm、3.3S/cm 和 2.5×10^{-2} S/cm（活化能分别为 22meV、22meV 和 17meV）。

ZnO、H$_3$PO$_4$ 与 Hbim（苯并咪唑）反应得到一维聚合物 $\{[Zn_3(H_2PO_4)_6(H_2O)_3](Hbim)\}_n$[18]。该聚合物由三个 Zn^{2+}、六个桥连的 H$_2$PO$_4^-$ 和三个配位水相互连接成一维链，该链含有 ZnO$_6$ 八面体结构单元，并沿 a 轴无限延伸（图 31-5）。该一维链在 bc 面整齐堆积，链链之间存在着氢键作用。中性的 Hbim 分子位于链间，周围围绕着六条链，并且沿 a 轴整齐堆积，分子之间存在着 π…π 作用。尽管该配合物结构中存在着酸性质子，电导率依然很低，30℃ 和 60℃ 的电导率分别为 1.4×10^{-7} S/cm

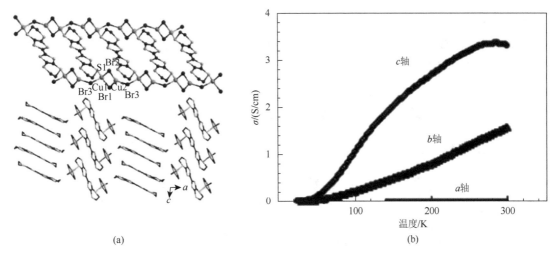

(a)

(b)

图 31-4 （a）{(BEDT-TTF)$_2$[Cu$_4$Br$_6$(BEDT-TTF)]}$_n$ 一维梯状结构及其空间堆积图；
（b）配合物在不同轴向的变温电导率

和 6.1×10^{-7}S/cm（60℃的活化能为 0.4eV）。氢键的不连续是导致该化合物导电性差的原因。该化合物结构呈现一定的柔性，脱水后依然能保持一维链状结构。TGA 及 XRD 结果显示该化合物结构可以稳定到 60℃，随后加热至 100℃失去三个配位水成为脱水后的化合物{[Zn$_3$(H$_2$PO$_4$)$_6$](Hbim)}$_n$。脱水后的化合物结构可以稳定到 140℃。脱水后的化合物在潮湿的条件下可以捕捉水分子重新恢复到脱水前的结构。脱水后的电导率在 30℃时为 1.2×10^{-7}S/cm，与脱水前相当。随着温度的升高电导率迅速升高，60℃和 120℃分别达到了 1.5×10^{-5}S/cm 和 1.3×10^{-3}S/cm。脱水后的化合物在不同温度下导电性的差异说明结构上的转变比水分子造成的影响更显著。化合物脱水后的本征质子电导率高于脱水前，这是由跃迁轨道的重排和苯并咪唑的类液体流动性造成的。甲醇本身质子导电性非常差，但是脱水后的化合物吸附甲醇气体分子后，导电性增加了 24 倍。这是由于甲醇分子与 H$_2$PO$_4^-$ 形成了氢键作用，并通过氢键作用产生质子导电。

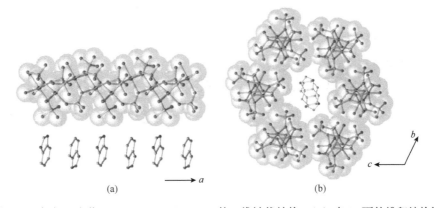

(a)   (b)

图 31-5 （a）配合物 {[Zn$_3$(H$_2$PO$_4$)$_6$](Hbim)}$_n$ 的一维链状结构；（b）在 bc 面的堆积结构图

31.3.2 二维金属-有机配位聚合物

4, 5-二亚乙基二硫代-1, 3-二硫醇-2-硫酮（分子式 C$_5$H$_4$S$_5$）配体结构类似于半个 TTF，具有类似于多硫 TTF 类衍生物在构筑导电材料时的优良性质。该配体与 AgCF$_3$SO$_3$ 反应得到二维聚合物[Ag (C$_5$H$_4$S$_5$) CF$_3$SO$_3$]$_n$（图 31-6）[19]。该聚合物中存在着两种不同的 Ag 中心，配位原子分别为 S$_4$O 和 S$_2$O$_3$，其中硫原子来源于配体 C$_5$H$_4$S$_5$，氧原子来源于 CF$_3$SO$_3^-$。聚合物中存在着短的 S···S 键，因而分子间存

在着有效的 $\pi\cdots\pi$ 重叠，而这往往能够增加导电性。导电聚合物中混合价态如部分氧化、还原或者电荷转移，是其重要的特征之一，通过碘掺杂可以将其部分氧化。通过碘掺杂部分氧化后该配位聚合物的室温电导率由 $\sigma<10^{-12}S/cm$ 增加到 $1.5\times10^{-4}S/cm$。

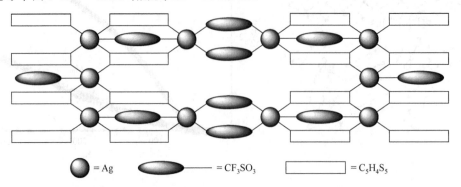

= Ag   = CF_3SO_3 = $C_5H_4S_5$

图 31-6 $[Ag(C_5H_4S_5)CF_3SO_3]_n$ 的二维网状结构

Koo 等利用 $Cd(NO_3)_2\cdot4H_2O$ 与 TPDAP（H^+1^-, 2, 5, 8-三(4-吡啶基)-1, 3-二氮杂菲那烯）或 TPDAP 的氧化物 1_{ox} 反应得到两个二维聚合物 Cd-1_{ortho}（$[Cd_2(NO_3^-)_4(H^+1^-)_2(H_2O)_2(CH_3OH)_5]_n$）和 Cd-$1_{mono}$（$[Cd_{2.39}(NO_3^-)_{3.8}(H^+1^-)_2(1^-)(H_2O)_{6.95}(CH_3OH)_{1.5}]_n$）（图 31-7）[20]。聚合物 Cd-$1_{ortho}$ 配体以二聚为单元与 Cd^{2+} 离子桥连形成互相穿插的二维锯齿平面。虽然配体之间存在着较大的重叠，但是并不存在连续的 $\pi\cdots\pi$ 作用。该化合物导电性较差，表现为绝缘体。配合物 Cd-1_{mono} 存在着两齿的 H^+1^-、两齿的 1^-、混序的单齿 H^+1^- 配体以及少量的自由基 1^-。其中混序的单齿 H^+1^- 配体与两侧的配体之间存在着 $\pi\cdots\pi$ 作用，整齐堆积，距离约为 $3.3\mathring{A}$，比聚合物 Cd-1_{ortho} 中的短 $0.4\mathring{A}$。导电测试结果表明，沿着 $\pi\cdots\pi$ 堆积方向的电导率比其垂直方向高五个数量级，这说明二维网络中 $\pi\cdots\pi$ 堆积为电子传导提供了通道。

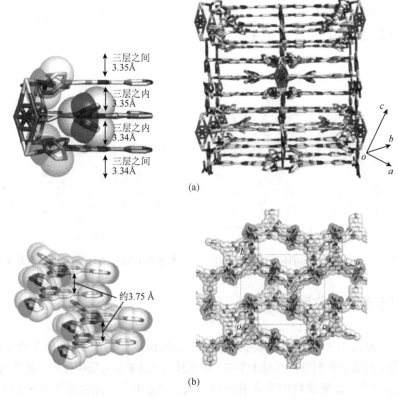

三层之间 3.35Å

三层之内 3.35Å

三层之内 3.34Å

三层之间 3.34Å

(a)

约3.75 Å

(b)

图 31-7   Cd-1_{mono}（a）和 Cd-1_{ortho}（b）的二维网状结构

平面二维 CPs 也是一种特殊的"键传递"型导电聚合物。虽然在二维多孔的晶态聚合物中，共价有机框架（COF）材料占据着主导地位，但这些材料由于普遍在二维层中没有很好的共轭作用，在电学应用上并不理想[21]。类似结构的二维 CPs 在导电方面相比 COF 具有更加明显的优势。"键传递"的方法是通过扩展二维 π 共轭结构来制得二维材料[22]。该类材料单层结构的理论计算显示其价带和导带的分布很宽，说明其在二维网络中具有能带传递和高的电荷迁移率。

该类材料基本都具有蜂窝状的结构，由苯或三亚苯衍生物邻位双取代的 N、O 或 S 原子与过渡金属离子形成平面四边形的配位环境。每个配体都能被氧化从而与 M^{2+} 金属离子中心产生电荷平衡 [图 31-8（a）][23]。配体被氧化后可以很大程度地提高电荷密度从而提高该材料的电导率。由三亚苯单元构成的直径约为 2nm 的六边形孔道，其二维网的堆积模式与 COF 类似 [图 31-8（b）]。例如，二维网平行堆积时，会出现较大的一维孔；而二维网交错堆积时，会出现稍小的一维孔。目前还没有实例来调控这些材料的堆积方式，根据以往的报道，一般含有 M—N 或 M—O 的二维网倾向于平行堆积；而含有 M—S 的二维网倾向于交错堆积。二维网内部的电荷传递决定了这些材料的导电性能，但是二维网之间的堆积模式对电荷传递也具有很大的影响。因此，对这类材料的堆积模式的研究也是导电二维 CPs 领域中一个重要的课题。

2012 年，Zhou 课题组报道了一系列金属苯酚框架材料。该材料是由六羟基三亚苯（H_6HHTP）与 Co^{II} 和 Ni^{II} 金属盐反应得到的二维层状 CPs（图 31-8）[4]。Co^{II} 和 Ni^{II} 配合物的二维结构通过 X 射线晶体学和高分辨电子透射电镜（HR-TEM）确定。两个聚合物都具有永久性的孔道，比表面积分别为 490m^2/g 和 425m^2/g。虽然具有此类结构的含有 Ni 和 Co 材料的电性能仍未被报道，但由 Cu^{II} 和 H_6HHTP 反应制得的同类材料在室温下具有 0.2S/cm 的电导率（四探针法）。然而 PXRD 的分析表明，Cu-HHTP 与 Co 和 Ni 的二维材料结构不同，且其本身结构也未得到确定。

迄今报道的金属二硫仑二维配位聚合物都是基于 H_6BHT（六巯基苯）或者 H_6HTTP（六巯基三亚苯）配体合成的。2013 年 Takata 报道了第一例这类配位聚合物，从 H_6BHT 和 Ni(OAc)$_2$ 反应中分

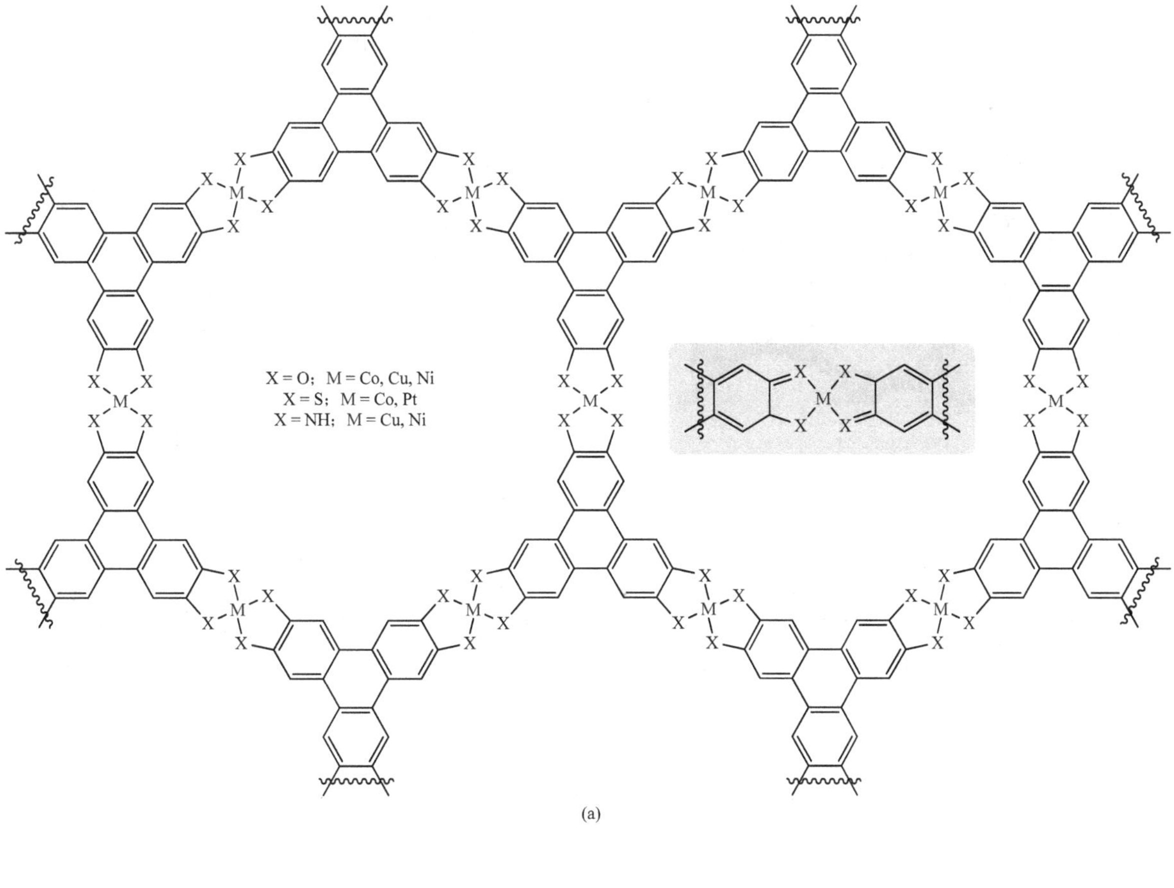

X = O；M = Co, Cu, Ni
X = S；M = Co, Pt
X = NH；M = Cu, Ni

(a)

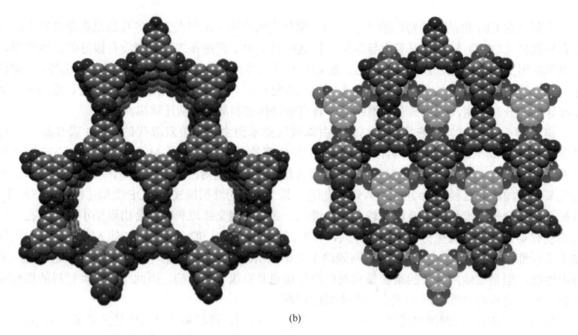

(b)

图 31-8 （a）基于三亚苯衍生物配体的二维网结构；（b）二维层状结构平行和交错堆积模式

离出了 Ni₃(BHT)₂（图 31-9）[24]。该材料中，二维网交错堆积，同时，通过液相界面反应也能得到单层二维网薄膜。利用四探针法测得单层二维网薄膜的电导率高达 160S/cm。2015 年，Nishihara 课题组也报道了类似结构的 Pd₃(BHT)₂，其电导率仅为 2.8×10^{-2} S/cm[25]。

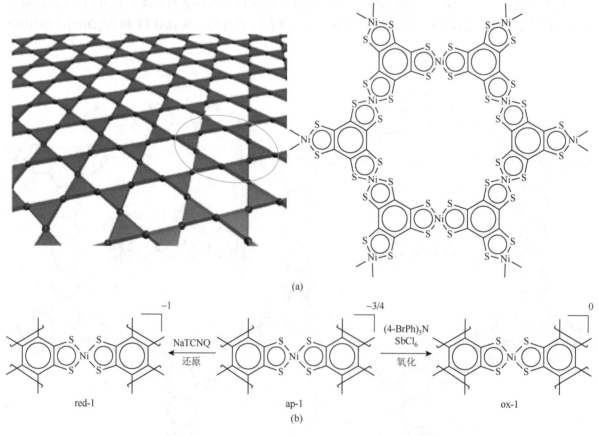

图 31-9 二硫仑 Ni 二维层状材料的结构（a）与合成（b）

2014 年，Xu 课题组报道了 H_6HTTP 和 $PtCl_2$ 制得的二维配位聚合物同样具有交错堆积的二维网结构（图 31-8；X = S，M = Pt）[26]。该框架呈负电性，需要一个 Na^+ 来平衡电荷，也就意味着不能通过配体氧化得到一个电中性的框架。但是，该负电性的 CPs 可以被碘单质氧化为电中性。框架活化后测得的比表面积为 $391m^2/g$。掺碘前后的电导率都在 $10^{-6}S/cm$ 量级，相比同类材料降低很多，单层二维网薄膜的测试结果表明，电导率较低可能是由晶态物边缘纹理性质或者聚合物自身性质造成的。

31.3.3 三维金属有机框架材料

金属有机框架材料是由有机配体连接无机节点（金属或金属簇合物）得到的多孔晶体材料（图 31-10）[27]。这类材料不仅具有规则的孔道，而且具有较传统材料如沸石分子筛、多孔活性炭等更高的比表面积和孔隙率。此外，由于有机成分的存在，其结构兼具可设计性、可剪裁性、孔道尺寸可调节性和孔道表面易功能化等特点。

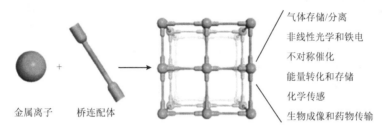

气体存储/分离
非线性光学和铁电
不对称催化
能量转化和存储
化学传感
生物成像和药物传输

金属离子　　桥连配体

图 31-10　多功能 MOF 材料的合成

跃迁传输机制和能带传输机制都需要低能量的电荷传递路径，但是，绝大多数金属有机框架材料没有这样的路径。因此，设计合成这类具有低能量电荷传递路径的 MOF 材料只能通过两种方法：一种是通过键传递方法，另一种是通过空间传递方法[28]。原则上，这两种方法都能实现跃迁传输和能带传输。键传递的方法旨在通过金属与配体轨道之间空间和能带的重叠来改善配位键中的电荷传递；空间传递则是通过 MOF 材料中的电活性单元之间的非配位键作用来实现电荷传递。另外，MOF 材料自身具有多孔性，在孔道中引入客体分子也能改善导电性质。例如，在离子键型 MOF 材料中，客体分子自身就可以作为电荷载体，又或者具有氧化还原活性的客体分子与 MOF 骨架发生客体-框架的电荷传递相互作用。这种方法尽管能有效提高 MOF 的导电性能，但是由于客体分子的存在会影响 MOF 的多孔性，限制了其在其他方面的应用。

同时具有多孔性和导电性或者高电荷迁移率的金属有机框架材料，除了在气体吸附与分离这些传统领域具有应用价值外，还可以在电池、超级电容、传感器等领域应用[29]。

1. 通过键传递电荷的 MOF

多孔框架中通过配位聚合物的配位键来传递电荷是切实可行的。尽管大多数配位聚合物没有孔道，如很多已经报道具有优良的导电性能的一维链金属配合物[13, 30]。这类聚合物优良的导电性能极大地鼓舞了研究人员将这些结构引入 MOF 材料中以期得到具有导电性质的多孔 MOF 材料。从设计 MOF 的角度看，这不仅需要具有共轭结构的有机配体、具有松散电子的金属离子，还需要金属离子与有机配体之间存在共价键相互作用。例如，基于二硫烯配合物基元的分子和配位聚合物具有很高的电导率[31]，就是因为其中 M—S 共价键对电荷传递起到了关键的作用。

2009 年，Kajiwara 等报道了第一例导电 MOF：$Cu[Cu(pdt)_2]$（pdt = 2, 3-二巯基吡嗪）[32]。300K

时，其电导率为 6×10^{-4}S/cm，热激发能为 0.193eV。在该 MOF 中，Cu^{II} 离子与 pdt 单元上的 N 原子连接形成平面的二维网结构 [图 31-11（b）]。该二维网通过具有氧化还原活性的铜二硫烯单元进一步连接形成三维框架结构 [图 31-11（a）]。X 射线单晶衍射和磁性测试表明两个铜离子均为二价，与其平面配位方式相符合。相邻的 pdt 配体之间呈垂直关系，两个平行的 pdt 配体之间最短距离（6.18Å）比两个配体之间的范德瓦耳斯距离长，因而排除了通过空间传递电荷的可能。所以，$[Cu(pyrazine)]_n$（pyrazine = 吡嗪）二维网中的电荷传递很可能是通过铜二硫烯单元在二维网中传输，d^9 电子态 Cu^{II} 的高能量未成对电子使其电荷密度增加，从而提高了 MOF 的电导率。但这并不能排除跃迁传递形式的存在，因为铜二硫烯单元彼此间的距离可以满足跃迁传递。

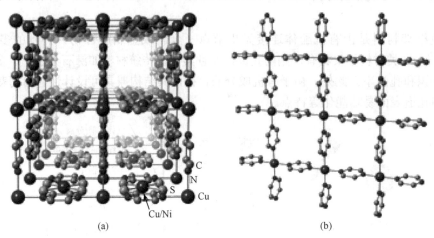

图 31-11 （a）Cu[Cu(pdt)₂] 和 Cu[Ni(pdt)₂] 的三维结构；（b）Cu^{II} 离子由 pdt 上的 N 原子连接形成平面二维网

　　尽管配合物 Cu[Cu(pdt)₂] 的晶体结构具有孔道，但是溶剂失去后框架发生坍塌。Long 等报道了一个同构的化合物 Cu[Ni(pdt)₂][33]，用 $Ni(pdt)_2^{2-}$ 替代了 $Cu(pdt)_2^{2-}$ 单元，比表面积为 385m^2/g[图 31-11（a）]。该 MOF 的电导率仅为 1×10^{-8}S/cm（室温下两探针薄膜测试），比 Cu[Cu(pdt)₂] 小了四个数量级，激发能为 0.49eV。推测将 d^9 电子态 Cu^{II} 换作 d^8 电子态 Ni^{II} 后，电荷密度下降导致其电导率下降。$[Ni(pdt)_2]^{2-/1-}$ 的电化学电位比 $[Cu(pdt)_2]^{2-/1-}$ 的更负，因此 Ni^{II} 金属中心的弱氧化能力使其不能提供作为电荷载体的高能量电子。Cu[Ni(pdt)₂] 经 50℃的碘蒸气处理后电导率上升四个数量级，达到 1×10^{-4}S/cm，而激发能下降到 0.18eV。质量分析结果显示碘的吸附量很小，表明电荷是通过框架而非客体分子碘传递的[34]。电导率的增加归因于碘单质对 $[Ni(pdt)_2]^{2-}$ 进行了部分氧化，生成了作为电荷载体的未成对电子。这些研究都显示出采用氧化还原单元作为构筑模块的优势，同时还可以通过掺杂来提高电导率。

　　另一种实现键传递电荷的办法是扩展由金属离子和有机配体组成的一维链或二维网结构。这种方法需要金属离子和配位原子轨道具有匹配的对称性和空间与能量的有效重叠，其中轨道能量的重叠可能受金属离子和配位原子的相对电负性影响。例如，硫原子与氧原子的电负性不同，比氧原子更加容易与过渡金属离子配位。类似的金属有机链或者二维网结构中，通过金属硫键比金属氧键连接能更好地提供电荷传输路径（氧化还原匹配）[35]。由金属硫键组成的半导体配位聚合物已经被报道过[36]，所以这种方法也适用于 MOF 材料。

　　MOF 材料 M₂(DOBDC)（M = Mg，Mn，Fe，Co，Ni，Cu，Zn；H₂DOBDC = 2, 5-二羟基对苯二甲酸）很好地阐述了氧化还原匹配这一概念。该类 MOF 中，（—M—O—）ₙ 链与 DOBDC 的苯氧基团相连接，形成由一维结构构筑单元组成的结构类似的多孔框架材料（图 31-12）[37]。如果用 S 原子去替换 DOBDC 的苯氧键的 O 原子，就会得到（—M—S—）ₙ 取代（—M—O—）ₙ 结构构筑单元的 MOF-74 型的 MOF。Dinca 课题组用锰（Mn）离子与 H₄DSBDC（2, 5-二巯基对苯二甲酸）反应成功制得了 Mn$_2$(DSBDC)[38]。Mn$_2$(DSBDC)确实是具有(—M—S—)$_n$ 一维链的多孔材料，比表面积为 978m^2/g（图 31-12）。闪光光解时间分辨微波传导（FP-TRMC）技术和飞行时间（TOF）测量法测试显示，活化后的 Mn$_2$(DSBDC)本征电荷迁移率为 0.01cm^2/(V·s)，与同样方法测试的有机半导体中电荷迁移率相近[39]。

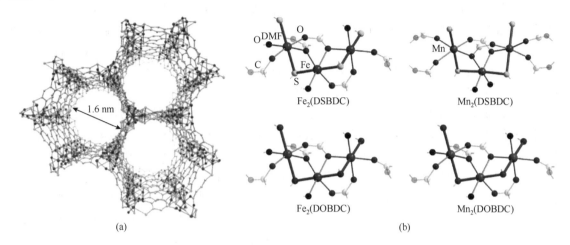

图 31-12　（a）M$_2$(DOBDC)和 M$_2$(DSBDC)的一维孔道结构；（b）M—S 和 M—O 的一维链单元

Mn$_2$(DSBDC)具有较高的电荷迁移率，由于配体 DSBDC^{4-} 不是自由基，且 d^5 电子态 Mn^{II} 离子也无自旋向下的电子，因此电荷密度很低[40]。因此，Mn$_2$(DSBDC)和 Mn$_2$(DOBDC)的电导率很低，分别为 2.5×10^{-12}S/cm 和 3.9×10^{-13}S/cm（297K 两探针法）。用 d^{6}Fe^{II} 替换 d^{5}Mn^{II} 后［图 31-12（b）］，其具有了高能量且自旋向下的电荷载体，使得电导率分别提高到 3.9×10^{-6}S/cm 和 3.2×10^{-7}S/cm，提高了六个数量级[7]。这两个 MOF 概念上归属于键传递电荷的机制，但是能带结构的计算表明它们的价带和能带都很窄（分布<100meV），跃迁机制能更好地描述其中的电荷传递。在 Fe$_2$(DOBDC)中 Fe 的 d 轨道占据着价带，空穴可能在 Fe^{II} 金属中心之间跃迁，桥连 O 原子的贡献很小；而在 Fe$_2$(DSBDC)中，Fe 和 S 原子的轨道在价带中起着显著的作用，因此空穴很可能在(—Fe—S—)$_n$ 链中更加容易跃迁。所以，高自旋状态下 Fe^{II} 的自旋向下的电子对提高 Fe$_2$(DOBDC)和 Fe$_2$(DSBDC)的电导率有重要的影响，也为设计类似材料提供了新的思路。

2012 年，Yaghi 等报道了化合物[Fe(1, 2, 3-triazole)]$_n$（1, 2, 3-triazole = 1, 2, 3-三氮唑），该化合物体现了利用 Fe^{II} 构造导电 MOF 的优势[41]。在该 MOF 中，Fe^{II} 和 1, 2, 3-三氮唑形成三维多孔框架，根据[Fe(1, 2, 3-triazole)]$_n$ 一维链的能带计算，电荷很可能在 Fe^{II} 金属中心之间跃迁（图 31-13）[42]。Fe…Fe 很短的距离使得电荷跃迁的可能性很大，测试得到的电导率为 7.7×10^{-5}S/cm（室温下四探针法）。值得注意的是，在这些 Mg^{II}、Mn^{II}、Cu^{II}、Fe^{II}、Co^{II}、Zn^{II} 和 Cd^{II} 等离子结构类似的 MOF 中，只有[Fe(1, 2, 3-triazole)]$_n$ 的电导率被报道过。同时，Fe…Fe 之间的短距离也表明体系中可能具有低自旋的 Fe^{II} 金属中心。对于进

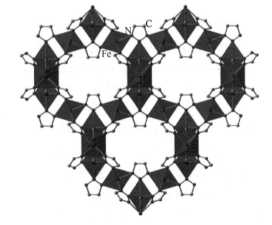

图 31-13　[Fe(1, 2, 3-triazole)]$_n$ 中连续的 Fe—N 结构

一步理解[Fe(1, 2, 3-triazole)]$_n$ 具有如此高的电导率的原因尚需更深入的研究。

2. 通过空间传递电荷的 MOF

受分子和聚合物有机导体/半导体如 TTF-TCNQ 和聚噻吩的启发[43, 44]，通过空间传递电荷的方法也被用于设计合成导电 MOF 材料。刚性 MOF 中相邻配体堆积较近且具有合适的轨道重叠，如有机配体的 π···π 堆积，通过这种非共价键相互作用可以形成电荷传递路径[44]。稳定的自由基是最为理想的有机配体，因为其自身具有可以作为自由电荷载体的未成对电子，从而提高了 MOF 的电荷密度。许多文献已经报道过采用空间传递的方法来设计合成导电配位聚合物和分子导体[45]，其中很多材料的电导率在 1S/cm 以上[46]。但这些材料都不具有永久性的孔道。

2012 年，Dincă 课题组报道了第一例空间传递电荷 MOF：[Zn$_2$(TTFTB)]（H$_4$TTFTB = 四硫富瓦烯四苯羧酸）。其本征电荷迁移率为 0.2cm^2/(V·s)。该 MOF 是基于 TTF 单元的三维多孔框架材料。随后在 2015 年，他们又报道了一系列该类 MOF：[M$_2$(TTFTB)]（M = Mn，Co，Cd）（图 31-14）[3, 6]。四个同构的 MOF 都具有 TTF 单元形成的一维螺旋层状堆积，其中 S···S 距离约为 3.8Å，比表面积在 470～540m^2/mmol 之间。DFT 计算表明，TTF 单元中 S 原子和中心 C 原子的 p$_z$ 轨道占据了 [M$_2$(TTFTB)] 的价带，相邻分子的轨道相互作用使得 MOF 中具有较宽的价带（400meV）。宽的价带能引起类似能带传递，从而使电荷迁移率升高，这与 TRMC 和 TOF 实验结果相符合。

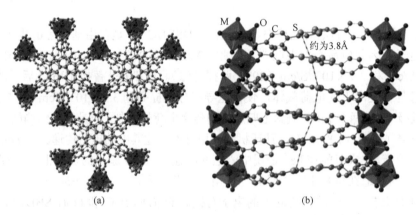

(a) (b)

图 31-14 （a）M$_2$(TTFTB)的结构；（b）TTF 单元的螺旋结构

在[M$_2$(TTFTB)]中，存在少量的 TTF 自由基阳离子。自由基的存在导致电荷密度增加从而使晶体的电导率发生变化。随着金属阳离子半径的增加，电导率逐渐增加（[Zn$_2$(TTFTB)]和[Co$_2$(TTFTB)]为 10^{-6}S/cm、[Mn$_2$(TTFTB)]为 10^{-5}S/cm、[Cd$_2$(TTFTB)]为 10^{-4}S/cm）。Zn$_2$(TTFTB)和 Co$_2$(TTFTB)中 S···S 距离为 3.76Å，Cd$_2$(TTFTB)中 S···S 距离为 3.65Å，S···S 距离的减小有利于 Cd$_2$(TTFTB)的轨道重叠，从而提高了电导率。在这些材料中，金属阳离子半径不同导致相邻 TTF 单元的 S···S 距离不同，使得电导率之间存在差异。这一结果表明，在有机导体/半导体中，利用支链或改变基团来调节电荷传输的方法同样适用于 MOF 材料[47]。

2014 年，Banerjee 课题组报道了二维层状 In^{III} 间苯羧酸 MOF，预期得到分子间具有 π···π 相互作用的导电材料[48]。遗憾的是，用这个 MOF 材料制得的 FET 器件并没有表现出明显的电荷迁移，而类似结构材料制成的晶体薄膜有着很好的 π···π 堆积，表现出很好的电荷迁移率：$4.6×10^{-3}$cm^2/(V·s)（图 31-15）。

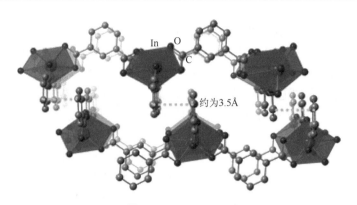

图 31-15　In^{III} MOF 中层与层之间的堆积结构

NNU-27 是基于高度共轭蒽衍生物配体的三维多孔框架材料[49]。其中，有机配体通过长程 π 堆积形成 Z 字形链（图 31-16）。值得指出的是，NNU-27 是迄今报道的电导率最高的 MOF 材料，其电导率达到了 1.3×10^{-3} S/cm。与[M$_2$(TTFTB)]相同，NNU-27 的电荷传输机制也是空间传递，但是其电导率是前者的 5 倍。高的电导率得益于其结构中与[M$_2$(TTFTB)]所不同的长程 π 堆积。两者在晶体 c 轴方向都是长程 π 共轭的，不同的是，[M$_2$(TTFTB)]的配体平面垂直于 c 轴而 NNU-27 的配体平面则是平行于 c 轴。在[M$_2$(TTFTB)]中空间电荷传递采用螺旋阶梯式的形式，NNU-27 中的传输路径是 Z 字形链。在芳香性分子中，π 共轭的扩展已经被证明是提高电荷迁移率的重要因素，NNU-27 中的电荷传输路径较[M$_2$(TTFTB)]中更具共轭性，因此 NNU-27 的电导率更高。

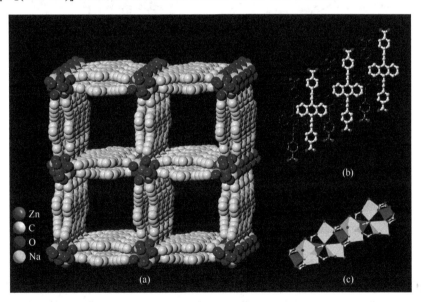

图 31-16　（a）c 轴方向 NNU-27 的晶体结构；（b）框架中配体的堆积结构；（c）双金属 Zn^{2+}/Na$^+$链结构

通过空间传递电荷的 MOF，电荷迁移率已经接近有机半导体 [$10^{-5} \sim 10$ cm^2/(V·s)]。特别是[M$_2$(TTFTB)]，其 TTF 堆积与电荷转移盐很类似。另外[M$_2$(TTFTB)]也证明了自由基不仅可以明显提升分子导体的电导率，在 MOF 材料中也同样具有这样的作用。在将来的研究中，引入稳定的自由基配体是设计合成导电 MOF 材料的新方法。

3. 质子导电 MOF

大多数报道的质子导电 MOF 都是在较低温度条件下实现的，且具有水分子和氢键网络。Kitagawa

课题组报道了一系列基于草酸根配体的质子导电 MOF 材料。其中，Fe(ox)·2H$_2$O（ox = 草酸）最值得关注[50]。在该化合物中，Fe（II）和草酸根离子形成一维链结构，草酸根离子在 Fe 原子的赤道平面与其配位而轴向上的配位点由水分子占据。在 25℃和 98%相对湿度的条件下，该化合物的电导率为 1.3×10^{-3}S/cm。相对较高的电导率和较低的激发能（0.37eV）使得 Fe(ox)·2H$_2$O 被视为室温下超级质子导体。该化合物中水分子整齐排列实现了质子的传输，因此该化合物也被当作早期质子导电MOF 材料的一个典型例子。

(NH$_4$)$_2$(adp)[Zn$_2$(ox)$_3$]·3H$_2$O（adp = 己二酸）同样由 Kitagawa 课题组报道[51]。将质子载体引入该材料中通常有三种设计策略：引入质子化的抗衡离子、利用酸性基团构筑功能化材料框架和孔道中引入酸性客体。[Zn$_2$(ox)$_3$]$^{2-}$构成一个负电性的层状框架，同时存在抗衡离子 NH$_4^+$来保持电荷平衡。内部的孔道则被己二酸和水分子占据。在 bc 面上，Zn^{2+}和草酸根单元配位形成蜂窝状的二维网状结构［图 31-17（a）］，进一步形成垂直于该二维网络的一维孔道［图 31-17（b）］。在孔道中，己二酸、NH$_4^+$阳离子、水分子和框架中的草酸根基团组成氢键网络。在 25℃和 85%相对湿度的条件下，质子电导率为 8×10^{-3}S/cm，激发能为 0.63eV。

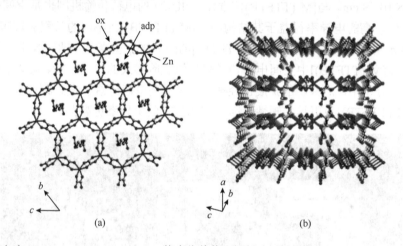

图 31-17 （a）(NH$_4$)$_2$(adp)[Zn$_2$(ox)$_3$]·3H$_2$O 蜂窝状结构；（b）b 方向上的透视图，溶剂分子已被忽略

31.4 改善 CPs 导电性能的策略

在此以 MOF 为例，简述改善 CPs 导电性能的策略。金属离子的电子态与有机配体的前线轨道不能形成有效重叠，使得 MOF 材料中的电荷传递很困难[52]。例如，理论计算的 MOF-5 电子结构中没有能带分布，所以当受到激发时，无法得到长距离的电荷分布[53]。MOF 材料一般具有较低电荷迁移率，怎样提高 MOF 材料的导电性能及其应用是当前研究的热点。

31.4.1 引入客体分子的 MOF

具有氧化还原活性有机配体的稀缺，使得大多数 MOF 材料没有有效的电荷载体和信号传输能力，MOF 材料中有机配体间距较大并且相邻金属节点抑制了电子离域，都限制导电 MOF 材料的发展。解决这些问题的办法一是设计合成具有特定平面[28, 54]或圆柱状结构[2, 5]的 MOF，或者使 MOF

中氧化还原活性配体具有长程的电子离域或者具有 π···π 堆积相互作用；另一个方法是在 MOF 材料中引入合适的客体分子来调控内部的氧化还原中心或者连接金属节点[41, 52, 55]。

2014 年，Yoon 课题组报道了利用客体分子提高 MOF 电导率的例子[52]。将 MOF $Cu_3(BTC)_2$（BTC = 均苯三甲酸）（HKUST-1）浸泡在饱和 TCNQ（7, 7, 8, 8-四氰基对苯二醌二甲烷）的二氯甲烷溶液中，可以将 MOF 的电导率从 10^{-8} S/cm 提高到 0.07S/cm。计算结果表明，TCNQ 分子连接在活化后框架中的配位不饱和的 Cu 原子上形成一个新的电荷传递路径（图 31-18）。框架和客体分子之间的氧化还原配对与有效的轨道重叠对产生高效电荷传递有着重要的影响[56]。同时，浸泡过后的 $TCNQ-Cu_3(BTC)_2$ 中 $Cu_3(BTC)_2$ 的最高价带与 TCNQ 的 LUMO 能级很接近，所以激发能较小（0.041eV）。MOF 框架与 TCNQ 分子间产生了松散的电荷载体，拉曼光谱证明框架与 TCNQ 之间存在 0.3～0.4e 的部分电荷转移。引入 TCNQ 客体分子后，$Cu_3(BTC)_2$ 由绝缘体变为导体，但其自身孔道性能也受到了明显的影响。孔道被 TCNQ 分子占据后，$Cu_3(BTC)_2$ 的比表面积从 1844m^2/g 降低到了 214m^2/g。

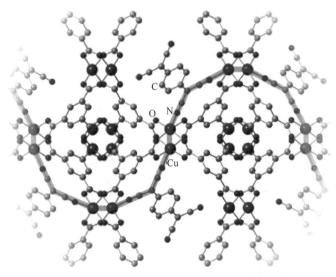

图 31-18　预测的 $TCNQ-Cu_3(BTC)_2$ 结构以及电荷传递路径

2015 年，Sourav Saha 课题组报道了 MOF 材料 BMOF（$[Zn_2(TCPB)(BPDPNDI)]_n$，TCPB = 1, 2, 4, 5-四（4-羧苯基）苯，BPDPNDI = N, N'-二(4-吡啶)-2, 6-二吡咯烷萘四羧酸酰亚胺）[57]。未处理的 BMOF 的电导率为 $6×10^{-7}$ S/cm，比不含有氧化还原配体的 HKUST-1 高一个数量级，但相比本征导电的平面或圆柱状结构 MOF 材料小得多。有机配体之间距离较远（晶体 a 轴和 b 轴方向距离分别为 16Å 和 11Å），配体之间缺乏电子离域，导致电导率较低。该课题组将具有氧化还原活性的有机配体构造的 MOF 负载在 ZnO 的基底上，通过掺杂尺寸和电性能不同的 π-酸客体分子如紫精、二硝基甲苯、1, 5-二氟-2, 4-二硝基苯等，可以将电导率由 $6×10^{-5}$ S/cm 调控至 $2.3×10^{-3}$ S/cm（图 31-19）。

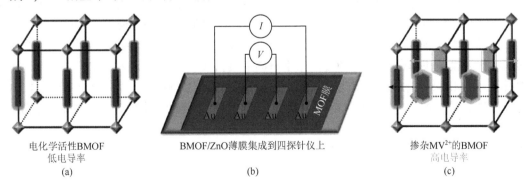

电化学活性BMOF　　　　BMOF/ZnO薄膜集成到四探针仪上　　　掺杂MV^{2+}的BMOF
低电导率　　　　　　　　　　　　　　　　　　　　　　　　　　高电导率
(a)　　　　　　　　　　　　　(b)　　　　　　　　　　　　(c)

图 31-19　MOF 材料 BMOF 引入客体分子前后结构对比以及电导率测试方法

31.4.2 掺杂导电材料的 MOF

提高 MOF 材料导电性能最直接有效的办法就是将 MOF 材料和一些导电材料混合，如碳基材料。碳糊电极（CPEs）是碳粉和绝缘黏合剂按照一定比例混合制得的。CPEs 具有低成本、低背景电流和宽电位范围等优点。在电化学应用中，MOF 材料修饰的 CPEs 依旧具有 CPEs 的优点且能体现出 MOF 的选择性和催化能力。MOF 材料修饰的 CPEs 已经应用于金属离子和生物材料传感器中[58, 59]。

MOF-5、HKUST-1 和 M-MOF-74（M = Mg，Mn，Co）（图 31-20）被用作析氧反应的电极材料来增强催化效率[60]。Super-P（导电碳黑）与该类 MOF 材料混合，混合后材料的比表面积和 O_2 的吸附量都较高。MOF 材料中开放的金属位点在孔道中提供的偏振面比 Super-P 多，因此小分子和离子与金属位点之间强的相互作用使得孔道中 O_2 的含量增加，从而使反应更加高效地进行[59]。利用 MOF 材料作为电极材料在未来的科学发展中具有很好的前景[61]。

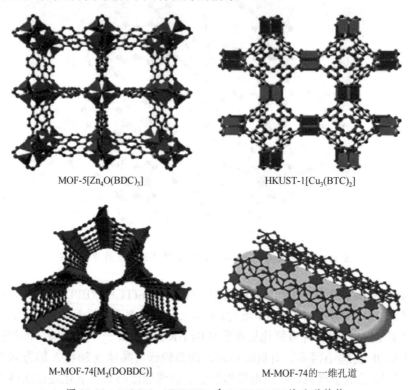

MOF-5[$Zn_4O(BDC)_3$]　　　　　　HKUST-1[$Cu_3(BTC)_2$]

M-MOF-74[$M_2(DOBDC)$]　　　　　　M-MOF-74的一维孔道

图 31-20　MOF-5、HKUST-1 和 M-MOF-74 的孔道结构

石墨烯和氧化石墨烯能提高电荷迁移率，经常被用作负载 MOF 或者提高 MOF 导电性的基底材料。例如，由 {Ru[4, 4′-(HO_2C)$_2$-bpy]$_2$bpy}$^{2+}$（bpy = 2, 2′-联吡啶）和 Zn^{2+} 构成的 MOF 材料可以负载在氧化石墨烯上作为导体材料使用[62]。一般制备的 MOF/石墨烯复合材料都是应用在电化学领域中，石墨烯同时作为模板和基底来负载 MOF。三维石墨烯网格（3D-GNs）通常以 ZIF-8（沸石咪唑酯骨架结构材料）和 MIL-88-Fe（Fe_2Ni MOF）作为模板来合成 MOF/3D-GNs 复合材料，尽管这些 MOF/3D-GNs 复合材料是制作金属氧化物/3D-GNs 材料的前驱体，但其自身的导电性和机械性能也十分出色[63]。

31.4.3 在器件基片负载 MOF 薄膜

对于电催化或电化学感应应用，将 MOF 薄膜负载在基底表面是 MOF 材料在微电子学中应用的关键。薄膜厚度的可控性和活性位点的可用性等优点使薄膜和基底之间直接的电荷传递成为可能[64, 65]。

　　MOF 材料中的金属离子或带有功能性基团的有机配体与基底以自组装或者表面缺陷作用的方式生长在基底表面[66]。例如，在原位反应中，基底首先被功能化使得 MOF 材料在表面成核随后开始生长[67]；在电解反应中，阳极溶液向有机配体溶液释放金属离子后，MOF 薄膜便开始沉积[68]。ZIF-8 和 HKUST-1 的薄膜是通过双位点选择性沉积的方法在金属电极上制备得到的（图 31-21），这种本征双极电化学位点选择的方法也可以实现可控制备两面性产物[65]。

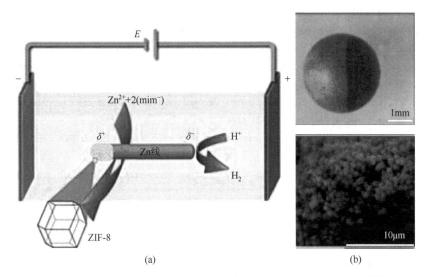

图 31-21　（a）Zn 线上沉积 ZIF-8 的示意图；（b）具有两面性性质的铜颗粒 SEM 图

　　层层堆积的生长方法可以在电极表面制备很好的 MOF 薄膜。薄膜的厚度可以通过堆积的层数来控制。Ru-MOF 薄膜在基于二氧化钛液结太阳能电池中作为敏化剂使用[69]。光致发光和电化学光谱表明在框架中引入碘单质对光致电荷传递具有重要影响[70]。ZIF-8 薄膜作为模板来制备多孔的碳三维 Ni 金属框架，在析氧电极上具有一定的应用价值[71]。HKUST-1 层堆积致密薄膜可以负载在铜表面，用于醋酸铜配位化合物与 btb 之间的配体交换[52]。由于每一层的堆积在厚度上只增加一个结构单元，因此层层堆积的方法可以达到原子层之间的堆积从而更好地控制薄膜的生长方向和厚度。

（王海英　左景林）

参 考 文 献

[1]　Batten S R，Champness N R，Chen X M，et al. Terminology of metal-organic frameworks and coordination polymers（IUPAC recommendations 2013）. Pure Appl Chem，2013，85：1715-1724；Batten S R，Champness N R，Chen X M，et al. Coordination polymers，metal-organic frameworks and the need for terminology guidelines. Cryst Eng Comm，2012，14：3001-3004.

[2]　Song F，Wang C，Lin W. A chiral metal-organic framework for sequential asymmetric catalysis. Chem Commun，2011，47：8256-8258；Wang C，Xie Z，de Krafft K E，et al. Doping metal-organic frameworks for water oxidation，carbon dioxide reduction，and organic photocatalysis. J Am Chem Soc，2011，133：13445-13454；Ma L，Jin A，Xie Z，et al. Freeze drying significantly increases permanent porosity and hydrogen uptake in 4，4-connected metal-organic frameworks. Angew Chem Int Ed Engl，2009，48：9905-9908；Huxford R C，Dekrafft K E，Boyle W S，et al. Lipid-coated nanoscale coordination polymers for targeted delivery of antifolates to cancer cells. Chem Sci，2012，3：198-204；Cui Y，Yue Y，Qian G，et al. Luminescent functional metal-organic frameworks. Chem Rev，2012，112：1126-1162；Kreno L E，Leong K，Farha O K，et al. Metal-organic framework materials as chemical sensors. Chem Rev，2012，112：1105-1125；Liu D，Huxford R C，Lin W. Phosphorescent nanoscale coordination polymers as contrast agents for optical imaging. Angew Chem Int Ed Engl，2011，50：3696-3700；Suh M P，Park H J，Prasad T K，et al. Hydrogen storage in metal-organic frameworks. Chem Rev，2012，112：782-835；Li J

R，Sculley J，Zhou H C. Metal-organic frameworks for separations. Chem Rev，2012，112：869-932；Ma L，Falkowski J M，Abney C，et al. A series of isoreticular chiral metal-organic frameworks as a tunable platform for asymmetric catalysis. Nat Chem，2010，2：838-846；Ahrenholtz S R，Epley C C，Morris A J. Solvothermal preparation of an electrocatalytic metalloporphyrin MOF thin film and its redox hopping charge-transfer mechanism. J Am Chem Soc，2014，136：2464-2472；Rowsell J L，Yaghi O M. Strategies for hydrogen storage in metal-organic frameworks. Angew Chem Int Ed Engl，2005，44：4670-4679；Wang Z，Tanabe K K，Cohen S M. Tuning hydrogen sorption properties of metal-organic frameworks by postsynthetic covalent modification. Chem Eur J，2010，16：212-217.

[3] Narayan T C，Miyakai T，Seki S，et al. High charge mobility in a tetrathiafulvalene-based microporous metal-organic framework. J Am Chem Soc，2012，134：12932-12935.

[4] Hmadeh M，Lu Z，Liu Z，et al. New porous crystals of extended metal-catecholates. Chem Mater，2012，24：3511-3513.

[5] Sadakiyo M，Yamada T，Honda K，et al. Control of crystalline proton-conducting pathways by water-induced transformations of hydrogen-bonding networks in a metal-organic framework. J Am Chem Soc，2014，136：7701-7707；Sadakiyo M，Yamada T，Kitagawa H. Proton conductivity control by ion substitution in a highly proton-conductive metal-organic framework. J Am Chem Soc，2014，136：13166-13169.

[6] Park S S，Hontz E R，Sun L，et al. Cation-dependent intrinsic electrical conductivity in isostructural tetrathiafulvalene-based microporous metal-organic frameworks. J Am Chem Soc，2015，137：1774-1777.

[7] Sun L，Hendon C H，Minier M A，et al. Million-fold electrical conductivity enhancement in Fe_2（DEBDC）versus Mn_2（DEBDC）（E = S，O）. J Am Chem Soc，2015，137：6164-6167.

[8] Duhovic S，Dinca M. Synthesis and electrical properties of covalent organic frameworks with heavy chalcogens. Chem Mater，2015，27：5487-5490.

[9] Ehrenreich H，Spaepen F. Solid state physics. New York：Academic Press，2001：56.

[10] Stallinga P. Electronic transport in organic materials：comparison of band theory with percolation/(variable range) hopping theory. Adv Mater，2011，23：3356-3362.

[11] Mott N F. Conduction in non-crystalline materials Ⅲ. Localized states in a pseudogap and near extremities of conduction and valence bands. Philos Mag，1969，835-852.

[12] Liao P，Carter E A. New concepts and modeling strategies to design and evaluate photo-electro-catalysts based on transition metal oxides. Chem Soc Rev，2013，42：2401-2422.

[13] Givaja G，Amo-Ochoa P，Gomez-Garcia C J，et al. Electrical conductive coordination polymers. Chem Soc Rev，2012，41：115-147.

[14] Delgado S，Sanz Miguel P J，Priego J L，et al. A conducting coordination polymer based on assembled Cu9 cages. Inorg Chem，2008，47：9128-9130.

[15] Chen B，Lv Z P，Leong C F，et al. Crystal structures，gas adsorption，and electrochemical properties of electroactive coordination polymers based on the tetrathiafulvalene-tetrabenzoate ligand. Cryst Growth Des，2015，15：1861-1870；Wang H Y，Wu Y，Leong C F，et al. Crystal structures，magnetic properties，and electrochemical properties of coordination polymers based on the tetra (4-pyridyl)-tetrathiafulvalene ligand. Inorg Chem，2015，54：10766-10775；Wang H Y，Cui L，Xie J Z，et al. Functional coordination polymers based on redox-active tetrathiafulvalene and its derivatives. Coord Chem Rev，2017，345：342-361.

[16] Zhong J C，Misaki Y，Munakata M，et al. Silver（Ⅰ）coordination polymer of 2, 5-bis-[4′, 5′-bis(methylthio)-1′, 3′-dithiol-2′-ylidene]-1, 3, 4, 6-tetrathiapentalene（TTM-TTP）and its highly conductive iodine derivative. Inorg Chem，2001，40：7096-7098.

[17] Kanehama R，Umemiya M，Iwahori F，et al. Novel ET-coordinated copper（Ⅰ）complexes：syntheses，structures，and physical properties（ET = BEDT-TTF = bis（ethylenedithio）tetrathiafulvalene）. Inorg Chem，2003，42：7173.

[18] Umeyama D，Horike S，Inukai M，et al. Integration of intrinsic proton conduction and guest-accessible nanospace into a coordination polymer. J Am Chem Soc，2013，135：11345-11350.

[19] Dai J，Kuroda-Sowa T，Munakata M，et al. S…S contact-assembled silver（Ⅰ）complexes of 4, 5-ethylenedithio-1, 3-dithiole-2-thione having unique supramolecular networks. J Chem Soc，Dalton Trans，1997：2363-2368.

[20] Koo J Y，Yakiyama Y，Lee G R，et al. Selective formation of conductive network by radical-induced oxidation. J Am Chem Soc，2016，138.

[21] Guo J，Xu Y H，Jin S B，et al. Conjugated organic framework with three-dimensionally ordered stable structure and delocalized pi clouds. Nat Commun，2013，4：2736-2736；Dogru M，Sonnauer A，Gavryushin A，et al. A covalent organic framework with 4nm open pores. Chem Commun，2011，47：1707-1709；Spitler E L，Dichtel W R. Lewis acid-catalysed formation of two-dimensional phthalocyanine covalent organic frameworks. Nat Chem，2010，2：672-677；Colson J W，Dichtel W R. Rationally synthesized two-dimensional polymers. Nat Chem，2013，5：453-465.

[22] Gutzler R，Perepichka D F. π-electron conjugation in two dimensions. J Am Chem Soc，2013，135：16585-16594.

[23] Chaudhuri P，Verani C N，Bill E，et al. Electronic structure of bis（o-iminobenzosemiquinonato）metal complexes（Cu，Ni，Pd）. The art

of establishing physical oxidation states in transition-metal complexes containing radical ligands. J Am Chem Soc，2001，123：2213-2223.

[24]　Kambe T，Sakamoto R，Hoshiko K，et al. pi-Conjugated nickel bis（dithiolene）complex nanosheet. J Am Chem Soc，2013，135：2462-2465.

[25]　Pal T，Kambe T，Kusamoto T，et al. Interfacial synthesis of electrically conducting palladium bis（dithiolene）complex nanosheet. ChemPlusChem，2015，80：1255-1258.

[26]　Cui J，Xu Z. An electroactive porous network from covalent metal-dithiolene links. Chem Commun，2014，50：3986-3988.

[27]　Furukawa H，Cordova K E，O'Keeffe M，et al. The chemistry and applications of metal-organic frameworks. Science，2013，341：1230444；Zhao M，Ou S，Wu C D. Porous metal-organic frameworks for heterogeneous biomimetic catalysis. Acc Chem Res，2014，47：1199-1207.

[28]　Hoffmann R. Interaction of orbitals through space and through bonds. Acc Chem Res，1971，4：1-9.

[29]　Zhang Z，Yoshikawa H，Awaga K. Monitoring the solid-state electrochemistry of Cu（2，7-AQDC）（AQDC = anthraquinone dicarboxylate）in a lithium battery: coexistence of metal and ligand redox activities in a metal-organic framework. J Am Chem Soc，2014，136：16112-16115；Choi K M，Jeong H M，Park J H，et al. Supercapacitors of nanocrystalline metal-organic frameworks. ACS Nano，2014，8：7451-7457；Campbell M G，Sheberla D，Liu S F，et al. Cu（3）（hexaiminotriphenylene）（2）: an electrically conductive 2D metal-organic framework for chemiresistive sensing. Angew Chem Int Ed Engl，2015，54：4349-4352.

[30]　Bera J K，Dunbar K R. Chain compounds based on transition metal backbones: new life for an old topic. Angew Chem Int Ed Engl，2002，41：4453-4457；Givaja G，Amo-Ochoa P，Gomez-Garcia C J，et al. Electrical conductive coordination polymers. Chem Soc Rev，2012，41：115-147；Campbell M G，Powers D C，Raynaud J，et al. Synthesis and structure of solution-stable one-dimensional palladium wires. Nat Chem，2011，3：949-953；Bera J K，Dunbar K R. Verbindungen mit Übergangsmetallhauptketten: frischer Wind für ein altes Thema. Angew Chem，2002，114：4633-4637.

[31]　Reynolds J R，Lillya C P，Chien J C W. Intrinsically electrically conducting poly（metal tetrathiooxalates）. Macromolecules，1987，20：1184-1191；Sun Y，Sheng P，Di C，et al. Organic thermoelectric materials and devices based on p-and n-type poly（metal 1，1，2，2-ethenetetrathiolate）s. Adv Mater，2012，24：932-937.

[32]　Takaishi S，Hosoda M，Kajiwara T，et al. Electroconductive porous coordination polymer Cu[Cu(pdt)$_2$] composed of donor and acceptor building units. Inorg Chem，2009，48：9048-9050.

[33]　Kobayashi Y，Jacobs B，Allendorf M D，et al. Conductivity，doping，and redox chemistry of a microporous dithiolene-based metal-organic framework. Chem Mater，2010，22：4120-4122.

[34]　Hao Z，Yang G，Song X，et al. A europium（iii）based metal-organic framework: bifunctional properties related to sensing and electronic conductivity. J Mater Chem A，2014，2：237-244；Chae S H，Kim H C，Lee Y S，et al. Thermally robust 3-D Co-DpyDtolP-MOF with hexagonally oriented micropores: formation of polyiodine chains in a MOF single crystal. Cryst Growth Des，2015，15：268-277.

[35]　Holliday B J，Swager T M. Conducting metallopolymers: the roles of molecular architecture and redox matching. Chem Commun，2005，36：23-36.

[36]　Turner D L，Stone K H，Stephens P W，et al. Synthesis，characterization，and calculated electronic structure of the crystalline metal-organic polymers [Hg(SC$_6$H$_4$S)(en)]$_n$ and [Pb(SC$_6$H$_4$S)(dien)]$_n$. Inorg Chem，2012，51：370-376；Turner D L，Vaid T P，Stephens P W，et al. Semiconducting lead-sulfur-organic network solids. J Am Chem Soc，2008，130：14-15.

[37]　Botas J A，Calleja G，Sanchez-Sanchez M，et al. Effect of Zn/Co ratio in MOF-74 type materials containing exposed metal sites on their hydrogen adsorption behaviour and on their band gap energy. Int J Hydrogen Energy，2011，36：10834-10844；Zhou W，Wu H，Yildirim T. Enhanced H$_2$ adsorption in isostructural metal-organic frameworks with open metal sites: strong dependence of the binding strength on metal ions. J Am Chem Soc，2008，130：15268-15269；Dietzel P D，Morita Y，Blom R，et al. An *in situ* high-temperature single-crystal investigation of a dehydrated metal-organic framework compound and field-induced magnetization of one-dimensional metal-oxygen chains. Angew Chem Int Ed Engl，2005，44：6354-6358；Rosi N L，Kim J，Eddaoudi M，et al. Rod packings and metal-organic frameworks constructed from rod-shaped secondary building units. J Am Chem Soc，2005，127：1504-1518；Bloch E D，Murray L J，Queen W L，et al. Selective binding of O$_2$ over N$_2$ in a redox-active metal-organic framework with open iron（II）coordination sites. J Am Chem Soc，2011，133：14814-14822；Sanz R，Martinez F，Orcajo G，et al. Synthesis of a honeycomb-like Cu-based metal-organic framework and its carbon dioxide adsorption behaviour. Dalton Trans，2013，42：2392-2398.

[38]　Sun L，Miyakai T，Seki S，et al. Mn$_2$（2，5-disulfhydrylbenzene-1，4-dicarboxylate）: a microporous metal-organic framework with infinite（—Mn—S—）$_\infty$ chains and high intrinsic charge mobility. J Am Chem Soc，2013，135：8185-8188.

[39]　Saeki A，Koizumi Y，Aida T，et al. Comprehensive approach to intrinsic charge carrier mobility in conjugated organic molecules，macromolecules，and supramolecular architectures. Acc Chem Res，2012，45：1193-1202.

[40]　Zhang Q，Li B，Chen L. First-principles study of microporous magnets M-MOF-74（M = Ni，Co，Fe，Mn）: the role of metal centers. Inorg Chem，2013，52：9356-9362.

[41] Gandara F, Uribe-Romo F J, Britt D K, et al. Porous, conductive metal-triazolates and their structural elucidation by the charge-flipping method. Chem Eur J, 2012, 18: 10595-10601.

[42] Tiana D, Hendon C H, Walsh A, et al. Computational screening of structural and compositional factors for electrically conductive coordination polymers. Phys Chem Chem Phys, 2014, 16: 14463-14472.

[43] Ferraris J, Walatka V, Perlstei J H, et al. Electron-transfer in a new highly conducting donor-acceptor complex. J Am Chem Soc, 1973, 95: 948-949.

[44] Dong H, Fu X, Liu J, et al. 25th anniversary article: key points for high-mobility organic field-effect transistors. Adv Mater, 2013, 25: 6158-6183.

[45] Goetz K P, Vermeulen D, Payne M E, et al. Charge-transfer complexes: new perspectives on an old class of compounds. J Mater Chem A, 2014, 2: 3065-3076; Saito G, Yoshida Y. Frontiers of organic conductors and superconductors. Top Curr Chem, 2012, 312: 67-126.

[46] Zhang Z, Zhao H, Kojima H, et al. Conducting organic frameworks based on a main-group metal and organocyanide radicals. Chem Eur J, 2013, 19: 3348-3357; Carolina A, Zhang Z, Akira O, et al. Dramatically different conductivity properties of metal-organic framework polymorphs of Tl (TCNQ): an unexpected room-temperature crystal-to-crystal phase transition. Angew Chem Int Ed Engl, 2012, 50: 6543-6547; Ballesteros-Rivas M, Ota A, Reinheimer E, et al. Highly conducting coordination polymers based on infinite M (4, 4'-bpy) chains flanked by regular stacks of non-integer TCNQ radicals. Angew Chem Int Ed Engl, 2011, 50: 9703-9707; Gandara F, Snejko N, Andres A, et al. Stable organic radical stacked by in situ coordination to rare earth cations in MOF materials. RSC Adv, 2011, 2: 949-955.

[47] Mei J G, Bao Z N. Side chain engineering in solution-processable conjugated polymers. Chem Mater, 2014, 26: 604-615.

[48] Panda T, Banerjee R. High charge carrier mobility in two dimensional indium (III) isophthalic acid based frameworks. P Natl a Sci India A, 2014, 84: 331-336.

[49] Chen D S, Xing H Z, Su Z M, et al. Electrical conductivity and electroluminescence of a new anthracene-based metal-organic framework with pi-conjugated zigzag chains. Chem Commun, 2016, 52: 2019-2022.

[50] Yamada T, Sadakiyo M, Kitagawa H. High proton conductivity of one-dimensional ferrous oxalate dihydrate. J Am Chem Soc, 2009, 131: 3144-3145.

[51] Sadakiyo M, Yamada T, Kitagawa H. Rational designs for highly proton-conductive metal-organic frameworks. J Am Chem Soc, 2009, 131: 9906-9907.

[52] Talin A A, Centrone A, Ford A C, et al. Tunable electrical conductivity in metal-organic framework thin-film devices. Science, 2014, 343: 66-69.

[53] Hendon C H, Tiana D, Walsh A. Conductive metal-organic frameworks and networks: fact or fantasy? Phys Chem Chem Phys, 2012, 14: 13120-13132; Yoon S M, Warren S C, Grzybowski B A. Storage of electrical information in metal-organic-framework memristors. Angew Chem Int Ed Engl, 2014, 53: 4437-4441.

[54] Sheberla D, Sun L, Blood-Forsythe M A, et al. High electrical conductivity in Ni (3)(2, 3, 6, 7, 10, 11-hexaiminotriphenylene)(2), a semiconducting metal-organic graphene analogue. J Am Chem Soc, 2014, 136: 8859-8862; Kambe T, Sakamoto R, Kusamoto T, et al. Redox control and high conductivity of nickel bis(dithiolene)complex pi-nanosheet: a potential organic two-dimensional topological insulator. J Am Chem Soc, 2014, 136: 14357-14360.

[55] Fernandez C A, Martin P C, Schaef T, et al. An electrically switchable metal-organic framework. Sci Rep, 2014, 4: 6114; Wiers B M, Foo M L, Balsara N P, et al. A solid lithium electrolyte via addition of lithium isopropoxide to a metal-organic framework with open metal sites. J Am Chem Soc, 2011, 133: 14522-14525.

[56] Allendorf M D, Foster M E, Leonard F, et al. Guest-induced emergent properties in metal-organic frameworks. J Phys Chem Lett, 2015, 6: 1182-1195; Erickson K J, Leonard F, Stavila V, et al. Thin film thermoelectric metal-organic framework with high seebeck coefficient and low thermal conductivity. Adv Mater, 2015, 27: 3453-3459; Hendon C H, Walsh A. Chemical principles underpinning the performance of the metal-organic framework HKUST-1. Chem Sci, 2015, 6: 3674-3683.

[57] Guo Z, Panda D K, Maity K, et al. Modulating the electrical conductivity of metal-organic framework films with intercalated guest π-systems. J Mater Chem C, 2016, 4: 894-899.

[58] Li Y, Chao H, Du H, et al. Electrochemical behavior of metal-organic framework MIL-101 modified carbon paste electrode: an excellent candidate for electroanalysis. J Electroanal Chem, 2013, 709: 65-69; Wang Y, Wu Y, Xie J, et al. Metal-organic framework modified carbon paste electrode for lead sensor. Sens Actuators B, 2013, 177: 1161-1166.

[59] Xu Q, Wang Y, Jin G, et al. Photooxidation assisted sensitive detection of trace Mn^{2+} in tea by NH_2-MIL-125 (Ti) modified carbon paste electrode. Sens Actuators, B, 2014, 201: 274-280.

[60] Wang L, Han Y, Feng X, et al. Metal-organic frameworks for energy storage: batteries and supercapacitors. Coord Chem Rev, 2016, 307,

Part 2：361-381.

[61] Miyasaka H. Control of charge transfer in donor/acceptor metal-organic frameworks. Acc Chem Res，2013，46：248-257.

[62] Xu Y D，Qi S，Wang L，et al. Effects of hydroxylamine sulfate and sodium nitrite on microstructure and friction behavior of zinc phosphating coating on high carbon steel. Chin J Chem Phys，2015，28：197-202.

[63] Hosseini H，Ahmar H，Dehghani A，et al. A novel electrochemical sensor based on metal-organic framework for electro-catalytic oxidation of L-cysteine. Biosens Bioelectron，2013，42：426-429；McKinlay A C，Eubank J F，Wuttke S，et al. Nitric oxide adsorption and delivery in flexible MIL-88（Fe）metal-organic frameworks. Chem Mater，2013，25：1592-1599.

[64] Ameloot R，Stappers L，Fransaer J，et al. Patterned growth of metal-organic framework coatings by electrochemical synthesis. Chem Mater，2009，21：2580-2582；So M C，Jin S，Son H J，et al. Layer-by-layer fabrication of oriented porous thin films based on porphyrin-containing metal-organic frameworks. J Am Chem Soc，2013，135：15698-15701.

[65] Yadnum S，Roche J，Lebraud E，et al. Site-selective synthesis of janus-type metal-organic framework composites. Angew Chem，2014，126：4001-4005.

[66] Shekhah O，Wang H，Kowarik S，et al. Step-by-step route for the synthesis of metal-organic frameworks. J Am Chem Soc，2007，129：15118-15119；Arnold M，Kortunov P，Jones D J，et al. Oriented crystallisation on supports and anisotropic mass transport of the metal-organic framework manganese formate. Eur J Inorg Chem，2007，2007：60-64.

[67] Falcaro P，Ricco R，Doherty C M，et al. MOF positioning technology and device fabrication. Chem Soc Rev，2014，43：5513-5560.

[68] Rocca J D，Liu D，Lin W. Nanoscale metal-organic frameworks for biomedical imaging and drug delivery. Acc Chem Res，2011，44：957-968.

[69] Lee D Y，Kim E，Shin C Y，et al. Layer-by-layer deposition and photovoltaic property of Ru-based metal-organic frameworks. RSC Adv，2014，4：12037-12042.

[70] Yin Z，Wang Q X，Zeng M H. Iodine release and recovery，influence of polyiodide anions on electrical conductivity and nonlinear optical activity in an interdigitated and interpenetrated bipillared-bilayer metal-organic framework. J Am Chem Soc，2012，134：4857-4863.

[71] Wang J，Zhong H X，Qin Y L，et al. An efficient three-dimensional oxygen evolution electrode. Angew Chem Int Ed Engl，2013，52：5248-5253.

第32章
配位聚合物的质子传导

32.1 研究背景

凝聚态物质中的离子输运在化学反应中具有重要地位[1, 2]，作为自然界中最小的离子，质子参与到很多过程中，如布朗斯特（Brønsted）酸碱反应[3]、光合作用[4]和酶催化过程[5]等。对能源材料日渐增长的需求使得质子交换膜燃料电池（proton exchange membrane fuel cell，PEMFC）的重要性尤为凸显[6, 7]，为了设计更好的质子导体材料，研究人员有必要深刻理解质子传输的机理，并在此基础上探究实现高效质子传输的新型材料。

配位聚合物是一类将无机金属离子或金属簇和配体通过配位作用而结合得到的化合物[8-11]，它们具有结构可设计性、晶态结构、多孔性及独特的动态性质[12, 13]，而且在气体吸附分离[14-18]、发光[19-22]、磁性[23, 24]、催化[25-28]、客体包覆和吸收[29, 30]等方面展现出良好的性质，在质子传导方面也展现出潜在的应用前景。近年来，许多配位聚合物材料被报道用于质子导体材料[1, 31-36]，而且其中有一些材料，它们的质子传输性能几乎可以与商用的聚氟磺酸膜（Nafion）[37, 38]相媲美，在较高湿度条件下其质子传导率可以达到 $10^{-2}\sim10^{-1}$S/cm[39-42]。同时，骨架的多孔性和有机配体的多样性使得引入客体分子和官能团修饰变得可能，因此增强了配位聚合物的质子传导性能。孔道内的客体分子或离子，如水分子、咪唑、含氧酸阴离子等都可以作为质子传导的媒介，它们与官能团如羧基、磺酸基、磷酸基等相互作用，形成质子传递的通路。

在众多构筑配位聚合物质子导电材料的要素中，氢键非常重要，而且是理解质子传递过程的重要因素。作为一种非共价相互作用，氢键是由分子片段 X—H 上的氢原子（其中 X 是比氢电负性更大的原子，如氮、氧、氟原子）和同一分子或其他分子上的原子形成的弱相互作用。水分子二聚体中氢键的强度大约是 5kcal/mol，因此在室温条件下，氢键可以通过热涨落而形成或断裂[43]。氢键的结构和动力学性质，包括键的生成和断裂及分子的转动，这些都是纯水及水溶液中质子的快速传递的要素，根据核磁研究结果[44]，室温下在纯水中质子的扩散系数是 $D_{H^+} = 7\times10^{-9}$m^2/s，高于水分子的自扩散系数[45]。Grotthuss 机理指的就是这种质子从一个水分子转移到邻近水分子的结构性扩散，其中并不需要分子质心的明显移动[46]。水合氢离子的结构（$H_9O_4^+$ 的 Eigen 结构）[47]或者两个水分子共享一个质子的 Zundel 结构（$H_5O_2^+$）[48]，以及它们在水溶液中的溶剂化层结构已经有很多实验表征[49-51]及计算模拟的工作[43, 52-55]对其进行深入研究，这些研究都表明氢键的动力学性质与质子的传输有非常密切的联系[56-62]。当氢键网络被限制在定域空间中，如一维通道、二维层状结构、固态多孔材料的三维孔甚至是非均相界面中，质子传递过程会受到影响，动力学过程加快或者减缓[63-67]。除了水溶液，氢键还可以在有机杂环分子（如咪唑、三唑分子）[6, 68-73]、含氧酸[74, 75]及质子型离子液体[76]间形成，这些都可以应用于无水型燃料电池。

上述特点都可以通过合理地设计金属中心和有机配体并搭配合适的质子传递媒介，而引入配位聚合物材料。而且，由于配位聚合物具有晶态结构的特点，将其结构中的氢键网络及可能的质子传输路径直观表示出来会比无定形材料更加容易。晶体衍射技术可以用来表征晶体结构，而电化学阻抗谱（electrochemical impedance spectroscopy，EIS）则可以探测配位聚合物单晶中质子导电的各向异性。除了实验测量手段，计算化学的快速发展使得研究配位聚合物结构中质子传递的微观过程成为可能。值得注意的是，配位聚合物中的无机-有机杂化环境会给直接表征质子传递机理带来困难。从这个角度来看，研究配位聚合物中的质子传递机理将充满挑战，而且需要将多种实验表征和计算机模拟结合起来。首先，在配位聚合物中确定出精确的质子传输通道并非易事，因为一些质子传递媒介，如水分子，它们的取向并不容易确定，以及一些涉及质子传递的溶剂分子有时是无序的。其次，粉末样品的交流阻抗测试表征的都是体相多晶结构的平均结果，而不是单晶的各向异性。有时单晶样品并不容易获得，而如何确定随机取向的晶粒的方向也是一个问题。最后，质子传递机理与氢键网络的结构和动力学性质、电荷扩散的动力学性质甚至是相变等都密切相关。

　　本章将重点论述具有质子传导性能的配位聚合物材料的最新进展，包括近些年具有代表性的实验表征和计算机模拟工作，并且总结出调控配位聚合物材料质子传导率的因素，如氢键相互作用、官能团修饰和布朗斯特酸性、相变、缺陷和无定形结构等，给出了配位聚合物质子导电研究面临的挑战和未来固态质子导体材料领域发展的趋势展望。

32.2　配位聚合物质子传导的表征方法

32.2.1　实验表征

1. 电化学阻抗谱

　　电化学阻抗谱，也称交流阻抗谱，常用来表征配位聚合物材料的质子传导率，这种表征方法可以用来研究固态或液态材料中体相或者界面区域中的移动电荷，也可以研究绝缘体中的介电性质[77]。配位聚合物材料的质子传导测量需要控制温度和相对湿度。对于压片的粉末样品，质子传导率可以通过下述公式进行计算：

$$\sigma = L / AR \tag{32-1}$$

式中，σ 为离子传导率；R 为电阻；L 和 A 分别为压片样品的厚度和面积。含水体系的测量温度从零度以下到接近 373K，而无水体系质子传导的测量温度可以在 373K 以上。给定不同温度下的离子传导率，质子传递的活化能（E_a）就可以通过对阿伦尼乌斯（Arrhenius）曲线的拟合得到：

$$\ln(\sigma T) = \ln A - \frac{E_a}{k_B T} \tag{32-2}$$

式中，σ 为质子传导率；A、E_a、k_B 分别为指前因子、质子传递的活化能、玻尔兹曼常量。和纯水中质子迁移的活化能（2～3kcal/mol，0.08～0.12eV）相比，通常小于 0.4eV 的活化能可以归为 Grotthuss 机理，而大于 0.4eV 的活化能被归为 Vehiclar 机理，即质子载体的自扩散过程，而这种扩散需要相对较高的能垒。这个标准是通过对离子导体和超离子导体大量的实验归纳总结得到的，二者的根本差别在于离子导体中电荷载体需要通过热运动产生，而在超离子导体中，其移动的载荷粒子形成了准液态，这使得质子可以通过跳跃机理传递。有时质子传导率的温度依赖并不是线性的阿伦尼乌斯型的曲线，而是出现阶跃，这说明了体系中质子媒介的动态取向的性质，如表现出塑晶性质的配位聚合物中（图 32-1）[78]。

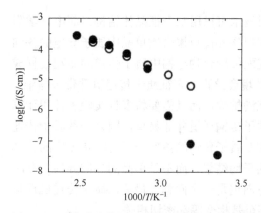

图 32-1　配位聚合物[Zn(HPO$_4$)(H$_2$PO$_4$)$_2$](ImH$_2$)$_2$
在非水条件下质子传导率的阿伦尼乌斯曲线。
测试温度：升温曲线，298～403K（黑色）；
降温曲线，403～313K（白色）[78]

利用电化学阻抗方法测量质子传导率通常使用的是粉末样品，而各向异性的离子传导则可以通过对高质量化合物单晶的测量来完成。Umeyama 等测量了配位聚合物[Zn(H$_2$PO$_4$)$_2$(TzH)$_2$]$_n$ 的各向异性质子传导率[79]，其中单晶的取向由 X 射线衍射确定，如图 32-2 所示，测量结果是在 ab 平面上的传导率可达 1.1×10^{-4}S/cm（403K），这一结果与粉末的体相测量的传导率相当。一方面，根据阻抗和模曲线的单一弛豫过程，可以认定测量体系中没有晶界的存在，而 Z″ 和 M″ 峰的重合反映了长距离的质子的迁移。另一方面，沿 c 轴的层间传输的传导率明显降低，为 2.9×10^{-6}S/cm（403K），比 ab 平面内的传递低了两个数量级。层内和层间传导率的差异说明了此种二维层状配位聚合物的质子传递各向异性。因此当质子沿 c 轴传导，三唑配体的中氮-氢键就充当了质子传递的位点，形成连续的氢键网络实现质子传输。

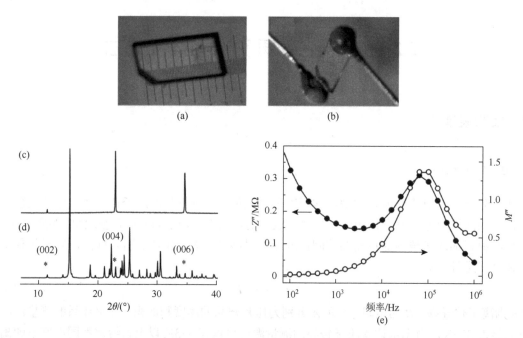

图 32-2　（a）沿 c 轴方向的[Zn(H$_2$PO$_4$)$_2$(TzH)$_2$]$_n$单晶样品照片；（b）测试用金电极照片；（c）单晶样品的 X 射线衍射谱图（5°～40°）；（d）模拟对照的 X 射线衍射谱图；（e）在 403K 条件下，ab 平面测量的阻抗（●）和阻抗模量（○）[79]

2. 宽频介电谱

偶极分子或离子，如配位聚合物纳米孔中的客体水分子，其平动和转动的动力学性质可以利用宽频介电谱（broadband dielectric spectroscopy，BDS）来探测研究。这种表征方法主要探测的是固态材料内部的结构弛豫信息。Banys 等利用宽频介电谱研究了一种含钴的配位聚合物（cobalt-tetramethyl-4,4′-bipyrazole-benzenetricarboxylic acid）孔道内部水分子的动力学过程[80]。在测试过程中，复介电常数 $\varepsilon^* = \varepsilon' - i\varepsilon''$ 测量的频率范围为 20Hz～1MHz。由于吸附的水分子的冻结-融化过程，其谱图可以被分为若干区域，其弛豫时间在低温区域 140～200K 之间有比较宽的分布，其可能来自于水分子与孔壁的强烈相互作用；在较高温度范围 200～410K 的区间，主要存在两个重叠的过程，即高频区的 Cole-Cole 弛豫和低频区的传导过程。

而在一些具有一维通道的配位聚合物中，如 MIL-53(Cr)和 MIL-53(Fe)，吸附水分子后的呼吸行为可以通过宽频介电谱来探测，因为此种表征不仅对偶极取向敏感，而且可以探测质子的动力学性质[81]。根据不同水分子吸附量来观测介电响应信号可以研究 MIL-53 系列材料的呼吸效应。等温传导率测试的频率范围是 10^{-2}～10^{6}Hz，其交流传导率实部包含了直流传导率、极化传导率，它们分别源自电荷的长距离迁移和电偶极的局部重新取向，即

$$\sigma_{ac}(f,T) = \sigma_{dc}(T) + \sigma'_{pol}(f,T) \tag{32-3}$$

有时此式中会加入第三项，即 Maxwell-Wagner-Sillars 项，它描述的是样品/电极界面的电荷累积，这与样品的形状有关。测试结果发现，在 MIL-53(Cr)窄孔道状态下，只有极化项可被观测到，而在宽孔道状态下，直流项和极化项都可以被探测到[81]。宽频介电谱和密度泛函计算的结果共同证实了极化项源自体系中 μ_2-OH 偶极的取向变化，而直流传导主要通过 Grotthuss 机理的质子迁移实现，这也意味着体系中水分子间有较强的氢键作用。

Planchais 等利用宽频介电谱研究了 UiO-66(Zr)体系中客体水分子与骨架的相互作用，并研究了在骨架上修饰羧基对其产生的影响[82]。与其他可吸附水的固态材料，如多孔玻璃[83]、硅纳米颗粒[84]相比，吸附了水分子的单羧酸取代的 UiO-66(Zr)-COOH 在频率/温度域中展示出两个介电信号。两个弛豫过程中的快过程对应于孔道中结合水的重新取向，而慢过程对应于水/固态界面的局部位移。

3. 准弹性中子散射谱

近年来，准弹性中子散射（quasi-elastic neutron scattering，QENS）被应用于解析配位聚合物的质子传递机理，其特点在于，和碳、氮、氧和氚等原子相比，氢原子的非连续中子散射的系数很大（$\sigma_{inc} = 80b$，$1b = 10^{-24}cm^2$），使得氢原子的运动更容易被准弹性中子散射探测。Miyatsu 等[85]使用准弹性中子散射研究了二维多孔配位聚合物$(NH_4)_2[HOOC(CH_2)_4COOH][Zn_2(C_2O_4)_3]$的质子传递机理。在此聚合物中，草酸根离子桥连形成了二维蜂窝状骨架，脂肪酸在层间连接。通过拟合阿伦尼乌斯曲线，可以得到四个弛豫过程，其中两个与铵根离子的运动相关，另外两个与水分子的运动相关。铵根离子的局部运动由积分强度 $A_0(Q)$ 表征，对其的拟合显示铵根离子沿 C_3 轴转动，结构分析说明铵根离子参与氢键网络的形成，有助于质子传递（图 32-3）。

Borges 等首次将实验与模拟结合，在分子水平上解释了在 UiO-66(Zr)-$(CO_2H)_2$ 体系中质子传递的机理[86]。准弹性中子散射与分子动力学模拟相结合，发现水分子形成的氢键网络从四面体笼子延伸至八面体笼子，对准弹性中子散射谱的拟合包含了两个动态过程：一个是质子的长距离自由扩散，

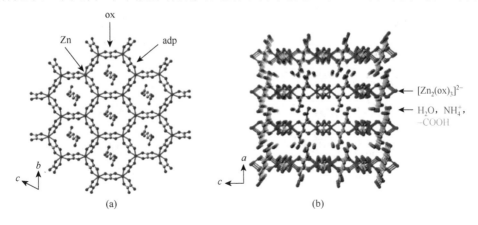

(a)　(b)

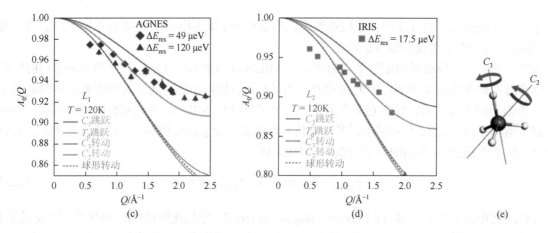

图 32-3 （a）沿 a 轴方向显示的配位聚合物 $(NH_4)_2(adp)[Zn_2(ox)_3]$ 的结构；（b）沿 b 轴方向显示的配位聚合物 $(NH_4)_2(adp)$ $[Zn_2(ox)_3]$ 的结构：O，红色；N，绿色；C，灰色；Zn，蓝色；水分子被省略。EISF 谱图：（c）通过 AGNES 测量的 L_1 模式和（d）通过 IRIS 测量的 L_2 模式，实线表示通过计算拟合 EISF 谱的曲线；（e）NH_4^+ 离子的结构，其中氢原子为白色，氮原子为绿色，C_2 轴和 C_3 轴标注如图所示[85]

另一个是水分子的转动。结构分析显示 Eigen 类型的水合氢离子在孔道中形成。300K 条件下，水分子倾向于在四面体笼子中，很少一部分穿过笼与笼之间的三角形窗口到达邻近的正八面体笼子中，温度升高后，水分子几乎均匀分布于这两种类型的笼子中，通过氢键网络相连。

Pili 等使用准弹性中子散射谱研究了一类新型的磷酸基 MOF 材料 MFM-500(Ni) 和 MFM-500(Co) 中的质子扩散机理[87]。结果显示在 MFM-500(Ni) 中，质子传递是一种"球内自由扩散"的过程，这在已报道的 MOF 材料中尚属首次。单晶 XRD 显示其质子传递的通路主要源自游离的膦酸基团和配位的水分子。对弹性非相干结构因子（elastic incoherent structure factor，EISF）曲线拟合得到的结果显示，"球内自由扩散"模型可以很好地描述其质子扩散的过程，拟合参数 $r = 2.25Å$ 与晶体结构确定的氢键距离相一致（图 32-4）。

32.2.2 理论模拟方法

近年来计算化学的快速发展为计算机模拟配位聚合物材料的性质提供了可能。在配位聚合物的理论研究方面，分子模拟被广泛应用于其性质研究，如力学性质、热学性质、吸附性质等[88]。在众多的计算模拟方法中，一些计算方法被广泛使用，并且和实验表征一起被应用于对性质及机理的研究。这些计算方法包括，用于计算电子结构的密度泛函理论（density functional theory，

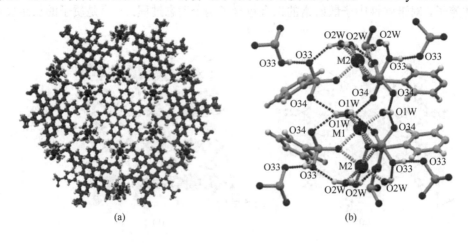

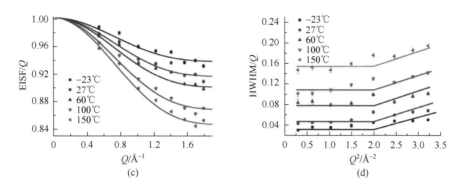

图 32-4 （a）沿 c 轴方向 MFM-500(M)（M = Co、Ni）的晶体结构，其中无序的 DMSO 分子被省略，其中交错堆叠的配体分别用蓝色和绿色显示；（b）配位聚合物 MFM-500(M)中，两个金属中心 M1 和 M2 周围的配位环境和周围形成的氢键网络，X 射线衍射结构，其中 C，灰色；O，红色；P，橙色；金属中心，紫色；H，白色；配位键，紫色虚线；氢键，红色虚线；（c）MFM-500(Ni)的 EISF 谱，其中实线表示的是利用"球内扩散"模型拟合得到的曲线；（d）MFM-500(Ni)的极值半峰宽的 Q^2 依赖性拟合曲线[87]

DFT）、用于计算多孔材料吸附性能的巨正则蒙特卡罗（grand canonical Monte Carlo，GCMC）模拟。对于配位聚合物的质子传递研究，这些计算模拟方法既可以与实验相结合，也可以单独使用，这些计算方法包括密度泛函计算、从头算分子动力学（ab initio molecular dynamics，AIMD）模拟及基于经验力场的分子模拟方法。本节将简要介绍各种方法的基本原理及相关的研究。

1. 密度泛函理论

量子化学计算可以用于研究配位聚合物的结构、力学、电学、气体吸附分离及催化等性质[89]，而密度泛函计算与红外光谱相结合，可以用于精确解析一些配位聚合物金属簇结构中的质子拓扑结构，如含有金属锆的金属簇结构，这种 Zr_6 簇结构常见于 UiO-66 等结构中，而且往往伴随有配体造成的空位和缺陷。以一种含有 Zr_6 簇的框架 NU-1000 为例，Zr_6 簇的存在使得其热稳定性和化学稳定性有很大的提升，但是其结构的多样使得确定簇结构中质子的位置变得困难。质子的位置对于其酸碱性及质子传导过程均具有重要的影响，所以为了精确确定其质子结构和氢键拓扑，Planas 及其合作者对已知的一些可能的簇结构（NU-1000-OH、NU-1000-OH2 和 NU-1000-MIX-X）进行密度泛函计算[90]，结果发现交错型的 MIX-Node-S 构象具有热力学最稳定的构型（图 32-5）。而计算出的红外光谱与实验测得的结果比较可以排除另外两种构型（OH-Node 和 H_2O-Node），其中在实验的红外光谱中 2551cm^{-1}、2747cm^{-1} 和 2745cm^{-1} 波数位置的协同不对称伸缩振动对应于能量较为稳定的 MIX-Node-S 拓扑构型。

2. 从头算分子动力学

在从头算分子动力学模拟中，势能由电子结构计算来确定，其中原子核的运动遵循牛顿运动方程，而每一步中原子核受到的力均由电子结构计算确定。从头算分子动力学模拟不仅可以提供体系结构和能量的信息，还可以得到动力学性质。由于其每一步都对电子的状态进行量子力学的描述，所以从头算分子动力学还可以处理电荷转移的极化效应，以及涉及化学键断裂和生成的化学反应。这种方法尤其适合研究配位聚合物中质子传递过程。和水溶液体系中质子传递过程的研究相比，配位聚合物的质子传递过程的从头算分子动力学研究相对较少，但是发展迅速。

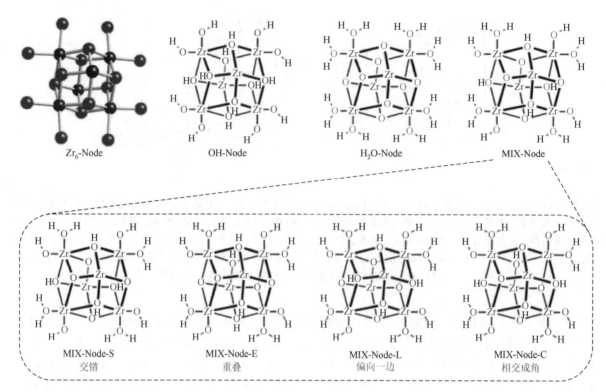

图 32-5 不同类型的异构体的示意图（OH-Node、H$_2$O-Node、MIX-Node）和 MIX-Node 构型，其中苯甲酸的
苯环结构被省略掉[90]

从头算分子动力学的计算原理可以参考已有文献[6, 91, 92]，因而本小节只简要介绍一些基本的公式。从头算分子动力学主要有两种途径，玻恩-奥本海默分子动力学（Born-Oppenheimer molecular dynamics，BOMD）模拟和 Car-Parrinello 分子动力（Car-Parrinello molecular dynamics，CPMD）模拟。二者的差别在于电子运动和原子核运动的耦合方式，在 BOMD 方法中，原子核的运动和电子基态计算是独立的，所以在每一帧都要计算一次电子结构，公式如下：

$$M_i \ddot{R}_t(t) = -\nabla_i \min_{\varPsi_0}\{\langle \varPsi_0 | H_e | \varPsi_0 \rangle\} \tag{32-4}$$

$$E_0 \varPsi_0 = H_e \varPsi_0 \tag{32-5}$$

和 BOMD 较大的计算量相比，CPMD 方法[93]更为经济，这种方法人为地引入了电子虚质量 μ，将电子状态与原子核耦合在一起，使得电子波函数与原子核运动方程在接近电子基态的状态下随时间演化。采用 Car-Parrinello 扩展拉格朗日方程表示：

$$L_{\mathrm{CP}}(\{R\}, \{\dot{R}\}, \{\phi_i\}, \{\dot{\phi}_i\}) = \frac{1}{2}\sum_I M_I \dot{R}_I^2 + \mu \sum_i^{\mathrm{occ}} \langle \dot{\phi}_i | \dot{\phi}_i \rangle - E^{\mathrm{KS}}[\{\phi_i\}, \{R\}] + \sum_{i,j}^{\mathrm{occ,occ}} \varLambda_{ij}(\langle \phi_i | \phi_j \rangle - \delta_{ij}) \tag{32-6}$$

而 Car-Parrinello 运动方程可以表示为

$$\mu | \ddot{\phi}_i \rangle = -\frac{\delta E^{\mathrm{KS}}}{\delta \langle \phi_i |} + \sum_j \varLambda_{ij} | \phi_i \rangle \tag{32-7}$$

$$M_I \ddot{R}_I = -\nabla_I [E^{\mathrm{KS}}[\{\phi_i\}, \{R\}]] = -\frac{\delta E^{\mathrm{KS}}}{\delta R_I} + \sum_{ij} \varLambda_{ij} \frac{\delta}{\delta R_I} \langle \phi_i | \phi_j \rangle \tag{32-8}$$

从头算分子动力学模拟方法已经用于研究配位聚合物的一些性质，如 MIL-53 MOF 的呼吸作用[94]，IRMOF-1 体系在水溶液体系中的降解过程[95]，以及在一维孔道中的水分子动力学和一维水链的铁电相变[96]等。考虑到配位聚合物体系中非均相的环境，从头算分子动力学模拟应用于质子传递过程研究主要有三个方面：①纳米孔道的限域效应；②质子媒介分子/离子的转动动力学性质；③氢键网络的结构和氢氧键的振动。

3. 基于经验力场的分子模拟

由于使用从头算分子动力学模拟计算量较大，而考虑到配位聚合物的复杂结构，其构建模型的原子数量往往超过从头算分子动力学方法可以处理的规模。在配位聚合物中，质子传递的过程往往涉及客体分子间氢键网络拓扑结构的改变。Mileo 及其合作者报道了实验与模拟相结合的研究工作，对含有锆的多孔配位聚合物 MIL-163 进行蒙特卡罗（MD）模拟，如图 32-6 所示，在孔道中的客体水分子和二甲胺分子之间，可以形成连续的氢键网络。在含水条件下，水分子会形成空间三维的氢键网络，与配体中的酚羟基相连，形成纵横交错的氢键簇，最多涉及 15 个水分子。而二甲胺分子与水分子形成的氢键并不会切断水分子形成的连续氢键网络，这说明二甲胺分子在质子传导的过程中并不是主要的影响因素。此蒙特卡罗模拟中使用的参数基于经验力场，其中部分电荷（partial charge）来自于 ESP（electrostatic potential）方法[97]，Lennard-Jones 参数来自文献[98, 99]，采用了 TIP4P/2005 水模型[100]，而二甲胺分子采用了联合原子模型[101]。蒙特卡罗模拟只提供了关于氢键网络在热力学上稳定的构型，而体系的动力学性质需要与时间相关的分子动力学模拟。然而采用基于经典力学的分子动力学模拟，化学键的拓扑在模拟中已经固定，所以并不能处理质子传递过程中氢氧键的断裂和生成。为了解决这一问题，多态经验价键模型（multi-state empirical bond，MS-EVB）可以用来描述纯水体系中水合氢离子的质子化结构及电荷迁移的过程，其模型构建可以参考相关文献[46, 53, 54, 102-104]。最近，这种方法被用来模拟配位聚合物体系中的质子传递过程，如 MIL-53 系列[105]和 UiO-66 系列 MOF[86]。此外，Medders 和 Paesani 使用了极化模型来研究受限于 MIL-53(Cr)一维孔道中的水分子的红外光谱性质，并探讨了其氢键动力学的特性[106]。其二维红外

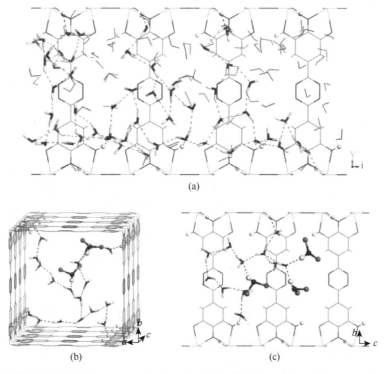

(a)

(b)　(c)

图 32-6 （a）蒙特卡罗模拟含水条件下 MIL-163 体系中多重氢键通路的示意图，其中二甲胺分子被省略；（b，c）沿 c 轴和 a 轴观察得到 298K 条件下利用蒙特卡罗模拟计算得到的水分子的可能几何排列，其中红色虚线表示氢键网络，蓝色虚线表示水分子和二甲胺分子之间的氢键相互作用[107]

光谱随着时间演化的信息反映了水分子的转动特性，在水含量较低的条件下，其较弱的水分子-水分子振动峰及水分子-羧基峰在 2500～2600cm^{-1} 波数区间发生重叠，相应的椭圆形峰会快速地展宽。当水含量增加，峰出现红移，说明水分子-水分子之间的氢键相互作用增强。此研究表明在水含量低的情况下，水分子主要与主体骨架有较强的相互作用，而在水分子含量较高时，水分子之间的相互作用增强。

32.3 配位聚合物质子传导的调控

32.3.1 主体框架和客体分子/离子

氢键是配位聚合物材料中发生质子传递必不可少的要素，通常情况下，氢键会在客体分子之间或者客体分子与主体骨架之间形成。配位聚合物的结构多种多样，在具有一维通道结构的配位聚合物中，质子可以沿客体分子形成的氢键链传递，例如，在 MIL-53 系列结构中 [化学式为 M(OH)(BDC)，H$_2$BDC = 对苯二甲酸]，八面体的金属中心 MO$_4$(OH)$_2$ 和线形配体对苯二甲酸共同形成了一维的菱形孔道。MIL-53 的独特结构使得它具有很多独特的性质，如它的动态骨架（也被称为呼吸效应）和伴随呼吸效应的气体吸附性能。将水分子引入其一维孔道之后，MIL-53(Al)体系的质子传导率为 2.3×10^{-8}S/cm（298K，95%RH）和 3.6×10^{-7}S/cm（353K，95%RH），其质子传递活化能 E_a 为 0.47eV[108]。

通常骨架与客体的相互作用会影响氢键网络的形成，Paesani 针对 MIL-53(Cr)体系分别进行了基于量子力学和经典力学的分子动力学模拟，对其中客体水分子的结构和动力学进行分析，结果如图 32-7 所示，在 MIL-53(Cr)的两种水化状态下，即窄孔状态和大孔状态，其孔道内部水分子的构象存在一定的区别。在窄孔状态下，MIL-53(Cr)的一维孔道中水分子呈现一种沿孔道分布并靠氢键连接的一维水分子链，而且一些水分子会与骨架上的羧基官能团形成氢键。但是当孔道中水分子数目增加时，其水分子的分布则从一维变成了三维，而且水分子的排布变得较为无序。结构分析显示这种纳米孔道的限域效应会限制水分子的移动，如阻碍其分子转动重排。在这种限域条件下，水合氢离子的主要构型将会由于氢键拓扑的限制而发生变化。动力学分析显示，在 MIL-53(Cr)中，

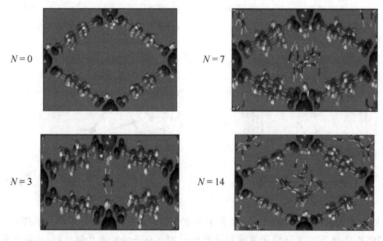

图 32-7 利用 aMS-EVB3 模拟得到的 MIL-53(Cr)一维孔道中客体水分子的排列，N 为每个晶胞单元内吸附的水分子个数[105]，其中 Cr(Ⅲ)原子为蓝色；C 原子为青色；O 原子为红色；H 原子为白色

其孔道内的水分子的弛豫比体相中的弛豫更慢，客体水分子与配位的羟基形成了较强的氢键，因此减弱了水分子的移动性。结构分析还显示质子水合结构与骨架的呼吸效应有关，在大孔状态下，水合氢离子主要以 Eigen 形式存在，而在小孔状态下，其主要以 Zundel 形式存在。

MIL-53(Cr)中的羟基与水分子的相互作用对水分子的行为也会产生影响，根据 Haigis 等的研究结果[109]，在窄孔状态下，水分子会吸附在骨架的特定位点上，并在平衡位置附近有很大幅度的振动。均方位移分析显示，在窄孔状态下，与 μ_2-O 形成氢键的水分子的位移很大；而在大孔状态下，水分子的分布体现了一种更加无序的、与纯水本体接近的状态（图 32-8）。其中可以观察到两种特定的氢键连接模式：一种是 2A1D 构型，另一种是 1A2D 构型，其中 A 表示氢键受体，D 表示氢键给体。同时在大孔状态下，水分子转动动力学速度相对于本体中的水分子减慢，这说明虽然 MIL-53(Cr)孔道中的水在氢键结构上与本体纯水相似，但是在动力学性质方面由于限域作用的影响，与本体纯水有明显的不同。

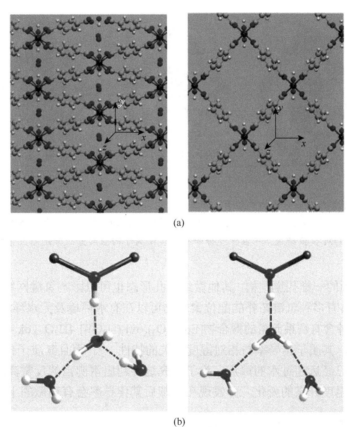

(a)

(b)

图 32-8　（a）窄孔和大孔状态下的 MIL-53(Cr)结构，其中大孔状态下水分子已被省略。Cr 原子，棕色；O 原子，红色；C 原子，绿色；H 原子，白色。（b）与 μ_2-O 相结合的水分子的两种几何构型的示意图[109]

根据基于 TD(tight-binding)-BOMD 模拟的结果[110]，MIL-53(Al)MOF 孔道中咪唑分子间的质子传递过程如图 32-9 所示，一维孔道使得咪唑分子形成一维排列，这有利于质子传递的发生，而且骨架与咪唑的相互作用也影响了咪唑分子的自由移动。根据对液体咪唑时间/空间关联性的分析，咪唑间质子发生传递的时间/空间关联性较为定域化，而且咪唑分子间的氢键相互作用相对较弱，因而高度有序的咪唑分子排列对于高效质子传输有较为积极的作用[73]。一维孔道中客体分子的排列直接影响了咪唑分子氢键的形成，而其骨架上的羧基官能团，则会吸引并束缚住质子化的咪唑阳离子，影响其质子传递，在分析其结构后，发现质子会被咪唑和羧基共享并被束缚，从而降低了整体的质子迁移效果。约 100fs 的质子传递时间尺度对应于质子传递的过渡态，即 Zundel 型复合物离子。在这一体系中较高的质子传输效率主要是源自咪唑离子的有序排列，虽然咪唑与羧基形成了氢键，但是并没有观测到质子在其间传递。

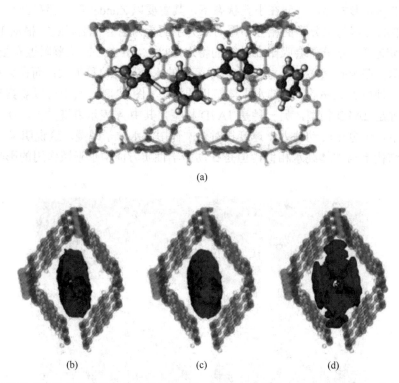

(a)

(b)　　　　　　　(c)　　　　　　　(d)

图 32-9 （a）一维孔道中客体咪唑分子的排列图：H 原子，白色；C 原子，青色；N 原子，蓝色；O 原子，红色；Al 原子，绿色；（b～d）：咪唑分子的空间分布图，其中（b）不考虑主体/客体相互作用的 MD 模拟结果；（c）QM/MM 模拟结果；（d）QM 模拟结果，中性咪唑分子和咪唑阳离子的空间分布分别用红色和蓝色表示[110]

除了 MIL-53 系列的一维孔道结构，其他微纳米孔形态也可以影响氢键网络的拓扑结构，从而影响质子迁移率。这些具有多种氢键拓扑的配位聚合物可以在有水环境及无水环境下实现质子的迁移。如图 32-10 所示，一种含有镧系元素的聚合物[Eu₂(CO₃)(ox)₂(H₂O)₂]·4H₂O（ox＝草酸根离子）展示出随着工作温度的升高，其质子传导率与相对湿度无关的特性[111]。而且其质子传导率在 423K 可以达到极值，而这一温度已经远超过水的沸点。为了研究这种超出水沸点的反常高质子传导率，研究者测量了质子传导率随温度升高的变化，并发现在冷却后其传导率会有略微的下降，说明水分子的结

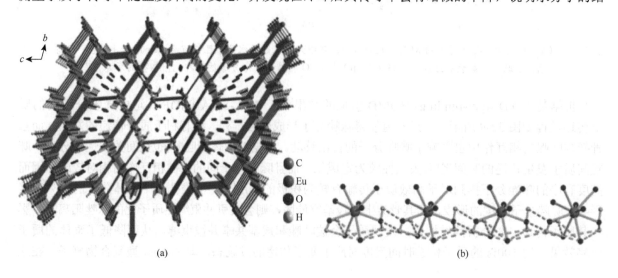

C
Eu
O
H

(a)　　　　　　　　　　　　　　　　　　(b)

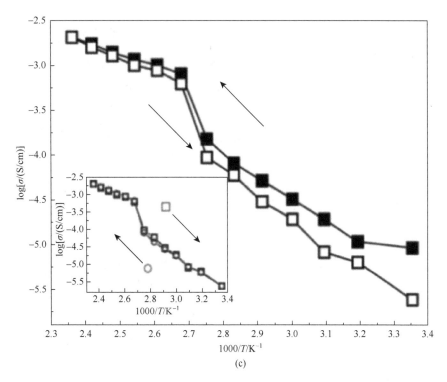

(c)

图 32-10 （a）[Eu$_2$(CO$_3$)(ox)$_2$(H$_2$O)$_2$]·4H$_2$O 的晶体结构，沿 *a* 轴方向存在一维孔道，其中含有未配位的游离水分子。草酸根离子用绿色键连接表示；（b）沿 *a* 轴方向水分子和草酸根离子形成的一维氢键链；（c）298～423K 无水条件下的阿伦尼乌斯曲线，包括（插图中）升温曲线（■）和降温曲线（□），以及降温（□）和再次升温的曲线（○）[111]

晶状态对于质子传导有影响；而随着温度的升高，其传导率快速增加，说明除了水分子结晶状态这一要素，其配位水分子和草酸根离子配体对于调控质子传导率也存在影响。然而，在 433K 时，质子传导率下降了四个数量级，这也与体系中失去配位水分子一致。通过拟合阿伦尼乌斯曲线计算得到活化能（E_a），可以发现沿着 *a* 轴方向的一维氢键链可能是质子传输的主要通路。配位水分子的转动和其OH 键的振动使得质子沿氢键链从配位水分子到邻近的草酸根离子跳跃成为可能。而且，通过对温度依赖的荧光发射光谱测得的单一荧光寿命反映了铕离子之间的耦合。不需要破坏有序的氢键链，其配位水分子可以与邻近的草酸根离子协同作用，这种可以移动的配位水分子是增强质子传输的一个因素。

较高的质子传导率与连续的氢键网络直接相关，因此不同的骨架拓扑类型就会影响其质子传输的性质。根据 Okawa 等的研究[112]，镧离子与不同金属离子形成的 La^{III}M^{III} 化合物 LaM(ox)$_3$·10H$_2$O 可以根据金属的不同，从而形成不同的拓扑结构（图 32-11），例如，LaCr 和 LaCo 形成了阶梯状结构，这些阶梯状结构形成了孔道网络，而 LaRu 和 LaLa 形成了蜂窝状的层状结构。孔道结构展示出了相对较高的质子传导率，而层状结构的质子传导率相对偏低。在 298K、相对湿度 40%～95% 的条件下，对于 LaCr 和 LaCo 其质子传导率范围为 $1×10^{-6}$～$1×10^{-5}$S/cm，而对于 LaRu 和 LaLa，其质子传导率范围则低两个数量级，在 $3×10^{-8}$S/cm 左右。根据阿伦尼乌斯曲线拟合，LaCr 的活化能为 0.32eV，而 LaRu 的活化能可达 0.9eV，这说明 LaCr 的孔道网络是质子传递的有效通路，而 LaRu 的层状结构相对不利于质子的传输。

与之类似的，将不同的碱金属元素阳离子引入配位聚合物中，可以获得不同类型的拓扑，从而调节含水条件下的质子传输性能。根据文献报道，一系列的碱金属与羧基磷酸基配体 HPAA（*R, S*-hydroxyphosphonoacetic acid）形成的 MOF 材料展示出不同的质子传输性质[113]。在材料的结构维度上，随着不同的碱金属离子半径增加，其结构有着渐进式的变化：从一维的结构（Li-HPAA）到柱-层结构（Na-HPAA），再到三维的结构（K-HPAA 和 Cs-HPAA），质子传导率的变化范围为 $3.5×10^{-5}$～

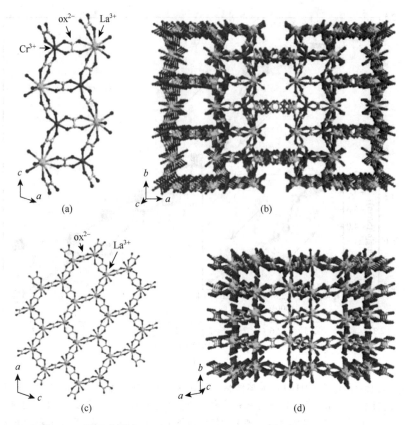

图 32-11　LaCr 的晶体结构：（a）梯状结构和（b）[LaCr-(ox)₃(H₂O)₄] 骨架中形成的一维通道。（c）LaLa 的蜂窝状片层结构和（d）[LaLa-(ox)₃(H₂O)₆] 骨架的二维层状结构[112]。其中水分子都被省略，La 原子，黄色；Cr 原子，绿色；C 原子，灰色；O 原子，红色

5.6×10^{-3}S/cm（297K，相对湿度 98%）。根据对阿伦尼乌斯曲线的拟合，Li-HPAA 和 K-HPAA 的活化能分别是 0.84eV 和 0.98eV，而 Na-HPAA 和 Cs-HPAA 的活化能分别是 0.39eV 和 0.40eV。在具有三维结构的材料中，酸性官能团的存在和较高的水含量增强了质子传递的效率。而 Li-HPAA 具有较低的质子传导率主要是因为缺少酸性官能团及配位水分子的移动能力较弱。

　　Grancha 等报道了一种新型的基于手性配体的质子导体材料（图 32-12），其化学式是 {Ca^{II}Cu$^{II}_6$[(S,S)-alamox]₃(OH)₂(H₂O)}·32H₂O[H₄-(S,S)-alamox = N,N'-bis((S)-2-propanoic acid)oxamide，R = Me]，其具有固定的孔道结构及较强的化学稳定性和水稳定性[114]。实验表征和从头算分子动力学模拟被用来研究其质子传递的机理。优化的结构显示，在此种材料中，质子的传递可以通过结构性扩散（Grotthuss 机理）实现，其过程包括氢氧键的断裂和生成，以及孔道中水分子的转动。

　　除了水分子和咪唑分子，其他的一些溶剂分子和离子也可以在孔道中充当质子传递的媒介，形成氢键来参与质子传递。Nguyen 等合成了一系列的三维的金属与儿茶碱配体形成的 M-CAT 结构，其包含了金属盐和六连接的儿茶碱配体[42]。其中桥连的硫酸根配体和孔道中的对离子（counterion）客体二甲胺阳离子为质子传输提供了通路。在报道的所有 M-CAT 材料中，Fe-CAT-5 显示了较高的质子传导率，可以达到 5.0×10^{-2}S/cm（298K，相对湿度 98%）。值得注意的是在整个测量的湿度范围内 Fe-CAT-5 比相应的 Ti-CAT-5 的质子传导率都高，尽管后者在同样单位下对水分子的吸附量要高于前者，这说明质子传导率不仅由水的浓度决定，而且会受到孔道中客体分子和对离子（如二甲胺离子和硫酸根离子）的影响。Fe-CAT-5 的每个结构单元中既有二甲胺离子又有硫酸根离子（每个结构单元有 3 个二甲胺离子和 2 个硫酸根离子），而 Ti-CAT-5 只有 2 个二甲胺离子。所以可以推断出，硫酸根离子和二甲胺离子的共同存在对提高质子传导率有重要作用。

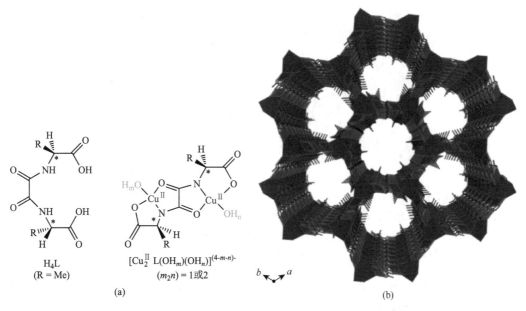

图 32-12 （a）文献报道的手性配体的结构（左图）及形成双核配位单元的结构（右图）；
（b）沿 c 轴方向三维开放框架的示意图，其中水分子被省略[114]

Furukawa 等将二甲胺离子和硫酸根离子的组合用于合成 VNU-15 结构中（图 32-13），而且硫酸根离子与次级构筑单元中的铁配位，二甲胺阳离子在 VNU-15 的孔道中通过氢键形成了有序的链状排列，这形成了连续的质子通路[39]。VNU-15 在较低的湿度和较高的温度下仍有较高的质子传导率（2.9×10^{-2} S/cm，相对湿度 60%，温度 368K），而且时间相关的测试显示 VNU-15 的性能可以保持至少 40h。这种较高的质子传导率在目前报道的质子导体型配位聚合物材料中名列前茅。

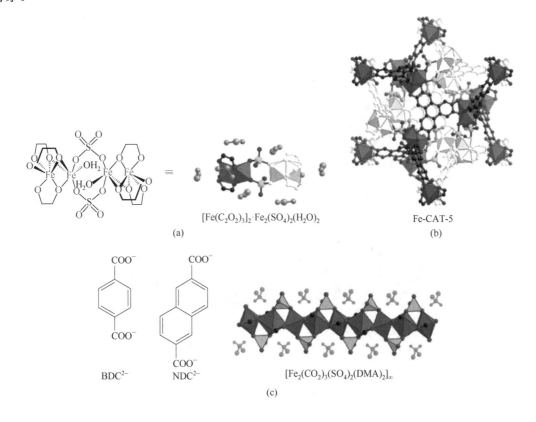

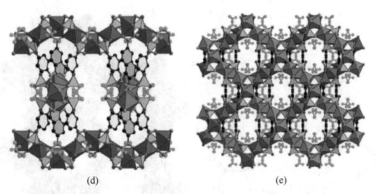

(d)　　　　　　　　　　　(e)

图 32-13　（a）$Fe_2(SO_4)_2(H_2O)_2$ 簇的结构周围的二甲胺离子，（b）其连接了两个互穿的 *srs* 框架。Fe 原子，蓝色和灰色多面体；C 原子，黑色；O 原子，红色；S 原子；黄色；二甲胺离子，粉色；所有氢原子均省略[42]。（c）VNU-15 结构由 BDC^{2-} 和 NDC^{2-} 离子连接形成无限延伸的链状 $[Fe_2(CO_2)_3(SO_4)_2(DMA)_2]_\infty$ 结构，这些链状结构沿 *a* 和 *b* 轴延伸形成三维结构，以及在[110]平面（d）和[001]平面（e）的结构截图[39]

　　质子媒介的存在同样可以为一些金属多酸基开放框架材料（polyoxometalate-based open framework, POM-OF）带来较高的质子传导率，其结构示意图见图 32-14。根据 Gao 等的报道[115]，一种新型的三维 POM-OF 材料 $\{Na_7[(n\text{-}Bu)_4N]_{17}\}[Zn(P_3Mo_6O_{29})_2]_2 \cdot xG$（G 为客体溶剂分子），是首例具有 G 最小表面结构的 POM-OF 材料，可以通过沿[111]、[–111]、[1–11]、[11–1]方向的一维螺旋孔道形成三维的开放结构，其中每个一维通道具有由$\{P_3Mo_6\}$次级构筑单元形成的 24 元环状窗口，其窗口大小为 17.8Å×17.8Å。其质子传导率从 1.68×10^{-4}S/cm（相对湿度 65%）增加至 3.63×10^{-4}S/cm（相对湿度 100%），说明吸附的水分子会影响质子传导的效果。根据阿伦尼乌斯曲线拟合得到其活化能为 0.22eV，说明质子传递主要是 Grotthuss 机理。

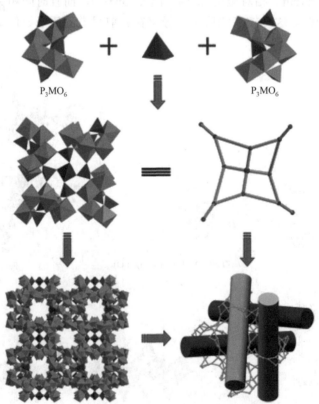

P_3MO_6　　　　　　　　　　　P_3MO_6

图 32-14　POM-OF 结构示意图，其中粉色、绿色和红色多面体分别表示$\{PO_4\}$、$\{MoO_6\}$和$\{ZnO_4\}$簇状结构，圆柱表示一维的开放孔道[115]

除了配位聚合物，一些共价有机框架（covalent organic framework，COF）材料和氢键有机框架（hydrogen-bonded organic framework，HOF）材料也被报道具有较高的质子传导率。Xu 等报道了一种非水条件下能够实现质子传输效果的晶态 COF 材料（图 32-15），这种材料具有六边形紧密堆叠的介孔结构，可以允许材料负载含氮杂环质子媒介分子，如咪唑和三氮唑[116]。这种 COF 材料 TPB-DMTP-COF 由 TPB［1,3,5-tri(4-aminophenyl)benzene］和 DMTP（2,5-dimethoxyterephthalaldehyde）在水热的条件下缩聚得到。TPB-DMTP-COF 展示了极高的结构完整性、多孔性、化学和热稳定性。为了测试一维孔道对于质子传输的作用，研究者还合成了一种与 TPB-DMTP-COF 类似的结构——TPB-TP-COF，而这种结构的晶态结构和多孔性明显弱于前者。在负载咪唑之后，测量 im@TPB-TP-COF 得到的质子传导率比 im@TPB-DMTP-COF 材料低三个数量级，而 im@TPB-TP-COF 质子传递的活化能是0.91eV，要远远高于 im@TPB-DMTP-COF 的活化能（0.38eV），这说明有序的一位介孔对于质子传输具有相当重要的作用，无序的结构不仅阻碍质子传输，而且提高了质子传输的能垒。

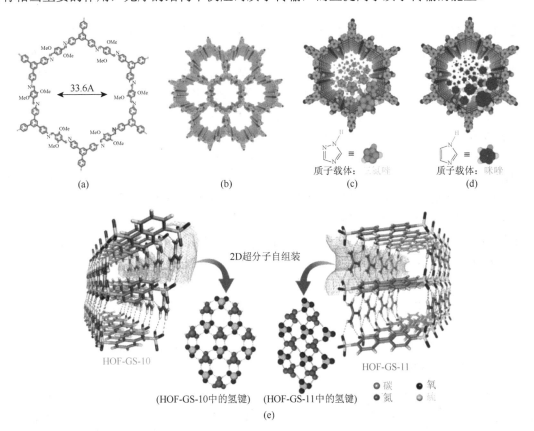

图 32-15　晶态 COF 材料中的一维介孔结构示意图。(a) TPB-DMTP-COF 的孔直径为 32.6Å，其孔的横截面积为 901Å²；（b）TPB-DMTP-COF 的六方结构和一维开放孔道；（c，d）通道中填充 1,2,4-三氮唑（c）和咪唑（d）的示意图[116]；（e）以氢键相连接的 HOF-GS-10 和 HOF-GS-11 的二维结构，其中磺酸根基团和脒基阳离子存在氢键相互作用[117]

Karmakar 等报道了两种基于芳烃磺酸离子和脒基阳离子的氢键有机框架材料，由于其离子型的框架组成，其质子传输性能可以在潮湿条件下达到 0.75×10^{-2} S/cm 和 1.8×10^{-2} S/cm[117]。在此两种HOF 材料中，芳烃磺酸离子 1,5-napthalenedisulfonic acid（HOF-GS-10）和 4,4′-biphenyldisulfonic acid（HOF-GS-11）分别与脒基阳离子以非共价键的形式形成了砖-柱类型的结构排列。拟合得到的质子传递的活化能分别是 0.489eV 和 0.135eV。其活化能的差别在于憎水性的不同：HOF-GS-10 具有更加憎水的萘基单元，因而阻碍了水分子进入孔道中，而 HOF-GS-11 的苯基单元的憎水性较弱，可以使得孔道中容纳更多的水分子，从而提升材料的质子传输性能。

32.3.2 布朗斯特酸性和官能团修饰

配位聚合物材料的布朗斯特酸性与其质子传输性能密切相关，而通过官能团修饰的方式来实现质子传输性能的调控近年来已有许多相关的报道。Shigematsu 等测试了 MIL-53(Fe) 与其衍生物在不同相对湿度条件下的质子传导性能[108]，结果发现拥有羧基的 MIL-53(Fe)-(COOH)$_2$ 具有同系列材料中相对较低的 pK_a 值，而且具有较高的质子传导率和较低的活化能，这是首例通过对配体进行官能团修饰而调控其质子传输性能的研究。在 MIL-53 体系中，可以充当质子媒介的官能团包括与金属中心配位的桥连羟基、配位的羧基及孔道中的修饰官能团。这些修饰后的苯甲酸配体的 pK_a 值与其质子传导率和活化能有较好的趋势吻合。因而，质子传导率和活化能可以通过配体的取代官能团修饰来调控。

稳定的 UiO-66 系列结构是官能团修饰的理想平台，通过对其配体进行磺酸、羧基、氨基和溴原子的取代，可以实现对材料质子传导率的调控。根据 Li 等的研究[40]，具有较强酸性和亲水性的官能团，如磺酸基团和羧酸基团，修饰后可以获得较高的质子传导率，而氨基和溴官能团取代后，在同样条件下测试得到的质子传导率相对较低。官能团取代后的 UiO-66 材料的较高质子传导率可以归因为较强的亲水性和较高的酸性，这使得体系中氢键网络密度较高。

膦酸基团和磺酸基团是质子导体材料常用的化学修饰官能团，被广泛地应用于质子交换膜高聚物的合成。一些含有这两种含氧酸取代基团的配位聚合物材料被报道具有较高的质子传导率。一种由四核铜簇与含有磺酸基团和羧酸基团的配体形成的结构被报道具有较高的质子传导率（7.4×10^{-4} S/cm，368K，相对湿度 95%）[118]，这种材料具有一维的不规则孔道。孔道直径大约有 7.0Å（不包含范德瓦耳斯半径），孔道中排列磺酸基团、羧酸基团和二甲基甲酰胺分子，这些基团与分子之间形成了氢键。Wong 等报道了一种含有铯离子的磺酸基 MOF 结构 [Cs$_3$(L)(H$_2$O)$_{3.3}$，L = 1,3,5-trisulfonato-2,4,6-trihydroxybenzene]，其孔道中含有水分子，而质子传导率达到 1.1×10^{-5} S/cm（373K，相对湿度 50%）[119]，其结构示意图见图 32-16。根据 X 射线衍射得到的结构，三个水分子（两个水分子参与配位，一个游离水分子，而且三个水分子的占有率都为 1）位于晶胞的一维孔道中，形成了三聚体，而此三聚体连同磺酸根上的氧原子形成了一条连续的氢键通路。这一结构的质子传导率相对偏低，其原因有质子传递链的不连续；单一维度的质子传递通路和孔道内缺乏自由的酸根基团，因而可供迁移的质子数目受到限制。

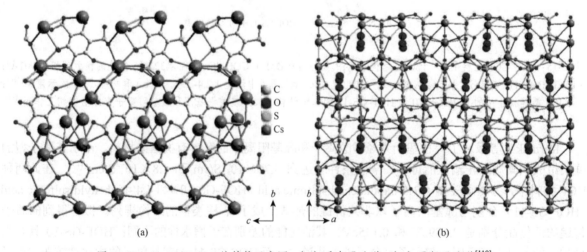

C
O
S
Cs

(a)

(b)

图 32-16　Cs$_3$(L)(H$_2$O)$_{3.3}$ 的结构示意图。（a）垂直于孔道；（b）平行于孔道[119]

　　膦酸基配位聚合物材料通常具有较高的水稳定性，因而是用于含水体系质子导体的良好材料。Shimizu 等报道了一种二维层状的含有镁离子的结构 PCMOF10，其单晶结构见图 32-17，这种材料显示出极高的质子传导率（3.55×10^{-2}S/cm，373K，相对湿度 95%），其超稳定的骨架结构和膦酸基团与晶格水形成了非常有效的质子通路[41]。

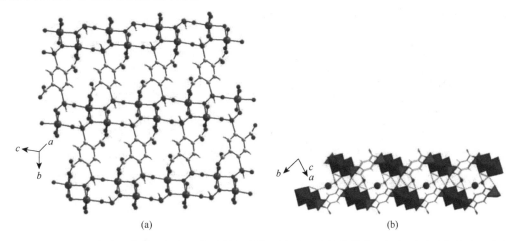

(a) | (b)

图 32-17　PCMOF10 的单晶结构。（a）配体的梯状连接形成的二维层状结构；（b）通过晶格水分子和层内的氧原子形成的氢键网络，晶格水分子标记为红色[41]

　　Krautscheid 等合成了一种三唑膦酸基配位聚合物，其具有一维的高度亲水的孔道[120]。这种材料拥有相对较大的孔道，其直径可达 1.9nm，而且这种材料的水稳定性较好，在 383K 仍具有良好的质子传导率。值得注意的是在 383K 的温度下，相对湿度在 20%～98% 范围内变化，其质子传导率 σ 随着相对湿度的增加可以升高三个数量级，达到 1.7×10^{-4}S/cm。在水含量较低时，扩散迁移率 D_τ 与孔道的填充量呈正相关，而在水含量较高时，扩散迁移率基本为常数。脉冲场梯度核磁（pulse field gradient NMR）和红外光谱显示水分子沿一维通道的扩散系数与液态水接近，这说明孔道中水分子具有液体的行为。

　　质子传输行为还可以通过不同的 pH 进行调控，根据 Phang 等的报道[121]，在具有不同 pH 的硫酸溶液中浸泡之后，酸化的具有六方孔道的 Ni-MOF-74 体系在 pH = 1.8 的条件下质子传导率可以达到 2.2×10^{-2}S/cm（353K，相对湿度 95%）。为了估算材料中 Zr_6 簇和 Hf_6 簇上质子的酸性（即 pK_a 值），Klet 等采取了一种电势酸碱滴定的方法，并证明其有效[122]。通过这种方法，也可以估算出一些锆基或者铪基 MOF 材料中 μ_3-OH、—OH_2，或—OH 基团中质子的 pK_a 值。

32.3.3　相变、缺陷和无定形化

　　配位聚合物中取代官能团的布朗斯特酸性对质子的捕获具有较为重要的作用，而相变、缺陷和无定形结构也会对体系中的氢键网络的拓扑结构产生影响，从而影响其质子传输性能。客体分子和骨架本身都可以发生相变，从而改变氢键的拓扑结构。根据 Zhao 等的报道[96]，在三维超分子结构 $[Cu_2^I Cu^{II}(CDTA)(4,4'-bpy)_2]_n$（$H_4$CDTA = *trans*-1,2-diaminocyclohexane-*N*,*N*,*N'*,*N'*-tetraacetic acid；4,4'-bpy = 4,4'-bipyridine）中可以形成准一维的由 12 个水分子形成的链状重复单元，此一维水链不仅在 175K 和 277K 展示出较大的介电异常，而且可以在 277K 经历自发的由一维液体向一维铁电冰态的相变。研究人员对体系进行从头算分子动力学模拟，用来解释氢原子在外电场作用下的动力学变化。对于一维水链的铁电机理分析显示，一维水链中的氢键相互作用及水分子和主体骨架之间的静态作用对于其铁电性质具有重要的影响。

一种金属-配体复合物 $Co^{III}(notpH_3)[C_9H_{18}N_3(PO_3H_2)_3, notpH_6]$ 与镧离子反应得到一种层状的磷酸配合物 $[CoLa(notpH)(H_2O)_6]ClO_{4.5}H_2O$（CoLa-II）[123]［图 32-18（a）和（b）］，其二维层状结构之间具有酸性的磷酸基团、配位的水分子和晶格水分子，这种亲水性的层状结构对于质子迁移较为有利。这种材料在相对湿度为 93%、温度超过 318K 时会发生固态相变，层间的磷酸根基团会释放出质子，从而使得材料整体的质子传导率提高一个数量级。

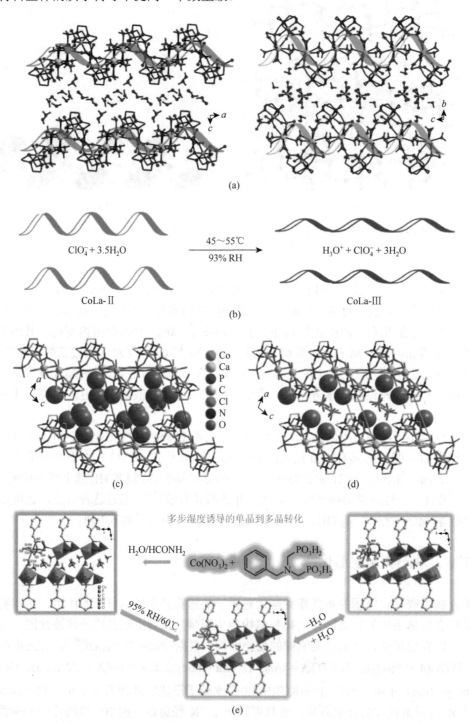

图 32-18 （a）CoLa-I（左）和 CoLa-II（右）堆叠图，除了与水分子和磷酸根离子中氧原子相连的氢原子，其他氢原子被省略；（b）从 CoLa-II 到 CoLa-III 的相变示意图[123]；（c，d）CoCa·4H₂O（c）和 CoCa·2H₂O（d）的堆叠图[124]；（e）(NH₄)₃[Co₂(bamdpH)₂(HCOO)(H₂O)₂] 的 SC-SC-SC 转化[125]

　　材料中的单晶-单晶转换近年来受到研究人员的广泛关注，而且这一转变会影响材料的很多其他性质。一种层状的含有 Co 和 Ca 及磷酸基团的配位聚合物 $[Co^{III}Ca^{II}(notpH_2)(H_2O)_2]ClO_4 \cdot nH_2O[CoCa \cdot nH_2O$，$notpH_6 = 1,4,7\text{-triazacyclononane-}1,4,7\text{-triyl-}tris\text{-(methylenephosphonic acid)}]$ 具有在室温下可逆的湿度依赖的单晶-单晶转换性质，可以在 $CoCa \cdot 2H_2O$ 和 $CoCa \cdot 4H_2O$ 两种状态之间转换[124] [图 32-18（c）和（d）]。当 $CoCa \cdot 4H_2O$（相对湿度 95%）转变为 $CoCa \cdot 2H_2O$（相对湿度 40%）时，其连续的氢键网络会被打断，使得质子传导率降低 5 个数量级。单晶的交流阻抗谱测试显示了质子传递的方向，其[010]方向是质子传递的方向，而沿[201]方向，即包含磷酸根基团氧原子的方向，其质子传导率相对较低。体系中的高氯酸根阴离子不仅有连接晶格水分子形成连续氢键网络的作用，而且促进晶格水分子之间的质子扩散。

　　一种新型的双链含钴磷酸基配合物 $(NH_4)_3[Co_2(bamdpH)_2(HCOO)(H_2O)_2]$ [$bamdpH_4 = $ (benzylazanediyl)bis(methylene)-diphosphonic acid] 在 333K、相对湿度 95%条件下，具有单晶-单晶转换的特性，从双链结构变成了具有单链结构的 $[Co\text{-}(bamdpH_2)(H_2O)_2] \cdot 2H_2O$[125] [图 32-18（e）]。湿度诱导的单晶-单晶转换与结构中一个桥连配体甲酸根离子的水解具有重要联系，这一过程可以通过红外光谱和质子传导率测试证实。根据红外光谱数据可知，其单晶转化的活化能为（39.9±5.8）kcal/mol。

　　一些对压力具有响应的配位聚合物也具有质子传导的能力。根据 Ortiz 等的报道[126]，两种新型的压力响应材料在外加压力的条件下，其结构中质子可以实现在水分子和磷酸根基团中的可逆迁移。量子力学计算显示材料的压缩主要影响了磷酸，使其更靠近水分子，在此情况下，质子可以沿着较短的 O—H 键（1.05Å）实现迁移。

　　和其他固态材料一样，配位聚合物的晶格中存在缺陷，而这些缺陷往往能够影响其性质。Taylor 等使用配体取代造成缺陷从而增强了材料的质子传导率[127]，他们通过在合成过程中向体系中引入长链脂肪酸，在 UiO-66 体系中制造了缺陷，质子传导率在较高湿度条件下提高了三个数量级，达到 6.79×10^{-3} S/cm。研究发现配体缺陷位置处的路易斯酸位点处的配位水分子提供了可移动的质子，这同时也为质子移动提供了更大的空间范围。

　　更进一步的研究还发现，当缺陷的浓度升高时，质子的移动性是提高质子传导率的关键，而且配体缺陷还可以调控金属中心的 pK_a，从而影响质子传输的性质。根据 Taylor 等的研究，将缺陷引入磺酸根修饰的 UiO-66 结构中（图 32-19），这种高度多孔的 MOF 材料可以形成一种有规律的缺陷结构，有很多锆中心不能完全配位[128]。而且这种缺陷还影响了其多孔性和质子传导率，相当数量的具有较强酸性的磺酸基团排列在三维贯通的孔道中，而且配体缺失的缺陷还提高了电荷的迁移性。然而，测得的质子传导率并不像其他在类似条件下那样高，根据 DFT 计算，释放的质子被缺陷中心捕获，形成了较稳定的结构。缺陷中的 μ_2-O 位点捕获质子的能力很强，估计其 pK_a 可以达到 13.3，这与乙醇的 pK_a 相当。为了验证此假设，另外一种酸加入该体系，整体的质子传导率有所升高。

　　当缺陷被引入无孔的配位聚合物之中，质子媒介可以被包裹于体系中，并保持其较高的迁移能力，从而可以获得无水条件下较高的质子传导率[129]。如图 32-20 所示，缺陷存在的位置为那些可以移动的未配位的质子媒介（如磷酸分子、磷酸二氢根和水分子等）提供了可以移动的空间，从而扩展了质子跳跃的途径。可移动的质子媒介直到该配位聚合物高温分解之前一直保持在缺陷的位置中，这使得此材料在燃料电池质子交换膜装置中具有潜在的应用前景。

　　有时有序到无序的结构转化也会影响配位聚合物的质子传导率，根据 Horike 等的研究，含 Cu^{2+} 的配位聚合物 $[ImH_2][Cu(H_2PO_4)_2Cl] \cdot H_2O$ 可以实现有序到无序的转化，而其质子传导率可以达到 10^{-2} S/cm（403K）[130]。在升温至 333K 失去结晶水之前，此配位聚合物的传导率在 10^{-11} S/cm 数量级，而在 403K 加热 6h 之后，得到的脱水的配位聚合物结构高度无序，其质子传导率在室温下为 2×10^{-7} S/cm（25℃），而加热至 403K 时，其传导率为 2×10^{-2} S/cm。X 射线吸收精细结构谱和程序升温脱附-质谱分析显示客体水分子在 373K 时被释放，结构失去长程有序性，而 $H_2PO_4^-$ 官能团和氯

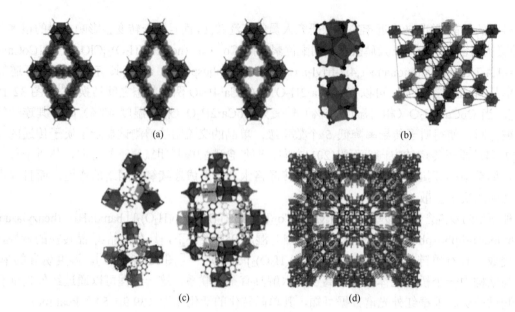

图 32-19 （a）具有配体缺陷的 UiO-66 示意图，随着缺陷的不同，其孔尺寸逐渐变大：没有缺陷（左），羟基缺陷（中）和乙酸酯缺陷（右）[127]；（b）锆簇以及其在单胞中 12-连接的簇结构（绿色多面体）和 9-连接的簇（蓝色多面体）；（c）四面体、八面体和大孔结构；（d）在一个 2×2×2 立方晶胞中，可以看到大的连续孔结构。C 原子，黑色；O 原子，红色；S 原子，黄色；Zr 原子，绿色和蓝色多面体。氢原子被省略[128]

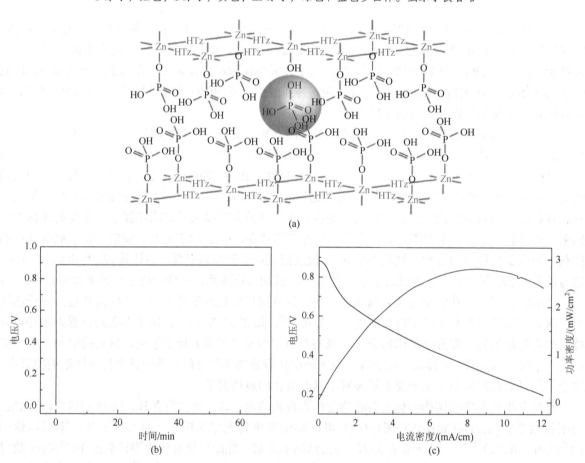

图 32-20 （a）结构中缺陷的示意图，在缺陷位点 OH⁻ 代替 $H_2PO_4^-$ 离子与 Zr 金属配位，而未配位的 H_3PO_4 分子占据 $H_2PO_4^-$ 离子的空隙；（b）393K 无水条件下，材料组成 H_2O/O_2 燃料电池测试得到的开路电压；（c）在 393K、26% 相对湿度下，H_2/O_2 燃料电池测试，其中黑线和蓝线分别表示电流密度-电压曲线和电流密度-功率密度曲线[129]

离子会发生反应生成气态的 HCl。变温固态核磁 ^{2}H NMR 谱显示在转化过程中氢键发生断裂并生成了咪唑阳离子作为质子载体。

涉及熔化和玻璃态形成的无机-有机杂化材料的固态-液态可逆相变被证实可以提高配位聚合物的质子传导率，因为玻璃态固体通常具有更高的载荷粒子的迁移率。通过一种无溶剂的机械球磨方法，可获得一种二维含镉配位聚合物晶体[Cd(H$_2$PO$_4$)$_2$(1,2,4-triazole)$_2$]的玻璃态固体，其介电常数比对应晶态高两个数量级，并且展示出无水条件下的质子传导率[131]。

32.4 总结与展望

本章主要总结了近年来在配位聚合物质子导电研究领域的一些进展，从常见的实验表征手段和理论模拟方法进行总结，并且归纳出增强配位聚合物质子传导率的一些策略。实验表征手段（电化学阻抗谱、宽频介电谱、准弹性中子散射谱）的用途包括且不仅限于对配位聚合物材料的结构进行精确表征、测量质子传导率、揭示质子迁移过程中主体框架和客体分子/离子相互作用的微观机理。对配位聚合物质子传递过程的计算机模拟可以确定质子传递过程中质子化粒子的主要构型，纳米孔限域效应、缺陷及客体分子/离子的转动动力学对质子传输的影响，此外还可以模拟光谱与实验进行对照。考虑到氢键对于质子传输的重要作用，提高质子传导率的核心就是通过不同的策略调控其氢键的网络，这些策略包括：调节主体框架和客体分子/离子的相互作用，引入修饰官能团及控制相变、缺陷和材料的无定形化。这些策略可以单独或者混合应用于含水或非水型配位聚合物材料中。

考虑到以上调控质子传导率的种种策略，其实际应用于燃料电池体系，仍有一些因素需要额外考虑，即电渗析和溶剂的泄漏，因为在电场存在的条件下，不仅质子，一些其他的游离离子也会发生迁移，这可能会造成质子载体的损失并降低质子传递的效率。虽然官能团可以通过修饰固定在框架上，但一旦合成其浓度也随之固定，除非通过浸泡掺杂的方式引入更多的质子载体。在此种情况下，就需要增强框架和质子载体的相互作用避免其流失。或者质子的浓度可以通过修饰官能团的自解离或水解来提高，这也同样要求材料的热稳定性和化学稳定性相应地提高，以适于实际应用。

除了提高质子传导率的策略，质子传输的机理也需要深入研究。虽然对于单晶结构的电化学阻抗可以研究其各向异性的传导率，但大部分情况下采用的均为粉末样品，而晶体粒径分布和取向对质子传输的影响，以及晶界效应等相关的研究仍处于起步阶段。这些问题在配位聚合物实际应用于燃料电池中是较为重要的。已有报道将配位聚合物材料与高聚物复合形成混合基质质子交换膜[132]，在这些体系中，质子如何在不同相的界面迁移也是需要研究的问题。从理论模拟的角度，越来越多的质子传导型配位聚合物被报道，对其进行计算机模拟需要发展具有高精确度和可移植性的力场参数。近年来在配位聚合物质子传导方面的研究取得了较大的进展，但是将配位聚合物材料大规模应用到燃料电池中仍然有很长的路要走。通过实验表征和理论模拟方法对配位聚合物质子传导进行的深入研究，将对于固态质子导体的材料设计提供有价值的指导和帮助。

（李艾琳　言天英　卜显和）

参 考 文 献

[1]　Horike S，Umeyama D，Kitagawa S. Ion conductivity and transport by porous coordination polymers and metal-organic frameworks. Acc Chem Res，2013，46：2376-2384.

[2] Li B Y, Chrzanowski M, Zhang Y M, et al. Applications of metal-organic frameworks featuring multi-functional sites. Coord Chem Rev, 2016, 307: 106-129.

[3] Jiang J C, Yaghi O M. Bronsted acidity in metal-organic frameworks. Chem Rev, 2015, 115: 6966-6997.

[4] Takaoka T, Sakashita N, Saito K, et al. pK_a of a proton-conducting water chain in photosystem. II. J Phys Chem Lett, 2016, 7: 1925-1932.

[5] Weinberg D R, Gagliardi C J, Hull J F, et al. Proton-coupled electron transfer. Chem Rev, 2012, 112: 4016-4093.

[6] Kreuer K D, Paddison S J, Spohr E, et al. Transport in proton conductors for fuel-cell applications: simulations, elementary reactions, and phenomenology. Chem Rev, 2004, 104: 4637-4678.

[7] Zhang H W, Shen P K. Recent development of polymer electrolyte membranes for fuel cells. Chem Rev, 2012, 112: 2780-2832.

[8] Zhou H C, Long J R, Yaghi O M. Introduction to metal-organic frameworks. Chem Rev, 2012, 112: 673-674.

[9] Yaghi O M, Li G, Li H. Selective binding and removal of guests in a microporous metal-organic framework. Nature, 1995, 378: 703-706.

[10] Kitagawa S, Kitaura R, Noro S. Functional porous coordination polymers. Angew Chem Int Ed, 2004, 43: 2334-2375.

[11] Kondo M, Yoshitomi T, Matsuzaka H, et al. Three-dimensional framework with channeling cavities for small molecules: {[M$_2$(4, 4'-bpy)$_3$ (NO$_3$)$_4$]·xH$_2$O}$_n$ (M = Co, Ni, Zn). Angew Chem Int Ed, 1997, 36: 1725-1727.

[12] Chen Q, Chang Z, Song W C, et al. A controllable gate effect in cobalt (II) organic frameworks by reversible structure transformations. Angew Chem Int Ed, 2013, 52: 11550-11553.

[13] Chang Z, Yang D H, Xu J, et al. Flexible metal-organic frameworks: recent advances and potential applications. Adv Mater, 2015, 27: 5432-5441.

[14] Herm Z R, Bloch E D, Long J R. Hydrocarbon separations in metal-organic frameworks. Chem Mater, 2014, 26: 323-338.

[15] Sumida K, Rogow D L, Mason J A, et al. Carbon dioxide capture in metal-organic frameworks. Chem Rev, 2012, 112: 724-781.

[16] He Y B, Zhou W, Qian G D, et al. Methane storage in metal-organic frameworks. Chem Soc Rev, 2014, 43: 5657-5678.

[17] Li Y W, Xu J, Li D C, et al. Two microporous mofs constructed from different metal cluster sbus for selective gas adsorption. Chem Commun, 2015, 51: 14211-14214.

[18] Zhang D S, Chang Z, Li Y F, et al. Fluorous metal-organic frameworks with enhanced stability and high H$_2$/CO$_2$ storage capacities. Sci Rep, 2013, 3: 3312.

[19] Cui Y J, Chen B L, Qian G D. Lanthanide metal-organic frameworks for luminescent sensing and light-emitting applications. Coord Chem Rev, 2014, 273: 76-86.

[20] Cui Y J, Yue Y F, Qian G D, et al. Luminescent functional metal-organic frameworks. Chem Rev, 2012, 112: 1126-1162.

[21] Cui Y J, Li B, He H J, et al. Metal-organic frameworks as platforms for functional materials. Acc Chem Res, 2016, 49: 483-493.

[22] Tian D, Li Y, Chen R Y, et al. A luminescent metal-organic framework demonstrating ideal detection ability for nitroaromatic explosives. J Mater Chem A, 2014, 2: 1465-1470.

[23] Dechambenoit P, Long J R. Microporous magnets. Chem Soc Rev, 2011, 40: 3249-3265.

[24] Han S D, Zhao J P, Liu S J, et al. Hydro (solvo) thermal synthetic strategy towards azido/formato-mediated molecular magnetic materials. Coord Chem Rev, 2015, 289: 32-48.

[25] Farrusseng D, Aguado S, Pinel C. Metal-organic frameworks: opportunities for catalysis. Angew Chem Int Ed, 2009, 48: 7502-7513.

[26] Corma A, Garcia H, Xamena F. Engineering metal organic frameworks for heterogeneous catalysis. Chem Rev, 2010, 110: 4606-4655.

[27] Fang Z L, Bueken B, de Vos D E, et al. Defect-engineered metal-organic frameworks. Angew Chem Int Ed, 2015, 54: 7234-7254.

[28] Kozachuk O, Luz I, Xamena F, et al. Multifunctional, defect-engineered metal-organic frameworks with ruthenium centers: sorption and catalytic properties. Angew Chem Int Ed, 2014, 53: 7058-7062.

[29] Wang H, Xu J, Zhang D S, et al. Crystalline capsules: metal-organic frameworks locked by size-matching ligand bolts. Angew Chem Int Ed, 2015, 54: 5966-5970.

[30] Jia Y Y, Zhang Y H, Xu J, et al. A high-performance "sweeper" for toxic cationic herbicides: an anionic metal-organic framework with a tetrapodal cage. Chem Commun, 2015, 51: 17439-17442.

[31] Sadakiyo M, Yamada T, Kitagawa H. Hydrated proton-conductive metal-organic frameworks. ChemPlusChem, 2016, 81: 691-701.

[32] Yamada T, Sadakiyo M, Shigematsu A, et al. Proton-conductive metal-organic frameworks. Bull Chem Soc Jpn, 2016, 89: 1-10.

[33] Wang C H, Liu X L, Demir N K, et al. Applications of water stable metal-organic frameworks. Chem Soc Rev, 2016, 45: 5107-5134.

[34] Ramaswamy P, Wong N E, Shimizu G K H. MOFs as proton conductors-challenges and opportunities. Chem Soc Rev, 2014, 43: 5913.

[35] Yoon M, Suh K, Natarajan S, et al. Proton conduction in metal-organic frameworks and related modularly built porous solids. Angew Chem Int Ed, 2013, 52: 2688-2700.

[36] Yamada T, Otsubo K, Makiura R, et al, Designer coordination polymers: dimensional crossover architectures and proton conduction. Chem

Soc Rev, 2013, 42: 6655-6669.

[37] Mauritz K A, Moore R B. State of understanding of nafion. Chem Rev, 2004, 104: 4535-4585.

[38] Kim H J, Talukdar K, Choi S J. Tuning of Nafion® by HKUST-1 as coordination network to enhance proton conductivity for fuel cell applications. J Nanopart Res, 2016, 18: 47.

[39] Tu T N, Phan N Q, Vu T T, et al. High proton conductivity at low relative humidity in an anionic Fe-based metal-organic framework. J Mater Chem A, 2016, 4: 3638-3641.

[40] Yang F, Huang H L, Wang X Y, et al. Proton conductivities in functionalized UiO-66: tuned properties, thermogravimetry mass, and molecular simulation analyses. Cryst Growth Des, 2015, 15: 5827-5833.

[41] Ramaswamy P, Wong N E, Gelfand B S, et al. A water stable magnesium mof that conducts protons over 10^{-2} s cm^{-1}. J Am Chem Soc, 2015, 137: 7640-7643.

[42] Nguyen N T T, Furukawa H, Gandara F, et al. Three-dimensional metal-catecholate frameworks and their ultrahigh proton conductivity. J Am Chem Soc, 2015, 137: 15394-15397.

[43] Marx D. Proton transfer 200 years after von grotthuss: insights from ab initio simulations. ChemPhysChem, 2006, 7: 1848-1870.

[44] Meiboom S. Nuclear magnetic resonance study of proton transfer in water. J Chem Phys, 1961, 34: 375-388.

[45] Agmon N. The grotthuss mechanism. Chem Phys Lett, 1995, 244: 456-462.

[46] Knight C, Voth G A. The curious case of the hydrated proton. Acc Chem Res, 2012, 45: 101-109.

[47] Eigen M. Proton transfer, acid-base catalysis, and enzymatic hydrolysis. Part Ⅰ. Elementary processes. Angew Chem Int Ed, 1964, 3: 1-19.

[48] Zundel G. The Hydrogen Bond, Recent Developments in Theory and Experiments. North Holland: Amsterdam, 1976: 687-766.

[49] Woutersen S, Bakker H J. Ultrafast vibrational and structural dynamics of the proton in liquid water. Phys Rev Lett, 2006, 96: 138305.

[50] Stoyanov E S, Stoyanova I V, Reed C A. The unique nature of H$^+$ in water. Chem Sci, 2011, 2: 462-472.

[51] Stoyanov E S, Stoyanova I V, Reed C A. The structure of the hydrogen ion (haq$^+$) in water. J Am Chem Soc, 2010, 132: 1484-1485.

[52] Marx D, Tuckerman M E, Hutter J, et al. The nature of the hydrated excess proton in water. Nature, 1999, 397: 601-604.

[53] Day T J F, Schmitt U W, Voth G A. The mechanism of hydrated proton transport in water. J Am Chem Soc, 2000, 122: 12027-12028.

[54] Voth G A. Computer simulation of proton solvation and transport in aqueous and biomolecular systems. Acc Chem Res, 2006, 39: 143-150.

[55] Markovitch O, Chen H, Izvekov S, et al. Special pair dance and partner selection: elementary steps in proton transport in liquid water. J Phys Chem B, 2008, 112: 9456-9466.

[56] Hassanali A, Giberti F, Cuny J, et al. Proton transfer through the water gossamer. Proc Natl Acad Sci USA, 2013, 110: 13723-13728.

[57] Laage D, Stirnemann G, Sterpone F, et al. Water jump reorientation: from theoretical prediction to experimental observation. Acc Chem Res, 2012, 45: 53-62.

[58] Berkelbach T C, Lee H S, Tuckerman M E. Concerted hydrogen-bond dynamics in the transport mechanism of the hydrated proton: A first-principles molecular dynamics study. Phys Rev Lett, 2009, 103: 238302.

[59] Laage D, Hynes J T. A molecular jump mechanism of water reorientation. Science, 2006, 311: 832-835.

[60] Ohmine I, Saito S. Water dynamics: Fluctuation, relaxation, and chemical reactions in hydrogen bond network rearrangement. Acc Chem Res, 1999, 32: 741-749.

[61] Luzar A, Chandler D. Hydrogen-bond kinetics in liquid water. Nature, 1996, 379: 55-57.

[62] Luzar A, Chandler D. Effect of environment on hydrogen bond dynamics in liquid water. Phys Rev Lett, 1996, 76: 928-931.

[63] Cao Z, Peng Y, Yan T, et al. Mechanism of fast proton transport along one-dimensional water chains confined in carbon nanotubes. J Am Chem Soc, 2010, 132: 11395-11397.

[64] Munoz-Santiburcio D, Wittekindt C, Marx D. Nanoconfinement effects on hydrated excess protons in layered materials. Nat Commun, 2013, 4: 2349.

[65] Zhang C, Knyazev D G, Vereshaga Y A, et al. Water at hydrophobic interfaces delays proton surface-to-bulk transfer and provides a pathway for lateral proton diffusion. Proc Natl Acad Sci USA, 2012, 109: 9744-9749.

[66] Bonn M, Bakker H J, Rago G, et al. Suppression of proton mobility by hydrophobic hydration. J Am Chem Soc, 2009, 131: 17070-17071.

[67] Xu J, Yamashita T, Agmon N, et al. On the origin of proton mobility suppression in aqueous solutions of amphiphiles. J Phys Chem B, 2013, 117: 15426-15435.

[68] Chen H, Yan T, Voth G A. A computer simulation model for proton transport in liquid imidazole. J Phys Chem A, 2009, 113: 4507-4517.

[69] Kreuer K D, Fuchs A, Ise M, et al. Imidazole and pyrazole-based proton conducting polymers and liquids. Electrochimica Acta, 1998, 43: 1281-1288.

[70] Schuster M F H, Meyer W H, Schuster M, et al. Toward a new type of anhydrous organic proton conductor based on immobilized imidazole.

Chem Mater，2004，16：329-337.

[71] Schuster M，Meyer W H，Wegner G，et al. Proton mobility in oligomer-bound proton solvents：imidazole immobilization via flexible spacers. Solid State Ionics，2001，145：85-92.

[72] Kreuer K D. Proton conductivity：Materials and applications. Chem Mater，1996，8：610-641.

[73] Li A L，Cao Z，Li Y，et al. Structure and dynamics of proton transfer in liquid imidazole. A molecular dynamics simulation. J Phys Chem B，2012，116：12793-12800.

[74] Vilčiauskas L，Tuckerman M E，Melchior J P，et al. First principles molecular dynamics study of proton dynamics and transport in phosphoric acid/imidazole（2：1）system. Solid State Ionics，2013，252：34-39.

[75] Vilčiauskas L，Tuckerman M E，Bester G，et al. The mechanism of proton conduction in phosphoric acid. Nat Chem，2012，4：461-466.

[76] Greaves T L，Drummond C J. Protic ionic liquids：Properties and applications. Chem Rev，2008，108：206-237.

[77] Barsoukov E，Macdonald J R. Impedance Spectroscopy：Theory，Experiment，and Applications. Now York：John Wiley & Sons Inc，2005.

[78] Horike S，Umeyama D，Inukai M，et al. Coordination-network-based ionic plastic crystal for anhydrous proton conductivity. J Am Chem Soc，2012，134：7612-7615.

[79] Umeyama D，Horike S，Inukai M，et al. Inherent proton conduction in a 2D coordination framework. J Am Chem Soc，2012，134：12780-12785.

[80] Banys J，Kinka M，Volkel G，et al. Dielectric response of water confined in metal-organic frameworks. Appl Phys A-Mater Sci Process，2009，96：537-541.

[81] Devautour-Vinot S，Maurin G，Henn F，et al. Water and ethanol desorption in the flexible metal organic frameworks，MIL-53（Cr，Fe），investigated by complex impedance spectrocopy and density functional theory calculations. Phys Chem Chem Phys，2010，12：12478-12485.

[82] Planchais A，Devautour-Vinot S，Salles F，et al. A joint experimental/computational exploration of the dynamics of confined water/Zr-based mofs systems. J Phys Chem C，2014，118：14441-14448.

[83] Ryabov Y，Gutina A，Arkhipov V，et al. Dielectric relaxation of water absorbed in porous glass. J Phys Chem B，2001，105：1845-1850.

[84] Cerveny S，Schwartz G A，Otegui J，et al. Dielectric study of hydration water in silica nanoparticles. J Phys Chem C，2012，116：24340-24349.

[85] Miyatsu S，Kofu M，Nagoe A，et al. Proton dynamics of two-dimensional oxalate-bridged coordination polymers. Phys Chem Chem Phys，2014，16：17295-17304.

[86] Borges D D，Devautour-Vinot S，Jobic H，et al. Proton transport in a highly conductive porous zirconium-based metal-organic framework：molecular insight. Angew Chem Int Ed，2016，55：3919-3924.

[87] Pili S，Argent S P，Morris C G，et al. Proton conduction in a phosphonate-based metal-organic framework mediated by intrinsic"free diffusion inside a sphere". J Am Chem Soc，2016，138：6352-6355.

[88] Coudert F X，Fuchs A H. Computational characterization and prediction of metal-organic framework properties. Coord Chem Rev，2016，307：211-236.

[89] Odoh S O，Cramer C J，Truhlar D G，et al. Quantum-chemical characterization of the properties and reactivities of metal-organic frameworks. Chem Rev，2015，115：6051-6111.

[90] Planas N，Mondloch J E，Tussupbayev S，et al. Defining the proton topology of the Zr-6-based metal-organic framework NU-1000. J Phys Chem Lett，2014，5：3716-3723.

[91] Mark D，Hutter J. *Ab Initio* Molecular Dynamics：Basic Theory and Advanced Methods. New York：Cambridge University Press，2009.

[92] Hassanali A A，Cuny J，Verdolino V，et al. Aqueous solutions：state of the art in ab initio molecular dynamics. Philos Trans R Soc A，2014，372.

[93] Car R，Parrinello M. Unified approach for molecular dynamics and density-functional theory. Phys Rev Lett，1985，55：2471.

[94] Chen L J，Mowat J P S，Fairen-Jimenez D，et al. Elucidating the breathing of the metal-organic framework MIL-53（Sc）with *ab initio* molecular dynamics simulations and in situ x-ray powder diffraction experiments. J Am Chem Soc，2013，135：15763-15773.

[95] Bellarosa L，Calero S，Lopez N. Early stages in the degradation of metal-organic frameworks in liquid water from first-principles molecular dynamics. Phys Chem Chem Phys，2012，14：7240-7245.

[96] Zhao H X，Kong X J，Li H，et al. Transition from one-dimensional water to ferroelectric ice within a supramolecular architecture. Proc Natl Acad Sci USA，2011，108：3481-3486.

[97] Heinz H，Suter U W. Atomic charges for classical simulations of polar systems. J Phys Chem B，2004，108：18341-18352.

[98] Rappe A K，Casewit C J，Colwell K S，et al. Uff，a full periodic table force field for molecular mechanics and molecular dynamics simulations. J Am Chem Soc，1992，114：10024-10035.

[99] Mayo S L，Olafson B D，Goddard Ⅲ W A. Dreiding：a generic force field for molecular simulations. J Phys Chem，1990，94：8897-8909.

[100] Abascal J L F，Vega C. A general purpose model for the condensed phases of water：TIP4P. J Chem Phys，2005，123：234505.

[101] Schnabel T，Vrabec J，Hasse H. Molecular simulation study of hydrogen bonding mixtures and new molecular models for mono-and dimethylamine. Fluid Phase Equilib，2008，263：144-159.

[102] Wu Y，Chen H，Wang F，et al. An improved multistate empirical valence bond model for aqueous proton solvation and transport. J Phys Chem B，2008，112：7146.

[103] Day T J F，Soudackov A V，Čuma M，et al. A second generation multistate empirical valence bond model for proton transport in aqueous systems. J Chem Phys，2002，117：5839-5849.

[104] Park K，Lin W，Paesani F. A refined MS-EVB model for proton transport in aqueous environments. J Phys Chem B，2012，116：343-352.

[105] Paesani F. Molecular mechanisms of water-mediated proton transport in MIL-53 metal-organic frameworks. J Phys Chem C，2013，117：19508-19516.

[106] Medders G R，Paesani F. Water dynamics in metal-organic frameworks：effects of heterogeneous confinement predicted by computational spectroscopy. J Phys Chem Lett，2014，5：2897-2902.

[107] Mileo P G M，Devautour-Vinot S，Mouchaham G，et al. Proton-conducting phenolate-based Zr metal-organic framework：a joint experimental-modeling investigation. J Phys Chem C，2016，120：24503-24510.

[108] Shigematsu A，Yamada T，Kitagawa H. Wide control of proton conductivity in porous coordination polymers. J Am Chem Soc，2011，133：2034-2036.

[109] Haigis V，Coudert F X，Vuilleumier R，et al. Investigation of structure and dynamics of the hydrated metal-organic framework MIL-53（Cr）using first-principles molecular dynamics. Phys Chem Chem Phys，2013，15：19049-19056.

[110] Eisbein E，Joswig J O，Seifert G. Proton conduction in a MIL-53（Al）metal-organic framework：confinement versus host/guest interaction. J Phys Chem C，2014，118：13035-13041.

[111] Tang Q，Liu Y W，Liu S X，et al. High proton conduction at above 100℃ mediated by hydrogen bonding in a lanthanide metal-organic framework. J Am Chem Soc，2014，136：12444-12449.

[112] Okawa H，Sadakiyo M，Otsubo K，et al. Proton conduction study on water confined in channel or layer networks of(LaM^{III})-M^{III}(ox)$_3$·10H$_2$O（M=Cr，Co，Ru，La）. Inorg Chem，2015，54：8529-8535.

[113] Bazaga-Garcia M，Papadaki M，Colodrero R M P，et al. Tuning proton conductivity in alkali metal phosphonocarboxylates by cation size-induced and water-facilitated proton transfer pathways. Chem Mater，2015，27：424-435.

[114] Grancha T，Ferrando-Soria J，Cano J，et al. Insights into the dynamics of Grotthuss mechanism in a proton-conducting chiral bioMOF. Chem Mater，2016，28：4608-4615.

[115] Gao Q，Wang X L，Xu J，et al. The first demonstration of the gyroid in a polyoxometalate-based open framework with high proton conductivity. Chem Eur J，2016，22：9082-9086.

[116] Xu H，Tao S S，Jiang D L. Proton conduction in crystalline and porous covalent organic frameworks. Nat Mater，2016，15：722.

[117] Karmakar A，Illathvalappil R，Anothumakkool B，et al. Hydrogen-bonded organic frameworks（hofs）：a new class of porous crystalline proton-conducting materials. Angew Chem Int Ed，2016，55：10667-10671.

[118] Meng X，Song S Y，Song X Z，et al. A tetranuclear copper cluster-based MOF with sulfonate-carboxylate ligands exhibiting high proton conduction properties. Chem Commun，2015，51：8150-8152.

[119] Wong N，Hurd J A，Vaidhyanathan R，et al. A proton-conducting cesium sulfonate metal organic framework. Can J Chem，2015，93：988-991.

[120] Begum S，Wang Z Y，Donnadio A，et al. Water-mediated proton conduction in a robust triazolyl phosphonate metal-organic framework with hydrophilic nanochannels. Chem Eur J，2014，20：8862-8866.

[121] Phang W J，Lee W R，Yoo K，et al. PH-dependent proton conducting behavior in a metal-organic framework material. Angew Chem Int Ed，2014，53：8383-8387.

[122] Klet R C，Liu Y Y，Wang T C，et al. Evaluation of bronsted acidity and proton topology in Zr-and Hf-based metal-organic frameworks using potentiometric acid-base titration. J Mater Chem A，2016，4：1479-1485.

[123] Bao S S，Otsubo K，Taylor J M，et al. Enhancing proton conduction in 2D Co-La coordination frameworks by solid-state phase transition. J Am Chem Soc，2014，136：9292-9295.

[124] Bao S S，Li N Z，Taylor J M，et al. Co-Ca phosphonate showing humidity-sensitive single crystal to single crystal structural transformation and tunable proton conduction properties. Chem Mater，2015，27：8116-8125.

[125] Cai Z S，Bao S S，Wang X Z，et al. Multiple-step humidity-induced single-crystal to single-crystal transformations of a cobalt phosphonate：Structural and proton conductivity studies. Inorg Chem，2016，55：3706-3712.

[126] Ortiz A U，Boutin A，Gagnon K J，et al. Remarkable pressure responses of metal-organic frameworks：proton transfer and linker coiling in zinc alkyl gates. J Am Chem Soc，2014，136：11540-11545.

[127] Taylor J M，Dekura S，Ikeda R，et al. Defect control to enhance proton conductivity in a metal-organic framework. Chem Mater，2015，27：2286-2289.

[128] Taylor J M，Komatsu T，Dekura S，et al. The role of a three dimensionally ordered defect sublattice on the acidity of a sulfonated metal-organic framework. J Am Chem Soc，2015，137：11498-11506.

[129] Inukai M，Horike S，Itakura T，et al. Encapsulating mobile proton carriers into structural defects in coordination polymer crystals：high anhydrous proton conduction and fuel cell application. J Am Chem Soc，2016，138：8505-8511.

[130] Horike S，Chen W，Itakura T，et al. Order-to-disorder structural transformation of a coordination polymer and its influence on proton conduction. Chem Commun，2014，50：10241-10243.

[131] Umeyama D，Horike S，Inukai M，et al. Reversible solid-to-liquid phase transition of coordination polymer crystals. J Am Chem Soc，2015，137：864-870.

[132] Bakangura E，Wu L，Ge L，et al. Mixed matrix proton exchange membranes for fuel cells：state of the art and perspectives. Prog Polym Sci，2016，57：103-152.

第33章
磁性配位聚合物

磁性配位聚合物是指利用磁性金属离子与有机桥连配体通过配位键合作用形成的一类具有一维、二维或三维无限网络结构的配位化合物。近年来，磁性配位聚合物作为一种新型的功能化分子材料，以其结构及性质的多样性引起了广泛的研究兴趣。磁性配位聚合物兼具无机和有机化合物的特性，其内容涉及无机化学、配位化学、有机化学、物理化学和晶体工程学等多个学科领域，因而磁性配位聚合物的研究不仅对基础理论的完善具有重大意义，对于开发新型高性能的功能分子材料也具有重要的应用价值。对于这类配合物的合成，主要考虑到不同的配体及不同的金属离子，通过两者的结合得到预期的结构和性质。磁性配位聚合物最初的研究集中在高磁有序分子基磁性材料的合成，这类化合物主要通过提高自旋密度和磁交换作用来得到。近年来，除了高磁有序分子材料的研究外，通过不同的磁性金属离子和配体组装得到了一系列不同维度、不同性质的磁性配位聚合物，主要包括一维单链磁体、二维自旋阻挫磁体、三维多孔磁体和自旋交叉磁体等。这一类磁体在信息存储、量子计算、光转换开关、量子自旋液体、传感器等前沿领域具有一系列潜在的应用价值，是当今化学、物理科学及材料科学等领域的热点课题之一。下面将重点介绍这几类新兴的基于配位聚合物的磁性材料。

33.1　一维单链磁体

33.1.1　概述

随着微电子技术的高速发展，基于纳米尺寸的磁性材料研究受到广泛关注。对于传统的具有铁磁或者亚铁磁有序的磁性材料，当到达临界尺寸时，整个粒子就变成了一个单畴，如果该粒子具备轴向的各向异性会进一步表现出磁滞回线（图33-1），此时不存在磁畴壁。然而，这种方法存在一定的极限，随着粒子尺寸的减小，磁能也逐渐降低直到与热能达到相同级别。此时，热扰动会导致磁矩的随意翻转并使得弛豫变得非常快，磁体的存储功能随即消失，称为超顺磁效应[1, 2]。基于这种限制，单分子磁体（single-molecule magnet，SMM）[3-6]的发现被认为是微型存储器件的一道曙光。在这种情况下，宏观的材料由互不干扰的分子组装而成，具有理想的顺磁态。在一定的温度下，这种材料会表现出磁滞和长时间的慢磁弛豫行为，是一种基于分子的磁体。最近，基于一维体系的磁性材料也表现出类似单分子磁体的行为，即在一定温度以下出现磁化强度缓慢弛豫的单轴各向异性一维磁链，称为单链磁体（single-chain magnet，SCM）[7-11]。一维短程作用的磁系统在一定的温度内不会产生磁的长程有序行为，因此这种材料也可以保持顺磁态并表现出慢磁豫行为。其实早在1963年，Glauber使用统计学的方法研究了单轴各向异性的Ising体系[12]，预言一维Ising体系在低温下会出现缓慢的磁化弛豫（magnetization relaxation）现象，弛豫时间满足阿伦尼乌斯公式[13]。但是直到 2001 年，才由 Gatteschi 合成出第一个一维钴链[7]，验证了 Glauber 的预言。自此以后，一系列单链磁体也被陆续报道[9-11]，相关的基础理论也逐渐建立起来。

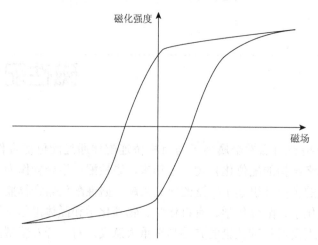

图 33-1　磁滞现象（也称为磁的双稳态）的表示图

33.1.2　单链磁体的基本理论

在单链磁体的基本理论中，Heisenberg 模型和 Ising 模型被广泛应用。实际的系统由于外界环境、内部结构等影响，其哈密顿方程会相对复杂[9]。

对于经典的一维 Heisenberg 模型，将自旋进行传统的近似处理，此时，当自旋数足够大时，自旋算符可以用经典算符来代替。用哈密顿算符表示为

$$H = -2J \sum_{-\infty}^{+\infty} \vec{S}_i \vec{S}_{i+1} = -2JS^2 \sum_{-\infty}^{+\infty} \vec{u}_i \vec{u}_{i+1} \tag{33-1}$$

式中，H 为单链的哈密顿量；$\vec{u}$ 为单位矢量；S_i 和 S_{i+1} 分别为相邻磁性单元的自旋；J 为链内的交换常数（$J>0$ 表示铁磁耦合，$J<0$ 表示反铁磁耦合）。根据 $\langle \vec{u}_i \vec{u}_{i+n} \rangle = \Gamma^n$ 和 $C = g^2 \mu_B^2 S(S+1)/(3k_B)$，式（33-1）可推导为

$$\frac{\chi T}{C} = \sum_{n=-\infty}^{n=+\infty} \Gamma^n = \frac{1+\Gamma}{1-\Gamma} \tag{33-2}$$

对于 Heisenberg 模型，根据式（33-1）可推导出关联函数 $\Gamma = \coth(2JS^2\beta) - (2JS^2\beta)^{-1}$，其中 $\beta = 1/(k_B T)$。当温度接近 0K 时，$\Gamma \approx 1$。此时可以把式（33-2）简化为式（33-3）：

$$\frac{\chi T}{C} \approx 4JS^2\beta \tag{33-3}$$

此外，磁关联长度 ξ 也可以引入式（33-3）中，等价为式（33-4），其中 a 为链的晶胞参数：

$$\frac{\chi T}{C} \approx 2\frac{\xi}{a} \tag{33-4}$$

由此可以看出，χT 可以直接反映链的磁关联长度。

在 Heisenberg 极限下，$|D| \ll |J|$，此时磁畴壁较宽（图 33-2），产生磁畴壁对应的能量为

$$\Delta_\xi \approx 4S^2 \sqrt{|JD|} \tag{33-5}$$

Ising 模型和经典的 Heisenberg 模型的区别在于 Ising 模型下假定自旋都平行于 z 轴排列。在这种限制下，自旋具有轴向的各向异性。用哈密顿算符表示为

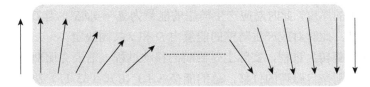

图 33-2 Heisenberg 链的磁畴壁结构

$$H = -2J\sum_{-\infty}^{+\infty} S_{i,z}S_{i+1,z} = -2JS^2\sum_{-\infty}^{+\infty}\sigma_i\sigma_{i+1} \qquad (33\text{-}6)$$

式中，$\sigma_i = \pm 1$；z 为沿 z 方向的 S 或 σ 值。

对于 Ising 模型，同上述式（33-3）的推导，不同的是此时关联函数 $\Gamma = \tanh(JS^2\beta)$。在低温和铁磁交换的情况下 $\Gamma \approx 1-2\exp(4JS^2\beta)$，由此可以得到平行方向的磁化率 $\chi_\parallel$ 为

$$\frac{\chi_\parallel T}{C} \approx \exp(4JS^2\beta) \qquad (33\text{-}7)$$

比较式（33-3）和式（33-7）可见，随温度降低，Heisenberg 模型以 T^{-2} 的形式发散，出现三维有序的临界温度只能为 0K；而 Ising 模型，虽然出现三维有序的临界温度也只能为 0K，$\chi_\parallel T$ 却是以以 e 为底的指数形式发散的。因此，在低温下，Heisenberg 模型链与 Ising 模型链的磁行为是截然不同的。

由此决定的较低激发态（如零场下）的一维 Heisenberg 模型链是连续的；而 Ising 链则不是，其包含了许多较大的取向一致的磁畴（平均长度为 2ξ，ξ 为磁关联长度），这些磁畴被很薄的畴壁隔开，如图 33-3 所示。

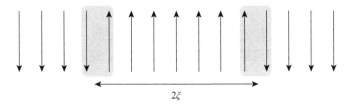

2ξ

图 33-3 Ising 链的磁畴壁结构

根据式（33-6），在 Ising 极限下（$D/J > 4/3$）产生这样一个畴壁需要的能量为 $\Delta_\xi = 4|J|S^2 = k_B T\ln(2\xi/a)$，代入式（33-7）两边取对数之后可以得到式（33-8）。

$$\ln(\chi T) = \beta\Delta_\xi + \ln C \qquad (33\text{-}8)$$

由此可见，在具有单轴各向异性的体系，用 $\ln(\chi T)$ 对 $1/T$ 作图，所得到的在低温部分的直线的斜率直接与产生畴壁的能量相关。进一步的理论推导如进行矩阵转换等，可以得到一个表示磁场与磁化强度之间关系的表达式，其中 $m = M/M_{sat}$（M_{sat} 为饱和磁化强度；μ 为每个位置的磁矩）：

$$m = \frac{\sinh(\mu\beta H)}{\sqrt{\sinh(\mu\beta H) + \exp(-8\beta JS^2)}} \qquad (33\text{-}9)$$

由式（33-9）可以看出，即使处于顺磁态，随着链内铁磁作用的增强，在低温下磁化强度的饱和值随着磁场增长的速度也会提高。

虽然一维 Heisenberg 模型和一维的 Ising 模型都已从理论上进行预测，但在实际情况中通常要同时考虑两种模型的贡献，特别是当体系中存在明显的磁各向异性时。此时，对应的哈密顿算符为

$$H = -2J\sum_{-\infty}^{+\infty}\vec{S}_i\vec{S}_{i+1} + D\sum_{-\infty}^{+\infty}S_{iz}^2 \qquad (33\text{-}10)$$

当 z 轴为易磁化轴时，磁关联长度在低温下同 Ising 模型一样呈指数发散。当 $D/J > 4/3$ 时，畴壁

的厚度接近于单个单胞的厚度，此时对应产生畴壁的能量为 $\Delta_\xi = 4|J|S^2$；当 $D/J < 4/3$ 时，畴壁的厚度要大于单个单胞的厚度，此时对应产生畴壁的能量由 D 和 J 共同决定。

单链磁体的磁化"翻转"过程，实际上是磁畴的移动过程，需要克服两部分的能量，一部分来自畴壁的移动，一部分则来自磁畴的位移，总的能垒（Δ_τ）由式（33-11）决定：

$$\Delta_\tau = \Delta_A + 2\Delta_\xi \tag{33-11}$$

在 Ising 模型下，当温度降低到一定程度时，磁关联长度以指数的形式增长，此时链内一些小的缺陷也会引起很大的变化，此时就会出现所谓的"有限尺寸效应"（finite-size effect）[9]，相应的能垒用式（33-12）表示：

$$\Delta_\tau = \Delta_A + \Delta_\xi \tag{33-12}$$

对于 Ising 模型下，自旋翻转能 $\Delta_A = |D|S^2$（对于由单个离子组成的单链磁体，D 为单离子磁体的零场分裂常数；对于由单分子磁体组成的单链磁体，D 为单分子磁体的零场分裂常数）。因此在 Ising 模型限制下，式（33-11）和式（33-12）可以转化为

无限尺寸： $$\Delta_\tau = |D|S^2 + 8JS^2 \tag{33-13}$$

有限尺寸： $$\Delta_\tau = |D|S^2 + 4JS^2 \tag{33-14}$$

由式（33-13）和式（33-14）可知，单链磁体的能垒会比构成它的单分子磁体高，是因为多了 Δ_ξ 的贡献。

对于有限尺寸的范畴，假定链长 $L = na$（a 为链的晶胞参数），此时对应的弛豫时间为

$$\tau = \tau_\infty f(L/\xi) \tag{33-15}$$

式中，f 函数已由 J. H. Luscombe 给出。当 ξ 远大于 L 时，$f(x) \approx x/2$，此时低温下的弛豫时间为

$$\tau = \frac{\tau_0 L}{2a} \exp(4JS^2\beta) \tag{33-16}$$

式中，τ_0 为特征时间，用来描述没有交换作用下的自旋翻转时间。

对于无限尺寸的范畴，可以用同样的方法来推论。此时，高温区的弛豫时间可以表达为一个更加广泛适用的公式：

$$\tau = \frac{\tau_0 \xi L}{a^2} \tag{33-17}$$

可以看出，有限尺寸和无限尺寸的交点在 $T^*(L = \xi)$，温度低于 T^*，磁关联对于弛豫时间的贡献正比于 ξ；温度高于 T^* 时，磁关联对于弛豫时间的贡献正比于 ξ^2。

33.1.3 单链磁体的构筑策略

单链磁体相对单分子磁体通常具有更高的各向异性能垒，因而引起众多科学家的兴趣。构筑单链磁体一般需要满足三个条件：首先，具有强的易轴型磁各向异性的自旋载体，如 Fe(II)、Mn(III)、Co(II)、Dy(III)等[9-11]；其次，链的结构上要求基本磁单元具有尽量大的自旋，且链内磁单元间的相互作用要尽可能强以增加能垒及阻塞温度；最后，为了避免三维长程有序，链间作用要尽量弱。基于以上考虑，通常选用端基共配体桥连基本磁单元成一维链并选取大位阻配体将链与链隔开，虽然近年来研究表明长程有序也可以与慢磁弛豫行为共存[14-16]，但是理想的单链磁体应该避免磁有序以避免其对单链磁体性质的干扰。目前大部分已报道的有单链磁体或类单链磁体行为的化合物为异自旋体系，这可能是由于在异自旋之间更容易实现自旋的铁磁和亚铁磁排列，如自由基系[7,17]、Mn(III)-Ni(II)体系[8]、3d-4f 体系[18]等，所需要的磁各向异性来自其中至少一种自旋载体。近年来，越来越多的由各向异性金属离子充当自旋载体的同自旋单链磁体也被陆续报道，其中 Co(II)离子和 Mn(III)离子是最常使用的自旋载体。

单链磁体的构筑要求链内必须有净磁化，因此目前构筑单链磁体主要有三种策略[19]，分别是铁磁链策略、亚铁磁链策略和弱铁磁链策略（图 33-4）。

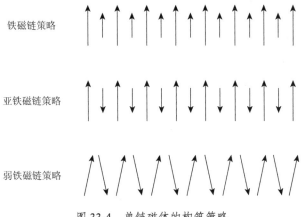

铁磁链策略

亚铁磁链策略

弱铁磁链策略

图 33-4　单链磁体的构筑策略

1. 基于铁磁策略的单链磁体

设计单链磁体时，出发点通常是设法使自旋以平行方式排列，这样可以获得最大的自旋基态。但是由于偶极作用的存在，自旋平行排列相对来说是较少的。在单链磁体的研究领域中，人们首先想到的是铁磁链策略，因为体系的自旋基态越大，对应的能垒会越高。目前铁磁性单链磁体策略的实现方法主要有两种：一种是利用 Kahn 的理论[20]，即当自旋载体的磁轨道正交时利于传递铁磁相互作用；另一种途径是使用在分子磁性领域中已有报道的铁磁途径，如 1,1′-桥连的叠氮[21, 22]。到目前为止，有大约十种具有不同自旋结构的铁磁性单链磁体被报道，在这些结构中，各向异性的自旋载体包括同自旋和异自旋。

2003 年，北京大学的高松教授课题组报道了第一例叠氮桥连的同自旋的单链磁体（图 33-5）[21]，Co(bt)(N$_3$)$_2$（bt = 2,2′-bithiazoline）。在该化合物的结构中，中心的 Co(Ⅱ)离子由两个叠氮配体通过 EO 连接模式桥连形成一维螺旋链结构，链间通过 2,2′-联噻唑隔开。对该化合物的磁化数据进行拟合得到居里外斯常数 θ = + 35.9K，链内的交换常数 J/k_B = + 17.8K，传递了较强的铁磁交换作用。在 6K 以上，链的相关长度呈指数增长，证实了系统的 Ising 磁行为。1.85K 观察到了具有台阶状的磁滞现象，这种现象和链的螺旋构型相关，因为螺旋链中不同的 Co(Ⅱ)离子具有不同的各向异性轴。交流磁化率测试显示该链具有明显的慢磁弛豫行为，且交流峰值的位移参数 φ = 0.15，属于超顺磁行为（0.1＜φ＜0.3）而不是自旋玻璃（φ＜0.1）[22]。应用阿伦尼乌斯公式对交流曲线进行拟合得到：Δ_τ/k_B = 94K，τ_0 = 3.4×10^{-12}s。基于这类策略，该课题组后续进一步通过更大位阻的配

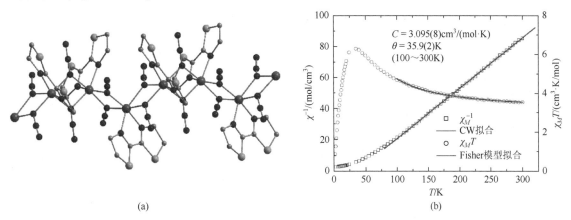

(a)　　　　　　　　　　　　　　　　　　　　(b)

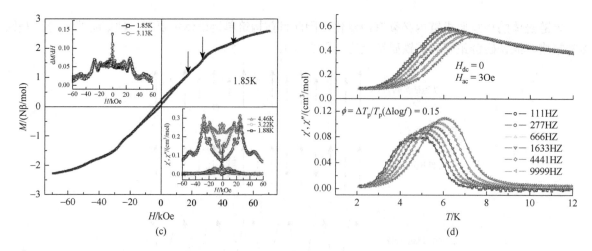

图 33-5 （a）化合物 Co(bt)(N₃)₂ 的结构图；（b）1000Oe 场下的 χT-T 和 χ^{-1}-T 曲线，红色和蓝色的实线分别代表 Fisher 模型拟合和居里外斯拟合；（c）1.85K 的磁滞回线，左上插图为 dM/dH-H 图，右下插图为变场的交流磁化曲线；（d）111～9999Hz 频率范围内的交流变温磁化率曲线。Co，绿色；N，蓝色；S，黄色；C，灰色

体 bpeado 构筑了类似的铁磁性单链磁体[Co(N₃)₂(H₂O)₂]·(bpeado)［bpeado = 1,2-bis（4-pyridyl）ethane-N,N'-dioxide］[23]。

除了 EO 叠氮桥，羧基桥也经常用来传递铁磁交换作用。2006 年，中山大学陈小明教授课题组报道了一例基于 Co(II) 的层状化合物[Co^II (*trans*-1,2-chdc)]∞（*trans*-1,2-chdc = *trans*-1,2-cyclohexan-edicarboxylate），其表现出单链磁体行为（图 33-6）[24]。在该化合物中，Co(II)离子首先通过羧基形成一维桨轮状的链，羧基在这里就有两种桥连方式，μ^2-η^1: η^1 和 μ^3-η^2: η^1，这两种桥连反式的结合形成了交替的 Co-O 链。链进一步通过环己二羧酸配体连接成二维层结构。直流磁化率测试及对磁性数据的拟合得到链内传递的是铁磁相互作用：居里外斯常数 $\theta = +15.87$K，磁耦合常数分别为 11.51K 和 3.95K。相对于链内的交换作用，链间和链内平均磁交换作用的比值约为 6.5×10^{-4}，从磁性的观点来看，该化合物可看作一维磁性链，因为链内由羧基传递的磁相互作用远大于链间的磁相互作用。进一步的单晶磁性测试验证了该化合物的轴各向异性，因为沿易磁化轴和难磁化面的变温磁化率具有明显差异。交流磁化率的测试中实部和虚部都呈现出明显的频率依赖性。通过计算发现这一动态行为同样也属于超顺磁的范畴（$\varphi = 0.1$）而不是自旋玻璃。通过阿伦尼乌斯公式对交流虚部峰值的对应温度进行拟合可以得到两个能垒：$\Delta_{\tau 1}/k_B = 80.9$K，$\tau_{01} = 5.19\times10^{-11}$s；$\Delta_{\tau 2}/k_B = 50.2$K，$\tau_{02} = 5.59\times10^{-8}$s，说明该化合物具有有限尺寸效应。此时，产生一个畴壁需要的能量理论上应该为 $\Delta_{\tau 1}/k_B - \Delta_{\tau 2}/k_B = 80.9$K–50.2K = 30.7K。在高温部分（40～10K），$\ln(\chi T)$-T 曲线呈线性增长，拟合

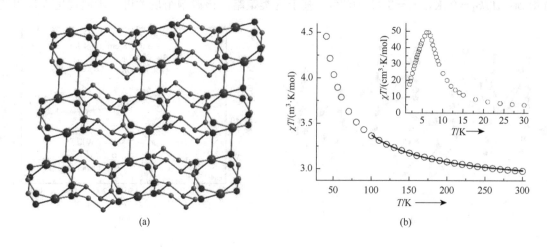

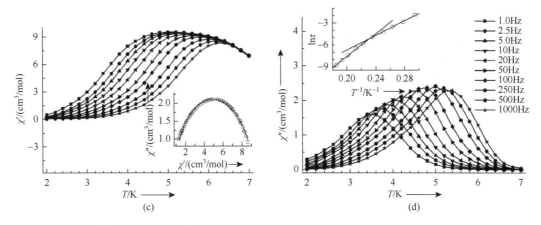

图 33-6 （a）化合物 [Co^{II} (*trans*-1, 2-chdc)]$_\infty$的二维层状结构；（b）500Oe 场下 50～300K 的 χT-T 曲线，插图为 2～30K 的 χT-T 曲线，实线代表 Fisher 模型拟合；（c）交流磁化曲线的实部，插图为 4.2K 下的 cole-cole 拟合；（d）交流磁 化曲线的虚部，插图代表阿伦尼乌斯拟合。Co，绿色；O，红色；C，灰色

得到 $\Delta_\xi/k_B = 24.0$K，也就是说，产生一个畴壁需要的能量就是 24.0K。导致这种差异的原因可能有两 个：第一，实验与理论拟合存在一定误差，但基本属于误差允许的范围之内；第二，实际晶体可能 存在缺陷不均一导致链的长度分布不均。值得一提的是，虽然该化合物具有二维结构，但是由于链 间作用非常弱，仍然可以将其当作一维磁性链来对待，这也代表了第一例二维层状化合物的单链磁 体行为。

除了上述的同自旋的例子外，通过 Kahn 的理论实现异自旋铁磁性单链磁体的例子也有报道。一 个典型的例子就是 Clérac 与 Miyasaka 小组共同报道的(NEt$_4$)[Mn$_2$(5-MeOsalen)$_2$Fe(CN)$_6$]［salen^{2-} = rac-N,N'-(1-methylethylene)bis(salicylideneiminate)]（图 33-7）[25]。该化合物由 Mn-Fe-Mn 基本单元组 成，其中 Mn(III)由席夫碱螯合后通过 CN 和 Fe(III)相连组成一维链结构，同时席夫碱的大位阻作用 将链间有效隔开。这个化合物的有趣之处在于它代表了另一类具有单链磁体行为的链，这种链是由 各向异性强的金属簇组成的，而且每个各向异性源的指向都与链的方向一致。该化合物的直流磁化 曲线拟合得到 Mn-Fe 之间的磁交换常数 $J/k_B = +6.5$K，证实了组成链的三核单元内具有铁磁交换作 用，产生了 $S = 9/2$ 的自旋基态。三核单元之间同样具有铁磁交换作用（$J'/k_B = +0.07$K）。沿着易磁 化轴方向的单晶磁性测试表明该化合物具有轴各向异性，对应零场分裂参数 $D/k_B = -0.94$K。低温 下观测到了明显的磁滞回线，且矫顽场与温度和扫速相关，说明该化合物满足 Ising 模型。交流测 试中在零场下表现出明显的频率依赖性。进一步通过阿伦尼乌斯公式对交流数据进行拟合得到该 化合物的两个能垒：$\Delta_{\tau1}/k_B = 31$K，$\tau_{01} = 3.7 \times 10^{-10}$s；$\Delta_{\tau2}/k_B = 25$K，$\tau_{02} = 3 \times 10^{-8}$s，说明该化合物观 测到了有限尺寸效应，且对应的交叉温度为 $T^* = 1.4$K。根据 Glauber 定律，1.4K 以上 $\ln(\chi T)$-T^{-1} 的 线性增长进一步说明该化合物的 Ising 性质，拟合得到的 $\Delta_\xi/k_B = 6.1$K，和理论产生一个畴壁需要的 能量非常吻合（$\Delta_{\tau1}/k_B-\Delta_{\tau2}/k_B = 6$K）。南京大学游效曾教授课题组报道的铁磁耦合的 Fe(III)-Cu(II)一 维链[Fe(Tp)(CN)$_3$]$_2$Cu(CH$_3$OH)·2CH$_3$OH［Tp = tris(pyrazolyl)hydroborate］也表现出单链磁体行为。 基于这种铁磁耦合簇合物作为结构基元的单链磁体也被陆续报道，如高松教授等报道的{[Mn(5,5'-Me$_2$salen)]$_2$[Ru(acac)$_2$(CN)$_2$]}·[Ru(acac)$_2$(CN)$_2$]·2CH$_3$OH［5,5'-Me$_2$salen = N,N'-bis(5,5'-dimethylsalicylidene)-o-ethyl-enediimine］，通过三核铁磁单元[Mn-NC-Ru-CN-Mn]组装成一维链[26]。除了上述基于金 属氰根作为磁性单元外，金属草酸根也被广泛地应用于构建铁磁性单链磁体，如 Coronado 等在 2008 年报道了第一例草酸桥连的铁磁性单链磁体[K-(18-crown-6)]$_{1/2}$[(18-crown-6)(FC$_6$H$_4$NH$_3$)]$_{1/2}$ [Co(H$_2$O)$_2$Cr(ox)$_3$][27]。

对于簇基的铁磁性单链磁体大部分都是基于混自旋的簇合物作为结构基元，后续的同自旋簇合物的铁磁性单链磁体也被陆续报道。例如，2009 年 Christou 课题组报道了一例基于同自旋 Mn(Ⅲ)簇的铁磁性单链磁体[Mn$_6$(N$_3$)$_4$(O$_2$CMe)$_2$(dpkd)$_2$(dpkme)$_2$(MeOH)$_2$]$_n$（dpkd^{2-} = di-2-pyridylketone），其中 Mn$_6$ 单元通过 EO 连接方式叠氮桥连成一维链[28]。Nakano 等在 2010 年也报道了类似的由同自旋 Mn$_6$ 单元构成的铁磁性单链磁体[Mn$_6$O$_2$(4-MeOsalox)$_6$(N$_3$)$_2$(MeOH)$_4$]（4-MeO-H$_2$salox = 2-hydroxy-4-methoxybenzaldehyde oxime）[29]。

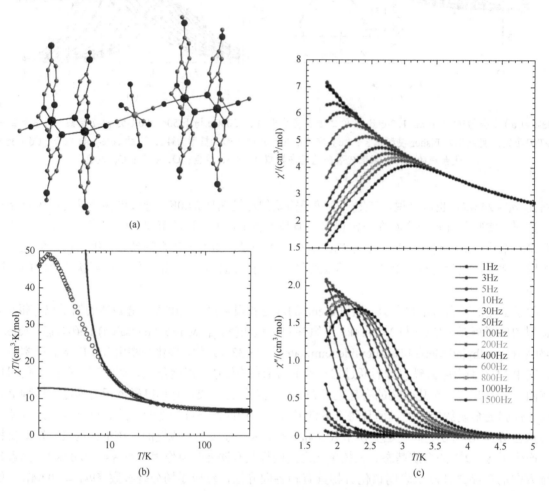

图 33-7 （a）化合物(NEt$_4$)[Mn$_2$(5-MeOsalen)$_2$Fe(CN)$_6$]的结构图；（b）1000Oe 场下的 χT-T 曲线，红色和蓝色的实线分别代表考虑和不考虑链内三核单元间磁交换作用的拟合；（c）1～1500Hz 内的交流变温磁化率曲线。Mn(Ⅲ)，紫色；Fe(Ⅲ)，黄绿色；N，蓝色；O，红色；C，灰色

2. 基于亚铁磁策略的单链磁体

相对于铁磁相互作用，反铁磁相互作用在分子磁性领域更加常见。反铁磁耦合也可以产生有趣的磁现象，如亚铁磁、弱铁磁、变磁等。在上述所列的几种现象中，亚铁磁和弱铁磁也可以被用来构筑单链磁体，因为这两种自旋态能够产生净自旋，而这是单链磁体构筑所必需的。当两个大小不等的自旋以反平行的方式排列时，将会有净自旋产生。另一种获得亚铁磁链的方法是将铁磁和反铁磁相互作用结合起来，这样也可以得到亚铁磁态。在满足具有剩余磁矩的基础上，如果进一步具有单轴各向异性且链间相互作用较弱，亚铁磁链最终也可以成为单链磁体。到目前为止，具有上述不同自旋结构的单链磁体已有报道，第一例单链磁体（图 33-8）就属于亚铁磁链的类型。

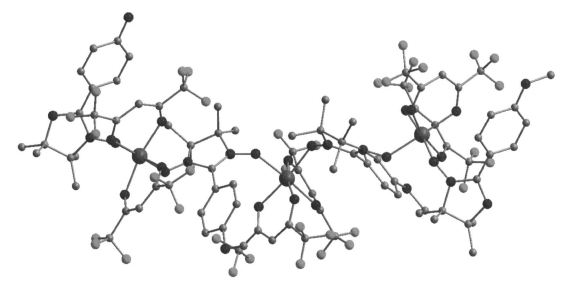

图 33-8　第一例单链磁体 Co^{II}(hfac)$_2$(NITPhOMe)的结构图。Co，绿色；O，红色；N，蓝色；F，亮绿色；C，灰色

　　虽然 Glauber 在 1963 年就预言一维 Ising 体系在低温下会出现缓慢的磁化强度弛豫现象，但是直到 2001 年才由 Gatteschihi 课题组合成出第一个亚铁磁的一维钴链[Co(hfac)$_2$(NITPhOMe)]（hfac = hexafluoroacetylacetonate，NITPhOMe = 4-methoxy-phenyl-4,4,5,5-tetramethylimidazoline-1-oxyl-3-oxide）（图 33-8）[7]。其中，六氟乙酰丙酮 Co 和 NITPhOMe 自由基交替形成一条螺旋链，通过链内的反铁磁交换可认为 Co(II)具有 1/2 的自旋基态，通过单晶的磁性研究表明 Co(II)离子具有大的轴各向异性，因此中心的配位 Co(II)具备 1/2 的有效自旋和大的轴各向异性。链的螺旋排布导致晶轴方向的磁滞回线具有"台阶"状。在低温下，交流磁化率测试显示了明显的慢磁弛豫行为，弛豫时间遵从阿伦尼乌斯公式，拟合得到的能垒 Δ_τ = 154K。此外，在 25K 以上链的相关长度呈指数增长，由 ln(χT)-1/T 图可以算出 Δ_ξ = 117K。$\Delta_\tau < 2\Delta_\xi$，说明在实验条件下的链处于有限尺度的范围内，为了验证这一结果，Gatteschi 等还用抗磁性的 Zn^{II} 掺杂取代部分的 Co^{II}，造成人为的"缺陷"，使链的有效长度更短，由 ln(χT)-1/T 图可以看出线性关联的长度随着 Zn^{2+} 掺入浓度的增加而减少，说明该体系的确是处于有限尺寸的范围内。由此对应的 $\Delta_A = \Delta_\tau - \Delta_\xi$ = 37K < 2JS_1S_2（实验拟合得到的 2JS_1S_2 = −90K），因此可判定系统不在 Ising 极限以内，而是属于大畴壁的机理。此外，TCNQ 自由基也被广泛用于单链磁体的构筑，例如，2006 年 Miyasaka 和 Clérac 课题组通过 TCNQ 将 Mn(III) 单元连接成一维链[Mn(5-TMAM-saltmen)(TCNQ)](ClO$_4$)$_2$［TCNQ = tetra-cyano-p-quinodimethane；5-TMAM-saltmen = N,N'-(1,1,2,2-tetramethylethylene)］[30]。最近基于自由基的亚铁磁单链磁体被广泛研究，因其具有非常大的磁交换作用，从而大大提高了对能垒和阻塞温度的贡献，例如，近期 Novak 教授报道的[Co(hfac)$_2$PyrNN]$_n$ 的阻塞温度达到了 14K，是目前单链磁体阻塞温度最高的纪录[31]。

　　2004 年，Lloret 课题组报道了一例 Co-Cu 双金属的亚铁磁单链磁体[CoCu(2,4,6-tmpa)$_2$(H$_2$O)$_2$]·4H$_2$O（2,4,6-tmpa = 2,4,6-trimethylphenyloxamate）（图 33-9）[32]。在这个化合物的结构中，Cu(2,4,6-tmpa)$^{2-}$ 单元与 Co(II)离子以反式配位形成双核结构并进一步沿着 c 轴桥连形成一维链，配体中的苯环几乎与草酸根离子垂直，有效地将 ac 面中相邻的链相互隔开。直流磁化率测试中，χT 从室温逐渐减小一直到 90K 达到最低值，进一步降温时又逐渐增大，表明双核 Cu-Co 之间具有比较强的反铁磁交换作用，且整体显示了典型的亚铁磁行为。比热容测试没有明显的峰出现，说明体系中没有发现磁有序现象，这与结构上的链间有效分开相吻合。磁性拟合得到 J/k_B = −38.3K，负的 J 值进一步证明了链内 Co-Cu 之间的反铁磁交换作用。交流磁化率表现出明显的频率依赖性，运用阿伦尼乌斯公式及 Debye 模型的拟合都表明慢磁弛豫是一个单一过程，对应的能垒为 $\Delta_\tau = 23.5K$，$\tau_0 = 3.7 \times 10^{-10}$s。

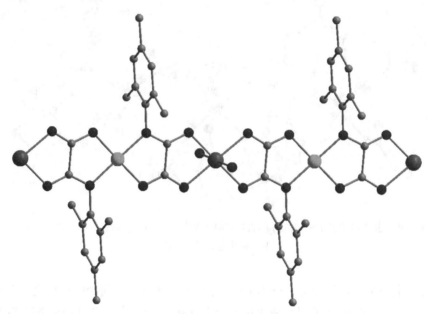

图 33-9　化合物[CoCu(2,4,6-tmpa)$_2$(H$_2$O)$_2$]·4H$_2$O 的结构图。Co，绿色；Cu，蓝绿色；O，红色；N，蓝色；C，灰色

2005 年，Kajiwara 等报道了一例基于混合价铁的亚铁磁单链磁体[Fe^{II}(ClO$_4$)$_2$ {Fe^{III}(bpca)$_2$}]ClO$_4$ [Hbpca = bis(2-pyridylcarbonyl)amine)]（图 33-10）[33]。该化合物是基于该课题组之前报道的 Fe(III)(bpca)$^{2-}$单元，其中二价铁离子由平面的四个羰基氧原子和轴向上的两个高氯酸根离子配位形成轴向拉长的结构。穆斯堡尔谱实验显示 Fe(III)离子为低自旋，Fe(II)离子为高自旋。对于 Fe(II)的结构，t$_{2g}$轨道会进一步分裂成 e$_g$轨道和 b$_{2g}$轨道，因此轨道磁矩被猝灭掉。考虑到旋轨耦合的作用，轨道会进一步分裂成一个单重态和一对简并态，这种轨道的分布从理论上与平面各向异性是吻合的。因此，Fe(II)离子在这种结构下倾向于易磁化平面，也就是平面各向异性。这一理论通过高频/高场电子顺磁共振实验得到了证实。有趣的是，虽然该化合物中 Fe(II)离子具有平面的磁各向异性，整个链的本身仍然显示出轴向的磁各向异性，且易轴沿着链延伸的方向。这一点通过单晶的磁化测试可以证明，沿着链的方向的磁化饱和速率和饱和值远大于垂直于链的方向。磁性拟合得到 Fe(II)-Fe(III)之间的交换常数 $J/k_B = -10K$，Fe(II)的零场分裂参数 $D/k_B = +14.9K$，进一步表明了链内 Fe(II)-Fe(III)之间的反铁磁交换作用和 Fe(II)的平面各向异性。4K 以下观测到明显的慢磁弛豫行为，通过阿伦尼乌斯公式拟合得到对应的能垒为 $\Delta_\tau/k_B = 27K$。

前面提到了基于 M-CN 基元可以构筑铁磁性单链磁体，M-CN 桥连同样可以传递反铁磁交换作用，因此基于—CN 桥连的混自旋一维链也表现出亚铁磁的单链磁体行为。如 Hong 课题组在 2008 年发表的亚铁磁单链磁体[W(CN)$_6$(bpy)]-[Mn(L)]H$_2$O [H$_2$L = N, N'-bis(2-hydroxynaphthalene-1-carbaldehydene)-trans-diaminocyclohexane] [34]，通过 Mn(III)的席夫碱配合物和[W(V)(CN)$_6$(bpy)]的组装并调控链间的 π-π 作用得到了第一例基于 3d-5d 金属的单链磁体。最近南京大学的王新益和宋友课题组共同报道了两例基于 Co(II)-CN-W(V)的单链磁体（Ph$_4$P）[Co^{II}(3-Mepy)$_{2.7}$(H$_2$O)$_{0.3}$W^V(CN)$_8$]·0.6H$_2$O 和(Ph$_4$As)[Co^{II}(3-Mepy)$_3$W^V(CN)$_8$]（3-Mepy = 3-methylpyridine），这两例单链磁体在—CN 桥连单链磁体中能垒最高[35]。

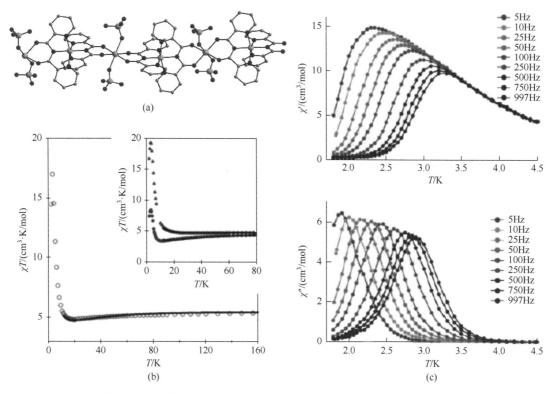

图 33-10　（a）化合物 [Fe^{II}(ClO$_4$)$_2$ {Fe^{III}(bpca)$_2$}]ClO$_4$ 的结构图；（b）粉末样品的 χT-T 曲线，插图为单晶测试沿着（▲）和垂直（●）于链方向的 χT-T 曲线，实线代表理论曲线；（c）5～997Hz 范围内的交流变温磁化曲线。Fe(II)，浅黄色；Fe(III)，黄绿色；O，红色；N，蓝色；Cl，天蓝色；C，灰色

3. 基于弱铁磁策略的单链磁体

除了以铁磁和亚铁磁策略来构筑单链磁体外，另一种可用来构筑单链磁体的途径是弱铁磁策略。反铁磁耦合的自旋磁矩间呈一定的角度，这样也会产生剩余自旋。对于一条磁各向异性的反铁磁链，如果易轴不是共线的，且满足链间的相互作用足够弱，也会出现单链磁体行为。一般来说，体系中含有大的轴各向异性金属离子时容易出现这种自旋倾斜的弱铁磁的行为。

Dunbar 课题组于 2005 年发现了第一例弱铁磁的单链磁体 Co(H$_2$L)(H$_2$O)[H$_4$L = 4-Me-C$_6$H$_4$-CH$_2$N (CH$_2$PO$_3$H$_2$)$_2$)]（图 33-11）[36]。Co(II) 离子通过三齿配体螯合后进一步通过—PO$_3$H 配体以 μ$_2$-O 桥连方式成一维锯齿形链，链间只有比较弱的氢键作用。磁性测试 χT-T 曲线表明了链内具有反铁磁作用，拟合得到链内的磁交换常数 $J/k_B = -15.1$K。进一步的研究表明，虽然链内只有一种自旋中心 Co(II)，但是整体仍然有剩余磁矩，这是因为强的磁各向异性及链的拓扑结构导致了不同 Co(II) 离子之间的自旋呈一定的角度，即自旋倾斜，并因此产生剩余磁矩。交流扫频和交流扫温测试中该化合物在 2.4K 下均表现出明显的频率依赖性，通过阿伦尼乌斯公式拟合分别得到，扫温数据：$\Delta_\tau/k_B = 45.2$K，$\tau_0 = 1.1 \times 10^{-13}$s；扫频数据：$\Delta_\tau/k_B = 26.8$K，$\tau_0 = 3.4 \times 10^{-9}$s。通过 Debye 模型拟合得到 α 值为 0.15～0.35，表明这是单弛豫过程。

除了过渡金属外，稀土离子因其大的轴各向异性也可用来组装单链磁体。例如，Gatteschi 等在 2005 年也报道了一例弱铁磁策略的单链磁体 [Dy(hfac)$_3$ {NIT(C$_6$H$_4$OPh)}][hfac = hexafluoroacetylacetonate；NIT(C$_6$H$_4$OPh) = 2-(4′-C$_6$H$_4$OPh)-4,4,5,5-tetramethylimidazoline-1-oxyl-3-oxide]（图 33-12）[37]。之前报道的 [Dy(hfac)$_3$ {NIT(Et)}][NIT(Et) = 2-(4′-Et)-4,4,5,5-tetramethylimidazoline-1-oxyl-3-oxide] 在 4.3K 出现了磁有序，因此该链选取位阻更大的 NIT(C$_6$H$_4$OPh) 自由基取代了位阻较小的 NIT(Et) 自由基以增加链间的距离，使得链间的作用也进一步减小。直流磁化测试表明 1.8K 以上没有出现磁有序，

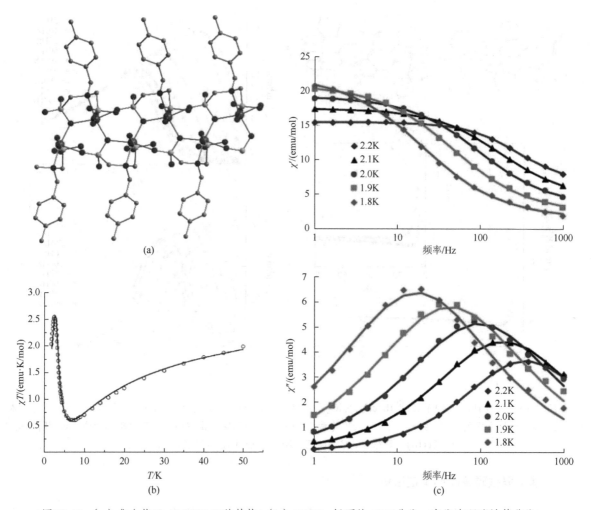

图 33-11 （a）化合物 Co(H₂L)(H₂O) 的结构；（b）1000Oe 场下的 χT-T 曲线，实线为理论计算曲线；（c）交流变温磁化曲线。Co，绿色；O，红色；N，蓝色；P，玫瑰色；C，灰色

说明该策略是成功的。作者推测相邻的金属自由基之间具有铁磁相互作用，次相邻的金属-金属或者自由基-自由基之间具有反铁磁相互作用，整体的行为取决于铁磁和反铁磁的比例。进一步的单晶磁性数据和从头算得到三种耦合常数分别为：$J_{M-r}/k_B = 19K$，$J_{M-M}/k_B = -4K$，$J_{r-r}/k_B = -6.5K$（其中 M 代表 Dy 离子，r 代表自由基），且次相邻的金属-金属之间的反铁磁交换占主导，即链的整体呈弱铁磁性。交流磁化率测试表明在 4.5K 下零场交流实部和虚部出峰，通过阿伦尼乌斯公式同样也拟

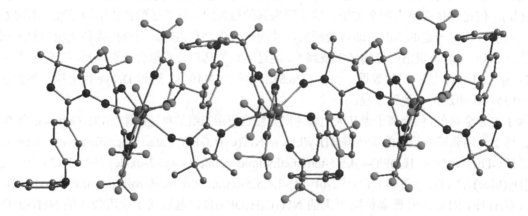

图 33-12 化合物 [Dy(hfac)₃{NIT(C₆H₄OPh)}] 的结构图。Dy，深黄色；O，红色；N，蓝色；F，亮绿色；C，灰色

合了两段能垒：$\Delta_{\tau1}/k_B = 42K$，$\tau_{01} = 5.6\times10^{-10}$s；$\Delta_{\tau2}/k_B = 69K$，$\tau_{02} = 1.9\times10^{-12}$s，说明该体系在交叉温度下进入有限尺寸区域。

2008 年，Bernot 课题组报道了一例基于 Mn(Ⅲ)的弱铁磁单链磁体[Mn(TPP)O$_2$PHPh]·H$_2$O（TPP = *meso*-tetraphenylporphyrin）（图 33-13）[38]。Mn(Ⅲ)因其大的自旋值（$S = 2$）及由 Jahn-Teller 畸变产生的大的轴各向异性而被广泛用于构筑单链磁体。该体系中卟啉 Mn 和苯磷酸组装形成一维 zig-zag 结构，其中 Mn(Ⅲ)离子和 TPP 的四个氮原子及苯磷酸的两个氧原子配位形成拉长的八面体结构。相邻链间 Mn-Mn 的最短距离为 13.167Å，表明了很弱的链间磁交换作用。磁性研究表明 Mn(Ⅲ)-Mn(Ⅲ)之间通过苯磷酸传递反铁磁交换作用，由于 Mn(Ⅲ)本身较强的轴各向异性协同作用形成了倾斜反铁磁的排列。进一步通过蒙特卡罗计算对单晶的磁性进行拟合得到链内的交换常数和 Mn(Ⅲ)的各向异性参数分别为：$J/k_B = -0.68K$，$D = -4.7K$，证实了链内的反铁磁交换和 Mn(Ⅲ)的轴各向异性。单晶的旋转磁性测试表明沿着 b 轴方向的有效磁矩明显比另外两个方向的大，说明该体系表现出 Ising 模型下的轴各向异性。磁场沿着 b 轴方向的交流磁化率测试表现出明显的频率依赖性，且与粉末测试一致。通过阿伦尼乌斯公式拟合得到对应能垒和指前因子：$\Delta_{\tau}/k_B = 34.6K$，$\tau_0 = 3.5\times10^{-10}$s。

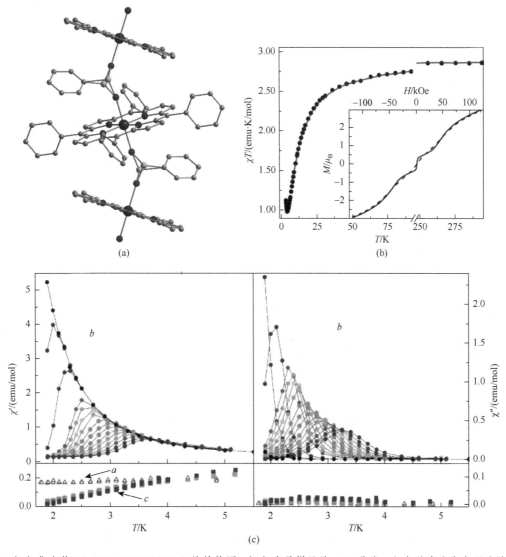

(a)　(b)　(c)

图 33-13 （a）化合物[Mn(TPP)O$_2$PHPh]·H$_2$O 的结构图；（b）多晶样品的 χT-T 曲线，红色的实线代表理论计算曲线，插图中实线和虚线分别代表 1.6K 和 4K 的变场磁化曲线；（c）沿着单晶不同方向的变温交流磁化曲线的实部和虚部。
Mn(Ⅲ)，紫色；O，红色；N，蓝色；P，玫瑰色；C，灰色

以 EO 方式成桥的叠氮一般传递铁磁相互作用，EE 方式桥连的叠氮可以有效地传递反铁磁交换作用，因而也可以用来构筑弱磁体性的单链磁体，例如，高松课题组于 2006 年报道的一例由叠氮桥连的弱铁磁链的化合物 [Ni(μ-N$_3$)(bmdt)(N$_3$)]$_n$(DMF)$_n$ ［bmdt = N,N'-bis(4-methoxylbenzyl)-diethylenetriamine］表现出慢磁弛豫行为[39]。另外，一些多孔的磁性材料因其链间桥连配体的大位阻效应，其磁性可以看作孤立的一维磁结构，例如，Dunbar 和 Zubieta 课题组于 2009 年共同报道的一例基于四唑连接的多孔结构的三维化合物 [Co$_2$(H$_{0.67}$bdt)$_3$]·20H$_2$O ［H$_2$bdt = 5,5′-(1,4-phenylene)bis(1H-tetrazole)］，表现出明显的弱铁磁性单链磁体行为[40]。

33.1.4 总结与展望

单链磁体相比于单分子磁体具有潜在的更大的各向异性能垒，有助于提高磁信息存储应用的最低温度，因此具有更好的应用前景。基于单链磁体的构筑要求，需要从以下三个方面提高性能。①尽可能使用一些具有强磁各向异性的金属离子。目前广泛采用的主要是第一过渡系的 Mn(III) 和 Fe(II)、Co(II) 离子，部分稀土离子因其大的各向异性及磁矩也被用来构造单链磁体，但是稀土单链磁体仍然受弱交换作用的限制。事实上，重过渡系（4d/5d）金属离子因其大的轴各向异性及强的磁交换作用具有很大的发展潜力。②尽可能选用能够传递磁交换作用比较强的桥连基团，如 CN$^-$ 或 N$_3^-$ 等。③尽可能使用位阻较大的有机基团将链与链之间隔开，以减小链间作用。事实上，在实际的体系中链间相互作用是不可能完全消除的，但是如果有序温度远低于阻塞温度甚至仪器的测量极限，三维有序的影响是很小的。对于是否出现三维有序可以通过一系列检测手段得到，如磁性测试、比热容测试、穆斯堡尔谱、极化中子衍射等。对于单链磁体领域，虽然已经证实了磁有序可以和慢磁弛豫共存，但是磁有序仍然会对其相关应用产生一定的影响。因此，对于理想的 Ising 链要尽量减小链间交换作用以避免磁有序的产生。

除了上述实验上的策略外，对于单链磁体的理论也有待于进一步完善。例如，目前报道的很多自由基体系虽然具有很大的能垒或者阻塞温度，但是其非常大的磁交换常数会产生小的 D/J，导致这类单链磁体既不属于经典的 Heisenberg 模型也不属于 Ising 模型，对于这一段区域的理论目前仍然很欠缺。另外一个对于单链磁体的制约是实验上得到的参数比较有限，大部分的数据都是通过理论模型近似或者拟合得到，例如，零场分裂参数 D 值，单链磁体因其较大的轴各向异性或者相邻的磁耦合、核自旋等因素，一般很难通过 EPR 技术得到具体的 D 值。单晶的磁性测量对单晶的尺寸要求较高，也具有一定的挑战，如何通过实验得到更多的参数可以帮助完善理论的缺失，并反过来进一步指导实验的合成。因此，单链磁体的领域仍然需要进一步广泛探索。

33.2 二维自旋阻挫磁体

33.2.1 概述

一个体系无法同时满足所有自旋间的反铁磁交换，从而导致宏观的简并，这样的现象被称为自旋阻挫效应。符合某种特定的拓扑结构的自旋阻挫体系是普遍存在的而且可以人为通过实验手段理性合成出来的。Anderson[41]和 Toulouse[42]基于由正三角形构成的格子的构型最先提出了构型阻挫的概念。三角形和四面体是构筑自旋阻挫体系最基础的版块。如图 33-14 所示，在正三角基元组成的反铁磁体中，即最相邻的磁交换（J_{nn}）均为反铁磁交换时，三个自旋中只有两个能满足这一条件，同理正四面体中［图 33-14（b）］，四个自旋也只有两个能满足最相邻的磁交换为反铁磁交换。而在正方形单元中，如果最相邻的磁交换作用远强于次相邻（J_{nnn}）的磁交换作用，或者 J_{nn} 远远弱于 J_{nnn}，那么四个自旋可以同时满足两两间的反铁磁交换，如图 33-14（c）和（d）所示；当 J_{nn} 和 J_{nnn} 强度相近时，阻挫出现了，只有两个自旋同时满足反铁磁交换，如图 33-14（e）所示[43]。这些基元，通过共顶点、共边甚至共面的方式，可以组合出更加复杂的阻挫图案。天然存在的阻挫格子有明矾、黄钾铁矾、烧绿石、尖晶石、磁铁铅矿、石榴石和有序 NaCl 等结构。人们发现阻挫构型造成的自旋竞争可以表现出奇异的物理现象，如自旋玻璃、自旋液体和自旋冰等特殊的态。因为研究发现层状铜基超导行为明显与拓扑自旋阻挫相关，二维的自旋阻挫体系尤其引起研究者的关注。

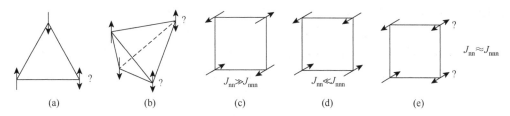

图 33-14　自旋阻挫基本单元。（a）正三角形；（b）正四面体；（c）正方形，$J_{nn} \gg J_{nnn}$；（d）正方形，$J_{nn} \ll J_{nnn}$；（e）正方形 $J_{nn} \approx J_{nnn}$

在二维体系中一共有 11 种阿基米德格子（图 33-15）。其中，两种格子是理论上有期望可以发现自旋液体行为的。第一种是著名的 Kagomé 格子，T8；第二种是被称为星形格子，T9。这两种格子可以作为新型的量子顺磁体[44]。在 Kagomé 格子中三角形都是共顶点的；而在星形格子中它们是被桥隔开的，从而次近邻的磁交换和近邻的磁交换是不一样的。在 Kagomé 格子中磁交换的路径 J 是等价的，而在星形格子中三角形内的交换路径 J_T 要比三角形之间的交换路径 J_D 弱。

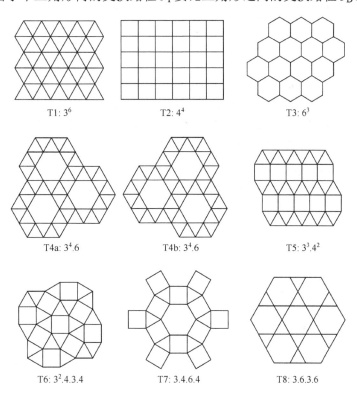

T1: 3^6　　T2: 4^4　　T3: 6^3

T4a: $3^4.6$　　T4b: $3^4.6$　　T5: $3^3.4^2$

T6: $3^2.4.3.4$　　T7: 3.4.6.4　　T8: 3.6.3.6

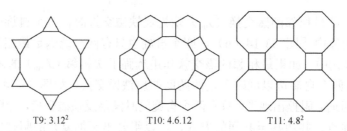

T9: 3.12^2　　　T10: 4.6.12　　　T11: 4.8^2

图 33-15　11 种阿基米德格子。其中 T1、T2、T3、T8 和 T9 分别代表三角、四方、蜂巢、Kagomé 和星形格子[45]

33.2.2　基本理论

Wannier 和 Houtapple 各自通过对三角格子中的 Ising 自旋的理论研究，确认了阻挫体系的特点。Wannier 发现对于铁磁交换，内部的能量在热力学零度时的值 $U(0) = -1.5J$，且一个拐点发生在 $T \approx 1.8J$，此处 J 是各向同性磁交换常数，代表着相转移到有序态[46]。同时，对于反铁磁交换，$U(0) = -1.5J$，而且没有有序拐点出现。尽管实验上无法实现 $U(0)$，相变还是可以检测到，因此在反铁磁体中，最重要的确认阻挫的实验原则是有序温度（通常称为 T_c）要远小于铁磁交换中的值。

实验上来说，反铁磁体的 T_c 相对容易得到。只需要通过对块材的测试——比热容 $C(T)$ 曲线中的拐点，或者温度变化下的磁化率 $\chi(T)$。为了确定系统在什么温度时发生铁磁有序，倾向于使用平均场方法来简化不存在外加磁场的哈密顿算符，

$$H = -\int \sum J_{ij} S_i \cdot S_j \tag{33-18}$$

式中，J_{ij} 为近邻磁交换；S 为自旋。当 $J > 0$ 时代表反铁磁交换。T_c 的平均场结果是

$$T_c = \frac{2}{3} z S(S+1) k_B |J| \tag{33-19}$$

式中，z 为近邻金属的个数；k_B 为玻尔兹曼常量。重点是 T_c 对于铁磁和反铁磁耦合都是同样的值（适用于简单的两个亚格子情况）。这个模型中高温的磁化率表达式为

$$\chi = \frac{C}{T - \theta}, \quad T \gg T_c \tag{33-20}$$

式中，C 为距离常数，$C = \dfrac{\mu_B^2 p^2}{3k_B}$；$\mu_B$ 为玻尔磁子；$p = g[s(s+1)]^{1/2}$；g 为 g 因子，用来衡量磁场对自旋多重态的分裂。在式（33-20）中，θ 和式（33-19）中的 T_c 等价。因此对于铁磁交换，$\chi(T)$ 会在 $\theta > 0$ 时偏离，然而对于反铁磁交换，它将会在 $\theta < 0$ 时偏离。这就提供了一种有效的方法，从原则上，为了确定反铁磁有序发生在什么温度下，通过用式（33-20）拟合 $\chi(T)$，推导出 θ，并转化为负值。这个过程如图 33-16 所示。

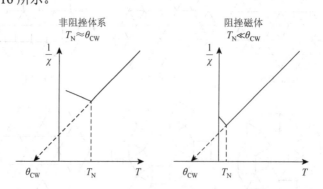

图 33-16　自旋阻挫在反铁磁体系中的特征。左边的图表示的是一个典型的非阻挫体系的 $1/\chi$-T 图，$\theta \approx T_N$，尼尔温度；右边的图表示的是一个阻挫磁体，$\theta \approx T_N$

　　这个决定 θ 的过程看起来很直接，但是对于经典的非阻挫磁体，是非常难以实现的[47]。这是因为式（33-20）表明所拟合的温度远大于 T_c。正如图 33-17 中所示，比平均场理论更准确的方法——高温系列外延方法（HTSE）就更加必要了。这里可以看到对于 Heisenberg 反铁磁四方格子，$1/\chi$ 只有在 $T>2T_c$ 时才是线性的。这种偏离线性是由增长的关联长度（有序参数波动）造成的，这是平均场理论中没有的现象。幸运的是，阻挫体系在如此高温下并不会有这样的链关联长度增长的效应。这可以由图 33-17 Heisenberg 反铁磁三角格子中在 θ 以下 $1/\chi$ 依然是线性的 HTSE 计算看出来。在真实体系中，一个线性温度范围内的 $1/\chi$ 可以推广到甚至更低的温度。这里 $1/\chi$ 只在 $T\approx\theta/5$ 时偏离线性。这在构型阻挫磁体中是一种常见现象，描绘了一种强耦合环境中自旋完全自由的情况。现在还没有办法理解这种非常简单的块体行为。

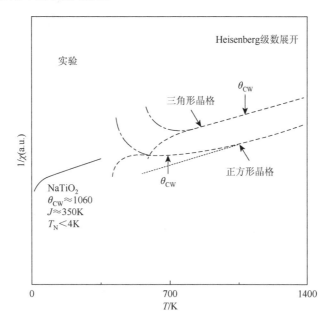

图 33-17　三角铜铁矿格子体系 NaTiO$_2$ 中，对三角格子和四方格子使用 HTSE 方法得到的结果对比

　　正如上面提到的，θ 是一个实验上很好的衡量反铁磁体系阻挫的参数。这允许用以下经验公式定义阻挫的强弱：

$$f = -\theta / T_c \tag{33-21}$$

式中，T_c 为任何协同有序转变温度。很明显，$f>1$ 对应着存在阻挫。$f>10$ 时存在较强的阻挫效应[45]。

33.2.3　Kagomé 阻挫格子

　　如何理性合成人们想要的阻挫格子成为迫切需要解决的问题。在一些开创性的工作中，从晶体工程的角度来看，Kagomé 格子的结构得到了更多的关注。Zaworotko 等使用正方形的双核 Cu^{II} 作为二级构筑单元，与 V 形间苯二甲酸或者类似的二羧酸连接子自组装成功得到了两个二维配位聚合物（图 33-18）[48]。其中一种是四方形格子，由于对角线上没有磁交换途径，很显然这种格子不存在自旋阻挫效应。而在另一种间苯二甲酸化合物中，磁性测试及标准 Bleaney-Bowers 模型对磁性数据进行的拟合，表明该 Kagomé 层内交替的双核内和双核间的反铁磁交换常数分别为–350cm^{-1} 和–18cm^{-1}。低于 5K 时，他们还发现了长程磁有序磁滞回线。他们认为三角形格子框架会通过引入自旋阻挫使自旋排列倾斜从而导致反铁磁有序的破坏。这里的"自旋"指的是单个双核单元的磁矩。而出现磁滞回线正是由于自旋倾斜导致的弱铁磁长程有序。实验上，他们通过使用位阻更大的二酸配体，得到了另一个 Kagomé 格子[49]。有趣的是，中间一层上下的配体末端的苯环插入了上一层和下一层六角形空腔中，而且层与层之间的距离增大。其磁性并未报道。

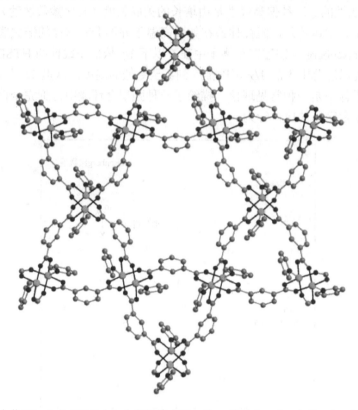

图 33-18 化合物[(Cu$_2$(py)$_2$(BDC)$_2$)$_3$]$_n$ 的空间填充图。Cu，蓝绿色；C，灰色；O，红色；N，蓝色

Nocera 等通过使用同样成分的 Cu^{II} 和间苯二甲酸，采用溶剂热的方法得到了一个由完美二维 Kagomé 层构建成的三维配位聚合物（图 33-19）[50]。层与层之间由配体间苯二甲酸连接，以 AA 的方式堆叠。磁性及单晶比热容研究表明，该化合物在低温下（T<2K）有铁磁性相变开始出现。层内的由配体桥连的 Cu^{II} 离子之间很可能是反铁磁交换。根据前人的报道，单齿螯合的羧酸配体和 Cu^{II} 离子形成的船桨型双核 Cu 结构多为反铁磁交换。因此，低温下的铁磁有序是由层与层之间的 1,3-苯二甲酸的铁磁超交换造成的。对高温区的磁性数据研究表明，自旋为 1/2 的 Kagomé 格子表现出均相的反铁磁交换和强的阻挫效应（f = |θ/T$_N$| = |−33/2| = 16.5）。当温度低于 2K 时，依然没有出现长程磁有序。

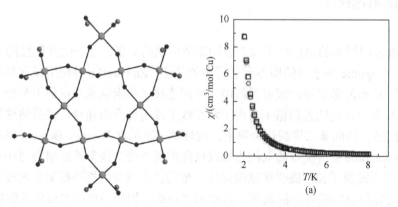

(a)

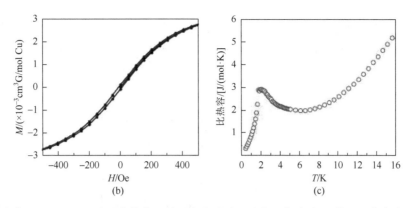

图 33-19 化合物 Cu(1, 3-BDC)的晶体结构及其磁化率（a）、磁化强度（b）及单晶比热容（c）测试结果。
Cu，蓝绿色；C，灰色；O，红色

常见的三角形的螯合配体和 $M_3\{\mu_3\text{-O(OH)}\}$ 金属构筑单元，其中 M 可以是 Fe^{III}、Fe^{II}、Co^{II}、Ni^{II}、Cu^{II}、V^{III} 和 Cr^{III}，是最容易想到的用来构筑三角形基的二维格子的基元。我们曾经用咪唑-4,5-二羧酸来螯合 Co^{II} 离子得到二维扭曲的 Kagomé 层（图 33-20）[51]。这种层被 N 杂环配体如吡嗪和 4,4-联吡啶进一步连接成三维结构。层间的距离可以通过 N 杂环配体的长度来调节，范围为 7～15Å。磁性研究表明该化合物整体表现出强的反铁磁交换，外斯常数 $\theta \approx -50\text{K}$。但是，即使温度低至 2K，也没有磁有序出现，$f > |-50/2| = 25$，表明存在强的自旋阻挫。

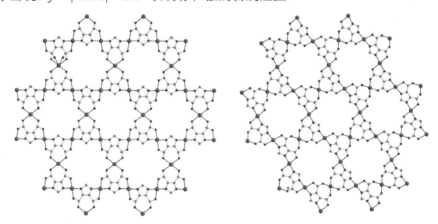

图 33-20 化合物[Co$_3$(imda)$_2$(pyz)$_3$]·8H$_2$O（左边）、[Co$_3$(imda)$_2$(4,4-bpy)$_3$]·4,4-bpy·8H$_2$O 和[Co$_3$(imda)$_2$(2,5-bptz)$_3$]·2,5-bptz·9H$_2$O（右边）的 Kagomé 格子层。pyz = 吡嗪，4,4-bpy = 4,4-联吡啶，2,5-bptz = 2,5-双(吡啶-4-yl)-1,3,4-三氮唑。
Co，绿色；C，灰色；O，红色；N，蓝色

我们尝试的第二种策略是一步法，原位形成[M$_3$(μ_3-OH)]层。例如，通过控制 pH，分离合成出另一个 Co^{II} 基反式-1,2-环己甲酸配位的化合物[Co$_3$(μ_3-OH)$_2$(1,2-chdc)$_2$]$_n$（1,2-chdc = 反式-1,2-环己烷二羧酸）（图 33-21）[52]。在该化合物中三角单元 Co_3^{II}(μ_3-OH)排列成一个被反式-1,2-环己甲酸配体夹着的扭曲的 Kagomé 格子。直流磁化率对温度的曲线和已经报道的 Co_3^{II}(μ_3-OH)基元的反铁磁性相吻合。用居里-外斯公式对 $11\text{K}(T_N)$ 以上的磁化率的数据进行拟合可以得到，$C = 7.73\text{cm}^3\cdot\text{K/mol}$，$\theta = -80.33\text{K}$（$f = |-80.33/11| = 7.3$）。其中，外斯常数比其他的已见报道的羟基桥连的 Co$_3$ 化合物大得多。该化合物的 f 值比黄钾铁矾的小，是由于格子发生扭曲而偏离了标准 Kagomé 格子。此外，低于 12K 时的不可逆的 FC-ZFC 磁化曲线及在 11K 左右交流磁化率实部和虚部出现的非常尖的峰，表明在低温下该化合物开始出现长程有序。交流磁化率的信号没有出现频率依赖性，排除了自旋玻璃态的可能性。由于无机层之间的距离比较大，层间的磁交换作用可以忽略，然而层内短

距离交换作用导致的偶极-偶极相互作用磁矩可能是该阻挫格子中 LRMO 出现的原因。事实上，长程有序行为在层状的 Co 基配合物中并不少见，但是长程有序和自旋阻挫共存的例子还是很罕见的。

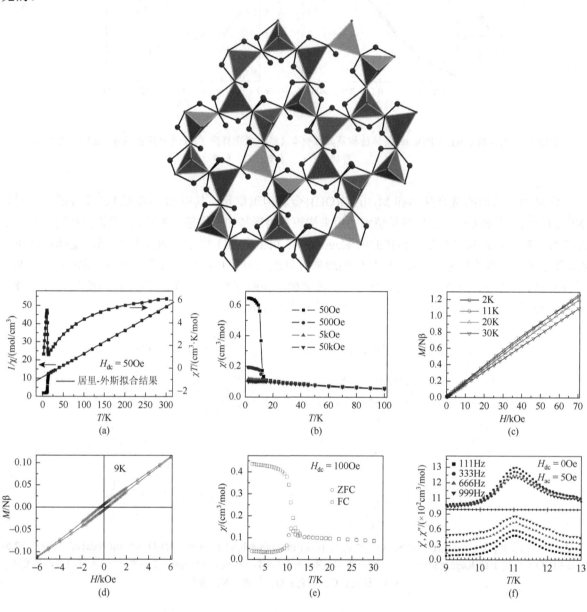

图 33-21　化合物 $[Co_3(\mu_3\text{-}OH)_2(1,2\text{-}chdc)_2]_n$ 的层结构及其磁性数据。Co，绿色；O，红色

第一例星形化合物 $[Fe_3(\mu_3\text{-}O)(\mu\text{-}OAc)_6(H_2O)_3][Fe_3(\mu_3\text{-}O)(\mu\text{-}OAc)_{7.5}]_2\cdot7H_2O$，是通过前驱体 $[Fe_3O(OAc)_6(OH_2)_3]Cl\cdot6H_2O$ 溶解并与另外加入的 OAc^- 反应形成的一个具有星形磁交换路径的阴离子框架（图 33-22）[53]。$[Fe_3(\mu_3\text{-}O)(\mu\text{-}OAc)_6(H_2O)_3]^+$ 处于阴离子星形框架的中心作为模板，两个平面之间的二面角为 42°。有趣的是，穆斯堡尔谱表明在低温下阴离子框架和阳离子客体表现出独立的磁行为。低于 4.5K 时，阴离子框架表现出长程磁有序（LRMO），而阳离子模板仍然保持顺磁性。磁学研究表明在 4.5K 以下，该化合物表现出强的自旋阻挫效应并且还存在 LRMO。尽管由半整数自旋组成的星形格子有望产生量子顺磁基态，某种程度的对称性的降低和通道中心的阳离子的存在严重破坏了化合物的基态阻挫。Dzialoshinski-Moriya（DM）磁交换引起的自旋倾斜导致了未抵消的基态，

从而 LRMO 可以通过广泛的层间氢键或者偶极-偶极相互作用得以实现。尽管如此，这个 Fe-乙酸和聚合得到的新相提供了一种新的"理性"方法来合成新型的阻挫磁性材料。

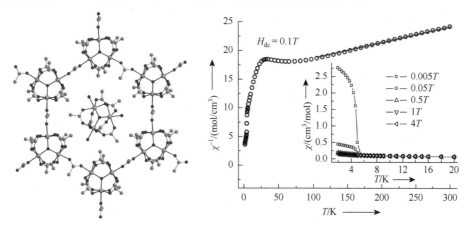

图 33-22　"Star" 格子的结构图。Fe^{II}，橙色；Fe^{III}，黄绿色；C，灰色；O，红色

在 Kagomé 格子中还有一类有机-无机杂化物。Rao 等在 21 世纪初发表了一系列硫酸桥连的黄钾铁矾类格子化合物。分子式分别为[HN(CH$_2$)$_6$NH][Fe^{III}Fe$_2^{II}$F$_6$(SO$_4$)$_2$]·[H$_3$O][54]、[H$_3$N(CH$_2$)$_2$NH$_2$(CH$_2$)$_2$NH$_2$(CH$_2$)$_2$NH$_3$][Fe$_3^{II}$F$_6$(SO$_4$)$_2$][55]、[H$_3$N(CH$_2$)$_6$NH$_3$][Fe$_{1.5}^{II}$F$_3$(SO$_4$)]·0.5H$_2$O[56]和[H$_2$N(CH$_2$)$_4$NH$_2$][NH$_4$]$_2$-[Co$_3^{II}$F$_6$(SO$_4$)$_2$][57]。这类格子以硫酸根和氟离子桥连的 MF$_4$O$_2$ 八面体的金属无机盐为单元，使用不同的有机胺作为模板，在层与层之间，以氢键的方式和无机层发生作用，有意思的是其价态也会随着合成条件的改变而发生变化，从而表现出复杂的磁性为。其中第一个化合物有着完美的Kagomé 层，非常近似于矿物黄钾铁矾的结构，如图 33-23 所示。其中 Fe^{III} 和 Fe^{II} 1∶2 的比例是通过BVS 计算以及穆斯堡尔谱的测试得到的。这是第一个混合价铁组成的 Kagomé 格子。其磁性比较复杂，从 FC-ZFC 磁化数据分叉的结果来看，该化合物有磁阻挫行为，自旋"冷冻"温度为 12K。而交流磁化率测试表现出经典的自旋玻璃行为；在 5kOe 的直流场下测得的磁化率，表明其负的居里温

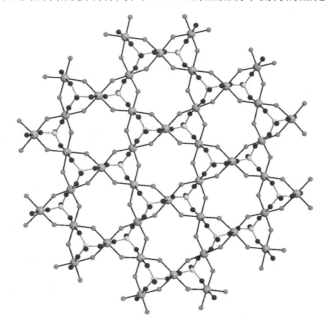

图 33-23　化合物 [Fe^{III}Fe$_2^{II}$F$_6$(SO$_4$)$_2$]$_n^{3-}$ 的球棍模型示意图。Fe，黄绿色；O，红色；F，亮绿色[54]

度达到–180K，并且有亚铁磁的转变。具体的原因还不清楚，有待后续深入的研究。第二个化合物的 Kagomé 格子有所扭曲，磁性研究表明，其除了具有自旋阻挫体系的特征外，还表现出类似亚铁磁体的磁滞回线。第三个化合物中的铁离子都是 + 2 价，磁性研究表明其在低于 19K 时表现出亚铁磁有序，并且没有表现出自旋玻璃冰冻。第四个化合物是基于 Co^{II} 离子的 Kagomé 格子，其磁行为和 Fe^{III} 基的化合物类似。

Lightfoot 等指出，当使用传统的溶剂热或者离子热方法（即用离子液体作为溶剂的溶剂热方法）合成 V 离子基的氟氧化物时，随着温度的升高，化合物的维度从零维到二维再到三维，然而 V^{III} 离子的成分却相应地增加。最近他们利用离子热的方法取得了两者间的平衡，得到了首例 V^{IV}，d^1 基自旋为 1/2 的二维 Kagomé 反铁磁体$[NH_4]_2[C_7H_{14}N][V_7O_6F_{18}]$[58]。合成方法的创新给自旋阻挫体系的合成提供了新的思路。他们指出，离子液体的选择和结构导向剂的加入，对于平衡 V^{IV} 向 V^{III} 离子转化和从零维/一维缩合聚合成二维结构这两个矛盾点，起到了决定性的作用。因此这种方法的核心思想就是，通过调节溶剂、导向剂和温度这三个影响因素找到最优条件。进一步的研究发现，离子液体中的阴离子的作用非常重要。例如，当使用 NTf_2^- 取代 Br^- 离子时，溶剂的熔点显著地从 81℃降到了–3℃，而且其水溶性也极大降低，得到的化合物都是零维和一维的 V^{IV} 化合物，而这些化合物是在较低的温度下才会得到的。除此之外，此时即使升高温度，得到的材料都只含有 V^{III} 离子，而没有 V^{IV} 离子。实验的结果表明，离子液体 EMIM-NTF$_2$[1-ethyl-3-methylimidazoliumbis (trifluoromethylsulfonyl)imide]似乎保证了即使在高温下（170℃），V^{IV} 也可以稳定存在，并且组装成二维结构。结构导向剂奎宁环在合成该化合物中也起着很重要的作用，当用类似于奎宁环的有机物代替并且不改变其他条件时，没有办法得到 Kagomé 格子。而用奎宁环作导向剂在 EMIM-Br 中反应时，没有办法得到任何固体产物。这说明，奎宁环作为导向剂，只有在合适的离子液体体系中，对于合成得到该化合物才是必需的影响因素。该化合物中的 V 离子有 + 3 价和 + 4 价两种，而二维层只是由 V^{IV} 离子组成（图 33-24 上半部分左边），V^{III} 离子则在层间作为柱子连接上下两层形成一个夹着 V^{III} 离子的双层结构，这样的双层结构又被有机胺隔开。在磁学性质方面，其奇特之处

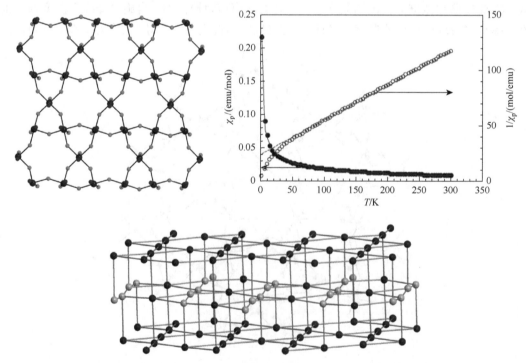

图 33-24　两个 V^{IV} 基 Kagomé 格子结构图及它们的磁性数据。V^{III}，粉红色；V^{IV}，深红色；O，红色；F，亮绿色

在于，不同于 Cu^{II}（$3d^9$）基的阻挫格子，由于没有 Cu^{II} 离子的姜-泰勒畸变，该化合物展现出完全不同的磁行为。外斯常数 $\theta = -81K$，表明层内的 V^{IV} 离子之间强的反铁磁交换，而化合物在温度降到 2K 时仍然没有出现磁有序，说明 $f > 40$，存在很强的阻挫效应。

在同一种离子液体体系中，通过改变反应物的比例，升高反应温度及使用咪唑作为导向剂，Lightfoot 等得到了又一例 V^{IV}，d^1 基自旋为 1/2 的 Kagomé 反铁磁体 $[C_3H_5N_2]-[V_9O_6F_{24}(H_2O)_2]$[59]。该化合物是由三层无机结构组成的，一层由 V^{III} 和 V^{IV} 混合金属组成的 Kagomé 层被上下两层纯 V^{IV} 离子组成的 Kagomé 层夹在中间（图 33-24 下半部分）。其价态是通过 BVS 的方法分析得到。同样地，三层结构之间被有机胺分子隔开。根据磁性测试结果，用居里-外斯定律进行拟合，可以得到该化合物的外斯常数（$\theta = -38.5K$）以及有效磁矩（$\mu_{eff} = 5.482\mu_B$）。负的外斯常数表明起主导作用的是反铁磁交换，这个值和前一例在同一个数量级，表明两个体系中磁交换的能量等级是相当的。这是相似的网格几何结构和 V^{IV} 层内相似的超交换路径造成的。当温度低到实验测试能达到的最低温度 2K 时，仍然没有明显的证据表明长程磁有序的出现，$f > 20$。这两个化合物都有潜在可能表现出自旋量子液体态。

33.2.4　其他二维阻挫格子

其他的阿基米德格子也有报道。通过利用双功能的 N-膦甲基咪唑二羧酸，在溶剂热条件下，Wood 等成功将 Fe^{III} 组装成枫叶型格子[60]。这种枫叶型格子是由三角格子去掉 1/7 个节点得到的。使用不同的碱金属氢氧化物 NaOH、KOH 和 RbOH 都可以得到同样的格子。5～300K 的磁化率对温度的曲线表明反铁磁交换的存在（三个同构的化合物的外斯常数分别为 -21K、-20.5K 和 -17.2K）。温度低到 5K 时依然没有长程磁有序的出现，则化合物 $Na_x[Fe(O_2CCH_2)_2NCH_2PO_3]_6 \cdot nH_2O$ 存在较强的自旋阻挫，$f > 21/5 = 4.2$（图 33-25）。

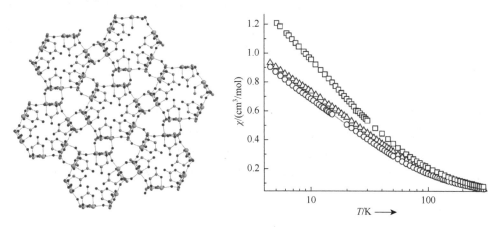

图 33-25　化合物 $M_x[Fe(O_2CCH_2)_2NCH_2PO_3]_6 \cdot nH_2O$（M = Na、K 和 Rb）枫叶型格子的结构图和磁化率随温度变化的图。Fe^{III}，黄绿色；C，灰色；O，红色；N，蓝色

除了阿基米德格子，化学家们尝试合成出更多的有趣的二维阻挫图案。大部分这类格子是类似于或者由 11 种阿基米德格子演化而来。例如，Chen 等使用原位形成的苹果酸和柱状配体异烟酸将 Co^{II} 离子固定于二维的平面中[61]。这种平面构型可以称为"填充的三角"格子。此外，该化合物可以除去客体的溶剂水分子，而且脱水后的样品还可以实现单晶到单晶的转换，即脱水的样品可以和其他的极性溶剂分子结合，并得到在 293K 和 93K 下的单晶结构。有意思的是，不同溶剂客体的分子，其有序温度也会随着溶剂分子尺寸的减小而升高。可能的原因是溶剂分子尺寸的减小增强了层与层

之间的磁交换作用。Wang 和 Sevov 通过移除 Kagomé 格子中三角的顶点，利用 Mn^{II} 合成了一种二维（3.5^3）（3.5.3.5）拓扑结构[62]。这种格子非常接近于三角或者 Kagomé 格子，这也是实验上首次实现这样特殊的格子，体现出配位聚合物在合成二维阻挫格子方面的优势。FC-ZFC 磁化测试结果表明直到温度低到 1.8K 时，仍然没有出现磁有序，加上用居里-外斯公式拟合得到的外斯常数，$\theta = -10.8K$，则 $f > 6$。我们利用 1,2,3-三氮唑-4,5-二羧酸连接 Mn^{II} 离子从而形成一种高度变形的 Shastry-Sutherland 格子[63]。该化合物在磁滞回线中表现出多步的跳跃，这是由于格子中存在的多种磁交换的竞争。尽管不是很强，所有这些新型的格子都表现出自旋阻挫。在这些格子中还发现了类似于单分子磁体中的量子隧穿效应的多步磁化强度跳跃的奇特行为。这些例子表明，引入有机含氮的羧酸类配体，可以构筑出许多超出理论预测的阿基米德格子的新型阻挫格子，这为研究量子自旋液体态提供了丰富的样本。

33.2.5 总结与展望

自旋阻挫体系，不仅引起了理论物理学家的关注，也引起了很多化学家的关注。研究发现，铜氧超导体的超导机制很有可能与铜氧化物内无长程有序的自旋液体态有关，而自旋液体态很有可能是由自旋阻挫导致的，所以自旋阻挫一直是物理学家比较关注的领域。然而自然界中发现的纯无机的自旋阻挫体系有限，引入有机配体，可以极大地丰富阻挫体系的种类，这就需要化学家理性地合成出理论上预测的几何阻挫格子，提供更多的研究体系。如何从化学合成的角度设计合成具有特定几何阻挫格子的化合物，一直以来都是该领域对化学工作者提出的一个巨大挑战。合成配合物方面，首先要选择合适的起始原料和与之匹配的配体，当前比较理性成功的方法是用三核金属的基元作为原料来构筑二维阻挫格子。反应条件方面，目前多数用的是溶剂热、调剂温度和使用模板剂等方法，来得到各种之前没有出现过的新型格子。其中比较特别而且有指导意义的是钒离子的体系，使用的是离子热的合成方法，离子液体的种类，结构导向剂的选择还有温度的调节，可以理性控制得到产物的维度和价态。这一系列化合物的成功合成说明：一些新的合成方法的引进与尝试，也许会得到意想不到的结果，如使用微波法来合成阻挫格子，还是没有人尝试过的课题。研究的手段和方法方面，由于设计合成出一种理想的二维阻挫格子已经非常困难，所以目前大部分已经报道的有关自旋阻挫的工作，多集中于叙述和描述阻挫结构的细节，再加上简单的磁性表征，如磁化率（用以得到外斯常数和 T_c 或者 T_N），或者辅助的比热容测试，验证低温下是否出现长程有序，对于体系的具体电子结构和自旋态并没有很深入的研究，后续的研究应该对这方面有所加强，如加强中子衍射的研究等。总的来说，自旋阻挫体系是一个有着重大意义且并未被完全开发的领域，亟须化学和物理两个方面的人才通力合作才能取得进一步的发展。

33.3 三维多孔磁体

33.3.1 概述

将不同的功能整合在同一种材料上，是目前先进功能材料的一大热点。其中，设计具有磁性的配位聚合物，使其同时具有多孔性和磁性，对材料新性能的探索具有较大的意义。将这种同时具有多孔性和磁性的配位聚合物称为多孔磁体，而其潜在的应用价值，包括磁性感应、磁性分离和低密度信息存储，已经受到广泛的关注[64-66]。近些年对于配合物磁性的研究表明，连接配体和顺磁中心本身的性质不同和其连接方式的多样化，导致其产生纷繁复杂的磁学性质，如磁有序、单链磁体和单分子磁体行为等。由于上述复杂磁学行为的产生，与自旋载体关联的维度有密切的关系，因此借助 Cheetham 和 Rao 对于此类化合物的分类方法[67]，用符号 I^mO^n 表示无机连接和有机连接的维度。通过以上方法，我们将近年来报道过磁性和对客体分子有吸附作用的多孔磁体进行简单的介绍，并将典型的例子列举出来，以供参考。

33.3.2 I^3O^n 体系

对于配合物而言，I^3O^n 体系表明在整个化合物中，自旋载体是三维紧密关联的，因此此类化合物一般展现出磁有序行为。而产生磁有序的先决条件，就是有机配体能够传递强的磁交换，因此，在这种体系中，连接自选载体的有机配体往往较短，这也在一定程度上牺牲了配合物的多孔性。

其中一个例子是一系列同构的甲酸桥连的配位化合物 $M_3(HCOO)_6$（M = Fe、Co、Mn、Ni）[68-72]。具有八面体配位构型的金属离子通过共顶点或者共边的形式连接成三维的金刚石网络结构并且具有一维的孔道，而且金属离子也可以通过中心金属和周围四个金属离子形成四面体节点，进而形成上述结构（图 33-26）。

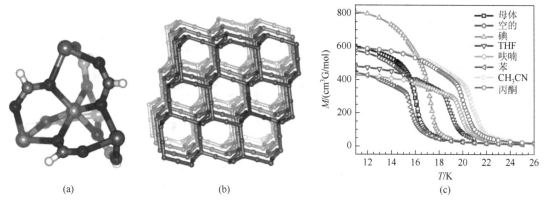

（a）　　　　　　　　　（b）　　　　　　　　　（c）

图 33-26 （a）MM_4 金属四面体节点结构示意图；C，灰色；O，红色；M，蓝色；（b）由金属四面体形成的金刚石三维网络结构，金属四面体由红色标出；（c）$Fe_3(HCOO)_6$ 对于不同客体相应的场冷（FC）曲线，外加直流场为 10Oe

对于王哲明等报道的 Mn 的化合物[69]，它的孔隙体积大约占总体积的 33%，在 150℃ 真空下活化之后，材料保留了其结构并且展现出对于 H_2 和 CO_2 的选择性吸附，通过对 78K 下 H_2 和 195K 下 CO_2 的等温吸收曲线分析，BET 比表面积分别为 240m²/g 和 297m²/g，表明了其多孔性。对于这一系列化合物的磁性研究表明，Fe、Mn、Ni 化合物的居里温度 T_c 分别为 16.1K、8.0K、2.7K，而 Co 化合物在 1.8K 以下则表现出倾斜反铁磁的行为，这样的行为与金属离子本身的性质有关。而多孔性和结构的弹性能够使它们吸附不同种类的客体分子，不仅有气体分子如 H_2 和 CO_2，溶剂分子如 DMF、乙腈和苯等，还有固体分子如咪唑等。而客体分子的吸附对化合物的磁性能够产生显著的影响 ［图 33-26（c）］，当不同的客体分子被 Fe 基化合物吸附后，其居里温度 T_c 产生了变化，有可能用于磁性传感。

另一个例子是由 Guillou 等报道的 Ni 离子和戊二酸形成的化合物 $Ni_{20}(C_5H_6O)_{20}(H_2O)_8 \cdot 40H_2O$（MIL-77）[73]，其中八面体配位的 Ni 离子共边形成具有二十元环孔道的三维结构（图 33-27）。样品分别在真空中 200℃ 活化 36h 和在 250℃ 活化 12h 后，BET 比表面积分别为 346m²/g 和 50m²/g，

Guillou 等认为在 200～250℃之间，结构发生了变化，导致了孔道的坍塌，从而影响其比表面积。磁性研究表明，在 4K 以下，此化合物展现出铁磁有序。

(a)　　　　　　　　　　(b)

图 33-27 （a）由 Ni 和 O 形成的配位八面体共边形成的二十元环结构；（b）由 Ni 和 O 形成的配位八面体形成的三维结构。Ni，蓝色；O，红色

最后介绍一类由氰基桥连的配位化合物，也就是著名的普鲁士蓝。其中八面体的$[M'(CN)_6]^{x-}$阴离子通过氰基末端的 N 原子和金属离子 M^{y+} 配位形成具有立方体结构的三维网络，而根据阴阳离子的摩尔数和所带电荷数 x 和 y 的不同，结构中也可能有平衡离子的存在（图 33-28）。

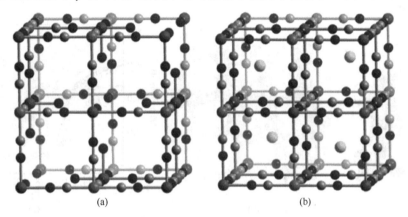

(a)　　　　　　　　　　(b)

图 33-28 普鲁士蓝体系中部分化合物的结构通式示意图。（a）$M_3^{II}[M'^{III}(CN)_6]_2 \cdot 6H_2O$ 结构示意图；（b）$A^IM^{II}[M'^{III}(CN)_6]$ 结构示意图。N，蓝色；C，灰色；O，红色；M，橙色；M'，绿色；A，黄色

磁性研究表明，此类化合物一般都具有很高的磁有序温度，对于化合物 $KV[Cr(CN)_6]_2 \cdot 2H_2O$ 而言[74]，其磁有序温度竟然达到了 376K。究其原因，氰基配体对于磁交换的传递起着关键作用。通过经验和理论计算[75,76]，人们对于氰基配位的化合物的磁交换已经有了较为清楚的认识，这也使理性设计此类化合物，提高其磁有序温度成为可能。此外，此类化合物由于刚性配体的桥连，多孔性较前两种化合物有着显著的提高，且 BET 比表面积最高可以达到 $870m^2/g$[77]，而且深入研究表明，此类化合物对 H_2、CO_2、N_2、CH_3OH 等客体分子具有吸附作用。有趣的是，相比于原合成样品，脱水后的样品的磁有序温度往往会升高，这也使脱水成为一种调节化合物磁性的手段。

目前来讲，在普鲁士蓝体系中，同时兼具多孔性和磁性的化合物仍然不是很多，最好的多孔磁体为 $CsNi[Cr(CN)_6]$ 和 $Cr_3[Cr(CN)_6]_2 \cdot 6H_2O$[78]，分别由化合物 $CsNi[Cr(CN)_6] \cdot 2H_2O$ 和 $Cr_3[Cr(CN)_6]_2 \cdot 10H_2O$ 通过脱水得到，它们的磁有序温度分别为 $T_c = 75K$ 和 $T_N = 219K$，BET 比表面积分别为 $360m^2/g$ 和 $400m^2/g$。普鲁士蓝体系作为目前较为成熟的多孔磁体，已经被广泛地研究。其兼具多孔性和高的磁

有序温度，通过对配位金属理性的设计和客体的调控，可以实现对化合物磁性的控制，所以普鲁士蓝体系在多孔磁体中是具有重要意义的，也给以后的研究提供了借鉴和指导。

33.3.3　I²Oⁿ 体系

与 I^3O^n 体系类似，在 I^2O^n 体系中，由于自旋载体关联成二维层，此类化合物也都展现出磁有序的性质。与 I^3O^n 体系的化合物相比，I^2O^n 体系化合物的数量明显偏少。由于此类化合物层间的磁关联不强，所以能否构筑层内的强关联自旋载体，成为此类化合物性质好坏的关键。下面介绍两个典型的例子，它们分别通过不同的策略，构建了层内的自选载体强关联，对今后的设计和研究具有指导意义。

第一个例子是由 Kurmoo 和 Kepert 等报道的经典的 $Co_5(OH)_8(chdc) \cdot 4H_2O$（chdc = *trans*-1,4-cyclohexanedicarboxylate）[79]，这是一个柱层状结构，其中氢氧化钴层被 chdc 配体撑开，在层内，Co 与 OH 配位分别形成四面体配位的 Co^{tet} 和八面体配位的 Co^{oct}，Co^{tet} 和 Co^{oct} 通过羟基桥连形成二维的氢氧化钴层 $Co^{oct}_3Co^{tet}_2(OH)_8$；在层间，由 chdc 形成的一维孔道中，存在着客体水分子，并能够被可逆地吸附和脱附，随着客体分子的得失，化合物本身的结构也发生了变化（图 33-29），证明了其多孔性。

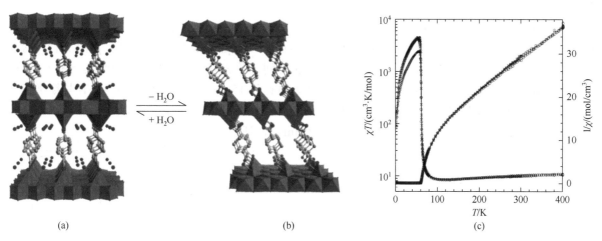

图 33-29　（a）$Co_5(OH)_8(chdc) \cdot 4H_2O$ 结构示意图；（b）$Co_5(OH)_8(chdc)$结构示意图。Co，绿色；C，灰色；O，红色；H 原子省略。（c）$Co_5(OH)_8(chdc) \cdot 4H_2O$ 的 χT-T 图和 $1/\chi$-T 图

磁性研究表明，原合成样品和去客体样品在 60.5K 以下产生铁磁有序，Co^{oct} 和 Co^{tet} 存在强的反铁磁相互作用，从而使整个材料显示亚铁磁行为。此外，对于单晶的磁性研究表明，易磁化平面存在于氢氧化钴层中，这也使其能够产生很大的矫顽场。

另一个例子是由 Veciana 等报道的 $Cu_3(PTMTC)_2(py)_6(CH_3CH_2OH)_2(H_2O)$（PTMTC = polychlorinated triphenylmethyl radical）[80]，此化合物是由含自由基的羧酸配体桥连 Cu(Ⅱ)离子形成具有蜂窝状孔道的二维层状结构，进而层与层 ABAB 堆叠形成的（图 33-30），其中有机配体是自由基。原合成样品从溶剂中分离后，随着客体溶剂的丢失，在一段时间内会丢失其晶态变成无定形样品，并且伴随着晶体颜色的变化，但是这种结构变化是可逆的，将无定形样品再次浸泡在醇的溶剂中，其晶态会重新恢复。这种对于溶剂的可逆吸收也表现了其多孔性。

对于原合成样品的磁性研究表明，Cu(Ⅱ)离子与邻近的自由基存在反铁磁相互作用，由于 Cu(Ⅱ)与自由基的比例为 3∶2，所以在整个层内自旋并不能完全抵消，所以在低温下，χT-T 曲线的上升表明由于关联强度的提高，在二维层内展现出铁磁有序状态。并且，通过对无定形样品在醇溶剂中

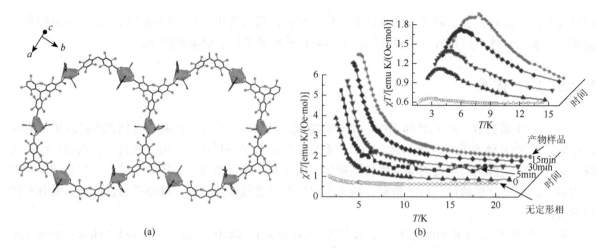

(a)　　　　　　　　　　(b)

图 33-30 （a）Cu₃(PTMTC)₂(py)₆(CH₃CH₂OH)₂(H₂O)结构示意图：Cu，淡蓝；Cl，浅绿；O，红色；C，灰色；客体分子省略。（b）Cu₃(PTMTC)₂(py)₆(CH₃CH₂OH)₂(H₂O)在无定形状态下浸泡在醇溶液中，随着浸泡时间的增加，χT-T图线恢复与原合成样品一致

浸泡后的磁性研究，在一段时间后，其磁性恢复到与原合成样品一样的状态，表明了化合物对于醇的可逆吸收和对于醇的磁响应。

　　另一个例子是由 Harris 等最新报道的自由基桥连的具有蜂窝状孔道的二维层状化合物(CH₂NH₂)₂[Fe₂L₃]·2H₂O·6DMF（L = 2,5-dichloro-3,6-dihydroxy-1,4-benzoquinone）[81]。此化合物由 Fe(Ⅱ)盐与 H₂L 溶解在 DMF 中，在 N₂气氛保护下由水热反应得到（图 33-31）。单晶衍射表明其是由 L 将 Fe 桥连起来形成二维的层状化合物，形成的六边形孔道直径为 15.66Å（未考虑原子的范德瓦耳斯半径），在孔道中存在 CH₂NH₂作为平衡离子，层间距为 8.74Å。此化合物可以在溶剂交换过后在加热真空下活化，气体吸附研究表明，其 BET 比表面积为 885m²/g，证明了其多孔性。

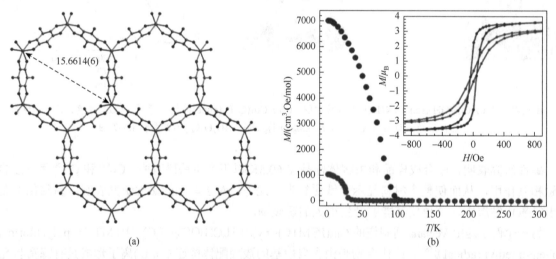

(a)　　　　　　　　　　(b)

图 33-31 （a）(CH₂NH₂)₂[Fe₂L₃]·2H₂O·6DMF 结构示意图：客体分子和 H 原子省略；Fe，橙色；C，灰色；O，红色，Cl，绿色。（b）原合成样品（蓝色）和活化后样品（红色）的场冷磁化率曲线，外加直流场为 10Oe；插图：原合成样品在 60K 下（蓝色）和活化后样品在 10K 下（红色）的磁滞回线

　　磁性研究表明，其原合成样品和活化后样品分别在 80K 和 26K 下产生铁磁有序，而 T_c = 80K 是当时多孔磁体的最高铁磁有序温度，且磁滞回线分别可以观测到 60K 和 20K。笔者认为，自发的从 Fe(Ⅱ)到 L²⁻的电荷转移产生了具有自由基活性的混合价配体(L₃)⁸⁻，从而增强了配体和金属中心的磁相互作用，使得整个层在低温下展现出自发磁化。

这个工作无疑是具有开创意义的，我们可以通过合理地设计自由基配体，让原本不具有磁学活性的有机配体参与磁交换，增强整个体系的磁关联强度，提高整个体系的磁有序温度。这种由自由基桥连自旋载体的策略，使得在不损失化合物多孔性的前提下，整个体系产生强关联，并且能够传递强的磁交换，最终得到多孔性和磁性都十分出众的多孔磁体，将来可能成为研究的热点。

以上两个例子说明，在 I^2O^n 体系中，磁有序是通过层内强的磁关联实现的。在第一个例子中，无机的氢氧化钴层被有机配体撑开形成柱层结构，磁性研究表明在氢氧化钴层内部存在强的磁相互作用，从而使整个化合物在低温下表现出铁磁有序。而第二个例子采用不同的策略，通过自由基使有机配体参与磁交换，使得在层内产生强的磁关联，达到提高磁有序温度的效果。不同的是，第一个例子中，无机的氢氧化钴层是致密的，化合物的多孔性仅由层间的有机配体撑开而获得，因此使得化合物的吸附能力十分有限，也没有关于比表面积的报道。而第二个例子中，由自由基桥连的蜂窝状二维层，其本身就具有六边形的孔道，使得化合物的多孔性得到显著的提升。可以预见的是，相比第一例化合物，自由基桥连的第二例化合物及其合成策略对于今后的工作更具有借鉴意义，更有可能产生多孔性和磁性都十分优异的新型多孔磁体。

33.3.4 I^1O^n 体系

在 I^1O^n 体系中，无机自旋载体连接成一维链，并被有机配体分隔开来。对于此类化合物，强的磁关联往往存在于一维的无机链中，而链间的磁交换往往较弱，可以忽略。由于磁关联的维度较以上两个体系减少，其磁有序的温度相比而言往往不高。除了磁有序，大的各向异性可以使 I^1O^n 体系产生单链磁体行为（SCM），这也是非常有趣的。然而，在 I^1O^n 体系中，由于大的有机配体的分隔，此类化合物的多孔性较以上两个体系都有所提高，对于此类化合物吸附客体的研究也较为全面和深入。下面介绍几个例子，它们分别具有磁有序和单链磁体行为。

第一个例子是由 Férey 等报道的著名的 MIL-47[82]，是由钒和对苯二甲酸形成的具有一维孔道的化合物（图 33-32），分子式是 $V^{III}(OH)\{OOC\text{-}C_6H_4\text{-}COO\}\cdot x(OOC\text{-}C_6H_4\text{-}COO)$（MIL-47as），经过高温煅烧后，形成了 $V^{IV}O\{OOC\text{-}C_6H_4\text{-}COO\}$（MIL-47），在煅烧前后，化合物的拓扑结构没有发生变化，但是由于结构的弹性，在客体脱附的过程中，孔道会自发地变形。对于 MIL-47 在 77K 下 N_2 的等温吸附曲线研究表明，其具有 I 型曲线的特性，通过计算得到其 BET 比表面积为 930m^2/g，Langmuir 比表面积为 1320m^2/g。

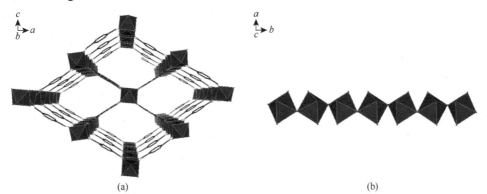

图 33-32 （a）MIL-47a 的晶体结构图；（b）MIL-47as 中 V 与 O 形成的配位八面体共顶点形成的一维链。V，暗红；O，红色；C，灰色。客体分子和 H 原子省略

磁性研究表明，在 95K 以下，MIL-47as 展现出反铁磁有序，对于 $1/\chi_M$ 曲线用居里-外斯定律进行拟合（180～300K），外斯常数为-186K，表明了在链中 V(III) 之间强的反铁磁相互作用。在

MIL-47as 中，八面体配位构型的 V(Ⅲ)通过羧基桥连，以共顶点的形式与相邻的 V(Ⅲ)相连形成一维链。作者认为，V—O—V 的键角是影响交换积分 J 的正负的关键，当超交换角度为 180°时，V—V 之间的交换被认为是铁磁交换，J 是大于 0 的；如果 V—O—V 角度逐渐减小，当小于某一个特定的值时，J 变得小于 0，而 V—V 之间也从铁磁交换变为反铁磁交换。对于 MIL-47as 而言，超交换角度只有 124°，可能小于某个特定值，从而引起链内强的反铁磁相互作用，使得外斯常数为–186K。

下面介绍两例具有单链磁体行为的多孔磁体。对于单链磁体的详细介绍，在 33.1 节已经做了详细的总结，在此不做赘述。同时兼具多孔性和单链磁体行为的化合物，在理论和应用方面都具有研究价值。

第一例化合物是由 Zhang 等报道的$[Co_3(OH)_2(btca)_2]\cdot 3.7H_2O$ 和它的去溶剂相$[Co_3(OH)_2(btca)_2]$（btca = benzotriazole-5-carboxylic acid）[83]。单晶 X 射线衍射表明其结构是由有机配体 btca 桥连一维的氢氧化钴链形成的三维结构，并具有菱形的孔道（图 33-33），其孔体积占总体积的 39.1%。将原合成样品在 108℃下加热 8h 得到去溶剂相，对于去溶剂相在 77K 下的 N_2 等温吸附曲线研究表明，其 Langmuir 比表面积为 125m^2/g。

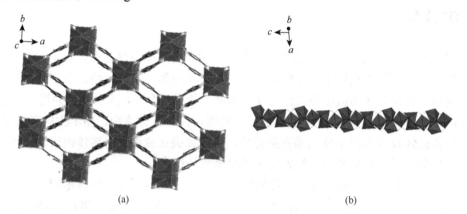

(a)   (b)

图 33-33 （a）$[Co_3(OH)_2(btca)_2]\cdot 3.7H_2O$ 的晶体结构；（b）$[Co_3(OH)_2(btca)_2]\cdot 3.7H_2O$ 中 Co 通过和 N 和 O 配位形成一维链。Co，绿色；C，灰色；O，红色；N，蓝色。客体分子和 H 被省略

另一个例子是由 Dunbar 等报道的$[Co_2(H_{0.67}bdt)_3]\cdot 20H_2O$[bdt = 5,5′-(1,4-phenylene)bis(1H-tetrazole)][84]，其中 Co 原子与吡唑 N 原子配位形成 CoN_6 配位八面体，进而被吡唑桥连形成一维 Co 链，链间由于大的有机配体的桥连，形成了可供客体进出的孔道，其孔体积占到总体积的 47.1%。经过在 120℃下真空处理，可以得到其去溶剂相，通过对其去溶剂相在 77K 下的 N_2 等温吸附曲线进行研究，得到其 BET 比表面积为 729m^2/g，Langmuir 比表面积为 833m^2/g。

对于原合成样品的直流磁性研究表明，在链中相邻的 Co 原子为反铁磁相互作用，用 Fisher 的一维链模型拟合 $\chi_M T$-T 曲线，得到交换常数 $J = -2.55cm^{-1}$，$g = 2.9$。在零场下的交流磁化率数据在 5K 以下表现出频率依赖性，用方程 $\varphi = (\Delta T_p/T_p)/\Delta(\log f)$ 分析，得到参数 $\varphi = 0.14$，与超顺磁和单链磁体行为相一致。通过拟合阿伦尼乌斯方程，$\tau = \tau_0 \exp(U_{eff}/k_B T)$（其中，$U_{eff}$ 为能垒；τ 为弛豫时间，k_B 为玻尔兹曼常量），得到 $U_{eff}/k_B = 43.4K$，$\tau_0 = 5.1\times 10^{-9}s$。

在 I^1O^n 体系中，一方面，由于有机配体的分隔，链间磁交换很弱，从而使得磁有序温度相比 I^2O^n 体系和 I^3O^n 体系较低；另一方面，由于各向异性的存在，单链磁体行为在 I^1O^n 体系中可以被观测到，而链间的分隔更有利于单链磁体行为的产生。在 I^1O^n 体系中，化合物的多孔性得到了显著的提升，这也使我们通过设计有机配体在不影响化合物磁性的情况下控制化合物的多孔性成为可能。

33.3.5 I⁰Oⁿ 体系

现有的绝大部分金属有机框架材料都属于 I^0O^n 体系，它们通过大的有机配体将次级构筑单元（secondary building unit，SBU）连接成具有不同拓扑结构的金属有机框架，其中 SBU 可以是单独的金属离子，也可以是金属簇。这些 SBU 被有机配体分隔，使得它们之间的磁相互作用变得微乎其微，所以不利于长程磁有序在这个体系中形成，化合物的磁性表现为单独的 SBU 的磁性，因此除了长程磁有序，单分子磁体行为及客体导致的磁学变化等有趣的磁学性质都可以在 I^0O^n 体系中观测到。

第一个例子是由陈小明等报道的[KCo₇(OH)₃(ip)₆(H₂O)₄]·12H₂O 以及它的去溶剂相[KCo₇(OH)₃(ip)₆]（H₂ip = isophthalic acid）[85]，单晶 X 射线衍射表明其是由 7 个 Co 离子呈三棱柱排列形成的 Co₇ 簇通过间苯二甲酸桥连形成的三维金属有机框架，具有直径为 1nm 的孔穴，这些孔道通过直径为 4.5Å 的通道相互连接（图 33-34）。在 120℃ 下活化可以完成原合成相到它的去溶剂相[KCo₇(OH)₃(ip)₆]的单晶到单晶转化，单晶结构表明经过活化之后，除了孔道内的客体水分子，与 K(Ⅰ) 和 Co(Ⅱ)配位的水分子也被一并去除。值得一提的是，水分子的脱附和吸附是完全可逆的，当将去溶剂相在空气中放置几天后，晶体又会吸附空气中的水分子回到原合成相。对于去溶剂相的 77K 下 N₂ 的等温吸附曲线研究表明，化合物的 Langmuir 比表面积为 513m²/g。

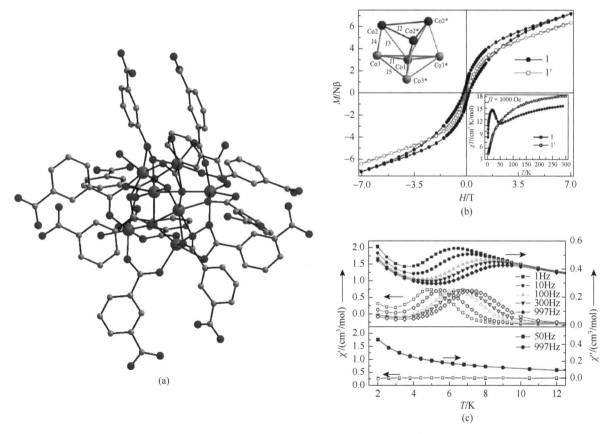

图 33-34 （a）Co₇ 簇单元的结构图；（b）[KCo₇(OH)₃(ip)₆(H₂O)₄]·12H₂O（1）和[KCo₇(OH)₃(ip)₆]（1′）在 2K 下的磁滞回线，插图（左上）为 Co₇ 簇单元内的磁交换图，插图（右下）为 1000Oe 下[KCo₇(OH)₃(ip)₆(H₂O)₄]·12H₂O（1）和[KCo₇(OH)₃(ip)₆]（1′）的 χT-T 曲线；（c）1～997Hz 内[KCo₇(OH)₃(ip)₆(H₂O)₄]·12H₂O（上）和[KCo₇(OH)₃(ip)₆]（下）的交流变温磁化曲线。Co，绿色；O，红色；C，灰色

交流磁化率研究表明，在 5～9K 范围内，原合成样品表现出频率依赖性，通过公式 $\varphi = (\Delta T_p/T_p)/\Delta(\log f)$ 分析，得到参数 $\varphi = 0.13$，与超顺磁和单分子磁体相一致。通过拟合阿伦尼乌斯方程，$\tau = \tau_0 \exp(U_{eff}/k_B T)$（其中，$U_{eff}$ 为能垒；τ 为弛豫时间；k_B 为玻尔兹曼常量），得到 $U_{eff}/k_B = 102K$，$\tau_0 = 1.36 \times 10^{-10}s$。值得一提的是，随着客体和配位水的失去，化合物单分子磁体行为也随之失去，这种转化是可逆的，这也使此化合物作为水的磁性传感器的应用成为可能。

另一个例子是由王玉玲和刘庆燕等报道的 [Co(bmzbc)₂]·2DMF[bmzbc = 4-(benzimidazole-1-yl)benzoate]（图 33-35）[86]。在这个例子中，单分子磁体行为则是由独立的 Co(Ⅱ)展现出来的（也称单离子磁体行为）。其中 Co(Ⅱ)与两个羧基和两个咪唑配位形成 CoO_4N_2 配位八面体，并进一步通过有机配体桥连形成二维的层状结构，而层状结构堆叠形成具有 7.1Å×7.1Å 的一维孔道的金属有机框架。经过活化之后，去溶剂相对于 CO_2、CH_4、C_2H_6、C_3H_8 具有吸附作用，也证明了其多孔性。

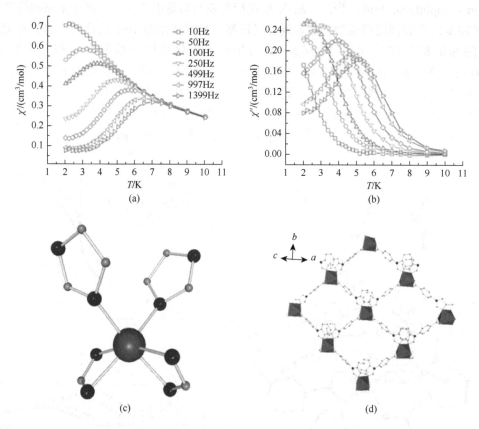

图 33-35　在 2kOe 直流场下，交流磁化率的实部（a）和虚部（b）在低温区表现出频率依赖性；（c）Co 原子的配位环境；（d）化合物的晶体结构。Co，绿色；C，灰色；N，蓝色；O，红色；客体分子和 H 原子省略

磁性研究表明原合成化合物在 2kOe 的外加直流场下表现出频率依赖性，通过拟合阿伦尼乌斯方程，$\tau = \tau_0 \exp(U_{eff}/k_B T)$（其中，$U_{eff}$ 为能垒；τ 为弛豫时间；k_B 为玻尔兹曼常量），得到 $U_{eff}/k_B = 11.8K$，$\tau_0 = 1.3 \times 10^{-5}s$。

最后一个例子是由 Kepert 等报道的 Fe(bpe)₂(NCS)₂·3(acetone)[bpe = 1,2-bis(4-pyridyl) ethane][87]。单晶结构表明，单独的 Fe(Ⅱ)和四个吡啶基配体配位与相邻的 Fe(Ⅱ)相连，形成二维层状结构，并且在轴向方向上与两个 NCS 配位，形成八面体的配位几何结构（图 33-36）。形成的层状结构相互穿插，形成具有二重穿插结构的三维网络，并且具有一维孔道。作者通过原合成化合物对丙酮的吸附和脱附研究证明了其多孔性。

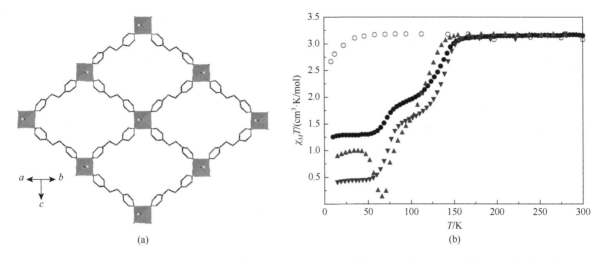

图 33-36 （a）Fe(bpe)$_2$(NCS)$_2$·3(acetone)晶体结构；Fe，橙色；S，黄色；C，灰色；N，蓝色；H 原子和客体分子省略。（b）样品在不同条件下的 $\chi_M T$-T 图，原合成样品，加热，红色三角；冷却，蓝色三角；去客体相，空心圆圈；重新吸附客体，实心黑色圆圈

  磁性研究表明此化合物表现出双平台的自旋交叉（spin crossover）行为，同步辐射 X 射线衍射表明自旋交叉发生伴随着单晶结构的改变。并且作者研究了化合物的光致和热致自旋状态变化，值得一提的是，丙酮的吸附脱附对于化合物磁性也有着影响，这也使得此化合物作为溶剂传感器成为可能。

33.3.6 总结与展望

  多孔磁性配位聚合物具有结构和性质的双重新颖性，在理论研究和实际应用方面都具有价值。通过多年的研究发现，设计和合成具有高磁有序温度和多孔性的多孔磁性配位聚合物仍然面临挑战。目前合成此类化合物主要策略分为以下两种，一种是通过短配体构建一定维度上的强磁关联，如上述的普鲁士蓝体系和柱层结构；另一种是通过具有自由基活性的配体构建网络骨架结构，从而增强整个网络的磁关联，提高整体的磁有序温度。然而近些年对于分子磁性的研究发现，很多有趣的磁学现象都能够在多孔配位聚合物中发现，如单分子磁体行为、单链磁体行为和自旋交叉行为，这也极大地丰富了我们研究此类化合物的范围。

  认识和发掘材料潜在的功能，是当今材料学科研究的重点之一，而多孔磁性配位聚合物同时实现了分子磁性和多孔性的复合，成为先进功能材料研究的前沿。上述介绍的例子都涉及化合物磁性对于客体的响应，这也使此类化合物作为客体分子的传感器成为可能。通过结构设计和性能调控，合成出多孔性出众并且磁性新颖的多孔磁性配位聚合物，目前成为很多人努力的目标。

33.4　一种基于磁性-结构维度关系的磁体归类方法

33.4.1 概述

  分子磁体的概念最早由 Kahn 提出[88]，到现在已经有 20 多年。分子磁体从功能上，可以分为很多种，如单分子（包括单离子、单链）磁体、磁长程有序磁体（或称经典磁体）、变磁体、自旋玻璃、自旋转换材料及磁制冷剂等。然而，从功能上分类无法区分各种类型的磁结构。Zheng等从磁性-结构的关系出发，加入结构的因素来对分子基磁性材料加以分类，提出了一种基于磁性-结构关系的归类方法[89]。如图 33-37 所示，任何一种分子基磁性材料都可以用符号 $M^xU^yS^z$ 表示。其中 M 代表材料的整体磁性，U 代表构筑该材料的磁基元的磁性，S 代表结构，而上标 x、y、z 分别代表 M、U、S 的维度。磁基元的磁性维度不能超过整体磁性，即 $x \leq y$，因此总共只有 40 种符号（图 33-37）。

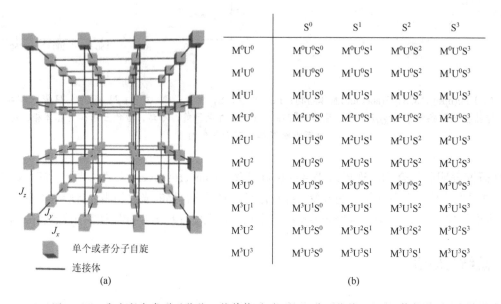

	S^0	S^1	S^2	S^3
M^0U^0	$M^0U^0S^0$	$M^0U^0S^1$	$M^0U^0S^2$	$M^0U^0S^3$
M^1U^0	$M^1U^0S^0$	$M^1U^0S^1$	$M^1U^0S^2$	$M^1U^0S^3$
M^1U^1	$M^1U^1S^0$	$M^1U^1S^1$	$M^1U^1S^2$	$M^1U^1S^3$
M^2U^0	$M^2U^0S^0$	$M^2U^0S^1$	$M^2U^0S^2$	$M^2U^0S^3$
M^2U^1	$M^2U^1S^0$	$M^2U^1S^1$	$M^2U^1S^2$	$M^2U^1S^3$
M^2U^2	$M^2U^2S^0$	$M^2U^2S^1$	$M^2U^2S^2$	$M^2U^2S^3$
M^3U^0	$M^3U^0S^0$	$M^3U^0S^1$	$M^3U^0S^2$	$M^3U^0S^3$
M^3U^1	$M^3U^1S^0$	$M^3U^1S^1$	$M^3U^1S^2$	$M^3U^1S^3$
M^3U^2	$M^3U^2S^0$	$M^3U^2S^1$	$M^3U^2S^2$	$M^3U^2S^3$
M^3U^3	$M^3U^3S^0$	$M^3U^3S^1$	$M^3U^3S^2$	$M^3U^3S^3$

（a）　　　　　　　　　　　（b）

图 33-37　代表所有类型磁体的三维结构（a）及 40 种可能的 $M^xU^yS^z$ 符号（b）

在这 40 种符号的表示下，任何一种分子磁性都可以"对号入座"，唯一复杂的情况是当总体磁性的维度难以被确定时。此时建议采用双维度 p，q 来取代单一的 x，如有些磁体存在单链磁体行为与磁有序共存的情况，此时符号可以变为 $M^{1,3}U^1S^z$。我们以此符号分析并归类了许多基于羧酸的分子磁体行为，表明该分类方法的确具有普适性，可以被广泛地应用于分子磁体的归类，并明确指出了磁性-结构之间在维度上的关系。

33.4.2　U^0 磁单元结构的磁性配位聚合物

具有零维磁单元结构的一类化合物就是簇基配位聚合物，构成这类化合物的磁性单元一般就是结构本身，因而具有 U^0 磁单元结构。这类簇基配位聚合物的一个明显的特点是大部分都具有孔结构，由溶剂等客体分子填充。孔洞中客体分子的改变会对簇合物的磁性产生很大的影响，如 2007 年中山大学陈小明课题组报道的 $[KCo_7(OH)_3(ip)_6(H_2O)_4] \cdot 12H_2O$（$H_2ip$ = isophthalic acid）[85]，通过 Co_7 簇单元组成，簇单元之间包含客体水分子，金属中心也与水分子形成配位。通过移除客体和配位水分子形成了 $[KCo_7(OH)_3(ip)_6]$，晶体保持了其结晶性，但是 Co(Ⅱ) 金属离子的配位构型发生了很大的变化，从之前的八面体结构变为四面体结构，因此对应的 Co(Ⅱ) 的基态从 $^4T_{1g}$ 变成了 $^4A_2$，轨道对磁矩的贡献明显降低，使得 Co_7 簇单元的磁各向异性也变小，因此整体的磁性从单分子磁体行为变为类自旋玻璃行为。对于这一类配位聚合物，其分类可以用 $M^{0\sim3}U^0S^3$ 表示。

33.4.3　U^{1}磁单元结构的磁性配位聚合物

一维磁性的配位聚合物表现出丰富的磁行为，如 Haldane 能隙、慢磁弛豫等量子效应，尤其是上述的单链磁体因其在量子信息存储方面的潜在应用而被广泛研究。这类聚合物由于链内的磁交换作用较强，其基本单元表现出一维磁性，可以用 U^{1}表示。关于这类化合物已在 33.1 节详细论述，例如，2001年 Gatteschi 课题组报道了第一例单链磁体[Co(hfac)$_2$(NITPhOMe)]（hfac = hexafluoroacetylacetonate，NITPhOMe = 4-methoxy-phenyl-4,4,5,5-tetramethylimidazoline-1-oxyl-3-oxide）（M^{1}U^{1}S^1）[7]，2003 年北京大学的高松教授课题组报道了第一例叠氮桥连的同自旋的单链磁体 Co(bt)(N$_3$)$_2$（bt = 2,2'-bithiazoline）（M^{1}U^{1}S^1）[21]，2006 年中山大学陈小明教授课题组报道了第一例基于 Co(II)的层状化合物[Co^{II}(*trans*-1,2-chdc)]$_\infty$的单链磁体（M^{1}U^{1}S^2）[24]，以及 2009 年陈小明教授课题组报道混合价 Fe(II)/Fe(III)配位聚合物[Fe^{II}Fe^{III}(μ_4-O)(1,4-chdc)$_{1.5}$]$_\infty$[90]，该化合物由一维磁性链通过配体桥连形成三维结构，由于链间的磁交换作用非常小，表现出长程磁有序和单链磁体行为，分类方法可以用 M^{1,3}U^{1}S^{3}表示。

33.4.4　U^{2}磁单元结构的磁性配位聚合物

U^{2}磁单元结构的磁性配位聚合物具有层状磁性结构，这类化合物要求层内具有强的磁交换作用，层与层之间尽量隔开，层间磁交换作用可忽略。上述 33.2 节中的层状自旋阻挫结构正是这类化合物的典型代表。对于理想的阻挫类结构，层内具有强的磁交换，层间作用可忽略，因而表现出磁性和结构的二维维度，表示为 M^{2}U^{2}S^2。然而在实际情况中，层间的交换作用不可忽略，整体表现出三维的磁性维度，可用 M^{3}U^{2}S^{2}表示。例如，中山大学陈小明课题组报道了一系列 Mn(II)的二维层状化合物[91]，通过配体调控可以产生一系列化合物[Mn$_4^{II}$(*trans*-1,2-chdc)$_4$(H$_2$O)]0.25H$_2$O、[Mn$_2^{II}$(*cis*-1,2-chdc)$_2$]和[Mn$_3^{II}$(μ_3-OH)$_2$(1,2-chedc)$_2$]（*cis*-1,2-chdc = *cis*-cyclohexane-1,2-dicarboxylate，1,2-chedc = cyclohex-1-ene-1,2-dicarboxylate），且表现出面内磁关联对于 T_c温度的关联性，是一类研究结构调控对于磁性研究的模型化合物。随着磁交换作用从 20.9K 增加到 45K，对应的 T_c温度也从 5K 增加到 42K。

33.4.5　U^{3}磁单元结构的磁性配位聚合物

具有这三维磁单元结构的磁性配位聚合物的分类显然为 M^{3}U^{1}S^3，这种三维的磁基元一般由金属氢氧化物组成，如 Ni$_7$(OH)$_2$Y$_6$[92]、Ni$_7$(OH)$_6$Y$_4$[93]和 Co$_5$(OH)$_2$X$_8$[94]，其中 Y 和 X 一般为琥珀酸或者羧酸。进一步通过多齿配位酸根，如柠檬酸[95]或者共轭结构的多氮唑[96]等连接成为三维磁关联的结构。相对于低维磁性基元结构，具有三维磁单元结构的磁性配位聚合物相对少得多，这可能是因为这类体系对于桥连配体的选择更加苛刻。然而需要注意的是，虽然这类化合物具有更高的磁维度，但是并不能有效地提高 T_c，这是因为虽然这类化合物一般具有三维磁性结构，但是由于这种三维的交叉偶联容易产生孔状结构，减小了磁密度，因而 T_c温度并不是很高。然而，这类化合物却提供了多功能性的有效途径，如多铁，可以通过孔内的手性客体和框架磁结构实现，是目前的研究热点之一。

33.4.6　总结与展望

磁性配位聚合物的研究需要综合考虑配体的磁性金属离子的选择，在反应的过程中两类组分发生相互作用：一方面金属离子与特定结构的配体结合在一起；另一方面金属离子作为配位中心将配体定位在特定的方位上。由有机配体和金属离子形成任何复合物原则上都是一个自组装过程，配体聚合物的设计重点在于配体的设计和金属离子的选择。基于磁性-结构关系的归类方法，$M^xU^yS^z$可以广泛地应用于配位聚合物的研究中，目前报道的几乎所有的配位聚合物均可以用上述方法来分类，简化了分析策略，同时可以更加明确化合物的磁性、结构及在此基础上的磁性-结构关系。磁性-结构关系的研究一直是一个难点也是一个热点，对于这方面的理解可以帮助我们更加便捷地设计合成特定的结构和组成以得到预期的磁行为。通过$M^xU^yS^z$归纳方法对不同的磁构进行分类总结可以在以后的研究中更加理性地得到目标磁结构，甚至预测一类新的化合物。

（郑彦臻　童明良）

参 考 文 献

[1] Craik D J. Magnetism：Principles and Applications. New York：Wiley，1995.

[2] Skumryev V，Stoyanov S，Zhang Y，et al. Beating the superparamagnetic limit with exchange bias. Nature，2003，423：850-853.

[3] Sessoli R，Gatteschi D，Caneschi A，et al.Magnetic bistability in a metal-ion cluster. Nature，1993，365：141-143.

[4] Thomas L，Lionti F，Ballou R，et al. Macroscopic quantum tunnelling of magnetization in a single crystal of nanomagnets. Nature，1996，383：145-147.

[5] Gatteschi D，Sessoli R. Quantum tunneling of magnetization and related phenomena in molecular materials. Angew Chem Int Ed，2003，42：268-297.

[6] Gatteschi D，Sessoli R，Villain J. Molecular Nanomagnets. Oxford：Oxford University Press，2006.

[7] Caneschi A，Gatteschi D，Lalioti N，et al. Cobalt（Ⅱ）-nitronyl nitroxide chains as molecular magnetic nanowires. Angew Chem Int Ed，2001，40：1760-1763.

[8] Clérac R，Miyasaka H，Yamashita M，et al. Evidence for single-chain magnet behavior in a Mn^{III}-Ni^{II} chain designed with high spin magnetic units：a route to high temperature metastable magnets. J Am Chem Soc，2002，124：12837-12844.

[9] Coulon C，Miyasaka H，Clérac R. Single-chain magnets：theoretical approach and experimental systems. Struct Bond，2006，122：163-206.

[10] Jiang S D，Wang B W，Gao S. Molecular nanomagnets and related phenomena. Struct Bond，2015，164：111-141.

[11] Dhers S，Feltham H L C，Brooker S.A toolbox of building blocks，linkers and crystallisation methods used to generate single-chain magnets. Coord Chem Rev，2015，296：24-44.

[12] Glauber R J. Time-dependent statistics of the Ising model. J Math Phys，1963，4：294-307.

[13] Arrhenius S A. Über die Dissociationswärme und den einfluß der temperatur auf den dissociationsgrad der elektrolyte. Z Phys Chem，1889，4：96-116.

[14] Coulon C，Clérac R，Wernsdorfer W，et al. Realization of a magnet using an antiferromagnetic phase of single-chain magnets. PRL，2009，102：167204.

[15] Miyasaka H，Takayama K，Saitoh A，et al. Three-dimensional antiferromagnetic order of single-chain magnets：a new approach to design molecule-based magnets. Chem Eur J，2010，16：3656-3662.

[16] Harris T D，Coulon C，Clérac R，et al.Record ferromagnetic exchange through cyanide and elucidation of the magnetic phase diagram for a $Cu^{II}Re^{IV}(CN)_2$ chain compound. J Am Chem Soc，2011，133：123-130.

[17] Cassaro R A A，Reis S G，Araujo T S，et al. A single-chain magnet with a very high blocking temperature and a strong coercive field. Inorg Chem，2015，54：9381-9383.

[18] Costes J P，Vendier L，Wensdorfer W. Metalloligands for designing single-molecule and single-chain magnets. Dalton Trans，2010，39：4886-4892.

[19] Sun H L，Wang Z M，Gao S. Strategies towards single-chain magnets. Coord Chem Rev，2010，254：1081-1100.

[20] Kahn O. Molecular Magnetism. New York：VCH Publisher，1992.

[21] Liu T F，Fu D，Gao S，et al. An azide-bridged homospin single-chain magnet：$[Co(2,2'-bithiazoline)(N_3)_2]_n$. J Am Chem Soc，2003，125：13976.

[22] Mydosh J A. Spin Glasses：An Experimental Introduction. London：Taylor & Francis，1993.

[23] Sun H L, Wang Z M, Gao S. [M(N₃)₂(H₂O)₂]·(bpeado): unusual antiferromagnetic Heisenberg chain (M = Mn) and ferromagnetic Ising chain (M = Co) with large coercivity and magnetic relaxation (bpeado = 1, 2-bis(4-pyridyl)ethane-N, N'-dioxide). Chem Eur J, 2009, 15: 1757-1764.

[24] Zheng Y Z, Tong M L, Zhang W X, et al. Assembling magnetic nanowires into networks: a layered Co^{II} carboxylate coordination polymer exhibiting single-chain-magnet behavior. Angew Chem Int Ed, 2006, 45: 6310-6314.

[25] Ferbinteanu M, Miyasaka H, Wernsdorfer W, et al. Single-chain magnet (NEt₄) [Mn₂(5-MeOsalen)₂Fe(CN)₆]made of Mn^{III} - Fe^{III} - Mn^{III} trinuclear single-molecule magnet with an S_T = 9/2 spin ground state. J Am Chem Soc, 2005, 127: 3090-3099.

[26] Guo J F, Wang, X T, Wang B W, et al. One-dimensional ferromagnetically coupled bimetallic chains constructed withtrans-[Ru(acac)₂(CN)₂]⁻: syntheses, structures, magnetic properties, and density functional theoretical study. Chem Eur J, 2010, 16: 3524-3535.

[27] Coronado E, Galan-Mascaros J R, Martí-Gastaldo C. Single chain magnets based on the oxalate ligand. J Am Chem Soc, 2008, 130: 14987-14989.

[28] Stamatatos T C, Abboud K A, Wernsdorfer W, et al. {Mn₆}$_n$ single-chain magnet bearing azides and di-2-pyridylketone-derived ligands. Inorg Chem, 2009, 48: 807-809.

[29] Yang C I, Tsai Y J, Hung S P, et al.A manganese single-chain magnet exhibits a large magnetic coercivity. Chem Commun, 2010, 46: 5716-5718.

[30] Miyasaka H, Madanbashi T, Sugimoto K, et al. Single-chain magnet behavior in an alternated one-dimensional assembly of a Mn^{III} schiff-base complex and a TCNQ radical. Chem Eur J, 2006, 12: 7028-7040.

[31] Vaz M G F, Cassaro R A, Akpinar H, et al. A cobalt pyrenylnitronylnitroxide single-chain magnet with high coercivity and record blocking temperature. Chem Eur J, 2014, 20: 5460-5467.

[32] Pardo E, Ruiz-Garcia R, Lloret F, et al. Cobalt (II) -copper (II) bimetallic chains as a new class of single-chain magnets. Adv Mater, 2004, 16: 1597-1600.

[33] Kajiwara T, Nakano M, Kaneko Y, et al. A single-chain magnet formed by a twisted arrangement of ions with easy-plane magnetic anisotropy. J Am Chem Soc, 2005, 127: 10150-10151.

[34] Choi S W, Kwak H Y, Yoon J H, et al. Intermolecular contact-tuned magnetic nature in one-dimensional 3d-5d bimetallic systems: from a metamagnet to a single-chain magnet. Inorg Chem, 2008, 47: 10214-10216.

[35] Wei R M, Cao F, Li J, et al. Single-chain magnets based on octacyanotungstate with the highest energy barriers for cyanide compounds. Sci Rep, 2016, 6: 24372.

[36] Palii A V, Reu, O S, Ostrovsky S M, et al. A highly anisotropic cobalt (II) -based single-chain magnet: exploration of spin canting in an antiferromagnetic array. J Am Chem Soc, 2008, 130: 14729-14738.

[37] Bogani L, Sangregorio C, Sessoli, R, et al. Molecular engineering for single-chain-magnet behavior in a one-dimensional dysprosium-nitronyl nitroxide compound. Angew Chem Int Ed, 2005, 44: 5817-5821.

[38] Bernot K, Luzon J, Sessoli R, et al. The canted antiferromagnetic approach to single-chain magnets. J Am Chem Soc, 2008, 130: 1619-1627.

[39] Liu X T, Wang X Y, Zhang W X, et al. Weak ferromagnetism and dynamic magnetic behavior in a single end-to-end azide-bridged nickel (II) chain. Adv Mater, 2006, 18: 2852-2856.

[40] Ouellette W, Prosvirin A V, Whitenack K, et al. A thermally and hydrolytically stable microporous framework exhibiting single-chain magnetism: Structure and properties of [Co₂(H₀.₆₇bdt)₃]·20H₂O. Angew Chem Int Ed, 2009, 48: 2140-2143.

[41] Anderson P W. Ordering and antiferromagnetism in ferrites. Phys Rev, 1956, 102: 1008-1013.

[42] Toulouse G. Theory of the frustration effect in spin glasses. I. Commun Phys, 1977, 2: 115.

[43] Greedan J E. Geometrically frustrated magnetic materials. J Mater Chem, 2001, 11: 37-53.

[44] Richter J, Schulenberg J, Honecher A, et al. Quantum Magnetism in Two Dimensions: From Semi-classical Néel Order to Magnetic Disorder in Quantum Magnetism. Berlin: Springer, 2004: 85-153.

[45] Mermin N D, Wagner H. Absence of ferromagnetism or antiferromagnetism in one-or two-dimensional isotropic heisenberg models. Phys Rev Lett, 1966, 17: 1133-1136.

[46] Wannier G H. Antiferromagnetism. The triangular Isingnet. Phys Rev, 1950, 79: 357-364.

[47] Ramirez A P. Strongly geometrically frustrated magnets. Annu Rev Mater Sci, 1994, 24: 453-80.

[48] Moulton B, Lu J, Hajndl R, et al.Crystal engineering of a nanoscale Kagomé lattice. Angew Chem Int Ed, 2002, 41: 2821-2824.

[49] Perry J J, Memanus G J, Zaworotko M J. Sextuplet phenyl embrace in a metal-organic Kagomé lattice. Chem Commun, 2004, 2534-2535.

[50] Nytko E A, Helton J S, Müller P, et al. A Structurally perfect S = 1/2 metal-organic hybrid Kagomé antiferromagnet. J Am Chem Soc, 2008, 130: 2922-2923.

[51]   Li C J，Hu S，Li W，et al. Rational design and control of the dimensions of channels in three-dimensional，porous metal-organic frameworks constructed with predesigned hexagonal layers and pillars. Eur J Inorg Chem，2006，(10)：1931-1935.

[52]   Zheng Y Z，Tong M L，Zhang W X，et al. Coexistence of spin frustration and long-range magnetic ordering in atriangular Co_3^{II} (μ_3-OH)-based two-dimensional compound. Chem Commun，2005，2 (2)：165-167.

[53]   Zheng Y Z，Tong M L，Xue W，et al. A "star" antiferromagnet：a polymeric iron(III) acetate thatexhibits both spin frustration and long-range magnetic ordering. Angew Chem Int Ed，2007，46：6076-6080.

[54]   Paul G，Choudhury A，Sampathkumaran E V，et al.Organically templated mixed-valent ironsulfates possessing Kagomé and other types of layered networks. Angew Chem Int Ed，2002，41：4297-4300.

[55]   Paul G，Choudhury A，Rao C N R. An organically templated iron sulfate with a distorted Kagomé lattice exhibiting unusual magnetic properties. Chem Commun，2002. 1904-1905.

[56]   Rao C N R，Sampathkumaran E V，Nagarajan R，et al.Synthesis，structure，and the unusual magneticproperties of an amine-templated iron (II) sulfate possessing the kagomé lattice. Chem Mater，2004，16：1441-1446.

[57]   Behera J N，Paul G，Choudhury A，et al. An organically templated Co (II) sulfate with the kagomé lattice. Chem Commun，2004，10 (4)：456-457.

[58]   Aidoudi F H，Aldous D W，Goff R J，et al. An ionothermally prepared $S = 1/2$ vanadium oxyfluoride kagomé lattice. Nat Chem，2011，3：801-806.

[59]   Clark L，Aidoudi F H，Black C，et al. Extending the family of V^{4+} $S = 1/2$ Kagomé antiferromagnets. Angew Chem Int Ed，2015，54：15457-15461.

[60]   Cave D，Coomer F C，Molinos E，et al. Compounds with the "maple leaf" lattice：synthesis，structure，and magnetism of $M_x[Fe(O_2CCH_2)_2NCH_2PO_3]_6 \cdot nH_2O$. Angew Chem Int Ed，2006，45：803-806.

[61]   Zeng M H，Feng X L，Zhang W X，et al.A robust microporous 3D cobalt (II) coordination polymer with newmagnetically frustrated 2D lattices：single-crystal transformation and guestmodulation of cooperative magnetic properties. Dalton Trans，2006，(44)：5294-5303.

[62]   Wang X Y，Sevov S C. A manganese carboxylate with geometrically frustrated magneticlayers of novel topology. Chem Mater，2007，19：3763-3766.

[63]   Zhang W X，Xue W，Zheng Y Z，et al. Two spin-competing manganese (II) coordination polymers exhibitingunusual multi-step magnetization jumps. Chem Commun，2009，(25)：3804-3806.

[64]   Dechambenoit P，Long J R. Microporous magnets. Chem Soc Rev，2011，40：3249-3265.

[65]   Kurmoo M. Magnetic metal-organic frameworks. Chem Soc Rev，2009，38：1353-1379.

[66]   Kuppler R J，Timmons D J，Fang Q，et al. Potential applications of metal-organic frameworks. Coordin Chem Rev，2009，253：3042-3066.

[67]   Cheetham A K，Rao C N R，Feller R K. Structural diversity and chemical trends in hybrid inorganic-organic framework materials. Chem Commun，2006，(46)：4780-4795.

[68]   Dybtsev D N，Chun H，Yoon S H，et al. Microporous manganese formate：a simple metal-organic porous material with high framework stability and highly selective gas sorption properties. J Am Chem Soc，2004，126：32-33.

[69]   Wang Z，Zhang B，Fujiwara H，et al. $Mn_3(HCOO)_6$：a 3D porous magnet of diamond framework with nodes of Mn-centered $MnMn_4$ tetrahedron and guest-modulated ordering temperature. Chem Commun，2004，4 (4)：416-417.

[70]   Wang Z M，Zhang Y J，Liu T，et al. $[Fe_3(HCOO)_6]$：a permanent porous diamond framework displaying H_2/N_2 adsorption，guest inclusion，and fuest-dependent magnetism. Adv Funct Mater，2007，17：1523-1536.

[71]   Wang X，Wang Z，Gao S. Constructing magnetic molecular solids by employing three-atom ligands as bridges. Chem Commun，2008，3 (3)：281-294.

[72]   Wang Z，Hu K，Gao S，et al. Formate-based magnetic metal-organic frameworks templated by protonated amines. Adv Mater，2010，22：1526-1533.

[73]   Guillou N，Livage C，Drillon M，et al. The chirality，porosity，and ferromagnetism of a 3D nickel glutarate with intersecting 20-membered ring channels. Angew Chem Int Ed，2003，42：5314-5317.

[74]   Holmes S M，Girolami G S. Sol-gel synthesis of $KV^{II}[Cr^{III}(CN)_6 \cdot 2H_2O]$：a crystalline molecule-based magnet with a magnetic ordering temperature above 100℃. J Am Chem Soc，1999，121：5593-5594.

[75]   Verdaguer M，Bleuzen A，Marvaud V，et al. Molecules to build solids：high TC molecule-based magnets by design and recent revival of cyano complexes chemistry. Coordin Chem Rev，1999，190-192：1023-1047.

[76]   Ruiz E，Rodríguez-Fortea A，Alvarez S，et al. Is it possible to get high T_c magnets with prussian blue analogues? A theoretical prospect. Chem Eur J，2005，11：2135-2144.

[77]　Kaye S S, Long J R. Hydrogen storage in the dehydrated prussian blue analogues $M_3[Co(CN)_6]_2$（M = Mn, Fe, Co, Ni, Cu, Zn）. J Am Chem Soc, 2005, 127: 6506-6507.

[78]　Kaye S S, Choi H J, Long J R. Generation and O_2 adsorption studies of the microporous magnets $CsNi[Cr(CN)_6]$（T_c = 75K）and $Cr_3[Cr(CN)_6]_2 \cdot 6H_2O$（$T_N$ = 219K）. J Am Chem Soc, 2008, 130: 16921-16925.

[79]　Kurmoo M, Kumagai H, Hughes S M, et al. Reversible guest exchange and ferrimagnetism（T_c = 60.5K）in a porous cobalt（II）-hydroxide layer structure pillared with *trans*-1, 4-cyclohexanedicarboxylate. Inorg Chem, 2003, 42: 6709-6722.

[80]　Maspoch D, Ruizmolina D, Wurst K, et al. A nanoporous molecular magnet with reversible solvent-induced mechanical and magnetic properties. Nat Mater, 2003, 2: 190-195.

[81]　Jeon I, Negru B, van Duyne R P, et al. A 2D semiquinone radical-containing microporous magnet with solvent-induced switching from T_c = 26 to 80K. J Am Chem Soc, 2015, 137: 15699-15702.

[82]　Barthelet K, Marrot J, Riou D, et al. A breathing hybrid organic-inorganic solid with very large pores and high magnetic characteristics. Angew Chem Int Ed, 2002, 41: 281.

[83]　Zhang X, Hao Z, Zhang W, et al. Dehydration-induced conversion from a single-chain magnet into a metamagnet in a homometallic nanoporous metal-organic framework. Angew Chem Int Ed, 2007, 46: 3456-3459.

[84]　Ouellette W, Prosvirin A V, Whitenack K, et al. A thermally and hydrolytically stable microporous framework exhibiting single-chain magnetism: structure and properties of $[Co_2 (H_{0.67}bdt)_3] \cdot 20H_2O$. Angew Chem Int Ed, 2009, 48: 2140-2143.

[85]　Cheng X N, Zhang W X, Lin Y Y, et al. A dynamic porous magnet exhibiting reversible guest-induced magnetic behavior modulation. Adv Mater, 2007, 19: 1494-1498.

[86]　Wang Y, Chen L, Liu C, et al. Field-induced slow magnetic relaxation and gas adsorption properties of a bifunctional cobalt（II）compound. Inorg Chem, 2015, 54: 11362-11368.

[87]　Halder G J, Chapman K W, Neville S M, et al. Elucidating the mechanism of a two-step spin transition in a nanoporous metal-organic framework. J Am Chem Soc, 2008, 130: 17552-17562.

[88]　Kahn O. Molecular Magnetism. New York: VCH Publisher, 1992.

[89]　Zheng Y Z, Zheng Z P, Chen X M. A symbol approach for classification of molecule-based magnetic materials exemplified by coordination polymers of metal carboxylates. Coord Chem Rev, 2014, 258-259: 1-15.

[90]　Zheng Y Z, Xue W, Zhang W X, et al. Spin-frustrated complex, $[Fe^{II}Fe^{III} (trans$-1, 4-cyclohexanedicarboxylate$)_{1.5}]_\infty$: interplay between single-chain magnetic behavior and magnetic ordering. Inorg Chem, 2009, 48: 2028-2042.

[91]　Zheng Y Z, Xue W, Zheng S L, et al. Néel temperature enhancement by increasing the in-plane magnetic correlation in layered inorganic-organic hybrid materials. Adv Mater, 2008, 20: 1534-1538.

[92]　Forster P M, Cheetham A K. Open-framework nickel succinate, $[Ni_7(C_4H_4O_4)_6(OH)_2(H_2O)_2] \cdot 2H_2O$: a new hybrid material with three-dimensional Ni-O-Ni connectivity. Angew Chem Int Ed, 2002, 41: 457-459.

[93]　Guillou N, Livage C, Beek W, et al. A layered nickel succinate with unprecedented hexanickel units: structure elucidation from powder-diffraction data, and magnetic and sorption properties. Angew Chem Int Ed, 2003, 42: 644-647.

[94]　Kuhlman R, Schimek G L, Kolis J W. An extended solid from the solvothermal decomposition of $Co(Acac)_3$: structure and characterization of $Co_5(OH)_2(O_2CCH_3) \cdot 2H_2O$. Inorg Chem, 1999, 38: 194-196.

[95]　Xiang S C, Wu X T, Zhang J J, et al. A 3D canted antiferromagnetic porous metal-organic framework with anatase topology through assembly of an analogue of polyoxometalate. J Am Chem Soc, 2005, 127: 16352-16353.

[96]　Zhang W X, Xue W, Lin J B, et al. 3D geometrically frustrated magnets assembled by transition metal ion and 1,2,3-triazole-4,5-dicarboxylate as triangular nodes. CrystEngComm, 2008, 10: 1770-1776.

第34章
氰根桥连的磁功能配位聚合物

氰根桥连的金属配位聚合物由于新颖的结构和独特的磁行为而广受关注[1-3]，在高密度信息存储、分子开关等众多功能材料领域都具有潜在的应用价值[4-6]。氰根基团能在相邻的两个顺磁金属离子之间传递比较强的磁相互作用，因此在分子磁学中得到了广泛的应用。很多氰根配位聚合物展现了丰富多彩的磁行为，包括分子基铁磁体、单链磁体、自旋转换配合物、变磁体等。下面对这些磁功能配位聚合物分别进行阐述。

34.1 分子基铁磁体

所谓分子基铁磁体（molecule-based magnet），是指在某个温度 T_c 下可自发磁化的由分子构筑的磁体。和传统的金属、金属合金或金属氧化物磁体相比，分子基铁磁体具有体积小、相对密度小、结构多样化、易于复合加工成型等优点，有可能作为制作航天器、微波吸收隐身、光磁开关、电磁屏蔽和信息存储的材料。

Bozorth 等在 1956 年首先发现了普鲁士蓝配合物表现出较高的 T_c 温度（50K），使得该配合物得到了广泛关注[7]。从 20 世纪 80 年代至今，文献中已报道了多种在 T_c 温度下具有自发磁化强度的普鲁士蓝类化合物，其组成为 $M_a[M'(CN)_6]_b \cdot nH_2O$ 或 $AM_c[M'(CN)_6]_d \cdot nH_2O$（M 和 M′为不同的顺磁性金属离子，A 为 Cs^+ 和 NEt_4^+ 等抗磁性离子）[8]。在这类化合物中，顺磁离子均处于八面体配位环境，并通过氰根连接成三维网络。根据磁轨道正交模型，组态为 $t_{2g}^6 e_g^x$（$x = 1 \sim 3$）和 t_{2g}^y（$y = 1 \sim 5$）的离子之间为铁磁耦合，化合物为铁磁体，如 $Ni_3^{II}[Fe^{III}(CN)_6]_2 \cdot 14H_2O$[8]；其他情况下为反铁磁耦合，此时若两种金属离子的自旋值不同，则得到亚铁磁体，如 $Cr_3^{II}[Cr^{III}(CN)_6]_2 \cdot 10H_2O$[8]。磁相互作用的大小也与电子组态有关。当两种金属离子均具有 t_{2g}^x 组态时，相互作用（反铁磁）较强，化合物（亚铁磁体）往往有较高的 T_c 温度。目前已发现的 T_c 温度在室温附近的有 $(NEt_4)_{0.5} Mn_{1.25}^{II}[V^{III}(CN)_6] \cdot 2H_2O$（230K）[9]、$Cr_3^{II}[Cr^{III}(CN)_6]_2 \cdot 10H_2O$（240K）[10]、$V_{0.4}^{II} V_{0.6}^{III}[Cr^{III}(CN)_6]_{0.86} \cdot 2.8H_2O$（315K）[11]、$[Cr_{0.36}^{II} Cr_{1.76}^{III}(CN)] \cdot 2.8H_2O$（270K）[12]、$KV^{II}[Cr^{III}(CN)_6] \cdot 2H_2O \cdot 0.1KOTf$（376K，OTf 代表三氟甲基磺酸）[13]等。但由于很难得到该类磁体的晶体结构，妨碍了对其进行磁性-结构相关性的深入研究。极少数化合物得到了晶体结构，如廖代正等报道的 $Na[MnCr(CN)_6]$（1）[14]，该配合物呈现了普鲁士蓝的特征面心立方结构，如图 34-1 所示，每个 $[Cr(CN)_6]^{3-}$ 通过氰根和六个 Mn 原子相连，而每个 Mn 原子通过氰根的氮原子和 $[Cr(CN)_6]^{3-}$ 相连，每个 Mn 和 Cr 原子都呈现出八面体的配位构型。图 34-2 为配合物 1 在 199Hz 交流场下实部（χ'）和虚部（χ''）磁化率随温度的变化曲线，随着温度的降低，实部和虚部磁化率在 60K 时的突然变大表明配合物呈现了三维磁有序，亚铁磁有序温度为 60K。

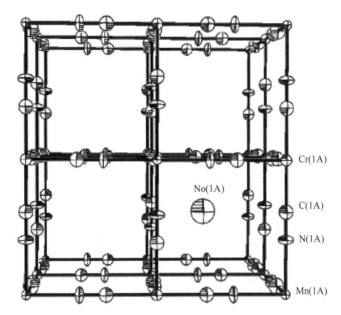

图 34-1 Na[MnCr(CN)$_6$]（**1**）的立方网络结构

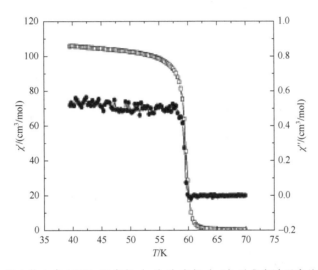

图 34-2 配合物 **1** 在 199Hz 下实部（χ'）和虚部（χ''）磁化率随温度的变化曲线

1994 年，Ohba 等首先发展了杂化型普鲁士蓝类配合物并得到了[Ni(en)$_2$]$_3$[Fe(CN)$_6$]$_2$·2H$_2$O 配合物的单晶[15]。虽然此配合物的 T_c 温度并不太高，但它具有不同寻常的重要意义，很快便引起了全世界化学工作者对此类配合物的极大关注。此后逐渐发展了由芳香类和大环多胺等配体构成的具有各种结构和维数的杂化型普鲁士蓝类配合物。基于金属离子配位环境的可调性，这一领域的研究可能为化学家合成高 T_c 的分子磁体开辟一种更广泛的途径。而且由于容易得到单晶，这类配合物便于用于研究结构和磁性的相关性，从而实现对磁性材料进行有目的的设计并最终合成具有实用价值的分子基铁磁体。

代表性的例子如 2006 年刘彩明等通过扩散法制得的[Cr(CN)$_6$]$^{3-}$基团桥连的铜三维配合物[Cu(2,2-dpa)]$_3$[Cr(CN)$_6$]$_2$·3H$_2$O（2,2-dpa = 2,2-二甲基吡啶胺）（**2**）[16]。如图 34-3 所示，该结构的不对称单元由三个[Cr(CN)$_6$]$^{3-}$结构单元(Cr1、Cr2 和 Cr3)和三个不同类型的 Cu 中心（Cu1、Cu2 和 Cu3）构成。Cr2 离子通过六个氰根与六个 Cu^{II} 离子连接，形成一个七核[CrCu$_6$]单元 [图 34-4（a）]。而 Cr1 或 Cr3 通过两个氰根连接两个 Cu^{II} 离子，在这两个[Cr(CN)$_6$]$^{3-}$单元中的另外四个氰基未参与桥连。

所有的 Cu 都是五配位构型，分别与两个不同[Cr(CN)$_6$]$^{3-}$单元中的两个氰根中的氮原子和 2,2-二甲基吡啶胺中的三个氮原子配位形成四方锥的几何构型。[CrCu$_6$]单元间通过双齿配位基 Cr1 和 Cr3 基团互相桥连形成一个三维通道状结构 [图 34-4（b）]，结晶水分子存在于这些通道中。通过计算，这些通道尺寸足够大，达到纳米级 [18.0Å×16.6Å]。

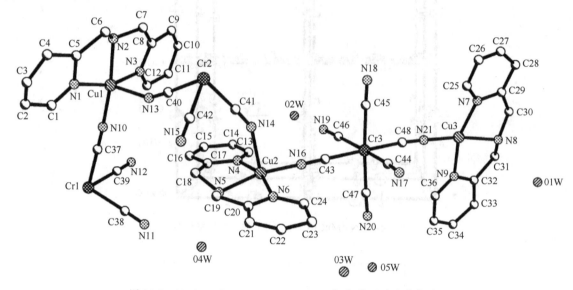

图 34-3　[Cu(2, 2-dpa)]$_3$[Cr(CN)$_6$]$_2$·3H$_2$O（**2**）的不对称结构单元

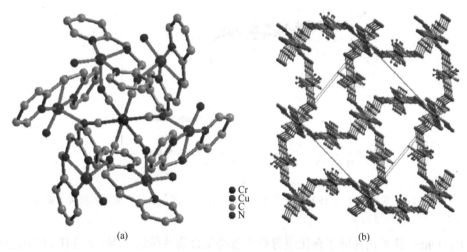

图 34-4　（a）七核[CrCu$_6$]单元；（b）化合物[Cu(2,2-dpa)]$_3$[Cr(CN)$_6$]$_2$·3H$_2$O 沿着 a 轴的三维网状结构图

图 34-5 为在 2000Oe 下测得的化合物 **2** 的 $\chi_M T$ 随温度的变化曲线，由图 34-5 可以看出在室温下 $\chi_M T$ 的值为 5.648cm^3·K/mol，比两个未耦合的 Cr^{III}（$S=3/2$）和三个 Cu^{II}（$S=1/2$）计算值（4.857cm^3·K/mol，设定 $g_{Cu}=g_{Cr}=2.00$）要大些。随着温度下降到 50K，$\chi_M T$ 值缓慢增加，继续降温，$\chi_M T$ 值迅速上升，在 3K 时达到最大值 22.15cm^3·K/mol，在 3K 以下 $\chi_M T$ 值又随着温度的进一步降低而减小。图 34-5 中实线为拟合曲线，拟合结果为 $J_{CuCr}=+8.1(6)$cm^{-1}，$g=2.09(1)$。在 15～300K 温度范围内，$1/\chi_M$-T 图符合居里-外斯定律，得到 $\theta=+8.27$K，$C=5.16$cm^3·K/mol。正的交换常数 J_{CuCr} 和外斯常数 θ 均表明相邻的 Cu^{II} 和 Cr^{III} 离子之间存在着铁磁交换作用。对一个铁磁 Cu$_3$Cr$_2$ 单元来说，最大可能自旋态 $S_T=9/2$，计算得 $\chi_M T=12.375$cm^3·K/mol，而该物质的最高 $\chi_M T$ 值比计算值大表明该物质在 3K 下是一个三维铁磁有序的分子磁体。场冷与零场冷磁化强度在 3K 的分裂也证明该配合物

是一个长程有序的铁磁体。交流磁化率温度依赖性的测量表明在 3K 下实部交流磁化率和虚部交流磁化率达到峰值（图 34-6），也证明了配合物 **2** 在 3K 以下是一个三维铁磁有序的化合物。

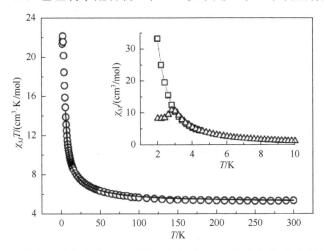

图 34-5　配合物 **2** 的 $\chi_M T$ 随温度 T 的变化曲线。插图为在外场 20Oe 下场冷（□）和零场冷（△）磁化强度曲线

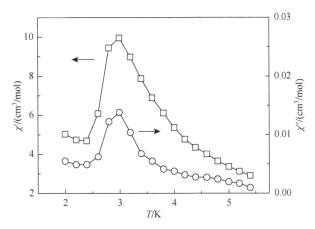

图 34-6　配合物 **2** 在交流场为 3Oe、频率为 0.5Hz 下的实部和虚部磁化率曲线

类似的分子基铁磁体的例子还有 Hatlevik 等报道的 $K_{0.058} V^{II/III} [Cr(CN)_6]_{0.79} \cdot (SO_4)_{0.058} \cdot 0.93H_2O^{[17]}$、Chelebaeva 等报道的 $Ln(H_2O)_5[M(CN)_8]$（Ln = Tb、Sm、Gd；M = Mo、W）[18]、Kaneko 等报道的 $[Mn(NNdmenH)(H_2O)][Cr(CN)_6] \cdot H_2O$（NNdmen = N,N-二甲基乙二胺）[19]、Kou 等报道的 $\{[Gd(capro)_2(H_2O)_4Cr(CN)_6] \cdot H_2O\}_n$（capro = 己内酰胺）[20]、Larionova 等报道的 $[Cu(cyclam)]_2[Mo(CN)_8] \cdot 10.5H_2O$（cyclam = 1,4,8,11-四氮杂环十二烷）[21]、Sereda 等报道的 $\{[(Cu(tn)_2)_3(Cr(CN)_6)][Cr(CN)_6]\}_n$（tn = 1,3-丙二胺）[22]、Yeung 等报道的 $\{Mn[Ru(acac)_2(CN)_2]_2\}_n$（Hacac = 乙酰丙酮）[23]等。

34.2　单链磁体

1963 年，Glauber 就预言一维 Ising 体系在低温下会出现缓慢的磁化弛豫现象[24]。但是直到 2001 年才由意大利的 Caneschi 等合成出一维链状化合物 $[Co(hfac)_2 (NITPhOMe)]$ 并从实验上对 Glauber 的理论进行了验证[25]。随后，人们又陆续合成出一系列的类似体系，类比于单分子磁体（single-molecular magnet，SMM），将其命名为单链磁体（single-chain magnet，SCM）。单链磁体在低温下表现出的缓慢磁性弛豫在高密度信息存储方面有很大的应用前景。

单链磁体的构筑需要满足 3 个条件：①磁性链必须是 Ising 链，这就需要选择具有大的单轴各向异性的金属离子，如 Mn^{III}、Co^{II}、Ni^{II}、Dy^{III} 等；②磁性链必须有净的磁化强度，目前报道的有亚铁磁链、铁磁链和弱铁磁链；③链与链之间磁相互作用足够小，要求尽量增加链间距离，这就需要选择合适的位阻较大的配体。

氰根桥连的单链磁体如 Chorazy 等报道的 $\{[Co^{II}((S,S)-{}^iPr\text{-}Pybox)(MeOH)]_3 [W^V(CN)_8]_2 \cdot 5.5MeOH \cdot 0.5H_2O\}_n$ 和 $\{[Co^{II}((R,R)-{}^iPr\text{-}Pybox)(MeOH)]_3 [W^V(CN)_8]_2 \cdot 5.5MeOH \cdot 0.5H_2O\}_n[{}^iPr\text{-}Pybox = 2,2'-(2,6\text{-二吡啶基})双(4\text{-异丙基}-2\text{-噁唑啉})][26]$，Lescouëzec 等报道的 $\{[Fe^{III}(bpca)(\mu\text{-}CN)_3 Mn^{II}(H_2O)_3][Fe^{III}(bpca)(CN)_3]\} \cdot 3H_2O[bpca = 二(2\text{-羧基吡啶})酰胺][27]$、$[\{Fe^{III}(bipy)(CN)_4\}_2 M^{II}(H_2O)] \cdot MeCN \cdot 0.5H_2O$（M = Co，Mn）[28]，Rams 等报道的 $(X)_2[Mn(acacen)Fe(CN)_6]$（X = Ph_4P^+、Et_4N^+）[29]，Yao 等报道的 $\{[Ni(L)Ln(NO_3)_2(H_2O)Fe(Tp^*)(CN)_3] \cdot 2CH_3CN \cdot CH_3OH\}_n[H_2L = N,N'\text{-双}(3\text{-甲氧基水杨醛})-1,3\text{-二氨基丙烷}][30]$，Wang 等报道的 $[(Tp)_2 Fe_2^{III}(CN)_6Cu(CH_3OH) \cdot 2CH_3OH]_n[31]$ 等。典型代表如 Lescouëzec 等报道的 $[\{Fe^{III}(L)(CN)_4\}_2 Co^{II}(H_2O)_2] \cdot 4H_2O$（**3**：L = bpy，**4**：L = phen）[32]，**3** 和 **4** 结构非常相似。在 **3** 和 **4** 中，$[Fe^{III}(L)(CN)_4]^-$ 作为一个双单齿配体，通过两个顺式的氰根离子桥连两个 Co(II)离子，形成一个四边形的 Fe_2Co_2 单元，Fe_2Co_2 单元之间进一步通过共用 Co(II)离子从而构筑成一个双之字形一维链（图 34-7）。在 **3** 和 **4** 中，链间 Fe···Co 间的最短距离分别为 7.595(1)Å 和 7.656(1)Å，Fe···Fe 间的最短距离分别为 8.372Å(1)和 9.856(2)Å。在 **3** 和 **4** 中，Fe(III)离子和 Co(II)离子之间均为铁磁耦合作用。

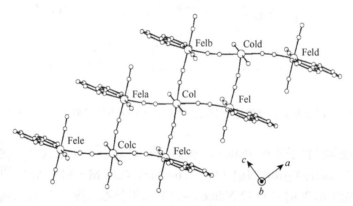

图 34-7 化合物 $[\{Fe^{III}(bpy)(CN)_4\}_2 Co^{II}(H_2O)_2] \cdot 4H_2O$（**3**）的链结构图

图 34-8 中配合物 **3** 在沿着 b 轴上的交流磁化率测试显示了明显的频率依赖性，磁化强度的弛豫时间呈现出符合阿伦尼乌斯公式 $[\tau = \tau_0 \exp(E_a/k_BT)]$ 的指数行为，配合物 **3** 的最佳拟合参数为指前因子 $\tau_0 = 9.4 \times 10^{-12}s$，有效能垒 $E_a/k_B = 142K$。

在单链磁体中也可能产生磁有序和单链磁体的弛豫共存复杂的磁行为。单链磁体 $\{[(tptz)Mn^{II}(H_2O)Mn^{III}(CN)_6]_2 Mn^{II}(H_2O)_2\}_n \cdot 4nMeOH \cdot 2nH_2O$（**5**）[tptz = 2,4,6\text{-三}(2\text{-吡啶基})-1,3,5\text{-三嗪}][33] 由一个中心对称的线形三核 $[(tptz)_2 Mn_3^{II}(OAc)_6]$ 单元 [图 34-9（a）] 与 $\{[18\text{-}C\text{-}6K]\}_3[Mn(CN)_6]$ 缓慢扩散得到。该化合物是由四重氰根桥连 $Mn^{III}\text{-}Mn^{II}$ 锯齿型链组成的带状结构 [图 34-9（c）]。在该化合物的一个单元中，$[Mn^{III}(CN)_6]^{3-}$ 阴离子中的每个 Mn^{III}（Mn1）都处于一个轻微扭曲的八面体几何构型。Mn2 和 Mn3 是两种不同类型的 Mn 离子：Mn2 与一个 tptz 配位基、两个 $[Mn^{III}(CN)_6]^{3-}$ 单元和

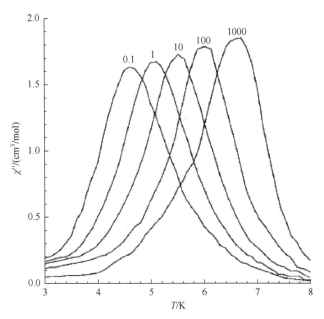

图 34-8 配合物 **3** 的晶体在零外场、沿 *b* 轴的交流场为 1Oe 下虚部磁化率随温度的变化曲线

一个水分子螯合，处于扭曲的八面体几何结构中；Mn3 离子在赤道平面连接四个 $[Mn^{III}(CN)_6]^{3-}$ 单元处于八面体的对称中心，两个水分子占据轴向位置 [图 34-9（b）]。每个 $[Mn^{III}(CN)_6]^{3-}$ 阴离子通过

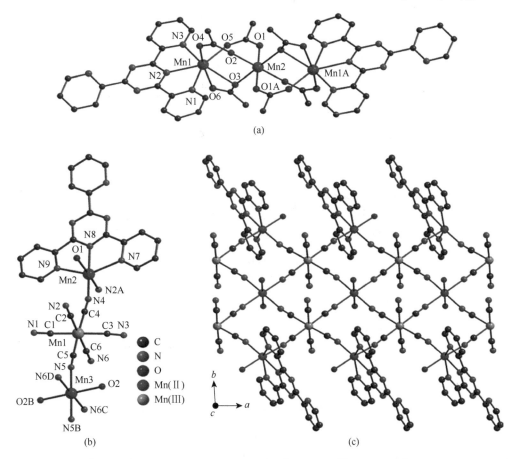

图 34-9 （a）$[(tptz)_2 Mn^{I}_3 (OAc)_6]$ 单元的结构；（b）$\{[(tptz) Mn^{II}(H_2O) Mn^{III}(CN)_6]_2 Mn^{II}(H_2O)_2\}_n \cdot 4n MeOH \cdot 2n H_2O$ 的结构单元；（c）该化合物的带状结构

氰基连接两个 Mn2 和两个 Mn3，而 Mn2 和 Mn3 又通过两个 $[Mn^{III}(CN)_6]^{3-}$ 阴离子互相连接形成带状链结构。链与链间通过 tptz 间的 π-π 堆积作用和氢键作用形成三维结构。

图 34-10 为在 2～300K 温度范围内测得的配位聚合物 **5** 的变温磁化率，从图 34-10 中可看出该化合物呈现典型的亚铁磁行为。在 300K 时，$\chi_M T$ 值达到 14.26cm³·K/mol，比计算的三个高自旋 Mn^{II}（$S=5/2$）和两个低自旋 Mn^{III}（$S=1$）的值 15.13cm³·K/mol 略小。$\chi_M T$ 在 40K 达到最低值，然后随着温度的降低而增加，在 5K 达到最大值 149.1cm³·K/mol，在 5K 以下的突然降低是因为链间的反铁磁作用或者零场分裂。对 40K 以上的数据进行居里-外斯定律拟合，得到 $C=15.05$cm³·K/mol，$\theta=-15.6$K。在 7～20K 内，$\ln(\chi_M T)$-$1/T$ 图呈直线特征，$\Delta_\xi=22.3(4)$K，表明有一个单链磁体特征。在 7K 以下，$\ln(\chi_M T)$ 达到最大值然后在低温下线性减小，从图 34-10 中两个直线部分交点得到转换温度 $T^*=5.2$K。为了证明化合物的单链磁体行为做了变温交流磁化率（图 34-11），长程反铁磁有序使得该物质实部交流磁化率在温度 5.1K 有一峰值，而虚部交流磁化率没有信号。根据低温

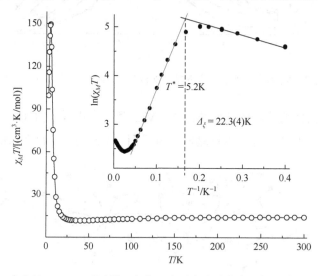

图 34-10　在外场 1000Oe 下测得配合物 **5** 变温交流磁化率。插图为 $\ln(\chi_M T)$-$1/T$ 图

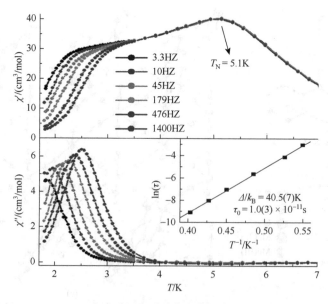

图 34-11　在 5Oe 交流外场、3.3～1400Hz 频率范围内测的化合物 **5** 交流磁化率的实部（χ_M'）和虚部（χ_M''）信号。
插图：弛豫时间的阿伦尼乌斯拟合

虚部交流磁化率信号峰，做 $\ln(\tau)$-$1/T$ 图，进行阿伦尼乌斯拟合，得到 $\Delta/k_B = 40.5(7)$K，$\tau_0 = 1.0(3) \times 10^{-11}$s，这个结果与已经报道过的很多其他单链磁体吻合[26-31]。在 1.8～2.7K 温度范围内的变频交流磁化率数据（图 34-12）同样表明配合物 **5** 具有高度的频率依赖性，经阿伦尼乌斯拟合得到 $\Delta/k_B = 39.9(5)$K，$\tau_0 = 1.1(2) \times 10^{-11}$s，与上面变温的交流测试结果吻合。综上所述，该物质由于链内和链间金属的反铁磁耦合而呈现出 Néel 温度为 5.1K 的反铁磁有序，低温下呈现单链磁体特征，有效能垒为 40.5(7)K。

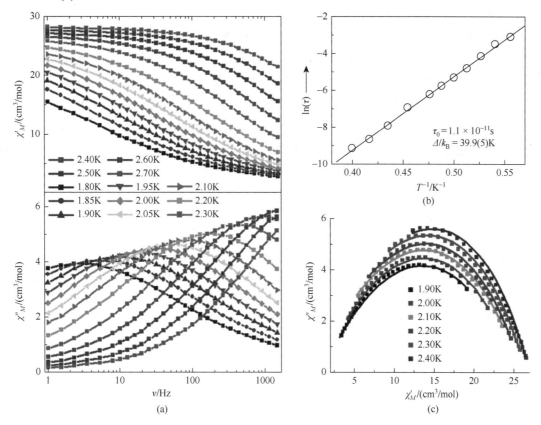

图 34-12　（a）在温度 1.8～2.7K、零直流外场和 5Oe 交流外场下得到的变频实部（χ'_M）和虚部（χ''_M）交流磁化率；（b）弛豫时间的阿伦尼乌斯拟合；（c）Cole-Cole 图

34.3　自旋转换配合物

　　当八面体配合物的中心离子的电子组态为 $d^4 \sim d^7$ 并且处于适当强度的配位场中时，若其晶体场分裂能 Δ 和成对能 P 相近、高低自旋态之间的能级差与 kT 处于同一数量级，则在一个适当及可控的外界微扰（如温度、压力、光辐射等）下，配合物分子可发生高自旋（high spin，HS）态与低自旋（low spin，LS）态之间的转换。这种现象称为自旋交叉（spin crossover，SCO）或者自旋转换（spin transition，ST）。

　　自旋转换的历史最早可追溯到 1931 年，Cambi 等在研究一类 Fe(Ⅲ)配合物时发现其中一些配合物的磁矩随着温度的变化而发生剧烈的变化，后来证明这就是自旋转换现象[34, 35]。1964 年，Baker 和 Bobonich 发现第一个由温度引起的自旋转换配合物[Fe(phen)$_2$(NCX)$_2$]（phen = 1,10-phenanthroline，X = S 或 Se）[36]。1985 年，Decurtins 等发现了一种由光引发的 LS→HS 转变，并且在转变过程中分子可以在相当低的温度下被定量地截留在激发的高自旋态，他们把这种现象命名为光诱导激发态自旋陷获（light-induced-excited-spin-state trapping，LIESST）[37]。1993 年，Kröber 等发现了第一个具有跨越室温的滞后回线的热致自旋转换分子基材料[38]，从而引发了近年来该领域的研究热潮。

目前为止，自旋转换配合物主要研究对象是基于 Fe^{II} 离子的单核、多核及配位聚合物[39-41]。如 Setifi 等报道的[Fe(aqin)$_2$(μ_2-M(CN)$_4$)][M = Ni(II)、Pt(II)，aqin = 8-胺喹啉][41]、Yoon 等报道的[W(CN)$_8$Mn(5-Brsalcy)]{M[HC(3,5-Me$_2$pz)$_3$]$_2$}（M = Zn、Fe）[42]、Agustí 等报道的{Fe(pz)[Pt(CN)$_4$(X)$_p$]}[X = Cl$^-$(p=1)，Br$^-$(p=1)，I$^-$($0 \leqslant p \leqslant 1$)][43]、Shatruk 等报道的{[Fe^{II}(tmphen)$_2$]$_3$ [M^{III}(CN)$_6$]$_2$}（tmphen = 3,4,7,8-四甲基-1,10-邻二氮菲；M = Fe、Co）[44]、Boča 等报道的{[Fe^{III}(salpet)]$_6$[Fe^{II}(CN)$_6$]}Cl$_2$（salpet 为五齿席夫碱）[45]、Chorazy 等报道的{Fe$_9^{II}$[Re^V(CN)$_8$]$_6$(MeOH)$_{24}$}·10MeOH[46]等。代表性的例子如 2015 年 Liu 等报道的三个二维 Hofmann 型结构的配位聚合物[Fe(3-NH$_2$py)$_2$M(CN)$_4$][3-NH$_2$py = 3-aminopyridine，M = Ni（**6**），Pd（**7**），Pt（**8**）][47]。磁化率测试表明三个配合物都显示了自旋转换行为，同时具有较宽的磁滞回线宽度（配合物 **6**、**7**、**8** 分别为 25K、37K、30K）。配合物 **6** 的结构解析表明铁的配位构型为准八面体构型，平面位置被[M(CN)$_4$]$^{2-}$桥连形成二维[4,4]格子，该格子平行于[010]晶面，轴向上被两个 3-NH$_2$py 配体占据。3-NH$_2$py 配体采用面对面堆积，不同层之间存在 π···π 相互作用，C—H···N 氢键及氨基和配位不饱和的 Ni 原子之间的 N_{amino}··· Ni^{II} 弱配位键（图 34-13）。吡啶环中心之间的距离在 120K、220K 分别为 3.61Å、3.71Å。通过[Ni(CN)$_4$]$^{2-}$桥连的相邻的 Fe···Fe 间距分别为 6.96Å 和 7.07Å（120K）[7.21Å 和 7.25Å（220K）]。Fe—N 键的键长在 120K 时为 1.95～2.02Å，在 220K 时增大为 2.15～2.19Å，分别对应于铁（II）离子典型的低自旋态和高自旋态。Fe^{II} 原子的配位构型在 220K 比 120K 时偏离正八面体更严重。

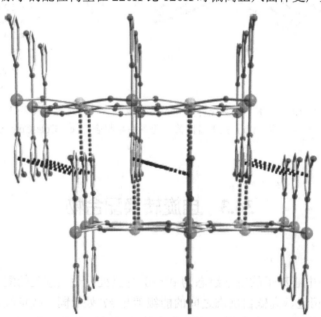

图 34-13　配合物 **6** 结构的侧视图。相邻层间的 π···π 相互作用和 N_{amino}···Ni^{II} 弱配位键分别用紫色和橙色虚线表示（原子标号：Fe 为玫瑰红色，Ni 为黄色，N 为绿色，C 为灰色）

变温磁化率的测试是自旋转换行为的最直接的证据，如图 34-14 所示 $\chi_M T$-T 曲线，$\chi_M T$ 在 300K 的值为 3.77cm^3·K/mol，对应于 $S = 2$ 的 Fe^{II} 离子的高自旋态，随着温度的降低，$\chi_M T$ 值先保持基本不变直到 155K，然后在 155K 以下迅速降低，在 140K 时只有 0.33cm^3·K/mol，表明完全地自旋转换到低自旋态。当从低温加热到高温时，并不是沿原曲线返回，而是显示了一个比较宽的磁滞回线（约 25K）。转变温度分别为 $T_c\downarrow = 148K$ 和 $T_c\uparrow = 173K$。

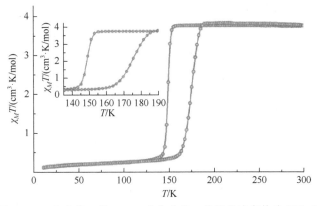

图 34-14　配合物 **6** 的 $\chi_M T$-T 变化曲线，升降温速率均为 2K/min

在上面的例子中，连接亚铁离子的氰根基团 $M(CN)_4^{2-}$（M = Ni、Pd、Pt）为抗磁性物种，所以导致自旋载体间存在弱的磁耦合作用，自旋转换行为主要表现出单个亚铁离子的行为。如果使用的是顺磁性的氰根物种，就可能在自旋转换体系内产生磁有序现象。例如，Arai 等用溶液法得到 Fe-Nb 双金属配合物 $Fe_2[Nb(CN)_8]\cdot(3\text{-}pyCH_2OH)_8\cdot4.6H_2O$（**9**）（3-py = 3-吡啶基）[48]，该化合物同时表现出 Fe^{II} 的自旋转换和 Fe^{II} 和 Nd^{IV} 的亚铁磁有序。该化合物为立方晶系结构，图 34-15 为双金属（Fe^{II}-NC-Nb^{IV}）框架结构与 Fe 和 Nb 的配位几何构型。Fe 的两个轴向位置被 $[Nb^{IV}(CN)_8]$ 中的氮原子占据，赤道平面被配体(3-吡啶基)甲醇中的四个氮占据。$[Nb^{IV}(CN)_8]$ 单元中四个赤道平面的氰基分别桥连四个 Fe 中心，四个轴向的氰基是游离的。

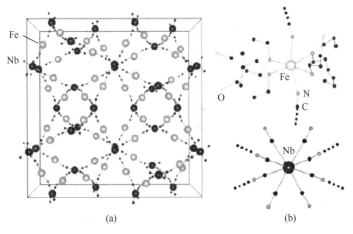

图 34-15　（a）氰根桥连 Fe-Nb 的三维结构；（b）Fe 和 Nb 的配位几何构型

在加热（或冷却）过程中得到摩尔磁化率 [图 34-16（a）]，在 330K 时 $\chi_M T$ 值为 7.37cm³·K/mol（高温相），在 300～180K 范围内随着温度降低，$\chi_M T$ 值也缓慢降低，在 100K 时 $\chi_M T$ 值为 4.17cm³·K/mol（低温相），在冷却和加热过程中得到的 $\chi_M T$ 值一样，也就是说在低温相和高温相转变的过程中没有热磁滞现象。在低温相的值与一半的 Fe_{hs}^{II} 中心转变为 Fe_{ls}^{II} 得到的 4.01cm³·K/mol 接近。该化合物高温相和低温相的电子状态可分别表示为 $(Fe_{hs}^{II})_2[Nb^{IV}(CN)_8]\cdot(3\text{-}pyCH_2OH)_8\cdot4.6H_2O$ 和 $Fe_{hs}^{II}Fe_{ls}^{II}[Nb^{IV}(CN)_8]\cdot(3\text{-}pyCH_2OH)_8\cdot4.6H_2O$。从温度依赖性的紫外-可见吸收光谱图中可以看出在 430（谱带Ⅰ）和

610nm（谱带Ⅱ）处出现吸收谱带［图34-16（b）］，这些谱带被指定为Fe^{II}低自旋态的$^1A_1 \rightarrow {}^1T_2$（谱带Ⅰ）和$^1A_1 \rightarrow {}^1T_1$（谱带Ⅱ）转变。这些谱带强度的温度依赖性与$\chi_M T$值温度依赖性一致，表明$\chi_M T$-$T$图中的变化是由于$Fe^{II}$的自旋转换效应。

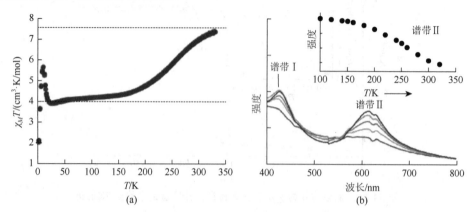

图34-16 （a）在外磁场5000Oe下降温（蓝色）和升温（红色）的$\chi_M T$-T图，虚线为高温相和低温相；（b）紫外-可见光谱分别在300K（红色）、260K（橙色）、220K（绿色）、180K（青色）、100K（蓝色）的温度依赖性。插图为不同温度下谱带Ⅱ的吸收强度

低温下场冷和零场冷磁化强度对温度的图（图34-17）表明低温相有一个居里温度为12K的自发磁化。在2K下磁化强度对外部磁场变化图表明饱和磁化强度（M_s）为3.1μ_B，存在着一个600Oe的矫顽磁场。实际的M_s值与预期M_s值3.4μ_B相接近可能是因为剩余的Fe_{hs}^{II}的亚晶格磁化和Nb^{IV}的反铁磁的耦合作用，因此化合物**9**在12K以下的低温相是亚铁磁体。

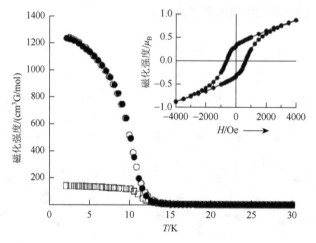

图34-17 在外场10Oe下的场冷（○）、零场冷（□）和剩磁（●）。插图为2K时的磁滞回线

34.4 变 磁 体

变磁体（metamagnet）是随外加磁场发生相变的反铁磁体。在外磁场高于变磁临界场H_c时，体系发生从反铁磁态到铁磁态或亚铁磁态的一级相变。它的$M(H)$曲线呈现典型的S形。变磁体系通常都具有竞争的交换作用。在变磁体的晶体结构中，一般存在自旋平行排列的铁磁链或铁磁层（或亚

铁磁的链或层），这些链或层通过较弱的反铁磁作用而反平行排列，形成体系的反铁磁基态。高于 H_c 的外磁场可以克服这些弱的反铁磁作用，使反平行排列的链或层平行排列，体系发生相变到铁磁态或亚铁磁态。

变磁体在近几十年也受到广泛关注。氰根桥连的变磁体如 Zhang 等报道的 {Mn(dca)(H$_2$O)$_2$[Cr(bpy)(CN)$_4$]}$_n$·2nH$_2$O 和 {Mn(bpy)$_{0.5}$(dca)[Cr(bpy)(CN)$_4$]}$_n$[49]、Herchel 等报道的 {[Ni(en)$_2$]$_3$[Fe(CN)$_6$]$_2$·xH$_2$O}$_n$[50]、Li 等报道的 [Cu(tn)]$_3$[W(CN)$_8$]$_2$·3H$_2$O[51]、Perrier 等报道的 Er(H$_2$O)$_4$[W(CN)$_8$][52]、Wen 等报道的 [Mn((R,R)-Salcy)Fe(Tp)(CN)$_3$·H$_2$O·1/2CH$_3$CN]$_n$ 和 [Mn((S,S)-Salcy)Fe(Tp)(CN)$_3$·H$_2$O·1/2CH$_3$CN]$_n$[53]、Choi 等报道的 [W(CN)$_6$(bpy)][Mn(L1)]·MeCN·MeOH[54]等。代表性的例子如 Hong 等报道的 Mn 配合物 [W(CN)$_6$(bpy)]$_2$[Mn(H$_2$O)$_2$]·4H$_2$O（bpy = 2,2'-联吡啶）（**10**）[55]，它是由 [W(CN)$_6$(bpy)]$^-$ 和 Mn^{2+} 以化学计量比 2:1 的比例混合过滤后静置在黑暗中得到的。配合物 **10** 是一个一维交叉双之字链结构。这种结构与 [Fe^{III}(CN)$_4$L]$_2$[M^{II}(H$_2$O)$_2$]·4H$_2$O[L = 2,2'-联吡啶，1,10-邻二氮菲；M = Mn，Co，Zn][32] 和 [Cr^{III}(CN)$_4$L]$_2$[Mn^{II}(H$_2$O)$_2$][L = 2,2'-联吡啶][56]结构类似。如图 34-18 所示，W(V)原子与六个氰基和一个联吡啶配位形成扭曲的四方反棱柱几何构型。W-CN 间夹角接近 180°，与报道过的一些八氰合钨的双金属化合物一致[57]。一个 [W(CN)$_6$(bpy)]$^-$ 单元连接两个 Mn^{II} 离子形成一个四元 W$_2$Mn$_2$ 环结构 [图 34-18（b）]。Mn^{II} 离子为六配位八面体结构，在赤道平面上和四个来自不同 [W(CN)$_6$(bpy)]$^-$ 单元的氰根 N 原子配位，轴向上还有两个配位水分子。相邻链中联吡啶配位基中吡啶间存在 π-π 非共价作用，配位水、结晶水和末端氰基间存在氢键作用，形成一个三维网状结构。

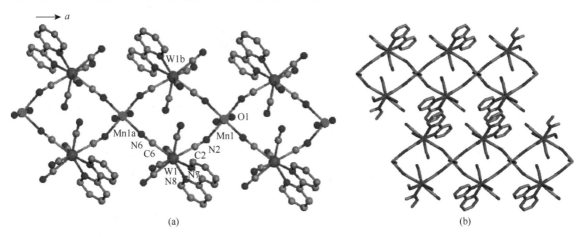

图 34-18　（a）配合物 **10** 的分子结构示意图；（b）配合物 **10** 的扩展结构

配合物 **10** 的变温磁化率如图 34-19 所示，300K 下的 $\chi_M T$ 值为 4.828cm^3·K/mol，比仅自旋值（5.125cm^3·K/mol）稍小，随着温度的降低，$\chi_M T$ 先持续降低，在 40K 达到最小值，表明在链内的 W(V)（S = 1/2）和 Mn(II)（S = 5/2）之间存在一个短程反铁磁耦合作用，而两个金属中心自旋值的不同也最终导致了配合物呈现出亚铁磁链的特性，所以在 5~40K 时 $\chi_M T$ 值迅速增大。5K 以下 $\chi_M T$ 值突然下降可能是因为相邻亚铁磁链间的反铁磁排列。在 60~300K 范围内得到居里常数 C = 5.150cm^3·K/mol，θ = −21.5K，负的 θ 值表明相邻的 W(V)和 Mn(II)间存在反铁磁作用。1.8K 下的变场磁化强度测试呈现出一个清晰的先缓慢增加再迅速增大的 S 形，并且在 dM/dT 插图中于 600Oe 时出现一个明显的拐点（图 34-20），在低于 600Oe 下，磁化强度的线性增加也表明配合物为反铁磁体。在 600Oe 以上场磁化强度迅速增加表明配合物存在场诱导的磁相变，即从反铁磁体到亚铁磁体的转变。在 7T 时达到饱和值，几乎与亚铁磁相的自旋值相同（一个 W$_2^V$Mn^{II} 单元的 S_T = 3/2）。这种行为是典型的变磁体[58]。图 34-19 的插图也证明存在变磁体行为，在 500Oe 场以下，磁化率在 3.0K

左右存在峰值，表明配合物 **10** 为反铁磁体，而在场强为 1000Oe 时，磁化率随着温度的降低持续增加，峰值消失，同样表明配合物从反铁磁体变为顺磁态或亚铁磁体。

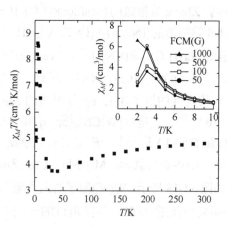

图 34-19 配合物 **10** 在 0.5T 时的 $\chi_M T$-T 图。插图为在不同频率下场冷磁化强度的温度依赖性

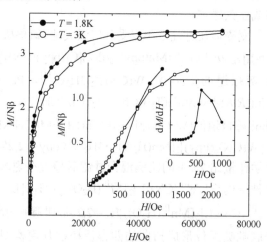

图 34-20 在 1.8K 和 3K 时配合物 **10** 的场依赖性。插图为 1.8K 的 dM/dH-H 图

34.5 总结与展望

随着测量技术及仪器的不断改进，氰根桥连配位聚合物的研究在未来仍将是分子磁学的热门研究领域，尤其是在功能材料方面的应用。Sieklucka 曾提出过含 Mn^{II}、Fe^{II}、Co^{II}、Cu^{II} 等 M'^{II} 的八氰金属盐配合物 $\{M'_x\text{-}(L)_n\text{-}[M(CN)_8]_y \cdot zH_2O\}_n$，可通过去溶剂化等外部刺激的方法减少 M'^{II} 配位数或者修饰 M'^{II} 配位层的有机配体增加 M'-M 间的磁相互作用的强度从而提高磁体的磁有序温度（T_c）[59]。另外在一些磁有序氰根桥连配合物中可以发生单晶-单晶转变，伴随着这种单晶-单晶转变，磁有序温度得到大幅提升[60]。对于单链磁体，含氰金属桥基的存在可以提高配合物磁性弛豫[61]。可通过调控磁各向异性中心的配位层、金属在配位骨架的分散状态、改变分子间排列最小化分子间作用力等方法来优化一些含 Mn 的经典单链磁体。

总之，选择合适的构筑模块和合理的方法设计得到新型磁性分子体系，将是未来设计合成氰根桥连磁性功能配位聚合物的主要研究内容[62, 63]。随着研究的不断深入，晶体工程与材料科学的交叉一定会诞生更多性质更好的分子基磁性材料。

（王庆伦 廖代正）

参 考 文 献

[1] Ohba M，Ōkawa H. Synthesis and magnetism of multi-dimensional cyanide-bridged bimetallic assemblies. Coord Chem Rev，2000，198：313-328.

[2] Lescouëzec R，Toma L M，Vaissermann J，et al. Design of single chain magnets through cyanide-bearing six-coordinate complexes. Coord Chem Rev，2005，249：2691-2729.

[3] Tanase S，Reedijk J. Chemistry and magnetism of cyanido-bridged d-f assemblies. Coord Chem Rev，2006，250：2501-2510.

[4]　Qian S Y，Zhou H，Yuan A H，et al. Syntheses，structures，and magnetic properties of five novel octacyanometallate-based lanthanide complexes with helical chains. Cryst Growth Des，2011，11：5676-5681.

[5]　Abellán G，Martí-Gastaldo C，Ribera A，et al. Hybrid materials based on magnetic layered double hydroxides：a molecular perspective. Acc Chem Res，2015，48：1601-1611.

[6]　Sato O，Tao J，Zhang Y Z. Control of magnetic properties through external stimuli. Angew Chem Int Ed，2007，46：2152-2187.

[7]　Verdaguer M，Bleuzen A，Marvaud V，et al. Molecules to build solids：high TC molecule-based magnets by design and recent revival of cyano complexes chemistry. Coord Chem Rev，1999，192：1023-1047.

[8]　Kahn O. Magnetism of heterobimetallics：Toward molecular-based magnets. Adv Inorg Chem，1996，43：179-259.

[9]　Entley W R，Girolami G S. High-temperature molecular magnets based on cyanovanadate building blocks：spontaneous magnetization at 230K. Science，1995，268：397-400.

[10]　Mallah T，Thiebaut S，Verdaguer M，et al. High-T_c molecular-based magnets：ferrimagnetic mixed-valence chromium（Ⅲ）-chromium（Ⅱ） cyanides with T_c at 240 and 190Kelvin. Science，1993，262：1554-1557.

[11]　Ferlay S，Mallah T，Ouahès R，et al. A room-temperature organometallic magnet based on Prussian blue. Nature，1995，378：701-703.

[12]　Sato O，Iyoda T，Fujishima A，et al. Electrochemically tunable magnetic phase transition in a high-T_c chromium cyanide thin film. Science，1996，271：49-51.

[13]　Holmes S M，Girolami G S. Sol-gel synthesis of $KV^{II}[Cr^{III}(CN)_6]\cdot2H_2O$：a crystalline molecule-based magnet with a magnetic ordering temperature above 100℃. J Am Chem Soc，1999，121：5593-5594.

[14]　Dong W，Zhu L N，Song H B，et al. A Prussian-blue type ferrimagnet $Na[MnCr(CN)_6]$：single crystal structure and magnetic properties. Inorg Chem，2004，43：2465-2467.

[15]　Ohba M，Maruono N，Ōkawa H，et al. A new bimetallic ferromagnet，$[Ni(en)_2]_3[Fe(CN)_6]_2$. cntdot. $2H_2O$，with a rare rope-ladder chain structure. J Am Chem Soc，1994，114：11566-11567.

[16]　Liu C M，Gao S，Kou H Z，et al. Synthesis，crystal structure，and magnetic properties of a three-dimensional cyano-bridged bimetallic coordination polymer with an aromatic amine capping ligand：$[Cu(2, 2'\text{-}dpa)]_3[Cr(CN)_6]_2\cdot3H_2O$（2, 2'-dpa = 2, 2'-dipicolylamine）. Cryst Growth Des，2006，6：94-98.

[17]　Hatlevik Ø，Buschmann W E，Zhang J，et al. Enhancement of the magnetic ordering temperature and air stability of a mixed valent vanadium hexacyanochromate（Ⅲ）magnet to 99℃（372K）. Adv Mater，1999，11：914-918.

[18]　Chelebaeva E，Larionova J，Guari Y，et al. Luminescent and magnetic cyano-bridged coordination polymers containing 4d-4f ions：toward multifunctional materials. Inorg Chem，2009，48：5983-5995.

[19]　Kaneko W，Ohba M，Kitagawa S. A flexible coordination polymer crystal providing reversible structural and magnetic conversions. J Am Chem Soc，2007，129：13706-13712.

[20]　Kou H Z，Gao S，Li C H，et al. Characterization of a soluble molecular magnet：unusual magnetic behavior of cyano-bridged Gd（Ⅲ）- Cr（Ⅲ）complexes with one-dimensional and nanoscaled square structures. Inorg Chem，2002，41：4756-4762.

[21]　Larionova J，Clérac R，Donnadieu B，et al. Synthesis and structure of a two-dimensional cyano-bridged coordination polymer$[Cu(cyclam)]_2[Mo(CN)_8]\cdot10.5H_2O$（cyclam = 1，4，8，11-tetraazacyclodecane）. Crystal Growth & Design，2003，3：267-272.

[22]　Sereda O，Ribas J，Stoeckli-Evans H. New 3D and chiral 1D $Cu^{II}Cr^{III}$ coordination polymers exhibiting ferromagnetism. Inorg Chem，2008，47：5107-5113.

[23]　Yeung W F，Man W L，Wong W T，et al. Ferromagnetic ordering in a diamond-like cyano-bridged $Mn^{II}Ru^{III}$ bimetallic coordination polymer. Angew Chem Int Ed，2001，40：3031-3033.

[24]　Glauber R J. Time-dependent statistics of the Ising model. J Math Phys，1963，4：294-307.

[25]　Caneschi A，Gatteschi D，Lalioti N，et al. Cobalt（Ⅱ）-nitronyl nitroxide chains as molecular magnetic nanowires. Angew Chem Int Ed，2001，40：1760-1763.

[26]　Chorazy S，Nakabayashi K，Imoto K，et al. Conjunction of chirality and slow magnetic relaxation in the supramolecular network constructed of crossed cyano-bridged Co^{II}-WV molecular chains. J Am Chem Soc，2012，134：16151-16154.

[27]　Lescouëzec R，Vaissermann J，Toma L M，et al. mer-$[Fe^{III}(bpca)(CN)_3]^-$：a new low-spin iron（Ⅲ）complex to build heterometallic ladder-like chains. Inorg Chem，2004，43：2234-2236.

[28]　Toma L M，Lescouëzec R，Lloret F，et al. Cyanide-bridged Fe（Ⅲ）-Co（Ⅱ）bis double zigzag chains with a slow relaxation of the magnetisation. Chem Commun，2003，7（15）：1850-1851.

[29]　Rams M，Peresypkina E V，Mironov V S，et al. Magnetic relaxation of 1D coordination polymers $(X)_2[Mn(acacen)Fe(CN)_6]$，$X = Ph_4P^+$，$Et_4N^+$. Inorg Chem，2014，53：10291-10300.

[30] Yao M X, Zheng Q, Qian K, et al. Controlled synthesis of heterotrimetallic single-chain magnets from anisotropic high-spin 3d-4f nodes and paramagnetic spacers. Chem Eur J, 2013, 19: 294-303.

[31] Wang S, Zuo J L, Gao S, et al. The observation of superparamagnetic behavior in molecular nanowires. J Am Chem Soc, 2004, 126: 8900-8901.

[32] Lescouëzec R, Vaissermann J, Ruiz-Pérez C, et al. Cyanide-bridged iron（III）-Cobalt（II）double zigzag ferromagnetic chains: two new molecular magnetic nanowires. Angew Chem Int Ed, 2003, 42: 1483-1486.

[33] Zhang Y Z, Zhao H H, Funck E, et al. A single-chain magnet tape based on hexacyanomanganate（III）. Angew Chem Int Ed, 2015, 54: 5583-5587.

[34] Cambi L, Szegö L. Uber die magnetische susceptibilität der komplexen *Verbindungen*. Ber Dtsch Chem Ges, 1931, 64: 2591-2598.

[35] Cambi L, Szegö L. Uber die magnetische susceptibilität der komplexen *Verbindungen*（II. Mitteil.）. Ber Dtsch Chem Ges, 1933, 66: 656-661.

[36] Baker Jr W A, Bobonich H M. Magnetic properties of some high-spin complexes of iron（II）. Inorg Chem, 1964, 3: 1184-1188.

[37] Decurtins S, Gütlich P, Hasselbach K M, et al. Light-induced excited-spin-state trapping in iron（II）spin-crossover systems. Optical spectroscopic and magnetic susceptibility study. Inorg Chem, 1985, 24: 2174-2178.

[38] Kröber J, Codjovi E, Kahn O, et al. A spin transition system with a thermal hysteresis at room temperature. J Am Chem Soc, 1993, 115: 9810-9811.

[39] Chong C, Mishra H, Boukheddaden K, et al. Electronic and structural aspects of spin transitions observed by optical microscopy. The case of [Fe(ptz)$_6$](BF$_4$)$_2$. J Phys Chem B, 2010, 114: 1975-1984.

[40] Gaspar A B, Muñoz M C, Real J A. Dinuclear iron（II）spin crossover compounds: singular molecular materials for electronics. J Mater Chem, 2006, 16: 2522-2533.

[41] Setifi F, Milin E, Charles C, et al. Spin crossover iron（II）coordination polymer chains: Syntheses, structures, and magnetic characterizations of[Fe(aqin)$_2$(μ$_2$-M(CN)$_4$)]（M = Ni（II）, Pt（II）, aqin = Quinolin-8-amine）. Inorg Chem, 2014, 53: 97-104.

[42] Yoon J H, Lim K S, Ryu D W, et al. Synthesis, crystal structures, and magnetic properties of cyanide-bridged WVMn^{III} anionic coordination polymers containing divalent cationic moieties: slow magnetic relaxations and spin crossover phenomenon. Inorg Chem, 2014, 53: 10437-10442.

[43] Agustí G, Ohtani R, Yoneda K, et al. Oxidative addition of halogens on open metal sites in a microporous spin-crossover coordination polymer. Angew Chem Int Ed, 2009, 48: 8944-8947.

[44] Shatruk M, Dragulescu-Andrasi A, Chambers K E, et al. Properties of prussian blue materials manifested in molecular complexes: observation of cyanide linkage isomerism and spin-crossover behavior in pentanuclear cyanide clusters. J Am Chem Soc, 2007, 129: 6104-6116.

[45] Boča R, Šalitroš I, Kožíšek J, et al. Spin crossover in a heptanuclear mixed-valence iron complex. Dalton Trans, 2010, 39: 2198-2200.

[46] Chorazy S, Podgajny R, Nakabayashi K, et al. Fe^{II} spin-crossover phenomenon in the pentadecanuclear{Fe$_9$[Re(CN)$_8$]$_6$}spherical cluster. Angew Chem Int Ed, 2015, 54: 5093-5097.

[47] Liu W, Wang L, Su Y J, et al. Hysteretic spin crossover in two-dimensional（2D）Hofmann-type coordination polymers. Inorg Chem, 2015, 54: 8711-8716.

[48] Arai M, Kosaka W, Matsuda T, et al. Observation of an iron（II）spin-crossover in an iron octacyanoniobate-based magnet. Angew Chem Int Ed, 2008, 47: 6885-6887.

[49] Zhang Y Z, Wang Z M, Gao S. Three-dimensional heterometallic chiral Cr-Mn compound constructed by cyanide and dicyanamide bridges. Inorg Chem, 2006, 45: 10404-10406.

[50] Herchel R, Tuček J, Trávníček Z, et al. Crystal water molecules as magnetic tuners in molecular metamagnets exhibiting Antiferro-Ferro-Paramagnetic transitions. Inorg Chem, 2011, 50: 9153-9163.

[51] Li D, Zheng L, Wang X, et al. [Cu(tn)]$_3$[W(CN)$_8$]$_2$·3H$_2$O and [Cu(pn)]$_3$[W(CN)$_8$]$_2$·3H$_2$O: two novel Cu（II）-W（V）cyano-bridged two-dimensional coordination polymers with metamagnetism. Chem Mater, 2003, 15: 2094-2098.

[52] Perrier M, Long J, Paz F A A, et al. Peculiar field-dependent magnetic behavior of cyano-bridged coordination polymer Er(H$_2$O)$_4$[W(CN)$_8$]. Inorg Chem, 2012, 51: 6425-6427.

[53] Wen H R, Tang Y Z, Liu C M, et al. One-dimensional homochiral cyano-bridged heterometallic chain coordination polymers with metamagnetic or ferroelectric properties. Inorg Chem, 2009, 48: 10177-10185.

[54] Choi S W, Kwak H Y, Yoon J H, et al. Intermolecular contact-tuned magnetic nature in one-dimensional 3d-5d bimetallic systems: from a fmetamagnet to a single-chain magnet. Inorg Chem, 2008, 47: 10214-10216.

[55] Yoon J H, Kim H C, Hong C S. Cyanide-bridged W（V）-Mn（II）bimetallic double-zigzag chains with a metamagnetic nature. Inorg Chem, 2005, 44: 7714-7716.

[56] Toma L, Lescouëzec R, Vaissermann J, et al. Nuclearity controlled cyanide-bridged bimetallic Cr^{III}-Mn^{II} compounds: synthesis, crystal structures, magnetic properties and theoretical calculations. Chem Eur J, 2004, 10: 6130-6145.

[57] Song Y, Ohkoshi S, Arimoto Y, et al. Synthesis, crystal structures, and magnetic properties of two cyano-bridged tungstate (V)-manganese (II) bimetallic magnets. Inorg Chem, 2003, 42: 1848-1856.

[58] Matsumoto N, Sunatsuki Y, Miyasaka H, et al. [{Mn (salen) CN}$_n$]: the first one-dimensional chain with alternating high-spin and low-spin Mn^{III} centers exhibits metamagnetism. Angew Chem Int Ed, 1999, 38: 171-173.

[59] Sieklucka B, Podgajny R, Pinkowicz D, et al. Towards high T_c octacyanometalate-based networks. CrystEngComm, 2009, 11: 2032-2039.

[60] Wang Q L, Southerland H, Li J R, et al. Crystal-to-crystal transformation of magnets based on heptacyanomolybdate (III) involving dramatic changes in coordination mode and ordering temperature. Angew Chem Int Ed, 2012, 51: 9321-9324.

[61] Dhers S, Feltham H L C, Brooker S. A toolbox of building blocks, linkers and crystallisation methods used to generate single-chain magnets. Coord Chem Rev, 2015, 296: 24-44.

[62] Guo F S, Day B M, Chen Y C, et al. A Dysprosium metallocene single-molecule magnet functioning at the axial limit. Angew Chem Int Ed, 2017, 56: 11445-11449.

[63] Liu J L, Chen Y C, Tong M L. Symmetry strategies for high performance lanthanide-based single-molecule magnets. Chem Soc Rev, 2018, 47: 2431-2453.

35.1 引　言

　　金属有机框架（metal-organic framework，MOF）是一类含有无机金属离子和有机配体并通过配位键将两种组分连接并扩展到三维空间的配位聚合物[1-3]。这类配位聚合物材料可以表现出很多有趣的物理及化学性质，并在动态框架、气体吸附、客体包合、催化、光学、磁学、介电和铁电功能材料等方面展现出重要的应用价值[4-8]。MOF 中各组分的选择，特别是有机配体的配位能力和桥连模式对所构筑 MOF 的结构与性质有着重要的影响。在众多研究报道的 MOF 中，以甲酸为有机配体的金属甲酸框架（metal formate framework，MFF）是一类颇具特色的配位聚合物[9, 10]。

　　MFF 中的无机金属离子的来源非常广泛，既有过渡金属离子和稀土离子，也有碱金属和碱土金属等主族金属离子。同时，甲酸根也很有特点。①甲酸根是一种最小最简单的羧酸根，其配位模式丰富，位阻效应极小，是一种良好的构筑 MOF 的构筑模块（图 35-1）。②根据配位模式的不同，甲酸

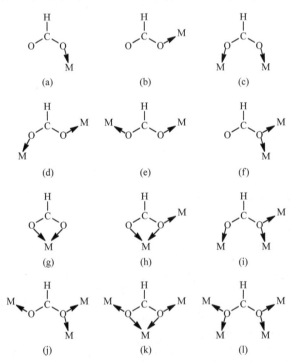

图 35-1　甲酸根的几种常见的顺式（*syn*）、反式（*anti*）、桥连（μ-）及螯合（*chelating*）配位模式：（a）*syn*；（b）*anti*；（c）*syn-syn*；（d）*syn-anti*；（e）*anti-anti*；（f）μ-或 *syn/anti*；（g）*chelating*；（h）*chelating-anti*；（i）*syn-syn/anti*；（j）*anti-anti/syn*；（k）*anti-chelating-anti*；（l）*anti/syn-anti/syn*

根可以作为单原子或三原子桥连配体来充分调节顺磁离子间磁耦合形式和强度。③甲酸根配体是一种良好的氢键受体，可以促进氢键体系的形成，在结构相变和相应的介电、铁电行为等方面发挥关键作用[7, 11]。因此，磁性金属甲酸框架可以作为设计和构筑多功能材料的平台，实现分子磁体与铁电等其他功能的结合。

作为 MOF 的一个分支，MFF 经过几十年的不断研究发展，不仅结构丰富，而且磁性 MOF 领域有着重要的一席之地。本章将简要概括 MFF 的发展过程，重点介绍几种不同类型的 MFF 的结构特点及相应的磁性、介电和铁电等性质，包括简单的金属甲酸二组分的 MFF、多孔金刚石型 MFF、含碱金属的 MFF、含胺类离子的 MFF，并对后续的发展进行展望。

35.2　金属甲酸框架的发展概况

人们对 MFF 的研究大体始于 20 世纪 60～70 年代对二水合金属甲酸盐 $[M(HCOO)_2(H_2O)_2]_n$（metal formate dehydrate，MFD）的合成与研究[12, 13]。在这类配合物中，金属离子 M^{2+} 与甲酸根 $HCOO^-$ 形成 $M(HCOO)_2$ 的（4,4）层，层中的所有 $HCOO^-$ 均采用反式-反式配位，之后通过反式的 $M(H_2O)_4(HCOO)_2$ 单元连接形成三维框架［图 35-2（a）］。这类结构主要表现出自旋倾斜反铁磁或弱铁磁的长程有序（表 35-1）。长程有序过程分为两步，第一步发生在（4,4）层内，层间的反式 $M(H_2O)_4(HCOO)_2$ 单元保持顺磁态；第二步则是三维长程有序。与之相近的体系为 $[M(HCOO)_2L_2]_n$（MFL），其中 L 为尿素或甲酰胺类的共同配体[14]。这类体系同样具有 $M(HCOO)_2$ 形成的（4,4）层，层间通过氢键连接，表现出弱铁磁相互作用及与 MFD 相似的奈尔温度（Néel temperature，T_N）。在 $[Cu(HCOO)_2(H_2O)_2]_n·2nH_2O$（copper formate tetrahydrate，CFT）中[15, 16]，一半 H_2O 分子在轴向上与 Cu^{2+} 配位，另一半 H_2O 分子通过氢键形成二维水分子层，与 $Cu(HCOO)_2$ 层相互间隔［图 35-2（b）］。该配合物的反铁磁有序温度 T_N 为 17K，氢键无序到有序的相变引起的反铁电相变温度 T_c（critical temperature）为 234K。

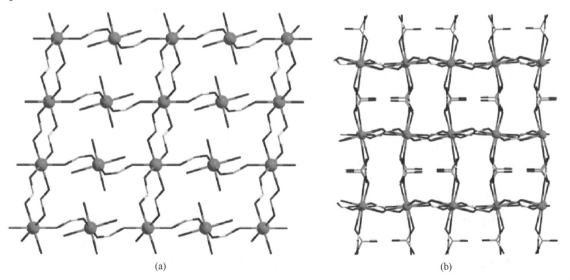

(a)   (b)

图 35-2　（a）$[Cu(HCOO)_2(H_2O)_2]_n$ 的结构图；（b）$[Cu(HCOO)_2(DMF)_2]_n$ 的结构图。Cu，绿色；O，红色；N，蓝色；C，灰色

表 35-1　几种 MFD 和 MFL 体系配位聚合物的磁性数据

$M(HCOO)_2 \cdot 2H_2O$	Mn	Fe	Co	Ni	Cu
磁相互作用	弱铁磁	弱铁磁	弱铁磁	弱铁磁	反铁磁
T_N/K	3.7	3.8	5.1	15.5	
层内金属离子交换常数 J_{M-M}/K	−0.35	—	−4.3	−8.6	−33
$M(HCOO)_2 \cdot 2L$	Mn	Fe	Co	Ni	
磁相互作用	弱铁磁	弱铁磁	弱铁磁	弱铁磁	
T_N/K	3.8	7.9	6.34	15.0	
层内金属离子交换常数 J_{M-M}/K	−0.34	—	−3.3	—	

1961～1993 年陆续报道了无水的 $[Cu(HCOO)_2]_n$ 配位聚合物[17,18]。$[Cu(HCOO)_2]_n$ 具有两种铁磁同质异形体：α 相和 β 相。两种配合物都是三维框架结构。亚稳定的 β 相结晶于 *Pbca* 空间群中，$Cu(HCOO)_2$ 的（4,4）层堆积较为紧密。同一层内，$HCOO^-$ 为反式-反式配位，并通过其中一个 O 原子与相邻层的 Cu^{2+} 配位，即整体为反式-反式/顺式配位。β 相可以在高温下（约 100℃）转化成较稳定的 α 相（$P2_1/a$ 空间群），过程中伴随着部分反式 Cu—O 键的断裂和部分顺式 Cu—O 键的生成。α 相和 β 相的 T_c 温度分别为 8.2K 和 30.4K。β 相的 T_c 温度较高与其结构中更强更多的 Cu···Cu 相互作用密切相关，该相变温度在 MFF 体系中也是颇高的。

20 世纪 70～80 年代，少量含胺类离子或碱金属离子的 MFF 体系被报道，如 $[AH][Cu(HCOO)_3]$（$AH = CH_3NH_3^+$，$(CH_3)_2NH_2^+$）、$[NH_2CHNH_2][Zn(HCOO)_3]$、$Cs[Co(HCOO)_3]$ ［图 35-3（a）］[19,20]。虽然这类配合物在早期只有结构被报道，但其丰富多彩的磁性、介电、铁电等多种性质深深地引起了人们的广泛关注，目前化学家和物理学家对这一系列 MFF 的研究热情依然非常高涨。

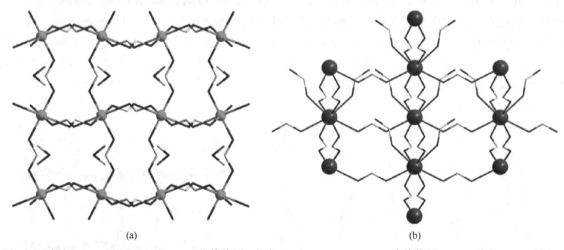

(a)　　　　　　　　　　　(b)

图 35-3　（a）$[(CH_3)_2NH_2][Cu(HCOO)_3]$ 的结构图；（b）$Er(HCOO)_3 \cdot 2HCONH_2$ 的结构图。Cu, 蓝色；Er, 绿色；O, 红色；N, 蓝色；C, 灰色

1981 年，基于三价稀土金属离子 Ln^{3+} 的 MFF 陆续被报道[21]，如 $Ln(HCOO)_3$、$Ln(HCOO)_3 \cdot 2H_2O$、$Ln(HCOO)_3 \cdot 2HCONH_2$ 等 ［图 35-3（b）］。$Ln(HCOO)_3$ 为三维结构，三帽三棱柱配位几何构型的 Ln(III)链通过帽上的 $HCOO^-$ 配体连接成网络结构。$Ln(HCOO)_3 \cdot 2H_2O$ 中的 $HCOO^-$ 采用顺式-反式和反式-反式两种配位模式，拓扑结构为（$4^9 \cdot 6^6$）。$Ln(HCOO)_3 \cdot 2HCONH_2$ 为类似钙钛矿的结构，所有 $HCOO^-$ 均为反式-反式配位。稀土离子的 MFF 体系的研究多为结构与光谱研究，磁性方面的研究还较少。1999 年，R. Sessoli 等报道了 Mn^{3+} 离子的 MFF 框架 $[Mn(HCOO)_3]_n$[22]。该配合物的框架孔道中含有二氧化碳和（或）甲酸客体分子，反铁磁有序温度 T_N 为 27K。

综上所述，金属甲酸框架展现了其丰富多彩的结构和磁学、电学等性质。时至今日，MFF 仍然需要人们更多、更深入、更详细的研究。

35.3 二元金属甲酸框架

只含一种金属离子和甲酸根的二元 MFF 体系 $M(HCOO)_2$ 的研究工作主要是由 A. K. Powell 等在 2000 年之后进行的[23, 24]。虽然在更早之前就有相关文献报道，但其结构并没有确定下来。根据 A. K. Powell 等的研究，$M(HCOO)_2$ 可以分为具有多孔结构的 α 相与结构较为紧密的 β 相和 γ 相。与后两者相比，α 相的 $[M(HCOO)_2]_n$ 可以在其孔道中包覆多种客体，从而表现出客体相关的多种性质，35.4 节将对其详细讨论。这里主要介绍 β 相和 γ 相 $M(HCOO)_2$ 框架。

Powell 等在 2003 年报道了 β-$Mn(HCOO)_2$ 的结构[24]［图 35-4（a）］，其与前面所提到的 β-$Cu(HCOO)_2$ 具有相同的拓扑结构。$HCOO^-$ 的两个氧原子的其中一个为桥连型 μ-O，另一个为反式并单配 Mn^{2+}，即整体为反式-反式/顺式结构。相邻的 Mn^{2+} 之间通过分别来自两个 $HCOO^-$ 的 μ-O 桥连，形成之字形一维链，链与链之间进一步通过反式-反式/顺式的 $HCOO^-$ 连接形成三维结构。该配合物表现出反铁磁体行为，有序温度为 8K。β-/γ-$Fe(HCOO)_2$、β-$Zn(HCOO)_2$ 及 β-$Mg(HCOO)_2$ 的整体结构与 β-$Mn(HCOO)_2$ 相似，不同的是，β-$Mg(HCOO)_2$ 等链内相邻 Mg^{2+} 之间除了有两个 μ-O 桥连外，还通过一个顺式-反式/顺式 $HCOO^-$ 桥连[23, 25]［图 35-4（b）］。在过渡金属离子中，基于 Co^{2+} 和 Ni^{2+} 的相应紧密结构的无水二元 MFF 尚未被报道。

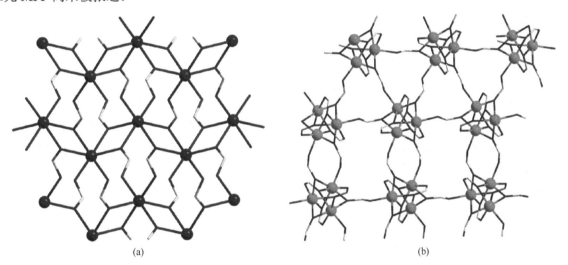

(a)　　　　　　　　　　　　(b)

图 35-4 （a）β-$Mn(HCOO)_2$ 的结构图；（b）β-$Mg(HCOO)_2$ 的结构图。Mn，紫色；Mg，绿色；O，红色；
N，蓝色；C，灰色

基于稀土离子的二元紧密结构的 MFF 配位聚合物 $Ln(HCOO)_3$（Ln 为 Ce、Pr、Nd、Sm、Gd 等）[26, 27] 多结晶于 $R3m$ 空间群中，其结构也可以看作由链相互连接形成的三维网络。以 $Gd(HCOO)_3$ 为例[27]，相邻 Gd^{3+} 通过三个 $HCOO^-$ 的 μ-O 桥连，形成沿晶体学 c 轴方向延伸的一维链，在垂直于链的方向上，链之间的 Gd^{3+} 通过反式-反式/顺式的 $HCOO^-$ 桥连（图 35-5）。Gd^{3+} 之间存在非常弱的反铁磁相互作用。$Gd(HCOO)_3$ 具有较大的顺磁离子 Gd^{3+} 密度，因此表现出很好的磁热效应，在外磁场为 7T 和液氦温度下的最大单位体积熵变 $-\Delta S_m$ 达到 $215.7 mJ/(K \cdot cm^3)$。

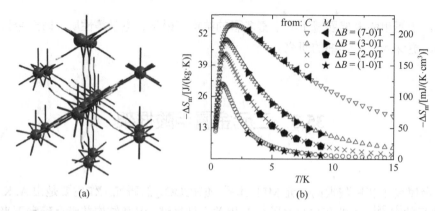

(a)　　　　　　　　　　(b)

图 35-5　（a）Gd(HCOO)$_3$ 的结构图；（b）Gd(HCOO)$_3$ 的温度依赖的磁熵变图。Gd，绿色；O，红色；C，灰色[27]

35.4　金刚石型多孔金属甲酸框架

金刚石型多孔结构 $[M_3^{II}(HCOO)_6]_n$（M = Mn、Fe、Co、Ni、Zn、Mg），即 α 相的 $[M^{II}(HCOO)_2]_n$，是一类非常有趣的 MFF 体系[23, 28]。在早期研究中，高松等课题组报道了常温常压下采用溶液法合成该体系，合成过程中需要用到大体积胺（如三乙胺）作为模板剂来抑制其他 MFF 体系（如含胺类离子的 MFF，见下文）的形成[29, 30]。在后续研究中，其他课题组也报道了利用溶剂热的方法合成该体系[31, 32]。这类配合物具有多孔和热稳定性好的特点，因而可以表现出气体或客体吸附行为，以及基于不同客体分子的其他性质。

35.4.1　结构及客体分子吸附

$[M_3^{II}(HCOO)_6]_n$ 通常结晶于空间群 $P2_1/c$，均为多孔框架结构，表现出由 MM$_4$ 四面体型节点构成的金刚石型拓扑网络。其节点中一个金属离子位于四面体中心，四个金属离子位于顶点，并通过共顶点的方式与周围的四面体节点相连 [图 35-6（a）]。在一个四面体节点内，连接四个顶点的六个 HCOO$^-$ 均为顺式-反式构型；而中心金属离子与四个顶点金属离子的连接类型分为两组，一组含有两个 μ-O 和一个顺式-顺式 HCOO$^-$，另一组则含有一个 μ-O 和两个顺式-顺式 HCOO$^-$ [图 35-6（b）]。

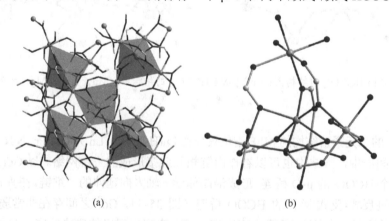

(a)　　　　　　　　　　(b)

图 35-6　（a）[Co$_3$(HCOO)$_6$]$_n$ 的结构图；（b）{Co^{II}Co$_4^{II}$} 四面体节点结构图，金黄色和蓝色短棍表示中心离子与顶点离子的桥连方式。Co，浅紫色；O，红色；C，灰色

该体系的框架尺寸与金属离子的半径有很大的相关性，从离子半径最大的 Mn^{II} 到离子半径最小的 Ni^{II}，其晶胞体积可以相差约 20%[29, 33]。

这类多孔框架具有良好的结构稳定性和热稳定性[34, 35]。在移除孔道中的客体分子后，框架依然可以保持稳定。在加热条件下，Mn(II) 和 Zn(II) 的框架可以分别稳定到 220℃ 和 150℃，然后经历一个相变后塌缩。Fe(II)、Co(II) 和 Ni(II) 的框架则可以稳定到 270℃，在塌缩之前没有相变。Mg 的框架甚至可以稳定到 400℃。

框架中的孔道呈蜂巢状排列，约占晶胞体积的 30%，开口大小约为 4Å×5Å。框架孔道具有以下几个特性：①孔道内壁由疏水的 C—H 基团与亲水的氧原子组成，因而具有两亲性 [图 35-7（a）]；②M—O—M 的角度及金属离子之间的距离在一定范围内可以调节，因而可以容纳不同尺寸的客体并保持原有晶形；③框架虽然是非手性，但二重螺旋轴使其含有左旋（left-handed helical，M）和右旋（right-handed helical，P）两种孔道 [图 35-7（b）]，或许可以应用于手性客体的选择吸附。

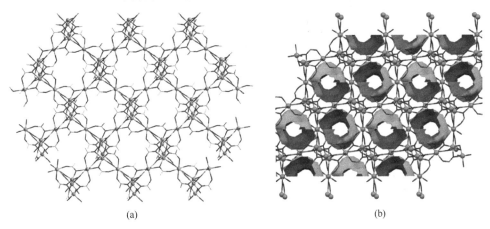

(a)　　　　　　　　　　　　　　　(b)

图 35-7　（a）$[Fe_3(HCOO)_6]_n$ 的蜂巢状孔道结构；（b）$[Fe_3(HCOO)_6]_n$ 的两种不同方向的螺旋孔道。Fe，浅紫色；O，红色；C，灰色；H，橙黄色

由于上述框架和孔道特点，该体系表现出非常广泛和有趣的吸附行为。在气体吸附方面，这类框架能够表现出大约 1% 质量比的 H_2 储存能力，对其他气体如 CO_2（二氧化碳）、C_2H_4（乙烯）等也表现出吸附行为。$[Mn_3(HCOO)_6]_n$ 可以吸附超过 40 种客体分子，涵盖了几乎所有常见的尺寸合适的溶剂分子，以及挥发性的固态分子[36]。孔道内的客体分子与主体框架的相互作用主要体现在以下两方面。一方面，小尺寸客体分子（如乙腈、丙酮、碘、呋喃、咪唑等）和大尺寸客体分子（如四氢呋喃、苯、硝基苯等）可以使框架的晶格尺寸的变化达到 11%。另一方面，孔道的尺寸效应可以影响客体分子的排列。小分子可以在孔道中自由翻转以寻求最低势能，大分子则被限制在两种取向上[35]。另外，金属离子的种类对吸附客体分子也有一定的影响。例如，在对碘分子的吸附中，$[Mn_3(HCOO)_6]_n$、$[Fe_3(HCOO)_6]_n$、$[Zn_3(HCOO)_6]_n$ 表现出不同的吸附量，以及不同的主体-客体、客体-客体相互作用。在 $[Mn_3(HCOO)_6]_n$ 中，通过引入手性分子 R-/S-$CH_3C^*HClCH_2OH$ 还可以获得整体的手性。在这例结构中，R-/S- 的客体分子在 M-/P-孔道中有序排列，而在相反螺旋的孔道中无序排列。

35.4.2　磁性及多功能性

1. $[M_3(HCOO)_6]_n$ 框架的磁性

$[M_3(HCOO)_6]_n$ 框架的磁性因金属离子和自旋的不同而不同[28, 30, 33]（图 35-8）。Mn(II)、Fe(II) 和 Ni(II) 的框架表现为亚铁磁体或铁磁体，T_N/T_C 温度分别为 8.0K、16.1K 和 2.7K。Co(II) 的框架可

能为反铁磁体或自旋倾斜，T_N 在 2K 以下。Mn(II)和 Ni(II)的框架为软磁体（Mn 化合物的矫顽场 H_C 约为 0Oe，Ni 化合物的矫顽场 H_C 约为 800Oe），而基于 Fe(II)的框架的矫顽场 H_C 要大很多，约为 700Oe。对 Mn(II)和 Fe(II)的框架的深入研究发现，两种材料在 T_N/T_C 温度下可能表现出二次磁相变，表明可能有自旋重排[30, 33, 37, 38]。该体系的异质同晶特性意味着可以得到不同金属不同比例混杂的框架结构。这样可以形成各种各样新的多孔材料，不仅孔道尺寸可调，而且磁行为更加丰富。例如，$[Fe_xZn_{3-x}(HCOO)_6]$ 可以看作 $[Fe_3(HCOO)_6]$ 中掺入抗磁的 Zn^{2+}，不仅晶格收缩，其磁性质也从原先的三维长程有序变为自旋玻璃，然后变为超顺磁（或单分子磁体）[35]。这为设计多孔单分子磁体或自旋玻璃提供了一种新的途径。

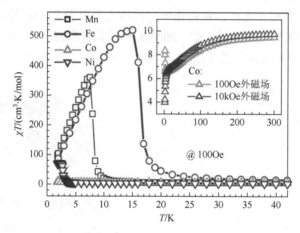

图 35-8 不同金属离子的 $[M_3(HCOO)_6]_n$ 框架在 100Oe 外磁场下的温度依赖磁化率性质图。插图为 $[Co_3(HCOO)_6]_n$ 架在不同外磁场（100Oe 和 10kOe）的温度依赖磁化率性质图[35]

2. 客体分子调控的 $[M_3(HCOO)_6](G)$ 的磁性

当 $[M_3(HCOO)_6]$ 吸附客体分子（guest，G）形成 $[M_3(HCOO)_6](G)$ 后，依然表现出三维磁长程有序，但同时具有客体依赖性（表 35-2）。客体分子的引入并没有改变原先金属离子之间的磁耦合特性，但改变了磁耦合的强度。根据客体分子的不同，相变温度 T_C、矫顽场 H_C 及剩余磁化强度 R_M 均有可能变大或变小[30, 33, 36-38]。例如，对于 $[Mn_3(HCOO)_6]$，T_C 为 8.0K，通过引入不同客体分子可以调节 $[Mn_3(HCOO)_6](G)$ 的 T_N 温度在 4.8～9.7K 的范围内变化。对于 $[Fe_3(HCOO)_6]$，T_C 为 16.1K，而引入客体分子的 $[Fe_3(HCOO)_6](G)$ 的 T_C 可以在 15.6～20.7K 的范围内调节（图 35-9）。随着大的客体分子的引入，框架中的 M—O—M 键角增加而 T_C 温度降低[38]；同时，主客体之间氢键相互作用的增强会使得 T_N 温度升高。纯一的对映体和外消旋的对映体客体分子对磁性也有微小但不可忽略的影响。它们在孔道中排列的不同使得框架几何构型产生微妙的不同，纯一的对映体会降低 T_N 温度而外消旋的对映体会升高 T_N 温度。同时，将手性的客体分子引入非手性的框架的孔道中也为构建手性磁体提供了一种新的途径。

表 35-2 客体调控的 $[M_3(HCOO)_6](G)$ 的相变温度（T_N/T_C）

[Mn₃(HCOO)₆](G)		[Fe₃(HCOO)₆](G)	
客体	T_N/K	客体	T_C/K
母体（甲醇和水）	8.1	母体（甲醇和水）	16.0
空框架	8.0	空框架	16.1
乙酸	4.8	甲酸	16

续表

[Mn₃(HCOO)₆](G)		[Fe₃(HCOO)₆](G)	
客体	T_N/K	客体	T_C/K
N, *N*'-二甲基甲酰胺	7.2	乙腈	20.7
呋喃	9.7	呋喃	19.8
苯	8.6	苯	15.6
碘	7.1	碘	17.3
乙醇	8.5	丙酮	20.0
(*R*)-2-氯-1-丙醇	7.6	四氢呋喃	18.8
(*S*)-2-氯-丙醇	7.6		
(*RS*)-2-氯-丙醇	8.3		

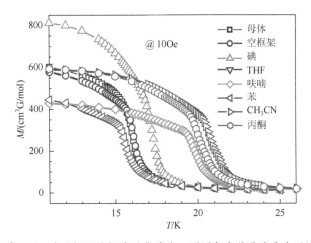

图 35-9　[Fe₃(HCOO)₆](G)在 10Oe 外磁场下的场冷磁化曲线。不同颜色的曲线代表了图中相应标志的客体分子，其中黑色（母体）为在甲醇和水溶液中合成的样品，红色（空框架）为除去客体分子的空框架[37]

3. [M₃(HCOO)₆]（G）的介电异常与铁电相变

[M₃(HCOO)₆]框架本身是刚性的结构，因而往往很难表现出介电响应和介电异常。然而，客体分子在孔道中却有很大的翻转空间。如果客体分子为极性分子，那么将表现出突出的介电性质。这在客体分子为 H₂O、CH₃OH 或 C₂H₅OH 的[Mn₃(HCOO)₆](G)中得到了体现[36]。空框架[Mn₃(HCOO)₆]没有表现出介电异常，而引入客体分子后则表现出有趣的介电、铁电性质。[Mn₃(HCOO)₆](H₂O)(CH₃OH)在 120K 附近出现大的介电常数降低现象，说明可能存在液-固相变或客体分子在孔道中的"冻结"。对[Mn₃(HCOO)₆(CH₃CH₂OH/D)]的研究发现，其在 165K 左右出现顺电相到铁电相的相变。这是首例铁电多孔磁体，在 8.5K 以下具有磁有序和电有序。向 MFF 体系中引入广泛的客体分子这一策略为构筑基于 MOF 的多铁材料提供了新的方法。

35.5　含碱金属离子的金属甲酸框架

含碱金属的 MFF 除了早期的一些研究外，近年来只有少量报道。2009 年，Paredes-García 等报道了一例手性 MFF 配位聚合物[Na₃Mn₃(HCOO)₉]ₙ ［图 35-10（a）］[39]。该聚合物为三维网络结构，其中八面体的 Mn^{2+} 通过顺式-反式 $HCOO^-$ 连接，具有复杂的拓扑结构（$3^3 \cdot 5^9 \cdot 6^3$）。该结构也可以看作由三角形的 Mn₃ 结构单元模块组成，Na^+ 位于每个 {Mn₃} 三角形的上方，并通过 $HCOO^-$ 与相邻的 Mn^{2+} 相连接。该框架材料在 30K 左右表现出反铁磁行为或 Mn₃ 单元高度的自旋阻挫行为。2011 年，高松和王哲明课题组报道了两例同质异晶的[KCo(HCOO)₃]ₙ，分别为六方相和单斜相[40]［图 35-10（b）和（c）］。前者为动力学产物，而后者为热力学产物，无论是固态还是溶液状态下，前者到后者的转变不可逆。六方相的[KCo(HCOO)₃]ₙ 具有手性的（$4^9 \cdot 6^6$）拓扑框架，K^+ 位于其中的六方形孔道内。伴随着某些 $HCOO^-$ 桥从反式-反式到顺式-反式的转变，该六方相可以转变为钙钛矿型的单斜相，同时磁行为由自旋倾斜（$T_N = 8.3K$）转变为反铁磁体（$T_N = 2.0K$）。卜显和课题组通过改变起始材料的比例及溶剂，得到了三例不同 Co/Na 比例的 MFF[41]［图 35-10（d）～（f）］。其中[Na₂Co(HCOO)₄]ₙ 为之字形 Na₂(μ-O)₂ 二聚体桥连（4, 4）钴甲酸层形成的三维框架。Co^{2+} 之间为铁磁作用，且钴甲酸层之间被很好地分隔，因而在 2K 以上未观察到长程有序现象。[NaCo(HCOO)₃]ₙ 则为反铁磁交换，在 2K 以上也没有表现出长程有序或阻挫现象。[Na₂Co₇(HCOO)₁₆]ₙ 的 Co^{2+} 之间通过多种不同配位模式的甲酸桥连，十元钴环连接成一维链，进而扩展到二维层，最终通过与层间的 Na^+ 扩展到三维网络结构。该框架材料在 2.5K 表现出反铁磁长程有序。这类体系还有待进一步充分发掘和深入研究。

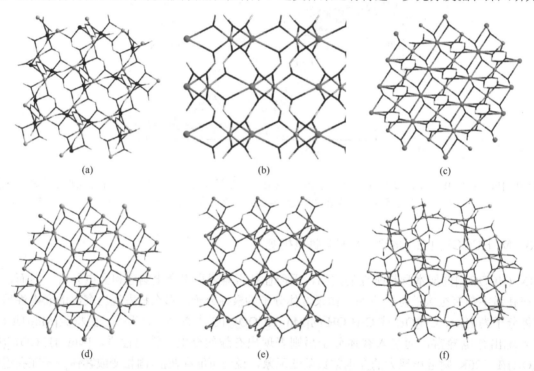

(a) (b) (c)

(d) (e) (f)

图 35-10 （a）[Na₃Mn₃(HCOO)₉]ₙ 结构图；（b）[KCo(HCOO)₃]ₙ 六方相结构图；（c）[KCo(HCOO)₃]ₙ 单斜相结构图；（d）[Na₂Co(HCOO)₄]ₙ 结构图；（e）[NaCo(HCOO)₃]ₙ 结构图；（f）[Na₂Co₇(HCOO)₁₆]ₙ 结构图。Mn，深紫色；Co，粉紫色；Na，黄色；Co/Na，蓝色；K，绿色；O，红色；C，灰色

35.6 含胺类离子的金属甲酸框架

质子化的胺离子或铵根离子（AHn^{n+}）作为模板被广泛应用于包括 MOF 在内的许多化学体系

中[42-44]。在过去的十几年里，多个课题组对含胺类离子的 MFF（ammonium metal formate framework，AMFF）体系进行了系统的研究。不同胺类离子作为模板可以得到各种不同的框架结构，表现出各种磁性、介电、铁电、多铁等现象。AMFF 体系作为一类蓬勃发展的 MOF 材料受到研究者们的广泛青睐。

35.6.1　结构

1. 小尺寸胺离子为模板的手性 AMFF

将尺寸小的胺类离子，如 NH_4^+ 或 $HONH_3^+$ 引入 MFF 体系中，可以得到手性的（$4^9·6^6$）拓扑结构的 AMFF 框架$[NH_4][M^{II}(HCOO)_3]$或$[HONH_3^+][M^{II}(HCOO)_3]$[45-49]。$NH_4^+$ 和 $HONH_3^+$ 在尺寸上与 K^+ 和水分子相近，因而具有与 35.5 节中提到的六方相$[KCo(HCOO)_3]_n$相同的拓扑结构。该 AMFF 框架内的金属离子均作为六配位节点，并通过单一的反式-反式 $HCOO^-$ 连接。此框架可以看作平行的波浪形（4, 4）层通过与其垂直的之字形甲酸链连接而成，一层内的金属离子与相邻上下两层的金属离子呈顺式分布［图 35-11（a）］。包合胺类离子的框架孔道由双向三重螺旋的…M-OCHO-M-OCHO…组成，直径约为 3Å。室温下，$[NH_4][M^{II}(HCOO)_3]$结晶于极性 $P6_322$ 空间群，NH_4^+ 在孔道中处于快速振动的状态。在降温过程中，NH_4^+ 由无序状态变为有序状态，晶胞变为室温下的 3 倍，空间群变为$P6_3$［图 35-11(b)］。结构相变导致发生自发极化，由顺电相变为铁电相。而在 $[HONH_3^+][M^{II}(HCOO)_3]$ 中[49]，$HONH_3^+$ 与框架间强的氢键作用使得 $HONH_3^+$ 在孔道中一直有序排列，从而无相变产生。

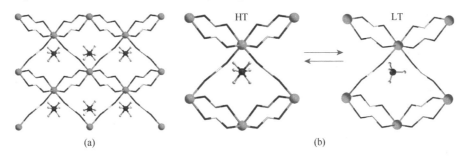

图 35-11　（a）$[NH_4][Zn(HCOO)_3]$的结构图；（b）$[NH_4][Zn(HCOO)_3]$在高温（HT）和低温（LT）下孔道内 NH_4^+ 的无序和有序状态的变化。Zn，蓝绿色；O，红色；C，灰色；N，深蓝色；H，黄色

2. 钙钛矿型 AMFF

钙钛矿型 AMFF 的研究目前非常广泛和深入，已有几十例配位聚合物被报道[19, 20, 50-54]。这类聚合物$[AH][M^{II}(HCOO)_3]$具有与钙钛矿（$CaTiO_3$）相同的 ABX_3 型结构。其中，AH^+ 为含有 2～5 个非氢原子的单胺离子，如 $CH_3NH_3^+$、$(CH_3)_2NH_2^+$、$CH_3CH_2NH_3^+$、$(CH_2)_3NH_2^+$、$C(NH_2)_3^+$（胍盐，guanidinium，Gua^+）、$NH_2CHNH_2^+$、$C_3H_5N_2^+$（咪唑盐，imidazolium，ImH^+）；M^{II} 为二价金属离子，包括 Mn、Fe、Co、Ni、Cu、Zn、Mg 及混合金属离子。简单立方形的$[M^{II}(HCOO)_3]$框架中所有 $HCOO^-$ 均为反式-反式构型，具有（$4^{12}·6^3$）的拓扑结构，并且与客体离子 AH^+ 之间存在丰富的 N—H…O 氢键和弱的 C—H…O 氢键。框架中的 M—O—C 的角度可以随 AH^+ 尺寸的增大而相应增大，以包合不同的 AH^+，表现出明显的呼吸行为。有趣的是，配合物$[CH_3CH_2NH_3][Cu(HCOO)_3]$在加热条件下可以由钙钛矿型转变为金刚石型（相变温度为 357K），虽然该过程不能在常压或更低压力下通过降温实现可逆，但室温下通过加压可以实现从金刚石型到钙钛矿型的可逆变化[55]。

$(CH_3)_2 NH_2^+$、$(CH_2)_3 NH_2^+$、ImH^+等胺类离子在高温下在孔道中无序排列，在降温过程中发生无序到有序的转变，晶胞对称性降低[50, 51, 54, 56, 57]。在$[(CH_3)_2NH_2][M^{II}(HCOO)_3]$系列（除$Cu^{2+}$外）中[50, 51, 58-60]，室温下配合物结晶于三方空间群$R\bar{3}c$，$(CH_3)_2 NH_2^+$中两端的甲基位于三重轴上，中间的NH_2无序分布于三个等价的位置［图35-12（a）］。在低温下，晶体空间群变为单斜Cc，这可能是孪晶的原因，$(CH_3)_2 NH_2^+$变为二重无序［图35-12（b）］。对于$[(CH_2)_3NH_2][M^{II}(HCOO)_3]$系列[54, 61]，室温下的空间群为$Pnma$，由于N原子对位的亚甲基的振动，环状的$(CH_2)_3 NH_2^+$整体呈平面型。而在低温下，这一振动被冻结，空间群也降为$P2_1/c$。对于$[ImH^+][Mn^{II}(HCOO)_3]$配合物[62]，ImH^+在从室温到高温的过程中发生有序到无序的相变，对应的空间群由单斜$P2_1/n$转变为四方$P\bar{4}2_1m$。在这些体系中，Mn、Fe、Co、Ni、Zn、Mg等基本为异质同晶，而Cu却由于姜-泰勒效应表现出不同的结构和晶胞对称性。在Cu^{2+}与$HCOO^-$配位形成的八面体CuO_6中，平面上的Cu—O键要短一些，而轴向Cu—O键要长很多[19, 52, 54, 63]。

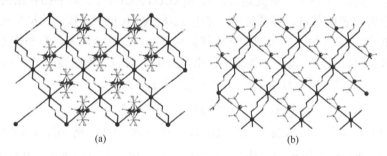

(a)　　　　　　　　　　　　　　　(b)

图35-12　$[(CH_3)_2NH_2][Mn(HCOO)_3]$分别在室温（a）和低温（b）下的结构图及孔道中$(CH_3)_2 NH_2^+$在降温过程中从无序到有序的状态变化。Mn，紫色；O，红色；C，灰色；N，深蓝色；H，黄色

3. 红砷镍矿类 AMFF 体系

在合成 AMFF 配位聚合物时，采用二胺、三胺、四胺等多胺离子可以得到新颖的双节点红砷镍矿（NiAs）类 AMFF 配合物$[AH_{n+1}][M(HCOO)_3]_{n+1}$，其三维拓扑结构为$(4^{12}\cdot6^3)(4^9\cdot6^6)_n$[29, 64, 65]。以配合物$[dmenH_2][M(HCOO)_3]_2$（dmen = N,N'-dimethylethylenediamine）[66, 67]为例［图35-13（a）］，其具有与无机矿物质 NiAs 或 $LiCaAlF_6$ 相同的拓扑结构$(4^{12}\cdot6^3)(4^9\cdot6^6)$。阴离子框架中的两个八面体金属节点$(4^{12}\cdot6^3)$和$(4^9\cdot6^6)$通过反式-反式 $HCOO^-$ 连接，阳离子$dmenH_2^{2+}$位于三方对称性的狭长孔道中。在高温下，$dmenH_2^{2+}$在孔道中存在三重无序排列，两个N原子处于六个无序的位置上，并与框架之间存在氢键作用。对于$[dmenH_2][Zn(HCOO)_3]_2$，高温下的晶体空间群为$P\bar{3}1c$，在低温下$dmenH_2^{2+}$由三重无序变为有序，晶体空间群降为$C2/c$[64, 66]。对于三胺、四胺等离子，得到的 AMFF 拓扑结构为$(4^{12}\cdot6^3)(4^9\cdot6^6)_n$（$n = 2, 3$）[64, 65]，相应的框架孔道也随着胺类离子尺寸的增长而增长。

混价金属离子 AMFF 体系$[AH][Fe^{III}M^{II}(HCOO)_6]$（M = Fe、Co、Mn 等）是一类比较特殊的红砷镍矿类 AMFF 体系。在这一体系中，胺类离子为单胺离子，如$(CH_3)_2 NH_2^+$、NH_4^+等。M^{2+}位于$(4^{12}\cdot6^3)$节点，Fe^{3+}位于$(4^9\cdot6^6)$节点[68-70]。$[(CH_3)_2NH_2][Fe^{III}Fe^{II}(HCOO)_6]$［图35-13（b）］中的胺离子在室温下处于三方对称性无序状态，晶体空间群为$P\bar{3}1c$，在低温下处于三种有序的排列方向，晶体空间群为$R\bar{3}c$，相变温度出现在155K左右[70]。

最近，两个M^{III}/M^{II}离子统计混合的例子在Cr^{III}/Fe^{III}-Ni^{II}体系中被报道[71]，它们分别是$[(C_2H_5)_2NH_2]_{0.47}[NH_4]_{0.28}[Fe_{0.25}Ni_{0.75}(HCOO)_3]$和$[(C_2H_5)_2NH_2]_{0.44}[NH_4]_{0.33}[Cr_{0.23}Ni_{0.77}(HCOO)_3]$。它们同时也是混合铵的体系，具有拓扑结构为$(4^9\cdot6^6)$的手性 MFF。

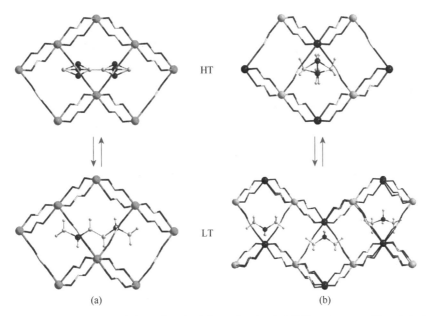

图 35-13 （a）[dmenH$_2$][Zn(HCOO)$_3$]$_2$ 在高温（HT）和低温（LT）时的结构图及 dmenH$_2^{2+}$ 无序和有序状态的变化；（b）[(CH$_3$)$_2$NH$_2$][Fe^{III}Fe^{II}(HCOO)$_6$] 在高温（HT）和低温（LT）时的结构图及(CH$_3$)$_2$NH$_2^+$ 的无序和有序状态的变化。Zn，蓝绿色；Fe^{III}，深紫色；Fe^{II}，深黄色；O，红色；C，灰色；N，深蓝色；H，浅黄色

　　双金属或异金属 AMFF 化合物还包括了若干含 Al^{3+}/Cr^{3+}/Fe^{3+}-Na$^+$、Sc^{3+}-K$^+$ 的钙钛矿体系，单胺 AH 为(CH$_3$)$_2$NH$_2^+$、CH$_3$CH$_2$NH$_3^+$ 和(CH$_3$)$_4$N$^+$，它们的组成为[AH]$_2$[M^{III}M^I(HCOO)$_6$]，其中胺、金属离子、甲酸根比例为 1∶1∶3，与同金属 M^{II} 的 AMFF 相同，对应于 M^{III}-M^I 平均电荷数为 2。这些化合物的 MFF 中，M^{III} 和 M^I 金属离子交替有序排列，具有严格的化学计量比 1∶1。[(CH$_3$)$_2$NH$_2$]$_2$[M^{III}Na(HCOO)$_6$]中的 Al 成员在 2009 年被报道[72]，Fe 和 Cr 成员的报道较晚。它们是异质同晶，在室温晶体结构属于空间群 $R\bar{3}$，具有与同金属[(CH$_3$)$_2$NH$_2$][M^{II}(HCOO)$_3$]相近的晶胞参数和结构，但后者的空间群为 $R\bar{3}c$。异金属化合物晶体结构的对称性降低。对于 AlNa 成员，利用不同的胺离子，可以得到不同类型的 MFF[73]。例如，当 AH = NH$_4^+$、NH$_2$NH$_3^+$、CH$_3$NH$_3^+$、C(NH$_2$)$_3^+$、CH$_3$CH$_2$NH$_3^+$、(CH$_3$)$_2$NH$_2^+$ 时，得到的是钙钛矿型框架[AH]$_2$[AlNa(HCOO)$_6$]；当胺离子为[NH$_3$(CH$_2$)$_2$NH$_2$(CH$_2$)$_2$NH$_3$]$^{3+}$(deta)及 [NH$_3$(CH$_2$)$_2$NH$_2$(CH$_2$)$_2$NH$_2$(CH$_2$)$_2$NH$_3$]$^{4+}$(teta)时，分别得到手性框架[deta]$_2$[AlNa(HCOO)$_6$]$_3$(H$_2$O)和 [teta][AlNa(HCOO)$_6$]$_2$(H$_2$O)；当 AH$_2$ = [CH$_3$NH$_2$(CH$_2$)$_2$NH$_2$CH$_3$]$^{2+}$ 及[NH$_3$(CH$_2$)$_3$NH$_3$]$^{2+}$等二胺离子时，可以得到红砷镍矿型框架[AH$_2$][AlNa(HCOO)$_6$]；当 AH$_2$ = [NH$_3$(CH$_2$)$_2$NH$_3$]$^{2+}$ 及[NH$_3$(CH$_2$)$_2$NH$_2$CH$_3$]$^{2+}$时，可以得到层状结构[AH$_2$][AlNa(HCOO)$_6$]。[(CH$_3$)$_2$NH$_2$]$_2$[M^{III}Na(HCOO)$_6$]的 Al 和 Fe 化合物在 170K 以下发生结构相变，低温相空间群为三斜 $P\bar{1}$，晶胞由高温相 R-格子的素晶胞发生畸变而来，结构中原来高温三重无序(CH$_3$)$_2$NH$_2^+$ 冻结在对称中心相关的取向和有序化。而 Cr 化合物没有发生相变，可能是 Cr^{3+} 较小的半径导致了 MFF 的刚性。最后，[N(CH$_3$)$_4$]$_2$[ScK(HCOO)$_6$]钙钛矿[74]的获得说明 Sc^{3+} 也可以引入异金属 AMFF 中。

4. 稀土 AMFF

　　稀土离子通常具有高的配位数和灵活的配位几何构型，因而含胺类离子的稀土离子甲酸框架（lanthanide ammonium metal formate framework，Ln AMFF）可能表现出更丰富的结构特色和拓扑结构。例如，一些手性的 Er-甲酸框架[AH][Er(HCOO)$_4$]［图 35-14（a）］（AH$^+$ = NH$_4^+$、CH$_3$NH$_3^+$、NH$_2$CHNH$_2^+$、Gua$^+$、ImH$^+$、CH$_3$CH$_2$NH$_3^+$、HOCH$_3$CH$_2$NH$_3^+$ 等）[75,76]表现出至少两种复杂的拓扑

结构（$3^6·4^{15}·5^7$）和（$3^3·4^6·5^5·6$），前者类似于钙钛矿型，后者则类似于金刚石型。在这一体系中，随着胺类离子尺寸的增大，[Er(HCOO)$_4$]中的部分或全部 HCOO$^-$ 的配位模式从顺式-反式变为反式-反式，从而产生更大的孔道空间。除含单胺类离子的 Ln AMFF 体系外，含二胺类离子的 Ln AMFF 体系也有报道，[dmenH$_2$][Er(HCOO)$_4$]$_2$［图 35-14（b）］和[tmenH$_2$][Er(HCOO)$_4$]$_2$（tmen = N,N,N',N'-tetramethylethylenediamine）即是其中的两个代表配合物[64, 77]。前者具有类似钙钛矿的框架，拓扑结构为（$3^6·4^{15}·5^7$），HCOO$^-$ 为反式-反式配位模式；后者为柱层式框架，拓扑结构为（$3^3·4^6·5^5·6^2$），HCOO$^-$ 存在螯合与反式-反式两种配位模式。[tmenH$_2$][Er(HCOO)$_4$]$_2$ 在 210K 左右发生相变，孔道中的 tmenH$_2^{2+}$ 在室温时绕二次旋转轴无序，在低温下被冻结在两个有序取向上。相应的晶格由室温的 $C2/c$ 空间群变为低温下的 $P2_1/c$ 空间群。

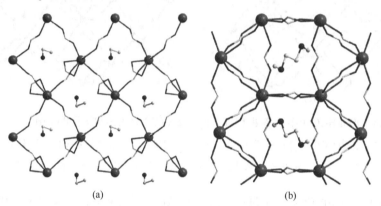

(a)   (b)

图 35-14 （a）[CH$_3$CH$_2$NH$_3$][Er(HCOO)$_4$]的结构图；（b）[dmenH$_2$][Er(HCOO)$_4$]$_2$ 的结构图

综上所述，可以总结出 AMFF 体系的几个特点。①胺类离子在合成过程中可以作为模板剂，其形状、尺寸、氢键取向对 AMFF 类型的形成有着非常重要的影响。AMFF 体系与某些矿物质有着非常相似的拓扑结构，如钙钛矿、红砷镍矿、金刚石等。②对于一个特定的 AMFF 体系，不同金属离子形成的框架通常为异质同晶，这使得我们可以系统地研究该框架的性质，并且可以合成和研究混合金属体系。③AMFF 体系中的胺类离子在不同温度下通常表现出无序-有序的相变，加上类型丰富的氢键体系，使得 AMFF 体系具有丰富有趣的磁电性质。

35.6.2 磁性及介电性质

基于过渡金属离子的 AMFF 通常表现出自旋倾斜弱铁磁的三维长程有序。同种金属离子的不同 AMFF 的磁有序温度（奈尔温度）T_N 非常相近，原因可能是不同框架中的金属离子均为六配位，相邻金属离子之间均通过反式-反式 HCOO$^-$ 桥连，并且磁交换强度相近。以钙钛矿型 AMFF 配合物 [Gua][M(HCOO)$_3$]为例[78]，反式-反式 HCOO$^-$ 桥连的金属离子之间磁交换强度 J_{M-M} 分别为-0.36K（Mn）、-0.63K（Fe）、-3.0K（Co）、-7.3K（Ni）和-32.9K（Cu）（表 35-3）。这与前述的 MFD 体系和 MFL 体系中的反式-反式 HCOO$^-$ 桥连的耦合强度（表 35-1）接近。对于 Mn^{2+}、Fe^{2+}、Co^{2+}、Ni^{2+}、Cu^{2+} 的 AMFF 配位聚合物，T_N 分别大约为 8K、10K、15K、30K 和 5K（图 35-15），这比 MFD 和 MFL 体系的 T_N 高很多。这是因为 AMFF 中的磁交换在三维空间中存在，而 MFD 和 MFL 的磁交换主要在二维层中[9, 29]。[Gua][Co(HCOO)$_3$]、[HONH$_3$][Co(HCOO)$_3$]、[dmenH$_2$][Fe(HCOO)$_3$]等配位聚合物[49, 64, 66, 78]具有较大的自旋倾斜角，从而具有较强的自发磁化现象，甚至较大的矫顽场。相比之下，由混合价态的金属离子组成的红砷镍矿型[(CH$_3$)$_2$NH$_2$][Fe^{III}M^{II}(HCOO)$_6$][68-70]的 T_N 温度较高，二价金属离子 M 分别为 Fe^{II}、Mn^{II}、Co^{II} 时，T_N 分别为 37K、35K、32K。其中，[(CH$_3$)$_2$NH$_2$]

[$Fe^{III}Fe^{II}(HCOO)_6$]中存在 Fe^{III} 和 Fe^{II} 两种不同的自旋载体，它们在降温过程中的有序化速率不同，因而表现出较为少见的奈尔 N 型亚铁磁行为（补偿温度为 20～30K）、负的磁化强度及不对称的磁滞曲线[79]。卜显和课题组报道的[$(CH_3CH_2)_2NH_2$][$Fe^{III}Fe^{II}(HCOO)_6$]中还观察到了正向外磁场调控的磁偶极转换和可调控的磁交换偏置[80]（图 35-16）。

表 35-3　几种类型的 AMFF 配位聚合物的磁性质

[NH_4][$M(HCOO)_3$]	Mn	Fe	Co	Ni	Cu
磁交换类型	弱铁磁	弱铁磁	弱铁磁	弱铁磁	反铁磁
T_N/K	8.4	9.4	9.8	29.5	2.9
$J_{M\text{-}M}$/K	−0.32	−0.62	−3.8	−7.6	
[AH][$M(HCOO)_3$]	Mn	Fe	Co	Ni	Cu
磁交换类型	弱铁磁	弱铁磁	弱铁磁	弱铁磁	弱铁磁
T_N/K[AH = $(CH_3)_2NH_2^+$]	7.6		14.9	35.6	5.5
T_N/K（AH = Gua^+）	8.8	10.0	14.2	34.2	4.5
$J_{M\text{-}M}$/K[AH = $(CH_3)_2NH_2^+$]	−0.34		−3.4	−7.3	
$J_{M\text{-}M}$/K（AH = Gua^+）	−0.36	−0.63	−3.0	−7.3	−32.9
[$dmenH_2$][$M_2(HCOO)_6$]	Mn	Fe	Co	Ni	Cu
磁交换类型	弱铁磁	弱铁磁	弱铁磁	弱铁磁	弱铁磁
T_N/K	8.6	19.8	16.8	33.6	6
$J_{M\text{-}M}$/K	−0.40	−1.0	−4.2	−10.1	−38.6
[$(CH_3)_2NH_2$][$Fe^{III}M^{II}(HCOO)_6$]	Mn	Fe	Co		
磁交换类型	弱铁磁	亚铁磁	弱铁磁		
T_N/K	35	36.7	32		
$J_{M\text{-}M}$/K	2.4				

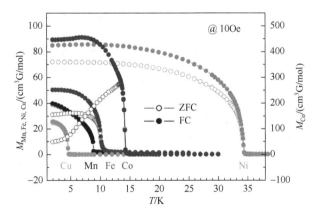

图 35-15　[Gua][$M(HCOO)_3$]（M = Mn，Fe，Co，Ni，Cu）的场冷-零场冷磁化强度曲线[78]

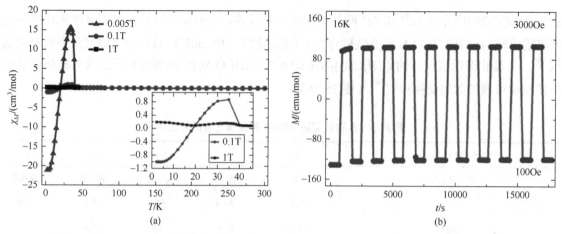

图 35-16 （a）$[(CH_3CH_2)_2NH_2][Fe^{III}Fe^{II}(HCOO)_6]$ 在不同外场下的场冷-零场冷磁化率曲线；（b）$[(CH_3CH_2)_2NH_2]$
$[Fe^{III}Fe^{II}(HCOO)_6]$ 在 16K 下高磁场（3000Oe）和低磁场（100Oe）下的磁偶极翻转[80]

　　红砷镍矿型 AMFF 中存在两种不同的自旋载体，利用电子在轨道上的分布不同，调节轨道的相互作用，可以得到具有良好的磁热效应的配位聚合物。卜显和等报道了两例配合物 $[(CH_3)_2NH_2][CrMn(HCOO)_6]$ 和 $[NH_3CH_3][CrMn(HCOO)_6]$[81]。在八面体配位场中，Cr^{III} 和 Mn^{II} 之间存在三种类型的磁轨道相互作用（e_g-e_g、$t_{2g}-e_g$、$t_{2g}-t_{2g}$），整体磁相互作用很弱，其中前者为反铁磁相互作用，后者为铁磁相互作用。在 3K 低温和 7T 的外场下，前者磁熵变为 43.93J/(kg·K)，后者则更高一些，为 48.20J/(kg·K)（图 35-17）。将两种顺磁离子分别替换为抗磁离子，还得到了同构的配合物 $[(CH_3)_2NH_2][AlMn(HCOO)_6]$ 和 $[(CH_3)_2NH_2]$ $[CrMg(HCOO)_6]$[81]。

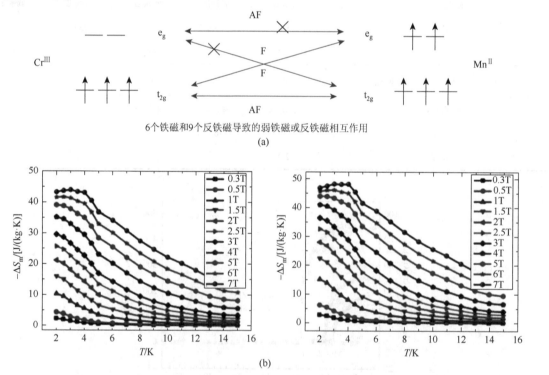

图 35-17 （a）$[CrMn(HCOO)_6]^-$ 轨道相互作用示意图；（b）$[(CH_3)_2NH_2][CrMn(HCOO)_6]$ 和（c）$[NH_3CH_3][CrMn(HCOO)_6]$
在不同温度和外磁场下的磁熵变[81]

　　利用不同金属离子的 AMFF 配合物为异质同晶这一特点，可以在多过渡金属 AMFF 体系中通过调节 B-位金属离子的比例来有效调控磁性质。以钙钛矿型[CH₃NH₃][MnₓZn₁₋ₓ(HCOO)₃]为例[82]，当金属中 Mn²⁺的比例在 40%以上时，配合物能够表现出长程有序；当 Mn²⁺的比例在 30%以下时，配合物为顺磁体，逾渗阈值为 31%，符合逾渗理论对简单立方格子的预期数值 [图 35-18（a）]。在 [NH₄][M¹ₓM²₁₋ₓ(HCOO)₃]体系中，不同金属离子的大小和质量对结构相变温度和特征都有很大的影响，如 Mn-Zn 系列中，结构相变温度随 Mn 的含量增加呈线性增加；而 Mn-Cu 系列则表现了多种相变形式，这源于单一金属[NH₄][Mn(HCOO)₃]和[NH₄][Cu(HCOO)₃]不同的结构相变特征。最近，Goodwin 等报道了[C(NH₂)₃][Cu/Cd(HCOO)₃]混合金属系列[83]，其中不同 Cu-Cd 金属的比例或成分可以调节材料的电多极有序态 [图 35-18（b）]。此外，还有将少量的三价金属离子如 Al³⁺、In³⁺、Er³⁺ 和 Eu³⁺掺杂入[(CH₃)₂NH₂][M^II(HCOO)₃]的体系[84]，在不改变钙钛矿结构的基础上，对体系的相变温度和发光性质进行调节 [图 35-18（c）]。这些研究都表明了 B-位金属的混合或掺杂对于 AMFF 功能和性质的拓展和调控是一个十分有效的策略。

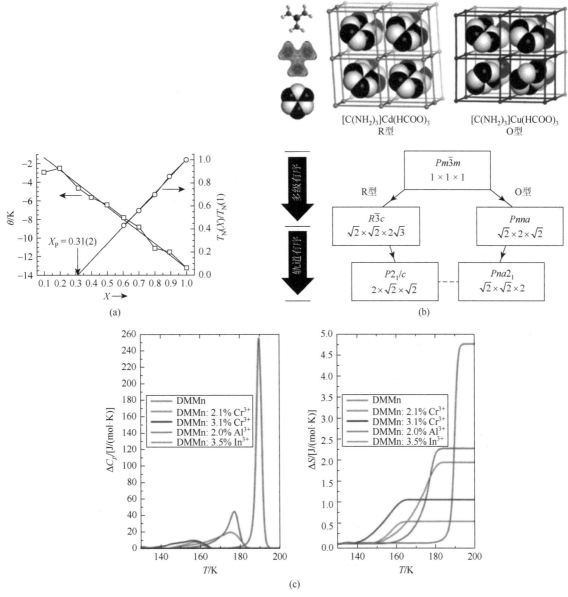

图 35-18　（a）[CH₃NH₃][MnₓZn₁₋ₓ(HCOO)₃]的磁逾渗[82]；（b）[C(NH₂)₃][Cu/Cd(HCOO)₃]的极化调制[83]；（c）[(CH₃)₂NH₂][M^II(HCOO)₃]的相变调节[84]

与过渡金属离子相比，稀土离子的 4f 未成对电子被屏蔽程度较高，因而稀土离子之间的磁交换作用通常较弱。基于稀土离子的 Ln AMFF 在 2K 的低温下往往还保持顺磁态，直流磁化率在降温过程中主要受到 Stark 能级的去布居影响[64, 75-77]。同时，很多稀土离子具有强的各向异性，这使其能够表现出慢弛豫磁行为，成为单分子磁体或单离子磁体[85, 86]。零场下的 Ln AMFF 通常弛豫速率很快，具有明显的量子隧穿现象。在施加一定外磁场后，量子隧穿在一定程度上被抑制，慢弛豫行为显现出来。例如，Er 的两个 AMFF 配合物[dmenH₂][Er(HCOO)₄]和[tmenH₂][Er(HCOO)₄]在 1.25kOe 的外磁场下表现出多重慢弛豫行为（图 35-19），其中速率较慢的弛豫可能为自旋-晶格型类型的直接或奥巴赫弛豫过程[64, 77]。

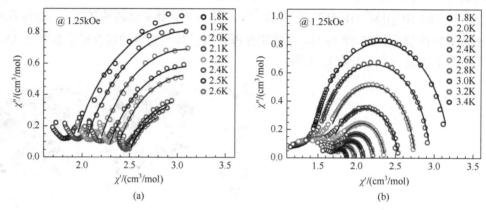

图 35-19 （a）[dmenH₂][Er(HCOO)₄][77]和（b）[tmenH₂][Er(HCOO)₄]在 1.25kOe 外场下的 Cole-Cole 曲线[77]

AMFF 中的胺离子部分在高温时一般为无序状态，在降温过程中通常会出现无序到有序的变化，进而引起结构相变和氢键体系的变化及相关的介电异常甚至铁电/反铁电等。

基于 NH_4^+ 等小尺寸胺类离子构筑的手性[NH₄][M(HCOO)₃][45-48]在降温过程中出现的顺电到铁电的相变温度 T_C 分别为 252K（Mn）、212K（Fe）、191K（Co）、199K（Ni）、191K（Zn）、355K（Cu）、255K（Mg）（表 35-4）。对于离子半径越大的过渡金属，其 T_C 相对越高。这一现象同样体现在混合金属体系[NH₄][Mn₁₋ₓZnₓ(HCOO)₃]及[NH₄][Mn₁₋ₓCoₓ(HCOO)₃]中。在 T_C 温度下，过渡金属 AMFF 配合物可以清晰地表现出电滞回线（图 35-20）。NH_4^+ 相对于阴离子框架的位移引起自发极化，在低温下变为铁电相，并可以通过估算 NH_4^+ 位移引起的偶极总和来衡量。[NH₄][M(HCOO)₃]体系在大约 100K 的温度下的极化值为 0.94～1.11μC/cm²。该体系具有较高的各向异性，其中晶体学 c 轴方向为易极化轴。

表 35-4 几种类型的 AMFF 配位聚合物的介电性质

[NH₄][M(HCOO)₃]	Mn	Fe	Co	Ni	Cu	Zn	Mg
介电类型	铁电	铁电	铁电	铁电	反铁电	铁电	铁电
T_C/K	252	212	191	199	355	191	255
[(CH₃)₂NH₂][M(HCOO)₃]	Mn	Fe	Co	Ni	Cu	Zn	Mg
介电类型	铁电	铁电	铁电	铁电		铁电	铁电
T_C/K[AH = (CH₃)₂NH₂⁺]	185	160	165	180		156	260

[(CH₃)₂NH₂][M(HCOO)₃]系列配合物中(CH₃)₂NH₂⁺的无序到有序的相变温度 T_C 分别为 185K（Mn）、160K（Fe）、165K（Co）、180K（Ni）、156K（Zn）、260K（Mg）[50-53, 58, 60, 61, 63]。[(CH₃)₂NH₂][M(HCOO)₃]

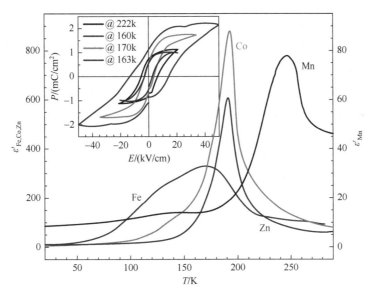

图 35-20 [NH₄][M(HCOO)₃]系列配位聚合物在 10kHz 下的温度依赖的介电常数。内插图为相应配合物的
单晶相变温度下沿 c 轴测得的电滞回线[47]

在低温下处于铁电还是反铁电状态这一问题曾经存在一定的争议[50,59,60]。熊仁根课题组利用电滞回线和铁电相具有的倍频效应（second harmonic generation，SHG）对氘代配合物[(CD₃)ND₂][Co(DCOO)₃]进行表征，证明在 T_C 温度以下应为铁电相[51]。[(CH₃)₂NH₂][Mn(HCOO)₃]在非常高的外磁场和顺磁态下还可能观察到磁电效应[53]。

氮杂环丁二烯作为胺类离子构筑的 AMFF 配合物[(CH₂)₃NH₂][M(HCOO)₃][54,87]通常具有非常大的 ε'（大于 10^4）的介电异常。结构相变发生在室温附近，从非极性结构转为另一种非极性结构，并且与氮杂环丁二烯的环的冻结相耦合。然而，该体系还需要更加详细的研究，以阐明其出现巨大介电异常的微观机理。

固体化学中固溶体的研究策略和方法已在 MOF 材料的研究中被采用。高松课题组率先采用固溶体 A-位调节的策略，获得了若干混合铵占据 A-位的 Mn 钙钛矿结构 AMFF 的固溶体。例如，[NH₂NH₃/CH₃NH₃][Mn(HCOO)₃]体系（图 35-21）的全程固溶体都已获得[56]。单一铵化合物[CH₃NH₃][Mn(HCOO)₃]

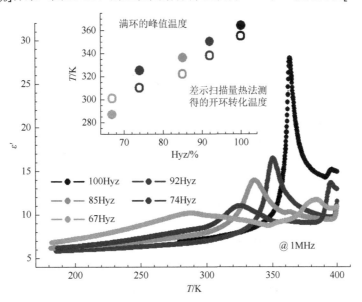

图 35-21 [NH₂NH₃/CH₃NH₃][Mn(HCOO)₃]体系的介电调节[56]

在 180K 以上的晶体结构和对称性（空间群 *Pnma*）与[NH₂NH₃][Mn(HCOO)₃]在 355K 以上的高温相相同，但与[NH₂NH₃][Mn(HCOO)₃]在 355K 以下的低温相（空间群 *Pna*2₁）不同。固溶体中 NH₂NH₃⁺ 含量为主的成员表现出与[NH₂NH₃][Mn(HCOO)₃]相似的结构相变，并且随着 CH₃NH₃⁺ 含量的增加，材料的铁电相变温度可从 355K 调节到室温。CH₃NH₃⁺ 含量的增加导致固溶体低温相 MFF 畸变减小，与相变相关的铵离子的摆动在较低的温度就可以发生。最近 Cheetham 等也报道了钙钛矿[NH₂NH₃/HONH₃][Mn(HCOO)₃]体系[88]。A-位混合铵固溶体的研究是对 AMFF 研究的一个重要的扩展。

在双金属甲酸框架体系中，红砷镍矿类 AMFF 配合物[(CH₃)₂NH₂][Fe^{III}Fe^{II}(HCOO)₆]的核结构和磁结构可以利用中子衍射来确定[70]。在降温过程中，(CH₃)₂NH₂⁺ 从无序转变为有序，并且受孔道的影响存在三种不同的取向，相变温度约为 155K。随着结构的相变，配合物从顺电相变为反铁电相，并且在某种程度上存在由磁有序时的磁致伸缩导致的磁电效应（图 35-22）。

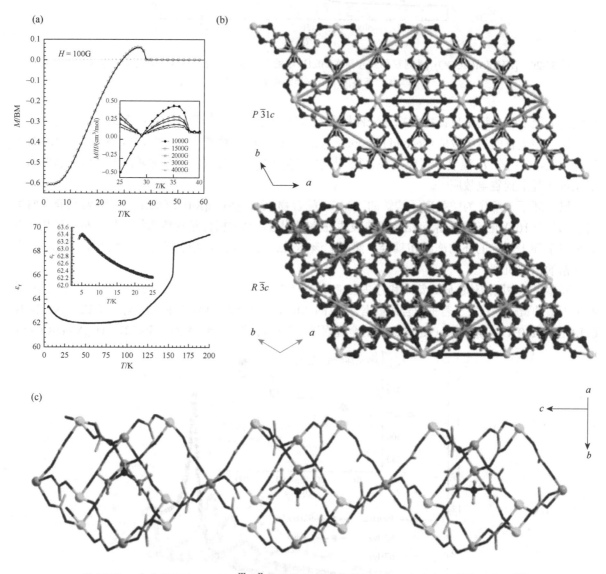

图 35-22　（a）[(CH₃)₂NH₂][Fe^{III}Fe^{II}(HCOO)₆]的磁电性质；（b,c）高低温结构相变图[70]

对于 AlNa 异金属甲酸框架[(CH₃)₂NH₂]₂[AlNa(HCOO)₆]，它们不仅在结构上与同金属体系[(CH₃)₂NH₂][M^{II}(HCOO)₃]有所不同，其相变特征也不同，M^{II} 化合物在低温发生铁电相变。它们都表现强弛豫介电响应,而对应的 AlNa 化合物的相变为顺电-反铁电相变。另一个同构系列是$[CH_3CH_2NH_3]_2$ $[M^{III}Na(HCOO)_6]$（$M^{3+} = Al^{3+}$、Cr^{3+}、Fe^{3+}，图 35-23）[89, 90]。它们的室温（低温）相晶体结构为单斜极性空间群 Pn，为铁电相。电极化强度在 a、c 方向的分量分别为 $0.2\mu C/cm^2$ 和 $0.8\mu C/cm^2$，极化轴向 c 轴倾斜。结构中两个独立的 $CH_3CH_2NH_3^+$ 呈大致相同的取向，产生电极化。它们都在约 370K 发生结构相变，高温相是中心对称的，空间群 $P2_1/n$。$CH_3CH_2NH_3^+$ 的 CH_3CH_2 端发生摆动而使结构变为非极化的，相变是铁电-顺电相变。$[CH_3CH_2NH_3]_2[M^{III}Na(HCOO)_6]$ 的 T_c 对于 M^{III} 的弱依赖性，是由于 CH_3CH_2 端与骨架的弱氢键作用，这造成其摆动的发生与 M^{III} 关系不大。这两个系列的 Cr 化合物的变温荧光性质也被研究。部分异金属 AMFF 的结构及磁、电性质总结在表 35-5 中。

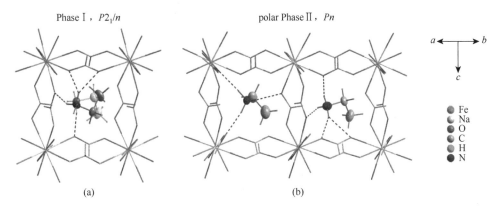

Phase I，$P2_1/n$ polar Phase II，Pn

Fe
Na
O
C
H
N

(a)   (b)

图 35-23 $[CH_3CH_2NH_3]_2[Fe^{III}Na(HCOO)_6]$ 高温-低温的骨架变化[89]

除此以外，AMFF 体系的力学性能也有研究报道，例如，用共振超声谱来研究$[(CH_3)_2NH_2]$ $[M(HCOO)_3]$（$M = Mn$、Co）[91]，在磁有序和电有序温度有明显的弹性和非弹性异常。利用核磁共振技术来研究$[(CH_3)_2NH_2][Zn(HCOO)_3]$ 中$(CH_3)_2NH_2^+$ 的动态过程[92]，表明可能存在有序-无序相变玻璃行为。$[(CH_3)_2NH_2][M(HCOO)_3]$ 的杨氏模型表明晶体场稳定能存在 Ni>Co>Mn = Zn 的规律[93]。$[NH_4][M(HCOO)_3]$ 被证明存在负热膨胀和负线性伸缩[94]。

表 35-5   部分异金属 AMFF 的结构及磁、电性质总结

序号	配合物	高温相对称性	低温相对称性	MUC	相变类型	相变温度/K	磁性	磁有序温度/K	文献
				$[(CH_3)_2NH_2][Fe^{III}M^{II}(HCOO)_6]$					
1	FeFe	$P\bar{3}1c$	$R\bar{3}c$	9	顺电-反铁电	<154	亚铁磁	37	[70, 95, 96]
2	FeMn	$P\bar{3}1c$	—	—	—	—	亚铁磁	35	[69]
3	FeCo	$P\bar{3}1c$	—	—	—	—	亚铁磁	32	[69]
4	FeNi	$P\bar{3}1c$	—	—	—	—	亚铁磁	40	[97]
5	FeCu	$C2/c$	—	—	—	—	亚铁磁	28.5	[97]
6	FeMg	$P\bar{3}1c$	$P\bar{3}1c$	1	—	—	?	13.5	[95]
				$[(CH_3)_2NH_2][Cr^{III}M^{II}(HCOO)_6]$					
7	CrNi	$P\bar{3}1c$	—	—	—	—	亚铁磁	23	[98]
8	CrCu	$C2/c$	—	—	—	—	亚铁磁	11	[98]

续表

序号	配合物	高温相对称性	低温相对称性	MUC	相变类型	相变温度/K	磁性	磁有序温度/K	文献
				$[(CH_3)_2NH_2][Fe^{III}M^{II}(HCOO)_6]$					
9	CrZn	$P\bar{3}1c$	—	—		—	顺磁		[98]
				$[(C_2H_5)_2NH_2][M^{III}Ni^{II}(HCOO)_6]$					
10	FeNi	$P6_322$	—	—		—	亚铁磁	37	[71]
11	CrNi	$P6_322$	—	—		—	亚铁磁	26	[71]
				$[CH_3CH_2NH_3]_2[M^{III}Na^{I}(HCOO)_6]$					
12	FeNa	$P2_1/n$	Pn	1	顺电-铁电	360	—	—	[89]
13	AlNa	$P2_1/n$	Pn	1	顺电-铁电	368	—	—	[90]
14	CrNa	$P2_1/n$	Pn	1	顺电-铁电	372	—	—	[90]
				$[(CH_3)_2NH_2]_2[Fe^{III}Na^{I}(HCOO)_6]$					
15	FeNa	$R\bar{3}c$	$P\bar{1}$	1/3	顺电-反铁电	167	?	8.5	[99]
				$[(CH_3)_2NH_2]_2[Cr^{III}Na^{I}(HCOO)_6]$					
16	CrNa	$R\bar{3}c$	—	—	—		顺磁		[100]
				$[(CH_3)_2NH_2]_2[Al^{III}Na^{I}(HCOO)_6]$					
17	AlNa	$R\bar{3}c$	$P\bar{1}$	1/3	顺电-反铁电	—	—	—	[72]
				$[N(CH_3)^{4+}]_2[Sc^{III}K^{I}(HCOO)_6]$					
18	ScK	$P2_1/n$	$P2_1/n$	1	—	—	—	—	[74]

注：MUC 为低温相晶胞体积（V_{LT}）与高温相晶胞体积（V_{HT}）比值；"—"表示在测试中未能观测到或者未测试；"?"表示不确定。

35.7　总结与展望

在本章中，我们回顾了 MFF 体系在过去几十年里的发展情况。在 MOF 大家族中，MFF 虽然是相对较小的一个体系，但在结构多样性和功能分子材料方面具有非常重要的影响。二元 MFF 和含碱金属的 MFF 虽然组成较为简单，却能够表现出丰富的结构和各种各样的磁行为。多孔金刚石型的 MFF 具有非常好的气体吸附和客体包合能力，并且其磁行为和介电行为等可以通过包合不同客体分子来调控。含胺类离子的 AMFF 是目前 MFF 中最为活跃的研究方向，这类体系在不同胺离子作为模板剂的情况下，可以形成钙钛矿、红砷镍矿等多种不同拓扑结构的框架，同时还有着丰富有趣的磁性质，以及伴随各种各样的无序-有序结构相变产生的介电、铁电或反铁电等性质。从合成的角度看，不同的金属离子、抗衡离子、客体分子等大大丰富了 MFF 体系，尤其是在共同配体的辅助下，MFF 不仅可以得到更加精妙的结构，而且可能表现出更有吸引力的磁性质和其他性质。

此外，MFF 体系的磁性、介电性质、光学性质等多种性质的组合或协同，以及在不同温度、压力、磁场、电场等条件下的变化，还需要更加深入的表征和研究。甲酸作为最小最简单的羧酸，在构筑配位聚合物方面经济实用而且毒性较低，在未来的配位聚合物的发展中将得到越来越多的重视。

我们对 MFF 体系的发展充满了期望，相信在接下来的研究中，MFF 体系会有更多、更有趣的结果被报道出来。

（李泉文　赵炯鹏　卜显和　王哲明　高　松）

<h2 style="text-align:center">参 考 文 献</h2>

[1] Zhou H C，Long J R，Yaghi O. M. Introduction to metal-organic frameworks. Chem Rev，2012，112：673-674.

[2] Long J R，Yaghi O M. The pervasive chemistry of metal-organic frameworks. Chem Soc Rev，2009，38：1213-1214.

[3] Cheetham A K，Rao C N R. There's room in the middle. Science，2007，318：58-59.

[4] Suh M P，Park H J，Prasad T K，et al. Hydrogen storage in metal-organic frameworks. Chem Rev，2012，112：782-835.

[5] Li J R，Sculley J，Zhou H C. Metal-organic frameworks for separations. Chem Rev，2012，112：869-932.

[6] Allendorf M D，Bauer C A，Bhakta R K，et al. Luminescent metal-organic frameworks. Chem Soc Rev，2009，38：1330-1352.

[7] Zhang W，Xiong R G. Ferroelectric metal-organic frameworks. Chem Rev，2012，112：1163-1195.

[8] Dechambenoit P，Long J R. Microporous magnets. Chem Soc Rev，2011，40：3249-3265.

[9] Weng D F，Wang Z M，Gao S. Framework-structured weak ferromagnets. Chem Soc Rev，2011，40：3157-3181.

[10] Shang R，Chen S，Wang Z M，et al. in Encyclopedia of Inorganic and Bioinorganic Chemistry. New York：John Wiley & Sons Ltd，2011.

[11] Hang T，Zhang W，Ye H Y，et al. Metal-organic complex ferroelectrics. Chem Soc Rev，2011，40：3577-3598.

[12] Osaki K，Nakai Y，Watanabé T. The crystal structure of monoclinic formate dihydrates. J Phys Soc Jpn，1963，18：919-919.

[13] Pierce R D，Friedberg S A. Heat capacity of $Mn(HCOO)_2 \cdot 2H_2O$ between 1.4 and 20K. Phys Rev，1968，165：680-687.

[14] Yamagata K，Saito Y，Abe T. Preparation and characterization of $Mn(HCOO)_2 \cdot 2(NH_2)_2CO$ and related compounds. J Phys Soc Jpn，1989，58：752-753.

[15] Okada K. Antiferroelectric phase transition in copper-formate tetrahydrate. Phys Rev Lett，1965，15：252-254.

[16] Burger N，Fuess H，Burlet P. Neutron diffraction study of the antiferromagnetic phase of copper formate tetradeuterate. Solid State Commun，1980，34：883-886.

[17] Sapina F，Burgos M，Escriva E，et al. Ferromagnetism and the .alpha. and .beta. polymorphs of anhydrous copper（II）formate：two molecular-based ferromagnets with ordering temperatures of 8.2 and 30.4K. Inorg Chem，1993，32：4337-4344.

[18] Burger N，Fuess H. Crystal structure and magnetic properties of copper formate anhydrate[α-$Cu(HCOO)_2$]. Solid State Commun，1980，34：699-703.

[19] Sletten E，Jensen L H. The crystal structure of dimethylammonium copper（II）formate，$NH_2(CH_2)_2[Cu(OOCH)_3]$. Acta Cryst Sect B，1973，29：1752-1756.

[20] Marsh R. On the structure of $Zn(C_4H_8N_2O_6)$. Acta Cryst Sect C，1986，42：1327-1328.

[21] Kistaiah P，Sathyanarayana Murthy K，Iyengar L，et al. X-ray studies on the high pressure behaviour of some rare-earth formates. J Mater Sci，1981，16：2321-2323.

[22] Cornia A，Caneschi A，Dapporto P，et al. Manganese（III）formate：a three-dimensional framework that traps carbon dioxide molecules. Angew Chem Int Ed，1999，38：1780-1782.

[23] Viertelhaus M. Institut für Anorganische Chemie. Karlsruhe：Universität Karlsruhe，2003.

[24] Viertelhaus M，Henke H，Anson Christopher E，et al. Solvothermal synthesis and structure of anhydrous manganese（II）formate，and its topotactic dehydration from manganese（II）formate dihydrate. Eur J Inorg Chem，2003，（12）：2283-2289.

[25] Viertelhaus M，Anson C E，Powell A K. Solvothermal synthesis and crystal structure of one-dimensional chains of anhydrous zinc and magnesium formate. Z Anorg Allg Chem，2005，631：2365-2370.

[26] Go Y B，Jacobson A J. Solid solution precursors to gadolinia-doped ceria prepared via a low-temperature solution route. Chem Mater，2007，19：4702-4709.

[27] Lorusso G，Sharples J W，Palacios E，et al. A dense metal-organic framework for enhanced magnetic refrigeration. Adv Mater，2013，25：4653-4656.

[28] Viertelhaus M，Adler P，Clérac R，et al. Iron（II）Formate[$Fe(O_2CH)_2$]·$1/3HCO_2H$：a mesoporous magnet - solvothermal syntheses and crystal structures of the isomorphous framework metal（II）formates [$M(O_2CH)_2$]·n（solvent）（M = Fe，Co，Ni，Zn，Mg）. Eur J Inorg Chem，2005：692-703.

[29] Wang Z，Hu K，Gao S，et al. Formate-based magnetic metal-organic frameworks templated by protonated amines. Adv Mater，2010，22：1526-1533.

[30] Zhang B，Wang Z M，Kurmoo M，et al. Guest-induced chirality in the ferrimagnetic nanoporous diamond framework $Mn_3(HCOO)_6$. Adv Funct Mater，2007，17：577-584.

[31] Dybtsev D N，Chun H，Yoon S H，et al. Microporous manganese formate：a simple metal-organic porous material with high framework stability and highly selective gas sorption properties. J Am Chem Soc，2004，126：32-33.

[32] Li K，Olson D H，Lee J Y，et al. Multifunctional microporous MOFs exhibiting gas/hydrocarbon adsorption selectivity，separation capability and three-dimensional magnetic ordering. Adv Funct Mater，2008，18：2205-2214.

[33] Wang Z M，Zhang Y J，Liu T，et al. $[Fe_3(HCOO)_6]$: A permanent porous diamond framework displaying H_2/N_2 adsorption，guest inclusion，and guest-dependent magnetism. Adv Funct Mater，2007，17：1523-1536.

[34] Rood J A，Noll B C，Henderson K W. Synthesis，structural characterization，gas sorption and guest-exchange studies of the lightweight，porous metal-organic framework α-$[Mg_3](O_2CH)_6]$. Inorg Chem，2006，45：5521-5528.

[35] Wang Z，Zhang B，Zhang Y，et al. A family of porous magnets，$[M_3(HCOO)_6]$（M = Mn, Fe, Co and Ni）. Polyhedron，2007，26：2207-2215.

[36] Cui H B，Takahashi K，Okano Y，et al. Dielectric properties of porous molecular crystals that contain polar molecules. Angew Chem Int Ed，2005，44：6508-6512.

[37] Wang X Y，Wang Z M，Gao S. Constructing magnetic molecular solids by employing three-atom ligands as bridges. Chem Commun，2008：281-294.

[38] Wang Z，Zhang B，Fujiwara H，et al. $Mn_3(HCOO)_6$: a 3D porous magnet of diamond framework with nodes of Mn-centered $MnMn_4$ tetrahedron and guest-modulated ordering temperature. Chem Commun，2004：416-417.

[39] Paredes-García V，Vega A，Novak M A，et al. Crystal structure and magnetic properties of a new chiral manganese（II）three-dimensional framework：$Na_3[Mn_3(HCOO)_9]$. Inorg Chem，2009，48：4737-4742.

[40] Duan Z，Wang Z，Gao S. Irreversible transformation of chiral to achiral polymorph of $K[Co(HCOO)_3]$: synthesis，structures，and magnetic properties. Dalton Trans，2011，40：4465-4473.

[41] Zhao J P，Han S D，Zhao R，et al. Tuning the structure and magnetism of heterometallic sodium（1 + ）-cobalt（2 + ）formate coordination polymers by varying the metal ratio and solvents. Inorg Chem，2013，52：2862-2869.

[42] Hagrman P J，Hagrman D，Zubieta J. Organic-inorganic hybrid materials：from "simple" coordination polymers to organodiamine-templated molybdenum oxides. Angew Chem Int Ed，1999，38：2638-2684.

[43] Cheetham A K，Férey G，Loiseau T. Open-framework inorganic materials. Angew Chem Int Ed，1999，38：3268-3292.

[44] Cundy C S，Cox P A. The hydrothermal synthesis of Zeolites：history and development from the earliest days to the present time. Chem Rev，2003，103：663-702.

[45] Wang Z，Zhang B，Inoue K，et al. Occurrence of a rare $49·66$ structural topology，chirality，and weak ferromagnetism in the $[NH_4][M^{II}(HCOO)_3]$（M = Mn, Co, Ni）frameworks. Inorg Chem，2007，46：437-445.

[46] Xu G C，Ma X M，Zhang L，et al. Disorder-order ferroelectric transition in the metal formate framework of $[NH_4][Zn(HCOO)_3]$. J Am Chem Soc，2010，132：9588-9590.

[47] Xu G C，Zhang W，Ma X M，et al. Coexistence of magnetic and electric orderings in the metal-formate frameworks of $[NH_4][M(HCOO)_3]$. J Am Chem Soc，2011，133：14948-14951.

[48] Ma X M. BSc thesis. Peking University，2009.

[49] Liu B，Shang R，Hu K L，et al. A new series of chiral metal formate frameworks of $[HONH_3][M^{II}(HCOO)_3]$（M = Mn, Co, Ni, Zn, and Mg）：Synthesis，structures，and properties. Inorg Chem，2012，51：13363-13372.

[50] Jain P，Ramachandran V，Clark R J，et al. Multiferroic behavior associated with an order-disorder hydrogen bonding transition in metal-organic frameworks（MOFs）with the perovskite ABX_3 architecture. J Am Chem Soc，2009，131：13625-13627.

[51] Fu D W，Zhang W，Cai H L，et al. A multiferroic perdeutero metal-organic framework. Angew Chem Int Ed，2011，50：11947-11951.

[52] Wang Z，Jain P，Choi K Y，et al. Dimethylammonium copper formate $[(CH_3)_2NH_2]Cu(HCOO)_3$：a metal-organic framework with quasi-one-dimensional antiferromagnetism and magnetostriction. Phys Rev B，2013，87：224406.

[53] Wang W，Yan L Q，Cong J Z，et al. Magnetoelectric coupling in the paramagnetic state of a metal-organic framework. Sci Rep，2013，3：2024.

[54] Zhou B，Imai Y，Kobayashi A，et al. Giant dielectric anomaly of a metal-organic perovskite with four-membered ring ammonium cations. Angew Chem Int Ed，2011，50：11441-11445.

[55] Shang R，Chen S，Wang B W，et al. Temperature-induced irreversible phase transition from perovskite to diamond but pressure-driven

back-transition in an ammonium copper formate. Angew Chem Int Ed，2016，55：2097-2100.

[56] Chen S，Shang R，Wang B W，et al. An A-site mixed-ammonium solid solution perovskite series of [(NH$_2$NH$_3$)$_x$(CH$_3$NH$_3$)$_{1-x}$][Mn(HCOO)$_3$] （x = 1.00–0.67）. Angew Chem Int Ed，2015，54：11093-11096.

[57] Shang R，Wang Z M，Gao S. A 36-fold multiple unit cell and switchable anisotropic dielectric responses in an ammonium magnesium formate framework. Angew Chem Int Ed，2015，54：2534-2537.

[58] Wang X Y，Gan L，Zhang S W，et al. Perovskite-like metal formates with weak ferromagnetism and as precursors to amorphous materials. Inorg Chem，2004，43：4615-4625.

[59] Rossin A，Ienco A，Costantino F，et al. Phase transitions and CO$_2$ adsorption properties of polymeric magnesium formate. Cryst Growth Des，2008，8：3302-3308.

[60] Jain P，Dalal N S，Toby B H，et al. Order-disorder antiferroelectric phase transition in a hybrid inorganic-organic framework with the perovskite architecture. J Am Chem Soc，2008，130：10450-10451.

[61] Wang Z，Zhang B，Otsuka T，et al. Anionic NaCl-type frameworks of [Mn^{II}(HCOO)$_3^-$]，templated by alkylammonium，exhibit weak ferromagnetism. Dalton Trans，2004，（15）：2209-2216.

[62] Wang B Q，Yan H B，Huang Z Q，et al. Reversible high-temperature phase transition of a manganese（II）formate framework with imidazolium cations. Acta Cryst Sect C，2013，69：616-619.

[63] Baker P J，Lancaster T，Franke I，et al. Muon spin relaxation investigation of magnetic ordering in the hybrid organic-inorganic perovskites [(CH$_3$)$_2$NH$_2$]M(HCOO)$_3$：（M = Ni，Co，Mn，Cu）. Phys Rev B，2010，82：012407.

[64] Li M Y. PhD thesis. Peking University，2011.

[65] Hu K L. PhD thesis. Peking University，2010.

[66] Li M Y，Kurmoo M，Wang Z M，et al. Metal-organic niccolite：synthesis，structures，phase transition，and magnetic properties of [CH$_3$NH$_2$(CH$_2$)$_2$NH$_2$CH$_3$][M$_2$(HCOO)$_6$]（M = divalent Mn，Fe，Co，Ni，Cu and Zn）. Chem Asian J，2011，6：3084-3096.

[67] Wang Z，Zhang X，Batten S R，et al. [CH$_3$NH$_2$(CH$_2$)$_2$NH$_2$CH$_3$][M$_2$(HCOO)$_6$]（M = Mn^{II} and Co^{II}）：weak ferromagnetic metal formate frameworks of unique binodal 6-connected（4^{12}·6^3）（4^9·6^6）topology，templated by a diammonium cation. Inorg Chem，2007，46：8439-8441.

[68] Hagen K S，Naik S G，Huynh B H，et al. Intensely colored mixed-valence iron（II）iron（III）formate analogue of prussian blue exhibits Néel N-type ferrimagnetism. J Am Chem Soc，2009，131：7516-7517.

[69] Zhao J P，Hu B W，Lloret F，et al. Magnetic behavior control in niccolite structural metal formate frameworks [NH$_2$(CH$_3$)$_2$] [Fe^{III}M^{II}(HCOO)$_6$]（M = Fe，Mn，and Co）by varying the divalent metal ions. Inorg Chem，2010，49：10390-10399.

[70] Cañadillas-Delgado L，Fabelo O，Rodríguez-Velamazán J A，et al. The role of order-disorder transitions in the quest for molecular multiferroics：structural and magnetic neutron studies of a mixed valence iron（II）-iron（III）formate framework. J Am Chem Soc，2012，134：19772-19781.

[71] Mączka M，Gągor A，Hanuza J，et al. Synthesis and characterization of two novel chiral-type formate frameworks templated by protonated diethylamine and ammonium cations. J Solid State Chem，2017，245：23-29.

[72] Plutecka A，Rychlewska U. A three-dimensional Al^{III}/Na^I metal-organic framework resulting from dimethylformamide hydrolysis. Acta Cryst Sect C，2009，65：m75-m77.

[73] Yu Y，Shang R，Chen S，et al. A series of bimetallic ammonium AlNa formates. Chem Eur J，2017，23：9857-9871.

[74] Cepeda J，Pérez-Yáñez S，Beobide G，et al. Exploiting synthetic conditions to promote structural diversity within the scandium（III）/ pyrimidine-4，6-dicarboxylate system. Cryst Growth Des，2015，15：2352-2363.

[75] Ma X，Tian J，Yang H Y，et al. 3D Rare earth porous coordination frameworks with formamide generated in situ syntheses：crystal structure and down-and up-conversion luminescence. J Solid State Chem，2013，201：172-177.

[76] Rossin A，Giambastiani G，Peruzzini M，et al. Amine-templated polymeric lanthanide formates：synthesis，characterization，and applications in luminescence and magnetism. Inorg Chem，2012，51：6962-6968.

[77] Li M，Liu B，Wang B，et al. Erbium-formate frameworks templated by diammonium cations：syntheses，structures，structural transition and magnetic properties. Dalton Trans，2011，40：6038-6046.

[78] Hu K L，Kurmoo M，Wang Z，et al. Metal-organic perovskites：synthesis，structures，and magnetic properties of [C(NH$_2$)$_3$] [Mn^{II}(HCOO)$_3$]（M = Mn，Fe，Co，Ni，Cu，and Zn；C(NH$_2$)$_3$ = guanidinium）. Chem Eur J，2009，15：12050-12064.

[79] Desiraju G R. Crystal Design：Structure and Function. West Sussex：John Wiley & Sons Ltd，2003：p306.

[80] Zhao J P，Xu J，Han S D，et al. A niccolite structural multiferroic metal-organic framework possessing four different types of bistability in response to dielectric and magnetic modulation. Adv Mater，2017，29：1606966.

[81] Zhao J P，Han S D，Jiang X，et al. A heterometallic strategy to achieve a large magnetocaloric effect in polymeric 3d complexes. Chem

Commun，2015，51：8288-8291.

[82] Shang R，Sun X，Wang Z M，et al. Zinc-diluted magnetic metal formate perovskites：synthesis，structures，and magnetism of [CH$_3$NH$_3$] [Mn$_x$Zn$_{1-x}$(HCOO)$_3$]（x = 0–1）. Chem Asian J，2012，7：1697-1707.

[83] Evans N L，Thygesen P M M，Boström H L B，et al. Control of multipolar and orbital order in perovskite-like [C(NH$_2$)$_3$]Cu$_x$Cd$_{1-x}$(HCOO)$_3$ metal-organic frameworks. J Am Chem Soc，2016，138：9393-9396.

[84] Maczka M，Sieradzki A，Bondzior B，et al. Effect of aliovalent doping on the properties of perovskite-like multiferroic formates. J Mater Chem C，2015，3：9337-9345.

[85] Clemente-Juan J M，Coronado E，Gaita-Arino A. Magnetic polyoxometalates：from molecular magnetism to molecular spintronics and quantum computing. Chem Soc Rev，2012，41：7464-7478.

[86] Woodruff D N，Winpenny R E P，Layfield R A. Lanthanide Single-Molecule Magnets. Chem Rev，2013，113：5110-5148.

[87] Imai Y，Zhou B，Ito Y，et al. Freezing of ring-puckering molecular motion and giant dielectric anomalies in metal-organic perovskites. Chem Asian J，2012，7：2786-2790.

[88] Kieslich G，Kumagai S，Forse A C，et al. Tuneable mechanical and dynamical properties in the ferroelectric perovskite solid solution [NH$_3$NH$_2$]$_{1-x}$ [NH$_3$OH]$_x$Zn(HCOO)$_3$. Chem Sci，2016，7：5108-5112.

[89] Ptak M，Maczka M，Gagor A，et al. Experimental and theoretical studies of structural phase transition in a novel polar perovskite-like[C$_2$H$_5$NH$_3$] [Na$_{0.5}$Fe$_{0.5}$(HCOO)$_3$] formate. Dalton Trans，2016，45：2574-2583.

[90] Ptak M，Maczka M，Gagor A，et al. Phase transitions and chromium（Ⅲ）luminescence in perovskite-type [C$_2$H$_5$NH$_3$][Na$_{0.5}$Cr$_x$A$_{10.5-x}$(HCOO)$_3$]（x = 0，0.025，0.5），correlated with structural，dielectric and phonon properties. PCCP，2016，18：29629-29640.

[91] Thomson R I，Jain P，Cheetham A K，et al. Elastic relaxation behavior，magnetoelastic coupling，and order-disorder processes in multiferroic metal-organic frameworks. Phys Rev B，2012，86（21）：214304.

[92] Besara T，Jain P，Dalal N S，et al. Mechanism of the order-disorder phase transition，and glassy behavior in the metal-organic framework [(CH$_3$)$_2$NH$_2$]Zn(HCOO)$_3$. Proc Natl Acad Sci USA，2011，108：6828-6832.

[93] Tan J C，Jain P，Cheetham A K. Influence of ligand field stabilization energy on the elastic properties of multiferroic MOFs with the perovskite architecture. Dalton Trans，2012，41：3949-3952.

[94] Li W，Probert M R，Kosa M，et al. Negative linear compressibility of a metal-organic framework. J Am Chem Soc，2012，134：11940-11943.

[95] Ciupa A，Maczka M，Gagor A，et al. Temperature-dependent studies of [(CH$_3$)$_2$NH$_2$][Fe^{Ⅲ}M^{Ⅱ}(HCOO)$_6$] frameworks（M^{Ⅱ} = Fe and Mg）：structural，magnetic，dielectric and phonon properties. Dalton Trans，2015，44：8846-8854.

[96] Sieradzki A，Pawlus S，Tripathy S N，et al. Dielectric relaxation behavior in antiferroelectric metal organic framework [(CH$_3$)$_2$NH$_2$][Fe^{Ⅲ} Fe^{Ⅱ}(HCOO)$_6$] single crystals. PCCP，2016，18：8462-8467.

[97] Ciupa A，Maczka M，Gagor A，et al. Synthesis and characterization of novel niccolites [(CH$_3$)$_2$NH$_2$][Fe^{Ⅲ}M^{Ⅱ}(HCOO)$_6$]（M^{Ⅱ} = Zn，Ni，Cu）. Dalton Trans，2015，44：13234-13241.

[98] Mączka M，Pietraszko A，Pikul A，et al. Luminescence，magnetic and vibrational properties of novel heterometallic niccolites [(CH$_3$)$_2$NH$_2$][Cr^{Ⅲ}M^{Ⅱ}(HCOO)$_6$]（M^{Ⅱ} = Zn，Ni，Cu）and[(CH$_3$)$_2$NH$_2$][Al^{Ⅲ}Zn^{Ⅱ}(HCOO)$_6$]：Cr^{3+}. J Solid State Chem，2016，233：455-462.

[99] Sieradzki A，Trzmiel J，Ptak M，et al. Unusual electronic behavior in the polycrystalline metal organic framework [(CH$_3$)$_2$NH$_2$][Na$_{0.5}$Fe$_{0.5}$ (HCOO)$_3$]. Electron Mater Lett，2015，11：1033-1039.

[100] Maczka M，Bondzior B，Deren P，et al. Synthesis and characterization of [(CH$_3$)$_2$NH$_2$][Na$_{0.5}$Cr$_{0.5}$(HCOO)$_3$]：A rare example of luminescent metal-organic frameworks based on Cr（Ⅲ）ions. Dalton Trans，2015，44：6871-6879.

第36章
多孔手性配位聚合物的不对称催化与手性分离

36.1 引　　言

手性广泛存在于自然界中（图 36-1），早在一百多年前，著名的微生物学家和化学家巴斯德就曾预言"宇宙是非对称的……，所有生物体在其结构和外部形态上，究其本源都是宇宙非对称性的产物"。作为生命体新陈代谢基础的各种生物酶、蛋白质等都是手性化合物。充分理解手性及利用手性对人们改变生活和认识世界都具有相当重要的意义。例如，绝大多数的昆虫信息素都是手性分子，人们可以利用它来诱杀害虫；很多农药的有效成分均是手性分子，如除草剂甲氧毒草安（metolachlor），其左旋体具有非常优异的除草性能，但右旋体不仅没有除草作用，还具有致突变作用；市场上接近70%的药物都是手性药物，如常见的紫杉醇、青蒿素、沙丁胺醇和萘普生等，而著名的"反应停"事件更让人们深刻认识到手性对人类生命健康的重要性。鉴于手性与生物、医药及人们的日常生活有着如此密切的关系，而手性又是立体化学中最精细的层次，因此如何高效率地制备出各种光学纯的化合物是对科研工作者们的智力和创意提出的极大挑战。

图 36-1　自然界中存在的宏观和微观手性现象

目前获得单一手性化合物的方法主要有三种：手性拆分（主要分为物理拆分和化学拆分）、手性源合成和不对称催化。经典化学反应只能得到等量左旋体和右旋体的混合物，手性拆分法是用手性拆分试剂将混旋体拆分成等量左旋体和右旋体，其中有一半是目标产物，另一半是副产物，需要消耗大量昂贵的手性拆分试剂；手性源合成法需要以天然的手性合成子作为合成前驱体，而获得这些光学纯的手性合成子无疑也是极为困难的。虽然手性拆分和手性源合成法的应用不是特别广泛，但它们依然是获取单一手性化合物不可或缺的手段。相较而言，不对称催化则是化学家们一直追求和探索的更高效更经济的直接将非手性原料转化为单一手性化合物的方法，且该方面的研究也最为深入和广泛。

自 20 世纪 60 年代开始，科研工作者们就开始研究手性合成技术，即在极少量手性催化剂的作用下将前手性底物选择性地转化成特定构型的产物，实现手性放大和手性增殖，从而获得大量的单旋体化合物。特别需要指出的是，这种技术可以使人们随心所欲地合成自然界中不存在的左旋体或右旋体化合物。

在实现手性合成技术的过程中，手性催化剂的设计和制备无疑扮演了极其重要的角色。在过去的几十年里，手性均相催化剂获得了长足的发展，而手性异相催化剂的发展则方兴未艾。虽然在手性多孔沸石的制备上取得了重大进展，但是因沸石合成过程中采用的高温煅烧有可能造成沸石的手性失活，目前仅能得到 β-Zeolite 和 ETS-10 两种手性沸石，这极大限制了其在工业上的应用[1]。在此背景下，手性金属有机框架（chiral metal-organic framework，CMOF）材料应运而生。CMOF 作为新一代手性晶态多孔材料，具有丰富的晶内孔道、外表面孔口和均匀的活性位点，这使其具备独特的"纳米效应"，不但提供了用化学方法同时改变材料的组成结构和功能的可能性，并且允许了在分子水平上对材料进行理性设计和合成，是一种非常有潜力的手性异相催化剂。

虽然 MOF 材料在过去十几年内发展迅速，但 CMOF 由于手性配体较难合成、手性结构难以预测及手性环境难以控制等因素发展较为缓慢。迄今有关 CMOF 的研究报道只相当于所有 MOF 材料的 1%左右。因此如何设计并制备出结构多样、功能丰富的 CMOF 材料仍然是目前乃至未来几十年科研工作者们的奋斗方向和目标。

36.2　手性金属有机框架材料的设计与合成

设计和合成 CMOF 的第一步也是最重要的一步是如何将手性引入最终的框架结构中。手性可以来源于各种立体构型中心，如常见的手性碳中心和金属中心，也可以来源于化合物分子自身的空间排列，如形成具有手性形态的螺旋体等。根据合成中利用的前驱体组分不同，分为直接法和间接法（图 36-2）。

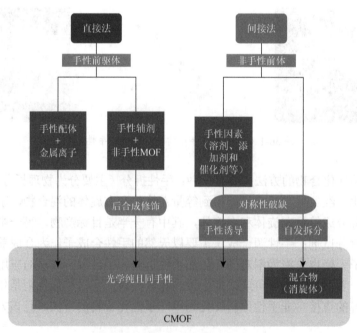

图 36-2　制备 CMOF 的方法简图

直接法：以手性组分作为合成前驱体与金属中心组装，并且最终得到的 CMOF 中包含所使用的手性组分。

　　直接法作为当前最普遍使用的构筑 CMOF 的方法（图 36-3），主要包含两种策略：一种是直接采用手性有机配体作为模块单元，与金属中心进行组装获得手性框架材料，该策略也是目前构筑手性框架材料最直接且最有效的方法。通过对有机配体几何构型的调控和精确的官能团修饰，可以制备出大量结构新颖、性能多样的 CMOF 材料；另一种是通过对非手性 MOF 进行手性后修饰（PSM），在不改变原始框架结构的情况下获得 CMOF 的方法。一般地，当前驱体 MOF 框架中的有机配体上含有羟基（—OH）、巯基（—SH）、氨基（—NH$_2$）或者羧基（—COOH）等高活性的化学基团，或者其金属节点具有空余的配位点时，就可能通过简单的化学或配位反应将手性单元引入框架结构中，从而获得 CMOF 材料。

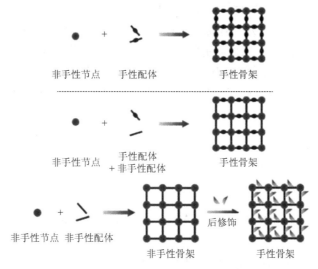

图 36-3　直接法合成 CMOF 示意图

　　2009 年，上海交通大学崔勇教授课题组直接以一种具有 C_2 对称性的联苯吡啶官能化配体，分别与 AgNO$_3$、AgPF$_6$ 和 AgClO$_4$ 组装得到了三种结构不同的 CMOF（图 36-4），单晶结构分析表明它们的基本骨架都是由线形 N—Ag—N 键形成的阳离子链与扭曲的手性配体相互连接形成的三维螺旋体。令人惊奇的是，这些螺旋体呈现出少见的螺旋构象多态性，它们的构象可以通过改变银盐的阴离子来调控，NO$_3^-$、PF$_6^-$ 和 ClO$_4^-$ 分别对应得到 2_1、3_1 和 4_1 三种螺旋体。进一步实验表明这些螺旋体

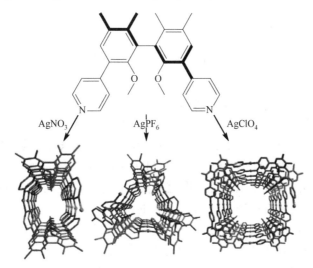

图 36-4　崔勇等直接利用 C_2 对称性的手性联苯吡啶类配体构建 CMOF

的构象不受反应溶剂、原料配比及溶液浓度的影响，它们的构象差异仅源于阴离子的改变，因此该构象多态性可以进一步归因于三种阴离子的尺寸、立体结构及配位能力间的差异[2]。

2006 年，西北大学 Hupp 教授等以吡啶官能化的手性席夫碱锰单核（Mn-salen）为有机配体，与非手性的联苯二羧酸及锌盐组装，得到了一例具有催化功能的 CMOF[3]。采用混合配体策略，不仅可以拓宽 CMOF 结构的多样性，而且通过对非手性配体构型和官能团的精确调控，可以有目的地制备具有潜在或特定功能的 CMOF 材料。

2009 年，加州大学圣迭戈分校 Cohen 教授课题组报道了将手性酸酐类化合物(R)-2-甲基丁酸酐与非手性的 IRMOF-3 框架中裸露的氨基反应，并成功获得了一例 CMOF，从而证实了通过后修饰法将非手性 MOF 转变为相应 CMOF 材料的可能性和有效性（图 36-5）[4]。虽然成功利用后修饰法构筑 CMOF 的报道在近几年层出不穷，但其依然有一定的局限性，例如，对框架中没有裸露活性基团或者配位不饱和金属中心的 MOF 来说，便很难将手性引入其最终框架中；其次，后修饰法往往效率较低，通常只能对框架中的小部分活性基团进行修饰，这有可能影响最终手性框架材料的性能；更重要的是，获得具有足够稳定性并能在后修饰过程中保持框架稳定及完整的前驱体 MOF 较为困难。

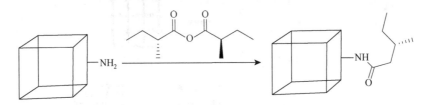

图 36-5　Cohen 等利用后修饰法制备 CMOF

间接法：其他以非手性前驱体组分为基础获得 CMOF 的方法，主要包括自发拆分法和手性模板法。

自发拆分法是外消旋有机配体在与金属中心的配位及晶体生长过程中有可能进行自发拆分从而得到手性结晶体的方法，其最大的特点和优势是结晶过程中完全没有任何手性元素的参与，缺点是只能获得等量的对映异构体，而其整体依然是非手性的（图 36-6）。

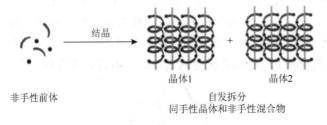

非手性前体　　　　晶体1　　晶体2
　　　　　　　　自发拆分
　　　　　　同手性晶体和非手性混合物

图 36-6　自发拆分法示意图

1999 年，日本九州大学 Aoyama 教授课题组报道了首例完全利用非手性元素来制备 CMOF，他们采用非手性的 5-(9-蒽基)嘧啶配体（apd）与镉盐进行组装，成功获得了一例 CMOF。单晶分析发现其结晶于手性空间群 $P2_1$ 中，进一步的研究表明该框架的手性来源于有机配体和 Cd^{2+} 形成的螺旋阵列（图 36-7）[5]。自此，利用自发拆分法构筑 CMOF 的报道不断涌现，但由于对材料组装过程中的自发拆分过程缺乏足够的理论认识，目前报道的自发拆分现象多是偶然的实验发现而非基于理性设计，因此利用此方法来构建 CMOF 依然面临很大的挑战。

手性模板法是以非手性的有机桥连配体为结构单元组装分子的同时加入手性模板剂，通过对映明确的超分子导向作用获得 CMOF，且手性模板剂并不存在于最终的手性框架结构中（图 36-8）。理论上手性模板剂可以是一切具有手性结构特点的物质，通常是手性溶剂、手性添加物和手性有机离

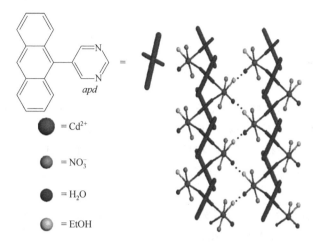

图 36-7　Aoyama 等报道的首例通过自发拆分法获得的 CMOF

子等，而手性模板分子的结构特点和性质有可能影响最终框架材料的结构特性。例如，2000 年利物浦大学 Rosseinsky 教授课题组采用光学纯的 1,2-丙二醇作为手性模板剂，诱导形成了一个二重穿插的(10, 3)-a 拓扑结构的 CMOF，这也是利用手性模板法获得 CMOF 的首例报道[6]。

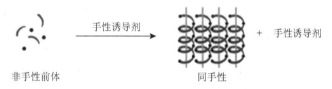

图 36-8　手性模板法制备 CMOF 示意图

36.3　不对称催化性能

　　不对称催化被公认为获取单一对映体最有效和最经济的方法，因为一个高效的催化剂分子可以诱导产生成千上万甚至上百万个手性产物分子，甚至有可能超过酶的催化效率，而要想做到这一点，设计并制备出高效的催化剂至关重要。

　　自 20 世纪 90 年代开始，不对称催化合成已经成为有机合成化学的前沿和热点领域，同时也代表了 21 世纪有机合成化学的发展方向。在此期间，大量高效的均相催化剂被成功开发出来并应用于科学研究及工业化生产中。虽然均相不对称催化领域已经获得了巨大的成功，但依然掩盖不了其不足之处，如分离困难、团聚失活及难以循环利用等。在这样的背景下，异相不对称催化剂逐渐崭露头角，因其具有分离简单和可循环使用等优点，很好地契合了当前社会对绿色化学的追求，而 CMOF 正是异相不对称催化剂中的优秀代表之一。自 2000 年韩国浦项大学 Kim 教授等首次报道以 CMOF 作为异相不对称催化剂催化酯的不对称交换反应以来[7]，相关领域的报道不断涌现。实验表明，CMOF 作为异相不对称催化剂必须同时具备以下几点：①催化活性位点必须处于适当的手性环境中以利于其产生强的不对称诱导作用；②材料的孔道和窗口尺寸必须足够大以利于底物和产物的顺利扩散；③在整个催化过程中必须能够保持其框架结构的稳定性和完整性。将 CMOF 按照在异相不对称催化反应中起催化作用的活性位点的不同分为三个部分：①金属节点催化；②优势手性配体催化；③有机小分子催化剂催化。

36.3.1 金属节点催化

在手性多孔金属有机框架材料中引入配位不饱和金属中心（CUM）是使其产生催化性能的有效手段。配位不饱和金属位点规则地分布在孔道内表面，在催化过程中可以和底物分子产生强烈的相互作用，并诱导产生相应的立体和对映选择性，而孔道内独特的手性微环境使其区别于传统的无机手性沸石类多孔材料。实验证明，许多金属离子都可以作为配位不饱和中心被引入最终的手性框架结构中，如 Cr^{3+}、Ti^{4+}、Fe^{3+}、Al^{3+}、V^{4+}、Mn^{2+}、Co^{2+}、Cu^{2+}/Cu^+、Zn^{2+}、Ag^+、Mg^{2+}、Zr^{4+}/Hf^{4+} 和 Ce^{4+} 等。它们在催化各类有机转化反应中扮演着重要角色，如 Mukaiyama-aldol 反应、CO_2 的环加成反应、烯烃的环氧化及环丙烷化反应、Friedlander 缩合反应、Pechmann 缩合反应、Biginelli 反应、Henry 反应、1,3-偶极环加成反应及各类多组分反应等。目前在 CMOF 中引入配位不饱和金属位点，通常有三种方法：①选择高配位数的镧系金属元素作为金属节点；②选择过渡金属元素（尤其是 Zn^{2+} 和 Cu^{2+}）与羧酸基团配位形成具有双核桨轮结构（paddle-wheel）的金属节点；③选择具有 C_3 对称性的有机配体与适宜的金属中心组装以获得具有类似方钠石（sod）和方硼石（tbo）拓扑结构的 CMOF。

第一例成功利用 CMOF 中的金属节点进行异相不对称催化的报道见于 2001 年，美国北卡罗来纳大学林文斌教授课题组设计并合成了一个乙基保护的手性联苯酚类骨架，通过磷酸化修饰，得到了一个手性双磷酸配体，将其与镧系金属的硝酸盐或高氯酸盐混合于酸性甲醇溶剂中，通过室温挥发得到了一系列同构的镧系 CMOF。单晶结构分析表明金属中心 Ln 以八配位的四方反棱柱构型配位了来自四个独立手性配体的四个磷酸基团及四个水分子，形成了二维层状网络，这些二维层之间通过氢键作用相互交错叠加在 a 方向，形成了最大尺寸约为 1.2nm 的手性孔道。粉末 X 射线衍射（PXRD）表明该框架经过加热脱水处理后虽然发生了一定程度的扭曲，但当将其重新置于水蒸气气氛中时，框架结构即可恢复原状。鉴于所制备的 MOF 材料不仅具有良好的稳定性及均匀的手性纳米孔道，而且同时具备路易斯酸和布朗斯特酸活性位点，他们将其用于催化醛的不对称硅氰化加成反应及内消旋酸酐的不对称开环反应，均取得了较好的产率。虽然只获得了较低的对映体选择性（<5%ee），但通过条件控制实验，成功证明 MOF 催化剂是以异相的形式催化反应进行，且该催化剂可以通过简单的过滤操作达到接近百分百产率的回收，循环使用后并没有明显催化活性的减弱[8]。

2008 年，日本关西大学 Tanaka 教授课题组设计合成了一个双羧酸官能化的手性联萘酚配体：2,2′-二羟基-1,1′-联萘基-5,5′-二羧酸，将其与硝酸铜混合于甲醇溶液中，通过二甲基苯胺的扩散得到了一例晶态 CMOF。单晶结构表明该手性框架的节点为桨轮状双核铜单元，通过有机配体的连接形成了二维的平面四方网络（sql）结构，这些层状网络以 A-B-A 的方式交错堆积导致了框架中孔道的丧失。其中，双核铜节点中轴向配位的甲醇分子可以通过真空加热除去而得到具有催化活性的配位不饱和金属位点。PXRD 表明甲醇分子的离去导致了材料晶态的丧失，但当将其重新浸于溶剂中即可恢复晶态。他们将该 CMOF 用于催化环氧化物的不对称开环反应，在苯胺的存在下，以环氧环己烷或环氧环戊烷为底物，仅需 5%当量的手性催化剂即可以最高达 54%的产率及 51%的对映选择性获得相应构型的手性氨基醇类化合物。而在同样的反应条件下，仅使用相应的均相手性催化剂 S-BINOL 则不能催化该反应。需要注意的是，他们并未指出该催化反应是在框架材料的孔道内部还是孔道表面进行，但根据结构分析结果来看，后者的可能性更大[9]。

2013 年，该课题组使用同一种 CMOF 来催化硫醚的不对称氧化反应，取得了极好的化学选择性及高达 82%的对映选择性。同时，为了研究该反应中手性诱导作用的来源，他们采用甲基保护的手性联萘酚羧酸配体与二价铜盐组装了一个同构的手性框架材料，并在同样条件下催化硫醚的不对称氧化反应，虽然获得了与具有裸露羟基的 MOF 相当的产率，但几乎没有获得任何对映选择性。他们也尝试了仅使用手性联萘酚（BINOL）或者仅使用二价铜盐抑或二者同时参与反应，发现同样得不到任何对映选择性。基于此，他们认为，手性诱导作用可能来源于手性框架材料中金属中心周围特殊的手性微环境[10]。

2011 年，德国德累斯顿工业大学 Kaskel 教授课题组为了获得具有配位不饱和金属中心的大孔径 CMOF，选择 1,3,5-三对苯甲酸基苯（H₃BTB）为基本骨架，为了引入手性元素并增强最终框架结构的手性诱导能力，他们巧妙地将手性噁唑烷酮类衍生物修饰于 H₃BTB 配体中羧基的邻位，获得了两个手性配体 ChirBTB-1 和 ChirBTB-2，分别将它们与硝酸锌在 DEF 溶剂条件下组装，得到了两个 CMOF：MOF-1 和 MOF-2。虽然它们的合成条件相似，且具有几乎相同的分子式，但它们的框架结构却截然不同。MOF-1 的节点为双核锌桨轮单元，且拥有和 HKUST-1 类似的方硼石拓扑（*tbo*）结构，进一步分析表明其包含了三种不同类型的孔道，最大孔径达到了约 3.37nm。重要的是，起催化作用的金属节点均匀地朝向孔道内表面，可以作为路易斯酸位点接触并活化底物。MOF-2 的框架是由三核锌节点与配体相互连接形成的三维 *cys* 拓扑结构，进一步分析表明其在三维方向上拥有两种不同类型的孔道，最大的孔径尺寸约为 1.8nm×1.8nm。由于这两种 CMOF 均具有较大的孔隙率，其孔道内表面张力较大，加热往往会造成孔道的坍塌，因此常规的气体吸附实验无法准确表征其多孔性。他们使用大分子染料吸附实验证明了它们的多孔性。将 MOF-1 和 MOF-2 用于催化芳香醛和 1-甲氧基-1-(三甲基硅氧基)-2-甲基-1-丙烯的不对称 Mukaiyama-aldol 反应（图 36-9），发现反应溶剂对催化产物的 ee 值影响较大。当使用 MOF-1 作为催化剂，二氯甲烷作为反应溶剂，苯甲醛作为底物时，获得的产物为外消旋体；而当反应溶剂为正庚烷时，则可以获得 9%的 ee 值；同样条件下，以 MOF-2 作为催化剂，在二氯甲烷和正庚烷溶剂条件下分别得到 8%和 6%的 ee 值。进一步地，底物为 1-萘醛，MOF-1 作为催化剂，在二氯甲烷和正庚烷溶剂中分别可以得到 40%和 16%的 ee 值[11]。值得关注的是，虽然两种 CMOF 在催化该反应时仅能取得较低的对映选择性，但利用配位不饱和金属节点作为路易斯酸活性位点，在其周围进行适当的手性助剂修饰，并用于催化不对称有机反应无疑是一种构建具有不对称催化活性 CMOF 的重要手段。

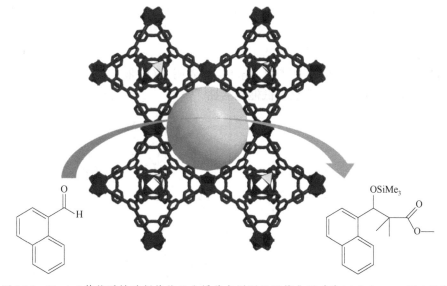

图 36-9　Kaskel 等将手性助剂修饰于金属节点周围用于催化不对称 Mukaiyama-aldol 反应

利用功能手性配体与金属中心组装获得 CMOF 并用于异相不对称催化虽然是极为有效的办法，但不可忽视的是，这些功能手性配体的制备往往需要耗费较大的经济及人力资源。而利用天然存在且便宜的手性小分子化合物作为手性配体直接参与构建 CMOF 也许可以有效避免这些问题。但由于天然小分子化合物通常结构简单，配位方式较为单一，它们与金属中心配位往往只能形成低维度的手性链或层状结构，所以实验中经常需要借助一些简单易得的非手性配体来参与最终手性框架的构建以形成更高维度及孔隙度的 CMOF。

2006 年，Kim 教授课题组以硝酸锌、L-乳酸（L-lactate）和对苯二甲酸（H_2BDC）为原料，通过溶剂热法获得了一例 CMOF。结构分析表明其是由双核金属锌单元与 L-乳酸相互连接形成的手性一维链通过 BDC^{2-} 配体的连接形成的手性三维框架。通过简单的热处理即可将金属节点上配位的 DMF 分子除去从而获得路易斯酸活性位点，留在孔道中的 DMF 分子可以通过溶剂交换后加热的方法完全除去。他们将活化后的 CMOF 催化剂用于催化芳基硫醚的不对称氧化反应，发现使用过氧化尿素作为氧化剂，对含有较小取代基的芳基硫醚底物均可以取得＞90% 的转化率和化学选择性，但当底物较大时，则几乎没有产物的生成，这说明催化反应发生在 CMOF 的孔道内。选择过氧化氢作为氧化剂，在混合溶剂的条件下可以达到接近 100% 的转化率和化学选择性，且该 CMOF 可以循环使用至少 30 次依然保持相当高的催化活性。遗憾的是，在该反应中并没有手性诱导作用的体现，很显然，在金属节点锌作为路易斯酸位点催化反应进行的过程中，与其配位的 L-乳酸并没有表现出期望的手性诱导作用。有意思的是，当使用较大当量的 CMOF 催化剂时，其会在催化过程进行的同时以手性吸附分离的方式获得高光学纯度的亚砜产物。结果表明，该 CMOF 会优先吸附 S 构型的亚砜而将等量的 R 构型亚砜留在溶液中（约 20%）。该结果也为研究者们提供了一个通过一步法制备出同时具有高催化活性和手性吸附分离性能的异相手性催化剂的独特思路[12]。

在组装 MOF 的过程中，如果在金属节点周围有两个或两个以上的非共面的螯合环形结构，也可以产生手性，而手性模板剂的存在可以诱导形成特定对映体形式的手性框架材料。例如，2010 年大连理工大学段春迎教授课题组利用溶剂热法将硝酸铈和非手性配体亚甲基间苯二甲酸（H_4mdip）在手性模板剂 L-或者 D-氮-叔丁氧羰基-2-(咪唑)-1-吡咯烷酮（L-BCIP 或 D-BCIP）的存在下进行组装，分别获得了 Ce-mdip-1 和 Ce-mdip-2 两种手性 MOF，互为对映体的 Ce-mdip-1 和 Ce-mdip-2 均结晶于手性 $P2_1$ 空间群，但其手性构型正好相反。结构分析表明它们在 a 方向形成了尺寸约为 1.05nm×0.6nm 的孔道，每个 Ce^{3+} 均配位了一个易除去的水分子。令人兴奋的是，Ce-mdip-1 和 Ce-mdip-2 中金属铈节点特殊的配位构型使其具有强的手性诱导能力。他们将活化后的 Ce-mdip-1 和 Ce-mdip-2 用于催化醛的不对称硅氰化加成反应。令人惊讶的是，虽然它们是完全由非手性配体组装而成的，但表现出极好的对映选择性（＞98% ee）和转化率（＞95%）（图 36-10），而当仅使用硝酸铈作为催化剂时，则只能得到外消旋的产物。循环实验表明 MOF 催化剂是以异相的形式催化反应进行，至少可以循环使用三次且没有明显降低催化活性[13]。

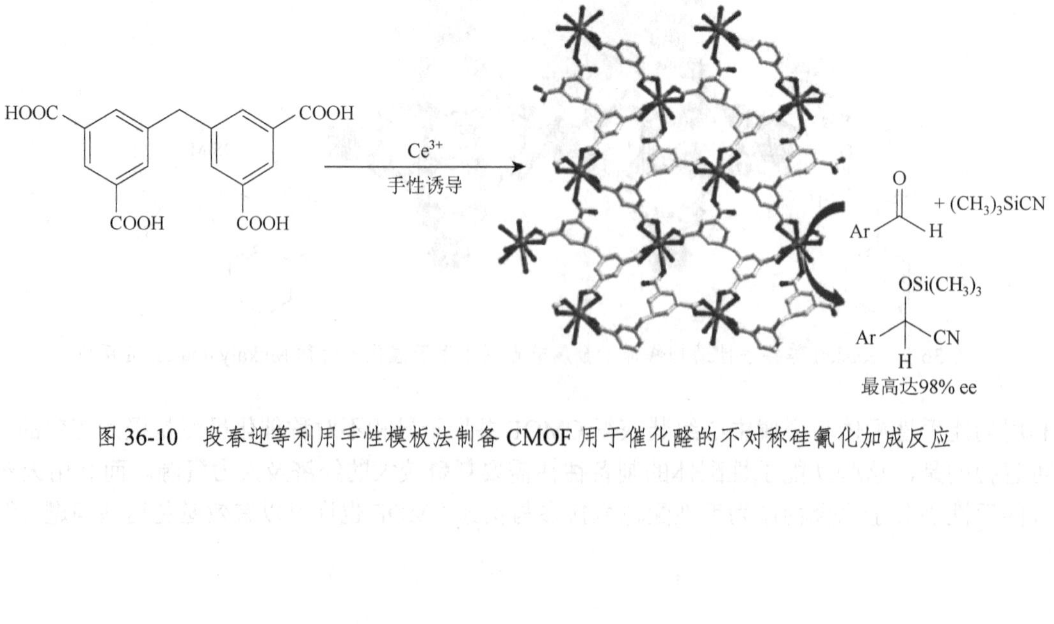

图 36-10　段春迎等利用手性模板法制备 CMOF 用于催化醛的不对称硅氰化加成反应

随后在 2012 年，该课题组又报道了另一例通过手性模板法制备的 CMOF。他们选择 3-(4-(1-(2-吡啶-2-基肼叉)乙基)-苯基胺（tpha）和四氟硼酸银（AgBF₄）在手性模板剂金鸡纳碱的诱导下获得了一个三维手性框架材料 Ag-tpha。结构分析表明其框架中存在尺寸约为 0.75nm×0.80nm 的孔道，而作为路易斯酸活性位点的银节点则均匀地朝向孔道内表面。将 Ag-tpha 用于催化甲基-2-(亚苄基氨)乙酸酯（MBA）和 N-甲基马来酰亚胺（NMM）的不对称 1, 3-偶极环加成反应，取得了最高达 90%的产率和 90%的对映选择性。经过三次循环实验，MOF 催化剂依然可以保持较好的催化活性[14]（图 36-11）。

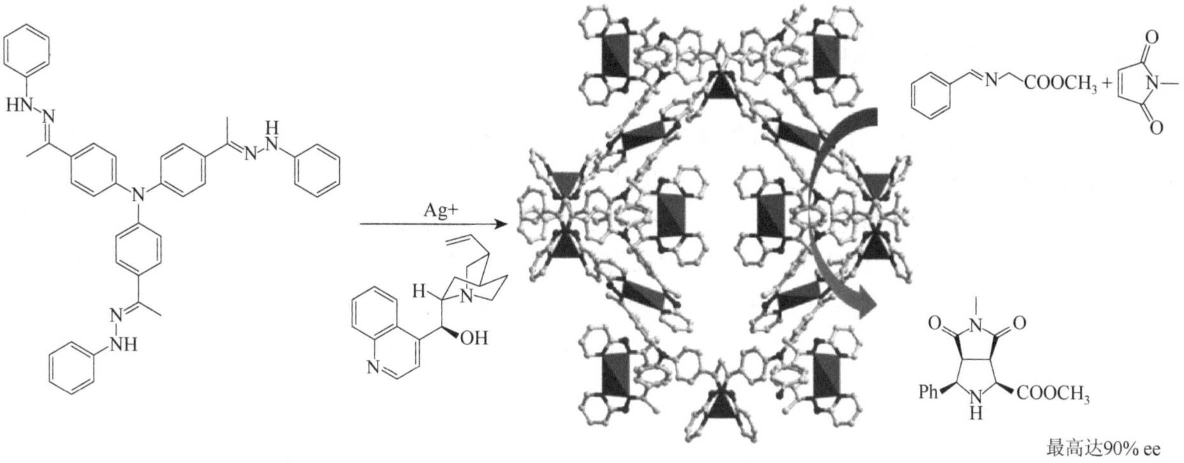

图 36-11　段春迎等利用手性模板法构建 CMOF 用于催化不对称 1, 3-偶极环加成反应

通常来说，由于缺乏相应的均相手性催化剂，人们很难确定 CMOF 中金属节点催化不对称反应时手性诱导作用的来源，也很难保证制备的 CMOF 中具有配位不饱和金属节点的同时，其周围有合适的手性环境。尤其是在如何有效调控金属节点和手性单元之间的距离及相对取向以获得较高的对映选择性方面依然面临巨大挑战。

尽管许多金属离子都已经被证实在非手性路易斯酸均相催化和异相催化反应中拥有优秀的催化活性，但是在不对称异相催化反应中依然只有少数可供借鉴的案例，这主要是由于目前很难制备出兼具配位不饱和金属中心和强手性诱导作用的高稳定 CMOF。近十年来，大量高稳定性的非手性 MOF 被成功制备出来，其中大部分是以 Zr^{4+}、Hf^{4+}、In^{3+}或者稀土离子等高价金属为节点，这也为构建高稳定性的 CMOF 指明了方向（图 36-12）。

图 36-12　构建稳定 MOF 的策略示意图

此外，如果以高活性的金属中心为节点，如 Pd^{2+}或 Rh^{2+}等参与最终框架的构建，获得的 CMOF 有可能在催化不对称氢化反应、碳-碳偶联反应及碳-氢活化反应中发挥重要作用。值得一提的是，目前绝大多数以金属节点作为催化活性中心的 CMOF 都是通过一步法合成，部分具有某些特定催化活性的金属离子很难或不能通过一步法参与最终框架的构建（如 Pd^{2+}、Fe^{3+}、Ti^{4+}等）。理论上说，我们可以通过后修饰法对已经制备的 MOF 材料进行金属节点间的置换而不影响其原本结构。例如，2007 年美国加利福尼亚大学 Long 教授课题组成功将制备的 Mn^{2+}-MOF 分别与 $CuCl_2$、$NiCl_2$ 和 $CoCl_2$ 在甲醇溶剂中实现了金属节点间的置换[15]。随后在 2009 年，Kim 教授课题组首次报道了以单晶到单晶转变的形式实现了金属中心 Cd^{2+} 与 Pd^{2+}之间的完全及可逆置换（图 36-13）[16]。

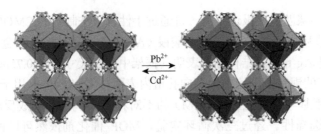

图 36-13　Kim 等在 MOF 中实现 Cd^{2+} 与 Pd^{2+} 间的完全及可逆置换

36.3.2　优势手性配体催化

　　利用 CMOF 中的金属节点催化有机反应由于缺少相应的均相部分，所以很难通过理性的设计获得具有高活性的手性催化剂。相比之下，将优势手性小分子或手性有机金属化合物作为活性位点参与最终框架的构建，则可能直接获得具有高不对称催化活性的异相手性催化剂。2003 年，美国哈佛大学 Jacobsen 教授归纳了 2002 年以前发展起来的 7 类优势手性配体和催化剂（图 36-14）[17]，这些优势手性小分子催化剂在各类不对称有机催化反应中发挥了极其重要的作用，同时也为设计组装具有高不对称催化活性的 CMOF 提供了丰富的配体设计资源。简单来说，如果对这些优势手性小分子催

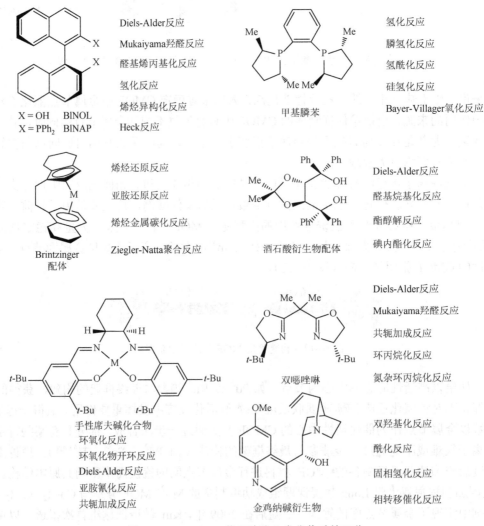

图 36-14　Jacobsen 等归纳的 7 类优势手性配体

化剂进行适当的官能团修饰，即可作为优势手性配体与适宜的金属中心组装获得 CMOF，而这也是当前构筑 CMOF 最常用且最有效的方法。

在这 7 类优势手性小分子催化剂中，目前在 CMOF 领域研究较多的主要是手性联萘酚［包含手性联萘二苯基膦（BINAP）］和手性席夫碱（salen）两大类，这主要是由于这两类优势小分子化合物在手性识别、分离及不对称催化领域展现了巨大的潜力且骨架结构易于修饰。值得注意的是，另一类具有和手性 BINOL 相似骨架的联苯酚（biphenol）小分子催化剂在手性识别和不对称催化领域也获得了一系列成果，而且相较于联萘酚类化合物，其骨架柔性更好，立体选择性更加灵活且骨架结构更易于修饰。利用手性联苯酚类化合物作为基本骨架构筑 CMOF 的研究才刚刚兴起，具有极大的发展潜力。目前在该方面的研究主要集中在中国上海交通大学的崔勇课题组、美国北卡罗来纳大学的林文斌课题组及韩国高丽大学的 Jeong 课题组等。下面将按照手性联萘酚（包含 BINAP）、手性席夫碱及联苯酚的顺序阐明 CMOF 作为新型异相手性催化剂在不对称有机转化反应中的研究进展。

1. 手性联萘酚（包含 BINAP）

2003 年，林文斌课题组首次采用手性 BINAP 作为基本骨架来构建 CMOF，他们首先对 BINAP 的 4,4′-位或 6,6′-位进行磷酸基团修饰，随后将具有催化活性的钌离子（Ru^{2+}）引入，获得了两个手性配体，分别将它们与四叔丁基氧锆在甲醇溶液中回流即可获得两例 CMOF：MOF-1 和 MOF-2。虽然得到的为非晶态材料，但氮气吸附实验表明其具有相当高的孔隙度。将它们用于催化 β-酮酸酯的不对称氢化反应，均表现出良好的催化活性。对于 β-烷基取代的 β-酮酸酯底物，以 MOF-1 为催化剂，取得了接近 100%的转化率和超过 90%的对映选择性，该结果与相应的均相催化剂相近。循环实验表明，MOF-1 经过 5 次循环使用后仍没有明显催化活性的减弱。当使用 MOF-2 作为催化剂时，尽管也获得了较高的转化率，但对映选择性明显降低，这可能是由 BINAP 配体骨架的取代基效应引起的。

尽管 MOF-1 在催化 β-烷基取代的 β-酮酸酯底物时可以获得大于 90%的对映选择性，但对于 β-芳基取代的 β-酮酸酯底物，只得到较低的 ee 值。为了提高针对芳香酮底物氢化反应的对映选择性，他们又尝试以螯合剂 1,2-二苯基乙二胺（dpen）与 Ru^{2+} 螯合并制备了两个具有类似结构的 CMOF：MOF-3 和 MOF-4。氮气吸附实验同样证明了它们的多孔性。将它们用于催化芳香酮的不对称氢化反应，使用 MOF-3 作为催化剂，仅需千分之一的催化剂当量即可获得接近 100%的转化率和＞93%的对映选择性，且循环使用至少 6 次仍能保持其催化活性基本不变，而相应的均相催化剂仅能获得 80%的对映选择性。相比之下，MOF-4 仅能获得中等的对映选择性[18]。

2014 年，该课题组设计并合成了一例以手性 BINAP 为基本骨架的双羧基官能化的手性配体。将其与 Zr^{4+} 组装获得了一例晶态的 CMOF（图 36-15）。单晶结构表明其结晶于 $F32$ 空间群，其三维结构中同时存在边长约为 2.3nm 的八面体和四面体孔洞，染料吸附实验表明其可以容纳较大的客体分子。将等当量的[Rh(nbd)$_2$](BF$_4$)与 MOF 作用即可获得 MOF-Rh，将 4.9 倍当量的 Ru(cod)(2-Me-allyl)$_2$ 与 MOF 作用，再通过 HBr 的处理即可获得 MOF-Ru。PXRD 表明该 MOF 经过金属后修饰后仍然维持其晶态。ICP-MS 分析表明 Rh 和 Ru 的负载量分别为 33%和 50%。尽管配体的高度无序使得通过单晶衍射的方法确定 Rh 和 Ru 在 MOF 中的配位模式极为困难，但他们通过 X 射线吸收精细结构谱（XAFS）研究了 MOF-Ru 中 Ru 的配位方式，发现其和相应的均相 Ru 催化剂的配位方式完全一样。

进一步实验发现经过金属后修饰的 MOF-Rh 和 MOF-Ru 作为单活性点固体催化剂可以高效催化芳基或烷基对 α,β-不饱和酮的不对称加成反应及对取代烯烃和羰基化合物的不对称氢化反应，对映选择性高达 99%[19]。

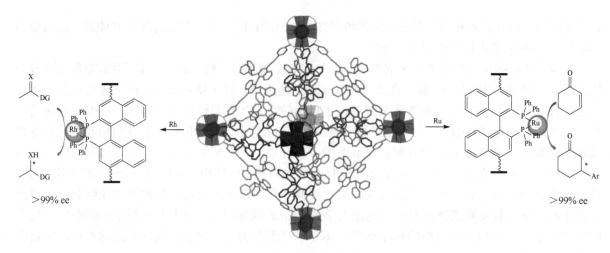

图 36-15　林文斌等通过金属化后修饰获得高活性手性单活性点催化剂

　　紧接着，林文斌课题组于 2015 年，利用同样的 MOF-Rh 催化 1,6-烯炔的不对称还原环化反应，取得了极高的产率和对映选择性（＞99% ee）。将该 MOF 经过 [Rh(nbd)Cl]$_2$/AgSbF$_6$ 的金属化后修饰后获得的 MOF-Rh(SbF$_6$) 可以高效地催化 1,6-烯炔的不对称环化反应从而获得 1,4-二烯手性杂环化合物。然而，当使用 MOF-Rh 催化 1,6-烯炔和一氧化碳的不对称葆森-侃德反应时，仅能获得不到 5% 的产率，他们认为 MOF-Rh 中的孔洞大小不足以容纳体积较大的双环 Rh 中间体。于是，他们使用混合配体将未官能化的二羧酸配体引入该手性框架中，获得了一例同构的晶态 CMOF，从而有效扩大了框架的孔洞体积。对该新制备的 MOF 进行 [RhCl(nbd)$_2$] 修饰后即可获得具有催化活性的 MOF-RhCl，实验发现 MOF-RhCl 在催化不对称葆森-侃德反应时可以获得 10 倍于其相应均相催化剂的催化活性，且循环使用 3 次之后活性依然能够保持[20]。

　　2004 年，该课题组以 BINOL 为基本骨架，对其进行不同长度的磷酸基团修饰获得了三个手性配体，将其与 Zr^{4+} 组装分别获得了三个非晶态的 CMOF。氮气吸附实验证明了它们的多孔性，且它们的 BET 比表面积与其配体的长度呈正相关关系。鉴于所制备的三种框架材料中均存在大量裸露的手性二羟基基团，很容易与适当的金属离子螯合从而获得手性路易斯酸活性位点。他们将它们分别与过量的钛酸四异丙酯作用获得了相应的手性异相催化剂 MOF-Ti，并将它们用于催化醛的不对称二乙基锌加成反应，均可以较高的转化率和中等至高的对映选择性获得相应的手性二级醇化合物。为了研究手性诱导作用的来源，他们对配体的羟基基团进行乙基化保护，并组装了一例与母体 MOF 同构的 CMOF：MOF-OEt$_2$。使其在相同的条件下催化醛的不对称二乙基锌加成反应，仅能得到外消旋的产物，这直接说明该反应的手性诱导作用来源于 CMOF 中的手性二羟基基团与 Ti^{4+} 螯合形成的路易斯酸位点[21]。

　　2005 年，该课题组成功地以 4,4′-位吡啶官能化的 BINOL 为桥连配体与氯化镉组装得到一个晶态的多孔 CMOF。单晶结构分析表明 Cd^{2+} 与两个氯离子配位形成了一维 Z 形链，通过配体中吡啶基团的连接形成了三维多孔框架，且框架中存在尺寸大小约为 1.6nm×1.8nm 的一维孔道。粉末 X 射线衍射及 CO$_2$ 吸附实验证明了框架的稳定性及多孔性。尽管约 2/3 的手性羟基基团被邻近的大位阻萘环阻挡，但剩下的裸露于孔道内的手性羟基基团仍然可以与钛酸四异丙酯作用形成路易斯酸活性位点，他们将其用于催化醛的不对称二乙基锌加成反应，取得了与相应均相催化剂相当的催化效果，ee 值高达 93%。为了研究 MOF 框架对底物分子尺寸的选择性，他们选择了不同尺寸的底物醛在同样的条件下进行该催化实验，发现随着底物分子尺寸的不断增大，反应的转化率及对映选择性不断降低，这可能是由于底物体积的增大阻碍了其在催化剂孔道内的扩散，进而说明该催化反应主要是在 MOF 框架的手性孔道内进行的[22]。

2007 年，该课题组以同样的配体分别与硝酸镉和高氯酸镉进行组装，获得了两个结构截然不同的 CMOF：MOF-1 和 MOF-2。MOF-1 结晶于手性 $P4_122$ 空间群，不对称单元中包含两种类型的 Cd 中心，其中 Cd1 以扭曲的八面体配位构型与四个配体及两个硝酸根离子配位形成了二维网状结构，Cd2 与两个配体及两个硝酸根离子配位形成了一维 Z 形链，这些一维链与二维层之间通过硝酸根离子的连接相互交错形成了二重穿插的三维手性框架，且在 a 和 b 方向形成了相互贯通的尺寸约为 $0.49nm×1.31nm$ 的孔道，在 c 方向上形成了尺寸为 $1.35nm×1.35nm$ 的孔道。MOF-2 结晶于手性 $P4_32_12$ 空间群，Cd 以扭曲的八面体配位构型配位了四个配体及两个水分子，形成了连锁的二维菱形结构，其孔道大小约为 $1.2nm×1.5nm$。它们的稳定性及多孔性分别由 PXRD 和 CO_2 吸附实验得到证实。他们将 MOF-1 与过量的钛酸四异丙酯作用获得了相应的手性催化剂 MOF-1-Ti，将其用于催化芳香醛的不对称二乙基锌加成反应，获得了高达百分百的转化率和 >90% 的对映选择性。然而，将 MOF-2 与过量钛酸四异丙酯作用后在相同条件下进行该催化反应，却没有获得任何对映选择性。他们通过对 MOF-2 框架结构的分析发现，二维菱形结构之间通过 $\pi\cdots\pi$ 堆积作用形成了大位阻的金属链 $[Cd(py)_2(H_2O)_2]$，明显增强了手性羟基基团周围的立体位阻，从而阻碍了其与钛酸四异丙酯的作用。值得注意的是，这两例 MOF 是由完全相同的配体与相同的金属中心组装而成，唯一不同的是金属盐的抗衡阴离子，但却表现出截然不同的催化活性，这表明 CMOF 的框架结构特点在不对称催化反应中起着重要作用[23]。

2010 年，该课题组以 BINOL 为基本骨架，对其 4,4′-位和 6,6′-位同时进行羧酸基团修饰，获得了一系列优势手性有机配体，将它们分别与硝酸铜在 DEF/H_2O 混合溶剂体系下组装，得到了一系列同构的 CMOF。结构分析表明这些 CMOF 的三维框架均以桨轮型双核铜作为节点，通过四齿有机配体连接而成，而配体的长度直接影响了最终框架中孔道尺寸的大小，最小为 $1.3nm×1.1nm$，最大为 $3.2nm×2.4nm$。染料吸附实验证明了它们的多孔性。同样地，裸露于孔道内部的手性羟基可以与适当的金属中心螯合形成具有催化活性的手性路易斯酸位点。他们将其与过量的钛酸四异丙酯作用后用于催化芳香醛的不对称二乙基锌加成反应，可以获得 >99% 的转化率及最高达 91% 的对映选择性，与相应的均相催化水平相近。当选择乙基保护的催化剂与钛酸四异丙酯作用后在同样条件下进行该催化实验时，则没有获得任何对映选择性。他们也将 MOF 催化剂的催化体系进行过滤，并取清液在同样条件下进行该反应，发现只能获得外消旋的产物，从而表明了催化剂是以异相的形式催化反应进行。循环实验表明其至少可以循环利用 5 次而没有降低催化活性。

为了研究 CMOF 孔道尺寸对产物对映选择性的影响，四种 MOF 材料都被用来在相同条件下催化该反应，虽然都可以获得很高的转化率，但孔道最小的 MOF 材料却几乎没有任何对映选择性，这说明催化反应并没有在其手性孔道内进行，而是被溶液中过量的钛酸四异丙酯催化；孔道尺寸稍大的则允许催化反应部分发生在孔道内，获得了约 70% 的 ee 值；孔道尺寸较大的则均获得了超过 80% 的 ee 值，这些结果有力说明了底物分子在手性框架孔道内的顺利扩散有助于抑制背景反应从而获得较高的对映选择性（图 36-16）。

另外，所制备的 MOF 催化剂还可以用来催化炔基锌对芳香醛的不对称加成反应。同样地，框架孔道的尺寸对催化效果有着决定性的影响。孔道较小的 MOF 催化剂只能获得外消旋的产物，而孔道较大的则可以获得较高的对映选择性[24]。

2010 年，林文斌教授课题组使用同样的手性配体分别与碘化锌在 DMF/EtOH 混合溶剂体系下组装获得了两个同构的 CMOF。结构分析表明，双核 Zn^{2+} 节点与来自三个不同配体的三个羧基配位，形成了 $[Zn_2(\mu_2\text{-}COO)_3(\mu_1\text{-}COO)]$ 次级构筑单元，其中手性配体与双核锌均可以被简化成四连接的节点，从而形成了具有 unc 拓扑结构的二重穿插骨架。有趣的是，虽然三维结构发生了穿插，但在 a 方向上仍然具有尺寸约为 $1.5nm×2.0nm$ 的开放性孔道。氮气吸附实验表明它们的 BET 比表面积分别为 $1335m^2/g$ 和 $1657m^2/g$，染料吸附实验也佐证了其多孔性。将该 MOF 与过量钛酸四异丙酯作用后用于催化醛的不对称二乙基锌加

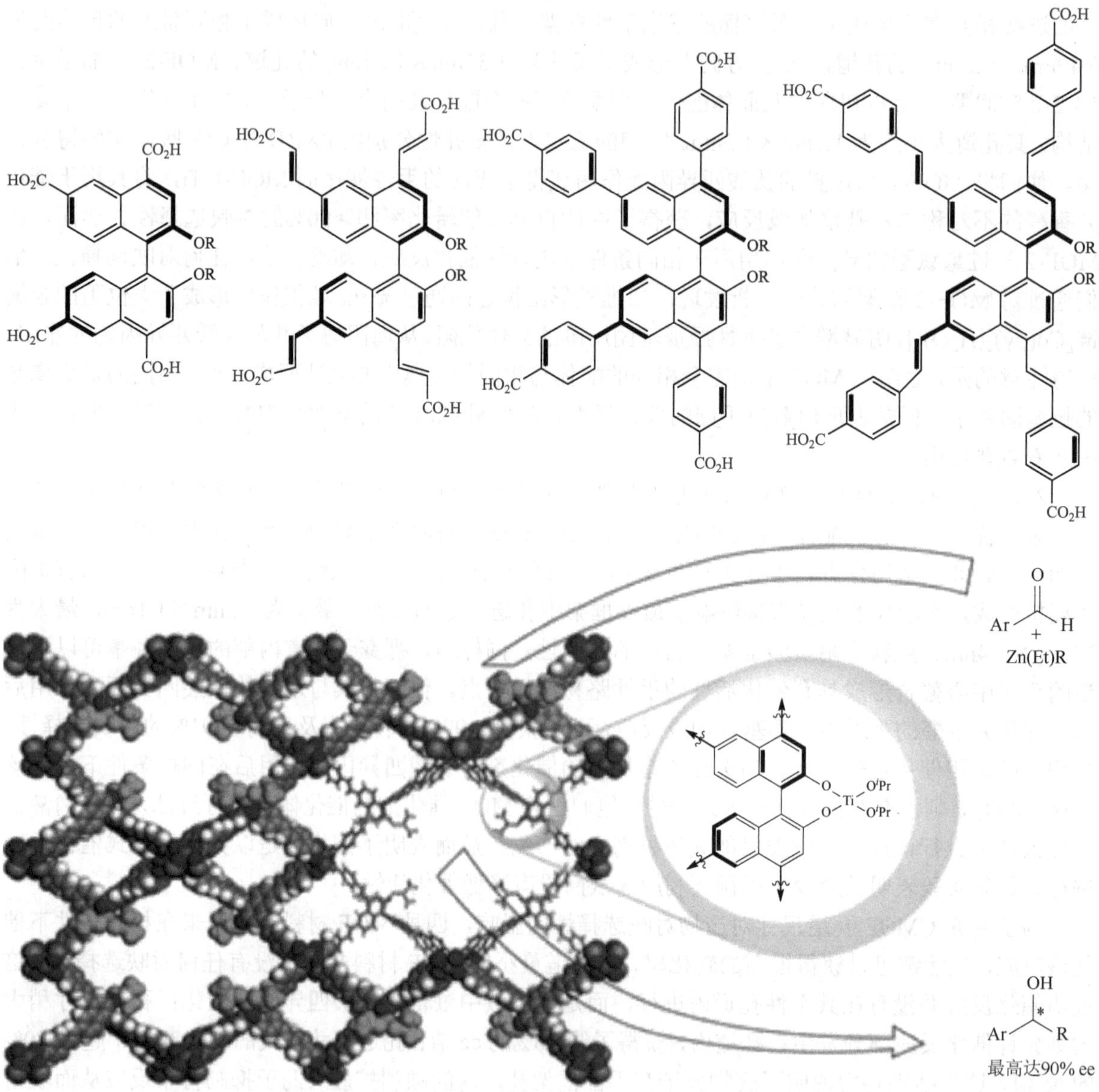

图 36-16　林文斌等以不同长度 BINOL 配体构建系列同构 CMOF 并用于催化不对称二乙基锌加成

成反应，只得到了不到 30% 的 ee 值，相比于与铜组装获得的 MOF 催化剂，其对映选择性明显偏低。他们获得了钛酸四异丙酯修饰后的 CMOF 的单晶，单晶 X 射线衍射表明，二重穿插的三维框架之间由于距离过于接近，钛酸四异丙酯与分别来自穿插结构的两个配体的手性羟基基团作用形成了手性诱导能力较弱的分子间配合物[Ti(BINOLate)$_2$(O^{i}Pr)$_2$]，而不是形成活性较强的分子内配合物[Ti(BINOLate)(O^{i}Pr)$_2$]（图 36-17）[25]。该工作显示了获得 CMOF 的精确结构信息对于异相不对称催化剂发展的重要性。

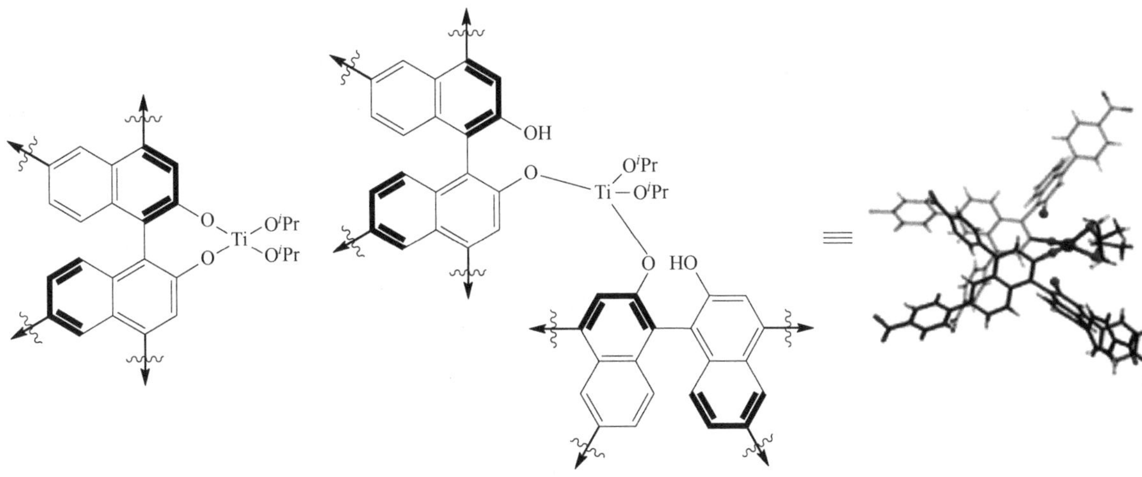

分子内
Ti-BINOLate 化合物
>90% ee

分子间
Ti-BINOLate 化合物
>30% ee

图 36-17　林文斌等利用单晶结构揭示 CMOF 催化不对称二乙基锌加成反应的活性位点

2. 手性席夫碱（salen）

1）Mn-salen

2006 年，美国西北大学的 Hupp 与 Nguyen 教授课题组对手性锰席夫碱（Mn-salen）配合物的 4,4′-位进行吡啶官能化后获得了一个手性配体，将其与联苯二羧酸（H$_2$bpdc）及硝酸锌在 DMF 溶剂条件下组装获得了一例手性层-柱状三维 CMOF。尽管二重穿插现象的存在使得一半的 Mn^{2+} 活性位点被邻近的框架遮挡而失去活性，但仍然有一半的 Mn^{2+} 活性位点裸露于 c 方向尺寸约为 0.62nm×1.57nm 的方形孔道及 a 方向尺寸约为 0.62nm×0.62nm 的菱形孔道中。将其用于催化烯烃的不对称环氧化反应，选择 2,2-二甲基-2H-1-苯并吡喃为底物，2-(叔丁基-丁基磺酰基)亚碘酰苯为氧化剂，可以以 70% 的产率和 82% 的对映选择性获得相应的环氧化物，该效果略低于其相应均相催化剂，他们认为可能是 Mn-salen 配合物经过框架化后柔性变弱或者是吡啶与 Zn^{2+} 配位后导致其电子效应发生变化引起的。值得关注的是，该 MOF 催化剂在整个反应进程中始终表现出相同的反应活性，而相应的均相催化剂在反应开始仅几分钟后就会丧失大部分催化活性，这可能是由于均相条件下，配体中的 salen 配体被氧化。经过框架化后，空间位阻等使得 salen 配体难以被氧化从而保持了催化活性，这也体现了手性 MOF 催化剂相对于均相催化剂的优点。循环实验表明催化剂可以至少循环三次而没有明显的转化率、对映选择性及转化数（TON）的下降[3]。

2010 年，林文斌课题组通过对 Mn-salen 配合物的 4,4′-位进行羧基官能化修饰，获得了一系列长度不同的手性 Mn-salen 配体 L$_1$、L$_2$ 和 L$_3$，分别将它们与硝酸锌在溶剂热条件下组装，获得了一系列同构的具有 pcu 拓扑的 CMOF。他们发现通过改变反应溶剂体系可以调控最终框架材料的穿插行为进而影响其孔道和窗口尺寸。L$_1$ 和 L$_2$ 分别与硝酸锌在 DMF/EtOH 的条件下组装得到的是二重穿插的 MOF；在 DEF/EtOH 的条件下得到的则是无穿插的 MOF；特别地，最长的配体 L$_3$ 无论在哪种溶剂体系下，最终得到的均为三重穿插的。由于这些 CMOF 的孔隙率较大，氮气吸附实验之前的活化过程可能使得其孔道部分坍塌，因而仅得到很小的比表面积值，但它们的多孔性通过染料吸附实验得到了证实。将这 5 种手性框架材料用于催化烯烃的不对称环氧化反应，选择 1H-茚作为底物，2-(叔丁基-丁基磺酰基)亚碘酰苯作为氧化剂，结果表明，具有穿插结构的 MOF 催化剂可得到中等至高的转化率（54%～80%）及中等的对映选择性（47%～64% ee）；同样地，非穿插的 MOF 催化剂对一系列非官能化烯烃都可以取得较高的产率和中等至高的对映选择性，ee 值最高可达 92%。循环实验表明其可以回收利用至少三次仍保持较高的催化活性和较好的晶形。此外，他们研究了不对称环氧化反应的速率与 CMOF 孔道大小的关系，发现反应速率正好与相应框架材料的孔道尺寸呈正相关关系，该趋势说明在 CMOF 催化不对称环氧化反应的过程中，底物、氧化剂及产物的顺利扩散对反应速率有重要的影响（图 36-18）[26]。

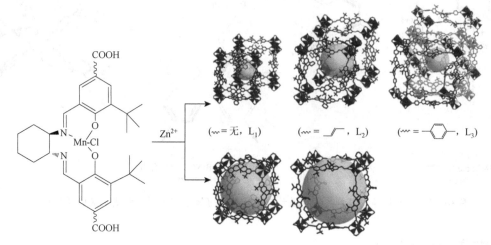

图 36-18　林文斌等利用不同长度 salen 配体构建系列 CMOF 并研究催化速率与孔道尺寸的关系

随后在 2011 年，该课题组又设计并合成了一个长度更长的 4,4'-位羧基修饰的 Mn-salen 配体，将其与硝酸锌在 DBF/EtOH 溶剂体系下组装得到了一例 CMOF。虽然该 MOF 与之前报道的 CMOF 具有相同的 Zn_4O 节点，但它们的三维结构却不尽相同。在之前的报道中，Zn_4O 节点与 Mn-salen 配体相互连接形成了 *pcu* 拓扑结构，而在该 MOF 中，高度扭曲的 Zn_4O 节点与 Mn-salen 配体相互连接形成了不常见的 *lcy* 拓扑结构。尽管发生了二重穿插，其孔隙率依然高达 87.8%，且在[001]和[111]方向上形成了尺寸大小约为 2.9nm 的三角状孔道，染料吸附实验证明了其多孔性。他们同样将其用于催化非官能化烯烃的不对称环氧化反应中，得到了中等至高的转化率（60%～99%）和中等至高的对映选择性（22%～84% ee）。有意思的是，该 MOF 催化剂可以连续催化烯烃的不对称环氧化反应及利用 $TMSN_3$ 对生成的环氧化物进行开环反应，并获得不错的产率（60%）和对映选择性（81% ee）。条件控制实验表明烯烃的环氧化反应是由 Mn-salen 催化进行的，而环氧化物的开环反应则可能是由 Zn_4O 金属节点催化进行的。虽然该连续有机转化的详细机理，特别是环氧化物开环反应的机理依然需要进一步考证，但这一工作无疑代表了 CMOF 催化剂未来的发展方向，即仅使用一种手性催化剂协同或连续催化多类不对称有机反应[27]。

2）Ru-salen

2011 年，林文斌课题组以手性 Ru^{3+}-salen 为基本骨架，对其 4,4'-位进行羧基官能化修饰后与硝酸锌分别在 DBF/DEF/EtOH 和 DEF/DMF/EtOH 溶剂体系中组装获得了两个 CMOF：MOF-1 和 MOF-2。其中 MOF-1 虽然有尺寸为 0.8nm 的孔道，但其孔道窗口尺寸仅有 0.4nm×0.3nm，很难允许底物分子顺利进入，而 MOF-2 具有尺寸约 1.7nm、窗口尺寸为 1.4nm×1.0nm 的孔道，染料吸附实验证明 MOF-2 的开放性孔道允许较大体积客体分子的进入。将它们分别与强还原剂 $LiBEt_3H$ 或者 $NaB(OMe)_3H$ 作用可以将框架中的 Ru^{3+} 还原为具有催化活性的 Ru^{2+}，晶体颜色的变化（从深绿色到深红色）也直观表明了还原过程的成功。他们使用紫外-可见光谱及近红外光谱对还原前后的框架材料进行了表征，发现 Ru^{3+}-salen 的 LMCT 特征峰位置（771nm）消失，而同时在 520nm 处出现了属于 Ru^{2+}-salen 的 MLCT 特征峰。有趣的是，当将还原后的框架材料 MOF 材料置于氧气气氛中时，又可以将其重新氧化为初始状态，并且这种转变是以一种单晶到单晶的方式进行的。

[Ru^{II}(salen)(py)$_2$]配合物早已被证明在均相体系中可以高效催化烯烃的不对称环丙烷化反应。林文斌等将还原后的 MOF(Ru^{2+})用来催化该反应，结果发现，虽然 MOF-2(Ru^{2+})可以成功催化苯乙烯与偶氮乙酸乙酯的环丙烷化反应，遗憾的是，仅只获得了不到 8%的产率及 4.2 的非对映选择性(d.r.)。这可能是在催化反应过程中部分 Ru^{2+}被氧化为 Ru^{3+}导致了催化剂的失活。在同样的条件下，MOF-2(Ru^{3+})并没有表现出催化活性。为了防止 MOF-2(Ru^{2+})在催化过程中氧化失活，他们将还原剂 NaB(OMe)$_3$H 加入催化体系中，获得了较高的产率（54%）、非对映选择性（d.r. = 7）及对映选择性（反式，91% ee；顺式，84% ee）。而正如之前预测的一样，在同样条件下，MOF-1(Ru^{2+})过小的窗口尺寸导致底物不能顺利进入，因而不能催化该反应。这说明了催化反应主要发生在框架材料的孔道内而不是其表面[28]。

紧接着在 2012 年，该课题组基于同样的理念，设计并制备了较之前更长的手性 Ru^{3+}-salen 配体，并与硝酸锌在 DBF/DMF/EtOH 和 DBF/DEF/EtOH 溶剂体系中组装获得了两个 CMOF：MOF-3 和 MOF-4。其中 MOF-3 具有尺寸为 0.7nm×0.7nm 的孔道，MOF-4 具有尺寸为 1.9nm×1.9nm 的孔道。染料吸附实验表明它们都允许较大体积客体分子的进入。同样地，将它们在强还原剂的作用下还原为相应具有催化活性的 MOF-3(Ru^{2+})和 MOF-4(Ru^{2+})，并将它们用于催化偶氮乙酸乙酯与末端烯烃的不对称环丙烷化反应。结果表明，非穿插的 MOF-4(Ru^{2+})获得了比二重穿插的 MOF-3(Ru^{2+})更高的分离产率，这很可能是由于 MOF-4(Ru^{2+})中较大的孔道更利于底物和产物的扩散。另外，相比于之前报道的催化剂 MOF-1(Ru^{2+})和 MOF-2(Ru^{2+})，MOF-4(Ru^{2+})获得了更高的非对映选择性及对映选择性。特别地，在催化乙基乙烯基醚与偶氮乙酸乙酯的反应时，获得了＞99%的 ee 值。他们通过循环实验证明了 MOF-4(Ru^{2+})是以异相的形式催化反应进行的，而催化活性的不断降低可能是由于 Ru^{2+}-salen 配合物中轴向吡啶配体的部分离去[29]。

3）Co-salen

2012 年，崔勇教授课题组利用 4,4′-位双羧基修饰的手性 Co-salen 配体与硝酸镉在 DMF/H$_2$O 溶剂条件下组装得到了一例稳定的 CMOF。结构分析表明其三维框架是由四核镉簇和 Co-salen 配体相互连接而成，并在 a 轴方向形成了尺寸约为 1.2nm×0.8nm 的手性孔道，而催化活性位点 Co-salen 均匀地分布于孔道内表面。光电子能谱（XPS）和紫外光谱（UV）表明框架中钴以三价的形式存在，热重分析（TGA）表明该框架材料可以在 350℃左右稳定存在，PXRD 结果表明该 MOF 在完全去除客体分子后依然能保持晶形完整。将其用于环氧化物的动力学水解拆分，发现其不论对具有吸电子基团还是供电子基团的一系列苯氧基环氧化物均可以取得较好的转化率（54%~57%）和较高的对映选择性（87%~99.5% ee）。为了验证环氧化物底物的活化发生在框架孔道内部，他们采用了体积较大的三苯基氧环氧丙烷在完全相同的条件下进行该催化实验，发现反应 72h 后仅获得不到 5%的转化率，远远低于相应均相催化剂的活性，这表明尺寸较大的底物难以进入框架的孔道内部并接近活性位点以实现活化。循环催化实验表明该 MOF 催化剂至少可以循环使用 5 次且没有明显降低催化活性（图 36-19）[30]。

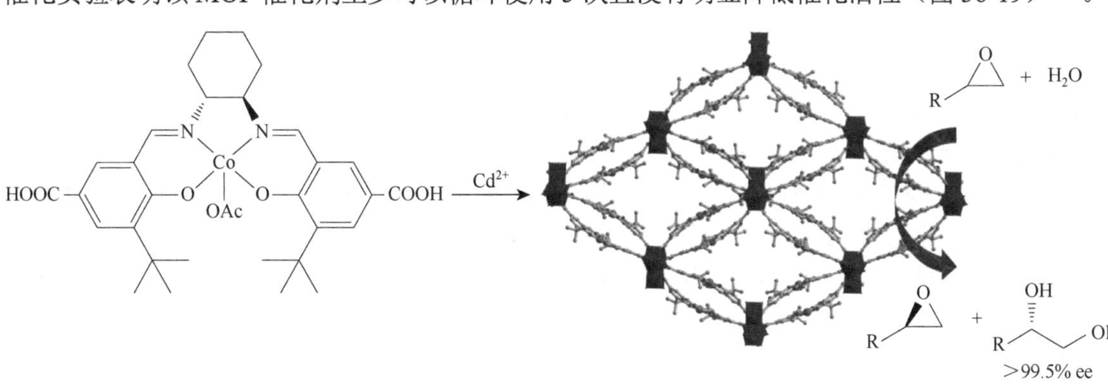

图 36-19　崔勇等利用 Co-salen 骨架构建 CMOF 用于环氧化物的动力学水解拆分

4）Ti-salen

Ti-salen 配合物已经被证明在均相不对称体系中可以高效催化烯烃及硫醚的氧化反应。2013 年崔勇课题组以硼氢化钠为还原剂，将手性 salen 骨架还原获得了柔性更好的手性 salan 骨架，将其与四正丁氧基钛作用，然后以双吡啶官能基团修饰获得了一个以 Ti-salan 为基本骨架的手性吡啶配体，在溶剂热条件下将其与联苯二羧酸（H_2bpdc）及碘化镉组装获得了一例以四核钛簇（Ti_4O_6）为基本单元并通过末端的 6 个吡啶基团分别与金属镉配位连接形成的三维 CMOF。进一步的结构分析表明，镉离子以七配位的五角双锥模式分别与 $bpdc^{2-}$ 的 4 个氧原子、2 个吡啶基团及 1 个水分子配位，相邻的镉中心则被 $bpdc^{2-}$ 配体以反式桥连的方式沿 c 轴无限延伸形成了一维 Z 形链结构，6 个相邻且平行的一维链之间形成了尺寸大小为 1.0nm×1.0nm 的六边形孔道。有趣的是，框架结构中存在着由 2 个四核钛簇（Ti_4O_6）、4 个 $bpdc^{2-}$ 配体及 12 个 Z 形链相互连接形成的笼状结构，且相邻的笼子拥有不同的极性，其中一个笼子的内表面布满叔丁基，从而具有疏水性；另一个布满 N—H 基团和环己烷基团从而具有两亲性质。值得注意的是，这是第一例孔道内修饰有手性功能 N—H 基的沸石类 CMOF。他们将其用于催化硫醚的不对称氧化反应以获得高光学纯度的亚砜，而亚砜是重要的手性助剂及许多药物和具有生物活性物质的有机合成中间体。结果发现以双氧水作为氧化剂的条件下，不论对带有吸电子取代基还是给电子取代基的芳基硫醚，仅使用 8%当量的催化剂即可获得 35%～82%的转化率、36%～64%的 ee 值及 80%～89%的化学选择性。当将底物从苯甲硫醚换为位阻更大的苯基异丙基硫醚或二苯基硫醚时，ee 值由 36%上升到 53%，转化率从 77%降到 53%，而化学选择性没有明显变化。转化率的降低可能是由于底物尺寸变大，不利于在孔道中扩散；ee 值的提升可能是由于反应中间体的立体位阻增大导致了孔道内部手性诱导效应的增强。他们也使用相应的均相手性催化剂在完全相同的条件下进行该催化反应，发现其 ee 值明显低于 MOF 催化剂，这说明将均相手性催化剂框架化后可能产生了所谓的"限阈效应"，从而提高了其对映选择性[31]。

基于同样理念，该课题组于同年设计并合成了吡啶羧酸双官能基团修饰的 Ti-salan 配体，将其分别与溴化镉和乙酸锌在 DMF/MeOH 和 DMF/EtOH 溶剂体系下组装得到了两个同构的 CMOF。单晶 X 射线衍射表明它们的三维框架是由三核镉簇和 $Ti_2(salan)_2$ 二聚体相互连接而成，6 个相邻的三核镉簇与 6 个 $Ti_2(salan)_2$ 二聚体之间形成了一个尺寸约为 1.7nm 的八面体笼状结构，笼子表面的窗口尺寸分别为 0.78nm×0.54nm 和 0.65nm×0.41nm。另外，相邻的笼子通过纳米窗口的相互连接形成了多方向的 Z 形孔道。值得注意的是，MOF 的孔道内部也均匀地分布着手性 N—H 功能基团。他们同样将该 MOF 用于催化硫醚的不对称氧化反应，使用双氧水作氧化剂，丙酮作溶剂，仅需 1.12%当量的催化剂即可获得 54%～90%的转化率和 23%～62%的 ee 值。相比于对应的均相催化剂，其表现了更高的对映选择性。进一步的结构分析表明，对映选择性的提高可能是由于金属钛中心周围独特的手性微环境限制了底物或产物分子的自由运动。同时，为了说明催化反应是发生在 MOF 的孔道内部而不是表面，他们选择了较大尺寸的苄基-2-萘硫醚作为反应底物在同样条件下进行催化实验，仅得到不到 5%的转化率，远远低于其均相催化水平，说明了其对催化底物尺寸的选择性[32]。

5）Fe-salen

2014 年，崔勇课题组设计了一种手性 Fe-salen 配合物，对其 4,4'-位进行吡啶官能化修饰，得到了一例以 Fe-salen 为基本骨架的手性配体，在二连接配体联苯二羧酸（H_2bpdc）的存在下，将其分别与乙酸锌和乙酸镉在 DMA/MeOH 溶剂体系下组装获得了两个同构的 CMOF：MOF-Cd 和 MOF-Zn。这也是首次报道的以手性 Fe-salen 为基本单元的晶态 CMOF。单晶结构分析表明其三维框架是由 Fe-salen 二聚体作为基本单元，锌或镉作为金属节点相互连接而成的。其中，MOF-Zn 框架中的二聚体 $Fe_2(salen)_2$ 中的 4 个吡啶基团与 4 个锌离子分别配位并在 ab 方向形成了二维的波纹状结构，锌节点与配体 $bpdc^{2-}$ 反式连接形成了 c 方向的一维 Z 形链，两者结合形成了尺寸约为 0.44nm×0.43nm 的手性孔道。相比于 MOF-Zn，MOF-Cd 框架中的孔道尺寸约为 1.0nm×0.78nm。另外，MOF-Cd 框架中的 6 个 Fe₂(salen)₂ 二聚体、6 个 bpdc²⁻ 配体及 12 个金属镉之间形成了一个最大尺寸为 2.7nm×1.5nm 的不规则笼状结构，且该笼状空腔的内表面均匀分布着具有催化活性的 Fe-salen 单元。将 MOF-Zn 和 MOF-Cd 用于催化硫醚的不对称氧化反应，经过条件优化，当使用三甲基碘磺酸作为氧化剂时，二氯甲烷作为反应溶剂时，在−20℃的条件下仅需 1.5%当量的催化剂即可获得接近 100%的转化率和高达 96%的对映选择性；而在同样条件下，MOF-Zn 仅能获得 55%的对映选择性而且反应速率较慢，这可能是由于两者孔道尺寸的不同影响了底物和产物分子的扩散效率。循环实验表明催化剂 MOF-Cd 在一次催化反应结束后可以通过简单的过滤操作进行等量回收，且可以重复使用至少 3 次而没有明显降低催化活性[33]。

6）其他金属-salen

虽然手性 salen 化合物可以与绝大多数的金属离子进行螯合以形成各类活性的 M-salen 配合物，但对于一些不稳定的路易斯酸及较活泼的过渡金属，很难通过一步法将其直接与 salen 化合物进行螯合，而后修饰法往往可以部分解决这些问题。

2011 年，Hupp 与 Nguyen 教授课题组系统报道了对 CMOF 的选择性后修饰并研究了其不对称催化性能。他们首先利用一种四羧酸配体和 4,4′-位吡啶官能化的 Mn-salen 配体与硝酸锌组装，获得了一例具有较大孔道（2.24nm×1.17nm）的非互穿结构的 CMOF：Mn^{III}-MOF，随后将其浸于甲醇/水的混合溶剂中，并加入双氧水，发现框架中接近 90%的 Mn^{3+} 都被消耗掉，并形成了含有裸露 salen 单元的 dSO-MOF。待其完全干燥后，将其重新浸于溶有各类金属盐（Cr^{2+}、Co^{2+}、Mn^{2+}、Ni^{2+}、Cu^{2+} 和 Zn^{2+}）的溶液中，获得了一系列金属化的 CMOF：M^{II} SO-MOF。他们使用 ICP-OES 技术分析了系列 M^{II} SO-MOF 中 salen 单元的金属化程度，发现其几乎都可以达到 100%。奇怪的是，Cu^{II}-SO-MOF 中的金属化程度却超过了 100%，他们认为这可能是由于 Cu^{2+} 与框架中部分的 Zn^{2+} 节点发生了金属间置换作用。MALDI-TOF-MS、TGA 和 PXRD 分析证明 M^{II} SO-MOF 保持了初始框架的稳定性和完整性。他们将 dSO-MOF 与 Mn^{II}-MOF 用于催化烯烃的不对称环氧化反应，发现 dSO-MOF 不能催化该反应，而 Mn^{II}-MOF 则获得了 37%的 ee 值。虽然与 Mn^{III}-MOF 的催化活性相比较低（80% ee），但对 Mn^{III}-salen 的金属中心进行刻蚀后再金属化的修饰方法却为获得各类采用直接法难以合成的 M-salen-MOF 提供了潜在的可能性（图 36-20）[34]。

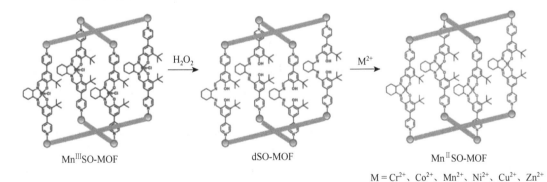

图 36-20　Hupp 等利用后修饰法制备各类手性金属-salen-MOF

2015 年，崔勇课题组合成了一种手性 VO-salen 配合物，分别对其 4,4′-位进行羧酸和吡啶官能化，得到了两个手性配体，将它们分别与碘化锌和碘化镉在溶剂热条件下组装获得了两例 CMOF：MOF-1 和 MOF-2。结构分析表明 MOF-1 是由桨轮状双核锌与配体连接形成的二维网络之间相互错位堆积形成的三维层状框架结构。MOF-2 则是由双核镉与手性 VO-salen 配体和辅助配体 bpdc²⁻ 形成的三维柱撑结构。氮气吸附测试表明它们的 BET 比表面积分别为 382m²/g 和 288m²/g。XPS 测试表明框架中的 V 均为 ＋4 价，经过(NH₄)₂Ce(NO₃)₆ 的氧化处理后，其可以转变成活性更高的

MOF-1-V^{5+}和 MOF-2-V^{5+}。将 MOF-1-V^{5+}用于催化醛的不对称三甲基硅氰化加成反应，以对溴苯甲醛为底物，在三苯基氧膦存在的条件下，获得了 94%的转化率和 92%的对映选择性，而不加三苯基氧膦时，则只能获得 75%的转化率和 46%的对映选择性。反应底物普适性研究发现对于一系列具有吸电子取代基和给电子取代基的芳香醛，MOF-1-V^{5+}均能获得较高的转化率和对映选择性（最高达 95%ee）。而当使用 MOF-1 作为催化剂在同样条件下催化该反应时，仅能得到 48%的转化率和 65%的对映选择性，这可能是 V^{4+}的路易斯酸性弱于 V^{5+}而不能很好地活化底物醛的缘故。同样条件下，MOF-2-V^{5+}在催化该反应时也可以取得较高的对映选择性（82%～90%ee）。

该课题组期望以同样的一步法将高活性的手性 Cr-salen 单元引入最终的框架结构中，但均以失败告终。基于 Cr-salen 与 VO-salen 相似的结构特点，他们尝试通过配体交换的方法（SALE）将 Cr-salen 单元引入 MOF-2 的框架结构中，ICP-OES 及 XPS 结果表明，大约 40%的 VO-salen 被 Cr-salen 成功置换，PXRD 结果表明交换后的框架结构仍然保持了完整性。氮气吸附测试表明 MOF-2-Cr 的 BET 比表面积为 256m^2/g。将其用于催化环氧化物的不对称开环反应，仅需 5%当量的催化剂即可以 87% 的转化率和 76%的对映选择性获得相应的开环产物。在同样条件下，MOF-2 则不能催化该反应，从而证明了 Cr-salen 确实通过后修饰的方法成功引入 MOF 的框架结构中（图 36-21）。他们同样也证明了，通过直接法较难参与框架构建的 Al-salen 也可以通过类似的方式引入最终的 CMOF 中，而不改变其原本结构[35]。

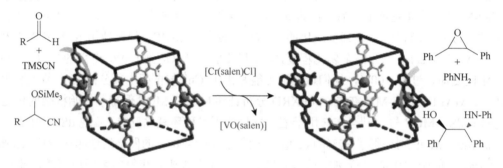

图 36-21　崔勇等将 Cr-salen 通过配体交换的方式引入 CMOF 中并用于催化环氧化物的不对称开环反应

7）混合金属-salen

手性金属-salen 已经被证明具有很好的不对称催化活性，可以催化多类有机反应。但如何实现串联反应或连续反应仍然是亟待解决的难题。均相催化剂中的团聚失活现象限制了其在均相催化体系中的应用。将多类金属-salen 催化剂组装到一种框架材料中，是实现协同催化及连续催化的有效方法。

2017 年，崔勇教授课题组利用羧酸功能化的手性铜、钒、铬、锰、铁、钴 salen 配体与 Zn^{2+}组装，得到一系列多组分的 CMOF（MTV-MOF）材料。实验表明由铜-钒、铜-铬、铜-锰、铜-铁、铜-钴组装得到的双组分的 MOF 材料可以有效地催化硅氰化加成反应、环氧化合物氨解反应、烯烃环氧化反应及 Diels-Alder 反应；另外由铜-锰-铬、铜-锰-钴组装得到的三组分的 MOF 材料同样能够有效地催化烯烃环氧化/环氧化合物开环的连续反应（ee 值最高可达 99%）（图 36-22）[36]。

3. 手性联苯酚

2011 年，Jeong 教授课题组以类似 BINOL 的手性联苯酚为基本骨架，对其 4,4'-位羧酸官能化后获得了一个手性配体，将其与硝酸铜在溶剂热条件下组装得到了一例具有 NbO 拓扑结构的 CMOF。结构分析表明框架中同时存在尺寸约为 2nm×2nm×2nm 的方形孔道和边长约为 1.4nm 的六边形孔道。尽管除去框架中的客体分子后导致了其晶形丧失，但将其浸于溶剂中时，即可恢复至初始晶形。

重要的是，裸露于孔道中的手性二羟基基团为通过后修饰法引入催化活性位点提供了潜在可能性。将其与二甲基锌作用获得了一个手性路易斯酸催化剂 MOF-Zn，将其用于催化不对称羰基-ene 反应，发现只有使用过量（3 倍当量）的催化剂才能获得较高的转化率（90%）和中等的对映选择性（50% ee），这可能是由于反应产物相比于底物分子与 MOF 框架更具亲和性，降低了催化剂的活性，进而影响了反应的正向进行[37]。

2013 年，崔勇课题组以手性联苯酚为基本骨架，对其 5,5'-位进行羧酸官能化修饰后获得了一个手性配体，将其与氯化镝和氯化钠在 DMF/HOAc/H$_2$O 的溶剂体系下组装获得了一例三维 CMOF。其中 Dy^{3+} 和 Na$^+$ 均以扭曲的八面体配位构型与 4 个配体和 2 个水分子配位，Dy^{3+} 的低配位数可能是其周围配体过于拥挤的立体环境导致的。相邻的 Dy^{3+} 和 Na$^+$ 通过配体的连接在 c 方向上形成了一维金属螺旋链[DyNa(CO$_2$)$_2$]$_n$，而相邻的 4 个螺旋链通过手性联苯酚骨架的连接形成了 c 方向的尺寸为 1.81nm×1.81nm 的一维手性孔道。尽管框架中部分手性羟基基团因位阻基团的遮挡而无法参与到催化反应当中，但仍有部分手性羟基基团可以与底物分子形成有效接触。将其用于催化环庚三烯酚酮醚类化合物的不对称光环化反应，选择环庚三烯酚酮苯甲基醚和环庚三烯酚酮苯乙基醚为底物，利用波长 365nm 光源照射 10min，分别获得了 98.5% 和 83.3% 的对映选择性及 >90% 的产率。而当不使用 MOF 催化剂或仅使用相应的均相催化剂时，只能得到外消旋的产物。这说明框架中孔道特有的手性微环境对产物的对映选择性有着重要的影响。循环实验结果表明该 MOF 可以回收利用至少三次而没有明显下降催化活性[38]。

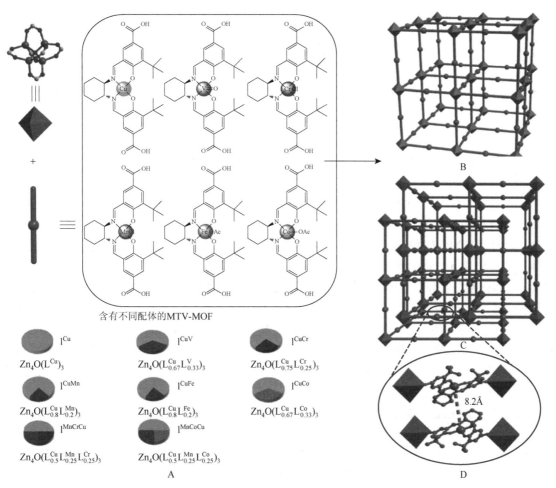

图 36-22　崔勇等将构建 MTV-MOF 用于连续不对称催化反应

2014 年，该课题组又设计并合成了一种 3,3′-位羧酸官能化的手性联苯酚配体，将其与硝酸锌在 DMSO/THF/H₂O 溶剂体系中组装获得了一例三维 CMOF。单晶 X 射线衍射表明该框架中存在大量由四核 Zn₄O 节点与手性联苯酚骨架连接形成的尺寸为 1.8nm 的笼状结构。另外，这些笼子中包含大量指向其内部且均匀分布的手性羟基基团。二氧化碳吸附实验及染料吸附实验证明了其多孔性。将其与正丁基锂作用，通过控制正丁基锂的当量，分别得到了单取代的 MOF-Li 和双取代的 MOF-Li₂ 框架材料。粉末 X 射线衍射证明它们均保持了初始框架的晶态。在催化当量水的存在下，将 MOF-Li 用于催化醛的不对称硅氰化加成反应，以苯甲醛和三甲基氰硅烷为反应底物，仅需 0.5% 当量的催化剂即可在 45min 内以 97% 的转化率和 98% 的对映选择性获得相应产物。相比之下，MOF-Li₂ 在同样条件下仅能得到 90% 的转化率和 79% 的对映选择性，这说明 MOF-Li 拥有比 MOF-Li₂ 更高的催化活性。他们在同样条件下研究了相应均相催化剂的催化活性，发现其无论在转化率还是对映选择性方面都弱于 MOF-Li。他们认为，一方面，均相催化剂可能在催化过程中形成了二聚体导致其失活，而将其框架化后即可避免二聚体的形成；另一方面，MOF-Li 中两亲性质的笼状空腔可能限制了底物分子的自由移动从而增强了其手性诱导能力。此外，MOF-Li 作为手性异相催化剂可以通过四步反应并最终以 98% 的对映选择性合成 β 受体阻滞药丁呋洛尔（图 36-23）[39]。

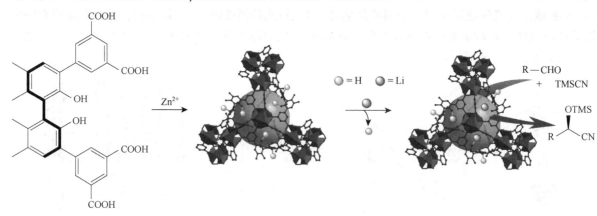

图 36-23　崔勇等以手性联苯酚骨架构建 CMOF 用于催化醛的不对称硅氰化加成反应

在已报道的 CMOF 催化剂中，有很大一部分的工作是将优势的配体直接引入，它们大部分承受着立体选择性低和底物范围有限的缺点，只有有限体系可以在催化的过程中保持良好的稳定性和反应活性。如何调节 MOF 材料活性位点的手性环境和电子效应，从而进一步控制反应体系的催化活性和立体选择性仍具有一定的挑战性。此外，MOF 材料所面临的另一个主要问题是稳定性低，这就限制了 MOF 催化剂在实际工业中的应用，尤其是工业中普遍采用的连续流动反应系统。崔勇教授课题组通过微调配体的结构来改变 MOF 材料的稳定性和催化活性，首次证明了调节配体不但可以提高 MOF 材料的稳定性，而且可以增强它的催化活性[40]。他们基于联苯二酚骨架，通过改变其 3,3′-位的取代基设计合成了三种分别包含氟、甲基和三氟甲基的羧酸官能化的磷酸配体，将其与 Mn²⁺ 组装分别得到三种同构的 CMOF 材料（图 36-24）。包含大位阻强疏水性三氟甲基的 MOF 材料相对于含有氟和甲基的框架表现出更好的耐水和耐酸碱性能。活化后包含裸露金属位点的手性框架可以作为路易斯酸催化 Friedel-Crafts 烷基化反应，对比三种 MOF 材料的催化活性发现：强吸电子基团三氟甲基的引入能有效增强活性位点的路易斯酸酸性，从而表现出比其他两种 MOF 更高的催化活性和选择性。与相应的均相催化剂相比，MOF 框架中联苯二酚的手性磷酸、金属离子及 3,3′-位取代基共同形成了一个手性的微环境，可以通过富集反应物、增加反应所需的额外的空间位阻和调节催化剂的电负性，从而提高 MOF 催化的活性和选择性。包含三氟甲基的 MOF 具有优异的循环再利用性，循

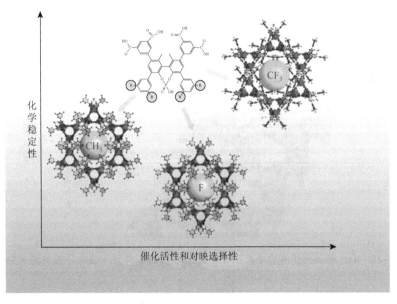

图 36-24 崔勇等对 MOF 的稳定性、催化活性及选择性的有效调控

环 10 次后仍保持良好的晶态和高的催化活性。此外，该手性框架也可以被固载到固定床中催化不对称 Friedel-Crafts 烷基化的连续流动反应，获得较高的产率及选择性。这是首例用 MOF 材料催化的不对称连续流动反应。

36.3.3 有机小分子催化剂催化

化学家们从生物体内以高活性高对映选择性催化反应的酶催化剂中得到启发，发展了一系列天然的手性有机小分子催化剂用以催化不对称有机转化。手性脯氨酸及其衍生物，作为研究最深入的天然手性有机小分子催化剂，可以催化一系列不对称有机反应如 aldol 反应、迈克尔加成反应及曼尼希反应等。这些有机小分子催化剂相比于有机金属催化剂有着天然的优势，如最终产物没有金属的污染、对空气及水有极高稳定性及成本低廉等。在 CMOF 发展的最初一段时间里，化学家们尝试使用天然小分子催化剂及其衍生物（如酒石酸及一些简单的氨基酸等）作为手性配体来直接构建 CMOF，且它们中的一些可以用来催化不对称有机反应。

2000 年，Kim 教授课题组报道了首例具有不对称催化活性的 CMOF，而这也是首例成功将手性有机小分子催化剂植入 MOF 中并利用其成功催化有机反应的报道。将光学纯的 D 或 L 构型的酒石酸衍生物与硝酸锌组装获得了一例 CMOF。单晶 X 射线衍射显示配体的羧酸基团与锌配位形成了三核锌金属节点$[Zn_3(\mu_3\text{-}O)]$，通过与配体中吡啶基团的配位形成了(6,3)拓扑的二维结构，二维层之间通过非共价键沿 c 方向堆积形成了尺寸为 1.34nm 的三角形孔道。框架孔道内部裸露的吡啶基团可以作为潜在的活性位点催化有机反应。他们使用氮-烷基化反应证明了孔道中吡啶基团的活性，并发现通过氮-烷基化反应可以有效调节 MOF 的孔道尺寸及框架电荷，这也可以被认为是后修饰法的第一次成功尝试。他们首先尝试采用非手性的 POST-1 来催化酯交换反应，选择 2,4-二硝基苯基乙酸酯和乙醇作为底物，可以以 77%的产率得到目标产物乙酸乙酯。当没有 POST-1 存在或使用烷基化的 POST-1 作为催化剂时，仅获得极低的转化率，从而说明了起催化作用的是 POST-1 中裸露的吡啶基团。当将乙醇换为体积更大的 2-丁醇、新戊醇或者 3,3,3-三苯基-1-丙醇时，反应速率极慢几乎可以忽略不计，说明催化反应主要发生在 POST-1 的孔道内部。当使用光学纯的 D-POST-1 或 L-POST-1 作为催化剂，2,4-二硝基苯基乙酸酯和过量外消旋的 1-苯基-2 丙醇作为底物时，可以以 8%的对映选择性获得相应

的 *S* 或者 *R* 构型的产物。他们认为较低的对映选择性可能是由于孔道中的起催化作用的吡啶基团与手性源距离较远。值得关注的是，尽管只获得了相当低的对映选择性，但这却是首例将 CMOF 材料用于不对称有机转化的报道。而且值得一提的是，配体作为手性配体不但参与了最终框架的构建，且本身提供了催化活性位点（图 36-25）[7]。

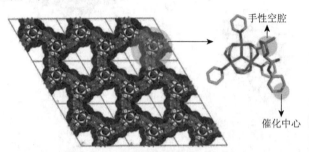

手性空腔

催化中心

图 36-25　Kim 等以天然有机小分子为骨架构建 CMOF 并用于催化不对称酯交换反应

2008 年，利物浦大学的 Rosseinsky 教授课题组以天冬氨酸为基本单元，将其与铜构筑了一个具有布朗斯特酸位点的 CMOF。结构分析表明其是由二维层状的 Cu(L-Asp)网络与反式桥连配体 bpe 相互连接形成的三维柱-层状框架，框架中存在尺寸约为 0.86nm×0.32nm 的孔道。该 CMOF 的多孔性和稳定性通过室温甲醇吸附实验和粉末 X 射线衍射测试得到了验证。将其与盐酸作用即可获得具有布朗斯特酸催化活性的 MOF-HCl。粉末 X 射线衍射表明质子化的 MOF-HCl 维持了初始的框架。将其用于催化顺式 2,3-环氧丁烷的不对称醇解反应，获得了 30%～65%的产率和 10%的对映选择性，低于均相催化剂 H_2SO_4 的产率（100%），这可能是由于底物分子的扩散受到了框架中孔道尺寸的影响。将反应温度从室温降到 0℃，产物的 ee 值由 10%上升到了 17%。将催化体系过滤后的清液在同样条件下进行该实验，则得不到产物，证明了 MOF-HCl 催化剂是以异相的形式催化反应进行的。当使用较大底物如 2, 3-环氧丁烷-苯在同样条件下进行该催化实验时，也没有检测到产物的生成，说明该催化反应主要发生在框架的孔道内部[41]。

2009 年，浙江大学的王彦广教授课题组以手性丝氨酸为基本单元，将其与氯化铜组装获得了一例二维 CMOF。单晶 X 射线衍射结果表明其结构中包含两种晶体学独立的 Cu^{2+} 节点，相同的是，每个 Cu^{2+} 都与来自配体的 1 个羧基、1 个氨基和 1 个羟基及另一个配体的吡啶基团形成配位；不同的是，其中一个 Cu^{2+} 多配位了 1 个 Cl^-，形成了扭曲的三角双锥配位构型；另一个 Cu^{2+} 多配位 2 个 Cl^-，形成了八面体配位构型。值得注意的是，框架中的二维层之间通过非共价键的连接形成了三维超分子框架，形成了尺寸约为 0.51nm×0.29nm 的一维手性孔道。催化实验证明，该 MOF 可以以高转化率（88%～98%）及中等至好的对映选择性（51%～99% ee）催化格式试剂对 α,β-不饱和酮的不对称 1,2-加成反应。条件控制实验发现相应的手性配体也可以催化该反应并获得 84%的转化率和 51%的对映选择性，而氯化铜则没有催化活性，从而说明了该反应的活性位点是 MOF 中的有机配体。他们认为配体中氨基与金属中心的配位使得 MOF 框架中金属节点周围产生了额外的手性，增强了其手性诱导能力，从而导致了其对映选择性的提高。同样地，将催化体系过滤，获得的清液在相同条件下催化该反应，则没有获得任何产物，表明了 MOF 催化剂是以异相的形式催化反应进行的。但由于该 MOF 的孔道尺寸太小，很难允许底物分子的进入，因而该催化反应极有可能主要发生在 MOF 的表面而不是孔道内[42]。

同年，Kim 教授课题组尝试将天然小分子催化剂以后修饰的方式引入非手性 MOF 框架中以获得具有不对称催化功能的 CMOF。MIL-101 作为具有高热稳定性和高化学稳定性的 MOF 材料的优秀代表之一，其三维框架是由大量超级四面体单元在对苯二甲酸的连接下形成的，这些超级四面体单元则是由 4 个[$Cr_3(\mu_3\text{-}O)$]金属簇通过对苯二甲酸配体连接形成的。MIL-101 中不但存在两种介孔尺寸

（2.9nm 和 3.4nm）的空腔及尺寸分别为 1.2nm 和 1.4nm 的窗口，而且 $Cr_3(\mu_3\text{-}O)$ 中的两个 Cr^{3+} 配位了极易脱去的水分子从而具备了潜在的配位不饱和金属位点。基于此，他们设计并合成了两种以脯氨酸为基本骨架的手性吡啶配体，并将其与 MIL-101 在不具有配位能力的溶剂中回流获得了两例 CMOF：MOF-1 和 MOF-2。元素分析、热重分析及原位红外光谱证实了配体中的吡啶基团与 Cr^{3+} 形成了配位。他们将修饰的 MOF 用来催化不对称 aldol 反应，均可以获得不错的转化率（60%~90%）和中等的对映选择性（55%~80%ee）。值得注意的是，相比于均相催化剂，MOF 催化剂显示出了更加优异的对映选择性。他们认为这可能是框架中的孔道限制了底物分子的自由运动导致其手性诱导效应增强的结果。而 MOF-1 和 MOF-2 在催化该反应时对映选择性的不同可能是由于 MOF-2 中扭曲的配体加强了孔道的立体位阻。当使用较大尺寸的醛作为反应底物时，则没有检测到产物的生成，说明了该催化反应主要发生在 MOF 催化剂的孔道内。循环实验表明其可以循环使用 3 次而没有明显降低催化活性，但随后的循环实验中其催化活性却逐渐降低，可能是部分配体在催化过程中从框架中脱落导致的[43]。

2012 年，段春迎课题组报道了另一种后修饰的方法，即将手性小分子催化剂的活性基团保护起来再与适宜的金属中心组装获得 CMOF，最后通过后修饰法除去保护基团获得具有催化活性的 CMOF。该策略可以有效避免小分子催化剂的活性位点在组装形成 CMOF 的过程中与金属配位而失活。他们将具有光活性的 4,4',4''-三羧基三苯胺（H_3tca）、L(或 D)-氮-叔丁氧羰基-2-咪唑-1-吡咯烷酮（L 或 D-bcip）与硝酸锌在 DMF/EtOH 溶剂条件下组装获得了两例同构的具有相反手性的 MOF。单晶结构分析表明该 MOF 是由双核锌节点和 tca^{3-} 配体相互连接形成的二维层状结构，其中一个锌离子以三角双锥的配位构型与来自 2 个 tca^{3-} 配体的 3 个氧原子、1 个羟基及 1 个水分子配位，而另一个锌离子以扭曲的四面体配位构型与来自 2 个 tca^{3-} 配体的 2 个氧原子、1 个羟基及 1 个来自 L-bcip 配体的氮原子配位。这些二维结构之间相互叠加在[110]方向上形成了尺寸为 1.2nm×1.6nm 的手性孔道，而 L-bcip 则均匀地分布于空腔内。他们将该 MOF 在 DMF 溶剂中通过微波加热成功除去了保护基团叔丁氧基羰基，获得了具有潜在催化活性的手性框架材料 act-MOF。染料吸附实验表明了其多孔性。

该课题组将 act-MOF 用于光催化脂肪醛的不对称 α-烷基化反应，选择苯丙醛和 2-溴丙二酸二乙酯作为底物，得到了 74% 的产率和 92% 的对映选择性，这也是首例以 CMOF 作为不对称异相光催化剂成功催化重要的有机反应的报道。该 MOF 在催化辛醛、反式-6-壬烯醛与 2-溴丙二酸二乙酯的反应时，也可以获得较好的产率和对映选择性。而当选择分子尺寸更大（约 1.38nm×1.74nm）的醛作为反应底物时，则仅能获得 7% 的产率，说明了催化反应主要发生在孔道内部。循环实验表明其可以循环使用至少 3 次而没有明显降低催化活性（图 36-26）[44]。

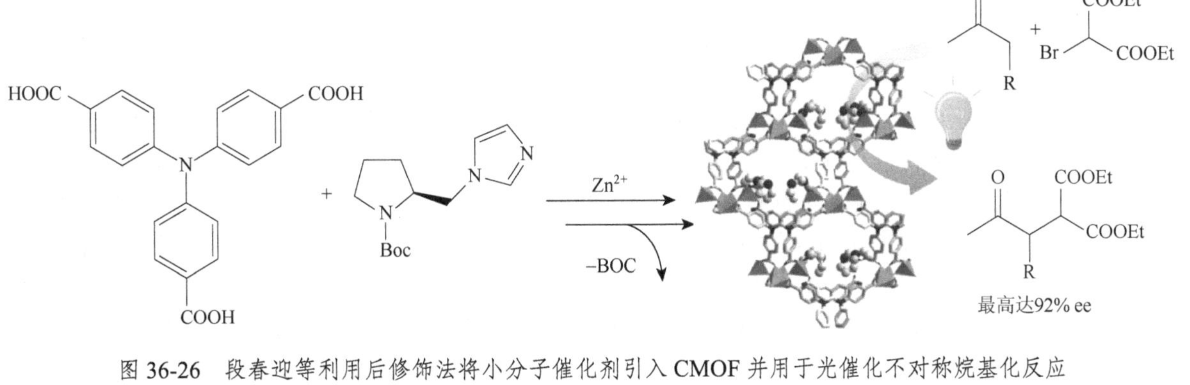

图 36-26　段春迎等利用后修饰法将小分子催化剂引入 CMOF 并用于光催化不对称烷基化反应

将天然手性小分子催化剂通过后修饰的方法与 MOF 中的配位不饱和金属节点形成配位引入最

终的框架中被证明是一种简单有效的构筑具有不对称催化功能 CMOF 的方法。但由于小分子催化剂与金属节点的作用力往往不够强，在催化反应过程中容易脱落而导致催化活性减弱，特别是在那些具有配位能力的溶剂（DMF 和 H$_2$O 等）中时，脱落现象更为严重。人们希望通过另一种方式将这些天然手性小分子催化剂引入最终框架中，即以更强的共价键的形式使其与 MOF 框架中有机配体结合起来作为活性位点。

段春迎课题组以 2-丙炔氧基修饰的间苯二甲酸配体（H$_2$dpyi）与 4, 4′-联吡啶和氯化锌在溶剂热条件下组装获得了一例非手性 MOF：Zn-dpyi，其在 a 方向有尺寸约为 0.75nm×0.8nm 的孔道，且框架中 dpyi^{2-} 配体中的炔基均匀裸露于孔道中，可以通过炔基与叠氮基团的点击反应将具有催化活性的有机小分子催化剂引入。将过量的 L-2-甲基叠氮吡咯烷（L-amp）与 Zn-dpyi 作用，成功获得了一例 CMOF。将其用于催化芳香醛与环己酮的不对称 aldol 反应，以对硝基苯甲醛和环己酮为底物，获得了 75%的产率和 71%的 ee 值，该结果优于相应的均相催化剂 L-amp（26% ee）。而当使用 Zn-dpyi 在同样条件下反应 7 天时，只能获得不到 10%的转化率，这可能是由于 Zn-dpyi 中具有弱路易斯酸性的金属节点。另外，当使用 D-amp 在同样条件下进行后修饰点击反应时，可以成功获得具有相反手性构型的 MOF。催化实验表明它们具有相同的催化活性，且获得的催化产物具有相反的手性构型。该结果显示了通过后修饰法引入手性小分子催化剂在制备具有不对称催化功能的 CMOF 中的独特优势，即一方面可以获得稳定的 CMOF，另一方面可以通过调节小分子催化剂的手性来获得具有相应手性的 MOF 材料，从而有目的地合成具有特定手性构型的目标产物（图 36-27）[45]。

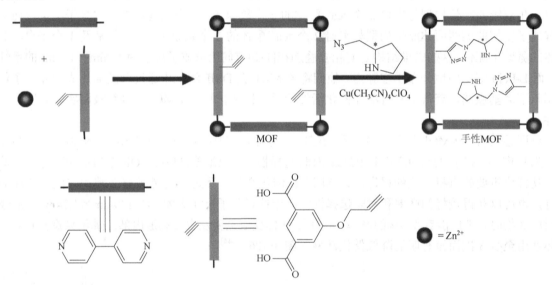

图 36-27　段春迎等通过点击反应将手性小分子催化剂引入 MOF 中并催化不对称 aldol 反应

2011 年，新西兰梅西大学的 Telfer 教授课题组成功以另一种策略将天然有机小分子催化剂引入 MOF 中。他们首先将有机小分子催化剂的活性基团保护起来，通过有机合成的方式将其以共价键的方式与有机配体连接，再将得到的配体与适宜的金属中心组装获得 CMOF，最后通过一定方法除去保护基团，从而获得具有潜在不对称催化活性的 CMOF。他们设计并合成了一个手性配体 2-(1-(叔丁氧羰基)吡咯烷-2-甲酰基)联苯基-4,4′-二羧酸，将其与硝酸锌在 DEF 溶剂条件下组装获得了一例与 MOF-5 同构的 CMOF。对其进行热处理即可脱去保护基团从而获得具有催化活性的 CMOF：act-MOF。他们也尝试直接使用未经保护的手性配体来一步组装 act-MOF，但均以失败告终，这也体现了后修饰法在制备 CMOF 中的强大优势。该 MOF 的孔道窗口尺寸在 0.5～1.05nm 之间，染料吸附实验证明了其多孔性。

将 *act*-MOF 用于催化不对称 aldol 反应，选择丙酮和对硝基苯甲醛为底物，仅得到 29% 的 ee 值，低于其均相催化剂的活性（52%）。当选择环己酮和对硝基苯甲醛为底物时，得到 3∶1 的非对映选择性，其中顺式构象的 ee 值为 14%，反式构象为 3%。当使用未脱保护的 MOF 在同样条件下进行催化实验时，则没有获得任何产物，说明脱除保护基团的吡咯烷单元才是催化活性位点。循环实验表明其可以循环使用三次，而每次循环之后其催化活性会稍有降低，这可能是由于其框架结构部分坍塌[46]。

2014 年，崔勇课题组尝试通过分子间弱作用力的方式将天然手性小分子催化剂引入最终的 MOF 中。他们利用手性联苯胺骨架与羧酸功能化的醛缩合得到了一个手性联苯席夫碱配体，利用分级组装策略将其首先与高氯酸锌在 DMF/MeOH 溶剂体系下以 75% 的产率组装获得了手性螺旋体，再将该螺旋体分别与硝酸镉和硝酸锌在 DMF/Py 溶剂体系下组装获得了两个 CMOF：MOF-Cd 和 MOF-Zn。结构分析表明 MOF-Cd 中含有尺寸为 0.20nm×0.54nm 的一维孔道，而 MOF-Zn 中不但含有尺寸约为 1.6nm×1.4nm 的六边形孔道，且含有高度约为 1.4nm，最大内部孔径约为 2.36nm 的笼状结构。值得注意的是，这是首次报道的具有裸露羧酸基团的 CMOF。

基于 MOF-Zn 中较大的孔道尺寸，该课题组尝试将有机小分子催化剂吡咯烷通过酸碱间弱作用力方式引入框架中。大量实验表明，*S* 构型的 2-二甲氨基甲基吡咯烷（*S*-ap）可以以溶液吸附的方式被成功引入 MOF 中。气相色谱、热重分析及元素分析表明最终框架中 *S*-ap 与 MOF-Zn 以 1∶1 的比例存在。他们将 *S*-ap@MOF-Zn 用于催化不对称 aldol 反应，选择丙酮和 4-硝基苯甲醛及 3-硝基苯甲醛作为底物，以 10% 的催化剂当量分别获得了 77% 的产率、80% 的对映选择性和 73% 的产率、74% 的对映选择性。对于环己酮底物，也可以获得中等的产率和对映选择性。而当仅使用 MOF-Zn 作为催化剂在同样条件下催化丙酮与 4-硝基苯甲醛的不对称 aldol 反应时，仅能获得 10% 的转化率和不到 5% 的对映选择性。当使用 *R*-ap@52 作为催化剂时，则可获得具有相反构型的产物，这说明 *S*-ap 在该反应的催化进程中起到了重要的作用。大底物实验表明该催化反应主要发生在 MOF 催化剂的孔道内部（图 36-28）[47]。

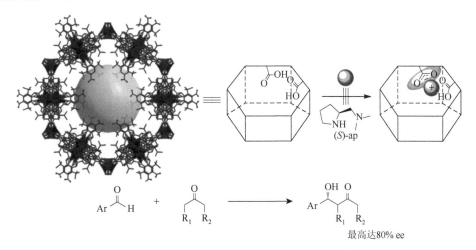

图 36-28　崔勇等利用酸碱作用将小分子催化剂引入框架中并用于催化不对称 aldol 反应

目前将天然手性有机小分子催化剂植入 MOF 材料中并将其用于不对称异相催化剂尽管取得了一定的成果，但依然有一定的局限性。①手性小分子催化剂负载量不足或不均匀；②负载小分子催化剂后，母体框架精细结构难以确定；③在去除保护基团过程中，难以保持母体框架的完整性及手性小分子催化剂的光学纯度。如何解决这些问题将是基于 MOF 材料的天然手性小分子催化剂未来的发展方向。

36.4 手性分离性能

手性分离是另一种获取单一对映异构体的有效手段。由于一对对映异构体的物理性质极为相似，很难通过纯物理的方法对其进行分离。因此需要寻找一个合适的手性介质，与外消旋体选择性地相互作用从而达到分离的目的。CMOF 由于其规则均匀的功能纳米孔道、较高的孔隙率及良好的稳定性，逐渐成为手性分离的理想介质。CMOF 孔道内的手性环境可以通过分子水平上的设计来进行有效调控。目前，利用 CMOF 进行手性分离的研究主要包括吸附分离、共结晶分离、色谱分离及膜分离 4 种方法。其中吸附分离与色谱分离的研究最为广泛。

36.4.1 吸附分离

吸附分离利用某种手性介质与外消旋化合物作用，其中一种对映体会优先与手性介质结合，而另一种对映体则留在母液中，从而达到分离的目的（图 36-29）。

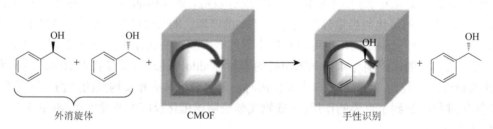

图 36-29 CMOF 用于吸附拆分外消旋小分子化合物示意图

韩国 Kim 教授课题组研究发现，将手性框架材料浸于甲醇溶液中可以成功吸附手性金属化合物 [Ru(2,2'-bipy)₃]Cl₂，并取得 66% 的对映选择性。这也是首例成功利用 CMOF 对外消旋化合物进行手性吸附分离的报道[7]。

2001 年，南京大学的熊仁根教授课题组以手性金鸡纳碱为基本骨架，将对其进行羧酸官能化后得到的配体与氢氧化镉组装获得了一例非穿插的三维 CMOF。结构分析表明其框架中存在大量手性金刚烷状空腔。将其在溶剂热条件下分别与外消旋的 2-丁醇分子和 2-甲基-1-丁醇分子作用，发现其可以选择性地吸附 S 构型的手性分子，且对 S-2-丁醇分子的分离 ee 值高达 98.2%；而由于孔道尺寸的原因，S-2 甲基-1-丁醇分子仅取得 8.4% 的 ee 值。单晶结果清晰地表明 S-2-丁醇及 S-2-甲基-1-丁醇分子均位于 MOF 框架的手性空腔中（图 36-30）[48]。

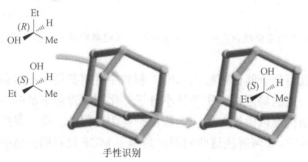

图 36-30 熊仁根等以手性金鸡纳碱为骨架构建 CMOF 并用于小分子醇的拆分

2005 年，林文斌教授课题组报道了一例吡啶官能化的手性联萘酚配体，利用扩散法将其与高氯酸镉组装获得了一例 CMOF。结构分析表明其框架中同时包含尺寸为 2.0nm×3.9nm 的矩形孔道、2.0nm×2.0nm 的方形孔道及边长约 1.5nm 的三角形孔道。CO_2 吸附测试表明其 BET 比表面积约为 283m^2/g。进一步研究发现其可以选择性地吸附 R 构型的 1-苯乙醇，但仅能获得 6%的 ee 值[49]。

2010 年，Yaghi 教授和 Stoddart 教授课题组合成了一个双羧基官能化的手性双 BINOL 冠醚类配体，将其与硝酸锌组装获得了一例以 Zn_4O 簇为节点的三维 CMOF（图 36-31）。双手性双 BINOL 冠醚化合物的手性位点被证明可以选择性结合烷基铵离子对映体，将其框架化后可以将其作为潜在的手性固定相用作手性柱色谱分离[50]。

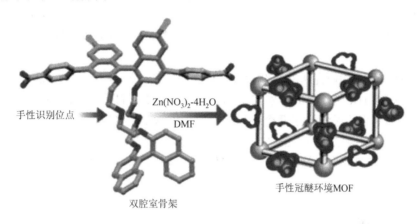

图 36-31　Yaghi 和 Stoddart 等将手性双 BINOL 冠醚化合物框架化

2011 年，美国得克萨斯大学的陈邦林教授课题组成功以 Cu-salen 为基本骨架制备了两例同构的 CMOF。结构分析表明它们具有尺寸约 0.64nm 的手性孔道。将它们用于外消旋芳香醇类化合物的手性识别和吸附分离。结果表明，它们均可以选择性地吸附 S 构型的苯乙醇分子，并分别得到了 21.2%和 64%的 ee 值，而对映选择性的不同可能是两种 MOF 孔道尺寸的微弱差异导致的。当将它们用来分离分子尺寸较大的 4-甲基苯乙醇、1-苯丙醇或 2-苯丙醇时，则没有获得任何对映选择性，这可能是由于底物分子的尺寸与 CMOF 主体的孔道尺寸不匹配。值得注意的是，该 MOF 经过简单的甲醇浸泡即可重复使用，且对映选择性仅发生微弱的降低[51]。

随后，该课题组又设计并合成了两种新的手性 Cu-salen 配合物并将其与金属中心组装获得了四例同构的三维 CMOF：MOF-1～MOF-4。鉴于它们的框架结构中存在大量手性纳米空腔，他们尝试将其用于手性识别和分离外消旋的小分子醇类化合物，结果发现 MOF-2 和 MOF-4 分离 1-苯乙醇分别得到了 75.3%和 82.4%的 ee 值；而相同条件下 MOF-1 和 MOF-3 仅获得了 45.0%和 46.2%的 ee 值。其中 MOF-4 中较大位阻的叔丁基的存在进一步减小了其手性孔道大小，进而增强了其手性吸附能力。另外，MOF-4 也可以分别以 77.1%和 65.9%的 ee 值对 2-丁醇和 2-戊醇进行手性分离。该结果提供了一个设计并制备出具有高效分离外消旋小分子化合物的多孔材料的方法，即通过调节有机配体的长度来控制手性孔道的尺寸使其与底物分子相匹配[52]。

崔勇教授课题组制备的基于联苯酚的手性框架材料具有 1.81nm×1.81nm 的手性纳米孔道，且孔道内分布有大量裸露的手性羟基基团。他们将其用于外消旋扁桃酸酯类化合物的手性分离。结果显示其在拆分扁桃酸甲酯时可以获得高达 93.1%的 ee 值，对于扁桃酸乙酯、异丙酯和苄酯则分别获得了 64.3%、90.7%和 73.5%的 ee 值。条件控制实验表明手性配体本身并不能拆分扁桃酸酯类化合物，从而证明 MOF 孔道中独特的手性微环境是导致其具有手性分离能力的根本原因[38]。

有机胺类化合物由于具有很强的配位能力，与 CMOF 骨架相互作用很可能会使其框架坍塌，因此利用 CMOF 拆分外消旋有机胺类化合物一直以来都是一个较大的挑战。2014 年，崔勇教授课题组利用之前制备的手性羧酸官能化配体与 Mn^{2+} 组装得到了一例三维 CMOF。结构分析表明该 CMOF 在 c 方向上拥有尺寸约 1.5nm×1.4nm 的纳米孔道。虽然框架中的手性羟基基团是朝向孔道外，但仍然能够与客体分子形成有效作用。将其用来选择性地吸附拆分外消旋的有机胺类化合物。结果表明，在−10℃下，以甲醇为溶剂，MOF 可以以 91% 的 ee 值成功拆分外消旋的 1-苯乙胺，且对于对位取代的 1-苯乙胺类化合物，拆分选择性最高可达 98.3%，但邻位和间位取代的 1-苯乙胺类化合物仅能得到中等的对映选择性。特别地，对于更难拆分的烷基胺类化合物，该 MOF 依然可以获得较好的选择性（ee 值为 60.9%～85.1%）。循环实验表明其可以回收利用至少 4 次且其分离活性没有明显降低[53]。另外，该 MOF 还可以作为手性固定相对外消旋胺类化合物进行高效液相色谱分离（图 36-32）。

2015 年，福建物质结构研究所的张健教授设计并合成了一对基于间苯二羧酸的脯氨酸衍生物对映体：(S)-H$_3$PIA 和(R)-H$_3$PIA。将其分别与 C$_3$ 对称性的 1,3,5-三(1-氢-1-咪唑基)（TIB）配体和镉盐在 DMF/H$_2$O 溶剂体系下组装得到了两个手性相反的三维 MOF。结构分析表明该 MOF 中同时含有直径约 0.8nm 的笼状空洞和内径 1.1nm 左右的三角形孔道。将其用于外消旋醇类化合物的手性拆分，选择 1-苯基乙醇和乳酸甲酯为底物，拆分 ee 值最高达 34.8%[54]。

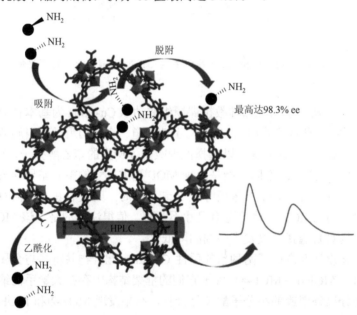

图 36-32　崔勇等以手性联苯酚为骨架构建 CMOF 并用于外消旋小分子胺类化合物的拆分

36.4.2　共结晶分离

共结晶分离是利用手性介质与外消旋化合物中的一种对映体作用并从母液中结晶达到手性分离的方法。该方法的优点是获得的产物的光学纯度往往较高，缺点是结晶困难。

2009 年，崔勇教授课题组设计并合成了羧酸官能化的三齿席夫碱配体，将其与硝酸铜在甲醇溶剂中组装获得了一例 CMOF。结构分析表明其在 a 方向含有尺寸约 0.7nm 的手性螺旋孔道，而且孔道内分布着大量亲水性的胺基及疏水性的烷基，可以和客体分子产生多种超分子作用。他们将其与外消旋的 2-丁醇分子混合加热，以共结晶的方式获得了框架中包含 R-2-丁醇的单晶，经检测选择性高达 99.8%。对于 3-甲基-2-丁醇和 2-戊醇也表现出极好的手性分离效果（ee 值分别为 99.6% 和

99.5%）。值得注意的是，特定构型的 CMOF 只能与特定构型的手性分子作用并以共结晶的方式析出，即 S 构型的 MOF 只能与 S-2-丁醇分子结合，R 构型的 MOF 只能与 R-2-丁醇分子结合。另外，当使用分子尺寸较大的底物（如 2-庚醇和 2-辛醇）时，则没有任何分离效果，这可能是由于底物分子难以进入框架中的孔道（图 36-33）[55]。

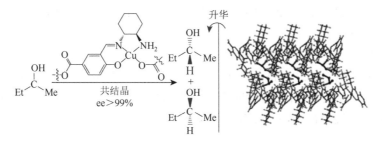

图 36-33　崔勇等利用 Cu-salen 骨架构建 CMOF 并用于小分子醇的共结晶拆分

36.4.3　色谱分离

色谱分离利用外消旋化合物的一对对映体在流动相和手性固定相中溶解和解吸能力或吸附和脱附能力的不同达到分离的目的。

1. 气相色谱（GC）分离

气相色谱分离是利用气体作为流动相，手性介质作为固定相来对目标外消旋化合物进行分离。

云南师范大学的袁黎明教授课题组在利用 CMOF 作为手性固定相对外消旋化合物进行高效气相色谱分离领域做了大量的工作。2011 年，他们将乙酸铜与 N-2-羟基苯基-L-丙氨酸（H₂sala）组装获得了具有螺旋结构的 CMOF。将其分散于乙醇溶液中，利用动态装柱法得到了 MOF 材料填充的毛细管柱。将其作为固定相，考察了其对香茅醛、樟脑、丙氨酸、亮氨酸、缬氨酸、异亮氨酸、1,2-苯乙二醇、苯基丁二酸和 1-苯乙醇等外消旋化合物的手性分离效果。结果表明除了樟脑和 2-甲基-1-丁醇化合物，其余底物都基本能在较短的分离时间内达到基线分离。条件控制实验表明，优异的手性分离性能源自 MOF 框架中独特的手性螺旋孔道结构（图 36-34）[56]。

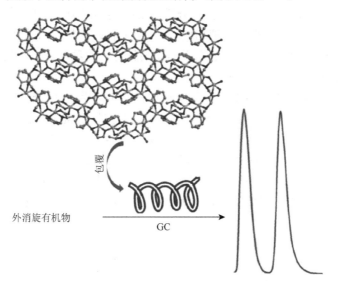

图 36-34　袁黎明等利用 CMOF 作为固定相对各类小分子化合物进行高效气相色谱分离

随后在 2013 年，袁黎明课题组又利用异烟酸与硝酸锌组装获得了一例 CMOF。同样地，他们通过动态装柱法将其涂敷到毛细管柱中，并作为手性固定相进行气相色谱分离性能研究。结果表明，该 MOF 可以对外消旋的丙氨酸、脯氨酸、1,2-苯乙二醇、香茅醛及 1-苯乙醇实现基线分离。另外，他们还对该 MOF 和商品化的 Chirasil-L-Val 的分离性能进行了比较，发现对于丙氨酸和脯氨酸，该 MOF 的分离性能优于 Chirasil-L-Val，并且对于 Chirasil-L-Val 不能分离的 1-苯乙醇分子，该 MOF 却可以获得较好的分离效果[57]。

同年，袁黎明课题组将 D-樟脑酸（D-cam）、对苯二甲酸（H₂BDC）、4,4′-三甲基二吡啶（tmbdy）与碳酸钴组装获得了一例 CMOF。将其以同样的方法涂敷到毛细管柱中并作为手性固定相来分离一些外消旋化合物分子。发现其对谷氨酸和脯氨酸的分离因子高于商业化的 Chirasil-L-Val，并且能分离那些 Chirasil-L-Val 不能分离的 1-苯乙醇和柠檬烯化合物[58]。

2. 高效液相色谱（HPLC）分离

高效液相色谱分离利用液体作为流动相，手性介质作为固定相，通过被分析物与手性介质之间作用力的差异来达到分离的目的。

2011 年，Kaskel 教授课题组将手性基团修饰的对苯二羧酸、苯基-1,3,5-均苯三羧酸与硝酸锌组装获得了一例三维 CMOF。气体吸附测试及染料吸附实验证明了其多孔性。将其作为手性固定相用于高效液相色谱分离。他们首先选择噁唑烷酮类化合物作为分析底物，但是没有分离效果，这可能是该底物的一对对映体的吸附能太相近导致的。当选择 1-苯乙醇作为分析底物时，发现其选择因子 α 可达到 1.6，分离度达到 0.65。而 1-苯乙胺虽然与 1-苯乙醇结构相似，但该 MOF 并不能对其实现有效分离，这可能是由胺基与框架中手性基团间相互作用力过强导致的[59]。

2012 年，Tanaka 教授课题组尝试将 CMOF 与硅胶形成复合物再作为手性固定相用于高效液相色谱分离。他们将 6,6′-位羧酸修饰的手性联萘酚配体与硝酸铜和单分散的硅胶在 DMF 溶剂中通过一步法获得了该复合材料。将其悬浮于正己烷与异丙醇（90∶10）的混合溶剂中，再装入长 15cm、内径 4.6nm 的不锈钢柱中作为固定相来研究其对一系列亚砜化合物的分离效果。结果显示，该固定相对于无取代基或对位取代的苯甲亚砜分子分离效果比相应邻位或间位取代的好。值得注意的是，与多糖类手性固定相相比，该复合物作为固定相显现出更优秀的分离效果[60]。

2014 年，袁黎明课题组以 D-樟脑酸为构筑单元制备了一例 CMOF。利用悬浮液装柱法成功将其装入不锈钢柱中并将其作为手性固定相来分离外消旋的醇类和酮类化合物，得到了较好的分离效果。值得注意的是，通常使用 CMOF 来制作液相柱时，MOF 材料的颗粒形状和尺寸不均匀往往可能导致柱压较高，并影响分离效果。但该 MOF 由于其规则且均一的颗粒分布，制备的液相柱柱压较低，从而增强了其手性分离能力[61]。

同年，山东师范大学的唐波教授课题组利用吡啶官能化的手性席夫碱配体与乙酸锌构筑了一例非穿插的三维 CMOF。结构分析表明其三维骨架中含有尺寸约为 1nm 的螺旋状孔道。他们将其作为手性固定相用于高效液相色谱分离。结果表明，该 MOF 对于外消旋的布洛芬具有很好的分离效果（选择因子 $\alpha = 2.4$，分离度 $R_s = 4.1$）。同样地，以正己烷-异丙醇作为流动相，其对于外消旋的 1-苯丙醇和 1-苯乙胺也可以基本达到基线分离。当选择酮洛芬和萘普生作为分析底物时，分离效果较差。这可能是由于它们的分子尺寸接近了框架的孔道大小导致其扩散困难（图 36-35）[62]。

36.4.4 膜分离

膜分离是将手性介质在一定条件下制备成膜，利用一对对映体与手性膜作用力的强弱达到分离的目的（图 36-36）。相比于其他手性分离手段，手性膜分离具备成本低、可以连续操作而且容易放

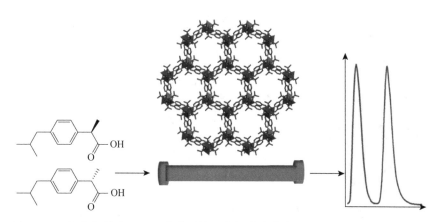

图 36-35　唐波等利用 CMOF 作为手性固定相对外消旋分子进行高效液相色谱分离

大等优点。但是，制备 CMOF 膜的过程中，外界的机械压力很可能使其骨架发生破坏，因此目前成功利用 CMOF 薄膜进行高效手性分离的报道较少。

2012 年，南京理工大学的金万勤教授课题组首次报道了利用 CMOF 膜进行外消旋化合物的手性分离。他们通过将多孔氧化锌载体与有机配体连接，制备了厚度约为 25μm 的均匀 CMOF 薄膜，PXRD 表明该薄膜除了 CMOF 材料及氧化锌并没有其他杂质的存在，将其置于扩散槽中进行手性分离性能研究，以外消旋的苯甲亚砜为分析物，48h 后，获得了 33% 的对映选择性，实验和理论模拟均表明手性分离的驱动力来源于一对对映体与手性框架孔道作用力的差异（图 36-37）[63]。

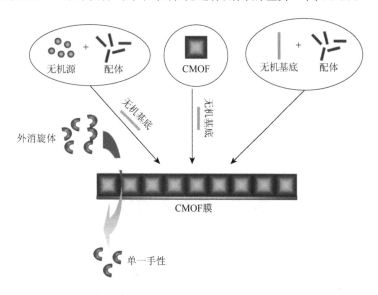

图 36-36　CMOF 膜的制备及分离示意图

2013 年，该课题组将 L-天冬氨酸（L-Asp）、4,4′-联吡啶（4,4′-bipy）与镍盐组装得到了一例手性柱层状 MOF。结构分析表明其骨架中含有尺寸约为 0.38nm×0.47nm 的一维手性孔道。采用高能球磨的方式获得了亚微米级的 MOF 晶种，再通过浸渍涂敷的方法将晶种涂敷到陶瓷的基底上，最后利用二次生长的方法得到了完整的 CMOF 薄膜。分离实验表明其可以有效分离外消旋的 2-甲基-2,4-戊二醇，ee 值最高达 35.5%[64]。

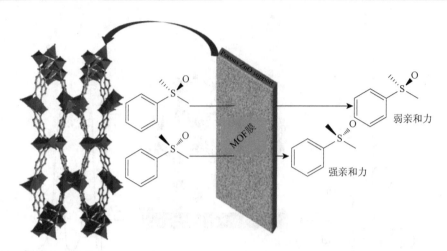

图 36-37　金万勤等制备 CMOF 膜用于外消旋亚砜的手性分离

同年，吉林大学的裘式纶教授课题组采用薄的镍片作为无机源载体，利用原位生长的方法获得了同样的手性膜。该方法的优点是在镍片上生长出一层晶体薄膜后就会停止生长，从而获得较完整且缺陷极少的手性膜。在 200℃的条件下，利用该薄膜来分离 2-甲基-2,4-戊二醇，获得了 32.5%的 ee 值（图 36-38）[65]。

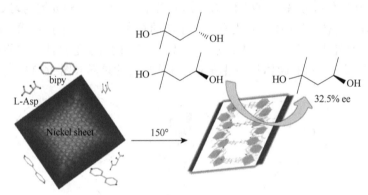

图 36-38　裘式纶等利用原位生长法制备 CMOF 膜并分离外消旋化合物

36.5　总结与展望

CMOF 毫无疑问在过去十年内获得了快速的发展。在不对称异相催化方面，CMOF 特有的孔道限阈效应使其区别于其相应的均相催化剂，往往可以获得与均相催化剂相当甚至更加优异的化学选择性、立体选择性和对映选择性。

尽管利用 CMOF 作为异相不对称催化剂取得了巨大的进步，但未来仍然存在许多挑战和机遇。制备大量结构新颖的 CMOF 材料已经逐渐被边缘化，而以功能为导向对构筑单元（金属节点和有机配体）进行理性的设计显得更为重要。例如，将两种或多种独立的催化活性单元植入手性框架中，则有可能获得具有接力催化或协同催化能力的 CMOF；将优势手性催化剂和具有光活性的单元（如三钌联吡啶）植入同一个 CMOF 中，则可能获得基于 CMOF 的不对称光催化剂；利用大孔径 CMOF 包裹一些高活性的催化剂，以实现一些有机化学中难以完成的有机催化反应等。另外，人们目前对于 CMOF 催化不对称有机反应的机理仍然没有清晰统一的认识,如果能获得催化体系中关键中间体的结构信息,则可以使科研工作者们更加深刻地了解催化过程,从而设计出更加合理高效的 CMOF 催化剂。

在手性分离方面,CMOF 特有的手性孔道使其区别于传统的无机类多孔材料,并在分离外消旋的亚砜类、醇类及胺类化合物中展现出极大的潜力。但 MOF 材料较差的物理和化学稳定性使得其难以在工业生产中发挥作用,因此目前有关 CMOF 的手性分离研究仅局限于实验室中。对 CMOF 材料的理性设计及对手性分离机理的深入研究依然是未来十年内的巨大挑战。在该领域内,手性 MOF 膜由于拥有巨大的潜在应用价值,在未来将占据更加重要的地位。

（崔　勇）

参 考 文 献

[1] Anderson M W, Terasaki O, Ohsuna T, et al. Structure of the microporous titanosilicate ETS-10. Nature, 1994, 367: 347-351.

[2] Yuan G Z, Zhu C F, Liu Y, et al. Anion-driven conformational polymorphism in homochiral helical coordination polymers. J Am Chem Soc, 2009, 131: 10452-10460.

[3] Cho S H, Ma B Q, Nguyen S T, et al. A metal-organic framework material that functions as an enantioselective catalyst for olefin epoxidation. Chem Commun, 2006, 24: 2563-2565.

[4] Garibay S J, Wang Z Q, Tanabe K K, et al. Postsynthetic modification: a versatile approach toward multifunctional metal-organic frameworks. Inorg Chem, 2009, 48: 7341-7349.

[5] Ezuhara T, Endo K, Aoyama Y. Helical coordination polymers from achiral components in crystals: homochiral crystallization, homochiral helix winding in the solid state, and chirality control by seeding. J Am Chem Soc, 1999, 121: 3279-3283.

[6] Kepert C J, Prior T J, Rosseinsky M J. A versatile family of interconvertible microporous chiral molecular frameworks: the first example of ligand control of network chirality. J Am Chem Soc, 2000, 122: 5158-5168.

[7] Seo J S, Whang D, Lee H, et al. A homochiral metal-organic porous material for enantioselective separation and catalysis. Nature, 2000, 404: 982-986.

[8] Evans O R, Ngo H L, Lin W B. Chiral porous solids based on lamellar lanthanide phosphonates. J Am Chem Soc, 2001, 123: 10395-10396.

[9] Tanaka K, Oda S, Shiro M. A novel chiral porous metal-organic framework: asymmetric ring opening reaction of epoxide with amine in the chiral open space. Chem Commun, 2008, 7: 820-822.

[10] Tanaka K, Kubo K, Iida K, et al. Asymmetric catalytic sulfoxidation with H_2O_2 using chiral copper metal-organic framework crystals. Asian J Org Chem, 2013, 2: 1055-1060.

[11] Gedrich K, Heitbaum M, Notzon A, et al. A family of chiral metal-organic framework. Chem Eur J, 2011, 17: 2099-2106.

[12] Dybtsev D N, Nuzhdin A L, Chun H, et al. A homochiral metal-organic material with permanent porosity, enantioselective sorption properties, and catalytic activity. Angew Chem, Int Ed, 2006, 45: 916-920.

[13] Dang D B, Wu P Y, He C, et al. Homochiral metal-organic frameworks for heterogeneous asymmetric catalysis. J Am Chem Soc, 2010, 132: 14321-14323.

[14] Jing X, He C, Dong D P, et al. Homochiral crystallization of metal-organic silver frameworks: asymmetric[3 + 2]cycloaddition of an azomethine ylide. Angew Chem Int Ed, 2012, 51: 10127-10131.

[15] Dincă M, Long J R. High-enthalpy hydrogen adsorption in cation-exchanged variants of the microporous metal-organic framework Mn_3 $[(Mn_4Cl)_3(BTT)_8(CH_3OH)_{10}]_2$. J Am Chem Soc, 2007, 129: 11172-11176.

[16] Das S, Kim H, Kim K. Metathesis in single crystal: complete and reversible exchange of metal ions constituting the frameworks of metal-organic frameworks. J Am Chem Soc, 2009, 131: 3814-3815.

[17] Yoon T P, Jacobsen E N. Privileged chiral catalysts. Science, 2003, 299: 1691-1693.

[18] Hu A G, Ngo H L, Lin W B. Chiral, porous, hybrid solids for highly enantioselective heterogeneous asymmetric hydrogenation of β-keto esters. Angew Chem Int Ed, 2003, 42: 6000-6003.

[19] Falkowski J M, Sawano T, Zhang T, et al. Privileged phosphine-based metal-organic frameworks for broad-scope asymmetric catalysis. J Am Chem Soc, 2014, 136: 5213-5216.

[20] Sawano T，Thacker N C，Lin Z K，et al. Robust，chiral，and porous BINAP-based metal-organic frameworks for highly enantioselective cyclization reactions. J Am Chem Soc，2015，137：12241-12248.

[21] Ngo H L，Hu A G，Lin W B. Molecular building block approaches to chiral porous zirconium phosphonates for asymmetric catalysis. J Mol Catal A Chem，2004，215：177-186.

[22] Wu C D，Hu A G，Zhang L，et al. A Homochiral porous metal-organic framework for highly enantioselective heterogeneous asymmetric catalysis. J Am Chem Soc，2005，127：8940-8941.

[23] Wu C D，Lin W B. Heterogeneous asymmetric catalysis with homochiral metal-organic frameworks：network-structure-dependent catalytic activity. Angew Chem Int Ed，2007，46：1075-1078.

[24] Ma L Q，Falkowski J M，Abney C，et al. A series of isoreticular chiral metal-organic frameworks as a tunable platform for asymmetric catalysis. Nat Chem，2010，2：838-846.

[25] Ma L Q，Wu C D，Wanderley M M，et al. Single-crystal to single-crystal cross-linking of an interpenetrating chiral metal-organic framework and implications in asymmetric catalysis. Angew Chem Int Ed，2010，49：8244-8248.

[26] Song F J，Wang C，Falkowski J M，et al. Isoreticular chiral metal-organic frameworks for asymmetric alkene epoxidation：tuning catalytic activity by controlling framework catenation and varying open channel sizes. J Am Chem Soc，2010，132：15390-15398.

[27] Song F J，Wang C，Lin W B. A chiral metal-organic framework for sequential asymmetric catalysis. Chem Commun，2011，47：8256-8258.

[28] Falkowski J M，Wang C，Liu S，et al. Actuation of asymmetric cyclopropanation catalysts：reversible single-crystal to single-crystal reduction of metal-organic frameworks. Angew Chem，Int Ed，2011，50：8674-8678.

[29] Falkowski J M，Liu S，Wang C，et al. Chiral metal-organic frameworks with tunable open channels as single-site asymmetric cyclopropanation catalysts. Chem Commun，2012，48：6508-6510.

[30] Zhu C F，Yuan G Z，Chen X，et al. Chiral nanoporous metal-metallosalen frameworks for hydrolytic kinetic resolution of epoxides. J Am Chem Soc，2012，134：8058-8061.

[31] Xuan W M，Ye C C，Zhang M N，et al. A chiral porous metallosalan-organic framework containing titanium-oxo clusters for enantioselective catalytic sulfoxidation. Chem Sci，2013，4：3154-3159.

[32] Zhu C F，Chen X，Yang Z W，et al. Chiral microporous Ti(salan)-based metal-organic frameworks for asymmetric sulfoxidation. Chem Commun，2013，49：7120-7122.

[33] Yang Z W，Zhu C F，Li Z J，et al. Engineering chiral Fe(salen)-based metal-organic frameworks for asymmetric sulfide oxidation. Chem Commun，2014，50：8775-8778.

[34] Shultz A M，Sarjeant A A，Farha O K，et al. Post-synthesis modification of a metal-organic framework to form metallosalen-containing MOF materials. J Am Chem Soc，2011，133：13252-13255.

[35] Xi W Q，Liu Y，Xia Q C，et al. Direct and post-synthesis incorporation of chiral metallosalen catalysts into metal-organic frameworks for asymmetric organic transformations. Chem Eur J，2015，21：12581-12585.

[36] Xia Q C，Li Z J，Tan，C X，et al. Multivariate metal-organic frameworks as multifunctional heterogeneous asymmetric catalysts for sequential reactions. J Am Chem Soc，2017，139：8259-8266.

[37] Jeong K S，Go Y B，Shin S M，et al. Asymmetric catalytic reactions by NbO-type chiral metal-organic frameworks. Chem Sci，2011，2：877-882.

[38] Peng Y W，Gong T F，Cui Y. A homochiral porous metal-organic framework for enantioselective adsorption of mandelates and photocyclizaton of tropolone ethers. Chem Commun，2013，49：8253-8255.

[39] Mo K，Yang Y H，Cui Y. A homochiral metal-organic framework as an effective asymmetric catalyst for cyanohydrin synthesis. J Am Chem Soc，2014，136：1746-1749.

[40] Chen X，Jiang H，Hou B，et al. Boosting chemical stability，catalytic activity，and enantioselectivity of metal-organic frameworks for batch and flow reactions. J Am Chem Soc，2017，139：13476-13482.

[41] Ingleson M J，Barrio J P，Bacsa J，et al. Generation of a solid Brønsted acid site in a chiral framework. Chem Commun，2008，11：1287-1289.

[42] Wang M，Xie M H，Wu C D，et al. From one to three：a serine derivate manipulated homochiral metal-organic framework. Chem Commun，2009，17：2396-2398.

[43] Banerjee M，Das S，Yoon M，et al. Postsynthetic modification switches an achiral framework to catalytically active homochiral metal-organic porous materials. J Am Chem Soc，2009，131：7524-7525.

[44] Wu P Y，He C，Wang J，et al. Photoactive chiral metal-organic frameworks for light-driven asymmetric α-alkylation of aldehydes. J Am Chem Soc，2012，134：14991-14999.

[45] Zhu W T，He C，Wu P Y，et al. "Click" post-synthetic modification of metal-organic frameworks with chiral functional adduct for

heterogeneous asymmetric catalysis. Dalton Trans，2012，41：3072-3077.

[46]　Lun D J，Waterhouse G I N，Telfer S G. A general thermolabile protecting group strategy for organocatalytic metal-organic frameworks. J Am Chem Soc，2011，133：5806-5809.

[47]　Liu Y，Xi X B，Ye C C，et al. Chiral metal-organic frameworks bearing free carboxylic acids for organocatalyst encapsulation. Angew Chem Int Ed，2014，53：13821-13825.

[48]　Xiong R G，You X Z，Abrahams B F，et al. Enantioseparation of racemic organic molecules by a zeolite analogue. Angew Chem Int Ed，2001，40：4422-4425.

[49]　Wu C D，Lin W B. A chiral porous 3D metal-organic framework with an unprecedented 4-connected network topology. Chem Commun，2005，29：3673-3675.

[50]　Valente C，Choi E，Belowich M E，et al. Metal-organic frameworks with designed chiral recognition sites. Chem Commun，2010，46：4911-4913.

[51]　Xiang S C，Zhang Z J，Zhao C G，et al. Rationally tuned micropores within enantiopure metal-organic frameworks for highly selective separation of acetylene and ethylene. Nat Commun，2011，2：204.

[52]　Das M C，Guo Q S，He Y B，et al. Interplay of metalloligand and organic ligand to tune micropores within isostructural mixed-metal organic frameworks（M'MOF）for their highly selective separation of chiral and achiral small molecules. J Am Chem Soc，2012，134：8703-8710.

[53]　Peng Y W，Gong T F，Zhang K，et al. Engineering chiral porous metal-organic frameworks for enantioselective adsorption and separation. Nat Commun，2014，5：4406.

[54]　Xu Z X，Tan Y X，Fu H R，et al. Integration of rigid and flexible organic parts for the construction of a homochiral metal-organic framework with high porosity. Chem Commun，2015，51：2565-2568.

[55]　Yuan G Z，Zhu C F，Xuan W M，et al. Enantioselective recognition and separation by a homochiral porous lamellar solid based on unsymmetrical schiff base metal complexes. Chem Eur J，2009，15：6428-6434.

[56]　Xie S M，Zhang Z J，Wang Z Y，et al. Chiral metal-organic frameworks for high-resolution gas chromatographic separations. J Am Chem Soc，2011，133：11892-11895.

[57]　Zhang X H，Xie S M，Duan A H，et al. Separation performance of MOF $Zn(ISN)_2 \cdot 2H_2O$ as stationary phase for high-sesolution GC. chromatographia，2013，76：831-836.

[58]　Xie S M，Zhang X H，Zhang Z J，et al. A 3-D open-framework material with intrinsic chiral topology used as a stationary phase in gas chromatography. Anal Bioanal Chem，2013，405：3407-3412.

[59]　Padmanaban M，Muller P，Lieder C，et al. Application of a chiral metal-organic framework in enantioselective separation. Chem Commun，2011，47：12089-12091.

[60]　Tanaka K，Muraoka T，Hirayama D，et al. Highly efficient chromatographic resolution of sulfoxides using a new homochiral MOF-silica composite. Chem Commun，2012，48：8577-8679.

[61]　Zhang M，Xue X D，Zhang J H，et al. Enantioselective chromatographic resolution using a homochiral metal-organic framework in HPLC. Anal Methods，2014，6：341-346.

[62]　Kuang X，Ma Y，Su H，et al. High-performance liquid chromatographic enantioseparation of racemic drugs based on homochiral metal-organic framework. Anal Chem，2014，86：1277-1281.

[63]　Wang W J，Dong X L，Nan J P，et al. A homochiral metal-organic framework membrane for enantioselective separation. Chem Commun，2012，48：7022-7024.

[64]　Huang K，Dong X L，Ren R F，et al. Fabrication of homochiral metal-organic framework membrane for enantioseparation of racemic diols. AIChE Journal，2013，59：4364-4372.

[65]　Kang Z X，Xue M，Fan L L，et al. "Single nickel source" in situ fabrication of a stable homochiral MOF membrane with chiral resolution properties. Chem Commun，2013，49：10569-10571.

第37章
掺杂配位聚合物催化有机物的光降解

随着地球人口的不断增加和工业的快速发展，工业和生活污水量日益增大，水污染日趋严重，严重威胁人类的健康与生存。尤其是工业生产所产生的废水含有种类繁杂的有机污染物[1-4]，包括有机染料、酚类、联苯、农药、肥料、碳氢化合物、增塑剂、洗涤剂、油、油脂、医药品、蛋白质等[5]。每类污染物都有很多品种，例如，有机染料已超过 100000 种，其中印染纺织工业每年产生超过 7×10^5t 污水，其中含大量有毒有机染料，其化学性质稳定。若这类污水未经处理直接排放到自然环境后，不能得到有效的微生物降解，则会给生态环境带来极大危害[6-8]。这些污染物一旦被释放到水体中，就会造成各种水环境问题，如堵塞水网、水体富营养化、破坏水生生物生态系统等[9, 10]。因此如何有效地处理废水中有毒有机染料已成为全球科学家关注的重要课题，也是我国政府亟需解决的环境问题[11]。目前，处理这些工业废水的方法包括生物法、物理法、化学法等[12]，这些方法在实施过程中有可能对环境造成二度污染，因此并非是十分环保且昂贵的方法[13, 14]。于是利用各种光源催化降解有机污染物，将有毒有机物转换成无害的无机物已成为处理上述工业污水的一种有效和绿色的方法。催化光降解有机污染物是化学、材料及环境工程科研人员目前关注的热点之一。光催化剂在光照下受激发，产生了氧化还原能力极高的电子和空穴，应运而生的羟基自由基将有机污染物逐步氧化成低分子量的中间产物，并最终生成 CO_2、H_2O 及其他无机离子如 NO_3^-、PO_4^{3-}、Cl^-等。光催化剂把光能转换成化学反应所需的能量，而半导体类光催化剂因耗能低、反应条件温和、反应效率高等优点而备受人们关注。

二氧化钛（TiO_2）具有良好的化学稳定性、较强的抗腐蚀能力、低廉的制备成本、无毒无害等性质，是使用最广泛的光催化剂。如图 37-1 所示，当半导体材料吸收大于或等于禁带宽度能量的光子后，电子（e^-）受激发从价带（VB）跃迁到导带（CB），同时在价带上产生空穴（h^+），O_2 分子接受电子，生成超氧化物自由基（$\cdot O_2^-$），进一步转化为羟基自由基（$\cdot OH$）[式（37-2）、式（37-3）、式（37-4）和式（37-5）]。空穴（h^+）或羟基（OH^-）与水结合也产生·OH [式（37-6）和式（37-7）]。由于生成的·OH 具有很强的氧化能力，可以破坏有机污染物中的 C—C、C—H、C—N、C—O、N—H等键，从而将有机污染物降解成二氧化碳、水和其他小分子和离子 [式（37-8）][15]。

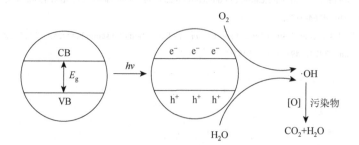

图 37-1 催化有机污染物光降解的机理示意图

$$光催化剂 + h\nu \longrightarrow h^+ + e^- \tag{37-1}$$

$$e^- + O_2 \longrightarrow \cdot O_2^- \qquad\qquad (37\text{-}2)$$

$$\cdot O_2^- + H^+ \longrightarrow \cdot OOH \qquad\qquad (37\text{-}3)$$

$$2 \cdot OOH \longrightarrow O_2 + H_2O_2 \qquad\qquad (37\text{-}4)$$

$$H_2O_2 + hv \longrightarrow 2 \cdot OH \qquad\qquad (37\text{-}5)$$

$$h^+ + OH^- \longrightarrow \cdot OH \qquad\qquad (37\text{-}6)$$

$$h^+ + H_2O \longrightarrow \cdot OH + H^+ \qquad\qquad (37\text{-}7)$$

$$污染物 + \cdot OH \longrightarrow CO_2 + H_2O + 降解产物 \qquad\qquad (37\text{-}8)$$

然而，TiO_2 的禁带宽度 E_g（金红石型 TiO_2 的 E_g 为 3.0eV，锐钛矿型 TiO_2 的 E_g 为 3.2eV）决定了它只能吸收利用短波长的紫外光，而紫外光仅占太阳光的 4%～6%。因此，作为光催化剂，TiO_2 的太阳能利用率很低[16,17]。另外，TiO_2 在光辐照时产生的自由电子和空穴很不稳定，易发生复合，即载流子的复合率很高，所以它的光催化反应速率低[18]。如何提高光催化剂的光吸收利用范围、反应速率及光量子效率等问题是研究光催化氧化技术的重点、难点和热点。因此寻找新的、高效的、稳定的可见光催化剂显得十分重要和迫切。

MOF 或多孔配位聚合物（CP）是由金属离子或团簇与有机配体通过配位键形成的有机-无机杂化材料[19]。该类材料具有非常大的比表面积、较低的密度、有规则的孔洞结构和可利用的分子尺寸大小的窗口，已在气体吸附、分离与存储[20,21]、多相催化[22]、分子分离[23]、生物传感[24]、生物医学治疗和诊断[25]等领域得到了广泛应用。自 2007 年 Garcia 等首次报道 MOF-5[26]可催化苯酚的光降解以来[27]，利用金属配位聚合物来催化有机染料光降解的研究得到了飞速发展。通过改变金属节点和有机配体，就可以调节配位聚合物光催化剂的禁带宽度，在紫外光、紫外-可见光、可见光甚至太阳光照射下，它们可催化有机反应、活化 CO_2、降解有机染料等[28,29]。人们除了研究配位聚合物本身的光催化活性，也针对其可见光利用率不高、催化效率不高等不足之处，对配位聚合物进行了各种修饰和改进，增大了它们的感光波段范围，有效地提高了降解有机污染物的效率，对修饰后的光催化剂催化有机污染物光降解的机理也进行了较深入的探讨。提高配位聚合物对可见光响应的主要修饰方法是用金属离子、半导体、光敏剂等对配位聚合物进行掺杂，使得这类宽禁带催化剂的吸收波长发生红移。另一种方法是将能吸收可见光、能带隙值低的石墨烯（GR）、石墨烯氧化物（GO）或碳纤维（CF）等材料负载于配位聚合物上，从而提高其对可见光响应能力[30]。这些方法会使修饰后的配位聚合物光催化剂在可见光区域拥有一种更好的光响应能力和出色的电子空穴的分离特性。本章根据不同的掺杂方法对其进行分类，并对它们各自催化有机染料光降解的性能和表现进行讨论和总结。

37.1　金属离子-配位聚合物的复合材料

通过金属离子掺杂进配位聚合物，可以改变母体配位聚合物的吸收光区域和禁带宽度。例如，IRMOF-1（MOF-5）的 $E_g = 3.4$eV，仅可吸收紫外光。如果用 Co（II）取代 IRMOF-1 次级构筑单元 Zn_4O 中的 Zn（II），Co 与 Zn 原子间 d 轨道的重叠及 O 与 C 原子间的 p 轨道重叠将会增加，从而导致带隙的减小。掺杂后的中心簇单元为 $Zn_{4-n}Co_nO$，当 $n = 0$、0.25、0.5 和 4 时，所对应的材料［IRMOF-1、Co(6.25%)IRMOF-1、Co(12.5%)IRMOF-1 和 Co(100%)IRMOF-1］禁带宽度 E_g 分别为 3.53eV、3.08eV、2.42eV 和 0.14eV；当 $n = 1$，2 时，Co(25%)IRMOF-1 和 Co(50%)IRMOF-1（图 37-2）的带隙消失[31]。

因此，金属掺杂可调节母体配位聚合物的光响应范围。金属离子掺杂法有多种形式：同种金属不同价态的掺杂、不同种类金属的掺杂、配位聚合物负载金属离子等。

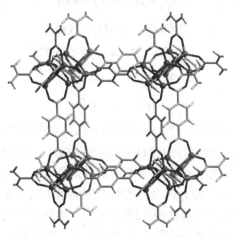

图 37-2　Co(50%)IRMOF-1 结构示意图[31]

37.1.1　混价金属配位聚合物

由 $Cu(NO_3)_2 \cdot 6H_2O$ 与 4'-(3, 5-dicarboxyphenyl)-4, 2': 6', 4''-terpyridine（H_2dctp）及 HNO_3 在 N, N-二甲基甲酰胺（DMF）中于 160℃反应，得到三维配位聚合物 $\{[Cu^I Cu^{II}_2 (dctp)_2]NO_3 \cdot 1.5DMF\}_n$。在该化合物结构中，Cu 原子有两种价态：+1 和 +2，分别是二配位和四配位。两个铜原子通过两个羧酸根连接成双铜单元，该单元通过 dctp 配体桥连成三维结构。它的禁带宽度 E_g 为 2.1eV，属于半导体材料范围。以甲醇为牺牲剂，H_2PtCl_6 为共催化剂，紫外-可见光辐照 5h，产氢量达 160μmol/g。该催化剂还可催化甲基蓝（MB）等有机染料的光降解。没有光照射时，该催化剂 20min 内可降解 70% 的 MB。在可见光照射下，其催化活性有所提高，5h 内可降解 80% 的 $MB^{[32]}$。

在 DMF 和 EtOH 中，Cu^I 与单核 Cu(II)配合物 $[Cu^{II}(SalImCy)](NO_3)_2$（$H_2SalImCy = N, N'$-bis-[(imidazol-4-yl)methylene]cyclohexane-1, 2-diamine）反应，得到含 Cu(I) 和 Cu(II) 的混价配位聚合物 $\{[Cu^{II}(SalImCy)](Cu^I I)_2 \cdot DMF\}_n^{[33]}$。该结构中 $[Cu^I_2 I_2]$ 单元与 $[Cu^{II}(SalImCy)]$ 单元相互连接成一维锯齿链结构（图 37-3）。该化合物可催化醛、手性胺与三甲基腈硅烷（TMSCN）的 Strecker 反应。此外，在黑暗中，以 H_2O_2 为氧化剂，该材料可催化降解 MB，22min 内降解 65% 的 MB。Cu^{II} 可以催化各种氧化反应[34, 35]。在上述催化降解过程中，Cu^{II} 离子的作用至关重要。在可见光照射下，该材料也可催化降解罗丹明 B（RhB）和甲基橙（MO）等有机染料，在 50min、55min 内分别完全降解 RhB 和 MO。

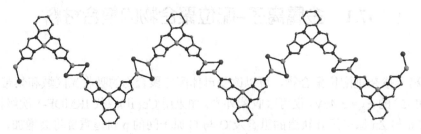

图 37-3　化合物 $\{[Cu^{II}(SalImCy)](Cu^I I)_2\}_n$ 一维锯齿链结构示意图[33]

将单核化合物 $[M^{II}(SalImCy)]$（M = Ni^{2+}、Cu^{2+}）与 CuCN 或 CuI 发生溶解热反应，得到

$\{[Ni^{II}(SalImCy)]_2(Cu^{I}CN)_9\}_n$、$\{[Cu^{II}(SalImCy)]_2(CuICN)_9\}_n$ 和 $\{[Ni^{II}(SalImCy)](Cu^{II})_2 \cdot DMF\}_n$[36]。在黑暗中，以 H_2O_2 为氧化剂，上述三个聚合物在 22min 内可分别催化降解 92%、92% 和 25% 的 MB。而在可见光照射相同的时间下，它们可分别催化降解 99%、99% 和 50% 的 MB。相比在黑暗中的催化活性，$\{[Ni^{II}(SalImCy)](Cu^{II})_2 \cdot DMF\}_n$ 在可见光照射下的催化活性提高了 2 倍，说明 Cu（Ⅰ）离子的存在可能提高了上述催化剂对可见光的响应[36]。

在 70℃ 或 85℃ 时，CuI 与四核铜（Ⅱ）配合物 $[Cu^{II}I(pop)]_4 \cdot 4H_2O$ [Hpop = 2-(hydroxyimino)-N'-(1-(pyridin-2-yl)ethylidene)propanehydrazide] 发生反应，分别得到十核化合物 $[\{Cu_4^{II}I_3(pop)_4\}_2(Cu_2^{I}I_4)] \cdot 2CH_3CN \cdot H_2O$ 和一维聚合物 $[Cu_4^{II}I_2(pop)_4(Cu_2^{I}I_4) \cdot (CH_3CN)]_n$[37]。这两个化合物都是 [2×2] 网状结构单元 $\{Cu_4^{II}I_3(pop)_4\}$ 与（$Cu_2^{I}I_2$）单元通过 μ-I 连接而成。在黑暗中，$[Cu^{II}I(pop)]_4 \cdot 4H_2O$、$[\{Cu_4^{II}I_3(pop)_4\}_2(Cu_2^{I}I_4)] \cdot 2CH_3CN \cdot H_2O$ 和 $[Cu_4^{II}I_2(pop)_4(Cu_2^{I}I_4) \cdot (CH_3CN)]_n$ 分别在 70min 内催化降解了 46%、49% 和 52% 的 RhB。用可见光照射相同的时间，$[\{Cu_4^{II}I_3(pop)_4\}_2(CuI_2I_4)] \cdot 2CH_3CN \cdot H_2O$ 和 $[(Cu_4^{II}I_2)(pop)_4(Cu_2^{I}I_4) \cdot (CH_3CN)]_n$ 可分别催化降解 93% 和 95% 的 RhB，而 $[\{Cu^{III}(pop)\}_4]_2 \cdot 4H_2O$ 催化效率没有改变。由此可见，铜原子的价态对上述催化剂的光催化活性至关重要，对 RhB 的光降解主要归功于 Cu（Ⅰ）原子的存在。$[\{(Cu_4^{II}I_3(pop)_4)_2(Cu_2^{I}I_4)\} \cdot (CH_3CN)_2 \cdot H_2O]_n$ 和 $[Cu_4^{II}I_2(pop)_4(Cu_2^{I}I_4) \cdot (CH_3CN)]_n$ 在 60min 内也可催化降解 93% 的 MB 或 MO。

37.1.2　混合金属配位聚合物

以 H_2O_2 为氧化剂，在汞灯（$\lambda = 365nm$）照射下，三维配位聚合物 $[(Me_3Sn)_4Fe(CN)_6]_n$[38] 可以催化降解 MB[39]，该反应是一级反应，反应速率常数为 $0.28min^{-1}$。在 $\lambda = 254nm$ 光照射下，$[(n\text{-}Bu_3Sn)_4Fe(CN)_6H_2O]_n$-$H_2O_2$ 体系可催化降解 MB，该反应符合一级反应动力学规律，反应速率常数为 $0.21h^{-1}$[40]。$K_3[Cu(CN)_4]$ 与 Me_3SnCl 和喹纳酸（Hquina）反应得到 $[Me_3SnCu(CN)_2 \cdot (quina)_2(H_2O)_2]_n$，而 $K_3[Cu(CN)_4]$ 与 Me_3SnCl 和 6-甲基喹啉（6-methyl quinoline，6-mquin）反应得到一维配位聚合物 $[\{(6\text{-}mquin)Cu\}(\mu\text{-}CN)]_n$[41]。以 H_2O_2 为氧化剂，$[Me_3SnCu(CN)_2 \cdot (quina)_2(H_2O)_2]_n$ 可催化降解 MB，其反应速率常数为 $0.0587min^{-1}$，约为 $[\{(6\text{-}mquin)Cu\}(\mu\text{-}CN)]_n$ 速率常数的 3 倍（$0.020min^{-1}$）。在紫外光照射下，$[Me_3SnCu(CN)_2 \cdot (quina)_2(H_2O)_2]_n$ 的催化活性提高 2 倍多，其反应速率常数为 $0.139min^{-1}$。

将 $BaCl_2 \cdot 2H_2O$ 与 1, 2-cyclohexanediamino-N, N'-bis(3-methyl-5-carboxysalicylidene)(H_4cyambmcs) 及 $FeCl_3 \cdot 6H_2O$ 在 100℃ 反应，得到三维混合金属配位聚合物 $\{[BaNa(Fecyambmcs)_2(\mu\text{-}OH)(H_2O)] \cdot DMF \cdot 2H_2O\}_n$[42]，其三维结构如图 37-4 所示。在 H_2O_2 存在及可见光照射下，该材料可有效地催化降解 2-氯苯酚、3-氯苯酚、4-氯苯酚。其催化活性随 pH 减小而升高。当可见光照射 80min，它可催化降解 33.3%（pH = 6）、41.7%（pH = 4）和 55.5%（pH = 3）的 2-氯苯酚，40.3%（pH = 4）和 71.0%（pH = 3）的 4-氯苯酚。当溶液 pH 相同时，它的催化降解效率的大小顺序是：2-氯苯酚 < 3-氯苯酚 < 4-氯苯酚。在 pH = 3 的溶液中，该催化剂很稳定，可重复使用，但催化效率略有下降，由 71.0% 降低到 65.7% 和 55.5%。当叔丁醇（TBA）存在时，催化效率明显降低，由 71% 降低到 23%。由此可见，在催化过程中原位生成的羟基自由基降解了氯代苯酚。可能的催化机理是：H_2O_2 与 Fe^{III} 中心反应，生成 $[L\text{-}Fe^{III}\text{-}OOH]$ 中间体。在可见光激发下，变成过渡激发态 $[LFe^{III}\text{-}OOH]^*$，然后 O—O 键断裂，生成 $[LFe^{V}=O]$ 和羟基自由基·OH，后者则氧化降解氯代苯酚（图 37-5）。

在 KOH 存在下，$Ni(OAc)_2 \cdot 4H_2O$ 与多齿有机配体 2,2',2''-((nitrilotris(ethane-2,1-diyl))tris(azanylylidene))tris(methanylylidene))tris(4-nitrophenol)(H_3trnphn) 反应，得到二维双金属配位聚合物 $\{[KNi(trnphn)] \cdot xCH_3CN\}_n$[43]。每个 trnphn^{3-} 螯合 1 个 Ni^{2+} 和 1 个 K^+，形成 [KNi(trnphn)] 单元，两个

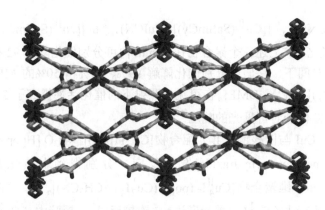

图 37-4　配合物 {[BaNa(Fecyambmcs)$_2$(μ-OH)(H$_2$O)]·DMF·2H$_2$O}$_n$ 三维结构示意图[42]

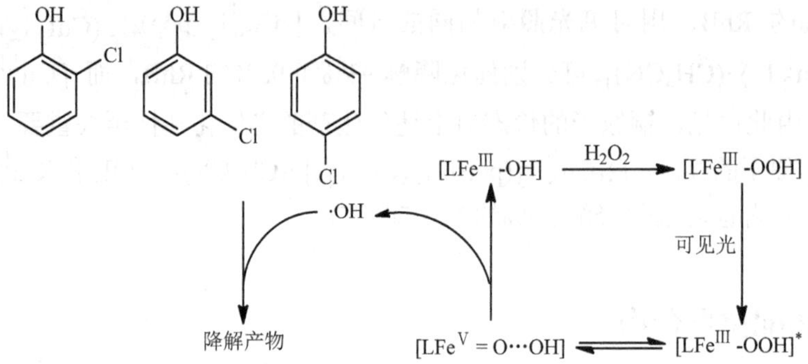

OH　　OH　　OH

[LFe^{III}-OH] $\xrightarrow{\text{H}_2\text{O}_2}$ [LFe^{III}-OOH]

·OH

降解产物　　[LFe^V=O···OH] ⇌ [LFe^{III}-OOH]*

可见光

图 37-5　{[BaNa(Fecyambmcs)$_2$(μ-OH)(H$_2$O)]·DMF·2H$_2$O}$_n$ 催化光降解氯代苯酚机理示意图[42]

[KNi(trnphn)]单元之间通过 K—O(NO$_2$)键，形成四核单元[KNi(trnphn)]$_2$，该单元再通过其他 K—O(NO$_2$)键形成二维结构（图 37-6）。在紫外-可见光照射下，该化合物可催化降解 MO、MB 等有机染料，1h 内能降解 78%的 MO 或 69%的 MB，其降解反应属于一级反应，其反应速率常数分别为 0.74h^{-1} 和 0.68h^{-1}。

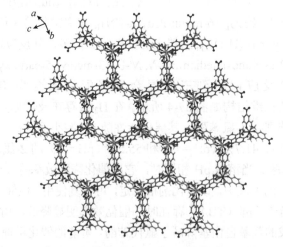

图 37-6　{[KNi(trnphn)]}$_n$ 二维结构图[43]

将 HgO、Sb、S 与相应的有机配体和金属盐通过溶剂热反应,得到 M-Hg-Sb-Q 化合物{[Mn(phen)]$_2$HgSb$_2$S$_6$}$_n$(phen=1, 10-phenanthroline)和 {[M(tren)]HgSb$_2$Se$_5$}$_n$[M=Mn，Fe，Co；tren = tris(2-aminoethyl)amine][44]。在{[Mn(phen)]$_2$HgSb$_2$S$_6$}$_n$ 中，{[Mn(phen)]$_2$S$_6$}和 Hg^{2+}之间通过 Hg—S 键形成一维链状结

构。在 {[M(tren)]HgSb$_2$Se$_5$}$_n$(M = Mn，Fe，Co)中，三个单元 {SbSe$_3$}、{HgSe$_4$} 和 {TMSeN$_4$} 相互连接成三角双锥簇 {[TM(tren)]$_2$Hg$_2$Sb$_4$Se$_{37}$}，簇与簇之间通过 Hg—S 键连接形成丝带状结构 {[TM(tren)]HgSb$_2$Se$_5$}$_n$，其中 {[Mn(phen)]$_2$HgSb$_2$S$_6$}$_n$ 的一维结构如图 37-7 所示、{[Mn(tren)]HgSb$_2$Se$_5$}$_n$ 的结构如图 37-8 所示。它们的 E_g 分别为 2.08eV、1.89eV、1.88eV 和 1.90eV。在可见光照射下，{[Mn(tren)]HgSb$_2$Se$_5$}$_n$ 可催化降解 RhB，240min 能降解 97% 的 RhB，300min 能完全分解 RhB。在光催化过程前后，该化合物的 PXRD 峰没有发生变化，表明它是非常稳定的催化剂，可重复使用多次。

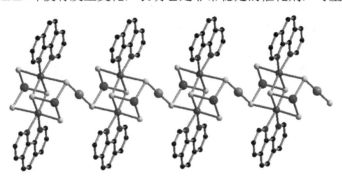

图 37-7　化合物 {[Mn(phen)]$_2$HgSb$_2$S$_6$}$_n$ 的一维结构示意图[44]

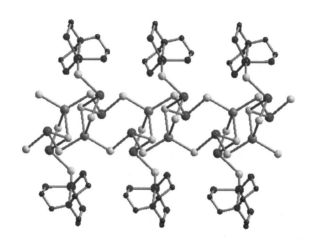

图 37-8　化合物 {[Mn(tren)]HgSb$_2$Se$_5$}$_n$ 的一维结构示意图[44]

由 GeO$_2$ 与 Sb$_2$S$_3$、S、N-(2-aminoethyl)piperazine（AEP）在 160℃、MeOH 中反应，得到由 {GeSb$_3$S$_{11}$} 簇相互连接而成的双丝带状结构 {[AEPH$_2$][GeSb$_2$S$_6$]·CH$_3$OH}$_n$，其一维阴离子链 [GeSb$_2$S$_6$]$_n^{2n-}$ 的结构如图 37-9 所示。E_g 为 2.50eV。该化合物可催化 RhB 的光降解，可见光照射 8h，可降解 85.1% 的 RhB。该催化剂很稳定，在催化反应前后，其 PXRD 峰保持不变[45]。

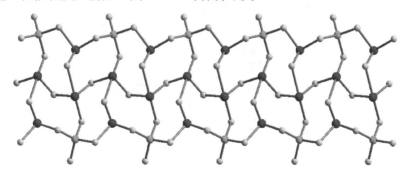

图 37-9　化合物 {[AEPH$_2$][GeSb$_2$S$_6$]·CH$_3$OH}$_n$ 中一维阴离子链 [GeSb$_2$S$_6$]$_n^{2n-}$ 的结构示意图[45]

由 HgCl$_2$、Sb$_2$S$_3$、S 与不同的有机胺及金属盐发生溶剂热反应，得到以下混合金属配位聚合物：{[Co(en)$_3$]Hg$_2$Sb$_2$S$_6$}（en = ethylenediamine），{[Ni(1,2-dap)$_3$]$_2$HgSb$_3$S$_7$Cl}$_n$（1,2-dap = 1,2-diaminopropane），{[Ni(1,2-dap)$_3$]HgSb$_2$S$_5$}$_n$，{[Mn(dien)$_2$]HgSb$_2$S$_5$}$_n$（dien = diethylenetriamine），{[Co(tren)]HgSb$_2$S$_5$}$_n$ 和 {[Ni(dien)$_2$]Hg$_3$Sb$_4$S$_{10}$}$_n$。它们分别含有二维阴离子层状结构 [Hg$_2$Sb$_2$S$_6$]$_n^{2n-}$、一维阴离子链 [HgSb$_3$S$_7$Cl]$_n^{3n-}$、二维阴离子层状结构 [HgSb$_2$S$_5$]$_n^{2n-}$、一维阴离子链 [HgSb$_2$S$_5$]$_n^{2n-}$、一维丝带状链 {[Co(tren)]HgSb$_2$S$_5$}$_n$ 和二维阴离子层状结构 [Hg$_3$Sb$_4$S$_{10}$]$_n^{2n-}$。其中 {[Co(en)$_3$]Hg$_2$Sb$_2$S$_6$} 中的二维阴离子层状结构 [Hg$_2$Sb$_2$S$_6$]$_n^{2n-}$ 如图 37-10 所示。这些化合物的 E_g 分别为 2.52eV、2.47eV、2.42eV、2.48eV、2.03eV 和 2.29eV。在可见光照射下，{[Ni(1,2-dap)$_3$]HgSb$_2$S$_5$}$_n$ 和 {[Mn(dien)$_2$]HgSb$_2$S$_5$}$_n$ 可催化降解 RhB，180min 内能降解 92% 的 RhB，完全降解需 360min。{[Ni(dien)$_2$]Hg$_3$Sb$_4$S$_{10}$}$_n$ 的光催化活性相对较低[46]。

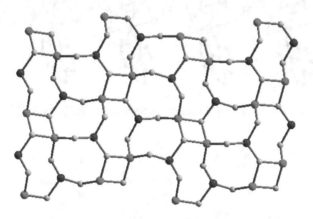

图 37-10　化合物 {[Co(en)$_3$]Hg$_2$Sb$_2$S$_6$} 中的二维阴离子层状结构 [Hg$_2$Sb$_2$S$_6$]$_n^{2n-}$ 示意图[46]

由 Cu(COO)$_2$、Co(COO)$_2$ 与 2-甲基咪唑发生溶剂热反应，得到 Cu 掺杂的 ZIF-67（Cu/ZIF-67）复合材料（图 37-11），通过调节不同的铜含量（0.37%～5.04%），可合成含铜量不同的类似复合材料[47]。ZIF-67 和 Cu/ZIF-67 的 E_g 分别为 1.98eV 和 1.95eV。显见，掺杂铜后的复合材料 E_g 值减小，但可提高母体 ZIF-67 催化光降解 MO 的活性。如图 37-12 所示，在可见光照射下，Cu/ZIF-67-H$_2$O$_2$ 体系在 25min 内能使 50mL（16.35mg/L）的 MO 完全降解，而 ZIF-67-H$_2$O$_2$ 几乎不能催化 MO 的光降解。显然 Cu(I)掺杂对提高复合材料的可见光降解 MO 的性能起着决定性作用[47]。另外，Cu/ZIF-8 也可高效催化 Friedländer 反应、Combes 反应和 Huisgen 偶极环加成反应等[48]。

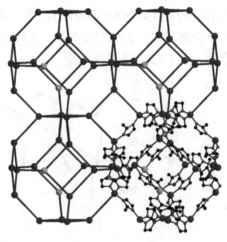

图 37-11　Cu/ZIF-67 结构示意图[47]

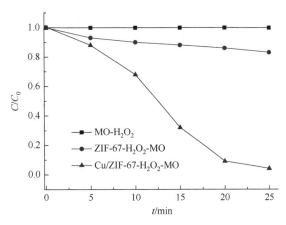

图 37-12　Cu/ZIF-67 催化 MO 光降解曲线[47]

对苯二甲酸（1,4-H$_2$BDC）与 Cr(NO$_3$)$_3$ 在 220℃反应得到 Cr-MIL-101[49]。若 25wt% Cr(NO$_3$)$_3$ 被 Fe(NO$_3$)$_3$ 取代，可将 Cr(NO$_3$)$_3$ 和 Fe(NO$_3$)$_3$ 与 1,4-H$_2$BDC 反应，得到 Fe 掺杂的 Cr-Fe-MIL-101 复合材料。Fe-Cr-MIL-101 的比表面积（2997m^2/g）比 Cr-MIL-101 的比表面积（3532m^2/g）小，但 Cr-Fe-MIL-101 对红色染料 195（red dye 195，RD195）的吸附能力比 Cr-MIL-101 的强。这可能是由于 Fe^{3+}对该染料有更高的亲和力。以 H$_2$O$_2$ 为氧化剂，在可见光照射下，Fe-Cr-MIL-101 能使 98%的 RD195 分解，而 Cr-MIL-101 仅能降解 50%的 RD195。Fe-Cr-MIL-101 在 pH = 3.2～5.5 的溶液中，显示出高活性，而在 pH＞7 的溶液中，催化活性有所减弱[50]。

通过 Zn(Ⅱ)盐或 Co(Ⅱ)盐或它们的混合盐与四齿配体 tetrakis[4-(1-imidazolyl)phenyl]methane（tipm）、间苯二甲酸（1,3-H$_2$BDC）溶剂热反应，分别得到三维配位聚合物[Zn$_2$(tipm)(1,3-BDC)$_2$]$_n$、{[Co$_2$(tipm)(1,3-BDC)$_2$]·0.5CH$_3$CN}$_n$ 和金属离子含量不同的异质同构 3D 配位聚合物{[Zn$_{(2-2x)}$Co$_{2x}$(tipm)(1,3-BDC)$_2$]·bH$_2$O}$_n$（x = 2.4%，b = 0；x = 23%，b = 1）[51]。在这些化合物结构中，金属离子通过 1,3-BDC 连接成 1D 链，1D 链之间再由配体 tipm 桥连成 3D 结构。它们的 E_g 分别为 2.25eV、1.38eV、1.80eV 和 1.77eV。紫外光照射若干小时后，它们降解 RhB 的效率为 95%（4h）、97%（3h）、94%（2.5h）和 90%（2h）。结果表明，与同金属的配位聚合物[Zn$_2$(tipm)(1,3-BDC)$_2$]$_n$ 和{[Co$_2$(tipm)(1,3-BDC)$_2$]·0.5CH$_3$CN}$_n$ 相比，掺杂 Co^{2+}的配位聚合物{[Zn$_{(2-2x)}$Co$_{2x}$(tipm)(1,3-BDC)$_2$]·bH$_2$O}$_n$ 均表现更高的光催化活性（图 37-13）。

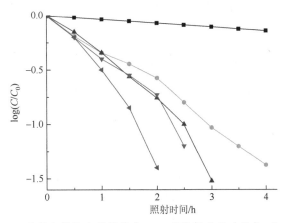

图 37-13　[M$_2$(tipm)(1,3-BDC)$_2$]$_n$ 及其金属掺杂材料催化 RhB 光降解曲线（绿色：[Zn$_2$(tipm)(1,3-BDC)$_2$]$_n$，蓝色：[Co$_2$(tipm)(1,3-BDC)$_2$]$_n$，黄色：[Zn$_{1.952}$Co$_{0.048}$(tipm)(1,3-BDC)$_2$]$_n$，粉红色：[Zn$_{1.54}$Co$_{0.46}$(tipm)(1,3-BDC)$_2$]$_n$）[51]

由 Co(OAc)$_2$、Mn(OAc)$_2$ 或它们的混合物与 1-氨基苯-3,4,5-三羧酸（1-NH$_2$-3,4,5-H$_3$BTC）发生

溶剂热反应，得到一系列的 2D 异质同构配位聚合物 $\{[M_3(1-NH_2-3,4,5-BTC)_2(H_2O)_6]\cdot H_2O\}_n$（M = Mn、$Mn_{0.7}Co_{0.3}$、$Mn_{0.5}Co_{0.5}$、$Mn_{0.3}Co_{0.7}$ 和 Co）[52]。如图 37-14 所示，两个羧酸根连接两个 Co 原子，形成双钴单元，该单元通过羧酸根桥连形成 1D 链，链与链之间再通过 Co—N 键连接成 2D 层状结构 [图 37-14（b）]。虽然它们的结构相似，但它们的催化活性却不尽相同。在可见光照射下，它们可催化降解结晶紫、甲基橙（MO）、亚甲基蓝（MB）、罗丹明 B（RhB）、罗丹明 6G（Rh6G）和荧光素等。结果表明，$\{[Co_3(1-NH_2-3,4,5-BTC)_2(H_2O)_6]\cdot H_2O\}_n$ 的光催化活性最高，但随着 Mn 含量增加，催化活性逐渐减弱。以催化降解 MB 为例，在 2h 内 $\{[Co_3(1-NH_2-3,4,5-BTC)_2(H_2O)_6]\cdot H_2O\}_n$-$H_2O_2$ 体系可分解 98.9% 的 MB。在不加催化剂时，H_2O_2 仅能分解 39.79% 的 MB，而添加 $\{[Mn_3(1-NH_2-3,4,5-BTC)_2(H_2O)_6]\cdot H_2O\}_n$ 却只降解了 13.01% 的 MB，说明添加 Mn 化合物抑制了 MB 的光降解。显见中心金属离子对催化活性有重要影响，钴配合物是高效光催化剂，而相应的锰配合物则是抑制剂。这种差别归结于两个原因：①$\{[Co_3(1-NH_2-3, 4, 5-BTC)_2(H_2O)_6]\cdot H_2O\}_n$ 有很强的自旋耦合相互作用，在可见光激发下，电子从 VB 易跃迁到 CB 上。而 $\{[Mn_3(1-NH_2-3,4,5-BTC)_2(H_2O)_6]\cdot H_2O\}_n$ 中 Mn 的核外电子是半充满状态，很稳定，可见光不易激发；②Mn_n^{II} 可抑制羟基自由基的形成。

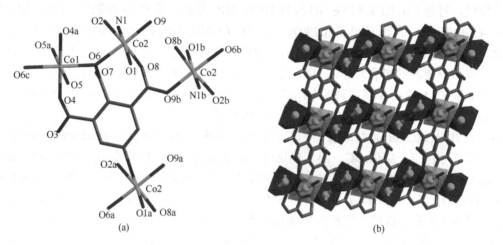

图 37-14　化合物 $[Co_3(1-NH_2-3,4,5-BTC)_2(H_2O)_6]_n$ 中 Co^{2+} 配位环境图（a）和 2D 结构示意图（b）[52]

Fe-Co 普鲁士蓝类似物 $\{Fe_3[Co(CN)_6]_2\cdot 37H_2O\}_n$（$Fe^{II}$-CoPBAs）和 $\{Fe[Co(CN)_6]\cdot 2H_2O\}_n$（$Fe^{III}$-CoPBAs）[53,54] 均可有效催化降解有机染料。Fe^{II}-CoPBAs/H_2O_2 可在 30min 内降解 93% 的 RhB，而 Fe^{II}-CoPBAs/H_2O_2/Vis 可在 20min 内完全降解 RhB[55]。纳米 Fe_3O_4 在 30min 内仅能降解 4% 的 RhB。Fe^{III}-CoPBAs 的催化活性没有 Fe^{II}-CoPBAs 的催化活性高，在 30min 内仅能降解 65% 的 RhB。Fe^{II}-CoPBAs 的高催化活性是由于其丰富的多孔结构和含有大量的八面体配位混合价态的铁[56]。在相同的反应条件和时间内，$\{Fe[Fe(CN)_6]\cdot 2H_2O\}_n$（$Fe^{III}$-$Fe^{II}$PB）的催化效率只有 20%，远远低于 Fe^{III}-CoPBAs，原因是 Fe^{III}-Fe^{II}PB 的比表面积（$8.4m^2/g$）远小于 Fe^{III}-CoPBAs 的比表面积（$23.7m^2/g$）[55]。

由 $Zn(NO_3)_2\cdot 6H_2O$ 与 4-羧基肉桂酸（4-carboxycinnamic acid，H_2cca）和 4,4′-联吡啶（4,4′-bipyridine，4,4′-bipy）在 180℃ 发生溶剂热反应，得到三维配位聚合物 $[Zn(cca)(4,4′-bipy)]_n$（CP1）[57]。在该化合物结构中，两个 $[Zn(4, 4′-bipy)]$ 单元由两个羧酸根桥连成 $[Zn_2(CO_2)_4N_2]$ 次级构筑单元，每个次级单元与其他六个相同单元通过四个 cca 和两个 4,4′-bipy 连接成三维 α-Po 网络结构（图 37-15）。CP1 浸泡在 0.01mol/L $Fe(NO_3)_3$ 或 $Cr(NO_3)_3$、$Ru(NO_3)_3$、$Co(NO_3)_2$、$Ni(NO_3)_2$ 溶液中，24h 后得到金属离子掺杂的复合材料 Fe^{3+}/CP1、Cr^{3+}/CP1、Ru^{3+}/CP1、Co^{2+}/CP1 和 Ni^{2+}/CP1，它们的 E_g 分别为 2.72eV、2.97eV、2.88eV、3.23eV 和 3.16eV，而 CP1 的 E_g 是 3.14eV。在紫外光照射下，五个金属离子掺杂的复合材

料 M/CP1 的光电流强度有所增强。在可见光照射下，只有 Fe^{3+}/CP1 和 Ru^{3+}/CP1 的光电流强度增强。这五个电极中，Fe^{3+}/CP1 电极的光电流最大。在可见光下，CP1 没有催化活性。在紫外光照射 8h 后，CP1 催化降解 RhB 的效率只有 34%。在同等条件下，金属离子掺杂的复合材料 M/CP1 的催化活性有了明显的提高。在 M/CP1 材料中，Fe^{3+}/CP1 的催化活性最高，在紫外光照射 8h 后，可降解 88% 的 RhB。此外，在可见光照射下，Fe^{3+}/CP1 也显示出较高的催化活性，8h 内降解了 94% 的 RhB。而在可见光照射下，Cr^{3+}/CP1、Ru^{3+}/CP1、Co^{2+}/CP1 和 Ni^{2+}/CP1 的催化活性与 $[Zn(cca)(4,4'-bipy)]_n$ 的活性相近（图 37-16），这与它们的光电流强弱是一致的[57]。

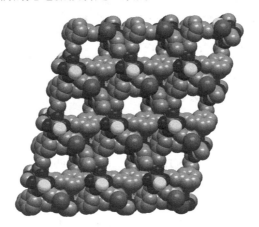

图 37-15 化合物 $[Zn(cca)(4,4'-bipy)]_n$ 的多孔框架结构示意图[57]

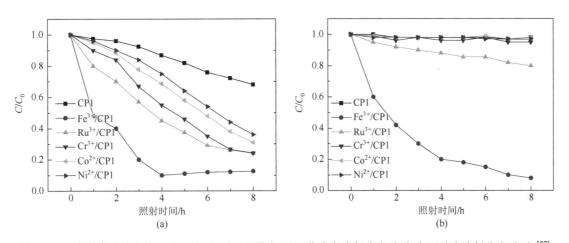

图 37-16 金属离子掺杂的 $[Zn(cca)(4,4'-bipy)]_n$ 催化 RhB 紫外光降解曲线（a）和可见光降解曲线（b）[57]

将 $Ti(OBu)_4$ 与 UiO-66[58]在 100℃甲苯中反应，得到 Ti 负载的杂化材料 UiO-66(Ti)。调节反应物的比例，可得到 Ti/Zr 不同比例的复合材料 UiO-66(nTi)（n = 0.25、0.5、0.75、1、1.25 和 1.5）[59]。在太阳光照射下，UiO-66 对 MB 的降解没有催化活性。而钛的加入大大增强 UiO-66(nTi)催化光降解 MB 的效率，在 80min 内可降解 74.1%～82.2% 的 MB，其中 UiO-66(1.25Ti)的催化效率最高。

37.1.3 负载金属离子的配位聚合物

前驱一维配位聚合物 $\{[Pb(Tab)_2]_2(PF_6)_4\}_n$[TabH = 4-(trimethylammonio)benzenethiol]与 1,2-bis(4-pyridyl)ethylene(bpe)通过室温固相反应，得到二维聚合物 $[\{Pb(Tab)_2(bpe)\}_2(PF_6)_4]_n$，其结构如图 37-17

所示[60]。在该化合物结构中，{Pb(Tab)₂}单元通过 bpe 连接成一维链，链与链之间通过 Pd···S 弱作用形成二维层状结构。配体 Tab 中 S 原子配位不饱和，可继续与额外的金属离子配位。[{Pb(Tab)₂(bpe)}₂(PF₆)₄]$_n$ 粉末浸泡在 0.002mol/L 的 AgNO₃ 溶液，2h 后得到 AgNO₃ 负载的材料[{Pb(Tab)₂(bpe)}₂(PF₆)₄·1.64AgNO₃]$_n$（图 37-17）。负载前后材料的 E_g 分别为 2.52eV 和 2.46eV，Ag(Ⅰ)负载后 E_g 值稍有减少[61]。

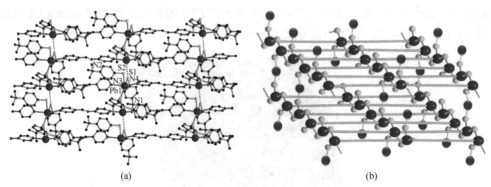

(a) (b)

图 37-17 {[Pb(Tab)₂]₂(PF₆)₄}$_n$ 中 {[Pb(Tab)₂]₂}$_n^{4n+}$（a）和[{Pb(Tab)₂(bpe)}₂(PF₆)₄·1.64AgNO₃]$_n$
（b）的结构示意图[61]

在紫外光照射下，[{Pb(Tab)₂(bpe)}₂(PF₆)₄·1.64AgNO₃]$_n$ 可高效催化光降解一系列常见的偶氮染料，如甲基橙、酸性橙 7、橙黄Ⅰ、橙黄Ⅳ、橙黄 G、刚果红、酸性红 27、日落黄、氨基黑 10B、苯胺黑、酸性铬蓝 K 和依来铬黑 T 等；负载后的材料可在 50min 内降解约 95%的甲基橙，而[{Pb(Tab)₂(bpe)}₂(PF₆)₄]$_n$ 在 120min 内仅降解 35%的甲基橙。[{Pb(Tab)₂(bpe)}₂(PF₆)₄]$_n$ 需 25min 可完全降解氨基黑 10B，而[{Pb(Tab)₂(bpe)}₂(PF₆)₄·1.64AgNO₃]$_n$ 只需 12min 即可完全降解氨基黑 10B。这些结果表明由于掺杂 Ag(Ⅰ)的配合物的能带间隙变小，其催化效果得到提高[61]。

在 150℃和 MeCN/H₂O 中，Cd(NO₃)₂·4H₂O 或 Co(NO₃)₂·6H₂O 与 1,3-H₂BDC 和 N-(pyridin-2-yl)-N-(4-(2-(pyridin-4-yl)vinyl)phenyl)pyridin-2-amine(ppvppa)发生溶剂热反应，得到两个结构相似的二维配位聚合物{[M(ppvppa)₂(1,3-BDC)]·xH₂O}$_n$（M = Cd，x = 2；M = Co，x = 1.5）。M(ppvppa)₂单元通过一对 1,3-BDC 配体桥连成八元环结构，该八元环之间由两对 1,3-BDC 连接成二维结构（图 37-18）。在这两个结构中，一个吡啶基团没有配位，可进一步与其他金属离子配位。当[M(ppvppa)₂(1,3-bdc)]（M = Cd，Co）浸泡在 AgNO₃ 溶液中，可分离得到 Ag(Ⅰ)离子负载的复合材料

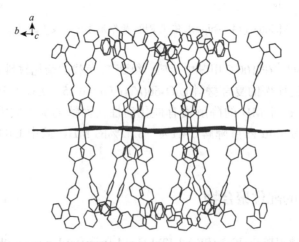

图 37-18 化合物{[Cd(ppvppa)₂(1,3-BDC)]·xH₂O}$_n$ 二维结构示意图[62]

{[Cd(ppvppa)$_2$(1,3-BDC)]·AgNO$_3$}$_n$ 和 {[Co(ppvppa)$_2$(1,3-BDC)]·0.75AgNO$_3$}$_n$。它们的 E_g 分别为 2.62eV、2.71eV、2.58eV 和 2.42eV，显然负载后材料的 E_g 值减小。与起始物相比，Ag(Ⅰ)-负载材料的催化光降解 RhB、酸性红 27（acid red 27）和茶碱（theophylline）的活性大大提高。{[Co(ppvppa)$_2$(1,3-BDC)]·0.75AgNO$_3$}$_n$ 催化效率分别是 {[Co(ppvppa)$_2$(1,3-BDC)]}$_n$ 的 4.4 倍、2.3 倍和 1.76 倍（图 37-19）[62]。

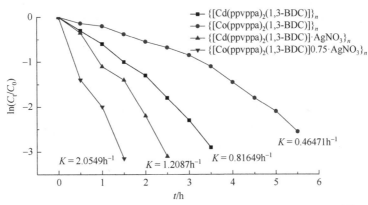

图 37-19　Ag$^+$掺杂[M(ppvppa)$_2$(1, 3-BDC)]催化 RhB 光降解曲线[62]

用逐步修饰法将 Cr^{3+} 离子或 Ag 原子修饰到 NH$_2$-MIL-125[63]上。NH$_2$-MIL-125 与乙酰丙酮反应得到 MIL-125-AC-2，再修饰 CrCl$_2$ 或 AgOAc，分别得到 Cr-MIL-125-AC 和 Ag-MIL-125-AC 复合材料（图 37-20）[64]。MIL-125-AC-2 和 Cr-MIL-125-AC 的透射电子显微镜（TEM）图像表明，铬的引入会导致部分纳米粒子形成一些缺陷，但晶形基本保持不变。TEM 显示 Ag 纳米颗粒主要在 5～10nm 之间，但也有一些约 50nm 的大颗粒。晶格条纹间距测量 [0.23nm 的（111）面] 证实是银纳

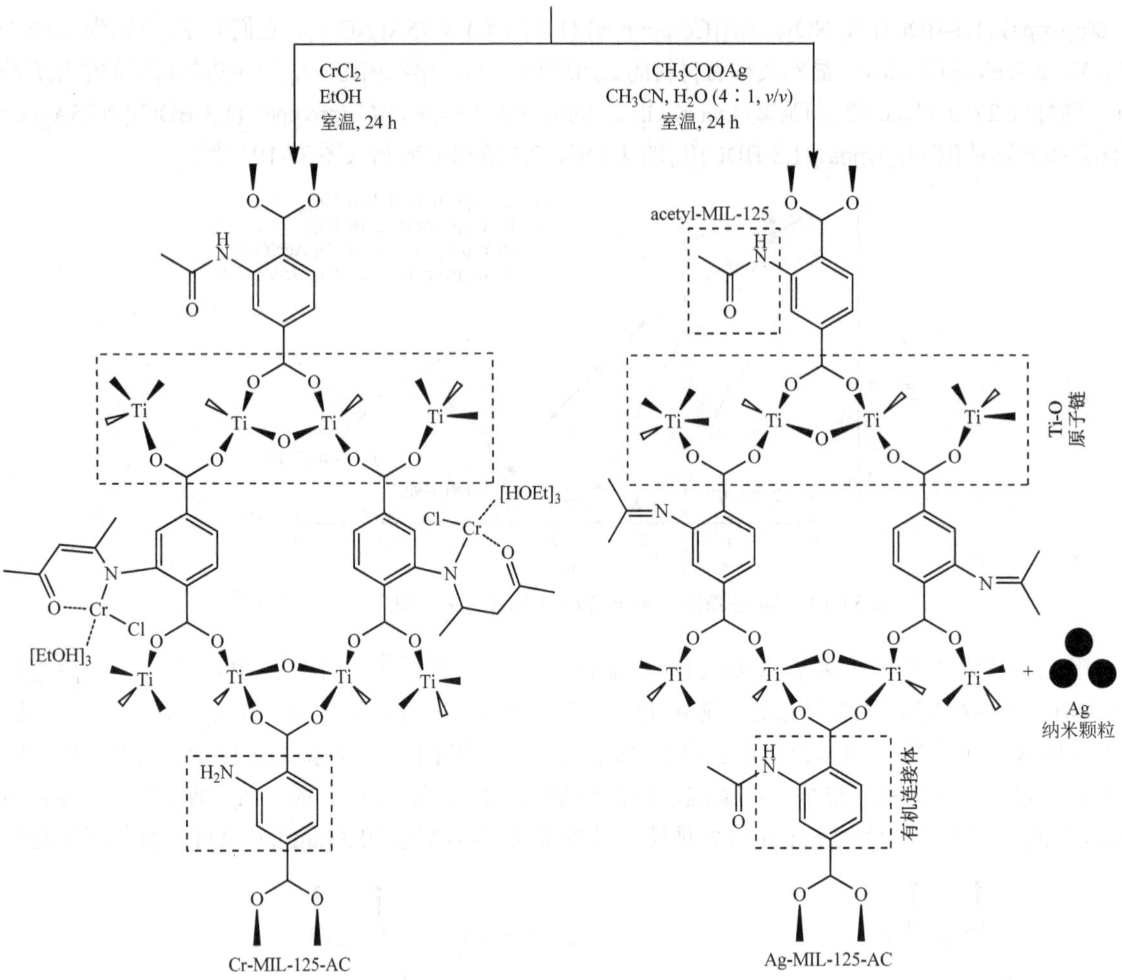

图 37-20　MIL-125 材料后修饰示意图[64]

米颗粒。纳米粒子既负载在 NH$_2$-MIL-375 的表面，也内嵌于 NH$_2$-MIL-125 的内部。NH$_2$-MIL-125、MIL-125-AC-2、Cr-MIL-125-AC 和 Ag-MIL-125-AC 的 E_g 分别为 2.6eV、2.51eV、2.21eV 和 2.09eV。负载后材料的 E_g 值明显减小。催化光降解 MB 的活性：Ag-MIL-125-AC＞Cr-MIL-125-AC＞MIL-125-AC。催化剂加入 MB 溶液中，在黑暗中搅拌，MB 被吸附，平衡后浓度分别减少了 17%（TiO$_2$，45min）、25%（Cr-MIL-125-AC，120min）、29%（Ag-MIL-125-AC，90min）、31%（MIL-125-AC，120min）和 35%（NH$_2$-MIL-125，135min）。在 100W 的日光灯照射下，MB 降解平衡后，MB 的浓度分别减少了 29%（TiO$_2$，90min）、62%（MIL-125-AC-2，60min）、74%（NH$_2$-MIL-125，105min）、99%（Cr-MIL-15-AC，120min）和 99.5%（Ag-MIL-125-AC，30min）。Cr-MIL-125-AC 和 Ag-MIL-125-AC 的降解速率常数分别是 TiO$_2$ 的 6.5 倍和 21.5 倍[64]。

37.2　金属纳米颗粒–配位聚合物的复合材料

贵金属纳米颗粒（如钯、铂、金和银）具有非常高的催化活性，但有较高的表面能，容易团聚。

MOF 材料是一类多孔材料，具有结构可调、易合成、比表面积大等优点，是优良的催化剂载体。具有独特性能的 MOF 作为金属纳米颗粒包覆材料，不仅可稳定金属纳米颗粒，还可赋予 MOF 新的催化功能。金属纳米颗粒与 MOF 复合可形成异质结，异质结所形成的内部磁场能有效地分离电子和空穴。此外，这些金属纳米颗粒都有良好的导电性、较低的过电势、较高的催化活性中心，这些均有利于光催化过程的进行。例如，将 MIL-100(Fe)[65]与 H_2PdCl_4、PVP 在乙醇和水中搅拌约 15min，90℃回流 3h，冷却后，过滤得到棕色的纳米钯负载的复合材料 Pd@MIL-100(Fe)，用乙醇洗涤数次，干燥。采用类似的方法可制备 Au@MIL-100(Fe)和 Pt@MIL-100(Fe)复合材料。Pd@MIL-100(Fe)和 MIL-100(Fe)的比表面积分别为 $2102m^2/g$ 和 $2006m^2/g$。有趣的是，Pd@MIL-100(Fe)的比表面积比纯 MIL-100(Fe)的比表面积大，这是由于客体分子在回流过程中被除去。因此，大比表面积提供了更多的催化活性位点，导致 Pd@MIL-100(Fe)复合材料具有优越的光催化性能[66]。

在 300W 氙灯（420nm≤λ≤760nm）辐照下，150min 内 Pd@MIL-100(Fe)催化降解茶碱的效率非常低，仅分解了 7.3%的茶碱。当加入 40μL H_2O_2 后，Pd@MIL-100(Fe)的催化活性大大提高，在相同的时间内，茶碱几乎完全被降解。Pd@MIL-100(Fe)的催化活性比 Pd@TiO$_{2-x}$N$_x$ 和 Pd@Fe$_2$O$_3$ 的活性高。在 M@MIL-100(Fe)（M = Au、Pt、Pd）复合材料中，Pd@MIL-100(Fe)的催化活性最高。Pd@MIL-100(Fe)-H_2O_2 也可催化可见光降解布洛芬和双酚 A。Pd 在 Pd@MIL-100(Fe)中的含量对催化活性有重要影响，当 Pd 纳米颗粒含量为 1wt%时，其光催化活性最高，但进一步提高 Pd 的含量并没有提高活性。溶液的 pH 也影响 Pd@MIL-100(Fe)的催化活性，在 pH = 6、4 或 2 溶液中，可见光照 120min 后，Pd@MIL-100(Fe)催化降解茶碱的效率分别为 65%、95%和 100%。然而，对于光降解布洛芬，Pd@MIL-100(Fe)的催化效率随 pH 减小而减小。这是因为 pH 减小，布洛芬在 Pd@MIL-100(Fe)表面的吸附能力增强。对于光降解双酚 A，其降解效率随 pH 的增加而显著提高。此外，H_2O_2 用量也影响 Pd@MIL-100(Fe)的催化效率。没有 H_2O_2，其降解非常缓慢，150min 内光降解茶碱的效率低于 10%；添加 20μL H_2O_2 时，降解效率迅速增加到 77%；当 H_2O_2 的量增加到 40μL，光催化活性最高。可见光辐照 150min 可降解近 100%的茶碱。当 H_2O_2 的量进一步增加，茶碱的降解效率保持不变[66]。

将 UiO-66(NH$_2$)[67]、PVP、PdCl$_2$、NaI 在 180℃反应，可得到纳米钯负载的复合材料 Pd@UiO-66(NH$_2$)[68]。该材料可高效催化可见光还原铬(VI)离子。当溶液的 pH 从 5 降低到 1，铬(VI)被还原的反应速率增强。90min 内该材料能还原 99%的 Cr(VI)，其活性明显高于 UiO-66(NH$_2$)和 N-doped TiO$_2$ 的活性（图 37-21）。该材料催化活性高是因为 Pd 与 UiO-66(NH$_2$)的触界面有利于电子与空穴的分离，其机理如式（37-9）、式（37-10）和式（37-11）所示。Pd@UiO-66(NH$_2$)在光激发下，电子发生了跃迁，又转移到 Pd 纳米颗粒表面，同时将 $Cr_2O_7^{2-}$ 还原成 Cr^{3+}。

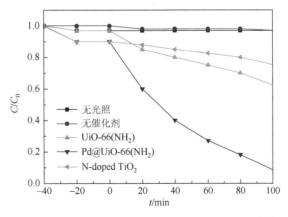

图 37-21　Pd@UiO-66(NH$_2$)光催化还原 Cr(VI)的曲线[68]

$$Pd@UiO\text{-}66(NH_2) + h\nu \longrightarrow Pd@UiO\text{-}66(NH_2)(e^- + h^+) \qquad (37\text{-}9)$$

$$Cr_2O_7^{2-} + 14H^+ + 6e^- \longrightarrow 2Cr^{3+} + 7H_2O \qquad (37\text{-}10)$$

$$2H_2O + 4h^+ \longrightarrow H_2O_2 + 2H^+ \qquad (37\text{-}11)$$

用可见光照射 60min，Pd@UiO-66(NH$_2$)只能催化降解 5%的 MO、38%的 MB 或还原 70%的 Cr(VI)。当把有机染料加到 Cr(VI)溶液中，光降解染料和还原 Cr(VI)的效率均提高了。如图 37-22 所示，在双组分 Cr(VI)/MO 或 Cr(VI)/MB 体系中，还原 Cr(VI)的效率提高到 79%或 100%，同时染料的降解效率也有大幅度提高。在可见光照射下，Pd@UiO-66(NH$_2$)形成光生电子和空穴，电子转移到 Pd 纳米颗粒表面，将 Cr(VI)还原为 Cr(III)。与此同时，空穴与水结合产生 H$_2$O$_2$，将染料氧化成二氧化碳和水（图 37-23）。

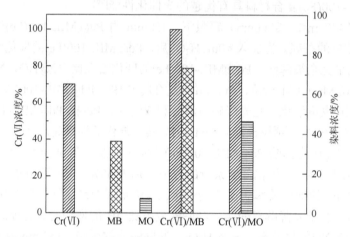

图 37-22　Pd@UiO-66(NH$_2$)光催化还原 Cr(VI)、光降解 MB 和 MO 及还原 Cr(VI)/光降解 MB、还原 Cr(VI)/光降解 MO 的对比示意图[68]

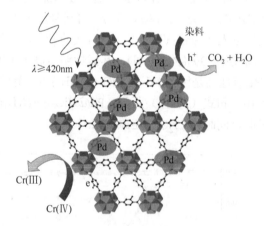

图 37-23　Pd@UiO-66(NH$_2$)催化光还原 Cr(VI)和光降解染料机理示意图[68]

将 ZIF-8 负载在 TiO$_2$ 纳米管上，可得到 ZIF-8/TiO$_2$ 复合材料。该材料再与 H$_2$PtCl$_6$ 溶液和 NaBH$_4$ 反应，得到 Pt/ZIF-8/TiO$_2$ 纳米材料，其 E_g = 2.65eV。太阳光照射 2h，Pt/TiO$_2$ 纳米管催化苯酚光降解的效率约 3%。而在相同条件下，Pt/ZIF-8/TiO$_2$ 纳米材料的催化效率提高到 18.6%[69]。Ag/AgCl@ZIF-8 的合成如图 37-24 所示，ZIF-8[70]粉末分散在含硝酸银的水和乙醇溶液中，该混合物滴加到含氯化钠的水和乙醇溶液中，所得溶液在室温下搅拌 10h，离心、去离子水清洗，得到 Ag/AgCl@ZIF-8 异质结材料。调节反应物的比例（AgCl 与 ZIF-8 的质量比是 20wt%、35wt%和 50wt%），可得到 20wt%、35wt%和 50wt%的 Ag/AgCl@ZIF-8[71]。由于银纳米颗粒的表面等离子体共振及 Ag/AgCl@ZIF-8 独特的异质结构，Ag/AgCl@ZIF-8 在可见光区域比 Ag/AgCl 和 ZIF-8 有更广泛和更强的吸收。在可见光照射下，复合材料表现出稳定且强的光电流，这表明光生电子和空穴复合率低。因此在可见光照射下该类复合材料有更高的光催化活性。

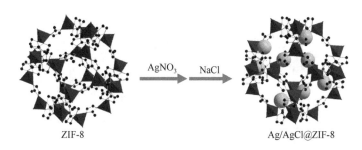

图 37-24　Ag/AgCl@ZIF-8 复合材料合成示意图[71]

　　此外，在可见光照射 RhB 溶液 16min 后，Ag/AgCl 或纯的 ZIF-8 只分别降解了 48% 和 46% 的 RhB。而在相同的条件下，Ag/AgCl@ZIF-8 的光催化活性有了显著提高，35wt%Ag/AgCl@ZIF-8 可使 RhB 全部降解，其降解反应速率常数是 TiO_2 的 18.54 倍。Ag/AgCl@ZIF-8 的催化活性与 Ag/AgCl 的含量有关，35wt%Ag/AgCl@ZIF-8 的光催化效率最高，远远高于 20wt%Ag/AgCl@ZIF-8 和 50wt%Ag/AgCl@ZIF-8 的催化效率。

　　将 MIL-101[49]分散在硝酸银溶液中，室温下搅拌 1h 后，将该溶液和盐酸溶液同时放进一个密闭的容器中，光照 1h 后，得到 Ag/AgCl@MIL-101 深绿色粉末（图 37-25）。调节 MIL-101 与硝酸银溶液的比例，分别得到 30wt%Ag/AgCl@MIL-101、40wt%Ag/AgCl@MIL-101 和 50wt%Ag/AgCl@MIL-101（AgCl 与 MIL-101 质量比分别是 30wt%、40wt% 和 50wt%）[72]。

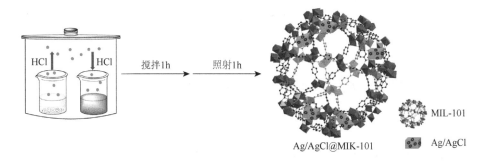

图 37-25　Ag/AgCl@MIL-101 复合材料合成示意图[72]

　　在可见光照射下，二氧化钛几乎不能降解 RhB，Ag/AgCl 在 18min 内可降解 48% 的 RhB，但 Ag/AgCl@MIL-101 复合材料表现出优异的光催化活性。在相同的条件下，30wt%、40wt% 和 50wt%Ag/AgCl@MIL-101 分别能降解 90%、96% 和 80% 的 RhB。40wt%Ag/AgCl@MIL-101 催化效率是 Ag/AgCl 的两倍。可见光照射 18min 后，Ag/AgCl 与 MIL-101 的混合物只能降解 31% 的 RhB。由此可见，Ag/AgCl 与 MIL-101 间的协同效应是提高复合材料催化活性的关键。40wt%Ag/AgCl@MIL-101 催化降解 RhB 的反应是一级反应，其反应速率常数为 $0.168min^{-1}$，是 TiO_2 的 16.97 倍、Ag/AgCl 与 MIL-101 混合物的 9.18 倍、Ag/AgCl 的 3.95 倍。Ag 纳米颗粒在可见光照射下产生光生电子和空穴，电子被转移到 MIL-101 表面，进而与氧气结合生成·O_2^-，并导致 RhB 降解。空穴转移到 AgCl 表面，与 AgCl 反应形成 Cl^0 原子。Cl^0 原子是高活性的自由基，容易裂解 RhB，同时生成 Cl^-，与 Ag^+ 结合再生成 AgCl（图 37-26）。

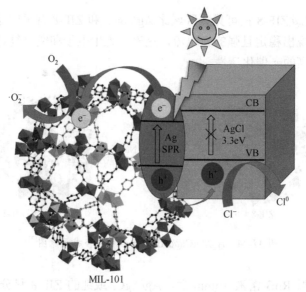

图 37-26　Ag/AgCl@MIL-101 催化 RhB 光降解机理示意图[72]

　　将 [Mn(pda)(1,10′-phen)]$_n$（pda = phenylenediacrylate dianion；1,10′-phen = 1,10′-phenanthroline）或 [Mn(cca)(1,10′-phen)]$_n$（cca = 4-carboxycinnamic dianion）浸泡在 AgNO$_3$ 溶液中，超声 10min，AgNO$_3$ 吸附在 [Mn(pda)(1,10′-phen)]$_n$ 或 [Mn(cca)(1,10′-phen)]$_n$ 的表面上，再用 200W 汞灯照射 2h，得到 Ag/[Mn(pda)(1,10′-phen)]$_n$ 或 Ag/[Mn(cca)(1,10′-phen)]$_n$ 复合材料[73]，它们的 E_g 分别为 3.20eV 和 3.18eV。紫外光照射 8h 后，[Mn(pda)(1,10′-phen)]$_n$ 或 [Mn(cca)(1,10′-phen)]$_n$ 可催化降解 52.64% 或 50.58% 的 RhB。在可见光照射下，它们都没有催化活性。但上述两个复合材料在可见光照射 8h 后，可催化降解 83.16% 和 79.64% 的 RhB。在可见光或紫外光下，Ag 纳米棒可催化降解 67.56%（8h）或 76.58%（8h）的 RhB，其活性低于上述两个复合材料。

37.3　碳基材料-配位聚合物的复合材料

　　石墨烯、g-C$_3$N$_4$ 等碳基材料能吸收可见光，具有非常高的载流子迁移率、优异的导电性、抗腐蚀性和良好的化学稳定性。将其与配位聚合物进行复合，利用它们的二维平面结构作为光催化剂的载体，一方面可减少 MOF 粒子的团聚，增加有效活性位点；另一方面也可通过传输电子，减小光生电子-空穴对的复合概率，从而提高复合材料的光催化活性。用 g-C$_3$N$_4$[74]与 Al(NO$_3$)$_3$ 及 1,4-H$_2$BDC 反应可制备 g-C$_3$N$_4$/MIL-53（Al）复合材料，调节反应物 g-C$_3$N$_4$ 与 Al(NO$_3$)$_3$ 的比例，可制备各种 g-C$_3$N$_4$ 含量不同（5%、10%、20% 和 30%）的复合材料。MIL-53(Al) 的紫外-可见吸收光谱只在 348nm 左右有吸收，在可见区域没有吸收，其能隙值 E_g 为 3.56eV。而 g-C$_3$N$_4$/MIL-53(Al) 复合材料的紫外-可见吸收峰发生了明显红移，例如，g-C$_3$N$_4$(20wt%)/MIL-53(Al) 的吸收从 348nm 红移至 450nm，相应的能隙值 E_g 为 2.6eV。这也表明 g-C$_3$N$_4$ 不是负载在 MIL-53(Al) 的表面，而是固定在 MIL-53(Al) 的晶格中。对于可见光降解 RhB，g-C$_3$N$_4$/MIL-53(Al) 的催化活性比纯 g-C$_3$N$_4$ 和 MIL-53(Al) 的活性都高，这可能是由于复合材料的电子-空穴的分离效率高。另外，g-C$_3$N$_4$/MIL-53(Al) 的活性与所含的 g-C$_3$N$_4$ 含量有关，其中 g-C$_3$N$_4$(20wt%)/MIL-53(Al) 的活性最高（图 37-27）。这是因为 g-C$_3$N$_4$(20wt%)/MIL-53(Al) 的比表面积和孔隙率最大，所以其催化光降解效率最高，是 g-C$_3$N$_4$ 的催化效率的 5 倍。

g-C₃N₄(20wt%)/MIL-53(Al)在 75min 内可完全降解 RhB。该复合材料也表现出良好的稳定性和可重复性[75]。

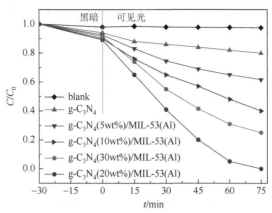

图 37-27　g-C₃N₄ 及不同 g-C₃N₄/MIL-53(Al)复合材料催化 RhB 光降解曲线[75]

将 $Zn(NO_3)_2$、$NaVO_3$ 和 g-C₃N₄ 溶于水和乙醇，超声辐照后可获得 g-C₃N₄/$Zn_3V_2O_7(OH)_2(H_2O)_2$ 复合材料[76]。调节反应物的比例，可得到 g-C₃N₄ 含量不同（1.0wt%～5.0wt%）的 g-C₃N₄/$Zn_3V_2O_7$ $(OH)_2(H_2O)_2$-xwt%复合材料。当 g-C₃N₄ 与 $Zn_3V_2O_7(OH)_2(H_2O)_2$ 复合后，g-C₃N₄/$Zn_3V_2O_7(OH)_2(H_2O)_2$ 的紫外-可见吸收红移至 450nm，$E_g = 2.76eV$，因此大大提高了复合材料催化可见光降解甲基橙的活性。g-C₃N₄、$Zn_3V_2O_7(OH)_2(H_2O)_2$ 和 g-C₃N₄/$Zn_3V_2O_7(OH)_2(H_2O)_2$-xwt%催化光降解反应速率常数分别是 $0.0067min^{-1}$、$0.0018min^{-1}$、$0.0054min^{-1}$($x=1$)、$0.0081min^{-1}$($x=2$)、$0.0100min^{-1}$($x=3$)、$0.0096min^{-1}$ ($x=4$)和 $0.0075min^{-1}$($x=5$)。其中 g-C₃N₄/$Zn_3V_2O_7(OH)_2(H_2O)_2$-3wt%的催化活性最高，约为 $Zn_3V_2O_7$ $(OH)_2(H_2O)_2$ 的 5.6 倍。复合材料催化活性高的原因是在可见光的激发下，电子从 g-C₃N₄ 的导带（CB）层激发到价带（VB）层，光生电子转移到 $Zn_3V_2O_7(OH)_2(H_2O)_2$ 的 CB 层，电子与空穴分离，从而提高了复合材料的催化活性（图 37-28）。

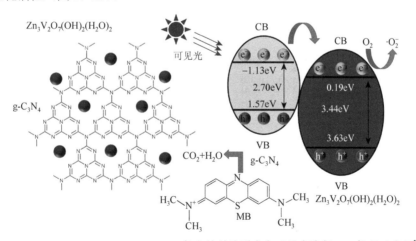

图 37-28　g-C₃N₄/$Zn_3V_2O_7(OH)_2(H_2O)_2$ 复合材料的形成和可见光降解 MB 机理示意图[76]

将一定数量的氧化石墨烯（GO）的 DMF 溶液，加入含有 $FeCl_3·6H_2O$、1,4-H_2BDC、HF（10mmol，0.2g）的 DMF 溶液中，混合物在 150℃反应 16h。在该溶剂热反应过程中，GO 被还原为石墨烯，也形成了 MIL-53(Fe)[77]，从而得到 MIL-125(Ti)-石墨烯杂化材料 MIL-53(Fe)-RGO。根据 GO 的量，可合成 RGO 的含量分别为 1.3wt%、2.5wt%和 3.2wt%的 FeMG-1、FeMG-2、FeMG-3。紫外光照射 80min，MIL-53(Fe)可降解 82%的 MB。但 MIL-53(Fe)-RGO 复合材料的光催化效率比 MIL-53(Fe)的高，其中

FeMG-2 的效率最大，在相同的条件下，它能降解 95% 的 MB。MIL-53(Fe)、FeMG-1、FeMG-2 和 FeMG-3 的降解反应符合一级反应动力学规律，反应速率常数分别为 $2.13 \times 10^{-2} min^{-1}$、$2.36 \times 10^{-2} min^{-1}$、$2.85 \times 10^{-2} min^{-1}$ 和 $2.54 \times 10^{-2} min^{-1}$。在可见光照射下，MIL-53(Fe)、FeMG-1、FeMG-2 和 FeMG-3 的降解反应速率常数分别为 $0.89 \times 10^{-3} min^{-1}$、$1.05 \times 10^{-2} min^{-1}$、$1.40 \times 10^{-2} min^{-1}$、$1.09 \times 10^{-2} min^{-1}$。FeMG-2 的反应速率常数分别是 TiO_2 的 1.63 倍、MIL-53(Fe) 的 1.57 倍[78]。

用 $Fe(NO_3)_3 \cdot 9H_2O$ 与 1,4-H_2BDC 及 GO 反应，可制备 MIL-88(Fe)@GO 复合材料[79]。在不加催化剂的情况下，MB 和 RB 在自然光下自我降解能力非常低，可忽略不计。在相同实验条件下，MIL-88(Fe)@GO 可高效催化 MB 和 RB 的光降解。MIL-88(Fe)@GO、GO 和 MIL-88(Fe) 催化剂完全分解 MB 的时间分别是 20min、40min 和 50min，它们使 RB 完全降解所需的时间分别为 30min、40min 和 60min。因此，MIL-88(Fe)@GO 复合材料的催化活性明显高于 GO 和 MIL-88(Fe) 的催化活性。这种催化活性的提高可能源于 MIL-88(Fe)@GO 复合材料中的 MIL-88(Fe) 与 GO 的协同作用。

将一定量的氮化碳纳米片（CNNS）添加到含有 $FeCl_3 \cdot 6H_2O$ 和 1,3,5-均苯三羧酸（1,3,5-H_3BTC）的水溶液中，混合溶液在 95℃ 反应，得到 CNNS-MIL-$x$wt% 复合材料（$x = 0.5$wt%、1wt%、2wt% 和 5wt%CNNS）。CNNS-MIL 在可见光区域（400～600nm）有强烈吸收，与 MIL 的吸收一致，其中 CNNS-MIL-1wt% 吸收最强。CNNS 和 MIL 的 E_g 分别为 2.88eV 和 1.97eV[80]。在可见光照射下，CNNS-MIL-1wt% 在 4h 内仅降解 35% 的 RhB。若在体系中加入 H_2O_2，CNNS-MIL-1wt% 可全部降解 RhB。而在相同反应条件下，CNNS-MIL-0.5wt%、纯 CNNS 和 MIL-100(Fe) 可分别降解 77%、55%、68% 的 RhB[80]。在 CNNS-MIL 复合材料中，CNNS-MIL-1wt% 的活性最高。当 CNNS 的含量超过 1wt% 时，CNNS-MIL 的催化活性随 CNNS 含量的增多而降低。这可能是由于 CNNS 的量增加，发生了堆积，纳米片无法均匀分散，导致电子-空穴对容易复合、光的吸光度和表面积降低。由此可见，均匀分散是提高此类复合材料催化性能的关键。

CNNS-MIL 纳米复合材料的催化机理如下：在 pH = 7 时，CNNS 和 MIL 的导带分别是 −0.92eV 和 −0.24eV。在可见光照射下，CNNS VB 电子激发到 CB，同时 VB 中生成空穴，MIL 的 CB 能级比 CNNS 的 CB 能级高，电子很容易转移到 MIL 的 CB 上，从而实现 CNNS 电子与空穴的分离。电子与 H_2O_2 反应形成 ·OH，后者随即降解有机染料。CNNS 上的空穴具有强氧化能力，也可直接降解有机物。但 H_2O_2 也消耗部分空穴（图 37-29）。

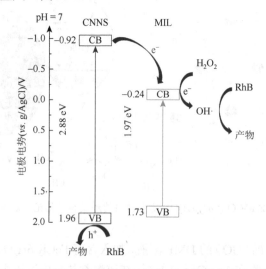

图 37-29　CNNS-MIL 复合材料催化 RhB 降解机理示意图[80]

在 160℃ 条件下，CuBr 与 5-(4-pyridyl)-1H-tetrazole（Hptz）通过溶剂热反应，得到三维配位聚合物 $[Cu_2Br(ptz)]_n$。该晶体在玛瑙研钵中研磨 2h，其粉末加入含有甲醇的聚四氟乙烯反应釜中，在微波炉中加热 3h（300W），将所得的配位聚合物纳米带（CPNB）离心分离、用水冲洗，然后 80℃真空干燥 24h。同时将碳纤维（CF）溶于硝酸溶液中超声 40min，加入 H_2O_2 溶液，搅拌得到功能化碳纤维（FCF），离心分离，水和乙醇洗涤，70℃真空干燥 24h。控制不同氧化时间 2h、4h、6h 和 8h，所得的功能碳纤维分别是 FCF（A）、FCF（B）、FCF（C）和 FCF（D）。将 FCF 和 CPNB 分别分散在水中，CPNB 的水溶液滴加到 FCF 的水溶液中，超声 2h，再搅拌 10h，分离并干燥得到复合材料 CPNB/FCF（A）、CPNB/FCF（B）、CPNB/FCF（C）和 CPNB/FCF（D）[81]。另外，CPNB 和 FCF（摩尔比 10∶1）固相研磨 30min，可得到对应的复合材料 CPNB/FCF（A）M、CPNB/FCF（B）M、CPNB/FCF（C）M 和 CPNB/FCF（D）M。CPNB、CPNB/FCF（A）、CPNB/FCF（B）、CPNB/FCF（C）和 CPNB/FCF（D）的 E_g 值分别为 3.17eV、2.69eV、2.46eV、2.29eV 和 2.02eV。

在紫外或可见光照射下，CPNB、CPNB/FCF（A）、CPNB/FCF（B）、CPNB/FCF（C）和 CPNB/FCF（D）均有光电流响应，其中 CPNB/ITO（ITO = 导电膜玻璃）和 CPNB/FCF/ITO 电极表现出相对较好的重现性和稳定性。有趣的是，在紫外或可见光照射下，CPNB/FCF/ITO 光电流强度均比 CPNB/ITO 的强。这些结果表明，CPN 负载在 CPNB 表面上可有效地增强光电流。此外，CPNB/FCF/ITO 的光电流强度随 FCF 的变化而不同。电化学阻抗谱研究结果表明，CPNB/FCF 减少了电子与空穴的复合。这些特征均使上述复合材料具有较高的光催化活性。以 CPNB 为催化剂，紫外光照 3h，可降解 57.52% 的 RhB；可见光照射 3h，CPNB 没有催化活性。在可见光下，CPNB/FCF（A）、CPNB/FCF（B）、CPNB/FCF（C）和 CPNB/FCF（D）复合材料在 3h 内可分别降解 58.23%、70.91%、88.48% 和 67.33% 的 RhB，反应速率常数 k 分别是 $0.00492h^{-1}$、$0.00652h^{-1}$、$0.01198h^{-1}$ 和 $0.0613h^{-1}$。在相同条件下，FCF（A）、FCF（B）、FCF（C）和 FCF（D）仅分别降解 38.55%、46.99%、53.79% 和 55.46% 的 RhB，反应速率常数 k 分别是 $0.00241h^{-1}$、$0.00355h^{-1}$、$0.0042h^{-1}$ 和 $0.00438h^{-1}$。而 CPNB/FCF（A）M、CPNB/FCF（B）M、CPNB/FCF（C）M 和 CPNB/FCF（D）M 降解 RhB 的效率分别是 30.68%、39.77%、51.33% 和 47.81%，相应的 k 值分别为 $0.00206h^{-1}$、$0.00284h^{-1}$、$0.00399h^{-1}$ 和 $0.00362h^{-1}$。这些结果再次表明复合材料的均匀分布是提高催化活性的关键[81]。

将 $FeCl_3 \cdot 6H_2O$ 和等当量的 1,4-H_2BDC 加入含一定量 GO 的 DMF（5mL）溶液中并超声一段时间，再在高压釜中 150℃加热 12h，冷却到室温，离心收集、蒸馏水洗涤、真空干燥（60℃），得到 GR 含量不同的 GR/MIL-53(Fe)-x[GR 含量 x(wt%) = 2、5、7、10]复合材料。RhB 在可见光下非常稳定，加入 H_2O_2 后，仅能降解 12.3% 的 RhB。在黑暗中，GR/MIL-53(Fe)-H_2O_2 体系的降解效率为 33.5%。可见光照射 60min，GR/MIL-53(Fe)能降解 41.6% 的 RhB；加入 H_2O_2，即 GR/MIL-53(Fe)-H_2O_2-Vis 体系在 60min 内完全降解 RhB。GR/MIL-53(Fe)-H_2O_2-Vis[$k = 7.772 \times 10^{-2} min^{-1}$]的活性远远高于 GR/MIL-53(Fe)-Vis[$k = 1.498 \times 10^{-2} min^{-1}$]和 GR/MIL-53(Fe)-$H_2O_2$-dark[$k = 0.852 \times 10^{-2} min^{-1}$]的活性。GR 负载的量也影响 GR/MIL-53(Fe)的催化性能，其活性顺序是 GR/MIL-53(Fe)-5＞GR/MIL-53(Fe)-7＞MIL-53(Fe)＞GR/MIL-53(Fe)-10（图 37-30）。GR/MIL-53(Fe)-5 的催化活性最高，是 MIL-53(Fe)催化活性的 3.1 倍。在可见光照射下，GR/MIL-53(Fe)-5 的光电流强度是最强的[82]。上述催化活性与光电流强度是一致的。

活化的碳纤维（ACF）可负载在[Zn(HPyBim)(SiW$_{11}$O$_{39}$)]·(H$_2$PyBim)$_2$(HPyBim)·(H$_2$O)$_7$[ZnSiW$_{11}$，PyBim = 2-(4-pyridyl)benzimidazole]纳米带上，形成的 ZnSiW$_{11}$NB/ACF 复合材料可提高催化光降解 RhB 的活性[83]。当 ZnSiW$_{11}$NB 和 ACF 负载比例为 100∶1 时，形成的 ZnSiW$_{11}$NB/ACF（C）在可见光下照射 2h 即可降解 89.36% 的 RhB；而 ZnSiW$_{11}$NB 在紫外光照射 6h 仅降解 55.53% 的 RhB。这种差异是由于 ACF 本身作为一种光敏剂且具有良好的电子传递作用，在界面处对光电子和空穴对有着很高的分离能力，从而增强了光催化活性。因此，把活化的碳纤维负载到配位聚合物纳米带上也是一种增强光催化活性的很好策略[83]。MIL-53(Fe)/石墨烯复合材料也可高效光催化醇氧化成醛或酮[84]，而 g-C_3N_4/Ni(dmgH)$_2$ 可高效光催化制氢[85]。

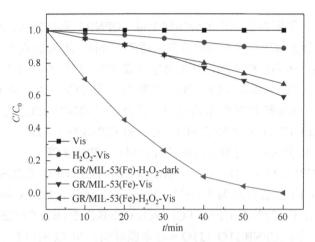

图 37-30　GR/MIL-53(Fe)催化 RhB 光降解曲线[82]

37.4　半导体-配位聚合物的复合材料

当具有合适导带和价带的两种不同半导体复合时，可能会引起电子或空穴在不同半导体表面聚集，从而达到电子和空穴的有效分离，提高材料的氧化还原反应能力，提高光催化活性[86]。MIL-125(Ti)粉末[87]、$Ln(NO_3)_3 \cdot xH_2O$、CH_3CSNH_2 和 CS_2 在高压釜中 150℃反应得到 In_2S_3@MIL-125(Ti)核-壳纳米结构[88]。为了获得不同比例的 In_2S_3@MIL-125(Ti)，在合成过程中，分别添加 MIL-375(Ti)的质量为 0.1g、0.3g、0.5g 和 0.7g，分别标记为 In_2S_3@MIL-125(Ti)-1、In_2S_3@MIL-125(Ti)-3、In_2S_3@ MIL-125(Ti)-5 和 In_2S_3@MIL-125(Ti)-7（即 MLS-1、MLS-3、MLS-5 和 MLS-7）。In_2S_3 和 MLS-1 的 E_g 分别为 2.05eV 和 2.28eV，低于 MIL-125(Ti)的 E_g（3.68eV）。因此，通过组合形成异质结 In_2S_3@MIL-125(Ti)可提高可见光吸收，从而产生更多的电子-空穴对。MIL-125(Ti)对四环素（tetracycline，TC）的吸附量只有 14.2mg/g，In_2S_3 的吸附量为 84.9mg/g。MLS 体系表现出增强的吸附性能，其吸附量与 MIL-125(Ti)含量有关。先随 MIL-125(Ti)含量增加而增加，之后随 MIL-125(Ti)含量增加而减少。MLS-5 对 TC 的吸附效果最好，其吸附量最高可达 119.2mg/g。吸附量的增加是由以下几个原因引起的：In_2S_3 纳米片表面上暴露的铟离子增强了 MLS 与 TC 之间相互作用[89]；In_2S_3 纳米片的引入提高了 MLS-5 的电负性，有助于消除带正电的 TC 分子；随 MIL-125(Ti)含量的增多，MIL-125(Ti)上 OH 基团与 TC 的氮原子之间的氢键及它们之间的 π-π 作用增多，也增强了 MIL-125(Ti)与 TC 间的相互作用[90,91]。如图 37-31 所示，没有催化剂存在时，TC 几乎不能被光降解。由于 In_2S_3 和 MIL-125(Ti)之间的协调作用，MLS 显示出比纯 In_2S_3 和 MIL-125(Ti)更高的催化活性。其中 MLS-1（30mg）的活性最高，可见光光照 60min，有 63.3%的 TC 被降解。MLS 催化活性随 MIL-125(Ti)量的增加而降低，MIL-125(Ti)的能隙值增大，它的增加不仅会减少对可见光的吸收，而且有效减少了 In_2S_3 与 MIL-125(Ti)的异质结的面积。此外，当 In_2S_3 含量较低时，增加空穴和电子之间的复合概率，导致较低的光催化效率。在可见光下，能隙值小的 In_2S_3 易激发，产生电子（e^-）和空穴（h^+），光生电子转移到 MIL-125(Ti)的钛氧簇上，Ti^{4+} 还原成 Ti^{3+}。吸附在多孔的 MLS 材料上的 O_2 分子将 Ti^{3+} 氧化成 Ti^{4+}，同时产生超氧化物自由基（$\cdot O_2^-$）。在 In_2S_3 价带上产生的空穴可将 H_2O 氧化成 O_2（VB），O_2 与 O_2（VB）捕获光生电子生成 $\cdot O_2^-$，从而生成羟基自由基（·OH）。高活性的 $\cdot O_2^-$ 和·OH 可进行 TC 的光降解[90,91]。TiO_2 纳米片@MIL-100(Fe)复合材料可以可见光催化 MB 降解[92]。

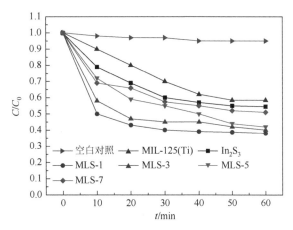

图 37-31　In$_2$S$_3$@MIL-125(Ti)、In$_2$S$_3$ 和 MIL-125(Ti)催化 TC 光降解曲线[89]

向 40mL DMSO 中加入不同量的 MIL-100[93]与 Cd(OAc)$_2$，180℃反应 12h，得到 5%、10%、20% 或 30%的 CdS 负载的 MIL-100 复合材料 CdS/MIL-100(x)（x = 5、10、20 或 30），该类复合材料 CdS/MIL-100 可高效催化光降解 NO$_2^-$。其中 CdS/MIL-100(20)的催化活性最高，在模拟太阳光辐照下，10ppm①NaNO$_2$ 水溶液中有 92%的 NO$_2^-$ 被降解，是纯 CdS 的 5 倍。其中 44%的 NO$_2^-$ 变成 NO$_3^-$、24%的 NO$_2^-$ 变成 NH$_4^+$，其余 24%的 NO$_2^-$ 转变成 N$_2$、NO、N$_2$O 或其他氮氧化物[94]。在可见光照射下，CdS/MIL-100(Fe)、CdS/UiO-66(NH$_2$)复合材料可催化醇氧化成醛[95, 96]。在可见光照射下，Pt@CdS/MIL-101 还可以制氢[97]。在 Eu(NO$_3$)$_3$ 和 1,3,5-H$_3$BTC 的甲醇溶液中，加入半胱胺保护的 CdTe 量子点（QD），再缓慢加入三乙胺，得到 QD/Eu-MOF。Eu-MOF、CdTe QD 和 QD/Eu-MOF 的 E_g 分别是 2.15eV、2.92eV 和 2.29eV，QD/Eu-MOF 催化光降解 Rh6G 的效率均比 Eu-MOF 和 CdTe QD 的催化效率高[98]。

50mg UIO-66[99]和 0.2mmol CdCl$_2$·2.5H$_2$O、H$_2$Se 反应，得到 CdSe 量子点（CdSe QD）负载的复合材料 CdSeQD@UIO-66-0.2。控制 CdCl$_2$·2.5H$_2$O 的量，还可以得到 CdSe QD@UIO-66-0.05、CdSe QD@UIO-66-0.1 和 CdSe QD@UIO-66-0.4 等不同的复合材料。CdSe 和 UiO-66 的 E_g 分别为 1.87eV 和 3.81eV，CdSe QD@UIO-66 复合材料的 E_g 约为 1.91eV。在可见光照射下，这些负载材料可催化光降解 RhB，其中 QD@UIO-66-0.1、CdSe QD@UIO-66-0.2 和 CdSe QD@UIO-66-0.4 在 50min 内能使 RhB 完全分解，而 QD@UIO-66-0.05 只能降解约 80%的 RhB[100]。

NH$_2$-MIL-101(Cr)材料[101]与水杨醛反应可得到 Salicylaldehyde-NH$_2$-MIL-101(Cr)（图 37-32），再把钛酸丁酯滴加到 Salicylaldehyde-NH$_2$-MIL-101(Cr)（LP）溶液中，就可得到 TiO$_2$@Salicylaldehyde-NH$_2$-MIL-101(Cr)[LP(Ti)]。类似的方法可制备 TiO$_2$@NH$_2$-MIL-101(Cr)材料[102]。NH$_2$-MIL-101(Cr)、LP 和 LP(Ti)的比表面积分别是 1506.6m^2/g、1190.1m^2/g 和 853.0m^2/g。LP、LP(Ti)、TiO$_2$@NH$_2$-MIL-101(Cr)和 NH$_2$-MIL-101(Cr)的 E_g 分别为 2.15eV、2.21eV、2.62eV 和 2.65eV。在黑暗中，H$_2$O$_2$ 为氧化剂，LP(Ti)可催化 MB 的降解，其反应速率常数为 0.00895min^{-1}。而在可见光照射下，LP(Ti)/H$_2$O$_2$ 体系的效率更高，反应速率常数为 0.03min^{-1}，是 LP(Ti)/黑暗/H$_2$O$_2$ 体系的 3 倍。由此可见，可见光极大地提高了 LP(Ti)的光降解活性。溶液的 pH 对 LP(Ti)的催化活性也有重要影响，pH 在 3.0～9.0 范围内，MB 的降解速率随 pH 增加而增加，这可能是 H$^+$ 的存在影响了阳离子 MB 染料分子的吸附，H$^+$ 可能与表面的羧酸根离子反应。当 pH 为 9～11 时，过氧化氢在碱性介质中不稳定，易分解，MB 的降解效果也逐渐降低[103]。

———————

① 1ppm = 1×10^{-6}。

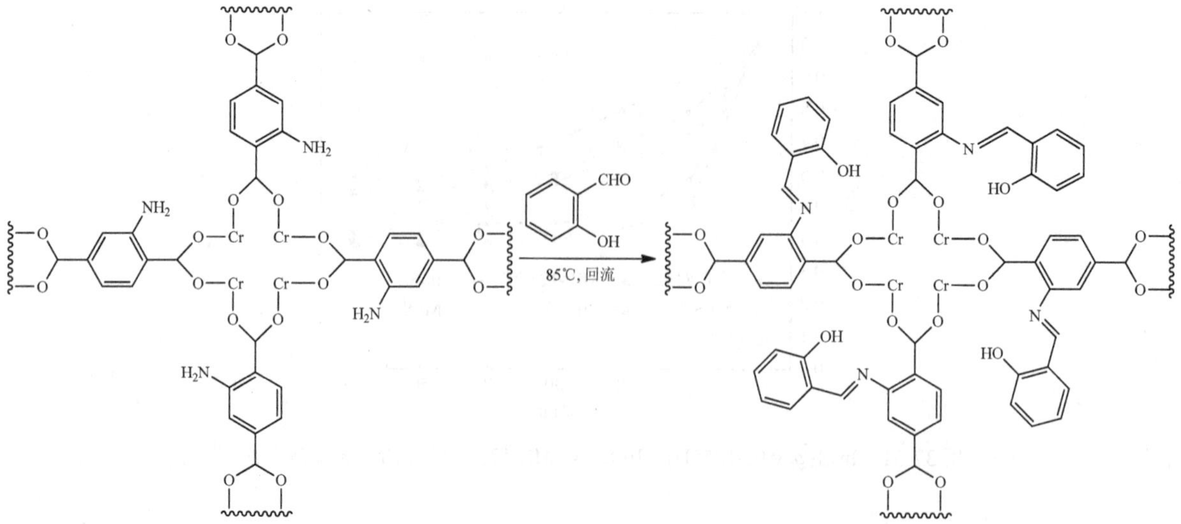

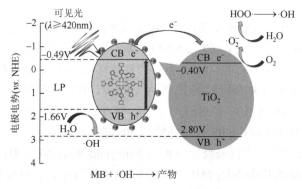

图 37-32　Salicylaldehyde-NH₂-MIL-101(Cr)后修饰水杨醛的示意图[101]

上述反应机制可能是这样的：在可见光照射下，LP 的电子从 VB 转移到 CB 上，光生电子转移到二氧化钛的 CB 上，有效地产生了电子与空穴的分离，电子与 O₂ 反应生成超氧化物自由基（·O₂⁻）。另外，光生电子与 H₂O₂ 反应生成羟基自由基·OH［式（37-14）］。·O₂⁻ 可能与 H₂O₂ 反应生成·OH；H₂O₂ 在可见光照射下生成·OH［式（37-12）、式（37-13）和式 37-14］。这些活泼自由基均可降解 MB 分子（图 37-33）。

$$eCB^- + H_2O_2 \longrightarrow OH^- + \cdot OH \tag{37-12}$$

$$\cdot O_2^- + H_2O_2 \longrightarrow OH^- + \cdot OH + O_2 \tag{37-13}$$

$$H_2O_2 + h\nu \longrightarrow 2 \cdot OH \tag{37-14}$$

图 37-33　LP（Ti）材料催化 MB 光降解机理示意图[101]

将 Bi(NO₃)₃ 的 DMF 溶液加入含有 UiO-66 和 Na₂WO₄·2H₂O 的水溶液中（Bi：Zr＝1∶1），120℃反应 12h，得到 Bi₂WO₆ 负载的 UiO-66 复合材料，即 BWO/UiO-66-1。类似的方法也可得到 BWO/UiO-66-0.1（Bi：Zr＝1∶0.1）、BWO/UiO-66-0.5（Bi：Zr＝1∶2）。在可见光照射下，它们可催化 RhB 的降解。这些复合材料的催化降解反应是一级反应，其反应速率常数分别为 0.009min⁻¹、0.0159min⁻¹、0.0226min⁻¹ 和 0.0104min⁻¹，它们的催化活性明显比 UiO-66 的活性高，后者的反应速率常数只是 0.0062min⁻¹。在可见光下，Bi₂WO₆ 没有显示催化活性。复合材料 BWO/UiO-66-1 的催化活性最高，180min 内能将 RhB 完全降解[104]。

用 0.1g BiVO₄[105] 与 2.0g Cr(NO₃)₃、0.82g 对苯二甲酸（1，4-H₂BDC）反应，得到 0.1-BiVO₄/MIL-101复合材料。调节上述反应物的比例，可得到其他复合材料 0.05-BMBiVO₄/MIL-101、0.3-BMBiVO₄/MIL-101

和 0.5-BM BiVO₄/MIL-101。在可见光照射下，上述复合材料催化 RhB 降解的活性比纯的 BiVO₄ 或 MIL-101 的活性高。BiVO₄ 的含量对复合催化剂的活性有较大影响，当 BiVO₄ 的含量过高时，MIL-101 不能完美结晶，对 RhB 的吸附能力减弱，从而降低光催化活性；当 BiVO₄ 的含量过低时，减少了异质结界面，光生电子不能快速转移，导致电子与空穴的复合，催化活性降低。0.1-BM BiVO₄/MIL-101 的催化 RhB 光降解的活性最高[106]。

将 AgNO₃ 溶液滴加到 UiO-66[58]和 NaHCO₃ 溶液中，可分离得到 Ag₂CO₃/UiO-66 复合材料。根据 AgNO₃ 与 UiO-66 的不同比例（Ag：Zr 的摩尔比分别为 0.1：1、0.5：1 和 1：1），可得到 Ag₂CO₃/UiO-66-0.1、Ag₂CO₃/UiO-66-0.5 和 Ag₂CO₃/UiO-66-1 复合材料。如图 37-34 所示，在可见光下，Ag₂CO₃/UiO-66 和 UiO-66 均可催化 RhB 降解，属于一级反应。Ag₂CO₃/UiO-66-0.1、Ag₂CO₃/UiO-66-0.5、Ag₂CO₃/UiO-66-1 和 UiO-66 的催化速率常数 k 分别为 $0.0177min^{-1}$、$0.0240min^{-1}$、$0.0221min^{-1}$ 和 $0.0138min^{-1}$。由此可见，复合材料 Ag₂CO₃/UiO 的催化活性比 UiO 的催化活性高，其中 Ag₂CO₃/UiO-66-0.5 的催化效率最高[107]。

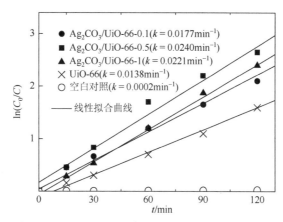

图 37-34　Ag₂CO₃/UiO-66 复合材料等催化 RhB 光降解动力学曲线[106]

将 AgNO₃ 溶液滴加到含 UiO-66[58]和 KI 的水溶液中，得到 AgI 负载 UiO-66 的复合材料 AgI/UiO-66[108]。控制反应物的比例（Ag/Zr 摩尔比分别是 0.1：1、0.5：1、1：1 和 2：1），可得到不同 Ag/Zr 摩尔比的复合材料 AgI/UiO-66-0.1、AgI/UiO-66-0.5、AgI/UiO-66-1 和 AgI/UiO-66-2。AgI、UiO-66 和 AgI/UiO-66 的 E_g 分别为 2.83eV、4.0eV 和 2.86eV。在可见光照射下，该类复合材料可高效催化 RhB 降解，在 60min 内均能使 RhB 全部降解。该类催化剂的活性随 AgI 量的增多而增强，AgI/UiO-66-1 的催化活性最好，继续增加 AgI，其活性又减小。这是由于过剩的 AgI 在复合材料表面聚集，客体分子无法达到多孔材料的表面。该类降解反应是一级反应，反应速率常数分别为 $0.0545min^{-1}$、$0.0645min^{-1}$、$0.0767min^{-1}$ 和 $0.0664min^{-1}$。而在相同条件下，UiO-66 的反应速率常数是 $0.0294min^{-1}$。

将 HKUST-1 SURMOF[109]浸泡在含 BiPh₃ 的乙醇中，得到 BiPh₃@HKUST-1 SURMOF 样品。该样品在紫外光（$\lambda=255nm$）下照射 5h，得到 Bi₂O₃@HKUST-1 SURMOF 复合材料（图 37-35）。在紫外光（$\lambda=255nm$）下照射 5h，Bi₂O₃@HKUST-1 SURMOF 复合材料可催化核坚牢红（nuclear fast red，NFR）完全降解。而在相同的条件下，以 HKUST-1 和 Bi₂O₃ 为光催化剂，只分解了 44% 和 74% 的 NFR[110]。

在 40℃时将 0.1g AgNO₃ 加入含 0.1g HKUST-1 的水溶液中，超声 0.5h，加入 0.027g Na₂HPO₄、0.1g PVP（polyvinylpyrrolidone）、0.1g Bi(NO₃)₃·5H₂O 和 1.0mL HNO₃（2.0mol/L），超声 20min，加入 0.074g Na₂S 后，再超声 40min，混合溶液在 180℃时再加热 12h，得到复合材料 Ag₃PO₄/Bi₂S₃-HKUST-1-MOF。HKKUST-1 和 Ag₃PO₄/Bi₂S₃-HKUST-1-MOF 的 E_g 分别为 2.6eV 和 2.07eV。在蓝光激发下，0.5h 内该复合材料可降解 98.44% 的台盼蓝（trypan blue，TB）和 99.36% 的碱性棕（vesuvine，VS）[111]。

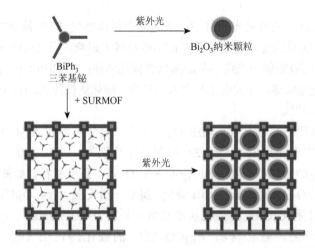

图 37-35 Bi$_2$O$_3$@HKUST-1 SURMOF 复合材料合成示意图[109]

在 DMF 和水中，ZnO 纳米球与 2-甲基咪唑在 70℃时通过自我模板法形成 ZnO@ZIF-8 核-壳纳米球。在紫外光照射下，ZnO@ZIF-8 材料可催化 MB 降解，4h 内分解了 94.1%的 MB（图 37-36）。因 MB 的分子尺寸大于 ZIF-8 的孔径，阻塞了 ZIF-8 的孔洞，抑制了 H$_2$O 向 ZnO 核的扩散和降解 MB 的过氧自由基的生成。虽然 ZnO@ZIF-8 核-壳纳米球催化 MB 光降解活性与 ZIF-8 的活性一样。但 H$_2$O$_2$ 存在下，ZnO@ZIF-8 表现出更好的光响应性能，其催化活性高于 ZnO[112]。

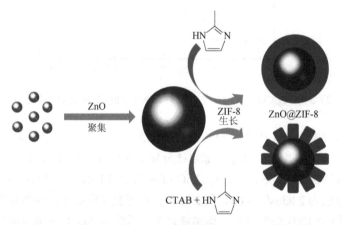

图 37-36 ZnO@ZIF-8 复合材料形成示意图[111]

37.5 高分子聚合物-配位聚合物的复合材料

聚吡咯（PPy）、聚苯胺（PANI）等具有不溶、不熔、易聚合、耐酸、耐碱、耐腐蚀、稳定性好等优点，在配位聚合物表面包覆 PPy 或 PANI 可使其形成一层致密的薄膜保护层。通过原位化学氧化把 PPy 修饰在[Cu$_4$(2-Hpca)$_2$(bpca)$_2$(H$_2$O)$_2$(SiW$_{12}$O$_{40}$)$_2$]·(H$_2$O)$_2$]$_n$（CuSiW$_{12}$，2-Hpca = pyridine-2-carboxylic acid，bpca = bis(2-pyridylcarbonyl)-amine）的颗粒表面，在 PPy(A)/CuSiW$_{12}$、PPy(B)/CuSiW$_{12}$ 和 PPy(C)/CuSiW$_{12}$ 中 PPy 与 CuSiW$_{12}$ 摩尔比分别是 1∶1、1∶2、1∶3。CuSiW$_{12}$、PPy(A)/CuSiW$_{12}$、PPy(B)/CuSiW$_{12}$ 和 PPy(C)/CuSiW$_{12}$ 的能隙值 E_g 分别是 3.17eV、2.95eV、2.85eV 和 2.59eV[113]。由此

可见，PPy 修饰后，E_g 明显减小；PPy 含量越高，E_g 值越小。PPy(A)/CuSiW$_{12}$/ITO 的光电转化效率最高（14.22%），约为 CuSiW$_{12}$/ITO（1.95%）的 7.29 倍，PPy 有效地提高了材料的电子与空穴的分离。在可见光照射下，CuSiW$_{12}$ 不能催化降解 RhB，而 PPy/CuSiW$_{12}$ 可以降解，其中 PPy(A)/CuSiW$_{12}$ 效率最高，2h 内能降解约 86% 的 RhB。该类催化反应机理是，CuSiW$_{12}$ 的 VB 和 CB 与 PPy 的最低未占分子轨道（LUMO）和最高占据分子轨道（HOMO）相匹配。在可见光照射下，PPy 被激发，电子从 HOMO 跃迁到 LUMO。电子转移到 CuSiW$_{12}$ 的 CB，同时 CuSiW$_{12}$ 的 VB 产生空穴，又迁移到 PPy 上。这个过程会导致电子和空穴的分离。由此产生的电子和空穴可进一步形成超氧化物自由基 $\cdot O_2^-$ 和羟基自由基 $\cdot OH$，从而有效地分解 RhB（图 37-37）。

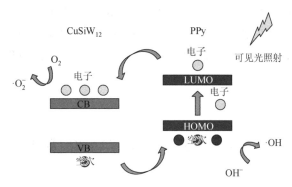

图 37-37　PPy/CuSiW$_{12}$ 复合材料催化 RhB 光降解机理示意图[112]

用类似的方法也可将 PPy 修饰在 $\{[Zn(PyBim)_2(H_2O)(P_2Mo_5O_{23})]\cdot(H_2PyBim)_2\cdot(H_2O)_5\}_n$（ZnP$_2Mo_5$）纳米棒上，可得到 [PPy] 与 [ZnP$_2Mo_5$] 比例不同的复合材料 PPy(A)/ZnP$_2Mo_5$NR、PPy(B)/ZnP$_2Mo_5$NR、PPy(C)/ZnP$_2Mo_5$NR 和 PPy(D)/ZnP$_2Mo_5$NR。这些材料复合后，$E_g$ 值明显减小。在可见光照射下，它们可高效催化 RhB 的降解[114]。

通过原位聚合的方法，把聚苯胺（PANI）负载在配位聚合物 $[Mn_3(pda)_3(1,10'-phen)_2]_n$（pda = phenylenediacrylate dianion；1,10'-phen = 1,10'-phenanthroline）表面上，得到复合材料 PANI/$[Mn_3(pda)_3(1,10'-phen)_2]_n$[115]。苯胺在盐酸溶液中氧化聚合，根据 [H$^+$] 浓度的不同（A 10^{-4}mol/L、B 10^{-2}mol/L、C 1mol/L 和 D 2mol/L）可得到不同的复合材料 PANI(A)/$[Mn_3(pda)_3(1,10'-phen)_2]_n$、PANI(B)/$[Mn_3(pda)_3(1,10'-phen)_2]_n$、PANI(C)/$[Mn_3(pda)_3(1,10'-phen)_2]_n$ 和 PANI(D)/$[Mn_3(pda)_3(1,10'-phen)_2]_n$。$[Mn_3(pda)_3(1,10'-phen)_2]_n$ 在 λ = 300nm 处有很强的吸收，但在可见光区域没有吸收，PANI/$[Mn_3(pda)_3(1,10'-phen)_2]_n$ 在 λ = 300nm 和 620nm 都有较强的吸收，其中 PANI(C)/$[Mn_3(pda)_3(1,10'-phen)_2]_n$ 在可见光区域吸收最强。这些结果表明，聚苯胺能提高 $[Mn_3(pda)_3(1,10'-phen)_2]_n$ 的光催化活性，PANI/$[Mn_3(pda)_3(1,10'-phen)_2]_n$ 复合材料可通过紫外和可见光激发。在紫外光辐照下，$[Mn_3(pda)_3(1,10'-phen)_2]_n$ 可催化降解 MO，在 240min 内可降解约 65.22% 的 MO，速率常数是 $0.00431s^{-1}$。然而，由于可见光不能激发 $[Mn_3(pda)_3(1,10'-phen)_2]_n$，因此 $[Mn_3(pda)_3(1,10'-phen)_2]_n$ 不能催化可见光降解 MO。而复合材料 PANI/$[Mn_3(pda)_3(1,10'-phen)_2]_n$ 在可见光下具有优良的光催化效果，其中 PANI(C)/$[Mn_3(pda)_3(1,10'-phen)_2]_n$ 的活性最高，可见光照射 60min，有 91.25% 的 MO 分解，速率常数是 $0.03717s^{-1}$。PANI(C)/$[Mn_3(pda)_3(1,10'-phen)_2]_n$ 非常稳定，至少可重复 5 次以上。

对于 $[Mn_3(pda)_3(1,10'-phen)_2]_n$ 而言，在紫外线照射下，电子从 VB 激发到 CB 上，同时在价带上形成带正电的空穴。电子和空穴分别与 O_2、OH^- 结合生成 $\cdot O_2^-$ 和 $\cdot OH$，从而降解 MO。PANI(C)/$[Mn_3(pda)_3(1,10'-phen)_2]_n$ 复合材料的光催化活性的提高主要归因于 $[Mn_3(pda)_3(1,10'-phen)_2]_n$ 与 PANI 之间的协同效应。在可见光下，PANI HOMO 上的电子激发到 LUMO 上，然后转入 $[Mn_3(pda)_3(1,10'-phen)_2]_n$ 的导带上，电子与空穴有效分离，电子和空穴分别与 O_2、OH^- 结合生成 $\cdot O_2^-$ 和 $\cdot OH$，降解 MO。

用类似的合成方法通过原位聚合的方法把 PANI 负载在配位聚合物[Cd(chdc)(4,4'-bipy)]$_n$（chdc = 4-cyclohex-ene-1,2-dicarboxylate，4,4'-bipy = 4,4'-bipyridine）的表面，得到复合材料 PANI/[Cd(chdc)(4,4'-bipy)]$_n$。在可见光照射下，[Cd(chdc)(4,4'-bipy)]$_n$ 不能催化降解 RhB。而在紫外光下，[Cd(chdc)(4,4'-bipy)]$_n$ 才能催化降解 RhB，5h 内可降解 74.84%的 RhB，其降解速率常数为 0.00514min^{-1}。而 PANI/[Cd(chdc)(4,4'-bipy)]$_n$ 复合材料具有优良的可见光响应，3h 内可催化可见光降解 82.75%的 RhB；而在紫外光照射下，其催化活性更高，50min 内可降解 92.06%的 RhB，速率常数为 0.05089min^{-1}，约为[Cd(chdc)(4,4'-bipy)]$_n$ 材料的 10 倍。[Cd(chdc)(4,4'-bipy)]$_n$ 的 E_g = 3.35eV，而 PANI/[Cd(chdc)(4,4'-bipy)]$_n$ 复合材料在紫外和可见光区域均有吸收，在 310nm、400nm 和 620nm 有 3 个吸收峰。PANI/[Cd(chdc)(4,4'-bipy)]$_n$ 在光的激发下，电子从 LUMO 上激发到 HOMO 上，电子转移到 [Cd(chdc)(4,4'-bipy)]$_n$ 的导带上，同时在[Cd(chdc)(4,4'-bipy)]$_n$ 价带上出现空穴。这个过程导致了电荷分离，阻碍了电子和空穴的复合。产生的电子和空穴分别与氧气和氢氧根反应，形成·O$_2^-$和·OH 来有效分解 RhB[116]。

37.6 磁性材料-配位聚合物的复合材料

磁性纳米颗粒粒径小、比表面积大、分散性能好，又因其拥有超顺磁性，在外加磁场中可被磁化而产生磁性，使得固-液相的分离非常方便，可省去离心、过滤等复杂且费时的操作，且当外加磁场消失时，磁性纳米颗粒又可均匀地分散在液相中。以 Fe$_3$O$_4$ 纳米球为模板与 FeCl$_3$ 和 1,4-H$_2$BDC 通过水热反应，可制备 Fe$_3$O$_4$/MIL-53(Fe)复合材料（图 37-38），其磁饱和强度为 11.47emu/g。以 H$_2$O$_2$ 为氧化剂，在可见光照射下，Fe$_3$O$_4$/MIL-53(Fe)复合材料可高效催化 RhB 光降解，其反应速率常数（0.0513min^{-1}）分别是 Fe$_2$O$_3$（0.0053min^{-1}）、Fe$_3$O$_4$（0.0035min^{-1}）、TiO$_2$（0.0028min^{-1}）的 9 倍、14 倍、18 倍左右。Fe$_3$O$_4$/MIL-53(Fe)复合催化剂易于分离，也显示出良好的稳定性，可重复使用多次。在可见光照射下，Fe$_3$O$_4$/MIL-53(Fe)-H$_2$O$_2$ 可对硝基苯酚（PNP）进行降解，150min 内 60%的 PNP 被降解；而在相同的条件下，Fe$_2$O$_3$/H$_2$O$_2$ 和 Fe$_3$O$_4$/H$_2$O$_2$ 只能降解 25%或 21%的 PNP，而 TiO$_2$ 没有催化活性[117]。

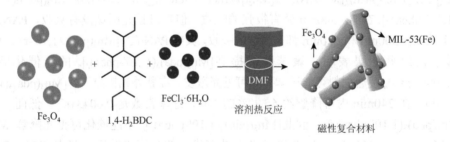

图 37-38 Fe$_3$O$_4$/MIL-53(Fe)复合材料的形成示意图[116]

此外，在 Fe$_3$O$_4$ 纳米粒子表面修饰巯基乙酸（MAA），得到 MAA-Fe$_3$O$_4$，并分散在含有 FeCl$_3$ 和 1,3,5-H$_3$btc 的乙醇溶液中，在 70℃条件下反应得到大小均一的 Fe$_3$O$_4$@MIL-100(Fe)微球[118]。从磁性微球扫描电子显微镜（SEM）和 TEM 可看出 Fe$_3$O$_4$ 磁性微球被均匀地包裹在规则的 MIL-100(Fe) 壳中，形成的 Fe$_3$O$_4$@MIL-100(Fe)磁性微球为核-壳结构。Fe$_3$O$_4$@MIL-100(Fe)磁性微球的磁饱和强度为 37.40emu/g，具有很强的磁性。通过外加磁铁，样品可被磁铁完全吸引。

在 H$_2$O$_2$ 存在的条件下，Fe$_3$O$_4$@MIL-100(Fe)磁性微球可催化 MB 的光降解，MB 降解遵循一级动力学模型。在紫外光照射下，其光催化速率常数（$k = 0.1042 min^{-1}$）是 TiO_2（$k = 0.0371 min^{-1}$）的 3 倍左右，而在可见光条件下，复合材料的光催化速率常数 k 为 $0.01977 min^{-1}$。Fe_3O_4@MIL-100(Fe) 与 MIL-100(Fe) 催化 MB 光降解的活性差不多，但 Fe_3O_4@MIL-100(Fe) 复合材料在磁场中易分离，在实际应用中操作方便、可回收，大大提高了光催化效率，且该复合材料非常稳定，可重复使用多次。PXRD 表明，Fe_3O_4@MIL-100(Fe) 具有很强的稳定性，催化反应前后，其结构无变化。5 次循环的光催化速率常数分别为 $0.0164 min^{-1}$、$0.0162 min^{-1}$、$0.0157 min^{-1}$、$0.0151 min^{-1}$ 和 $0.0146 min^{-1}$，说明该催化剂的催化活性没有发生明显下降，催化速率稳定[118]。最近研究发现，Fe_3O_4/MIL-100(Fe) 也可以催化磺胺嘧啶钠降解[119]。Fe_3O_4@ZIF-8 也可催化 Knoevenagel 反应[120]。

37.7　其他纳米材料-配位聚合物的复合材料

MIL-101(Cr)[59] 在 423K、真空下放置 8h 后，浸渍在含有 $Fe(NO_3)_3$ 和柠檬酸（CA）的去离子水中 [Fe^{3+}/MIL-101(Cr) = 10% (w/w)；Fe^{3+}/CA 的摩尔比为 1∶1.5]，混合物在室温下搅拌形成均相，在 60℃下加热，所得粉末用蒸馏水洗净、干燥，得到铁碳氧化物纳米颗粒负载的 MIL-101(Cr) 复合材料 Fe^{3+}-CA/MIL-101(Cr)。用酒石酸（TA）代替 CA，也可制备相应的复合材料 Fe^{3+}-TA/MIL-101(Cr)。在不加柠檬酸的情况下，采用相似的方法得到铁碳氧化物纳米颗粒修饰的 MIL-101(Cr) 复合材料 Fe^{3+}/MIL-101(Cr)。在可见光下，H_2O_2 不能降解活性艳红 X-3B；在可见光照射下，纯的 MIL-101-H_2O_2 不能催化降解 X-3B。在相同的条件下，可见光照射 100min，Fe^{3+}-CA/MIL-101 能完全降解 X-3B，Fe^{3+}/MIL-101-H_2O_2 催化光降解 X-3B 的效率仅 22.4%。此外，在黑暗中，Fe^{3+}-CA/MIL-101-H_2O_2 降解 X-3B 的效率非常低。由此可见，负载在 MIL-101 的铁碳氧化物纳米颗粒可催化 H_2O_2 分解成·OH。负载 Fe 的量影响复合催化剂的活性，当 Fe 含量从 5.0wt% 增加到 10.0wt% 时，Fe^{3+}-CA/MIL-101 催化光降解 X-3B 的效率从 81.6% 提高到 99.3%。当 Fe 的含量继续提高到 20.0wt% 时，催化效率却降至 86.9%，同时溶液中铁离子的浓度显著增加。这表明 Fe 的含量太大时，铁碳氧化物纳米不能固定在 MIL-101 的孔道中。这些结果清楚地表明，只有固定在 MIL-101 孔道中的铁碳氧化物纳米颗粒才能提高材料的催化活性[121]。

将 1,3,5-H_3BTC 和 NaOH 溶于 MDF/H_2O 中，再与 $Cu(OAc)_2$·H_2O 的水溶液混合，然后滴加正硅酸乙酯（TEOS），超声 1.5h、2h 或 2.5h，分别得到 $Cu_3(BTC)_2$@SiO_2-1.5、$Cu_3(BTC)_2$@SiO_2-2、$Cu_3(BTC)_2$@SiO_2-2.5 纳米离子，它们的平均直径分别是 171nm、278.7nm 和 341.7nm。在可见光照射及不加 H_2O_2 的条件下，$Cu_3(BTC)_2$@SiO_2 几乎不能光降解苯酚。当 H_2O_2 存在时，$Cu_3(BTC)_2$@SiO_2 的催化效率明显提高，在 45min 后，$Cu_3(BTC)_2$@SiO_2-1.5、$Cu_3(BTC)_2$@SiO_2-2、$Cu_3(BTC)_2$@SiO_2-2.5 纳米离子分别催化降解 91.9%、92.4%、93.1% 的苯酚，它们的反应速率常数 k 分别是 $0.0578 min^{-1}$、$0.0614 min^{-1}$、$0.0616 min^{-1}$，k 值随着硅壳厚度的增加而增大。在相同的条件下，纯 TiO_2、SiO_2 和 $Cu_3(BTC)_2$ 的催化效率较低，其反应速率常数分别为 $0.0017 min^{-1}$（TiO_2）、$0.0052 min^{-1}$（SiO_2）和 $0.0299 min^{-1}$ [$Cu_3(BTC)_2$]。不同的氧化剂影响 $Cu_3(BTC)_2$@SiO_2 的催化活性，速率顺序是 $(NH_4)_2S_2O_8$＞H_2O_2＞$KBrO_3$。溶液的 pH 也影响复合材料的催化性能，当起始 pH＞6 时，它的降解速率明显低于在酸性溶液的催化效率，随着 pH 减小，催化效率逐渐增大；当 pH = 4 时，催化效率达到最大（图 37-39）。当 pH＜pK_a 时，苯酚的存在形式为 C_6H_5OH，当 pH＞pK_a 时，其在水中以 $C_6H_5O^-$ 形式存在。由此可见，当 pH 较高时，带负电荷苯酚不易吸附在催化剂表面[122]。

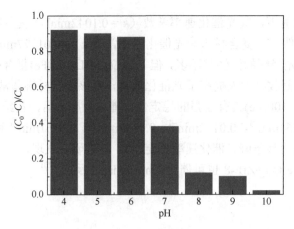

图 37-39　在不同的 pH 溶液中 $Cu_3(BTC)_2@SiO_2$-2 催化光降解苯酚的效果示意图[121]

（李红喜　郎建平）

参 考 文 献

[1] Adeyemo A A，Adeoye I O，Bello O S. Metal organic frameworks as adsorbents for dye adsorption：overview，prospects and future challenges. Toxicol Environ Chem，2012，94：1846-1863.

[2] Levec J，Pintar A. Catalytic wet-air oxidation processes：a review. Catal Today，2007，124：172-184.

[3] Liu G，Li X，Zhao J，et al. Photooxidation pathway of sulforhodamine-B. Dependence on the adsorption mode on TiO_2 exposed to visible light radiation. Environ Sci Technol，2000，34：3982-3990.

[4] Baughman G L，Weber E J. Transformation of dyes and related compounds in anoxic sediment：kinetics and products. Environ Sci Technol，1994，28：267-276.

[5] Ali I，Asim M，Khan T A. Low cost adsorbents for the removal of organic pollutants from wastewater. J Environ Manage，2012，113：170-183.

[6] Tsai W T，Hsu H C，Su T Y，et al. The adsorption of cationic dye from aqueous solution onto acid-activated andesite. J Hazard Mater，2007，147（3）：1056-1062.

[7] Wang C C，Zhang J，Wang P，et al. Adsorption of methylene blue and methyl violet by camellia seed powder：kinetic and thermodynamic studies. Desalin Water Treat，2013，53（13）：3681-3690.

[8] Liu X W，Sun T J，Hu J L，et al. Composites of metal-organic frameworks and carbon-based materials：preparations，functionalities and applications. J Mater Chem A，2016，4（10）：3584-3616.

[9] Wang D，Silbaugh T，Pfeffer R，et al. Removal of emulsified oil from water by inverse fluidization of hydrophobic aerogels. Powder Technol，2010，203（2）：298-309.

[10] Lin D，Zhao Q，Hu L，et al. Synthesis and characterization of cubic mesoporous bridged polysilsesquioxane for removing organic pollutants from water. Chemosphere，2014，103：188-196.

[11] 王宝贞，王琳. 水污染治理新技术：新工艺、新概念、新理论. 北京：科学出版社，2004.

[12] 贾金平，王文华. 含染料废水处理方法的现状与进展. 上海环境科学，2000，19（1）：26-29.

[13] 刘东方，丁耘，李江华. 混凝剂处理染料及其中间体废水应用. 城市环境与城市生态，1997，10（2）：11-14.

[14] 冯玉杰. 电化学技术在环境工程中的应用. 北京：化学工业出版社，2002.

[15] Dai M，Li H X，Lang J P. New approaches to the degradation of organic dyes，and nitro-and chloroaromatics using coordination polymers as photocatalysts. CrystEngComm，2015，17（26）：4741-4753.

[16] Daghrir R，Drogui P，Robert D. Modified TiO_2 for environmental photocatalytic applications：a review. Ind Eng Chem Res，2013，52（10）：3581-3599.

[17] Liu Z Y，Sun D D，Guo P，et al. An efficient bicomponent TiO_2/SnO_2 nanofiber photocatalyst fabricated by electrospinning with a side-by-side dual spinneret method. Nano Lett，2007，7（4）：1081-1085.

[18] Linsebigler A L，Lu G，Yates Jr J T. Photocatalysis on TiO_2 surfaces：principles，mechanisms，and selected results. Chem Rev，1995，95（3）：

735-758.

[19] Batten S R, Champness N R, Chen X M, et al. Terminology of metal-organic frameworks and coordination polymers (IUPAC Recommendations 2013). Pure Appl Chem, 2013, 85 (8): 1715-1724.

[20] Li J R, Kuppler R J, Zhou H C. Selective gas adsorption and separation in metal-organic frameworks. Chem Soc Rev, 2009, 38 (5): 1477-1504.

[21] Liao P Q, Chen H Y, Zhou D D, et al. Monodentate hydroxide as a super strong yet reversible active site for CO_2 capture from high-humidity flue gas. Energy Environ Sci, 2015, 8 (3): 1011-1016.

[22] Lee J, Farha O K, Roberts J, et al. Metal-organic framework materials as catalysts. Chem Soc Rev, 2009, 38 (5): 1450-1459.

[23] Li J R, Sculley J, Zhou H C. Metal-organic frameworks for separations. Chem Rev, 2012, 112 (2): 869-932.

[24] Kreno L E, Leong K, Farha O K, et al. Metal-organic framework materials as chemical sensors. Chem Rev, 2012, 112 (2): 1105-1125.

[25] Cui Y J, Zhang J, He H J, et al. Photonic functional metal-organic frameworks. Chem Soc Rev, 2018, 47 (15): 5740-5785.

[26] Alvaro M, Carbonell E, Ferrer B, et al. Semiconductor behavior of a metal-organic framework (MOF). Chem Eur J, 2007, 13: 5106-5112.

[27] Alvaro M, Carbonell E, Ferrer B, et al. Semiconductor behavior of a metal-organic framework (MOF). Chem Eur J, 2007, 13 (18): 5106-5112.

[28] Wang C C, Li J R, Lü X L, et al. Photocatalytic organic pollutants degradation in metal-organic frameworks. Energy Environ Sci, 2014, 7 (9): 2831-2867.

[29] Dias E M, Petit C. Towards the use of metal-organic frameworks for water reuse: a review of the recent advances in the field of organic pollutants removal and degradation and the next steps in the field. J Mater Chem A, 2015, 3 (45): 22484-22506.

[30] Shen L J, Liang R W, Wu L. Strategies for engineering metal-organic frameworks as efficient photocatalysts. Chin J Catal, 2015, 36 (12): 2071-2088.

[31] Choi J H, Choi Y J, Lee J W, et al. Tunability of electronic band gaps from semiconducting to metallic states via tailoring Zn ions in MOFs with Co ions. Phys Chem Chem Phys, 2009, 11 (4): 628-631.

[32] Wu Z L, Wang C H, Zhao B, et al. A semi-conductive copper-organic framework with two types of photocatalytic activity. Angew Chem Int Ed, 2016, 55 (16): 4938-4942.

[33] Hou Y L, Sun R W Y, Zhou X P, et al. A copper(I)/copper(II)-salen coordination polymer as a bimetallic catalyst for three-component Strecker reactions and degradation of organic dyes. Chem Commun, 2014, 50 (18): 2295-2297.

[34] Ackermann J, Meyer F, Kaifer E, et al. Tuning the activity of catechol oxidase model complexes by geometric changes of the dicopper core. Chem Eur J, 2002, 8 (1): 247-258.

[35] Afzal S, Daoud W A, Langford S J. Photostable self-cleaning cotton by a copper(II)porphyrin/TiO_2 visible-light photocatalytic system. ACS Appl Mater Interfaces, 2013, 5 (11): 4753-4759.

[36] Hou Y L, Li S X, Sun R W Y, et al. Facile preparation and dual catalytic activity of copper(I)-metallosalen coordination polymers. Dalton Trans, 2015, 44 (39): 17360-17365.

[37] Hong X J, Liu X, Zhang J B, et al. Two low-dimensional Schiff base copper (I/II) complexes: synthesis, characterization and catalytic activity for degradation of organic dyes. CrystEngComm, 2014, 16 (34), 7926-7932.

[38] Adam M, Brimah A K, Fischer R D, et al. The organotin (IV) coordination polymer [(Me_3Sn)$_4$Fe(CN)$_6$·2H_2O·$C_4H_8O_2$]·infin.: a three-dimensional host-guest network involving "cascade type" guests. Inorg Chem, 1990, 29 (9): 1595-1597.

[39] Etaiw S E H, El-bendary M M. Degradation of methylene blue by catalytic and photo-catalytic processes catalyzed by the organotin-polymer$^3_\infty$ [(Me_3Sn)$_4$Fe(CN)$_6$]. Appl Catal B-Environ, 2012, 126: 326-333.

[40] Etaiw S E H, Saleh D I. The organotin coordination polymer [(n-Bu_3Sn)$_4$Fe(CN)$_6H_2O$] as effective catalyst towards the oxidative degradation of methylene blue. Spectrochim Acta A Mol Biomol Spectrosc, 2014, 117: 54-60.

[41] Etaiw S E d H, El-din A S B, El-bendary M M. Structure and catalytic activity of new metal-organic frameworks based on copper cyanide and quinoline bases. Z Anorg Allg Chem, 2013, 639 (5): 810-816.

[42] Wang H H, Yang J, Liu Y Y, et al. Heterotrimetallic organic framework assembled with Fe^{III}/Ba^{II}/Na^I and Schiff base: structure and visible photocatalytic degradation of chlorophenols. Cryst Growth Des, 2015, 15 (10): 4986-4992.

[43] Bhardwaj V K. Potassium induced stitching of a flexible tripodal ligand into a bi-metallic two-dimensional coordination polymer for photo-degradation of organic dyes. Dalton Trans, 2015, 44 (19): 8801-8804.

[44] Wang K Y, Zhou L J, Feng M L, et al. Assembly of novel organic-decorated quaternary TM-Hg-Sb-Q compounds (TM = Mn, Fe, Co; Q = S, Se) by the combination of three types of metal coordination geometries. Dalton Trans, 2012, 41 (22): 6689-6695.

[45] Feng M L, Hu C L, Wang K Y, et al. [$AEPH_2$][$GeSb_2S_6$]·CH_3OH: a thiogermanate-thioantimonate featuring an infinite ribbon-like

structure with an unusual {GeSb₃S₁₁} unit and exhibiting the ability of photocatalytic degradation of organic dye. CrystEngComm，2013，15（25）：5007-5011.

[46] Yue C Y，Lei X W，Liu R Q，et al. Syntheses，crystal structures，and photocatalytic properties of a series of mercury thioantimonates directed by transition metal complexes. Cryst Growth Des，2014，14（5）：2411-2421.

[47] Yang H，He X W，Wang F，et al. Doping copper into ZIF-67 for enhancing gas uptake capacity and visible-light-driven photocatalytic degradation of organic dye. J Mater Chem，2012，22（41）：21849-21851.

[48] Schejn A，Aboulaich A，Balan L，et al. Cu²⁺-doped zeolitic imidazolate frameworks（ZIF-8）：efficient and stable catalysts for cycloadditions and condensation reactions. Catal Sci Technol，2015，5（3）：1829-1839.

[49] Férey G，Mellot-Draznieks C，Serre C，et al. A chromium terephthalate-based solid with unusually large pore volumes and surface area. Science，2005，309：2040-2042.

[50] Vu T A，Le G H，Dao C D，et al. Isomorphous substitution of Cr by Fe in MIL-101 framework and its application as a novel heterogeneous photo-Fenton catalyst for reactive dye degradation. RSC Adv，2014，4（78）：41185-41194.

[51] Li D X，Ren Z G，Young D J，et al. Synthesis of two coordination polymer photocatalysts and significant enhancement of their catalytic photodegradation activity by doping with Co²⁺ ions. Eur J Inorg Chem，2015，（11）：1981-1988.

[52] Shao Z C，Huang C，Han X，et al. The effect of metal ions on photocatalytic performance based on an isostructural framework. Dalton Trans，2015，44（28）：12832-12838.

[53] Margadonna S，Prassides K，Fitch A N. Zero thermal expansion in a Prussian blue analogue. J Am Chem Soc，2004，126（47）：15390-15391.

[54] Derobertis A，Bellomo A，Demarco D. Formation of Fe（Ⅱ），Co（Ⅱ），Ni（Ⅱ），Cu（Ⅱ），Zn（Ⅱ），Ag（Ⅰ）and Cd（Ⅱ）hexacyanocobaltates. Talanta，1976，23（10）：732-734.

[55] Li X N，Liu J Y，Rykov A I，et al. Excellent photo-Fenton catalysts of Fe-Co Prussian blue analogues and their reaction mechanism study. Appl Catal B，2015，179：196-205.

[56] Costa R C C，Moura F C C，Ardisson J D，et al. Highly active heterogeneous Fenton-like systems based on Fe0/Fe₃O₄ composites prepared by controlled reduction of iron oxides. Appl Catal B，2008，83：131-139.

[57] Xu X X，Cui Z P，Gao X，et al. Photocatalytic activity of transition-metal-iondoped coordination polymer（CP）：photoresponse region extension and quantum yields enhancement via doping of transition metal ions into the framework of CPs. Dalton Trans，2014，43（23）：8805-8813.

[58] Cavka J H，Jakobsen S，Olsbye U，et al. A new zirconium inorganic building brick forming metal organic frameworks with exceptional stability. J Am Chem Soc，2008，130（42）：13850-13851.

[59] Wang A N，Zhou Y J，Wang Z L，et al. Titanium incorporated with UiO-66(Zr)-type metal-organic framework（MOF）for photocatalytic application. RSC Adv，2016，6（5）：3671-3679.

[60] Wang F，Ni C Y，Liu Q，et al. [Pb(Tab)₂(4, 4′-bipy)](PF₆)₂：two-step ambient temperature quantitative solid-state synthesis，structure and dielectric properties. Chem Commun，2013，49（81）：9248-9250.

[61] Wang F，Li F L，Xu M M，et al. Facile synthesis of a Ag(Ⅰ)-doped coordination polymer with enhanced catalytic performance in the photodegradation of azo dyes in water. J Mater Chem A，2015，3（48）：5908-5916.

[62] Chen M M，Li H X，Lang J P. Two coordination polymers and their silver(Ⅰ)-doped species：synthesis，characterization，and high catalytic activity for the photodegradation of various organic pollutants in water. Eur J Inorg Chem，2016，（15-16）：2508-2515.

[63] Dan-Hardi M，Serre C，Frot T，et al. A new photoactive crystalline highly porous titanium（Ⅳ）dicarboxylate. J Am Chem Soc，2009，131（31）：10857-10859.

[64] Abdelhameed R M，Simtes M M Q，Silva A M S，et al. Enhanced photocatalytic activity of MIL-125 by post-synthetic modification with Cr^Ⅲ and Ag nanoparticles. Chem Eur J，2015，21（31）：11072-11081.

[65] Horcajada P，Surble S，Serre C，et al. Synthesis and catalytic properties of MIL-100（Fe），an iron（Ⅲ）carboxylate with large pores. Chem Commun，2007，（27）：2820-2822.

[66] Liang R W，Luo S G，Jing F F，et al. A simple strategy for fabrication of Pd@MIL-100（Fe）nanocomposite as a visible-light-driven photocatalyst for the treatment of pharmaceuticals and personal care products（PPCPs）. Appl Catal B-Environ，2015，176-177：240-248.

[67] Shen L J，Liang S J，Wu W M，et al. Multifunctional NH₂-mediated zirconium metal-organic framework as an efficient visible-light-driven photocatalyst for selective oxidation of alcohols and reduction of aqueous Cr（Ⅵ）. Dalton Trans，2013，42（37）：13649-13657.

[68] Shen L J，Wu W M，Liang R W，et al. Highly dispersed palladium nanoparticles anchored on UiO-66（NH₂）metal-organic framework as a reusable and dual functional visible-light-driven photocatalyst. Nanoscale，2013，5（19）：9374-9382.

[69] Isimjan T T, Kazemian H, Rohani S, et al. Photocatalytic activities of Pt/ZIF-8 loaded highly ordered TiO$_2$ nanotubes. J Mater Chem, 2010, 20 (45): 10241-10245.

[70] Cravillon J, Münzer S, Lohmeier S J, et al. Rapid room-temperature synthesis and characterization of nanocrystals of a prototypical zeolitic imidazolate framework. Chem Mater, 2009, 21 (8): 1410-1412.

[71] Gao S T, Liu W H, Shang N Z, et al. Integration of a plasmonic semiconductor with a metal-organic framework: a case of Ag/AgCl@ZIF-8 with enhanced visible light photocatalytic activity. RSC Adv, 2014, 4 (106): 61736-61742.

[72] Gao S T, Feng T, Feng C, et al. Novel visible-light-responsive Ag/AgCl@MIL-101 hybrid materials with synergistic photocatalytic activity. J Colloid Interf Sci, 2016, 466: 284-290.

[73] Xu X X, Cui Z P, Qi J, et al. Fabrication of Ag/CPs composite material, an effective strategy to improve the photocatalytic performance of coordination polymers under visible irradiation. Dalton Trans, 2013, 42 (48): 13546-13553.

[74] Yuan Y P, Xu W T, Yin L S, et al. Large impact of heating time on physical properties and photocatalytic H$_2$ production of g-C$_3$N$_4$ nanosheets synthesized through urea polymerization in Ar atmosphere. Int J Hydrogen Energy, 2013, 38 (30): 13159-13163.

[75] Guo D, Wen R Y, Liu M M, et al. Facile fabrication of g-C$_3$N$_4$/MIL-53 (Al) composite with enhanced photocatalytic activities under visible-light irradiation. Appl Organometal Chem, 2015, 29 (10): 690-697.

[76] Zhan S, Zhou F, Huang N B, et al. Sonochemical synthesis of Zn$_3$V$_2$O$_7$(OH)$_2$(H$_2$O)$_2$ and g-C$_3$N$_4$/Zn$_3$V$_2$O$_7$(OH)$_2$(H$_2$O)$_2$ with high photocatalytic activities. J Mol Catal A: Chem, 2015, 401: 41-47.

[77] Millange F, Guillou N, Medina M E, et al. Selective sorption of organic molecules by the flexible porous hybrid metal-organic framework MIL-53 (Fe) controlled by various host-guest interactions. Chem Mater, 2010, 22 (14): 4237-4245.

[78] Zhang Y, Li G, Lu H, et al. Synthesis, characterization and photocatalytic properties of MIL-53(Fe)-graphene hybrid materials. RSC Adv, 2014, 4 (15): 7594-7600.

[79] Wu Y, Luo H J, Wang H. Synthesis of iron(III)-based metal-organic framework/graphene oxide composites with increased photocatalytic performance for dye degradation. RSC Adv, 2014, 4 (76): 40435-40438.

[80] Hong J D, Chen C P, Bedoya F E, et al. Carbon nitride nanosheet/metal-organic framework nanocomposites with synergistic photocatalytic activities. Catal Sci Technol, 2016, 6 (13): 5042-5051.

[81] Xu X X, Yang H Y, Li Z Y, et al. Loading of a coordination polymer nanobelt on a functional carbon fiber: a feasible strategy for visible-light-active and highly efficient coordination-polymer-based photocatalysts. Chem Eur J, 2015, 21 (9): 3821-3830.

[82] Zhang C H, Ai L H, Jiang J. Graphene hybridized photoactive iron terephthalate with enhanced photocatalytic activity for the degradation of Rhodamine B under visible light. Ind Eng Chem Res, 2015, 54 (1): 153-163.

[83] Lu T T, Xu X X, Li H L, et al. The loading of coordination complex modified polyoxometalate nanobelts on activated carbon fiber: a feasible strategy to obtain visible light active and highly efficient polyoxometalate based photocatalysts. Dalton Trans, 2015, 44 (5): 2267-2275.

[84] Yang Z W, Xu X Q, Liang X X, et al. MIL-53(Fe)-graphene nanocomposites: efficient visible-lightphotocatalysts for the selective oxidation of alcohols. Appl Catal B-Environ, 2016, 198: 112-123.

[85] Cao S W, Yuan Y P, Barber J, et al. Noble-metal-free g-C$_3$N$_4$/Ni(dmgH)$_2$ composite for efficient photocatalytic hydrogen evolution under visible light irradiation. Appl Surf Sci, 2014, 319 (1): 344-349.

[86] Aguilera-Sigalat J, Bradshaw D. Synthesis and applications of metal-organic framework-quantum dot (QD@MOF) composites. Coord Chem Rev, 2016, 307: 267-291.

[87] Wang H, Yuan X, Wu Y, et al. Facile synthesis of amino-functionalized titanium metal-organic frameworks and their superior visible-light photocatalytic activity for Cr (VI) reduction. J Hazard Mater, 2015, 286: 187-194.

[88] Wang H, Yuan X Z, Wu Y, et al. In situ synthesis of In$_2$S$_3$@MIL-125 (Ti) core-shell microparticle for theremoval of tetracycline from wastewater by integrated adsorptionand visible-light-driven photocatalysis. Appl Catal B-Environ, 2016, 186: 19-29.

[89] Jing H Y, Wen T, Fan C M, et al. Efficient adsorption/photodegradation of organic pollutants from aqueous systems using Cu$_2$O nanocrystals as a novel integrated photocatalytic adsorbent. J Mater Chem A, 2014, 2 (35): 14563-14570.

[90] Vaesen S, Guillerm V, Yang Q, et al. A robust amino-functionalized titanium (IV) based MOF for improved separation of acid gases. Chem Commun, 2013, 49 (86): 10082-10084.

[91] Hasan Z, Jhung S H. Removal of hazardous organics from water using metal-organic frameworks (MOFs): plausible mechanisms for selective adsorptions. J Hazard Mater, 2015, 283: 329-339.

[92] Liu X, Dang R, Dong W J, et al. A sandwich-like heterostructure of TiO$_2$ nanosheets with MIL-100 (Fe): a platform for efficient visible-light-driven photocatalysis. Appl Catal B-Environ, 2017, 209: 506-513.

[93] Ferey G，Serre C，Mellot-Draznieks C，et al. A hybrid solid with giant pores prepared by a combination of targeted chemistry，simulation，and powder diffraction. Angew Chem Int Ed，2004，43（46）：6296-6301.

[94] He J，Yang H Y，Chen Y J，et al. Solar light photocatalytic degradation of nitrite in aqueous solution over CdS embedded on metal-organic frameworks. Water Air Soil Pollut，2015，226：197.

[95] Ke F，Wang L H，Zhu J F. Facile fabrication of CdS-metal-organic framework nanocomposites with enhanced visible-light photocatalytic activity for organic transformation. Nano Research，2015，8（6）：1834-1846.

[96] Shen L J，Liang S J，Wu W M，et al. CdS-decorated UiO-66（NH₂）nanocomposites fabricated by a facile photodeposition process：an efficient and stable visible-light-driven photocatalyst for selective oxidation of alcohols. J Mater Chem A，2013，1（48）：11473-11482.

[97] He J，Yan Z Y，Wang J Q，et al. Significantly enhanced photocatalytic hydrogen evolution under visible light over CdS embedded on metal-organic frameworks. Chem Commun，2013，49（60）：6761-6763.

[98] Kaur R，Vellingiri K，Kim K H，et al. Efficient photocatalytic degradation of rhodamine 6G with a quantum dot-metal organic framework nanocomposite. Chemosphere，2016，154：620-627.

[99] Li Y F，Liu Y，Gao W Y，et al. Microwave-assisted synthesis of UIO-66 and its adsorption performance towards dyes. CrystEngComm，2014，16（30）：7037-7042.

[100] Gan H J，Wang Z，Li H M，et al. CdSe QDs@UIO-66 composite with enhanced photocatalytic activity towards RhB degradation under visible-light irradiation. RSC Adv，2016，6（7）：5192-5197.

[101] Lin Y，Kong C，Chen L. Direct synthesis of amine-functionalized MIL-101（Cr）nanoparticles and application for CO₂ capture. RSC Adv，2012，2（16）：6417-6419.

[102] Li X Y，Pi Y H，Xia Q B，et al. TiO₂ encapsulated in Salicylaldehyde-NH₂-MIL-101（Cr）for enhanced visible light-driven photodegradation of MB. Appl Catal B Environ，2016，191：192-201.

[103] Zhang S X，Zhao X L，Niu H Y，et al. Super paramagnetic Fe₃O₄ nanoparticles as catalysts for the catalytic oxidation of phenolic and aniline compounds. J Hazard Mater，2009，167（1-3）：560-566.

[104] Sha Z，Sun J L，Chan H S O，et al. Bismuth tungstate incorporated zirconium metal-organic framework composite with enhanced visible-light photocatalytic performance. RSC Adv，2014，4（110）：64977-64984.

[105] Xi G C，Ye J H. Synthesis of bismuth vanadate nanoplates with exposed {001} facets and enhanced visiblelight photocatalytic properties. Chem Commun，2010，46：1893-1895.

[106] Xu Y L，Lü M M，Yang H B，et al. BiVO₄/MIL-101 composite having the synergistically enhanced visible light photocatalytic activity. RSC Adv，2015，5（4）：43473-43479.

[107] Sha Z，Chan H S O，Wu J S. Ag₂CO₃/UiO-66（Zr）composite with enhanced visible-light promotedphotocatalytic activity for dye degradation. J Hazardous Materials，2015，299：132-140.

[108] Sha Z，Sun J L，Chan H S O，et al. Enhanced photocatalytic activity of the AgI/UiO-66（Zr）composite for Rhodamine B degradation under visible-light irradiation. ChemPlusChem，2015，80（8）：1321-1329.

[109] Heinke L，Gu Z，Woell C. The surface barrier phenomenon at the loading of metal-organic frameworks. Nat Commun，2014，5：4562.

[110] Guo W，Chen Z，Yang C W，et al. Bi₂O₃ nanoparticles encapsulated in surface mounted metal-organic framework thin films. Nanoscale，2016，8（12）：6468-6472.

[111] Mosleh S，Rahimi M R，Ghaedi M，et al. Sonophotocatalytic degradation of trypan blue and vesuvine dyes in the presence of blue light active photocatalyst of Ag₃PO₄/Bi₂S₃-HKUST-1-MOF：central composite optimization and synergistic effect study. Ultrason Sonochem，2016，32：387-397.

[112] Yu B，Wang F F，Dong W B，et al. Self-template synthesis of core-shell ZnO@ZIF-8 nanospheres and the photocatalysis under UV irradiation. Mater Lett，2015，156：50-53.

[113] Xu X X，Gao X，Cui Z P，et al. Loading of PPy on the surface of transition metal coordination polymer modified polyoxometalate（TMCP/POM）：a feasible strategy to obtain visible light active and high quantum yields POM based photocatalyst. Dalton Trans，2014，43：13424-13433.

[114] Xu X X，Gao X，Lu T T，et al. Hybrid material based on a coordination-complexmodified polyoxometalate nanorod（CC/POMNR）and PPy：a new visible light activated and highly efficient photocatalyst. J Mater Chem A，2015，3：198-206.

[115] Xu X X，Cui Z P，Qi J，et al. Fabrication of a PANI/CPs composite material：a feasible method to enhance the photocatalytic activity of coordination polymers. Dalton Trans，2013，42（11）：4031-4039.

[116] Cui Z P，Qi J，Xu X X，et al. Photocatalytic activity of PANI loaded coordination polymer composite materials：photoresponse region extension and quantum yields enhancement via the loading of PANI nanofibers on surface of coordination polymer. J Solid State Chem，

2013，205：142-148.

[117] Zhang C H，Ai L H，Jiang J. Solvothermal synthesis of MIL-53（Fe）hybrid magnetic composites for photoelectrochemical water oxidation and organic pollutant photodegradation under visible light. J Mater Chem A，2015，3（6）：3074-3081.

[118] Zhang C F，Qiu L G，Ke F，et al. A novel magnetic recyclable photocatalyst based on acore-shell metal-organic framework Fe₃O₄@MIL-100（Fe）for the decolorization of methylene blue dye. J Mater Chem A，2013，1（48）：14329-14334.

[119] Tian H R，Peng J，Du Q Z，et al. One-pot sustainable synthesis of magnetic MIL-100（Fe）with novel Fe₃O₄ morphology and its application in heterogeneous degradation. Dalton Trans，2018，47（10）：3417-3424.

[120] Schejn A，Mazet T，Falk V，et al. Fe₃O₄@ZIF-8：magnetically recoverable catalysts by loading Fe₃O₄ nanoparticles inside a zinc imidazolate framework. Dalton Trans，2015，44（22）：10136-10140.

[121] Qin L，Li Z W，Xu Z H，et al. Organic-acid-directed assembly of iron-carbon oxides nanoparticles on coordinatively unsaturated metal sites of MIL-101 for green photochemical oxidation. Appl Catal B-Environ，2015，179：500-508.

[122] Li Z Q，Wang A，Guo C Y，et al. One-pot synthesis of metal-organic framework@SiO₂ core-shell nanoparticles with enhanced visible-light photoactivity. Dalton Trans，2013，42（38）：13948-13954.

光催化活性金属有机框架材料的设计、合成及性能研究

金属有机框架材料（metal-organic framework，MOF）是一类由有机配连接单元和无机金属或金属簇为次级构筑单元（secondary building unit，SUB）构筑而成的多孔框架材料。早在 20 世纪 50 年代，人们就发现了此类配位复合材料，并设计与合成了系列结构新颖的 MOF[1-6]。MOF 材料与沸石材料和铝磷酸盐晶体虽然都是网状的，但是与沸石材料等相比，其具有更好的结构特征，如大的孔隙率、大的比表面积、小的密度、可调控的孔尺寸等。近几十年来，越来越多的研究人员集中于设计功能性 MOF 材料并将其应用于气体分离、存储、催化和靶向药物传送等领域[7-17]。

随着能源问题的日益严峻，化石燃料由于其不可持续性，将很难满足人类生产与生活的需求，且会造成一系列环境问题，如环境污染、温室效应等。与化石燃料相比，太阳能集广泛而丰富、洁净而便捷等多重优势于一身被人们所钟爱，并将有希望成为传统化石燃料替代产品。因此，人们致力于研究有效的方式将大量的太阳能转化为化学能用于生活生产[18-22]。在自然界中，植物可以利用太阳能将 CO_2 和 H_2O 变为葡萄糖固定下来。在这个太阳能转化的过程中，包含以下几个步骤：首先需要光敏剂吸收光进而产生电荷分离，然后细胞协助电子转移并传输到反应中心，最后在反应中心发生氧化还原反应生成葡萄糖。因此，人们致力于模拟植物的光合作用，借助太阳能催化化学反应（简称光催化）。基于此，早在 19 世纪 70 年代，Fujishima 和 Honda 已经探索用 TiO_2 在紫外光照射下光催化产氢反应[22]。众所周知，太阳能中紫外光占 4%～5%，而可见光约占 46%。因此构建可见光相应的光催化材料，提高光催化效率，已成为人们广泛关注的焦点。

MOF 材料因结构与组成易于调控，且具有大的孔隙率等优良特性，所以可以通过引入光活性的有机桥连配体[23-30]、后合成交换金属离子或配体[31-37]和掺入纳米粒子的方式[38-41]构筑类似于无机半导体的材料，它们具有紫外-可见光吸收的带隙值从而应用于太阳能的转化与存储，这类 MOF 材料称为光催化活性的 MOF 材料（简称光活性的 MOF）。由于沸石表现出类似于绝缘体的化学惰性[42, 43]，而 MOF 材料的这种半导体行为在多孔材料中是独一无二的，且 MOF 材料可以通过直接溶剂热合成或后合成修饰或担载纳米粒子的方式在相对温和的环境使得内部孔道进一步功能化。所以 MOF 集半导体和多孔材料等多重优势于一体，使这些功能化的 MOF 材料可以应用于光催化反应，如光催化水分解产氢与产氧、CO_2 还原、有机反应等领域[23-25]。因此，MOF 材料在将光能转化为化学能领域具有重要的潜在应用前景。

本章对近来在光活性 MOF 材料的相关设计、合成策略，以及其在太阳能光能转化与存储方面的研究工作进行简单的介绍。

38.1　光催化活性 MOF 材料的合成策略

38.1.1　利用光活性有机配体组装合成光活性 MOF 材料

MOF 是由有机配体和无机金属或者金属簇为次级构筑单元组装得到的三维多孔分子材料。因此，人们可以通过选择不同的有机配位连接体以得到具有不同的功能特性的 MOF 材料。

光活性 MOF 中的吸收带隙值可以归因于配体-金属的电子跃迁（LMCT）、金属-配体的电子跃迁（MLCT）、配体-簇的电子跃迁（LCCT）或者芳香族配体的 π-π^* 跃迁等[44-46]。因此，很多光活性 MOF 材料充分选择了具有吸光性能的有机配体，例如，多环芳香族化合物因其良好的共轭性可以进行多电子转移。常见的具有吸光性能的有机配体有二羧酸类配体，如 BDC（benzene dicarboxylic acid，苯二羧酸），BYPDC（2,2′-bipyridine-5,5′-dicarboxilic acid，2,2′-联吡啶-5,5′-二羧酸），BPDC（biphenyl dicarboxylic acid，联苯二羧酸）等，其可以吸收紫外光。当该类配体具有类似于 NH_2 基的取代基或者染料敏化时可以使得配体的吸收红移具有可见光吸收[47, 48]。此外，还有卟啉基配体及其衍生物、染料类分子等[49-51]。同时，也可通过引入无机金属离子，或者金属氧化物节点作为可见光捕获的中心位点，如铁基 MOF 材料等。

MOF 中的电子转移有两种方式：供体-受体配体对之间和配体与客体分子之间的电子转移。如 Loh 等在 2009 年报道了一例供体-受体配体对之间的电子转移，其是通过线形多芳香环共轭的有机配体桥连的一维纳米结构与金属离子之间的能量转移，从而实现光子高效捕获。进一步通过合理地设计与选择发光基团和金属离子可以得到光活性功能的 MOF 材料。此外，Hupp 等通过将发光激发团硼吡咯亚甲基（bodipy）和吸光卟啉（porphyrin）相连接构筑成 BOP MOF 材料，其能够有效地捕获光进行电子转移。进一步通过将 CdSe/ZnS 等量子点担载到卟啉的 MOF 材料中，实现了从量子点到卟啉配体的电子转移，使得光生电子的数量提高了 50%[52-54]。

基于此，人们可以通过调控有机配体与金属中心的种类，设计与合成具有光催化活性的 MOF 材料。例如，Lin 等在光活性 MOF 的设计与合成方面，使用了由 Ir、Re 和 Ru 二羧酸配体（H_2L_1-H_2L_6）构筑 UiO-MOF，通过混合-匹配的方式得到了系列光催化活性的 MOF。它们不仅可以用于光催化水氧化反应，同时可以应用于光催化 CO_2 还原和有机光催化反应。其中含有 $[Cp^*Ir^{III}(dappy)Cl]$（H_2L_1）、$[Cp^*Ir^{III}(dcbpy)Cl]Cl$（$H_2L_2$）和 $[Ir^{III}(dappy)_2(H_2O)_2]OTf$（$H_2L_3$）（其中 Cp^* 是五甲基环戊二烯，dappy 是 2-苯基吡啶-5,4′-二羧酸，dcbpy 是 2,2′-联吡啶-5,5′-二羧酸）的 MOF 展现出很好的水氧化催化活性。$[Re^I(CO)_3(dcbpy)Cl]$（H_2L_4）衍生的 MOF 在光催化 CO_2 还原反应方面展现出很好的应用前景。$[Ir^{III}(ppy)_2(dcbpy)]Cl$（$H_2L_5$）和 $[Ru^{II}(bpy)_2(dcbpy)]Cl_2$（$H_2L_6$）（ppy = 2-苯基；bpy = 2, 2′联吡啶）构筑的 MOF 也可以应用于光催化有机反应，如氮杂 Henry 反应、茴香硫醚氧化反应等（图 38-1）[55]。

38.1.2　后修饰策略构筑光活性 MOF 材料

后合成策略是通过对已合成的 MOF 材料本身后引入官能化的有机配体或无机金属节点的方式构筑光活性 MOF 材料，对已合成的 MOF 材料本身进行直接修饰[56, 57]。后修饰策略是有效的可控合成光活性 MOF 材料的方法，可以有效避免在直接合成过程中配体的分解失活、不能与金属中心配位等问题。在修饰的过程中可以替换整个配体，也可以只替换配体中部分功能性中心。MOF 材料后

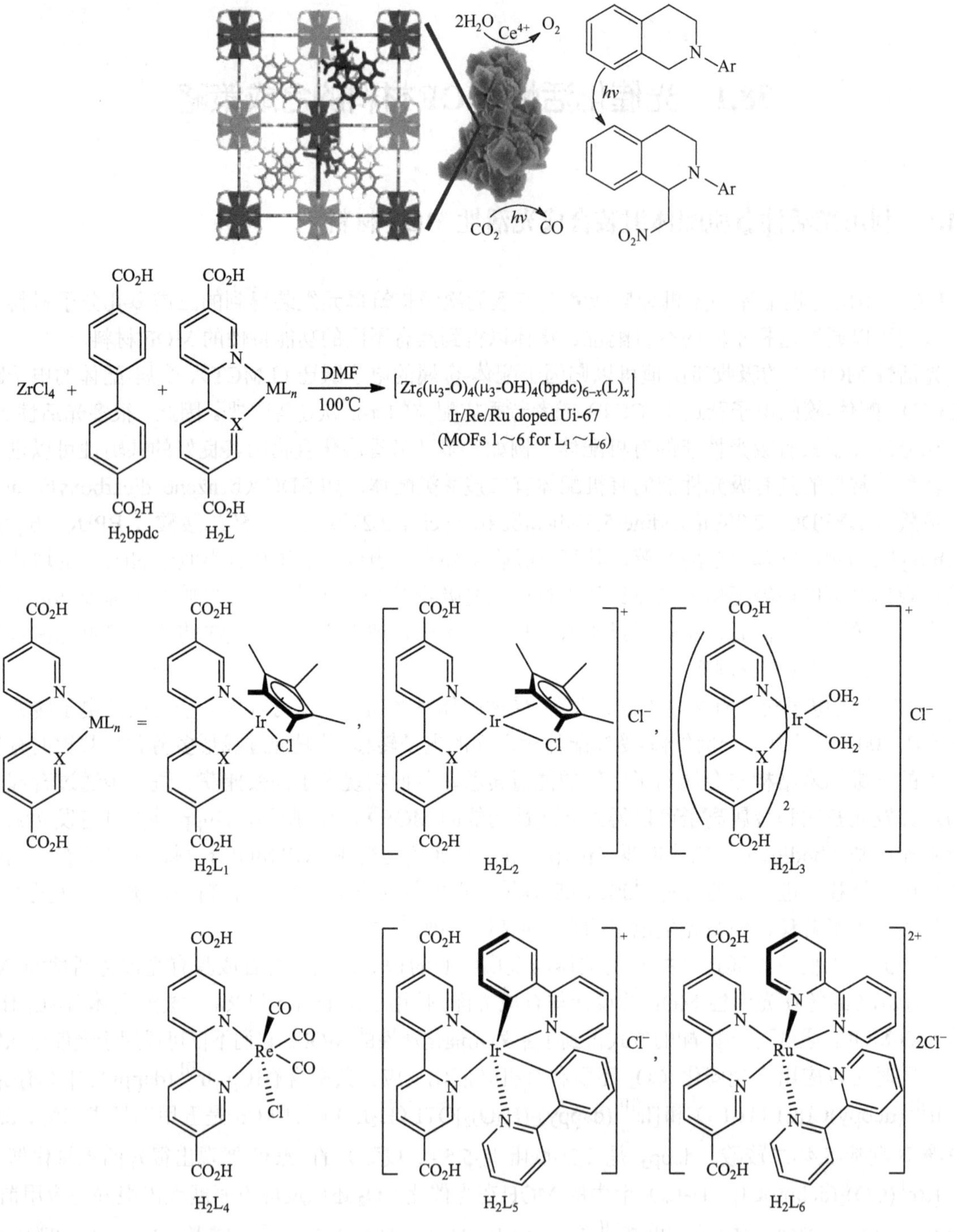

图 38-1　光活性 UiO-MOF 的结构及光催化反应[55]

修饰合成本质上是一个非均相反应环境，溶剂和溶解试剂沿着 MOF 表面与孔径修饰结晶固体组分[58-62]。因此对后修饰合成需要注意几点：①MOF 应该具有孔便于溶剂分子进入；②MOF 材料拥有可修饰的位点；③MOF 需要在反应条件下稳定（如溶剂、苛性试剂、温度）；④MOF 应该对反应中产生的副产物稳定。

　　基于此，Hupp 等通过用沸石咪唑酯替代沸石咪唑盐后合成修饰了在水溶液中较稳定的 ZIF-8，得到了新的 SALEM-2 结构。然后用正丁基锂进一步修饰得到了具有质子碱催化活性的多孔 ZIF 材料（图 38-2）[62]。Zaworotko 等报道了以 TMPyP 为模板，通过引入卟啉分子得到了 porph@MOM-10-Cd，它进一步与 Mn(Ⅱ)和 Cu(Ⅱ)等金属离子进行交换，获得了用于催化 *trans*-stilbene 与 *t*-BuOOH 的环氧化反应催化剂（图 38-3）[63]。

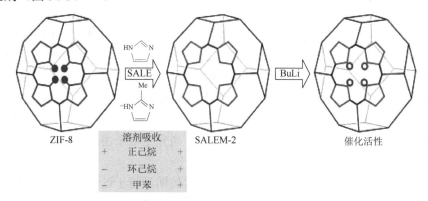

图 38-2 SALEM-2 的结构简图[62]

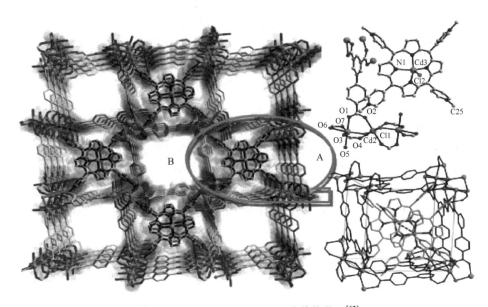

图 38-3 Cd-porph@MOM-10 的结构简图[63]

Ott 等将与 [FeFe]-氢化酶结构类似的具有产氢活性的 [FeFe]-(dcbdt)(CO)$_6$（dcbdt = 1,4-dicarboxylbenzene-2,3-dithiolate）活性位点通过浸泡交换的方式引入在水溶液中稳定的 UiO-66 中，所得到的复合材料集合了产氢催化活性位点和 MOF 材料 MOF-[FeFe](dcbdt)(CO)$_6$ 的吸光性能于一体，展现出一定的光催化产氢效果。光催化性能的提高归因于 MOF 材料与催化活性位点之间快速电子转移与 MOF 材料的多孔性（图 38-4）[64]。

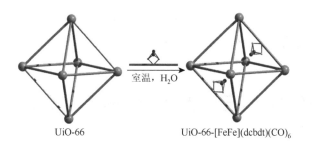

图 38-4 MOF-[FeFe](dcbdt)(CO)$_6$ 结构简图[64]

38.1.3 MOF-纳米粒子复合型光催化材料

MOF 材料由于多孔性可以作为分子平台在客体纳米粒子的生长和集聚方面发挥其限域效应，构筑尺寸特定的功能性纳米材料。到目前为止，许多金属（Au、Ag、Pd、Pt 等）氧化物及硫化物被装入 MOF 中形成功能性复合材料[65, 66]。MOF 材料作为分子平台具有以下优势：①多孔的矩阵排布可以控制半导体纳米粒子的尺寸大小进而获得小尺寸且均匀分布的纳米粒子；②MOF 材料大的比表面积可以提供更多的催化活性位点，使得反应物和活性位点充分接触；③MOF 的多孔结构可以提供额外的路径将光生电子分离，降低电子和空穴的复合率。当光生电子由价带移动到导带时，纳米粒子可以作为电子接受体，显著降低电子空穴的复合率。

在 MOF-纳米粒子复合型光催化材料合成过程及封装纳米粒子过程中的反应条件，如温度、还原处理的方法等至关重要。其中，通过对金属盐或有机复合物连续的热还原或化学还原是得到尺寸可控的纳米粒子的重要方法；此外也可以通过对有机复合物与 MOF 材料通过研磨及自组装的方式将纳米粒子与 MOF 材料复合[67, 68]。尽管该方法取得了一定的进展，但是仍有很多限制。首先，合成的环境比较苛刻，并且处理的过程比较复杂；其次，由于强的还原剂的使用，所用 MOF 的结构很容易被破坏。另外，不同的有机试剂在控制纳米粒子的形貌和分布尺寸方面也是一个很重要的因素。

基于以上策略与方法，近十年来 MOF-纳米粒子复合型光催化材料的研究取得了重要的进展。2009 年，Fischer 等将纳米尺寸的 TiO_2 封装到 MOF-5（$[Zn_4O(BDC)_3]$, BDC = 1,4-benzenedicarboxylate）中[69]；Haruta 等通过固体研磨的方法成功地将 Au 纳米粒子封装到包含 MOF-5、Cu-BTC（$[Cu_3(btc)_2]_n$, btc = benzene-1,3,5-tricarboxylate）在内的几例多孔配位聚合物（PCP）中[70]；El-Shall 等利用微波方法将多种金属与 MIL-101 进行复合，纳米复合物中的 MIL-101 的孔道中封装了 2～3nm 的金属纳米粒子，而在其表面也存在着 4～6nm 的纳米粒子，形成的复合材料在低温条件下具有较好的催化氧化 CO 活性。实验证明孔道内 2～3nm 的纳米粒子比表面的 4～6nm 的纳米粒子具有更高的催化效率[71]。此外，Tsuruoka 等通过 Au 与有机溶剂自助装的方法成功将 Au 与 MOF 复合在一起，复合成功的关键在于控制纳米颗粒的表面官能化和前驱体的浓度（图 38-5）[72]。

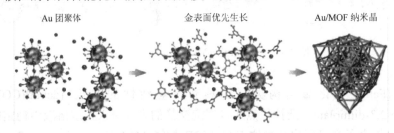

Au 团聚体　　　　　　金表面优先生长　　　　　Au/MOF 纳米晶

图 38-5　封装 Au 纳米粒子的 MOF 结构[71]

因此，设计金属纳米粒子@MOF 复合材料，结合 MOF 材料的吸光性和金属纳米粒子的催化特性，是构筑复合光催化材料一条重要的策略。Wang 等将 CdS 装入 MIL-101 中显著提高了光催化产氢的效率。当 CdS 装入 MIL-101 中装载量达到了 10wt%时，产氢效率达到了最高。光催化活性的提高可以归因于 MIL-101 限域效应使得 CdS 纳米粒子均匀地分布在其中[73]。

38.2　MOF材料在光催化水分解产氢领域的应用研究

随着能源问题的日益严峻，传统的化石燃料将很难满足人们的需求，在新开发的能源中，氢能燃烧因可以释放较大的燃烧热且燃烧产物无毒无害而得到了人们的广泛青睐。光催化制备清洁氢能源被认为是太阳能转化与存储的一个重要途径。传统的光催化产氢催化剂虽然具有较高的量子产率，但大部分集中在半导体或贵金属催化剂且仅在紫外区有良好的效率。MOF 材料有良好的多孔结构及大的比表面积，且组成与结构易于调控。MOF 材料本身作为"准均相反应"的场所，同时可以通过前合成、后修饰合成及担载纳米粒子的策略进一步修饰，使其具有良好的光催化产氢性能。目前，设计与合成光催化活性 MOF 材料已经得到广泛的研究。本节主要从光催化活性的 MOF 材料、分子簇@MOF 材料、纳米粒子@MOF 材料三个方面进行介绍，并简述一些已经应用于光催化产氢 MOF 材料的实例。

38.2.1 光催化活性 MOF 产氢材料的研究

在 2009 年，Mori 等报道了第一例多孔光活性 MOF 材料 Ru-MOF($[Ru_2(p\text{-}BDC)_2]_n$)，在 $Ru(bpy)_3^{2+}$（bpy = 2, 2'-bipyridine）与 MV^{2+} 和 EDTA-2Na 存在的条件下，具有可见光产氢活性，可见光产氢转换数可达到 8.16，量子效率达到 4.82%[74]。虽然产氢的效果不高，但是开启了 MOF 材料用于光催化产氢的大门。Al^{3+} 离子因其电荷高、半径小，使得 Al^{3+} 与羧酸配位所形成的 MOF 材料具有较好的热稳定性和化学稳定性。2012 年，Rosseinsky 课题组报道了一例通过 Al^{3+} 离子和光活性的 H_2TCPP[meso-tetra(4-carboxyl-phenyl)porphyrin]配位的 MOF 材料$[AlOH]_2H_2TCPP$。该 MOF 材料具有 $1400m^2/g$ 的比表面积，且能够在可见光驱动下分解水产氢。对 H_2TCPP 金属化研究表明，H_2TCPP 环可以担载不同的金属阳离子而实现功能化。他们进一步利用 Zn^{2+} 离子功能化$[AlOH]_2H_2TCPP$ 材料中的 H_2TCPP 连接单元，合成了 $Zn_{0.986}TCPP\text{-}[AlOH]_2MOF$ 材料，其中卟啉的中心位点 90%都与 Zn^{2+} 配位。在此 MOF 中，甲基紫精离子（MV^{2+}）作为电子受体和中间受体将电子传递到 Pt，实现了可见光产氢。但是 H_2 的量很少，这是因为 MV^{2+} 分子在孔中分布的限制，且 Pt 纳米粒子太大难以进入孔中。因此该课题组对实验条件进行优化，形成了 MOF/EDTA/Pt 体系。在这个体系中，MOF 中激发的卟啉分子直接与 EDTA 反应形成还原的卟啉，将电子传输到 Pt，显著地提高了产氢活性[75]。

钛因毒性低和具有光催化性能，且 Ti^{4+} 电荷高、半径小，所形成的配位化合物比较稳定，也被人们用于构建 MOF 材料。但由于 Ti^{4+} 容易形成 TiO_2 和非晶态材料，Ti 基 MOF 材料的报道较少[76]。在溶剂热的条件下，Férey 等合成与报道了第一例 Ti 基 MOF 材料 MIL-125[77]。Matsuoka 等用 $H_2BDC\text{-}NH_2$ 连接体取代了 H_2BDC，对 MIL-125 进行修饰得到了一例氨基功能化的 Ti-MOF-NH_2 材料。在 500nm 可见光照射下，Pt/Ti-MOF-NH_2 与 TEOA 组成的光催化体系实现了可见光产氢（图 38-6）[78]。接着，他们对 Pt 助催化剂掺杂量对 Ti-MOF-NH_2 可见光产氢效果的影响进行了研究。结果表明当 Pt 的掺入量为 1.5wt%时产氢效果最好[79]。2014 年，该课题组进一步将 Ru 复合物载入 Ti 基 MOF 中，得到了 Ti-MOF-Ru(tpy)$_2$，在 620nm 可见光照射下，Pt 作为助催化剂获得了可见光产氢催化体系（图 38-7）[80]。

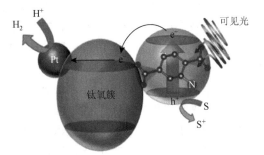

图 38-6 Ti-MOF-NH_2 产氢原理图

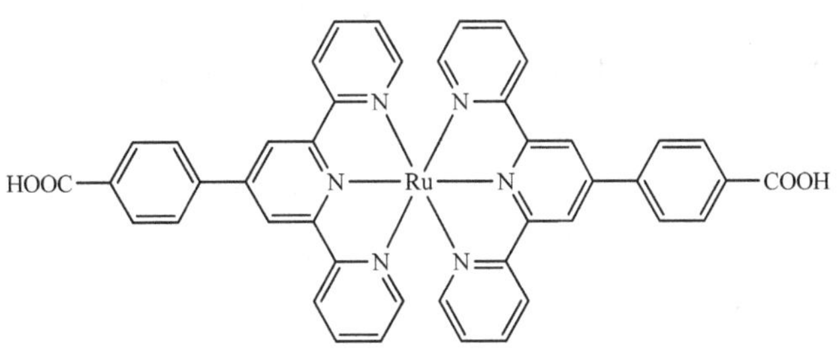

图 38-7 掺入的 Ru 配体

　　2015 年，Gascon 等利用 Co-有机基团的配体（图 38-8）修饰 NH$_2$-MIL-125(Ti)得到了 Co@NH$_2$-MIL-125(Ti)光催化活性复合材料。该 MOF 材料在可见光照射下 TOF 为 0.8h^{-1}，Co 活性位点的引入使其比原始的 NH$_2$-MIL-125(Ti)（图 38-9）的光催化活性提高了 20 倍[81]。此外，Xu 等利用 Pt-有机基团修饰 MOF-253，通过将已合成的 MOF-253 放入 cis-Pt(DMSO)$_2$Cl$_2$ 的乙腈溶液中，将 Pt 离子插入 MOF 结构中，得到了功能化的 MOF-253-Pt，显示出可见光催化产氢活性，在可见光条件下，30h 产氢量可以达到 3000μmol，产氢量是相应的复合物[Pt(bpydc)Cl$_2$]的 5 倍[82]。

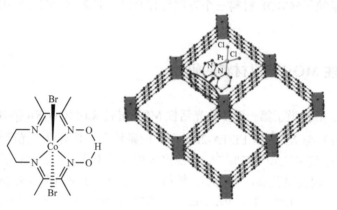

图 38-8　Co 配体结构　　图 38-9　NH$_2$-MIL-125(Ti)结构[78]

　　Zr^{4+}的电荷高、半径小，因此锆基 MOF 具有很好的溶液稳定性。在光催化活性 MOF 材料中研究比较广泛。第一例 UiO-型 MOF 材料（Zr 基 MOF）是 Lillerud 等报道的[83]。2010 年，Garía 等对 UiO-66 进行氨基功能化得到了 UiO-66-NH$_2$，并对二者的光催化性能进行研究，研究发现二者均有光驱动产氢的效率。在 370nm 波长光照射下，氨基功能化的 UiO-66(NH$_2$)产氢的量子效率达到了 3.5%。在照射 3h 后，H$_2$ 的产量 UiO-66 和 UiO-66(NH$_2$)分别为 2.4mL 和 2.8mL（45mg 催化剂）。可以看出，氨基功能化的 MOF 较原始 MOF 材料光催化性能有所提高。进一步用 Pt 作为助催化剂使得光催化性能得到更大的提高[84]。此后，大量的研究使得 UiO-MOF 材料的光催化性能有所提高，例如，Xue 等在报道了通过廉价的染料（赤藓红 B）敏化 UiO-66 的方式有效地提高了其产氢效率。在 420nm 的可见光下，催化剂为 10mg、染料为 30mg 的条件下产氢速率可达到 4.6μmol/h[85]。

　　Fe-Fe 氢化酶具有很好的产氢活性。2013 年，Ott 等采取后修饰策略将产氢活性的二铁分子修饰到 Zr 基 MOF（UiO-66）中，得到 MOF-[FeFe](dcbdt)(CO)$_6$ 分子复合材料。在 pH = 5、抗坏血酸作为牺牲剂、吡啶钌作为光敏剂的条件下，其产氢效率为[FeFe](dcbdt)(CO)$_6$ 均相催化剂的 3 倍[64]。Feng 等在该领域也做出了出色的工作。将仿生的[(i-SCH$_2$)$_2$NC(O)C$_5$H$_4$N]-[Fe$_2$(CO)$_6$] ([Fe$_2$S$_2$])复合物与 Zr-卟啉基 MOF 材料进行结合，得到卟啉基[FeFe]@ZrPF 复合分子材料，实现了光敏剂卟啉分子与催化剂[Fe$_2$S$_2$]在分子水平上的组装，其展现出较好的光催化产氢活性。与[Fe$_2$S$_2$]的均相催化体系相比，其产氢效率得到显著提升[86]。此外，Chen 等通过在 MOF 中引入混合配体的方法将光敏剂[Ru(dcbpy)(bpy)$_2$]$^{2+}$（dcbpy = 2,2′-bipyridyl-5,5′-dicarboxylic acid）（CBPY）和催化剂 Pt(dcbpy)Cl$_2$[PtDCBPY]成功装载入 Zr 基 MOF Zr$_6$O$_4$(OH)$_4$(bpdc)$_6$（bpdc = 4,4′-biphenyldicarboxylic acid）中，得到了 Ru-Pt@UIO-67。双金属功能化的 MOF 材料具有可见光催化产氢活性（图 38-10）[87]。

　　将 Zr 与 Ti 混金属结合，Li 等报道了一例 Ti 取代的多金属杂化的 NH$_2$-UiO-66(Zr/Ti)MOF 材料，混合金属的引入大大提高了 MOF 材料的产氢和 CO$_2$ 还原效率。密度泛函理论（DFT）计算和电子自旋共振（ESR）结果表明，Ti 的引入可以促进电子转移，导致其光催化性能增强（图 38-11）[88]。

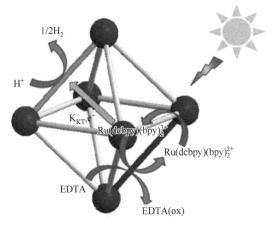

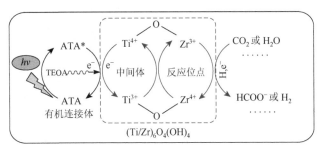

图 38-10　Ru-Pt@UiO-67 MOF 结构与产氢示意图[87]　　　图 38-11　NH₂-UiO-66(Zr/Ti)CO₂ 还原机理图[88]

38.2.2　分子簇@MOF 光催化产氢复合分子材料的研究

分子催化剂结构与组成易于调控，在均相反应中催化活性高。但是分子催化剂在均相条件下容易分解，使得催化剂的转化效率降低[89, 90]。分子簇催化剂是常见的分子催化剂之一，在催化反应中扮演着极为重要的角色。多金属氧酸盐，又称多酸、多金属氧簇（polyoxometalate），具有独特的结构特点、高负电荷、优良的氧化还原能力，在诸多研究领域吸引了人们的广泛关注。由于多金属氧簇可经历快速、可逆、逐步多重电子转移反应，而不改变它们的结构。近来，人们对利用多金属氧簇作为光催化剂分解水已经开展了广泛研究[91, 92]。因此，利用光活性的 MOF 材料担载多金属氧簇进一步应用到光催化水产氢的反应中已经显示出较好的应用前景（图 38-12）。

在分子簇@MOF 光催化活性复合分子材料构筑方面，我们开展了初步的探索工作。首先利用 [Ru(bpy)₃]²⁺基二羧酸配体与锆离子组装构筑了阳离子型光活性材料，该 MOF 材料是由[Ru(bpy)₃]²⁺衍生的二羧酸配体和 Zr₆(μ₃-O)₄(μ₃-OH)₄ 次级构筑单元构筑的 UiO-MOF。其次进一步通过一步组装方法将光敏剂分子与 Wells-Dawson 型多金属氧簇实现了在分子水平上的组装，构筑了首例光活性 POM@MOF 复合分子材料（Ru-POM@MOF）。光敏剂和催化剂的成功组装有利于光活性 MOF 材料到氧化还原活性的 POM 分子的快速电子转移。在没有使用助催化剂条件下，使其可以在可见光照射下产氢。光催化产氢转化数（TON）达到了 540，是均相 Wells-Dawson POM 光催化产氢转化数的 13 倍[93]。进一步通过调剂多金属氧簇的种类，采用夹心型多金属氧簇[Ni₄(H₂O)₂(PW₉O₃₄)₂]₁₀（Ni₄P₂）作为催化剂，[Ir(ppy)₂(bpy)]⁺衍生的二羧酸配体作为连接单元成功构筑更高活性的 POM@MOF 光催化产氢复合分子催化剂（Ir-POM@MOF）。以甲醇为牺牲剂，在可见光照射的条件下转化数可高达 1476。无助催化剂条件下，这是目前多金属氧簇基活性最高的可见光催化产氢催化剂（图 38-13）[94]。

另外，我们利用 MIL-101-Cr MOF 作为分子平台，成功担载了过渡金属取代的 Keggin 型多金属氧簇[PW₁₁VO₄₀]，构筑了 POM@MOF 复合分子材料。多金属氧簇阴离子的引入促使阳离子型 MIL-101MOF 局部过阴离子化，使其在阳离子染料吸附方面具有较好的吸附量及选择性吸附效果。进一步，利用 POM@MIL-101-Fe 作为吸附剂可以富集水溶液中较低含量的染料分子。另外，利用过渡金属取代的 Wells-Dawson 型 POM@MIL-101-Cr 材料富集光敏剂分子获得了光活性 POM@MOF 复合分子材料，可见光产氢活性相比于均相催化体系得到大大提高（图 38-14）[95, 96]。

38.2.3　纳米粒子@MOF 光催化产氢复合材料设计与合成

金属、金属氧化物与金属硫化物在光催化与电催化水分解产氢领域展现出良好的应用前景。将

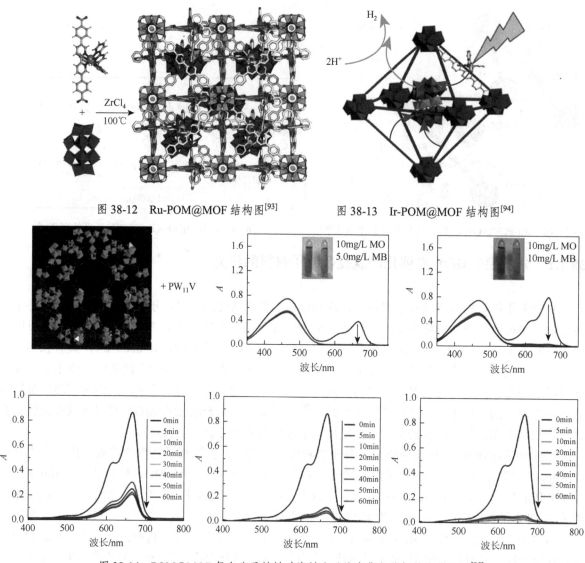

图 38-12　Ru-POM@MOF 结构图[93]　　　　图 38-13　Ir-POM@MOF 结构图[94]

图 38-14　POM@MOF 复合分子材料对染料分子的富集与选择性富集作用[95]

其与 MOF 材料相结合，协同发挥纳米粒子和 MOF 材料的优势有利于设计与开发高效光催化产氢复合催化剂，开展光催化产氢性能的研究。

金属氧化物与金属硫化物在光催化产氢领域发挥着重要的作用。近年来将其与 MOF 结合的研究受到了广泛的关注。2013 年，Wang 等将 CdS 装入 MIL-101 中，显著提高了其光催化效率。其中，硫族纳米材料的带隙可以在太阳能可见光区具有很好的吸收。紫外-可见吸收光谱研究证明当 CdS 装入 MIL-101 中时，MIL-101 的紫外吸收发生了红移，CdS 在可见光区 500nm 有强的吸收。MIL-101 在紫外区的吸收归因于配体的 π-π^* 跃迁，而在可见区的吸收是归因于 Cr^{3+}（d5）的 d-d 自旋跃迁。CdS 引入，使 MIL-101 在紫外与可见区的两个吸收峰均发生了红移。当 CdS 的装载量达到 10wt% 时，产氢量达到了最大。光催化活性的提高可归因于 MIL-101 大的比表面积使得 CdS 纳米粒子可以均匀地分布在其中，提供了更多的有利于光催化反应的活性位点和光催化反应中心。2016 年，Jiang 等进一步报道了金纳米粒子修饰的 CdS/MIL-101 复合材料构筑成 Au@CdS/MIL-101 三组分复合材料。光催产化研究表明该材料产氢速率可以达到 250mol/(h·10mg)，其产氢效率均高于 CdS、CdS/MIL-101 和 Au/MIL-101 等材料，是纯 CdS 的 2.6 倍。该三元复合材料产氢性能的提高可以归因于：①MIL-101(Cr) 大的比表面积可以有效地分散 Au 和 CdS 纳米粒子，从而导致更多的活性位点和反应中心；②表面等离子体共振吸收可以加快电荷转移（图 38-15）[97, 98]。

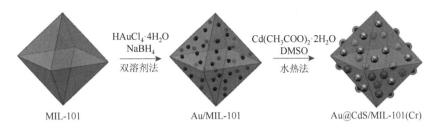

图 38-15　Au@CdS/MIL-101 形成过程[97]

　　Zhang 等使用 UiO-66 MOF 材料作为平台，成功将 CdS、还原氧化石墨烯与 MOF 材料复合形成 UiO-66/CdS/1%RGO（还原氧化石墨烯）三者复合的材料。光催化产氢量为纯 CdS 的 13.8 倍。CdS 快速的光生电子和空缺的复合率及较少的催化活性位点限制了其光催化产 H_2 的速率，其与硫化镉和石墨烯复合可以有效地减少电荷载体的重组，石墨烯的高导电性和优异的电子迁移率可加速光生电子的转移，同时与 MOF 材料的复合很好地增加了 CdS 的催化位点和反应中心。因此该三元复合材料 UiO-66/CdS/RGO 比无机半导体材料 P_{25} 和 CdS 的复合具有更高的活性[99]。此外，Wu 等报道了一例丰产元素基 MoS_2 修饰的 UiO-66/CdS 的复合材料 MoS_2/UiO-66/CdS，其在可见光照射下具有较高的产氢效率。在所构筑的 MoS_2/UiO-66/CdS 复合材料中，CdS、UiO-66 和 MoS_2 界面间光生电子可以快速地传递，提高它们之前的协同作用，大大提高光催化效率。当 UiO-66 为 55wt%、MoS_2 为 1.5wt% 时，产氢的速率为 650mol/h，高于 CdS 和 Pt/UiO-66/CdS 的产氢效率。该工作证明了 MOF 作为理想的支撑平台和 MoS_2 的协同作用可以提高催化剂的光催化产氢活性[100]。此外，Yuan 等通过光化学淀积的方式得到了染料敏化的 MIL-101 装载 Ni/NiO_x 的复合材料。Ni_x/MIL-101/E_y 复合材料具有可见光产氢效果，且 Ni_5/MIL-101/E_{30} 可见光产氢的速率可以达到 125μmol/h[101]。

　　单质 Pt 是电催化产氢效率最高的贵金属催化剂，然而在催化过程中由于块状铂单质及 Pt 纳米粒子的比表面积有限，以及从光敏剂到铂表面电子传输速率受限，尤其贵金属铂价格昂贵，进一步提高其催化效率势在必行。利用多孔性 MOF 材料担载 Pt 纳米粒子是增加 Pt 单质比表面积及电子转移速率的一个有效策略。2012 年，Lin 等利用光活性[Ir(ppy)$_2$(bpy)]基二羧酸配体与 Zr^{4+} 离子组装合成了 UIO-MOF，进一步利用光还原 K_2PtCl_4 策略，成功将 2～3nm 和 5～6nm 的 Pt 纳米粒子担载到光敏的 MOF 中。得到的 Pt@MOF 光活性复合材料具有很好的可见光产氢活性，产氢转化数达到 7000，是均相反应的 5 倍（图 38-16）[102]。

　　UiO-MOF 本身具有光催化活性，但纯的 UiO-66 因为在可见光下不能吸收和利用可见光，所以不能产氢。Wang 等通过抗坏血酸还原 H_2PtCl_6 得到了 3～5nm 的分布 Pt 纳米粒子，当 1wt% 的 Pt 纳米粒子掺杂之后，通过吸附或者直接加入 RhB Pt@UiO-66(Zr) 可用于可见光产氢，产氢量为 116.0mmol/(g·h)，是单纯 Pt@UiO-66(Zr) 的 30 倍[103]。Jiang 等将 3nm Pt 纳米粒子装入 UiO-66-NH_2 MOF 材料中，大大提高了电子-空穴的分离效率和电荷转移速率，所得到的 Pt@UiO-66-NH_2 光催化产氢效率远远高于 Pt/UiO-66-NH_2 效率。Pt/UiO-66-NH_2 是通过将 MOF 浸泡在 Pt 纳米粒子的溶液中，形成的 Pt 纳米粒子在 MOF 表面的一种混合物。Pt@UiO-66-NH_2 的产氢效率分别是 UiO-66-NH_2 和 Pt/UiO-66-NH_2 产氢效率的 150 倍和 5 倍[104]。

　　Yamashita 等将氨基功能化的 MIL-101 MOF 材料装载 Pt 纳米粒子用于光催化产氢。虽然，NH_2-MIL-101(Cr) 在光敏剂 RhB 存在下本身具有很好的光催化活性。然而，Pt-NH_2-MIL-101(Cr) 的产氢活性远高于 NH_2-MIL-101(Cr)，且不同的 Pt 担载量，产氢的效果不同，当 Pt 的担载量为 1.5wt% 时光催化效果最好，且具有很好稳定性[105]。Su 等将 I_2 分子担载到 {[$Ln_2Cu_5(OH)_2(pydc)_6(H_2O)_8$]$I_8$}[Ln = Sm、Eu、Gd、Tb]，在紫外光照射下可以产氢[106]。

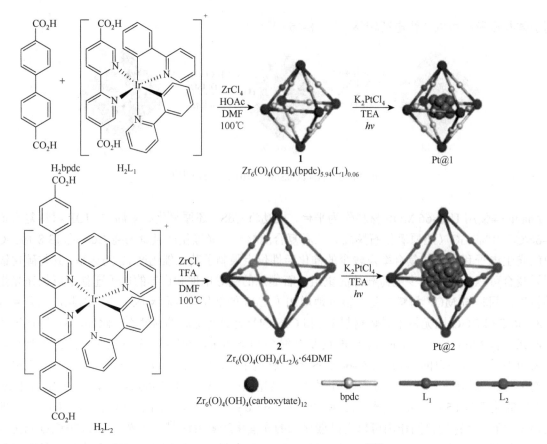

图 38-16　Pt@UIO-MOF 的结构示意图[102]

Hill 等将多金属氧簇[$PW_{12}O_{40}$]担载到 NH_2-MIL-53MOF 中合成了 POM@MOF 复合材料，进一步利用此复合材料担载 Pt 纳米粒子，展现出较好的光催化产氢活性。其中的多金属氧簇可以还原 H_2PtCl_6 生成 Pt 纳米粒子，且有助于催化反应发生（图 38-17）[107]。

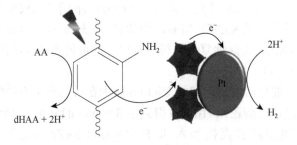

图 38-17　多金属氧簇、Pt 和 NH_2-MIL-53 复合材料光催化产氢原理图[107]

38.3　MOF材料在光催化水分解产氧领域的应用研究

虽然 MOF 材料用于光催化产氢有很多实例，但是光催化产氧却很少有报道。一是由于光催化水氧化的半反应是最具挑战性的工作，因为它需要最少 $V \geqslant 1.23V$ 的电位，最终发生 4 个电子转移形成 O—O 键（$2H_2O \longrightarrow O_2 + 4H^+ + 4e^-$）；二是由于大多数的 MOF 材料在水氧化的环境下不稳定

（缓冲溶剂、强氧化剂）。先前很多工作也证明金属中心的氧化还原能力可以通过有机配体的修饰进行调节。下面对光催化活性的 MOF 在光催化水氧化方面的研究进行简要介绍。

在光催化水氧化 MOF 材料研究领域，芝加哥大学 Lin 等做出了出色的研究工作。采用混合-匹配策略构筑了由 Ir、Re 和 Ru 基二羧酸配体掺杂的 MOF 材料（UiO-67）。此类混合功能性基团修饰的 MOF 材料在水氧化反应展现出较高的催化活性。他们设计合成的三例基于 Ir-配体 $[Cp^*Ir^{III}(dappy)Cl]$（H_2L_1）、$[Cp^*Ir^{III}(dcbpy)Cl]Cl$（$H_2L_2$）和 $[Ir^{III}(dappy)_2(H_2O)_2]OTf$（$H_2L_3$）（其中 Cp^* 是五甲基环戊二烯，dappy = 2-苯基吡啶-5, 4′二羧酸，dcbpy = 2, 2′-联吡啶-5, 5′二羧酸）MOF 材料是很好的水氧化催化剂。而基于 Re 配体的 $[Ru^I(CO)_3(dcbpy)Cl]$（H_2L_4）MOF 材料可以作为 CO_2 光催化还原催化剂，产氢转化数可以达到 10.9，是均相反应的三倍。由 $[Ir^{III}(ppy)_2(dcbpy)]Cl$（$H_2L_5$）和 $[Ru^{II}(bpy)_2(dcbpy)]Cl_2$（$H_2L_6$）（ppy = 2-苯基，bpy = 2,2′-联吡啶）构筑的 MOF 材料在光催化有机转换（氮杂 Henry 反应、茴香硫醚氧化反应等）反应中具有非常高的活性。相比之下，这三例具有产氧活性的 MOF 材料与均相的复合物相比活性较低。这是由于该 MOF 材料孔道尺寸较小，Ce(Ⅳ) 不能进入 MOF 孔道中，所以光催化水氧化反应仅在 MOF 表面发生，导致光催化活性较弱。但是，这是 UiO-67MOF 材料第一次用于水氧化光催化研究[55]。

2011 年，该课题组又报道了两例由 $Cp^*Ir(L)Cl$ 复合物和 $Zr_6O_4(OH)_4(carboxylate)_{12}$ 次级构筑单元构筑的 MOF 材料：$Zr_6(\mu_3-O)_4(\mu_3-OH)_4\{[(bpy-dc)IrCp^*Cl]Cl\}_6$ 和 $Zr_6(\mu_3-O)_4(\mu_3-OH)_4-[(ppy-dc)IrCp^*Cl]_6$。该 MOF 材料比上几例材料具有更大的孔道，进一步结合紫外-可见光谱、气相色谱分析等测试证明了不仅 MOF 具有水氧化活性，且 Cp^* 环在水氧化过程中会发生氧化降解（图 38-18）[51]。

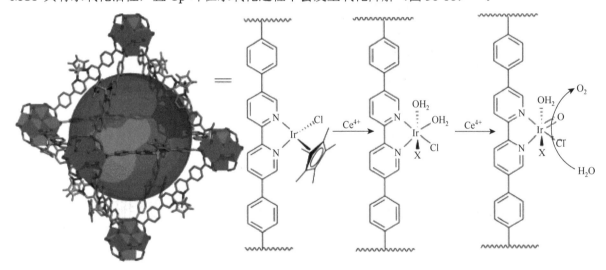

图 38-18　MOF 结构与氧化过程中 Cp^* 氧化降解[51]

2016 年，Lu 等利用 H_3TTCA 与稀土金属离子反应设计与合成了超稳定的 MOF 材料，并开创性地利用此类 MOF 材料担载有机水氧化催化剂，不仅提高了有机水氧化催化剂催化效率，而且 MOF 材料固化大大提高了其稳定性（图 38-19）[16]。

2016 年，Su 等报道了 Fe 基 MOF 材料 MIL-53(Fe)、MIL-88B(Fe) 和 MIL-101(Fe) 在水氧化方面的研究。此类 MOF 材料廉价易得，可用于可见光产氧。MIL-101(Fe) 产氧效果高于其他的 Fe 基催化剂，如氨基功能化的 MIL-101(Fe)-NH_2、FeOOH、Fe_3O_4 等，其 TOF 可以达到 $0.10s^{-1}$[108]。Das 等采用 MIL-101 将 Mn_2 簇 $Mn(\mu-O)_2Mn$（$[(terpy)Mn(\mu-O)_2Mn](terpy)]^{3+}$）（terpy = 2,2′: 6′, 2″-terpyridine）封装在 MOF 分子笼内。由于分子笼对 Mn_2 簇在空间上的分离，分子笼的窗口足够小，使得催化剂无法与相邻笼中的分子簇聚集，而分子笼空间又足够大，可以提供给催化剂足够的空间。并且，

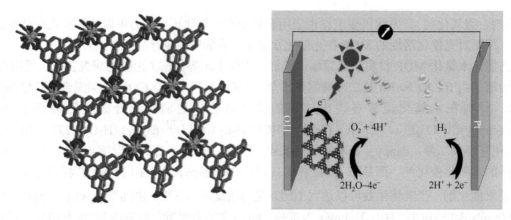

图38-19 超稳定分子孔材料固化有机水氧化催化剂的稳定性与催化效率得到大大提高[16]

MIL-101MOF 的多孔性又能保证水分子和牺牲剂分子与催化剂充分接触，使得 Mn_2 簇在水氧化方面保持较高的活性，比原始的均相催化剂转化数高了 20 倍（图 38-20）[109]。

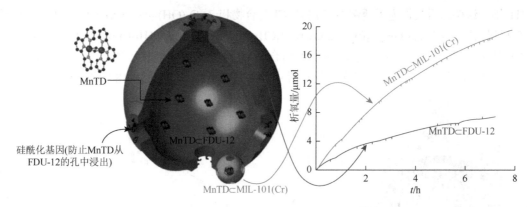

图38-20 Mn_2@MOF 光催化水氧化研究[109]

38.4 MOF材料在光催化 CO_2 还原领域的应用研究

利用太阳能将 CO_2 转化成有机物或 CO 是解决温室效应与能源危机的有效途径之一。MOF 材料由于其光吸收性能与催化活性，可以通过对金属和有机配体的调节与修饰从而被有效地调控。同时 MOF 的多孔性具有富集 CO_2 作用，使得 MOF 中参与反应的 CO_2 浓度远远大于周围环境中 CO_2 的含量，有利于提高 CO_2 还原催化效率。

常见的 Zr 基 MOF，如 2011 年，Lin 等报道的 Re 基二羧酸配体掺杂的 MOF 材料（UiO-67），其显示出较好的 CO_2 还原的光催化性能。该 MOF 材料可以在很长的时间仍保持良好的催化活性。6h 内 CO 的 TON 可以达到 5.0，CO/H_2 的产量比为 10∶1。而均相反应在照射 20h 后 TON 为 3.5，并且均相反应中 Re-配体将会分解[51]。Li 等报道了氨基功能化的 NH_2-UiO-66(Zr)MOF 材料具有可见光 CO_2 还原活性，混合有 ATA（2-氨基对苯二甲酸）和 2,5-二氨基对苯二甲酸（DTA）配体的 UiO-66(Zr) 衍生物显示出良好的 CO_2 还原性能。515nm 波长可见光照射 10h，含有混合配体的 NH_2-UiO-66(Zr)MOF 材料还原了 20.7μmol CO_2，是纯的 NH_2-UiO-66(Zr)催化效率的 2 倍[110]。此后，该课题组进一步通过后合成交换方式得到了 Ti 取代的 NH_2-UiO-66(Zr/Ti)MOF 材料，其显示出光催化产氢和 CO_2 还原性能。在可见光照射 10h 后，NH_2-UiO-66(Zr/Ti)的 $HCOO^-$ 产量是 NH_2-UiO-66(Zr)的 1.7 倍[111]。2012 年，Li 等设计合成了 Ti 基 MOF 材料 MIL-125(Ti)，这种 MOF 材料合成不仅在 MOF 中引入了较多的 Ti 活性位点，并且可以导致 MOF 的异构。通过引入 BDC（BDC = benzene-1,4-dicarboxylate）得到了 $Ti_8O_8(OH)_4(BDC$-$NH_2)_6$ ［NH_2-MIL-125(Ti)］。在可见光照射 10h 后，$HCOO^-$ 量可以达到 8.14μmol[112]。此后，该课题组又做了许多该方面的研究，如可以用于 CO_2 还原的 MIL-Fe 基 MOF ［MIL-101(Fe)、MIL-53(Fe)、MIL-88B(Fe)］。在该 MOF 中，直接激发 Fe-O 簇使得 O^{2-} 可以与 Fe^{3+} 进行电子转移，用于 CO_2 还原。在这些 MOF 中，MIL-101(Fe)结构中存在配位不饱和的 Fe 位点，因此具有最好的 CO_2 还原活性。而氨基功能化的 MOF ［NH_2-MIL-101(Fe)、NH_2-MIL-53(Fe)和 NH_2-MIL-88B(Fe)］比未功能化 MIL-Fe MOF 表现出更高的光催化活性[113]。

卟啉 MOF 因具有良好的吸光特性也得到人们的钟爱，并被设计应用于 CO_2 还原。

Jiang 等报道了一例含有卟啉的 PCN-222（也称 MOF-545 或者 MMPF-6）MOF 材料，可以实现选择性地可见光还原 CO_2。H_2TCPP 配体可以作为可见光响应的单元，并且因 MOF 材料较高的 CO_2 捕获量，有利于在 Zr_6 催化中心周围富集 CO_2 分子。因此可见光照射 10h，有 30μmol 的 $HCOO^-$ 得到转化[114]。此外还有 Cohen 等将 $Mn(bpydc)$-$(CO)_3Br$（bpydc = 5,5'-dicarboxylate-2,2'-bipyridine）引入 Zr 基的 MOF 中，进一步用于光催化 CO_2 还原。该结构中的[$Ru(dmb)_3$]$^{2+}$ 作为光敏剂，1-benzyl-1,4-dihydronicotinamide（BNAH）作为牺牲剂，在可见光照射 18h 后 TON 可以达到 110，远超均相反应体系（图 38-21）[115]。

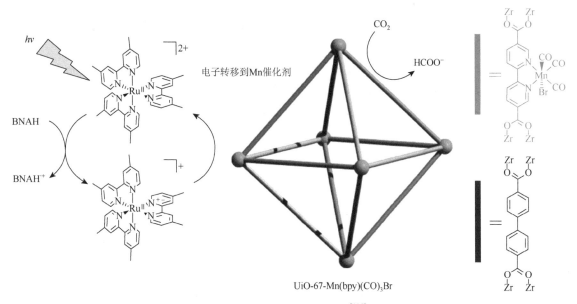

图 38-21　PCN-222 结构图[115]

此外，沸石咪唑类骨架结构在光催化 CO_2 还原领域也发挥着重要作用。Wang 课题组利用含钴的沸石咪唑类骨架材料 Co-ZIF-9 开展光催化 CO_2 还原的研究。在中性条件下照射 2.5h 后，CO_2 的 TON 可以达到 450。CO_2 的还原速率为 1.4mmol/min，同时也伴随着 H_2 的产生，其速率为 1.0mmol/min。为了证明 MOF 在催化过程中起着重要作用，他们将 Co-ZIF-9 材料在 He 气氛、1200℃ 条件下煅烧，发现其产量迅速下降，证明该结构能够迅速地捕获 CO_2 和 H_2，有利于催化反应的进行。同时该课题组利用 Co-MOF-74（配体为 2,5-dihydroxyterephthalic）和 Mn-MOF-74（配体为 2,5-dihydroxyterephthalic acid）、Zr-UiO-66-NH_2（配体为 NH_2-1,4-benzenedicarboxylic acid）作为对比，发现其 CO 和 H_2 的产量也降低很多，说明咪唑基配体在捕获 CO_2 过程中起着重要的作用，而且 Co 作为中心离子在电子转移过程中也发挥着重要作用（图 38-22）[116]。

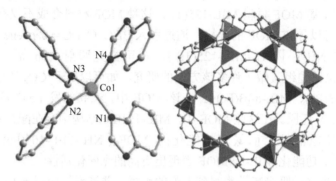

图 38-22　Co-ZIF-9 结构图[116]

38.5　MOF材料在光催化有机合成领域的应用研究

至今，人们对 MOF 材料在光催化有机反应方面主要致力于染料降解的研究[117-120]，而光催化有机化合物的合成与转化需要对激发态更好的调控，因此，该领域的研究工作开展得较少。但对于金属氧化物，如 TiO_2、WO_3、CeO_2 和多金属氧簇等已经用作光催化有机转换反应的催化剂[121, 122]。开发 MOF 用于太阳能驱动下催化有机反应，对于生活和生产都有非常重要的意义。

2011 年，Lin 等使用混合-匹配策略构筑了一系列光活性 MOF 材料（UiO-67），其中[Ir^{III}(ppy)$_2$(dcbpy)]Cl（H_2L_5）和[Ru^{II}(bpy)$_2$(dcbpy)]Cl$_2$（H_2L_6）基 MOF 材料可以用于光催化 aza-Henry 反应，对 **1a** 和硝基甲烷反应的催化效率分别为 59% 和 86%。由于 MOF 材料的非均相反应的特性，催化剂可以持续使用而没有失活（图 38-23）[51]。

1a, R = H
2a, R = Br
3a, R = OCH$_3$

催化剂
MeNO$_2$
可见光

1b, R = H
2b, R = Br
3b, R = OCH$_3$

图 38-23　基于 H_2L_5 和 H_2L_6 的 MOF 材料光催化 aza-Henry 反应[51]

氨基功能化的 Zr 基 MOF 材料（UiO-66）可以作为高效光催化剂用于光催化醇、烯烃和环烷烃选择性氧化，选择性可以高达 100%。电子顺磁共振（EPR）研究证明了在反应过程中光生电子产生了·O_2^-，·O_2^- 在 MOF 空腔中可与氨基和有机配体相互作用，使其在反应过程中可以稳定存在，使光催化氧化 C—H 和 C＝C 键成为可能（图 38-24）[123]。

Nasalevich 等通过后合成策略利用染料类分子片段将 NH$_2$-MIL-125(Ti)功能化得到了新材料 MR-MIL-125(Ti)。该材料显示了宽的可见光谱吸收，表现了可见光选择性氧化苯甲醇为苯甲醛的优良性能[124]。Matsuoka 等对该 MOF 进一步修饰，通过装载入 Pt 纳米粒子得到了 Pt/Ti-MOF-NH$_2$ 复合材料，使其不仅可以光催化产氢，也可以用于硝基苯的还原[125]。Wu 等将 Au、Pd 和 Pt 纳米粒子装载入 MIL-125(Ti)得到了 M/MIL-125(Ti)（M＝Au、Pd、Pt）复合材料，该复合材料可用于选择光催化氧化苯甲醇为苯甲醛[126]。

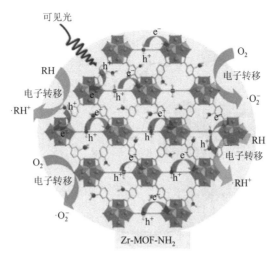

图 38-24　UiO-66-NH$_2$ 的光催化机理[123]

卟啉基 MOF 材料在光催化研究方面一直备受关注。Zhou 等设计与合成了卟啉和 Ti-O 簇构筑的 MOF、PCN-22，其具有光催化氧化苯甲醇性能。光照 2h 后，选择性可以达到 100%[127]。2016 年，该课题组又报道了一例阴离子的 MOF，是由四桥连的[In(COO)$_4$]$^-$构筑的阴离子型框架 PCN-99。该阴离子型框架可以吸引阳离子的催化剂[Ru(bpy)$_3$]$^{2+}$，得到了 Ru(bpy)$_3$@PCN-99 光活性复合催化材料，可用于芳基硼酸需氧羟基化催化反应（图 38-25 和图 38-26）[128]。

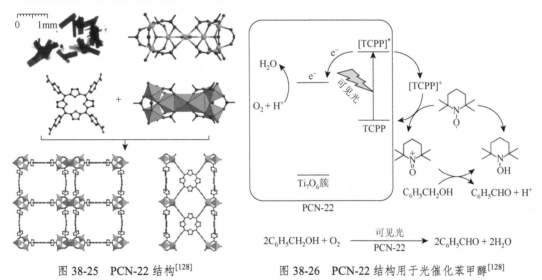

图 38-25　PCN-22 结构[128]　　　　　图 38-26　PCN-22 结构用于光催化苯甲醇[128]

Wu 等也致力于卟啉基 MOF 材料的设计合成与光催化性能研究。2014 年，该课题组报道了一例由卟啉和多金属氧簇构成的多孔 MOF 材料。研究表明，多孔卟啉框架为仿生催化剂和非均相催化剂的设计与合成提供了一个很好的研究平台[129]。另外，该课题组设计与合成了 Sn(IV)-porphyrin-MOF 与 Zn^{2+}构筑的 MOF 材料——[Zn$_2$(H$_2$O)$_4$Sn^{IV}(TPyP)(HCOO)$_2$]$_3$$^{4+}$，苯酚和硫化物催化氧化转化率可以达到 99.9%（图 38-27）[130]。

Duan 等将手性 MOF 材料（图 38-28）用于光催化有机反应。将光活性的 tris（4-carboxyphenyl）amine（H$_3$TCA）有机配体和手性配体 D-N-t-butoxycarbonyl-2-(imidazole)-1-pyrrolidine（L-or D-BCIP）与 Zn^{2+}离子共同构筑成光活性手性 MOF 材料 Zn$_2$(m-OH)(OH$_2$)(TCA)（L-PYI），用于光催脂肪醛的 α-烷基化反应[131]。

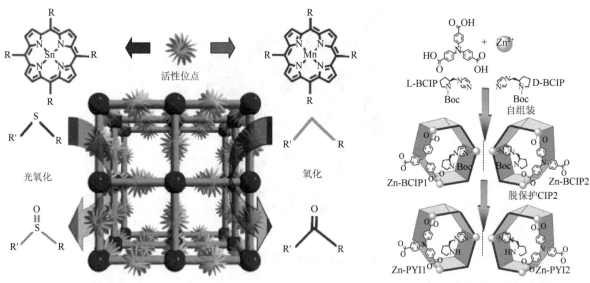

图 38-27　Sn(Ⅳ)⁻和 Mn⁻卟啉基 MOF 的结构与催化研究[130]　　图 38-28　手性 MOF 光催有机反应研究[31]

在过去的十几年中，化学家们构筑了多种 MOF 材料用于太阳能转换与存储。在光催化水分解产氢或产氧，光催化 CO₂ 还原和光催化有机合成以及光催化有机染料降解等领域开展了系列性研究工作。目前，光活性 MOF 材料研究还主要集中在 Zr 基、Ti 基、Al 基、Fe 基-MOF 材料。金属本身的光活性一般比较弱，在构筑光催化活性 MOF 材料的过程中一般需要引入光活性的有机配体，如卟啉及其衍生物、磷光金属络合物、荧光有机化合物等。此外，Pt、CdS 等纳米粒子的引入是构筑光催化活性 MOF 材料的一个有效策略。总之，在 MOF 材料这个分子平台中，各个组分协同作用可以提高光催化活性，为构筑高效光催化材料奠定基础。然而，该领域的研究工作目前还处于起始阶段，利用 MOF 材料捕获、转化和存储太阳能还需要付出巨大的努力。

（张志明　鲁统部）

参 考 文 献

[1]　Kinoshita Y，Matsubara I，Higuchi T，et al. The crystal structure of bis（adiponitrilo）copper（Ⅰ）nitrate. B Chem Soc of Jpn，1959，32（11）：1221-1226.

[2]　Knobloch F W，Rauscher W H. Coordination polymers of copper（Ⅱ）prepared at liquid interfaces. J Polym Sci，1959，38（133）：261-262.

[3]　Berlin A A，Matveeva N G. Polymeric chelate compounds. Russ Chem Rev，1960，29（3）：119-128.

[4]　Kubo M，Kishita M，Kuroda Y. Polymer molecules involving coordination links in the crystals of cupric oxalate and related compounds. J Polym Sci，1960，48（150）：467-471.

[5]　Block B P，Rose S H，Schaumann C W，et al. Coordination polymers with inorganic backbones formed by double-bridging of tetrahedral elements. J Am Chem Soc，1962，84（16）：3200-3201.

[6]　Tomic E A. Thermal stability of coordination polymers. J Appl Polym Sci，1965，9（11）：3745-3752.

[7]　Liu Y，Xuan W，Cui Y. Engineering homochiral metal organic frameworks for heterogeneous asymmetric catalysis and enantioselective separation. Adv Mater，2010，22（37）：4112-4135.

[8]　Zhou H C，Long J R，Yaghi O M. Introduction to metal-organic frameworks. Chem Rev，2012，112（2）：673-674.

[9]　Zhu Q L，Xu Q. Metal-organic framework composites. Chem Soc Rev，2014，43（16）：5468-5512.

[10]　Lee J Y，Farha O K，Roberts J，et al. Metal-organic framework materials as catalysts. Chem Soc Rev，2009，38（5）：1450-1459.

[11]　Yang G P，Hou L，Luan X J，et al. Molecular braids in metal-organic frameworks. Chem Soc Rev，2012，41（21）：6992-7000.

[12]　Zhang J P，Zhang Y B，Lin J B，et al. Metal azolate frameworks：from crystal engineering to functional materials. Chem Rev，2011，112（2）：1001-1033.

[13]　Du D Y，Qin J S，Li S L，et al. Recent advances in porous polyoxometalate-based metal-organic framework materials. Chem Soc Rev，2014，

43（13）：4615-4632.

[14]　Yang Q，Chen Y Z，Wang Z U，et al. One-pot tandem catalysis over Pd@ MIL-101：boosting the efficiency of nitro compound hydrogenation by coupling with ammonia borane dehydrogenation. Chem Commun，2015，51（52）：10419-10422.

[15]　Zeng Y F，Hu X，Liu F C et al. Azido-mediated systems showing different magnetic behaviors. Chem Soc Rev，2009，38：469-480.

[16]　Gong Y N，Ouyang T，He C T，et al. Photoinduced water oxidation by an organic ligand incorporated into the framework of a stable metal-organic framework. Chem Sci，2016，7（2）：1070-1075.

[17]　Zheng S T，Zhao X，Lau S，et al. Entrapment of metal clusters in metal-organic framework channels by extended hooks anchored at open metal sites. J Am Chem Soc，2013，135（28）：10270-10273.

[18]　Ciamician G. The photochemistry of the future. Science，1912，36（926）：385-394.

[19]　Roth H D. The beginnings of organic photochemistry. Angew Chem Int Ed，1989，28（9）：1193-1207.

[20]　Ravelli D，Dondi D，Fagnoni M，et al. Photocatalysis. A multi-faceted concept for green chemistry. Chem Soc Rev，2009，38（7）：1999-2011.

[21]　Hammarstroöm L. Artificial photosynthesis and solar fuels. Acc Chem Res，2009，42（12）：1859-1860.

[22]　Fujishima A，Honda K. Electrochemical photolysis of water at a semiconductor electrode. Nature，1972，238：37-38.

[23]　Zhang T，Lin W. Metal-organic frameworks for artificial photosynthesis and photocatalysis. Chem Soc Rev，2014，43（16）：5982-5993.

[24]　Amador R N，Carboni M，Meyer D. Photosensitive titanium and zirconium metal organic frameworks：current research and future possibilities. Mater Let，2016，166：327-338.

[25]　Dhakshinamoorthy A，Asiri A M，García H. Metal-organic framework（MOF）compounds：photocatalysts for redox reactions and solar fuel production. Angew Chem Int Ed，2016，55（18）：5414-5445.

[26]　Zou C，Zhang Z，Xu X，et al. A multifunctional organic-inorganic hybrid structure based on Mn^{III}-porphyrin and polyoxometalate as a highly effective dye scavenger and heterogenous catalyst. J Am Chem Soc，2011，134（1）：87-90.

[27]　Yang X L，Xie M H，Zou C，et al. Porous metalloporphyrinic frameworks constructed from metal 5，10，15，20-tetrakis（3，5-biscarboxylphenyl）porphyrin for highly efficient and selective catalytic oxidation of alkylbenzenes. J Am Chem Soc，2012，134（25）：10638-10645.

[28]　Hod I，Sampson M D，Deria P，et al. Fe-porphyrin-based metal-organic framework films as high-surface concentration，heterogeneous catalysts for electrochemical reduction of CO_2. ACS Catal，2015，5（11）：6302-6309.

[29]　Dong X Y，Zhang M，Pei R B，et al. A crystalline copper（II）coordination polymer for the efficient visible-light-driven generation of hydrogen. Angew Chem Int Ed，2016，55（6）：2073-2077.

[30]　Wang C，deKrafft K E，Lin W. Pt nanoparticles@ photoactive metal-organic frameworks：efficient hydrogen evolution via synergistic photoexcitation and electron injection. J Am Chem Soc，2012，134（17）：7211-7214.

[31]　Cohen S M. Postsynthetic methods for the functionalization of metal-organic frameworks. Chem Rev，2011，112（2）：970-1000.

[32]　Evans J D，Sumby C J，Doonan C J. Post-synthetic metalation of metal-organic frameworks. Chem Soc Rev，2014，43（16）：5933-5951.

[33]　Wang C，Liu D，Lin W. Metal-organic frameworks as a tunable platform for designing functional molecular materials. J Am Chem Soc，2013，135（36）：13222-13234.

[34]　Cohen S M. Modifying MOFs：new chemistry，new materials. Chem Sci，2010，1（1）：32-36.

[35]　Kong G Q，Ou S，Zou C，et al. Assembly and post-modification of a metal-organic nanotube for highly efficient catalysis. J Am Chem Soc，2012，134（48）：19851-19857.

[36]　Tanabe K K，Cohen S M. Postsynthetic modification of metal-organic frameworks-a progress report. Chem Rev，2011，40（2）：498-519.

[37]　Dhakshinamoorthy A，Garcia H. Catalysis by metal nanoparticles embedded on metal-organic frameworks. Chem Soc Rev，2012，41（15）：5262-5284.

[38]　Roch-Marchal C，Hidalgo T，Banh H，et al. A promising catalytic and theranostic agent obtained through the in-situ synthesis of au nanoparticles with a reduced polyoxometalate incorporated within mesoporous MIL-101. Eur J Inorg Chem，2016.

[39]　Müller M，Zhang X，Wang Y，et al. Nanometer-sized titania hosted inside MOF-5. Chem Commun，2009（1）：119-121.

[40]　Ishida T，Nagaoka M，Akita T，et al. Deposition of gold clusters on porous coordination polymers by solid grinding and their catalytic activity in aerobic oxidation of alcohols. Chem Eur J，2008，14（28）：8456-8460.

[41]　Tsuruoka T，Kawasaki H，Nawafune H，et al. Controlled self-assembly of metal-organic frameworks on metal nanoparticles for efficient synthesis of hybrid nanostructures. ACS Appl Mater Inter，2011，3（10）：3788-3791.

[42]　Yamashita H，Ikeue K，Anpo M. CO_2 Convers. Util，2002，22：330-343.

[43]　Matsuoka M，Anpo M. Local structures，excited states，and photocatalytic reactivities of highly dispersed catalysts constructed within zeolites. J Photoch Photobio C：Photochem Rev，2003，3（3）：225-252.

[44] Alvaro M，Carbonell E，Ferrer B，et al. Semiconductor behavior of a metal-organic framework（MOF）. Chem Eur J，2007，13（18）：5106-5112.

[45] Silva C G，Corma A，García H. Metal-organic frameworks as semiconductors. J Mater Chem，2010，20（16）：3141-3156.

[46] Wang C，Wang J L，Lin W. Elucidating molecular iridium water oxidation catalysts using metal-organic frameworks：a comprehensive structural，catalytic，spectroscopic，and kinetic study. J Am Chem Soc，2012，134（48）：19895-19908.

[47] Horiuchi Y，Toyao T，Saito M，et al. Visible-light-promoted photocatalytic hydrogen production by using an amino-functionalized Ti（IV）metal-organic framework. J Phys Chem C，2012，116（39）：20848-20853.

[48] Fu Y，Sun D，Chen Y，et al. An amine-functionalized titanium metal-organic framework photocatalyst with visible-light-induced activity for CO_2 reduction. Angew Chem Int Ed，2012，124（14）：3420-3423.

[49] Yuan Y P，Yin L S，Cao S W，et al. Improving photocatalytic hydrogen production of metal-organic framework UiO-66 octahedrons by dye-sensitization. Appl Cataly B-Environ，2015，168：572-576.

[50] Fateeva A，Chater P A，Ireland C P，et al. A water-stable porphyrin-based metal-organic framework active for visible-light photocatalysis. Angew Chem Int Ed，2012，124（30）：7558-7562.

[51] Wang C，Xie Z，deKrafft K E，et al. Doping metal-organic frameworks for water oxidation，carbon dioxide reduction，and organic photocatalysis. J Am Chem Soc，2011，133（34）：13445-13454.

[52] Zhang X，Chen Z K，Loh K P. Coordination-assisted assembly of 1-D nanostructured light-harvesting antenna. J Am Chem Soc，2009，131（21）：7210-7211.

[53] Lee C Y，Farha O K，Hong B J，et al. Light-harvesting metal-organic frameworks（MOFs）：efficient strut-to-strut energy transfer in bodipy and porphyrin-based MOFs. J Am Chem Soc，2011，133（40）：15858-15861.

[54] Jin S，Son H J，Farha O K，et al. Energy transfer from quantum dots to metal-organic frameworks for enhanced light harvesting. J Am Chem Soc，2013，135（3）：955-958.

[55] Wang C，Liu D，Lin W. Metal-organic frameworks as a tunable platform for designing functional molecular materials. J Am Chem Soc，2013，135（36）：13222-13234.

[56] Cohen S M. Postsynthetic methods for the functionalization of metal-organic frameworks. Chem Rev，2011，112（2）：970-1000.

[57] Evans J D，Sumby C J，Doonan C J. Post-synthetic metalation of metal-organic frameworks. Chem Soc Rev，2014，43（16）：5933-5951.

[58] Cohen S M. Modifying MOFs：new chemistry，new materials. Chem Sci，2010，1（1）：32-36.

[59] Song Y F，Cronin L. Postsynthetic covalent modification of metal-organic framework（MOF）materials. Angew Chem Int Ed，2008，47（25）：4635-4637.

[60] Tanabe K K，Cohen S M. Engineering a metal-organic framework catalyst by using postsynthetic modification. Angew Chem Int Ed，2009，121（40）：7560-7563.

[61] Tanabe K K，Cohen S M. Postsynthetic modification of metal-organic frameworks-a progress report. Chem Soc Rev，2011，40（2）：498-519.

[62] Karagiaridi O，Lalonde M B，Bury W，et al. Opening ZIF-8：a catalytically active zeolitic imidazolate framework of sodalite topology with unsubstituted linkers. J Am Chem Soc，2012，134（45）：18790-18796.

[63] Zhang Z，Zhang L，Wojtas L，et al. Templated synthesis，postsynthetic metal exchange，and properties of a porphyrin-encapsulating metal-organic material. J Am Chem Soc，2011，134（2）：924-927.

[64] Pullen S，Fei H，Orthaber A，et al. Enhanced photochemical hydrogen production by a molecular diiron catalyst incorporated into a metal-organic framework. J Am Chem Soc，2013，135（45）：16997-17003.

[65] Aijaz A，Karkamkar A，Choi Y J，et al. Immobilizing highly catalytically active Pt nanoparticles inside the pores of metal-organic framework：a double solvents approach. J Am Chem Soc，2012，134（34）：13926-13929.

[66] Lu G，Li S，Guo Z，et al. Imparting functionality to a metal-organic framework material by controlled nanoparticle encapsulation. Nat Chem，2012，4（4）：310-316.

[67] Dhakshinamoorthy A，Garcia H. Catalysis by metal nanoparticles embedded on metal-organic frameworks. Chem Soc Rev，2012，41（15）：5262-5284.

[68] Zhan W，Kuang Q，Zhou J，et al. Semiconductor@ metal-organic framework core-shell heterostructures：a case of ZnO@ ZIF-8 nanorods with selective photoelectrochemical response. J Am Chem Soc，2013，135（5）：1926-1933.

[69] Müller M，Zhang X，Wang Y，et al. Nanometer-sized titania hosted inside MOF-5. Chem Commun，2009，（1）：119-121.

[70] Ishida T，Nagaoka M，Akita T，et al. Deposition of gold clusters on porous coordination polymers by solid grinding and their catalytic activity in aerobic oxidation of alcohols. Chem Eur J，2008，14（28）：8456-8460.

[71] El-Shall M S，Abdelsayed V，Khder A E R S，et al. Metallic and bimetallic nanocatalysts incorporated into highly porous coordination polymer

MIL-101. J Mater Chem，2009，19（41）：7625-7631.

[72]　Tsuruoka T，Kawasaki H，Nawafune H，et al. Controlled self-assembly of metal-organic frameworks on metal nanoparticles for efficient synthesis of hybrid nanostructures. ACS Appl Mater Inte，2011，3（10）：3788-3791.

[73]　He J，Yan Z，Wang J，et al. Significantly enhanced photocatalytic hydrogen evolution under visible light over CdS embedded on metal-organic frameworks. Chem Commun，2013，49（60）：6761-6763.

[74]　Kataoka Y，Sato K，Miyazaki Y，et al. Photocatalytic hydrogen production from water using porous material [Ru$_2$(p-BDC)$_2$]$_n$. Energ Environ Sci，2009，2（4）：397-400.

[75]　Fateeva A，Chater P A，Ireland C P，et al. A water-stable porphyrin-based metal-organic framework active for visible-light photocatalysis. Angew Chem Int Ed，2012，124（30）：7558-7562.

[76]　Fujishima A. Electrochemical photolysis of water at a semiconductor electrode. Nature，1972，238：37-38.

[77]　Dan-Hardi M，Serre C，Frot T，et al. A new photoactive crystalline highly porous titanium（IV）dicarboxylate. J Am Chem Soc，2009，131（31）：10857-10859.

[78]　Horiuchi Y，Toyao T，Saito M，et al. Visible-light-promoted photocatalytic hydrogen production by using an amino-functionalized Ti（IV）metal-organic framework. J Phys Chem C，2012，116（39）：20848-20853.

[79]　Toyao T，Saito M，Horiuchi Y，et al. Efficient hydrogen production and photocatalytic reduction of nitrobenzene over a visible-light-responsive metal-organic framework photocatalyst. Catal Sci Technol，2013，3（8）：2092-2097.

[80]　Toyao T，Saito M，Dohshi S，et al. Development of a Ru complex-incorporated MOF photocatalyst for hydrogen production under visible-light irradiation. Chem Commun，2014，50（51）：6779-6781.

[81]　Nasalevich M A，Becker R，Ramos-Fernandez E V，et al. Co@ NH$_2$-MIL-125(Ti): cobaloxime-derived metal-organic framework-based composite for light-driven H$_2$ production. Energy Environ Sci，2015，8（1）：364-375.

[82]　Zhou T，Du Y，Borgna A，et al. Post-synthesis modification of a metal-organic framework to construct a bifunctional photocatalyst for hydrogen production. Energy Environ Sci，2013，6（11）：3229-3234.

[83]　Cavka J H，Jakobsen S，Olsbye U，et al. A new zirconium inorganic building brick forming metal organic frameworks with exceptional stability. J Am Chem Soc，2008，130（42）：13850-13851.

[84]　Gomes Silva C，Luz I，Llabrés i Xamena F X，et al. Water stable Zr-benzenedicarboxylate metal-organic frameworks as photocatalysts for hydrogen. Chem Eur J，2010，16（36）：11133-11138.

[85]　Yuan Y P，Yin L S，Cao S W，et al. Improving photocatalytic hydrogen production of metal-organic framework UiO-66 octahedrons by dye-sensitization. Appl Catal B-Environ，2015，168：572-576.

[86]　Sasan K，Lin Q，Mao C Y，et al. Incorporation of iron hydrogenase active sites into a highly stable metal-organic framework for photocatalytic hydrogen generation. Chem Commun，2014，50：10390-10393.

[87]　Hou C C，Li T T，Cao S，et al. Ifntroduction of a mediator for enhancing photocatalytic performance via post-synthetic metal exchange in metal-organic frameworks（MOFs）. J Mater Chem A，2015，3，10386-10394.

[88]　Sun D，Liu W，Qiu M，et al. Introduction of a mediator for enhancing photocatalytic performance via post-synthetic metal exchange in metal-organic frameworks（MOFs）. Chem Commun，2015，51（11）：2056-2059.

[89]　Zhang M，Zhang M T，Hou C，et al. Homogeneous electrocatalytic water oxidation at neutral pH by a robust macrocyclic nickel（II）complex Angew Chem Int Ed，2014，53：13042-13048.

[90]　Wang J W，Sahoo P，Lu T B. Reinvestigation of water oxidation catalyzed by a dinuclear cobalt polypyridine complex: identification of CoO$_x$ as a real heterogeneous catalyst. ACS Catal，2016，6：5062-5068.

[91]　Han X B，Zhang Z M，Zhang T，et al. Polyoxometalate-based cobalt-phosphate molecular catalysts for visible light-driven water oxidation. J Am Chem Soc，2014，136：5359-5366.

[92]　Liu Z J，Wang X L，Qin C，et al. Polyoxometalate-assisted synthesis of transition-metal cubane clusters as artificial mimics of the oxygen-evolving center of photosystem II. Coord Chem Rev，2016，313：94-110.

[93]　Zhang Z M，Zhang T，Wang C，et al. Photosensitizing metal-organic framework enabling visible-light-driven proton reduction by a wells-dawson-type polyoxometalate. J Am Chem Soc，2015，137（9）：3197-3200.

[94]　Kong X J，Lin Z，Zhang Z M，et al. Hierarchical integration of photosensitizing metal-organic frameworks and nickel-containing polyoxometalates for efficient visible-light-driven hydrogen evolution. Angew Chem Int Ed，2016，128（22）：6521-6526.

[95]　Yan A，Yao S，Li Y，et al. Incorporating polyoxometalates into a porous MOF greatly improves its selective adsorption of cationic dyes. Chem Eur J，2014，20：6927-6933.

[96]　Zhu T T，Zhang Z M，Chen W L，et al. Encapsulation of tungstophosphoric acid into harmless MIL-101（Fe）for effectively removing cationic

dye from aqueous solution. RSC Adv，2016，6：81622-81630.

[97] He J，Yan Z，Wang J，et al. Significantly enhanced photocatalytic hydrogen evolution under visible light over CdS embedded on metal-organic frameworks. Chem Commun，2013，49（60）：6761-6763.

[98] Wang Y，Zhang Y，Jiang Z，et al. Controlled fabrication and enhanced visible-light photocatalytic hydrogen production of Au@ CdS/MIL-101 heterostructure. Appl Catal B Environ，2016，185：307-314.

[99] Lin R，Shen L，Ren Z，et al. Enhanced photocatalytic hydrogen production activity via dual modification of MOF and reduced graphene oxide on CdS. Chem Commun，2014，50（62）：8533-8535.

[100] Shen L，Luo M，Liu Y，et al. Noble-metal-free MoS$_2$ co-catalyst decorated UiO-66/CdS hybrids for efficient photocatalytic H$_2$ production. Appl Catal B-Environ，2015，166：445-453.

[101] Liu X L，Wang R，Zhang M Y，et al. Dye-sensitized MIL-101 metal organic frameworks loaded with Ni/NiOS nanoparticles for efficient visible-light-driven hydrogen generation. APL Mater，2015，3（10）：104403.

[102] Wang C，deKrafft K E，Lin W. Pt nanoparticles@ photoactive metal-organic frameworks：efficient hydrogen evolution via synergistic photoexcitation and electron injection. J Am Chem Soc，2012，134（17）：7211-7214.

[103] He J，Wang J，Chen Y，et al. A dye-sensitized Pt@ UiO-66（Zr）metal-organic framework for visible-light photocatalytic hydrogen production. Chem Commun，2014，50（53）：7063-7066.

[104] Xiao J D，Shang Q，Xiong Y，et al. Boosting photocatalytic hydrogen production of a metal-organic framework decorated with platinum nanoparticles：the platinum location matters. Angew Chem Int Ed，2016，128：9535-9539.

[105] Wen M，Mori K，Kamegawa T，et al. Amine-functionalized MIL-101（Cr）with imbedded platinum nanoparticles as a durable photocatalyst for hydrogen production from water. Chem Commun，2014，50（79）：11645-11648.

[106] Hu X L，Sun C Y，Qin C，et al. Iodine-templated assembly of unprecedented 3d-4f metal-organic frameworks as photocatalysts for hydrogen generation. Chem Commun，2013，49（34）：3564-3566.

[107] Guo W，Lv H，Chen Z，et al. Self-assembly of polyoxometalates，Pt nanoparticles and metal-organic frameworks into a hybrid material for synergistic hydrogen evolution. J Mater Chem A，2016，4（16）：5952-5957.

[108] Chi L，Xu Q，Liang X，et al. Iron-based metal-organic frameworks as catalysts for visible light-driven water oxidation. Small，2016，12（10）：1351-1358.

[109] Hansen R E，Das S. Biomimetic di-manganese catalyst cage-isolated in a MOF：robust catalyst for water oxidation with Ce（Ⅳ），a non-O-donating oxidant Energy. Environ Sci，2014，7（1）：317-322.

[110] Sun D，Fu Y，Liu W，et al. Studies on photocatalytic CO$_2$ reduction over NH$_2$-UiO-66（Zr）and its derivatives：towards a better understanding of photocatalysis on metal-organic frameworks. Chem Eur J，2013，19（42）：14279-14285.

[111] Sun D，Liu W，Qiu M，et al. Introduction of a mediator for enhancing photocatalytic performance via post-synthetic metal exchange in metal-organic frameworks（MOFs）. Chem Commun，2015，51（11）：2056-2059.

[112] Fu Y，Sun D，Chen Y，et al. An aminefunctionalized titanium metal-organic framework photocatalyst with visible-light-induced activity for CO$_2$ reduction. Angew Chem Int Ed，2012，124（14）：3420-3423.

[113] Wang D，Huang R，Liu W，et al. Fe-based MOFs for photocatalytic CO$_2$ reduction：role of coordination unsaturated sites and dual excitation pathways. ACS Catal，2014，4（12）：4254-4260.

[114] Xu H Q，Hu J，Wang D，et al. Visible-light photoreduction of CO$_2$ in a metal-organic framework：boosting electron-hole separation via electron trap states. J Am Chem Soc，2015，137（42）：13440-13443.

[115] Fei H，Sampson M D，Lee Y，et al. Photocatalytic CO$_2$ reduction to formate using a Mn（Ⅰ）molecular catalyst in a robust metal-organic framework. Inorg Chem，2015，54（14）：6821-6828.

[116] Wang S，Yao W，Lin J，et al. Cobalt imidazolate metal-organic frameworks photosplit CO$_2$ under mild reaction conditions. Angew Chem Int Ed，2014，53（4）：1034-1038.

[117] Mahata P，Madras G，Natarajan S. Novel photocatalysts for the decomposition of organic dyes based on metal-organic framework compounds. J Phys Chem B，2006，110（28）：13759-13768.

[118] Alvaro M，Carbonell E，Ferrer B，et al. Semiconductor behavior of a metal-organic framework（MOF）. Chem Eur J，2007，13（18）：5106-5112.

[119] Silva C G，Corma A，García H. Metal-organic frameworks as semiconductors. J Mater Chem，2010，20（16）：3141-3156.

[120] Silva G C，Luz I，Xamena F X L I，et al. Water stable Zr-benzenedicarboxylate metal-organic frameworks as photocatalysts for hydrogen generation. Chem Eur J，2010，16（36）：11133-11138.

[121] Zhang M，Chen C，Ma W，et al. Visible-light-induced aerobic oxidation of alcohols in a coupled photocatalytic system of dye-sensitized TiO$_2$

and TEMPO. Angew Chem Int Ed，2008，47（50）：9730-9733.

[122]　Wu N，Wang J，Tafen D N，et al. Shape-enhanced photocatalytic activity of single-crystalline anatase TiO_2（101）nanobelts. J Am Chem Soc，2010，132（19）：6679-6685.

[123]　Long J，Wang S，Ding Z，et al. Amine-functionalized zirconium metal-organic framework as efficient visible-light photocatalyst for aerobic organic transformations. Chem Commun，2012，48（95）：11656-11658.

[124]　Nasalevich M A，Goesten M G，Savenije T J，et al. Enhancing optical absorption of metal-organic frameworks for improved visible light photocatalysis. Chem Commun，2013，49（90）：10575-10577.

[125]　Toyao T，Saito M，Horiuchi Y，et al. Efficient hydrogen production and photocatalytic reduction of nitrobenzene over a visible-light-responsive metal-organic framework photocatalyst. Catal Sci Technol，2013，3（8）：2092-2097.

[126]　Shen L，Luo M，Huang L，et al. A clean and general strategy to decorate a titanium metal-organic framework with noble-metal nanoparticles for versatile photocatalytic applications. Inorg Chem，2015，54（4）：1191-1193.

[127]　Yuan S，Liu T F，Feng D，et al. A single crystalline porphyrinic titanium metal-organic framework. Chem Sci，2015，6（7）：3926-3930.

[128]　Wang X，Lu W，Gu Z Y，et al. Topology-guided design of an anionic bor-network for photocatalytic $[Ru(bpy)_3]^{2+}$ encapsulation. Chem Commun，2016，52（9）：1926-1929.

[129]　Zhao M，Ou S，Wu C D. Porous metal-organic frameworks for heterogeneous biomimetic catalysis. Acc Chem Res，2014，47（4）：1199-1207.

[130]　Xie M H，Yang X L，Zou C，et al. A Sn^{IV}-porphyrin-based metal-organic framework for the selective photo-oxygenation of phenol and sulfides. Inorg Chem，2011，50（12）：5318-5320.

[131]　Wu P，He C，Wang J，et al. Photoactive chiral metal-organic frameworks for light-driven asymmetric α-alkylation of aldehydes. J Am Chem Soc，2012，134（36）：14991-14999.

第39章
多孔配位聚合物的吸附分离性能

39.1 引　言

多孔配位聚合物（porous coordination polymer，PCP）也常称为金属有机框架（metal-organic framework，MOF），近年来吸引了大量来自化学各个学科，以及材料科学、生命科学、物理学、生物学、环境科学、电子科学等众多科学领域研究人员的关注，是当前国内外最热门的科学研究主题之一。多孔配位聚合物是由金属离子和有机配体通过配位键作用形成的一类具有潜在孔洞和多孔性质的配位聚合物。这类多孔材料在气体存储、分离、催化、传感等众多方面表现出极大的应用潜力。多孔配位聚合物的众多性质和应用可参阅本书的其他章节。本章将主要介绍多孔配位聚合物的吸附分离性能。将多孔配位聚合物的吸附分离性能理解为两个主要方面。一方面，多孔配位聚合物通过对某些分子纯净物的吸附，表现出对单一分子的存储功能，如多孔配位聚合物对氢气、甲烷等清洁能源气体和一些其他特殊分子的存储。多孔配位聚合物对纯净物的吸附也可能不以对这种分子的存储为目的，而是通过对这种分子的吸附和脱附实现其他的功能，如热转换或储能。另一方面，多孔配位聚合物通过对混合物的吸附实现混合物中各组分的分离。分离过程常出现两种情况，一种是待分离物中各组分含量相当，比例差别不大；另一种是待分离物中某种组分含量明显偏低，分离过程的目的以移除这种组分为主。后一种情况常见于空气或水中的污染物去除。这些污染物具有含量低却对环境破坏性大的特点。基于这些考虑分析，本章将 MOF 材料的吸附和分离应用分成两方面讲，一方面是分子的吸附存储，另一方面是混合物的分离应用。在分离应用部分，我们又分成混合物的分离提纯和环境污染物的吸附去除两小节分别介绍。

39.2　分子的吸附存储

39.2.1　氢气存储

随着工业技术的飞速发展，人类对能源需求和使用的增加，石化燃料（煤炭、石油和天然气）等不可再生能源将日益枯竭。大规模地开发利用可再生能源已成为世界各国能源战略的重要组成部分。例如，我国已经大力推广使用新能源汽车取代传统油车。氢能具有来源丰富、对环境友好、可再生、能量密度高等特点，是未来最理想的能源。虽然当前氢能的发展还远远未达到商业化的程度，但对氢能的各方面研究一直备受关注。尤其是在交通领域，氢动力汽车可真正实现零排放，是传统燃油汽车最理想的替代方案。氢作为燃料使用于汽车中的最大技术障碍是其储存问题。氢在常温常压下为气态，密度仅为空气的 1/14。汽车行驶 300 英里[①]需要消耗 5～13kg 氢。而常温常压下 5kg 氢占据高达 56m³ 的空间。显然，氢动力汽车的应用需要更切实可行的氢气储存方法。美国能源部对 2017 年车载储氢设定的目标是：在 –40～60℃ 温度范围内，最高 100atm 下，存储材料基于质量的存储能力不低于 5.5%（相当于 58.2mg/g），基于体积的存储能力不低于 40g/L。虽然这个目标至今还没有实现，但是在过去的很多年里，储氢的研究仍取得了很大的进展。

目前已有很多种储氢方法被提出，包括压缩储氢、液化储氢、氢化物储氢、物理吸附储氢等。压缩储氢和液化储氢两种方法虽然实现简单、技术成熟，但都存在各自不可克服的缺点。对于压缩储氢，氢的存储密度在接近室温、800atm 下可达 33g/L。然而，高压下氢可溶解渗透到钢中，导致存储钢瓶的氢脆现象，这给长时间氢存储带来巨大的安全隐患。对于液化储氢，氢在常压和温度低于 20K 下液化，液态氢的密度高达 70.8g/L。然而，液态氢在存储过程中必须始终保持低温。对于长时间的氢气存储，制冷的成本很高。此外，液化储氢也存在安全问题。一旦制冷失效，存储环境温度升高超过 20K 时，氢迅速汽化，瞬间对容器产生极大的压力，极易发生爆炸。氢化物储氢材料包括金属氢化物、络合氢化物、化合物氢化物等。研究较多的金属氢化物包括 MgH_2、AlH_3、$NaAlH_4$、$LiAlH_4$、LiH、$LaNi_5H_6$ 等，络合氢化物包括 $LiBH_4$、$NaBH_4$、$Mg(BH_4)_2$、$LiNH_2$、$Mg(NH_2)_2$ 等，化合物氢化物包括甲酸、氨气、烷烃等。这类储氢材料的氢释放与再生属于化学脱附吸附过程。这些过程大多数需要较高的反应活化能，在动力学上进行缓慢，有些氢化物甚至不可再生。物理吸附储氢材料主要包括沸石、活性炭、纳米管、MOF 等多孔材料。由于氢分子与吸附剂孔表面之间的范德瓦耳斯作用力一般较弱，物理吸附储氢具有较快的吸附脱附动力学，但在接近室温下的储氢能力普遍较低。MOF 是一类具有高表面积、可设计性好的吸附剂，已有很多关于 MOF 在吸附储氢应用的研究报道。以下简要介绍一些代表性的研究工作。

MOF-5 是众多 MOF 材料中的一个典型范例，其框架 $[Zn_4O(bdc)_3]$ 是由 $Zn_4O(COO)_6$ 单元与配体 bdc^{2-} 相互连接形成的具有 *pcu* 拓扑的三维网络[1]。尽管 MOF-5 在惰性气体或真空下可以稳定到 400℃ 左右，文献中由不同制备和/或活化方法得到的 MOF-5 样品比表面积和 H_2 超额吸附量（excess adsorptions uptake）相差很大。这些差异主要源于 MOF-5 对水的不稳定性。Long 课题组在严格无水无氧条件下制备的 MOF-5 样品在 77K 下表现出高达 44.5mmol/g 的饱和 N_2 吸附量、3800m²/g 的 BET 比表面积[2]。高压 H_2 吸附测试显示该 MOF-5 样品在 77K、40bar 下 H_2 超额吸附量为 76mg/g。当压力为 170bar 时，H_2 绝对吸附量（absolute adsorption uptake 或 total adsorption uptake）高达 130mg/g，体积存储密度 77g/L。不久前，该课题组又对 $M_2(dobpdc)$（M = Mg、Mn、Fe、Co、Ni、Zn）和 $M_2(dobdc)$（M = Mg、Mn、Fe、Co、Ni、Cu、Zn）两类 MOF 材料进行了 H_2 吸附研究[3]。这两类 MOF 结构相似，具有一维的孔道以及配位不饱和的金属位点，不过前者的配体更长，孔道尺寸更大。77K 和 87K 下的 H_2 吸附等温线显示 $M_2(dobpdc)$ 在低压下表现出很强的 H_2 吸附作用力，吸附热大小在 –8.8～–12.0kJ/mol 范围内，系列 MOF 材料氢气吸附热大小次序是 Zn<Mn<Fe<Mg<Co<Ni。常温高压吸附研究显示 $M_2(dobpdc)$ 比 $M_2(dobdc)$ 具有更高的基于质量的 H_2 吸附量。例如，100bar 和 298K 下，$Co_2(dobpdc)$ 的 H_2 吸附量为 1.45wt%，而 $Co_2(dobdc)$ 的只有 0.9wt%。显然这与 $M_2(dobpdc)$ 具有更高的比表面积有关。不过 $M_2(dobpdc)$ 基于体积的氢气吸附量比 $M_2(dobdc)$ 的低。他们认为，在载客汽车应用上，材料基于体积的 H_2 吸附量比基于质量的 H_2 吸附量更为重要，因为这类汽车的空间有限。通过对比众多已有报道 MOF 的 H_2 吸附数据（图 39-1），他们提出，MOF 材料基于质量的 H_2 吸附量与材料的比表面积相关，然而基于体积的氢气吸附量与比表面积没有关联性。材料与 H_2 之间的相互作用力对与其储氢能力相当重要，这主要取决于强吸附位点的密度和吸附作用力的大小而非比表面积。

---

① 1 英里 = 1.609km。

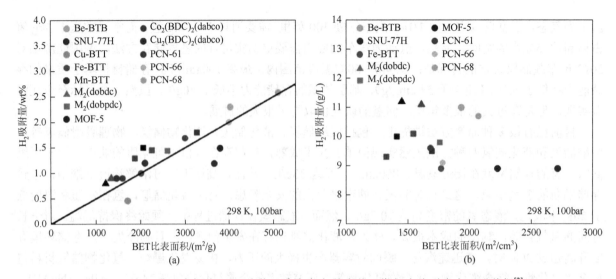

图 39-1　一些已有报道 MOF 的基于质量（a）的和基于体积（b）的氢气吸附数据[3]

Yaghi 课题组利用 $Zn_4O(-COO)_6$ 单元与两种羧酸配体 H_3bte 和 H_2bpdc 构筑了 MOF-210 $[Zn_4O(bte)_{4/3}(bpdc)]$[4]。经超临界 CO_2 活化后，这一 MOF 的 BET 比表面积高达 $6240m^2/g$，Langmuir 比表面积高达 $10400m^2/g$。在 77K、60bar 条件下，MOF-210 的 H_2 超额吸附量为 86mg/g，相当于 7.9wt%，绝对吸附量高达 176mg/g，相当于 15.0wt%。这甚至超过了甲醇、乙醇、戊烷、己烷等典型有机物燃料的含氢量。

Hupp 课题组利用六羧酸配体 H_6tceb 与桨轮状 $Cu_2(-COO)_4$ 单元构筑了具有 *rht* 拓扑(3, 24)连接型 MOF 结构 $[Cu_3(tceb)(H_2O)_3]$(NU-100)[5]。与 MOF-210 一样，NU-100 只能通过超临界 CO_2 方法被成功活化。77K 下 N_2 吸附显示 NU-100 的 BET 比表面积高达 $6143m^2/g$，孔体积高达 $2.82cm^3/g$。NU-100 在 77K、1bar 和 56bar 下的 H_2 超额吸附量分别为 18.2mg/g 和 99.5mg/g，70bar 下的绝对吸附量高达 164mg/g。

Zhou 课题组通过 $[Fe_2M(\mu_3-O)(CH_3COO)_6]$（$M = Fe^{2+}$、$Fe^{3+}$、$Co^{2+}$、$Ni^{2+}$、$Mn^{2+}$和$Zn^{2+}$）前驱体和系列羧酸配体反应合成了一系列 Fe-MOF[6]。其中 $[Fe_2Co(\mu_3-O)(abtc)_{1.5}]$，即 PCN-250($Fe_2Co$)，是由六连接的 $[Fe_2Co(\mu_3-O)(-COO)_6]$ 单元和四羧酸配体 H_4abtc 构筑形成的具有 *soc* 拓扑三维网络结构。PCN-250(Fe_2Co) 表现出基于体积很高的 H_2 绝对吸附量，在 77K、1bar 和 40bar 下，H_2 绝对吸附量分别为 28g/L 和 60g/L。PCN-250(Fe_2Co)的高 H_2 吸附量被认为是结构中合适的孔洞尺寸和高电荷性的配位不饱和金属离子导致的。值得注意的是 PCN-250(Fe_2Co)还表现出优异的化学稳定性。在浸泡于 pH 1~14 的水溶液 24h，或于水中 6 个月后，PCN-250(Fe_2Co)依然保持晶态。而且，这些被处理过的样品依然保持原样品的 N_2 吸附量，表明了 PCN-250(Fe_2Co)没有在处理过程中被部分破坏。

最近，Yildirim、Farha、Zhang、Snurr 及其合作者们对超过 13000 种已有或新的 MOF 材料进行了分子模拟，计算了它们在 100bar 和 77K 吸附、5bar 和 160K 脱附条件下的有效储氢能力[7]。他们发现诸多 MOF 的有效储氢能力超过 700bar 和常温下高压钢瓶的储氢能力。计算结果得到最高的 MOF 有效储氢能力为 57g/L，超过高压钢瓶的有效储氢能力 37g/L。他们还通过实验数据证实了 NU-1103 基于体积的有效储氢能力为 43.2g/L，基于质量的有效储氢能力为 12.6wt%。同时，NU-1103 还具有良好的结构稳定性。MOF 材料虽然在低温下表现出较高的储氢能力，但在接近室温下的储氢能力却不理想。例如，MOF-5 在 77K、170bar 下的 H_2 绝对吸附量可达 130mg/g，而在 25℃、压力 60bar 时绝对吸附量只有 3.0~4.5mg/g[8]。为提高 MOF 与 H_2 之间的相互作用力，提高其接近室温下的储氢能力，大量在孔尺寸和形状优化、孔表面官能化、材料复合等方面的研究工作已被报道[8, 9]。然而，MOF 材料在接近室温下实际可行的储氢应用仍有待相关研究的更大突破。

39.2.2 甲烷存储

以甲烷为主要成分的天然气在自然界储量丰富，约占地球上石化燃料总量的 2/3。所有烃类中，甲烷具有最大的 H/C 比，燃烧释放每单位的热量，甲烷产生的 CO_2 量最少。此外，相对煤、柴油和汽油这些燃料，天然气燃烧效率高，燃烧后无粉尘生成。因此，天然气被认为是一种重要的优质清洁能源。天然气的利用在应对石油资源日益枯竭、减少 CO_2 大量排放、减少大气颗粒物和提高空气质量等多方面具有重要大意义。近年来，天然气取代柴油和汽油作为汽车燃料的概念引起了人们极大的重视。天然气汽车的推广所面临的最大障碍是缺乏安全、经济、有效的车载天然气存储方法。

一般状态下，甲烷以气体形式存在，体积能量密度只有 0.036MJ/L，远低于一些传统燃料，如汽油（34.2MJ/L）和柴油（37.3MJ/L）。为提高甲烷体积能量密度，天然气通常采用高压或液化的方式存储。对于高压存储，天然气以超临界状态存储在室温和 200atm 以上的压力下，体积能量密度可以达到 9.2MJ/L。这种方法已经应用到天然气汽车上。液化方法是常压和 112K 下将天然气冷凝成液态存储。液态天然气体积能量密度可以达到 22.2MJ/L。需要注意的是，甲烷气体在常温下不能被加压液化，因为甲烷的临界温度是 190K，临界压力为 4.5992MPa。这些天然气存储方法虽然容易实现并且在技术上已经成熟，但都存在存储过程能耗大、安全性低等问题。通过多孔吸附剂对天然气进行存储是近年来的一个研究热点。这种天然气存储方式有希望实现在低压和室温下经济性好、使用方便、安全性高的有效甲烷存储。美国能源部对吸附剂材料提出了一个极具挑战性的天然气存储目标：在室温下，体积存储密度不低于 0.188g/cm^3，相当于吸附剂的体积储存能力需要达到 263cm^3/cm^3，质量存储密度不低于 0.5g/g，相当于吸附剂的质量储存能力需要达到 700cm^3/g[10]。近年来，人们对沸石、多孔碳材料及 MOF 等多孔材料已开展了大量甲烷储存方面的研究，本节将简要介绍 MOF 在这方面的一些最新研究情况。

2008 年，Zhou 课题组报道了由 Cu_2(—COO)$_4$ 单元与含蒽环的四羧酸配体 adip^{4-} 构筑的具有 *nbo* 拓扑的[$Cu_2(H_2O)_2$(adip)]（PCN-14）[11]。77K 下的 N_2 吸附实验显示 PCN-14 的 Langmuir 比表面积为 2176m^2/g，孔体积为 0.87cm^3/g。在 20℃、35bar 下 PCN-14 的甲烷吸附量高达 230cm^3/cm^3。这一吸附量在过去很长一段时间里是 MOF 材料甲烷吸附量的最高纪录。PCN-14 的甲烷吸附热高达 30kJ/mol，表明甲烷与 PCN-14 框架存着很强的相互作用。这个强相互作用被认为是其配体上引入了大芳香环，其孔道结构由纳米尺寸孔笼构成，以及其孔道表面具有配位不饱和金属离子活性位点这几方面原因共同导致的。

HKUST-1 是受关注与研究最多的 MOF 材料之一，其框架是由 Cu_2(—COO)$_4$ 单元与三羧酸配体 btc^{3-} 相互连接形成的具有 *tbo* 拓扑的三维网络结构[12]。在 HKUST-1 中有三种类型的八面体型孔笼，孔径分别为 5Å、10Å 和 11Å。这些八面体型孔笼通过共用面的形式相互堆积形成 HKUST-1 的三维孔道结构。移除客体和配位水后，HKUST-1 孔表面具有配位不饱和金属离子活性位点。77K 下 N_2 吸附显示 HKUST-1 的 BET 比表面积为 1850m^2/g，孔体积为 0.78cm^3/g。已有多个课题组研究过 HKUST-1 的甲烷高压吸附，然而，报道的数据不完全一致。这可能是样品合成方法与活化方式存在差异导致的。不久前，Hupp 课题组重新测试了 HKUST-1 的甲烷高压吸附[13]，结果显示 HKUST-1 具有很高的甲烷存储能力，超过许多其他 MOF 材料。在 25℃、35bar 下 HKUST-1 的甲烷吸附量为 227cm^3/cm^3，在 25℃、65bar 下其吸附量高达 267cm^3/cm^3。尽管其基于质量的吸附量只有 0.216g/g，HKUST-1 基于体积的甲烷吸附量已经超过了美国能源部的目标。然而，这一基于体积的甲烷吸附量是基于 HKUST-1 单晶结构理论密度计算得到的。实际上，由于颗粒之间不可避免存在空隙，粉末样品的实际密度通常明显低于理论密度。为了提高 HKUST-1 的堆积密度，他们通过加压将粉末样品压制成片状样品以提高样品的密度。然而，加压后样品的甲烷吸附能力明显下降，表明 HKUST-1 的多孔结构在加压过程中部分已被破坏。

最近，Trikalitis 课题组通过一种八羧酸配体与 $Cu_2(—COO)_4$ 单元构筑了与 HKUST-1 具有相同 *tbo* 拓扑的 Cu-*tbo*-MOF-5（图 39-2）[14]。Cu-*tbo*-MOF-5 基于质量和体积的 BET 比表面积分别为 3971m^2/g 和 2363m^2/cm^3，比 HKUST-1 高出 115% 和 47%。在 298K 下的高压甲烷吸附显示 Cu-*tbo*-MOF-5 在 85bar 下基于质量的甲烷吸附量达 372cm^3/g，基于体积的吸附量为 221cm^3/cm^3。在 298K 下 5bar 和 80bar 之间的有效甲烷工作吸附量分别为 294cm^3/g 和 175cm^3/cm^3。

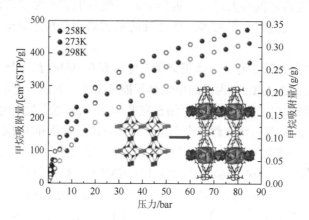

图 39-2　Cu-*tbo*-MOF-5 的结构与甲烷吸附等温线。实心符号代表吸附数据；空心符号代表脱附数据[14]

Chen 课题组发现在配体上引入路易斯碱性的吡啶或嘧啶 N 原子可以导致 MOF 对甲烷吸附存储能力的上升[15, 16]。其中，配体上含有嘧啶 N 原子的 UTSA-76 在 25℃、65bar 下吸附量达到了 257cm^3/cm^3。尽管基于质量的吸附量只有 0.263g/g，UTSA-76 在 5～65bar 之间的有效甲烷吸附量达 200cm^3/cm^3，是当时的最高纪录。NOTT-101 和 UTSA-76 同构，它们之间唯一区别为配体上部分位置分别是 C 和 N 原子。而相同条件下 NOTT-101 的甲烷吸附量（237cm^3/cm^3）相对低一些。他们认为 UTSA-76 配体上的 N 原子对甲烷吸附量提升起到重要作用。原因是含 N 原子的芳香环具有更小的空间位阻，在高压下可以调整取向以优化甲烷的堆积。这一推测得到理论计算和中子散射实验结果的支持。

张杰鹏、何纯挺及合作者们最近报道了一例混合配体型 MOF 材料 MAF-38[17]。MAF-38 框架结构内具有八面体及立方八面体孔笼，直径大小分别为约 6.2Å 和 8.6Å。77K 下 N_2 吸附实验显示 MAF-38 孔体积为 0.808cm^3/g 或 0.615cm^3/cm^3，BET 和 Langmuir 比表面积分别为 2022m^2/g 和 2229m^2/g。298K 下的高压甲烷吸附实验显示 MAF-38 具有极高的甲烷体积储存量。65bar 下吸附量达 263cm^3/cm^3，相当于 24.7wt%。5bar 到 35bar、65bar、80bar 之间的有效甲烷吸附量分别为 150cm^3/cm^3、187cm^3/cm^3、197cm^3/cm^3，相当于 14.1wt%、17.6wt%、18.5wt%。初始吸附焓高达 21.6kJ/mol，甚至比具有配位不饱和金属位点的 Ni-MOF-74 的初始吸附焓（21.4kJ/mol）还稍高一些。计算机理论模拟表明，该结构中的纳米孔笼对甲烷吸附具有十分合适的孔尺寸和孔形状，以及有机吸附位点，这促使了甲烷分子的高效吸附和高密度堆积。其理论最高堆积密度可达 0.481g/cm^3，甚至超过液态甲烷密度 0.423g/cm^3。

Yaghi 课题组报道了由两种羧酸配体构筑的系列 MOF 材料，MOF-905、MOF-905-Me_2、MOF-905-Naph、MOF-905-NO_2[18]。与大多数已报道的 MOF 相比，这些 MOF 都表现出很高的甲烷吸附能力（表 39-1）。其中 MOF-905 在 298K 下 5～65bar 之间的有效甲烷吸附量达 203cm^3/cm^3，略微超过 HKUST-1 在相同条件下的有效甲烷吸附量 200cm^3/cm^3。

表 39-1　代表性 MOF 材料的甲烷吸附数据对比[18]

MOF	拓扑类型	35bar 下甲烷吸附量 /(cm³/cm³)	82bar 下甲烷吸附量 /(cm³/cm³)	5～35bar 下有效甲烷吸附量 /(cm³/cm³)	5～80bar 下有效甲烷吸附量 /(cm³/cm³)
MOF-905	ith-d	145	228	120	203
MOF-905-Me₂	ith-d	138	211	111	184
MOF-905-Naph	ith-d	146	217	117	188
MOF-905-NO₂	ith-d	132	203	107	177
MOF-950	pyr	145	209	109	174
MOF-5	pcu	126	198	104	176
MOF-177	qom	122	205	102	185
MOF-205	ith-d	120	205	101	186
MOF-210	toz	82	166	70	154
Ni-MOF-74	etb	230	267	115	152
HKUST-1	tbo	225	272	153	200
Al-soc-MOF-1	edq/soc	127	221	106	201
PCN-14	fof/nbo	200	250	128	178
UTSA-76a	fof/nbo	211	257	151	197
Co(BDP)	oab	161	203	155	197
MOF-519	sum	200	279	151	230
AX-21	n/a	153	222	103	172
纯甲烷	n/a	33	83	29	79

39.2.3　乙炔存储

乙炔广泛用作燃料，并且是很多精细化学制品的重要合成原料。然而乙炔很不稳定，化学性质高度活泼。纯乙炔在高压下可以发生加成反应生成苯、乙烯基乙炔等物质，反应同时放热。即使在无氧环境下，室温下乙炔储存压力超过 0.2MPa 就存在爆炸可能。因此，安全有效地存储乙炔极具挑战性。一些 MOF 材料在乙炔储存方面表现出极大的应用潜力。

Kitagawa 课题组最早报道了 MOF 材料的乙炔吸附研究[19]。他们制备的 MOF 材料[Cu₂(pzdc)₂(pyz)]，是一个柱层（pillared-layer）式结构，是由 Cu²⁺ 与 pzdc²⁻ 连接而成的 4⁴ 二维层再通过配体 pyz 作为柱子构筑的三维网络结构。沿 a 轴方向[Cu₂(pzdc)₂(pyz)]存在着截面大小约 4Å×6Å 的一维通道。孔表面存在未配位的羧酸根氧原子作为吸附位点。在接近室温时，[Cu₂(pzdc)₂(pyz)]每个分子式可吸附 1 个乙炔分子。而对于相似的 CO₂ 分子，相同条件下吸附量明显更少。乙炔吸附量与 CO₂ 吸附量比值最高可达 26。乙炔吸附热为 42.5kJ/mol，而 CO₂ 吸附热只有 31.9kJ/mol。同步辐射 X 射线衍射结构分析结果表明，在[Cu₂(pzdc)₂(pyz)]孔道中，每个被吸附的乙炔分子与孔壁上的两个未配位氧原子形成氢键作用，相邻乙炔分子之间距离为 4.8Å。这一结果进一步得到原位拉曼光谱和第一性原理计算分析结果支持。[Cu₂(pzdc)₂(pyz)]对乙炔的存储密度是室温下安全压缩存储极限的 200 倍。

张杰鹏和陈小明报道了具有动力学控制的柔性（kinetically controlled flexibility）的 MAF-2[20]。MAF-2 的框架[Cu(etz)]是由一价铜离子与配体 etz⁻ 构筑的 nbo 拓扑型三维结构。其 bcu 拓扑型三维孔道是由很多大的孔笼通过小的孔窗连接形成。而孔窗的大小由可以旋转的乙基控制。与常见具有热力学控制柔性（thermodynamically controlled flexibility）的 MOF 不同，MAF-2 动力学控制的柔性表现为其孔窗只在客体分子出入的瞬间打开，而其他绝大多数时间保持关闭。由于这一结构特征，MAF-2 表现出独特的乙炔和二氧化碳吸附行为。该 MOF 材料对乙炔的饱和吸附能力可达到 119cm³/g，而且常温常压下也可达到 70cm³/g。此外，MAF-2 乙炔吸附等温线为 S 型，不同于大多数多孔材料的 I 型吸附曲线。因为脱附可以在较高的压力下实现，这种吸附特征有利于实际应用。在 25℃、1.0～1.5atm，MAF-2 可以存储 20 倍于其体积的乙炔，相当于同体积气体钢瓶有效储量的 40 倍。

白俊峰、黎书华及合作者们最近报道了一例与 MOF-505 同构的化合物 NJU-Bai-17，表现出极高的乙炔存储能力[21]。该 MOF 的结构特征是有机配体上包含酰胺基团（图 39-3）。在 296K 和 1bar 下，NJU-Bai-17 的乙炔吸附量达 222.4cm³/g，相当于 176cm³/cm³；273K 和 1bar 下，乙炔吸附量升高到 296cm³/g。相比之下，HKUST-1 在 296K 和 1bar 下的乙炔吸附量为 201cm³/g，相当于 177cm³/cm³。他们还发现当有机配体上的酰胺基团换为炔基基团时，MOF 材料的乙炔吸附量会降低一些，在 296K 和 1bar 下，乙炔吸附量为 176cm³/g，相当于 127cm³/cm³。不过，这些数值都比 MOF-505 和 HKUST-1 在相同条件下的吸附量高一些。其中 MOF-505 在 296K 和 1bar 下的乙炔吸附量为 148cm³/g，相当于 137cm³/cm³。

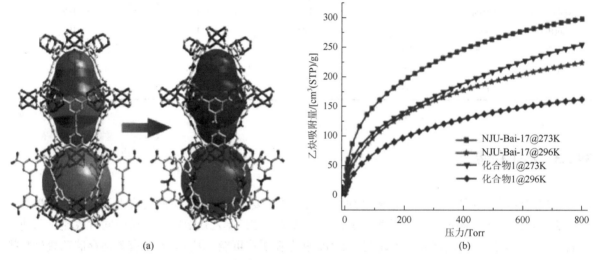

图 39-3　NJU-Bai-17 与其炔基衍生物的结构（a）与乙炔吸附等温线（b）[21]

目前已有许多 MOF 的乙炔吸附数据被报道（表 39-2）[22]。整体上，乙炔吸附量高的 MOF 都是一些含配位不饱和金属中心的 MOF 材料，如 HKUST-1、[Co₂(DHTP)]、[Mg₂(DHTP)]、[Mn₂(DHTP)]、Cu₂(EBTC) 和 MOF-505。其中，[Co₂(DHTP)] 表现最高的基于体积的乙炔吸附量为 230cm³/cm³。可见，提高材料对乙炔的吸附作用力是提高乙炔吸附量的关键。

表 39-2　常温下 MOF 与一些其他材料的乙炔吸附数据对比[22]

MOF 或其他材料	S/(m²/g)	D_1/(g/cm³)	G/(cm³/g)	V/(cm³/cm³)	D_2/(g/cm³)	P/MPa	ΔH/(kJ/mol)
Cu₂(pzdc)₂(pyz)	−571	1.745	42	74	0.09	8.6	42.5
Mg(HCOO)₂	−284	1.39	65.7	91.3	0.11	10	38.5
Mn(HCOO)₂	−297	1.65	51.2	84.5	0.1	9.5	38.5
Cu₂(BDC)₂(DABCO)	—	0.82	60	49	0.06	5.4	23.5
Cu₂(NDC)₂(DABCO)	—	0.97	97	94	0.11	10.4	27.5
Cu₂(ADC)₂(DABCO)	—	1.14	82	94	0.11	10.3	32.3

续表

MOF 或其他材料	$S/(m^2/g)$	$D_1/(g/cm^3)$	$G/(cm^3/g)$	$V/(cm^3/cm^3)$	$D_2/(g/cm^3)$	P/MPa	$\Delta H/(kJ/mol)$
$Zn_2(BDC)_2(DABCO)$	—	0.83	93	77	0.09	8.54	24
$Zn_2(NDC)_2(DABCO)$	—	0.97	106	103	0.12	11.4	30.3
$Zn_2(ADC)_2(DABCO)$	—	1.15	101	116	0.13	12.8	36.2
$1-Cu_2(bpz)$	−660	1.365	57.9	79	0.09	8.7	32
$1-Ag_2(bpz)$	−600	1.594	44.1	70.3	0.08	7.7	28.4
$[Cu(etz)]$	—	1.177	70	82	0.1	9.1	33.3
HKUST-1	2095（1401）	0.879	201	177	0.21	19.3	30.4
MOF-505	1694（1139）	0.927	148	137	0.16	15	24.7
MOF-508	946	1.243	90	112	0.13	12.2	—
MIL-53	1233（816）	0.928	72	67	0.08	7.3	19.2
MOF-5	3610（2381）	0.59	26	15	0.02	1.6	16.5
ZIF-8	1758（1112）	0.924	25	23	0.03	2.5	13.3
$[Co_2(DHTP)]$	1504（1018）	1.169	197	230	0.27	25.1	50.1
$[Mn_2(DHTP)]$	993（695）	1.085	168	182	0.21	19.8	39
$[Mg_2(DHTP)]$	1364（927）	0.909	184	167	0.19	18.2	34
$[Zn_2(DHTP)]$	1100（747）	1.231	122	150	0.17	16.4	24
$Zn_5(BTA)_6(TDA)_2$	607（414）	1.315	44	57.9	0.07	6.3	37.3
$[Zn_4(OH)_2(1, 2, 4-BTC)_2]$	598（408）	1.461	53	77.4	0.09	8.5	28.2
$Cu(BDC-OH)(4, 4'-bipy)$	761（553）	0.865	34	29.4	0.03	3.2	39.5
$Cu(BDC-OH)$	584（397）	0.91	43	39.1	0.05	4.3	25.7
$Zn_2(PBA)_2(BDC)$	806（405）	1.009	57	57.5	0.07	6.3	29
$Cu_2(EBTC)$	2844（1852）	0.718	160	115	0.13	12.7	34.5
对叔丁基杯[4]芳烃	—	—	18	19	0.02	2	—
六元瓜环	−210	—	52	75	0.09	8.3	59.4
碳分子筛	—	—	45	—	—	—	—
丙酮	—	—	—	$24^{\#}$	—	—	—

注：S 代表 Langmuir（BET）比表面积；D_1 代表框架密度；G 和 V 分别代表基于质量和基于体积的乙炔吸附量；D_2 代表被吸附乙炔的密度；P 代表该密度下乙炔的室温条件下的压力；ΔH 代表乙炔吸附热；#表示数据出自常压 15℃

39.2.4 其他气体的存储

Yaghi 课题组于 2005 年最早进行了 MOF 材料的二氧化碳存储研究[23]。他们对九个孔道结构具有差异的 MOF 材料，即具有二维结构的 MOF-2，具有配位不饱和金属中心的 MOF-74、MOF-505 和 $Cu_3(BTC)_2$，具有互穿结构的 IRMOF-11，具有胺基和烷基修饰孔道表面的 IRMOF-3 和 IRMOF-6，以及具有极高孔洞率的 IRMOF-1 和 MOF-177，进行了高压 CO_2 测试。结果显示在室温、42bar 下，MOF-177 具有最高的 CO_2 吸附量，达 33.5mmol/g。相比之下，Zeolite 13X 在室温、32bar 下的 CO_2 吸附量只有 7.4mmol/g，MAXSORB 碳材料在室温、35bar 下的 CO_2 吸附量也只有 25mmol/g。在 35bar 下，MOF-177 基于体积的 CO_2 吸附量接相当于 Zeolite 13X 或 MAXSORB 的 2 倍、普通钢瓶的 9 倍。

Eddaoudi 课题组基于金属 Al(III)离子制备了系列具有 *soc* 拓扑结构的 Al-*soc*-MOF[24]。其中，Al-*soc*-MOF-1 不仅表现出极高的甲烷存储能力，还具有很高的二氧化碳存储和氧气存储能力（图 39-4）。

而且 Al-*soc*-MOF-1 对这几种气体的存储量不论是在基于体积还是基于质量上都非常高。Al-*soc*-MOF-1 的 BET 和 Langmuir 比表面积分别为 5585m²/g 和 6530m²/g，孔体积达 2.3cm³/g。在室温、85bar 下，Al-*soc*-MOF-1 的甲烷吸附量约 600cm³/g，80bar 和 5bar 间基于体积的有效甲烷吸附量为 201cm³/cm³。Al-*soc*-MOF-1 在室温 40bar 下二氧化碳的吸附量达 1020cm³/g，相当于 2g/g，这甚至超过了 MOF-177 和 MIL-101(Cr) 在相近条件下的二氧化碳吸附量，分别为 1.47g/g 和 1.76g/g[23, 25]。不过略低于 MOF-200 和 MOF-210，二者都约为 2.4g/g。在 1～40bar 间的有效二氧化碳存储量为 1.90g/g，而 MOF-177 只有 1.46g/g。此外，Al-*soc*-MOF-1 的二氧化碳吸附热还比较低，约 17kJ/mol。另外，实验结果和吸附曲线拟合预测显示 Al-*soc*-MOF-1 在室温 140bar 下的氧气绝对吸附量可达 29mmol/g，而相似条件下，HKUST-1 的氧气吸附量只有 13.2mmol/g，NU-125 也只有 17.4mmol/g。Al-*soc*-MOF-1 在 5～140bar 间的有效氧气存储量为 27.5mmol/g，远高于 HKUST-1 的 11.8mmol/g 和 NU-125 的 15.4mmol/g。Al-*soc*-MOF-1 基于体积的氧气存储能力为 172cm³/cm³，相对于普通钢瓶氧气存储密度提高了 70%。然而，MOF 材料粉末样品之间堆积时具有孔隙，实际上 Al-*soc*-MOF-1 的氧气存储能力不能达到理论值。假设实际情况下 Al-*soc*-MOF-1 密度有 25% 的损失，也就是说，如果实际密度是理论密度的 75%，Al-*soc*-MOF-1 的氧气存储能力依然比普通钢瓶高 25%。Al-*soc*-MOF-1 的氧气吸附热约为 10kJ/mol，稍高于氧气的蒸发热。

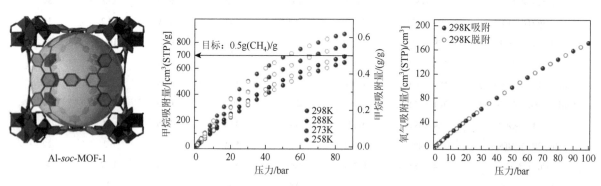

图 39-4　Al-*soc*-MOF-1 的结构和气体吸附存储性质[24]

　　一氧化氮（NO）分子在生理学上具有多方面的重要作用。它不仅对心血管系统、中枢神经系统和消化系统有调节作用，还参与体内众多的生理和病理过程，是一种重要的神经元信使。从多孔材料中释放 NO 是一种体内体外抗菌、抗血栓、伤口愈合的高效治疗方法。近年来，人们研究了聚合物、硅胶和沸石等多孔材料在 NO 存储和释放方面的应用。然而，这些材料多数在释放 NO 的同时也会释放致癌、致炎症物质，严重限制了其实际应用。作为一种新型的多孔材料，MOF 在相关方面的研究也有报道。Morris 课题组研究了 HKUST-1 的 NO 储存及释放能力[26]。研究结果显示，HKUST-1 吸附 NO 后，NO 和配位不饱和的铜离子发生配位作用。在 196K、1bar 下，HKUST-1 的 NO 吸附量高达 9mmol/g；在 298K、1bar 下，吸附量降低到 3mmol/g。在这两个温度下，NO 的脱附相对于吸附等温线均表现出滞后现象，这说明和配位不饱和铜离子配位吸附的 NO 不能可逆脱附。在很低压力下，NO 吸附量仍然有约 2.2mmol/g，相当于 HKUST-1 中每个 Cu₂(—COO)₄ 单元吸附一个 NO 分子。这些结果显示 HKUST-1 是良好的 NO 储存材料，而且 NO 吸附量明显超过沸石和有机聚合物。此外，他们还证实 HKUST-1 在水蒸气触发下释放的 NO 量足够表现出抑制血小板凝聚的生物活性。不久，同一课题组又研究了 Co-MOF-74 和 Ni-MOF-74 两个 MOF 材料的 NO 吸附和释放性能[27]。和 NO 接触之后，这些材料的颜色很快发生变化。Co-MOF-74 的颜色从红色变成黑色，Ni-MOF-74 则从黄色变成深绿色，这表明 NO 和配位不饱和金属离子发生了配位作用。粉末 X 射线衍射数据结构分析证实吸附的 NO 分子与 Co-MOF-74 中金属离子确实形成了配位键（图 39-5）。常温常压下

Ni-MOF-74 的 NO 吸附量高达 7.0mmol/g，相当于相同条件下 HKUST-1 吸附量的 2 倍。NO 的脱附曲线相对吸附曲线明显滞后，也表明 NO 分子与 MOF 存在较强的相互作用。吸附了 NO 的 MOF 在放置 20 周之后，水蒸气触发的脱附实验显示约 7mmol/g 的 NO 可完全释放出来。这一释放量相当于相同条件下 HKUST-1 的 7000 倍，同样也是这一应用表现最好的沸石材料的 7 倍。实验还显示，这些 MOF 释放出来的 NO 纯度很高。高纯 NO 的释放可以避免将其他杂质引入人体导致炎症。

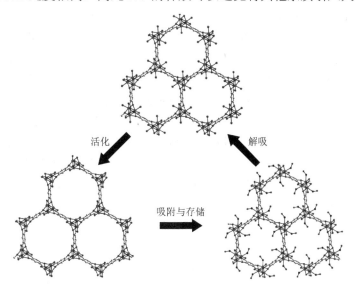

图 39-5　Co-MOF-74 和 Ni-MOF-74 对 NO 的吸附和释放[27]

39.2.5　水吸附

自然界水无处不在。水的吸附对 MOF 材料稳定性和性能的影响是其实际应用需要考虑的一个重要问题。MOF 材料对水稳定性的研究已经有不少综述进行了总结[28-30]，在此不作赘述。MOF 材料对水的吸附功能可能在能量存储和转换、水的净化和缺水地区饮用水的制取等方面具有潜在应用价值。本小节将围绕这方面的内容简要介绍一些相关工作。

Henninger 等认为 MOF 材料对水的吸附在制冷机、热泵和热存储等热转换系统中具有应用前景[31]。利用 MOF 水吸附的热转换系统工作原理可参见图 39-6。在放热过程中，MOF 材料受外界热源（如

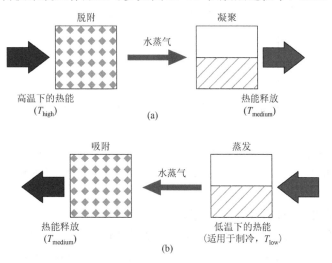

图 39-6　利用 MOF 吸附的热转换系统工作原理[31]

太阳能）作用后脱附，脱附的水变成蒸气并在冷凝器中冷凝成液态。这一冷凝过程释放热量。在吸热制冷过程中，液态水在蒸发器中蒸发，吸热带走周围热量。客体蒸气被多孔材料吸附，并放出热量到外界环境中。两个过程形成一个吸脱附周期。通过对比 MOF 材料 ISE-1、硅胶和一些沸石材料在每个吸附周期中传送的热量数据，发现在较低的脱附温度（95℃）下，ISE-1 表现出最好的性能。而其他条件不变，脱附温度升高到 140℃时，ISE-1 性能表现最差。这种性能表现被认为是因为 ISE-1 含有机组分，亲水性比硅胶和沸石都低。

张杰鹏课题组利用三氮唑配体 Hmtz 制备了 *sod* 型沸石拓扑的 MOF 材料，*sod*-[Zn(mtz)$_2$]（MAF-7）[32]，其框架与受广泛研究的 MAF-4（即 ZIF-8）同构（图 39-7）。区别是 MAF-7 中每个配体上有一个未配位的 N 原子暴露在孔表面。由于这一结构特征，MAF-7 在接近室温下对 CO_2 和 C_2H_2 气体吸附量比 MAF-4 提高了 1 倍以上，对水的吸附量则提高了超过 100 倍，而且对水的吸脱附基本发生在中等湿度，意味着其既容易吸附大量水，也容易将其完全脱附，尤其有利于低品质热源的回收或利用（如太阳能吸附制冷）。沸石等传统多孔材料虽然容易吸附大量的水，却极难脱附。参考无机材料（如沸石）的固溶体结构，他们还通过控制咪唑和三氮唑的掺杂比例，精细调节了材料对水吸附的突跃压力，可用于不同类型低品质热源的回收或利用。这一结构上的调控非常类似于沸石框架中的 Si/Al 比例控制，从而实现不同亲疏水性沸石材料。

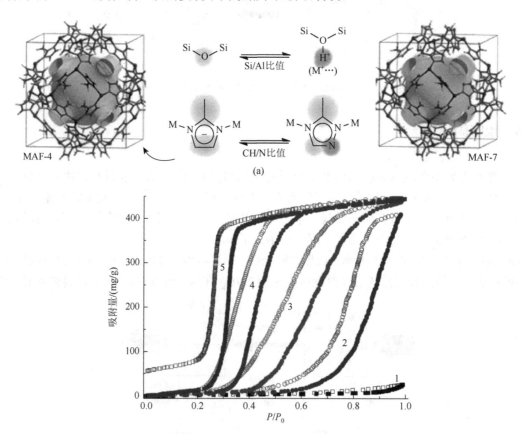

图 39-7　（a）MAF-4 与 MAF-7 的 *sod* 型沸石型多孔结构；（b）MAF-4（1）、MAF-7（5）及咪唑和三氮唑的掺杂比例分别为 0.76（2）、0.49（3）和 0.23（4）时固溶体结构在 25℃下的水吸附等温线[32]

Kitagawa 课题组测定了 MIL-101(Cr)在室温下的水吸附等温线[33]。由于 MIL-101(Cr)具有 2.9nm 和 3.4nm 的两种介孔尺寸孔笼，其水吸附机理和多数微孔 MOF 材料的水吸附孔填充机理（pore-filling mechanism）不同，属于毛细管冷凝机理（capillary condensation mechanism）。介孔或大孔材料的毛细管冷凝型水吸附等温线表现为第Ⅴ类型吸附等温线，即文献中常称的 S 型吸附等温线，吸附和脱附间存在明显回滞环。由于结构中两种孔笼的存在，MIL-101(Cr)表现出两步台阶式的水吸附等温线，吸附台阶起始压力分别位于约 $0.4P/P_0$ 和 $0.5P/P_0$。由于 MIL-101(Cr)具有极高的比表面积（Langmuir 比表面积为 5900m^2/g）和孔体积（2.0cm^3/g），其水吸附量高达 1.2g/g，相当于 66.7mmol/g，1493cm^3(STP)/g。MIL-101(Cr)吸附的水可以在相对较低的 80℃左右完全脱除。他们还发现当 MIL-101(Cr)的孔表面经过—NO_2、—NH_2 或—SO_3H 基团修饰后，水吸附等温线两步台阶式形状基本保持不变，但毛细管冷凝起始压力发生变化。对于亲水性—NH_2 和—SO_3H 基团修饰后的 MIL-101(Cr)，毛细管冷凝起始压力向低压方向移动，分别在 $0.25P/P_0$ 和 $0.35P/P_0$ 附近。而对于—NO_2 基团修饰后的 MIL-101(Cr)，毛细管冷凝起始压力稍向高压方向移动，在 $0.42P/P_0$ 附近，这表明—NO_2 基团的疏水性对水吸附产生影响。此外，这些有机基团修饰后的 MIL-101(Cr)的水吸附量都略低于 MIL-101(Cr)。他们还在相关研究报道中证实 MIL-101(Cr)的水吸附等温线在 2000 次重复的吸附脱附实验后仍然基本保持，这表明了 MIL-101(Cr)在水吸附过程中的高度稳定性[34]。

　　Furukawa 等提出了三项参数用于评估 MOF 材料水吸附的相关应用，分别是水吸附冷凝压力、水吸附量和水吸附循环稳定性[35]。通过对 MOF-802、MOF-805、MOF-806、MOF-808、MOF-812、MOF-841、MOF-801、UiO-66、MOF-804、DUT-67、PIZOF-2、Zeolite 13X、MCM-41、M-MOF-74（M = Mg、Ni、Co）、CAU-6、CAU-10、Basolite A100、Basolite C300 和 Basolite A300 一系列 MOF 材料或其他类型多孔材料的水吸附研究，他们发现其中 MOF-801-P 和 MOF-841 水吸附性能最佳（图 39-8）。这两种 MOF 材料都具有良好的水稳定性，在 5 个重复的水吸附脱附实验后依然保持很高的水吸附量，并且吸附水后可以较容易地在室温下活化。其中，MOF-801-P 在 P/P_0 = 0.1 时吸附 22.5wt%的水，MOF-841 在 P/P_0 = 0.3 时吸附 44wt%的水。MOF-801 在热电池方面具有潜在应用价值，而 MOF-841 可能应用于偏远沙漠地区空气中水蒸气的捕获和释放。值得注意的是，对于 MOF-801，他们得到了两种相，分别是单晶样品相 MOF-801-SC 和多晶样品相 MOF-801-P。尽管理论上这两个相的结构一样，但这两个相的水吸附量差异较大。MOF-801-SC 在室温下 P/P_0 = 0.9 时的最大水吸附量为350cm^3(STP)/g（28wt%），而 MOF-801-P 在同样条件下最大水吸附量为450cm^3(STP)/g（36wt%），相当于 MOF-801-SC 的 1.3 倍。他们将这一差异归因于 MOF-801-P 具有较多的配体缺失型晶体缺陷，因此其具有更大的孔体积。这两个相孔体积差异在 77K 下的氮气吸附实验数据上也有体现。

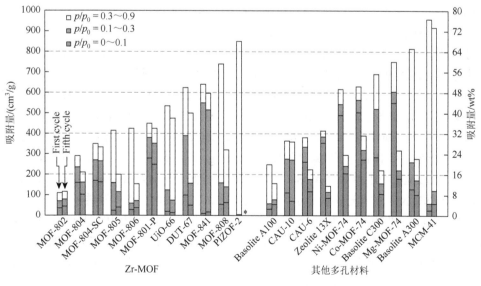

图 39-8　系列 MOF 材料或其他类型多孔材料的水吸附数据[35]

39.3　混合物的分离提纯

39.3.1　永久气体分离

永久性气体通常是指临界温度明显低于常温的气体，即在接近常温下不能液化的气体。主要包括 O_2、N_2、H_2、CO、CH_4 和 6 种惰性气体 He（氦）、Ne（氖）、Ar（氩）、Kr（氪）、Xe（氙）、Rn（氡）。MOF 材料在永久性气体分离方面的研究主要包括 O_2 与 N_2 的分离、CO 与 N_2 的分离、N_2 与 CH_4 的分离。也有一些关于 MOF 用于惰性气体分离的研究报道。下面将简述一些具有代表性的研究实例。

O_2 和 N_2 用途很广，是空气的主要成分。因此 O_2 和 N_2 的分离通常也称为空气分离。空气分离最常用的方法是利用 O_2 与 N_2 沸点不同，通过低温冷冻方法实现两种气体的分离。然而，低温冷冻方法能耗大。研究用于 O_2 与 N_2 分离的先进多孔材料或膜材料一直是科学界的一个研究热点。

众所周知，血红蛋白是人体血液中具有运输氧功能的物质。血红蛋白分子中包含由卟啉和亚铁构成的铁卟啉化合物，即亚铁血红素。血红蛋白中的二价铁，可与氧可逆性结合（氧合血红蛋白）。在氧含量高的地方，容易与氧结合，在氧含量低的地方，又容易与氧分离。如果铁氧化为三价状态，血红蛋白则转变为高铁血红蛋白，就失去了载氧能力。谢林华等在 2007 年提出孔道表面含有配位不饱和二价铁离子的 MOF 材料在选择性氧吸附、催化等方面具有潜在应用价值[36]。他们合成了由桨轮状混价 Fe_2(Ⅱ,Ⅲ) 单元与 btc^{3-} 配体交替连接而成的三维(3, 4)-连接 *tbo* 网络结构 $[Fe_2(BTC)_{4/3}]Cl$，其框架与 HKUST-1 同构。然而，这一化合物在脱去客体后，结构发生坍塌，不能用于气体吸附研究。

不久后，Long 课题组报道了与 HKUST-1 同构，但具有配位不饱和 Cr^{2+} 位点的 MOF 材料 $Cr_3(BTC)_2$[37]。$Cr_3(BTC)_2$ 表现出对 O_2 很强的亲和性。在 298K 和 2mbar 压力下，其 O_2 吸附量达 11wt%。而相同的条件下，N_2 的吸附量只有 0.58wt%。他们也报道了孔表面具有配位不饱和 Fe^{2+} 的 MOF 材料 Fe-MOF-74[38]。吸附实验显示 Fe-MOF-74 在 298K 和 1bar 下的 O_2 吸附量为 10.4wt%，而 N_2 吸附量只有 1.3wt%。最近，该研究小组又报道了由多唑类配体构筑形成的 MOF 材料 Cr-BTT[39]、Co-BTTri 和 Co-BDTriP[40]，孔表面分别具有配位不饱和 Cr^{2+} 和 Co^{2+} 位点。吸附研究表明这几种 MOF 材料都具有很高的 O_2/N_2 吸附选择性。而且，这些基于多唑类配体的 MOF 材料比 $Cr_3(BTC)_2$ 和 Fe-MOF-74 在空气中具有明显更好的结构稳定性，因此在空气分离应用上更具潜力。

上述例子中，对 O_2 具有高亲和性的金属离子是在 MOF 合成过程中引入的。Thallapally 课题组通过后合成或后修饰的方法制备了基于 MOF 的复合材料，表现出很好的空气分离效果[41]。他们将二茂铁（ferrocene, Fc）作为前驱体将 Fe^{2+} 引入 MIL-101 中，350℃加热 12h 后得到复合材料 Fc@MIL-101。Fc@MIL-101 在 298K 和 1bar 下的 O_2 吸附量为 $45cm^3/g$。而在相同条件下 MIL-101 的 O_2 吸附量只有 $12cm^3/g$。此外，Fc@MIL-101 对 N_2、Ar 和 CO_2 的吸附量较低，分别为 $2cm^3/g$、$3cm^3/g$ 和 $20cm^3/g$。模拟空气（21% O_2 和 79% N_2）的穿透实验显示 N_2 在不到 1min 的很短时间内即穿透了 Fc@MIL-101 填充柱，而 O_2 则需要约 40min（图 39-9）。此外，他们通过计算模拟证明 Fc@MIL-101 比 Fe-MOF-74 具有明显更高（3～6 个数量级）的理想吸附溶液理论（ideal adsorbed solution theory, IAST）O_2/N_2 吸附选择性。

CO 气体是聚合物、药物等化工品生产的重要原料。虽然 CO 在炼钢等工业生产中被大量生产，但 CO 中通常混合其他气体，如 N_2。这样的混合气体不能作为化工品生产的原料，大多数是经过燃烧转换成了 CO_2 气体。目前，CO 的选择性分离局限于基于 Cu^+ 的化学吸附法。然而，这种方法需要高温来释放 CO，能耗很高。Kitagawa 课题组报道了一例具有柔性结构的 MOF 材料 [Cu(aip)]，其

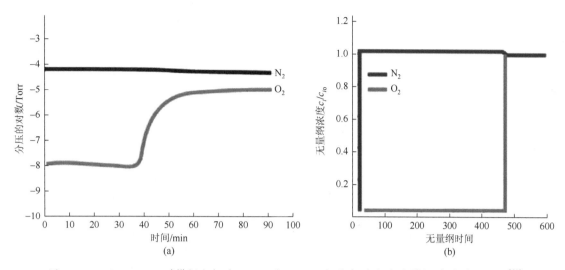

图 39-9　Fc@MIL-101 对模拟空气（21% O_2 和 79% N_2）的实测（a）和模拟（b）穿透曲线[41]

表现出新奇的 CO 吸附结构响应和在 CO/N_2 中选择性吸附 CO 的能力[42]。[Cu(aip)]具有两种孔道：较大和较小的孔道，分别用 L 和 S 表示。他们在 120K 进行了 CO 和 N_2 吸附实验。N_2 吸附等温线显示吸附量逐渐增加，在 80kPa 下，吸附量为 71cm³(STP)/g。然而，CO 的吸附等温线中出现了明显的分步式吸附台阶现象。在第一步吸附中，CO 吸附量为 63cm³(STP)/g。第二步吸附中吸附量迅速增加，在 80kPa 下，吸附量达 175cm³(STP)/g，明显高于 N_2 的吸附量（图 39-10）。他们测试了同样基于 Cu(Ⅱ)，且具有配位不饱和金属位点的 MOF 材料 HKUST-1 的 CO 和 N_2 吸附等温线，结果显示 CO 和 N_2 的吸附等温线基本相同。CO 吸附脱附曲线和不同 CO 压力下样品的 PXRD 图分析表明，在 CO 吸附过程中[Cu(aip)]的结构发生了变化，而脱附后结构又恢复到原来的状态。一般认为 Cu(Ⅱ)不会与 CO 形成稳定的配位键，因为理论分析和许多实验结果都表明 Cu(Ⅱ)与 CO 的作用力弱。然而，他们通过 Rietveld 法晶体结构分析发现[Cu(aip)]吸附 CO 后，Cu(Ⅱ)与一个配体羧酸根 O 原子的配位键断开，与 CO 发生配位。同时，由于 CO 的吸附，[Cu(aip)]整体框架结构发生变化，原来很小的孔道 S 被打开，从而导致框架可以吸附更多的 CO 分子。他们还通过对 CO 和 N_2 混合气体的吸附实验，证实[Cu(aip)]确实可以对 CO 进行富集，不过吸附是在 81.7K 下进行的。他们还认为，虽然 CO 的吸附导致孔道 S 的打开，但打开后的孔道并不会吸附 N_2，因为扩散路径由配位的 CO 包围，这些配位的 CO 在空间上阻止了 N_2 的进入。

　　甲烷被认为是最清洁的石化燃料。天然气或煤层气富含甲烷。然而未经处理的天然气或煤层气通常含有不同程度的其他气体，如多碳烃、二氧化碳、硫化氢、氧气、氮气等。为保证天然气或煤层气运输管道不被腐蚀及它们的燃烧热值，这些气体需要通过分离除去使天然气或煤层气纯度达到相关标准才能使用。N_2 与 CH_4 的分离是天然气和煤层气纯化的重点和难点。文献中一些具有二维层状结构的柔性 MOF 在一般状态下为闭孔状态，然而在永久气体的高压环境下，层间发生位移从而打开孔道并吸附气体，即所谓的开门效应[43-45]。对于不同气体，诱导这种开门效应的压力不同。基于这一性质，这类二维层状结构的柔性 MOF 材料在气体分离上具有重大的应用潜力。例如，Kitagawa 课题组报道的二维[Cu(dhbc)$_2$(4,4'-bpy)]在 77K 下没有明显的 N_2 吸附量，表明结构无孔。但在室温条件下，当 CH_4 压力达到约 10atm 时，结构的孔道打开，CH_4 突然被吸附。此外，CH_4 脱附曲线和吸附曲线不重合，出现明显滞后现象。在 CH_4 压力在约 2atm 以下孔道才慢慢关闭。对于 N_2，相似的现象也被观察到，但是孔道打开和关闭的压力明显更高，分别为约 50atm 和 30atm[46]。李晋平课题组后来通过 CH_4/N_2 混合气体高压下的穿透实验证实[Cu(dhbc)$_2$(4,4'-bpy)]具有分离 N_2 与 CH_4 的能力[47]。为了防止这种柔性 MOF 材料高压下吸附气体后材料体积明显膨胀导致的吸附柱管路堵塞，

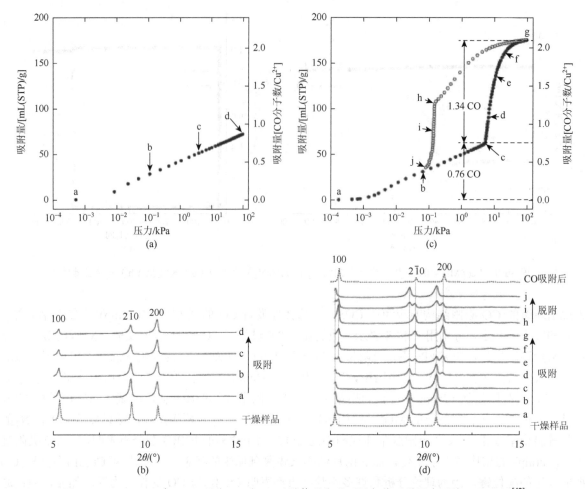

图 39-10 [Cu(aip)]在 120K 下的 CO 和 N₂ 吸附等温线及不同气体吸附压力下的 PXRD 图[42]

他们在吸附柱中装填了弹性多孔纤维作为缓冲（图 39-11）。穿透实验结果显示在一定温度与压力条件下，[Cu(dhbc)₂(4,4'-bpy)]的结构转变主要取决于混合气体中的一种气体，开门压力与该气体在混合物中的分压有关。[Cu(dhbc)₂(4,4'-bpy)]表现出很好的 N₂/CH₄ 分离效果。在不同温度与压力下，N₂/CH₄ 分离效果稍有差异。他们还研究了水对[Cu(dhbc)₂(4,4'-bpy)]的 N₂/CH₄ 分离效果的影响，并通过吸附模拟深入分析了该 MOF 材料的吸附分离过程。

图 39-11 [Cu(dhbc)₂(4,4'-bpy)]材料在高压下吸附 CH₄ 前后体积的对比[47]

氙气（Xe）和氪气（Kr）被广泛地应用于照明、光学及医学领域，这两种气体的有效分离在工业上也是一个技术难题。Xe 和 Kr 一般以副产品形式来源于空气分离过程。这一过程一般在双柱式分馏塔中进行，所产生的液氧中含有少量的氪和氙。在进行更多的分馏步骤之后，液氧中的氪和氙含量可以提高至 0.1%～0.2%。这些氪和氙可以通过硅胶吸附或蒸馏提取出来，混合物再经蒸馏分离成氪和氙。很明显通过这一系列步骤分离制取 Xe 和 Kr 能耗巨大。同时，Xe 和 Kr 的同位素是核裂变反应堆废料的主要成分。在这些核废料的处理过程中，这些放射性 Xe 和 Kr 的捕获与分离具有重大意义。目前，这一过程主要采用的方法包括溶剂吸收法和多孔材料物理吸附法。沸石和活性炭等传统多孔材料对 Xe 和 Kr 的吸附量普遍不高，吸附选择性也低。MOF 在这一方向的研究近年来也有一些报道。Thallapally 课题组通过气体吸附实验和模拟气体穿透结果，从 Xe/Kr 吸附选择性、Xe 吸附量和吸附扩散速度三方面评估了 Ni-DOBDC、Ag@Ni-DOBDC、HKUST-1、IRMOF-1、FMOFCu 和 $Co_3(HCOO)_6$ 6 个 MOF 的 Xe/Kr 吸附分离性能[48]。结果显示，常温常压下对于 20∶80 的 Xe/Kr 混合气体，6 种 MOF 材料的 Xe/Kr 吸附选择性大小顺序为：$Co_3(HCOO)_6$＞Ag@Ni-DOBDC＞Ni-DOBDC＞HKUST-1＞IRMOF-1＞FMOFCu。而对 Xe 的吸附量大小顺序为：Ag@Ni-DOBDC＞Ni-DOBDC＞$Co_3(HCOO)_6$＞HKUST-1＞IRMOF-1＞FMOFCu。模拟气体穿透曲线则显示 IRMOF-1 和 FMOFCu 不具备分离 Xe/Kr 的能力。Ag@Ni-DOBDC 具有最长的 Xe 气体保留时间，是 6 个 MOF 中分离性能最好的材料。虽然 $Co_3(HCOO)_6$ 具有最高的 Xe/Kr 吸附选择性，但由于它的吸附量小，吸附扩散慢，气体穿透曲线显示 $Co_3(HCOO)_6$ 对 Xe/Kr 分离能力反而不如 Ag@Ni-DOBDC。

39.3.2　低碳烃分离

乙炔、乙烯、丙烯等是石油化学工业中最重要的基础原料。这些价值高的低碳烃通常是从石油裂解产物中获得的。裂解产物复杂，包含不同 C 原子数的饱和烃和不饱和烃。工业上采用深冷分馏分离方法能耗巨大。发展高效节能的低碳烃分离技术一直是化学化工领域的一个重要研究热点。

乙炔和乙烯的分离在工业上具有重要意义，但现有分离方法普遍能耗高，高效节省的分离在技术上极具挑战性。裂解产物中通常乙烯和乙炔同时存在。乙炔能使乙烯聚合反应的催化剂中毒，同时降低乙烯聚合产物（如聚乙烯）的质量。此外，乙炔容易与金属催化剂形成爆炸性的金属乙炔化物。因此乙烯气体使用前，需要对其中的乙炔进行分离，使乙炔含量控制在一定的水平内。Chen 课题组在 2011 年对系列 MOF 材料进行了 C_2H_2/C_2H_4 分离的研究[49]。稍后，他们通过氨基四氮唑衍生配体 H_2atbdc 合成报道了另一个 MOF 材料 UTSA-100 及相关分离的研究工作[50]。UTSA-100 的框架 $[Cu(atbdc)]$ 是由 $Cu_2(—COO)_4$ 单元与配体 $atbdc^2$-连接形成的 apo 拓扑型三维结构。结构内一维孔道由直径 4.0Å 的孔笼通过 3.3Å 的孔窗连接形成。UTSA-100 的 Langmuir 和 BET 比表面积分别为 $1098m^2/g$ 和 $970m^2/g$，孔体积为 $0.399cm^3/g$。常温常压下 UTSA-100 的 C_2H_2 和 C_2H_4 吸附量分别是 $95.6cm^3/g$ 和 $37.2cm^3/g$，C_2H_2/C_2H_4 的吸附量比（2.57）在当时超过除 M′MOF-3a（4.75）之外的所有其他具有代表性的 MOF 材料（Mg-MOF-74：1.12，Co-MOF-74：1.16，Fe-MOF-74：1.11，NOTT-300：1.48）。而且，UTSA-100 的 C_2H_2 吸附热只有 22kJ/mol，低于所有其他 MOF 材料（Mg-MOF-74：41kJ/mol，Co-MOF-74：45kJ/mol，Fe-MOF-74：46kJ/mol，NOTT-300：32kJ/mol，M′MOF-3a：25kJ/mol）。低的 C_2H_2 吸附热表明材料容易再生，对实际应用有利。IAST 模型 C_2H_2/C_2H_4（1/99，v/v）选择性计算表明 UTSA-100 的 C_2H_2/C_2H_4 吸附选择性（10.72）明显高于 Mg-MOF-74（2.18）、Co-MOF-74（1.70）、Fe-MOF-74（2.08）和 NOTT-300（2.17），但低于 M′MOF-3a（24.03）。UTSA-100 的良好 C_2H_2/C_2H_4 分离潜能得到模拟和实测气体穿透实验的进一步支持。理论计算和单晶结构分析表明 UTSA-100 的这一选择性吸附特性与孔道形状和尺寸及孔壁上的—NH_2 基团有关。被吸附的 C_2H_2 与—NH_2 基团之间的弱酸碱作用被认为在 C_2H_2 对 C_2H_4 选择性吸附上起重要作用。

最近，Chen、邢华斌和 Zaworotko 课题组的合作研究在乙炔和乙烯分离上获得重大突破[51]。他们在该工作中研究了系列由六氟硅酸根构筑的 MOF 材料（SIFSIX-1-Cu、SIFSIX-2-Cu-i 和 SIFSIX-3-Zn 等）的乙炔和乙烯吸附性能。结果显示该系列 MOF 材料通过六氟硅酸根与乙炔之间形成强氢键作用，表现出很好的 C_2H_2 选择性吸附行为，C_2H_2/C_2H_4 吸附选择性为 39.7～44.8，是目前所有吸附材料中的最高值。同时，他们还通过调控 MOF 材料的金属离子和配体等，实现该系列 MOF 材料孔径大小的细微调控，被吸附的乙炔分子之间或乙炔分子与多孔材料之间形成协同作用。其中，SIFSIX-2-Cu-i 在低压下（0.025bar）也能达到极高的乙炔吸附容量（2.1mmol/g）。中子衍射结构分析结果很好地验证和解释了这类 MOF 材料选择性吸附乙炔的机理。C_2H_2/C_2H_4 混合气体的穿透曲线显示这类 MOF 材料不仅表现出静态平衡吸附的 C_2H_2/C_2H_4 良好吸附选择性，动态吸附分离性能也很优异。材料还呈现出很好的扩散传递性能。此外，他们还证实这类 MOF 材料再生容易。C_2H_2/C_2H_4 混合气体通过 MOF 填充柱后，乙炔被完全吸附，得到高纯度乙烯。被吸附的乙炔可能通过惰性气体吹扫或加热抽真空方法回收，并同时实现材料的再生（图 39-12）。

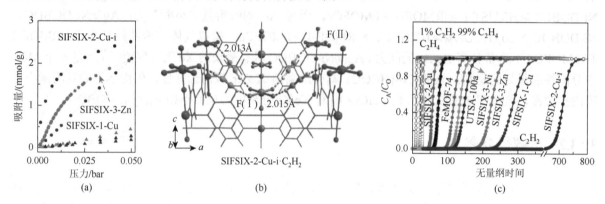

图 39-12　（a）SIFSIX-1-Cu、SIFSIX-2-Cu-i 和 SIFSIX-3-Zn 的 C_2H_2 低压区吸附等温线；（b）SIFSIX-2-Cu-i 吸附 C_2H_2 后的晶体结构；（c）系列 MOF 的 C_2H_2/C_2H_4（1/99，v/v）混合气体穿透曲线[51]

　　具有配位不饱和金属位点的 MOF 材料在烃类混合物中选择性吸附不饱和烃应用上具有极大潜力。代表性的例子是 M-MOF-74［也称 M-CPO-27 或 M_2(dobdc)，M 代表金属离子］系列 MOF 材料，此系列 MOF 材料对 C_2H_4/C_2H_6 和 C_3H_6/C_3H_8 不饱和烃/饱和烃体系的分离表现优异[50]。尤其 Fe-MOF-74 在不饱和烃与饱和烃分离能力上被认为超过所有其他代表性多孔材料[52]。Fe-MOF-74 的基本构筑单元是 Fe^{2+} 离子与配体 $dobdc^{4-}$ 的羧基和羟基配位形成的无限 $[Fe_2O_2(—COO)_2]$ 一维链，每条这样的一维链通过配体 $dobdc^{4-}$ 与相邻的三条等同的链连接起来形成其三维框架。Fe-MOF-74 框架内存在尺寸约 11Å 的一维孔道，BET 比表面积为 $1350m^2/g$。活化后，Fe-MOF-74 孔道表面上具有配位不饱和的 Fe^{2+} 离子。这种具有吸附活性的 Fe^{2+} 离子密度很高，$100Å^2$ 孔壁表面含 2.9 个配位不饱和 Fe^{2+} 离子。在 45℃和 1bar 下，吸附结果显示 Fe-MOF-74 对不饱和烃 C_2H_4 和 C_3H_6 的吸附量接近每分子式吸附一个烃分子，而对饱和烃 C_2H_6 和 C_3H_8 的吸附量稍少一些。多次吸附和脱附显示 Fe-MOF-74 对这些烃类的吸附完全可逆。中子粉末衍射结构分析表明 Fe-MOF-74 配位不饱和 Fe^{2+} 离子是主要吸附位点，可以与不饱和烃 C_2H_2、C_2H_4 和 C_3H_6 的不饱和 C 原子侧向配位，Fe-C 距离在 2.42(2)～2.60(2)Å 范围内。而对于饱和烃 CH_4、C_2H_6 和 C_3H_8，Fe-C 距离在 3Å 左右（图 39-13）。这表明这些 Fe^{2+} 离子与饱和烃之间的作用力比和不饱和烃之间的弱一些。Fe-MOF-74 吸附这些烃类分子后，磁性也发生了一些变化。结合结构分析及磁性分析数据，配位不饱和 Fe^{2+} 离子与这些烃类的相互作用力大小顺序为：$CH_4 < C_2H_6 < C_3H_8 < C_3H_6 < C_2H_2 < C_2H_4$。吸附热数据分析进一步支持了这一结论。Fe-MOF-74 对 C_2H_2、C_2H_4、C_3H_6、C_3H_8、C_2H_6 和 CH_4 的吸附热分别为 -47kJ/mol、-45kJ/mol、-44kJ/mol、-33kJ/mol、-25kJ/mol 和 -20kJ/mol。IAST 吸附选择性计算显示，在 45℃下，对于 1:1 混合气体组分，Fe-MOF-74 的 C_2H_4/C_2H_6 选择性在 13～18 范围内，高于沸石 NaX（9～14）或同构的 Mg-MOF-74（4～7）。相对于 Mg^{2+} 离子，Fe^{2+} 离子属于更软的路易斯酸金属离子，对不饱和烃的 π 电子作用更强，这与实验结果符合。Fe-MOF-74 的 C_3H_6/C_3H_8 吸附选择性在 13～15 之间，高于大多数其他多孔材料（3～9），

不过与沸石 ITQ-12（15）接近。然而，沸石 ITQ-12 的 C_3H_6/C_3H_8 吸附选择性计算是在 30℃条件下进行的。在更高的温度下，其选择性可能降低。对于等量 4 种气体混合物（CH_4、C_2H_6、C_2H_2 和 C_2H_4），Fe-MOF-74 的 C_2H_2/CH_4、C_2H_4/CH_4 与 C_2H_6/CH_4 的 IAST 吸附选择性分别高达 700、300 和 20，高于一些其他 MOF 材料。Fe-MOF-74 对上述气体分离的能力进一步得到模拟和实测气体穿透实验结果的支持。气体穿透实验显示 Fe-MOF-74 可以将 C_2H_4/C_2H_6 等量混合物中和两种气体都提纯到 99%～99.5%。

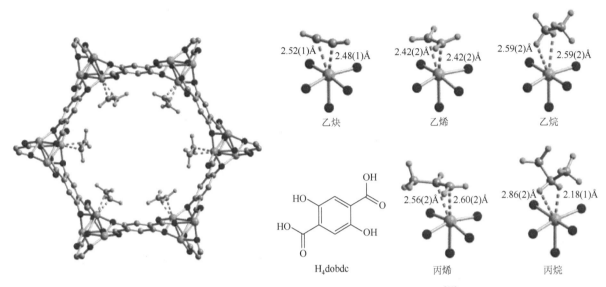

图 39-13　Fe-MOF-74 吸附烃分子后的中子粉末衍射结构[52]

Eddaoudi 课题组合成报道了不含配位不饱和金属位点的 MOF 材料 NbOFFIVE-1-Ni 或 KAUST-7，其性能在 C_3H_6/C_3H_8 分离上取得重大突破[53]。该 MOF 材料合成：$Ni(NO_3)_2·6H_2O$、Nb_2O_5、HF_{aq} 和吡嗪（pyr）在水中反应，原合成的材料孔道中含有客体水分子。单晶结构分析显示，KAUST-7 的框架结构与已有的 SIFSIX 系列 MOF 材料（SIFSIX-1-Cu、SIFSIX-2-Cu、SIFSIX-2-Cu-i、SIFSIX-3-Zn、SIFSIX-3-Cu 和 SIFSIX-3-Ni）结构相似，是由金属离子和吡嗪形成的二维四方格子状网络进一步通过无机阴离子$(NbOF_5)^{2-}$柱撑形成的具有简单立方拓扑的三维框架结构。然而，与基于$(SiF_6)^{2-}$ 的 MOF 材料结构不同，在基于$(NbOF_5)^{2-}$ 的 KAUST-7 中，金属离子与 F 原子之间的距离更长（1.95Å），这导致了吡嗪配体六元环平面的偏转。偏转后吡嗪上的 H 原子与$(NbOF_5)^{2-}$上的 F 原子形成氢键[F—H2.483(1)Å]，稳定了吡嗪偏转的结构构型。由于这一空间上的效应，KAUST-7 的孔开口［3.0471(1)Å］相对于 SIFSIX-3-Ni［5.032(1)Å］明显减小（图 39-14）。气体吸附实验显示 KAUST-7 在 77K 下不吸附 N_2，但在室温下吸附 CO_2，比表面积为 280m²/g，孔体积为 0.095cm³/g。在 298K 和 1bar 下，KAUST-7 吸附约 60mg/g 的 C_3H_6，但几乎完全不吸附 C_3H_8，表现出很明显的截止（cut-off）效应。他们还测试了 50/50 C_3H_6/C_3H_8 混合气体中 C_3H_6 的吸附等温线，结果显示混合物中 C_3H_6 的吸附等温线与单组分 C_3H_6 吸附测试得到的吸附等温线基本重合。C_3H_6/C_3H_8 混合气体（50/50，v/v）的穿透实验显示 C_3H_6 的穿透时间明显长于 C_3H_8。而且，气体解吸分析表明穿透实验中被吸附的气体只有 C_3H_6。热重-差示扫描量热（thermogravimetry-differential scanning calorimetry）实验没有观测到 C_3H_8 的吸附热，而 C_3H_6 的吸附热则高达 57.4kJ/mol。此外，他们还证实 KAUST-7 对 C_3H_6/C_3H_8 混合气体中 C_3H_6 的选择性吸附重复性好，室温下每个吸附脱附循环中获取的 C_3H_6 量约为 0.6mol/kg。考虑吸附动力学，C_3H_6 分离效率约 2mol/(kg·h)。而对于 Zeolite 4A，在高压和 423K 下的吸附脱附分离只能获得 26%收率的 C_3H_6，每个吸附脱附循环的分离效率只有 0.13mol/kg，相当于 1.03mol/(kg·h)。

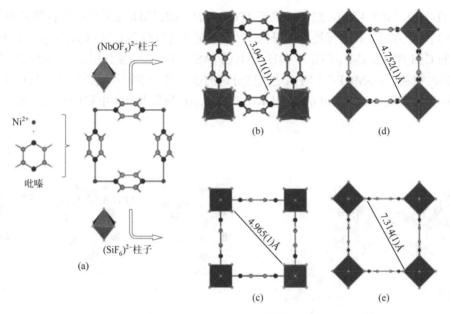

图 39-14　KAUST-7 与 SIFSIX-3-Ni 的结构与孔尺寸对比[53]

利用 MOF 材料中的配位不饱和金属位点或 MOF 材料孔筛分效应分离烯烃烷烃，MOF 材料都是选择性地吸附尺寸更小的烯烃。对比之下，张杰鹏课题组合成报道了一例孔表面富含 N 原子（路易斯碱）的 MOF 材料 MAF-49，其可以从 C_2H_4/C_2H_6 混合气体中选择性地吸附尺寸更大的 C_2H_6[54]。单组分气体吸附实验显示 MAF-49 对以下气体的吸附作用力为：$C_2H_6 > C_2H_4 > CO_2 > CH_4$，吸附热分别为 60kJ/mol、48kJ/mol、30kJ/mol 和 25kJ/mol。316K 和 1bar 下对于等量混合物，C_2H_6/C_2H_4、C_2H_6/CO_2 和 C_2H_6/CH_4 的 IAST 吸附选择性分别为 9、40 和 170。计算模拟和单晶 X 射线结构分析结果表明 MAF-49 的 C_2H_6 对 C_2H_4 吸附选择性主要源于 C_2H_6 与孔表面 N 原子形成的 C—H···N 多重氢键作用。而这种相互作用对于 C_2H_4 更弱。15:1 的 C_2H_4/C_2H_6 混合气体的穿透实验表明，MAF-49 吸附柱可以分离得到的 C_2H_4 纯度可达 99.95%，分离能力为 1.68mmol/g，相当于 2.48mol/L。对比 MAF-3、MAF-4、IRMOF-8、CPO-27-Mg、CPO-27-Co、UiO-66 和 HKUST-1 的吸附分离评价结果，MAF-49 在 C_2H_6/C_2H_4 实际分离应用上更具有潜力和优势。

39.3.3　异构体分离

具有相同的化学式，但结构和性质均不相同的两种或两种以上的化合物互称为同分异构体。有机物中的同分异构体分为构造异构和立体异构两大类。具有相同分子式，而分子中原子或基团连接的顺序不同，称为构造异构。在分子中原子的结合顺序相同，而原子或原子团在空间的相对位置不同，称为立体异构。构造异构较易理解，主要包括碳链异构、官能团位置异构和官能团异类异构。立体异构则较为抽象，包括构型异构（configurational isomerization）和构象异构（conformational isomerism）。构型异构主要包括顺反异构、对映异构（也称旋光异构）。构型异构和构象异构的区别是：构型异构体之间相互转变必须断裂分子中的两个键，而构象异构体之间相互转变只需通过单链旋转。

在自然界和石化粗产品中，许多重要化学物质和化工原材料与它们的同分异构体共存。由于多数同分异构体具有极其相似的物理化学性质，分子异构体分离是化学化工领域最具挑战性的课题之一。精馏、色谱、萃取、结晶等方法对多数分子异构体的分离存在效率低、成本高的问题，对一些体系的分离甚至无能为力。多孔材料利用尺寸、形状、手性和亲和力差别对分子异构体进行吸附分离。工业上已有沸石分离一些异构体的实例。近年来 MOF 材料在这方面的研究工作也有很多报道，本节将简要介绍一些相关研究工作。

己烷是汽油的主要成分之一。在石油催化异构化反应产物中，己烷的五种异构体各占 10%～30%。作为汽油中的成分，每种异构体都有各自的研究法辛烷值（research octane number，RON），其中支链异构体比直链异构体的 RON 更高。2,3-二甲基丁烷和 2,2-二甲基丁烷最高，RON 分别为 105 和 94，而 2-甲基戊烷和 3-甲基戊烷的 RON 分别为 74 和 75，正己烷的 RON 只有 30。为获得高 RON 的汽油混合物，工业上采用沸石筛分法或蒸馏法减少汽油中的直链烃含量，提高支链烃含量。有效的烷烃异构体分离十分困难，因为烷烃异构体都是惰性的化学物质，可极化性又很相似，只有分子形状上存在较大差异。Long 课题组合成报道了一例高稳定的 MOF 材料 Fe$_2$(BDP)$_3$，其表现出对己烷异构体很好的择形选择性[55]。Fe$_2$(BDP)$_3$ 以黑色微晶的形态从乙酰丙酮铁(Ⅲ)和配体 H$_2$BDP 在 DMF 的反应中获得。在 Fe$_2$(BDP)$_3$ 中，每个 Fe(Ⅲ)原子以八面体构型与来自 6 个 BDP^{2-} 配体的 6 个 N 原子配位。配体上每个吡唑五元环上的两个 N 原子同时桥连两个相连的 Fe(Ⅲ)原子，形成一维的 FeN$_6$ 链。一维链间通过配体 BDP^{2-} 骨干的相互连接，形成了 Fe$_2$(BDP)$_3$ 的三维框架结构（图 39-15）。框架结构中包含三角形的一维通道。Fe$_2$(BDP)$_3$ 的结构与已报道的 Sc$_2$(BDC)$_3$ 结构相似。Fe$_2$(BDP)$_3$ 表现出极高的化学和热稳定性。在 pH = 2～10 的水溶液中煮沸 2 周或在 280℃ 空气加热，Fe$_2$(BDP)$_3$ 都不会失去晶态。移除客体后，Fe$_2$(BDP)$_3$ 的 BET 比表面积为 1230m^2/g。他们在高温下（130℃、160℃、200℃）对 Fe$_2$(BDP)$_3$ 进行了己烷 5 种异构体的吸附等温线测试。结果表明，虽然 5 种异构体都可以被 Fe$_2$(BDP)$_3$ 吸附，且吸附量相当，但各异构体与 Fe$_2$(BDP)$_3$ 吸附作用力大小存在差异。吸附热计算显示直链形的正己烷与 Fe$_2$(BDP)$_3$ 框架的吸附作用力最强。他们认为这是因为正己烷比其另外 4 种异构体可以更大程度地与 Fe$_2$(BDP)$_3$ 三角形孔道表面发生相互作用。而其他四种支链异构体的吸附热明显更低，尤其是双支链的 2,3-二甲基丁烷和 2,2-二甲基丁烷。他们还进行了 160℃ 高温下等量 5 种异构体在 N$_2$ 气流下的穿透实验。结果表明，双支链的 2,3-二甲基丁烷和 2,2-二甲基丁烷最先穿透，其次是单支链的异构体，最后是正己烷。他们认为这种分离形式在应用上极为有利。最先穿透的支链异构体具有高的 RON，可以直接收集作为产品。而后穿透的正己烷可以再回收进入催化异构化反应体系，进一步进行异构化。此外，分离过程可以在高温下进行，这样可以接入催化异构化反应，而省去了冷却再加热的步骤，降低了分离过程的能耗损失。

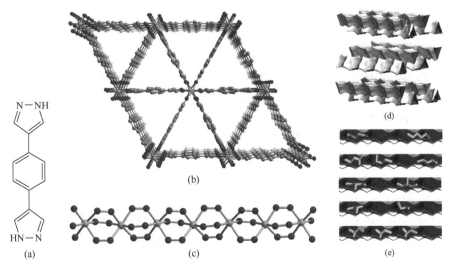

图 39-15　Fe$_2$(BDP)$_3$ 的框架和孔道结构，以及不同己烷异构体分子吸附在孔道中的模拟图[55]

Eddaoudi 课题组报道了系列基于六核稀土金属离子簇的 *fcu* 拓扑型 MOF（RE-*fcu*-MOF）[56, 57]。他们通过改变二羧酸类配体的尺寸调控 MOF 材料孔尺寸，实现了对 C$_4$ 和 C$_5$ 烷烃混合物中直链烷烃和支链烷烃的高效分离[58]。RE-*fcu*-MOF 系列 MOF 材料与 UiO-66 同构，框架结构内包含两种孔笼，分别为八面体型和四面体型。两种孔笼通过一种三角形窗口相互连接。当二羧酸类配体是很短的反丁烯二酸根（即延胡索酸根或富马酸根）时，所得 Y-*fcu*-MOF 和 Tb-*fcu*-MOF 的八面体孔笼直径约 7.6Å，四面体孔笼直径约 5.2Å，三角形孔窗只有 4.7Å。这一尺寸正好介于正丁烷（约 4.3Å）和异丁烷（约 5Å）的动力学直径之间。Y-*fcu*-MOF 和 Tb-*fcu*-MOF 的孔洞率分别为 46% 和 47%。87K 下的 Ar 吸附实验显示两种 MOF 材料分别具有 691m^2/g 和 503m^2/g 的 BET 比表面积，孔体积分别为 0.28cm^3/g 和 0.21cm^3/g。293K 下测得的正丁烷和正戊烷吸附等温线都呈可逆的 I 类吸附曲线，饱和吸附量分别约为 2.0mmol/g 和 1.9mmol/g。然而，对于其单支链的异构体异丁烷和 2-甲基丁烷，没有明显的吸附量被观察到（图 39-16）。基于这一结果，他们预测这类基于反丁烯二酸根的 RE-*fcu*-MOF 也不会吸附 C$_6$、C$_7$ 或 C$_8$ 烷烃的支链型异构体。热重-差示扫描量热实验也显示正丁烷的吸附热为 56kJ/mol，而对于异丁烷没有明显的放热效应被观测到。此外，298K 和 1bar 下 5/5/90 的 *n*-C$_4$H$_{10}$/*iso*-C$_4$H$_{10}$/N$_2$ 的混合气体穿透实验显示，异丁烷和氮气一样很快穿透了 MOF 填充柱，而正丁烷在 8mL/min 的混合气体流速下，保留时间长达 17min，对应吸附量为 0.8mmol/g。这一数值与单组分的气体吸附等温线中 35Torr 压力下的吸附量吻合。

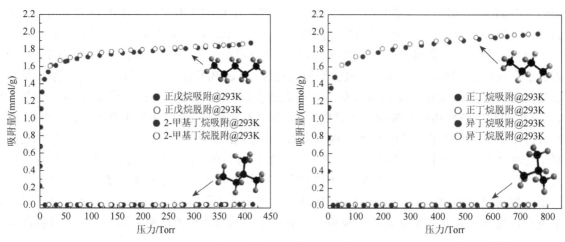

图 39-16　293K 下 Y-*fcu*-MOF 的正丁烷、异丁烷、正戊烷、2-甲基丁烷的吸附等温线[58]

4 个 C$_8$ 烷基芳烃异构体（邻、间、对二甲苯和乙苯）都是重要的化工原料及中间体，也是研究最多的分离体系之一。de Vos 课题组选用了 HKUST-1、MIL-53(Al) 和 MIL-47 三个 MOF 材料作为吸附剂材料，最早报道了 MOF 对 C$_8$ 烷基芳烃分离的研究工作[59]。实验结果显示除了间二甲苯/邻二甲苯（选择性 2.4），HKUST-1 对于其他 C$_8$ 异构体组合都具有较低的吸附选择性。而 MIL-53(Al) 和 MIL-47 都表现出比 HKUST-1 更好的 C$_8$ 异构体区分能力，尤其是对二甲苯/乙苯的选择性都较高，分别为 3.8 和 9.7。而且，MIL-47 还表现出对二甲苯/间二甲苯的区分能力，选择性为 2.9，而 MIL-53(Al) 则没有这一特性，对二甲苯/间二甲苯选择性只有 0.8。穿透实验结果显示 MIL-47 对 1:1 对二甲苯/间二甲苯混合物和 1:1 对二甲苯/乙苯混合物的分离选择性分别为 2.5 和 7.6。从 MIL-47 对二甲苯/间二甲苯/乙苯三元混合物的脉冲色谱实验谱图上可观察到三个明显分开的峰。其中，对二甲苯在 MIL-47 样品柱中保留时间最长。根据脉冲色谱计算得到的对二甲苯/间二甲苯和二甲苯/乙苯的选择性分别为 3.1 和 9.7。他们还通过 Rietveld 精修分析了 4 个 C$_8$ 烷基芳烃异构体吸附在 MIL-47 一维孔道中的结构信息。分析结果表明填充于孔道中的 C$_8$ 分子相互之间存在 π-π 作用，以及分子上甲基与配体上羧酸氧原子之间的氢键作用。由于孔道大小和形状匹配，相比其他异构体，对二甲苯可以更有效地填充，与 MIL-47 框架之间的吸引作用力也最大。

　　含有醛基、氨基活性官能团的芳香小分子是众多（如染料、医药、香料）工业生产中的重要中间体。这些芳香小分子多数存在同分异构体，而这种同分异构体的分离研究工作报道较少。董育斌课题组报道了一例 MOF 材料在这方面的研究工作[60]。该 MOF 分子式为 $Cd(abpt)_2(ClO_4)_2$，其三维框架中存在着尺寸为 $11Å×11Å$ 的一维孔道，ClO_4^- 阴离子填充在孔道中并与框架上配体 abpt 的氨基形成氢键作用。单晶结构分析表明该 MOF 在等体积 2-呋喃甲醛/3-呋喃甲醛、2-噻吩甲醛/3-噻吩甲醛、邻甲基苯胺/间甲基苯胺、间甲基苯胺/对甲基苯胺混合物的蒸气中分别选择性吸附 2-呋喃甲醛、2-噻吩甲醛、邻甲基苯胺和间甲基苯胺，选择性为 100%（图 39-17）。被吸附客体分子的 NMR 测试结果进一步证实这些芳香异构体被完全分离。这一分离性质被认为与客体的蒸气压无关。客体分子的尺寸被认为是上述单一吸附选择性的关键因素。取代基位置的不同造成客体分子的形状和极性也有差异，因此，这些异构体分子尺寸、形状和极性共同作用导致该 MOF 对它们的完全分离能力。他们还进一步进行了该 MOF 在等物质的量的上述分子异构体的混合液体中的吸附实验，结果表明同样只有单一的异构体分子被吸附，证实了该 MOF 在气相和液相状态下都具备这些异构体的优异分离能力。

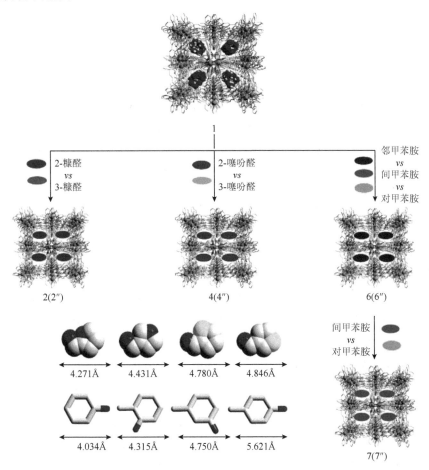

图 39-17　$Cd(abpt)_2(ClO_4)_2$ 对具有反应活性的芳香异构体的分离[60]

　　与其他类型异构体相比，对映异构体具有更为接近的物理化学性质。由于手性物质的不同，对映体对生物体的生理活性不同，手性分子合成与分离研究对人类意义重大。尽管随着先进合成方法的发展，近年来越来越多的手性分子可通过不对称合成得到，外消旋体拆分法也是获取手性分子的方法之一。虽然 MOF 的研究发展迅速，数量巨大，但手性 MOF 用于外消旋体拆分的研究报道并不多[61]。2000 年，Kim 课题组首次报道了 MOF 应用于外消旋体拆分[62]。他们通过 L-酒石酸衍生配体 dpdc 合成了二维层状结构 MOF，$[Zn_3(\mu_3\text{-}O)(H_2dpdc)_6]\cdot 2H_3O\cdot 12H_2O$（L-POST-l）。L-POST-1 具有边长约 13.4Å 的三角形一维手性孔道。浸泡在外消旋化合物$[Ru(2,2'\text{-}bipy)_3]Cl_2$ 的甲醇溶液后，L-POST-1 从无色转变为红色。NMR、紫外-可见光谱和圆二色光谱研究结果表明 L-POST-1 孔道中 80%的水合质子被$[Ru(2,2'\text{-}bipy)_3]^{2+}$离子替换，而且进入孔道的$[Ru(2,2'\text{-}bipy)_3]^{2+}$离子以三角构型为主，ee 值为 66%的异构体混合物。

手性 MOF 也被研究作为气相色谱（GC）柱固定相应用于外消旋体的拆分。袁黎明课题组通过动态涂布法将$[Cu_2(sala)_2(H_2O)]$制成毛细管柱内表面的固定相[63]。$[Cu_2(sala)_2(H_2O)]$是手性的一维 MOF。加热去除配位水后，该手性 MOF 经历一维到三维的结构转换，形成具有手性孔道的$[Cu(sala)]_2$。$[Cu(sala)]_2$吸水后并不会转换成$[Cu_2(sala)_2(H_2O)]$，并且，这个三维手性 MOF 具有良好的热稳定性。$[Cu(sala)]_2$作为固定相制成的 GC 柱表现出良好的对映选择性，能区分香茅醛、樟脑、丙氨酸、亮氨酸、缬氨酸、异亮氨酸、脯氨酸、2-甲基-1-丁醇、1-苯基-1,2-乙二醇、苯基丁二酸和 1-苯乙醇 11 种外消旋异构体。

39.3.4　选择性离子交换

在文献中，MOF 材料中框架金属离子、框架配体、客体阴离子和阳离子交换的例子已有很多报道。这里将只介绍一些关于 MOF 材料选择性离子交换的范例。

2007 年，Kitagawa 课题组报道了一例具有选择性阴离子交换性质的 MOF 材料$[Ni(bpe)_2(N(CN)_2)]\cdot N(CN)_2\cdot 5H_2O$[64]。在该 MOF 结构中，金属 Ni^{2+}离子与类似 4,4'-联吡啶的配体 bpe 相互连接形成 4^4二维层，二氰胺根离子$[N(CN)_2]^-$通过与 Ni^{2+}的轴向配位将 $Ni(bpe)_2$ 二维层进一步连接成具有 pcu 拓扑的三维网络。二重这样的三维网络相互穿插后形成了该 MOF 的三维框架结构，客体$[N(CN)_2]^-$离子和水分子填充在一维的孔道中。离子交换实验显示该 MOF 的单晶浸泡在过量 NaN_3 的水溶液中 1 天，晶体的颜色由最初紫色转变为亮绿色。有意思的是，在离子交换过程中，该 MOF 的单晶性能够保持。单晶结构分析表明 MOF 中的$[N(CN)_2]^-$被叠氮根离子 N_3^-完全交换，得到了$[Ni(BPE)_2(N(CN)_2)]\cdot N_3\cdot 5H_2O$。由于 N_3^-相对于$[N(CN)_2]^-$具有更小的尺寸，N_3^-的引入使得 MOF 两种相互穿插的三维网络相互位置发生了改变，导致了结构孔隙率的增加及该 MOF 材料吸附性质的变化。值得注意的是，其他阴离子如氰酸根离子 NCO^-、硝酸根离子 NO_3^- 和四氟硼酸根离子 $[BF_4]^-$，尽管和 N_3^- 一样尺寸较$[N(CN)_2]^-$更小，却都不能与该 MOF 孔道中的$[N(CN)_2]^-$发生交换，表现出少见的选择性离子交换行为。

Bu 课题组报道了系列基于$[In_3O(COO)_6]^+$金属簇单元的阳离子性 MOF 材料，并以此为阴离子交换研究平台[65]。通过$[In_3O(COO)_6]^+$金属簇单元与两种线性配体（负一价的异烟酸根类配体和负二价的对苯二甲酸根类配体，2:1 比例）的构筑，系列 9 连接 ncb 拓扑型 MOF 材料被合成出来。由于配体的长度不同，这些 MOF 材料的孔大小尺寸不同。由于具有合适的分子大小，并且容易检测，他们选用了系列有机染料作为客体进行了这些 MOF 材料的离子交换性质研究。他们发现客体分子的价态和大小是离子交换过程中最重要的两个因素。有机染料可以分为两组。一组具有不同价态，但大小相似，包括亚甲基蓝（methylene blue，MLB^+）、苏丹红一号（sudan I，SDI^0）、酸性橙 7（acid orange 7，$AO7^-$）、橘黄 G（orange G，OG^{2-}）和新胭脂红（new coccine，NC^{3-}）。另一组具有不同的大小，但价态相同，包括 OG^{2-}、丽春红 6R（ponceau 6R，$P6R^{2-}$）、藏猩红 3B（croscein scarlet 3B，$CS3B^{2-}$）、酸性猩红 7B（croscein scarlet 7B，$CS7B^{2-}$）、酸性黑 1（acid black 1，$AB1^{2-}$）和甲基蓝（methyl blue，MB^{2-}）。实验显示 MOF 材料 ITC-4 在等量大小相似的阴离子性染料 OG^{2-}和阳离子性染料 MLB^+的

DMF 溶液中，溶液的颜色逐渐从蓝色变成绿色，并且在两天后完全变成 MLB$^+$的颜色。同时原来白色的 ITC-4 粉末样品变成了橘黄色（图 39-18）。这表明只有阴离子性的染料可以进入 ITC-4 的孔道，发生离子交换，而阳离子性的染料不能。他们还考察了阴离子性染料对中性和阳离子性框架 MOF 材料的选择性。通过将[In$_3$O(COO)$_6$]$^+$金属簇单元改变为中性的[Ni$_2^{II}$Ni^{III}(OH)(COO)$_6$]金属簇单元，两个与阳离子性 MOF 材料 ITC-2 和 ITC-3 同构的中性 MOF 材料 ITC-2-Ni 和 ITC-3-Ni 被合成出来。这四个 MOF 材料对 OG^{2-}离子交换实验显示，对于 ITC-2 和 ITC-3，OG^{2-}离子浓度随时间增加逐渐降低，而对于 ITC-2-Ni 和 ITC-3-Ni，OG^{2-}离子浓度几乎保持不变。这一结果表明，OG^{2-}离子只能进入阳离子性 MOF 材料孔道内，而不能进入中性 MOF 材料孔道内。这也进一步证实静电作用在离子交换过程中起重要作用。确认离子交换过程中框架和客体离子的电荷性必须相反后，他们对比了不同价态数离子的交换速度。实验选用了 ITC-4 为 MOF 材料，SDI^0、酸性红 88（acid red 88，AR88$^-$）、AO7$^-$、OG^{2-}、P6R^{2-} 和 NC^{3-}这一系列具有相似大小和分子量的偶氮染料为客体分子。离子交换 40h 后，AR88$^-$、AO7$^-$、OG^{2-}、P6R^{2-} 和 NC^{3-}的浓度都不同程度地减小了，但 SDI^{0}的浓度保持不变。此外，离子交换的速度与客体电荷的高低相关。一价的 AR88$^-$和 AO7$^-$的交换速度基本相同，是这些荷电性染料中交换速度最慢的。二价和三价的染料交换速度更快。不过 OG^{2-}和 NC^{3-}交换速度差别不明显，这被归因于更高价态的染料具有更大的分子量，这对染料交换速度起负面作用。另外，MOF 材料也表现出对染料大小的区分效应。ITC-4 对等量 OG^{2-}和 MB^{2-}混合物的离子交换实验显示，浅黄色的 OG^{2-}和深蓝色的 MB^{2-}混合后形成的暗蓝灰色溶液逐渐变蓝最终变成与 MB^{2-}溶液一样的深蓝色。同时，ITC-4 由于吸附了 OG^{2-}由白色粉末变成深黄色固体。为了确认这一离子交换选择性是客体大小区分效应而不是两种染料竞争吸附导致的，ITC-4 对单一 MB^{2-}的离子交换实验也被 UV-Vis 监测，实验结果显示 MB^{2-}确实不能进入 ITC-4 孔道中。相似地，他们也发现 OG^{2-}不能进入系列 MOF 材料中孔道最小的 ITC-1，但可以进入孔道更大的 ITC-2、ITC-3、ITC-4、ITC-2Br、ITC-2NH$_2$。他们还考察了具有相同价态但不同客体大小染料的离子交换速度比较。ITC-4 对染料 OG^{2-}、P6R^{2-}、CS3B^{2-}、CS7B^{2-} 和 AB1^{2-}的离子交换实验显示，这五种染料都可以交换进入 ITC-4 孔道中，不过离子交换速度与染料的大小和分子量有关。整体上，染料越大，离子交换速度越慢。ITC-4 也被证实具有良好的循环使用稳定性。ITC-4 吸附的 OG^{2-}可以与 NaNO$_3$ 溶液中的 NO$_3^-$阴离子进行几乎完全的交换进而重复使用。在长达 10 个离子交换循环后，ITC-4 依然保持良好晶态。

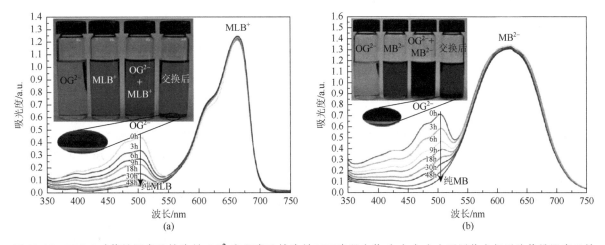

图 39-18　ITC-4 对等量阴离子性染料 OG^{2-}和阳离子性染料 MLB$^+$混合物（a）与大小不同价态相同的等量阴离子性染料 OG^{2-}和 MB^{2-}混合物（b）的离子交换实验现象和 UV-Vis 谱图[65]

Bein 课题组报道了具有选择性阳离子交换性质的 MOF 材料 $NaLa[(PO_3H)_2CH\text{-}C_6H_4\text{-}CH(PO_3H)_2]\cdot 4H_2O$ [NaLa（H_4L）][66]。离子交换实验显示 NaLa（H_4L）孔道中的 Na^+ 离子可以与其他金属离子交换。考察的金属阳离子包括一价的 Li^+、K^+、Rb^+ 和 Cs^+，二价的 Mg^{2+}、Ca^{2+}、Sr^{2+}、Ba^{2+}、Ni^{2+}、Cu^{2+}、Zn^{2+} 和 Mn^{2+}，以及三价的 Fe^{3+} 离子。由于饱和的 $FeCl_3$ 和 $ZnCl_2$ 溶液酸性较强，pH 分别约为 0 和 2，NaLa（H_4L）在这两种离子的交换实验中结构发生了破坏。对于其他的离子，XRD 和 SEM 图显示 NaLa（H_4L）的结构和形貌都未发生变化。值得注意的是，EDX 分析和 ICP-OES 实验结果显示离子交换具有选择性，只有一价的金属离子可以与 NaLa（H_4L）的 Na^+ 离子发生交换（图 39-19）。Na^+（$r = 1.02$Å）几乎可以完全与 Li^+（$r = 0.76$Å）、K^+（$r = 1.38$Å）和 Rb^+（$r = 1.52$Å）发生交换，但 Cs^+ 可能由于离子半径太大（$r = 1.67$Å），只导致了原 MOF 样品中 Na^+ 离子部分的减少。对比之下，在二价金属离子溶液中处理过的 MOF 样品中 Na^+ 离子含量都没有降低，尽管它们的离子半径小于上述多数一价的金属离子。在样品上观测到的少量金属离子被认为是 MOF 样品的表面吸附产生的。选择性的一价金属离子交换确实不常见，很少无机多孔离子交换材料可以实现这种选择性，它们的离子交换选择性通常是基于离子大小尺寸效应的选择性。他们通过结构中客体一价的金属离子、水分子和 NaLa（H_4L）框架的相互关系解释了这一 MOF 材料的选择性阳离子交换性质。X 射线衍射实验和热重分析显示 NaLa（H_4L）在可逆的吸水和脱水过程中表现出框架的柔性。脱水后，孔道发生收缩，晶胞体积降低 15%。粉末 X 射线衍射数据的结构精修结果表明 NaLa（H_4L）脱水相中客体金属离子对孔道的收缩起重要作用。在吸水相中，Na^+ 离子和框架上的 La^{3+} 离子同时与 3 个膦酸根 O 原子配位，作为孔壁的一部分。Na^+ 离子同时还与 2 个水分子配位和另一个膦酸根 O 原子弱配位。在脱水相中，Na^+ 离子失去了 2 个配位的水分子，向另一个 La^{3+} 离子发生位移，并与其共享配位两个膦酸根 O 原子，形成五配位结构。换言之，一价客体金属离子与框架相互适应，使整体结构和电荷平衡达到最稳定状态。而对于二价金属离子，这一效应则无法实现。这就是他们对这一 MOF 材料选择性一价金属离子交换性质的解释。

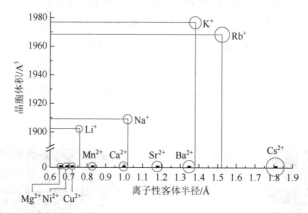

图 39-19　不同离子半径大小的金属离子在 MOF 材料 MLa（H_4L）晶胞中的占有体积[66]

李建荣课题组利用三齿吡啶羧酸配体 H_2pip 也构筑了一例阴离子型 MOF，$[(CH_3)_2NH_2][Co_2Na(pip)_2(CH_3COO)_2]$（BUT-51）[67]。BUT-51 孔道中的二甲铵阳离子可以快速地和一些尺寸较小的阳离子型染料分子发生交换，包括亚甲基蓝（MB）、吖啶红（AR）和吖啶黄（AH），但对于较大尺寸的阳离子型亚甲基紫（MV）及阴离子型的甲基橙（MO）及中性染料溶剂黄（SY2）则没有明显的离子交换被观测到。这些实验结果表明 BUT-51 对染料分子的离子交换过程遵循电荷、尺寸和形状选择效应。有意思的是，由于 AH 和 BUT-51 孔壁上 Co^{2+} 之间的强配位作用，BUT-51 可以从 AH 和 MB，或 AH 和 AR 的混合体系下选择性吸附 AH。吸附实验还表明 AH 的交换可以增强 BUT-51 在移除客体分子后骨架的稳定性。

39.4　环境污染物的吸附去除

39.4.1　二氧化碳捕获

地球大气中起温室作用的气体称为温室气体，主要包括二氧化碳、甲烷、臭氧、一氧化二氮、氟利昂、水蒸气等。这些温室气体对来自太阳辐射的可见光具有高度透过性，而对地球发射出来的长波辐射具有高度吸收性，能强烈吸收地面辐射中的红外线，导致地球温度上升，即温室效应。如果没有这些温室气体，地球表面的平均温度只有−18℃，而不是现在的 15℃，昼夜温差将明显增加，出现极冷和极热状态，如同月球表面的温度。自 1750 年工业革命以来，人们对石化燃料的大量开采与使用、水土流失和森林砍伐等原因导致大气中温室气体明显增加，例如，大气中 CO_2 的浓度从 1750 年的约 280ppm 已经快速增长到现在的 406ppm（2017 年 2 月）。然而，在工业革命以前，地表大气中的 CO_2 浓度从未超过 300ppm。众多权威研究报告表明近年来地球气候确实正在经历一次以全球变暖为主要特征的显著变化。全球气候变化对自然生态系统造成重大影响，很可能威胁到人类社会未来的生存。例如，地表温度上升，地球两极的冰雪逐渐融化，海平面相应升高，人类居住的陆地将会被淹没。普遍认为，全球变暖这一气候变化与大气中温室气体的增加所产生的温室效应紧密关联。温室气体中水蒸气在大气中含量最高，对温室效应的贡献最大，在 36%～72%之间。在其他温室气体中，CO_2 含量最高，对温室效应的贡献在 9%～26%之间。近年来，CO_2 捕获相关研究受到人们的极大重视。CO_2 捕获应用是 MOF 研究最多的内容之一，已有大量相关论文和综述报道[68, 69]。表 39-3 列举了一些具有高 CO_2 吸附量的代表性 MOF 材料。

表 39-3　代表性 MOF 材料的 CO_2 吸附量与孔结构信息

MOF	温度/K	CO_2 吸附量 (mmol/g)/(mmol/cm³)			BET/Langmuir 比表面积 /(m²/g)	孔体积 /(cm³/g)	孔径/Å	参考文献
		1bar	0.15bar	0.1bar				
Mg-MOF-74	298	8.6/7.7			1174/1733	0.648	10.2	[70]
	296	8.0/7.2	6.1/5.5	5.4/4.9	1495/1905		11	[71]
$Cu_3(BTC)_2(H_2O)_{1.5}$（含水量 4wt%）	298	8.4/—						[72]
Co-MOF-74	298	7.5/—		2.8/—	957/1388	0.498		[73]
MAF-X25ox	298	7.1/8.8	4.1/5.0		—/1286	0.46		[74]
Ni-MOF-74	298	7.1/—		4.1/—	936/1356	0.495		[73]
HP-e	298	7.0/—			1210/1270	0.45	9.1	[75]
CPM-231	298	6.77			1140/1597	0.564		[76]
MAF-X27ox	298	6.7/9.1	4.0/5.5		—/1167	0.41		[74]
Mg_2（dobpdc）	298	6.4/—	4.9/—		3270/—	1.25	18.4	[77]
[Cu(Me-4py-trz-ia)]	298	6.1/—			1473/—	0.586		[78]
Cu-TDPAT	298	5.9/4.6		1.4/1.1	1938/2608	0.93		[79]
CPM-200-Fe/Mg	298	5.7/—			1459/2024	0.72		[80]
CPM-33b	298	5.6/—			808/—	0.399		[81]

续表

MOF	温度/K	CO_2 吸附量 (mmol/g)/(mmol/cm³)			BET/Langmuir 比表面积 /(m²/g)	孔体积 /(cm³/g)	孔径/Å	参考文献
		1bar	0.15bar	0.1bar				
$Cu_3(BTC)_2(dry)$	293	5.6/—			1400/—	0.57		[82]
SIFSIX-2-Cu-i	298	5.4/6.7		1.7/2.1	735/821	0.26	5.15	[83, 84]
MAF-X25	298	5.4/5.8			1566/—	0.56		[74]
SIFSIX-1-Cu	298	5.3/—			1468/1651	0.56	8	[85]
CuTPBTM	298	5.3/—			3160/3570	1.268		[86]
[Zn(btz)]	298	5.0/—			1151/1222	0.65	5.5	[87]
PEI-MIL-101-100	298	5.0/—	4.2/—		608.4/—	0.292		[88]
$dmen-Mg_2(dobpdc)$	298	5.0/—	3.8/—		675/—			[89]

　　具有配位不饱和金属离子吸附位点的 MOF 材料对气体分子吸附作用力强，应用于 CO_2 捕获的研究工作报道众多。例如，Mg-MOF-74{也称[$Mg_2(DOBDC)$]或 Mg-CPO-27}在 298K 和 1bar 下 CO_2 吸附量达 8.6mmol/g，是目前所有吸附材料中 CO_2 吸附量的最高纪录[70]。有意思的是，Mg-MOF-74 比所有同构的 MOF 材料 M-MOF-74（M = Mn、Fe、Co、Ni 和 Zn）具有更高的 CO_2 吸附量[71]。吸附热测试结果显示 Mg-MOF-74 的 CO_2 初始吸附热是 47kJ/mol，而 Ni-MOF-74 和 Co-MOF-74 的起始吸附热相对低一些，分别为 41kJ/mol 和 37kJ/mol。具有一定离子性的 Mg—O 键被认为导致了 Mg-MOF-74 这一吸附特性。

　　桨轮状 $Cu_2(—COO)_4$ 单元上的 Cu(II)原子是 MOF 材料中最常见的配位不饱和金属离子吸附位点。很多由 $Cu_2(—COO)_4$ 单元构筑的 MOF 材料表现出很高的 CO_2 吸附能力。李建荣等通过配体 H_2nddb 和 $Cu_2(—COO)_4$ 设计构筑了具有捕获单个 CO_2 分子性能的笼状"单分子阱"SMT-1[90]。SMT-1 孔笼内配位不饱和金属离子间距为 7.4Å。这种孔笼预期对 CO_2 具有强静电作用，但又不形成不可逆的强化学键。而且，由于空间限制，孔笼吸附 CO_2 分子后，可以在有效排除其他分子（N_2、CH_4 等）的同时吸附，从而实现 CO_2 吸附的高选择性。这一设计理念在实验结果上得到了证实。吸附测试显示，室温下 SMT-1 的 CO_2 吸附量为 0.63mmol/g，对应于每个孔笼捕获 1 个 CO_2 分子。CO_2 初始吸附热是 35kJ/mol。同时，SMT-1 在 196K 或接近室温下对于 N_2 和 CH_4 的吸附量都在仪器检测限以下。此外，他们还通过对配体的修饰设计将这种"单分子阱"引入三维框架材料中，合成了具有三维孔洞结构的 MOF 材料 PCN-88。"单分子阱"的结构和选择性 CO_2 吸附性质在 PCN-88 中得到了保留。在室温、0.15bar 下，PCN-88 的 CO_2 吸附量（3.04wt%）比 SMT-1（0.79wt%）更大。在 296K 和 1bar 下，PCN-88 的 CO_2 吸附量达 4.20mmol/g。相比 SMT-1，PCN-88 的 CO_2 初始吸附热稍低，为 27kJ/mol。IAST 吸附选择性计算表明，在 296K 下，对于 15/85 和 50/50 的 CO_2/N_2 混合物，PCN-88 的 CO_2 吸附选择性分别为 15.2 和 17.6。对于 50/50 的 CO_2/CH_4 混合物，吸附选择性为 7.0。

　　MOF 材料中配位不饱和金属离子也常作为配位位点引入烷基多胺类分子到孔道表面。引入的烷基多胺分子通过胺基 N 原子与配位不饱和金属离子配位，从而将烷基多胺分子固定在孔壁上，在高温低压下也不易脱除。烷基多胺分子上其余未配位的胺基 N 原子则暴露在孔道中。由于有机烷基胺的 N 原子对 CO_2 的亲和性大，引入烷基多胺分子后 MOF 材料很多都具有更高的 CO_2 吸附能力。Long 课题组用更长的配体 $H_4dobpdc$ 合成了与 M-MOF-74 同构，但具有更大一维孔道（直径从 11Å 增加到 18.4Å）的[$M_2(dobpdc)$]（M = Mg、Mn、Fe、Co、Ni、Zn）[77, 91]。以 $Mg_2(dobpdc)$为例，其 BET 比表面积为 3270m²/g，明显高于 Mg-MOF-74 的 BET 比表面积（1495m²/g）。在 298K 和 1bar 下，$Mg_2(dobpdc)$的 CO_2 吸附量为 6.42mmol/g，低于 Mg-MOF-74 的 8.6mmol/g。不过，由于具有更大的孔道，$Mg_2(dobpdc)$可以在孔道内引入烷基多胺类分子，进

一步提高材料的 CO_2 捕获能力。他们发现引入 mmen 分子（mmen = N, N'-二甲基乙二胺）后的材料 mmen-Mg_2(dobpdc)的比表面积降低到 70m^2/g，在 298K 和 1bar 下 CO_2 吸附量也只有 3.86mmol/g。然而，在 298K 和 0.39mbar 下，mmen-Mg_2(dobpdc)的 CO_2 吸附量达 2.0mmol/g，相当于 Mg-MOF-74 在相同条件下的 15 倍。后来，Hong 等在 Mg_2(dobpdc)孔道中引入了其他烷基多胺类分子（包括乙二胺、N, N-二甲基乙二胺），同样提升了该 MOF 材料对低压 CO_2 的吸附能力[89, 92]。陈亮、孔春龙课题组在 MIL-101(Cr)孔道中引入 PEI（polyethyleneimine，聚乙烯亚胺）也显著地提升了该 MOF 材料的 CO_2 的吸附能力[88]。当 MIL-101(Cr)中引入 125wt% PEI 时，得到的材料 PEI-MIL-101-125 显示出最好的 CO_2 吸附性能。在 50℃时，0.15bar 和 1bar 下的 CO_2 吸附量分别为 3.95mmol/g 和 4.51mmol/g，比 MIL-101(Cr)在相同条件下 CO_2 的吸附量高出 4 倍多。对于含 0.15bar CO_2 和 0.75bar N_2 的混合气，该材料在 25℃时表现出高达 770 的 CO_2/N_2 吸附选择性，在 50℃时吸附选择性甚至更高，达 1200。

Zaworotko 和 Eddaoudi 课题组报道的 SIFSIX 系列 MOF 材料虽然不含配位不饱和金属离子，但也表现出很高的 CO_2 选择性吸附能力[83-85]。有意思的是，这一系列 MOF 材料的 CO_2 选择性吸附能力和孔径大小密切相关（图 39-20）。其中，SIFSIX-2-Cu 具有最高的比表面积（BET：3140m^2/g，Langmuir：3370m^2/g），孔体积达 1.15cm^3/g，孔道直径约 13.05Å，但该 MOF 的 CO_2 吸附量是该系列 MOF 材料中最低的，在 298K 和 1bar 下为 1.8mmol/g。SIFSIX-2-Cu 二重互穿的相 SIFSIX-2-Cu-i 具有更小的孔道（5.15Å）、比表面积（BET：735m^2/g，Langmuir：821m^2/g）和孔体积（0.26cm^3/g），但在 298K 和 1bar 下 CO_2 吸附量却高达 5.4mmol/g。SIFSIX-3-Zn 和 SIFSIX-3-Cu 由更短的配体构成，孔道尺寸明显变小，分别为 3.84Å 和 3.5Å。由于这一孔道尺寸与 N_2 的动力学直径（3.64Å）接近，SIFSIX-3-Zn 和 SIFSIX-3-Cu 在 77K 下几乎不吸附 N_2，不过在 298K 下，都能明显地吸附 CO_2，吸附量基本相同，约 2.5mmol/g。相对于 SIFSIX-2-Cu-i，这一吸附量不高。然而，在 0.1bar 的低压下，SIFSIX-3-Zn 的 CO_2 吸附量为 2.4mmol/g，高于 SIFSIX-2-Cu-i 的 1.7mmol/g。在更低的 0.4mbar 压力下（相当于空气中 CO_2 的浓度 400ppm），SIFSIX-3-Cu 的 CO_2 吸附量明显高于 SIFSIX-3-Zn（0.13mmol/g）或 SIFSIX-2-Cu-i（0.0684mmol/g）。他们认为这一 CO_2 吸附能力的差异主要是 SIFSIX-3-Cu 相对于 SIFSIX-3-Zn 或 SIFSIX-2-Cu-i 具有更小的孔径导致的。室温下混合气体的穿透实验结果显示，SIFSIX-3-Zn 的 CO_2/N_2（1/9，v/v）和 CO_2/CH_4（1/1，v/v）吸附选择性分别高达 495 和 109。SIFSIX-3-Cu 的 CO_2/N_2（1/999，v/v）吸附选择性高达 10500，而在相同条件下，SIFSIX-3-Zn 的 CO_2/N_2 吸附选择性稍低，为 7259。

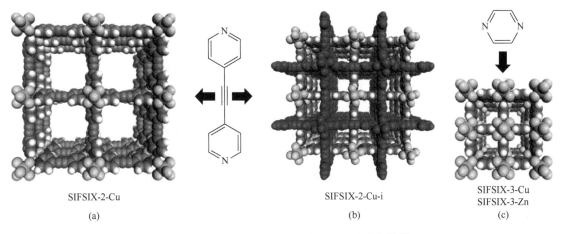

SIFSIX-2-Cu　　　　　　　　　　SIFSIX-2-Cu-i　　　　　　　　　　SIFSIX-3-Cu
　　　　　　　　　　　　　　　　　　　　　　　　　　　　　　　SIFSIX-3-Zn
(a)　　　　　　　　　　　　　　(b)　　　　　　　　　　　　　　(c)

图 39-20　SIFSIX 系列 MOF 材料的晶体结构[83-85]

张杰鹏和 Zaworotko 课题组报道了孔道尺寸很小的 MOF 材料 Qc-5-M-dia（M = Co、Ni、Zn、

Cu）和 Qc-5-Cu-*sql*-α，二者也表现出很高的 CO_2 选择性吸附能力[93]。例如，Qc-5-Cu-*dia* 和 Qc-5-Cu-*sql*-α 分别具有 4.8Å 和 3.8Å 的一维孔道结构。Qc-5-Cu-*sql*-α 在失去客体后不可逆地转化成另一相 Qc-5-Cu-*sql*-β。Qc-5-Cu-*sql*-β 的孔道只有 3.3Å（图 39-21）。气体吸附实验结果显示，Qc-5-Cu-*dia* 在 293K 和 1bar 下的 N_2 和 CH_4 吸附量分别为 5.8cm³/g 和 24.6cm³/g。而在相同条件下 Qc-5-Cu-*sql*-β 的 N_2 和 CH_4 吸附量明显更低，分别为 0.3cm³/g 和 1.3cm³/g。然而，Qc-5-Cu-*sql*-β 的 CO_2 吸附量（48.4cm³/g）却明显高于 Qc-5-Cu-*dia*。室温下混合气体的穿透实验结果表明 Qc-5-Cu-*sql*-β 的 CO_2/N_2（15/85，*v/v*）和 CO_2/CH_4（1/1，*v/v*）吸附选择性分别高达 40000 和 3300。相比之下，Qc-5-Cu-*dia* 对应的吸附选择性只有 19 和 3。Qc-5-Cu-*sql*-β 的 CO_2 初始吸附热也比 Qc-5-Cu-*dia* 的稍高一些，分别为 36kJ/mol 和 34kJ/mol。

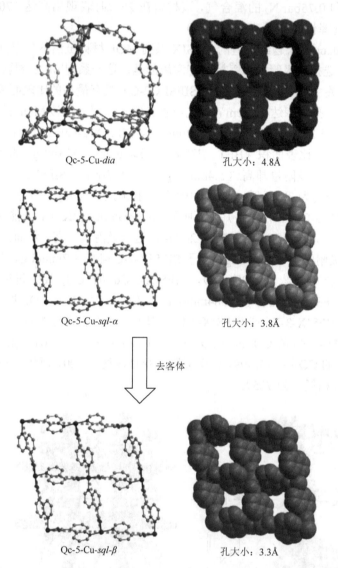

图 39-21　Qc-5-Cu-*dia*、Qc-5-Cu-*sql*-α 和 Qc-5-Cu-*sql*-β 的孔道结构[93]

文献中，在 MOF 孔道表面引入特殊基团来提高材料 CO_2 的选择性吸附能力的例子最多。例如，张杰鹏课题组通过金属离子的氧化还原反应将羟基基团（OH—）以与金属离子配位的形式引入 MOF 孔道表面，得到了 MOF 材料 MAF-X25ox 和 MAF-X27ox[74]。这两种 MOF 材料都表现出极高的 CO_2 选择性吸附能力。其中 MAF-X27ox 在 298K 和 1bar 下基于体积的 CO_2 吸附量高达 9.1mmol/cm³，是目前所有 MOF 材料中最高的。白俊峰课题组通过酰胺基团或未配位吡啶 N 原子修饰后的配体，合成了系列 MOF 材料。对比没有这些功能基团的同构 MOF 材料，CO_2 的选择性吸附性能得到明显提升[86,94]。杨庆元等通过配体均苯四甲酸在纯水溶剂中合成了与 UiO-66 同构的 UiO-66(Zr)-$(COOH)_2$，同时在其孔道表面引入了未配位羧基基团[95]。UiO-66(Zr)-$(COOH)_2$ 不仅表现出很好的水稳定性，CO_2 的吸附选择性也高。在 303K 和 1.0bar 下，CO_2/N_2（15/85，v/v）吸附选择性为 56，CO_2 吸附热为 34.8kJ/mol。1～0.1bar 之间吸附脱附过程中的有效 CO_2 吸附量为 42cm^3/cm^3。相同情况下，Zeolite 13X 的有效 CO_2 吸附量只有 34cm^3/cm^3。李建荣课题组通过对配体结构的修饰，得到了两个与 UiO-67 结构相似的新型 MOF 材料，BUT-10 和 BUT-11[96]。在这两个 MOF 材料孔道表面分别引入了羰基（carbonyl）和砜基（sulfone）基团。由于这些有机基团的引入，BUT-10 和 BUT-11 表现出比 UiO-67 更好的 CO_2/N_2 和 CO_2/N_2 吸附选择性，尽管这两个 MOF 材料的孔大小和比表面积比 UiO-67 小。UiO-67、BUT-10 和 BUT-11 三个化合物在 298K 和 1atm 下 CO_2 吸附量分别是 22.9cm^3/g、50.6cm^3/g 和 53.5cm^3/g，CO_2/CH_4 吸附选择性分别是 2.7、5.1 和 9.0，CO_2/N_2 吸附选择性分别是 9.4、18.6 和 31.5。相对于 UiO-67，BUT-10 的 CO_2/CH_4 和 CO_2/N_2 吸附选择性分别提升了 1.9 倍和 2.0 倍，BUT-11 的 CO_2/CH_4 和 CO_2/N_2 吸附选择性分别提升了 3.3 倍和 3.4 倍。薛东旭等合成报道了系列基于稀土金属离子 UiO-66 类型的 RE-fcu-MOF 材料（图 39-22）[56]，同时通过氟取代型配体实现了在其孔道表面氟基基团的引入。这些 RE-fcu-MOF 的化学和热稳定性高，对 CO_2 的选择性吸附能力也强。其中 RE-fcu-MOF-1 的 BET 比表面积为 1220m^2/g，孔体积为 0.51cm^3/g。在 298K 和 1bar 下，CO_2 吸附量为 3.5mmol/g，CO_2 初始吸附热为 58.1kJ/mol。对 RE-fcu-MOF-1 进行的 IAST 理论计算得出其 CO_2/N_2 吸附选择性达 370。CO_2/N_2 混合气体（1/9999，v/v）穿透实验测得的 CO_2/N_2 吸附选择性甚至更高，达 1051。

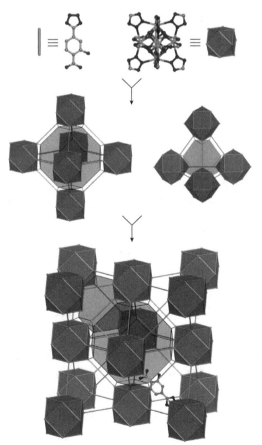

图 39-22　RE-fcu-MOF-1 的配体、金属簇、孔笼和框架结构[56]

关于二氧化碳捕获，文献中还有很多优秀的研究工作，这里不能一一介绍。众多提高 MOF 材料 CO_2 捕获能力的研究策略或研究思路被提出来，如多点吸附作用（multipoint interactions）[87, 97-99]、孔洞分割（pore space partition）[100, 101]、离子交换[102, 103]、离子液体植入[104]、电荷极化（charge polarizing）[105, 106]等。

39.4.2　有毒气体或蒸气的捕获或催化降解

有毒气体或蒸气包括 CO、SO_2、NO、NO_2、NH_3、Cl_2、HCl、H_2S、光气、砷化氢、磷化氢、甲醛、氰化氢、异氰酸甲酯、氯化氰，以及一些化学战剂，如塔崩（tabun）、沙林（甲氟膦酸异丙酯）、梭曼（soman）、维克斯毒气（VX）、芥子气等。MOF 材料用于有毒气体或蒸气捕获的研究相对来说不是很多，对有毒气体或蒸气研究的实验条件要求高和操作过程危险性大可能是主要原因。以下将简要介绍一些相关的研究实例。

一氧化碳（CO）气体无色、无臭、无刺激性，却极易与人体血液中的血红蛋白结合，形成碳氧血红蛋白，使血红蛋白失去携氧的能力和作用，造成组织窒息甚至死亡。CO 可能是日常生活中最常见又最危险的气体。根据世界卫生组织（World Health Organization，WHO）规定，人在 CO 含量 $100mg/m^3$（87.1ppm）的空气中不能停留超过 15min。Aijaz 等在 MIL-101 孔道中植入了均匀分散的 Pt 纳米粒子[107]。这些 Pt 纳米粒子的平均大小为 1.8nm。MIL-101 本身在 200℃下对 CO 氧化成 CO_2 的反应没有催化活性，然而，装载了 5% Pt 的 MIL-101 在 50℃下就表现出催化活性，并在 150℃下将 CO 完全转化为 CO_2。El-Shall 等在 MIL-101 孔内装载了 2～3nm 的 Pd、Cu 或 Pd-Cu 纳米粒子[108]。他们发现装载 2.9% Pd 的 MIL-101 在较低温度下（380K）就能实现 CO 到 CO_2 的完全转化（图 39-23）。

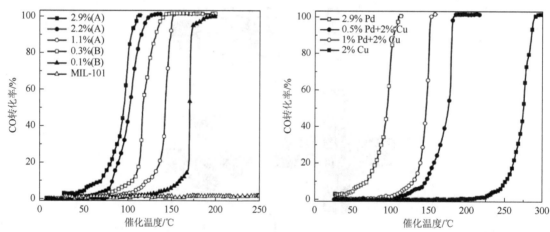

图 39-23　MIL-101 和装载 Pd、Cu 或 Pd-Cu 纳米粒子后 MIL-101 对 CO 的催化氧化性能[108]

氨气（NH_3）属于碱性气体，具有强烈的刺激臭味，对人体有较大的毒性，对环境造成污染。一般要求空气中 NH_3 含量不能超过 25ppm。NH_3 化学性质活泼，能与很多金属离子发生强配位作用，许多 MOF 材料在 NH_3 气氛下不稳定。Yaghi 课题组对 UiO-66-NH_2 进行了 NH_3 吸附研究[109]。通过 ^{13}C 和 ^{15}N 固体核磁表征，他们发现原合成的 UiO-66-NH_2 中配体上具有 67% 的胺基和 33% 的质子化的胺基，并定义这个相为 UiO-66-A。UiO-66-A 与乙醛的后合成反应得到了 UiO-66-B，UiO-66-B 在高温下转化为新相 UiO-66-C（图 39-24）。298K 下的 NH_3 吸附实验显示 UiO-66-A、UiO-66-B 和 UiO-66-C 的 NH_3 吸附量分别为 $134cm^3/g$、$159cm^3/g$ 和 $193cm^3/g$。尽管它们的 NH_3 吸附量比相同条件下 MOF-5 的 NH_3 吸附量（$270cm^3/g$）低一些，PXRD 和 NMR 谱图表明这些 MOF 材料在 NH_3 吸附后晶态结构保持完好。稍后，Walton 等通过气体穿透实验对 UiO-66 系列 MOF 材料［UiO-66、

UiO-66-OH、UiO-66-(OH)$_2$、UiO-66-NO$_2$、UiO-66-NH$_2$、UiO-66-SO$_3$H 和 UiO-66-(COOH)$_2$〕展开了 NH$_3$ 吸附的研究[110]。他们发现，UiO-66-SO$_3$H 和 UiO-66-(COOH)$_2$ 两个孔表面具有布朗斯特酸基团的 MOF 并没有像预期那样表现出最好的氨气吸附能力。UiO-66-OH 和 UiO-66-NH$_2$ 的氨气吸附能力明显更高。原因是 UiO-66-SO$_3$H 和 UiO-66-(COOH)$_2$ 中—COOH 和—SO$_3$H 基团尺寸较大，导致这两个MOF孔比表面积较小。77K下氮气吸附结果显示，UiO-66、UiO-66-OH、UiO-66-(OH)$_2$、UiO-66-NO$_2$、UiO-66-NH$_2$、UiO-66-SO$_3$H 和 UiO-66-(COOH)$_2$ 的比表面积分别为 1100m^2/g、946m^2/g、814m^2/g、729m^2/g、1096m^2/g、323m^2/g 和 221m^2/g。几个 MOF 中，UiO-66-OH 具有最大的 NH$_3$ 吸附能力，在 NH$_3$ 含量为 1438ppm 的混合气体吹扫下，NH$_3$ 吸附量约 5.69mmol/g。不过这是对干燥混合气的吸附结果。由于水与 NH$_3$ 存在竞争吸附行为，在 80%相对湿度下，所有 MOF 化合物的氨气吸附量都明显下降。对于 UiO-66-OH，氨气吸附量从 5.69mmol/g 降低到了 2.77mmol/g。

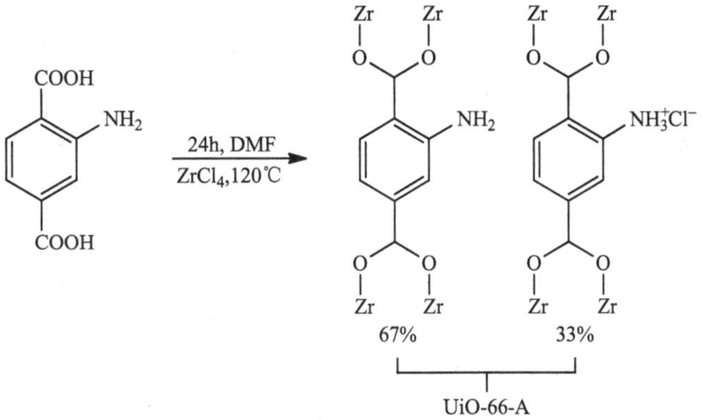

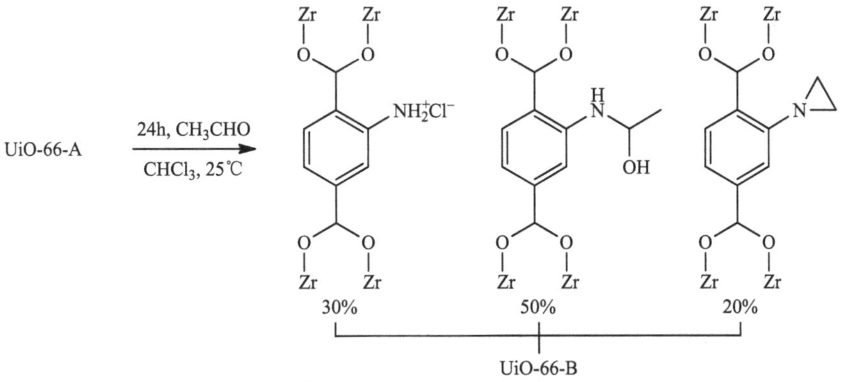

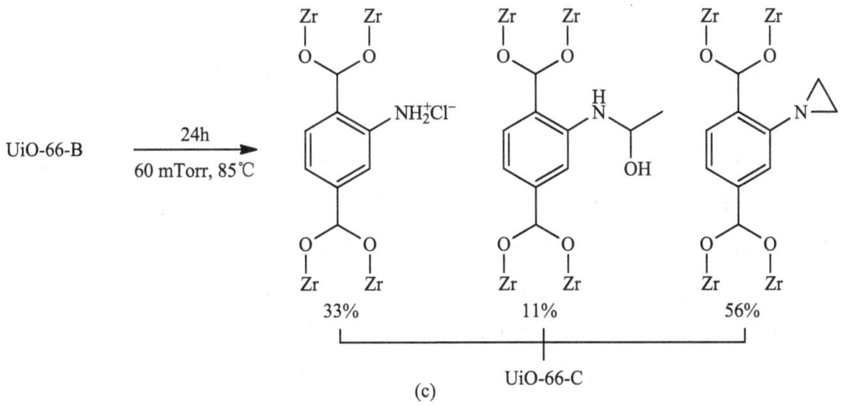

图 39-24　UiO-66-NH$_2$ 的组成与其后合成反应产物[109]

相对于其他有毒气体，MOF 材料在化学战剂吸附与降解方面的研究报道更多一些。虽然化学战剂在日常生活中比 CO 或 NH_3 等气体更不容易获得，但化学战剂毒性大，在军工研究和应用中具有重要意义。Navarro 课题组报道了一些疏水性 MOF 材料，并研究了这些 MOF 材料对一些化学战剂和引起其他有毒气体的选择性吸附行为，取得了很好的研究成果。他们通过配体 dmpc^{2-} 与 Zn_4O(—COO)_6 单元构筑了与 MOF-5 类型结构的[Zn_4O(dmpc)_3]$^{[111]}$。[Zn_4O(dmpc)_3]表现出高疏水性，并且热力学、化学和机械稳定性良好。变温反相气相色谱分析得到的吸附 Henry 常数、吸附热和分离参数显示[Zn_4O(dmpc)_3]对沙林、芥子气等化学武器模型分子在干燥或潮湿条件下都具有良好的捕获能力。下面比较 HKUST-1 和分子筛活性炭 Carboxen 这两个多孔材料的性能。结果显示 Carboxen 与[Zn_4O(dmpc)_3]的毒气捕获能力相当。然而，虽然在干燥气氛下表现出更好的性能，HKUST-1 在潮湿气氛下完全失去这些有毒气体的吸附能力。稍后，该课题组又报道了疏水性 MOF 材料[Ni_8(OH)_4(H_2O)_2(tfbp)_6]$^{[112]}$。该 MOF 是 12 连接的八核[Ni_8(OH)_4(H_2O)_2]金属簇单元与直线形吡唑类配体 tfbp^{2-} 相互连接形成的 *fcu* 拓扑三维网络结构，与 UiO-66 同构。[Ni_8(OH)_4(H_2O)_2(tfbp)_6]三维孔道结构中包含直径约 1.4nm 的四面体型孔笼和 2.4 nm 的八面体型孔笼。由于孔表面具有—CF_3 基团，该 MOF 表现出很强的疏水性。[Ni_8(OH)_4(H_2O)_2(tfbp)_6]及其类似的 MOF 材料还表现出很高的化学稳定性。N_2 吸附显示其 BET 比表面积高达 2195m^2/g。对芥子气模型分子二乙基硫的吸附研究表明[Ni_8(OH)_4(H_2O)_2(tfbp)_6]即使是在 80%相对湿度下仍然对二乙基硫具有较高的捕获能力。Navarro 课题组用还报道了基于吡唑类配体 bpb^{2-} 的 Ni(bpb)和 Zn(bpb)$^{[113]}$。这两种 MOF 材料分别具有菱形和四方形的一维孔道，孔隙率分别为 57%和 65%，BET 比表面积分别为 1600m^2/g 和 2200m^2/g，孔体积分别为 0.38cm^3/g 和 0.71cm^3/g。在 303K 下，蒸气吸附实验表明 Ni(bpb)和 Zn(bpb)对苯蒸气的吸附量分别高达 5.8mmol/g 和 3.8mmol/g。在 298K 下的混合气体穿透实验显示 Ni(bpb)和 Zn(bpb)都可以从含 30ppm 噻吩的 CH_4/CO_2 混合气体中捕获噻吩，吸附量都接近 0.34g/g。而且，在 60%的相对湿度下，Ni(bpb)对噻吩的捕获能力也没有明显降低。而相比之下，Zn(bpb)和 Cu_3(btc)_2（或 HKUST-1）的选择性吸附能力完全丧失（图 39-25）。

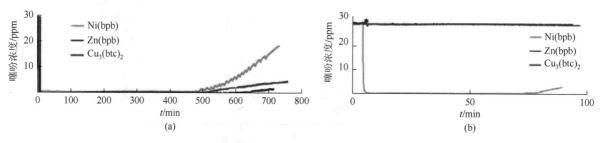

图 39-25　Ni(bpb)、Zn(bpb)和 Cu_3(btc)_2 在干燥（a）和潮湿（RH = 60%）（b）条件下对 He：CH_4：CO_2 混合气体（1：2.25：1，*v/v*）中微量噻吩（30ppm）的穿透曲线$^{[113]}$

以多酸阴离子作为模板剂，刘术侠课题组合成报道了系列新颖的多酸基 MOF 材料$^{[114, 115]}$。其中 NENU-11 表现出对神经毒气模型分子甲基膦酸二甲酯（DMMP）的吸附和降解性能。NENU-11 的框架是由平面正方形的[Cu_4Cl(—COO)_8]单元与配体 btc^{3-} 相互连接形成的（3, 8）连接型三维网络（也可以认为是 *sod* 拓扑结构），Keggin 型多酸阴离子[PW_{12}O_{40}]$^{3-}$ 填充在孔道内。NENU-11 表现出优异的化学稳定性，BET 比表面积为 572m^2/g，孔体积为 0.39cm^3/g。在 298K 下的吸附实验表明 NENU-11 可以迅速地吸附 DMMP 分子，吸附量达 1.92mmol/g，相当于每个分子式吸附 15.5 个 DMMP 分子。而对比之下，相同条件下比表面积大很多的 HKUST-1 和 MOF-5 对 DMMP 的吸附量分别为 6.7mmol/g 和 7.3mmol/g，对应于每个分子式只能吸附 8.2 个和 6.0 个 DMMP 分子。这被认为与其结构中的多阴离子有重要关系。根据水吸附测试及在不同湿度下 DMMP 的吸附测试结果，NENU-11 被认为在潮湿的气氛下依然具有很好的 DMMP 吸附能力。此外，由于多酸阴离子具有酸催化功能，NENU-11

在水中可以有效地将吸附的 DMMP 转换为甲醇、甲基膦酸一甲酯和甲基膦酸, 25℃下转化率为 34%, 在 50℃下 12h 后转化率可达 93%。

39.4.3　燃油品质升级

燃油导致的污染主要分油气污染即大气污染、土壤污染和地下水污染。其导致的大气污染主要通过车载燃油的泄漏、蒸发和废气排放将有害物质排放到大气中。据相关环保部门测定, 我国主要城市市区大气污染物的 67%（夏季）和 30%（冬季）是由汽车造成的。而汽车排气管排出的废气是汽车污染的主要组成部分。据分析, 汽车废气中各种气体成分有 1000 多种, 其中碳氢化合物、氮氧化物是产生光化学烟雾的"元凶"。氮氧化物和颗粒物作为大气污染的一部分不可忽视, 而降低燃油中含硫氮（S/N）化合物、烯烃和芳烃/多环芳烃限值将减少氮氧化物和颗粒物排放。国内外研究结果表明, 车用燃油品质的升级对减排的贡献重大。我国正在计划将现行第五阶段油品标准升级到第六阶段（北京市现已实行"京六"油品标准）。预期这将实现用车碳氢化合物减排 5%～10%。采取措施最大程度地减少尾气排放产生的有害物质是当前的重要目标, 而提升油品质是最为直接有效的手段。

近年来世界各国已纷纷立法对燃油中 S/N 含量做出严格规定。石化燃料中 S/N 化合物脱除方法已成为一个重要的研究课题。燃油中的硫主要有两种存在形式：通常能与金属直接发生反应的硫化物称为"活性硫", 包括单质硫、硫化氢和硫醇；而不与金属直接发生反应的硫化物称为"非活性硫", 包括硫醚、二硫化物、噻吩等。对于燃油而言, 含硫烃类以硫醇、硫醚和噻吩及其衍生物为主, 其主要来源于催化裂化汽油。其中, 噻吩类化合物是当前脱硫技术较难脱除的一类硫化物。目前, 单一的催化加氢脱硫（HDS）及加氢脱氮（HDN）技术在实现更高脱硫的要求（如<5ppm S）上存在困难。吸附脱硫脱氮方法操作条件温和, 处理过程不需要氢气和氧气参与, 是一个潜在的解决方法[116]。另外, 芳烃对人体的危害较大, 特别是多环芳烃（polycyclic aromatic hydrocarbons, PAHs）, 其是最早发现且数量最多的致癌物, 具有种类多、分布广、对人类危害大的特点。污染源排放的气态 PAHs, 冷却后易形成颗粒物或由于吸附作用而富集在颗粒物上。由于不同粒径颗粒物的环境效应和人体健康效应不同（即细粒子具有易于被人体吸入而对人体健康危害更大的特点）, 减少大气中 PAHs 在不同粒径颗粒物中的质量浓度分布具有重要的现实意义；然而, 大气中 PAHs 的含量与汽车尾气排放和低品质柴油的使用息息相关。因此, 为了有效控制大气中 PAHs 的含量, 必须减少或去除燃油, 尤其是柴油中的 PAHs, 从而有针对性地控制 PAHs 污染, 尽可能地实现燃油汽车的绿色排放。此外, 有报道显示燃油中的烯烃也是大气污染来源之一。烯烃化学活性强, 易形成胶质, 会通过蒸发排放造成光化学污染, 因此烯烃含量大幅度降低, 将减少胶质的形成, 从而减少发动机进气系统的沉积物, 同时对减少臭氧和 $PM_{2.5}$ 排放有贡献。MOF 材料组成和结构丰富多样, 比表面积大、孔结构易调控, 在燃油品质升级应用领域表现出很大的潜力, 以下将介绍相关方面的一些研究工作。

柴油和汽油燃料中噻吩（TP）、苯并噻吩（BT）、二苯并噻吩（DBT）及烷基取代的二苯并噻吩（如 4,6-二甲基二苯并噻吩, DMDBT）等噻吩类硫化物, 很难利用 HDS 技术脱除。Matzger 课题组率先报道了 MOF 材料在吸附脱硫研究方面的工作[117]。选用的 MOF 材料包括 MOF-5、HKUST-1、MOF-177、MOF-505 和 UMCM-150。其中 MOF-5 和 MOF-177 具有相同的金属簇建筑单元 Zn_4O（—COO）$_6$, 而另外三个都是基于 Cu^{2+} 离子的 MOF, 分别具有两核 Cu_2（—COO）$_4$ 和三核 Cu_3（—COO）$_6$ 构筑单元。研究结果发现三种基于 Cu^{2+} 离子的 MOF 脱硫性能均优于两个基于 Zn^{2+} 的 MOF。值得注意的是, 在低浓度硫化物条件下（25ppmw S, 异辛烷溶液）, UMCM-150 对硫化物的吸附能力超过通常作为基准材料的 NaY 沸石的 10 倍, 对 BT、DBT 的吸附量（基于 S）分别达到 2.5mg/g、1.7mg/g。几个 MOF 材料的整体吸附数据显示, 它们对硫化物的吸附量与吸附剂比表面积大小并无关联, 而孔的大小、形状及孔表面的活性吸附位点（如配位不饱和金属离子）才是吸附剂对硫化物吸附能力的关键因素。这一研究工作所采用的模拟燃油是单一链烃异辛烷，该课题组稍后又报道了 MOF 材料在含芳香烃燃油中硫化物吸附研究工作[118]。他们发现芳烃和硫化物在 MOF 中存在竞争吸附。在异辛烷/甲苯（85∶15，v/v）混合物中，前面提到的几个 MOF 材料对硫化物的吸附量都有所下降。不过在低浓度下，吸附量下降得不明显。在 300ppmw S 浓度下，MOF-505 对 DBT 和 DMDBT 吸附量（基于 S）仍分别高达 14mg/g 和 9mg/g。此外，对真实柴油进行的穿透实验结果表明，UMCM-150 的脱硫能力优异，对 DBT 和 DMDBT 的去除量（基于 S）分别达 25.1mg/g 和 24.3mg/g。这些结果显示了 MOF 在燃油脱硫，甚至在要求更高的其他脱硫（如燃料电池应用要求含硫量＜0.1ppmw）方面的应用潜力。

Pirngruber 等研究了 HKUST-1、CPO-27-Ni、RHO-ZMOF、ZIF-8 和 ZIF-76 五个 MOF 材料的吸附脱硫性能，发现 HKUST-1 和 CPO-27-Ni 这两个具有配位不饱和金属位点的 MOF 材料表现最为优异[119]。这两种材料对噻吩吸附作用较强，而对芳香烃吸附作用力较弱，这和 NaX 和 NaY 沸石的性质完全相反。CPO-27-Ni 对噻吩吸附作用比 HKUST-1 的更强，吸附选择性更高，但同时导致 CPO-27-Ni 吸附后再生困难。穿透实验显示 HKUST-1 和 CPO-27-Ni 在烷烃、烯烃、环烷烃和芳烃混合物中对噻吩/甲苯的吸附选择性并不高，分别约为 2 和 4。不过这两种 MOF 材料在较低含硫量（350ppmw）的燃油原料中都具有吸附硫化物的能力。他们还发现，与沸石类吸附材料不同，HKUST-1 和 CPO-27-Ni 噻吩吸附的最主要竞争物是烯烃而不是芳烃。尽管相比 CuI-Y 沸石，HKUST-1 和 CPO-27-Ni 对硫化物的吸附选择性和吸附量都较低，但 HKUST-1 吸附再生容易，对处理高含硫量的燃油、需要经常活化再生的应用具有优势。

Jhung 等发现在室温下向 MIL-47 引入 $CuCl_2$ 后，该 MOF 对 BT 的吸附能力有很明显的提升[120]。MIL-47 的饱和 BT 吸附量为 231mg/g，而引入 $CuCl_2$ 后得到的 $CuCl_2$(0.05)/MIL-47（0.05 指 Cu/V 摩尔比）饱和吸附量上升到 310mg/g。这一吸附量超过此前 BT 吸附量最高 CuI-Y 沸石（254mg/g）。不过 $CuCl_2$(0.05)/MIL-47 的 BT 吸附速度 $[7.68×10^{-3}g/(mg·h)]$ 相对 MIL-47 $[2.28×10^{-2}g/(mg·h)]$ 低一些。Cu/V 摩尔比对 BT 吸附量影响较大，引入过多或过少的 $CuCl_2$ 都导致材料对 BT 的吸附量降低，0.05 是一个最优化值。这一结果表明引入的 $CuCl_2$ 量和材料的比表面积对 BT 吸附量都有影响。XPS 和 PXRD 研究表明，引入 MIL-47 中的 Cu^{2+} 被还原成了 Cu^+。已有文献报道 Cu^+、Ag^+、Pd^{2+} 和 Pt^{2+} 离子可以通过 π 键作用吸附含 S 化合物，而 Cu^{II} 没有这一性质。因此，引入 $CuCl_2$ 后 MIL-47 对 BT 吸附能力的升高被认为与孔道内的 Cu^+ 有关。在 MIL-47 孔道中，Cu^{2+} 能在温和条件下还原成 Cu^+ 与该 MOF 的金属离子有关。MIL-47 在活化前分子式为 $[V^{III}(OH)(bdc)]0.75(H_2bdc)$，具有氧化性三价 V^{3+} 离子，能转化为无客体相 $[V^{IV}O(bdc)]$。XPS 光谱确实显示 $CuCl_2$(0.05)/MIL-47 中钒离子的内层电子结合能相对 V^{3+} 要更高，表明部分 V^{4+} 的存在。他们后来还发现，和 MIL-47 同构的 MIL-53(Cr) 和 MIL-53(Al) 由于金属离子不具有氧化性，不能将吸附的 Cu^{2+} 还原成 Cu^+，也因此没有 MIL-47 表现出的优异脱硫能力[121]。

脱氮和脱硫过程一样，对提高燃油质量具有积极作用。含氮化合物与 HDS 常用催化剂的相互作用强，可占据催化剂的活性位点，降低其催化能力。含氮化合物的脱除，可以提高 HDS 技术的脱硫效率，从而降低燃料的含硫水平。de Vos 课题组率先探索了 MOF 对模拟燃料中含氮化合物的选择性吸附性能[122]。一系列 MOF 材料［MIL-100(Fe)、MIL-100(Cr)、MIL-100(Al)、MIL-101(Cr)、HKUST-1、CPO-27-Ni、CPO-27-Co、MIL-47 和 MIL-53(Al)］被选用于研究对含氮化合物吲哚（IND）、2-甲基吲哚（2MI）、1,2-二甲基吲哚（1,2-DMI）、咔唑（CBZ）、N-甲基咔唑（NMC）的选择性吸附性能。实验结果显示 MOF 有无配位不饱和金属离子及配位不饱和金属离子的类型是影响含氮化合物吸附的关键因素。没有配位不饱和金属离子的 MOF 材料，如 MIL-53(Al) 和 MIL-47，对这些含氮化合物的吸附量都很低。具有软路易斯酸类配位不饱和金属离子（Cu^{2+}、Co^{2+}、Ni^{2+}）的 MOF，如 HKUST-1、

CPO-27-Ni 和 CPO-27-Co，对含氮和含硫化合物都有吸附。而具有硬路易斯酸类配位不饱和金属离子（Fe^{3+}、Cr^{3+}、Al^{3+}）的 MOF，如 MIL-100(Fe, Cr, Al) 和 MIL-101(Cr)，对含氮化合物具有强的吸附作用，但对含硫化合物的作用力却很弱。即使在甲苯/庚烷（80∶20）这样以芳烃为主的模拟燃料中，MIL-100(Fe) 对含氮化合物的吸附量（基于 N）也可达 16mg/g，而常作为基准的 CuI-Y 吸附量只有 3mg/g。这些实验结果符合 Pearson 的软硬酸碱理论。这些含氮杂环化合物属于中等强度的碱，优先与 Fe^{3+}、Cr^{3+}、Al^{3+} 等较硬的路易斯酸相互作用。而含硫化合物属于较软的碱，则与硬路易斯酸作用力小，偏向与较软的路易斯酸位点相互作用，如 HKUST-1 的 Cu^{2+}、CPO-27-Ni 的 Ni^{2+} 和 Co-MOF-74 的 Co^{2+} 离子。为确定 N 杂原子与硬路易斯酸类配位不饱和金属离子的强相互作用，他们研究了吸附 IND 后 MIL-100(Fe) 的穆斯堡尔谱（Mössbauer spectroscopy）。谱图结果显示 IND 的吸附确实影响了 Fe^{3+} 周围的环境，这显然是 IND 中氮原子的自由电子对与 Fe^{3+} 之间的相互作用导致的。这些结果都表明 MIL-100(Fe, Cr, Al) 和 MIL-101(Cr) 是从含硫化合物中选择性吸附脱除含氮化合物的良好材料。

随后 de Vos 课题组将工作进一步拓展，报道了 MIL-100(Al, Cr, Fe, V) 四个具有不同金属离子 MOF 对含氮杂环化合物的选择性吸附研究工作[123]。结合吸附曲线、吸附量热分析和红外光谱表征，四个 MOF 化合物被发现都具有选择性吸附含氮杂环化合物的能力，不过金属离子的种类对性能的影响很大。几个 MOF 化合物中最值得注意的是 MIL-100(V)。该 MOF 对含氮化合物具有最高的吸附作用力，而对噻吩化合物具有较小的吸附作用力。MIL-100(V) 对 IND 和 1,2-DMI 的吸附焓分别为 −158kJ/mol 和 −198kJ/mol，而对 TP 的吸附焓只有 −20kJ/mol。MIL-100(V) 与氮杂环化合物之间的强相互作用被认为主要来源于杂环 N 原子孤对电子与配位不饱和钒离子之间的配位作用。虽然 V^{3+} 的路易酸强度相对于 Cr^{3+}、Al^{3+} 和 Fe^{3+} 并不是最强的，但可能正是这种适中的强度导致 MIL-100(V) 对一些含氮化合物具有更好的吸附亲和力和选择性。此外，MIL-100(V) 中除主要的 V^{3+} 外，也存在少量的 V^{4+}。与 V^{4+} 相连的氧原子具有碱性，能与部分氮杂环化合物之间形成较强的氢键作用，进一步增强吸附作用。而其他几个 MOF 化合物都不具备这一特征。多次吸附脱附循环测试还表明吸附氮杂环化合物后的 MIL-100(V) 能通过甲苯洗脱活化，且活化再生程度高，结构稳定性好。

对于移除燃油中 PAHs 和烯烃，较系统的 MOF 材料相关的工作还比较匮乏。一些有关报道主要是探索 MOF 材料从一些混合物中选择性吸附芳烃的性质。例如，张杰鹏课题组报道的 MAF-X8 能在非芳香溶剂中选择性地吸附芳香族化合物[124]。不过，对于具有相似尺寸的脂肪化合物和芳香族化合物，也有部分 MOF 与脂肪族化合物作用力更强。例如，有研究显示相比于碳原子数相同但具有三个不饱和键的四氢萘，没有不饱和键的十氢萘与 MOF-5 的作用力更强一些[125]。Couck 等发现苯与 NH_2-MIL-53 框架之间的作用力也比正己烷的弱一些[126]。Jacobson 课题组的报道显示苯与 MIL-47 间的作用力也比正己烷或环己烷的更弱，他们还发现 MIL-47 框架吸附苯、1,4-环己二烯、1,3-环己二烯、环己烯和环己烷后发生了明显的结构变形[127]。文献中 MOF 材料对芳烃和脂肪烃分离研究的实验结果整体上显示 MOF 材料倾向于优先吸附芳香化合物，可能的原因是芳烃分子相对于烷烃分子具有更大的极性，而 MOF 材料的孔表面通常具有较强的极性，因此可以与芳烃发生更强的相互作用。例如，MIL-101(Cr) 对甲苯的吸附作用力就比对正己烷更强一些[128, 129]。Navarro 报道的阴离子型 MOF 材料 $NH_4[Cu_3(\mu_3\text{-}OH)(\mu_3\text{-}4\text{-}carboxypyrazolato)_3]$，可以从正己烷/苯混合体系中把苯非常有效地吸附分离出来。当暴露在 1∶1 的苯和环己烷混合气氛下，大量的苯会选择性地吸附在该材料的孔洞中[130]。相似地，Kitagawa 课题组报道的柱层式的 CID-23 几乎吸附了 1∶1 的苯和环己烷混合物中的所有苯[131]。在这一例子中，孔的尺寸被认为是吸附选择性的主要原因。MOF-5 对芳香化合物的吸附作用力也强于对脂肪类化合物。在早期的研究中，MOF-5 被认为对环己烷的吸附作用力强于苯[132]。然而，后来的研究报道显示了相反的结果。Gutiérrez 等报道了 MOF-5 对苯、甲苯、环己烷、甲基环己烷、己烯和正戊烷的正辛烷溶液的吸附等温线[133]。比较具有相同碳原子数的化合物，MOF-5 对芳香族化合物的作用力比脂肪族更强。另外，具有配位不饱和金属位点的 MOF 材料也倾向于对芳烃具有更强的吸附作用。与 MIL-53(Al) 相比，$Cu_3(btc)_2$ 中配位不饱和的 Cu^{2+} 位点可以在间二甲苯的烷烃溶剂中选择性地吸附间二甲苯[134]。另外，还有研究显示当框架的孔洞中含有多金属氧簇时，$Cu_3(btc)_2$ 从环己烷/苯或环己烷/甲苯混合物中选择性地吸附苯或甲苯的能力有所增加[135]。

39.4.4 水中污染物的去除

与沸石、活性炭等传统多孔材料相比，MOF 材料稳定性不好，尤其是对水的稳定性，这限制了 MOF 材料在众多实际应用中的研究和推广。提高 MOF 材料的稳定性一直是该领域的一个研究重点。尽管大多数已报道的 MOF 材料被证实水稳定性差，但对于高水稳定性 MOF 材料的构筑，已有一些重要的经验和规律可循。例如，Walton 等提出配体的 pK_a 值，金属离子的氧化态、离子半径、还原电势和前线轨道能级，金属离子和配位原子间配位几何构型，孔道表面的亲疏水性，框架稳定态多重性、结构相互穿插与否等都是影响 MOF 材料热力学或动力学上水稳定性的因素[28]。此外，大量已有研究工作显示基于 $Zr_6(\mu_3\text{-}O)_4(\mu_3\text{-}OH)_4(\text{—}CO_2)_{12}$、$[M_3X(\mu_3\text{-}O)(\text{—}CO_2)_6]$（$M = Al^{3+}$、$Cr^{3+}$、$Fe^{3+}$；$X = OH^-$ 或 F^- 或 Cl^-）、$[Fe_2M(\mu_3\text{-}O)(\text{—}CO_2)_6]$（$M = Fe^{2+}$、$Co^{2+}$、$Ni^{2+}$、$Mn^{2+}$ 或 Zn^{2+}）、$[Ni_8(OH)_4(H_2O)_2Pz_{12}]$（Pz 代表去质子化的吡唑基团）等结构构筑单元或基于多氮唑类配体的 MOF 材料通常水稳定性好[6, 136, 137]。已报道的高水稳定性 MOF 材料包括 MIL-101(Cr)、MIL-101-SO$_3$H(Cr)、MIL-100(Cr)、MIL-96(Al)、MIL-53(Al)、MIL-53(Cr)、MIL-160、MIL-163、MIL-121、UiO-66、UiO-66-NH$_2$、UiO-66-NO$_2$、UiO-66-(COOH)$_2$、UiO-66-MM、MOF-801、MOF-802、MOF-804、MOF-808、MOF-841、PCN-222/MOF-545、PCN-224、PCN-225、PCN-228、PCN-229、PCN-230、PCN-250、PCN-426-Cr(Ⅲ)、PCN-521、PCN-523、PCN-601、PCN-602、PCN-777、BUT-12、BUT-13、RE-*fcu*-MOF、NU-1000、NU-1105、CAU-10-H、CAU-10-CH$_3$、CAU-10-NH$_2$、CAU-10-NO$_2$、CAU-10-OCH$_3$、CAU-10-OH、DUT-69、DUT-67、DUT-68、Zn(1,4-BDP)、Zn(1,3-BDP)、Fe$_2$(BDP)$_3$、Ni$_3$(BTP)$_2$、MAF-4（或 ZIF-8）、MAF-6、MAF-7、MAF-49、MAF-X8、ZIF-11、ZIF-68、ZIF-69、ZIF-70、ZIF-78、ZIF-79、ZIF-80、ZIF-81、ZIF-82、FMOF-1、Ni$_8$(OH)$_4$(H$_2$O)$_2$(L$_6$)$_6$、Ni$_8$(OH)$_4$(H$_2$O)$_2$(L$_8$)$_6$、Ni$_8$(OH)$_4$(H$_2$O)$_2$(L$_9$)$_6$、Ni$_8$(OH)$_4$(H$_2$O)$_2$(L$_{10}$)$_6$、Ni$_8$(OH)$_4$(H$_2$O)$_2$(L$_{10}$-(CH$_3$)$_2$)$_6$、Ni$_8$(OH)$_4$(H$_2$O)$_2$(L$_{10}$-(CF$_3$)$_2$)$_6$、Cu(dimb)、Cu-BTTri、FJI-H6、FJI-H7、JLU-Liu18、InPCF-1、FIR-54、Mg-CUK-1、Al-PMOF、JUC-110、Zn-DMOF-A、Zn-DMOF-TM、Zn-MOF-508 等[28-29, 138]。随着一些水稳定 MOF 材料的出现，MOF 材料在水中的应用研究报道也日益增多。应用方向主要为水中污染物的吸附去除。污染物主要包括有机分子污染物、重金属离子等。以下简要介绍几个例子。

抗生素是水中主要有机污染物之一。在我国，过度的抗生素使用现象尤其严重。据统计，2013 年一年我国抗生素使用量就达 162000t。李建荣课题组通过拓扑设计的方法，使用两个预先设计的刚性化三齿羧酸配体分别和氯化锆首次构筑了两个同构的具有 *the-a* 拓扑结构的 Zr-MOF：BUT-12 和 BUT-13[139]。这两个 MOF 是由经典的 [Zr$_6$O$_4$(OH)$_8$(H$_2$O)$_4$(CO$_2$)$_8$]SBU 分别和相应的配体构筑而成的。在这两个 MOF 中存在两种类型的笼：一种是正八面体的笼，其八面体的边长约为 17.5Å；另一种是截八面体的笼，在这个笼中，可以放置一个直径约为 24.7Å 的球。移除客体分子之后，BUT-12 和 BUT-13 的孔隙率分别可达 79.1% 和 84.6%，其比表面积分别为 3387m^2/g 和 3948m^2/g。实验显示，这两个 MOF 具有超高的化学稳定性，它们在水、沸水、浓盐酸及 pH = 10 的氢氧化钠溶液中浸泡 24h 仍能稳定存在。由于这两个 MOF 具有大的比表面积及优异的水稳定性，同时，刚性化的有机配体还赋予它们较好的荧光性能，因此，他们将这两个 MOF 应用于选择性的检测及去除水中的抗生素及硝基爆炸物。荧光滴定实验显示，这两个 MOF 可以通过荧光猝灭选择性地检测水中的呋喃西林（NZF）、呋喃妥因（NFT）抗生素及三硝基苯酚、4-硝基苯酚芳香硝基爆炸物。在抗生素中，呋喃西林、呋喃妥因对 BUT-12 的荧光猝灭效率分别达到了 92%和 91%；它们对 BUT-13 的荧光猝灭效率分别达到了 95%和 94%。在硝基化合物中，三硝基苯酚（TNP）和 4-硝基苯酚（4-NP）对 BUT-12 的荧光猝灭效率分别达到了 98%和 96%；它们对 BUT-13 的猝灭效率分别达到了 97%和 95%。BUT-12 对呋喃西林和三硝基苯酚的检测限分别为 58ppb 和 23ppb[①]；BUT-13 对呋喃西林和三硝基苯酚的检测限分别为 90ppb 和 10ppb。此外，由于具有大的比表面积，这两个 MOF 均可以快速地吸附呋喃西林、呋喃妥因抗生素及三硝基苯酚、4-硝基苯酚芳香硝基化合物。BUT-12 对三硝基苯酚、4-硝基苯酚的饱和吸附量分别达到了 708mg/g 和 414mg/g；BUT-13 对三硝基苯酚、4-硝基苯酚的饱和吸附量分别达到了 865mg/g 和 560mg/g（图 39-26）。进一步地研究显示，吸附过程在 MOF 孔的预富集被分析物方面起到了重要的作用，从而进一步地提高了这两个 MOF 的检测能力。

硒是人体必需的微量矿物质营养素，有抗癌、抗氧化、抗有害重金属、调节维生素的吸收与利用、调节蛋白质的合成和增强人体免疫力等功能。缺硒是一些病发生的重要原因，如克山病、大骨节病等。然而，过量的硒又会引起人体中毒。中毒症状表现为头发变干变脆、易脱落，指甲变脆、有白斑及纵纹、易脱落，皮肤损伤及神经系统异常，严重者死亡。人体每日摄入的硒含量应在 40～400μg 之间。饮用水中的硒的含量有严格要求，一般需在 50ppb 以下。水中硒主要来自可溶性的亚硒酸根（SeO_3^{2-}）和硒酸根（SeO_4^{2-}）离子。因此控制和监测饮用水中这些离子的含量具有重要意义。Farha 课题组研究了系列锆基 MOF 材料在水中对亚硒酸根和硒酸根离子的移除性能[140]。他们选用了 UiO-66、UiO-66-NH$_2$、UiO-66-(NH$_2$)$_2$、UiO-66-(OH)$_2$、UiO-67 和 NU-1000。首先，10mg MOF 样品浸泡于 5mL 的亚硒酸钠或硒酸钠水溶液（100ppm）中。72h 后，取出 0.5mL 的上层清液用于电感耦合等离子体发射光谱（ICP-OES）分析，分别测定水溶液中 Se、Zr 和 Na 离子的含量，进一步得到各种 MOF 材料对亚硒酸根或硒酸根离子的吸附量。实验结果显示 NU-1000 对亚硒酸根和硒酸根离子都具有最大的吸附量，无论是基于质量还是基于每个 Zr_6 簇单元。而且，溶液中亚硒酸根或硒酸根离子大部分被 NU-1000 吸附，对于亚硒酸根离子比例是 90%，对于硒酸根离子比例是 88%。此外，通过 ICP-OES 元素分析结果，他们发现这些锆基 MOF 材料在吸附亚硒酸根或硒酸根离子时，并不同时吸附钠离子进入 MOF 材料孔道中。因此，在吸附亚硒酸根或硒酸根离子过程中，必然有 MOF 框架上的阴离子交换到水溶液中，而这种阴离子很可能是氢氧根离子。ICP-OES 元素分析还显示水溶液中并没有锆离子存在，表明在吸附过程中，MOF 框架上的锆金属离子没有因为结构破坏或其他原因进入水中。他们还对三个亚硒酸根或硒酸根离子吸附量最高的 MOF 材料 UiO-66-NH$_2$、UiO-66-(NH$_2$)$_2$ 和 NU-1000 进行了吸附动力学监测。结果显示 NU-1000 对两种离子的吸附速度最快，在最短的时间里达到饱和吸附量。NU-1000 较快的动力学吸附应该与其孔结构相关。NU-1000 具有三角形和六边形的孔道，直径分别约为 12Å 和 30Å。对比之下，UiO-66 具有直径约 8Å 的四面体型孔笼和直径约 11Å 的八面体型孔笼，孔笼间窗口直径约 7Å。UiO-66-NH$_2$ 和 UiO-66-(NH$_2$)$_2$ 孔道尺寸更小。亚硒酸根或硒酸根离子的直径分别为 5.2Å 和 4.825Å。这些离子在 NU-1000 孔道内的扩散速度应该要快于 UiO-66、UiO-66-NH$_2$ 和 UiO-66-(NH$_2$)$_2$。值得提及的是，NU-1000 和 UiO-66-NH$_2$ 对亚硒酸根或硒酸根离子都表现出高效的吸附能力。而有些其他的相关技术只有针对性地对某一种离子起作用。显然，对两种离子都有高效的吸附能力对在水中移除这些离子的应用上是有优势的。

重金属离子对水的污染也受到人们的广泛关注。很多研究集中在毒性大的 Cr^{VI} 离子去除上。Cr^{VI} 离子污染主要来源于镀铬、染料合成和皮革鞣制等。相似地，高锝酸根（TcO_4^-）对水的污染也是一个重要问题。TcO_4^- 一般存在于放射性废物中，具有半衰期长的特点。由于 TcO_4^- 具有放射性，一般

---

① 1ppb = $1×10^{-9}$。

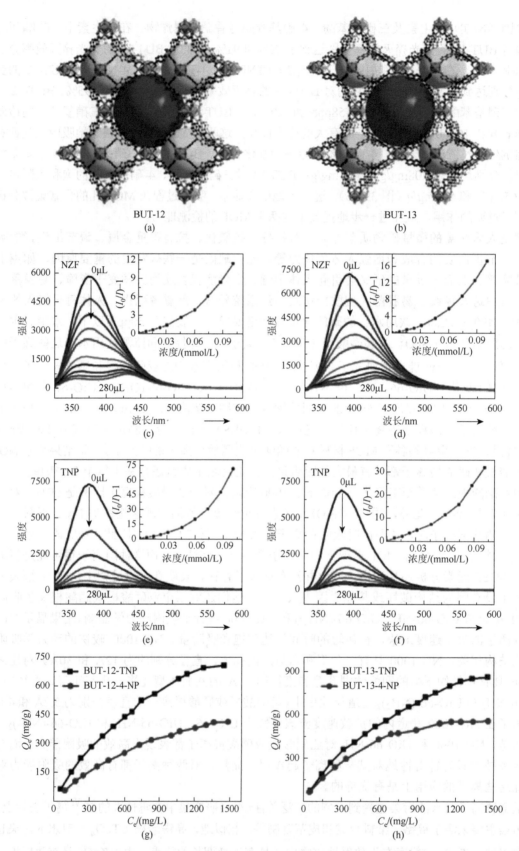

图 39-26 （a）BTU-12 的晶体结构图；（b）BUT-13 的晶体结构图；随着体系中 NZF 的增加，（c）BUT-12 和（d）BUT-13 的荧光光谱变化趋势图；随着体系中 TNP 的增加，（e）BUT-12 和（f）BUT-13 的荧光光谱变化趋势图；（g）BUT-12、（h）BUT-13 对 TNP 和 4-NP 的吸附曲线图[139]

文献中选用高锰酸根（MnO_4^-）作为模型代替 TcO_4^- 进行研究。Ghosh 课题组采用中性含氮配体 tipa 合成报道了一例具有阳离子性框架结构的 MOF 材料[Ni$_2$(tipa)$_3$(SO$_4$)]SO$_4$，其对水溶液中二价 $Cr_2O_7^{2-}$ 和一价 MnO_4^- 都表现出良好的捕获能力[141]。单晶结构分析表明[Ni$_2$(tipa)$_3$(SO$_4$)]SO$_4$ 具有三维的框架结构。结构中部分的 SO_4^{2-} 与金属离子配位，部分 SO_4^{2-} 占据在框架的孔道中。框架孔隙率为 24.6%。他们指出虽然金属硫酸盐型开放框架材料比较常见，但配位聚合位框架内包含未配位 SO_4^{2-} 的例子很少，而结构中既有配位 SO_4^{2-} 又有未配位 SO_4^{2-} 的例子更少。将[Ni$_2$(tipa)$_3$(SO$_4$)]SO$_4$ 浸泡在 $K_2Cr_2O_7$ 溶液中 6h 后，可以直接通过肉眼观察到溶液的颜色慢慢变淡，以及 MOF 样品的颜色发生变化。72h 后，$K_2Cr_2O_7$ 溶液颜色完全退去（图 39-27）。PXRD 谱图显示在离子交换后，MOF 样品结构未发生变化。不过单晶的衍射变弱，无法测定离子交换后 MOF 材料的准确晶体结构。FTIR 光谱显示在 950cm^{-1} 和 770cm^{-1} 处出现新的吸附峰，对应于 $Cr_2O_7^{2-}$ 的 Cr—O 键。EDX 能谱也显示铬元素整体上均匀分布在 MOF 样品中。分散在去离子水中 MOF 样品的 UV/Vis 图也与 $K_2Cr_2O_7$ 溶液的 UV/Vis 图相同。EDX 能谱和 FTIR 光谱同时显示离子交换后 MOF 样品中还存在 SO_4^{2-}，表明只有未配位的 SO_4^{2-} 与 $Cr_2O_7^{2-}$ 发生了交换。他们认为这一离子交换过程与两种离子的几何构型有关。SO_4^{2-} 是四面体构型。$Cr_2O_7^{2-}$ 整体上虽然不是四面体形，但它的一半也是四面体构型。ICP-AES 分析结构显示[Ni$_2$(tipa)$_3$(SO$_4$)]SO$_4$ 对 $Cr_2O_7^{2-}$ 的吸附量为 166mg/g，是当时材料中吸附量最高的。他们还证实了[Ni$_2$(tipa)$_3$(SO$_4$)]SO$_4$ 可以在 $Cr_2O_7^{2-}$ 和 ClO_4^-、NO_3^-、BF_4^- 或 $CF_3SO_3^-$ 的混合离子溶液中选择性吸附 $Cr_2O_7^{2-}$。[Ni$_2$(tipa)$_3$(SO$_4$)]SO$_4$ 对几种离子的亲和性大小顺序为 $Cr_2O_7^{2-}$ > NO_3^- ≈ ClO_4^- > BF_4^- > $CF_3SO_3^-$。[Ni$_2$(tipa)$_3$(SO$_4$)]SO$_4$ 吸附的 $Cr_2O_7^{2-}$ 可以部分地在 SO_4^{2-} 溶液中脱附。ICP-AES 分析显示在 45μmol/L Na_2SO_4 溶液中，$Cr_2O_7^{2-}$ 的脱附量为 94mg/g。而且，MOF 材料在脱附结构保持完好。相似地，[Ni$_2$(tipa)$_3$(SO$_4$)]SO$_4$ 也表现出选择性捕获放射性 TcO_4^- 离子、MnO_4^- 离子的能力。

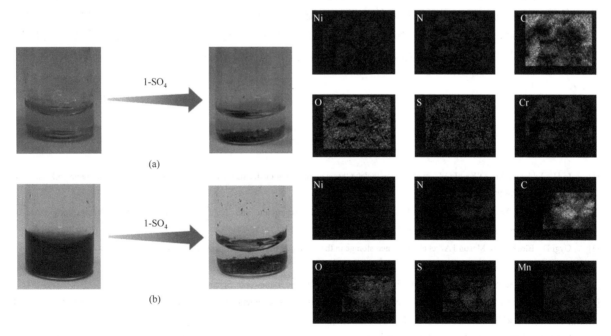

图 39-27　[Ni$_2$(tipa)$_3$(SO$_4$)]SO$_4$ 在 $K_2Cr_2O_7$（a）和 $KMnO_4$（b）溶液中颜色退去，以及吸附 $Cr_2O_7^{2-}$ 和 MnO_4^- 后 MOF 样品的 EDX 能谱图[141]

39.5 总结与展望

本小结主要概述了多孔配位聚合物或 MOF 材料在一些吸附和分离应用上的研究近况。在吸附应用方面，主要介绍了一些特殊分子的吸附，包括氢气、甲烷、乙炔、二氧化碳、氧气、一氧化氮和水。这些分子的吸附涉及清洁能源利用、重要化学化工原料安全使用、能源转化、生命科学等方面。在分离应用方面，主要以混合物的分离提纯和环境污染物的吸附去除两个角度展开。提到了 MOF 材料在一些化学化工领域重要的分离过程，如空气分离、CO 与 N_2 的分离、N_2 与 CH_4 的分离、乙炔和乙烯的分离、不饱和烃与饱和烃的分离、丁烷异构体的分离、戊烷异构体的分离、己烷异构体的分离、C_8 烷基芳烃异构体（邻、间、对二甲苯和乙苯）的分离、含醛基或氨基官能团芳烃异构体的分离、手性分子外消旋体的拆分、阴离子的选择性吸附、阳离子的选择性吸附和一价碱金属离子的选择性吸附。MOF 材料在环境应用相关方面的分离应用研究尤其是近年来的热点，如二氧化碳捕获，CO、NH_3、化学战剂等有毒气体或蒸气的捕获或催化降解、汽油柴油的品质升级、抗生素、硝基爆炸物、微量矿物质、重金属离子、放射性金属离子等水中污染物的去除。MOF 材料的研究已经从早期的合成与结构探索深入到功能应用导向探索的新阶段。从本节介绍的研究综述来看，MOF 材料在许多重要的应用方向上具有很大的潜力。MOF 材料结构良好的可设计性和极大的多样性为这类材料在特殊应用上提供了无限可能。同时，MOF 材料在应用探索上也为一些基础研究提供了独特的平台。例如，MOF 材料具有高度结构有序性，在吸附分离过程中一些 MOF 单晶性甚至能够保持。这些相关的准确结构信息为许多基础科学提供了数据和信息。然而，也应该认识到，MOF 材料具有自身的问题，如稳定性不高、导电性差、大量合成技术不成熟、原料昂贵、成型样品用于不同应用场景还不完备等。相关基础和应用研究探索的空间还很宽阔。从 MOF 材料兴起，到现在已经经历了大约二十年。有目共睹，这二十年里这类材料的发展及这个领域给其他科学领域带来的推动和启发毋庸置疑，相信在接下来的二十年，MOF 材料的研究势头依然不减，进入一个更具高度的新阶段。

（谢林华　李建荣）

参 考 文 献

[1] Li H，Eddaoudi M，O'Keeffe M，et al. Design and synthesis of an exceptionally stable and highly porous metal-organic framework. Nature，1999，402：276-279.

[2] Kaye S S，Dailly A，Yaghi O M，et al. Impact of preparation and handling on the hydrogen storage properties of $Zn_4O(1, 4-benzenedicarboxylate)_3$(MOF-5). J Am Chem Soc，2007，129：14176-14177.

[3] Gygi D，Bloch E D，Mason J A，et al. Hydrogen storage in the expanded pore metal-organic frameworks M_2（dobpdc）（M = Mg，Mn，Fe，Co，Ni，Zn）. Chem Mater，2016，28：1128-1138.

[4] Furukawa H，Ko N，Go Y B，et al. Ultrahigh porosity in metal-organic frameworks. Science，2010，329：424-428.

[5] Farha O K，Özgür Yazaydın A，Eryazici I，et al. De novo synthesis of a metal-organic framework material featuring ultrahigh surface area and gas storage capacities. Nat Chem，2010，2：944-948.

[6] Feng D，Wang K，Wei Z，et al. Kinetically tuned dimensional augmentation as a versatile synthetic route towards robust metal-organic frameworks. Nat Commun，2014，5：5723.

[7] Gómez-Gualdrón D A，Colón Y J，Zhang X，et al. Evaluating topologically diverse metal-organic frameworks for cryo-adsorbed hydrogen storage. Energy Environ Sci，2016，9：3279-3289.

[8] Suh M P，Park H J，Prasad T K，et al. Hydrogen storage in metal-organic frameworks. Chem Rev，2012，112：782-835.

[9] Dinca M，Long J R. Hydrogen storage in microporous metal-organic frameworks with exposed metal sites. Angew Chem Int Ed，2008，47：6766-6779.

[10] He Y，Zhou W，Qian G，et al. Methane storage in metal-organic frameworks. Chem Soc Rev，2014，43：5657-5678.

[11] Ma S Q，Sun D F，Simmons J M，et al. Metal-organic framework from an anthracene derivative containing nanoscopic cages exhibiting high methane uptake. J Am Chem Soc，2008，130：1012-1016.

[12] Chui S S Y，Lo S M F，Charmant J P H，et al. A chemically functionalizable nanoporous material $[Cu_3(TMA)_2(H_2O)_3]_n$. Science，1999，283：1148-1150.

[13] Peng Y，Krungleviciute V，Eryazici I，et al. Methane storage in metal-organic frameworks：current records，surprise findings，and challenges. J Am Chem Soc，2013，135：11887-11894.

[14] Spanopoulos I，Tsangarakis C，Klontzas E，et al. Reticular synthesis of HKUST-like *tbo*-MOFs with enhanced CH_4 storage. J Am Chem Soc，2016，138：1568-1574.

[15] Li B，Wen H M，Wang H，et al. A porous metal-organic framework with dynamic pyrimidine groups exhibiting record high methane storage working capacity. J Am Chem Soc，2014，136：6207-6210.

[16] Li B，Wen H M，Wang H，et al. Porous metal-organic frameworks with Lewis basic nitrogen sites for high-capacity methane storage. Energy Environ Sci，2015，8：2504-2511.

[17] Lin J M，He C T，Liu Y，et al. A metal-organic framework with a pore size/shape suitable for strong binding and close packing of methane. Angew Chem Int Ed，2016，55（15）：4674-4678.

[18] Jiang J，Furukawa H，Zhang Y B，et al. High methane storage working capacity in metal-organic frameworks with acrylate links. J Am Chem Soc，2016，138：10244-10251.

[19] Matsuda R，Kitaura R，Kitagawa S，et al. Highly controlled acetylene accommodation in a metal-organic microporous material. Nature，2005，436：238-241.

[20] Zhang J P，Chen X M. Optimized acetylene/carbon dioxide sorption in a dynamic porous crystal. J Am Chem Soc，2009，131：5516-5521.

[21] Zhang M，Li B，Li Y，et al. Finely tuning MOFs towards high performance in C_2H_2 storage：synthesis and properties of a new MOF-505 analogue with an inserted amide functional group. Chem Commun，2016，52：7241-7244.

[22] Zhang Z，Xiang S，Chen B. Microporous metal-organic frameworks for acetylene storage and separation. CrystEngComm，2011，13：5983-5992.

[23] Millward A R，Yaghi O M. Metal-organic frameworks with exceptionally high capacity for storage of carbon dioxide at room temperature. J Am Chem Soc，2005，127：17998-17999.

[24] Alezi D，Belmabkhout Y，Suyetin M，et al. MOF crystal chemistry paving the way to gas storage needs：aluminum-based soc-MOF for CH_4，O_2，and CO_2 storage. J Am Chem Soc，2015，137：13308-13318.

[25] Llewellyn P L，Bourrelly S，Serre C，et al. High uptakes of CO_2 and CH_4 in mesoporous metal-organic frameworks MIL-100 and MIL-101. Langmuir，2008，24：7245-7250.

[26] Xiao B，Wheatley P S，Zhao X，et al. High-capacity hydrogen and nitric oxide adsorption and storage in a metal-organic framework. J Am Chem Soc，2007，129：1203-1209.

[27] McKinlay A C，Xiao B，Wragg D S，et al. Exceptional behavior over the whole adsorption-storage-delivery cycle for NO in porous metal organic frameworks. J Am Chem Soc，2008，130：10440-10444.

[28] Burtch N C，Jasuja H，Walton K S. Water stability and adsorption in metal-organic frameworks. Chem Rev，2014，114：10575-10612.

[29] Howarth A J，Liu Y，Li P，et al. Chemical，thermal and mechanical stabilities of metal-organic frameworks. Nat Rev Mater，2016，1：15018.

[30] Gelfand B S，Shimizu G K. Parameterizing and grading hydrolytic stability in metal-organic frameworks. Dalton Trans，2016，45：3668-3678.

[31] Henninger S K，Habib H A，Janiak C. MOFs as adsorbents for low temperature heating and cooling applications. J Am Chem Soc，2009，131：2776-2777.

[32] Zhang J P，Zhu A X，Lin R B，et al. Pore surface tailored SOD-type metal-organic zeolites. Adv Mater，2011，23：1268-1271.

[33] Akiyama G，Matsuda R，Sato H，et al. Effect of functional groups in MIL-101 on water sorption behavior. Micropor Mesopor Mat，2012，157：89-93.

[34] Akiyama G，Matsuda R，Kitagawa S. Highly porous and stable coordination polymers as water sorption materials. Chem Lett，2010，39：360-361.

[35] Furukawa H，Gándara F，Zhang Y B，et al. Water adsorption in porous metal-organic frameworks and related materials. J Am Chem Soc，2014，136：4369-4381.

[36] Xie L H，Liu S X，Gao C Y，et al. Mixed-valence iron（Ⅱ，Ⅲ）trimesates with open frameworks modulated by solvents. Inorg Chem，2007，

46：7782-7788.

[37] Murray L J, Dinca M, Yano J, et al. Highly-selective and reversible O_2 binding in $Cr_3(1, 3, 5$-benzenetricarboxylate$)_2$. J Am Chem Soc, 2010, 132：7856-7857.

[38] Bloch E D, Murray L J, Queen W L, et al. Selective binding of O_2 over N_2 in a redox-active metal-organic framework with open iron（Ⅱ） coordination sites. J Am Chem Soc, 2011, 133：14814-14822.

[39] Bloch E D, Queen W L, Hudson M R, et al. Hydrogen storage and selective, reversible O_2 adsorption in a metal-organic framework with open chromium（Ⅱ） sites. Angew Chem Int Ed, 2016, 55：8605-8609.

[40] Xiao D J, Gonzalez M I, Darago L E, et al. Selective, tunable O_2 binding in cobalt(Ⅱ)-triazolate/pyrazolate metal-organic frameworks. J Am Chem Soc, 2016, 138：7161-7170.

[41] Zhang W, Banerjee D, Liu J, et al. Redox-active metal-organic composites for highly selective oxygen separation applications. Adv Mater, 2016：3572-3577.

[42] Sato H, Kosaka W, Matsuda R, et al. Self-accelerating CO sorption in a soft nanoporous crystal. Science, 2014, 343：167-170.

[43] Tanaka D, Nakagawa K, Higuchi M, et al. Kinetic gate-opening process in a flexible porous coordination polymer. Angew Chem Int Ed, 2008, 47：3914-3918.

[44] Kondo A, Noguchi H, Ohnishi S, et al. Novel expansion/shrinkage modulation of 2D layered MOF triggered by clathrate formation with CO_2 molecules. Nano Lett, 2006, 6：2581-2584.

[45] Liu X M, Lin R B, Zhang J P, et al. Low-dimensional porous coordination polymers based on 1, 2-bis（4-pyridyl）hydrazine：From structure diversity to ultrahigh CO_2/CH_4 selectivity. Inorg Chem, 2012, 51：5686-5692.

[46] Kitaura R, Seki K, Akiyama G, et al. Porous coordination-polymer crystals with gated channels specific for supercritical gases. Angew Chem Int Ed, 2003, 42：428-431.

[47] Li L, Wang Y, Yang J, et al. Targeted capture and pressure/temperature-responsive separation in flexible metal-organic frameworks. J Mater Chem A, 2015, 3：22574-22583.

[48] Banerjee D, Cairns A J, Liu J, et al. Potential of metal-organic frameworks for separation of xenon and krypton. Acc Chem Res, 2015, 48：211-219.

[49] Xiang S C, Zhang Z, Zhao C G, et al. Rationally tuned micropores within enantiopure metal-organic frameworks for highly selective separation of acetylene and ethylene. Nat Commun, 2011, 2：204.

[50] He Y, Krishna R, Chen B. Metal-organic frameworks with potential for energy-efficient adsorptive separation of light hydrocarbons. Energy Environ Sci, 2012, 5：9107-9120.

[51] Cui X L, Chen K J, Xing H B, et al. Pore chemistry and size control in hybrid porous materials for acetylene capture from ethylene. Science, 2016, 353：141-144.

[52] Bloch E D, Queen W L, Krishna R, et al. Hydrocarbon separations in a metal-organic framework with open iron（Ⅱ） coordination sites. Science, 2012, 335：1606-1610.

[53] Cadiau A, Adil K, Bhatt P M, et al. A metal-organic framework-based splitter for separating propylene from propane. Science, 2016, 353：137-140.

[54] Liao P Q, Zhang W X, Zhang J P, et al. Efficient purification of ethene by an ethane-trapping metal-organic framework. Nat Commun, 2015, 6：8697.

[55] Herm Z R, Wiers B M, Mason J A, et al. Separation of hexane isomers in a metal-organic framework with triangular channels. Science, 2013, 340：960-964.

[56] Xue D X, Cairns A J, Belmabkhout Y, et al. Tunable rare-earth *fcu*-MOFs: a platform for systematic enhancement of CO_2 adsorption energetics and uptake. J Am Chem Soc, 2013, 135：7660-7667.

[57] Xue D X, Belmabkhout Y, Shekhah O, et al. Tunable rare earth *fcu*-MOF platform: access to adsorption kinetics driven gas/vapor separations via pore size contraction. J Am Chem Soc, 2015, 137：5034-5040.

[58] Assen A H, Belmabkhout Y, Adil K, et al. Ultratuning of the rareearth *fcu*-MOF aperture size for selective molecular exclusion of branched paraffins. Angew Chem Int Ed, 2015, 54：14353-14358.

[59] Alaerts L, Kirschhock C E A, Maes M, et al. Selective adsorption and separation of xylene isomers and ethylbenzene with the microporous vanadium（Ⅳ） terephthalate MIL-47. Angew Chem Int Ed, 2007, 46：4293-4297.

[60] Liu Q K, Ma J P, Dong Y B. Adsorption and separation of reactive aromatic isomers and generation and stabilization of their radicals within cadmium(Ⅱ)-triazole metal-organic confined space in a single-crystal-to-single-crystal fashion. J Am Chem Soc, 2010, 132：7005-7017.

[61] Nickerl G, Henschel A, Grünker R, et al. Chiral metal-organic frameworks and their application in asymmetric catalysis and stereoselective

separation. Chemie Ingenieur Technik，2011，83：90-103.

[62] Seo J S，Whang D，Lee H，et al. A homochiral metal-organic porous material for enantioselective separation and catalysis. Nature，2000，404：982-986.

[63] Xie S M，Zhang Z J，Wang Z Y，et al. Chiral metal-organic frameworks for high-resolution gas chromatographic separations. J Am Chem Soc，2011，133：11892-11895.

[64] Maji T K，Matsuda R，Kitagawa S. A flexible interpenetrating coordination framework with a bimodal porous functionality. Nat Mater，2007，6：142-148.

[65] Zhao X，Bu X，Wu T，et al. Selective anion exchange with nanogated isoreticular positive metal-organic frameworks. Nat Commun，2013，4：2344.

[66] Plabst M，McCusker L B，Bein T. Exceptional ion-exchange selectivity in a flexible open framework lanthanum（III）tetrakisphosphonate. J Am Chem Soc，2009，131：18112-18118.

[67] Han Y，Sheng S，Yang F，et al. Size-exclusive and coordination-induced selective dye adsorption in a nanotubular metal-organic framework. J Mater Chem A，2015，3：12804-12809.

[68] Sumida K，Rogow D，Mason J，et al. Carbon dioxide capture in metal-organic frameworks. Chem Rev，2012，112：724-805.

[69] D'Alessandro D M，Smit B，Long J R. Carbon dioxide capture：prospects for new materials. Angew Chem Int Ed，2010，49：6058-6082.

[70] Bao Z，Yu L，Ren Q，et al. Adsorption of CO_2 and CH_4 on a magnesium-based metal organic framework. J Colloid Interface Sci，2011，353：549-556.

[71] Caskey S R，Wong-Foy A G，Matzger A J. Dramatic tuning of carbon dioxide uptake via metal substitution in a coordination polymer with cylindrical pores. J Am Chem Soc，2008，130：10870-10871.

[72] Yazaydın A O，Benin A I，Faheem S A，et al. Enhanced CO_2 adsorption in metal-organic frameworks via occupation of open-metal sites by coordinated water molecules. Chem Mater，2009，21：1425-1430.

[73] Yazaydın A O，Snurr R Q，Park T H，et al. Screening of metal-organic frameworks for carbon dioxide capture from flue gas using a combined experimental and modeling approach. J Am Chem Soc，2009，131：18198-18199.

[74] Liao P Q，Chen H，Zhou D D，et al. Monodentate hydroxide as a super strong yet reversible active site for CO_2 capture from high-humidity flue gas. Energy Environ Sci，2015，8：1011-1016.

[75] Jeong S，Kim D，Shin S，et al. Combinational synthetic approaches for isoreticular and polymorphic metal-organic frameworks with tuned pore geometries and surface properties. Chem Mater，2014，26：1711-1719.

[76] Zhai Q G，Bu X，Mao C，et al. An ultra-tunable platform for molecular engineering of high-performance crystalline porous materials. Nat Commun，2016，7：13645.

[77] McDonald T M，Lee W R，Mason J A，et al. Capture of carbon dioxide from air and flue gas in the alkylamine-appended metal-organic framework mmen-Mg_2（dobpdc）. J Am Chem Soc，2012，134：7056-7065.

[78] Lässig D，Lincke J，Moellmer J，et al. A microporous copper metal-organic framework with high H_2 and CO_2 adsorption capacity at ambient pressure. Angew Chem Int Ed，2011，50：10344-10348.

[79] Li B，Zhang Z，Li Y，et al. Enhanced binding affinity，remarkable selectivity，and high capacity of CO_2 by dual functionalization of a *rht*-type metal-organic framework. Angew Chem Int Ed，2012，51：1412-1415.

[80] Zhai Q G，Bu X，Mao C，et al. Systematic and dramatic tuning on gas sorption performance in heterometallic metal-organic frameworks. J Am Chem Soc，2016，138：2524-2527.

[81] Zhao X，Bu X，Zhai Q G，et al. Pore space partition by symmetry-matching regulated ligand insertion and dramatic tuning on carbon dioxide uptake. J Am Chem Soc，2015，137：1396-1399.

[82] Aprea P，Caputo D，Gargiulo N，et al. Modeling carbon dioxide adsorption on microporous substrates：Comparison between Cu-BTC metal-organic framework and 13X zeolitic molecular sieve. J Chem Eng Data，2010，55：3655-3661.

[83] Nugent P，Belmabkhout Y，Burd S D，et al. Porous materials with optimal adsorption thermodynamics and kinetics for CO_2 separation. Nature，2013，495：80-84.

[84] Shekhah O，Belmabkhout Y，Chen Z J，et al. Made-to-order metal-organic frameworks for trace carbon dioxide removal and air capture. Nat Commun，2014，5：4228.

[85] Burd S D，Ma S Q，Perman J A，et al. Highly selective carbon dioxide uptake by Cu(bpy-*n*)$_2$(SiF$_6$)（bpy-1 = 4, 4'-bipyridine；bpy-2 = 1, 2-bis（4-pyridyl）ethene）. J Am Chem Soc，2012，134：3663-3666.

[86] Zheng B，Bai J，Duan J，et al. Enhanced CO_2 binding affinity of a high-uptake *rht*-type metal-organic framework decorated with acylamide groups. J Am Chem Soc，2010，133：748-751.

[87] Cui P, Ma Y G, Li H H, et al. Multipoint interactions enhanced CO_2 uptake: a zeolite-like zinc-tetrazole framework with 24-nuclear zinc cages. J Am Chem Soc, 2012, 134: 18892-18895.

[88] Lin Y, Yan Q, Kong C, et al. Polyethyleneimine incorporated metal-organic frameworks adsorbent for highly selective CO_2 capture. Sci Rep 2013, 3: 1859.

[89] Lee W R, Jo H, Yang L M, et al. Exceptional CO_2 working capacity in a heterodiamine-grafted metal-organic framework. Chem Sci, 2015, 6: 3697-3705.

[90] Li J R, Yu J, Lu W, et al. Porous materials with pre-designed single-molecule traps for CO_2 selective adsorption. Nat Commun, 2013, 4: 1538.

[91] McDonald T M, Mason J A, Kong X, et al. Cooperative insertion of CO_2 in diamine-appended metal-organic frameworks. Nature, 2015, 519: 303-308.

[92] Lee W R, Hwang S Y, Ryu D W, et al. Diamine-functionalized metal-organic framework: exceptionally high CO_2 capacities from ambient air and flue gas, ultrafast CO_2 uptake rate, and adsorption mechanism. Energy Environ Sci, 2014, 7: 744-751.

[93] Chen K J, Madden D G, Pham T, et al. Tuning pore size in square-lattice coordination networks for size-selective sieving of CO_2. Angew Chem Int Ed, 2016, 55: 10268-10272.

[94] Duan J, Yang Z, Bai J, et al. Highly selective CO_2 capture of an *agw*-type metal-organic framework with inserted amides: experimental and theoretical studies. Chem Commun, 2012, 48: 3058-3060.

[95] Yang Q, Vaesen S, Ragon F, et al. A water stable metal-organic framework with optimal features for CO_2 capture. Angew Chem Int Ed, 2013, 52: 10316-10320.

[96] Wang B, Huang H, Lv X L, et al. Tuning CO_2 selective adsorption over N_2 and CH_4 in UiO-67 analogues through ligand functionalization. Inorg Chem, 2014, 53: 9254-9259.

[97] Liao P Q, Zhou D D, Zhu A X, et al. Strong and dynamic CO_2 sorption in a flexible porous framework possessing guest chelating claws. J Am Chem Soc, 2012, 134: 17380-17383.

[98] Zhang Z, Zhao Y, Gong Q, et al. MOFs for CO_2 capture and separation from flue gas mixtures: the effect of multifunctional sites on their adsorption capacity and selectivity. Chem Commun, 2013, 49: 653-661.

[99] Zhou D D, He C T, Liao P Q, et al. A flexible porous Cu（II）bis-imidazolate framework with ultrahigh concentration of active sites for efficient and recyclable CO_2 capture. Chem Commun, 2013, 49: 11728-11730.

[100] Park H J, Cheon Y E, Suh M P. Post-synthetic reversible incorporation of organic linkers into porous metal-organic frameworks through single-crystal-to-single-crystal transformations and modification of gas-sorption properties. Chem Eur J, 2010, 16: 11662-11669.

[101] Zhai Q G, Bu X, Zhao X, et al. Pore space partition in metal-organic frameworks. Acc Chem Res, 2017, 50: 407-417.

[102] Park H J, Suh M P. Enhanced isosteric heat, selectivity, and uptake capacity of CO_2 adsorption in a metal-organic framework by impregnated metal ions. Chem Sci, 2013, 4: 685-690.

[103] An J, Rosi N L. Tuning MOF CO_2 adsorption properties via cation exchange. J Am Chem Soc, 2010, 132: 5578-5579.

[104] Ban Y, Li Z, Li Y, et al. Confinement of ionic liquids in nanocages: tailoring the molecular sieving properties of ZIF-8 for membrane-based CO_2 capture. Angew Chem Int Ed, 2015, 54: 15483-15487.

[105] Noro S I, Mizutani J, Hijikata Y, et al. Porous coordination polymers with ubiquitous and biocompatible metals and a neutral bridging ligand. Nat Commun, 2015, 6: 5851.

[106] Xiong Y, Fan Y Z, Yang R, et al. Amide and N-oxide functionalization of T-shaped ligands for isoreticular MOFs with giant enhancements in CO_2 separation. Chem Commun, 2014, 50: 14631-14634.

[107] Aijaz A, Karkamkar A, Choi Y J, et al. Immobilizing highly catalytically active Pt nanoparticles inside the pores of metal-organic framework: a double solvents approach. J Am Chem Soc, 2012, 134: 13926-13929.

[108] El-Shall M S, Abdelsayed V, Khder A E R S, et al. Metallic and bimetallic nanocatalysts incorporated into highly porous coordination polymer MIL-101. J Mater Chem, 2009, 19: 7625-7631.

[109] Morris W, Doonan C J, Yaghi O M. Postsynthetic modification of a metal-organic framework for stabilization of a hemiaminal and ammonia uptake. Inorg Chem, 2011, 50: 6853-6855.

[110] Jasuja H, Peterson G W, Decoste J B, et al. Evaluation of MOFs for air purification and air quality control applications: ammonia removal from air. Chem Eng Sci, 2015, 124: 118-124.

[111] Montoro C, Linares F t, Quartapelle Procopio E, et al. Capture of nerve agents and mustard gas analogues by hydrophobic robust MOF-5 type metal-organic frameworks. J Am Chem Soc, 2011, 133: 11888-11891.

[112] Padial N M, Procopio E Q, Montoro C, et al. Highly hydrophobic isoreticular porous metal-organic frameworks for the capture of harmful

volatile organic compounds. Angew Chem Int Ed，2013，52：8290-8294.

[113] Galli S，Masciocchi N，Colombo V，et al. Adsorption of harmful organic vapors by flexible hydrophobic bis-pyrazolate based MOFs. Chem Mater，2010，22：1664-1672.

[114] Ma F J，Liu S X，Sun C Y，et al. A sodalite-type porous metal-organic framework with polyoxometalate templates：adsorption and decomposition of dimethyl methylphosphonate. J Am Chem Soc，2011，133：4178-4181.

[115] Sun C Y，Liu S X，Liang D D，et al. Highly stable crystalline catalysts based on a microporous metal-organic framework and polyoxometalates. J Am Chem Soc，2009，131：1883-1888.

[116] Srivastava V C. An evaluation of desulfurization technologies for sulfur removal from liquid fuels. RSC Adv，2012，2：759-783.

[117] Cychosz K A，Wong-Foy A G，Matzger A J. Liquid phase adsorption by microporous coordination polymers：removal of organosulfur compounds. J Am Chem Soc，2008，130：6938-6939.

[118] Cychosz K A，Wong-Foy A G，Matzger A J. Enabling cleaner fuels：desulfurization by adsorption to microporous coordination polymers. J Am Chem Soc，2009，131：14538-14543.

[119] Peralta D，Chaplais G，Simon-Masseron A，et al. Metal-organic framework materials for desulfurization by adsorption. Energy Fuels，2012，26：4953-4960.

[120] Khan N A，Jhung S H. Remarkable adsorption capacity of $CuCl_2$-loaded porous vanadium benzenedicarboxylate for benzothiophene. Angew Chem Int Ed，2012，51：1198-1201.

[121] Khan N A，Jhung S H. Effect of central metal ions of analogous metal-organic frameworks on the adsorptive removal of benzothiophene from a model fuel. J Hazard Mater，2013，260：1050-1056.

[122] Maes M，Trekels M，Boulhout M，et al. Selective removal of n-heterocyclic aromatic contaminants from fuels by lewis acidic metal-organic frameworks. Angew Chem Int Ed，2011，50：4210-4214.

[123] Van de Voorde B，Boulhout M，Vermoortele F，et al. N/S-heterocyclic contaminant removal from fuels by the mesoporous metal-organic framework MIL-100：the role of the metal ion. J Am Chem Soc，2013，135：9849-9856.

[124] He C T，Tian J Y，Liu S Y，et al. A porous coordination framework for highly sensitive and selective solid-phase microextraction of non-polar volatile organic compounds. Chem Sci，2013，4：351-356.

[125] Luebbers M T，Wu T，Shen L，et al. Trends in the adsorption of volatile organic compounds in a large-pore metal-organic framework，IRMOF-1. Langmuir，2010，26：11319-11329.

[126] Couck S，Rémy T，Baron G V，et al. A pulse chromatographic study of the adsorption properties of the amino-MIL-53（Al）metal-organic framework. Phys Chem Chem Phys，2010，12：9413-9418.

[127] Wang X，Eckert J，Liu L，et al. Breathing and twisting：an investigation of framework deformation and guest packing in single crystals of a microporous vanadium benzenedicarboxylate. Inorg Chem，2011，50：2028-2036.

[128] Huang C Y，Song M，Gu Z Y，et al. Probing the adsorption characteristic of metal-organic framework MIL-101 for volatile organic compounds by quartz crystal microbalance. Environ Sci Technol，2011，45：4490-4496.

[129] Xian S，Peng J，Zhang Z，et al. Highly enhanced and weakened adsorption properties of two MOFs by water vapor for separation of CO_2/CH_4 and CO_2/N_2 binary mixtures. Chem Eng J，2015，270：385-392.

[130] Quartapelle-Procopio E，Linares F，Montoro C，et al. Cation-exchange porosity tuning in anionic metal-organic frameworks for the selective separation of gases and vapors and for catalysis. Angew Chem Int Ed，2010，49：7308-7311.

[131] Hijikata Y，Horike S，Sugimoto M，et al. Relationship between channel and sorption properties in coordination polymers with interdigitated structures. Chem Eur J，2011，17：5138-5144.

[132] Eddaoudi M，Li H L，Yaghi O M. Highly porous and stable metal-organic frameworks：structure design and sorption properties. J Am Chem Soc，2000，122：1391-1397.

[133] Gutiérrez I，Díaz E，Vega A，et al. Consequences of cavity size and chemical environment on the adsorption properties of isoreticular metal-organic frameworks：an inverse gas chromatography study. J Chromatogr A，2013，1274：173-180.

[134] Alaerts L，Maes M，van der Veen M A，et al. Metal-organic frameworks as high-potential adsorbents for liquid-phase separations of olefins，alkylnaphthalenes and dichlorobenzenes. Phys Chem Chem Phys，2009，11：2903-2911.

[135] Ma F J，Liu S X，Liang D D，et al. Adsorption of volatile organic compounds in porous metal-organic frameworks functionalized by polyoxometalates. J Solid State Chem，2011，184：3034-3039.

[136] Bai Y，Dou Y，Xie L H，et al. Zr-based metal-organic frameworks：design，synthesis，structure，and applications. Chem Soc Rev，2016，45：2327-2367.

[137] Wang K，Lv X L，Feng D，et al. Pyrazolate-based porphyrinic metal-organic framework with extraordinary base-resistance. J Am Chem Soc，

2016，138：914-919.

[138] Wang C，Liu X，Demir N K，et al. Applications of water stable metal-organic frameworks. Chem Soc Rev，2016，45：5107-5134.

[139] Wang B，Lv X L，Feng D，et al. Highly stable Zr(Ⅳ)-based metal-organic frameworks for the detection and removal of antibiotics and organic explosives in water. J Am Chem Soc，2016，138：6204-6216.

[140] Howarth A J，Katz M J，Wang T C，et al. High efficiency adsorption and removal of selenate and selenite from water using metal-organic frameworks. J Am Chem Soc，2015，137：7488-7494.

[141] Desai A V，Manna B，Karmakar A，et al. A Water-stable cationic metal-organic framework as a dual adsorbent of oxoanion pollutants. Angew Chem Int Ed，2016，55：7811-7815.

第40章
面向清洁能源气体存储的配位聚合物

伴随人类社会工业化发展，石油煤炭等化石资源的过度消耗及由此引起的环境污染、全球变暖等问题日益引起人们的重视。在我国，应对全球气候变化及绿色低碳发展研究也已经明确写入《中华人民共和国国民经济和社会发展第十三个五年规划纲要》。如何更好地开发利用环境友好的清洁能源成为首要问题。如何使氢气、甲烷等清洁能源被广泛利用，安全、有效、便捷地存储它们成为关键问题。本章将着重讨论配位聚合物，尤其是 MOF 材料对氢气、甲烷和乙炔的吸附存储及对其他一些低碳气体的吸附分离等问题，以期为 MOF 材料在清洁能源存储方面的开发利用提供科学参考与依据。

40.1 面向氢气存储的配位聚合物

尽管氢气目前在工业、运输等方面还未成为主要的动力燃料，但是以氢气作为理想的清洁能源来逐步替代碳燃料已经成为新能源技术革新所努力的方向之一。这不仅因为氢气具有较高的燃烧热——几乎是同等质量汽油的 3 倍（120MJ/kg 与 44.5MJ/kg）[1]，这意味着同等动力要求的运载所需氢气质量仅大约为汽油的 1/3，更重要的是，无论作为内燃机燃料还是燃料电池来使用，氢气最终的产物是水，这使得氢气成为最理想的清洁能源之一。但是众所周知，氢气目前还很难被压缩用于交通运输。4kg 的氢气在室温和 1atm 时需要占据 $45m^3$ 的空间[2]。从体积的角度来讲，即使是液氢，其燃烧热也逊于等体积的汽油。另外，氢气在使用过程中还存在各种各样的安全问题，如何安全有效地存储较多质量的氢气成为一个迫切需要解决的科学问题。在美国，为了促进对氢气作为能源载体的研究和应用，美国能源部曾设定了车载氢气存储的目标：到 2015 年质量储氢密度标准为 0.055kg/kg 和体积储氢密度标准为 0.040kg/L。需要指出的是，为了便于不同氢气存储材料间的性能对比，质量存储目标的单位采用 kg/kg。这些目标需要在接近室温（−40～85℃）和可应用的压力条件下（小于 100atm）实现。这些目标是整个存储体系的，包括容器及必要的附件，所以对于存储材料来讲，其存储能力必须高于上述所设定的目标。

安全有效的存储技术是可能实现的氢经济的一个瓶颈。尽管高压或者冷冻的液氢储罐被应用于一些燃料电池装置中。但是它们有限的储氢密度并未达到美国能源部的车载储氢目标。例如，高压储氢容器可以达到 10000psi（680atm）的压力，并且拥有 2.35 倍的安全系数（爆炸压力为 23500psi）。但是为了实现这个压力并保证安全性，整个存储系统的质量抵消了所获得的质量存储密度，存储体积密度也远小于液氢本来的密度（70.8g/L）。同时，尽管使用冷冻液氢罐可以提高体积氢气存储能力，但是需要约 20% 的能量来保持氢气的液化，以及约 2% 的能量来保持储罐的低温。上述储罐的实际储氢能力仅为 3.4wt%～4.7wt% 和 14～28g/L。

在固态存储体系中，氢气与底物的作用方式一般可分为化学吸附和物理吸附。在物理吸附中，氢气与吸附剂仅具有较弱的相互作用。在化学吸附中，氢原子或者分子通过较强的化学键与固态基质作用，氢分子通过与固态基质的强作用被分裂为氢原子，随后形成金属氢化物或其他化学类氢化物。氢与固态基质形成了较强的化学键，使得一些氢化物能够具有较高的氢存储能力，但是这种强的化学键的存在，使得气体的装载或卸载过程中存在比较苛刻的动力学和热力学问题。充气过程可能需要几小时，而氢气的释放则一般需要300℃或更高[3]的温度来破坏这种化学键。目前最为广泛应用的储氢化合物氢化铝锂，通过掺入钛并改善工艺可以使得其拥有 5.0wt% 以上的储氢能力[4]，另外通过减小其粒度，脱附温度与活化能量也可以分别从 186℃和116kJ/mol 减小到 70℃和58kJ/mol[5]。但是这类体系终究依然涉及热控制与循环性的问题[6]。

物理吸附法储氢是将分子氢储存到具有高的比表面积的固态材料中。研究较多的吸附剂包括活性炭、碳纳米管、玻璃微球、角蛋白、分子筛、共价有机框架（COF）材料、多孔有机聚合物、金属有机框架（MOF）材料。由于物理吸附中吸附剂与氢气作用力很弱，气体存储过程较为迅速（一般仅需数分钟），但是常温及可应用的压力条件下的存储能力一般小于 2wt%。本节着重介绍 MOF 作为物理吸附剂进行储氢的研究进展与相关科学问题。

40.1.1 影响氢气吸附的因素

影响 MOF 材料氢气吸附性能的因素众多，下面将讨论一些主要的因素。

1. 表面积与孔体积

孔材料的首要表征就是其表面积，而孔体积与表面积密切相关（图 40-1）[7]，这里将同时讨论这两个因素。关于碳基吸附剂的氢气吸附量与其比表面积和孔体积的关系已经有了比较好的认识[8, 9]，由于 MOF 材料的主体框架多由芳基基团构成，它与碳基吸附材料具有类似的性能。如图 40-2 所示，MOF 材料的比表面积与其在 77K 下的氢气饱和吸附量存在一个粗略的线性关系[10, 11]，这种线性关系的斜率基于 Langmuir 和 BET 比表面积分别为 1.45×10^{-3}wt%/[(m²/g)]和 1.92×10^{-3}wt%/[(m²/g)]，这些数值与理论的碳基吸附材料的数值{2.28×10^{-3}wt%/[(m²/g)]}相当[12]。尽管普遍认为 MOF 材料的氢气吸附原理是孔填充而非层堆积原理，但是对系列 MOF 材料的巨正则蒙特卡罗（GCMC）模拟证实，BET 理论对测定 MOF 材料的表面积依然是有效的[13]。

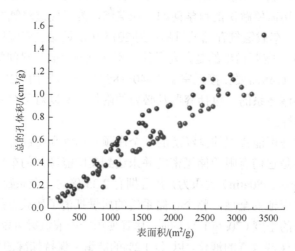

图 40-1　表面积与总的孔体积间的关系（蓝色为 BET；红色为 Langmuir）[7]

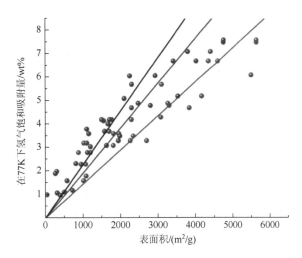

图 40-2　表面积与在 77K 下氢气饱和吸附量之间的关系（蓝色为 MOF，BET；红色为 MOF，Langmuir；黑色为 sp² 碳，理论计算）[7]

对于 MOF 来讲，低压下氢气的吸附量似乎和吸附热有关，中等压力下则和表面积有关，高压下主要由自由孔体积决定。基于不同温度与压力下的 MOF 的这类物理属性与氢气的吸附研究已经被广泛展开[14-16]。图 40-2 展示了多种选定的 MOF 的 BET 比表面积或孔体积与其 77K 氢气饱和吸附情况的关系。

以下经验公式可以用来评估 BET 比表面积和孔体积对指定 MOF 氢气吸附量的贡献[14]：

$$N = a \times S_{BET} + b \times V$$

式中，N 为氢气吸附量，wt%；a 为 $1m^2$ 表面吸附的氢气质量，$g \times 100$；S_{BET} 为 BET 比表面积，m^2/g；b 为微孔中氢气的密度，$g/cm^3 \times 100$；V 为孔体积。参数 a 和 b 可以采用单形法最小化函数 $R^2 = \sum(N_{expt} - N_{cal})^2 / \sum(N_{expt})^2$ 来确定。对 MOF 来说最符合的参数为 $a = 2.1 \times 10^{-3}$（$\pm 0.1 \times 10^{-3}$）（%H_2），$b = 0.1$（± 0.02）（%H_2）g/cm^3（$R = 8.9 \times 10^{-3}$）。

基于这个经验方程，对于一种新的 MOF 来说，只要知道其 SBET 和孔体积 V，它的氢气吸附能力就能够被大体预测。Düren 等发展了一种计算比表面积的简单方法，通过分子力学与几何方法来确定 MOF 的比表面积[15, 17]。对于高质量的样品来说，其计算值与测量的 BET 比表面积符合较好，同时孔体积可以通过 Platon 程序简便计算得到，所以这些数据能够非常方便地对所制备的 MOF 氢气吸附能力进行初步的预测。

如前所述，目前对于 MOF 氢气吸附的研究相当充分。为了掌握 MOF 的比表面积、孔体积与氢气吸附之间的关联，可以通过设计合成相同拓扑的系列 MOF，尽量减少其他变量（如金属节点的变化），只是更换配体，这样就会得到一系列比表面积和孔体积不同但其他变量接近的 MOF。具有 NbO 拓扑型的 MOF[18-22]是一个研究比较深入的系列，这类 MOF 由四元羧酸与桨轮双核铜构建而成[21]。MOF 中含有两种孔道，其中一个的尺寸由配体的长度来决定，因此通过更换不同长度的配体，孔道窗口大小也从 7.60Å（NOTT-100）增大到 15.60Å（NOTT-102），相应的 MOF 的 BET 比表面积也由 1640m²/g 增加到 2942m²/g。氢气吸附量在低压下从 2.59wt% 减小到 2.24wt%，而在 20bar 时从 4.02wt% 到 6.07wt% 骤增。Zhou 等采用炔耦合的间苯二甲酸配体也得到了相同拓扑的 MOF，其比表面积和孔体积略微减小[22]，因此氢气的吸附热升高（7.2kJ/mol），最终导致同等条件下氢气吸附量接近于 NOTT-102。

MOF 的比表面积和孔体积与其氢气吸附量密切相关，研究者们不断尝试获得具有高比表面积和孔体积的 MOF。除了单纯地增加配体的尺寸外，一种采用混合配体的构建方法也被应用到 MOF 的制备中。Matzger 等采用线形双羧酸配体与一个三角平面配体共同将 Zn$_4$O 节点连接，得到了 BET 比表面积为 5200m^2/g 的 UMCM-2[23]，但其氢气吸附量并未能超过 MOF-177（在 77K、46bar 下为 6.9wt%）[24, 25]。Kaskel 等用类似的方法也构建了具有较高比表面积的 MOF，其氢气吸附量在 77K、50bar 下为 5.64wt%[26]。Yaghi 等也采用混配的方法得到与 UMCM-2 拓扑结构相似的 MOF-210[27]，其 BET 比表面积高达 6240m^2/g，氢气吸附量在 77K、55bar 时为 86mg/g。我们研究团队也曾合成了一个非穿插的类 MOF-14 的化合物 FJI-1[28]，其 BET 比表面积为 4043m^2/g，氢气吸附研究表明，其在 77K、37bar 下氢气过剩吸附量为 6.52wt%，62bar 下总吸附量为 9.08wt%。

另外一种构建高比表面积 MOF 的方法是将多面体基元分层组装[29-34]。一个著名的例子就是具有 *rht* 拓扑的(3, 24)-连接网络的 MOF，这类 MOF 的配体为六元羧酸配体，其构型中间为三连接基元，周围为三个树枝状间苯二酸单元。这种配体与桨轮双核铜可以构建得到立方八面体的配位多面体。这是一种理想的设计构建方式，因为(3, 24)-连接网络在组装过程不会穿插，并且立方八面体在组装过程中保持不变，从而保证了 MOF 的稳定。Zhou 等得到了一系列这类的 MOF，其中尺寸最大的为 PCN-68，氢气的吸附量在 77K、50bar 时为 73mg/g，在 298K、90bar 时为 10.1mg/g。Schröder 等采用同样的方法得到与 PCN-68 同构的 NOTT-112 和 NOTT-116[31]，后者的氢气吸附量为 68.4mg/g[32]。Farha 等成功活化了 PCN-610，他在文章中称之为 NU-100[34]，其 BET 比表面积达到 6143m^2/g，氢气吸附量在 77K 下创纪录地达到 99.5mg/g 的过剩吸附量（56bar）与 164mg/g 的绝对吸附量（70bar）。

可以看出，若要获得比较高的氢气吸附量，需要 MOF 具有高的比表面积和孔体积，但这不是决定氢气吸附量的唯一因素，其他与氢气作用的相关因素均需综合考量。

2. 孔尺寸与几何结构

比表面积不是影响 MOF 材料氢气吸附量的唯一因素。例如 MIL-100，其框架中的大笼组成部分含有很大的空腔，这对氢气吸附量鲜有帮助[35]。而对于小孔，由于氢气与孔洞两侧孔壁均有接触，其与 MOF 的作用力较强，有助于提高氢气吸附量。这个结论也可以通过纯碳基吸附剂与氢气的作用力（为 4~15kJ/mol）推断出来[36]。例如，扁平结构的石墨等作用能量较低，而碳纳米管等因具有内部间隙或节点结构与氢气的作用能量较高。因此，限定孔的几何构型可以极大地提高氢气与吸附剂间的氢键作用力。值得注意的是，氢的动力学半径为 2.9Å，基于碳基吸附材料的计算表明，孔隙为 6Å 时其与氢气的作用力最强，导致在很低的温度时具有最大的氢气吸附量。而孔隙为 9Å 时则被认为具有最大的高压氢气吸附量[37]。

以 HKUST-1 为例，中子粉末衍射及非弹性中子散射（INS）数据表明，氢气首先被吸附在其内部小孔，这也证实了氢气与小孔的作用力更强[38, 39]。这个结论被多种 MOF 材料（MIL-53、MOF-5 与 IRMOF-8 等）的氢气解吸实验所证实，在氢气脱附过程中，氢气首先从大孔中解吸，随后升高温度才从小孔中解吸出来[40]。

增加配体的长度，会获得较高的比表面积和孔体积，进而在高压条件下有助于提高氢气的吸附量。但是如果孔洞的直径过大，则不利于对氢气的吸附。Zhou 等对比了相同 NbO 型 MOF 的拓扑 α 和 β 两个相的氢气吸附情况，其中 β 相 MOF 的孔道直径大，使得其比表面积相对 α 相减小，氢气吸附量则在低压下从 2.6wt%减小到 1.7wt%，高压下从 5.1wt%减小到 2.9wt%[41]。

另一种减小孔尺寸的方法是在配体中引入大的基团。Farha 等采用含有体积较大的碳硼烷配体构建的 MOF 在 77K、1atm 时氢气吸附量可达 2.1wt%[42]。Li 等利用经三氟甲基修饰过的配体所得到的 MOF 内部表面弯曲，孔尺寸也变小，在室温、48atm 压力下，其氢气吸附量达到近 1wt%，这几乎可以和最优秀的碳纳米管相媲美[43]。Yang 等采用同样的策略，得到的 MOF 化合物在 77K、64bar 下氢气吸附量达到 41g/L，接近美国能源部的体积目标 45g/L[44]。当然，必须指出的是，采用大的修饰基团尽管可以减小孔尺寸，但是对应的体系密度增大，使得质量吸附量减小，而体积吸附量增大，这是无法避免的[45]。

3. 穿插（互锁）

穿插也是有效减小孔尺寸的直接办法，结构中两个或更多的相同框架相互穿插，必然使得孔的尺寸与自由孔体积减小[46]。尽管穿插减小了孔径，但穿插能否有利于增加氢气吸附，这就需要在增加孔中氢气密度与减小自由体积之间进行权衡[47]。对 IRMOF-9 和 IRMOF-10 的 GCMC 计算模拟[47]结果表明，其在高压下由于减小了自由体积而未对氢气吸附有积极贡献，但是在低压、77K 下穿插则会提高氢气吸附能力。

Zhou 曾报道了连锁的 PCN-6 与其对应非连锁 PCN-6′两种 MOF，并仔细研究了穿插效应与氢气吸附的关系[48]。在这个例子中，在 77K、低压情况下，穿插提高了 133%的体积氢气吸附、29%的质量吸附。随后又有部分报道陆续证明，穿插能够提升 MOF 在 77K、低压下的氢气吸附，但是对高压吸附量提升并不显著。因此刻意追求框架的穿插效应对于解决氢气存储并没有特殊的意义。

4. 配体的结构与功能化

配体的结构对 MOF 氢气吸附能力的影响可以追溯到 Yaghi 等于 2003 年发表在 *Science* 上研究 MOF 氢气吸附的文章。文中指出，大的含有芳环的配体有助于提升氢气的吸附能力[49]，这个观点也被后续一些理论计算所证实[50, 51]。这些研究中所提及的部分 MOF，配体作为有机连接单元对氢气吸附起主要作用，而金属节点的影响甚微[49]。同样的现象也发生在类沸石咪唑框架材料中，这是一种由咪唑衍生物连接金属节点而形成的 MOF。ZIF-8 的中子粉末衍射证明，咪唑类的连接体对氢气的吸附起主要作用[52]。

理论计算表明，采用含有与氢气具有较强相互作用的功能配体也是提高氢气存储的一种方法。例如，Hutter 和 Berke 等利用含有极化的茂并芳庚功能配体与 Zn_4O 节点构建了 MOF-650[53]，其在 77K、1bar 下氢气吸附量为 14.8mg/g，吸附焓达到 6.8kJ/mol。将碳硼烷作为连接体构建 MOF，从而提升氢气的存储效能已经被报道[54-56]。他们系统研究了第一过渡金属被置换到碳硼烷簇中与氢气作用的关联，发现钪和钛有高的键能，可以与 10 个氢气分子成键，同时较轻的质量有利于高压和室温下的氢气吸附[54]。Leoni 等采用 Li-B 咪唑类配体，得到了与 ZIF 系列同构的 MOF[57]，测量发现 *fau* 型的网络氢气吸附量可以达到 7.8wt%。

设计功能配体，借助配体功能性，有针对性地引入与氢气作用强的阳离子也是一种有效的方法。Suh 等在设计配体过程中，将 18-冠-6 的冠醚作为功能部分引入配体中，并以此与金属构建了 SNU-200[58]。所得 MOF 中的冠醚基元能够与 K^+、NH_4^+、甲基紫精等阳离子成键，并可通过晶体结构证明。他们随后系统研究了结合了不同阳离子的 MOF 对氢气吸附的影响，发现键合了 K^+ 的 MOF 具有最大的氢气吸附热（9.92kJ/mol）。

研究表明，配体的扭曲也会对氢气的吸附量有一定的影响。例如，NbO 型 MOF 系列中的 NOTT-110 和 NOTT-111，与 NOTT-102 相比，其配体具有一定的扭曲[59]，尽管比表面积仅有略微的增加，但是氢气吸附量还是有明显的提高，在 77K、20bar 下两者的吸附量分别为 6.59wt%和 6.48wt%，比 NOTT-102 的吸附量有 18%的提高。作为 HKUST-1 和 PCN-6′工作的扩展，Zhou 等合成了一种扭曲的具有方钠石结构的 PCN-20[60]，高共轭的三苯基-2,6,1-三羧酸配体提供了更多的吸附位点，中间的孔洞也使得相互作用能够最大化。PCN-20 在 77K、低压时的吸附量为 2.1wt%，高压时为 6.2wt%，这些数值均大于原来的模型化合物。这个结果也表明，在构建新 MOF 时合理地设计配体非常重要。

最近 Yang 和 Schröder 发现配体中较多的芳香环及堆积所生成的大小合适的口袋能够提高其与氢

的相互作用[61]，所报道的 MFM-132a 中的配体含有蒽基元，其与 H_2 的相互作用甚至超过了 H_2 与金属节点的作用，正是由于这种强的相互作用，该 MOF 在 60bar、77K 下的体积吸附量高达 52g/L，另外，此 MOF 孔内所吸附的氢气的密度高于迄今报道的其他各类多孔材料。众所周知，配体中的氨基能够提高其与 CO_2 气体的相互作用，Chattaraj 和 Bharadwaj 发现不仅如此，配体中的氨基同时也能与 H_2 发生较强的相互作用[62]，报道中 MOF 配体中的氨基正好位于孔壁内侧，其连同金属节点中的 Cu^{2+} 与 H_2 发生较强的相互作用，从而使所得 MOF 在 77K 和 62bar 下的氢气吸附量达到 6.6wt%（$734.47cm^3/g$，49g/L）。

除了从头设计配体外，Yaghi 等采用多变量（MTV）功能化法得到了一系列同构的 MOF[63]，具体以 MOF-5 为原型，将多种功能化的基团同时引入 MOF 中，其中得到的 MTV-MOF-5-AHI 具有最大氢气吸附量，超过 MOF-5 的氢气吸附量（84%）。

后修饰也是一种可行的对已有 MOF 中配体进行功能化的有效办法。Wang 等修饰了三种含有氨基官能团的 IRMOF-3、UMCM-1-NH$_2$ 和 DMOF-1-NH$_2$[64]。这三种 MOF 均是由 2-氨基-1,4-对苯二甲酸构建，氨基可以通过后修饰转化为酰胺和脲。其中，IRMOF-3 吸附热较高，但经过修饰变为 IRMOF-3-AMPh 后，氢气吸附量从 1.51wt% 增加到 1.73wt%。同样经过修饰的 UMCM-1-AMPh 和 DMOF-1-AMPh 吸附量也表现出类似的提高。他们认为，这是因为修饰后引入的芳环增加了与氢气的作用位点，导致其氢气吸附量增加。

5. 不饱和金属位点

在一些 MOF 中，参与金属配位的溶剂分子会在加热真空活化过程中被抽离，产生了不饱和的金属位点，而整个 MOF 的框架并未被损坏。研究发现，这类 MOF 因含不饱和金属位点而与氢气分子有比较强的作用。一个常见的例子就是含有桨轮状双核铜次级构筑单元的 MOF，其中铜原子轴向的配位分子被抽离的结构已经被单晶衍射所证实[65]。同时红外谱图也可以发现氢气分子与不饱和金属位点的作用[66]。另外，中子粉末衍射实验也证实氢气最优先选择靠近不饱和双核铜金属位点[38]，这一点也被 INS 研究所证实[39]。

当然不只是含有铜的 MOF 具有不饱和金属位点，Ma 和 Zhou 设计了含有五配位四方锥构型的 Co 的 MOF，PCN-9，其氢气吸附热可达到 10.1kJ/mol[67]。对 MOF-74 的中子粉末衍射研究发现，暴露的 Zn^{2+} 与氢气分子间存在强的作用力，表明不饱和配位位点和高的氢气表面堆积密度间存在强的关联[68]。随后一系列不同金属 MOF-74-M（M = Ni、Co、Mg、Zn）的氢气吸附也被系统研究[69-73]，其中氢气吸附热最大的为 MOF-74-Ni，可以达到 13.5kJ/mol。具体的作用能大小顺序为 Zn＜Mn＜Mg＜Co＜Ni，这个顺序大体上与暴露的金属位点阳离子半径相一致。最近，Long 课题组设计合成了两个系列不同金属的 MOF，$M_2(dobpdc)$ 与 $M_2(dobdc)$（M = Mg、Mn、Fe、Co、Ni、Cu、Zn）[74]，尽管两个系列中由于配体长短不同、孔洞大小与比表面积不同，这两系列的 MOF 在体积吸附与质量吸附所表现的性能有差异，但是对于金属节点来讲，与氢气的作用力强弱依然为 Zn＜Mn＜Fe＜Mg＜Co＜Ni。

Long 构建了一个既有 Mn^{2+} 不饱和配位节点，孔道中又含有游离的 Mn^{2+} 的 MOF[75]，中子粉末衍射表明，氢气分子与 MOF 中不饱和金属离子有一定的成键。在 77K、90atm 下，氢气绝对吸附量为 6.9wt%，储氢密度几乎相当于液氢的 85%。同时，Long 等将孔道中游离的 Mn^{2+} 交换为不同的金属离子[76]，发现这类含不同金属离子材料的吸附热相差 2kJ/mol 左右，其中最大吸附热为含 Co^{2+} 的 MOF，其值为 10.5kJ/mol。通过将 Mn^{2+} 置换为 Cu^{2+}，MOF 完全脱溶剂后稳定性增强，并以此得到多种不同金属不饱和位点的 MOF 材料[77]。与 Mn^{2+} 相比，Cu^{2+} 的 MOF 吸附热有轻微的减小，这归于 Cu^{2+} 配位场的姜-泰勒效应。有研究者通过计算说明，采用不同金属离子，氢气吸附热可以在 10～50kJ/mol 的范围内变化[78]。而另一个理论计算则指出，氢气与金属离子的作用不能算是 Kubas 型的，而只是经典的库仑相互作用[79]。采用 DFT 和 GCMC 联合模拟对 MOF-505 研究表明，不饱和金属位点在低压下更易与氢气发生作用，所含的 Cu^{2+} 作为路易斯酸[80]，氢气分子更倾向于出现在其四极的负瓣位置。

尽管对不饱和金属位点是否是提高氢气与 MOF 相互作用的主要原因还存在一定的争论，但是金属不饱和位点结合合适的孔洞大小与几何形状的确能够提高 MOF 与氢气分子的键合能力。Chen 等通过将金属离子固定在超微孔的孔道中得到了 Zn^{2+}/Cu^{2+} 掺杂的 MOF 材料[81]，其氢气吸附热能够达到 12.29kJ/mol，伴随氢气吸附的增加，其吸附热达到一个恒定的状态，这意味着每个不饱和金属位点都与氢气发生了作用。更有趣的是，由于孔足够小，能够观测到 H_2 和 D_2 的量子分子筛效应，使其在同位素的分离中有潜在的应用。

可以看出影响 MOF 氢气吸附的因素很多，并且很多时候是由多种因素混合引起的，另外考虑到实际应用，必须在较高的质量吸附量与体积吸附量间寻求平衡，因此借助电脑程序对众多的 MOF 进行筛选很有必要。最近，Yildirim、Farha、Zhang、Snurr 及其合作者们对超过 13000 种已有或新的 MOF 材料进行了分子模拟[82]，计算了它们在 100bar 和 77K 吸附、5bar 和 160K 脱附条件下的有效储氢能力。他们发现诸多 MOF 的有效储氢能力超过 700bar 和常温下高压钢瓶的储氢能力。计算结果得到最高的 MOF 有效储氢能力为 57g/L，超过高压钢瓶的有效储氢能力 37g/L。他们还通过实验数据证实 NU-1103 基于体积的有效储氢能力为 43.2g/L，基于质量的有效储氢能力为 12.6wt%。同时，NU-1103 还具有良好的结构稳定性。

40.1.2　总结与展望

MOF 材料虽然在低温下表现出较高的储氢能力，但在接近室温下的储氢能力却不理想。阻碍提高 MOF 氢气吸附能力的主要原因是氢气与 MOF 的作用力太弱，尽管目前已经有越来越多的提高两者作用力的研究被不断报道，但如何更有效地克服这个困难依然面临巨大的挑战。除了解决 MOF 的氢气存储问题之外，如何实现基于 MOF 氢气的有效传输对实际应用也非常重要，就目前来看，还有很长的路需要走。美国能源部所设定的车载氢气存储目标对立志于解决这项兼顾基础研究与经济效益研究的人们提出了挑战，要完成这个目标，需要理论计算与实验相结合，形成一个基于前期研究成果的革命性体系。

40.2　面向甲烷存储的配位聚合物

尽管氢气被认为是最理想的清洁能源，但是，如上节所述，氢气的吸附、存储、利用与商业化还有较大的距离，所以人们把目光投向了甲烷。作为天热气的主要成分，甲烷是地球上储量最多的化石气体，但是迄今依然未被作为燃料而广泛应用。甲烷储量丰富，伴随着页岩气的成熟开发，甲烷的廉价开采技术也日臻完善。甲烷在释放等量二氧化碳情况下所提供的能量约为煤炭的两倍，不易引起重金属等有毒有害物质的污染，并且相对于石油来说也属低碳环保。所以在日益重视环境问题的今天，甲烷可以作为其他新能源技术成熟前的过渡。人们对甲烷如何尽快地成为汽车发动机或其他动力燃料越来越感兴趣。

但是甲烷气体的单位体积能量密度较低，如何对甲烷进行安全有效的高密度存储与运输成为当前面临的一个挑战。目前甲烷主要以液化天然气、压缩天然气、水合天然气或吸附天然气的方式加以存储。液化天然气主要是将甲烷在 112K、100kPa 压力下以冷冻的方式转变为沸腾的液态。这种方式尽管获得了高的能量密度，但是存储需要特殊的杜瓦瓶容器，同时需要消耗能量来冷却保温，并且因为瓶内压力的升高，周期性的排气也是必须的。压缩天然气则是在室温下采用 200～300kPa 的高压将甲烷压缩在钢瓶中形成超临界态流体，这种方法的主要缺点是造价昂贵，并且需要沉重的耐压容器，需要昂贵的设备来进行多级压缩，过程较为复杂，同时高的压力在存储运输及使用过程中成为潜在的不安全因素。水合天然气也称可燃冰，可燃冰生成条件苛刻，产率也很低，并且其中的甲烷很难通过减压的方法从中释放出来，所以也很难应用到实际中。目前采用吸附方法来存储甲烷得到了蓬勃发展，吸附存储不需要压缩天然气所需要的高压力，同时一般在室温下存储，也不需要液化天然气的低温，耗能较少。所需压力的减小使得其存储的设备更为经济，存储过程也相对简单。对于甲烷的吸附存储，开发合适优良的吸附剂材料是关键。

在甲烷吸附存储的研究中，多种多孔材料被考量以期发现可供选用的吸附剂材料。早期的研究集中在沸石分子筛、活性炭上。分子筛的缺点是所含微孔较少，并且非常亲水，多孔碳的孔洞大小、形状等很难设计与控制，这些都阻碍了此类材料成为理想的甲烷存储吸附剂。一般来说，分子筛在标准压力与温度下对甲烷的吸附量均小于 $100cm^3/cm^3$，多数活性炭材料在标准条件下表现出的甲烷吸附量则为 $50～160\ cm^3/cm^3$[83, 84]。

美国能源部为了推动甲烷的存储利用，制定了关于甲烷存储的研究计划，对于可供广泛商业用途的理想存储体系，存储温度应该为室温，存储压力为 35～80bar，最大存储压力不能超过当前设备所限定的 250bar，目标存储量则为 0.5g/g（质量存储）或者 $236cm^3/cm^3$（体积存储）。为了实现这个目标，需要开发更为优秀的吸附材料。如前节所述，MOF 材料独特的孔性质使得其在气体吸附方面具有一定的优势。

目前关于 MOF 对甲烷吸附的研究报道越来越多，并且部分 MOF 材料已经展现出较好的甲烷存储功能。本节将结合部分文献报道的例子对 MOF 在甲烷存储中的研究进行阐述，主要从研究现状入手，涉及影响 MOF 甲烷吸附的因素及发展趋势等方面。需要说明的是，相较于 MOF 氢气存储的研究，MOF 对甲烷的吸附表现出非常可观的前景，部分报道已经接近甚至达到美国能源部所设定的存储目标。因此对 MOF 材料来讲，不仅要考量其吸附能力，还要关注其在实际应用中的传输能力。因此有一个工作储量（传输量）的概念，因为在甲烷的存储体系中小于 5bar 的存储气体不能被很好地利用，如图 40-3 所示，在 5bar 与最高存储压力间的储量为工作储量。所以在甲烷的存储体系中，获得较高的工作储量尤为关键[85]。目前越来越多具有较高工作储量的 MOF 被报道，关于工作储量在本节中将会比较多地提及。

40.2.1　影响甲烷吸附的因素

1. 表面积与孔体积

对于 MOF 来说，比表面积和孔体积与气体吸附密切相关。在 MOF 的甲烷存储研究中，人们也一直试图发现 MOF 表面积和孔体积与甲烷吸附的关联。Chen 等用铜与四羧酸构建了一系列 MOF，这类 MOF 均有较好的多孔性，但是孔性质有所不同[86]。在室温与 35bar 下对这些 MOF 的甲烷吸附做了测试，结果表明，在这个存储条件下，甲烷吸附还未饱和，MOF 具有比较低的甲烷存储孔占有率。所谓存储孔占有率，是指在 35bar、室温下的过剩吸附量 C 除以过剩饱和吸附量 C_{sat}，即 C/C_{sat}，其中 C_{sat} 在 150K 下测量得到。这个是合理的，因为具有大的孔体积 MOF 孔隙一般在维度上大于具有小的孔体积的 MOF。所以对于具有大的孔体积的 MOF，其在 35bar、室温下的孔隙并未被甲烷高效利用。实际上，孔占有率和过量饱和吸附量与它们的孔体积有一定的线性关系。据此，在 35bar、室温条件下，Chen 提出了一个经验公式用来预测某个特定 MOF 的甲烷存储能力：

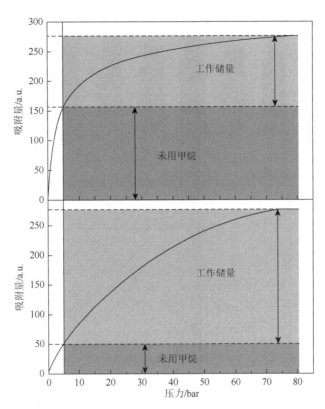

图 40-3　工作储量或称可传输量，为最高储压下的储量减去 5bar 以下的氢气储量，5bar 以下储量为不可用储量，在总储量一定情况下其值越小，工作储量则越大[85]

$$C_{\text{excess}} = -126.7 \times V_{\text{p}}^2 + 381.6 \times V_{\text{p}} - 12.6 ；\quad C_{\text{total}} = -126.7 \times V_{\text{p}}^2 + 415.1 \times V_{\text{p}} - 12.6$$

式中，V_{p} 为 MOF 材料的孔体积，cm^3/g；C_{excess} 为 300K、35bar 下的过剩质量甲烷吸附量，cm^3/g。依据经验公式计算得到的数值与实验所得到的 MOF 的测量值符合很好。所以该经验公式也一定程度上表明了甲烷的吸附量与 MOF 的孔体积间的关系。对某个 MOF 来说，通过晶体结构数据计算得到孔体积即可大概预测其甲烷吸附能力。

Kong 等通过分析多种已经报道的 MOF 甲烷存储研究发现，框架密度的倒数与 MOF 的孔体积呈线性关系[87]，同时在 60bar、室温下甲烷的总吸附量与 MOF 的 BET 比表面积也呈线性关系。相应地，MOF 在 60bar、室温下的甲烷吸附量可以大体上用以下公式计算得到：

$$C_{\text{total}}(m^3/g) = 147.2 + 0.06526 \times \text{BET}(m^2/g)$$

Peng 等对六种 MOF（HKUST-1、NiMOF-74、PCN-14、UTSA-20、NU-111 和 NU-125）的甲烷吸附性能进行了对比研究[88]。为保证一致性，所有样品都在同一仪器、同等条件下测试了高压等温吸附曲线，并对这六种 MOF 的甲烷吸附性能进行了排序。在 298K、65bar 下，六种 MOF 中 HKUST-1 与 NU-111 分别表现出较好的体积吸附量和质量吸附量［图 40-4（a）］。另外，孔体积、298K 和 65bar 下质量吸附量及框架密度的倒数都与 BET 比表面积相关［图 40-4（b）］。依据这些关联，可以推出：

（1）65bar、室温下甲烷总吸附量可以大体通过下面的公式来计算：

$$C_{\text{total}}(cm^3/g) = 0.07958 \times \text{BET}(m^2/g) + 127.1$$

（2）假设一个 MOF 拥有 $7500m^2/g$ 的 BET 比表面积，同时孔体积为 $3.2cm^3/g$，并且框架的密度为 $0.28g/cm$，其甲烷存储量将会达到美国能源部新设定的目标质量存储值 0.5g/g（吸附剂）。

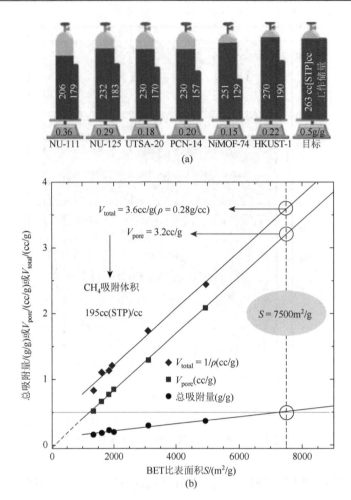

图 40-4　（a）298K，65bar 下六种 MOF 的总质量与体积甲烷吸附量与美国能源部设定的目标处理对比示意图；（b）六种 MOF 的孔体积、298K 和 65bar 下质量吸附量及框架密度的倒数与 BET 比表面积相关函数[88]

　　以上是不同类型 MOF 间比表面积、孔体积等与其甲烷吸附性能方面的研究。同连接或结构相近的 MOF 对系统研究比表面积及孔体积与甲烷吸附性能间的关系很有帮助。常见的几类具有鲜明结构特点 MOF 包括 $M_2(dicarboxylate)_2(dabco)$（dabco = 1,4-二氮杂二环）[89-95]、基于 Zn_4O 的 MOF、MOF-74 系列 MOF[96-101]、铜-三元羧酸系列 MOF、NbO 型铜-四羧酸 MOF[21, 102-108]、*rht* 型铜-六羧酸 MOF[30-33, 109-117]、MIL 系列 MOF[118, 119]及基于锆的 MOF 等。例如，以 Zn_4O 为节点与二元羧酸连接形成一种同连接的 MOF，一般称为 IRMOF 系列。它们的孔洞可以通过改变二元羧酸的长度来调控，对三种 IRMOF（IRMOF-1、IRMOF-3、IRMOF-6）高压下的甲烷吸附进行的系统研究表明，IRMOF-6 具有最高的吸附量（在 298K、36.5bar 下达到 $155cm^3/cm^3$ 和 $240cm^3/g$）[120]。高的比表面积是 IRMOF-6 在这三种 MOF 中具有最高甲烷吸附量的主要原因之一。Zn_4O 节点与三元羧酸则会构建一系列 MOF 如 MOF-177、MOF-180 和 MOF-200[24, 27]，Zn_4O 节点与三角形三元羧酸连同线形的二元羧酸一起组装得到 UMCM-1[121]、UMCM-2[23]、DUT-6[26]/MOF-205[27]和 MOF-210 等，这类 MOF 一般均具有超高的比表面积。例如，MOF-210 的 Langmuir 比表面积可以高达 $10400m^2/g$，其总甲烷吸附量在 298K、80bar 下为 476mg/g，这一数值是 Zn_4O 系列 MOF 中最高的。但是因为框架的密度非常小，其体积甲烷吸附量相当低。

　　桨轮双核铜与三元羧酸构筑的 MOF 中最著名的是 HKUST-1[122]，其甲烷吸附性能已被广泛研究[88, 89, 123-125]。最近又有两例与其结构类似的 MOF——ZJU-35 和 ZJU-36 被报道[87]，所采用的三元羧酸为不对称的配体，尺寸也有延长，使得其比表面积较 HKUST-1 增加，尽管金属位点密度有所降低，但在 300K、64bar 下这两种 MOF 的甲烷吸附量分别为 227cm^3(STP)/cm^3 和 203cm^3(STP)/cm^3，这使其成为具有优秀甲烷吸附性能的 MOF 之一。

Trikalitis 等通过设计合成得到具有特殊几何构型的八元羧酸配体，采用同网络构建的策略得到了类 HKUST-1 的 *tbo*-MOF[126]，其中 Cu-*tbo*-MOF-5 最为稳定，其质量和体积 BET 比表面积分别为 3971m^3/g 和 2363m^3/cm^3，分别超过原型 MOF HKUST-1 115% 和 47%。Cu-*tbo*-MOF-5 拥有优秀的甲烷吸附能力，在 298K、85bar 下，质量甲烷吸附量和体积甲烷吸附量分别为 372cm^3/g（0.266g/g）与 221cm^3/cm^3。在 5～80bar 压力范围内的工作储量为 294cm^3/g（0.217g/g）和 175cm^3/cm^3，其质量甲烷工作储量超过了原型 MOF HKUST-1（0.172g/g），这也使其成为在甲烷存储方面表现优秀的 MOF 之一。

铜与四元羧酸构建的 NbO 型 MOF 结构稳定，多孔性好，并具有良好的气体吸附性能。Chen 等研究了这类 MOF 中的五种：NOTT-100、NOTT-101、NOTT-102、NOTT-103 和 NOTT-109[86]。其中从 NOTT-100 到 NOTT-102 孔的尺寸增大，使得在较低压力下（小于 10bar），质量甲烷吸附量减小，说明在低压下甲烷吸附主要取决于甲烷与框架的作用强弱。但是当压力为 20～65bar 时，质量甲烷吸附量变化趋势正好相反，从而说明在较高压力下孔体积起主要的作用。在 300K、35bar 时它们的体积甲烷吸附量为 181～196cm^3/cm^3，传输量为 104～140cm^3/cm^3，在 300K、65bar 时它们的体积吸附量与传输量则分别为 230cm^3/cm^3（NOTT-100）和 139cm^3/cm^3（NOTT-100），239cm^3/cm^3（NOTT-103）和 183cm^3/cm^3（NOTT-103），237cm^3/cm^3（NOTT-102）和 192cm^3/cm^3（NOTT-102），236cm^3/cm^3（NOTT-103）和 183cm^3/cm^3（NOTT-103），242cm^3/cm^3（NOTT-109）和 170cm^3/cm^3（NOTT-109）。

上一节也专门提到 *rht* 型 MOF，它们的框架可以看作三种不同笼结构的堆积，避免了穿插，具有高的比表面积和孔体积，同时笼的大小各不相同，有利于对气体的吸附。这一类有名的 MOF 非常多[30-33, 109-115, 117]，也广泛被应用到甲烷吸附的研究中。Yuan 等报道了一系列（3, 24）连接的 *rht* 型 MOF PCN-6x（x = 1、6 和 8），这些 MOF 表现出骄人的比表面积与孔体积[33]，并且伴随配体长度的增加，比表面积与孔体积也依次升高。如前所述，甲烷吸附在载荷时主要由其与框架的相互作用决定，因此低孔隙、高密度金属位点的 PCN-61 在低于 20bar 的中等压力下拥有最高的甲烷吸附量。但当压力升高时，比表面积和孔体积转为决定性因素，因而使得 PCN-68 成为具有最高甲烷吸附能力的 MOF 之一。饱和质量甲烷吸附量能够比较好地遵循这个规律，但是体积甲烷吸附量则因为框架密度的差异而没有遵循这个规律。要获得高的体积甲烷吸附量，其他因素如框架密度、孔尺寸及框架孔隙率等都应该同时考虑。在 298K、35bar 下，PCN-61、PCN-66 和 PCN-68 的体积甲烷吸附量分别为 171cm^3/cm^3、136cm^3/cm^3 和 128cm^3/cm^3。在 298K、68bar 时，它们的体积吸附量与传输量分别为 219cm^3/cm^3（PCN-61）和 174cm^3/cm^3（PCN-61），187cm^3/cm^3（PCN-66）和 152cm^3/cm^3（PCN-66），187cm^3/cm^3（PCN-68）和 157cm^3/cm^3（PCN-68）。可以看出，这类 MOF 传输量可以到达存储量的 85%，可能主要是因为它们的分层笼结构。

前面提到，MOF 若要同时拥有高的体积甲烷吸附量与质量甲烷吸附量，比表面积、孔体积、孔大小、框架密度、孔隙率等都必须同时考虑。Hupp 等合成了 *rht* 型 MOF，NU-111[113]，其 C_3 对称性的有机连接体的每个支臂含有两个 C≡C 三重键，其 BET 比表面积达到 5000m^2/g，明显大于支臂为两个苯环的 PCN-69/NOTT-119（3989～4118m^2/g）[112]。这也表明将苯环用 C≡C 取代可以明显提高分子可接近的比表面积。同样的策略也被用于合成 NU-109 和 NU-110，并表现出到目前为止多孔材料实验测到的最高的 BET 比表面积（7000m^2/g）[127]。最引人注目的是，NU-111 同时拥有相当高的体积和质量甲烷吸附量，298K、65bar 时总的质量和体积吸附量分别为 0.36g/g 和 205cm^3/cm^3。这个数值仅低于美国能源部最新的储量目标（25%），同时其在 298K、5～65bar 的工作储量为 177cm^3/cm^3。

除了通过实验来确定 MOF 比表面积及孔体积与甲烷吸附间的关系外，借助高通量计算机模拟也是一种获得孔性能与甲烷吸附性能关系的可行方法。Snurr 等引入大量假想 MOF 的比表面积、孔体积及孔径分布等，模拟预测它们在室温、35bar 下的甲烷吸附情况[128]，发现了结构与性能间的关系。例如，体积吸附量与体积比表面积成正比，而对于更广泛的质量比表面积，体积甲烷吸附量则在起初的时候增加，随后当超过最优的质量比表面积（2500～3000m²/g）后则会开始减小。对于体积甲烷吸附，最好的孔隙率大约为 0.8，孔尺寸则最好为 4Å 或者 8Å，这样正好容纳一个或者两个甲烷分子。从这些结构与性能的关系不仅可以初步判断某个 MOF 的甲烷吸附能力，也对我们为了存储甲烷如何从头来设计新的 MOF 有很大的帮助。

2. 配体的结构与功能化

对一系列 IRMOF 的拉曼光谱研究表明，在室温和高压下，MOF 中的有机连接体相较金属簇与其甲烷吸附更为相关[129]。这个结论表明，配体的功能化或许会使其成为更好的存储材料。由于甲烷本身的疏水性，在配体中引入甲基、芳基等或许会提高甲烷的吸附量。实际上，在 Snurr 等的分子模拟中，亲脂性的甲基、乙基和丙基等对 MOF 甲烷吸附性能最为有利。另外，这些疏水性的基团还可提高 MOF 对湿气的稳定性。Sun 等合成了三种同连接的 *rht* 型 MOF——SDU-6、SDU-7 和 SDU-8，引入的不同功能基团被固定在截去顶端的八面体笼上，这些功能基团调节了这些笼的尺寸和表面化学，进而导致了不同的甲烷吸附能力[128]。其中含有极性小的 OH 功能基团的 SDU-6 在 35bar 下的甲烷吸附量最大。

Wang 等研究了三种同连接 MOF 中的功能基团对甲烷吸附性能的影响[130]，发现通过引入 CH_3 和 Cl 等功能基团可以在低压下提高吸附热和吸附量，但是同时也减小了自由体积并损害了高压下的吸附性能。总的来说，通过在框架中引入功能基团可以提高甲烷与框架的相互作用，却减小了比表面积和孔体积。

将碳硼烷基团设计到配体中可以得到 NbO 型的 MOF——NU-135[104]。有趣的是，与结构相似的基于三联苯基团的 MOF——NOTT-101[21, 107]相比，尽管 NU-135 的孔体积有所减小，但是体积比表面积显著增加，这归因于碳硼烷基元特殊的几何形貌。尽管这两个 MOF 的有机连接体长短接近，但是孔体积和比表面积间的相互影响，使得 NU-135 具有较好的甲烷吸附性能。在 298K、35bar 和 65bar 下其总甲烷吸附量分别为 187cm³/cm³ 和 230cm³/cm³，298K、5～65bar 压力范围内甲烷的可传输量为 170cm³/cm³。这个研究也表明，采用引入碳硼烷基团的策略能够大大提高 MOF 的体积比表面积，进而影响其甲烷吸附量。

另外，Rao 等将路易斯碱吡啶基团引入 NbO 型 MOF——ZJU-5 的框架中，与具有类似结构的 NOTT-101 相比，其乙炔的吸附量大大增加，主要是由于路易斯碱位点与乙炔的强相互作用[131]。但是其甲烷吸附量却稍有降低。尽管如此，ZJU-5 依然成为少数在室温、35bar 压力下甲烷吸附量超过 190cm³/cm³ 的 MOF 之一。最近，Zhou 和 Chen 等系统地将吡啶、哒嗪和嘧啶等基团作为路易斯碱引入配体[132]，得到一系列与 NOTT-101 同构的 MOF，其中含有吡啶基团的就是上面提到的 ZJU-5，而含哒嗪和嘧啶基团的分别为 UTSA-75 和 UTSA-76。在室温、65bar 下它们的甲烷吸附量明显超过了 NOTT-101，其中吸附量最高的 UTSA-76 为 257cm³/cm³，而 NOTT-101 的吸附量为 237cm³/cm³。他们还通过多元 MOF 构建的策略，将这三类配体混合使用，同样也能提高甲烷的吸附量，从而证明引入路易斯碱后，在室温、65bar 下 MOF 的甲烷吸附量有所提高。有意思的是，路易斯碱基团在 5bar 低压下对 MOF 的甲烷吸附量几乎没有影响，而在 65bar 时 MOF 的甲烷吸附量显著增加。这样就使得这三种 MOF 具有比较高的甲烷工作储量（188～197cm³/cm³）。

最近，Eddaoudi 等通过改变四元羧酸配体中心的芳环，得到了一系列 Al 的 MOF[133]，Al-*soc*-MOF-1、Al-*soc*-MOF-2、Al-*soc*-MOF-3。这三种 MOF 具有非常优异的甲烷存储功能，其中 Al-*soc*-MOF-1 最为杰出，它表现出非常好的质量甲烷存储量和工作存储量。例如，在 298K、35bar

下其质量甲烷吸附量可达 361cm^3/g，在一定温度和压力（如 258K 和 50bar、288K 和 85bar）下，Al-*soc*-MOF-1 的甲烷存储量可以达到甚至超越美国能源部设定的质量存储目标 700cm^3/g。更重要的是，从 298K 降温到 258K，其体积工作储量从 201cm^3/cm^3 上升到 264cm^3/cm^3，这说明 Al-*soc*-MOF-1 同时具有优异的质量、体积和工作甲烷储量，实现了三者的平衡。此系列的 MOF 首次从实验上正式同时挑战了美国能源部所设立的 0.5g/g 的质量存储量目标和 263cm^3/cm^3 的体积甲烷存储量。分子模拟表明，缩短有机连接体可以有效地提高其体积工作储量，并保持优秀的质量储量与工作储量。

前面提到，考虑到 MOF 甲烷存储的实际应用，其工作储量至关重要。随着 MOF 甲烷吸附研究的深入，研究者开始把目光投入如何更好地提高其工作储量上，这个目标已经被证实可以通过改变配体的结构和功能来实现。Bai 等合成了一系列类 PCN-14 的 MOF（NJU-bai 41～43）[134]，这些 MOF 的显著特点是在 PCN-14 配体两个苯环中间引入了其他功能基团，通过不断改变这些基团的尺寸和极性，使得 MOF 在低压区间的甲烷吸附适当减少，最终得到的 NJU-bai 43 在 298K、65bar 下，甲烷的工作储量达到 198cm^3/cm^3，远高于同等条件下 PCN-14 的工作储量（157cm^3/cm^3），并且成为已报道 MOF 在同等条件下的最高值。Su 等则通过动态后合成的策略[135]，利用 LIFM-28 中 Zr^{4+} 的部分配位位点可被不同配体取代的特性，成功地引入一系列功能配体，其中基于引入两例含甲基支链配体的 MOF（LIFM-82 和 LIFM-83）在 298K、5～80bar 下的甲烷工作储量分别高达 218cm^3/cm^3 和 213cm^3/cm^3。

3. 不饱和金属位点

与氢气吸附类似，MOF 中的不饱和金属位点对甲烷吸附也有重要的影响。Wu 等通过实验确定了甲烷吸附在三种 MOF——HKUST-1、PCN-11 和 PCN-14 中精确的位置，发现不饱和配位的开放金属位点与被吸附的甲烷分子有库仑相互作用。同时，在孔中潜在的库仑口袋位点，甲烷分子与多重表面也有相互作用，这两种作用协同起来提高了总的色散相互作用[125]。Guo 等采用同样的设计原理，在 UTSA-20 中引入了高密度的金属位点，并构建了合适的孔洞，这个 MOF 表现出高密度甲烷存储性能[136]。

MMOF-74 系列 MOF 也被称作 CPO-27-M，该系列的 MOF 也具有比较优秀的甲烷吸附功能，其框架中含有高密度的开放金属位点。Wu 等比较了 MMOF-74 系列（M = Mg、Mn、Co、Ni、Zn）的甲烷吸附性能[96]。298K、35bar 下它们的过剩吸附量为 149～190cm^3/cm^3，其中 NiMOF-74 的吸附量最高，这五种 MOF 的甲烷吸附热非常接近，在低负载时为 18.3～20.2kJ/mol。这说明甲烷吸附热相对于氢气吸附热来说，并不完全依赖于金属本身[69]，这主要是由于甲烷分子的尺寸与几何形状增加了其与开放金属位点的距离，这并不利于其与金属位点发生作用。同时吸附热在低压区上升很快，很明显也不利于甲烷的传输，这也使得该系列 MOF 的甲烷工作储量仅为吸附量的 1/2。另外对 MIL 系列 MOF 的研究也发现，不同金属位点对甲烷的吸附影响有限[137]。例如，304K、35bar 时，MIL-53(Al) 与 MIL-53(Cr) 的甲烷吸附量比较接近，分别为 155cm^3/cm^3 和 165cm^3/cm^3。

与 MOF 的氢气吸附相比，对于甲烷吸附采用不饱和金属位点的策略似乎不是非常重要，这不仅是因为甲烷的体积较大，空间几何与氢气不相同，更重要的是因为对氢气吸附的研究多数在 77K 等低温下进行，而对于甲烷吸附的研究，更多在室温等较高的温度与高压下进行。在这种温度条件下，金属位点与被吸附的分子作用与分子间的相互作用的能垒会降低。另外，MOF 在室温下对甲烷的吸附量要远高于氢气，孔内与金属位点作用的被吸附分子数量相对整个气体分子总吸附量的比例降低，所以比表面积、孔体积等性能更会起到决定性的作用。另外，比较多的开放金属位点反而不利于提升 MOF 的甲烷传输量，所以仅依靠增加甲烷与开放金属位点作用的策略是有局限性的。

4. 孔的尺寸与形状

如前所述，Snurr 等通过计算机模拟，发现孔洞尺寸为 4Å 或者 8Å 是最为理想化的，因为此时其可以容纳一个或者两个甲烷分子与孔壁相互作用。实验也证明了孔的尺寸与形状对 MOF 的甲烷吸附影响很大。Seki 等报道了一系列的 $Cu_2(L)_2(dabco)$MOF[90-92]，其中 L 为系列二元羧酸，dabco 为 1,4-二氮杂二环。在 298K、35bar 下甲烷吸附性能研究表明，一般情况下，随着孔洞尺寸的增加，甲烷吸附量也增加，然而对于 $Cu_2(bpdc)_2(dabco)$和 $Cu_2(sdc)_2(dabco)$这两种 MOF 而言，尽管前者具有高的孔隙率，但是两者的甲烷吸附量几乎相当，分别为 212cm³/g 和 213cm³/g。原因在于 $Cu_2(bpdc)_2(dabco)$的孔洞太大而与甲烷作用不强，这个结果也证明了孔径的大小存在一个最佳的范围。

正像 HKUST-1、PCN-14 和 NbO 型具有高体积甲烷存储 MOF 所揭示的那样，MOF 中的小笼对甲烷存储至关重要。设计和合成结构中含有尽可能多的合适的笼的 MOF 非常有用。前面提到的 UTSA-20 结构中，一维矩形孔道尺寸为 3.4Å×4.8Å，属于 Snurr 计算模拟中的比较理想的孔洞尺寸。实验证明，UTSA-20 的确具有非常优异的甲烷吸附能力，在 300K、35bar 下其微孔中甲烷的储存密度为 0.222g/cm³，这个值相当于 300K、340bar 下压缩甲烷的存储密度。其 398K、65bar 下甲烷的存储量可以达到 230cm³/cm³。前面提到 rht 型 MOF 可以看作由三种不同笼结构堆积而成，这使得此系列的 MOF 孔性质比较丰富，孔形状也有特点，甲烷与框架相互作用的位点较多，所以使得此系列中的很多 MOF 均具有较好的甲烷吸附性能。

$Zn_4O(—COO)_6$ 节点与较大尺寸三元羧酸和不同尺寸的二元羧酸连接可以得到多种介孔 MOF。Zhang 等系统研究了此类 MOF 的孔大小及几何形状与其甲烷吸附量的关联[138]，通过对 UMCM-1、MOF-205、MUF-7a 及新获得的 ST-1～4 等同类多种 MOF 甲烷吸附的测试，发现孔大小及几何形状对 MOF 的甲烷吸附影响很大。其中 ST-2 受到其孔性能的影响，其在 298K、5～200bar 下的甲烷工作储量可达 289cm³/cm³，这一数值远高于同等条件下高压气瓶的工作储量，也创造了同等条件下 MOF 甲烷工作储量的新纪录，同时也超越了先前活性炭在相同条件下的工作储量纪录。

很显然，MOF 的甲烷存储与多种因素相关。但是正如上面提到的经验公式，对质量甲烷吸附量来说，其孔体积、比表面积等有正面帮助。但 MOF 若想拥有高的体积甲烷吸附量，必须在框架密度和孔的众多性质间有个平衡。另外，如 MOF-74 所体现的，尽管开放的金属位点能够提高甲烷吸附量，但是它们对提高甲烷的传输量没有正面影响。主要是因为这些强的开放金属位点主要导致了 5bar 以下的低压情况下的甲烷吸附量增加。所以，对于 MOF 的甲烷吸附性能来讲，必须从上述因素综合考量。直到现在，一些有机功能基团对甲烷存储的影响依然不太清楚，需要采用拉曼光谱、红外及同步辐射中子衍射等方法对这些功能基团或者位点进行更广泛的研究，以期为更有效的甲烷存储提供支持。总的来说，合适的孔尺寸与形状能够增加甲烷与框架的相互作用，也有利于提高 MOF 的甲烷吸附量。当然，影响 MOF 饱和甲烷吸附量的因素众多，必须将孔的尺寸与形状、开放金属位点、框架密度、比表面积与孔体积等综合考虑。

40.2.2　MOF 甲烷吸附机理

掌握 MOF 吸附甲烷的位点、甲烷进入 MOF 孔洞的机制等对有针对性地提升 MOF 甲烷存储量、设计合成存储甲烷性能更优异的 MOF 材料有非常大的指导意义。目前研究 MOF 与甲烷分子相互作用机理的手段主要有 X 射线结构分析、中子粉末衍射、拉曼光谱及模拟计算等方法。Kim 等研究了低温下甲烷与 $Zn_2(bdc)_2(dabco)$（其中 bdc = 对苯二甲酸根，dabco = 1,4-二氮杂二环）孔洞位点的作用情况[93]，90K 下同步辐射 X 射线结构分析表明，甲烷位于该 MOF 孔洞中相对独立的三个位点，主要的作用位点为第一位点和第二位点，分别为桨轮双核锌节点和小窗口的中心位置，第三位点则为次要作用位点，位于空穴的中间位置。位于第一位点的甲烷不仅与桨轮双核锌通过范德瓦耳斯力作用，还同时与邻近的苯甲酸上苯环通过 π···H—C 相互作用。处于第二位点的甲烷分子与苯环的侧面通过范德瓦耳斯力相互作用。在孔洞中间的第三位点的甲烷分子则与处于第一和第二位点的甲烷分子通过范德瓦耳斯力相互作用。这三个位点吸附饱和后的甲烷总量与实验值是相符的。

Wu 等采用中子粉末衍射的方法确定了低温下甲烷在 MOF-5 中的吸附位点[139]，甲烷优先被吸附于 Zn_4O 簇的位置，并且此处的甲烷排列具有很好的方向性。随着甲烷的继续装填，额外的甲烷依次占据了 Zn_4O 四面体 O—O 边上方的 ZnO_2 位置与苯环连接体的上方位置，最后的甲烷分子分布在孔洞的中央并与邻近的甲烷分子相互作用。除了 Zn_4O 簇位点的甲烷分子有一定取向外，其他位点的甲烷分子都是无序的，说明其与框架的作用力比较弱。有趣和不寻常的是，当温度降至 60K 以下时，位于孔洞中心的甲烷分子发生了重排，对应着其在 MOF 主体格子中结构相的转变。

而在室温和高压下，拉曼光谱却反映出在 IRMOF 的甲烷吸附中，有机连接体起到关键作用[129]。相对于游离甲烷，被吸附的甲烷的对称伸缩振动下移证明甲烷与框架有相互作用。如果甲烷主要吸附在金属簇的位置，那么甲烷吸收光谱将会独立于 IRMOF 结构，不会发生频移。实验观察到甲烷频移现象证明，在室温下，该系列 MOF 的有机连接体决定着甲烷的吸附。

中子粉末衍射的方法也应用在其他有名 MOF 的甲烷吸附中。例如，对 Mg-MOF-74 的中子粉末衍射证明，甲烷分子在低温下也是首先与金属簇相互作用，然后才与框架及吸附在金属簇上的甲烷分子发生库仑相互作用[96]，这证明该系列的 MOF 吸附甲烷时，开放的金属位点起到主要的作用。Kaskel 等在低温下通过高分辨中子粉末衍射的方法清晰地揭示了甲烷进入 HKUST-1 的过程[124]——甲烷分子优先靠近开放金属位点，并进入小孔的笼中，证明了开放金属位点和小孔的笼更易与甲烷分子发生作用，同时也揭示了甲烷的部分吸附动力学问题。Zhou 等也对 HKUST-1 吸附甲烷的机理进行了综合研究[125]。中子粉末衍射与 GCMC 法联合研究揭示了除了开放的铜金属位点外，小的八面体笼的窗口位置也是一个主要甲烷吸附位点（图 40-5）。这些窗口位点能够与甲烷发生强的相互作用主要是因为框架中 O 原子与所吸附甲烷间 2.7～3.2Å 的近距离作用。此外，这些小笼窗口数量约为开放金属位点的 2/3。这两个首要的位点饱和后的甲烷吸附量约为 $160cm^3/cm^3$，约为 298K、35bar 下实验值的 70%，而剩下的 30% 则归于次要吸附位点。运用多项包括 DFT、GCMC 等计算方法确定 PCN-14 中的甲烷吸附位点，发现首要的吸附位点包括开放的铜金属位点、小笼的窗口位置、小笼的底部位置及小笼边窗（图 40-6）[125]。这些位点被全部占据会贡献 $160cm^3/cm^3$ 的吸附量，剩余吸附量则会被大笼角落等次要吸附位点所满足。有趣的是，另外一项模拟研究表明，在不同温度下，PCN-14 中铜的位点在甲烷吸附中扮演的角色有所不同。在低温 150K 下，开放铜金属位点与甲烷分子作用强烈，为首要的吸附位点，但是在 290K 下作用降低，可以认为在室温下甲烷与 MOF 的强弱作用不再存在能量障碍，开放铜金属位点可能只是起到确定甲烷分子取向的作用。

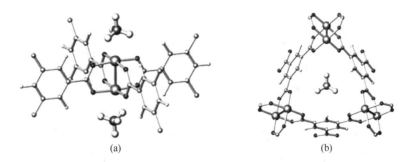

(a)　　　　　　　　(b)

图 40-5　HKUST 中的两个主要吸附位点。（a）开放金属铜位点；（b）小笼窗口位点[125]

当然不是所有的计算都证明开放金属位点为最强的作用位点。如前所述，Chen 等报道的 UTSA-20 中含有大小非常合适的一维孔道，这个一维矩形孔道尺寸为 3.4Å×4.8Å，GCMC 模拟显示金属位点与这个孔道为首要位点，但是该一维孔道与甲烷的作用力甚至强于金属位点，原因在于甲

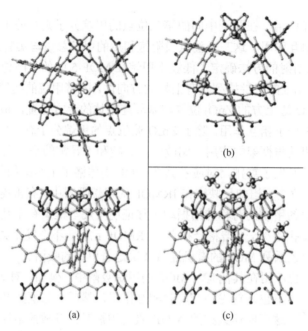

图 40-6　PCN-14 中的吸附位点。（a）小笼窗口位点与小笼底部位点；（b）小笼边窗位点；
（c）包括开放铜金属位点在内的所有四个吸附位点[125]

烷分子像三明治一样被夹在孔壁之间，所以作用力较大[136]。这两个首要位点饱和后的吸附量为 162cm³/cm³，可以占到 300K、35bar 下实验总吸附量的 85%。同时正因为这个结构特点，UTSA-20 成为具有优良甲烷吸附性能的 MOF 之一。

40.2.3　MOF 的非常规甲烷吸附

部分 MOF 化合物在外界刺激下会发生结构转化，这也使得它们在气体吸附中表现出非常规的状态。若将此类现象应用在甲烷吸附中，则会得到性能特异的吸附材料。前面提到，MOF 在低压下（小于 5bar）的甲烷吸附量在实际应用中很难被有效利用，降低了甲烷的使用效率。真正能体现 MOF 在实际应用中优劣的是其工作甲烷储量，即其甲烷传输量。大多数 MOF 甲烷吸附曲线都为经典的 Langmuir 型一类曲线，即随着压力的升高，吸附量增加，但是增加的速度却在减小。这类吸附情况被证明不太容易获得较高的甲烷传输量。为了获得较高的甲烷传输量，Long 等认为具有 S 型（或者称作阶梯型）甲烷吸附曲线的 MOF 很有可能实现这个目的。因为这类曲线表现出的是甲烷在低压下吸附量很少，但到达一定的储存压力时，吸附量会骤然增大，也就是所谓的"开门"效应。可以想象，这种效应对应的低压区很少有甲烷被吸附，如果这类 MOF 在 35～65bar 的理想存储压力下能够"开门"吸附大量的甲烷，而在压力降低至 5bar 时结构变化全部释放出甲烷气体，那么甲烷的传输量自然会有很大提高。一些柔性 MOF 在其他气体的压力刺激下产生"开门"效应已经被报道。最近，Long 首次利用这种效应成功提高了甲烷的传输量[140]，他所采用的 Co(bdp)和 Fe(bdp)(bdp²⁻ = 1,4-对苯二吡唑)具有较高的比表面积，并且其结构在压力变化下会产生可逆的转化。对 Co(bdp)和 Fe(bdp)在 25℃时甲烷吸附研究表明，低压下其甲烷吸附量很小，压力升高到 16bar 后，甲烷吸附量迅速升高，而在脱附的过程中，尽管存在回滞，但在 7bar 左右时甲烷基本完成脱附，压力降低到 5.8bar 时，甲烷的吸附量仅为 0.2mmol/g。这也使得 Co(bdp)在 35bar 下可用储量为 155cm³/cm³，在 65bar 下可用储量高达 197cm³/cm³（图 40-7），使其成为在这种条件下迄今报道的甲烷可用储量最高的吸附剂。原位 X 射线粉末及分子模拟清楚地揭示了 Co(bdp)在吸附过程中随着压力变化结构转化的过程。另外 Co(bdp)还有一个很有意义的性质，就是结构的变化对应着能量的吸收和释放，同时甲烷的吸附脱附也有能量的吸收和释放，在这个体系中，两者的能量正好可以部分地补偿。因此，在实际应用中，这个体系在能量损耗及对体系相对平稳的运行方面势必拥有积极的贡献。

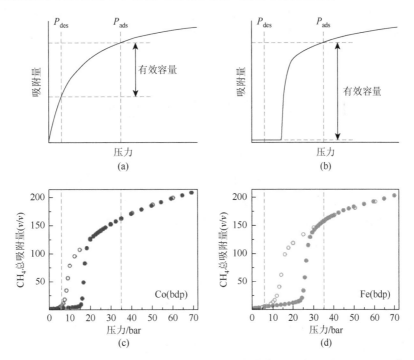

图 40-7　（a）经典的 Langmuir 型一类甲烷吸附曲线；（b）S 型台阶式吸附曲线；（c）Co(bdp)在 25℃下的甲烷吸附曲线；（d）Fe(bdp)在 25℃下的甲烷吸附曲线[140]

　　Krause 等最近报道了另外一个有趣的和 MOF 吸附甲烷相关的例子[141]。如前所述，MOF 的柔性和对客体的响应性在气体吸附方面会有意外或者令人满意的现象发生。DUT-49 早前被报道拥有良好的甲烷吸附性能，其在 298K、110bar 下的过剩甲烷吸附量高达 308mg/g。Krause 等在研究 DUT-49 低温下的甲烷吸附机理时意外地发现，在 111K 下，在 10kPa 附近有一个明显的排斥气体吸附（NGA）过程出现，吸附量与原来 298K 对应压力下的吸附量相比有非常明显的降低，$\Delta n_{NGA} = -8.62$mmol/g。并且这种现象的出现对测量槽内的压力有着明显的提升，$\Delta n_{NGA} = 2.27$kPa，其样品的堆积变化甚至可以用肉眼明显地观察到。比较有意思的是，DUT-49 只对甲烷和正丁烷有这种响应，在 N_2 等气体吸附过程中，并未发现这种现象。Krause 等发现，一些具有结构转化功能的 MOF 不仅可以作为储存气体的吸附剂，还可以拓展到气体感应、压力感应等器件的应用中。

　　可以看出，对 MOF 甲烷吸附的深入研究，不仅可以有效提升 MOF 的甲烷存储功能，还能比较细致地掌握 MOF 结构与气体分子间的相互影响，这对更好地发现和解决甲烷存储面临的问题及扩展 MOF 的用途等都具有重要的意义。

40.2.4　总结与展望

　　在 MOF 的众多应用中，甲烷存储应该是其最有前景的用途之一。目前巴斯夫已经将一些 MOF 材料商业化，并用来存储甲烷应用到以天然气为燃料动力的汽车中。一方面，人们需要设计合成新的具有更高甲烷存储量的 MOF，尤其是对湿气稳定、机械强度高、存储循环次数高的 MOF；另一方面，需要关注 MOF 的甲烷传输量，同时应该更加关注如何进行大批量简便制备现有的具有优良甲烷存储性能的 MOF，并综合考虑合成与成本等方面的因素，联合一些企业工艺方面的力量，为 MOF 在实际应用中提供更好的技术支持。此外，基于 MOF 的其他复合材料在甲烷存储中也应该受到关注，例如，最近 Fairen-Jimenez 等通过溶胶凝胶成功将 HKUST-1 集成[142]，所得成型的复合材料甲烷吸附量可达 259cm³/cm³。可以预料，未来将会有更多的甲烷存储性能优良的 MOF 被商业化，依托 MOF 进行甲烷存储必将推动实现甲烷转变为常用能源的长足进步。

40.3　面向乙炔吸附的配位聚合物

乙炔作为一种常见的化工气体，在高分子聚合、有机合成、电子材料制备与金属切割等方面有着广泛的用途。但是乙炔稳定性差，易燃易爆，室温下其安全压缩极限为 0.2MPa[143]。因此，如何在室温下实现乙炔的安全存储和运输是扩展乙炔更好应用所面临的挑战。目前的乙炔存储是将其存储在加入丙酮和多孔材料的特殊气罐中，这种方法使得乙炔的纯度难以保证，并且增大了存储成本。为了实现乙炔的安全有效存储与运输，采用与乙炔具有强作用力的体系在较低压力条件下对乙炔进行吸附存储应该说是一个比较合理的选择[144-150]。MOF 的出现非常有希望较好地解决上述难题。MOF 作为一类由金属离子与有机配体构建的具有结构多样性的多孔材料，理论上非常适合乙炔的安全存储。因为乙炔含有 π 电子，易和金属或者有机体系相互作用，在稳定乙炔的同时，又能使得乙炔富集到作用位点附近，无需施加太大的压力，从而达到安全存储的目的。自从 Matsuda 等首次将 MOF 与乙炔存储关联以来[143]，MOF 对乙炔的吸附研究迅速开展。需要注意的是，MOF 对乙炔吸附的研究与前面 MOF 对氢气和甲烷的吸附研究有所不同，因为乙炔的易燃易爆性决定其存储只能在低压和室温下进行，所以目前针对 MOF 对乙炔的存储主要是在室温、1atm 的压力下进行的。这个条件下，比表面积和孔体积等对乙炔的吸附影响有限，而且尺寸较大的孔与乙炔作用较弱，反而不利于乙炔的吸附。所以为了提高 MOF 对乙炔的吸附量，主要工作目的明确——其是从增加 MOF 与乙炔的作用位点、增强乙炔与孔壁的相互作用来开展的。本节将着重以近年报道的具有优秀乙炔吸附性能的 MOF 材料为例，着重探讨 MOF 结构特点与乙炔吸附之间的关系，并对一些内在的吸附机理进行阐述。

40.3.1　HKUST-1

HKUST-1 作为一个明星 MOF 化合物，在气体吸附中被广泛研究。较高的开放金属位点密度及大小适中的孔尺寸使其对氢气和甲烷均具有较好的吸附功能。Chen 等比较早地对 HKUST-1 等多种不同结构特点 MOF 的乙炔吸附进行了对比研究[151]。HKUST-1 具有三维交叉孔洞结构，其中孔的窗口尺寸为 6.9Å，笼的大小为 10.8Å。另外，经过活化去除端基配位水后每个笼被 8 个 5.3Å 大小的口袋所围绕，并且数量众多的具有开放位点的 Cu²⁺ 有序地分散在交叉的孔洞中。经测量，在 295K、1atm 下，HKUST-1 的乙炔质量吸附量和体积吸附量分别为 201cm³/g 和 177cm³/cm³，明显大于其他 5 种 MOF（MOF-505、MOF-508、MIL-53、MOF-5 和 ZIF-8）的乙炔吸附量。同时，HKUST-1 对乙炔的吸附热也大于其他 5 种 MOF，说明 HKUST-1 与乙炔分子作用最强。根据结构特征，这 5 种 MOF 可归为三类：开放金属位点类（HKUST-1 和 MOF-505）、小孔类（MOF-508 和 MIL-53）和大孔类（MOF-5 和 ZIF-8）。对这些 MOF 的结构与乙炔吸附量进行对比发现，孔洞尺寸较大不利于乙炔吸附，MOF-5 和 ZIF-8 对乙炔的吸附量最少，小孔的 MOF-508 和 MIL-53 吸附量较高，而拥有开放金属位点的 HKUST-1 和 MOF-505 的吸附量最高。

有趣的是，295K、1atm 下 HKUST-1 的质量吸附量为 201cm³/g，对应着每个 Cu 的乙炔分子为 1.67 个。倘若按照 HKUST-1 在氢气初始吸附中那样，每个 Cu²⁺ 和进入窗口位置对应的乙炔分子为 1 个，那么这两个位点理论上的吸附量正好也对应着每个 Cu 1.67 个乙炔分子。于是作者对 HKUST-1 吸附乙炔过程做了更深入的研究。每个 Cu 通过分步引入 0.62 个氘代乙炔（C₂D₂），并结合中子粉末衍射的方法证实，乙炔分子首先与开放的 Cu²⁺ 位点结合，通过粉末精修可以计算 Cu²⁺ 与 C₂D₂ 的距离为 2.62Å。加大 C₂D₂ 的引入量至每个 Cu 对应 1.5 个 C₂D₂，可以确定第二强的作用位点为 HKUST-1 中小笼的窗口位置。Cu 位点连同小笼的窗口位点与 C₂D₂ 的作用数量为每个 Cu 对应 1.2 个。剩余的 0.3 个应该是进入大笼和小笼内部。中子粉末衍射的结果表明，HKUST-1 中的第一和第二强的作用位点分别为开放 Cu 位点和小笼的窗口位点，这两个位点与乙炔分子的作用能量也可以通过总能量第一定律来计算得到。正是这两个位点与乙炔分子强的相互作用，HKUST-1 具有优良的乙炔吸附性能。

40.3.2　NbO 型 MOF

MOF-505 是由 3,3′,5,5′-联苯四羧酸与桨轮双核铜单元构建的 NbO 型 MOF[106]，结构中 9.0Å 的大笼与 6.0Å 小笼交替堆积，形成了一维的贯穿孔道结构。其在氢气和甲烷的吸附中均有很好的表现。MOF-505 经活化后，框架内具有比较多的开放金属位点，同时结构中笼的尺寸合适，所以其在 295K、1atm 下具有较高的乙炔吸附量（148cm³/g，137cm³/cm³）。

随后有多种 MOF-505 的衍生 NbO 型 MOF 及其对乙炔的吸附被陆续报道。其主要的改变是将不同的基团引入 3,3′,5,5′-联苯四羧酸的两个间苯二甲酸之间。Chen 和 Bai 等将碳碳三键引入 3,3′,5,5′-联苯四羧酸的中间位置，得到类 MOF-505 的 Cu₂(EBTC)(H₂O)₂xG（EBTC = 1,1′-乙炔苯-3,3′,5,5′-四羧酸；G = 客体分子）[108]。活化后的 Cu₂(EBTC) BET 比表面积为 1852m²/g。在 273K、1bar 下，乙炔的吸附量为当时最高的 252cm³/g。即使在 295K、1bar 下，乙炔的吸附量有比较明显的降低（160cm³/g），但仍大于之前报道的同条件下 MOF-505 的乙炔吸附量（148cm³/g）。

后来 Bai 等用酰胺基团替换了 C≡C，得到结构相近、同样为 NbO 型的 NJU-Bai 17[152]。在 1bar、296K 和 273K 下，NJU-Bai 17 的乙炔吸附量又有进一步的提高，分别为 222.4cm³/g 和 296cm³/g。通过采用 Towhee 程序进行 GCMC 模拟和运用一系列的第一性原理计算，他们进一步地掌握了乙炔分子与 MOF 的相互作用机理。GCMC 模拟发现，开放的 Cu 位点周围乙炔的分布最多，酰胺的位点也与乙炔有较强的作用。第一性原理计算发现，Cu 与乙炔的作用键能为 –25.81kJ/mol，酰胺位点与乙炔分子的作用能量为 –18.06kJ/mol，这一数值几乎是之前报道 MOF 所含 C≡C 位点与乙炔分子的键能的 2.3 倍。他们还发现，乙炔中的 H 与酰胺中的 O 距离为 2.18Å，小于 H 和 O 原子的范德瓦耳斯半径之和（2.6Å），这证明乙炔与酰胺间有着强的相互作用。这个现象也可能是酰胺对乙炔分子的极化所引起的。正是有了这些强的相互作用，才使得 NJU-Bai 17 对乙炔分子的吸附优于 Cu₂(EBTC)。

将吡啶插入两个间苯二甲酸之间，Qian 和 Chen 等得到了既含有开放金属位点，又有路易斯碱的 NbO 型 MOF ZJU-5[153]，这种 MOF 甲烷吸附性能也比较优异。对 ZJU-5 的乙炔吸附研究发现，ZJU-5 进一步刷新了当时 273K、1bar 下的乙炔吸附记录。在 1bar，273K 和 298K 下 ZJU-5 的乙炔吸附量分别为 290cm³/g 和 193cm³/g。在 298K 下的乙炔吸附量 193cm³/g 在当时仅稍小于同等条件下 HKUST-1 与 CoMOF-74 的乙炔吸附量。他们认为，在室温下，乙炔的吸附量主要由开放金属位点所决定，所以 HKUST-1 和 CoMOF-74 这两种含有相对较多开放金属位点的 MOF 的乙炔吸附量大于 ZJU-5。当温度降低到 273K 时，有机连接体中的位点开始发挥作用，所以 ZJU-5 的吸附量又超过了 HKUST-1 和 CoMOF-74。对当时的几例与 ZJU-5 属于同类的类 MOF-505 型 MOF 比较来看，因为它们都具有相同的金属位点，而 ZJU-5 中有机连接体中所含的吡啶基团与乙炔的作用更强一些，所以 ZJU-5 的乙炔吸附量超过了当时的几例 NbO 型 MOF。

He 等将含两个氮的有机基团吡嗪、哒嗪和嘧啶引入两个间苯二酸之间，由此得到了类 MOF-505 的三例 MOF：ZJNU-46、ZJNU-47 和 ZJNU-48[154]。尽管吡嗪、哒嗪和嘧啶的芳环中都含有两个氮原子，但是氮所处芳环的位置不同，可以将其分别称为对位、邻位和间位。正是因为氮原子在芳环上的分布不同，氮在所得到 MOF 的孔洞中分布也不同，因而会对其与乙炔的作用产生影响。这三种 MOF 的乙炔吸附量也有差异。在 295K、1atm 下，三者的乙炔吸附量分别为 187cm³/g、213cm³/g 和 193cm³/g。文章指出，调节 MOF 孔洞中作用位点的位置也可以控制 MOF 的乙炔吸附量。

最近 Yang 和 Schröder 研究了四例同构的类 NbO 型 MOF 的乙炔吸附性能[155]，该系列 MOF 中的配体长短接近，其中引入硝基的 MFM-102-NO₂ 尽管使得 MOF 比表面积降低，但是在 298K、1bar 下其乙炔吸附量增加了 28%（192cm³/g），为了更好地深入认识其中关联，文中首次利用中子粉末衍射的方法对 MOF 与乙炔的相互作用进行了研究，结果发现乙炔与硝基具有一定的相互作用，因此其成为较为优秀的乙炔吸附剂之一。

40.3.3 类 CPO-27M 型 MOF

CPO-27M 型 MOF 也称类 MOF-74 系列 MOF，其化学式为[M₂(DHTP)]（M = Co、Mn、Mg 和 Zn 等，DHTP = 2,5-二羟基对苯二甲酸）。该系列 MOF 结构类似，有机连接体也相同，只是金属离子不同。这对研究含不同金属离子的 MOF 与乙炔的作用很有帮助。另外，这类 MOF 活化后所含的开放金属位点密度较高，这对提高乙炔吸附量非常有帮助。Liu 和 Chen 等对该系列 MOF 对乙炔的吸附进行了系统研究[156]。如图 40-8 所示，通过对该系列 MOF 在 273K 与 295K 下的乙炔吸附测试，计算得到不同 MOF 对乙炔低覆盖时的吸附热分别为：[Co₂(DHTP)]，（50.1±0.9）kJ/mol；[Mn₂(DHTP)]，（39.0±0.8）kJ/mol；[Mg₂(DHTP)]，（34.0±0.8）kJ/mol；[Zn₂(DHTP)]，（24.0±0.7）kJ/mol。[Co₂(DHTP)] 具有非常高的吸附热，使得其在室温、1atm 下每个 Co²⁺ 位点都可以与乙炔有强的相互作用，因此具有最高的吸附量，在 295K、1atm 下其体积乙炔吸附量高达 230cm³/cm³。这是迄今报道的最高的 MOF 体积乙炔吸附量。其他金属 MOF 的乙炔吸附量也完全与其吸附热相关，具体的乙炔存储量大小顺序为[Co₂(DHTP)]＞[Mn₂(DHTP)]＞[Mg₂(DHTP)]＞[Zn₂(DHTP)]。因为[Co₂(DHTP)]中 Co 与乙炔的作用非常强，可以认为，如果每个 Co 吸附一个乙炔分子，开放金属位点 Co 对乙炔的吸附贡献则为 168cm³/cm³，剩余的 62cm³/cm³ 吸附量则由孔道中的吸附位点所贡献。

[Co₂(DHTP)]在 295K、1atm 下体积乙炔吸附量为 230cm³/cm³，每个 Co 对应着 1.4 个乙炔分子。为了确定乙炔吸附过程中哪个位点优先与乙炔作用，并且为了验证前面的判断，对[Co₂(DHTP)]进行高分辨中子粉末衍射实验，以 0.54 个 C₂D₂ 对应每个 Co 的吸附量进行了测试。结果发现，每个 Co

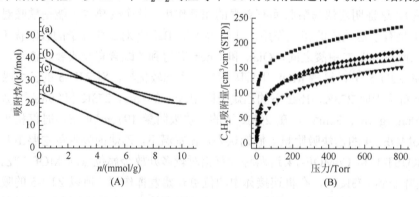

图 40-8　（A）四种 M-MOF-74 型 MOF 的乙炔吸附热：（a）Co-MOF-74，（b）Mn-MOF-74，（c）Mg-MOF-74，（d）Zn-MOF-74；（B）不同 MOF 在 298K 下乙炔吸附曲线，由上往下依次为 Co-MOF-74、Mn-MOF-74、Mg-MOF-74 和 Zn-MOF-74[156]

确实会与 0.54 个 C_2D_2 发生作用，从而证明了在乙炔的吸附过程中，开放的 Co 位点首先与乙炔分子作用。另外乙炔分子与邻近的 Co 距离为 2.64Å，这与 HKUST-1 中 Cu^{2+} 和乙炔的距离相当。

为了准确掌握乙炔分子与四种 $[M_2(DHTP)]$（M = Co、Mn、Mg 和 Zn）的框架中不同开放金属离子间的相互作用情况，研究者采用第一性原理从头算的方法对这四个 MOF 做了计算，结果同样表明 Co 与乙炔的键能最高，远大于其他三种金属离子。这项研究通过设计利用与乙炔作用强的金属位点来构建 MOF 对提高其乙炔吸附量非常有帮助。

40.3.4　FJI-H8

我们研究团队于 2015 年报道了一例具有优秀乙炔存储性能的 MOF FJI-H8[157]。基于前期报道的 MOF 对乙炔吸附的有益信息，我们首先有针对性地设计合成了一个多羧酸配体 3,3,5,5-四(3,5-二苯甲酸)-4,4-二甲氧基-联苯（H_8tddb），采用 H_8tddb 与 $Cu(NO_3)_2$ 反应得到了一个具有全新结构特点的 MOF FJI-H8，其化学式为 $[Cu_4(tddb)\cdot(H_2O)_4]_n\cdot(solvent)_x$，正如我们预料的，FJI-H8 结构中含有 3 种类型的多面体纳米笼，分别为正常立方八面笼（Cage-A）、扭曲八面体（Cage-B）与扭曲立方八面体（Cage-C）（图 40-9）。Cage-A 由 8 个桨轮双核铜次级构筑单元与 4 个 tddb 配体构建，其孔径大约为 15Å。另外，8 个开放 Cu 位点指向笼的中心，可以直接与内部的气体分子相互作用，从而提升气体吸附能力。Cage-B 由 4 个双核铜单元和 2 个 1/2 配体组成，孔径约为 8Å。Cage-C 的 12 个顶点分别

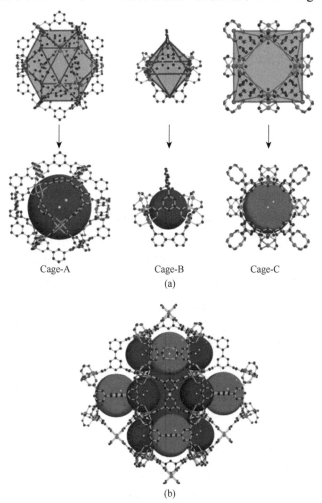

Cage-A　　　　Cage-B　　　　Cage-C

(a)

(b)

图 40-9　FJI-H8 的结构图。（a）FJI-H8 中三种类型的笼；（b）三种配位多面体笼的结合[157]

包括中心的 8 个双核铜单元和 4 个 1/2 配体，孔径约为 12Å。整体来讲，Cage-A 由 6 个 Cage-C 通过 6 个正交面及 8 个 Cage-B 经由 8 个三角面而连接。类似地，Cage-C 由 6 个 Cage-A 经 6 个正交面和 8 个 Cage-B 共享 8 个间苯二甲酸部分而连接。然而 Cage-B 则是由 4 个 Cage-A 经 4 个三角面和 4 个 Cage-C 通过共享 4 个苯二羧酸部分连接而成，最终形成了 3 个笼相互贯穿的三维多孔结构。需要注意的是，在 FJI-H8 中含有 2 种双核铜单元，因为双核铜节点与配体中心的距离稍有不同，所以将这 2 种双核铜简化为 2 种类型的四连接节点。tddb 简化为 1 个八连接节点后，整个 FJI-H8 结构可以认为是一个罕见的 (4, 4, 8)-c URJ 网络。可以看出，FJI-H8 金属位点丰富，并且孔洞大小适中，非常有利于乙炔的吸附。

FJI-H8 经活化后，通过氮气吸附发现其 BET 比表面积为（2025±15）m²/g。同时测量得到 273K、1atm 下其乙炔吸附量为 277cm³/g，稍小于此条件下的吸附记录 290cm³/g。但 FJI-H8 在 295K、1atm 下的乙炔吸附量为 224cm³(STP)/g，这个数值为目前最高的质量乙炔吸附量。更有意思的是，当温度升到 303K 与 308K 时，FJI-H8 的乙炔吸附量依然维持在 200cm³/g 以上[图 40-10（a）]，分别为 206cm³/g 和 200cm³/g。这个吸附量几乎和 HKUST-1 在 295K 时相当。换句话讲，FJI-H8 的乙炔吸附量随着温度上升，减小的速率很小，更有利于在比较大的温度范围内对乙炔进行存储。而乙炔在实际应用中，环境温度有较大变化，尤其夏天室温一般都为 303K 以上，这意味着 FJI-H8 更接近于实际生产中的乙炔存储。对 FJI-H8 对乙炔吸附的循环性进行的测试发现，吸脱附 5 次以后，其吸附量仅有 3.8% 的降低 [图 40-10（b）]，从而证明其作为吸附剂非常适应循环利用，从而降低存储成本。

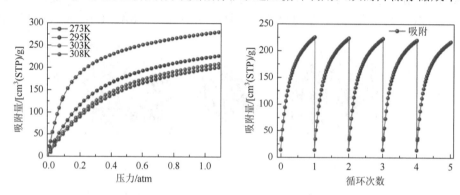

图 40-10 FJI-H8 的乙炔吸附性能。（a）不同温度下的乙炔吸附曲线；（b）295K 下的乙炔循环吸附[157]

经测量，FJI-H8 的吸附热为 32.0kJ/mol，大于 HKUST-1 的 30.4kJ/mol。对于 HKUST-1 等多数 MOF 来说，开放金属位点对乙炔的吸附要占到整个吸附量的 60% 以上。有趣的是，FJI-H8 的开放 Cu 位点的密度为 3.59mmol/g，小于大多数报道过的具有较好乙炔吸附量的 MOF，总体来讲，FJI-H8 中的开放 Cu 位点对总的 224cm³ 的吸附量仅贡献了 87cm³。也就是说，剩下的多数吸附量由 FJI-H8 中合适的孔隙所提供，这是非常罕见的现象。另外，前面提到 FJI-H8 在比较大的温度范围内依然保持较高的乙炔吸附量，也可以证明 FJI-H8 中的孔隙与乙炔分子有着非常强的相互作用。

将 FJI-H8 的质量乙炔吸附量通过计算转化为体积吸附量后，发现其在 295K、1atm 下的体积吸附量为 196cm³/cm³，仅小于目前报道的一例 Co-MOF-74（230cm³/cm³）。基于体积吸附量，FJI-H8 的安全存储密度为 0.23g/cm³，仅比 Co-MOF-74 的 0.27g/cm³ 略小。FJI-H8 在室温、1atm 下 0.23g/cm³ 的安全存储密度相当于纯乙炔室温下 21.3MPa 的密度。这样大的压力已经约为乙炔安全存储压力极限的 100 倍。

为了更好地了解 FJI-H8 中框架与乙炔的相互作用，我们通过 GCMC 模拟对 FJI-H8 的乙炔吸附性质进行了研究。模拟结果表明，场中有两个首要的作用位点，一个是开放的 Cu 位点，另外令人惊讶的是，由 8 个苯环围绕着的较小尺寸的 Cage-B 内部成为另外一个位点。因此对 FJI-H8 来说，开放的 Cu 位点与适配的孔隙共同促使其成为一种优秀的乙炔吸附材料。

40.3.5　总结与展望

MOF 对乙炔的存储是非常有应用价值的，前景可期。目前已经有多例对乙炔吸附性能优越的 MOF 被报道。但多数结构相近或者只是采用经典的 MOF，缺乏结构多样性。后期需要设计和发掘更多类似于 FJI-H8 这样具有全新结构的 MOF，或许会有更为优良的乙炔存储性能被发现。遗憾的是，目前乙炔的存储还停留在原来的工艺中，未有 MOF 被成功地商业化用于乙炔的存储中，这需要科研人员与企业共同合作来推动。同时，科研人员除了关注 MOF 的性能外，也要从商用的角度多加考虑，如完善目标 MOF 的制备方法，提高产率，为大批量生产提高技术支持，同时应在节约成本、追求简易廉价操作等方面多做工作。

40.4　面向其他清洁能源气体分离的配位聚合物

简单烃类分子在化工领域应用广泛，可以作为重要的能源产品或者化工原料应用到商业消费或化工生产中。几乎所有的简单烃类都来自石油的裂解或者天然气加工，得到的粗产物往往成分复杂。但是许多化工生产必须保证烃类分子的纯度，例如，乙烯参与的高分子聚合要求乙烯纯度在 99.95%以上[158]，这就给这类烃的分离与提纯提出了较高要求。简单烃类分子的分离在石油化工领域是一个非常耗能和困难的分离过程。因为这些烃类都具有一定的挥发性，物理性质接近，相同碳原子数的烃类的分子尺寸也非常接近。目前一般采用冷冻精馏的方法，往往需要循环操作多次，整个操作过程必须在低温和高压下进行，能量消耗极大。例如，乙烷和乙烯的分离需要在 -25℃、23bar 的精馏塔中进行，丙烷和丙烯的分离也要在 -30℃、30bar 下进行。整个过程高度耗能，操作成本昂贵。能量的高度消耗势必不满足我国节能低碳经济的发展方向，并可能给环境带来一定的压力。如何在烃类分子的分离过程中实现节能减排，开发新的环境友好、工业成本低的分离技术与材料成为一个亟需解决的关键问题。

相对于冷冻精馏的方法，吸附分离应该是非常有希望的节能分离方法[159-161]。一般来说，吸附分离可以通过动力学和热力学过程来完成，混合组分中不同分子在通过吸附剂孔时小的尺寸差异或许可以导致扩散速度大的不同。不同分子与吸附剂的作用也不同，导致了分离平衡过程的差异。当然在分离的设计中，选择正确的具有良好分离功能的吸附剂成为关键步骤。目前用于这些烃类分离的吸附剂有分子筛（如分子筛 4A、5A 和 13X 等）[162-170]、活性炭[171-173]、碳分子筛[174-177]等，但是这类吸附剂品种相对比较单一，不能满足工业生产的全部要求。因此，还需进一步开发多种类型的吸附剂用于烃类的分离。MOF 具有种类丰富、组成结构清晰明确、比表面积高、孔洞性能可设计与调控性等特点，因而相对于其他传统的吸附剂具有非常多的优势。发展 MOF 用于简单烃类的低耗能分离与纯化是非常有前景和意义的一个研究方向。目前 MOF 作为吸附剂对低碳烃类的分离研究已经快速展开。本节将结合近期的文献报道，分别介绍 MOF 对不同碳原子个数与种类的简单烃吸附分离的研究概况。

40.4.1　MOF 对 C₂ 烃类的吸附分离

乙烯主要来源于石油的精炼，原油裂解后，众多复杂的烃类中进行系列分离能够得到乙烯，乙烷是生产乙烯的重要原料，因此从乙烷中分离乙烯与石油化工非常相关。目前关于 MOF 对乙烯乙烷间的分离已经有了广泛的研究[178-184]。对乙烷和乙烯在 MOF 中进行分离有两种作用机制：筛分和利用孔的位点与待分离气体相互作用。

筛分能够对乙烯和乙烷进行有效分离，ZIF-7[185]和 ZIF-8[186]正是采用的这种机制。例如，在 298K 时，ZIF-7 对乙烷和乙烯的吸附曲线为第四类曲线，在吸附过程中存在"开门"效应，在"开门"之前吸附量极小，"开门"后吸附量急剧上升并达到饱和的 1.75mmol/g[184, 187]。一般认为，这种吸附分为样品颗粒的外部吸附、"开门"、样品空腔内的吸附和样品空腔的填满三个过程。从结构上观察，ZIF-7 的孔径只有 3.0Å，几乎所有的分子理论上都不会通过其孔径，所以吸附的过程应该发生结构伸缩。这就需要客体分子与框架上的窗口位置进行作用，对于乙烷来说，其甲基易与 ZIF-7 的窗口发生作用，因此在低压下乙烷的吸附要高于乙烯。正是因为这个机制，在实际穿透实验中，等量的乙烯和乙烷能够被有效分离。进而得到纯的乙烯。关于 ZIF-8，其分离过程与效果是类似的[188-190]。

另外的策略是利用开放金属位点对乙烷乙烯进行热力学分离，乙烷乙烯二者极性相近，不含偶极矩，四极矩小，因此 MOF 中的开放金属离子对乙烯和乙烷能否进行有效分离尤为关键，因为开放金属离子会和乙烯发生作用。第一个被报道用于乙烯乙烷分离的具有开放金属位点的 MOF 是 HKUST-1[191]，随后又对其分离机理进行了计算分析[192, 193]。在实验过程中发现，HKUST-1 对乙烷和乙烯的吸附曲线形状有着明显的不同，这样意味着 HKUST-1 对这两者具有一定的分离效果。后续的计算表明，乙烯与 MOF 的作用要强于乙烷，其中乙烯的—CH_2 与桨轮双核铜单元的氧原子间发生氢键作用，同时铜离子还对乙烯有一定的反馈 π 键相互作用。考虑到其非常有限的反向键能力，在 1bar、298K 下，HKUST-1 对等量的乙烯与乙烷表现出的理论 IAST 选择度大约只有 2[194]。

相对而言，M-MOF-74 系列的 MOF 对乙烯和乙烷表现出较好的分离效果。该系列 MOF 中第一个被报道用于乙烯乙烷分离的是 Mg-MOF-74[182]。研究者在多种温度下对乙烷和乙烯的吸附进行了测试，尽管 Mg-MOF-74 在特定温度下对两种气体吸附量差别不大，但是乙烷和乙烯对应的吸附焓却有很大差别，乙烯的吸附焓要明显高于乙烷（–43kJ/mol 与–27kJ/mol）。尽管乙烷的吸附热因吸附与被吸附间的不断作用而随着气体的载入逐渐升高，但是乙烯的吸附热却一直保持在一个高的水平。正如所料，GCMC 计算表明，开放的金属位点为首要的作用位点。

Fe-MOF-74 因为含有软的高自旋的 Fe 而表现出对这两种气体更好的分离效果[178]，这是因为 Fe 比 Mg 对乙烯更易形成反馈 π 键，因此选择度从 Mg-MOF-74 的 7 增加到 Fe-MOF-74 的 18。在穿透实验中，1bar、318K 下，Fe-MOF-74 可以将等量混合组分经过分离而得到纯度为 99% 和 99.5% 的单组分。中子粉末衍射实验也证实，开放不饱和金属位点的确是强的吸附位点，被吸附乙烯通过侧面与位点作用。实验或者计算发现，其他类别的 M-MOF-74 均对乙烷和乙烯具有比较强的分离效果[180, 195]。分离度趋势为 $Fe^{2+}>Mn^{2+}>Ni^{2+}\approx Co^{2+}>Mg^{2+}>Zn^{2+}$，这个趋势和金属的软硬度及易于形成反馈 π 键的能力相一致。

除了利用 MOF 本身的开放金属位点外，有针对性地将易与烯烃形成 π 配位键的 Ag(Ⅰ)或者 Cu(Ⅰ)等离子引入 MOF，将会对乙烯和乙烷的分离有比较大的帮助。Bao 和 Chen 等首先合成了 MOF[(Cr)-MIL-101-SO₃H]，然后将 Ag(Ⅰ)引入并与 MOF 中的磺酸根结合。经 Ag(Ⅰ)修饰后的 MOF 对乙烯的吸附焓和吸附量都有非常大的提高，其对乙烷和乙烯的分离效果明显要好于原来的 MOF[196]。

一般 MOF 分离乙烯与乙烷均是通过 MOF 中的强作用点与乙烯进行作用而达到分离的效果。最近 Chen 等报道了一例具有特殊结构的 MOF，MAF-49[197]，由于 MOF 中孔洞狭小，孔壁分布的基团正好可以与乙烷形成强的氢键相互作用，而对乙烯的作用要弱很多，所以可以选择性地吸附乙烷。这个发现对去除乙烯中少量的乙烷而获得高纯度的乙烯非常有帮助。此外，Zhou 和 Chen 等对已报道的两例超微孔 MOF 进行了乙烯乙烷分离比较[198]，发现基于配体体积更大的喹啉羧酸所构建的

$Cu(Qc)_2$ 和由异烟酸构建的 $Cu(ina)_2$ 尽管比表面积接近，但 $Cu(Qc)_2$ 更利于分离乙烯中的乙烷气体，通过中子粉末衍射发现，这是因为喹啉羧酸与乙烷分子具有较大的作用力，从而使得 $Cu(Qc)_2$ 成为一种优秀的乙烯乙烷分离材料。

乙炔和乙烯的分离在工业上具有重要意义，Chen 等在 2011 年对系列 MOF 材料进行了 C_2H_2/C_2H_4 分离的研究[199]。稍后，他们报道了通过氨基四氮唑衍生配体 H_2atbdc 合成另一个 MOF 材料 UTSA-100 及相关分离的研究工作[195]。UTSA-100 的框架[$Cu(atbdc)$]是由 $Cu_2(—COO)_4$ 单元与配体 $atbdc^{2-}$ 连接形成的 *apo* 拓扑型三维结构。结构内一维孔道由直径 4.0Å 的孔笼通过 3.3Å 的孔窗连接形成。UTSA-100 的 Langmuir 和 BET 比表面积分别为 1098m^2/g 和 970m^2/g，孔体积为 0.399cm^3/g。常温常压下 UTSA-100 的 C_2H_2 和 C_2H_4 吸附量分别是 95.6cm^3/g 和 37.2cm^3/g，C_2H_2/C_2H_4 的吸附量比（2.57）在当时超过了除 M'MOF-3a（4.75）之外的所有其他具有代表性 MOF 材料（Mg-MOF-74：1.12，Co-MOF-74：1.16，Fe-MOF-74：1.11，NOTT-300：1.48）。而且，UTSA-100 的 C_2H_2 吸附热只有 22kJ/mol，低于所有其他 MOF 材料（Mg-MOF-74：41kJ/mol，Co-MOF-74：45kJ/mol，Fe-MOF-74：46kJ/mol，NOTT-300：32kJ/mol，M'MOF-3a：25kJ/mol）。低的 C_2H_2 吸附热表明材料容易再生，对实际应用有利。IAST 模型 C_2H_2/C_2H_4（1/99，*v/v*）选择性计算表明 UTSA-100 的 C_2H_2/C_2H_4 吸附选择性（10.72）明显高于 Mg-MOF-74（2.18）、Co-MOF-74（1.70）、Fe-MOF-74（2.08）和 NOTT-300（2.17），但低于 M'MOF-3a（24.03）。UTSA-100 的良好 C_2H_2/C_2H_4 分离潜能得到了模拟和实测气体穿透实验的进一步支持。理论计算和单晶结构分析表明 UTSA-100 的这一选择性吸附特性与孔道形状和尺寸及孔壁上的—NH_2 基团有关。被吸附的 C_2H_2 与—NH_2 基团之间的弱酸碱作用被认为在 C_2H_2 对 C_2H_4 选择性吸附上起重要作用。

最近，Cui 等对 Cu^{2+}、有机连接体和 SiF_6^{2-} 三元体系进行了有效组装。通过对所得柱层结构的配位聚合物进行有效调控，利用材料的孔径和孔内的化学布局对乙烯和乙炔进行了分离[200]。材料中 SiF_6^{2-} 基元与乙炔具有很强的氢键作用，结合孔径和孔内的化学布局使得乙炔乙烯分离选择性达到目前文献最大的数值（39.7~44.8）。同时发现被吸附的乙炔分子与多孔材料和乙炔分子间有着一定的协同作用，这使得材料在具备高选择性吸附性的同时又具有高吸附容量。研究者还通过中子衍射和计算模拟确定了所得材料对乙炔的选择性吸附机制。

40.4.2　MOF 对 C_3 烃类的吸附分离

与乙烯乙烷的分离一样，最早被用作丙烷丙烯分离研究的 MOF 也是 HKUST-1[160, 201, 202]，随后丙烷和丙烯通过 HKUST-1 的吸附分离便被广泛研究[203-209]。与其对乙烯乙烷的分离性能类似，这种材料在多个压力范围内对丙烯的键合能力要大于丙烷（零覆盖率下分别为–41.8kJ/mol 和–28.5kJ/mol）[160]。GCMC 模拟表明，丙烷主要被吸附在框架中小的八面体口袋位置，而丙烯则主要和开放的 Cu 位点有强的相互作用。紫外-可见光谱也能证明这个事实。丙烯与 Cu 的配位，使得 Cu 的 d-d 跃迁从 540nm 向能量低的波段发生了移动[204]。丙烷则对紫外-可见光谱几乎没有影响，这间接证明其主要被吸附在框架的八面体笼位点。HKUST-1 对丙烷和丙烯的成功分离显得非常有前景，越来越多的研究者对这种材料的具体性能和机械稳定性进行分析，并将其作为工业吸附剂进行塑型压片。研究表明，HKUST-1 经过塑型[208]、压片[202]和挤压后[201]仍能够保持高的活性。

ZIF 通过筛分机制也能对丙烷和丙烯进行有效分离，通过 ZIF-8[190, 210]的尺寸排斥研究得到证实。和乙烯分离类似，ZIF-7 在 373K 表现出相反的选择性，吸附丙烷的能力要强于丙烯[184, 187]，这被认为是"开门效应"所致。因为丙烯更喜欢聚集在 ZIF-7 的外表面，增加了"开门"所需的压力。其他 MOF 也由于"开门效应"和动力学效应[211]、形状选择性[212]和孔尺寸限制[213, 214]等对丙烷和丙烯表现出一定的吸附选择性。多数选择性 MOF 材料还具有比 HKUST-1 更高密度的配位不饱和金属位点。几乎每一种 M-MOF-74 化合物都被用于丙烷和丙烯的研究中[178, 180, 182, 195, 215, 216]。这些研究表明，不同的 M-MOF-74 对等量的丙烷和丙烯的分离度为 3～20。这些材料的分离度均随压力增加而增大，主要是因为被吸附物之间的相互作用变得重要起来。在 318K、1bar 下，Fe-MOF-74 能够将等量的丙烯丙烷混合物分离成纯度超过 99% 的单组分。另外一种铁基的 MOF MIL-100(Fe)，能够通过还原部分 Fe^{3+} 中心而对丙烯和丙烷进行分离[217-219]。存在的 Fe^{2+} 能够使丙烯的吸附热从 –30kJ/mol 增加到 –70kJ/mol。

Cadiau 等通过同连接化学的方法得到了一种高稳定性氟化的 MOF 材料 NbOFFIVE-1-Ni（KAUST-7）[220]。该 MOF 是由 Ni^{2+}、吡嗪和无机 $(NbOF_5)^{2-}$ 构建而成，较大体积的 $(NbOF_5)^{2-}$ 除了作为支柱来连接 Ni-吡嗪二维网格之外，更重要的是起到了决定 MOF 孔径与开口尺寸的作用。与之前同连接的以 $(SiF_6)^{2-}$ 为柱子的 MOF 相比，KAUST-7 的孔径和最大开口尺寸均显著变小，有效孔径为 3.05Å，最大开口尺寸为 4.75Å。KAUST-7 的较小孔径使其对丙烯与丙烷具有十分优异的选择性吸附。在 298K、1bar 下，该材料仅对丙烯具有吸附性。吸附热的测量也证实了这一结果。另外，实验发现 KAUST-7 具有非常好的稳定性，吸脱附循环性好。这些都为将 KAUST-7 作为拆分材料来实现丙烷和丙烯常温常压分离提供了依据。

40.4.3　MOF 对 C_4 及以上烃类的吸附分离

与简单烯烃相比，对 C_4 及以上长链烯烃的分离较为复杂，因为较长碳链的柔性、几何性、疏水性及碳链与双键 π 电子云间的相互作用等因素较多。当然，筛分的机制还是可以起到作用的，基于 ZIF-7 的潜在分离能力也被报道，它对反式 2-丁烯的吸附要远远小于正丁烷、1-丁烯及顺式 2-丁烯[187]。由于长链烷烃的空间柔性、分子表面积，对它们的吸附能力要远大于其对应的烯烃。这个规律被后续报道的一个不含开放金属位点的 MOF 所揭示，它对正辛烷的吸附能力要远高于 1-辛烯[221]。另外的研究表明，与 MOF-5 同构的 MOF 对正己烷的作用力要强于 1-丁烯。其中 MOF-5 对正己烷的作用力最大，但是该作用力随着连接体的变长而逐渐减小[222]。相关模型也能够表明正己烷在 MOF-5 中的吸附力要稍大于 1-丁烯[223]。

前面提到对于 C_2 和 C_3 简单烷烃烯烃的分离，不饱和金属位点起到关键的作用。对长链烷烃与烯烃分离来说，这种效应也存在。对含有和不含金属位点的 MOF 的对比研究可以证实这一点[221]。同样，HKUST-1 与长链烃类的吸附分离也被深入研究。例如，HKUST-1 对戊烯的吸附要大于戊烷[224]，其对异丁烷和异丁烯的分离也采用了这一机制，经测量，两者的吸附热分别为 –42kJ/mol 和 –46kJ/mol[225]。

MIL-53 和 MIL-125 对长链烷烃与烯烃的选择性吸附机制比较复杂，不再一味依赖开放金属位点的作用。例如，氨基-MIL-53(Al) 对正己烷和 1-己烯的吸附分离便不遵循这个模式，正己烷与 MOF 的作用更强[212]。另外正丁烷也被发现对该 MOF 的作用力要大于 1-丁烯，然而所报道的实验细节并不是非常理想。特殊的结果并不只存在于 MIL-53 系列的 MOF 中，MIL-125 和氨基-MIL-125 对异戊二烯的选择性吸附却又强于 2-甲基丁烷[226]。

除了烯烃与对应烷烃的分离之外，长链的烃类存在异构体，它们作为燃料等用途时不需要进行精细分类，但是作为特殊化工原料，纯度的保证对最终产品影响很大，所以对这些异构体的分离也尤为重要。Eddaoudi 等采用同连接化学的策略，设计构建了一种新的稀土 RE-fcu-MOF[227]。通过仔细选择有机连接体，对 MOF 的孔洞尺寸做了精确调整，所得的 RE（Y^{3+} 和 Tb^{3+}）fcu-MOF 的窗口尺寸为 4.7Å，能够对带有侧链的丁烷和戊烷的异构体进行吸附"切断"：其对带着支链的这类烷烃的吸附量几乎为零，而对正丁烷和正戊烷则有着良好的吸附性能（图 40-11）。因此，它对这类烷烃的异构体具有非常优秀的分离效果。

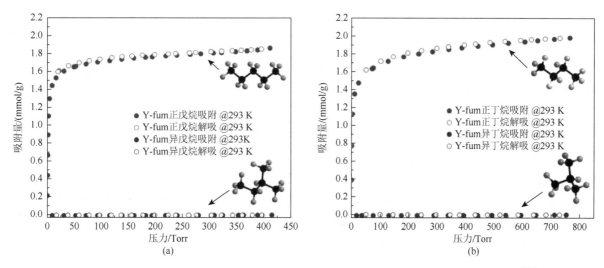

图 40-11　RE-*fcu*-MOF 293K 下的吸附曲线。（a）正戊烷与异戊烷；（b）正丁烷与异丁烷[227]

据报道，丁烯可以被多种材料所吸附，化合物 Cu(hfipbb)(H₂hfipbb)₀.₅ 在 303K 时吸附反式丁烯的量要超过顺式 40%，因为它更具有挥发性[228]。而在 ZIF-7 中[187]，顺式丁烯更适应于进入孔内。有趣的是，无论丁烯的哪种异构体，都不易被 MIL-53(Al)或者 MIL-47 所吸附，尽管这两个 MOF 的孔的大小足够把它们当作客体来容纳[229]。

在正己烷的溶液中，HKUST-1 更容易选择吸附顺式丁烯而非反式丁烯，分离系数为 1.9：1[229]。顺式丁烯一般更容易被分子筛吸附，因为它易与框架外的阳离子形成 π 配合物。对于 HKUST-1 来讲，也是这个机理。吸附了一个丁烯后，每 4 个 Cu 指向 1 个孔内，也就是说每 4 个 Cu 吸附 1 个丁烯分子。这些结果对目前几乎无法解决的此类工业分离问题非常有帮助。除了对顺反异构的烯烃进行分离外，MOF 对于双键位于不同位置的烯烃同分异构体也有一定的分离效果。例如，ZIF-7 对 1-丁烯的吸附量要比对 2-丁烯的各个异构体小 25%[187]。这些发现都对以后这些烃类的分离提供了一定的帮助。

双键处于 1 位的烯烃可以通过多种方法制备，但是如果通过对应的正烷烃脱氢制备，往往得到不同碳链长短的混合物。采用氨基-MIL-53(Al)对从乙烯到己烯分离进行的系统研究发现，随着碳原子数的增加，其对应的吸附热呈线性增加[212]。

Long 等合成报道了一例高稳定的 MOF 材料 Fe₂(BDP)₃，其表现出对己烷异构体很好的构型选择性[230]。Fe₂(BDP)₃ 以黑色微晶的形态从乙酰丙酮铁(III)和配体 H₂BDP 在 DMF 的反应中获得。在 Fe₂(BDP)₃ 中，每个 Fe(III)原子以八面体构型与来自 6 个 BDP²⁻配体的 6 个 N 原子配位。配体上每个吡唑五元环上的 2 个 N 原子同时桥连 2 个相连的 Fe(III)原子，形成一维的 FeN₆ 链。一维链间通过配体 BDP²⁻骨干的相互连接，形成了 Fe₂(BDP)₃ 的三维框架结构。框架结构中包含着三角形的一维通道。Fe₂(BDP)₃ 的结构与已报道的 Sc₂(BDC)₃ 结构相似。Fe₂(BDP)₃ 表现出极高的化学和热稳定性。在 pH＝2～10 的水溶液中煮沸 2 周或在 280℃空气中加热，Fe₂(BDP)₃ 都不会失去晶态。移除客体后，Fe₂(BDP)₃ 的 BET 比表面积为 1230m²/g。他们在高温下（130℃、160℃、200℃）对 Fe₂(BDP)₃ 进行了己烷 5 种异构体的吸附等温线测试。结果表明，虽然 5 种异构体都可以被 Fe₂(BDP)₃ 吸附，且吸附量相当，但各异构体与 Fe₂(BDP)₃ 吸附作用力大小存在差异。吸附热计算显示直链形的正己烷与 Fe₂(BDP)₃ 框架的吸附作用力最强。他们认为这是因为正己烷比其另外 4 个异构体可以更大程度地与 Fe₂(BDP)₃ 三角形孔道表面发生相互作用。而其他 4 种支链异构体的吸附热明显更低，尤其是双支链的 2,3-二甲基丁烷和 2,2-二甲基丁烷。他们还进行了 160℃高温下等量 5 种异构体在 N₂ 流下的穿透实验。结果表明，双支链的 2,3-二甲基丁烷和 2,2-二甲基丁烷最先穿透，其次是单支链的异构体，最后是正己烷。他们认为这种分离形式在应用上极为有利。最先穿透的支链异构体具有高的 RON，可以直接收集作为产品。而后穿透的正己烷可以再回收进入催化异构化反应体系，进一步进行异构化。此外，分离过程可以在高温下进行，这样可以接入催化异构化反应，而省去了冷却再加热的步骤，降低了分离过程的能耗损失。

40.4.4 MOF 对于不同碳原子数间烃类的吸附分离

不同碳链的烷烃往往共同存在于原油或者石油产品中，对其进行有效分离对进一步的化工生产和应用起着至关重要的作用。基于 MOF 对不同烷烃的分离需要更广泛的理论支持和研究。在 MOF-5 和 PCN-6′中，理论上位于临界温度以下的聚集效应被发现。假如在分离温度下一个组分发生了聚集效应而另外的组分没有，则这个效应对分离很有帮助[231]。这种趋势进一步在强的相互作用中被发现，以熵为代价伴随着自由度降低[222]。

MOF-5 因其高的比表面积和良好的热稳定性而常被作为短链烷烃类分离的研究平台[223, 231-235]。理论研究表明，因为与孔壁的范德瓦耳斯相互作用，随着烷烃碳链的增长，其对应的吸附热和熵值都会越负[236]。吸附曲线中的吸附台阶随着压力的增强也会在短链烷烃中看到，同时被吸附物的吸附量也增大（图 40-12）。在混合物中，随着碳链的增长，在选择性达到一个最大值之前更会有强的吸附。在 MOF-5 中，正丁烷的吸附热几乎是甲烷的 2 倍（–23.6kJ/mol 和–10.6kJ/mol）[237]，在 HKUST-1 中也是如此，正丁烷和甲烷的吸附热分别为–29.6kJ/mol 和–12.0kJ/mol。许多关于 HKUST-1 对低碳烷烃分离的计算也得到类似的结论[191, 234, 238-240]。这些差异都说明对于不同碳链长短的烷烃，MOF 理论上都能对其进行良好的分离。

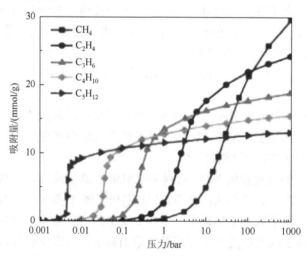

图 40-12　不同烷烃在 MOF-5 中的吸附曲线模拟[236]

MIL-47 对甲烷、乙烷、丙烷和丁烷的吸附力随着碳链的增加而增强，将理论和实验结合发现，在低负载量下，这些烷烃并未表现出首要的作用位点[241, 242]，但是随着负载量增加，甲烷和乙烷比较倾向于接近 μ_2-O 基团，正丁烷则接近芳环连接体，丙烷和乙烷能够自由旋转，没有一定的空间取向，而丁烷则被更多地固定。

ZIF-8 对这些短链烷烃的容量大小为甲烷＞乙烷＞丙烷＞丁烷[243]。在 ZIF-7 中情况则相反，298K 下乙烷、丙烷和丁烷展现出的"开门"压强分别为 0.12bar、0.012bar 和 0.008bar[187]。这些结果说明，吸附力与"开门"压强是成反比的。化合物 $Ni_8(5\text{-bbdc})_6(\mu_3\text{-OH})_4$（$bbdc^{2-}$ = 5-叔丁基-1,3-苯二甲酸）也可以通过开门效应，并在仔细控制温度的情况下，很有可能将甲烷和乙烷从丙烷和丁烷中分离，或者从乙烷和丙烷与丁烷中将甲烷分离出来[244]。

总之，从短链烷烃在 MOF 中的吸附可以看出一定的趋势，并且可以观察到吸附台阶，这些台阶对应着不同的被吸附剂，发生的压力也不同。另外，短链的烷烃摩尔容量相对较高但吸附力低，尺寸小允许更多的分子进入孔内，但是每个被吸附剂的分子表面积较小不利于与孔壁发生相互作用。由于存在各种各样的吸附台阶及多种吸附的热力学行为，可以假定 MOF 可以分离许多的线形烷烃组合，而不只局限在目前文献所报道的那些组合。

对于不同碳原子数的烯烃分离也很重要，因为在这些烯烃的制备过程中，催化脱氢往往比较随机，得到的产物也经常是不同烯烃的混合物，对不同碳原子数烯烃的分离也是化工方面的一个难题。MOF 对这类烃类的吸附研究可以对解决这个难题提供帮助，例如，对于 HKUST-1 来说，其对不同烯烃的吸附研究表明，具体的吸附能力为顺式 2-丁烯＞1-戊烯＞反式 2-戊烯[229]。

40.4.5　总结与展望

可以看出，MOF 对于短链的烃类分子均有良好的吸附分离效果，不仅包括饱和与不饱和烃类间的分离，也有饱和烃类之间、不饱和烃类之间及各种异构体间的分离。MOF 在这些烃类的分离和纯化中必将发挥极大的作用。当然，目前的研究主要还是停留在实验室阶段，或许更多的努力需要投入工业分离相关工艺方面，并且还要考量实际生产中需要分离的组分中所含水汽及其他复杂成分对 MOF 分离效果的影响。

（俱战锋　吴明燕　袁大强　洪茂椿）

参 考 文 献

[1]　van den Berg A W C，Areán C O. Materials for hydrogen storage: current research trends and perspectives. Chem Commun，2008，(6): 668-681.

[2]　Schlapbach L，Zuttel A. Hydrogen-storage materials for mobile applications. Nature，2001，414: 353-358.

[3]　Grochala W，Edwards P P. Thermal decomposition of the non-interstitial hydrides for the storage and production of hydrogen. Chem Rev，2004，104: 1283-1315.

[4]　Bogdanovic B，Sandrock G. Catalyzed complex metal hydrides. MRS Bull，2002，27: 712-716.

[5]　Balde C P，Hereijgers B P C，Bitter J H，et al. Sodium alanate nanoparticles-linking size to hydrogen storage properties. J Am Chem Soc，2008，130: 6761-6765.

[6]　Orimo S I，Nakamori Y，Eliseo J R，et al. Complex hydrides for hydrogen storage. Chem Rev，2007，107: 4111-4132.

[7]　Zhao D，Yuan D Q，Zhou H C. The current status of hydrogen storage in metal-organic frameworks. Energ Environ Sci，2008，1: 222-235.

[8]　Nijkamp M G，Raaymakers J E M J，van Dillen A J，et al. Hydrogen storage using physisorption-materials demands. Appl Phys A，2001，72: 619-623.

[9]　Panella B，Hirscher M，Roth S. Hydrogen adsorption in different carbon nanostructures. Carbon，2005，43: 2209-2214.

[10]　Wong-Foy A G，Matzger A J，Yaghi O M. Exceptional H_2 saturation uptake in microporous metal-organic frameworks. J Am Chem Soc，2006，128: 3494-3495.

[11]　Collins D J，Zhou H C. Hydrogen storage in metal-organic frameworks. J Mater Chem，2007，17: 3154-3160.

[12]　Zuttel A，Sudan P，Mauron P，et al. Model for the hydrogen adsorption on carbon nanostructures. Appl Phys A，2004，78: 941-946.

[13]　Walton K S，Snurr R Q. Applicability of the BET method for determining surface areas of microporous metal-organic frameworks. J Am Chem Soc，2007，129: 8552-8556.

[14]　Kolotilov S V，Pavlishchuk V V. Effect of structural and thermodynamic factors on the sorption of hydrogen by metal-organic framework compounds. Theor Exp Chem，2009，45: 75-97.

[15]　Frost H，Düren T，Snurr R Q. Effects of surface area，free volume，and heat of adsorption on hydrogen uptake in metal-organic frameworks.

J Phys Chem B，2006，110：9565-9570.

[16] Schnobrich J K，Koh K，Sura K N，et al. A framework for predicting surface areas in microporous coordination polymers. Langmuir，2010，26：5808-5814.

[17] Duren T，Millange F，Ferey G，et al. Calculating geometric surface areas as a characterization tool for metal-organic frameworks. J Phys Chem C，2007，111：15350-15356.

[18] Lee Y G，Moon H R，Cheon Y E，et al. A comparison of the H_2 sorption capacities of isostructural metal-organic frameworks with and without accessible metal sites：[{Zn_2(abtc)(dMf)$_2$}$_3$] and [{Cu_2(abtc)(dMf)$_2$}$_3$] versus [{Cu_2(abtc)}$_3$]. Angew Chem Int Ed，2008，47：7741-7745.

[19] Zheng B，Liang Z Q，Li G H，et al. Synthesis, structure, and gas sorption studies of a three-dimensional metal-organic framework with NbO topology. Cryst Growth Des，2010，10：3405-3409.

[20] Xue M，Zhu G S，Li Y X，et al. Structure, hydrogen storage, and luminescence properties of three 3D metal-organic frameworks with NbO and PtS topologies. Cryst Growth Des，2008，8：2478-2483.

[21] Lin X，Telepeni I，Blake A J，et al. High capacity hydrogen adsorption in Cu（Ⅱ）tetracarboxylate framework materials：the role of pore size, ligand functionalization, and exposed metal sites. J Am Chem Soc，2009，131：2159-2171.

[22] Zhao D，Yuan D Q，Yakovenko A，et al. A NbO-type metal-organic framework derived from a polyyne-coupled di-isophthalate linker formed *in situ*. Chem Commun，2010，46：4196-4198.

[23] Koh K，Wong-Foy A G，Matzger A J. A porous coordination copolymer with over 5000 m^2/g BET surface area. J Am Chem Soc，2009，131：4184-4185.

[24] Chae H K，Siberio-Perez D Y，Kim J，et al. A route to high surface area, porosity and inclusion of large molecules in crystals. Nature，2004，427：523-527.

[25] Furukawa H，Miller M A，Yaghi O M. Independent verification of the saturation hydrogen uptake in MOF-177 and establishment of a benchmark for hydrogen adsorption in metal-organic frameworks. J Mater Chem，2007，17：3197-3204.

[26] Klein N，Senkovska I，Gedrich K，et al. A mesoporous metal-organic framework. Angew Chem Int Ed，2009，48：9954-9957.

[27] Furukawa H，Ko N，Go Y B，et al. Ultrahigh porosity in metal-organic frameworks. Science，2010，329：424-428.

[28] Han D，Jiang F L，Wu M Y，et al. A non-interpenetrated porous metal-organic framework with high gas-uptake capacity. Chem Commun，2011，47：9861-9863.

[29] Chun H，Jung H J，Seo J W. Isoreticular metal-organic polyhedral networks based on 5-connecting paddlewheel motifs. Inorg Chem，2009，48：2043-2047.

[30] Hong S，Oh M，Park M，et al. Large H_2 storage capacity of a new polyhedron-based metal-organic framework with high thermal and hygroscopic stability. Chem Commun，2009：5397-5399.

[31] Yan Y，Lin X，Yang S H，et al. Exceptionally high H_2 storage by a metal-organic polyhedral framework. Chem Commun，2009，（9）：1025-1027.

[32] Yan Y，Telepeni I，Yang S H，et al. Metal-organic polyhedral frameworks：high H_2 adsorption capacities and neutron powder diffraction studies. J Am Chem Soc，2010，132：4092-4093.

[33] Yuan D Q，Zhao D，Sun D F，et al. An isoreticular series of metal-organic frameworks with dendritic hexacarboxylate ligands and exceptionally high gas-uptake capacity. Angew Chem Int Ed，2010，49：5357-5361.

[34] Farha O K，Yazaydin A O，Eryazici I，et al. De novo synthesis of a metal-organic framework material featuring ultrahigh surface area and gas storage capacities. Nat Chem，2010，2：944-948.

[35] Latroche M，Surble S，Serre C，et al. Hydrogen storage in the giant-pore metal-organic frameworks MIL-100 and MIL-101. Angew Chem Int Ed，2006，45：8227-8231.

[36] Benard P，Chahine R. Storage of hydrogen by physisorption on carbon and nanostructured materials. Scripta Mater，2007，56：803-808.

[37] Wang Q Y，Johnson J K. Molecular simulation of hydrogen adsorption in single-walled carbon nanotubes and idealized carbon slit pores. J Chem Phys，1999，110：577-586.

[38] Peterson V K，Liu Y，Brown C M，et al. Neutron powder diffraction study of D_2 sorption in Cu_3(1, 3, 5-benzenetricarboxylate)$_2$. J Am Chem Soc，2006，128：15578-15579.

[39] Liu Y，Brown C M，Neumann D A，et al. Inelastic neutron scattering of H_2 adsorbed in HKUST-1. J Alloys Compd，2007，446：385-388.

[40] Panella B，Hones K，Muller U，et al. Desorption studies of hydrogen in metal-organic frameworks. Angew Chem Int Ed，2008，47：2138-2142.

[41] Sun D F，Ma S Q，Simmons J M，et al. An unusual case of symmetry-preserving isomerism. Chem Commun，2010，46：1329-1331.

[42] Farha O K，Spokoyny A M，Mulfort K L，et al. Synthesis and hydrogen sorption properties of carborane based metal-organic framework materials. J Am Chem Soc，2007，129：12680-12681.

[43] Pan L，Sander M B，Huang X Y，et al. Microporous metal organic materials：promising candidates as sorbents for hydrogen storage. J Am

Chem Soc，2004，126：1308-1309.

[44]　Yang C，Wang X P，Omary M A. Fluorous metal-organic frameworks for high-density gas adsorption. J Am Chem Soc，2007，129：15454-15455.

[45]　Rowsell J L C，Yaghi O M. Effects of functionalization，catenation，and variation of the metal oxide and organic linking units on the low-pressure hydrogen adsorption properties of metal-organic frameworks. J Am Chem Soc，2006，128：1304-1315.

[46]　Rowsell J L C，Yaghi O M. Strategies for hydrogen storage in metal-organic frameworks. Angew Chem Int Ed，2005，44：4670-4679.

[47]　Frost H，Snurr R Q. Design requirements for metal-organic frameworks as hydrogen storage materials. J Phys Chem C，2007，111：18794-18803.

[48]　Ma S Q，Sun D F，Ambrogio M，et al. Framework-catenation isomerism in metal-organic frameworks and its impact on hydrogen uptake. J Am Chem Soc，2007，129：1858-1859.

[49]　Rosi N L，Eckert J，Eddaoudi M，et al. Hydrogen storage in microporous metal-organic frameworks. Science，2003，300：1127-1129.

[50]　Han S S，Deng W Q，Goddard W A. Improved designs of metal-organic frameworks for hydrogen storage. Angew Chem Int Ed，2007，46：6289-6292.

[51]　Sagara T，Ortony J，Ganz E. New isoreticular metal-organic framework materials for high hydrogen storage capacity. J Chem Phys，2005，123：214707.

[52]　Wu H，Zhou W，Yildirim T. Hydrogen storage in a prototypical zeolitic imidazolate framework-8. J Am Chem Soc，2007，129：5314-5315.

[53]　Barman S，Khutia A，Koitz R，et al. Synthesis and hydrogen adsorption properties of internally polarized 2,6-azulenedicarboxylate based metal-organic frameworks. J Mater Chem A，2014，2：18823-18830.

[54]　Singh A K，Sadrzadeh A，Yakobson B I. Metallacarboranes：toward promising hydrogen storage metal organic frameworks. J Am Chem Soc，2010，132：14126-14129.

[55]　Farha O K，Spokoyny A M，Mulfort K L，et al. Gas-sorption properties of cobalt（Ⅱ）-carborane-based coordination polymers as a function of morphology. Small，2009，5：1727-1731.

[56]　Hoang T K A，Antonelli D M. Exploiting the Kubas interaction in the design of hydrogen storage materials. Adv Mater，2009，21：1787-1800.

[57]　Baburin I A，Assfour B，Seifert G，et al. Polymorphs of lithium-boron imidazolates：energy landscape and hydrogen storage properties. Dalton Trans，2011，40：3796-3798.

[58]　Lim D W，Chyun S A，Suh M P. Hydrogen storage in a potassium-ion-bound metal-organic framework incorporating crown ether struts as specific cation binding sites. Angew Chem Int Ed，2014，53：7819-7822.

[59]　Lin X，Telepeni I，Blake A J，et al. High capacity hydrogen adsorption in Cu（Ⅱ）tetracarboxylate framework materials：the role of pore size，ligand functionalization，and exposed metal sites. J Am Chem Soc，2009，131：2159-2171.

[60]　Wang X S，Ma S Q，Yuan D Q，et al. A large-surface-area boracite-network-topology porous MOF constructed from a conjugated ligand exhibiting a high hydrogen uptake capacity. Inorg Chem，2009，48：7519-7521.

[61]　Yan Y，da Silva I，Blake A J，et al. High volumetric hydrogen adsorption in a porous anthracene-decorated metal-organic framework. Inorg Chem，2018，57：12050-12055.

[62]　Sharma V，De D，Saha R，et al. A Cu(Ⅱ)-MOF capable of fixing CO_2 from air and showing high capacity H_2 and CO_2 adsorption. Chem Commun，2017，53：13371-13374.

[63]　Deng H X，Doonan C J，Furukawa H，et al. Multiple functional groups of varying ratios in metal-organic frameworks. Science，2010，327：846-850.

[64]　Wang Z Q，Tanabe K K，Cohen S M. Tuning hydrogen sorption properties of metal-organic frameworks by postsynthetic covalent modification. Chem Eur J，2010，16：212-217.

[65]　Chen B L，Eddaoudi M，Reineke T M，et al. Cu_2（ATC）center dot $6H_2O$：design of open metal sites in porous metal-organic crystals（ATC：1,3,5,7-adamantane tetracarboxylate）. J Am Chem Soc，2000，122：11559-11560.

[66]　Prestipino C，Regli L，Vitillo J G，et al. Local structure of framework Cu（Ⅱ）in HKUST-1 metallorganic framework：spectroscopic characterization upon activation and interaction with adsorbates. Chem Mater，2006，18：1337-1346.

[67]　Ma S Q，Zhou H C. A metal-organic framework with entatic metal centers exhibiting high gas adsorption affinity. J Am Chem Soc，2006，128：11734-11735.

[68]　Liu Y，Kabbour H，Brown C M，et al. Increasing the density of adsorbed hydrogen with coordinatively unsaturated metal centers in metal-organic frameworks. Langmuir，2008，24：4772-4777.

[69]　Zhou W，Wu H，Yildirim T. Enhanced H_2 adsorption in isostructural metal-organic frameworks with open metal sites：strong dependence of the binding strength on metal ions. J Am Chem Soc，2008，130：15268-15269.

[70] Nijem N，Veyan J F，Kong L Z，et al. Molecular hydrogen "pairing" interaction in a metal organic framework system with unsaturated metal centers（MOF-74）. J Am Chem Soc，2010，132：14834-14848.

[71] FitzGerald S A，Hopkins J，Burkholder B，et al. Quantum dynamics of adsorbed normal-and para-H_2，HD，and D_2 in the microporous framework MOF-74 analyzed using infrared spectroscopy. Phys Rev B，2010，81：104305.

[72] Dietzel P D C，Georgiev P A，Eckert J，et al. Interaction of hydrogen with accessible metal sites in the metal-organic frameworks M_2（dhtp）（CPO-27-M；M = Ni，Co，Mg）. Chem Commun，2010，46：4962-4964.

[73] Vitillo J G，Regli L，Chavan S，et al. Role of exposed metal sites in hydrogen storage in MOFs. J Am Chem Soc，2008，130：8386-8396.

[74] Gygi D，Bloch E D，Mason J A，et al. Hydrogen storage in the expanded pore metal-organic frameworks M_2（dobpdc）（M = Mg，Mn，Fe，Co，Ni，Zn）. Chem Mater，2016，28：1128-1138.

[75] Dinca M，Dailly A，Liu Y，et al. Hydrogen storage in a microporous metal-organic framework with exposed Mn^{2+} coordination sites. J Am Chem Soc，2006，128：16876-16883.

[76] Dinca M，Long J R. High-enthalpy hydrogen adsorption in cation-exchanged variants of the microporous metal-organic framework $Mn_3[(Mn_4Cl)_3(BTT)_8(CH_3OH)_{10}]_2$. J Am Chem Soc，2007，129：11172-11176.

[77] Dinca M，Han W S，Liu Y，et al. Observation of Cu2 + -H-2 interactions in a fully desolvated sodalite-type metal-organic framework. Angew Chem Int Ed，2007，46：1419-1422.

[78] Sun Y Y，Kim Y H，Zhang S B. Effect of spin state on the dihydrogen binding strength to transition metal centers in metal-organic frameworks. J Am Chem Soc，2007，129：12606-12607.

[79] Zhou W，Yildirim T. Nature and tunability of enhanced hydrogen binding in metal-organic frameworks with exposed transition metal sites. J Phys Chem C，2008，112：8132-8135.

[80] Yang Q Y，Zhong C L. Understanding hydrogen adsorption in metal-organic frameworks with open metal sites: a computational study. J Phys Chem B，2006，110：655-658.

[81] Chen B L，Zhao X，Putkham A，et al. Surface interactions and quantum kinetic molecular sieving for H_2 and D_2 adsorption on a mixed metal-organic framework material. J Am Chem Soc，2008，130：6411-6423.

[82] Gomez-Gualdron D A，Colon Y J，Zhang X，et al. Evaluating topologically diverse metal-organic frameworks for cryo-adsorbed hydrogen storage. Energ Environ Sci，2016，9：3279-3289.

[83] Lozano-Castello D，Alcaniz-Monge J，de la Casa-Lillo M A，et al. Advances in the study of methane storage in porous carbonaceous materials. Fuel，2002，81：1777-1803.

[84] Menon V C，Komarneni S. Porous adsorbents for vehicular natural gas storage: a review. J Porous Mater，1998，5：43-58.

[85] Gandara F，Furukawa H，Lee S，et al. High methane storage capacity in aluminum metal-organic frameworks. J Am Chem Soc，2014，136：5271-5274.

[86] He Y B，Zhou W，Yildirim T，et al. A series of metal-organic frameworks with high methane uptake and an empirical equation for predicting methane storage capacity. Energy Environ Sci，2013，6：2735-2744.

[87] Kong G Q，Han Z D，He Y B，et al. Expanded organic building units for the construction of highly porous metal-organic frameworks. Chem Eur J，2013，19：14886-14894.

[88] Peng Y，Krungleviciute V，Eryazici I，et al. Methane storage in metal-organic frameworks: current records, surprise findings, and challenges. J Am Chem Soc，2013，135：11887-11894.

[89] Senkovska I，Kaskel S. High pressure methane adsorption in the metal-organic frameworks $Cu_3(btc)_2$，$Zn_2(bdc)_2$ dabco，and $Cr_3F(H_2O)_2O(bdc)_3$. Micropor Mesopor Mat，2008，112：108-115.

[90] Seki K. Design of an adsorbent with an ideal pore structure for methane adsorption using metal complexes. Chem Commun，2001，30（16）：1496-1497.

[91] Seki K，Takamizawa S，Mori W. Design and gas adsorption property of a three-dimensional coordination polymer with a stable and highly porous framwork. Chem Lett，2001，30（4）：332-333.

[92] Seki K，Mori W. Syntheses and characterization of microporous coordination polymers with open frameworks. J Phys Chem B，2002，106：1380-1385.

[93] Kim H，Samsonenko D G，Das S，et al. Methane sorption and structural characterization of the sorption sites in $Zn_2(bdc)_2$（dabco）by single crystal x-ray crystallography. Chem Asian J，2009，4：886-891.

[94] Wang H，Getzschmann J，Senkovska I，et al. Structural transformation and high pressure methane adsorption of $Co_2(1, 4-bdc)_2$ dabco. Micropor Mesopor Mat，2008，116：653-657.

[95] Zhu L G，Xiao H P. Gas Storages in microporous metal-organic framework at ambient temperature. Z Anorg Allg Chem，2008，634：845-847.

[96] Wu H, Zhou W, Yildirim T. High-capacity methane storage in metal-organic frameworks M_2 (dhtp): the important role of open metal sites. J Am Chem Soc, 2009, 131: 4995-5000.

[97] Rosi N L, Kim J, Eddaoudi M, et al. Rod packings and metal-organic frameworks constructed from *rod*-shaped secondary building units. J Am Chem Soc, 2005, 127: 1504-1518.

[98] Dietzel P D C, Morita Y, Blom R, et al. An *in situ* high-temperature single-crystal investigation of a dehydrated metal-organic framework compound and field-induced magnetization of one-dimensional metaloxygen chains. Angew Chem Int Ed, 2005, 44: 6354-6358.

[99] Dietzel P D C, Panella B, Hirscher M, et al. Hydrogen adsorption in a nickel based coordination polymer with open metal sites in the cylindrical cavities of the desolvated framework. Chem Commun, 2006, (9): 959-961.

[100] Dietzel P D C, Blom R, Fjellvag H. Base-induced formation of two magnesium metal-organic framework compounds with a bifunctional tetratopic ligand. Eur J Inorg Chem, 2008, (23): 3624-3632.

[101] Caskey S R, Wong-Foy A G, Matzger A J. Dramatic tuning of carbon dioxide uptake via metal substitution in a coordination polymer with cylindrical pores. J Am Chem Soc, 2008, 130: 10870-10871.

[102] Ma S Q, Sun D F, Simmons J M, et al. Metal-organic framework from an anthracene derivative containing nanoscopic cages exhibiting high methane uptake. J Am Chem Soc, 2008, 130: 1012-1016.

[103] Wang X S, Ma S Q, Rauch K, et al. Metal-organic frameworks based on double-bond-coupled di-isophthalate linkers with high hydrogen and methane uptakes. Chem Mater, 2008, 20: 3145-3152.

[104] Kennedy R D, Krungleviciute V, Clingerman D J, et al. Carborane-based metal-organic framework with high methane and hydrogen storage capacities. Chem Mater, 2013, 25: 3539-3543.

[105] Prasad T K, Hong D H, Suh M P. High gas sorption and metal-ion exchange of microporous metal-organic frameworks with incorporated imide groups. Chem Eur J, 2010, 16: 14043-14050.

[106] Chen B L, Ockwig N W, Millward A R, et al. High H_2 adsorption in a microporous metal-organic framework with open metal sites. Angew Chem Int Ed, 2005, 44: 4745-4749.

[107] Lin X, Jia J H, Zhao X B, et al. High H_2 adsorption by coordination-framework materials. Angew Chem Int Ed, 2006, 45: 7358-7364.

[108] Hu Y X, Xiang S C, Zhang W W, et al. A new MOF-505 analog exhibiting high acetylene storage. Chem Commun, 2009, 48: 7551-7553.

[109] Wilmer C E, Farha O K, Yildirim T, et al. Gram-scale, high-yield synthesis of a robust metal-organic framework for storing methane and other gases. Energy Environ Sci, 2013, 6: 1158-1163.

[110] Li B Y, Zhang Z J, Li Y, et al. Enhanced binding affinity, remarkable selectivity, and high capacity of CO_2 by dual functionalization of a *rht*-type metal-organic framework. Angew Chem Int Ed, 2012, 51: 1412-1415.

[111] Zhao X L, Sun D, Yuan S, et al. Comparison of the effect of functional groups on gas-uptake capacities by fixing the volumes of cages A and B and modifying the inner wall of cage C in *rht*-type MOFs. Inorg Chem, 2012, 51: 10350-10355.

[112] Yan Y, Yang S H, Blake A J, et al. A mesoporous metal-organic framework constructed from a nanosized C_3-symmetric linker and $[Cu_{24}(isophthalate)_{24}]$ cuboctahedra. Chem Commun, 2011, 47: 9995-9997.

[113] Farha O K, Wilmer C E, Eryazici I, et al. Designing higher surface area metal-organic frameworks: are triple bonds better than phenyls? J Am Chem Soc, 2012, 134: 9860-9863.

[114] Zhao D, Yuan D Q, Sun D F, et al. Stabilization of metal-organic frameworks with high surface areas by the incorporation of mesocavities with microwindows. J Am Chem Soc, 2009, 131: 9186-9187.

[115] Zheng B S, Bai J F, Duan J G, et al. Enhanced CO_2 binding affinity of a high-uptake *rht*-type metal-organic framework decorated with acylamide groups. J Am Chem Soc, 2011, 133: 748-751.

[116] Wang X J, Li P Z, Chen Y F, et al. A rationally designed nitrogen-rich metal-organic framework and its exceptionally high CO_2 and H_2 uptake capability. Sci Rep, 2013, 3: 1149.

[117] Eubank J F, Nouar F, Luebke R, et al. On demand: the singular *rht* net, an ideal blueprint for the construction of a metal-organic framework (MOF) platform. Angew Chem Int Ed, 2012, 51: 10099-10103.

[118] Serre C, Millange F, Surble S, et al. A route to the synthesis of trivalent transition-metal porous carboxylates with trimeric secondary building units. Angew Chem Int Ed, 2004, 43: 6286-6289.

[119] Ferey G, Mellot-Draznieks C, Serre C, et al. A chromium terephthalate-based solid with unusually large pore volumes and surface area. Science, 2005, 309: 2040-2042.

[120] Eddaoudi M, Kim J, Rosi N, et al. Systematic design of pore size and functionality in isoreticular MOFs and their application in methane storage. Science, 2002, 295: 469-472.

[121] Koh K, Wong-Foy A G, Matzger A J. A crystalline mesoporous coordination copolymer with high microporosity. Angew Chem Int Ed, 2008,

47：677-680.

[122] Chui S S Y，Lo S M F，Charmant J P H，et al. A chemically functionalizable nanoporous material [Cu$_3$(TMA)$_2$(H$_2$O)$_3$]$_n$. Science，1999，283：1148-1150.

[123] Mason J A，Veenstra M，Long J R. Evaluating metal-organic frameworks for natural gas storage. Chem Sci，2014，5：32-51.

[124] Getzschmann J，Senkovska I，Wallacher D，et al. Methane storage mechanism in the metal-organic framework Cu$_3$(btc)$_2$: an in situ neutron diffraction study. Micropor Mesopor Mat，2010，136：50-58.

[125] Wu H，Simmons J M，Liu Y，et al. Metal-organic frameworks with exceptionally high methane uptake: Where and how is methane stored?. Chem Eur J，2010，16：5205-5214.

[126] Spanopoulos I，Tsangarakis C，Klontzas E，et al. Reticular synthesis of HKUST-like tbo-MOFs with enhanced CH$_4$ storage. J Am Chem Soc，2016，138：1568-1574.

[127] Farha O K，Eryazici I，Jeong N C，et al. Metal-organic framework materials with ultrahigh surface areas: Is the sky the limit? J Am Chem Soc，2012，134：15016-15021.

[128] Wilmer C E，Leaf M，Lee C Y，et al. Large-scale screening of hypothetical metal-organic frameworks. Nat Chem，2012，4：83-89.

[129] Siberio-Perez D Y，Wong-Foy A G，Yaghi O M，et al. Raman spectroscopic investigation of CH$_4$ and N$_2$ adsorption in metal-organic frameworks. Chem Mater，2007，19：3681-3685.

[130] Wang Y L，Tan C H，Sun Z H，et al. Effect of functionalized groups on gas-adsorption properties: syntheses of functionalized microporous metal-organic frameworks and their high gas-storage capacity. Chem Eur J，2014，20：1341-1348.

[131] Cai J F，Rao X T，He Y B，et al. A highly porous NbO type metal-organic framework constructed from an expanded tetracarboxylate. Chem Commun，2014，50：1552-1554.

[132] Li B，Wen H M，Wang H L，et al. Porous metal-organic frameworks with Lewis basic nitrogen sites for high-capacity methane storage. Energy Environ Sci，2015，8：2504-2511.

[133] Alezi D，Belmabkhout Y，Suyetin M，et al. MOF crystal chemistry paving the way to gas storage needs: aluminum-based soc-MOF for CH$_4$，O$_2^-$，and CO$_2$ storage. J Am Chem Soc，2015，137：13308-13318.

[134] Zhang M X，Zhou W，Pham T，et al. Fine tuning of MOF-505 analogues to reduce low-pressure methane uptake and enhance methane working capacity. Angew Chem Int Ed，2017，56：11426-11430.

[135] Chen C X，Wei Z W，Jiang J J，et al. Dynamic spacer installation for multirole metal-organic frameworks: a new direction toward multifunctional MOFs achieving ultrahigh methane storage working capacity. Am Chem Soc，2017，139：6034-6037.

[136] Guo Z Y，Wu H，Srinivas G，et al. A metal-organic framework with optimized open metal sites and pore spaces for high methane storage at room temperature. Angew Chem Int Ed，2011，50：3178-3181.

[137] Bourrelly S，Llewellyn P L，Serre C，et al. Different adsorption behaviors of methane and carbon dioxide in the isotypic nanoporous metal terephthalates MIL-53 and MIL-47. J Am Chem Soc，2005，127：13519-13521.

[138] Liang C C，Shi Z L，He C T，et al. Engineering of pore geometry for ultrahigh capacity methane storage in mesoporous metal-organic frameworks. J Am Chem Soc，2017，139：13300-13303.

[139] Wu H，Zhou W，Yildirim T. Methane sorption in nanoporous metal-organic frameworks and first-order phase transition of confined methane. J Phys Chem C，2009，113：3029-3035.

[140] Mason J A，Oktawiec J，Taylor M K，et al. Methane storage in flexible metal-organic frameworks with intrinsic thermal management. Nature，2015，527：357-361.

[141] Krause S，Bon V，Senkovska I，et al. A pressure-amplifying framework material with negative gas adsorption transitions. Nature，2016，532：348-352.

[142] Tian T，Zeng Z X，Vulpe D，et al. A sol-gel monolithic metal-organic framework with enhanced methane uptake. Nat Mater，2018，17：174-179.

[143] Matsuda R，Kitaura R，Kitagawa S，et al. Highly controlled acetylene accommodation in a metal-organic microporous material. Nature，2005，436：238-241.

[144] Reid C R，Thomas K M. Adsorption of gases on a carbon molecular sieve used for air separation: linear adsorptives as probes for kinetic selectivity. Langmuir，1999，15：3206-3218.

[145] Reid C R，Thomas K M. Adsorption kinetics and size exclusion properties of probe molecules for the selective porosity in a carbon molecular sieve used for air separation. J Phys Chem B，2001，105：10619-10629.

[146] Samsonenko D G，Kim H，Sun Y Y，et al. Microporous magnesium and manganese formates for acetylene storage and separation. Chem Asian J，2007，2：484-488.

[147] Thallapally P K，Dobrzanska L，Gingrich T R，et al. Acetylene absorption and binding in a nonporous crystal lattice. Angew Chem Int Ed，

2006，45：6506-6509.

[148] Tanaka D，Higuchi M，Horike S，et al. Storage and sorption properties of acetylene in jungle-gym-like open frameworks. Chem Asian J，2008，3：1343-1349.

[149] Zhang J P，Kitagawa S. Supramolecular isomerism，framework flexibility，unsaturated metal center，and porous property of Ag(Ⅰ)/Cu(Ⅰ) 3，3′, 5, 5′-tetrametyl-4, 4′-bipyrazolate. J Am Chem Soc，2008，130：907-917.

[150] Zhang J P，Chen X M. Optimized acetylene/carbon dioxide sorption in a dynamic porous crystal. J Am Chem Soc，2009，131：5516-5521.

[151] Xiang S C，Zhou W，Gallegos J M，et al. Exceptionally high acetylene uptake in a microporous metal-organic framework with open metal sites. J Am Chem Soc，2009，131：12415-12419.

[152] Zhang M X，Li B，Li Y Z，et al. Finely tuning MOFs towards high performance in C_2H_2 storage：synthesis and properties of a new MOF-505 analogue with an inserted amide functional group. Chem Commun，2016，52：7241-7244.

[153] Rao X，Cai J，Yu J，et al. A microporous metal-organic framework with both open metal and Lewis basic pyridyl sites for high C_2H_2 and CH_4 storage at room temperature. Chem Commun，2013，49：6719-6721.

[154] Song C L，Jiao J J，Lin Q Y，et al. C_2H_2 adsorption in three isostructural metal-organic frameworks：boosting C_2H_2 uptake by rational arrangement of nitrogen sites. Dalton Trans，2016，45：4563-4569.

[155] Duong T D，Sapchenko S A，da Silva I，et al. Optimal binding of acetylene to a nitro-decorated metal-organic framework. J Am Chem Soc，2018，140：16006-16009.

[156] Xiang S C，Zhou W，Zhang Z J，et al. Open metal sites within isostructural metal-organic frameworks for differential recognition of acetylene and extraordinarily high acetylene storage capacity at room temperature. Angew Chem Int Ed，2010，49：4615-4618.

[157] Pang J D，Jiang F L，Wu M Y，et al. A porous metal-organic framework with ultrahigh acetylene uptake capacity under ambient conditions. Nat Commun，2015，6：7575.

[158] Vogler D E，Sigrist M W. Near-infrared laser based cavity ringdown spectroscopy for applications in petrochemical industry. Appl Phys B，2006，85：349-354.

[159] Eldridge R B. Olefin paraffin separation technology-a review. Ind Eng Chem Res，1993，32：2208-2212.

[160] Lamia N，Jorge M，Granato M A，et al. Adsorption of propane，propylene and isobutane on a metal-organic framework：molecular simulation and experiment. Chem Eng Sci，2009，64：3246-3259.

[161] Ghosh T K，Lin H D，Hines A L. Hybrid adsorption distillation process for separating propane and propylene. Ind Eng Chem Res，1993，32：2390-2399.

[162] Da Silva F A，Rodrigues A E. Adsorption equilibria and kinetics for propylene and propane over 13X and 4A zeolite pellets. Ind Eng Chem Res，1999，38：2051-2057.

[163] Grande C A，Gigola C，Rodrigues A E. Adsorption of propane and propylene in pellets and crystals of 5A zeolite. Ind Eng Chem Res，2002，41：85-92.

[164] Brandani S，Hufton J，Ruthven D. Self-diffusion of propane and propylene in 5A and 13X zeolite crystals studied by the tracer ZLC method. Zeolites，1995，15：624-631.

[165] Berlier K，Olivier M G，Jadot R. Adsorption of methane，ethane，and ethylene on zeolite. J Chem Eng Data，1995，40：1206-1208.

[166] Grande C A，Gascon J，Kapteijn F，et al. Propane/propylene separation with Li-exchanged zeolite 13X. Chem Eng J，2010，160：207-214.

[167] Grande C A，Cavenati S，Barcia P，et al. Adsorption of propane and propylene in zeolite 4A honeycomb monolith. Chem Eng Sci，2006，61：3053-3067.

[168] da Silva F A，Rodrigues A E. Vacuum swing adsorption for propylene/propane separation with 4A zeolite. Ind Eng Chem Res，2001，40：5758-5774.

[169] da Silva F A，Rodrigues A E. Propylene/propane separation by vacuum swing adsorption using 13X zeolite. AIChE J，2001，47：341-357.

[170] Padin J，Rege S U，Yang R T，et al. Molecular sieve sorbents for kinetic separation of propane/propylene. Chem Eng Sci，2000，55：4525-4535.

[171] Choi B U，Choi D K，Lee Y W，et al. Adsorption equilibria of methane，ethane，ethylene，nitrogen，and hydrogen onto activated carbon. J Chem Eng Data，2003，48：603-607.

[172] Costa E，Calleja G，Marron C，et al. Equilibrium adsorption of methane，ethane，ethylene，and propylene and their mixtures on activated carbon. J Chem Eng Data，1989，34：156-160.

[173] Olivier M G，Bougard J，Jadot R. Adsorption of propane，propylene and propadiene on activated carbon. Appl Therm Eng，1996，16：383-387.

[174] Nakahara T，Wakai T. Adsorption of ethylene ethane mixtures on a carbon molecular-sieve. J Chem Eng Data，1987，32：114-117.

[175] Grande C A，Rodrigues A E. Adsorption of binary mixtures of propane-propylene in carbon molecular sieve 4A. Ind Eng Chem Res，2004，43：8057-8065.

[176] Grande C A, Silva V M T M, Gigola C, et al. Adsorption of propane and propylene onto carbon molecular sieve. Carbon, 2003, 41: 2533-2545.

[177] Rege S U, Padin J, Yang R T. Olefin/paraffin separations by adsorption: pi-complexation vs. kinetic separation. AlChE J, 1998, 44: 799-809.

[178] Bloch E D, Queen W L, Krishna R, et al. Hydrocarbon separations in a metal-organic framework with open iron (Ⅱ) coordination sites. Science, 2012, 335: 1606-1610.

[179] Herm Z R, Bloch E D, Long J R. Hydrocarbon separations in metal-organic frameworks. Chem Mater, 2014, 26: 323-338.

[180] Geier S J, Mason J A, Bloch E D, et al. Selective adsorption of ethylene over ethane and propylene over propane in the metal-organic frameworks M₂（dobdc）(M = Mg, Mn, Fe, Co, Ni, Zn). Chem Sci, 2013, 4: 2054-2061.

[181] Zhang Y M, Li B Y, Krishna R, et al. Highly selective adsorption of ethylene over ethane in a MOF featuring the combination of open metal site and pi-complexation. Chem Commun, 2015, 51: 2714-2717.

[182] Bao Z, Alnemrat S, Yu L, et al. Adsorption of ethane, ethylene, propane, and propylene on a magnesium-based metal-organic framework. Langmuir, 2011, 27: 13554-13562.

[183] Yang S H, Ramirez-Cuesta A J, Newby R, et al. Supramolecular binding and separation of hydrocarbons within a functionalized porous metal-organic framework. Nat Chem, 2015, 7: 121-129.

[184] Gucuyener C, van den Bergh J, Gascon J, et al. Ethane/ethene separation turned on its head: selective ethane adsorption on the metal-organic framework ZIF-7 through a gate-opening mechanism. J Am Chem Soc, 2010, 132: 17704-17706.

[185] Banerjee R, Phan A, Wang B, et al. High-throughput synthesis of zeolitic imidazolate frameworks and application to CO₂ capture. Science, 2008, 319: 939-943.

[186] Park K S, Ni Z, Cote A P, et al. Exceptional chemical and thermal stability of zeolitic imidazolate frameworks. Proc Natl Acad Sci USA, 2006, 103: 10186-10191.

[187] van den Bergh J, Gucuyener C, Pidko E A, et al. Understanding the anomalous alkane selectivity of ZIF-7 in the separation of light alkane/alkene mixtures. Chem Eur J, 2011, 17: 8832-8840.

[188] Bux H, Chmelik C, Krishna R, et al. Ethene/ethane separation by the MOF membrane ZIF-8: molecular correlation of permeation, adsorption, diffusion. J Membrane Sci, 2011, 369: 284-289.

[189] Chmelik C, Freude D, Bux H, et al. Ethene/ethane mixture diffusion in the MOF sieve ZIF-8 studied by MAS PFG NMR diffusometry. Micropor Mesopor Mat, 2012, 147: 135-141.

[190] Zhang C, Lively R P, Zhang K, et al. Unexpected molecular sieving properties of zeolitic imidazolate framework-8. J Phys Chem Lett, 2012, 3: 2130-2134.

[191] Wang Q M, Shen D M, Bulow M, et al. Metallo-organic molecular sieve for gas separation and purification. Micropor Mesopor Mat, 2002, 55: 217-230.

[192] Nicholson T M, Bhatia S K. Electrostatically mediated specific adsorption of small molecules in metallo-organic frameworks. J Phys Chem B, 2006, 110: 24834-24836.

[193] Nicholson T M, Bhatia S K. Role of electrostatic effects in the pure component and binary adsorption of ethylene and ethane in Cu-tricarboxylate metal-organic frameworks. Adsorpt Sci Technol, 2007, 25: 607-619.

[194] Wang S Y, Yang Q Y, Zhong C L. Adsorption and separation of binary mixtures in a metal-organic framework Cu-BTC: a computational study. Sep Purif Technol, 2008, 60: 30-35.

[195] He Y B, Krishna R, Chen B L. Metal-organic frameworks with potential for energy-efficient adsorptive separation of light hydrocarbons. Energ Environ Sci, 2012, 5: 9107-9120.

[196] Chang G, Huang M, Su Y, et al. Immobilization of Ag(Ⅰ) into a metal-organic framework with-SO₃H sites for highly selective olefin-paraffin separation at room temperature. Chem Commun, 2015, 51: 2859-2862.

[197] Liao P Q, Zhang W X, Zhang J P, et al. Efficient purification of ethene by an ethane-trapping metal-organic framework. Nat Commun, 2015, 6: 8697.

[198] Lin R B, Wu H, Li L, et al. Boosting ethane/ethylene separation within isoreticular ultramicroporous metal-organic frameworks. J Am Chem Soc, 2018, 140: 12940-12946.

[199] Xiang S C, Zhang Z J, Zhao C G, et al. Rationally tuned micropores within enantiopure metal-organic frameworks for highly selective separation of acetylene and ethylene. Nat Commun, 2011, 2: 204.

[200] Cui X L, Chen K J, Xing H B, et al. Pore chemistry and size control in hybrid porous materials for acetylene capture from ethylene. Science, 2016, 353: 141-144.

[201] Ferreira A F P, Santos J C, Plaza M G, et al. Suitability of Cu-BTC extrudates for propane-propylene separation by adsorption processes. Chem Eng J, 2011, 167: 1-12.

[202] Plaza M G，Ferreira A F P，Santos J C，et al. Propane/propylene separation by adsorption using shaped copper trimesate MOF. Micropor Mesopor Mat，2012，157：101-111.

[203] Wagener A，Schindler M，Rudolphi F，et al. Metal-organic coordination polymers for the adsorptive separation of propane/propylene compounds. Chem Ing Tech，2007，79：851-855.

[204] Yoon J W，Jang I T，Lee K Y，et al. Adsorptive separation of propylene and propane on a porous metal-organic framework，copper trimesate. Bull Korean Chem Soc，2010，31：220-223.

[205] Jorge M，Lamia N，Rodrigues A E. Molecular simulation of propane/propylene separation on the metal-organic framework CuBTC. Colloid Surface A，2010，357：27-34.

[206] Fischer M，Gomes J R B，Froba M，et al. Modeling adsorption in metal-organic frameworks with open metal sites：propane/propylene separations. Langmuir，2012，28：8537-8549.

[207] Rubes M，Wiersum A D，Llewellyn P L，et al. Adsorption of propane and propylene on CuBTC metal-organic framework：combined theoretical and experimental investigation. J Phys Chem C，2013，117：11159-11167.

[208] Plaza M G，Ribeiro A M，Ferreira A，et al. Propylene/propane separation by vacuum swing adsorption using Cu-BTC spheres. Sep Purif Technol，2012，90：109-119.

[209] Gutierrez-Sevillano J J，Vicent-Luna J M，Dubbeldam D，et al. Molecular mechanisms for adsorption in Cu-BTC metal organic framework. J Phys Chem C，2013，117：11357-11366.

[210] Li K H，Olson D H，Seidel J，et al. Zeolitic imidazolate frameworks for kinetic separation of propane and propene. J Am Chem Soc，2009，131：10368-10369.

[211] Nijem N，Wu H H，Canepa P，et al. Tuning the gate opening pressure of metal-organic frameworks（MOFs）for the selective separation of hydrocarbons. J Am Chem Soc，2012，134：15201-15204.

[212] Couck S，Remy T，Baron G V，et al. A pulse chromatographic study of the adsorption properties of the amino-MIL-53（Al）metal-organic framework. Phys Chem Chem Phys，2010，12：9413-9418.

[213] He Y B，Xiang S C，Zhang Z J，et al. A microporous lanthanide-tricarboxylate framework with the potential for purification of natural gas. Chem Commun，2012，48：10856-10858.

[214] Das M C，Xu H，Xiang S C，et al. A new approach to construct a doubly interpenetrated microporous metal-organic framework of primitive cubic net for highly selective sorption of small hydrocarbon molecules. Chem Eur J，2011，17：7817-7822.

[215] Bohme U，Barth B，Paula C，et al. Ethene/ethane and propene/propane separation via the olefin and paraffin selective metal-organic framework adsorbents CPO-27 and ZIF-8. Langmuir，2013，29：8592-8600.

[216] Bae Y S，Lee C Y，Kim K C，et al. High propene/propane selectivity in isostructural metal-organic frameworks with high densities of open metal sites. Angew Chem Int Ed，2012，51：1857-1860.

[217] Yoon J W，Seo Y K，Hwang Y K，et al. Controlled reducibility of a metal-organic framework with coordinatively unsaturated sites for preferential gas sorption. Angew Chem Int Ed，2010，49：5949-5952.

[218] Wuttke S，Bazin P，Vimont A，et al. Discovering the active sites for C_3 separation in MIL-100（Fe）by using operando IR spectroscopy. Chem Eur J，2012，18：11959-11967.

[219] Leclerc H，Vimont A，Lavalley J C，et al. Infrared study of the influence of reducible iron（III）metal sites on the adsorption of CO，CO_2，propane，propene and propyne in the mesoporous metal-organic framework MIL-100. Phys Chem Chem Phys，2011，13：11748-11756.

[220] Cadiau A，Adil K，Bhatt P M，et al. A metal-organic framework-based splitter for separating propylene from propane. Science，2016，353：137-140.

[221] Peralta D，Chaplais G，Simon-Masseron A，et al. Comparison of the behavior of metal-organic frameworks and zeolites for hydrocarbon separations. J Am Chem Soc，2012，134：8115-8126.

[222] Gutierrez I，Diaz E，Vega A，et al. Consequences of cavity size and chemical environment on the adsorption properties of isoreticular metal-organic frameworks：an inverse gas chromatography study. J Chromatogr A，2013，1274：173-180.

[223] Luebbers M T，Wu T J，Shen L J，et al. Trends in the adsorption of volatile organic compounds in a large-pore metal-organic framework，IRMOF-1. Langmuir，2010，26：11319-11329.

[224] Maes M，Alaerts L，Vermoortele F，et al. Separation of C（5）-hydrocarbons on microporous materials：complementary performance of MOFs and zeolites. J Am Chem Soc，2010，132：2284-2292.

[225] Hartmann M，Kunz S，Himsl D，et al. Adsorptive separation of isobutene and isobutane on $Cu_3(BTC)_2$. Langmuir，2008，24：8634-8642.

[226] Kim S N，Kim J，Kim H Y，et al. Adsorption/catalytic properties of MIL-125 and NH_2-MIL-125. Catal Today，2013，204：85-93.

[227] Assen A H，Belmabkhout Y，Adil K，et al. Ultra-tuning of the rare-earth *fcu*-MOF aperture size for selective molecular exclusion of branched

paraffins. Angew Chem Int Ed，2015，54：14353-14358.

[228] Pan L，Olson D H，Ciemnolonski L R，et al. Separation of hydrocarbons with a microporous metal-organic framework. Angew Chem Int Ed，2006，45：616-619.

[229] Alaerts L，Maes M，van der Veen M A，et al. Metal-organic frameworks as high-potential adsorbents for liquid-phase separations of olefins，alkylnaphthalenes and dichlorobenzenes. Phys Chem Chem Phys，2009，11：2903-2911.

[230] Herm Z R，Wiers B M，Mason J A，et al. Separation of hexane isomers in a metal-organic framework with triangular channels. Science，2013，340：960-964.

[231] Krishna R，van Baten J M. Highlighting a variety of unusual characteristics of adsorption and diffusion in microporous materials induced by clustering of guest molecules. Langmuir，2010，26：8450-8463.

[232] Sarkisov L，Duren T，Snurr R Q. Molecular modelling of adsorption in novel nanoporous metal-organic materials. Mol Phys，2004，102：211-221.

[233] Dubbeldam D，Frost H，Walton K S，et al. Molecular simulation of adsorption sites of light gases in the metal-organic framework IRMOF-1. Fluid Phase Equilib，2007，261：152-161.

[234] Martin-Calvo A，Garcia-Perez E，Castillo J M，et al. Molecular simulations for adsorption and separation of natural gas in IRMOF-1 and Cu-BTC metal-organic frameworks. Phys Chem Chem Phys，2008，10：7085-7091.

[235] Fairen-Jimenez D，Seaton N A，Duren T. Unusual adsorption behavior on metal-organic frameworks. Langmuir，2010，26：14694-14699.

[236] Jiang J W，Sandler S I. Monte Carlo simulation for the adsorption and separation of linear and branched alkanes in IRMOF-1. Langmuir，2006，22：5702-5707.

[237] Farrusseng D，Daniel C，Gaudillere C，et al. Heats of adsorption for seven gases in three metal-organic frameworks：systematic comparison of experiment and simulation. Langmuir，2009，25：7383-7388.

[238] Munch A S，Mertens F O R L. HKUST-1 as an open metal site gas chromatographic stationary phase-capillary preparation，separation of small hydrocarbons and electron donating compounds，determination of thermodynamic data. J Mater Chem，2012，22：10228-10234.

[239] Yang Q Y，Zhong C L. Electrostatic-field-induced enhancement of gas mixture separation in metal-organic frameworks：a computational study. ChemPhysChem，2006，7：1417-1421.

[240] Chmelik C，Karger J，Wiebcke M，et al. Adsorption and diffusion of alkanes in CuBTC crystals investigated using infra-red microscopy and molecular simulations. Micropor Mesopor Mat，2009，117：22-32.

[241] Rosenbach N，Ghoufi A，Deroche I，et al. Adsorption of light hydrocarbons in the flexible MIL-53（Cr）and rigid MIL-47（V）metal-organic frameworks：a combination of molecular simulations and microcalorimetry/gravimetry measurements. Phys Chem Chem Phys，2010，12：6428-6437.

[242] Jobic H，Rosenbach N，Ghoufi A，et al. Unusual chain-length dependence of the diffusion of *n*-alkanes in the metal-organic framework MIL-47（V）：the blowgun effect. Chem Eur J，2010，16：10337-10341.

[243] Fairen-Jimenez D，Galvelis R，Torrisi A，et al. Flexibility and swing effect on the adsorption of energy-related gases on ZIF-8：combined experimental and simulation study. Dalton Trans，2012，41：10752-10762.

[244] Ma S Q，Sun D F，Wang X S，et al. A mesh-adjustable molecular sieve for general use in gas separation. Angew Chem Int Ed，2007，46：2458-2462.

第41章
爆炸物化学与配位聚合物的整体设计

41.1 爆炸物化学与配位聚合物结构设计

41.1.1 爆炸物基础与主要研究体系简介

1. 爆炸物的基本概念

爆炸物是指在适当的外部能量激发作用下，能发生自行维持的放热分解反应，同时输出大量的能量，释放大量的气体，并对周围介质做功的物质[1-6]。爆炸物爆炸时所发生的化学反应极快，传播线速度介于亚音速和超音速之间，爆炸所产生的物质具有极高的温度（2000～5000K），同时产生10～40GPa的压强，形成冲击波，可以对外界产生极大的破坏作用。

2. 爆炸物的基本特点

爆炸物一般具有以下几个特点。

（1）高能量。爆炸物是一种具有含能基团或高的正生成焓的亚稳态物质，其自身蕴含巨大能量。常见的爆炸物包括含有—C—NO_2官能团的硝基烃类化合物、含有—N—NO_2官能团的硝胺类化合物、含有—O—NO_2官能团的硝酸酯类化合物、含有—NF_2官能团的二氟胺化合物、含有—N_3官能团的叠氮类化合物及多氮杂环化合物等。此外，在分子中引入环张力也可以有效提高爆炸物的能量。

（2）反应迅速。爆炸过程中的主要化学反应是爆炸物极速的燃烧和爆炸，具有高速、高压、高温的反应特征和瞬间一次性的效应特点，并释放大量的热和气体，即具有爆轰效应。

（3）自供氧。无论是单质爆炸物还是混合爆炸物，通常都同时含有可燃组分和氧化组分，可以在没有外界物质参与的情况下发生自身氧化还原反应，释放出大量的能量。

3. 爆炸物的分类

爆炸物可以根据功能、结构特点及感度进行分类。

爆炸物按用途分类可分为军用和民用两大类。军用爆炸物作为一种特殊能源主要用于填装各种军事武器弹药[7]，完成发射弹丸、运载导弹及战斗部毁伤等任务，是武器系统实现远程发射、精准打击和高效毁伤的基本保障（图41-1）。其特点在于能量密度高，安定性和相容性好，感度钝感，以确保生产、运输、存储和使用的安全。

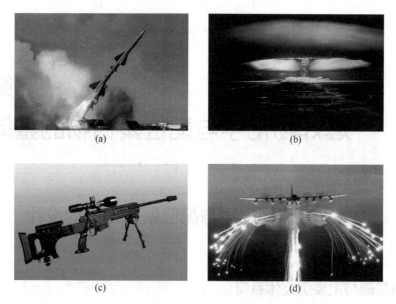

图 41-1　爆炸物在军事领域的应用。（a）导弹；（b）核弹；（c）步枪；（d）干扰弹

民用爆炸物主要用于工农业生产，在矿山开采、工程爆破、铁路建设、农田基建、石油开采、地质勘探及爆炸加工等领域发挥着重要作用，是国民经济中不可替代的能源（图 41-2）[8, 9]。民用爆炸物应具有高的安全性、足够的爆炸能量以及良好的经济性和实用性。

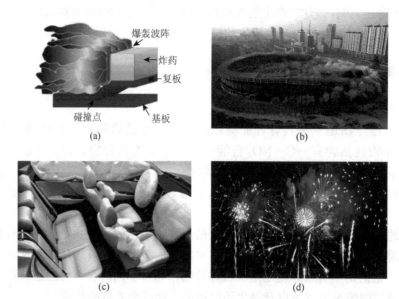

图 41-2　爆炸物在民用领域的应用。（a）爆炸焊接；（b）工程爆破；（c）安全气囊；（d）烟花爆竹

爆炸物按结构分类可分为硝基芳烃类化合物、硝胺类化合物、硝酸酯类化合物、叠氮类化合物及多氮杂环化合物等。

1）硝基烃类化合物

硝基烃类化合物中含有—C—NO$_2$ 官能团，是目前工艺最成熟、产量最大、用途最广泛的一种爆炸物（表 41-1）。该类化合物最典型的代表是作为猛炸药的 2,4,6-三硝基甲苯（TNT）[10-12]和作为起爆点火药的斯蒂芬酸铅[13, 14]。纯硝基芳烃有机化合物的爆炸能量和机械感度均低于硝酸酯类化合物、硝胺类化合物及叠氮类化合物，具有优异的安定性，并且其制作成本低、价格优势明显。有些硝基烃类化合物与金属反应后得到的金属盐或金属配合物往往具有非常优异的点火能力，因此常作为起始发火能源用于火工序列中。

表 41-1　典型的硝基烃类化合物

名称	代号	结构式
2,4,6-三硝基甲苯	TNT	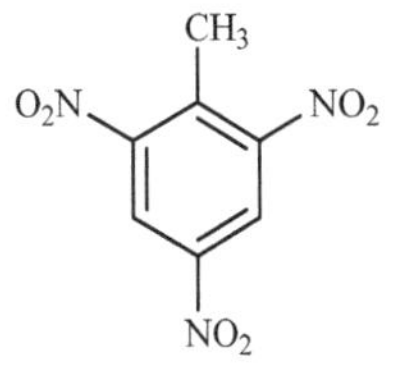
1,3,5-三氨基-2,4,6-三硝基甲苯	TATB	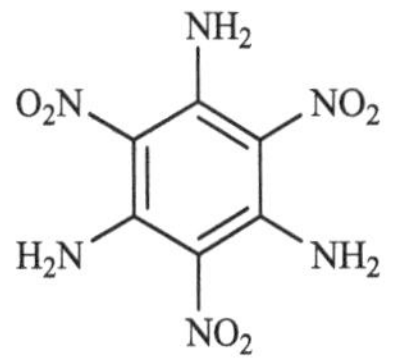
2,2',4,4',6,6'-六硝基均二苯基乙烯（六硝基芪）	NHS	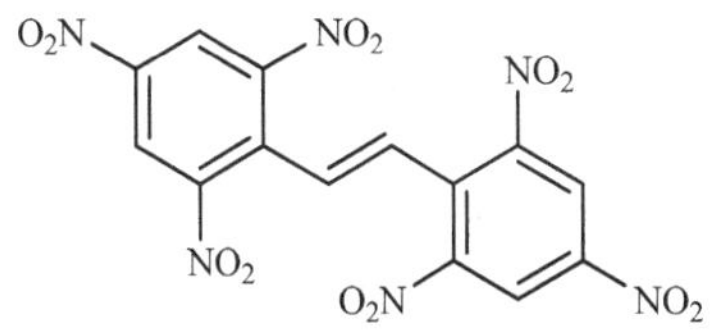
1,1-二氨基-2,2-二硝基乙烯	FOX-7	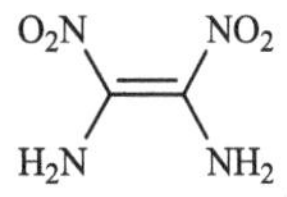
2,4,6-三硝基苯酚（苦味酸）	PA	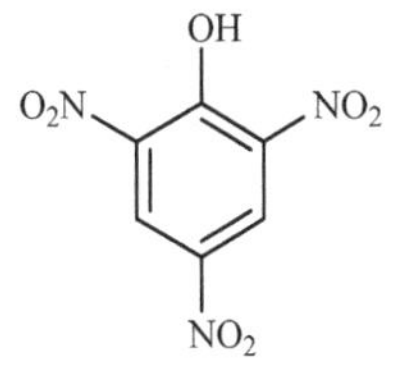
2,4,6-三硝基间苯二酚（斯蒂芬酸）	TNR	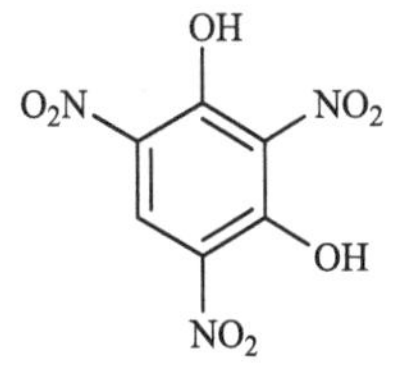
2,4,6-三硝基间苯二酚铅（斯蒂芬酸铅）	PbTNR	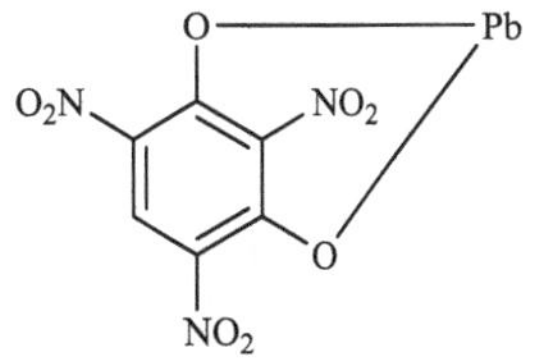

2）硝胺类化合物

硝胺类化合物中含有—N—NO$_2$官能团，是一类高能量密度化合物（表 41-2）。其特点在于输出能量高，感度介于硝酸酯类化合物和硝基烃类化合物之间。近年来备受关注的黑索金 RDX[15, 16]，奥克托今 HMX[17, 18]和 CL-20[19, 20]是硝胺类化合物的典型代表。

表 41-2　典型的硝胺类化合物

名称	代号	结构式
1,3,5-三硝基-1,3,5-三氮杂环己烷（黑索金）	RDX	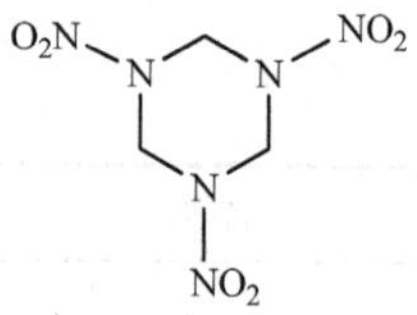
1,3,5,7-四硝基-1,3,5,7-四氮杂环辛烷（奥克托今）	HMX	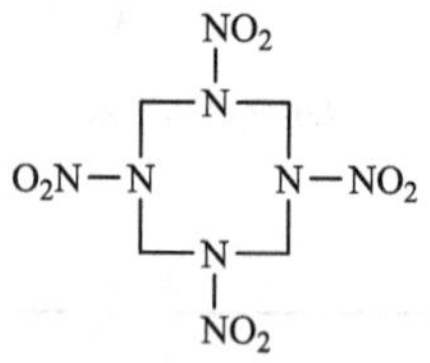
1,3,3-三硝基氮杂环丁烷	NHS	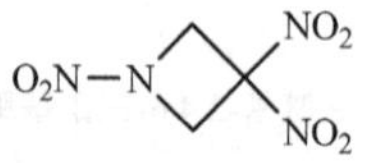
硝基胍	NQ	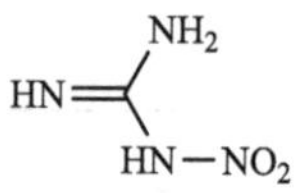
2,4,6,8-四硝基-2,4,6,8-四氮杂双环[3.3.0]辛二酮-3,7（四硝基甘脲）	TNAZ	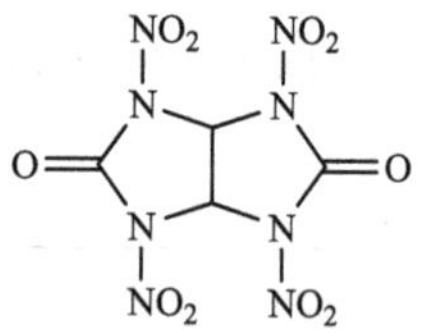
2,4,6,8,10,12-六硝基-2,4,6,8,10,12-六氮杂四环[5.5.0.0^{5,9}.0^{3,11}]十二烷	HNIW CL-20	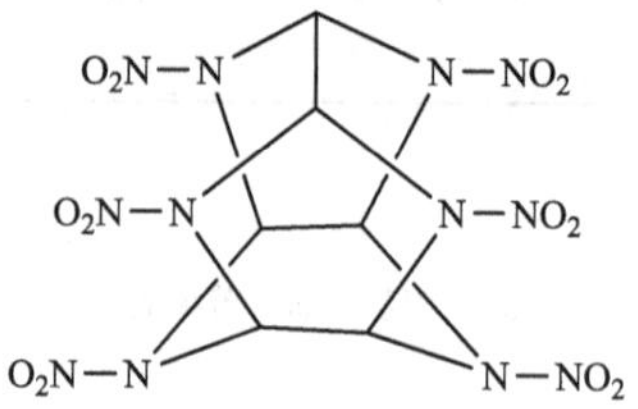
2,4,6,8,10,12-六硝基-2,4,6,8,10,12-六氮杂三环[7.3.0.0^{3,7}]十二烷二酮-5,11	HHTDD	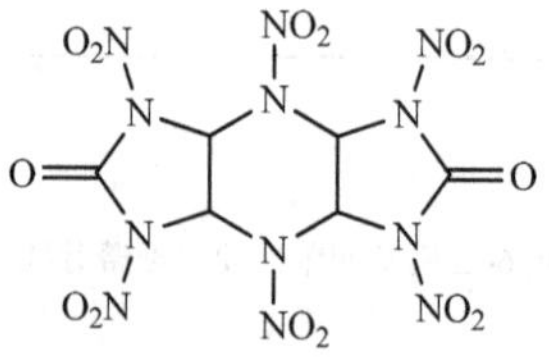
二硝酰胺铵盐	ADN	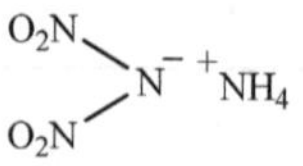

3）硝酸酯类化合物

硝酸酯类化合物中含有—O—NO$_2$官能团，一般是由醇类化合物与硝酸酯化后得到的一类氧平衡高、输出能量高、做功能力强的爆炸物（表 41-3）。最典型的代表化合物是硝化甘油（丙三醇三硝酸酯）。但该类炸药安定性差，对外界刺激敏感，因此通常被作为枪炮的发射药和固体推进剂的黏合剂，只有个别较为安定的可以作为猛炸药，如太安。

表 41-3　典型的硝酸酯类化合物

名称	代号	结构式
季戊四醇四硝酸酯（太安）	PETN	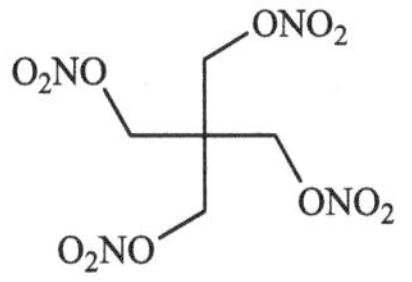 O_2NO—C（CH$_2$ONO$_2$）$_4$ 结构
1,2,3-丙三醇三硝酸酯（硝化甘油）	NG	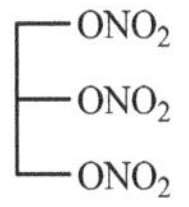 CH$_2$ONO$_2$—CHONO$_2$—CH$_2$ONO$_2$
三乙二醇二硝酸酯（太根）	TGDN	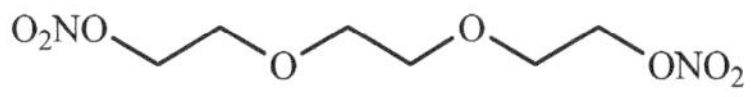 O_2NO—CH$_2$CH$_2$—O—CH$_2$CH$_2$—O—CH$_2$CH$_2$—ONO$_2$
二乙二醇二硝酸酯（迪根）	DGDN	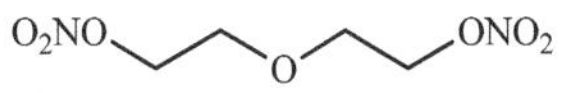 O_2NO—CH$_2$CH$_2$—O—CH$_2$CH$_2$—ONO$_2$
1,5-二硝酰氧基-3-硝基-3-氮杂戊烷	DINA	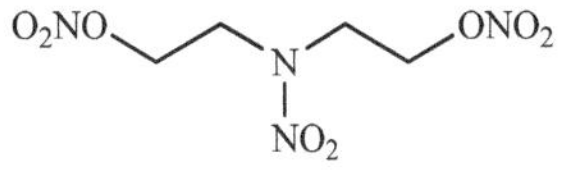 O_2NO—CH$_2$CH$_2$—N（NO$_2$）—CH$_2$CH$_2$—ONO$_2$

4）叠氮类化合物

叠氮类化合物中均含有—N$_3$官能团，该类化合物具有高的标准摩尔生成焓，可以提供高的输出能量（表 41-4）。此外，由于其分解产物通常为氮气，燃烧产物少有烟雾产生，可用作无烟或环境友好的爆炸物。金属叠氮化物燃烧转爆轰的速度极短，起爆能力强，因此常作为起爆药主要成分[21-23]，例如，军用起爆药体系绝大部分使用的是叠氮化铅和斯蒂芬酸铅的起爆药体系[24]。

表 41-4　典型的叠氮类化合物

名称	代号	结构式
叠氮化铅	LA	N_3—Pb—N_3
叠氮化铜	CA	N_3—Cu—N_3
叠氮化银	SA	Ag—N_3
四叠氮甲基甲烷	TAPE	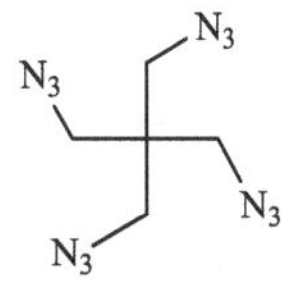 C（CH$_2$N$_3$）$_4$ 结构
1,5-二叠氮基-3-硝基-3-氮杂戊烷（叠氮硝胺）	DIANP	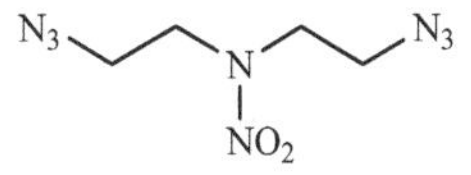 N_3—CH$_2$CH$_2$—N（NO$_2$）—CH$_2$CH$_2$—N_3
双叠氮乙酸乙二醇酯	EGBAA	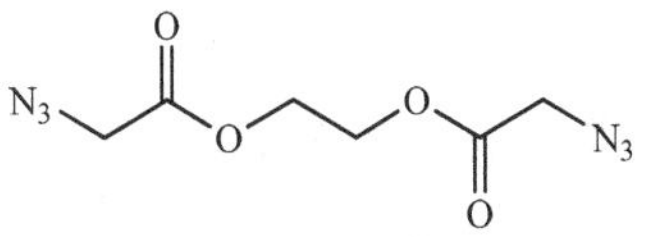 N_3—CH$_2$—C(=O)—O—CH$_2$CH$_2$—O—C(=O)—CH$_2$—N_3

5）多氮杂环类化合物

多氮杂环类化合物常通由高含氮量的杂环组成，如咪唑、吡唑、呋喃、三氮唑、四氮唑、四嗪等（表 41-5）[25-31]。该类化合物具有高的生成焓及良好的热稳定性，具有较强的分子可设计性和性能可调控性，根据分子结构和性能的不同，在起爆药和猛炸药领域均有应用，近年来受到了爆炸物领域科学家的广泛关注。

表 41-5　典型的多氮杂环类化合物

名称	代号	结构式
3-氨基-5-硝基-1,2,4-三唑	ANTA	
3-硝胺基-1,2,4-三唑	NATA	
3-硝基-1,2,4-三唑-5-酮	NTO	
2,4,5-三硝基咪唑	TNI	
2,4-二硝基咪唑	DNI	
偶氮四唑	ZAT	
均四嗪二胍	DGTZ	
3,4-二氨基呋咱	DAF	
4,4′-二硝基偶氮双氧化呋咱	DNAF	

爆炸物按感度分类基本可以分为起爆药和猛炸药。

敏感爆炸物通常用作起爆药（初级炸药），这类爆炸物对外界作用十分敏感，在较小的外界刺激（初始冲能）下就能迅速完成由燃烧转爆轰的过程，产生足够高的输出能量，从而引起猛炸药的爆炸反应[32-34]。

引起起爆药爆炸变化的初始冲能有多种形式，常见的有：机械能、电能、光能、辐射能等[35]。根据对这些初始冲能感度的不同，起爆药又可以用于不同的领域，如对针刺敏感的起爆药常用于底火和针刺雷管，对火焰刺激敏感的起爆药常用于火焰雷管。因此在设计火工品时要根据不同的产品要求，选择不同感度的起爆药。

钝感爆炸物通常用作猛炸药（二级炸药），是对外界作用较为钝感的爆炸物[36]。通常的外界的刺激无法让其发生爆炸，需要起爆药进行起爆，但其输出能量优于起爆药，是主要做功的爆炸物。

4. 爆炸物的基本要求

在研究和使用爆炸物时，必须考虑爆炸物的基本要求：能量水平、安全性能、理化及力学性能、装药工艺、成本因素和环境影响。

1）能量水平

爆炸物的能量决定了其做功能力，衡量其能量水平的指标主要有爆速、爆压、爆热、威力及猛度等。各指标用于量化爆炸物在爆炸时产生不同效应的程度。爆速是指爆炸物产生的爆轰波在炸药中稳定传播的速度。在爆炸物的装药密度达到最大值且装药直径远大于临界直径时，爆炸物的爆速不受外界因素的影响，直接由爆炸物本身决定。爆压是指冲击波前沿动力压的峰值。通常爆速大，其爆轰反应产生的压力更大，猛度更强。对于不同的用途，对爆炸物的输出威力要求也不同。例如，穿甲弹和破甲弹要求爆炸物具有高的爆速，而用于矿井爆破的爆炸物则要适当控制起爆速度和爆热。爆炸物的能量水平主要由其分子结构决定，通常高生成焓、良好氧平衡及较高密度的爆炸物具有更高的能量水平。

对于敏感的起爆药，起爆能力是衡量其能量水平的重要指标。起爆能力是指起爆药自身迅速燃烧转爆轰后产生的冲击波引爆猛炸药达到稳定爆轰的能力。起爆药的起爆能力越强，意味着爆炸物达到稳定爆轰所需的爆速增长期越短，能量在增长爆速期消耗越少，因而有更多的能量用于传播爆轰，可以更好地发挥起爆药的爆炸效能。

2）安全性能

任何爆炸物使用前，考虑其安全性能的指标是最为重要的。一方面，我们要求爆炸物对机械、热、光、火焰、静电放电及各种辐射等的感度必须满足实用中的生产、运输、储存及使用的安全需要。另一方面，从可靠性角度又要求爆炸物对冲击波或者爆轰波有灵敏的响应，确保其准确可靠地起爆，完成做功。因此，对于不同爆炸物的安全性能要求有所不同。通常，起爆药需对特殊刺激有一定的感度。爆炸物的感度主要分为：热感度、火焰感度、撞击感度、摩擦感度、起爆感度、冲击波感度、静电火花感度、激光感度、枪击感度等。例如，点火药需对火焰敏感；猛炸药要求对常规刺激钝感，但对起爆药产生的冲击波敏感。此外，对于不同条件下应用的爆炸物，在安全性能方面的要求也有所不同，例如，在深水中使用的爆炸物要求具有良好的抗水能力，对于低温下使用的爆炸物要求其在低温环境下不发生相变、脆裂，并对外界刺激仍然保持一定感度以确保爆炸的稳定性。

3）理化及力学性能

良好的理化及力学性能可以确保爆炸物长期存储的安全性和使用时的可靠性。爆炸物使用时要与其他包装或者其他材料相接触，这就要求爆炸物的理化性能稳定，不与密切接触的材料发生任何的物理化学反应，否则极易导致爆炸物的失效或意外爆炸。如 TNT、RDX 和 HMX 及 PETN，在通常状态下具有较好的稳定性，但熔融状态下其安定性明显下降，与酸碱、强还原剂接触也会导致其分解失效；一些爆炸物与部分含有甲醛的树脂和橡胶不相容，长期接触会导致爆炸物变质，也会导致橡胶失去弹性。此外，爆炸物还要具有一定的力学性能，保证压药、装药过程中药柱或系统的一致性和稳定性。

4）装药工艺

不同的装药工艺要求爆炸物具有特定的加工装药性能，适合装入弹体或爆炸系统，并且成型后要具有较好的一致性和力学性能。例如，熔铸炸药需要具有较低的熔点，浇铸炸药则需要具有优良的流散性、适中的粒度。随着科研的不断深入，各种新的装药方式逐渐被人们开发应用起来，如对于极其敏感的起爆药可采用原位合成或微流控方式装药，以保证其制备生产、运输和使用的安全性。

5）成本因素和环境影响

爆炸物根据不同的实用需求，还需考虑其成本因素和对环境的影响。在爆炸物的设计制备过程中，在满足爆炸威力的需求前提下，应尽可能选择简便可行、原料丰富、环境友好、可大批量生产的方法或工艺。特别是随着人们环保意识的提高，一些对环境和人类健康有害的传统爆炸物带来的问题引起人们的关注，设计制备它们的替代物是研究新型爆炸物的一个主要方向。该方向虽然充满挑战，但具有十分重要的意义。

41.1.2 配位聚合物结构设计的基本思考

配位聚合物或金属有机框架材料，是根据网格化学基本原则，由有机配体和金属离子通过自组装形成的有机-无机杂化晶体材料[37-41]。该材料具有丰富的结构、高的比表面积、规整的孔道和可调控的结构，被广泛应用于气体分离、能量储存、异相催化、药物传输和传感等领域[42-46]。特别是配位聚合物的结构可调控性，为科研人员开发具有不同功能的材料带来新的可能性。人们针对不同的应用或研究需求，可以选择具有特殊官能团的配体或特定的金属离子，通过反应过程中两类组分的自组装过程，得到具有特殊性质的配位聚合物材料。

近年来，配位聚合物在爆炸物领域的应用逐渐引起越来越多研究人员的关注[47, 48]。设计制备具有特殊功能的配位聚合物材料以满足不同领域对爆炸物功能的需求，已成为爆炸物领域的研究热点之一。其中，主要的研究方向有利用配位聚合物概念设计制备爆炸物和利用配位聚合物检测爆炸物。如何利用配位聚合物的结构特点设计新型材料满足实用需求一直是科学家不断思考的问题。

1. 配位聚合物结构设计用于新型爆炸物的制备

根据爆炸物的基本特征、基本要求及研究方向，结合配位聚合物的特点设计制备爆炸性能更加优异、安全性更高和环境友好的爆炸物是突破爆炸物研究瓶颈的手段。基本的研究思路有以下几个方面：

（1）利用配位聚合物的结构可调控性，通过调节配体和金属的结构，提高配位聚合物的生成焓，引入高含能基团，提高其爆炸性能。

（2）利用后修饰的方法在已知配位聚合物中引入更高能的基团，提高其爆炸性能。

（3）利用强的配位能力、高的结构维度提高爆炸物的安全性。

（4）利用配位聚合物发达的孔结构，将敏感的爆炸物封装在配位聚合物的孔内，降低其对外界刺激的感度。

（5）利用不同能量、不同感度的配体和金属离子进行混配，调节配位聚合物的能量和感度，以满足实用需求。

（6）利用配位聚合物为前驱体材料，通过化学反应处理，获得具有高爆炸性能和高安全性能的爆炸物。

2. 配位聚合物结构设计用于爆炸物检测

传统的爆炸物检测主要利用防暴犬及大型敏感设备如 X 射线安检仪、表面声波检测仪、气相色谱仪、质谱仪、拉曼光谱仪及其他成像技术等对爆炸物进行检测[49-53]。但传统的检测手段存在一些显著的缺点，如防暴犬会受到其情绪、身体状况的影响，极易造成错检或漏检等问题；而基于大型仪器的爆炸物检测则主要应用于如地铁、火车站及机场等大型公共场所，具有灵敏度低、价格昂贵、体积庞大、操作复杂、步骤烦琐及不方便携带等特点，较难满足实际需求。

　　光学传感检测爆炸物的方法主要是根据荧光或者磷光信号的改变以达到高灵敏度和迅速检测的目的[54, 55]。目前很多小分子和聚合物已经被开发为传感器并用于爆炸物的检测，其机理大部分是荧光分子和爆炸物分子间发生电荷转移或者能量转移导致的荧光猝灭[56, 57]。荧光分子吸收激发波长的能量后产生激子，当没有爆炸物分子存在的情况下，激子回到基态产生荧光。而当爆炸物分子存在时，荧光分子上受激产生的激子会通过电荷转移跃迁至爆炸物分子（受体）的激发态后回到荧光分子的基态。在此电荷转移过程中，造成荧光猝灭。

　　但目前利用小分子或聚合物光学传感方法检测爆炸物依然存在挑战：①爆炸物的蒸气压较低，实现气相检测的难度增大，要求传感器具有极高的选择性和灵敏度才能达到准确检测的目的[58]；②对于非硝基芳香爆炸物，如 RDX 和多氮杂环爆炸物，需要开发除能量转移猝灭之外的机理。

　　和传统的小分子或聚合物传感器相比，由于其独特的多孔性及主客体相互作用，配位聚合物可能成为一种性能更加优异的传感器[59-63]。利用配位聚合物检测爆炸物的优势主要有以下几方面：①配位聚合物高的比表面积和发达的孔道可以对爆炸物起到预富集的作用，使得爆炸物分子快速大量地与配体或金属离子发生相互作用，提高检测的灵敏度，减少响应时间，更加有效地进行气相检测；②利用配位聚合物的结构可设计性和可以后修饰的特点，可预先设计合成对爆炸物有特殊响应的配体或通过后修饰的方法在孔道内部引入有特异识别位点的官能团，从而提高检测的选择性；③根据爆炸物分子体积大小不同，设计调控配体的长度从而获得不同结构的孔道，利用不同的孔道结构筛分爆炸物，从而提高检测的选择性；④荧光/磷光有机配体及金属位点的丰富多样性既增强了配位聚合物材料的发光性能，又可以调节导带和价带以保证其与被检测物轨道相匹配。

　　此外，针对一些传统检测方法难以检测出的特殊爆炸物和新型爆炸物，设计制备相应的配位聚合物检测器具有十分重要的研究价值和实际应用意义。

41.2　用于爆炸物安全处理的配位聚合物薄膜化、纤维化与器件化设计

41.2.1　爆炸物安全处理的器件化要求

　　随着人们安全意识的提高，公众对于爆炸物的安全使用提出了更高的要求。一方面，在不断追求爆炸物威力的同时，人们希望不断提高爆炸物的安全性，防止其在生产、运输、储存及使用中发生意外；另一方面，人们希望更加快捷有效地检测出各种爆炸物，防止恐怖分子非法利用爆炸物制造恐怖事件。

　　传统的爆炸物在器件化做成火工品时往往需要各种装药手段，传统的熔铸、浇铸、压药方法都存在一定的潜在危险。在爆炸物浇铸或压药过程中，颗粒间由于摩擦、静电积累造成放电、压力过大等因素容易引起意外爆炸，特别是对外界极其敏感的起爆药更易在器件化过程中造成安全事故。此外，随着武器系统小型化和智能化发展、火工品设计的多样化和爆炸加工领域的不断创新，传统的装药方式已经难以满足安全性和实用性的需求。例如，在微纳卫星和微纳引信中，微纳含能器件需要利用微纳装药技术将点火起爆系统与其他功能集成在芯片上，因此要求火工药剂具有高的安全性能。此外，爆炸物颗粒在系统加速、减速或晃动过程中的滚动也会对整个系统的稳定性造成威胁。因此，在新的器件化要求下，原位反应装药方式和制作爆炸物薄膜等技术渐渐被人们用于研究，以满足器件化、高安全性、高稳定性的微纳装药的需求。

原位装药技术是一定条件下，在固体基底上利用固-气反应或固-液反应在器件中原位生成爆炸物的技术。原位装药技术可以有效避免爆炸物生成过程和装药过程中由于外界刺激或人为因素造成的意外爆炸。自 2002 年以来，利用多孔铜基材与叠氮酸原位合成叠氮化铜的技术渐渐发展起来，使用这种原位技术制备的微型雷管也已经应用于引信中[64-69]。

41.2.2 配位聚合物的薄膜化与器件化

配位聚合物大多由刚性的有机配体和金属离子组装而成，这决定了其物理性状常为固体或粉末。在分离、催化和其他工业应用中，这样的粉末和固体通常会在外力作用下分解成更为细小的颗粒，很容易堵塞反应器和管道。此外，气流或者液体不断的冲刷不可避免地造成配位聚合物的大量流失。因此，将配位聚合物做成块材、纤维、薄膜及器件对其工业应用十分重要。

目前，配位聚合物成膜的方法基本可分为：①在基底上原位生长配位聚合物薄膜[70]；②与有机聚合物复合制备配位聚合物薄膜[71, 72]。

1. 在基底上原位生长配位聚合物薄膜

目前，原位生长配位聚合物膜的方法主要有一次生长法和二次生长法。

一次生长法是指将基底置于水热或溶剂热的母液中，在一定的合成条件下，配位聚合物的晶体在基底表面生长成膜的方法。通常情况下，一次生成方法对基底有一定的选择性，通常选用一些能与配体或金属离子发生相互作用的基底进行原位生长，如一些常见的配位聚合物 MOF-5、HKUST-1、$Zn_2(BDC)_2(dabco)$ 及 ZIF-8 等，都可以直接生长在多孔氧化铝上[73, 74]。一次生长法制备得到的配位聚合物薄膜与基底的作用力相对较弱，容易从基底上脱落。此外，由于在基底上生长配位聚合物薄膜的同时，溶液中也生成了大量配位聚合物，因此一次生长的方法制备配位聚合物薄膜的效率较低，成本较高。

二次生长法是指在基底上引入晶种层，然后在一定条件下反应，在覆盖有晶种层的基底上生长配位聚合物薄膜。二次生长法比一次生长法具有更高的效率，获得的配位聚合物具有更高的质量。例如，Jeong 等采用二次生长法，在氧化铝上旋涂了一层晶种，然后二次生长获得 HKUST-1 膜，该方法所制备的配位聚合物薄膜比未经晶种涂覆基板制备的薄膜更加连续致密[75]。

此外，一些学者还采用微波辅助合成、超声辅助合成及电化学沉积的方法在基底上生长配位聚合物薄膜。

然而这些传统原位生长配位聚合物薄膜的方法仍然存在一些问题，如整体均一性、稳定性差，在反复使用过程中可能出现颗粒脱落的情况，并且极低的制备效率不利于工业化生产。

王博课题组提出一种新的原位制备配位聚合物膜的策略——热压原位生成法（图 41-3）[76]。该方法不需要任何黏结剂，只需要把制备配位聚合物的配体粉末和金属盐撒在基底上，在温度和压力同时作用下促进配位聚合物纳米晶体在基底上快速生成，通常情况下 200℃热压 10min 即可获得配位聚合物薄膜。该方法具有许多优点，如反应效率高，制备时间短，对金属箔、纤维、纺织物等基底都适用，可以制备柔性的配位聚合物薄膜，所制的配位聚合物薄膜具有良好的稳定性和机械性能，对摩擦黏附具有一定的耐受性。

2. 与有机聚合物复合制备配位聚合物薄膜

在有机聚合物中加入配位聚合物的颗粒，通过旋涂、刮涂或聚合等方法制备薄膜是另一种典型制备配位聚合物薄膜的方法。目前已经有大量文献报道利用这种方法制备不同的配位聚合物薄膜用于气体分

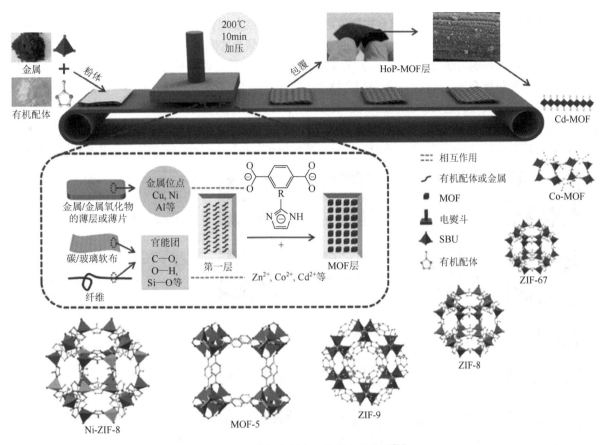

图 41-3　热压法制备配位聚合物薄膜[76]

离、催化等领域，该方法与原位生长的方法相比有以下几方面的优点：①配位聚合物对有机聚合物不具有选择性，因此可以利用这种方法制备原位生长无法制备的配位聚合物薄膜；②配位聚合物与有机聚合物形成的薄膜具有更高的稳定性，不容易产生脱落现象。但该方法也存在一些不足，一方面，有机聚合物会导致配位聚合物无法充分暴露，部分孔道堵塞，造成膜的比表面积下降；另一方面，由于有机聚合物与配位聚合物为异相成膜，它们之间的相互作用力弱导致其均一性、稳定性受到了一定的影响。

在配位聚合物上电聚合可以获得相对均一的配位聚合物薄膜。王博课题组报道了 ZIF-67 表面直接电聚合苯胺的方法，该方法使得配位聚合物可以有效地传输电子，导电性明显提高（图 41-4）[77]。所得到的材料可以用作极具应用前景的柔性超级电容器。这是一种相对普适的制备均一性好、高稳定性柔性配位聚合物薄膜的方法，只要配位聚合物的颗粒相对较小、容易分散，就可以通过电聚合的方法得到具有不同化学性质和表面结构的配位聚合物薄膜。

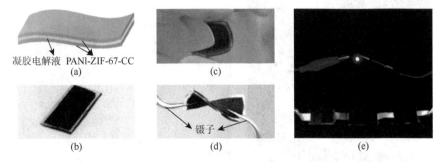

图 41-4　（a）PANI-ZIF-67-CC 柔性固态超级电容器；（b~d）组装好的柔性固态超级电容器在常态下（b）、弯曲后（c）、扭转后（d）的形貌；（e）三个连接的超级电容器供应一盏 LED 灯发光[77]

利用静电纺丝的方法制备配位聚合物薄膜可以在一定程度上抑制有机聚合物对配位聚合物的包裹，特别是在气体分离的应用中，利用静电纺丝的方法制备配位聚合物薄膜可以有效提高气体的透过率。张媛媛等利用静电纺丝的方法制备出 8 种不同的配位聚合物薄膜，通过调节不同的纺丝条件、选择不同有机聚合物和不同配位聚合物，可以控制配位聚合物薄膜的纤维直径、厚度、粒径分布和表面官能团，最终获得了配位聚合物负载量高达 60%的薄膜（图 41-5）[78]。使用该方法制备的配位聚合物薄膜可以有效滤除 $PM_{2.5}$，且该薄膜比传统配位聚合物薄膜具有更低的空气阻力和良好的透气性，可以直接在衣服、手套及口罩上制备，反复使用没有明显的性质变化。因此，静电纺丝制备配位聚合物薄膜是一项非常有用的技术。

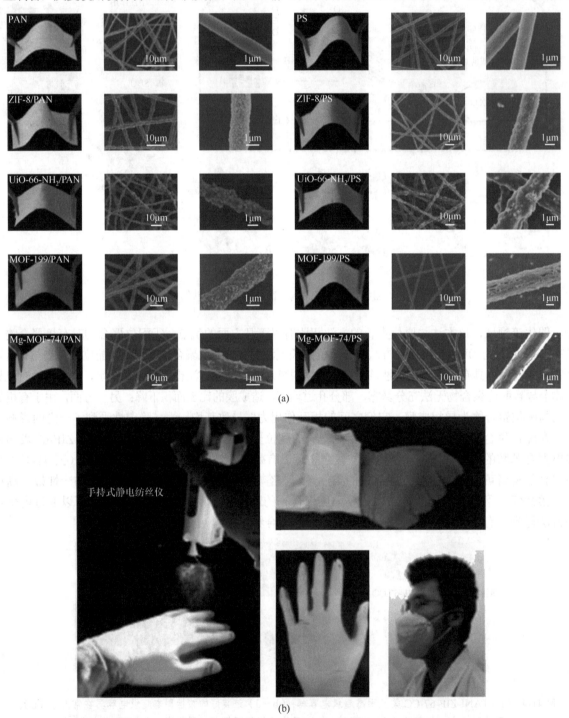

图 41-5 （a）静电纺丝法制备不同的配位聚合物薄膜；（b）手持式静电纺丝法直接在基底上制备配位聚合物薄膜[78]

传统配位聚合物成膜时，通常采用的是与有机聚合物溶液搅拌再成膜。配位聚合物与有机聚合物之间没有化学成键作用，因此在长时间搅拌后容易发生局部团聚，整体均一性下降，导致其在应用过程中效果不佳。为解决上述问题，王博课题组报道了一种合成后修饰（PSP）制备配位聚合物薄膜的方法[79]。该方法借鉴高分子中刚柔嵌段共聚物的思想，在纳米级的配位聚合物 UiO-66-NH$_2$ 表面修饰接支可以与高分子发生共聚的官能团，然后在紫外光照的条件下与有机聚合物复合制备了一种柔性的自支撑膜（图 41-6）。该方法的优点有以下几个方面：①与传统聚合方法相比，光致聚合法是一种相对温和的、环境友好的成膜方法；②聚合过程中无需使用溶剂，这样可以避免溶剂挥发过程中对膜一致性的影响；③这种成膜方法保留了配位聚合物原有的微观结构和宏观形貌，并且具有很高的聚合度；④该方法可以有效避免配位聚合物晶体自身团聚，并且解决了之前配位聚合物与有机高分子之间相互作用较弱的问题，因此得到的弹性膜结构有序，长时间使用不会产生裂缝。

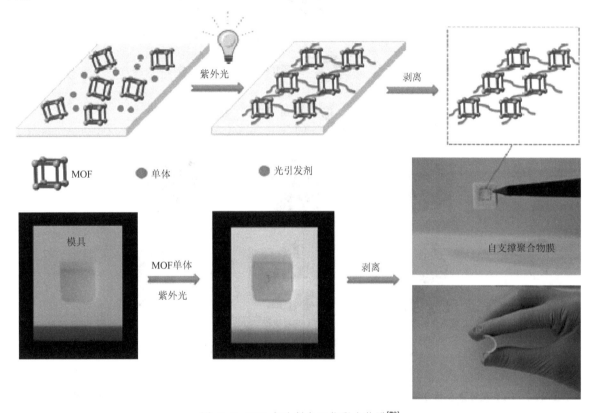

图 41-6　PSP 方法制备配位聚合物膜[79]

41.3　配位聚合物用于降低爆炸物感度

41.3.1　配位聚合物作前驱体材料用于降低爆炸物的感度

起爆药是一种较为敏感的爆炸物，在生产、运输和使用过程中易造成意外事故，特别是一些对静电极为敏感的爆炸物，极易因颗粒间晃动产生的静电放电造成意外爆炸。因此，降低起爆药的感度对于起爆研究具有重要的意义。

北京理工大学王博课题组和杨利课题组联合报道了利用配位聚合物作为前驱体材料，借助其结构的高规整性、发达的孔道结构，经高温碳化后得到具有高导电性的铜-碳复合物骨架材料，再利用叠氮化反应制备同时具有高安全性和高起爆能力的叠氮化铜-碳复合物（图41-7）[80]。与纯的叠氮化铜相比，叠氮化铜-碳复合物抗静电能力提高了约 16 倍，大大减少了火工品在制造、运输和使用过程中电磁场干扰造成的意外爆炸。同时，叠氮化铜-碳复合物具有优良的点火能力和起爆能力，其起爆威力是传统起爆药的 3 倍（使用 10mg 就能达到传统起爆药 30mg 的起爆效果）。这种利用配位聚合物衍生的碳化材料可以有效避免电荷的累积，同时铜-碳复合物骨架材料发达的孔道可以保证铜与叠氮酸充分反应，满足其起爆要求。

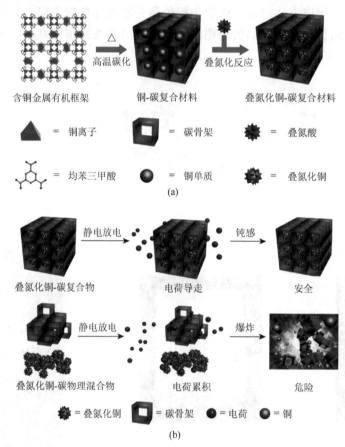

图 41-7 （a）配位聚合物为模板制备钝感起爆药；（b）配位聚合物为模板降低起爆药静电感度的原理[80]

41.3.2 利用配位聚合物结构可调性控制爆炸物的感度

利用含能配体制备含能配位聚合物是近年来爆炸物领域的研究热点之一。配位聚合物的结构和维度等因素都会对爆炸物的感度产生影响，如何设计高能钝感的含能配合物是研究者们主要的研究方向。

2012 年，Bushuyev 及其合作者报道了两例 1D 含能配位聚合物，分别是硝酸肼镍（NHN）和高氯酸肼镍（NHP）（图41-8）[81]。其中镍作为中心离子，肼作为唯一桥连配体连接相邻的金属中心，形成线形的聚合物骨架结构。密度泛函理论计算表明这两个含能配位聚合物的爆热明显高于叠氮化铅和雷汞，与 RDX 的爆热相当。但由于骨架结构刚性不足、金属与含氮配体的作用力弱等原因，其感度较为敏感。

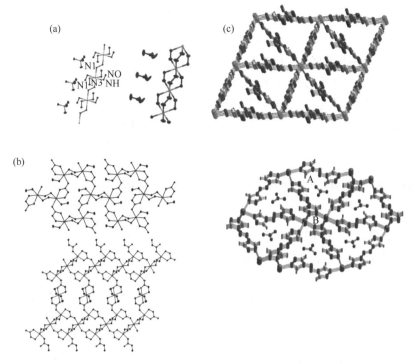

图 41-8 （a）具有一维结构的配位聚合物 NHP 和 NHN；（b）具有二维结构的配位聚合物 CHHP 和 ZnHHP；
（c）具有三维结构的配位聚合物[Cu(atrz)$_3$(NO$_3$)$_2$]$_n$ 和[Ag(atrz)$_{1.5}$(NO$_3$)$_2$]$_n$[81], [82], [92]

为降低这类爆炸物的感度，该课题组又报道了两个 2D 配位聚合物[Co$_2$(N$_2$H$_4$)$_4$-(N$_2$H$_3$CO$_2$)$_2$]-[ClO$_4$]$_2$·H$_2$O（CHHP）和[Zn$_2$(N$_2$H$_4$)$_3$-(N$_2$H$_3$CO$_2$)$_2$]-[ClO$_4$]$_2$·H$_2$O（ZnHHP）[82]。除了肼之外，他们引入另外一个配体羧酸肼，得到了 2D 层状结构。晶体结构分析表明在 CHHP 中每个金属离子钴和三个水合肼、两个羧酸肼配体配位形成扭曲的八面体结构，同时，每个羧酸肼作为三齿配体桥连两个钴离子。同样地，ZnHHP 也形成了一个 2D 层状结构，其中锌离子与四个赤道肼配体和两个轴向的羧酸肼基团的氧原子配位。感度测试结果表明相比于 NHN 和 NHP，CHHP 和 ZnHHP 的感度大大降低。除了利用肼基配体，很多课题组也利用三氮唑或者四氮唑等作为含能配体构筑了 2D 含能配位聚合物，其均表现出优异的爆炸性能和感度性能[83-91]。

和 1D、2D 含能配位聚合物相比，3D 含能配位聚合物由于其复杂的配位模式，结构稳定性大大增加，性能和感度都明显更优。除了维度对感度影响外，配体的结构也直接影响含能材料的感度。因此，选择更稳定的多氮杂环配体代替肼和叠氮化能够得到更加安全的含能材料。五元含氮杂环配体除了丰富的含氮量之外，还有很多孤对电子，能够和金属配位得到高维材料。2013 年，庞思平课题组以钝感的 4,4′-偶氮基-1,2,4-三氮唑（atrz）为配体通过水热法合成了两个 3D 含能配位聚合物[Cu(atrz)$_3$(NO$_3$)$_2$]$_n$ 和[Ag(atrz)$_{1.5}$(NO$_3$)$_2$]$_n$[92]。该配体的优势在于高含氮量（68.3%）、优异的热稳定性（热分解温度为 313℃）及丰富多样的配位模式。在[Cu(atrz)$_3$(NO$_3$)$_2$]$_n$ 中，每个 4,4′-偶氮基-1,2,4-三氮唑分子作为双齿配体桥连两个铜离子，形成等边三角形的多孔结构，其中沿 a 轴的孔道中填满了硝酸根阴离子，进一步增加了密度，提高了性能。在[Ag(atrz)$_{1.5}$(NO$_3$)$_2$]$_n$ 中，银离子和四个三氮唑配体配位。这两个 3D MOF 的密度高达 1.68g/cm^3 和 2.16g/cm^3，其中铜配合物的含氮量为 53.35%，高于多数已见报道的 2D 含能配位聚合物。由于结构上的高稳定性，这两个化合物表现出更低的摩擦感度，分别是 22.5J 和 30J。

相对于三氮唑，四氮唑由于其更为丰富的配位点和高含氮量（82.34%），成为含能配位聚合物的优选配体。最近，兰亚乾课题组设计了一种四氮唑类配体 4,5-双四唑基-1,2,3-三唑（H$_3$dttz），该配体与硝酸锌在溶剂热条件下反应得到了[Zn(H₃dttz)]·DMA[93]。该配合物的结构为典型的沸石拓扑网络，每个笼内有 6 个 DMA 分子，其热分解温度高达 392℃。另外其摩擦感度＞40J，撞击感度＞360N，因此该配合物是一种安全钝感的含能材料。

总的来说，通过金属离子和双齿或多齿含能配体自组装能够得到 1D、2D 和 3D 含能材料。利用这个策略得到的一系列含能材料大多表现出高密度、优异的热稳定性、高的能量输出和钝感特性。值得一提的是，3D 含能配位聚合物由于金属离子和配体结构的多样性，为开发新一代的绿色起爆药提出了新思路。

41.3.3 利用配位聚合物主客体作用进行爆炸物感度调整

含能配位聚合物作为一种典型的多孔材料，主体骨架与客体分子间的相互作用会对其感度产生影响。因此，可以利用配位聚合物的多孔性对敏感爆炸物进行封装或将高敏感的爆炸物孔内封装钝感剂，达到降低爆炸物感度的效果。2015 年，陈三平课题组报道了两个 3D 高能含能配位聚合物 [Co₉(bta)₁₀(Hbta)₂(H₂O)₁₀]ₙ·(22H₂O)ₙ(**1**)和[Co₉(bta)₁₀(Hbta)₂(H₂O)₁₀]ₙ(**2**)[94]。感度实验的结构表明，配位聚合物 **2** 的感度明显低于配合物 **1**，可能是配位聚合物 **2** 孔内有水分子的存在导致了其感度明显降低。

此外，庞思平和李生华等报道了利用配位聚合物封装敏感爆炸物二硝酰胺阴离子（ADN），降低其感度的方法。他们通过室温下离子交换的方式，将配位聚合物[Cu(atrz)₃(NO₃)₂]ₙ孔内的硝酸根离子置换成二硝酰胺阴离子（图 41-9）[95]。对比发现，二硝酰胺阴离子盐的撞击感度由 3～5J 提高到 9J，相应的摩擦感度由 64N 提高到 73N。此外，静电感度也随着二硝酰胺负载量的不同而不同，当二硝酰胺和配位聚合物摩尔比从 3 到 0 逐渐降低时，静电感度也由 9J 提高到 16J。因此，合理地利用配位聚合物的主客体相互作用也是降低爆炸物感度的一种有效方法。

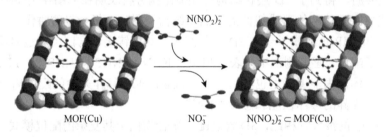

图 41-9　利用孔内爆炸物分子置换进行爆炸物感度调整[95]

41.3.4 机遇与挑战

配位聚合物在爆炸物领域的应用是一个新兴热点，虽然一些振奋人心的研究表明配位聚合物在该领域表现出一些独特的性能，可以提高爆炸物的稳定性和安全性。但目前的研究范围依然相对较窄且缺乏系统性，没有充分发挥配位聚合物多孔性、结构可调节性等方面的优势。

首先，在使用含能配体制备含能配位聚合物方面，除了目前提出的配位聚合物的维度会对爆炸物感度产生影响外，还应该把其他影响因素考虑到研究系统内，如氮含量、氧平衡、分子内氢键、分子间氢键、金属离子、硝基数量和硝胺基数量及是否有螯合结构等。只有这样才能更加全面有效地研究含能配位聚合物结构与感度的关系，进而从分子结构设计的角度制备性能更加优异的配位聚合爆炸物。目前已见报道的含能配位聚合物主要基于单一配体进行组装，没有充分利用其结构可设计性这一优势。使用混合配体是一种非常经典的构建配位聚合物的方法[96-98]。例如，2010 年 Yaghi

课题组使用了多种不同的配体进行混配，成功地制备了同时含有 8 种配体的配位聚合物[99]。借鉴这种思想，可以在爆炸物材料的设计中同时引入高能量和低感度的配体，通过调节不同配体的比例，从而制备一系列不同感度的配位聚合物，研究其感度和结构的关系，从而达到控制含能配位聚合物感度的目的。

配位聚合物后修饰方法可以改变配位聚合物的性质，同时可以弥补一些由于特殊结构无法直接构建配位聚合物的不足[100-102]。例如，周宏才课题组利用后修饰的方法，在锆配位聚合物骨架上进行点击反应，成功引入了不同的官能团[103]。同样的思路可以用来改进爆炸物的结构及性能，例如，在敏感的含能配位聚合物骨架上修饰某些降感官能团，从而达到降低其感度的作用。

其次，利用配位聚合物的多孔性改善爆炸物安全性能的策略也有待于进一步研究。作为一种典型的多孔材料，配位聚合物可以吸附、封装、运输和存储小分子，这种功能在气体存储、药物缓释、传感识别等领域已经被人们广泛研究。虽然利用该功能改善爆炸物感度的研究也取得了一些进展，但该方向的研究还不够系统。今后可以从以下两个方面着手研究：一方面将敏感的爆炸物封装在钝感的配位聚合物中；另一方面在敏感的含配位聚合物中封装钝感剂。

再次，利用配位聚合物作模板提高爆炸物安全性的研究较少。王博和杨利课题组已经利用配位聚合物作模板，经过碳化叠氮化制备出一种静电钝感的起爆药[80]。该思路可以被借鉴到一些其他爆炸物的降感中，如可以通过该方法改善硝酸肼镍等敏感炸药的感度等。

最后，配位聚合物在爆炸物领域的应用不能仅局限在新结构的制备研发，还应该与实际应用相结合，解决一些如装药器件化过程的安全性问题。例如，借鉴配位聚合物加工成型的方法原位制备已经成型的爆炸物，避免其器件化过程中产生安全隐患。

41.4　配位聚合物用于爆炸物检测与安防

41.4.1　检测芳香硝基类爆炸物

芳香硝基类爆炸物包含硝基酚类（NP）、TNT 及其他硝基苯类化合物（DNT）。这些化合物通常是缺电子的，其检测主要基于主客体分子间的能量转移或者电荷转移机制。当受到光激发之后，配位聚合物作为富电子体系将电子转移至爆炸物，导致自身荧光强度降低或者猝灭。很多有机发光材料和共轭聚合物都能够实现液相检测，但是由于爆炸物的蒸气压低，气相检测则不易实现。在室温下，TNT 的蒸气压是亿分之一（ppb），这就意味着在数亿个空气分子中只有几个 TNT 分子[104-106]，因此对于气相检测的灵敏度要求极高。配位聚合物气相检测爆炸物的优势在于其能够有效地预富集爆炸物至其孔道中，这相当于增加了被检物的浓度。预富集的被检物进而和荧光配位聚合物充分作用，提高了检测灵敏度。

2009 年，李静课题组首次报道利用荧光配位聚合物对爆炸物进行气相检测的相关研究[61]。荧光配位聚合物 $Zn_2(bpdc)_2(bpee)\cdot2DMF$[bpdc = 4,4'-biphenyldicarboxylate，bpee = 1,2-bis(4-pyridyl)ethylene] 能够快速高效检测硝基爆炸物 DNT 和 DMNB。在短短 10s 内，其荧光强度可以猝灭掉 80%。系统的研究表明，缺电子的被检测物质能够猝灭配位聚合物的荧光，而富电子的被分析物能够增强荧光，其原理是电子转移机制（图 41-10）。

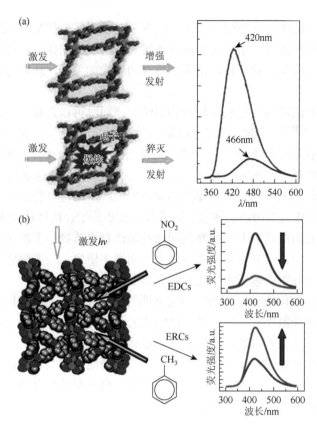

图 41-10 （a）左：由于分析物的吸收和随后的电子转移的荧光猝灭。右：暴露在爆炸物蒸前（蓝色）和后（黑）配位聚合物的荧光光谱图；（b）荧光检测机理：缺电子的硝基苯会导致配位聚合物荧光猝灭，而富电子的甲苯会导致配位聚合物荧光增强[61]

硝基酚类化合物含有羟基，可以与主体产生包括氢键、能量和电荷转移及静电吸引等的相互作用。前期已经有许多文献报道了高选择性和灵敏度的检测 TNP[107-111]。例如，Ghosh 课题组合成了一例多孔荧光配位聚合物 $Zn_8(ad)_4(BPDC)_6O \cdot 2Me_2NH_2 \cdot G$（ad = adenine，BPDC = biphenyl dicarboxylic acid，G = DMF 和水）。在该配位聚合物的孔道内壁上暴露大量氨基，这使得其能够在溶液相中实现对 TNP 的实时检测，其荧光猝灭常数为 4.6×10^4 L/mol[112]。值得一提的是该配位聚合物的选择性极好，在其他硝基化合物存在的条件下，仍能够选择性地检测 TNP。这主要得益于其一维孔道内部的氨基可以和 TNP 形成分子间氢键。此外，Bharadwaj 课题组也报道了含有氨基的荧光配位聚合物，其相比没有氨基的荧光配位聚合物对 TNP 展现出更好的选择性和更高的灵敏度[113]。

相比 TNP 而言，TNT 这类被广泛应用的爆炸物检测熔点低（80℃）、不溶于水等特点，使得其检测更加具有实用性和挑战性。在过去的几十年中，国内外有许多课题组一直致力于 TNT 的检测[114-118]。例如，Gu 课题组报道了基于卟啉的荧光配位聚合物能够快速选择性地检测 TNT[119]。该方法结合了配位聚合物的孔性和卟啉的荧光性能，可以在 30s 内实现 TNT 的快速检测。

41.4.2 检测多氮杂环高能爆炸物

相比传统硝基芳环类炸药，多氮杂环高能爆炸物既不含硝基也无苯环，因此该类爆炸物和传感器之间的电子转移和能量转移都不易发生，利用氧化猝灭的机制去检测更加具有挑战性。目前关于这类爆炸物检测的研究还处于初步阶段，一些新型的检测机理仍待开发。

2013 年，李静课题组报道了一种基于动态荧光配位聚合物检测 RDX 的方法[120]。其中，配位聚合物 $Zn_2(ndc)_2P \cdot xG$[ndc = 2,6-naphthalenedicarboxylate；P = 1,2-bis(4-pyridyl)ethane(bpe) 或 1,2-bis(4-pyridyl)-ethylene(bpee)；G = guest/solvent molecule]的结构柔性导致特定客体与其相互作用时会引发荧光强度和激发波长的改变，从而实现了对 RDX 的检测。

2014 年，王博和冯霄等开发了一种利用配位聚合物快速灵敏检测五元含氮杂环爆炸物的方法（图 41-11）[121]。该检测方法相比传统的检测方法具有三个明显的优势：①首次实现了荧光点亮检测。与传统的猝灭检测方法相比，这种检测方法更加灵敏，更易实现裸眼检测；②首次检测多氮含能爆炸物，拓宽了配位聚合物检测爆炸物的范围；③提出了新的检测机理，突破了原有的电子转移机理。该方法首次采用竞争配位原理实现了爆炸物检测，为开发爆炸物传感器提供了新的思路。

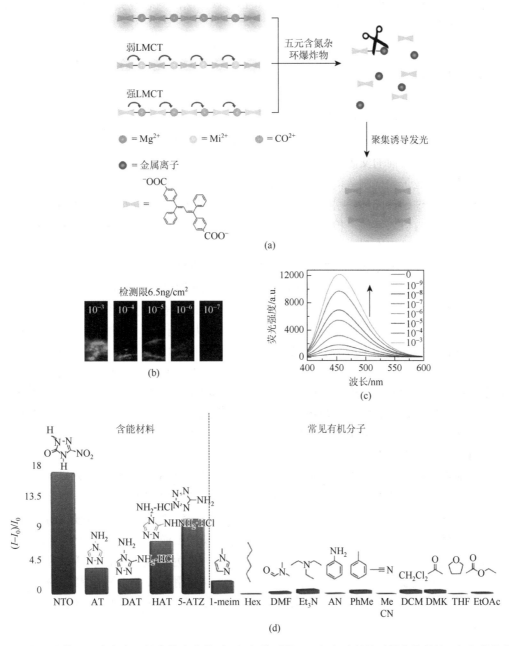

图 41-11 配位聚合物用于多氮杂环爆炸物点亮检测。（a）检测机理；（b）试纸检测爆炸物效果；（c）爆炸物检测荧光光谱图；（d）配位聚合物对不同爆炸物检测的选择性[121]

　　首先设计合成出一种特殊配体 4,4'-((Z,Z)-1,4-diphenylbuta-1,3-diene-1,4-diyl)dibenzoic acid（TABD-COOH），该配体为典型的聚集诱导发光（AIE）分子，即其在稀溶液状态下不发光，而聚集态下由于分子内旋转受限（RIR）而高度发光。该配体与 Mg^{2+} 形成的配位聚合物 TABD-MOF-1 的荧光量子产率为 38%。当 TABD-MOF-1 与爆炸物分子 NTO 相互结合之后，其颜色立即由配位聚合物的蓝色荧光变成绿色荧光。研究发现荧光的变化源自 NTO 和 TABD-COOH 的竞争配位。配位聚合物结构因此分解，释放出来 AIE 分子，导致波长位移。相对于猝灭及颜色改变的检测，点亮检测效果更明显。为实现点亮检测，他们选择 Ni^{2+} 和 Co^{2+} 这两个最外层电子数未填满的金属离子，通过配体到金属的电荷转移（LCMT）得到不发荧光的 TABD-MOF-2 和 TABD-MOF-3，其量子产率分别为 1.12% 和 0.15%。接下来，当爆炸物和这两个配位聚合物接触时，在几秒之内即可观察到荧光由暗到亮的明显变化过程，实现了点亮检测多氮杂环爆炸物。该方法的固态检测限可达到 $6.5ng/cm^2$，液相检测限为 $10^{-9}mol/L$。

41.4.3　机遇与挑战

　　虽然已经有许多配位聚合物用于爆炸物检测与安防的相关报道，但该研究方向仍然存在着许多机遇和挑战，在未来的研究中，科学家应该重点从事以下几个方向的研究。

　　（1）气相检测。从目前的文献报道来看，用于气相检测爆炸物的配位聚合物传感器依然较少。其中主要的难点可能在于如何制备同时满足更大孔径和更高检测灵敏度的配位聚合物。针对以上难点，研究人员可以通过延长配体，引入更多的活性位点制备配位聚合物，或者在高比表面积、高孔径的配位聚合物分子内引入其他可检测爆炸物的小分子或量子点，充分发挥配位聚合物的预富集能力，从而实现爆炸物的气相检测。

　　（2）点亮检测。对于裸眼即时检测而言，目前配位聚合物检测爆炸物主要还是基于氧化猝灭的机理，这样的检测灵敏度低，识别性差。在配位聚合物设计或改性修饰过程中引入具有猝灭荧光的物质或官能团，利用爆炸物与荧光猝灭剂的竞争关系实现爆炸物的点亮检测可能是一种比较可行的思路。

　　（3）适用于更多类型的爆炸检测。目前配位聚合物可以检测的爆炸物主要是传统的硝基苯和硝基酚，而针对其他类型的爆炸物检测少有报道。从实际应用的角度出发，一些硝胺基爆炸物及其他多氮杂环类炸药应用往往更加广泛，如 RDX、NTO 已经是目前高级军用爆炸物的必要成分，因此更加亟需开发出能够快速检测该类爆炸物的传感器。其可能的解决方案主要有：引入活性位点或者官能团，使其能够快速准确与被检测爆炸物作用；利用其他荧光机理检测爆炸物，如利用 AIE 分子制备配位聚合，通过爆炸物在孔内影响配体转动，从而影响其发光性质。此外，也可以设计基于配位聚合物的传感阵列，用于识别爆炸物。

　　（4）加工成可方便携带的器件。目前的研究大多注重基于配位聚合物传感材料的设计或者机理的研究。事实上，将配位聚合物传感材料加工成器件是未来该材料实际应用的必要条件。如何解决配位聚合物的化学稳定性差和其加工性难的问题是实现配位聚合物器件化的首要任务。随着配位聚合物领域的快速发展，目前已有很多改善其化学稳定性和加工成型的方法见于报道。一方面，可以使用高价金属离子（$Zr^{4+[122-124]}$、$Al^{3+[125, 126]}$ 和 $Ti^{4+[127]}$）作为构筑单元，或者在分子孔道内或表面引入疏水基团，从而提高其稳定性；另一方面，应合理利用各种关于配位聚合物的加工成型方法，如静电纺丝、刮涂、HOP 等。综合考虑以上两方面则有望实现基于配位聚合物检测爆炸物的器件化加工。

（王　博　王乾有）

参 考 文 献

[1]　Badgujar D M，Talawar M B，Asthana S N，et al. Advances in science and technology of modern energetic materials：an overview. J Hazard Mater，2008，151：289-305.

[2]　Pagoria P F，Lee G S，Mitchell A R，et al. A review of energetic materials synthesis. Thermochim Acta，2002，384：187-204.

[3]　Sikder A K，Sikder N. A review of advanced high performance，insensitive and thermally stable energetic materials emerging for military and space applications. J Hazard Mater，2004，112：1-15.

[4]　欧育湘. 含能材料. 北京：国防工业出版社，2008.

[5]　劳允亮，盛涤伦. 火工药剂学. 北京：北京理工大学出版社，2011.

[6]　蒋荣光，刘自锡. 起爆药. 北京：兵器工业出版社，2005.

[7]　Kilmer E E. Heat-resistant explosives for space applications. J Spacecraft Rockets，1968，5：1216-1219.

[8]　Zhang Z. Control in blasting engineering. Chinese J Chem Eng，2013，9：1208-1214.

[9]　Persson P A，Holmberg R，Lee J. Rock Blasting and Explosives Engineering. Boca Raton：CRC Press，1993.

[10]　Landenberger K B，Matzger A J. Cocrystal engineering of a prototype energetic material：supramolecular chemistry of 2, 4, 6-trinitrotoluene. Cryst Growth Des，2010，10：5341-5347.

[11]　Samet A V，Marshalkin V N，Lyssenko K A，et al. Synthesis of substituted dibenz[b, f]oxepines from 2, 4, 6-trinitrotoluene. Russ Chem Bull，2009，58：347-530.

[12]　Oxley J C，Smith J L，Yue J，et al. Hypergolic reactions of TNT. Propell Explos Pyrot，2009，34：421-426.

[13]　Hailes H R. The thermal decomposition of lead styphnate. Transactions of the Faraday Society，1933，29：0544-0549.

[14]　Liu J，Jiang Y，Tong W，et al. Thermal kinetic parameters of lead azide and lead styphnate with antistatic additives. Propell Explos Pyrot，2016，41：267-272.

[15]　Bolton O，Matzger A J. Improved stability and smart-material functionality realized in an energetic cocrystal. Angew Chem Int Ed，2011，123：9122-9125.

[16]　Zhang J，Cheng X，Zhao F. Quantum chemical study on the interactions of NO_3 with RDX and four decomposition intermediates. Propell Explos Pyrot，2010，35：315-320.

[17]　Behrens R. Thermal decomposition of energetic materials：temporal behaviors of the rates of formation of the gaseous pyrolysis products from condensed-phase decomposition of octahydro-1, 3, 5, 7-tetranitro-1, 3, 5, 7-tetrazocine. J Phys Chem，1990，94：6706-6723.

[18]　Landenberger K B，Matzger A J. Cocrystals of 1, 3, 5, 7-tetranitro-1, 3, 5, 7-tetrazacyclooctane（HMX）. Cryst Growth Des，2012，12：3603-3609.

[19]　Simpson R L，Urtiew P A，Ornellas D L，et al. CL-20 performance exceeds that of HMX and its sensitivity is moderate. Propell Explos Pyrot，1997，22：249-255.

[20]　Heijden A E D M，Bouma R H B. Crystallization and characterization of RDX，HMX，and CL-20. Cryst Growth Des，2004，4：999-1007.

[21]　Gray P. Chemistry of the inorganic azides. Quart Rev，1963，17：441-473.

[22]　Sutton T C. Mechanism of detonation in lead azide crystals. Nature，1934，133：463.

[23]　Garner W E，Gomm A S. The thermal decomposition and detonation of lead azide crystals. J Chem Soc，1931，2123-2134.

[24]　Bowden F P，Williams H T. Initiation and Propagation of explosion in azides and fulminates. P Roy Soc A-Math Phys，1951，208：176-188.

[25]　Bian C，Zhang M，Li C，et al. 3-Nitro-1-(2 H-tetrazol-5-yl)-1 H-1,2,4-triazol-5-amine（HANTT）and its energetic salts：highly thermally stable energetic materials with low sensitivity. J Mater Chem A，2015，3：163-169.

[26]　Thottempudi V，Forohor F，Parrish D A，et al. Tris（triazolo）benzene and its derivatives：high-density energetic materials. Angew Chem Int Ed，2012，51：9881-9885.

[27]　Chavez D E，Hiskey M A. 1, 2, 4, 5-tetrazine based energetic materials. J Energy Mater，1999，17：357-377.

[28]　Liu Y，Zhang J，Wang K，et al. Bis（4-nitraminofurazanyl-3-azoxy）azofurazan and derivatives：1, 2, 5-oxadiazole structures and high-performance energetic materials. Angew Chem Int Ed，2016，55：11548-11551.

[29]　Xie Y，Hu R，Yang C，et al. Studies on the critical temperature of thermal explosion for 3-nitro-1, 2, 4-triazol-5-one（NTO）and its salts. Propell Explos Pyrot，1992，17：298-302.

[30]　Östmark H，Bergman H，Åqvist G. The chemistry of 3-mtro-1, 2, 4-triazol-5-one（NTO）：thermal decomposition. Thermochim Acta，1993，213：165.

[31]　Li C，Zhang M，Chen Q，et al. 1-(3, 5-Dinitro-1H-pyrazol-4-yl)-3-nitro-1H-1, 2, 4-triazol-5-amine（HCPT）and its energetic salts：highly

thermally stable energetic materials with high-performance. Dalton Trans，2016，45：17956-17965.

[32] Talawar M B，Agrawal A P，Anniyappan M，et al. Primary explosives：electrostatic discharge initiation，additive effect and its relation to thermal and explosive characteristics. J Hazard Mater，2006，137：1074-1078.

[33] Mehta N，Oyler K，Cheng G，et al. Primary explosives. Z Anorg Allg Chem，2014，640：1309-1313.

[34] He C，Shreeve J M. Potassium 4, 5-bis（dinitromethyl）furoxanate：a green primary explosive with a positive oxygen balance. Angew Chem Int Ed，2016，55：772-775.

[35] Matyas R，Selesovsky J，Musil T. Sensitivity to friction for primary explosives. J Hazard Mater，2012，213-214：236-241.

[36] Ramaswamy A L，Field J E. Laser-induced ignition of single crystals of the secondary explosive cyclotrimethylene trinitramine. J Appl Phys，1996，79：3842.

[37] Yaghi O M，Li G M，Li H L. Selective binding and removal of guests in a microporous metal-organic framework. Nature, 1995, 378：703-706.

[38] Furukawa H，Ko N，Go Y B，et al. Ultrahigh porosity in metal-organic frameworks. Science，2010，329：424-428.

[39] Kitaura R，Kitagawa S，Kubota Y，et al. Formation of a one-dimensional array of oxygen in a microporous metal-organic solid. Science，2002，298：2358-2361.

[40] Furukawa H，Cordova K E，O'Keeffe M，et al. The chemistry and applications of metal-organic frameworks. Science，2013，341：1230444.

[41] Long J R，Yaghi O M. The pervasive chemistry of metal-organic frameworks. Chem Soc Rev，2009，38：1213-1214.

[42] Yang Q Y，Liu D H，Zhong C L，et al. Development of computational methodologies for metal-organic frameworks and their application in gas separations. Chem Rev，2013，113：8261-8323.

[43] Hirscher M. Hydrogen storage by cryoadsorption in ultrahigh-porosity metal-organic frameworks. Angew Chem Int Ed，2011，50：581-582.

[44] Liu J W，Chen L F，Cui H，et al. Applications of metal-organic frameworks in heterogeneous supramolecular catalysis. Chem Soc Rev，2014，43：6011-6061.

[45] He C B，Lu K D，Liu D M，et al. Nanoscale metal-organic frameworks for the co-delivery of cisplatin and pooled siRNAs to enhance therapeutic efficacy in drug-resistant ovarian cancer cells. J Am Chem Soc，2014，136：5181-5184.

[46] Hao J N，Yan B. Determination of urinary 1-hydroxypyrene for biomonitoring of human exposure to polycyclic aromatic hydrocarbons carcinogens by a lanthanide-functionalized metal-organic framework sensor. Adv Funct Mater，2017，27：1603856.

[47] Zhang Q，Shreeve J M. Metal-organic frameworks as high explosives：a new concept for energetic materials. Angew Chem Int Ed，2014，53：2540-2542.

[48] Zhang S，Yang Q，Liu X，et al. High-energy metal-organic frameworks（HE-MOFs）：synthesis，structure and energetic performance. Coord Chemy Rev，2016，307：292-312.

[49] Gares K L，Hufziger K T，Bykov S V，et al. Review of explosive detection methodologies and the emergence of standoff deep UV resonance Raman. J Raman Spectrosc，2016，47：124-141.

[50] Ben-Jaber S，Peveler W J，Quesada-Cabrera R，et al. Photo-induced enhanced raman spectroscopy for universal ultra-trace detection of explosives，pollutants and biomolecules. Nat Commun，2016，7：12189.

[51] Krause A R，van Neste C，Senesac L，et al. Trace explosive detection using photothermal deflection spectroscopy. J Appl Phys，2008，103.

[52] Riskin M，Tel-Vered R，Willner I. Imprinted Au-nanoparticle composites for the ultrasensitive surface plasmon resonance detection of hexahydro-1, 3, 5-trinitro-1, 3, 5-triazine（RDX）. Adv Mater，2010，22：1387-1391.

[53] Jamil A K M，Sivanesan A，Iza ke E L，et al. Molecular recognition of 2, 4, 6-trinitrotoluene by 6-aminohexanethiol and surface-enhanced Raman scattering sensor. Sens Actuator B，2015，221：273-280.

[54] Salinas Y，Martinez-Manez R，Marcos M D，et al. Optical chemosensors and reagents to detect explosives. Chem Soc Rev，2012，41：1261-1269.

[55] Li D D，Liu J Z，Kwok R T K，et al. Supersensitive detection of explosives by recyclable AIE luminogen-functionalized mesoporous materials. Chem Commun，2012，48：7167-7169.

[56] Albert I D L，Marks T J，Ratner M A. Large molecular hyperpolarizabilities. Quantitative analysis of aromaticity and auxiliary donor-acceptor effects. J Am Chem Soc，1997，119：6575-6582.

[57] Dutta P，Chakravarty S，Sarma N S. Detection of nitroaromatic explosives using π-electron rich luminescent polymeric nanocomposites. RSC Adv，2016，6：3680-3689.

[58] Lichtenstein A，Havivi E，Shacham R，et al. Supersensitive fingerprinting of explosives by chemically modified nanosensors arrays. Nat Commun，2014，5：4195.

[59] Hu Z，Deibert B J，Li J. Luminescent metal-organic frameworks for chemical sensing and explosive detection. Chem Soc Rev，2014，43：5815-5840.

[60]　Banerjee D，Hu Z，Li J. Luminescent metal-organic frameworks as explosive sensors. Dalton Trans，2014，43：10668-10685.

[61]　Lan A J，Li K H，Wu H H，et al. A luminescent microporous metal-organic framework for the fast and reversible detection of high explosives. Angew Chem Int Ed，2009，48：2370-2374.

[62]　Nagarkar S S，Joarder B，Chaudhari A K，et al. Highly selective detection of nitro explosives by a luminescent metal-organic framework. Angew Chem Int Ed，2013，125：2953-2957.

[63]　Wang B，Lv X L，Feng D，et al. Highly stable Zr(Ⅳ)-based metal-organic frameworks for the detection and removal of antibiotics and organic explosives in water. J Am Chem Soc，2016，138：6204-6216.

[64]　Pelletier V，Bhattacharyya S，Knoke I，et al. Copper azide confined inside templated carbon nanotubes. Adv Funct Mater，2010，20：3168-3174.

[65]　Zhang F，Wang Y，Bai Y，et al. Preparation and characterization of copper azide nanowire array. Mater Lett，2012，89：176-179.

[66]　Xie R，Liu L，Ren X，et al. Research on in-situ charge and performance of Si-based micro-detonator. Acta Armamentar Ⅱ，2014，35：1972-1977.

[67]　Li B，Li M，Zeng Q，et al. *In situ* fabrication of monolithic copper azide. J Energ Mater，2016，34：123-128.

[68]　Yu Q，Li M，Zeng Q，et al. Copper azide fabricated by nanoporous copper precursor with proper density. Appl Surf Sci，2018，442：38-44.

[69]　Shen Y，Xu J，Li D，et al. A micro-initiator realized by in-situ synthesis of three-dimensional porous copper azide and its ignition performance. Chem Eng J，2017，326：1116-1124.

[70]　Bradshaw D，Garai A，Huo J. Metal-organic framework growth at functional interfaces：thin films and composites for diverse applications. Chem Soc Rev，2012，41：2344-2381.

[71]　Kitao T，Zhang Y，Kitagawa S，et al. Hybridization of MOFs and polymers. Chem Soc Rev，2017，46：3108-3133.

[72]　Zhang Y，Feng X，Yuan S，et al. Challenges and recent advances in MOF-polymer composite membranes for gas separation. Inorg Chem Front，2016，3：896-909.

[73]　Liu Y，Ng Z，Khan E A，et al. Synthesis of continuous MOF-5 membranes on porous α-alumina substrates. Micropor Mesopor Mat，2009，118：296-301.

[74]　Gascon J，Aguado S，Kapteijn F. Manufacture of dense coatings of Cu₃(BTC)₂(HKUST-1)on α-alumina. Micropor Mesopor Mat，2008 7，113：132-138.

[75]　Guerrero V V，Yoo Y，McCarthy M C，et al. HKUST-1 membranes on porous supports using secondary growth. J Mater Chem，2010，20：3938-3943.

[76]　Chen Y，Li S，Pei X，et al. A solvent-free hot-pressing method for preparing metal-organic-framework coatings. Angew Chem Int Ed，2016，55：3419-3423.

[77]　Wang L，Feng X，Ren L，et al. Flexible solid-state supercapacitor based on a metal-organic framework interwoven by electrochemically-deposited PANI. J Am Chem Soc，2015，137：4920-4923.

[78]　Zhang Y，Yuan S，Feng X，et al. Preparation of nanofibrous metal-organic framework filters for efficient air pollution control. J Am Chem Soc，2016，138：5785-5788.

[79]　Zhang Y，Feng X，Li H，et al. Photoinduced postsynthetic polymerization of a metal-organic framework toward a flexible stand-alone membrane. Angew Chem Int Ed，2015，54：4259-4263.

[80]　Wang Q，Feng X，Wang S，et al. Metal-organic framework templated synthesis of copper azide as the primary explosive with low electrostatic sensitivity and excellent initiation ability. Adv Mater，2016，28：5837-5843.

[81]　Bushuyev O S，Brown P，Maiti A，et al. Ionic polymers as a new structural motif for high-energy-density materials. J Am Chem Soc，2012，134：1422-1425.

[82]　Bushuyev O S，Peterson G R，Brown P，et al. Metal-organic frameworks（MOFs）as safer，structurally reinforced energetics. Chem Eur J，2013，19：1706-1711.

[83]　Guo Z，Wu Y，Deng C，et al. structural modulation from 1D Chain to 3D framework：improved thermostability，insensitivity，and energies of two nitrogen-rich energetic coordination polymers. Inorg Chem，2016，55：11064-11071.

[84]　Wu B D，Bi Y G，Li F G，et al. A novel stable high-nitrogen energetic compound：copper(Ⅱ)1，2-diaminopropane azide. Z Anorg Allg Chem，2014，640：224-228.

[85]　Wu B D，Zhou Z N，Li F G，et al. Preparation，crystal structures，thermal decompositions and explosive properties of two new high-nitrogen azide ethylenediamine energetic compounds. New J Chem，2013，37：646-653.

[86]　Tang Z，Zhang J G，Liu Z H，et al. Synthesis，structural characterization and thermal analysis of a high nitrogen-contented cadmium(Ⅱ) coordination polymer based on 1，5-diaminotetrazole. J Mol Struct，2011，1004：8-12.

[87]　Tao G H，Parrish D A，Shreeve J M. Nitrogen-rich 5-(1-methylhydrazinyl)tetrazole and its copper and silver complexes. Inorg Chem，2012，

51：5305-5312.

[88]   Gao W，Liu X，Su Z，et al. High-energy-density materials with remarkable thermostability and insensitivity: syntheses，structures and physicochemical properties of Pb（Ⅱ）compounds with 3-（tetrazol-5-yl）triazole. J Mater Chem A，2014，2：11958-11965.

[89]   Wang W，Chen S，Gao S. Syntheses and characterization of lead（Ⅱ）N, N-bis[1（2）H-tetrazol-5-yl]amine compounds and effects on thermal decomposition of ammonium perchlorate. Eur J Inorg Chem，2009，2009：3475-3480.

[90]   Wang S H，Zheng F K，Wu M F，et al. Hydrothermal syntheses，crystal structures and physical properties of a new family of energetic coordination polymers with nitrogen-rich ligand N-[2-(1H-tetrazol-5-yl)ethyl]glycine. CrystEngComm，2013，15：2616-2623.

[91]   Feng Y，Bi Y，Zhao W，et al. Anionic metal-organic frameworks lead the way to eco-friendly high-energy-density materials. J Mater Chem A，2016，4：7596-7600.

[92]   Li S H，Wang Y，Qi C，et al. 3D energetic metal-organic frameworks: synthesis and properties of high energy materials. Angew Chem Int Ed，2013，125：14281-14285.

[93]   Qin J S，Zhang J C，Zhang M，et al. A highly energetic N-rich zeolite-like metal-organic framework with excellent air stability and insensitivity. Adv Sci，2015，2：1500150.

[94]   Liu X，Gao W，Sun P，et al. Environmentally friendly high-energy MOFs: crystal structures，thermostability，insensitivity and remarkable detonation performances. Green Chem，2015，17：831-836.

[95]   Zhang J C，Du Y，Dong K，et al. Taming dinitramide anions within an energetic metal-organic framework: a new strategy for synthesis and tunable properties of high energy materials. Chem Mater，2016，28：1472-1480.

[96]   Bunck D N，Dichtel W R. Mixed linker strategies for organic framework functionalization. Chem Eur J，2013，19：818-827.

[97]   Kleist W，Maciejewski M，Baiker A. MOF-5 based mixed-linker metal-organic frameworks: synthesis，thermal stability and catalytic application. Thermochim Acta，2010，499：71-78.

[98]   Zhang C，Xiao Y，Liu D，et al. A hybrid zeolitic imidazolate framework membrane by mixed-linker synthesis for efficient CO_2 capture. Chem Commun，2013，49：600-602.

[99]   Deng H，Doonan C J，Furukawa H，et al. Multiple functional groups of varying ratios in metal-organic frameworks. Science，2010，327：846-850.

[100]   Tanabe K K，Cohen S M. Postsynthetic modification of metal-organic frameworks—a progress report. Chem Soc Rev，2011，40：498-519.

[101]   Wang Z，Cohen S M. Postsynthetic modification of metal-organic frameworks. Chem Soc Rev，2009，38：1315-1329.

[102]   Sun F，Yin Z，Wang Q Q，et al. Tandem postsynthetic modification of a metal-organic framework by thermal elimination and subsequent bromination: effects on absorption properties and photoluminescence. Angew Chem Int Ed，2013，125：4636-4641.

[103]   Jiang H L，Feng D，Liu T F，et al. Pore surface engineering with controlled loadings of functional groups via click chemistry in highly stable metal-organic frameworks. J Am Chem Soc，2012，134：14690-14693.

[104]   Östmark H，Wallin S，Ang H G. Vapor pressure of explosives: a critical review. Propell Explos Pyrot，2012，37：12-23.

[105]   Dionne B C，Rounbehler D P，Achter E K，et al. Vapor pressure of explosives. J Energy Mater，1986，4：447-472.

[106]   Räupke A，Palma-Cando A，Shkura E，et al. Highly sensitive gas-phase explosive detection by luminescent microporous polymer networks. Sci Rep，2016，6：29118.

[107]   Shi Z Q，Guo Z J，Zheng H G. Two luminescent Zn（Ⅱ）metal-organic frameworks for exceptionally selective detection of picric acid explosives. Chem Commun，2015，51：8300-8303.

[108]   Chen D M，Tian J Y，Liu C S. Ligand symmetry modulation for designing mixed-ligand metal-organic frameworks: gas sorption and luminescence sensing properties. Inorg Chem，2016，55：8892-8897.

[109]   Liu W，Huang X，Xu C，et al. A multi-responsive regenerable europium-organic framework luminescent sensor for Fe^{3+}，Cr^{VI} Anions，and picric acid. Chem Eur J，2016，22：18769-18776.

[110]   Wang Y，Wei J，Chen R，et al. Guest-induced SC-SC transformation within the first K/Cd heterodimetallic triazole complex: a luminescent sensor for high-explosives and cyano molecules. Chem Commun，2017，53：636-639.

[111]   Shanmugaraju S，Dabadie C，Byrne K，et al. A supramolecular Tröger's base derived coordination zinc polymer for fluorescent sensing of phenolic-nitroaromatic explosives in water. Chem Sci，2017，8：1535-1546.

[112]   Joarder B，Desai A V，Samanta P，et al. Selective and sensitive aqueous-phase detection of 2, 4, 6-trinitrophenol（TNP）by an amine-functionalized metal-organic framework. Chem Eur J，2015，21：965-969.

[113]   Pal T K，Chatterjee N，Bharadwaj P K. Linker-induced structural diversity and photophysical property of MOFs for selective and sensitive detection of nitroaromatics. Inorg Chem，2016，55：1741-1747.

[114]   Xie W，Zhang S R，Du D Y，et al. Stable luminescent metal-organic frameworks as dual-functional materials to encapsulate Ln^{3+} ions for

white-light emission and to detect nitroaromatic explosives. Inorg Chem，2015，54：3290-3296.

[115] Wan X Y，Jiang F L，Liu C P，et al. Rapid and discriminative detection of nitro aromatic compounds with high sensitivity using two zinc MOFs synthesized through a temperature-modulated method. J Mater Chem A，2015，3：22369-22376.

[116] Gole B，Bar A K，Mukherjee P S. Modification of extended open frameworks with fluorescent tags for sensing explosives：competition between size selectivity and electron deficiency. Chem Eur J，2014，20：2276-2291.

[117] Gao R C，Guo F S，Bai N N，et al. Two 3D isostructural Ln（Ⅲ）-MOFs：displaying the slow magnetic relaxation and luminescence properties in detection of nitrobenzene and $Cr_2O_7^{2-}$. Inorg Chem，2016，55：11323-11330.

[118] Gong W J，Ren Z G，Li H X，et al. Cadmium（Ⅱ）coordination polymers of 4-pyr-poly-2-ene and carboxylates：construction，structure，and photochemical double [2 + 2] cycloaddition and luminescent sensing of nitroaromatics and mercury（Ⅱ）ions. Cryst Growth Des，2017，17：870-881.

[119] Yang J，Wang Z，Hu K L，et al. Rapid and specific aqueous-phase detection of nitroaromatic explosives with inherent porphyrin recognition sites in metal-organic frameworks. ACS Appl Mater Interfaces，2015，7：11956-11964.

[120] Hu Z C，Pramanik S，Tan K，et al. Selective，sensitive，and reversible detection of vapor-phase high explosives via two-dimensional mapping：a new strategy for mof-based sensors. Cryst Growth Des 2013，13：4204-4207.

[121] GuoY X，Feng X，Han T Y，et al. Tuning the luminescence of metal-organic frameworks for detection of energetic heterocyclic compounds. J Am Chem Soc，2014，136：15485-15488.

[122] Cavka J H，Jakobsen S，Olsbye U，et al. A new zirconium inorganic building brick forming metal organic frameworks with exceptional stability. J Am Chem Soc，2008，130：13850-13851.

[123] Kandiah M，Nilsen M H，Usseglio S，et al. Synthesis and stability of tagged UiO-66 Zr-MOFs. Chem Mater，2010，22：6632-6640.

[124] Jiang H L，Feng D，Wang K，et al. An exceptionally stable，porphyrinic Zr metal-organic framework exhibiting pH-dependent fluorescence. J Am Chem Soc，2013，135：13934-13938.

[125] Loiseau T，Serre C，Huguenard C，et al. A rationale for the large breathing of the porous aluminum terephthalate（MIL-53）upon hydration. Chem Eur J，2004，10：1373-1382.

[126] Gandara F，Furukawa H，Lee S，et al. High methane storage capacity in aluminum metal-organic frameworks. J Am Chem Soc，2014，136：5271-5274.

[127] Nguyen H L，Gandara F，Furukawa H，et al. A titanium-organic framework as an exemplar of combining the chemistry of metal-and covalent-organic frameworks. J Am Chem Soc，2016，138：4330-4333.

多孔配位聚合物为前驱体的电池材料制备与应用

配位聚合物（coordination polymers，CP）是由无机金属中心与有机配体通过配位键以自组装方式连接形成的一类化合物。金属有机框架（metal-organic framework，MOF）作为配位聚合物的一种，因具有高度的结晶性、多变的结构、可调的孔道结构、高的比表面积和孔隙率等丰富的特征及由此产生的多样的理化性质[1-11]，已经在气体吸附与分离、催化、药物运输、荧光、传感、质子传导等领域展现出诱人的应用前景[12-17]。近年来，以 MOF 为前驱体制备的各种多孔纳米材料在电化学能源储存与转换领域更是掀起了研究热潮，将 MOF 化合物的应用推至新的高度。本章将主要介绍利用 MOF 为前驱体进行多孔材料制备的相关研究，阐述其作为电极材料在超级电容器、锂离子电池、锂-氧电池、锂-硫电池、钠离子电池、太阳能电池、燃料电池等储能领域的应用，并展望了 MOF 在电化学能源储存与转换领域的发展前景。

42.1 基于多孔配位聚合物前驱体的纳米材料的制备

42.1.1 碳材料

纳米多孔碳因其丰富的来源和优异的热、化学稳定性，已经在电化学能源储存领域引起科学界的广泛关注。碳材料纳米结构的精确控制不仅能够提供电容储存，而且提供了制备适用于在锂离子电池中高倍率条件下锂离子可逆插入材料的机会。此外，高比表面积的碳也被广泛应用于修饰其他具有高效氧化还原活性的纳米材料，从而将其应用于能源储存领域[18]。尽管如此，过去 20～30 年间科研工作者在碳纳米材料结构控制领域的研究仍处于初级阶段。因此，开发有助于碳纳米材料多孔性和形貌调控的新技术、新方法尤为重要。近年来，基于明确结构和高比表面积的特点，MOF 引起研究者的特别关注，并已发展成为制备具有理想性能的碳材料衍生物的一类新兴资源。以 MOF 作前驱体或自牺牲模板，通过惰性气氛条件下高温碳化处理，能够制备多孔碳材料（NPC）。该过程具有以下优势：①制备过程无需引入额外碳源；②碳化过程中稳定的碳源保证了其较高的转换效率；③MOF 晶粒的大小、形貌能够得到很好的调控；④制备过程中无需去模板[19]。例如，2008 年徐强课题组[20]首次选择 Zn-MOF（MOF-5），采用有效的一步热解策略，得到了具有高比表面积的多孔碳材料。碳化过程中，MOF 前驱体通过惰性气氛热处理发生分解，生成的碳具有很强的还原性，可以将 ZnO 转化为 Zn 单质。由于沸点相对较低（908℃），Zn 很容易通过高温升华被除去，从而得到高孔隙度的碳材料。随后，该课题组[21]充分利用 MOF 的多孔特性，引入呋喃甲醇第二碳源，通过高温碳化得到具有超高比表面积（3405m²/g）和孔体积（2.58cm³/g）的碳材料。研究发现，升温速率、碳化时间及 MOF 的配体种类对所得碳材料的性能都有至关重要的影响。

陈乾旺课题组[22]选择经典 ZIF-8 作前驱体,通过高温热解得到具有高含氮量(17.72%)的氮掺杂类石墨烯材料,制备过程如图 42-1 所示。研究发现,掺杂的氮原子(主要指吡啶氮和吡咯氮)能够提供更多的活性位点,因此作为电极材料时表现出优异的性能。近年来,许多课题组[23-26]均以 MOF 为前驱体,采用此种方法合成各种多孔碳材料,并研究其在诸多领域的应用潜力。相比于 Zn-MOF,其他 MOF 在相对较低温度下碳化则生成沸点较高的金属,如 Fe、Co、Cu、Al 等,此类材料通常需经酸洗处理以获得多孔碳材料[27]。通常,直接碳化 MOF 制备的碳材料比表面积较低,而衍生的碳材料的比表面积和孔尺寸主要取决于相应的 MOF 前驱体。因此,使用高孔隙度 MOF 为前驱体制备的碳材料多具有更高的比表面积;相反,无孔隙 MOF 为前驱体合成的碳材料则比表面积较小。选择适合于未来目标应用的 MOF 变得尤其重要。

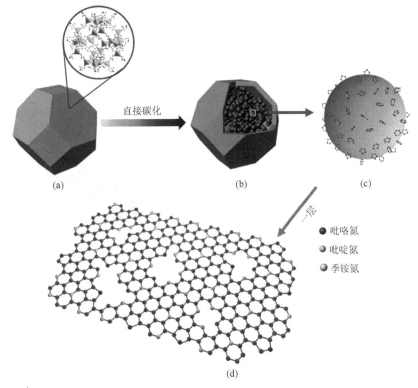

图 42-1 氮掺杂类石墨烯材料的合成步骤示意图[22]

目前,研究者们对碳化前驱体的选择多限于经典的几类 MOF,主要由于这些 MOF 具有合成简单、价格低廉等优点,适合作为前驱体或自牺牲模板制备多孔纳米材料。其中具有代表性的经典 MOF 主要包括 MOF-1(Zn)、MOF-2(Zn)、MOF-5(Zn)、HKUST-1(Cu)、ZIF-8(Zn)、ZIF-67(Co)、MIL-101(Fe、Cr 等)、MIL-88(Fe)、MIL-88-NH$_2$(Fe)、普鲁士蓝(Fe、Co、Ni)等。最近,诸多二维配位聚合物也被合成,并作为前驱体或自牺牲模板制备具有高表面积和大量杂原子掺杂活性位点的二维碳纳米片材料[28, 29]。独特的组成和拓扑结构已经使得 MOF 作为前驱体或牺牲模板应用于合成具有高比表面积和多孔结构的碳材料,并在能源储存与转换领域展现出很好的发展前景。

42.1.2 金属氧化物

合成形貌、尺寸、组分、孔结构及比表面积可控的金属氧化物应用于电化学能源储存与转换领域也已引起研究者极大的兴趣。虽然目前已经有多种制备金属氧化物的物理和化学方法被提出,但实际应用仍然受限于其复杂的制备过程。MOF 热解策略的出现提供了通过多种方式调控金属氧化物结构及批量生产以满足工业需求。基于 MOF 自身固有的结构特点，通过在各种环境气氛中进行可控热解，可以实现金属氧化物的可控制备。

Sharma 等[30]通过热分解普鲁士蓝 $Fe_4[Fe(CN)_6]_3$ 制备了具有高比表面积的 Fe_2O_3。研究发现，在这一体系中，金属氧化物比表面积的大小完全取决于 MOF 颗粒的尺寸，MOF 尺寸的增加将会导致所得纳米金属氧化物比表面积的减小。此外，碳化条件的改变也可能使一些金属呈现出不同的氧化态。2011 年，Oh 等[31]以 CPP-15 纳米棒配位聚合物为前驱体，通过选择性地控制焙烧条件合成 α-Fe_2O_3 和磁性 Fe_3O_4 纳米棒［图 42-2（a）］。随后，Xu 课题组[32]选择 MIL-88(Fe)为牺牲模板，通过两步碳化过程制备高比表面积、类纺锤体状的多孔 α-Fe_2O_3 材料［图 42-2（b）］。MOF 自身预成型的网络结构也可以使其作为前驱体制备高度多孔的中空金属氧化物纳米材料。楼雄文课题组[33]通过热诱导氧化分解 $Fe_4[Fe(CN)_6]_3$ 前驱体生成具有不同壳体结构的中空 Fe_2O_3 微块体（图 42-3）。结果表明，热分解温度对所得产物的形貌起到至关重要的作用。例如，$Fe_4[Fe(CN)_6]_3$ 热分解温度为 350℃时生成 Fe_2O_3 微块体，当温度升高至 550℃可得到多孔 Fe_2O_3 微块体，而进一步升高温度至 650℃则形成含有 Fe_2O_3 纳米片的分层微块体。

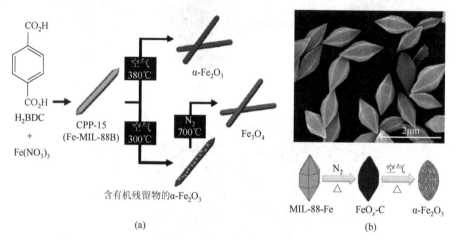

图 42-2　（a）通过热解 CPP-15 配位聚合物选择性制备 α-Fe_2O_3 和磁性 Fe_3O_4 纳米棒[29]；（b）MIL-88(Fe)的扫描电子显微镜图（上）和制备类纺锤体型多孔 α-Fe_2O_3 的过程示意图（下）[30]

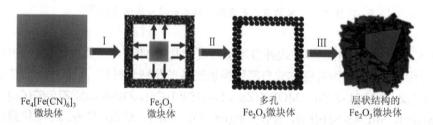

图 42-3　中空 Fe_2O_3 微块体的形成过程机理和升高焙烧温度时壳层结构的演变示意图[31]

近年来，关于混合金属氧化物的研究同样引起了研究者们极大的兴趣。金属之间的协同作用及金属自身存在多种价态使得所制备的混金属氧化物具有复杂的化学组分、增强的电、化学及磁性能。但是，在此类材料的合成过程中纳米颗粒之间容易发生团聚现象，不利于产生优异的电化学性能，因此如何制备分散均匀、比表面积高的混金属氧化物仍然是一项巨大的挑战。

MOF 前驱体衍生的混金属氧化物不仅表现出多种金属共存于同一框架内的特点，而且具有高比表面积、组分间修饰的灵活性等优势，很好地解决了上述问题，更重要的是其已经在能源储存领域展现出可观的电化学活性。通过选择核-壳结构 MOF 前驱体及合适的焙烧条件或改变加入金属离子的摩尔比，可制备混金属氧化物[34-36]。李灿课题组[37]采用"escape-by-crafty-scheme"策略，通过热处理纳米级混合金属 MOF，制备出一系列尖晶石型混合金属氧化物 MMn₂O₄（M=Zn、Co、Ni）（图 42-4）。由于金属组成的灵活性，普鲁士蓝被认为是制备混合金属氧化物理想的前驱体之一。通过焙烧 $Zn_3[Fe(CN)_6]_2$、$Co_3[Fe(CN)_6]_2$、Ni-Co PBA 等前驱体可制备一系列具有优良电化学性能的混合金属氧化物材料[38-41]。同时，利用 MOF 前驱体制备具有复杂结构的混合金属氧化物也有益于提升其电化学性能。王勇课题组[42]首先通过两步微波诱导过程，制备了 Cu-Ni-BTC 双金属 MOF，而后在 500℃空气气氛条件下退火处理，得到多壳层 CuOaNiO 空心球（图 42-5）。研究发现，所制备的空心球从外壳层到内核存在元素的渐变，即 CuO 含量减小，NiO 含量增加。此外，特有的三元空心结构能够很好地解决作为锂电负极材料时存在的体积膨胀问题，在锂离子电池领域具有很好的应用前景。最近，楼雄文课题组将 VO_4^{3-} 引入 ZIF-67 纳米立方块前驱体中，通过空气气氛焙烧处理制得核-壳结构的 $Co_3O_4@Co_3V_2O_8$ 材料[43]。通过改变 VO_4^{3-} 的加入量可实现壳层从 1 到 3 层的调控。

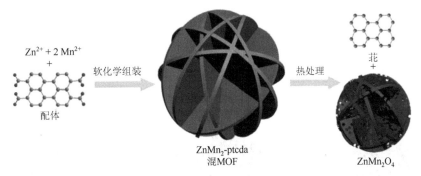

图 42-4　以 $ZnMn_2$-ptcda 金属有机框架化合物为前驱体制备尖晶石型 $ZnMn_2O_4$ 的示意图[32]

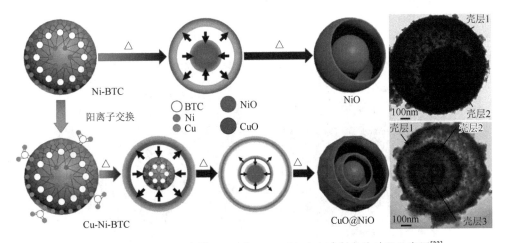

图 42-5　Cu-Ni-BTC 混金属 MOF 及 CuO-NiO 空心球制备的过程示意图[33]

42.1.3　金属氧化物-碳复合材料

尽管基于 MOF 前驱体的混合金属氧化物已被大量报道，但当其作为电极材料时却缺乏足够的结构稳定性，因而大大限制了其在能源储存与转换领域的潜在应用。大量研究已证实具有高表面积的纳米多孔含碳基质能够作为稳定剂很好地解决上述问题。采用传统化学合成方法制备金属氧化物-碳（MO-C）复合材料容易发生颗粒团聚现象，这将会严重影响电极材料的电化学性能。因此，表面包覆被认为是最有希望限制颗粒团聚的方法。

相比于传统方法，基于 MOF 前驱体制备的 MO-C 复合材料最大优势在于所生成的 MO 纳米颗粒能够均匀分散，同时被多孔碳包覆。目前，通过热解 MOF 前驱体策略已经制得高度多孔的 MO-C、M-C 及 MC-C 复合材料[44]。Zou 等[45]以 Ni-BTC 为前驱体，通过两步热处理过程，得到具有中空嵌套（ball-in-ball）纳米结构的石墨烯包覆 NiO/Ni 复合材料（图 42-6）。Yang 等[46]通过一步可控热解 IR-MOF-1，成功得到具有大比表面积（513m²/g）及孔体积（1.27cm³/g）的多孔碳包覆 ZnO 量子点复合材料（图 42-7）。研究发现，碳化温度、碳化时间及加热速率对特定结构的形成起到关键作用。碳化温度升高会破坏原始结构和纳米颗粒的规整度。同时，结构的特殊性赋予其在锂离子电池领域优异的电化学性能。该合成方法也为后续制备具有高效电化学性能的 MO-C 纳米材料提供了一种值得借鉴的思路。例如，近年来已通过惰性气氛热解 MOF 前驱体制得一元金属氧化物@碳（如 Ni 掺杂 Co/CoO/NC[47]、3DG/Fe₂O₃[48]、MnO 掺杂 Fe₃O₄@C[49]、VO$_x$/PC[50]等）、二元/三元金属氧化物@碳（如 ZnO/ZnFe₂O₄/C[51]、Zn$_x$MnO@C[52]等）及多元金属氧化物@碳复合材料（如 Mo$_{0.8}$W$_{0.2}$O₂-Cu@PC[53]）。此外，对 MOF 热解衍生的复合材料进行硫化、磷化、硒化等后处理修饰可改变其组分及形貌，继而进一步提升相关电化学性能[54-57]。

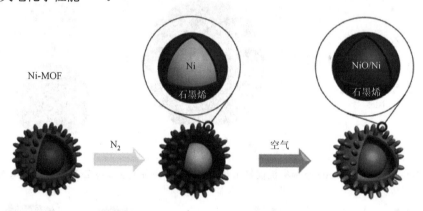

图 42-6　NiO/Ni/石墨烯复合材料的形成示意图[35]

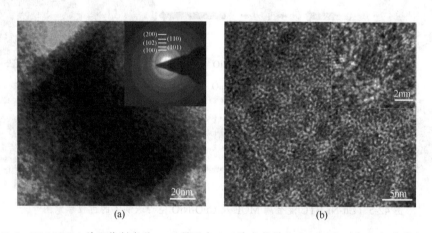

图 42-7　IR-MOF-1 前驱体制备的 ZnO 量子点@C 纳米材料的 TEM 图。图（b）为放大图[36]

42.2　电化学能源储存应用

随着全球经济发展的不断加快，人类对能源的需求越来越大。但目前能源来源仍然主要集中于煤、石油等不可再生的化石燃料资源，由此产生的资源匮乏和环境污染问题日趋严重，影响了社会的可持续发展。电化学能源储存则被认为是未来有望取代传统汽油产业最理想的储能方式。尽管锂离子电池已经市场商业化，但仍然受限于利用率低、电极易损及电化学活性低等问题。近年来，以 MOF 为前驱体或自牺牲模板制备多孔纳米材料已经受到广泛关注，并且其作为电极材料展现出很好的电化学活性，在电化学储能领域已取得很大的突破性进展。

42.2.1　超级电容器

超级电容器（SC）因其高功率密度、长循环寿命及快速充/放电等优势已经被广泛研究。高功率输出促进了其在混合动力电动车、燃料电动汽车行业的应用，因此超级电容器有望在未来能源储存体系中扮演重要角色。如前所述，以 MOF 为前驱体能够制备包括多孔碳、金属氧化物、金属氧化物-碳复合的多孔纳米材料。可调控的结构和高的比表面积使得其被广泛应用于超级电容器领域[58]。

徐强课题组[20]首次以 MOF-5 为前驱体，在 1000℃氩气气氛中碳化，制备了具有超高比表面积（2872m^2/g）及大孔体积（2.06cm^3/g）的纳米多孔碳（NPC）材料，并将其作为电极材料应用于电双层电容器（EDLC）。Yan 等[59]通过碳化 HKUST-1、MOF-5 和 Al-PCP 前驱体，制备得到了三类多孔碳材料。结果表明，基于 Al-PCP 前驱体的多孔碳具有最大的比表面积，同时在 100mA/g 电流密度下比容量达到最高（232.8F/g）。相反，基于 HKUST-1 前驱体的碳材料拥有最小的比表面积，在各种扫速和电流密度下也表现出最差的电容行为。Yuan 等[60]以 MOF-5 为模板，丙三醇为前驱体，在氮气气氛下碳化 8h 得到类蠕虫状介孔碳材料，其 BET 比表面积高达 2587m^2/g。当作为超级电容器电极材料时，50mA/g 电流密度下其比容量高达 344F/g，展现出优异的电化学性能，同时也证明基于 MOF 前驱体的多孔碳材料非常适用于超级电容器应用。

除 MOF-5 之外，沸石型咪唑框架（ZIF）化合物也被广泛作为前驱体或模板用于制备多孔碳材料。徐强课题组[21]以 ZIF-8 为前驱体和模板，呋喃甲醇为第二碳源，经过高温碳化处理制得具有高比表面积（3405m^2/g）和大孔体积（2.58cm^3/g）的多孔碳材料（图 42-8）。研究表明，该材料作为 EDLC 电极材料在 250mA/g 电流密度下比容量达到 200F/g。同时，多孔特性对比容量有很大影响，高电压扫速下比容量由介孔/大孔决定，而低电压扫速下比容量则由微孔决定，因此表现出一定的扫速相关性。朱广山课题组[61]通过引入硅胶，并采用自组装方式得到二氧化硅/ZIF-8 前驱体。对其做碳化、HF 蚀刻处理，最终得到内部具有双模式多孔特性的碳纳米材料，制备过程如图 42-9 所示。实验结果表明，所制备的碳材料具有 1.0nm 左右的微孔及 3~20nm 的介孔，结构的特殊性赋予了该材料高的比容量（181F/g）及良好的循环稳定性。该工作为以后设计合成内部具有分级孔结构的碳纳米材料提供了一种全新的策略。Yamauchi 等[62]以 ZIF-8 碳化生成的氮掺杂多孔碳为电极材料，并设计成对称超级电容器（图 42-10）。研究结果表明，在 1mol/L H_2SO_4 电解液，7.5A/g 电流密度下，组装的超级电容器循环 2000 周后，容量保持率仍然达到 92%，表现出很好的循环稳定性。同时当扫速为 5mV/s 时，其最大比容量达到 251F/g。最重要的是，所组装的超级电容器比能量密度和功率密度也分别达到 10.86W·h/kg 和 225W/kg。紧接着，该课题组以氰基桥连的配位聚合物为前驱体制备的 NiO 作正极，ZIF-8 为前驱体制备的氮掺杂多孔碳作负极，组装成对称超级电容器[63]。两组分间的协同效应极大增强了电容器的性能。因此，在 6mol/L KOH 电解液中，当比功率密度为 809W/kg 时，比能量密度达到 26W·h/kg，甚至当升高比功率密度至 16100W/kg 时，比能量密度仍然保持在 14W·h/kg。

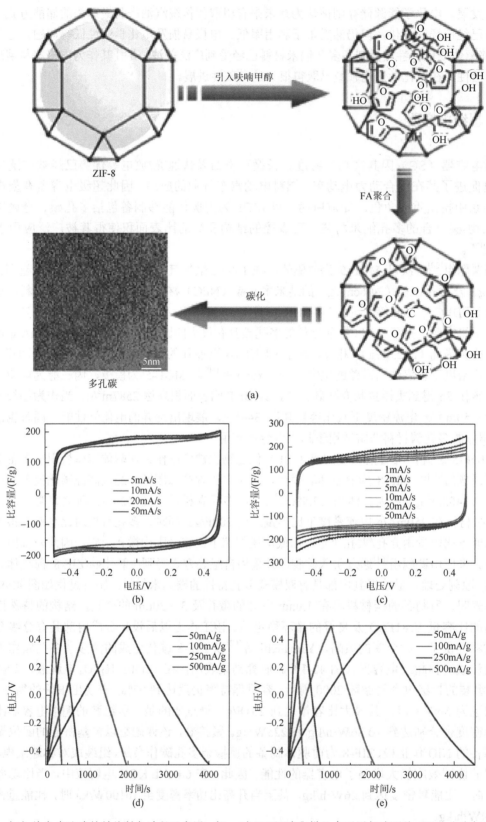

图 42-8 （a）纳米多孔碳材料的制备过程示意图；（b，d）800℃碳化样品在不同扫速下的 CV 曲线和恒流充放电曲线；（c，e）1000℃碳化样品在不同扫速下的 CV 曲线和不同电流密度下的恒流充-放电曲线[21]

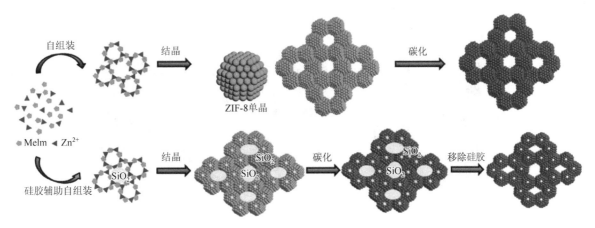

图 42-9　通过自组装法合成内部具有双模式孔结构的碳材料的过程示意图[39]

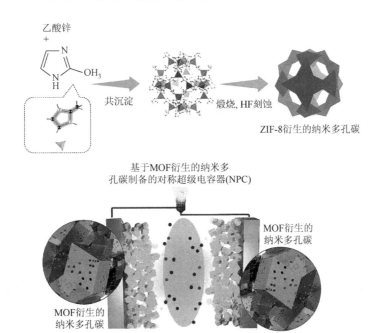

图 42-10　NPC 的制备示意图（上）和组装的对称超级电容器图解（下）[40]

随后，Yamauchi 等选择 ZIF-67 作单一前驱体，通过优化焙烧条件，制备得到具有厚石墨壁及高比表面积（350m²/g）的纳米多孔碳和低比表面积的 Co₃O₄ 材料，制备过程如图 42-11 所示[64]。结果表明，该材料用于超级电容器电极时，在 5mV/s 扫速下，纳米多孔碳和 Co₃O₄ 材料的比容量分别为 272F/g 和 504F/g。此外，他们通过组装纳米多孔碳和 Co₃O₄ 得到不同类型的超级电容器（如 Co₃O₄//C、C//C、Co₃O₄//Co₃O₄）。研究发现，纳米孔道和 Co₃O₄ 的存在更有利于达到更高电流扫速，多孔纳米碳材料则主要提供更稳定、更宽的电势窗口。因此，Co₃O₄//C 电容器在 2A/g 电流密度下具有高的比能量密度（36W·h/kg）和高的比功率密度（1600W/kg），远优于组装的 C//C、Co₃O₄//Co₃O₄ 电容器。此外，Co₃O₄//C 对称电容器也表现出优异的倍率性能及长周期的循环稳定性（5A/g 电流密度下循环 2000 周）。

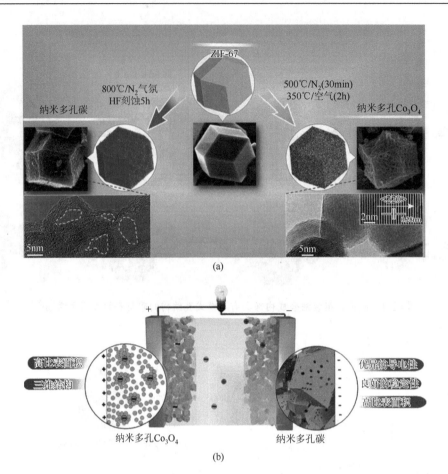

图 42-11 （a）纳米多孔碳和 Co₃O₄ 的形成示意图；（b）用 Co₃O₄ 作正极，纳米多孔碳材料作负极组装的对称超级电容器示意图[42]

  用 MOF 作自牺牲模板制备多孔碳材料并应用于超级电容器电极材料的最新突破性进展由徐强课题组在 2016 年报道于 *Nature Chemistry* 杂志上[65]。他们首先选择 1000℃氩气气氛热解棒状 MOF-74 前驱体，得到碳纳米棒。紧接着，通过声化学处理及化学活化过程，最终制得石墨烯纳米带，制备过程如图 42-12 所示。相比于制备石墨烯纳米带的传统方法，MOF 热解策略能够很好地克服传统方法所面临的诸如复杂的制备过程、巨大的能源消耗等问题。为了探索石墨烯纳米带的电化学性能，他们选取 1.0mol/L H₂SO₄ 作电解液，分别将其组装成两电极对称超级电容器。结果表明，石墨烯纳米带电极在电压扫速为 10mV/s、400mV/s 下的比容量分别达到 193F/g 和 123F/g，远高于碳纳米棒，同时也表现出高的循环稳定性。优异的性能主要归因于石墨烯纳米带层之间离子容易通过、超高的导电性、自身弯曲的结构特点。该工作为有效组装具有优异电化学性能的一维或二维碳基材料提供了一种便捷的途径。

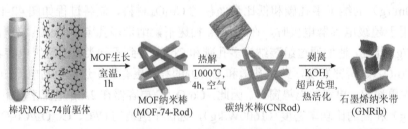

图 42-12 合成棒状 MOF-74、碳纳米棒及石墨烯纳米带的过程示意图[43]

  除上述所讨论的碳材料在超级电容器领域的应用外，各种贵金属及廉价过渡金属氧化物，如

RuO_2、NiO、Co_3O_4、Fe_3O_4 和 MnO_2 等，也被作为电极材料广泛应用于赝电容器[66]。尽管它们拥有超高的比容量，但诸如电极比表面积低、导电性差及循环寿命短等基本问题极大地限制了其实际应用。基于此，开发具有高导电性、大比表面积的 MOF 电极材料显得尤为重要。最近，以 Ni-Co-ZIF-67 前驱体制备的水滑石结构纳米笼子被 Jiang 等报道[67]。研究表明，制备过程中反应同步、壳层沉淀及模板蚀刻等因素的控制对纳米笼子的形貌起到至关重要的作用。当该材料作为超级电容器电极材料时，1A/g 电流密度下比容量达到 1203F/g，表现出超高的赝电容性能。该方法同时很好地改善了其导电性及表面曝光问题。Mahmood 等[68]通过 MOF 碳化策略成功制备 Fe_3O_4/Fe/C 复合材料，并作为电极材料应用于对称超级电容器（图 42-13）。研究发现，该材料在 1A/g 电流密度下比容量高达 600F/g，甚至增大电流密度至 8A/g 时，比容量仍然保持在 500F/g。为了进一步评估该材料的实际应用潜力，以 Fe_3O_4/Fe/C 作正极，6mol/L KOH 作电解液，多孔碳材料作负极组装成 MOXC-700//NPC 对称超级电容器。结果表明，所组装的超级电容器在比功率密度为 388.8W/kg 时比能量密度高达 17.496W·h/kg。张华课题组[69]通过两步碳化 GO 缠绕的 Mo-MOF 前驱体，制得 RGO/MoO_3 复合材料［图 42-14（a）］。研究表明，RGO 组分对电化学性能的提高起到关键作用。首先，RGO 既能提高材料导电性及电荷迁移率，又能提供额外的电双层电容；其次，三维石墨烯网络结构能够促进电子的转移，进而提高倍率性能；最后，RGO 和 MoO_3 组分之间的间隙很好地储存电解液离子。因此，RGO/MoO_3 电极在 1A/g、10A/g 电流密度下比容量分别达到 617F/g、374F/g。同时，其在 6A/g 电流密度下循环 6000 周后，容量仍能保持 87.5%，表现出很好的稳定性。为了进一步研究其实际应用价值，他们将 RGO/MoO_3 复合材料组装成全固态超级电容器，如图 42-14（b）所示。结果发现，组装的超级电容器在 0.5A/g 电流密度下比容量高达 404F/g，同时增大电流密度至 2A/g，循环 5000 周后比容量仍保持原有比容量的 80%，表现出很好的稳定性。更重要的是，该超级电容器在 500W/kg 比功率密度下比能量密度达到 14W·h/kg，表明 RGO/MoO_3 复合材料在超级电容器实际应用方面具有很大的潜力。

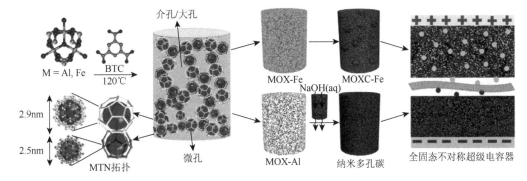

图 42-13　MOF 干凝胶衍生的 Fe_3O_4/Fe/C 为正极、纳米多孔碳为负极组装对称电容器的过程示意图[46]

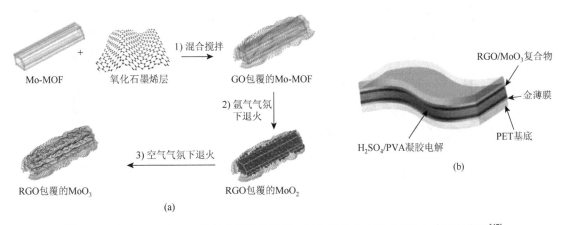

图 42-14　（a）RGO/MoO_3 的制备过程示意图；（b）组装的全固态超级电容器示意图[47]

42.2.2　锂离子电池

自 20 世纪 90 年代至今，锂离子电池（LIB）因其高能量密度、长寿命、环境友好、无记忆效应等优势已经成功实现商品化，并且在过去的二十年间飞速发展[70-72]。然而，高成本限制了其大规模应用。此外，混合电动车的发展对 LIB 能量密度、功率密度及安全性能提出了更高的要求。因此，探究高性能的 LIB 电极材料成为目前材料科学研究者们的重要任务之一。

石墨是 LIB 最常用的负极材料，但是实际应用却受限于较低的理论比容量（372mA·h/g）。因此，大量的研究集中于设计合成能够提高比容量的负极材料。如前所述，MOF 作为前驱体，通过碳化能够得到多孔碳[58,73]、金属氧化物[74,75]、金属氧化物-碳复合材料[76,77]，因此也被作为很有潜力的 LIB 负极材料受到关注。Zheng 等[22]通过高温碳化 ZIF-8 前驱体制得高氮含量的氮掺杂类石墨烯纳米颗粒，并将其应用于 LIB 负极材料研究。结果表明，该材料在电流密度 100mA/g 条件下循环 50 周后比容量高达 2132mA·h/g，甚至增加电流密度至 5A/g，循环 1000 周后比容量仍然保持为 785mA·h/g［图 42-15（a）］。同时，他们通过 DFT 计算发现类石墨烯边缘掺杂的氮原子能够提供额外的锂储存容量［图 42-15（b）］。最近，Xie 等[78]将 ZIF-8 与氧化石墨烯结合，随后通过热解得到类三明治型多孔氮掺杂碳@石墨烯（PNC@Gr）复合材料。研究表明，当作为 LIB 负极材料时，PNC@Gr 表现出高的比容量、显著的倍率性能及良好的循环稳定性。优异的性能归因于独特的类三明治结构及高氮含量。首先，嵌入石墨烯的碳材料增大了比表面积，有利于产生大规模的电极/电解液界面；其次，石墨烯的存在既能提高导电性，又能在长周期循环过程中降低团聚；最后，高氮掺杂在进一步增强电化学反应活性的同时也提供了更多活性位点以方便锂的储存。同样地，ZIF-8 也被用于制备类似笼

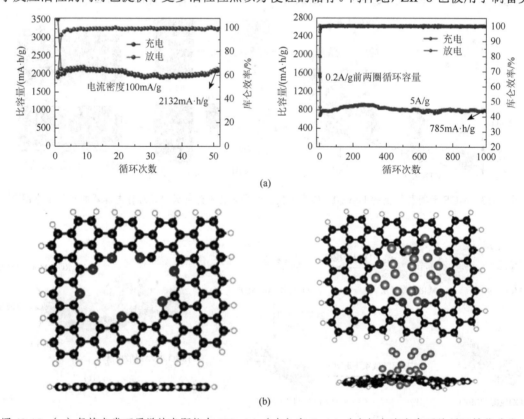

图 42-15　（a）氮掺杂类石墨烯纳米颗粒在 100mA/g（左）和 5mA/g（右）电流密度下的循环性能曲线；
（b）二维石墨烯内部大孔（左）和八个锂原子储存在空间中（右）的简化模型[22]

状的 Si@C 多孔材料[79]，研究发现，该结构能够很好地缓解 Si 的体积变化，同时也提供了更多的位点便于 Li+ 的插入。因此 PNC@Gr 表现出高的比容量及良好的循环稳定性。

除上述提到的基于 MOF 前驱体的碳材料能够很好地作为电极材料应用于锂离子电池外，以 MOF 作牺牲模板，通过碳化所得的金属氧化物、金属氧化物/碳复合材料也被广泛应用于锂离子电池领域。Wu 等[80]首先制备出具有菱形十二面体结构的 ZIF-67 前驱体，随后通过两步热处理过程，最终制得高度对称的 Co$_3$O$_4$ 中空多面体电极材料。结果表明，电流密度 100mA/g 时，循环 100 周后，其比容量达到 921mA·h/g，同时该材料也表现出良好的倍率性能。此外，楼雄文课题组[81]采用静电纺丝和原位生长策略得到聚丙烯腈（PAN）-ZIF-67 纳米纤维前驱体，通过溶解、碳化等多步后处理成功合成了具有分级管状结构的 CNT/Co$_3$O$_4$ 复合材料，制备过程如图 42-16（a）所示。结果表明，制得的 CNT/Co$_3$O$_4$ 作为 LIB 负极材料时表现出优异的电化学性能。如图 42-16（b）所示，当电流密度为 0.75A/g、1.25A/g、2A/g、2.5A/g、3A/g 时，可逆比容量分别达到 832mA·h/g、768mA·h/g、715mA·h/g、673mA·h/g 和 643mA·h/g，甚至当电流密度升高至 6A/g 时，比容量仍能保持 515mA·h/g，表现出优异的倍率性能。更重要的是，该 CNT/Co$_3$O$_4$ 电极具有超长的循环稳定性，例如，在电流密度 1A/g 和 4A/g 条件下，循环 200 周后，可逆比容量分别保持在 782mA·h/g 和 577mA·h/g，库仑效率均接近于 100%，如图 42-16（c）所示。他们将 CNT/Co$_3$O$_4$ 产生优异电化学性能的主要原因归于其独特的结构及组分的优势。首先，充放电过程中，中空纳米颗粒和 CNT 不仅缩短了 Li+ 的扩散距离，而且为活性物质与电解液之间提供了充分的接触以促进快速的电荷转移反应；其次，管状的结构和内部的孔隙空间也能够经受循环过程中的体积变化，继而保持结构的完整性；此外，复合材料中的 CNT 组分也很好地增强了材料的导电性，继而提高了倍率性能。同样地，该课题组通过 350℃ 和 600℃ 氮气气氛两步热处理 ZIF-67 和 Se 粉混合物，得到 CoSe@C 中空纳米块[82]。结果表明，特殊的内部中空结构能够很好地缓冲循环过程中由转换反应引起的体积变化等问题。同时，外围的碳壳层能够很好地保护 CoSe 纳米颗粒。因此，所制备的 CoSe@C 作为 LIB 负极材料时表现出高的比容量、优异的倍率性能、高的初始库仑效率及良好的循环稳定性。

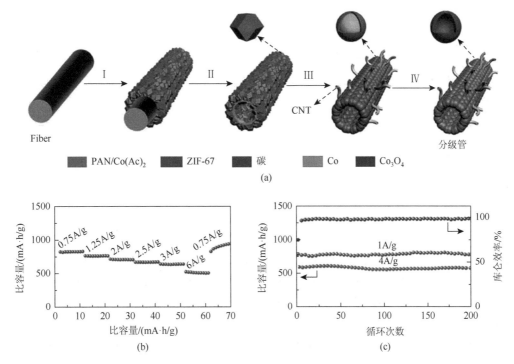

图 42-16　（a）CNT/Co$_3$O$_4$ 复合材料的制备过程示意图；（b）CNT/Co$_3$O$_4$ 的倍率性能；
（c）CNT/Co$_3$O$_4$ 分别在 1A/g、4A/g 电流密度下的循环性能[54]

Zou 等[83]采用简单的回流反应得到 Fe(III)修饰的 MOF-5，并将其作为前驱体和自牺牲模板，通过氮气气氛碳化，制备得到内部中空的 ZnO/ZnFe₂O₄/C 八面体材料［图 42-17（a）］。该材料合成简单、原料廉价，可实现批量制备。同时，独特的三维结构赋予该杂化材料作为 LIB 负极材料时优异的电化学性能。在电流密度 0.5A/g 条件下，循环 100 周后，其比容量高达 1390mA·h/g，库仑效率接近 100%；增大电流密度至 2A/g，循环 100 周后，其比容量仍然达到 988mA·h/g［图 42-17（b）］。此外，该杂化电极材料也表现出优异的倍率特性［图 42-17（c）］。他们分析认为引起电化学性能显著增加的原因主要包括三方面：①超细 ZnO/ZnFe₂O₄ 纳米颗粒（约为 5nm）完美地并入导电、多孔且内部中空的三维碳基质，有助于缓解 Li⁺嵌入/脱出过程中的体积变化；②ZnO/ZnFe₂O₄ 的小尺寸造成 Li⁺扩散的距离更短，因而更有利于该材料倍率性能的提高；③颗粒表面的碳壳层和贯穿整个八面体壁的三维框架有效地防止了电极的粉碎。

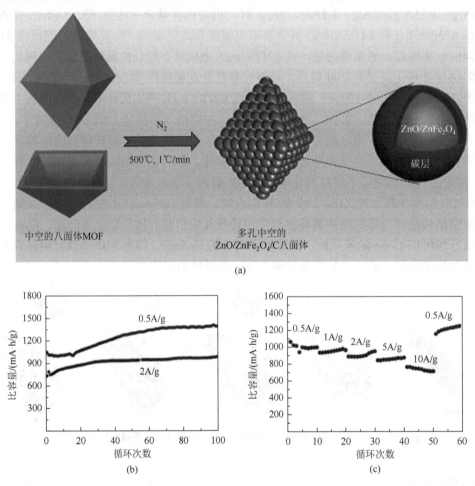

图 42-17　（a）ZnO/ZnFe₂O₄/C 中空八面体的制备过程示意图；（b）不同电流密度下的循环性能和（c）倍率性能[56]

Huang 等[84]通过空气中热处理多壁碳纳米管（MWCNT）横插的 ZIF-67 前驱体，得到具有分级孔结构的 MWCNT/Co₃O₄ 纳米复合材料，制备过程如图 42-18（a）所示。该方法可拓宽到用 MWCNT/ZIF-67（M = Zn、Co）前驱体制备 MWCNT/ZnCo₂O₄ 复合材料。结果表明，MWCNT/Co₃O₄ 电极材料在 100mA/g 电流密度下循环 100 周后，表现出高达 813mA·h/g 的可逆比容量，而 MWCNT/ZnCo₂O₄ 电极材料则表现出 755mA·h/g 的比容量。他们将产生高比容量、良好循环稳定性及倍率性能的主要原因归于分级孔结构及 MCo₂O₄（M = Zn、Co）和 MWCNT 之间的协同相互作用。如图 42-18（b）所示，当改变 ZIF-67 纳米晶碳化条件时，则可以得到包含 CoO 纳米颗粒和氮掺杂碳的多孔纳米材料[85]。基于独特的结构和组分的优势，该材料表现出高的比容量、循环稳定性及倍率性能。CoO 纳米颗粒大的比表面积不仅提供了用于储存 Li+ 的大量活性位点，促进了 CoO 和 Li+ 之间的可逆电化学反应，同时也增大了和电解液的接触面积。氮掺杂的碳基质则起到了在充放电过程中提高电极材料的导电性及避免 CoO 纳米颗粒的团聚等作用。此外，掺杂的氮原子也为容量的提升作出了很大贡献。

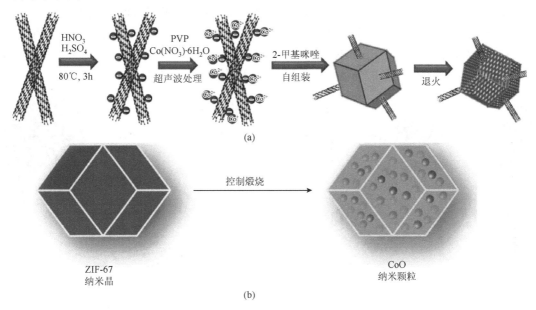

图 42-18　MWCNT/Co$_3$O$_4$（a）[57]和 CoO 纳米颗粒（b）[58]的合成示意图

42.2.3　锂-硫电池

锂-硫（Li-S）电池被认为是可以打破传统 LIB 锂储存局限的最有前途的储能装置之一[86,87]。理论上，假定充放电过程中 S 原子被完全还原，即发生 S+2Li$^+$+2e$^-$ $\longrightarrow$ Li$_2$S 反应，则比容量和比能量密度分别高达 1672mA·h/g 和 2600W·h/kg；此外，S 元素是地壳中含量最丰富的元素之一，因此很廉价；更重要的是，S 元素对环境无污染。因此，S 被认为是锂电池中最有前途的正极材料。然而，正极转换反应过程中会产生多硫化物（Li$_2$S$_x$）中间体，它们能够溶解于有机电解液中，然后转移到锂负极形成不溶且绝缘的 Li$_2$S 产物，从而极大地降低电极材料的库仑效率和循环稳定性。基于以上分析，设计能够有效储存多硫化物中间体的主体材料用于促进电化学反应、缓解体积膨胀变得尤为重要。

MOF 为前驱体衍生的碳材料具有高的比表面积和良好的导电性，因此非常适合储存 S[88]。考虑到金属 Zn 具有较低的沸点，在氩气气氛 900℃或 1000℃条件下热解可被除去，因此制备多孔碳材料重点选择两类 Zn-MOF 前驱体，即 ZIF-8 和 MOF-5。结果表明，当碳材料表现出介孔特性时，具有高的初始放电比容量，而拥有微孔特性的碳材料则表现出更好的循环稳定性。Xu 等[89]通过 900℃氮气气氛中一步热解 MOF-5，制得具有高比表面积（1645m^2/g）的分级多孔碳纳米片（HPCN），并将其应用于 Li-S 电池正极材料。研究发现，HPCN 的多孔结构有效地减缓了充放电过程中多硫化物的溶解及体积的膨胀，因此表现出良好的电化学性能。

除 MOF 衍生的碳材料外，基于 MOF 前驱体制备的金属氧化物或金属氧化物@碳复合材料也被作为正极材料应用于 Li-S 电池[77,90,91]。Li 等[92]以 RGO 包裹的 ZIF-67 为前驱体，经过惰性气氛碳化处理，制得 Co 掺杂的多孔碳多面体，并用于 Li-S 电池正极材料，制备过程如图 42-19（a）所示。研究表明，碳的多孔特性可以使 S 单质及多硫化物通过物理吸附作用被很好地固定，避免了流失。

此外，Co 和硫化物之间的化学相互作用进一步缓解了多硫化物的分解。同时，包裹的石墨烯纳米片也很好地阻止了硫化物的流失。基于结构优势，RGO/C-Co-S 作 Li-S 电池正极材料时，表现出优异的比容量，0.3A/g 电流密度下循环 300 周后，比容量维持在 949mA·h/g。该电极材料也具有良好的倍率性能，如 0.5A/g、1A/g、2A/g 电流密度下比容量分别为 772mA·h/g、704mA·h/g、606mA·h/g。Dong 课题组[93]以 ZIF-67 为前驱体，得到多功能化的 Co、N 共掺杂的石墨碳材料（Co-N-GC），并作为硫的固定器。如图 42-19（b）所示，S@Co-GC 和 S@N-GC 对照试验结果表明，Co 单质的存在有利于增加比容量，而掺杂的 N 则通过促进 $Li_2S_2 \longrightarrow Li_2S_8 \longrightarrow S_8$ 的转换来提高 S 的利用率，继而改善电极材料的循环性能。基于 Co 和 N 之间的协同效应，Co-N-GC 电极材料在电流密度 1680mA/g 下循环 500 周后比容量能够保持在 625mA·h/g，同时也表现出良好的倍率性能。

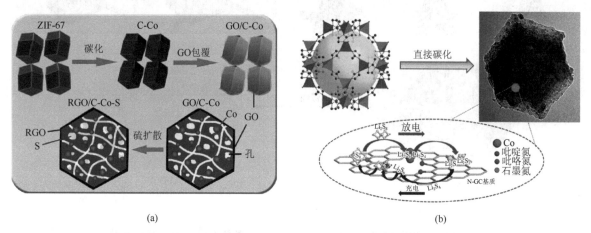

图 42-19　（a）制备 RGO/C-Co-S 纳米杂化多面体的过程示意图[62]；（b）Co-N-GC 的形成及充放电过程中与多硫化物相互作用的示意图[63]

42.2.4　锂-氧电池

除 Li-S 电池外，锂-氧（$Li-O_2$）电池因其超高的理论比能力密度（3505W·h/kg）也被认为是取代传统锂离子电池，并应用于混合电动汽车的最有前途储能电源之一[94, 95]。因此，近年来以 MOF 为前驱体制备的碳材料、金属氧化物及金属氧化物@碳复合材料在 $Li-O_2$ 电池正极材料领域的应用也展现出诱人的前景。

最近，Yamauchi 等[96]首次通过 900℃氮气气氛和 400℃空气气氛两步焙烧处理核-壳结构的 ZIF-8@ZIF-67 前驱体，成功制备了高度石墨化的多孔碳(GPC)-Co_3O_4 多面体材料，制备过程如图 42-20 所示。所得材料具有良好的导电性，因此当其被应用于 $Li-O_2$ 电池正极材料时，无需添加任何辅助导电剂。结果表明，GPC-Co_3O_4 催化剂在充放电过程中表现出很低的充放电过电位（0.58V），以及长的循环周期（限制比容量 500mA·h/g，循环 50 周）。Huang 课题组以 Fe(III)修饰的 MOF-5 作为前驱体和自牺牲模板，进行氮气气氛碳化处理，制得了分级介孔结构的 ZnO/ZnFe₂O₄/C（ZFFC）纳米笼子[97]。结果表明，该材料大的比表面积、分级的孔结构及均匀分散的活性位点有利于电化学反应过程中质子和电子的转移。同时，充放电过程中材料自身不能催化有机电解液的分解。因此，ZFFC 作为 $Li-O_2$ 电池正极催化剂时，在 300mA/g 电流密度下进行首轮放电，比容量高于 11000mA·h/g。当固定容量 5000mA·h/g，深度放电时该电极材料仍然能循环 15 周。此外，其他 MOF 衍生的材料，如以 MIL-101(Cr)为前驱体制备 Cr_2O_3@多孔碳八面体[98]、以 MIL-100(Fe) 为前驱体制备 Fe/Fe₃C 修饰的三维氮掺杂多孔石墨烯[99]等，也被作为正极催化剂应用于 $Li-O_2$ 电池。

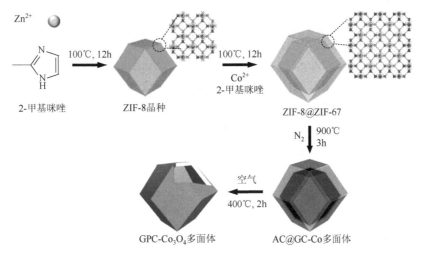

图 42-20 GPC-Co₃O₄ 多面体的制备过程示意图[66]

42.2.5 钠离子电池

为了有效储存和利用诸如太阳能、风能等可再生能源，研发大规模的电化学能源储存装置迫在眉睫[72]。尽管 LIB 已被广泛应用于大规模电化学能源储存，但是锂元素在地壳中仅占有 0.0065%[100]，资源的匮乏严重限制了其大范围应用。考虑到金属钠在地壳中丰富的储量（2.40%）[100]，因此钠离子电池（SIB）被认为是很有前途的 LIB 替代储能装置。由于 Na^+ 的尺寸远大于 Li^+，需要寻找具有更大间隙空间的主体框架材料。基于 MOF 前驱体的多孔材料具有多孔结构、高比表面积等特性，因此其在 SIB 领域有着很大的潜力[101]。Qu 等[102]在 930℃氮气气氛碳化 ZIF-8，用盐酸溶液洗去残余的无机组分，得到孔径 0.5nm 左右的微孔碳材料。同时，以 SBA-15 为模板制备的介孔型碳材料作对照。结果表明，小的孔尺寸能够极大地减弱电解液的还原分解，从而减小首次循环过程中的不可逆容量损失并增强 Na^+ 储存的可逆性。Zou 等[103]通过热解 3D 中空 Mn-MOF 前驱体得到 3D 中空多孔碳微球，其独特的结构可有效缓解充放电过程中的体积膨胀，继而提升材料的循环稳定性与倍率性能。最近，Song 等[104]选择 Cu-hexamine 为自牺牲模板，通过固化、H_2O_2/HCl 溶液洗涤、热解处理最终制得氮掺杂多孔碳材料。该材料作为 SIB 负极时展现出优异的倍率性能及在不同电流密度下超长的循环稳定性，他们详细探究了 N 原子的存在形式（N-6、N-5、N-Q、N-O）对储钠性能的影响。此外，该课题组又通过热解二维 Zn-hexamine 前驱体得到具有优异储钠性能的氮掺杂多孔碳材料[28]。

除碳材料应用于 SIB 外，以 MOF 为前驱体制备的金属氧化物或金属氧化物@碳复合材料在 SIB 领域均展现出很好的潜力[105-108]。Pan 课题组[109]以 Cu-MOF 为前驱体和自牺牲模板，得到 CuO/Cu_2O 中空八面体。特有的结构和两组分间的协同作用赋予该材料作为 SIB 负极优异的电化学性能。研究表明，当电流密度为 50mA/g 时，循环 50 周后其比容量达到 415mA·h/g；当电流密度增大至 2A/g，循环 1000 周后其比容量仍保持 165mA·h/g。此后，他们以 ZIF-67 作为前驱体和自牺牲模板，通过两步焙烧，得到 Co_3O_4@NC 核-壳结构，并研究了其作为 SIB 负极时的电化学性能[110]。结果表明，当电流密度为 100mA/g、400mA/g、1000mA/g 时，其比容量分别达到 506mA·h/g、317mA·h/g、263mA·h/g。更重要的是，提升电流密度至 1000mA/g 并循环 1100 周后发现平均每周容量损失仅有 0.03%。他们将优异的性能归因于氮掺杂碳的包覆，它不仅促进了电容反应、减小了 Co_3O_4 体积变化，而且增加了材料的导电性。Zou 等[111]以 Ni-BTC 为前驱体，通过两步热处理过程，得到具有中空 "ball-in-ball" 结构的石墨烯包覆 NiO/Ni 纳米晶（NiO/Ni/石墨烯）复合材料。其独特的结构能有效缓冲充放电过程中的体积变化，并促进电解液的渗透。石墨烯的包覆不仅提高了导电性，而且促进了稳定 SEI 膜的形成。最重要的是，NiO/Ni 的超小尺寸有助于改善转换反应动力学过程。因此，该材料在 LIB 和 SIB 均表现出优异的电化学性能。当作为 SIB 负极材料时，NiO/Ni/石墨烯表现出良好的循环稳定性和倍率性能，当电流密度为 2A/g 时，比容量仍能达到 207mA·h/g。Hu 等[54]选择 Cu-BTC、Ni-BTC 及 Fe-BDC MOF 为前驱体，通过原位碳化和硒化过程分别成功制备了具有优异循环稳定性和倍率性能的 $Cu_2Se@C$ 八面体、NiSe@C 中空微球和 $Fe_7Se_8@C$ 纳米棒钠电负极材料。最近，研究者们又将以 MOF 为前驱体制备的多孔纳米材料用于钠-硫（Na-S）电池[112]，进一步证明了 MOF 衍生的功能材料在电化学能源储存与转换领域中的发展潜力及重要性。

42.2.6 太阳能电池

通过光电技术直接从太阳光捕获能量被认为是解决全球能源危机和环境污染最有前景的方案之一。在所有太阳能电池中，染料敏化太阳能电池（DSSC）因其低价高效引起了研究者们极大的兴趣[113, 114]。在 DSSC 中，染料分子附着于如 TiO_2、SnO_2、ZnO 及 Nb_2O_5 等半导体表面以增加光的吸收。因此，具有半导体特性的材料对于太阳能电池变得非常重要。近期的研究发现，以 MOF 为前驱体衍生的金属氧化物能够作为半导体材料应用于 DSSC，并取得了一定的进展。Kundu 等[115]首次以两类含有阴离子（Cl^-、Br^-）的 Zn-MOF 为前驱体，通过 800℃空气或氮气气氛热解得到不同形貌的 ZnO。随后依次通过刮片、450℃焙烧及 0.5mmol/L N719 染料浸泡处理，最终制得厚度 12μm 的 ZnO 膜。DSSC 活性测试表明，两类 MOF 空气气氛下衍生的 ZnO 的功率转换效率分别为 0.15%和 0.14%。相反，氮气环境中所得的 ZnO 则由于差的导电性及结晶性而无 DSSC 活性。

除 ZnO 外，MOF 为前驱体制备的 TiO_2 也被应用于 DSSC。Chi 等[116]以聚乙二醇二缩水甘油醚（PEGDGE）作结构导向剂，得到形貌可控的 MIL-125(Ti)。研究发现增加 PEGDGE 含量能使 MOF 的形貌由 200nm 圆片向 1μm 的双锥体转换。他们对所得 MIL-125 进行 380℃焙烧处理，成功制得具有高比表面积（$100m^2/g$）的锐钛矿型介孔分层 TiO_2。结果表明，将 MOF 衍生的 TiO_2 沉积于纳米晶形 TiO_2 层表面作为散射层，DSSC 转换效率高达 7.1%，远高于仅有纳米晶形 TiO_2 层（4.6%）或商业 TiO_2 沉积于纳米晶形 TiO_2 层（5.0%）的 DSSC。他们分析其优异的性能主要源于材料自身结构反射光的能力及便于大量染料分子负载的高比表面积。如图 42-21 所示，Hsu 与合作者[117]通过硫化转换方法，将 ZIF-67 衍生的 CoO_x 转化为 CoS 纳米颗粒，并取代贵金属 Pt 作为对电极应用于 DSSC。结果表明，所制备的 CoS 纳米颗粒拥有更大的外比表面积及粗糙系数，能够很好地增强 CoS 与染料分子间的相互作用。相比于 Pt 基 DSSC，CoS 基 DSSC 表现出更大的开路电压及更大的填充因子，转换效率高达 8.1%。

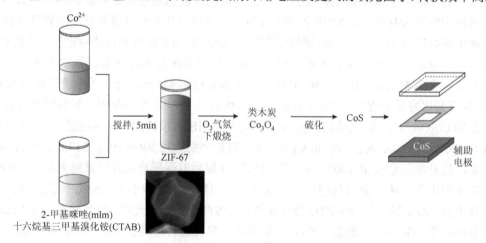

图 42-21 CoS 纳米颗粒制备的过程示意图[80]

42.2.7 燃料电池

燃料电池是一类能够直接将化学能通过电极反应转换为电能的电化学装置。其能量转换效率不受卡诺循环的限制，具有高效、环保的特点，因此受到各国研究者的高度关注。其中，氢燃料电池的效率高达 60%，接近化石燃料（34%）的两倍，因此具有很好的开发前景。燃料电池通过温和的电化学反应引发燃料（如氢气、甲醇、乙醇、甲酸等）来发电。例如，氢燃料电池中，负极发生氢氧化（HOR）反应释放电子，产生的电子通过外电路转移到正极并参与氧化还原反应（ORR）。整个反应中水是唯一产物，很好地确保了清洁、无碳，因而其被认为是转换化石燃料的最佳选择之一。在氢燃料电池中，ORR 反应是速控步骤，因此在性能的优劣方面起到关键作用[118]。尽管 Pt 及 Pt 基合金被认为是 ORR 反应最好的催化剂，但昂贵的价格及资源的紧缺阻碍了其大规模的应用。寻找高效、廉价的催化剂应用于燃料电池迫在眉睫。

MOF 被认为是清洁能源储存与转换中不可或缺的，已经在燃料电池领域展现出极大的潜力[119-122]。MOF 集高比表面积、丰富的官能团、可调的孔尺寸及有序的结构等优点于一身，已经被作为催化剂广泛应用于燃料电池电极及电解液材料中，且性能优于传统的燃料电池电极材料。MOF 的可设计性能够使其在燃料电池应用领域扮演多重角色，并且使得开发先进燃料电池材料的原则更明确。

氮掺杂多孔碳材料（NPC）作为非金属电催化剂，因其优异的活性、丰富的资源及耐久性而备受关注。最近，MOF 作为前驱体已经衍生制得多种多孔纳米碳材料[20, 24, 123]，其中，热解 Zn 基 MOF/ZIF 是制备 NPC 最简单、直接的方法。有机配体转换的碳还原 ZnO 成 Zn 单质，并在高温（$\geqslant 900℃$）下以蒸气的形式除去。此外，配体骨架中存在的杂原子（如 N、S、P、B 等）提供了一种原位引入杂原子至 NPC 的简单策略[21, 124-126]。洪茂椿课题组[127]直接用 Zn-MOF（ZIF-8）作前驱体制备了比表面积高达 $932m^2/g$、高度石墨化的氮掺杂碳多面体（NGPC）。结果表明，碳化所得的 NGPC 材料表现出电催化响应，起始电压几乎接近传统 Pt/C 催化剂，并且反应过程遵从 4 电子反应机理。

除用纯 MOF 衍生碳基材料外，大量研究也已证实，引入第二类碳前驱体也能获得高活性的电极材料，同时多孔性及杂原子的掺杂程度得到很大改善。Zhang 等[124]以 ZIF-7 为前驱体，环境友好的葡萄糖为第二类碳源，成功制备了纳米多孔碳材料。他们发现使用附加碳前驱体具有提高材料石墨化程度、增加杂原子掺杂量及增强导电性等优势。基于上述特征，所制备的 NPC 表现出优异的电催化响应活性，初始及半波电位分别为 0.86V、0.7V（vs. RHE），且 ORR 反应服从 4 电子反应机理。进一步研究发现，当用含杂原子的导电碳材料包覆 MOF 衍生的 NPC 时，材料的性质能够得到进一步改善。Pandiaraj 及合作者[128]通过两步碳化过程制备 N 掺杂碳包覆的多孔碳材料。首先，将 MOF-5 在 1000℃下碳化得到多孔碳，紧接着用三聚氰胺溶液对其包覆，最后 900℃碳化得到高比表面积且 N 含量高达 7%的 MOF-CN900 多孔材料，制备过程如图 42-22 所示。结果表明，该材料表现出优于商业 Pt/C 催化剂的 ORR 活性，碱性介质中初始电压达到 0.035V（vs. Hg/HgO），同时具有很高的耐久性及抗甲醇干扰能力，可能原因归于有序介孔型碳和 $g-C_3N_4$ 之间的协同效应。介孔型碳组分提高质子传输效率的同时，$g-C_3N_4$ 有助于形成更多的 N 掺杂活性位点，从而赋予该材料优异的电催化 ORR 性能。该方法为设计和开发非金属燃料电池催化剂开辟了一条新的道路。除 ZIF-8、MOF-5 外，ZIF-67 也被广泛作为制备 NPC 的前驱体。楼雄文及合作者[129]以 ZIF-67 为自牺牲模板，通过在 Ar/H_2 气氛下两步碳化过程实现了氮掺杂碳纳米管（NCNT）氧电催化剂的成功制备。结果表明，该 NCNT 表现出优于商业 Pt/C 催化剂的电催化活性，对 ORR 和产氧反应表现出良好的稳定性。

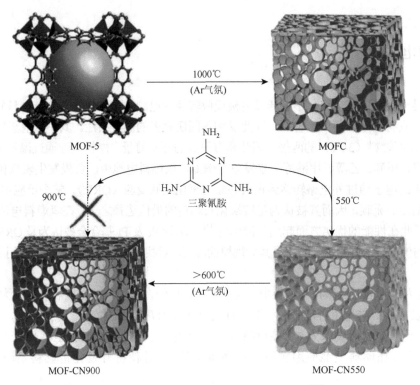

图 42-22　MOF-CN900 的制备过程示意图[87]

　　通过热解含金属、碳、氮的混合物前驱体制备的金属-氮-碳（M-N-C）催化剂也被认为是最有希望取代非 Pt 电极应用于 ORR 的催化剂之一。基于 ZIF-67 和 ZIF-8 具有相同拓扑结构的特点，江海龙课题组[130]最近通过改变 Zn/Co 的比例，制备了一系列双金属 ZIF（BMZIF），并以此作为前驱体通过 900℃ 热解成功得到高比表面积、高度石墨化、CoN_x 纳米颗粒负载及 N 掺杂均匀的多孔碳材料（CNCo），如图 42-23 所示。结果表明，优化后的 CNCo-20 作为燃料电池电催化剂时，具有接近于 Pt/C 电极的优异 ORR 活性。当进一步掺杂 P 后，P-CNCo-20 的 ORR 活性得到进一步提高，并超过 Pt/C 催化剂及大多数非贵金属材料。更重要的是，该材料表现出明显优于 Pt/C 催化剂的稳定性和抗甲醇干扰能力。此外，对照试验表明纯 ZIF-67 碳化得到的多孔碳材料比表面积小，因而 ORR 活性低，而纯 ZIF-8 碳化得到的多孔碳材料则呈现无定形态，也表现出很低的 ORR 活性。该策略可以拓

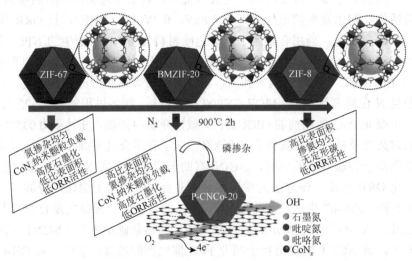

图 42-23　通过双金属 ZIF（BMZIF）制备多孔碳材料的过程示意图[89]

宽至其他类似体系，从而在制备替代催化剂先进电极材料并应用于能源储存与转换领域大有前途。除 Co/N/C 体系外，Fe/N/C 体系也可以通过 MOF 衍生得到，并且展现出良好的 ORR 活性。Wang 等[131]以 Fe 掺杂的 ZIF-8 为前驱体，通过简单热转换过程，得到高活性且稳定的 Fe-N-C 催化剂。合成过程中，Fe^{2+}取代部分 Zn^{2+} 形成 $Fe-N_4$ 配位基元，并均匀分散于 ZIF-8 框架内部，进而使得碳化后原子级的 Fe 很好地分布于多孔碳基底内部。实验过程中发现无氧环境对稳定 Fe(II)尤其重要。电催化测试结果表明，所制备的 Fe-N-C 催化剂在酸性电解液中展现出非常高的 ORR 活性，半波电位高达 0.82V（vs. RHE）。同时，电化学反应过程中 H_2O_2 的产率也极低（<1%）。此外，他们发现 ORR 活性的高低与高度石墨化的纳米碳无关，而与均匀分散的 Fe 原子的量密切相关。

除 M-N-C 催化剂外，以 Co_3O_4 为代表的尖晶石型混合价态过渡金属氧化物（$M'M_2O_4$，其中 M′、M = 过渡金属）在碱性介质中也表现出良好的 ORR 催化活性[132]。Zhang 等[133]报道了一种以 Co-I-MOF（$[Co_3(\mu_2-OH_4(I)_2)]\cdot 2H_2O$）为前驱体制备核-壳 Co_3O_4@N-C 电催化剂的简单方法。电化学测试结果表明，该材料在碱性电解液中表现出优于商业 Pt/C 催化剂的循环稳定性及抗甲醇干扰能力。乔世璋课题组[134]通过碳化生长在铜箔基底上的 Co-MOF，制备出高比表面积（$251m^2/g$）及高碳含量（52.1%）的 Co_3O_4-碳多孔纳米线矩阵（Co_3O_4C-NA）（图 42-24）。所得催化剂可以直接用作产氧反应的工作电极而无需额外基底或黏合剂。基于碳原位掺入及多孔纳米线矩阵形貌的优势，该 Co_3O_4C-NA 新型电极具有牢固的结构稳定性和增强的质子/电荷转移能力，因此不仅表现出优异的析氧反应（OER）活性及超强的耐久性，而且能够在碱性电解液中有效催化 ORR 反应。

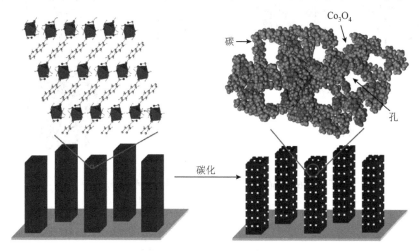

图 42-24　Co_3O_4-多孔碳纳米线阵列的制备示意图[93]

Hu 等[135]报道了一种用 ZIF-67 作前驱体合成 $Co_3O_4/NiCo_2O_4$ 双壳层纳米笼子（$Co_3O_4/NiCo_2O_4$ DSNC）的新策略。制备过程中，他们首先合成 ZIF-67/Ni-Co 层状双氢氧化物（ZIF-67/Ni-Co LDH）核-壳结构，随后通过空气中高温热焙烧处理，最终得到目标材料。结果表明，该合成策略能够拓宽至制备 $Co_3O_4/MgCo_2O_4$ DSNC 双壳层材料，同时 $Co_3O_4/NiCo_2O_4$ DSNC 材料表现出优于纯 Co_3O_4 纳米笼子的 OER 电催化活性。随后，采用同样的合成策略，该课题组[136]又以 ZIF-67 作前驱体制备出 Co-C@Co_9S_8 双壳层纳米笼子（Co-C@Co_9S_8DSNC），如图 42-25 所示。该方法涉及 ZIF-67@无定形 CoS 核-壳结构的合成及氮气气流下高温热焙烧两步过程。研究发现，Co-C@Co_9S_8 中的 Co-C 中空壳层扮演活性中心的角色，而 Co_9S_8 壳层则有助于在 Co-C 催化剂周围构建使反应物快速接近活性位点的纳米反应器，同时也防止其失活。基于二者之间的协同效应优势，该 Co-C@Co_9S_8 DSNC 电极材料在碱性介质中表现出高的 ORR 活性、低的过电势、高的电流密度及优异的抗甲醇干扰能力。

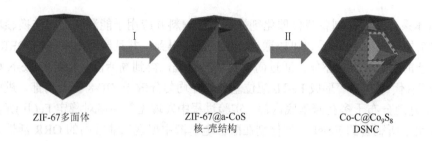

图 42-25　Co-C@Co$_9$S$_8$DSNC 的制备过程示意图[95]

Xia 等[137]通过热解 MOF-碳基质（CM）前驱体，制备出核-双壳层 Co@Co$_3$O$_4$@C 纳米颗粒原位封装在高度有序多孔碳基质（Co@Co$_3$O$_4$@C-CM）的复合材料。如图 42-26 所示，在碳化过程中，MOF 的有机配体转换成多孔石墨碳，并原位包裹金属氧化物纳米颗粒，进而使金属氧化物和多孔碳壳层通过强相互作用力连接到 CM 上，增强了 ORR 稳定性。此外，CM 具有三维互通的孔结构，从而为氧和电解液提供了转移路径。因此，该 Co@Co$_3$O$_4$@C-CM 催化剂表现出优异的 ORR 活性，初始电压为 0.93V（*vs*. RHE），半波电位为 0.81V，同时也具有超长的稳定性及良好的抗甲醇干扰性。

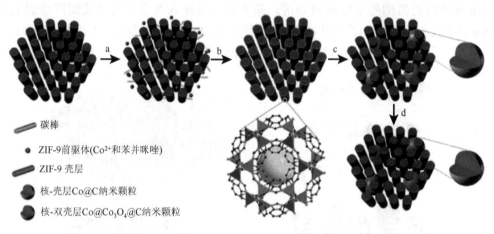

碳棒

ZIF-9前驱体(Co^{2+}和苯并咪唑)

ZIF-9 壳层

核-壳层Co@C纳米颗粒

核-双壳层Co@Co$_3$O$_4$@C纳米颗粒

图 42-26　Co@Co$_3$O$_4$@C-CM 的制备过程示意图[96]

42.3　总结与展望

寻找能够储存和利用绿色能源的新颖材料来实现低碳经济及可持续发展已经成为材料科学界的重要任务之一。CP，尤其是 MOF 的出现很好地将该项研究推向一个新的高度。通过改变金属离子（簇）及有机配体的种类，能够合成集多种性能于一体的 MOF 材料。近年来，基于 MOF 前驱体的衍生纳米材料，如多孔碳材料、金属氧化物和金属氧化物@碳复合材料等，已经被广泛应用于超级电容器、锂离子电池、锂-氧电池、锂-硫电池、钠离子电池、太阳能电池及燃料电池等能源储存与转换领域。由于金属离子和有机配体的存在，MOF 非常适合作为前驱体或自牺牲模板合成上述所涉及的纳米材料，甚至可继承高比表面积、可控结构、大的孔体积及可调孔结构等 MOF 本身固有的结构特征，因此具有很大的潜力。

值得注意的是，MOF 的部分多孔结构可能在碳化处理后发生坍塌，从而导致比表面积和孔体积的降低。解决这一问题的有效方法是向 MOF 结构中引入客体分子，使其作为模板来保持 MOF 的孔结构。碳化后，客体分子可以通过酸蚀刻方法除去。此外，采用低沸点金属或簇的 MOF 为前驱体及模板也是一种有效的途径。

同时，合成 MOF 的过程中引入 N、S、P 等杂原子至有机配体，或碳化过程中额外加入 N 源、S 源及 P 源，提供了一种制备杂原子掺杂的 MOF 衍生材料的有效途径。引入杂原子能够修饰碳的电子及几何结构，结构的改变进一步引起自旋及电荷密度的不均匀分布，进而产生更多的缺陷。掺杂原子与缺陷之间的协同作用则极大地提高了电极材料的性能。

此外，碳材料的高度石墨化可以促进电子的转移速率，提高材料导电性。然而，MOF 热解过程中加热温度过高会引起多孔结构和碳-杂原子键的破坏。因此，引入 Fe、Mn、Ni 等金属催化剂能够在相对低的温度下（<1000℃）增加碳的石墨化程度，这被认为是制备高度石墨化碳材料的有效方法。

此外，MOF 前驱体的形貌、尺寸的调控及形成机理的探索是未来需要进一步解决的问题。

综上所述，以 MOF 为前驱体合成的功能材料已经在能源储存与转换领域取得了一定的成绩，但未来仍然面临诸多挑战，尤其以下几个方向特别值得研究者们关注：①如何提高 MOF 材料本身的导电性及稳定性；②制备 MOF 衍生的金属氧化物的过程中，控制金属或金属氧化物纳米颗粒的尺寸及形貌对实现优异的电化学性能极为关键，那么如何精确控制 MOF 衍生材料的形貌及孔结构；③如何明确 MOF 热解过程中的转换机制；④如何增加 MOF 衍生材料的有效比表面积及有效利用材料的高比表面积。这些研究对进一步实现基于 MOF 前驱体的多孔纳米材料的实际应用具有重要的意义。

（周　震　钟　明　卜显和）

参 考 文 献

[1]　Eddaoudi M，Kim J，Rosi N，et al. Systematic design of pore size and functionality in isoreticular MOFs and their application in methane storage. Science，2002，295：469-472.

[2]　Bourrelly S，Llewellyn P L，Serre C，et al. Different adsorption behaviors of methane and carbon dioxide in the isotypic nanoporous metal terephthalates MIL-53 and MIL-47. J Am Chem Soc，2005，127：13519-13521.

[3]　Yu J，Xu R. Insight into the construction of open-framework aluminophosphates. Chem Soc Rev，2006，35：593-604.

[4]　Caskey S R，Wong-Foy A G，Matzger A J. Dramatic tuning of carbon dioxide uptake via metal substitution in a coordination polymer with cylindrical pores. J Am Chem Soc，2008，130：10870-10871.

[5]　Lin Z，Tong M L. The coordination chemistry of cyclohexanepolycarboxylate ligands. Structures，conformation and functions. Coord Chem Rev，2011，255：421-450.

[6]　Xu G C，Zhang W，Ma X M，et al. Coexistence of magnetic and electric orderings in the metal-formate frameworks of [NH$_4$][M(HCOO)$_3$]. J Am Chem Soc，2011，133：14948-14951.

[7]　Han Q，He C，Zhao M，et al. Engineering chiral polyoxometalate hybrid metal-organic frameworks for asymmetric dihydroxylation of olefins. J Am Chem Soc，2013，135：10186-10189.

[8]　Peng J B，Kong X J，Zhang Q C，et al. Beauty，symmetry，and magnetocaloric effect—four-shell keplerates with 104 lanthanide atoms. J Am Chem Soc，2014，136：17938-17941.

[9]　Tian D，Chen Q，Li Y，et al. A mixed molecular building block strategy for the design of nested polyhedron metal-organic frameworks. Angew Chem Int Ed，2014，53：837-841.

[10]　Zhang M，Feng G，Song Z，et al. Two-dimensional metal-organic framework with wide channels and responsive turn-on fluorescence for the chemical sensing of volatile organic compounds. J Am Chem Soc，2014，136：7241-7244.

[11]　Wang H，Xu J，Zhang D S，et al. Crystalline capsules：Metal-organic frameworks locked by size-matching ligand bolts. Angew Chem Int Ed，2015，54：5966-5970.

[12]　Zou R Q，Sakurai H，Han S，et al. Probing the Lewis acid sites and CO catalytic oxidation activity of the porous metal-organic polymer [Cu（5-methylisophthalate）]. J Am Chem Soc，2007，129：8402-8403.

[13]　Horcajada P，Chalati T，Serre C，et al. Porous metal-organic-framework nanoscale carriers as a potential platform for drug delivery and

imaging. Nat Mater，2010，9：172-178.

[14] Lee C Y，Farha O K，Hong B J，et al. Light-harvesting metal-organic frameworks（MOFs）：efficient strut-to-strut energy transfer in bodipy and porphyrin-based MOFs. J Am Chem Soc，2011，133：15858-15861.

[15] Sahoo S C，Kundu T，Banerjee R. Helical water chain mediated proton conductivity in homochiral metal-organic frameworks with unprecedented zeolitic unh-topology. J Am Chem Soc，2011，133：17950-17958.

[16] Hu Z，Lustig W P，Zhang J，et al. Effective detection of mycotoxins by a highly luminescent metal-organic framework. J Am Chem Soc，2015，137：16209-16215.

[17] Rodenas T，Luz I，Prieto G，et al. Metal-organic framework nanosheets in polymer composite materials for gas separation. Nat Mater，2015，14：48-55.

[18] Xia W，Mahmood A，Zou R，et al. Metal-organic frameworks and their derived nanostructures for electrochemical energy storage and conversion. Energy Environ Sci，2015，8：1837-1866.

[19] 张慧，周雅静，宋肖锴. 基于金属-有机骨架前驱体的先进功能材料. 化学进展，2015，8：174-191.

[20] Liu B，Shioyama H，Akita T，et al. Metal-organic framework as a template for porous carbon synthesis. J Am Chem Soc，2008，130：5390-5391.

[21] Jiang H L，Liu B，Lan Y Q，et al. From metal-organic framework to nanoporous carbon：toward a very high surface area and hydrogen uptake. J Am Chem Soc，2011，133：11854-11857.

[22] Zheng F，Yang Y，Chen Q. High lithium anodic performance of highly nitrogen-doped porous carbon prepared from a metal-organic framework. Nat Commun，2014，5：5261.

[23] Hu J，Wang H，Gao Q，et al. Porous carbons prepared by using metal-organic framework as the precursor for supercapacitors. Carbon，2010，48：3599-3606.

[24] Lim S，Suh K，Kim Y，et al. Porous carbon materials with a controllable surface area synthesized from metal-organic frameworks. Chem Commun，2012，48：7447-7449.

[25] Yang S J，Kim T，Im J H，et al. MOF-derived hierarchically porous carbon with exceptional porosity and hydrogen storage capacity. Chem Mater，2012，24：464-470.

[26] Chaikittisilp W，Ariga K，Yamauchi Y. A new family of carbon materials：synthesis of MOF-derived nanoporous carbons and their promising applications. J Mater Chem A，2013，1：14-19.

[27] Hu M，Reboul J，Furukawa S，et al. Direct carbonization of Al-based porous coordination polymer for synthesis of nanoporous carbon. J Am Chem Soc，2012，134：2864-2867.

[28] Liu S，Zhou J，Song H. 2D Zn-hexamine coordination frameworks and their derived n-rich porous carbon nanosheets for ultrafast sodium storage. Adv Energy Mater，2018，8：1800569.

[29] Kong L，Zhu J，Shuang W，et al. Nitrogen-doped wrinkled carbon foils derived from mof nanosheets for superior sodium storage. Adv Energy Mater，2018，8：1801515.

[30] Zboril R，Machala L，Mashlan M，et al. Iron（III）oxide nanoparticles in the thermally induced oxidative decomposition of prussian blue，$Fe_4[Fe(CN)_6]_3$. Cryst Growth Des，2004，4：1317-1325.

[31] Cho W，Park S，Oh M. Coordination polymer nanorods of Fe-MIL-88B and their utilization for selective preparation of hematite and magnetite nanorods. Chem Commun，2011，47：4138-4140.

[32] Xu X，Cao R，Jeong S，et al. Spindle-like mesoporous α-Fe_2O_3 anode material prepared from MOF template for high-rate lithium batteries. Nano Lett，2012，12：4988-4991.

[33] Zhang L，Wu H B，Madhavi S，et al. Formation of Fe_2O_3 microboxes with hierarchical shell structures from metal-organic frameworks and their lithium storage properties. J Am Chem Soc，2012，134：17388-17391.

[34] Wu L L，Wang Z，Long Y，et al. Multishelled $Ni_xCo_{3-x}O_4$ hollow microspheres derived from bimetal-organic frameworks as anode materials for high-performance lithium-ion batteries. Small，2017，13：1604270.

[35] Guo Y，Qin G，Liang E，et al. MOFs-derived $MgFe_2O_4$ microboxes as anode material for lithium-ion batteries with superior performance. Ceram Int，2017，43：12519-12525.

[36] Du M，He D，Lou Y，et al. Porous nanostructured $ZnCo_2O_4$ derived from MOF-74：high-performance anode materials for lithium ion batteries. J Energy Chem，2017，26：673-680.

[37] Zhao J，Wang F，Su P，et al. Spinel $ZnMn_2O_4$ nanoplate assemblies fabricated via "escape-by-crafty-scheme" strategy. J Mater Chem，2012，22：13328-13333.

[38] Lin K Y A，Chen B J. Prussian blue analogue derived magnetic carbon/cobalt/iron nanocomposite as an efficient and recyclable catalyst for

activation of peroxymonosulfate. Chemosphere，2017，166：146-156.

[39]　Li X，Wang Z，Zhang B，et al. Fe$_x$Co$_{3-x}$O$_4$ nanocages derived from nanoscale metal-organic frameworks for removal of bisphenol A by activation of peroxymonosulfate. Appl Catal B-Environ，2016，181：788-799.

[40]　Han L，Yu X Y，Lou X W. Formation of prussian-blue-analog nanocages via a direct etching method and their conversion into Ni-Co-mixed oxide for enhanced oxygen evolution. Adv Mater，2016，28：4601-4605.

[41]　Hou L，Lian L，Zhang L，et al. Self-sacrifice template fabrication of hierarchical mesoporous Bi-component-active ZnO/ZnFe$_2$O$_4$ sub-microcubes as superior anode towards high-performance lithium-ion battery. Adv Funct Mater，2015，25：238-246.

[42]　Guo W，Sun W，Wang Y. Multilayer CuO@NiO hollow spheres：microwave-assisted metal-organic-framework derivation and highly reversible structure-matched stepwise lithium storage. ACS Nano，2015，9：11462-11471.

[43]　Lu Y，Yu L，Wu M，et al. Construction of complex Co$_3$O$_4$@Co$_3$V$_2$O$_8$ hollow structures from metal-organic frameworks with enhanced lithium storage properties. Adv Mater，2018，30：1702875.

[44]　Santos V P，Wezendonk T A，Jaén J J D，et al. Metal organic framework-mediated synthesis of highly active and stable Fischer-Tropsch catalysts. Nat Commun，2015，6：6451.

[45]　Zou F，Chen Y M，Liu K，et al. Metal organic frameworks derived hierarchical hollow nio/ni/graphene composites for lithium and sodium storage. ACS Nano，2016，10：377-386.

[46]　Yang S J，Nam S，Kim T，et al. Preparation and exceptional lithium anodic performance of porous carbon-coated ZnO quantum dots derived from a metal-organic framework. J Am Chem Soc，2013，135：7394-7397.

[47]　Kaneti Y V，Zhang J，He Y B，et al. Fabrication of an MOF-derived heteroatom-doped Co/CoO/carbon hybrid with superior sodium storage performance for sodium-ion batteries. J Mater Chem A，2017，5：15356-15366.

[48]　Jiang T，Bu F，Feng X，et al. Porous Fe$_2$O$_3$ nanoframeworks encapsulated within three-dimensional graphene as high-performance flexible anode for lithium-ion battery. ACS Nano，2017，11：5140-5147.

[49]　He Z，Wang K，Zhu S，et al. MOF-derived hierarchical mno-doped Fe$_3$O$_4$@C composite nanospheres with enhanced lithium storage. ACS Appl Mater Interfaces，2018，10：10974-10985.

[50]　Kong L，Xie C C，Gu H，et al. Thermal instability induced oriented 2D pores for enhanced sodium storage. Small，2018，14：1800639.

[51]　Zou F，Hu X，Li Z，et al. MOF-derived porous ZnO/ZnFe$_2$O$_4$/C octahedra with hollow interiors for high-rate lithium-ion batteries. Adv Mater（Weinheim Ger），2014，26：6622-6628.

[52]　Wang D，Zhou W，Zhang R，et al. MOF-derived Zn-Mn mixed oxides@carbon hollow disks with robust hierarchical structure for high-performance lithium-ion batteries. J Mater Chem A，2018，6：2974-2983.

[53]　Niu S，Wang Z，Zhou T，et al. A polymetallic metal-organic framework-derived strategy toward synergistically multidoped metal oxide electrodes with ultralong cycle life and high volumetric capacity. Adv Funct Mater，2017，27：1605332.

[54]　Xu X，Liu J，Liu J，et al. A general metal-organic framework（MOF）-derived selenidation strategy for in situ carbon-encapsulated metal selenides as high-rate anodes for Na-ion batteries. Adv Funct Mater，2018，28：1707573.

[55]　Jin J，Zheng Y，Kong L B，et al. Tuning ZnSe/CoSe in MOF-derived N-doped porous carbon/CNTs for high-performance lithium storage. J Mater Chem A，2018，6：15710-15717.

[56]　Foley S，Geaney H，Bree G，et al. Copper sulfide（Cu$_x$S）nanowire-in-carbon composites formed from direct sulfurization of the metal-organic framework HKUST-1 and their use as Li-ion battery cathodes. Adv Funct Mater，2018，28：1800587.

[57]　Yu L，Yang J F，Lou X W. Formation of CoS$_2$ Nanobubble hollow prisms for highly reversible lithium storage. Angew Chem Int Ed，2016，55：13422-13426.

[58]　Li X，Zheng S，Jin L，et al. Metal-organic framework-derived carbons for battery applications. Adv Energy Mater，2018，8：1800716.

[59]　Yan X，Li X，Yan Z，et al. Porous carbons prepared by direct carbonization of MOFs for supercapacitors. Appl Surf Sci，2014，308：306-310.

[60]　Yuan D，Chen J，Tan S，et al. Worm-like mesoporous carbon synthesized from metal-organic coordination polymers for supercapacitors. Electrochem Commun，2009，11：1191-1194.

[61]　Yu G，Zou X，Wang A，et al. Generation of bimodal porosity via self-extra porogenes in nanoporous carbons for supercapacitor application. J Mater Chem A，2014，2：15420-15427.

[62]　Salunkhe R R，Kamachi Y，Torad N L，et al. Fabrication of symmetric supercapacitors based on MOF-derived nanoporous carbons. J Mater Chem A，2014，2：19848-19854.

[63]　Salunkhe R R，Zakaria M B，Kamachi Y，et al. Fabrication of asymmetric supercapacitors based on coordination polymer derived nanoporous materials. Electrochim Acta，2015，183：94-99.

[64]　Salunkhe R R，Tang J，Kamachi Y，et al. Asymmetric supercapacitors using 3D nanoporous carbon and cobalt oxide electrodes synthesized

from a single metal-organic framework. ACS Nano，2015，9：6288-6296.

[65]　Pachfule P，Shinde D，Majumder M，et al. Fabrication of carbon nanorods and graphene nanoribbons from a metal-organic framework. Nat Chem，2016，8：718-724.

[66]　Yan J，Wang Q，Wei T，et al. Recent advances in design and fabrication of electrochemical supercapacitors with high energy densities. Adv Energy Mater，2014，4：1300816.

[67]　Jiang Z，Li Z，Qin Z，et al. LDH nanocages synthesized with MOF templates and their high performance as supercapacitors. Nanoscale，2013，5：11770-11775.

[68]　Mahmood A，Zou R，Wang Q，et al. Nanostructured electrode materials derived from metal-organic framework xerogels for high-energy-density asymmetric supercapacitor. ACS Appl Mater Interfaces，2016，8：2148-2157.

[69]　Cao X，Zheng B，Shi W，et al. Reduced graphene oxide-wrapped MoO_3 composites prepared by using metal-organic frameworks as precursor for all-solid-state flexible supercapacitors. Adv Mater，2015，27：4695-4701.

[70]　Bruce P G，Scrosati B，Tarascon J M. Nanomaterials for rechargeable lithium batteries. Angew Chem Int Ed，2008，47：2930-2946.

[71]　Goodenough J B，Kim Y. Challenges for rechargeable Li batteries. Chem Mater，2010，22：587-603.

[72]　Dunn B，Kamath H，Tarascon J M. Electrical energy storage for the grid：a battery of choices. Science，2011，334：928-935.

[73]　Wang C，Kaneti Y V，Bando Y，et al. Metal-organic framework-derived one-dimensional porous or hollow carbon-based nanofibers for energy storage and conversion. Mater Horiz，2018，5：394-407.

[74]　Lu Y，Yu L，Lou X W. Nanostructured conversion-type anode materials for advanced lithium-ion batteries. Chem，2018，4：972-996.

[75]　Li Y，Xu Y，Yang W，et al. MOF-derived metal oxide composites for advanced electrochemical energy storage. Small，2018，14：1704435.

[76]　Xu G，Nie P，Dou H，et al. Exploring metal organic frameworks for energy storage in batteries and supercapacitors. Mater Today，2017，20：191-209.

[77]　Wu H B，Lou X W. Metal-organic frameworks and their derived materials for electrochemical energy storage and conversion：promises and challenges. Sci Adv，2017，3：eaap9252.

[78]　Xie Z，He Z，Feng X，et al. Hierarchical sandwich-like structure of ultrafine N-rich porous carbon nanospheres grown on graphene sheets as superior lithium-ion battery anodes. ACS Appl Mater Interfaces，2016，8：10324-10333.

[79]　Song Y，Zuo L，Chen S，et al. Porous nano-Si/carbon derived from zeolitic imidazolate frameworks@nano-Si as anode materials for lithium-ion batteries. Electrochim Acta，2015，173：588-594.

[80]　Wu R，Qian X，Rui X，et al. Zeolitic imidazolate framework 67-derived high symmetric porous Co_3O_4 hollow dodecahedra with highly enhanced lithium storage capability. Small，2014，10：1932-1938.

[81]　Chen Y M，Yu L，Lou X W. Hierarchical tubular structures composed of Co_3O_4 hollow nanoparticles and carbon nanotubes for lithium storage. Angew Chem Int Ed，2016，55：5990-5993.

[82]　Hu H，Zhang J，Guan B，et al. Unusual formation of CoSe@carbon nanoboxes，which have an inhomogeneous shell，for efficient lithium storage. Angew Chem Int Ed，2016，55：9514-9518.

[83]　Zou F，Hu X，Li Z，et al. MOF-derived porous $ZnO/ZnFe_2O_4$/C octahedra with hollow interiors for high-rate lithium-ion batteries. Adv Mater，2014，26：6622-6628.

[84]　Huang G，Zhang F，Du X，et al. Metal organic frameworks route to in situ insertion of multiwalled carbon nanotubes in Co_3O_4 polyhedra as anode materials for lithium-ion batteries. ACS Nano 2015，9：1592-1599.

[85]　Wang S，Chen M，Xie Y，et al. Nanoparticle cookies derived from metal-organic frameworks：controlled synthesis and application in anode materials for lithium-ion batteries. Small，2016，12：2365-2375.

[86]　Pope M A，Aksay I A. Structural design of cathodes for Li-S batteries. Adv Energy Mater，2015，5：1500124.

[87]　Xu R，Lu J，Amine K. Progress in mechanistic understanding and characterization techniques of Li-S batteries. Adv Energy Mater，2015，5：1500408.

[88]　Chen K，Sun Z，Fang R，et al. Metal-organic frameworks（MOFs）-derived nitrogen-doped porous carbon anchored on graphene with multifunctional effects for lithium-sulfur batteries. Adv Funct Mater，2018，28：1707592.

[89]　Xu G，Ding B，Shen L，et al. Sulfur embedded in metal organic framework-derived hierarchically porous carbon nanoplates for high performance lithium-sulfur battery. J Mater Chem A，2013，1：4490-4496.

[90]　Wang H，Zhu Q L，Zou R，et al. Metal-organic frameworks for energy applications. Chem，2017，2：52-80.

[91]　Cao X，Tan C，Sindoro M，et al. Hybrid micro-/nano-structures derived from metal-organic frameworks：preparation and applications in energy storage and conversion. Chem Soc Rev，2017，46：2660-2677.

[92]　Li Z，Li C，Ge X，et al. Reduced graphene oxide wrapped MOFs-derived cobalt-doped porous carbon polyhedrons as sulfur immobilizers as

cathodes for high performance lithium sulfur batteries. Nano Energy，2016，23：15-26.

[93]　Li Y J，Fan J M，Zheng M S，et al. A novel synergistic composite with multi-functional effects for high-performance Li-S batteries. Energy Environ Sci，2016，9：1998-2004.

[94]　Black R，Adams B，Nazar L F. Non-aqueous and hybrid Li-O₂ batteries. Adv Energy Mater，2012，2：801-815.

[95]　Bruce P G，Freunberger S A，Hardwick L J，et al. Li-O₂ and Li-S batteries with high energy storage. Nat Mater，2012，11：19-29.

[96]　Tang J，Wu S，Wang T，et al. Cage-type highly graphitic porous carbon-Co₃O₄ polyhedron as the cathode of lithium-oxygen batteries. ACS Appl Mater Interfaces，2016，8：2796-2804.

[97]　Yin W，Shen Y，Zou F，et al. Metal-organic framework derived ZnO/ZnFe₂O₄/C nanocages as stable cathode material for reversible lithium-oxygen batteries. ACS Appl Mater Interfaces，2015，7：4947-4954.

[98]　Gan Y，Lai Y，Zhang Z，et al. Hierarchical Cr₂O₃@OPC composites with octahedral shape for rechargeable nonaqueous lithium-oxygen batteries. J Alloys Compd，2016，665：365-372.

[99]　Lai Y，Chen W，Zhang Z，et al. Fe/Fe₃C decorated 3-D porous nitrogen-doped graphene as a cathode material for rechargeable Li-O₂ batteries. Electrochim Acta，2016，191：733-742.

[100]　Yabuuchi N，Kubota K，Dahbi M，et al. Research development on sodium-ion batteries. Chem Rev，2014，114：11636-11682.

[101]　Zou G，Hou H，Ge P，et al. Metal-organic framework-derived materials for sodium energy storage. Small，2018，14：1702648.

[102]　Qu Q，Yun J，Wan Z，et al. MOF-derived microporous carbon as a better choice for Na-ion batteries than mesoporous CMK-3. RSC Adv，2014，4：64692-64697.

[103]　Zou G，Hou H，Cao X，et al. 3D hollow porous carbon microspheres derived from Mn-MOFs and their electrochemical behavior for sodium storage. J Mater Chem A，2017，5：23550-23558.

[104]　Liu S，Zhou J，Song H. Tailoring highly N-doped carbon materials from hexamine-based MOFs：superior performance and new insight into the roles of N configurations in Na-ion storage. Small，2018，14：1703548.

[105]　Li Z，Zhang L，Ge X，et al. Core-shell structured CoP/FeP porous microcubes interconnected by reduced graphene oxide as high performance anodes for sodium ion batteries. Nano Energy，2017，32：494-502.

[106]　Chen J，Li S，Kumar V，et al. Carbon coated bimetallic sulfide hollow nanocubes as advanced sodium ion battery anode. Adv Energy Mater，2017，7：1700180.

[107]　Wang Y，Kang W，Cao D，et al. A yolk-shelled Co₉S₈/MoS₂-CN nanocomposite derived from a metal-organic framework as a high performance anode for sodium ion batteries. J Mater Chem A，2018，6：4776-4782.

[108]　Dong S，Li C，Li Z，et al. Mesoporous hollow Sb/ZnS@C core-shell heterostructures as anodes for high-performance sodium-ion batteries. Small，2018，14：1704517.

[109]　Zhang X，Qin W，Li D，et al. Metal-organic framework derived porous CuO/Cu₂O composite hollow octahedrons as high performance anode materials for sodium ion batteries. Chem Commun，2015，51：16413-16416.

[110]　Wang Y，Wang C，Wang Y，et al. Superior sodium-ion storage performance of Co₃O₄@ nitrogen-doped carbon：derived from a metal-organic framework. J Mater Chem A，2016，4：5428-5435.

[111]　Zou F，Chen Y M，Liu K，et al. Metal organic frameworks derived hierarchical hollow NiO/Ni/graphene composites for lithium and sodium storage. ACS Nano，2016，10：377-386.

[112]　Chen Y M，Liang W，Li S，et al. A nitrogen doped carbonized metal-organic framework for high stability room temperature sodium-sulfur batteries. J Mater Chem A，2016，4：12471-12478.

[113]　O'regan B，Grfitzeli M. A low-cost，high-efficiency solar cell based on dye-sensitized. Nature，1991，353：737-740.

[114]　Mathew S，Yella A，Gao P，et al. Dye-sensitized solar cells with 13% efficiency achieved through the molecular engineering of porphyrin sensitizers. Nat Chem，2014，6：242-247.

[115]　Kundu T，Sahoo S C，Banerjee R. Solid-state thermolysis of anion induced metal-organic frameworks to ZnO microparticles with predefined morphologies：facile synthesis and solar cell studies. Cryst Growth Des，2012，12：2572-2578.

[116]　Chi W S，Roh D K，Lee C S，et al. A shape-and morphology-controlled metal organic framework template for high-efficiency solid-state dye-sensitized solar cells. J Mater Chem A，2015，3：21599-21608.

[117]　Hsu S H，Li C T，Chien H T，et al. Platinum-free counter electrode comprised of metal-organic-framework（MOF）-derived cobalt sulfide nanoparticles for efficient dye-sensitized solar cells（DSSCs）. Sci Rep，2014，4：6983.

[118]　Mahmood A，Guo W，Tabassum H，et al. Metal-organic framework-based nanomaterials for electrocatalysis. Adv Energy Mater，2016，6：1600423.

[119]　Yang L，Zeng X，Wang W，et al. Recent progress in MOF-derived，heteroatom-doped porous carbons as highly efficient electrocatalysts for

oxygen reduction reaction in fuel cells. Adv Funct Mater，2018，28：1704537.

[120] Liao P Q，Shen J Q，Zhang J P. Metal-organic frameworks for electrocatalysis. Coord Chem Rev，2018，373：22-48.

[121] Fu S，Zhu C，Song J，et al. Metal-organic framework-derived non-precious metal nanocatalysts for oxygen reduction reaction. Adv Energy Mater，2017，7：1700363.

[122] Song Z，Cheng N，Lushington A，et al. Recent progress on MOF-derived nanomaterials as advanced electrocatalysts in fuel cells. Catalysts，2016，6：116.

[123] Su D S，Perathoner S，Centi G. Nanocarbons for the development of advanced catalysts. Chem Rev，2013，113：5782-5816.

[124] Zhang P，Sun F，Xiang Z，et al. ZIF-derived in situ nitrogen-doped porous carbons as efficient metal-free electrocatalysts for oxygen reduction reaction. Energy Environ Sci，2014，7：442-450.

[125] Zhao X，Zhao H，Zhang T，et al. One-step synthesis of nitrogen-doped microporous carbon materials as metal-free electrocatalysts for oxygen reduction reaction. J Mater Chem A，2014，2：11666-11671.

[126] Zhu D，Li L，Cai J，et al. Nitrogen-doped porous carbons from bipyridine-based metal-organic frameworks：electrocatalysis for oxygen reduction reaction and Pt-catalyst support for methanol electrooxidation. Carbon，2014，79：544-553.

[127] Zhang L，Su Z，Jiang F，et al. Highly graphitized nitrogen-doped porous carbon nanopolyhedra derived from ZIF-8 nanocrystals as efficient electrocatalysts for oxygen reduction reactions. Nanoscale，2014，6：6590-6602.

[128] Pandiaraj S，Aiyappa H B，Banerjee R，et al. Post modification of MOF derived carbon via g-C_3N_4 entrapment for an efficient metal-free oxygen reduction reaction. Chem Commun，2014，50：3363-3366.

[129] Xia B Y，Yan Y，Li N，et al. A metal-organic framework-derived bifunctional oxygen electrocatalyst. Nat Energy，2016，1：15006.

[130] Chen Y Z，Wang C，Wu Z Y，et al. From bimetallic metal-organic framework to porous carbon：high surface area and multicomponent active dopants for excellent electrocatalysis. Adv Mater（Weinheim Ger），2015，27：5010-5016.

[131] Wang X，Zhang H，Lin H，et al. Directly converting Fe-doped metal-organic frameworks into highly active and stable Fe-N-C catalysts for oxygen reduction in acid. Nano Energy，2016，25：110-119.

[132] Xu J，Gao P，Zhao T S. Non-precious Co_3O_4 nano-rod electrocatalyst for oxygen reduction reaction in anion-exchange membrane fuel cells. Energy Environ Sci，2012，5：5333-5339.

[133] Zhang G，Li C，Liu J，et al. One-step conversion from metal-organic frameworks to Co_3O_4@N-doped carbon nanocomposites towards highly efficient oxygen reduction catalysts. J Mater Chem A，2014，2：8184-8189.

[134] Ma T Y，Dai S，Jaroniec M，et al. Metal-organic framework derived hybrid Co_3O_4-carbon porous nanowire arrays as reversible oxygen evolution electrodes. J Am Chem Soc，2014，136：13925-13931.

[135] Hu H，Guan B，Xia B，et al. Designed formation of Co_3O_4/$NiCo_2O_4$ double-shelled nanocages with enhanced pseudocapacitive and electrocatalytic properties. J Am Chem Soc，2015，137：5590-5595.

[136] Hu H，Han L，Yu M，et al. Metal-organic-framework-engaged formation of Co nanoparticle-embedded carbon@Co_9S_8 double-shelled nanocages for efficient oxygen reduction. Energy Environ Sci，2016，9：107-111.

[137] Xia W，Zou R，An L，et al. A metal-organic framework route to in situ encapsulation of Co@Co_3O_4@C core@bishell nanoparticles into a highly ordered porous carbon matrix for oxygen reduction. Energy Environ Sci，2015，8：568-576.

第43章
配位聚合物在农药检测和去除中的应用

　　农药是重要的农业生产资料，在保证农作物免受病虫草害，实现农业的稳产增收、确保人们对农副产品的需求等方面发挥着突出的作用，为人类创造了巨大的经济效益[1]。但是，使用者普遍缺乏科学使用农药的专业知识，片面追求产量，造成目前市场上流通的农产品都不同程度地存在农药残留问题，极大地影响了人类食用安全和农产品贸易，并对土壤、水体等造成污染，破坏生态环境，其危害也日益引起公众的关注[2, 3]。因此，发展具有高灵敏度、高稳定性且对农药有特异性响应的检测和去除方法对保障国民健康和保护生态环境无疑具有重要意义。

　　通过有机配体与金属离子或金属簇的自组装过程构筑的金属有机框架（metal-organic framework，MOF），是一种新型的晶态多孔材料，具有骨架密度低、比表面积大、合成方便、孔洞可调等优点[4]。MOF 中较高的维度和结构规整性及较大的比表面积有助于农药的固载，同时通过位阻效应、氢键、范德瓦耳斯力及疏水作用等，较易实现特定尺寸和形状的孔道或空腔、有机配体的官能团等对农药的选择性识别。

43.1　MOF 作为电化学和荧光传感界面检测农药分子

　　MOF 作为一类新型电化学和荧光传感界面具有易产生信号、灵敏度高、可采集参数多和可实现现场快速分析的优点。基于农药分子的结构特点和化学性质，通过合理设计和选择有机配体与金属离子，可实现构建用于农药残留检测的 MOF 传感界面。良好的识别界面一方面应能够为其固定上农药分子提供友好微观环境，以保持其稳定性或生物活性；另一方面应具有较好的信号传导能力，可以将分子识别过程通过光、电等信号表达出来，甚至具有信号放大的功能。显然，对农药残留检测传感界面的合理构建，是影响传感分析信号灵敏度和稳定性的关键因素，是提高农药残留检测技术的核心科学问题之一。

　　温丽丽等利用以芳香羧基共价修饰的准一维单壁碳纳米管（single-walled carbon nanotube，SWNT）为有机连接体，以过渡金属锌离子为节点，首次成功构筑基于过渡金属-单壁碳纳米管的（类）MOF 多孔材料 SWNT-Zn[5]（图 43-1）。相对于单壁碳纳米管（645.3m^2/g），SWNT-Zn 的比表面积显著提高（1209.9m^2/g）（图 43-2）。显然，SWNT-Zn 比表面积的增大来自苯甲酸和锌离子配位构筑的微孔区域的贡献（表 43-1）。考虑到 SWNT-Zn 具有较大的比表面积和丰富的微孔孔道，且与有机磷化合物（organophosphates pesticide，OP）甲基对硫磷（methyl parathion，MP）之间存在氢键和 $\pi\cdots\pi$ 弱作用力的协同效应，以及 SWNT-Zn 优异的分散性和良好的导电性，温丽丽等构建了一种对农药分子具有选择性识别和信号放大功能的（类）MOF 固相萃取界面（图 43-3）。只需 5min 在不必采用如提供合适的电压和特殊的掺杂物等方法的情况下即可将 MP 有效地吸附在 SWNT-Zn 上，这说明

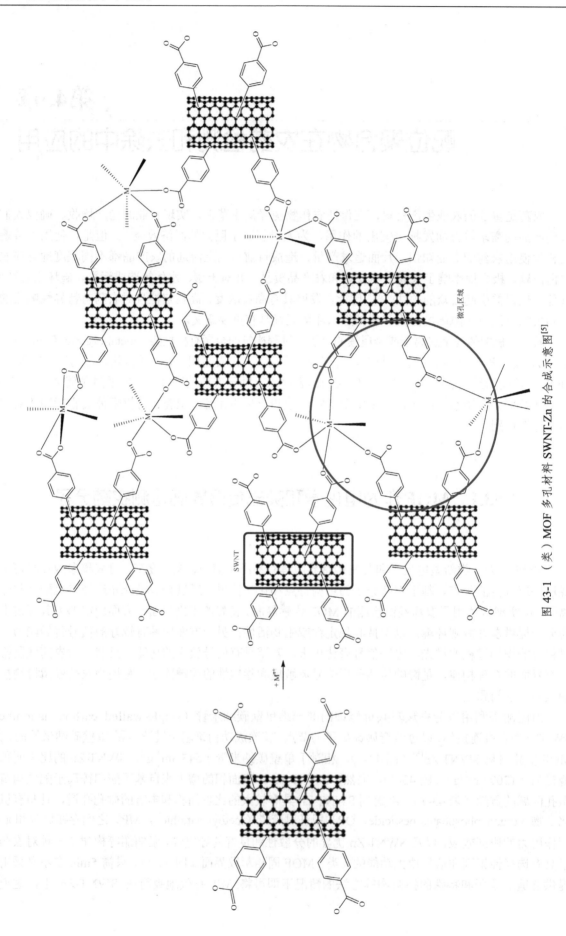

图 43-1 （类）MOF 多孔材料 SWNT-Zn 的合成示意图[5]

SWNT-Zn 可以快速固相萃取 MP。采用电化学溶出法，基于 3 倍信噪比，SWNT-Zn 修饰的玻碳电极（SWNT-Zn/GCE）对 MP 的检出限是 2.3ng/mL，明显低于碳糊电极（13.2ng/mL）和滴汞电极（4.8ng/mL）（图 43-4）。电极制备的重现性及组间实验的精确性是通过重复 6 次制备不同的电极对 1.0μg/mL MP 溶液进行测定得到的，其相对标准偏差为 4.0%，表明本实验的重现性很好。对照实验表明具有电活性的硝基苯的衍生物（如对硝基苯酚、硝基苯等）及含氧酸根离子（如 PO_4^{3-}、SO_4^{2-} 和 NO_3^- 等）不会干扰 MP 的吸附和检测，SWNT-Zn 对 MP 具有很好的亲和力和识别能力。MP 的溶出电位大约是 -0.2V，因此可以避开其他酚类和电活性物质的干扰。该工作首次实现了在同一个 MOF 界面固相萃取和电化学检测农药分子，建立了一种简单、无标记、灵敏的电化学分析有机磷农药的新方法。

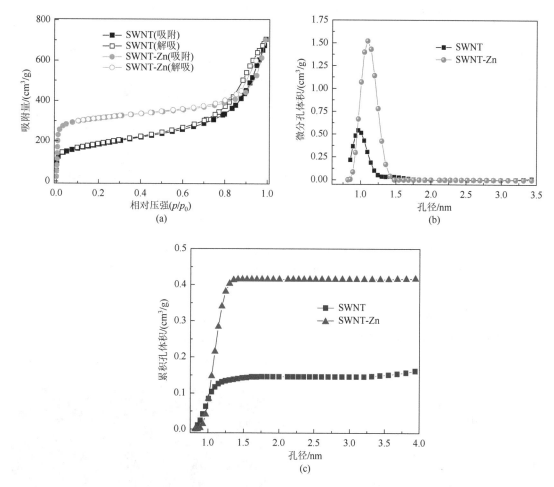

图 43-2　SWNT 和 SWNT-Zn 的 N_2 吸附-脱附等温线 77K（a）、孔径分布（b）、累积孔体积分布（c）[5]

表 43-1　SWNT 和 SWNT-Zn 的比表面积和孔结构参数[5]

样品	BET 比表面积/(m^2/g)	Langmuir 比表面积/(m^2/g)	微孔面积/(cm^2/g)	微孔体积/(cm^3/g)
SWNT	645.3	664.8	261.2	0.115
SWNT-Zn	1209.9	1359.6	998.7	0.403

Deep 等将二氧化硅（SiO_2）涂层的铜-金属有机框架组装到掺杂有 NH2-BDC（NH2-BDC = 2-aminobenzene-1,4-dicarboxylic acid）的聚苯胺（polyaniline，PANI）导电基底上，成功制备了

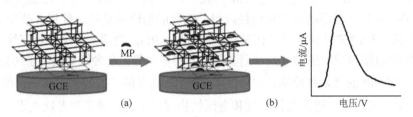

图 43-3　SWNT-Zn 固相萃取 MP 和采用方波伏安法检测 MP 示意图

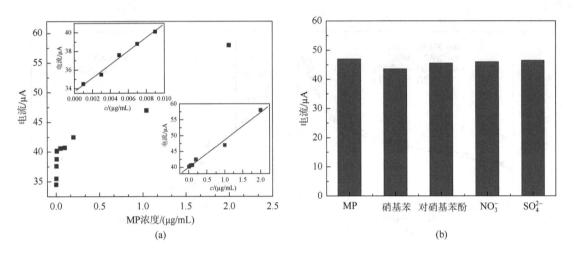

图 43-4　（a）峰电流随 MP 浓度的变化图；（b）在不同实验条件下（0.1mol/L PBS，pH = 5.8，分别加入 1.0μg/mL 对硝基苯酚、硝基苯、NO_3^- 和 SO_4^{2-}），MP（1.0μg/mL）的电化学信号[5]

$Cu_3(BTC)_2@SiO_2/BDC-PANI$ 薄膜[6]（图 43-5）。二氧化硅涂层可以有效改善 MOF 材料的水稳定性和分散性。相对于 $Cu_3(BTC)_2$ 和 $Cu_3(BTC)_2@SiO_2$，$Cu_3(BTC)_2@SiO_2/BDC-PANI$ 薄膜的导电能力显著提高。将该薄膜与农药阿特拉津（atrazine）抗体结合，成功构建了一个新的免疫传感平台。随着阿特拉

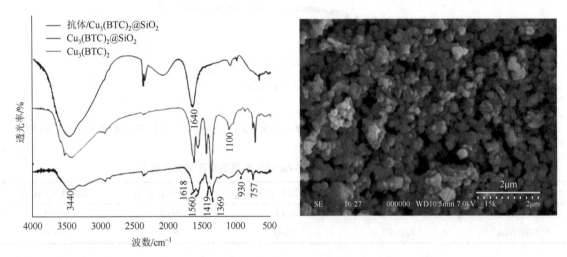

图 43-5　（a）$Cu_3(BTC)_2$、$Cu_3(BTC)_2@SiO_2$ 和抗体/$Cu_3(BTC)_2@SiO_2$ 的红外光谱图；
（b）$Cu_3(BTC)_2@SiO_2/BDC-PANI$ 的场发射扫描电镜图[6]

津抗体的慢慢固定，阿特拉津抗体/Cu₃(BTC)₂@SiO₂/BDC-PANI 的导电能力略有降低，这可能是因为生物分子部分覆盖在 Cu₃(BTC)₂@SiO₂/BDC-PANI 表面，导致电解质分子向传感器表面的扩散变差。值得注意的是，当阿特拉津浓度在 0.01nmol/L～1μmol/L 之间时，阿特拉津抗体/Cu₃(BTC)₂@SiO₂/BDC-PANI 免疫传感器电导率的降低与其浓度成正比，原因可能是：绝缘的阿特拉津分子与抗体结合后，成为电子输运的动能势垒（图 43-6）。该传感器具有优异的灵敏度和特异性，对阿特拉津的检出限为 0.01nmol/L，在目前已知的检测技术中是最高的。

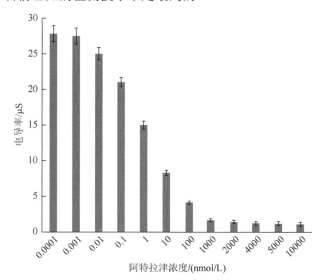

图 43-6 抗体/Cu₃(BTC)₂@SiO₂/BDC-PANI 免疫传感器的电导率随阿特拉津浓度
（0.0001nmol/L～10μmol/L）变化趋势图[6]

此外，温丽丽等利用 5-(4-pyridyl)-isophthalic acid（H₂pbdc）和 4,4′-bis(1-imidazolyl)biphenyl（bimb）与二价锌离子自组装，合成了一个具有荧光性能的三维 MOF [Zn(pbdc)(bimb)·(H₂O)]ₙ（图 43-7）。该化合物通过荧光猝灭实现对有机磷农药 MP 的选择性检测，对 MP 的检出限为 3.576×10⁻⁶mol/L（图 43-8 和图 43-9）。这种荧光识别的主要原因是富电子的共轭 MOF 与含有吸电子基团—NO₂ 的 MP 发生分子间电荷转移，首次实现了 MOF 荧光探针对农药分子的选择性响应识别[7]。

Kim 等探索了纳米晶金属有机框架[Cd(atc)(H₂O)₂]ₙ（H₂atc = 2-aminoterephthalic acid，NMOF1）作为生物传感器对农药对硫磷（parathion）特异性识别的可能性[8]。由于 1-(3-二甲氨基丙基)-3-乙基碳二亚胺[1-ethyl-3-(3-dimethyl aminopropyl)carbodⅡmide，EDC]可作为 NMOF1 表面羧基的活化试剂，通过形成酰胺键实现生物偶联物 NMOF1/对硫磷抗体的制备。NMOF1/对硫磷抗体（antibody against parathion，anti-para）与加入的农药对硫磷通过 Hoogsteen 氢键形成刚性结构（图 43-10）。然而，对硫磷与生物偶联物 NMOF1/对硫磷抗体之间的相互作用导致 NMOF1/对硫磷抗体的荧光强度降低。对硫磷的浓度在 1～1000ppb 之间时，NMOF1/对硫磷抗体的荧光强度的降低与抗原对硫磷的浓度呈线性相关。随着抗原浓度的增加，NMOF1/对硫磷抗体探针与对硫磷分子的不断包裹，导致其荧光强度逐渐降低。该荧光传感器对对硫磷的检出限约为 1ppb，低于最近报道的采用光电技术检测对硫磷的检出限（4ppb）[9]。该荧光传感器具有良好的重现性。加入相同浓度的干扰物，如马拉硫磷、敌敌畏和久效磷等到体系中，荧光强度并没有发生明显改变，说明该荧光传感平台与对硫磷之间存在特异性识别。因此，该荧光探针可定量、可视化并选择性地实现对对硫磷的检测。

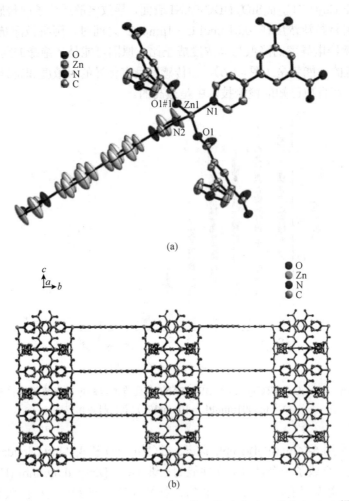

(a)

(b)

图 43-7　[Zn(pbdc)(bimb)·(H₂O)]ₙ 的配位环境（a）和三维框架（b）[7]

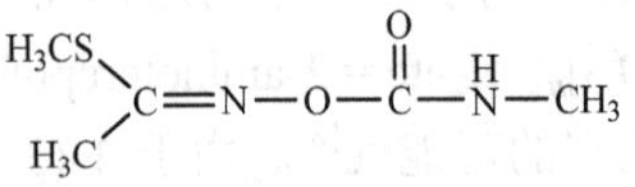

灭多虫

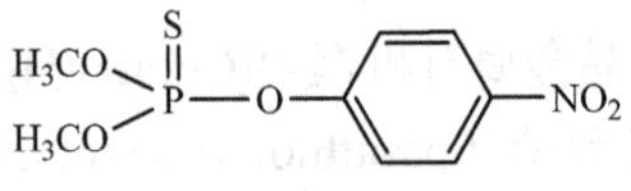

甲基对硫磷

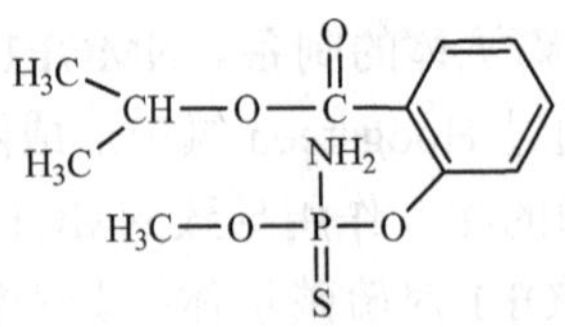

水胺硫磷

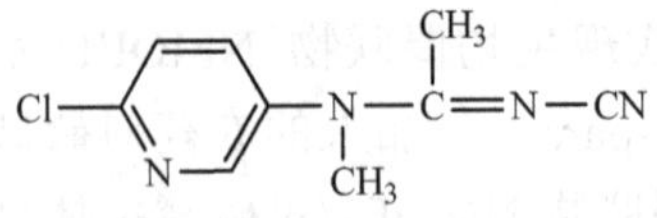

啶虫脒

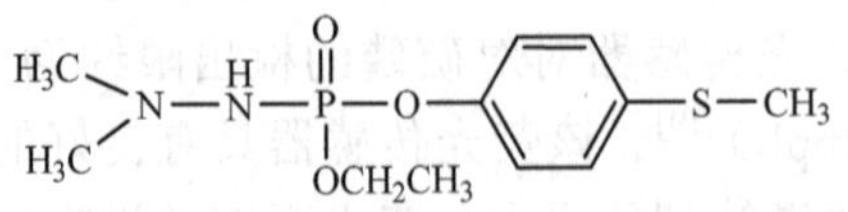

灭线灵

图 43-8　相关农药分子的结构式[7]

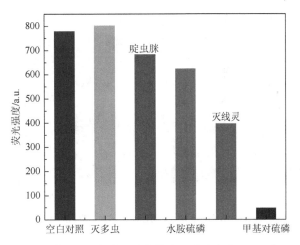

图 43-9　[Zn(pbdc)(bimb)·(H₂O)]ₙ 在 DMF 中对不同农药分子（浓度为 1×10^{-3} mol/L）的荧光强度柱状图[7]

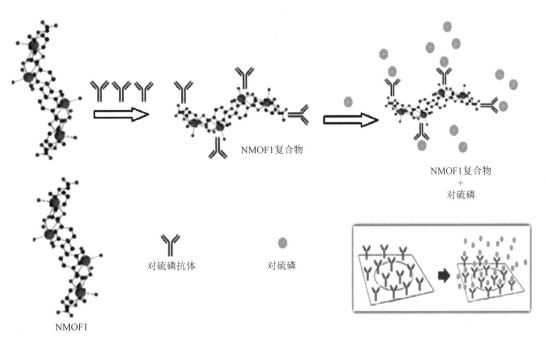

图 43-10　NMOF1 检测对硫磷的可能机理[8]

　　基于 MOF-5 [Zn₄O(BDC)₃]（BDC = 1,4-benzenedicarboxylate）（图 43-11）发出的绿色荧光和自身的孔道结构，Deep 等通过 MOF-5 荧光猝灭实现了便利、无标记、高效灵敏地检测含硝基 OP，如对硫磷、甲基对硫磷、对氧磷（paraoxon）、杀螟硫磷（fenitrothion）等[10]（图 43-12）。在浓度范围 5～600ppb 之间，MOF-5 对这 4 种 OP 的检出限可达 5ppb。干扰实验表明：其他农药如马拉硫磷、敌敌畏和久效磷的存在并不会干扰 MOF5 对含硝基 OP 的检测，这说明 MOF-5 对含硝基 OP 的识别具有专一性。MOF-5 荧光衰减的主要机理可归结为配体分子与硝基 OP 之间的相互作用。光激发下，MOF-5 产生价带空穴（h_{VB}^+）和导带电子（e_{CB}^-），这些载流子参与了在 MOF-5 颗粒表面或孔道中的 OP 的氧化还原过程。荧光的猝灭过程可用 Stern-Volmer 方程定量评价：

$$(I_0/I) - 1 = K_{sv}[OP]$$

式中，I_0 和 I 分别为不加和加入 OP 时 MOF-5 的荧光强度；[OP]为 OP 的浓度；K_{sv} 为荧光猝灭速率常数。

图 43-11　MOF-5 的 FE-SEM（a）和 TEM（b）[10]

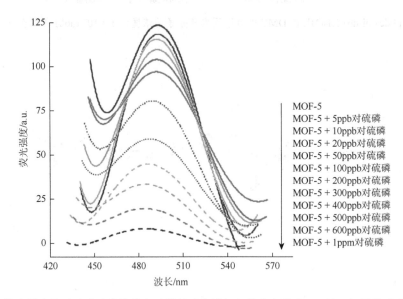

图 43-12　MOF-5 荧光强度随对硫磷浓度的增加而降低（分别加入其他含硝基 OP 时，如甲基对硫磷、对氧磷、杀螟硫磷，MOF-5 荧光强度表现出类似的变化趋势）[10]

　　对于上述 4 种含硝基 OP，I_0/I 对[OP]作图，为一条直线；而对马拉硫磷、敌敌畏、久效磷等不含硝基的 OP，I_0/I 基本不随农药浓度的改变而发生变化。根据 $K_{SV} = k_q^{av}\tau^0$，已知 MOF-5 的荧光寿命为 0.62μs，可计算出平均猝灭常数 k_q^{av}[11]。在含硝基的 OP 的荧光猝灭实验中，k_q^{av} 的数值等于或高于典型的扩散控制速率常数($\sim 10^{10}$mol/L/S)，表明含硝基 OP 分子已扩散到 MOF-5 的表面或孔道结构中。MOF-5 对其检测的灵敏度可能与其扩散过程相关。马拉硫磷、敌敌畏、久效磷等不含硝基 OP 的平均猝灭常数 k_q^{av}（$1.1 \times 10^8 \sim 5.4 \times 10^8$）表明它们为非扩散过程，因而这些 OP 无法使 MOF-5 发生荧光猝灭。研究表明：k_q^{av} 数值的大小与 OP 氧化电位（E_{ox}）相关。对硫磷的氧化电位 E_{ox} 是−0.03V，甲基对硫磷、对氧磷、杀螟硫磷的 E_{ox} 分别为 0.06V、0.3V 和−0.97V，比马拉硫磷（0.6V）和久效磷（0.83V）低得多[12]。显然，平均猝灭常数 k_q^{av} 随着 E_{ox} 的升高而降低，表明荧光猝灭主要受光激发的 MOF-5 到 OP 的空穴转移过程控制。因此，MOF-5 对 OP 的荧光猝灭选择性取决于 OP 的氧化还原电位。含硝基官能团时，授体-受体之间的电子转移显然起了重要作用。

43.2　MOF 固相萃取农药分子

固相萃取（solid-phase extraction，SPE）是通过固相填料对样品组分的选择性吸附和脱附过程，实现分离、纯化和富集的一项样品前处理技术[13]。固相萃取技术在农药残留检测中研究的焦点是通过前处理技术增加农药残留检测的种类、提高样品净化效果、降低农药残留检出限等[14]。C_{18} 键合硅胶、碳纳米管、石墨烯等是较为常用的固相萃取吸附剂[15, 16]。但是，这些材料机械强度差，使用温度低，从而限制了其应用。因此，开发新材料用作固相萃取剂是摆在色谱分析工作者面前的一道难题。MOF 具有大尺寸孔道结构，以及活泼的开放金属位点，这使其对环境中持续性有机污染物，特别是含苯环或 π 电子的污染物的吸附表现出诱人的前景。

通常，植物油样品的制备过程中必须去除脂肪以消除干扰和保护分析测试系统。常见的植物油中的农药残留提取方法首先是进行液-液萃取，再通过液-液分配、低温脂肪沉淀、凝胶渗透色谱（gel-permeation chromatography，GPC）、固相萃取（solid phase extraction，SPE）、分散固相萃取（dispersive SPE，DSPE）、基质固相分散（matrix solid phase dispersion，MSPD）等方法进行净化，过程烦琐复杂。Yu 等报道了基于 MIL-101(Cr) 的 DSPE 应用于提取蔬菜油中的三嗪和苯脲类除草剂，实现了从稀释的蔬菜油中提取除草剂而不需要任何纯化处理[17]。MIL-101(Cr) 中的介孔窗口（2.9～3.4nm）有利于分析物进入孔道中。基于分析物中的杂原子与 MIL-101(Cr) 中的开放金属位点间的配位作用、分析物与 MIL-101(Cr) 框架中对苯二甲酸配体间的 π-π 作用，以及 MIL-101(Cr) 孔道中的路易斯酸与分析物的 π 电子间的络合作用，MIL-101(Cr) 可实现选择性地吸附分析物，脂肪和大部分的干扰物则留在溶液中。甲醇通过与 MIL-101(Cr) 中的不饱和金属位点配位，削弱了分析物与 MIL-101(Cr) 之间的作用。因此分析物易被甲醇洗脱下来，进而通过高效液相色谱进行分离和检测。他们系统研究了实验参数，如正己烷与油样品的体积比、MIL-101(Cr) 的质量、萃取时间、离心时间、洗脱溶剂、洗脱时间等对实验结果的影响。信噪比（S/N）等于 3，三嗪和苯脲类除草剂的检出限为 0.585～1.04μg/L，回收率为 87.3%～107%，标准偏差为 0.306%～6.16%（表 43-2）。该方法的检出限显著低于 QuEChERS 方法[18]。研究结果表明，该方法可快速、简单、有效地提取植物油中的除草剂。

表 43-2　蔬菜油样品中农药的标准曲线、线性范围和检测限[17]

分析物	标准曲线	相关系数	线性范围	LOD/(μg/L)
非草隆	$y = (2.07 \pm 0.00411) x + (0.206 \pm 0.483)$	0.9999	3.90～250	1.04
西玛通	$y = (3.36 \pm 0.0257) x + (1.81 \pm 3.02)$	0.9997	2.00～250	0.720
西玛津	$y = (3.29 \pm 0.0149) x + (1.92 \pm 1.75)$	0.9999	2.00～250	0.609
阿特拉通	$y = (3.30 \pm 0.0356) x + (2.75 \pm 4.19)$	0.9994	2.00～250	0.576
绿麦隆	$y = (2.08 \pm 0.0156) x + (2.66 \pm 0.84)$	0.9997	3.90～250	0.974
密草通	$y = (3.06 \pm 0.0240) x + (0.723 \pm 2.83)$	0.9997	2.00～250	0.637
特丁通	$y = (3.10 \pm 0.0202) x - (2.92 \pm 2.38)$	0.9998	2.00～250	0.585

此外，Yu 等以金属有机框架 MIL-101(Cr) 作为分散固相萃取剂（图 43-13），成功富集了高脂肪物质中的农药[19]，且不吸附共提取出来的脂肪，从而实现了除草剂和脂肪的有效分离。萃取后，经

高效液相色谱分析，花生中除草剂的检出限为 0.98～1.90μg/kg，回收率为 89.5%～102.7%，标准偏差低于 7%（表 43-3）。三嗪和苯基脲除草剂的化学结构式见图 43-14。

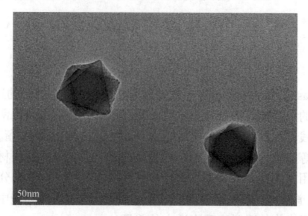

图 43-13　MIL-101(Cr)的 SEM 图[19]

表 43-3　工作曲线[19]

分析物	回归方程	相关系数	线性范围/(μg/kg)	LOD/(μg/kg)	LOQ/(μg/kg)
灭草隆	$A = 0.91377c + 0.00913$	0.9999	6.3～200.0	1.90	6.2
莠去通	$A = 1.70551c + 0.06484$	0.9999	3.1～200.0	0.99	3.3
绿麦隆	$A = 0.94348c + 0.03956$	0.9999	6.3～200.0	1.80	6.1
莠去津	$A = 1.70397c - 0.22268$	0.9999	3.1～200.0	1.00	3.4
特丁通	$A = 1.52254c + 0.81379$	0.9999	3.1～200.0	0.98	3.3
莠灭净	$A = 1.34351c - 0.92771$	0.9999	5.0～200.0	1.50	5.1
特丁津	$A = 1.53531c - 1.04555$	0.9999	5.0～200.0	1.50	4.9

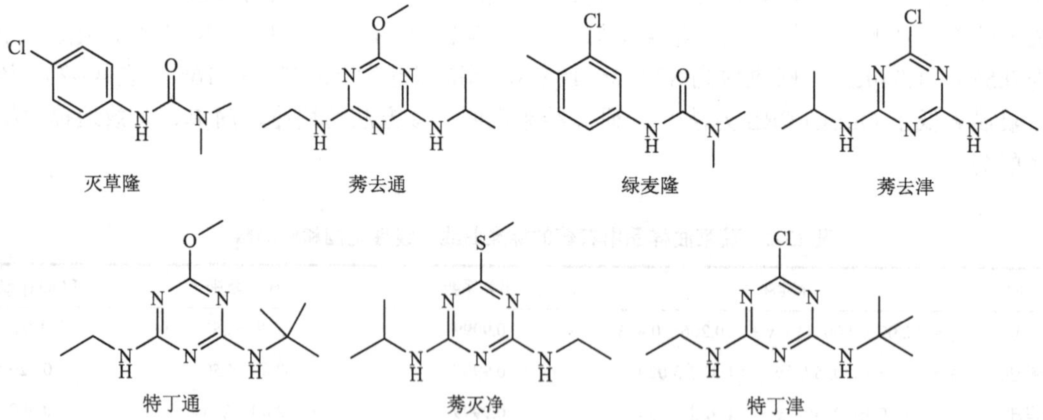

灭草隆　　　　　莠去通　　　　　绿麦隆　　　　　莠去津

特丁通　　　　　莠灭净　　　　　特丁津

图 43-14　三嗪和苯基脲除草剂的化学结构式

　　Zhang 等利用原位溶剂热方法，将超顺磁材料 Fe_3O_4 修饰到具有孔道结构、在水和一般溶剂中具有良好稳定性的 MIL-101(Fe)上，制备得到一种磁性 MOF 杂化材料，并有望大规模合成（图 43-15）[20]。MIL-101(Fe)中带正电荷的金属中心与 Fe_3O_4 表面的—OH 负电荷间的静电作用可稳定磁纳米颗粒，MOF 晶体被 Fe_3O_4 均匀包围，形成均匀的磁性复合物 Fe_3O_4/MIL-101。研究者系统探索了其对人的头发和尿液中的 6 种有机磷农药（敌敌畏、甲胺磷、乐果、甲基对硫磷、马拉息昂、对硫磷）的磁性固相萃取能力。

MIL-101(Fe)的孔道结构、表面氧原子所带有的极性，以及框架中苯环与有机磷农药的 π-π 相互作用，有助于提高其对有机磷农药的富集能力。优化条件下，气相色谱分析显示，这种方法对 6 种有机磷农药表现出低检出限（0.21～2.28ng/mL）、宽的线性范围和良好的精度（日内 1.8%～8.7%，日间 2.9%～9.4%）。用这种方法可有效地消除头发或尿液产生的基质干扰，加标回收率分别为 76.8%～94.5%（头发样品）和 74.9%～92.1%（尿液样品），这表明 Fe_3O_4/MIL-101 吸附剂用于分析生物样品中痕量物质是可行的。此外，磁性复合物 Fe_3O_4/MIL-101 固相萃取有机磷农药表现出良好的循环性。

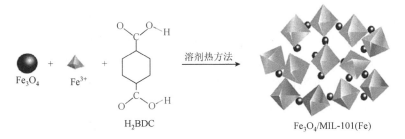

图 43-15　Fe_3O_4/MIL-101 复合材料的制备过程示意图[20]

Navickienea 等报道了配位聚合物[Zn（BDC）(H_2O)$_2$]$_n$ 作为 MSPD 萃取药用植物 *Hyptis pectinata* 中的 7 种农药：嘧霉胺（pyrimethanil）、莠灭净（ametryn）、抑菌灵（dichlofluanid）、氟醚（tetraconazole）、氟节胺（flumetralin）、醚菌酯（kresoxim-methyl）、戊唑醇（tebuconazole）[21]。结合气质联用色谱仪，这 7 种农药的检出限为 0.02～0.07μg/g 或 0.05～0.1μg/g，回收率为 73%～97%，标准偏差为 5%～12%。[Zn(BDC)(H_2O)$_2$]$_n$ 作为吸附剂，其吸附效果与商用 C_{18} 色谱柱的效果相当，实验结果表明该方法可以准确、灵敏地测定药用植物中的农药残留（表 43-4）。

表 43-4　运用 MSPD 萃取处理的药用植物杀虫剂的回收率和相对标准偏差[21]

杀虫剂	最大残留限量	平均回收率/%	
		C_{18}硅胶色谱柱 RSD/%	[Zn(BDC)(H_2O)$_2$]$_n$ RSD/%
嘧霉胺	0.1	83（9）	89（8）
	0.5	108（7）	95（7）
	1.0	92（8）	83（6）
莠灭净	0.1	90（15）	89（10）
	0.5	104（9）	85（6）
	1.0	91（8）	95（8）
抑菌灵	0.1	127（15）	97（7）
	0.5	105（11）	82（12）
	1.0	99（11）	90（7）
氟醚	0.1	88（9）	85（8）
	0.5	105（11）	88（9）
	1.0	99（12）	81（10）
氟节胺	0.1	110（6）	80（9）
	0.5	113（6）	92（6）
	1.0	101（5）	74（8）
醚菌酯	0.1	97（14）	92（10）
	0.5	99（10）	89（12）
	1.0	90（4）	94（9）

续表

杀虫剂	最大残留限量	平均回收率/%	
		C_{18}硅胶色谱柱 RSD/%	$[Zn(BDC)(H_2O)_2]_n$ RSD/%
戊唑醇	0.1	96（4）	85（5）
	0.5	85（8）	79（6）
	1.0	88（8）	73（6）

  严秀平研究小组首次利用 SiO_2@ZIF-8 核-壳微球作为色谱固定相（图 43-16），用于反相高效液相色谱分离杀虫剂的研究[22]。以羧基修饰的硅球作核，ZIF-8 纳米晶作壳，采用层层原位生长的方式制备了具有核-壳结构的 SiO_2@ZIF-8 复合微球。通过控制 ZIF-8 的生长次数，可控调节复合微球中 ZIF-8 的密度（图 43-17）。随着生长次数的增加，硅球表面 ZIF-8 纳米晶的密度逐渐增大。3 次生长后，硅球表面形成的壳层厚度为 400nm。采用匀浆法装填的 SiO_2@ZIF-8 色谱柱被用于快速高效分离噻虫嗪（thiamethoxam）、氟铃脲（hexaflumuron）、氯虫酰胺（chlorantraniliprole）和吡蚜酮（pymetrozine）等杀虫剂。他们研究了 ZIF-8 的生长次数对高效液相色谱分离效果的影响。随着 ZIF-8 生长次数的增加，色谱柱分离杀虫剂有非常明显的改善。杀虫剂在生长了 3 次的 SiO_2@ZIF-8 色谱柱上 7min 内即实现基线分离，并具有较高的分离度、精密度和良好的柱效。继续增加 ZIF-8 的生长次数，分析物的分离度并没有明显改善，这主要是由于 SiO_2 核表面有限的羧基导致了 ZIF-8 纳米晶的有限生长。分析物能够很好地实现基线分离主要是基于含芳香环的分析物（图 43-18）和 ZIF-8 中咪唑环之间 π-π 作用力及分析物和 SiO_2 上的—OH 的氢键作用的协同效应。杀虫剂的保留顺序为噻虫嗪＜氟铃脲＜氯虫酰胺＜吡蚜酮。噻虫嗪、氟铃脲和氯虫酰胺的洗脱顺序与 π-π 和氢键作用的协同效应强弱一致：随着分析物中苯环数目的增多而保留时间延长（噻虫嗪不含苯环，氟铃脲含 2 个，氯虫酰胺含 3 个）。复合材料硅球核上残留的—COOH 和吡蚜酮平面结构上的多个氮原子间可以形成氢键，使其保留时间高于其他分析物。分析物在 SiO_2@ZIF-8 复合微球色谱柱 11 次连续进样分离杀虫剂的保留时间、峰面积、峰高和半峰宽（$W_{1/2}$）的相对标准偏差分别为 0.01%～0.39%、0.65%～1.7%、0.7%～1.3% 和 0.17%～0.91%，表明该核-壳微球用于分离分析的高重现性。相比于 ZIF-8 填充柱的高柱压（45bar），SiO_2@ZIF-8 填充柱具有较低的柱压（10bar）。这有利于其在高效液相色谱分离中的应用。此外，SiO_2@ZIF-8 色谱柱用于试验两个月后的 SEM 图显示硅球表面的壳层没有明显变化。

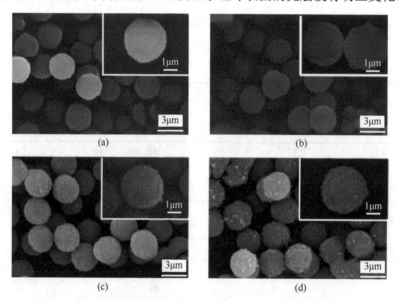

图 43-16　SEM 图：（a）SiO_2；（b～d）SiO_2@ZIF-8（生长次数分别为 1、2 和 3 次）[21]

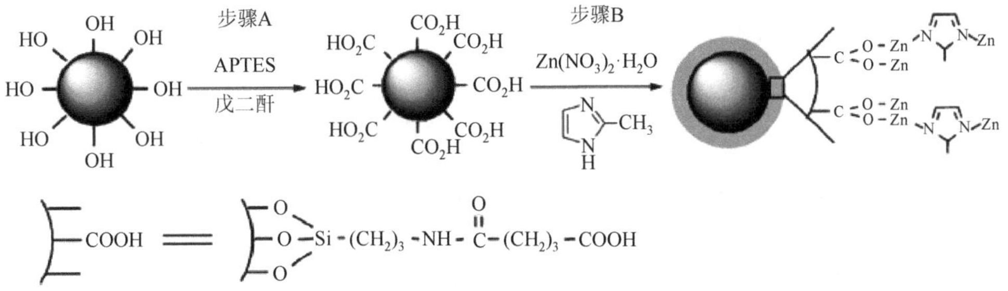

图 43-17 SiO$_2$@ZIF-8 核-壳微球合成路线示意图[21]

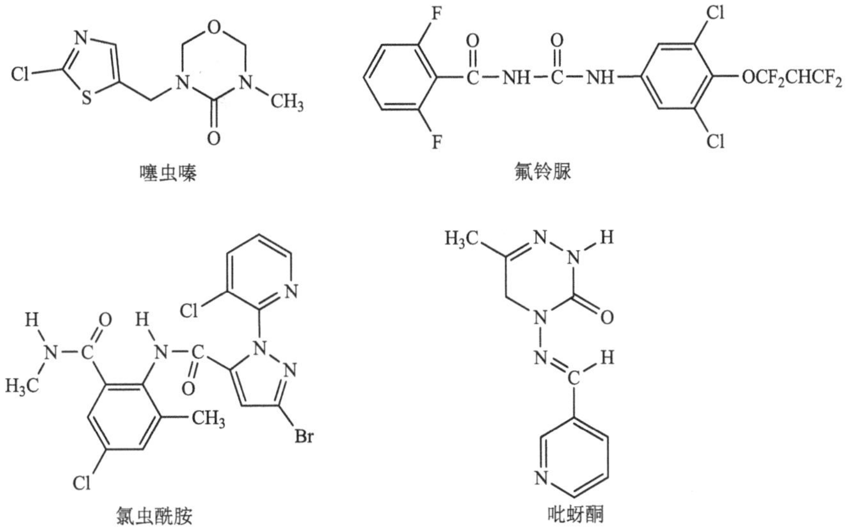

噻虫嗪   氟铃脲

氯虫酰胺   吡蚜酮

图 43-18 相关杀虫剂的结构式[21]

43.3 MOF 作为吸附材料去除农药分子

作为吸附材料，MOF 对有机污染物的分离去除表现出巨大的潜力，可调控的孔道结构易于实现对不同尺寸有机污染物的识别，同时高的比表面积有助于提高其对有机污染物的负载量[23]。相比于电化学、酶生物降解、光催化等方法[24,25]，通过物理吸附技术去除农药分子，具有易于操作和低成本的优势，目前被广泛认为是最具有竞争力的方法之一。然而，目前只有少数 MOF 被用于研究对农药分子的选择性吸附和去除。因此，探索对某种特殊农药分子具有高选择性和高吸附能力的新型 MOF 吸附材料是当前亟待解决的挑战性难题。

基于锆基 MOF（UiO-67）中丰富的 Zr-OH 与磷酸基之间很强的亲和力[26]、较大的空腔及较高的比表面积（图 43-19），Gu 等利用非常稳定的 UiO-67 实现了对两个代表性的 OP，草甘膦（glyphosate，GP）和草铵膦（glufosinate，GF）的去除（图 43-20）。他们还系统研究了一些重要参数，如接触时间、OP 浓度、吸附剂剂量、pH、离子强度等与 UiO-67 对水溶液中 OP 去除效率的关系。UiO-67 对于 GP 的吸附量高达 3.18mmol(537mg)/g，对 GF 的吸附量为 1.98mmol(360mg)/g，远高于许多其他已报道的吸附剂[27]。UiO-67 对 GP 的吸附速率高于 GF，这可能是 GF 中相对较少的羟基削弱了其与吸附剂的相互作用。吸附动力学过程符合准二级速率方程，相对于 Freundlich 模型，Langmuir 模型可更好地拟合吸附等温线（图 43-21）。UiO-67 在较宽的 pH 窗口和较高浓度的电解液中可保持对 OP 优异的吸附性能。

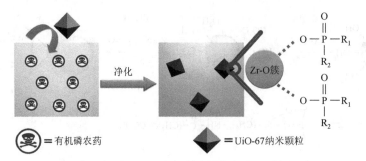

图 43-19 UiO-67 与磷酸基相互作用示意图[26]

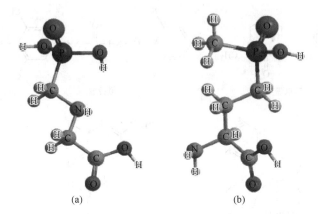

(a)　　　　　　　　(b)

图 43-20 草甘膦（a）和草铵膦（b）的化学结构式[26]

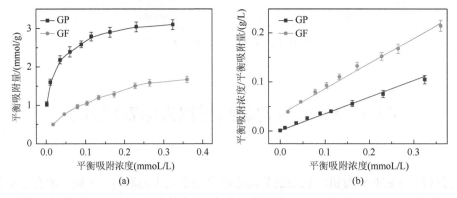

(a)　　　　　　　　(b)

图 43-21 （a）UiO-67 对草甘膦（红）和草铵膦（绿）的吸附等温线；（b）相对应的 Langmuir 等温吸附方程的
直线形式（25℃，pH = 4，$C_{adsorbent}$ = 0.03g/L）[26]

为了进一步了解吸附动力学，他们利用粒子内扩散动力学模型来解释扩散机理。根据 Weber-Morris
模型（图 43-22）

$$q_t = k_i t^{0.5} + I$$

式中，k_i 为粒子内扩散速率常数，mmol/(g·min$^{0.5}$)；I 为截距；q_t 为 GP 或 GF 在 t（min）时的吸附量，
mmol/g。q_t 对 $t^{0.5}$ 作图，有两个线性区域，这表明扩散过程是分两步进行的。第一步是边界层扩散，
即溶液中的 OP 向吸附剂的外表面扩散。第二步是粒子内扩散，即 OP 向吸附剂的内部空腔扩散。此
外，该直线不经过原点，表明粒子内扩散不是唯一的决速步骤[28]。GP 和 GF 的粒子内扩散速率常数
k_i 相近，表明 GP 和 GF 向 UiO-67 空腔内的扩散速率相近。直线截距的大小反映了边界层扩散的影
响，截距越大，边界层扩散对决速步骤的贡献越大[29]。因此，吸附去除 GP 和 GF 可通过边界层扩散
和粒子内扩散的协同控制实现。

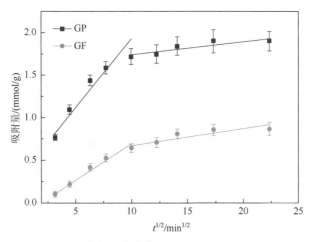

图 43-22　OP 吸附的粒子内扩散动力学（25℃，pH = 4，$C_{initial}$ = 0.1mmol/L）[26]

卜显和研究小组报道了一例三维 MOF Zn-MOF [(CH₃CH₂)₂NH₂]₁/₂[Zn(BTC)₂/₃(PyC)₁/₄]·solvent（NKU-101，NKU = Nankai University；H₂PyC = 4-pyrazolecarboxylic acid；H₃BTC = 1,3,5-benzenetricarboxylic acid）（图 43-23），该化合物表现出优异的吸附有害除草剂的性能[30]，对乙醇溶液中的甲基紫精（methyl viologen，MV）和敌草快（diquat，DQ）的吸附容量分别可达（160±5）mg/g 和（200±5）mg/g（图 43-24），MV 和 DQ 的残留浓度分别约为 20ppb 和 10ppb，远低于国际食品法典委员会设定的标准（200ppb）[31]。NKU-101 中含有内腔约为 16Å 的介孔四角笼子和横截面约为 8Å 的孔道。BTC 中未配位的氧原子分布在孔道内壁，有利于增强其与被吸附的极性客体分子之间的相互作用。此外，NKU-101 的阴离子框架赋予其与带正电荷的污染物之间极强静电亲和力。在相同的条件下，NKU-101 对 MV 和 DQ 的吸附量是活性炭和 10X 分子筛的 2～3 倍。在含有 NaCl 的 DMF 溶液中，NKU-101 可慢慢脱附被吸附的除草剂，交换 24h 后，NKU-101 可以重新用作除草剂的吸附剂。实验结果表明 NKU-101 吸附除草剂具有良好的可循环性。这是首例基于 MOF 可去除有毒阳离子除草剂的有效吸附剂，提供了一个可用于处理农药污染和食品安全问题的潜在材料。

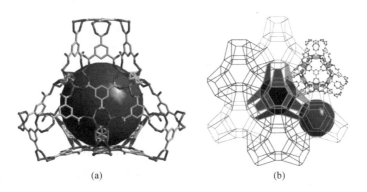

图 43-23　（a）四角笼 Zn₄₈(BTC-1)₁₂(BTC-2)₈(PyC)₆；（b）三维堆积结构[30]

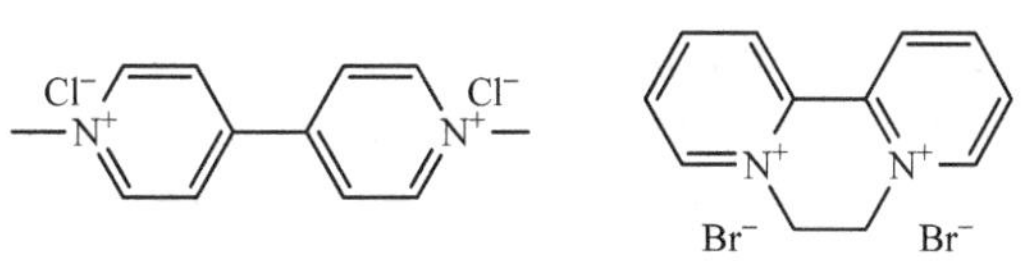

图 43-24　甲基紫精（methyl viologen，MV）和敌草快（diquat，DQ）的结构

Jhung 等报道了利用 UiO-66 从污水中有效吸附去除典型阴离子除草剂 2-甲基-4-氯-苯氧基丙酸（methylchlorophenoxypropionic，MCPP）的工作[32]。通常，该除草剂很难通过吸附方法去除。与活性炭相比，UiO-66 对 MCPP 表现出较高的吸附速率（动力学常数约为活性炭的 30 倍），这主要归因于 UiO-66 具有相对较小的孔径（0.5～0.7nm）。此外，UiO-66 对 MCPP 的吸附能力高于活性炭，尤其是在低浓度时，例如 MCPP 为 1ppm 时，UiO-66 对 MCPP 吸附能力约为活性炭的 7.5 倍。根据 Langmuir 方程，在同样的实验条件下，UiO-66 对 MCPP 的最大吸附量为 370mg/g，显著高于活性炭（303mg/g）（图 43-25）。UiO-66 有效吸附去除 MCPP 的机制可能源于 UiO-66 表面的正电荷与 MCPP 阴离子间的静电作用和 π-π 相互作用。此外，MOF UiO-66 经水和乙醇简单洗涤后，可再次用于吸附去除 MCPP，表现出良好的可循环性。

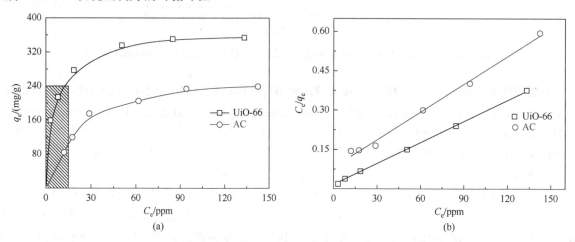

图 43-25 （a）UiO-66 和活性炭对 MCPP 的吸附等温线；（b）相对应的 Langmuir 等温吸附方程的直线形式[32]

根据同样的策略（图 43-26），Jhung 等报道了利用 MIL-53 从污水中吸附去除阴离子除草剂 2,4-二氯-苯氧基乙酸（2,4-dichlorophenoxyacetic acid，2,4-D）[33]。MIL-53 对 2,4-D 的最大吸附量为 556mg/g，远高于活性炭和沸石（USY）。

温丽丽等利用金属镉离子与共轭噻吩二羧酸[benzo-(1,2; 4,5)-bisthiophene-2′-carboxylic acid，H₂L]及辅助配体四(4-吡啶氧亚甲基)甲烷[tetrakis(4-pyridyloxy-methylene)methane，TPOM]，组装得到了 MOF[Cd(L)(TPOM)₀.₇₅]·xsolvent[34]。该化合物中，Cd1 展现出扭曲的五角双锥配位模式，其与来自 2 个独立的 L²⁻中的 4 个羧基氧及 3 个独立的 TPOM 吡啶氮原子配位，形成一个非穿插的三维网络。该化合物的孔隙率为 76%，考虑范德瓦耳斯半径，该化合物沿 a 轴方向具有尺寸分别为 6.8Å×6.8Å、6.8Å×4.0Å 和 6.6Å×3.1Å 的三种微孔孔道（图 43-27）。

取 10mL 含双酚 A、2,4-二氯酚、三氯生（浓度均为 5ppm）3 种农药的混合溶液，加入 10mg[Cd(L)(TPOM)₀.₇₅]·xsolvent 晶体粉末，充分搅拌、超声、离心后静置 30min。取上清液过滤，使用高效液相色谱分析。双酚 A、2,4-二氯酚、三氯生的保留时间分别是 5.75min、10.19min、13.33min，通过比较经[Cd(L)(TPOM)₀.₇₅]·xsolvent 吸附前后的 3 种农药的色谱峰面积，可计算出该 MOF 对双酚 A、2,4-二氯酚、三氯生的去除率分别为 41.5%、77.5%、65.2%。克百威、西维因、抗蚜威三种农药的保留时间分别是 6.45min、7.33min、8.89min，同样的处理方法可得该 MOF 对克百威、西维因、抗蚜威三种农药的去除率为 7.3%、26.7%、11.7%（图 43-28）。该结果表明该化合物对 2,4-二氯酚具有较好的去除作用，这主要是因为 2,4-二氯酚的尺寸相对较小，较易进入[Cd(L)(TPOM)₀.₇₅]·xsolvent 的孔道中。基于 MOF 的尺寸筛选效应，实现了对尺寸较小的农药分子 2,4-二氯酚的选择性去除。

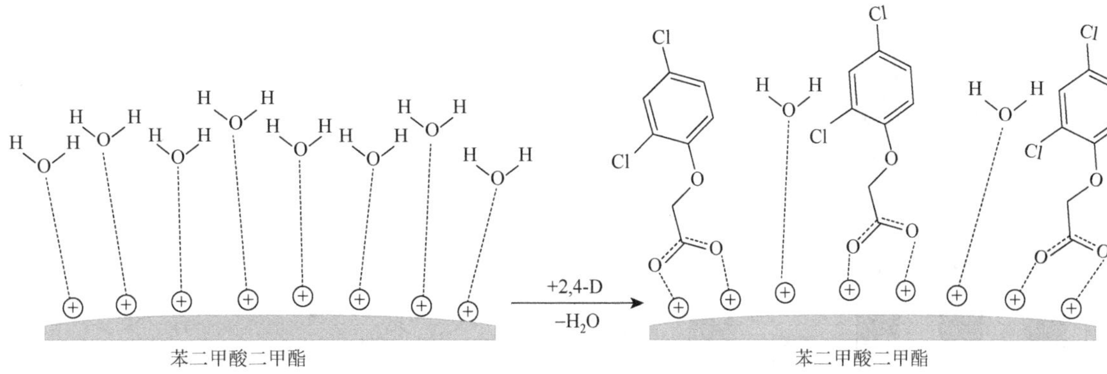

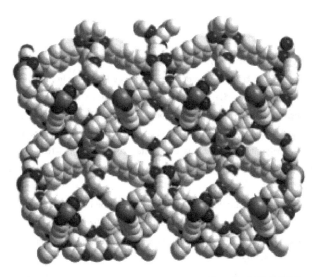

苯二甲酸二甲酯　　　　　　　　　　　　　　苯二甲酸二甲酯

(a)

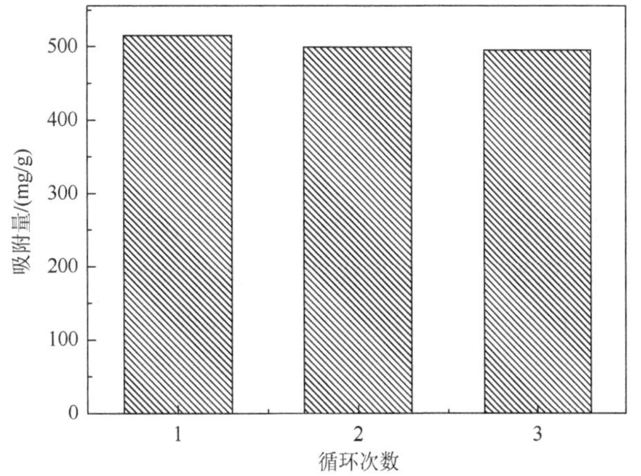

(b)

图 43-26　MIL-53 吸附 2,4-D 的可能机理（a）和可循环性（b）[32]

图 43-27　[Cd(L)(TPOM)$_{0.75}$]·$x$solvent 的三维孔道结构[34]

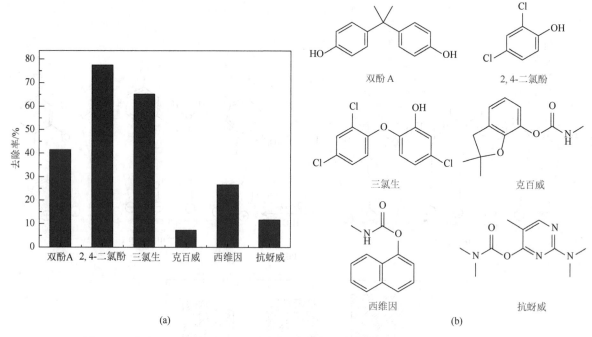

图 43-28 （a）[Cd(L)(TPOM)$_{0.75}$]·$x$solvent 对农药去除效果；（b）相关的农药分子结构

总之，MOF 作为一类结构多样化、可设计、可修饰，甚至具有动态柔性的新型分子材料，已经在农药残留检测及农药去除和分离等方面展现出优良的性能。以功能应用为导向，开展用于农药残留检测及农药去除和分离的 MOF 的设计和可控制备是今后发展的一个重要方向。这要求科研工作者加强对 MOF 设计理论的探索，并深入研究框架结构与性能之间的关系和规律，揭示 MOF 对农药分子的识别和去除机制。我们有理由相信，通过进一步的研究可以获得性能优异、具有实际使用价值的材料。

（温丽丽）

参 考 文 献

[1] 唐除痴，陈彬，杨华铮. 农药化学. 天津：南开大学出版社，1998.

[2] Albero B，Sanehez-Brunete C，Tadeo J L. Determination of organophosphorus pesticides in fruit juices by matrix solid-phase dispersion and gas chromatography. J Agric Food Chem，2003，51：6915-6921；Sanehez-Brunete C，Albero B，Tadeo J L. Multiresidue determination of pesticides in soil by gas chromatography-mass spectrometry detection. J Agric Food Chem，2004，52：1445-1451.

[3] Arduini F，Ricci F，Tuta C S，et al. Detection of carbamic and organophosphorous pesticides in water samples using a cholinesterase biosensor based on prussian blue-modified screen-printed electrode. Anal Chim Acta，2006，580：155-162.

[4] O'Keeffe M，Yaghi O M. Deconstructing the crystal structures of metal-organic frameworks and related materials into their underlying nets. Chem Rev，2012，112：675-702.

[5] Wang F，Zhao J B，Gong J M，et al. New multifunctional porous materials based on inorganic-organic hybrid single-walled carbon nanotubes：gas storage and high-sensitive detection of pesticides. Chem Eur J，2012，18（37）：11804-11810.

[6] Bhardwaj S K，Bhardwaj N，Mohanta G C，et al. Immunosensing of atrazine with antibody-functionalized Cu-MOF conducting thin films. ACS Appl Mater Interfaces，2015，7：26124-26130.

[7] Zheng X F，Zhou L，Huang Y M，et al. A series of metal-organic frameworks based on 5-（4-pyridyl）-isophthalic acid：selective sorption and fluorescence sensing. J Mater Chem A，2014，2：12413-12422.

[8] Kumar P，Kim K H，Bansal V，et al. Practical utilization of nanocrystal metal organic framework biosensor for parathion specific recognition. Microchem J，2016，128：102-107.

[9] Funari R，Ventura B D，Schiavo L，et al. Detection of parathion pesticide by quartz crystal microbalance functionalized with UV-activated antibodies. Anal Chem，2013，85（13）：6392-6397.

[10] Kumar P，Paul A K，Deep A. Sensitive chemosensing of nitro group containing organophosphate pesticides with MOF-5. Micropor Mesopor Mat，2014，195：60-66.

[11] Tachikawa T，Choi J R，Fujitsuka M，et al. Photoinduced charge-transfer processes on MOF-5 nanoparticles：elucidating differences between metal-organic frameworks and semiconductor metal oxides. J Phys Chem C，2008，112：14090-14101.

[12] Hu S Q，Xie J W，Xu Q H，et al. A label-free electrochemical immunosensor based on gold nanoparticles for detection of paraoxon. Talanta，2003，61：769-777；Li C，Wang C，Ma Y，et al. Voltammetric determination of trace amounts of fenitrothion on a novel nano-TiO₂ polymer film electrode. Microchim Acta，2004，148：27-33；Liu G，Lin Y. Electrochemical stripping analysis of organophosphate pesticides and nerve agents. Electrochem Commun，2005，7：339-343；Raghu P，Reddy T M，Swarny B E K，et al. Development of AChE biosensor for the determination of methyl parathion and monocrotophos in water and fruit samples：a cyclic voltammetric study. Bioanal Chem，2012，4（1）：1-16.

[13] He C T，Tian J Y，Liu S Y，et al. A porous coordination framework for highly sensitive and selective solid-phase microextraction of non-polar volatile organic compounds. Chem Sci，2013，4：351-356；Hennion M C. Graphitized carbons for solid-phase extraction. J Chromatogr A，2000，885：73-95；Shi L H，Liu X Q，Li H J，et al. Application of ceramic carbon materials for solid-phase extraction of organic compounds. Anal Chem，2006，78：1345-1348.

[14] Angioni A，Porcu L，Pirisi F，et al. LC/DAD/ESI/MS method for the determination of imidacloprid，thiacloprid，and spinosad in olives and olive oil after field treatment. J Food Chem，2011，59：11359-11366.

[15] Liu Q，Shi J，Zeng L，et al. Evaluation of graphene as an advantageous adsorbent for solid-phase extraction with chlorophenols as model analytes. J Chromatogr A，2011，1218（2）：197-204.

[16] Li Y，Xie X，Lee M L，et al. Preparation and evaluation of hydrophilic C₁₈ monolithic sorbents for enhanced polar compound retention in liquid chromatography and solid phase extraction. J Chromatogr A，2011，1218（48）：8608-8616.

[17] Li N，Zhang L Y，Nian L，et al. Dispersive micro-solid-phase extraction of herbicides in vegetable oil with metal-organic framework MIL-101. J Agric Food Chem，2015，63：2154-2161.

[18] Sobhanzadeh E，Bakar N K A，Abas M R B，et al. A simple and efficient multi-residue method based on QuEChERS for pesticides determination in palm oil by liquid chromatography time-of-flight mass spectrometry. Environ Monit Assess，2012，184：5821-5828.

[19] Li N，Wang Z B，Zhang L Y，et al. Liquid-phase extraction coupled with metal-organic frameworks-based dispersive solid phase extraction of herbicides in peanuts. Talanta，2014，128：345-353.

[20] Zhang S L，Jiao Z，Yao W X. A simple solvothermal process for fabrication of a metal-organic framework with an iron oxide enclosure for the determination of organophosphorus pesticides in biological samples. J Chromatogr A，2014，1371：74-81.

[21] Aquino A，Wanderley K A，Oliveira C D，et al. Coordination polymer adsorbent for matrix solid-phase dispersion extraction of pesticides during analysis of dehydrated hyptis pectinata medicinal plant by GC/MS. Talanta，2010，83：631-636.

[22] Fu Y Y，Yang C X，Yan X P. Fabrication of ZIF-8@SiO₂ core-shell microspheres as the stationary phase for high-performance liquid chromatography. Chem Eur J，2013，19：13484 - 13491.

[23] Zhao X，Bu X H，Wu T，et al. Selective anion exchange with nanogated isoreticular positive metal-organic frameworks. Nat Commun，2013，4：2344；Tan Y X，He Y P，Wang M，et al. A water-stable zeolite-like metal-organic framework for selective separation of organic dyes. RSC Adv，2014，4：1480-1483；Wen L L，Xu X Y，Lv K L，et al. Metal-organic frameworks constructed fromd-camphor acid：bifunctional properties related to luminescence sensing and liquid-phase separation. ACS Appl Mater Interfaces，2015，7：4449-4455.

[24] Martínez-Huitle C A，de Battisti A，Ferro S，et al .Removal of the pesticide methamidophos from aqueous solutions by electrooxidation using Pb/PbO₂，Ti/SnO₂，and Si/BDD electrodes. Environ Sci Technol，2008，42：6929-6935.

[25] Zhu X Y，Li B，Yang J，et al. Effective adsorption and enhanced removal of organophosphorus pesticides from aqueous solution by Zr-based MOFs of UiO-67. ACS Appl Mater Interfaces，2015，7：223-231；Wei W，Du J，Li J，et al. Construction of robust enzyme nanocapsules for effective organophosphate decontamination，detoxification，and protection. Adv Mater，2013，25：2212-2218；Hossaini H，Moussavi G，Farrokhi M. The investigation of the LED-activated FeFNS-TiO₂ nanocatalyst for photocatalytic degradation and mineralization of organophosphate pesticides in water. Water Res，2014，59：130-144.

[26] Liu G，Lin Y. Electrochemical sensor for organophosphate pesticides and nerve agents using zirconia nanoparticles as selective sorbents. Anal Chem，2005，77：5894-5901.

[27] Jonsson C M，Persson P，Sjöberg S，et al. Adsorption of glyphosate on goethite（α-FeOOH）：surface complexation modeling combining spectroscopic and adsorption data. Environ Sci Technol，2008，42：2464-2469；Khoury G A，Gehris T C，Tribe L，et al. Glyphosate adsorption on montmorillonite：an experimental and theoretical study of surface complexes. Appl Clay Sci，2010，50：167-175；Hu Y S，Zhao Y Q，

Sorohan B. Removal of glyphosate from aqueous environment by adsorption using water industrial residual. Desalination, 2011, 271: 150-156; Li F, Wang Y, Yang Q, et al. Study on adsorption of glyphosate (N-phosphonomethyl glycine) pesticide on MgAl-layered double hydroxides in aqueous solution. J Hazard Mater, 2005, 125: 89-95.

[28]   Hameed B H, Salman J M, Ahmad A L. Adsorption isotherm and kinetic modeling of 2, 4-D pesticide on activated carbon derived from date stones. J Hazard Mater, 2009, 163: 121-126.

[29]   Ghorai S, Sarkar A, Raoufi M. Enhanced removal of methylene blue and methyl violet dyes from aqueous solution using a nanocomposite of hydrolyzed polyacrylamide grafted xanthan gum and incorporated nanosilica. ACS Appl Mater Interfaces, 2014, 6: 4766-4777.

[30]   Jia Y Y, Zhang Y H, Xu J, et al. A high-performance "sweeper" for toxic cationic herbicides: an anionic metal-organic framework with a tetrapodal cage. Chem Commun, 2015, 51: 17439-17442.

[31]   Synaridou M S, Sakkas V A, Stalikas C D, et al. Evaluation of magnetic nanoparticles to serve as solid-phase extraction sorbents for the determination of endocrine disruptors in milk samples by gas chromatography mass spectrometry. J Chromatogr A, 2014, 1348: 71-79; Yu C, Li Y, Zhang Q, et al. Decrease of pirimiphos-methyl and deltamethrin residues in stored rice with post-harvest treatment. Int J Environ Res Public Health, 2014, 11: 5372-5381.

[32]   Seo Y S, Khan N A, Jhung S H. Adsorptive removal of methylchlorophenoxypropionic acid from water with a metal-organic framework. Chem Eng J, 2015, 270: 22-27.

[33]   Jung B K, Hasan Z, Jhung S H. Adsorptive removal of 2, 4-dichlorophenoxyacetic acid (2, 4-D) from water with a metal-organic framework. Chem Eng J, 2013, 234: 99-105.

[34]   Zhao Y, Xu X Y, Qiu L, et al. Metal-organic frameworks constructed from a new thiophene-functionalized dicarboxylate: luminescence sensing and pesticide removal. ACS Appl Mater Interfaces, 2017, 9: 15164-15175.

第44章
金属-有机凝胶

44.1 凝胶简介

凝胶是一类软物质，包含两个连续的互相穿插的相。凝胶主要由液体构成，如水、乙醇等。这些液体和凝胶因子组成的网络结构在空间上互相穿插形成凝胶[1]。凝胶中液体是主要成分，其含量常大于 97%，然而凝胶具有类似固体的流变学性质。这意味着凝胶可以在一定程度上抗拒变形而保持原始形状。在凝胶中由凝胶因子形成的网络通过表面张力阻止液体自由流动。

根据凝胶因子之间作用力的不同，凝胶分为物理凝胶和化学凝胶。化学凝胶通常由较强的共价键连接而成的网络构成，化学性质稳定。而物理凝胶的凝胶因子之间存在非共价键作用，如氢键、π-π 堆积作用、范德瓦耳斯力等，因此在外界刺激下性质容易改变，如加热时发生可逆的凝胶-溶胶相变，这类凝胶也被称为超分子凝胶。

超分子凝胶由于具有独特的二相结构、纳米级凝胶网络而在多个领域具有潜在应用。超分子凝胶的可逆性使它们作为刺激响应材料，可以通过物理或化学刺激改变凝胶的状态。能引起凝胶转变的常见物理刺激有热、超声、光、电、磁等，常见化学刺激有 pH、阴离子、阳离子等。

超分子凝胶的另外一个重要应用是作为模板合成多孔纳米材料，包括金属、无机或有机材料等。这可通过前驱物在液相中发生聚合、沉淀、还原等反应生成产物，随后通过溶解或焙烧除去凝胶因子网络而实现。由此方法可得到具有不同形貌的材料。

44.2 金属-有机凝胶的发展历史

基于小分子有机化合物的超分子凝胶是最早被关注和研究的[1, 2]。人们通过研究发现具有一些特定官能团的化合物容易形成凝胶，如具有长烷基链或醚链的化合物、胆固醇类、氨基酸类化合物、具有氢键结构基元（酰胺基、脲基等）的化合物、具有离域 π 键的化合物等。这些特定官能团可促进分子间非共价键作用的形成，从而有利于凝胶纳米纤维的形成。

在基于小分子有机化合物的超分子凝胶基础上，人们把金属离子引入超分子凝胶。例如，Shinkai 等通过冠醚基团将碱金属离子引入有机凝胶中，从而改变了凝胶-溶胶相变温度[3]。又如，Terech 等把 Zn^{2+} 离子引入卟啉凝胶中，并发现在凝胶中形成了单分子线[4]。这些例子中，金属离子起辅助"修饰"作用，仅参与形成分立凝胶因子，并不直接主导凝胶网络的形成。在随后 Xu 等的报道中，桥连吡啶配体与 Pd^{2+} 离子反应形成凝胶[5]。James 等也报道了基于桥连羧酸配体与 Fe^{3+} 离子反应形成的凝胶[6]。在这些例子中，金属与配体间的配位键成为凝胶形成的主要驱动力，配位聚合物成为凝胶因子。随着金属-有机凝胶的发展，除了刺激响应性、自修复、药物释放等性质外，凝胶被赋予了更丰富的功能，如对配位、氧化还原等刺激的响应性。同时，金属离子的引入还丰富了凝胶的吸附、分离、催化、光谱、电学、磁学等性质[7-10]。

44.3　金属-有机凝胶的分类

　　金属-有机凝胶的性质主要取决于金属离子的性质、有机配体的结构、形成凝胶网络的非共价作用等。根据凝胶因子的性质，金属-有机凝胶可分为两类，由分立金属配合物凝胶因子形成的凝胶和由配位聚合物凝胶因子形成的凝胶。在由分立的配位化合物形成的凝胶中，金属离子是凝胶因子不可分割的部分，但不直接参与凝胶网络的形成。在这些凝胶的形成过程中，起关键作用的是有机小分子凝胶的常见辅助基团，如氨基酸、脲等具有氢键结合位点的基团。这些基团，如脲基，通常具有进行一维自组装的特性，因此这类凝胶的形貌一般为纤维状。这些凝胶因子的超分子作用包括氢键、π-π 堆积作用、范德瓦耳斯力、疏水作用（疏溶剂作用）、金属-金属作用等。由于该类凝胶因子间作用力较弱，其通常具有可逆的凝胶-溶胶（溶液）转变。配位聚合物凝胶是由金属-有机配位作用导向的凝胶。在此类凝胶中金属-配体的配位作用直接参与了凝胶网络的形成。其他超分子作用辅助凝胶的形成。构筑这类凝胶所使用的有机配体需至少具有两个金属结合位点，可以形成多个配位键，可通过羧酸根、吡啶或其他杂环等基团来配位，因而有机配体与金属离子结合后可形成一维、二维或三维配位聚合物。这类凝胶的常见形貌有海绵状、纤维状、颗粒状等。

　　这里，根据配体及其配位模式的类别讨论由小分子形成的两类金属-有机凝胶。在凝胶构筑中应用的有机配体包括羧酸、吡啶类及其他杂环化合物类，如喹啉、咪唑、吡唑等。应用于分立配合物凝胶构筑的包括基于吡啶、混合给体的二齿配体、三联吡啶等配体的配合物及金属有机化合物等。应用于配位聚合物凝胶构筑的包括桥连羧酸、吡啶、联吡啶、三联吡啶、杂环类配体和金属离子形成的配位聚合物。在这些配体中，吡啶等配体的配位构型相对固定，而羧酸类配体配位构型则多变，三联吡啶类配体与金属配位后可展现出优异的发光性质。

44.4　小分子配合物凝胶的特点和性能

　　吡啶配体是研究最广泛的一类杂环配体。吡啶配体是单齿配体。吡啶和 Pd^{2+}/Pt^{2+} 可形成较稳定的配合物，具有平面四边形结构，存在顺式和反式两种异构体（图 44-1）。人们在构筑基于该类配合物的凝胶时，吡啶单齿配体通常辅以长烷基链或寡聚醚链以增强因子间的范德瓦耳斯力，或辅以酰胺或脲基团以形成氢键（图 44-2）。

1 M = Pd或Pt,R = $n\text{-}C_{16}H_{33}$

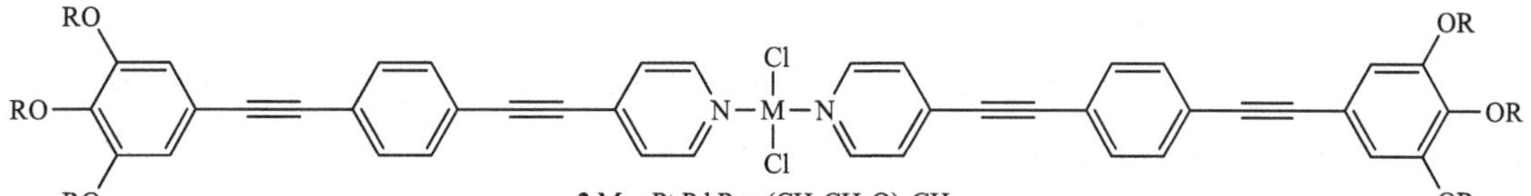

图 44-1 吡啶分立配合物凝胶因子

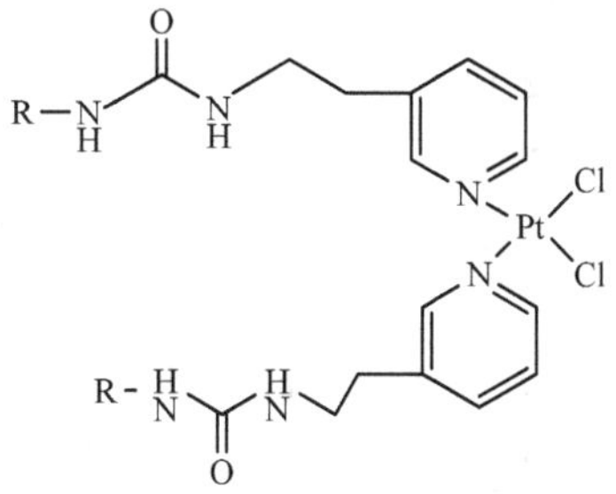

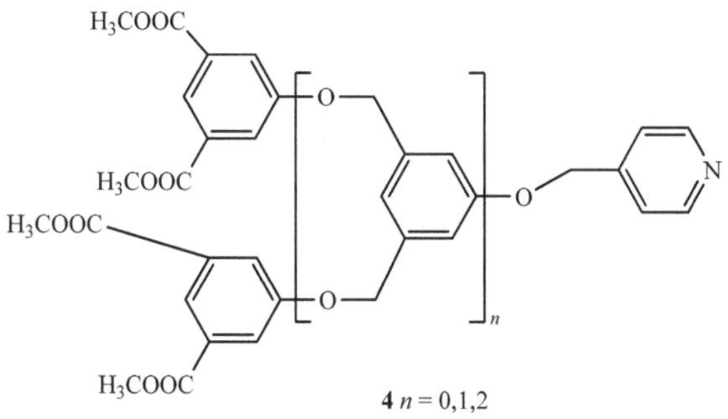

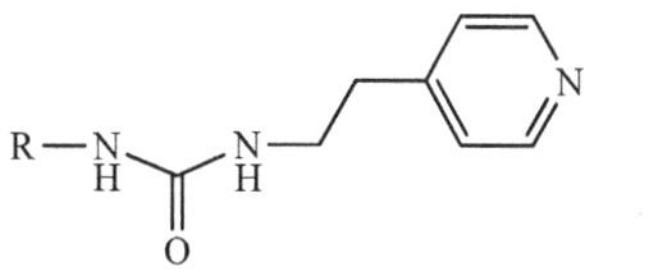

图 44-2 吡啶配体

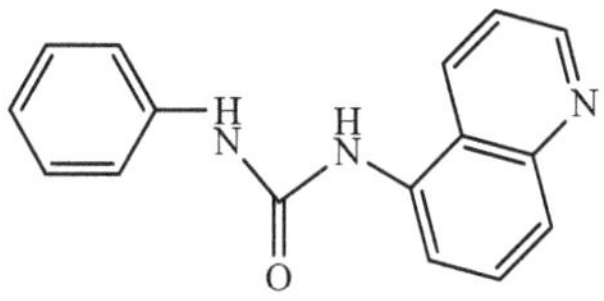

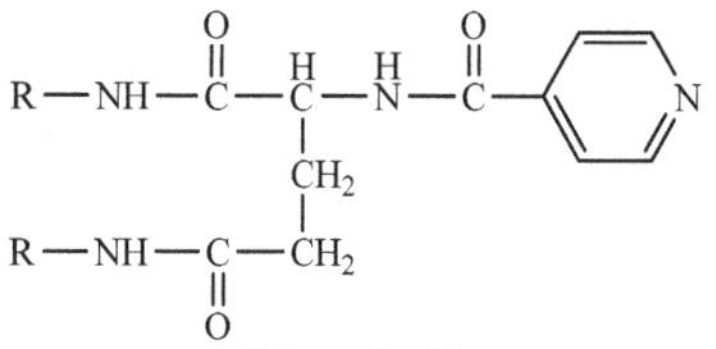

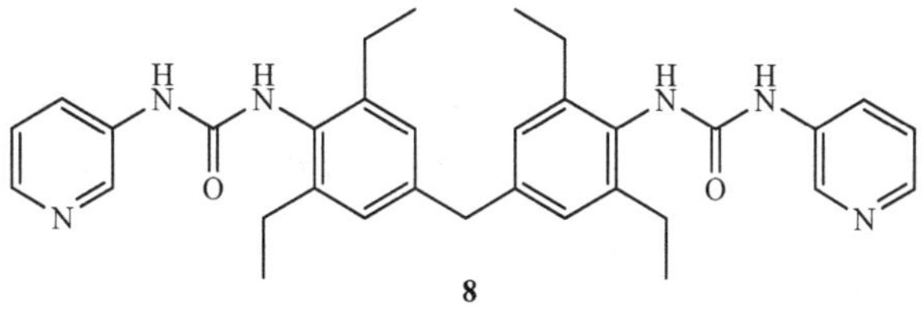

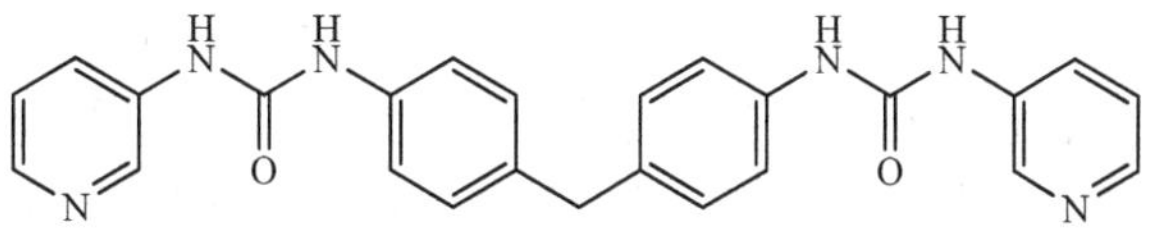

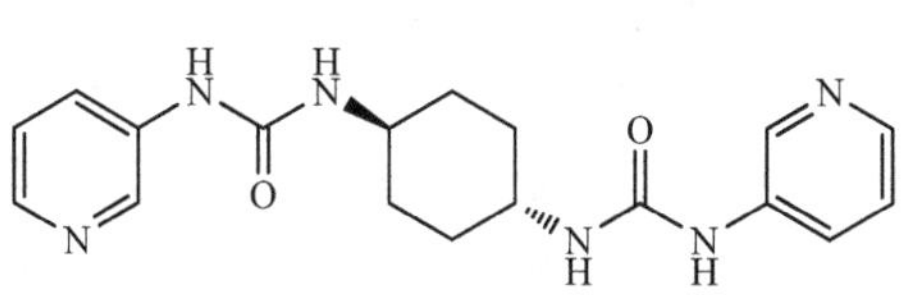

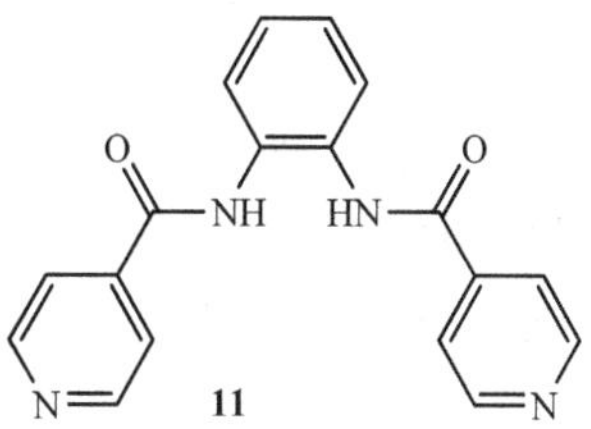

Nolte 等报道了基于葡萄糖酰胺吡啶的反式 Pd^{2+}/Pt^{2+} 配合物 **1**[11]。该配体具有长烷基链和酰胺基团。配合物 **1-Pd** 在四氢呋喃中形成凝胶，TEM 显示干凝胶具有螺旋带结构。配合物 **1-Pt** 同样可形成具有纤维结构的凝胶，但没有螺旋扭曲。Fernández 等研究了基于乙炔撑低聚亚苯基吡啶的反式 Pd^{2+}/Pt^{2+} 配合物 **2**[12]。该配体具有寡聚醚链。**2-Pt** 在水溶液或极性介质中可形成凝胶，形成凝胶的驱动力是 π-π 堆积作用及 Pt^{2+} 配位中心的 Cl 原子及寡聚醚链的 O 原子和亚甲基之间的 C—H⋯X（X = Cl、O）超分子作用。在 **2-Pd** 形成的凝胶中也存在类似的作用力[13]。Steed 等基于长烷基链和脲基吡啶得到了顺式 Pt^{2+} 配合物 **3**[14]。配合物 **3** 用于模仿顺铂的结构，其在甲苯、邻二甲苯等溶剂中形成凝胶。把顺铂的溶液置于所得凝胶上，结晶得到了顺铂的一种新二甲基乙酰胺溶剂化物。

除了 Pd^{2+}/Pt^{2+} 配合物外，吡啶和 Ag^+ 等其他过渡金属离子形成的分立配合物也被应用于凝胶研究中。Feng 和 Fan 等报道了基于寡聚芳醚树状的吡啶配体 **4** 和 Ag^+ 反应得到的 2∶1 配合物凝胶因子（图 44-3），其在多种有机溶剂中形成凝胶[15]。寡聚芳醚树状基元的疏溶剂作用、π-π 堆积等协同作用促使了凝胶的形成。所得凝胶具有多刺激响应性，对温度、化学物质、剪切应力等具有响应并可导致可逆的凝胶-溶胶相变。该凝胶被用作模板原位生成并稳定 Ag 纳米粒子。

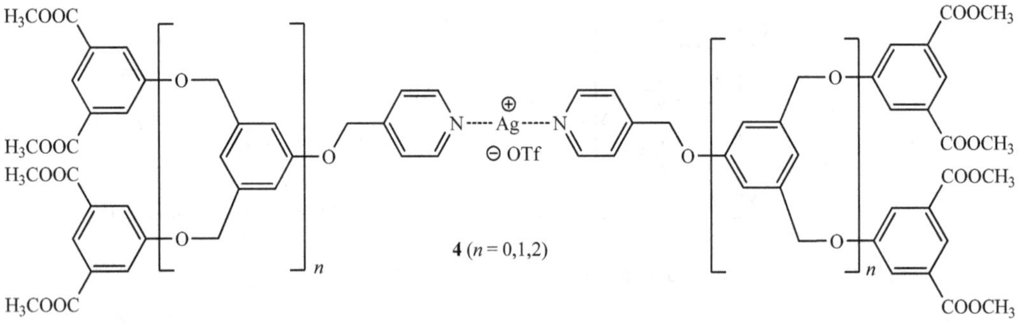

图 44-3　配体 **4** 和 Ag^+ 反应得到的配合物凝胶因子

脲基修饰的吡啶配体被用于金属-有机凝胶[16-18]。Arai 等研究了一系列长烷基链和脲基修饰的吡啶配体 **5**[16]。配体 **5** 和 Ag^+（$C_2F_5CO_2Ag$）反应得到的 2∶1 化合物，在多种溶剂中形成凝胶。长烷基链产生的疏水作用及脲基元形成的氢键在凝胶形成过程中起关键作用。如果把脲基换成酰胺基则无法形成凝胶。Braga 等报道了脲基修饰的喹啉配体 **6**[17]。配体 **6** 具有形成氢键的脲基元，喹啉基元与 Ag^+ 形成 2∶1 化合物，并在极性溶剂中形成凝胶。另外，Bachman 等报道了基于谷氨酸的吡啶配体 **7**[19]。配体 **7** 具有酰胺基元和长烷基链，与 Ag^+ 等离子反应可得到 2∶1 化合物。配体 **7** 在极性溶剂中与多种金属盐（Ag^+、Cd^{2+}、Co^{2+}、Sn^{2+}、Pd^{2+}、Ni^{2+}、Cu^{2+}）反应得到凝胶。

以上的吡啶配体与金属反应均得到单核配合物并形成凝胶，同时基于桥连吡啶配体得到二核配合物作为凝胶因子的也有报道。Steed 等报道了基于脲的桥连二吡啶配体 **8**～**10** 与金属离子的反应可得到 M_2L_2 二核环状化合物（图 44-4）[20]。化合物 **8**、**9** 与 $AgBF_4$ 或 $AgNO_3$ 反应得到具有纤维形貌的凝胶，化合物 **10** 与 $Cu(NO_3)_2$ 反应得到凝胶。晶体 X 射线衍射分析表明 **9** 与 $AgNO_3$ 反应可得到 M_2L_2 环状化合物，其中硝酸根离子通过与脲基形成氢键连接相邻的 M_2L_2 环，并且在相邻 M_2L_2 环之间存在 π-π 堆积作用。这些分子间弱作用均可能影响凝胶的形成。类似地，Jones 等也报道了基于酰胺的桥连二吡啶配体 **11** 与 $CoCl_2$ 在乙醇中反应得到凝胶[21]。该凝胶不稳定，可快速转变为晶状 M_2L_2 环状化合物。不过这些环状结构基元形成凝胶的信息主要来自晶体结构，由于晶体结构和凝胶结构的差异，以及 Ag^+ 与吡啶成键的可逆性，在凝胶中其他 Ag 分立配合物或聚合物形成凝胶的可能性仍然存在。

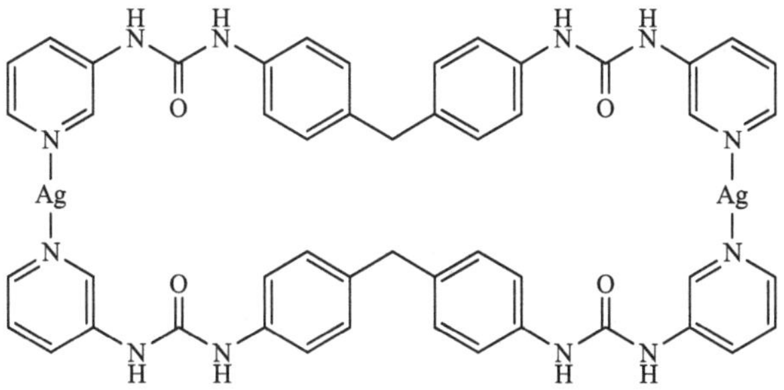

图 44-4　M_2L_2 二核环状配合物

螯合配体形成的螯合结构能够增强配合物的稳定性。因此人们常利用各类螯合结构基元来构筑分立配合物凝胶因子。这类结构基元包括 8-羟基喹啉二齿基元、混合给体二齿基元、亚胺混合给体基元、三联吡啶三齿螯合基元等。

利用 8-羟基喹啉二齿基元构筑金属-有机凝胶是一种有效的策略[22-24]。Shinkai 等报道了含有 3,4,5-三（正十二烷氧基）苯甲酰胺基团的 8-羟基喹啉配体与 Pt^{2+}形成单核配合物 **12**（图 44-5）[22]。其中 8-羟基喹啉螯合基元与 Pt^{2+}的配位模式是平面正方形配位。在长烷基链和酰胺基团的辅助下，配合物形成具有纤维形貌的凝胶。同时，配合物之间存在 π-π 堆积作用，使得吸收光谱红移。配合物在凝胶中排成柱状结构，根据 XRD 结果，柱间的距离是 42Å。柱状结构外围被正十二烷氧基包围，这有效减少了凝胶纤维的磷光猝灭。利用类似的策略，Liu 等研究了基于 8-羟基喹啉螯合基元的谷氨酸衍生物 **13**[23]。配体 **13** 含有多个酰胺键和长烷基链，其与 Cu^{2+}反应生成 2∶1 配合物在甲醇中形成凝胶。

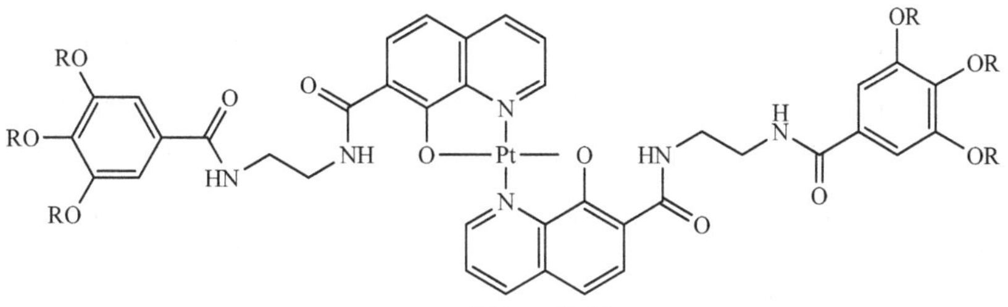

12 R = n-$C_{12}H_{25}$

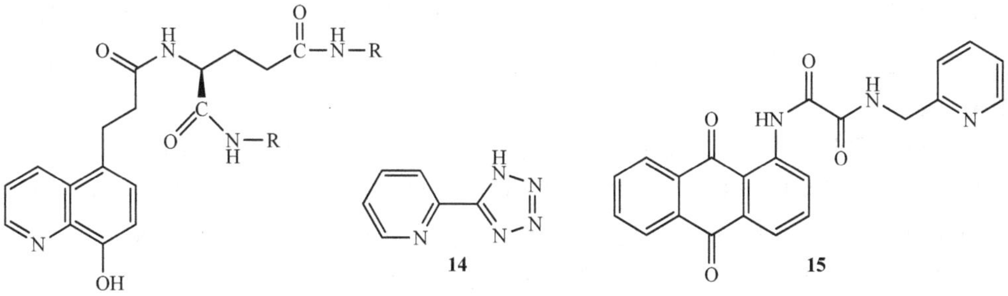

13 R = n-$C_{18}H_{37}$　　**14**　　**15**

图 44-5　螯合配体 **12**～**15**

此外，通过混合给体构筑螯合基元也是一种有效的策略。Andrews 等报道了基于吡啶、四唑的二齿配体 **14** 与 $LaCl_3$ 在过量三乙胺存在下在乙醇中以 3∶1 摩尔比反应得到 La 配合物凝胶因子。该 3∶1 配合物在热水中形成凝胶，所得凝胶具有热可逆性[25]。Cametti 等合成了基于吡啶的蒽醌衍生物 **15**[26]。配体含有酰胺基团等氢键单元，与 $CuCl_2 \cdot 2H_2O$ 在 DMSO-H_2O 中反应得到稳定的 1：1 配合物，并形成凝胶。在配合物中，**15** 通过吡啶 N 原子和酰胺 O 原子螯合配位（图 44-6）。

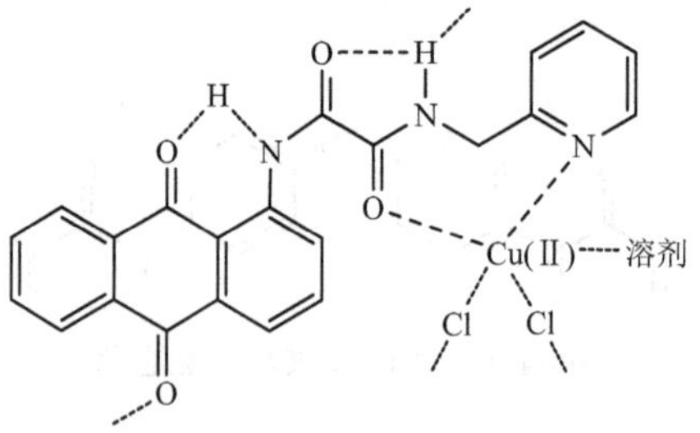

图 44-6　配体 **15** 与 CuCl$_2$ 的螯合配位模式

亚胺是一类重要的配体。基于亚胺或腙的配体及二核、多核配合物见图 44-7。亚胺的 N 原子和其他配位原子可形成螯合配体，进而与金属形成稳定的配合物[27-30]。基于亚胺的左旋谷氨酸衍生物 **16** 和 **17** 具有酰胺键和长烷基链[27]。Zhang 和 Liu 等的研究表明 **16** 和 **17** 的羟基取代基位置不同造成成胶行为不同。**16** 可形成分子内氢键，同时由于存在分子间氢键作用、π-π 堆积、疏水作用等，在很多有机溶剂中形成凝胶。相反，**17** 的羟基处于苯环的对位，无法形成有机凝胶。这些行为随着二价金属离子的引入发生了改变，其中 **16** 作为二齿螯合配体，而 **17** 作为单齿配体。**16** 和 Cu^{2+} 反应形成 CuN$_2$O$_2$ 平面配位构型的 2：1 配合物（图 44-8），并进一步组装成螺旋扭曲结构。而 **17** 的羟基和 Cu^{2+} 发生配位反应也能够形成凝胶。**16** 和 Mg^{2+} 反应形成 1：1 配合物（图 44-8），形成的凝胶对右旋酒石酸有手性识别效果。这是因为与左旋酒石酸相比，右旋酒石酸可以更好地与凝胶纤维结合，从而引起荧光的猝灭。

以类似的策略，Chen 和 Yin 等研究了基于亚胺的化合物 **18**[28]。亚胺化合物 **18** 与 **16** 类似，同样是左旋谷氨酸衍生物，具有酰胺键和长烷基链，区别仅在于把芳香苯环换成萘环。**18** 与 Zn^{2+}、Cu^{2+} 反应得到的配合物同样能够形成凝胶。其中基于 Zn^{2+} 的凝胶的荧光得到显著增强。在 Zn^{2+} 和 Cu^{2+} 同时存在时，也能形成凝胶，但由于竞争配位，在凝胶中只有 Cu^{2+} 参与凝胶的形成而 Zn^{2+} 是游离的。此混合金属凝胶能够检测 CN$^-$，显示明显的荧光增强，与 S^{2-}、半胱氨酸（硫醇）对比具有显著选择性。这归因于 CN$^-$ 与 Cu^{2+} 优先结合，而 S^{2-} 与 Zn^{2+} 优先结合。另外，Bunzen 等报道了胆固醇修饰的吡啶亚胺二齿配体与 Cu^{2+}、Ni^{2+}、Zn^{2+} 等过渡金属离子形成 3：1 配合物 **19**，以及其于室温下在多种醇中形成的凝胶[29]。这些金属离子具有六配位的八面体配位构型。其中亚胺配体与金属的配位有利于稳定亚胺键。这些 3：1 配合物有 3 个胆固醇基团和酰胺基团。所得凝胶显示出热、化学刺激等多种刺激响应性。

除了形成单核配合物外，二齿及多齿配体也可形成二核或多核配合物。Naota 等报道了基于烷基链桥连的吡啶亚胺二齿配体和 Pd^{2+}、Pt^{2+} 等形成的双核配合物 **20**[31]。**20**-Pd 虽然不含常用的长烷基链或常见的氢键辅助基团，但在超声作用下在一系列溶剂中可形成凝胶。所得凝胶在加热时变回溶液。超声的作用在于调节双核配合物的构象，使之通过 π-π 堆积作用等互锁形成一维超分子聚集体（图 44-9）。外消旋反式化合物 **20**-Pt（$n=5$）及光学纯反式化合物 **20**-Pt（$n=7$）在溶液中是非发光的[32]。在短暂的低功率超声作用下，这些溶液立即变为黄色磷光凝胶。而这些发光凝胶在加热时变回非发光溶液。发光的增强归因于凝胶纤维中配位平面性增加。此外，Wang 等报道了腙螯合配体和 Cu^{2+} 形成双核配合物 **21**，进一步自组装形成凝胶[33]。Lehn 等报道了一个少见的四核配合物凝胶因子[34]。吡啶腙螯合配体和 Zn^{2+} 形成四核环状配合物 **22**，该环状化合物具有脲基和长烷基链，在甲苯中形成凝胶。

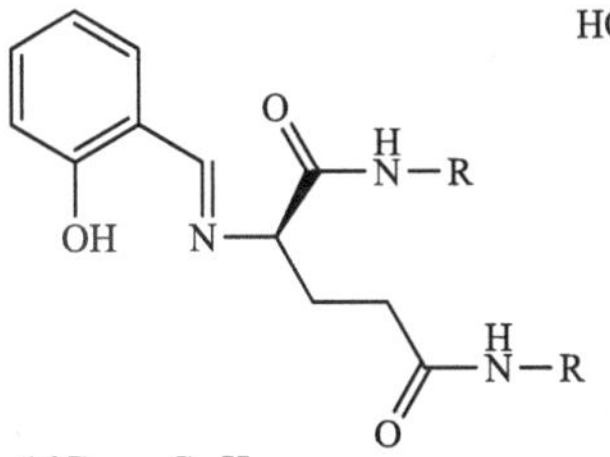

16 R = *n*-C₁₈H₃₇   **17** R = *n*-C₁₈H₃₇   **18** R = *n*-C₁₈H₃₇

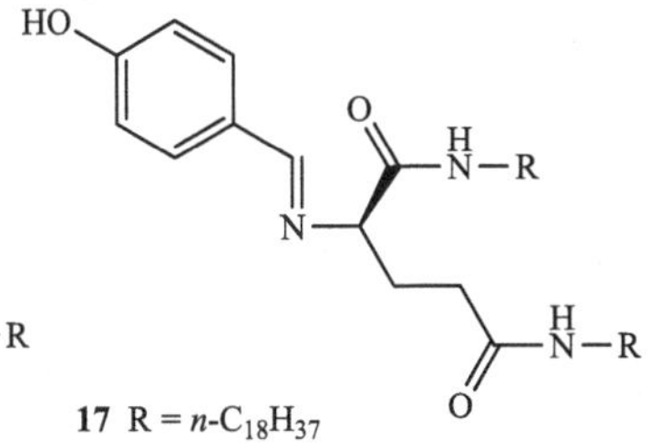

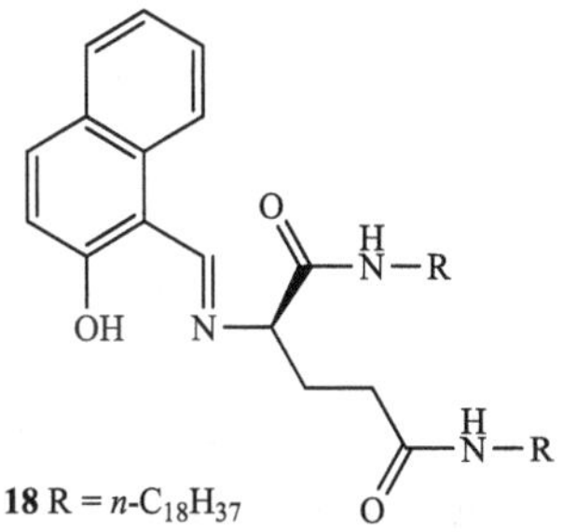

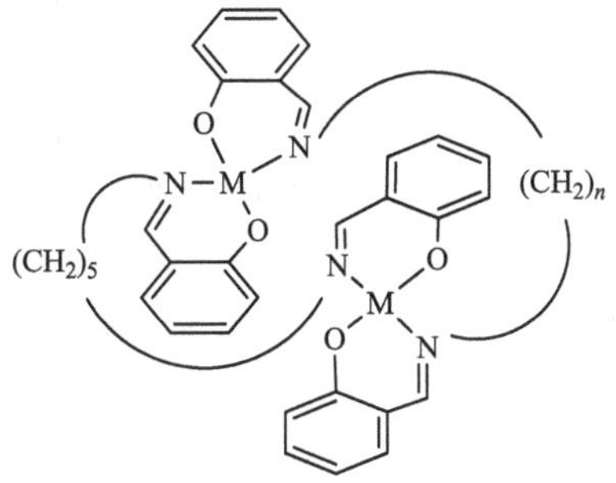

20 M = Pd, *n* = 5
M = Pt, *n* = 5,6,7

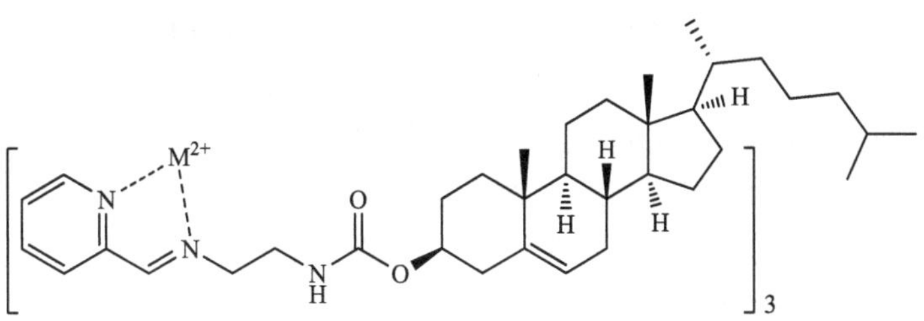

19 M = Co, Ni, Zn

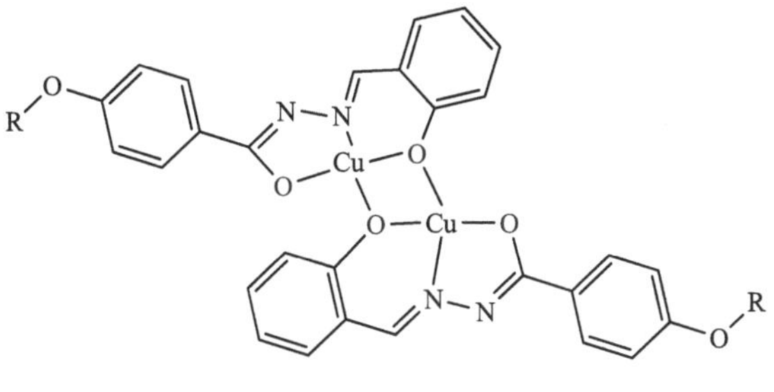

21

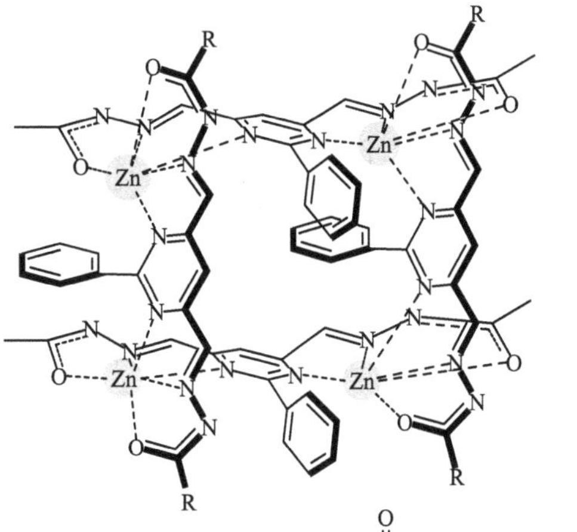

22   R= C₁₆H₃₃

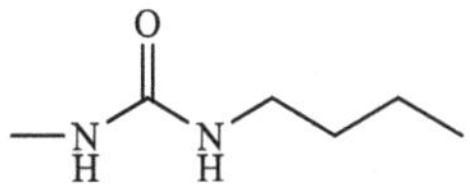

图 44-7   基于亚胺或脎的配体及二核、多核配合物

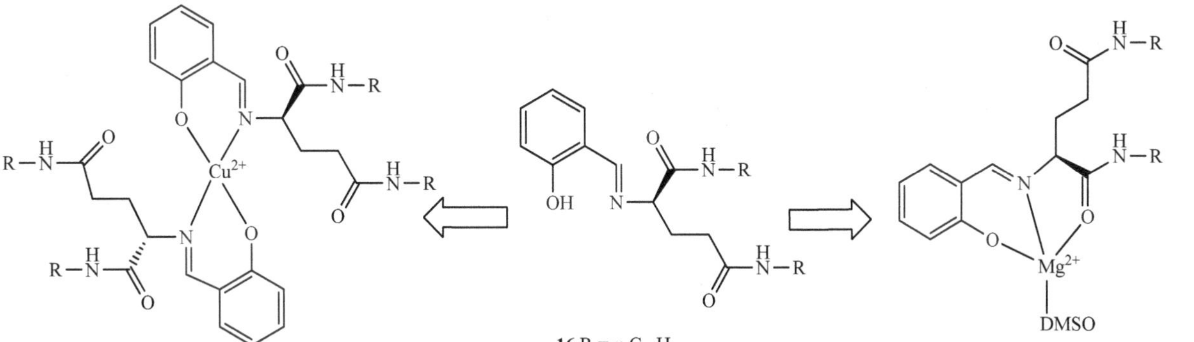

16-Cu   **16** R = *n*-C₁₈H₃₇   **16-Mg**

图 44-8   配体 **16** 分别与 Cu²⁺和 Mg²⁺反应形成分立配合物凝胶因子

溶液（弯曲自锁构型）　　　凝胶（平面互锁构型）

图 44-9　超声控制的凝胶形成及其分子堆积示意图

　　三联吡啶衍生物及其类似物的结构见图 44-10。2,2′∶6′,2″-三联吡啶配体是一类应用广泛的三齿螯合配体。如果没有配位阴离子存在时这类配体常生成螯合 1∶2（M/L）八面体配合物，相反有配位阴离子（如卤离子）则形成 1∶1 配合物。Ziessel 等报道了 3,4,5-三(正十二烷氧基)苯甲酰胺基团修饰的三联吡啶配体 23[35]。其 Fe^{2+} 化合物 $[Fe(23)_2](ClO_4)_2$ 在环己烷中可形成凝胶。该凝胶是热可逆的，红外光谱表明酰胺基团间形成了氢键。23 的 Fe^{2+} 化合物在纯熔融态时形成液晶相。Ziessel 和 Charbonnière 等发展了类似于三联吡啶的 2,6-二(吡啶)吡唑多羧酸配体[36]，形成吡啶吡唑亚氨基二乙酸九齿螯合结构基元，与镧系金属离子形成单核配合物 24，同时配合物在 3,4,5-三(正十二烷氧基)苯甲酰胺基团的辅助下形成基于稀土发光配合物的凝胶。其三价铕离子配合物在十二烷中形成的凝胶具有近红外发光特性。

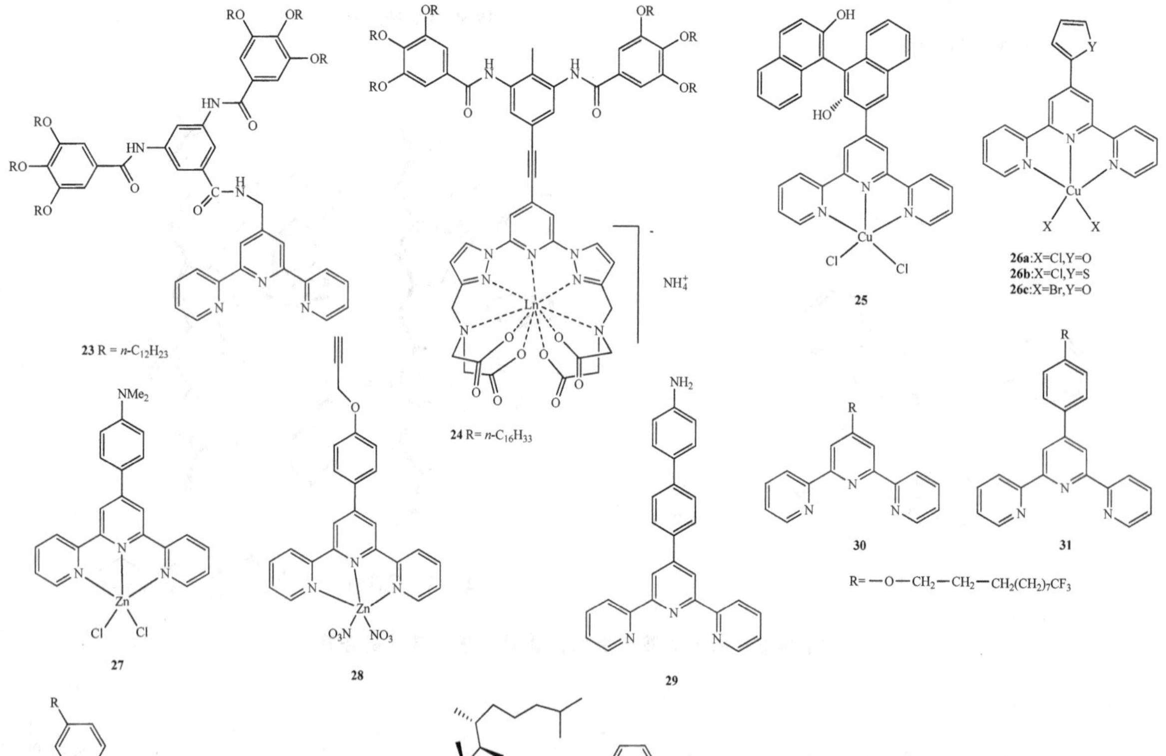

图 44-10　三联吡啶衍生物及其类似物

　　随后的一系列研究表明，在没有长烷基链和酰胺等辅助基团存在的条件下，三联吡啶配合物也能形成凝胶[37, 38]。Yu 和 Pu 等报道了手性联二萘酚修饰的三联吡啶配体与 $CuCl_2$ 反应得到单核化合物 25[37]。在超声作用下，化合物(R)-25 在氯仿中可得到凝胶。该凝胶对氨基醇显示对映选择性的相变，在手性可视检测方面具有潜在应用。例如，当加入（R）-苯丙氨醇时凝胶保持稳定，但同样条件下加入至少 0.06 当量的（S）-苯丙氨醇，凝胶态被破坏。

三联吡啶铜配合物是一类有效的胶凝剂[39-42]。Tu 等报道了呋喃或噻吩修饰的三联吡啶配体与 CuX$_2$ 反应得到单核化合物 26，并得到水凝胶[39]。凝胶具有可逆的凝胶-溶胶转变性质。π-π 堆积作用、Cu-Cu 作用氢键等在凝胶形成中起主要作用。该课题组进一步研究了呋喃三联吡啶 Cu^{2+}化合物 26a 形成的凝胶对光敏 2,2'-偶氮吡啶的响应行为[40]。结果表明，该凝胶能够可视区分 2,2'-偶氮吡啶的异构体，其顺式异构体可导致凝胶的破坏。这可能是因为反式异构体以螯合配位模式与 Cu^{2+}结合，由于位阻较大破坏了三联吡啶基团之间的 π-π 堆积作用及金属-金属作用。此外，该类凝胶还可进行 4-二甲基氨基吡啶的视觉辨别[41]，通过选择性凝胶破坏的发生与其他吡啶类似物进行区分。这是因为 4-二甲基氨基吡啶和 Cu^{2+}结合改变了配位构型，从而破坏了凝胶因子间的分子间作用力。

三联吡啶锌配合物也是一类胶凝剂[43-45]。二甲氨基取代的三联吡啶衍生物的 Zn^{2+}发光配合物 27 对水中的焦磷酸根离子具有纳摩尔级别的检测敏感度，其荧光检测限为 20nmol/L，其 LOD 约 0.8nmol/L[43]。焦磷酸根是一种生物学上很重要的离子。配合物 27 可形成水凝胶，可制成凝胶涂层纸条，从而方便廉价地检测焦磷酸根。炔基修饰的三联吡啶衍生物的 Zn^{2+}配合物 28，其阴离子是硝酸根[44]。当 Cl$^-$存在时，配合物 28 可以形成凝胶，而其他阴离子[Br$^-$、HCOO$^-$、(COO)$_2^{2-}$、SO$_4^{2-}$、NO$_3^-$、CH$_3$COO$^-$、CF$_3$COO$^-$、ClO$_4^-$]存在时均无法形成凝胶。配合物 28 通过炔基和 Au 纳米粒子结合从而形成复合凝胶，其黏弹性明显得到增强。

人们研究了三联吡啶衍生物与过渡金属离子或稀土金属离子形成的凝胶[46-48]。Mal 和 Rissanen 等发现氨基修饰的三联吡啶衍生物 29 可选择性地与 Hg^{2+}在酸性条件下形成凝胶[46]。其他二价金属离子均不能形成凝胶。凝胶热不可逆、半透明、具有触变性。三联吡啶基团之间较强的 π-π 堆积作用及 Hg^{2+}引起的盐桥作用可能是凝胶形成的主要驱动力。当加入 0.4 当量的冠醚 18-冠-6 时，凝胶可被破坏，原因是 18-冠-6 与三联吡啶的胺基的结合破坏了分子间相互作用，从而导致凝胶网络的破坏。

全氟烷基取代的三联吡啶配体和二价金属离子的成胶行为也有文献报道[49,50]。Haukka 和 Cametti 等报道了全氟烷基取代的三联吡啶配体 30 和 31，二者都可以和 Co^{2+}、Ni^{2+}形成凝胶[49]。不同的是配体 30 和 Zn^{2+}、Hg^{2+}等在 DMSO 水溶液中可形成凝胶，而配体 31 和 Fe^{2+}可形成凝胶。

基于三联吡啶的炔基金属有机化合物的凝胶也得到了多个研究组的关注[51-58]。例如，Pt 化合物 32 具有疏水的胆固醇基团[55]。在超声作用下所得凝胶具有与溶液及沉淀不同的颜色和聚集诱导发光增强性质；Pt 化合物 33 具有缬氨酸基团[56]。形成凝胶的驱动力包括氢键、Pt···Pt 作用、π-π 堆积作用等。

人们基于一些典型的金属有机结构基元发展了新型的凝胶因子，包括金属卡宾、茂金属化合物、羰基金属化合物等。例如，Dötz 等基于葡萄糖酰胺引入了 Cr 卡宾基元，发展了金属有机凝胶[59]。Lin 等报道了 Au 的氮杂环卡宾化合物，其在 N 原子上修饰的长烷基链及乙酰胺基的辅助下可形成凝胶[60]。另外，二茂铁金属有机基元具有可逆的氧化还原性质，而且中性的二茂铁基元是非极性的，可溶于非极性溶剂中。据此，人们发展了多刺激响应凝胶[61-68]。例如，化合物 34、35 具有的寡聚芳基醚树枝状基元通过酰腙键与二茂铁连接[66]。凝胶形成的驱动力包括酰腙间隔基元形成分子间氢键，寡聚芳基醚树枝状及环戊二烯基直接存在 π-π 堆积作用。所得凝胶对多种刺激均具有响应性，包括热、氧化还原电位、重金属离子（Pt^{2+}）。该金属有机凝胶因子可用作 Pt^{2+}的传感器，最低检测浓度低至 ppb 级，可诱发凝胶-溶胶相变。Pt^{2+}的结合位点位于酰腙的 O 原子和亚胺基团的 N 原子。其他如二茂钛基元也被引入凝胶中（图 44-11）[69,70]。还有各类钳形化合物，如具有长烷基取代基的 CNC 钳形化合物[71,72]、正缬氨酸修饰的 NCN 钳形化合物[73]、胆固醇基团修饰的 CNN 钳形化合物[74]、缬氨酸炔基修饰的 CNC 钳形化合物等[75]。Au 的金属有机化合物也被广泛应用于凝胶的构筑[76]。在一价 Au 化合物凝胶因子间通常存在亲金相互作用，有助于发展发光凝胶[77,78]。对水凝胶热处理可产生金属金纳米粒子[(1.0±0.2)nm][79]。而三价 Au 化合物凝胶可展现出对癌细胞的持久细胞毒性[80]。此外，六配位八面体 Ir(III)离子化合物，配体包括 2 个二齿 2-苯基吡啶和 1 个二齿 2,2′-联吡啶，能够形成发光水凝胶[81]。

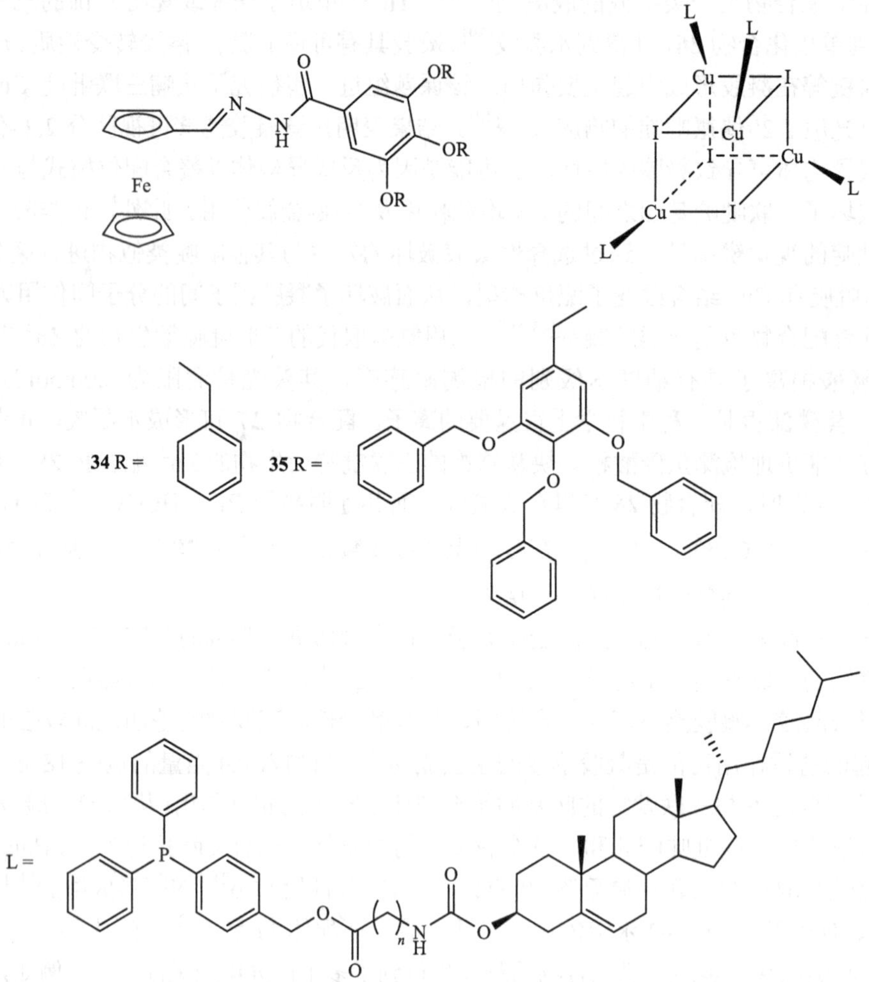

34 R =   35 R =

36 n = 0, 2, 5

图 44-11　基于二茂铁和膦的分立配合物凝胶因子

尽管膦在配位化学中占有重要地位，然而有膦参与的分立配合物凝胶非常少。仅见于 Perruchas 和 Camerel 等报道的一个例子[82]，由 4 个膦配体稳定的[Cu$_4$I$_4$]立方烷化合物 36 基于膦配体的胆固醇基团能形成凝胶。凝胶中的[Cu$_4$I$_4$]簇的发光波长和强度随着刚性改变而变化，并且所得凝胶的发光性质随温度变化。

44.5　配位聚合物凝胶的特点和性能

最近十几年来，配位聚合物凝胶得到了广泛的关注和充分的发展。人们对羧酸和吡啶配位聚合物凝胶的研究起步最早，同时对其研究也最为广泛。其他研究的配体类型包括联吡啶、三联吡啶、四唑、咪唑、吡唑、膦及混合给体配体等。在研究凝胶构筑的基础上，人们也探索了这类凝胶（图 44-12）在多个领域的潜在应用，如吸附、发光、催化、模板剂、磁性、检测等。

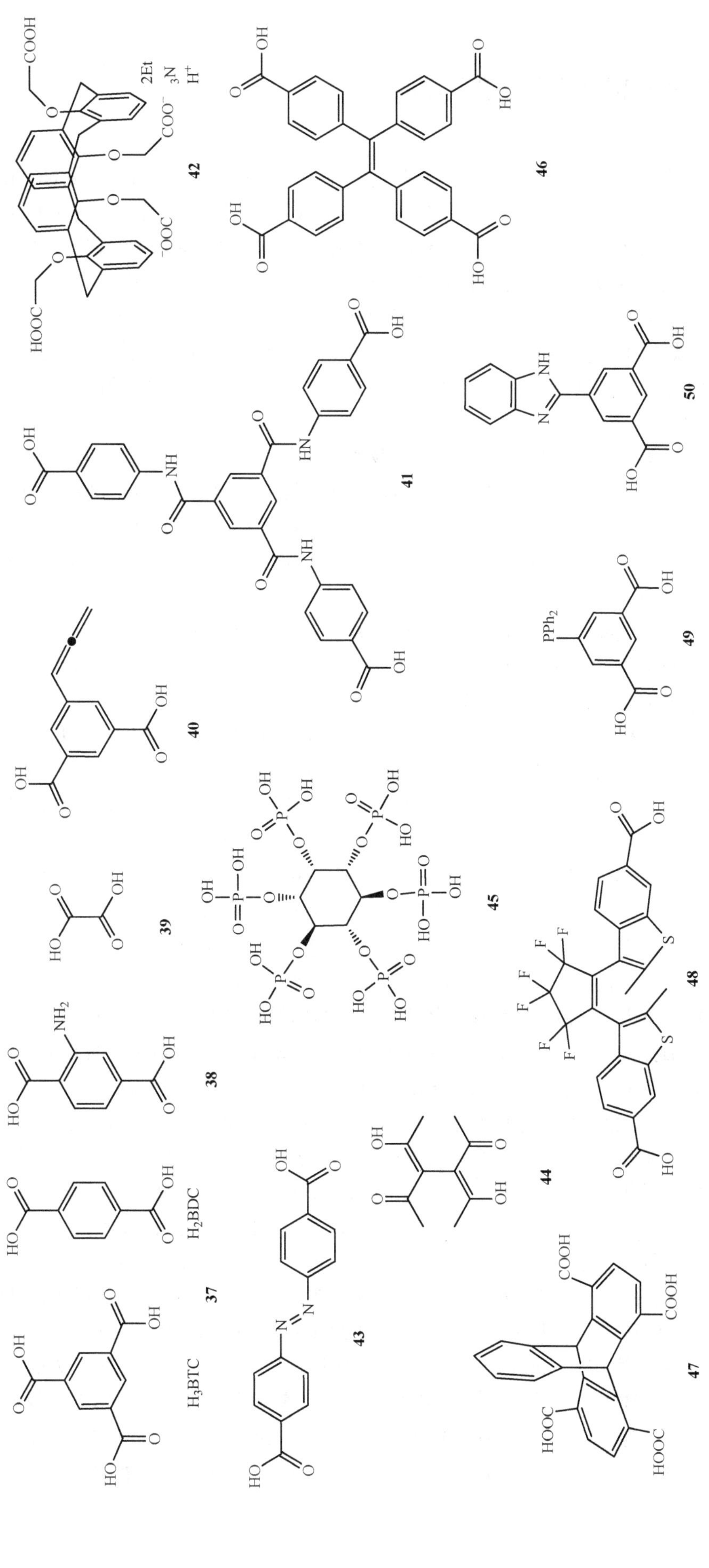

图 44-12 用于凝胶构筑的潜在桥连羧酸配体及其类似物

44.5.1　基于羧酸配体的配位聚合物凝胶

羧酸衍生物的金属-有机凝胶在最近 10 年得到了发展。James 等报道了 $Fe(NO_3)_3$ 和均苯三甲酸（**37**）在醇溶剂中室温反应得到的金属-有机凝胶。该凝胶可在几分钟内生成，可溶解于盐酸[6]。Zhang 和 Su 等扩展了这类凝胶的范围，发现一系列金属离子，如三价金属离子 Fe^{3+}、Al^{3+}、Cr^{3+} 等都可以和一系列具有桥连二羧酸基元的羧酸衍生物形成凝胶[83-90]。在这类凝胶中，有些凝胶如 Fe^{3+} 的凝胶通常可在室温下得到，而有些凝胶如 Al^{3+}、Cr^{3+} 的凝胶则需要加热才能得到。由于金属离子和有机配体的多样性，这类金属-羧酸凝胶在结构和功能方面具有可设计性和可调性。这类材料在吸附、分离、催化、模板剂等方面具有潜在应用。研究最多的是均苯三甲酸（H_3BTC）和对苯二甲酸（H_2BDC）的金属-有机凝胶。

总的来说，这类凝胶的结构是由配位聚合物纳米颗粒堆积而成的网络结构，这与传统超分子凝胶纤维网络不同。值得注意的是，基于刚性羧酸配体的凝胶经过超临界或亚临界 CO_2 干燥后可得到高度多孔的气凝胶。所得气凝胶具有高比表面积及层次孔结构。例如，FeBTC 气凝胶具有微孔和介孔结构，BET 比表面积高达 $1618m^2/g$，总孔体积高达 $5.62cm^3/g$[91]。这类金属-羧酸凝胶的孔结构可由反应物的浓度来调节。例如，在反应物浓度较高时，CrBTC 气凝胶形成的主要是微孔结构，反应物浓度较低时，所得气凝胶具有微孔和介孔的层次孔结构。并且其介孔结构和孔径也可通过模板剂来控制[84]。如果反应物的溶解度合适，并且在特定的溶剂中具有合适的表面张力，配位聚合物的纳米粒子就能够稳定下来并进一步形成基于配位聚合物颗粒的凝胶。

根据已知的配位聚合物结构，可推出这类凝胶的形成机理。对一个金属有机体系，配体和金属离子快速反应形成无定形配位聚合物，而慢速反应对于形成具有规则结构的金属有机框架则非常重要。反应受多种反应条件影响，如金属和配体的比例、阴离子、溶剂及浓度等。温度也显著地影响配位聚合物纳米粒子的生长，合适的温度对于具有反应物寡聚或聚合生成规则微孔结构的配位聚合物纳米粒子至关重要。在这类凝胶中的一部分由金属-有机框架纳米颗粒组成，因此具有金属有机框架的纳米结晶结构。例如，AlBDC 湿凝胶和气凝胶均具有金属有机框架 MIL-53(Al) 的结构[84]。这些结构信息来自粉末 X 射线衍射和 ^{27}Al MAS NMR 等，并在进一步的吸附实验中得到验证。对这些有明确结构的晶态微孔颗粒构成的凝胶的研究有助于从分子水平进一步调控凝胶的结构和性质。

这些凝胶的微介孔结构使其可用作气体小分子和染料等较大有机客体分子的吸附。Thallapally 等报道的 FeBTC 气凝胶在高压下（30bar）能够可逆吸附 33wt%（7.5mmol/g）的 CO_2。相反，在同样条件下只能够吸附大约 3.5wt% 的 CH_4，表现出高选择性[92]。Zhang 等的研究表明，CrBTC 气凝胶对甲基橙、甲基蓝、邻苯二甲酸二甲酯等有机分子具有较高的吸附能力[83, 84, 93]。Zou 等的研究表明 AlBTC 凝胶具有丰富的金属位点和羧基，对毒性污染物微囊藻毒素具有较强的作用力[94]。AlBTC 干凝胶可有效地去除水中的微囊藻毒素，当微囊藻毒素初始浓度为 10000ppb 时，被吸附的毒素可达到 96.3wt%，吸附容量高达 6861mg/g。而 AlBTC 气凝胶对微囊藻毒素的吸附容量更高，达到 9007mg/g。随后，Zou 等发展了基于 Fe^{3+} 和 Al^{3+} 的异金属金属-有机凝胶[95]。Fe^{3+} 和 Al^{3+}（Fe∶Al = 1∶1）与均苯三甲酸反应可得到具有更高比表面积（$1861m^2/g$）和孔体积（$9.737cm^3/g$）的气凝胶。该异金属凝胶对染料分子具有较快的吸附动力学和较高的吸附容量（罗丹明 B 290mg/g；甲基橙 265mg/g）。

此外，金属-羧酸凝胶作为吸附剂可以吸附各类离子[96-100]。Fe-羧酸凝胶作为吸附剂也被用于水中砷的去除[96-99]。FeBTC 干凝胶对砷（AsO_4^{3-}）具有较高的吸附能力。吸附是自发的，吸附曲线符合 Langmuir 方程，并具有拟二级动力学模型特征。AlBTC 凝胶的高比表面积和层次孔结构使其能够很好地束缚液态溶剂及液态电解质活性成分，在很大程度上保持了传统液态电解质的特性并提高了电池的稳定性，可被用作染料敏化太阳能电池的准固态电解质，光电转换效率可达到 8.66%，显示出良好的光电转换性能[100]。

利用这类凝胶的高比表面积和层次孔结构的特点，人们通过高温焙烧制备了多孔碳材料[100-110]。通过这类干凝胶、气凝胶制备的微孔碳材料可用于电化学等领域。Zou 等通过焙烧 AlBTC 干凝胶、气凝胶所得的碳具有高比表面积及氢存储容量，并且所得整体材料具有微孔-介孔-大孔层次孔结构及非常大的孔体积，其密度可低至 0.0952g/cm³，可被用于锂-硫电池的阴极材料[101]。通过焙烧聚吡咯掺杂的 AlBTC 干凝胶，可得到具有高比表面积（1542.6m²/g）和较大孔体积（0.76cm³/g）的氮掺杂碳材料[102]。所得碳可被用于重金属离子的高灵敏检测，例如，可检测 0.025～5μmol/L 的 Cd^{2+}，其检测限为 2.2nmol/L。

此外，这类凝胶由于具有高比表面积和层次孔结构，还可作为模板剂用于制备其他多孔材料。例如，James 等用 FeBTC 凝胶模板制备大孔有机聚合物。FeBTC 凝胶在甲基丙烯酸甲酯等聚合物单体存在时也能形成，这些单体在配位聚合物存在条件下聚合可得到聚合物。随后凝胶模板可用盐酸去除，从而得到多孔聚甲基丙烯酸甲酯聚合物。所得大孔聚合物具有和 FeBTC 凝胶模板类似的海绵状结构（孔径 1～10μm）[6]。类似地，Yang 等利用 FeBTC 凝胶作为模板制备了具有大孔结构的聚（甲基丙烯酸缩水甘油酯-co-乙二醇二甲基丙烯酸酯）等共聚物，这些大孔共聚物被用于色谱分离蛋白质[110]。Chen 和 Zhang 等利用 FeBTC 凝胶作为模板制备了硼酸亲和大孔整体柱，该整体柱对糖蛋白，如辣根过氧化物酶、转铁蛋白具有较好的亲和性能和动态吸附容量，并可用于加标牛血清样品中转铁蛋白的分离富集[111]。FeBTC 凝胶也可用于制备分子印迹聚合物，用于识别水中的左氧氟沙星[112]。

利用 Fe^{3+} 离子的氧化还原性，FeBTC 凝胶还可被用来合成导电聚合物。吡咯、噻吩等单体可与凝胶中的 Fe^{3+} 离子发生氧化还原反应产生聚吡咯、聚噻吩等[113, 114]。基于 Fe^{3+} 形成的凝胶是没有发光特性的，但 Fe^{3+} 被还原为 Fe^{2+} 后可诱导发光。Ballav 等的研究表明 FeBDC 凝胶也可以在一些小分子有机物存在条件下形成，如甲苯、对二甲苯、环戊二烯、噻吩等[115]。其中吡咯、苯胺、联噻吩形成的黑色干凝胶的形貌由原本的纺锤状变为纤维状，并具有发光特性，而原本的凝胶及甲苯等形成的凝胶则没有。这种发光可归因于 Fe^{3+} 离子和这些小分子（吡咯、苯胺、联噻吩）发生氧化还原反应而产生氧化寡聚物。利用溶剂的氧化还原性，FeBTC 凝胶在 $PdCl_2$ 作用下被破坏可转变为金属有机框架。在反应过程中，Pd^{2+} 离子可被甲酸或 DMF 还原为 Pd^0[116]。

以上三价金属离子与对苯二甲酸和均苯三甲酸形成的金属-有机凝胶代表了一大类金属-有机凝胶，其目前已被扩展到各种金属离子、羧酸衍生物等[117, 118]。除了三价金属离子外，四价金属离子和二价金属离子也和桥连羧酸形成凝胶，并展现出一些独特的性质。

最近，基于四价锆离子的金属-有机凝胶也取得了进展[119-121]。Zhang 等报道了基于四价锆离子和 2-氨基对苯二甲酸（**38**）的金属-有机凝胶[119]。$ZrCl_4$ 和 2-氨基对苯二甲酸的混合溶液在 80℃加热可得到凝胶，该凝胶具有基于金属-有机纳米颗粒的网络结构。粉末 X 射线衍射实验表明这些纳米颗粒具有与金属有机框架 UiO-66 类似的结构。氮气吸附实验进一步证实了这一点，并且所得材料具有高比表面积。由于微孔孔道中氨基的存在，所得凝胶材料对 CO_2 具有高吸附容量和选择性。该凝胶在 CO_2 的环氧化合物的环加成反应中显示高催化活性，并且可回收利用。

最近，多个研究组研究了二价金属离子和羧酸形成的凝胶[122-129]。Díaz 和 Banerjee 等报道了 Cu^{2+} [$Cu(OAc)_2 \cdot H_2O$ 或 $Cu(ClO_4)_2 \cdot 6H_2O$] 和草酸（**39**）在室温混合可形成凝胶[122]。所得凝胶在无水条件下具有质子传导性质，其质子传导率为 $10^{-4}～10^{-3}$S/cm。该 Cu-草酸凝胶还具有自修复性质，并具有可塑性[123]。Cu-草酸凝胶能够把这种自修复性质传导给其他没有这种性质的凝胶。当把 Cu-草酸凝胶和 DACBA（图 44-13）凝胶事先切好的整体砌块直接接触时可形成稳定的杂化材料。这归因于复合材料内部的动态特性及穿插网络的形成。DACBA/Cu-草酸的体积比例最小为 0.8∶0.2 时，Cu-草酸凝胶就能够把自修复性质传导给没有自修复特性的 DACBA 凝胶。

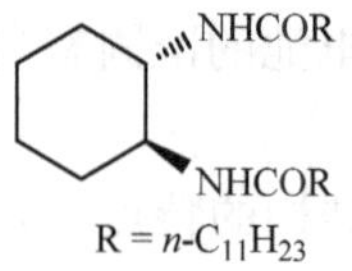

R = $n\text{-}C_{11}H_{23}$

图 44-13　DACBA 的分子结构

此外，Burrows、Raithby、Wilson 等报道了 Pb^{2+}离子和羧酸形成的凝胶[130]。二羧酸 **40** 和 Pb^{2+}离子（PbOAc·$3H_2O$）以 1∶1 比例于 100℃加热反应得到凝胶。Dastidar 等发现 C_3 对称的具有酰胺基团的三羧酸配体 **41**[131]与多种二价金属离子 Cd^{2+}、Cu^{2+}、Co^{2+}、Zn^{2+}可形成水凝胶。Lee 和 Park 等报道了基于杯芳烃的四羧酸 **42** 和 K^+、Rb^+等一价金属离子形成凝胶[132]。另外多金属簇也能形成类似的金属-有机凝胶，如基于 $Mn_{12}O_{12}(AcO)_{16}(H_2O)_4$ 簇和多羧酸配体的凝胶[133]。

对羧酸配体的改造可进一步丰富这类凝胶的功能。Ajayaghosh 等把具有光异构化特性的偶氮基元引入凝胶中，通过前驱体的光异构化可调节所得凝胶的形貌[134]。偶氮连接的二羧酸 **43** 在紫外线作用下可以从反式变为顺式，在可见光或加热时又变回反式，这个过程是可逆的（图 44-14）。二羧酸 **43** 与 Fe^{3+} 形成凝胶。在紫外线作用前后，所得凝胶具有不同的形貌，分别为卷心菜状和星状。两种形貌的凝胶在物理性质上不同，如流变性质和孔性质等。配体构型造成反式二羧酸所得凝胶堆积更致密。

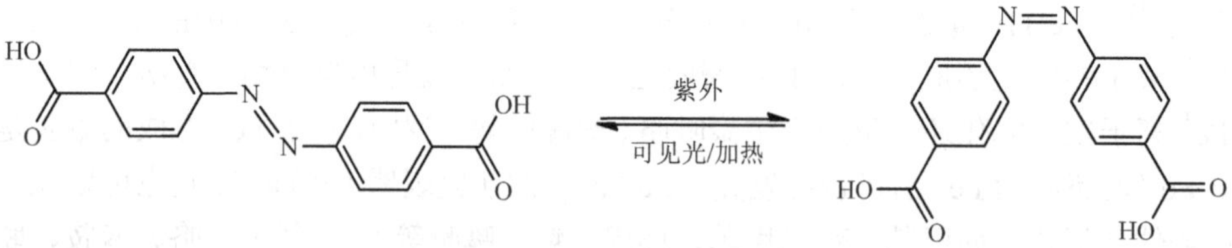

图 44-14　偶氮连接的二羧酸配体 **43** 的光异构化

对配体的改造和功能化还可进一步丰富此类凝胶的种类[135-140]。例如，利用 2,5-呋喃二甲酸[135]把此类凝胶的原料扩至生物源原料；引入官能团，如把卟啉基团引入这类凝胶[136]。另外，与羧酸配位性质类似的桥连配体如桥连 β-二酮 **44** 得到的金属-有机凝胶也具有类似的层次孔结构和性质[137]。还有肌醇六磷酸 **45** 与 Fe^{3+} 在 DMF 中反应得到凝胶，其干凝胶具有高质子传导性，在 120℃达到 2.4×10^{-2}S/cm[138]。

通过在羧酸有机配体中引入发光基团并使其与 Al^{3+}反应可得到发光凝胶。Zhang 和 Su 等发展了基于四苯乙烯结构基元的四羧酸 **46** 的凝胶[141]。四羧酸 **46** 和各种三价金属离子可形成金属-有机凝胶，而其 Al^{3+}凝胶显示出源于四苯乙烯基元的聚集诱导发光特性。Venkatesan 和 Berke 等也发展了基于三蝶烯的四羧酸 **47** 和 $Al(NO_3)_3$·$9H_2O$ 在 DMF 中加热构筑金属-有机凝胶的方法[142]。这些发光凝胶可用于高灵敏检测硝基芳香化合物尤其是苦味酸。

进一步把具有光异构化的结构基元引入凝胶中可以拓展其性质[143]。Zhang 和 Su 等研究了基于二芳基乙烯骨架的二羧酸配体 **48**，其具有典型的光致变色性质，在紫外光和可见光作用下可发生光异构化（图 44-15）。配体 **48** 和 Al^{3+}通过加热反应得到多刺激响应凝胶。所得凝胶表现出罕见的通过降温发生的凝胶-溶胶的相转变，并且相转变与凝胶形成的加热时间有很大相关性。令人感兴趣的是，该凝胶对阴离子具有少见的响应性，加入弱配位阴离子如 BF_4^-、PF_6^- 等能够大大加速凝胶-溶胶转变，而加入 I^-等配位阴离子后凝胶-溶胶相转变大大延迟。这种响应行为可能是阴离子配位能力和 Hofmeister 离子效应协同作用的结果。此外，由于加入了具有光响应的二芳基乙烯基团，该凝胶展现出可逆的光致变色性质，并且其荧光性质可通过紫外光或可见光进行调节。

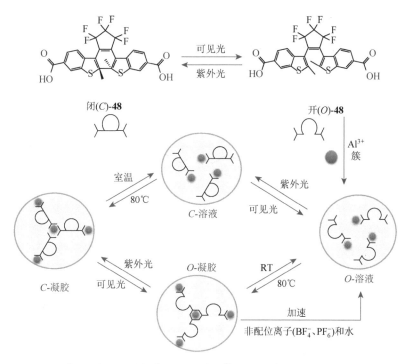

图 44-15 配体 48 的可逆光异构化及所得 Al^{3+} 金属-有机凝胶的多刺激响应示意图

通过对金属羧酸凝胶的修饰改造,能够使其展现出高效的催化性质。可通过后修饰把 Pd 催化活性中心引入凝胶中。将包含—PPh_2 的二羧酸配体 **49** 与 $Fe(NO_3)_3 \cdot 9H_2O$ 在醇或 DMF 中混合可得到具有—PPh_2 基团的凝胶[144]。根据软硬酸碱理论,凝胶中羧基与 Fe^{3+} 结合较强并形成凝胶网络,而—PPh_2 基团与 Fe^{3+} 结合较弱,因而—PPh_2 基团的存在使该凝胶能够进一步负载修饰 Pd、Pt 等催化剂。**49** 与 Fe^{3+} 的凝胶后修饰 Pd^{2+} 后在芳基卤、溴代吡啶与苯硼酸之间的 Suzuki-Miyaura 碳碳偶联反应中显示较高的催化活性。反应可在空气气氛中进行,而且凝胶催化剂可被回收并多次使用。对凝胶后修饰的策略还包括利用金属-有机凝胶中配位键的动态特性的方法。具有苯并咪唑基的二羧酸配体 **50** 与 Fe^{3+} 在 DMF 等溶剂中形成凝胶[145]。所得凝胶中羧基与 Fe^{3+} 结合较强并形成凝胶网络,而根据软硬酸碱理论,咪唑基团与 Fe^{3+} 结合相对弱些。当后修饰加入 Pd^{2+} 后,结合力的差异将导致 Fe-咪唑键的断裂及新的 Pd-咪唑键的生成。Pd^{2+} 修饰的凝胶在 Suzuki-Miyaura 偶联反应中与相应均相催化剂相比,催化活性显著提高,并且可以回收使用多次。$Rh_2(OOC)_4$ 催化活性基元也可被引入凝胶中[146]。C_3 对称的具有酰胺基团的三羧酸配体 **41** 与 $Rh_2(OAc)_4$ 反应得到凝胶。催化测试表明所得 Rh 凝胶对 CO_2 和环氧化合物的偶联反应及乙烯基叠氮化合物的分子内 C-H 胺化反应具有催化活性。

44.5.2 基于氨基酸配体的配位聚合物凝胶

氨基酸能够提供氢键结合位点,常作为功能片段被引入凝胶因子中[147-152](图 44-16)。Liu 等研究了谷氨酸衍生物 **51**[147]。化合物 **51** 是一种双头基型双亲分子,可形成具有纳米管形貌的水凝胶。加入 Cu^{2+} 离子后凝胶的形貌发生改变,化合物 **51** 本身形成的单层纳米管变为多层纳米管,纳米管的壁厚约 10nm。该 Cu^{2+} 纳米管结构可被用作不对称催化剂,用于催化环戊二烯与氮杂查耳酮的 Diels-Alder 反应。Cu^{2+} 纳米管结构不仅使反应速率加快,还提高了对映选择性。Vittal 等研究了基于丙氨酸的 1-苯并吡喃-2-酮衍生物 **52**[148]。化合物 **52** 和 Mg^{2+} 离子在碱性条件下(pH = 11)反应可生成具有微米纤维形貌的水凝胶。有趣的是，只有 D 构型的配体才能形成凝胶，而 L 构型的配体却无法形成。这可能是化合物 **52** 与 Mg²⁺配位后产生了新的手性中心（图 44-17），从而造成两种构型分子间作用力发生了改变。

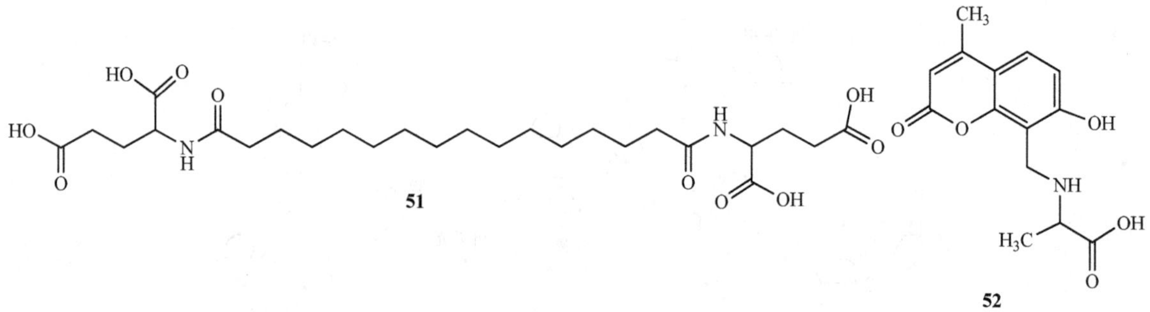

51

52

图 44-16　氨基酸衍生物

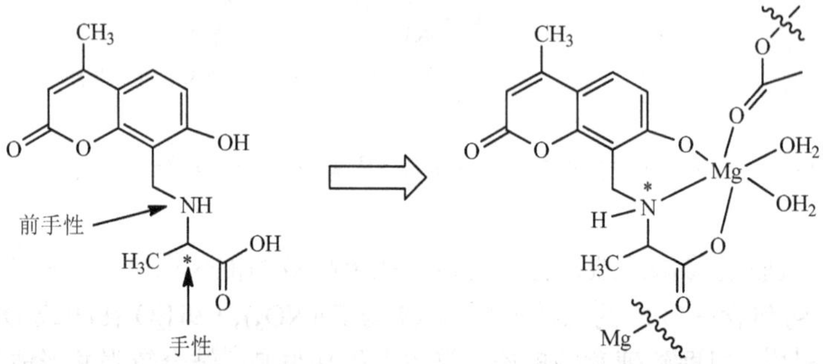

前手性

手性

图 44-17　D 构型的配体 **52** 在和 Mg²⁺配位后产生了新的手性中心

44.5.3　基于吡啶的配位聚合物凝胶

吡啶配体作为研究最广泛的杂环配体，在配位聚合物凝胶中得到了极大关注。包括各种桥连吡啶配体（图 44-18），如二脚吡啶、三脚吡啶、四脚吡啶等。在凝胶研究中，通常在这类配体中引入酰胺、脲基和脲基等氢键结构基元。

Bhattacharya 等报道了具有寡聚醚链的刚性桥连吡啶 **53** 与 Cu²⁺（CuCl₂）反应得到的凝胶[153]。该凝胶只有基于 Cu²⁺才能形成，而基于其他金属离子（Co²⁺、Ni²⁺、Cu²⁺、Zn²⁺、Cd²⁺、Hg²⁺、Ag⁺、Pd²⁺等）均不能生成，且所得凝胶具有触变性。同时，利用 Cu²⁺/Cu⁺的氧化还原化学可实现凝胶-溶胶的可逆转变。Ajayaghosh 等报道了酰胺连接的桥连二吡啶 **54**。配体 **54** 是具有长烷基链的寡聚对苯乙烯桥连刚性二吡啶配体，和 Ag⁺反应可得到凝胶[154]。在凝胶形成过程中，配体 **54** 和 Ag⁺离子通过 Ag-吡啶配位键连接形成一维链，这些一维链间通过酰胺基团形成的氢键进一步形成超分子聚集体（图 44-19）。

Lee 等报道了修饰寡聚醚链的桥连刚性二吡啶配体 **55** 与 Ag⁺离子反应得到的具有刺激响应性的凝胶[155]。配体 **55** 与 AgBF₄反应所得水凝胶具有长细丝状形貌。当加入 F⁻离子后，凝胶被破坏变为溶液。这是因为 F⁻离子与 Ag⁺离子结合，从而破坏了 Ag⁺离子与配体 **55** 的结合。随后，重新加入 BF₄⁻可重新得到凝胶。然而 F⁻离子的作用是存疑的，在该凝胶中，BF₄⁻可能在配位聚合物的形成中起模板作用。在把 BF₄⁻离子通过阴离子交换成 CF₃CF₂CO₂⁻离子后，凝胶可逆地转变为溶液。这是因为 CF₃CF₂CO₂⁻离子的尺寸较大，无法起到模板作用。

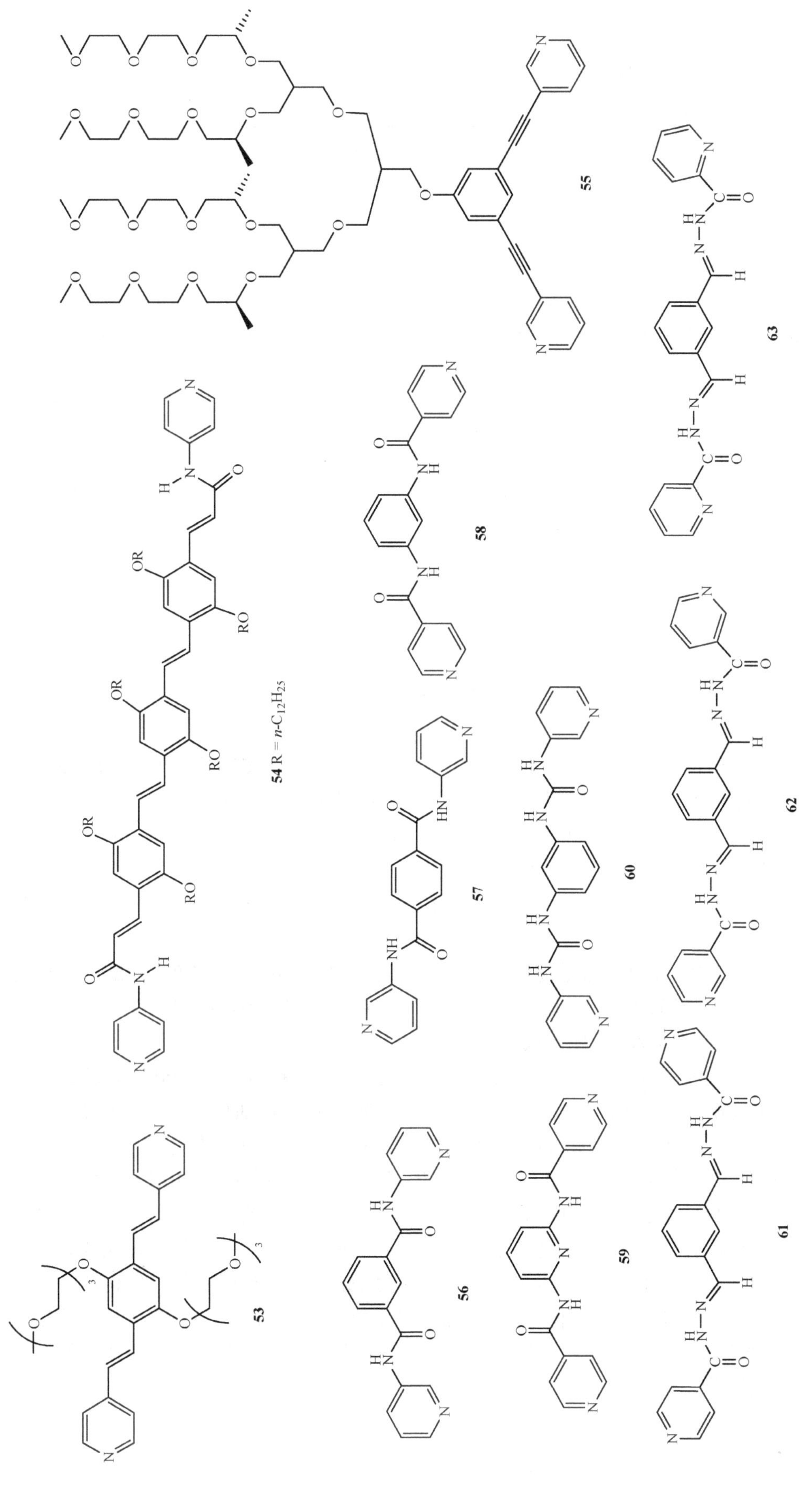

图 44-18　桥连二吡啶配体

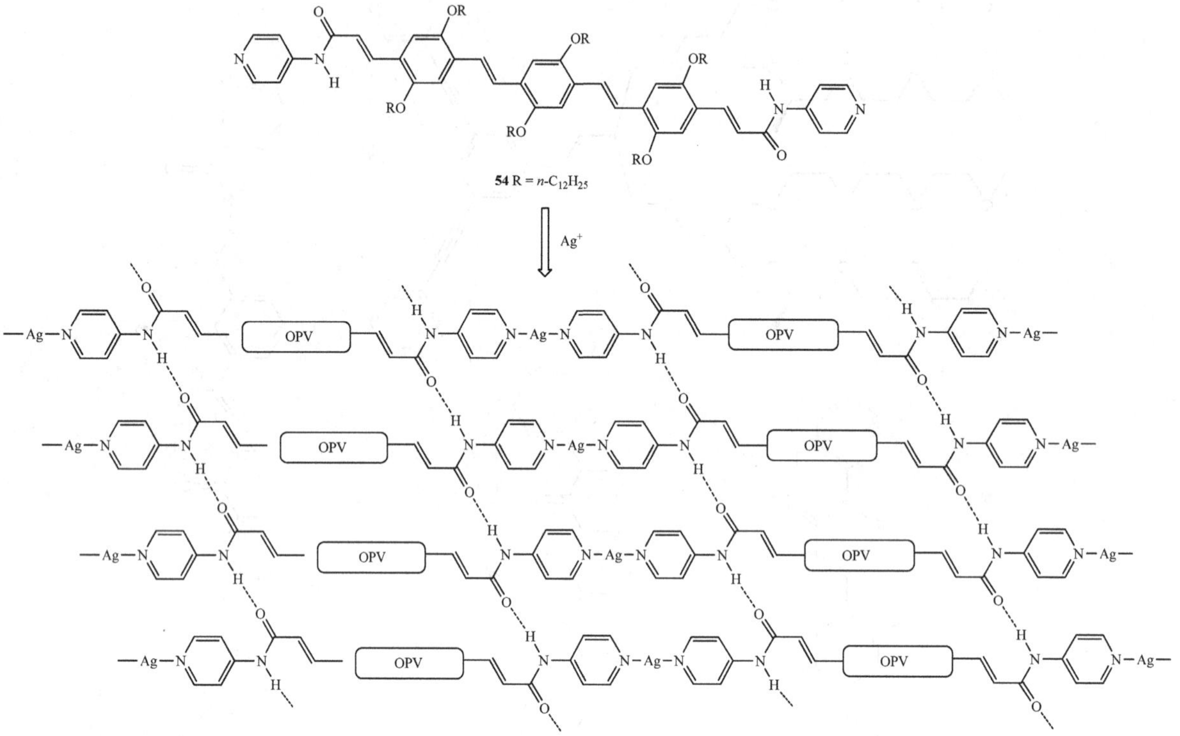

图 44-19　配体 **54** 和 Ag[+]的可能自组装模式

　　另外，Dastidar 等报道了基于酰胺的桥连二吡啶配体 **56**、**57**[156]。配体 **56**、**57** 与 Zn[2+]离子反应可得到凝胶。X 射线衍射表明这些凝胶具有螺旋形或之字形配位聚合物结构。Lee 等也报道了类似的基于酰胺的桥连吡啶配体 **56**、**57**[157]。配体 **58**、**59** 与 Cu[2+]离子在 pH = 7 条件下反应得到水凝胶。所得水凝胶被用于药物缓释，作为一个模型疏水药物，化疗试剂姜黄素可以被包裹于凝胶中。由于凝胶具有 pH 响应性，在生理学温度（37℃）和 pH~5 条件下凝胶被破坏而释放出药物。

　　除了引入酰胺外，其他基团也被引入桥连吡啶配体中用于凝胶的构筑，如脲基和脒基等[158-163]。Dastidar 等报道了基于脲的二吡啶配体 **60** 与 Cu[2+]在 DMF 水溶液中反应得到凝胶[158]。Xue 等报道了二吡啶脒配体 **61~63** 与 Ag[+]反应形成凝胶[159]。

　　一系列三吡啶和四吡啶配体（图 44-20）也被用来构筑凝胶，如与 Pd[2+]形成凝胶[5, 164-167]。Xu 等研究了多吡啶配体 **64**、**65** 与 Pd[2+]形成的凝胶[5]。配体 **64** 与 Pd(OAc)$_2$、**65** 与 [Pd(en)(OH$_2$)$_2$]$^{2+}$在 DMSO 中反应可形成凝胶，所得 Pd[2+]凝胶在苯甲醇氧化生成苯甲醛的反应中显示出高催化活性。Liu 等随后研究了配体 **66** 与 Pd[2+]形成的凝胶[164]，发现 **66** 与 Pd[2+]在 Pd/L 比例为 1：（1~4）时可形成凝胶。在凝胶形成过程中，Pd-吡啶配位键、酰胺基团之间的氢键作用、芳香环之间的 π-π 堆积作用起关键作用。随着 Pd/L 比例从 1：1 到 1：4 改变时，凝胶的形貌由球状变为纤维状结构。由于 Pd[2+]催化活性中心的存在，该凝胶在 Suzuki-Miyaura 偶联反应中具有催化活性，并且发现纤维状凝胶比球状凝胶具有更高的催化活性。纤维状凝胶可在超顺磁 Fe$_3$O$_4$ 纳米粒子存在条件下合成。Fe$_3$O$_4$ 纳米粒子的引入赋予了凝胶超顺磁性，使凝胶催化剂在催化反应完成后能够通过磁铁吸附方便回收利用[165]。

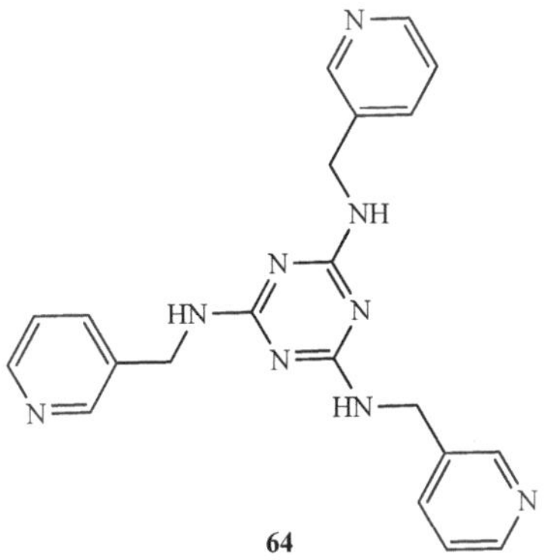

图 44-20　三吡啶和四吡啶配体及桥连 2, 2'-联吡啶配体

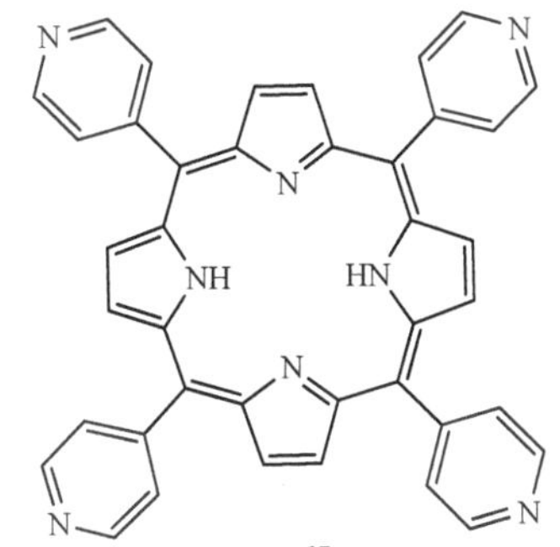

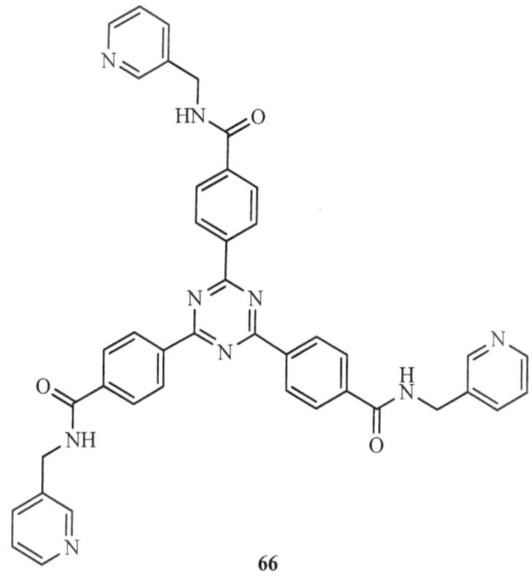

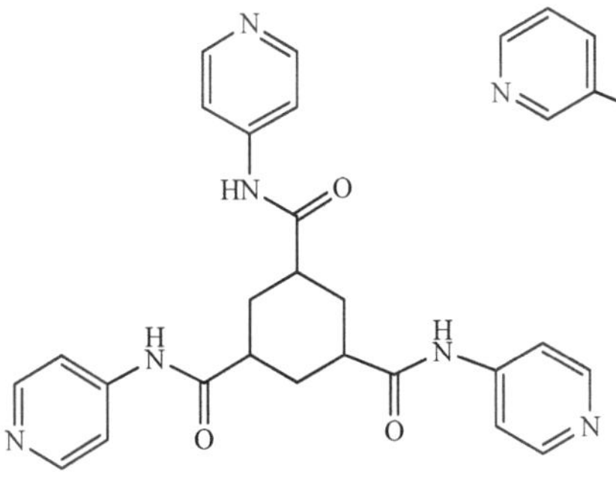

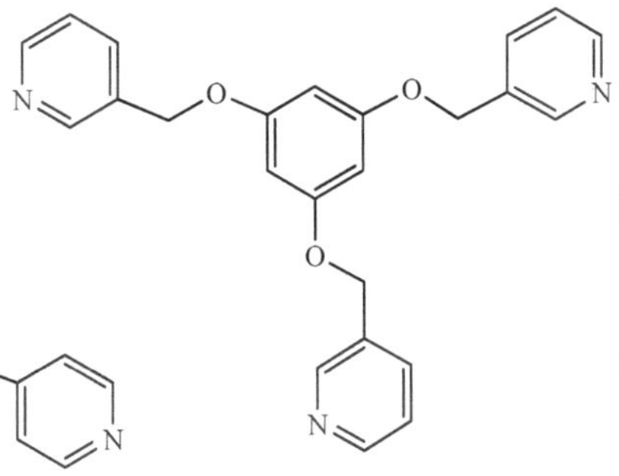

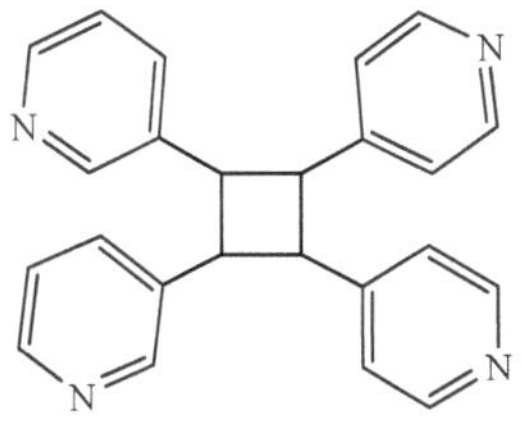

除此以外，Jung 等报道了具有酰胺基团的三吡啶配体 **67** 与过渡金属离子 Cd^{2+}和 Zn^{2+}形成的凝胶[168]。值得注意的是，即使没有辅助氢键结构基元桥连三脚吡啶、四脚吡啶配体，其仍然可以与二价金属离子反应形成凝胶。Biradha 等用三吡啶配体 **68** 与二价过渡金属离子 Cd^{2+}、Hg^{2+}、Cu^{2+}（$CdCl_2$、$HgCl_2$、$CuCl_2$）等反应得到凝胶[170]。其中具有发光性质的 Cd^{2+}凝胶可用于检测缺电子硝基芳香化合物，如硝基苯、2,4-二硝基苯酚等。MacGillivray 等基于四吡啶配体 **69** 构筑了凝胶[170]。配体 **69** 与 Cu^{2+}以 1∶1 比例在水、甲醇等多种溶剂中反应可形成凝胶。水凝胶的 TEM 表明，凝胶由纳米颗粒构成，其尺寸为 50～300nm。这些纳米颗粒是无定形的，密度为（1.37±0.1）g/cm^3，密度与金属有机框架材料类似。水凝胶具有触变性，这说明组成凝胶的纳米颗粒之间存在弱作用。

2,2'-联吡啶衍生物（图 44-21）是一类二齿螯合配体。2,2'-联吡啶与 Ag^+、Cu^+等四面体配位构型的离子可以 2∶1 比例形成配合结构基元。Bian 和 Gao 等发展了轴手性联二萘基元桥连的 2,2'-联吡啶配体 **70**、**71**（图 44-21）[171]。手性配体(*S*)-**70** 与 Ag^+自组装得到管状纯手性螺旋链，通过链之间的 π-π 堆积作用形成纳米纤维，并进一步形成凝胶。相反，外消旋配体与 Ag^+首先得到 Ag_2L_2异手性环状化合物。这些 Ag_2L_2 再通过 Ag—N 配位键形成一维链，进一步通过 π-π 堆积作用形成二维层及纳米纤维，并形成凝胶[172]。该课题组进一步基于手性联二萘基元桥连的二 2,2'-联吡啶配体 **71** 构筑了 Cu^+凝胶[173]。配体 **71** 与 $Cu(MeCN)_2BF_4$ 以 1∶1 反应形成凝胶。配体 **71** 与 Cu^+反应可组装成一维配位聚合物链，而这些链通过 π-π 堆积作用可形成凝胶纳米纤维。凝胶纤维有助于 Cu^+的稳定，体现在 Cu^+/Cu^{2+}的还原电势得到了明显提高。其干凝胶在 Huisgen 1, 3-偶极环加成反应中具有催化活性，并可以回收利用。

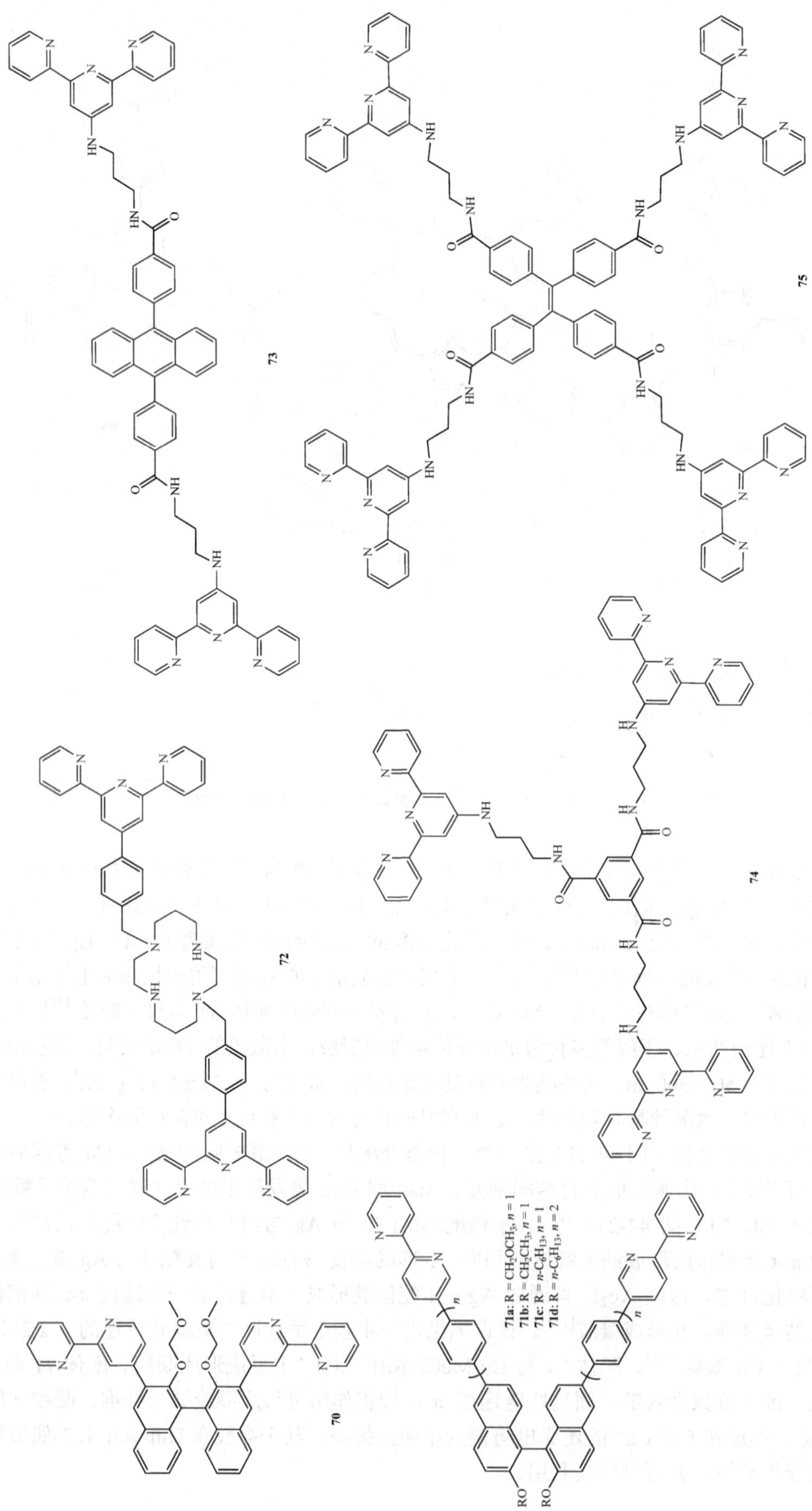

图 44-21 桥连 2,2'-联吡啶及 2,2'∶6',2''-三联吡啶配体

作为重要的三齿螯合配体，桥连 2,2′：6′,2″-三联吡啶配体（图 44-21）在金属-有机凝胶中得到了广泛应用[174-177]。Terech 等发展了大环多胺基元作为间隔基团的桥连二 2,2′：6′,2″-三联吡啶配体 72[174]。配体 72 与过渡金属离子 Cu^{2+}、Co^{2+}、Ni^{2+} 反应可形成一维配位聚合物，并形成凝胶。值得注意的是，金属离子可以与配体中的 2 个位点作用，分别是三联吡啶和大环多胺。因此超分子聚合过程有两种可能机理，分别为单核化合物机理和自由大环多胺聚合物机理（图 44-22）。流变学测试表明所得弱凝胶具有高度触变性。其中 Co^{2+} 凝胶是电敏的，其红色凝胶可以可逆地转变为绿色的液态。

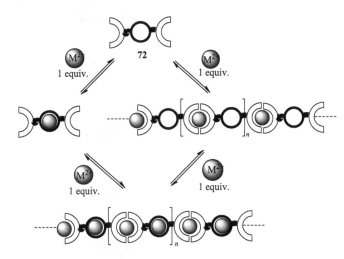

图 44-22　配体 72 与二价过渡金属离子超分子聚合过程的两种机理

以刚性间隔基团桥连的二 2,2′：6′,2″-三联吡啶配体被用于金属-有机凝胶研究[178, 179]。Maji 等发展了以蒽作为间隔基团的桥连二 2, 2′：6′,2″-三联吡啶配体 73。该配体包含酰胺基团，有助于形成一维聚集体（图 44-23）[178]。配体 73 与稀土金属离子 Tb^{3+} 和 Eu^{3+} 反应可分别得到具有绿色和粉红发光的凝胶。通过调节异金属凝胶中配体、Tb^{3+}、Eu^{3+} 的比例可得到具有黄色和白色发光的凝胶。

基于 2,2′：6′,2″-三联吡啶具有 C_3 对称三脚结构的配体也用于金属-有机凝胶的研究[180-183]。Boland 和 Gunnlaugsson 等发展了配体 74，其以 1,3,5-苯三甲酰胺为中心，外围连接三个 2,2′：6′,2″-三联吡啶基元[180]。该配体与 Eu^{3+} 离子在 H_2O-MeOH 中反应可形成凝胶。TEM 和电子衍射花样表明在凝胶形成过程中配体首先通过酰胺基元形成的三重氢键形成一维超分子聚合物，这些一维超分子聚合物再通过三联吡啶基元与 Eu^{3+} 离子配位形成凝胶纤维。在凝胶中，三联吡啶基元作为天线把吸收的激发光能量传给 Eu^{3+} 离子的 $^5D_0$ 激发态，使得 Eu^{3+} 离子展现出特征发射（595nm、616nm、650nm、696nm）。该课题组随后发现配体 74 及类似配体与 Fe^{2+}、Ni^{2+}、Cu^{2+}、Zn^{2+}、Ru^{3+} 等多种过渡金属离子均可得到凝胶[181, 182]。

基于桥连 2,2′：6′,2″-三联吡啶四脚配体的金属-有机凝胶也有报道。Maji 等发展了基于四苯乙烯结构基元的桥连 2,2′：6′,2″-三联吡啶四脚配体 75[184]。配体 75 和 Eu^{3+} 离子以 1：2 比例在 $CHCl_3$-THF 中反应可形成具有纳米管形貌的凝胶。所得凝胶展现出基于四苯乙烯结构基元的聚集诱导发光性质，这可归因于配位和凝胶网络的形成抑制了四苯乙烯骨架的非辐射弛豫过程。此外，该凝胶容易加工成透明膜。

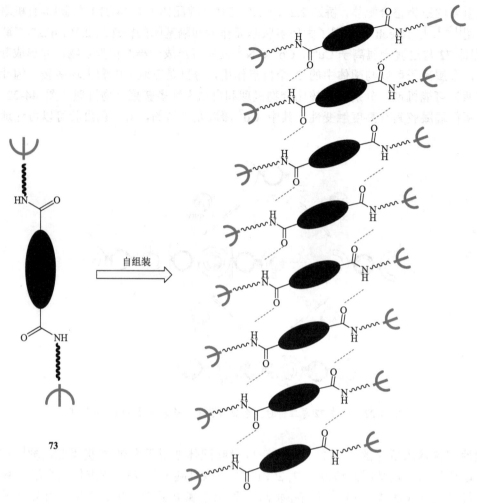

图 44-23　配体 **73** 的聚集模式

碗状主体分子（图 44-24）如杯芳烃和环三藜芦烃等可通过 π-π 堆积作用、氢键、CH···O 作用等排列形成一维柱状聚集体。Xu 等研究了具有锥式构象的杯[4]芳烃的四吡啶配体 **76**。配体 **76** 与 Pd(OAc)$_2$ 在 DMSO 中反应可得到凝胶[5]。**76** 和 Pd^{2+} 形成的凝胶在水等溶剂中可稳定存在，但溶于吡啶。由于杯芳烃的疏水性，该凝胶可用来去除水中的甲苯及其他芳香化合物[185, 186]。Hardie 等报道了基于环三藜芦烃的吡啶三脚配体 **77** 和 2,2′-联吡啶三脚配体 **78**[187]。配体 **77**、**78** 与 Cu^{2+}（CuCl$_2$ 或 CuBr$_2$）以 1:3 比例反应可形成凝胶，而配体 **77** 也可与 Ag$^+$（AgSbF$_6$）以 1:3 比例反应形成凝

76

77

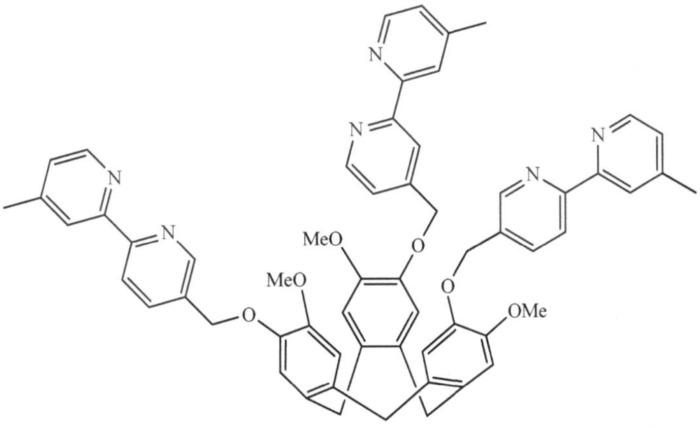

78

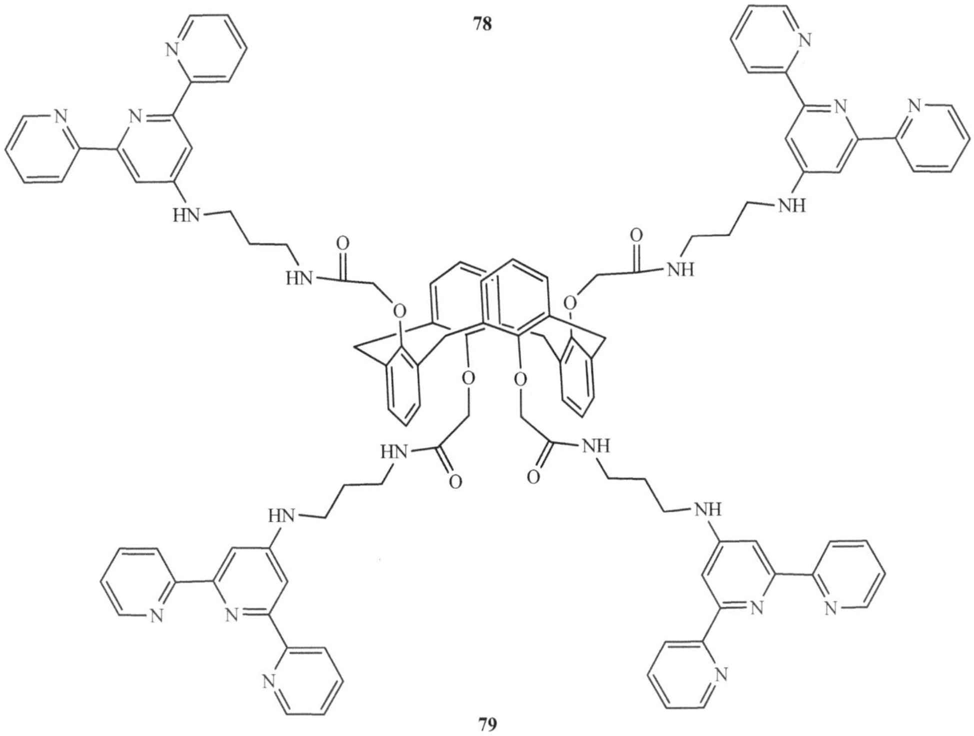

79

图 44-24　碗状主体分子衍生物

胶。Jung 等研究了基于具有 1,3-交替构象的杯[4]芳烃的 2,2′∶6′,2″-三联吡啶四脚配体 79[188]。和具有锥式构象的配体 76 相比，配体 77 更容易形成具有三维结构的配位聚合物。配体 79 与 Pt^{2+}在 DMSO-H$_2$O 中反应可得到凝胶。其干凝胶具有微米尺寸球形结构（1.9～2.1μm）。凝胶中存在 π-π 堆积作用、Pt-Pt 作用等，导致其发光比相应的溶胶强。其发光寿命随溶剂的组成发生改变，可长达数微妙。

44.5.4　基于其他杂环配体的金属-有机凝胶

除吡啶外，含有包括四唑、咪唑、吡唑等其他杂环的桥连配体也被广泛用于凝胶的构筑。桥连二四唑衍生物与金属离子反应得到一系列金属-有机凝胶[189-191]。Yan 等报道了四唑衍生物 80～83（图 44-25）和 Pd(OAc)$_2$在 DMF 中以四唑基元∶Pd ＝ 2∶1 的比例室温反应得到的凝胶[189]。四唑基团中的多个 N 原子均具有配位能力，因此单个四唑基团也可作为桥连配体。同时，四唑 NH 基团形成的氢键作用在凝胶形成中起了重要作用。如前所述，凝胶可通过溶剂调节的氢键重排展现出自修复和可成型性质。在基于四唑配体的凝胶中，通过在单金属凝胶中掺杂另一种金属离子可产生显著的协同效应[190]，使得由 **81** 和 Co^{2+}/Ni^{2+}双金属离子形成的异金属凝胶具有自修复性质。由 **81** 和单一金属 Co^{2+}或 Ni^{2+}形成的凝胶均没有自修复性能。这种异金属凝胶具有增强的宏观稳定性是因为由 Co^{2+}和四唑形成的聚合网络通过 Ni^{2+}的配位得到了加强（图 44-26）。

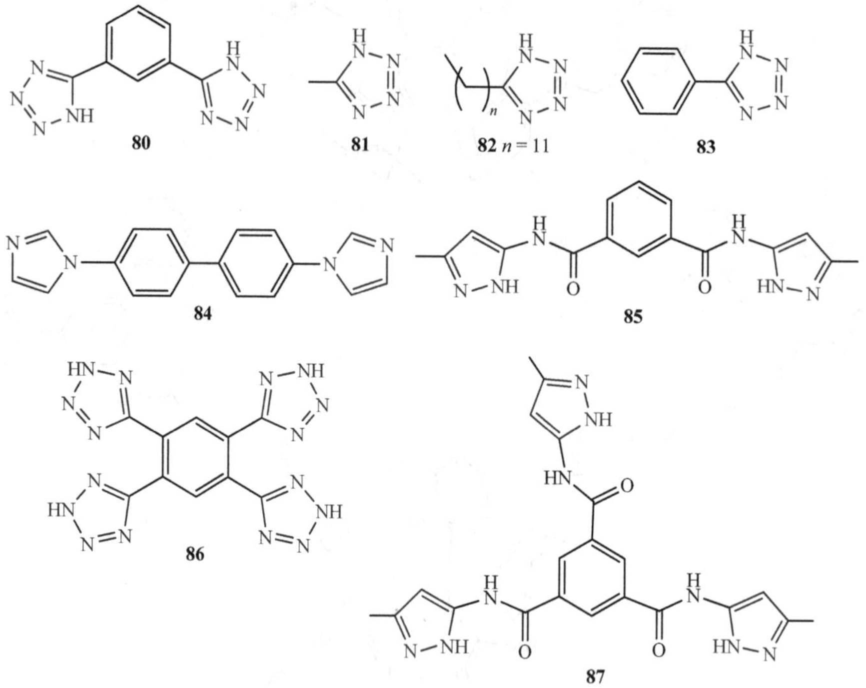

80　81　82 $n=11$　83　84　85　86　87

图 44-25　杂环配体

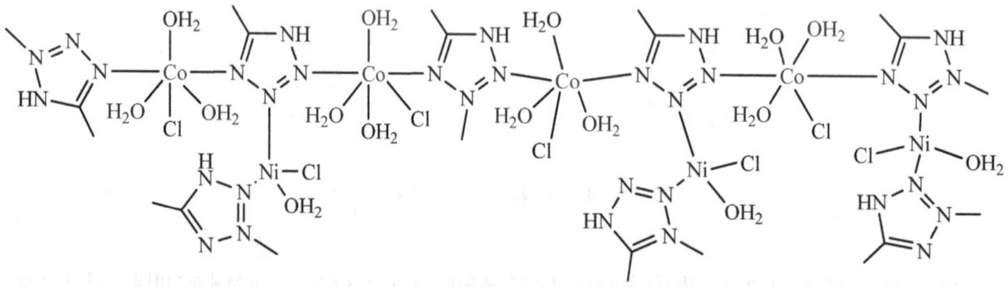

图 44-26　Co^{2+}和四唑形成的聚合网络与 Ni^{2+}的配位增强作用

其他桥连杂环衍生物也用于金属-有机凝胶的研究，如桥连二咪唑衍生物[192, 193]。You 等报道了桥连二咪唑配体 **84** 与 $Zn(OTf)_2$ 在甲醇中以 2∶1 比例室温反应得到的白色悬浮液，其经过超声得到凝胶[192]。在凝胶的形成过程中，超声将配位聚合物的片状微米颗粒转变成纳米纤维，从而导致凝胶的生成。超声在凝胶形成过程中可能促进了 Zn^{2+}离子由四面体配位构型转变为跷跷板构型，引发了配位键的断裂和重新生成，从而导致了化合物形貌从片状到纤维的改变，并形成凝胶。另外，桥连吡唑酰胺配体 **85**、**86** 与氯化铜反应可形成水凝胶[194]。

Shinkai 等报道了桥连四唑刚性四脚配体 **87** 和 Co^{2+}离子（$CoBr_2$，$CoCl_2$）以 Co∶L＝1∶1～5∶1 的比例在极性溶剂中反应得到凝胶[195]。SEM 和 TEM 表明该凝胶具有直径为 20～30nm 的球状结构，粉末 X 射线衍射表明球状结构是二维配位聚合物的结晶。和配体相比，该凝胶展现出更强的荧光发射和更长的荧光寿命。此外，该凝胶还可被用于检测或吸附有毒气体：由 $CoBr_2$ 形成的凝胶可选择性识别包含 Cl 原子的有毒气体，如 HCl、$SOCl_2$、$(COCl)_2$、$COCl_2$ 等。

44.5.5　基于膦配体的金属-有机凝胶

膦化合物在催化研究中具有重要作用，因此基于其构筑的配位聚合物凝胶（图 44-27）也有望展现出良好的催化性能。Uozumi 等报道了基于三脚三膦配体 **88** 的凝胶[196]。该配体具有寡聚醚链，与 $PdCl_2(NCPh)_2$ 在甲苯中 100℃条件下反应可得到黄色凝胶。^{31}P MAS NMR 测试结果显示，在 20.0ppm 处出现的一个单峰说明膦与 Pd 发生了配位结合。该凝胶在芳基卤化物和硼酸的 Suzuki-Miyaura 水相偶联反应中展现出高效催化活性，并且凝胶催化剂能够回收并重复使用至少 4 次而依然保持催化活性。James 等报道了三脚膦配体 **89** 和 Ag^+ 在非配位溶剂中非配位阴离子（SbF_6^-）存在条件下反应得到的配位聚合物[197]。当向反应体系中加入少量配位溶剂或配位阴离子后则可得到分立的配合物。当 $AgSbF_6$/**89** 的比例为 2∶3 或 3∶2 时在溶液中可得到分立的笼状化合物，但是当达到 1∶1 比例时，可得到黏性溶液或弱凝胶。这表明在溶液中发生了开环聚合配位反应。冰点 SEM 显示此弱凝胶具有粗约 0.5μm、长达 20μm 的蠕虫状聚集体，这些聚集体缠绕形成凝胶，因此凝胶显示触变性。

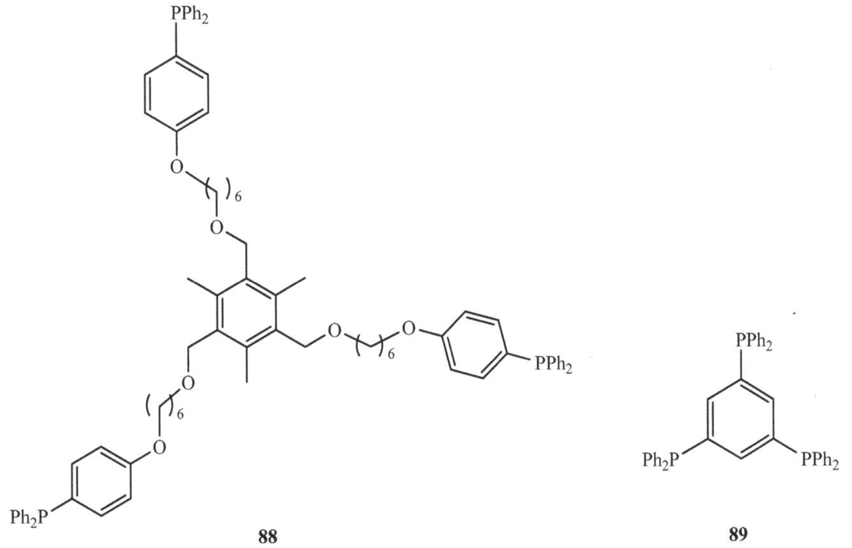

88　　　　　　　　**89**

图 44-27　桥连膦配体

44.5.6　基于混合给体配体的金属-有机凝胶

混合给体配体（图 44-28）结合了两种或更多给体的特点，进一步丰富了相应金属-有机凝胶的结构和性能[198]。Zhang 等发展了基于吡啶和羧酸的刚性桥连吡啶二羧酸配体 **90**[199]。基于吡啶和羧酸给体与不同金属的配位能力的差异构筑了一系列 Pd^{2+} 和 TM^{n+}（TM^{n+} = Cr^{3+}、Mn^{2+}、Fe^{3+}、Co^{2+}、Ni^{2+}、Cu^{2+}、Zn^{2+}、Cd^{2+}）混金属凝胶（L∶TM∶Pd = 2∶2∶1）。根据软硬酸碱理论，在凝胶中 Pd^{2+} 倾向于与吡啶基团配位，而过渡金属离子 TM^{n+} 则与羧基配位，从而得到配位聚合物（图 44-29）。干凝胶随着过渡金属离子的不同展现出纤维、棒状、海绵状等多种形貌。凝胶对 Cu^{2+} 的氧化还原性质具有较大影响，在室温条件下凝胶中的 Cu^{2+} 被还原为 Cu^+。这表明凝胶纳米纤维可稳定 Cu^+。Nandi 和 Goldberg 等也发展了基于吡啶二羧酸 **91** 的稀土金属凝胶[200]。**91** 与 La^{3+}、Ce^{3+} 离子在二甲基乙酰胺中反应得到凝胶。

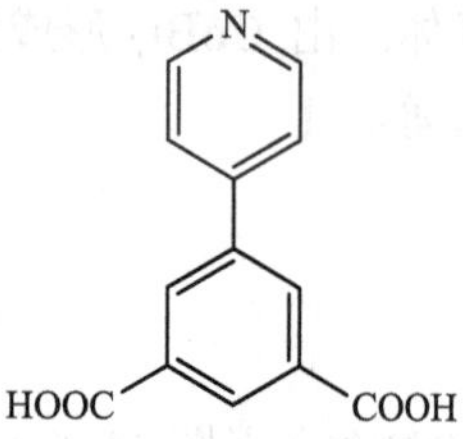

90

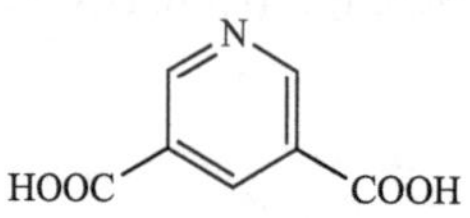

91

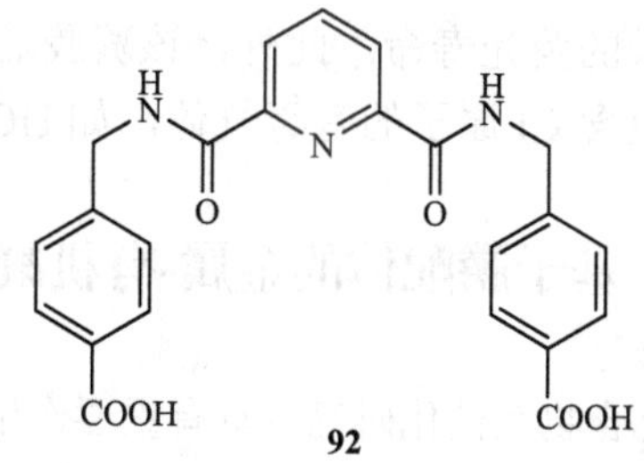

92

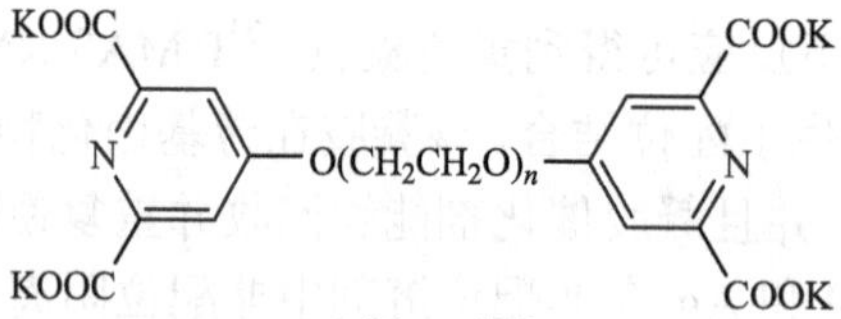

94 $n = 4, 6$

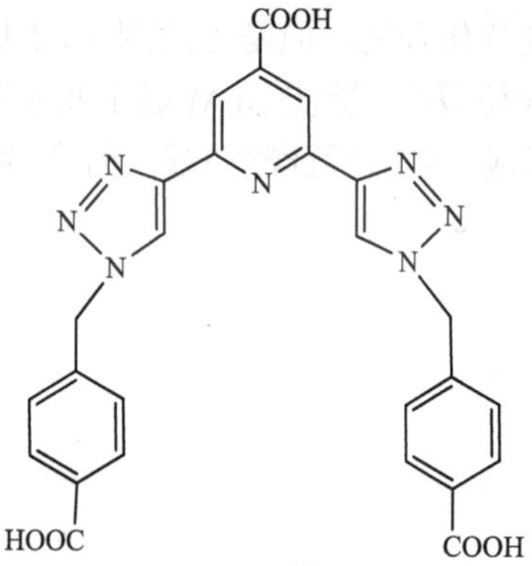

93

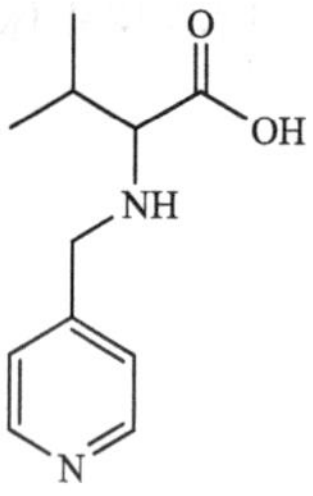

95

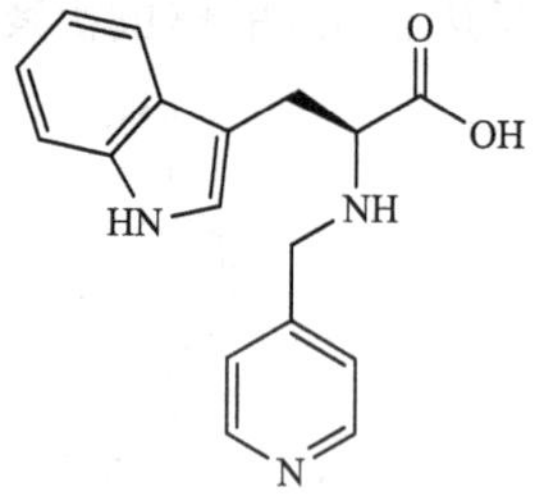

96

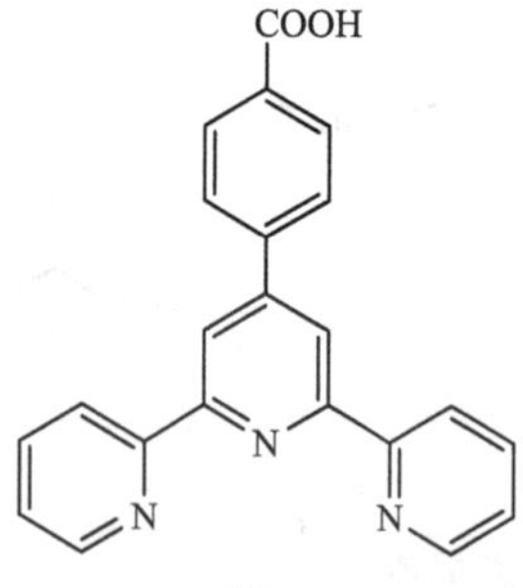

97

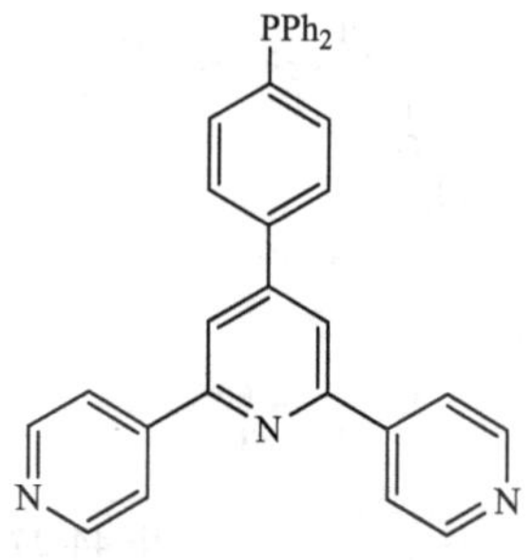

98

图 44-28　混合给体配体

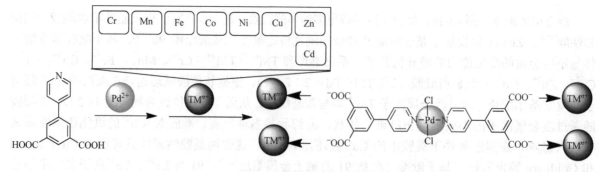

图 44-29　配体 **90** 与 Pd^{2+} 和过渡金属离子 TM^{n+} 的反应

人们还发现桥连羧酸配体、桥连吡啶或 N 杂环配体与金属离子能够形成三组分混合配体凝胶。Dastidar 等报道了二吡啶二酰胺配体 **56** 和 **57**、多种二羧酸（草酸、丙二酸、对苯二甲酸等）与 Cu^{2+} 或 Co^{2+} 金属盐以 1：1：1 反应在 DMF-H_2O 中可形成凝胶[201]。粉末 X 射线衍射结果表明，凝胶中存在一维或二维配位聚合物结构，而酰胺则有利于通过氢键固定溶剂分子。Vittal 等也报道了基于酒石酸和桥连吡啶的三组分凝胶[202]。$Zn(OAc)_2$、酒石酸和桥连二吡啶酒石酸在甲醇中反应得到发光凝胶。在凝胶中，酒石酸的羟基有利于通过氢键固定溶剂分子，而凝胶网络限制了分子的转动和振动，减少了非辐射失活，从而实现了聚集态增强的荧光发射。Tanaka 等报道了基于丁二酸和三乙烯二胺的三组分凝胶。丁二酸、三乙烯二胺与 Cu^{2+} 在极性溶剂中反应可得到凝胶[203]。

Gunnlaugsson 等报道了酰胺键连接的基于吡啶和羧酸的混合给体配体 **92**[204]。配体 **92** 与 Tb^{3+} 和 Eu^{3+} 稀土金属离子反应可得到凝胶。其中吡啶和酰胺构成三齿螯合基元，和稀土金属离子形成 3：1 结构基元，而羧酸通过与金属离子配位形成配位聚合物网络（图 44-30）。所得凝胶具有稀土金属化合物的特征发光，并具有自修复性质。其中自修复性质归因于稀土金属离子和羧酸之间配位键的动态性。同一课题组也研究了基于吡啶、1,2,3-三唑和羧酸的混合给体配体 **93**[205]。和配体 **92** 类似，配体 **93** 与 Eu^{3+} 离子以 1：3 比例在甲醇中反应可得到发光凝胶。对发光寿命的研究表明凝胶中存在两种 Eu^{3+} 离子，而流变学研究表明凝胶具有自修复行为。这证明了吡啶和三唑构成三齿螯合基元，和稀土金属离子可形成 3：1 结构基元，而羧酸基团与金属离子配位连接形成配位聚合物网络。另外，基于寡聚醚链连接的桥连吡啶二羧酸二脚配体 **94** 的稀土金属凝胶也已被报道[206, 207]。其中吡啶二羧酸构成三齿螯合基元，与稀土金属离子（Nd^{3+} 和 La^{3+}）配位形成一维配位聚合物，并形成凝胶。

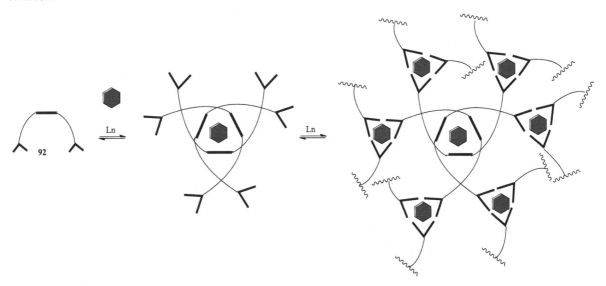

图 44-30　配体 **92** 与稀土金属离子反应形成配位聚合物网络

基于氨基酸吡啶配体的金属-有机凝胶得到了广泛研究。Banerjee 等发展了一系列 Zn^{2+} 凝胶[209-212]。有趣的是，基于缬氨酸的吡啶配体 **95** 的 Zn^{2+} 凝胶逐渐从不透明变为透明[208]。他们以咖啡因为模型药物研究了该凝胶的体外释放行为。该基于吡啶氨基酸的 Zn^{2+} 凝胶被用于原位合成硫化镉量子点（<10nm）[209]。这种 CdS 量子点合成方法不需要添加任何封端剂。随着时间的推移，凝胶网络中 CdS 的尺寸逐渐增加，凝胶的发光也发生相应的改变。但是一旦溶剂挥发变成干凝胶，发光颜色便固定下来。在这些 CdS 量子点凝胶中加入氯化物（如 NaCl、KCl、NH_4Cl 等），凝胶转变为负载 CdS 量子子点的金属有机框架。这些金属有机框架可用于催化光解水。

类似的吡啶氨基酸化合物也用于构筑金属-有机凝胶[212-214]。Zhang 和 Wei 等报道了基于色氨酸的配体 **96**，其具有吲哚取代基[212]。在一系列金属离子中，**96** 在 pH 为 7~8 条件下可选择性与 Co^{2+} 反应形成凝胶。Co^{2+} 的加入导致立即形成粉红色不透明的水凝胶。所得水凝胶对 pH 敏感，但在 pH = 7~8 下稳定存在。

基于 2,2′∶6′,2″-三联吡啶和羧酸的配体 **97** 的金属-有机凝胶得到了广泛研究[215-219]。Sambri 等报道了其 HBr、HCl 盐在超声作用下形成水凝胶[215]。超声有助于盐的溶解并促使凝胶纤维的形成。在超声作用下，**97**·2HBr 与 $CeCl_3$、$PtCl_2$、$CuCl_2$、$EuCl_3$ 以 1∶1 比例反应可得到金属-有机水凝胶。Li 等报道了配体 **97** 和 $ZnSO_4$、三乙胺反应得到发光凝胶[216]。该发光凝胶可用于同时可视检测 F^-、Cl^-、NO_3^-、Br^-、I^-、SCN^-、N_3^-、PO_4^{3-}、CO_3^{2-} 等阴离子。

Zhang 等发展了基于 4,2′∶6′,4″-三联吡啶的膦配体 **98**[220]。配体 **98** 是具有两个吡啶和膦配位基团的刚性桥连配体，与 Ag^+ 反应可得到金属-有机凝胶。只有当阴离子是 OTf^- 时才能形成凝胶，其他离子（SbF_6^-、ClO_4^-、NO_3^-、OTs^-、CF_3COO^-）均无法形成。所得凝胶具有纤维形貌，并具有热可逆性。这种热可逆性可能与 Ag-配体配位键的不稳定性有关。该凝胶发强蓝光。由于凝胶的生成抑制了三联吡啶基团之间的 π-π 堆积，这种堆积对荧光发射是不利的。这也说明金属-配体成键而不是 π-π 堆积对凝胶的形成起关键作用。

此外，其他基于吡啶等混合给体的配体（图 44-31）也见于相关文献[221-223]。Batten 等报道了基于吡啶和吡唑的混合给体的配体 **99** 与氯化铜、三乙胺在二甲基甲酰胺中反应得到凝胶[221]。Cu^{2+} 离子和吡啶基团及脱去质子的吡唑基团配位形成了配位聚合物。Gloe 和 Lindoy 等报道了基于吡啶和二酮的配体 **100**[222]。配体 **100** 与 $CuCl_2$（L∶Cu = 0.2~0.6）在 $MeCN-H_2O$ 中反应可得到具有纤维形貌的凝胶。凝胶显示可逆触变性。相关的晶体结构分析表明配体 **100** 与 Cu^{2+} 形成了配位聚合结构，同时未配位吡啶基团形成了氢键，而在芳香基团间形成了 π-π 堆积作用。

Lee 和 Jung 等报道了吡啶酰胺间隔的四唑桥连配体 **101**[224, 225]。配体 **101** 与多种二价金属离子（Mg^{2+}、Cu^{2+}、Co^{2+}、Zn^{2+}、Ni^{2+}）在 pH = 12 的条件下反应得到水凝胶。其中 Mg^{2+} 凝胶和配体相比展现出明显的荧光增强，这是由于凝胶的形成减少了非辐射衰减。随后同一课题组发现另一吡啶四唑桥连配体 **102** 与 Ag^+ 在碱性条件下反应生成水凝胶[226]。凝胶经过放置生成具有面心立方晶体结构的 Ag 纳米粒子。所得 Ag 纳米粒子能够催化硼氢化钠还原对硝基苯酚的水相反应。

Biradha 等报道了吡啶二苯并咪唑配体 **103** 与 Cu^{2+} 和 Cd^{2+} 卤化物在醇中反应形成的凝胶[227]。所得凝胶具有纤维网络结构，并且具有机械刺激响应性和触变性。流变学研究表明该凝胶具有高机械强度并具有自支撑行为。类似的吡啶苯并咪唑配体 **104** 与 $CuCl_2$、$CuBr_2$、$CdBr_2$ 在醇中反应可形成凝胶，然而所得凝胶没有 **103** 凝胶坚硬[228]。这表明 **103** 配体中的 N—H 基团形成的氢键有利于增加凝胶的自支撑性。作为对比，吡啶二苯并咪唑螯合配体 **105** 需要在二羟基环丁烯二酮参与下才能与 Zn^{2+} 或 Ni^{2+} 在 N,N-二甲基甲酰胺中反应形成三组分凝胶[229, 230]。在凝胶中，螯合配体 **105** 和金属离子形成分立的配合物，然后通过氢键与二羟基环丁烯二酮形成凝胶网络（图 44-32）。

Rowan 等发展了寡聚醚链连接的吡啶苯并咪唑二脚配体 **106**，可制备具有多样的响应行为的凝胶[231-234]。配体 **106** 中的吡啶和两个吡唑基团可形成三齿螯合基元，可以和具有八面体配位构型的过渡金属离子形成 2∶1 结构基元，而和具有高配位数的镧系金属离子形成 3∶1 结构基元（图 44-33）。所以过渡金属离子的配位有助于链增长，而镧系金属离子则有助于分支和交联。在配体的乙腈溶液中加入 $Zn(ClO_4)_2$ 或 $Co(ClO_4)_2$ 及少量镧系金属离子（La^{3+}、Eu^{3+}）可产生具有触变性的可逆不透明凝胶。镧系金属离子的存在可赋予凝胶发光性质。对于 Zn/La 凝胶，加热可降低基于 La 的发射，而基于 Zn 的发射则影响很小。这表明 Ln 结构基元受加热影响较大。甲酸的加入可破坏 Ln 结构基元，因而造成凝胶的破坏。除了得到混金属凝胶外，配体 **106** 也能单独与 $Zn(ClO_4)_2$ 形成凝胶[235]。

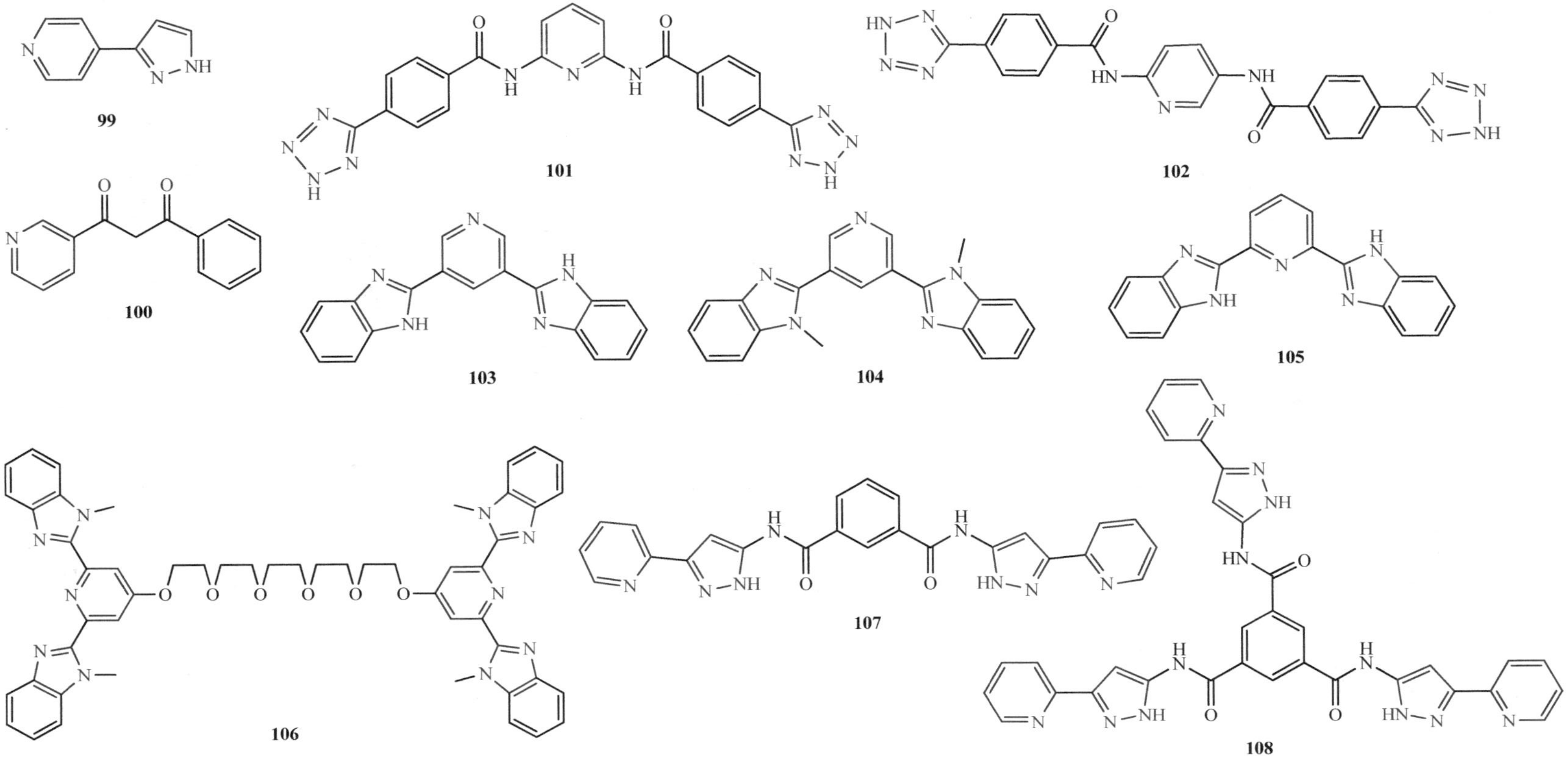

图 44-31　基于混合给体的桥连配体

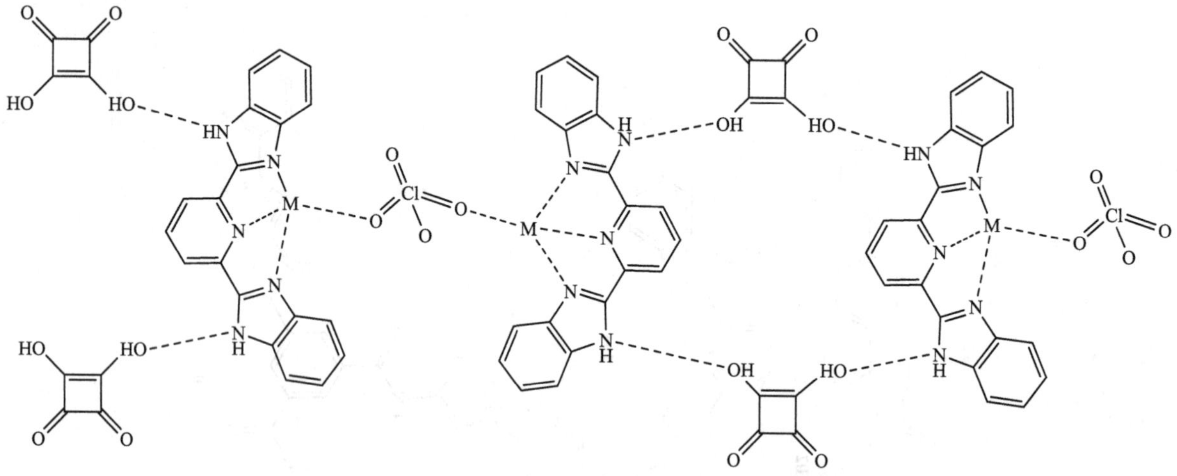

图 44-32　配体 105 与二羟基环丁烯二酮通过氢键形成凝胶网络

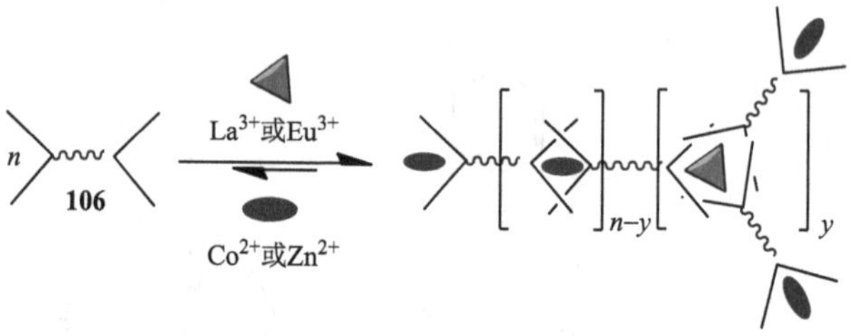

图 44-33　配体 106 与过渡金属离子和镧系金属离子形成凝胶网络

　　基于吡啶吡唑桥连配体的金属-有机凝胶也得到了研究[236-238]。Sengupta 和 Mondal 等报道了吡啶吡唑桥连配体 107 和 Cu^{2+}（CuCl$_2$、CuBr$_2$）反应可形成由金属-有机纳米颗粒构成的凝胶[236]。配体中吡啶和吡唑基团可形成二齿螯合基元。吡唑基团除了配位外，还可以在 N—H 基团和溶剂之间形成氢键。同一课题组随后报道了吡啶吡唑酰胺三脚配体 108 和 Ag$^+$离子反应形成的水凝胶[237]。该凝胶的三维 Ag-配体网络为 Ag 纳米粒子提供了生成场所。同时，Ag 纳米粒子的生成增强了凝胶的强度和稳定性。所得包含 Ag 纳米粒子的凝胶在硼氢化钠催化还原对硝基苯酚和甲基蓝染料的反应中展现出优异的催化性能。

44.6　总结与展望

　　综上所述，金属-有机凝胶在最近十几年间得到了一定发展。人们已经开发了一批分立金属配合物凝胶因子及配位聚合物凝胶因子。现阶段人们在发展这两类凝胶因子时经常遵循有机小分子凝胶因子的设计原则，如引入长烷基链、氢键结构基元等，而今后从配合物本身的特点出发设计和开发凝胶因子将成为一个重要方向。这对凝胶因子的设计提出了更高的挑战，不仅要考虑通常的包括氢键、π-π 堆积作用、范德瓦耳斯力、疏水作用（疏溶剂作用）等在内的超分子作用，也要考虑金属-配体的配位作用、金属-金属作用等。

　　金属-有机凝胶具有更丰富的结构。在一些金属-有机凝胶中，金属离子和有机配体反应可形成具有微孔的纳米结构，并进一步聚集形成凝胶网络。由于金属离子和有机配体的可调性，这些凝胶的结构丰富多样。结构的多样性极大地丰富了金属-有机凝胶的性能。目前金属-有机凝胶的性能包括刺激响应性、自修复、药物释放、对配位、氧化还原等刺激的响应性、吸附、分离、催化等。其中吸附、分离、催化等与凝胶中微孔结构的存在密切相关。金属-有机凝胶微观结构的多样性、可调性将极大地丰富其功能，并使其发展成为一类新型智能材料。

（张建勇　冯惜莹　苏成勇）

参 考 文 献

[1]　Terech P，Weiss R G. Low molecular mass gelators of organic liquids and the properties of their gels. Chem Rev，1997，97：3133-3159.

[2]　Sangeetha N M，Maitra U. Supramolecular gels：functions and uses. Chem Soc Rev，2005，34：821-836.

[3]　MurataK，Aoki M，Nishi T，et al. New cholesterol-based gelators with light-and metal-responsive functions. J Chem Soc Chem Commun，1991，(24)：1715-1718.

[4]　Terech P，Gebel G，Ramasseul R. Molecular rods in a zinc（Ⅱ）porphyrin/cyclohexane physical gel：neutron and X-ray scattering characterizations. Langmuir，1996，12：4321-4323.

[5]　Xing B，Choi M F，Xu B. Design of coordination polymer gels as stable catalytic systems. Chem Eur J，2002，8：5028-5032.

[6]　Wei Q，James S L. A metal-organic gel used as a template for a porous organic polymer. Chem Commun，2005，28（12）：1555-1556.

[7]　Zhang J，Su C Y. Metal-organic gels：from discrete metallogelators to coordination polymers. Coord Chem Rev，2013，257：1373-1408.

[8]　Tam A Y Y，Yam V W W. Recent advances in metallogels. Chem Soc Rev，2013，42：1540-1567.

[9]　Sutar P，Maji T K. Coordination polymer gels：Soft metal-organic supramolecular materials and versatile applications. Chem Commun，2016，52：8055-8074.

[10]　Piepenbrock M O M，Lloyd G O，Clarke N，et al. Metal-and anion-binding supramolecular gels. Chem Rev，2010，110：1960-2004.

[11]　Hafkamp R J H，Kokke B P A，Danke I M，et al. Organogel formation and molecular imprinting by functionalized gluconamides and their metal complexes. Chem Commun，1997，(6)：545-546.

[12]　Rest C，Mayoral M J，Fucke K，et al. Self-assembly and（hydro）gelation triggered by cooperative π-π and unconventional C—H…X hydrogen bonding interactions. Angew Chem Int Ed，2014，53：700-705.

[13]　Rest C，Martin A，Stepanenko V，et al. Multiple CH…O interactions involving glycol chains as driving force for the self-assembly of amphiphilic Pd（Ⅱ）complexes. Chem Commun，2014，50：13366-13369.

[14]　Dawn A，Andrew K S，Yufit D S，et al. Supramolecular gel control of cisplatin crystallization：identification of a new solvate form using a cisplatin-mimetic gelator. Cryst Growth Des，2015，15：4591-4599.

[15]　Liu Z X，Feng Y，Zhao Z Y，et al. A new class of dendritic metallogels with multiple stimuli-responsiveness and as templates for the in situ synthesis of silver nanoparticles. Chem Eur J，2014，20：533-541.

[16]　Arai S，Imazu K，Kusuda S，et al. Organogel formation by self-assembly of Ag（Ⅰ）and mono-urea derivatives containing pyridyl group. Chem Lett，2006，35：634-635.

[17]　Braga D，d'Agostino S，D'Amen E，et al. Polymorphs from supramolecular gels：four crystal forms of the same silver（Ⅰ）supergelator crystallized directly from its gels. Chem Commun，2011，47：5154-5156.

[18]　Offiler C A，Jones C D，Steed J W. Metal 'turn-off'，anion 'turn-on' gelation cascade in pyridinylmethyl urea. Chem Commun，2017，53：2024-2027.

[19]　Bachman R E，Zucchero A J，Robinson J L. General approach to low-molecular-weight metallogelators via the coordination-induced gelation of an L-glutamate-based lipid. Langmuir，2012，28：27-30.

[20]　Applegarth L，Clark N，Richardson A C，et al. Modular nanometer-scale structuring of gel fibres by sequential self-organization. Chem Commun，2005，(43)：5423-5425.

[21]　Jones C D，Tanb J C，Lloyd G O. Supramolecular isomerism of a metallocyclic dipyridyldiamide ligand metal halide system generating isostructural（Hg，Co and Zn）porous materials. Chem Commun，2012，48：2110-2112.

[22]　Shirakawa M，Fujita N，Tani T，et al. Organogel of an 8-quinolinol platinum（Ⅱ）chelate derivative and its efficient phosphorescence emission effected by inhibition of dioxygen quenching. Chem Commun，2005，(33)：4149-4151.

[23]　Miao W，Zhang L，Wang X，et al. A dual-functional metallogel of amphiphilic copper（Ⅱ）quinolinol：redox responsiveness and enantioselectivity. Chem Eur J，2013，19：3029-3036.

[24] Veits，G K，Carter K K，Cox S J，et al. Developing a gel-based sensor using crystal morphology prediction. J Am Chem Soc，2016，138：12228-12233.

[25] Andrews P C，Junk P C，Massi M，et al. Gelation of La（Ⅲ）cations promoted by 5-（2-pyridyl）tetrazolate andwater. Chem Commun，2006，（33）：3317-3319.

[26] Cametti M，Cetin M，Džolić Z. Cu（Ⅱ）-specific metallogel formation by an amido-anthraquinone-pyridyloxalamide ligand in DMSO-water. Dalton Trans，2015，44：7223-7229.

[27] Jin Q X，Zhang L，Zhu X F，et al. Amphiphilic schiff base organogels：metal-ion-mediated chiral twists and chiral recognition. Chem Eur J，2012，18：4916-4922.

[28] Sun J，Liu Y，Jin L，et al. Coordination-induced gelation of an L-glutamic acid Schiff base derivative：the anion effect and cyanide-specific selectivity. Chem Commun，2016，52：768-771.

[29] Bunzen H，Nonappa，Kalenius E，et al. Subcomponent self-assembly：a quick way to new metallogels. Chem Eur J，2013，19：12978-12981.

[30] Sarmah K，Pandit G，Das A B，et al. Steric environment triggered self-healing Cu^{Ⅱ}/Hg^{Ⅱ} bimetallic gel with old Cu^{Ⅱ}-Schiff base complex as a new metalloligand. Cryst Growth Des，2017，17：368-380.

[31] Naota T，Koori H. Molecules that assemble by sound：an application to the instant gelation of stable organic fluids. J Am Chem Soc，2005，127：9324-9325.

[32] Komiya N，Muraoka T，Ⅱda M，et al. Ultrasound-induced emission enhancement based on structure-dependent homo-and heterochiral aggregations of chiral binuclear platinum complexes. J Am Chem Soc，2011，133：16054-16061.

[33] Wang W，Chen Q，Li Q，et al. Ligand-structure effect on the formation of one-dimensional nanoscale Cu（Ⅱ）-Schiff base complexes and solvent-mediated shape transformation. Cryst Growth Des，2012，12：2707-2713.

[34] Hardy J G，Cao X，Harrowfield J，et al. Generation of metallosupramolecular polymer gels from multiply functionalized grid-type complexes. New J Chem，2012，36：668-673.

[35] Camerel F，Ziessel R，Donnio B，et al. Engineering of an iron-terpyridine complex with supramolecular gels andmesomorphic properties. New J Chem，2006，30：135-139.

[36] Kadjane P，Starck M，Camerel F，et al. Divergent approach to a large variety of versatile luminescent lanthanide complexes. Inorg Chem，2009，48：4601-4603.

[37] Chen X，Huang Z，Chen S Y，et al. Enantioselective gel collapsing：a new means of visual chiral sensing. J Am Chem Soc，2010，132：7297-7299.

[38] Mahapatra T S，Singh H，Maity A，et al. White-light-emitting lanthanide and lanthanide-Iridium doped supramolecular gels：modular luminescence and stimuli responsive behavior. J Mater Chem C，2018，6：9756-9766.

[39] Fang W，Sun Z，Tu T. Novel supramolecular thixotropic metallohydrogels consisting of rare metal-organic nanoparticles：synthesis，characterization，and mechanism of aggregation. J Phys Chem C，2013，117：25185-25194.

[40] Fang W，Liu X，Lu Z，et al. Photoresponsive metallo-hydrogels based on visual discrimination of the positional isomers through selective thixotropic gel collapse. Chem Commun，2014，50：3313-3316.

[41] Fang W，Liu C，Chen J，et al. The electronic effects of ligands on metal-coordination geometry：a key role in the visual discrimination of dimethylaminopyridine and its application towards chemo-switch. Chem Commun，2015，51：4267-4270.

[42] Jie K，Zhou Y，Shi B，et al. A Cu^{2+}specific metallohydrogel：preparation，multi-responsiveness and pillar[5]arene-induced morphology transformation. Chem Commun，2015，51：8461-8464.

[43] Bhowmik S，Ghosh B N，Marjomäki V，et al. Nanomolar pyrophosphate detection inwater and in a self-assembled hydrogel of a simple terpyridine-Zn^{2+}complex. J Am Chem Soc，2014，136：5543-5546.

[44] Biswas A，Dubey M，Mukhopadhyay S，et al. Anion triggered metallogels：demetalation and crystal growth inside the gel matrix and improvement in viscoelastic properties using Au-NPs. Soft Matter，2016，12：2997-3003.

[45] Fang W，Liu C，Yu F，et al. Macroscopic and fluorescent discrimination of adenosine triphosphate via selective metallo-hydrogel formation：a visual，practical，and reliable rehearsal toward cellular imaging. ACS Appl Mater Interfaces，2016，8：20583-20590.

[46] Ghosh B N，Bhowmik S，Mal P，et al. A highly selective，Hg^{2+}triggered hydrogelation：modulation of morphology by chemical stimuli. Chem Commun，2014，50：734-736.

[47] Zhang A，Zhang Y，Xu Z，et al. Naphthalimide-based fluorescent gelator forconstruction of both organogels and stimuliresponsive metallogels. RSC Adv，2017，7：25673-25677.

[48] Yang D，Wang Y，Li Z，et al. Color-tunable luminescent hydrogels with tough mechanical strength and self-healing ability. J Mater Chem C，2018，6：1153-1159.

[49] Tatikonda R，Bhowmik S，Rissanen K，et al. Metallogel formation in aqueous DMSO by perfluoroalkyl decorated terpyridine ligands. Dalton Trans，2016，45：12756-12762.

[50] Arnedo-Sánchez L，Bhowmik S，Hietala S，et al. Rapid self-healing and anion selectivity in metallosupramolecular gels assisted by fluorine-fluorine interactions. Dalton Trans，2017，46：7309-7316.

[51] Tam A Y Y，Wong K M C，Wang G，et al. Luminescent metallogels of platinum（II）terpyridyl complexes：interplay of metal metal，π-π and hydrophobic-hydrophobic interactions on gel formation. Chem Commun，2007：2028-2030.

[52] Tam A Y Y，Wong K M C，Yam V W W. Influence of counteranion on the chiral supramolecular assembly of alkynylplatinum（II）terpyridyl metallogels that are stabilised by Pt···Pt and π-π Interactions. Chem Eur J，2009，15：4775-4778.

[53] Tam A Y Y，Wong K M C，Yam V W W. Unusual luminescence enhancement of metallogels of alkynylplatinum（II）2,6-bis （N-alkylbenzimidazol-2'-yl）pyridine complexes upon a gel-to-sol phase transition at elevated temperatures. J Am Chem Soc，2009，131：6253-6260.

[54] Lu W，Law Y C，Han J，et al. A dicationic organoplatinum（II）complex containing a bridging 2,5-bis-（4-ethynylphenyl）-[1,3,4]oxadiazole ligand behaves as a phosphorescent gelator for organic solvents. Chem Asian J，2008，3：59-69.

[55] Liu K，Meng L，Mo S，et al. Colour change and luminescence enhancement in a cholesterol-based terpyridyl platinum metallogel via sonication. J Mater Chem C，2013，1：1753-1762.

[56] Po C，Ke Z，Tam A Y Y，Chow H F，et al. A platinum（II）terpyridine metallogel with an L-valine-modified alkynyl ligand：interplay of Pt···Pt, π-π and hydrogen-bonding interactions. Chem Eur J，2013，19：15735-15744.

[57] Fu H L K，Po C，Leung S Y L，Yam V W W. Self-assembled architectures of alkynylplatinum（II）amphiphiles and their structural optimization：a balance of the interplay among Pt···Pt，π-π stacking，and hydrophobic-hydrophobic interactions. ACS Appl Mater Interfaces，2017，9：2786-2795.

[58] Chan M H Y，Ng M，Leung S Y L，et al. Synthesis of luminescent platinum（II）2,6-bis（ndodecylbenzimidazol-2'-yl）pyridine foldamers and their supramolecular assembly and metallogel formation. J Am Chem Soc，2017，139：8639-8645.

[59] Bühler G，Feiters M C，Nolte R J M，et al. A metal-carbene carbohydrate amphiphile as a low-molecular-mass organometallic gelator. Angew Chem Int Ed，2003，42：2494-2497.

[60] HsuT H T，Naidu J J，Yang B J，et al. Self-assembly of silver（I）and gold（I）N-heterocyclic carbene complexes in solid state，mesophase，and solution. Inorg Chem，2012，51：98-108.

[61] Afrasiabi R，Kraatz H B. Rational design and application of a redox-active，photoresponsive，discrete metallogelator. Chem Eur J，2015，21：7695-7700.

[62] He T，Li K，Wang N，et al. A ferrocene-based multiple-stimuli responsive organometallogel. Soft Matter，2014，10：3755-3761.

[63] Liu J，He P，Yan J，Fang X，et al. An organometallic super-gelator with multiple-stimulus responsive properties. Adv Mater，2008，20：2508-2511.

[64] Liu J，Yan J，Yuan X，et al. A novel low-molecular-mass gelator with a redox active ferrocenyl group：tuning gel formation by oxidation. J Colloid Interface Sci，2008，318：397-404.

[65] Sahoo P，Kumar D K，Trivedi D R，et al. An easy access to an organometallic low molecular weight gelator：a crystal engineering approach. Tetrahedron Lett，2008，49：3052-3055.

[66] Lakshmi N V，Mandal D，Ghosh S，et al. Multi-stimuli-responsive organometallic gels based on ferrocene-linked poly（aryl aether）dendrons：reversible redox switching and Pb^{2+}-ion sensing. Chem Eur J，2014，20：9002-9011.

[67] Zhang R，Ji Y，Yang L，et al. A ferrocene-azobenzene derivative showing unprecedented phase transition and better solubility upon UV irradiation. Phys Chem Chem Phys，2016，18：9914-9917.

[68] Li X，Zhang Y，Chen A，et al. A ferrocene-based organogel with multi-stimuliproperties and applications in naked-eyerecognition of F^- and Al^{3+}. RSC Adv，2017，7：37105-37111.

[69] Klawonn T，Gansäuer A，Winkler I，et al. A tailored organometallic gelator with enhanced amphiphilic character and structural diversity of gelation. Chem Commun，2007：1894-1895.

[70] Gansäuer A，Winkler I，Klawonn T，et al. Novel organometallic gelators with enhanced amphiphilic character：structure-property correlations，principles for design，and diversity of gelation organometallics. Organometallics，2009，28：1377-1382.

[71] Tu T，Assenmacher W，Peterlik H，et al. An air-stable organometallic low-molecular-mass gelator：synthesis，aggregation，and catalytic application of a palladium pincer complex. Angew Chem Int Ed，2007，46：6368-6371.

[72] Tu T，Bao X，Assenmacher W，et al. Efficient air-stable organometallic low-molecular-mass gelators for ionicliquids：synthesis，aggregation and application of pyridine-bridged bis（benzimidazolylidene）-palladium complexes. Chem Eur J，2009，15：1853-1861.

[73] Ogata K，Sasano D，Yokoi T，et al. Synthesis and self-assembly of NCN-pincer Pd-complex-bound norvalines. Chem Eur J，2013，19：12356-12375.

[74] Tu T，Fang W，Bao X，et al. Visual chiral recognition through enantioselective metallogel collapsing：synthesis，characterization，and application of platinum-steroid low-molecular-mass gelators. Angew Chem Int Ed，2011，50：6601-6605.

[75] Siu S K L，Po C，Yim K C，et al. Synthesis，characterization and spectroscopic studies of luminescent L-valine modified alkynyl-based cyclometalated gold（Ⅲ）complexes with gelation properties driven by π-π stacking，hydrogen bonding and hydrophobic-hydrophobic interactions. CrystEngComm，2015，17：8153-8162.

[76] Lima J C，Rodríguez L. Supramolecular goldmetallogelators：the key role of metallophilic interactions. Inorganics，2015，3：1-18.

[77] Gavara R，Llorca J，Limaa J C，et al. A luminescent hydrogel based on a new Au（Ⅰ）complex. Chem Commun，2013，49：72-74.

[78] Gavara R，Aguiló E，Guerra C F，et al. Thermodynamic aspects of aurophilic hydrogelators. Inorg Chem，2015，54：5195-5203.

[79] Aguiló E，Gavara R，Lima J C，et al. From Au（Ⅰ）organometallic hydrogels to well-defined Au（0）nanoparticles. J Mater Chem C，2013，1：5538-5547.

[80] Zhang J J，Lu W，Sun R W Y，et al. Organogold（Ⅲ）supramolecular polymers for anticancer treatment. Angew Chem Int Ed，2012，51：4882-4886.

[81] Yadav Y J，Heinrich B，Luca G D，et al. Chromonic-like physical luminescent gels formed by ionic octahedral iridium(Ⅲ) complexes in diluted water solutions. Adv Optical Mater，2013，1：844-854.

[82] Benito Q，Fargues A，Garcia A，et al. Photoactive hybrid gelatorsbased on a luminescent inorganic [Cu$_4$I$_4$] cluster core. Chem Eur J，2013，19：15831-15835.

[83] Xiang S，Li L，Zhang J，et al. Porous organic-inorganic hybrid aerogels based on Cr^{3+}/Fe^{3+} and rigid bridging carboxylates. J Mater Chem，2012，22：1862-1867.

[84] Li L，Xiang S，Cao S，et al. A synthetic route to ultralight hierarchically micro/mesoporous Al（Ⅲ）-carboxylate metal-organic aerogels. Nat Commun，2013，4：1774.

[85] Andriamitantsoa R S，Dong W，Gao H，et al. Porous organic-inorganic hybrid xerogels forstearic acid shape-stabilized phase changematerials. New J Chem，2017，41：1790-1797.

[86] Qin Z，Dong W，Zhao J，et al. A water-stable Tb（Ⅲ）-based metal-organic gel（MOG）for detection of antibiotics and explosives. Inorg Chem Front，2018，5：120-126.

[87] Qin Z，Dong W，Zhao J，et al. Metathesis in metal-organic gels（MOGs）：a facile atrategy toconstruct robust fluorescent Ln-MOG sensors for antibioticsand explosives. Eur J Inorg Chem，2018，（2）：186-193.

[88] Wang J，Andriamitantsoa R S，Atinafu D G，et al. A one-step *in-situ* assembly strategy to construct PEG@MOG-100-Fe shape-stabilized composite phase change material with enhanced storage capacity for thermal energy storage. Chem Phys Lett，2018，695：99-106.

[89] Zhou T，Gao X，Lu F，et al. Facile preparation of supramolecular ionogels exhibiting high temperature durability as solidelectrolytes. New J Chem，2016，40：1169-1174.

[90] Dhara B，Kumar V，Gupta K，et al. Giant enhancement of carrier mobility in bimetallic coordination polymers. ACS Omega，2017，2：4488-4493.

[91] Lohe M R，Rose M，Kaskel S. Metal-organic framework（MOF）aerogels with high micro-and macroporosity. Chem Commun，2009，（40）：6056-6058.

[92] Nune S K，Thallapally P K，McGrail B P. Metal organic gels（MOGs）：a new class of sorbents for CO$_2$ separation applications. J Mater Chem，2010，20：7623-7625.

[93] Saraji M，Shahvar A. Metal-organic aerogel as a coating for solid-phase microextraction. Anal Chim Acta，2017，973：51-58.

[94] Xia W，Zhang X，Xu L，et al. Facile and economical synthesis of metal-organic framework MIL-100（Al）gels for high efficiency removal of microcystin-LR. RSC Adv，2013，3：11007-11013.

[95] Mahmood A，Xia W，Mahmood N，et al. Hierarchical heteroaggregation of binary metal-organic gels with tunable porosity and mixed valence metal sites for removal of dyes in water. Sci Rep，2015，5：10556.

[96] Zhu B J，Yu X Y，Jia Y，et al. Iron and 1，3，5-benzenetricarboxylic metal-organic coordination polymers prepared by solvothermal method and their application in efficient As（Ⅴ）removal from aqueous solutions. J Phys Chem C，2012，116：8601-8607.

[97] Gao Z，Sui J，Xie X，et al. Metal-organic gels of simple chemicals and their high efficacy in removing arsenic（Ⅴ）in water. AIChE J，2018，64：3719-3727.

[98] Sui J，Wang L，Zhao W，et al. Iron-naphthalenedicarboxylic acid gels and their high efficiency in removing arsenic（Ⅴ）. Chem Commun，2016，52：6993-6996.

[99] Zhou X，Ji Y，Cao J，et al. Polyoxometalate encapsulated in metal-organic gel as an efficient catalyst for visible-light-driven dye degradation applications. Appl Organomet Chem，2018，32：e4206.

[100] Fan J，Li L，Rao H S，et al. Novel metal-organic gel based electrolyte for efficient quasi-solid-state dye-sensitized solar cells. J Mater Chem A，2014，2：15406-15413.

[101] Xia W，Qiu B，Xia D，et al. Facile preparation of hierarchicallyporous carbons from metal-organic gels and their application in energy storage. Sci Rep，2013，3：1935.

[102] Cui L，Wu J，Ju H. Nitrogen-doped porous carbon derived from metal-organic gel for electrochemical analysis of heavy-metal ion. ACS Appl Mater Interfaces，2014，6：16210-16216.

[103] Mahmood A，Zou R，Wang Q，et al. Nanostructured electrode materials derived from metal-organic framework xerogels for high-energy-density asymmetric supercapacitor. ACS Appl Mater Interfaces，2016，8：2148-2157.

[104] Wang L，Ke F，Zhu J. Metal-organic gel templated synthesis of magnetic porous carbon for highly efficient removal of organic dyes. Dalton Trans，2016，45：4541-4547.

[105] Wang Z，Yan T，Chen G，et al. High salt removal capacity of metal-organic gel derived porous carbon for capacitive deionization. ACS Sustainable Chem Eng，2017，5：11637-11644.

[106] Shih Y H，Chen J H，Lin Y，et al. Nitrogen-doped porous carbon material derived from metal-organic gel for small biomolecular sensing. Chem Commun，2017，53：5725-5728.

[107] Ke F，Li Y，Zhang C，et al. MOG-derived porous FeCo/C nanocomposites as a potential platform for enhanced catalytic activity and lithium-ion batteries performance. J Colloid Interface Sci，2018，522：283-290.

[108] Wang H，Cheng X，Yin F，et al. Metal-organic gel-derived Fe-Fe$_2$O$_3$@nitrogen-doped-carbonnanoparticles anchored on nitrogen-doped carbon nanotubes as a highly effective catalyst for oxygen reduction reaction. Electrochim Acta，2017，232：114-122.

[109] Devi B，Venkateswarulu M，Kushwaha H S，et al. A polycarboxyl-decorated Fe^{III}-based xerogel-derived multifunctional composite （Fe$_3$O$_4$/Fe/C）as an efficient electrode material towards oxygen reduction reaction and supercapacitor. Chem Eur J，2018，24：6586-6594.

[110] Yin J，Yang G，Wang H，et al. Macroporous polymer monoliths fabricated by using a metal-organic coordination gel template. Chem Commun，2007，（44）：4614-4616.

[111] Yang F，Lin Z，He X，et al. Synthesis and application of a macroporous boronate affinity monolithic column using a metal-organic gel as a porogenic template for the specific capture of glycoproteins. J Chromat A，2011，1218：9194-9201.

[112] Ma L，Tang L，Li R S，et al. Water-compatible molecularly imprinted polymers prepared using metal-organic gel as porogen. RSC Adv，2015，5：84601-84609.

[113] Dhara B，Ballav N. *In situ* generation of conducting polymer in a redoxactive metal-organic gel. RSC Adv，2013，3：4909-4913.

[114] Dhara B，Sappati S，Singh S K，et al. Coordination polymers of Fe（III）and Al（III）ions with TCA ligand：distinctive fluorescence，CO$_2$ uptake，redox-activity and oxygen evolution reaction. Dalton Trans，2016，45：6901-6908.

[115] Dhara B，Patra P P，Jha P K，et al. Redox-induced photoluminescence of metal-organic coordination polymer gel. J Phys Chem C，2014，118：19287-19293.

[116] Aiyappa H B，Saha S，Garai B，et al. A distinctive PdCl$_2$-mediated transformation of Fe-based metallogels into metal-organic frameworks. Cryst Growth Des，2014，14：3434-3437.

[117] Zacharias S C，Ramon G，Bourne S A. Supramolecular metallogels constructed from carboxylate gelators. Soft Matter，2018，14：4505-4519.

[118] Jayaramulu K，Geyer F，Petr M，et al. Shape controlled hierarchical porous hydrophobic/oleophilic metal-organic nanofbrous gel composites for oil adsorption. Adv Mater，2017，29：1605307.

[119] Liu L，Zhang J，Fang H，et al. Metal-organic gel material based on UiO-66-NH$_2$ nanoparticles for improvedadsorption and conversion of CO$_2$. Chem Asian J，2016，11：2278-2283.

[120] Feng X，Zeng L，Zou D，et al. Trace-doped metal-organic gels with remarkably enhanced luminescence. RSC Adv，2017，7：37194-37199.

[121] Bueken B，van Velthoven N，Willhammar T，et al. Gel-based morphological design of zirconium metal-organic frameworks. Chem Sci，2017，8：3939-3948.

[122] Saha S，Schön E M，Cativiela C，et al. Proton-conducting supramolecular metallogels from the lowest molecular weight assembler ligand：a quote for simplicity. Chem Eur J，2013，19：9562-9568.

[123] Feldner T，Häring M，Saha S，et al. Supramolecular metallogel that imparts self-healing properties to other gel networks. Chem Mater，2016，28（9）：3210-3217.

[124] Liao P，Fang H，Zhang J，et al. Transforming HKUST-1 metal-organic frameworks into gels-stimuli-responsiveness and morphology evolution. Eur J Inorg Chem，2017：2580-2584.

[125] Zhang H，Zhao Z，Liu Y，et al. Nitrogen-doped hierarchical porous carbon derived frommetal-organic aerogel for high performance lithium-sulfur batteries. J Energ Chem，2017，26：1282-1290.

[126] Tian T，Zeng Z，Vulpe D，et al. A sol-gel monolithic metal-organic framework with enhanced methane uptake. Nat Mater，2018，17：174-179.

[127] Albo J，Vallejo D，Beobide G，et al. Copper-based metal-organic porous materials for CO_2 electrocatalytic reduction to alcohols. ChemSusChem，2017，10：1100-1109.

[128] Chaudhari A K，Han I，Tan J C. Multifunctional supramolecular hybrid materials constructed from hierarchical self-ordering of in situ generated metal-organic framework（MOF）nanoparticles. Adv Mater，2015，27：4438-4446.

[129] Karan C K，Sau M C，Bhattacharjee M. A copper（Ⅱ）metal-organic hydrogel as a multifunctional precatalyst for CuAAC reactions and chemical fixation of CO_2 under solvent free conditions. Chem Commun，2017，53：1526-1529.

[130] Knichal J V，Gee W J，Burrows A D，et al. A new small molecule gelator and 3D framework ligator of lead（Ⅱ）. CrystEngComm，2015，17：8139-8145.

[131] Banerjee S，Adarsh N N，Dastidar P. A crystal engineering rationale in designing a Cd^{II} coordination polymer based metallogel derived from a C_3 symmetric tris-amide-tris-carboxylate ligand. Soft Matter，2012，8：7623-7629.

[132] Hwang D，Lee E，Jung J H，et al. Formation of calix[4]arene-based supramolecular gels triggered by K^+ and Rb^+: exemplification of a structure-property relationship. Cryst Growth Des，2013，13：4177-4180.

[133] Luisi B S，Rowland K D，Moulton B. Coordination polymer gels：synthesis，structure and mechanicalproperties of amorphous coordination polymers. Chem Commun，2007，（27）：2802-2804.

[134] Mukhopadhyay R D，Praveen V K，Hazra A，et al. Light driven mesoscale assembly of a coordination polymeric gelator into flowers and stars with distinct properties. Chem Sci，2015，6：6583-6591.

[135] Rose M，Weber D，Lotsch B V，et al. Biogenic metal-organic frameworks：2, 5-furandicarboxylic acid as versatile building block. Micropor Mesopor Mat，2013，181：217-221.

[136] ZhaoX，Yuan L，Zhang Z，et al. Synthetic methodology for the fabrication of porous porphyrin materials with metal-organic-polymer aerogels. Inorg Chem，2016，55：5287-5296.

[137] Yang Q，Tan X，Wang S，et al. Porous organic-inorganic hybrid aerogels based on bridging acetylacetonate. Micropor Mesopor Mat，2014，187：108-113.

[138] Aiyappa H B，Saha S，Wadge P，et al. Fe（Ⅲ）phytate metallogel as a prototype anhydrous，intermediate temperature proton conductor. Chem Sci，2015，6：603-607.

[139] He L，Peng Z W，Jiang Z W，et al. Novel Iron（Ⅲ）-based metal-organic gels with superior catalytic performance toward luminol chemiluminescence. ACS Appl Mater Interfaces，2017，9：31834-31840.

[140] Chen W，Jiang Y，Ding X，et al. Synthesis of highly stable porous metal-iminodiacetic acid gels from a novel IDA compound. Chin J Chem，2016，34：617-623.

[141] Li H，Zhu Y，Zhang J，et al. Luminescent metal-organic gels with tetraphenylethylene moieties：porosity and aggregation-induced emission. RSC Adv，2013，3：16340-16344.

[142] Barman S，Garg J A，Blacque O，et al. Triptycene based luminescent metal-organic gels for chemosensing. Chem Commun，2012，48：11127-11129.

[143] Wei S C，Pan M，Li K，et al. A multistimuli-responsive photochromic metal-organic gel. Adv Mater，2014，26：2072-2077.

[144] Zhang J，Wang X，He L，et al. Metal-organic gels as functionalisable supports for catalysis. New J Chem，2009，33：1070-1075.

[145] Huang J，He L，Zhang J，et al. Dynamic functionalised metallogel：an approach to immobilised catalysis with improved activity. J Mol Catal A Chem，2010，317：97-103.

[146] Zhu B，Liu G，Chen L，et al. Metal-organic aerogels based on dinuclear rhodium paddle-wheel units：design，synthesis and catalysis. Inorg Chem Front，2016，3：702-710.

[147] Jin Q，Zhang L，Cao H，et al. Self-assembly of copper（Ⅱ）ion-mediated nanotube and its supramolecular chiral catalytic behavior. Langmuir，2011，27：13847-13853.

[148] Leong W L，Batabyal S K，Kasapis S，et al. Influence of chiral ligands on the gel formation of a Mg（Ⅱ）coordination polymer. CrystEngComm，2015，17：8011-8014.

[149] Basak S，Singh I，Banerjee A，et al. Amino acid-based amphiphilic hydrogels：metal ioninduced tuning of mechanical and thermal stability. RSC Adv，2017，7：14461-14465.

[150] Wang F，Feng C L. Metal-ion-mediated supramolecular chirality of l-phenylalanine based hydrogels. Angew Chem Int Ed，2018，57：5655-5659.

[151] Sharma B，Singh A，Sarma T K，et al. Chirality control of multi-stimuli responsive and self-healing supramolecular metallo-hydrogels. New J Chem，2018，42：6427-6432.

[152] Wang X，Wei C，He T，et al. Pb²⁺-specific metallohydrogel based on tryptophan-derivatives：preparation，characterization，multi-stimuli responsiveness and potential applications in wastewater and soil treatment. RSC Adv，2016，6：81341-81345.

[153] Bhattacharjee S，Bhattacharya S. Pyridylenevinylene based Cu²⁺-specific，injectable metallo（hydro）gel：thixotropy and nanoscale metal-organic particles. Chem Commun，2014，50：11690-11693.

[154] Kartha K K，Praveen V K，Babu S S，et al. Pyridyl-amides as a multimode self-assembly driver for the design of a stimuli-responsive π-gelator. Chem Asian J，2015，10：2250-2256.

[155] Kim H J，Lee J H，Lee M. Stimuli-responsive gels from reversible coordination polymers. Angew Chem Int Ed，2005，44：5810-5814.

[156] Adarsh N N，Dastidar P. A new series of Znᴵᴵ coordination polymer based metallogels derived from bis-pyridyl-bis-amide ligands：a crystal engineering approach. Cryst Growth Des，2011，11：328-336.

[157] Lee H，Lee J H，Kang S，et al. Pyridine-based coordination polymeric hydrogel with Cu²⁺ion and its encapsulation of a hydrophobic molecule. Chem Commun，2011，47：2937-2939.

[158] Paul M，Adarsh N N，Dastidar P. Cuᴵᴵ coordination polymers capable of gelation and selective SO₄²⁻ separation. Cryst Growth Des，2012，12：4135-4143.

[159] Xue M，LüY，Sun Q，et al. Ag（Ⅰ）-coordinated supramolecular metallogels based on schiff base ligands：Structural characterization and reversible thixotropic property. Cryst Growth Des，2015，15：5360-5367.

[160] Biswas P，Ganguly S，Dastidar P. Stimuli-responsive metallogels for synthesizing Ag nanoparticles and sensing hazardous gases. Chem Asian J，2018，13：1941-1949.

[161] Adarsh N N，Chakraborty A，Tarrés M，et al. Ligand and solvent effects in the formation and self-assembly of a metallosupramolecular cage. New J Chem，2017，41：1179-1185.

[162] Tatikonda R，Bertula K，Hietala S，et al. Bipyridine based metallogels：an unprecedented difference in photochemical and chemicalreduction in the in situ nanoparticle formation. Dalton Trans，2017，46：2793-2802.

[163] Das D，Biradha K. Metal-organic gels of silver salts with an α, β-unsaturated ketone：the influence of anions and solvents on gelation. Inorg Chem Front，2017，4：1365-1373.

[164] Liu Y R，He L，Zhang J，et al. Evolution of spherical assemblies to fibrous networked Pd（Ⅱ）metallogels from a pyridine-based tripodal ligand and their catalytic property. Chem Mater，2009，21：557-563.

[165] Liao Y，He L，Huang J，et al. Magnetite nanoparticle-supported coordination polymer nanofibers：synthesis and catalytic application in Suzuki-Miyaura coupling. ACS Appl Mater Inter，2010，2：2333-2338.

[166] Aoyama R，Sako H，Amakatsu M，et al. Palladium ion-induced supramolecular gel formation of tris-urea molecules. Polym J，2015，47：136-140.

[167] Zhong J L，Jia X J，Liu H J，et al. Self-assembled metallogels formed from N, N′, N″-tris（4-pyridyl）-trimesic amide in aqueous solution induced by Fe（Ⅲ）/Fe（Ⅱ）ions. Soft Matter，2016，12：191-199.

[168] Lee H H，JungS H，Park S，et al. A metal-organic framework gel with Cd²⁺derived from only coordination bonds without intermolecular interactions and its catalytic ability. New J Chem，2013，37：2330-2335.

[169] Roy S，Katiyar A K，Mondal S P，et al. Multifunctional white-light-emitting metal-organic gels with a sensing ability of nitrobenzene. ACS Appl Mater Interfaces，2014，6：11493-11501.

[170] Hamilton T D，Bučar D K，Baltrusaitis J，et al. Thixotropic hydrogel derived from a product of an organic solid-state synthesis：properties and densities of metal-organic nanoparticles. J Am Chem Soc，2011，133：3365-3371.

[171] He Y，Bian Z，Kang C，et al. Stereoselective and hierarchical self-assembly from nanotubular homochiral helical coordination polymers to supramolecular gels. Chem Commun，2010，46：5695-5697.

[172] He Y，Bian Z，Kang C，et al. Self-discriminating and hierarchical assembly of racemic binaphthyl-bisbipyridines and silver ions：from metallocycles to gel nanofibers. Chem Commun，2011，47：1589-1591.

[173] He Y，Bian Z，Kang C，et al. Chiral binaphthylbisbipyridine-based copper（Ⅰ）coordination polymer gels as supramolecular catalysts. Chem Commun，2010，46：3532-3534.

[174] Gasnier A，Royal G，Terech P. Metallo-supramolecular gels based on a multitopic cyclam bis-terpyridine platform. Langmuir，2009，25：8751-8762.

[175] Borré E，Bellemin-Laponnaz S，Mauro M. Amphiphilic metallopolymers for photoswitchable supramolecular hydrogels. Chem Eur J，2016，22：18718-18721.

[176] Suzuki T，Sato T，Zhang J，et al. Electrochemically switchable photoluminescence of an anionic dye in a cationic metallosupramolecular polymer. J Mater Chem C，2016，4：1594-1598.

[177] Kim C，Kim K Y，Lee J H，et al. Chiral supramolecular gels with lanthanide ions：correlation between luminescence and helical pitch. ACS Appl Mater Interfaces，2017，9：3799-3807.

[178] Sutar P，Suresh V M，Maji T K. Tunable emission in lanthanide coordination polymer gels based on a rationally designed blue emissive gelator. Chem Commun，2015，51：9876-9879.

[179] Yu X，Wang Z，Li Y，et al. Fluorescent and electrochemical supramolecular coordination polymer hydrogels formed from ion-tuned self-assembly of small bis-terpyridine monomer. Inorg Chem，2017，56：7512-7518.

[180] Kotova O，Daly R，dos Santos C M G，et al. Europium-directed self-assembly of a luminescent supramolecular gel from a tripodal terpyridine-based ligand. Angew Chem Int Ed，2012，51：7208-7212.

[181] Kotova O，Daly R，dos Santos C M G，et al. Cross-linking the fibers of supramolecular gels formed from a tripodal terpyridine derived ligand with d-block metal ions. Inorg Chem，2015，54：7735-7741.

[182] Byrne J P，Kitchen J A，Kotova O，et al. Synthesis, structural, photophysical and electrochemical studies of various d-metalcomplexes of btp [2,6-bis（1,2,3-triazol-4-yl）-pyridine] ligands that give rise to the formation of metallo-supramolecular gels. Dalton Trans，2014，43：196-209.

[183] Sutar P，Maji T K. Coordination polymer gels with modular nanomorphologies, tunable emissions, and stimuli-responsive behavior based on an amphiphilic tripodal gelator. Inorg Chem，2017，56：9417-9425.

[184] Suresh V M，De A，Maji T K. High aspect ratio, processable coordination polymer gel nanotubes based on an AIE-active LMWG with tunable emission. Chem Commun，2015，51：14678-14681.

[185] Xing B，Choi M F，Xu B. A stable metal coordination polymer gel based on a calix[4]arene and its "uptake" of non-ionic organic molecules from the aqueous phase. Chem Commun，2002，4（4）：362-363.

[186] Xing B，Choi M F，Zhou Z，et al. Spontaneous enrichment of organic molecules from aqueous and gas phases into a stable metallogel. Langmuir，2002，18：9654-9658.

[187] Westcott A，Sumby C J，Walshaw R D，et al. Metallo-gels and organo-gels with tripodal cyclotriveratrylene-type and 1,3,5-substituted benzene-type ligands. New J Chem，2009，33：902-912.

[188] Park J，Lee J H，Jaworski J，et al. Luminescent calix[4]arene-based metallogel formed at different solvent composition. Inorg Chem，2014，53：7181-7187.

[189] Yan L，Gou S，Ye Z，et al. Self-healing and moldable material with the deformation recovery ability from self-assembled supramolecular metallogels. Chem Commun，2014，50：12847-12850.

[190] Yan L，Shen L，Lv M，et al. Self-healing supramolecular heterometallic gels based on the synergistic effect of the constituent metal ions. Chem Commun，2015，51：17627-17629.

[191] Zhang W，Xie Z G. Fabrication of palladium nanoparticles as effective catalysts by using supramolecular gels. Chin Chem Lett，2016，27：77-80.

[192] Zhang S，Yang S，Lan J，et al. Ultrasound-induced switching of sheetlike coordination polymer microparticles to nanofibers capable of gelating solvents. J Am Chem Soc，2009，131：1689-1691.

[193] Wu D，Jiang R，Luo L，et al. Bromide anion-triggered visible responsive metallogels based on squaramide complexes. Inorg Chem Front，2016，3：1597-1603.

[194] Bhattacharya S，Sengupta S，Bala S，et al. Pyrazole-based metallogels showing an unprecedented colorimetric ammonia gas sensing through gel-to-gel transformation with a rare event of time-dependent morphology transformation. Cryst Growth Des，2014，14：2366-2374.

[195] Lee H，Jung S H，Han W S，et al. A chromo-fluorogenic tetrazole-based CoBr₂ coordination polymer gel as a highly sensitive and selective chemosensor for volatile gases containing chloride. Chem Eur J，2011，17：2823-2827.

[196] Yamada Y M A，Maeda Y，Uozumi Y. Novel 3D coordination palladium-network complex：a recyclable catalyst for Suzuki-Miyaura reaction. Org Lett，2006，8：4259-4262.

[197] Zhang J，Xu X，James S L. Solution state coordination polymers featuring wormlike macroscopic structures and cage-polymer interconversions. Chem Commun，2006，（40）：4218-4220.

[198] Vallejo-Sánchez D，Amo-Ochoa P，Beobide G，et al. Chemically resistant, shapeable, and conducting metal-organic gels and aerogels built fromdithiooxamidato ligand. Adv Func Mater，2017，27：1605448.

[199] Zhang J，Chen S，Xiang S，et al. Heterometallic coordination polymer gels based on a rigid, bifunctional ligand. Chem Eur J，2011，17：2369-2372.

[200] Nandi G，Titi H M，Thakuria R，et al. Solvent dependent formation of metallogels and single-crystal MOFs by La（Ⅲ）and Ce（Ⅲ）connectors

and 3, 5-pyridinedicarboxylate. Cryst Growth Des, 2014, 14: 2714-2719.

[201] Adarsh N N, Sahoo P, Dastidar P. Is a crystal engineering approach useful in designing metallogels? A case study. Cryst Growth Des, 2010, 10: 4976-4986.

[202] Batabyal S K, Leong W L, Vittal J J. Fluorescent coordination polymeric gel from tartaric acid-assisted self-assembly. Langmuir, 2010, 26: 7464-7468.

[203] Tanaka K, Yoshimura T. A novel coordination polymer gel based on succinic acid-copper（Ⅱ）nitrate-DABCO: metal ion and counterion specific organogelation. New J Chem, 2012, 36: 1439-1441.

[204] Calvo M M, Kotova O, Mobius M E, et al. Healable luminescent self-assembly supramolecular metallogels possessing lanthanide（Eu/Tb）dependent rheological and morphological properties. J Am Chem Soc, 2015, 137: 1983-1992.

[205] McCarney E P, Byrne J P, Twamley B, et al. Self-assembly formation of a healable lanthanide luminescent supramolecular metallogel from 2, 6-bis（1, 2, 3-triazol-4-yl）pyridine（btp）ligands. Chem Commun, 2015, 51: 14123-14126.

[206] Vermonden T, de Vos W M, Marcelis A T M, et al. 3-D water-soluble reversible neodymium（Ⅲ）and lanthanum（Ⅲ）coordination polymers. Eur J Inorg Chem, 2004: 2847-2852.

[207] Vermonden T, van Steenbergen M J, Besseling N A M, et al. Linear rheology of water-soluble reversible neodymium（Ⅲ）coordination polymers. J Am Chem Soc, 2004, 126: 15802-15808.

[208] SahaS, Bachl J, Kundu T, et al. Dissolvable metallohydrogels for controlled release: evidence of a kinetic supramolecular gel phase intermediate. Chem Commun, 2014, 50: 7032-7035.

[209] Saha S, Das G, Thote J, et al. Photocatalytic metal-organic framework from CdS quantum dot incubated luminescent metallohydrogel. J Am Chem Soc, 2014, 136: 14845-14851.

[210] Bera S, Chakraborty A, Karak S, et al. Multistimuli-responsive interconvertible low-molecular weight metallohydrogels and the *in situ* entrapment of CdS quantum dots therein. Chem Mater, 2018, 30: 4755-4761.

[211] Karak S, Kumar S, Bera S, et al. Banerjee R. Interplaying anions in a supramolecular metallohydrogel to formmetal organic frameworks. Chem Commun, 2017, 53: 3705-3708.

[212] Wang X, He T, Yang L, et al. A Co^{2+}-selective and chirality-sensitive supermolecular metallohydrogel with a nanofiber network skeleton. Nanoscale, 2016, 8: 6479-6483.

[213] Wang X, He T, Yang L, et al. Designing isometrical gel precursors to identify the gelation pathway for nickel-selective metallohydrogels. Dalton Trans, 2016, 45: 18438-18442.

[214] Wang X, Wei C, Su J H, et al. A chiral ligand assembly that confers one-electron O_2 reductionactivity for a Cu^{2+}-selective metallohydrogel. Angew Chem Int Ed, 2018, 57: 3504-3508.

[215] Sambri L, Cucinotta F, De Paoli G, et al. Ultrasound-promoted hydrogelation of terpyridine derivatives. New J Chem, 2010, 34: 2093-2096.

[216] Xiao B, Zhang Q, Huang C, et al. Luminescent Zn（Ⅱ）-terpyridine metal-organic gel for visual recognition of anions. RSC Adv, 2015, 5: 2857-2860.

[217] Li Y, Jiang Z W, Xiao S Y, et al. Terbium（Ⅲ）organic gels: novel antenna effect-induced enhanced electrochemiluminescence emitters. Anal Chem, 2018, 90: 12191-12197.

[218] Yuan D, Zhang Y D, Jiang Z W, et al. Tb-containing metal-organic gel with high stability for visual sensing of nitrite. Mater Lett, 2018, 211: 157-160.

[219] Guo M X, Yang L, Jiang Z W, et al. Al-based metal-organic gels for selective fluorescence recognition of hydroxyl nitro aromatic compounds. Spectrochim Acta Part A: Molecular and Biomolecular Spectroscopy, 2017, 187: 43-48.

[220] TanX, Chen X, Zhang J, et al. Luminescent coordination polymeric gels based on rigid terpyridyl phosphine and Ag（Ⅰ）. Dalton Trans, 2012, 41: 3616-3619.

[221] Gee W J, Batten S R. Instantaneous gelation of a new copper（Ⅱ）metallogel amenable to encapsulation of a luminescent lanthanide cluster. Chem Commun, 2012, 48: 4830-4832.

[222] Dudek M, Clegg J K, Glasson C R K, et al. Interaction of copper（Ⅱ）with ditopic pyridyl-β-diketone ligands: dimeric, framework, and metallogel structures. Cryst Growth Des, 2011, 11: 16971-704.

[223] Banerjee K, Biradha K. Two-dimensional coordination polymers and metal-organic gels of symmetrical and unsymmetrical dipyridyl β-diketones: luminescence, dye absorption and mechanical properties. New J Chem, 2016, 40: 1997-2006.

[224] Lee J H, Lee H, Seo S, et al. Fluorescence enhancement of a tetrazole-based pyridine coordination polymer hydrogel. New J Chem, 2011, 35: 1054-1059.

[225] Lee J H, Baek Y E, Kim K Y, et al. Metallogel of bis（tetrazole）-appended pyridine derivative with $CoBr_2$ as achemoprobe for volatile gases

containing chloride atom. Supramol Chem，2016，28：870-873.

[226] Lee J H，Kang S，Lee J Y，et al. A tetrazole-based metallogel induced with Ag$^+$ ion and its silver nanoparticle in catalysis. Soft Matter，2012，8：6557-6563.

[227] Samai S，Biradha K. Chemical and mechano responsive metal-organic gels of bis（benzimidazole）-based ligands with Cd（II）and Cu（II）halide salts：Self sustainability and gas and dye sorptions. Chem Mater，2012，24：1165-1173.

[228] Dey A，Mandal S K，Biradha K. Metal-organic gels and coordination networks of pyridine-3,5-bis（1-methyl-benzimidazole-2-yl）and metal halides：self sustainability，mechano，chemical responsiveness and gas and dye sorptions. CrystEngComm，2013，15：9769-9778.

[229] Hu A B，Zhou H，Pan Z Q，et al. Hybrid gels of bis（benzimidazole）-base ligand with perchlorate salts driven by squaric acid：synthesis，characterization and dye adsorption. J Porous Mater，2016，23：663-669.

[230] Peng Z W，Yuan D，Jiang Z W，et al. Novel metal-organic gels of bis（benzimidazole）-based ligands with copper（II）for electrochemical selectively sensing of nitrite. Electrochim Acta，2017，238：1-8.

[231] Beck J B，Rowan S J. Multistimuli，multiresponsive metallo-supramolecular polymers. J Am Chem Soc，2003，125：13922-13923.

[232] Rowan S J，Beck J B. Metal-ligand induced supramolecular polymerization：a route to responsive materials. Faraday Discuss，2005，128：43-53.

[233] Weng W，Beck J B，Jamieson A M，et al. Understanding the mechanism of gelation and stimuli-responsive nature of a class of metallo-supramolecular gels. J Am Chem Soc，2006，128：11663-11672.

[234] Zhao Y，Beck J B，Rowan S J，et al. Rheological behavior of shear-responsive metallo-supramolecular gels. Macromolecules，2004，37：3529-3531.

[235] Roubeau O，Colin A，Schmitt V，et al. Thermoreversible gels as magneto-optical switches. Angew Chem Int Ed，2004，43：3283-3286.

[236] Sengupta S，Mondal R. Elusive nanoscale metal-organic-particle-supported metallogel formation using a nonconventional chelating pyridine-pyrazole-based bis-amide ligand. Chem Eur J，2013：5537-5541.

[237] Sengupta S，Goswami A，Mondal R. Silver-promoted gelation studies of an unorthodox chelating tripodal pyridine-pyrazole-based ligand：templated growth of catalytic silver nanoparticles，gas and dye adsorption. New J Chem，2014，38：2470-2479.

[238] Bala S，Mondal R. Gel-based controlled synthesis of silver nanoparticles and their applications in catalysis，sensing and environmental remediation. ChemistrySelect，2017，2：389-398.

第45章
多孔配位聚合物的稳定性

45.1 引　言

　　多孔配位聚合物［即金属有机框架（metal organic framework，MOF）］是由金属离子/簇与有机配体通过配位键连接构筑而成的一类无机-有机杂化材料。该类材料具有高度有序的晶态结构、独特的组成多样性、结构可剪裁性以及合成操作简单等特点[1-9]，因此在众多领域展现出极大的应用潜力，已成为化学和材料科学研究的热点之一。由于 MOF 材料的结构和功能可通过无机和有机组分的合理选择进行精确调控。因此，大量结构新颖、功能多样的 MOF 材料已被报道。包括大孔隙率（大于 90%的自由体积）、超高比表面积（高于 $7000m^2/g$）和低密度（低于 $0.13g/cm^3$）的 MOF 等[10-13]。基于 MOF材料在组成、结构和构筑等方面的特性，其已被广泛应用于多个领域，包括气体储存和分离[14-16]、化学分离[17]、药物传输[18]、催化[19]、光捕获和能量传递[20, 21]、化学毒气降解[22-25]等。

　　MOF 研究初期，尽管大量结构新颖的 MOF 被报道，但较差的稳定性极大地限制了它们的应用[26-33]。随着科学家们对 MOF 构筑及其功能实现的深入研究，大量具有高水热稳定性的 MOF 被报道，稳定性 MOF 的构筑和性能研究也呈现快速发展的趋势，这极大拓展了 MOF 的应用。值得注意的是，对于不同的应用领域，需要考虑 MOF 材料在不同环境条件下的稳定性。例如，在气体吸附、离子交换、海水淡化和高温催化等工业应用中，材料的化学稳定性和热稳定性更为重要。而部分工业应用更关注 MOF 的机械稳定性。

　　基于 MOF 高结晶性、结构易调控等特点，其可实现从微观（原子/分子）到宏观尺度的构筑与调控。除此之外，计算化学也有助于 MOF 结构和性能的预测[34-36]。合成化学和计算化学的结合与不断发展将极大拓展该领域研究并推进 MOF 材料的实际应用。到目前为止，尽管科学家们提出了一些稳定性 MOF 的构筑策略，但因自组装过程复杂多变的特点以及人们对其规律性的认识还需不断深入，因而深入理解 MOF 稳定性特性以及分析总结影响 MOF 稳定性的内/外部因素，对进一步构筑功能导向的稳定性 MOF 材料、拓展相关研究并推进其实际应用都具有重要意义。

　　本章我们将结合国内外相关研究的实例介绍 MOF 的化学稳定性、热稳定性和机械稳定性，总结影响 MOF 稳定性的因素及结构-性能关系，展望未来的发展趋势，为相关研究提供参考。

45.2 MOF 的化学稳定性、热稳定性、水热稳定性及机械稳定性

　　MOF 的稳定性与其应用息息相关。例如，在 MOF 催化应用中，化学稳定性极为重要。化学稳定性可以定义为结构降解的阻力，也有部分人将其理解为热力学稳定性。值得注意的事，许多功能

稳定的 MOF 材料（如沸石材料）是热力学不稳定的。迄今为止，MOF 稳定性研究的热点主要集中于发展热力学不稳定但功能稳定的 MOF 材料构筑策略。本节主要介绍 MOF 的化学稳定性、热稳定性、水热稳定性以及机械稳定性。

45.2.1　化学稳定性

MOF 的化学稳定性主要与液态水和水蒸气相关[27]，大部分研究集中探讨 MOF 在水溶液中的稳定性。多数 MOF 化学不稳定取决于框架节点，即配位键。MOF 遇水后发生水解，这一过程伴随着框架中配体的质子化和金属节点羟基化。一般来说，酸性溶液加快配体的质子化速率，碱性溶液则加快金属的羟基化速率。

目前尚无一个统一的标准来评估 MOF 在酸性、碱性、中性溶液中的稳定性。通常人们通过比较 MOF 浸泡不同溶剂前后粉末 X 射线衍射（PXRD）数据来判断其稳定性。如果浸泡前后样品的 PXRD 是一致的，可初步判定样品在此溶液中是稳定的。另一个可更好地探究 MOF 稳定性的补充实验是测试样品浸泡溶液前后的气体吸附行为，利用吸附前后的等温线数据来确定其比表面积变化。通过结合 PXRD 结果与等温线数据可得到更为精确的稳定性评估结果。如果样品浸泡溶液前后的 PXRD 保持不变，而比表面积降低，说明框架中可能有部分孔坍塌。通过上述方法，人们给出一些经典 MOF 在水溶液中的稳定性（图 45-1）[37, 38]。值得注意的是，由于样品在溶液中的浸泡时间和溶液环境等条件没有统一的标准，因此，在不同研究条件下比较 MOF 的稳定性是不准确的。

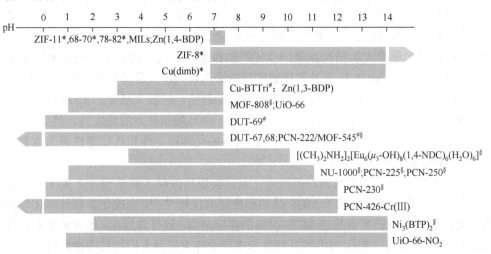

图 45-1　代表性 MOF 的酸、碱稳定性。"*"代表酸溶液；"#"代表碱溶液；"§"代表 MOF 的稳定性通过 PXRD 和气体吸附测试评估

利用多唑基有机配体有助于高水稳定性的 MOF 的构筑。例如，沸石型的咪唑基 MOF（如 ZIF）、金属-唑类（吡唑、三唑、四唑）MOF、类沸石结构的 MOF[39-47]等大多具有较好的水稳定性。其中，ZIF-8 可以在 100℃、8mol/L 氢氧化钠溶液中保持稳定。其出色的水解稳定性主要归因于骨架中孔的疏水性质。同时 ZIF-8 孔径中缺少极性基团，其较小的孔径可阻止水分子对金属簇的攻击，进而提高其水稳定性。尽管这些特点对提高 MOF 的稳定性有所助益，但孔洞的疏水性可能会限制该类 MOF 在液相催化中的应用[48]。除此之外，保护 MOF 材料中配位不饱和的位点和增强配位键可以显著提升 MOF 的稳定性。对于拥有较多开放位点的 MOF，一般可通过在孔道中引入疏水性甲基或者三氟甲基功能基团的方法屏蔽水分子进入，从而增强框架的水稳定性[49]。引入碳氢化合物和氟类功能基团可以减小 MOF 的孔体积，进而减少可进入孔中的水量，提升 MOF 的水解稳定性。

　　唑类 MOF 的稳定性与金属/金属簇和含氮配体形成的配位键有关，也可以粗略地认为与框架中唑类分子或唑类配体的 pK_a 值有关。一般来说，基于高 pK_a 值配体构筑的 MOF 拥有更高的水解稳定性[50]。例如，利用 1,3,5-三（1-氢-吡唑）苯（H_3BTP）（pK_a = 19.8）配体制备的 $Ni_3(BTP)_2$ 具有较高的化学稳定性。PXRD 和比表面积测试结果显示该 MOF 可以在 pH = 2～14 的溶液中稳定存在两周。$Ni_3(BTP)_2$ 较高的化学稳定性得益于结构中具有较高键能的金属-氮键。相比于吡唑基配体，基于二唑、三唑和四唑的有机配体一般拥有较低的 pK_a。因此，由这些配体构筑的 MOF 化学稳定性相对较低[51]。

　　上述 MOF 多数由二价金属离子和含氮的有机连接体获得。通常来说，三价金属也可与羧酸配体中的氧原子形成较强的配位键，这说明基于三价金属的 MOF 可能具有较高的稳定性。MIL（materials institute lavoisier）系列的 MOF 是一类典型的例子，这类化合物通常由三价的 Cr(Ⅲ)、Al(Ⅲ)、Fe(Ⅲ)离子和羧酸连接体组成（图 45-2），展现了出色的水稳定性[52-56]。除此之外，三价镧系金属［如 Eu(Ⅲ)、Tb(Ⅲ)和 Y(Ⅲ)］组成的 MIL 系列 MOF 也展现较好的水稳定性。这类 MOF 甚至可以在 pH = 14 的水溶液中保持稳定，这主要归因于短的疏水连接体能保护暴露在水中的镧系金属氧簇。此外，使用其他大尺寸、类似配位模式的配体也可以得到具有较高稳定性的 MIL 系列 MOF。值得注意的是，基于金属 Ti(Ⅳ)构筑的 MIL-125 不仅在水中稳定，而且在 H_2S 等酸性气体中也能保持稳定[57]。

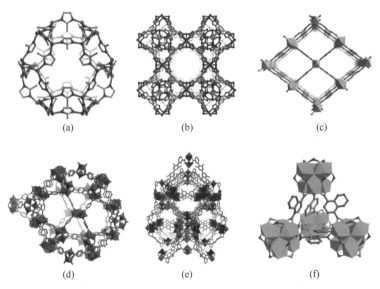

图 45-2　部分代表性 MOF 材料的结构。（a）ZIF-8；（b）Cu-BTTri；（c）MIL-53(Al)；（d）MIL-101(Cr)；（e）PCN-426-Cr(Ⅲ)；（f）$[(CH_3)_2NH_2]_2[Eu_6(\mu_3\text{-}OH)_8(1,4\text{-}NDC)_6(H_2O)_6]$

　　大量文献调研发现利用强配位键［如 Zr(Ⅳ)或者 Hf(Ⅳ)和含氧阳离子之间的键］可构筑具有高稳定性的 MOF 材料[58-69]。一般来说，强配位键易生成沉淀或者无定形的材料。因此，在合成这类 MOF 时，引入合适的调节剂可增大晶态样品的合成效率。目前报道的文献中，调节剂通常为单齿羧酸配体，如甲酸、乙酸、苯甲酸等。调节剂通过与 MOF 中有机连接体竞争配位进而减慢 MOF 的生长速度，使反应倾向于得到预期的周期性化学结构[70]。尽管 Zr—O 键拥有较大的键能，但是在高温或者调节剂浓度较高时 MOF 的稳定性会降低，这使得在这类 MOF 中进行配位交换是可能实现的。目前，人们利用这种多步合成的策略已成功获得许多基于高价金属的 MOF 材料。

　　多数锆基 MOF 由配位数为 12、10、8、6 的 $Zr_6\text{-}O$ 簇/羟基/水的次级构筑单元（secondary building unit，SBU）和二齿、三齿或四齿羧酸配体组成[54-56]（图 45-3）。2008 年，Lillerud 等成功制备了首例锆基 MOF—UiO-66。该 MOF 由十二配位数的锆基 SBU 和对苯二甲酸配体组成[26]。在某些合成条件下，UiO 类型的 MOF 会出现一定程度的配体缺陷。例如，低配位数的 Zr 基 SBU 的生成或部分失去，框架缺陷可能赋予这类 MOF 新的性能（如高的催化活性等）[71, 72]。值得注意的是，UiO-66 系列 MOF 不仅是水稳定的，还可以适度地抵抗酸和碱[73]。此类 MOF 高的水稳定性使其具有作为水相化学反应催化剂的潜力。例如，2010 年 Lillerud 等报道了一系列配体功能化的 UiO-66[74]。PXRD 结果表明这类 MOF 在 pH = 1 的水溶液中仍然稳定。值得注意的是，硝基功能化的 UiO-66（UiO-66-NO$_2$）在 1mol/L NaOH 溶液中稳定（pH = 13.6）。尚不清楚导致这个结果的具体原因，推测可能不是由于取代基的电子效应引起的，而是源于本身的结构缺陷。

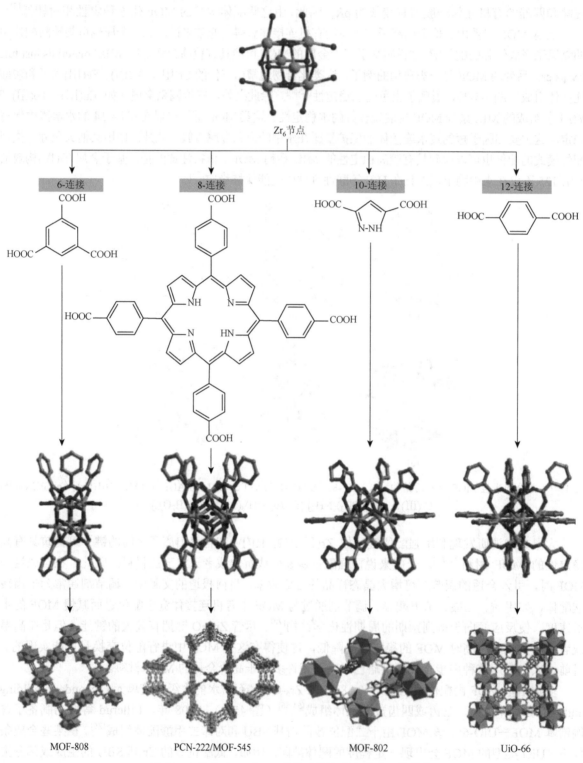

图 45-3　锆基 MOF 中 Zr$_6$ 簇的连接方式和羧酸配体结构

除了 UiO-66-NO$_2$，大多数锆基 MOF 在强碱溶液中是不稳定的。例如，一系列由 Zr$_6$ 基 SBU 和四齿卟啉配体构筑的具有不同拓扑的 MOF 在 pH = 11 的溶液中都是不稳定的。这可能是由于羟基取代框架中的羧酸，即强的锆氧配位键（来自于配体）变成了锆羟基（来自于水）配位键。此类取代反应能否在 MOF 中发生主要取决于取代金属配位官能团的大小和羟基化的程度。迄今为止，人们已经合成许多在 pH = 1 的酸溶液中稳定的锆基 MOF。其中，硫酸功能化的 MOF-808 展现出超强的耐酸性。此外，研究表明使用磷酸来取代羧酸连接体是构筑耐强酸、碱的 MOF 的一个有效的方法，这主要是由于磷酸功能基团可与金属 Zr(IV) 形成更强的配位键。值得注意的是，尽管该方法可提升 MOF 的稳定性，但如此强的键也会导致最终产物结晶度降低，形成无定形、层状的无机/有机化合物[75]。因此，到目前为止只存在少量的金属-磷酸基 MOF。

在早期研究中人们仅通过直接合成法构筑高稳定的 MOF，这类方法获得稳定性 MOF 的数量是受限的。近年来研究人员发现通过间接的合成方法也可获得稳定的 MOF。研究表明通过构筑模块取代法（连接体和节点）可直接制备法无法获得的高稳定化合物[76-78]。例如，使用多孔的 PCN-426-Mg(II) 作为起始原料，二价的金属镁可以被二价铬取代，然后将其氧化成三价铬，最终形成 PCN-426[79]。PCN-426 可以在溶液 pH 为 0～12 的范围内保持稳定。值得一提的是，PCN-426-Cr(II) 或者 PCN-426-Cr(III) 是无法通过直接法得到的。

45.2.2　热稳定性

MOF 的热稳定性一般与框架中配位键的强度和节点的配体连接数有关。这主要由于 MOF 的热降解过程常伴随配位键断裂和配体燃烧。MOF 热降解后一般表现为无定形[80]、熔融状态[81]、节点簇的脱水化[58]、连接体的脱羧或者石墨化[82]。为了满足 MOF 在不同应用中的热稳定性要求，科学家们致力于开发高效的稳定性 MOF 构筑策略。在 MOF 合成早期研究中，多数 MOF 是由二价金属阳离子[如 Zn(II)、Cu(II)、Co(II) 等]和羧酸/含氮的连接体组成。随着合成化学的不断发展，科学家们发现使用高价金属离子[Ln(III)、Al(III)、Zr(IV) 和 Ti(IV) 等]与羧酸基有机连接体结合可构筑具有强配位键的热稳定性 MOF[83]。除此之外，框架中有机连接体的官能团也可进一步增强所得材料的热稳定性。此外，框架的互锁（包括互穿或交织结构）可以增强框架间的相互作用，从而提升材料的稳定性[27]。值得注意的是，尽管互锁或者其他增加骨架密度的方法可能有助于具有高的热稳定性 MOF 的构筑。但利用互锁来提升 MOF 的稳定性的研究相对较少，这主要由于通过这种方法增加材料热稳定性的同时降低了孔尺寸，除非可以确定通过该方法得到的材料对其应用有利的。

除实验研究之外，理论计算和分子模拟方法也已经成为理解乃至预测 MOF 稳定性的有效方法和工具。计算化学表明，沸石咪唑框架（zeolitic imidazolate framework，ZIF）材料的晶体密度增加时，晶体的绝对能量是降低的。与这类结果类似，机械压力可以使 MOF 发生相转变，进而增加化合物的稳定性[84]。

TGA 和原位 PXRD 是评估 MOF 热稳定性的两种技术。TGA 可作为初步评估 MOF 热稳定性的方法，其与 PXRD 测试结果的结合则可提供更详细的热稳定性信息。值得注意的是，基于 MOF 材料的多孔特性，客体分子通常被封装于 MOF 框架中，因此低温下的失重主要是由于失去溶剂所引起的。例如，在 N$_2$ 气氛下，MOF 材料的 TGA 过程可描述如下：50～100℃温度范围内客体分子会释放；100～200℃框架失去配位的客体分子（如水、甲醇、DMF 等）；200℃起 TGA 曲线出现平台，温度升高到一定程度时 TGA 曲线开始下降，表明框架开始分解。值得注意的是，TGA 曲线无法判断样品在平台温度下是否保持其多孔特性。一些其他的测试手段，如原位 PXRD[85]、热循环前后样品的 CO$_2$ 或低温 N$_2$ 吸附和脱附曲线可辅助证实材料的多孔性。除此之外，差示扫描量热测试可以说明样品的相转换温度[86]，进而判断 MOF 的热稳定性。多数具有高热稳定的 MOF（如 UiO-66 等）

在高于 500℃温度下仍能保持其框架的结晶性和多孔性。值得注意的是，热稳定性可作为预测 MOF 抵抗其他压力的一个监测指标，因此评估新 MOF 热稳定性是非常重要的。

45.2.3 水热稳定性

MOF 结构和组成等特性使其可用于烟道气中二氧化碳捕获和甲醇催化等领域。然而在高温且潮湿条件下 MOF 的不稳定性限制其在这些领域的应用[87, 88]。同样地，MOF 的水热不稳定性直接影响其在蒸汽吸附和脱附中的应用。因此，良好的水热稳定性是 MOF 可用于以上研究领域的必要条件[89]。大量研究表明，评估 MOF 水热稳定性的常用方法是利用 PXRD 和比表面积手段表征并对比不同压力和温度下 MOF 浸泡在蒸汽前后的状态[90]。

MOF 的水热稳定性对其后修饰研究是非常重要的。例如原子层沉积（atomic layer deposition，ALD）在 MOF 中的应用，该过程在升高反应温度的条件下将 MOF 暴露于蒸汽中。第一个使用 ALD 的 MOF 材料是锆基的 MOF：NU-1000，分别在 140℃和 110℃温度下加入二乙基锌和三甲基铝，以蒸汽作为共反应剂，可 MOF 的节点上获得 Zn/Al 氧化物或者氢氧化物。这类化学修饰能否成功取决于 MOF 是否拥有大的孔道和好的水热稳定性。一般来说，通过合理地选择 MOF，ALD 方法也可在 MOF 中引入金属硫化物，要求 MOF 在高于 100℃的 H_2S 气氛下保持稳定。最近的研究表明 NU-1000 也可以用于钴硫化物的 ALD[91]。

由 Cr(Ⅲ)、Al(Ⅲ)、V(Ⅲ)、Fe(Ⅲ)、Zr(Ⅳ)金属和羧酸配体构筑的 MOF 多数展现较高的水热稳定性。相比之下，多数 Zn(Ⅱ)基 MOF（如 MOF-5、MOF-177、DUT-30、UMCM-1、DMOF-1 等）在高湿度环境中是不稳定的[92]。值得注意的是，量子化学计算和实验结果均表明 MOF 水热稳定性的高低取决于框架中配位键的键能。例如，MIL-53 中 Al—O 键的键能为 520kJ/mol，而 MOF-5 中 Zn—O 键键能仅为 365kJ/mol。更加重要的是，MIL-53 中水取代配体的活化能远远高于 MOF-5。因此，相比于 MOF-5，MIL-53 拥有更高的水热稳定性。另一个影响 MOF 水热稳定性的关键因素是 SBU 的构型。例如，基于锆氧链状 SBU 的 MOF（MIL-40）有较好的水热稳定性。同时，它的疏水性也强于基于多核锆簇的 UIO-66，这可能是由于 MIL-40 的无机节点没有缺陷和羟基官能团所导致的。第一个在水蒸气中展现良好水热稳定性的 MOF 材料是基于二价金属离子和羧酸配体的 PIZA-1。它的结构中包含线形的 Co-SBUs，孔隙率大于 70%，能在水蒸气中循环利用[93]。

除上述调控 MOF 水热稳定性的常用方法外，其他调控方法也被报道。例如，通过改变分子间/分子内作用力（如氢键和堆积方式）调控 MOF 的水热稳定性；通过向框架中引入疏水官能团和氟化物来抑制和阻碍框架吸附水分子，进而提高稳定性[94]。

45.2.4 机械稳定性

MOF 的多孔性特征使其机械稳定性较差，这种机械不稳定性表现为框架部分孔坍塌，甚至于无定形[95-97]。原位 PXRD 和气体吸附测试均是评估 MOF 机械稳定性的表征手段。例如，原位 PXRD 表明 ZIF-8 样品在压力高于 0.34GPa 时变为无定形状态[98]。N_2 吸附和脱附测试表明，在部分 MOF 在压力大于 1.2GPa 时表现为不可逆的无定形态。另一种评估 MOF 机械稳定性的方法是样品在球磨过程中保持结晶度的时间，该方法有时甚至可表明是何种缺陷破坏了样品的机械稳定性。

MOF 机械降解的一个未被充分认识的来源是当去除孔道的溶剂分子时所表现的毛细力，尤其是水。这很容易被误认为是水解导致的降解，因为降解产物看起来是一样的[99]。值得注意的是，许多锆基 MOF 容易受到毛细管力的破坏。避免这种降解的一种方法是将强相互作用溶剂与液态二氧化碳交换，然后在超临界条件下除去二氧化碳。在这些条件下，溶剂表面张力为零，毛细管力消失。另一种适用于大孔锆基 MOF 的方法是将碳氢化合物或氟碳链连接到节点上，从而消除溶剂分子与节点之间的氢键位点，更重要的是减小占据通道的水簇的大小[100]。

　　剪切模量（shear modulus）是表征 MOF 抵抗机械破坏的良好指标之一。其他的一些参数，如体积模量、硬度和杨氏模量也可作为表征材料稳定性的参数。硬度和杨氏模量可直接通过纳米压痕测试获得，从而评估材料的机械稳定性。计算研究已表明 Hf-UiO-66 在所有 MOF 中拥有最高的剪切和体积模量，其展现了最高的机械稳定性。实验方法表明，相对于 UiO-66，由锆链组成的 MIL-40 展现更好的机械稳定性。然而，在这项研究中的 UiO-66 是存在结构缺陷的。值得注意的是，由于计算方法经常忽略 MOF 的缺陷，因此其结果可能高于非理想、有缺陷样品的稳定性。事实上，这种差异在之前 MOF 稳定性测试中并未关注。值得注意的是，调节器的存在可以影响配体缺失的锆基 MOF 的机械稳定性，调节其化学组成可实现其稳定性参数数量级的提升。相比于基于二价离子的 MOF，锆基 MOF 展现更出色的机械稳定性，这是由于它们具有高配位数的节点和强的配体键。

　　MOF 的几何结构直接影响其剪切力稳定性。计算研究显示，较短的连接体可以增强 MOF 机械稳定性[101]。同时，近几年备受关注的柔性 MOF 往往展现较好的机械稳定性[102-111]。

45.3　影响多孔配位聚合物在水溶液中稳定性的因素

　　不同于传统无机多孔材料，由金属/金属簇和有机配体通过配位键构筑的晶态 MOF 材料在结构设计和功能调控方面拥有较高的灵活性。因此，可以通过调控 MOF 的化学组成和结构来提升其稳定性。到目前为止，大量稳定性 MOF 已经被报道。从 MOF 的结构设计出发，一些方法和策略已经用于提升 MOF 的稳定性：包括金属-配体键调控、高价阳离子的选择、高 pK_a 值配体的使用、配体功能化和框架结构调控等。本小节主要介绍不同物理/化学参数对 MOF 在水溶液中稳定性的影响和 MOF 稳定性提升的策略，揭示结构和稳定性的关系，为稳定性 MOF 的定向构筑和功能实现提供参考（图 45-4 和图 45-5）。

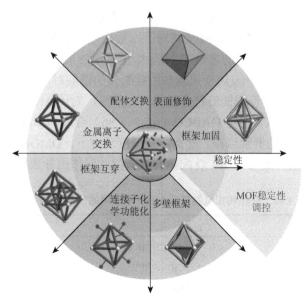

图 45-4　MOF 结构稳定性的调控因素

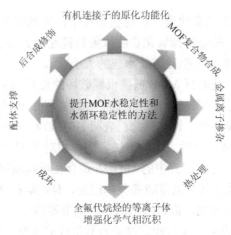

图 45-5　MOF 稳定性提升方法

45.3.1　金属-配体键的强度

　　MOF 中金属-配体键的强弱是基于路易斯酸或路易斯碱与孤对电子的相互作用或非特异性的静电作用。通常来说配位数低的金属中心会形成较短的配位键，且具有较大的键能[112]。在基于二价金属中心的 MOF 中，配位键的键能依次递减：Fe—O（468kJ/mol）＞Cr—O（374kJ/mol）＞Cu—O（372kJ/mol）＞Zn—O（365kJ/mol）[87]。基于以上的顺序，可推测 HKUST-1 比 MOF-5 的水稳定性更好，而由于三价 Cr 的存在，MIL-101 的水稳定性要略好于 HKUST-1。然而，这些预测有时也与它们的实际稳定性不符，因为基于配位键能的比较未包含 MOF 中次级构筑单元在水溶液中的氧化的影响。实际上，金属-配位键对 MOF 水稳定性的影响不是一个完全独立的因素，其他因素如配体的碱性、金属中心的配位数等也会影响金属-配位键的强度，进而改变 MOF 在水介质中的稳定性。

45.3.2　配体的碱性

　　配体的碱性越强，金属-配位键键能可能越大。由此预测的配位键键能排列如下：羧酸盐约等于吡啶，同时远大于 O^{2-}。柱状 MOF 的高稳定性通常源于框架中"柱子"配体高碱性/pK_a 值（表 45-1 和图 45-6）。例如，柱状配体 DABCO 和 BPY 相对于二羧酸配体 BDC 和 TMBDC 的高 pK_a 值促使相应的 MOF 稳定性更好[113]。基于同样的思路，由高 pK_a 值的吡唑或咪唑配体构筑的 MOF 暴露在潮湿的环境中可以保持稳定。Low 等[87]发现金属簇与桥连配体的键能对 MOF 框架稳定性有很大贡献，路易斯酸金属与高 pK_a 值的配体形成的键稳定性更高。然而，对比 MOF-58 和 DMOF，基于低 pK_a 的 PBY（pK_a＝4.6）的 MOF-508 比由 DABCO（pK_a＝8.86）合成的 DMOF 水热稳定性更高。这是由于 MOF-508 存在双重嵌套的框架结构。然而，在湿度环境下，DMOF 却比 MOF-508-TM 的水热稳定性更好，这是由锌簇的屏蔽与 DABCO 配体的强碱性共同作用导致的。

表 45-1　在结构相似的柱状 MOF 中使用的配体的 pK_a 的值

MOF	配体	pK_a
DMOF	BDC、DABCO	3.73、8.86
MOF-508	BDC、BPY	3.73、4.60
DMOF-TM	TMBDC、DABCO	3.80、8.86
MOF-508-TM	TMBDC、BPY	3.80、4.60

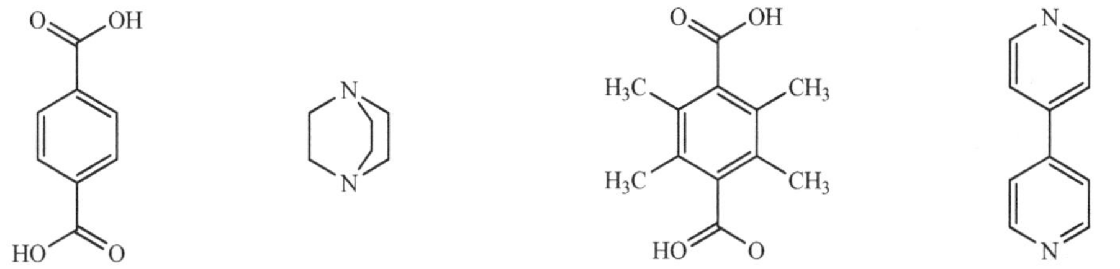

4-对苯二甲酸　1,4-二氮杂二环[2.2.2]辛烷　2,3,5,6-四甲基-1,4-对苯二甲酸　4,4′-联吡啶

图 45-6 在结构相似的柱状 MOF 中使用的配体

基于吡唑和咪唑功能基团的 MOF 比羧酸基 MOF 具有更高的抗水解稳定性[87, 114]。这是因为氮基配体的碱性高于羧基配体，使其金属配位键的键能更强。尽管大部分羧基 MOF 的水稳定性比吡唑或咪唑基 MOF 差，但是仍有一些例外。例如，MIL-53、MIL-101、MIL-100、UiO-66 和 MIL-125 等在高温下仍具有较好的热稳定性。以上结果说明 MOF 在水介质中的稳定性不仅与配体的酸碱度和配位键的强弱有关，也与金属离子/簇的类型、金属中心配位状态和框架的维度有关[115]。

45.3.3 金属中心的配位数和类型

对于早期获得的多孔 MOF：MOF-5 和 HKUST-1，人们对它们研究的浓厚兴趣源于其大比表面积和迷人的结构，但这些材料在空气中不稳定的特性严重地限制了它们的应用。除上述两个例子外，大量基于二价金属的羧酸基 MOF 也存在不稳定的问题。为了克服羧酸基 MOF 稳定性差，引入高价态的金属可作为构筑稳定性 MOF 的一个方法。由高价金属构筑的稳定性 MOF 典型例子是 MIL 系列的 MOF。这类 MOF 在潮湿氛围、水溶液及一定 pH 范围内都展现出色的稳定性。Feréy 报道了一个基于铬的羧酸基 MOF—MIL-53，可以稳定到 375℃。之后，人们也构筑了其他基于三价金属的羧酸基 MOF。介孔材料 MIL-101 具有六边形多面体笼子（笼窗口尺寸为 16Å，孔径为 34Å），比表面积为 4100m^2/g。其在空气、各种溶剂和水中都有好的稳定性。MIL-101 出色的稳定性源于路易斯酸 Cr^{3+} 更易与羧酸配位，可以有效地减慢金属-配体键的降解过程。其出色的稳定性和特殊的孔结构使其可以应用在多个领域，如气体吸附[116-118]、催化[119-121]等。

一般来说，增加 MOF 中金属离子的电荷可增强其稳定性。这种策略可用来构筑其他稳定的 MOF，如 V^{3+}、Fe^{3+}、Al^{3+}、Eu^{3+}、Tb^{3+}和 Y^{3+}基的 MOF 展现了较高的热稳定性和水稳定性。在 MIL 系列中，MIL-125 和 Ti^{4+}-MOF 在水中和酸溶液中都展现良好的稳定性[57]。到目前为止，大量的基于高价金属的羧酸基 MOF 展现了出色的稳定性[122]。值得注意的是，Zr 基卟啉 MOF 通常展现较好的化学和热稳定性[123]。这主要由于金属锆与含氧配体有较强的亲和作用。Lillerud 和共同研究者利用对苯二甲酸（BDC）作为配体与四氯化锆反应构筑一个超稳定的 MOF：UIO-66[25]。该 MOF 由 $Zr_6O_4(OH)_4$ 八面体组成，每个锆簇都是十二配位的。使用 4,4-二苯基二羧酸（BPDC）和三联苯二羧酸 TPDC 取代 BDC，其他条件不变情况下，可获得同构的 UIO-67 和 UIO-68。随后，Lamberti 和共同研究者报道了这类 MOF 详细的结构特点，并探究了它们在常见溶剂、酸、碱水溶液中的稳定性。这类材料（UiO-66/67/68）有较高的热稳定性。除此之外，其他系列的锆基 MOF 也展现了较好的化学和热稳定性，如 PCN-224[27]、PCN-777[28]、NU-1100[29]。这类 MOF 拥有较高稳定性的原因是由于较高金属配位数产生的屏蔽效应阻碍了水簇对金属簇的攻击，进而增强了金属-配体键。

此外，金属的配位构型也对 MOF 的稳定性有影响。目前认为六配位（通常为八面体）的 MOF 的水稳定性要好于四配位（通常为四面体）MOF。这是由于四面体的配位结构比八面体结构的更容易和水分子反应，使其具有更低的能垒。举例来说，MOF-5 框架的水稳定性要远低于 Zn-MOF-74。

Cu-BTC 是由均苯三酸（BTC）配体形成的一个桨轮式结构的次级构筑单元（SBU），每个 SBU 中含有两个铜离子和四个三酸配体，使用等离子体增加其全氟烃类的化学气相沉积的方法可以增强 Cu-BTC 的水热稳定性。

45.3.4 连接体的化学功能化

多孔材料的 MOF 可应用于多个领域，如气体储存、催化等[16, 124]。相比于其他多孔材料，MOF 的主要优势是其具有可调节的化学组成、易功能化和分子维度可变等特点。尽管其拥有较多的优势，但是 MOF 较弱的热稳定性和化学稳定性极大地限制了它们的实际应用。一些研究表明，MOF 的稳定性可以通过改变配体的功能性来调控。这种方法可以极大地增强 MOF 的稳定性。例如，引入疏水官能团可以增强 MOF 的疏水性，进而增强多孔 MOF 的稳定性。此外，向 MOF 孔道中引入甲基也可增强 MOF 的稳定性[115, 125-127]。例如，Dingemans 和合作者通过溶剂热的方法合成了两个甲基修饰的 MOF。对于 MOF-5，PXRD 结果表明，MOF-5 在空气中放置一天，MOF 的结构完全变化。然而，单甲基和双甲基修饰的 CH₃-MOF-5 和 DiCH₃MOF-5 可以在空气中稳定存在 4 天。另一个例子是羧酸基的 MOF，这些 MOF 含有不同的联吡啶配体，含有相似的框架，孔尺寸分别为 6.4Å、6.5Å 和 8.0Å。即使加热至 400℃，它们依旧可以保持稳定。MOF-508 在空气中是不稳定的，在空气中暴露一周会完全分解。然而，在相同的条件下，引入甲基的 SCUTC-19 和 SCUTC-18 可以在空气中稳定 7 天和 30 天。由此可见，在这一系列 MOF 中，在 MOF-508 融入甲基可以增强其稳定性[128]。

Omary 和共同合作者使用 3,5-双（三氟甲基）-1,2,4-三唑连接体和银离子合成了两个具有疏水型孔道的 MOF：FMOF-1 和 FMOF-2。它们本身的疏水性特性使其在湿度 100% 下也没有明显的水吸附[129]。

基于 $Zr_6O_4(OH)_4$ SBU 的 MOF 在商业和工业领域的应用受到人们广泛的关注。这类 MOF 易剪裁，拥有较高的化学和热稳定性。最近，DeCoste 等利用 $Zr_6O_4(OH)_4$ 作为 SBU 和一系列含有不同长度的有机配体来构筑 MOF，发现这些 MOF 展现了不同的化学和热稳定性。配体中芳香环的数量越多，在遇水和酸时，SBU 更容易降解。再者，使用 2,2-联吡啶-5,5-二羧酸替代有机连接体，得到 MOF 的化学稳定性降低。再者，Nickerl 等发现，ZrMOF-BIPY 在室温条件下浸泡在水中 24h 还可以保持原有的结构，这个结果通过 PXRD 得到了证实。因此，Zr 基 MOF 的结构稳定性不仅与框架中大的配体组成有关，也与晶粒大小、晶形和晶体的维度有关。

除了以上的例子，含有不同官能团的锆基 MOF 的热稳定性和化学稳定性也被探究。UiO-66-Br 和 UiO-66-1,4-Naph 保持了 UiO-66 的热稳定性[130]。而氨基和硝基修饰的 UiO-66 由于配体的分解降低了热稳定性。实验发现，氨基修饰的 UiO-66 在 pH = 14 的条件下保持稳定，而溴修饰的 UiO-66 同构化合物在相同的条件下只能保持 2h 时，具体的影响因素目前还不清楚。

改变连接体的化学功能化可以有效地提升 MOF 的稳定性。但是这种方法也有一些缺点，如由于功能化的基团占据了孔导致框架的比表面积和自由体积会减小。

45.3.5 结构框架

除了以上提到的提升 MOF 稳定性的方法，框架结构的调控也可以改变 MOF 的稳定性。主要方法包括互穿、多壁框架、框架的加固等[131]。

一些研究者致力于构筑拥有迷人结构的 MOF。不同的结构可以影响包括稳定性在内的 MOF 的一系列性能。一般来说，互穿结构不仅可以增加框架中壁的厚度，而且能减少 MOF 的孔尺寸，一些报道已经证实了这些结构特点可以增强其热稳定性。基于以上特点的高稳定性 MOF 已经被报道，如 PCN-6、$[Zn_8(SiO_4)(C_8H_4O_4)_6]_n$[132]、$[Zn(PEBA)_2]$ 等。再者，互锁结构也可以稳定多孔 MOF 并且影响其吸附性能[133]。

通过配位键连接的互穿结构可以展现更好的热稳定性。例如，周宏才课题组报道了一个 MOF：PCN-17，它拥有超高的热稳定性，在 480℃加热条件下可以保持稳定[134]。尽管互穿结构可以提高 MOF 的稳定性，但这也会造成孔尺寸减小、孔密度增大等缺点。

此外，多壁结构也可有效地提高 MOF 的稳定性。Long 等报道了第一例具有双壁结构的 MOF[135]。通过使用 1,3-苯双吡唑和 1,4-苯双吡唑合成了两个稳定的 MOF：$Zn(1,4-BDP)_2DEFH_2O$ (MOF-1)和 $Zn(1,3-BDP)_{0.7}DMF_{0.5}H_2O$(MOF-2)，它们分别可以稳定到 400℃和 450℃。MOF-2 在沸水、甲醇或者苯中可以稳定三天；在 pH 为 3、90℃的溶液中可以稳定 30min。其良好的稳定性主要源于其双壁结构。卜显和课题组利用相似的方法，使用混合分子构筑模块的策略构筑出一例三壁结构的 MOF[136]。该 MOF 相比于之前具有类似结构的单壁、双壁 MOF，拥有更高的化学和热稳定性。此 MOF 可以在水中稳定 7 天，沸水中稳定 2 天。它在其他有机溶剂中，pH 为 2~9 范围下也可稳定存在一段时间。TGA 和变温 PXRD 测试表明该 MOF 的骨架可以稳定到 350℃。在设计这类结构的 MOF 时，通常需要考虑以下几个因素：①选择合适构型的分子构筑模块；②柔性和刚性的连接体分别作为多壁 MOF 的两个层。混合 MBB 策略已经被证实可以作为一个构筑稳定性 MOF 的有效方法。

尽管大量的多孔 MOF 已经被报道，但其中一些 MOF 在移除溶剂时框架会随之坍塌，这极大地限制了它们的应用。为了解决这个问题，在框架中引入尺寸匹配的配体，将其固定在开放金属位点上作为支撑，可加固 MOF，进而提升 MOF 的稳定性[137]。除此之外，在框架中引入大的阳离子也是一种可以加强 MOF 稳定性的有效方法，但是这种客体引入的方法会破坏孔结构，使得大孔变成小孔的结构[138]。

45.4　展　　望

本节介绍了多孔配位聚合物的化学、热和机械稳定性，归纳了多孔配位聚合物稳定性影响因素和合成方法等。这些研究展现了相关领域快速发展的趋势。MOF 组成可调、结构可修饰等特性使其可通过结构设计成为优秀性能的材料，而良好的化学、热、机械稳定性是实现其功能的重要前提。也应该看到，目前所报道的稳定 MOF 多数是针对单一领域潜在应用进行设计，而可实现实际应用的材料尚少。其次，MOF 稳定性的影响因素较多，合理调控众多影响因素进而实现稳定性材料的定向构筑将有利于该领域研究的发展。

近年来 MOF 合成飞速发展，从结构单元取代到引入"调节器"再到后合成修饰等构筑策略被不断提出。尽管相关研究已经取得重要进展，但到目前为止没有单一 MOF 包含如下所有性能。例如，在惰性气氛内热稳定性高于 500℃；沸水中长时间浸泡稳定；抵抗超过 100℃蒸汽降解稳定或在强酸/碱环境保持稳定等。此外，薄膜形态下 MOF 的机械和化学稳定性近年来也受到广泛关注。这种稳定性包括薄膜基底的稳定性，薄膜和基底之间的固有稳定性，甚至在一些恶劣环境下的 MOF 催化反应稳定性等。若利用一种常规构筑策略（特例除外）来获得结构迷人且稳定性良好的 MOF 仍是一个极大的挑战。因此，应进一步开发更为有效的稳定性 MOF 合成策略，理解稳定性 MOF 的影响因素，进而为精准调控提供指引。目前，构筑在一定湿度和升温、存在腐蚀性气体条件下仍能保持稳定的新 MOF 仍是当前配位化学领域的研究热点。另外，相关理论也需不断发展，从而为 MOF 稳定性的精准构筑提供指导，推动其实际应用。

总的来说，作为多孔材料的一种，MOF 已经从人们熟知的易坏和湿度敏感的材料变成可抵抗苛刻物理/化学条件的材料。毫无疑问，这种改变加速了 MOF 在科学和技术方面的深入探索和应用。MOF 研究正呈现方兴未艾的发展趋势，基于应用导向的稳定新体系构筑也在快速发展，相信在不久的将来，稳定性 MOF 的相关研究将得到快速发展。

（李　娜　卜显和）

参 考 文 献

[1] Abrahams B F，Hoskins B F，Michail D M，et al. Assembly of porphyrin building blocks into network structures with large channels. Nature，1994，369：727.

[2] Zhou H C，Long J R，Yaghi O M. Introduction to metal-organic frameworks. Chem Rev，2012，112：673-674.

[3] Horike S，Shimomura S，Kitagawa S. Soft porous crystals. Nat Chem，2009，1：695.

[4] Eddaoudi M，Sava D F，Eubank J F，et al. Zeolite-like metal-organic frameworks（ZMOF）：design，synthesis，and properties. Chem Soc Rev，2015，44：228-249.

[5] Kitagawa S，Kitaura R，Noro S I. Functional porous coordination polymers. Angew Chem Int Ed，2004，43：2334-2375.

[6] Férey G. Hybrid porous solids：past，present，future. Chem Soc Rev，2008，37：191-214.

[7] Foo M L，Matsuda R，Kitagawa S. Functional hybrid porous coordination polymers. Chem Mater，2014，26：310-322.

[8] Farha O K，Hupp J T. Rational design，synthesis，purification，and activation of metal-organic framework materials. Acc Chem Res，2010，43：1166-1175.

[9] O'Keeffe M，Yaghi O M. Deconstructing the crystal structures of metal-organic frameworks and related materials into their underlying nets. Chem Rev，2012，112：675-702.

[10] Farha O K，Eryazici I，Jeong N C，et al. Metal-organic framework materials with ultrahigh surface areas：Is the sky the limit? J Am Chem Soc，2012，134：15016-15021.

[11] Grünker R，Bon V，Müller P，et al. A new metal-organic framework with ultra-high surface area. Chem Commun，2014，50：3450-3452.

[12] Furukawa H，Ko N，Go Y B，et al. Ultrahigh porosity in metal-organic frameworks. Science，2010，329：424-428.

[13] Furukawa H，Go Y B，Ko N，et al. Isoreticular expansion of metal-organic frameworks with triangular and square building units and the lowest calculated density for porous crystals. Inorg Chem，2011，50：9147-9152.

[14] Li J R，Kuppler R J，Zhou H C. Selective gas adsorption and separation in metal-organic frameworks. Chem Soc Rev，2009，38：1477-1504.

[15] Mason J A，Veenstra M，Long J R. Evaluating metal-organic frameworks for natural gas storage. Chem Sci，2014，5：32-51.

[16] Peng Y，Krungleviciute V，Eryazici I，et al. Methane storage in metal-organic frameworks：current records，surprise findings，and challenges. J Am Chem Soc，2013，135：11887-11894.

[17] Li J R，Sculley J，Zhou H C. Metal-Organic Frameworks for separations. Chem Rev，2012，112：869-932.

[18] Horcajada P，Serre C，Vallet-Regí M，et al. Metal-organic frameworks as efficient materials for drug delivery. Angew Chem Int Ed，2006，45：5974-5978.

[19] Lee J，Farha O K，Roberts J，et al. Metal-organic framework materials as catalysts. Chem Soc Rev，2009，38：1450-1459.

[20] So M C，Wiederrecht G P，Mondloch J E，et al. Metal-organic framework materials for light-harvesting and energy transfer. Chem Commun，2015，51：3501-3510.

[21] Wang J L，Wang C，Lin W. Metal-organic frameworks for light harvesting and photocatalysis. ACS Catal，2012，2：2630-2640.

[22] Katz M J，Mondloch J E，Totten R K，et al. Simple and compelling biomimetic metal-organic framework catalyst for the degradation of nerve agent simulants. Angew Chem Int Ed，2014，53：497-501.

[23] Katz M J，Moon S Y，Mondloch J E，et al. Exploiting parameter space in MOF：a 20-fold enhancement of phosphate-ester hydrolysis with UiO-66-NH2. Chem Sci，2015，6：2286-2291.

[24] Nunes P，Gomes A C，Pillinger M，et al. Promotion of phosphoester hydrolysis by the ZrIV-based metal-organic framework UiO-67. Micropor Mesopor Mater，2015，208：21-29.

[25] López-Maya E，Montoro C，Rodríguez-Albelo L M，et al. Textile/metal-organic-framework composites as self-detoxifying filters for chemical-warfare agents. Angew Chem Int Ed，2015，54：6790-6794.

[26] Cavka J H，Jakobsen S，Olsbye U，et al. A new zirconium inorganic building brick forming metal organic frameworks with exceptional stability. J Am Chem Soc，2008，130：13850-13851.

[27] Burtch N C，Jasuja H，Walton K S. Water stability and adsorption in metal-organic frameworks. Chem Rev，2014，114：10575-10612.

[28] Bosch M，Zhang M，Zhou H C. Increasing the stability of metal-organic frameworks. Adv Chem，2014，2014：8.

[29] Canivet J，Fateeva A，Guo Y，et al. Water adsorption in MOF：fundamentals and applications. Chem Soc Rev，2014，43：5594-5617.

[30] Bon V，Senkovska I，Baburin I A，et al. Zr- and Hf-based metal-organic frameworks：tracking down the polymorphism. Cryst Growth Des，2013，13：1231-1237.

[31] Wang T C，Bury W，Gómez-Gualdrón D A，et al. Ultrahigh surface area zirconium MOF and insights into the applicability of the BET theory. J Am Chem Soc，2015，137：3585-3591.

[32] Kim M，Cahill J F，Fei H，et al. Postsynthetic ligand and cation exchange in robust metal-organic frameworks. J Am Chem Soc，2012，134：18082-18088.

[33] Devic T，Serre C. High valence 3p and transition metal based MOF. Chem Soc Rev，2014，43：6097-6115.

[34] Lee K，Howe J D，Lin L C，et al. Small-molecule adsorption in open-site metal-organic frameworks：a systematic density functional theory study for rational design. Chem Mater，2015，27：668-678.

[35] Colón Y J，Snurr R Q. High-throughput computational screening of metal-organic frameworks. Chem Soc Rev，2014，43：5735-5749.

[36] Férey G，Mellot-Draznieks C，Serre C，et al. Crystallized frameworks with giant pores：are there limits to the possible? Acc Chem Res，2005，38：217-225.

[37] Abney C W，Taylor-Pashow K M L，Russell S R，et al. Topotactic transformations of metal-organic frameworks to highly porous and stable inorganic sorbents for efficient radionuclide sequestration. Chem Mater，2014，26：5231-5243.

[38] Cunha D，Ben Yahia M，Hall S，et al. Rationale of drug encapsulation and release from biocompatible porous metal-organic frameworks. Chem Mater，2013，25：2767-2776.

[39] Zhang J P，Zhang Y B，Lin J B，et al. Metal Azolate frameworks：from crystal engineering to functional materials. Chem Rev，2012，112：1001-1033.

[40] Banerjee R，Furukawa H，Britt D，et al. Control of pore size and functionality in isoreticular zeolitic imidazolate frameworks and their carbon dioxide selective capture properties. J Am Chem Soc，2009，131：3875-3877.

[41] Banerjee R，Phan A，Wang B，et al. High-throughput synthesis of zeolitic imidazolate frameworks and application to CO_2 capture. Science，2008，319：939-943.

[42] Phan A，Doonan C J，Uribe-Romo F J，et al. Synthesis，structure，and carbon dioxide capture properties of zeolitic imidazolate frameworks. Acc Chem Res，2010，43：58-67.

[43] Huang X C，Lin Y Y，Zhang J P，et al. Ligand-directed strategy for zeolite-type metal-organic frameworks：zinc（Ⅱ）imidazolates with unusual zeolitic topologies. Angew Chem Int Ed，2006，45：1557-1559.

[44] Zhang J P，Chen X M. Crystal engineering of binary metal imidazolate and triazolate frameworks. Chem Commun，2006：1689-1699.

[45] Zhang J P，Lin Y Y，Huang X C，et al. Copper（Ⅰ）1，2，4-triazolates and related complexes：studies of the solvothermal ligand reactions，network topologies，and photoluminescence properties. J Am Chem Soc，2005，127：5495-5506.

[46] Li J R，Tao Y，Yu Q，et al. Selective gas adsorption and unique structural topology of a highly stable guest-free zeolite-type MOF material with N-rich chiral open channels. Chem-A Eur J，2008，14：2771-2776.

[47] Liu Y，Kravtsov V C，Eddaoudi M. Template-directed assembly of zeolite-like metal-organic frameworks（ZMOF）：a usf-ZMOF with an unprecedented zeolite topology. Angew Chem Int Ed，2008，47：8446-8449.

[48] Tan K，Nijem N，Gao Y，et al. Water interactions in metal organic frameworks. CrystEngComm，2015，17：247-260.

[49] Yang C，Kaipa U，Mather Q Z，et al. Fluorous metal-organic frameworks with superior adsorption and hydrophobic properties toward oil spill cleanup and hydrocarbon storage. J Am Chem Soc，2011，133：18094-18097.

[50] Colombo V，Galli S，Choi H J，et al. High thermal and chemical stability in pyrazolate-bridged metal-organic frameworks with exposed metal sites. Chem Sci，2011，2：1311-1319.

[51] Dincă M，Yu A F，Long J R. Microporous metal-organic frameworks incorporating 1,4-benzeneditetrazolate：syntheses，structures，and hydrogen storage properties. J Am Chem Soc，2006，128：8904-8913.

[52] Serre C，Millange F，Thouvenot C，et al. Very large breathing effect in the first nanoporous chromium（Ⅲ）-based solids：MIL-53 or Cr（Ⅲ）（OH）{$O_2CC_6H_4CO_2$}{$HO_2CC_6H_4CO_2H$}$_x \cdot H_2O_y$. J Am Chem Soc，2002，124：13519-13526.

[53] Férey G，Mellot-Draznieks C，Serre C，et al. A chromium terephthalate-based solid with unusually large pore volumes and surface area. Science，2005，309：2040-2042.

[54] Loiseau T，Lecroq L，Volkringer C，et al. MIL-96，a porous aluminum trimesate 3d structure constructed from a hexagonal network of 18-membered rings and μ3-oxo-centered trinuclear units. J Am Chem Soc，2006，128：10223-10230.

[55] Surblé S，Millange F，Serre C，et al. Synthesis of MIL-102，a chromium carboxylate metal-organic framework，with gas sorption analysis. J Am Chem Soc，2006，128：14889-14896.

[56] Horcajada P，Surblé S，Serre C，et al. Synthesis and catalytic properties of MIL-100（Fe），an iron（Ⅲ）carboxylate with large pores. Chem Commun，2007：2820-2822.

[57] Vaesen S，Guillerm V，Yang Q，et al. A robust amino-functionalized titanium（ⅳ）based MOF for improved separation of acid gases. Chem Commun，2013，49：10082-10084.

[58] Valenzano L，Civalleri B，Chavan S，et al. Disclosing the complex structure of UiO-66 metal organic framework：a synergic combination of experiment and theory. Chem Mater，2011，23：1700-1718.

[59] Bon V，Senkovskyy V，Senkovska I，et al. Zr（ⅳ）and Hf（ⅳ）based metal-organic frameworks with reo-topology. Chem Commun，2012，48：8407-8409.

[60] Feng D，Gu Z Y，Li J R，et al. Zirconium-metalloporphyrin PCN-222：mesoporous metal-organic frameworks with ultrahigh stability as biomimetic catalysts. Angew Chem Int Ed，2012，51：10307-10310.

[61] Morris W，Volosskiy B，Demir S，et al. Synthesis，structure，and metalation of two new highly porous zirconium metal-organic frameworks. Inorg Chem，2012，51：6443-6445.

[62] Wu H，Chua Y S，Krungleviciute V，et al. Unusual and highly tunable missing-linker defects in zirconium metal-organic framework UiO-66 and their important effects on gas adsorption. J Am Chem Soc，2013，135：10525-10532.

[63] Furukawa H，Gándara F，Zhang Y B，et al. Water adsorption in porous metal-organic frameworks and related materials. J Am Chem Soc，2014，136：4369-4381.

[64] Jiang J，Gándara F，Zhang Y B，et al. Superacidity in sulfated metal-organic framework-808. J Am Chem Soc，2014，136：12844-12847.

[65] Liu T F，Feng D，Chen Y P，et al. Topology-guided design and syntheses of highly stable mesoporous porphyrinic zirconium metal-organic frameworks with high surface area. J Am Chem Soc，2015，137：413-419.

[66] Feng D，Wang K，Su J，et al. A highly stable zeotype mesoporous zirconium metal-organic framework with ultralarge pores. Angew Chem Int Ed，2015，54：149-154.

[67] Kalidindi S B，Nayak S，Briggs M E，et al. Chemical and structural stability of zirconium-based metal-organic frameworks with large three-dimensional pores by linker engineering. Angew Chem Int Ed，2014，54：221-226.

[68] Mondloch J E，Bury W，Fairen-Jimenez D，et al. Vapor-phase metalation by atomic layer deposition in a metal-organic framework. J Am Chem Soc，2013，135：10294-10297.

[69] Seo Y K，Yoon J W，Lee J S，et al. Energy-efficient dehumidification over hierachically porous metal-organic frameworks as advanced water adsorbents. Adv Mater，2011，24：806-810.

[70] Schaate A，Roy P，Godt A，et al. Modulated synthesis of Zr-based metal-organic frameworks：from nano to single crystals. Chem A Eur J，2011，17：6643-6651.

[71] Shearer G C，Chavan S，Ethiraj J，et al. Tuned to perfection：ironing out the defects in metal-organic framework UiO-66. Chem Mater，2014，26：4068-4071.

[72] Vermoortele F，Bueken B，Le Bars G，et al. Synthesis modulation as a tool to increase the catalytic activity of metal-organic frameworks：the unique case of UiO-66（Zr）. J Am Chem Soc，2013，135：11465-11468.

[73] Mondloch J E，Katz M J，Planas N，et al. Are Zr6-based MOF water stable? Linker hydrolysis vs. capillary-force-driven channel collapse. Chem Commun，2014，50：8944-8946.

[74] Kandiah M，Nilsen M H，Usseglio S，et al. Synthesis and stability of tagged UiO-66 Zr-MOF. Chem Mater，2010，22：6632-6640.

[75] Gagnon K J，Perry H P，Clearfield A. Conventional and unconventional metal-organic frameworks based on phosphonate ligands：MOF and UMOF. Chem Rev，2012，112：1034-1054.

[76] Deria P，Mondloch J E，Karagiaridi O，et al. Beyond post-synthesis modification：evolution of metal-organic frameworks via building block replacement. Chem Soc Rev，2014，43：5896-5912.

[77] Dincǎ M，Long J R. High-enthalpy hydrogen adsorption in cation-exchanged variants of the microporous metal-organic framework Mn3[(Mn4Cl)3(BTT)8(CH3OH)10]2. J Am Chem Soc，2007，129：11172-11176.

[78] Cairns A J，Perman J A，Wojtas L，et al. Supermolecular building blocks（SBBs）and crystal design：12-connected open frameworks based

on a molecular cubohemioctahedron. J Am Chem Soc，2008，130：1560-1561.

[79]　Liu T F，Zou L，Feng D，et al. Stepwise synthesis of robust metal-organic frameworks via postsynthetic metathesis and oxidation of metal nodes in a single-crystal to single-crystal transformation. J Am Chem Soc，2014，136：7813-7816.

[80]　Bennett T D，Goodwin A L，Dove M T，et al. Structure and properties of an amorphous metal-organic framework. Phys Rev Lett，2010，104：115503.

[81]　Umeyama D，Horike S，Inukai M，et al. Reversible solid-to-liquid phase transition of coordination polymer crystals. J Am Chem Soc，2015，137：864-870.

[82]　Sun J K，Xu Q. Functional materials derived from open framework templates/precursors：synthesis and applications. Energ Environ Sci，2014，7：2071-2100.

[83]　Fu Y，Sun D，Chen Y，et al. An Amine-functionalized titanium metal-organic framework photocatalyst with visible-light-induced activity for CO_2 reduction. Angew Chem Int Ed，2012，51：3364-3367.

[84]　James S L，Adams C J，Bolm C，et al. Mechanochemistry：opportunities for new and cleaner synthesis. Chem Soc Rev，2012，41：413-447.

[85]　Chen J，Wang S，Huang J，et al. Conversion of cellulose and cellobiose into sorbitol catalyzed by ruthenium supported on a polyoxometalate/metal-organic framework hybrid. ChemSusChem，2013，6：1545-1555.

[86]　Mu B，Walton K S. Thermal analysis and heat capacity study of metal-organic frameworks. J Phys Chem C，2011，115：22748-22754.

[87]　Low J J，Benin A I，Jakubczak P，et al. Virtual high throughput screening confirmed experimentally：porous coordination polymer hydration. J Am Chem Soc，2009，131：15834-15842.

[88]　Müller M，Hermes S，Kähler K，et al. Loading of MOF-5 with Cu and ZnO nanoparticles by gas-phase infiltration with organometallic precursors：properties of Cu/ZnO@MOF-5 as catalyst for methanol synthesis. Chem Mater，2008，20：4576-4587.

[89]　Henninger S K，Jeremias F，Kummer H，et al. MOF for use in adsorption heat pump processes. Eur J Inorg Chem，2011，2012：2625-2634.

[90]　Nugent P，Belmabkhout Y，Burd S D，et al. Porous materials with optimal adsorption thermodynamics and kinetics for CO_2 separation. Nature，2013，495：80.

[91]　Peters A W，Li Z，Farha O K，et al. Atomically precise growth of catalytically active cobalt sulfide on flat surfaces and within a metal-organic framework via atomic layer deposition. ACS Nano，2015，9：8484-8490.

[92]　Schoenecker P M，Carson C G，Jasuja H，et al. Effect of water adsorption on retention of structure and surface area of metal-organic frameworks. Ind Eng Chem Res，2012，51：6513-6519.

[93]　Kosal M E，Chou J-H，Wilson S R，et al. A functional zeolite analogue assembled from metalloporphyrins. Nature Materials，2002，1：118.

[94]　Guillerm V，Ragon F，Dan-Hardi M，et al. A series of isoreticular，highly stable，porous zirconium oxide based metal-organic frameworks. Angew Chem Int Ed，2012，51：9267-9271.

[95]　Katsenis A D，Puškarić A，Štrukil V，et al. *In situ* X-ray diffraction monitoring of a mechanochemical reaction reveals a unique topology metal-organic framework. Nat Commun，2015，6：6662.

[96]　Coudert F X. Responsive metal-organic frameworks and framework materials：under pressure，taking the heat，in the spotlight，with friends. Chem Mater，2015，27：1905-1916.

[97]　Li W，Henke S，Cheetham A K. Research update：mechanical properties of metal-organic frameworks - influence of structure and chemical bonding. APL Mater，2014，2：123902.

[98]　Chapman K W，Halder G J，Chupas P J. Pressure-induced amorphization and porosity modification in a metal-organic framework. J Am Chem Soc，2009，131：17546-17547.

[99]　Bennett T D，Sotelo J，Tan J C，et al. Mechanical properties of zeolitic metal-organic frameworks：mechanically flexible topologies and stabilization against structural collapse. CrystEngComm，2015，17：286-289.

[100]　Deria P，Chung Y G，Snurr R Q，et al. Water stabilization of Zr_6-based metal-organic frameworks via solvent-assisted ligand incorporation. Chem Sci，2015，6：5172-5176.

[101]　Adams R，Carson C，Ward J，et al. Metal organic framework mixed matrix membranes for gas separations. Micropor Mesopor Mater，2010，131：13-20.

[102]　Ortiz A U，Boutin A，Fuchs A H，et al. Metal-organic frameworks with wine-rack motif：What determines their flexibility and elastic properties？ J Chem Phys，2013，138：174703.

[103]　Loiseau T，Serre C，Huguenard C，et al. A rationale for the large breathing of the porous aluminum terephthalate（MIL-53）upon hydration. Chem- A Eur J，2004，10：1373-1382.

[104]　Millange F，Serre C，Guillou N，et al. Structural effects of solvents on the breathing of metal-organic frameworks：an *in situ* diffraction study. Angew Chem Int Ed，2008，47：4100-4105.

[105] Kitagawa S, Uemura K. Dynamic porous properties of coordination polymers inspired by hydrogen bonds. Chem Soc Rev, 2005, 34: 109-119.

[106] Serre C, Mellot-Draznieks C, Surblé S, et al. Role of solvent-host interactions that lead to very large swelling of hybrid frameworks. Science, 2007, 315: 1828-1831.

[107] Zornoza B, Martinez-Joaristi A, Serra-Crespo P, et al. Functionalized flexible MOF as fillers in mixed matrix membranes for highly selective separation of CO_2 from CH_4 at elevated pressures. Chem Commun, 2011, 47: 9522-9524.

[108] Llewellyn P L, Horcajada P, Maurin G, et al. Complex adsorption of short linear alkanes in the flexible metal-organic-framework MIL-53（Fe）. J Am Chem Soc, 2009, 131: 13002-13008.

[109] Horcajada P, Salles F, Wuttke S, et al. How linker's modification controls swelling properties of highly flexible iron（III）dicarboxylates MIL-88. J Am Chem Soc, 2011, 133: 17839-17847.

[110] Millange F, Guillou N, Medina M E, et al. Selective sorption of organic molecules by the flexible porous hybrid metal-organic framework MIL-53（Fe）controlled by various host-guest interactions. Chem Mater, 2010, 22: 4237-4245.

[111] Serre C, Bourrelly S, Vimont A, et al. An explanation for the very large breathing effect of a metal-organic framework during CO_2 adsorption. Adv Mater, 2007, 19: 2246-2251.

[112] Nimmermark A, Öhrström L, Reedijk J. Metal-ligand bond lengths and strengths: are they correlated? A detailed CSD analysis[M]. Zeitschrift für Kristallographie - Crystalline Materials, 2013: 311.

[113] Jasuja H, Walton K S. Effect of catenation and basicity of pillared ligands on the water stability of MOF. Dalton Trans, 2013, 42: 15421-15426.

[114] Li Y, Yang R T. Gas adsorption and storage in metal-organic framework MOF-177. Langmuir, 2007, 23: 12937-12944.

[115] Ma D, Li Y, Li Z. Tuning the moisture stability of metal-organic frameworks by incorporating hydrophobic functional groups at different positions of ligands. Chem Commun, 2011, 47: 7377-7379.

[116] Gao L, Li C Y V, Yung H, et al. A functionalized MIL-101（Cr）metal-organic framework for enhanced hydrogen release from ammonia borane at low temperature. Chem Commun, 2013, 49: 10629-10631.

[117] Zhang Z, Wang H, Li J, et al. Experimental measurement of the adsorption equilibrium and kinetics of CO_2 in chromium-based metal-organic framework MIL-101. Adsorpt Sci Techno, 2013, 31: 903-916.

[118] Berdonosova E A, Kovalenko K A, Polyakova E V, et al. Influence of anion composition on gas sorption features of Cr-MIL-101 metal-organic framework. J Phys Chem C, 2015, 119: 13098-13104.

[119] Chi L, Xu Q, Liang X, et al. Iron-based metal-organic frameworks as catalysts for visible light-driven water oxidation. Small, 2016, 12: 1351-1358.

[120] Gómez-Paricio A, Santiago-Portillo A, Navalón S, et al. MIL-101 promotes the efficient aerobic oxidative desulfurization of dibenzothiophenes. Green Chem, 2016, 18: 508-515.

[121] Qiu X, Zhong W, Bai C, et al. Encapsulation of a metal-organic polyhedral in the pores of a metal-organic framework. J Am Chem Soc, 2016, 138: 1138-1141.

[122] Feng D, Gu Z Y, Chen Y P, et al. A highly stable porphyrinic zirconium metal-organic framework with shp-a topology. J Am Chem Soc, 2014, 136: 17714-17717.

[123] Zhao X, Liu D, Huang H, et al. The stability and defluoridation performance of MOF in fluoride solutions. Micropor Mesopor Mater, 2014, 185: 72-78.

[124] Zhang X, Li D. Metal-Compound-induced vesicles as efficient directors for rapid synthesis of hollow alloy spheres. Angew Chem Int Ed, 2006, 45: 5971-5974.

[125] Huang Y, Qin W, Li Z, et al. Enhanced stability and CO_2 affinity of a UiO-66 type metal-organic framework decorated with dimethyl groups. Dalton Trans, 2012, 41: 9283-9285.

[126] Jasuja H, Huang Y G, Walton K S. Adjusting the stability of metal-organic frameworks under humid conditions by ligand functionalization. Langmuir, 2012, 28: 16874-16880.

[127] Yang J, Grzech A, Mulder F M, et al. Methyl modified MOF-5: a water stable hydrogen storage material. Chem Commun, 2011, 47: 5244-5246.

[128] Zhang W, Hu Y, Ge J, et al. A facile and general coating approach to moisture/water-resistant metal-organic frameworks with intact porosity. J Am Chem Soc, 2014, 136: 16978-16981.

[129] Yang C, Wang X, Omary M A. Fluorous metal-organic frameworks for high-density gas adsorption. J Am Chem Soc, 2007, 129: 15454-15455.

[130] Garibay S J, Cohen S M. Isoreticular synthesis and modification of frameworks with the UiO-66 topology. Chem Commun, 2010, 46: 7700-7702.

[131] Jasuja H, Jiao Y, Burtch N C, et al. Synthesis of cobalt-, nickel-, copper-, and zinc-based, water-stable, pillared metal-organic frameworks.

Langmuir，2014，30：14300-14307.

[132] Yang S Y，Long L S，Jiang Y B，et al. An exceptionally stable metal-organic framework constructed from the Zn_8 (SiO_4) core. Chem Mater，2002，14：3229-3231.

[133] Li H，Shi W，Zhao K，et al. Enhanced hydrostability in Ni-doped MOF-5. Inorg Chem，2012，51：9200-9207.

[134] Ma S，Wang X S，Yuan D，et al. A coordinatively linked Yb metal-organic framework demonstrates high thermal stability and uncommon gas-adsorption selectivity. Angew Chem Int Ed，2008，47：4130-4133.

[135] Choi H J，Dincă M，Dailly A，et al. Hydrogen storage in water-stable metal-organic frameworks incorporating 1,3- and 1,4-benzenedipyrazolate. Energ Environ Sci，2010，3：117-123.

[136] Tian D，Xu J，Xie Z J，et al. The first example of hetero-triple-walled metal-organic frameworks with high chemical stability constructed via flexible integration of mixed molecular building blocks. Adv Sci，2015，3：1500283.

[137] Wang X，Gao W Y，Luan J，et al. An effective strategy to boost the robustness of metal-organic frameworks via introduction of size-matching ligand braces. Chem Commun，2016，52：1971-1974.

[138] Lin Z J，Liu T F，Huang Y B，et al. A guest-dependent approach to retain permanent pores in flexible metal-organic frameworks by cation exchange. Chem-A Eur J，2012，18：7896-7902.